Ekbert Hering/Rolf Martin/Martin Stohrer · Physik für Ingenieure

Physik für Ingenieure

Prof. Dr. Dr. Ekbert Hering
Prof. Dr. Rolf Martin
Prof. Dr. Martin Stohrer

Vierte, verbesserte Auflage

 VERLAG

Die Deutsche Bibliothek – CIP-Einheitsaufnahme

Hering, Ekbert:
Physik für Ingenieure / Ekbert Hering ; Rolf Martin ; Martin
Stohrer. – 4., verb. Aufl. – Düsseldorf : VDI-Verl., 1992
    ISBN 3-18-401227-1
NE: Martin, Rolf:; Stohrer, Martin:

Autoren
Prof. Dr. rer. nat. Dr. rer. pol. *Ekbert Hering*, Fachhochschule Aalen
Prof. Dr. rer. nat. *Rolf Martin*, Fachhochschule Esslingen
Prof. Dr. rer. nat. *Martin Stohrer*, Fachhochschule Stuttgart

Dieses Buch entstand unter der Mitarbeit von
Prof. Dr. *G. Kurz*, Fachhochschule Esslingen (Abschnitt 2.3 bis 2.8 und 2.10),
Dipl.-Ing. (FH) *W. Schulz*, Fachhochschule Aalen (Abschnitt 8),
und der Verlagsredaktion

4. Auflage 1992

Warenzeichen und Patente sind nicht als solche gekennzeichnet; hinsichtlich deren Benutzung und des Schutzes gibt das Deutsche Patentamt Auskunft.

© VDI-Verlag GmbH, Düsseldorf 1992

Printed in Germany

ISBN 3-18-401227-1

Zum Geleit

Physikalische Grundlagen sind für den Ingenieur unerläßlich, weil sie sowohl prinzipielle Grenzen aufzeigen als auch eine klare Orientierung im schneller werdenden technischen Wandel bieten. Quantentheorie und Festkörperphysik sind derzeit die Schrittmacher des technischen Fortschritts; deshalb wird ihnen in diesem Buch der gebührende Platz eingeräumt. Mein Wunsch ist, daß die Erkenntnisse aus der physikalischen Grundlagenforschung einen erkennbaren praktischen Nutzen zeigen. So wie der Quanten-Hall-Effekt nicht nur die physikalischen Grundlagen gefördert hat, sondern auch in der Präzisionsmeßtechnik als Widerstandsnormal von Bedeutung ist, sollte die Verbindung zwischen physikalischen Grundlagen und ingenieurmäßiger Umsetzung enger und effektiver werden.
Möge dieses Buch einen Beitrag dazu leisten.

Prof. Dr. Klaus von Klitzing
Nobelpreisträger der Physik 1985

Vorwort zur vierten, verbesserten Auflage

Auch in der vierten Auflage wurden das bewährte Konzept und der Inhalt dieses Lehrwerkes beibehalten. Wir legten großen Wert darauf, die berechtigte konstruktive Kritik an unserem Werk soweit wie möglich zu berücksichtigen, ferner Neuerungen aufzunehmen und ein sehr ausführliches Sachwortverzeichnis zu erstellen. Besonders gefreut haben wir uns über die allgemeine Zustimmung zu diesem Buch und die Verbesserungsvorschläge von Studenten und Kollegen aus den neuen Bundesländern. Stellvertretend für alle Leser, die dieses Buch verbessern halfen, möchten wir Herrn Magister *Karl Motz* aus der Schweiz erwähnen, der sämtliche Übungsaufgaben nachrechnete und uns zu präziseren Fragen und richtigen Antworten verhalf, sowie Herrn Dr. *Gerhard Wittek* von der Fachhochschule München und Herrn Prof. Dr. *J. Massig* von der Fachhochschule Aalen.

Sehr gern nehmen wir konstruktive Hinweise aus unserem sachkundigen Leserkreis auf.

Aalen, Esslingen und Stuttgart
Mai 1992

Ekbert Hering
Rolf Martin
Martin Stohrer

Vorwort zur zweiten und dritten, verbesserten Auflage

Bereits ein Jahr nach dem Erscheinen der ersten Auflage ist aufgrund der ungewöhnlich guten Aufnahme dieses Lehrbuchs sowohl an Fachhochschulen und Universitäten als auch von Ingenieuren im Beruf eine zweite und dritte Auflage notwendig geworden.

In der vorliegenden dritten Auflage sind einige Änderungswünsche seitens der Fachkollegen, unserer akademischen Lehrer, der früheren Mitstudenten und anderer aufmerksamer Leser ausgeführt. Darüber hinaus haben wir die zwei Faltblätter des Periodischen Systems der Elemente durchgesehen und ergänzt sowie die Naturkonstanten auf den neuen, international gültigen Stand von 1986 gebracht.

Der fachkundigen Leserschaft haben wir, die Autoren und der VDI-Verlag, für die zahlreichen Verbesserungsvorschläge sehr zu danken; stellvertretend hierfür möchten wir Herrn Professor Dr. *Dieter Weber* danken, der in äußerst gründlicher Arbeit unser Werk kritisch durchleuchtete, sowie Herrn Professor Dr. *K.-H. Speidel,* TU München, und Herrn Professor Dr. *J. de Boer,* Universität München, für die intensive autormäßige Mitarbeit.

Auch weiterhin nehmen wir konstruktive Hinweise aus dem sachkundigen Leserkreis gern auf.

Aalen, Esslingen und Stuttgart,   *Ekbert Hering*
März 1989   *Rolf Martin*
                                               Martin Stohrer

Vorwort zur ersten Auflage

Das vorliegende Lehrbuch gibt eine Einführung in die physikalischen Grundlagen der Ingenieurwissenschaften. Es ist das Anliegen des Buches, eine Brücke zu schlagen zwischen grundlegenden physikalischen Effekten und den Anwendungsfeldern der Ingenieurpraxis. Es ist deshalb selbstverständlich, daß ausschließlich SI-Maßeinheiten verwendet werden und in den entsprechenden Abschnitten auf DIN- bzw. ISO-Normen hingewiesen wird. Bei der Stoffauswahl sind besonders die modernen Teilgebiete berücksichtigt, wie beispielsweise Festkörperphysik (einschließlich Halbleiterphysik und Optoelektronik), technische Akustik, Lasertechnik, Holographie, Klimatechnik und Wärmeübertragung sowie in der Atom- und Kernphysik der quantisierte Hall-Effekt. Ein Sonderabschnitt Strahlenschutz informiert über die Strahlenbelastung aus Kernkraftwerken, über die physikalische und biologische Wirksamkeit radioaktiver Stoffe, die Strahlenmeßtechnik sowie über die neuen gesetzlichen Vorschriften zum Strahlenschutz.

Zum mathematischen Verständnis sind die Verfahren der Differential-, Integral- und Vektorrechnung notwendig; allerdings sind die entsprechenden Herleitungen so ausführlich, daß auch der Leser mit geringen Vorkenntnissen zu folgen vermag. Das Buch ist so konzipiert, daß es sich nicht nur an Studenten wendet, sondern auch praktizierenden Ingenieuren die physikalischen Grundlagen zur Einarbeitung in neue Fachgebiete und zur Weiterbildung liefert. Somit ist es auch eine Basis für eine flexible berufliche Entwicklung.

Im ersten Abschnitt sind die Methode physikalischen Erkennens und der Aufbau der Physik erläutert. Die Physik soll in ihren Zusammenhängen begriffen und nicht als bloße Aneinanderreihung spezieller physikalischer Gesetze mißdeutet werden. Der Stoff ist in die Abschnitte Mechanik, Thermodynamik, Elektrizität und Magnetismus, Schwingungen und Wellen, Optik, Akustik, Atom- und Kernphysik, Festkörperphysik sowie Relativitätstheorie eingeteilt. Jedem Abschnitt ist ein Strukturbild vorangestellt, das die jeweiligen Teilbereiche und ihre gesetzmäßigen Zusammenhänge aufzeigt. Damit soll das Denken in Zusammenhängen gefördert und den Details ihren Platz im Gesamtgefüge zugewiesen werden. Übergreifende Darstellungen (z. B. beim Feldbegriff in der Mechanik, Thermodynamik und Elektrizitätslehre) sollen dem Leser darüber hinaus das universelle Denkkonzept der Physik vor Augen führen. Komplizierte Zusammenhänge sind in zweifarbigen Skizzen oder durch Rechnerausdrucke veranschaulicht; zahlreiche Bilder aus der Technik vermitteln einen aktuellen Praxisbezug.

Um zu zeigen, wie sich die physikalische Erkenntnis durch die Genialität einzelner Physiker sprunghaft entwickelt hat, sind in den entsprechenden Abschnitten die Meilensteine der Physik und ihre Wegbereiter genannt und im Anhang die Physik-Nobelpreisträger aufgeführt.

Zur Vertiefung des Verständnisses enthalten viele Unterabschnitte aus der Ingenieurpraxis stammende Berechnungsbeispiele. Aufgaben (mit Lösungen im Anhang) ermöglichen es dem Leser, selbst den Stoff zu üben und sein physikalisches Wissen zu vertiefen. Um alternative Fragestellungen zu untersuchen und physikalische Sachverhalte graphisch zu veranschaulichen, wurden programmierbare Rechner verwendet. Den Firmen Casio und Sharp, insbesondere den Herren *Newerkla* und *Wachter*, möchten wir für die Bereitstellung programmierbarer Taschenrechner danken.

Wir danken unseren akademischen Lehrern und Vorbildern, die uns zur physikalischen Erkenntnis geführt haben, vor allem den Professoren *U. Dehlinger, H. Haken, M. Pilkuhn, A. Seeger* und *C. F. von Weizsäcker.* Für konstruktive Kritik bedanken wir uns bei unseren Kollegen *H. Bauer, M. Käß, P. Kleinheins, G. Kneer, J. Linser* und *R. Schempp.* Frau *G. Folz* und den Herren *K. Schmid* und *A. Plath* danken wir für ihre tatkräftige Mithilfe. Der Unterstützung vieler Firmen ist es zu verdanken, daß aktuelles Anschauungsmaterial bereitgestellt werden konnte. Hierbei sind besonders folgende Firmenmitarbeiter zu erwähnen: *B. Imb* (BBC), *P. Gradischnig* (BMW), *D. Stöckel* und *P. Tautzenberger* (Rau), *M. Mayer* (Osram), *F. Schreiber* (Siemens), *H. Garrels* (Varta) und *H. Schweikart* (Voith). Ganz besonderer Dank gebührt dem VDI-Verlag, speziell Herrn Dipl.-Ing. *H. Kurt,* der das Lektorieren übernahm und für die reibungslose Abwicklung in erfreulicher Atmosphäre sorgte. Dabei wurde er in den Abschnitten 2, 3 und 6 von Professor *F. Hell* in besonders sachkundiger Weise unterstützt. Zuletzt möchten wir unseren Familien für ihre Geduld, ihre moralische Unterstützung und ihr großes Verständnis danken.

Wir hoffen, daß dieses Buch den Ingenieurstudenten eine gute Hilfe beim Erarbeiten physikalischer Zusammenhänge und den Ingenieuren in der Praxis ein brauchbares Nachschlagewerk ist. Gern nehmen wir Kritik und Verbesserungsvorschläge entgegen.

Aalen, Esslingen und Stuttgart,   *Ekbert Hering*
Januar 1988   *Rolf Martin*
                                  Martin Stohrer

Inhalt

Verwendete physikalische Symbole

(Symbole, die in nachfolgenden Abschnitten die gleiche Bedeutung haben, sind nur einmal angegeben.)

2. Mechanik

A	Fläche	r	Ortsvektor
a	Beschleunigung	Re	Reynoldszahl
c	Federkonstante; Lichtgeschwindigkeit;	s	Ortskoordinate
	Schallgeschwindigkeit	s	Weg; Bogenlänge
c_A	Auftriebsbeiwert	T	Kelvin-Temperatur; Periodendauer
c_D	Druckwiderstandsbeiwert	t	Zeit
c_M	Momentenbeiwert	V	Volumen
c_W	Widerstandsbeiwert	$\dot{V}$	Volumenstrom
c^*	Richtmoment	v	Geschwindigkeit
d	Abstand; Dickenänderung	W	Arbeit
E	Energie; Elastizitätsmodul	w	spezifische (massebezogene) Arbeit
e	Einheitsvektor		
F	Kraft	α	Durchflußzahl; Kontraktionszahl;
Fr	Froudezahl		Winkelbeschleunigung
G	Schubmodul	β	Winkel
G	Gravitationsfeldstärke	Γ	Zirkulation
g	Fallbeschleunigung	γ	Schiebung; Scherwinkel;
H	Fallhöhe; Förderhöhe		Raumausdehnungskoeffizient
h	Höhe	γ_G	Gravitationskonstante
I	Flächenträgheitsmoment	Δ	Differenz
J	Massenträgheitsmoment	ε	Neigungswinkel; Dehnung; Expansions-
j	Transportflußdichte; Massenstromdichte		zahl; Gleitzahl
K	Kompressionsmodul	η	dynamische Viskosität; Wirkungsgrad
k	Rauhigkeit	ϑ	Celsius-Temperatur
L	Drehimpuls	$\varkappa$	Kompressibilität
l	Länge	λ	Rohrreibungszahl
M	Drehmoment	μ	Reibungszahl; Ausflußzahl; Poissonzahl
Ma	Machsche Zahl	ν	kinematische Viskosität;
m	Masse		Querdehnungszahl
$\dot{m}$	Massenstrom	ϱ	Dichte
n	Drehzahl	σ	Spannung; Normalspannung
P	Leistung	τ	Schubspannung
p	Impuls	Φ	Transportgröße
p	Druck; Anteil	φ	Drehwinkel; Potentialfunktion;
Q	Förderstrom (Pumpen);		Geschwindigkeitsziffer; Fluidität
	Volumenstrom (Turbinen)	φ_G	Gravitationspotential
R	Gaskonstante; Krümmungsradius	ω	Winkelgeschwindigkeit

3. Thermodynamik

a	Temperaturleitfähigkeit	E_A	Aktivierungsenergie
C, C_m, c	Wärmekapazität, molare bzw.	$\bar{E}_{kin}$	mittlere kinetische Energie eines Moleküls
	spezifische Wärmekapazität	F, F_m, f	freie Energie, freie molare bzw.
C_{mp}, c_p	isobare molare bzw. isobare		freie spezifische Energie
	spezifische Wärmekapazität	f	Anzahl der Freiheitsgrade; Wärme-
C_{mv}, c_v	isochore molare bzw. isochore		quellendichte
	spezifische Wärmekapazität	G, G_m, g	freie Enthalpie, freie molare bzw.
C_{12}	Strahlungsaustauschkoeffizient		freie spezifische Enthalpie
c	Schallgeschwindigkeit	g_i	statistisches Gewicht des Zustandes i

H, H_m, h	Enthalpie, molare bzw. spezifische Enthalpie	$v_m, \bar{v}, v_w$	mittlere, durchschnittliche bzw. wahrscheinlichste Geschwindigkeit von Gasmolekülen
j_q	Wärmestromdichte		
k	Boltzmann-Konstante; Wärmedurchgangskoeffizient	w	thermodynamisches Wahrscheinlichkeitsverhältnis
M	Molmasse	x	Feuchtegrad
M_e	spezifische Ausstrahlung	Z	Realgasfaktor
m_M	Masse eines Moleküls		
N	Teilchenanzahl eines Systems	α	Längenausdehnungskoeffizient; Absorptionsgrad
n	Polytropenexponent, Teilchenzahldichte		
N_A	Avogadro-Konstante	α^*	Wärmeübergangskoeffizient
P_i	Wahrscheinlichkeit der Besetzung des Zustands i	γ	Raumausdehnungskoeffizient
		ε	Emissionsgrad; Kompressionsverhältnis
p	Druck	$\varepsilon_K, \varepsilon_W$	Leistungszahl einer Kältemaschine bzw. einer Wärmepumpe
Q, Q_m, q	Wärme, molare bzw. spezifische Wärme		
$\dot{Q}$	Wärmestrom	η_{th}	thermischer Wirkungsgrad
R_i, R_m	individuelle bzw. allgemeine (molare) Gaskonstante	$\varkappa$	Isentropen-(Adiabaten-)Exponent
		λ	Wärmeleitfähigkeit
S, S_m, s	Entropie, molare bzw. spezifische Entropie	ν	Stoffmenge (Teilchenmenge)
		ϱ	Dichte; Reflexionsgrad
T	thermodynamische Temperatur	τ	Transmissionsgrad
U, U_m, u	innere Energie, molare bzw. spezifische innere Energie	Φ_e	Strahlungsleistung
		φ	relative Luftfeuchte
V, V_m, v	Volumen, molares bzw. spezifisches Volumen	φ_a	absolute Luftfeuchte
		φ_{12}	Einstrahlzahl

4. Elektrizität und Magnetismus

A_r	relative Atommasse	$\boldsymbol{p}$	elektrisches Dipolmoment
A	elektrochemisches Äquivalent	Q	elektrische Ladung; Blindleistung
$\boldsymbol{B}$	magnetische Induktion, Flußdichte	R	elektrischer Widerstand
B	Blindleitwert, Suszeptanz	R_H	Hall-Koeffizient
B_R	Remanenzinduktion	R_m	magnetischer Widerstand
B_S	Sättigungsinduktion	S	Scheinleistung
C	Kapazität	T_C	Curie-Temperatur
$\boldsymbol{D}$	elektrische Verschiebungsdichte	T_N	Néel-Temperatur
$\boldsymbol{E}$	elektrische Feldstärke	U, u	elektrische Spannung
E_H	Hall-Feldstärke	$\hat{u}$	Amplitude der elektrischen Spannung
e	Elementarladung	U, u_{eff}	Effektivwert der elektrischen Spannung
$\boldsymbol{F}_L$	Lorentz-Kraft	U_H	Hall-Spannung
F	Faraday-Konstante	u_{ind}	induzierte Spannung
f	Spulenformfaktor	W_A	Austrittsarbeit
G	Leitwert, Konduktanz	W_{el}	elektrische Arbeit und Feldenergie
$\boldsymbol{H}$	magnetische Feldstärke	w_{el}	elektrische Energiedichte
H_C	Koerzitivfeldstärke	W_{magn}	magnetische Arbeit und Feldenergie
I, i	elektrische Stromstärke	w_{magn}	magnetische Energiedichte
$\hat{\imath}$	Amplitude der elektrischen Stromstärke	X	Blindwiderstand, Reaktanz
I, i_{eff}	Effektivwert der Wechselstromstärke	Z	Scheinwiderstand, Impedanz
$\boldsymbol{J}$	magnetische Polarisation	z	Wertigkeit
j	elektrische Stromdichte		
L	Induktivität		
$\boldsymbol{M}$	Magnetisierung	α	Temperaturkoeffizient des elektrischen Widerstandes
$\boldsymbol{m}_A$	Ampèresches magnetisches Moment		
$\boldsymbol{m}_C$	Coulombsches magnetisches Moment	γ	Spannungsfaktor
N	Windungszahl	ε	Permittivität
$\boldsymbol{P}$	elektrische Polarisation	ε_0	elektrische Feldkonstante
P, p	Leistung	ε_r	Permittivitätszahl

θ	elektrische Durchflutung	σ	Streufaktor; elektrische Flächenladungs-
$\varkappa$	elektrische Leitfähigkeit, Konduktivität		dichte
μ	Permeabilität	τ	Zeitkonstante
μ_0	magnetische Feldkonstante	Φ	magnetischer Fluß
μ_r	Permeabilitätszahl	φ	elektrisches Potential; Verlustwinkel
ϱ	spezifischer elektrischer Widerstand,	χ_e	elektrische Suszeptibilität
	Resistivität	χ_m	magnetische Suszeptibilität
ϱ	Raumladungsdichte	ψ	elektrischer Fluß

5. Schwingungen und Wellen

b	Dämpfungskoeffizient	y	Auslenkung
c	Federkonstante; Phasengeschwindigkeit	$\hat{y}$	Amplitude
c^*	Winkelrichtgröße		
c_{gr}	Gruppengeschwindigkeit	β	Auslenkungswinkel
D	Dämpfungsgrad	$\hat{\beta}$	Amplitude des Auslenkungswinkels
d	Verlustfaktor	γ	Phasenverschiebung zwischen Erreger
f	Frequenz		und Schwinger
f_0, f_d	Eigenfrequenz der freien ungedämpften	Δ	Gangunterschied
	bzw. gedämpften Schwingung	δ	Abklingkoeffizient
f_E	Erregerfrequenz	η	Kreisfrequenzverhältnis
f_{Res}	Resonanzfrequenz	Λ	logarithmisches Dekrement
f_S	Schwebungsfrequenz	λ	Wellenlänge
j	$\sqrt{-1}$	φ	Phasenwinkel
k	Dämpfungsverhältnis; Wellenzahl	φ_0	Nullphasenwinkel
Q	Güte	$\Delta\varphi$	Phasenverschiebung
S	Intensität		zwischen zwei Schwingungen
T	Periodendauer	ω	Kreisfrequenz
T_0, T_d	Periodendauer der freien ungedämpften	ω_0, ω_d	Kreisfrequenz der freien ungedämpften
	bzw. gedämpften Schwingung		bzw. gedämpften Schwingung
T_S	Periodendauer der Schwebung	ω_E	Erregerkreisfrequenz
w	Energiedichte	ω_{Res}	Resonanzkreisfrequenz

6. Optik

		K_m	photometrisches Strahlungsäquivalent
A_N	numerische Apertur	k	Blendenzahl
a, a'	Gegenstands- bzw. Bildweite	l	Kohärenzlänge
A, B	Einstein-Koeffizienten	L_e	Strahldichte
b	Spaltbreite	L_v	Leuchtdichte
D'	Brechkraft	M_e	spezifische Ausstrahlung
D_{AP}, D_{EP}	Durchmesser von Austritts- bzw.	M_v	spezifische Lichtausstrahlung
	Eintrittspupille	m	Ordnungszahl bei Interferenzen
E_e	Bestrahlungsstärke	N_i	Besetzungszahl des Niveaus i
E_v	Beleuchtungsstärke	n	Brechungsindex
E_{ph}	Energie eines Photons	p	Gitterstrichzahl
e'	Abstand zweier Linsen	Q_e	Strahlungsenergie
f, f'	gegenstandseitige bzw. bildseitige	Q_v	Lichtmenge
	Brennweite	r	Krümmungsradius
g	Gitterkonstante	s, s'	gegenstandseitige bzw. bildseitige
H	Helligkeit		Schnittweite
H_e	Bestrahlung	u'	Durchmesser des Unschärfekreises
H_v	Beleuchtung	V	Hellempfindlichkeitsgrad
h	Plancksche Konstante	y, y'	Gegenstands- bzw. Bildgröße
I	Intensität	Z	Dämmerungszahl
I_e	Strahlstärke	z, z'	Abstand vom Gegenstand bzw. Bild
I_v	Lichtstärke		zum jeweiligen Brennpunkt

α	brechender Winkel eines Prismas	Θ	Glanzwinkel
β'	Abbildungsmaßstab	σ	Winkel zwischen Strahl
Γ'	Vergrößerung		und optischer Achse
δ	Ablenkungswinkel	τ	Lebensdauer
ε	Einfallswinkel	Φ_e	Strahlungsleistung
ε_r	Reflexionswinkel	Φ_v	Lichtstrom
ε'	Brechungswinkel	φ	Zentriwinkel
ε_p	Polarisationswinkel	Ω	Raumwinkel

7. Akustik

$A_{\text{äq}}$	äquivalente Schallabsorptionsfläche	r	Reflexionsfaktor
B	Biegesteifigkeit	S	Lautheit; Trennwandfläche
d	Absorberdicke	T	Nachhallzeit
f_G	Grenzfrequenz der Spuranpassung	v	Schallschnelle
G_{pU}	Übertragungsmaß elektroakustischer	w	Schallenergiedichte
	Wandler	y	Elongation
I	Schallintensität	Z	Schallkennimpedanz
L	Schallpegel		
L_S	Lautstärke	α	Schallausbreitungs-Dämpfungskoeffizient
L_n	Norm-Trittschallpegel	α_s	Schallabsorptionsgrad
m'	flächenbezogene Masse	δ	Einfallswinkel
P	Schalleistung	Δ	Bewertungsfaktor
p	Schalldruck	ϱ_s	Schallreflexionsgrad
R	Schalldämm-Maß	τ_s	Schalltransmissionsgrad

8. Atombau und Spektren

A	Nukleonenzahl; Aktivität	$\boldsymbol{l}, l$	Bahndrehimpuls eines Elektrons,
A_S	spezifische Aktivität		zugehörige Quantenzahl
a_0	Bohrscher Radius des Wasserstoffatoms	m_1	magnetische Quantenzahl
	im Grundzustand		des Drehimpulses
B	Baryonenzahl	m_s	magnetische Quantenzahl des Spins
$D, \dot{D}$	Energiedosis, Energiedosisleistung	m_j	magnetische Quantenzahl
$D_q, \dot{D}_q$	Äquivalentdosis, Äquivalentdosisleistung		des Gesamtdrehimpulses
d	Flächenmasse	m_0	Ruhemasse
E	Energie-Eigenwert	N	Neutronenzahl
E_B	Bindungsenergie	n	Hauptquantenzahl
E_S	Schwellenenergie	Q	Kern-Quadrupolmoment
$\boldsymbol{F}, F$	Gesamtdrehimpuls des Atoms	R	Reichweite
	einschließlich Kerndrehimpuls,	R_H	Rydberg-Konstante
	zugehörige Quantenzahl	$\boldsymbol{S}$	Gesamtspinmoment
g	Faktor nach Landé	$\boldsymbol{s}, s$	Elektronenspin, zugehörige Quantenzahl
H	Hamilton-Funktion		(Spinquantenzahl)
$\hat{H}$	Hamilton-Operator	$t_{1/2}$	Halbwertszeit
h	Plancksches Wirkungsquantum	u	atomare Masseneinheit
	($\hbar = h/(2\pi)$)	x	Schichtdicke
$\boldsymbol{I}, I$	Kerndrehimpuls, zugehörige Quantenzahl	Z	Kernladungszahl
$\boldsymbol{J}, J$	Gesamtdrehimpuls der Elektronenhülle,		(Ordnungszahl, Protonenzahl)
	zugehörige Quantenzahl		
$\boldsymbol{j}, j$	Gesamtdrehimpuls eines Elektrons,		
	zugehörige Quantenzahl	α	Feinstrukturkonstante
$\boldsymbol{L}, L$	Gesamtbahndrehimpuls der Elektronen-	γ	gyromagnetisches Verhältnis
	hülle, zugehörige Quantenzahl	λ	Zerfallskonstante; Wellenlänge
L	Leptonenzahl	$\boldsymbol{\mu}, \mu$	magnetisches Moment

μ	Absorptionskoeffizient	Σ	makroskopischer Wirkungsquerschnitt
μ_K	Kern-Magneton	σ	Wirkungsquerschnitt
μ_B	Bohrsches Magneton	Φ	Flußdichte
ν	Frequenz	Ψ	zeitabhängige Wellenfunktion
Π	Paritätsquantenzahl	ψ	Wellenfunktion

9. Festkörperphysik

A	Fläche; Transistor-Stromverstärkung in Basisschaltung	n_A, n_D	Akzeptoren- bzw. Donatoren-konzentration
a	Gitterkonstante	n_i	Eigenleitungsdichte
B	Transistor-Stromverstärkung in Emitterschaltung	n_{ph}	Phononendichte
		$\bar{n}$	Brechungsindex
B_c	kritische magnetische Flußdichte	p	Löcherkonzentration
c_{gr}	Gruppengeschwindigkeit	S	Empfindlichkeit
c_{ph}	Phasengeschwindigkeit	T_c	kritische Temperatur
$D(E)$	Zustandsdichte	T_D	Debye-Temperatur
D^*	Detektivität	T_E	Einstein-Temperatur
E_B	Bindungsenergie	T_F	Fermi-Temperatur
E_e	Bestrahlungsstärke	T_0	charakteristische Temperatur
E_F	Fermi-Energie	U_d	Diffusionsspannung
E_g	Breite der verbotenen Zone	U_F	Flußspannung
$f(E)$	Fermi-Dirac-Verteilungsfunktion	U_K	Kontaktspannung
I_B, I_C, I_E	Basis-, Kollektor- bzw. Emitterstrom	U_L	Leerlaufspannung
I_F	Flußstrom	U_{th}	Thermospannung
I_{ph}	Photostrom	$V(\lambda)$	Hellempfindlichkeitsgrad
I_S	Sperrsättigungsstrom	v_d	Driftgeschwindigkeit
I_{th}	Schwellstrom	v_F	Fermi-Geschwindigkeit
j_c	kritische Stromdichte		
k	Wellenzahl	α	Absorptionskoeffizient; Madelung-Konstante; thermischer Ausdehnungs-koeffizient
k_F	Fermi-Vektor		
L	Kristall-Länge; Lorenzsche Zahl		
l	mittlere freie Weglänge	$\bar{\varepsilon}$	mittlere Energie eines Atoms
M	Molmasse; Multiplikationsfaktor	η	Quantenausbeute
N_L, N_V	effektive Zustandsdichte im Leitungs-band bzw. im Valenzband	μ, μ_n, μ_p	Beweglichkeit, Elektronen- bzw. Löcherbeweglichkeit
n	Elektronenkonzentration	Φ_0	magnetisches Flußquantum

10. Spezielle Relativitätstheorie

l, l'	Länge im System S bzw. S'
m, m_0	bewegte Masse bzw. Ruhemasse
t, t'	Zeit im System S bzw. S'
u	Geschwindigkeit
v	Systemgeschwindigkeit
γ	relativistischer Faktor

1. Einführung

1.1. Physikalischer Erkenntnisprozeß

Die Physik ist ein Teilgebiet der Naturwissenschaften. Sie beschäftigt sich im Gegensatz zur Medizin oder Biologie mit der *leblosen Umwelt*. Dieser eingeengte Betrachtungsbereich muß beachtet werden, wenn es um die Frage geht, ob die Methoden der physikalischen Erkenntnis auch auf andere Wissenschaftsgebiete direkt übertragbar sind.

In der Physik versucht man, die Gesetzmäßigkeiten der unbelebten Umwelt zu erfassen. Sind diese bekannt, so kann man die physikalischen Gesetze für technische Zwecke ausnützen. Die *Ingenieurwissenschaft* ist ein Beispiel hierfür, weil man in allen ihren Bereichen, beispielsweise im Maschinenbau, in der Feinwerktechnik und in der Elektronik, erfolgreich physikalische Gesetze in die industrielle Praxis umsetzt. Der Prozeß der physikalischen Erkenntnis ist in Bild 1-1 als geschlossener Regelkreis dargestellt. Er umfaßt vier Stationen:

a) *Experiment*

Im ersten Schritt werden Merkmale der leblosen Umwelt, die *physikalischen Größen*, gesucht. Zur präziseren Beschreibung müssen auch Merkmale durch *physikalische Definitionen* festgelegt werden (z. B. die Definition der Kraft). In einem Experiment werden durch

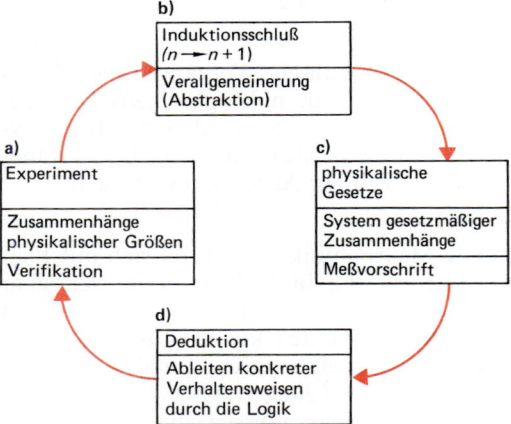

Bild 1-1.   Regelkreis der physikalischen Erkenntnis.

Messungen zwei oder mehr physikalische Größen miteinander verglichen und die dabei aufgestellten Zusammenhänge aufgeschrieben.

Auf geniale und faszinierende Weise ist es dem menschlichen Geist gelungen, alle denkbaren physikalischen Erscheinungen auf *höchstens sieben physikalische Grundgrößen (Basisgrößen)* zurückzuführen (Zeit, Masse, Länge, Temperatur, Stromstärke, Lichtstärke und Stoffmenge, s. Abschn. 1.3.1). Diese Reduktion der Komplexität auf verhältnismäßig wenige relevante Faktoren ist ein Grund für den Erfolg bei der ingenieurmäßigen Umsetzung physikalischer Erkenntnisse in der Technik.

In der Ingenieurpraxis können physikalische Zusammenhänge jedoch auch so komplex sein, daß empirisch gefundene Beziehungen in Tabellen und Graphiken niedergelegt werden müssen, weil sie theoretisch nicht exakt genug vorhergesagt werden können (z. B. der Einfluß der Reibung bei der Strömung realer Flüssigkeiten und Gase).

b) *Induktionsschluß*

Werden physikalische Zusammenhänge immer wieder experimentell bestätigt, dann kann gefolgert werden, daß sie zu jeder Zeit und an jedem Ort gültig sind. Dieser Schluß, der eine *Verallgemeinerung* darstellt, wird in der Mathematik *Induktionsschluß* (Schluß von n auf $n + 1$) genannt. Eine derartige Verallgemeinerung ist nur zulässig, wenn sich die physikalischen Konstanten nicht ändern. Diese wichtige Forderung nach der Konstanz der Naturereignisse äußert sich in der Physik in der Existenz von Naturkonstanten (z. B. Lichtgeschwindigkeit c). Beim Übertragen des physikalischen Erkenntnisprozesses auf andere Disziplinen, z. B. auf die Psychologie, muß daher genau geprüft werden, ob die Konstanz der Aussageparameter gegeben und damit eine Verallgemeinerung der Beziehungen zulässig ist.

c) *Physikalische Gesetze*

Mit der Verallgemeinerung durch den Induktionsschluß ist ein *physikalisches Gesetz* formuliert (z. B. die Kraft ist proportional zur Masse und Beschleunigung). Das physikalische Gesetz wird für die weitere Analyse und die Anwendung mathematisch formuliert (z. B. $F = m\,a$). Bildet die Vielzahl an physikalischen Gesetzen ein widerspruchsfreies System

wissenschaftlicher Aussagen über die gesetzmäßigen Zusammenhänge eines physikalischen Bereiches, so wird dieses System *Theorie* genannt. Die Theorie ermöglicht einerseits
eine Vorhersage durch die Deduktion (d) und
andererseits die Überprüfung ihres eigenen
Wahrheits- bzw. Gültigkeitsanspruches durch
das Experiment (a).

d) *Deduktion*

Aus den physikalischen Theorien oder Gesetzen können mit Hilfe der Logik spezielle,
auf ein konkretes Problem bezogene Aussagen
hergeleitet werden. In der klassischen Mechanik kann beispielsweise aus der Bahnkurve
für den schiefen Wurf zu jeder Zeit jeder Ort
des sich bewegenden Körpers vorhergesagt
werden.

Der große Erfolg der physikalischen Erkennt-
nismethode beruht hauptsächlich auf der Genauigkeit und Zuverlässigkeit der Vorhersage.
Zum Beispiel wäre die Mondlandung nicht
möglich gewesen, wenn auf der Erde nicht
alle Gesetzmäßigkeiten bekannt gewesen wären, so daß alle möglichen Ereignisse während
des Fluges auf der Erde simuliert werden
konnten. Es war möglich, die Mondlandung
gleichsam im Geist vorwegzunehmen, weil
die physikalischen Theorien richtig und zuverlässig sind und eine gültige Aussage im
konkreten Fall erlauben. Ein wichtiger Bestandteil der ingenieurmäßigen Denkweise
besteht nämlich darin, zukünftiges Verhalten
beispielsweise von Maschinen oder elektronischen Schaltungen durch die gültigen physikalischen Gesetze vorauszusehen. Diese Methode wird vor allem auf dem Gebiet der
Schadensverhütung außerordentlich wirkungsvoll eingesetzt.

a) *Experiment*

Auch die sorgfältigste Vorhersage physikalischer Zustände kann fehlerhaft sein, weil bestimmte Einflußgrößen nicht berücksichtigt
sind. Aus diesem Grund muß die Vorhersage eines physikalischen Gesetzes durch ein
Experiment auf ihre Richtigkeit überprüft
werden *(Verifikation)*. Voraussetzung dafür
ist, daß mit dem physikalischen Gesetz ein
realer Meßaufbau definiert ist, der die Verifi-
zierung der Prognose erlaubt. Diese harte
Forderung von Albert Einstein, daß *jedes
physikalische Gesetz zugleich eine Meßvorschrift*

für eine reproduzierbare Messung darstellen
muß, hat die Physik davor bewahrt, in geist-
reiche Phantastereien abzugleiten. Mit der
Prüfung der Prognose am Experiment ist der
physikalische Erkenntnisprozeß wie in einem
Regelkreis geschlossen. Die Wirklichkeit korrigiert damit im Verifikationstest den physikalischen Erkenntnisprozeß. Auf diese Weise
ist ausgeschlossen, daß dieser auf das rein
geistige Denkvermögen des Menschen beschränkt bleibt.

1.2. Bereiche der physikalischen Erkenntnis

Wie Bild 1-2 zeigt, läßt sich die Physik in
zwei Hauptbereiche einteilen, in die *Makrophysik* und in die *Mikrophysik*. Entscheidend
für die Zuordnung ist die *Größe der Wirkung*
(Wirkung = Energie × Zeit). Sind die Wirkungen sehr groß im Vergleich zum *Planckschen
Wirkungsquantum* $h = 6{,}626176 \cdot 10^{-34}$ Js, dann
handelt es sich um Vorgänge in der Makrophysik. Sind die Wirkungen dagegen in der
Größenordnung von h, so liegt die Mikrophysik vor. Anschaulich könnte diese Einteilung
auch in dieser Weise vorgenommen werden:
Die Mikrophysik beschäftigt sich mit Phä-
nomenen im *atomaren* und *subatomaren
Bereich* (Längen in der Größenordnung
$\lesssim 10^{-10}$ m), während sich die Makrophysik
mit bis zu *lichtmikroskopisch sichtbaren Phä-
nomenen* auseinandersetzt (Längen in der Größenordnung $\gtrsim 10^{-6}$ m). Die wesentlichen Unterschiede zwischen Makro- und Mikrophysik
gehen aus Bild 1-2 hervor:

– *Erfahrbarkeit*

 Makrophysikalische Vorgänge sind unmittelbar erfahrbar, mikrophysikalische dagegen nicht. Dies bedeutet, daß die Mikrophysik im Prinzip nicht anschaulich sein kann,
 weil sie sich der Anschauung entzieht.

– *Zerlegung*

 Die Makrophysik beschäftigt sich mit Phä-
 nomenen, die in kleinere Teile zerlegbar
 sind und nach ihrer Zerlegung getrennt
 untersucht werden können. In der Mikrophysik handelt es sich grundsätzlich um
 unzerlegbare Teilchen (Quanten). Aufgrund
 dieser Tatsache müssen die praktizierten
 analytischen, auf Zerlegung basierenden

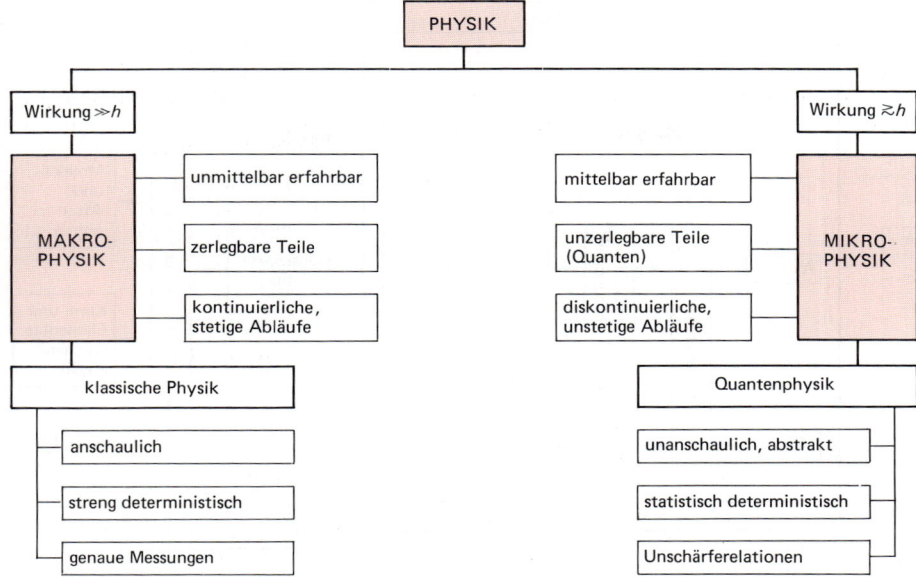

Bild 1-2. Bereiche der physikalischen Erkenntnis.

Experimente versagen. Dies hat zur Folge, daß unser experimenteller Zugriff auf die unzerlegbaren Teile völlig anders geartet sein muß.

– *Ablaufstruktur*
Während die Makrophysik kontinuierliche, stetige Abläufe zum Inhalt hat, die es gestatten, die zeitliche Entwicklung physikalischer Vorgänge genau zu verfolgen, spielen sich mikrophysikalische Vorgänge diskontinuierlich und unstetig ab.

Die *klassische Physik* beschreibt die Phänomene der Makrophysik, die *Quantenphysik* die Effekte der Mikrophysik. Klassische Physik und Quantenphysik haben in ihrer Beschreibungsmethodik in drei Punkten fundamentale Unterschiede:

– *Anschaulichkeit*
Weil die Quantenphysik nicht unmittelbar erfahrbare Effekte beschreibt, ist sie im Gegensatz zur klassischen Physik unanschaulich und abstrakt.

– *Determiniertheit*
In der Quantenphysik laufen keine streng vorherbestimmten (deterministischen) Prozesse ab wie in der klassischen Physik. Die Abläufe sind deshalb nicht chaotisch, son-

dern sie gehorchen einer statistischen Gesetzmäßigkeit.

– *Meßgenauigkeit*
In der Quantenphysik können im Gegensatz zur klassischen Physik bestimmte physikalische Zustände (z. B. Ort und Geschwindigkeit eines Teilchens) nicht exakt, sondern nur innerhalb bestimmter Unschärfen experimentell bestimmt werden: Durch die Messung eines Wertes u wird ein anderer Meßwert v so beeinflußt, daß dieser nicht mehr exakt meßbar ist (Abschn. 8.2.3). Der physikalische Zustand ist deshalb nicht mehr durch einen genauen Wert beschreibbar, sondern durch eine statistische Wahrscheinlichkeit, bestimmte Werte vorzufinden.

In Bild 1-3 sind die physikalischen Gebiete dargestellt. In der Mitte befindet sich das Gebiet der klassischen Physik. Ihre Erscheinungen können völlig gleichwertig entweder durch das *Wellenbild* oder durch das *Partikelbild* erklärt werden. Die klassische Physik wird durch zwei Erfahrungen erweitert: Zum einen führt die Tatsache der endlichen Signalgeschwindigkeit zur *Relativitätstheorie* (links), und zum andern führen die Unschärferelationen zur *Quantentheorie* (rechts), die die

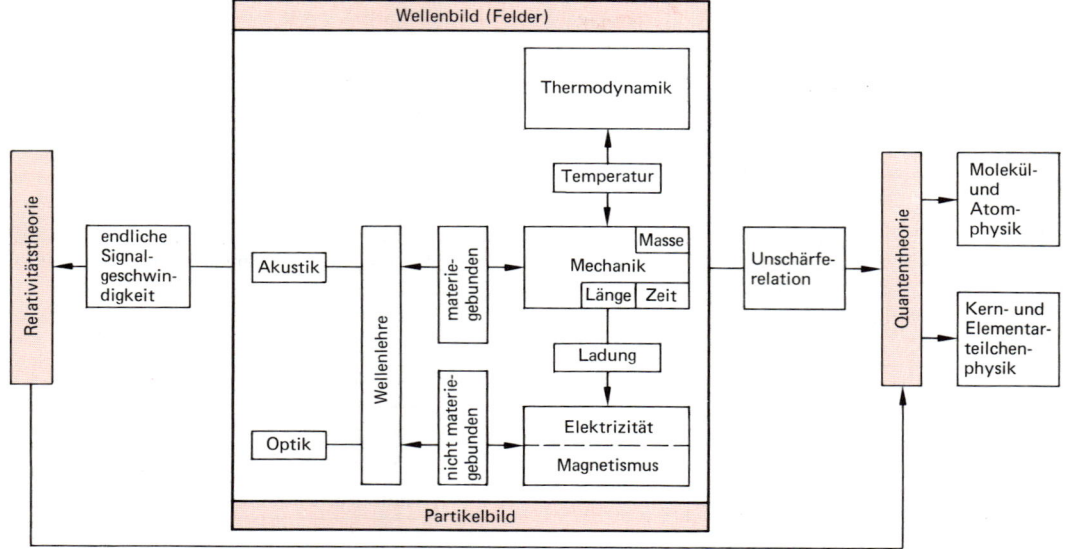

Bild 1-3.   Gebiete der Physik.

Gebiete Molekül- und Atomphysik sowie Kern- und Elementarteilchenphysik umfaßt. Beide Theorien wurden durch P. A. M. DIRAC miteinander verknüpft.

Die klassische Physik hat vier Hauptbereiche:

— *Mechanik*

Sie beschreibt die Zustandsänderungen eines massebehafteten Körpers in Raum und Zeit.

— *Thermodynamik*

In der Thermodynamik beschreibt man physikalische Erscheinungen, bei denen die Temperatur eine wichtige zusätzliche Zustandsgröße ist.

— *Elektrizität und Magnetismus*

Die Elektrizität und für bewegte Ladungen die Theorie des Magnetismus befassen sich mit den Effekten eines physikalischen Systems, wenn zusätzlich zu den mechanischen Grundgrößen (Masse, Länge und Zeit) noch die Eigenschaft der Ladung vorhanden ist.

— *Wellenlehre*

In diesem Lehrgebiet werden periodische Zustandsänderungen beschrieben. Wellen können sowohl materiegebunden (z. B. Akustik) als auch nicht an Materie gebunden sein (z. B. Optik).

Bis zum ersten Viertel des zwanzigsten Jahrhunderts herrschte das *streng kausale* und *deterministische Denkprinzip* der klassischen Physik Newtonscher Prägung vor. Da es sehr erfolgreich war, wurde es von anderen Wissenschaften übernommen. Beispielsweise erklärt der Darwinismus in klaren, kausalen Gedankenketten die Entwicklung der Arten (Evolutionstheorie). Gemäß der Schulmedizin wird die Krankheit von isolierbaren Einflüssen verursacht (z. B. Bakterien, Viren oder Organdefekten); durch Beseitigung dieser einzelnen Krankheitsursachen wird der Mensch gesund. In der geschichtlichen Beurteilung durch den Marxismus (historischer Materialismus) wird eine kausale Argumentation verwendet und die Determiniertheit des geschichtlichen Ablaufes postuliert. Die kausal-deterministische Denkweise Newtonscher Prägung nach dem Regelkreis physikalischen Erkennens (Bild 1-1) auf andere Gebiete zu übertragen, ist aber bedenklich, wenn

— die für den Induktionsschluß geforderte Konstanz der Systemvariablen nicht gegeben ist, weil diese je nach Situation unterschiedliche Werte einnehmen (z. B. hängt die Antwort eines Interviews auch von der Art der Fragestellung ab), und wenn

— die für einen Deduktionsschluß notwendige, vollständige Kenntnis der Anfangsbedingungen eines Systems nicht gegeben ist.

Die heute beklagte „Unmenschlichkeit" der Technik und die Zukunftslosigkeit vieler Menschen hat ihren Grund auch darin, daß die rein kausale, deterministische Denkweise, von der klassischen Physik ausgehend, weite Bereiche der geistigen Welt erfaßt hat. In letzter Konsequenz führt dieses Denken zu dem Schluß, das menschliche Leben sei ein sinnloses, vorherbestimmtes Existieren. Der Begriff Freiheit als Gegenteil von Determiniertheit wird dann ebenso sinnlos wie ein Moralbegriff, da vorherbestimmte Abläufe keinen Schuldigen kennen.

Mit der Begründung der Quantenphysik Mitte der zwanziger Jahre unseres Jahrhunderts wurde deutlich, daß sich atomare und subatomare Strukturen nicht mehr deterministisch verhalten und die klassische Physik ein Spezialfall der Quantenphysik ist. Damit wurde in der Physik erstmalig die deterministische Denkweise in ihrer generellen Gültigkeit in Frage gestellt. Dies bedeutet freilich nicht, daß der in Bild 1-1 dargestellte Regelkreis der physikalischen Erkenntnis in der Quantenphysik falsch wird. Er ist nach wie vor gültig. Es wird beim Induktionsschluß die Konstanz der Variablen ersetzt durch die Konstanz der statistischen Zusammenhänge, weshalb die Deduktion keine determinierten, sondern lediglich wahrscheinliche Vorhersagen erlaubt.

Weil in quantenmechanischen Systemen die Elemente unteilbar sind, sind sie ganzheitlich und dürfen nicht analytisch betrachtet werden. Zudem besteht zwischen den quantenmechanischen Systemkomponenten eine so starke Wechselwirkung, daß bei einer Trennung der Komponenten für eine Einzelanalyse diese erheblich verändert werden; somit ist ein Denken in wechselwirkenden Zusammenhängen (Regelkreisen) bei quantenmechanischen Systemen notwendig.

Das für viele Probleme unserer Zeit (z. B. Umweltzerstörung) notwendige vernetzte Denken in ganzheitlichen Kategorien als erforderliche Korrektur zur isolierten, analytischen Denkweise war in der Physik bereits vor sechzig Jahren notwendig, um quantenphysikalische Effekte erklären zu können. Sicherlich wird ein über die statistische Determiniertheit hinausgehendes Denkkonzept benötigt, um soziale und lebendige Systeme in ihrem Verhalten richtig beschreiben zu können. Aus

diesem Grund wird von einigen Physikern versucht, die Quantenphysik in ihrer ganzheitlichen, auf Regelkreisen beruhenden Betrachtungsweise als Denkmodell beispielsweise für gesellschaftliche Strukturen und deren Veränderungen oder zur ästhetischen Beurteilung von Kunstwerken heranzuziehen. Es bleibt abzuwarten, inwieweit diese Übertragungsversuche quantenmechanischer Denkkonzepte auf andere Wissenschaften erfolgreich sind.

1.3. Physikalische Größen

1.3.1. Definition und Einheit

Eine physikalische Größe kennzeichnet Eigenschaften und beschreibt Zustände sowie Zustandsänderungen von Objekten der Umwelt. Sie muß nach der Forderung Einsteins (Bild 1-1) meßbar sein, d. h. ein Meßverfahren definieren. Die Vereinbarung, nach der die beobachtete physikalische Einheit quantifiziert wird, ist die *Einheit* der physikalischen Größe. Beispielsweise wurde für die Temperatur T als Einheit K (Kelvin) der 273,16te Teil der Temperatur des Tripelpunktes von Wasser festgelegt (Abschn. 3.1.3). Der *Zahlenwert* vor der Einheit gibt an, wie oft der Vergleichsmaßstab der Einheit angelegt werden kann. Somit besteht eine physikalische Größe G immer aus einer *quantitativen Aussage* $\{G\}$ (ausgedrückt durch den Zahlenwert) und einer *qualitativen Aussage* $[G]$ (ausgedrückt durch die Einheit):

$$G = \{G\} \cdot [G]. \qquad (1\text{-}1)$$

Durch das *Gesetz über Einheiten im Meßwesen* vom 2. Juli 1969 (BGBl. I S. 709) wurden ab 1. 1. 1978 die Vereinbarungen der *Internationalen Organisation für Standardisation (ISO)*, die sogenannten *SI-Einheiten (Systeme International d'Unités)*, in der Bundesrepublik Deutschland eingeführt. Im amtlichen und geschäftlichen Verkehr dürfen seither für physikalische Größen nur noch die *SI-Einheiten* benutzt werden. Durch Vorsätze oder Präfixe können dezimale Vielfache oder Teile der Einheiten gebildet und damit umständlich zu schreibende Zehnerpotenzen der Maßzahlen vermieden werden. In Tabelle 1-1 sind die Vorsilben und Kurzzeichen für die Vorsätze zusam-

Tabelle 1-1. Bezeichnung der dezimalen Vielfachen und Teile von Einheiten

Zehner-potenz	Vorsilbe	Kurz-zeichen	Beispiel
10^{18}	Exa	E	Em, EJ
10^{15}	Peta	P	Pm, PJ
10^{12}	Tera	T	Tm, TJ
10^{9}	Giga	G	Gm, GJ
10^{6}	Mega	M	Mm, MJ
10^{3}	Kilo	k	km, kJ
10^{2}	Hekto	h	hPa, hJ
10^{1}	Deka	da	dam, daJ
10^{-1}	Dezi	d	dm, dJ
10^{-2}	Zenti	c	cm, cJ
10^{-3}	Milli	m	mm, mJ
10^{-6}	Mikro	μ	μm, μJ
10^{-9}	Nano	n	nm, nJ
10^{-12}	Piko	p	pm, pJ
10^{-15}	Femto	f	fm, fJ
10^{-18}	Atto	a	am, aJ

mengestellt. Doppelvorsätze wie z. B. μmm, sind nicht zulässig.

Hohe Anforderungen an die Genauigkeit des Vergleichs mit der Einheit, d.h. an die Meßgenauigkeit, können nur mit sehr aufwendigen Apparaturen erfüllt werden, bei denen Störeinflüsse auf den Vergleichsmaßstab weitgehend ausgeschlossen und die Ablesung des Vergleichsmaßstabs hochverfeinert ist. Weltweit kann ein solcher meßtechnischer Aufwand nur in wenigen Meß- und Eichlaboratorien getrieben werden. In der Bundesrepublik Deutschland ist dafür die *Physikalisch-Technische Bundesanstalt (PTB)* in Braunschweig zuständig. Bild 1-4 zeigt das *primäre Zeitnormal* der PTB Braunschweig, die Atomuhr. Schon wegen dieses meßtechnischen Aufwandes wurde in den SI-Vereinbarungen darauf geachtet, die Einheiten der physikalischen Größen auf möglichst wenige, voneinander unabhängige Basiseinheiten zurückzu-

Bild 1-4.   Das primäre Zeitnormal CS 1 der PTB Braunschweig, aufgestellt in der abgeschirmten und klimatisierten Atomuhrenhalle.

führen. Von deren absoluter Meßgenauigkeit sind unsere physikalischen Beobachtungen bestimmt. In Tabelle 1-2 sind die sieben *Basisgrößen* im SI-Einheitensystem wiedergegeben, ihre Definitionen und ihre relative Meßunsicherheit angegeben.

Durch die ISO-Festlegung der Vakuum-Lichtgeschwindigkeit vom 20. 10. 1983 auf $c = 299\,792\,458$ m/s ist das Meter von der Se-

kunde metrologisch abhängig geworden. Durch die Beziehung $c^2 = 1/\mu_0\,\varepsilon_0$ ist bei Kenntnis der Lichtgeschwindigkeit c und der magnetischen Feldkonstanten μ_0 der Wert für die elektrische Feldkonstante ε_0 exakt festgelegt (Abschn. 4.5.5.1). Nach dem von *K. von Klitzing* 1980 entdeckten *quantisierten Hall-Effekt* läßt sich auch eine aus Naturkonstanten sehr exakt bestimmbare Basisgröße für den elektrischen Widerstand $R = h/(i\,e^2)$ bestim-

Tabelle 1-2. Basisgrößen, Basiseinheiten und Definitionen im SI-Maßsystem.

Basisgröße	Basiseinheit	Symbol	Definition	relative Unsicherheit
Zeit	Sekunde	s	1 Sekunde ist das 9 192 631 770fache der Periodendauer der dem Übergang zwischen den beiden Hyperfeinstrukturniveaus des Grundzustands von Atomen des Nuklids ^{133}Cs entsprechenden Strahlung.	10^{-14}
Länge	Meter	m	1 Meter ist die Länge der Strecke, die Licht im Vakuum während der Dauer von 1/299 792 458 Sekunden durchläuft.	10^{-14}
Masse	Kilogramm	kg	1 Kilogramm ist die Masse des internationalen Kilogrammprototyps.	10^{-9}
elektrische Stromstärke	Ampere	A	1 Ampere ist die Stärke eines zeitlich unveränderlichen Stroms, der, durch zwei im Vakuum parallel im Abstand von 1 Meter voneinander angeordnete, geradlinige, unendlich lange Leiter von vernachlässigbar kleinem kreisförmigem Querschnitt fließend, zwischen diesen Leitern je 1 Meter Leiterlänge die Kraft $2 \cdot 10^{-7}$ Newton hervorruft.	10^{-6}
Temperatur	Kelvin	K	1 Kelvin ist der 273,16te Teil der thermodynamischen Temperatur des Tripelpunktes des Wassers.	10^{-6}
Lichtstärke	Candela	cd	1 Candela ist die Lichtstärke in einer bestimmten Richtung einer Strahlungsquelle, die monochromatische Strahlung der Frequenz 540 THz aussendet und deren Strahlstärke in dieser Richtung 1/683 W/sr beträgt.	$5 \cdot 10^{-3}$
Stoffmenge	Mol	mol	1 Mol ist die Stoffmenge eines Systems, das aus ebensoviel Einzelteilchen besteht, wie Atome in 12/1000 Kilogramm des Kohlenstoffnuklids ^{12}C enthalten sind.	10^{-6}

Tabelle 1-3. Zusammenstellung einiger physikalischer Größen mit ihren SI-Einheiten, die von den Basiseinheiten abgeleitet sind.

Physikalische Größe	Formel-zeichen	Berechnung	Einheit	
Fläche	A	$A = \text{Länge} \times \text{Breite}$	m^2	
Winkel	φ	$\varphi = \dfrac{\text{Bogen}}{\text{Radius}}$	$\dfrac{\text{m}}{\text{m}} = \text{rad}$	Radiant
Raumwinkel	Ω	$\Omega = \dfrac{\text{Fläche des Kugelabschnitts}}{\text{Quadrat des Kugelradius}}$	$\dfrac{\text{m}^2}{\text{m}^2} = \text{sr}$	Steradiant
Frequenz	v, f	$= \dfrac{1}{\text{Periodendauer}}$	$\dfrac{1}{\text{s}} = \text{Hz}$	Hertz
Geschwindigkeit	$\boldsymbol{v}$	$v = \dfrac{\text{Wegintervall}}{\text{Zeitintervall}}$	$\dfrac{\text{m}}{\text{s}}$	
Beschleunigung	$\boldsymbol{a}$	$a = \dfrac{\text{Geschwindigkeitsänderung}}{\text{Zeitintervall}}$	$\dfrac{\text{m}}{\text{s}^2}$	
Kraft	$\boldsymbol{F}$	$F = \text{Masse} \times \text{Beschleunigung}$	$\text{kg} \cdot \dfrac{\text{m}}{\text{s}^2} = \text{N}$	Newton
Arbeit, Energie	W, E	$W = \text{Kraft} \times \text{Weg}$	$\text{kg} \cdot \dfrac{\text{m}^2}{\text{s}^2} = \text{J}$	Joule
Leistung	P	$P = \dfrac{\text{Arbeit}}{\text{Zeitintervall}}$	$\text{kg} \cdot \dfrac{\text{m}^2}{\text{s}^3} = \text{W}$	Watt
Wärme	Q	$Q = \text{Energie}$	$\text{kg} \cdot \dfrac{\text{m}^2}{\text{s}^2} = \text{Ws} = \text{J}$	Joule
Wärmekapazität	C	$C = \dfrac{\text{Wärme}}{\text{Temperaturintervall}}$	$\dfrac{\text{kg} \cdot \text{m}^2}{\text{s}^2 \cdot \text{K}} = \dfrac{\text{J}}{\text{K}}$	
elektrische Ladung	Q_e	$Q_e = \text{elektr. Stromstärke} \times \text{Zeit}$	$\text{A} \cdot \text{s} = \text{C}$	Coulomb
elektrische Feldstärke	$\boldsymbol{E}$	$E = \dfrac{\text{elektrische Kraft}}{\text{elektrische Ladung}}$	$\dfrac{\text{kg} \cdot \text{m}}{\text{s}^3 \cdot \text{A}} = \dfrac{\text{N}}{\text{A} \cdot \text{s}} = \dfrac{\text{V}}{\text{m}}$	
elektrische Spannung	U	$U = \dfrac{\text{elektrische Arbeit}}{\text{elektrische Ladung}}$	$\dfrac{\text{kg} \cdot \text{m}^2}{\text{A} \cdot \text{s}^3} = \dfrac{\text{W}}{\text{A}} = \text{V}$	Volt
elektrischer Widerstand	R	$R = \dfrac{\text{elektrische Spannung}}{\text{elektrische Stromstärke}}$	$\dfrac{\text{kg} \cdot \text{m}^2}{\text{A}^2 \cdot \text{s}^3} = \dfrac{\text{V}}{\text{A}} = \Omega$	Ohm
magnetische Feldstärke	$\boldsymbol{H}$	$H = \dfrac{\text{elektr. Stromstärke} \times \text{Windungszahl}}{\text{Spulenlänge}}$	$\dfrac{\text{A}}{\text{m}}$	
magnetischer Fluß	Φ	$\Phi = \text{magnetische Induktion} \times \text{Fläche}$	$\dfrac{\text{kg} \cdot \text{m}^2}{\text{A} \cdot \text{s}^2} = \text{V} \cdot \text{s} = \text{Wb}$	Weber
magnetische Induktion	$\boldsymbol{B}$	$B = \text{Permeabilität} \times \text{magnetische Feldstärke}$	$\dfrac{\text{kg}}{\text{A} \cdot \text{s}^2} = \dfrac{\text{Wb}}{\text{m}^2} = \text{T}$	Tesla
Beleuchtungsstärke	E	$E = \dfrac{\text{Lichtstrom}}{\text{Fläche}}$	$\dfrac{\text{cd} \cdot \text{sr}}{\text{m}^2} = \text{lx}$	Lux

Tabelle 1-4. Wichtige Naturkonstanten.

Bezeichnung	Symbol	Wert	relative Unsicherheit
Vakuum-Lichtgeschwindigkeit	c	$2{,}99792458 \cdot 10^8 \, \frac{m}{s}$	0
Gravitationskonstante	γ	$6{,}67259 \cdot 10^{-11} \, \frac{N\,m^2}{kg^2}$	$1{,}3 \cdot 10^{-4}$
Avogadro-Konstante	N_A	$6{,}0221367 \cdot 10^{23} \, mol^{-1}$	$6 \cdot 10^{-7}$
Elementarladung	e	$1{,}60217733 \cdot 10^{-19} \, A\,s$	$3 \cdot 10^{-7}$
Ruhemasse des Elektrons	$m_{0\,e}$	$9{,}1093897 \cdot 10^{-31} \, kg$	$6 \cdot 10^{-7}$
Ruhemasse des Protons	$m_{0\,p}$	$1{,}6726231 \cdot 10^{-27} \, kg$	$6 \cdot 10^{-7}$
Plancksches Wirkungsquantum	h	$6{,}6260755 \cdot 10^{-34} \, J\,s$	$6 \cdot 10^{-7}$
Sommerfeldsche Feinstrukturkonstante	α	$7{,}29735308 \cdot 10^{-3}$	$4{,}5 \cdot 10^{-8}$
elektrische Feldkonstante	ε_0	$8{,}85418781762 \cdot 10^{-12} \, \frac{A\,s}{V\,m}$	0
magnetische Feldkonstante	μ_0	$4\,\pi \cdot 10^{-7} \, \frac{V\,s}{A\,m}$	0
Faraday-Konstante	F	$9{,}6485309 \cdot 10^4 \, \frac{A\,s}{mol}$	$6 \cdot 10^{-7}$
universelle Gaskonstante	R_m	$8{,}314510 \, \frac{J}{mol\,K}$	$8{,}4 \cdot 10^{-6}$
Boltzmann-Konstante	k	$1{,}380658 \cdot 10^{-23} \, \frac{J}{K}$	$8{,}5 \cdot 10^{-6}$
Stefan-Boltzmann-Konstante	σ	$5{,}67051 \cdot 10^{-8} \, \frac{W}{m^2\,K^4}$	$3{,}4 \cdot 10^{-5}$

men ($i = 1, 2, 3 \ldots$). Die SI-Einheiten der übrigen physikalischen Größen werden aus den Basiseinheiten entsprechend ihrer Definitionsgleichung abgeleitet. Eine Auswahl abgeleiteter Einheiten zeigt Tabelle 1-3.

Bei der theoretischen Beschreibung der ermittelten Zusammenhänge zwischen den physikalischen Größen ergeben sich universelle Proportionalitätskonstanten, die Naturkonstanten. Einige dieser Naturkonstanten sind in Tabelle 1-4 aufgeführt.

1.3.2. Meßgenauigkeit

Die Messung einer physikalischen Größe erfolgt durch den Vergleich der Einheit dieser Größe nach der Meßmethode der SI-Vereinbarung oder einem darauf geeichten Meßverfahren. Oft werden die Meßwerte von Wiederholungsmessungen Abweichungen untereinander haben, die kennzeichnend für die Meßgenauigkeit sind. Wie Tabelle 1-5 zeigt, ist dabei zwischen den *systematischen*, für das Meßverfahren charakteristischen Abweichungen und den *zufälligen* oder *statistischen*, vom Experimentator abhängigen Abweichungen zu unterscheiden.

Um systematische Abweichungen aufzudecken, werden in der Prüfpraxis *Ringversuche* durchgeführt, bei denen dieselbe Probe von verschiedenen Prüfstellen gemessen und die Ergebnisse anschließend verglichen werden. Aus den zufälligen Abweichungen wird durch die *Fehlerrechnung* die Meßgenauigkeit des angewandten Meßverfahrens bestimmt. Die mathematischen Grundlagen für diese Analyse der Meßgenauigkeit sind in Lehrbüchern der Statistik und Wahrscheinlichkeitstheorie beschrieben. Die praxisgerechten Verfahren sind in Normen zusammengefaßt:

Tabelle 1-5. Abgrenzung zwischen systematischen und statistischen Abweichungen.

	systematische Abweichungen	statistische Abweichungen
Hinweise	unsymmetrische Häufung der Meß-werte von Wiederholungsmessungen	symmetrische Häufung der Meßwerte um einen häufigsten Wert
Ursachen	falsche Kalibrierung der Meßgeräte (z. B. falsch eingestellter Nullpunkt) Ablesefehler (z. B. Parallaxenfehler bei Zeigerinstrumenten) falsche Meßgerätejustierung (z. B. nicht horizontale Aufstellung) Meßwertdriften (z. B. Meßverfahren verändert die Meßgröße)	Schwankungen beim Anlegen von Maß-stäben (z. B. mangelnde Geschicklich-keit, elektronische Triggerschwan-kungen) Schätzung von Zwischenwerten auf Maßstäben
Abhilfen	Konsistenzmessungen (z. B. Eich-punkte, Meßbereichsumschaltung) stabilisierende Maßnahmen (z. B. Thermostatisierung, Vakuumschutz) Einsatz unterschiedlicher Meßver-fahren	keine (Meßgenauigkeit des Meßverfah-rens entspricht Meßfehler)
Charakterisierung	Angabe von Namen, Institut (amtliche Zulassung, Prüfstelle), Meßdatum und verwendeten Meßgeräten	Angabe der Abweichung nach mathe-matischer Analyse der Meßwerte (Fehlerrechnung)

DIN 1319: Grundbegriffe der Meßtechnik,
DIN 55302: Statistische Auswerteverfahren,
DIN 55303: Statistische Auswertung von Da-
ten,
DIN 55350: Qualitätssicherung und Statistik.

Zur graphischen Analyse der Meßwertschwan-kungen dient das *Histogramm*. Ein Beispiel hierfür zeigt Bild 1-5. In dieses wird balken-förmig über dem Meßwert x die relative Häufigkeit h_j des Meßwerts aufgetragen:

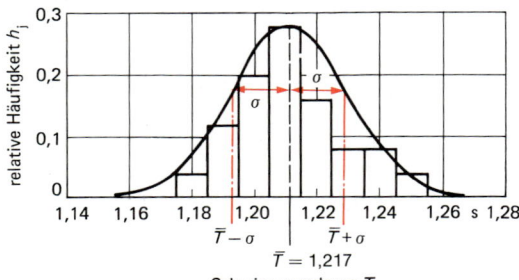

Bild 1-5.   *Histogramm der Häufigkeitsverteilung $h_j(T)$ bei einer Schwingungsdauermessung sowie die Nor-malverteilungskurve nach Gl. (1-2) für $\mu = \bar{T}$ und $\sigma^2 = s_T^2$ mit $\bar{T} = 1,217\,s$ und $s_T = 0,017\,s$.*

$$h_j = \frac{N_j}{N} . \qquad (1\text{-}2)$$

N_j ist die Anzahl des Meßwerts x_j bei N Messungen der Meßgröße x.

Bei zufälligen Meßabweichungen ist die Häu-figkeitsverteilung symmetrisch zu einem *häu-figsten Wert*, dem *Erwartungswert μ*. Bei einer Wiederholungsmessung wird dieser Erwar-tungswert mit größter Wahrscheinlichkeit ge-messen. Vom häufigsten Wert abweichende Meßwerte x_j werden um so seltener gemessen, je größer ihre Abweichung $d_j = x_j - \mu$ vom Erwartungswert μ ist.

Wird die Anzahl der Wiederholungsmessun-gen stark erhöht, so geht die Häufigkeitsver-teilung $h(x_j)$ in eine glockenförmige *Normal-Verteilung* der Meßwerte über. Im Grenzfall liegen die Werte des Histogramms auf der von C. F. Gauß aufgestellten Verteilungsfunk-tion

$$h(x) = \frac{1}{\sqrt{2\pi}\,\sigma^2}\, e^{-\frac{(x-\mu)^2}{2\sigma^2}} . \qquad (1\text{-}3)$$

$h(x)\,dx$ ist die Wahrscheinlichkeit, daß bei einer Wiederholungsmessung der Meßwert x zwischen x und $x + dx$ liegt. Die Funktion $h(x)$ ist symmetrisch zum Erwartungswert μ und durch den Faktor $1/\sqrt{2\pi\sigma^2}$ so normiert, daß die Wahrscheinlichkeit 1 ist, bei einer Wiederholungsmessung einen Wert x im Bereich $-\infty < x < +\infty$ zu finden. Die *Varianz* σ^2 ist ein Maß für die Breite der Verteilungsfunktion $h(x)$: 68,3% der Meßwerte liegen im Bereich $x = \mu \pm \sigma$ und 95,4% im Bereich $x = \mu \pm 2\,\sigma$. Die Varianz σ^2 kann auch aus der Halbwertsbreite $b_{1/2}$, d.h. der Breite der Glockenkurve in halber Höhe des Maximums der Gauß-Verteilung, bestimmt werden; es ist

$$\sigma^2 = \frac{b_{1/2}^2}{8 \ln 2} = 0,18\, b_{1/2}^2 . \qquad (1\text{-}4)$$

Aus der Häufigkeitsverteilung $h(x_j)$ einer endlichen Anzahl N von Messungen der m diskreten Meßwerte $x_1, \ldots, x_m$ lassen sich für den Erwartungswert μ und die Varianz σ^2 nach der *Theorie der Beobachtungsfehler* von Gauß Schätzwerte berechnen. Demnach ist die beste Näherung für μ der *arithmetische Mittelwert* $\bar{x}$ aus den Meßwerten. Die theoretischen Beziehungen zur Berechnung der Schätzwerte sind in Tabelle 1-6 zusammengestellt.

Charakteristisch für die Varianz σ^2 und damit die Breite der Häufigkeitsverteilung ist die Summe der quadratischen Abweichungen $(x_i - x_0)^2$ von einem Festwert x_0, die Fehlersumme FS. Die Fehlersumme hat den minimalen Wert $FS_{\min}$, wenn für den Festwert der arithmetische Mittelwert $\bar{x}$ eingesetzt wird. Mit Hilfe der minimalen Fehlersumme läßt sich als Breitenmaß der Häufigkeitsverteilung die *Standardabweichung* s berechnen; s ist die minimale Fehlersumme $FS_{\min}$, normiert auf die Anzahl $n_w = N - 1$ der Wiederholungsmessungen. Die Standardabweichung s hat dieselbe Maßeinheit wie die Meßgröße x. Nach der Theorie der Beobachtungsfehler ist s^2 der beste Schätzwert für die Varianz σ^2. In Bild 1−5 ist in das Histogramm die Verteilungsfunktion $h(x)$ nach Gl. (1-3) eingezeichnet, wenn an Stelle μ und σ^2 die nach Tabelle 1-6 berechneten Werte $\bar{x}$ und s^2 gesetzt werden.

Die Genauigkeit eines Meßverfahrens bestimmt die Breite der Häufigkeitsverteilung. Die Standardabweichung s charakterisiert somit die Meßgenauigkeit des verwendeten Meßverfahrens und kann deshalb durch Wiederholungsmessungen nicht erhöht werden; dazu muß das Meßverfahren geändert werden.

Dagegen erhöhen Wiederholungsmessungen die Genauigkeit, so daß der berechnete arithmetische Mittelwert $\bar{x}$ mit dem Erwartungswert μ als wahrem häufigsten Wert der Meß-

Tabelle 1-6. Beziehungen zur Berechnung der Kennwerte der Fehlerrechnung.

Kennwerte der Fehlerrechnung		Beziehungen	
$\bar{x}$	arithmetischer Mittelwert; Schätzwert für den Erwartungswert	$\bar{x} = \dfrac{1}{N} \sum\limits_{i=1}^{N} x_i$	$(1\text{-}5)$
$FS_{\min}$	minimale Fehlersumme einer Anzahl von N Meßwerten	$FS_{\min} = \sum\limits_{i=1}^{N} (x_i - \bar{x})^2$	
		$= \sum\limits_{i=1}^{N} x_i^2 - N\bar{x}^2$	$(1\text{-}6)$
s	Standardabweichung des Meßwerts bzw. Meßverfahrens; Schätzwert für die Varianz	$s = \sqrt{\dfrac{FS_{\min}}{N-1}}$	$(1\text{-}7)$
$\Delta\bar{x}$	Standardabweichung des arithmetischen Mittelwerts	$\Delta\bar{x} = \dfrac{s}{\sqrt{N}}$	$(1\text{-}8)$
u_z	Zufallskomponente der Meßunsicherheit mit t_P-Faktor der Student-Verteilung	$u_z = \Delta\bar{x}\, t_P$	$(1\text{-}9)$

größe übereinstimmt. Die Standardabweichung des arithmetischen Mittelwerts $\Delta \bar{x}$ in Tabelle 1-6 ist ein Maß für die Abweichung zwischen Schätzwert $\bar{x}$ und wahrem Wert μ.

Häufig liegt bei Messungen die Anzahl der Wiederholungsmessungen, d. h. die Anzahl der Messungen N abzüglich der Anzahl der gesuchten Erwartungswerte unter zehn. Bei einer solchen kleinen Anzahl von Messungen ähnelt in der Regel das Histogramm Bild 1-5 nur sehr entfernt einer Normalverteilungskurve nach Gl. (1-3). Dementsprechend ungenau ist die Abschätzung des Erwartungswertes der Meßgröße durch das arithmetische Mittel der Meßwerte. Die Güte dieser Abschätzung wird durch einen *Vertrauensbereich um den arithmetischen Mittelwert* gekennzeichnet, in dem der Erwartungswert der Meßgröße mit einer vom Experimentator vorzugebenden Wahrscheinlichkeit, der *statistischen Sicherheit P*, liegt.

Nach der Theorie der Beobachtungsfehler (*t-Verteilung nach Student*, alias W. S. GOSSET, 1876 bis 1937) sind bei normalverteilten Meßgrößen die Vertrauensgrenzen für den Erwartungswert abhängig von der Anzahl N der Messungen und der Standardabweichung s des Meßverfahrens:

obere Vertrauensgrenze: $x_0 = \bar{x} + u_z$,
untere Vertrauensgrenze: $x_u = \bar{x} - u_z$.

Die Meßunsicherheit u_z, die den Vertrauensbereich des statischen Meßwerts abgrenzt, berechnet sich nach Gl. (1-9) in Tabelle 1-6 und hängt von der Standardabweichung $\Delta \bar{x}$ des arithmetischen Mittelwerts ab.

Der Faktor t folgt aus der *Student-t-Verteilung* und ist abhängig von der Anzahl der Wiederholungsmessungen und der geforderten statistischen Sicherheit P. In Tabelle 1-7 sind für verschiedene Werte der statistischen Sicherheit P Werte für den t-Faktor aufgeführt. In der Physik und in der Vermessungstechnik rechnet man mit der statistischen Sicherheit $P = 68,3\%$. In diesem Fall entspricht die Meßunsicherheit u_z gerade der Standardabweichung $\Delta \bar{x}$ des arithmetischen Mittelwerts. In der Industrie dagegen bevorzugt man die höhere statistische Sicherheit von $P = 95,4\%$. Deshalb muß bei der Angabe der Meßunsicherheit bzw. des Vertrauensbereichs stets die gewählte statistische Sicherheit P angegeben werden.

Tabelle 1-7. Zahlenwerte nach DIN 1319 und Anpassungspolynom des t-Faktors der Vertrauensgrenzen für verschiedene statistische Sicherheiten.

Anzahl der Wiederholungsmessungen $n_w = N - k$	statistische Sicherheit P	
	68,3% $t_{0,68}$	95,4% $t_{0,95}$
1	1,84	12,71
2	1,32	4,30
3	1,20	3,18
4	1,15	2,78
5	1,11	2,57
7	1,08	2,37
10	1,06	2,25
20	1,03	2,09
50	1,01	2,01
100	1,00	1,98
> 100	1,00	1,96
Anpassungspolynom	$t_{0,68} = 1$ $+ \dfrac{0,584}{n_w}$ $- \dfrac{0,032}{n_w^2}$ $+ \dfrac{0,288}{n_w^3}$	$t_{0,95} = 1,96$ $+ \dfrac{3,012}{n_w}$ $- \dfrac{1,273}{n_w^2}$ $+ \dfrac{8,992}{n_w^3}$

Liegt neben der *statistischen* Meßunsicherheit u_z auch noch eine *systematische* Meßunsicherheit u_s vor, so ist als *Gesamt-Meßunsicherheit* die Summe, also der Wert $u_g = u_z + u_s$, anzugeben.

Das Ergebnis von N Messungen der Meßgröße x mit einem Meßverfahren, dessen Meßgenauigkeit durch die Standardabweichung s gekennzeichnet ist, wird in der Form

$$x_P = \bar{x} \pm t_P \frac{s}{\sqrt{N}} \qquad (1\text{-}10)$$

angegeben. Der Index P kennzeichnet bei sehr genauen Messungen die gewählte statistische Sicherheit. Die Angabe der statistischen Sicherheit wird allerdings in der Praxis oft weggelassen. Dies kann zu Verwirrungen führen. So kann beispielsweise die Temperaturmessung mit einem Thermometer mit 1/10 °C Teilung bei einer Kalibrierung mit der statistischen Sicherheit von 68,3% eine Meßgenauigkeit von $u_g = 0,1$ K aufweisen. Für den Einsatz in der Industrie mit einer Anforderung an die statistische Sicherheit von 95,4% muß für dieses Thermometer die doppelte Meßungenauigkeit $u_g = 0,2$ K angegeben werden.

Wie aus Gl. (1-10) hervorgeht, nimmt die Meßunsicherheit von x nur mit der Wurzel der Messungen ab. Deshalb steigern viele Wiederholungsmessungen die Meßgenauigkeit des Erwartungswertes der Meßgröße nur noch wenig.

In Tabelle 1-6 sind die *absoluten Standardabweichungen* zusammengestellt. Zum Vergleich der Genauigkeiten verschiedener Meßverfahren werden häufig die *relativen Standardabweichungen* des Meßverfahrens $s/\bar{x}$ bzw. des arithmetischen Mittelwerts $\Delta\bar{x}/\bar{x}$ herangezogen. Die Relativwerte werden dabei jeweils auf den arithmetischen Mittelwert $\bar{x}$ bezogen und in *Prozentwerten* ($1\% = 10^{-2}$), *Promille* ($1\text{‰} = 10^{-3}$) oder *parts per million* (1 ppm $= 10^{-6}$) angegeben.

1.3.3. Fehlerfortpflanzung

Oft werden die physikalischen Größen $f(x, y, z, \ldots)$ nicht direkt gemessen, sondern indirekt aus den Messungen der Teilgrößen $x, y, z, \ldots$ bestimmt, beispielsweise die Dichte ϱ eines zylindrischen Körpers aus den Messungen der Masse, des Durchmessers und der Höhe. Als Meßergebnisse liegen also die arithmetischen Mittelwerte und die Standardabweichungen der Teilgrößen vor. Nach dem *Fehlerfortpflanzungsgesetz* von *Gauß* lassen sich aus diesen Werten der Teilgrößen der wahrscheinliche Wert $\bar{f}$ der indirekt gemessenen Größe $f(x, y, z, \ldots)$ und deren Standardabweichungen nach den Beziehungen in Tabelle 1-8 errechnen.

Häufig wird Gl. (1-12) in Tabelle 1-8 für die Standardabweichung mit Hilfe des *absoluten Größtfehlers* Δf nach Gl. (1-13) abgeschätzt. Besonders einfach läßt sich der *relative Größtfehler* $\Delta f/\bar{f}$ einer Größe $f = x^k y^m z^n$ berechnen, die über Potenzprodukte von den Teilgrößen abhängt:

$$\frac{\Delta f}{\bar{f}} = |k| \left| \frac{s_x}{\bar{x}} \right| + |m| \left| \frac{s_y}{\bar{y}} \right| + |n| \left| \frac{s_z}{\bar{z}} \right| . \tag{1-14}$$

1.3.4. Kurvenanpassung

Außer der direkten Bestimmung von Meßwerten für einzelne physikalische Größen f, beispielsweise der Länge oder der Masse eines Körpers, wird in Physik und Technik die Meßtechnik dazu eingesetzt, Theorien von Naturvorgängen zu überprüfen und die Parameter dieser Theorien experimentell zu bestimmen. Dabei werden für unterschiedliche

Tabelle 1-8. Beziehungen für die Kennwerte der Fehlerrechnung indirekt gemessener physikalischer Größen.

Kennwerte der Fehlerfortpflanzung der Fehlerrechnung	Beziehungen	
$\bar{f}$ wahrscheinlichster Wert der indirekt gemessenen physikalischen Größe f	$\bar{f} = f(\bar{x}, \bar{y}, \bar{z}, \ldots)$	(1-11)
s_f Standardabweichung der Größe f bzw. des indirekten Meßverfahrens für f	$s_f = \sqrt{\left(\frac{\partial f}{\partial x}\right)^2 s_x^2 + \left(\frac{\partial f}{\partial y}\right)^2 s_y^2 + \left(\frac{\partial f}{\partial z}\right)^2 s_z^2 + \ldots}$	(1-12)
Δf absoluter Größtfehler der Größe f bzw. des Meßverfahrens für f	$\Delta f = \left|\frac{\partial f}{\partial x}\right| |s_x| + \left|\frac{\partial f}{\partial y}\right| |s_y| + \left|\frac{\partial f}{\partial z}\right| |s_z| + \ldots$	(1-13)
$\bar{x}, \bar{y}, \bar{z}, \ldots$	arithmetische Mittelwerte der Teilmeßgrößen $x, y, z, \ldots$	
$s_x, s_y, s_z, \ldots$	Standardabweichungen der Teilmeßgrößen $x, y, z, \ldots$	
$\frac{\partial f}{\partial x}, \frac{\partial f}{\partial y}, \frac{\partial f}{\partial z}, \ldots$	partielle Ableitungen der Funktion $f(x, y, z, \ldots)$ nach den Teilgrößen $x, y, z, \ldots$ an der Stelle $\bar{x}, \bar{y}, \bar{z}, \ldots$	

Meßvariablen $x_1, x_2, x_3, \ldots$ die Meßwerte $f_1, f_2, f_3, \ldots$ der physikalischen Größe f gemessen, mit den theoretischen Werten $f(x_1; a_0, a_1, \ldots), f(x_2; a_0, a_1, \ldots), f(x_3; a_0, a_1, \ldots) \ldots$ verglichen und die Parameter $a_0, a_1, \ldots$ der Theorie so gewählt, daß die theoretischen Werte der physikalischen Größe f im Rahmen der Meßgenauigkeit mit den Meßwerten übereinstimmen. Lassen sich die Meßwerte nicht durch die theoretischen Kurven anpassen, so ist entweder die zugrundeliegende Theorie falsch oder die Messung mit systematischen Meßfehlern behaftet. Eine für die theoretische Elementarteilchenphysik bahnbrechende experimentelle Untersuchung mit Fehleranalyse zeigt Bild 1-6.

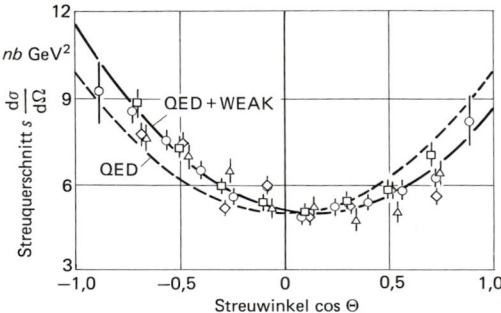

Bild 1-6. PETRA-Experimente am Deutschen Elektronen-Synchrotron (DESY) bewiesen 1983 das Versagen der reinen Quanten-Elektrodynamik (QED) bei der Erzeugung von Myonen und bestätigten im Rahmen der Meßgenauigkeit die Theorie der elektroschwachen Wechselwirkung (QED + WEAK).

Sind die Meßfehler der Meßwerte $f_1, f_2, \ldots$ zufällig und unterliegen sie dem Normalverteilungsgesetz, so sind nach der *Theorie der Beobachtungsfehler* von *Gauß* die Parameter $a_0, a_1, \ldots$ der Theorie am wahrscheinlichsten, für die die Fehlersumme, d.h. die Summe der Quadrate der Abweichungen, ein Minimum ist:

$$FS = \sum_{i=1}^{N} g_i [f_i - f(x_i; a_0, a_1, \ldots)]^2$$
$$\rightarrow \text{Minimum}$$
$$(1\text{-}15)$$

Mit den *Gewichten* g_i können die Beiträge einzelner Meßwerte zur Fehlersumme unterschiedlich gewichtet werden.

Es wird bei diesem Ansatz vorausgesetzt, daß die Abweichungen $f_i - f(x_i; a_0, a_1, \ldots)$ voneinander unabhängig sind und die Standardabweichung der Messungen f_i für alle Maßvariablen x_i denselben Wert s hat.

Die Forderung dieser *Methode der kleinsten Quadrate* führt auf ein *System von Normalgleichungen* für die Parameter $a_0, a_1, \ldots$:

$$-2 \sum_{i=1}^{N} g_i [f_i - f(x_i; a_0, a_1, \ldots)] \frac{\partial f}{\partial a_0} = 0,$$

$$-2 \sum_{i=1}^{N} g_i [f_i - f(x_i; a_0, a_1, \ldots)] \frac{\partial f}{\partial a_1} = 0$$

und so fort.   (1-16a), (1-16b)

Für Linearkombinationen der Parameter $a_0, a_1, \ldots$ ist das Normalgleichungssystem linear und geschlossen lösbar. Bild 1-7 gibt einen Überblick über Funktionen f mit linearen Normalgleichungen. Die Standardabweichungen $s_{a_0}, s_{a_1}, \ldots$ der Parameter lassen sich aus dem Wert des Minimums der Fehlersumme FS_{min}, der Anzahl der Wiederholungsmessungen n_w und aus den Gewichten $g_1, g_2, \ldots$ der Meßwerte ermitteln. Oft läßt sich eine theoretische Beziehung $y = f(x; a_0, a_1)$ durch eine Transformation $v = v(y)$ in eine Geradendarstellung $v = m x + a$ umformen. Die Parameter Steigung m und Achsenabschnitt a dieser Geradendarstellung $v(x)$ können dann entweder rechnerisch oder graphisch durch eine *Regressionsgerade* ermittelt werden. Durch die Umformung von $y = f(x)$ in $v = v(x)$ ändern sich jedoch die Gewichte g_i der einzelnen Meßwerte; die Fehlersumme lautet dann

$$FS = \sum_{i=1}^{N} g_i (v_i - m x_i - a)^2.   (1\text{-}17)$$

Ist die Standardabweichung s_y für alle Werte y_i gleich und kann die Meßungenauigkeit der Werte x_i vernachlässigt werden, so ergeben sich die Gewichte g_i aus

$$g_i = \frac{1}{\left(\dfrac{\partial v(y_i)}{\partial y_i}\right)^2 s_y^2}.   (1\text{-}18)$$

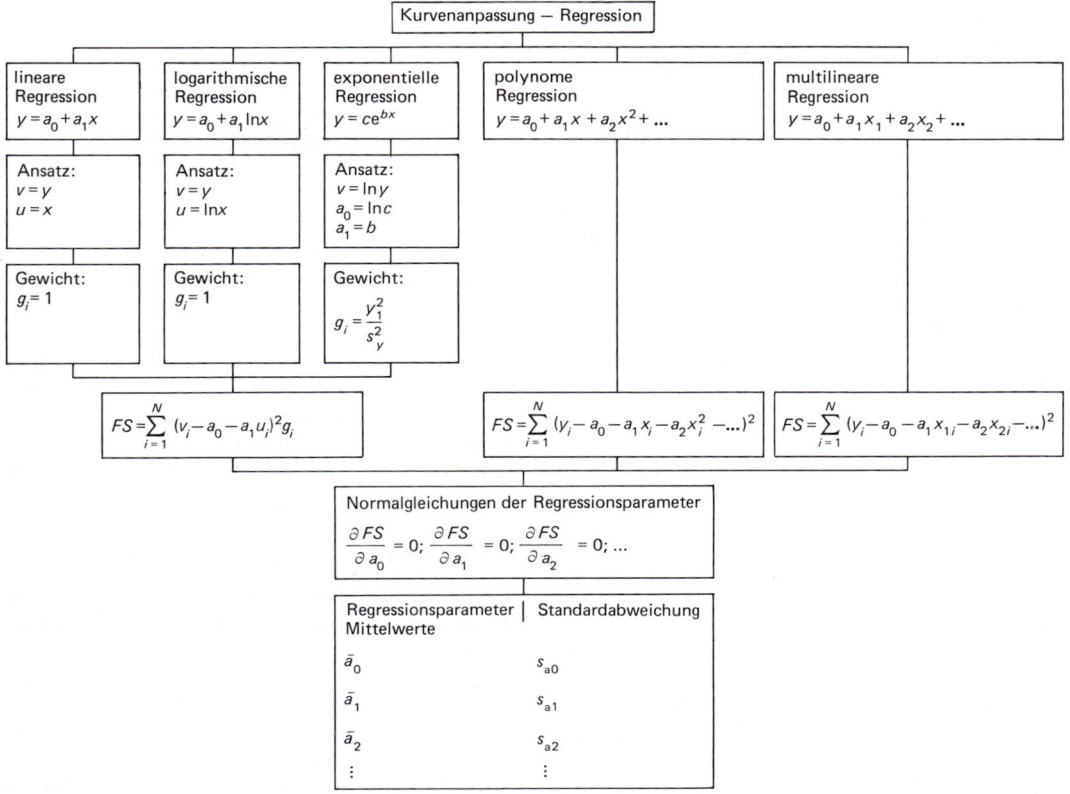

Bild 1-7. *Funktionen mit einem linearen Normalgleichungssystem für die Parameter der Kurvenanpassung.*

In Bild 1-8 sind für die Spezialfälle der linearen, logarithmischen und exponentiellen Regression die Lösungen für die Mittelwerte und Standardabweichungen der Parameter zusammengestellt.

Die *Vertrauensgrenzen* u_z, die die statistische Meßungenauigkeit begrenzen, ergeben sich je nach geforderter statistischer Sicherheit aus dem Faktor t von Tabelle 1-7. Es ist zu beachten, daß bei k Parametern und N Messungen die Anzahl der Wiederholungsmessungen $n_w = N - k$ beträgt. So ist bei der Regressionsgeraden die Anzahl der Wiederholungsmessungen $n_w = N - 2$. Das Ergebnis der Kurvenanpassung ist

$$a = \bar{a} \pm t(n_w) \frac{s_a}{\sqrt{N}}. \qquad (1\text{-}19)$$

1.3.5. Ausgleichsgeradenkonstruktion

Eine zeichnerische Darstellung der Meßpunkte und des Verlaufs der angepaßten theoretischen Kurve eignet sich besonders gut für die schnelle Beurteilung, ob die Theorie im Rahmen der Meßgenauigkeit mit den Meßwerten übereinstimmt. Wird ein linearer Zusammenhang $y = mx + a$ zwischen der Meßvariablen x und der Meßgröße y erwartet, so kann im Meßdiagramm die *Ausgleichsgerade* auch graphisch durch die Meßwerte gelegt werden. Der Parameter $\bar{a}$ ergibt sich aus dem Achsenabschnitt der Ausgleichsgerade, $\bar{m}$ aus der Steigung.
Die Standardabweichungen Δm und Δa der Parameter lassen sich durch 2 *Grenzgeraden* I und II an die Meßwerte abschätzen, die durch den *Schwerpunkt der Meßwerte* $y_s = \frac{1}{N}\sum_{i=1}^{N} y_i$

Einlesen Anzahl Meßpunkte N Meßwerte x_i, y_i		
Regressionsfall		
logarithmische	lineare	exponentielle
$v_i = y_i$ $u_i = \ln x_i$ $g_i = 1$	$v_i = y_i$ $u_i = x_i$ $g_i = 1$	$v_i = \ln y_i$ $u_i = x_i$ $g_i = y_i^2$

$$A = \sum_{i=1}^{N} g_i \qquad D = \sum_{i=1}^{N} g_i v_i$$

$$B = \sum_{i=1}^{N} g_i u_i \qquad E = \sum_{i=1}^{N} g_i u_i v_i$$

$$C = \sum_{i=1}^{N} g_i u_i^2 \qquad F = \sum_{i=1}^{N} g_i v_i^2$$

$$a_0 = \frac{CD - BE}{AC - B^2} \qquad s_{a0} = \left(\frac{(F - 2a_0 D - 2a_1 E + 2a_1 a_0 B + a_0^2 A + a_1^2 C)C}{(N-2)(AC - B^2)}\right)^{1/2}$$

$$a_1 = \frac{AE - BD}{AC - B^2} \qquad s_{a1} = \left(\frac{(F - 2a_0 D - 2a_1 E + 2a_1 a_0 B + a_0^2 A + a_1^2 C)A}{(N-2)(AC - B^2)}\right)^{1/2}$$

Ausgabefall		
logarithmische Regression	lineare Regression	exponentielle Regression
Ansatz: $y = c_0 + c_1 \ln x$	Ansatz: $y = c_0 + c_1 x$	Ansatz: $y = c_0 e^{c_1 x}$
Anpassung:	Anpassung:	Anpassung:
$c_0 = a_0$ $s_{c0} = s_{a0}$	$c_0 = a_0$ $s_{c0} = s_{a0}$	$c_0 = e^{a_0}$ $s_{c0} = s_{a0} e^{a_0}$
$c_1 = a_1$ $s_{c1} = s_{a1}$	$c_1 = a_1$ $s_{c1} = s_{a1}$	$c_1 = a_1$ $s_{c1} = s_{a1}$

Bild 1-8. Kurvenanpassung durch lineare, logarithmische und exponentielle Regression.

und $x_s = \dfrac{1}{N} \sum_{i=1}^{N} x_i$ zu legen sind. Eine der Grenzgeraden ist die steilste, die andere die flachste mögliche Gerade durch die Meßwerte, wie Bild 1-9 zeigt. Aus den der Zeichnung entnommenen Parametern m^I, a^I sowie m^{II} und a^{II} der Grenzgeraden werden die *Anpassungsfehler* in folgender Weise bestimmt:

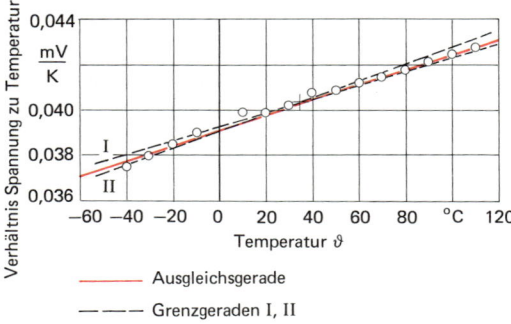

Bild 1-9. Graphische Kurvenanpassung für das Thermoelement $Cu-CuNi$ an die Eichkurve nach DIN 43 710.

$$\Delta m = \pm \left| \frac{m^I - m^{II}}{2} \right|, \qquad (1\text{-}20\,\text{a})$$

$$\Delta a = \pm \left(\left| \frac{a^I - a^{II}}{2} \right| + |\Delta y_s| \right). \qquad (1\text{-}20\,\text{b})$$

Δy_s ist die geschätzte Standardabweichung der Ordinate y_s des Schwerpunkts der Meßwerte. Die graphische Bestimmung der Ausgleichsgeraden und die Analyse der Anpassungsgenauigkeit über Randgeraden sind naturgemäß sehr subjektiv. Doch bei einiger Meßerfahrung gelingt es, die rechnerisch ermittelten wahrscheinlichsten Werte und den Vertrauensbereich für eine statistische Sicherheit von 68,3% in guter Annäherung auch auf graphischem Weg wiederzugeben.

1.3.6. Korrelationsanalyse

In der Meßwertanalyse wird die *Methode der Regressionsgeraden* benutzt, um zu untersuchen, ob zwischen den N Meßwerten oder Merkmalen y_i und x_i einer zweidimensionalen Häufigkeitsverteilung $y_i = y(x_i)$ ein Zusammenhang besteht. Ist der Zusammenhang linear bzw. ist eine Proportionalität zwischen den Werten y_i und x_i vorhanden, dann liegen diese Wertepaare auf einer Regressionsgeraden. Sind die Werte y_i und x_i dagegen voneinander unabhängig, dann streuen die Punkte in der $y_i(x_i)$-Darstellung regellos, so daß sich ein „Sternenhimmel" gemäß Bild 1-10a ergibt.

Ein Maß für die Wahrscheinlichkeit, daß ein linearer Zusammenhang zwischen y_i und x_i besteht, ist der Betrag des *Korrelationskoeffizienten* r:

$$r = \left| \frac{\displaystyle\sum_{i=1}^{N} (x_i - \bar{x})(y_i - \bar{y})}{\sqrt{\displaystyle\sum_{i=1}^{N} (x_i - \bar{x})^2 \sum_{i=1}^{N} (y_i - \bar{y})^2}} \right|, \qquad (1\text{-}21\,\text{a})$$

$$r = \left| \bar{m} \sqrt{\frac{\displaystyle\sum_{i=1}^{N} x_i^2 - N\bar{x}^2}{\displaystyle\sum_{i=1}^{N} y_i^2 - N\bar{y}^2}} \right| \qquad (1\text{-}21\,\text{b})$$

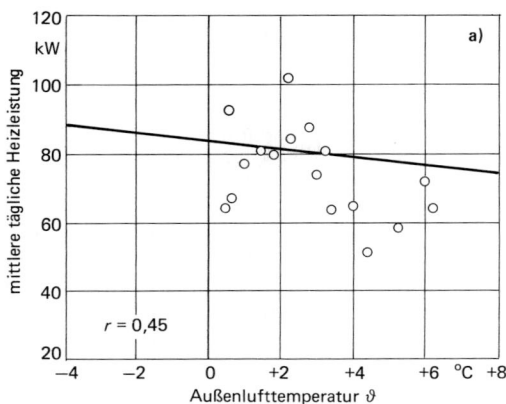
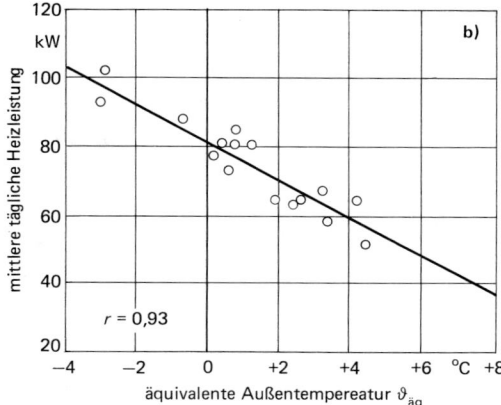

Bild 1-10. Korrelationsanalyse der mittleren täglichen Heizleistung eines Wohnhauses:
a) Zusammenhang zwischen Heizleistung und Außenlufttemperatur; Korrelation unwahrscheinlich (r < 0,3);
b) Zusammenhang zwischen Heizleistung und äquivalenter Außentemperatur (unter Berücksichtigung von Sonnenzustrahlung und Windeinfluß); Korrelation wahrscheinlich (r > 0,9).

mit

$$\bar{x} = \frac{1}{N} \sum_{i=1}^{N} x_i$$ als dem Mittelwert der Merkmale x_i,

$$\bar{y} = \frac{1}{N} \sum_{i=1}^{N} y_i$$ als dem Mittelwert des Merkmals y_i

und

$$\bar{m} = \frac{\sum_{i=1}^{N} x_i y_i - N \bar{x} \cdot \bar{y}}{\sum_{i=1}^{N} x_i^2 - N \bar{x}^2}$$ als der Steigung der Regressionsgeraden.

Der *Korrelationskoeffizient r* ist also proportional zur Steigung m der Regressionsgeraden durch die Meßwerte x_i, y_i. Nach Gl. (1-21 b) berechnet eine Reihe von Taschenrechnerprogrammen den Korrelationskoeffizienten r. Liegt der Korrelationskoeffizient nahe bei $r = 1$ (also $0,8 < r \leq 1,0$), etwa entsprechend Bild 1-10b, dann besteht mit großer Wahrscheinlichkeit eine lineare Beziehung zwischen den Meßwerten bzw. Merkmalen y_i und x_i. Ein Zusammenhang zwischen den beiden Merkmalen y_i und x_i ist unwahrscheinlich, wenn der Korrelationskoeffizient wie in Bild 1-10a im Bereich $0 \leq r < 0,5$ liegt.

Zur Übung

Ü 1.3-1: Die Schwingungsdauer eines Fadenpendels wird mit einer Stoppuhr 25mal gemessen. Es ergeben sich folgende Meßwerte:

$T = 1,21$ s; $1,20$ s; $1,23$ s; $1,19$ s; $1,21$ s; $1,22$ s; $1,18$ s; $1,21$ s; $1,24$ s; $1,20$ s; $1,21$ s; $1,25$ s; $1,19$ s; $1,20$ s; $1,22$ s; $1,21$ s; $1,19$ s; $1,23$ s; $1,21$ s; $1,22$ s; $1,20$ s; $1,24$ s; $1,21$ s; $1,22$ s; $1,20$ s.

a) Berechnet werden soll der wahrscheinlichste Wert der Schwingungsdauer.
b) Wie groß ist die Standardabweichung und damit die Genauigkeit des Meßverfahrens?
c) Wie groß ist die Standardabweichung des arithmetischen Mittelwerts?
d) Welchen Wert hat die Grenze u_z des Vertrauensbereichs, wenn eine statistische Sicherheit von $P = 95\%$ verlangt wird?

Ü 1.3-2: Die Wärmeleitfähigkeit λ eines Stoffes wird im Plattengerät nach DIN 52 612 unter stationären Temperaturbedingungen aus der Messung der Probendicke s, der Kantenlängen a und b der plattenförmigen Probe, aus den Oberflächentemperaturen T_1 und T_2 auf der Kalt- und Warmseite sowie aus dem Wärmestrom Φ durch die Probe bestimmt. Es gilt

$$\lambda = \frac{\Phi s}{a b (T_2 - T_1)}.$$

Die Meßwerte bei einer Leichtbetonprobe sind

$\Phi = (16 \pm 0,1)$ W, $\quad b = (495 \pm 1)$ mm,
$s = (80 \pm 1)$ mm, $\quad T_2 = (15 \pm 0,1)$ °C,
$a = (500 \pm 1)$ mm, $\quad T_1 = (6 \pm 0,1)$ °C.

a) Wie groß ist der wahrscheinlichste Wert der Wärmeleitfähigkeit?

b) Wie groß ist die Standardabweichung s_λ der Wärmeleitfähigkeit?

c) Wie groß ist der relative Größtfehler der Wärmeleitfähigkeitsmessung?

Ü 1.3-3: Für das Thermoelement-Material Cu—CuNi soll die thermoelektrische Beziehung für die Bezugstemperatur $\vartheta_0 = 0\,°\mathrm{C}$

$$U_{\mathrm{th}} = a_1\,\vartheta + a_2\,\vartheta^2$$

an die Werte der DIN 43 710 rechnerisch und graphisch angepaßt werden. Zu bestimmen sind die wahrscheinlichsten Werte der Thermomaterialkonstanten a_1 und a_2 und der Vertrauensbereich für eine statistische Sicherheit $P = 68,3\%$.

Auszug aus der Wertetabelle nach DIN 43 710 für Cu—CuNi:

$\vartheta/°\mathrm{C}$	-40	-30	-20	-10
$U_{\mathrm{th}}/\mathrm{mV}$	$-1,50$	$-1,14$	$-0,77$	$-0,39$

$\vartheta/°\mathrm{C}$	0	$+10$	$+20$	$+30$	$+40$
$U_{\mathrm{th}}/\mathrm{mV}$	0	$+0,40$	$+0,80$	$+1,21$	$+1,63$

$\vartheta/°\mathrm{C}$	$+50$	$+60$	$+70$	$+80$
$U_{\mathrm{th}}/\mathrm{mV}$	$+2,05$	$+2,48$	$+2,91$	$+3,35$

$\vartheta/°\mathrm{C}$	$+90$	$+100$	$+110$	$+120$
$U_{\mathrm{th}}/\mathrm{mV}$	$+3,80$	$+4,25$	$+4,71$	$+5,18$

Ü 1.3-4: Bei der energetischen Analyse eines Mehrfamilienhauses mit Zentralheizung wird die Abhängigkeit der mittleren Heizleistung je Tag von der mittleren Außenlufttemperatur untersucht. In einem weiteren Schritt wird zum Vergleich der Zusammenhang der Heizleistung mit einer äquivalenten Außentemperatur analysiert. Diese berücksichtigt die Einflüsse der Sonnenzustrahlung, der mittleren Windgeschwindigkeit an den Außenflächen und die Wärmespeicherfähigkeit der Außenwandkonstruk-

tion und wird aus den lokalen Klimadaten berechnet. Für einen 17tägigen Meßzyklus ergeben sich folgende Daten:

Tag-Nr.	mittlere tägliche Heizleistung kW	mittlere Außenlufttemperatur °C	äquivalente Außentemperatur °C
1	85	2,3	0,8
2	81	1,5	0,4
3	67	0,6	3,2
4	93	0,6	$-3,0$
5	81	3,2	1,2
6	88	2,8	$-0,7$
7	102	2,2	-2
8	73	6,0	0,6
9	65	6,2	4,2
10	64	3,4	3,5
11	78	1,0	0,2
12	65	0,5	2,0
13	81	1,8	0,7
14	74	3,0	1,4
15	65	4,0	2,6
16	52	4,4	4,4
17	59	5,3	3,4

a) Wie groß sind die Steigung und der Achsenabschnitt der Regressionsgeraden bei der Abhängigkeit der mittleren Heizleistung von der Außenlufttemperatur bzw. von der äquivalenten Außentemperatur (Bild 1-10)?

b) Beurteilt werden soll anhand der Korrelationskoeffizienten die Abhängigkeit der mittleren Heizleistung von den beiden Parametern Außenlufttemperatur und äquivalenter Außentemperatur.

c) Wie groß sind die Standardabweichungen der Steigung und des Achsenabschnitts bei den beiden Regressionsgeraden?

d) Wie groß sind die Vertrauensbereiche für die Steigung und den Achsenabschnitt der Regressionsgeraden bei der statistischen Sicherheit $P = 68,3\%$?

2. Mechanik

2.1. Einführung

Die Mechanik ist der Teil der Physik, der sich mit der Zusammensetzung und dem Gleichgewicht von Kräften, die auf einen ruhenden Körper wirken (*Statik*), mit Bewegungsvorgängen (*Kinematik*) und den Kräften als Ursache der Bewegung (*Dynamik*) befaßt. Die Dynamik wird auch als *Kinetik* bezeichnet oder dient als Sammelbegriff für Statik und Kinetik.

Eine Übersicht über die Bereiche der Mechanik, die Zusammenhänge zwischen ihren Teilgebieten und ihren wichtigsten Beziehungen vermittelt Bild 2-1.

Die Mechanik nimmt unter den Teilgebieten der Physik eine besondere Stellung ein. Die planmäßige Erforschung der Naturgesetze begann im 16. und 17. Jahrhundert in der Mechanik. So wurde beispielsweise durch die Fallversuche von Galilei (G. GALILEI, 1564 bis 1642) erstmals das gezielte Experiment als Hilfsmittel wissenschaftlicher Erkenntnis in der Physik eingeführt (Abschn. 1.1, Bild 1-1). Galileis Untersuchungen zur Dynamik wurden von Huygens (CHR. HUYGENS, 1629 bis 1695) fortgeführt und von Newton (I. NEWTON, 1643 bis 1727) zu einem gewissen Abschluß gebracht. Auf den *Newtonschen Axiomen* fußt das ganze Gebäude der klassischen Mechanik, die ihm zu Ehren auch als *Newtonsche Mechanik* bezeichnet wird.

Die allgemeinen Begriffe der Mechanik, wie z. B. Masse, Kraft, Arbeit, Energie und Impuls, und ihre mathematischen Methoden, wie z. B. die Beschreibung von Bewegungsabläufen mit Hilfe von Differential- und Integralgleichungen, sind für die ganze Physik von grundlegender Bedeutung. Die außerordentlichen Erfolge der Newtonschen Mechanik beispielsweise auch in den Gebieten Astronomie und Wärmelehre nährten lange Zeit den Glauben, daß sich alle Naturerscheinungen auf die Mechanik zurückführen ließen. Um die Wende vom 19. ins 20. Jahrhundert wurde klar, daß dies bei der Elektrodynamik nicht möglich ist. Ferner erkannte man, daß die Newtonsche Mechanik ganz *klare Gültigkeitsgrenzen* hat. So liefert die klassische Mechanik falsche Voraussagen, wenn sich Objekte mit sehr großer Geschwindigkeit (insbesondere nahe Lichtgeschwindigkeit) bewegen. Dort wird sie abgelöst von der durch Einstein (A. EINSTEIN, 1879 bis 1955) begründeten *relativistischen Mechanik*. Im Bereich der atomaren Dimensionen versagt die klassische Mechanik ebenfalls: Mikroobjekte gehorchen der *Quantenmechanik* (Abschn. 1.2, Bild 1-3).

In diesem Abschnitt werden lediglich Gesetze der klassischen Mechanik beschrieben (Bild 2-1).

2.2. Kinematik des Punktes

Die *Kinematik* hat zur Aufgabe, die Bewegung von Körpern zu beschreiben. Dies geschieht durch die Angabe von Ortskoordinaten und deren Zeitabhängigkeit. Bei komplizierten Gebilden können einzelne Teile ganz verschiedene Bewegungen ausführen. So ist etwa bei einem fahrenden Auto die Bewegung eines Punktes der Karosserie völlig verschieden von jener eines Punktes auf einem Reifen. Für die vollständige Beschreibung des Bewegungszustands eines Systems sind demnach unter Umständen viele Angaben erforderlich. Da aber jedes System aus einzelnen Punkten zusammengesetzt ist, hat die Beschreibung der Bewegung eines einzelnen Punktes eine vorrangige Bedeutung. In diesem Abschnitt ist deshalb ausschließlich die Kinematik des einzelnen Punktes beschrieben. Die Kinematik der *starren Körper* wird in Abschn. 2.9.1 erläutert.

Die Kinematik befaßt sich nicht mit der Frage nach der Ursache einer bestimmten Bewegung. Dies ist Aufgabe der *Dynamik* oder *Kinetik*. Die Kinematik ist eine reine Bewegungsgeometrie.

2.2.1. Eindimensionale Kinematik

2.2.1.1. Geschwindigkeit

Eindimensional ist die Kinematik eines Punktes, wenn die Bewegung nur auf einer vorgegebenen Bahn erfolgt, wie es beispielsweise bei Schienenfahrzeugen und Werkzeugschlitten der Fall ist. Eindimensional wird die Bewegung deshalb genannt, weil zur eindeuti-

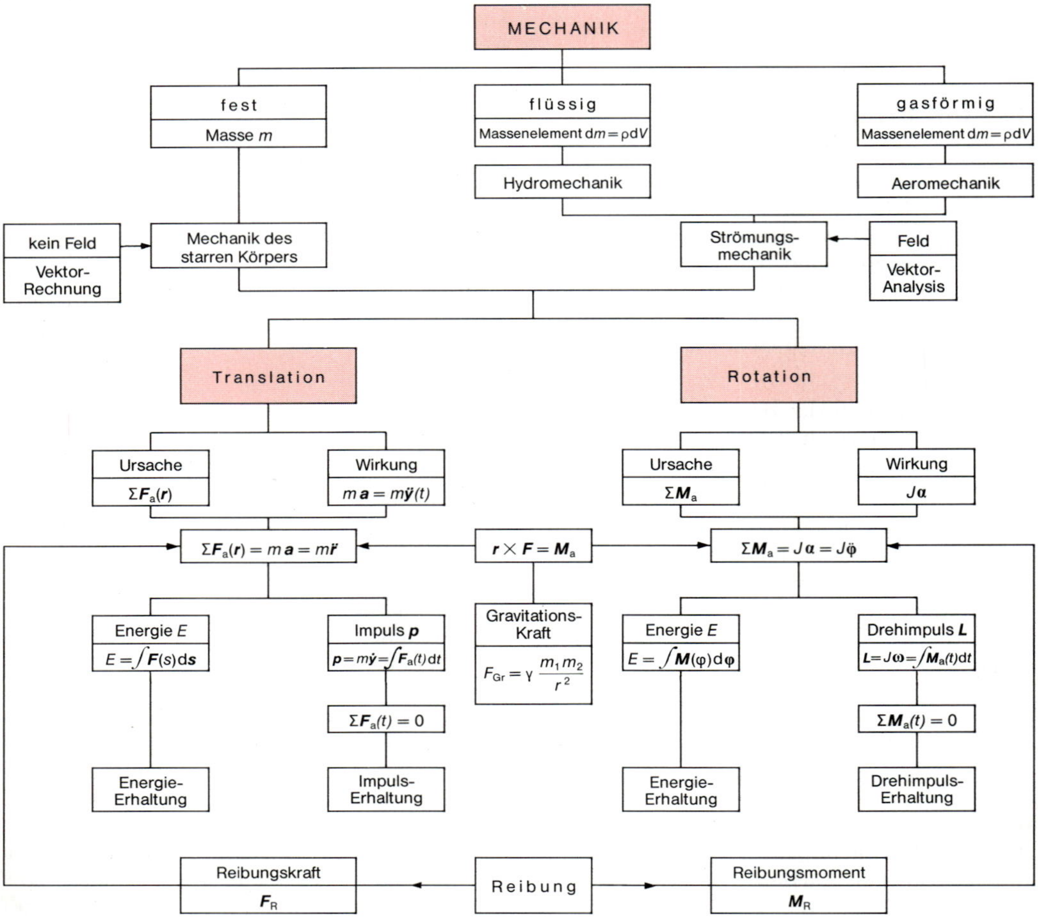

MECHANIK

fest	flüssig	gasförmig
Masse m	Massenelement $dm = \rho\,dV$	Massenelement $dm = \rho\,dV$

Hydromechanik

Aeromechanik

kein Feld	Mechanik des starren Körpers	Strömungs-mechanik	Feld
Vektor-Rechnung			Vektor-Analysis

Translation

Rotation

Ursache	Wirkung
$\sum \boldsymbol{F}_a(r)$	$m\,\boldsymbol{a} = m\,\ddot{\boldsymbol{y}}(t)$

Ursache	Wirkung
$\sum \boldsymbol{M}_a$	$J\boldsymbol{\alpha}$

$$\sum \boldsymbol{F}_a(r) = m\,\boldsymbol{a} = m\,\ddot{\boldsymbol{r}}$$

$$\boldsymbol{r} \times \boldsymbol{F} = \boldsymbol{M}_a$$

$$\sum \boldsymbol{M}_a = J\boldsymbol{\alpha} = J\ddot{\boldsymbol{\varphi}}$$

Energie E	Impuls $\boldsymbol{p}$	Gravitations-Kraft	Energie E	Drehimpuls $\boldsymbol{L}$
$E = \int \boldsymbol{F}(s)\,d\boldsymbol{s}$	$\boldsymbol{p} = m\dot{\boldsymbol{y}} = \int \boldsymbol{F}_a(t)\,dt$	$F_{Gr} = \gamma \dfrac{m_1 m_2}{r^2}$	$E = \int \boldsymbol{M}(\varphi)\,d\varphi$	$\boldsymbol{L} = J\boldsymbol{\omega} = \int \boldsymbol{M}_a(t)\,dt$

$$\sum \boldsymbol{F}_a(t) = 0$$

$$\sum \boldsymbol{M}_a(t) = 0$$

Energie-Erhaltung	Impuls-Erhaltung		Energie-Erhaltung	Drehimpuls-Erhaltung

Reibungskraft	Reibung	Reibungsmoment
F_R		M_R

Bild. 2-1.   Strukturbild der Mechanik.

gen Ortsbestimmung die Angabe *einer* Koordinate ausreicht, ein solcher spurgeführter Punkt also nur *einen Freiheitsgrad* hat. Die Lage eines Punktes P ist eindeutig beschrieben, wenn gemäß Bild 2-2 die längs der Bahn gemessene Entfernung s von einem Anfangspunkt A angegeben ist.

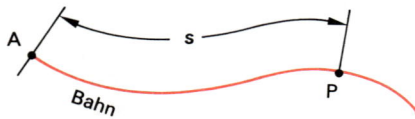

Bild 2-2.   Ortskoordinate eines Punktes P auf vorgegebener Bahn.
s Weg vom Anfangspunkt A

Eine wichtige Grundgröße der Kinematik ist die *Geschwindigkeit*. Je größer die Geschwindigkeit eines Punktes ist, um so größer ist der zurückgelegte Weg innerhalb einer bestimmten Zeitspanne. Befindet sich nach Bild 2-3 ein Punkt zur Zeit t am Ort P_1, charakterisiert durch die Entfernung $s(t)$ vom Ausgangspunkt A, und zur Zeit $t + \Delta t$ am Ort P_2 mit der Entfernung $s(t + \Delta t)$, dann ist die *mittlere Geschwindigkeit*

$$v_m = \frac{s(t + \Delta t) - s(t)}{(t + \Delta t) - t} = \frac{\Delta s}{\Delta t}. \tag{2-1}$$

Die kohärent abgeleitete SI-Maßeinheit der Geschwindigkeit v ist 1 m/s. Andere Quotien-

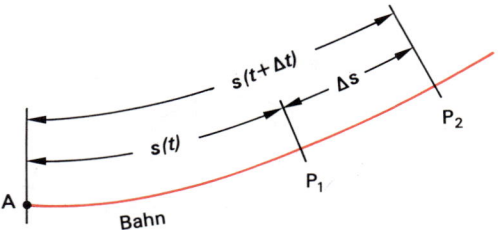

Bild 2-3.   Zur Definition der Geschwindigkeit.
t Zeit (sonstige Bezeichnungen wie in Bild 2-1)

ten gesetzlich zugelassener Längen- und Zeiteinheiten, wie z. B. km/h, sind ebenfalls möglich.

Wird die Zeitdifferenz Δt zu groß gewählt, dann kann die tatsächliche *Momentangeschwindigkeit* v von der mittleren Geschwindigkeit v_m erheblich abweichen. Um die Momentangeschwindigkeit zu erhalten, muß nach Gl. (2-1) ein Quotient aus der Weg- und Zeitdifferenz bei verschwindend kurzem Zeitintervall gebildet werden. Mathematisch drückt man diesen Sachverhalt durch den Grenzübergang $\Delta t \to 0$ aus:

$$v = \lim_{\Delta t \to 0} \frac{\Delta s}{\Delta t} = \frac{\mathrm{d}s}{\mathrm{d}t} = \dot{s} . \qquad (2\text{-}2)$$

Der Differentialquotient nach der Zeit wird in der Mechanik häufig mit einem aufgesetzten Punkt symbolisiert. Der Differentialquotient $\mathrm{d}s/\mathrm{d}t$ hat eine anschauliche Bedeutung:

Die Geschwindigkeit ist die Steigung der Kurve in einem Weg-Zeit-Diagramm.

Beispiel

2.2-1: Bild 2-4 a zeigt ein Weg-Zeit-Diagramm eines Fahrzeugs. Wie groß ist dessen minimale, maximale und mittlere Geschwindigkeit?

Lösung:

Am Anfang und Ende des s, t-Diagramms hat die Kurve eine waagrechte Tangente; hier liegt also die minimale Geschwindigkeit $v = 0$ vor. Der Punkt P auf der Kurve kennzeichnet den Ort maximaler Steigung. Der Betrag der Steigung läßt sich aus dem eingezeichneten Steigungsdreieck ablesen, dessen Hypothenuse eine Tangente zur Kurve in P ist. Man erhält

$$v_{max} = \frac{30 \text{ km}}{12,7 \text{ min}} = 2,36 \text{ km/min} = 142 \text{ km/h} .$$

Die mittlere Geschwindigkeit für den Gesamtvorgang beträgt

$$v_m = \frac{30 \text{ km}}{40 \text{ min}} = 0,75 \text{ km/min} = 45 \text{ km/h} .$$

Bestimmt man nun im s, t-Diagramm von Bild 2-4 a an jedem Punkt die Steigung, so erhält man das kontinuierliche Geschwindigkeit-Zeit-Diagramm von Bild 2-4 b. Liegt aber das v, t-Diagramm durch eine Messung bereits vor, dann kann das zugehörige s, t-Diagramm durch Integration ermittelt werden. Ist s_0 der Ort zur Zeit t_0, dann ist der Ort $s(t_1)$ zur Zeit t_1 gegeben durch das Integral

$$s(t_1) = s_0 + \int_{t_0}^{t_1} v(t) \, \mathrm{d}t . \qquad (2\text{-}3)$$

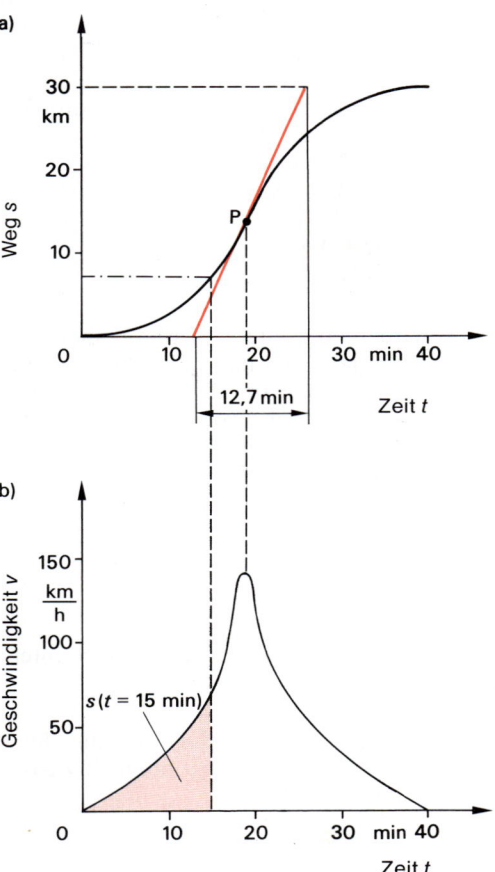

Bild 2-4.   Bewegung mit ungleichförmiger Geschwindigkeit (Beispiel 2.2-1).   a) Weg-Zeit-Diagramm, b) Geschwindigkeit-Zeit-Diagramm.

Weil dieses Integral die Bedeutung der Fläche unter einer Kurve hat, kann der zurückgelegte Weg durch Flächenbestimmung aus dem v, t-Diagramm gewonnen werden. Sehr häufig liegen in der Praxis gemessene Kurven vor, die nicht analytisch beschrieben werden können. Bei solchen Kurven muß die Integration bzw. Flächenbestimmung „numerisch" durchgeführt werden.

Als Beispiel einer solchen Integration ist in Bild 2-4b die Fläche zwischen $0 \leqq t \leqq 15$ min rot eingezeichnet. Durch Auszählen von Karos auf Millimeterpapier ergibt sich die „Fläche" 6,7 km. Zur Zeit $t = 15$ min ist also $s\,(15\ \text{min}) = 6{,}7$ km. Dieses Ergebnis stimmt mit dem Diagramm 2-4a gut überein.

2.2.1.2. Beschleunigung

Eine beschleunigte Bewegung liegt vor, wenn sich die Geschwindigkeit im Lauf der Zeit ändert. Die Beschleunigung ist um so größer, je stärker sich die Geschwindigkeit innerhalb einer Zeitspanne Δt ändert. Sind $v\,(t)$ die Geschwindigkeit eines Punktes zur Zeit t und $v\,(t + \Delta t)$ die Geschwindigkeit zur späteren Zeit $t + \Delta t$, so ist die *mittlere Beschleunigung*

$$a_m = \frac{v\,(t + \Delta t) - v\,(t)}{(t + \Delta t) - t} = \frac{\Delta v}{\Delta t}\,. \qquad (2\text{-}4)$$

Die kohärent abgeleitete SI-Maßeinheit der Beschleunigung a ist 1 m/s². Wie bei der Geschwindigkeit weicht im allgemeinen die *Momentanbeschleunigung* a von der mittleren Beschleunigung a_m ab. Die Momentanbeschleunigung erhält man nach einem Grenzübergang für verschwindend kurze Meßzeiten aus

$$a = \lim_{\Delta t \to 0} \frac{\Delta v}{\Delta t} = \frac{dv}{dt} = \dot v\,. \qquad (2\text{-}5)$$

Die Beschleunigung kann anschaulich interpretiert werden:

Die Beschleunigung ist die Steigung der Kurve in einem Geschwindigkeit-Zeit-Diagramm.

Beispiel

2.2-2: Bei einem mathematischen Pendel hängt an einem Faden ein kleiner Körper mit vernachlässigbarer Ausdehnung. Die Geschwindigkeit dieses

a)

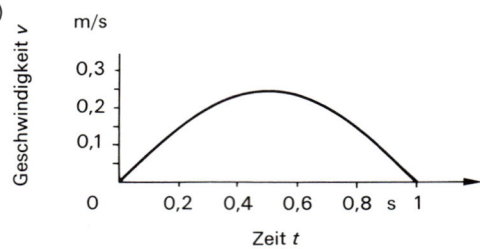

b)

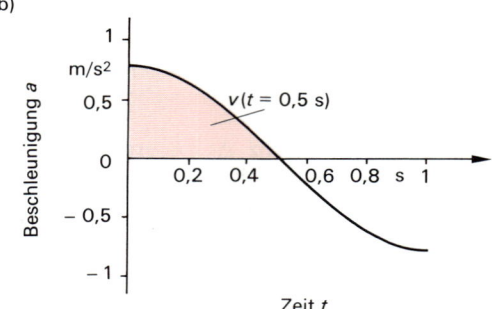

Bild 2-5. Beschleunigte Bewegung (Beispiel 2.2-2). a) Geschwindigkeit-Zeit-Diagramm, b) Beschleunigung-Zeit-Diagramm.

Massenpunktes wird durch die Beziehung $v\,(t) = 0{,}25$ m/s $\cdot \sin\,(3{,}14\ \text{s}^{-1}\ t)$ beschrieben und ist in Bild 2-5a dargestellt in der Zeitspanne $0 \leqq t \leqq 1$ s. Wie lautet der Ausdruck für die Beschleunigung des Punktes? Wie groß sind die Extremwerte?

Lösung:

Für die Beschleunigung gilt

$a = dv/dt = 0{,}79$ m/s² $\cdot \cos\,(3{,}14\ \text{s}^{-1}\ t)\,.$

Die Extremwerte sind $a_{max} = \pm\, 0{,}79$ m/s² bei $t = 0$ bzw. $t = 1$ s. Den Verlauf zeigt Bild 2-5b.

Liegt die a, t-Kurve vor (z. B. mit einem Beschleunigungsaufnehmer gemessen), dann ergibt sich daraus die v, t-Kurve durch Integration:

$$v\,(t_1) = v_0 + \int_{t_0}^{t_1} a\,(t)\,dt \qquad (2\text{-}6)$$

mit v_0 als der Geschwindigkeit zur Zeit t_0.

Die rot eingezeichnete Fläche in Bild 2-5b stellt beispielsweise die Geschwindigkeit zur Zeit $t_1 = 0{,}5$ s dar. Weil die Beschleunigung analytisch vorliegt, kann sofort integriert werden. Man erhält

$$v\,(0{,}5\ \text{s}) = \int_0^{0{,}5\,\text{s}} 0{,}79\ \text{m/s}^2 \cdot \cos\,(3{,}14\ \text{s}^{-1}\ t)\,dt$$

$$= 0{,}25\ \text{m/s}\,.$$

Definition	Beschleunigung	Anfangsbedingungen	Geschwindigkeit	Ort	v, t-Diagramm	s, t-Diagramm
	a	s_0, v_0	$v = v_0 + \int_{t_0}^{t_1} a(t)\,dt$	$s = s_0 + \int_{t_0}^{t_1} v(t)\,dt$		
gleichmäßige Geschwindigkeit	$a = 0$	$s = s_0$ zur Zeit $t = t_0$	$v = v_0$	$s = s_0 + v_0(t - t_0)$	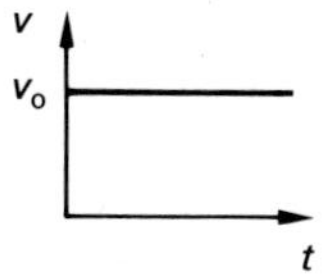	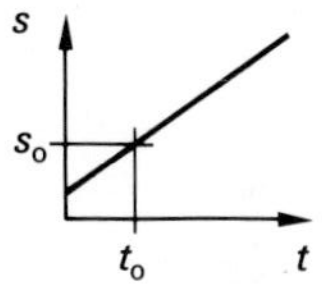
		$s = 0$ zur Zeit $t = 0$	$v = v_0$	$s = v_0 t$	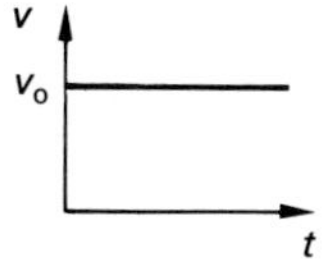	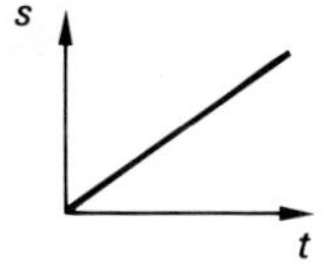
gleichmäßige Beschleunigung	$a = a_0$	$s = s_0$ $v = v_0$ zur Zeit $t = t_0$	$v = v_0 + a_0(t - t_0)$	$s = s_0 + v_0(t - t_0) + \frac{1}{2} a_0 (t - t_0)^2$	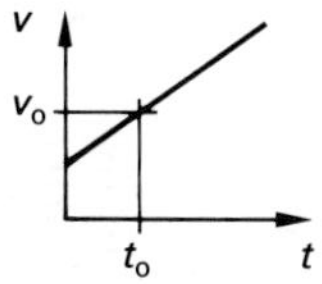	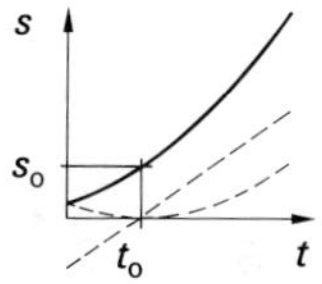
		$s = 0$ $v = 0$ zur Zeit $t = 0$	$v = a_0 t$ $v = \sqrt{2 a_0 s}$	$s = \frac{1}{2} a_0 t^2$ $s = \dfrac{v^2}{2 a_0}$	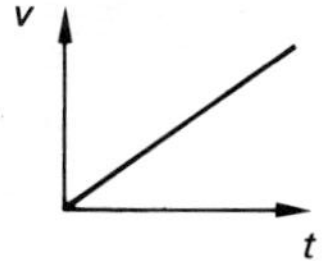	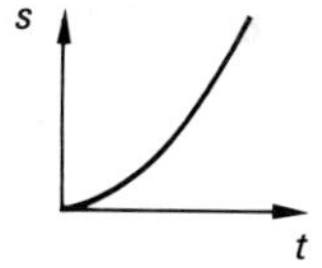

Bild 2-6.   Translationsbewegung.

2.2.1.3. Einfache Spezialfälle

Von Bedeutung sind die Spezialfälle der gleichmäßigen Geschwindigkeit $v = $ konstant und der gleichmäßigen Beschleunigung $a = $ konstant. Für diese Fälle liefern die allgemeinen Gleichungen verhältnismäßig einfache Ausdrücke, die in Bild 2-6 zusammengefaßt sind. Sehr einfache Beschreibungen ergeben sich, wenn die jeweiligen Integrationskonstanten v_0 und s_0 gleich null gesetzt werden.

Ein allgemein bekanntes Beispiel für die Bewegung mit konstanter Beschleunigung ist der *freie Fall* an der Erdoberfläche. Alle Körper erfahren beim Fall im Vakuum die Fallbeschleunigung $g = 9,81$ m/s^2. Beim Fall in der Luft wirkt sich der Strömungswiderstand störend aus, der aber in vielen Fällen vernachlässigt werden kann.

Beispiel

2.2-3: Von einem $h = 10$ m hohen Turm wird eine kleine Stahlkugel mit der Anfangsgeschwindigkeit $v_0 = 5$ m/s senkrecht nach oben geworfen. Für diesen Fall sind die v, t- und y, t-Diagramme zu zeichnen. Zu berechnen sind die maximale Steighöhe, die Gesamtzeit, die vergeht, bis die Kugel auf der Erde aufschlägt, und die Endgeschwindigkeit, mit der die Kugel auf der Erde ankommt.

Lösung:

Bild 2-7a zeigt die gewählte Höhenkoordinate. Die y-Achse weist senkrecht nach oben; $y = 0$ entspricht der Erdoberfläche. Die Anfangsbedingungen zur Zeit $t = 0$ sind $y(0) = h$ und $v(0) = +v_0$. Die Beschleunigung ist $a = -g = $ konstant. Das Minuszeichen bringt zum Ausdruck, daß die Beschleunigung der positiven y-Richtung entgegengesetzt ist.

Aus Gl. (2-6) bzw. Bild 2-6 folgt für die Geschwindigkeit

$$v(t) = v_0 - g\,t \quad \text{(I)}.$$

Der Ort der Kugel ergibt sich aus Gl. (2-3) bzw. Bild 2-6 zu

$$y(t) = h + v_0\,t - \tfrac{1}{2}\,g\,t^2 \quad \text{(II)}.$$

Die Gleichungen (I) und (II) sind in den kinematischen Diagrammen Bild 2-7b und 2-7c dargestellt. Die maximale Steighöhe ist erreicht, wenn $v = 0$ geworden ist (Umkehrpunkt). Aus Gl. (I) folgt für diesen Zeitpunkt $t(y_{\max}) = v_0/g = 0,51$ s.

Bild 2-7. Zu Beispiel 2.2-3: Senkrechter Wurf nach oben. a) Höhenkoordinate, b) Geschwindigkeit-Zeit-Diagramm, c) Weg-Zeit-Diagramm.

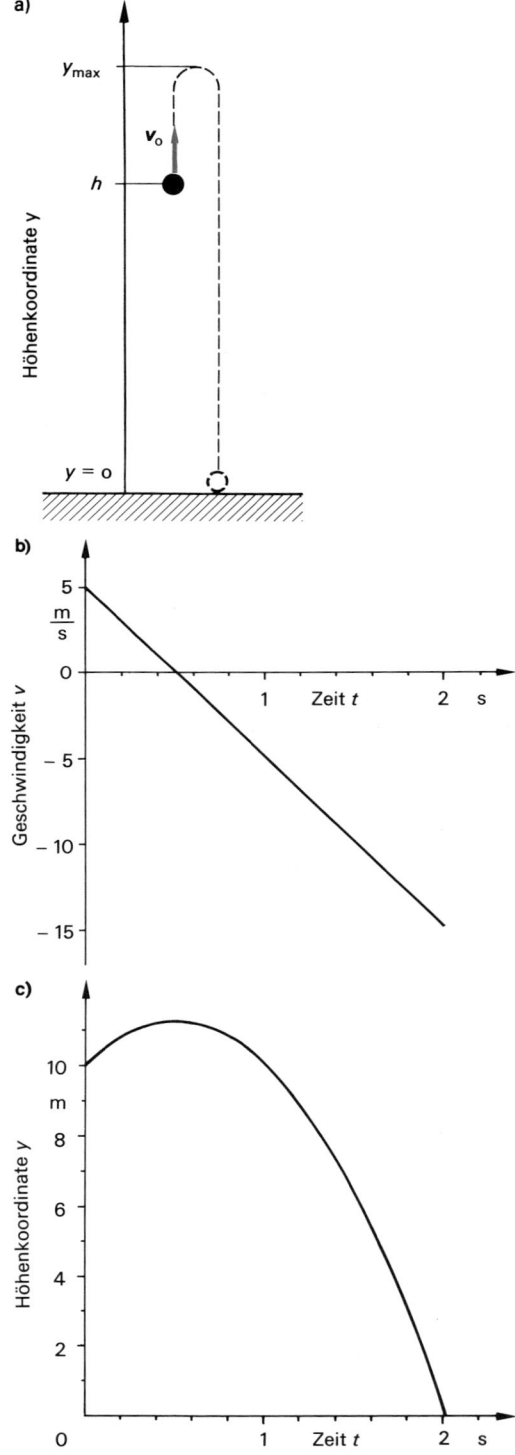

Aus Gl. (II) erhält man die zugehörige Ortskoordinate

$$y_{max} = h + \tfrac{1}{2} v_0^2/g = 11{,}27 \text{ m}.$$

Der Fall ist beendet, wenn $y = 0$ wird. Die zugehörige Zeit t_f folgt aus der quadratischen Gleichung (II):

$$\tfrac{1}{2} g\, t_f^2 - v_0\, t_f - h = 0.$$

Für die *Fallzeit* des freien Falls ergibt sich allgemein

$$t_f = \frac{v_0 + \sqrt{v_0^2 + 2\,g\,h}}{g}. \qquad (2\text{-}7)$$

In Beispiel 2.2-3 ist $t_f = 2{,}03$ s (Bild 2-7c). Die Geschwindigkeit v_f der Kugel am Ende des Falls ergibt sich aus Gl. (I) mit der Zeit t_f zu

$$v_f = -\sqrt{v_0^2 + 2\,g\,h}. \qquad (2\text{-}8)$$

In Beispiel 2.2-3 ist $|v_f| = 14{,}9$ m/s (Bild 2-7b).

Der freie Fall aus der Ruhe ist als Spezialfall für $v_0 = 0$ in den vorgenannten Ableitungen enthalten. So gelten z. B. für die Fallzeit aus der Höhe h

$$t_f = \sqrt{\frac{2\,h}{g}} \qquad (2\text{-}9)$$

und für die Endgeschwindigkeit

$$|v_f| = \sqrt{2\,g\,h}. \qquad (2\text{-}10)$$

2.2.2. Dreidimensionale Kinematik

2.2.2.1. Ortsvektor und Bahnkurve

Die Bewegung eines Punktes im dreidimensionalen Raum hat drei Freiheitsgrade; zu seiner eindeutigen Lagebestimmung ist die Kenntnis von drei Koordinaten erforderlich. Dazu können beispielsweise die Komponenten eines *Ortsvektors r*, der vom Ursprung eines Koordinatensytems bis zum Ort des betreffenden Punktes zeigt, benutzt werden. Wird gemäß Bild 2-8 ein kartesisches Koordinatensystem verwendet, dann hat der Ortsvektor $r(t)$, als Spaltenmatrix geschrieben, die Komponenten

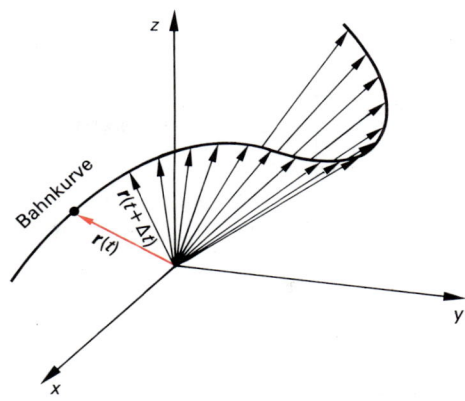

Bild 2-8. Ortsvektor und Bahnkurve.
x, y, z Raumkoordinaten, t Zeit

$$r(t) = \begin{pmatrix} x(t) \\ y(t) \\ z(t) \end{pmatrix}.$$

Werden die Ortsvektoren zu verschiedenen Zeiten aufgezeichnet, wandert die Spitze der Ortsvektoren auf der Bahnkurve des Punktes.

In diesem Abschnitt wird ausschließlich mit kartesischen Koordinaten gearbeitet. Bei bestimmten Bewegungsabläufen ist jedoch die Verwendung anderer Koordinatensysteme (z.B. Kugelkoordinaten oder Zylinderkoordinaten) vorteilhaft.

2.2.2.2. Geschwindigkeitsvektor

Bild 2-9 zeigt die Bewegung eines Punktes auf einer gekrümmten Bahnkurve. Es sind zwei Ortsvektoren *r* zu den Zeiten t und $t + \Delta t$ eingezeichnet. In Analogie zur Definitionsgleichung (2-1) für die mittlere Geschwindigkeit wird ein *Vektor* der mittleren Geschwindigkeit definiert:

$$v_m = \frac{r(t + \Delta t) - r(t)}{(t + \Delta t) - t} = \frac{\Delta r}{\Delta t}. \qquad (2\text{-}11)$$

Dieser Vektor hat die Richtung des Differenzvektors Δr und gibt grob die Bewegungsrichtung an. Wenn die Zeitspanne Δt genügend klein ist, gilt $|\Delta r| \approx \Delta s$. Damit ist der Betrag des Vektors v_m ungefähr gleich der mittleren Geschwindigkeit, wie sie in Gl. (2-1) definiert ist.

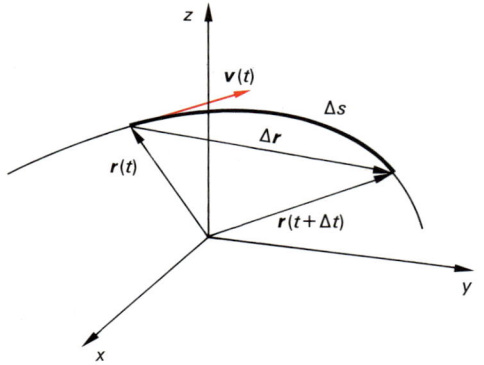

Bild 2-9. Zur Definition des Geschwindigkeitsvektors v.
x, y, z Raumkoordinaten, t Zeit, s Weg, r Ortsrektor

Der Vektor der Momentangeschwindigkeit v ergibt sich wieder durch den Grenzübergang $\Delta t \rightarrow 0$:

$$v = \lim_{\Delta t \rightarrow 0} \frac{\Delta r}{\Delta t} = \frac{dr}{dt} = \begin{pmatrix} \dot{x} \\ \dot{y} \\ \dot{z} \end{pmatrix}. \qquad (2\text{-}12)$$

Der Betrag des Vektors v ist exakt gleich der früher in Gl. (2-2) eingeführten Geschwindigkeit, denn nach dem Grenzübergang besteht zwischen Bogen und Sehne kein Unterschied mehr. Für die Richtung des Vektors gilt (Bild 2-9):

Der Vektor v der Momentangeschwindigkeit liegt stets tangential zur Bahnkurve.

Mit Hilfe des *Tangenteneinheitsvektors* $e_{\tan}$ (Betrag eins, Richtung der Tangente an die Bahnkurve) kann der Vektor der Geschwindigkeit auch so geschrieben werden:

$$v = v\,e_{\tan}. \qquad (2\text{-}13)$$

2.2.2.3. Beschleunigungsvektor

Der Vektor der Beschleunigung wird als Ableitung des Geschwindigkeitsvektors nach der Zeit definiert:

$$a = \frac{dv}{dt} = \begin{pmatrix} \dot{v}_x \\ \dot{v}_y \\ \dot{v}_z \end{pmatrix} = \begin{pmatrix} \ddot{x} \\ \ddot{y} \\ \ddot{z} \end{pmatrix}. \qquad (2\text{-}14)$$

Dieser Vektor steht, wie in Bild 2-10 gezeigt, im allgemeinen schief zur Bahnkurve. Seine *Tangential-* und *Normalkomponenten* $a_{\tan}$ und a_{norm} können berechnet werden, indem der Geschwindigkeitsvektor $v = v\,e_{\tan}$ nach der Zeit differenziert wird. Dies ergibt mit Hilfe der Produktregel der Differentialrechnung

$$a = a_{\tan} + a_{\text{norm}} = \frac{dv}{dt}\,e_{\tan} + v\,\frac{de_{\tan}}{dt}.$$

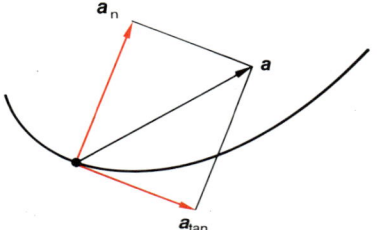

Bild 2-10. Tangential- und Normalkomponenten des Beschleunigungsvektors.

Das erste Glied hat die Richtung der Tangente und stellt die Tangentialkomponente der Beschleunigung

$$a_{\tan} = \frac{dv}{dt}\,e_{\tan} \qquad (2\text{-}15)$$

dar. Der Betrag der Tangentialbeschleunigung dv/dt ist identisch mit der Beschleunigung, die bei der eindimensionalen Bewegung durch Gl. (2-5) definiert wurde.

Zur Bestimmung der Normalkomponente a_{norm} muß die Differentiation $de_{\tan}/dt$ durchgeführt werden. Dazu wird zuerst der Differenzenquotient $\Delta e_{\tan}/\Delta t$ bestimmt. Bild 2-11 zeigt die Konstruktion des Differenzvektors $\Delta e_{\tan} = e_{\tan}(t + \Delta t) - e_{\tan}(t)$. Jede gekrümmte Bahn läßt sich auf einem mehr oder weniger langen Bogenstück Δs als Kreis mit dem Krümmungsradius R annähern. $\Delta e_{\tan}$ steht senkrecht auf der Bahnkurve in Richtung Krümmungsmittelpunkt M. Für die Beträge gilt

$$\frac{\Delta s}{R} \approx \frac{|\Delta e_{\tan}|}{|e_{\tan}|} = |\Delta e_{\tan}|.$$

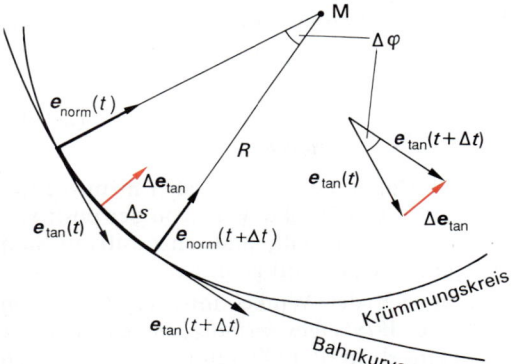

Bild 2-11. Zur Bestimmung der Differentialquotienten $\mathrm{d}e_{\mathrm{tan}}/\mathrm{d}t$.

Damit ist der Betrag des Differenzenquotienten

$$\left|\frac{\Delta e_{\mathrm{tan}}}{\Delta t}\right| \approx \frac{\Delta s}{\Delta t\,R} = \frac{v_{\mathrm{m}}}{R}.$$

Nach dem Grenzübergang $\Delta t \to 0$ ergibt sich

$$\left|\frac{\mathrm{d}e_{\mathrm{tan}}}{\mathrm{d}t}\right| = \frac{v}{R}.$$

Somit ist die Normalkomponente der Beschleunigung

$$a_{\mathrm{norm}} = v\,\frac{\mathrm{d}e_{\mathrm{tan}}}{\mathrm{d}t} \quad \text{oder}$$

$$a_{\mathrm{norm}} = \frac{v^2}{R}\,e_{\mathrm{norm}} \qquad (2\text{-}16)$$

mit e_{norm} als dem *Normaleinheitsv*ektor an der Bahnkurve.

Beispiel

2.2-4: Eine kleine Kugel wird zur Zeit $t = 0$ mit der Anfangsgeschwindigkeit $v_0 = 30$ m/s unter dem Winkel $\beta = 60°$ gegen die Horizontale abgeschossen. Unter Vernachlässigung des Luftwiderstands soll die Bewegung diskutiert werden.

a) Wie lauten die allgemeinen Ausdrücke für $a(t)$, $v(t)$ und $r(t)$?

Bild 2-12 zeigt das verwendete Koordinatensystem. Beschleunigt wird die Kugel infolge der Schwerkraft nur senkrecht nach unten, also ist die Beschleunigung $a = \begin{pmatrix} 0 \\ -g \end{pmatrix}$. Für die Geschwindigkeit gilt

$$v(t) = \begin{pmatrix} v_0 \cos \beta \\ v_0 \sin \beta - g\,t \end{pmatrix}.$$

Der Ortsvektor hat die Form

$$r(t) = \begin{pmatrix} v_0 \cos \beta\, t \\ v_0 \sin \beta\, t - \frac{1}{2}\,g\,t^2 \end{pmatrix}.$$

Wird aus der x- und y-Komponente des Ortsvektors die Zeit t eliminiert, so erhält man die Gleichung der Bahnkurve, die *Wurfparabel:*

$$y = \tan \beta\, x - \frac{g}{2\,v_0^2 \cos^2 \beta}\,x^2. \qquad (2\text{-}17)$$

b) An welchem Punkt P_1 befindet sich die Kugel zur Zeit $t_1 = 2$ s?

Der zugehörige Ortsvektor lautet $r_1 = \begin{pmatrix} 30,00\text{ m} \\ 32,34\text{ m} \end{pmatrix}$.

c) Wie groß sind Betrag und Richtung der Geschwindigkeit v_1 zur Zeit t_1?

Der Geschwindigkeitsvektor lautet $v_1 = \begin{pmatrix} 15,00\text{ m/s} \\ 6,36\text{ m/s} \end{pmatrix}$.

Der Betrag der Geschwindigkeit ist $|v_1| = 16,3$ m/s. Der Geschwindigkeitsvektor liegt tangential an der Parabel, sein Winkel gegen die x-Achse folgt aus

$$\tan \beta_1 = \frac{6,36}{15} = 0,424 \text{ zu } \beta_1 = 23°.$$

d) Wie groß sind Normal- und Tangentialbeschleunigung $a_{\mathrm{norm}}(t_1)$ und $a_{\mathrm{tan}}(t_1)$?

Bild 2-12 zeigt die Komponentenzerlegung von a. Es ergeben sich

$$|a_{\mathrm{norm}}(t_1)| = g \cos \beta_1 = 9,03 \text{ m/s}^2 \quad \text{und}$$

$$|a_{\mathrm{tan}}(t_1)| \;= g \sin \beta_1 = 3,83 \text{ m/s}^2.$$

e) Zu welchem Zeitpunkt t_s erreicht die Kugel den Scheitel S?

Am Scheitel ist $v_y = 0$ bzw. $v_0 \sin \beta - g\,t_s = 0$; daraus folgt

$$t_s = \frac{v_0 \sin \beta}{g} = 2,65 \text{ s}.$$

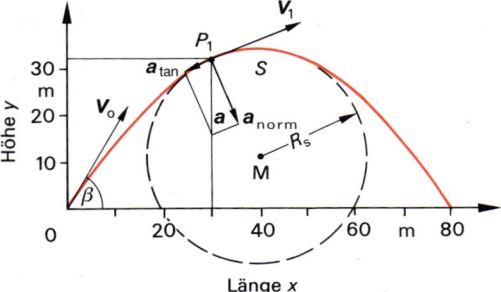

Bild 2-12.   Zu Beispiel 2.2-4: Wurfparabel.

f) Wie groß ist der Krümmungsradius R_s der Wurfparabel im Scheitel?

Die Geschwindigkeit im Scheitel beträgt $v_s = v_0 \cos \beta = 15$ m/s. Nach Gl. (2-16) gilt $|a_{\text{norm}}| = v^2/R$; somit ist $R_s = v_s^2/g = 22{,}94$ m.

2.2.3. Kreisbewegungen

Bei einer Kreisbewegung ist die Normalkomponente der Beschleunigung stets zum Kreismittelpunkt gerichtet; man nennt sie deshalb auch *Zentripetalbeschleunigung*. Ist r der Radius des Kreises und v die Bahngeschwindigkeit, so gilt für die Zentripetalbeschleunigung

$$|a_{\text{zp}}| = \frac{v^2}{r}. \tag{2-18}$$

Die Tangentialbeschleunigung $|a_{\text{tan}}| = dv/dt$ hängt davon ab, ob sich die Geschwindigkeit betragsmäßig ändert. Für Kreisbewegungen mit konstanter Geschwindigkeit is $a_{\text{tan}} = 0$.

Bei der Kreisbewegung ist es häufig vorteilhaft, anstatt der Größen r, v und a andere, speziell auf die Kreisbewegung angepaßte Größen zur Beschreibung des Bewegungsablaufs zu verwenden. Nach Bild 2-13 läßt sich der Ort eines Punktes P auf einem Kreis sowohl durch den *Drehwinkel* φ als auch durch die *Bogenlänge* s angeben. In der Kinematik empfiehlt es sich, den Winkel im Bogenmaß als

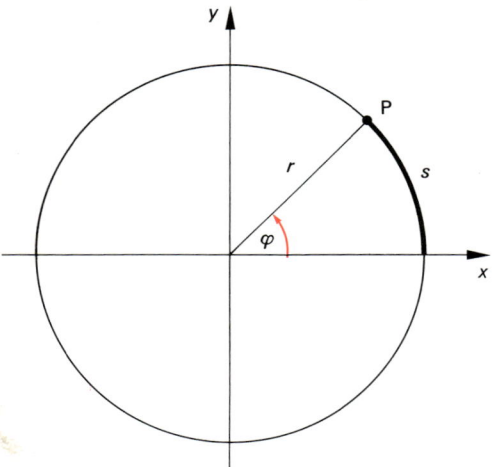

Bild 2-13. *Definition des Drehwinkels φ der Kreisbewegung.*
r Radius, s Bogenlänge

Bogenlänge, bezogen auf den Radius, zu verwenden:

$$\varphi = \frac{s}{r}. \tag{2-19}$$

Die SI-Maßeinheit für φ ist 1 m/m $= 1$ rad (Radiant). Der Winkel wird von der positiven x-Achse aus im mathematisch positiven Sinn (Gegenuhrzeigersinn) gemessen.

Ändert sich der Winkel mit der Zeit, dann gibt die *Winkelgeschwindigkeit* an, welcher Drehwinkel in der Zeiteinheit überstrichen wird. Die Winkelgeschwindigkeit

$$\omega = \lim_{\Delta t \to 0} \frac{\Delta \varphi}{\Delta t} = \frac{d\varphi}{dt} \tag{2-20}$$

hat die Maßeinheit 1 rad/s oder kurz 1 s^{-1}.

Der Winkelgeschwindigkeit ω wird der Charakter eines *axialen Vektors* zugeschrieben. Dieser steht senkrecht auf der Ebene der Kreisbahn. Die Richtung von ω ist nach Bild 2-14 der Drehrichtung einer Rechtsschraube zugeordnet. Liegt, wie in der oberen Hälfte von Bild 2-14 dargestellt ist, die Kreisbahn in der Zeichenebene, wird die Richtung von ω durch die Symbole für die Pfeilspitze $\odot$ oder das Pfeilende $\otimes$ angezeigt. Die Winkelgeschwindigkeit hängt mit der *Drehzahl* oder *Drehfrequenz n* und der Periodendauer T zusammen:

$$\omega = 2\pi n = \frac{2\pi}{T}. \tag{2-21}$$

Mit der Winkelgeschwindigkeit ω schreibt man die Zentripetalbeschleunigung a_{zp} nach Gl. (2-18) in vektorieller Form:

$$a_{\text{zp}} = -\omega^2 r. \tag{2-22}$$

Bei beschleunigter Kreisbewegung gibt die *Winkelbeschleunigung* α an, wie sich die Winkelgeschwindigkeit mit der Zeit ändert:

$$\alpha = \frac{d\omega}{dt} = \frac{d^2\varphi}{dt^2}. \tag{2-23}$$

Die SI-Maßeinheit für α ist 1 rad/s^2 oder kurz 1 s^{-2}. Auch die Winkelbeschleunigung ist

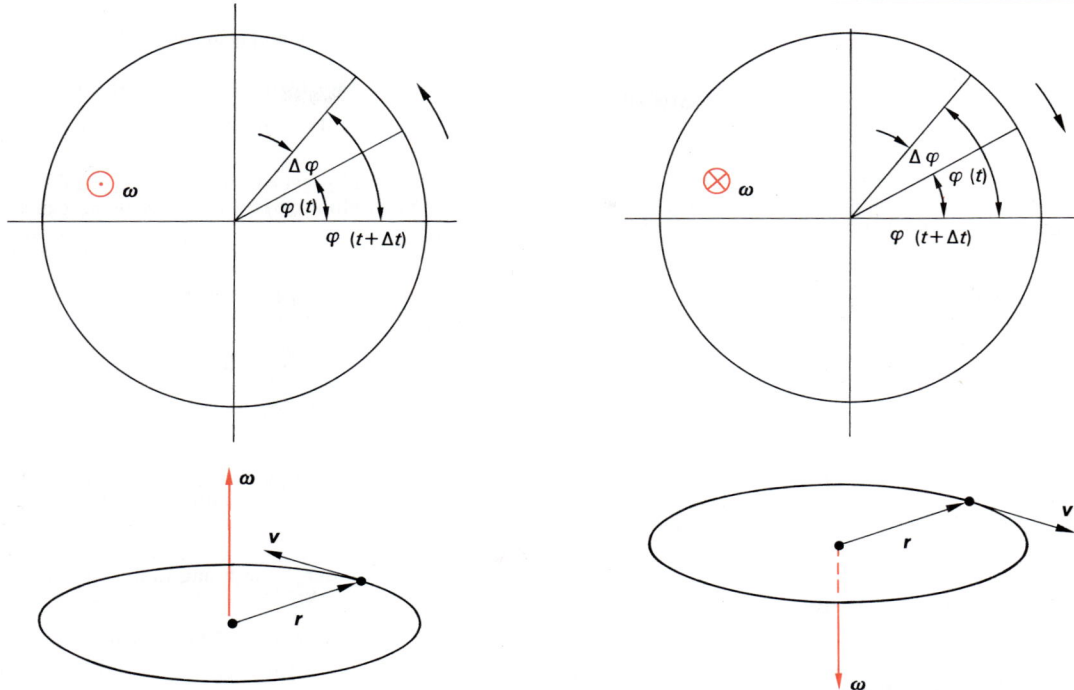

Bild 2-14. Zur Definition der vektoriellen Winkelgeschwindigkeit ω bei verschiedenen Drehrichtungen.

ein axialer Vektor. Bei positiver Beschleunigung ist α gleichsinnig parallel zu ω. Bei Bremsvorgängen sind α und ω entgegengesetzt gerichtet.

Da die Größen φ, ω und α genauso miteinander verknüpft sind wie die Größen s, v und a der eindimensionalen Kinematik, sind alle Gleichungen in Bild 2-6 direkt auf Kreisbewegungen anwendbar, wenn jeweils einander zugeordnete Größen nach dem Schema $s \rightarrow \varphi$, $v \rightarrow \omega$, $a \rightarrow \alpha$ ausgetauscht werden.

Die Vektoren v und a der allgemeinen dreidimensionalen Kinematik sind auf einfache Weise mit den entsprechenden Größen ω und α verknüpft. Eine Zusammenstellung der Beziehungen enthält Tabelle 2-1.

Tabelle 2-1. Kreisbewegungsgleichungen bei den Anfangsbedingungen $\varphi(t_0) = \varphi_0$ und $\omega(t_0) = \omega_0$ (r Radius, t Zeit).

Bewegungsgrößen	gleichmäßige Kreisbewegung	gleichmäßig beschleunigte Kreisbewegung
Winkelbeschleunigung	$\alpha = 0$	$\alpha = \alpha_0$
Winkelgeschwindigkeit	$\omega = \omega_0$	$\omega = \omega_0 + \alpha_0 (t - t_0)$
Drehwinkel	$\varphi = \varphi_0 + \omega_0 (t - t_0)$	$\varphi = \varphi_0 + \omega_0 (t - t_0) + \frac{1}{2} \alpha_0 (t - t_0)^2$
Umfangsgeschwindigkeit $v = \omega \times r$	$v = r \omega_0$	$v = r [\omega_0 + \alpha_0 (t - t_0)]$
Zentripetalbeschleunigung $a_{zp} = \omega \times v = -\omega^2 r$	$a_{zp} = r \omega_0^2$	$a_{zp} = r [\omega_0 + \alpha_0 (t - t_0)]^2$
Tangentialbeschleunigung $a_{tan} = \alpha \times r$	$a_{tan} = 0$	$a_{tan} = \alpha_0 r$

Beispiel

2.2-5: Ein Autoreifen mit dem Radius $r = 0,28$ m rollt auf einer Ebene mit der Geschwindigkeit $v_0 = 100$ km/h. Die Bewegung eines Punktes auf der Lauffläche soll diskutiert werden, und zwar a) vom Standpunkt eines mitfahrenden Beobachters, wo der Punkt eine Kreisbahn beschreibt, und b) vom Standpunkt eines Beobachters auf der Straße, von dem aus der Punkt die in Bild 2-15 gezeigten Zykloide läuft. Die Parameterdarstellung der Zykloide ist $x = r(\omega t - \sin \omega t)$ und $y = r(1 - \cos \omega t)$.

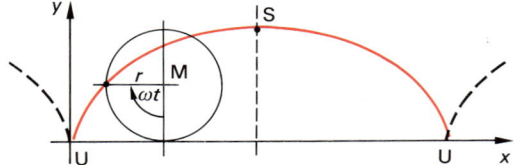

Bild 2-15. Zykloide als Bahnkurve eines Punktes auf der Lauffläche eines Rads (Beispiel 2.2-5).

a 1) Wie groß ist die Winkelgeschwindigkeit ω?

Beim Abrollen eines Rads ohne Schlupf ist die Geschwindigkeit des Mittelpunktes identisch mit der Umfangsgeschwindigkeit. Deshalb gilt $\omega = v_0/r = 99,2$ rad/s.

a 2) Wie groß ist die Beschleunigung des Punktes, und welche Richtung hat sie?

Da es sich um eine gleichförmige Kreisbewegung handelt, besteht die Beschleunigung lediglich aus der Zentripetalbeschleunigung, die zum Kreismittelpunkt weist. Sie beträgt $a_{zp} = \omega^2 r = 2756$ m/s^2 oder das 281fache der Erdbeschleunigung.

a 3) Wie groß sind Drehzahl und Periodendauer?

Nach Gl. (2-21) ergeben sich $n = \omega/2\pi = 15,8$ s^{-1} = 947 min^{-1} und $T = 63,3$ ms.

b 1) Wie lautet der Vektor der Geschwindigkeit $v(t)$? Welchen Betrag und welche Richtung hat v in den Umkehrpunkten U, in der gezeichneten Stellung zur Zeit $t = T/4$ und in den Scheitelpunkten S?

Der Ortsvektor lautet

$$r(t) = \begin{pmatrix} x(t) \\ y(t) \end{pmatrix} = r \begin{pmatrix} \omega t - \sin \omega t \\ 1 - \cos \omega t \end{pmatrix}.$$

Daraus ergibt sich durch Ableiten nach der Zeit

$$v = r\omega \begin{pmatrix} 1 - \cos \omega t \\ \sin \omega t \end{pmatrix} = v_0 \begin{pmatrix} 1 - \cos \omega t \\ \sin \omega t \end{pmatrix}.$$

Umkehrpunkte liegen bei $t = 0, T, 2T, \dots$. In einem Umkehrpunkt ist $v(0) = \begin{pmatrix} 0 \\ 0 \end{pmatrix}$; der Punkt ruht mo-

mentan auf der Fahrbahn. Nach einer Viertelumdrehung ist die Geschwindigkeit $v(T/4) = v_0 \begin{pmatrix} 1 \\ 1 \end{pmatrix}$, verläuft also unter 45° und hat den Betrag $\sqrt{2}\, v_0$ = 141 km/h.
Scheitelpunkte sind gegeben durch $t = T/2, 3/2\,T, \dots$. In einem Scheitelpunkt ist die Geschwindigkeit $v(T/2) = v_0 \begin{pmatrix} 2 \\ 0 \end{pmatrix}$, also $|v| = 200$ km/h. Sie ist waagerecht gerichtet und doppelt so groß wie die Geschwindigkeit der Achse.

b 2) Wie lautet der Vektor der Beschleunigung $a(t)$?

$$a = \frac{dv}{dt} = r\omega^2 \begin{pmatrix} \sin \omega t \\ \cos \omega t \end{pmatrix}.$$

Dieser Vektor läuft auf einem Kreis um und ist stets zum Radmittelpunkt gerichtet. Sein Betrag ist $|a| = r\omega^2 = a_{zp}$.

b 3) Wie groß ist der Krümmungsradius der Zykloide im Scheitelpunkt?

Nach Gl. (2-16) ist $R = v^2/a_n = 4\,r = 1,12$ m.

Zur Übung

Ü 2.2-1: Ein Fahrzeug wird aus dem Stand wechselnd beschleunigt, und zwar

für $0 \leq t \leq 2$ s   mit $a = 1$ m/s^2,
für 2 s $< t < 4$ s mit $a = 0$ und
für 4 s $\leq t \leq 5$ s mit $a = -2$ m/s^2.

a) Zeichnen Sie die kinematischen Diagramme, d. h. das a, t-Diagramm, das v, t-Diagramm und das s, t-Diagramm für $0 \leq t \leq 5$ s. b) Wie groß ist das maximale Geschwindigkeit? c) Welche Geschwindigkeit hat das Fahrzeug zur Zeit $t = 5$ s? d) Wie groß ist der insgesamt zurückgelegte Weg?

Ü 2.2-2: Ein Bauteil wird ungleichmäßig aus der Ruhe beschleunigt. In kurzen Zeitabständen wird die Geschwindigkeit gemessen; es ergibt sich eine Wertetabelle:

t in s	0	1	2	3	4	5
v in m/s	0	0,2	0,7	1,6	3,2	6,0

a) Zeichnen Sie maßstäblich das v, t-Diagramm (Millimeterpapier). b) Ermitteln Sie aus dem v, t-Diagramm das a, t-Diagramm. Wie groß ist die Beschleunigung zur Zeit $t_1 = 4$ s? c) Bestimmen Sie durch graphische bzw. numerische Integration den zurückgelegten Weg nach $t_2 = 5$ s.

Ü 2.2-3: Ein Ball rollt auf einem waagerechten Tisch von der Höhe $h = 0,75$ m über die Kante und fällt zu Boden. Der Auftreffpunkt ist in horizontaler Richtung $s = 0,40$ m von der Kante entfernt. Wie groß war die Geschwindigkeit des Balls auf dem Tisch?

Ü 2.2-4: Ein Elektromotor läuft mit der Drehzahl $n_0 = 1400$ min^{-1}. Nach dem Abschalten wird er mit konstanter Winkelverzögerung α abgebremst, bis er nach $N = 50$ Umdrehungen stehen bleibt. a) Wie groß ist die Winkelverzögerung α? b) Wie lange dauert der Bremsvorgang?

Ü 2.2-5: Ein Eisenbahnzug fährt mit gleichmäßiger Tangentialbeschleunigung auf einem Kreisbogen mit dem Radius $r = 2$ km. Dabei legt er die Strecke $\Delta s = 1200$ m zurück. Zu Beginn der betrachteten Bewegung hat er die Geschwindigkeit $v_1 = 30$ km/h, am Ende $v_2 = 100$ km/h. a) Wie lange dauert der Beschleunigungsvorgang? b) Wie groß ist die Tangentialbeschleunigung? c) Berechnen Sie die Winkelbeschleunigung. d) Wie groß ist die Zentripetalbeschleunigung zu Beginn und am Ende des Vorgangs?

Ü 2.2-6: Die Erde benötigt für eine vollständige Umdrehung die Zeit $T = 86\,163$ s (einen Sternentag). a) Wie groß ist die Winkelgeschwindigkeit ω_E der Erde? b) Welche Richtung hat der Vektor ω_E? c) Wie groß ist die Umfangsgeschwindigkeit an einem Ort mit dem Breitenwinkel φ? Berechnen Sie die Umfangsgeschwindigkeit am Äquator und in Stuttgart mit $\varphi = 48° \, 41'$ nördlicher Breite (Erdradius $R = 6370$ km). d) Wie groß ist die Zentripetalbeschleunigung am Äquator und in Stuttgart?

2.3. Grundgesetze der klassischen Mechanik

2.3.1. Konzept der klassischen Dynamik

Die *Kinematik* (Abschn. 2.2) hat die Bewegung materieller Punkte geometrisch-analytisch beschrieben, ohne die Frage zu stellen: „Was ist die Ursache für die Bewegung?" Die *Dynamik* untersucht die *Ursachen für die Bewegung* eines Körpers. Jeder Körper besteht aus Materie; er hat eine Masse und eine geometrische Ausdehnung, d. h. ein Volumen. Einfache Verhältnisse liegen dann vor, wenn die geometrische Ausdehnung des Körpers klein ist im Vergleich zu den Dimensionen (Abmessungen, Abstände), in denen sich der Körper bewegt. In höchster Idealisierung ist

die Masse des Körpers in einem materiellen Punkt vereinigt, der keine räumliche Ausdehnung mehr hat. Mit der *Modellvorstellung des materiellen Punktes* werden einfachste Verhältnisse geschaffen, denn ein materieller Punkt kann *nicht rotieren* und sich *nicht verformen*.

Wie ein Körper ist auch ein materieller Punkt *Einwirkungen von außen* ausgesetzt; physikalisch bezeichnet man dies als die Einwirkung der Umgebung auf das System oder — noch allgemeiner — als die *Wechselwirkung zweier Systeme*. Die *Kraft* ist die physikalische Größe, welche die Einwirkung beschreibt, die den Bewegungszustand des Körpers ändert. Dabei werden Körper unterschiedlicher Masse durch die gleiche Kraft unterschiedlich beschleunigt.

Begründet auf Erfahrung und durch kühne Extrapolation erfaßte Newton die Wechselwirkungen zwischen beschleunigendem und beschleunigtem System und formulierte *drei Axiome zur Mechanik*, welche die Begriffe *Kraft* und *Masse* definieren, ihre Verknüpfung angeben und ein Maßsystem festlegen.

2.3.2. Die Newtonschen Axiome

In Tabelle 2-2 sind die drei Axiome in moderner Schreibweise zusammengefaßt, wie sie I. NEWTON (1643 bis 1727) im Jahr 1687 veröffentlichte. Die Newtonschen Axiome beschreiben die *makroskopische Welt der klassischen Physik* exakt; sie versagen jedoch bei der Beschreibung der mikroskopischen Welt der Atome (Quantenphysik, Abschn. 8) und bei Geschwindigkeiten, die nicht mehr klein gegen die Lichtgeschwindigkeit c sind (Relativitätstheorie, Abschn. 10).

Das *erste Axiom* definiert ein *Bezugssystem*, in dem die drei Axiome gelten. Die physikalischen Gesetzmäßigkeiten der Mechanik nehmen ihre einfachste mathematische Form an, wenn sie für ein Bezugssystem aufgeschrieben werden, in dem die Geschwindigkeit eines Körpers ohne äußere Einwirkungen konstant ist. Man nennt solche Systeme *Inertialsysteme*. Es gibt beliebig viele Inertialsysteme; sie alle haben die Eigenschaft, sich gegen den Fixsternhimmel geradlinig und gleichförmig zu bewegen. Absolute Ruhe läßt sich nicht fest-

Tabelle 2-2. Die Newtonschen Axiome.

Newtonsche Axiome	Formulierung	Beziehung
1. Axiom Trägheitsgesetz	Jeder Körper behält seine Geschwindigkeit nach Betrag und Richtung so lange bei, wie er nicht durch äußere Kräfte gezwungen wird, seinen Bewegungszustand zu ändern.	
2. Axiom Aktionsgesetz Grundgesetz der Mechanik	Die zeitliche Änderung der Bewegungsgröße, des Impulses $p = m\,v$, ist gleich der resultierenden Kraft F. Um einen Körper konstanter Masse zu beschleunigen, ist eine Kraft F erforderlich, die gleich dem Produkt aus Masse m und Beschleunigung a ist.	allgemein: $$F = \frac{\mathrm{d}}{\mathrm{d}t}(m\,v)$$ speziell: $F = m\,a$
3. Axiom Wechselwirkungsgesetz actio = reactio	Wirkt ein Körper 1 auf einen Körper 2 mit der Kraft F_{12}, so wirkt der Körper 2 auf den Körper 1 mit der Kraft F_{21}; beide Kräfte haben den gleichen Betrag, aber entgegengesetzte Richtungen.	$F_{12} = -F_{21}$

stellen, es gibt deshalb kein ausgezeichnetes Inertialsystem.

Die Erde rotiert relativ zum Fixsternhimmel, das Bezugssystem Erde stellt deshalb kein Inertialsystem dar. Ist die Erdrotation im Vergleich zum Zeitablauf eines Experiments vernachlässigbar langsam, dann ist ein mit der Erde verbundenes Bezugssystem in sehr guter Näherung ein Inertialsystem.

Das *zweite Newtonsche Axiom* heißt *Aktionsprinzip*, weil es den Zusammenhang zwischen der Bewegungsänderung eines Körpers und der Einwirkung von Kräften herstellt. Newton verstand unter Bewegungsänderung nicht nur die Beschleunigung; seine mathematische Formulierung umfaßte bereits den *Impuls* $p = m\,v$ (Abschn. 2.5). Somit läßt sich das Aktionsgesetz schreiben:

$$F = \frac{\mathrm{d}p}{\mathrm{d}t} = \frac{\mathrm{d}}{\mathrm{d}t}(m\,v) = m\,\frac{\mathrm{d}v}{\mathrm{d}t} + v\,\frac{\mathrm{d}m}{\mathrm{d}t}. \tag{2-24}$$

Für den im täglichen Leben häufigen Fall einer konstanten Masse ergibt sich daraus das Newtonsche Grundgesetz

$$F = m\,a. \tag{2-25}$$

Wenn die Summe der äußeren Kräfte gleich null ist, dann ist auch die Beschleunigung null und damit die Geschwindigkeit konstant, entsprechend der Forderung des ersten Axioms.

Das *dritte Axiom*, das Axiom über die *Wechselwirkungen*, sagt aus, daß es eine einzelne, isolierte Kraft nicht gibt. Es wirkt immer ein Körper (oder ein System 1) auf einen zweiten Körper (oder System 2). Wird eine Systemgrenze vorgegeben, dann kann zwischen äußeren Kräften, die von einem Körper außerhalb des Systems herrühren, und inneren Kräften, die nur innerhalb des Systems wirken, unterschieden werden. Diese Systemgrenzen können nach Zweckmäßigkeit gewählt werden.

Das dritte Axiom setzt voraus, daß die *Kräfte gleichzeitig*, d.h. ohne Zeitverzögerung, wahrgenommen werden. Weil die Lichtgeschwindigkeit die Grenzgeschwindigkeit für die Ausbreitung eines Signals oder einer Information ist, dauert es eine endliche Zeitspanne, bis ein Körper die Änderung einer Kraftwirkung spürt, die von einem zweiten Körper ausgeübt wird. Für dieses Problem der Gleichzeitigkeit hat Einstein die Lösung in den Grundgesetzen der relativistischen Mechanik angegeben (Abschn. 10).

2.3.3. Masse

Trägheit ist der *Widerstand* eines Körpers gegen eine *Bewegungsänderung*. Das Maß für die Trägheit ist die *Masse*. Die Masse ist unabhängig vom Ort, an dem sich ein Körper befindet, und in der klassischen Mechanik unabhängig vom Bewegungszustand des Körpers. Damit ist die Masse auch ein geeignetes Maß für die Menge, d.h. für die Anzahl der Teilchen

(Atome, Moleküle) in einem Körper. Die *Addition von Massen* entspricht der *Addition von Mengen*. Die Maßeinheit der Masse ist durch einen Eichkörper festgelegt (Abschn. 1.3).

Eine Möglichkeit zum Vergleich von Massen gibt das Newtonsche Aktionsgesetz. Man lasse auf zwei Körper mit den Massen m_1 und m_2 jeweils die gleiche Kraft wirken und bestimme experimentell die Beschleunigungen a_1 und a_2, die den beiden Körpern erteilt werden. Dann gilt im eindimensionalen Fall nach Gl. (2-25)

$$\frac{m_1}{m_2} = \frac{a_2}{a_1} . \qquad (2\text{-}26)$$

Damit ist das Verhältnis zweier Massen durch eine dynamische Messung bestimmbar.

Die physikalische Größe Masse hat außer der Eigenschaft Trägheit auch die Eigenschaft *Schwere*. Auf Körper im Wirkungsbereich der Riesenmassen kosmischer Körper (z. B. der Sonne oder der Erde) wirken *Gravitationskräfte* (Abschn. 2.10), die proportional zu den Massen der beteiligten Körper sind. Die Schwere einer Masse ist also ein Kennzeichen für die Kraft des Zentralgestirns auf diesen Körper. Experimentell läßt sich *kein Unterschied zwischen träger und schwerer Masse* nachweisen. Die Identität von träger und schwerer Masse ist die Grundlage für die Einsteinsche Relativitätstheorie (Abschn. 10).

2.3.4. Kraft

Nach dem zweiten Newtonschen Axiom ist die Kraft *F* für Körper mit konstanter Masse proportional zur Momentanbeschleunigung *a*. Die Kraft ist also eine vektorielle physikalische Größe, deren Richtung parallel zur Beschleunigung *a* und deren Betrag $F = m\,a$ ist. Im SI-System ist die Einheit für die Kraft $1\ \mathrm{kg\,m\,s^{-2}} = 1\ \mathrm{N}$ (Newton).

Für die *Addition von Kräften* und die *Zerlegung* einer Kraft in verschiedene Kraftrichtungen gelten die Regeln der *Vektorrechnung*. In Bild 2-16 sind für die Addition von zwei Kräften und für die Zerlegung einer Kraft in zwei Richtungen die graphischen Lösungswege im *Kräfteparallelogramm* und die trigonome-

$F = F_1 + F_2$	Kräfteparallelogramm	Kräfte	Richtungswinkel
Kräfteaddition; gegeben F_1, F_2, α, β	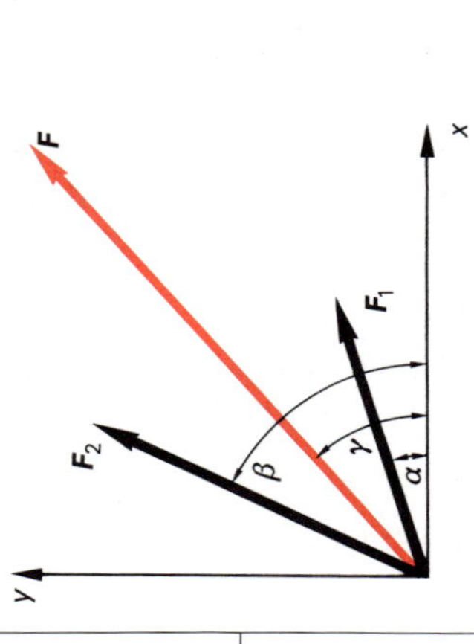	$F_x = F_1 \cos\alpha + F_2 \cos\beta$ $F_y = F_1 \sin\alpha + F_2 \sin\beta$ $F = \sqrt{F_x^2 + F_y^2}$ $F = \sqrt{F_1^2 + F_2^2 + 2F_1 F_2 \cos(\beta - \alpha)}$	$\gamma = \arctan \dfrac{F_1 \sin\alpha + F_2 \sin\beta}{F_1 \cos\alpha + F_2 \cos\beta}$
Kräftezerlegung; gegeben F, γ, α, β oder $F, \gamma; F_1, F_2$		$F_1 = F\,\dfrac{\sin(\beta - \gamma)}{\sin(\beta - \alpha)}$ $F_2 = F\,\dfrac{\sin(\gamma - \alpha)}{\sin(\beta - \alpha)}$	$\alpha = \gamma - \arccos \dfrac{F^2 + F_1^2 - F_2^2}{2FF_1}$ $\beta = \gamma + \arccos \dfrac{F^2 + F_2^2 - F_1^2}{2FF_2}$

Bild 2-16. *Kräfteaddition und Kraftzerlegung.*

trischen Lösungen angegeben. Die Addition von mehr als zwei Kräften erfolgt zweckmäßigerweise durch die *Methode der Komponentenzerlegung* in einem kartesischen Koordinatensystem.

Ist die Beschleunigung eines Körpers $a = 0$, so ist auch die resultierende Kraft auf den Körper nach dem Newtonschen Aktionsprinzip null. Dies ist die Bedingung des *statischen Kräftegleichgewichts:*

$$\sum_{j=1}^{N} \boldsymbol{F}_j = \boldsymbol{F}_1 + \boldsymbol{F}_2 + \ldots = 0 \,. \qquad (2\text{-}27)$$

Körper fallen auf der Erde mit einer konstanten Fallbeschleunigung $g = 9,81 \text{ m/s}^2$ (Abschn. 2.2.1.3). Die Ursache dieser gleichmäßig beschleunigten Bewegung ist die Schwerkraft oder Gewichtskraft auf die Masse m der Körper. Nach dem zweiten Newtonschen Axiom beträgt die Schwerkraft

$$\boldsymbol{F}_G = m\,\boldsymbol{g} \qquad (2\text{-}28)$$

und wirkt in Richtung der Fallbeschleunigung (näherungsweise zum Erdmittelpunkt). Die Massenanziehung durch die Erdmasse ist die Ursache der Schwerkraft (Abschn. 2-10). Die Schwerkraft auf Körper an der Erdoberfläche führt bei Körpern auf einer *schiefen Ebene* mit dem Neigungswinkel ε gemäß Bild 2-17 zu einer hangabwärts, parallel zur schiefen Ebene gerichteten beschleunigenden Kraft, der *Hangabtriebskraft* $\boldsymbol{F}_H$, mit dem Betrag

$$F_H = m\,g\,\sin\varepsilon \qquad (2\text{-}29)$$

und zu einer senkrecht auf die Ebene wirkenden Kraft, der *Normalkraft* $\boldsymbol{F}_N$, mit dem Betrag

$$F_N = m\,g\,\cos\varepsilon \,. \qquad (2\text{-}30)$$

Die beschleunigende Kraft, die einen Körper bei der gleichförmigen Kreisbewegung auf einer Kreisbahn hält und die Zentripetalbeschleunigung a_{zp} nach Gl. (2-22) verursacht, ist nach dem Newtonschen Grundgesetz die *Zentripetalkraft*

$$\boldsymbol{F}_{zp} = -\,m\,\omega^2\,\boldsymbol{r}\,. \qquad (2\text{-}31)$$

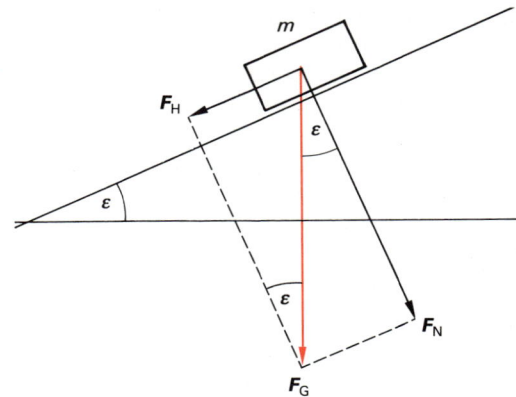

Bild 2-17.   Kräfte auf schiefer Ebene.
ε *Neigungswinkel*

Sie ist zum Mittelpunkt der Kreisbahn gerichtet.

Kräfte verursachen nicht nur beschleunigte Bewegungen (dynamische Kraftwirkung), sondern ändern auch die geometrische Form von Körpern. Umgekehrt üben deformierte Körper Kräfte aus, die *elastischen Kräfte* oder *Federkräfte*. Bild 2-18 gibt hierzu Erläuterungen. Nach dem dritten Newtonschen Axiom ist die der Deformation entgegenwirkende,

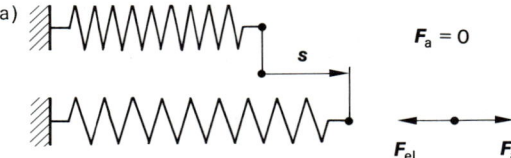

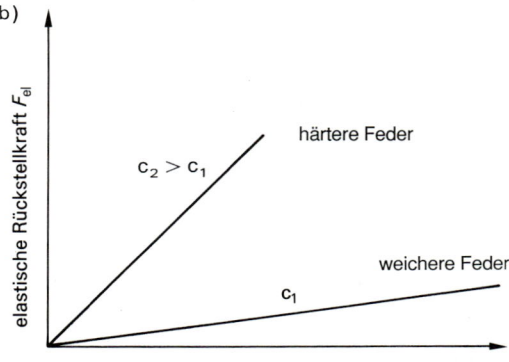

Bild 2-18.   Elastische Deformation. a) äußere Kraft $\boldsymbol{F}_a$ und elastische Rückstellkraft $\boldsymbol{F}_{el}$, b) Federkonstante c.

elastische Kraft F_{el} entgegengesetzt gleich der von außen wirkenden Kraft F_a; die Längenänderung s ist also ein Maß für die verursachende Kraft.

Alle *Festkörper* zeigen innerhalb maximaler Deformationsgrenzen ein *elastisches Verhalten* (Abschn. 2.11), das durch das *Hookesche Gesetz* (Bild 2-18 b) beschrieben wird:

$$F_{el} = -c\,s. \tag{2-32}$$

Die Proportionalitätskonstante c wird als *Federkonstante* oder Richtgröße bezeichnet.

Große elastische Längenänderungen, hervorgerufen schon durch kleine Kräfte, weisen Metallfedern auf; Federwaagen werden deshalb in der Praxis als Kraftmesser eingesetzt. Bild 2-19 zeigt eine Übersicht über den Aufbau von Kraftmessern entsprechend DIN 51 301 und den VDI/VDE-Richtlinien 2635 und 2637.

Werden mehrere Federn gekoppelt, so ist die *resultierende Richtgröße* c_{res} bei der *Parallelschaltung* (verschiedene Kräfte, gleicher Weg)

$$F_1/s + F_2/s + \ldots = c_1 + c_2 + c_3 \ldots = c_{res,\,p}$$

und bei der *Serienschaltung* (verschiedene Wege, gleiche Kraft)

$$s_1/F + s_2/F + \ldots = 1/c_1 + 1/c_2 \\ + \ldots = 1/c_{res,\,s}.$$

Unter realen Bedingungen wird die Bewegung von Körpern durch *Reibung* an der Unterlage, der umgebenden Flüssigkeit oder dem umgebenden Gas beeinflußt. Nach dem Newtonschen Aktionsprinzip ist die Ursache der Bewegungsänderung durch Reibung eine Kraft, die *Reibungskraft* F_R. Die Richtung der Reibungskraft F_R ist der Bewegungsrichtung, also der Momentangeschwindigkeit v des Körpers stets entgegengerichtet: $F_R \!\!\uparrow\!\!\downarrow v$. Der Betrag von F_R setzt sich je nach Situation

Sensorelement	Aufbau der Meßapparatur	Meßprinzip
Feder		Verlängerung der Feder ist proportional zur Kraft (Hookesches Gesetz).
Dehnungs-meß-streifen	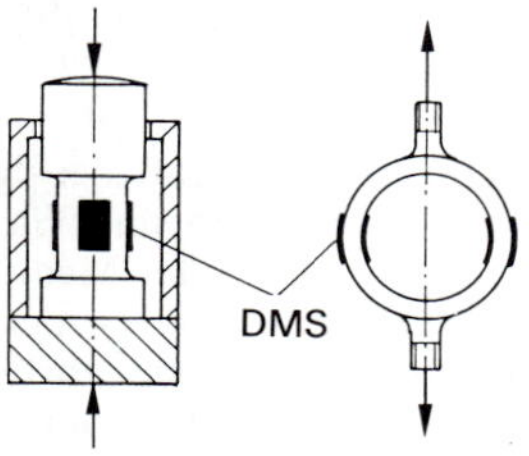 DMS	Deformationen des Verformungskörpers werden auf die aufgeklebten Dehnungsmeßstreifen (DMS) übertragen. Der elektrische Widerstand R der DMS ändert sich proportional zur Dehnung ε. Die Widerstandsänderung wird in einer Wheatstoneschen Brückenschaltung gemessen: $\frac{\Delta R}{R} \sim \frac{\Delta l}{l} = \varepsilon.$
piezoelektrischer Kristall	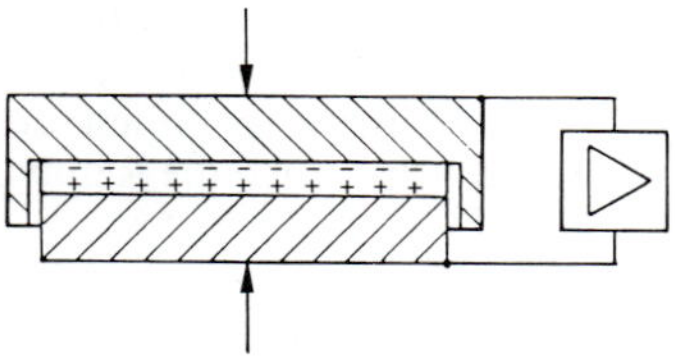	Kristalle ohne Symmetriezentrum (z. B. Quarz) zeigen den piezoelektrischen Effekt. Bei Belastung treten an den Kristalloberflächen elektrische Ladungen auf, die mit einem Ladungsverstärker nachgewiesen werden. Die Ladungsmenge ist proportional zur Kraft $\Delta Q \sim F$.
Glasfaser	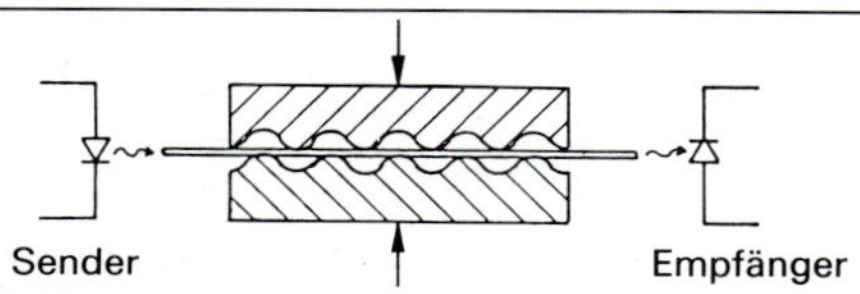 Sender Empfänger	Bei Belastung verbiegt sich die Glasfaser. Dadurch werden Lichtwellen vom Faserkern in den -mantel ausgekoppelt (Leckwellen), und das Empfängersignal geht zurück.

Bild 2-19. Methoden der Kraftmessung.

	äußere Reibung Festkörperreibung	innere Reibung Flüssigkeitsreibung	turbulente Reibung Luftreibung
Reibungskraft	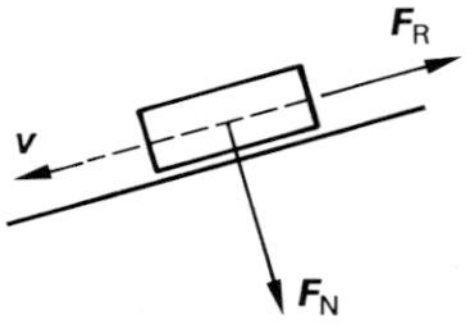	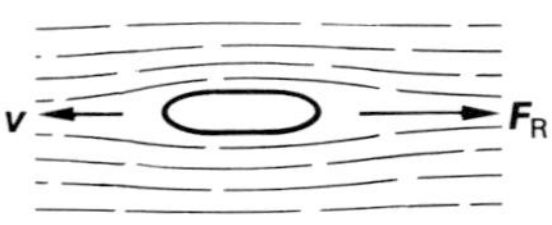	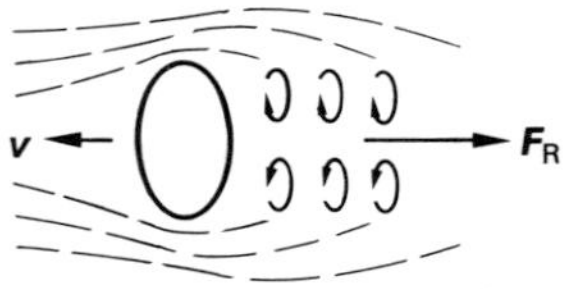
Ansatz	$F_R = \mu\, F_N$	$F_R = b\, v$	$F_R = d\, v^2$
Proportionalitäts- faktor	μ: Reibungszahl μ ist unabhängig von der Kontaktfläche zwischen Körper und Unterlage; hängt ab von der Kontaktgeometrie und den Materialien von Körper und Unterlage.	b: Zähigkeitskoeffizient b hängt von der Form des Körpers und der Viskosität η der Flüssigkeit ab. Es wird laminare Strömung vorausgesetzt.	d: Luftreibungskoeffizient d hängt von der Anström-fläche und der Ober-flächenbeschaffenheit des Körpers sowie von der Dichte und Art des strö-menden Mediums ab.
Spezialfälle	μ_R: Rollreibung μ_G: Gleitreibung μ_H: Haftreibung	$b = 6\,\pi\,\eta\,r$ laminare Umströmung einer Kugel vom Radius r in einem Medium mit der Zähigkeit η	$d = \dfrac{1}{2}\,c_W\,\varrho\,A$ Körper mit Anströmfläche A und dem Widerstands-beiwert c_W im Medium der Dichte ϱ

Bild 2-20. Reibungskräfte.

in unterschiedlicher Weise aus den drei Grenzfällen in Bild 2-20 zusammen.

Die *Festkörperreibung* hängt von der Oberflä-chenbeschaffenheit der reibenden Körper ab; die Reibungszahlen für die *Haft- und Gleitrei-bungskraft* unterscheiden sich stark. In Ta-belle 2-3 sind die Werte einiger Stoffpaare zu-sammengestellt. Der Laufwiderstand beim Abrollen eines Rades auf einer Unterlage hängt nicht nur von der Verformung des Bodens durch die Normalkraft und vom Rad-durchmesser ab, sondern auch noch von den Reibungsverhältnissen in der Radnabe.

Tabelle 2-3. Haft- und Gleitreibungszahlen.

Stoffpaar	μ_H	μ_G
Stahl auf Stahl	0,15	0,12
Stahl auf Holz	0,5 bis 0,6	0,2 bis 0,5
Stahl auf Eis	0,027	0,014
Holz auf Holz	0,65	0,2 bis 0,4
Holz auf Leder	0,47	0,27
Gummi auf Asphalt	0,9	0,85
Gummi auf Beton	0,65	0,5
Gummi auf Eis	0,2	0,15

Bei niedrigen Geschwindigkeiten ist die Laufwider-standskraft näherungsweise proportional zur Nor-malkraft. Die Proportionalitätskonstante ist die *Rollreibungszahl* μ_R. Bei Eisenbahnrädern ist $\mu_R = 0{,}002$; Straßenfahrzeuge haben Werte von etwa $\mu_R = 0{,}02$ bis $\mu_R = 0{,}05$.

Die Reibungskraft bei der Bewegung von Körpern in Flüssigkeiten und Gasen hängt von der Dichte und Viskosität der Medien, der Geometrie (Strom-linienform, Spoiler) der Körper und dem Strö-mungstyp (laminar, turbulent) ab (Abschn. 2.11.3). In laminaren Strömungen ist der Strömungswider-stand F_R proportional zur Geschwindigkeit: $F_R \sim v$. Kommt es durch die Reibungskraft an der Körper-oberfläche in der Strömung zu Rotationsbewegun-gen (Wirbel), so nimmt der Strömungswiderstand erheblich zu, und die Reibungskraft ist $F_R \sim v^2$.

Nur Bewegungen mit Festkörperreibung ver-laufen gleichmäßig beschleunigt oder verzö-gert; dominieren die anderen Reibungsarten, dann sind die Bewegungsgesetze kompliziert.

Zur Übung

Ü 2.3-1: Zwei Körper (Masse $m_1 < m_2$) hängen an einem dünnen, masselosen Faden, der über eine masselose Rolle läuft. Zwischen der Rolle und dem

Faden soll es keine Reibung geben. a) Wie groß ist die Beschleunigung a der beiden Körper? b) Wie groß ist die Seilkraft F_S im Faden?

Ü 2.3-2: Ein Radiergummi ($m = 40$ g) liegt auf einer Metallscheibe (Radius $r = 20$ cm). Die Scheibe rotiert mit konstanter Winkelgeschwindigkeit ω. Die Haftreibungszahl zwischen Scheibe und Radiergummi ist $\mu_H = 0{,}5$.

a) Welche Kräfte wirken auf den Radiergummi (Skizze)? b) Welche Kraft oder welche Kräfte bringen die Zentripetalkraft auf den Radiergummi auf? c) Der Radiergummi wird $r_1 = 5$ cm vom Drehzentrum positioniert. Wie groß muß die Drehzahl n_1 mindestens sein, damit der Radierer zu rutschen anfängt? d) Die Scheibe rotiere mit der Drehzahl $n_2 = 70$ min^{-1}. In welchem Radius-Bereich bleibt der Radiergummi liegen?

Ü 2.3-3: Aus einem Maschinengewehr treten in einer Sekunde sechs Geschosse (Masse jeweils $m = 25$ g) aus. Die Geschwindigkeit der Kugeln ist $v = 800$ m s^{-1}.

a) Die Kugeln treffen auf einen fest im Boden verankerten großen Holzklotz und bleiben in ihm stecken. Welche mittlere Kraft F_{m1} wird auf den Klotz ausgeübt? b) Welche mittlere Kraft F_{m2} ist aufzuwenden, um einen Rückstoß des Gewehres zu unterdrücken? c) Angenommen, die Kugeln bleiben nicht stecken; sie sollen abprallen und mit einem Zehntel ihrer Anfangsgeschwindigkeit auf der alten Flugbahn zurückfliegen. Welche mittlere Kraft F_m wird unter diesen Bedingungen auf den Klotz ausgeübt?

Ü 2.3-4: Auf einen Körper (Masse $m = 2{,}0$ kg) wirken drei Kräfte (F_1, F_2 und F_3). Unter ihrem Einfluß bewegt er sich mit der konstanten Beschleunigung $a = 1$ m s^{-2} nach Süden. Die Kraft F_1 weist nach Norden, ihr Betrag ist $F_1 = 3{,}0$ N. Die Kraft F_2 weist nach Osten, ihr Betrag ist $F_2 = 2{,}0$ N. Wie groß ist F_3 nach Betrag und Richtung?

Ü 2.3-5: Eine Aufzugskabine hat die Masse $m_A = 1200$ kg, die Masse des Gegengewichts ist $m_G = 1100$ kg. In der Kabine befindet sich eine Person (Masse $m_M = 75$ kg).

a) Mit welcher Beschleunigung a fiele die Kabine, wenn die Bremseinrichtungen versagten? (Vereinfachend seien z. B. die Trägheit der Seiltrommeln und die Reibung vernachlässigt.) b) Welches wäre unter diesen Fallbedingungen das scheinbare Gewicht der Person? c) Nach einer Fallhöhe von $h = 15$ m wird die Kabine durch Federn aufgefangen und nach einem Bremsweg von $s = 20$ cm zum Stillstand gebracht. Welche mittlere Kraft F_m spürt die Person beim Bremsvorgang in den Beinen?

Ü 2.3-6: Eine schwere Last soll an einem Stahlseil hochgezogen werden. In Ruhestellung zeigt ein Kraftmesser eine Gewichtskraft $F_G = 8 \cdot 10^4$ N an; die zulässige Höchstbelastung des Seils ist $F_{max} = 10^5$ N. Welches ist die größte erlaubte Beschleunigung beim Hochziehen der Last?

2.4. Dynamik in bewegten Bezugssystemen

2.4.1. Relativ zueinander geradlinig bewegte Bezugssysteme

Betrachtet sei die Bewegung zweier Bezugssysteme gegeneinander, wobei eines der beiden Systeme vereinfachend als ruhend (Inertialsystem) angenommen wird. Die Koordinaten des materiellen Punkts P im ruhenden System S sind x, y, z, die im bewegten System S' dagegen x', y', z'. Zur Zeit $t = 0$ sollen die beiden Systeme zusammenfallen. Für den Fall, daß die Relativbewegung der beiden Bezugssysteme gleichmäßig beschleunigt, a_S also konstant ist, sind die sich ergebenden Transformationen der Koordinaten, Geschwindigkeiten und Beschleunigungen in Bild 2-21 angegeben.

In der klassischen Physik wird der Zeitmaßstab in beiden Bezugssystemen als gleich angenommen, die Zeitkoordinaten also mit $t = t'$ transformiert und damit eine absolute Zeit vorausgesetzt. Wie die Relativitätstheorie (Abschn. 10.1) zeigt, gilt diese Annahme nur in der klassischen Näherung, daß die Relativgeschwindigkeit v_S im Vergleich zur Lichtgeschwindigkeit c klein ist.

Ist die Geschwindigkeit des bewegten Systems $v_S =$ konstant, dann ist die Beschleunigung $a_S = 0$ und damit $a = a'$; die Beschleunigung eines Körpers ist also in beiden Systemen gleich. In diesem Spezialfall *(Galilei-Transformation)* ist auch die Kraft, die eine Beschleunigung bewirkt, in beiden Systemen gleich. Sämtliche Gleichungen der Mechanik haben im bewegten Bezugssystem dieselbe Struktur wie im ruhenden, die Gesetze sind *Galilei-invariant*. Werden beispielsweise in einem mit konstanter Geschwindigkeit fahrenden Zug Fallexperimente durchgeführt, dann sind die Meßergebnisse, wie z. B. Fallzeit

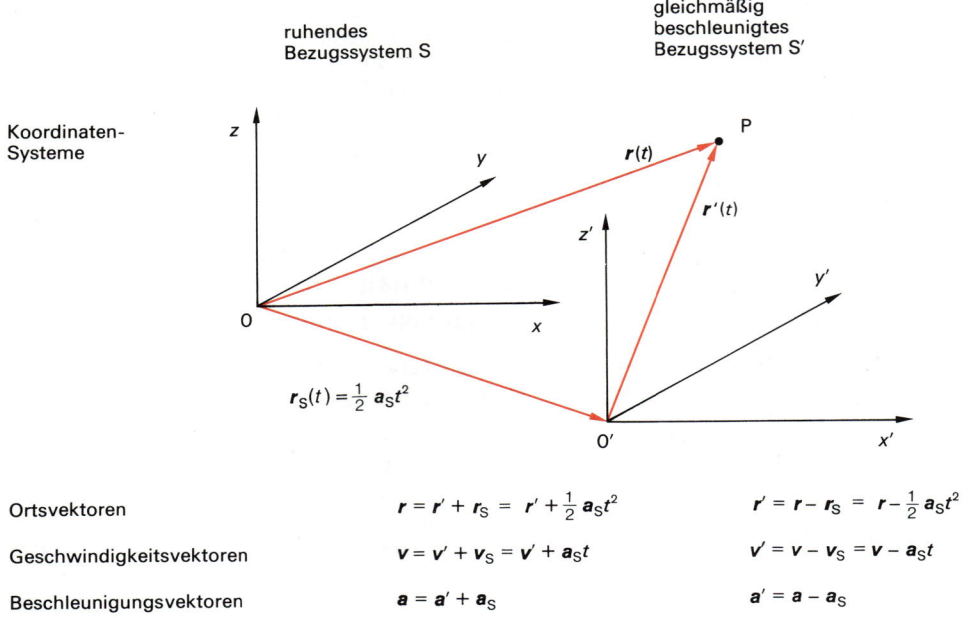

	ruhendes Bezugssystem S	gleichmäßig beschleunigtes Bezugssystem S′
Ortsvektoren	$r = r' + r_S = r' + \frac{1}{2} a_S t^2$	$r' = r - r_S = r - \frac{1}{2} a_S t^2$
Geschwindigkeitsvektoren	$v = v' + v_S = v' + a_S t$	$v' = v - v_S = v - a_S t$
Beschleunigungsvektoren	$a = a' + a_S$	$a' = a - a_S$

Bild 2-21.   Galilei-Transformation in gleichmäßig gegeneinander beschleunigten Bezugssystemen.

und Endgeschwindigkeit, dieselben wie auf dem Bahnsteig.

Beispiel

2.4-1: Es soll gezeigt werden, daß der Abstand zweier Punkte P_1 und P_2 Galilei-invariant ist, d. h. nicht von der Relativbewegung zweier Bezugssysteme gegeneinander abhängt. Vereinfachend sollen die beiden Punkte in der x, y-Ebene liegen und sich das System S′ längs der x-Richtung bewegen.

Lösung:

Die Koordinaten der beiden Punkte sind

im ruhenden System S: $P_1(x_1, y_1, 0)$ und
$\qquad\qquad\qquad\qquad P_2(x_2, y_2, 0)$,
im bewegten System S′: $P_1(x_1', y_1', 0)$ und
$\qquad\qquad\qquad\qquad P_2(x_2', y_2', 0)$.

Für die Abstandsquadrate ergeben sich nach dem Satz des Pythagoras

$s^2 = (x_2 - x_1)^2 + (y_2 - y_1)^2$ und
$s'^2 = (x_2' - x_1')^2 + (y_2' - y_1')^2$
$\quad = [(x_2 - v_s t) - (x_1 - v_s t)]^2 + [y_2 - y_1]^2$
$\quad = (x_2 - x_1)^2 + (y_2 - y_1)^2 = s^2$.

Ein Beobachter im bewegten Koordinatensystem S′ mißt also den gleichen Abstand wie

ein Beobachter im ruhenden System S. Bewegt sich das System S′ gegenüber S beschleunigt mit der Beschleunigung a_S, dann gilt nach Bild 2-21 für die Beschleunigung im bewegten System $a' = a - a_S$. In jedem System wird ein Beobachter die Beschleunigung auf die Wirkung einer Kraft zurückführen: im Bezugssystem S auf $F = m a$ und in S′ auf $F' = m a' = m a - m a_S$. Die Differenz der beiden Kräfte ist die *Trägheitskraft* oder *Scheinkraft*

$$F_t = -m a_S. \qquad\qquad (2\text{-}33)$$

Diese Trägheitskraft muß zusätzlich zu den *realen physikalischen* Kräften, wie beispielsweise der Gravitation oder elektrostatischen Kraft, die im ruhenden System S die Beschleunigung a verursachen, im beschleunigten System S′ in Rechnung gesetzt werden, damit auch in S′ das Newtonsche Grundgesetz $F' = m a'$ angewendet werden kann.

Prinzip von d'Alembert

Kräfte auf einen Körper bewirken eine Beschleunigung. Schreibt man das Newtonsche Aktionsgesetz Gl. (2-25) um, so lautet es

$$F + (-m\,a) = 0\,. \qquad\qquad (2\text{-}34)$$

J. d'ALEMBERT (1717 bis 1783) interpretierte den Ausdruck $(-m\,a)$ als die von Gl. (2-33) bekannte Trägheitskraft $F_t = -m\,a_S$.

Mit der d'Alembertschen Trägheitskraft können dynamische Probleme auf statische zurückgeführt werden. Hierbei wird zusätzlich zu realen physikalischen Kräften, die auf einen Körper wirken und durch ihre Resultierende F_{res} beschrieben werden, eine Trägheitskraft F_t eingeführt. Im beschleunigten System S′ ist der Körper im statischen Gleichgewicht, wenn gemäß Gl. (2-27) die Summe aller Kräfte (einschließlich der Trägheitskraft) null ist:

$$F_{res} + F_t = 0\,. \qquad\qquad (2\text{-}35)$$

Beispiel

2.4-2: Welche Kräfte wirken auf eine Person, die sich in einem an der Erdoberfläche frei fallenden Aufzug befindet?

Lösung:

Es wird ein ruhendes, mit der Erde verbundenes Koordinatensystem gewählt, in dem der Vektor der Fallbeschleunigung nach unten zeigt. In diesem ruhenden System ist die Kraft auf die Person gleich der Gravitationskraft $F = m\,g$.

Das beschleunigte Koordinatensystem ist fest mit der Aufzugskabine verbunden. Dieses System beschleunigt mit $a_s = g$ gegen das ruhende System. Deshalb wirkt auf die Person im beschleunigten System zusätzlich zur Gravitationskraft noch die Trägheitskraft

$$F_t = -m\,a_s = -m\,g\,.$$

Für die Kraft im beschleunigten System der Aufzugskabine gilt

$$F' = F + F_t = m\,g - m\,g = 0\,.$$

Der beschleunigte − also mitfallende − Beobachter spürt keine resultierende Kraft, er fühlt sich *kräftefrei*! − Auf dieselbe Weise entsteht die Kräftefreiheit in Raumstationen.

2.4.2. Gleichförmig rotierende Bezugssysteme

In rotierenden Bezugssystemen treten zusätzlich zu den realen physikalischen Kräften weitere Trägheits- oder Scheinkräfte auf, die der mitbewegte Beobachter benötigt, um die Beschleunigung eines Körpers erklären zu können: die *Zentrifugalkraft* und die *Coriolis-Kraft* (G. G. CORIOLIS, 1792 bis 1843).

Fallen die Nullpunkte 0 des ruhenden Systems S und des mit der konstanten Winkelgeschwindigkeit

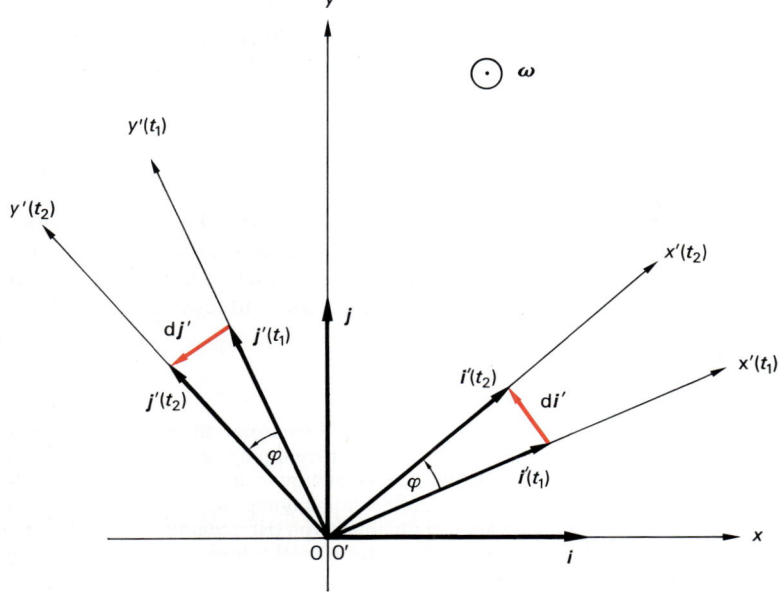

Bild 2-22.   *Rotierendes Koordinatensystem.*

ω rotierenden Systems S′ zusammen, dann sind die Abstände r und r' vom Nullpunkt in beiden Koordinatensystemen gleich:

$$r = r' = x\,i + y\,j + z\,k$$
$$= x'\,i' + y'\,j' + z'\,k' . \qquad (2\text{-}36)$$

Dabei sind i, j und k die Einheitsvektoren des ruhenden Koordinatensystems und i', j' und k' diejenigen des rotierenden.

Bild 2-22 zeigt den graphisch leichter darstellbaren Fall einer Rotation, bei der die z- und z′-Achsen zusammenfallen und die z-Achse Rotationsachse ist.

Die Einheitsvektoren im rotierenden Koordinatensystem ändern ihre Richtung relativ zum ruhenden und sind zeitlich nicht konstant; es ist daher

$$v = \frac{d r}{d t} = \frac{d x'}{d t}\,i' + \frac{d y'}{d t}\,j' + \frac{d z'}{d t}\,k'$$
$$+ x'\,\frac{d i'}{d t} + y'\,\frac{d j'}{d t} + z'\,\frac{d k'}{d t} .$$

Im rotierenden System wird die Geschwindigkeit $v' = \dfrac{d x'}{d t}\,i' + \dfrac{d y'}{d t}\,j'$ gemessen. Für die zeitlichen Änderungen der Einheitsvektoren gelten nach Bild 2-22

$$\left| \frac{d i'}{d t} \right| = \frac{i'\,d\varphi}{d t} = \omega\,i' \quad \text{bzw.} \quad \frac{d i'}{d t} = \omega \times i' \quad \text{und}$$

$$\left| \frac{d j'}{d t} \right| = \frac{j'\,d\varphi}{d t} = \omega\,j' \quad \text{bzw.} \quad \frac{d j'}{d t} = \omega \times j' .$$

Entsprechend ist im dreidimensionalen Fall

$$\left| \frac{d k'}{d t} \right| = \omega\,k' \quad \text{bzw.} \quad \frac{d k'}{d t} = \omega \times k' .$$

Zwischen der im ruhenden Koordinatensystem gemessenen Geschwindigkeit $v = (d x / d t)\,i + (d y / d t)\,j$ und der Geschwindigkeit v' des rotierenden Systems besteht der Zusammenhang

$$v = v' + \omega \times r . \qquad (2\text{-}37)$$

Eine nochmalige Differentiation der Geschwindigkeit v ergibt die Beschleunigung $a = d v / d t$.

Wird diese Differentiation nach dem Muster der Differentiation von r zur Herleitung von Gl. (2-37) ausgeführt, dann gilt

$$\frac{d v}{d t} = \frac{d' v}{d t} + \omega \times v . \qquad (2\text{-}38)$$

$d v / d t$ ist die Ableitung im Inertialsystem, $d' v / d t$ im rotierenden System. Der erste Teil in Gl. (2-38) beschreibt die Geschwindigkeitsänderung im rotierenden System, der zweite Teil kommt durch die Drehbewegung des Koordinatensystems S′ zustande. Gl. (2-37) in Gl. (2-38) eingesetzt, ergibt

$$a = \frac{d'}{d t}(v' + \omega \times r) + \omega \times (v' + \omega \times r) =$$

$$= \frac{d' v'}{d t} + \omega \times \frac{d' r}{d t} + \omega \times v' + \omega \times (\omega \times r) .$$

In einem rotierenden Koordinatensystem nach Bild 2-22 ist die Beschleunigung

$$a' = a - 2\,\omega \times v' - \omega \times (\omega \times r) . \qquad (2\text{-}39)$$

Wird der Ortsvektor r in eine Komponente R senkrecht zur Winkelgeschwindigkeit ω ($\omega\,R = 0$) und eine Komponente A parallel dazu ($\omega \times A = 0$) zerlegt, so wird $\omega \times (\omega \times r) = \omega \times (\omega \times R) = (\omega\,R)\,\omega - (\omega\,\omega)\,R = -\omega^2\,R$. Somit ist die Beschleunigung

$$a' = a + 2\,v' \times \omega + \omega^2\,R . \qquad (2\text{-}40)$$

Im gleichförmig rotierenden Bezugssystem treten also zwei zusätzliche Beschleunigungen auf, nämlich die *Coriolis-Beschleunigung*

$$a_c = 2\,v' \times \omega \qquad (2\text{-}41)$$

senkrecht auf der Bewegungsrichtung v' und der Drehachse ω und die *Zentrifugalbeschleunigung*

$$a_{zf} = \omega^2\,R \qquad (2\text{-}42)$$

senkrecht zur Drehachse. Die Zentrifugalbeschleunigung ist betragsmäßig gleich groß wie die Zentripetalbeschleunigung a_{zp} nach Gl. (2-22), dieser aber entgegengesetzt gerichtet.

Beispiel

2.4-3: Wegen der Eigenrotation der Erde addiert sich zur Fallbeschleunigung g die ortsabhängige Zentrifugalbeschleunigung a_{zf}. Deshalb ist die effektive Fallbeschleunigung g_{eff} nach Betrag und Richtung abhängig von der geographischen Breite ε. Wie groß ist der Korrekturterm Δg für den Betrag der Fallbeschleunigung?

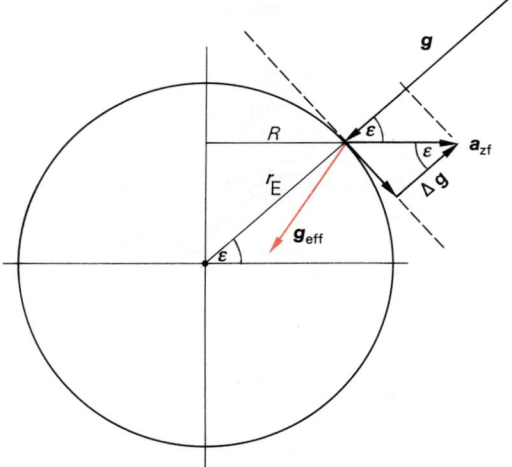

Bild 2-23.   Zu Beispiel 2.4-3.

Lösung:

Mit den Bezeichnungen in Bild 2-23 gilt $R = r_E \cos \varepsilon$ und mit Gl. (2-42) und (2-21)

$$a_{zf} = \omega^2 R = \left(\frac{2\pi}{T_E}\right)^2 r_E \cos \varepsilon$$

mit T_E als der Periodendauer. Die dem g-Vektor einer ruhenden Erde entgegengesetzte Komponente ist

$$\Delta g = a_{zf} \cos \varepsilon = \frac{4\pi^2}{T_E^2} r_E \cos^2 \varepsilon ;$$

die Komponente der effektiven Fallbeschleunigung g_{eff} in vertikaler Richtung beträgt $g_{eff,\perp} = g - \Delta g$. Mit $r_E = 6370$ km und $T_E = 23{,}93$ h (Sternentag) errechnet sich der Korrekturterm bei der mittleren geographischen Breite $\varepsilon = 50°$ der Bundesrepublik Deutschland zu $\Delta g\,(50°) = 0{,}014$ m s^{-2}.

Ein Lot zeigt also nicht zum Massenmittelpunkt der Erde, sondern nach Bild 2-23 in Richtung g_{eff}.

Nach dem Newtonschen Grundgesetz führen die Beschleunigungen nach Gl. (2-41) und (2-42) im rotierenden Bezugssystem zu zwei Trägheitskräften, der *Zentrifugalkraft*

$$F_{zf} = + m\,\omega^2 R \qquad (2\text{-}43)$$

und der *Coriolis-Kraft*

$$F_C = + 2\,m\,v' \times \omega . \qquad (2\text{-}44)$$

Die Coriolis-Kraft hängt nicht vom Ort r' des materiellen Punktes ab und tritt immer

auf, wenn der ω-Vektor nicht parallel zum Geschwindigkeitsvektor v' verläuft. Die Coriolis-Kraft ist null, wenn die Relativbewegung parallel zur Drehachse erfolgt.

Alle mit der Erde starr verbundenen Koordinatensysteme sind wegen der Rotation um die Erdachse streng genommen keine Inertialsysteme. Relativbewegungen auf der Erdoberfläche erfolgen in einer Tangentialebene an die Erdkugel, wie Bild 2-24 zeigt. Auf der Nordhalbkugel bewirkt die Coriolis-Kraft für alle nicht geführten Bewegungen eine Abweichung nach rechts.

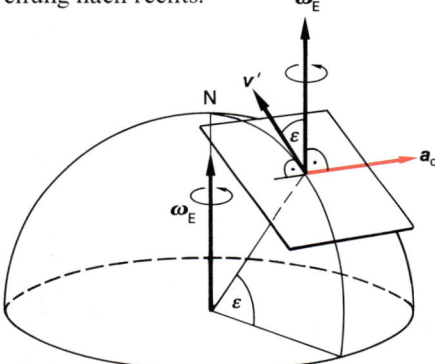

Bild 2-24.   Coriolis-Beschleunigung a_c auf der Nordhalbkugel der Erde.
v' Geschwindigkeit, ε nördliche Breite, ω_E Winkelgeschwindigkeit

Die Rotation der Erde läßt sich mit dem Foucaultschen Pendel nachweisen. Wegen der Coriolis-Kraft dreht sich die Schwingungsebene des Pendels im rotierenden System. Die Winkelgeschwindigkeit, mit der sich die Erde unter dem schwingenden Pendel wegdreht, ist gleich der Azimutalkomponente ω_a der Winkelgeschwindigkeit der Erddrehung am Ort der geographischen Breite ε:

$$\omega_a = \frac{2\pi}{T_E} \sin \varepsilon .$$

Bei $\varepsilon = 50°$ beträgt die Winkelgeschwindigkeit $\omega_a = 11{,}5°$/h.

Auch bei atmosphärischen Strömungen macht sich die Coriolis-Kraft bemerkbar: Die Bahnen der Hoch- und Tiefdruckgebiete sind (spiralförmig) gekrümmt. Bei Drehbewegungen von Maschinenteilen mit großen Winkel- und Arbeitsgeschwindigkeiten kann sich die Coriolis-Kraft deutlich auf die Beanspruchung von Lagern und Führungen auswirken.

Beispiel

2.4-4: Ein Fahrzeug mit der Masse $m = 1000$ kg fährt mit der Geschwindigkeit $v' = 72$ km/h von Süden nach Norden. Wie groß ist bei der geographischen Breite $\varepsilon = 50°$ Nord die Coriolis-Kraft und die Coriolis-Beschleunigung ($T_E \approx 24$ h)?

Lösung:

Nach Gl. (2-44) ist die Coriolis-Kraft

$$F_c = 2\,m\,v'\,\omega_E \sin(v', \omega)$$
$$= 2 \cdot 10^3\,\text{kg} \cdot 20\,\text{m/s} \cdot 7{,}2 \cdot 10^{-5}\,\text{s}^{-1} \cdot \sin 50°$$
$$= 2{,}2\,\text{N};$$

sie wirkt nach Osten.

Aus Gl. (2-41) und (2-44) ergibt sich für die Coriolis-Beschleunigung $a_c = F_c/m = 2{,}2 \cdot 10^{-3}$ m/s².

Im Vergleich zu den anderen, die Bewegung beeinflussenden Kräften, wie z.B. die Gravitationskraft, die Antriebskraft oder der Fahrwiderstand, ist die Coriolis-Kraft in der Regel vernachlässigbar.

Zur Übung

Ü 2.4-1: An einem Ort der geographischen Breite $\varepsilon = 50°$ fällt ein Körper mit der Masse $m = 10$ kg mit der Geschwindigkeit $v' = 100$ m/s auf die Erdoberfläche. Berechnen Sie für den Aufprall nach Betrag und Richtung jeweils die Zentrifugalkraft und die Coriolis-Kraft.

Ü 2.4-2: Wie groß ist die Coriolis-Beschleunigung für ein Flugzeug, das horizontal über einen Ort der geographischen Breite $\varepsilon = 50°$ in jeweils eine der vier Himmelsrichtungen fliegt?

Ü 2.4-3: Um die Rotation der Erde zu demonstrieren, führt man in einem Bergwerksschacht folgenden Versuch aus: Man hängt ein langes Lot ($l = 50$ m) auf und markiert den Endpunkt des Lots auf einem horizontalen Meßtisch. Danach läßt man vom Aufhängepunkt des Lots aus eine kleine Kugel fallen und beobachtet den Auftreffpunkt auf der Platte.

a) Wodurch ist die Richtung des Lots an einem Ort mit $\varepsilon = 50°$ nördlicher Breite bestimmt; b) In welche Himmelsrichtung wird die fallende Kugel abgelenkt, und wie weit entfernt ist der Auftreffpunkt der Kugel vom Endpunkt des Lots?

Ü 2.4-4: Bei einem Kettenantrieb entsprechend Bild 2-25 werden die Kettengliederbolzen bei der Kettenumlenkung durch die Zentrifugalkraft F_{zf} belastet. Wie groß ist die daraus bedingte Zugkraft F, wenn das Kettenglied die Masse $m = 4$ g und den Bolzenabstand $d = 12{,}6$ mm hat, der Kettenradius $R = 116$ mm beträgt und sich das Kettenrad mit der Drehzahl $n = 3500$ min^{-1} dreht?

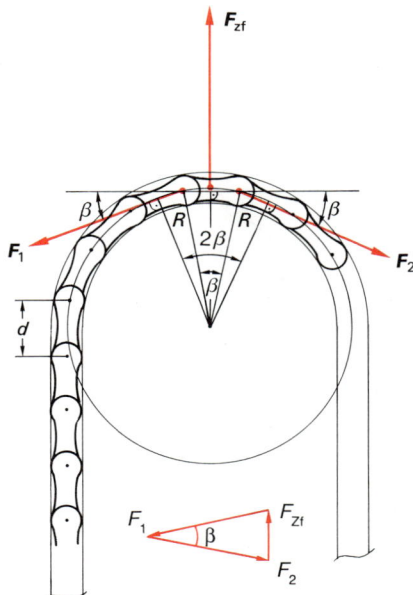

Bild 2-25.   Zu Ü 2.4-4.

2.5. Impuls

2.5.1. Impuls eines materiellen Punktes

Nach dem zweiten Newtonschen Axiom ändert sich der Bewegungszustand eines Körpers unter dem Einfluß einer Kraft; seine Momentangeschwindigkeit erhöht oder erniedrigt sich. Nach der Newtonschen Formulierung (Gl. (2-24)) ist die Bewegungsgröße eines Körpers der *Impuls:*

$$p = m\,v. \qquad (2\text{-}45)$$

Die abgeleitete Einheit des Impulses ist $1\,\text{kg m s}^{-1} = 1\,\text{N s}$.

Der Impuls p ändert sich unter dem Einfluß einer Kraft F gemäß

$$F = \frac{\mathrm{d}p}{\mathrm{d}t}. \qquad (2\text{-}24)$$

Die Kraft ist gleich der zeitlichen Änderung des Impulses.

Die Wirkung einer Kraft F auf einen Körper im Zeitintervall Δt wird als *Kraftstoß* bezeichnet. Dieser führt zu einer Änderung des Impulses p eines materiellen Punktes mit der konstanten Masse m. Gleiche Kraftstöße führen zu gleichen Impulsänderungen; die Geschwindigkeitsänderungen sind jedoch unterschiedlich und hängen von der Masse des Körpers ab.

Der *Kraftstoß*

$$\int_{t_1}^{t_2} \boldsymbol{F}(t)\,\mathrm{d}t = \int_{p_1}^{p_2} \mathrm{d}\boldsymbol{p} = \boldsymbol{p}_2 - \boldsymbol{p}_1 = \Delta\boldsymbol{p} \qquad (2\text{-}46)$$

ist gleich dem Zeitintegral der Kraft und gleich der Impulsänderung des materiellen Punktes. Im allgemeinen hängt die wirkende Kraft F von der Zeit ab, wie es in Bild 2-26 zum Ausdruck kommt. Ist die Kraft jedoch während der Kontaktzeit konstant, dann vereinfacht sich Gl. (2-46) zu

$$\Delta\boldsymbol{p} = \boldsymbol{F}\,(t_2 - t_1) = \boldsymbol{F}\,\Delta t. \qquad (2\text{-}47)$$

a)

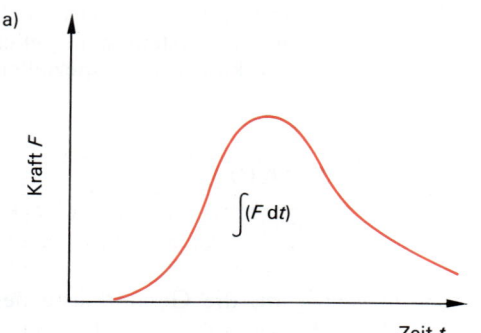

b)

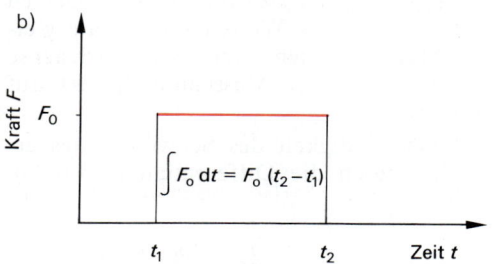

Bild 2-26.   *Kraftstöße mit a) zeitabhängigem Kraftverlauf und b) zeitlich konstanter Kraft.*

Beispiel

2.5-1: Beim Minigolfspiel wird ein ursprünglich ruhender Ball der Masse $m = 0{,}1$ kg weggeschlagen. Der zeitliche Verlauf der vom Schläger auf den Ball ausgeübten Kraft ist näherungsweise eine Dreiecks-

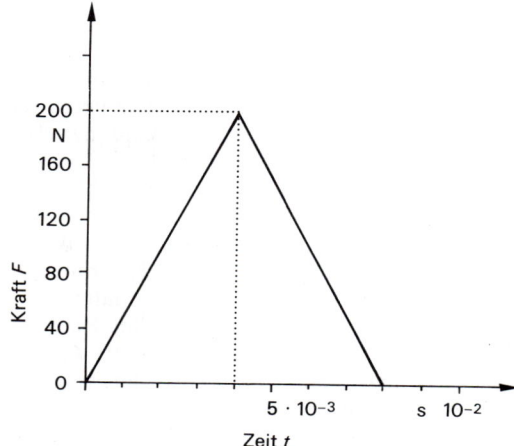

Bild 2-27.   *Zu Beispiel 2.5-1.*

funktion entsprechend Bild 2-27. Mit welcher Geschwindigkeit v_e bewegt sich der Ball fort?

Lösung:

Nach Gl. (2-46) ist der ausgeübte Kraftstoß gleich der Impulsänderung. Weil der Ball anfangs in Ruhe war, ist der Anfangsimpuls null. Aus dem Endimpuls läßt sich bei bekannter Masse sofort die Endgeschwindigkeit angeben:

$$\int_0^{8\,\mathrm{ms}} F(t)\,\mathrm{d}t = m\,v_e - 0\,.$$

Die Fläche unter der Dreiecksfunktion repräsentiert das Integral; also errechnet man

$$\int_0^{8\,\mathrm{ms}} F(t)\,\mathrm{d}t = \tfrac{1}{2} \cdot 200 \ \mathrm{N} \cdot 8 \cdot 10^{-3}\,\mathrm{s} = 0{,}80 \ \mathrm{Ns}\,,$$

$$v_e = \frac{0{,}80 \ \mathrm{kg \ m/s}}{0{,}1 \ \mathrm{kg}} = 8{,}0 \ \mathrm{m/s}\,.$$

2.5.2. Impuls eines Systems materieller Punkte

Bisher wurde ein einzelner *materieller Punkt* betrachtet. Kräfte, die auf ihn wirken, müssen notwendigerweise von außen kommen. Im folgenden wird ein *System* betrachtet, das aus mehreren materiellen Punkten aufgebaut ist. Zu den Kräften, die von außen, also über die Systemgrenze, an den materiellen Punkten des Systems angreifen, kommen noch innere Kräfte, die zwischen den materiellen Punkten innerhalb des Systems wirken. Das System ist ein abgeschlossenes System, wenn nur innere Kräfte wirken.

2.5.2.1. Impulssatz

Es liege ein abgegrenztes System materieller Punkte vor, das insgesamt n Teilchen enthalte, deren Koordinaten $r_k(t)$ von einem beliebigen Koordinatennullpunkt 0 aus gemessen werden, wie es Bild 2-28 verdeutlicht. Auf jeden Punkt k des Systems wirken eine *äußere* Kraft F_k^a, die ihren Ursprung außerhalb des Systems hat, und *innere* Kräfte F_{jk}^i, die von der Wechselwirkung des k-ten materiellen Punktes mit allen übrigen materiellen Punkten j (j ≠ k) herrühren. Die Gesamtkraft F_k auf den *k*-ten materiellen Punkt ist gleich seiner Impulsänderung dp_k/dt.

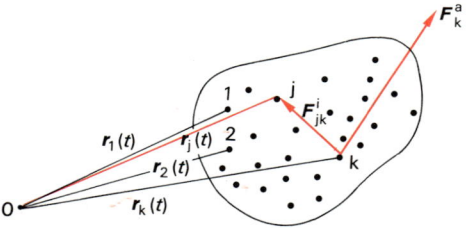

Bild 2-28.   Kräfte auf Punkt k *in einem System materieller Punkte.*

Die Bewegungsgleichungen für sämtliche *n* materiellen Punkte des Systems sind

$$F_1 = F_1^a + \quad + F_{21}^i + F_{31}^i + F_{41}^i + \ldots + F_{n1}^i = \frac{dp_1}{dt},$$

$$F_2 = F_2^a + F_{12}^i + \quad + F_{32}^i + F_{42}^i + \ldots + F_{n2}^i = \frac{dp_2}{dt}$$

und so fort;

$$F_k = F_k^a + F_{1k}^i + F_{2k}^i + F_{3k}^i + F_{4k}^i + \ldots + F_{nk}^i = \frac{dp_k}{dt}$$

und so fort.

Zusammenfassend ergibt sich

$$\sum_{k=1}^{n} F_k = \sum_{k=1}^{n} F_k^a + \sum_{\substack{j,k=1 \\ j \neq k}}^{n} F_{jk}^i = \sum_{k=1}^{n} \frac{dp_k}{dt}. \qquad (2\text{-}48)$$

Bei der Summation sind die nicht existierenden Kräfte F_{kk}^i wegzulassen.

Nach dem dritten Newtonschen Axiom gibt es für jede auftretende innere Kraft F_{jk}^i eine entsprechende Gegenkraft F_{kj}^i. Diese beiden Kräfte kompensieren sich; deshalb vereinfacht sich das Gleichungssystem (2-48) erheblich. Die Gesamtsumme der inneren Kräfte verschwindet:

$$\sum_{\substack{k,j=1 \\ k \neq j}}^{n} F_{kj}^i = 0. \qquad (2\text{-}49)$$

Werden die Summe der äußeren Kräfte zur resultierenden Kraft $F_a = \sum_{k=1}^{n} F_k^a$ und die Summe der Einzelimpulse zum Gesamtimpuls $p = \sum_{k=1}^{n} p_k$ zusammengefaßt, dann entspricht der *Impulssatz für ein System materieller Punkte*

$$F_a = \frac{dp}{dt} \qquad (2\text{-}50)$$

völlig dem für einen einzelnen materiellen Punkt.

2.5.2.2. Massenmittelpunkt und Schwerpunktsatz

Der Impulssatz erhält eine besonders einfache Form, wenn für ein System materieller Punkte der *Massenmittelpunkt oder Schwerpunkt* S eingeführt wird. Für ein System materieller Punkte ist der Ortsvektor dieses speziellen Punktes S

$$r_S(t) = \frac{\sum_{k=1}^{n} m_k \cdot r_k(t)}{m}. \qquad (2\text{-}51)$$

Hierbei ist $m = \sum_{k=1}^{n} m_k$ die Gesamtmasse des Systems und r_k der Ortsvektor des einzelnen materiellen Punktes. Weisen Systeme aus gleichen Massenpunkten eine Symmetrieachse auf, dann liegt der Massenmittelpunkt auf dieser Achse.

Die Geschwindigkeit des Schwerpunktes ergibt sich durch die Differentiation von Gl. (2-51) zu

$$\frac{dr_S(t)}{dt} = v_S(t) = \frac{\sum_{k=1}^{n} m_k v_k(t)}{m}$$

$$= \frac{\sum_{k=1}^{n} p_k(t)}{m} = \frac{p}{m}.$$

Bezogen auf die Schwerpunktsbewegung v_S läßt sich der Impulssatz aus Gl. (2-50) um-

formen in den *Schwerpunktsatz* $F_a = \mathrm{d}\boldsymbol{p}/\mathrm{d}t$
$= m\,\mathrm{d}\boldsymbol{v}_S/\mathrm{d}t$ oder

$$F_a = m\,\boldsymbol{a}_S\,. \qquad (2\text{-}52)$$

Der Schwerpunkt eines beliebigen Systems
materieller Punkte bewegt sich so, als sei
im Schwerpunkt die Gesamtmasse m des
Körpers vereinigt, und als griffen die äußeren Kräfte im Schwerpunkt an.

Wirken auf ein System von Massenpunkten
keine äußeren Kräfte, dann bleibt der Massenmittelpunkt nach dem Newtonschen Trägheitsgesetz in Ruhe, oder er bewegt sich
gleichförmig geradlinig.

2.5.2.3. Impulserhaltungssatz

Wirkt auf ein System materieller Punkte
keine resultierende äußere Kraft, ist also
$\sum_{k=1}^{n} F_k^a = 0$, dann ist nach Gl. (2-50) $\mathrm{d}\boldsymbol{p}/\mathrm{d}t = 0$.
Der Gesamtimpuls des Systems $\boldsymbol{p}$ ist konstant.
Für die Summe der Einzelimpulse des Sy-
stems gilt der *Impulserhaltungssatz*

$$\boldsymbol{p}_1 + \boldsymbol{p}_2 + \ldots + \boldsymbol{p}_n = \text{konstant} \qquad (2\text{-}53)$$
$$\text{oder } m_1\,\boldsymbol{v}_1 + m_2\,\boldsymbol{v}_2 + \ldots + m_n\,\boldsymbol{v}_n$$
$$= m_1\,\boldsymbol{v}_1' + m_2\,\boldsymbol{v}_2' + \ldots + m_n\,\boldsymbol{v}_n'\,. \qquad (2\text{-}54)$$

Wirken äußere Kräfte, wie beispielsweise
beim Stoß auf einer schiefen Ebene, so gilt
der Impulserhaltungssatz − eingeschränkt auf
die Zeitpunkte kurz vor und kurz nach dem
Stoß −, wenn die Wirkung der äußeren Kräfte im Stoßintervall vernachlässigbar ist.

Beispiel

2.5-2: Ein Pkw mit der Masse $m_1 = 1,3$ t fährt auf
einer abschüssigen Straße mit dem Neigungswinkel
$\beta = 5°$ auf einen stehenden Wagen mit der Masse
$m_2 = 1$ t auf. Nach dem Aufprall rutscht der gestoßene Wagen vollgebremst $s_2 = 8$ m weit. Die
Bremsspur des auffahrenden Wagens ist $s_1 = 5$ m
lang. Bei den Straßenverhältnissen beträgt die
Gleitreibungszahl $\mu_G = 0,8$. Mit welcher Geschwindigkeit v_1 fuhr der Pkw auf, wenn ein gleichmäßig
verzögerter Bremsvorgang angenommen wird?

Lösung:

Aus den Bremsspurlängen werden die Geschwindigkeiten v_1' und v_2' kurz nach dem Aufprall berechnet:

Bremsverzögerung: $a_B = (F_R - F_H)/m$
$$= g\,(\mu_G \cos \beta - \sin \beta)$$

Bremsweg: $\qquad s_B = v'^2/2\,a_B,$

Geschwindigkeiten nach dem Stoß:

$v_1' = \sqrt{2\,s_1\,a_B} = 8,3$ m/s; $\quad v_2' = \sqrt{2\,s_2\,a_B} = 10,6$ m/s.

Mit dem Impulserhaltungssatz nach Gl. (2-54) berechnet man die Auffahrgeschwindigkeit v_1:

$$v_1 = \frac{m_1\,v_1' + m_2\,v_2'}{m_1} = 16,4 \text{ m/s} = 59 \text{ km/h}\,.$$

2.5.3. Raketengleichung

Die Beschleunigung einer Rakete ist der besondere Bewegungsfall, bei dem die *Masse
des Körpers,* der eine Bewegungsänderung erfährt, *nicht konstant* ist. Durch den Massen-
ausstoß heißer Gase gemäß Bild 2-29 wird die
Schubkraft der Rakete erzeugt. In der Zeitspanne $\mathrm{d}t$ ändert sich die Raketenmasse m um
$\mathrm{d}m$, die Geschwindigkeit v ändert sich um $\mathrm{d}v$.

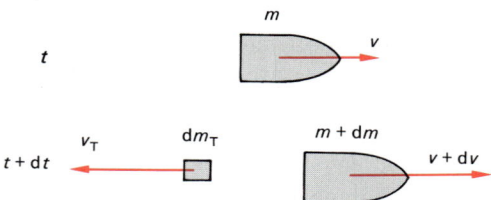

*Bild 2-29. Massen und Geschwindigkeiten von Ra-
kete und Treibstoff zur Zeit t und t + $\mathrm{d}t$.*

Mit dem Impulssatz nach Gl. (2-50) läßt sich
der Verlauf der Raketengeschwindigkeit, die
Raketengleichung, ableiten. Die Impulsänderung des Systems aus Rakete und Gas im
Zeitintervall $\mathrm{d}t$ ist

$$\mathrm{d}\boldsymbol{p} = [(m + \mathrm{d}m)\,(v + \mathrm{d}v) + \mathrm{d}m_T\,v_T] - m\,v$$

oder mit $\mathrm{d}m_T = -\,\mathrm{d}m$

$$\mathrm{d}\boldsymbol{p} = m\,\mathrm{d}v - \mathrm{d}m\,[v_T - (v + \mathrm{d}v)]\,.$$

Mit der *Strahlgeschwindigkeit*

$$v_{rel} = v_T - (v + \mathrm{d}v)\,,$$

mit der sich das Treibgas relativ zur Rakete entfernt, lautet der Impulssatz

$$F_a = \frac{dp}{dt} = m \frac{dv}{dt} - v_{rel} \frac{dm}{dt} \, .$$

Die für den Raketenantrieb charakteristische *Schubkraft* ist

$$F_{schub} = \frac{dm}{dt} v_{rel} \, . \qquad (2\text{-}55)$$

Die Bewegungsgleichung der Rakete hängt von der Schubkraft F_{schub} und den äußeren Kräften F_a, wie beispielsweise den Gravitationskräften, ab:

$$m(t) \frac{dv}{dt} = F_a + F_{schub} \, . \qquad (2\text{-}56)$$

Mit folgenden Näherungen soll Gl. (2-56) integriert werden:

- Der Treibstoff wird im Zeitintervall $0 \leq t \leq t_B$ bis zur Brennschlußzeit t_B ausgestoßen;
- die Relativgeschwindigkeit v_{rel} ist während der Brennzeit konstant;
- der *Massenstrom* $\dot{m}$ der ausgestoßenen Treibgase ist konstant.

Ist m_0 die Anfangsmasse, bestehend aus Rakete und Treibstoff, und m_{leer} die Masse der ausgebrannten Rakete, dann ist der Massenstrom

$$\dot{m} = \frac{m_0 - m_{leer}}{t_B}$$

und die Abnahme der Raketenmasse

$$m(t) = m_0 - \dot{m} \, t \, . \qquad (2\text{-}57)$$

In Tabelle 2-4 sind einige charakteristische Daten der Saturn-V-Rakete angegeben, mit

Tabelle 2-4. Daten der Mondrakete Saturn V, erste Stufe.

Startmasse m_0	$2{,}95 \cdot 10^6$ kg
Leermasse m_{leer}	$1{,}0 \cdot 10^6$ kg
Brennschlußzeit t_B	130 s
Relativgeschwindigkeit v_{rel}	$2{,}22 \cdot 10^3$ m s^{-1}
Massenstrom $\dot{m}$	$1{,}50 \cdot 10^4$ kg s^{-1}
Schub F_{schub}	$3{,}3 \cdot 10^7$ N

der 1969 das amerikanische Apollo-Raumschiff die erste bemannte Mondlandung durchführte.

Die erreichbare *Endgeschwindigkeit* hängt linear von der Ausströmgeschwindigkeit v_{rel} ab. Bei *mehrstufigen Raketen* wird die ausgebrannte Stufe abgeworfen. Der Start der nächsten Stufe erfolgt mit der Endgeschwindigkeit der Vorstufe als Anfangsgeschwindigkeit v_0.

Erfolgt der Start der ersten Stufe der Rakete im Schwerefeld der Erde, dann ist als äußere Kraft die Gravitationskraft auf die Rakete zu berücksichtigen. Die Gravitationskraft ist der Schubkraft entgegengerichtet. Werden für die Startphase der Luftwiderstand und die Änderung der Fallbeschleunigung mit der Steighöhe vernachlässigt, rechnet man also mit $g = g_0 =$ konstant, dann ist die äußere Kraft $F_a = m(t) \, g_0$. Für den Betrag der Beschleunigung gilt

$$a(t) = \frac{dv}{dt} = \frac{\dot{m}}{m_0 - \dot{m} \, t} v_{rel} - g_0 \, . \qquad (2\text{-}58)$$

Durch Integration ergibt sich für den Betrag der Geschwindigkeit

$$v(t) = v_{rel} \ln \left(\frac{m_0}{m_0 - \dot{m} \, t} \right) - g_0 \, t + v_0 \, . \qquad (2\text{-}59)$$

Beim Start von der Erdoberfläche mit der Anfangsgeschwindigkeit $v_0 = 0$ erhält man für die Brennschlußzeit t_B die Endgeschwindigkeit

$$v(t_B) = v_{rel} \ln \left(\frac{m_0}{m_{leer}} \right) - g \, t_B \, . \qquad (2\text{-}60)$$

(Raketengleichung nach K. ZIOLKOWSKIJ (1857 bis 1935).)

Durch eine weitere Integration folgt aus Gl. (2-59) die Höhe $h(t)$ der Rakete über der Erdoberfläche:

$$h(t) = \frac{v_{rel} (m_0 - \dot{m} \, t)}{\dot{m}} \cdot \qquad (2\text{-}61)$$

$$\cdot \left[\frac{m_0}{m_0 - \dot{m} \, t} - 1 - \ln \left(\frac{m_0}{m_0 - \dot{m} \, t} \right) \right] - \frac{1}{2} g_0 \, t^2 \, .$$

Bei Brennschluß t_B ist die Höhe

$$h_B = \frac{v_{rel}\, m_{leer}}{\dot{m}} \left[\frac{m_0}{m_{leer}} - 1 - \ln\left(\frac{m_0}{m_{leer}}\right) \right] -$$
$$- \frac{1}{2} g_0\, t_B^{\,2} . \tag{2-62}$$

Mit der Geschwindigkeit $v(t_B)$ aus Gl. (2-60) erreicht die Rakete nach Brennschluß noch eine Steighöhe $h_s = v^2(t_B)/2\,g_0$ (Gl. (2-10)). Der Bahnscheitel des senkrechten einstufigen Raketenaufstiegs liegt nach dieser Näherungsrechnung in der Höhe h_{total} über Startniveau gemäß

$$h_{total} = h_B + \frac{v^2(t_B)}{2\,g_0} . \tag{2-63}$$

In Bild 2-30 ist jeweils der Verlauf der Beschleunigung für den Fall, daß — wie im Weltraum — keine äußere Kraft wirkt ($g_0 = 0$), und für den Fall, daß der Start gegen die Erdgravitation erfolgt, wiedergegeben. Den angegebenen Zahlenwerten liegen die Daten der Startstufe der Saturn V-Rakete nach Tabelle 2-4 zugrunde.

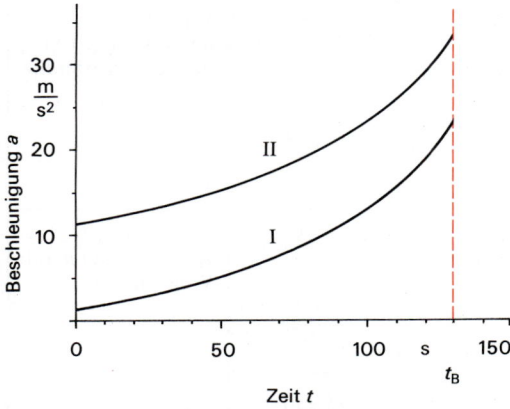

Bild 2-30. *Beschleunigung der Saturn-V-Rakete (1. Stufe) bei senkrechtem Start auf der Erde mit näherungsweise konstantem Schwerefeld (I) und Zündung im Weltraum ohne Wirkung äußerer Kräfte (II).*
t_B *Brennschlußzeit*

Zur Übung

Ü 2.5-1: Auf einer ebenen Unterlage liegt eine Kugel (Masse $m = 2{,}0$ kg). Die Kugel wird parallel zur Unterlage mit einem Hammer angeschlagen. Die Kontaktzeit ist $t = 5$ ms, die mittlere Kraft $F = 100$ N. a) Wie groß sind Geschwindigkeit und Impuls der Kugel nach dem Stoß; b) Wie groß ist die Beschleunigung während der Stoßzeit?

Ü 2.5-2: Ein Auto hat die Masse $m = 1000$ kg. Es fährt mit $v = 50$ km/h geradeaus. Welche Impulsänderung Δp — nach Betrag und Richtung — muß aufgebracht werden, um eine Richtungsänderung von $120°$ zu bewerkstelligen, ohne den Betrag der Geschwindigkeit v zu ändern?

Ü 2.5-3: Die Mondmasse m_M beträgt etwa $0{,}0123\, m_E$ (m_E = Erdmasse). Der Abstand zwischen Erdmittelpunkt und Mondmittelpunkt ist $R_{EM} = 3{,}8 \cdot 10^5$ km, der Erdradius $R_E = 6370$ km. Wo liegt der Massenmittelpunkt S des Systems Erde und Mond?

Ü 2.5-4: Beim spontanen radioaktiven Zerfall sendet ein U-238-Kern ein α-Teilchen gemäß folgender Reaktion aus:

$$^{238}_{92}\text{U} \rightarrow\, ^{234}_{90}\text{Th} + ^{4}_{2}\text{He}.$$

Die Geschwindigkeit des α-Teilchens wird zu $v_\alpha = 1{,}4 \cdot 10^7$ m/s gemessen. Welches ist die Geschwindigkeit v_{Th} des Rückstoßkerns Thorium?

Ü 2.5-5: Wieviel Treibstoff muß eine Einstufenrakete aufnehmen, damit sie nach Verbrennen des gesamten Treibstoffs die erste kosmische Geschwindigkeit von $v = 7{,}9$ km/s erreicht? Die Leermasse der Rakete ist $m_{leer} = 1000$ kg, die Ausströmgeschwindigkeit gegen die Rakete ist $v_{rel} = 3000$ m/s, die Brennschlußzeit ist $t_B = 120$ s. Unterscheiden Sie zwischen einem „Start" im Weltraum außerhalb des Graviationsbereichs eines Himmelskörpers und einem Start im Schwerefeld der Erde.

2.6. Arbeit und Energie

2.6.1. Arbeit

Wirkt eine *Kraft* F auf einen materiellen Punkt oder Körper und verschiebt ihn dabei um ein Wegelement Δs, so hat die Kraft den Zustand des Körpers verändert, sie hat *Arbeit* verrichtet. Die *mechanische Arbeit* ist definiert als

$$\Delta W = |F|\,|\Delta s|\cos(F, \Delta s) \tag{2-64}$$

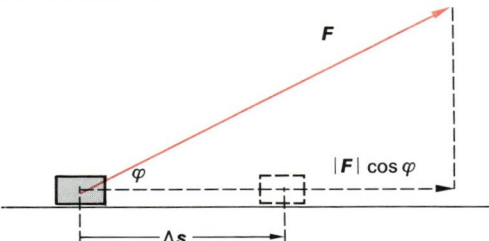

Bild 2-31.   Zur Definition der Arbeit.

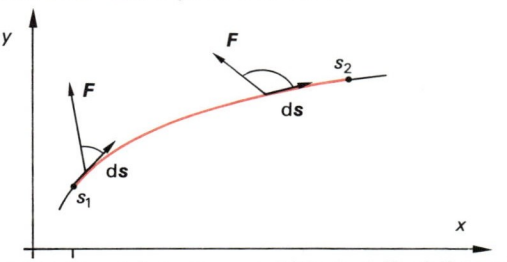

Bild 2-32.   Arbeit einer ortsabhängigen Kraft $F(x, y)$ längs des Wegs von $s_1 (x_1, y_1)$ nach $s_2 (x_2, y_2)$.

entsprechend Bild 2-31 oder in differentieller Schreibweise als Skalarprodukt

$$\mathrm{d}W = \boldsymbol{F} \cdot \mathrm{d}\boldsymbol{s} . \qquad (2\text{-}65)$$

Die insgesamt längs eines Weges von s_1 nach s_2 von einer Kraft $F(\boldsymbol{r}, t)$ verrichtete Arbeit ergibt sich durch Integration der Einzelbeiträge, wie Bild 2-32 verdeutlicht:

$$W_{12} = \int\limits_{s_1}^{s_2} \mathrm{d}W = \int\limits_{s_1}^{s_2} \boldsymbol{F} \cdot \mathrm{d}\boldsymbol{s} . \qquad (2\text{-}66)$$

Nach der Definitionsgleichung (2-64) ist die Maßeinheit der Arbeit 1 N m = 1 J (Joule).

In Bild 2-33 sind Fälle zusammengestellt, bei denen die Kraft F Arbeit gegen ortsunabhängige Kräfte verrichtet. Dazu zählen die im erdnahen Gravitationsfeld näherungs-

	Geometrie	erforderliche konstante Kraft	Weg	verrichtete Arbeit
Hubarbeit gegen Gewichtskraft F_G	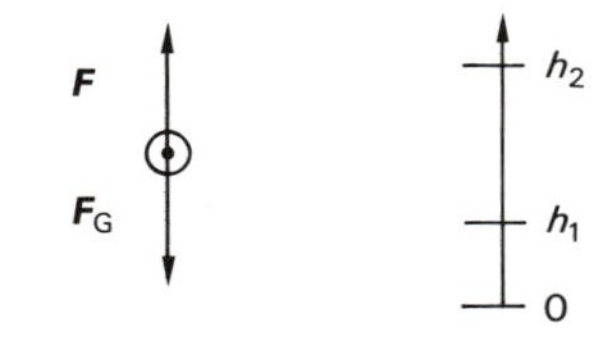	$F = m g$	$s = h_2 - h_1 = h$	$W_{12} = m g h$ nur abhängig von der Höhendifferenz
Arbeit auf reibungsfreier schiefer Ebene gegen Hangabtriebskraft F_H	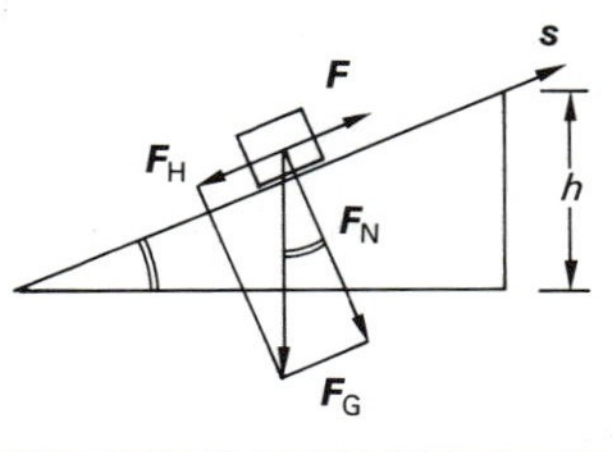	$F = m g \sin \alpha$	$s = \dfrac{h}{\sin \alpha}$	$W_{12} = m g h$ nur abhängig von der Höhendifferenz
Festkörperreibungsarbeit gegen Reibungskraft F_R	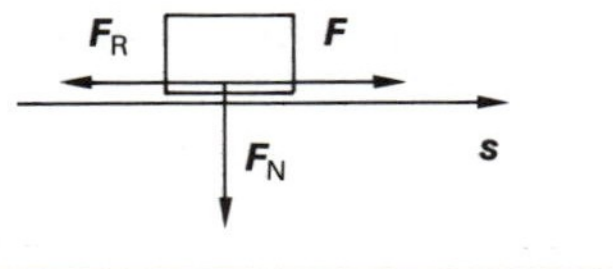	$F = \mu F_N$ $= \mu m g$	$s = s_2 - s_1$	$W_{12} = \mu m g s$ Reibungszahl μ auf Weg konstant
Beschleunigungsarbeit ohne Reibung gegen Trägheitskraft F_t	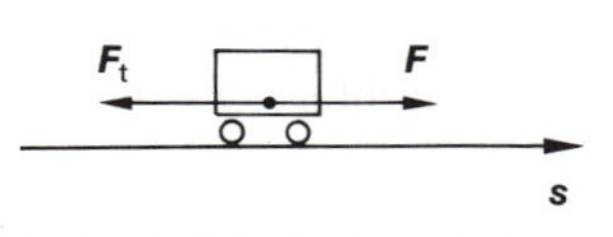	$F = m a$	$s = \dfrac{v_2^2 - v_1^2}{2 a}$	$W_{12} = \frac{1}{2} m (v_2^2 - v_1^2)$ nur abhängig von Anfangs- und Endgeschwindigkeit

Bild 2-33.   Arbeit gegen ortsunabhängige Kräfte.

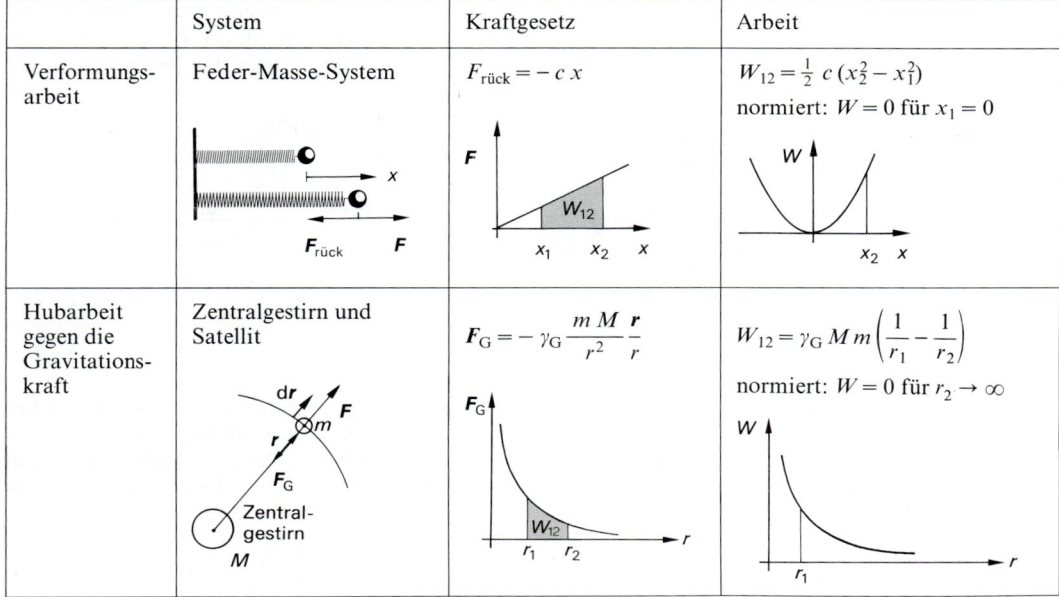

	System	Kraftgesetz	Arbeit
Verformungs-arbeit	Feder-Masse-System	$F_{\text{rück}} = -c\,x$	$W_{12} = \frac{1}{2}\,c\,(x_2^2 - x_1^2)$ normiert: $W = 0$ für $x_1 = 0$
Hubarbeit gegen die Gravitations-kraft	Zentralgestirn und Satellit	$\boldsymbol{F}_{\text{G}} = -\gamma_{\text{G}}\,\dfrac{m\,M}{r^2}\,\dfrac{\boldsymbol{r}}{r}$	$W_{12} = \gamma_{\text{G}}\,M\,m\left(\dfrac{1}{r_1} - \dfrac{1}{r_2}\right)$ normiert: $W = 0$ für $r_2 \to \infty$

Bild 2-34.   *Arbeit gegen ortsabhängige Kräfte.*

weise konstante Schwerkraft $\boldsymbol{F}_{\text{G}}$ und die von ihr verursachte Hangabtriebskraft sowie die auf dem Verschiebungsweg konstante Festkörperreibungskraft $\boldsymbol{F}_{\text{R}}$. Mit aufgenommen ist die *Beschleunigungsarbeit* gegen die Trägheitskraft $\boldsymbol{F}_{\text{t}}$ der beschleunigten Masse (Gl. (2-33)):

$$W_{12} = \int_{s_1}^{s_2} \boldsymbol{F} \cdot \mathrm{d}\boldsymbol{s}$$

$$= \int_{s_1}^{s_2} -\left(-m\,\frac{\mathrm{d}\boldsymbol{v}}{\mathrm{d}t}\right)\cdot(\boldsymbol{v}\,\mathrm{d}t) = \int_{v_1(s_1)}^{v_2(s_2)} m\,(\boldsymbol{v} \cdot \mathrm{d}\boldsymbol{v}) .$$

Die Integration zeigt, daß die Beschleunigungsarbeit nur von der Differenz der Quadrate der Geschwindigkeiten abhängt:

$$W_{12} = \tfrac{1}{2}\,m\,(v_2^2 - v_1^2) . \tag{2-67}$$

Die Beschleunigungsarbeit ist null, wenn, wie bei der gleichförmigen Kreisbewegung, $\mathrm{d}\boldsymbol{v}$ und $\boldsymbol{v}$ senkrecht aufeinander stehen, sich der Geschwindigkeitsbetrag also nicht ändert.

Die Arbeit beim Dehnen und Stauchen einer Feder und beim Anheben eines Körpers gegen die Gravitationskraft über größere Strek-

ken wird nicht mehr gegen konstante Kräfte geleistet. Bild 2-34 enthält für diese Fälle ortsabhängiger Kräfte die Integration von Gl. (2-66). Die Arbeit entspricht dabei der Fläche zwischen der Kraftkurve und der Wegachse innerhalb der Integrationsgrenzen.

Beispiel

2.6-1: Wie groß ist der Arbeitsaufwand beim Dehnen oder Stauchen einer idealen Feder?

Lösung:

Nach Gl. (2-32) gilt als lineares Kraftgesetz für die Federauslenkung $F_{\text{rück}} = -c\,x$. Beim Stauchen oder Dehnen hält die Kraft F der rücktreibenden Systemkraft zu jedem Zeitpunkt das Gleichgewicht: $F = -F_{\text{rück}}$. Die aufzuwendende Arbeit W_{12} beim Dehnen von x_1 auf x_2 ist

$$W_{12} = \int_{x_1}^{x_2} \boldsymbol{F} \cdot \mathrm{d}\boldsymbol{x} = \int_{x_1}^{x_2} (-)(-c\,\boldsymbol{x}) \cdot \mathrm{d}\boldsymbol{x} .$$

$\boldsymbol{x}$ und $\mathrm{d}\boldsymbol{x}$ sind parallel gerichtet, daher ergibt sich

$$W_{12} = \tfrac{1}{2}\,c\,(x_2^2 - x_1^2) . \tag{2-68}$$

Die aufzuwendende *Verformungsarbeit* nimmt quadratisch mit der Auslenkung zu.

2.6.2. Leistung, Wirkungsgrad

Das Maß dafür, in welcher Zeitspanne eine Arbeit verrichtet wird, ist die *Leistung*

$$P = \frac{\Delta W}{\Delta t}. \qquad (2\text{-}69)$$

Die Maßeinheit der Leistung ist $1 \text{ N m s}^{-1} = 1 \text{ J s}^{-1} = 1 \text{ W}$ (Watt). Die Leistung hängt vom Zeitintervall Δt ab. Die *Momentanleistung* P ergibt sich mit Gl. (2-65) zu

$$P = \frac{\mathrm{d} W}{\mathrm{d} t} = \boldsymbol{F}\,\boldsymbol{v}. \qquad (2\text{-}70)$$

Aus der über die Gesamtzeit t_g verrichteten Gesamtarbeit W_g errechnet sich die *mittlere Leistung*

$$P_m = \frac{W_g}{t_g}. \qquad (2\text{-}71)$$

Leistungen von Antrieben mißt man, indem die in der Zeitspanne abgegebene Arbeit definiert in meßbare Reibungsarbeit oder Reibungswärme umgewandelt wird. Die abgegebene effektive Leistung P_{eff} eines Antriebs oder mechanischen Wandlers ist wegen der Reibungsverluste P_V kleiner als die zugeführte Nennleistung P_N. Das Kennzeichen für die Effektivität der Leistungswandler ist der *Wirkungsgrad*

$$\eta = \frac{P_{eff}}{P_N} = 1 - \frac{P_V}{P_N}. \qquad (2\text{-}72)$$

Der Wirkungsgrad ist dimensionslos, der Wertebereich liegt zwischen $0 \leqq \eta \leqq 1$.

Stimmen die Zeitintervalle der Leistungszufuhr und Leistungsabgabe nicht überein, beispielsweise bei dem langsamen Anheben eines Rammbärs mit anschließendem raschem Aufprall, dann wird der Wirkungsgrad über das Verhältnis von Nutzarbeit W_{ab} zur zugeführten Arbeit W_{zu} definiert:

$$\eta = \frac{W_{ab}}{W_{zu}} = \frac{\int\limits_0^{t_1} P_{eff}\,\mathrm{d}t}{\int\limits_0^{t_2} P_N\,\mathrm{d}t}. \qquad (2\text{-}73)$$

Werden mehrere Antriebe und Wandler hintereinandergeschaltet, dann ist der Gesamtwirkungsgrad der Anlage das Produkt aus den Einzelwirkungsgraden:

$$\eta_{ges} = \frac{W_{ab,n}}{W_{zu,1}} = \frac{W_{ab,1}}{W_{zu,1}} \cdot$$

$$\cdot \frac{W_{ab,2}}{W_{ab,1}} \cdot \ldots \cdot \frac{W_{ab,n}}{W_{ab,n-1}} \quad \text{oder}$$

$$\eta_{ges} = \eta_1\,\eta_2 \ldots \eta_n. \qquad (2\text{-}74)$$

Beispiel

2.6-2: Ein Förderkorb, dessen Masse einschließlich maximaler Nutzlast $m_1 = 1000 \text{ kg}$ beträgt und dessen Gegengewicht die Masse $m_2 = 450 \text{ kg}$ hat, fährt mit der Beschleunigung $a_1 = 1 \text{ m/s}^2$ aufwärts, bis er

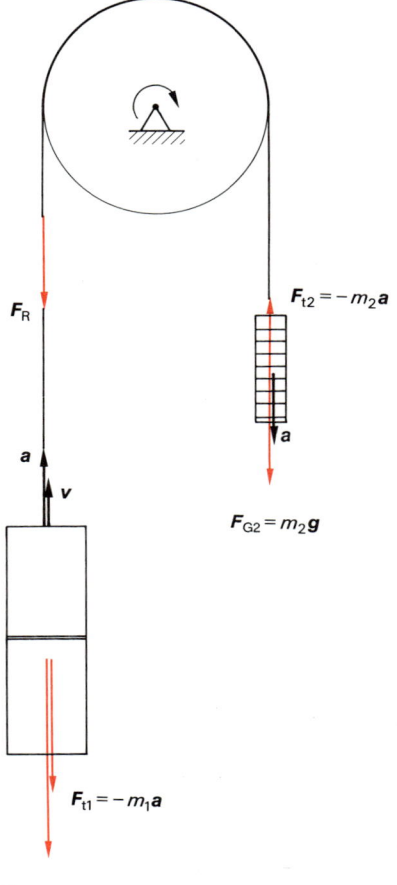

Bild 2-35.   Zu Beispiel 2.6-2.

die konstante Fördergeschwindigkeit $v_2 = 5$ m/s erreicht. Die gesamte Reibungskraft ist $F_R = 500$ N. Bild 2-35 verdeutlicht den Vorgang. Welche Spitzenleistung und welche Dauerleistung benötigt der Antrieb, wenn der Wirkungsgrad $\eta = 0{,}9$ beträgt?

Lösung:

Die Kraft F_1 an dem Umfang der Trommel während des Anfahrens ergibt sich aus

$$F_1 + m_2(g - a) = m_1(g + a) + F_R$$

zu

$$F_1 = m_1(g + a) - m_2(g - a) + F_R = 7450 \text{ N}.$$

Im Bewegungsabschnitt mit konstanter Fördergeschwindigkeit ist

$$F_2 = (m_1 - m_2)\, g + F_R = 6000 \text{ N}.$$

Die maximale Nennleistung während des Anfahrens beträgt

$$P_{\text{N,max}} = \frac{F_1 v_2}{\eta} = 41{,}4 \text{ kW}.$$

Die Dauer-Nennleistung bei der anschließenden gleichförmigen Bewegung des Förderkorbes ist

$$P_N = \frac{F_2 v_2}{\eta} = 33{,}3 \text{ kW}.$$

Antriebsaggregate müssen so ausgelegt werden, daß sie über die Dauerleistung hinaus kurzfristig eine wesentlich höhere Spitzenleistung aufbringen können.

2.6.3. Energie

Führt man einem Körper *mechanische Arbeit* zu, dann ändert sich der physikalische Zustand des Körpers: Eine gespannte Feder kann einen an ihr befestigten Körper beschleunigen, also Beschleunigungsarbeit verrichten; ein durch Arbeitsverrichtung beschleunigter Wagen kann eine schiefe Ebene bergauf fahren und damit Hubarbeit verrichten. Körper unterscheiden sich also dadurch, in welchem Maß ihnen Arbeit zugeführt wurde. Das Maß dafür ist die *Energie E.*

> Durch Zufuhr oder Abgabe von Arbeit wird die Energie eines Körpers oder die Gesamtenergie eines Systems materieller Punkte erhöht oder erniedrigt.

Die Energie wird in der gleichen Maßeinheit 1 J angegeben wie die Arbeit, durch die sie verändert wird. Es gilt also der *Energiesatz der Mechanik:*

$$\Delta E = E_{\text{nachher}} - E_{\text{vorher}} = \Delta W. \qquad (2\text{-}75)$$

Die Energieanteile eines Körpers werden durch die Arbeit, die sie erzeugt haben, beschrieben und ergeben wie diese additiv die Gesamtenergie. Die mechanische Energie eines Körpers ist

$$E = E_{\text{kin}} + E_{\text{pot}}. \qquad (2\text{-}76)$$

Sie setzt sich zusammen aus der durch die Beschleunigungsarbeit W_B erzeugten kinetischen Energie

$$E_{\text{kin}} = \tfrac{1}{2} m v^2 \qquad (2\text{-}77)$$

und der potentiellen Energie E_{pot}, in der die Energieanteile zusammengefaßt sind, die nur von einer Ortskoordinate abhängen. Hierzu gehören die von der Verformungsarbeit W_V herrührende elastische Energie

$$E_{\text{elast}} = \tfrac{1}{2} c s^2 \qquad (2\text{-}78)$$

und die durch die Hubarbeit W_H erzeugte Lageenergie

$$E_{\text{Lage}} = m g h. \qquad (2\text{-}79)$$

Die Energieanteile hängen betragsmäßig davon ab, wo das Bezugsniveau $h = 0$ und der Ausgangszustand $s = 0$ liegen und auf welches Koordinatensystem die Geschwindigkeit v bezogen ist.

2.6.4. Energieerhaltungssatz

Die als Energie gespeicherte Arbeit muß nicht in der Arbeitsform abgegeben werden, in der sie aufgenommen wurde. Diese Abgabe ist auch in anderen Arbeitsformen möglich. Beim Bogenschießen wird beispielsweise die elastische Energie in Beschleunigungsarbeit des Pfeils und eventuell beim Schuß bergauf in Hubarbeit umgewandelt. Alle Naturerscheinungen gehorchen einem fundamentalen Gesetz, der *Erhaltung der Energie*:

In einem abgeschlossenen System bleibt der Energieinhalt konstant. Energie kann weder vernichtet werden noch aus nichts entstehen; sie kann sich in verschiedene Formen umwandeln oder zwischen verschiedenen Teilen des Systems ausgetauscht werden.

Es gibt kein *Perpetuum mobile erster Art;* d. h., es ist unmöglich, eine Maschine zu bauen, die dauernd Arbeit verrichtet, ohne daß ihr von außen ein entsprechender Energiebetrag zugeführt wird (s. Abschn. 3.3.2).

Der Energieerhaltungssatz ist nicht beweisbar; er faßt die jahrhundertelangen Erfahrungen mit Energieumwandlungsexperimenten zusammen. In seiner allgemeinen Form beinhaltet er außer den mechanischen Energieformen der kinetischen und der potentiellen Energie auch thermische Energien, chemische Energien, elektrische und magnetische Feldenergien.

Bleiben in Systemen die nichtmechanischen Energien der Körper konstant, ist also in idealisierten mechanischen Systemen die Reibungsarbeit vernachlässigbar, dann gilt für die kinetische Energie und die potentielle Energie des Systems materieller Punkte der *Energieerhaltungssatz der Mechanik*

$$E_{kin} + E_{pot} = \text{konstant} . \qquad (2\text{-}80)$$

In diesem Fall hängen die mechanischen Energien zu zwei Zeitpunkten t und t' folgendermaßen zusammen:

$$\begin{aligned} &\tfrac{1}{2} m_1 (v_1^2 - v_1'^2) + \tfrac{1}{2} m_2 (v_2^2 - v_2'^2) + \dots \\ &+ \tfrac{1}{2} c_1 (s_1^2 - s_1'^2) + \tfrac{1}{2} c_2 (s_2^2 - s_2'^2) + \dots \qquad (2\text{-}81) \\ &+ m_1 g (h_1 - h_1') + m_2 g (h_2 - h_2') + \dots = 0 . \end{aligned}$$

Im mechanischen Energieerhaltungssatz ist die potentielle Energie des Systems durch die Lagekoordinaten s oder h eindeutig bestimmt; sie hängt nicht vom Weg und den Wechselwirkungen auf diesem Weg ab. Die *elastische Kraft* und die *Gewichtskraft*, die die potentielle Energie bestimmen, werden als *konservative Kräfte* bezeichnet. Im Gegensatz dazu gilt Gl. (2-81) nicht mehr, wenn Reibungsvor-

gänge und nichtelastische Verformungen bewirken, daß der Energiezustand vom gewählten Weg abhängt. Von der Wegkoordinate abhängige Kräfte sind *dissipative Kräfte*.

Zur Übung

Ü 2.6-1: Eine Stahlkugel (Masse m) fällt frei aus der Höhe h auf eine Stahlplatte und springt danach auf eine Höhe $h_1 = 0,9 \, h$ zurück. a) Wie groß ist ihre Geschwindigkeit v_0 unmittelbar vor dem Aufprall? b) Wie groß ist die Geschwindigkeit unmittelbar nach dem Aufprall? c) Wie groß ist die Impulsänderung Δp der Stahlkugel nach Betrag und Richtung? d) Welcher Anteil der ursprünglichen kinetischen Energie wurde in nicht-mechanische Energieformen umgesetzt?

Ü 2.6-2: Eine Feder (Federkonstante $c = 200 \, \text{N/m}$) wird um $\Delta y = 15 \, \text{cm}$ zusammengedrückt. Dann wird eine Kugel (Masse $m = 80 \, \text{g}$) auf sie gelegt. Wie hoch springt die Kugel, wenn die Feder plötzlich entspannt wird?

Ü 2.6-3: Eine Schraubenfeder ist durch eine Kraft $F_1 = 50 \, \text{N}$ gespannt. Wirkt insgesamt eine Kraft $F_2 = 80 \, \text{N}$ an der Feder, wird diese um $\Delta l = 20 \, \text{cm}$ verlängert. a) Wie groß ist die für diese Verlängerung erforderliche Arbeit? b) Wie groß ist die Gesamtenergie der gespannten Feder?

Ü 2.6-4: Bei großen Deformationen wird das Kraftgesetz einer realen Feder nicht-linear. Für eine Pufferfeder gilt $c(x) = c + k_2 x^2$ mit $c = 10^3 \, \text{N/m}$ und $k_2 = 10^7 \, \text{N/m}^3$. Wie weit wird diese Feder zusammengedrückt, wenn ein Körper, der die kinetische Energie $E_{kin} = 0,3 \, \text{N m}$ hat, in x-Richtung aufprallt?

2.7. Stoßprozesse

2.7.1. Übersicht und Grundbegriffe

Bei einem Stoßprozeß berühren sich zwei (oder auch mehrere) Körper kurzzeitig unter Änderung ihres jeweiligen Bewegungszustands, wie Bild 2-36 verdeutlicht. Kennzeichnend ist die Einmaligkeit und die im Vergleich zur gesamten Beobachtungsdauer kurze Kontaktzeit der beteiligten Körper. In dieser Wechselwirkungszeit treten verhältnismäßig große Kräfte auf. Die Bewegung wenigstens eines der beteiligten Körper ändert sich abrupt.

Stoß-Beispiele sind Billard-, Tennis- oder Fußballstöße und Auto-Unfallversuche. Bild

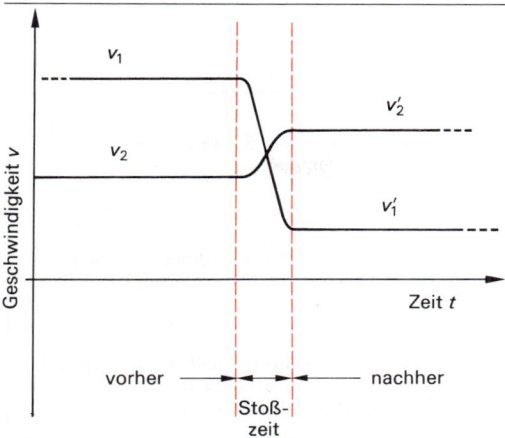

Bild 2-36. *Zeitlicher Verlauf des Stoßes zweier ela-*
stischer Körper.

Bild 2-37. *Crash-Test-Zeitverlauf.*
Auffahrgeschwindigkeit 50 km/h, Zeitspanne seit dem
Aufprall a) 8 ms, b) 87 ms, c) 477 ms.
Werkphoto: Daimler-Benz AG

2-37 zeigt ein Beispiel hierfür. Stoßprozesse treten auch bei atomaren Vorgängen auf. Bei Zusammenstößen zwischen Atomen und Molekülen treten an die Stelle der elastischen Kräfte der Mechanik elektrostatische Wechselwirkungskräfte. Eine Klassifikation der Stöße zwischen makroskopischen Körpern läßt sich nach den geometrischen Verhältnissen und den Änderungen der kinetischen Energie der Stoßpartner treffen. Bild 2-38 zeigt eine Übersicht.

2.7.2. Gerader, zentraler, elastischer Stoß

Für ein Zeitintervall kurz vor und kurz nach dem Stoß sind die Änderungen der potentiellen Energien der Stoßpartner und die Reibungsverluste vernachlässigbar gegenüber den kinetischen Energien; für den Stoßzeitraum ist das System abgeschlossen und ohne Einwirkung äußerer Kräfte. Zwischen den Geschwindigkeiten der Stoßpartner vor dem Stoß v_1 sowie v_2 und nach dem Stoß v_1' sowie v_2' besteht nach dem Impulserhaltungssatz gemäß Gl. (2-54) der Zusammenhang

$$m_1\, v_1 + m_2\, v_2 = m_1\, v_1' + m_2\, v_2'. \qquad (2\text{-}82)$$

Die Vektoren können algebraisch addiert werden, weil der gerade zentrale Stoß eindimensional ist, wie Bild 2-39 verdeutlicht. Die zweite Bestimmungsgleichung ist der Energieerhaltungssatz nach Gl. (2-81):

$$\tfrac{1}{2}\, m_1\, v_1^2 + \tfrac{1}{2}\, m_2\, v_2^2 = \tfrac{1}{2}\, m_1\, v_1'^2 + \tfrac{1}{2}\, m_2\, v_2'^2.$$
$$(2\text{-}83)$$

Durch Umformung von Gl. (2-83) ergibt sich

$$m_1\,(v_1 + v_1')\,(v_1 - v_1')$$
$$= m_2\,(v_2' + v_2)\,(v_2' - v_2) \quad \text{und}$$

$$v_1 - v_2 = -(v_1' - v_2'). \qquad (2\text{-}84)$$

Vom Körper 2 aus gesehen, bewegt sich der Körper 1 nach dem Stoß mit derselben Relativgeschwindigkeit weg, mit der er vor dem Stoß auf den Körper 2 zugelaufen ist.

Stoßart	Bild	Charakteristika
gerade		Die Bahnen beider Schwerpunkte liegen auf einer Geraden.
schief	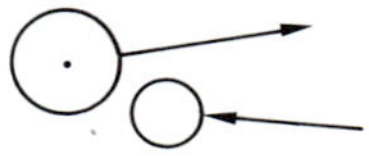	Die Bahnen beider Schwerpunkte liegen in einer Ebene und schließen einen Winkel ein.
zentral	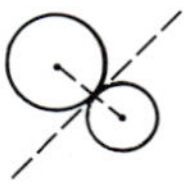	Die Schwerpunkte der Stoßpartner liegen auf der Normalen zur Berührungsebene durch den Berührungspunkt (Stoßnormale).
exzentrisch	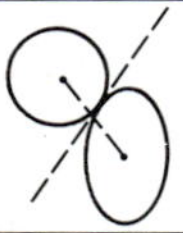	Die Schwerpunkte liegen n i c h t auf der Stoßnormalen. Es tritt Rotation auf.
elastisch		Die Summen der kinetischen Energien vor und nach dem Stoß sind gleich.
inelastisch		Die Summen der kinetischen Energien vor und nach dem Stoß sind verschieden.
unelastisch	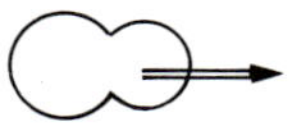	Die Körper bewegen sich nachher mit einer gleichen, gemeinsamen Endgeschwindigkeit weiter.

Bild 2-38.   Klassifikation der Stoßprozesse.

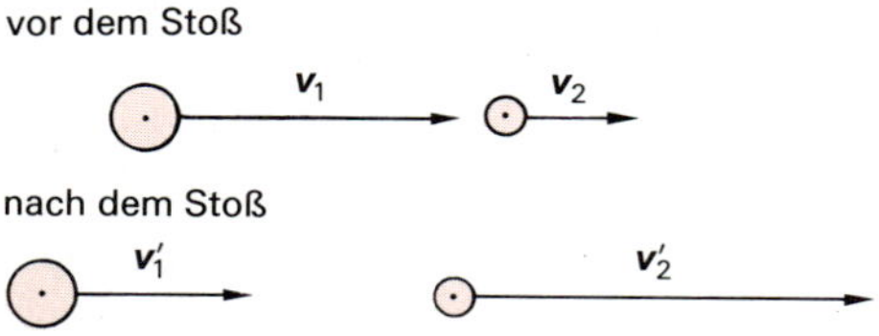

vor dem Stoß

nach dem Stoß

Bild 2-39.   Gerader, zentraler Stoß.

Setzt man Gl. (2-84) in Gl. (2-82) ein, so führt dies auf die Bestimmungsgleichungen für die Geschwindigkeiten nach dem Stoß:

$$v_1' = \frac{(m_1 - m_2)\, v_1 + 2\, m_2\, v_2}{m_1 + m_2}, \qquad (2\text{-}85)$$

$$v_2' = \frac{2\, m_1\, v_1 + (m_2 - m_1)\, v_2}{m_1 + m_2}. \qquad (2\text{-}86)$$

Sind die Massen der Stoßpartner gleich, so tauschen die beiden Körper Geschwindigkeit, Impuls und kinetische Energie aus; war vor dem Stoß der gestoßene Körper in Ruhe, so ist nach dem Stoß der stoßende Körper in Ruhe. Stößt ein schwerer Körper einen leichten, dann bewegen sich beide nach dem Stoß in der gleichen Richtung weiter. Ist dagegen die Masse des gestoßenen Körpers größer als die des stoßenden, so wird der stoßende Körper reflektiert, und nach dem Stoß laufen die Körper entgegengesetzt auseinander. Kollidieren Körper extrem unterschiedlicher Massen – prallt beispielsweise ein Ball auf eine Wand –, dann wird beim elastischen Stoß der stoßende Körper vollständig reflektiert. Er behält seine kinetische Energie; der Impuls und die Geschwindigkeit sind nach dem Stoß entgegengesetzt zur Einfallsrichtung gerichtet.

Beispiel

2.7-1: Ein Neutron mit der Masse $m_1 = m_N$ stößt zentral auf einen ruhenden Atomkern mit der Masse

$m_2 = N\, m_{\mathrm{N}}$. Die Kollision ist näherungsweise elastisch. Welcher Anteil f der kinetischen Energie des Neutrons wird auf den Atomkern übertragen?

Lösung:

Die Energie des stoßenden Neutrons ist

$E_{\mathrm{kin,N\,vor}} = \frac{1}{2}\, m_1\, v_1^2$.

Beim Stoß wird die Energie ΔE übertragen:

$\Delta E = \frac{1}{2}\, m_1\, (v_1^2 - v_1'^2)$.

Der Anteil f der übertragenen kinetischen Energie ist

$$f = \frac{\Delta E}{E_{\mathrm{kin,N\,vor}}} = 1 - \frac{v_1'^2}{v_1^2} = 1 - \left(\frac{m_1 - m_2}{m_1 + m_2}\right)^2$$

$$= \frac{4\, m_1\, m_2}{(m_1 + m_2)^2} = \frac{4\, N}{(1 + N)^2}\,.$$

Der Anteil f der Energieübertragung bei einem geraden, zentralen, elastischen Stoß eines ruhenden Stoßpartners ist in Abhängigkeit vom Massenverhältnis $m_1 : m_2$ in Bild 2-40 aufgetragen. Der Energieübertrag ist um so höher, je geringer der Massenunterschied zwischen den Stoßpartnern ist. Zum Abbremsen schneller Neutronen in Kernreaktoren

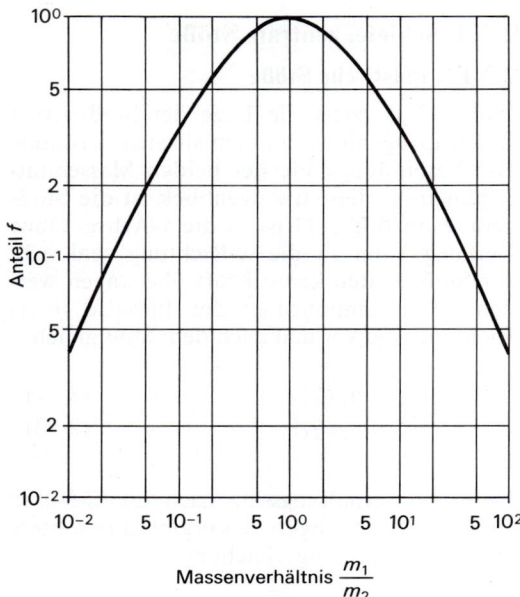

Bild 2-40.   Gerader, zentraler Stoß: Anteil f der Energieübertragung in Abhängigkeit vom Massenverhältnis der Stoßpartner.

ist also Wasser (H_2O) oder schweres Wasser (D_2O) sehr viel effektiver als etwa eine Bleiabschirmung.

2.7.3. Gerader, zentraler, inelastischer Stoß

Geht beim Stoßvorgang kinetische Energie beispielsweise durch Reibungs- oder inelastische Verformungsarbeit verloren, dann muß der allgemeine Energiesatz nach Gl. (2-75) zur Berechnung der Geschwindigkeiten nach dem Stoß herangezogen und der *Energieverlust* ΔW berücksichtigt werden:

$$\frac{1}{2}\, m_1\, v_1^2 + \frac{1}{2}\, m_2\, v_2^2 = \frac{1}{2}\, m_1\, v_1'^2 + \qquad (2\text{-}87)$$
$$+ \frac{1}{2}\, m_2\, v_2'^2 + \Delta W.$$

Zusätzlich zum Impulserhaltungssatz nach Gl. (2-82) ist eine weitere Bestimmungsgleichung notwendig, um die Geschwindigkeiten v_1' und v_2' nach dem Stoß und den Energieverlust ΔW berechnen zu können (Beispiel 2.5-2).

Ein spezieller inelastischer Stoßprozeß ist der *unelastische Stoß*, bei dem die beiden Körper miteinander verkoppelt werden und sich nach dem *Stoß mit der gemeinsamen Geschwindigkeit*

$$v' = v_1' = v_2' \qquad (2\text{-}88)$$

gemäß Bild 2-41 bewegen. Der Impulserhaltungssatz des unelastischen Stoßes lautet

$$m_1\, v_1 + m_2\, v_2 = (m_1 + m_2)\, v'\,;$$

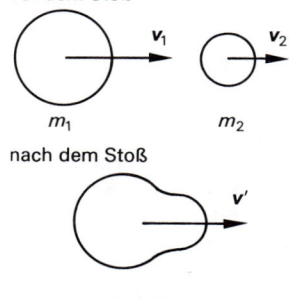

Bild 2-41.   Gerader, zentraler, unelastischer Stoß.

daraus folgt

$$v' = \frac{m_1 \, v_1 + m_2 \, v_2}{m_1 + m_2}. \qquad (2\text{-}89)$$

Wird Gl. (2-89) in Gl. (2-87) eingesetzt, ergibt sich der Energieverlust ΔW durch Verformungsarbeit beim unelastischen Stoß zu

$$\Delta W_{\text{unel}} = \frac{m_1 \, m_2}{2 \, (m_1 + m_2)} \, (v_1 - v_2)^2. \qquad (2\text{-}90)$$

Stößt ein Körper einen ruhenden Körper gleicher Masse $(m_1 = m_2)$ unelastisch, so geht nach Gl. (2-90) genau die Hälfte der kinetischen Energie als Verformungsarbeit verloren.

Beispiel

2.7-2: Geschoßgeschwindigkeiten lassen sich mit einem *ballistischen Pendel* messen. Das Prinzip ist in Bild 2-42 zu erkennen. Der Holzblock des Pendels mit der Masse m_0 hängt an einem langen Draht mit der Länge l_0. Das Geschoß mit der Masse m_1 wird mit v_1 horizontal in den Holzblock geschossen, bleibt dort stecken und lenkt das Pendel aus. In welchem Zusammenhang steht die Pendelamplitude φ_m zur Auftreffgeschwindigkeit v_1?

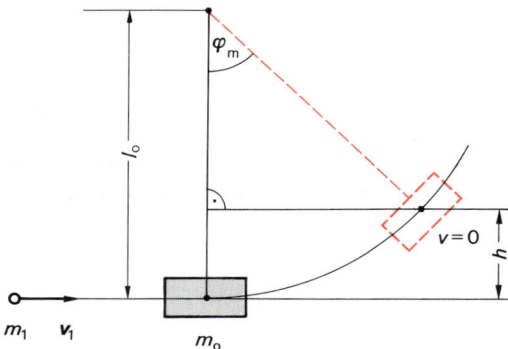

Bild 2-42.   Zu Beispiel 2.7-2: Ballistisches Pendel.

Lösung:

Die Stoßzeit, d.h. das Zeitintervall, in dem das Geschoß relativ zum Holzblock zur Ruhe kommt, ist im Vergleich zur Schwingungsdauer des Pendels sehr klein. Somit bleiben die Aufhängedrähte während des Stoßes in sehr guter Näherung senkrecht, und in der Stoßzeit wirken keine äußeren Kräfte in horizontaler Richtung auf das Gesamtsystem (Holzblock und Geschoß). Für den unelastischen Stoß

folgt aus Gl. (2-89) die Auslenkgeschwindigkeit v' des Pendels:

$$v' = \frac{m_1}{m_1 + m_0} \, v_1.$$

Die kinetische Energie des Pendels nach dem Stoß wird beim Ausschwingen in Lageenergie umgewandelt. Nach Gl. (2-81) gilt

$$\begin{aligned}\tfrac{1}{2} \, (m_1 + m_0) \, v'^2 &= (m_1 + m_0) \, g \, h \\ &= (m_1 + m_0) \, g \, l_0 \, (1 - \cos \varphi_m).\end{aligned}$$

Die Geschoßgeschwindigkeit v_1 läßt sich damit aus der maximalen Pendelauslenkung φ_m bestimmen:

$$v_1 = \left(\frac{m_0}{m_1} + 1\right) \sqrt{2 \, g \, l_0 \, (1 - \cos \varphi_m)}\,.$$

Der Anteil ΔE der beim Einschlag übertragenen Energie ist

$$\Delta E = \frac{\tfrac{1}{2} \, (m_1 + m_0) \, v'^2}{\tfrac{1}{2} \, m_1 \, v_1^2} = \frac{(m_1 + m_0) \, m_1^2}{m_1 \, (m_1 + m_0)^2} = \frac{m_1}{m_1 + m_0}\,.$$

Für eine Geschoßmasse $m_1 = 10$ g und eine Holzblockmasse $m_0 = 2000$ g werden nur etwa 0,5% der ursprünglichen kinetischen Energie übertragen; mehr als 99% werden in nichtmechanische Energieformen (Verformen von Bleikugel und Holz, lokale Erwärmung, Schall) umgesetzt.

2.7.4. Schiefe, zentrale Stöße

2.7.4.1. Elastische Stöße

Bild 2-43 skizziert die Lage der Stoßpartner für den Augenblick, in dem sie sich berühren. Die Verbindungslinie der beiden Massenmittelpunkte in diesem Augenblick ist die Stoßgerade; in Bild 2-43 ist es die y-Achse. Ohne Reibung kann in die x-Richtung senkrecht zur Stoßgeraden keine Kraft übertragen werden. Die Komponenten der Impulse in x-Richtung sind vor und nach dem Stoß gleich:

$$\begin{aligned} m_1 \, v_{1x} &= m_1 \, v'_{1x}, & (2\text{-}91) \\ m_2 \, v_{2x} &= m_2 \, v'_{2x}. & (2\text{-}92) \end{aligned}$$

Der Impulserhaltungssatz nach Gl. (2-54) in Richtung der Stoßgeraden ergibt eine weitere skalare Bestimmungsgleichung:

$$m_1 \, v_{1y} + m_2 \, v_{2y} = m_1 \, v'_{1y} + m_2 \, v'_{2y}. \qquad (2\text{-}93)$$

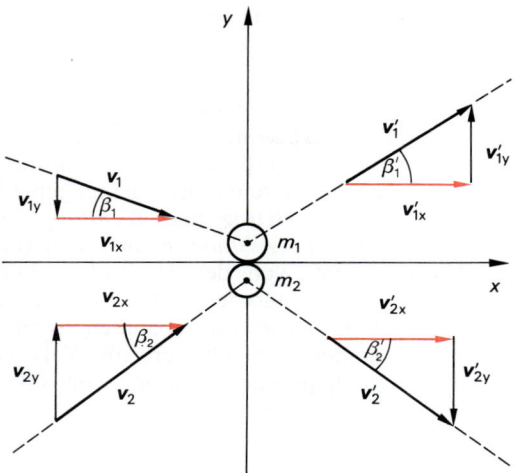

Bild 2-43. *Schiefer, zentraler, elastischer Stoß.*

Beim elastischen Stoß entsteht kein Energie-verlust; der Energieerhaltungssatz nach Gl. (2-81) lautet also

$$\tfrac{1}{2} m_1 (v_{1x}^2 + v_{1y}^2) + \tfrac{1}{2} m_2 (v_{2x}^2 + v_{2y}^2) \quad (2\text{-}94)$$
$$= \tfrac{1}{2} m_1 (v_{1x}'^2 + v_{1y}'^2) + \tfrac{1}{2} m_2 (v_{2x}'^2 + v_{2y}'^2) \,.$$

Gl. (2-91) bis (2-94) sind vier Bestimmungs-gleichungen für die unbekannten Komponen-ten v_{1x}', v_{1y}', v_{2x}' und v_{2y}' der Stoßpartner nach dem Stoß. Die Lösungen des Gleichungssystems sind in Tabelle 2-5 dargestellt.

Tabelle 2-5. Schiefer, zentraler, elastischer Stoß.

	Geschwindigkeiten	
	vor dem Stoß	nach dem Stoß
Körper 1 Masse m_1	v_{1x} v_{1y}	$v_{1x}' = v_{1x}$ $v_{1y}' =$ $\dfrac{(m_1 - m_2)\, v_{1y} + 2\, m_2\, v_{2y}}{m_1 + m_2}$
Körper 2 Masse m_2	v_{2x} v_{2y}	$v_{2x}' = v_{2x}$ $v_{2y}' =$ $\dfrac{2\, m_1\, v_{1y} + (m_2 - m_1)\, v_{2y}}{m_1 + m_2}$

Sind die Massen der beiden Stoßpartner gleich, und ist der gestoßene Körper in Ruhe, dann folgt aus Gl. (2-94)

$$v_1^2 = v_1'^2 + v_2'^2 \,. \tag{2-95}$$

Die Geschwindigkeitsrichtungen der Stoß-partner stehen in diesem Fall nach dem Stoß senkrecht aufeinander. Erfolgt andererseits der schiefe, zentrale, elastische Stoß gegen eine Wand ($m_2 \gg m_1$), dann folgt aus Tabelle 2-5

$$v_{1y} = - v_{1y}' \,. \tag{2-96}$$

Die Winkel $\beta_1 = \tan (v_{1y}/v_{1x})$ und $\beta_1' = \tan (v_{1y}'/v_{1x}')$ sind gleich groß. Dies ist das Reflexionsgesetz für den schiefen elastischen Stoß eines Körpers an einer Wand:

$$\beta_1' = \beta_1 \,. \tag{2-97}$$

Der Ausfallwinkel ist also gleich dem Einfall-winkel.

2.7.4.2. Inelastische Stöße

Wenn der Stoßvorgang nicht mehr elastisch erfolgt, dann gilt der Energieerhaltungssatz der Mechanik nicht mehr. Zwar liefert der Impulserhaltungssatz für die beiden kartesi-schen Koordinaten zwei skalare Gleichungen, aber es sind zusätzlich noch zwei geometri-sche Bedingungen für den Stoßvorgang not-wendig. Diese können beobachtete Ablenk-winkel oder gemessene Geschwindigkeitsbe-träge sein. Hat man die Geschwindigkeiten nach dem Stoßvorgang bestimmt, so kann man durch Vergleich der kinetischen Ener-gien vor und nach dem Stoß den Energiean-teil ermitteln, der in nichtmechanische Ener-gieformen umgesetzt wurde.

Ein grundlegendes Beispiel für einen inela-stischen Stoß ist der *Franck-Hertz-Versuch* (Abschn. 8.1). Gasatome nehmen beim Stoß mit Elektronen nur diskrete Energien auf und geben sie kurze Zeit später als Lichtquant ab.

Zur Übung

Ü 2.7-1: Im Weltraum, wo äußere Kräfte vernachlässigt werden dürfen, soll von einer Trägerrakete (Masse m, Geschwindigkeit v) eine Raumkapsel (Masse $m/2$) abgesprengt werden. Das nicht mehr gebrauchte Bruchstück (Masse $m/2$) soll dabei zur Ruhe kommen. Welcher Energiebetrag ist dem System zuzuführen?

Ü 2.7-2: Ein Eisenbahnwaggon (Masse $m_1 = 24\,000\ \text{kg}$) rollt mit einer Geschwindigkeit $v_1 = 3\ \text{m/s}$ auf geraden, ebenen Schienen. Er stößt mit einem zweiten Waggon (Masse $m_2 = 20\,000\ \text{kg}$), der sich mit der Geschwindigkeit $v_2 = 1,8\ \text{m/s}$ in derselben Richtung bewegt, zusammen.

a) Nehmen Sie an, die Waggons kuppeln beim Stoß zusammen. Welches ist die gemeinsame Endgeschwindigkeit v'? Welcher Betrag an Energie wurde umgesetzt? b) Nehmen Sie an, der Zusammenstoß sei vollständig elastisch und die Waggons trennen sich dann wieder. Welches sind dann die Endgeschwindigkeiten v'_1 und v'_2 der beiden Waggons? c) Was ändert sich an den Antworten zu den Teilfragen a) und b), wenn sich die beiden Waggons anfangs aufeinander zu bewegen?

Ü 2.7-3: Ein Geschoß (Masse $m_1 = 20\ \text{g}$) fliegt horizontal mit der Geschwindigkeit $v_1 = 200\ \text{m/s}$. Es trifft auf einen als Pendel an einem langen Draht aufgehängten Holzklotz (Masse $m = 1,0\ \text{kg}$) und durchschlägt ihn. Nachdem die Kugel aus dem Klotz ausgetreten ist, hat das Pendel eine Geschwindigkeit von $v_p = 2,0\ \text{m/s}$.

a) Wie groß ist die Geschwindigkeit v'_1 des Geschosses nach Durchschlagen des Pendelklotzes? (Dabei darf die Bewegung des Pendels in der Wechselwirkungszeit mit dem Geschoß vernachlässigt werden.) b) Ist der Zusammenstoß vollständig unelastisch? Welcher Anteil der kinetischen Energie wird in nichtmechanische Energien umgesetzt?

Ü 2.7-4: Ein Körper (Masse $m_1 = 50\ \text{g}$) hat eine Geschwindigkeit $v_1 = 10\ \text{m/s}$. Er trifft auf ein ruhendes Objekt ($m_2 = 100\ \text{g}$). Nach dem Zusammenstoß ist die Geschwindigkeit des ersten Körpers auf $v'_1 = 6\ \text{m/s}$ vermindert; er fliegt in eine Richtung, die um $45°$ gegen seine ursprüngliche Flugrichtung abweicht.

a) Wie groß ist die Geschwindigkeit v'_2 – nach Betrag und Richtung – des zweiten Körpers nach dem Stoß? b) Wieviel Energie wird beim Stoß in nichtmechanische Energieformen umgesetzt?

2.8. Drehbewegungen

2.8.1. Drehmoment

Um einen materiellen Punkt oder einen Körper in Rotation um eine vorgegebene Drehachse zu versetzen, muß ein *Drehmoment* ausgeübt werden. Das Drehmoment hängt gemäß Bild 2-44 ab von *Betrag* und *Richtung* der *Kraft F* und dem *Abstand r* des Angriffspunkts der Kraft von der Drehachse. Die *Richtung* des Drehmoments steht senkrecht auf der von *r* und *F* aufgespannten Ebene. Das Drehmoment ist definiert als Vektorprodukt aus dem Radiusvektor *r* und der äußeren Kraft *F*:

$$M = r \times F. \tag{2-98}$$

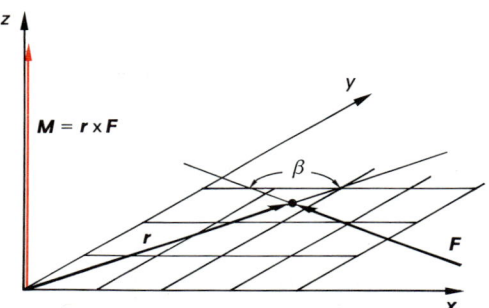

Bild 2-44. Zur Definition des Drehmoments M.

Ein Drehmoment hat seinen größten Wert, wenn der Radiusvektor *r* und die Kraft *F* senkrecht aufeinander stehen. Die Maßeinheit des Drehmoments ist 1 N m. Dies ist formal die gleiche Einheit, die auch Arbeit und Energie haben; im Gegensatz zu diesen skalaren Größen ist das Drehmoment jedoch eine Vektorgröße. Für die Berechnung von Gleichgewichten, besonders bei starren Körpern (Abschn. 2.9), spielt das Drehmoment eine zentrale Rolle.

2.8.2. Newtonsches Aktionsgesetz der Drehbewegung

2.8.2.1. Drehimpuls eines materiellen Punktes

Der momentane Ort eines materiellen Punktes der Masse m, der sich unter dem Einfluß einer Kraft F auf einer Bahnkurve bewegt, wird durch den Radiusvektor r vom Ursprung eines Inertialsystems aus beschrieben, wie aus Bild 2-45 hervorgeht. Seine Momentangeschwindigkeit ist v, der Impuls $p = m\,v$. Der materielle Punkt führt eine Drehbewegung aus, wenn sein Impuls p eine Komponente senkrecht zum Ortsvektor r des materiellen Punkts hat, das Vektorprodukt $r \times p$ also nicht verschwindet. Diese für die Drehbewegung charakteristische Größe wird als *Drehimpuls L* definiert:

$$L = r \times p. \qquad (2\text{-}99)$$

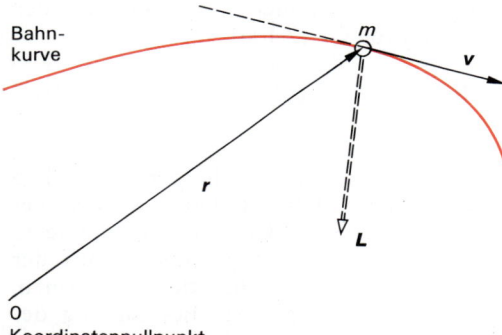

Bahn-
kurve

m

v

r

L

0
Koordinatennullpunkt

Bild 2-45. Zur Definition des Drehimpulses L.

Die Maßeinheit des Drehimpulses ergibt sich zu 1 N m s.

Für einen materiellen Punkt, der mit der Winkelgeschwindigkeit ω auf einer Kreisbahn umläuft, ist die momentane Bahngeschwindigkeit nach Tabelle 2-1 gegeben durch $v = \omega \times r$. Der Drehimpuls L der Drehbewegung des materiellen Punktes ist somit

$$L = r \times p = m\,r \times (\omega \times r)$$
$$= m\,[(r \cdot r)\,\omega - (r \cdot \omega)\,r].$$

Weil r senkrecht auf ω steht, ist $(r \cdot \omega) = 0$ und

$$L = (m\,r^2)\,\omega. \qquad (2\text{-}100)$$

Der Drehimpuls L ist proportional zur Winkelgeschwindigkeit ω der Drehbewegung. Die Proportionalitätskonstante ist das *Massenträgheitsmoment J* des materiellen Punktes im Abstand r von der Drehachse:

$$J = m\,r^2. \qquad (2\text{-}101)$$

Der Drehimpuls L als die *Bewegungsgröße der Drehbewegung* ergibt sich damit zu

$$L = J\,\omega. \qquad (2\text{-}102)$$

Verglichen mit dem Impuls p der Translationsbewegung tritt beim Drehimpuls L der Rotationsbewegung an die Stelle der Masse m das geometrieabhängige Massenträgheitsmoment J und an die Stelle der Bahngeschwindigkeit v die Winkelgeschwindigkeit ω.

2.8.2.2. Dynamisches Grundgesetz der Rotation

Aus Gl. (2-99) folgt für die zeitliche Änderung des Drehimpulses

$$\frac{\mathrm{d}L}{\mathrm{d}t} = \frac{\mathrm{d}}{\mathrm{d}t}(r \times p) = \frac{\mathrm{d}r}{\mathrm{d}t} \times p + r \times \frac{\mathrm{d}p}{\mathrm{d}t}.$$

Die Bahngeschwindigkeit $v = \mathrm{d}r/\mathrm{d}t$ und der Impuls $p = m\,v$ sind gleichgerichtet, ihr Vektorprodukt verschwindet. Nach dem Newtonschen Aktionsprinzip Gl. (2-24) ist die Impulsänderung $\mathrm{d}p/\mathrm{d}t$ gleich der äußeren Kraft F auf die Masse m, und somit ist

$$\frac{\mathrm{d}L}{\mathrm{d}t} = r \times F = M. \qquad (2\text{-}103)$$

Die zeitliche Änderung des Drehimpulses ist gleich dem Drehmoment der äußeren Kräfte auf den Körper.

Wirken keine äußeren Momente, dann bleibt der Drehimpuls L nach Betrag und Richtung konstant, der Drehimpuls des materiellen Punkts bleibt erhalten. Zentralkräfte, wie beispielsweise die Gravitationskraft (Abschn. 2.10), die dem Radiusvektor r des materiellen Punktes entgegengesetzt gerichtet sind, üben auf diesen kein Drehmoment aus; der Bahndrehimpuls der Körper ist konstant. Wird das Massenträgheitsmoment durch eine

Verkürzung des Abstands der Masse zur Drehachse vermindert, so erhöht sich die Winkelgeschwindigkeit des Körpers.

Auf einer Kreisbahn ist das Massenträgheitsmoment J eines materiellen Punktes konstant. Aus Gl. (2-102) folgt

$$\frac{\mathrm{d}\boldsymbol{L}}{\mathrm{d}t} = \frac{\mathrm{d}}{\mathrm{d}t}(J\,\boldsymbol{\omega}) = J\,\frac{\mathrm{d}\boldsymbol{\omega}}{\mathrm{d}t}\,,$$

und mit Gl. (2-103) und der Winkelbeschleunigung $\boldsymbol{\alpha} = \mathrm{d}\boldsymbol{\omega}/\mathrm{d}t$ ergibt sich das *dynamische Grundgesetz der Rotation*:

$$\boldsymbol{M} = J\,\boldsymbol{\alpha}\,. \qquad (2\text{-}104)$$

Wie bei der Newtonschen Grundgleichung (2-25) gilt:

Die Winkelbeschleunigung $\boldsymbol{\alpha}$ der Drehbewegung ist der Ursache, dem äußeren Drehmoment $\boldsymbol{M}$, proportional.

Die Integration von Gl. (2-103) ergibt den *Drehmomentenstoß*:

$$\int_{t_1}^{t_2} \boldsymbol{M}\,\mathrm{d}t = \Delta\boldsymbol{L}\,. \qquad (2\text{-}105)$$

Die Drehimpulsänderung $\Delta\boldsymbol{L}$ ist gleich dem Integral des von den äußeren Kräften ausgeübten Drehmoments. Ist das äußere Drehmoment $\boldsymbol{M} = \boldsymbol{M}_0 = $ konstant, dann ist die Drehimpulsänderung durch den Drehmomentenstoß $\Delta\boldsymbol{L} = \boldsymbol{M}_0\,\Delta t$.

2.8.3. Arbeit, Leistung und Energie bei der Drehbewegung

Ein Drehmoment $\boldsymbol{M}$, das einen Körper um eine Achse in eine Drehbewegung versetzt, verrichtet Arbeit. Die Arbeit W bei der Rotationsbewegung ist nach Bild 2-32

$$W = \int_{s_0}^{s_1} \boldsymbol{F}(s)\cdot\mathrm{d}\boldsymbol{s} = \int_{\varphi_0}^{\varphi_1} \boldsymbol{F}(\varphi)\cdot(\mathrm{d}\boldsymbol{\varphi}\times\boldsymbol{r})$$

$$= \int_{\varphi_0}^{\varphi_1} (\boldsymbol{r}\times\boldsymbol{F}(\varphi))\cdot\mathrm{d}\boldsymbol{\varphi}$$

oder

$$W = \int_{\varphi_0}^{\varphi_1} \boldsymbol{M}(\varphi)\cdot\mathrm{d}\boldsymbol{\varphi}\,. \qquad (2\text{-}106)$$

Ist das Drehmoment konstant, dann gilt

$$W = M(\varphi_1 - \varphi_0)\,.$$

Das aufzuwendende Drehmoment M ist proportional zum Drehwinkel φ bei der *Torsion von Körpern im elastischen Bereich* oder bei *Torsionsfedern*. Die Proportionalitätskonstante wird analog zum Hookeschen Gesetz der longitudinalen Dehnung als *Richtmoment $c*$* bezeichnet. Die Arbeit gegen das winkelabhängige Torsionsmoment ergibt sich aus der Integration von Gl. (2-106):

$$W = \tfrac{1}{2}\,c*\,(\varphi_1^2 - \varphi_2^2)\,. \qquad (2\text{-}107)$$

Die Torsionsarbeit wird in der elastischen Verformung des deformierbaren Körpers gespeichert. Die sehr kleinen Richtmomente von Torsionsfäden ermöglichen es, aus der Drehwinkeländerung sehr kleine Energien, wie beispielsweise bei der Bestimmung der Gravitationskraft mit der Torsionswaage (Abschn. 2.10.2), zu messen. Aus Gl. (2-106) folgt für die *momentane Leistung* der Kraft, die das Drehmoment bewirkt,

$$P = \frac{\mathrm{d}W}{\mathrm{d}t} = \boldsymbol{M}\,\boldsymbol{\omega}\,. \qquad (2\text{-}108)$$

Durch die Arbeitszufuhr oder -abfuhr ändert sich die kinetische Energie eines im Abstand r um eine Drehachse rotierenden materiellen Punktes. Seine *Rotationsenergie* beträgt

$$E_{\mathrm{kin}}^{\mathrm{rot}} = \tfrac{1}{2}\,m\,v^2 = \tfrac{1}{2}\,m\,r^2\,\omega^2 \quad \text{oder}$$

$$E_{\mathrm{kin}}^{\mathrm{rot}} = \tfrac{1}{2}\,J\,\omega^2\,. \qquad (2\text{-}109)$$

Nach dem Energiesatz Gl. (2-75) ändert die Arbeit der äußeren Kraft eines Drehmoments die Rotationsenergie. Mit Gl. (2-104) und (2-106) ergibt sich der Energiesatz für Drehbewegungen:

$$W = \int_{\varphi_0}^{\varphi_1} J\,\alpha\,\mathrm{d}\varphi = J \int_{t(\varphi_0)}^{t(\varphi_1)} \frac{\mathrm{d}\omega}{\mathrm{d}t}\,\omega\,\mathrm{d}t$$

$$= J \int_{\omega(\varphi_0)=\omega_0}^{\omega(\varphi_1)=\omega_1} \omega\,\mathrm{d}\omega$$

bzw.

$$W = \tfrac{1}{2} J\,(\omega_1^2 - \omega_0^2)\,. \tag{2-110}$$

Die Differenz der Rotationsenergie in der End- und Anfangslage ist gleich der Arbeit, die von dem am Körper angreifenden, äußeren Drehmoment bei der Drehung des Körpers um eine feste Drehachse verrichtet wird.

2.8.4. Drehbewegungen von Systemen materieller Punkte

2.8.4.1. Drehimpulssatz

In einem System von N materiellen Punkten, deren Koordinaten von einem beliebigen Koordinatennullpunkt aus gemessen werden, wirken auf jeden materiellen Punkt k am Ort $\boldsymbol{r}_k(t)$ eine resultierende äußere Kraft $\boldsymbol{F}_k^a$ und innere Kräfte $\boldsymbol{F}_{jk}^i$, die von allen übrigen materiellen Punkten $j \neq k$ des Systems ausgehen. Der Drehimpulssatz (Gl. 2-103) lautet dann für den materiellen Punkt k

$$\frac{\mathrm{d}\boldsymbol{L}_k}{\mathrm{d}t} = \boldsymbol{r}_k \times \left(\boldsymbol{F}_k^a + \sum_{j \neq k}^{N} \boldsymbol{F}_{jk}^i \right)$$

$$= \boldsymbol{M}_k^a + \sum_{j \neq k}^{N} \boldsymbol{M}_{jk}^i\,.$$

Es ergeben sich N Gleichungen für die materiellen Punkte des Systems. Werden diese summiert, dann verschwindet die Summe der Momente der inneren Kräfte:

$$\sum_{k=1}^{N} \sum_{j \neq k}^{N} \boldsymbol{M}_{jk}^i = 0\,.$$

Nach Gl. (2-98) und dem dritten Newtonschen Axiom $\boldsymbol{F}_{jk} = -\boldsymbol{F}_{kj}$ ergibt sich

$$\boldsymbol{r}_1 \times \boldsymbol{F}_{21} + \boldsymbol{r}_2 \times \boldsymbol{F}_{12} = (\boldsymbol{r}_2 - \boldsymbol{r}_1) \times \boldsymbol{F}_{12} = 0,$$

weil $\boldsymbol{r}_2 - \boldsymbol{r}_1$ parallel zu $\boldsymbol{F}_{12}$ ist, wie man in Bild 2-46 erkennt. Werden die Drehimpulse der einzelnen materiellen Punkte zu einem Gesamtdrehimpuls $\boldsymbol{L} = \sum_{k=1}^{N} \boldsymbol{L}_k$ und die äuße-

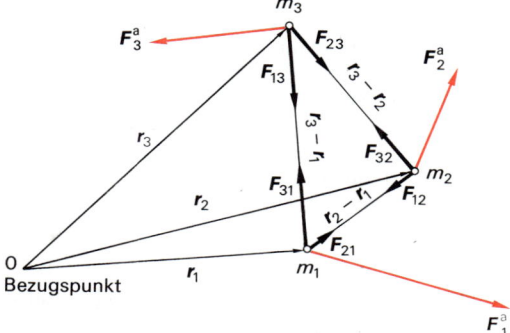

Bild 2-46. *Zum Drehimpulssatz: System aus drei materiellen Punkten.*

ren Momente zu einem resultierenden Gesamtdrehmoment $\boldsymbol{M} = \sum_{k=1}^{N} \boldsymbol{M}_k^a$ zusammengefaßt, dann folgt der Drehimpulssatz für ein System von materiellen Punkten:

$$\frac{\mathrm{d}\boldsymbol{L}}{\mathrm{d}t} = \boldsymbol{M}\,. \tag{2-111}$$

Der Drehimpulssatz für ein System entspricht formal völlig dem für einen einzelnen materiellen Punkt (Gl. (2-103)).

2.8.4.2. Drehimpulserhaltungssatz

Wirken auf ein System von N materiellen Punkten mit dem Gesamtdrehimpuls $\boldsymbol{L} = \sum_{k=1}^{N} \boldsymbol{L}_k$ keine äußeren Momente ($\boldsymbol{M}^a = 0$), dann ist nach dem Drehimpulssatz Gl. (2-111) die Drehimpulsänderung $\mathrm{d}\boldsymbol{L}/\mathrm{d}t = 0$. Die Summe der Einzeldrehimpulse des Massensystems ist konstant, und der Gesamtdrehimpuls $\boldsymbol{L}$ bleibt nach Betrag und Richtung erhalten:

$$\boldsymbol{L} = \boldsymbol{L}_1 + \boldsymbol{L}_2 + \ldots + \boldsymbol{L}_N = \text{konstant}. \tag{2-112}$$

Verschwindet das Gesamtdrehmoment der äußeren Kräfte auf ein System materieller Punkte, dann gilt der Drehimpulserhaltungssatz.

$$J_1\,\omega_1(t_1) + J_2\,\omega_2(t_1) + \ldots + J_N\,\omega_N(t_1)$$
$$= J_1\,\omega_1(t_2) + J_2\,\omega_2(t_2) + \ldots + J_N\,\omega_N(t_2) \tag{2-113}$$

Beispiel

2.8-1: Eine Eiskunstläuferin dreht sich mit ausgebreiteten Armen mit der Drehfrequenz $n_0 = 2\,\text{s}^{-1}$. Zur Pirouette verkleinert sie ihr Massenträgheitsmoment von $J_0 = 6\,\text{kg m}^2$ auf $J_1 = 1{,}2\,\text{kg m}^2$ in der Zeit $\Delta t = 1{,}0\,\text{s}$.
Wie groß ist die neue Drehfrequenz n_1 und die mittlere Leistung, die sie aufbringt?

Lösung:

Bei Vernachlässigung der Reibung zwischen Schlittschuhen und Eis bleibt der Drehimpuls erhalten: $L_0 = L_1$ oder $n_0 J_0 = n_1 J_1$. Daraus folgt $n_1 = n_0 J_0/J_1 = 10\,\text{s}^{-1}$. Die mittlere Leistung ist

$$P_\text{m} = \frac{\Delta W}{\Delta t} = \frac{1}{2}\,\frac{J_1\,\omega_1^2 - J_0\,\omega_0^2}{\Delta t} = 1{,}9\,\text{kW}.$$

Tabelle 2-6. Analogie Translation und Rotation.

Translation		Rotation	
Größe, Formelzeichen	Einheit	Größe, Formelzeichen	Einheit
Weg $s, \mathrm{d}s$	m	Winkel $\varphi, \mathrm{d}\varphi$	rad = 1
Geschwindigkeit $v = \dfrac{\mathrm{d}s}{\mathrm{d}t}$	m/s	Winkelgeschwindigkeit $\omega = \dfrac{\mathrm{d}\varphi}{\mathrm{d}t}$	rad/s = 1/s
Beschleunigung $a = \dfrac{\mathrm{d}v}{\mathrm{d}t} = \dfrac{\mathrm{d}^2 s}{\mathrm{d}t^2}$	m/s^2	Winkelbeschleunigung $\alpha = \dfrac{\mathrm{d}\omega}{\mathrm{d}t} = \dfrac{\mathrm{d}^2\varphi}{\mathrm{d}t^2}$	rad/s^2 = 1/s^2
Masse m	kg	Massenträgheitsmoment $J = \sum_i \Delta m_i\, r_i^2$	kg m^2
Kraft $F = m\,a = \dfrac{\mathrm{d}p}{\mathrm{d}t}$	kg m/s^2 = N	Drehmoment $M = r \times F$ $M = J\,\alpha = \dfrac{\mathrm{d}L}{\mathrm{d}t}$	N m
Impuls $p = m\,v$	kg m/s = N s	Drehimpuls $L = J\,\omega$	kg m^2/s = N m s
Kraftkonstante $c = \left|\dfrac{F}{s}\right|$	N/m	Winkelrichtgröße $c^* = \left|\dfrac{M}{\varphi}\right|$	N m/rad = N m
Arbeit $\mathrm{d}W = F\,\mathrm{d}s$	N m = J = W s	Arbeit $\mathrm{d}W = M\,\mathrm{d}\varphi$	N m = J = W s
Spannarbeit $W = \tfrac{1}{2}\,c\,s^2$	J	Spannarbeit $W = \tfrac{1}{2}\,c^*\,\varphi^2$	N m rad^2 = J
kinetische Energie $E_\text{kin}^\text{trans} = \tfrac{1}{2}\,m\,v^2$	J	kinetische Energie $E_\text{kin}^\text{rot} = \tfrac{1}{2}\,J\,\omega^2$	J
Leistung $P = \dfrac{\mathrm{d}W}{\mathrm{d}t} = F\,v$	W = J/s	Leistung $P = \dfrac{\mathrm{d}W}{\mathrm{d}t} = M\,\omega$	W = J/s

2.8.4.3. Energieerhaltungssatz

Ohne Drehmomente äußerer Kräfte wird an einem System materieller Punkte keine Dreharbeit geleistet. Die kinetische Energie der Rotationsbewegung ist konstant, für das System gilt nach Gl. (2-110) der *Energieerhaltungssatz für die Rotationsenergie* der Massenpunkte:

$$\sum_{k=1}^{N} \tfrac{1}{2} J_k \, \omega_k^2 = \text{konstant.} \qquad (2\text{-}114)$$

Nur bei starren Körpern sind die Winkelgeschwindigkeiten der materiellen Punkte gleich; dann gilt für die Rotationsenergie die einfachere Gl. (2-130).

2.8.5. Analogie Translation und Rotation

Die mathematische Struktur der Bewegungsgleichungen und die Beziehungen für Arbeit und Energie der Rotationsbewegung entsprechen völlig denjenigen der Translationsbewegung. An die Stelle der Kraft F, der Geschwindigkeit v, der Beschleunigung a und der Masse m in den Beziehungen für die Translation treten bei der Rotation die physikalischen Größen Drehmoment M, Winkelgeschwindigkeit ω, Winkelbeschleunigung α und Massenträgheitsmoment J. In Tabelle 2-6 sind die entsprechenden Beziehungen und Gleichungen einander gegenübergestellt.

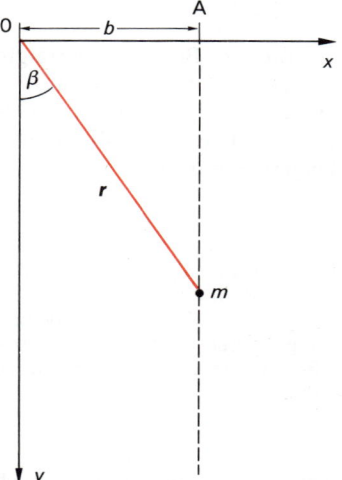

Bild 2-47.   Zu Ü 2.8-1.

Zur Übung

Ü 2.8-1: Ein Körper der Masse m fällt aus der Ruhe im Gravitationsfeld der Erde. Er bewegt sich vom Punkt A parallel zur y-Achse, wie Bild 2-47 verdeutlicht. a) Wie groß ist das Drehmoment M bezüglich des Koordinatenursprungs? b) Wie groß ist der Drehimpuls L bezüglich des Koordinatenursprungs in Abhängigkeit von der Zeit? c) Zeigen Sie, daß der Drehimpulssatz gilt, daß also $M = \mathrm{d}L/\mathrm{d}t$ ist.

Ü 2.8-2: Vier gleiche Massen befinden sich an den Ecken eines Quadrats der Seitenlänge b gemäß Bild 2-48. Wie groß sind die vier Massenträgheitsmomente

a) J_A bezüglich einer Achse senkrecht zur Zeichenebene durch das Zentrum des Quadrats,
b) J_B bezüglich einer Achse senkrecht zur Zeichenebene durch einen Eckpunkt,
c) J_C bezüglich einer Achse in der Zeichenebene in einer Diagonalen und
d) J_D bezüglich einer Achse in der Zeichenebene längs einer Quadratseite?

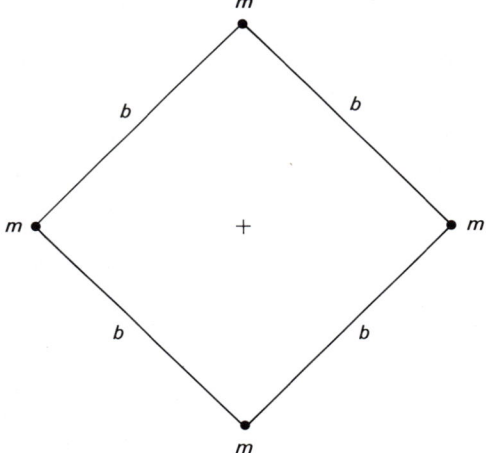

Bild 2-48.   Zu Ü 2.8-2.

2.9. Mechanik starrer Körper

Ein starrer Körper ist ein System aus N einzelnen Massenpunkten, deren gegenseitige Abstände vollkommen unveränderlich sind. Auch unter dem Einfluß äußerer Kräfte soll der starre Körper seine Form nicht ändern. Obwohl ein solcher idealisierter Körper in der Natur nicht existiert, ist das Konzept des starren Körpers sehr hilfreich, um viele technische und physikalische Probleme auf einfache

Weise und mit genügender Genauigkeit zu lösen.

2.9.1. Freiheitsgrade und Kinematik

Ein einzelner Massenpunkt benötigt zu seiner Lokalisierung in einem Koordinatensystem drei Angaben, d. h., ein Massenpunkt hat $f = 3$ *Freiheitsgrade*. Ein System von N voneinander unabhängigen Massenpunkten (etwa ein Gas) hat demnach $f = 3$ N Freiheitsgrade. Da aber bei einem starren Körper die Abstände zwischen den einzelnen Punkten fest sind, vermindert sich die Anzahl der Freiheitsgrade erheblich, und zwar auf sechs. Ein starrer Körper hat also $f = 6$ Freiheitsgrade. Die Kenntnis von sechs Größen reicht demnach aus, um die Lage und Orientierung eines starren Körpers im Raum eindeutig zu beschreiben. So kann in einem kartesischen Koordinatensystem ein Punkt des Körpers, beispielsweise der Massenmittelpunkt, mit Hilfe von drei Koordinaten festgelegt werden. Drehungen des Körpers um diesen Punkt sind durch weitere drei Winkel gegen die Koordinatenachsen vollständig definiert.

Die sechs Freiheitsgrade des starren Körpers lassen sich aufspalten in je drei Freiheitsgrade der Translations- und der Rotationsbewegung.

> Bei einer Translation werden alle Punkte des starren Körpers um die gleiche Strecke parallel verschoben.

Bild 2-49 a zeigt die Translation eines Körpers in der x, y-Ebene. Verschiebungen in der z-Richtung sind selbstverständlich ebenfalls möglich. Der Punkt P läuft auf der gestrichelten Bahnkurve. Die Bahnkurven der anderen Punkte des Körpers haben dieselbe Form, sie sind lediglich parallel verschoben.

> Bei der Rotation eines starren Körpers rotieren sämtliche Massenpunkte mit der gleichen Winkelgeschwindigkeit.

Bild 2-49 b zeigt die Rotation um den feststehenden Punkt P. Die Drehachse steht senkrecht zur Zeichenebene. Der Vektor ω der Winkelgeschwindigkeit verläuft parallel zur z-Achse (Abschn. 2.2.4). Aus Bild 2-49 c geht hervor:

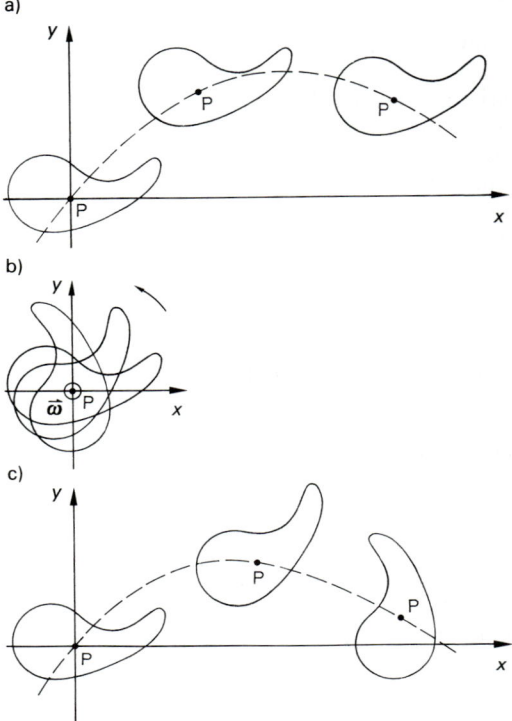

Bild 2-49. *Bewegung eines starren Körpers: a) Translation, b) Rotation, c) zusammengesetzte Bewegung.*

> Die allgemeine Bewegung eines starren Körpers setzt sich aus Translation und Rotation zusammen.

So entsteht z. B. die in Bild 2-15 gezeigte Zykloide durch Überlagerung einer geradlinigen Translationsbewegung konstanter Geschwindigkeit mit einer Rotationsbewegung konstanter Winkelgeschwindigkeit.

Beispiel

2.9-1: Ein Rad rollt entsprechend Bild 2-50 auf einer ebenen Unterlage. Sein Radius beträgt $r = 0{,}28$ m. Die Geschwindigkeit des Mittelpunkts beträgt $v_M = 100$ km/h. Wie groß sind die Geschwindigkeiten der Punkte A, B und C relativ zur Fahrbahn (s. auch Beispiel *2.2-5*)?

Lösung:

Die Geschwindigkeit der Punkte erhält man durch Überlagerung der gemeinsamen Translationsge-

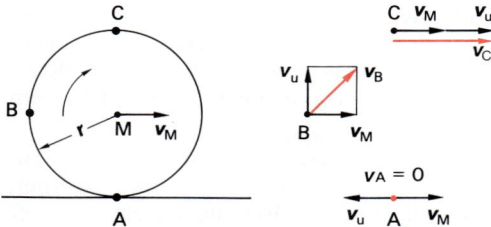

Bild 2-50.   Zu Beispiel 2.9-1: Abrollendes Rad.

schwindigkeit v_M nach rechts mit einer Umfangsgeschwindigkeit, die jeweils tangential zum Kreis verläuft. Der Betrag der Umfangsgeschwindigkeit ist für alle Punkte gleich, nämlich $v_U = \omega\, r$. Die Größe folgt aus der Forderung, daß die Geschwindigkeit des Punktes A, der mit der ruhenden Fahrbahn in Kontakt ist, null sein muß. Dies ist nur dann der Fall, wenn $v_M = v_U$ ist. Die Geschwindigkeit des Punktes B ist unter 45° nach oben gerichtet. Ihr Betrag ist $v_B = \sqrt{2}\, v_M = 141$ km/h. Die Geschwindigkeit des Punktes C ist $v_C = 2\, v_M = 200$ km/h.

2.9.2. Kräfte am starren Körper

Kräfte, die am starren Körper angreifen, sind *linienflüchtig*.

Diese Eigenschaft sei anhand von Bild 2-51 erläutert. An einem starren Körper greift im Punkt P_1 die Kraft F_1 an. Im Punkt P_2, der auf der *Wirkungslinie* der Kraft F_1 liegt, werden nun die Kräfte F_2 und F_2' angebracht, die entgegengesetzt gleich groß sind $(F_2 + F_2' = 0)$ und deshalb auf den Bewegungszustand des Körpers keinen Einfluß haben. F_1 und F_2 sollen gleich groß sein: $F_1 = F_2$. Nun faßt man in Gedanken F_1 und F_2' zusammen. Die beiden Kräfte haben zwar keine Resultierende, würden aber einen elastischen Körper (z. B. ein Gummiband) in die Länge ziehen. Da der starre Körper keine Deformation erleidet, heben sich diese beiden Kräfte auf, ohne irgend eine Veränderung am Zustand des Körpers zu bewirken. Als einzige Kraft bleibt damit die Kraft F_2 am Punkt P_2 übrig, welche die gleiche Wirkung hat wie die ursprüngliche Kraft F_1 am Punkt P_1. Daraus folgt:

> Man darf bei einem starren Körper eine Kraft beliebig längs ihrer Wirkungslinie verschieben, ohne daß sich sein Bewegungszustand ändert.

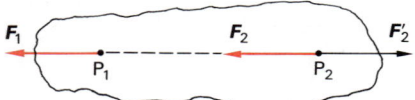

Bild 2-51.   Linienflüchtigkeit der Kraft am starren Körper.

Der Begriff des *Angriffspunktes* einer Kraft ist demnach beim starren Körper ohne Bedeutung. Jeder Punkt des Körpers längs der Wirkungslinie kann mit gleichem Recht als Angriffspunkt betrachtet werden.

Bild 2-52 zeigt, wie von zwei an verschiedenen Punkten A und B an einem starren Körper angreifenden Kräften, die in einer Ebene liegen, die Resultierende ermittelt wird. Im Schnittpunkt C der beiden Wirkungslinien wird die Resultierende F_R z. B. mit Hilfe des Kräfteparallelogramms ermittelt. Der Angriffspunkt der Resultierenden am starren Körper kann irgendwo längs ihrer Wirkungslinie angenommen werden.

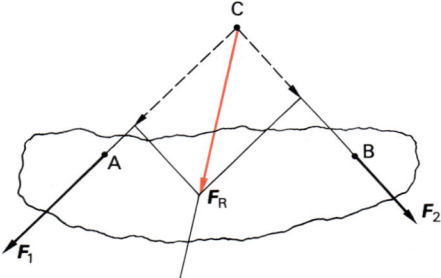

Bild 2-52.   Resultierende Kraft am starren Körper.

Von besonderem Interesse ist der Fall, wenn zwei gleich große entgegengesetzt gerichtete Kräfte F_1 und F_2 an einem starren Körper angreifen, wobei die Wirkungslinien nicht auf einer Geraden liegen. Ein solches Kräftesystem, das in Bild 2-53 gezeigt ist, nennt man ein *Kräftepaar*.

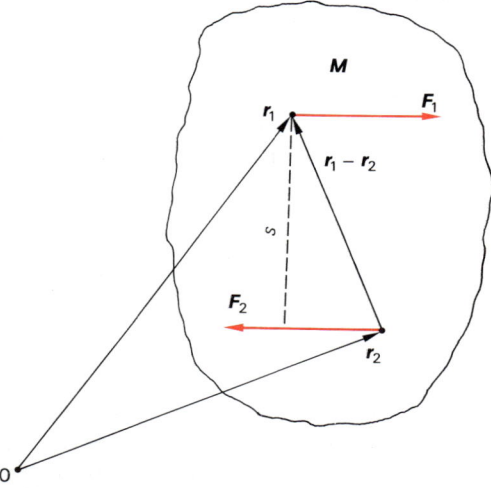

Bild 2-53.   Drehmoment eines Kräftepaars.

Die Resultierende eines solchen Kräftepaars ist null: $F_1 + F_2 = 0$. Aus dem Impulssatz für Systeme gemäß Gl. (2-50) folgt:

> Ein starrer Körper erfährt unter der Wirkung eines Kräftepaars keine Translationsbeschleunigung.

Mit anderen Worten: Wenn der Massenmittelpunkt des Körpers (Abschn. 2.5.22) in Ruhe ist, wird er diesen Zustand auch beibehalten, wenn ein Kräftepaar an ihm angreift.
Ein Kräftepaar versucht aber, den Körper in Rotation zu versetzen; es übt ein Drehmoment aus.
Die beiden Einzelkräfte F_1 und F_2 haben bezüglich des willkürlich gewählten Nullpunkts 0 in Bild 2-53 die Drehmomente

$$M_1 = r_1 \times F_1 \quad \text{und} \quad M_2 = r_2 \times F_2.$$

Mit $F_2 = -F_1$ folgt für das gesamte Drehmoment

$$M = M_1 + M_2 = r_1 \times F_1 - r_2 \times F_1 \quad \text{oder}$$

> $$M = (r_1 - r_2) \times F_1. \qquad (2\text{-}115)$$

Der Vektor M steht senkrecht auf der Ebene, die von den Kräften aufgespannt wird. Er weist in Bild 2-53 in die Zeichenebene hinein. Für den Betrag des Drehmoments gilt

> $$M = s\,F; \qquad (2\text{-}116)$$

dabei ist s der Abstand der beiden Wirkungslinien, F der Betrag der Kräfte: $F = |F_1| = |F_2|$.
Das Drehmoment eines Kräftepaars ist nach Gl. (2-116) unabhängig von der Lage des Bezugspunkts 0. Es hängt nur von den Kräften selbst und deren gegenseitigem Abstand ab. Dies bedeutet:

> Das Kräftepaar darf auf dem starren Körper beliebig verschoben werden, ohne daß sich an der Wirkung des ausgeübten Drehmoments etwas ändert.

Die Ebene, in der die Kräfte liegen, darf dabei nicht gekippt werden. Der Vektor M des Drehmoments ist auch nicht an einen bestimmten Punkt gebunden, sondern beliebig

parallel verschiebbar. Man bezeichnet diesen Vektor deshalb als *freien* Vektor (im Gegensatz etwa zum *gebundenen* Vektor der Kraft oder dem *linienflüchtigen* Kraftvektor am starren Körper).
Wirkt ein Kräftepaar auf einen zunächst ruhenden, frei beweglichen starren Körper, dann wird dieser in Drehung versetzt; d. h., er erfährt eine Winkelbeschleunigung. Dabei rotiert der Körper um seinen Massenmittelpunkt, denn jener wird nach obigen Aussagen nicht beschleunigt, er ist also der einzige Punkt, der in Ruhe bleibt.
Soll ein starrer Körper in Ruhe bleiben (Grundaufgabe der Statik), dann muß das Drehmoment eines Kräftepaars durch ein anderes kompensiert werden, so daß insgesamt kein resultierendes Drehmoment übrig bleibt. Eine Translationsbeschleunigung des Körpers unterbleibt, wenn keine resultierende Kraft auf ihn wirkt. Diese Forderungen werden zusammengefaßt in den *Gleichgewichtsbedingungen der Statik*:

> $$\sum F_a = 0, \qquad (2\text{-}117)$$
> $$\sum M_a = 0. \qquad (2\text{-}118)$$

> Ein starrer Körper ist im statischen Gleichgewicht, wenn die Summe aller an ihm angreifenden äußeren Kräfte und Drehmomente null ist.

Beispiel

2.9-2: Der in Bild 2-54 gezeigte Träger ist im Punkt A drehbar gelagert und wird im Punkt C von einer Kette gehalten. Im Punkt B greift unter 45° die Kraft $F = 500\,\text{N}$ an. Welche Lagerkräfte F_A und F_C werden durch F verursacht?

Lösung:

Wenn an einem Körper nur drei Kräfte angreifen, müssen die Wirkungslinien aller Kräfte durch einen

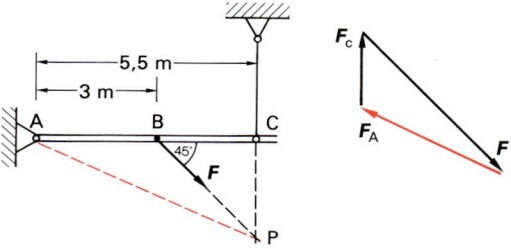

Bild 2-54.   Zu Beispiel 2.9-2: Belasteter Träger.

Punkt gehen, denn nur dann läßt sich nach Gl. (2-118) die Bedingung $\sum M_a = 0$ erfüllen. Alle drei Kräfte dürfen bezüglich des gemeinsamen Schnittpunkts kein Drehmoment besitzen.

Da eine Kette nur Kräfte in Längsrichtung aufnehmen kann, ist die Wirkungslinie der Kettenkraft F_C durch die Verlängerung der Kette gegeben. Durch ihren Schnittpunkt P mit der Wirkungslinie von F muß auch die Wirkungslinie der Lagerkraft F_A gehen. Da nun die Richtungen der Kräfte bekannt sind, können die Beträge z.B. durch graphische Konstruktion eines Kraftecks ermittelt werden.

Aus dem Krafteck liest man mit einer entsprechenden Ungenauigkeit ab $F_A = 390$ N und $F_C = 190$ N. Eine rechnerische Lösung des Problems durch systematische Anwendung von Gl. (2-118) ist ebenfalls möglich.

2.9.3. Schwerpunkt und potentielle Energie eines starren Körpers

Der Schwerpunkt S eines starren Körpers ist der Ort, an dem eine entgegengesetzt zur Fallbeschleunigung g wirkende Kraft F_S angreifen muß, damit dieser unter der Wirkung der Schwerkraft im statischen Gleichgewicht ist, wie Bild 2-55 zeigt. Die Gleichgewichtsbedingungen der Statik nach Gl. (2-117) fordern das Kräftegleichgewicht zwischen den Gewichtskräften $F_k = m_k g$ der materiellen Punkte und der *Stützkraft* F_S:

$$\sum_{k=1}^{N} m_k g + F_S = 0 \; ;$$

$$F_S = - g \sum_{k=1}^{N} m_k = - m\, g \,. \qquad (2\text{-}119)$$

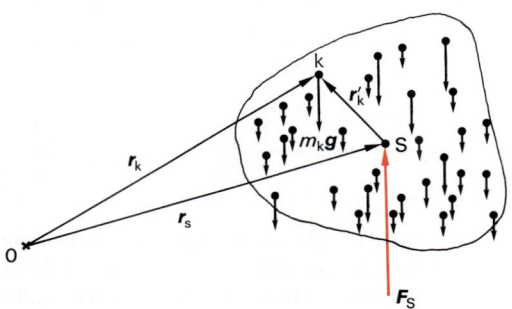

Bild 2-55. Gleichgewicht eines starren Körpers.

Nach Gl. (2-118) gilt für das Drehmomentengleichgewicht bezüglich einer beliebigen Drehachse

$$\sum_{k=1}^{N} r_k \times m_k\, g + r_S \times F_S = 0 \quad \text{oder}$$

$$\left(\sum_{k=1}^{N} m_k\, r_k - m\, r_S \right) \times g = 0 \,.$$

Der Körper ist im statischen Gleichgewicht, wenn er am Ort

$$r_S = \frac{\displaystyle\sum_{k=1}^{N} m_k\, r_k}{m} \qquad (2\text{-}120)$$

unterstützt wird. Der Schwerpunkt S eines starren Körpers ist also der bei der Bewegung eines Systems materieller Punkte nach dem Schwerpunktsatz Gl. (2-51) ausgezeichnete Ort. Im kartesischen Koordinatensystem sind die Schwerpunktskoordinaten

$$x_S = \frac{\displaystyle\sum_{k=1}^{N} m_k\, x_k}{m}, \quad y_S = \frac{\displaystyle\sum_{k=1}^{N} m_k\, y_k}{m},$$

$$z_S = \frac{\displaystyle\sum_{k=1}^{N} m_k\, z_k}{m}\,. \qquad (2\text{-}121)$$

Bei starren Körpern mit kontinuierlicher Massenverteilung und homogener Dichte läßt sich die Schwerpunktskoordinate über das Volumenintegral

$$r_S = \frac{1}{V} \iiint r(x, y, z)\, dx\, dy\, dz$$

berechnen. Bei homogenen symmetrischen Körpern liegt der Schwerpunkt auf den Symmetrieachsen.

Ein starrer Körper läßt sich nicht deformieren; der elastische Anteil der potentiellen Energie ist also null. *Ein starrer Körper hat als potentielle mechanische Energie nur die Lageenergie des Schwerpunkts.* Wird die z-Koordinate parallel zur Fallbeschleunigung g gelegt, dann gilt nach Gl. (2-121)

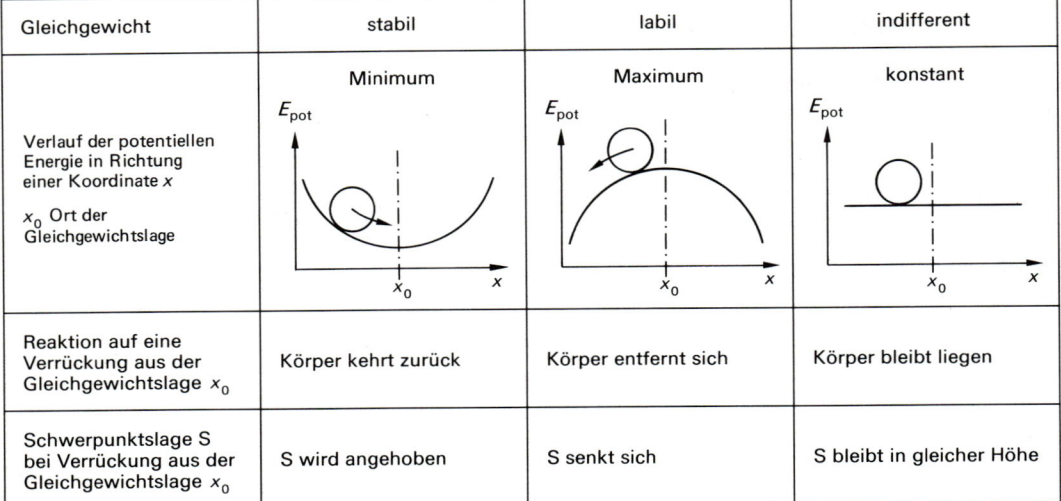

Gleichgewicht	stabil	labil	indifferent
	Minimum	Maximum	konstant
Verlauf der potentiellen Energie in Richtung einer Koordinate x x_0 Ort der Gleichgewichtslage			
Reaktion auf eine Verrückung aus der Gleichgewichtslage x_0	Körper kehrt zurück	Körper entfernt sich	Körper bleibt liegen
Schwerpunktslage S bei Verrückung aus der Gleichgewichtslage x_0	S wird angehoben	S senkt sich	S bleibt in gleicher Höhe

Bild 2-56.   *Gleichgewichtslagen.*

$$E_{\mathrm{pot}} = \sum_{k=1}^{N} m_k \, g \, z_k = m \, g \, z_S . \qquad (2\text{-}122)$$

Die Höhe des Schwerpunkts S über dem Bezugsniveau bestimmt die potentielle Energie eines starren Körpers.

Die räumliche Änderung der potentiellen Energie bei der Auslenkung des Körpers aus der Gleichgewichtslage ist das Kennzeichen für die drei Gleichgewichtslagen starrer Körper. In Bild 2-56 sind die Fälle des *stabilen, labilen und indifferenten Gleichgewichts* einander gegenübergestellt.

2.9.4. Kinetische Energie eines starren Körpers

Werden die Geschwindigkeiten $v_k = \mathrm{d}\boldsymbol{r}_k(t)/\mathrm{d}t$ der materiellen Punkte eines Systems zerlegt in eine Geschwindigkeit $v'_k = \mathrm{d}\boldsymbol{r}'_k(t)/\mathrm{d}t$ relativ zum Schwerpunkt S und die Bahngeschwindigkeit $v_S = \mathrm{d}\boldsymbol{r}_S(t)/\mathrm{d}t$ des Schwerpunktes, dann ist die kinetische Energie des Systems

$$E_{\mathrm{kin}} = \sum_{k=1}^{N} \frac{1}{2} m_k \left(\frac{\mathrm{d}\boldsymbol{r}_k(t)}{\mathrm{d}t} \right)^2$$

$$= \frac{1}{2} \sum_{k=1}^{N} m_k \left(\frac{\mathrm{d}\boldsymbol{r}_S(t)}{\mathrm{d}t} + \frac{\mathrm{d}\boldsymbol{r}'_k(t)}{\mathrm{d}t} \right)^2$$

$$E_{\mathrm{kin}} = \frac{1}{2} \left(\frac{\mathrm{d}\boldsymbol{r}_S(t)}{\mathrm{d}t} \right)^2 \sum_{k=1}^{N} m_k$$

$$+ \frac{1}{2} \sum_{k=1}^{N} m_k \left(\frac{\mathrm{d}\boldsymbol{r}'_k(t)}{\mathrm{d}t} \right)^2$$

$$+ \frac{\mathrm{d}\boldsymbol{r}_S(t)}{\mathrm{d}t} \sum_{k=1}^{N} m_k \frac{\mathrm{d}\boldsymbol{r}'_k(t)}{\mathrm{d}t} .$$

Der letzte Term ist der Gesamtimpuls der Massenpunkte im Schwerpunkt-Koordinatensystem S′, der nach der Schwerpunktsdefinition gemäß Gl. (2-120) null ist. Die kinetische Energie eines Systems materieller Punkte ist also die *Summe aus der kinetischen Energie der Schwerpunktsbewegung* mit der Schwerpunktsgeschwindigkeit v_S und der Gesamtmasse $m = \sum_{k=1}^{N} m_k$ und *aus der kinetischen Energie der Bewegung relativ zum Schwerpunkt:*

$$E_{\mathrm{kin}} = \frac{1}{2} m \, v_S^2 + \frac{1}{2} \sum_{k=1}^{N} m_k v'^2_k . \qquad (2\text{-}123)$$

Bei starren Körpern sind wegen der Konstanz der Abstände zwischen den Massenpunkten keine radialen Bewegungen relativ zum Schwerpunkt möglich, sondern nur Drehbewegungen um den Schwerpunkt (Abschn. 2.9.1). Die *kinetische Energie eines starren Körpers* setzt sich also zusammen aus dem Anteil E_{kin}^{trans} der *Translation des Schwerpunkts* und dem Anteil E_{kin}^{rot} der *Rotation der Massenpunkte um den Schwerpunkt:*

$$E_{kin}^{ges} = E_{kin}^{trans} + E_{kin}^{rot}. \qquad (2\text{-}124)$$

Nach Gl. (2-123) ist die *Translationsenergie des starren Körpers* mit der Gesamtmasse m

$$E_{kin}^{trans} = \tfrac{1}{2}\, m\, v_S^2. \qquad (2\text{-}125)$$

Die Rotationsenergie eines starren Körpers, dessen Massenpunkte m_k, wie in Bild 2-57 skizziert, um eine Achse durch den Punkt P mit der gemeinsamen Winkelgeschwindigkeit ω und der Umlaufgeschwindigkeit $v_{Pk} = \omega\, r_{Pk}$ rotieren, wobei der Punkt P sich mit der Momentangeschwindigkeit v_P auf einer Bahnkurve bewegt, ist nach Gl. (2-123)

$$E_{kin}^{rot} = \frac{1}{2}\left(\sum_{k=1}^{N} m_k\, r_{Pk}^2\right)\omega^2. \qquad (2\text{-}126)$$

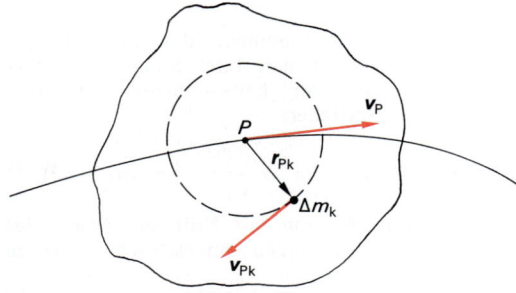

Bild 2-57. *Zur Berechnung der Rotationsenergie eines starren Körpers.*

Der Klammerausdruck wird analog zur Definitionsgleichung (2-101) als *Massenträgheitsmoment J_P des starren Körpers bezüglich der Drehachse P* bezeichnet:

$$J_P = \sum_{k=1}^{N} m_k\, r_{Pk}^2. \qquad (2\text{-}127)$$

Für einen Körper mit kontinuierlicher Massenverteilung geht die Summe in das Integral

$$J_P = \int r^2\, dm = \int_V \varrho\,(r)\, r^2\, dV \qquad (2\text{-}128)$$

über. Das Massenträgheitsmoment eines starren Körpers mit homogener Dichte wird über das Volumenintegral

$$J_P = \varrho \iiint_V r^2\,(x, y, z)\, dx\, dy\, dz \qquad (2\text{-}129)$$

berechnet. Die kinetische Energie der Rotation eines starren Körpers um die Achse P mit dem Massenträgheitsmoment J_P ist also

$$E_{kin}^{rot} = \tfrac{1}{2}\, J_P\, \omega^2. \qquad (2\text{-}130)$$

Gl. (2-130) für den starren Körper stimmt mit Gl. (2-109) für die Rotationsenergie eines materiellen Punktes auf einer Kreisbahn exakt überein. Auch Gl. (2-102) für den Drehimpuls L eines einzelnen materiellen Punktes und das dynamische Grundgesetz nach Gl. (2-104) für die Drehbewegung eines Massenpunktes gelten für den starren Körper, wenn statt des Massenträgheitsmoments des materiellen Punktes auf einer Kreisbahn das Massenträgheitsmoment J_P des starren Körpers bezüglich der Drehachse P nach Gl. (2-127) eingesetzt wird.

Ein kräftefreier starrer Körper rotiert immer um den Schwerpunkt. Für die Berechnung der Rotationsenergie ist die Kenntnis des Massenträgheitsmoments J_S um die durch den Schwerpunkt gehende Rotationsachse erforderlich.

Beispiel

2.9-3: Bei einer Reibungskupplung gemäß Bild 2-58 rotiert die Kupplungsscheibe ohne Antrieb mit der Drehzahl $n_1 = 3000\ \mathrm{min^{-1}}$, ihr Massenträgheitsmoment ist $J_1 = 0{,}5\ \mathrm{kg\ m^2}$. Sie wird auf die anfangs stillstehende Scheibe mit dem Massenträgheitsmoment $J_2 = 0{,}4\ \mathrm{kg\ m^2}$ gedrückt. Die Lager- und Luftreibung soll vernachlässigt werden. Wie groß ist die Drehzahl n' nach dem Kupplungsvorgang, und welcher Anteil der ursprünglichen Rotationsenergie wurde in Wärme und Abriebarbeit umgesetzt?

Lösung:

Ohne äußere Drehmomente gilt nach dem Drehimpulserhaltungssatz nach Gl. (2-113) $J_1\, \omega_1 = J_1\, \omega'$ $+ J_2\, \omega'$. Mit $\omega = 2\,\pi\, n$ ergibt sich die Drehzahl nach dem Kupplungsvorgang:

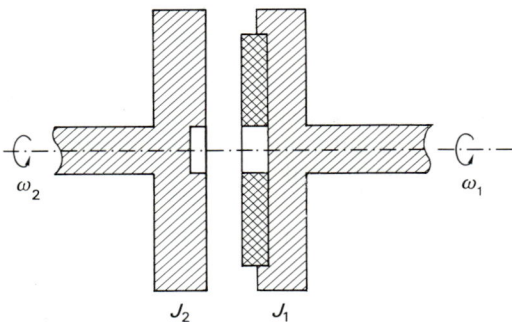

ω_2 ω_1

J_2 J_1

Bild 2-58.   Zu Beispiel 2.9-3.

$$n' = \frac{J_1}{J_1 + J_2}\, n_1 = 1667\ \text{min}^{-1}.$$

Die Verlustarbeit W_V ist nach dem Energiesatz Gl. (2-110)

$$W_V = \tfrac{1}{2} J_1\, \omega_1^2 - \tfrac{1}{2}\,(J_1 + J_2)\,\omega'^2$$

$$= \tfrac{1}{2} J_1\,(2\,\pi\,n_1)^2 \left[1 - \frac{J_1}{J_1 + J_2}\right] = 11\ \text{kJ};$$

der Verlustanteil beläuft sich auf

$$\frac{W_V}{\tfrac{1}{2} J_1\, \omega_1^2} = \frac{J_2}{J_1 + J_2} = 44\%.$$

Die Enddrehzahl n' und der Energieverlust W_V sind unabhängig von der Kupplungszeit. Während der Kupplungsdauer wird der Drehimpuls der Kupplungsscheibe verändert; das dabei am Kupplungsbelag auftretende Drehmoment ist nach Gl. (2-105) von der Kupplungsdauer abhängig und bestimmt die maximale Abriebkraft.

2.9.5. Massenträgheitsmomente starrer Körper

Das Massenträgheitsmoment hängt außer von der Masse selbst ganz wesentlich von der Form des Körpers und der Verteilung der Masse bezüglich der Drehachse ab. An einigen Beispielen soll die Berechnung mit Hilfe von Gl. (2-129) gezeigt werden.

1. Dünnwandiger Hohlzylinder, Massenträgheitsmoment bezüglich Rotationssymmetrieachse.

Ein Hohlzylinder wird dünnwandig genannt, wenn die Wandstärke s gegenüber seinem Radius r vernachlässigbar ist: $s \ll r$. Alle Masseteilchen haben dann praktisch den gleichen Abstand r von der Drehachse, so daß die Summation nach Gl. (2-127) ergibt

$$J = m\, r^2. \qquad (2\text{-}131)$$

2. Dickwandiger Hohlzylinder, Massenträgheitsmoment bezüglich Rotationssymmetrieachse (Bild 2-59).

Der dickwandige Hohlzylinder kann erzeugt werden durch Ineinanderstellen von unendlich vielen dünnwandigen Hohlzylindern, von denen in Bild 2-59 einer rot eingezeichnet ist. Die Masse dieses Hohlzylinders der Dichte ϱ mit Radius r und Wandstärke $\mathrm{d}r$ ist $\mathrm{d}m = 2\,\pi\,r\,l\,\varrho\,\mathrm{d}r$. Sein Massenträgheitsmoment ist nach Gl. (2-131)

$$\mathrm{d}J = \mathrm{d}m\, r^2 = 2\,\pi\,l\,\varrho\,r^3\,\mathrm{d}r.$$

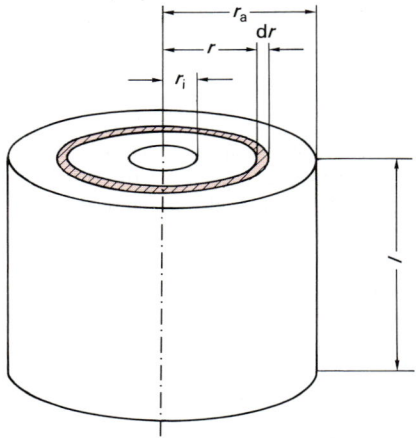

Bild 2-59.   Zum Massenträgheitsmoment des dickwandigen Hohlzylinders.

Das Massenträgheitsmoment des dickwandigen Hohlzylinders erhält man durch Summation (Integration) der Massenträgheitsmomente aller dünnwandigen Hohlzylinder:

$$J = 2\,\pi\,l\,\varrho \int_{r_i}^{r_a} r^3\,\mathrm{d}r = 2\,\pi\,l\,\varrho\,\frac{r^4}{4}\bigg|_{r_i}^{r_a} = \tfrac{1}{2}\,\pi\,l\,\varrho\,(r_a^4 - r_i^4).$$

Dieser Ausdruck kann mit Hilfe der Masse des Körpers $m = \pi\,(r_a^2 - r_i^2)\,l\,\varrho$ umgeschrieben werden zu

$$J = \tfrac{1}{2}\,m\,(r_a^2 + r_i^2). \qquad (2\text{-}132)$$

3. Vollzylinder, Massenträgheitsmoment bezüglich Rotationssymmetrieachse.

Das Massenträgheitsmoment eines Vollzylinders mit dem Radius r und der Masse m folgt sofort aus Gl. (2-132) für $r_i = 0$ und $r_a = r$:

$$J = \tfrac{1}{2}\,m\,r^2. \qquad (2\text{-}133)$$

Bild 2-60 zeigt eine Zusammenstellung von Massenträgheitsmomenten einiger Körper.

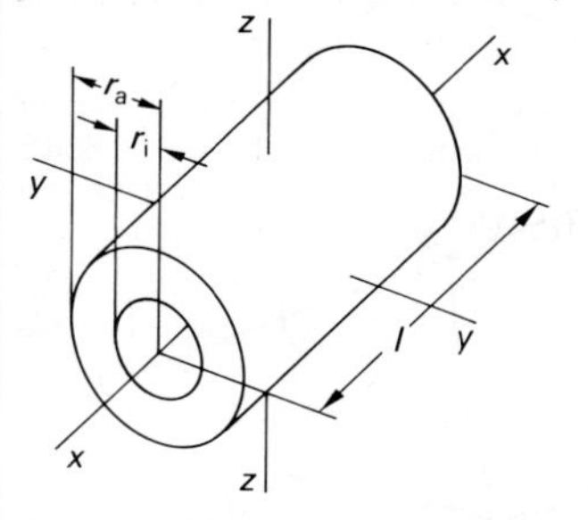

	Hohlzylinder	$J_x = \frac{1}{2} m (r_a^2 + r_i^2)$ $J_y = J_z = \frac{1}{4} m (r_a^2 + r_i^2 + \frac{1}{3} l^2)$
	dünnwandiger Hohlzylinder	$J_x = m\, r^2$ $J_y = J_z = \frac{1}{4} m (2\, r^2 + \frac{1}{3} l^2)$
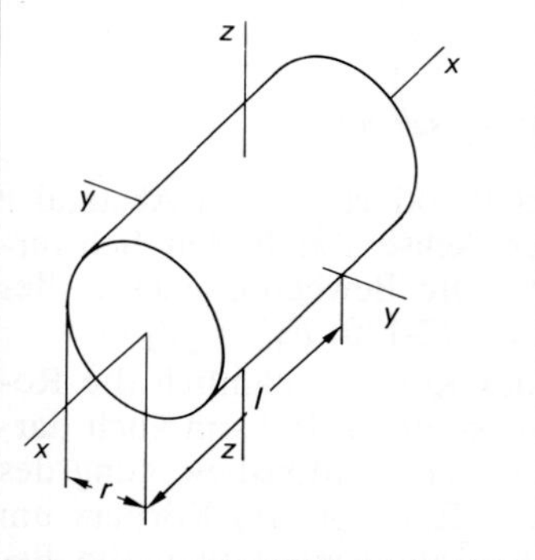	Vollzylinder	$J_x = \frac{1}{2} m\, r^2$ $J_y = J_z = \frac{1}{4} m\, r^2 + \frac{1}{12} m\, l^2$
	dünne Scheibe $(l \ll r)$	$J_x = \frac{1}{2} m\, r^2$ $J_y = J_z = \frac{1}{4} m\, r^2$
	dünner Stab $(l \gg r)$ unabhängig von der Form des Querschnitts	$J_x = \frac{1}{2} m\, r^2$ $J_y = J_z = \frac{1}{12} m\, l^2$
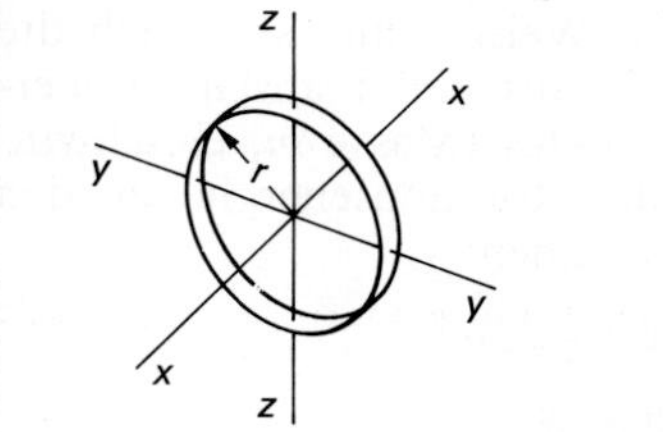	dünner Ring	$J_x = m\, r^2$ $J_y = J_z = \frac{1}{2} m\, r^2$
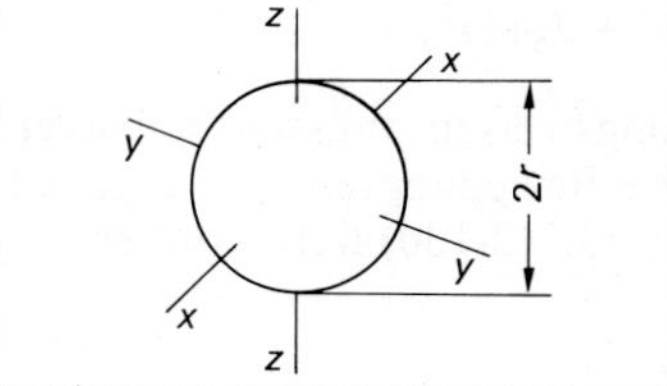	Kugel, massiv	$J_x = J_y = J_z = \frac{2}{5} m\, r^2$
	dünne Kugelschale	$J_x = J_y = J_z = \frac{2}{3} m\, r^2$
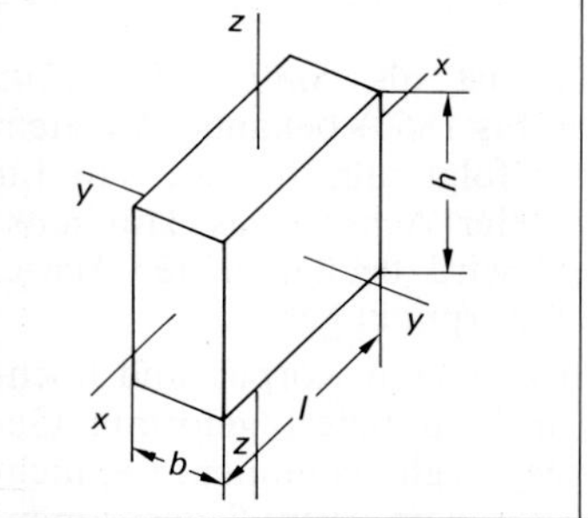	Quader	$J_x = \frac{1}{12} m (b^2 + h^2)$ $J_y = \frac{1}{12} m (l^2 + h^2)$ $J_z = \frac{1}{12} m (l^2 + b^2)$

Bild 2-60.   Massenträgheitsmomente einiger Körper.

Beispiel

2.9-4: Ein Vollzylinder mit der Masse m und dem Radius r rollt eine schiefe Ebene mit dem Neigungswinkel β hinab, wie in Bild 2-61 verdeutlicht. Wie groß ist seine Beschleunigung?

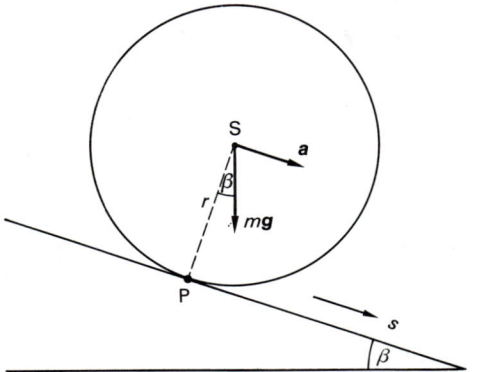

Bild 2-61.   Zu Beispiel 2.9-4: Walze auf schiefer Ebene.

Lösung:

Vernachlässigt man die Rollreibungsverluste, so läuft der Vorgang unter Energieerhaltung ab. Wenn die Walze längs der schiefen Ebene den Weg s zurücklegt, nimmt ihre potentielle Energie um $\Delta E_{\text{pot}} = m\,g\,h = m\,g\,s\,\sin\beta$ ab. Um den gleichen Betrag nimmt die Bewegungsenergie zu, die sich als Summe von Translationsenergie und Rotationsenergie bezüglich der Symmetrieachse darstellen läßt:

$$\Delta E_{\text{kin}} = \tfrac{1}{2} m\,v^2 + \tfrac{1}{2} J_S\,\omega^2 .$$

Mit $\omega = v/r$ ergibt sich

$$m\,g\,s\,\sin\beta = \tfrac{1}{2} m\,v^2 + \tfrac{1}{2} J_S \frac{v^2}{r^2} \quad \text{oder}$$

$$v^2 = \frac{2\,m\,g\,s\,\sin\beta}{m + J_S/r^2} = \tfrac{4}{3}\,g\,s\,\sin\beta .$$

Aus der für gleichmäßige Beschleunigung gültigen kinematischen Beziehung $v^2 = 2\,a\,s$ folgt

$$a = \tfrac{2}{3}\,g\,\sin\beta .$$

Würde die Walze reibungsfrei abrutschen, ohne zu rotieren, dann wäre die Beschleunigung $a = g\,\sin\beta$.

Steinerscher Satz

Die in Bild 2-60 angegebenen Massenträgheitsmomente beziehen sich auf Achsen, die durch den Schwerpunkt gehen. Aus diesen Massenträgheitsmomenten J_S lassen sich die Massenträgheitsmomente J_P bezüglich anderer Achsen schnell berechnen. Bild 2-62 zeigt einen starren Körper, der um eine Achse

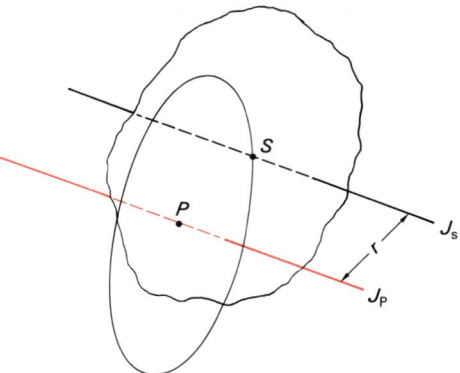

Bild 2-62.   Zum Steinerschen Satz.

durch den Punkt P rotiert, die im Abstand r parallel zu einer Achse durch den Schwerpunkt S verläuft. Die Bewegungsenergie des Körpers ist nach Gl. (2-130) $E_{\text{kin}}^{\text{rot}} = \tfrac{1}{2} J_P\,\omega^2$.

Die Bewegung des Körpers, nämlich die Rotation um die Achse durch P, kann auch dargestellt werden als Translationsbewegung des Schwerpunkts und Rotation des Körpers um den Schwerpunkt. Interpretiert man die Bewegung auf diese Weise, dann setzt sich die kinetische Energie aus der Translationsenergie des Schwerpunktes (Masse m, Geschwindigkeit v) und der Rotationsenergie um den Schwerpunkt zusammen:

$$E_{\text{kin}} = \tfrac{1}{2} m\,v_S^2 + \tfrac{1}{2} J_S\,\omega^2 .$$

Mit $v_S = r\,\omega$ erhält man

$$E_{\text{kin}} = \tfrac{1}{2}\,(m\,r^2 + J_S)\,\omega^2 .$$

Beide Betrachtungsweisen müssen selbstverständlich dieselbe Bewegungsenergie ergeben. Ein Vergleich mit Gl. (2-130) liefert daher

$$\boxed{J_P = J_S + m\,r^2 . \qquad (2\text{-}134)}$$

Diese Gleichung ist als *Steinerscher Satz* (J. STEINER, 1796 bis 1863) bekannt. Aus dem Steinerschen Satz folgt unmittelbar, daß für eine Schar paralleler Achsen das Trägheitsmoment minimal wird bezüglich der Achse, die durch den Schwerpunkt geht.

Die in Bild 2-60 gezeigten Körper sind hochsymmetrisch. Für kompliziert geformte Gebilde läßt sich das Trägheitsmoment i. a. nicht mehr berechnen, sondern es muß experimentell bestimmt werden. Dazu eignen sich beispielsweise Drehschwingungen, bei denen die Schwingungsdauer vom Massenträgheitsmoment um die Drehachse abhängt (Abschn. 5.1).

Freie Achsen

Bestimmt man bezüglich aller Achsen durch den Schwerpunkt eines starren Körpers das Massenträgheitsmoment, dann stellt man fest, daß die Achsen mit dem größten und dem kleinsten Trägheitsmoment senkrecht aufeinander stehen. Diese beiden und die darauf senkrecht stehende dritte Achse werden als *Hauptträgheitsachsen* bezeichnet. Die Trägheitsmomente bezüglich dieser Achsen heißen *Hauptträgheitsmomente*. Bei rotationssymmetrischen Körpern (z.B. Zylinder, Scheibe und Ring) sind zwei Hauptträgheitsmomente gleich. Alle zur Symmetrieachse senkrechten Achsen durch den Schwerpunkt haben das gleiche Trägheitsmoment. Bei einigen Körpern, deren Schwerpunkt Symmetriezentrum ist (z. B. Kugel, Würfel und Tetraeder), nimmt das Trägheitsmoment bezüglich jeder Achse durch den Schwerpunkt denselben Wert an.

Das Besondere an den Hauptträgheitsachsen ist, daß bei der Rotation eines Körpers um eine Hauptträgheitsachse keine Lagerreaktionen auftreten. Solche Drehachsen müssen also nicht im Raum fixiert werden; deshalb bezeichnet man sie als *freie Achsen*. Durch Hochwerfen eines quaderförmigen Kastens kann man sich leicht davon überzeugen, daß die Rotation um die Achsen mit dem kleinsten und größten Trägheitsmoment stabil, um die Achse mit dem mittleren dagegen labil ist. Bild 2-63 zeigt einige Körper, die um freie Achsen rotieren.

Das Auftreten der Lagerkräfte bei der Rotation um eine Achse, die nicht Hauptträgheitsachse ist, ist unmittelbar einleuchtend, wenn z. B. die Rotation einer Hantel nach Bild 2-64 betrachtet wird. Vernachlässigt man die Masse des Stabes, dann greift an jeder Kugel eine Zentrifugalkraft F_{zf} an, die versucht, die Kugel nach außen zu ziehen (d'Alembertsches Prinzip). Das Kräftepaar der beiden Zentrifugalkräfte übt auf die Hantel das Drehmoment M_{zf} aus, das versucht, die ganze Anordnung im Gegenuhrzeigersinn zu drehen. Von den Lagern müssen daher die Lagerkräfte F_L auf die Welle ausgeübt werden, deren Dreh-

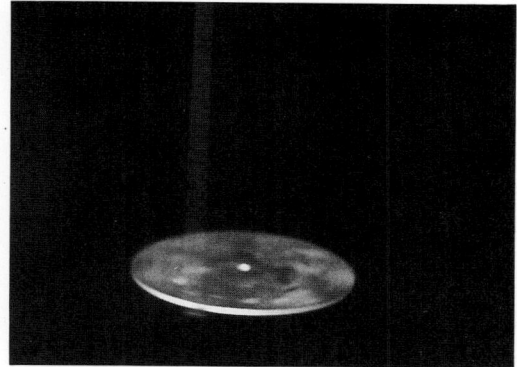

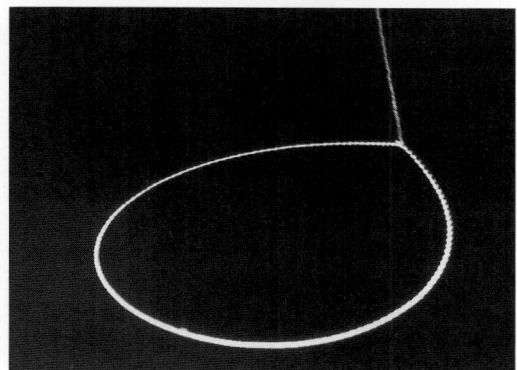

Bild 2-63. Körper, die um freie Achsen (Symmetrieachsen mit größtem Massenträgheitsmoment) rotieren: a) Scheibe, b) Stab, c) Perlenkette.

moment M_L das Kippmoment kompensiert. Für den Betrag des Drehmoments M_{zf} ergibt sich (s. Ü 2.9-4)

$$M_{zf} = 2\,m\,r^2 \sin\vartheta \cos\vartheta\,\omega^2$$
$$= m\,r^2\,\omega^2 \sin 2\vartheta.$$

Das Drehmoment und damit die erforderlichen Führungskräfte verschwinden für $\vartheta = 0$

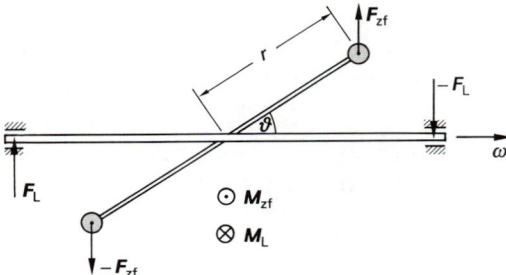

Bild 2-64. Rotation einer Hantel.

und $\vartheta = 90°$. In diesen Extremlagen rotiert die Hantel um eine Hauptträgheitsachse bzw. freie Achse.

Für den Maschinenbau ergibt sich hieraus die Konsequenz, daß alle schnell rotierenden Teile *ausgewuchtet* sein müssen, um unnötige Lagerbeanspruchungen zu vermeiden.

2.9.6. Kreisel

Jeder starre Körper, der eine Drehbewegung ausübt, ist ein Kreisel. Symmetrische Kreisel sind starre Körper, bei denen zwei Hauptträgheitsmomente gleich groß sind. Diese Bedingung erfüllen alle auf einer Drehmaschine hergestellten Teile, aber auch andere, beispielsweise quadratische Scheiben. Beim *abgeplatteten* Kreisel (z. B. Scheibe) ist das Trägheitsmoment um die *Figurenachse* größer, beim *verlängerten* Kreisel (z. B. Stab) kleiner als die äquatorialen Trägheitsmomente.

Kräftefreier Kreisel, Nutation

Ein Kreisel, der in seinem Schwerpunkt unterstützt wird und in allen Raumrichtungen drehbar ist, wird *kräftefreier* Kreisel genannt. Technisch kann dies z. B. durch eine kardanische Aufhängung entsprechend Bild 2-65 realisiert werden. Da auf einen solchen Kreisel von außen kein Drehmoment ausgeübt werden kann, muß nach dem Drehimpulserhaltungssatz der Vektor **L** des Drehimpulses in einem Inertialsystem seine Richtung beibehalten. Rotiert der Kreisel so, daß seine Figurenachse und die Drehimpulsachse zusammenfallen, dann bleibt auch die Richtung der Figurenachse im Raum fest. Der freie Kreisel kann an seinem äußeren Rahmen beliebig be-

Bild 2-65.   Kräftefreier symmetrischer Kreisel in kardanischer Aufhängung.

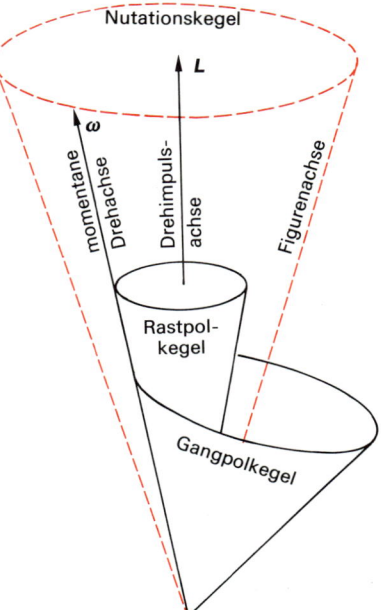

Bild 2-66.   Nutationsbewegung eines abgeplatteten Kreisels.

wegt werden, ohne daß sich die einmal eingestellte Richtung verändert. Dieser Effekt wird beim *Kurskreisel* zur Navigation ausgenutzt. Bei modernen Geräten weicht die Achse von der eingestellten Richtung um weniger als $0{,}1\,°/\mathrm{h}$ ab. Versetzt man einem kräftefreien Kreisel einen kurzzeitigen Schlag, dann ändert sich der Drehimpuls $\boldsymbol{L}$ um $\Delta \boldsymbol{L} = \int \boldsymbol{M}(t)\,\mathrm{d}t$, bleibt dann aber wieder konstant nach Größe und Richtung. Die Folge des Schlages aber ist, daß der Kreisel eine Taumelbewegung ausführt, die als *Nutation* bezeichnet wird.

Die Nutationsbewegung kann nach Bild 2-66 anschaulich so erklärt werden, daß zwei Kegel aufeinander abrollen, wobei die Kegelspitzen im festgehaltenen Schwerpunkt des Kreisels liegen. Der *Rastpolkegel*, dessen Achse die Drehimpulsachse ist, steht fest im Raum. Der *Gangpolkegel* ist mit dem Kreisel fest verbunden und wälzt sich auf dem Rastpolkegel ab. Die Figurenachse als Achse des Gangpolkegels läuft damit auf dem rot gestrichelten *Nutationskegel* um. Die momen-

tane Drehachse ω des Kreisels ist die Berührungslinie der beiden Kegel. Sie steht ebenfalls nicht fest im Raum, sondern läuft auf der Oberfläche des Rastpolkegels um die Drehimpulsachse $\boldsymbol{L}$. Bild 2-66 skizziert die Verhältnisse des abgeplatteten Kreisels. Beim verlängerten Kreisel rollt der Gangpolkegel mit seiner Außenseite auf dem Rastpolkegel ab.

Präzession

Bild 2-67a zeigt einen rotierenden Kreisel, der an einer Leine unsymmetrisch aufgehängt ist. Während ein nicht rotierender starrer Körper bei dieser Art der Aufhängung sofort herunterfallen würde, dreht sich der rotierende Kreisel um den Aufhängepunkt, wobei

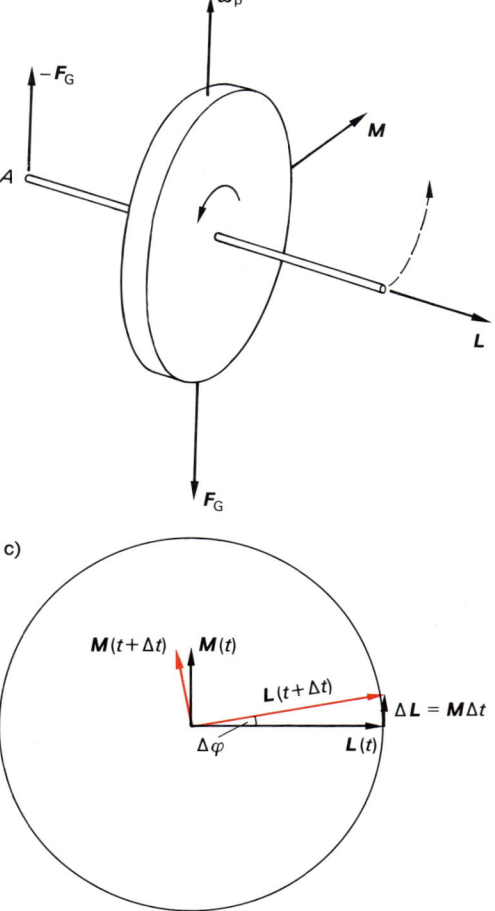

Bild 2-67. Präzession eines Kreisels: a) unsymmetrisch aufgehängter, horizontal präzedierender Fahrradkreisel, b) Kräfte und Drehmomente auf den Kreisel, c) Drehimpulsänderung durch das Drehmoment.

die horizontale Lage der Kreiselachse erhalten bleibt. Diese höchst erstaunliche Bewegung wird als *Präzession* bezeichnet.

Die Ursache der Präzession ist das Drehmoment, das infolge der unsymmetrischen Aufhängung auf den Kreisel ausgeübt wird. Bild 2-67b zeigt, daß das Kräftepaar aus Gewichtskraft und Stützkraft ein Drehmoment M erzeugt, das in der Horizontalebene liegt und auf dem Vektor L des Drehimpulses senkrecht steht. Ein solches Drehmoment kann aber den Betrag des Drehimpulses nicht ändern, sondern nur seine Richtung, wie Bild 2-67c zeigt. Innerhalb einer kurzen Zeitspanne Δt ändert sich der Drehimpuls um $\Delta L = M\,\Delta t$. Der neue Drehimpuls $L(t + \Delta t)$ steht wieder senkrecht zum ebenfalls kreisenden Drehmoment $M(t + \Delta t)$. Unter der Wirkung des Drehmoments M läuft daher die Spitze des Drehimpulsvektors L mit konstanter Winkelgeschwindigkeit auf einem Kreis. Dies ist völlig analog zur Kreisbewegung eines Körpers mit konstanter Geschwindigkeit, wobei die Zentripetalkraft auch immer senkrecht auf der Geschwindigkeit steht und sich nur deren Richtung, nicht aber deren Betrag ändert.

Die Winkelgeschwindigkeit der Präzession ω_p kann aus Bild 2-67c abgelesen werden. Innerhalb der Zeitspanne Δt dreht sich der Drehimpulsvektor um den Winkel

$$\Delta\varphi = \frac{\Delta L}{L} = \frac{M\,\Delta t}{L}.$$

Dann ist aber die Winkelgeschwindigkeit $\omega_p = \Delta\varphi/\Delta t$ oder

$$\omega_p = \frac{M}{L} = \frac{M}{J\,\omega}. \qquad (2\text{-}135)$$

Die Richtung, in der die Kreiselachse wandert, wird durch den *Satz vom gleichsinnigen Parallelismus* festgelegt:

> Ein Kreisel verhält sich unter dem Einfluß einer Störung (Drehmoment, Zwangsdrehung) so, daß er versucht, die Richtung seines Drehimpulsvektors auf kürzestem Wege gleichsinnig parallel zum Vektor der Störung einzustellen.

Kreiselmomente

Erzwingt man bei einem rotierenden Kreisel von außen her eine Richtungsänderung der Drehachse, dann müssen die Lager bei dieser künstlichen Präzession Kräfte und Momente aufnehmen. Die Kenntnis des wirkenden Drehmoments ist wichtig bei rotierenden Maschinenteilen, deren Drehachse einer Richtungsänderung unterzogen wird.

In Bild 2-68 ist eine rotierende Scheibe gezeigt, die um die Hochachse gedreht wird. Nach dem Satz vom gleichsinnigen Parallelismus versucht der Vektor L, sich parallel zum Vektor ω_p der erzwungenen Präzession einzustellen. Die Kreiselachse drückt also im hinteren Lager nach unten und im vorderen nach oben. Entsprechend reagieren die Lager auf den Kreisel mit den eingezeichneten Lagerkräften F_L. Das Drehmoment M, das der Kreisel auf die Lager ausübt, ergibt sich sofort durch Umkehr von Gl. (2-135):

$$M = L \times \omega_p. \qquad (2\text{-}136)$$

Von den zahlreichen Anwendungen des Kreisels seien einige Beispiele aus der Navigation kurz beschrieben.

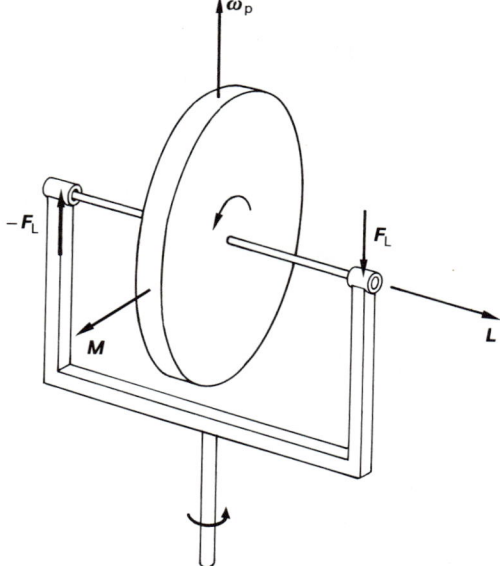

Bild 2-68. *Kreiselmoment bei einer erzwungenen Präzession.*

Kreiselhorizont

Bei einem Flugzeug, das in oder über den Wolken fliegt, braucht der Pilot zur Orientierung einen künstlichen Horizont. Ein einfaches Lot, das in der Kanzel aufgehängt ist, erfüllt diesen Zweck nicht, da es bei einem Kurvenflug nicht in Richtung der Vertikalen, sondern in Richtung der Resultierenden aus Schwerkraft und Zentrifugalkraft weist (Scheinlot).

Der freie Kreisel, der in Richtung der Horizontalen eingestellt wird, kann für eine bestimmte Zeit den Horizont darstellen. Da er aber aufgrund technischer Unzulänglichkeit mit der Zeit auswandert, wurden Geräte entwickelt, die selbsttätig Abweichungen von der Horizontalrichtung ausgleichen. Bei einer Methode bedient man sich des *Kreiselpendels*, bei dem ein Kreisel etwas außerhalb des Schwerpunktes unterstützt wird. Infolge des Schweremoments führt der Kreisel langsame Präzessionsbewegungen um die Vertikale aus. Im Gegensatz zu einem einfachen Lot, das alle Schwankungen des Flugzeugs relativ rasch mitmacht, hat ein Kreiselpendel eine sehr große Schwingungsdauer (bis zu einer Stunde) und mittelt daher aus allen Richtungen die Vertikalrichtung heraus. Bild 2-69 zeigt eine technische Ausführung des Kreiselhorizonts.

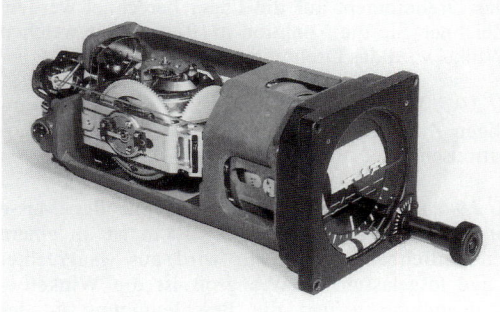

Bild 2-69. Kreiselhorizont.
Werkphoto: Bodenseewerk.

Kreiselkompaß

Der Kreiselkompaß ist ein *gefesselter* Kreisel, dessen Achse sich nur in einer Horizontalebene bewegen kann. Häufig wird dies dadurch erreicht, daß das Rotorgehäuse in einer Flüssigkeit schwimmt. Im Gegensatz zu einem freien Kreisel, der seine Achsenrichtung in einem Inertialsystem konstant hält, muß der gefesselte Kreisel die Erdrotation mitmachen. Die Kreiselachse erfährt also eine Zwangsdrehung mit der Winkelgeschwindigkeit der Erdrotation ω_E. Das auftretende Kreiselmoment dreht die Kreiselachse nach dem Satz vom gleichsinnigen Parallelismus so, daß der Drehimpulsvektor L und die Richtung der Zwangsdrehung ω_E parallel werden.

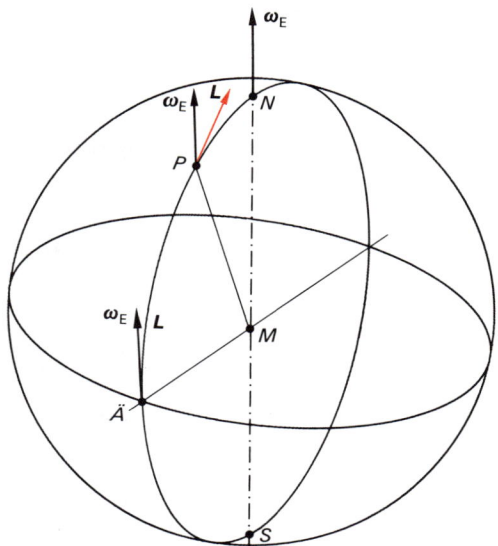

Bild 2-70. Einstellung des Kreiselkompasses in Nordrichtung.

Wie Bild 2-70 zeigt, gelingt dies vollkommen für einen Kreiselkompaß, der am Äquator Ä aufgestellt ist. Befindet sich der Kreisel auf einem beliebigen Breitenkreis am Punkt P, dann kann sich sein Drehimpuls L nicht parallel zu ω_E einstellen, denn die Kreiselachse ist ja an eine Tangentialebene zur Erde gefesselt. Immerhin ist eine Optimierung der Lage dann erreicht, wenn die Kreiselachse tangential zu einem Meridian eingestellt ist, d. h., wenn sie nach Norden weist. Befindet sich der Kreisel am Nord- oder Südpol N bzw. S, dann steht L immer senkrecht auf ω_E. Jede Richtung der Kreiselachse ist gleich ungünstig, der Kreisel hat keine Vorzugsrichtung.

Der Kreiselkompaß versagt also wie der magnetische Kompaß an den Polen. U-Boote, die sich unter dem Packeis des Nordpols befinden, bedienen sich aus diesem Grund der *Trägheitsnavigation*, die hier nicht erläutert sei. ·

Auf fahrenden Schiffen oder Flugzeugen zeigt der Kreiselkompaß nicht exakt nach Norden, er weist einen *Fahrtfehler* (Mißweisung) auf. Fährt ein Schiff z. B. entsprechend Bild 2-71 auf einem Meridian nach Norden, dann entspricht dieser Bewegung eine zusätzliche Winkelgeschwindigkeit ω_Z, die vektoriell zu ω_E addiert wird. Der Kreiselkompaß versucht dann, seine Achse parallel zur resultierenden Winkelgeschwindigkeit ω_R einzustellen, was zu einem Anzeigefehler in westlicher Richtung führt. Bei einer Bewegung auf einem Breitenkreis ist die zusätzliche Winkelgeschwindigkeit ω_Z parallel zu ω_E, so daß kein Fehler entsteht. Der Fahrtfehler muß rechnerisch korrigiert werden.

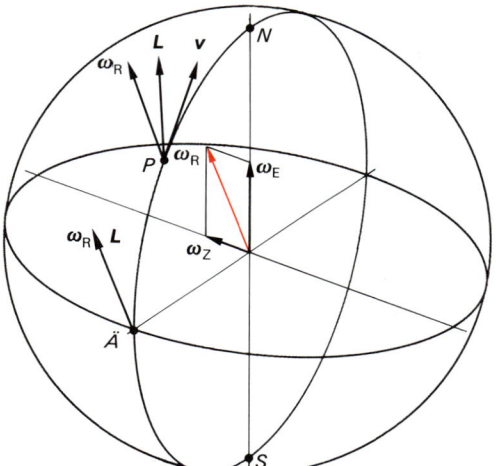

Bild 2-71. Entstehung des Fahrtfehlers beim Kreisel-kompaß.

Wendekreisel

Der Wendekreisel dient dazu, Drehungen und Drehgeschwindigkeiten zu messen. Soll z.B. die Drehung eines Schiffes um eine vertikale Achse gemessen werden, dann wird ein Kreisel so einge-baut, daß seine Achse horizontal liegt. Die hori-zontale Lage wird z.B. durch Federn erzwungen. Bei einer Drehung des Schiffs wird nach dem Satz vom gleichsinnigen Parallelismus der Kreisel ver-suchen, seine Achse senkrecht zu stellen. Dies wird aber durch die Federn verhindert. Der Kreisel nimmt deshalb eine Schräglage ein, bei der das von der Drehung verursachte Kreiselmoment vom rück-treibenden Moment der Federn im Gleichgewicht gehalten wird. Der Ausschlag des Kreisels ist damit porportional zur Drehgeschwindigkeit des Schiffs. Geräte mittlerer Qualität sind in der Lage, Dreh-geschwindigkeiten bis herab zu 0,01 °/h nachzuwei-sen. Der Drehwinkel wird von integrierenden Wen-dekreiseln gemessen.

Optische Faserkreisel bzw. *Laserkreisel* enthalten keine rotierenden Teile, sind also im Grunde keine Kreisel. Mit Hilfe des *Sagnac-Effekts* (G. M. M. SAGNAC, 1869 bis 1928) werden Drehungen eines Systems gegenüber einem Inertialsystem nachgewie-sen. Laserkreisel erreichen die vorgenannte Genau-igkeit bei einer Winkelauflösung von 2 Winkelse-kunden; sie werden bereits in der Luftfahrt einge-setzt.

Zur Übung

Ü 2.9-1: Lösen Sie das Problem von Beispiel *2.9-2* rechnerisch.

Ü 2.9-2: Eine starre Hantel besteht aus zwei Kugeln mit jeweils der Masse $m = 2\,\text{kg}$, die durch einen runden Stab mit dem Durchmesser $d_S = 10\,\text{mm}$ ver-bunden sind. Der Abstand der beiden Kugelmit-telpunkte beträgt $l = 1\,\text{m}$. Kugeln und Stab beste-hen aus Stahl der Dichte $\varrho = 7,85\,\text{kg/dm}^3$. Wie groß ist das Massenträgheitsmoment J_S bezüglich einer Achse, die auf der Stabachse senkrecht steht und durch den Schwerpunkt geht, wenn die Stabmasse und die Ausdehnung der Kugeln a) vernachlässigt, b) nicht vernachlässigt werden?

Ü 2.9-3: Zur experimentellen Bestimmung des Mas-senträgheitsmoments eines Rades wird ein Faden über dieses gelegt, an dem zwei Körper mit den Massen $m_1 = 1\,\text{kg}$ und $m_2 = 1,5\,\text{kg}$ befestigt sind. Das Rad ist reibungsfrei gelagert, sein Radius be-trägt $r = 30\,\text{cm}$. Man beobachtet, daß die Körper in der Zeit $t = 2\,\text{s}$ aus dem Stand den Höhenunter-schied $h = 1\,\text{m}$ zurücklegen.

a) Berechnen Sie die Beschleunigung a, mit der sich die angehängten Körper bewegen. b) Bestimmen Sie die Kraft im Faden jeweils über den Körpern 1 und 2. c) Wie groß ist das Massenträgheitsmoment des Rades bezüglich seiner Drehachse?

Ü 2.9-4: Für die rotierende Hantel in Bild 2-64 soll das Drehmoment auf die Lager berechnet werden. Zeichnen Sie die Funktion $M(\vartheta)$ auf. Für welchen Winkel wird das Drehmoment maximal?

Ü 2.9-5: Wie groß ist bei einem rollenden dünnwan-digen Zylinder das Verhältnis Translations- zu Ro-tationsenergie?

Ü 2.9-6: Ein langer dünner Stab mit der Masse $m = 1,4\,\text{kg}$ und der Länge $l = 1,8\,\text{m}$ ist an einem Ende drehbar gelagert. Er wird aus waagrechter Lage losgelassen. a) Wie groß ist die Winkelbe-schleunigung α und die Beschleunigung a_S des Schwerpunktes zu Beginn der Bewegung? b) Wie groß ist die Auflagerkraft zu Beginn der Bewegung? c) Mit welcher Winkelgeschwindigkeit ω geht der Stab durch die vertikale Lage?

Ü 2.9-7: Ein Rad mit dem Radius $r = 20\,\text{cm}$ und der Masse $m = 20\,\text{kg}$ rollt nach Bild 2-61 eine schiefe Ebene mit dem Neigungswinkel $\beta = 15°$ hinab. Aus dem Stand legt es nach $t = 2\,\text{s}$ den Weg $s = 2,9\,\text{m}$ zurück. a) Wie groß ist das Massenträgheitsmoment J_S bezüglich der Drehachse durch den Schwer-punkt? b) Wie groß muß der Haftreibungskoeffi-zient zwischen Rad und Unterlage mindestens sein, damit das Rad nicht rutscht?

Ü 2.9-8: Ein rotierendes Rad (Masse $m = 2\,\text{kg}$, Mas-senträgheitsmoment $J_S = 300\,\text{kg cm}^2$, Drehzahl $n_0 = 2800\,\text{min}^{-1}$, Radius $r = 15\,\text{cm}$) wird auf den horizontalen Fußboden aufgesetzt. Infolge Reibung zwischen Rad und Unterlage wird das Rad beschleunigt. a) Wie groß ist die Endgeschwindigkeit, die sich einstellt, nachdem der Rutschvorgang abgeschlossen ist? b) Wie lange rutscht das Rad, wenn der Reibungskoeffizient zwischen Rad und Unterlage $\mu = 0{,}2$ beträgt?

Ü 2.9-9: Ein schwerer Kreisel sei wie in Bild 2-67 einseitig aufgehängt. Die Kreiselachse verlaufe nicht waagerecht sondern schließe mit der Vertikalen den Winkel ϑ ein. Zeigen Sie, daß die Winkelgeschwindigkeit der Präzession ω_p nicht vom Winkel ϑ abhängt.

Ü 2.9-10: Ein Schiff fährt vom Äquator aus mit der Geschwindigkeit $v = 40$ km/h nach Norden. Welchen Fahrtfehler zeigt ein eingebauter Kreiselkompaß?

2.10. Gravitation

2.10.1. Beobachtungen

Bewegungen der Gestirne oder Erscheinungen am Himmel haben die Menschen schon immer fasziniert und zu einer Erklärung herausgefordert. Die Geschichte des Verstehens der Bewegungen am Firmament, der *Himmelsmechanik*, ist verknüpft mit berühmten Namen und Theorien.

CLAUDIUS PTOLEMÄUS (um 100 bis 160 n. Chr.) begründete im 2. Jahrhundert das geozentrische Weltsystem, das philosophisch die Sonderstellung der Erde hervorhob. Eine richtige, wenn auch komplizierte Beschreibung der Planetenbahnen war durch Epizykeln möglich. Dieses Weltbild galt als Glaubenssatz über 14 Jahrhunderte lang.

Keplersche Gesetze	Beobachtung
1. Keplersches Gesetz (Astronomia nova 1609)	Die Planeten bewegen sich auf Ellipsen, in deren gemeinsamen Brennpunkt die Sonne steht. 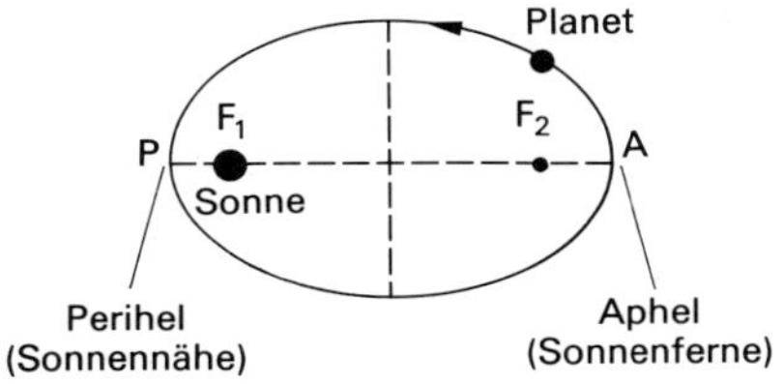
2. Keplersches Gesetz (Astronomia nova 1609)	Der von der Sonne zum Planeten gezogene Radiusvektor *r* überstreicht in gleichen Zeiten Δt gleiche Flächen ΔA: $\dfrac{\Delta A}{\Delta t}$ = konstant. 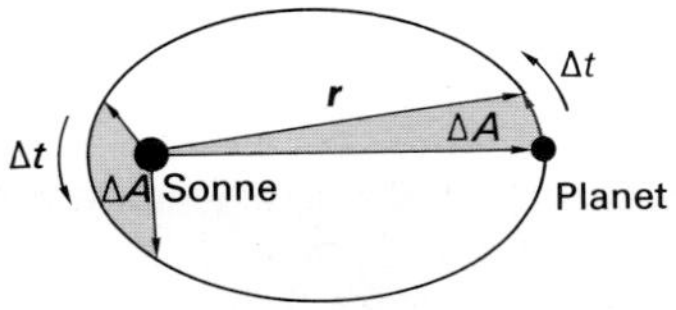
3. Keplersches Gesetz (Harmonices mundi 1619)	Die Quadrate der Umlaufzeiten T_1, T_2 zweier Planeten verhalten sich wie die Kuben der großen Halbachsen a_1 und a_2: $\dfrac{T_1^2}{T_2^2} = \dfrac{a_1^3}{a_2^3}.$ 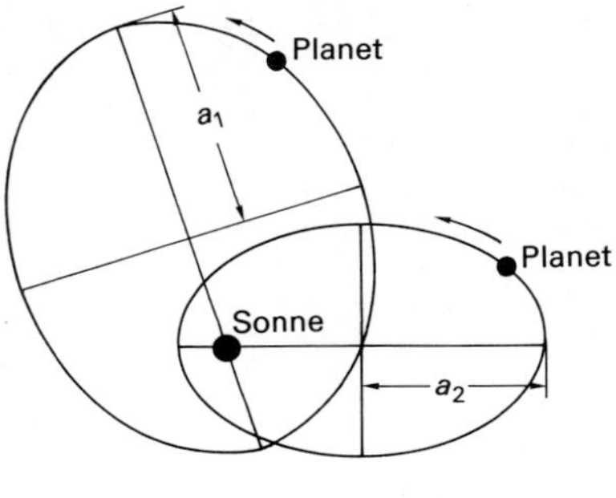

Bild 2-72. Die Keplerschen Gesetze.

NIKOLAUS KOPERNIKUS (1473 bis 1543) konnte mit dem heliozentrischen Weltsystem, das die Sonne in den Mittelpunkt stellte, die Bewegung der Planeten einfacher beschreiben.

TYCHO DE BRAHE (1546 bis 1601) lieferte als letzter großer Astronom ohne Fernrohr exaktes Beobachtungsmaterial über die Bewegung der Gestirne.

JOHANNES KEPLER (1571 bis 1630) leitete aus der Analyse der Braheschen Meßdaten des Mars drei empirische Gesetzmäßigkeiten über die Bewegung der Planeten her. Sie sind in Bild 2-72 aufgeführt und erläutert.

ISAAC NEWTON (1643 bis 1727) stellte die allgemeinen Bewegungsgesetze für mechanische Systeme

Tabelle 2-7. Planetendaten des Sonnensystems.

Planet	große Bahnhalbachse a in m	Umlaufzeit T in s	numerische Exzentrizität der Ellipsenbahn ε	Radius Erdradius	Masse Erdmasse	mittlere Dichte ϱ in kg m^{-3}	Fallbeschleunigung $g_{\text{Oberfläche}}$ in m s^{-2}	Rotationsdauer in s	Anzahl der Monde
Merkur	$5{,}79 \cdot 10^{10}$	$7{,}60 \cdot 10^{6}$	0,206	0,38	0,05	$5{,}6 \cdot 10^{3}$	3,60	$5{,}03 \cdot 10^{6}$	0
Venus	$1{,}08 \cdot 10^{11}$	$1{,}94 \cdot 10^{7}$	0,007	0,96	0,81	$5{,}1 \cdot 10^{3}$	8,50	$2{,}10 \cdot 10^{7}$	0
Erde	$1{,}50 \cdot 10^{11}$	$3{,}16 \cdot 10^{7}$	0,017	1,00	1,00	$5{,}5 \cdot 10^{3}$	9,81	$8{,}62 \cdot 10^{4}$	1
Mars	$2{,}28 \cdot 10^{11}$	$5{,}94 \cdot 10^{7}$	0,093	0,52	0,11	$4{,}0 \cdot 10^{3}$	3,76	$8{,}86 \cdot 10^{4}$	2
Jupiter	$7{,}78 \cdot 10^{11}$	$3{,}74 \cdot 10^{8}$	0,048	11,27	317,5	$1{,}3 \cdot 10^{3}$	26,0	$3{,}54 \cdot 10^{4}$	14
Saturn	$1{,}43 \cdot 10^{12}$	$9{,}30 \cdot 10^{8}$	0,056	9,47	95,1	$0{,}68 \cdot 10^{3}$	11,2	$3{,}68 \cdot 10^{4}$	10
Uranus	$2{,}87 \cdot 10^{12}$	$2{,}66 \cdot 10^{9}$	0,046	3,72	14,5	$1{,}6 \cdot 10^{3}$	9,4	$3{,}89 \cdot 10^{4}$	5
Neptun	$4{,}50 \cdot 10^{12}$	$5{,}20 \cdot 10^{9}$	0,009	3,60	17,6	$2{,}4 \cdot 10^{3}$	15,0	$5{,}64 \cdot 10^{4}$	2
Pluto	$5{,}92 \cdot 10^{12}$	$7{,}82 \cdot 10^{9}$	0,249	0,45	0,05	$3{,}0 \cdot 10^{3}$	8,0	$5{,}51 \cdot 10^{5}$	0

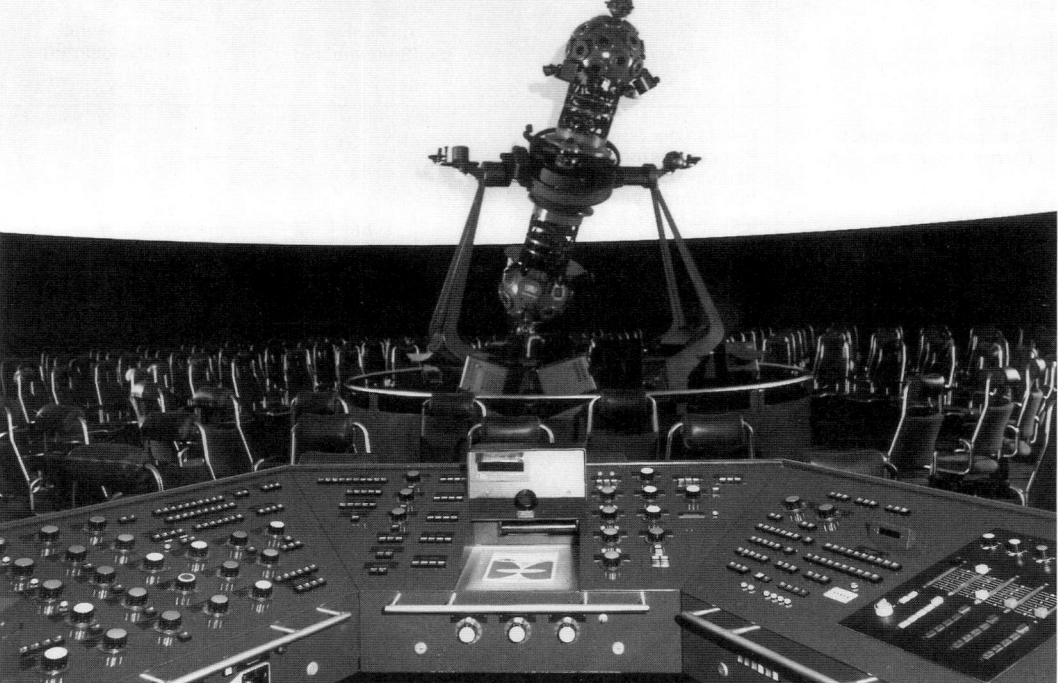

Bild 2-73.   Planetariumsprojektor Zeiss-Modell VI A.
Photo: Planetarium Stuttgart

und das Gravitationsgesetz (Abschn. 2.10.2) auf. Damit konnte er die Keplerschen Gesetze herleiten.

ALBERT EINSTEIN (1879 bis 1955) entwickelte 1915 die allgemeine Relativitätstheorie, die die Newtonsche Gravitationstheorie als Näherung enthält. Damit konnten die mit der Newtonschen Mechanik nicht erklärbare Periheldrehung der Merkurbahn und die Krümmung von Lichtstrahlen unter dem Einfluß der Gravitation erklärt werden.

Die aus diesen Beobachtungen und Theorien bestimmten Bahndaten und Planetenkenngrößen sind in Tabelle 2-7 zusammengestellt. Simulationen der Bewegungen am Himmel vor dem Hintergrund des Fixsternhimmels werden in Planetarien mit aufwendigen dreidimensionalen Projektionstechniken dargestellt; Bild 2-73 vermittelt einen Eindruck von dieser optomechanischen Spitzentechnik.

2.10.2. Newtonsches Gravitationsgesetz

Aus der Modellvorstellung elliptischer Planetenbahnen, als Keplersche Gesetze in Bild 2-72 zusammengestellt, leitete Newton eine Beziehung über die gegenseitige Anziehung zweier Körper, die *Gravitation*, her und verallgemeinerte dies auf die Wechselwirkung zwischen allen materiellen Körpern.

Zwischen zwei beliebigen materiellen Punkten mit den Massen m_1 und m_2 wirkt eine anziehende Kraft, die *Gravitationskraft* $\boldsymbol{F}_G$, die dem Abstandsvektor $\boldsymbol{r}_{12}$ der materiellen Punkte entgegengerichtet ist, wie Bild 2-74 verdeutlicht. Der Betrag der Gravitationskraft ist

$$|\boldsymbol{F}_G| = \gamma_G \frac{m_1 m_2}{r_{12}^2}. \qquad (2\text{-}137)$$

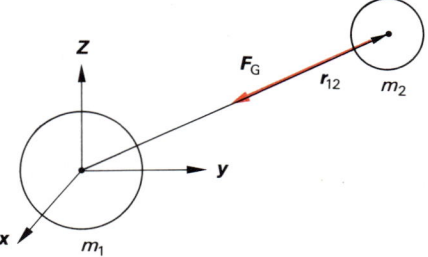

Bild 2-74. Massenanziehung, Gravitation.

Die Proportionalitätskonstante γ_G, die *Gravitationskonstante*, hat den Wert

$$\gamma_G = (6{,}673 \pm 0{,}003) \cdot 10^{-11} \frac{\text{m}^3}{\text{kg s}^2}.$$

Die Gravitationskonstante wird mit der Gravitationsdrehwaage nach Bild 2-75 bestimmt. Aus Symmetriegründen gilt Gl. (2-137) auch für homogene Kugeln, wenn r der Abstand des Mittelpunktes ist. Durch Verlagerung der Kugeln mit den Massen m_2 von den Lagen A und B in die Lagen A' und B' wird die Richtung der Gravitationskraft auf die kleinen Probemassen m_1 umgekehrt, wodurch diese ein Drehmoment auf den Torsionsfaden ausüben. Die Probemassen m_1 drehen sich dadurch um den Drehwinkel $\Delta\varphi$, bis erneut das rücktreibende Torsionsmoment des Torsionsfadens das Drehmoment der Gravitationskraft zwischen den Massen m_1 und m_2 kompensiert. Durch eine Lichtzeigeranordnung wird der sehr kleine Drehwinkel $\Delta\varphi$ meßbar.

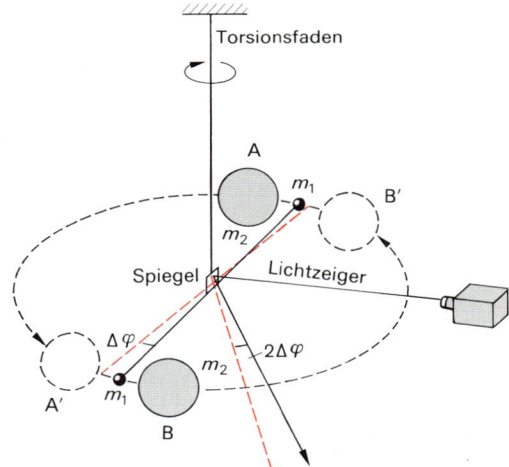

Bild 2-75. Prinzip der Cavendishschen Gravitationsdrehwaage.

Ein Vergleich der Gravitationskraft nach Gl. (2-137) mit der Gewichtskraft nach Gl. (2-28) ergibt, daß die *Fallbeschleunigung* $\boldsymbol{g}$ *auf der Erdoberfläche* durch die Gravitation der Erdmasse m_E und den Erdradius r_E bestimmt wird:

$$g = \gamma_G \frac{m_E}{r_E^2}. \qquad (2\text{-}138)$$

Aus Gl. (2-138) läßt sich mit Hilfe des Zahlenwerts der Gravitationskonstante und dem bekannten Erdradius $r_E = 6370$ km die Erdmasse zu $m_E = 5{,}97 \cdot 10^{24}$ kg berechnen.

Nach der Newtonschen Gravitationstheorie ist die Zentralkraft, die die Planeten auf den elliptischen Bahnen um die Sonne hält, die Massenanziehung der Planetenmasse durch die Sonnenmasse. Daraus folgt direkt das dritte Keplersche Gesetz (Beispiel 2.10-1).

Die Gravitationskraft der Sonne auf die Planeten wirkt parallel zum Radiusvektor und übt daher auf die Planetenbewegung kein Drehmoment aus, der Drehimpuls ist auf der Planetenumlaufbahn konstant. In der Bahnebene ist die Hälfte des Produkts $r \times dr$ gerade die vom Radiusvektor überstrichene Fläche

$$dA = \tfrac{1}{2} |r \times dr|.$$

Der Flächensatz ($dA/dt =$ konstant) des zweiten Keplerschen Gesetzes veranschaulicht geometrisch die Drehimpulserhaltung

$$|L| = |r \times p| = m_p \left| r \times \frac{dr}{dt} \right| = 2 m_p \frac{dA}{dt}$$

auf der Planetenbahn. Das erste Keplersche Gesetz folgt aus dem Energieerhaltungssatz auf der Planetenbahn nach Gl. (2-80). Die Herleitung über die Kegelschnittgleichung ist mathematisch recht umständlich.

Beispiel

2.10-1: Ableitung des dritten Keplerschen Gesetzes für kreisförmige Planetenbahnen (Mitbewegung der Sonne wird vernachlässigt).

Lösung:

Wie die Werte der numerischen Exzentrizität in Tabelle 2-7 ausweisen, haben die meisten Planetenbahnen unseres Sonnensystems Werte von ungefähr null und können daher in guter Näherung als Kreisbahnen beschrieben werden. Für eine gleichförmige Kreisbewegung eines Planeten mit der Masse m_p muß die Gravitationskraft die Zentripetalkraft aufbringen. Bezeichnet man die Masse des Zentralgestirns, der Sonne, mit m_s, den Bahnradius der Planeten mit r_p und die Umlaufzeit mit T_p, dann gilt nach Gl. (2-31) für die Zentripetalkraft

$$|F_{zp}| = m_p r_p \omega_p^2 = m_p r_p \frac{4\pi^2}{T_p^2}.$$

Die Gravitationskraft zwischen Sonne und Planet ist nach Gl. (2-137)

$$F_G = \gamma_G \frac{m_s m_p}{r_p^2}.$$

Durch Gleichsetzen erhält man

$$m_p r_p \frac{4\pi^2}{T_p^2} = \gamma_G \frac{m_s m_p}{r_p^2}.$$

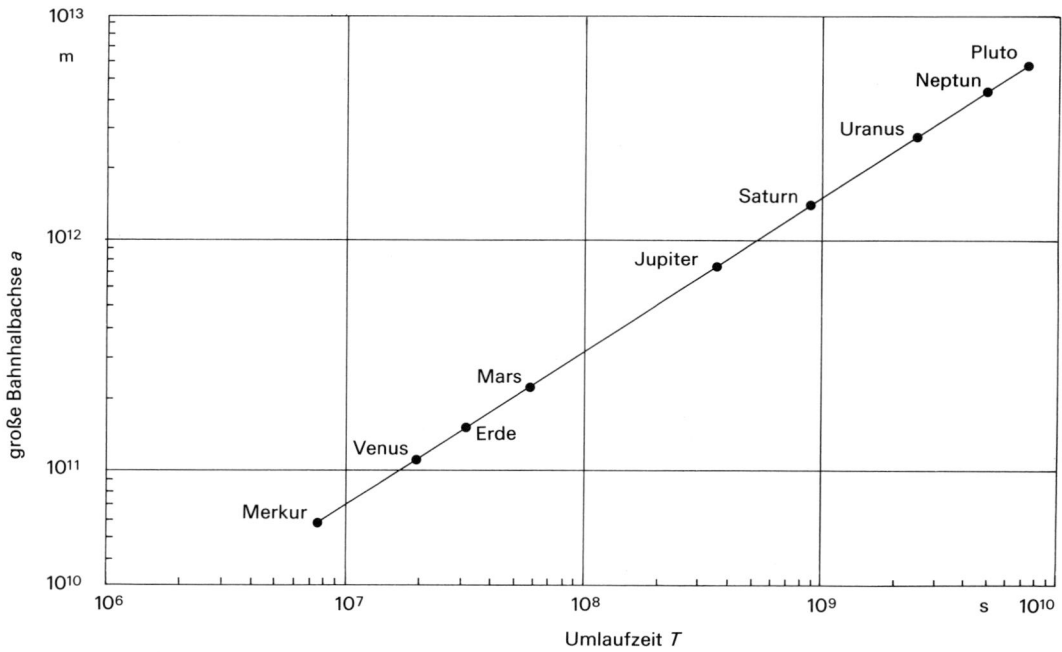

Bild 2-76. Planeten des Sonnensystems: Zusammenhang zwischen der großen Halbachse der Planetenbahn und der Umlaufzeit.

Das dritte Keplersche Gesetz lautet (nach der Herleitung in Beispiel *2.10-1*)

$$\frac{r_p^3}{T_p^2} = \frac{\gamma_G\, m_S}{4\,\pi^2} = \text{konstant}. \qquad (2\text{-}139)$$

Die Konstante ist unabhängig von der Masse m_p des Planeten. In die Konstante geht nur die Masse m_S des Zentralgestirns, der Sonne, ein. Sie ist für alle Planeten eines Sonnensystems gleich. Gl. (2-139) gilt auch für den Umlauf von Monden oder Satelliten um Planeten; die Konstante wird dann durch die Planetenmasse bestimmt und beträgt beispielsweise bei der Erde $1{,}01 \cdot 10^{13}\ \text{m}^3/\text{s}^2$.

Gl. (2-139) gilt auch für elliptische Bahnen; als Radius ist die große Halbachse der Ellipsenbahn einzusetzen. Bild 2-76 zeigt in doppellogarithmischer Auftragung die Gültigkeit des dritten Keplerschen Gesetzes am Beispiel der Planeten der Sonne. Aus den Absolutwerten der Gerade kann die Sonnenmasse zu $m_s = 2 \cdot 10^{30}\ \text{kg} \sim 300\,000\ m_E$ ermittelt werden.

2.10.3. Hubarbeit und potentielle Energie

Wird ein Körper der Masse m_2 von einem Körper der Masse m_1, beispielsweise der Erde, wegtransportiert oder angehoben, so ist gegen die Gravitationskraft $\boldsymbol{F}_G$ durch eine äußere Kraft $\boldsymbol{F}_a$ Arbeit zu verrichten. Bild 2-77 erläutert dies. Die erforderliche *Hubarbeit* ist nach Gl. (2-64)

$$W_{AB} = \sum_K \boldsymbol{F}_K \cdot \Delta \boldsymbol{r}_K + \sum_K \boldsymbol{F}_{aK} \cdot \Delta \boldsymbol{s}_K.$$

Alle Wegelemente Δs_K auf Kugelschalen um den Massenmittelpunkt von m_1 verlaufen senkrecht zur Richtung der Gravitationskraft; die Arbeit auf diesen Teilwegen ist null. Die aufzuwendende Hubarbeit ist, wenn man zu infinitesimalen Wegstücken übergeht,

$$W_{AB} = \int_{r_1}^{r_2} \boldsymbol{F}_a \cdot d\boldsymbol{r} = -\int_{r_1}^{r_2} \boldsymbol{F}_G \cdot d\boldsymbol{r}$$

$$= \int_{r_1}^{r_2} \gamma_G\, m_1\, m_2\, \frac{dr}{r^2}.$$

Daraus erhält man

$$W_{AB} = \gamma_G\, m_1\, m_2 \left(\frac{1}{r_1} - \frac{1}{r_2} \right). \qquad (2\text{-}140)$$

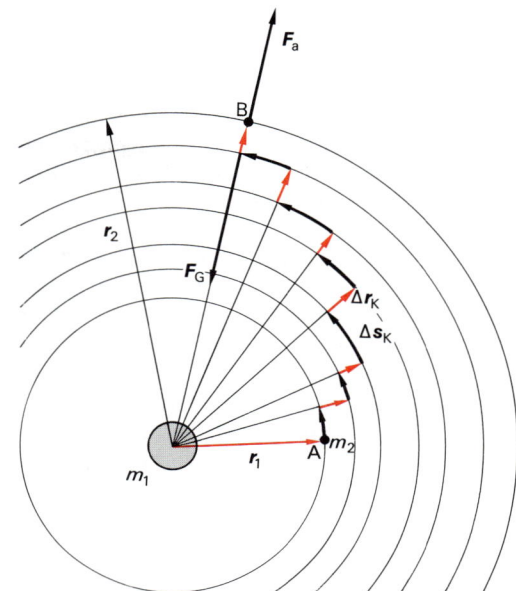

Bild 2-77. Hubweg gegen die Schwerkraft: Zerlegung in radiale Wegelemente Δr und Kugelschalen-Wegelemente Δs_K.

Die Hubarbeit des Körpers mit der Masse m_2 gegen die Gravitationskraft der Masse m_1 hängt nur vom Abstand r_1 und r_2 der Orte vom Massenmittelpunkt von m_1 ab, nicht aber vom Weg. Diese Hubarbeit wird nach dem Energiesatz Gl. (2-75) als potentielle Energie des Körpers mit der Masse m_2, bezogen auf die Masse m_1, gespeichert. Das Bezugsniveau für die potentielle Energie einer Masse m_2 unter der Massenanziehung der Masse m_1 wird mit $r = \infty$ so gewählt, daß die Masse m_2 die Gravitationskraft der Masse m_1 nicht mehr spürt. Wird von diesem Bezugsniveau aus m_2 auf m_1 zubewegt, dann wird Arbeit frei; die potentielle Energie, die zur Umwandlung in andere Energiearten verwendet werden kann, vermindert sich und ist

$$E_{pot} = \int_{\infty}^{r} \gamma_G\, m_1\, m_2\, \frac{dr}{r^2} = -\gamma_G\, \frac{m_1\, m_2}{r}. \qquad (2\text{-}141)$$

Gl. (2-139) bis (2-141) gelten nicht nur für Massenpunkte, sondern auch für ausgedehnte Körper mit Kugelform. Die Radien sind dabei die Abstände der Massenmittelpunkte. Im Innern von Systemen aus materiellen Punkten kommen innere Kräfte dazu; die Gravitationskraft stimmt nicht mehr mit Gl. (2-137) überein.

Die potentielle Energie einer Masse m_0, die von mehreren Massen m_1 bis m_N angezogen wird, setzt sich additiv aus den Einzelanteilen nach Gl. (2-141) zusammen:

$$E_{pot} = - \gamma_G \frac{m_0\, m_1}{r_1} - \gamma_G \frac{m_0\, m_2}{r_2} -$$

$$- \ldots - \gamma_G \frac{m_0\, m_N}{r_N} .$$

Die Kenngröße, die sich am Ort $\boldsymbol{r}(x_0, y_0, z_0)$ der Masse m_0 summiert, ist das *Gravitationspotential* φ_G der Einzelmassen m_1 bis m_N:

$$\varphi_G = - \sum_{k=1}^{N} \gamma_G \frac{m_k}{r_k} . \qquad (2\text{-}142)$$

Flächen im Raum, auf denen das Gravitationspotential einer Massenverteilung konstant ist, werden als *Äquipotentialflächen* bezeichnet; die Äquipotentialfläche einer Zentralmasse ist eine Kugelschale um deren Massenmittelpunkt. Ist das Gravitationspotential φ_G an einem Ort $\boldsymbol{r}$ bekannt, so beträgt die potentielle Energie einer Masse m_0 an diesem Ort

$$E_{pot} = m_0\, \varphi_G(\boldsymbol{r}) . \qquad (2\text{-}143)$$

Die Gravitationskraft auf m_0 an diesem Ort ergibt sich aus der Umkehrung von Gl. (2-65) zu

$$F_G(\boldsymbol{r}) = -m_0 \frac{\mathrm{d}\varphi_G(\boldsymbol{r})}{\mathrm{d}r} = m_0\, \boldsymbol{G}(\boldsymbol{r}) . \qquad (2\text{-}144)$$

Der *Gradient des Gravitationspotentials* am Ort $\boldsymbol{r}$ wird als *Gravitationsfeldstärke* $\boldsymbol{G}$ definiert. Der Vergleich mit der Beziehung für die Schwerkraft nach Gl. (2-28) zeigt, daß Betrag und Richtung der Fallbeschleunigung $\boldsymbol{g}$ an einem Ort die Gravitationsfeldstärke angeben. Ist der räumliche Verlauf der Fallbeschleunigung aus Experimenten oder Simulationsrechnungen bekannt, dann kann über eine Integration von Gl. (2-144) der Verlauf der potentiellen Energie berechnet werden.

Zur Übung

Ü 2.10-1: In welcher Höhe H über der Erdoberfläche hat die Fallbeschleunigung den Wert $g_H = 5\ \mathrm{m\ s^{-2}}$? (Der Erdradius ist $R_E = 6,4 \cdot 10^6$ m.)

Ü 2.10-2: Zwischen Erde und Mond gibt es einen geometrischen Ort, an dem sich die Gravitationskräfte auf einen Körper der Masse m gerade aufheben. Wo liegt dieser „neutrale Punkt"?

Ü 2.10-3: Ein künstlicher Satellit läuft in einer Flughöhe $h = 1000$ km auf einer Kreisbahn um die Erde (Erdradius $R_E = 6400$ km). a) Wie groß ist die Bahngeschwindigkeit v des Satelliten? b) Wie groß ist seine Umlaufzeit T? c) Welche spezifische Arbeit w (auf die Masse $m = 1$ kg bezogen) ist aufzuwenden, um den Satelliten in diese Bahn zu bringen? d) Welcher Anteil f dieser spezifischen Arbeit entspricht der kinetischen Energie des Satelliten?

Ü 2.10-4: Ein Meteor kommt ohne Anfangsgeschwindigkeit in den Anziehungsbereich der Sonne und fällt auf diese zu. Wie groß ist die Geschwindigkeit des Meteors, wenn er

a) sich im Bahnabstand der Erde von der Sonne befindet?
b) an einem Ort mit halbem Erdbahnradius ist?
c) an der Sonnenoberfläche unverglüht ankäme?

(Sonnenmasse $m_S = 2 \cdot 10^{30}$ kg; Sonnenradius $R_S = 696\,000$ km; Erdbahnradius $R_{SE} = 150 \cdot 10^6$ km.)

Ü 2.10-5: Der mittlere Abstand des Jupiter-Mondes Jo vom Planeten Jupiter beträgt $4,2 \cdot 10^5$ km; seine Umlaufzeit ist $T = 1$ d 18 h 28 min. Berechnen Sie aus diesen Angaben die Masse m_J des Planeten Jupiter.

2.11. Mechanik deformierbarer Körper

2.11.1. Deformierbarer fester Körper

Beim Einsatz von Werkstoffen in Maschinen sind die Reaktionen auf äußere Kraft- bzw. Momenteinwirkungen außerordentlich wichtig. Gehen die Form- oder Gestaltänderungen fester Körper nach Beendigung der äußeren Kraft- bzw. Momentenwirkungen wieder vollständig zurück, so finden *reversible Verformungsprozesse* statt, die *elastisch* sind. Bleiben dagegen Formänderungen zurück, dann haben *irreversible Verformungsprozesse* stattgefunden, und es sind *plastische Verformungen* aufgetreten.

2.11.1.1. Elastische Verformung

Spannungen

Die Kenngröße für die Beanspruchung von Festkörperteilchen ist die *Spannung S.* Sie ist der Quotient aus der Teilkraft dF und dem Flächenelement dA, wie Bild 2-78 zeigt:

$$S = \frac{dF}{dA}. \qquad (2\text{-}145)$$

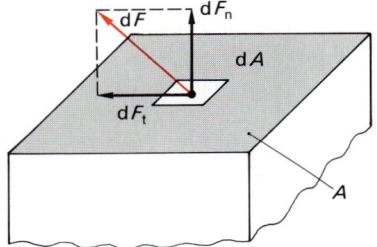

Bild 2-78.   Zur Definition der Spannung.

In der Praxis mechanischer Beanspruchungen wird die Spannung in der Maßeinheit N/mm^2 gemessen; es ergeben sich dann handliche Maßzahlen. Wird nach Bild 2-78 die Teilkraft dF in ihre Normalkomponente dF_n und ihre Tangentialkomponente dF_t zerlegt, dann ergeben sich eine *Normalspannung σ* und eine *Schubspannung τ* (Tangentialspannung):

$$\sigma = \frac{dF_n}{dA}, \qquad (2\text{-}146)$$

$$\tau = \frac{dF_t}{dA}. \qquad (2\text{-}147)$$

In einem würfelförmigen Körperelement läßt sich, wie Bild 2-79 zeigt, der *Spannungszustand* vollständig beschreiben durch
– *drei Normalspannungen* $\sigma_x, \sigma_y, \sigma_z$ und
– *sechs Schubspannungen* $\tau_{x,y}, \tau_{xz}, \tau_{yx}, \tau_{yz}, \tau_{zx}, \tau_{zy}.$
Dabei gibt der erste Index die Schnittebene und der zweite die Wirkungsrichtung an; z. B. liegt τ_{xy} in der x-Ebene und wirkt in der y-Richtung. Da aus Symmetriegründen $\tau_{xy} = \tau_{yx}$, $\tau_{xz} = \tau_{zx}$ und $\tau_{yz} = \tau_{zy}$ ist, wird der Spannungszustand durch die Angabe von

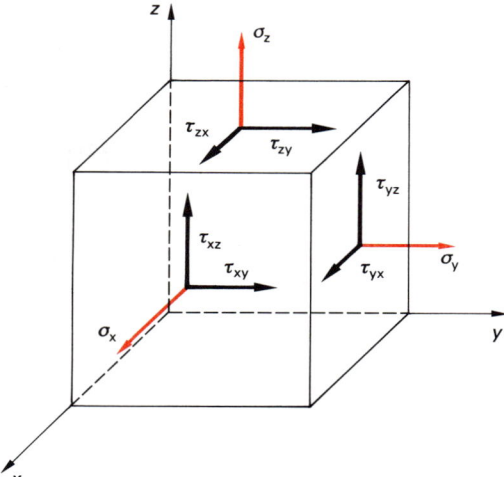

Bild 2-79.   Dreiachsiger Spannungszustand.
σ Normalspannung, τ Schubspannung

drei Normalspannungen $\sigma_x, \sigma_y, \sigma_z$ und drei Schubspannungen $\tau_{xy}, \tau_{xz}, \tau_{yz}$ vollständig beschrieben.

Verformungen

Wirken auf einen Körper äußere Kräfte bzw. äußere Momente ein, so erfährt er Verformungen. Grundsätzlich sind zwei Verformungsmöglichkeiten denkbar, die *Dehnung ε* und die *Schiebung γ*. Für die *Dehnung* gilt allgemein

$$\varepsilon = \frac{l - l_0}{l_0} = \frac{\Delta l}{l_0}. \qquad (2\text{-}148)$$

Dabei bleiben die rechten Winkel am Körperelement erhalten. Mit *Schiebung* wird eine *Winkeländerung* bezeichnet:

$$\text{Schiebung } \gamma = \text{Winkeländerung } \gamma.$$
$$(2\text{-}149)$$

In diesem Fall bleiben die Kantenlängen l_0 des Körperelementes gleich, und es ergibt sich ein Abweichungswinkel γ vom rechten Winkel (ausgedrückt im Bogenmaß).

In der Praxis werden üblicherweise *vier Verformungsarten unterschieden.* Bild 2-80 zeigt die Unterschiede, Kenngrößen und Gesetzmäßigkeiten.

Verformungsart	Dehnung	Querdehnung	allseitige Kompression	Scherung
Kenngröße	Elastizitätsmodul E	Querdehnungszahl ν Poisson-Zahl $\mu = \dfrac{1}{\nu}$	Kompressionsmodul K	Schubmodul (Torsionsmodul) G
Skizze	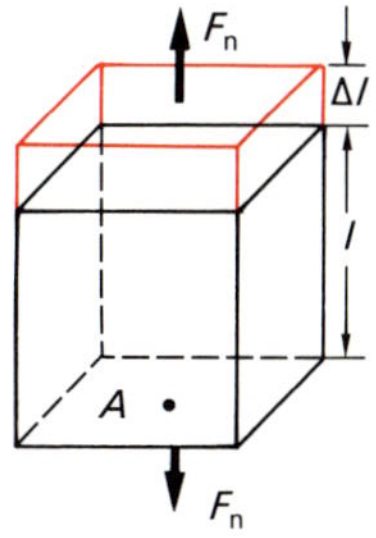	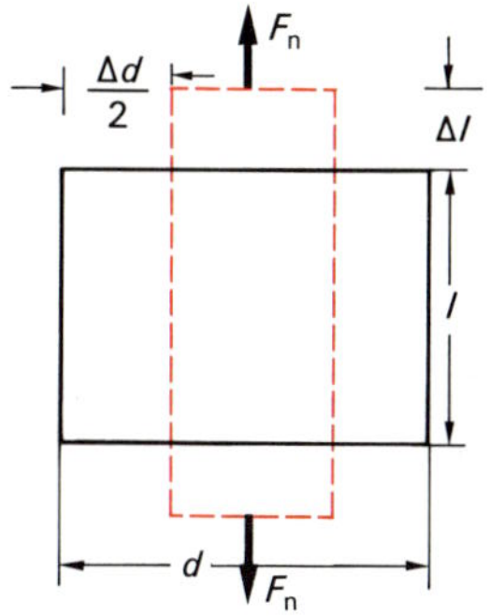	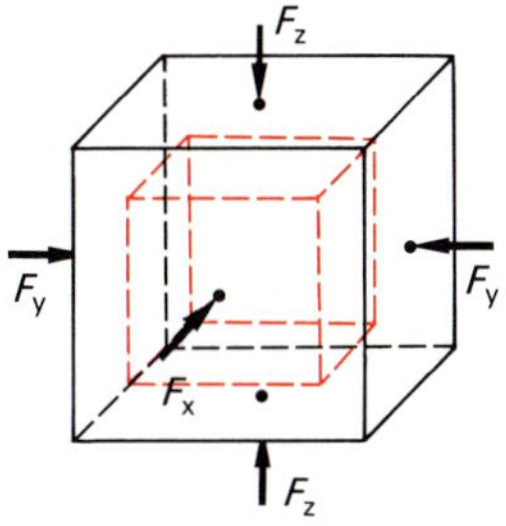	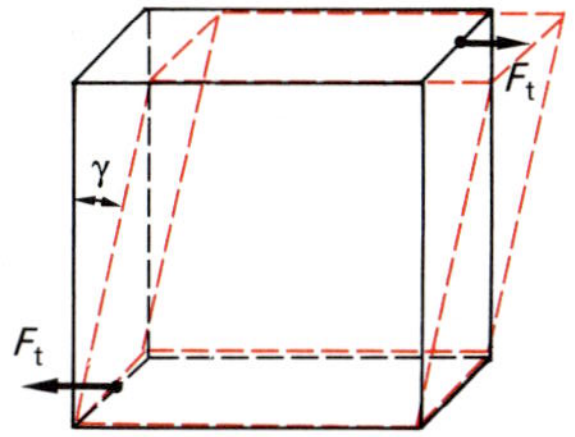
Gesetzmäßig-keit	$\dfrac{F}{A} = E\dfrac{\Delta l}{l}$ $\sigma = E\varepsilon$ (Hookesches Gesetz)	$\dfrac{\Delta d}{d} = -\nu\dfrac{\Delta l}{l}$ $\varepsilon_q = -\nu\varepsilon$ $\dfrac{\Delta V}{V} = \varepsilon(1-2\nu)$ $0 < \nu < 0{,}5$	$\dfrac{\Delta V}{V} = 3\varepsilon(1-2\nu)$ $-\dfrac{\Delta p\,V}{\Delta V} = K$ $\dfrac{1}{K} = \varkappa$	$\tau = \dfrac{F_t}{A} = G\gamma$
Zusammen-hang			$K = \dfrac{E}{3(1-2\nu)}$	$G = \dfrac{E}{2(1+\nu)}$; $\dfrac{E}{3} < G < \dfrac{E}{2}$

Bild 2-80. Verformungsarten.

Dehnung

Im elastischen Bereich ist die Längenänderung Δl proportional zur Normalkraft F_n. Mit der Definition der Dehnung ε als relative Längenänderung $\varepsilon = \Delta l / l$ (Gl. (2-148)) und Gl. (2-146) für die Zug- bzw. Druckspannung $\sigma = \mathrm{d}F_n/\mathrm{d}A$ ergibt sich das *Hookesche Gesetz* (R. HOOKE, 1635 bis 1703) für die elastische Verformung:

$$\sigma = E\,\varepsilon . \tag{2-150}$$

Der Proportionalitätsfaktor ist der *Elastizitätsmodul E*, der im allgemeinen Fall die Normalspannungsänderung $\mathrm{d}\sigma$, bezogen auf die Dehnungsänderung $\mathrm{d}\varepsilon$, beschreibt und zeitabhängig sein kann:

$$E(\sigma, t) = \frac{\mathrm{d}\sigma}{\mathrm{d}\varepsilon} . \tag{2-151}$$

Der Elastizitätsmodul ist eine Werkstoffkenngröße, die für praktische Zwecke meist in der Maßeinheit N/mm^2 oder MN/m^2 geschrieben ist. Tabelle 2-8 enthält einige Festigkeitskennzahlen. − In Gl. (2-151) sind *Zugspannungen positiv* und *Druckspannungen negativ* einzusetzen.

Querdehnung

Die angreifende Normalkraft F_n verursacht außer der Längenänderung Δl auch eine materialspezifische Dickenänderung Δd. Die Querdehnung ε_q ist die relative Dickenänderung:

$$\varepsilon_q = \frac{\Delta d}{d} . \tag{2-152}$$

Die Querdehnung ist der Dehnung proportional, so daß gilt

$$\varepsilon_q = -\,\nu\,\varepsilon . \tag{2-153}$$

Der Proportionalitätsfaktor ν wird *Querdehnungszahl* genannt. Ihr Wert ist immer positiv. Der Kehrwert $\mu = 1/\nu$ ist die *Poissonzahl* (S. D. POISSON, 1781 bis 1840). Das Minuszeichen in Gl. (2-153) kennzeichnet die Gegenläufigkeit von Längenänderung und Dickenänderung. Die bei der Querkontraktion auftretende Volumendifferenz ΔV errechnet sich für einen achsensymmetrischen, prismatischen Stab aus der Differenz zwischen dem Volumen nach der Verformung V' und dem ursprünglichen Volumen V_0 zu

$$\Delta V = V' - V_0 = (d + \Delta d)^2 (l + \Delta l) - d^2\, l .$$

Die Summenglieder höherer Ordnung sind gegenüber den Gliedern erster Ordnung vernachlässigbar. Somit ergibt sich

$$\Delta V = d^2\,\Delta l + 2\,d\,l\,\Delta d .$$

Für die relative Volumenänderung eines stabförmigen Körpers unter eindimensionaler Zugbeanspruchung gilt

$$\frac{\Delta V}{V} = \frac{d^2\,\Delta l}{d^2\, l} + \frac{2\,d\,l\,\Delta d}{d^2\, l} = \frac{\Delta l}{l} + 2\,\frac{\Delta d}{d} .$$

Tabelle 2-8. Kennzahlen für die Festigkeit einiger Werkstoffe.

Werkstoff	Elastizitäts-Modul E in GN/m^2	Querdehnungszahl ν	Kompressions-Modul K in GN/m^2	Schub-Modul G in GN/m^2	Bruch-dehnung ε_B	Zug- bzw. Druckfestigkeit σ_B in GN/m^2
Eis	9,9	0,33	10	3,7		
Blei	17	0,44	44	5,5 bis 7,5		0,014
Al (rein)	72	0,34	75	27	0,5	0,013
Glas	76	0,17	38	33		0,09
Gold	81	0,42	180	28	0,5	0,14
Messing (kaltverf.)	100	0,38	125	36	0,05	0,55
Kupfer (kaltverf.)	126	0,35	140	47	0,02	0,45
V2A-Stahl	195	0,28	170	80	0,45	0,7

Man erhält also

$$\frac{\Delta V}{V} = \varepsilon (1 - 2\,v)\,. \tag{2-154}$$

Der Volumenunterschied ist für positive Spannungen definitionsgemäß positiv; nach Gl. (2-154) ist daher $1 - 2\,v > 0$ und $0 < v \leqq 0{,}5$.

Allseitige Kompression

Wenn ein Körper einer allseitigen isotropen Druckbeanspruchung $\sigma = -\Delta p$ unterliegt, dann ist die Volumenänderung nach Gl. (2-154)

$$\frac{\Delta V}{V} = 3\,\varepsilon (1 - 2\,v)\,. \tag{2-155}$$

Mit $\varepsilon = \sigma/E$ und $\sigma = -\Delta p$ erhält man

$$-\frac{\Delta p\,V}{\Delta V} = \frac{E}{3\,(1 - 2\,v)} = K\,.$$

Analog zum Elastizitätsmodul E beschreibt der *Kompressionsmodul*

$$K = -\frac{\Delta p\,V}{\Delta V} \tag{2-156}$$

die erforderliche Druckänderung, bezogen auf die relative Volumenänderung; er ist immer positiv. In der Praxis wird K meist in MN/m^2 angegeben. Zwischen den Kenngrößen der elastischen Verformung besteht der Zusammenhang

$$K = \frac{E}{3\,(1 - 2\,v)}\,. \tag{2-157}$$

Die relative Volumenänderung $\Delta V/V$ eines Körpers bei einer isotropen Druckänderung Δp ist die *Kompressibilität*

$$\varkappa = -\frac{\dfrac{\Delta V}{V}}{\Delta p} = \frac{1}{K}\,. \tag{2-158}$$

Beispiel

2.11-1: Ein Draht aus Federstahl ($E = 2 \cdot 10^5\,N/mm^2$) hat einen Durchmesser $d = 1{,}5$ mm und ist $l = 3$ m

lang. Er wird um 5 mm verlängert. Zu berechnen sind die Dehnung ε, die Zugspannung σ_z und die Zugkraft F_z.

Lösung:

Für die Dehnung gilt $\varepsilon = \Delta l/l = 1{,}67 \cdot 10^3 = 0{,}17\%$. Die Zugspannung ist $\sigma_z = E\,\varepsilon = 333\,N/mm^2$, und die Zugkraft beträgt $F_z = \sigma_z A = 333{,}33 \cdot \frac{\pi}{4} d^2 = 589$ N.

Scherung

Wirken Querkräfte F_t parallel zur Oberfläche auf einen Körper, dann erfährt dieser eine Scherung um den *Scherwinkel* γ (siehe Bild 2-80). Diese Beanspruchungsart ruft also eine Gestaltsänderung des Körpers hervor. Zwischen der Schubspannung $\tau = F_t/A$ und dem Scherwinkel γ gilt der dem *Hookeschen Gesetz* analoge Zusammenhang

$$\tau = G\,\gamma\,. \tag{2-159}$$

Der Proportionalitätsfaktor wird *Schubmodul G* genannt. Er ist ein Maß für die *Gestaltelastizität* fester Körper. (In Gl. (2-159) ist der Scherwinkel γ im Bogenmaß einzusetzen.) Analog zum Elastizitätsmodul E nach Gl. (2-151) ist der Schubmodul

$$G\,(\tau, t) = \frac{d\tau}{d\gamma} \tag{2-160}$$

das Verhältnis der Schubspannung zum Scherwinkel.

Zwischen Elastizitätsmodul E, Querdehnungszahl v und Schubmodul G besteht der Zusammenhang

$$G = \frac{E}{2\,(1 + v)}\,. \tag{2-161}$$

Durch Umformen ergibt sich $E/2\,G = 1 + v$. Da v zwischen 0 und 0,5 liegt, ergibt sich für den Schubmodul ein Bereich von

$$\frac{E}{3} < G < \frac{E}{2}\,. \tag{2-162}$$

Diese Beziehungen gelten nur für isotrope Werkstoffe. Konstruktionswerkstoffe sind meist

Tabelle 2-9. Räumliche Spannungszustände.

	Normalspannung σ	Dehnung ε	Schub-spannung τ	Schiebung γ
x-Komponente	$\sigma_x = \dfrac{E}{1+v}\left(\varepsilon_x + \dfrac{v\,\varepsilon}{1-2\,v}\right)$	$\varepsilon_x = \dfrac{1}{E}\,(\sigma_x - v(\sigma_y + \sigma_z))$	$\tau_{xy} = G\,\gamma_{xy}$	$\gamma_{xy} = \dfrac{1}{G}\,\tau_{xy}$
y-Komponente	$\sigma_y = \dfrac{E}{1+v}\left(\varepsilon_y + \dfrac{v\,\varepsilon}{1-2\,v}\right)$	$\varepsilon_y = \dfrac{1}{E}\,(\sigma_y - v(\sigma_z + \sigma_x))$	$\tau_{xz} = G\,\gamma_{xz}$	$\gamma_{xz} = \dfrac{1}{G}\,\tau_{xz}$
z-Komponente	$\sigma_z = \dfrac{E}{1+v}\left(\varepsilon_z + \dfrac{v\,\varepsilon}{1-2\,v}\right)$	$\varepsilon_z = \dfrac{1}{E}\,(\sigma_z - v(\sigma_x + \sigma_y))$	$\tau_{yz} = G\,\gamma_{yz}$	$\gamma_{yz} = \dfrac{1}{G}\,\tau_{yz}$

quasiisotrope Werkstoffe. Für anisotrope Einkristalle müssen dagegen die Richtungsabhängigkeiten der Kenngrößen berücksichtigt werden.

Die in diesem Abschnitt aufgezeigten Zusammenhänge zwischen Normalspannungen σ und Dehnungen ε bzw. Schubspannungen τ und Schiebungen γ gestatten die *allgemeine Formulierung des Hookeschen Gesetzes für alle drei Raumrichtungen.* Alle möglichen Belastungsfälle können hieraus errechnet werden. Tabelle 2-9 vermittelt eine Übersicht.

Elementare Belastungsfälle

Bild 2-81 zeigt die vier elementaren Belastungsfälle *Zug* bzw. *Druck, Scherung, Biegung* und *Torsion,* ihre zugehörigen Normal- und Schubspannungen, Dehnungen und Schiebungen sowie einige Beispiele. Daraus ist ersichtlich, daß bei reinem Zug bzw. Druck sowie reiner Biegung keine Schubspannungen und Schiebungen vorhanden sind, während bei reiner Scherung bzw. Torsion keine Normalspannungen und Dehnungen auftreten. In der Praxis treten diese vier elementaren Belastungsfälle kombiniert auf. Dann können sie unter Verwendung von Tabelle 2-9 und Bild 2-81 ermittelt werden.

Hauptspannungen

Als *Hauptspannungen* werden die Normalspannungen σ bezeichnet, für die *keine Schubspannungen* auftreten. Die *Hauptspannungsrichtung* nennt man *Hauptachse.* Ein Spannungszustand ist demnach vollständig beschrieben, wenn alle drei Hauptspannungen σ_1, σ_2, σ_3 und deren Hauptachsen bekannt sind.

Häufig treten Beanspruchungen an Bauteiloberflächen auf, in denen die Hauptachsen 1, 2 und 3 mit den Koordinatenachsen x, y und z zusammenfallen. Für diese Fälle lassen sich die gesuchten Hauptspannungen durch ein *graphisches Verfahren nach Mohr* (C. O. MOHR, 1835 bis 1918) ermitteln. Es ergeben sich drei Kreise, die *Mohrschen Spannungskreise.* Wenn jedoch in allen Ebenen x, y und z von null verschiedene Schubspannungen auftreten, dann versagt diese Methode. Die gesuchten Hauptspannungen müssen dann durch aufwendigere mathematische Verfahren errechnet werden.

Um die Gleichung für den Mohrschen Spannungskreis aufzustellen, wird ein Bauteil mit einer Zugkraft F_x beansprucht. Deshalb ist die Normalspannung σ_x bereits Hauptspannung, wie Bild 2-82 zeigt. Wird eine Ebene A^+ betrachtet, die um den Winkel φ verdreht ist, dann kann die Zugkraft F_x in eine Komponente F_n senkrecht zur Ebene A^+ und in eine Komponente F_t tangential dazu zerlegt werden. Es gelten $F_n = F_x \cos\varphi$ und $F_t = F_x \sin\varphi$. Damit ergeben sich für die bezüglich der Ebene $A^+ = A/\cos\varphi$ wirkende Normalspannung σ_φ bzw. die Schubspannung τ_φ

$$\sigma_\varphi = \frac{F_n}{A^+} = \frac{F}{A}\cos^2\varphi = \sigma_x \cos^2\varphi \quad \text{oder}$$

$$\tag{2-163}$$

$$\sigma_\varphi = \frac{\sigma_x}{2}\,(1 + \cos(2\,\varphi)) \quad \text{und} \tag{2-164}$$

$$\tau_\varphi = \frac{F_t}{A^+} = \frac{F}{A}\sin\varphi\cos\varphi = -\frac{\sigma_x}{2}\sin(2\,\varphi).$$

$$\tag{2-165}$$

In dem skizzierten Fall gilt für die Hauptspannungsrichtung $\tau_\varphi = 0$, weil $\varphi = 0$ ist.

Belastungsfall	Zug bzw. Druck	Scherung	Biegung	Torsion
Skizze	Zug: F_y positiv Druck: F_y negativ 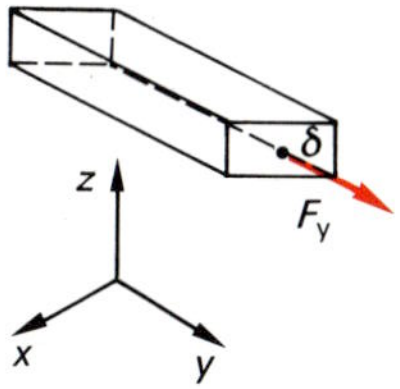	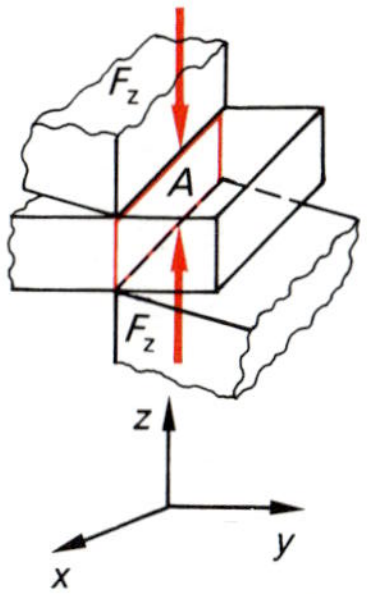	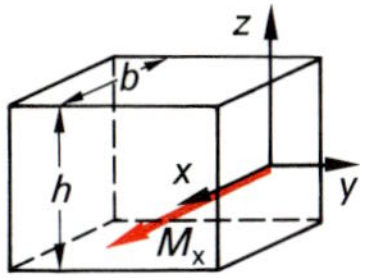 $J_x = \dfrac{b\,h^3}{12}$	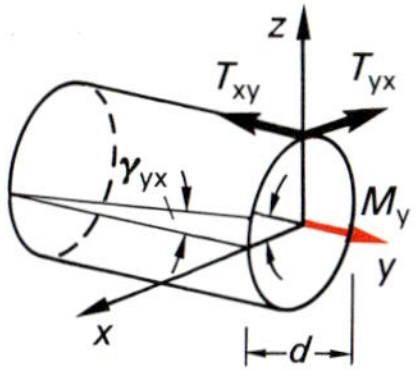 $J_y = \dfrac{\pi\,d^4}{32}$
Bemerkung	Kraft F_y greift im Flächenschwerpunkt δ des Querschnitts A an	Meist tritt Scherung in Verbindung mit Biegung auf	reines Biegemoment M_x	reines Torsionsmoment M_y
Normalspannung σ	$\sigma_y = \dfrac{F_y}{A}$ $\sigma_x = \sigma_z = 0$	0	$\sigma_{y(z)} = -\dfrac{M_x}{J_x}\,z$ sonst $\sigma = 0$	0
Schubspannung τ	0	$\tau_{yz} = -\dfrac{F_z}{A}$ $\tau_{zy} = \dfrac{F}{A}$ sonst $\tau = 0$	0	$\tau_{xy} = -\dfrac{M_y}{J_y}\,z$ $\tau_{yx} = \dfrac{M_y}{J_y}\,z$ sonst $\tau = 0$
Dehnung ε	$\varepsilon_y = \dfrac{\sigma_y}{E}$ $\varepsilon_x = \varepsilon_z = -\,\nu\,\dfrac{\sigma_y}{E}$	0	$\varepsilon_{y(z)} = \dfrac{\sigma_{y(z)}}{E}$ $\varepsilon_{x(z)} = \varepsilon_{z(z)} = -\,\nu\,\dfrac{\sigma_{y(z)}}{E}$	0
Schiebung γ	0	$\gamma_{yz} = \dfrac{\tau_{yz}}{G}$ sonst $\gamma = 0$	0	$\gamma_{xy} = \dfrac{\tau_{xy}}{G}$ sonst $\gamma = 0$
Beispiele	Seile, Ketten, Zugstäbe, Stützen, Kolbenstangen, Druckspindeln	Scherglieder, Nieten	Kragbalken, Achsen	Torsionsstäbe

Bild 2-81. *Vier elementare Belastungsfälle.*

a)

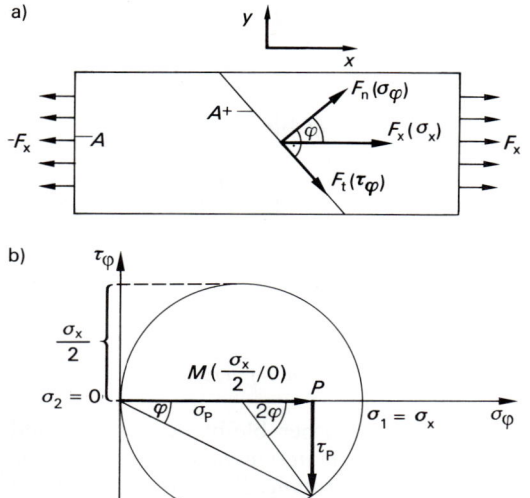

b)

Die maximale Schubspannung $\tau_{\max}$ tritt für $\sin(2\varphi) = 1$ auf. Aus dieser Bedingung folgt $2\varphi = 90°$ oder $\varphi = 45°$. Für diesen Winkel wird nach Gl. (2-165) die maximale Schubspannung $\tau_{\max} = -\sigma_x/2$. Die zugehörige Normalspannung beträgt ebenfalls $\sigma = \sigma_x/2$. Werden aus Gl. (2-164) und (2-165) unter Berücksichtigung von $\sin^2(2\varphi) + \cos^2(2\varphi) = 1$ die Winkelfunktionen eliminiert, so ergibt sich folgender Zusammenhang zwischen σ_φ und τ_φ:

$$\left(\sigma_\varphi - \frac{\sigma_x}{2}\right)^2 + \tau_\varphi^2 = \left(\frac{\sigma_x}{2}\right)^2. \qquad (2\text{-}166)$$

Diese Gleichung beschreibt den *Mohrschen Spannungskreis* in der σ_φ-τ_φ-Ebene mit dem Radius $r = (\sigma_x/2)$ und dem Mittelpunkt $(\sigma_x/2 \,/\, 0)$ (Bild 2-82 b). Der Spannungskreis zeigt die Normal- bzw. Schubspannungen, die an einem um den Winkel φ verschobenen

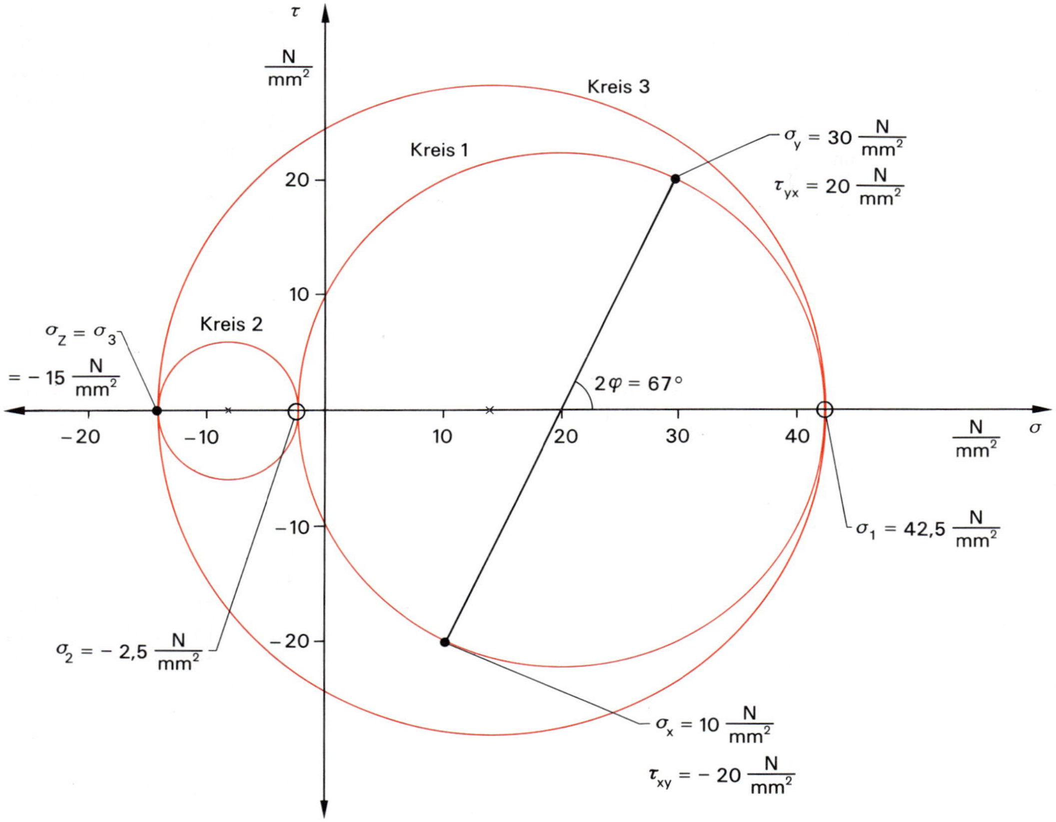

Bild 2-82. *Zur Herleitung des Mohrschen Spannungskreises.*

Bild 2-83. *Mohrsche Spannungskreise für Beispiel 2.11-2.*

Flächenelement wirken, wenn die Normalspannung σ_x bereits Hauptspannung ist.

Beispiel

2.11-2: Gegeben sei folgender Spannungszustand (dreiachsige Zugbeanspruchung):

$\sigma_x = \quad 10 \text{ N/mm}^2, \quad \tau_{xy} = -20 \text{ N/mm}^2, \quad \tau_{xz} = 0,$

$\sigma_y = \quad 30 \text{ N/mm}^2, \quad \tau_{yx} = \quad 20 \text{ N/mm}^2, \quad \tau_{yz} = 0,$

$\sigma_z = -15 \text{ N/mm}^2, \quad \tau_{zx} = \quad \;\; 0, \quad\quad\;\; \tau_{zy} = 0.$

Gesucht sind die Hauptspannungen σ_1, σ_2 und σ_3 sowie die Winkelabstände der Hauptachsen 1, 2 und 3 von den Raumachsen x, y und z.

Lösung:

Zur Lösung wird das graphische Verfahren nach Mohr angewandt. Die Mohrschen Spannungskreise werden gemäß Bild 2-83 konstruiert.

a) Es werden alle Angaben der Normal- bzw. Schubspannungen in das σ-τ-Diagramm eingezeichnet (schwarze Punkte in Bild 2-83).
b) Die Punkte (σ_x/τ_{xy}) und (σ_y/τ_{yx}) müssen auf einem Kreis liegen. Ihre Verbindungsgerade ist der Durchmesser dieses Kreises, der die σ-Achse im Mittelpunkt M_1 schneidet. Damit kann der Kreis 1 gezeichnet werden.
c) Der Mohrsche Spannungskreis 1 liefert als Schnittpunkte mit der σ-Achse ($\tau = 0$) die Werte $\sigma_1 = 42,5 \text{ N/mm}^2$ und $\sigma_2 = -2,5 \text{ N/mm}^2$ für die Hauptspannungen (weiße Punkte in Bild 2-83).
d) Die beiden anderen Kreise 2 und 3 lassen sich eindeutig konstruieren.
e) Zwischen der Hauptachse 1 und der y-Ebene liegt der Winkel $2\varphi = 67°$ oder $\varphi = 33,5°$.

Elastische Energie

Bei der Längen- bzw. Volumenänderung von Körpern wird Arbeit verrichtet. Nach der Definitionsgleichung für die Arbeit $W = \int F \, dl$ gilt wegen $F = \sigma A$ und $dl = l \, \varepsilon$

$$W = \int \sigma A \, l \, d\varepsilon = V \int \sigma \, d\varepsilon; \qquad (2\text{-}167)$$

hierin ist V das Ausgangsvolumen. Ist die Verformung völlig elastisch, so wird die Verformungsarbeit als potentielle Energie im Körper gespeichert und bei der Entlastung wieder freigesetzt.

2.11.1.2. Plastische Verformung

Bei der plastischen Verformung wird nur ein Teil der Verformungsenergie wiedergewon-

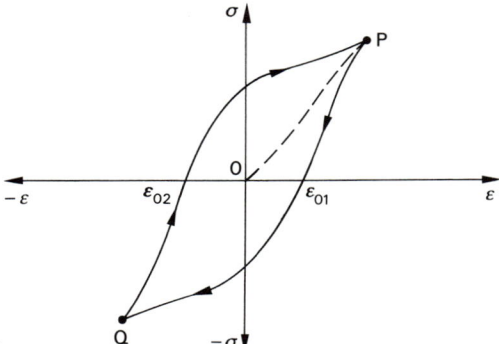

Bild 2-84.   Mechanische Hysterese.

nen, und der Körper bleibt deformiert. Bild 2-84 zeigt die *Hysteresekurve* einer *elastisch-plastischen Verformung*. Ihr Verlauf ist analog zur magnetischen Hysterese $B = f(H)$ (Abschn. 4.4.4.2, Bild 4-106). Wird der Körper erstmalig elastisch verformt, dann durchläuft er die Kurve OP. Bei Verringerung der Spannung wird eine andere Kurve durchlaufen. Ist der Körper völlig spannungsfrei, so bleibt eine *Restdehnung* ε_{01} übrig, die nur durch einen entgegengesetzten Druck aufgehoben werden kann. Wird der Druck nach dem Höchstwert Q wieder zurückgenommen, so bleibt der Körper um ε_{02} gestaucht, so daß es eines Zugs bedarf, um ihn wieder in die Ausgangslage zu bringen. Die Arbeit, die während eines Spannungs-Dehnungs-Zyklus im Körper bleibt, ist

$$W = V \left(\int_P^Q \sigma \, d\varepsilon + \int_Q^P \sigma \, d\varepsilon \right) = V \oint \sigma \, d\varepsilon. \qquad (2\text{-}168)$$

Die *Verlustenergiedichte* $w^* = W/V = \oint \sigma \, d\varepsilon$ der plastischen Verformung entspricht der *Fläche der Hysteresekurve* im Spannungs-Dehnungs-Diagramm.

In dem Spannungs-Dehnungs-Diagramm lassen sich unter Zugbeanspruchung mehrere Bereiche unterscheiden. In Bild 2-85 sind diese anhand des Spannungs-Dehnungs-Diagramms von Federstahl 55 Si 7 erläutert:

– *elastischer Bereich* (0 bis El): Es gilt das *Hookesche Gesetz*, d.h., die Verformung geht bei Entlastung wieder zurück;
– *elastisch-plastischer Bereich* (El bis Pl): Nach der Entlastung geht die Dehnung

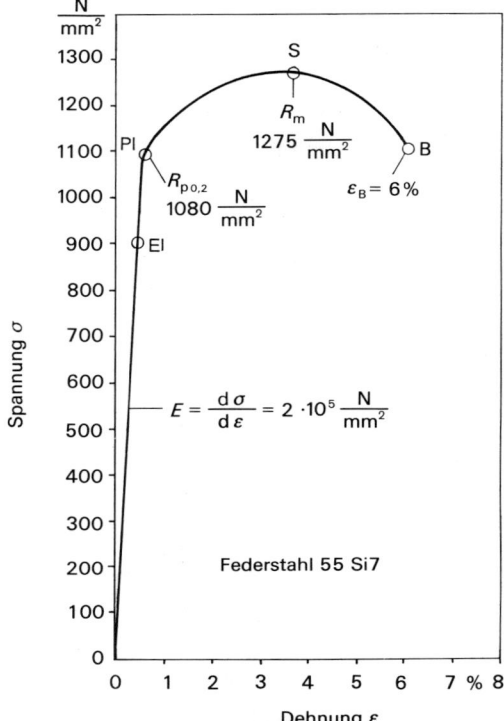

Bild 2-85. Spannungs-Dehnungs-Diagramm eines Zugversuchs für den Federstahl 55Si7.

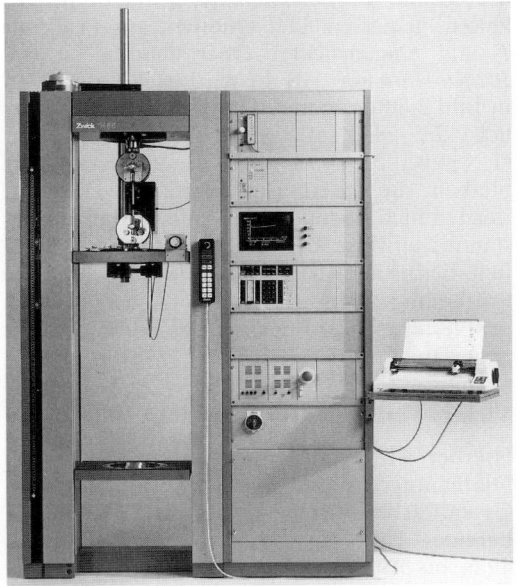

Bild 2-86. Prüfmaschine für den Zugversuch nach DIN 50 145.
Werkphoto: Zwick

nicht mehr vollständig zurück, ein Teil der Verformung bleibt;

– *plastischer Bereich* (Pl bis S): Nach der Entlastung bleibt die Dehnung näherungsweise erhalten, der Körper ist verformt;

– *Bruchpunkt* B: Bei dieser Spannung bricht das Material.

Zur Messung des Spannungs-Dehnungs-Verlaufs für metallische Werkstoffe wird der *Zugversuch nach DIN 50 145* durchgeführt. Bild 2-86 zeigt eine Universal-Prüfmaschine.

Beim Zugversuch sind zwei unterschiedliche Spannungs-Dehnungs-Verläufe zu unterscheiden, wie Bild 2-87 zeigt. Entweder erfolgt der Übergang vom elastischen in den plastischen Bereich *monoton* oder *nicht monoton*. Erfolgt der Übergang stetig (Bild 2-87 a), dann wird als Dehngrenze R_p diejenige Spannung herangezogen, die zu einer bestimmten plastischen (bleibenden) Dehnung ε_r geführt hat. Üblich ist die *0,2%-Dehngrenze* $R_{p0,2}$. Eine Parallele zur Hookeschen Geraden (gestrichelte Linie) schneidet die Spannungs-Dehnungs-Kurve im Punkt mit der Ordinate $R_{p0,2}$. In Bild 2-85 ist $R_{p0,2} = 1080$ N/mm².

Die Spannung, die zur Höchstzugkraft gehört, ist die *Zugfestigkeit* R_m. In Bild 2-85 ist $R_m = 1275$ N/mm². Die Zugfestigkeit reiner Metalle beträgt $R_m = 10$ bis $R_m = 20$ N/mm² (z. B. Blei), diejenige hochfester Stähle $R_m = 2500$ bis $R_m = 4500$ N/mm². Die sehr häufig im Maschinenbau eingesetzten Bau- und Vergütungsstähle haben eine Zugfestigkeit zwischen $R_m = 400$ und $R_m = 1200$ N/mm². Bleibt bei zunehmender Dehnung die Zugkraft erstmalig gleich oder fällt sie ab, dann ist die *Streckgrenze* erreicht.

Beim nicht monotonen Übergang vom elastischen in den plastischen Bereich wird eine *obere Streckgrenze* R_{eH} und eine *untere Streckgrenze* R_{eL} unterschieden (Bild 2-87 b).

Aus der Spannungs-Dehnungs-Kurve läßt sich auch der *Elastizitätsmodul E* nach Gl. (2-151) ableiten. Er ist die Steigung der Spannungs-Dehnungs-Kurve im Ursprung. In Bild 2-85 ist $E = 2 \cdot 10^5$ N/mm². Eine weitere Werkstoffkenngröße ist die *Bruchdehnung* ε_B, also die Dehnung im Bruchpunkt B. In Bild 2-85 ist $\varepsilon_B = 6\%$.

Die plastische Verformung hinterläßt keine Volumenänderung ($\Delta V = 0$). Dies bedeutet,

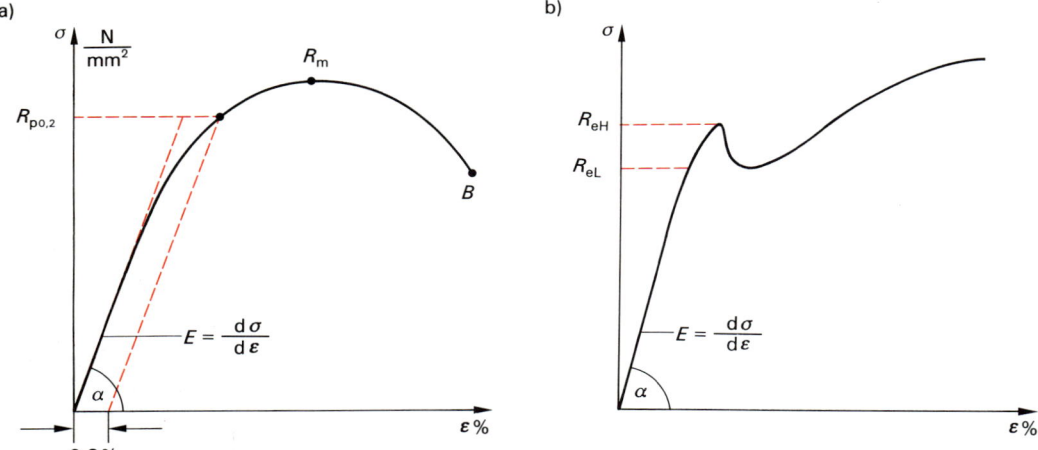

Bild 2-87. *Spannungs-Dehnungs-Verläufe bei Zugversuchen mit a) stetigem Übergang vom elastischen in den plastischen Bereich und b) unstetigem Übergang.*

daß die Querdehnungszahl nach Gl. (2-155) $v = 0,5$ beträgt. Für diese reinen Gestaltsänderungen sind also nur Schubspannungen verantwortlich. Sie bringen ganze Kristallebenen entlang bestimmter Gitterbaufehler (*Versetzungen*, Abschn. 9.1.3.2) zum Abgleiten, ohne daß sich das Kristallgitter geändert hat. Die aus den Zugversuchen errechneten Materialkennwerte müssen unter gleichen Versuchsbedingungen (DIN 50 145) stattfinden. Hierzu zählen die Versuchstemperatur (z.B. 18 bis 25 °C) und die im Zugversuch gefahrene Zuggeschwindigkeit zwischen den Spannungswerten 10 N/mm² und 30 N/mm².

2.11.1.3. Härte fester Körper

Die *Härte* eines Stoffs ist der Widerstand gegen das Eindringen eines anderen Körpers. Am häufigsten werden in der Materialprüfung zur Härtebestimmung metallischer Werkstoffe *statische Eindring-Härteprüfverfahren* eingesetzt. Dabei drückt man einen Probekörper mit einer Prüfkraft F stoßfrei in einer bestimmten Zeit in das zu prüfende Material und mißt den Eindruck oder bestimmt die Eindringtiefe. In Bild 2-88 sind die drei wichtigsten Verfahren, das

– *Brinell-Verfahren*,
– *Vickers-Verfahren* und
– *Rockwell-Verfahren*

vergleichend gegenübergestellt und das Meßprinzip, die Auswertungsformeln und die An-

wendungsgebiete aufgezeigt. Wichtig ist die Angabe der Prüfbedingungen beim Dokumentieren der Härtegrade.

Brinell-Verfahren (HB) nach DIN 50 351

Hierbei wird eine Kugel aus gehärtetem Stahl oder Hartmetall mit einer Prüfkraft F in die Oberfläche des zu prüfenden Werkstoffs gedrückt und der Durchmesser d der Eindrückkalotte gemessen. Der Quotient aus Prüfkraft F und eingedrückter Oberfläche A ist der *Brinell-Härtewert* HB. Er wird nach Gl. (2-169) in Bild 2-88 errechnet. Der Faktor 0,102 rechnet die SI-Krafteinheit N in kp um (1 N ≙ 0,102 kp). Durch diesen Kunstgriff bleiben die alten Härtewerte unverändert. Letztendlich bedeutet dies jedoch, daß unverständlicherweise die Einheit kp/mm² künstlich beibehalten wird. In Bild 2-88 sind die Prüfbedingungen angegeben. Dieses Härteprüfverfahren wird nur für weiche Werkstoffe angewandt.

Vickers-Verfahren (HV) nach DIN 50 137

Hierbei wird statt einer harten Kugel eine Diamantpyramide mit einer quadratischen Grundfläche mit einer Prüfkraft F (Kleinlastbereich 1,96 N bis 49 N, Normallastbereich 49 N bis 980 N) in den zu prüfenden Werkstoff gedrückt und der Eindruck $d = (d_1 + d_2)/2$ ermittelt. Die Auswertung erfolgt nach Gl. (2-170). Der Faktor 0,102 rührt wie bei der

Bezeichnung	Brinell-Verfahren DIN 50 351	Vickers-Verfahren DIN 50 137	Rockwell-Verfahren DIN 50 103	
Meßprinzip	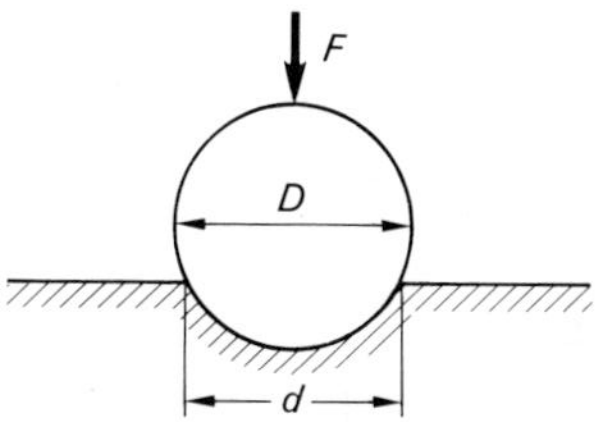 D: Durchmesser der Prüfkugel d: Durchmesser des Kugeleindrucks	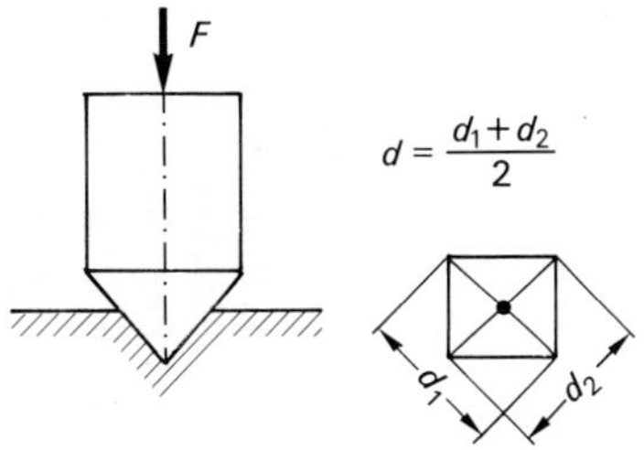 $d = \dfrac{d_1 + d_2}{2}$	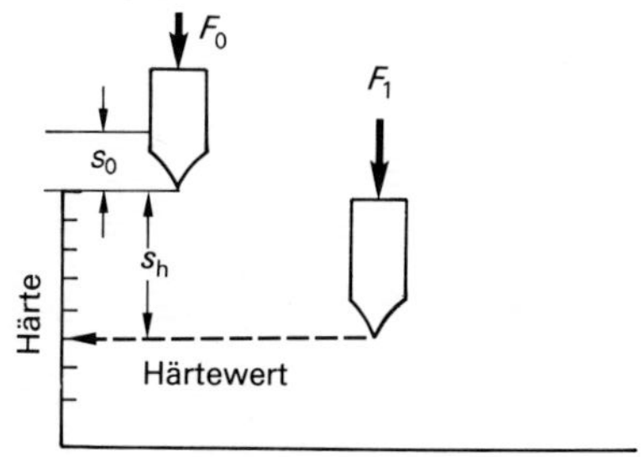	
			Rockwell-B (HRB)	Rockwell-C (HRC)
Berechnung	$HB = 0{,}102 \dfrac{F}{A} = \dfrac{0{,}102 \cdot 2\,F}{\pi\,D\,(D - \sqrt{D^2 - d^2})}$ Gl. (2-169)	$HV = 0{,}102 \dfrac{F}{A} = 0{,}189\,\dfrac{F}{d^2}$ Gl. (2-170)	$F_0 = 98$ N 2 µm je Härteeinheit $F_1 = 883$ N Prüfkörper: Stahlkugel $(D = \frac{1}{16}'' \approx 1{,}5875$ mm$)$	$F_0 = 98$ N 2 µm je Härteeinheit $F_1 = 1373$ N Prüfkörper: Diamantkegel Kegelwinkel 120° Bezugshärtewert 100
Angabe der Prüfbedingung	280 HB 2,3/160/20 $D = 2{,}3$ mm, $F = \dfrac{160\ \text{N}}{0{,}102} = 1568$ N, $t = 20$ s	700 HV 50/30 $F = \dfrac{50\ \text{N}}{0{,}102} = 490$ N, $t = 30$ s	—	
Bemerkung	vergleichbare Härtewerte für $0{,}2\,D < d < 0{,}7\,D$	$HB \approx 0{,}95$ HV für $F > 49$ N und Belastungsgrad (Brinell) $0{,}102\,\dfrac{F}{D^2}$ von 30 bis 4070 HV	automatische Härtemessung	
Anwendungsgebiete	weiche Werkstoffe (max. 450 HB)	weiche Werkstoffe (1,96 < F < 49 N) (z. B. Blei 3 HV) harte Werkstoffe (49 < F < 980 N) (z. B. Hartmetall 1500 HV)	mittelharte Werkstoffe (zwischen 35 HRB und 100 HRB)	gehärtete und angelassene Stähle (zwischen 20 HRC und 70 HRC)

Bild 2-88. *Härteprüfverfahren.*

Formel zur Errechnung der Brinell-Härte (Gl. (2-169)) von der Umrechnung von N in kp her. Diese Härteprüfmethode ist für weiche und harte Werkstoffe einsetzbar. Die Brinell-Härte kann näherungsweise 1:1 in die Vickers-Härte umgerechnet werden. Nach DIN 50 150 kann man die Zugfestigkeit R_m für Stahl aus der Vickers-Härte nach der Beziehung $R_m \approx 3{,}38$ HV als ersten Anhaltspunkt abschätzen.

Rockwell-Verfahren (HR) nach DIN 50 103

Hierbei wird die Härte aus der Eindringtiefe eines Probekörpers direkt ermittelt. Eine Prüfvorkraft F_0 (98 N) stellt einen sicheren Kontakt zum Prüfling her und erzeugt die Eindringtiefe s_0, die die Bezugsskala darstellt. Durch mindestens viermal so große Prüfkräfte wird die Eindringtiefe s_h bestimmt, aus der an einer Skala der Härtewert direkt abgelesen werden kann.

In der Praxis werden zwei Varianten eingesetzt, das *Rockwell-B-Verfahren* (HRB) und das *Rockwell-C-Verfahren* (HRC). Beide Verfahren benutzen die Prüfvorkraft $F_0 = 98$ N und legen den Härtemaßstab auf 2 µm je Härteeinheit fest. Der große Vorteil bei der Härtemessung nach Rockwell ist die Automatisierbarkeit der Methode. Ein Nachteil ist die im Vergleich zum Brinell- und Vickers-Verfahren geringere Meßgenauigkeit.

Obwohl die Härtewerte nach Brinell, Vickers und Rockwell auf unterschiedliche Weise ermittelt werden, können die Härtegrade innerhalb bestimmter Bereiche ineinander umgerechnet werden. Die Vickers-Härte ist der Bezugsmaßstab, weil diese Methode das ganze Härtespektrum von weich bis extrem hart überdeckt. Die Härtevergleichstabellen sind in DIN 50 150 genormt.

Zur Übung

Ü 2.11-1: Ein Stahlstab der Länge $l = 1{,}5$ m rotiert um eine Achse, die senkrecht zur Stabachse durch ein Stabende geht. Bei welcher Drehzahl reißt der Stab? ($R_m = 450$ N/mm^2).

Ü 2.11-2: Eine Taucherkugel aus V2A-Stahl ($E = 2 \cdot 10^5$ N/mm^2 und $v = 0{,}3$) hat einen Innenradius von 2 m und eine Wanddicke von 12 cm. Sie wird in eine Wassertiefe von 10 km gebracht. Wie groß sind die prozentuale Änderung des Radius und die Spannungen?

2.11.2. Ruhende Flüssigkeiten (Hydrostatik) und Gase (Aerostatik)

Während bei *festen Körpern* das Volumen (Dichte) und die Gestalt (Form) bestimmt sind, weil die Atome wechselseitig fest aneinander gebunden sind (Abschn. 9.1.1), haben *Flüssigkeiten* zwar ein bestimmtes Volumen, aber eine unbestimmte Gestalt. Die Molekülbindungen der flüssigen Stoffe sind verhältnismäßig schwach, so daß sich die Moleküle leicht gegeneinander verschieben können. Die Molekülabstände in Flüssigkeiten sind jedoch noch vergleichbar mit denjenigen von Festkörpern, so daß sich Flüssigkeiten kaum zusammenpressen lassen. *Gase* haben weder ein bestimmtes Volumen noch eine bestimmte Gestalt. Die Bindungskräfte sind so gering, daß sich die Gasteile sehr leicht gegeneinander verschieben und die Gasvolumina zusammendrücken lassen.

2.11.2.1. Druck

Aufgrund der leichten Verschiebbarkeit der Moleküle in Flüssigkeiten und Gasen wirken sich Kräfte auf Flüssigkeits- und Gasvolumina im Grenzfall unendlich langsamer Veränderungen (statischer Grenzfall) sofort auf das Gesamtvolumen aus. Es kommt zu einem einheitlichen Zustand in den Flüssigkeiten und Gasen, der durch den Druck p beschrieben wird. Dieser ist definiert als Quotient aus der Kraft dF, die senkrecht auf ein Flächenelement dA der Begrenzungsfläche wirkt:

$$p = \frac{\mathrm{d}F}{\mathrm{d}A}. \qquad (2\text{-}171)$$

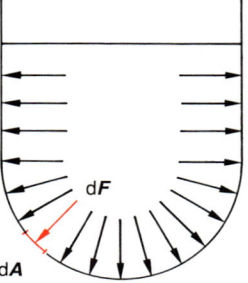

Bild 2-89. Zur Definition des Drucks.

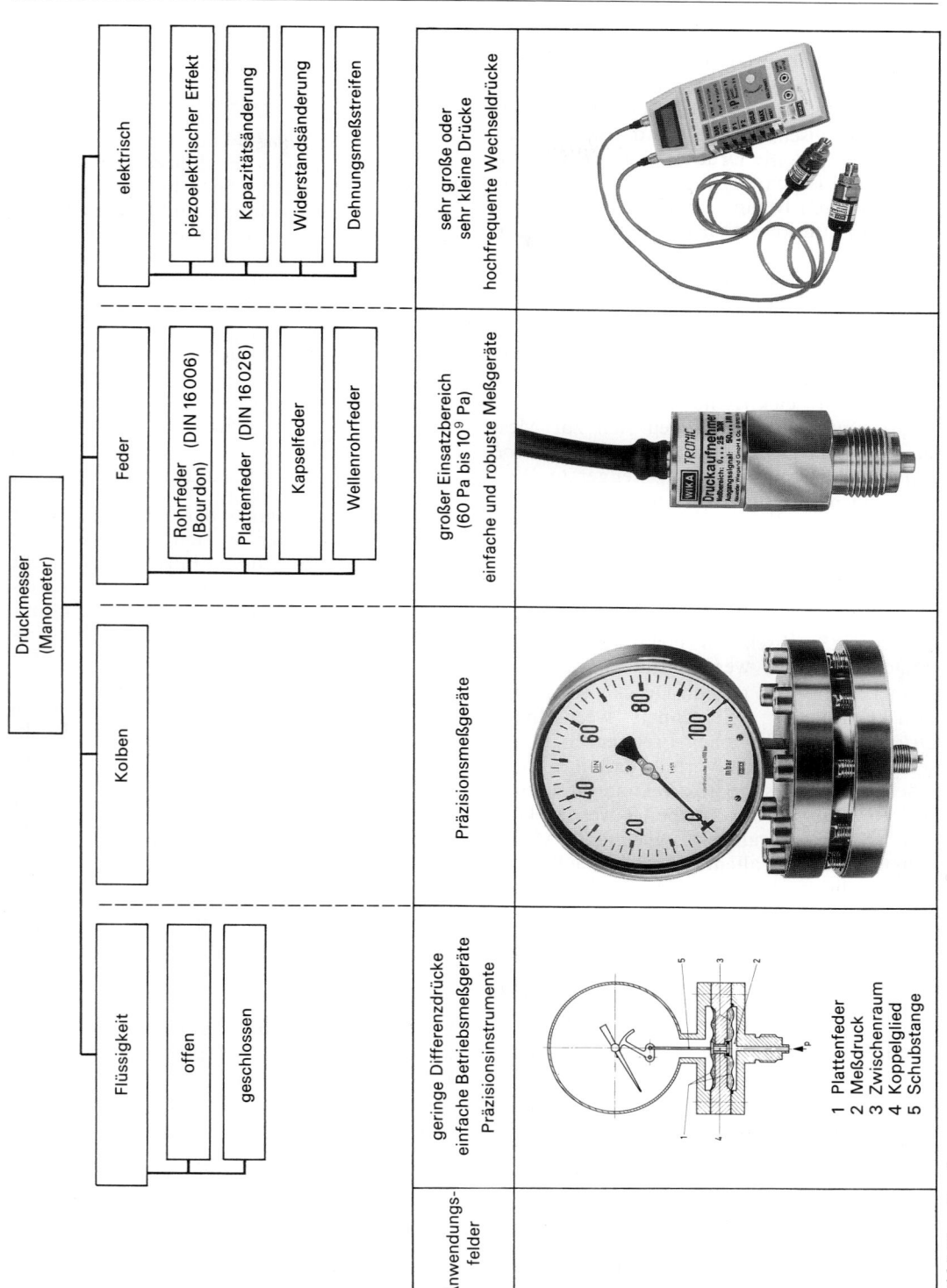

Bild 2-90. Druckmesser.

Durch die Vereinbarung, daß, wie in Bild 2-89 gezeigt, dF die Kraftkomponente senkrecht zur Begrenzungsfläche dA ist, wird die Kraftrichtung festgelegt. Der Druck ist also eine skalare physikalische Größe mit der Maßeinheit $1 \text{ N/m}^2 = 1 \text{ Pa}$. Die Druckmaßeinheit ist nach dem französischen Physiker *Pascal* (B. PASCAL, 1623 bis 1662) benannt. Eine weitere spezielle SI-Einheit für den Druck ist $1 \text{ bar} = 10^5 \text{ Pa}$. Der irdische Luftdruck liegt bei $p \approx 1 \text{ bar}$.

Bild 2-90 zeigt die zur Druckmessung eingesetzten Meßgeräte (*Manometer*), deren Anwendungsgebiete und einzelne Manometerbauformen. Im wesentlichen gibt es vier Arten: Flüssigkeits-, Kolben- und Federmanometer sowie elektrische Druckmesser. Die *Flüssigkeitsmanometer* eignen sich zur Messung geringer Druckdifferenzen, und die *Kolbenmanometer* sind Präzisionsmeßgeräte. Weil sie einfach, robust und preiswert sind, sind die *federelastischen Manometer* am weitesten verbreitet (z. B. das *Aneroid-Barometer* zur Wetterbeobachtung). Bei den *elektrischen Druckmessern* wird die mechanische Druckenergie durch den *piezoelektrischen Effekt* (Abschn. 9.3) direkt in elektrische Energie umgewandelt. Sie werden zur Messung sehr kleiner oder sehr großer Drücke sowie zur Druckverfolgung bei schnell wechselnden Druckverteilungen hoher Frequenzen eingesetzt. Sie haben den Vorteil, daß ihre elektrischen Ausgangssignale direkt zur Steuerung und Regelung weiterverarbeitet werden können. Bei der Auswahl eines geeigneten Manometers sind vor allem folgende Punkte zu berücksichtigen:

– Aggregatzustand des Füllstoffs,
– Druck, Temperatur und weitere Stoffeigenschaften des Meßstoffs sowie
– Beeinflussung des Zeitverhaltens der Meßeinrichtung durch die Meßanordnung.

Empfehlungen für eine meßtechnisch sinnvolle Druckbestimmung sind in der *VDI/VDE-Richtlinie 3512, Blatt 3* (Meßanordnungen für Druckmessungen) enthalten.

2.11.2.2. Kompressibilität

Druckerhöhungen bewirken bei Flüssigkeiten und Gasen eine Volumenabnahme. Näherungsweise ist die relative Volumenänderung $\Delta V/V$ proportional zur Druckänderung Δp:

$$\frac{\Delta V}{V} = - \varkappa \, \Delta p \, . \qquad (2\text{-}172)$$

Die *Kompressibilität* $\varkappa$ mit der Maßeinheit Pa^{-1} ist die Proportionalitätskonstante; das Minuszeichen kennzeichnet die gegenläufigen Änderungen von Volumen und Druck. Wegen der Volumenänderung erfolgt auch eine Änderung der Dichte $\varrho = m/V$ der Flüssigkeiten und Gase. Es gilt

$$\Delta \varrho = - m \frac{\Delta V}{V^2} = - \varrho \frac{\Delta V}{V}$$

und damit

$$\frac{\Delta \varrho}{\varrho} = \varkappa \, \Delta p \, . \qquad (2\text{-}173)$$

Die Kompressibilität $\varkappa$ der Flüssigkeiten ist im Vergleich zu den Werten bei Gasen sehr klein. Die Eigenschaft von Flüssigkeiten, leicht verschiebbar und *näherungsweise inkompressibel* zu sein, wird in der Technik zur räumlichen Kraftübertragung ausgenützt (*Hydraulik*). Bild 2-91 zeigt als Anwendung dieses Effekts die hydraulische Presse. Diese hat zwei bewegliche Kolben mit unterschiedlichen Querschnittsflächen A_1 und A_2. Die Rückschlagventile ermöglichen wiederholte Pumpstöße auf den Preßkolben: Durch Öffnen des Absperrventils kann der Preßkolben wieder zurückgefahren werden. Wird der Pumpenkolben durch eine Kraft F_1 reibungsfrei um die Wegstrecke s_1 verschoben, so drückt das verschobene Volumen den Preßkolben mit einer Kraft F_2 um die Wegstrecke s_2 nach oben. Wegen der Gleichheit des Volumens (Inkompressibilität der Flüssigkeiten) gilt $A_1 s_1 = A_2 s_2$.

Ferner muß die am Pumpenkolben aufgewandte Arbeit $W_1 = F_1 s_1$ gleich der am Preßkolben frei werdenden Arbeit $W_2 = F_2 s_2$ sein. Es gilt $F_1 s_1 = F_2 s_2$. Durch Division erhält man

$$\frac{F_1}{A_1} = \frac{F_2}{A_2} \quad \text{oder} \quad p_1 = p_2 = p \, .$$

Für die Kraft F_2 am Preßkolben folgt

$$F_2 = F_1 \frac{A_2}{A_1} \, .$$

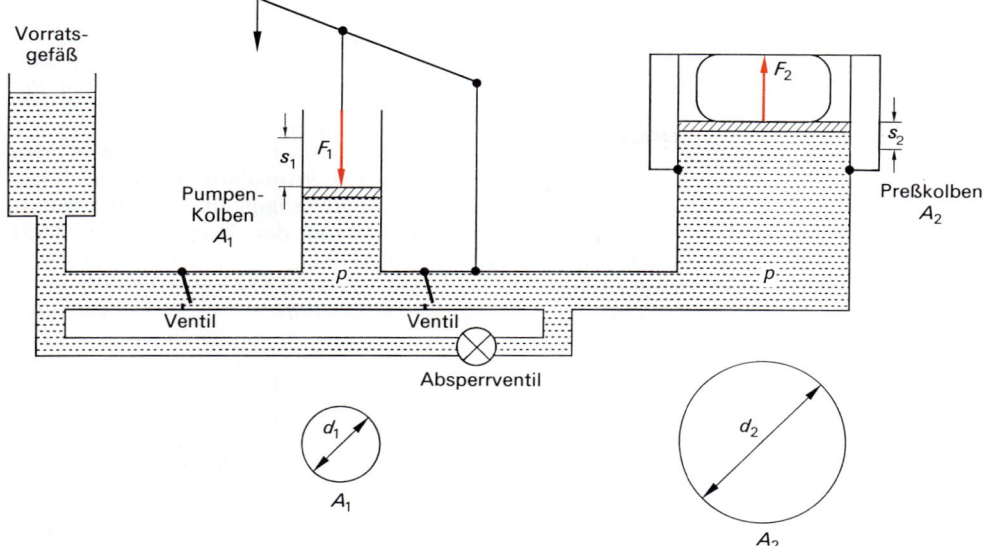

Bild 2-91.   Hydraulische Presse, schematisch.

Dies bedeutet, daß die Kraft F_2 im Preßkolben um das Verhältnis $A_2:A_1$ größer ist als die Pumpkraft F_1. Für kreisförmige Kolben mit den Durchmessern d_1 und d_2 ergibt sich

$$\frac{F_1}{F_2} = \frac{A_1}{A_2} = \frac{d_1^2}{d_2^2}. \qquad (2\text{-}174)$$

Weitere Hydraulikanwendungen sind *Flüssigkeitsbremsen, hydraulische Hebebühnen* oder *Druckwandler.* Bild 2-92 zeigt das Prinzip. Wird die Kraft auf zwei Kolben unterschiedlicher Fläche konstant gehalten, so treten Druckunterschiede auf ($p_1 < p_2$).

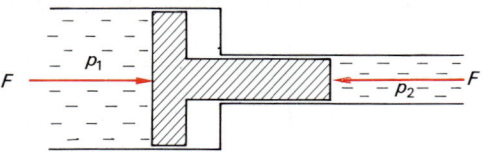

Bild 2-92.   Druckwandlung.

Gase sind sehr kompressibel. Für ideale Gase kann die isotherme Kompressibilität $\varkappa_{\text{id. Gas}}$ aus der Zustandsgleichung (Abschn. 3.1.5, Gl. (3-20)) berechnet werden:

$$\varkappa_{\text{id. Gas}} = \frac{1}{p}. \qquad (2\text{-}175)$$

Sie hängt nur vom Gasdruck und nicht von der Gasart ab.

Die in komprimierten Gasen gespeicherte mechanische Arbeit läßt sich wegen der leichten Verschiebbarkeit der Gasmoleküle in einem Gasvolumen an jeder Stelle entnehmen. Komprimierte Gase, vor allem *Preßluft*, werden in Maschinenanlagen als Energieträger für Arbeitsprozesse und Steuerungen eingesetzt (*Pneumatik*). Die Expansionsvorgänge, besonders bei pneumatischen Regelungen, erfolgen dabei im allgemeinen so schnell, daß die Arbeitsabgabe *isentrop* erfolgt (Abschn. 3.3.4.4).

2.11.2.3. Volumenausdehnungskoeffizient

Temperaturänderungen ΔT ändern ebenfalls das Volumen von Flüssigkeiten und Gasen. Die relative Volumenänderung $\Delta V/V_0$ ist näherungsweise proportional zur Temperaturänderung:

$$\frac{\Delta V}{V_0} = \gamma\,\Delta\vartheta. \qquad (2\text{-}176)$$

γ ist der Volumenausdehnungskoeffizient; seine Maßeinheit ist K^{-1}. In der Technik wird als Bezugsvolumen das Volumen V_0 bei $\vartheta_0 = 0\,°\text{C}$ angesetzt. Beträgt die Dichte bei $\vartheta_0 = 0\,°\text{C}$ $\varrho_0 = m/V_0$, so ändert sie sich infolge der temperaturbedingten Volumenänderung. Bezogen auf das Volumen

$$V = V_0 + \Delta V = V_0 (1 + \gamma \Delta \vartheta)$$

ist die Dichte

$$\varrho = \frac{m}{V} = \frac{\varrho_0}{1 + \gamma \Delta \vartheta} . \qquad (2\text{-}177)$$

Der Volumenausdehnungskoeffizient der Flüssigkeiten ist klein im Vergleich zu dem von Gasen (Abschn. 3.1.4). Für alle idealen Gase ist er gleich und beträgt $\gamma = 1/T_0 = 1/273{,}15 \text{ K}^{-1}$ $= 0{,}00366 \text{ K}^{-1}$.

2.11.2.4. Schweredruck

Durch die Gewichtskraft der Moleküle wird in tieferen Schichten von Flüssigkeiten und Gasen die Kraft auf die Begrenzungsfläche des Flüssigkeits- oder Gasvolumens erhöht. In größeren Tiefen ist der Druck in der Flüssigkeit oder im Gas um den *Schweredruck* erhöht. Die Druckerhöhung Δp bei einer kleinen Zunahme Δh der Höhe der Flüssigkeits- oder Gassäule beträgt

$$\Delta p = \varrho g \Delta h . \qquad (2\text{-}178)$$

ϱ ist die Dichte der Flüssigkeits- oder Gasschicht in der Höhe h.

Schweredruck in Flüssigkeiten

Wegen der Schwerkraft wirkt auf eine Fläche zusätzlich zu einem äußeren Druck p_a die Gewichtskraft F_G der über dieser Fläche liegenden Flüssigkeitssäule, wie Bild 2-93 zeigt. Diese Gewichtskraft beträgt $F_G = m g$ $= \varrho A h g$. Für den Flüssigkeitsdruck am Ende der Säule ergibt sich durch Integration von Gl. (2-178)

$$p_h = \varrho g h . \qquad (2\text{-}179)$$

Dies bedeutet, daß der Schweredruck von Flüssigkeiten lediglich von der Füllhöhe h, nicht aber von der Form des Gefäßes abhängt. Man spricht hierbei vom *hydrostatischen Paradoxon*.

Die Summe von Betriebsdruck p_a und Schweredruck p_h wird *hydrostatischer Druck* p_{hydr} genannt. Die Abhängigkeit des hydrostatischen Drucks von der Höhe h (Bild 2-93) ergibt sich aus

$$p_{\text{hydr}} = p_a + \varrho g h . \qquad (2\text{-}180)$$

Wie Gl. (2-180) zeigt, kann zur Druckmessung die Höhe einer Flüssigkeitssäule verwendet werden (*Flüssigkeitsmanometer*). Der Schweredruck von 10 m Wasser beträgt nach Gl. (2-179) etwa 1 bar $= 10^5$ Pa.

Der Schweredruck auf eine seitliche Fläche A_s wird *Seitendruck* genannt. Da der Schweredruck proportional zur Tiefe h zunimmt, greift die resultierende Kraftkomponente $F_{s,\text{res}}$ nicht im Flächenschwerpunkt S, sondern in einem tiefer gelegenen Punkt, dem Druckmittelpunkt S′ an, wie Bild 2-94 verdeutlicht. Zur Berechnung der seitlich wirkenden Kraft wird die Fläche in Teilflächenstücke dA unterteilt. Die Seitenkraftzunahme dF_s innerhalb einer Teilfläche dA beträgt d$F_s = \varrho g h \, \mathrm{d}A$. Für die gesamte Seitenkraft gilt dann

$$F_s = \int\limits_{h=h_1}^{h=h_2} \varrho g h \, \mathrm{d}A = \varrho g \int\limits_{h=h_1}^{h=h_2} h \, \mathrm{d}A .$$

Das Integral $\int\limits_{h=h_1}^{h=h_2} h \, \mathrm{d}A$ wird *statisches Moment*

$M_s = h_s A_s$ genannt. (h_s ist die Tiefe vom Flüs-

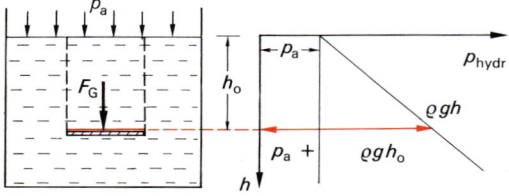

Bild 2-93. Zum Schweredruck in einer Flüssigkeit.

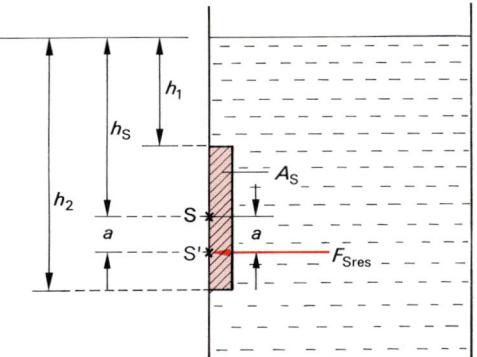

Bild 2-94.   Seitendruck einer Flüssigkeit.

sigkeitsspiegel bis zum Schwerpunkt S.) Somit gilt für die Seitendruckkraft

$$F_s = \varrho\, g\, h_s\, A_s. \qquad (2\text{-}181)$$

Weil sich die Seitenfläche A_s im Gleichgewicht befinden muß, gilt für das Momentengleichgewicht der Seitenkraft F_s im Druckmittelpunktsabstand a vom Flächenschwerpunkt S

$$F_s\, a = \int_{h=h_1}^{h=h_2} h\, \varrho\, g\, h\, \mathrm{d}A = \varrho\, g \int_{h=h_1}^{h=h_2} h^2\, \mathrm{d}A.$$

Das Integral $\int_{h=h_1}^{h=h_2} h^2\, \mathrm{d}A$ ist das Flächenträgheitsmoment I der Fläche A_s. Demnach läßt sich schreiben

$$F_s\, a = \varrho\, g\, I. \qquad (2\text{-}182)$$

Durch Einsetzen von F_s aus Gl. (2-181) ergibt sich $\varrho\, g\, h_s\, A_s\, a = \varrho\, g\, I$. Die Bestimmungsgleichung für den Druckmittelpunktsabstand a lautet demnach

$$a = \frac{I}{h_s\, A_s}. \qquad (2\text{-}183)$$

Die Seitendruckkräfte können besonders am Fuß von Staudämmen erhebliche Werte erreichen und erfordern deshalb in diesem Bereich große Staudammquerschnitte.

Beispiel

2.11-3: Ein $b = 2$ m breites und $h = 3$ m hohes seitliches Loch in einer Schleusenwand wird von einer Platte verschlossen, deren Schwerpunkt 10 m unter dem Wasserspiegel ($\varrho = 1 \cdot 10^3$ kg/m^3) liegt. Berechnet werden sollen die Seitendruckkraft F_s und der Abstand a des Schwerpunkts vom Angriffspunkt der resultierenden Seitenkraft $F_{s,\,res}$.

Lösung:

Für die Seitendruckkraft F_s gilt nach Gl. (2-181)

$$F_s = \varrho\, g\, h_s\, A_s = 10^3 \cdot 9{,}81 \cdot 10 \cdot 2 \cdot 3\ \text{N} = 5{,}89 \cdot 10^5\ \text{N}.$$

Dieser Wert zeigt, wie außerordentlich groß die Seitendruckkräfte sind. Den Druckmittelpunktsabstand a erhält man nach Gl. (2-183): $a = I/(h_s\, A_s)$

mit dem Flächenträgheitsmoment $I = b\, h^3/12$. Somit errechnet man

$$a = \frac{b\, h^3}{12}\, \frac{1}{h_s\, b\, h} = \frac{h^2}{120} = 7{,}5\ \text{cm}.$$

Schweredruck in Gasen

Der Schweredruck eines Gases errechnet sich aus der über einer Bezugsebene stehenden Gassäule. Da die Gase durch die Wirkung der Erdanziehungskraft komprimiert werden, nimmt die Dichte des Gases mit zunehmender Höhe ab. Aus diesem Grund kann Gl. (2-178) nur für eine kleine Höhendifferenz dh gültig sein, innerhalb derer die Dichte annähernd konstant ist. Bei einer Höhenzunahme dh über Meereshöhe nimmt die Höhe der Gassäule und damit der hydrostatische Druck um d$p = -\varrho\, g\, \mathrm{d}h$ ab. Unter der Voraussetzung einer konstanten Temperatur (*Boyle-Mariottesches Gesetz*, Abschn. 3.1.5, Gl. (3-17)) gilt für den Zusammenhang zwischen Druck und Dichte $\varrho = (\varrho_0\, p)/p_0$. Somit gilt

$$\int_{p_0}^{p} \frac{\mathrm{d}p}{p} = -\frac{\varrho_0\, g}{p_0} \int_{0}^{h} \mathrm{d}h \quad \text{bzw.}$$

$$\ln\!\left(\frac{p}{p_0}\right) = -\frac{\varrho_0\, g}{p_0}\, h \quad \text{oder}$$

$$p = p_0\, e^{-\frac{\varrho_0\, g}{p_0} h} \quad \text{und}$$
$$\varrho = \varrho_0\, e^{-\frac{\varrho_0\, g}{p_0} h}. \qquad (2\text{-}184)$$

Dies ist die *barometrische Höhenformel*. Sie zeigt, daß der Schweredruck eines Gases mit steigender Höhe h über dem Ausgangsniveau exponentiell abfällt, und gilt, wenn in jeder Höhe dieselbe Temperatur ϑ herrscht.

Für die Normatmosphäre nach DIN 5450 ist für eine Lufttemperatur $\vartheta = 0\,^\circ$C $p_0 = 1{,}01325 \cdot 10^5$ Pa und $\varrho_0 = 1{,}293$ kg/m^3. Somit beträgt der Exponent in der barometrischen Höhenformel $\varrho_0\, g/p_0 = 1{,}256 \cdot 10^{-4}$ m^{-1}. Bild 2-95 zeigt die Druckabhängigkeit von der Höhe h (im Rechnerausdruck Entfernung z) für Luft. Zum besseren Vergleich ist der Druck normiert als p/p_0 aufgetragen. Werden die errechneten Werte in die barometrische Höhenformel eingesetzt, so gilt für Luft

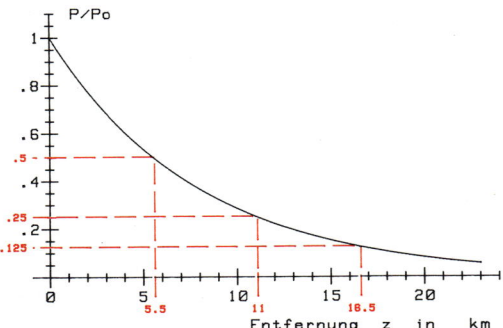

Bild 2-95. Barometrische Höhenformel für Luft nach Gl. (2-111) (Rechnerausdruck).

$$p = 1{,}01325 \cdot 10^5 \, \text{Pa} \cdot e^{-1{,}256 \cdot 10^{-4} \, \text{m}^{-1} h}. \tag{2-185}$$

Die Höhe, bei der der Ausgangspunkt nur noch halb so groß ist ($p = p_0/2$, Halbwertshöhe), beträgt $h_{1/2} = 5{,}54$ km. Dies bedeutet, daß der Luftdruck nach $z = 5{,}54$ km auf die Hälfte abnimmt (Bild 2-95).

Die internationale Höhenformel berücksichtigt die Temperaturabnahme mit steigender Höhe. Sie ist bis zur Tropopause ($h = 11$ km) gültig und lautet

$$p = 1{,}013 \cdot 10^5 \, \text{Pa} \left(1 - \frac{6{,}5}{288 \, \text{km}} h \right)^{5{,}255}. \tag{2-186}$$

Mit der Temperaturkorrektur ergibt sich für den Dichteverlauf in der Erdatmosphäre

$$\varrho = 1{,}2255 \, \frac{\text{kg}}{\text{m}^3} \left(1 - \frac{6{,}5}{288 \, \text{km}} h \right)^{4{,}255}. \tag{2-187}$$

Der Luftdruck in Meereshöhe beträgt im Jahresdurchschnitt $p = 101325$ Pa (Normdruck). Der aktuelle Luftdruck ist zusätzlich noch von der jeweiligen Temperatur und der Wetterlage abhängig. OTTO VON GUERICKE (1602 bis 1686) bewies 1654 die Wirkung des Luftdrucks durch sein Experiment mit den *Magdeburger Halbkugeln*. Er pumpte zwei Halbkugelschalen (Halbmesser $r = 21$ cm) mit

einer selbsterfundenen Luftpumpe nahezu luftleer. Der äußere Luftdruck preßte deshalb die beiden Halbkugeln mit einer Kraft $F = p_0 \pi r^2 \approx 1{,}4 \cdot 10^4$ N zusammen. Diese Kraft war so groß, daß acht Pferde an jeder Seite die Kugel nicht auseinanderziehen konnten.

2.11.2.5. Auftrieb

Wegen des Schweredrucks von Flüssigkeiten und Gasen sind alle in Flüssigkeiten und Gasen eingetauchte Körper leichter als außerhalb dieser Medien (*Archimedisches Prinzip*) (ARCHIMEDES, 287 bis 212 v. Chr.). Diese Erscheinung wird Auftrieb genannt. Bild 2-96 zeigt einen in eine Flüssigkeit oder ein Gas eingetauchten Körper. Da sich die Seitenkräfte F_{s1} und F_{s2} gegenseitig aufheben, bleibt wegen der Höhendifferenz $h_2 - h_1$ eine Kraftdifferenz $F_2 - F_1$ auf die Unterfläche bestehen, die gleich der Auftriebskraft F_A ist. Wenn die Dichte ϱ_{fl} der Flüssigkeit oder des Gases konstant ist, beträgt die Auftriebskraft

$$F_A = F_2 - F_1 = A(p_2 - p_1)$$
$$= A \varrho_{fl} g (h_2 - h_1).$$

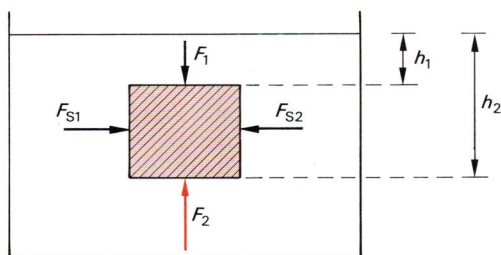

Bild 2-96.   Zur Entstehung der Auftriebskraft.

Da $A(h_2 - h_1)$ das Volumen des Körpers bzw. das durch den eingetauchten Körper verdrängte Flüssigkeitsvolumen V_{verd} ist, gilt

$$F_A = \varrho_{fl} g V_{verd} = m_{verd} g = F_{G, verd} \tag{2-188}$$

mit m_{verd} bzw. $F_{G, verd}$ als der Masse bzw. der Gewichtskraft des verdrängten Flüssigkeits- oder Gasvolumens. Die Auftriebskraft F_A ist demnach gleich der Gewichtskraft des verdrängten Flüssigkeits- bzw. Gasvolumens. Sie hängt nur vom Volumen des eingetauchten

Körpers bzw. von der verdrängten Flüssigkeitsmenge, nicht aber von seinem Gewicht ab. Bei gleichem Eintauchvolumen erfährt also ein Stück Holz dieselbe Auftriebskraft wie ein Stück Blei.

Je nach dem Gewicht F_G des eingetauchten Körpers sind drei Fälle zu unterscheiden:

$F_G < F_A$: Der Körper *schwimmt*.
$F_G = F_A$: Der Körper *schwebt*.
$F_G > F_A$: Der Körper *sinkt*.

Durch die Wirkung ihrer Auftriebskraft können die Dichten von festen Körpern und Flüssigkeiten bestimmt werden. Dabei ist es erforderlich, daß die Gewichtskräfte des festen Körpers in Luft ($F_{G,L}$) und nach dem Eintauchen in eine Flüssigkeit ($F_{G,E}$) gemessen werden, z. B. durch eine *hydrostatische Waage*. Der Gewichtsunterschied $F_{G,L} - F_{G,E}$ ist gleich der Auftriebskraft:

$$F_{G,L} - F_{G,E} = F_A = \varrho_{fl} V g.$$

Wird für das Volumen des festen Körpers $V = m/\varrho_K$ gesetzt und das Gewicht des festen Körpers durch $F_{G,L} = m g$ ausgedrückt, ergibt sich

$$F_{G,L} - F_{G,E} = \varrho_{fl} \frac{m}{\varrho_K} g = \frac{\varrho_{fl}}{\varrho_K} F_{G,L}. \quad (2\text{-}189)$$

Bei bekannter Dichte ϱ_{fl} der Flüssigkeit läßt sich die Dichte ϱ_K des festen Körpers berechnen:

$$\varrho_K = \varrho_{fl} \frac{F_{G,L}}{F_{G,L} - F_{G,E}} = \frac{\varrho_{fl}}{1 - \dfrac{F_{G,E}}{F_{G,L}}}.$$

$$(2\text{-}190)$$

Ist dagegen die Dichte des festen Körpers bekannt, so ergibt sich die Dichte der Flüssigkeit gemäß

$$\varrho_{fl} = \varrho_K \left(1 - \frac{F_{G,E}}{F_{G,L}}\right). \quad (2\text{-}191)$$

In Flüssigkeiten verschiedener Dichten taucht ein schwimmender Körper unterschiedlich tief ein. Aus der Bestimmung der Senktiefe wird durch Benutzung von *Senkwaagen* oder *Aräometern* in der Praxis häufig die Dichte von Flüssigkeiten ermittelt.

Bei einem schwimmenden Körper können sich *Stabilitätsprobleme* ergeben, wie Bild 2-97 zeigt. Die Gewichtskraft F_G greift im Schwerpunkt des Körpers S_K und die Auftriebskraft

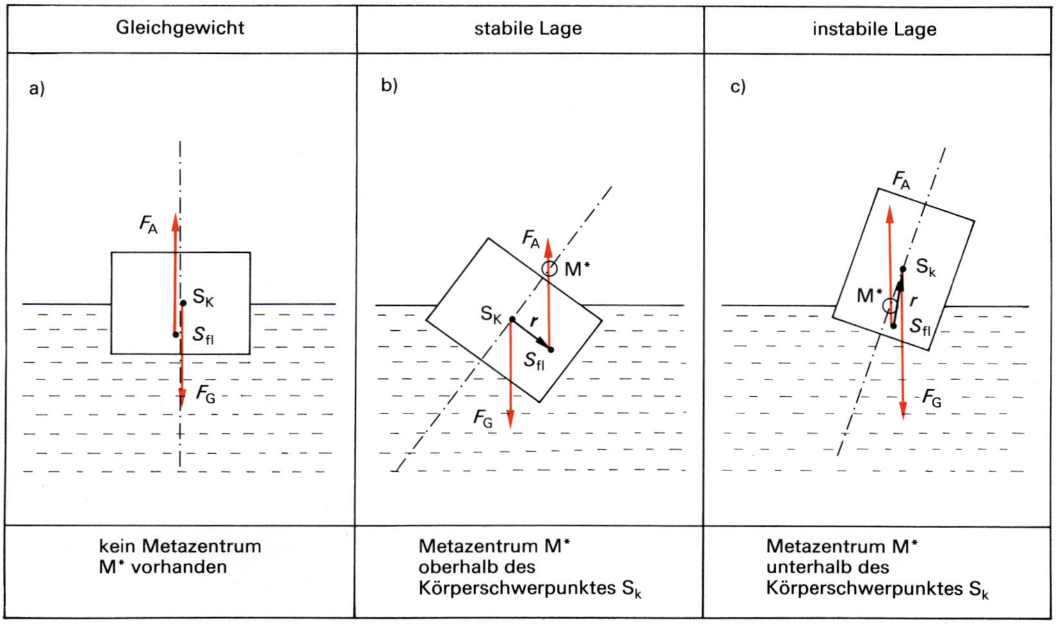

Gleichgewicht	stabile Lage	instabile Lage
a)	b)	c)
kein Metazentrum M* vorhanden	Metazentrum M* oberhalb des Körperschwerpunktes S_k	Metazentrum M* unterhalb des Körperschwerpunktes S_k

Bild 2-97. Stabilität schwimmender Körper.

F_A im Schwerpunkt S_{fl} an. Im Gleichgewichtszustand fallen die Wirkungslinien der
beiden Kräfte zusammen, so daß kein Drehmoment M wirksam werden kann. Wird der
Körper gedreht, so gibt es einen Schnittpunkt
zwischen der Symmetrielinie des Körpers und
der Auftriebskraft F_A. Er wird *Metazentrum*
M* genannt. Der Abstand zwischen den beiden Schwerpunkten S_K und S_{fl} ist der Ortsvektor *r*. Liegt das Metazentrum M* über
dem Körperschwerpunkt S_K, dann wird der
Körper vom Drehmoment $M = r \times F_A$ in die
Gleichgewichtslage zurückgedreht (stabile Lage, Bild 2-97 b). Befindet sich das Metazentrum M* unterhalb des Körperschwerpunktes
S_K, so kippt der Körper wegen des Momentes $M = r \times F_A$ um (instabile Lage, Bild
2-97 c).

2.11.2.6. Grenzflächeneffekte

Kräfte, die zwischen gleichartigen Atomen
oder Molekülen eines Stoffes wirken, werden
Kohäsionskräfte (Zusammenhangskräfte) genannt. Sie sind elektrischen Ursprungs und
werden auch *van der Waalssche Kräfte* genannt (Abschn. 9.1.1.1). Kohäsionskräfte treten in festen Körpern und Flüssigkeiten auf.
Bei Gasen ist ihre Wirkung erst kurz oberhalb
der Siedepunkte feststellbar; die Kohäsionskräfte verursachen die Abweichungen vom
idealen Gasverhalten und den Übergang zum
realen Gas (Abschn. 3.4). Die Kohäsionskräfte
sind allgemein wesentlich stärker als die Gravitationskräfte.

Wirken zwischen den Molekülen zweier verschiedener Stoffe Anziehungskräfte, so werden sie *Adhäsionskräfte (Anhangskräfte)* genannt. Sie können zwischen festen Körpern,
festen Körpern und Flüssigkeiten sowie zwischen festen Körpern und Gasen (*Adsorption*)
wirken.

Oberflächenspannung

Die zwischen den Molekülen einer Flüssigkeit
wirkenden Kohäsionskräfte heben sich im
Innern der Flüssigkeit auf, da jedes Molekül
allseitig von gleichartigen Molekülen umgeben ist, wie Bild 2-98 zeigt. An der Oberfläche
fehlen die nach außen gerichteten Kräfte.
Deshalb entsteht eine resultierende Kraft F_{res}
ins Innere der Flüssigkeit. Um Moleküle
gegen diese Kraft an die Oberfläche zu brin-

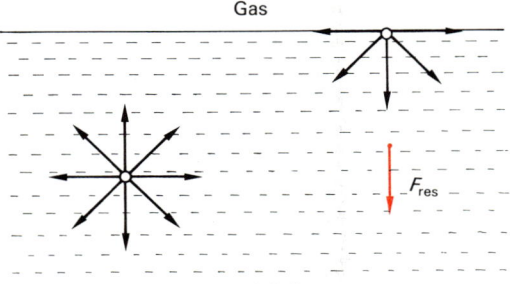

Bild 2-98. Kohäsionskräfte in Flüssigkeiten.

gen, muß die Arbeit W verrichtet werden. Aus
diesem Grund haben auch Moleküle an der
Oberfläche einer Flüssigkeit eine potentielle
Energie, die *Oberflächenenergie* genannt wird.
Wird die Arbeit dW zur Oberflächenvergrö-
ßerung auf die Oberflächenänderung dA bezogen, so ergibt sich die *Oberflächenspannung*

$$\sigma = \frac{\mathrm{d}W}{\mathrm{d}A} . \qquad (2\text{-}192)$$

Die Einheit ist $1 \, \text{J/m}^2 = 1 \, \text{kg/s}^2 = 1 \, \text{N/m}$.

Da ein System immer den Zustand kleinst-
möglicher potentieller Energie einnimmt, sind
Flüssigkeitsoberflächen stets *Minimalflächen*;
z.B. besitzt die Kugel die kleinste Oberfläche
unter allen Körpern gleichen Volumens.

Die Oberflächenspannung wird häufig mit
einem beweglichen Bügel nach Bild 2-99 gemessen. Ein Drahtbügel der Länge l wird in
die Flüssigkeit getaucht und mit einer Kraft
F herausgezogen. Dabei bildet sich zwischen
den Eckpunkten ABCD eine dünne Flüssigkeitshaut. Werden die Kraft F, bei der die

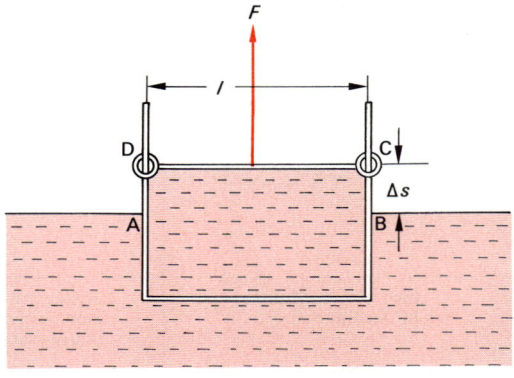

Bild 2-99. Zur Messung der Oberflächenspannung.

Flüssigkeitshaut reißt, und der Weg Δs gemessen, so kann die Oberflächenspannung berechnet werden. Es gilt nach Gl. (2-192)

$$\sigma = \frac{\Delta W}{\Delta A} = \frac{F \Delta s}{2\,l\,\Delta s} = \frac{F}{2\,l}. \qquad (2\text{-}193)$$

Hierbei ist $2\,l$ die *gesamte Randlänge* der Flüssigkeitshaut an der Vorder- und Rückseite des Bügels. Aus Gl. (2-193) wird ersichtlich, daß die Oberflächenspannung als eine auf eine Randlinie bezogene Oberflächenkraft verstanden werden kann.

Beispiel

2.11-4: Es ist der Oberflächendruck p in einer Flüssigkeitskugel (oder einer Gaskugel innerhalb einer Flüssigkeit) bei bekannter Oberflächenspannung σ und dem Kugelradius r zu bestimmen ($\sigma = 30 \cdot 10^{-3}$ N/m, $r = 1,8$ cm). Was wird geschehen, wenn zwei Seifenblasen unterschiedlicher Radien miteinander verbunden werden?

Lösung:

Wird der Kugelradius r um dr vergrößert, so wird auch die Oberfläche A um dA größer. Somit gilt für die hierfür aufzuwendende Arbeit

$dW_{auf} = F\,dr = p\,A\,dr = p\,4\,\pi\,r^2\,dr.$

Andererseits errechnet man nach Gl. (2-192) für die Vergrößerung der Oberflächenenergie

$dW_{ob} = \sigma\,dA = \sigma(4\,\pi\,(r+dr)^2 - 4\,\pi\,r^2)$
$= \sigma(4\,\pi\,r^2 + 8\,\pi\,r\,dr + 4\,\pi\,dr^2 - 4\,\pi\,r^2).$

Weil $dr^2 \ll 2\,r\,dr$ ist, kann der Ausdruck $4\,\pi\,dr^2$ vernachlässigt werden, und man erhält $dW_{ob} = \sigma\,8\,\pi\,r\,dr$.

Da die aufzuwendende Arbeit dW_{auf} zur Vergrößerung der Oberflächenenergie dW_{ob} verwendet wurde, müssen beide gleich groß sein, so daß also $dW_{auf} = dW_{ob}$ ist. Aus $p\,4\,\pi\,r^2\,dr = \sigma\,8\,\pi\,r\,dr$ folgt der Oberflächendruck

$$p = \frac{2\,\sigma}{r}. \qquad (2\text{-}194)$$

In diesem Beispiel ist

$p = \dfrac{2 \cdot 30 \cdot 10^{-3}}{1,8 \cdot 10^{-2}}$ N/m^2 = 3,33 N/m^2.

Aus Gl. (2-194) ist ersichtlich, daß der Druck p mit abnehmendem Radius r größer wird. Deshalb wird der höhere Druck der kleineren Seifenblase die

größere Seifenblase aufblasen. Dadurch wird die größere Seifenblase größer und die kleinere kleiner werden; die größere Seifenblase „schluckt" also die kleinere.

Kapillarität

Bei der Berührung eines Flüssigkeitstropfens mit einer festen Unterlage können gemäß Bild 2-100 zwei Extremfälle auftreten:

– *vollkommene Benetzung:* Die Adhäsionskräfte sind größer als die Kohäsionskräfte. Deshalb wird sich die Flüssigkeit auf der Oberfläche des festen Körpers ausbreiten;
– *unvollkommene Benetzung:* Die Adhäsionskräfte sind wesentlich kleiner als die Kohäsionskräfte. Deshalb wird sich die Flüssigkeit tropfenförmig zusammenziehen.

Es wirken die *Oberflächenspannungen* σ_{13} zwischen gasförmiger (1) und fester Phase (3), σ_{12} zwischen gasförmiger (1) und flüssiger (2) und σ_{23} zwischen flüssiger (2) und fester Phase (3). Der Winkel zwischen der festen Phase und der Flüssigkeitsoberfläche ist α. Wie aus Bild 2-100 hervorgeht, müssen die waagrechten Spannungskomponenten gleich groß sein, damit sich die Flüssigkeit nicht verschiebt:

$\sigma_{13} = \sigma_{23} + \sigma_{12} \cos \alpha$ oder

$$\sigma_{12} \cos \alpha = \sigma_{13} - \sigma_{23}. \qquad (2\text{-}195)$$

Hinsichtlich der Benetzung gilt:

$0 \leq \alpha \leq \pi/2$: vollkommene Benetzung (z. B. Wasser/Glas $\alpha \approx 0°$).
$\pi/2 < \alpha \leq \pi$: keine Benetzung (z. B. Quecksilber/Glas $\alpha = 140°$).

Benetzungsvorgänge sind beispielsweise wichtig für die Wirksamkeit von Waschmitteln, Herstellung von Emulsionen oder bei der Schwimmaufbereitung von Erzen. Benetzungserscheinungen spielen auch eine Rolle, wenn enge Röhrchen (*Kapillaren*) in Flüssigkeiten getaucht werden. Wie Bild 2-100 zeigt, tritt der Fall ein, daß in der Kapillare die Flüssigkeit um die Höhe h höher (*Kapillaraszension* oder *kapillare Hebung*) oder tiefer steht (*Kapillardepression* oder *kapillare Senkung*). Diese Erscheinung wird allgemein *Kapillarität* genannt.

Im folgenden ist die Kapillaraszension (kapillare Hebung) von Interesse. Die von der

Benetzungsform	Benetzung	keine Benetzung
Ursache	Adhäsionskräfte $\gg$ Kohäsionskräfte	Adhäsionskräfte $\ll$ Kohäsionskräfte
Wirkung	Ausbreitung der Flüssigkeit auf der Oberfläche des festen Körpers	Flüssigkeit zieht sich tropfenförmig zusammen
Skizze	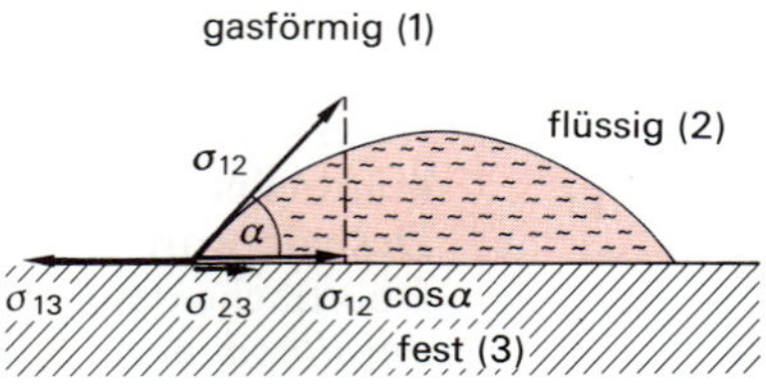	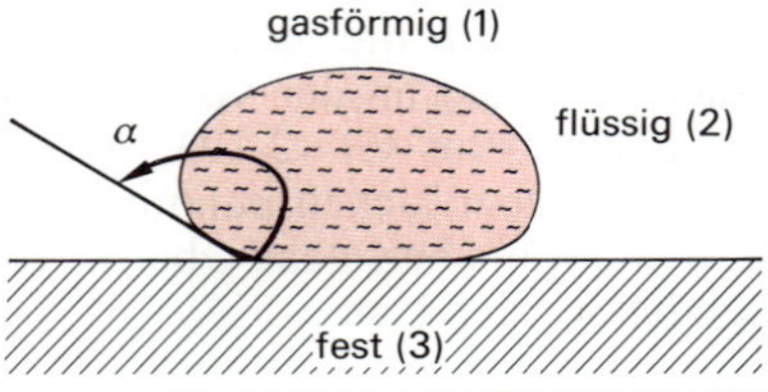
Gleichung	$\sigma_{12} \cos \alpha = \sigma_{13} - \sigma_{23}$	
Randwinkel	$0 \le \alpha \le \dfrac{\pi}{2}$	$\dfrac{\pi}{2} < \alpha \le \pi$
Kapillarität	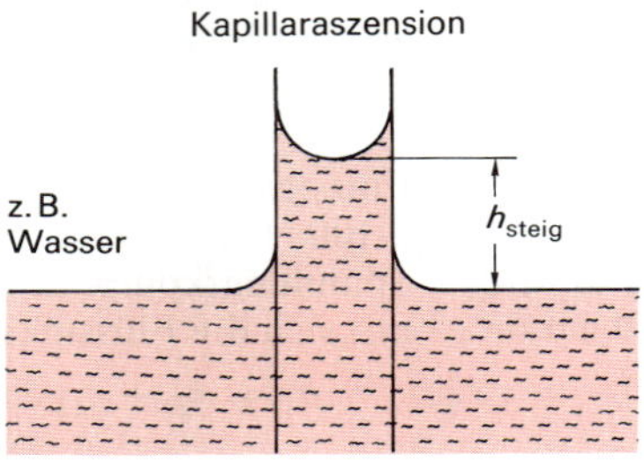 Kapillaraszension z. B. Wasser	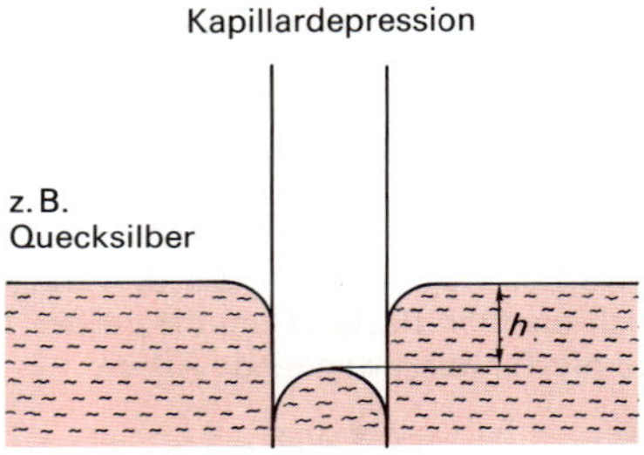 Kapillardepression z. B. Quecksilber

Bild 2-100.   Benetzung.

Oberflächenspannung σ herrührende Kraft F_σ und die Gewichtskraft der angehobenen Flüssigkeitssäule F_G müssen gleich groß sein: $F_\sigma = F_G$. Mit

$$F_\sigma = \sigma\, l = \sigma\, 2\,\pi\, r \quad \text{und}$$

$$F_G = m_{\mathrm{fl}}\, g = V \varrho\, g = \pi\, r^2\, h\, \varrho\, g$$

ergibt sich

$$\sigma\, 2\,\pi\, r = \pi\, r^2\, h\, \varrho\, g\,.$$

Bei nicht vollständiger Benetzung ist die Steighöhe h vom Randwinkel α abhängig, so daß $\sigma = \sigma_{12} \cos \alpha$ gesetzt werden muß. Dann ist

$$\sigma_{12} \cos \alpha\, 2\,\pi\, r = \pi\, r^2\, h\, \varrho\, g\,.$$

Somit gilt für die kapillare Steighöhe

$$h_{\mathrm{steig}} = \frac{2\, \sigma_{12} \cos \alpha}{\varrho\, g\, r}\,. \qquad (2\text{-}196)$$

Diese Formel liefert für nicht benetzende Flüssigkeiten ($\pi/2 < \alpha \le \pi$) negative Steighöhen. Sie zeigt ferner, daß die kapillare Hebung bzw. Senkung um so größer ist, je kleiner der Radius der Kapillare ist.

Die Kapillarwirkung ist für das Aufsteigen von Flüssigkeiten in allen porösen Körpern verantwortlich, beispielsweise in Pflanzenfasern, Dochten oder Mauersteinen.

Zur Übung

Ü 2.11-3: In ein teilweise mit Wasser gefülltes U-Rohr mit der Querschnittsfläche $A = 1\ \mathrm{cm}^2$ werden in einen Schenkel 4,8 g einer zweiten, wasserunlöslichen Flüssigkeit eingefüllt. Der Spiegel dieser Flüssigkeit liegt um den Abstand $a = 1,2\ \mathrm{cm}$ über dem Wasserspiegel des anderen Schenkels. Wie groß ist die Dichte ϱ der Flüssigkeit?

Ü 2.11-4: Eine Schiffsladung wird im Hafen gelöscht. Es passiert ein Unfall, bei dem die entladenen Güter ins Wasser fallen, das Schiff durch einen umstürzenden Kran leck geschlagen wird und sinkt. Hebt oder senkt sich der Wasserspiegel, a) wenn die Güter in das Wasser fallen, b) wenn das Schiff untergeht?

Ü 2.11-5: Die Wassermenge eines Teiches kann durch einen Schieber abgelassen werden. Dieser hat eine Masse $m = 120$ kg, er ist $h = 1,5$ m hoch und $b = 2$ m breit. Mit welcher Öffnungskraft muß der Schieber zunächst betätigt werden, wenn das Wasser bis zum oberen Schieberrand steht (Reibungszahl zwischen Führungsschiene und Schieber $\mu = 0,45$)? Wie groß ist diese, nachdem der Schieber 60 cm hochgezogen wurde?

Ü 2.11-6: Ein Wassertropfen mit dem Radius $r_W = 0,1$ cm wird in Tröpfchen mit dem Radius $r_T = 10^{-5}$ cm zerstäubt. Auf das Wievielfache erhöht sich die Oberflächenenergie?

2.11.3. Fluide – Strömende Flüssigkeiten (Hydrodynamik) und Gase (Aerodynamik)

Strömende Flüssigkeiten und Gase sind Gegenstand der *Strömungsmechanik.* Diese beschreibt den Transport von Massen (Flüssigkeiten oder Gasen) aufgrund der Schwerkraft oder von Druckdifferenzen unter Berücksichtigung der Molekülreibung. In der *Hydrodynamik* werden die *inkompressiblen* und in der *Aerodynamik* die *kompressiblen* Strömungen untersucht. Auch Gase sind näherungsweise inkompressibel, wenn ihre Strömungsgeschwindigkeit höchstens ein Drittel der Schallgeschwindigkeit beträgt. Die Strömungsmechanik kann je nach Berücksichtigung der molekularen Reibung in die *Strömung idealer Flüssigkeiten und Gase* und in die *Strömung realer Flüssigkeiten und Gase* eingeteilt werden.

2.11.3.1. Strömungsfeld

Die strömenden Masseteilchen weisen eine räumliche Geschwindigkeitsverteilung auf; es liegt ein *Strömungsfeld* vor (zum Feldbegriff s. Abschn. 4.3.1). Das Strömungsfeld ist ein *Vektorfeld:* Es beschreibt die Geschwindigkeitsvektoren der transportierten Masseteilchen an jedem Ort für jeden Augenblick. Es kann *ortsabhängig (inhomogen)* oder *ortsunabhängig (homogen)* und *zeitabhängig (instationär)* oder *zeitunabhängig (stationär)* sein. Bild 2-101 zeigt die divergierenden Feldlinien des Strömungsfeldes (*Stromlinien*) eines Diffusors. Die Tangenten an die Stromlinien des Strömungsfeldes beschreiben in jedem Raum-

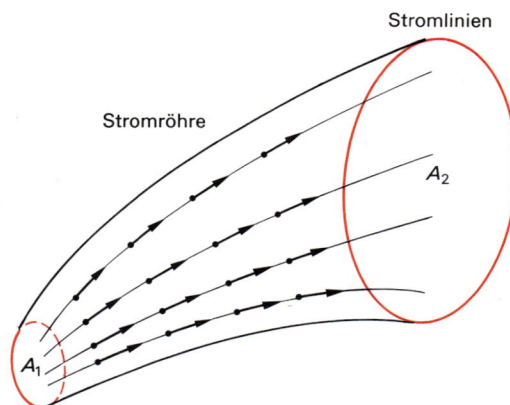

Bild 2-101.   Stromlinien in einer Stromröhre.

punkt die Richtung der Strömungsgeschwindigkeit. Von den Stromlinien zu unterscheiden sind die *Bahnlinien* einer Strömung, die die tatsächliche Bewegung der Masseteilchen während der Strömung beschreiben. Die Bahnlinien können durch Farbstoffe, Rauchoder Schwebeteilchen (z. B. Bärlappsamen) sichtbar gemacht werden. Im instationären Zustand ändert sich das Stromlinienbild von Augenblick zu Augenblick: Bis das Masseteilchen auf seiner Bahn einen Ort erreicht, hat sich die Geschwindigkeit an diesem Ort gegenüber dem vorhergehenden Augenblick schon geändert. Nur in stationären Strömungsfeldern fallen Bahnlinien und Stromlinien zusammen.

Bild 2-101 zeigt die Stromlinien in einem geschlossenen Raumgebiet (Stromröhre). Je größer die Anzahl der Stromlinien ist, die eine senkrechte Fläche durchströmen, desto höher ist die Stromdichte durch diese Fläche. In Bild 2-101 ist die Stromdichte durch die Fläche A_1 höher als durch die Fläche A_2. Strömen aus einer Stromröhre mehr Teilchen heraus, als hineinfließen, dann befindet sich in der Stromröhre eine *Quelle*, im umgekehrten Falle eine *Senke*. Fließen gleich viele Teilchen aus der Stromröhre heraus wie hineinfließen, so ist die Stromröhre *quellen-* und *senkenfrei*.

Die Darstellung der Ursache des Massentransports durch eine Feldgröße, die die Wechselwirkung des Masseteilchens mit der Umgebung beschreibt, ist ein allgemeines Konzept der Physik. Wie aus Bild 2-102 hervorgeht, unterscheidet sich die Beschreibung des Mas-

Gebiet	Hydrodynamik	Wärmelehre	Elektrizitätslehre
Voraussetzungen	Strömung ist inkompressibel und reibungsfrei.	Die Wärmeleitfähigkeit des Materials ist isotrop und konstant. Wärmequelle und -senke liegen außerhalb des betrachteten Raumes.	Die elektrische Leitfähigkeit des Materials ist isotrop und konstant. Spannungsquelle und -senke liegen außerhalb des betrachteten Raumes.
Transportgröße Φ	Masse	Wärme	Ladung
Transportflußdichte $j = \dfrac{\text{Transportgröße } \Phi}{\text{Zeit} \cdot \text{Fläche}}$	$j_H = \dfrac{\text{Masse}}{\text{Zeit} \cdot \text{Fläche}} = \varrho_H\, v \;\; \dfrac{\text{kg}}{\text{s} \cdot \text{m}^2}$	$j_W = \dfrac{\text{Wärmemenge}}{\text{Zeit} \cdot \text{Fläche}} = q \;\; \dfrac{\text{J}}{\text{s} \cdot \text{m}^2} = \dfrac{\text{W}}{\text{m}^2}$	$j_{el} = \dfrac{\text{Ladung}}{\text{Zeit} \cdot \text{Fläche}} = \dfrac{\text{As}}{\text{s} \cdot \text{m}^2} = \dfrac{\text{A}}{\text{m}^2}$
Ursache:	Gradient des Geschwindigkeitspotentials	Gradient der Temperatur	Gradient der Spannung
Transportfeldstärke E	$v = E_H = -\,\mathbf{grad}\,\Phi \;\; \dfrac{\text{Pa}}{\text{m}}$ Φ_H: Masse, kg $\Phi_1 > \Phi_2$	$E_W = -\,\mathbf{grad}\,T \;\; \dfrac{\text{K}}{\text{m}}$ Φ_W: Energie, J $T_1 > T_2$	$E_{el} = -\,\mathbf{grad}\,U \;\; \dfrac{\text{V}}{\text{m}}$ Φ_{el}: Ladung, C $U_1 > U_2$
Kontinuitätsgleichung	$\operatorname{div}\,E_H = \dfrac{\partial E_H}{\partial x} + \dfrac{\partial E_H}{\partial y} + \dfrac{\partial E_H}{\partial z} = 0$	$\operatorname{div}\,E_W = \dfrac{\partial E_W}{\partial x} + \dfrac{\partial E_W}{\partial y} + \dfrac{\partial E_W}{\partial z} = 0$	$\operatorname{div}\,E_{el} = \dfrac{\partial E_{el}}{\partial x} + \dfrac{\partial E_{el}}{\partial y} + \dfrac{\partial E_{el}}{\partial z} = 0$
Zusammenhang zwischen Feldstärke und Transportflußdichte in isotropen Medien	$j_H = \varrho_H\, E_H$ (ϱ_H: Dichte)	$j_W = \dfrac{1}{\varrho_T}\, E_W = \lambda\, E_W$ (ϱ_T: spez. Wärmedurchlaßwiderstand, λ: Wärmeleitfähigkeit)	$j_{el} = \dfrac{1}{\varrho}\, E_{el} = \varkappa\, E_{el}$ (ϱ: spez. elektrischer Widerstand, $\varkappa$: elektrische Leitfähigkeit)
Laplace-Gleichung $\quad \Delta\varphi = 0$	$\Delta\varphi = \operatorname{div}\,E_H = -\,\operatorname{div}\,\mathbf{grad}\,\Phi = 0$ $\dfrac{\partial^2 \Phi}{\partial x^2} + \dfrac{\partial^2 \Phi}{\partial y^2} + \dfrac{\partial^2 \Phi}{\partial z^2} = 0$	$\Delta\varphi = \operatorname{div}\,E_W = -\,\operatorname{div}\,\mathbf{grad}\,T = 0$ $\dfrac{\partial^2 T}{\partial x^2} + \dfrac{\partial^2 T}{\partial y^2} + \dfrac{\partial^2 T}{\partial z^2} = 0$	$\Delta\varphi = \operatorname{div}\,E_{el} = -\,\operatorname{div}\,\mathbf{grad}\,U = 0$ $\dfrac{\partial^2 U}{\partial x^2} + \dfrac{\partial^2 U}{\partial y^2} + \dfrac{\partial^2 U}{\partial z^2} = 0$

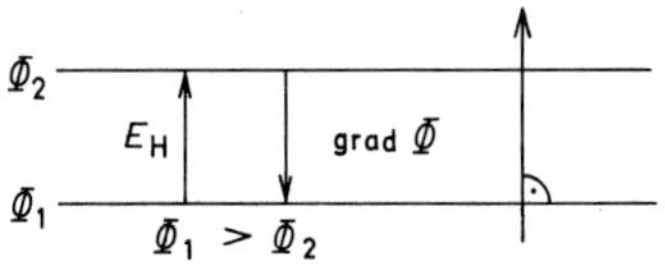

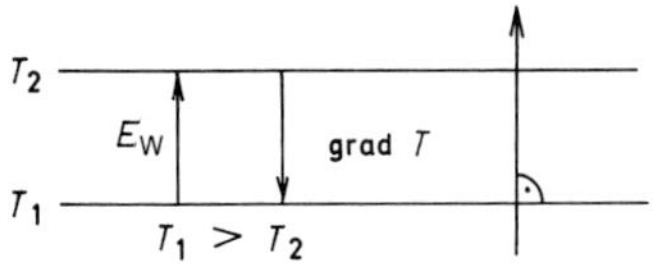

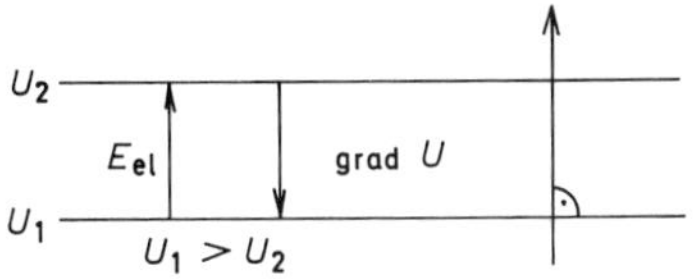

Bild 2-102. *Vergleich der Felder in der Hydrodynamik mit den Feldern in der Wärmelehre und in der Elektrizitätslehre.*

sentransports als Folge des Gefälles (*Gradienten*) des Strömungspotentials mathematisch nicht von derjenigen des Wärmetransports bei einem Temperaturgradienten oder des Ladungstransports bei einem elektrischen Potentialgradienten. Ist die jeweilige Transportgröße (Masse, Wärmemenge, Ladung) in einem abgegrenzten Raumteil konstant, existieren in diesem Feldbereich also keine Quellen oder Senken der Transportgröße, so gilt für die jeweilige *Feldstärke E* die *Kontinuitätsgleichung*, nämlich div $E = 0$, die die Massenerhaltung, die Wärmeerhaltung oder die Ladungserhaltung beschreibt. Die Verknüpfung der Kontinuitätsgleichung mit der Felddefinitionsgleichung führt in allen Fällen von Bild 2-102 zu einer gleichartigen Differentialgleichung für die Potentialfunktion φ, die den räumlichen Verlauf des Geschwindigkeitspotentials, der Temperatur oder des elektrischen Potentials beschreibt. Für das jeweilige Transportproblem ist also diese Differentialgleichung für die Potentialfunktion, die sogenannte *Laplace-Gleichung* (P. LAPLACE, 1749 bis 1827), unter den geometrischen Randbedingungen des Transportproblems zu lösen:

$$\Delta\varphi = \frac{\partial^2\varphi}{\partial x^2} + \frac{\partial^2\varphi}{\partial y^2} + \frac{\partial^2\varphi}{\partial z^2} = 0 \,. \qquad (2\text{-}197)$$

Die Mathematik hat dafür in der *Potentialtheorie* eine Vielzahl an Lösungswegen und Lösungen entwickelt. Experimentell kann die räumliche Potentialverteilung dreidimensional im *elektrolytischen Trog* gemäß Bild 2-103

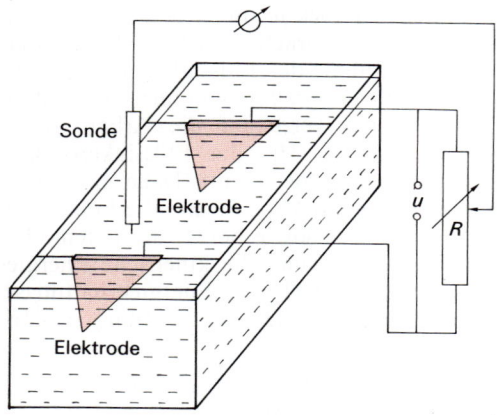

Bild 2-103. *Elektrolytischer Trog (schematisch).*

oder zweidimensional auf *Leitfähigkeitspapier* bestimmt werden. Dazu werden die Geometrien der Transportwege als Elektroden in einem Elektrolyten (z. B. Wasser) bzw. auf Spezialpapier aufgezeichnet, durch das Anlegen einer elektrischen Spannung an die Elektroden die Randbedingungen festgelegt und der Verlauf der elektrischen Spannung und damit das Potentialfeld gemessen.

Bild 2-104 zeigt die Stromlinien eines Strömungsfeldes bei einer plötzlichen Querschnittsveränderung, wie man sie mittels eines automatischen Äquipotentiallinienschreibers (Bild 4-50, Abschn. 4.3.4) aufzeichnen kann. Werden die Randbedingungen der Temperatur bzw. des Drucks durch proportionale elektrische Spannungen nachgebildet, so können im elektrolytischen Trog auch Probleme des Massentransports (z. B. Stauzonen) oder des Wärmetransports (z. B. Wärmebrücken) analysiert werden.

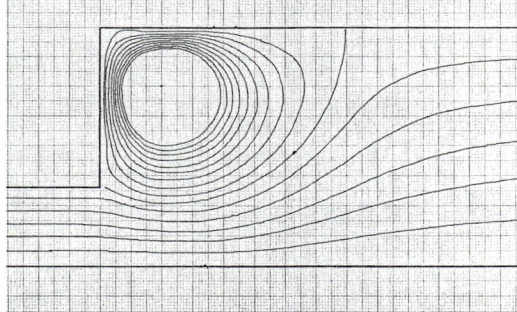

Bild 2-104.   *Stromlinien bei plötzlicher Querschnittsveränderung (Auftreten eines Eckenwirbels).*

Ist die Potentialfunktion $\varphi\,(x, y, z)$ ermittelt, können durch *Gradientenbildung* die räumliche Feldstärkeverteilung bestimmt und damit die zur Feldstärke proportionalen Transportflußdichten, nämlich die Massenstromdichte j_H, die Wärmestromdichte j_W und die elektrische Stromdichte j_{el} berechnet werden.

2.11.3.2. Grundgleichungen idealer (reibungsfreier) Strömungen

Ideale Gase sind Gase, deren Kohäsion vernachlässigbar klein ist, und ideale Flüssigkeiten sind inkompressibel. Die Strömungen idealer Gase und idealer Flüssigkeiten sind definitionsgemäß reibungsfrei.

Kontinuitätsgleichung (Durchflußgleichung)

Für den Vektor der Massenstromdichte gilt nach Bild 2-102

$$j = \varrho \, v \, . \tag{2-198}$$

Im allgemeinen Fall wird weder die Strömungsgeschwindigkeit v konstant sein (keine parallele Stromlinien), noch die Fläche A senkrecht durchströmt werden, wie aus Bild 2-105 hervorgeht. Der Anteil des Massenstroms $dṁ$, der ein kleines Flächenelement dA durchströmt, beträgt (mit dem Winkel α zwischen dem Strömungsgeschwindigkeitsvektor v und dem Vektor dA des Flächenelements, der senkrecht auf der Fläche dA steht)

$$d\dot{m} = |\,j\,|\,|\,dA\,|\cos \alpha = j \, dA \, . \tag{2-199}$$

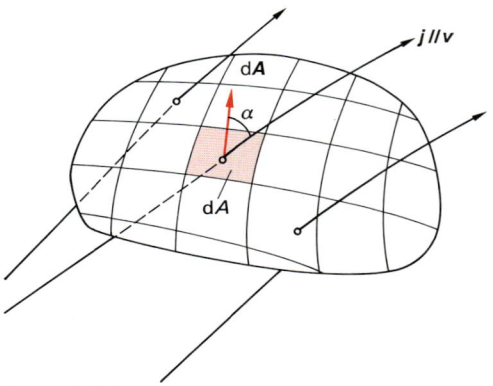

Bild 2-105.   Zur Kontinuitätsgleichung.

Dies bedeutet: Der Anteil des Massestroms $d\dot{m}$ ist gleich dem Skalarprodukt aus der Massestromdichte j und dem Flächenelement dA. Durch Integration über die geschlossene Oberfläche ergibt sich der gesamte, durch die Oberfläche des eingeschlossenen Volumens ein- und austretende Massenstrom (analog zum elektrischen Fluß ψ, Gl. (4-134) in Abschn. 4.3.6.1):

$$\dot{m} = \frac{dm}{dt} = \oint_0 j \, dA = \oint_0 \varrho \, v \, dA \, . \tag{2-200}$$

Drei Fälle treten auf:

Quelle: Das Integral ist > 0;
Senke: Das Integral ist < 0 und
Quellenfreiheit: Das Integral ist $= 0$.

Quellen- bzw. Senkenfreiheit bedeutet, daß der Massenstrom durch ein Volumenelement konstant bleibt. Für eine solche stationäre Strömung existiert eine Kontinuitätsgleichung; sie ergibt sich aus Gl. (2-200) für $dm/dt = 0$ durch Integration zu

$$\dot{m} = \varrho_1 v_1 A_1 = \varrho_2 v_2 A_2 = \varrho \, v \, A = \text{konstant}. \tag{2-201}$$

Bei inkompressiblen Flüssigkeiten ist die Dichte ϱ konstant. Für diese und Gasströmungen mit vernachlässigbaren Druckunterschieden geht Gl. (2-201) in

$$\dot{V} = \frac{\dot{m}}{\varrho} = A \, v = \text{konstant} \tag{2-202}$$

über. Der Volumenstrom $\dot{V}$, das Produkt aus der Querschnittsfläche A und der Strömungsgeschwindigkeit $v = ds/dt$, ist entsprechend Bild 2-106 konstant.

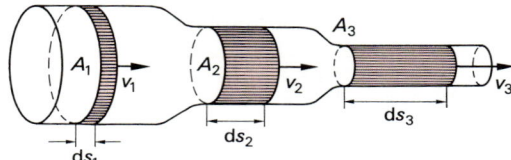

Bild 2-106.   Konstanz des Volumenstroms in einer Stromröhre (stationäre Strömung).

Um ein Flüssigkeitsvolumen $\Delta V_1 = A_1 \, \Delta s_1$ durch die Querschnittsfläche A_1 in die Strömungsröhre einzubringen, muß bei dem dort herrschenden Druck p_1 die Arbeit $W_1 = p_1 \, \Delta V_1 = p_1 A_1 \, \Delta s_1$ aufgebracht werden. Wegen der Inkompressibilität der Flüssigkeit tritt bei A_2 dann ein gleich großes Volumen $\Delta V_2 = \Delta V_1 = \Delta V$ aus und verrichtet die Arbeit $W_2 = p_2 \, \Delta V_2 = p_2 A_2 \, \Delta s_2$. Hat das Flüssigkeitsvolumen am Ort der Querschnittsfläche A_1 die potentielle Energie $\varrho \, \Delta V g \, h_1$ und die kinetische Energie $\frac{1}{2} \varrho \, \Delta V v_1^2$ sowie bei A_2 die potentielle Energie $\varrho \, \Delta V g \, h_2$ und die kinetische Energie $\frac{1}{2} \varrho \, \Delta V v_2^2$, so gilt nach dem Energieerhaltungssatz bei vernachlässigbarer Reibung gemäß Bild 2-107 a

$$\Delta W = (\tfrac{1}{2} \varrho \, \Delta V v_1^2 + \varrho \, \Delta V g \, h_1) - (\tfrac{1}{2} \varrho \, \Delta V v_2^2 + \varrho \, \Delta V g \, h_2) \, .$$

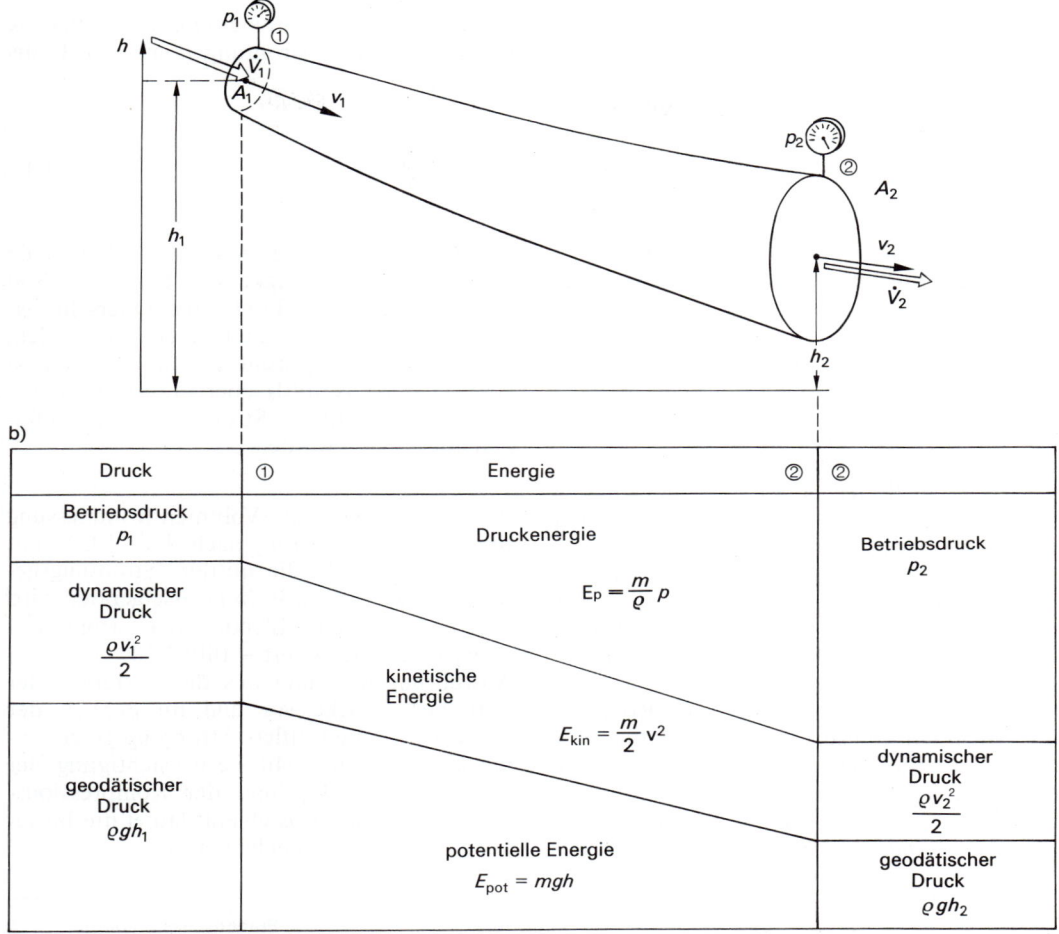

Bild 2-107.   *Zur Bernoulli-Gleichung: a) Stromröhre, b) Druck- und Energieverlauf.*

Mit $\Delta W = p_2 \, \Delta V - p_1 \, \Delta V$ folgt daraus

$$p_1 + \tfrac{1}{2} \varrho \, v_1^2 + \varrho \, g \, h_1 = p_2 + \tfrac{1}{2} \varrho \, v_2^2 + \varrho \, g \, h_2$$
$$(2\text{-}203)$$

oder allgemein

$$\underbrace{p}_{\substack{\text{Betriebs-} \\ \text{druck}}} + \underbrace{\underbrace{\tfrac{1}{2} \varrho \, v^2}_{\substack{\text{dynamischer} \\ \text{Druck} \\ \text{(Staudruck)}}} + \underbrace{\varrho \, g \, h}_{\text{geodätischer Druck}}}_{\text{statischer Druck}} = p_{\text{ges}} = \text{konst.}$$
$$(2\text{-}204)$$

Diese Gleichung wird nach ihrem Entdecker *Bernoulli-Gleichung* genannt (D. BERNOULLI,

1700 bis 1782). Sie besagt, daß an jedem Ort für eine Stromlinie die Summe aus statischem (Betriebsdruck und geodätischem Druck) und dynamischem Druck (Staudruck) konstant ist.

Analog zur Energieerhaltung ist in Bild 2-107b an der Seite die *Druckerhaltung* nach der *Bernoulli-Gleichung* aufgezeigt. Aus Bild 2-107a ist erkennbar, daß an Punkt ② wegen der größeren Fläche A_2 die Durchströmgeschwindigkeit v_2 kleiner und damit auch die kinetische Energie bzw. der dynamische Druck geringer ist als in Punkt ①. Zudem ist die Lage des Punktes ② tiefer, so daß auch der geodätische Druck abnimmt. Da aber die Summe aller Drücke konstant sein muß, hat dies zur Folge, daß der Betriebsdruck p_2 stark zunehmen muß.

Während der geodätische Druck $\varrho\,g\,h$ und der Betriebsdruck p bereits aus der Mechanik der ruhenden Flüssigkeiten und Gase bekannt sind (*hydrostatischer Druck*, Gl. (2-180) in Abschn. 2.11.2.4), tritt der *dynamische Druck* (*Staudruck*) nur in *strömenden Medien* auf.

Anwendungen der Kontinuitäts- und der Bernoulli-Gleichung

Druck- und Volumenstrommessung

Bild 2-108 zeigt die Wirkungsweise von *Druckmessern*, deren Meßgrößen sowie die Berechnungsgleichungen.

Die *Drucksonde* mißt durch radiale Öffnungen im Mantel der Sonde (parallel zu den Stromlinien) den *statischen Druck* p_{stat}. Bei den Drucksonden wird meist ein piezoelektrischer Drucksensor eingesetzt. Den *statischen Druck* p_{stat} und den *Staudruck* p_{dyn} mißt das *Pitot-Rohr* (H. PITOT, 1695 bis 1771), das eine axiale Bohrung hat. Das *Prandtlsche Staurohr* (L. PRANDTL, 1875 bis 1953) ist eine Kombination von Drucksonde und Pitot-Rohr. Es mißt den Differenzdruck zwischen Gesamtdruck und statischem Druck, d.h. den *dynamischen Druck* bzw. den *Staudruck* p_{dyn} direkt. Sind Druck und Dichte konstant, dann eignet sich das *Prandtlsche Staurohr* auch zur Be-

stimmung der Strömungsgeschwindigkeit v. Für reibungsfreie Strömungen ergibt sich aus Gl. (2-204)

$$v = \sqrt{\frac{2\,p_{dyn}}{\varrho}}\,. \tag{2-205}$$

Mit dem *Prandtlschen Staurohr* werden lokale Strömungsgeschwindigkeiten ermittelt. Soll der Volumenstrom durch eine Querschnittsfläche A nach Gl. (2-202) berechnet werden, dann muß durch Ausmessen des Strömungsgeschwindigkeitsprofils über die Querschnittsfläche die mittlere Strömungsgeschwindigkeit abgeschätzt werden.

Besser geeignet zur Volumenstrommessung sind die *Drosselgeräte* nach DIN 1952, mit denen man direkt die mittlere Strömungsgeschwindigkeit v_m mißt. In Drosselgeräten wird durch Düsen oder Blenden der Strömungsquerschnitt vermindert − Bild 2-109 zeigt drei Ausführungen − und aus der Differenz der statischen Drücke vor und im Bereich der Drosselstelle die mittlere Strömungsgeschwindigkeit berechnet. Mit Berücksichtigung der Reibungsarbeit W_R und der Kompressionsverluste W_K am Drosselgerät lautet die Beziehung für ein Volumenelement ΔV

Bezeichnung	Drucksonde	Pitot-Rohr	Prandtlsches Staurohr
Skizze	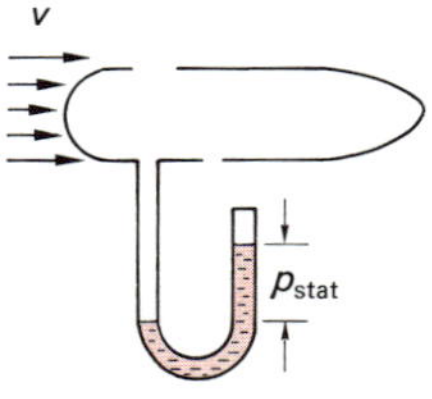	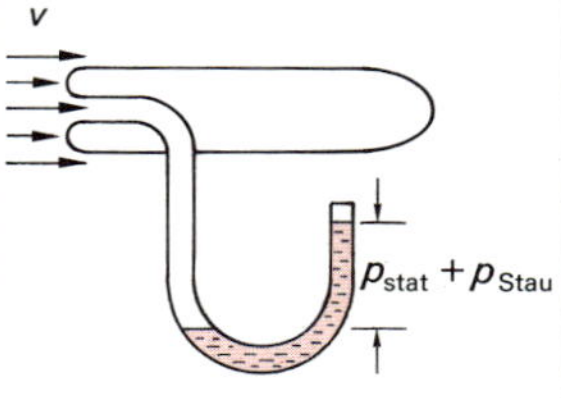	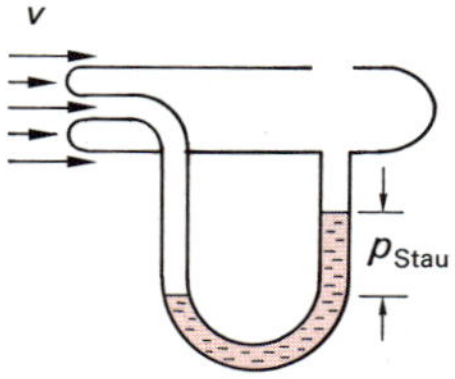 Differenzmessung von Pitot-Rohr und Drucksonde
Meßgröße	statischer Druck	statischer Druck und Staudruck	Staudruck, Strömungsgeschwindigkeit
Berechnungs-Formel	$p = p_{stat}$	$p_{ges} = p_{stat} + \dfrac{\varrho v^2}{2}$	$p_{dyn} = \dfrac{\varrho v^2}{2}$ $v = \sqrt{\dfrac{2\,p_{dyn}}{\varrho}}$

Bild 2-108.   *Messung des Drucks und des Volumenstroms.*

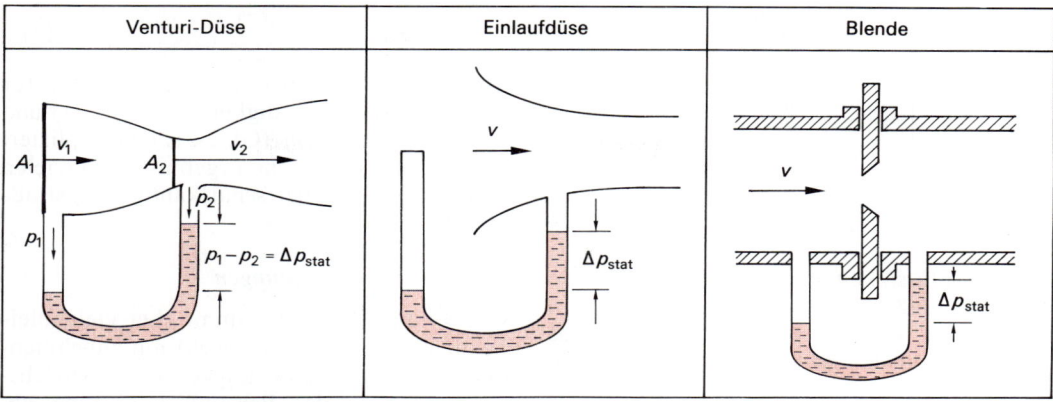

Bild 2-109.   Drosselgeräte nach DIN 1952.

$$p_1 + \tfrac{1}{2}\varrho_1 v_1^2 = p_2 + \tfrac{1}{2}\varrho_2 v_2^2 + \frac{W_R}{\Delta V} + \frac{W_K}{\Delta V}.$$

$$(2\text{-}206)$$

Die *Kompressionsarbeit* W_K ist abhängig vom Isentropenexponenten $\varkappa = c_p/c_v$ (Abschn. 3.3.3), bei inkompressiblen Medien aber vernachlässigbar. Die *Reibungsverluste* W_R der Flüssigkeit oder des Gases an der Grenzschicht des Drosselgeräts können auch zur Entstehung von Wirbeln führen. Die Verlustanteile in Gl. (2-206) werden mit Hilfe der *Expansionszahl* ε und der *Durchflußzahl* α auf die kinetische Energie der Strömung im Drosselgerät bezogen:

$$\varepsilon = \sqrt{1 - \frac{\dfrac{\cdot W_K}{\Delta V}}{\tfrac{1}{2}\varrho_2 v_2^2}},$$

$$(2\text{-}207)$$

$$\alpha = \sqrt{1 - \frac{\dfrac{W_R}{\Delta V}}{\tfrac{1}{2}\varrho_2 v_2^2}}.$$

$$(2\text{-}208)$$

Werden Gl. (2-207) und (2-208) in Gl. (2-206) eingesetzt und die quadratischen Glieder der Verluste vernachlässigt, dann ergibt sich der Staudruck

$$\tfrac{1}{2}\varrho_2 v_2^2 = \alpha^2 \varepsilon^2 (p_1 - p_2 + \tfrac{1}{2}\varrho_1 v_1^2)$$

und mit Gl. (2-201) die Strömungsgeschwindigkeit an der Drosselstelle:

$$v_2 = \alpha\, \varepsilon \sqrt{\frac{2(p_1 - p_2)}{\varrho_2 \left(1 - \dfrac{\varrho_2}{\varrho_1} \dfrac{A_2^2}{A_1^2} \alpha^2 \varepsilon^2\right)}}.$$

$$(2\text{-}209)$$

Somit beträgt der Volumenstrom

$$\dot V = A_2 v_2 \qquad\qquad (2\text{-}210)$$

$$= \alpha\, \varepsilon A_2 \sqrt{\frac{2(p_1 - p_2)}{\varrho_2 \left(1 - \dfrac{\varrho_2}{\varrho_1} \dfrac{A_2^2}{A_1^2} \alpha^2 \varepsilon^2\right)}}.$$

Das *Korrekturfaktorprodukt* $\alpha\,\varepsilon$ ist abhängig von der Drosselgerätbauweise und von der Stärke des Volumenstroms. Es muß auf einer Eichstrecke bestimmt werden; für *Normdrosselgeräte* ist $\alpha\,\varepsilon$ in DIN 1952 tabelliert.

Das *Venturi-Rohr* wird häufig zur Bestimmung der Strömungsgeschwindigkeit in Flüssigkeiten eingesetzt. Bei ihm ist in weiten Volumenstrombereichen $\alpha\,\varepsilon = 1$; allerdings ist beim Venturi-Rohr, besonders bei der Messung von Gasströmen, der Wirkdruck $p_1 - p_2$ im Vergleich zu den anderen Drosselgeräten klein. Blenden in Gasströmungen liefern einen hohen, leicht meßbaren Wirkdruck. Bei Blenden ist $\alpha\,\varepsilon < 1$ und stark strömungsabhängig.

Ausfließen von Flüssigkeiten aus Gefäßen

Ein mit Flüssigkeit gefülltes Gefäß entsprechend Bild 2-110 habe in der Höhe h unter-

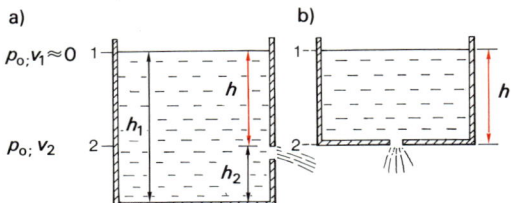

Bild 2-110. Zum Torricellischen Ausflußgesetz.

halb des Flüssigkeitsspiegels ein Loch, das so klein ist, daß der Flüssigkeitsspiegel beim Ausströmen kaum sinkt ($v_1 \ll v_2$). Für das Niveau 1 und das Niveau 2 ist der statische Druck gleich dem Luftdruck p_0. Nach der Bernoulli-Gleichung (2-204) gilt

$$\varrho\, g\, h_1 + \frac{\varrho\, v_1^2}{2} + p_0 = \varrho\, g\, h_2 + \frac{\varrho\, v_2^2}{2} + p_0 .$$

Daraus folgt

$$v_2 = \sqrt{2\, g\, h} \ . \qquad (2\text{-}211)$$

Die Ausflußgeschwindigkeit v_2 ist gleich der Geschwindigkeit des freien Falls irgendeines Körpers (auch der Flüssigkeitssäule) aus der Höhe h (Bild 2-110 b). Dies wurde bereits von E. TORRICELLI (1608 bis 1647) festgestellt. Nach Gl. (2-201) erhält man den *Massenstrom* aus $\dot m = \varrho\, A\, v$ oder

$$\dot m = \varrho\, A \sqrt{2\, g\, h} \ . \qquad (2\text{-}212)$$

In der Praxis sind weit geringere Werte für die Ausflußgeschwindigkeit v_2 oder den Massenstrom $\dot m$ festzustellen. Dies ist auf zwei Einflüsse zurückzuführen:

– *Flüssigkeitsreibung:* Die Flüssigkeitsreibung wird durch die *Geschwindigkeitsziffer* φ berücksichtigt (für Wasser beträgt $\varphi \approx 0{,}97$);
– *Verengung des austretenden Strahls* (Kontraktion): Am Ausflußloch tritt eine Einschnürung des austretenden Flüssigkeitsstrahls ein, so daß sich der Ausflußquerschnitt verkleinert. Der Grad der Einschnürung wird durch die *Kontraktionszahl* α berücksichtigt, die von der Ausflußform abhängt (für scharfkantige Ausflußöffnungen $\alpha \approx 0{,}61$).

Das Produkt aus beiden Einflußgrößen ist die *Ausflußzahl*

$$\mu = \varphi\, \alpha \ . \qquad (2\text{-}213)$$

Mit der Ausflußzahl μ müssen die Werte für die Ausflußgeschwindigkeit v_2 (Gl. 2-211) und den Massenstrom $\dot m$ (Gl. 2-212) multipliziert werden, um realistische Ergebnisse zu erzielen (z. B. für Wasser bei scharfkantiger Ausflußöffnung $\mu = \varphi\, \alpha = 0{,}59$).

Saugeffekt von Strömungen

Wie Bild 2-111 zeigt, nimmt (bei gleichbleibendem geodätischem Druck) mit zunehmender Strömungsgeschwindigkeit v der Betriebsdruck p nach der Bernoulli-Gleichung ab. Dies führt zu *Saugeffekten* bei Strömungen.

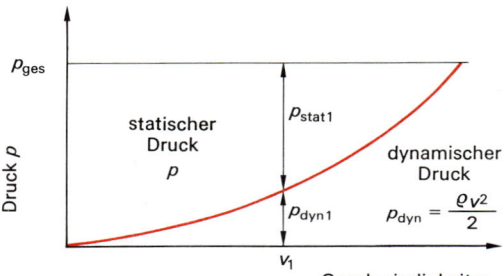

Bild 2-111. Statischer und dynamischer Druck in Abhängigkeit von der Geschwindigkeit (Bernoulli-Gleichung).

– *Zerstäuber:* Durch ein waagrechtes Rohr strömt Luft. Die Strömungsgeschwindigkeit nimmt im Punkt A in Bild 2-112 wegen der Einengung des Rohrs zu, so daß auch der dynamische Druck an der Stelle A zunimmt und sich der Betriebsdruck im Steigrohr vermindert. Der Luftdruck p_0 wirkt auf die Flüssigkeit im Steigrohr, die im Luftstrahl zerstäubt wird.

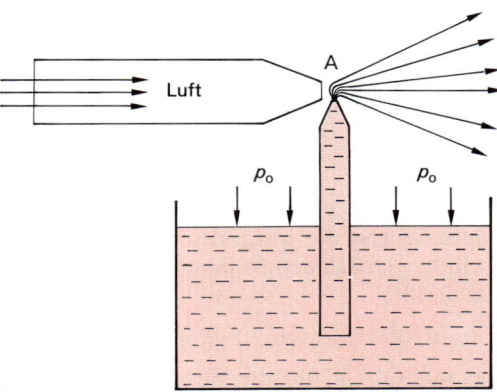

Bild 2-112. Prinzip des Zerstäubers.

– *Wasserstrahlpumpe:* Durch eine Düse wird der Wasserstrahl eingeschnürt, so daß am Punkt A in Bild 2-113 eine höhere Strömungsgeschwindigkeit auftritt (höherer dynamischer Druck). Der dadurch verminderte statische Druck bewirkt, daß Luftteilchen in der Umgebung angesaugt werden. Einen angeschlossenen Rezipienten kann man auf diese Weise leerpumpen. Die untere Grenze der Wirksamkeit der Wasserstrahlpumpe wird durch den Dampfdruck des Wassers gesetzt; bei Raumtemperatur liegt der Grenzwert bei $p \approx 2,7 \cdot 10^3$ Pa.

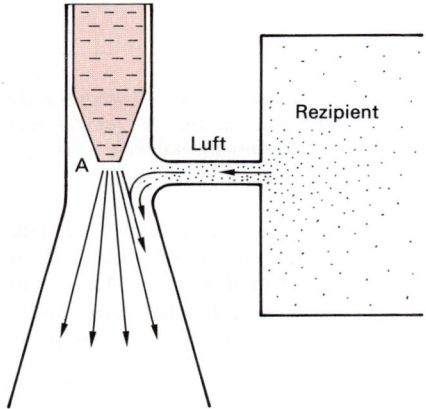

Bild 2-113.   Prinzip der Wasserstrahlpumpe.

– *Hydrodynamisches (aerodynamisches) Paradoxon:* Ein Flüssigkeits- oder Gasstrahl, der gemäß Bild 2-114 gegen eine bewegliche Platte gerichtet ist, drückt diese nicht weg, sondern zieht sie an. Der statische Druck p_{stat} nimmt an der Plattenoberfläche ab, so daß der äußere Druck p_0 die bewegliche Platte an den Strahl preßt. Dieser Effekt kann leicht nachvollzogen werden, wenn ein spritzender Gartenschlauch in einen sich füllenden Eimer getaucht wird. Wird der Schlauch in Richtung des Eimerbodens geführt, so wird er

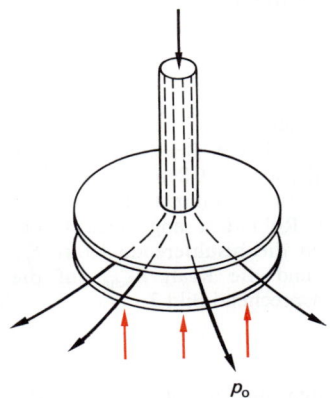

Bild 2-114.   Hydrodynamisches Paradoxon.

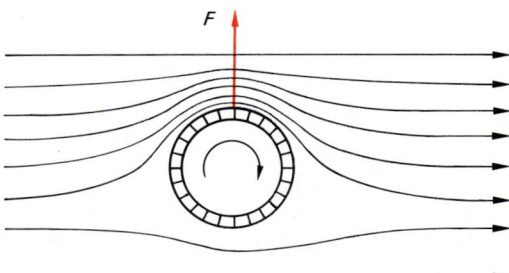

Bild 2-115.   Magnus-Effekt.

kurz vor dem Boden direkt an den Eimerboden gepreßt. Mit diesem Effekt ist auch erklärbar, weshalb sich dicht nebeneinander fahrende Fahrzeuge anziehen können.

– *Magnus-Effekt:* Rotiert ein Zylinder in einer strömenden Flüssigkeit oder in Gas entsprechend Bild 2-115, so nimmt die Strömungsgeschwindigkeit an der Oberseite zu. Weil dadurch der statische Druck an der Oberseite kleiner wird als an der Unterseite, erfährt der Zylinder eine senkrecht zur Strömung wirkende, Magnus-Effekt genannte Kraft *F* (H. G. MAGNUS, 1802 bis 1870).

Beispiel

2.11-5: In einer Stahlflasche befindet sich Gas unter dem Druck p_{Gas}. Der äußere Druck beträgt p_0. Wie groß ist die Ausströmgeschwindigkeit v_{aus} beim Öffnen des Ventils?

Lösung:

Nach der Bernoulli-Gleichung (2-204) gilt im vorliegenden Fall $p_{Gas} = \varrho\, v_{aus}^2/2 + p_0$. Daraus ergibt sich das Ausströmgesetz nach *Bunsen:*

$$v_{aus} = \sqrt{\frac{2\,(p_{Gas} - p_0)}{\varrho}} \; . \qquad (2\text{-}214)$$

Strömungsimpuls

Geschwindigkeitsänderungen strömender Medien bewirken Impulsänderungen, die nach dem *Impulssatz* (Abschn. 2.5.2.1) Kräfte ergeben. Solche Kräfte treten in der Strömungslehre vor allem beim Verzögern oder Beschleunigen der Medien sowie beim Umlenken auf. Der Impulssatz wird im folgenden auf reibungsfreie, inkompressible Medien und stationäre Strömungen beschränkt. Der Vorteil bei der Anwendung des Impulssatzes ist, daß nur die Strömungsverhältnisse beim Eintritt in und Austritt aus dem Strömungsraum bekannt sein müssen, um die Kraftwirkungen zu bestimmen, nicht aber die Strömungsvorgänge im Inneren des Strömungsraumes. Der Impulssatz lautet nach Gl. (2-50)

$$\sum F_a = \frac{dp}{dt}.$$

Darin ist der Impuls $p = m\,v$. Mit der Dichte $\varrho = m/V$ kann für den Impuls in strömenden Medien geschrieben werden

$$p = \varrho\,V\,v. \qquad (2\text{-}215)$$

In inkompressiblen, stationären Strömungen sind Dichte und Geschwindigkeit konstant. Dann gilt für die Impulsänderung

$$\frac{dp}{dt} = \varrho\,v\,\frac{dV}{dt}. \qquad (2\text{-}216)$$

Der Impulssatz für einen beliebigen Strömungsraum lautet damit

$$\sum F_a = \sum \varrho\,v\,\frac{dV}{dt}. \qquad (2\text{-}217)$$

$\sum F_a$ äußere Kräfte, die an den Grenzen des Strömungsraums von außen angreifen (z. B. Druck- oder Schwerekräfte),

$\sum \varrho\,v\,\dfrac{dV}{dt}$ Impulskräfte, die an den Grenzen des Strömungsraums nach außen wirken.

Das Vorzeichen ist beim *Eintritt* in den Strömungsraum *positiv* und beim *Verlassen negativ*. Bei der Anwendung des Impulssatzes ist folgende Vorgehensweise zweckmäßig:

— Abgrenzen des Systems (Strömungsraums) und Festlegen des Ein- und Austritts des Strömungsraums;
— Ermitteln der Querschnitte, der Strömungsgeschwindigkeiten und Drücke am Ein- und Austritt;
— Bestimmen der äußeren Kräfte und der Impulskräfte sowie
— Ermitteln der resulierenden Kraft (graphisch und analytisch).

Der Impulssatz spielt bei Wasserkraftmaschinen wegen der Strahlablenkung eine wichtige

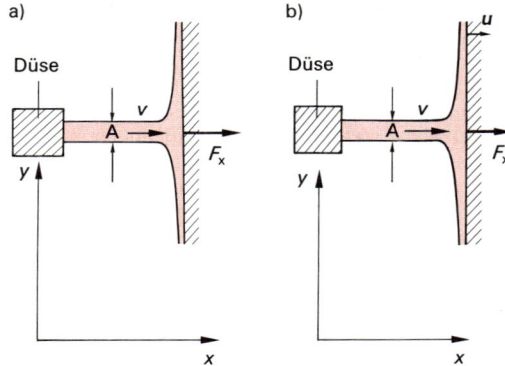

Bild 2-116. *Zum Impulssatz in der Hydrodynamik: Wasserstrahl aus einer Düse a) auf eine feststehende Platte, b) auf eine mit der Geschwindigkeit u bewegte Platte.*

Rolle. Ein Strahl, der aus einer Düse austritt, wird an einer Wand so umgelenkt, daß er parallel zur Wand abströmt. Wird der Strahl wie in Bild 2-116 senkrecht auf eine Platte gerichtet, so gilt für die Kraft in x-Richtung $F_x = \varrho\,v\,dV/dt$ und wegen $dV/dt = A\,v$

$$F_x = \varrho\,v^2 A. \qquad (2\text{-}218)$$

Bewegt sich die Wand mit der Geschwindigkeit u in Strahlrichtung, dann nimmt die Kraft ab (Bild 2-116 b):

$$F_x = \varrho\,A\,(v - u)^2. \qquad (2\text{-}219)$$

Je nach Form der Wand und Auftreffwinkel des Strahls ergeben sich unterschiedliche Kräfte bzw. Drehmomente.

Beispiel

2.11-6: Ein Rohrkrümmer von 90° hat einen Durchmesser (Nennweite) $d = 10$ cm. Bei einem äußeren Druck $p = 5 \cdot 10^5$ Pa fließen $\dot{V} = 0,2$ m³/s Wasser hindurch. Der Krümmer ist am Eintritt und am Austritt an ein gerades Rohrstück angeflanscht. Berechnet werden sollen die resultierende Kraft F_{res} auf den Krümmer und die Kraft F_{Schr} auf die Flanschschrauben entsprechend Bild 2-117.

Lösung:

Die Geschwindigkeiten am Ein- und Austritt sind $v_1 = v_2 = v$.

a)

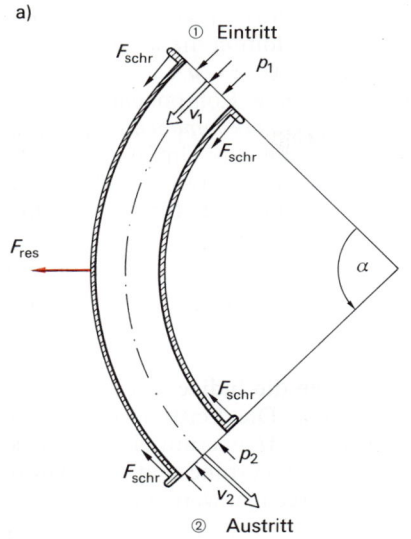

b)

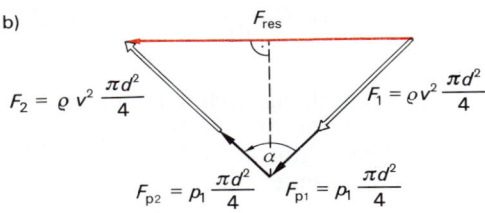

Bild 2-117. Beispiel 2.11-6: Kräfte in einem durch-strömten Rohrkrümmer.

Kräfte am Eintritt ① (in Strömungsrichtung):

Druckkraft $F_{p1} = p_1 A = p_1 \dfrac{\pi\, d^2}{4}$,

Impulskraft $F_{I1} = \varrho\, v\, \dfrac{\mathrm{d}V}{\mathrm{d}t} = \varrho\, A\, v^2 = \varrho\, v^2\, \dfrac{\pi\, d^2}{4}$.

Kräfte am Austritt ② (gegen die Strömungsrichtung):

Druckkraft $F_{p2} = p_2 A = p_2 \dfrac{\pi\, d^2}{4}$,

Impulskraft $F_{I2} = \varrho\, v^2\, \dfrac{\pi\, d^2}{4}$.

Nach dem Kräftedreieck in Bild 2-117b ist

$$\sin\frac{\alpha}{2} = \frac{F_{\mathrm{res}}}{2}\; \frac{1}{\varrho\, v^2\, \dfrac{\pi\, d^2}{4} + p_1\, \dfrac{\pi\, d^2}{4}}.$$

Daraus folgt

$$F_{\mathrm{res}} = \frac{\pi\, d^2}{2}\, (p_1 + \varrho\, v^2)\, \sin\frac{\alpha}{2}. \qquad (2\text{-}220)$$

Man erhält mit $v = 4\, \dot V / d^2\, \pi = 25{,}46$ m/s, $\varrho = 10^3$ kg/m³ und $\alpha = 90\,°$

$F_{\mathrm{res}} = 12{,}76$ kN.

Die Kraft $\boldsymbol{F}_{\mathrm{Schr}}$ auf die Flanschschrauben ist gleich der Summe aus der Druckkraft $\boldsymbol{F}_{\mathrm{p}}$ und der Impulskraft $\boldsymbol{F}_{\mathrm{I}}$:

$$\boldsymbol{F}_{\mathrm{Schr}} = \boldsymbol{F}_{\mathrm{p1}} + \boldsymbol{F}_{\mathrm{I1}} = \frac{\pi\, d^2}{4}\, (p_1 + \varrho\, v^2) = 9{,}0 \text{ kN}.$$

Strömungs-Drehimpuls

Ein Masseteilchen dm, das sich gemäß Bild 2-118 im Abstand r vom Drehpunkt D mit der Umfangsgeschwindigkeit v_{u} bewegt, übt das Teildrehmoment dM auf die Drehachse D aus: $\mathrm{d}M = \mathrm{d}F_{\mathrm{u}}\, r$. Nach dem Impulssatz (2-217) gilt für die Umfangskraft

$$\mathrm{d}F_{\mathrm{u}} = \varrho\, v_{\mathrm{u}}\, \frac{\mathrm{d}V}{\mathrm{d}t}.$$

Somit ergibt sich

$$\mathrm{d}M = \varrho\, \frac{\mathrm{d}V}{\mathrm{d}t}\, v\, r.$$

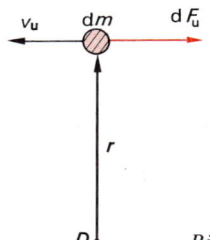

Bild 2-118.   Zum Drehimpulssatz.

Das gesamte Drehmoment, das die Strömung ausübt, beträgt

$$M_{\mathrm{ges}} = \sum \mathrm{d}M = \sum \varrho\, \frac{\mathrm{d}V}{\mathrm{d}t}\, v_{\mathrm{u}}\, r. \qquad (2\text{-}221)$$

Dies wird bei den Strömungsmaschinen ausgenutzt (Abschn. 2.11.3.4).

Das in einer Turbine dem Laufrad vorgeschaltete *Leitrad* in Bild 2-119 steht fest. In ihm wird die Strömung von der Geschwindigkeit v_1 auf die Geschwindigkeit v_2 beschleunigt. Das auf die Leitschaufeln ausgeübte Drehmoment $\boldsymbol{M}$ ist die Differenz aus Austrittsmoment M_2 und Eintrittsmoment M_1. Es ergibt sich aus der Änderung des Drehimpulses L gemäß Gl. (2-103):

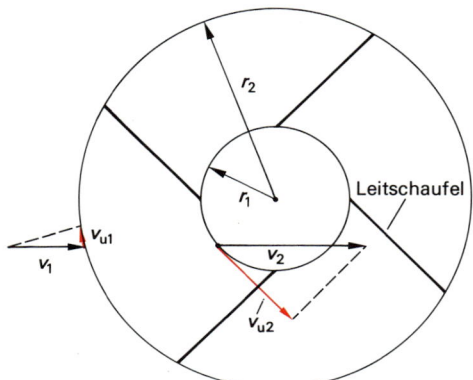

Bild 2-119.   Turbinenleitrad, schematisch.

$$M = \sum M_a = \frac{\mathrm{d}\boldsymbol{L}}{\mathrm{d}t}.$$

Maßgebend sind die Komponenten der Geschwindigkeiten in Umfangsrichtung v_{u2} bzw. v_{u1}. Nach Gl. (2-221) ist

$$M = \varrho \frac{\mathrm{d}V}{\mathrm{d}t}(v_{u2}\, r_2 - v_{u1}\, r_1)\,. \qquad (2\text{-}222)$$

Bei Pumpen ist das feststehende Leitrad dem Laufrad zur Druckerhöhung nachgeschaltet. Deshalb sind die Komponenten der Umfangsgeschwindigkeiten v_{u2} kleiner als v_{u1}, so daß nach Gl. (2-222) ein verzögerndes Moment auftritt.

In Bild 2-120 sind die Strömungsverhältnisse für radiale Laufräder in Turbinen und Pumpen vergleichend gegenübergestellt. Hierin sind

u Umfangsgeschwindigkeit am Laufrad ($u = \omega\, r$),
v relative Strömungsgeschwindigkeit des Mediums,
c absolute Strömungsgeschwindigkeit des Mediums, bezogen auf die ruhende Umgebung,
c_m Mediankomponente von c,
c_u Umfangskomponente von c.

Für die Berechnung des Drehmomentes M ist die *absolute Strömungsgeschwindigkeit am Umfang* c_u von Bedeutung. Aus dem Geschwindigkeitsdiagramm am Eintritt bzw. am Austritt läßt sich durch Messen der Umlaufgeschwindigkeit $\boldsymbol{u}$ des Laufrades und der relativen Strömungsgeschwindigkeit $\boldsymbol{v}$ des Mediums über Vektoraddition die absolute Strömungsgeschwindigkeit $\boldsymbol{c} = \boldsymbol{u} + \boldsymbol{v}$ ermitteln. Diese läßt sich in eine Komponente, die in die Mitte weist (*Mediankomponente c_m*) und eine Komponente, die am Umfang angreift (c_u), zerlegen. Daraus ergibt sich nach Gl. (2-222) das Drehmoment für eine Turbine:

$$M = \varrho \frac{\mathrm{d}V}{\mathrm{d}t}(c_{u1}\, r_1 - c_{u2}\, r_2)\,. \qquad (2\text{-}223)$$

Bei Pumpen werden die Indizes im Klammerausdruck vertauscht. Die Leistung des Laufrades kann aus $P = M\,\omega$ ermittelt oder aus der Fallhöhe H_F der Turbine und dem Volumenstrom $\mathrm{d}V/\mathrm{d}t$ errechnet werden:

$$P = M\,\omega = \varrho\, g\, H_F \frac{\mathrm{d}V}{\mathrm{d}t}\,. \qquad (2\text{-}224)$$

Wird diese Gleichung nach der Fallhöhe H_F umgestellt und für M Gl. (2-223) eingesetzt ($\omega = v/r$), dann ergibt sich die *Eulersche Gleichung* für die Turbine:

$$H_F = \frac{1}{g}(c_{u1}\, u_1 - c_{u2}\, u_2)\,. \qquad (2\text{-}225)$$

(Für Pumpen werden die Indizes in dem Klammerausdruck vertauscht.) Als Folge von Verlusten wird die wirkliche Fallhöhe $H_{F,real}$ einer Turbine kleiner, die wirkliche Förderhöhe $H_{F,real}$ einer Pumpe größer sein, als sich aus Gl. (2-225) ergibt.

Ist eine Strömung drehimpulsfrei, gilt für die Turbine $c_{u2} = 0$, für die Pumpe $c_{u1} = 0$. Für die Fallhöhe H_{FT} einer Turbine bzw. die Förderhöhe H_{FP} einer Pumpe ergibt sich dann

$$H_{FT} = \frac{1}{g}\, c_{u1}\, u_1 \quad \text{bzw.}$$

$$H_{FP} = \frac{1}{g}\, c_{u2}\, u_2\,. \qquad (2\text{-}226)$$

Beispiel

2.11-7: Eine Förderpumpe (Radialkreiselpumpe) hat einen Laufraddurchmesser $d = 250$ mm und läuft

Strömungsmaschine	Turbine	Pumpe
Strömungsverhältnisse am Laufrad	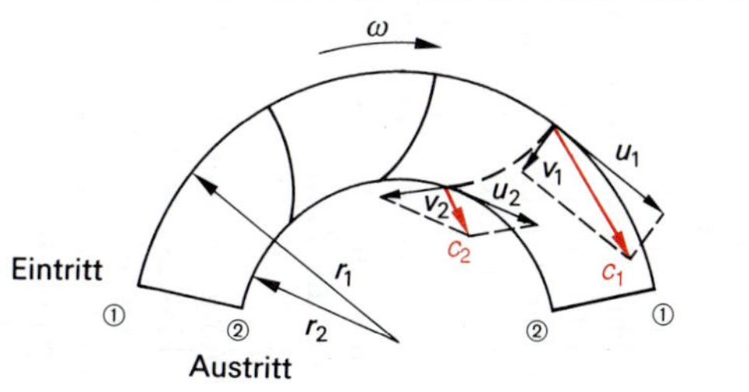	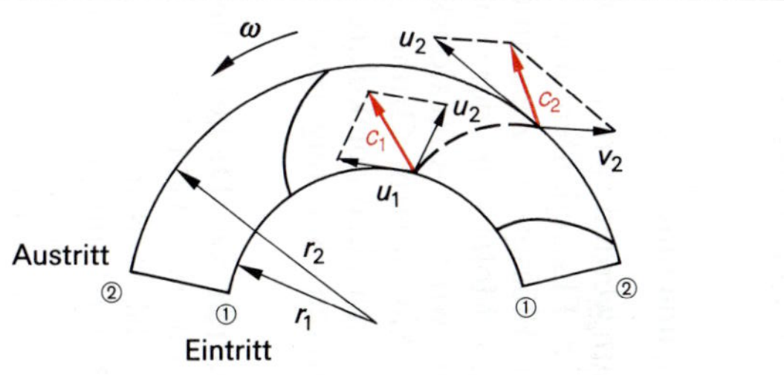
Geschwindigkeitsdiagramm	Eintritt ① / Austritt ②	Eintritt ① / Austritt ②
Drehmoment M	$M = \varrho \dfrac{\mathrm{d}V}{\mathrm{d}t}(c_{u1} r_1 - c_{u2} r_2)$	$M = \varrho \dfrac{\mathrm{d}V}{\mathrm{d}t}(c_{u2} r_2 - c_{u1} r_1)$
Laufradleistung P	$P = M\omega = \varrho g H_F \dfrac{\mathrm{d}V}{\mathrm{d}t}$	—
Eulersche Gleichung für die Fallhöhe bzw. Förderhöhe H_F	$H_F = \dfrac{1}{g}(c_{u1} u_1 - c_{u2} u_2)$	$H_F = \dfrac{1}{g}(c_{u2} u_2 - c_{u1} u_1)$
Eulersche Gleichung für drehimpulsfreie Strömung	$H_F = \dfrac{1}{g} c_{u1} u_1$	$H_F = \dfrac{1}{g} c_{u2} u_2$

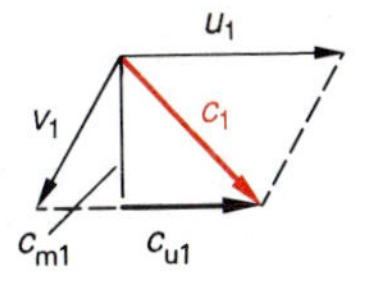

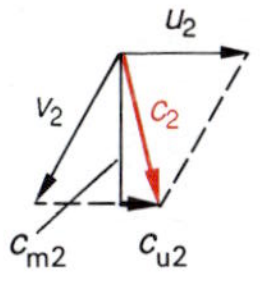

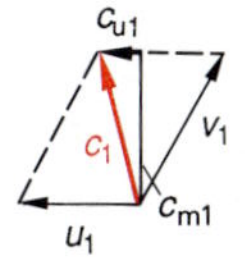

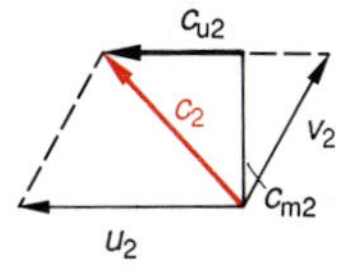

Bild 2-120. *Strömungsverhältnisse in den Laufrädern von Turbinen und Pumpen.*

mit einer Drehzahl $n = 2950\ \text{min}^{-1}$. Die absolute Austrittsgeschwindigkeit ist $c_2 = 35\ \text{m/s}$, und der Winkel zwischen c_2 und der Umfangsgeschwindigkeit u_2 beträgt $30°$. Berechnet werden soll die Förderhöhe bei drehimpulsfreier Strömung (unter Vernachlässigung der Reibung).

Lösung:

Nach Gl. (2-226) gilt für die Förderhöhe bei drehimpulsfreier Anströmung

$$H_F = \frac{1}{g}\, c_{u2}\, u_2\,.$$

Es ist $u_2 = \omega\, r_2 = 2\pi \cdot n/60 \cdot r_2$ und $c_{u2} = c_2 \cdot \cos(30°)$; somit erhält man

$$H_F = \frac{1}{g}\, c_2 \cdot \cos(30°)\, \frac{2\pi n}{60}\, r_2 = 119{,}3\ \text{m}\,.$$

Zur Übung

Ü 2.11-7: Zur Messung des Volumenstroms in einer horizontalen Wasserzuführung ($\varrho = 1\ \text{kg/dm}^3$) mit einem Rohrdurchmesser $d_R = 10\ \text{cm}$ wird ein Venturi-Rohr eingebaut, das an einer Verengung einen Durchmesser $d_V = 7{,}5\ \text{cm}$ aufweist. Es wird ein Volumenstrom $\dot V = 2\ \text{l/s}$ gemessen. Welcher Druckunterschied wird angezeigt ($\alpha\,\varepsilon = 1$)?

Ü 2.11-8: Durch ein Rohr mit einem Durchmesser $d = 40\ \text{mm}$ fließt bei einem Druck $p_1 = 3 \cdot 10^5\ \text{Pa}$ Wasser mit einer Geschwindigkeit $v = 4\ \text{m/s}$. Welcher Druck entsteht, wenn der Rohrdurchmesser an einer Stelle wegen Verkalkung nur noch 65% des ursprünglichen Durchmessers beträgt?

Ü 2.11-9: Ein Behälter ist immer mit Wasser bis zur Höhe $h = 4\ \text{m}$ gefüllt. An der Seite ist $h' = 4\ \text{cm}$ vom Boden entfernt eine Ausströmöffnung mit einem Durchmesser $d = 2\ \text{cm}$ angebracht. Welcher Wasserstrom fließt aus der Öffnung, wenn a) keine Reibung berücksichtigt wird, b) die Geschwindigkeitsziffer $\varphi = 0{,}97$ und die Kontraktionszahl $\alpha = 0{,}82$ ist sowie c) zusätzlich zu a) ein äußerer Überdruck $p_a = 2 \cdot 10^5\ \text{Pa}$ wirkt?

Ü 2.11-10: In einem Wasserkraftwerk steht eine Turbine, die einen Volumenstrom $\dot V = 10\ \text{m}^3/\text{s}$ verarbeitet. Die Druckleitung hat einen Durchmesser $d = 1{,}2\ \text{m}$ und einen Druck $p = 6 \cdot 10^5\ \text{Pa}$. Berechnet werden sollen a) die Geschwindigkeit des Wassers im Druckrohr, b) die Geschwindigkeit des austretenden Wasserstrahls, wenn der Druck an der Düsenöffnung noch $p = 1{,}1 \cdot 10^5\ \text{Pa}$ beträgt und c) der Druck, der auftritt, wenn die Turbine wegen einer Störung sofort abschaltet.

Ü 2.11-11: Ein Pitot-Rohr ist mit Alkohol gefüllt ($\varrho = 0{,}9\ \text{kg/dm}^3$) und wird in ein Flugzeug eingebaut. Es zeigt bei $\vartheta = 0\,°\text{C}$ eine Höhendifferenz $\Delta h = 20\ \text{cm}$. Wie groß ist die Flugzeuggeschwindigkeit?

2.11.3.3. Strömungen realer Flüssigkeiten und Gase

Laminare Strömung und innere Reibung

In diesem Abschnitt werden, wie im vorigen, die inkompressiblen Flüssigkeiten und Gase unter dem Begriff Flüssigkeit zusammengefaßt. Zwischen den Molekülen der Flüssigkeiten und Gase wirken Adhäsionskräfte (Abschn. 2.11.2.6). Aus diesem Grund treten bei der Strömung zwischenmolekulare Reibungskräfte auf, deren Wirkung *innere Reibung* genannt wird.

Zwischen zwei Platten der Dicke d befinde sich eine Flüssigkeit, wie Bild 2-121a zeigt. Die untere Platte 1 ist in Ruhe ($v = 0$), während die obere Platte 2 mit der konstanten Geschwindigkeit $v = v_0$ nach rechts bewegt wird. Da somit die obere Flüssigkeitsschicht die Geschwindigkeit v_0 hat und die untere keine Geschwindigkeit aufweist, entsteht in der Flüssigkeitsschicht ein Geschwindigkeitsgefälle $0 \leqq v \leqq v_0$. Da dieses nicht, wie in Bild 2-121a gezeichnet, linear zu sein braucht, wird ein differentieller Geschwindigkeitsunterschied dv/dx definiert. Gleiten die einzelnen Flüssigkeitsschichten (Laminate) mit verschiedenen Geschwindigkeiten übereinander hinweg, ohne sich zu vermischen (Bild 2-121), wird diese Strömung als *laminare Strömung* bezeichnet.

Das durch die Reibung verursachte Übereinandergleiten der Flüssigkeitsschichten kann auch bei einem durch eine Scherkraft verschobenen Papierstoß beobachtet werden, wobei die einzelnen Papierbögen die Flüssigkeitsschichten sind. Die Reibungskraft F_R, die notwendig ist, um eine Platte der Fläche A mit der konstanten Geschwindigkeit v parallel zur ruhenden Wand zu verschieben, ist proportional zur Fläche A und zum Geschwindigkeitsgefälle dv/dx:

$$F_R = \eta\, A\, \frac{dv}{dx}\,. \qquad (2\text{-}227)$$

Mit F_R/A als der Schubspannung τ gilt auch

$$\tau = \eta\, \frac{dv}{dx}\,. \qquad (2\text{-}228)$$

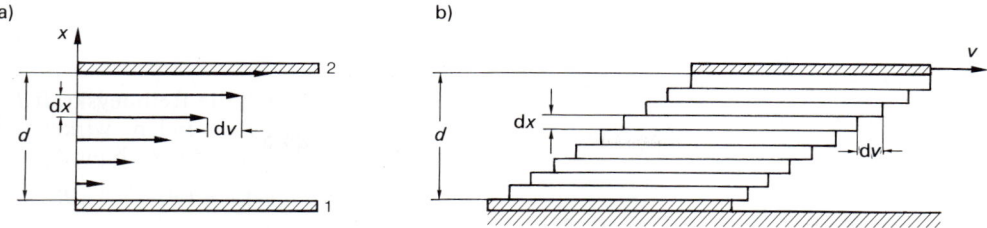

Bild 2-121.   Zum Newtonschen Reibungsgesetz: a) lineares Geschwindigkeitsgefälle, b) Abgleiten der Flüssigkeitsschichten.

Dieses Gesetz wird nach seinem Entdecker *Newtonsches Reibungsgesetz* genannt. Der Proportionalitätsfaktor η ist die *dynamische Viskosität (Zähigkeit)*. Sie hat die Einheit $Ns/m^2 = Pa\ s$ (Pascalsekunde).

Der Kehrwert der dynamischen Viskosität η ist die *Fluidität:*

$$\varphi = \frac{1}{\eta} \qquad (2\text{-}229)$$

mit der Einheit $m^2/(Ns)$. Das Verhältnis der dynamischen Viskosität η zur Dichte ϱ des Mediums wird als *kinematische Zähigkeit* v bezeichnet:

$$v = \frac{\eta}{\varrho}\ ; \qquad (2\text{-}230)$$

ihre Einheit ist m^2/s. Die dynamische Viskosität η ist ein Materialwert, der stark temperatur- und druckabhängig ist. Die Temperaturabhängigkeit kann näherungsweise mit

$$\eta = A\ e^{\frac{b}{T}} \qquad (2\text{-}231)$$

beschrieben werden. Hierbei sind A und b empirisch ermittelte Konstanten. Die dynamische Viskosität von Gasen ist sehr viel geringer als die von Flüssigkeiten, unabhängig vom Gasdruck und nimmt mit steigender Temperatur proportional zur steigenden mittleren Geschwindigkeit der Gasmoleküle zu.

Stoffe, für die das Newtonsche Reibungsgesetz (Gl. (2-228)) nicht gilt, wie beispielsweise für Fette, werden *nichtnewtonsche Substanzen* genannt. Sie sind Sonderfälle, für die alle folgenden Überlegungen nicht gelten.

Anwendung des Reibungsgesetzes

Laminare Rohrströmung

Bei einer laminaren Strömung durch ein Rohr haftet die Flüssigkeit am Rand und bewegt sich in der Mitte am schnellsten. Die Strömung kann zusammengesetzt gedacht werden aus kleinen Zylindern, die reibungsbehaftet aneinander vorbeigleiten. Bild 2-122 zeigt die Geschwindigkeitsverteilung in einer Rohrströmung. Ein Flüssigkeitszylinder mit dem Radius r gleitet am angrenzenden Hohlzylinder (rot) ab. An der Grenzfläche ist die Druckkraft F_p gleich der Reibungskraft F_R: $F_p = F_R$. Aus

$$(p_1 - p_2)\,\pi\,r^2 = -\,\eta\,A\,\frac{dv}{dr} \quad \text{bzw.}$$

$$(p_1 - p_2)\,\pi\,r^2 = -\,\eta\,2\,\pi\,r\,l\,\frac{dv}{dr}$$

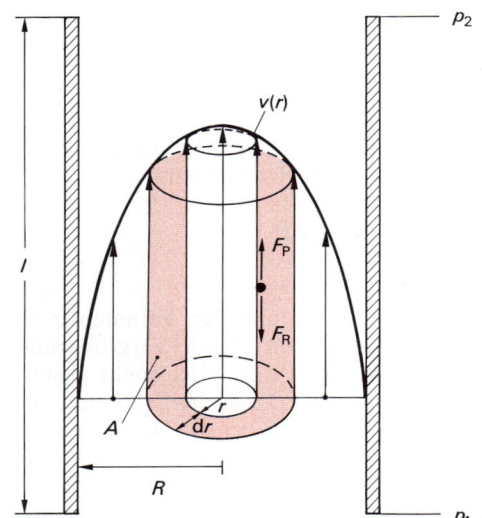

Bild 2-122.   Laminare Rohrströmung nach dem Hagen-Poiseuilleschen Gesetz.

ergibt sich

$$r \, \mathrm{d}r = - \frac{2 \eta l}{(p_1 - p_2)} \, \mathrm{d}v \, .$$

Durch Integration wird daraus

$$r^2 = - \frac{4 \eta l}{(p_1 - p_2)} v + C \, .$$

Mit der Randbedingung, daß bei $r = R$ die Strömungsgeschwindigkeit $v = 0$ ist, erhält man die Integrationskonstante $C = R^2$, und es gilt

$$r^2 = - \frac{4 \eta l}{(p_1 - p_2)} v + R^2 \, .$$

Wird diese Gleichung nach der Strömungsgeschwindigkeit v aufgelöst, so ergibt sich das *Hagen-Poiseuillesche Gesetz* (G. HAGEN, 1797 bis 1884; J. L. M. POISEUILLE, 1799 bis 1869):

$$v(r) = \frac{p_1 - p_2}{4 \eta l} (R^2 - r^2) \, . \qquad (2\text{-}232)$$

Gl. (2-232) beschreibt einen *parabelförmigen Verlauf* der Geschwindigkeit in Abhängigkeit vom Radius. Der Massenstrom $\mathrm{d}\dot{m}$ errechnet sich nach Gl. (2-200) aus $\mathrm{d}\dot{m} = \varrho \, v(r) \, \mathrm{d}A = \varrho \, v(r) \, r \, \mathrm{d}r$. Wird $v(r)$ nach dem Hagen-Poiseuilleschen Gesetz eingesetzt und integriert, dann resultiert

$$\dot{m} = \frac{\mathrm{d}m}{\mathrm{d}t} = \int_0^R \frac{\varrho \pi (p_1 - p_2)}{2 \eta l} (R^2 - r^2) \, r \, \mathrm{d}r \quad \text{oder}$$

$$\dot{m} = \frac{\varrho \pi R^4 (p_1 - p_2)}{8 \eta l} \, . \qquad (2\text{-}233)$$

Mit $\dot{m} = \varrho \, \dot{V}$ ergibt sich der Volumenstrom $\dot{V}$ des Durchflusses durch das Rohr:

$$\dot{V} = \frac{\pi R^4 (p_1 - p_2)}{8 \eta l} \, . \qquad (2\text{-}234)$$

Diese Aussage zeigt, daß der Volumenstrom bzw. der Massenstrom durch Vergrößerung des Radius ($\dot{V} \sim R^4$) wesentlich mehr gesteigert werden kann als durch die Erhöhung der Druckdifferenz ($\dot{V} \sim (p_1 - p_2)$). Beispielsweise wird bei der Verdoppelung des Rohrradius R das Durchflußvolumen 16mal größer. Ferner folgt aus dieser Gleichung, daß bei konstantem Querschnitt A der Druckabfall $(p_1 - p_2)$ proportional zur Rohrlänge l ist:

$$(p_1 - p_2) \sim l \, . \qquad (2\text{-}235)$$

Aus der Bedingung, daß die Reibungskraft F_R gleich der an den Rohrenden wirkenden Druckkraft F_p ist, läßt sich die Reibungskraft

$$F_R = F_p = (p_1 - p_2) \, A = (p_1 - p_2) \, \pi R^2$$

bestimmen. Wird $p_1 - p_2$ aus Gl. (2-234) eingesetzt, so ergibt sich

$$F_R = 8 \eta l \frac{\dot{V}}{R^2} \, .$$

Der Volumenstrom $\dot{V}$ hängt über die Beziehung $\dot{V} = \pi R^2 v_m$ mit der mittleren Strömungsgeschwindigkeit v_m zusammen, so daß für die Reibungskraft F_R gilt

$$F_R = 8 \pi \eta l v_m \, . \qquad (2\text{-}236)$$

Beispiel

2.11-8: In einem Warmwasserrohr verringert sich infolge von Kalkablagerungen der Rohrdurchmesser um 20%. Berechnet werden soll die prozentuale Änderung des Massenstroms $\dot{m}$.

Lösung:

Nach Gl. (2-233) verhält sich

$$\frac{\dot{m}_{Kalk}}{\dot{m}_0} = \frac{R_{Kalk}^4}{R_0^4} = \frac{0.8^4}{1^4} = 0.41 \, .$$

Bei dieser Verringerung des Rohrdurchmessers durch Verkalken bleiben also nur noch 41% des ursprünglichen Warmwasserstroms erhalten.

Laminare Umströmung

Durch eine ähnliche Rechnung wie für das *Hagen-Poiseuillesche Gesetz* ergibt sich für die Reibungskraft bei der laminaren Umströmung einer Kugel das *Stokessche Reibungsgesetz* (C. G. STOKES, 1819 bis 1903):

$$F_R = 6 \pi \eta r v \qquad (2\text{-}237)$$

mit v als der Relativgeschwindigkeit zwischen Kugel und Flüssigkeit und r als dem Radius der Kugel.

Durch Bestimmung der Sinkgeschwindigkeit v einer Kugel in einem Rohr konstanten Querschnitts kann die dynamische Viskosität η bestimmt werden. Bild 2-123 zeigt das in

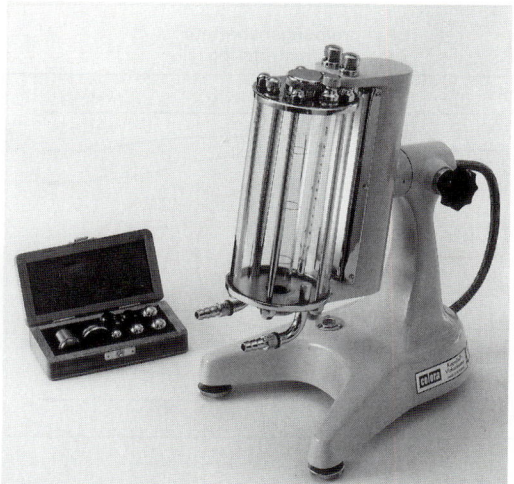

Bild 2-123.   Höppler-Kugelfallviskosimeter.
Werkphoto: Colora

der Praxis weit verbreitete *Höppler-Kugelfall-viskosimeter*. Die Reibungskraft F_R errechnet sich aus der Differenz zwischen der Gewichts-kraft F_G und der Auftriebskraft F_A zu $F_R = F_G - F_A$. Aus

$$6 \pi \eta r v = \varrho_K V_K g - \varrho_{Fl} V_{Fl} g$$

folgen mit dem Kugelvolumen $V_K = \frac{4}{3} \pi r^3$

$$v = \frac{2 g r^2 (\varrho_K - \varrho_{Fl})}{9 \eta} \quad \text{und} \quad (2\text{-}238)$$

$$\eta = \frac{2 g r^2 (\varrho_K - \varrho_{Fl})}{9 v}. \quad (2\text{-}239)$$

Bernoulli-Gleichung bei Newtonscher Reibung

Die Reibungskraft verursacht in der Strom-röhre (Bild 2-101) einen Druckverlust p_v und vermindert dadurch die Druckdifferenz $p_1 - p_2$. Wird die Bernoulli-Gleichung (Gl. (2-203)) um den Druckverlust erweitert, so ergibt sich

$$\varrho g h_1 + \frac{\varrho v_1^2}{2} + p_1$$
$$= \varrho g h_2 + \frac{\varrho v_2^2}{2} + p_2 + p_v. \quad (2\text{-}240)$$

In der Praxis wird der Druckverlust oft als Verlusthöhe h_v angegeben:

$$p_v = \varrho g h_v. \quad (2\text{-}241)$$

Die Verlusthöhe h_v ist diejenige Höhe, um die der Zufluß angehoben werden muß, um am Ausfluß aus der Stromröhre denselben Druck wie im reibungsfreien Fall zu erzeugen.

Für die Verlusthöhe h_v in geraden Rohrlei-tungen mit konstantem Querschnitt gilt das Rohrwiderstandsgesetz

$$h_v = \lambda \frac{l}{d} \frac{v^2}{2 g}. \quad (2\text{-}242)$$

Hierin sind

l Länge der Rohrleitung,
d Durchmesser des Rohres,
v Strömungsgeschwindigkeit,
$g = 9{,}81 \text{ m/s}^2$ Fallbeschleunigung.

Der dimensionslose Proportionalitätsfaktor λ ist die *Rohrreibungszahl*. Sie ist stark abhän-gig von der Oberflächenrauhigkeit und der Reynoldszahl (S. 127).

Umströmen von Körpern

Während bei der *laminaren Strömung* die Geschwindigkeitsvektoren der Flüssigkeitsteil-chen parallel verlaufen, ändern sich in der *turbulenten Strömung* die Geschwindigkeits-vektoren ständig nach Richtung und Größe. Streng genommen ist eine *turbulente* Strö-mung deshalb immer *instationär*. Als statio-när wird sie angesehen, wenn die über den Querschnitt gemittelte Geschwindigkeit von der Zeit unabhängig ist.

Eine *Wirbelbildung* tritt auf, wenn sich die Flüssigkeitsschichten ablösen. Die Entstehung von Wirbeln kann modellmäßig erklärt wer-den. Bild 2-124a zeigt den reibungsfreien Idealfall. Während an den Punkten A und C die Strömungsgeschwindigkeit $v = 0$ und des-halb nach der Bernoulli-Gleichung der stati-sche Druck maximal ist, wird an den Punkten B und D die Geschwindigkeit am größten ($v = v_{max}$) und deshalb der Druck am gering-sten. Ohne Wirkung einer Reibungskraft wer-den die Flüssigkeitsteilchen von A nach B beschleunigt und durch die zunehmende

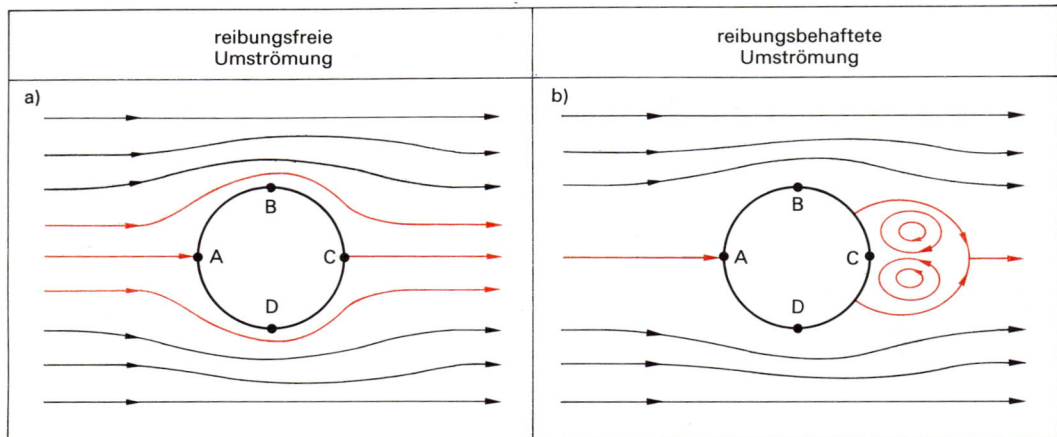

reibungsfreie Umströmung	reibungsbehaftete Umströmung
a)	b)

Bild 2-124. *Umströmung von zylindrischen Körpern.*

Druckkraft von B nach C auf $v = 0$ wieder abgebremst; entsprechendes gilt für den Weg ADC. Unter der Wirkung von Reibungskräften werden die Flüssigkeitsteilchen *vor* dem Punkt C zur Ruhe kommen. Die Reibungskraft wird sie zwingen, ihre Richtung zu ändern. Dadurch treten Wirbel auf, die nach dem Drehimpulserhaltungssatz (Abschn. 2.8.4) *paarweise* auftreten (Bild 2-124 b).

Die Widerstandskraft F_W setzt sich aus zwei Anteilen zusammen. Dies verdeutlicht Bild 2-125.

— *Reibungswiderstandskraft* F_R (z. B. längs einer überströmten Platte, Bild 2-125 a). Dies ist die bei der Strömung wirkende Reibungskraft. Nach einer bestimmten „Lauflänge" entlang der Platte wird die Grenzschicht der Strömung turbulent. Der

Umschlag in Turbulenz hängt von der Form der Plattenvorderkante, aber auch von der Rauhigkeit der Oberfläche ab.

— *Druckwiderstandskraft* F_D (z. B. quer angeströmte Platte, Bild 2-125 b). Beispielsweise bilden sich auf der Rückseite einer quer angeströmten Platte Wirbel, in denen sich die Flüssigkeitsteilchen sehr schnell bewegen. Nach der Bernoulli-Gleichung hat dies einen verminderten Staudruck zur Folge. Dadurch entsteht eine Druckdifferenz vor und hinter der Platte. Die dieser Druckdifferenz entsprechende Kraft ist die Druckwiderstandskraft. Sie tritt auch bei Umlenkungen und Querschnittsveränderungen auf. Sie ist proportional zum Staudruck und zur angeströmten Stirnfläche A, d. h. dem in Strömungsrichtung wirkenden Profil:

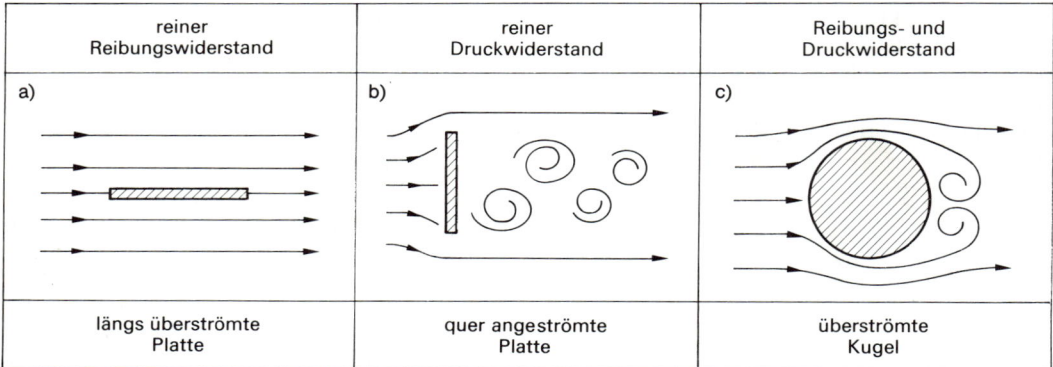

reiner Reibungswiderstand	reiner Druckwiderstand	Reibungs- und Druckwiderstand
a)	b)	c)
längs überströmte Platte	quer angeströmte Platte	überströmte Kugel

Bild 2-125. *Widerstände bei Strömungen.*

$$F_\mathrm{D} = c_\mathrm{D}\, \frac{\varrho}{2}\, v^2 A\,. \qquad (2\text{-}243)$$

c_D ist der *Druckwiderstandsbeiwert*. Für den gesamten Widerstand (Bild 2-125 c) ergibt sich die Widerstandskraft aus

$$F_\mathrm{W} = F_\mathrm{R} + F_\mathrm{D} = c_\mathrm{w}\, \frac{\varrho}{2}\, A\, v^2\,. \qquad (2\text{-}244)$$

Sie nimmt quadratisch mit der Strömungsgeschwindigkeit zu.

Der Proportionalitätsfaktor c_W in Gl. (2-244) ist dimensionslos und wird *Widerstandsbeiwert* genannt. Man mißt ihn experimentell im Windkanal, und er ist nur bei Vernachlässigung der Reibungswiderstandskraft konstant, d. h. bei hohen Anströmgeschwindigkeiten. Bild 2-126 zeigt einen Pkw im Strömungskanal. In Bild 2-127 sind einige Widerstandsbeiwerte c_W für unterschiedliche Anströmgeometrien zusammengestellt. Ein Körper in *Stromlinienform* mit $c_\mathrm{W} = 0{,}055$ zeigt den geringsten Widerstandsbeiwert. Diese Geometrie hat die Besonderheit, daß der Druckabfall entlang des Körpers so langsam stattfindet, daß keine Wirbel auftreten können. In der Praxis würden bei Fahrzeugen dadurch allerdings sehr lange Heckteile notwendig werden. Um sie zu verkürzen und trotzdem günstige c_W-Werte zu erreichen, wird das Strömungsprofil nur schwach verjüngt und dann plötzlich senkrecht mit einer Abrißkante begrenzt. Die störende Reibungswirkung von Wirbeln kann auch dadurch gemildert werden, daß die Wirbel durch Schlitze an der Oberfläche abgesaugt werden. Die Leistung, die gegen eine

Bild 2-126. Pkw mit dem Widerstandsbeiwert $c_\mathrm{W} = 0{,}30$ im Windkanal. Werkphoto: Audi.

Körper	Widerstandsbeiwert c_W
Platte	1,1 bis 1,3
Zylinder	0,6 bis 1,0
Kugel	0,3 bis 0,4
Halbkugel (vorn)	mit Boden 0,4 ohne Boden 0,34
Halbkugel (hinten)	mit Boden 1,2 ohne Boden 1,3
Kegel mit Halbkugel	0,16 bis 0,2
Halbkugel mit Kegel	0,07 bis 0,09
Stromlinienkörper	0,055

Bild 2-127. Widerstandsbeiwerte unterschiedlicher Körper.

turbulente Strömung aufgebracht werden muß, errechnet sich wegen $P = F\,v$ zu

$$P = c_\mathrm{W}\, \frac{\varrho}{2}\, A\, v^3\,. \qquad (2\text{-}245)$$

Die Strömungsleistung nimmt also mit der dritten Potenz der Anströmgeschwindigkeit zu. (Bei der Verdopplung der Anströmgeschwindigkeit z.B. verachtfacht sich die Strömungsleistung.)

Bei der Umströmung von Körpern bildet sich eine *Grenzschicht D* aus, innerhalb der die Strömungsgeschwindigkeit von $v = 0$ auf den vollen Wert ansteigt. Wie Bild 2-128 am Beispiel einer umströmten Platte zeigt, bildet sich zunächst eine *laminare Grenzschicht* aus. In diesem Bereich werden die Teilchen beschleunigt. Bei der weiteren Strömung entlang

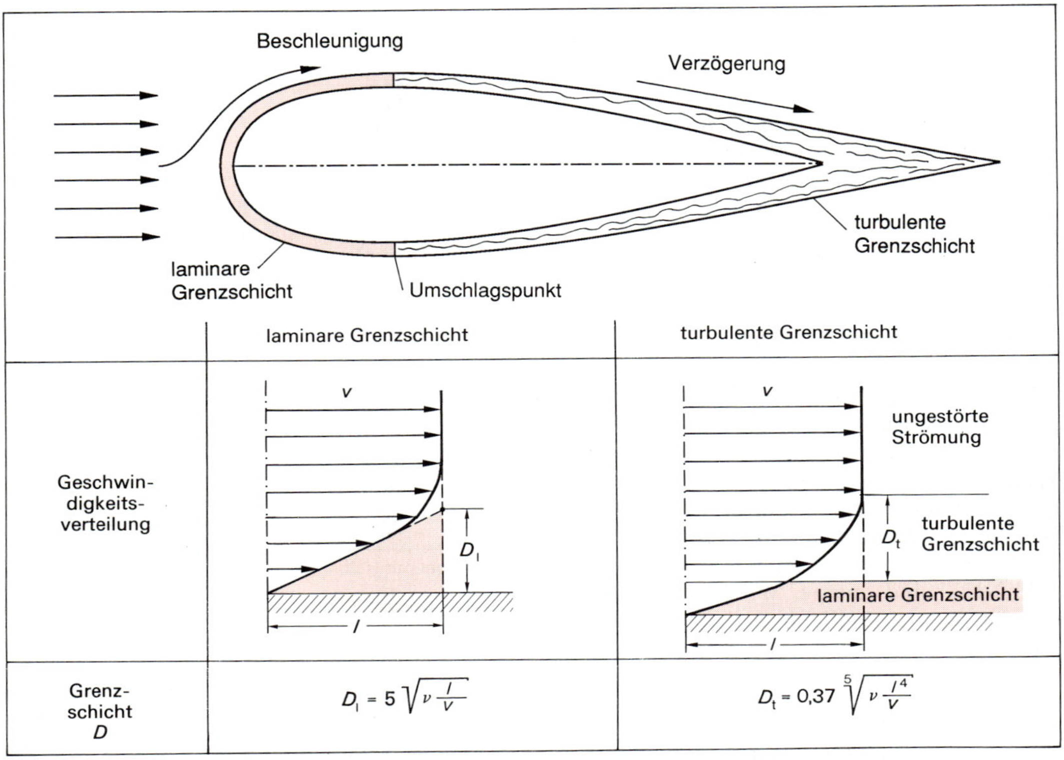

Beschleunigung

Verzögerung

turbulente
Grenzschicht

laminare
Grenzschicht

Umschlagspunkt

	laminare Grenzschicht	turbulente Grenzschicht
Geschwin-digkeits-verteilung	v D_l l	v ungestörte Strömung D_t turbulente Grenzschicht laminare Grenzschicht l
Grenz-schicht D	$D_l = 5 \sqrt{\nu \dfrac{l}{v}}$	$D_t = 0{,}37 \sqrt[5]{\nu \dfrac{l^4}{v}}$

Bild 2-128.   Laminare und turbulente Grenzschichtbildung bei der Umströmung von Körpern.

der Platte nimmt der Strömungsdruck zu, so daß wegen der jetzt beginnenden Verzögerung der strömenden Teilchen eine Wirbelbildung einsetzt. Es entsteht auf einer laminaren Grenzschicht eine *turbulente Strömung*.

Der Begriff Grenzschicht wurde von L. PRANDTL (1875 bis 1957) in die Strömungslehre eingeführt. Die Grenzschichtdicke D_l der laminaren Strömung nimmt mit zunehmender Länge des Profils proportional zu $\sqrt{l}$ zu. Für die turbulente Strömung sind die Vorgänge wegen der Wirbelbildung komplizierter. Gleichungen zur Berechnung der Dicke der Grenzschicht einer laminaren Strömung D_l und der einer turbulenten Strömung D_t sind für eine ebene Platte in Bild 2-128 aufgeführt.

Ähnlichkeitsgesetze

Um Vorgänge der Strömungsmechanik im Labormaßstab studieren und um strömungsmechanische Anlagen, z. B. Wasserkraftwerke, entwerfen zu können, werden im verkleinerten

Maßstab Modelle angefertigt. Damit man richtige Aussagen erhält, muß das Modell dem Original ähnlich sein. Wie Bild 2-129

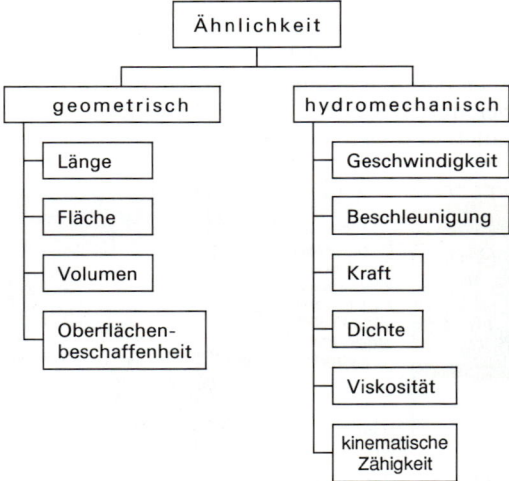

Bild 2-129.   Geometrische und hydromechanische Ähnlichkeit.

zeigt, muß für strömungsmechanische Modelle *Ähnlichkeit* in zwei Bereichen vorliegen:

- *Geometrische Ähnlichkeit:* Modell und Original müssen in ihren geometrischen Abmessungen proportional sein (Länge, Fläche und Volumen). Ein besonderes Problem ist die Abbildung der Oberflächenrauhigkeit;
- *hydromechanische Ähnlichkeit:* Modell und Original müssen in ihren hydromechanischen Eigenschaften proportional sein (Geschwindigkeit, Beschleunigung, Kraft, Dichte, Viskosität und kinematische Zähigkeit).

Nach O. REYNOLDS (1842 bis 1912) ist die hydrodynamische Ähnlichkeit erreicht, wenn eine dimensionslose Zahl, die nach ihm benannte *Reynoldszahl Re,* von Original und Modell übereinstimmen.

Reynoldszahl Re

An den strömenden Teilchen wirken als äußere Kräfte Druckkräfte F_p und Reibungskräfte F_R sowie die Trägheitskraft $F_t = -m\,a$.

Bei hydromechanischer Ähnlichkeit muß an jeder Stelle des Strömungsraums das Verhältnis dieser drei Kräfte gleich sein:

$$\frac{F_{p1}}{F_{p2}} = \frac{F_{R1}}{F_{R2}} = \frac{F_{t1}}{F_{t2}}. \qquad (2\text{-}248)$$

Da $F_p + F_R + F_t = 0$ ist, genügt es für die Ähnlichkeitsbetrachtungen, wenn lediglich zwei Kraftarten proportional sind, beispielsweise die Reibungskraft und die Trägheitskraft: $F_{R1}/F_{R2} = F_{a1}/F_{a2}$. Nach Gl. (2-227) gilt für die Reibungskraft $F_R = \eta\,A\,(\mathrm{d}v/\mathrm{d}x)$ oder, in Dimensionen ausgedrückt,

$$[F_R] = [\eta]\,[L]^2\,\frac{[v]}{[L]} = [\eta]\,[L]\,[v].$$

Für die Trägheitskraft gilt nach Gl. (2-33) $F_t = -m\,a = -\varrho\,V\,a$ oder, in Dimensionen geschrieben,

$$[F_a] = [\varrho]\,[L^3]\,[a] = [\varrho]\,[L]^2\,[v]^2.$$

Werden die beiden Dimensionsgleichungen in Gl. (2-248) für die Ähnlichkeitsbeziehung eingesetzt, erhält man

$$\frac{[\eta_1]\,[L_1]\,[v_1]}{[\eta_2]\,[L_2]\,[v_2]} = \frac{[\varrho_1]\,[L_1]^2\,[v_1]^2}{[\varrho_2]\,[L_2]^2\,[v_2]^2} \quad \text{oder}$$

$$\frac{[\varrho_1]\,[L_1]\,[v_1]}{[\eta_1]} = \frac{[\varrho_2]\,[L_2]\,[v_2]}{[\eta_2]}.$$

Mit der kinematischen Zähigkeit $v = \eta/\varrho$ ergibt sich die Bedingungsgleichung für die strömungsmechanische Ähnlichkeit:

$$\frac{L_1\,v_1}{v_1} = \frac{L_2\,v_2}{v_2}. \qquad (2\text{-}249)$$

Hierbei ist v die Strömungsgeschwindigkeit und L eine charakteristische Länge. Diese wird durch den Versuchsaufbau bestimmt, mit dem die Reynoldszahl gemessen wird (z. B. ein Rohr- oder Kugeldurchmesser oder die Länge einer Platte). Die beiden gleichzusetzenden Ausdrücke sind die dimensionslose Reynoldssche Zahl

$$\mathrm{Re} = \frac{L\,v}{v}. \qquad (2\text{-}250)$$

Die Reynoldszahl ist durch den Zusammenhang mit der kinematischen Zähigkeit v temperatur- und bei Gasströmungen druckabhängig.

Wie bereits erläutert, ist Re ein Maß für das Verhältnis der Trägheitskraft F_t zur Reibungskraft F_R und ein *Kriterium für den Strömungszustand.* Bei einer laminaren Strömung ist $\mathrm{Re} < \mathrm{Re}_{krit}$ mit Re_{krit} als der *kritischen Reynoldszahl.* Die Strömung ist turbulent, wenn $Re > Re_{krit}$ ist. Der Umschlag der beiden Zustände (bei Re_{krit}) ist nicht sprunghaft

Tabelle 2-10. Kritische Reynoldszahl Re_{krit} sowie Rohrreibungszahl λ bzw. Widerstandsbeiwert c_W (bei $\mathrm{Re} < \mathrm{Re}_{krit}$) für verschiedene Strömungsgeometrien.

	Re_{krit}	$\lambda; c_W$
kreisrundes Rohr	2320	$\lambda = \dfrac{64}{\mathrm{Re}}$
Kugel	$1{,}7 \cdot 10^5$ bis $4 \cdot 10^5$	$c_W = \dfrac{12}{\mathrm{Re}}$
Platte	$3{,}2 \cdot 10^5$ bis 10^6	$c_W = \dfrac{1{,}328}{\sqrt{\mathrm{Re}}}$

und hängt beispielsweise auch von der Stör-
freiheit an der Einlaufstelle ab.

Tabelle 2-10 zeigt die kritischen Reynoldszahlen und die Widerstandsbeiwerte für ein kreisrundes Rohr, eine Kugel und eine Platte im
Laminarbereich. (Für ein kreisrundes Rohr
wird statt c_W üblicherweise die Rohrreibungszahl λ verwendet, s. Gl. (2-242).)

Bei turbulenten Strömungen spielt die Oberflächenrauhigkeit k eine wichtige Rolle. Sie
hängt sehr von der Bearbeitung der Werk-
stückoberfläche ab. Die Rauhigkeitswerte
dieser Oberflächen werden ermittelt, indem
man ihre Strömungswiderstände vergleicht mit
denen, die künstlich erzeugte Sandrauhigkei-
ten verursachen. In Bild 2-130 ist für Rohre
das Rohrreibungszahl (λ), Reynoldszahl (Re)-
Diagramm dargestellt. Es ist doppeltlogarith-
misch ausgeführt und zeigt vier Bereiche:

– Laminarer Bereich (schräg abwärts geneigte
  Gerade für $\lambda = 64/\text{Re}$; Re < 2320);
– turbulenter Bereich (Re > 2320), und zwar
  für

- hydraulisch glatte Rohre ($k = 0$; Kurve a;
  $\lambda = f(\text{Re})$) und für
- hydraulisch rauhe Rohre (Bereich II;
  $\lambda = f(k/D)$) sowie das
- Übergangsgebiet (Bereich I;
  $\lambda = f(\text{Re}, k/D)$).

Der in der Praxis wichtige Bereich ist in Bild
2-130 hervorgehoben. Tabelle 2-11 zeigt den
Zusammenhang zwischen der Rohrreibungszahl λ bzw. dem Widerstandsbeiwert c_W und
der Reynoldszahl Re für Rohre und Platten in
diesen vier Strömungsgebieten.

Beispiel

2.11-9: Das Modell eines Pkw wird im Maßstab
1 : 10 im Windkanal erprobt. Berechnet werden soll
die Anblasgeschwindigkeit v_2, wenn die Strömungsverhältnisse des Fahrzeugs bei einer Fahrtgeschwindigkeit $v_1 = 120$ km/h untersucht werden sollen
(gleiche kinematische Zähigkeit $v_1 = v_2$).

Lösung:

Da die Reynoldszahlen vom Original (1) und Mo-
dell (2) übereinstimmen müssen, gilt $\text{Re}_1 = \text{Re}_2$.

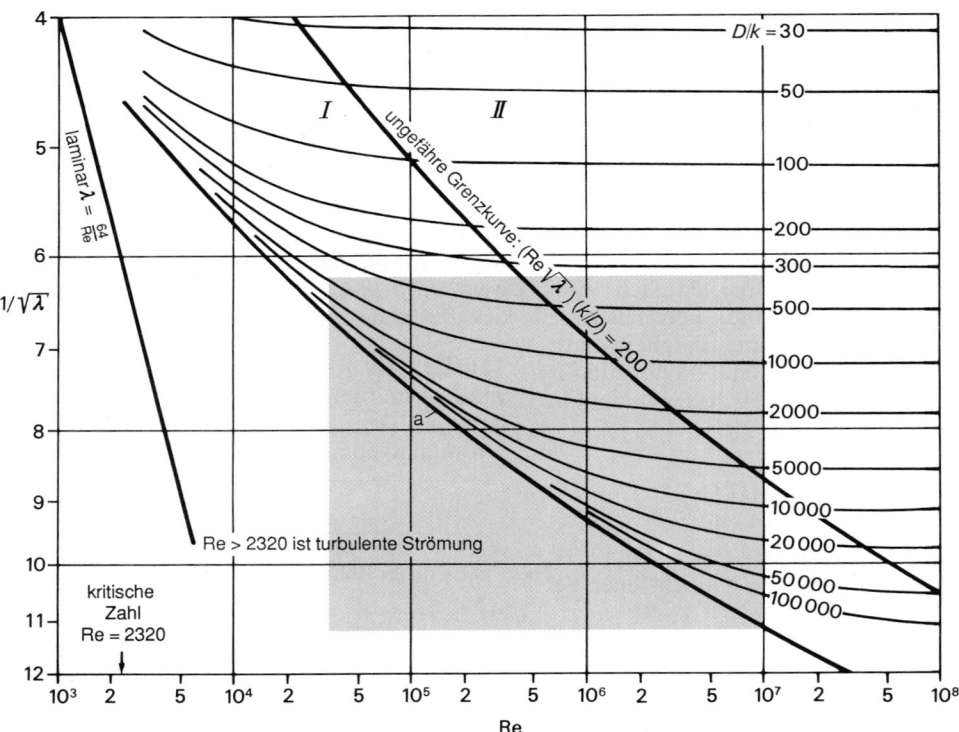

Bild 2-130. Rohrreibungszahl (λ)-Reynoldszahl-(Re)-Diagramm: k Rauhigkeit, D Rohrdurchmesser, k/D relative Rauhigkeit (aus: Wärmetechnische Arbeitsmappe, VDI-Verlag 1980).

Tabelle 2-11. Rohrreibungszahl λ und Widerstandsbeiwert c_W für Rohre mit dem Durchmesser D und Platten mit der Länge l in Abhängigkeit von der Rauhigkeit k und der Reynoldszahl Re.

	laminare Grenz-schicht	turbulente Grenzschicht		
		hydraulisch glatt	hydraulisch rauh	Übergangsgebiet
Rohre	$$\lambda = \frac{64}{\text{Re}}$$ (2-251)	Blasius (2-252) $$\lambda = \frac{0{,}3164}{\sqrt[4]{\text{Re}}}$$ $(2320 < \text{Re} < 10^5)$ Prandtl/Karman (2-253) $$\frac{1}{\sqrt{\lambda}} = 2\lg\left(\frac{\text{Re}\sqrt{\lambda}}{2{,}31}\right)$$ $$c_W \approx \frac{0{,}309}{(\lg(\text{Re}/7)^2)}$$	Nikuradse $$\frac{1}{\sqrt{\lambda}} = 2\lg\left(\frac{D}{k}\right) + 1{,}14$$ (2-254)	Colebrook $$\frac{1}{\sqrt{\lambda}} = -2\lg\left(\frac{2{,}51}{\text{Re}\sqrt{\lambda}} + 0{,}27\,\frac{k}{D}\right)$$ (2-255)
Platten	$$c_W = \frac{1{,}328}{\sqrt{\text{Re}}}$$ (2-256)	$$c_W = \frac{0{,}0745}{\sqrt[5]{\text{Re}}}$$ (2-257)	Voraussetzung: $$\text{Re}\,\frac{k}{l} \geqq 100$$ $$c_W = \frac{0{,}418}{\left(2 + \lg\left(\frac{l}{k}\right)\right)^{2{,}53}}$$ (2-258)	c_W aus empirischen Tabellen-werken

Aus

$$\frac{v_1\,L_1}{v_1} = \frac{v_2\,L_2}{v_2}$$

erhält man

$$v_2 = v_1\,\frac{L_1}{L_2} = 120 \cdot \frac{10}{1}\ \text{km/h} = 333{,}3\ \text{m/s}.$$

Dieser Wert liegt kurz unterhalb der Schallge-schwindigkeit für Luft ($c = 344$ m/s bei $\vartheta = 20\,°\text{C}$). Es ist deshalb empfehlenswert, den Modellmaßstab zu vergrößern (z.B. auf 1:8).

Froudezahl Fr

Die *Froudezahl* Fr (FROUDE, 1810 bis 1879) ist ebenfalls eine dimensionslose Kennzahl und beschreibt ähnliche Strömungen, bei de-nen vor allem die Schwerkraft F_G von Bedeu-tung ist. Dies ist beispielsweise bei der hydrau-lischen bzw. pneumatischen Förderung von Staub, Sand oder Körnern der Fall, spielt aber auch bei der Widerstandsermittlung von Oberflächenwellen für Schiffskörper eine Rol-le. Die hydrodynamische Ähnlichkeit (Bild 2-129) fordert hier die Proportionalität von

Schwerkraft $F_G = m\,g$ und Trägheitskraft $F_t = -m\,a$:

$$\frac{m_1\,g}{m_2\,g} = \frac{m_1\,a_1}{m_2\,a_2}.$$

Wie bei der Reynoldszahl Re kann für die Beschleunigung $[a] = [v]^2/[L]$ gesetzt werden. Dann gilt nach Kürzen der Massen

$$\frac{a_1}{g} = \frac{a_2}{g} \quad \text{oder}$$

$$\frac{[v_1]^2}{[L_1]\,[g]} = \frac{[v_2]^2}{[L_2]\,[g]} = \frac{[v]^2}{[L]\,[g]}. \quad (2\text{-}259)$$

Die Froudezahl ist die Wurzel aus diesem Ausdruck:

$$\text{Fr} = \frac{v}{\sqrt{L\,g}}. \quad (2\text{-}260)$$

Bei Strömungsuntersuchungen für Schiffsmo-delle im Schleppkanal müßten idealerweise der Widerstand durch die Oberflächenwellen (Froudezahl Fr) und der Reibungswiderstand im Wasser (Reynoldszahl Re) gleich sein. Wie Gl. (2-250) und (2-260) zeigen, liegen allerdings völlig unterschiedliche Abhängigkeiten von der umströmten Länge vor; es ist $Re \sim L$ und $Fr \sim 1/\sqrt{L}$. In der Praxis wird bei Schiffen vor allem auf Gleichheit der Froudezahl geachtet, weil der Einfluß der Oberflächenwellen größer ist als derjenige der Reibungskraft.

Beispiel

2.11-10: Das Modell eines Schiffes im Maßstab 1:15 wird im Schleppkanal untersucht. Berechnet werden soll die Geschwindigkeit im Schleppkanal v_2 für eine Fahrtgeschwindigkeit des Schiffes von $v_1 = 20$ km/h a) bei gleicher Reynoldszahl $Re_1 = Re_2$ und b) bei gleicher Froudezahl $Fr_1 = Fr_2$.

Lösung:

a) Gemäß Beispiel *2.11-9* errechnet man für gleiche Reynoldszahlen

$$v_2 = v_1 \frac{L_1}{L_2} = 20 \cdot \frac{15}{1} \text{ km/h} = 83,3 \text{ m/s}.$$

b) Für gleiche Froudezahlen ist

$$\frac{v_1}{\sqrt{L_1 g}} = \frac{v_2}{\sqrt{L_2 g}}.$$

Daraus folgt

$$v_2 = v_1 \sqrt{\frac{L_1}{L_2}} = 20 \sqrt{\frac{1}{15}} \text{ km/h} = 1,4 \text{ m/s}.$$

Die beiden Geschwindigkeiten unterscheiden sich also um den Faktor 60.

Spezielle Probleme der Strömungsmechanik

Auftrieb an umströmten Körpern

Treten bei der Umströmung von Körpern an der Oberseite höhere Strömungsgeschwindigkeiten als an der Unterseite auf, so hat dies nach der Bernoulli-Gleichung zur Folge, daß an der Oberseite ein Unterdruckgebiet und an der Unterseite ein Überdruckgebiet entsteht, wie Bild 2-131a zeigt. Aus diesem Grund wird eine *dynamische Auftriebskraft* F_A wirksam, die analog zur Druckkraft F_D (Gl. 2-243)

$$F_A = c_A \frac{\varrho}{2} v^2 A \qquad (2\text{-}261)$$

beträgt mit c_A als dem Auftriebsbeiwert. Die Fläche A ist die maximale Projektionsfläche des Körpers (z.B. bei einem Tragflügel: A = Spannweite s mal Spanntiefe l). Die Auftriebskraft F_A und die Widerstandskraft $F_W = c_W \varrho/2 \, v^2 A$ ergeben vektoriell addiert die resultierende Kraft

$$F_0 = F_A + F_W. \qquad (2\text{-}262)$$

Die Analyse der Laplace-Gleichung (2-197) für den räumlichen Verlauf der Geschwindigkeitsfunktion der Strömung um das Hindernis ergibt, daß in wirbelfreien Strömungsfeldern keine Auftriebskräfte entstehen. Erst der Anfahrwirbel, der sich wegen der Grenzschichtreibung an der hinteren Tragflügelkante ablöst, führt zu Druckkräften auf den angeströmten Körper. Dieser Anfahrwirbel verursacht um den Tragflügel eine *Zirkulation*

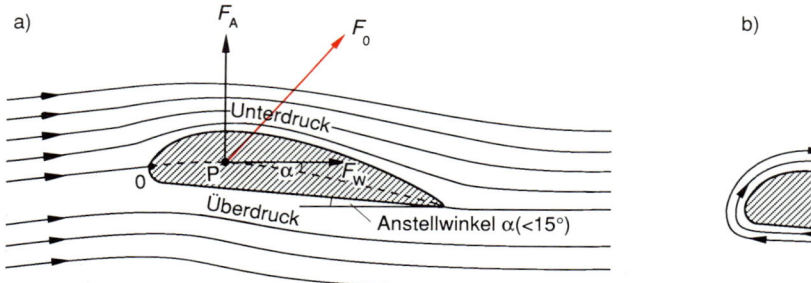

Bild 2-131. Zum dynamischen Auftrieb an umströmten Körpern: a) Kräfte, b) „Zirkulation".

$$\Gamma = \oint v \, ds = \int \operatorname{rot} v \, dA \qquad (2\text{-}263)$$

gemäß Bild 2-231 b, deren Drehimpuls den Drehimpuls des Anfahrwirbels kompensiert. Nach der Theorie von *Kutta* (1867 bis 1944) und *Joukowsky* (1847 bis 1921) erzeugt die Zirkulation auf einen Tragflügel der Spannweite s die Auftriebskraft

$$F_A = \varrho \, v \, s \, \Gamma. \qquad (2\text{-}264)$$

Die resultierende Kraft F_0 greift am *Druckpunkt P* an (Bild 2-131 a). Aus dem Drehmoment M um den vorderen Punkt 0, das vom Anstellwinkel α abhängt, kann der Abstand $r = \overline{OP}$ des Druckpunkts bestimmt werden. Mit Gl. (2-261) und Gl. (2-244) folgt

$$M = r \, (F_A \cos \alpha + F_W \sin \alpha) \quad \text{oder}$$

$$M = \frac{\varrho}{2} v^2 A \, r \, (c_A \cos \alpha + c_W \sin \alpha). \quad (2\text{-}265)$$

Mit $c_M \, l = r \, (c_A \cos \alpha + c_W \sin \alpha)$ resultiert

$$M = c_M \frac{\varrho}{2} v^2 A \, l. \qquad (2\text{-}266)$$

c_M wird *Momentenbeiwert* genannt. Durch die Messung des Drehmomentes M im Windkanal kann der Momentenbeiwert c_M und damit die Lage des Druckpunktes eines Tragflügelprofils bestimmt werden.

Für einen Tragflügel soll die Auftriebskraft F_A möglichst groß und die Widerstandskraft F_W möglichst gering werden. Ein Maß dafür ist die *Gleitzahl*

$$\varepsilon = \frac{F_W}{F_A} = \frac{c_W}{c_A}. \qquad (2\text{-}267)$$

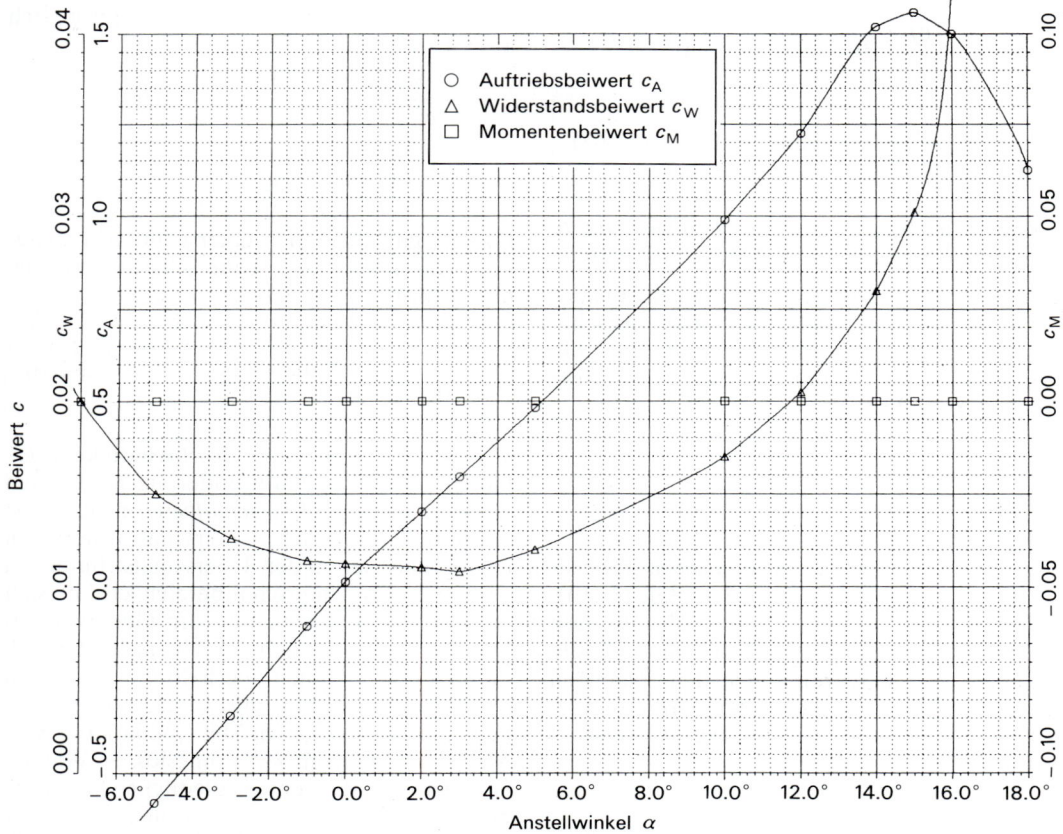

Bild 2-132. Auftriebs- und Widerstandsbeiwerte für das Rotorblatt eines Hubschraubers.
Werkbild: MBB

Die Werte für den Widerstandsbeiwert c_W und den Auftriebsbeiwert c_A sind vom Anstellwinkel α (Bild 2-131 a) abhängig. Diese Zusammenhänge werden empirisch im Windkanal ermittelt und in ein Polardiagramm eingezeichnet. Bild 2-132 zeigt das Polardiagramm der Auftriebs- und Widerstandsbeiwerte eines Hubschrauberrotorblatts.

Bernoulli-Gleichung für kompressible Medien

Gase zeigen bei hohen Strömungsgeschwindigkeiten ($v > 0{,}3\,c$; c Schallgeschwindigkeit) nicht vernachlässigbare Dichteänderungen. Die *Bernoulli-Gleichung* (2-204) gilt dann nur noch für sehr kleine Strömungsbereiche, in denen die Höhendifferenzen vernachlässigbar klein sind und die Dichte näherungsweise konstant ist. Eine differentielle Druckänderung dp bewirkt dann eine differentielle Änderung der Strömungsgeschwindigkeit $v\,dv$:

$$v\,dv + \frac{dp}{\varrho} = 0 \quad \text{oder integriert}$$

$$\frac{v^2}{2} + \int \frac{dp}{\varrho} = \text{konstant}. \qquad (2\text{-}268)$$

Diese Gleichung ist die *verallgemeinerte Bernoulli-Gleichung* für kompressible Medien.

Für die adiabatischen Strömungen idealer Gase ergibt sich nach Gl. (3-66) (Abschn. 3.3.4.4) $p/\varrho^\varkappa = \text{konstant}$. Wird daraus die Dichte ϱ in Gl. (2-268) eingesetzt und diese integriert, ergibt sich

$$\frac{v^2}{2} + \frac{\varkappa}{\varkappa - 1}\frac{p}{\varrho} = \text{konstant}. \qquad (2\text{-}269)$$

Bei idealen Gasen ist der *Isentropenexponent* $\varkappa = c_p/(c_p - R_i)$ (Abschn. 3.3.3, Gl. (3-60)). Mit Hilfe der Zustandsgleichung idealer Gase (Abschn. 3.1.5, Gl. (3-20)) erhält man für die adiabatischen Gasströmungen den folgenden Zusammenhang zwischen der Strömungsgeschwindigkeit v und der absoluten Gastemperatur T:

$$\frac{v^2}{2} + c_p\,T = \text{konstant}. \qquad (2\text{-}270)$$

Bewirkt eine Querschnittsänderung dA eine Geschwindigkeitsänderung dv, so spielt bei kompressiblen Strömungen das Verhältnis der Strömungsgeschwindigkeit v zur Schallgeschwindigkeit c des Mediums eine wichtige Rolle. Dieses dimensionslose Verhältnis wird als *Machzahl* Ma bezeichnet (E. MACH, 1838 bis 1916):

$$\text{Ma} = \frac{v}{c}. \qquad (2\text{-}271)$$

Für eine stationäre Strömung gilt $dm/dt = \varrho\,A\,v = \text{konstant}$ oder in differentieller Form

$$\frac{d\varrho}{\varrho} + \frac{dA}{A} + \frac{dv}{v} = 0. \qquad (2\text{-}272)$$

Mit der differentiellen Schreibweise der *verallgemeinerten Bernoulli-Gleichung* (2-268) $v\,dv + dp/\varrho = 0$ und $c^2 = dp/d\varrho$ ergibt sich aus Gl. (2-272)

$$\frac{-v\,dv}{c^2} + \frac{dA}{A} + \frac{dv}{v} = 0 \quad \text{oder}$$

$$\frac{dA}{A} = \left(\frac{v}{c^2} - \frac{1}{v}\right) dv.$$

Damit gilt für die Querschnittsabhängigkeit von Über- und Unterschallströmungen ($v/c = \text{Ma}$)

$$\frac{dA}{A} = \frac{dv}{v}(\text{Ma}^2 - 1). \qquad (2\text{-}273)$$

Tabelle 2-12 gibt das Geschwindigkeitsverhalten bei Querschnittsänderungen für den *Unterschall-* bzw. *Überschallbereich* an. Es ist ersichtlich, daß sich Unterschallströmungen entgegengesetzt zu den Überschallströmungen verhalten. Im Unterschallbereich erhöht sich bei Querschnittsverengung die Geschwindigkeit, während sie sich im Überschallbereich vermindert. In Höhen oberhalb $h = 180\,\text{km}$ ist die Atmosphäre allerdings so dünn, daß keine Schallausbreitung mehr stattfinden kann. Die Machzahl ist dann bedeutungslos. − Wichtig ist ebenfalls das unterschiedliche Verhalten bei einer Querschnittserweiterung. Bei einer *Lavaldüse* ist dies beispielsweise der Fall. Deshalb ist am Einlauf $v < c$, so daß am

Tabelle 2-12. Unterschall- und Überschallströmung bei Querschnittsänderung (v Strömungsgeschwindigkeit, c Schallgeschwindigkeit).

	Querschnittsverengung $dA < 0$	Querschnittserweiterung $dA > 0$	Querschnitts-Minimum $dA = 0$
Unterschall Ma < 1	$dv > 0$	$dv < 0$	entweder $dv = 0$ oder $v = c$
Überschall Ma > 1	$dv < 0$	$dv > 0$	

engsten Querschnitt $v = c$ wird. Bei einem Diffusor hingegen wird $v > c$, wenn p genügend abgesenkt wird.

2.11.3.4. Anwendungen

Pumpen

Pumpen sind Arbeitsmaschinen zur Förderung von flüssigen Medien von einem niedrigen auf ein höheres Energieniveau. Die verschiedenen Eigenschaften der Fördermedien (z. B. geringe oder große Viskosität, chemische Aggressivität), die Forderungen nach bestimmten Förderströmen und die Überwindung genau definierter Förderhöhen sind der Grund für die Vielzahl von Pumpentypen. In Bild 2-133 sind sie vergleichend gegenübergestellt. In der Hydrodynamik sind die *Kreiselpumpen* und die *Strahlpumpen* von Bedeutung. Die folgenden Beispiele beziehen sich auf die in der Praxis häufig eingesetzte Kreiselpumpe und auf die Begriffe, Zeichen und Einheiten nach DIN 24260, die im Pumpenbau üblich sind.
Die Funktion $H_A = f(Q)$ wird *Anlagekennlinie* (Rohrleitungskennlinie) genannt. Sie hat den schematischen Verlauf gemäß Bild 2-134. Bei der *Pumpenkennlinie* $H = f(Q)$ dagegen nimmt bei Strömungspumpen mit zunehmendem Förderstrom Q die Förderhöhe H ab (Bild 2-133). Bild 2-135 zeigt den Verlauf der Anlagenkennlinie und der Pumpenkennlinie. Im Schnittpunkt ist die Förderhöhe der Anlage H_A gleich der Pumpenförderhöhe H. Dies stellt den *Betriebspunkt* B der Pumpe dar. In Bild 2-135 b ist eine Q,H-Kennlinie einer Spiralgehäuse-Kreiselpumpe dargestellt.

Für Pumpenanlagen aller Art sind folgende charakteristischen Größen wichtig:

Förderstrom $Q = v\,A$ (in m³/s),
Förderhöhe H (in m),
Förderleistung $P_Q = \varrho\,g\,QH$,
Wirkungsgrad $\eta = P_Q / P$,
Leistungsbedarf $P = P_Q / \eta = (\varrho\,g\,QH)/n$ sowie
Drehzahl n (in min^{-1}).

Bild 2-136 zeigt das Schema einer Pumpstation. Die Bernoulli-Gleichung (2-204) für diese Anlage lautet unter der Berücksichtigung der Reibungsverluste durch die Verlusthöhe h_V für den Eintritt e bzw. den Austritt a

$$h_e + H_A + \frac{p_e}{\varrho\,g} + \frac{v_e^2}{2\,g}$$
$$= h_a + h + \frac{p_a}{\varrho\,g} + \frac{v_a^2}{2\,g}.$$

Die Geschwindigkeiten v_e und v_a sind in den Punkten e und a zu messen. Daraus errechnet sich die Förderhöhe H_A zu

$$H_A = \underbrace{(h_a - h_e) + \frac{p_a - p_e}{\varrho\,g}}_{\text{statischer Anteil}} +$$
$$+ \underbrace{\frac{v_a^2 - v_e^2}{2\,g} + h_V}_{\text{dynamischer Anteil}} \qquad (2\text{-}274)$$

Gl. (2-274) enthält einen *statischen Anteil*, der vom Förderstrom Q unabhängig ist, und einen *dynamischen Anteil*, der eine Funktion des Förderstromes Q ist. (Hierbei ist die Verlusthöhe h_V durch den Förderstrom Q bedingt.) Wegen $v = Q/A$ resultiert

$$H_A = (h_a - h_e) + \frac{p_a - p_e}{\varrho\,g} +$$
$$+ \frac{\left(\dfrac{Q^2}{A_a^2}\right) - \left(\dfrac{Q^2}{A_e^2}\right)}{2\,g} + h_V. \qquad (2\text{-}275)$$

Mit zunehmendem Förderstrom Q nimmt die erforderliche Förderhöhe H_A der Pumpe zu.
Bild 2-137 a zeigt eine Spiralgehäuse-Kreiselpumpe nach DIN 24 255, Bild 2-137 b eine Querschnittszeichnung sowie Bild 2-137 c die Fördermenge-Leistungs-Kurve (Q, P-Kennlinie).

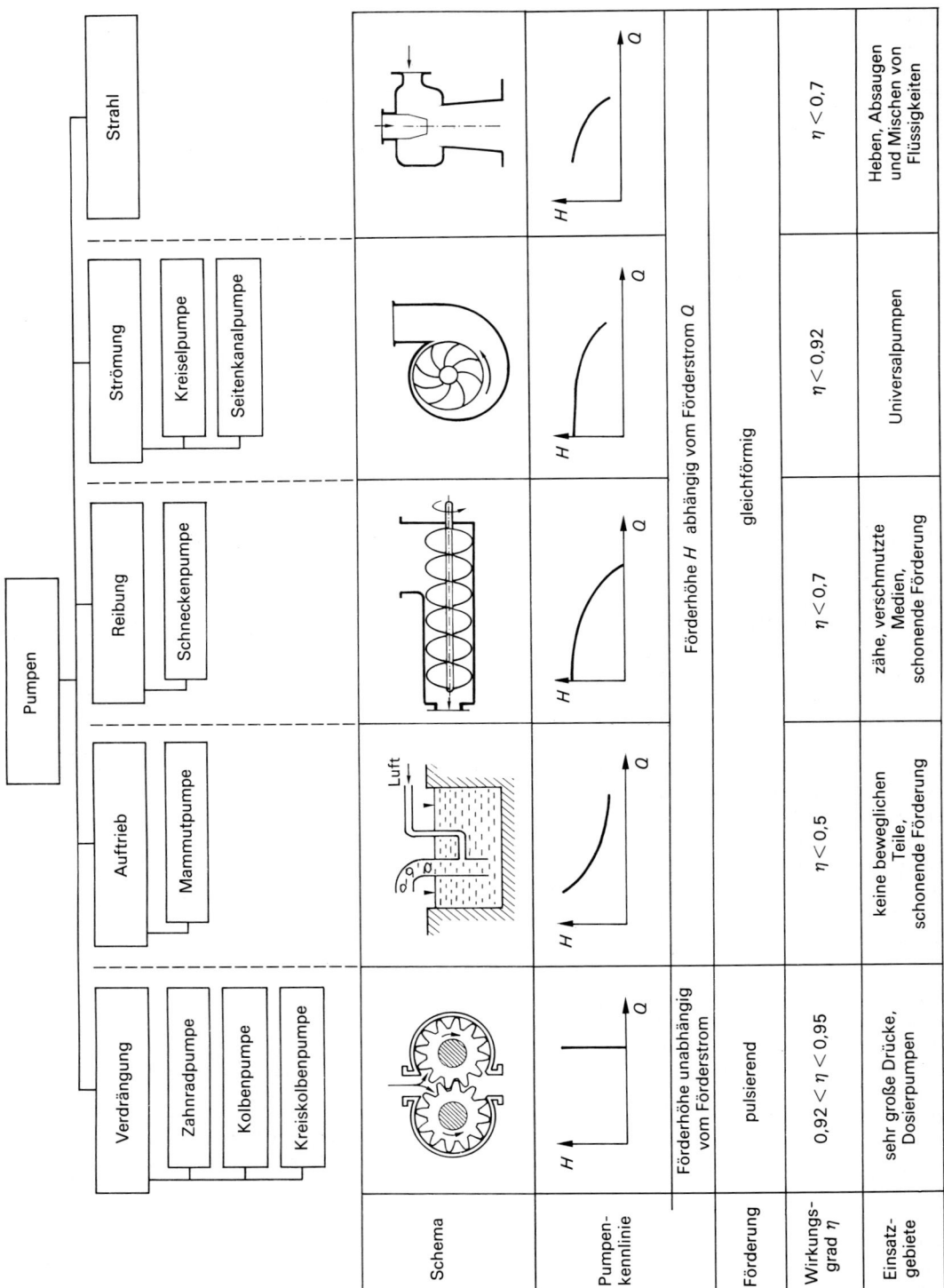

Schema	Verdrängung Zahnradpumpe Kolbenpumpe Kreiskolbenpumpe	Auftrieb Mammutpumpe	Reibung Schneckenpumpe	Strömung Kreiselpumpe Seitenkanalpumpe	Strahl
Pumpen-kennlinie	*H* →, *Q*	*H* →, *Q*	*H* →, *Q*	*H* →, *Q*	*H* →, *Q*
	Förderhöhe unabhängig vom Förderstrom	Förderhöhe H abhängig vom Förderstrom Q			
Förderung	pulsierend	gleichförmig			
Wirkungs-grad η	$0{,}92 < \eta < 0{,}95$	$\eta < 0{,}5$	$\eta < 0{,}7$	$\eta < 0{,}92$	$\eta < 0{,}7$
Einsatz-gebiete	sehr große Drücke, Dosierpumpen	keine beweglichen Teile, schonende Förderung	zähe, verschmutzte Medien, schonende Förderung	Universalpumpen	Heben, Absaugen und Mischen von Flüssigkeiten

Pumpen

Bild 2-133. Bauformen von Pumpen.

a)

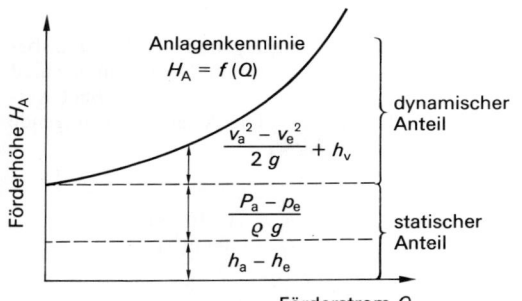

Bild 2-134. *Förderstrom Q in Abhängigkeit von der Förderhöhe H_A.*

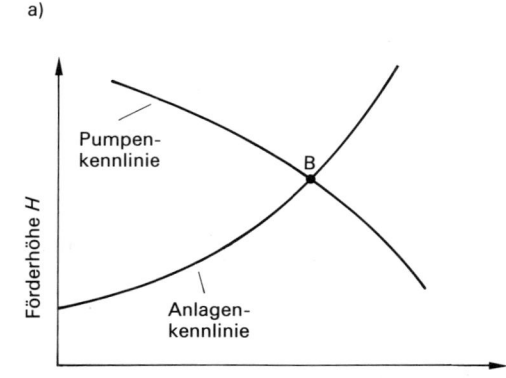

Bild 2-135. *Pumpenkennlinien. a) Verlauf der Pumpen- und Anlagenkennlinien, b) Q, H-Kennlinie einer Spiralgehäuse-Kreiselpumpe.*
η Wirkungsgrad
Werkbild: Ritz

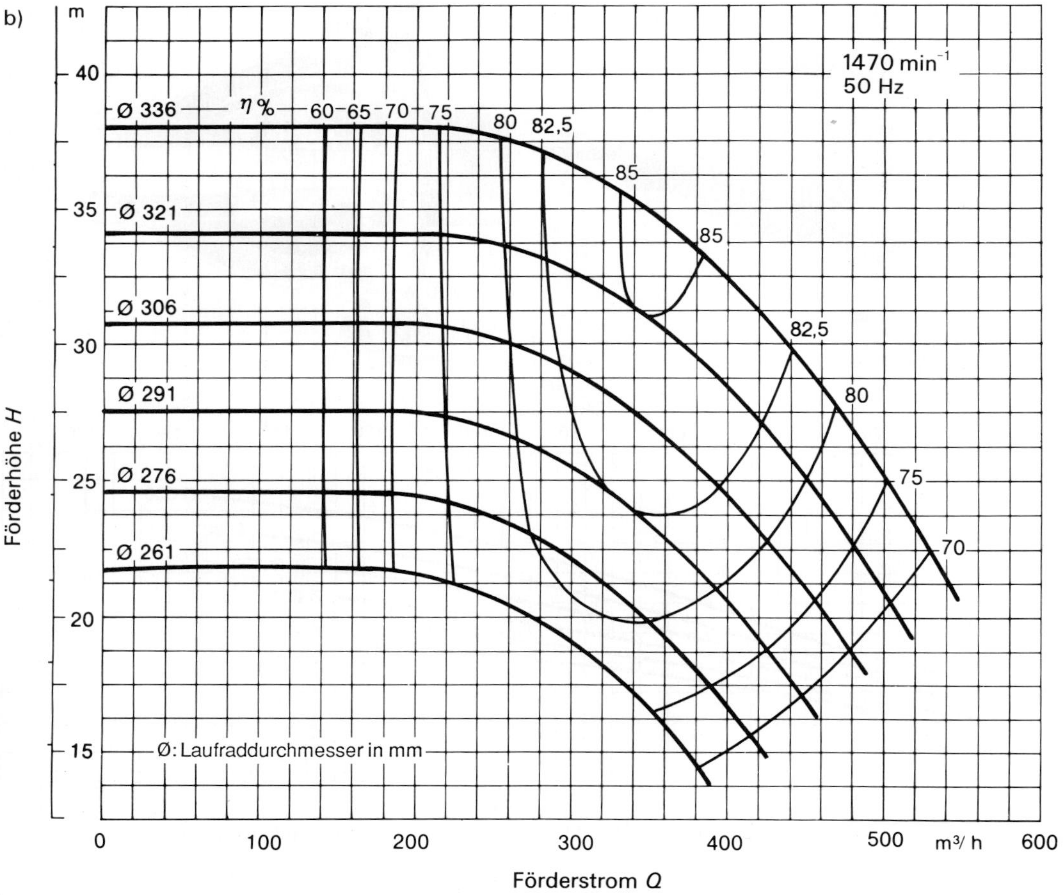

b)

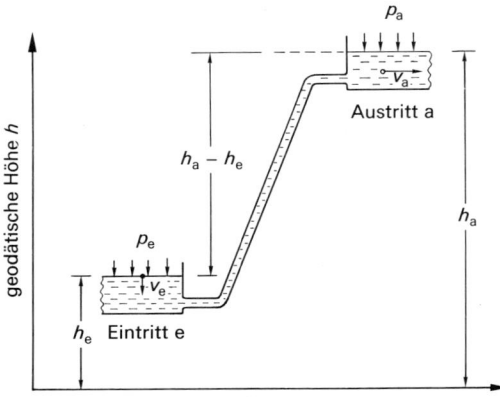

p_a
v_a
Austritt a
$h_a - h_e$
h_a
p_e
v_e
h_e
Eintritt e
geodätische Höhe h

Bild 2-136. Schema einer Pumpstation.

Beispiel

2.11-11: Die Förderhöhe H_A und der Leistungsbedarf P einer Kesselspeisepumpe (Höhenunterschied $h_a - h_e = 5$ m; $\varrho = 907$ kg/m^3) sollen errechnet werden (analog DIN 24 260). Die Anlage weist folgende Betriebsdaten auf:

Eintrittsdruck	$p_e = 6 \cdot 10^5$ Pa,
Austrittsdruck	$p_a = 11 \cdot 10^5$ Pa,
Förderstrom	$Q = 0{,}06$ m^3/s,
Verlusthöhe	$h_V = 7$ m,
Eintrittsquerschnitt	$A_e = 1{,}5$ m^2,
Austrittsquerschnitt	$A_a = 0{,}8$ m^2,
Wirkungsgrad	$\eta = 0{,}85$.

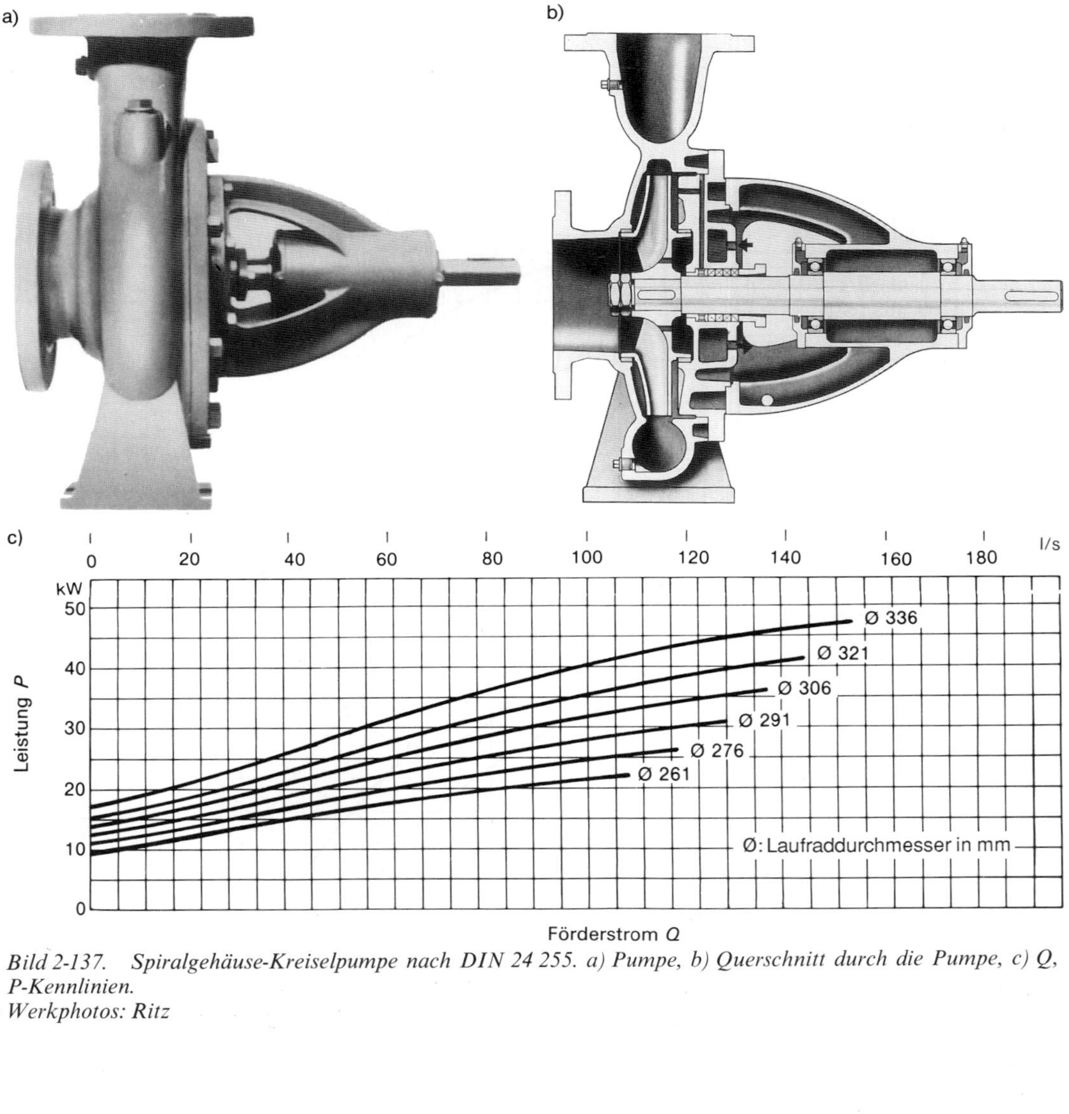

a)
b)
c)
0
20
40
60
80
100
120
140
160
180
l/s
kW
50
40
30
20
10
0
Leistung P
Ø 336
Ø 321
Ø 306
Ø 291
Ø 276
Ø 261
Ø: Laufraddurchmesser in mm
Förderstrom Q

Bild 2-137. Spiralgehäuse-Kreiselpumpe nach DIN 24 255. a) Pumpe, b) Querschnitt durch die Pumpe, c) Q, P-Kennlinien.
Werkphotos: Ritz

Lösung:

a) Nach Gl. (2-275) ergibt sich für die Förderhöhe

$$H_A = (h_a - h_e) + \frac{p_a - p_e}{\varrho g} + \frac{\left(\dfrac{Q^2}{A_a^2} - \dfrac{Q^2}{A_e^2}\right)}{2g} + h_V$$

$$= \left[5 + \frac{(11-6) \cdot 10^5}{907 \cdot 9{,}81} + \frac{\left(\dfrac{0{,}06^2}{0{,}8^2} - \dfrac{0{,}06^2}{1{,}5^2}\right)}{2 \cdot 9{,}81} + 7\right] m$$

$$= 68{,}19 \text{ m} .$$

b) Der Leistungsbedarf ist $P = \dfrac{\varrho g \, QH}{\eta} = 42{,}8 \text{ kW}$.

Wasserturbinen

Wasserturbinen sind *Wasserkraftmaschinen,* in denen hydraulische Energie (Lageenergie und Strömungsenergie) in mechanische Arbeit umgewandelt wird. Je nach Anteil der Lageenergie (bestimmt durch die Fallhöhe H) im Verhältnis zur Strömungsenergie unterscheidet man drei Ausführungen, die nach ihren Konstrukteuren *Pelton-Turbinen* (L. A. PELTON,

1829 bis 1908), *Francis-Turbinen* (J. B. FRANCIS, 1815 bis 1892) und *Kaplan-Turbinen* (V. KAPLAN, 1876 bis 1934) genannt werden; außerdem gibt es noch *S-Turbinen* (S-förmiger Strömungskanal) und *Rohrturbinen.* Nach der Fallhöhe werden die Wasserturbinen eingeteilt in

– *Hochdruck-Turbinen:* Bei ihnen ist die Fallhöhe H groß ($H > 200$ m) und der Volumenstrom Q klein. Beispiele dafür sind Pelton- und Francis-Turbinen;
– *Mitteldruck-Turbinen:* Bei ihnen ist die Fallhöhe H mittelgroß und der Volumenstrom Q ebenfalls. Beispiele dafür sind Francis- und Kaplan-Turbinen;
– *Niederdruck-Turbinen:* Bei ihnen ist die Fallhöhe H klein ($H < 50$ m) und der Volumenstrom Q groß. Beispiele hierfür sind Kaplan-, S- und Rohr-Turbinen.

Um diese verschiedenen Turbinentypen sowie unterschiedliche Baugrößen desselben Typs untereinander vergleichen zu können, dient die *spezifische Drehzahl* n_q. Sie ergibt sich aufgrund von Ähnlichkeitsgesetzen aus analogen Überlegungen wie die *Reynolds-* bzw. die *Froudezahl* (Abschn. 2.11.3.3). Sie ist die

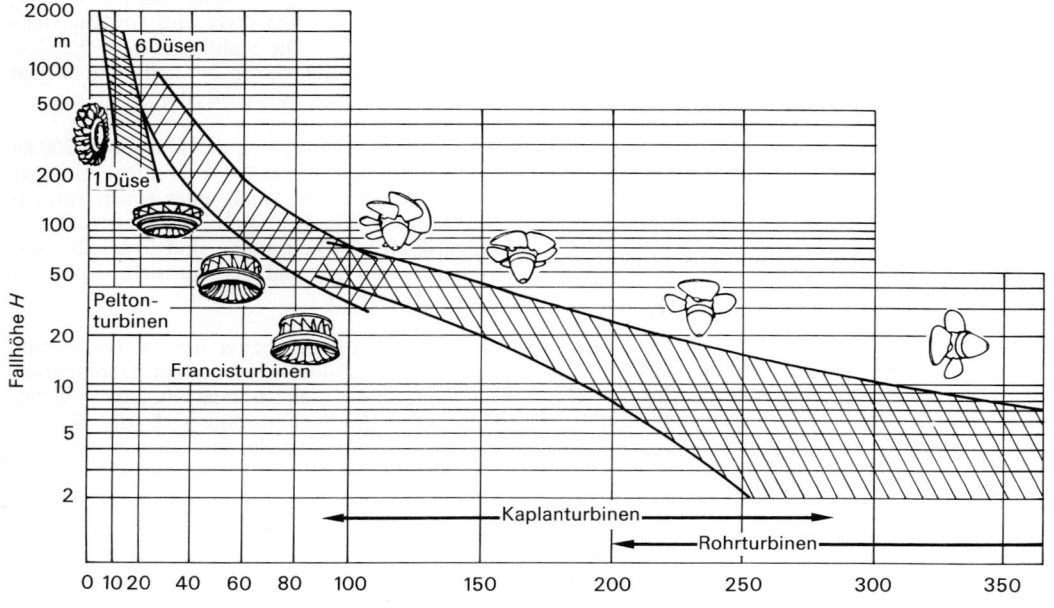

Bild 2-138. Anwendungsbereiche der verschiedenen Arten von Wasserturbinen.
Werkbild: Voith

Drehzahl, die sich ergibt, wenn die Turbinen bei einer Fallhöhe $H = 1$ m einen Volumenstrom $Q = 1$ m³/s verarbeiten. Der Zusammenhang zwischen Fallhöhe und Volumenstrom ergibt sich aus

$$n_q = \frac{n\sqrt{Q}}{H^{0,75}} \qquad (2\text{-}276)$$

mit n als der Drehzahl der Anlage.

Die Anwendungsbereiche von Wasserturbinen in Abhängigkeit von Fallhöhe H und spezifischer Drehzahl n_q sind in Bild 2-138 dargestellt. Daraus ist ersichtlich, daß *Pelton-Turbinen* für hohe Fallhöhen bei niedrigen spezifischen Drehzahlen und *Kaplan-* bzw. *S-* oder *Rohrturbinen* bei niedrigen Fallhöhen und hohen spezifischen Drehzahlen zum Einsatz kommen. In den Überschneidungsbereichen muß man die Vor- und Nachteile der Turbinenart abwägen. Häufig sind die örtlichen Gegebenheiten ausschlaggebend. In Bild 2-139 sind die Turbinentypen vergleichend gegenübergestellt. Es sind außerdem Einbaubeispiele und Laufräder der verschiedenen Turbinenarten sowie konstruktive Merkmale und Einsatzbereiche aufgeführt.

In Abschn. 2.11.3.2 ist darauf hingewiesen, daß nach der *Bernoulli-Gleichung* (2-204) der statische Druck p_{stat} mit zunehmender Strömungsgeschwindigkeit v abnimmt. Sinkt der statische Druck unter den Dampfdruck p_D der Flüssigkeit, dann bilden sich Dampfblasen, oder vorhandene Blasen vergrößern sich. Steigt der Druck wieder an, dann kondensiert der Dampf in den Hohlräumen, und das Strömungsmedium schlägt mit hoher Geschwindigkeit auf das Turbinenmaterial. Dieser Vorgang wird *Kavitation* (Hohlraumbildung) genannt. Dabei können Drücke bis 10^{10} Pa bei Frequenzen um 2 kHz auftreten. Diese ständigen Beanspruchungen führen zur Zerstörung der Materialoberfläche. Die kritische Geschwindigkeit, oberhalb der Kavitation eintritt, läßt sich aus der Bernoulli-Gleichung (2-204) zu

$$v_{krit} = \sqrt{\frac{2\,p_D}{\varrho}} \qquad (2\text{-}277)$$

errechnen. Sie ist für Wasser relativ gering und beträgt bei 20 °C ($p_D = 2340$ Pa) nur $v_{krit} = 2,2$ m/s. Dies bedeutet, daß mit der Kavitation bei vielen Wassermaschinen gerechnet werden muß. Bei der Konstruktion von Wasserturbinen sollte daher darauf geachtet werden, daß

— möglichst hohe äußere Drücke auftreten,
— dünne Schaufelprofile verwendet werden und
— nur kleine Anstellwinkel möglich sind.

Zur Übung

Ü 2.11-12: Ein Öltankeinlauf liegt 6 m höher als die Pumpe (Förderstrom $Q = 0,8$ l/s). Das Zuleitungsrohr hat eine Länge von $l = 7$ m und einen Durchmesser $d = 1,7$ cm. Wie groß ist der erforderliche Pumpendruck ($\varrho_{Öl} = 0,85$ kg/l, $\eta_{Öl} = 0,2$ Ns/m²)?

Ü 2.11-13: Zur Messung der dynamischen Viskosität η eines Öls ($\varrho_{Öl} = 0,85$ kg/l) wird ein Kugelfallviskosimeter benutzt. Die Stahlkugel ($\varrho_K = 7,85$ kg/dm³) hat einen Durchmesser $d = 2$ mm und fällt in $t = 2$ s $s = 10$ cm weit. Wie groß ist η?

Ü 2.11-14: Ein Segelflugzeug der Masse $m = 200$ kg und der Projektionsfläche $A = 18$ m² fliegt mit einer Geschwindigkeit $v = 60$ km/h unter einem Anstellwinkel $\alpha = 8°$. Wie groß sind Auftriebs- und Widerstandskraft? Zu bestimmen sind ferner der Widerstandsbeiwert c_W und der Auftriebsbeiwert c_A ($\varrho_{Luft} = 1,25$ kg/m³).

Ü 2.11-15: Ein Wasserbehälter hat am Boden eine waagerechte Ausflußröhre mit dem Durchmesser $d = 1,2$ mm, die $l = 50$ cm lang ist. Aus welcher Höhe h über der Ausflußröhre sinkt der Wasserspiegel ab, wenn turbulente Strömung in laminare Strömung umschlägt ($\eta_W = 10^{-3}$ Ns/m²)?

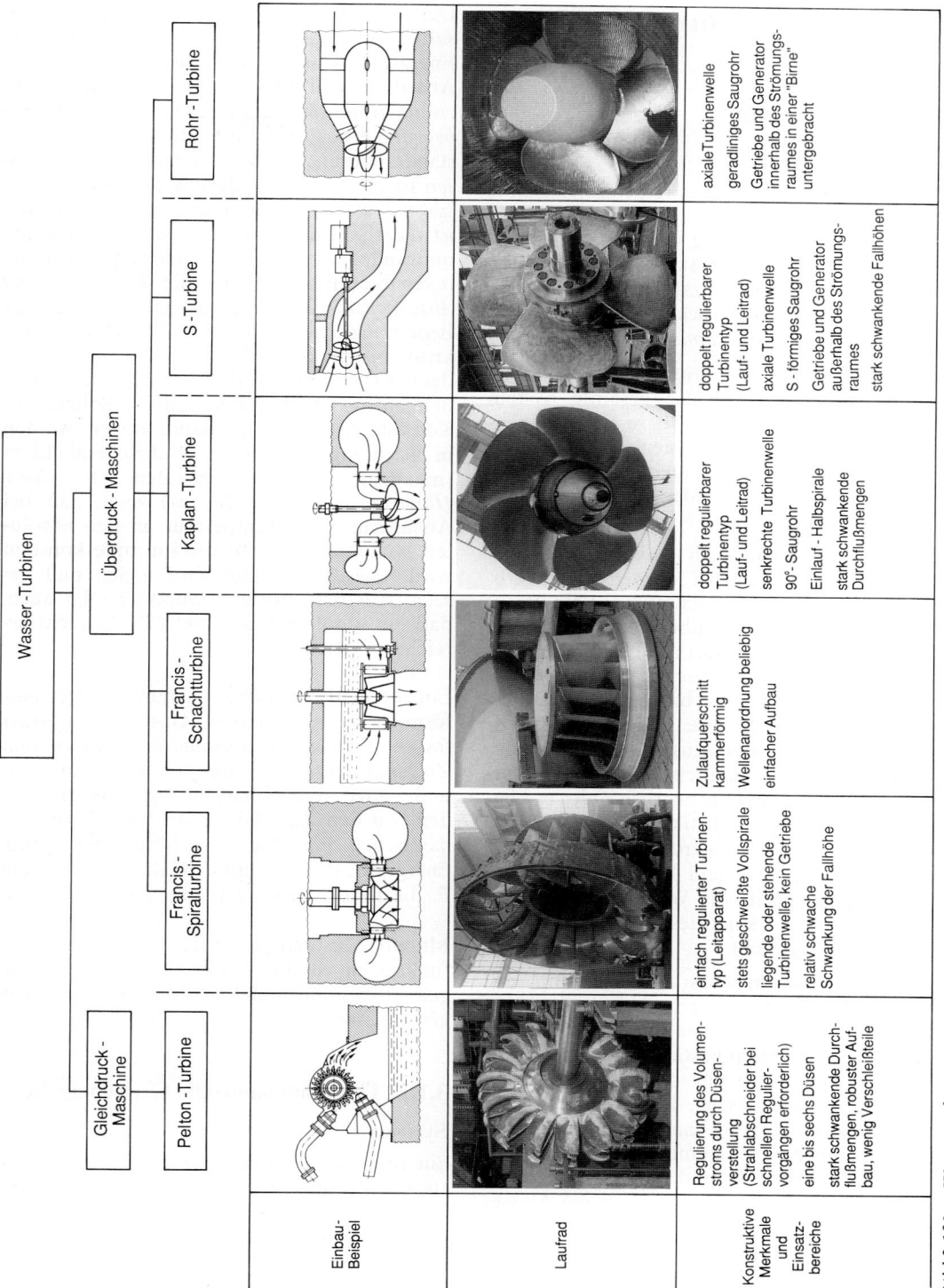

Werkphotos: Voith

Bild 2-139. Wasserturbinentypen.

3. Thermodynamik

3.1. Grundlagen

3.1.1. Einführung

Die *Thermodynamik* beschreibt die Zustände und deren Änderung infolge der Wechselwirkung mit der Umgebung von kompliziert zusammengesetzten makroskopischen Systemen durch eine geringe Anzahl *makroskopischer Variablen*, wie z.B. Druck oder Temperatur, sowie durch *thermodynamische Potentiale*.

Das System kann *makroskopisch* betrachtet werden. Hierbei wird das gesamte System durch makroskopisch meßbare Systemeigenschaften und deren Zusammenhänge beschrieben. Dies wird als *phänomenologische Thermodynamik* bezeichnet, die der älteste Zweig der Thermodynamik ist.

Das System kann auch *mikroskopisch* betrachtet werden. Hierbei werden die makroskopischen Systemeigenschaften auf die Wechselwirkungen der Systembestandteile (Atome, Moleküle) zurückgeführt. Die Beschreibung erfolgt mit den *statistischen Methoden* der *klassischen Mechanik* bzw. der *Quantenmechanik*. Beispielsweise erklärt die kinetische Gastheorie das Zustandekommen des Gasdrucks und ermöglicht ein tieferes Verständnis des Temperaturbegriffs. Oder es können mit Hilfe der Statistik *thermodynamische Potentiale* hergeleitet werden, aus denen sich alle Zustandsgrößen und Materialeigenschaften (z.B. die spezifische Wärmekapazität) ergeben. In Bild 3-1 sind diese Betrachtungsweisen gegenübergestellt.

Ein thermodynamisches System kann mit seiner Umgebung in Wechselwirkung stehen. Findet kein Austausch von Energie und Masse über die Systemgrenzen statt, so ist das System *abgeschlossen*. Wird nur die Arbeit W (z.B. mechanische, elektrische, magnetische Arbeit) ausgetauscht, liegt ein *adiabetes* System vor. Bei *geschlossenen* Systemen findet ein Austausch von Arbeit W und Wärme Q und bei *offenen* Systemen noch zusätzlich ein Masseaustausch statt.

Die wichtigsten Erkenntnisse in der Thermodynamik sind in *vier Hauptsätzen* formuliert.

Der *erste Hauptsatz* ist der *Energieerhaltungssatz*. Er besagt, daß die Änderung der inneren Energie ΔU durch Wärmezufuhr Q und (oder) Arbeitsverrichtung W erfolgen kann. Der *zweite Hauptsatz* sagt mit Hilfe des *Entropiebegriffs* etwas über die Richtung von Zustandsänderungen aus. Bei *reversiblen Prozessen* ist die Entropieänderung null; bei *irreversiblen Prozessen* ist sie positiv, d.h., die Wärme ist nicht vollständig in andere Energieformen umwandelbar. Von der Thermodynamik irreversibler Prozesse sind die *Transport- und Ausgleichsvorgänge* von besonderer praktischer Bedeutung. Die *Entropie S* läßt sich auch mikroskopisch als Wahrscheinlichkeitsfunktion deuten (Logarithmus der Zustandswahrscheinlichkeit ln P multipliziert mit der Boltzmann-Konstanten k). Zustandsänderungen werden in Richtung maximaler Wahrscheinlichkeit (maximale Entropie) ablaufen. Der *dritte Hauptsatz* (Satz von *Nernst*) zeigt, daß bei Annäherung der Temperatur an den absoluten Nullpunkt ($T \rightarrow 0$) die Entropie konstant wird. Diese Konstante wird gleich null gesetzt. Aus dem dritten Hauptsatz folgt auch, daß der absolute Nullpunkt ($T = 0$) nicht erreicht werden kann.

Ein thermodynamisches System — sei es gasförmig (ideale oder reale Gase), flüssig oder fest — kann durch *Zustandsgleichungen* und *Zustandsfunktionen*, die nur vom Anfangs- und Endzustand abhängen, beschrieben werden. Zu den Zustandsfunktionen (thermodynamischen Potentialen) gehören die innere Energie U, die Enthalpie H, die freie Energie F, die freie Enthalpie G und die Entropie S.

Mit den Zustandsgleichungen und Zustandsfunktionen ist die Beschreibung von *Gleichgewichtszuständen* und *Gleichgewichtsbedingungen* möglich.

3.1.2. Thermodynamische Grundbegriffe

Systeme

Ein räumlich abgrenzbarer Bereich, der herausgelöst von seiner Umgebung betrachtet werden soll, wird als *System* bezeichnet. Nach Art der Systemgrenzen werden verschiedenartige Systeme unterschieden, wie aus Tabelle 3-1 hervorgeht.

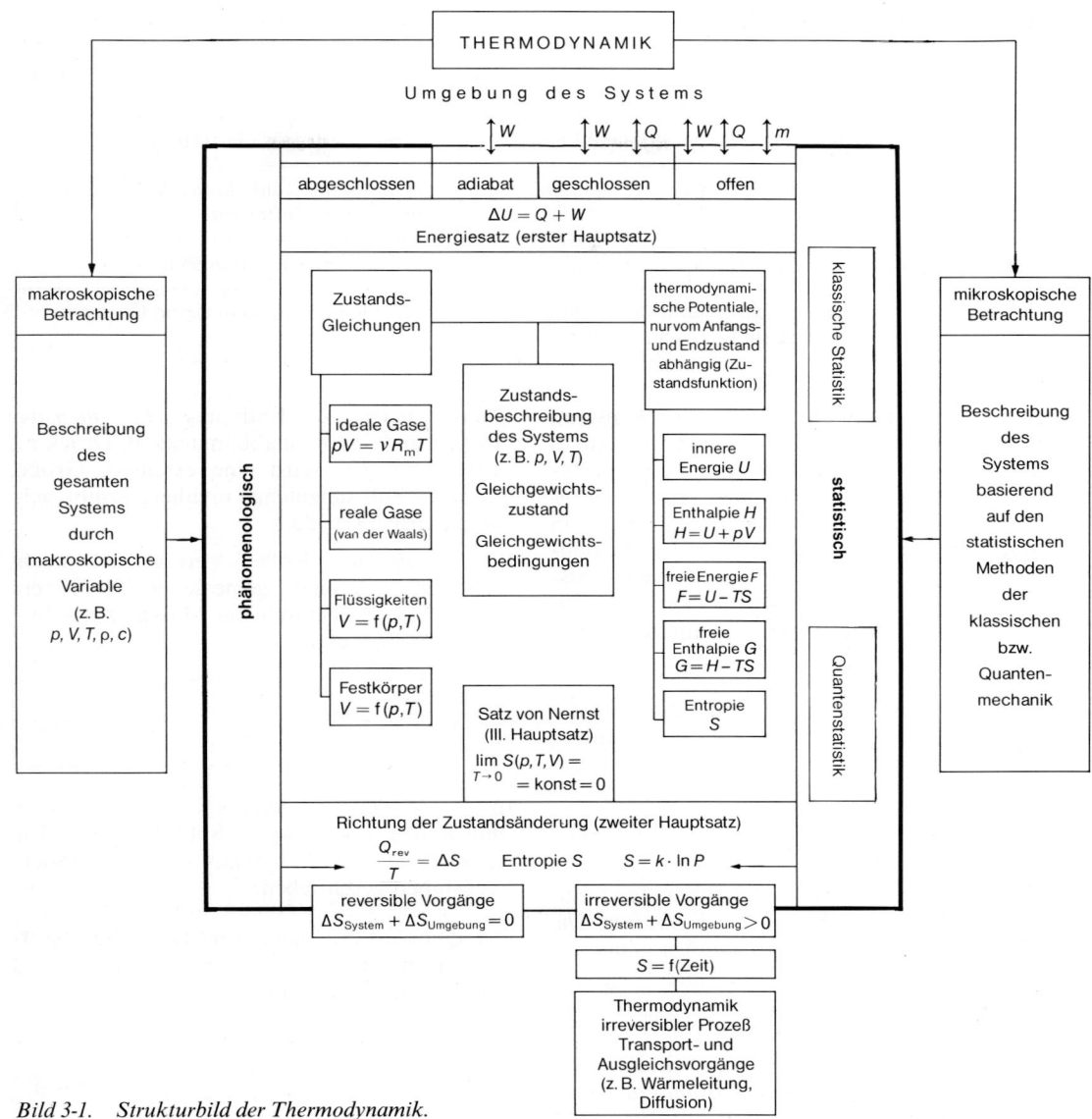

Bild 3-1.   Strukturbild der Thermodynamik.

Zustand, Zustandsgrößen, Prozeßgrößen

In der Mechanik wird die Lage eines Punktes im Raum durch drei Koordinaten festgelegt; in der Thermodynamik benutzt man *Zustandsgrößen*, um den Zustand eines Systems zu beschreiben. Historisch bedingt wird zwischen den direkt meßbaren *thermischen* Zustandsgrößen

— Druck p,

— Volumen V,
— Temperatur T

und den davon abgeleiteten *kalorischen* Zustandsgrößen, wie z. B.

— innere Energie U,
— Enthalpie H und
— Entropie S

unterschieden.

Tabelle 3.1. Thermodynamische Systeme.

Bezeichnung des Systems	Kennzeichen der Systemgrenzen	Beispiele
offen	durchlässig für Materie und Energie	Wärmeübertrager, Gasturbine
geschlossen	durchlässig für Energie, undurchlässig für Materie	geschlossener Kühlschrank, Warmwasserheizung, Heißluftmotor
abgeschlossen	undurchlässig für Energie und Materie	verschlossenes Thermosgefäß
adiabat	undurchlässig für Materie und Wärme, durchlässig für mechanische Arbeit	rasche Kompression in einem Gasmotor

Bleiben die Zustandsgrößen zeitlich konstant, dann befindet sich das System in einem *Gleichgewichtszustand*. Der Zustand eines Systems kann auf verschiedene Weise verändert werden (z. B. durch Wärmezufuhr von außen). Hat sich, ausgehend von dem Gleichgewichtszustand 1, ein neuer Gleichgewichtszustand 2 eingestellt, dann haben alle Zustandsgrößen wieder wohldefinierte Werte angenommen.

Die Änderung ΔZ einer Zustandsgröße Z hängt nicht von der Art der Prozeßführung ab, sondern nur vom Anfangs- und Endzustand. Es gilt

$$\Delta Z = Z_2 - Z_1. \qquad (3\text{-}1)$$

Im Gegensatz zu den wegunabhängigen Zustandsgrößen sind *Wärme* und *mechanische Arbeit* wegabhängige *Prozeßgrößen*. Die mit dem System bei einer Zustandsänderung ausgetauschten Energiebeträge sind von dem Verlauf des Prozesses abhängig.

Für jeden Gleichgewichtszustand sind die Zustandsgrößen durch eine *Zustandsgleichung* miteinander verknüpft. So gilt z. B. für ideale Gase ein einfacher Zusammenhang zwischen Druck, Volumen und Temperatur (Abschn. 3.1.5). Bei realen Gasen ist der Zusammenhang komplizierter und muß empirisch und mit Hilfe von Modellrechnungen ermittelt werden (Abschn. 3.4).

Spezifische und molare Größen

Viele thermodynamische Größen sind *extensiv*, d. h., sie hängen von der Substanzmenge (Masse m, Stoffmenge v) des Systems ab (z. B.

innere Energie U, Enthalpie H). *Intensive* Größen sind davon unabhängig (z. B. Druck p, Temperatur T). Wird eine extensive Größe durch die Substanzmenge dividiert, ergibt sich eine intensive Größe.

Eine *spezifische* Größe x ergibt sich nach DIN 5490 aus einer gemessenen extensiven Größe X, indem durch die Masse m des Systems dividiert wird:

$$x = \frac{X}{m}. \qquad (3\text{-}2)$$

In der Maßeinheit einer spezifischen Größe steht immer $x = \ldots \text{kg}^{-1}$. Spezifische Größen werden nach DIN 1345 mit kleinen Formelbuchstaben geschrieben.

Der Quotient aus einer gemessenen Größe X und der Stoffmenge v ist die molare Größe X_m, die durch den Index m gekennzeichnet wird:

$$X_m = \frac{X}{v}. \qquad (3\text{-}3)$$

Die Maßeinheit einer molaren Größe enthält stets $X_m = \ldots \text{mol}^{-1}$.

Jede spezifische Größe kann leicht in die entsprechende molare Größe umgerechnet werden. Aus Gl. (3-2) und (3-3) folgt sofort $X = x\,m = X_m\,v$, oder

$$X_m = x\,\frac{m}{v} = x\,M. \qquad (3\text{-}4)$$

Darin ist M die *Molmasse* der betreffenden Substanz (Einheit kg/mol).

Beispiel

3.1-1: Um $m = 2$ kg Wasser zu verdampfen, ist die Verdampfungswärme $Q_d = 4,512$ MJ erforderlich. Wie groß sind die spezifische und die molare Verdampfungswärme von Wasser?

Lösung:

Für die spezifische Verdampfungswärme erhält man $q_d = Q_d/m = 2,256$ MJ/kg. Die Molmasse von Wasser ist $M = 18$ g/mol. Somit beträgt die molare Verdampfungswärme

$$Q_{md} = 2,256 \text{ MJ/kg} \cdot 18 \text{ g/mol} = 40,6 \text{ kJ/mol.}$$

3.1.3. Temperatur

Die Temperatur ist der menschlichen Empfindung direkt zugänglich und wird mit Begriffen wie „warm" und „kalt" umschrieben. Körper, die sich auf verschiedener Temperatur befinden, können durch Befühlen unterschieden und entsprechend ihrer Temperatur klassifiziert werden. Bringt man zwei Körper verschiedener Temperatur in Kontakt, so stellt man fest, daß der warme Körper kälter und der kalte wärmer wird. Es findet ein *Temperaturausgleich* statt, der dann beendet ist, wenn das System einen Gleichgewichtszustand erreicht hat. Dieser Sachverhalt wird durch den *nullten Hauptsatz der Thermodynamik* ausgedrückt:

> Im thermodynamischen Gleichgewicht haben alle Bestandteile eines Systems dieselbe Temperatur.

Der vorgenannte subjektive Temperaturbegriff muß natürlich durch eine Temperaturdefinition mit entsprechenden Meßvorschriften ersetzt werden. Die exakte Definition der sog. *thermodynamischen* Temperatur geschieht über den Wirkungsgrad einer idealen Wärmekraftmaschine und wird in Abschn. 3.3.5 behandelt.

Bereits im Jahr 1704 stellte G. AMONTONS (1663 bis 1705) fest, daß der Druck eines Gases, dessen Volumen konstant gehalten wird, von der Temperatur abhängt. Er schlug vor, die Temperatur proportional zum Druck des Gases zu setzen ($T \sim p$) und damit die

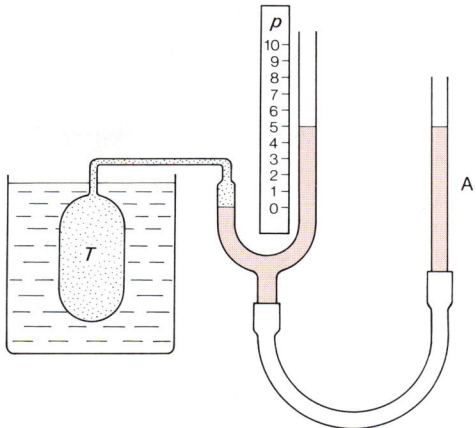

Bild 3-2. *Prinzip eines Gasthermometers mit konstantem Gasvolumen. Durch Heben oder Senken des Ausgleichsgefäßes A wird der Quecksilberspiegel im linken Schenkel des U-Rohrs auf der Nullmarke gehalten.*
p Druck
T absolute Temperatur.

Temperaturmessung auf eine Druckmessung zurückzuführen. Man erreicht dies mit Hilfe des in Bild 3-2 dargestellten *Gasthermometers*. Es läßt sich zeigen, daß die Temperatur des Gasthermometers für *ideale* Gase (Abschn. 3.1.4 und 3.1.5) identisch ist mit der oben erwähnten thermodynamischen Temperatur. Die Abweichungen, die *reale* Gase zeigen, kann man rechnerisch berücksichtigen.

Der im Gasthermometer bestimmte Gasdruck p kann erst dann in eine Temperatur T umgerechnet werden, wenn die Proportionalitätskonstante zwischen Druck und Temperatur festgelegt ist. Alle Experimente, besonders die in Abschn. 3.1.4 geschilderten von *Gay-Lussac*, zeigen, daß es einen *absoluten Nullpunkt* der Temperatur gibt. Um eine Temperaturskala festzulegen, ist daher nur noch die Temperatur eines weiteren Punktes zu definieren. Dazu wurde der *Tripelpunkt* des Wassers zu $T_{Tr} = 273,16$ K (Kelvin) festgelegt. Der Tripelpunkt ist der Zustand, bei dem in einem Gefäß der feste, flüssige und gasförmige Aggregatzustand miteinander im Gleichgewicht sind. Der Tripelpunkt des Wassers ist leicht herzustellen und mit einer Toleranz von einigen Millikelvin reproduzierbar. Die 13. Generalkonferenz für Maße und Gewichte (GKMG) legte 1967 als Einheit für die Temperatur fest:

> 1 Kelvin ist der 273,16te Teil der thermodynamischen Temperatur des Tripelpunktes von Wasser.

Die Einheit Kelvin (K) für die absolute Temperatur wurde zu Ehren von W. THOMSON (1824 bis 1907), dem späteren Lord Kelvin gewählt, auf den die Temperaturskala zurückgeht.

Die so definierte Kelvin-Skala hat dieselbe Skalenteilung wie die bereits 1742 von A. CELSIUS (1701 bis 1744) vorgeschlagene Skala, bei der Schmelz- und Siedepunkte des Wassers unter Normdruck (0 °C bzw. 100 °C) als Fixpunkte dienen. Der Zusammenhang zwischen der absoluten Temperatur T in Kelvin und der Temperatur ϑ in Grad Celsius ergibt sich aus

$$\frac{\vartheta}{°C} = \frac{T}{K} - 273{,}15 \,. \qquad (3\text{-}5)$$

Durch diese Definition wird erreicht, daß Temperaturdifferenzen in beiden Einheiten dieselbe Maßzahl haben.

Für den praktischen Gebrauch wurde die *Internationale Temperaturskala von 1990* (ITS-90) erarbeitet. Sie stützt sich auf 17 gut reproduzierbare thermodynamische Gleichgewichtszustände als *definierende Fixpunkte* (Tabelle 3-2) und gilt als derzeit beste Darstellung thermodynamischer Temperaturen.

Zur Interpolation zwischen den Fixpunkten wird zwischen 0,65 K und 5 K die Temperatur aus dem Dampfdruck von ^{3}He bzw. ^{4}He bestimmt; zwischen 3 K und 24,5561 K mit einem Gasthermometer. Oberhalb 13,8033 K bis 1234,93 K werden Pt-Widerstandsthermometer und für noch höhere Temperaturen Spektralpyrometer eingesetzt.

Temperaturmessung

Jede physikalische Größe, die sich mit der Temperatur ändert, kann zur Temperaturmessung herangezogen werden. Für die verschiedensten Meßaufgaben, Meßobjekte und Temperaturbereiche wurden unterschiedliche Meßverfahren entwickelt. Eine Zusammenstellung gängiger Methoden enthält Tabelle 3-3. Die

Tabelle 3-2. Definierende Fixpunkte der ITS-90. Wenn nicht anders angegeben, beträgt der Druck $p_n = 101{,}325$ kPa.

Gleichgewichtszustand	T_{90} in K	v_{90} in °C
Siedepunkt von Helium bei verschiedenen Dampfdrücken	3 bis 5	−270,15 bis −268,15
Tripelpunkt des Gleichgewichtswasserstoffs	13,8033	−259,3467
Siedepunkt von Wasserstoff beim Dampfdruck 32,9 kPa und 102,2 kPa	17 / 20,3	−256,15 / −252,85
Tripelpunkt des Neons	24,5561	−248,5939
Tripelpunkt des Sauerstoffs	54,3584	−218,7916
Tripelpunkt des Argons	83,8058	−189,3442
Tripelpunkt des Quecksilbers	234,3156	−38,8344
Tripelpunkt des Wassers	273,16	0,01
Schmelzpunkt der Galliums	302,9146	29,7646
Erstarrungspunkt des Indiums	429,7485	156,5985
Erstarrungspunkt des Zinns	505,078	231,928
Erstarrungspunkt des Zinks	692,677	419,527
Erstarrungspunkt des Aluminiums	933,473	660,323
Erstarrungspunkt des Silbers	1234,93	961,78
Erstarrungspunkt des Goldes	1337,33	1064,18
Erstarrungspunkt des Kupfers	1357,77	1084,62

Tabelle 3-3. Temperaturmeßverfahren.

	Thermometertyp	Meßbereich in °C	Fehlergrenzen	physikalisches Meßprinzip
mechanische Berührungsthermometer	Flüssigkeits-Glasthermometer Füllung: Pentangemisch Alkohol Toluol Hg−Tl Quecksilber Galliumlegierung	− 200 bis 30 − 110 bis 210 − 90 bis 100 − 58 bis 30 − 38 bis 800 bis 1000	Näherungsweise in Größenordnung der Skalenteilung. Details in VDE/VDI 3511	Thermische Ausdehnung einer Flüssigkeit wird zur Temperaturmessung verwendet. Die Temperatur wird aus dem Stand der Flüssigkeit in einer Glaskapillare ermittelt.
	Flüssigkeits-Federthermometer	− 35 bis 500	1 bis 2% des Anzeigebereichs	Thermische Ausdehnung einer Flüssigkeit (z. B. Hg unter 100 bis 150 bar) wird auf eine Rohr- oder Schneckenfeder übertragen.
	Dampfdruck-Federthermometer	− 50 bis 350	1 bis 2% des Anzeigebereichs	Dampfdruck einer Flüssigkeit (Ethylether, Hexan, Toluol, Xylol) wird auf eine Rohr- oder Schneckenfeder übertragen.
	Stabausdehnungsthermometer	0 bis 1000	1 bis 2% des Anzeigebereichs	Thermische Ausdehnung eines Metallstabs bewegt ein Meßwerk.
	Bimetallthermometer	− 50 bis 400	1 bis 3% des Anzeigebereichs	Thermobimetall besteht aus zwei fest miteinander verbundenen Schichten aus Werkstoffen mit unterschiedlichen thermischen Ausdehnungskoeffizienten und krümmt sich bei Temperaturänderung.
elektrische Berührungsthermometer	Thermoelemente AuFe−NiCr Cu-Konstantan Fe-Konstantan NiCr-Konstantan Pt−PtRh W−WMo	− 270 bis 0 − 200 bis 400 − 200 bis 700 − 200 bis 900 0 bis 1600 0 bis 3300	0,75% des Temperatur-Sollwerts, mindestens 3 K	Zwischen zwei Verbindungsstellen verschiedener Metalle entsteht eine Thermospannung, wenn die Verbindungsstellen auf verschiedenen Temperaturen sind (Seebeck-Effekt).
	Widerstandsthermometer Platin Nickel Heißleiter Kaltleiter	− 250 bis 1000 − 60 bis 180 − 273 bis 400 40 bis 270	0,3 bis 5 K 0,2 bis 2,1 K 0,5 bis 1,5 K	Temperaturabhängigkeit des elektrischen Widerstandes von Metallen und Halbleitern dient zur Temperaturbestimmung.

Tabelle 3-3. (Fortsetzung)

	Thermometertyp	Meßbereich in °C	Fehlergrenzen	physikalisches Meßprinzip
berührungslose Thermometer	Strahlungs-pyrometer Spektralpyrom. Bandstrahlungsp. Gesamtstrah-lungspyrometer	650 bis 5000 50 bis 2000 − 40 bis 3000	1 bis 35 K 1 bis 1,5% des Bereichs	Temperatur eines Körpers wird aus der Wärmestromdichte seiner elektro-magnetischen Strahlung bestimmt. Messung erfolgt entweder in engem Spektralbereich, breitem Spektral-band oder im gesamten Spektrum.
	Verteilungs-pyrometer Farbangleichpyr. Verhältnis-pyrometer	1150 bis 2000 200 bis 2200	10 bis 25 K 1 bis 1,5% des Bereichs	Rote und grüne Strahlungsanteile von Meßstelle und Referenzlampe werden verglichen. Vergleich erfolgt subjektiv durch Farbvergleich oder objektiv durch Photoempfänger.
besondere Meßverfahren	Photothermo-metrie	250 bis 1000	± 1 K	Die Oberfläche eines heißen Körpers wird mit infrarotempfindlichen Platten photographisch aufgenommen. Zur Un-tersuchung von Temperaturfeldern ge-eignet.
	Temperatur-meßfarben	40 bis 1350	± 5 K	Auf Meßkörper wird Farbe aufge-bracht, die bei Erreichen einer bestimm-ten Temperatur den Farbton ändert.
	Temperaturkenn-körper	100 bis 1600	± 7 K	Zylindrische Körper aus Metallegie-rungen zeigen durch Schmelzen eine bestimmte Temperatur an.
	Segerkegel	600 bis 2000		Mischung aus Ton und Feldspat wird bei Erreichen einer bestimmten Tempe-ratur weich, der Kegel neigt sich zur Seite.
	akustisches Thermometer	− 271 bis − 253		Temperaturabhängigkeit der Schall-geschwindigkeit in Gasen ist ein Maß für die Temperatur.
	magnetisches Thermometer	− 273 bis − 200		Magnetische Suszeptibilität paramagne-tischer Salze hängt reziprok von der absoluten Temperatur ab.
	Glasfaser-thermometer	50 bis 250	Auflösung 0,1 K	Die Fähigkeit einer Glasfaser, Licht-wellen zu führen, hängt vom tempera-turempfindlichen Brechungsindex ab.

VDE/VDI-Richtlinien 3511 geben eine ausführlichere Darstellung sowie eine Zusammenstellung der relevanten DIN-Normen.

3.1.4. Thermische Ausdehnung

Festkörper

Die meisten Festkörper dehnen sich bei Erwärmung aus. Die relative Verlängerung $\Delta l/l$ eines Stabes kann innerhalb bestimmter Grenzen proportional zur Temperaturänderung ΔT gesetzt werden:

$$\frac{\Delta l}{l} = \alpha\,\Delta T. \qquad (3\text{-}6)$$

Ist die Länge l_1 bei der Temperatur ϑ_1 bekannt, so folgt für die Länge l_2 bei der Temperatur ϑ_2

$$l_2 = l_1\,[1 + \alpha\,(\vartheta_2 - \vartheta_1)] \qquad (3\text{-}7)$$

mit $\Delta T = T_2 - T_1 = \vartheta_2 - \vartheta_1$. Die Proportionalitätskonstante α ist der *Längenausdehnungskoeffizient*. Sie ist ein Materialparameter und kann näherungsweise konstant gesetzt werden. In der Wirklichkeit steigt der Längenausdehnungskoeffizient α mit der Temperatur leicht an; Tabelle 3-4 enthält einige mit 10^6 multiplizierte Mittelwerte für die Temperaturbereiche $0\,°C \le \vartheta \le 100\,°C$ und $0\,°C \le \vartheta \le 500\,°C$.

Mit der Längenausdehnung der Körper ist zwangsläufig eine Volumenänderung verknüpft. Für das Volumen V_2 eines Würfels bei der

Tabelle 3-4. Mittlerer linearer Längenausdehnungskoeffizient α einiger Festkörper in verschiedenen Temperaturbereichen.

	$10^6\,\alpha$ in K^{-1}	$10^6\,\alpha$ in K^{-1}
Temperaturbereich	$0\,°C \le \vartheta$ $\le 100\,°C$	$0\,°C \le \vartheta$ $\le 500\,°C$
Aluminium	23,8	27,4
Kupfer	16,4	17,9
Stahl C 60	11,1	13,9
rostfreier Stahl	16,4	18,2
Invarstahl	0,9	
Quarzglas	0,51	0,61
gewöhnliches Glas	9	10,2

Temperatur ϑ_2 gilt nach Gl. (3-7), wenn V_1 das Volumen bei ϑ_1 ist

$$V_2 = l_2^3 = l_1^3\,[1 + \alpha\,(\vartheta_2 - \vartheta_1)]^3 =$$
$$= V_1\,[1 + 3\,\alpha\,(\vartheta_2 - \vartheta_1) + 3\,\alpha^2\,(\vartheta_2 - \vartheta_1)^2$$
$$+ \alpha^3\,(\vartheta_2 - \vartheta_1)^3].$$

Die beiden letzten Glieder der Klammer sind gegenüber dem linearen Glied vernachlässigbar. Daher erhält man in guter Näherung

$$V_2 = V_1\,[1 + \gamma\,(\vartheta_2 - \vartheta_1)] \qquad (3\text{-}8)$$

oder für die relative Volumenänderung

$$\frac{\Delta V}{V} = \gamma\,\Delta T \qquad (3\text{-}9)$$

mit $\Delta T = T_2 - T_1 = \vartheta_2 - \vartheta_1$ und dem *Raumausdehnungskoeffizienten*

$$\gamma = 3\,\alpha. \qquad (3\text{-}10)$$

Beispiel

3.1-2: Eine Messingkugel ($\alpha = 19 \cdot 10^{-6}\,\text{K}^{-1}$) hat bei der Temperatur $\vartheta_1 = 20\,°C$ den Durchmesser $d_1 = 20,00$ mm. Auf welche Temperatur ϑ_2 muß sie erwärmt werden, damit sie in einem Ring mit dem Innendurchmesser $d_2 = 20,03$ mm stecken bleibt? Wie hat sich das Kugelvolumen verändert?

Lösung:

Nach Gl. (3-6) ist die Temperaturänderung

$$\Delta T = \frac{\Delta d}{d\,\alpha} = \frac{0,03\ \text{mm}}{20\ \text{mm} \cdot 19 \cdot 10^{-6}\,\text{K}^{-1}} = 79\ \text{K}.$$

Also ist die erforderliche Temperatur $\vartheta_2 = 99\,°C$. Die relative Volumenvergrößerung beträgt nach Gl. (3-9) und (3-10)

$$\frac{\Delta V}{V} = \gamma\,\Delta T = 3\,\alpha\,\Delta T = 4,5 \cdot 10^{-3}.$$

Die *Dichte* ϱ eines Körpers ist umgekehrt proportional zum Volumen. Für die Temperaturabhängigkeit gilt

$$\varrho\,(\vartheta) = \frac{m}{V_0\,(1 + \gamma\,\vartheta)}.$$

Ist $\varrho_0 = m/V_0$ die Dichte bei $\vartheta_0 = 0\,°C$, dann ist die Dichte bei der Temperatur ϑ

$$\varrho\,(\vartheta) = \frac{\varrho_0}{1 + \gamma\,\vartheta} \approx \varrho_0\,(1 - \gamma\,\vartheta). \qquad (3\text{-}11)$$

Flüssigkeiten

Weil Flüssigkeiten keine Eigengestalt haben, ist nur die Volumenänderung von Interesse. Es gelten Gl. (3-8), (3-9) und (3-11); allerdings ist der Raumausdehnungskoeffizient γ größer als bei Festkörpern. Einige Zahlenwerte enthält Tabelle 3-5.

Tabelle 3-5. Raumausdehnungskoeffizient γ einiger Flüssigkeiten bei der Temperatur $\vartheta = 20\,°C$.

Stoff	$10^3\,\gamma$ in K^{-1}
Wasser	0,208
Quecksilber	0,182
Pentan	1,58
Ethylalkohol	1,10
Heizöl	0,9 bis 1,0

Bemerkenswert ist die Anomalie des Wassers. Bei der Temperatur $\vartheta = 4\,°C$ hat die Dichte ihr Maximum mit $\varrho_{max} = 0,999973\ kg/dm^3$. Wenn im Winter ein See zufriert, sammelt sich das Wasser von $\vartheta = 4\,°C$ und größter Dichte am Grund; darüber liegen die kälteren und leichteren Schichten. Weil die kalten Schichten nicht absinken, erfolgt keine Wärmeübertragung durch Konvektion. Der Wärmetransport durch Wärmeleitung ist nicht sehr effektiv (Abschn. 3.5), so daß tiefe Seen nicht bis zum Grund durchgefrieren.

Gase

Bei Gasen hängt das Volumen vom Druck und der Temperatur ab. Messungen von J. A. C. CHARLES (1746 bis 1823), die von J. L. GAY-LUSSAC (1778 bis 1823) vertieft wurden, ergaben, daß bei einem Gas unter konstantem Druck das Volumen linear mit der Temperatur gemäß Gl. (3-9) variiert:

$$V(\vartheta) = V_0\,(1 + \gamma\,\vartheta)\,,$$

wenn V_0 das Volumen bei $\vartheta_0 = 0\,°C$ ist.

Experimente liefern für den Raumausdehnungskoeffizienten γ im Gay-Lussacschen Gesetz für fast alle Gase den gleichen Wert. Die Unterschiede zwischen den einzelnen Gasen werden um so geringer, je niedriger der Druck p ist. Im Grenzfall $p \to 0$ ergibt sich für alle Gase

$$\gamma = 0,003661\ K^{-1} = \frac{1}{273,15\ K}\,.$$

Ein Gas in diesem Grenzzustand wird als *ideales Gas* bezeichnet.

Wie die graphische Darstellung des Gay-Lussacschen Gesetzes in Bild 3-3 zeigt, wird das Volumen bei $\vartheta = -273,15\,°C$ gleich null. Dies ist der *absolute Nullpunkt* der Temperatur. Natürlich gilt das Gay-Lussacsche Gesetz bei sehr tiefen Temperaturen nicht mehr. Reale Gase kondensieren beim Abkühlen; selbst am absoluten Nullpunkt muß noch ein bestimmtes Restvolumen, nämlich das Eigenvolumen der Atome, übrig bleiben. Die absolute Temperatur T erlaubt eine einfache Formulierung des Gay-Lussacschen Gesetzes:

$$V(T) = V_0\,\frac{T}{T_0} \quad \text{bzw.} \quad \frac{V}{T} = \text{konst.} \quad (3\text{-}12)$$

Hierbei ist $T_0 = 273,15\ K$.

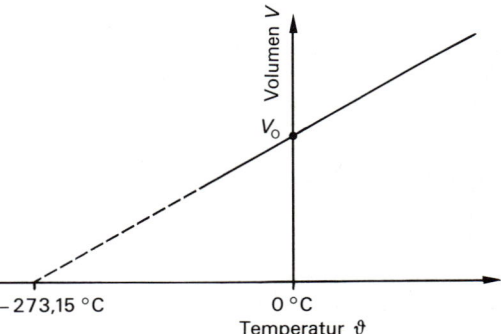

Bild 3-3. *Zusammenhang zwischen dem Volumen V und der Temperatur T eines idealen Gases bei konstantem Druck.*

Wird das Volumen eines Gases konstant gehalten und die Temperatur verändert, dann variiert der Druck p gemäß

$$p(\vartheta) = p_0\,(1 + \gamma\,\vartheta) \quad (3\text{-}13)$$

oder

$$p(T) = p_0\,\frac{T}{T_0} \quad \text{bzw.} \quad \frac{p}{T} = \text{konst.} \quad (3\text{-}14)$$

Diese Gleichung ist die Grundlage der Temperaturbestimmung nach *Amontons* mit Hilfe des Gasthermometers.

3.1.5. Allgemeine Zustandsgleichung idealer Gase

Das Volumen V und der Druck p einer abgeschlossenen Menge eines idealen Gases sind bei konstanter Temperatur durch das Gesetz von *Boyle-Mariotte* verknüpft:

$$p\,V = \text{konst.} \qquad (3\text{-}15)$$

Der Zusammenhang wurde 1662 von R. BOYLE (1627 bis 1691) und unabhängig von ihm 1679 von E. MARIOTTE (1620 bis 1684) experimentell gefunden.

Die Gesetze von *Boyle-Mariotte, Gay-Lussac* und *Charles*, formuliert in Gl. (3-15), (3-12) sowie (3-14), lassen sich in einer Gleichung, der *Zustandsgleichung idealer Gase* kombinieren:

$$\frac{p\,V}{T} = \text{konst.} \qquad (3\text{-}16)$$

Reale Gase befolgen Gl. (3-16) um so besser, je geringer der Druck und je höher die Temperatur ist. Die physikalischen Gründe hierfür sind in Abschn. 3.2.1 erläutert.

Die Zustandsgrößen Druck p, Volumen V und Temperatur T einer konstanten Stoffmenge eines idealen Gases gehorchen stets Gl. (3-16). Durch Auflösung nach dem Druck ergibt sich $p = \text{konst.} \cdot T/V$.

Werden das Gefäßvolumen und die Temperatur vorgegeben, dann hängt der Gasdruck und damit die Konstante von der Gasmenge ab, die sich im Gefäß befindet.

Zur Bestimmung der Konstante wird Gl. (3-16) in die Form

$$\frac{p\,V}{T} = \frac{p_n V_n}{T_n} \qquad (3\text{-}17)$$

gebracht. Die Größen mit dem Index n beziehen sich auf den in DIN 1343 festgelegten *Normzustand* mit der *Normtemperatur* $T_n = 273{,}15\,\text{K}$ $(\vartheta_n = 0\,°\text{C})$ und dem *Normdruck* $p_n = 101\,325\,\text{Pa}$.

Das Volumen V_n des Gases hängt mit der Dichte ϱ_n beim Normzustand und der Masse m gemäß

$$V_n = \frac{m}{\varrho_n}$$

zusammen. Somit wird aus Gl. (3-17)

$$\frac{p\,V}{T} = \frac{p_n}{T_n\,\varrho_n}\,m\,.$$

Die Werte für p_n, T_n und ϱ_n werden zusammengefaßt zu der *individuellen (speziellen) Gaskonstanten*

$$R_i = \frac{p_n}{T_n\,\varrho_n}\,. \qquad (3\text{-}18)$$

Die Zustandsgleichung idealer Gase erhält demnach die Form

$$p\,V = m\,R_i\,T\,. \qquad (3\text{-}19)$$

Da die Gaskonstante R_i von der Dichte ϱ_n des Gases abhängt, ergibt sich für jede Gasart eine eigene, individuelle Konstante.

Beispiel

3.1-3: Wie groß ist die individuelle Gaskonstante von Luft?

Lösung:

Die Dichte beim Normzustand beträgt $\varrho_n = 1{,}293$ kg/m³. Damit errechnet man für die Gaskonstante

$$R_i = \frac{101\,325\,\text{N m}^{-2}}{273{,}15\,\text{K} \cdot 1{,}293\,\text{kg m}^{-3}} = 286{,}9\,\frac{\text{J}}{\text{kg K}}\,.$$

Der Nachteil, für jedes Gas eine besondere Gaskonstante in Gl. (3-19) einsetzen zu müssen, entfällt, wenn in Gl. (3-17) das Volumen V_n durch die Stoffmenge v ausgedrückt wird. Nach dem Satz von A. AVOGADRO (1776 bis 1856) benötigt eine bestimmte Teilchenmenge eines idealen Gases bei bestimmten Werten des Drucks und der Temperatur stets das gleiche Volumen, und zwar unabhängig von der Gasart. Für die Stoffmenge $v = 1$ mol beträgt beim Normzustand nach DIN 1443 das Molvolumen $V_{mn} = 22{,}41383\,\text{dm}^3/\text{mol}$. Somit ist das Volumen V_n der Teilchenmenge v

$$V_n = v\,V_{mn}\,,$$

und Gl. (3-17) erhält die Form

$$\frac{p\,V}{T} = \frac{p_n V_{mn}}{T_n}\,v\,.$$

Die Konstanten der rechten Seite faßt man zur *universellen (molaren) Gaskonstante* R_m zusammen:

$$R_m = \frac{p_n V_{mn}}{T_n} = 8,31441 \; \frac{J}{mol\,K}.$$

Damit erhält man die Zustandsgleichung der idealen Gase:

$$p\,V = v\,R_m\,T. \qquad (3\text{-}20)$$

Diese Form hat den Vorteil, daß für alle Gase dieselbe Gaskonstante verwendet werden kann.

Die individuelle Gaskonstante R_i kann bei Kenntnis der Molmasse M des Gases aus der molaren Gaskonstante R_m berechnet werden. Nach Gl. (3-4), die den allgemeinen Zusammenhang zwischen spezifischen und molaren Größen beschreibt, gilt

$$R_i = \frac{R_m}{M}. \qquad (3\text{-}21)$$

Die Anzahl der Teilchen in der Teilchenmenge $v = 1$ mol wird durch die *Avogadrosche Konstante* angegeben:

$$N_A = 6,022045 \cdot 10^{23}\,mol^{-1}.$$

Mit der Avogadro-Konstante kann die rechte Seite von Gl. (3-20) umgeformt werden:

$$p\,V = v\,N_A\,\frac{R_m}{N_A}\,T.$$

Hierin ist $N = n\,N_A$ die *Teilchenanzahl* des Systems. Der Quotient

$$k = \frac{R_m}{N_A} = 1,380662 \cdot 10^{-23}\,\frac{J}{K}$$

wird als *Boltzmann-Konstante* (L. BOLTZMANN, 1844 bis 1906) bezeichnet. Hiermit ergibt sich eine weitere Form der Zustandsgleichung idealer Gase:

$$p\,V = N\,k\,T. \qquad (3\text{-}22)$$

Beispiel

3.1-4: Ein Gefäß mit $V = 2\,l$ Inhalt wird bei der Temperatur $\vartheta = 22\,°C$ evakuiert und anschließend mit Helium gefüllt, bis sich gegenüber dem äußeren Luftdruck $p_L = 1016\,hPa$ der Überdruck $p_ü = 2,0$

bar eingestellt hat. Wie groß sind die Teilchenanzahl N, die Teilchenmenge v und die Masse m des Gases?

Lösung:
Der Druck des Gases beträgt $p = p_L + p_ü = 3,016 \cdot 10^5$ Pa. Die absolute Temperatur ist $T = 295,15$ K. Nach Gl. (3-22) folgt für die Teilchenanzahl

$$N = \frac{p\,V}{k\,T} = \frac{3,016 \cdot 10^5\,N\,m^{-2} \cdot 2 \cdot 10^{-3}\,m^3}{1,381 \cdot 10^{-23}\,N\,m\,K^{-1} \cdot 295,15\,K}$$
$$= 1,48 \cdot 10^{23}.$$

Die Teilchenmenge ist

$$v = \frac{p\,V}{T\,R_m} = \frac{N}{N_A} = 0,246\,mol.$$

Helium hat die Molmasse $M = 4,003$ g/mol. Damit ist die Masse des Gases $m = n\,M = 0,985$ g.

Der funktionale Zusammenhang der drei Zustandsgrößen Druck, Volumen und Temperatur in der Zustandsgleichung der idealen Gase kann in einem dreidimensionalen Raum nach Bild 3-4 anschaulich dargestellt werden. Alle Gleichgewichtszustände liegen auf der gekrümmten Fläche. Schnitte durch die Fläche bei konstanter Temperatur liefern die Hyperbeln des Boyle-Mariotteschen Gesetzes im p, V-Diagramm. Schnitte bei konstantem Druck erzeugen die Geraden des Gay-Lussac-

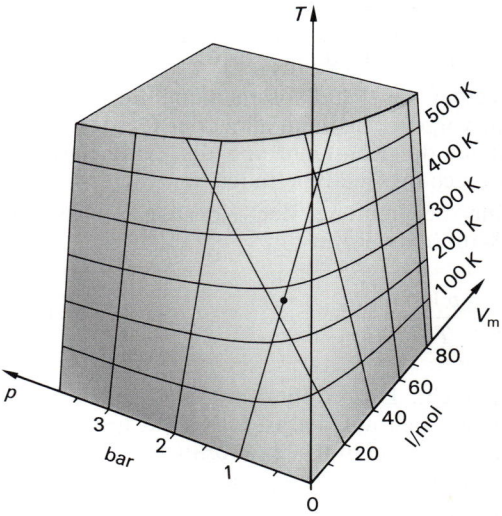

Bild 3-4. *Zustandsfläche der Zustandsgleichung idealer Gase.*
p Druck, V_m molares Volumen, T absolute Temperatur

schen Gesetzes im V, T-Diagramm, und schließlich ergeben Schnitte bei konstantem Volumen die Geraden des Charlesschen Gesetzes im p, T-Diagramm.

Zur Übung

Ü 3.1-1: Ein Glasstab aus Pyrex-Glas und ein Maßstab aus Messing Ms 58 sind bei $\vartheta_1 = 20\,°C$ genau $l_1 = 1000$ mm lang. Welche Länge liest man für den Glasstab ab, wenn beide Körper auf $\vartheta_2 = 100\,°C$ erwärmt werden? ($\alpha_{Glas} = 3,2 \cdot 10^{-6}\,K^{-1}$; $\alpha_{Ms} = 19 \cdot 10^{-6}\,K^{-1}$)

Ü 3.1-2: Eine kreisförmige Stahlplatte hat bei $\vartheta_1 = 20\,°C$ den Durchmesser $d_1 = 1200$ mm. Um welchen Betrag nimmt ihre Fläche zu, wenn sie auf $\vartheta_2 = 96\,°C$ erwärmt wird?

Ü 3.1-3: Wie groß ist die Zugspannung in Eisenbahnschienen bei $\vartheta_1 = -20\,°C$, wenn sie bei $\vartheta_2 = +20\,°C$ spannungsfrei verschweißt wurden? Der Elastizitätsmodul des Stahls beträgt $E = 2 \cdot 10^5$ N/mm^2 (Abschn. 2.11).

Ü 3.1-4: Bei $\vartheta_1 = 20\,°C$ beträgt die Dichte von Quecksilber $\varrho_1 = 13,546$ kg/dm^3. Bei welcher Temperatur ϑ_2 ist die Dichte $\varrho_2 = 13,5$ kg/dm^3?

Ü 3.1-5: Wie groß ist die individuelle Gaskonstante von Wasserdampf, wenn bei der Temperatur $\vartheta = 800\,°C$ und dem Druck $p = 9,807$ bar das spezifische Volumen $v = 0,5$ m^3/kg beträgt?

Ü 3.1-6: In ein Gefäß mit dem Volumen $V = 20$ l wird bei der Temperatur $\vartheta = 22\,°C$ Luft gepumpt, bis sich der Überdruck $p_{\ddot{U}} = 100$ bar einstellt. Welche Masse hat das Gas, wenn der äußere Luftdruck $p_L = 1$ bar beträgt?

Ü 3.1-7: In einem Gefäß mit $V = 1$ m^3 Inhalt befindet sich bei der Temperatur $T = 250$ K und dem Druck $p = 2,5$ bar ein ideales Gas. Wie groß ist dessen Teilchenmenge?

3.2. Kinetische Gastheorie

3.2.1. Gasdruck

Die bisher phänomenologisch eingeführten Zustandsgrößen erhalten eine mechanische Interpretation durch die *kinetische Gastheorie*. Hierbei legt man die atomare Struktur der Materie zugrunde und leitet die thermodynamischen Eigenschaften der Gase aus der Bewegung der Gasmoleküle unter Anwendung der Gesetze der Mechanik ab.

Ein ideales Gas zeichnet sich dadurch aus, daß es die Zustandsgleichung idealer Gase (Gl. (3-15) und folgende in Abschn. 3.1-5)) befolgt. Ein reales Gas verhält sich dann ideal, wenn die Teilchendichte gering und die Temperatur wesentlich über der Siedetemperatur der Substanz liegt. In diesem Zustand ist das Eigenvolumen der Moleküle sehr viel kleiner als das Gefäßvolumen; außerdem sind die zwischenmolekularen Kräfte vernachlässigbar, da diese eine sehr kurze Reichweite haben.

Die Modellsubstanz des idealen Gases hat folgende Eigenschaften:

– Das Gas besteht aus einer großen Anzahl gleichartiger Teilchen, den Molekülen.
– Die räumliche Ausdehnung der Teilchen ist so klein, daß ihr Eigenvolumen gegenüber dem Gefäßvolumen vernachlässigbar ist (Konzept des Massenpunktes).
– Zwischen den Teilchen existieren keine Wechselwirkungskräfte, ausgenommen bei einem Zusammenstoß.
– Die Zusammenstöße der Teilchen untereinander und mit den Gefäßwänden verlaufen völlig elastisch innerhalb einer vernachlässigbaren Zeitspanne.

Der Druck, den ein Gas auf die Gefäßwand ausübt, wurde bereits 1738 von *Bernoulli* so erklärt, daß die Teilchen bei ihren Zusammenstößen mit der Wand an diese einen be-

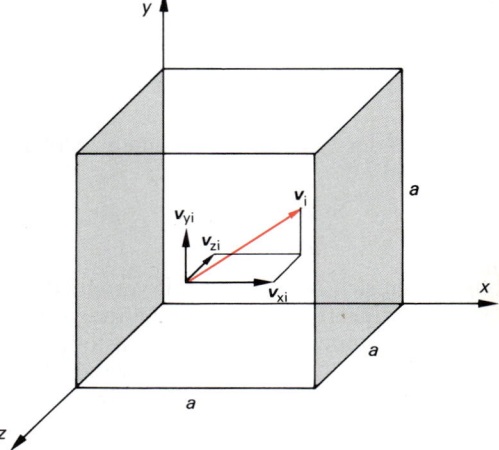

Bild 3-5. Zur kinetischen Gastheorie: Würfel mit einem Molekül der Geschwindigkeit v_i.
x, y, z Koordinaten
a Kantenlänge

stimmten Impuls übertragen und dadurch eine Kraft ausüben. Zur Bestimmung des Drucks sei zunächst nach Bild 3-5 ein Würfel der Kantenlänge a als Gefäß betrachtet, in dem sich lediglich *ein* Molekül der Masse m_M befinden soll. Das Molekül bewege sich mit der Geschwindigkeit v_i und treffe auf die rechte Wand des Würfels. Gemäß den Stoßgesetzen von Abschn. 2.7 wird das Teilchen wie beim optischen Reflexionsgesetz reflektiert und gibt dabei den Impuls $\Delta \boldsymbol{p}_i = 2\, m_M\, \boldsymbol{v}_{xi}$ an die Wand ab. Nach einer bestimmten Laufzeit Δt wiederholt sich der Vorgang, so daß in regelmäßigen Abständen nach Bild 3-6 ein Kraftstoß auf die rechte Wand ausgeübt wird. Die mittlere Kraft $\bar{F}_i$ auf die rechte Wand beträgt

$$\bar{F}_i = \frac{\Delta p_i}{\Delta t} = \frac{2\, m_M\, v_{xi}}{2\, a / v_{xi}} = \frac{m_M\, v_{xi}^2}{a}.$$

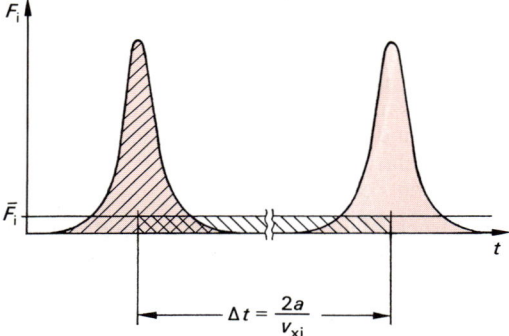

Bild 3-6. *Zur kinetischen Gastheorie: Kraftstöße auf die Wand.*
F_i Kraft, t Zeit, a Kantenlänge, v_{xi} Geschwindigkeit

Damit ist der „Druck", von einem Molekül herrührend,

$$\bar{p}_i = \frac{\bar{F}_i}{A} = \frac{m_M\, v_{xi}^2}{a^3} = \frac{m_M\, v_{xi}^2}{V}.$$

Nun sollen sich N Teilchen mit verschiedenen Geschwindigkeiten im Würfel befinden. Falls sie untereinander nicht zusammenstoßen, ergibt sich der Druck auf die Wand durch Summation über alle N Einzelbeiträge:

$$p = \frac{m_M}{V} (v_{x1}^2 + v_{x2}^2 + v_{x3}^2 + \ldots + v_{xN}^2)$$

$$= \frac{m_M}{V} \sum_{i=1}^{N} v_{xi}^2.$$

Bei den üblichen Teilchenanzahlen verschwindet das in Bild 3-6 angedeutete diskrete Auftreten der Stöße vollkommen. Tatsächlich treffen beispielsweise bei einem mit Luft gefüllten Gefäß im Normzustand auf jeden Quadratzentimeter der Wand je Sekunde etwa $3 \cdot 10^{23}$ Teilchen.

Die Geschwindigkeiten der einzelnen Moleküle messen zu wollen, ist ein hoffnungsloses Unterfangen. Sinnvoll sind nur statistische Aussagen, z. B. eine Berechnung des Mittelwerts. Der obige Ausdruck läßt sich mit dem *mittleren Geschwindigkeitsquadrat*

$$\overline{v_x^2} = \frac{1}{N} \sum_{i=1}^{N} v_{xi}^2$$

vereinfachen zu

$$p = \frac{m_M}{V} N \overline{v_x^2}.$$

Nun gilt für jedes Teilchen

$$v^2 = v_x^2 + v_y^2 + v_z^2.$$

Da bei vielen Teilchen alle Raumrichtungen gleichmäßig vorkommen, gilt für die Mittelwerte der Geschwindigkeitsquadrate

$$\overline{v_x^2} = \overline{v_y^2} = \overline{v_z^2} = \tfrac{1}{3} \overline{v^2}.$$

Demnach erhält man für den Druck

$$p = \frac{1}{3} \frac{N}{V} m_M \overline{v^2}. \qquad (3\text{-}23)$$

Diese *Grundgleichung der kinetischen Gastheorie* ist auch gültig, wenn Zusammenstöße zwischen den Teilchen stattfinden, sowie bei beliebiger Gefäßform.

Gl. (3-23) läßt sich mit Hilfe der Dichte $\varrho = m/V = N\, m_M / V$ umschreiben:

$$p = \tfrac{1}{3} \varrho \overline{v^2}. \qquad (3\text{-}24)$$

Diese Beziehung kann benutzt werden, um die mittleren Molekülgeschwindigkeiten in Gasen zu berechnen. Als *mittlere Geschwindigkeit* v_m wird die Wurzel aus dem mittleren Geschwindigkeitsquadrat $\overline{v^2}$ definiert:

$$v_m = \sqrt{\overline{v^2}} = \sqrt{\frac{3\, p}{\varrho}}. \qquad (3\text{-}25)$$

Beispiel

3.2-1: Beim Normzustand beträgt die Dichte von Stickstoff $\varrho_n = 1,2505 \text{ kg/m}^3$. Wie groß ist die mittlere Geschwindigkeit?

Lösung:

$$v_m = \sqrt{\frac{3 \cdot 101\,325 \text{ N m}^{-2}}{1,2505 \text{ kg m}^{-3}}} = 493 \text{ m/s}.$$

Die mittlere Geschwindigkeit der Moleküle ist in der Größenordnung der Schallgeschwindigkeit. Nach Gl. (5-63) gilt für die Schallgeschwindigkeit

$$c = \sqrt{\frac{\varkappa p}{\varrho}}.$$

$\varkappa$ ist der in Abschn. 3.3.4 definierte Isentropenexponent, der im Bereich $1 < \varkappa \leq 5/3$ liegt. Tabelle 3-6 enthält Werte der mittleren Geschwindigkeit v_m und der Schallgeschwindigkeit c für einige Gase.

Tabelle 3-6. Mittlere Geschwindigkeit v_m und Schallgeschwindigkeit c einiger Gase beim Normzustand $\vartheta_n = 0\,°\text{C}$ und $\varrho_n = 1,013$ bar (ϱ Dichte, $\varkappa$ Isentropenexponent).

Gas	ϱ in kg/m^3	$\varkappa$	v_m in m/s	c in m/s
Helium	0,1785	1,67	1305	974
Argon	1,784	1,67	413	308
Wasserstoff	0,0899	1,41	1840	1260
Sauerstoff	1,4289	1,40	461	315
Stickstoff	1,2505	1,40	493	337
Luft	1,2928	1,40	485	331

3.2.2. Thermische Energie und Temperatur

Wird die Grundgleichung (3-23) der kinetischen Gastheorie in der Form

$$p\,V = \tfrac{1}{3} N\, m_M \overline{v^2}$$

geschrieben, so ist eine Verwandtschaft mit der allgemeinen Zustandsgleichung (3-22) idealer Gase

$$p\,V = N\,k\,T$$

offensichtlich. Durch Gleichsetzen der rechten Seiten entsteht die Beziehung

$$\tfrac{1}{3}\, m_M \overline{v^2} = k\,T,$$

die zeigt, daß das mittlere Geschwindigkeitsquadrat proportional zur Temperatur ist. Daraus folgt sofort für die Temperaturabhängigkeit der mittleren Geschwindigkeit:

$$v_m = \sqrt{\frac{3\,k\,T}{m_M}} = \sqrt{\frac{3\,R_m\,T}{M}}. \qquad (3\text{-}26)$$

Beispiel

3.2-2: Wie groß ist die mittlere Geschwindigkeit v_m und die Schallgeschwindigkeit c von Luft bei $\vartheta = 20\,°\text{C}$?

Lösung:

Aus Gl. (3-26) folgt

$$\frac{v_{m20}}{v_{m0}} = \sqrt{\frac{293}{273}} \quad \text{und} \quad v_{m20} = 1,036\, v_{m0}.$$

Mit $v_{m0} = 485$ m/s (Tabelle 3-6) ergibt sich $v_{m20} = 502$ m/s. Im gleichen Verhältnis nimmt die Schallgeschwindigkeit von $c_0 = 331$ m/s auf $c_{20} = 343$ m/s zu.

Eine sehr plastische Deutung des Temperaturbegriffs wird möglich durch Einführung der mittleren kinetischen Energie $\bar{E}_{kin}$ eines Teilchens der Masse m_M:

$$\bar{E}_{kin} = \tfrac{1}{2}\, m_M \overline{v^2}. \qquad (3\text{-}27)$$

Aus Gl. (3-26) und (3-27) folgt

$$\bar{E}_{kin} = \tfrac{3}{2}\, k\,T. \qquad (3\text{-}28)$$

Dieser Ausdruck erlaubt eine anschauliche Interpretation der phänomenologisch eingeführten Zustandsgrößen „Temperatur":

Die Temperatur ist ein Maß für die mittlere kinetische Energie der Moleküle.

Durch die Verknüpfung von Temperatur und kinetischer Energie wird auch wieder auf die Existenz eines absoluten Temperatur-Nullpunkts hingewiesen, bei dem jede Teilchenbewegung aufhört. (Die Quantentheorie lehrt, daß bei $T = 0$ K noch eine Nullpunktsenergie vorhanden ist.)

Gleichverteilungssatz

Die Modellsubstanz − die Grundlage der vorgenannten abgeleiteten Gleichungen − besteht aus punktförmigen Teilchen mit jeweils $f = 3$ Freiheitsgraden. Da sich im zeitlichen Mittel die Bewegung der Moleküle gleichmäßig auf alle drei Raumrichtungen verteilt, kann man die kinetische Energie eines Moleküls in drei gleiche Teile aufspalten. Auf jeden Freiheitsgrad entfällt somit die mittlere thermische Energie pro Molekül

$$\bar{E}_f = \frac{1}{2} k T. \qquad (3\text{-}29)$$

Dieses Ergebnis kann verallgemeinert werden auf Gase, deren Teilchen nicht punktförmig sind (z. B. das hantelförmige N_2-Molekül) und daher mehr als drei Freiheitsgrade haben:

> Die thermische Energie eines Moleküls verteilt sich gleichmäßig auf alle seine Freiheitsgrade. Jeder Freiheitsgrad hat die Energie $\bar{E}_f = \frac{1}{2} k T$.

Dieser *Gleichverteilungssatz* (Äquipartionsprinzip) liefert für die mittlere kinetische Energie eines Moleküls mit f Freiheitsgraden

$$\bar{E}_{kin} = \frac{f}{2} k T. \qquad (3\text{-}30)$$

Der Gleichverteilungssatz verliert seine Gültigkeit bei tiefen Temperaturen, wo Quanteneffekte wirksam werden (Abschn. 3.3.3).

3.2.3. Geschwindigkeitsverteilung der Gasmoleküle

Boltzmann-Faktor

Die barometrische Höhenformel gemäß Gl. (2-184) beschreibt die Druckabnahme in der Atmosphäre mit zunehmender Höhe h:

$$p_h = p_0 e^{-\frac{\varrho_0 T_0 g h}{p_0 T}}.$$

Der Exponent läßt sich leicht umformen:

$$p_h = p_0 e^{-\frac{m_M g h}{k T}}.$$

Da die *Teilchenanzahldichte* $n = N/V$ proportional zum Druck ist, gilt für das Verhältnis der Teilchenanzahldichten in der Höhe h und am Erdboden bei $h = 0$:

$$\frac{n_h}{n_0} = e^{-\frac{m_M g h}{k T}}.$$

Der Zähler im Exponenten entspricht der Differenz der potentiellen Energie ΔE_{pot} im Schwerefeld zwischen den beiden betrachteten Zuständen, so daß auch gilt

$$\frac{n_h}{n_0} = e^{-\frac{\Delta E_{pot}}{k T}}.$$

Dieses Ergebnis läßt sich verallgemeinern auf zwei beliebige Energiezustände E_1 und E_2. Werden auf diese beiden Energieniveaus N Teilchen verteilt, dann gilt für die Besetzungszahlen bzw. Teilchenanzahldichten

$$\frac{N_2}{N_1} = \frac{n_2}{n_1} = e^{-\frac{E_2 - E_1}{k T}} = e^{-\frac{\Delta E}{k T}}. \qquad (3\text{-}31)$$

Diese Exponentialfunktion ist als *Boltzmann-Faktor* bekannt und spielt in den Gleichungen der Gleichgewichtsstatistik eine große Rolle.

> Der Boltzmann-Faktor gibt an, welcher Bruchteil der Teilchen aufgrund ihrer thermischen Bewegung die Energieschwelle $E_2 - E_1$ überschritten hat.

Er tritt auf in den Gleichungen der Leitfähigkeit von Halbleitern, in der Diodenkennlinie, beim Verdampfen von Flüssigkeiten und beim Elektronenaustritt aus Glühkathoden, um einige Beispiele zu nennen.

Haben mehrere Zustände dieselbe Energie (entartete Zustände), dann kann dies durch ein *statistisches Gewicht g* berücksichtigt werden. Aus Gl. (3-31) wird dann

$$\frac{N_2}{N_1} = \frac{g_2}{g_1} e^{-\frac{E_2 - E_1}{k T}}. \qquad (3\text{-}32)$$

Wenn ein System verschiedene Zustände mit den Energien $E_1, E_2, \ldots$ einnimmt, so ist die Wahrscheinlichkeit dafür, daß der Zustand mit der Energie E_i besetzt ist, gegeben durch

$$P_i \sim g_i \, e^{-\frac{E_i}{kT}}. \qquad (3\text{-}33)$$

Maxwellsche Verteilungsfunktion

Bei einem Gas ändern sich infolge der Zusammenstöße zwischen den Gasmolekülen ständig deren Geschwindigkeiten. Trotzdem ist eine statistische Aussage darüber möglich, mit welcher Wahrscheinlichkeit eine bestimmte Geschwindigkeit vorkommt. Nach Gl. (3-33) ist die Wahrscheinlichkeit für das Auftreten einer Geschwindigkeit zwischen v und $v + dv$ gegeben durch die *Verteilungsfunktion*

$$f(v)\,dv = C\, g(v)\, e^{-\frac{m_M v^2}{2kT}}\,dv.$$

Darin berücksichtigt $g(v)\,dv$ das statistische Gewicht des Geschwindigkeitsintervalls.

Im dreidimensionalen Geschwindigkeitsraum nach Bild 3-7 liegen die Spitzen aller Geschwindigkeitsvektoren mit den Beträgen zwischen v und $v + dv$ in einer Kugelschale mit dem Radius v und der Dicke dv. Die Anzahl der möglichen Geschwindigkeitsvektoren ist proportional zum Volumen dieser Kugelschale $4 \pi v^2 \, dv$. Setzt man

$$g(v) = 4 \pi v^2,$$

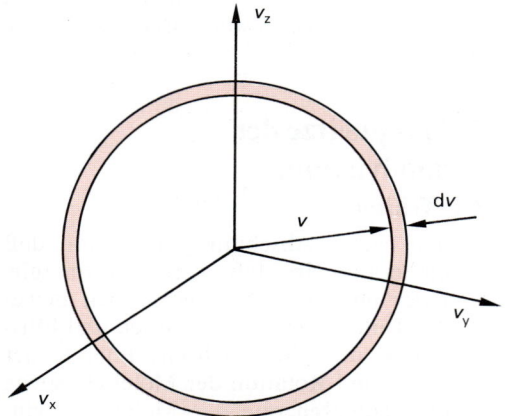

Bild 3-7. Zur Maxwellschen Geschwindigkeitsverteilung: Geschwindigkeiten zwischen v und v + dv.

dann ergibt sich die Normierungskonstante C aus der Forderung

$$\int_0^\infty f(v)\,dv = 1.$$

Dies ist der mathematische Ausdruck dafür, daß ein Teilchen mit Sicherheit irgend eine Geschwindigkeit zwischen null und unendlich haben muß. Durch Bestimmung des Integrals folgt

$$C = \left(\frac{m_M}{2\pi kT}\right)^{3/2}.$$

Die *Maxwellsche Geschwindigkeitsverteilung* lautet demnach

$$f(v)\,dv = 4 \pi v^2 \left(\frac{m_M}{2\pi kT}\right)^{3/2} \cdot e^{-\frac{m_M v^2}{2kT}}\,dv. \qquad (3\text{-}34)$$

Sie wurde von J. C. MAXWELL im Jahr 1859 gefunden und 1876 von L. BOLTZMANN theoretisch begründet.

Bild 3-8 zeigt die Verteilungsfunktion für Stickstoff-Moleküle bei den Temperaturen $T = 300$ K und $T = 900$ K.

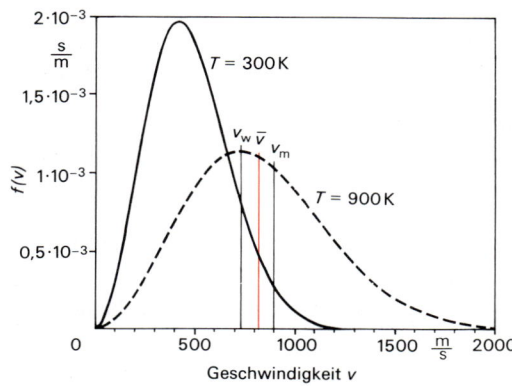

Bild 3-8. Maxwellsche Geschwindigkeitsverteilung für Stickstoffmoleküle.

Die *wahrscheinlichste Geschwindigkeit* v_w, also diejenige, die am häufigsten auftritt, kann aus Gl. (3-34) durch Bestimmung des Maximums ermittelt werden:

$$v_w = \sqrt{\frac{2kT}{m_M}} = \sqrt{\frac{2}{3}}\, v_m. \qquad (3\text{-}35)$$

Die *durchschnittliche Geschwindigkeit* $\bar{v}$, also der arithmetische Mittelwert der Geschwindigkeitsbeträge aller Teilchen, liegt zwischen v_w und v_m:

$$\bar{v} = \sqrt{\frac{8\,k\,T}{\pi\,m_M}} = \sqrt{\frac{8}{3\,\pi}}\,v_m\,. \qquad (3\text{-}36)$$

An vielen Prozessen sind nur jene Teilchen beteiligt, deren Energie eine bestimmte Schwelle überschreitet. Beispiele sind chemische Reaktionen, Glühemission von Elektronen aus Metallen, Stoßionisation in Gasen. Mit Hilfe von Gl. (3-34) läßt sich berechnen, welcher Bruchteil der Teilchen die erforderliche Mindestenergie bzw. Mindestgeschwindigkeit besitzt.

Beispiel

3.2-3: Eine chemische Reaktion wird eingeleitet, wenn die Gasatome eine Aktivierungsenergie von $E_A = 1$ eV $= 1,6 \cdot 10^{-19}$ J aufbringen. Welcher Bruchteil der Moleküle ist dazu in der Lage, wenn die Masse der Moleküle $m_M = 4,65 \cdot 10^{-26}$ kg beträgt? Die Temperatur sei $T_1 = 300$ K bzw. $T_2 = 900$ K. Wie groß ist jeweils die mittlere Geschwindigkeit v_m?

Lösung:

Die Aktivierungsenergie entspricht einer Mindestgeschwindigkeit von $v_0 = \sqrt{\dfrac{2\,E_A}{m_M}} = 2625$ m/s. Im Vergleich hierzu sind die mittleren Geschwindigkeiten klein:

$$v_{m,1} = \sqrt{\frac{3\,k\,T_1}{m_M}} = 517 \text{ m/s} \quad \text{und} \quad v_{m,2} = 895 \text{ m/s}.$$

Der Bruchteil x der Moleküle mit $v \geq v_0$ beträgt

$$x = \frac{\displaystyle\int_{v_0}^{\infty} f(v)\,\mathrm{d}v}{\displaystyle\int_{0}^{\infty} f(v)\,\mathrm{d}v} = \int_{v_0}^{\infty} f(v)\,\mathrm{d}v\,.$$

Eine numerische Integration mit einem programmierbaren Rechner liefert

für $T_1 = 300$ K: $x_1 = 1,14 \cdot 10^{-16}$ und

für $T_2 = 900$ K: $x_2 = 1,06 \cdot 10^{-5}$.

Obwohl die Temperatur nur um den Faktor drei variiert, verändert sich die Anzahl der reaktionsfähigen Teilchen um viele Größenordnungen.

Ist die Mindestgeschwindigkeit v_0 sehr viel größer als die mittlere Geschwindigkeit v_m, dann gilt in guter Näherung für den Bruchteil x der reaktionsfähigen Teilchen

$$x = \frac{2}{\sqrt{\pi}} \sqrt{\frac{E_A}{k\,T}}\,\mathrm{e}^{-\frac{E_A}{k\,T}}\,. \qquad (3\text{-}37)$$

Zur Übung

Ü 3.2-1: Ein Gefäß mit $V = 1$ l Inhalt ist mit Helium gefüllt. Das Gas befindet sich im Normzustand. a) Wie groß ist die mittlere Geschwindigkeit v_m der Atome? b) Wie groß ist die gesamte kinetische Energie aller He-Atome, die sich in dem Gefäß befinden?

Ü 3.2-2: Eine Orgelpfeife einer Kirchenorgel schwingt bei $\vartheta_1 = 20\,°\text{C}$ mit der Frequenz $f_1 = 440$ Hz. Die Frequenz einer Pfeife ist proportional zur Schallgeschwindigkeit in der Luft. Welche Frequenz gibt die Pfeife im Winter ab, wenn die Temperatur der angesaugten Luft $\vartheta_2 = 5\,°\text{C}$ beträgt? (Zur Temperaturabhängigkeit der Schallgeschwindigkeit siehe Beispiel *3.2-2*. Die Längenänderung der Pfeife ist ein vernachlässigbarer Effekt.)

Ü 3.2-3: Wie groß ist die Wahrscheinlichkeit dafür, daß Stickstoff-Moleküle bei Raumtemperatur ($T = 300$ K) Geschwindigkeiten im Intervall 1000 m/s $\leq v \leq$ 1100 m/s haben? Wieviel Moleküle erfüllen diese Bedingung, wenn das Gas beim Normdruck das Volumen $V = 1$ l ausfüllt?

Ü 3.2-4: Bei der Glühemission von Wolfram müssen die Elektronen die Austrittsarbeit $W_A = 4,5$ eV überwinden. Welcher Bruchteil der Elektronen ist dazu bei Raumtemperatur bzw. bei $T = 1500$ K in der Lage? (Elektronengas wird näherungsweise wie ein ideales Gas angesehen.)

3.3. Hauptsätze der Thermodynamik

3.3.1. Wärme

Aus dem letzten Abschnitt geht hervor, daß die Temperatur ein Maß ist für die Energie, die in der ungeordneten thermischen Bewegung der Teilchen steckt. Bei Gasen und Flüssigkeiten ist dies die kinetische Energie der Translation und Rotation der Moleküle sowie die Schwingungsenergie der Molekülschwingungen. In Festkörpern schwingen die Atome um ihre Ruhelagen; hierbei werden mit zunehmender Temperatur die Schwingungsamplituden immer größer.

Bringt man zwei Körper, die sich auf verschiedenen Temperaturen befinden, in Kontakt, dann findet ein Temperaturausgleich statt: Die Temperatur des kälteren Körpers nimmt zu und die des wärmeren nimmt ab. Dies bedeutet nach den vorgenannten Erläuterungen, daß vom warmen System an das kalte System Energie übertragen wird. Diese Energieübertragung belegt man mit dem Begriff Wärme:

> Wärme ist Energie, die aufgrund eines Temperaturunterschieds zwischen zwei Systemen übertragen wird. Diese Energieübertragung hat eine eindeutige Richtung. Die Wärme fließt stets in Richtung der niedrigeren Temperatur. Der Wärmeübergang ist also ein *irreversibler* Prozeß.

Wird einem Festkörper oder einer Flüssigkeit Wärme zugeführt, dann ist dies immer mit einer Temperaturerhöhung verknüpft, falls kein *Phasenübergang* stattfindet (Abschn. 3.4.3). Um die Temperatur T eines Systems um dT zu erhöhen, ist eine Wärmezufuhr dQ erforderlich, die proportional zu dT ist:

$$dQ = C \, dT. \tag{3-38}$$

Die Proportionalitätskonstante C ist die *Wärmekapazität* des Systems. Sie hängt von der Art des Stoffs und von der Menge ab, sie ist also eine extensive Größe.

Je nachdem, ob die Wärmekapazität C auf die Masse m oder die Teilchenmenge v bezogen wird, ergibt sich die *spezifische* Wärmekapazität

$$c = \frac{C}{m} \tag{3-39}$$

oder die *molare* Wärmekapazität

$$C_{\mathrm{m}} = \frac{C}{v}. \tag{3-40}$$

Nach Gl. (3-4) gilt der Zusammenhang $C_{\mathrm{m}} = c \, M$.

Die SI-Maßeinheit der Wärme ist wie für jede Energieform 1 J (Joule). Somit erhalten die Wärmekapazitäten die Maßeinheiten C: 1 J/(K), c: 1 J/(kg K), C_{m}: 1 J/(mol K).

Im älteren Schrifttum und im praktischen Gebrauch findet man häufig noch die früher übliche Maßeinheit für die Wärme, die Kilokalorie. Für die *Internationale Tafelkalorie* gilt der Umrechnungsfaktor 1 kcal$_{\mathrm{IT}}$ = 4,1868 kJ. (Molare Wärmekapazitäten einiger Gase enthält Tabelle 3-8, spezifische Wärmekapazitäten von einigen Festkörpern und Flüssigkeiten Tabelle 3-12.)

Die Wärmekapazität kann nur in bestimmten Grenzen als Konstante angesehen werden. Tatsächlich hängt sie von der Temperatur ab. Bei einer endlichen Temperaturänderung von T_1 auf T_2 beträgt die übertragene Wärme

$$Q_{12} = m \int_{T_1}^{T_2} c(T) \, dT = v \int_{T_1}^{T_2} C_{\mathrm{m}}(T) \, dT. \tag{3-41}$$

Ist das Temperaturintervall klein, kann die Wärmekapazität näherungsweise als konstant angenommen werden, und Gl. (3-41) vereinfacht sich zu

$$Q_{12} = m \, c \, (T_2 - T_1) = v \, C_{\mathrm{m}} (T_2 - T_1). \tag{3-42}$$

Diese Gleichung gilt auch für einen größeren Temperaturbereich, wenn anstatt der *wahren* eine *mittlere* Wärmekapazität eingesetzt wird.

Beispiel

3.3-1: Wie groß ist die Wärme, die einem Bauteil aus Eisen von der Masse $m = 0,8$ kg zugeführt werden muß, um es von $\vartheta_1 = 20\,°C$ auf $\vartheta_2 = 400\,°C$ zu erwärmen?

Lösung:

In diesem Temperaturintervall ist die spezifische Wärmekapazität linear von der Temperatur abhängig $c_1 = 465$ J/(kg K), $c_2 = 615$ J/(kg K). Die mittlere spezifische Wärmekapazität beträgt $\bar{c} = 540$ J/(kg K). Damit ist die erforderliche Wärme

$$Q_{12} = m \, \bar{c} \, (\vartheta_2 - \vartheta_1)$$
$$= 0,8 \text{ kg} \cdot 540 \text{ J/(kg K)} \cdot 380 \text{ K} = 164 \text{ kJ}.$$

Zur Veranschaulichung: Mit der gleichen Energie könnte man das Bauteil von $v_1 = 0$ auf $v_2 = 640$ m/s beschleunigen.

Die spezifische bzw. molare *Wärmekapazität von Gasen* hängt außer von der Gasart auch ab von

- der Temperatur,
- dem Druck (nicht bei idealen Gasen) und von
- der Prozeßführung.

Die umgesetzte Wärme kann deshalb i.a. nicht nach Gl. (3-41) berechnet werden, da je nach Versuchsbedingungen eine ganz bestimmte Wärmekapazität einzusetzen wäre. Für die Praxis sind besonders zwei Versuchsbedingungen von Bedeutung, für die die Wärmekapazitäten vieler Gase gemessen sind:

a) Temperaturänderung bei konstantem Volumen; die *isochore* Wärmekapazität wird mit dem Index „v" gekennzeichnet: C_v, c_v, C_{mv};
b) Temperaturänderung bei konstantem Druck; Die *isobare* Wärmekapazität erhält den Index „p": C_p, c_p, C_{mp}.

Kalorimetrie

Wärmekapazitäten werden in *Kalorimetern* gemessen. Bild 3-9 zeigt das Prinzip eines Mischungskalorimeters, das geeignet ist, die Wärmekapazität von Festkörpern und Flüssigkeiten zu messen. Im Innern des gut isolierten *Dewar-Gefäßes* befindet sich eine Flüs-

sigkeit (meist Wasser) der Masse m_1 bei der Temperatur T_1. Wird ein Körper der Masse m_2 mit der Temperatur T_2 in die Flüssigkeit eingetaucht, so stellt sich nach einiger Zeit die Mischungstemperatur T_m ein. Es muß folgende Energiebilanzgleichung erfüllt sein:

$$m_1 c_1 (T_m - T_1) + C_K (T_m - T_1) =$$
$$= m_2 c_2 (T_2 - T_m).$$

C_K ist die Wärmekapazität des Kalorimeters. Daraus bestimmt sich die zu messende spezifische Wärmekapazität des Körpers 2:

$$c_2 = \frac{(m_1 c_1 + C_K)(T_m - T_1)}{m_2 (T_2 - T_m)}. \qquad (3\text{-}43)$$

Es ist einleuchtend, daß mit dieser Methode die spezifische Wärmekapazität nur relativ zu der des Wassers c_1 gemessen werden kann. Aus diesem Grund hat man früher die spezifische Wärmekapazität des Wassers mit $c_1 = 1$ kcal/(kg K) festgelegt und darauf alle anderen Wärmekapazitäten bezogen.

Die Bestimmung der spezifischen Wärmekapazität c_v von Gasen bei konstantem Volumen ist verhältnismäßig schwierig. Das Gas wird in ein Kalorimetergefäß eingeschlossen und – z.B. mit einer elektrischen Heizung – aufgeheizt. Da die Wärmekapazität des Gefäßes sehr viel größer ist als die des Gases, ist das Meßergebnis nicht sonderlich genau. Einfacher ist die Bestimmung der spezifischen Wärmekapazität c_p unter konstantem Druck:

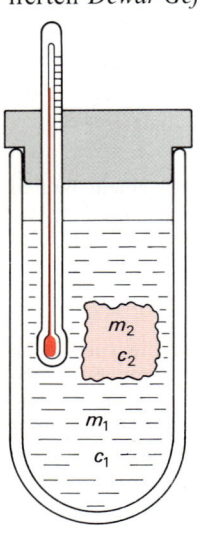

Bild 3-9. Mischungskalorimeter.
m Masse,
c spezifische Wärmekapazität
1 Flüssigkeit, 2 Festkörper

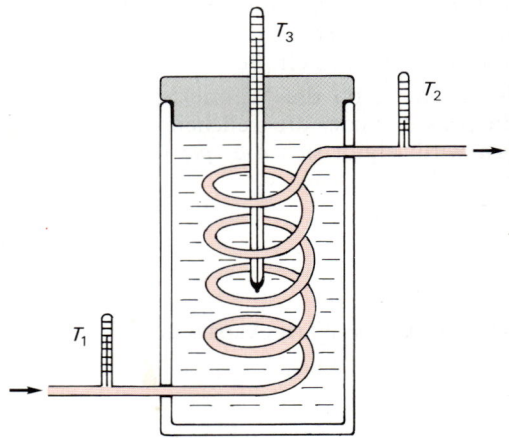

Bild 3-10. Kalorimeter zur Bestimmung der isobaren spezifischen Wärmekapazität c_p von Gasen.
T Temperatur

Gemäß Bild 3-10 leitet man eine bestimmte Menge erhitztes Gas in einer Rohrschlange durch ein Wasserkalorimeter. Aus der Temperaturdifferenz $T_1 - T_2$, dem Massenstrom und der Temperaturzunahme der Flüssigkeit läßt sich die Wärmekapazität c_p bestimmen. c_v kann aus c_p berechnet werden (Abschn. 3.3.3).

Zur Übung

Ü 3.3-1: Die Wärmekapazität C_K eines Kalorimeters soll bestimmt werden. Dazu wird ein Kupferblock der Masse $m_2 = 150$ g und der Temperatur $\vartheta_2 = 35\,°C$ in das Wasserbad der Masse $m_1 = 250$ g und der Temperatur $\vartheta_1 = 15\,°C$ getaucht. Die Mischungstemperatur beträgt $\vartheta_m = 15,9\,°C$.

Ü 3.3-2: In ein Kalorimeter, das mit Methylalkohol der Masse $m_1 = 0,3$ kg gefüllt ist, wird eine Heizwicklung getaucht und mit elektrischem Strom geheizt. Die Heizleistung beträgt $P = 100$ W. Die Temperaturzunahme der Flüssigkeit ist $dT/dt = 0,119$ K/s. Wie groß ist die spezifische Wärmekapazität von Methylalkohol, wenn die Wärmekapazität des Kalorimeters $C_K = 95$ J/K beträgt?

Ü 3.3-3: Um die isobare spezifische Wärmekapazität von Stickstoffmonoxid (NO) zu bestimmen, wird das Gas gemäß Bild 3-10 durch ein Kalorimeter geleitet. Dieses ist mit $m_1 = 1$ kg Wasser gefüllt. Die Wärmekapazität des Gefäßes ist vernachlässigbar. Die Temperaturdifferenz zwischen ein- und ausströmendem Gas ist $T_1 - T_2 = 5$ K. Der Volumenstrom beträgt $\dot{V} = 1$ l/s. Die Dichte von NO ist $\varrho = 1,34$ kg/m³. Die Temperaturzunahme der Flüssigkeit ist $dT_3/dt = 1,6 \cdot 10^{-3}$ K/s. Wie groß ist die isobare spezifische Wärmekapazität c_p und die isobare molare Wärmekapazität $C_{m,p}$?

Ü 3.3-4: Die spezifische Wärmekapazität der Festkörper entspricht bei tiefen Temperaturen dem Debyeschen T^3-Gesetz $c =$ konst. T^3. Für Zink gilt $C_m = 1,76$ J/mol K ($T = 20$ K). Welche Wärme muß einem Bauteil der Masse $m = 200$ g entzogen werden, wenn es von $T_2 = 20$ K auf $T_1 = 4,2$ K abgekühlt werden soll?

3.3.2. Erster Hauptsatz der Thermodynamik

Aus der kinetischen Gastheorie folgt sehr einleuchtend, daß Wärme eine Energieform ist. Diese Theorie wurde erst um die Mitte des 19. Jahrhunderts entwickelt. Bis zu Beginn des 19. Jahrhunderts war die Meinung vorherrschend, daß beim Wärmeübergang von einem

heißen auf eine kalten Körper ein *Wärmestoff*, das „Phlogiston", überwechselt. Von den zahlreichen Experimenten, die im Lauf der Zeit die Theorie des Wärmestoffs zu Fall brachten, seien kurz zwei erwähnt:

Im Jahr 1797 beaufsichtigte *Graf Rumford* (B. THOMPSON, 1753 bis 1814) das Kanonenbohren im Münchener Zeughaus. Mit Hilfe eines von Pferden angetriebenen Bohrers wurde eine Kanone aufgebohrt. Die dabei entwickelte Wärme wurde an Kühlwasser abgegeben. In 2,5 Stunden wurden 8,5 kg Wasser zum Kochen gebracht. Rumford zog aus seinen Beobachtungen den Schluß, daß die Temperaturerhöhung durch die mechanische Arbeit der Pferde verrichtet wurde: „Mehr Energie läßt sich erzeugen, indem man mehr Pferdefutter verwendet." − 1799 brachte H. DAVY (1778 bis 1829) zwei Eisstücke von $\vartheta = 0\,°C$ durch Reiben zum Schmelzen. Auch hierbei wurde die erforderliche Schmelzwärme durch mechanische Arbeit zugeführt.

Im Jahr 1842 erkannte der Arzt R. MAYER (1814 bis 1878) als erster die Existenz eines allgemeinen Energieerhaltungssatzes, der außer den bisher bekannten mechanischen Energieformen die Wärme mit einschließt. Er stellte fest, daß der Energiesatz der Mechanik uneingeschränkt gilt, wenn die Wärme als weitere Energieform berücksichtigt wird. Aus vorliegenden Daten der spezifischen Wärmekapazitäten c_p und c_v von Luft berechnete er als erster das *mechanische Wärmeäquivalent*, also den Umrechnungsfaktor der (damals) in Kalorien gemessenen Wärme in mechanische Energieeinheiten. Aufgrund ungenauer Meßdaten erhielt *Mayer* einen Zahlenwert, der um 14% vom korrekten Wert abwich.

Von 1843 bis 1850 bemühte sich J. P. JOULE (1818 bis 1889) in vielen verschiedenartigen Experimenten um eine genaue Bestimmung des mechanischen Wärmeäquivalents. Er erhielt einen Zahlenwert für das mechanische Wärmeäquivalent, der lediglich um 1% von dem heute anerkannten Wert 4,1868 kJ (= 1 kcal) abweicht.

Unabhängig von *Mayer* entwickelte 1847 H. v. HELMHOLTZ (1821 bis 1894) den allgemeinen Energiesatz, der außer mechanischer und Wärmeenergie auch alle anderen Energieformen, wie z.B. elektrische, magnetische und chemische Energie, einschließt. Dieser *erste Hauptsatz der Thermodynamik* lautet:

> In einem abgeschlossenen System bleibt der Gesamtbetrag der Energie konstant. Innerhalb des Systems können die verschiedenen Energieformen ineinander umgewandelt werden.

Helmholtz kam zu seiner Schlußfolgerung aufgrund der Tatsache, daß es nicht gelingt, ein *Perpetuum mobile* zu bauen, also eine Maschine, die ständig Arbeit abgibt, ohne gleichzeitig entsprechende Energie aufzunehmen. Eine solche Maschine, die dem ersten Hauptsatz widersprechen würde, wäre ein Perpetuum mobile *erster Art*.

> Es gibt kein Perpetuum mobile erster Art.

Dieser Erfahrungssatz ist schon recht alt. Bereits 1775 beschloß die französische Akademie der Wissenschaften, Vorschläge von Erfindern für ein Perpetuum mobile nicht mehr zu prüfen.

Innere Energie

Die gesamte thermische Energie eines Systems, die in der ungeordneten Bewegung der Teilchen steckt, wird nach *Kelvin* als *innere Energie U* des Systems bezeichnet. Diese kann nach den obigen Erläuterungen nur geändert werden, wenn über die Systemgrenzen Energie mit der Umgebung ausgetauscht wird. Die Energieübertragung umfaßt in den folgenden Betrachtungen lediglich Wärme und mechanische Arbeit, kann aber jederzeit auf alle vorhandenen Energieformen ausgedehnt werden. Für die Änderung dU der inneren Energie gilt somit

$$dU = \delta Q + \delta W. \qquad (3\text{-}44)$$

Die Änderung der inneren Energie eines geschlossenen Systems entspricht der Summe von übertragener Wärme und mechanischer Arbeit.

Das *Vorzeichen* der umgesetzten Energiebeträge wird wie folgt festgelegt: Wärme und Arbeit, die dem System zugeführt werden, er-

halten ein positives Vorzeichen. Wenn das System Energie nach außen abgibt, ist diese negativ.

Die innere Energie ist eine *Zustandsgröße* (Abschn. 3.1.2), d.h., sie hängt nur vom augenblicklichen Zustand des Systems ab, nicht aber davon, wie das System in diesen Zustand gelangt ist. Wäre dies nicht so, dann ließe sich ein perpetuum mobile konstruieren. Speziell bei den idealen Gasen gilt nach Gl. (3-30) für die innere Energie

$$U = N \bar{E}_{\text{kin}} = N \frac{f}{2} k T = \nu \frac{f}{2} R_{\text{m}} T. \qquad (3\text{-}45)$$

Die innere Energie der idealen Gase hängt außer von der Stoffmenge nur von der Temperatur ab.

Wird bei einer Zustandsänderung das Volumen konstant gehalten, dann kann am System keine Volumenänderungsarbeit verrichtet werden. Nach Gl. (3-44) gilt für eine solche isochore Zustandsänderung

$$dU = \delta Q|_{V=\text{konst}} = \nu C_{\text{mv}} dT = m c_{\text{v}} dT.$$

Da die innere Energie eine Zustandsgröße ist, kann für eine beliebige Zustandsänderung, die nicht isochor zu sein braucht, die Änderung der inneren Energie nach der vorgenannten Beziehung berechnet werden:

$$dU = \nu C_{\text{mv}} dT = m c_{\text{v}} dT. \qquad (3\text{-}46)$$

Für beliebige Zustandsänderungen idealer Gase hängt die Änderung der inneren Energie nur von der isochoren Wärmekapazität und der Temperaturänderung ab.

Bei einer endlichen Temperaturänderung ist die gesamte Änderung der inneren Energie

$$\Delta U = U_2 - U_1 = \nu \int_{T_1}^{T_2} C_{\text{mv}}(T) \, dT$$
$$= m \int_{T_1}^{T_2} c_{\text{v}}(T) \, dT \qquad (3\text{-}47)$$

oder nach Gl. (3-44)

$$\Delta U = U_2 - U_1 = Q_{12} + W_{12}. \qquad (3\text{-}48)$$

Die umgesetzte Wärme Q_{12} und die mechanische Arbeit W_{12} sind *Prozeßgrößen* (Abschn.

3.1.2). Sie hängen von der Art der Prozeß-führung ab, lassen sich also nicht nach der Art der inneren Energie als Differenz zweier fester Werte bechreiben.

Zur Berechnung der *Volumenänderungsarbeit* bei einemgeschlossenen System sei die Kompression eines Gases gemäß Bild 3-11 betrachtet. In einem Zylinder mit verschiebbarem Kolben befindet sich ein Gas unter dem Druck p. Zur Verschiebung des Kolbens mit der Fläche A um die Strecke ds ist die Arbeit $\delta W = F\,ds = p A\,ds$ erforderlich. Das Produkt $A\,ds = dV$ entspricht der Änderung des Gasvolumens. Das Differential der Arbeit ist also – mit dem Minuszeichen nach der Vorzeichenvereinbarung –

$$\delta W = - p \, dV. \qquad (3\text{-}49)$$

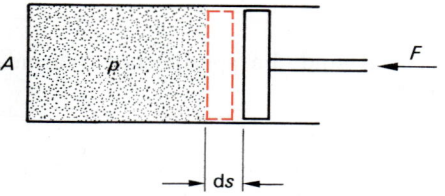

Bild 3-11. Zur Bestimmung der Volumenänderungs-arbeit.
A Kolbenfläche, F Kraft, p Druck, ds Wegelement

Wird das Volumen von V_1 nach V_2 geändert, so ist die Gesamtarbeit

$$W_{12} = - \int_{V_1}^{V_2} p(V) \, dV. \qquad (3\text{-}50)$$

Bild 3-12 erlaubt eine anschauliche Interpretation:

Die Volumenänderungsarbeit entspricht der Fläche unter der Kurve der Zustandsänderung im p, V-Diagramm.

Es wird noch einmal deutlich, daß die Arbeit als Prozeßgröße vom Weg im p, V-Diagramm abhängt. Für dieselben Endpunkte 1 und 2 erfordert der Weg a eine geringere Arbeit als der Weg b.

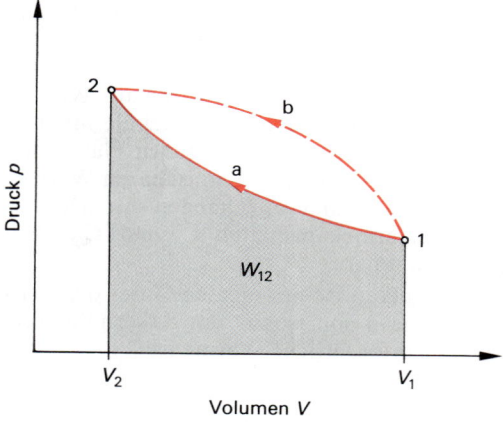

Bild 3-12. Volumenänderungsarbeit im p,V-Diagramm.
1, 2 Grenzpunkte, W_{12} Volumenänderungsarbeit, a, b Wege

Enthalpie

Außer der inneren Energie U ist eine weitere Zustandsgröße, die *Enthalpie H*, sehr nützlich:

$$H = U + p V. \qquad (3\text{-}51)$$

Das totale Differential der Enthalpie ist $dH = dU + p\,dV + V\,dp$. Für Zustandsänderungen, die unter konstantem Druck ablaufen, vereinfacht es sich zu $dH = dU + p\,dV$.

Mit der Volumenänderungsarbeit in geschlossenen Systemen $\delta W = - p\,dV$ ergibt sich $dH = dU - \delta W$. Diese Beziehung läßt sich mit dem ersten Hauptsatz (Gl. (3-44)) so schreiben:

$$dH = \delta Q \big|_{p=\text{konst}} = v\,C_{\mathrm{mp}}\,dT = m\,c_{\mathrm{p}}\,dT. \qquad (3\text{-}52)$$

Bei einer isobaren Zustandsänderung ist umgesetzte Wärmemenge gleich der Änderung der Enthalpie.

Die Einführung der Enthalpie vereinfacht thermodynamische Berechnungen bei Zustandsänderungen, die bei konstantem Druck ablaufen.

3.3.3. Berechnung der Wärmekapazitäten

In diesem Abschnitt soll gezeigt werden, daß die isochore spezifische bzw. molare Wärmekapazität einfach gebauter Moleküle mit Hilfe der Ergebnisse der kinetischen Gastheorie berechnet werden kann. Die isobaren Wärmekapazitäten c_p und C_{mp} hängen mit den isochoren Wärmekapazitäten c_v und C_{mv} wie folgt zusammen:

Die Temperatur eines idealen Gases der Teilchenmenge n soll isobar um dT erhöht werden. Die erforderliche Wärme ist

$$\delta Q\big|_{p=\text{konst}} = n\,C_{mp}\,dT\,.$$

Die innere Energie ändert sich dabei nach Gl. (3-44) und (3-49) um

$$dU = \delta Q + \delta W = v\,C_{mp}\,dT - p\,dV\,.$$

Da die innere Energie eine Zustandsgröße ist, läßt sich ihre Änderung für beliebige Zustandsänderungen nach Gl. (3-46) berechnen:

$$dU = v\,C_{mv}\,dT\,.$$

Durch Gleichsetzen dieser beiden Ausdrücke erhält man

$$v\,C_{mv}\,dT = v\,C_{mp}\,dT - p\,dV$$

oder

$$C_{mp} - C_{mv} = \frac{p}{v}\frac{dV}{dT}\,.$$

Aus der Zustandsgleichung idealer Gase ergibt sich $dV/dT = v\,R_m/p$ und schließlich

$$C_{mp} - C_{mv} = R_m\,. \tag{3-53}$$

Ebenso gilt mit der individuellen Gaskonstante R_i für die spezifischen Wärmekapazitäten

$$c_p - c_v = R_i\,. \tag{3-54}$$

Die isochore molare Wärmekapazität kann nun aus der inneren Energie des Systems berechnet werden. Nach Gl. (3-46) gilt

$$C_{mv} = \frac{1}{v}\frac{dU}{dT}\,. \tag{3-55}$$

Die Temperaturabhängigkeit der inneren Energie wird durch Gl. (3-45) beschrieben:

$$U(T) = \frac{f}{2}\,v\,R_m\,T\,.$$

Die Basis dieser Beziehung ist der *Gleichverteilungssatz* (Abschn. 3.2.2), nach dem die thermische Energie eines Moleküls gleichmäßig auf seine verschiedenen Freiheitsgrade f verteilt ist. Somit gilt für die isochore molare Wärmekapazität

$$C_{mv} = \frac{f}{2}\,R_m\,. \tag{3-56}$$

Die isobare molare Wärmekapazität folgt aus Gl. (3-53)

$$C_{mp} = \left(\frac{f}{2} + 1\right) R_m\,. \tag{3-57}$$

Entsprechend sind die spezifischen Wärmekapazitäten

$$c_v = \frac{f}{2}\,R_i \quad \text{und} \tag{3-58}$$

$$c_p = \left(\frac{f}{2} + 1\right) R_i\,. \tag{3-59}$$

Das Verhältnis von isobarer und isochorer Wärmekapazität ist der *Isentropenexponent* $\varkappa$, der bei isentropen Zustandsänderungen eine wichtige Rolle spielt (Abschn. 3.3.4). Mit Gl. (3-56) bis (3-59) folgt

$$\varkappa = \frac{C_{mp}}{C_{mv}} = \frac{c_p}{c_v} = 1 + \frac{2}{f}\,. \tag{3-60}$$

Zur Berechnung der Wärmekapazitäten von Gasen nach Gl. (3-56) bis (3-59) ist die Kenntnis der Molekülform erforderlich, um die möglichen Freiheitsgrade f des Moleküls angeben zu können. Für verschiedene Molekültypen sind in Tabelle 3-7 die Freiheitsgrade und die daraus berechneten molaren Wärmekapazitäten sowie der Isentropenexponent angegeben. Jedes Teilchen hat drei Translationsfreiheitsgrade. Dazu kommen bei

Tabelle 3-7. Freiheitsgrade, molare Wärmekapazitäten C_m und Isentropenexponent $\varkappa$ für verschiedene Molekülformen.

Molekülform	Symbol	Freiheitsgrade				C_{mv} in $\dfrac{J}{mol\ K}$	C_{mp} in $\dfrac{J}{mol\ K}$	$\varkappa$
		Translation	Rotation	Oszillation	gesamt			
punktförmig	●	3	–	–	3	12,47	20,79	1,67
starre Hantel	●—●	3	2		5	20,79	29,10	1,40
schwingende Hantel	●∿∿●	3	2	2	7	29,10	37,41	1,29
mehratomig, starr	△	3	3	–	6	24,94	33,26	1,33

mehratomigen Molekülen noch drei Freiheitsgrade der Rotation. Bei zweiatomigen Molekülen in Form einer gestreckten starren Hantel werden nur zwei Freiheitsgrade für die Rotation angesetzt. Diese entfallen auf die Rotation um Achsen, die senkrecht zur Hantelachse stehen. Die Rotation um die Hantelachse tritt nicht auf, da infolge des geringen Massenträgheitsmoments dafür extrem hohe Temperaturen nötig wären (Begründung auf S. 164). Für die Schwingung einer Hantel werden zwei Freiheitsgrade angesetzt, da bei einem schwingenden System im Mittel derselbe Energiebetrag als kinetische und als potentielle Energie vorliegt (Abschn. 5.1).

Die theoretisch berechneten molaren Wärmekapazitäten in Tabelle 3-7 können nun mit den gemessenen Werten in Tabelle 3-8 verglichen werden. Bei den Edelgasen stimmen die Messungen hervorragend mit den theoretischen Berechnungen für punktförmige Teilchen überein. Die zweiatomigen Gase zeigen mit Ausnahme von Chlor eine gute Übereinstimmung mit den theoretischen Werten der starren Hantel. Dies bedeuet: Die Moleküle von H_2, O_2 und N_2 verhalten sich bei Raumtemperatur wie starre Hanteln. Die Zahlenwerte von Cl_2 liegen zwischen den erwarteten für die starre und die schwingende Hantel. Tatsächlich schwingt bei Raumtemperatur etwa die Hälfte der Cl_2-Moleküle, während die andere Hälfte starr ist. Dieses auf den ersten Blick merkwürdige Verhalten wird verständlich, wenn die Temperaturabhängigkeit der Wärmekapazität betrachtet wird.

Bild 3-13 zeigt den Verlauf der molaren Wärmekapazität C_{mv} von Wasserstoff in Abhängigkeit von der Temperatur. Offenbar verhält sich H_2 bei tiefen Temperaturen wie ein einatomiges Gas mit drei Freiheitsgraden. Mit steigender Temperatur beginnen die Moleküle ab etwa $T = 80$ K zu rotieren, dies bewirkt einen Anstieg der Wärmekapazität. Bei Raumtemperatur rotieren praktisch alle Moleküle. Die Wärmekapazität nimmt erneut zu, wenn ab etwa $T = 800$ K die Moleküle zu schwingen beginnen. Die Schwelle, bei der

Tabelle 3-8. Gemessene molare Wärmekapazitäten C_m einiger Gase beim Normdruck $p_n = 1,013$ bar und der Temperatur $\vartheta = 20\ °C$.

Gas		C_{mv} in $\dfrac{J}{mol\ K}$	C_{mp} in $\dfrac{J}{mol\ K}$	$\varkappa$
Helium	He	12,47	20,80	1,67
Argon	Ar	12,47	20,80	1,67
Wasserstoff	H_2	20,43	28,76	1,41
Sauerstoff	O_2	21,06	29,43	1,40
Stickstoff	N_2	20,76	29,09	1,40
Luft		20,77	29,10	1,40
Chlor	Cl_2	25,74	34,70	1,35
Kohlendioxid	CO_2	28,46	36,96	1,30
Schwefeldioxid	SO_2	31,40	40,39	1,29
Methan	CH_4	26,19	34,59	1,32
Ethan	C_2H_6	43,12	51,70	1,20
Ammoniak	NH_3	27,84	36,84	1,31

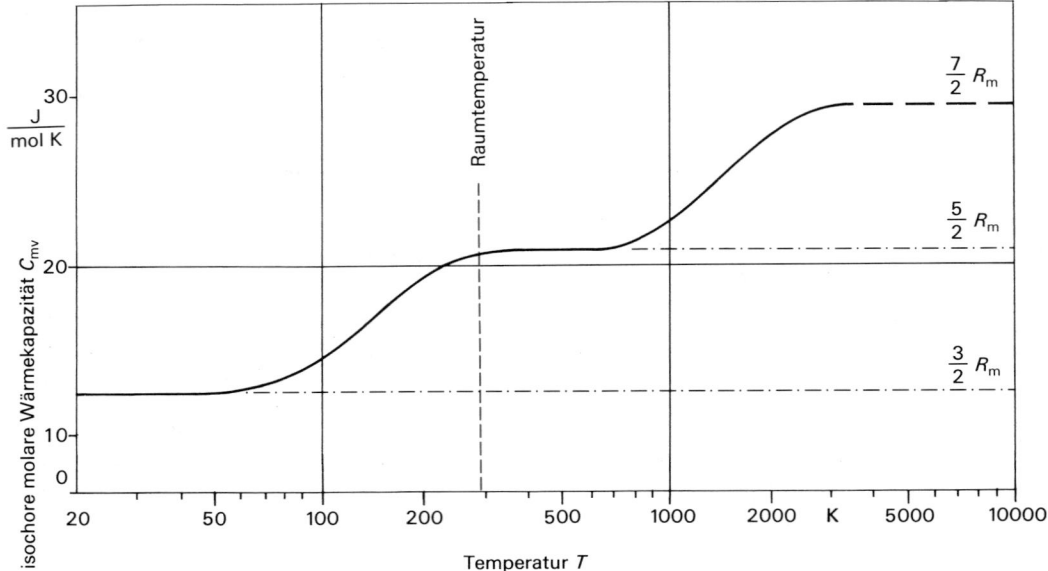

Bild 3-13.   Temperaturabhängigkeit der isochoren molaren Wärmekapazität C_{mv} von Wasserstoff. Wasserstoff dissoziiert bei etwa $T = 3200$ K. Die fortgesetzte gestrichelte Linie gilt für ein stabiles zweiatomiges Molekül.

die Oszillation einsetzt, liegt für Cl_2 tiefer als für H_2, so daß bei Cl_2 unterhalb der Raumtemperatur bereits ein Großteil der Moleküle schwingt.

Vom klassischen Gleichverteilungssatz her ist das Ausfrieren von Freiheitsgraden mit abnehmender Temperatur nicht verständlich. Nach den Gesetzen der Quantenmechanik aber ist der Drehimpuls eines Moleküls gequantelt. Der minimale Drehimpuls L_{min} beträgt $\hbar = h/2\pi$ mit der Planckschen Konstanten h. Damit ist die minimale Rotationsenergie eines Moleküls mit dem Massenträgheitsmoment J

$$E_{\mathrm{rot,min}} = \frac{1}{2} \frac{L_{min}^2}{J} = \frac{1}{2} \frac{\hbar^2}{J}.$$

Ist die mittlere thermische Energie $\frac{1}{2} k T$ je Freiheitsgrad kleiner als diese minimale Rotationsenergie, so wird das Molekül bei einem Stoß i. a. nicht in Rotation versetzt werden können. Nach den Regeln der Quantenmechanik ist auch die Schwingungsenergie gequantelt mit der Mindestenergie $h f$, f ist hierbei die Schwingungsfrequenz. Diese Energie liegt üblicherweise höher als die Schwellenenergie für die Rotation.

Beispiel

3.3-2: Bei welcher Temperatur beginnen die Wasserstoff-Moleküle zu rotieren?

Lösung:

Die Grenze ist näherungsweise gegeben durch $\frac{1}{2} k T \approx \frac{1}{2} \hbar^2 / J$. Für das Massenträgheitsmoment gilt $J = 2 m r^2$. Mit $m = 1,67 \cdot 10^{-27}$ kg und $r \approx 5 \cdot 10^{-11}$ m ergibt sich $J \approx 8,35 \cdot 10^{-48}$ kg m². Die Temperaturschwelle ist dann etwa $T \approx \hbar^2 / k J = 95$ K.

Die letzte Gruppe der Gase in Tabelle 3-7 besteht aus mehratomigen Molekülen, die jeweils mehrere Schwingungsformen haben können. Bei Raumtemperatur sind die meisten Schwingungen noch nicht angeregt, so daß keine Systematik in die gemessenen Wärmekapazitäten gebracht werden kann.

Bei kristallinen Festkörpern sitzen die einzelnen Atome bzw. Moleküle an festen Plätzen eines Raumgitters. Punktförmige Atome können dabei Schwingungen in den drei Raumrichtungen ausführen. Da jede Schwingungsrichtung formal mit zwei Freiheitsgraden in die Rechnung eingeht, haben die Atome jeweils sechs Freiheitsgrade für die Berechnung der Wärmekapazität. Nach Gl. (3-56) ist dann die molare Wärmekapazität eines Festkörpers

$$C_{mv} = 3\,R_m = 24{,}9\,\frac{J}{mol\ K}\ .$$

Dieses Ergebnis ist als *Dulong-Petitsches Gesetz* (P. L. DULONG, 1785 bis 1838, und A. T. PETIT, 1791 bis 1820) bekannt. Wie Bild 3-14 zeigt, wird das Dulong-Petitsche Gesetz bei hohen Temperaturen gut befolgt, während mit abnehmender Temperatur durch Ausfrieren der Freiheitsgrade die Wärmekapazität gegen null geht.

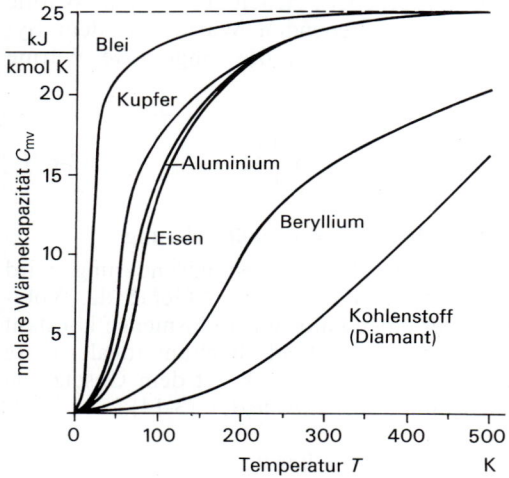

Bild 3-14. Temperaturabhängigkeit der molaren Wärmekapazität einiger Festkörper.

Bei komplizierten Molekülkristallen (beispielsweise Eis) kommen außer den Schwingungen auch Rotationen ganzer Molekülgruppen vor, so daß die molare Wärmekapazität oberhalb des Wertes liegt, den die Dulong-Petitsche Regel angibt.

3.3.4. Spezielle Zustandsänderungen idealer Gase

Zustandsänderungen, die in realen Systemen ablaufen, sind meist recht komplex, lassen sich aber durch verhältnismäßig einfach zu behandelnde spezielle Zustandsänderungen annähern.

Die Zustandsänderungen sollen mit einem idealen Gas konstanter Teilchenmenge in einem geschlossenen System durchgeführt werden. Das Gas sei in einem dichten Zylinder mit verschiebbarem Kolben eingeschlossen. Die Prozeßführung sei so kontrolliert, daß zu jeder Zeit Druck und Temperatur des Gases mit Umgebungsdruck und -temperatur im Gleichgewicht sind. Ferner erfolge die Bewegung des Kolbens reibungsfrei. Unter diesen Voraussetzungen sind die beschriebenen Prozesse jederzeit umkehrbar (reversibel).

Für alle Prozesse wird anhand einer Darstellung im p, V-Diagramm die umgesetzte Energie (mechanische Arbeit bzw. Wärme) berechnet. Alle Gleichungen werden mit molaren Größen geschrieben. Für Berechnungen mit spezifischen Größen müssen lediglich folgende Vertauschungen durchgeführt werden:

$$v\,R_m \rightarrow m\,R_i,$$
$$v\,C_{mp} \rightarrow m\,c_p,$$
$$v\,C_{mv} \rightarrow m\,c_v.$$

(Die wichtigsten Ergebnisse der folgenden Betrachtungen sind in Bild 3-22 am Ende von Abschn. 3.3.4 tabellarisch zusammengefaßt.)

3.3.4.1. Isotherme Zustandsänderung

Die isotherme Zustandsänderung (T = konst) kann nach Bild 3-15 so realisiert werden, daß ein Zylinder mit guter Wärmeleitfähigkeit an ein *Wärmebad* großer Wärmekapazität angekoppelt wird. Die Zustandsänderung soll sehr langsam (quasistatisch) erfolgen. Die allgemeine Zustandsgleichung idealer Gase (Gl. (3-20)) nimmt im Fall konstanter Temperatur die Form des Boyle-Mariotteschen Gesetzes (Gl. (3-15)) an:

$$p\,V = v\,R_m\,T = \text{konst.}$$

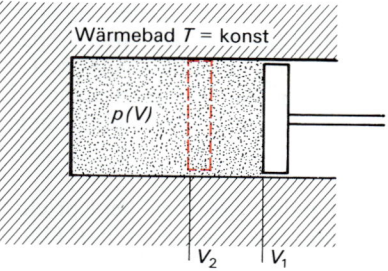

Bild 3-15. Realisierung der isothermen Zustandsänderung.

Im p, V-Diagramm von Bild 3-16 ist die *Isotherme* eine Hyperbel. Das Gas wird vom Anfangszustand 1 auf den Endzustand 2 kompri-

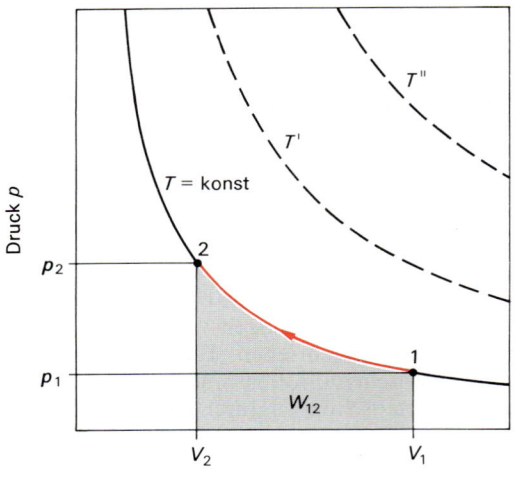

Bild 3-16. *Isotherme Kompression vom Zustand 1 zum Zustand 2.*
Temperaturen der Isothermen: $T < T' < T''$.
W_{12} Volumenänderungsarbeit

miert. Hierbei muß dem System eine Volumenänderungsarbeit zugeführt werden. Nach Gl. (3-50) ist diese Arbeit

$$W_{12} = -\int_{V_1}^{V_2} p(V)\, dV.$$

Mit dem Boyle-Mariotteschen Gesetz $p = v\, R_m\, T / V$ ergibt sich hieraus

$$W_{12} = v\, R_m\, T \ln \frac{V_1}{V_2}. \qquad (3\text{-}61)$$

In Übereinstimmung mit der Vorzeichenkonvention von Abschn. 3.3.2 wird die *zugeführte* Kompressionsarbeit *positiv*. Bei einer Expansion wird die *abgegebene* Arbeit *negativ*. Gemäß der Bedeutung des Integrals kann die Arbeit im p, V-Diagramm anschaulich sichtbar gemacht werden:

Die Volumenänderungsarbeit entspricht der Fläche unter der Kurve im p, V-Diagramm.

Da bei einer isothermen Zustandsänderung die innere Energie konstant bleibt (sie hängt nur von T ab), nimmt der erste Hauptsatz die Form

$$dU = \delta Q + \delta W = 0 \quad \text{oder} \quad W_{12} = -Q_{12}$$

an. Dies bedeutet, daß die gesamte bei einer Kompression zugeführte Arbeit quantitativ als Wärme an die Umgebung abgegeben werden muß. (Dieser Wärmeübergang findet nur dann statt, wenn die Systemtemperatur höher ist als die Umgebungstemperatur; damit der Temperaturanstieg vernachlässigbar klein bleibt, muß der Prozeß unendlich langsam geführt werden.) Umgekehrt muß bei einer isothermen Expansion die vom System nach außen abgegebene Arbeit zunächst als Wärme aus dem umgebenden Wärmebad dem System zufließen. Für die umgesetzte Wärme gilt

$$Q_{12} = v\, R_m\, T \ln \frac{V_2}{V_1}. \qquad (3\text{-}62)$$

3.3.4.2. Isochore Zustandsänderung

Bei der isochoren Zustandsänderung wird durch ein genügend steifes Gefäß das Volumen der eingeschlossenen Gasmenge konstant gehalten. Die Zustandsgleichung idealer Gase entspricht im Fall $V = $ konst dem Gesetz von *Charles* und *Gay-Lussac*, Gl. (3-14):

$$\frac{p}{T} = \frac{v\, R_m}{V} = \text{konst.}$$

Im p, V-Diagramm nach Bild 3-17 kann die *Isochore* als vertikale Gerade dargestellt wer-

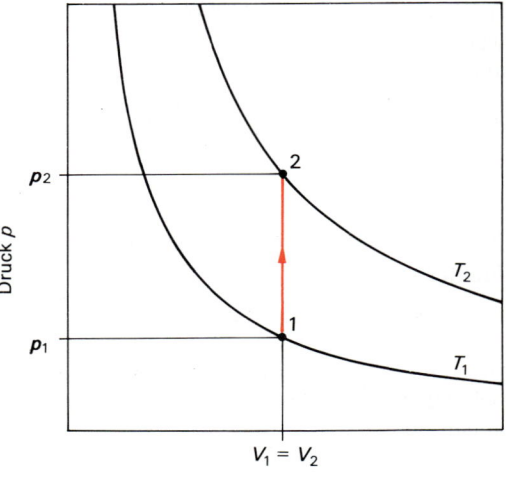

Bild 3-17. *Isochore Erwärmung vom Zustand 1 zum Zustand 2.*

den. Bei der skizzierten isochoren Erwärmung muß man dem System Wärme zuführen. Es gilt $\delta Q = v\, C_{\mathrm{mv}}\, \mathrm{d}T$ und hieraus

$$Q_{12} = v\, C_{\mathrm{mv}}\,(T_2 - T_1)\,. \qquad (3\text{-}63)$$

C_{mv} ist in diesem Fall die *mittlere* molare Wärmekapazität zwischen den Temperaturen T_1 und T_2.

Da bei konstantem Volumen keine Volumenänderungsarbeit vorkommt, nimmt der erste Hauptsatz die Form $\mathrm{d}U = \delta Q$ und $U_2 - U_1 = Q_{12}$ an. Dies bedeutet, daß die zugeführte Wärme ausschließlich der Erhöhung der inneren Energie dient.

3.3.4.3. Isobare Zustandsänderung

Die isobare Zustandsänderung ($p =$ konst) kann nach Bild 3-18 verwirklicht werden. Durch statische Belastung des Kolbens ist der Druck im Innenraum konstant, unabhängig von der Höhe des Kolbens. Die Zustandsgleichung idealer Gase nimmt die Form des Gay-Lussacschen Gesetzes nach Gl. (3-12) an:

$$\frac{V}{T} = \frac{v\, R_{\mathrm{m}}}{p} = \text{konst}.$$

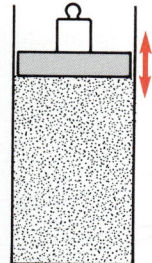

Bild 3-18. Realisierung der isobaren Zustandsänderung.

Im p, V-Diagramm von Bild 3-19 ist die *Isobare* eine waagrechte Gerade. Die gezeigte Expansion verläuft so, daß dem System von Bild 3-18 durch eine geeignete Heizung die Wärme Q_{12} zugeführt wird, worauf sich der Kolben nach oben schiebt. Für die erforderliche Wärme gilt $\delta Q = v\, C_{\mathrm{mp}}\, \mathrm{d}T$ oder

$$Q_{12} = v\, C_{\mathrm{mp}}\,(T_2 - T_1)\,. \qquad (3\text{-}64)$$

Die Volumenänderungsarbeit entspricht der Fläche unter der Isobare. Sie beträgt

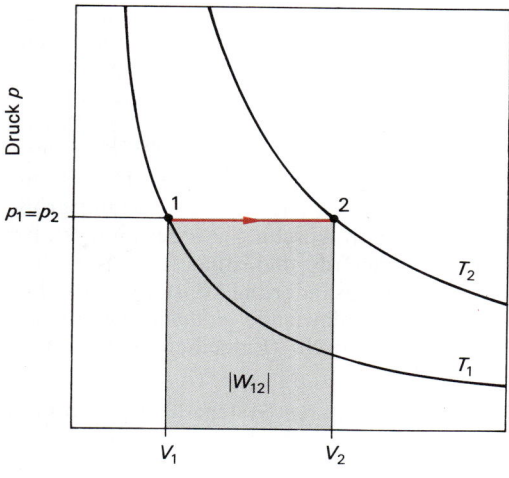

Bild 3-19. Isobare Expansion vom Zustand 1 zum Zustand 2.
W_{12} *Volumenänderungsarbeit*

$$W_{12} = p\,(V_1 - V_2)\,. \qquad (3\text{-}65)$$

Diese Arbeit ist bei einer Expansion negativ, d.h., sie wird vom System nach außen abgegeben. Bei einer Kompression ist die Arbeit positiv, da sie dem System zugeführt werden muß.

Nach dem ersten Hauptsatz ist

$$\delta Q = \mathrm{d}U - \mathrm{d}W \quad \text{oder}$$
$$Q_{12} = U_2 - U_1 + p\,(V_2 - V_1)\,.$$

Dies bedeutet, daß bei einer Erwärmung sowohl die Erhöhung der inneren Energie als auch die abgegebene mechanische Arbeit durch die zugeführte Wärme gedeckt werden müssen. Zur Erinnerung: Bei der isochoren Erwärmung wurde durch die zugeführte Wärme lediglich die innere Energie vergrößert. Dies ist der anschauliche Grund, weshalb die isobare Wärmekapazität stets größer ist als die isochore: $C_{\mathrm{mp}} > C_{\mathrm{mv}}$.

3.3.4.4. Isentrope Zustandsänderung

Die isentrope Zustandsänderung kann in einem *adiabaten* System realisiert werden, bei dem jeglicher Wärmeübergang zur Umgebung unterbunden wird. Im Gegensatz zur isothermen Zustandsänderung, bei der gemäß

Bild 3-15 ein guter Wärmekontakt zur Umgebung notwendig ist, muß der Zylinder jetzt mit einer geeigneten Wärmeisolation versehen werden. Die adiabate Zustandsänderung läßt sich leicht verwirklichen, wenn der Prozeß sehr schnell abläuft, so daß für eine Wärmeübertragung keine Zeit bleibt. Der Name *Isentrope* rührt daher, daß die Zustandsgröße *Entropie*, die in Abschn. 3.3.6 definiert ist, bei einer reibungsfrei und quasistatisch verlaufenden Zustandsänderung konstant bleibt. Die *reversibel* durchlaufene *Adiabate* ist mit der *Isentrope* identisch (Einzelheiten hierzu in Abschn. 3.3.6).

Bei einem adiabaten System ($\delta Q = 0$) nimmt der erste Hauptsatz die Form $\mathrm{d}U = \mathrm{d}W$ oder

$$\mathrm{d}U + p\,\mathrm{d}V = 0 \qquad (1)$$

an. Mit Gl. (3-46) gilt

$$v\,C_{\mathrm{mv}}\,\mathrm{d}T + p\,\mathrm{d}V = 0\,. \qquad (2)$$

Die Änderung der Enthalpie ist nach Gl. (3-51) und (3-52)

$$\mathrm{d}H = \mathrm{d}U + p\,\mathrm{d}V + V\,\mathrm{d}p = v\,C_{\mathrm{mp}}\,\mathrm{d}T\,.$$

Mit Gl. (1) ergibt sich hieraus

$$v\,C_{\mathrm{mp}}\,\mathrm{d}T = V\,\mathrm{d}p\,. \qquad (3)$$

Durch Elimination von $\mathrm{d}T$ aus Gl. (2) und (3) folgt

$$\frac{C_{\mathrm{mp}}}{C_{\mathrm{mv}}}\frac{\mathrm{d}V}{V} = -\frac{\mathrm{d}p}{p}\,.$$

Diese Gleichung läßt sich direkt integrieren. Führt man noch zur Abkürzung den bereits in Gl. (3-60) definierten *Isentropenexponenten* (Adiabatenexponenten) $\varkappa = C_{\mathrm{mp}}/C_{\mathrm{mv}}$ ein, so ergibt sich

$$\varkappa \ln \frac{V_2}{V_1} = \ln \frac{p_1}{p_2}\,.$$

Aus dieser Beziehung folgt sofort die *Isentropengleichung* (Adiabatengleichung)

$$p_1\,V_1^{\varkappa} = p_2\,V_2^{\varkappa} \quad \text{oder}$$
$$p\,V^{\varkappa} = \text{konst.} \qquad (3\text{-}66)$$

Eine Verknüpfung zwischen Temperatur und Volumen ergibt sich, wenn mit Hilfe der Zustandsgleichung idealer Gase der Druck eliminiert wird:

$$T_1\,V_1^{\varkappa-1} = T_2\,V_2^{\varkappa-1} \quad \text{oder}$$
$$T\,V^{\varkappa-1} = \text{konst.} \qquad (3\text{-}67)$$

Schließlich läßt sich noch eine Beziehung zwischen Druck und Temperatur herstellen:

$$p_1^{1-\varkappa}\,T_1^{\varkappa} = p_2^{1-\varkappa}\,T_2^{\varkappa} \quad \text{oder}$$
$$p^{1-\varkappa}\,T^{\varkappa} = \text{konst.} \qquad (3\text{-}68)$$

Gl. (3-66) bis (3-68) werden als *Poissonsche Gleichungen* bezeichnet. Sie wurden von D. POISSON (1781 bis 1840) im Jahr 1822 gefunden.

Im p,V-Diagramm von Bild 3-20 ist eine isentrope Kompression dargestellt. Der Kurvenverlauf 1 nach 2 entspricht $p = \text{konst}/V^{\varkappa}$ (Gl. (3-66)) und ist steiler als bei einer isothermen Zustandsänderung. Dies bedeutet, daß die Temperatur des Systems während der Kompression zunimmt. Umgekehrt kühlt sich das Gas bei einer isentropen Entspannung ab.

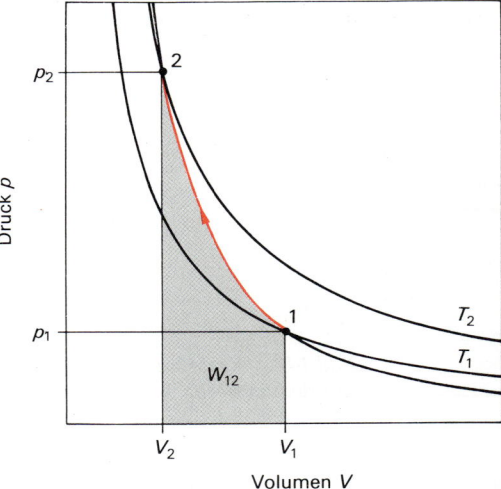

Bild 3-20. *Isentrope Kompression vom Zustand 1 zum Zustand 2.*

Die Volumenänderungsarbeit läßt sich auch hierbei als Fläche unter der Kurve ermitteln bzw. durch Integration von Gl. (3-66) berechnen:

$$W_{12} = -\int_{V_1}^{V_2} p\,(V)\,\mathrm{d}V\,,$$

mit $p\,(V) = p_1\,V_1^{\varkappa}/V^{\varkappa}$ ergibt sich

$$W_{12} = \frac{p_1 V_1}{\varkappa - 1} \left[\left(\frac{V_1}{V_2} \right)^{\varkappa - 1} - 1 \right]. \qquad (3\text{-}69)$$

Diese Beziehung ist mit Hilfe der Poissonschen Gleichungen und der Zustandsgleichung idealer Gase auf vielfältige Art und Weise umformbar. Eine wesentlich einfachere Berechnung der Arbeit hingegen ist durch den ersten Hauptsatz möglich. Für ein adiabates System $(\delta Q = 0)$ nimmt dieser die Form $dU = \delta W$ an. Dies besagt, daß die bei einer isentropen Kompression zugeführte Volumenänderungsarbeit ausschließlich der Erhöhung der inneren Energie dient. Diese beträgt aber nach Gl. (3-46) $\delta W = dU = v\,C_{mv}\,dT$ bzw. nach Integration

$$W_{12} = v\,C_{mv}\,(T_2 - T_1). \qquad (3\text{-}70)$$

Beispiel

3.3-3: Eine Luftfeder besteht aus einem Zylinder mit 250 mm Durchmesser und 500 mm Länge, der durch einen verschiebbaren Kolben abgeschlossen ist. Die Luft im Zylinder habe zunächst ebenso wie die Umgebungsluft die Temperatur $\vartheta_1 = 20\,°C$ und den Druck $p_1 = 1\,bar$. Welche kinetische Energie hat ein auffahrendes Fahrzeug, wenn beim Aufprall der Kolben 400 mm weit eindringt? Welche Temperatur und welcher Druck wird erreicht?

Lösung:

Der Enddruck ist nach Gl. (3-66)

$$p_2 = p_1 \left(\frac{V_1}{V_2} \right)^{\varkappa} = 1\,bar \cdot \left(\frac{5}{1} \right)^{1,4} = 9,52\,bar.$$

Die Temperatur beträgt nach Gl. (3-67)

$$T_2 = T_1 \left(\frac{V_1}{V_2} \right)^{\varkappa - 1} = 293\,K \cdot \left(\frac{5}{1} \right)^{0,4} = 558\,K;$$

$$\vartheta_2 = 285\,°C.$$

Die Teilchenmenge ist $v = p_1 V_1 / R_m T_1 = 1,01\,mol$. Mit der molaren Wärmekapazität $C_{mv} = 20,8\,J/mol\,K$ errechnet man die Kompressionsarbeit nach Gl. (3-70) zu $W_{12} = 5567\,J$. Ein Teil dieser Arbeit, nämlich $W_L = (V_1 - V_2)\,p_1 = 1963\,J$, wird von der Umgebungsluft geleistet, und nur die Differenz stammt vom auffahrenden Fahrzeug. Demnach ist $E_{kin} = 3604\,J$.

3.3.4.5. Polytrope Zustandsänderung

Sowohl die isotherme Zustandsänderung pV^1 = konst als auch die isentrope Zustandsände-

rung $pV^{\varkappa}$ = konst sind Extreme, die sich in der Praxis kaum verwirklichen lassen. Bei der Kompression bzw. Expansion eines Gases in einem Verdichter oder Motor wird eher eine *polytrope* Zustandsänderung der Form

$$p\,V^n = \text{konst.} \qquad (3\text{-}71)$$

ablaufen, wobei der *Polytropenexponent n* im allgemeinen zwischen 1 und $\varkappa$ liegt: $1 < n < \varkappa$. Im p, V-Diagramm von Bild 3-21 verläuft eine solche polytrope Zustandsänderung innerhalb des gekennzeichneten Gebiets. Für einen *realen* Verdichtungsprozeß, wie er beispielsweise in einem ungekühlten Turboverdichter stattfindet, ist $n < \varkappa$.

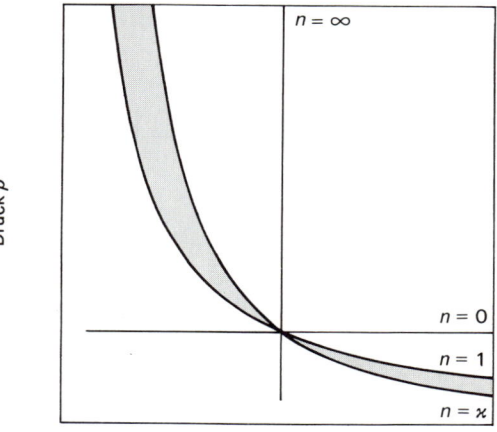

Bild 3-21. *Polytropen.*
n Polytropenexponent,
$\varkappa$ Isentropenexponent;
hervorgehoben: Bereich $1 < n < \varkappa$ der Polytrope im engeren Sinn

Die Polytropengleichung (3-71) beschreibt aber auch alle bisher beschriebenen Zustandsänderungen. Dabei nimmt der Polytropenexponent folgende Werte an:

- Isotherme: $n = 1$,
- Isentrope: $n = \varkappa$,
- Isobare: $n = 0$,
- Isochore: $n = \infty$.

Die Poissonschen Gleichungen (3-66) bis (3-68) gelten auch für polytrope Zustandsänderungen, wenn der Isentropenexponent $\varkappa$ durch den Polytropenexponenten n ersetzt

Zustandsänderung	Bedingung	p, V-Diagramm	thermische Zustandsgrößen	erster Hauptsatz	Wärme	Volumenänderungsarbeit
isotherm	$dT = 0$ $T = $ konstant	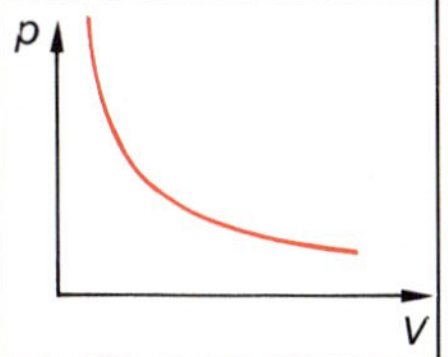	$pV = $ konstant *Boyle-Mariotte*	$\delta Q + \delta W = 0$ $Q_{12} + W_{12} = 0$	$\delta Q = -\delta W$ $Q_{12} = \nu R_m T \ln \dfrac{V_2}{V_1}$	$\delta W = -p\,dV$ $W_{12} = \nu R_m T \ln \dfrac{V_1}{V_2}$
isochor	$dV = 0$ $V = $ konstant	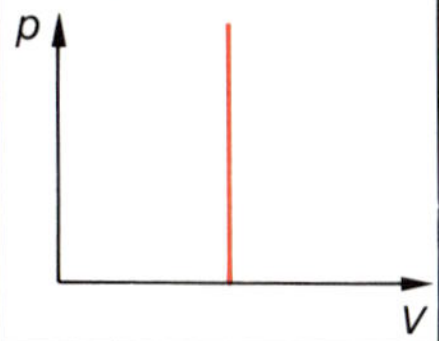	$\dfrac{p}{T} = $ konstant *Charles*	$dU = \delta Q$ $U_2 - U_1 = Q_{12}$	$\delta Q = \nu C_{mv}\,dT$ $Q_{12} = \nu C_{mv}(T_2 - T_1)$ $= m c_v (T_2 - T_1)$	$\delta W = 0$ $W_{12} = 0$
isobar	$dp = 0$ $p = $ konstant	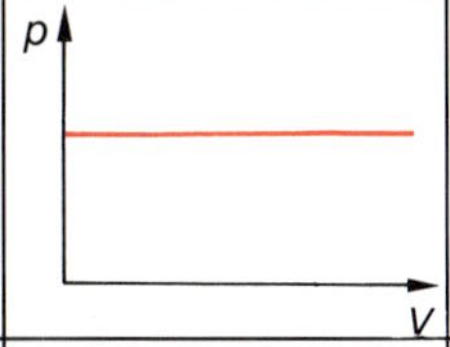	$\dfrac{V}{T} = $ konstant *Gay-Lussac*	$dU = \delta Q + \delta W$ $U_2 - U_1 =$ $Q_{12} + W_{12}$	$\delta Q = \nu C_{mp}\,dT$ $Q_{12} = \nu C_{mp}(T_2 - T_1)$ $= m c_p (T_2 - T_1)$	$\delta W = p\,dV$ $W_{12} = p(V_1 - V_2)$
isentrop	$dS = 0$ $\delta Q = 0$ $S = $ konstant	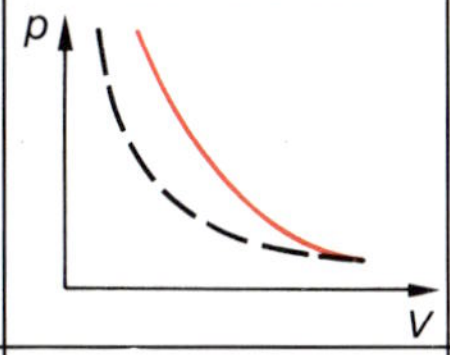	$pV^{\varkappa - 1} = $ konstant $TV^{\varkappa - 1} = $ konstant $p^{1-\varkappa} T^{\varkappa} = $ konstant	$dU = \delta W$ $U_2 - U_1 = W_{12}$	$\delta Q = 0$ $Q_{12} = 0$	$\delta W = \nu C_{mv}\,dT$ $W_{12} = \nu C_{mv}(T_2 - T_1)$ $= \dfrac{p_2 V_2 - p_1 V_1}{n - 1}$
polytrop		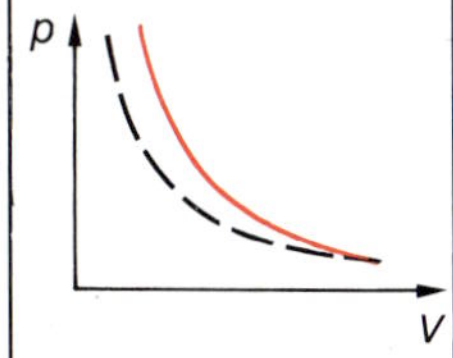	$pV^n = $ konstant $TV^{n-1} = $ konstant $p^{1-n} T^n = $ konstant	$dU = \delta Q + \delta W$ $U_2 - U_1 =$ $Q_{12} + W_{12}$	$\delta Q = dU - \delta W$ $Q_{12} = \nu R_m (T_2 - T_1)$ $\left(\dfrac{1}{\varkappa - 1} - \dfrac{1}{n-1}\right)$	$\delta W = -p\,dV$ $W_{12} = \dfrac{\nu R_m}{n-1}(T_2 - T_1)$ $= \dfrac{p_2 V_2 - p_1 V_1}{n - 1}$

Bild 3-22.   Spezielle Zustandsänderungen idealer Gase.

wird. Ebenso gilt Gl. (3-69) für die Berechnung der Volumenänderungsarbeit, wenn anstelle des Isentropenexponenten der Polytropenexponent eingesetzt wird.

Eine Zusammenstellung der wichtigsten Ergebnisse von Abschn. 3.3.4 zeigt Bild 3-22.

Zur Übung

Ü 3.3-5: Beim Dieselmotor wird im Kompressionstakt Luft so rasch verdichtet, daß keine Wärmeabgabe an die Umgebung erfolgt und die hohe Temperatur zur Entzündung des eingespritzten Kraftstoffs ausreicht. Gegeben sei ein Motor mit dem Verdichtungsverhältnis $V_1/V_2 = 20$. Zu Beginn der Kompression ist das Volumen $V_1 = 0,6$ l mit Luft der Temperatur $\vartheta_1 = 27\,°C$ und dem Druck $p_1 = 950$ mbar gefüllt. – a) Wie hoch ist die Endtemperatur ϑ_2 nach der Kompression? b) Welcher Druck p_2 stellt sich ein? c) Welche Arbeit W_{12} muß während der Kompression von außen am Kolben verrichtet werden?

Ü 3.3-6: Ein Wetterballon hätte prall gefüllt das Volumen $V_{max} = 50$ m^3. Am Erdboden ist er nur teilweise gefüllt worden: Beim Druck $p_1 = 1$ bar und der Temperatur $\vartheta_1 = 7\,°C$ nimmt das eingefüllte Wasserstoffgas nur das Volumen $V_1 = \frac{1}{6}\,V_{max}$ ein.

a) Welche Gasmenge n und welche Masse m enthält der Ballon?
b) Der Aufstieg geschieht so rasch, daß durch die Ballonhülle praktisch keine Wärme übertragen wird. In einer bestimmten Höhe ist der Innendruck gleich dem Außendruck $p_2 = 0,2$ bar. Welches Gasvolumen V_2 enthält dann der Ballon?
c) Wie groß ist in diesem Fall die Temperatur T_2 der Gasfüllung?
d) Sonneneinstrahlung heizt danach den Ballon auf. Das Füllgas dehnt sich solange aus, bis der Ballon prall gefüllt ist. Dabei bleibt der Druck konstant ($p_3 = p_2$). Auf welchen Wert T_3 steigt dabei die Gastemperatur?
e) Welche Wärme Q_{23} hat das Gas aufgenommen?

Ü 3.3-7: Eine abgeschlossene Menge eines idealen Gases wird vom Ausgangszustand $p_1 = 1$ bar, $V_1 = 1$ l und $\vartheta_1 = 22\,°C$ auf die Hälfte seines Volumens verdichtet. Während der Kompression wird Wärme zugeführt, so daß eine Zustandsänderung gemäß der Beziehung $pV^2 = $ konst durchlaufen wird. a) Wie groß ist der erreichte Enddruck p_2? b) Welche Endtemperatur ϑ_2 stellt sich ein? c) Welche Arbeit W_{12} wurde dem System bei der Kompression zugeführt? d) Wie groß ist die zugeführte Wärme Q_{12}, wenn das Gas aus Molekülen in Form einer starren Hantel besteht, bei denen die Freiheitsgrade der Translation und Rotation angeregt sind?

Ü 3.3-8: Wasserstoff mit der Teilchenmenge v wird in einem Zylinder mit verschiebbarem Kolben einer Zustandsänderung unterworfen. Der Ausgangszustand ist gekennzeichnet durch $p_1 = 1$ bar, $V_1 = 2$ l und $\vartheta_1 = 20\,°C$. Die Zustandsänderung erfolgt im p, V-Diagramm längs einer Geraden vom Anfangs- zum Endzustand, der bestimmt ist durch den Druck $p_2 = 2$ bar und das Volumen $V_2 = 3$ l. – a) Wie groß ist die Teilchenmenge n des Gases? b) Wie groß ist die Endtemperatur ϑ_2? c) Welche Arbeit W_{12} gibt das Gas nach außen ab? d) Um welchen Betrag ΔU steigt die innere Energie des Gases? e) Welche Wärmemenge Q_{12} wird bei der Zustandsänderung zugeführt?

3.3.5. Kreisprozesse

Durchläuft ein System eine Folge von Zustandsänderungen, so daß der Endzustand wieder mit dem Anfangszustand übereinstimmt, so handelt es sich um einen *Kreisprozeß*. Ein *rechtsläufiger* Kreisprozeß liegt vor, wenn die Zustandsänderungen im p, V-Diagramm im Uhrzeigersinn durchlaufen werden. Beim Kreisprozeß in Bild 3-23 wird während der Expansion von 1 nach 2 Volumenänderungsarbeit nach außen abgegeben, die der Fläche unter der oberen Kurve entspricht. Bei der anschließenden Kompression von 2 nach 1 wird Arbeit zugeführt, die der Fläche unter der unteren Kurve entspricht. Insgesamt wird also bei einem rechtsläufigen Kreisprozeß mehr Arbeit abgegeben als zugeführt.

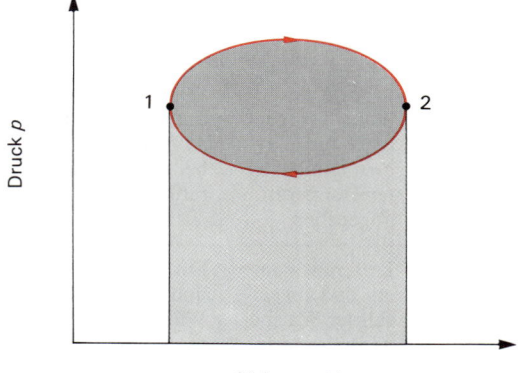

Bild 3-23.   *Rechtsläufiger Kreisprozeß.*
1, 2 Zustandspunkte,
helle Graufläche: zugeführte Volumenänderungsarbeit, gesamte Graufläche: abgegebene Volumenänderungsarbeit, umfahrene Fläche: Nutzarbeit

Die je Umlauf nach außen abgegebene Nutzarbeit entspricht dem Flächeninhalt der vom Kreisprozeß eingeschlossenen Figur im p, V-Diagramm. Sie kann als Kreisintegral geschrieben werden:

$$W = \oint \delta W = - \oint p \, \mathrm{d}V . \qquad (3\text{-}72)$$

Der erste Hauptsatz nimmt bei einem kompletten Umlauf die Form

$$\oint \mathrm{d}U = 0 = \oint \delta Q + \oint \delta W \qquad (3\text{-}73)$$

an. Das Kreisintegral über alle Änderungen der inneren Energie ist null, da die innere Energie als Zustandsgröße nach einem vollen Umlauf wieder den Anfangswert annimmt. Dies bedeutet, daß sich die je Zyklus abgegebene Nutzarbeit aus der Differenz der zu- und abgeführten Wärmen ergibt.

Bei einem *linksläufigen* Kreisprozeß wird die Figur im p, V-Diagramm im Gegenuhrzeigersinn durchlaufen. Da hierbei die abgegebene Expansionsarbeit stets kleiner ist als die zugeführte Kompressionsarbeit, läuft der Prozeß nur, wenn mit Hilfe eines Motors peri-

odisch mechanische Arbeit zugeführt wird. Tabelle 3-9 zeigt eine Gegenüberstellung der Eigenschaften von rechts- und linksläufigen Kreisprozessen.

Die Kreisprozesse, die im folgenden beschrieben werden, sollen reibungsfrei durchlaufen werden. Ferner soll sich das Gas stets im thermodynamischen Gleichgewicht mit der Umgebung befinden. Unter diesen Voraussetzungen sind alle Kreisprozesse *reversibel* führbar, d. h., sie können sowohl rechts- als auch linksläufig sein.

3.3.5.1. Carnotscher Kreisprozeß

Rechtsläufiger Prozeß

Von S. CARNOT (1796 bis 1832) wurde ein Kreisprozeß vorgeschlagen, mit dem Wärme in einer periodisch arbeitenden Maschine in mechanische Arbeit umgeformt werden kann. Nach Bild 3-24 verläuft der Prozeß im p, V-Diagramm zwischen zwei Isothermen und zwei Isentropen. Als Arbeitsmedium dient ein ideales Gas der Teilchenmenge n. Folgende Einzelprozesse werden aneinandergereiht:

$1 \rightarrow 2$: Isotherme Kompression von V_1 auf V_2 bei der tiefen Temperatur T_1:

zugeführte Arbeit
$$W_{12} = \nu R_\mathrm{m} T_1 \ln \frac{V_1}{V_2} ,$$

abgegebene Wärme
$$Q_{12} = - \nu R_\mathrm{m} T_1 \ln \frac{V_1}{V_2} .$$

$2 \rightarrow 3$: Isentrope Kompression von V_2 auf V_3; die Temperatur steigt von T_1 auf T_3:

zugeführte Arbeit
$$W_{23} = \nu C_\mathrm{mv} (T_3 - T_1) .$$

$3 \rightarrow 4$: Isotherme Expansion von V_3 auf V_4 bei der hohen Temperatur T_3:

zugeführte Wärme
$$Q_{34} = \nu R_\mathrm{m} T_3 \ln \frac{V_4}{V_3} ,$$

abgegebene Arbeit
$$W_{34} = - \nu R_\mathrm{m} T_3 \ln \frac{V_4}{V_3} .$$

Tabelle 3-9. Eigenschaften von Kreisprozessen.

Umlaufsinn	rechtsläufig	linksläufig
Bezeichnung	Kraftmaschinenprozeß	Arbeitsmaschinenprozeß
Wärmefluß	Wärme wird bei hoher Temperatur aufgenommen und bei tiefer Temperatur abgegeben.	Wärme wird bei tiefer Temperatur aufgenommen und bei hoher Temperatur abgegeben.
mechanische Arbeit	Differenz von zu- und abgeführter Wärme wird als mechanische Nutzarbeit abgegeben.	Differenz von ab- und zugeführter Wärme wird als mechanische Arbeit zugeführt.
Beispiele	Verbrennungsmotor, Wärmekraftmaschine	Kältemaschine, Wärmepumpe

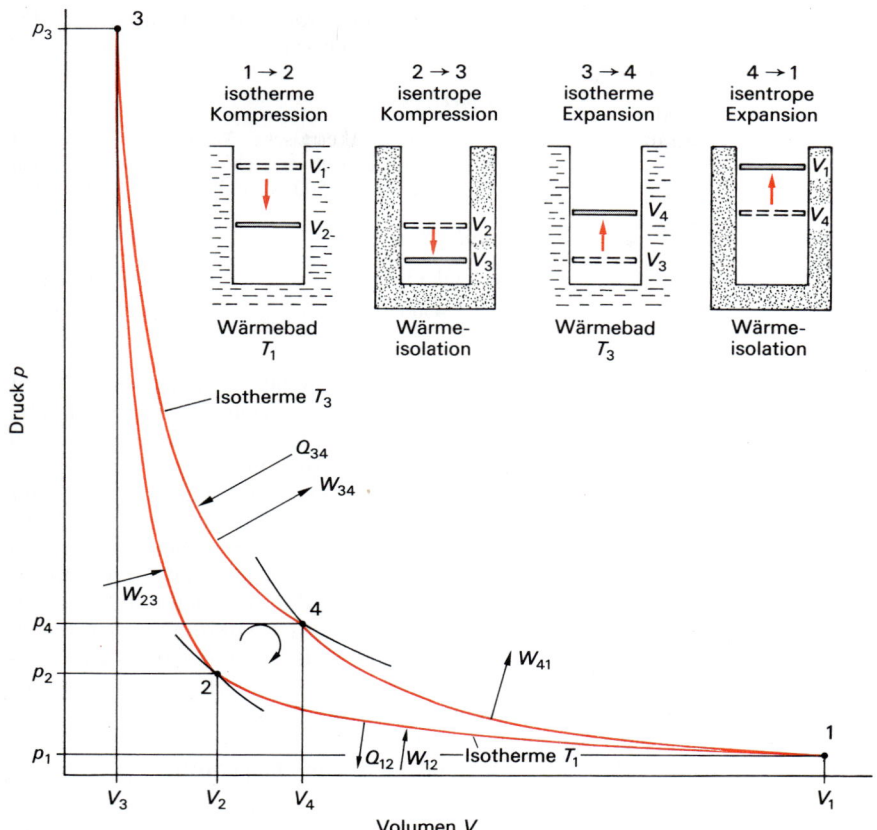

Bild 3-24. *Carnotscher Kraftmaschinenprozeß.*
Q Wärme, W Arbeit, rot umgrenzte Fläche: Nutzarbeit

$4 \rightarrow 1$: Isentrope Expansion von V_4 auf V_1; die Temperatur fällt von T_3 auf T_1:

abgegebene Arbeit

$$W_{41} = - \, v \, C_{\text{m v}} (T_3 - T_1).$$

Die Nutzarbeit je Zyklus entspricht dem Inhalt der rot begrenzten Fläche im p,V-Diagramm von Bild 3-24. Sie beträgt

$$W = \oint \delta W = W_{12} + W_{23} + W_{34} + W_{41}.$$

Mit $W_{23} = - W_{41}$ ergibt sich

$$W = W_{12} + W_{34}$$

$$= - \, v \, R_{\text{m}} \left(T_3 \ln \frac{V_4}{V_3} - T_1 \ln \frac{V_1}{V_2} \right).$$

Für die beiden Isentropen gilt nach Gl. (3-67)

$$T_3 \, V_3^{\varkappa-1} = T_1 \, V_2^{\varkappa-1} \quad \text{und}$$
$$T_3 \, V_4^{\varkappa-1} = T_1 \, V_1^{\varkappa-1} \, .$$

Daraus folgt für die Volumina $V_4/V_3 = V_1/V_2$ und schließlich für die Nutzarbeit

$$W = - \, v \, R_{\text{m}} \ln \frac{V_4}{V_3} \, (T_3 - T_1) \, .$$

Sie ist negativ, weil sie vom System nach außen abgegeben wird.

Die Energieströme, die bei der Carnot-Kraftmaschine (und im Prinzip bei jeder Wärmekraftmaschine) umgesetzt werden, sind in Bild 3-25 anschaulich dargestellt. Von der zugeführten Wärme kann nur ein Teil (meist der kleinere) als mechanische Arbeit abgegeben werden. Den anderen Teil muß das System als Abwärme an eine Wärmesenke tiefer Temperatur abführen. Aus dem ersten Hauptsatz folgt die Bilanzgleichung

$$|W| = Q_{\text{zu}} - |Q_{\text{ab}}|$$

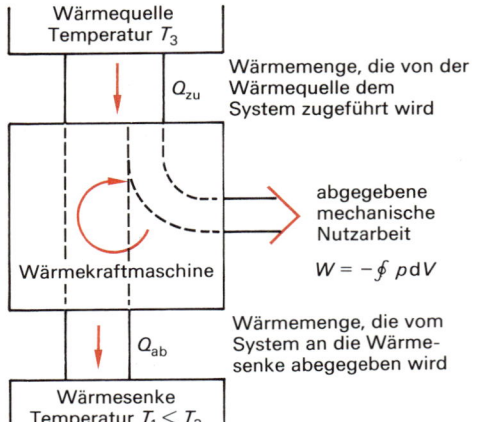

Bild 3-25. *Energieflußdiagramm eines rechtsläufigen Carnot-Prozesses.*

oder, mit den Bezeichnungen des Carnot-Prozesses und richtigen Vorzeichen,

$$Q_{12} + Q_{34} + W = 0. \qquad (3\text{-}74)$$

Verschiedene Kreisprozesse lassen sich miteinander vergleichen durch Berechnung des *thermischen Wirkungsgrades* η_{th}, der den Nutzen (abgegebene Arbeit) zum Aufwand (zugeführte Wärme) ins Verhältnis setzt:

$$\eta_{\text{th}} = \frac{|W|}{Q_{\text{zu}}}. \qquad (3\text{-}75)$$

Beim Carnot-Prozeß ist die zugeführte Wärme

$$Q_{\text{zu}} = Q_{34} = v\,R_{\text{m}}\,T_3 \ln \frac{V_4}{V_3}.$$

Damit ist der thermische Wirkungsgrad

$$\eta_{\text{th,C}} = \frac{T_3 - T_1}{T_3} = 1 - \frac{T_1}{T_3}. \qquad (3\text{-}76)$$

Der thermische Wirkungsgrad des Carnot-Prozesses ist nur von den Temperaturen der beiden Wärmebäder abhängig.

Der thermische Wirkungsgrad des Carnot-Prozesses könnte dann 100% werden, wenn die Temperatur der Wärmesenke $T_1 = 0$ K wäre. Da in der Praxis die Wärmesenke z. B. das Kühlwasser eines Flusses oder die Umgebungsluft ist, muß für die Erzielung eines

hohen Wirkungsgrades die Temperatur der Wärmequelle so hoch wie möglich sein.

Beispiel

3.3-4: Welcher thermische Wirkungsgrad ist mit einem Carnot-Prozeß erreichbar, der zwischen den Temperaturen $\vartheta_3 = 500\,°\text{C}$ und $\vartheta_1 = 50\,°\text{C}$ abläuft?

Lösung:

Nach Gl. (3-76) ist

$$\eta_{\text{th,C}} = \frac{450\ \text{K}}{773\ \text{K}} = 0{,}58 = 58\%.$$

Der Carnot-Prozeß läßt sich praktisch nicht realisieren, da zu viele widersprüchliche Eigenschaften in einem System vereinigt sein müßten. Seine große Bedeutung liegt in der Abschätzung des *maximalen Nutzeffekts* einer Wärmekraftmaschine, die zwischen zwei Temperaturgrenzen Wärme in Arbeit umwandeln soll. Ein Vergleich verschiedener rechtsläufiger Kreisprozesse, die zwischen der Maximaltemperatur T_3 und der Minimaltemperatur T_1 ablaufen, zeigt, daß der höchstmögliche thermische Wirkungsgrad durch den Carnot-Prozeß erreicht wird.

Thermodynamische Temperatur

Da der thermische Wirkungsgrad des Carnot-Prozesses nur von den Temperaturen der beteiligten Wärmebäder, aber nicht vom Arbeitsstoff abhängt, ist eine Temperaturdefinition möglich, die von speziellen Thermometereigenschaften unabhängig ist. Nach Gl. (3-74) bis (3-76) gilt

$$\eta_{\text{th}} = \frac{Q_{\text{zu}} - |Q_{\text{ab}}|}{Q_{\text{zu}}} = 1 - \frac{|Q_{\text{ab}}|}{Q_{\text{zu}}} = 1 - \frac{T_1}{T_3}.$$

Hieraus folgt die Beziehung zwischen den umgesetzten Wärmemengen und den Temperaturen der Wärmebäder:

$$\frac{|Q_{\text{ab}}|}{Q_{\text{zu}}} = \frac{T_1}{T_3} \quad \text{oder} \quad \frac{Q_{12}}{T_1} + \frac{Q_{34}}{T_3} = 0. \quad (3\text{-}77)$$

Gl. (3-77) erlaubt nach *W. Thomson (Lord Kelvin)* die Definition der *thermodynamischen Temperatur.* Die Temperaturen zweier Wärmebäder lassen sich dadurch vergleichen, daß man zwischen ihnen einen idealen Carnot-Prozeß ablaufen läßt und die übertragenen Wärmen mißt. Wird die Temperatur eines

Wärmebads festgelegt, z.B. die Temperatur von Wasser am Tripelpunkt mit $T_{Tr} = 273,16\,K$, dann kann die ganze Temperaturskala ausgemessen werden. Die so definierte thermodynamische Temperatur ist identisch mit der *Gastemperatur* des Gasthermometers (Abschn. 3.1.3).

Linksläufiger Prozeß

Beim linksläufigen Carnot-Prozeß wird das *p, V*-Diagramm von Bild 3-24 im Gegenuhrzeigersinn durchlaufen. Dabei wird bei der tiefen Temperatur T_1 Wärme aus der Umgebung aufgenommen und bei der hohen Temperatur T_3 wieder abgegeben. Das Energieflußdiagramm des linksläufigen Prozesses ist in Bild 3-26 dargestellt. Die Energiebilanz sagt aus, daß die abgegebene Wärme betragsmäßig gleich ist der Summe aus zugeführter Wärme und mechanischer Arbeit:

$$|Q_{ab}| = Q_{zu} + W. \qquad (3\text{-}78)$$

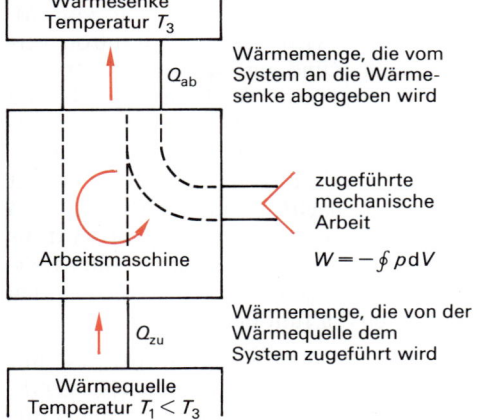

Bild 3-26. *Energieflußdiagramm eines linksläufigen Carnot-Prozesses.*

Der linksläufige Kreisprozeß kann auf zweierlei Arten genutzt werden:

a) *Kältemaschine*

Eine Kältemaschine hat die Aufgabe, einen Raum zu kühlen, in dem z.B. Lebensmittel gelagert werden. Der zu kühlende Raum dient als Wärmequelle. Ihm wird bei der Temperatur T_1, die niedriger ist als die Umgebungs-

temperatur T_3, die Wärme Q_{zu} entzogen und dem System zugeführt. Als Wärmesenke dient i.a. die Umgebung. Das Verhältnis von Nutzen zu Aufwand wird bei linksläufigen Kreisprozessen als *Leistungszahl* bezeichnet. Bei einer Kältemaschine ist der Nutzen die Wärme Q_{zu}, der Aufwand ist die Arbeit W des Antriebsmotors. Die Leistungszahl einer Kältemaschine wird deshalb definiert als

$$\varepsilon_K = \frac{Q_{zu}}{W} = \frac{\dot{Q}_{zu}}{P}. \qquad (3\text{-}79)$$

Für den Carnot-Prozeß ergibt sich mit den bereits berechneten Einergiebeträgen

$$\varepsilon_{K,C} = \frac{T_1}{T_3 - T_1}. \qquad (3\text{-}80)$$

Die Leistungszahl ist um so günstiger, je näher die Temperaturen von Wärmequelle und Wärmesenke beeinander liegen.

Beispiel

3.3-5: Eine Kältemaschine nach Carnot soll eine Kühlraumtemperatur von $\vartheta_1 = 5\,°C$ bei einer Außentemperatur von $\vartheta_3 = 35\,°C$ erreichen. Wie groß ist die Leistungszahl ε_{KC}?

Lösung:

Nach Gl. (3-80) ist $\varepsilon_{K,C} = 278\,K/30\,K = 9,27$. Dies bedeutet, daß die Leistung des Antriebsmotors nur rund ein neuntel der Wärmeleistung sein muß, die dem Kühlraum entzogen werden soll.

b) *Wärmepumpe*

Bei der Wärmepumpe ist die Wärmequelle die Umgebung (z.B. Luft, Erdreich, Grundwasser), der die Wärme bei tiefer Temperatur entzogen und dem System zugeführt wird. Wärmesenke ist z.B. die Warmwasserheizung eines Hauses. Der Nutzen bei der Wärmepumpe liegt also in der bei hoher Temperatur abgegebenen Wärme Q_{ab}; der Aufwand ist auch in diesem Fall die Arbeit des Antriebsmotors. Die Leistungszahl der Wärmepumpe wird deshalb definiert als

$$\varepsilon_W = \frac{|Q_{ab}|}{W} = \frac{|\dot{Q}_{ab}|}{P}. \qquad (3\text{-}81)$$

Für den Carnot-Prozeß ergibt sich

$$\varepsilon_{W,C} = \frac{T_3}{T_3 - T_1} = \frac{1}{\eta_{th,C}} . \qquad (3\text{-}82)$$

Die Leistungszahl der Wärmepumpe nach Carnot ist immer größer als eins, und zwar um so größer, je kleiner der thermische Wirkungsgrad eines rechtsläufigen Carnot-Prozesses zwischen denselben Temperaturgrenzen ist, d. h., je kleiner die Temperaturdifferenz $T_3 - T_1$ ist.

Beispiel

3.3-6: Eine Wärmepumpe nimmt Wärme aus der Umgebungsluft bei $\vartheta_1 = -10\,°C$ auf und gibt Wärme an eine Warmwasserheizung mit der Vorlauftemperatur $\vartheta_3 = 40\,°C$ ab. Wie groß ist die Leistungszahl nach Carnot?

Lösung:

Nach Gl. (3-82) gilt $\varepsilon_{W,C} = 313\,K/50\,K = 6{,}26$.

In der Praxis werden Kältemaschinen und Wärmepumpen meist mit *Kältemitteln,* wie z. B. Frigen und Ammoniak, betrieben, die während des Kreisprozesses Phasenänderungen (Abschn. 3.4.3) durchlaufen. Das Prinzip des Kreislaufs zeigt Bild 3-27. In einem Verdampfer wird dem flüssigen Kältemittel, das geringen Druck und niedrige Temperatur hat, die Wärme Q_{zu} zugeführt, so daß es verdampft. Der Dampf wird in einem Kompressor verdichtet und somit erwärmt. Im Kondensator wird dem heißen Dampf die Wärmemenge Q_{ab} entzogen, so daß das Kältemittel kondensiert. Die unter hohem Druck stehende Flüssigkeit wird durch ein Drossel-

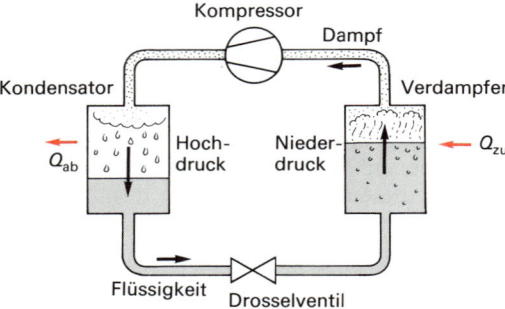

Bild 3-27. Kreislauf einer Kompressor-Kältemaschine bzw. -Wärmepumpe.

ventil entspannt. Dabei kühlt sie sich ab und wird dem Verdampfer für den nächsten Kreislauf zugeleitet.

Die Leistungszahlen realer Wärmepumpen sind niedriger als die Leistungszahl eines Carnot-Prozesses. Für elektrisch betriebene Luft/Wasser-Wärmepumpen ist beispielsweise $\varepsilon_W \approx 3$. Bei großen Anlagen, die mit einem Dieselmotor angetrieben werden, sind die erreichbaren Leistungszahlen größer.

3.3.5.2. Technische Kreisprozesse

Die Kreisprozesse, die in realen Maschinen ablaufen, können durch idealisierte *Vergleichsprozesse* angenähert werden. Bild 3-28 zeigt eine Zusammenstellung von Vergleichsprozessen, die in technischen Wärmekraftmaschinen idealisiert ablaufen. Die Pfeile im p,V-Diagramm zeigen die Prozesse, bei denen Wärme zu- bzw. abgeführt wird.

Obwohl *Verbrennungsmotoren* offene Systeme sind, können sie näherungsweise als geschlossene Systeme angesehen werden. Beim *Seiliger-Prozeß* (nach einem Vorschlag von M. SEILIGER, 1922) wird Frischluft isentrop verdichtet. Nach Zündung des Luft-Kraftstoff-Gemisches läuft eine Verbrennung ab, die näherungsweise durch eine isochore und isobare Wärmezufuhr beschrieben wird. Die Expansion des verbrannten Gemisches erfolgt isentrop. Der nachfolgende Austausch von verbrannten Gasen durch Frischluft wird als isochore Wärmeabgabe angenähert. Der thermische Wirkungsgrad ist abhängig von den Temperaturen der fünf Eckpunkte.

Ein Spezialfall des Seiliger-Prozesses mit $V_2 = V_3 = V_4$ ist der *Otto-Prozeß* (N. OTTO, 1832 bis 1892). Hierbei verbrennt das Luft-Kraftstoff-Gemisch nach der Zündung so schnell, daß die Wärmezufuhr idealisierend wie eine isochore Zustandsänderung erfolgt. Der thermische Wirkungsgrad hängt ab vom Kompressionsverhältnis $\varepsilon = V_1/V_2$.

Ein weiterer Spezialfall des Seiliger-Prozesses mit $p_2 = p_3 = p_4$ ist der *Diesel-Prozeß* (R. DIESEL, 1858 bis 1913). Der Kraftstoff wird so in die komprimierte Luft eingespritzt, daß die Verbrennung näherungsweise isobar erfolgt. Bild 3-29 zeigt ein Original-p,V-Diagramm eines Dieselmotors. Der thermische

		Bezeichnung	p, V-Diagramm	Einzel-prozesse	thermischer Wirkungsgrad
Kolbenmaschinen	Verbrennungsmotoren	Seiliger-Prozeß	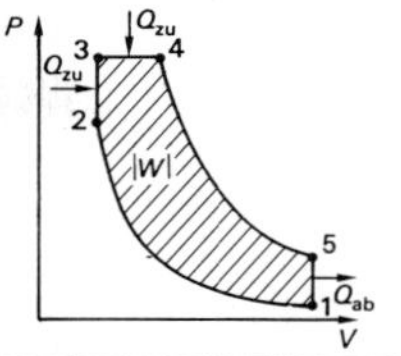	2 Isentropen, 2 Isochoren, 1 Isobare	$\eta_{th} \approx 1 - \dfrac{T_5 - T_1}{T_3 - T_2 + \varkappa(T_4 - T_3)}$
		Otto-Prozeß	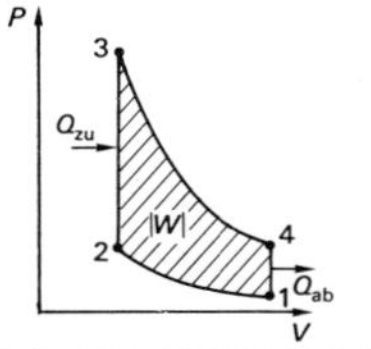	2 Isentropen, 2 Isochoren	$\eta_{th} = 1 - \dfrac{1}{\left(\dfrac{V_1}{V_2}\right)^{\varkappa - 1}}$
		Diesel-Prozeß	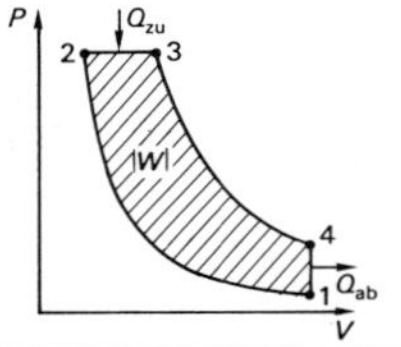	2 Isentropen, 1 Isochore, 1 Isobare	$\eta_{th} =$ $= 1 - \dfrac{\left(\dfrac{V_3}{V_2}\right)^{\varkappa} - 1}{\varkappa\left(\dfrac{V_3}{V_2} - 1\right)\left(\dfrac{V_1}{V_2}\right)^{\varkappa - 1}}$
	Heißluftmotor	Stirling-Prozeß	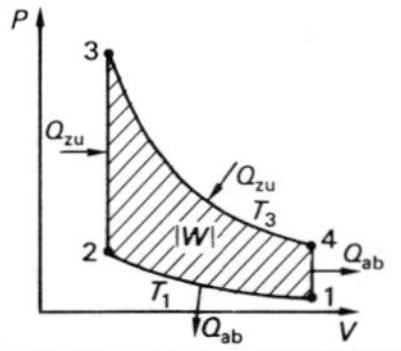	2 Isothermen, 2 Isochoren	$\eta_{th} = 1 - \dfrac{T_1}{T_3} = \eta_{th,C}$
Strömungsmaschinen	offene Gasturbine	Joule-Prozeß	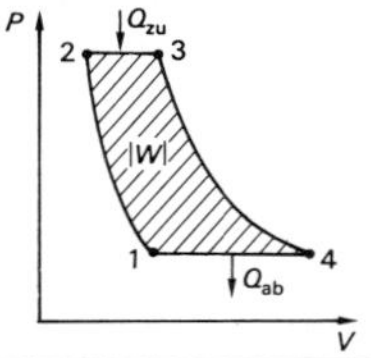	2 Isentropen, 2 Isobaren	$\eta_{th} = 1 - \dfrac{T_1}{T_2}$ $= 1 - \left(\dfrac{p_1}{p_2}\right)^{\frac{\varkappa - 1}{\varkappa}}$
	geschlossene Gasturbine	Ericsson-Prozeß	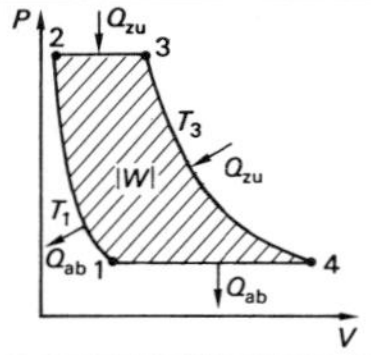	2 Isothermen, 2 Isobaren	$\eta_{th} = 1 - \dfrac{T_1}{T_3} = \eta_{th,C}$
	Dampfkraft-anlagen	Clausius-Rankine-Prozeß	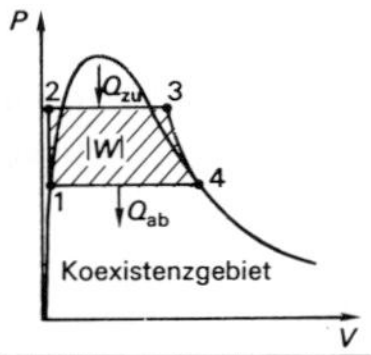 Koexistenzgebiet	2 Isentropen, 2 Isobaren	$\eta_{th} = \dfrac{h_3 - h_4}{h_3 - h_1}$ $\approx 1 - \dfrac{h_4}{h_3}$

Bild 3-28.   Technische Kreisprozesse.

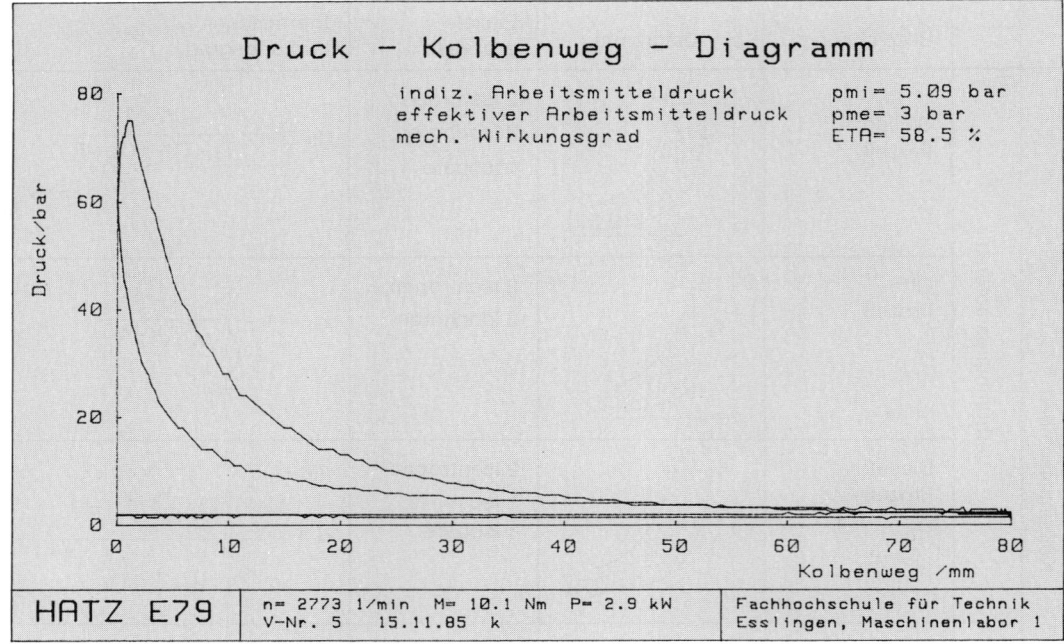

Bild 3-29.   p, V-Diagramm eines Dieselmotors (Rechnerausdruck).

Wirkungsgrad des Diesel-Prozesses übertrifft den des Otto-Prozesses, allerdings ist der mittlere Kolbendruck im Dieselmotor wesentlich höher als im Ottomotor.

Das Arbeitsmedium beim *Stirling-Prozeß* (R. STIRLING, 1790 bis 1878) ist ein Gas (meistens Luft). Die Wärmezufuhr erfolgt bei der isochoren Erwärmung und der isothermen Expansion. Die während der isochoren Abkühlung abgegebene Wärme ist betragsmäßig so groß wie die bei der isochoren Erwärmung zugeführte: $Q_{23} = -Q_{41}$. Gelingt es, die abgegebene Wärme Q_{41} zwischenzuspeichern und bei der isochoren Erwärmung wieder dem System zuzuführen, dann muß von außen her nur noch die Wärme Q_{34} zugeführt werden, und der thermische Wirkungsgrad erreicht den Wert des Carnot-Prozesses.

Der Stirling-Prozeß kann nach Bild 3-30 näherungsweise so realisiert werden, daß ein Arbeitskolben und ein Verdrängerkolben, um 90° phasenverschoben, auf eine Kurbelwelle arbeiten. Der Verdrängerkolben schiebt die Luft im Zylinder hin und her und bringt sie abwechselnd in Kontakt mit dem heißen bzw. kalten Teil der Maschine. Der Regenerator besteht aus Metallspänen, die beim Durch-

strömen der heißen Luft Wärme aufnehmen und diese nachher wieder an die durchströmende kalte Luft abgeben.

Bild 3-31 zeigt ein Demonstrationsmodell eines Heißluftmotors. Im Deckel ist eine Glühwendel eingebaut, die als elektrische Wärmequelle dient. Die Wärmesenke ist Kühlwasser, das den unteren Teil des doppelwandigen Zylinders durchfließt. Der Heißluftmotor kann bezüglich des thermischen Wirkungsgrades bislang nicht mit den Verbrennungsmotoren konkurrieren, weil die interne Wärmeübertragung ($Q_{41} \rightarrow Q_{23}$) nur unvollkommen gelingt. Der linksläufige Stirling-Prozeß wurde z. B. bei der Philips-Gaskältemaschine verwirklicht, die mit dem Arbeitsmedium Wasserstoff oder Helium bei der Luftverflüssigung eingesetzt wird.

In der *offenen Gasturbine*, die hauptsächlich bei Flugzeugen verwendet wird, läuft ein Prozeß ab, den man näherungsweise durch den *Joule-Prozeß* beschreiben kann. Luft wird im Verdichter isentrop komprimiert. In der Brennkammer wird eingespritzter Treibstoff (Kerosin) mit der heißen Luft verbrannt (isobare Erwärmung) und anschließend in der Turbine isentrop entspannt. Die verbrannten Gase

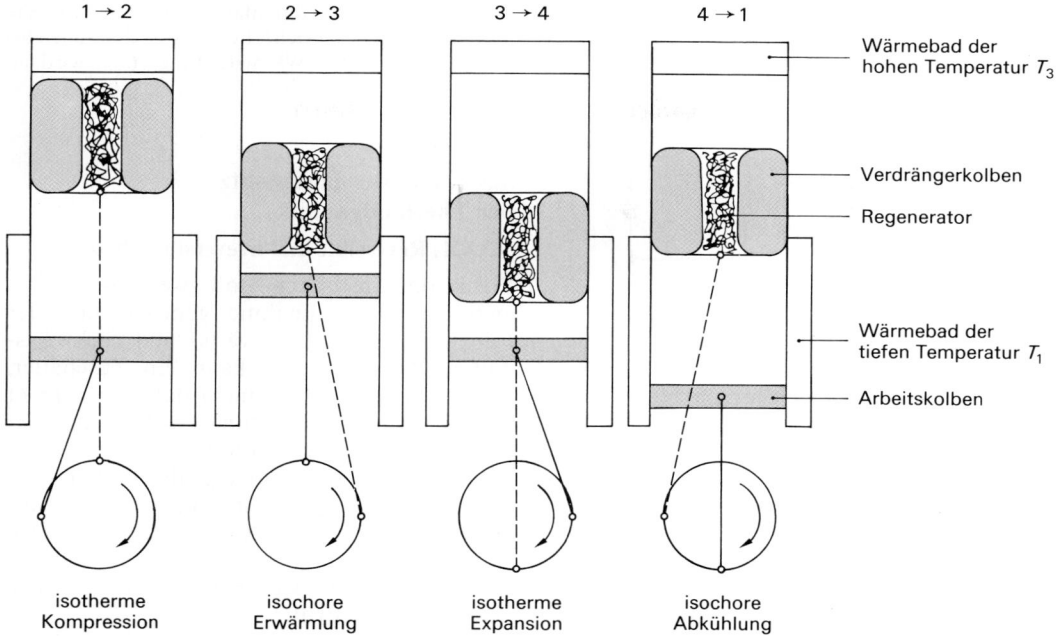

$1 \rightarrow 2$	$2 \rightarrow 3$	$3 \rightarrow 4$	$4 \rightarrow 1$	

Wärmebad der hohen Temperatur T_3

Verdrängerkolben

Regenerator

Wärmebad der tiefen Temperatur T_1

Arbeitskolben

isotherme Kompression	isochore Erwärmung	isotherme Expansion	isochore Abkühlung

Bild 3-30.   Realisierung eines Stirlingschen Kreisprozesses.

werden beim realen Prozeß ausgestoßen. Der idealisierte Kreisprozeß wird durch eine isobare Abkühlung geschlossen.

Ortsfeste Gasturbinen arbeiten nach dem geschlossenen *Ericsson-Prozeß* (J. ERICSSON, 1803 bis 1899), der von J. ACKERET und C. KELLER

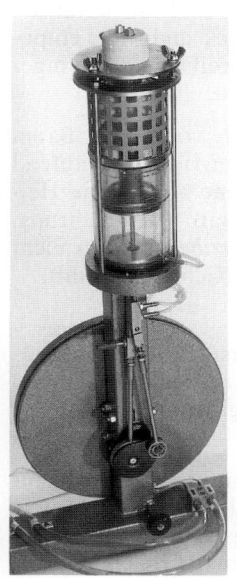

Bild 3-31.
Demonstrationsmodell
eines Heißluftmotors.

näherungsweise verwirklicht wurde. Unter der Voraussetzung, daß die bei den isobaren Zustandsänderungen umgesetzten Wärmemengen intern übertragen werden können, erreicht der Ericsson-Prozeß den thermischen Wirkungsgrad des Carnot-Prozesses.

In *Dampfkraftanlagen* läuft i. a. der *Clausius-Rankine-Prozeß* (R. J. E. CLAUSIUS, 1822 bis 1885; W. J. M. RANKINE, 1802 bis 1872) ab. Die Speisewasserpumpe erhöht von 1 nach 2 isentrop den Druck des Wassers. Durch isobare Wärmezufuhr wird das Wasser verdampft und der Heißdampf von 3 nach 4 in der Turbine isentrop entspannt. Im Kondensator verflüssigt sich der entspannte Dampf durch Wärmeabfuhr an das Kühlwasser, und Kondensat wird wieder der Speisewasserpumpe zugeleitet. Der thermische Wirkungsgrad ist im wesentlichen von der Enthalpie des Dampfes vor und nach der Entspannung abhängig.

Zur Übung

Ü 3.3-9: Mit einem idealen Gas wird der rechtsläufige Kreisprozeß gemäß Bild 3-32 durchgeführt, der sich aus Isobaren und Isochoren zusammensetzt. Die Zustandsgrößen der Eckpunkte im p, V-Dia-

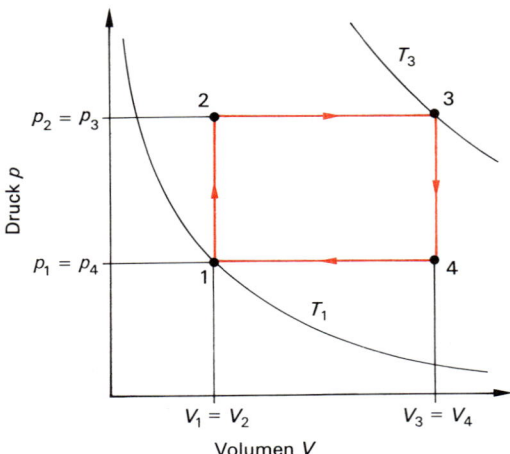

Bild 3-32. *Zu Aufgabe Ü 3.3-9: Kreisprozeß aus 2 Isobaren und 2 Isochoren.*

gramm sind $p_1 = 7,5$ bar, $p_2 = 10$ bar, $V_2 = 1$ l, $V_3 = 1,5$ l. Das Gas besteht aus zweiatomigen Molekülen, die im betrachteten Temperaturbereich rotieren, ohne zu schwingen. Die Teilchenmenge beträgt $v = 0,3$ mol. − a) Wie groß sind die Temperaturen T_1, T_2 und T_3? b) Welche Nutzarbeit W wird je Umlauf abgegeben? c) Welche Wärme Q_{zu} muß je Zyklus zugeführt werden? d) Wie groß ist der thermische Wirkungsgrad η_{th} des Kreisprozesses? e) Welchen Wirkungsgrad hätte eine Carnot-Maschine, die zwischen denselben Maximal- und Minimaltemperaturen T_3 und T_1 arbeitet?

Ü 3.3-10: Eine Wärmepumpe mit der Leistungszahl $\varepsilon_W = 3$ soll ein Haus heizen. Die erforderliche Heizleistung ist $|\dot{Q}_{ab}| = 15$ kW bei $\vartheta_3 = 45\,°C$. Die Außentemperatur beträgt $\vartheta_1 = -5\,°C$. − a) Welche elektrische Leistung P nimmt der Motor auf? b) Wie groß wäre die Leistung P_C des Antriebsmotors, wenn ein Carnot-Prozeß ablaufen würde?

Ü 3.3-11: In einer mit Wasserstoff betriebenen Gaskältemaschine läuft ein linksläufiger Stirling-Prozeß mit folgenden Einzelprozessen ab:

1 → 2: Isochore Erwärmung vom Anfangszustand $p_1 = 9$ bar, $V_1 = 0,28$ l und $T_1 = 77$ K auf $T_2 = 300$ K;
2 → 3: Isotherme Kompression von $V_1 = V_2$ auf $V_3 = V_4 = 0,14$ l;
3 → 4: Isochore Abkühlung von T_2 auf T_1;
4 → 1: Isotherme Expansion von V_4 auf V_1.

a) Wie groß ist die Leistungszahl ε_K des Prozesses unter der Voraussetzung, daß die interne Wärmeübertragung $-Q_{34} = Q_{12}$ ideal gelingt? b) Welche Kälteleistung $\dot{Q}_{zu}$ liefert die Maschine, wenn $n =$

1400 min^{-1} Zyklen durchlaufen werden? c) Wie groß ist die erforderliche Leistung P des Antriebsmotors? d) Welche Wärmeleistung $|\dot{Q}_{ab}|$ wird an die Umgebung abgegeben?

3.3.6. Zweiter Hauptsatz der Thermodynamik

3.3.6.1. Reversible und irreversible Prozesse

Wird vom elastischen Stoß zweier Billardkugeln eine Filmaufnahme gemacht und der Film anschließend vorwärts- und rückwärtslaufend betrachtet, so kann ein Zuschauer, der bei der Aufnahme nicht dabei war, nicht sagen, welche Laufrichtung des Film das Experiment richtig wiedergibt. In beiden Richtungen könnte der Vorgang abgelaufen sein; keine der beiden Varianten verletzt die Stoßgesetze. Solche umkehrbaren oder *reversiblen* Vorgänge werden in der Mechanik beobachtet, wenn keine Wärmeentwicklung infolge von Reibung auftritt.

> Ein Prozeß ist reversibel, wenn bei seiner Umkehr der Ausgangszustand wieder erreicht wird, ohne daß Änderungen in der Umgebung zurückbleiben.

Reversible Zustandsänderungen von Gasen sind als idealisierte Grenzfälle denkbar, wenn die Prozesse reibungsfrei und quasistatisch verlaufen, so daß der Druck und die Temperatur des Gases zu jeder Zeit mit der Umgebung im Gleichgewicht sind.

Wird der Fall eines Apfels von einem Baum gefilmt und der Film später rückwärtslaufend betrachtet, so löst die Szene allgemeine Heiterkeit aus. Jedermann weiß aus Erfahrung, daß dieser Vorgang *irreversibel* ist, also nicht von allein in umgekehrter Richtung abläuft.

> Ein Vorgang ist irreversibel, wenn seine Umkehr zum Ausgangszustand nur unter äußerer Einwirkung möglich ist.

Beim unelastischen Aufprall des Apfels auf dem Boden wird seine kinetische Energie in thermische Energie umgesetzt; die Temperatur des Apfels und der unmittelbaren Umgebung erhöht sich demnach geringfügig. Der umgekehrte Vorgang, daß der Apfel sich abkühlt und dann nach oben hüpft, ist noch nie beobachtet worden, obwohl er den ersten Hauptsatz nicht verletzen würde.

Weitere Beispiele für irreversible Vorgänge sind

- Diffusion: Stoffe breiten sich aufgrund eines Konzentrationsgefälles so lange aus, bis die Konzentration räumlich konstant ist. Konzentrationsunterschiede dagegen bauen sich nicht von selbst auf;
- Wärmeübergang: Wärme geht von einem warmen auf einen kalten Körper über, bis die Temperatur ausgeglichen ist. Temperaturunterschiede jedoch entstehen nicht von selbst;
- Chemische Reaktionen, die von selbst ablaufen: Wasserstoff verbindet sich mit Sauerstoff zu Wasser. Für die Zersetzung des Wassers in seine Bestandteile hingegen muß Energie aufgewendet werden.

Bei genauer Betrachtung sind alle natürlich ablaufenden und technischen Prozesse irreversibel. Reversible Vorgänge sind lediglich idealisierte Grenzfälle.

3.3.6.2. Formulierungen des zweiten Hauptsatzes

Die Irreversibilität natürlicher und technischer Prozesse ist der Inhalt des *zweiten Hauptsatzes* der Thermodynamik. Dieser legt die Richtung der von selbst ablaufenden Vorgänge fest, die stets einem Gleichgewichtszustand zustreben. Eine klassische Formulierung des zweiten Hauptsatzes stammt von *Thomson (Lord Kelvin)* aus dem Jahr 1851:

> Es gibt keine periodisch arbeitende Maschine, die Wärme aus einer Wärmequelle entnimmt und vollständig in mechanische Arbeit umwandelt.

Die Erfahrung zeigt, daß eine Wärmekraftmaschine stets auch Wärme an eine Wärmesenke tiefer Temperaturen abgeben muß (Bild 3-25). Ließe sich eine Maschine konstruieren, die ohne Wärmeabgabe bei tiefer Temperatur auskäme, so wären die Energieprobleme der Menschheit für alle Zeiten gelöst. Da z.B. in den Weltmeeren ein unge-

heuerer Betrag an innerer Energie steckt, könnten durch geringfügiges Abkühlen des Meerwassers nahezu unbegrenzte Energiereserven freigesetzt werden. Eine solche Maschine, die zwar den zweiten, nicht aber den ersten Hauptsatz verletzt, wird als *Perpetuum mobile zweiter Art* bezeichnet. Eine weitere Formulierung des zweiten Hauptsatzes lautet also:

> Es gibt kein Perpetuum mobile zweiter Art.

Die linksläufigen Kreisprozesse zeigen, daß Wärme unter Arbeitsaufwand einem kalten Körper entzogen und einem warmen Körper zugeführt werden kann (Bild 3-26). *Clausius* formulierte 1850 den zweiten Hauptsatz so:

> Wärme geht nicht von selbst von einem kalten auf einen warmen Körper über.

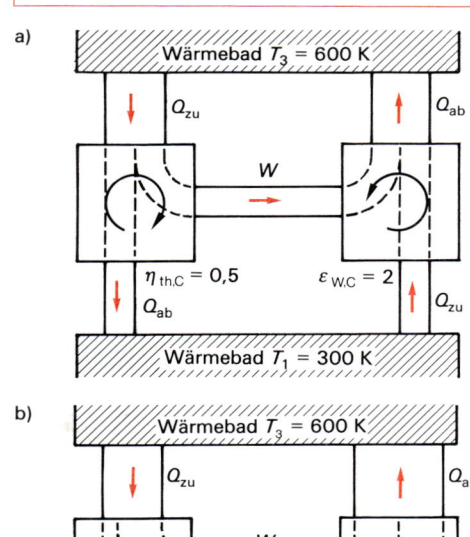

Bild 3-33.   Es existiert keine Maschine, die einen höheren Nutzeffekt als die Carnot-Maschine hat:
a) Kopplung von rechts- und linksläufender Carnot-Maschine, b) Kopplung einer rechtsläufigen „Super"-Maschine mit einer linksläufigen Carnot-Maschine.

Anhand von Bild 3-33 erkennt man, daß der thermische Wirkungsgrad des Carnot-Prozesses nicht übertroffen werden kann. Zwischen den Temperaturgrenzen $T_3 = 600$ K und $T_1 = 300$ K wirkt je ein rechts- und ein linksläufiger Kreisprozeß. Bild 3-33a zeigt eine Carnot-Wärmekraftmaschine, die nach Gl. (3-76) den thermischen Wirkungsgrad $\eta_{th,C} = 0{,}5$ hat. Ihre mechanische Nutzarbeit wird eingesetzt, um eine Wärmepumpe zu betreiben, die nach Gl. (3-82) die Leistungszahl $\varepsilon_{W,C} = 2$ aufweist. Aus den Daten geht klar hervor, daß im Endeffekt jedem Wärmebad die Wärmemenge, die ihm eine Maschine entnimmt, von der anderen wieder zugeführt wird.

Bild 3-33b zeigt eine hypothetische „Super"-Wärmekraftmaschine mit einem thermischen Wirkungsgrad, der den Carnotschen übertrifft (z. B. $\eta_{th,S} = 0{,}75$). Nimmt diese Maschine beispielsweise die Wärmeleistung 4 kW vom oberen Wärmebad auf, dann gibt sie $\dot{Q} = 1$ kW an das kalte Reservoir und $P = 3$ kW an die Wärmepumpe ab. Die Carnot-Wärmepumpe nimmt aus dem unteren Wärmebad $\dot{Q} = 3$ kW an Wärmeleistung auf und gibt an das obere $\dot{Q} = 6$ kW ab. Dies bedeutet schlußendlich, daß Wärme ohne äußere Arbeitszufuhr von einem kalten auf einen warmen Körper übergeht, was gegen den zweiten Hauptsatz verstößt. Daraus folgt:

Ein höherer thermischer Wirkungsgrad als der des Carnot-Prozesses ist nicht möglich.

3.3.6.3. Entropie

Die bisherigen Formulierungen des zweiten Hauptsatzes können mathematisch ausgedrückt werden mit Hilfe der Zustandsgröße *Entropie*, die gestattet, den Grad der Irreversibilität eines Vorganges zu berechnen. Ausgangspunkt der folgenden Betrachtungen ist der ideale reversibel geführte Carnot-Prozeß (Bild 3-24). Für die umgesetzten Wärmen und die Temperaturen der Wärmebäder gilt nach Gl. (3-77)

$$\frac{Q_{12}}{T_1} + \frac{Q_{34}}{T_3} = 0 \, .$$

Der Quotient von übertragener Wärme und der absoluten Temperatur, bei der sie übertragen wurde, wird als *reduzierte Wärme* be-

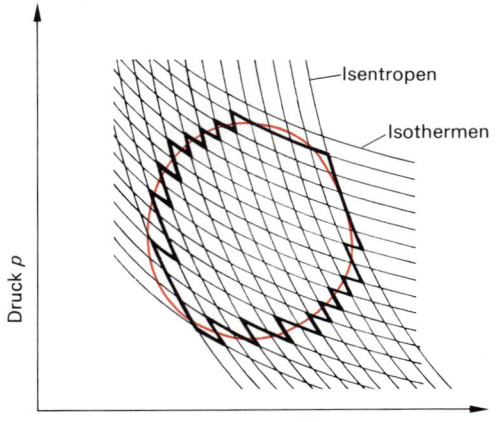

Bild 3-34. Ersatz eines beliebigen Kreisprozesses durch ein System von Carnot-Prozessen.

zeichnet. Offensichtlich ist die Summe der reduzierten Wärmen bei einem kompletten Umlauf eines reversiblen Carnot-Prozesses null. Wird ein beliebiger Kreisprozeß reversibel durchlaufen, dann kann er nach Bild 3-34 durch unendlich viele differentiell schmale Carnot-Prozesse ersetzt werden. Auch hierbei ist die Summe aller reduzierten Wärmen null:

$$\oint \frac{\delta Q_{rev}}{T} = 0 \, . \tag{3-83}$$

Der Index rev soll daran erinnern, daß die Prozeßführung reversibel sein muß.

Wenn die Größe $\dfrac{\delta Q_{rev}}{T}$ bei einem kompletten Umlauf keine Änderung erfährt, erfüllt sie die Voraussetzungen, die an eine Zustandsgröße gestellt werden. Diese Zustandsgröße bezeichnet man nach *Clausius* als *Entropie S*. Ihr Differential ist definiert als

---

$$dS = \frac{\delta Q_{rev}}{T} \, . \tag{3-84}$$

Die Maßeinheit der Entropie ist J/K. Der Nullpunkt kann willkürlich gewählt werden. Die Entropiedifferenz zwischen einem Ausgangszustand 1 und einem Endzustand 2 ist

---

$$\Delta S = S_2 - S_1 = \int_1^2 \frac{\delta Q_{rev}}{T} \, . \tag{3-85}$$

Die Entropieänderung ist als Differenz zweier Zustandsgrößen wegunabhängig. Zu ihrer Berechnung muß aber ein − wenigstens in Gedanken − realisierbarer reversibler Weg beschritten werden. Bei reversibel geführten adiabaten Zustandsänderungen ist $\delta Q_{rev} = 0$. Somit gibt es keine Änderung der Entropie ($S_1 = S_2$); die Zustandsänderung verläuft *isentrop*.

Die Entropieänderung bei einer Zustandsänderung eines idealen Gases läßt sich aus Gl. (3-84) mit Hilfe des ersten Hauptsatzes berechnen:

$$dS = \frac{\delta Q_{rev}}{T} = \frac{dU + p \, dV}{T}.$$

Mit Gl. (3-46) für die Änderung der inneren Energie ergibt sich daraus

$$dS = \nu \, C_{mv} \frac{dT}{T} + \frac{p}{T} \, dV.$$

Nach der Zustandsgleichung idealer Gase ist $p/T = \nu \, R_m / V$ und somit

$$dS = \nu \, C_{mv} \frac{dT}{T} + \nu \, R_m \frac{dV}{V}.$$

Wird die molare Wärmekapazität C_{mv} als konstant vorausgesetzt, kann integriert werden:

$$\Delta S = S_2 - S_1 = \nu \, C_{mv} \ln \frac{T_2}{T_1} + $$
$$+ \nu \, R_m \ln \frac{V_2}{V_1}. \qquad (3\text{-}86)$$

Nach Gl. (3-51) kann die innere Energie durch die Enthalpie ausgedrückt werden:

$$dU = dH - p \, dV - V \, dp.$$

Damit gilt

$$dS = \frac{dH - V \, dp}{T} = \nu \, C_{mp} \frac{dT}{T} - \nu \, R_m \frac{dp}{p}$$

und nach der Integration

$$\Delta S = S_2 - S_1 = \nu \, C_{mp} \ln \frac{T_2}{T_1} - \nu \, R_m \ln \frac{p_2}{p_1}. $$
$$(3\text{-}87)$$

Beispiel

3.3-7: In einem berühmt gewordenen Versuch ließ *Gay-Lussac* nach Bild 3-35 ein Gas aus einem Be-

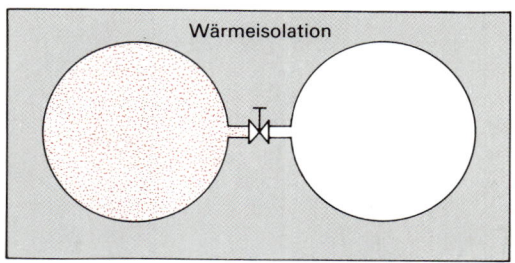

Bild 3-35. Zu Beispiel 3.3-7: Gay-Lussacscher Versuch.

hälter in einen zunächst evakuierten Rezipienten strömen. Die Anordnung war nach außen wärmeisoliert (adiabates System). *Gay-Lussac* fand, daß nach Erreichen des Gleichgewichtszustands die Temperatur des Gases nicht verändert war und schloß daraus, daß die innere Energie idealer Gase nicht vom Volumen abhängt. Wie groß ist die Entropieänderung bei dem geschilderten Vorgang?

Lösung: Obwohl die Ausströmung ins Vakuum ein hochgradig irreversibler Prozeß ist, läßt sich die Entropieänderung mit Hilfe eines reversiblen *Ersatzprozesses* berechnen. Ein denkbarer Ersatzprozeß ist die isotherme Expansion mit jeweils dem gleichen Anfangs- und Endzustand wie der tatsächliche Prozeß. Nach Gl. (3-86) gilt dann mit $T_1 = T_2$

$$\Delta S = S_2 - S_1 = \nu \, R_m \ln \frac{V_2}{V_1}.$$

Die Entropieänderung ist größer als null, weil $V_2 > V_1$ ist. Ist z. B. $\nu = 1$ mol und $V_2/V_1 = 2$, dann beträgt die Entropieänderung

$$\Delta S = 1 \, \text{mol} \cdot 8{,}314 \, \frac{J}{\text{mol K}} \cdot \ln 2 = 5{,}76 \, \frac{J}{K}.$$

Hat der Carnotsche Kreisprozeß irreversible Anteile (z. B. Reibungsarbeit oder Wärmeübertragung mit Temperaturgefälle zwischen Wärmebad und Gas), so ist der thermische Wirkungsgrad geringer als bei vollkommen reversibler Prozeßführung:

$$\eta_{th,irr} = \frac{Q_{12} + Q_{34}}{Q_{34}} < \eta_{th,rev} = \frac{T_3 - T_1}{T_3}.$$

Anstelle von Gl. (3-77) gilt dann

$$\frac{Q_{12}}{T_1} + \frac{Q_{34}}{T_3} < 0.$$

Für beliebige irreversible Kreisprozesse gilt entsprechend (im Gegensatz zu Gl. (3-83), die nur bei reversibler Prozeßführung gültig ist)

$$\oint \frac{\delta Q_{irr}}{T} < 0. \qquad (3\text{-}88)$$

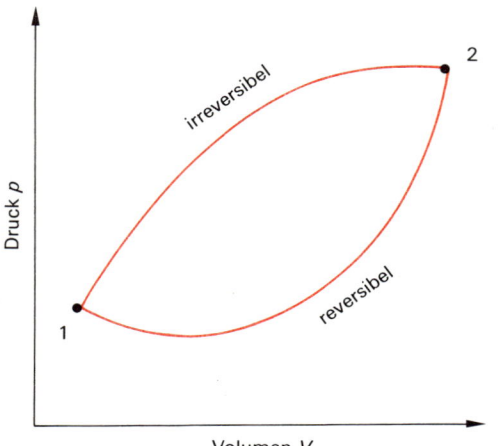

Bild 3-36. *Kreisprozeß mit reversiblem und irreversiblem Anteil.*

Nach Bild 3-36 sei jetzt ein Kreisprozeß betrachtet, der aus einem irreversiblen ($1 \rightarrow 2$) und einem reversiblen ($2 \rightarrow 1$) Weg besteht. Der Gesamtprozeß ist damit irreversibel, und nach Gl. (3-88) gilt

$$\oint \frac{\delta Q}{T} = \int_1^2 \frac{\delta Q_{\mathrm{irr}}}{T} + \int_2^1 \frac{\delta Q_{\mathrm{rev}}}{T} < 0 \, .$$

Mit Gl. (3-85) kann man schreiben

$$\int_1^2 \frac{\delta Q_{\mathrm{irr}}}{T} + S_1 - S_2 < 0 \, .$$

Betrachtet man insbesondere *adiabate* Systeme, bei denen keine Wärmeübertragung stattfindet ($\delta Q_{\mathrm{irr}} = 0$), dann gilt

$$S_2 - S_1 > 0 \qquad\qquad (3\text{-}89)$$

In einem adiabaten geschlossenen System sind irreversible Prozesse stets mit einem Anstieg der Entropie verknüpft. Bei reversibler Prozeßführung bleibt die Entropie konstant.

Mathematisch kann diese Aussage auch so formuliert werden:

$$\mathrm{d}S \geqq 0 \, . \qquad\qquad (3\text{-}90)$$

Das Gleichheitszeichen gilt für reversible, das Größer-als-Zeichen für irreversible Prozesse. Da in der Natur von selbst nur irreversible Prozesse ablaufen, gilt:

In einem adiabaten geschlossenen System können von selbst nur Vorgänge ablaufen, bei denen die Entropie ansteigt.

Ein Beispiel für den Entropieanstieg ist die Ausströmung eines Gases ins Vakuum (*Beispiel 3.3-11*). Ist ein System abgeschlossen, dann ist die innere Energie des Systems konstant, und die Entropie des Systems strebt einem Maximalwert zu, den sie im Gleichgewichtszustand erreicht hat.

Aus der Definitionsgleichung der Entropie $\mathrm{d}S = \delta Q_{\mathrm{rev}}/T$ folgt, daß in einem T, S-Diagramm die *reversibel* umgesetzte Wärmemenge als Fläche unter der Kurve einer Zustandsänderung abgelesen werden kann:

$$\delta Q_{\mathrm{rev}} = T \, \mathrm{d}S \quad \text{oder}$$

$$Q_{12,\,\mathrm{rev}} = \int_1^2 T \, \mathrm{d}S \, . \qquad\qquad (3\text{-}91)$$

Bild 3-37 zeigt das *Wärmeschaubild* des Carnot-Prozesses. Die zugeführte Wärme entspricht der Fläche unterhalb der Geraden 3−4, die abgegebene Wärme ist sichtbar als Fläche unterhalb der Geraden 1−2. Die Nutzarbeit entspricht wie beim p, V-Diagramm dem Flächeninhalt der umfahrenen Figur.

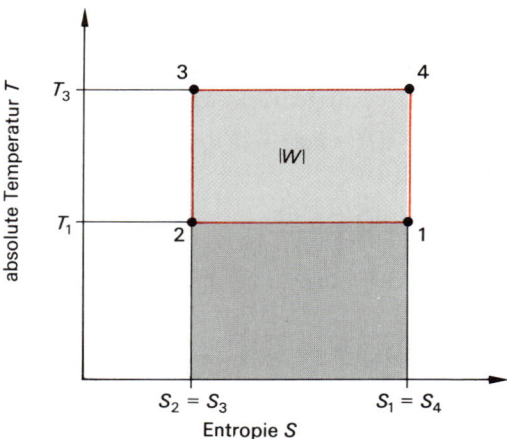

Bild 3-37. *T,S-Diagramm des Carnot-Prozesses.*
W Arbeit
1 bis 4 Zustandspunkte

3.3.6.4. Statistische Deutung der Entropie

Mit Hilfe statistischer Betrachtungen soll gezeigt werden, daß die Entropie in engem Zusammenhang steht zu der *Wahrscheinlichkeit*, mit der ein bestimmter Zustand realisiert werden kann.

Es sei zunächst ein Gefäß mit dem Volumen V betrachtet, in dem sich nur ein Gasmolekül befindet. Die Wahrscheinlichkeit, das Molekül bei einer Kontrolle im Volumen V anzutreffen, ist $P_1^1 = 1$, d.h., es ist — gemäß der Voraussetzung — mit Sicherheit darin. Denkt man sich jetzt das Gefäß halbiert, so ist die Wahrscheinlichkeit dafür, das Molekül bei einer Stichprobe im Teilvolumen $V_2 = \frac{1}{2} V_1$ zu finden, $P_1^{1/2} = \frac{1}{2}$. Wird das Volumen in drei gleiche Teile geteilt, dann ist die Wahrscheinlichkeit, daß das Volumen $V_3 = \frac{1}{3} V$ besetzt ist, $P_1^{1/3} = \frac{1}{3}$.

Dieses Gedankenspiel kann fortgesetzt werden bis zu einer n-fachen Unterteilung des Raumes. Die Wahrscheinlichkeit, das Molekül in einer Zelle vom Volumen $V_n = \frac{1}{n} V$ anzutreffen, ist dann $P_1^{1/n} = \frac{1}{n}$.

Befinden sich zwei Moleküle im Volumen V, dann ist die Wahrscheinlichkeit, beide gleichzeitig in derselben Zelle vom Volumen $V_n = \frac{1}{n} V$ anzutreffen, gleich dem Produkt der Einzelwahrscheinlichkeiten (Satz vom „sowohl als auch"):

$$P_2^{1/n} = P_1^{1/n} P_1^{1/n} = \left(\frac{1}{n}\right)^2.$$

Sind N Moleküle vorhanden, dann ist die Wahrscheinlichkeit dafür, daß sich alle im Volumen $V_n = \frac{1}{n} V$ aufhalten, gegeben durch

$$P_N^{1/n} = \left(\frac{1}{n}\right)^N = \left(\frac{V_n}{V}\right)^N.$$

Nach Bild 3-38 werden nun zwei an sich sehr unwahrscheinliche Zustände miteinander verglichen: N Moleküle sollen sich bei einer Stichprobe im Teilvolumen $V_3 = \frac{1}{3} V$ bzw. $V_2 = \frac{1}{2} V$ aufhalten. Das *thermodynamische Wahrscheinlichkeitsverhältnis* für die beiden Zustände ist

$$w = \frac{P_{II}}{P_I} = \left(\frac{V_2}{V_3}\right)^N.$$

Für ein Gas mit der Teilchenanzahl $N = 10^{22}$ ergibt sich die außerordentlich große Zahl

Zustand I: $P_I = \left(\dfrac{V_3}{V}\right)^N$

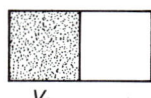

Zustand II: $P_{II} = \left(\dfrac{V_2}{V}\right)^N$

Bild 3-38. *Vergleich zwischen zwei thermodynamischen Zuständen.*

$w = 10^{1,76 \cdot 10^{22}}$. Um zu Zahlen vernünftiger Größenordnungen zu gelangen, bestimmt man den natürlichen Logarithmus des Wahrscheinlichkeitsverhältnisses:

$$\ln w = N \ln \left(\frac{V_2}{V_3}\right). \qquad (3\text{-}92)$$

Für das genannte Beispiel ergibt sich $\ln w = 4{,}05 \cdot 10^{21}$. Diese Größe steht in einem direkten Zusammenhang mit der Entropiedifferenz zwischen den Zuständen I und II. Die Änderung der Entropie vom Zustand I zum Zustand II kann mit Hilfe eines reversiblen Ersatzprozesses berechnet werden. Zu diesem Zweck wird das Gas in einem Zylinder mit verschiebbarem Kolben vom Ausgangsvolumen V_3 isotherm auf das Endvolumen V_2 entspannt. Die Entropieänderung ist nach Gl. (3-86)

$$\Delta S = S_{II} - S_I = v\, R_m \ln \left(\frac{V_2}{V_3}\right) = N\, k \ln \left(\frac{V_2}{V_3}\right).$$

Ein Vergleich mit Gl. (3-92) zeigt den von *Boltzmann* gefundenen Zusammenhang zwischen Entropieänderung und thermodynamischem Wahrscheinlichkeitsverhältnis:

$$\Delta S = k \ln w. \qquad (3\text{-}93)$$

Für die Entropie selbst gilt

$$S = k \ln P. \qquad (3\text{-}94)$$

Die Entropie eines Systems ist um so höher, je größer die Wahrscheinlichkeit ist, mit welcher der Zustand des Systems realisiert werden kann.

Beispiel

3.3-8: Wie groß ist die Wahrscheinlichkeit dafür, daß sich ein Stein mit der Masse $m = 1$ kg und der Temperatur $T = 300$ K spontan abkühlt und dafür um $h = 10$ cm in die Höhe springt?

Lösung:

Die Energiebilanz des Vorganges ist $\Delta E_{\text{pot}} = - \Delta U$ oder $m\,g\,h = - m\,c\,\Delta T$. Daraus folgt für die Temperaturabnahme $\Delta T = - g\,h/c$. Mit der spezifischen Wärmekapazität $c \approx 0,8$ kJ/kg K ergibt sich $\Delta T = - 1,2 \cdot 10^{-3}$ K. Die Temperaturänderung ist so minimal, daß der Vorgang näherungsweise als isotherm betrachtet werden kann. Die Entropieänderung kann durch folgenden Ersatzprozeß berechnet werden: Dem Stein wird reversibel die Wärme $\Delta Q_{\text{rev}} = - m\,g\,h$ bei der Temperatur T entzogen. Dann ist die Entropieänderung

$$\Delta S = \frac{\Delta Q_{\text{rev}}}{T} = - \frac{m\,g\,h}{T} = - 3,27 \cdot 10^{-3}\,\text{J/K}.$$

Die negative Entropieänderung besagt nach der klassischen Thermodynamik, daß der Vorgang nicht beobachtet wird. Statistisch besteht jedoch eine — wenn auch verschwindend kleine — Wahrscheinlichkeit dafür, daß der Vorgang eintritt. Das Wahrscheinlichkeitsverhältnis der beiden Zustände des Steins ist

$$w = \frac{P_2}{P_1} = e^{\Delta S/k} = e^{-2,37 \cdot 10^{20}} = 10^{-10^{20}}.$$

Füllt man in einen Behälter weißen Sand und schichtet darüber vorsichtig dunklen Sand, dann werden sich die beiden Sandsorten beim Schütteln des Gefäßes mischen. Dieser typisch irreversible Mischungsvorgang kann vom Standpunkt der Wahrscheinlichkeitsrechnung so interpretiert werden, daß das System vom unwahrscheinlichen Zustand hoher Ordnung in den wahrscheinlicheren Zustand großer Unordnung übergeht. Von selbst ablaufende Vorgänge gehen stets von geordneten Zuständen in Richtung größerer Unordnung. Da sie gleichzeitig mit einem Entropieanstieg verknüpft sind, folgt:

Die Entropie ist ein Maß für den Grad der Unordnung eines Systems.

Das Prinzip des Entropieanstiegs gilt nur für abgeschlossene Systeme, nicht aber für offene. Ist ein offenes System weit entfernt vom thermischen Gleichgewicht, so bewirken einerseits die Energiezufuhr oder auch der Zustrom neuer Stoffe und andererseits die Umwandlung im System in andere Energie- und Stofformen, daß sich im System ständig neue Lagen der Systemteile zueinander, neuartige Bewegungsabläufe oder neuartige Reaktionsabläufe bilden, an denen größere Bereiche des Systems beteiligt sind. Unter den sich kurzzeitig bildenden, miteinander konkurrierenden Strukturen (Moden) kommt es ab einem charakteristischen Schwellwert der Energie- oder Stoffzufuhr plötzlich zu makroskopisch wahrnehmbaren Ordnungszuständen. Durch Selbstorganisation setzen sich jene neuartigen Moden (Ordner) durch, die den anderen Systemteilen ihre Ordnung am erfolgreichsten aufprägen (Versklavung) und die höchsten Wachstumsraten haben. Aus der Unordnung (Chaos) entstehen also in offenen Systemen geordnete Strukturen. Welche Ordnungszustände sich unter gegebenen Randbedingungen bilden, ist Untersuchungsgegenstand der von H. HAKEN (* 1927) begründeten Lehre vom Zusammenwirken der Einzelteile offener Systeme, der *Synergetik.*

Zur Übung

Ü 3.3-12: Wie groß ist die Energie, die man mit einem Perpetuum mobile zweiter Art aus dem Meerwasser gewinnen könnte, wenn dieses um $\Delta \vartheta = 1\,°\text{C}$ abgekühlt würde? Die Masse des Meerwassers ist $m \approx 1,4 \cdot 10^{21}$ kg. Wie lange würde dieser Energievorrat reichen bei einem mittleren Leistungsbedarf der Menschheit von ungefähr $P = 13$ TW?

Ü 3.3-13: Stickstoff wird vom Normzustand p_n, T_n und $V_n = 1$ l a) isobar, b) isochor auf die Temperatur $T_1 = 500$ K erwärmt. Wie groß ist in beiden Fällen die Entropieänderung?

Ü 3.3-14: Welche Kurvenform hat eine Isochore im T, S-Diagramm? Wie sieht demnach das T, S-Diagramm des Stirling-Prozesses aus? Wie kann man zeigen, daß der thermische Wirkungsgrad des idealen Stirling-Prozesses mit funktionierender interner Wärmeübertragung mit dem des Carnot-Prozesses identisch ist?

Ü 3.3-15: Ein Teil aus Kupfer mit der Masse $m = 1$ kg und der Temperatur $\vartheta_1 = 10\,°\text{C}$ wird in Kontakt gebracht mit einem gleich schweren Kupferteil mit $\vartheta_2 = 30\,°\text{C}$. — a) Um welchen Betrag ändert sich die Entropie der beiden Körper beim Temperaturausgleich, wenn kein Wärmetransport zur Umgebung erfolgt? b) Wie groß ist die Wahrscheinlichkeit, daß der umgekehrte Vorgang von selbst abläuft?

3.3.7. Thermodynamische Potentiale

Der zweite Hauptsatz erlaubt Aussagen über die Richtung von selbst ablaufender Prozesse in adiabaten bzw. abgeschlossenen Systemen. Viele Prozesse, besonders *chemische Reaktionen*, laufen bei konstanter Temperatur ab. Hierbei kann die Richtung von selbst ablaufender Vorgänge mit der von *Helmholtz* eingeführten *freien Energie F* bestimmt werden:

$$F = U - TS. \tag{3-95}$$

Das totale Differential dieser Zustandsgröße ist $dF = dU - T\,dS - S\,dT$. Für isotherme Systeme gilt $dT = 0$ und $dF = dU - T\,dS$. Mit dem ersten Hauptsatz $dU = \delta Q_{rev} + \delta W_{rev}$ und der Definitionsgleichung (3-84) für die Entropie $T\,dS = \delta Q_{rev}$ folgt für reversible Prozesse $dF = \delta W_{rev}$ oder $-\delta W_{rev} = -dF$.

Die Arbeit, die ein isothermes System bei reversiblen Prozessen abgeben kann, entspricht der Abnahme der freien Energie. Bei irreversibler Prozeßführung ist die abgegebene Arbeit stets kleiner als bei reversibler Führung, also $-\delta W_{irr} < -\delta W_{rev}$. Damit gilt

$$-\delta W \leqq -dF. \tag{3-96}$$

Das Gleichheitszeichen gilt im Fall reversibler, das Kleiner-als-Zeichen bei irreversibler Prozeßführung.

> Der maximale Arbeitsbetrag, den ein isothermes System nach außen abgeben kann, ist gleich der Abnahme der freien Energie.

Nimmt beispielsweise bei einer isothermen chemischen Reaktion die innere Energie von U_1 auf U_2 ab, dann kann nicht die ganze Differenz ΔU als Arbeit nach außen abgegeben werden, sondern nur der Anteil der freien Energie $\Delta F = \Delta U - T\,\Delta S$. Der Teilbetrag $T\,\Delta S$, die *gebundene Energie*, wird in Wärme umgesetzt. Es wird ausdrücklich darauf hingewiesen, daß unter „Arbeit" in diesem Fall nicht nur die Volumenänderungsarbeit $\delta W_v = -p\,dV$, sondern auch jede andere Form von Arbeit $\delta W'$ (z.B. elektrische Arbeit bei elektrochemischen Reaktionen und Oberflächenarbeit) verstanden wird: $\delta W = \delta W_v + \delta W'$.

Wird das Volumen eines Systems konstant gehalten, dann ist $\delta W_v = 0$, und aus Gl. (3-96) folgt $-\delta W' \leqq -dF$ oder $dF - \delta W' \leqq 0$.

Bei spontan ablaufenden Reaktionen wird Nutzarbeit abgegeben, d.h. $-\delta W' \geqq 0$. Für die freie Energie folgt daraus

$$dF \leqq 0. \tag{3-97}$$

> In einem isotherm-isochoren System verlaufen reversible Vorgänge bei konstanter freier Energie, irreversible Prozesse unter Abnahme der freien Energie. Im Gleichgewicht hat die freie Energie ein Minimum.

Somit ist auch die Richtung chemischer Reaktionen aufgezeigt: In isotherm-isochoren Systemen verlaufen chemische Reaktionen spontan, wenn die freie Energie der Reaktionspartner nach der Reaktion geringer ist als vorher.

Die freie Energie gehört zu den *thermodynamischen Potentialen*. Wie in der Mechanik die Komponenten einer Kraft durch Differentiation des Potentials nach den Koordinaten ermittelt werden können, besteht in der Thermodynamik die Möglichkeit, alle Zustandsgrößen durch Differentiation aus thermodynamischen Potentialen zu gewinnen. Für die freie Energie gilt

$$dF = dU - T\,dS - S\,dT.$$

Mit dem ersten und zweiten Hauptsatz

$$dU = \delta Q - p\,dV = T\,dS - p\,dV$$

folgt

$$dF = -p\,dV - S\,dT. \tag{1}$$

Das totale Differential der Funktion $F(V, T)$ kann geschrieben werden

$$dF = \left(\frac{\partial F}{\partial V}\right)_T dV + \left(\frac{\partial F}{\partial T}\right)_V dT. \tag{2}$$

Aus dem Vergleich der Beziehungen (1) und (2) folgt

$$p = -\left(\frac{\partial F}{\partial V}\right)_T \quad \text{und} \tag{3-98}$$

$$S = -\left(\frac{\partial F}{\partial T}\right)_V. \tag{3-99}$$

Ist ein thermodynamisches Potential als Funktion seiner natürlichen Variablen bekannt, so kann man durch reine Differentiationsprozesse andere thermodynamische Potentiale oder Zustandsgrößen gewinnen. Auf diese Weise werden beispielsweise Dampftafeln berechnet.

Ein weiteres thermodynamisches Potential ist die *freie Enthalpie G* oder *Gibbssches Potential* (J. W. GIBBS, 1839 bis 1903):

$$G = H - TS = U + pV - TS. \qquad (3\text{-}100)$$

Für das totale Differential der Zustandsgröße $G(p, T)$ gilt

$$dG = dU + p\,dV + V\,dp - T\,dS - S\,dT.$$

Mit $dU + p\,dV = \delta Q = T\,dS$ folgt $dG = V\,dp - S\,dT$. Durch Vergleich mit

$$dG = \left(\frac{\partial G}{\partial p}\right)_T dp + \left(\frac{\partial G}{\partial T}\right)_p dT$$

ergeben sich

$$V = \left(\frac{\partial G}{\partial p}\right)_T \quad \text{und} \qquad (3\text{-}101)$$

$$S = -\left(\frac{\partial G}{\partial T}\right)_p. \qquad (3\text{-}102)$$

Die freie Enthalpie hat eine ähnliche Bedeutung wie die freie Energie. In einem isotherm-isobaren System gilt

$$dG \leqq 0. \qquad (3\text{-}103)$$

Das Gleichheitszeichen gilt für reversible, das Kleiner-als-Zeichen für irreversible Vorgänge.

In isotherm-isobaren Systemen strebt die freie Enthalpie ein Minimum an, das sie im Gleichgewichtszustand erreicht hat.

3.3.8. Dritter Hauptsatz der Thermodynamik

Durch experimentelle Untersuchungen fand *Nernst* (W. NERNST, 1864 bis 1941) im Jahr 1906, daß die Entropie fester Körper am absoluten Temperaturnullpunkt nicht von der Kristallmodifikation abhängt. So hat z. B.

weißes und graues Zinn bei $T = 0$ dieselbe Entropie: $S_{\text{weiß}}(0) = S_{\text{grau}}(0)$.

Bei Annäherung eines homogenen Systems an den absoluten Nullpunkt ist im Gleichgewicht die molare Entropie unabhängig von thermodynamischen Parametern (z. B. Druck, Volumen, Kristallstruktur, Magnetfeld) und nimmt einen konstanten Wert S_{mo} an. Dieser *Nernstsche Wärmesatz* wurde von *Planck* erweitert, der die Entropie am absoluten Nullpunkt null setzte:

$$S_0 = 0 \quad \text{für} \quad T = 0. \qquad (3\text{-}104)$$

Die Entropie reiner Stoffe ist am absoluten Temperaturnullpunkt null.

Diese Festlegung der Entropie durch den *dritten Hauptsatz* ist im Einklang mit der statistischen Deutung der Entropie. Der Gleichgewichtszustand am absoluten Nullpunkt zeichnet sich durch maximale Ordnung aus. Die Unordnung und damit die Entropie sind null.

Der dritte Hauptsatz ist nur gültig für reine Stoffe. Mischkristalle haben bei $T = 0$ eine endliche Entropie. Außerdem müssen die Systeme im thermodynamischen Gleichgewicht sein. Dies ist z. B. bei Gläsern nicht der Fall. Gläser haben auch bei $T = 0$ noch eine Unordnung, demnach ist $S_0 > 0$. Der Übergang in eine geordnete kristalline Phase findet nicht statt, weil bei tiefen Temperaturen die Reaktionsgeschwindigkeiten vernachlässigbar klein werden.

Die Entropie eines Systems kann nach dem dritten Hauptsatz absolut berechnet werden

$$S(T) = \int_0^T \frac{\delta Q_{\text{rev}}}{T} = m \int_0^T \frac{c(T)}{T}\,dT. \qquad (3\text{-}105)$$

Die Entropie bleibt nur dann endlich, wenn die spezifische Wärmekapazität $c(T)$ mit abnehmender Temperatur hinreichend schnell gegen null geht. Dies ist in der Tat der Fall: Für die festen Körper gilt bei tiefen Temperaturen das *Debyesche T^3-Gesetz* $c(T) = \text{konst} \cdot T^3$ (Abschn. 9.3.1.2).

Aus dem dritten Hauptsatz folgt auch, daß der thermische Ausdehnungskoeffizient $(\partial V/\partial T)_\mathrm{p}$ und der Druckkoeffizient $(\partial p/\partial T)_\mathrm{V}$ bei Annäherung an den absoluten Nullpunkt null werden.

In Abschn. 3.3.5 ist erwähnt, daß ein Carnot-Prozeß, bei dem die tiefe Temperatur $T_1 = 0$ ist, einen thermischen Wirkungsgrad von $\eta_\mathrm{th} = 1$ hat. Bei einem reversiblen Carnot-Prozeß (Bild 3-24) gilt nach dem zweiten Hauptsatz für das Kreisintegral der Entropie

$$\oint \mathrm{d}S = S_{12} + S_{23} + S_{34} + S_{41} = 0 \,.$$

Nun ist $S_{23} = S_{41} = 0$ wegen isentroper Prozeßführung. Nach dem dritten Hauptsatz ist $S_{12} = 0$ für $T_1 = 0$. Also gilt $\oint S = S_{34} = 0$. Die Entropieänderung während der isothermen Expansion von 3 nach 4 ist aber nach Gl. (3-85)

$$S_{34} = \frac{Q_{34}}{T_3} > 0 \,.$$

Der Widerspruch löst sich nur, wenn die tiefe Temperatur $T_1 > 0$ gesetzt wird. Daraus folgt:

> Der absolute Temperaturnullpunkt läßt sich nicht erreichen.

Der dritte Hauptsatz wird deshalb gelegentlich auch als *Satz von der Unerreichbarkeit des absoluten Nullpunkts* bezeichnet.

3.4. Zustandsänderungen realer Gase ✕

Sind die Wechselwirkungen zwischen den Gasmolekülen – beispielsweise in der Nähe von Phasenumwandlungen – nicht mehr zu vernachlässigen, so handelt es sich um *reale Gase*. Mit der allgemeinen Zustandsgleichung idealer Gase (Abschn. 3.1.5) läßt sich die Dichte ϱ aus der absoluten Temperatur T und dem Druck p ableiten: $pV = mR_\mathrm{i}T$ ergibt wegen $\varrho = m/V$

$$\varrho = \frac{p}{R_\mathrm{i}T} \qquad (3\text{-}106)$$

mit R_i als der spezifischen Gaskonstante. Für reale Gase mit molekularen Wechselwirkungen wird die Zustandsgleichung mit dem *Realgasfaktor Z* korrigiert:

$$\varrho = \frac{p}{ZR_\mathrm{i}T} \,. \qquad (3\text{-}107)$$

Bild 3-39 zeigt den Verlauf der Realgasfaktoren Z von Luft in Abhängigkeit vom Druck p (von 0 bis 300 bar).

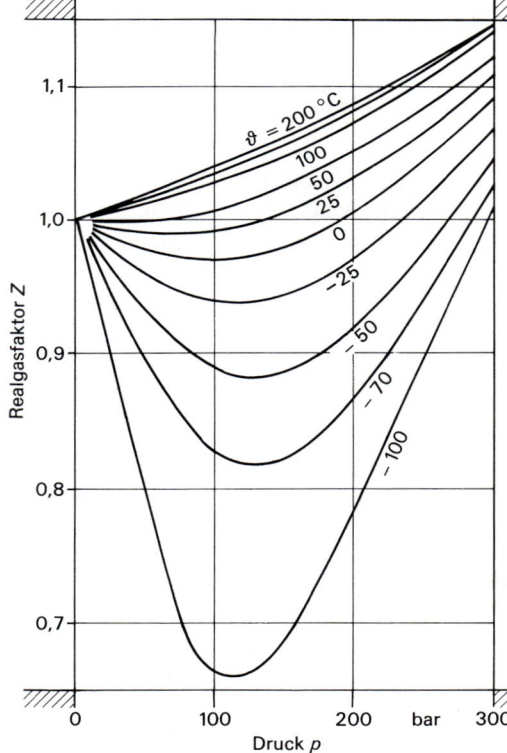

Bild 3-39. *Realgasfaktor Z von Luft.*

Die Dichte von Gasgemischen ϱ_G errechnet sich aus den jeweiligen Dichten $\varrho_1, \varrho_2, \ldots \varrho_\mathrm{n}$ und deren prozentualen Volumenanteilen:

$$\varrho_\mathrm{G} = \frac{\sum \varrho_\mathrm{i} V_\mathrm{i}}{V} \,. \qquad (3\text{-}108)$$

3.4.1. Van-der-Waalssche Zustandsgleichung

Die für ideale Gase abgeleiteten Gesetze vernachlässigen zwei Einflußgrößen, die bei hohen Drücken und tiefen Temperaturen besonders deutlich in Erscheinung treten, nämlich

– die zwischen den Gasmolekülen stattfindenden Anziehungskräfte (*Kohäsion*) und
– das Eigenvolumen der Gase (*Kovolumen*).

J. D. VAN DER WAALS (1837 bis 1923) hat den Druck und das Volumen in der allgemeinen Gasgleichung dementsprechend korrigiert. Die van-der-Waalssche Zustandsgleichung lautet mit molaren Größen

$$\left(p + \frac{a}{V_m^2}\right)(V_m - b) = R_m T. \qquad (3\text{-}109)$$

Darin sind V_m das Molvolumen und a sowie b gasspezifische Materialkonstanten.

Den Korrekturterm a/V_m^2 nennt man *Binnendruck*. Er berücksichtigt die Wirkung der zwischenmolekularen Anziehungskräfte (*Van-der-Waals-Kräfte*, Abschn. 9.1.1.1), die Kohäsionskräfte zwischen den Flüssigkeitsmolekülen, die auch für die Oberflächenspannung verantwortlich sind (Abschn. 2.3.2.3.1, Bild 2-98). Im Innern der Gasphase heben sich die zwischenmolekularen Kräfte zwar auf, an den Grenzflächen (z. B. einer Gasoberfläche) aber weisen sie eine resultierende Kraft in Richtung des Gasinneren auf. Dadurch erhöht sich der Innendruck im Gas (Binnendruck); das Korrekturglied ist deshalb positiv. Der Binnendruck p_{bi} ist proportional zur Dichte der anziehenden Teilchen und zur Dichte der stoßenden Umgebungsteilchen. Insgesamt ist also der Binnendruck proportional zum Quadrat der Dichte: $p_{bi} \sim \varrho^2$, oder wegen $\varrho \sim 1/V_m$ ist $p_{bi} \sim 1/V_m^2$.

Der Faktor b berücksichtigt das Wechselwirkungsvolumen der Molekülkräfte, das *van-der-Waalssche Kovolumen;* es entspricht etwa dem vierfachen Eigenvolumen des Moleküls. Die van-der-Waalssche Zustandsgleichung stellt für konstante Temperaturen (Isothermen) im p, V-Diagramm eine Funktion dritten Grades dar. Bild 3-40 zeigt den Verlauf der Isothermen für Kohlendioxid (CO_2). Unterhalb der Isothermen für die *kritische Temperatur* T_k

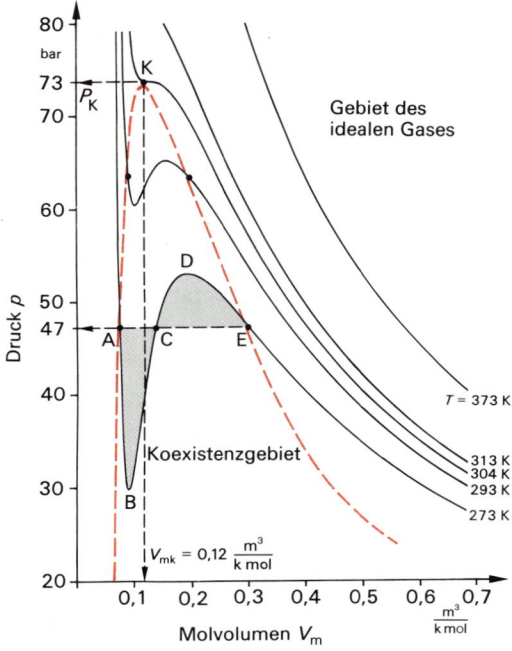

Bild 3-40.   Verlauf der Isothermen für Kohlendioxid im p, V-Diagramm.

(für CO_2 ist $T_k = 304,2$ K) weisen die Isothermen mit abnehmendem Molvolumen ein Druckmaximum und ein Druckminimum auf. Dies widerspricht jedoch der experimentellen Erfahrung: Mit fallendem Volumen durchläuft der Druck nicht die Kurve EDCBA (Isotherme 273 K), sondern verläuft horizontal längs der Geraden ECA. Dies liegt daran, daß bei realen Gasen ab dem Punkt E eine *Verflüssigung* eintritt, die am Punkt A abgeschlossen ist. Der bei weiterer Komprimierung erfolgende steile Druckanstieg rührt von der im Vergleich zu Gasen sehr kleinen Kompressibilität von Flüssigkeiten her.

Der Druck p_E in Bild 3-40, bei dem eine Verflüssigung einsetzt, ist der Dampfdruck. Nach dem ersten Hauptsatz der Thermodynamik (Abschn. 3.3.6) müssen die Flächeninhalte über der Linie CDE und unter der Linie ABC gleich sein. Werden für jede Isotherme jeweils die Punkte E der beginnenden Verflüssigung des Gases und jeweils die Punkte A des Endes der Verflüssigung miteinander verbunden, so ergibt sich ein Bereich, innerhalb dessen eine Umwandlung von der gasförmigen Phase in die flüssige stattfindet (rot umgrenzte Zone in Bild 3-40). Links von diesem Gebiet liegt nur die flüssige und rechts nur die gasförmige Phase vor. Im *Koexistenzgebiet* sind beide Phasen vorhanden. Bei *Wasser* heißen diese Gebiete: *überhitzter Dampf* (rein gasförmiger Zustand), *trocken gesättigter Dampf* (Grenzkurve) und *Naßdampf* (innerhalb des Verflüssigungsgebiets). Der höchste Dampfdruckpunkt ist der *kritische Punkt K*. Die zugehörige Temperatur ist die kritische Temperatur T_k. Sie ist der Wendepunkt der entsprechenden Isotherme. Die zugehörigen Werte sind der *kritische Druck* p_k (für CO_2 ist $p_k = 7,38$ MPa) und das *kritische Volumen* V_k (für CO_2 ist $V_{mk} = 0,1275$ m³/kmol). Oberhalb des Punktes K ist eine Verflüssigung durch alleinige Komprimierung (kleineres Volumen und höherer Druck) nicht möglich. Tabelle 3-10 enthält die kritischen Werte für Temperatur und Druck sowie die *van-der-Waalsschen Konstanten* a und b für einige ausgewählte Stoffe.

Da der kritische Punkt K einen Wendepunkt mit waagrechter Tangente darstellt, können die drei kritischen Werte von Gasen (T_k, p_k

und V_k) durch folgende drei Bestimmungsgleichungen errechnet werden: $p = f(V)$ (van-der-Waalssche Zustandsgleichung für die Isotherme $T = T_k$), $(\partial p / \partial V)_{T_k} = 0$ (waagrechte Tangente) und $(\partial^2 p / \partial V^2)_{T_k} = 0$ (Wendepunkt). Aus $(\partial p / \partial V)_{T_k} = 0$ und $(\partial^2 p / \partial V^2)_{T_k} = 0$ folgen

$$V_{mk} = 3\,b \quad \text{und} \tag{3-110}$$

$$T_k = \frac{8\,a}{27\,b\,R_m}. \tag{3-111}$$

Werden diese beiden Gleichungen in die van der Waalssche Zustandsgleichung (3-109) eingesetzt, ergibt sich

$$p_k = \frac{a}{27\,b^2}. \tag{3-112}$$

Aus der Kombination aller drei Gleichungen erhält man

$$\frac{p_k\,V_{mk}}{T_k} = \frac{3}{8}\,R_m. \tag{3-113}$$

Tabelle 3-10. Kritische Temperatur T_k, kritischer Druck p_k sowie van-der-Waalssche Konstanten a und b verschiedener Stoffe.

Stoff	T_k in K	p_k in MPa	a in $10^5\ \dfrac{\text{N m}^4}{\text{kmol}^2}$	b in $10^{-2}\ \dfrac{\text{m}^3}{\text{kmol}}$
Elemente				
Wasserstoff (H_2)	33,240	1,296	0,2486	2,666
Helium (He)	5,2010	0,2275	0,0347	2,376
Stickstoff (N_2)	126,20	3,400	1,366	3,858
Sauerstoff (O_2)	154,576	5,043	1,382	3,186
Luft	132,507	3,766	1,360	3,657
anorganische Verbindungen				
Chlor (Cl_2)	417	7,70	6,59	5,63
Wasser (H_2O)	647,30	22,120	5,5242	3,041
Ammoniak (NH_3)	405,6	11,30	4,246	3,730
Kohlendioxid (CO_2)	304,2	7,3825	3,656	4,282
organische Verbindungen				
Methan (CH_4)	190,56	4,5950	2,3047	4,310
Propan (C_3H_8)	370	4,26	9,37	9,03
Butan (C_4H_{10})	425,18	3,796	13,89	11,64

Bei dem Vergleich mit dem Wert des Real-gasfaktors Z (Gl. (3-107)) ergibt sich für den kritischen Punkt

$$Z_k = \frac{p_k V_{mk}}{R_m T_k} = \frac{3}{8}. \qquad (3\text{-}114)$$

Wenn die allgemeine Gasgleichung für ideale Gase am kritischen Punkt gültig wäre, müßte $Z_k = 1$ sein. Der Realgasfaktor Z gibt also den Grad der Abweichung von der allgemeinen Gasgleichung an (Bild 3-39).

Sind zwei der kritischen Werte p_k, V_{mk} und T_k bekannt, dann können die *van-der Waalsschen Konstanten* a und b errechnet werden:

$$b = \frac{V_{mk}}{3} = \frac{R_m T_k}{8 p_k}, \qquad (3\text{-}115)$$

$$a = 3 p_k V_{mk}^2 = 27 b^2 p_k. \qquad (3\text{-}116)$$

Beispiel

3.4-1: Für Kohlendioxid (CO_2) gilt am kritischen Punkt $T_k = 304{,}2$ K und $p_k = 7{,}38$ MPa. Es sollen hieraus die van-der-Waalsschen Konstanten a und b berechnet werden.

Lösung:

Nach Gl. (3-115) gilt

$$b = \frac{R_m T_k}{8 p_k} = 0{,}0428 \ \text{m}^3/\text{kmol},$$

nach Gl. (3-116) gilt

$$a = 27 b^2 p_k = 3{,}66 \cdot 10^5 \ \frac{\text{N m}^4}{\text{kmol}^2}.$$

3.4.2. Gasverflüssigung (Joule-Thomson-Effekt)

Bei einem realen Gas ist wegen der zwischen-molekularen Wechselwirkungen und des Ei-genvolumens der Moleküle die innere Energie U volumen- und druckabhängig. Wird ein *reales Gas adiabat* (ohne Wärmeübertragung) und ohne Arbeitsverrichtung (*Drosselung*) entspannt, so kühlt es sich im Gegensatz zum idealen Gas ab. Zur Überwindung der zwischenmolekularen Anziehungskräfte muß näm-lich Energie aufgewendet werden, die aus dem Vorrat der inneren Energie U entnom-

men wird. Dieser Effekt wird *Joule-Thomson-Effekt* genannt (J. P. JOULE, 1818 bis 1889, und W. THOMSON, 1824 bis 1907). Die druck-bezogenen Temperaturdifferenzen betragen beispielsweise für Luft $\Delta T/\Delta p = 2{,}5$ K/MPa und für Kohlendioxid $\Delta T/\Delta p = 7{,}5$ K/MPa. Die Luftverflüssigung gelang erstmalig *Linde* (C. V. LINDE, 1842 bis 1934) im Jahr 1876.

Genaue Rechnungen ergeben, daß der *Joule-Thomson-Effekt* auch zu einer Erwärmung führen kann. Oberhalb der *Inversionstempera-tur* T_i erwärmt sich ein Gas, und unterhalb dieser kühlt es sich ab. Näherungsweise ist

$$T_i \approx \frac{2 a}{R_m b}. \qquad (3\text{-}117)$$

Da für die kritische Temperatur eines realen Gases nach Gl. (3-111) $T_k = 8 a/(27 b R_m)$ gilt, ist die Inversionstemperatur

$$T_i \approx 6{,}75 \, T_k. \qquad (3\text{-}118)$$

Weil für Luft, Stickstoff, Sauerstoff und Koh-lendioxid die Inversionstemperatur T_i weit oberhalb der Raumtemperatur liegt, kühlen sich diese Gase nach dem *Joule-Thomson-Effekt* ab, während sich Wasserstoff bei Raumtemperatur ($T_k = 33{,}3$ K) erwärmt. Des-halb wird Wasserstoff zwecks Verflüssigung erst mit flüssigem Stickstoff vorgekühlt.

In Bild 3-41 sind einige technisch bedeutsame Temperaturen und die entsprechenden physi-kalischen Effekte zusammengestellt. Zwecks Untersuchung von Werkstoffen bei tiefen Temperaturen kühlt man die Proben mit flüs-siger Luft ($T = 79$ K) oder flüssigem Stickstoff ($T = 77$ K) ab. Zur Untersuchung des supra-leitenden Zustandes (Abschn. 9.2.3) kühlt man meist mit flüssigem Helium ($T = 4{,}2$ K bis 0,83 K). Um tiefere Temperaturen, die durch den *Joule-Thomson-Effekt* nicht mehr erreicht werden, zu erhalten, müssen *para-magnetische Salze* adiabat entmagnetisiert werden. Infolge der während der Entmagneti-sierung zunehmenden Unordnung der magne-tischen Struktur wird – analog zum Ver-dampfungsprozeß – dem Stoff Wärme entzo-gen, so daß eine Abkühlung eintritt (z.B. Cäsium-Titan-Alaun, $T = 0{,}0034$ K). Nach die-sem *magnetokalorischen Effekt* werden Tem-peraturen bis $T = 10^{-2}$ K erzeugt. Noch tie-

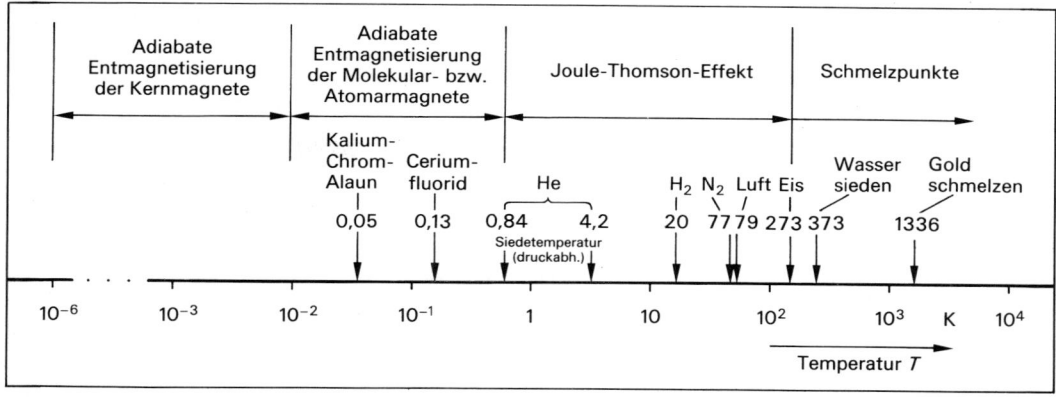

Bild 3-41.   Physikalische Effekte und einige technisch bedeutsame Temperaturen.

fere Temperaturen (bis $T = 10^{-6}$ K) kann man durch *Entmagnetisierung von Atomkernen* erreichen.

3.4.3. Phasenumwandlungen

Eine *Phase* ist ein räumlich abgegrenztes Gebiet eines Stoffes mit gleichen physikalischen Eigenschaften. Der Begriff Phase kann sowohl auf die drei *Aggregatzustände der Materie* (fest, flüssig, gasförmig), als auch auf die verschiedenen Modifikationen desselben Stoffs (z. B. α- und γ-Eisen) angewandt werden. Die unterschiedlichen chemischen Bestandteile werden *Komponenten* genannt und zweckmäßigerweise durch eine chemische Strukturformel angegeben.

Bild 3-42 zeigt die möglichen Phasenübergänge für die drei Aggregatzustände fest, flüssig und gasförmig unter Berücksichtigung von Modifikationsänderungen innerhalb des festen Zustands. Allen Phasenübergängen ist gemeinsam, daß Wärme zu- bzw. abgeführt werden muß, ohne daß eine Temperaturänderung eintritt. Diese Wärme wird deshalb als *latente Wärme* bezeichnet. Wird beispielsweise der Phasenübergang von fest nach flüssig betrachtet, dann dient die zugeführte Wärme der Aufbrechung des Festkörpergitters. Die bei konstantem Druck und konstanter Temperatur zugeführte Wärme erhöht die Enthalpie der Substanz: $H_{\text{flüssig}} = H_{\text{fest}} + \Delta H_S$. ΔH_S wird als *Schmelz-*

von \ nach	fest	flüssig	gasförmig
fest	Modifikations-änderung (Modifikations-enthalpie ΔH_M)	Schmelzen (Schmelzenthalpie ΔH_S)	Sublimieren (Sublimationsenthalpie $\Delta H_{Sub} = \Delta H_S + \Delta H_V$)
flüssig	Erstarren (Erstarrungs-enthalpie $- \Delta H_S$)	—	Sieden (Verdampfungs-enthalpie ΔH_V)
gasförmig	Desublimieren (Desublimations-enthalpie $- \Delta H_{sub} = - \Delta H_S - \Delta H_V$)	Kondensieren (Kondensations-enthalpie $- \Delta H_V$)	—

Bild 3-42.   Phasenübergänge und zugehörige Enthalpien (Einstoffsystem).

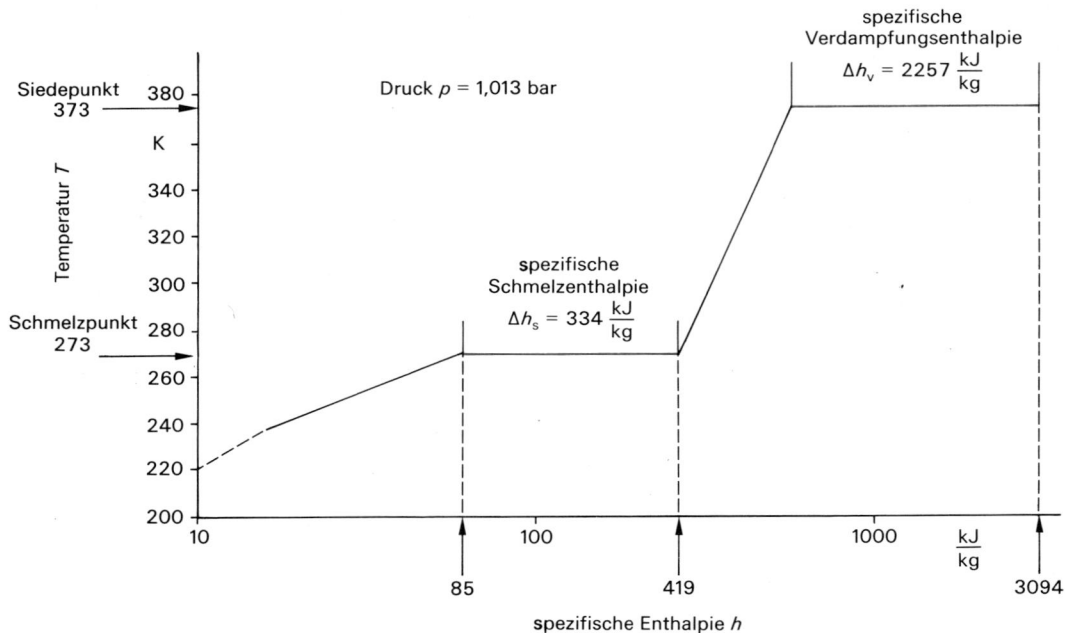

Bild 3-43.   Temperaturverlauf der spezifischen Enthalpie von Wasser.

Tabelle 3-11. Schmelz- bzw. Verdampfungstemperatur ϑ sowie spezifische Schmelzenthalpie Δh_S und spezifische Verdampfungsenthalpie Δh_V verschiedener Stoffe beim Druck $p_n = 1013$ hPa.

Stoff	Schmelzen		Verdampfen	
	ϑ in °C	Δh_S in kJ/kg	ϑ in °C	Δh_V in kJ/kg
Elemente				
Wasserstoff (H_2)	− 259,15	58,6	− 252,75	461
Helium (He)	− 270,7	3,52	− 268,94	20,9
Stickstoff (N_2)	− 209,85	25,75	− 195,75	201
Sauerstoff (O_2)	− 218,75	13,82	− 182,95	214
Luft	− 213		− 192,3	197
anorganische Verbindungen				
Chlor (Cl_2)	− 100,95	90,4	− 34,45	289
Wasser (H_2O)	0,00	335	100,00	2257
Ammoniak (NH_3)	− 80	339	− 33,45	1369
Kohlendioxid (CO_2)	− 56,55	184	− 78,45	574
organische Verbindungen				
Methan (CH_4)	− 182,45	58,6	− 161,45	510
Propan (C_3H_8)	− 187,65	80,0	− 42,05	426
Butan (C_4H_{10})	− 138,35	77,5	− 0,65	386

enthalpie bezeichnet. Sie wird bei der Erstarrung wieder frei ($-\Delta H_S$). Beim Übergang vom festen in den gasförmigen Zustand muß die Summe aus Schmelzenthalpie ΔH_S und Verdampfungsenthalpie ΔH_V als Sublimationsenthalpie $\Delta H_{sub} = \Delta H_S + \Delta H_V$ zugeführt werden.

Bild 3-43 zeigt den Temperaturverlauf als Funktion der zugeführten spezifischen Enthalpie für Wasser vom Aggregatzustand fest (Eis) bis gasförmig (Wasserdampf). In Tabelle 3-11 sind die Schmelz- bzw. Siedepunkte sowie die spezifischen Schmelz- bzw. Verdampfungsenthalpien zusammengestellt (die Siedepunkte und Verdampfungsenthalpien beziehen sich auf den Normdruck $p_n = 1{,}013 \cdot 10^5$ Pa).

3.4.3.1. Thermodynamisches Gleichgewicht

Ein physikalisches System befindet sich im Gleichgewicht, wenn sein physikalischer Zustand gleich bleibt. Es gibt *stabile*, *labile* und *indifferente Gleichgewichte*, je nachdem, ob eine äußere Störung das System zum Gleichgewichtszustand zurücktreibt, forttreibt oder keinen Einfluß zeigt. In der *Mechanik* (Abschn. 2.9.3) liegt bei einem stabilen Gleichgewicht ein *Minimum der potentiellen Energie* vor.

Unterschiede in der potentiellen Energie (Gradient des mechanischen Potentials) sind die treibenden Kräfte, die im Minimum verschwinden. In der Wärmelehre können je nach Systemzustand fünf Gleichgewichtsforderungen auftreten (Abschn. 3.3.7). Sie sind in Bild 3-44 zusammengestellt:

- *Maximum der Entropie S*
  für ein abgeschlossenes System ohne Materie- und Energieaustausch;

- *Minimum der freien Enthalpie G*
  für ein isobar-isothermes System;

- *Minimum der freien Energie F*
  für ein isochor-isothermes System;

- *Minimum der Enthalpie H*
  für ein isobar-adiabates System sowie

- *Minimum der inneren Energie U*
  für ein isochor-adiabates System.

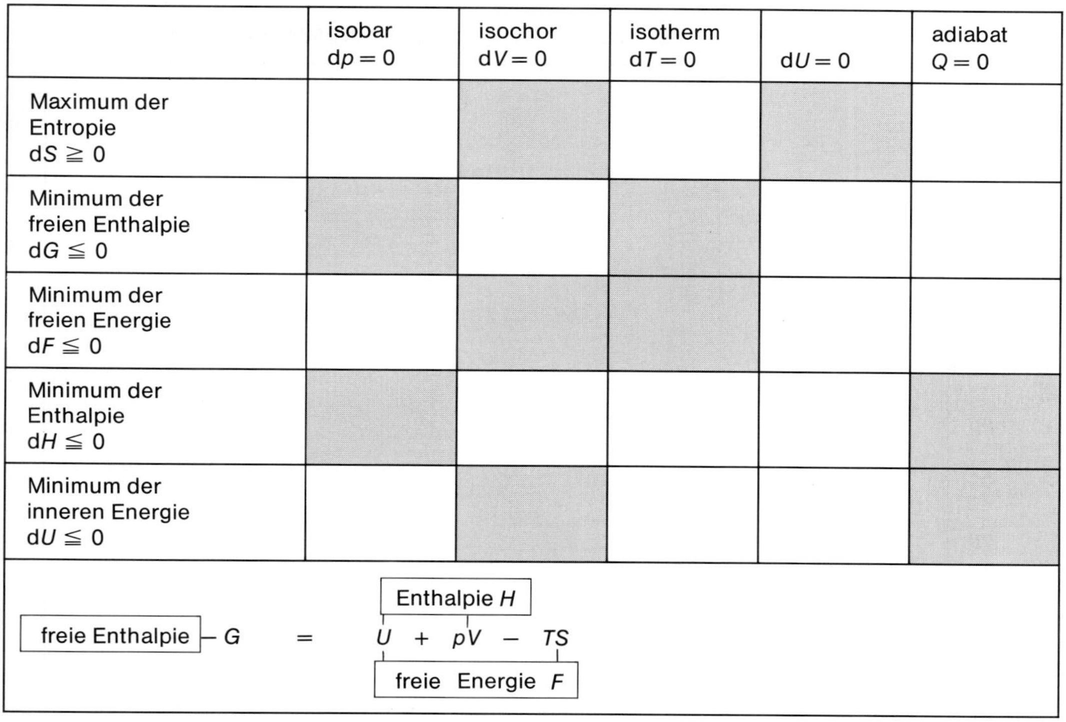

	isobar $dp = 0$	isochor $dV = 0$	isotherm $dT = 0$	$dU = 0$	adiabat $Q = 0$
Maximum der Entropie $dS \geqq 0$					
Minimum der freien Enthalpie $dG \leqq 0$					
Minimum der freien Energie $dF \leqq 0$					
Minimum der Enthalpie $dH \leqq 0$					
Minimum der inneren Energie $dU \leqq 0$					

$$\text{freie Enthalpie} - G = U + pV - TS$$

Enthalpie H

freie Energie F

Bild 3-44. Gleichgewichtsbedingungen für die verschiedenen thermodynamischen Zustände.

Chemische Reaktionen, die isobar und isotherm spontan ablaufen, haben alle eine negative molare freie Enthalpie ΔG_m. Dabei kann entweder Wärme frei werden ($\Delta H < 0$), oder der Endzustand der Reaktion weist eine sehr viel höhere Entropie auf ($\Delta S = (\Delta H - \Delta G)/T < 0$).

3.4.3.2. Gleichgewicht zwischen flüssiger und gasförmiger Phase

Analog zur *Maxwellschen Geschwindigkeitsverteilung* in Gasen (Abschn. 3.2.3) gibt es auch in Flüssigkeiten eine temperaturabhängige Verteilungsfunktion. Es ist immer eine bestimmte Anzahl von Teilchen vorhanden, deren Geschwindigkeit und somit deren kinetische Energie groß genug ist, um gegen die Kohäsionskräfte der Nachbarteilchen die Flüssigkeitsoberfläche zu durchstoßen.

Betrachtet sei ein Gefäß, in dem sich eine Flüssigkeit befindet. Wird der Gasraum evakuiert, so steigt der Dampfdruck so lange, bis sich ein Gleichgewicht zwischen der Verdampfungs- und der Kondensationsrate einstellt. Dann liegt ein gesättigter Dampf vor, und der zugehörige Dampfdruck heißt *Sättigungsdampfdruck* p_s. Er ist unabhängig vom Volumen, da sich bei Vergrößerung bzw. bei Verkleinerung des Volumens entsprechend mehr Dampf bildet bzw. kondensiert. Auch das Einbringen von Körpern oder anderen Gasmolekülen beeinflußt also den Sättigungsdampfdruck nicht. Für die Dampfdrücke eines Gasgemischs (*Partialdrücke*) gilt deshalb das *Daltonsche Gesetz* (J. DALTON, 1766 bis 1844):

Der gesamte Druck eines Gasgemisches ist gleich der Summe der Partialdrücke:

$$p_{ges} = \sum_{i=1}^{n} p_i . \qquad (3\text{-}119)$$

Der Sättigungsdampfdruck steigt mit zunehmender Temperatur, da zusätzlich Flüssigkeit verdampft, und nimmt ab mit fallender Tem-

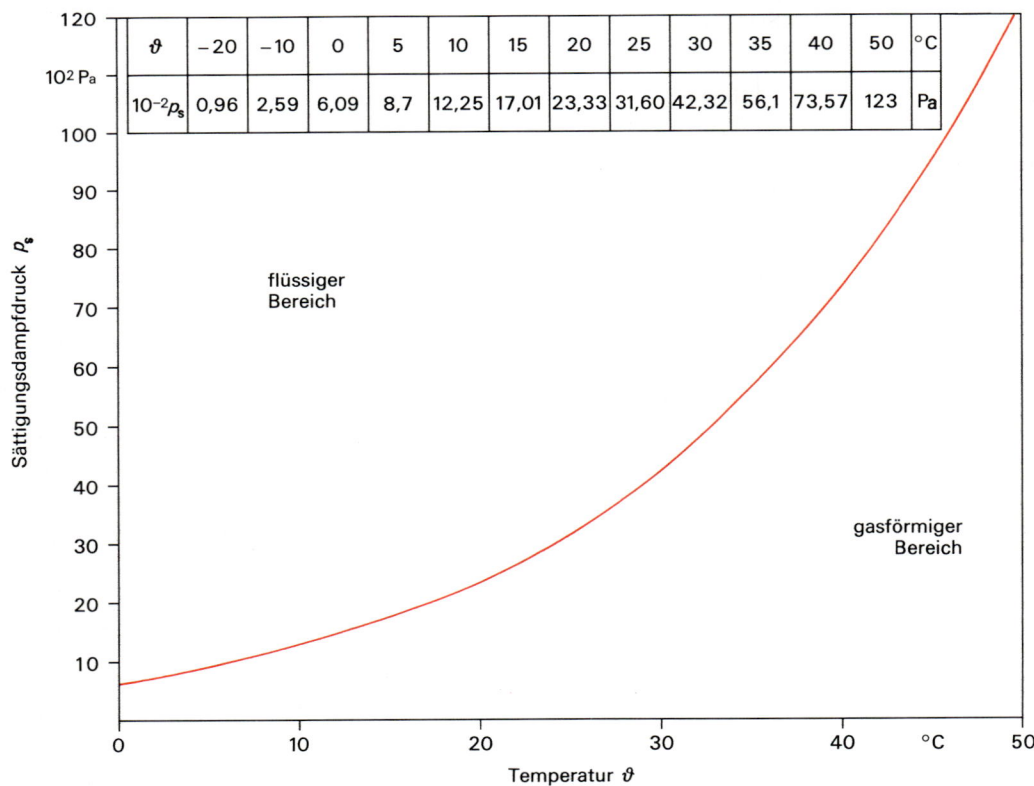

ϑ	-20	-10	0	5	10	15	20	25	30	35	40	50	°C
$10^{-2}p_s$	0,96	2,59	6,09	8,7	12,25	17,01	23,33	31,60	42,32	56,1	73,57	123	Pa

Bild 3-45.   Verlauf des Sättigungsdampfdrucks p_s von Wasser in Abhängigkeit von der Temperatur.

peratur, weil Dampf kondensiert. Bild 3-45 zeigt den Verlauf des Sättigungsdampfdruckes p_s von Wasser in Abhängigkeit von der Temperatur. Diese *Dampfdruckkurve* beschreibt die für das Gleichgewicht zwischen flüssiger und gasförmiger Phase maßgebenden Wertepaare von Sättigungsdampfdruck p_s und Temperatur.

Die Dampfdruckkurve wird durch den Boltzmann-Faktor (Gl. (3-31)) beschrieben:

$$p_s \sim e^{-\frac{\Delta E}{kT}} . \qquad (3-120)$$

ΔE ist die Energie, die benötigt wird, um vom flüssigen in den gasförmigen Zustand zu gelangen.

Der Verlauf der Dampfdruckkurve kann genauer berechnet werden. Hierbei geht man davon aus, daß mit einem Mol verdampfender Flüssigkeit ein *Carnotscher Kreisprozeß* (Abschn. 3.3.5) durchlaufen wird. Wie Bild 3-46 zeigt, wird die Flüssigkeit auf dem Weg $3-4$ bei der Temperatur $T + dT$ und dem Sättigungsdruck $p_s + dp_s$ durch Zufuhr der molaren Verdampfungsenthalpie ΔH_{mv} verdampft. Auf dem Weg $1-2$ erfolgt bei der Temperatur T und dem Dampfdruck p_s eine Kondensation. Zunächst liegt das Volumen V_m^D in gasförmigem Zustand vor, am Ende ist das Volumen V_m^{Fl} flüssig. (Die adiabaten Teilstücke $4-1$ und $2-3$ sind infinitesimal klein und daher bedeutungslos.) Die in diesem Diagramm verrichtete Arbeit ist $-dW = (V_m^D - V_m^{Fl}) dp_s$. Nach Gl. (3-75) und (3-76) läßt sich der thermische Wirkungsgrad des Carnotschen Kreisprozesses ermitteln aus

$$\eta_{th} = \frac{dT}{T} = \frac{(V_m^D - V_m^{Fl}) \, dp_s}{\Delta H_{mv}} .$$

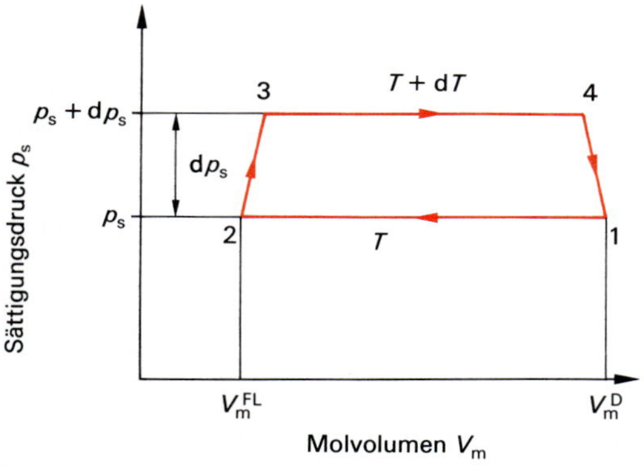

Bild 3-46. Carnotscher Kreisprozeß für eine verdampfende und kondensierende Flüssigkeit.

Daraus ergibt sich als Steigung der Dampfdruckkurve die *Clausius-Clapeyronsche-Gleichung* (R. E. CLAUSIUS, 1822 bis 1888, und B. P. E. CLAPEYRON, 1799 bis 1864):

$$\frac{dp_s}{dT} = \frac{\Delta H_{mv}}{(V_m^D - V_m^{Fl}) \, T} . \qquad (3-121)$$

Da das Molvolumen des Dampfes V_m^D stets größer ist als das der Flüssigkeit V_m^{Fl}, ist die Steigung positiv, d.h., der Sättigungsdampfdruck steigt — wie erwartet — mit zunehmender Temperatur. Wird das Molvolumen der Flüssigkeit V_m^{Fl} vernachlässigt und der gesättigte Dampf als ideales Gas betrachtet ($V_m^D = R_m T/p_s$), dann gilt

$$\frac{dp_s}{dT} = \frac{\Delta H_{mv} \, p_s}{R_m T^2} \quad \text{oder}$$

$$\frac{dp_s}{p_s} = \frac{\Delta H_{mv}}{R_m} \frac{dT}{T^2} .$$

Nach Integration erhält man

$$\ln\left(\frac{p_s}{p_{s0}}\right) = -\frac{\Delta H_{mv}}{R_m T} + c . \qquad (3-122)$$

Dies entspricht dem Boltzmann-Faktor (Gl. (3-120)).

Die Dampfdruckkurve läßt sich unter Berücksichtigung der Temperaturabhängigkeit der Verdampfungsenthalpie für viele Substanzen in folgender Form darstellen:

$$\ln\left(\frac{p_s}{p_{s0}}\right) = -\frac{a}{T} - b \ln T/T_0 + c . \qquad (3-123)$$

a, b und c sind materialabhängige Konstanten. Die Dampfdruckkurve endet bei hohen Temperaturen am kritischen Punkt.

Ist der Dampfdruck einer Flüssigkeit gleich dem auf der Flüssigkeit wirkenden Druck eines anderen Gases (z.B. Luft auf Wasser), so bilden sich auch im Innern der Flüssigkeit Dampfblasen; die Flüssigkeit siedet. Wird der auf der Flüssigkeitsoberfläche liegende Druck erhöht, dann steigt der Siedepunkt. Dieser Effekt wird bei einem Dampfkochtopf ausgenützt. Wird der Druck erniedrigt, so fällt der Siedepunkt, so daß beispielsweise Wasser in großen Höhen deutlich unterhalb $\vartheta = 100\,°C$ kocht. Die Temperaturabhängigkeit des Siedepunkts wird aus der Dampfdruckkurve (Bild 3-45) erkennbar.

Eine Verdampfung in offener Umgebung ist eine *Verdunstung*. Da der Dampf ständig wegtransportiert wird, kann sich kein Phasengleichgewicht bilden, so daß große Mengen Flüssigkeit verdunsten können. Die aufzuwendende Verdampfungswärme wird zum Teil der Flüssigkeit entzogen, die sich deshalb abkühlt (*Verdunstungskälte*).

3.4.3.3. Gleichgewicht zwischen fester und flüssiger Phase

Auch zwischen flüssiger und fester Phase besteht ein Gleichgewicht. Die Schmelztemperatur ist wie bei der Phasenumwandlung flüssig−gasförmig nach der *Clausius-Clapeyronschen Gleichung* vom Druck abhängig. Diese *Schmelzdruckkurve* beschreibt die für das Gleichgewicht zwischen fester und flüssiger Phase maßgebenden Wertepaare von Schmelzdruck p_f und Temperatur T:

$$\frac{\mathrm{d}p_f}{\mathrm{d}T} = \frac{\Delta H_{ms}}{(V_m^{Fl} - V_m^{Fest})\, T}. \qquad (3\text{-}124)$$

Hierbei ist ΔH_{ms} die molare Schmelzenthalpie, V_m^{Fl} bzw. V_m^{Fest} das Molvolumen der flüssigen bzw. festen Substanz und T die Schmelztemperatur. Die Volumenänderung $V_m^{Fl} - V_m^{Fest}$ beim Übergang vom festen in den flüssigen Zustand ist wesentlich geringer als vom gasförmigen in den flüssigen Zustand. Deshalb zeigen die Schmelzdruckkurven einen steileren Anstieg als die Dampfdruckkurven (Bild 3-47). In den meisten Fällen ist das Volumen des festen Körpers V_m^{Fest} kleiner als das Flüssigkeitsvolumen V_m^{Fl}, so daß die Schmelzdruckkurve mit zunehmender Temperatur steigt. Bei Wasser dagegen ist das Eisvolumen größer als das Flüssigkeitsvolumen (*Anomalie des Wassers*). Dann wird nach Gl. (3-124) die Steigung der Schmelzdruckkurve $\mathrm{d}p_f/\mathrm{d}T$ negativ. Dies hat zur Folge, daß die Schmelztemperatur mit zunehmendem Druck sinkt, so daß Eis bei gleichbleibender Temperatur durch Druckerhöhung schmilzt. Dieser Effekt macht Eissportarten, z. B. Schlittschuhlaufen, möglich: Infolge des Drucks schmilzt das Eis; wird der Druck weggenommen, dann gefriert der Wasserfilm wieder.

Der Übergang vom festen in den gasförmigen Aggregatzustand (*Sublimieren*) findet bei entsprechend niedrigen Drücken und Temperaturen statt. Diesen Vorgang kann man bei Normaldruck bei Kohlensäureschnee (Trockeneis) beobachten.

3.4.3.4. Koexistenz dreier Phasen

Der Verlauf der Phasengrenzen zwischen den drei Aggregatzuständen fest, flüssig und gasförmig in Abhängigkeit von Druck, Temperatur und Volumen wird durch ein Zustandsdiagramm beschrieben. Bild 3-47a zeigt dieses dreidimensionale „Gebirge", Bild 3-47b das p, T-Zustandsdiagramm und Bild 3-47c das p, T-Zustandsdiagramm für Kohlendioxid. Besonders wichtig sind die Gleichgewichtsgebiete (Koexistenzgebiete). Die grauen Flächen in Bild 3-47a zeigen die Gleichgewichtsgebiete zwischen Festkörper und Flüssigkeit (1), Flüssigkeit und Gas (2) sowie Festkörper und Gas (3). Außerdem ist der kritische Punkt K ersichtlich. Das Flüssigkeitsgebiet wird oberhalb des kritischen Drucks p_k durch die *kritische Isotherme* T_k gegen das Gasgebiet abgegrenzt (gestrichelte rote Linie in Bild 3-47). Die Begrenzungshyperbel am rechten Bildrand gibt den Übergang zum idealen Gas an. Am kritischen Punkt K für Kohlendioxid betragen die Werte für die Zustandsgrößen $p_k = 75$ bar und $T_k = 304{,}2$ K. An der Sublimationsdruckkurve von Kohlendioxid läßt sich der Vorgang der Sublimation bei Normaldruck zeigen. für den Normdruck $p_n = 1{,}013$ bar ergibt sich im Gleichgewicht aus der Sublimationsdruckkurve die Temperatur $T = 195$ K ($\vartheta = -78\,°C$). Bei dieser Temperatur findet ein direkter Übergang vom festen in den gasförmigen Zustand statt (Sublimation). Im p, T-Zustandsdiagramm gibt es einen einzigen Punkt Tr, in dem die feste, flüssige und gasförmige Phase im Gleichgewicht stehen. Er wird *Tripelpunkt* genannt. Die Koexistenz von drei Phasen tritt nur bei einer wohldefinierten Temperatur auf, weshalb der Tripelpunkt zur Temperaturdefinition geeignet ist. Der Tripelpunkt des Wassers ist der Fundamentalpunkt für die Temperaturskala nach Kelvin. Er liegt bei der Temperatur $T_{Tr} = 273{,}16$ K, der Druck beträgt $p_{Tr} = 612$ Pa. Für Kohlendioxid betragen die Werte $T_{Tr} = 216{,}6$ K und $p_{Tr} = 0{,}52$ MPa (Bild 3-47c).

Befinden sich in einem Gefäß mehrere Phasen, dann sind die Zustandsvariablen Druck

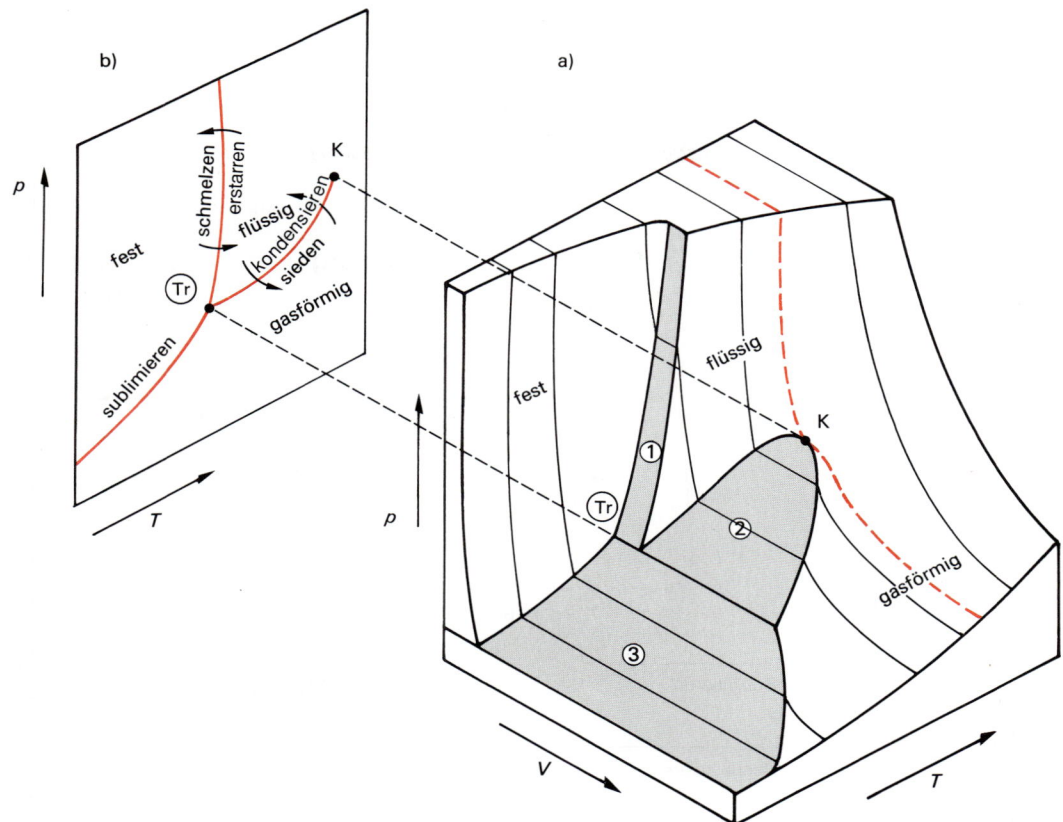

Bild 3-47. *Zustandsdiagramm. a) Dreidimensionales p,V,T-Diagramm (schematisch), b) zweidimensionales p,T-Diagramm (schematisch).*
p Druck, V Volumen, T absolute Temperatur, Tr Tripelpunkt, K kritischer Punkt, 1, 2, 3 Gleichgewichtsgebiete

und Temperatur nicht voneinander unabhängig.

Die Anzahl der *Freiheitsgrade f*, d.h. die Anzahl der physikalischen Zustandsgrößen, die frei variiert werden können, sind durch die *Gibbssche Phasenregel* gegeben:

$$f = k + 2 - P. \qquad (3\text{-}125)$$

Es bedeuten hierbei k die Anzahl der unabhängigen chemischen Komponenten und P die Anzahl der Phasen. Für reines Wasser ist $k = 1$. Liegt nur eine Phase vor (z.B. die Gasphase), dann ist $P = 1$, und es gibt $f = 2$ Freiheitsgrade. Dies bedeutet, daß die Temperatur und der Druck unabhängig voneinander variieren können. Liegen aber zwei

Phasen gleichzeitig vor (z.B. entlang der Dampfdruckkurve), so gibt es nur noch einen Freiheitsgrad ($f = 1$); beispielsweise ist dann nur die Temperatur unabhängig variierbar. Im Tripelpunkt liegen alle drei Phasen nebeneinander vor ($P = 3$). In diesem Fall gibt es keinen Freiheitsgrad mehr ($f = 0$), d.h., die physikalischen Zustandsgrößen Druck p und Temperatur T sind festgelegt.

3.4.4. Dämpfe und Luftfeuchtigkeit

Die Berechnung und Auslegung von Luftzuständen (*Konditionierung*) ist ein wichtiges Arbeitsfeld der *Klimatechnik* und Luft das technisch wichtigste Dampf-Gas-Gemisch. Wenn in der Luft Wasserdampf enthalten ist,

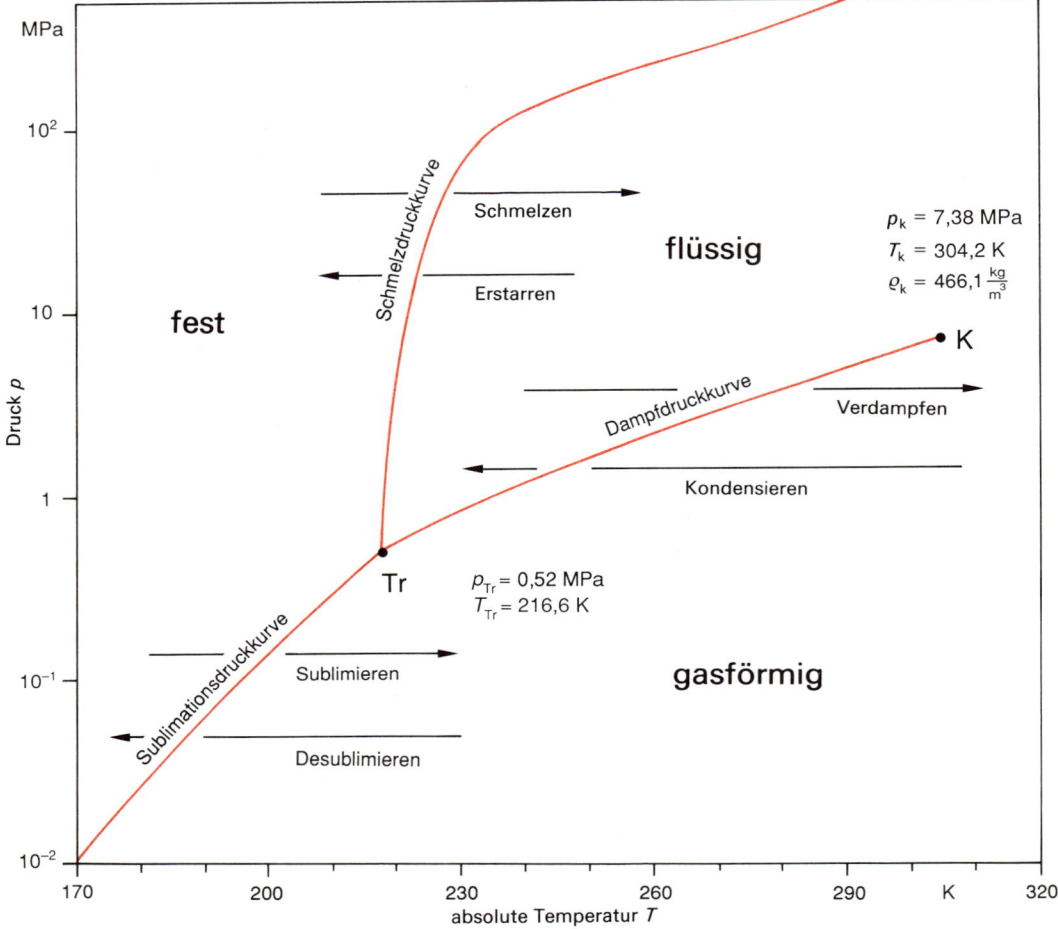

Bild 3-47c. p, T-Diagramm für Kohlendioxid.

liegt feuchte Luft vor. Die Aufgabe der Klimatechnik besteht darin, Luftmassen zu befeuchten oder zu trocknen. Nach Bild 3-48 gibt es hierfür drei Möglichkeiten:

– *Mischung von Luftmassen*,
– *Wärmezu- bzw. -abfuhr* und
– *Wasserzu- bzw. -abfuhr*.

Diese Konditionierungskonzepte für Luft werden beispielsweise zur Lösung folgender Aufgaben eingesetzt:

– Auslegung von stationären Klimaanlagen,
– Auslegung der Klimatisierung von Verkehrsmitteln (*air condition* in Bussen und Flugzeugen) sowie
– Auslegung von Produktionshallen zur Kunststoffverarbeitung. (Einige Kunststoffe geben

nach zu feuchter Verarbeitung Wasser ab. Dann schrumpft das Kunststoffteil, es ist nicht mehr maßhaltig.)

Die zahlenmäßigen Angaben in den folgenden Gleichungen sind auf den Normdruck ($p_n = 1,013 \cdot 10^5$ Pa) bezogen und für den in der Klimatechnik üblichen Temperaturbereich zwischen $\vartheta = -10\,°C$ und $\vartheta = +40\,°C$ näherungsweise gültig.

Druck der feuchten Luft

Der Druck p_{FL} der feuchten Luft wird unmittelbar an einem Barometer abgelesen (Abschn. 2.11.2.1) und setzt sich nach dem *Daltonschen Gesetz* aus der Summe der Partialdrücke (Druck der trockenen Luft p_{TL} und Druck des Wasserdampfes p_D) zusammen: $p_{FL} = p_{TL} + p_D$.

technische Lösung \ Aufgaben	Befeuchten	Trocknen
Mischung von Luftmassen	Zufuhr feuchter Luft	Zufuhr trockener Luft
Wärmezu- bzw. -abfuhr	Temperatur- absenkung	Temperatur- erhöhung
Wasserzu- bzw. -abfuhr	Wasserzufuhr (durch Einsprühen)	Wasserentzug (durch Abkühlen unter Taupunkt)

Bild 3-48. Aufgaben der Klimatechnik und ihre technische Realisierung.

Absolute Luftfeuchtigkeit

Die *absolute Luftfeuchtigkeit* φ_a ist der Quotient aus der Masse des in der Luft enthaltenen Wasserdampfes m_D und dem Volumen der feuchten Luft V_{FL}:

$$\varphi_a = \frac{m_D}{V_{FL}}. \qquad (3\text{-}126)$$

Relative Luftfeuchtigkeit

Die *relative Luftfeuchtigkeit* φ ist der Quotient aus dem Partialdruck des Wasserdampfes p_D und dem Sättigungsdampfdruck des Wasserdampfes p_s (bei der jeweiligen Temperatur):

$$\varphi = \frac{p_D}{p_s}. \qquad (3\text{-}127)$$

(Der Wert wird manchmal noch mit 100 multipliziert, und die relative Luftfeuchtigkeit φ in Prozent angegeben.) Je nachdem, ob die relative Luftfeuchtigkeit $\varphi < 1$, $\varphi = 1$ oder $\varphi > 1$ ist, ist die Luft ungesättigt, gesättigt oder übersättigt.

Physikalische Effekte, die stark abhängig von der Feuchtigkeit sind, dienen zur Messung und Regelung der relativen Luftfeuchtigkeit. Früher wurde vorwiegend die Längenänderung hygroskopischer Stoffe zur Messung herangezogen. In Feuchtesensoren modernerer Art nutzt man die Änderung von elektrischen Eigenschaften (z.B. *Widerstands-* oder *Kapazitätshygrometer*), die vom Sättigungsgrad der Luft abhängige Abkühlung befeuchteter Thermometer (*Aspirationspsychrometer*) oder

das Beschlagen abgekühlter Spiegel (*Taupunktsspiegel*) zur Feuchtemessung.

Die fortlaufende Messung der Temperatur und der relativen Luftfeuchtigkeit ist für die Überwachung von technischen und baulichen Anlagen von Bedeutung (z.B. Telefonzentralen oder Kunstausstellungen). Sie kann mit *Thermo-Hygrographen* gemäß Bild 3-49 erfolgen.

Bild 3-49. Thermo-Hydrograph. Werkphoto: Lufft

Feuchtegrad

Unter dem Feuchtegrad x versteht man den Quotienten aus der Masse des Wasserdampfes m_D und der Masse der trockenen Luft m_{TL}:

$$x = \frac{m_D}{m_{TL}}. \qquad (3\text{-}128)$$

Der Feuchtegrad kann mit der allgemeinen Gasgleichung $pV = mR_i T$ in Druckverhältnisse umgerechnet werden; dabei ist für trockene Luft $R_{iTL} = 287$ J/kg K und für Wasserdampf $R_{iD} = 462$ J/kg K zu setzen.

Dichte der feuchten Luft

Die Dichte der feuchten Luft ϱ_{FL} setzt sich aus der Dichte der trockenen Luft ϱ_{TL} und des Dampfes ϱ_D zusammen: $\varrho_{FL} = \varrho_{TL} + \varrho_D$. Wird das allgemeine Gasgesetz verwendet, so ist $\varrho_{TL} = p_{TL}/R_{iTL}\, T$ und $\varrho_D = p_D/R_{iD}\, T$. Nach dem *Daltonschen Gesetz* (Gl. (3-119)) ist $p_{TL} = p_{FL} - p_D$, so daß sich für die Dichte der feuchten Luft ergibt

$$\varrho_{FL} = \frac{1}{T} \left(\frac{p_{FL} - p_D}{R_{iTL}} + \frac{p_D}{R_{iD}} \right). \qquad (3\text{-}129)$$

Da R_{iD} größer als R_{iTL} ist, ergibt sich nach Gl. (3-129), daß feuchte Luft leichter ist als trockene.

Spezifische Enthalpie feuchter Luft

Die *spezifische Enthalpie* ($h = H/m$ [kJ/kg]) der feuchten Luft h_{FL} ist die Summe aus der spezifischen Enthalpie der trockenen Luft h_{TL} und der mit dem Feuchtegrad x multiplizierter spezifischen Enthalpie des Wasserdampfes h_D, also

$$h_{FL} = h_{TL} + x\, h_D. \qquad (3\text{-}130)$$

Setzt man für $T_0 = 273,15$ K die Enthalpie willkürlich gleich null, dann gilt nach Gl. (3-52) für die spezifische Enthalpie der trockenen Luft $h_{TL} = c_{pTL}\,(T - T_0)$ und für die des Wasserdampfes unter Berücksichtigung der spezifischen Verdampfungsenthalpie Δh_V des Wassers $h_D = c_{pD}\,(T - T_0) + \Delta h_V$.
Für klimatechnische Berechnungen geeigneter ist das *Mollier-Diagramm* (R. MOLLIER, 1863 bis 1935), eine graphische Darstellung der Zusammenhänge von Gl. (3-128) bis (3-130) zwischen der Temperatur ϑ der spezifischen En-

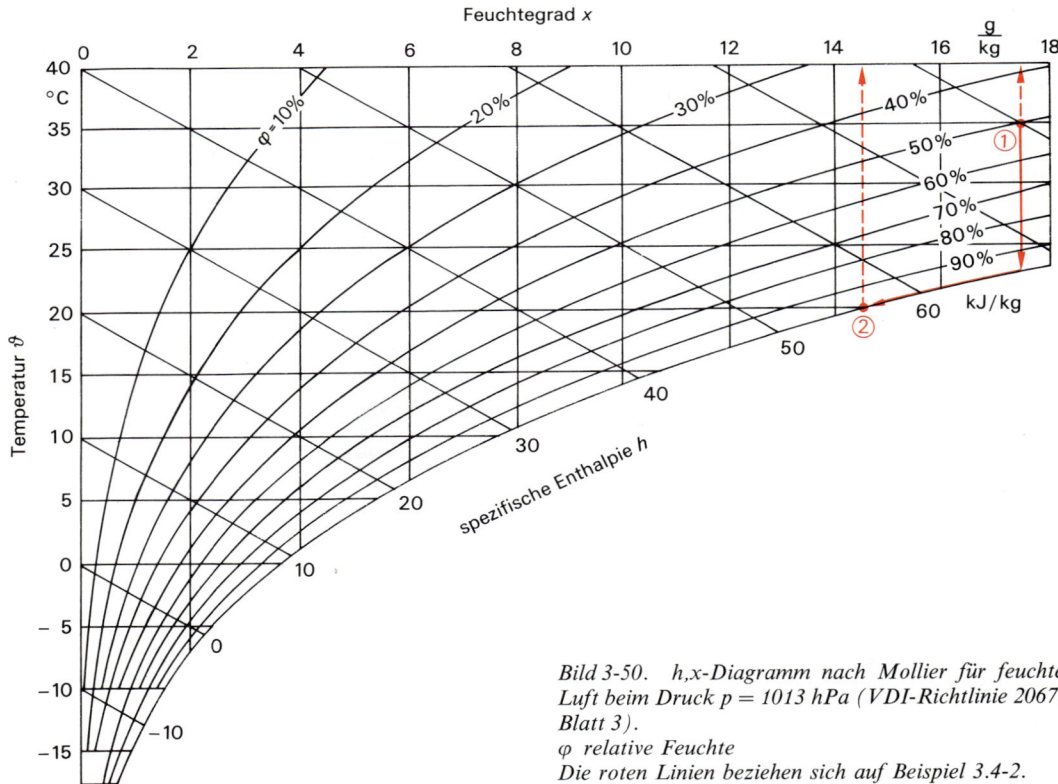

Bild 3-50. h,x-Diagramm nach Mollier für feuchte Luft beim Druck p = 1013 hPa (VDI-Richtlinie 2067, Blatt 3).
φ relative Feuchte
Die roten Linien beziehen sich auf Beispiel 3.4-2.

thalpie h der feuchten Luft, der relativen Luftfeuchtigkeit φ und dem Feuchtegrad x. Üblicherweise erstellt man das Mollier-Diagramm für Normaldruck gemäß Bild 3-50.

Beispiel

3.4-2: Gegeben sind $m = 50\ kg$ feuchte Luft vom Umgebungsdruck $p = 1{,}013 \cdot 10^5\ Pa$ mit einer Temperatur $\vartheta = 35\ °C$ und einer relativen Luftfeuchtigkeit $\varphi_1 = 0{,}5$ (50%). Berechnet werden soll die Wärmemenge, die dieser Luftmasse zu entziehen ist, um als neuen Luftzustand eine Temperatur $\vartheta_2 = 20\ °C$ bei einer relativen Luftfeuchtigkeit von $\varphi = 1$ (100%) zu erzielen. Ferner soll bestimmt werden, welche Kondenswassermenge hierbei anfällt.

Lösung:

In Bild 3-50 ist dieser Vorgang rot eingezeichnet. Der Luftzustand 1 hat einen Feuchtegrad von $x_1 = 17{,}5\ g/kg$ und eine spezifische Enthalpie von $h_1 = 80\ kJ/kg$. Da der Feuchtegrad sich bis zur relativen Luftfeuchtigkeit von $\varphi = 100\%$ nicht ändert, wird im h, x-Diagramm eine senkrechte Wegstrecke zurückgelegt. Entlang der Sättigungslinie verläuft der Prozeß weiter bis zum Zustand 2. Dieser hat einen Feuchtegrad $x_2 = 14{,}6\ g/kg$ und eine spezifische Enthalpie $h_2 = 57\ kJ/kg$. Daraus läßt sich die Kondenswassermenge $\Delta m_{H_2O} = \Delta x\ m$ berechnen, wobei $\Delta x = x_1 - x_2 = 2{,}9\ g/kg$ ist. Somit errechnet sich $\Delta m_{H_2O} = 2{,}9 \cdot 50\ g = 145\ g$ Kondenswasser. Für die abgeführte Wärmemenge gilt

$$\Delta H = (h_2 - h_1)\ m = -23\ \frac{kJ}{kg} \cdot 50\ kg = -1550\ kJ.$$

3.5. Wärmeübertragung

Durch die Trennwand zwischen thermodynamischen Systemen mit unterschiedlichen Temperaturen und damit unterschiedlichen kinetischen Energien wird vom System höherer Temperatur Wärme an das System mit niedrigerer Temperatur abgegeben. Der *Wärmedurchgang* läßt sich gemäß Bild 3-51 in die drei Übertragungsmechanismen *Wärmeleitung*, *Konvektion* und *Wärmestrahlung* einteilen. In Festkörpern tritt nur *Wärmeleitung* in Form einer Übertragung der Schwingungsenergien benachbarter Moleküle und der kinetischen Energien der Leitungselektronen in Stoßprozessen auf (Abschn. 9.3.1). In Flüssigkeiten kommt es auch ohne von außen aufgeprägter Zwangsströmung zu Strömungen erwärmter Teilmengen, zur *freien Konvektion*. Wird die Flüssigkeit durch äußere Druckkräfte in Bewegung versetzt, so wird dieser Wärmetransportmechanismus als *erzwungene Konvektion* bezeichnet. In stehenden Flüssigkeiten bestimmt die Wärmeleitung den Wärmetransport. Mit Ausnahme dünner ruhender Gasschichten, in denen die Wärmeleitung nicht vernachlässigbar ist, dominieren in Gasen die Konvektion und die *Wärmestrahlung* zwischen den Wänden des Gasvolumens. Im Vakuum ist der Wärmetransport durch Wärmestrahlung der einzige Wärmeübertragungsmechanismus.

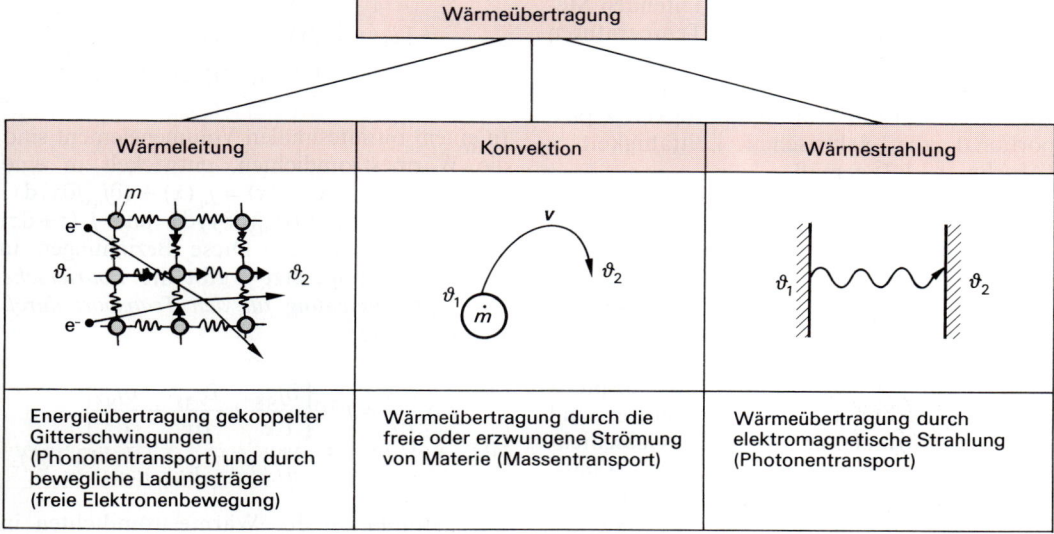

Bild 3-51. Wärmeübertragungsmechanismen.

3.5.1. Wärmeleitung

Den Zusammenhang zwischen der Ursache eines Wärmetransports, einem räumlichen Temperaturgradienten $\partial\vartheta/\partial n$ in einer Raumrichtung n und der in der Zeitspanne Δt durch eine Grenzfläche A transportierten Wärme ΔQ, der Wärmestromdichte $j_q = \Delta Q/A\,\Delta t = \dot{Q}/A$, beschreibt das *Fouriersche Grundgesetz des molekularen Wärmetransports* (J. B. J. FOURIER, 1768 bis 1830):

$$j_q = -\lambda\,\frac{\partial\vartheta}{\partial n} \qquad (3\text{-}131)$$

mit dem Temperaturgradienten

$$\frac{\partial\vartheta}{\partial n} = \frac{\partial\vartheta}{\partial x}\,i + \frac{\partial\vartheta}{\partial y}\,j + \frac{\partial\vartheta}{\partial z}\,k = \text{grad}\,\vartheta\,. \qquad (3\text{-}132)$$

Die Proportionalitätskonstante λ ist die *Wärmeleitfähigkeit* des Wärmekontakts. Die Maßeinheit der Wärmeleitfähigkeit ist W/mK. Die Wärmeleitfähigkeitswerte der Stoffe sind sehr unterschiedlich. Die Wärmeleitfähigkeit ist besonders gering, wenn bei ruhenden Gasen die Dichte der energieübertragenden Moleküle niedrig ist. Sie ist besonders hoch – etwa in Metallen –, wenn parallel zur Energieleitung durch Übertragung der Schwingungsenergien der Atomrümpfe frei bewegliche Elektronen bei Stoßprozessen Energie transportieren. In elektrisch gut leitenden Metallen ist bei nicht zu tiefen Temperaturen nach dem *Wiedemann-Franzschen Gesetz* (G. H. WIEDEMANN, 1826 bis 1899, R. FRANZ, 1827 bis 1902) die Wärmeleitfähigkeit λ proportional zur elektrischen Leitfähigkeit $\varkappa$ (Abschn. 9.3.1.3) gemäß

$$\lambda = LT\varkappa\,. \qquad (3\text{-}133)$$

T ist die absolute Temperatur des Stoffs, L wird als *Lorenzsche Zahl* bezeichnet und hat für alle Metalle annähernd denselben Wert $L = 2,45 \cdot 10^{-8}\ \text{V}^2/\text{K}^2$. Isolatoren, beispielsweise die nichtmetallischen Baustoffe, sind schlechte Wärmeleiter. Ruhende Gasschichten in Poren oder zwischen Mineral-, Glas-, Holz- oder Korkfasern vermindern die Wärmeleitfähigkeit erheblich. Bei Mauersteinen nimmt die Wärmeleitfähigkeit etwa proportional zum wachsenden Porenanteil (abnehmende Rohdichte) ab. Porosierte, luft- oder schwergasgeschäumte, sowie faserartige Stoffe mit einer Wärmeleitfähigkeit unter $\lambda = 0,1$ W/mK werden als *Wärmedämmstoffe* bezeichnet.

Die Wärmeleitfähigkeit ist temperaturabhängig und besonders bei porosierten Stoffen stark abhängig von der Materialfeuchtigkeit. Zur Beurteilung des *Wärmeschutzes im Hochbau nach DIN 4108* werden deshalb nur *Rechenwerte der Wärmeleitfähigkeit* λ_R verwendet, die einen der praktischen Baufeuchtigkeit entsprechenden Zuschlag zu den experimentell im trockenen Zustand gemessenen Wärmeleitfähigkeitswerten enthalten. In Tabelle 3-12 sind einige wärmetechnische Stoffwerte zusammengestellt.

Nach dem ersten Hauptsatz der Thermodynamik (Abschn. 3.3.2) ist die Zunahme der inneren Energie $c\,dm\,\partial\vartheta/\partial t$ (c ist die spezifische Wärmekapazität $dm = \varrho\,dV$ die Masse des Volumenelementes $dV = dx\,dy\,dz$.) gleich der Energiezufuhr durch die internen Wärmequellen mit der Energiedichte $\dot{f}$ im Volumenelement dV, abzüglich der Wärmeströme $j_q\,dA$ durch die Oberflächen dA des Volumenelements gemäß Bild 3-52:

$$\begin{aligned} c\,dm\,\frac{\partial\vartheta}{\partial t} &= \dot{f}\,dV \\ &\quad - \{[j_q(x+dx) - j_q(x)]\,dy\,dz \\ &\quad + [j_q(y+dy) - j_q(y)]\,dx\,dz \\ &\quad + [j_q(z+dz) - j_q(z)]\,dx\,dy\}\,. \quad (3\text{-}134) \end{aligned}$$

In einem infinitesimalen Volumenelement sind die Wärmestromdichten, entwickelt in eine Taylorreihe $j_q(x+dx) = j_q(x) + (\partial j_{qx}/\partial x)\,dx$, $j_q(y+dy) = j_q(y) + (\partial j_{qy}/\partial y)\,dy$ und $j_q(z+dz) = j_q(z) + (\partial j_{qz}/\partial z)\,dz$. Diese Beziehungen in Gl. (3-134) eingesetzt ergibt die *Fouriersche Differentialgleichung für den Transport durch Wärmeleitung*:

$$c\,\varrho\,\frac{\partial\vartheta}{\partial t} = \dot{f} - \left\{\frac{\partial j_{qx}}{\partial x} + \frac{\partial j_{qy}}{\partial y} + \frac{\partial j_{qz}}{\partial z}\right\}\,. \qquad (3\text{-}135)$$

Die Elimination der Wärmestromdichten in Gl. (3-135) mit Hilfe von Gl. (3-131) führt auf

Tabelle 3-12. Wärmetechnische Stoffwerte.

Stoff	ϑ in °C	ϱ in $10^3 \frac{kg}{m^3}$	c_p in $\frac{J}{kg\,K}$	λ in $\frac{W}{m\,K}$	a in $10^6 \frac{m^2}{s}$
Festkörper					
Aluminium	20	2,70	920	221	88,89
Eisen	20	7,86	465	67	18,33
Grauguß	20	ca. 7,2	545	ca. 50	ca. 13
Stahl 0.6 C	20	7,84	460	46	12,78
Gold	20	19,30	125	314	130,57
Kupfer	20	8,90	390	393	113,34
Schamottestein	100	1,7	835	0,5	0,35
Normalbeton	10	2,4	880	2,1 [R]	1,0
Gasbeton	10	0,5	850	0,22 [R]	0,5
Ziegelstein	10	1,2	835	0,5 [R]	0,5
Eis	0	0,92	1930	2,2	1,25
Schnee	0	0,1	2090	0,11	0,53
Fichtenholz	10	0,6	2000	0,13 [R]	0,11
Polystyrol fest	20	1,05	1300	0,17	0,125
Glas	20	2,5	800	0,8	0,4
Schaumglas	10	0,1	800	0,045 [R]	0,6
Mineralfaser	10	0,2	800	0,04 [R]	0,3
Flüssigkeiten					
Wasser	20	0,998	4182	0,600	0,144
Wärmeträgeröl	20	0,87	1830	0,134	0,084
Kältemittel R 12	−20	1,46	900	0,086	0,065
Gase					
Luft	20	0,00119	1007	0,026	21,8
Kohlendioxid	0	0,00195	827	0,015	9,08
Wasserdampf	150	0,00255	2320	0,031	5,21

ϑ Temperatur
ϱ Dichte
c_p spezifische Wärmekapazität bei konstantem Druck
λ Wärmeleitfähigkeit ([R] Rechenwert DIN 4108)
a Temperaturleitfähigkeit

die Bestimmungsgleichung für den räumlichen Verlauf der *Isothermen* und das zeitliche Verhalten des *skalaren Temperaturfeldes* $\vartheta(x, y, z, t)$:

$$c\,\varrho\,\frac{\partial\vartheta}{\partial t} = \dot{f} + \lambda\left\{\frac{\partial^2\vartheta}{\partial x^2} + \frac{\partial^2\vartheta}{\partial y^2} + \frac{\partial^2\vartheta}{\partial z^2}\right\}.$$

$$(3\text{-}136)$$

Rand- und Anfangsbedingungen bestimmen die Lösungsfamilien der partiellen Differentialgleichung (3-136). Interne Wärmequellen können vernachlässigt und $\dot{f} = 0$ gesetzt werden, wenn die Lösungen nur für den wärmequellenfreien Bereich des Temperaturfeldes gesucht und die Wärmequellen bei der Wahl der Randbedingungen berücksichtigt werden.

Im *stationären Fall* sind die Temperaturen zeitlich konstant und $\partial\vartheta/\partial t = 0$. Das statio-

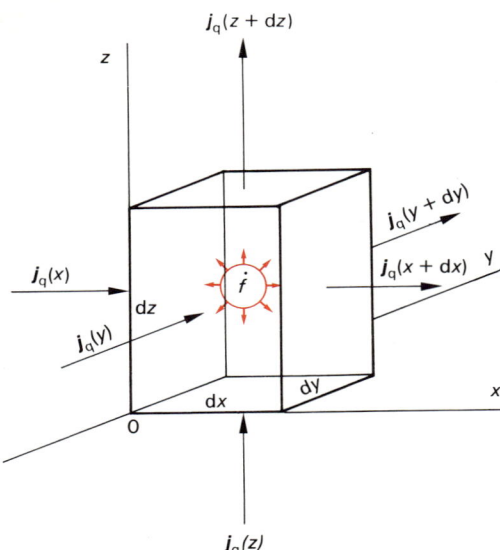

Bild 3-52. *Wärmeströme durch die Oberfläche eines Volumenelements $dV = dx\, dy\, dz$ mit der Wärmequellendichte $\dot{f}$.*

näre, wärmequellenfreie Temperaturfeld folgt aus der Lösung der *Laplace-Gleichung* (Gl. (2-197))

$$\frac{\partial^2 \vartheta}{\partial x^2} + \frac{\partial^2 \vartheta}{\partial y^2} + \frac{\partial^2 \vartheta}{\partial z^2} = 0 \, . \qquad (3\text{-}137)$$

Der *Laplace-Gleichungstyp* kommt auch in anderen Bereichen der Physik, beispielsweise in der Elektrostatik, vor. Dort experimentell für spezielle Randbedingungen gefundene Lösungen können auf Wärmetransportprobleme übertragen werden (*elektrisches Analogon der Wärmeleitung*, Abschn. 2.11.3, Bild 2-102).

Sind das Temperaturfeld und der Verlauf der Isothermen bekannt, dann berechnen sich daraus die Wärmeströme nach Gl. (3-131), wobei die Wärmestromrichtung senkrecht auf den Isothermen steht. So lassen sich die in Bild 3-53 dargestellten Lösungen für die stationäre Wärmeleitung durch eine Platte, eine Rohrwand und eine Hohlkugel ableiten.

Der Wärmestrom durch mehrschichtige Bauteile wird durch die sukzessive Aneinanderreihung der Berechnungen für die Einzelschichten ermittelt, wobei wegen des Energieerhaltungssatzes die Wärmeströme an den

Grenzflächen gleich gesetzt werden. Die Lösungen für mehrschichtige Trennwände sind ebenfalls in Bild 3-53 aufgeführt.

Beispiel

3.5-1: Wie groß ist der stationäre Wärmestrom durch eine $s_2 = 24$ cm dicke Hochlochziegelwand ($\lambda_R = 0{,}50$ W/m K) mit einer außenseitigen $s_3 = 60$ mm dicken Polystyrol-Dämmplattenschicht ($\lambda_R = 0{,}04$ W/m K) und $s_4 = 6$ mm Kunstharzputz ($\lambda_R = 0{,}70$ W/m K) gemäß Bild 3-54, auf die raumseitig ein $s_1 = 15$ mm dicker Kalkgipsputz ($\lambda_R = 0{,}70$ W/m K) aufgebracht ist? Wie ist der Temperaturverlauf im Beharrungszustand in der Wand, wenn die Oberflächentemperaturen innen $\vartheta_{Oi} = 17\,°C$ und außen $\vartheta_{Oa} = -10\,°C$ betragen?

Lösung:

Die Energieerhaltung fordert, daß die Wärmestromdichte j_q in allen Schichten gleich ist. Mit Gl. (3-140) führt diese Forderung auf

$$j_q = \frac{\lambda_1}{s_1}(\vartheta_{Oi} - \vartheta_1) = \frac{\lambda_2}{s_2}(\vartheta_1 - \vartheta_2) = \frac{\lambda_3}{s_3}(\vartheta_2 - \vartheta_3)$$

$$= \frac{\lambda_4}{s_4}(\vartheta_3 - \vartheta_{Oa}) \, . \qquad (3\text{-}152)$$

Der Quotient $\Lambda = \lambda/s$ ist der *Wärmedurchlaßkoeffizient* einer Schicht, der Kehrwert $R = 1/\Lambda$ der *Wärmedurchlaßwiderstand* mit der Maßeinheit m^2 K/W.

Wird Gl. (3-152) in die Beziehung

$$\vartheta_{Oi} - \vartheta_{Oa} = (\vartheta_{Oi} - \vartheta_1) + (\vartheta_1 - \vartheta_2) +$$
$$+ (\vartheta_2 - \vartheta_3) + (\vartheta_3 - \vartheta_{Oa}) \qquad (3\text{-}153)$$

eingesetzt, so folgt

$$\vartheta_{Oi} - \vartheta_{Oa} = j_q \left(\frac{s_1}{\lambda_1} + \frac{s_2}{\lambda_2} + \frac{s_3}{\lambda_3} + \frac{s_4}{\lambda_4} \right) . \qquad (3\text{-}154)$$

Wird als *Gesamt-Wärmedurchlaßwiderstand*

$$R_g = \frac{s_1}{\lambda_1} + \frac{s_2}{\lambda_2} + \frac{s_3}{\lambda_3} + \frac{s_4}{\lambda_4} \qquad (3\text{-}155)$$

definiert, der im vorliegenden Fall $R_g = 2{,}01\ m^2$ K/W ist, so errechnet sich die Wärmestromdichte j_q durch die Wand zu

$$j_q = \frac{1}{R_g}(\vartheta_{oi} - \vartheta_{oa}) = 13{,}4\ \text{W/m}^2 . \qquad (3\text{-}156)$$

Die Temperaturen an den Schichtgrenzen lassen sich mit Hilfe von Gl. (3-152) bestimmen:

$$\vartheta_1 = \vartheta_{Oi} - R_1 j_q = 17{,}0\,°C -$$
$$- (0{,}02 \cdot 13{,}4)\ K = 16{,}7\,°C , \qquad (3\text{-}157)$$

$$\vartheta_2 = \vartheta_1 - R_2 j_q = 10{,}3\,°C , \qquad (3\text{-}158)$$

Geometrie	planparallele Platte (eindimensionaler Fall)	zylindrisches Rohr (zweidimensionaler Fall)	Hohlkugel (dreidimensionaler Fall)
	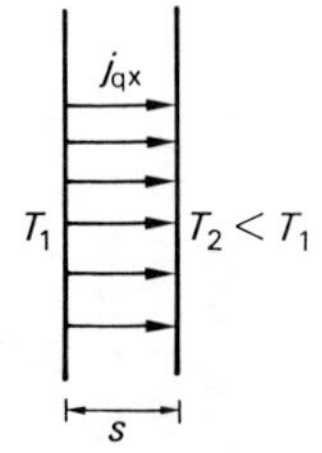	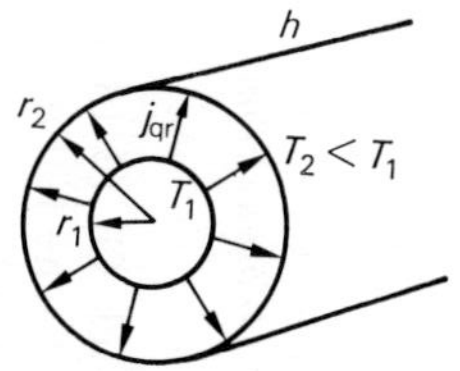	
Fourier-Grundgleichung	$j_{qx} = -\lambda \dfrac{dT}{dx}$ (3–138) $\dot{Q} = j_{qx} A$	$j_{qr} = -\lambda \dfrac{dT}{dr}$ (3–142) $\dot{Q} = j_{qr}\, 2\pi r h$	$j_{qr} = -\lambda \dfrac{dT}{dr}$ (3–147) $\dot{Q} = j_{qr}\, 4\pi r^2$
Temperaturprofil	$T = T_1 - \dfrac{T_1 - T_2}{s}\, x$ (3–139)	$T = \dfrac{T_1 \ln\frac{r}{r_2} - T_2 \ln\frac{r}{r_1}}{\ln\frac{r_1}{r_2}}$ (3–143)	$T = \dfrac{(r_2 T_2 - r_1 T_1)}{r_2 - r_1} + \dfrac{r_1 r_2 (T_2 - T_1)}{(r_2 - r_1)}\dfrac{1}{r}$ (3–148)
Wärmestrom, einschichtige Trennwand	$j_{qx} = \dfrac{\lambda}{s}(T_1 - T_2)$ (3–140)	$j_{qr} = \dfrac{\lambda}{r}\,\dfrac{1}{\ln\frac{r_2}{r_1}}(T_1 - T_2)$ (3–144) $\dfrac{\dot{Q}}{h} = \dfrac{2\pi\lambda}{\ln\frac{r_2}{r_1}}(T_1 - T_2)$ (3–145)	$j_{qr} = \dfrac{\lambda}{r^2}\,\dfrac{r_1 r_2}{r_2 - r_1}(T_1 - T_2)$ (3–149) $\dot{Q} = \dfrac{4\pi\lambda}{\frac{1}{r_1} - \frac{1}{r_2}}(T_1 - T_2)$ (3–150)
Wärmestrom, mehrschichtige Trennwand	$j_{qx} = \dfrac{T_1 - T_2}{\frac{s_1}{\lambda_1} + \frac{s_2}{\lambda_2} + \frac{s_3}{\lambda_3}}$ (3–141)	$\dfrac{\dot{Q}}{h} = \dfrac{2\pi (T_1 - T_2)}{\frac{1}{\lambda_1}\ln\frac{r_2}{r_1} + \frac{1}{\lambda_2}\ln\frac{r_3}{r_2} + \frac{1}{\lambda_3}\ln\frac{r_4}{r_3}}$ (3–146)	$\dot{Q} = \dfrac{4\pi (T_1 - T_2)}{\frac{1}{\lambda_1}\left(\frac{1}{r_1} - \frac{1}{r_2}\right) + \frac{1}{\lambda_2}\left(\frac{1}{r_2} - \frac{1}{r_3}\right) + \frac{1}{\lambda_3}\left(\frac{1}{r_3} - \frac{1}{r_4}\right)}$ (3–151)

Bild 3-53. Lösungen für den stationären Wärmetransport durch Wärmeleitung.

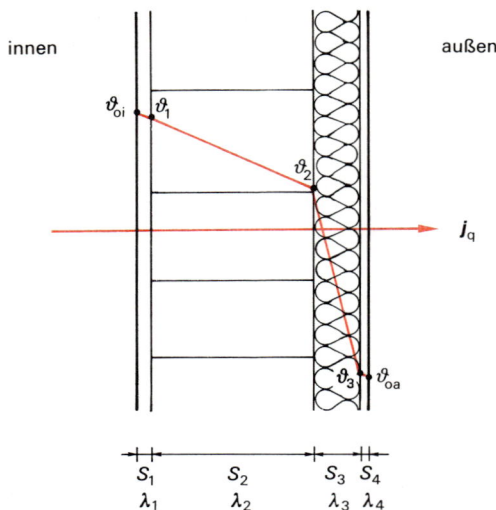

Bild 3-54.   *Temperaturverlauf in einer mehrschichtigen Wand nach Beispiel 3.5-1.*

$$\vartheta_3 = \vartheta_2 - R_3 j_q = -9,9\,°C \quad \text{und} \qquad (3\text{-}159)$$

$$\vartheta_{Oa} = \vartheta_3 - R_4 j_q = -10\,°C. \qquad (3\text{-}160)$$

Nach Gl. (3-139) ist in plattenförmigen Schichten der Temperaturabfall linear. Das Temperaturprofil in der Außenwand hat also den in Bild 3-54 eingezeichneten Verlauf.

Gl. (3-155) für den *Gesamt-Wärmedurchlaßwiderstand* R_g gilt nur für eindimensionale Wärmeströme durch plattenförmige Bauteile. Sind die Wärmeströme in einem Bauteil divergent und mehrdimensional, wie z.B. bei einer Außenecke oder in der Rippe eines Wärmerohrs gemäß Bild 3-55 (gekrümmte Isothermen), dann ergibt die Anwendung von Gl. (3-155) falsche Wärmedurchlaßwiderstandswerte; dies zeigt schon der Vergleich von Gl. (3-155) mit Gl. (3-144) im einfachen Fall der radialen Wärmestromlinien eines zylindrischen Rohrs.

Instationäre Wärmeleitungsvorgänge, beispielsweise der Aufheizvorgang einer Wand oder periodische Wärmeübertragungsprozesse, erfordern die Lösung der zeitabhängigen Wärmeleitungsgleichung Gl. (3-136). Die Lösungen haben als charakteristische Kenngröße die *Temperaturleitfähigkeit* a der Trennwand in m^2/s:

$$a = \frac{\lambda}{c\,\varrho}. \qquad (3\text{-}161)$$

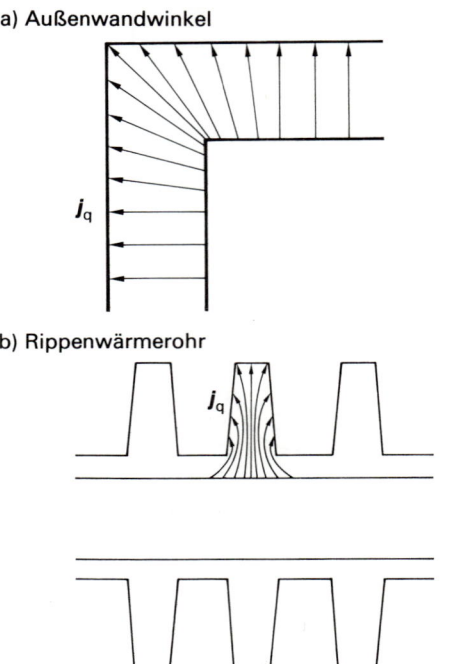

Bild 3-55.   *Divergente Wärmeströme geometrischer Wärmebrücken.*

In der Regel läßt sich Gl. (3-136) ebenso wie Gl. (3-137) für praktische Fälle nicht geschlossen lösen, sondern muß durch ein Iterationsverfahren numerisch integriert werden (*Methode der finiten Elemente*).

3.5.2. Konvektion

Beim *konvektiven Wärmeübergang* findet die Wärmeübertragung zwischen zwei thermodynamischen Systemen statt, die sich relativ zueinander bewegen, wie es beispielsweise bei der Wärmeübertragung von einem *Fluid*, also einer Flüssigkeit oder einem Gas, an eine Wand der Fall ist, wie Bild 3-56 zeigt. Erfolgt die Strömung des Fluids nur durch *Auftriebskräfte*, die ein temperaturabhängiges Dichtegefälle im Fluid verursacht, dann wird dieser Wärmeübergang als *freie Konvektion* bezeichnet. Bei der *erzwungenen Konvektion* handelt es sich um eine *Zwangsströmung* unter der Wirkung äußerer Kräfte, beispielsweise von Antriebskräften von Pumpen oder Ventilatoren. Auch beim konvektiven Wärmeübergang an windausgesetzten Bauteilen über-

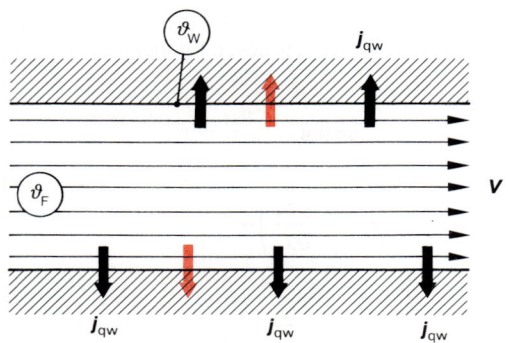

Bild 3-56. Konvektiver Wärmeübergang bei einer erzwungenen Kanalströmung.
ϑ *Temperatur der Wand (Index W) bzw. des Fluids (Index F)*
j_{qw} *Wärmestromdichte*
v *Strömungsgeschwindigkeit*

wiegt in der Regel der Anteil der erzwungenen Konvektion.

Die Proportionalitätskonstante zwischen der auf die wärmeübertragende Wandfläche A bezogenen Wärmestromdichte j_q und dem Temperaturgefälle zwischen der Fluidtemperatur ϑ_F und der Wandtemperatur ϑ_W wird als *Wärmeübergangskoeffizient* α_K^* definiert:

$$j_q = \alpha_K^* (\vartheta_F - \vartheta_W). \qquad (3\text{-}162)$$

Adhäsionskräfte zwischen den Fluid- und Wandatomen sind die Ursache, daß sich im

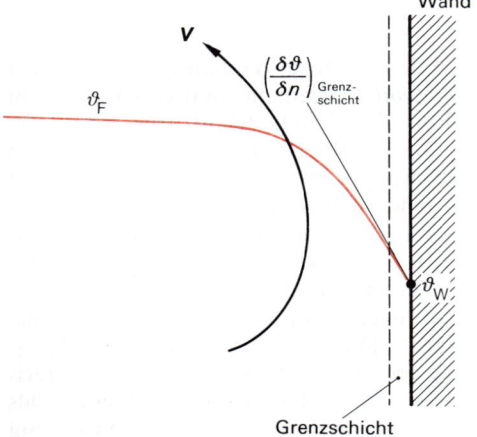

Bild 3-57. Temperaturprofil des konvektiven Wärmeübergangs mit Grenzschicht vor der wärmeaufnehmenden Wand.

Fluid vor der Wand eine *Grenzschicht* entsprechend Bild 3-57 ausbildet, in der die Strömungsgeschwindigkeit der Fluidmoleküle null ist. Durch diese ruhende Fluidschicht vor der Wand wird die Wärme nur durch Wärmeleitung transportiert, so daß in diesem Bereich das *Fouriersche Grundgesetz* (Gl. (3-131)) gilt:

$$j_q = -\lambda \left(\frac{\partial \vartheta}{\partial n} \right)_{\text{Grenzschicht}}. \qquad (3\text{-}163)$$

(λ ist die Wärmeleitfähigkeit der stehenden Flüssigkeit oder des ruhenden Gases, $\partial \vartheta / \partial n$ der Temperaturgradient in der Grenzschicht normal zur Wand und j_q die Wärmestromdichte in die Wand.)

Im Gegensatz zur Wandtemperatur ϑ_W ist die Festlegung und Messung der Fluidtemperatur ϑ_F, besonders bei der freien Konvektion, nicht einfach, weil im allgemeinen die Temperaturverteilung im Fluid sehr inhomogen ist. Der Zahlenwert des *konvektiven Wärmeübergangskoeffizienten* hängt also im konkreten Fall von der Festlegung der Temperaturdifferenz $\Delta \vartheta = \vartheta_F - \vartheta_W$ ab.

Im Fall des konvektiven Wärmeübergangs ist die Berechnung des Wärmestroms mit der *Fourier-Differentialgleichung* (Gl. (3-136)) wegen der räumlichen Mitführung des Temperaturfelds mit der Fluidbewegung extrem kompliziert. Um einen von der Strömungsgeschwindigkeit v abhängigen Transportanteil erweitert, lautet Gl. (3-136) für den wärmequellenfreien Bereich

$$c_p \varrho \left\{ \frac{\partial \vartheta}{\partial t} + \left(v_x \frac{\partial \vartheta}{\partial x} + v_y \frac{\partial \vartheta}{\partial y} + v_z \frac{\partial \vartheta}{\partial z} \right) \right\}$$
$$= \lambda \left(\frac{\partial^2 \vartheta}{\partial x^2} + \frac{\partial^2 \vartheta}{\partial y^2} + \frac{\partial^2 \vartheta}{\partial z^2} \right). \qquad (3\text{-}164)$$

Betrag und Richtung der Strömungsgeschwindigkeit zu jedem Zeitpunkt an jedem Ort im Fluid folgen aus dem dynamischen Kräftegleichgewicht für ein Volumenelement der Strömung, den *Navier-Stokes-Gleichungen der Hydromechanik*. Nach diesen gilt für die x-Komponente der Strömungsgeschwindigkeit

$$v_x \frac{\partial v_x}{\partial x} + v_y \frac{\partial v_x}{\partial y} + v_z \frac{\partial v_x}{\partial z} = - \frac{1}{\varrho} \frac{\partial p}{\partial x} +$$

$$\text{(3-165)}$$

$$+ v \left(\frac{\partial^2 v_x}{\partial x^2} + \frac{\partial^2 v_x}{\partial y^2} + \frac{\partial^2 v_x}{\partial z^2} \right) + \gamma \, g \, \Delta T$$

In Gl. (3-165) hält der auf das Volumen bezogenen Trägheitskraft neben der von der Dichte ϱ abhängigen Druckkraft und der zur *kinematischen Viskosität* v proportionalen Reibungskraft auch eine *Auftriebskraft* das Gleichgewicht (ΔT ist das Temperaturgefälle im Fluid, das den Auftrieb verursacht, g die Fallbeschleunigung und γ der *thermische Ausdehnungskoeffizient* des Fluids).

Die Lösungen der Differentialgleichung (Gl. (3-165)) können *laminare und turbulente Strömungsformen* sein. Der *Wärmeübergangskoeffizient der Konvektion* α_K^* wird in der Praxis mit Hilfe von Modellversuchen ermittelt. Die Versuchsergebnisse lassen sich auf andere konvektive Wärmeübergangsverhältnisse übertragen, wenn diese *geometrisch und hydrodynamisch ähnlich* sind, also die charakteristischen Längen L, die Viskositäten v, die Strömungsgeschwindigkeiten v, Dichten ϱ, thermische Ausdehnungs- und Wärmeübergangskoeffizienten γ, $\alpha*$ sowie die Wärmeleitfähigkeiten λ, die Temperaturdifferenzen ΔT u. a. zueinander proportional sind (Abschn. 2.11.3.3). Damit die Lösung eines Modellfalls auf ein konkretes Problem übertragen werden kann, müssen die *Maßstabsfaktoren*

$$f_L = \frac{L_2}{L_1}, \; f_v = \frac{v_2}{v_1}, \; f_\lambda = \frac{\lambda_2}{\lambda_1}, \; f_\varrho = \frac{\varrho_2}{\varrho_1},$$

$$f_\alpha = \frac{\alpha_2^*}{\alpha_1^*}, \; f_v = \frac{v_2}{v_1}, \; f_a = \frac{a_2}{a_1}, \; f_{c_p} = \frac{c_{p2}}{c_{p1}},$$

$$f_{\Delta T} = \frac{\Delta T_2}{\Delta T_1}, \; f_p = \frac{p_2}{p_1}, \; f_\gamma = \frac{\gamma_2}{\gamma_1} \qquad \text{(3-166)}$$

Zwangsbedingungen genügen; dann stimmen die Differentialgleichungen (3-164) und (3-165) des Problems mit denjenigen des Modellfalls überein. Werden beispielsweise in Gl. (3-165) für die Temperaturverteilung

$\vartheta \, (x_2, y_2, z_2, v_2, \varrho_2, c_{p2}, \lambda_2)$ die Maßstabsfaktoren (Gl. (3-166)) eingesetzt gemäß

$$\frac{f_v^2}{f_L} \left(v_{x1} \frac{\partial v_{x1}}{\partial x_1} + v_{y1} \frac{\partial v_{x1}}{\partial y_1} + v_{z1} \frac{\partial v_{x1}}{\partial z_1} \right)$$

$$= \frac{f_p}{f_\varrho f_L} \left(- \frac{1}{\varrho} \frac{\partial p_1}{\partial x_1} \right) +$$

$$+ \frac{f_v f_v}{f_L^2} v_1 \left(\frac{\partial^2 v_{x1}}{\partial x_1^2} + \frac{\partial^2 v_{x1}}{\partial y_1^2} + \frac{\partial^2 v_{x1}}{\partial z_1^2} \right) +$$

$$+ f_\gamma f_g f_{\Delta T} \left(\gamma_1 g_1 \Delta T_1 \right), \qquad \text{(3-167)}$$

so stimmt diese Gleichung mit der Differentialgleichung einer Lösung $\vartheta \, (x_1, y_1, z_1, v_1, \varrho_1, c_{p1}, \lambda_1)$ überein, wenn die Maßstabsfaktoren folgenden Bedingungen genügen:

$$\frac{f_v^2}{f_L} = \frac{f_p}{f_\varrho f_L} = \frac{f_v f_v}{f_L^2} = f_\gamma f_g f_{\Delta T}. \qquad \text{(3-168)}$$

Die Kenngrößen des Wärmeübergangs müssen also in folgender Relation zueinander stehen:

$$\frac{f_v^2}{f_L} = \frac{v_2^2 \, L_1}{v_1^2 \, L_2} = \frac{f_v f_v}{f_L^2} = \frac{v_2 \, v_2 \, L_1^2}{v_1 \, v_1 \, L_2^2} \quad \text{oder}$$

$$\qquad \text{(3-169)}$$

$$\frac{v_2 \, L_2}{v_2} = \frac{v_1 \, L_1}{v_1} = \text{Re}. \qquad \text{(3-170)}$$

Das dimensionslose Verhältnis $v \, L / v$ wird *Reynoldszahl* Re genannt und entspricht dem Verhältnis der Trägheitskraft zur Reibungskraft. Die Trägheits- und Reibungskräfte in den Strömungen zweier Wärmeübergänge mit erzwungener Konvektion sind einander ähnlich, wenn die Reynoldszahlen übereinstimmen. Mit Hilfe der Reynoldszahl kann der Umschlagpunkt bestimmt werden, bei dem eine laminare Strömung in eine turbulente „umkippt". Diese *kritische Reynoldszahl* Re_{kr} ist stark geometrieabhängig. Bei einem Kreisrohr mit dem Rohrinnendurchmesser als charakteristische Länge L ist die Strömung laminar für Re < 2300, oberhalb dieses Wertes, ausgelöst durch kleinste Störungen, turbulent (Abschn. 2.11.3.3, Bild 2-128).

Charakteristisch für die *freie Konvektion* ist die *Grashofzahl* Gr. Sie folgt aus der Bedingung

$$\frac{f_v f_v}{f_L^2} = \frac{v_2\, v_2\, L_1^2}{v_1\, v_1\, L_2^2} = f_\gamma f_g f_{\Delta T} = \frac{\gamma_2\, g_2\, \Delta T_2}{\gamma_1\, g_1\, \Delta T_1}.$$

$$(3\text{-}171)$$

Wird die Strömungsgeschwindigkeit v mit Hilfe von Gl. (3-170) eliminiert, ergibt sich

$$\frac{\gamma_2\, g_2\, \Delta T_2\, L_2^3}{v_2^2} = \frac{\gamma_1\, g_1\, \Delta T_1\, L_1^3}{v_1^2} = \text{Gr}.$$

$$(3\text{-}172)$$

Die Auftriebs- und Reibungsverhältnisse zweier Strömungen mit gleichen Grashofzahlen entsprechen sich.

Auch aus der Fourier-Gleichung (Gl. (3-163)) läßt sich unter Berücksichtigung von Gl. (3-162) eine Ähnlichkeitsforderung ableiten, wenn der Maßstabsfaktor $f_\alpha = \alpha_{K2}^* / \alpha_{K1}^*$ gebildet wird. Aus

$$\frac{f_\lambda}{f_L}\left(-\lambda_1 \frac{\partial \vartheta}{\partial L_1}\right) = f_\alpha\, \alpha_{K1}^* (\vartheta_F - \vartheta_W)$$

$$(3\text{-}173)$$

folgt

$$\frac{\alpha_{K2}^*\, L_2}{\lambda_2} = \frac{\alpha_{K1}^*\, L_1}{\lambda_1} = \text{Nu}.$$

$$(3\text{-}174)$$

Die *Nußeltzahl* Nu ist für den konvektiven Wärmeübergang die charakteristische Kennzahl. Einige weitere dimensionslose Kenngrößen sind in Tabelle 3-13 zusammengestellt.

Werden die Versuchsergebnisse von Modellfällen verallgemeinert, so ergeben sich Beziehungen zwischen den dimensionslosen Kenngrößen der Wärmeübertragung. Tab. 3-14 enthält die experimentell gefundenen Beziehungen für die Nußeltzahl Nu einiger spezieller Wärmeübergänge.

Läßt sich ein konvektiver Wärmeübergang auf einen solchen Modellfall abbilden, dann kann aus dessen Nußeltzahl Nu der *Wärmeübergangskoeffizient* α_K^* bestimmt werden:

$$\alpha_K^* = \frac{\text{Nu}\,\lambda}{L}.$$

$$(3\text{-}188)$$

Im Einzelfall ist die Wahl der charakteristischen Länge L problematisch. Sie muß entsprechend der Festlegung im Modellfall gewählt werden.

Tabelle 3-13. Dimensionslose Kenngrößen der konvektiven Wärmeübertragung.

Kenngröße	Zeichen	Definition	Gl.	Problembereich
Fourierzahl	Fo	$\text{Fo} = \dfrac{a\,t}{L^2}$	(3-175)	instationäre Wärmeleitung
Froudezahl	Fr	$\text{Fr} = \dfrac{v^2}{g\,L}$	(3-176)	Strömungen unter Schwerkrafteinfluß
Grashofzahl	Gr	$\text{Gr} = \dfrac{g\,\gamma\,\Delta T\,L^3}{v^2}$	(3-172)	freie Konvektion bei Temperaturgradient
Nußeltzahl	Nu	$\text{Nu} = \dfrac{\alpha_K^*\, L}{\lambda}$	(3-174)	stationärer konvektiver Wärmeübergang
Pécletzahl	Pe	$\text{Pe} = \dfrac{v\,L}{a}$	(3-177)	erzwungene instationäre Konvektion
Prandtlzahl	Pr	$\text{Pr} = \dfrac{v\,\varrho\,c_p}{\lambda}$	(3-178)	Wärmeübertragungskenngröße des Fluids
Reynoldszahl	Re	$\text{Re} = \dfrac{v\,L}{v}$	(3-170)	Strömungen unter Reibungseinfluß

Tabelle 3-14. Modellfälle konvektiver Wärmeübergänge (nach VDI-Wärmeatlas, 4. Aufl. 1984).

Strömungsmodell	laminarer Bereich	turbulenter Bereich	Hinweise
erzwungene Konvektion längs einer Platte	$Nu = 0{,}664\, Re^{1/2}\, Pr^{1/3}$ (3-179)	$Nu = \dfrac{0{,}037\, Re^{0,8}\, Pr}{1 + 2{,}443\, Re^{-0,1}\,(Pr^{2/3} - 1)}$ (3-180)	L Plattenlängen in Strömungsrichtung; $\vartheta_m = \tfrac{1}{2}(\vartheta_E + \vartheta_A)$; ϑ_E Eintrittstemperatur; ϑ_A Ausströmtemperatur
erzwungene Strömung im Rohrinneren	$Nu = \left(49{,}0 + 4{,}17\, Re\, Pr\, \dfrac{d_i}{L}\right)^{1/3}$ 3-181	$Nu = \dfrac{0{,}125\, \xi\, (Re - 1000)\, Pr}{1 + 4{,}49\,\sqrt{\xi}\,(Pr^{2/3} - 1)}\left[1 + \left(\dfrac{d_i}{L}\right)^{2/3}\right]$ (3-182) $\quad \xi = (1{,}82 \lg Re - 1{,}64)^{-2}$	d_i Innendurchmesser Rohr; L Rohrlänge; $\vartheta_m = \tfrac{1}{2}(\vartheta_E + \vartheta_A)$
freie Konvektion an vertikaler Wand oder um ein senkrechtes Rohr	$Nu = 0{,}53\,(Gr\, Pr)^{1/4}$ (3-183)	$Nu = \left\{0{,}825 + \dfrac{0{,}387\,(Gr\, Pr)^{1/6}}{\left[1 + \left(\dfrac{0{,}492}{Pr}\right)^{9/16}\right]^{8/27}}\right\}^{2}$ (3-184) $\qquad Nu \approx 0{,}129\,(Gr\, Pr)^{1/3}$ (3-185)	L Höhe der vertikalen Wand oder des Rohres bzw. kurze Seitenlänge der horizontalen Platte; $\Delta T = (\vartheta_0 - \vartheta_\infty)$; ϑ_0 Oberflächentemperatur in Flächenmitte; ϑ_∞ Fluidtemperatur außerhalb Grenzschicht; $\vartheta_m = \tfrac{1}{2}(\vartheta_0 + \vartheta_\infty)$
freie Konvektion längs einer horizontalen Platte	$Nu = 0{,}70\,(Gr\, Pr)^{1/4}$ (3-186)	$Nu = 0{,}155\,(Gr\, Pr)^{1/3}$ (3-187)	

Die Stoffwerte der fluiden Medien sind temperaturabhängig, wie aus Tabelle 3-15 hervorgeht. Als Bezugstemperatur wird eine mittlere Temperatur ϑ_m des Fluids angesetzt, bei einer Rohrströmung beispielsweise das arithmetische Mittel aus den Ein- und Austrittstemperaturen.

Beispiel

3.5-2: Wie hängt der konvektive Wärmeübergangskoeffizient einer Wand von der Oberflächentemperatur der Wand ab? Wie groß ist er auf der Raumseite einer Außenwand, deren Wärmeschutz nach DIN 4108 so bemessen ist, daß bei einer Raumlufttemperatur von $\vartheta_{Li} = 20\,^\circ C$ die Oberflächentemperatur nicht unter $\vartheta_{Oi} = 13{,}7\,^\circ C$ absinkt? Die Raumhöhe ist normalerweise etwa $h = 2{,}5$ m.

Lösung:

Für Luft mit $\vartheta_{Li} = 20\,^\circ C$ ist nach Tabelle 3-15 Pr $= 0{,}7$. Nach Gl. (3-183) ist bei freier, laminarer Konvektion vor einer senkrechten Wand Nu $= 0{,}53\,(Gr\,Pr)^{1/4}$ und mit Gl. (3-188)

$$\alpha^*_{K,\,lam} = 0{,}48\,\frac{\lambda}{L}\left(\frac{g\,\gamma\,\Delta T\,L^3}{v^2}\right)^{1/4}. \qquad (3\text{-}189)$$

Mit der Raumhöhe h als charakteristischer Länge L und der Näherung für den Wärmeausdehnungskoeffizienten der Luft $\gamma = 1/T_m$ sowie mit den Zahlenwerten aus Tabelle 3-15 für eine mittlere Temperatur von $T_m = 290$ K ergibt sich

$$\alpha^*_{K,\,lam} = 5{,}7\,\frac{W\,m^{1/4}}{m^2\,K}\left(\frac{\Delta T}{T_m\,h}\right)^{1/4}$$

$$\approx 6\,\frac{W}{m^2\,K}\left(\frac{\Delta T}{T_m\,h/m}\right)^{1/4}. \qquad (3\text{-}190)$$

Dies ist eine häufig angeführte Näherungsformel für die freie Konvektion in Luft. Mit den angegebenen Daten des Beispiels ist der konvektive Wärmeübergangskoeffizient auf der Raumseite der Außenwand $\alpha^*_{K,\,lam} = 1{,}8$ W/m^2 K.

Bei der freien Konvektion in Luft kann jedoch vor Wänden der turbulente Anteil des konvektiven Wärmeübergangs nicht vernachlässigt werden. Die Nußeltzahl Nu ist größer als der Näherung $\alpha^*_K \sim T^{1/4}$ zugrunde liegt. — Im vorliegenden Beispiel ist die Grashofzahl Gr $= 1{,}47 \cdot 10^{10}$ und die Nußeltzahl für den turbulenten Bereich nach Gl. (3-184) in Tabelle 3-14 Nu $= 254$. Der sich mit diesem Wert nach Gl. (3-188) für den turbulenten konvektiven Wärmeübergangskoeffizienten ergeben-

Tabelle 3-15. Wärmetechnische Stoffwerte von Wasser und trockener Luft bei dem Druck $p = 1$ bar (aus: VDI-Wärmeatlas, 4. Aufl. 1984).

ϑ °C	ϱ kg/m^3	c_p kJ/kg K	γ 10^{-3}/K	λ 10^{-3} W/m K	η 10^{-6} kg/ms	v 10^{-6} m^2/s	a 10^{-6} m^2/s	Pr
Wasser								
0	999,8	4,217	−0,0852	562,0	1791,8	1,792	0,133	13,44
20	998,3	4,182	0,2067	599,6	1002,6	1,004	0,144	6,99
50	988,1	4,181	0,4523	640,5	547,1	0,554	0,155	3,57
99,63	958,4	4,215	0,7527	677,3	283,3	0,296	0,168	1,76
trockene Luft								
−100	2,0186	1,011	5,846	16,40	11,7	5,806	8,04	0,72
0	1,2754	1,006	3,671	24,54	17,10	13,41	19,1	0,70
20	1,1881	1,007	3,419	26,03	17,98	15,13	21,8	0,70
100	0,9329	1,012	2,684	31,81	21,60	23,15	33,7	0,69
200	0,7356	1,026	2,115	38,91	25,70	34,94	51,6	0,68
500	0,4502	1,093	1,293	58,48	35,50	78,86	119	0,66
1000	0,2734	1,185	0,786	76,8	47,88	175,1	237	0,74

ϑ	Celsius-Temperatur	λ	Wärmeleitfähigkeit
ϱ	Dichte	η	dynamische Viskosität
c_p	spezifische Wärmekapazität bei konstantem Druck	v	kinematische Viskosität
		a	Temperaturleitfähigkeit
γ	Wärmeausdehnungskoeffizient	Pr	Prandtlzahl

de Wert ist $\alpha_{K,turb}^* = 2,6 \; W/m^2 \, K$. Im Übergangsbereich der Strömungsarten kann der effektive Wärmeübergangskoeffizient abgeschätzt werden mit der Beziehung

$$\alpha_{K,eff}^* = \sqrt{\alpha_{K,lam}^{*2} + \alpha_{K,turb}^{*2}} = 3,2 \; \frac{W}{m^2 \, K} . \qquad (3\text{-}191)$$

Bei der erzwungenen Konvektion ist häufig der Einfluß der Anströmgeschwindigkeit auf den übertragenen Wärmestrom von Interesse. In diesem Fall muß der Faktor der Strömungsgeschwindigkeit v aus der Nußeltzahl abgespalten werden.

3.5.3. Wärmestrahlung

Die Abgabe von Wärmestrahlung hängt außer von der Temperatur T nur noch von der Größe und der Struktur der Oberfläche ab. Die höchste Strahlungsdichte emittiert ein *schwarzer Körper* (Hohlraumstrahler, Bild 6-62 in Abschn. 6.3.2). Ein solcher schwarzer Körper absorbiert andererseits auch die gesamte auffallende Strahlungsenergie und wandelt sie in Wärme um.

Bei nicht schwarzen Körpern ist das Abstrahlunsvermögen gleich dem Absorptionsgrad. Blanke Metalloberflächen haben deshalb ein geringes Abstrahlungsvermögen, weil sie wenig absorbieren. Wenn das Absorptionsvermögen eines nicht schwarzen Körpers < 1 und unabhängig von der Wellenlänge ist, dann liegt ein *grauer* Körper vor. Auf den schwarzen Körper wird das Emissions- und Absorptionsvermögen anderer *grauer Körper* bezogen und durch den *Emissionsgrad* ε und den *Absorptionsgrad* α gekennzeichnet. Ist M_e die *spezifische Ausstrahlung* des grauen Körpers und $M_{e,s}$ die des schwarzen, dann ist der Emissionsgrad ε des grauen Körpers

$$\varepsilon = \frac{M_e}{M_{e,s}} . \qquad (3\text{-}192)$$

Entsprechend hängt der Absorptionsgrad α des grauen Körpers vom Verhältnis der *absorbierten Strahlungsleistungen* M_a des grauen und $M_{a,s}$ des schwarzen Körpers ab:

$$\alpha = \frac{M_a}{M_{a,s}} . \qquad (3\text{-}193)$$

Tabelle 3-16. Emissionsgrad ε für die Gesamtstrahlung bei der Temperatur ϑ (aus: VDI-Wärmeatlas, 4. Aufl. 1984).

Oberfläche	ϑ in °C	ε
Metalle		
Aluminium		
poliert	20	0,04
oxidiert	20	0,25
Chrom poliert	150	0,071
Gold poliert	230	0,018
Eisen poliert	100	0,20
angerostet	20	0,65
verzinkt	25	0,25
Messing		
nicht oxidiert	25	0,045
oxidiert	200	0,61
Nichtmetalle		
Beton	20	0,94
Dachpappe	20	0,90
Glas	20	0,88
Holz	25	0,90
Mauerwerk, Putz	20	0,93
Kunststoffe	20	0,9
Lacke, Farben	100	0,92 bis 0,97
Wasser	20	0,90

Definitionsgemäß sind für einen schwarzen Körper $\varepsilon = 1$ und $\alpha = 1$. Die Emissionszahlen ausgewählter grauer Körper sind in Tabelle 3-16 aufgeführt.

Der Emissionsgrad und der Absorptionsgrad eines Temperaturstrahlers sind nach dem *Kirchhoffschen Strahlungsgesetz* (G. R. KIRCHHOFF, 1824 bis 1887) immer gleich:

$$\varepsilon = \alpha . \qquad (3\text{-}194)$$

Wäre dies nicht so, dann könnte durch eine geeignete Führung des Strahlungsaustausches erreicht werden, daß der Körper mehr Strahlung von der Umgebung absorbiert, als er emittiert. Er würde sich dadurch unter Abkühlung der Umgebung immer mehr erwärmen. Dies widerspricht jedoch dem zweiten Hauptsatz der Thermodynamik (Abschn. 3.3.6).

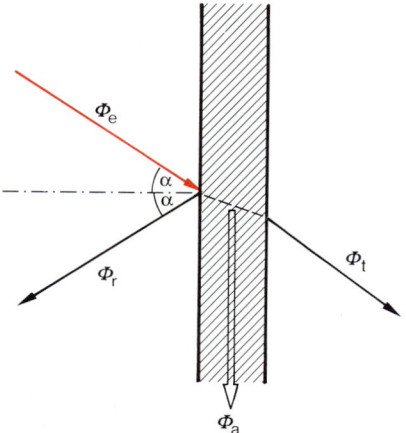

Bild 3-58. Reflexion, Transmission und Absorption von Strahlung bei einer Trennwand.

Die *Strahlungsleistung* Φ_e der auf eine Trennwand einfallenden Strahlung gemäß Bild 3-58 verteilt sich auf die *reflektierte Strahlungsleistung* Φ_r, die durch die Trennwand durchgehende *Strahlungsleistung* Φ_t und auf den *absorbierten* und in Wärmeenergie umgewandelten *Anteil* Φ_a. Nach dem Energieerhaltungssatz besteht zwischen dem *Reflexionsgrad* $\varrho = \Phi_r/\Phi_e$, dem *Transmissionsgrad* $\tau = \Phi_t/\Phi_e$ und dem *Absorptionsgrad* $\alpha = \Phi_a/\Phi_e$ der Zusammenhang

$$\varrho + \tau + \alpha = 1 . \qquad (3\text{-}195)$$

Für einen nicht transparenten Stoff mit dem Transmissionsgrad $\tau = 0$, wie es die meisten technischen Stoffe im Infrarotbereich der elektromagnetischen Strahlung sind, gilt

$$\varrho = 1 - \alpha = 1 - \varepsilon . \qquad (3\text{-}196)$$

Bei der Wärmestrahlung gelten die gleichen Gesetze wie bei der elektromagnetischen Strahlung im Sichtbaren (*Photometrie*, Abschn. 6.3), nur liegen, wie Abschn. 6.3, Bild 6-63 zeigt, die Strahlungsmaxima der Temperaturstrahler mit einer Oberflächentemperatur unter 600 °C weit im infraroten Wellenlängenbereich der elektromagnetischen Strahlung.
Nach dem *Stefan-Boltzmann-Gesetz* (Abschn. 6.3.2, Gl. (6-74)), ist die *spezifische Ausstrahlung* M_e eines grauen Temperaturstrahlers

$$M_e(T) = \varepsilon \, \sigma \, T^4 ; \qquad (3\text{-}197)$$

$\sigma = 5{,}670 \cdot 10^{-8} \, \text{W m}^{-2} \, \text{K}^{-4}$ ist die Stefan-Boltzmann-Konstante.

Beim Wärmetransport durch Wärmestrahlung sind die Flächen, die die elektromagnetische Energie übertragen, nicht mehr klein. In diesem Fall muß das *photometrische Grundgesetz* (Abschn. 6.3.2., Gl. (6-63)) über die Strahlungsaustauschflächen A_1 und A_2 integriert werden. Zur dimensionslosen *Einstrahlzahl* φ_{12} wird der nur von der Geometrie abhängige Teil von Gl. (6-63) zusammengefaßt:

$$\varphi_{12} = \frac{1}{\pi A_1} \int_{A_1} \int_{A_2} \frac{\cos \beta_1 \cos \beta_2}{r^2} \, dA_1 \, dA_2 . \qquad (3\text{-}198)$$

Hierbei ist r der Abstand der Flächen A_1 und A_2; β_1 und β_2 sind die Winkel zwischen der Strahlungsrichtung und den jeweiligen Flächennormalen.

Ein grauer Temperaturstrahler mit der *Strahldichte* $L_{e1} = M_{e1}/(\pi \Omega_0)$ (Gl. (6-66)), der Temperatur T_1, der Fläche A_1 und dem Emissionsgrad ε_1 strahlt also an eine Fläche A_2 die *Strahlungsleistung* Φ_{e1} ab:

$$\Phi_{e1} = A_1 \, \varepsilon_1 \, \varphi_{12} \, \sigma \, T_1^4 . \qquad (3\text{-}199)$$

Der graue Temperaturstrahler mit den Strahlungskennwerten A_1, ε_1 und T_1 emittiert nicht nur die Strahlungsleistung Φ_{e1} an die Fläche A_2, sondern empfängt auch von dieser die Strahlungsleistung Φ_{e2}. Der von der Fläche A_1 mit der höheren absoluten Temperatur T_1 an die Fläche A_2 mit der niedrigeren absoluten Temperatur T_2 durch Wärmestrahlung transportierte Wärmestrom $\dot{Q}_{12}$ ist

$$\dot{Q}_{12} = C_{12} \, A_1 \, (T_1^4 - T_2^4) . \qquad (3\text{-}200)$$

C_{12} mit der Maßeinheit $\text{W/m}^2 \, \text{K}^4$ ist der *Strahlungsaustauschkoeffizient*. Aus der Bilanz der ausgetauschten Strahlungsleistungen zwischen den beiden grauen Körpern unterschiedlicher Temperatur folgt für den Strahlungsaustauschkoeffizienten

Geometrie	Strahlungsaustauschkoeffizient	
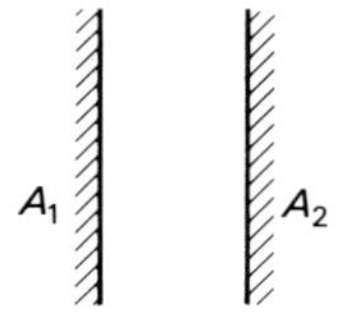 parallele Flächen	$$C_{12} = \dfrac{\sigma}{\dfrac{1}{\varepsilon_1} + \dfrac{1}{\varepsilon_2} - 1}$$	(3-203)
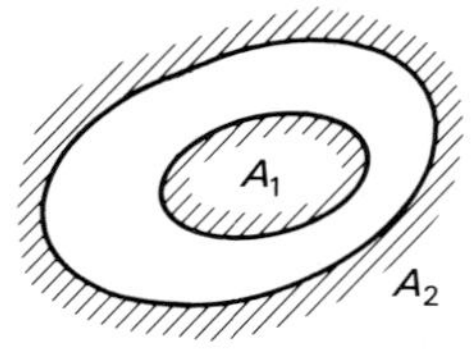 konvexe Fläche A_1 von konkaver Fläche A_2 umschlossen	$$C_{12} = \dfrac{\sigma}{\dfrac{1}{\varepsilon_1} + \dfrac{A_1}{A_2}\left(\dfrac{1}{\varepsilon_2} - 1\right)}$$	(3-204)
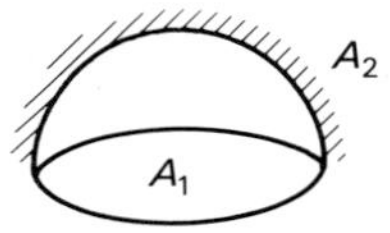 Halbraum A_2 über ebener Fläche A_1	$$C_{12} = \dfrac{\varepsilon_1 \varepsilon_2 \sigma}{1 - \dfrac{1}{2}(1 - \varepsilon_1)(1 - \varepsilon_2)}$$	(3-205)
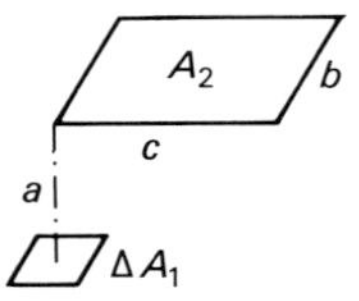 Rechteckfläche parallel zum Flächenelement ΔA_1	$$C_{12} = \sigma \varepsilon_1 \varepsilon_2 \frac{1}{2\pi}\left(\frac{b}{\sqrt{a^2 + b^2}}\arctan\frac{c}{\sqrt{a^2 + b^2}} + \right.$$ $$\left. + \frac{c}{\sqrt{a^2 + c^2}}\arctan\frac{b}{\sqrt{a^2 + c^2}}\right)$$	(3-206)
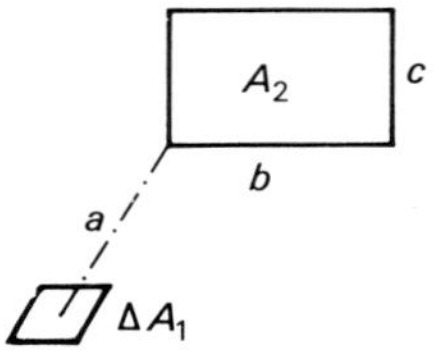 Rechteckfläche senkrecht zum Flächenelement ΔA_1	$$C_{12} = \sigma \varepsilon_1 \varepsilon_2 \frac{1}{2\pi}\left(\arctan\frac{b}{a} - \right.$$ $$\left. - \frac{a}{\sqrt{a^2 + c^2}}\arctan\frac{b}{\sqrt{a^2 + c^2}}\right)$$	(3-207)

Bild 3-59.   *Strahlungsaustauschkoeffizienten C_{12}.*

$$C_{12} = \frac{\varepsilon_1 \, \varepsilon_2 \, \sigma \, \varphi_{12}}{1 - (1 - \varepsilon_1)(1 - \varepsilon_2) \dfrac{A_1}{A_2} \varphi_{12}^2} \cdot \quad (3\text{-}201)$$

Für nichtmetallische Strahler mit $(1 - \varepsilon) < 0{,}1$ kann Gl. (3-201) näherungsweise ersetzt werden durch

$$C_{12} = \varepsilon_1 \, \varepsilon_2 \, \sigma \, \varphi_{12} . \qquad (3\text{-}202)$$

In Bild 3-59 sind die Strahlungsaustauschkoeffizienten C_{12} einiger Spezialfälle zusammengestellt.

Beispiel

3.5-3: Wie groß ist die Wärmestromdichte j_{qS} des Wärmestrahlungsaustausches zwischen zwei sehr großen Platten mit den Oberflächentemperaturen T_1 und T_2 sowie den Emissionszahlen ε_1 und ε_2?

Lösung:

Die von der Platte 1 abgestrahlte Gesamt-Ausstrahlung $M_{e,\text{ges}}^{(1)}$ ist die spezifische Ausstrahlung M_{e1} der Platte 1 zuzüglich der an der Oberfläche 1 reflektierten Gesamt-Ausstrahlung $M_{e,\text{ges}}^{(2)}$ der Platte 2. Dasselbe trifft auf die Ausstrahlung der Platte 2 zu. Mit der Gl. (3-197) gilt also, wenn für nichttransparente Platten Gl. (2-196) berücksichtigt wird

$$M_{e,\text{ges}}^{(1)} = \varepsilon_1 \, \sigma \, T_1^4 + \varrho_1 \, M_{e,\text{ges}}^{(2)}$$
$$= \varepsilon_1 \, \sigma \, T_1^4 + (1 - \varepsilon_1) \, M_{e,\text{ges}}^{(2)} ,$$
$$M_{e,\text{ges}}^{(2)} = \varepsilon_2 \, \sigma \, T_2^4 + \varrho_2 \, M_{e,\text{ges}}^{(1)}$$
$$= \varepsilon_2 \, \sigma \, T_2^4 + (1 - \varepsilon_2) \, M_{e,\text{ges}}^{(1)} .$$

Werden aus diesen beiden Gleichungen die Gesamt-Ausstrahlungen der Platten

$$M_{e,\text{ges}}^{(1)} = \frac{\varepsilon_1 \, \sigma \, T_1^4 + (1 - \varepsilon_1) \, \varepsilon_2 \, \sigma \, T_2^4}{1 - (1 - \varepsilon_1)(1 - \varepsilon_2)} \quad \text{und}$$

$$M_{e,\text{ges}}^{(2)} = \frac{\varepsilon_2 \, \sigma \, T_2^4 + (1 - \varepsilon_2) \, \varepsilon_1 \, \sigma \, T_1^4}{1 - (1 - \varepsilon_1)(1 - \varepsilon_2)}$$

bestimmt, dann beträgt die Wärmestromdichte j_{qS} der Wärmestrahlung

$$j_{qS} = M_{e,\text{ges}}^{(1)} - M_{e,\text{ges}}^{(2)} = \frac{\varepsilon_1 \, \varepsilon_2 \, \sigma \, (T_1^4 - T_2^4)}{1 - (1 - \varepsilon_1)(1 - \varepsilon_2)} .$$

Ein Vergleich mit Gl. (3-200) bestätigt Gl. (3-203) für den Strahlungsaustauschkoeffizienten C_{12} zwischen zwei parallelen Flächen. Die Strahlungswärmestromdichte zwischen den beiden Scheiben einer Isolierverglasung ($\varepsilon_1 = \varepsilon_2 = 0{,}88$) mit den Temperaturen $\vartheta_{o1} = 10\,^{\circ}\text{C}$ und $\vartheta_{o2} = 0\,^{\circ}\text{C}$ beträgt beispielsweise $j_{qS} = 38{,}4 \ \text{W/m}^2$.

Die absoluten Temperaturen der Temperaturstrahler bestimmen den Wärmetransport durch Wärmestrahlung. Wird Gl. (3-200) umgeschrieben in

$$j_{qS} = \frac{\dot{Q}_{12}}{A_1} \qquad\qquad (3\text{-}208)$$
$$= C_{12}(T_1^2 + T_2^2)(T_1 + T_2)(T_1 - T_2) ,$$

so läßt sich entsprechend Gl. (3-162) als Proportionalitätskonstante zwischen der Wärmestromdichte der Wärmestrahlung j_{qS} und der Temperaturdifferenz $(T_1 - T_2)$ *ein Wärmeübergangskoeffizient für Wärmestrahlung* α_S^* definieren:

$$\alpha_S^* = C_{12}(T_1^2 + T_2^2)(T_1 + T_2) . \qquad (3\text{-}209)$$

Er beschreibt den Wärmeübergang von der wärmeren Fläche A_1 zur kälteren Fläche A_2. Die gesamte Strahlungswärmeabgabe oder -aufnahme einer Fläche A_1 ergibt sich, wenn der Strahlungsaustausch mit allen Flächen im Halbraum über der Fläche A_1 aufsummiert wird.

3.5.4. Wärmedurchgang

Die Kenngröße für den Wärmetransport von einem Medium 1 mit der Temperatur ϑ_{M1} in ein Medium 2 mit der Temperatur $\vartheta_{M2} < \vartheta_{M1}$ durch die Fläche A einer wärmedämmenden Trennwand, beispielsweise von der Raumluft durch die Außenwand an die Außenluft, ist der *Wärmedurchgangskoeffizient k*. Im Beharrungszustand ist der Wärmestrom

$$\dot{Q} = k \, A \, (\vartheta_{M1} - \vartheta_{M2}) . \qquad (3\text{-}210)$$

Die Maßeinheit des Wärmedurchgangskoeffizienten ist $\text{W/m}^2 \, \text{K}$. Bei gekrümmten wärmeübertragenden Flächen, wie beispielsweise einem dickwandigen Heizungsrohr, bezieht man den Wärmedurchgangskoeffizient auf die Innenoberfläche A_i oder die Außenoberfläche A_a.

Eine Analyse der *Fourierschen Wärmeleitungsgleichung* (Gl. (3-135)) ergibt, daß die unter stationären Bedingungen nach Gl. (3-210) ermittelten Wärmedurchgangskoeffizienten die Wärmedämmung auch beschreiben, wenn die Wärmeströme instationär, aber, wie beispielsweise bei einer Heizperiode, mit einer *Zykluszeit* t_Z periodisch verlaufen. In diesen Fällen sind die in Gl. (3-210) über die Zykluszeit t_Z gemittelten Werte

$$\bar{Q} = \frac{1}{t_Z} \int_0^{t_Z} \dot{Q}(t)\, dt \quad \text{und} \qquad (3\text{-}211)$$

$$\bar{\vartheta}_M = \frac{1}{t_Z} \int_0^{t_Z} \vartheta_M(t)\, dt \qquad (3\text{-}212)$$

einzusetzen. Der Wärmedurchgangskoeffizient ist also die wärmetechnische Kenngröße für die Wärmedämmung einer Trennwand.

Der Wärmedurchgang durch eine Trennwand setzt sich aus dem Wärmeübergang innen vom abgebenden Medium mit der Temperatur ϑ_{M1} auf die Trennwand mit der Oberflächentemperatur innen ϑ_{Oi}, der Wärmeleitung durch die Trennwand mit dem Temperaturgefälle zur Oberflächentemperatur außen ϑ_{Oa} und dem Wärmeübergang außen an das aufnehmende Medium mit der Temperatur ϑ_{M2} zusammen.

> Bei den Wärmeübergängen innen und außen addieren sich die Wärmeströme der Konvektion und Strahlung.

Sind die Umgebungsflächentemperaturen innen ϑ_{Ui} und außen ϑ_{Ua} etwa so hoch wie die jeweiligen Fluidtemperaturen ϑ_{M1} und ϑ_{M2}, dann können die einzelnen Wärmeübergangskoeffizienten addiert werden. Der Anteil der Wärmeleitung bei freier und erzwungener Konvektion wird nicht getrennt ausgewiesen, sondern ist in α_K^* enthalten (Bild 3-57):

$$\alpha_i^* = \alpha_{Ki}^* + \alpha_{Si}^* \quad \text{und} \qquad (3\text{-}213)$$

$$\alpha_a^* = \alpha_{Ka}^* + \alpha_{Sa}^* . \qquad (3\text{-}214)$$

Der Wärmedurchgangskoeffizient einer ebenen planparallelen Trennwand läßt sich einfach berechnen, auch wenn diese aus mehreren Schichten aufgebaut ist, wie in Bild 3-60 verdeutlicht. Die Wärmestromdichten der einzelnen Wärmeströme

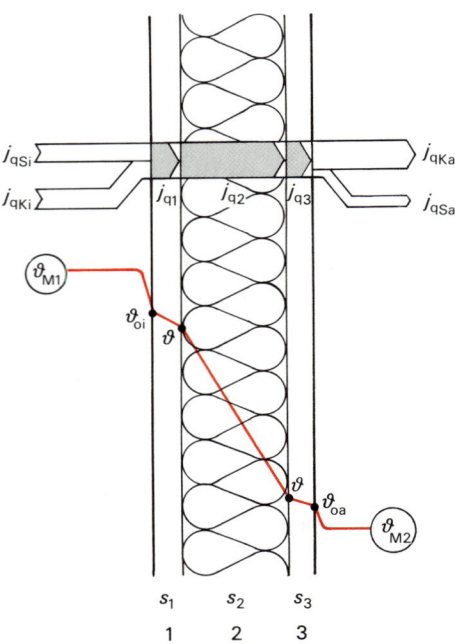

Bild 3-60.   *Wärmedurchgang durch eine mehrschichtige Trennwand.*

$$j_{qi} = \alpha_i^* (\vartheta_{M1} - \vartheta_{Oi}) , \qquad (3\text{-}215)$$

$$j_{q1} = \frac{\lambda_1}{s_1} (\vartheta_{Oi} - \vartheta_1) , \qquad (3\text{-}216)$$

$$j_{q2} = \frac{\lambda_2}{s_2} (\vartheta_1 - \vartheta_2) 1, \qquad (3\text{-}217)$$

$$j_{q3} = \frac{\lambda_3}{s_3} (\vartheta_2 - \vartheta_{Oa}) \quad \text{und} \qquad (3\text{-}218)$$

$$j_{qa} = \alpha_a^* (\vartheta_{Oa} - \vartheta_{M2}) \qquad (3\text{-}219)$$

sind nach dem Energieerhaltungssatz bei wärmequellenfreien Trennwänden alle gleich und so groß wie die Wärmestromdichte j_q $= \dot{Q}/A$ des Wärmedurchgangs nach Gl. (3-210)

$$j_q = k (\vartheta_{M1} - \vartheta_{M2}) . \qquad (3\text{-}220)$$

Durch Umformen der Temperaturdifferenz zwischen den beiden Medien zu

$$\vartheta_{M1} - \vartheta_{M2} = (\vartheta_{M1} - \vartheta_{Oi}) + (\vartheta_{Oi} - \vartheta_1)$$
$$+ (\vartheta_1 - \vartheta_2) + (\vartheta_2 - \vartheta_{Oa})$$
$$+ (\vartheta_{Oa} - \vartheta_{M2}) \qquad (3\text{-}221)$$

und Einsetzen von Gl. (3-215) bis (3-220) in Gl. (3-221) läßt sich die Bestimmungsgleichung des *Wärmedurchgangskoeffizienten k* der *plattenförmigen Trennwand* aufstellen:

$$k = \frac{1}{\dfrac{1}{\alpha_i^*} + \dfrac{s_1}{\lambda_1} + \dfrac{s_2}{\lambda_2} + \dfrac{s_3}{\lambda_3} + \dfrac{1}{\alpha_a^*}} . \qquad (3\text{-}222)$$

Bei gekrümmten Trennwänden ist Gl. (3-222) nicht anwendbar. In einem solchen Fall müssen die Faktoren von Gl. (3-222) mit den Wärmeübertragungsflächen der Einzelschichten gewichtet werden, weshalb die Bestimmungsgleichungen des Wärmeübergangskoeffizienten mathematisch äußerst kompliziert sind.

Die Oberflächentemperaturen zu beiden Seiten der Trennwand werden berechnet, indem Gl. (3-220) in Gl. (3-215) oder Gl. (3-219) eingesetzt wird:

$$\vartheta_{Oi} = \vartheta_{M1} - \frac{k(\vartheta_{M1} - \vartheta_{M2})}{\alpha_i^*}, \qquad (3\text{-}223)$$

$$\vartheta_{Oa} = \vartheta_{M2} + \frac{k(\vartheta_{M1} - \vartheta_{M2})}{\alpha_a^*}. \qquad (3\text{-}224)$$

Die Temperaturen ϑ_1 und ϑ_2 der Berührungsflächen der Trennwandschichten in Bild 3-60 lassen sich dann über Gl. (3-157) und (3-158) bestimmen.

Zur Übung

Ü 3.5-1: Welchen konvektiven Wärmestrom gibt ein senkrechter Plattenheizkörper mit der Höhe $h = 0,6$ m und der Breite $b = 1,2$ m turbulent an die Umgebungsluft ab, wenn die gleichförmige Oberflächentemperatur $\vartheta_O = 40\,°C$ und die Lufttemperatur $\vartheta_L = 20\,°C$ beträgt?

Ü 3.5-2: Wir groß sind die Teilwärmeströme der Wärmeleitung, Konvektion (turbulent ohne Verknüpfung mit der Wärmeleitung) und Wärmestrahlung durch die 12 mm dicke Luftschicht einer 1 m mal 1 m großen Zweischeiben-Isolierverglasung (Außenscheibe 0 °C, Innenscheibe 10 °C)? – Um welchen Prozentsatz vermindert sich der Gesamtwärmestrom, wenn eine der beiden Scheiben zur Luftschicht hin durch eine Bedampfung nur noch einen Emissionsgrad $\varepsilon = 0,08$ aufweist?

Ü 3.5-3: Das Flachdach über einer Halle mit einer Lufttemperatur $\vartheta_L = 20\,°C$ hat von außen nach innen den folgenden Aufbau: Dachhaut (UV-geschützt, Wärmedämmung vernachlässigbar), 60 mm Wärmedämmung ($\lambda = 0,04$ W/m K), 160 mm Stahlbetondecke ($\lambda = 2,1$ W/m K), 10 mm Innenputz ($\lambda = 0,70$ W/mK). Man rechne mit den Norm-Übergangswiderständen $1/\alpha_i^* = 0,13$ m^2 K/W und $1/\alpha_a^* = 0,035$ m^2 K/W gemäß DIN 4108. – Welchen Wärmedurchgangskoeffizienten hat dieses Flachdach? Wie groß ist zwischen Sommer und Winter der Temperaturunterschied an der Berührungsfläche von Betondecke und Wärmedämmung, wenn für die Sommerzeit mit einer durch Sonneneinstrahlung auf $\vartheta_O = 60\,°C$ angehobenen Oberflächentemperatur außen und für die Winterzeit mit einer Außenlufttemperatur $\vartheta_a = -15\,°C$ gerechnet wird?

Ü 3.5-4: Die Körperkerntemperatur des Menschen beträgt $\vartheta_K = 37\,°C$, der Wärmedurchlaßwiderstand des menschlichen Gewebes etwa $R_G = 0,08$ m^2 K/W. – Wie groß ist die Wärmestromdichte auf der menschlichen Haut, wenn der Mensch, bekleidet mit einer Kleidung, deren Wärmedurchlaßwiderstand $R_{KL} = 0,2$ m^2 K/W beträgt, sich in einem Raum befindet, dessen Raumlufttemperatur $\vartheta_{Li} = 21\,°C$ ist und dessen Wände, Decke und Boden eine Oberflächentemperatur von $\vartheta_u = 14\,°C$ haben? Die Wärmeübergangskoeffizienten seien näherungsweise $\alpha_K^* = 3,3$ W/(m^2 K) und $\alpha_S^* = 5,1$ W/(m^2 K).

4. Elektrizität und Magnetismus

Die Eigenschaften der Elektrizität und des Magnetismus lassen sich nicht — wie in der Thermodynamik — aus der Mechanik ableiten. Ein Grund hierfür ist, daß eine neue Eigenschaft der Materie mit einbezogen werden muß: die *Ladung*. Sie ist *materiegebunden*, als Elementarladung *e quantisiert* und hat zwei Ausprägungen: *positive* und *negative* Ladungen. Bild 4-1 zeigt, wie die Gebiete Elektrizität und Magnetismus zusammenhängen. Grundsätzlich sind drei Bewegungszustände der Ladungen möglich:

— *Ruhende Ladungen*

Dies ist das Gebiet der *Elektrostatik*. Kräfte zwischen zwei Ladungen werden durch das *Coulombsche Gesetz* beschrieben. Die Beschreibung der Kraftwirkung auf Ladungen (elektrisches Feld) erfolgt durch die am Ort der Ladung herrschende *elektrische Feldstärke E*. Dieses elektrische Feld hat Quellen (positive Ladungen) und Senken (negative Ladungen), weshalb die Feldlinien nicht in sich geschlossen sind (*wirbelfrei*).

— *Ladungsbewegung mit konstanter Geschwindigkeit*

Dieses Gebiet nennt man *Magnetostatik*. Es „fließt" ein konstanter Strom, der ein zeit-

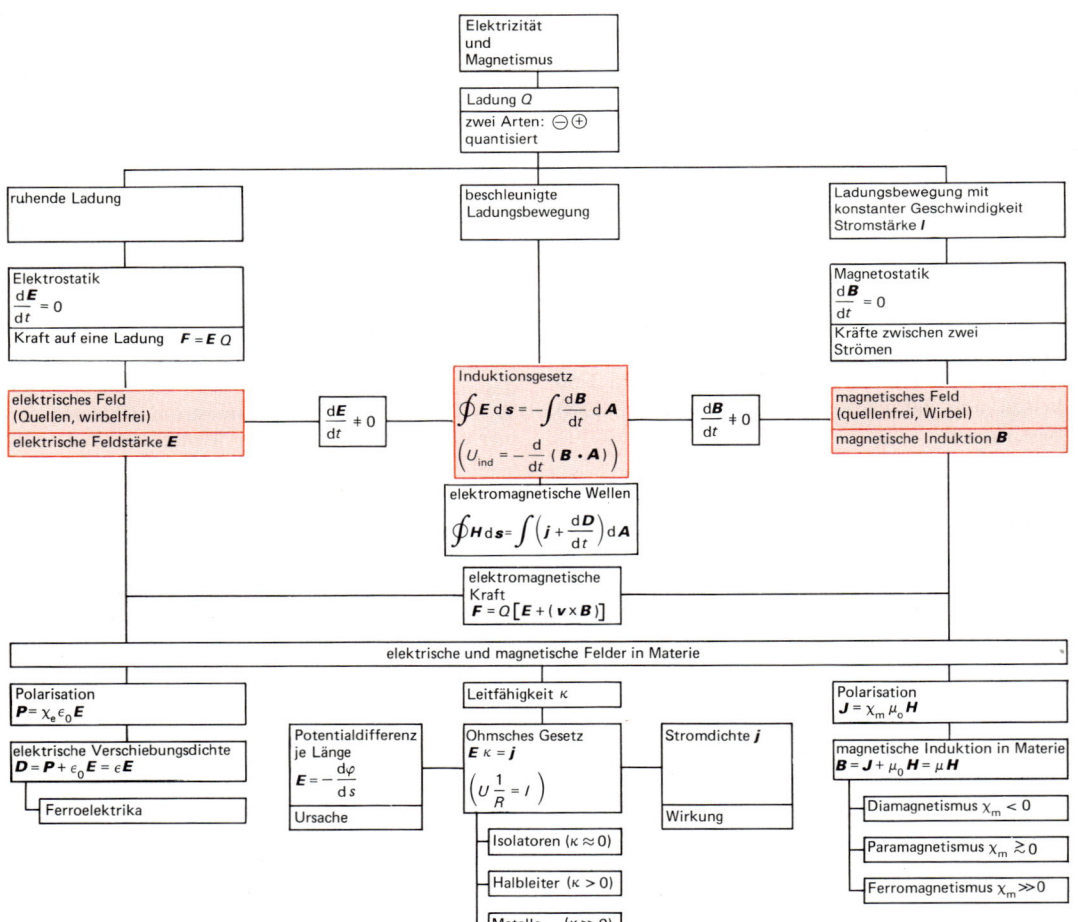

Bild 4-1.   Strukturbild Elektrizität und Magnetismus.

lich konstantes Magnetfeld erzeugt (dB/dt = 0). Es ist *quellenfrei*, da es keine magnetischen Elementarladungen gibt, und die magnetischen Feldlinien sind in sich geschlossen (*Wirbel*).

— *Beschleunigte Ladungsbewegung*

Hierbei ändert sich das elektrische und magnetische Feld. Ein zeitlich sich änderndes Magnetfeld *B* induziert ein elektrisches Feld *E*, das zur Beschleunigung der Ladungen führen kann (*Induktionsgesetz*). Aus den Eigenschaften des elektrischen Feldes (Quellen, wirbelfrei) und des magnetischen Feldes (quellenfrei, Wirbel) ergeben sich in Verbindung mit dem Induktionsgesetz periodisch sich ändernde elektromagnetische Felder, die sich unabhängig von Materie ausbreiten können (*elektromagnetische Wellen*). — Die Kraftwirkung auf eine Ladung im elektrischen und magnetischen Feld wird durch die *elektromagnetische Kraft* beschrieben.

Elektrische und magnetische Felder in Materie führen zu einer Wechselwirkung mit den atomaren Bausteinen (*Polarisation*), so daß sich die im Material herrschende elektrische bzw. magnetische Feldstärke von der äußeren Feldstärke unterscheidet. Diese Wechselwirkung wird durch *Materialgleichungen* beschrieben: im elektrischen Feld durch $D = \varepsilon E$ und im magnetischen Feld durch $B = \mu H$. Eine weitere Materialgleichung verknüpft die Stromdichte *j* über die Leitfähigkeit $\varkappa$ mit der elektrischen Feldstärke *E* (*Ohmsches Gesetz*).

Die gesamten elektrischen und magnetischen Erscheinungen (*Elektrodynamik*) werden in *vier Differentialgleichungen* (bzw. Vektorgleichungen) zusammengefaßt, die die Feldgrößen *E*, *D*, *H* und *B* miteinander verknüpfen (*Maxwellsche Gleichungen*). Zur Lösung der Maxwellschen Gleichungen sind die *drei Feldgleichungen* ($D = \varepsilon E$, $B = \mu H$ und $j = \varkappa E$) erforderlich. Die Maxwellschen Gleichungen beinhalten bereits die endliche Geschwindigkeit der Informationsausbreitung (Konstanz der Vakuumlichtgeschwindigkeit *c*); aufgrund der *Relativitätstheorie Einsteins* (Abschn. 10.5) bedürfen sie deshalb keiner Korrektur.

4.1. Physikalische Gesetze und Definitionen

In diesem Abschnitt sind die grundlegenden Erscheinungen der Elektrizitätslehre beschrieben, die wichtigsten physikalischen Größen definiert und die physikalischen Gesetze am Beispiel des metallischen Leiters wiedergegeben.

4.1.1. Ladung

Die Ladung Q hat folgende Eigenschaften:

— Es gibt nur zwei Sorten von Ladungen: *positive und negative*. Sie dienen zur Erklärung der Abstoßung und Anziehung von Ladungen sowie der Ladungsneutralität.
— Die Ladung ist *quantisiert*, d.h., es gibt eine kleinste elektrische Ladungsmenge, die *Elementarladung e*. Sie ist eine Naturkonstante und hat den Wert

$$e = 1,60217733 \cdot 10^{-19}\,C. \qquad (4\text{-}1)$$

Diese Elementarladung tragen z.B. die Elementarteilchen Proton (positive Ladung) und Elektron (negative Ladung). Jede elektrische Ladung ist damit ein Vielfaches der elektrischen Elementarladung. So entspricht die Ladungseinheit von 1 C etwa der Ladung von $6,24 \cdot 10^{18}$ Elektronen. Die Messung der Elementarladung glückte erstmalig R. A. MILLIKAN im Jahr 1910 (Abschn. 4.3.5.5).
— Die Ladung ist an Materie gebunden, sie ist — wie bereits ausgeführt — eine *diskrete Eigenschaft der Materie*. Elementarladungen tragen beispielsweise folgende Elementarteilchen (Abschn. 8.9):

$+e$: Proton, Positron, $+$ Myon, $+$ Pion
$-e$: Elektron, Antiproton, $-$Myon, $-$Pion
0: Neutron, Neutrino, Photon, 0 Pion.

— Für die Ladung gilt der *Erhaltungssatz*: In einem abgeschlossenen System bleibt die Nettoladung (Menge aller positiver abzüglich Menge aller negativer Ladungen) erhalten.
— Im makroskopischen Bereich bedeutet negative Ladung Elektronenüberschuß und positive Ladung Elektronenmangel. Die Ladung wird durch Elektronen bzw. Ionen transportiert (Abschn. 4.2).

Elektrische Ladungen üben Kräfte aufeinander aus. Gleichnamige Ladungen stoßen sich ab, und ungleichnamige Ladungen ziehen sich an. Für die anziehende oder abstoßende Kraft zwischen zwei Punktladungen Q_1 und Q_2, die sich im Abstand r voneinander befinden, gilt das *Coulombsche Gesetz* (benannt nach dem französischen Physiker C. A. COULOMB):

$$F_{12} = \frac{1}{4\,\pi\,\varepsilon_0}\,\frac{Q_1\,Q_2}{r_{12}^3}\,r_{12}. \qquad (4\text{-}2)$$

(r_{12}: Einheitsvektor in Richtung Q_1 nach Q_2)

Diese Kraft weist dabei in Richtung der Verbindungslinie beider Ladungen. Die Maßstabskonstante ε_0 ist die *elektrische Feldkonstante* bzw. die *Dielektrizitätskonstante* des Vakuums:

$$\varepsilon_0 = 8{,}854 \cdot 10^{-12}\,\frac{C^2}{Nm^2}. \qquad (4\text{-}3)$$

Mit ihr errechnet sich der Proportionalitätsfaktor des Coulombschen Gesetzes:

$$\frac{1}{4\,\pi\,\varepsilon_0} = 8{,}988 \cdot 10^9\,\frac{Nm^2}{C^2}. \qquad (4\text{-}4)$$

Das Coulombsche Gesetz gilt nicht nur für punktförmige Ladungen, sondern auch noch näherungsweise für Kugeln, wenn deren Abstand (von Kugelmitte zu Kugelmitte) groß im Vergleich zu den Kugelradien ist. Bild 4-2 zeigt den Verlauf der Coulomb-Kraft für zwei

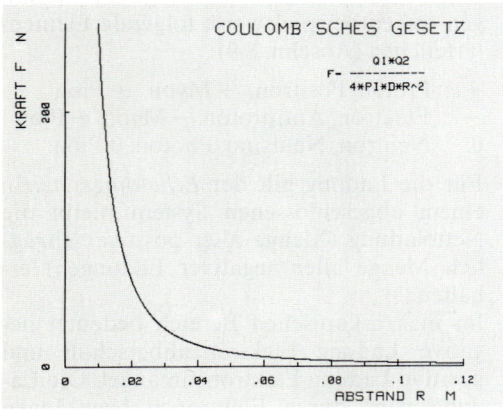

Bild 4-2.   Coulombsches Gesetz (Rechnerausdruck).

Ladungen ($Q_1 = -10^{-6}$ C und $Q_2 = 3 \cdot 10^{-6}$ C) in Abhängigkeit von der Ladungsentfernung (Rechner-Graphik). Es wird deutlich, daß die Coulomb-Kraft für kleine Ladungsabstände sehr groß ist, aber mit zunehmendem Ladungsabstand schnell an Bedeutung verliert.

Die Coulomb-Kraft weist mathematisch dieselbe Struktur auf wie die Gravitationskraft, nämlich

$$F = -\gamma\,\frac{m_1\,m_2}{r_{12}^2}\,r_0, \qquad (2\text{-}137)$$

da sie

— eine Zentralkraft ist,
— quadratisch mit der Teilchenentfernung abnimmt und
— symmetrisch in den Ladungen ist.

In Tabelle 4-1 sind die wichtigsten Unterschiede zwischen der elektrischen Coulomb-Kraft und der Gravitationskraft zusammengestellt.

Sind mehr als zwei Ladungen vorhanden, so gilt das Coulombsche Gesetz für jedes Ladungspaar. Betragen die Ladungen Q_1, Q_2,

Tabelle 4-1. Unterschiede zwischen der Coulomb- und der Gravitationskraft.

Kräfte / Unterscheidungsmerkmale	Coulomb-Kraft	Gravitationskraft
Ursache	zwei Ladungen mit unterschiedlichen Vorzeichen	zwei Massen
Kraftrichtung	Anziehung und Abstoßung	Anziehung
Stärke	groß	sehr klein
Abschirmbarkeit	ja	nein
Bedeutung	Zusammenhalt der Atome	Zusammenhalt des Makrokosmos

$Q_3 \ldots Q_n$, so ist die Kraft, die beispielsweise auf Q_1 ausgeübt wird, die Resultierende der Kraftvektoren

$$F_1 = F_{12} + F_{13} + \ldots + F_{1n}.$$

Beispiel

4.1-1: Drei Ladungen Q_1, Q_2 und Q_3 befinden sich in den Eckpunkten eines gleichschenkligen Dreiecks gemäß Bild 4-3. Wie groß ist die Kraft auf die Ladung Q_3?

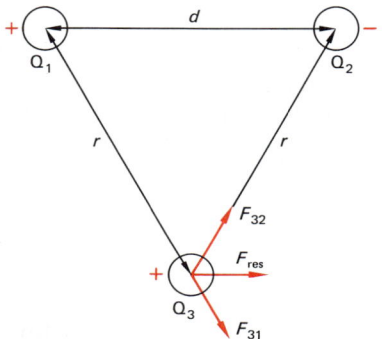

Bild 4-3. Resultierende Kraft bei drei Ladungen (Kraftwirkung eines Dipols).

Lösung:

Das Ladungsdreieck $Q_1 Q_2 Q_3$ muß dem Kräftedreieck $F_{res} F_{32} F_{31}$ ähnlich sein, so daß gilt

$$\frac{|F_{res}|}{|F_{31}|} = \frac{d}{r}.$$

Daraus folgt

$$|F_{res}| = \frac{d}{r} F_{31} = \frac{d}{r} \frac{1}{4\pi\varepsilon_0} \frac{Q_1 Q_3}{r^2}.$$

$$|F_{res}| = \frac{d}{4\pi\varepsilon_0} \frac{Q_1 Q_3}{r^3}. \qquad (4\text{-}5)$$

(Wird Q_1 und Q_2 im Abstand d als Dipol aufgefaßt, dann ist $Q_1 d$ *das Dipolmoment.* Dies bedeutet, daß die von einem Dipol auf eine Ladung Q_3 (in gleichem Abstand von Q_1 und Q_2) ausgeübte Kraft umgekehrt proportional zur dritten Potenz des Abstandes ist.)

4.1.2. Stromstärke

Wird in der Zeitspanne dt durch eine Querschnittsfläche die Ladung dQ hindurchbewegt, dann berechnet sich die Stromstärke I zu

$$I = \frac{dQ}{dt}. \qquad (4\text{-}6)$$

Die Einheit der Stromstärke I ist nach dem französischen Physiker A. M. AMPÈRE (1775 bis 1839) benannt.

Aus Gl. (4-6) folgt, daß auch die Ladung aus der Dauer des Stromflusses berechnet werden kann als

$$Q = \int_{t_1}^{t_2} I(t) \, dt. \qquad (4\text{-}7)$$

Dies ist eine wichtige Methode der Ladungsbestimmung für zeitabhängige Ströme. Die Ladung ist anschaulich als Fläche unter der $I(t)$-Kurve zu verstehen. Ist die Stromstärke in der Zeit konstant, d.h. der Ladungstransport stationär, so gilt

$$Q = I t. \qquad (4\text{-}8)$$

Die Stromstärke I ist in den Internationalen Einheiten als Basisgröße über die Kraftwirkung zweier stromdurchflossener Leiter definiert (Abschn. 1.3):

Eine Stromstärke I besitzt dann den Wert 1 Ampere, wenn die durch zwei im Abstand von 1 m befindliche geradlinige, parallele Leiter (mit Durchmesser null) fließende Stromstärke je Meter Länge eine Kraft von $2 \cdot 10^{-7}$ Nm^{-1} hervorruft.

Diese Definition wurde gewählt, um die elektrische Energie und die mechanische Energie in gleichen Einheiten messen zu können; es gilt

$$1 \text{ VAs} = 1 \text{ J} = 1 \text{ Nm}.$$

Als *Stromrichtung* wurde die Bewegungsrichtung von *plus* (+) nach *minus* (−) festgelegt. Diese sogenannte „technische" Stromrichtung ist entgegengesetzt der tatsächlichen Elektronenbewegung.

Die *Stromdichte* in einem stromdurchflossenen Draht des Querschnitts A ist definiert als

$$j = \frac{I}{A}. \qquad (4\text{-}9)$$

Wie in nachfolgenden Abschnitten ausführlich erläutert ist, zeigt der elektrische Strom drei Wirkungen:

— *Wärmewirkung*

Stromdurchflossene Leiter erwärmen sich, ändern ihre Länge (ihr Volumen) und oft andere temperaturabhängige Größen, z. B. den elektrischen Widerstand oder die Farbe.

— *Chemische Wirkung* (*Elektrochemie*)

In elektrolytischen Leitern können Ladungen und Ionen transportiert und an Festkörpern, den sogenannten Elektroden, abgeschieden werden (Galvanotechnik). Diese Wirkung wurde früher zur Definition des Ampere herangezogen: 1 A scheidet nämlich in 1 s aus einer wäßrigen Silbernitratlösung 1,118 mg Silber ab.

— *Magnetische Wirkung* (*Elektromagnetismus*)

Stromdurchflossene, gerade Leiter werden von einem zylindersymmetrischen Magnetfeld umgeben.

4.1.3. Spannung

Die Spannung U ist ein Maß für die hineingesteckte Ladungstrennungsarbeit je Ladung: $U = W/Q$. Sind positive und negative Ladungen räumlich getrennt als positiver oder negativer Pol, dann liegt zwischen diesen Polen eine Spannung, die *elektrische Urspannung* genannt wird. Werden diese Pole miteinander verbunden, so findet ein Ladungstransport und damit ein Stromfluß statt, und die Ladungsunterschiede gleichen sich aus. In leitenden Festkörpern (z. B. Metallen) sind nur Elektronen frei beweglich, so daß am Plus-Pol Elektronenmangel und am Minus-Pol Elektronenüberschuß herrscht. Werden diese Pole miteinander verbunden, dann fließen die Elektronen vom Minus- zum Plus-Pol. Die *technische Stromrichtung* legt folgendes fest:

> Bei passiven Bauelementen (z. B. Ohmscher Widerstand) fließt im äußeren Stromkreis der Strom vom Pluspol der Spannungsquelle zu ihrem Minuspol.

Bild 4-4 zeigt die Pfeilrichtungen für die Stromstärke I und die Spannung U. Die Spannung U in V ist über die elektrische Energie definiert:

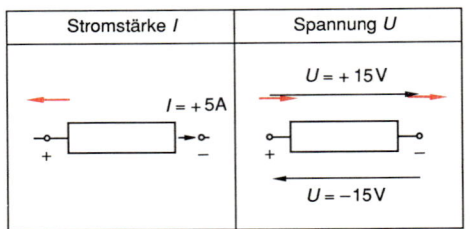

Stromstärke I	Spannung U

Bild 4-4.   Richtungssinn für Strom und Spannung.

> Ein Volt liegt dann zwischen zwei Punkten eines metallischen Leiters, wenn beim Transport der Ladung von 1 Coulomb eine Energie von 1 Joule umgesetzt wird.

Es gilt

$$U = \frac{P_{ab}}{I} \,. \qquad (4\text{-}10)$$

In Abschn. 4.3 ist der wichtige Zusammenhang zwischen elektrischer Feldstärke, elektrischem Potential und Spannung hergeleitet. An dieser Stelle soll lediglich angemerkt werden, daß im Falle elektrischer Kräfte die Spannung U_{AB} zwischen zwei Punkten gleich der Potentialdifferenz $\Delta\varphi$ zwischen diesen Punkten ist:

$$U_{AB} = \Delta\varphi = \varphi_B - \varphi_A \,. \qquad (4\text{-}11)$$

Spannungsquellen halten zwischen zwei Punkten eine Spannung aufrecht. Dies geschieht durch Umwandlung von chemischer Energie (galvanische Elemente), mechanischer Energie

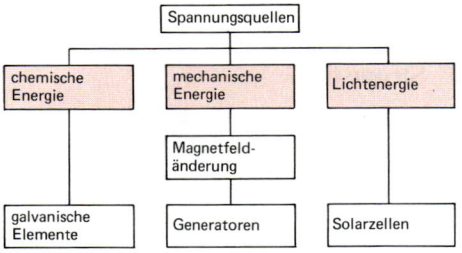

Bild 4-5.   Arten von Spannungsquellen.

(Generatoren) oder Lichtenergie (Solarzellen) in elektrische Energie. Bild 4-5 gibt eine Übersicht. Die elektrochemischen Vorgänge in den galvanischen Elementen sind in Abschn. 4.2, die durch mechanische Änderung des Magnetflusses erzeugte Spannung in Abschn. 4.4.3 und der photovoltaische Umwandlungsprozeß in Abschn. 9.4 ausführlich beschrieben.

4.1.4. Widerstand und Leitwert

Der elektrische Widerstand R ist ein Maß für die Hemmung des Ladungstransports und bestimmt deshalb die Stromstärke bei einer bestimmten Spannung. Er ist folgendermaßen definiert:

> Der elektrische Widerstand R beträgt 1 Ohm, wenn zwischen zwei Punkten eines metallischen Leiters beim Spannungsabfall von 1 Volt genau 1 Ampere fließt.

Die Einheit ist 1 V/A = 1 Ω.

Mit der Entdeckung des *Quanten-Hall-Effektes* durch K. v. KLITZING (Abschn. 8.2.5) läßt sich das Ohm unabhängig von der Geometrie und den physikalischen Eigenschaften verschiedener Werkstoffe allein durch Naturkonstanten mit hoher Genauigkeit ($10^{-8}\,\Omega$) darstellen (h/e^2)=25812,8 Ω; hierbei ist h das Plancksche Wirkungsquantum $h = 6{,}626176 \cdot 10^{-34}$ Js und e die Elementarladung.

Der Kehrwert des elektrischen Widerstandes ist der Leitwert G:

$$G = \frac{1}{R}. \qquad (4\text{-}12)$$

Er wird in Siemens S oder in Ω^{-1} gemessen.

Der elektrische Widerstand R eines metallischen Leiters der Länge l und dem Querschnitt A ist

$$R = \varrho\,\frac{l}{A}. \qquad (4\text{-}13)$$

Die Proportionalitätskonstante ist der spezifische Widerstand ϱ (Resistivität).

$$\varrho = \frac{RA}{l}. \qquad (4\text{-}14)$$

Er wird üblicherweise für Festkörper in ($\Omega \cdot mm^2$)/m und für Flüssigkeiten in Ω cm gemessen.

Analog zum Leitwert ist der Kehrwert des spezifischen elektrischen Widerstandes, die elektrische Leitfähigkeit $\varkappa$:

$$\varkappa = \frac{1}{\varrho} = \frac{l}{RA}. \qquad (4\text{-}15)$$

Bild 4-6 zeigt einen Überblick über die gängigen technischen Widerstände, über ihre Werkstoffe, ihre Eigenschaften, ihre normierten Bauausführungen (nach DIN) und ihre Anwendungsfelder. Zur besseren Anschauung sind einige Widerstandstypen abgebildet.

Widerstände können in feste oder einstellbare Widerstände eingeteilt werden. Die Festwiderstände lassen sich weiter untergliedern in lineare oder nicht lineare Widerstände. Die linearen Widerstände genügen dem Ohmschen Gesetz (unter Berücksichtigung des Temperaturverhaltens). Sie bestehen aus Cr–Ni-Draht (wegen des geringen Temperaturkoeffizienten) oder aus Schichtmaterialien, wie z.B. Kohlenstoff, Cr–Ni, SnO_2, Au–Pt oder in Lack dispergierten Kohlenstoffteilchen. Bild 4-6 zeigt weitere Unterscheidungsmerkmale und die bevorzugten Anwendungsfelder. Der Widerstandswert und die Toleranzen werden häufig als Farbringe aufgebracht. Bei den nicht-linearen Widerständen ist der Widerstand abhängig von folgenden physikalischen Größen:

– *Temperatur*

- Heißleiter: fallender Widerstand bei zunehmender Temperatur (NTC: Negative Temperature Coefficient). Sie werden als Temperaturfühler, zur Messung von Strömungsgeschwindigkeiten oder zur Spannungsstabilisierung verwendet und bestehen aus einer halbleitenden Oxidkeramik.

- Kaltleiter: stark zunehmender Widerstand bei zunehmender Temperatur (PTC: Positive Temperature Coefficient). Sie werden als Temperaturfühler, als Thermostat und zur Stromstabilisierung verwendet und bestehen aus Metalldrähten.

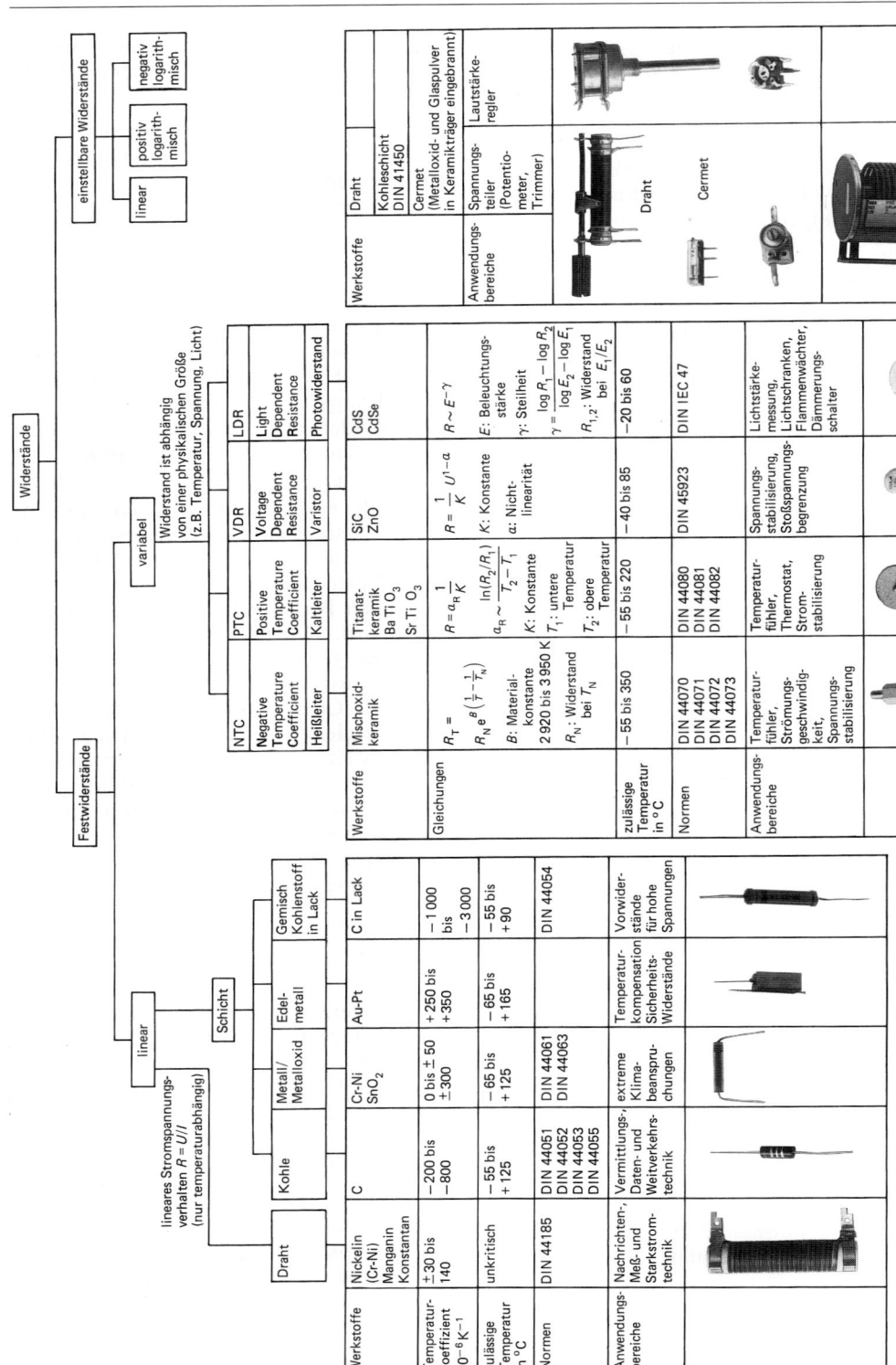

Diagramm (oben):

Widerstände
- Festwiderstände
  - linear — lineares Stromspannungsverhalten $R = U/I$ (nur temperaturabhängig)
  - variabel — Widerstand ist abhängig von einer physikalischen Größe (z.B. Temperatur, Spannung, Licht)
- einstellbare Widerstände
  - linear
  - positiv logarithmisch
  - negativ logarithmisch

Festwiderstände – linear:

	Draht	Schicht			
		Kohle	Metall/Metalloxid	Edelmetall	Gemisch Kohlenstoff in Lack
Werkstoffe	Nickelin (Cr-Ni) Manganin Konstantan	C	Cr-Ni SnO₂	Au-Pt	C in Lack
Temperaturkoeffizient $10^{-6}\,K^{-1}$	±30 bis 140	−200 bis −800	0 bis ±50 ±300	+250 bis +350	−1000 bis −3000
zulässige Temperatur in °C	unkritisch	−55 bis +125	−65 bis +125	−65 bis +165	−55 bis +90
Normen	DIN 44185	DIN 44051 44052 44053 44055	DIN 44061 44063		DIN 44054
Anwendungsbereiche	Nachrichten-, Meß- und Starkstromtechnik	Vermittlungs-, Daten- und Weitverkehrstechnik	extreme Klimabeanspruchungen	Temperaturkompensation Sicherheitswiderstände	Vorwiderstände für hohe Spannungen

Festwiderstände – variabel:

	NTC	PTC	VDR	LDR
	Negative Temperature Coefficient — Heißleiter	Positive Temperature Coefficient — Kaltleiter	Voltage Dependent Resistance — Varistor	Light Dependent Resistance — Photowiderstand
Werkstoffe	Mischoxidkeramik	Titanatkeramik Ba Ti O₃ Sr Ti O₃	SiC ZnO	CdS CdSe
Gleichungen	$R_T = R_N\, e^{B\left(\frac{1}{T}-\frac{1}{T_N}\right)}$ — B: Materialkonstante 2920 bis 3950 K; R_N: Widerstand bei T_N	$R = a_R\,\dfrac{1}{K}$ — $a_R \sim \dfrac{\ln(R_2/R_1)}{T_2 - T_1}$; K: Konstante; T_1: untere Temperatur; T_2: obere Temperatur	$R = \dfrac{1}{K}\,U^{1-\alpha}$ — K: Konstante; α: Nichtlinearität	$R \sim E^{-\gamma}$ — E: Beleuchtungsstärke; γ: Steilheit; $\gamma = \dfrac{\log R_1 - \log R_2}{\log E_2 - \log E_1}$; $R_{1,2}$: Widerstand bei E_1/E_2
zulässige Temperatur in °C	−55 bis 350	−55 bis 220	−40 bis 85	−20 bis 60
Normen	DIN 44070 44071 44072 44073	DIN 44080 44081 44082	DIN 45923	DIN IEC 47
Anwendungsbereiche	Temperaturfühler, Strömungsgeschwindigkeit, Spannungsstabilisierung	Temperaturfühler, Thermostat, Stromstabilisierung	Spannungsstabilisierung, Stoßspannungsbegrenzung	Lichtstärkemessung, Lichtschranken, Flammenwächter, Dämmerungsschalter

einstellbare Widerstände:

	Draht	Kohleschicht DIN 41450	Cermet (Metalloxid- und Glaspulver in Keramikträger eingebrannt)
Werkstoffe	Draht	Kohleschicht DIN 41450	Cermet (Metalloxid- und Glaspulver in Keramikträger eingebrannt)
Anwendungsbereiche	Spannungsteiler (Potentiometer, Trimmer) Draht	Cermet	Lautstärkeregler

Bild 4-6. Einteilung von Widerständen und ihre Bauarten.

– Spannung

VDR-Widerstände oder Variatoren (VDR: Voltage Dependent Resistance) sind stark spannungsabhängig und werden zur Spannungsstabilisierung und zur Stoßspannungsbegrenzung eingesetzt.

– Licht

In diesem Fall handelt es sich um lichtempfindliche Widerstände (LDR: Light Dependent Resistance), die z. B. in Belichtungsmessern eingebaut werden.

Die einstellbaren Widerstände ändern den Widerstand entweder linear oder logarithmisch (positiv oder negativ). Linear einteilbare Widerstände werden als Spannungsteiler (Potentiometer oder Trimmer) eingesetzt, logarithmisch verstellbare Widerstände zur Lautstärkeregelung verwendet. Als Werkstoffe werden Draht, Kohleschichten und Cermet (Keramikträger mit eingebranntem Metalloxid und Glaspulver) eingesetzt.

Da der spezifische elektrische Widerstand zu denjenigen physikalischen Größen gehört, die den größten Meßbereich abdecken (von $\varrho = 10^{-8}\ \Omega$m bei Edelmetallen bis zur $10^{13}\ \Omega$m bei Isolatoren, dies sind 21 Zehnerpotenzen), gibt seine Analyse oftmals genauen Aufschluß über die physikalischen Prozesse im atomaren Bereich.

Elektrischer Widerstand und spezifischer Widerstand (und selbstverständlich auch Leitwert und elektrische Leitfähigkeit) sind temperaturabhängig. Bild 4-7 zeigt den prinzipiellen Verlauf des spezifischen Widerstandes von der Temperatur T für einen metallischen Leiter, einen Halbleiter und einen Supraleiter. Beim metallischen Leiter nimmt der Widerstand R bzw. der spezifische elektrische Widerstand ϱ mit der Temperatur zu. Es gelten folgende lineare Näherungen:

$$R(\vartheta) = R_{20}(1 + \alpha(\vartheta - 20\ °C)), \quad (4\text{-}16)$$
$$\varrho(\vartheta) = \varrho_{20}(1 + \alpha(\vartheta - 20\ °C)). \quad (4\text{-}17)$$

Hierbei ist R_{20} bzw. ϱ_{20} der Widerstand bzw. der spezifische elektrische Widerstand eines metallischen Leiters bei 20 °C, ϑ die Temperatur in °C und α der Temperaturkoeffizient des elektrischen Widerstandes bei 20 °C.

Der Temperaturkoeffizient α gibt an, welche relative Widerstandsänderung $\Delta R/R$ der Leiter bei Änderung um $\Delta T = 1$ K erfährt:

$$\alpha = \frac{\Delta R}{R_{20}\,\Delta T} = \frac{\Delta \varrho}{\varrho_{20}\,\Delta T}. \quad (4\text{-}18)$$

(Hinweis: Die Gleichungen sind lediglich lineare Näherungen.)

Tabelle 4-2 zeigt ausgewählte Zahlenwerte für den spezifischen elektrischen Widerstand ϱ (Resistivität) und den Temperaturkoeffizienten α. Bei vielen reinen Metallen liegt der Temperaturkoeffizient α bei 1/250 K^{-1}. Kaum temperaturabhängige Speziallegierungen sind Konstantan (60% Cu, 40% Ni: $\alpha = 3 \cdot 10^{-5}$ K^{-1}) und Manganin (86% Cu, 2% Ni, 12% Mn: $\alpha = 2 \cdot 10^{-5}$ K^{-1}). Solche Werkstoffe werden beispielsweise zur Herstellung konstanter Widerstände verwendet.

Tabelle 4-2. Eigenschaften einiger Leiterwerkstoffe (Bezugswiderstand R_{20}).

Werkstoff	spezifischer elektrischer Widerstand ϱ in Ω cm	Temperatur-koeffizient α in 10^{-3} K^{-1}
Silber	$1{,}6 \cdot 10^{-6}$	3,8
Kupfer	$1{,}7 \cdot 10^{-6}$	3,9
Gold	$2{,}2 \cdot 10^{-6}$	3,9
Aluminium	$2{,}7 \cdot 10^{-6}$	4,7
Platin	$1 \cdot 10^{-5}$	3,9
Platin-Iridium	$3{,}2 \cdot 10^{-5}$	2
Platin-Rhodium	$2 \cdot 10^{-5}$	1,7
Zinn	$1{,}1 \cdot 10^{-5}$	4,6

Bei Halbleitern fällt der spezifische Widerstand mit steigender Temperatur zunächst und steigt dann entsprechend dem Widerstandsverhalten der Metalle mit zunehmender Temperatur an.

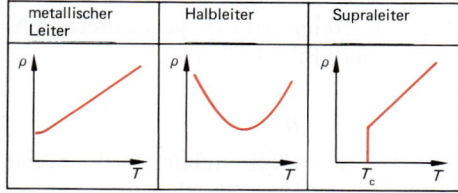

Bild 4-7. *Prinzipieller Verlauf des spezifischen Widerstandes für einen metallischen Leiter, einen Halbleiter und einen Supraleiter.*

Supraleiter zeigen unterhalb der Sprungtemperatur T_C überhaupt keinen meßbaren
Widerstand mehr. Die Erklärungen für den
unterschiedlichen Widerstandsverlauf in Abhängigkeit von der Temperatur erfolgen in
Abschn. 9.2.

4.1.5. Ohmsches Gesetz

Der Zusammenhang zwischen der Spannung
U als Ursache des Ladungstransports und der
Stromstärke als Wirkung wird Strom-Spannungs-Kennlinie genannt. Bild 4-8 zeigt drei
typische Verläufe für einen metallischen Leiter, der dem Ohmschen Gesetz folgt, eine
Halbleiterdiode und eine Gasentladungsröhre.

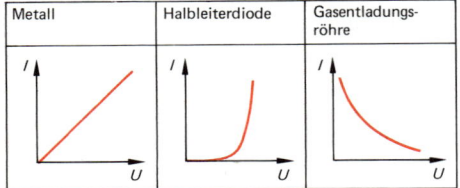

*Bild 4-8.   Strom-Spannungs-Kennlinien für einen me-
tallischen Leiter nach dem Ohmschen Gesetz, eine
Halbleiterdiode und eine Gasentladungsröhre.*

Ohm fand für viele Leiter einen linearen Zusammenhang zwischen Strom I und Spannung
$U: I \sim U$. Für den Widerstand R gilt dann

$$R = \frac{U}{I}, \qquad (4\text{-}19)$$

$$U = RI. \qquad (4\text{-}20)$$

Es sei besonders betont, daß das Ohmsche
Gesetz zwar für Metalle und Elektrolyte bei
konstanter Temperatur gut erfüllt ist, im allgemeinen aber nur einen – wenn auch be-
deutenden – Spezialfall darstellt.

4.1.6. Kirchhoffsche Regeln
im verzweigten Stromkreis

Die Kirchhoffschen Regeln (G. KIRCHHOFF,
1824 bis 1887) beschreiben das Verhalten der
elektrischen Ströme in einem verzweigten
Stromkreis (Knotenregel) und der Spannungen in einem geschlossenen Stromkreis
(Maschenregel).

1. Kirchhoffsches Gesetz (Knotenregel)

Nach dem Gesetz der Ladungserhaltung müssen alle einem Stromknoten zugeführten Ladungen (+) gleich den abfließenden Ladungen (−) sein. Dies bedeutet für die Ströme an
einem Knoten:

> Die Summe aller Ströme eines Strom-
> knotens ist null:
>
> $$\sum_{i=1}^{m} I_i = 0. \qquad (4\text{-}21)$$

Hierbei werden zufließende Ströme positiv
und abfließende Ströme negativ eingesetzt.
Dies zeigt Bild 4-9. Danach gilt

$$I_1 + I_2 - I_3 - I_4 - I_5 - I_6 = 0$$

oder

$$I_1 + I_2 = I_3 + I_4 + I_5 + I_6.$$

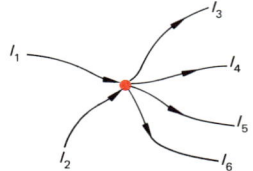

Bild 4-9.   Knotenregel.

Die Knotenregel spielt bei der Aufteilung des
Stromflusses eine Rolle, wie dies bei Paral-
lelschaltungen vorkommt. Hier gilt aufgrund
des Ohmschen Gesetzes $I = U/R$ für die
Strom- bzw. Widerstandsverhältnisse:

> In einer Parallelschaltung verhält sich der
> Gesamtstrom zu den einzelnen Teilströmen
> umgekehrt wie der Gesamtwiderstand zu
> den Teilwiderständen.
>
> $$I_{ges} : I_1 : I_2 : I_3 : \cdots : I_n =$$
> $$= \frac{1}{R_{ges}} : \frac{1}{R_1} : \frac{1}{R_2} : \frac{1}{R_3} : \cdots : \frac{1}{R_n}. \qquad (4\text{-}22)$$

Für den Fall dreier parallel geschalteter Widerstände gemäß Bild 4-10 gilt z. B.

$$I : I_1 : I_2 : I_3 = \frac{1}{R} : \frac{1}{R_1} : \frac{1}{R_2} : \frac{1}{R_3}.$$

Für den häufig vorkommenden Fall zweier
parallelgeschalteter Widerstände schreibt man

$$I : I_1 : I_2 = \frac{1}{R} : \frac{1}{R_1} : \frac{1}{R_2}.$$

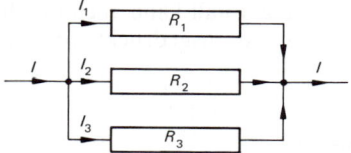

Bild 4-10. Stromverteilung bei Parallelschaltung von drei Widerständen.

Für die Stromstärke I_1 und I_2 folgt daraus

$$I_1 : I_2 = \frac{1}{R_1} : \frac{1}{R_2},$$

$$\frac{I_1}{I_2} = \frac{R_2}{R_1}. \tag{4-23}$$

Die Teilströme verhalten sich in diesem Fall umgekehrt wie die zugehörigen Teilwiderstände.

2. Kirchhoffsches Gesetz (Maschenregel)

Nach dem Energieerhaltungssatz muß beim Transport einer elektrischen Ladung in einem geschlossenen Stromkreis (Masche) die zugeführte und die abgegebene elektrische Arbeit gleich groß sein. Für die elektrische Spannung U als Maß dafür gilt:

Die Summe aller treibenden Spannungen (U_{0i}) ist gleich der Summe aller Spannungsabfälle (U_{abj}).

$$\sum_{i=1}^{k} U_{0i} = \sum_{j=1}^{n} U_{abj}. \tag{4-24}$$

Werden die Spannungspfeile entsprechend den Vorschriften (für Spannungsquellen von Plus nach Minus und für Spannungsabfälle in Richtung der Stromstärke, Bild 4-4) eingesetzt, so kann die Maschenregel auch folgendermaßen formuliert werden:

Die Summe aller Spannungen eines Stromkreises (Masche) ist null:

$$\sum_{l=1}^{m} U_1 = 0. \tag{4-25}$$

Es sind *in* Zählrichtung verlaufende Spannungen *positiv* und *gegen* die Zählrichtung verlaufende Spannungen *negativ* einzuset-

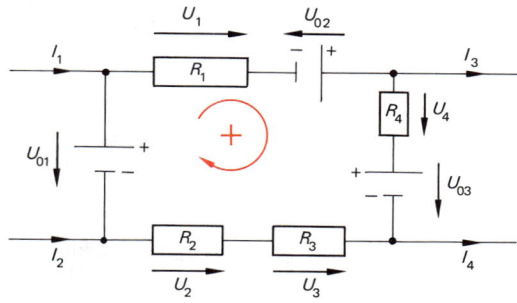

Bild 4-11.   Maschenregel.

zen. Für die vorliegende Masche gemäß Bild 4-11 gilt also nach Gl. (4-25)

$$U_1 - U_{02} + U_4 + U_{03} - U_3 - U_2 - U_{01} = 0.$$

Bei der Reihenschaltung von Widerständen gilt für die Teilspannungen nach der Maschenregel und wegen des Ohmschen Gesetzes $U = RI$:

In einer Reihenschaltung verhalten sich die Teilspannungen wie die zugehörigen Widerstände.

$$U_1 : U_2 : U_3 : \cdots : U_n = R_1 : R_2 : R_3 : \cdots : R_n. \tag{4-26}$$

Für drei Reihenwiderstände lautet das Verhältnis

$$U_1 : U_2 : U_3 = R_1 : R_2 : R_3.$$

Für den häufig vorkommenden Fall zweier Widerstände, wiedergegeben in Bild 4-12, ergibt sich

$$\frac{U_1}{U_2} = \frac{R_1}{R_2}. \tag{4-27}$$

oder

$$\frac{U_0}{U_1} = \frac{(R_1 + R_2)}{R_1},$$

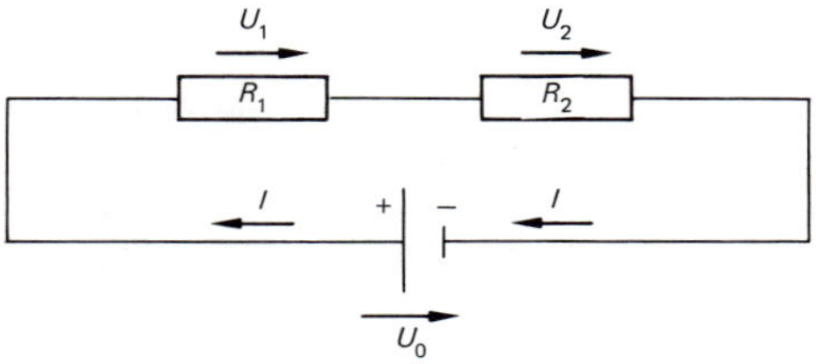

Bild 4-12.   Spannungsverteilung bei Reihenschaltung von zwei Widerständen.

hieraus folgt

$$U_1 = \frac{R_1}{(R_1 + R_2)}\, U_0. \qquad (4\text{-}28)$$

Diese Gleichung spielt bei der Spannungsteilerschaltung (Abschn. 4.1.9) eine wichtige Rolle.

Bestehen Stromkreise aus einer Vielzahl von Maschen (Maschenanzahl m) mit mehreren Verzweigungsknoten (Knotenanzahl k), dann liegt ein „Netzwerk" vor. Für die Anzahl z_I der Gleichungen zur Errechnung aller Teilströme gilt bei gegebenen Spannungsquellen und Widerständen

$$m + k > z_I. \qquad (4\text{-}29)$$

Dies bedeutet, daß die Summe aus der Anzahl der Maschen m und der Anzahl der Knoten k immer größer als die Anzahl z_I der zu errechnenden Teilströme ist. Somit stehen mehr Gleichungen als zu lösende Variablen zur Verfügung. Die nicht zur Lösung verwendeten Gleichungen werden sinnvollerweise zur Probe der errechneten Stromwerte eingesetzt.

4.1.7. Schaltung von Widerständen

Reihenschaltung

Bild 4-13 zeigt die Reihenschaltung von n Widerständen. Da keine Knoten vorhanden sind, kann keine Stromaufteilung erfolgen. Dies bedeutet, daß bei einer *Reihenschaltung* die *Stromstärke konstant* bleibt, d.h., alle Bauelemente werden von derselben Stromstärke durchlaufen.

Die zugehörige Maschenregel (Gl. (4-24)) lautet

$$U = U_1 + U_2 + U_3 + \cdots + U_n,$$
$$U = R_1 I + R_2 I + R_3 I + \cdots + R_n I.$$

Der gesamte Spannungsabfall kann auch durch einen Gesamtwiderstand ausgedrückt werden, so daß gilt

$$U = R_{ges}\, I.$$

Damit ergibt sich

$$R_{ges}\, I = R_1 I + R_2 I + R_3 I + \cdots + R_n I$$

und nach Divsion durch die konstante Stromstärke I

$$R_{ges} = R_1 + R_2 + R_3 + \cdots + R_n = \sum_{i=1}^{n} R_i,$$

$$\frac{1}{G_{ges}} = \frac{1}{G_1} + \frac{1}{G_2} + \frac{1}{G_3} + \cdots + \frac{1}{G_n} =$$

$$= \sum_{i=1}^{n} \frac{1}{G_i} = R_{ges}. \qquad (4\text{-}30),\ (4\text{-}31)$$

In einer Reihenschaltung ist der Gesamtwiderstand die Summe der Einzelwiderstände. Der Kehrwert des Gesamtleitwertes ist gleich der Summe der Kehrwerte der Einzelleitwerte.

Parallelschaltung

Bild 4-14 zeigt die Parallelschaltung von Widerständen. Nach der Maschenregel muß in jedem Stromkreis dieselbe Spannung U abfallen. Dies bedeutet, daß bei einer *Parallelschaltung* die *Spannung konstant* bleibt, d.h. an jedem Bauelement fällt dieselbe Spannung U ab. Das vorliegende Netzwerk hat einen Knoten und n Maschen.

Knotenregel:

$$I = I_1 + I_2 + I_3 + \cdots + I_n \qquad (a)$$

Maschenregel:

$$U = I_1 R_1 \quad \text{ergibt} \quad I_1 = \frac{U}{R_1}, \qquad (b)$$

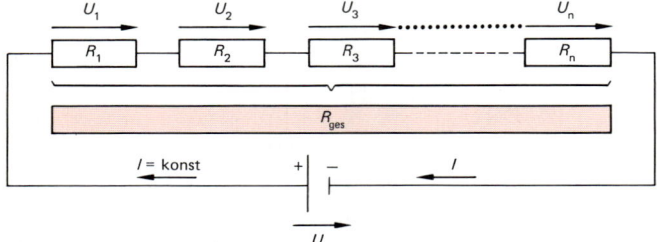

Bild 4-13.   Gesamtwiderstand bei der Reihenschaltung.

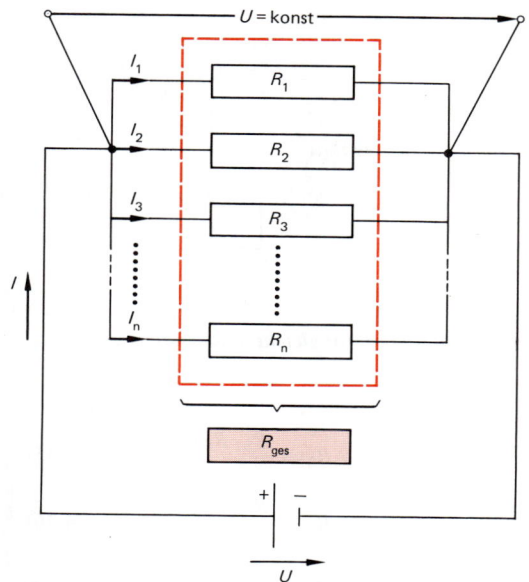

Bild 4-14. Gesamtwiderstand bei der Parallelschaltung.

$U = I_2 R_2$ ergibt $I_2 = \dfrac{U}{R_2}$,   (c)

$U = I_3 R_3$ ergibt $I_3 = \dfrac{U}{R_3}$,   (d)

und so fort bis

$U = I_n R_n$ ergibt $I_n = \dfrac{U}{R_n}$. $(n+1)$

Werden die aus den Maschenregeln berechneten Stromstärken I_1 bis I_n (Gleichungen (b) bis $(n+1)$) in die Formel für die Gesamtstromstärke I (a) eingesetzt, so ist

$$I = \frac{U}{R_1} + \frac{U}{R_2} + \frac{U}{R_3} + \cdots + \frac{U}{R_n}.$$

Wird die gesamte Stromstärke I durch den Gesamtwiderstand R_{ges} ausgedrückt, so erhält man

$$I = \frac{U}{R_{ges}}.$$

Somit ist

$$\frac{U}{R_{ges}} = \frac{U}{R_1} + \frac{U}{R_2} + \frac{U}{R_3} + \cdots + \frac{U}{R_n}$$

oder, nach Division mit der konstanten Spannung U

$$\frac{1}{R_{ges}} = \frac{1}{R_1} + \frac{1}{R_2} + \frac{1}{R_3} + \cdots + \frac{1}{R_n} =$$

$$= \sum_{i=1}^{n} \frac{1}{R_i}, \qquad (4\text{-}32)$$

$$G_{ges} = G_1 + G_2 + G_3 + \cdots + G_n = \sum_{i=1}^{n} G_i. \qquad (4\text{-}33)$$

In einer Parallelschaltung ist der Kehrwert des Gesamtwiderstandes gleich der Summe der Kehrwerte der Einzelwiderstände. Dies hat zur Folge, daß der Gesamtwiderstand kleiner als der kleinste Einzelwiderstand ist. Der gesamte Leitwert ist die Summe der Einzelleitwerte.

Beispiel

4.1-2: Gegeben seien die Widerstände einer Dreiecksschaltung (R_D) oder einer Sternschaltung (R_S) gemäß Bild 4-15. Es sollen aus der Dreiecksschaltung die Sternwiderstände (Dreieck-Stern-Transformation) bzw. aus der Sternschaltung die Dreieckswiderstände (Stern-Dreieck-Transformation) errechnet werden. Wie groß sind die entsprechenden Widerstände, wenn a) alle Widerstände gleich, bzw. b) wenn $R_{D12} = 100\,\Omega$, $R_{D23} = 150\,\Omega$, $R_{D31} = 200\,\Omega$ und $R_{S10} = 12\,\Omega$, $R_{S20} = 48\,\Omega$, $R_{S30} = 72\,\Omega$ sind?

Lösung:

a) Dreieck-Stern-Transformation für gleiche Widerstände:

Für den Widerstand zwischen zwei Klemmen (Bild 4-15) gilt

$$2 R_S = \frac{R_D (R_D + R_D)}{3 R_D} = \frac{2}{3} R_D \quad \text{oder} \qquad (4\text{-}34)$$

$$R_S = \frac{R_D}{3} \quad \text{und} \qquad (4\text{-}35)$$

$$R_D = 3 R_S. \qquad (4\text{-}36)$$

b) Dreieck-Stern-Transformation für unterschiedliche Widerstände:

Dabei geht man folgendermaßen vor. Zunächst bildet man die drei möglichen Summen zweier Sternwiderstände $R_{S1} + R_{S2}$ (4-37), $R_{S1} + R_{S3}$ (4-38) und $R_{S2} + R_{S3}$ (4-39). Wird Gl. (4-38) von Gl. (4-37) abgezogen, dann erhält man Gl. (4-40):

a)
Dreieckschaltung   Sternschaltung

b)

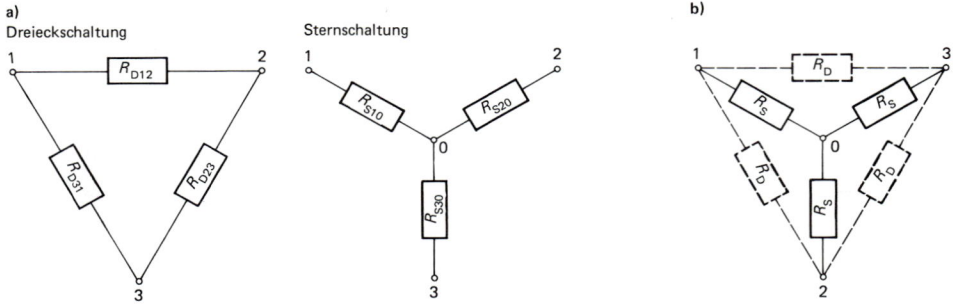

Bild 4-15.   Dreieck-Stern-Schaltung (a) und Stern-Dreieck-Schaltung (b) für gleiche Widerstände.

$$R_{S1} + R_{S2} = \frac{R_{D12}(R_{D23} + R_{D31})}{R_{D12} + R_{D23} + R_{D31}} \qquad (4\text{-}37)$$

$$-(R_{S1} + R_{S3}) = \frac{R_{D31}(R_{D12} + R_{D23})}{R_{D12} + R_{D23} + R_{D31}} \qquad (4\text{-}38)$$

$$R_{S2} - R_{S3} = \qquad (4\text{-}40)$$

$$= \frac{R_{D12} R_{D23} + R_{D12} R_{D31} - R_{D31} R_{D12} - R_{D31} R_{D23}}{R_{D12} + R_{D23} + R_{D31}}$$

Wird zu dieser Gleichung Gl. (4-39) addiert (Eliminierung des Sternwiderstands R_{S3}), erhält man folgenden Ausdruck für $2 R_{S2}$ (Gl. 4-41) bzw. (4-42):

$$+ R_{S2} + R_{S3} = \frac{R_{D23}(R_{D12} + R_{D31})}{R_{D12} + R_{D23} + R_{D31}} \qquad (4\text{-}39)$$

$$2 R_{S2} = \frac{2 R_{D12} R_{D23}}{R_{D12} + R_{D23} + R_{D31}} \qquad (4\text{-}41)$$

$$R_{S2} = \frac{R_{D12} R_{D23}}{R_{D12} + R_{D23} + R_{D31}}. \qquad (4\text{-}42)$$

Entsprechend gelten die Umrechnungsgleichungen

$$R_{S1} = \frac{R_{D12} R_{D31}}{R_{D12} + R_{D23} + R_{D31}}, \qquad (4\text{-}43)$$

$$R_{S3} = \frac{R_{D23} R_{D31}}{R_{D12} + R_{D23} + R_{D31}}. \qquad (4\text{-}44)$$

Für die drei Unbekannten R_{D12}, R_{D23} und R_{D31} gelten folgende Umrechnungsbeziehungen:

$$R_{D12} = R_{S1} + R_{S2} + \frac{R_{S1} R_{S2}}{R_{S3}}, \qquad (4\text{-}45)$$

$$R_{D23} = R_{S2} + R_{S3} + \frac{R_{S2} R_{S3}}{R_{S1}}, \qquad (4\text{-}46)$$

$$R_{D31} = R_{S3} + R_{S1} + \frac{R_{S3} R_{S1}}{R_{S2}}. \qquad (4\text{-}47)$$

Mit den angegebenen Widerständen errechnen sich die Sternwiderstände (Gl. (4-42) bis (4-44)) zu

$$R_{S1} = \frac{100 \cdot 200}{100 + 150 + 200} \Omega = 44{,}44 \ \Omega;$$

$$R_{S2} = \frac{100 \cdot 150}{100 + 150 + 200} \Omega = 33{,}33 \ \Omega;$$

$$R_{S3} = \frac{150 \cdot 200}{100 + 150 + 200} \Omega = 66{,}67 \ \Omega.$$

Für die Dreieckswiderstände gelten nach Gl. (4-45) bis (4-47)

$$R_{D12} = 12 \ \Omega + 48 \ \Omega + \frac{12 \cdot 48}{72} \Omega = 68 \ \Omega;$$

$$R_{D23} = 48 \ \Omega + 72 \ \Omega + \frac{48 \cdot 72}{12} \Omega = 408 \ \Omega;$$

$$R_{D31} = 72 \ \Omega + 12 \ \Omega + \frac{72 \cdot 12}{48} \Omega = 102 \ \Omega.$$

4.1.8. Meßbereichserweiterung

Strommesser (Amperemeter)

Um die Stromstärke in einem Stromkreis messen zu können, muß der Strommesser im Stromkreis (Hauptschluß) liegen. Der Innenwiderstand R_i des Strommessers muß möglichst klein sein, damit die volle Spannung U_0 am äußeren Widerstand R_a abfallen kann.

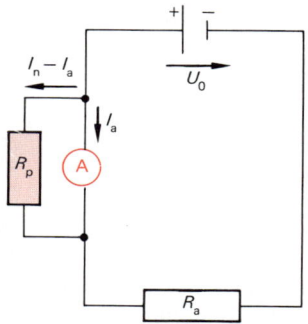

Bild 4-16. Meßbereichserweiterung eines Strommessers.

Müssen Ströme gemessen werden, die den Meßbereich des Strommessers überschreiten würden, so muß der überschüssige Stromanteil am Amperemeter vorbeigeleitet werden. Dies bezweckt ein parallel geschalteter Widerstand R_p (Shunt, Nebenwiderstand). Bild 4-16 zeigt die Schaltung zur Meßbereichserweiterung eines Strommessers. Wird die neu zu messende Stromstärke mit I_n und die höchstmögliche Stromstärke durch das Amperemeter mit I_a bezeichnet, so fließt durch den Parallelwiderstand R_p die Stromstärke $I_n - I_a$. Da sich gemäß Gl. (4-23) bei der Parallelschaltung die Stromstärken umgekehrt wie die Widerstände verhalten gilt

$$\frac{I_a}{I_n - I_a} = \frac{R_p}{R_i}.$$

Daraus läßt sich der parallelzuschaltende Widerstand errechnen:

$$R_p = \frac{R_i}{\dfrac{I_n}{I_a} - 1}. \qquad (4\text{-}48)$$

Spannungsmesser (Voltmeter)

Um den Spannungsabfall in einem Stromkreis messen zu können, muß der Strommesser parallel zum zu messenden Spannungsabfall (Nebenschluß) liegen. Der Innenwiderstand R_i des Spannungsmessers muß möglichst groß sein, damit möglichst wenig Strom durch das Voltmeter fließt und der ganze Strom durch R_a fließen kann.

Müssen Spannungen gemessen werden, die den Meßbereich des Spannungsmessers überschreiten, so muß der der Höchstspannung

übersteigende Teil der Spannung an einem Vorwiderstand R_V abfallen, verdeutlicht in Bild 4-17. Die neu zu messende Spannung wird mit U_n und der höchstmögliche Spannungsabfall im Voltmeter mit U_a bezeichnet. Da sowohl der Vorwiderstand R_V als auch das Voltmeter von demselben Strom I durchflossen werden, gilt

$$I = \frac{U_n - U_a}{R_V} = \frac{U_a}{R_i}.$$

Daraus ergibt sich der Vorwiderstand

$$R_V = R_i\left(\frac{U_n}{U_a} - 1\right). \qquad (4\text{-}49)$$

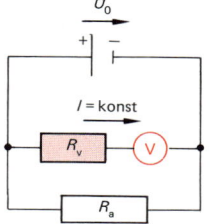

Bild 4-17. Meßbereichserweiterung eines Spannungsmessers.

Beispiel

4.1-3: a) Der Meßbereich eines Amperemeters ($I_a = 10$ mA; $R_i = 0,5\ \Omega$) soll auf 100 mA, 1 A, 10 A und 20 A und b) der Meßbereich eines Voltmeters ($U_a = 100$ mV; $R_i = 100\ \Omega$) auf 1 V, 10 V, 100 V und 1 kV erweitert werden. Die entsprechenden Widerstände sind zu ermitteln.

Lösung:

a) Meßbereichserweiterung des Amperemeters:
Nach Gl. (4-48) gilt im vorliegenden Fall

$$R_p = \frac{0,5\ \Omega}{\dfrac{I_n}{0,01} - 1}.$$

Erweiterung auf

100 mA: $R_p = \dfrac{0,5\ \Omega}{10 - 1} = 0,055\ \Omega$;

1 A: $R_p = \dfrac{0,5\ \Omega}{100 - 1} = 5,050 \cdot 10^{-3}\ \Omega$;

10 A: $R_p = \dfrac{0,5\ \Omega}{1000 - 1} = 5,005 \cdot 10^{-4}\ \Omega$;

20 A: $R_p = \dfrac{0,5\ \Omega}{2000 - 1} = 2,501 \cdot 10^{-4}\ \Omega$.

b) Meßbereichserweiterung des Voltmeters:
Nach Gl. (4-49) gilt im vorliegenden Fall

$$R_\mathrm{v} = 100\ \Omega \left(\frac{U_\mathrm{n}}{0{,}1\ \mathrm{V}} - 1 \right).$$

Erweiterung auf

1 V:	$R_\mathrm{V} = 100\ \Omega \cdot (10 - 1) = 900\ \Omega$;
10 V:	$R_\mathrm{V} = 100\ \Omega \cdot (100 - 1) = 9900\ \Omega$;
100 V:	$R_\mathrm{V} = 100\ \Omega \cdot (1000 - 1) = 99\,900\ \Omega$;
1 kV:	$R_\mathrm{V} = 100\ \Omega \cdot (10\,000 - 1) = 999\,900\ \Omega$.

4.1.9. Ausgewählte Meßanordnungen

Wheatstonesche Brücke

Mit der Wheatstoneschen Brücke (C. WHEAT-STONE, 1802 bis 1875) lassen sich ohmsche Widerstände bestimmen. Bild 4-18 zeigt das Schaltschema der Wheatstoneschen Brücke.

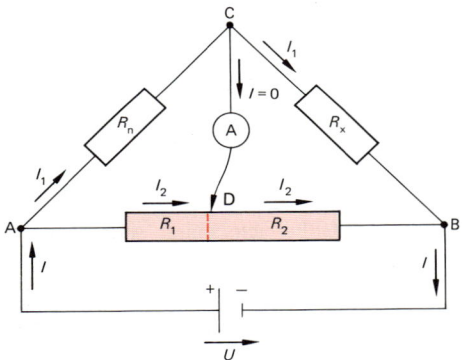

Bild 4-18. Wheatstonesche Brücke.

Der zu messende Widerstand R_x wird zwischen die Klemmen C und B eingesteckt. Der Gleitkontakt wird auf einem Widerstandsdraht zwischen A und B solange verschoben, bis über die Brücke CD kein Strom mehr fließt. (Punkt D ist der Gleitkontakt.) Dann gilt die Maschenregel (Gl. (4-25)) für

Masche ACD:

$$R_\mathrm{n} I_1 - R_1 I_2 = 0 \quad \text{oder} \quad R_\mathrm{n} I_1 = R_1 I_2 \qquad \text{(a)}$$

Masche CBD:

$$R_\mathrm{x} I_1 - R_2 I_2 = 0 \quad \text{oder} \quad R_\mathrm{x} I_1 = R_2 I_2 \qquad \text{(b)}$$

Durch Division von (b) und (a) erhält man

$$\frac{R_\mathrm{x}}{R_\mathrm{n}} = \frac{R_2}{R_1}.$$

Damit errechnet sich der gewünschte Widerstand zu

$$R_\mathrm{x} = R_\mathrm{n} \frac{R_2}{R_1}. \qquad (4\text{-}50)$$

Potentiometerschaltung

Mit Hilfe der Schaltung entsprechend Bild 4-19 wird eine Aufteilung der Gesamtspannung U_1 in kleinere Teilspannungen möglich (Spannungsteiler), indem ein Schleifkontakt den Gesamtwiderstand R_ges in die Anteile R_1 und R_2 aufteilt (zur technischen Ausführung s. Bild 4-6). Für die abgegriffene Spannung U_x ist es entscheidend, ob der Spannungsteiler unbelastet (Bild 4-19 a) oder wegen des Stromflusses durch einen äußeren Widerstand R_a belastet ist (Bild 4-19 b).

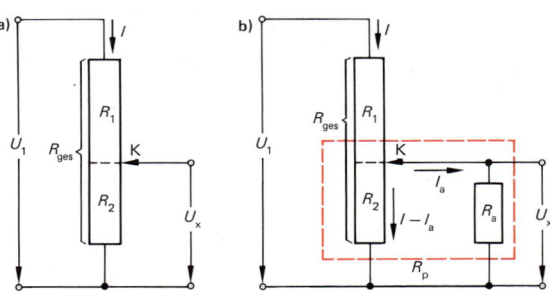

Bild 4-19.   Potentiometerschaltung.

Für den unbelasteten Fall gilt

$$I = \frac{U_1}{R_1 + R_2} \ \text{(a)} \quad \text{und} \quad U_\mathrm{x} = R_2 I \ \text{(b)}.$$

Wird (a) in (b) eingesetzt, so ergibt sich für die gesuchte Teilspannung U_x

$$U_\mathrm{x} = U_1 \frac{R_2}{R_1 + R_2}. \qquad (4\text{-}51)$$

Dies bedeutet, daß sich die Gesamtspannung U_1 im Verhältnis des Teilwiderstandes zum Gesamtwiderstand aufteilt.

Im Belastungsfall fließt durch R_a der Strom I_a und durch R_2 nur noch die Stromstärke $I - I_\mathrm{a}$. Da R_2 und R_a parallel geschaltet sind, ist der Gesamtwiderstand

$$R_\mathrm{p} = \frac{R_2\,R_\mathrm{a}}{R_2 + R_\mathrm{a}}\,.$$

Wird dieser in Gl. (4-51) eingesetzt, dann beträgt die Spannung U'_x

$$U'_\mathrm{x} = U_1\,\frac{R_\mathrm{p}}{R_1 + R_\mathrm{p}}$$

oder

$$U'_\mathrm{x} = U_1\,\frac{R_2\,R_\mathrm{a}}{R_1\,R_2 + R_\mathrm{a}\,(R_1 + R_2)}\,. \qquad (4\text{-}52)$$

Gl. (4-52) geht in Gl. (4-51) über, wenn $R_1\,R_2 \ll R_\mathrm{a}\,(R_1 + R_2)$ ist, bzw. $R_\mathrm{a} \gg R_1\,R_2/(R_1 + R_2)$. Dann ist der Strom I_a durch den Außenwiderstand R_a vernachlässigbar.

Beispiel

4.1-4: Eine Spannungsquelle mit $U_1 = 24$ V ist an einem Gesamtwiderstand von 8 Ω angeschlossen. An einem Teilwiderstand von $R_2 = 1$ Ω wird die Spannung U_x abgegriffen. Wie groß ist sie im unbelasteten und im belasteten Zustand, wenn der äußere Widerstand a) gering ($R_\mathrm{a} = 0{,}5$ Ω) bzw. wenn er b) hoch ist ($R_\mathrm{a} = 100$ Ω)?

Lösung:

a) Geringer äußerer Widerstand $R_\mathrm{a} = 0{,}5$ Ω.

Unbelasteter Zustand: $U_\mathrm{x} = 24\,\dfrac{1}{8}$ V $= 3$ V,

belasteter Zustand: $U'_\mathrm{x} = 24\,\dfrac{1 \cdot 0{,}5}{7 \cdot 1 + 0{,}5 \cdot 8}$ V $= 1{,}09$ V

b) Hoher äußerer Widerstand $R_\mathrm{a} = 100$ Ω.

Unbelasteter Zustand: unverändert $U_\mathrm{x} = 3$ V,

belasteter Zustand: $U'_\mathrm{x} = 24\,\dfrac{1 \cdot 100}{7 \cdot 1 + 100 \cdot 8}$ V $= 2{,}97$ V.

Der Wert der abgegriffenen Spannung U'_x im belasteten Fall weicht bei einem großen äußeren Widerstand kaum vom unbelasteten Fall ab (in diesem Beispiel lediglich um 1%).

Kompensationsmethode nach Poggendorf

Die nach J. C. POGGENDORF (1796 bis 1877) benannte Methode gestattet es, die „Urspannung" U_0 von solchen Spannungsquellen zu ermitteln, deren Spannung mit steigendem Stromdurchfluß absinkt (z.B. bei galvanischen Elementen, Bild 4-5 und Abschn. 4.2). Dies geschieht dadurch, daß der Stromfluß

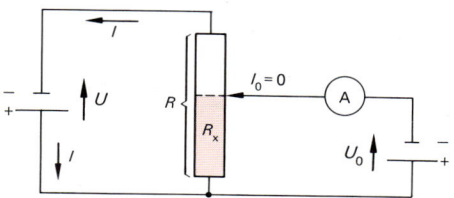

Bild 4-20.   Schema der Kompensationsmethode.

durch eine entgegengesetzt gleich große Spannung „kompensiert" wird (daher der Name Kompensationsmethode). Bild 4-20 zeigt die zugehörige Schaltung. Eine Spannungsquelle mit der Spannung U wird mit den gleichen Polen über einen Spannungsteiler an die zu messende Urspannung U_0 angeschlossen. Ein Schleifkontakt wird so verschoben, daß der Stromkreis mit der Urspannung U_0 stromlos wird ($I_0 = 0$). Dann fällt am Teilwiderstand R_x die Spannung U_0 ab, so daß gilt $U_0 = R_\mathrm{x}\,I$. Mit $I = U/R$ erhält man

$$U_0 = \frac{R_\mathrm{x}}{R}\,U\,. \qquad (4\text{-}53)$$

4.1.10. Klemmenspannung und innerer Widerstand

Spannungsquellen erzeugen zwischen zwei Punkten (den Klemmen) eine Spannung (Klemmenspannung U_Kl). Im Inneren der Spannungsquellen findet eine Umwandlung in elektrische Energie statt (z.B. bei galvanischen Elementen von chemischer in elektrische Energie, Bild 4-5). Die dadurch erzeugte Urspannung U_0, angelegt an einen Stromkreis, führt zum Transport der Ladungsträger.

Wegen des inneren Widerstandes R_i der Spannungsquellen selbst (z.B. Widerstand der Elektrolytflüssigkeit bei einem galvanischen Element) fällt ein Teil der Urspannung als innerer Spannungsabfall $U_\mathrm{i} = R_\mathrm{i}\,I$ bereits in der Spannungsquelle ab, wie es Bild 4-21 verdeutlicht. Damit steht zum Abfall an einem Verbraucherwiderstand nur noch die Klemmenspannung U_Kl zur Verfügung:

$$U_\mathrm{Kl} = U_0 - U_\mathrm{i}\,, \qquad (4\text{-}54)$$

$$U_\mathrm{Kl} = U_0 - R_\mathrm{i}\,I\,. \qquad (4\text{-}55)$$

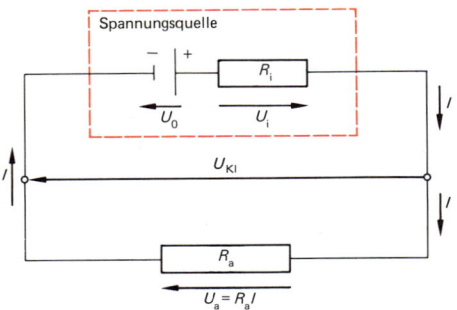

Bild 4-21. *Stromkreis mit Spannungsquelle (Urspannung U_0 und innerem Widerstand R_i) und äußerem Verbraucherwiderstand R_a.*

Aus Gl. (4-55) ist ersichtlich, daß die Klemmenspannung U_{Kl} um so kleiner wird, je größer die Stromstärke I ist. Diese errechnet sich nach dem Ohmschen Gesetz zu

$$I = \frac{U_0}{R_i + R_a}. \qquad (4\text{-}56)$$

Eingesetzt in Gl. (4-55) erhält man für die Klemmenspannung

$$U_{Kl} = \frac{U_0 \, R_a}{R_i + R_a}. \qquad (4\text{-}57)$$

Hieraus läßt sich der innere Widerstand einer Spannungsquelle berechnen:

$$R_i = R_a \left(\frac{U_0}{U_{Kl}} - 1 \right). \qquad (4\text{-}58)$$

Beispiel

4.1-5: Ein Autobatterie hat eine Urspannung von 12,6 V und einen inneren Widerstand $R_i = 120$ mΩ. Der Zuleitungswiderstand zum Anlasser beträgt 10 mΩ. Zum Anlassen wird eine Stromstärke von 60 A benötigt. Wie groß ist beim Beginn des Anlassens die Klemmenspannung an der Batterie und am Anlasser sowie der Verbraucherwiderstand R_a?

Lösung:

Für die Klemmenspannung gilt nach Gl. (4-55)

$U_{Kl} = U_0 - R_i \, I$.

$R_i = 0,12$ Ω für Batterieklemmen:

$U_{Kl} = 12,6$ V $- 0,12$ Ω $\cdot 60$ A $= 5,4$ V;

$R_i = 0,13$ Ω für Anlasserklemmen:

$U_{Kl} = 12,6$ V $- 0,13$ Ω $\cdot 60$ A $= 4,8$ V.

Aus Gl. (4-56) folgt für den äußeren Verbraucherwiderstand

$$R_a = \frac{U_0}{I} - R_i = \frac{12,6}{60} \, \Omega - 0,13 \, \Omega = 0,08 \, \Omega.$$

4.1.11. Schaltung von Spannungsquellen

Soll die Stromstärke durch einen Stromkreis möglichst groß werden, so können Spannungselemente in Reihe oder parallel geschaltet werden. Ausschlaggebend ist der äußere Widerstand. Bei einem großen äußeren Widerstand R_a ist die Reihenschaltung und bei einem kleinen äußeren Widerstand R_a die Parallelschaltung vorteilhaft. Am Beispiel gleich großer Spannungselemente seien die Zusammenhänge erläutert.

Reihenschaltung

Werden n Spannungsquellen in Reihe geschaltet, wie es Bild 4-22 zeigt, so addieren sich die Urspannungen zu $n \, U_0$ und die inneren Widerstände zu $n \, R_i$. Damit erhält man nach Gl. (4-56) für die Stromstärke I

$$I = \frac{n \, U_0}{R_a + n \, R_i}. \qquad (4\text{-}59)$$

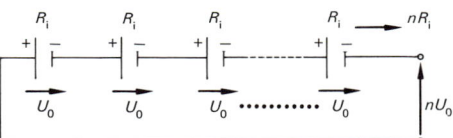

Bild 4-22.   *Reihenschaltung von Spannungsquellen.*

Ist R_a klein im Vergleich zu R_i, so kann der äußere Widerstand vernachlässigt werden. Dann ist $I = U_0/R_i$, d.h., die Stromstärke ist nur so groß wie bei einem einzigen Spannungselement, und die Schaltung bietet keinen Vorteil. *Ist dagegen R_a vergleichsweise zu $n \, R_i$ groß, so ist $I = n \, U_0/R_a$, d.h. die Stromstärke wird proportional zur Anzahl der Spannungsquellen vergrößert.*

Parallelschaltung

Werden n Spannungsquellen gemäß Bild 4-23 parallel geschaltet, so ist die Urspannung zwar gleich der eines einzelnen Elementes, aber der gesamte Innenwiderstand vermindert sich

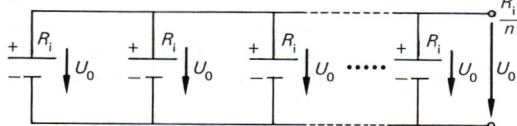

Bild 4-23.   Parallelschaltung von Spannungsquellen.

auf R_i/n. Damit beträgt die Stromstärke I nach Gl. (4-56)

$$I = \frac{U_0}{R_a + \dfrac{R_i}{n}}. \qquad (4\text{-}60)$$

Bei einem großen Verbraucherwiderstand R_a im Vergleich zum inneren Widerstand R_i ist R_i/n vernachlässigbar klein, so daß die Stromstärke nur so groß ist wie bei einem einzigen Spannungselement, und die Schaltung bietet keinen Vorteil. *Ist dagegen R_a vergleichsweise vernachlässigbar zu R_i/n, dann steigt die Stromstärke um das n-fache an.*

Gruppenschaltung

Werden n Spannungsquellen hintereinander und m solcher Reihen parallel geschaltet, so liegt eine Gruppenschaltung vor. Bild 4-24 zeigt das Prinzip. Die gesamte Urspannung beträgt dann $n\,U_0$ und der gesamte innere Widerstand $n\,R_i/m$. Damit ist die Stromstärke I nach Gl. (4-56)

$$I = \frac{n\,U_0}{R_a + \dfrac{n\,R_i}{m}}. \qquad (4\text{-}61)$$

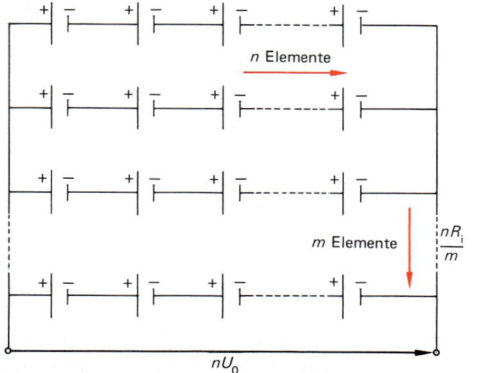

Bild 4-24.   Gruppenschaltung von Spannungsquellen.

Beispiele

4.1-6: Zehn Trockenbatterien mit einer Nennspannung von je 1,5 V und einem Innenwiderstand von $R_i = 7\ \text{k}\Omega$ werden an einen Verbraucher mit $R_a = 80\ \Omega$ angeschlossen. Wie groß ist die Stromstärke bei a) Reihenschaltung, b) Parallelschaltung und c) bei der Gruppenschaltung 2×5 sowie 5×2? Bei welcher Schaltung ist die Stromstärke am größten?

Lösung:

a) Reihenschaltung.
   Nach Gl. (4-59) gilt
   $$I = \frac{10 \cdot 1,5}{80 + 10 \cdot 7000}\ \text{A} = 2,14 \cdot 10^{-4}\ \text{A}.$$

b) Parallelschaltung.
   Nach Gl. (4-60) gilt
   $$I = \frac{1,5}{80 + \dfrac{7000}{10}}\ \text{A} = 1,92 \cdot 10^{-3}\ \text{A}.$$

c) Gruppenschaltung 2×5.
   Nach Gl. (4-61) gilt
   $$I = \frac{2 \cdot 1,5}{80 + \dfrac{2 \cdot 7000}{5}}\ \text{A} = 1,04 \cdot 10^{-3}\ \text{A}.$$

d) Gruppenschaltung 5×2.
   Nach Gl. (4-61) gilt
   $$I = \frac{5 \cdot 1,5}{80 + \dfrac{5 \cdot 7000}{2}}\ \text{A} = 4,27 \cdot 10^{-4}\ \text{A}.$$

Die Stromstärke bei der Parallelschaltung ist am größten ($R_a \gg R_i$).

4.1-7: Für eine Gruppenschaltung soll die Stromstärke maximiert werden. Gegeben ist die Gesamtanzahl $z = m\,n$ Elemente.

Lösung:

Nach Gl. (4-61) gilt
$$I = \frac{n\,U_0}{R_a + \dfrac{n\,R_i}{m}}, \quad \text{da} \quad n = \frac{z}{m};$$

$$I = \frac{z\,m\,U_0}{m^2\,R_a + z\,R_i}.$$

Für eine maximale Stromstärke gilt
$$\frac{\mathrm{d}I}{\mathrm{d}m} = 0 = \frac{(m^2\,R_a + z\,R_i)\,z\,U_0 - z\,m\,U_0(2\,m\,R_a)}{(m^2\,R_a + z\,R_i)^2}.$$

Da der Nenner ungleich 0 ist, kann mit diesem die Gleichung multipliziert werden, so daß nur noch der Zähler gleich 0 übrigbleibt:

$$(m^2 R_a + z R_i) z U_0 - z m U_0 (2 m R_a) = 0,$$

$$m^2 z R_a U_0 + z^2 R_i U_0 - 2 m^2 z R_a U_0 = 0 \,|: z U_0,$$

$$m^2 R_a + z R_i - 2 m^2 R_a = 0,$$

$$m^2 R_a = z R_i,$$

$$m = \sqrt{z \frac{R_i}{R_a}}.$$

Setzt man für $z = m\,n$, so gilt $m^2 R_a = m\,n R_i$ oder

$$\frac{m}{n} = \frac{R_i}{R_a}.$$

Das Maximum der Stromstärke ist von der Urspannung unabhängig. Für $R_i = 1,2\ \Omega$, $R_a = 0,3\ \Omega$ und $z = m\,n = 64$ gilt

$$m = \sqrt{64 \frac{1,2}{0,3}} = 16 \quad \text{und} \quad n = 4.$$

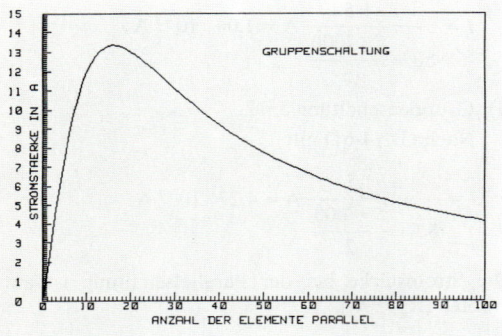

Bild 4-25. *Verlauf der Stromstärke in Abhängigkeit von der Anzahl parallel geschalteter Spannungsquellen (Rechnerausdruck).*

Bild 4-25 zeigt den Verlauf der Stromstärke in Abhängigkeit von der Anzahl m der parallel geschalteten Spannungselemente (Rechner-Diagramm). Wie bereits ermittelt, liegt das Maximum der Stromstärke bei $m = 16$.

4.1.12. Elektrische Leistung und elektrische Arbeit

Wie bereits in Abschn. 4.1.3 erläutert, ist die Spannung U über die abgegebene Leistung definiert (Gl. (4-10)), so daß man für die Leistung schreibt

$$P = UI. \tag{4-62}$$

Die Einheit ist $1\ \text{VA} = 1\ \text{W}$ (Watt). Gebräuchlich ist auch die Einheit $\text{kW} = 10^3\ \text{W}$.

Mit Hilfe des Ohmschen Gesetzes kann die Leistung in weiterer Schreibweisen dargestellt werden. In Tabelle 4-3 sind die mit der elektrischen Leistung P zusammenhängenden Gleichungen für U, R und I zusammengestellt.

Die Arbeit ist definiert als Produkt aus Leistung und Zeit:

$$W = P\,t. \tag{4-72}$$

Dies bedeutet, daß alle Gleichungen in Tabelle 4-3 für die elektrische Arbeit entsprechend Gl. (4-72) anwendbar sind. Wird für P das Produkt UI gesetzt, so erhält man

$$W = UI\,t. \tag{4-73}$$

Tabelle 4-3. Gleichungen zur elektrischen Leistung.

Elektrische Leistung P		Spannung U		Widerstand R		Stromstärke I	
$P = UI$	(4-62)	$U = RI$	(4-19)	$R = \dfrac{U}{I}$	(4-18)	$I = \dfrac{U}{R}$	(4-69)
$P = \dfrac{U^2}{R}$	(4-63)	$U = \dfrac{P}{I}$	(4-65)	$R = \dfrac{U^2}{P}$	(4-67)	$I = \dfrac{P}{U}$	(4-70)
$P = I^2 R$	(4-64)	$U = \sqrt{RP}$	(4-66)	$R = \dfrac{P}{I^2}$	(4-68)	$I = \sqrt{\dfrac{P}{R}}$	(4-71)

Die Umrechnung mit dem Ohmschen Gesetz (Gl. (4-20) und (4-67)) ergibt

$$W = R I^2 t, \qquad (4\text{-}74)$$

$$W = \frac{U^2}{R} t. \qquad (4\text{-}75)$$

Da $It = Q$ ist, kann Gl. (4-73) auch geschrieben werden

$$W = U Q. \qquad (4\text{-}76)$$

Es sei darauf hingewiesen, daß die Beziehungen für die elektrische Leistung bzw. Arbeit, in denen die Stromstärke I vorkommt, nur dann gültig sind, wenn die Stromstärke I *konstant* ist. In diesem Fall ist die abgegebene Arbeit W proportional zur Zeit, so daß die Leistung P konstant ist. Fließt dagegen keine konstante Stromstärke, so muß die Momentanleistung bestimmt werden, die als Differentialquotient der Arbeit W nach der Zeit t definiert ist (vgl. dazu die Ausführungen in der Mechanik, Abschn. 2.6.2, Gl. (2-70)):

$$P(t) = \frac{dW}{dt}. \qquad (2\text{-}70)$$

Daraus ergibt sich

$$W = \int P(t) \, dt \qquad (4\text{-}77)$$

und mit $P = UI(t)$

$$W = \int UI(t) \, dt. \qquad (4\text{-}78)$$

Die elektrische Arbeit hat die Einheit VAs = Ws = Nm = J. Damit ist die Gleichheit der elektrischen und der mechanischen Arbeit hergestellt, die es direkt gestattet, elektrische Größen in mechanische umzurechnen. Gebräuchlich als Einheit für die elektrische Arbeit ist auch 1 kWh = $3,6 \cdot 10^6$ Ws (Nm oder J).

Die Arbeit des elektrischen Stromes besteht sehr häufig in der Reibungsarbeit der fließenden Ladungsträger (Elektronen), die Stromwärme oder Joulesche Wärme erzeugen. Die

engen Beziehungen zwischen Wärme und elektrischer Leitfähigkeit sind in Abschn. 9.3.2 (thermoelektrische Effekte) ausführlich beschrieben.

Die Zusammenhänge zwischen elektrischer Arbeit, elektrischer Feldstärke E und der elektrischen Kraft F_{el} sind in Abschn. 4.3 hergeleitet.

Beispiel

4.1-8: An einer Spule mit einem Widerstand von 8 Ω liegt eine konstante Spannung von 12 V. Der Strom steigt in 0,3 s von 0 auf 1,5 A und bleibt dann konstant. Wie groß ist die elektrische Arbeit nach 0,3 s und nach 1 s? – Wird die abgegebene Leistung bei 0,5 A, 1 A und 1,5 A nach den Beziehungen $P = UI$ oder $P = I^2/R$ berechnet, so ergeben sich teilweise unterschiedliche Werte. Warum treten diese Abweichungen auf, und welche Gleichung beschreibt die Leistungsabgabe richtig?

Anmerkung: Der zeitlich lineare Stromanstieg ist eine Vereinfachung. Der exakte Verlauf ist durch Gl. (4-349) in Abschn. 4.5.3.2 gegeben.

Lösung:

a) Arbeit innerhalb $t = 0,3$ s.

Da die Stromstärke bis zur Zeit $t = 0,3$ s stetig zunimmt, muß Gl. (4-78) angewendet werden:

$$W_{el} = \int_0^{0,3\,\text{s}} UI(t) \, dt \text{ mit } I(t) = k\,t \text{ ist } (k \text{ Konstante}).$$

Damit gilt

$$W_{el} = \int_0^{0,3\,\text{s}} U k\, t \, dt = \frac{1}{2} U k\, t^2 \big|_0^{0,3\,\text{s}}. \qquad (a)$$

Für die Konstante ergibt sich

$$k = \frac{\Delta I}{\Delta t} = \frac{1,5}{0,3} \frac{\text{A}}{\text{s}}, \text{ in (a) eingesetzt ergibt}$$

$$W_{el} = \frac{1}{2} \cdot 12 \cdot \frac{1,5}{0,3} \cdot 0,3^2 \text{ VAs} = 2,7 \text{ Ws}.$$

b) Arbeit innerhalb $t = 1$ s.

Von 0,3 s bis 1 s, d. h. 0,7 s lang fließt der konstante Strom von 1,5 A. Dann gilt nach Gl. (4-73)

$$W_{el} = UI\,t = 12 \cdot 1,5 \cdot 0,7 \text{ VAs} = 12,6 \text{ Ws}.$$

Insgesamt beträgt die elektrische Arbeit dann

$$W_{el} = 2,7 \text{ Ws} + 12,6 \text{ Ws} = 15,3 \text{ Ws}.$$

c) Leistungsberechnung.

0,5 A: $P = I^2 R = 2$ W; $\quad P = UI = 6$ W;

1 A: $\quad P = I^2 R = 8$ W; $\quad P = UI = 12$ W;

1,5 A: $P = I^2 R = 18$ W; $\quad P = UI = 18$ W.

Die gesamte Leistungsabgabe wird durch die Beziehung $P = UI$ ermittelt. Die Gleichung $P = I^2 R$ beschreibt lediglich die Leistungsabgabe in Form von Wärme (Wärmeleistung). Die Leistungsdifferenz $P = UI - I^2 R$ wird zum Aufbau eines Magnetfeldes in der Spule verwendet (Abschn. 4.4.2).

Zur Übung

Ü 4.1-1: Für den in Bild 4-26 angegebenen „Stromkreis" sind der Gesamtwiderstand, die zum Mittelpunkt M führenden Teilströme I_{1M}, I_{2M} und I_{3M} sowie der gesamte Leistungsverbrauch zu bestimmen.

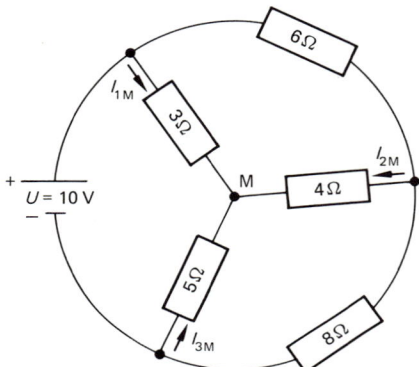

Bild 4-26.   *Schaltung zu Ü 4.1-1.*

Ü 4.1-2: Bei einer Heizwicklung soll zur Werkstoffauswahl der spezifische Widerstand ermittelt werden. Die Wicklung ist 5 m lang, 0,15 mm dick (Durchmesser) und muß bei einer Spannung von 220 V eine Stromstärke von 3 A tragen können.

Ü 4.1-3: Zwei gleichnamig geladene Kugeln mit der Masse $m = 2$ g hängen an einem als masselos zu betrachtenden Faden mit der Länge $l = 75$ cm und sind wegen der Wirkung der abstoßenden Kraft $s = 25$ cm voneinander entfernt. Wie groß ist die Ladung Q der Kugeln?

4.2. Ladungstransport in Flüssigkeiten und Gasen

4.2.1. Ladungstransport in Flüssigkeiten

Die Leitungsvorgänge in Flüssigkeiten gehören zu den komplizierten Gebieten der physikalischen Chemie, speziell der Elektrochemie. In diesem Abschnitt sollen nur die wichtigsten Erscheinungen und die einfachsten Gesetze beschrieben werden.

4.2.1.1. Dissoziation und Elektrolyse

In metallisch leitenden Festkörpern bewegen sich beim Stromdurchgang *Elektronen*. Im Unterschied dazu wandern in Flüssigkeiten *Ionen*, dies sind positiv oder negativ geladene Atome oder Moleküle. Diese Ladungsträger entstehen dadurch, daß sich Salze, Säuren oder Laugen beim Eintragen in Lösungsmitteln in positiv oder negativ geladene Moleküle aufspalten, sie *dissoziieren*.

Die Ladungsträger eines Salzes (Kupfersulfat, $CuSO_4$), einer Säure (Salzsäure, HCl) und einer Lauge (Natronlauge, NaOH) sind in Tabelle 4-4 aufgeführt. Die Ionen tragen elektrische Elementarladungen entsprechend ihrer chemischen Wertigkeit.

Tabelle 4-4. Dissoziation (Beispiele).

Stoff	Kation	Anion
$CuSO_4$	Cu^{2+}	SO_4^{2-}
HCl	H^+	Cl^-
NaOH	Na^+	OH^-

Bei der Dissoziation in Wasser schieben sich die Wassermoleküle durch ihr anisotropes Dipolmoment (Beispiel 4.1-1 und Bild 4-3) zwischen die Ionen und ordnen sich um diese an, etwa wie es Bild 4-27 zeigt. Die Ionen sind in diesem Fall *hydratisiert*, d.h. von einer Wolke von Wasserdipolen umgeben.

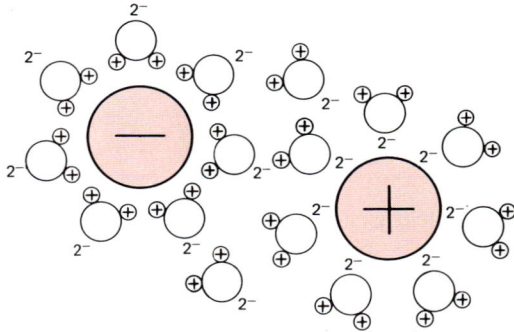

Bild 4-27.   *Hydratisierung von Ionen.*

Da die positiven Ionen zur Kathode (Minuspol) wandern, werden sie *Kationen* genannt, im Gegensatz zu den *Anionen*, die zur Anode (Pluspol) wandern. Elektrisch leitende Lösungen, die aus Kationen und Anionen bestehen, heißen *Elektrolyte*.

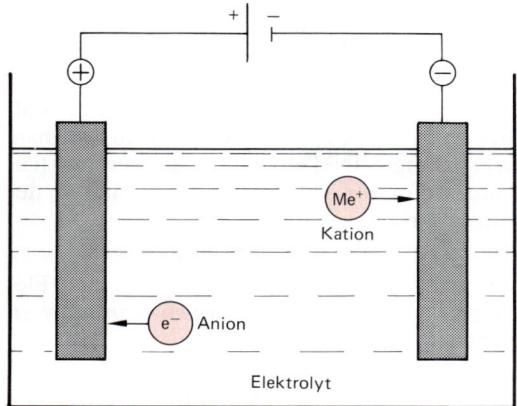

Bild 4-28. Elektrolyse (schematisch).

Werden zwei *Elektroden* (Kathode und Anode) gemäß Bild 4-28 in einen Elektrolyten getaucht und an eine Spannungsquelle angeschlossen, dann findet eine elektrolytische Stromleitung statt (*Elektrolyse*). Sie unterscheidet sich von der metallischen Leitung sehr wesentlich, weil zusammen mit den Ionen nicht nur Elementarladungen, sondern auch Materie transportiert wird. Grundsätzlich laufen an den Elektroden folgende Reduktions- bzw. Oxidationsprozesse, die *Redoxreaktionen*, ab:

An die Anode werden vom Elektrolyten Elektronen abgegeben; es findet eine Oxidation statt. Für eine metallische Anode gilt

$$Me \rightarrow Me^+ + e^-.$$

Dies bedeutet: Das Metall löst sich an der Anode auf und geht in Lösung. An der Kathode findet dagegen durch Elektronenaufnahme immer eine Reduktion statt. Bei dem genannten Beispiel wird das Metallion zum Metall reduziert:

$$Me^+ + e^- \rightarrow Me.$$

In diesem Fall wird das Metall an der Kathode abgeschieden.

Die Elektrolyse spielt in der Technik bei dem Aufbringen von Metallüberzügen, dem *Galvanisieren* (nach L. GALVANI, 1737 bis 1798), eine wichtige Rolle. Die häufigsten galvanischen Metallüberzüge bestehen aus Chrom, Nickel, Cadmium, Gold und Silber. Sie dienen vor allem zur Erhöhung der mechanischen (Hartverchromen) oder chemischen Widerstandsfähigkeit (Vernickeln von Eisen),

zur Verbesserung der elektrischen Leitfähigkeit (Vergolden oder Versilbern von Kontakten) oder aber auch nur zur Verschönerung. Selbst auf Kunststoffen können galvanische Überzüge abgeschieden werden (Galvanoplastik).

Auch zur Metallgewinnung werden elektrolytische Verfahren eingesetzt. In diesem Fall verwendet man eine unlösliche Anode, und eine Metallsalzlösung dient als Elektrolyt. An der Kathode wird dann das sehr reine Metall (99,9%) abgeschieden. Ein spezielles Verfahren zur Metallgewinnung auf diesem Wege ist die *Schmelzfluß-Elektrolyse*. Hierbei werden niedriger schmelzende Metallgemische erschmolzen und aus dieser Schmelze das Metall an der Kathode elektrolytisch abgeschieden. Bei Aluminium besteht die Schmelze aus Aluminiumoxid (Al_2O_3) in geschmolzenem Kryolith (Na_3AlF_6). Der Schmelzpunkt für Al_2O_3 ist 2000 °C; durch das Zusatzmittel Kryolith wird er auf 935 °C herabgesetzt. Auf diese Weise werden außer Aluminium auch Magnesium, Beryllium und Cer gewonnen.

Außerdem setzt man die Elektrolyse ein, um aus Wasser *Knallgas* oder *Wasserstoff* herzustellen oder um *Ätznatron* bzw. *Ätzkali* zu gewinnen.

An der Anode können auch Oxidschichten abgeschieden werden (*anodische Oxidation*). Besondere Anwendung findet dies beim *Eloxalverfahren* (elektrolytisch oxidiertes Aluminium), in dem der anodisch gepolte Aluminiumkörper mit einer einfärbbaren korrosionsbeständigen Oxidhaut überzogen wird.

Beim *elektrolytischen Polieren* (z. B. von Aluminium und Edelstahl) wird das Metall anodisch so abgetragen, daß besonders glatte Oberflächen entstehen. In einem fertigungstechnischen Verfahren können auch elektrolytisch feinste Löcher gebohrt (*Elektroerosion*) oder gezielt Bohrlöcher entgratet werden.

4.2.1.2. Faradaysche Gesetze

Die beiden Faradayschen Gesetze (M. FARADAY, 1791 bis 1867) beschreiben den Zusammenhang zwischen transportierter Masse und Ladung. Die transportierte Masse wird durch das Produkt aus der Stoffmenge n und der Molmasse M bestimmt: $m = n M$. Die Molzahl

n errechnet sich aus der Molekülanzahl N dividiert durch die Avogadro-Konstante N_A:

$$n = \frac{N}{N_A}. \qquad (4\text{-}79)$$

Die Molekülanzahl N läßt sich auch aus dem Quotienten aus transportierter Ladung Q und Ladung je transportiertem Molekül $z\,e$ (e ist die Elementarladung) errechnen:

$$N = \frac{Q}{z\,e} = \frac{I\,t}{z\,e}. \qquad (4\text{-}80)$$

Mit Gl. (4-79) und (4-80) gilt für die Masse in Abhängigkeit der transportierten Ladung

$$m = n\,M = Q/(z\,e\,N_A)\,M,$$

$$m = \frac{M}{z\,N_A\,e}\,I\,t. \qquad (4\text{-}81)$$

Dies ist das erste Faradaysche Gesetz:

Die Masse m des abgeschiedenen Stoffes ist nur der transportierten Ladungsmenge $Q = I\,t$ proportional. Sie hängt weder von der Geometrie der Elektroden noch von der Konzentration des Elektrolyten ab.

Aufgrund des ersten Faradayschen Gesetzes ist es möglich, die Stromstärke I bzw. die elektrische Ladung Q durch die abgeschiedenen Stoffmengen zu messen (*Voltameter* nach A. Volta, 1745 bis 1827, bzw. *Coulombmeter* nach A. Coulomb, 1736 bis 1806). Für Silber gilt $\ddot{A} = 1{,}11817$ mg/As. Dies bedeutet, daß bei einer Stromstärke von 1 A in 1 s $m = 1{,}11817$ mg Silber abgeschieden werden (frühere Definition des Ampère als Einheit der Stromstärke).

Weiterhin gelten folgende Definitionen:

Das Produkt aus Avogadro-Zahl N_A und Elementarladung e wird *Faraday-Konstante F* genannt:

$$F = N_A\,e = 96\,485 \text{ As/mol}. \qquad (4\text{-}82)$$

Das elektrochemische Äquivalent $\ddot{A}$ ist definiert als

$$\ddot{A} = \frac{M}{z\,F} = \frac{m}{Q}. \qquad (4\text{-}83)$$

Das elektrochemische Äquivalent $\ddot{A}$ hat die Einheit kg/As und gibt an, wieviel kg eines Stoffes bei einer Stromstärke von 1 A in 1 s abgeschieden werden. Gemäß Gl. (4-83) ist die Masse m proportional zur Molmasse M, aber umgekehrt proportional zur Wertigkeit z (Anzahl der Elementarladungen), so daß gilt

$$\frac{m_1}{m_2} = \frac{M_1}{z_1} : \frac{M_2}{z_2} = \frac{\ddot{A}_1}{\ddot{A}_2}. \qquad (4\text{-}84)$$

Tabelle 4-5. Elektrochemische Daten einiger Elemente.

Element	Wertigkeit	Molmasse $\frac{g}{mol}$	$\dfrac{\text{Molmasse}}{\text{Wertigkeit}}$ $\frac{g}{mol}$	elektrochemisches Äquivalent $10^{-3}\,\frac{g}{As}$
Wasserstoff	1	1,00797	1,00797	0,01046
Sauerstoff	2	15,9994	7,9997	0,08291
Aluminium	3	26,9815	8,9938	0,09321
Eisen	3	55,847	18,616	0,19303
Nickel	2	58,71	29,355	0,30415
Kupfer	2	63,54	31,77	0,32945
Zink	2	65,37	32,685	0,33875
Silber	1	107,870	107,870	1,11817
Zinn	4	118,69	29,673	0,30755
Platin	4	195,09	48,773	0,50588

Somit lautet das zweite Faradaysche Gesetz:

> Die von gleichen Elektrizitätsmengen abgeschiedenen Massen (elektrochemische Äquivalente) verhalten sich wie die Molmassen je Wertigkeit.

In Tabelle 4-5 sind die Wertigkeiten, die Molmassen, die Molmassen je Wertigkeit und die elektrochemischen Äquivalente angegeben. Zur Kontrolle wurde in der letzten Spalte aus den Zahlenwerten (Division der Molmasse je Wertigkeit mit dem elektrochemischen Äquivalent) die Faraday-Konstante errechnet.

4.2.1.3. Elektrochemische Spannungsquellen

Wird ein Metall in einen Elektrolyten getaucht, so gibt es − wie im vorhergehenden Abschnitt an einer Anodenreaktion gezeigt − positive Ionen ab. Dadurch entsteht, wie Bild 4-29 zeigt, eine *elektrische Doppelschicht* zwischen positivem Elektrolyt und negativer Elektrode. Je mehr Metallionen in Lösung gehen, um so größer wird die Gegenkraft des elektrischen Feldes der Doppelschicht, bis der Lösungsprozeß zum Stillstand kommt. Die dann erreichte Spannung zwischen Metall und Elektrolyt wird *Urspannung* genannt. Sie kann nur mit einer zweiten Elektrode gemessen werden. Üblicherweise wird als Bezugselektrode die *Standardwasserstoffelektrode* (*SWE*) gewählt. Bild 4-30 zeigt eine Ausführung. Sie besteht aus einem Platinblech, das in eine wäßrige Lösung von H_3O^+-Ionen taucht und gleichzeitig von Wasserstoffgas umspült wird. Das Potential dieser Elektrode wird willkürlich gleich null gesetzt. Mit dieser Anordnung mißt man die *elektrochemische Spannungsreihe* der

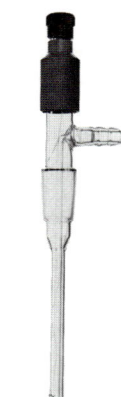

Bild 4-30.   Standardwasserstoffelektrode.

Metalle. Tabelle 4-6 zeigt die elektrochemische Spannungsreihe der wichtigsten Metalle (bei 25 °C). Im oberen Teil sind die Metalle mit negativem (d. h. Elektronen werden abgegeben) und im unteren Teil mit positivem elektrochemischen Potential (Abschn. 4.3.4) zusammengestellt.

Tauchen zwei unterschiedliche Metalle in denselben Elektrolyt, dann entsteht zwischen ihnen eine Spannung, die gleich der Potential-

Tabelle 4-6. Elektrochemische Spannungsreihe der Metalle.

Metall	Spannung U in V
Li/Li^+	− 3,02
Cs/Cs^+	− 2,92
K/K^+	− 2,92
Ca/Ca^{2+}	− 2,84
Na/Na^+	− 2,71
Mg/Mg^{2+}	− 2,38
Al/Al^{3+}	− 1,66
Mn/Mn^{2+}	− 1,05
Zn/Zn^{2+}	− 0,76
Fe/Fe^{2+}	− 0,44
Cd/Cd^{2+}	− 0,40
Ni/Ni^{2+}	− 0,25
Sn/Sn^{2+}	− 0,136
Pb/Pb^{2+}	− 0,126
H/H^+	± 0
Cu/Cu^{2+}	+ 0,34
Cu/Cu^+	+ 0,52
Hg/Hg_2^{2+}	+ 0,798
Ag/Ag^+	+ 0,80
Hg/Hg^{2+}	+ 0,854
Pt/Pt^{2+}	+ 1,2
Au/Au^+	+ 1,42
Au/Au^{3+}	+ 1,5

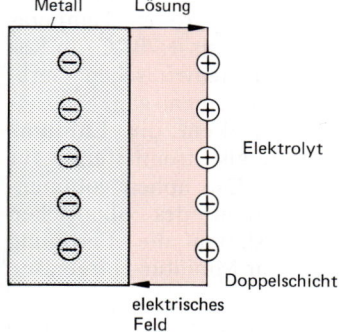

Bild 4-29.   Elektrische Doppelschicht (schematisch).

differenz der elektrochemischen Einzelpotentiale ist. So gilt beispielsweise für eine Kombination von Zink und Kupfer $U = U_{Cu} - U_{Zn}$ $= 0,34 - (-0,76)$ V $= 1,1$ V. Solche Kombinationen werden *galvanische Zellen* genannt. Sie liefern Strom aufgrund des umgekehrten Vorgangs der Elektrolyse. Mehrere zusammengeschaltete galvanische Zellen ergeben eine *Batterie*.

Bild 4-31 zeigt eine Einteilung der galvanischen Elemente. In ihnen findet immer eine Umwandlung von chemischer in elektrische Energie statt. Ist diese Umwandlung nicht mehr rückgängig zu machen (nicht aufladbar), wird von *Primärelementen* gesprochen, ist dagegen eine Rückwandlung möglich (wieder aufladbar), so liegen *Sekundärelemente* (Akkumulatoren) vor. Im Unterschied zu galvanischen Zellen befinden sich in Brennstoffzellen die Reaktionspartner nicht in derselben Zelle, sondern werden als Brennstoffe von außen zugeführt. Zudem kommt es in den Zellen nicht zu einer Abscheidung von festen Reaktionsprodukten. Die Brennstoffzellen werden den Primärelementen zugerechnet.

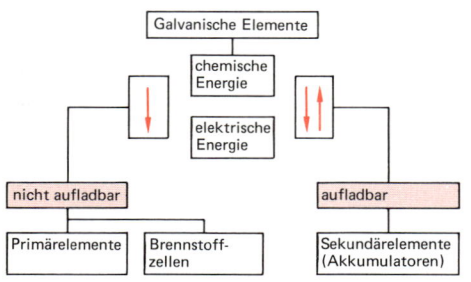

Bild 4-31.   Einteilung der galvanischen Elemente.

Aufgrund der elektrochemischen Spannungsreihe (Tabelle 4-6) sind eine Vielzahl von Primärelementen denkbar. Die in der Praxis am häufigsten eingesetzten chemischen Systeme zeigt Bild 4-32. Es sind die zugehörigen chemischen Reaktionen beschrieben und folgende wichtige Kenngrößen gegenübergestellt: volumen- bzw. gewichtsbezogene Energiedichte in Wh/l bzw. in Wh/kg, Nennspannung in V und Strombelastung in mA/cm². Ferner sind die wichtigsten Einsatzgebiete aufgeführt sowie der Aufbau und die Ausführung einiger galvanischen Zellen gezeigt.

Wie Bild 4-32 zu entnehmen ist, liegt bei den Primärelementen der Schwerpunkt bei den Zink- und Lithium-Systemen. Die chemische Reaktion, die den elektrischen Strom erzeugt, ist trotz unterschiedlicher Reaktionspartner grundsätzlich immer dieselbe: An der negativen Elektrode (Anode) wird ein Metall (in diesem Fall Zink oder Lithium) oxidiert (Freisetzung von Elektronen) und eine oxidische Metallverbindung (Mangan-, Silber-, Quecksilberoxid) als positive Elektrode (Kathode) reduziert.

Eine wichtige Vergleichsgröße sind die volumen- bzw. gewichtsbezogenen Energiedichten. Hierbei wird deutlich, daß das Leclanché-System den niedrigsten Wert hat und die alkalischen Zink/Luft- sowie die Lithium-Systeme die höchsten Energiedichten aufweisen. Hinsichtlich der Strombelastbarkeit stehen die Lithiumsysteme den übrigen deutlich nach. Dies muß nicht immer ein Nachteil sein, da elektronische Anwendungen zunehmend geringere Ströme benötigen. Eine Fülle weiterer Einflußgrößen, wie z. B. Selbstentladung, Materialpreis und Herstellkosten, erklären die Typenvielfalt der Primärelemente und ihre unterschiedlichen Einsatzbereiche. So sind beispielsweise Silber- und Lithium-Systeme vom Materialpreis her über 100mal teurer als die Zink/Braunstein-Elemente. Deshalb finden für den gewöhnlichen Batterieeinsatz (Taschenrechner, Radios, Taschenlampen, Spielgeräte u. a.) die preiswerten Leclanché-Elemente Verwendung. Die teuren Silber- und Lithium-Systeme sind für spezielle Anwendungsfälle geeignet, z. B. das Zink/Silberoxid-System für Armbanduhren und Hörgeräte. Die Lithium/Braunstein-Elemente werden wegen ihrer hohen Energiedichte, ihrer Auslaufsicherheit und des großen Temperaturbereiches (von − 40 °C bis + 70 °C) in Kameras, Computern und medizinischen Geräten bevorzugt eingesetzt. Einem ganz speziellen Verwendungszweck dient die Lithium/Thionylchlorid-Batterie als Stromlieferant für den Herzschrittmacher. Die hohen volumenbezogenen Energiedichten des alkalischen Zink/Luft-Systems gestatten die Fertigung kleinster Knopfzellen für Miniatur-Hörgeräte.

Bei den wiederaufladbaren galvanischen Elementen (Sekundärelemente oder Akkumulatoren) spielen in der technischen Anwendung vor allem die bewährten Blei (Pb/PbO$_2$)- und die Stahlakkumulatoren in der Kombination Ni/Fe oder Fe/Cd eine wichtige Rolle. In Bild 4-33 sind sie vergleichend gegenübergestellt. Wie viele Lade- und Entladezyklen ein Akkumulator unbeschadet überstehen kann, ist besonders wichtig für die Lebensdauer der wiederaufladbaren Systeme.

In Bild 4-33 sind außerdem die Einsatzbereiche der Akkumulatortypen angegeben sowie deren Aufbau gezeigt. Alle Systeme können als offene oder als geschlossene (gasdichte) Ausführungen verwendet werden. So ist beispielsweise außer dem als Starterbatterie bekannten Blei-Akkumulator (Bild 4-33a) auch eine gasdichte Ausführung in zylindrischer Form abgebildet (Bild 4-33b). Bei ihr befindet sich die galvanische Zelle in einem dichten Polypropylengehäuse mit einer schlagfesten Metallummantelung. Die dünnen Elektroden (PbO$_2$ und Pb) sind als Wickel in der Zelle untergebracht. Ein saugfähiges Glasfaservlies dient zur elektrischen Potentialtrennung sowie zur Aufnahme und Bindung des Elektrolyten.

Die Blei-Akkumulatoren finden hauptsächlich in drei Bereichen Anwendung, für die Normen vorliegen:
− Starterbatterien
  (Batterien zum Anlassen von Verbrennungsmotoren; DIN 72310, DIN 72311, DIN 72331 bis DIN 72333),
− Antriebsbatterien
  (DIN 43534 bis DIN 43539, DIN 43595),
− ortsfeste Bleibatterien
  (DIN 40734, DIN 40735).

Die herkömmliche Bleibatterie ist kostengünstig und hat ihre Vorteile vor allem bei einer stark wechselnden Stromentnahme, z.B. als Starter- oder Antriebsbatterie. In vielen Anwendungsbereichen tritt sie in Konkurrenz zu den Nickel/Cadmium-Stahlakkumulatoren. Diese zeichnen sich vor allem durch die Möglichkeit eines lageunabhängigen Einbaus, eine lange Lebensdauer und eine hohe Belastbarkeit aus.

In zunehmendem Maß ersetzen die wiederaufladbaren Nickel/Cadmium-Zellen die Pri-märbatterien. Deshalb sind sie, mit diesen austauschbar, baugleich auf dem Markt (Bild 4-33e). Allerdings sind die volumen- und gewichtsbezogenen Energiedichten bei den Nickel/Cadmium-Zellen bedeutend ungünstiger als bei vergleichbaren Primärbatterien (s. Bild 4-32 im Vergleich mit Bild 4-33), sie sind jedoch wieder aufladbar.

Gasdichte Nickel/Cadmium-Akkumulatoren unterscheiden sich im Elektrodenaufbau. Es gibt die Ausführung mit einer Masse- oder einer Sinterelektrode (Bild 4-33c und d). Die Sinterelektroden bestehen aus einem hochporösen Gerüst (Pluspol: Nickel-Sauerstoff; Minuspol: Cadmium-Sauerstoff), das vom Elektrolyten (Kalilauge) durchtränkt ist. Die Isolierung der Elektroden erfolgt durch einen Separator aus Kunststoffgewebe. Die Sinterzellen sind besonders für hohe Belastungen geeignet (100facher Nennstrom). Deshalb ist auch ein Schnelladen bei völliger Entladung möglich.

Ein weiterer Vorteil der wieder aufladbaren Nickel/Cadmium-Zellen besteht in ihren hervorragenden Eigenschaften bei tiefer Temperatur.

Die ebenfalls zu den Stahlakkumulatoren zählenden Nickel/Eisen-Systeme sind wegen des Nachteils der schnellen Selbstentladung durch die Nickel/Cadmium-Akkumulatoren ersetzt worden. Ihr Einsatzgebiet liegt noch in Schienenfahrzeugen und Schiffen.

Beispiel

4.2-1: Eine alkalische Zink/Braunstein-Babybatterie (IEC LR 14) hat eine Masse $m = 64,5$ g und ein Volumen $V = 26,53$ cm^3. Berechnet werden soll die Nutzungsdauer bei einem konstanten Stromverbrauch von $I = 30$ mA und einer mittleren Lastspannung von $U = 1,2$ V.

Lösung:

Gemäß Bild 4-32 gilt für die Energiedichte des Elementes $W = 100$ Wh/kg. Daraus errechnet sich die Energie $E = 100$ Wh/kg · 0,0645 kg = 6,45 Wh. Für die gespeicherte Ladung errechnet sich $Q = 6,45$ Wh/1,2 V = 5,4 Ah. Bei einem Stromverbrauch von 0,03 A ergibt dies eine Nutzungsdauer von $t_N = 5,4$ Ah/0,03 A = 180 h.

Bezeichnung	Zink/Braunstein (Leclanché)	Zink/Braunstein (alkalisch)	Zink/Luft (alkalisch)	Zink/Luft (sauer)
positive Elektrode	$MnO_2 + e^- + NH_4^+$ $\rightarrow$ $MnOOH + NH_3$	$MnO_2 + e^- + H_2O$ $\rightarrow$ $MnOOH + OH^-$	$O_2 + 4e^- + 2H_2O$ $\rightarrow$ $4OH^-$	$O_2 + e^- + NH_4^+$ $\rightarrow$ $2OH^- + NH_3$
negative Elektrode	Zn $\rightarrow$ $Zn^{2+} + 2e^-$	$Zn + 2OH^-$ $\rightarrow$ $ZnO + H_2O + 2e^-$	$Zn + 2OH^-$ $\rightarrow$ $ZnO + H_2O + 2e^-$	Zn $\rightarrow$ $Zn^{2+} + 2e^-$
Zellenreaktion	$Zn + 2MnO_2 +$ $2NH_4Cl$ $\rightarrow$ $2MnOOH +$ $Zn(NH_3)_2Cl_2$	$Zn + 2MnO_2 + H_2O$ $\rightarrow$ $2MnOOH + ZnO$	$2Zn + O_2 + 2H_2O$ $\rightarrow$ $2Zn(OH)_2$	$2Zn + O_2 +$ $4NH_4Cl$ $\rightarrow$ $2H_2O +$ $2Zn(NH_3)_2Cl_2$
Energiedichte in Wh/l	120 bis 190	200 bis 300	650 bis 800	200 bis 300
Energiedichte in Wh/kg	25 bis 70	80 bis 120	300 bis 380	130 bis 170
Nennspannung in V	1,5	1,5	1,4	1,45
Strombelastung in mA/cm²	2	2	2	2
Einsatzgebiete	Konsumtechnik: Taschenlampen, Meßgeräte, Spielzeug, Radio, Tonband, Haushalt	Hörgeräte, Nachrichtengeräte (Sender), Rechner, Großuhren, Meßgeräte	Langzeitanwendungen, Hörgeräte	Langzeitanwendungen, Fernmeldegeräte, Baustellenbeleuchtung, Weidezaun

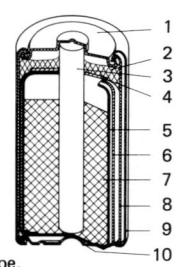

1 Pluskontaktkappe, Stahl verzinnt
2 Bitumenverguß
3 positive Ableitung (Kohlestift)
4 Abdeckscheibe, polyethylenbeschichtet
5 mehrlagiger Scheidercup mit Kaschierung auf Basis vernetzter Stärke, Ammonium- und Zinkchlorid
6 negative Lösungselektrode (Zinkbecher)
7 positive Elektrodenmasse, Manganoxid, Ruß, Grafit, Elektrolyt
8 Isolierhülle, Kraftpapier mit Polyethylen laminiert
9 Stahlmantel
10 Minuskontaktscheibe, Stahl verzinnt

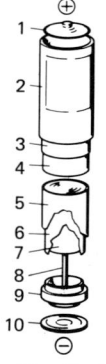

1 positive Abschlußkappe
2 Metallmantel
3 Isolierhülse
4 Stahlbecher, vernickelt (positiver Zellenpol)
5 positive Elektrode Ringelektrode
6 negative Lösungselektrode (Zink Zinkpulver)
7 Separator
8 negative Elektrodenableitung
9 Kunststoffdichtung
10 negativer Zellenpol Bodenkontaktscheibe

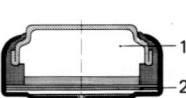

1 Zinkpulveranode
2 Kathode "Luftelektrode"

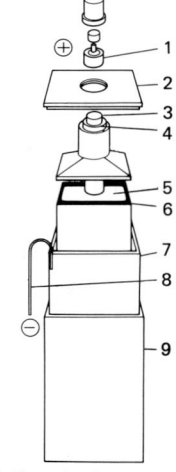

1 Kontaktschraube
2 Abdeckscheibe
3 Kohlestift
4 Luftzuführung
5 positive Elektrode mit Gaze umwickelt
6 Elektrolytpaste
7 Zinkbecher
8 Drahtableitung
9 Isolierbecher

Zink/ Silberoxid	Cadmium/ Quecksilber	Zink/ Quecksilber	Lithium/ Braunstein	Lithium/ Thionylchlorid
$Ag_2O + 2e^- + H_2O$ $\longrightarrow$ $Ag + 2OH^-$	$HgO + 2e^- + H_2O$ $\longrightarrow$ $Hg + 2OH^-$	$HgO + 2e^- + H_2O$ $\longrightarrow$ $Hg + 2OH^-$	$MnO_2 + e^- + Li^+$ $\longrightarrow$ $MnO_2(Li^+)$	$2SOCl_2 + 4e^-$ $\longrightarrow$ $SO_2 + S + 4Cl^-$
$Zn + 2OH^-$ $\longrightarrow$ $ZnO + H_2O + 2e^-$	$Cd + 2OH^-$ $\longrightarrow$ $CdO + H_2O + 2e^-$	$Zn + 2OH^-$ $\longrightarrow$ $ZnO + H_2O + 2e^-$	Li $\longrightarrow$ $Li^+ + e^-$	Li $\longrightarrow$ $Li^+ + e^-$
$Zn + Ag_2O$ $\longrightarrow$ $ZnO + 2Ag$	$Cd + HgO$ $\longrightarrow$ $Hg + CdO$	$Zn + HgO$ $\longrightarrow$ $Hg + ZnO$	$Li + MnO_2$ $\longrightarrow$ $MnO_2(Li^+)$	$4Li + 2SOCl_2$ $\longrightarrow$ $4LiCl + SO_2 + S$
350 bis 650	250 bis 350	400 bis 520	500 bis 800	700 bis 900
70 bis 100	50 bis 70	90 bis 120	300 bis 500	500 bis 700
1,55	1,03	1,35	1,5 bis 3,8	3,7
2	2	2	0,5	0,5
Armbanduhren, Hörgeräte	militärische Anwendungen	Photos, Blitzgeräte, Hörgeräte, Belichtungsmesser, Uhren	Konsumtechnik: Photos, Blitzgeräte, Computer, Notstrom, Medizintechnik	Herzschrittmacher, Bojenbeleuchtung

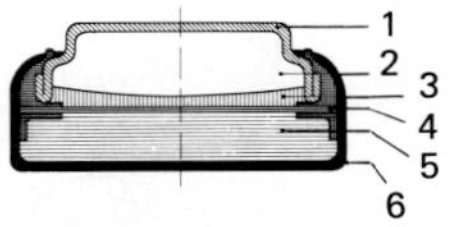

1 Deckel, Trimetall Kupfer, Stahl, Nickel
2 Zinkpulveranode
3 Elektrolyt-Vlies
4 Scheider
5 Kathode
6 Zellenbecher, Stahl, nickelplattiert

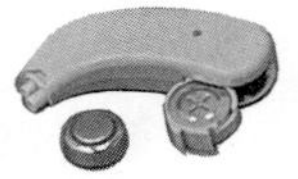

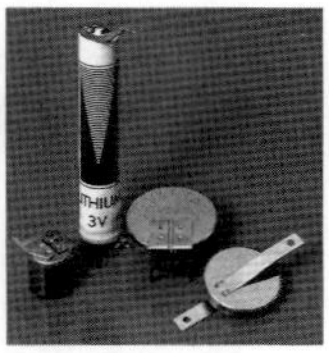

Bild 4-32.   Primärelemente.

		Batterietypen		
		Blei	Nickel/Cadmium	Nickel/Eisen
Eigenschaften	positive Elektrode	PbO_2	NiOOH	NiOOH
	negative Elektrode	Pb	Cd	Fe
	Elektrolyt	$H_2SO_4 + H_2O$	$KOH + H_2O$	
	Reaktion	2 $PbSO_4 + H_2O$ Laden ⇄ Entladen $PbO_2 + 2 H_2SO_4 + Pb$	$Cd(OH)_2 + 2 Ni(OH)_2$ Laden ⇄ Entladen $Cd + 2 NiOOH + H_2O$	$Fe(OH)_2 + 2 Ni(OH)_2$ Laden ⇄ Entladen $Fe + 2 NiOOH + H_2O$
	Kapazität in Ah	1 bis 63	10^{-2} bis 15	bis 100
	Energiedichte in Wh/l	10 bis 100	30 bis 80	30 bis 70
	Energiedichte in Wh/kg	25 bis 35	15 bis 45	10 bis 32
	Zellspannung in V	2	1,20	1,20
	Strombelastung in A	1 bis 20	$2 \cdot 10^{-3}$ bis 24	bis 300
	Lade-/Entladezyklen	500 bis 1 500	bis 8 000	bis 4 000
	Normen	DIN 72310, 72311, 72331, 72333, 43534 bis 43539 40 734, 40735	DIN 40751 bis 40759 40761 40764 bis 40768	DIN 40752 (2) 40760 40764
	Einsatzbereiche	Notstrom Starter Antriebe	Konsumelektronik Hörgeräte Kameras Datensicherung	Schienenfahrzeuge Schiffe

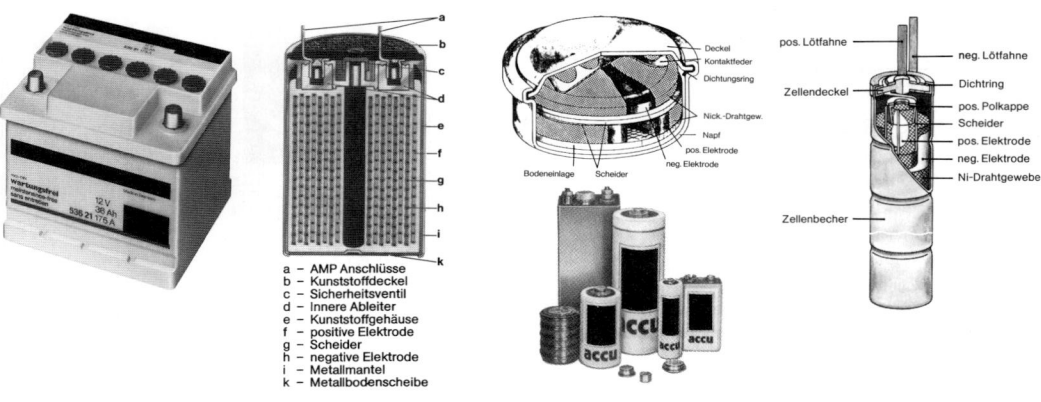

a – AMP Anschlüsse
b – Kunststoffdeckel
c – Sicherheitsventil
d – Innere Ableiter
e – Kunststoffgehäuse
f – positive Elektrode
g – Scheider
h – negative Elektrode
i – Metallmantel
k – Metallbodenscheibe

Bild 4-33.   Sekundärelemente.

4.2.1.4. Elektrokinetische Vorgänge

Bewegt sich aufgrund entgegengesetzter Ladungsverteilung die feste Phase relativ zur flüssigen, so treten elektrokinetische Effekte auf, von denen zwei von besonderer technischer Bedeutung sind:

– *Elektrophorese* (Bewegung kleinster Teilchen in einer Flüssigkeit aufgrund eines elektrischen Feldes) und
– *Elektroosmose* (Bewegung einer stromführenden Flüssigkeit durch einen porösen Festkörper).

Im Gegensatz zur Elektrolyse findet eine Ladungsträgerbewegung nur in einer Richtung statt (unipolare Wanderung).

Bei der Elektrophorese (gr. phor, tragen) werden Teilchen kolloidaler Größenordnung (10^{-6} mm bis 10^{-4} mm) dispergiert, die sich gegenüber dem Dispersionsmittel aufladen. In einem elektrischen Feld bewegen sich die Teilchen zur gegenpoligen Elektrode. Bild 4-34 zeigt, wie sich durch Elektrophorese feinste geladene Kieselgurteilchen (10^{-5} mm Durchmesser) auf einem metallischen Filtersieb niedergeschlagen haben. Solche kieselgurbeschichteten Metallsiebe dienen z. B. in Brauereien zur Bierfiltration. Im Vergleich zum mechanischen Anströmen von Kieselgur ist die elektrophoretisch aufgebrachte Schicht wesentlich gleichmäßiger. Ist die Filterschicht verbraucht, so kann durch Umpolen des elektrischen Feldes die verschmutzte Kieselgurschicht vom Metallsieb entfernt werden.

Bild 4-34. Elektrophoretisch abgeschiedene Kieselgur.

Unterschiedliche Teilchen weisen verschiedene Wanderungsgeschwindigkeiten auf, so daß eine elektrophoretische Trennung von Substanzen möglich ist. Dies wird beispielsweise in der Biomedizin zur Analyse von Proteinen ausgenutzt.

Das *elektrophoretische Tauchlackieren* (*ETL*) ist ein in der Automobilindustrie weit verbreitetes Verfahren zur Grund- und Einschichtlackierung von Karossen und Fahrzeugteilen. Man unterscheidet zwischen *anodisch* und *kathodisch* abgeschiedenen Lackmaterialien (*ATL* und *KTL*). Das *KTL-Verfahren* hat sich in den letzten Jahren fast

überall durchgesetzt. Als wesentliche Vorteile seien genannt:

– *Vollständiger Umgriff*

Beim Beschichten von Automobilkarossen werden zuerst die Außenhautteile beschichtet. Diese isolieren sich bei höherer Schichtdicke von selbst, so daß die elektrische Stromdichte von außen nach innen in die Hohlräume wandert.

– *Unterwanderungsbeständigkeit*

Die Unterwanderungsbeständigkeit der KTL-Materialien ist im Vergleich zu den ATL-Lacken um den Faktor drei besser.

– *Gute Haftung*

KTL-Lackschichten sind sehr gleichmäßig und haften mechanisch sehr fest auf der Phosphatierung.

Bild 4-35 zeigt eine Kataphoreseanlage. In dem Tauchbecken befinden sich in Wasser gelöste, positiv geladene Lackteilchen. Wird das metallische Werkstück negativ und der Tauchbeckenrand bzw. geeignete Anoden positiv geladen, so wandern die Lackkolloide zum Werkstück. Normalerweise beträgt die Schichtdicke bei einer Spannung von 80 V bis 350 V und einer Beschichtungsdauer von 2 bis 43 Minuten etwa 10 µm bis 35 µm.

Bild 4-35. Kataphorese-Anlage.
Werkphoto: Dürr

Bei der *Elektroosmose* läuft der Wanderungsprozeß umgekehrt ab. Ein poröser Körper wird beispielsweise von zwei entgegengesetzt geladenen Wassersäulen umgeben, wie es Bild 4-36a zeigt. An den Porenwänden bilden sich entgegengesetzte Ladungen. So entstehen z. B. positive Ionen, die auf ihrer Wanderung zum

a)

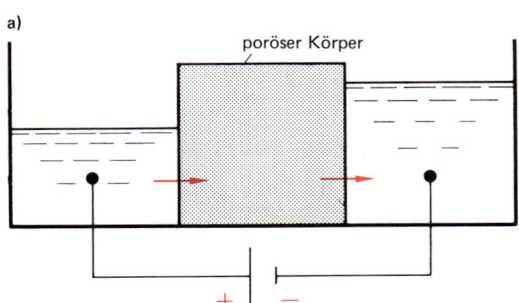

b)

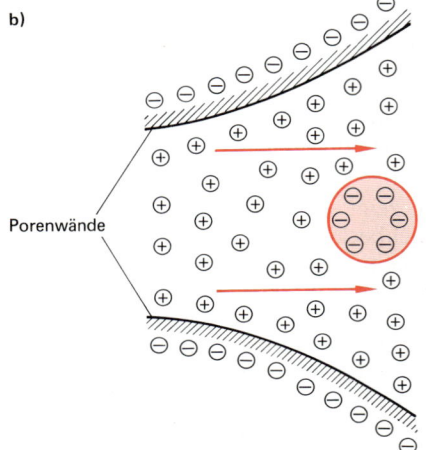

Porenwände

Bild 4-36.   Elektroosmose, schematisch.

negativen Pol noch hydratisierte Wasserdipole mitschleppen, etwa gemäß Bild 4-36 b. Auf diese Weise steigt der Wasserspiegel auf der rechten Seite und sinkt auf der linken. Mit Hilfe elektroosmotischer Wasserbewegungen können u. a. Mauerwerke oder Schlammassen entwässert werden.

4.2.2. Ladungstransport im Vakuum und in Gasen

4.2.2.1. Ladungstransport im Vakuum

Für einen Ladungstransport im Vakuum (bei einem Druck von etwa 10^{-2} Pa bis 10^{-4} Pa) müssen freie Ladungsträger erzeugt werden. Dieser Vorgang wird *Ladungsträgerinjektion* oder *Emission* genannt. Von großer praktischer Bedeutung ist die *Elektronenemission.* Elektronen sind im Metallverbund zwar leicht beweglich, doch werden sie an der Oberfläche wegen der Anziehungskräfte der zurückbleibenden Atomrümpfe, die die *Austrittsarbeit*

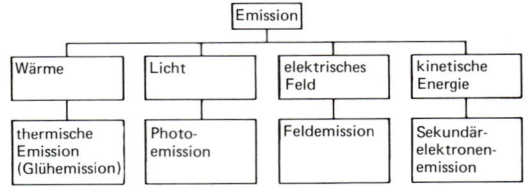

Bild 4-37.   Arten der Elektronenemission.

W_A erfordern, am Verlassen gehindert. Bild 4-37 zeigt, daß hierfür die Zufuhr von kinetischer Energie in Form von Wärme (*thermische Emission*), Licht (*Photoemission*) und elektrischer Energie (*Feldemission*) nötig ist, oder daß kinetische Energie durch Stoßprozesse bereits erzeugter Ladungsträger (*Sekundärelektronenemission*) zugeführt werden muß.

Thermische Emission (Glühemission)

Durch Erwärmen der Glühkathode nimmt die mittlere kinetische Energie der Elektronen an den Elektroden so stark zu, daß Elektronen austreten können. Die Abhängigkeit der Stromdichte j der austretenden Elektronen von der Austrittsarbeit W_A und der Temperatur T beschreibt die *Richardson-Gleichung* (O. RICHARDSON, 1879 bis 1959):

$$j = A T^2 \, e^{-\frac{W_A}{kT}}. \tag{4-85}$$

Die Richardson-Konstante A ist materialabhängig und liegt zwischen 10^6 A/(m² K²) (Wolfram) und 10^2 A/(m² K²) (Metalloxide). Die ebenfalls werkstoffabhängige Austrittsarbeit W_A liegt zwischen 1 eV bei Metalloxiden und 5 eV bei Nickel (zum Begriff eV, Elektronenvolt, s. Abschn. 4.3.5.1, Gl. (4-105)).

Photoemission

Werden Lichtquanten mit der Energie $W = h f$ (Abschn. 6.5.1.1) auf eine Metalloberfläche gestrahlt, dann lösen sich Elektronen aus dem Metallverbund, wenn die Energie der Photonen größer als die Austrittsarbeit W_A ist. Diese Elektronen werden als Photostrom außerhalb des Metalls registriert. Der Photostrom ist ein Maß für die Lichtintensität. Als Kathode wird eine mit Cadmium, Cäsium oder Kalium verspiegelte evakuierte Glasröhre verwendet, die bei Lichteinfall Elektronen zur ringförmigen Anode aussendet. Die kinetische Energie W_{kin} der freigesetzten Elektronen berechnet sich dann zu

$$W_{kin} = hf - W_A. \qquad (4\text{-}86)$$

Innerhalb bestimmter Grenzen ist in diesen *Photozellen* der gemessene Photostrom proportional zur Intensität des Lichtes. Die Photozellen ersetzt man in zunehmendem Maß durch Halbleiter-Photodetektoren (Abschn. 9.4).

Feldemission

Zur Überwindung der Austrittsarbeit W_A bedarf es elektrischer Feldstärken von etwa 10^9 V/m (Zusammenhang zwischen elektrischer Feldstärke E und Spannung U siehe Abschn. 4.3.4., Gl. (4-93)). Um diese hohen Feldstärken für verhältnismäßig geringe Spannungen (etwa 100 V) zu erzeugen, wird die Kathode zu einer feinen Spitze geformt (Radius der Spitze etwa 10^{-7} m).

Als Anode dient eine Glaskugel, die um die Kathodenspitze angeordnet ist und mit einer Leuchtschicht (ZnS) überzogen ist. Die von der Kathodenspitze emittierten Elektronen geben ihre kinetische Energie beim Aufprall auf die Anode als Lichtquanten ab. Dadurch entsteht ein Abbild der atomaren Struktur des

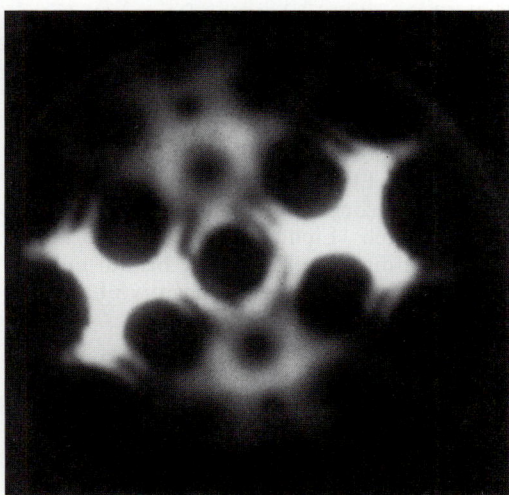

Bild 4-38. Monoatomarer Thorium-Film auf Wolfram.

Kathodenmaterials auf dem Leuchtschirm (*Feldelektronenmikroskop*, Bild 4-38).

Sekundärelektronenemission

Die kinetische Energie der bereits freigesetzten Elektronen kann wiederum die Austrittsarbeit W_A überwinden und nochmals Elektronen (Sekundärelektronen) freisetzen. Der *Sekundäremissionsfaktor* gibt an, wie viele Sekundärelektronen im Verhältnis zu den Primärelektronen emittiert werden. Er liegt bei reinen Metallen bei 1, für Halbleiter zwischen 2 und 15. Durch geeignet angeordnete Elektroden (Dynoden), zwischen denen Beschleunigungsspannungen liegen, können sehr kleine Ströme rauscharm bis auf das 10^{10}fache verstärkt werden. Als Photo-Multiplier wird er zur Messung sehr kleiner Lichtintensitäten (sogar einzelner Lichtquanten) eingesetzt.

4.2.2.2. Ladungstransport in Gasen

Gase sind gewöhnlich Nichtleiter. Um sie elektrisch leitend zu machen, müssen entweder Ladungsträger eingebracht (Ladungsträgerinjektion) oder die Gase ionisiert werden. Geschieht die Ionisation des Gases durch äußere Einwirkung, wie z.B. durch Bestrahlung mit UV-Licht, durch radioaktive Strahlung oder Röntgenstrahlung oder durch Wärmezufuhr, so findet eine *unselbständige Gasentladung* statt. Bei einer *selbständigen Gasentladung* werden die Gase durch die Bewegung ihrer eigenen Moleküle selbst ionisiert, z.B. durch ihre kinetische Energie in starken elektrischen Feldern.

Unselbständige Gasentladung

Befindet sich ein ionisiertes Gas zwischen zwei Elektroden der Spannung U, dann ist der in Bild 4-39 typische Strom-Spannungsverlauf zu beobachten. Im Bereich I gilt das Ohmsche Gesetz. Die Gasionen stoßen auf dem Weg zur gegenpoligen Elektrode auf den Widerstand anderer Gasatome. Ferner können sie durch Anlagern an Ionen entgegengesetzter Ladung wieder zu neutralen Gasatomen werden (*Rekombination*). Dieser Bereich wird daher *Rekombinationsbereich* genannt. Steigt die Spannung zwischen den Elektroden weiter, dann gelangen die Gasionen so schnell zur entsprechenden Elektrode, daß keine Rekombinationsprozesse mehr ablaufen können. Es fließen also alle Gasionen ab. Der jetzt meß-

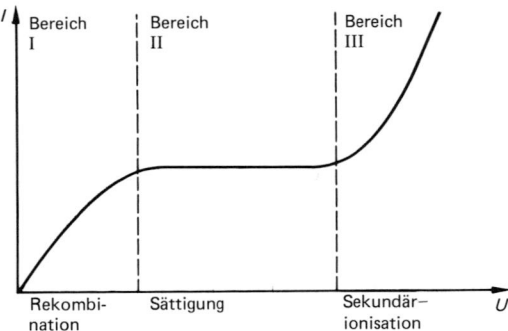

Bild 4-39. *Strom-Spannungsverlauf bei einer unselbständigen Gasentladung.*

bare Strom hat deshalb den größtmöglichen Wert, er heißt Sättigungsstrom. Der zugehörige Spannungsbereich ist der *Sättigungsbereich* (Bereich II). Werden die Ionen durch zunehmende Spannung so stark beschleunigt, daß ihre kinetische Energie die neutralen Gasatome zu ionisieren vermag, dann werden Sekundärelektronen erzeugt (Bereich III), und es läuft eine selbständige Gasentladung ab.

Selbständige Gasentladung

Bei einer selbständigen Gasentladung findet ein Ladungsfluß ohne äußere Einwirkung statt. Die Gasatome vermögen durch ihre eigene kinetische Energie andere durch Stoß zu ionisieren *(Stoßionisation)*. Die dazu erforderliche kinetische Energie stammt aus der Energie des elektrischen Feldes: $W_{el} = Q U$ $= e E l$ (die Ladung Q besteht im allgemeinen aus der Elementarladung e; l ist die mittlere freie Weglänge). Da die mittlere freie Weglänge um so größer ist, je weniger Gasatome vorhanden sind (je geringer der Gasdruck p ist), gilt

$$W \sim \frac{e E}{p}.$$

Daraus läßt sich der Ionisierungskoeffizient s ermitteln. Er gibt an, wieviel Ionen (dN) pro Wegstrecke (dx) zusätzlich erzeugt werden und ist eine Funktion von E/p, so daß gilt

$$s = f (E/p).$$

Dies bedeutet, daß der Ionisierungskoeffizient eine Funktion des Quotienten aus elektrischer Feldstärke und Gasdruck ist. Jedes Gas kann ab einer bestimmten Feldstärke

bzw. Spannung (bezogen auf den gleichen Druck) ionisiert werden. Die Ionisierung läuft lawinenartig ab; jedes Ion ionisiert seinerseits ein anderes, das wiederum neue zu ionisieren vermag. Mit der lawinenartigen Zunahme der Ionen − entsprechend einer Kettenreaktion − nimmt der innere Widerstand zwischen den Elektroden ab. Um den Strom zu begrenzen, muß man deshalb Vorwiderstände einschalten. Hierzu dient vielfach der induktive Wechselstromwiderstand einer Spule (Abschn. 4.5.2.2).

Während die meisten unselbständigen Gasentladungen ohne Leuchterscheinungen ablaufen, spielen die Lichtausstrahlungen der selbständigen Gasentladungen in der Technik eine wichtige Rolle. Sie sind sehr stark von der Gasart, dem Gasdruck, der Temperatur und der Elektrodengeometrie abhängig.

Glimmentladung

Bei einer Glimmentladung in einem zylindrischen Rohr erkennt man eine Reihe von hellen und dunklen Zonen. Bild 4-40 zeigt schematisch die Leuchtbereiche zwischen Kathode und Anode (a), den Verlauf der Raumladung ϱ (b), der Feldstärke E (c) und der Spannung U (d). Zwischen der Kathode und dem *Kathodenlicht* liegt ein kleiner dunkler Bereich, der *Astonsche Dunkelraum*. In diesem Bereich ist die Feldstärke E am größten. Durch den Aufprall positiver Ionen auf die Kathode werden Elektronen freigesetzt (negative Raumladung), die zunehmend Feldenergie aufnehmen. Im Bereich des *Hittorfschen Dunkelraums* werden durch die schnellen Elektronen viele Gasatome ionisiert, so daß eine starke positive Raumladung entsteht. Die Energie der Elektronen wird im *kathodischen Glimmlicht* (beginnend mit einem Glimmsaum) durch Lichtaussendung verbraucht. Deshalb nimmt die Feldstärke bis auf null ab, und es entsteht eine große negative Ladungsdichte.

Nach dem *Faradayschen Dunkelraum* leuchtet eine *positive Säule*. In diesem Gebiet sind gleich viel (negative) Elektronen wie positive Ionen vorhanden (*quasineutrales Plasma*). Hier diffundieren fortwährend Elektronen und Ionen an die Wand und rekombinieren dort unter Lichtausstrahlung. Die Energie zur Erzeugung neuer Ladungsträger wird dem kon-

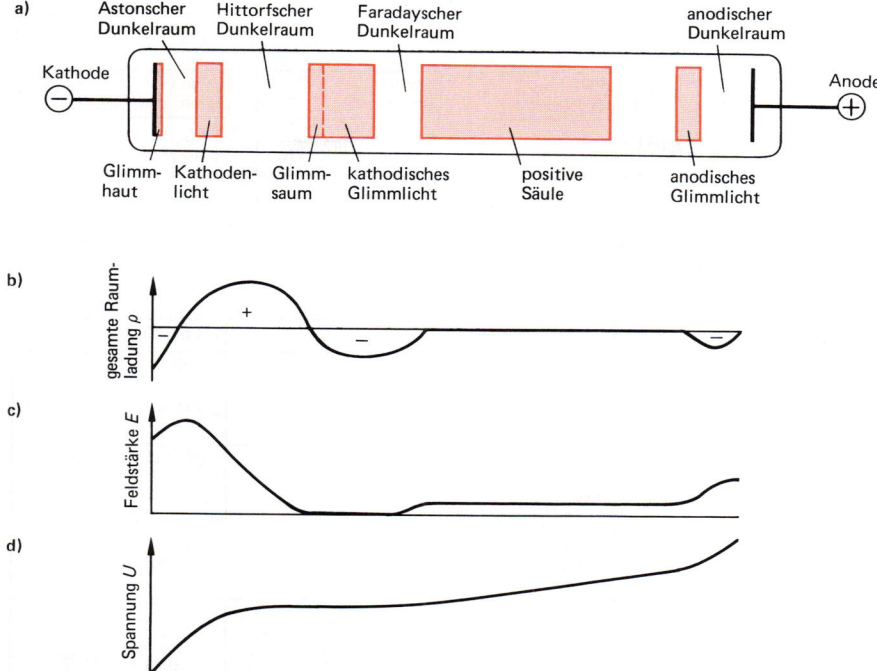

Bild 4-40.   *Vorgänge bei einer Glimmentladung.*

stanten elektrischen Feld entnommen. Die positive Säule ist der längste leuchtende Teil einer Glimmentladung. Zwischen ihr und der Anode kann ein kleiner glimmender Bereich liegen (*anodisches Glimmlicht*). Unmittelbar vor der Anode ist ein Feldstärkeanstieg festzustellen, der von der negativen Raumladung der schnell abfließenden Elektronen herrührt.

Bogen- und Funkenentladung

Fließen durch eine Gasentladungsröhre große Ströme, dann werden die Elektroden sehr heiß. Die glühende Kathode sendet sehr viele Elektronen aus, so daß die Leuchtstärke in der positiven Säule entsprechend groß wird. Dies ist eine *Bogenentladung*. Sie kann sowohl bei kleinem Druck (*Vakuumbogenentladung*) als auch bei hohem Druck (10^6 Pa bis 10^7 Pa in *Hochdrucklampen*) stattfinden. Rasch gelöschte und deshalb nur kurz aufleuchtende Bogenentladungen werden *Funkenentladungen* genannt.

Kathoden- und Kanalstrahlen

Wird in einer Gasentladungsröhre der Druck auf 10 Pa bis 1 Pa vermindert, so ist die Wahrscheinlichkeit für Stoßprozesse gering. Aus diesem Grunde können die Elektronen aus der Kathode das Feld nahezu ungestört und mit unverminderter Geschwindigkeit geradlinig durchlaufen. Diese Elektronenstrahlen werden *Kathodenstrahlen* genannt. Mit abnehmendem Druck werden zunächst die Dunkelräume größer und die positive Säule verschwindet, bis eine Glimmerscheinung aus dem Hittorfschen Dunkelraum übrigbleibt. Bei weiterer Druckabnahme hört die Glimmerscheinung auf und die Wände beginnen zu fluoreszieren.

Wird statt einer massiven Kathode eine Lochplatte verwendet, dann setzt sich die Leuchterscheinung hinter der Kathode fort. Die durch das Kathodenloch hindurchtretenden positiven Ionen werden *Kanalstrahlen* genannt. Da sie sich im feldfreien Raum bewegen, bleibt ihre Geschwindigkeit konstant.

Die wichtigste Anwendung der Strahlung glühender Körper ist die *Glühlampe*. Bild 4-41 zeigt eine Übersicht. Eine Anwendung der Entladungserscheinungen ist die *Entladungslampe*. Die gebräuchlichen Arten sind in Bild 4-42 zusammengestellt.

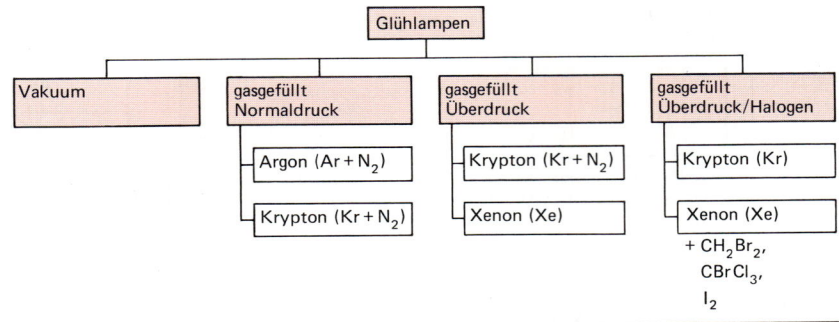

	Vakuum	gasgefüllt Normaldruck	gasgefüllt Überdruck	gasgefüllt Überdruck/Halogen
Leistung in W	bis 25	5 bis 2 000	10 bis 60	2,4 bis 10 000
Lichtausbeute in lm/W	bis 10	bis 25	bis 20	bis 40
Leuchtkörper- temperatur in K	2 000 bis 2 400	2 200 bis 3 200	2 500 bis 3 000	2 900 bis 3 400
Normen	DIN 49846 DIN 49851	DIN 49810 DIN 49812 IEC-Publ.64 DIN 49818	DIN 49841	DIN 49820 DIN 72601
Anwendungsbereiche	Allgemeinbeleuchtung Anzeigelampen	Allgemeinbeleuchtung Kfz-Lampen Photolampen	Eisenbahn- und Verkehrssignallampen (Niedervolt)	Allgemeinbeleuchtung Scheinwerfer Kfz, Photo, Studio, Bühne

Bild 4-41. Arten der Glühlampen.

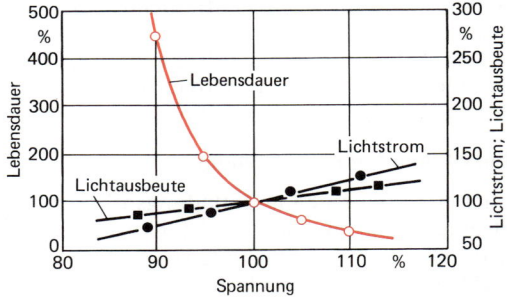

Glühlampen zeichnen sich durch folgende Eigenschaften aus:

- Sie haben ein kontinuierliches Spektrum (Temperaturstrahler);
- sie sind über alle Spannungsbreiche ohne Vorschaltgeräte betreibbar, und
- sie sind sofort betriebsbereit (d. h. kein Zündvorgang, keine Einbrennzeit).

Die wichtigsten Vorzüge von Entladungslampen sind:

- Die Lichtausbeute ist größer als bei Glühlampen;
- die Lebensdauer ist höher als bei Glühlampen, und
- das Farbspektrum ist durch Zusätze und Leuchtstoffe beeinflußbar.

Bild 4-41 zeigt eine Einteilung der Glühlampen, ihre besonderen Eigenschaften, ihre Normvorschriften und typische Anwendungsbereiche sowie einige typische Bauarten. Das zugehörige Diagramm zeigt den Zusammen-

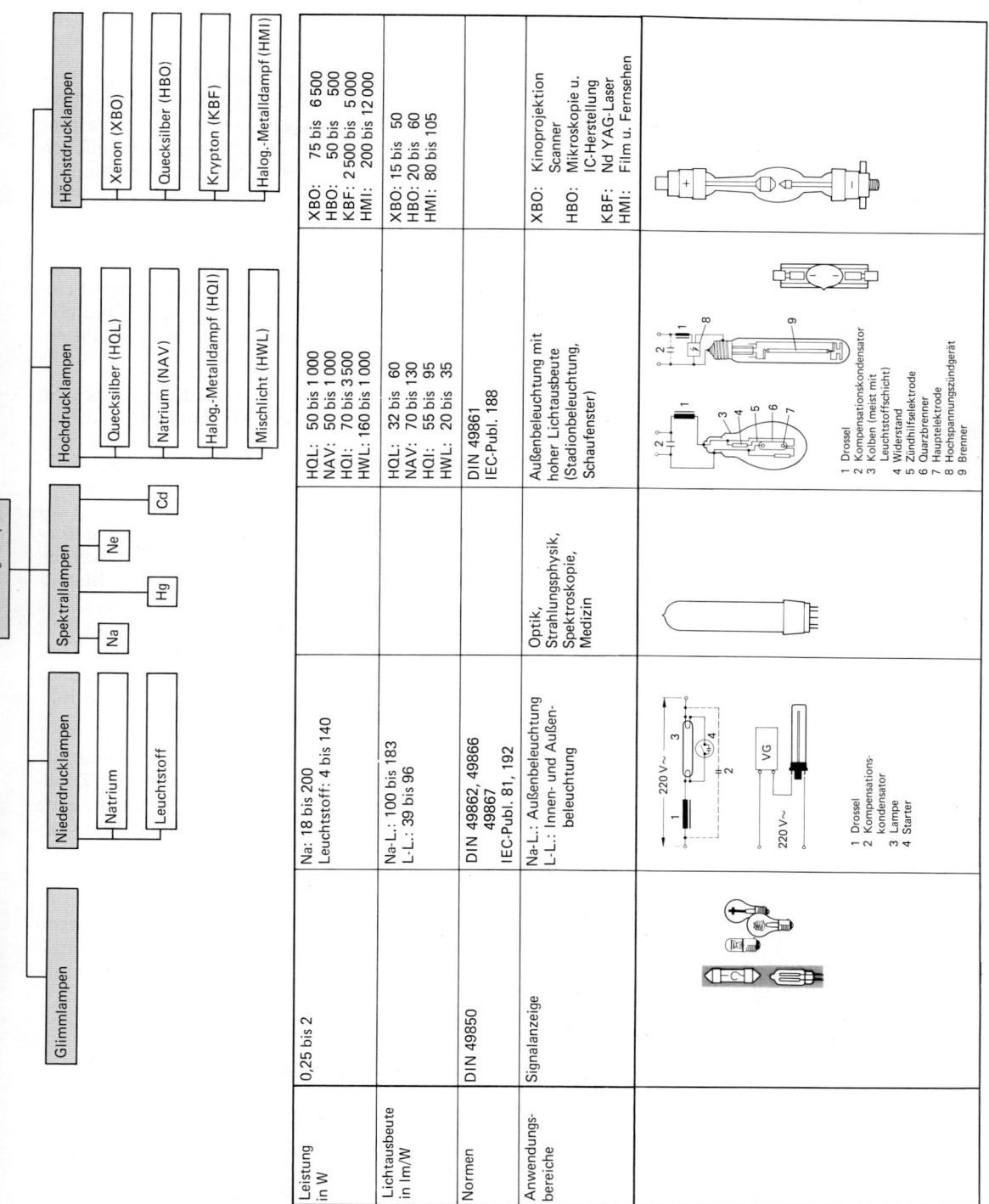

Entladungslampen

Glimmlampen — Niederdrucklampen — Spektrallampen — Hochdrucklampen — Höchstdrucklampen

Niederdrucklampen: Natrium, Leuchtstoff

Spektrallampen: Na, Hg, Ne, Cd

Hochdrucklampen: Quecksilber (HQL), Natrium (NAV), Halog.-Metalldampf (HQI), Mischlicht (HWL)

Höchstdrucklampen: Xenon (XBO), Quecksilber (HBO), Krypton (KBF), Halog.-Metalldampf (HMI)

	Glimmlampen	Niederdrucklampen	Spektrallampen	Hochdrucklampen	Höchstdrucklampen
Leistung in W	0,25 bis 2	Na: 18 bis 200 Leuchtstoff: 4 bis 140		HQL: 50 bis 1 000 NAV: 50 bis 1 000 HQI: 70 bis 3 500 HWL: 160 bis 1 000	XBO: 75 bis 6 500 HBO: 50 bis 500 KBF: 2 500 bis 5 000 HMI: 200 bis 12 000
Lichtausbeute in lm/W		Na-L.: 100 bis 183 L-L.: 39 bis 96		HQL: 32 bis 60 NAV: 70 bis 130 HQI: 55 bis 95 HWL: 20 bis 35	XBO: 15 bis 50 HBO: 20 bis 60 HMI: 80 bis 105
Normen	DIN 49850	DIN 49862, 49866 49867 IEC-Publ. 81, 192		DIN 49861 IEC-Publ. 188	
Anwendungsbereiche	Signalanzeige	Na-L.: Außenbeleuchtung L.-L.: Innen- und Außenbeleuchtung	Optik, Strahlungsphysik, Spektroskopie, Medizin	Außenbeleuchtung mit hoher Lichtausbeute (Stadionbeleuchtung, Schaufenster)	XBO: Kinoprojektion, Scanner HBO: Mikroskopie u. IC-Herstellung KBF: Nd YAG-Laser HMI: Film u. Fernsehen

1 Drossel
2 Kompensationskondensator
3 Kolben (meist mit Leuchtstoffschicht)
4 Widerstand
5 Zündhilfselektrode
6 Quarzbrenner
7 Hauptelektrode
8 Hochspannungszündgerät
9 Brenner

1 Drossel
2 Kompensationskondensator
3 Lampe
4 Starter

220 V~   VG

hang zwischen Lichtstrom, Lichtausbeute und Lebensdauer in Abhängigkeit von der Spannung. Im gemeinsamen Schnittpunkt aller Kurven ist 100% Lebensdauer, Lichtstrom und Lichtausbeute bei 100% Spannung.

Es wird besonders deutlich, daß eine Spannungsabsenkung um nur 10% eine merkliche Verlängerung der Lebensdauer bis zu 450% mit sich bringen kann, während eine Spannungsüberschreitung um 10% zwar eine Erhöhung der Lichtausbeute um etwa 25%, dafür aber eine Lebensdauerverringerung um 75% zur Folge hat.

Je nach Füllgas und Fülldruck können Glühlampen eingeteilt werden in *Vakuumlampen, gasgefüllte Lampen mit Normal- und Überdruck* sowie in *gasgefüllte Überdrucklampen mit Halogenzusätzen* (Halogenlampen). Bei Lampen mit geringer Leistungsaufnahme (z. B. Allgebrauchsglühlampen bis 15 W) sind Vakuumlampen infolge geringerer Verluste durch fehlende Wärmeableitung über das Füllgas im Vergleich zu gasgefüllten vorteilhafter. Bei höheren Leistungen kann dieser Wärmeverlust durch höhere Temperaturbelastung des Leuchtkörpers ausgeglichen, die damit verbundene Erhöhung der Verdampfungsgeschwindigkeit des Wolframs (Leuchtkörper) durch Größe und Anzahl (Fülldruck) der Gasmoleküle (inaktive Edelgase wie Argon (Ar), Xenon (Xe) oder Krypton (Kr)) reduziert und somit der Schwärzungsprozeß durch Wolframablagerungen an den kalten Lampenteilen (Kolben) verzögert werden.

Halogenzusätze zum Füllgas in Form halogenierter Kohlenwasserstoffe oder Jod (I_2) bewirken einen Kreisprozeß zwischen den vom Leuchtkörper abdampfenden Wolframteilchen und dem Halogen. Bei Temperaturen um 250 °C (also in der Nähe der kälteren Kolbenwand) verbinden sich diese Wolframteilchen mit dem Halogen zu Wolframhalogeniden. Gelangen diese infolge der Konvektion wieder in Temperaturbereiche um 1500 °C (in Leuchtkörpernähe), so zerfallen diese Verbindungen wieder in Wolfram und Halogen. Damit stehen die freigewordenen Halogenbestandteile erneut zum Kreisprozeß zur Verfügung. Durch diesen Kreisprozeß wird bewirkt, daß sich die abdampfenden Wolframteilchen nicht auf der kälteren Kolbenwandung niederschlagen, so daß eine Schwärzung

des Lampenkolbens während der Lebensdauer weitgehend unterbunden wird.

Halogenglühlampen können heute in Leistungsstufen zwischen 2,4 W und 10 000 W hergestellt werden. Halogenzusätze in Verbindung mit der Überdrucktechnik ermöglichen in Relation zur herkömmlichen Glühlampentechnik auch bei Lampen mit hoher Leistung kleine Bauabmessungen sowie höhere Temperaturbelastungen des Leuchtkörpers oder alternativ hierzu längere Lebensdauern. Typische Anwendungsgebiete sind Fahrzeugscheinwerfer, Allgemeinbeleuchtung (z. B. Flutlichtanlagen, Effektbeleuchtung) und für Photo, Studio und Bühne.

In Bild 4-42 sind die Entladungslampen in Glimm-, Niederdruck-, Spektral-, Hochdruck- und Höchstdrucklampen eingeteilt, die entsprechenden Kenngrößen zusammengestellt, die wichtigsten Normen erwähnt und hauptsächlichsten Anwendungsfelder aufgezeigt sowie einige Lampentypen schematisch dargestellt. Bei den Entladungslampen werden beim Stromdurchgang Gase oder Metalldämpfe (z. B. Quecksilber, Hg) angeregt. Die dabei aufgenommene kinetische Energie wird als Strahlung wieder abgegeben. Je nach Gas, Druck, Zusätzen und Leuchtstoffen können Lichtfarbe, der Lichtstrom und die Strahlungsintensität beeinflußt werden.

Entladungslampen benötigen eine Zündhilfe (z. B. Glimmstarter, Zündelektrode oder Zündgerät) und strombegrenzende Vorschaltgeräte (VG), z. B. Drosselspulen, Streufeldtransformatoren oder elektronische Strombegrenzer. Infolge der geringeren Leistungsaufnahme bei gleicher Lichtemission (z. B. 9 W-Leuchtstofflampe statt 60 W-Glühlampe) sowie wegen der höheren Lebensdauer haben Entladungslampen in vielen lichttechnischen Anwendungen die Glühlampen ersetzt.

4.2.3. Plasmaströme

Ein Plasma besteht aus positiven Ionen und negativen Elektronen großer Dichte. Wegen der annähernd vollständigen Ionisation der Materie (bis zu 99%) wird der Plasmazustand auch als *vierter Aggregatszustand* bezeichnet. Ein Beispiel eines quasineutralen Plasmas (gleich viel positive wie negative Ladungsträger) ist die positive Säule einer Glimment-ladung (Bild 4-40 a).

Das physikalische Verhalten von Materie im Plasmazustand spielt vor allem in der Astrophysik und in der Kernphysik eine Rolle. Die Ladungsträgerkonzentrationen liegen z. B. in der Ionosphäre bei 10^{10} Ladungsträgern je m³, in der Sternatmosphäre bei 10^{20} je m³ und im Sterninnern sogar bei 10^{30} je m³. Diese hohen Konzentrationen werden durch extrem hohe Temperaturen (10 000 bis 30 000 K) verursacht. In der Kernphysik sind die Atomkerne und die Elektronen bei einer Temperatur von 10^8 K völlig voneinander getrennt, so daß es zu einer Atomkernverschmelzung (Kernfusion) kommen kann (Abschn. 8.8.4).

Beim magnetohydrodynamischen Generator (MHD-G.) wird ein Plasmastrom durch ein transversales Magnetfeld geschickt. Ähnlich wie beim Hall-Effekt (Abschn. 4.4.3.2) werden positive und negative Teilchen getrennt, so daß eine elektrische Spannung auftritt. Dadurch wird thermische direkt in elektrische Energie umgewandelt.

Zur Übung

Ü 4.2-1: Für ein Aluminiumwerk mit 20 Schmelzöfen steht in einer Entfernung von 500 m ein Generator eines Kraftwerks, der diese mit Strom versorgt. Die Verbindungsleitungen bestehen aus Kupfer ($\varrho_{Cu} = 0,018\ \Omega \cdot mm^2/m$; Querschnitt $A = 64\ cm^2$).

Die Aluminiumöfen sind in Reihe geschaltet, und an jedem liegt eine Spannung von 4,6 V. Jeder Ofen soll je Schicht (8 h) 100 kg Aluminium erzeugen ($\ddot{A} = 0,09321\ mg/(As)$). Wie groß muß die am Generator erzeugte Leistung sein?

Ü 4.2-2: Ein Stahlzylinder (Länge $l = 1,50$ m; Radius $r = 5$ cm) soll galvanisch mit einer Schichtdicke $d = 5 \cdot 10^{-2}$ mm vernickelt werden ($\varrho_{Ni} = 8,7$ kg/dm³; $\ddot{A} = 0,30415\ mg/(As)$). Welche Stromstärke ist dazu erforderlich, und wie lange muß das Werkstück im Bad bleiben, wenn die Stromdichte $j = 25$ A/m² nicht überschritten werden darf?

4.3. Elektrisches Feld

4.3.1. Allgemeiner Feldbegriff

In der Physik tritt die Bezeichnung *Feld* in verschiedenen Zusammenhängen auf (z. B. in Abschn. 2.11.3.1). Ein *Feld* ist allgemein eine physikalische Größe Z, die nicht nur in einem einzigen Punkt, sondern im gesamten Raum wirksam und damit meßbar ist. Ein Feld kann daher mathematisch beschrieben werden:

$$Z = Z(x, y, z; t). \tag{4-87}$$

Bild 4-43 zeigt, daß Felder eingeteilt werden können je nach ihrer Unabhängigkeit bzw. Abhängigkeit von bestimmten Größen:

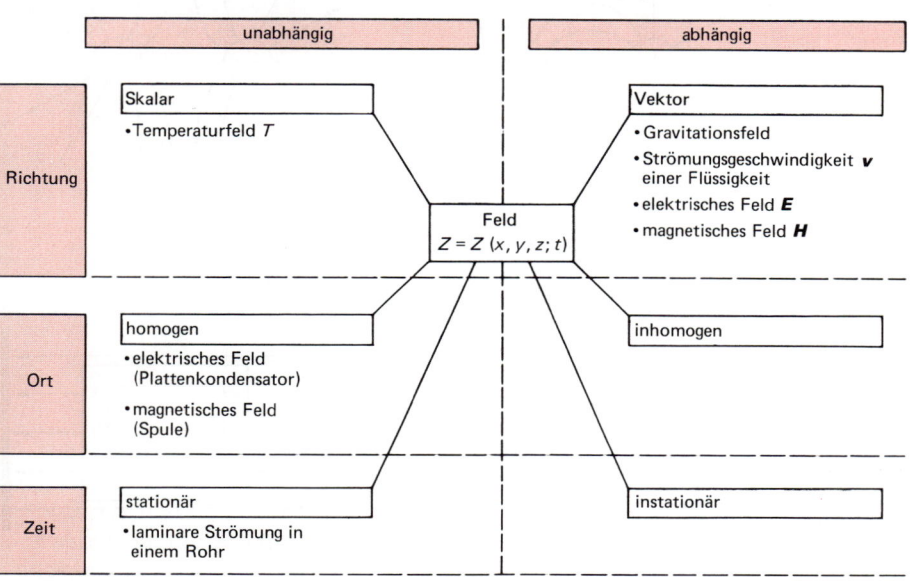

Bild 4-43.   Einteilung der Felder.

– Richtung

Richtungsunabhängige Felder sind *skalare* (z. B. Temperaturfelder) und *richtungsabhängige* sind *Vektorfelder.*

– Ort

Im allgemeinen Fall sind die Felder *abhängig vom Ort (inhomogen).* Nur in Spezialfällen sind sie *unabhängig vom Ort (homogen),* z. B. das elektrische Feld zwischen den Platten eines Plattenkondensators oder das magnetische Feld im Innern einer langgestreckten Spule.

– Zeit

Zeitunabhängige Felder werden *stationär* (z. B. laminare Strömung durch ein Rohr) und *zeitabhängige Felder instationär* genannt.

4.3.2. Beschreibung des elektrischen Feldes

Aus Abschn. 4.1 geht hervor, daß eine der Ursachen für elektrischen Kraftwirkungen die Ladungen sind. Diese elektrische Kräfte lassen sich nach dem Coulombschen Gesetz (Gl. (4-2)) berechnen (nicht für zeitlich sich ändernde

Felder). Sie wirken nicht nur im Ort der Ladung selbst, sondern auch in deren Umgebung. Es ist deshalb ein *elektrisches Feld* vorhanden:

> Das elektrische Feld wird mathematisch durch ein Vektorfeld beschrieben. Es rührt von (an den Feldgrenzen) sitzenden elektrischen Ladungen her und beschreibt die Wirkungslinien der elektrischen Kräfte in Betrag und Raumrichtung. Als anschauliches Hilfsmittel verwendet man hierfür den Begriff *elektrische Feldlinien.*

Die elektrischen Feldlinien weisen folgende Eigenschaften auf:

– Sie beschreiben die *elektrischen Kraftwirkungen:*
  • die Tangente an die Feldlinie gibt die *Kraftrichtung* an;
  • die Kraftwirkungen sind eindeutig, d. h. die Feldlinien schneiden sich nicht;
  • die *Dichte der Feldlinien* gibt Anhaltspunkte für die Stärke der Kraftwirkungen an verschiedenen Stellen;

– sie besitzen einen Anfang (positive Ladung) und ein Ende (negative Ladung).

a)
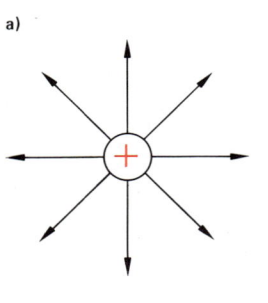

b)
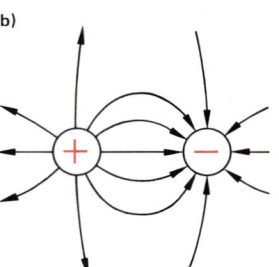

c)
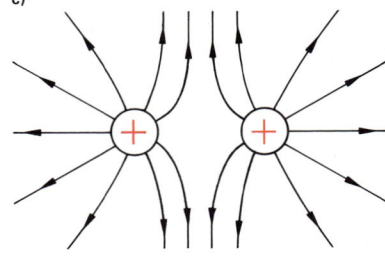

d)
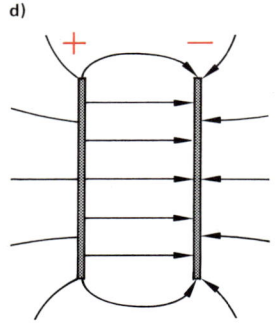

e)
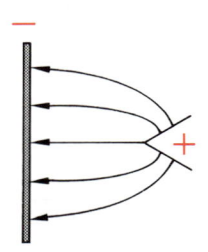

f)
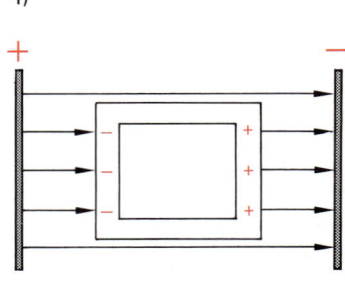

Bild 4-44.   Feldlinienbilder.

Dies bedeutet, daß es keine in sich geschlossenen Feldlinien gibt. Die Richtung von positiver zu negativer Ladung ist willkürlich festgelegt;

— positiv geladene Körper werden in Richtung der Feldlinien beschleunigt, negativ geladene den Feldlinien entgegen;

— da auf metallischen Leitern die Elektronen frei beweglich sind, werden sie solange verschoben, bis keine tangentiale Kraftkomponente mehr vorhanden ist. Dies bedeutet, daß auf elektrischen Leitern die elektrischen Feldlinien senkrecht stehen;

— befinden sich metallische Körper im elektrischen Feld, so sitzen die Ladungen immer an der Oberfläche. Dies bedeutet, daß das Innere von metallischen Körpern immer feldfrei ist, wie es in Bild 4-44 f angedeutet ist. Mit metallischen Umhüllungen können deshalb elektrische Felder abgeschirmt werden (*Faradayscher Käfig*).

Bild 4-44 zeigt den Verlauf der elektrischen Feldlinien für eine positive Ladung (a), für zwei gleich große, entgegengesetzte Ladungen (b), für zwei gleich große gleichnamige Ladungen (c), für zwei gleich große Metallplatten (d), für eine Metallplatte und eine Metallspitze (e) und für einen Metallrahmen zwischen zwei Metallplatten (f).

4.3.3. Elektrische Feldstärke und Kraft

Wird in ein elektrisches Feld eine punktförmige Prüfladung Q gebracht, so spürt diese eine Kraft F. Der Quotient aus der Kraft F und der Prüfladung Q wird elektrische Feldstärke E genannt:

$$E = \frac{F}{Q}. \tag{4-88}$$

Die Maßeinheit ist $1 \, \text{N/C} = 1 \, \text{V/m}$.

Die elektrische Feldstärke ist ein Vektor in Richtung der Kraft. Die Definition der elektrischen Feldstärke E als Kraft je Probeladung erfolgt analog der Gravitationsfeldstärke G (Gravitationskraft pro Masse, Abschn. 2.10.3). Für die Kraft im elektrischen Feld ergibt sich aus Gl. (4-88)

$$F = EQ. \tag{4-89}$$

Am Beispiel einer Punktladung kann der Zusammenhang zwischen Feldstärke und Kraft gut gezeigt werden. Nach dem Coulombschen Gesetz (Gl. (4-2)) gilt

$$F = \frac{1}{4\pi\varepsilon_0} \cdot \frac{Q_1 \, Q_2}{r^2} \, r_0.$$

Für die Feldstärke E der Punktladung Q_1 am Ort der Prüfladung Q_2 folgt nach Gl. (4-88)

$$E = \frac{F}{Q_2} = \frac{1}{4\pi\varepsilon_0} \cdot \frac{Q_1}{r^3} \, r. \tag{4-90}$$

Dabei ist r der Abstandsvektor des Aufpunktes von der felderzeugenden Punktladung Q_1.

Die elektrische Feldstärke $E(\text{P}_0)$ am Ort P_0 einer Prüfladung errechnet sich bei n Ladungen Q_1, Q_2 bis Q_n zu

$$E(\text{P}_0) = \frac{1}{4\pi\varepsilon_0}$$
$$\cdot \left(\frac{Q_1}{r_{10}^3} \, r_{10} + \frac{Q_2}{r_{20}^3} \, r_{20} + \ldots + \frac{Q_n}{r_{no}^3} \, r_{no} \right).$$

Dabei ist r_{no} der Abstand der n-ten Ladung vom Ort der Prüfladung.

Die Feldlinien gehen strahlenförmig (radial) von der Punktladung aus (Bild 4-44a) oder führen zu ihr hin, und die Feldstärke nimmt quadratisch mit der Entfernung von der Punktladung Q_1 ab.

In inhomogenen Feldern (Übersicht Bild 4-43) ist die elektrische Feldstärke und damit die Kraftwirkung in unterschiedlichen Raumpunkten verschieden groß. In homogenen Feldern dagegen, z.B. zwischen zwei geladenen parallelen Platten (Bild 4-44d), ist die elektrische Feldstärke und folglich die Kraft überall gleich groß. Für die Spannung U zwischen den Platten gilt: $U = \int E \, ds$. Für homogene Felder ergibt sich

$$U = E \cdot d,$$

oder für die elektrische Feldstärke E

$$E = \frac{U}{d}. \tag{4-91}$$

Diese Beziehung beschreibt als Spezialfall die elektrische Feldstärke E zwischen zwei geladenen Platten (Plattenkondensator) vom Abstand d. Für den allgemeinen (inhomogenen) Feldfall jedoch muß man auf Gl. (4-88) zurückgreifen.

Beispiel

4.3-1: An den Eckpunkten eines Quadrates mit der Seitenlänge von 10 cm befinden sich gleiche Ladungen Q_1 bis Q_4 von je $5 \cdot 10^{-7}$ C, wie es Bild 4-45 verdeutlicht. Ermitteln Sie mit einem Rechenprogramm die Feldstärke E (Betrag und Richtung) im

a)
```
LADUNG Q1= -0.0000005C
LADUNG Q2= -0.0000005C
LADUNG Q3= -0.0000005C
LADUNG Q4= -0.0000005C
ABSTAND D= 0.01M
FAKTOR (R)= 1.
DARSTELLUNG:
-. . . . -
.         .
.    P    .
.         .
-. . . . -
ERGEBNIS:
E-FELD IM PUNKT P=
0.V/M
KEIN WINKEL
```

b)
```
LADUNG Q1= -0.0000005C
LADUNG Q2= -0.0000005C
LADUNG Q3= 0.0000005C
LADUNG Q4= 0.0000005C
ABSTAND D= 0.01M
FAKTOR (R)= 1.
DARSTELLUNG:
-. . . . -
.         .
.    P    .
.         .
+. . . . +
ERGEBNIS:
E-FELD IM PUNKT P=
254326643.V/M
WINKEL=
0.GRAD
```

c)
```
LADUNG Q1= -0.0000005C
LADUNG Q2= 0.0000005C
LADUNG Q3= -0.0000005C
LADUNG Q4= 0.0000005C
ABSTAND D= 0.01M
FAKTOR (R)= 1.
DARSTELLUNG:
-. . . . +
.         .
.    P    .
.         .
-. . . . +
ERGEBNIS:
E-FELD IM PUNKT P=
254326643.V/M
WINKEL=
90.GRAD
```

d)
```
LADUNG Q1= -0.0000005C
LADUNG Q2= -0.0000005C
LADUNG Q3= 0.0000005C
LADUNG Q4= -0.0000005C
ABSTAND D= 0.01M
FAKTOR (R)= 1.
DARSTELLUNG:
-. . . . -
.         .
.    P    .
.         .
+. . . . -
ERGEBNIS:
E-FELD IM PUNKT P=
179936093.9V/M
WINKEL=
315.GRAD
```

e)
```
LADUNG Q1= -1.C
LADUNG Q2= 2.C
LADUNG Q3= 5.C
LADUNG Q4= -1.5C
ABSTAND D= 1000.M
DARSTELLUNG:
-. . . . +
.         .
.    P    .
.         .
+. . . . -
ERGEBNIS:
E-FELD IM PUNKT P=
54695.01268V/M
WINKEL=
305.5376778GRAD
```

Bild 4-45. Rechnerausdruck der Lösungen von Beispiel 4.3-1.

Mittelpunkt P des Quadrates für folgende vier Ladungsanordnungen:

	Q_1	Q_2	Q_3	Q_4
a)	−	−	−	−
b)	−	−	+	+
c)	−	+	−	+
d)	−	−	+	−

Fassen Sie das Programm so ab, daß beliebige Ladungen in den Eckpunkten sitzen können und die Ladungsabstände unterschiedlich sein können.

Lösung:

Für die Feldstärke E der Punktladung Q_1 am Ort P gilt nach Gl. (4-90)

$$|E_{\mathrm{Q,P}}| = \frac{Q_1}{4\,\pi\,\varepsilon_0 \left(\dfrac{D}{2}\sqrt{2}\right)^2} = \frac{Q_1}{8\,\pi\,\varepsilon_0 \left(\dfrac{D}{2}\right)^2}.$$

D ist der Ladungsabstand. Durch Vektoraddition werden alle vier elektrischen Feldstärken (herrührend von den vier Ladungen) im Punkt P addiert und ergeben die resultierende Feldstärke E am Ort P in Betrag und Richtung.

Im Programm werden die Ladungen Q_1 bis Q_4 und der Ladungsabstand D eingegeben. Ausgegeben werden eine kurze Darstellung des Problems und der Vektor der elektrischen Feldstärke E im Punkt P in Betrag und Richtung. Die Richtungsangabe erfolgt in Grad, 0° bedeutet die Linie senkrecht nach oben. Der Winkel wird in mathematisch positiver Richtung größer. Bild 4-45 zeigt den Ausdruck für die Fälle a) bis d) sowie für eine beliebige Ladungseingabe (Fall e).

Man erhält folgende Ergebnisse:
Für den Fall gleicher Ladungen (Fall a)) gibt es keine Feldstärke im Punkt P. Im Fall b) herrscht eine Feldstärke von $2{,}54 \cdot 10^8$ V/m senkrecht nach oben (Winkel gleich 0°). Im Fall c) herrscht dieselbe Feldstärke, um 90° verschoben, und im Fall d) beträgt die Feldstärke $1{,}79 \cdot 10^8$ V/m in einem Winkel von 315°.

Im allgemeinen Fall e) seien als Ladungen eingegeben:
$Q_1 = -1$ C, $Q_2 = 2$ C, $Q_3 = 5$ C und $Q_4 = -1{,}5$ C sowie ein Ladungsabstand von 1000 m. Man erhält eine Feldstärke von $5{,}46 \cdot 10^4$ V/m und einen Winkel von 305,53°.

4.3.4. Elektrische Feldstärke und elektrostatisches Potential

Um eine positive, punktförmige Probeladung Q im elektrischen Feld vom Punkt A nach

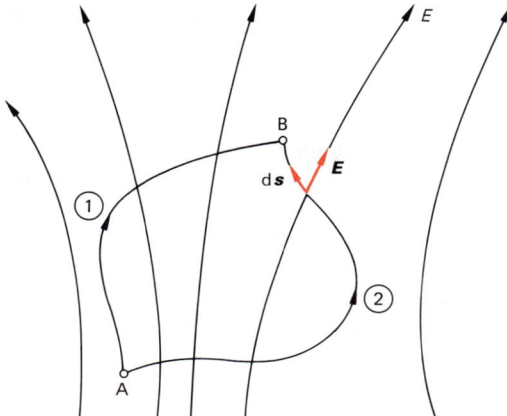

Bild 4-46.   Verschiebung von Ladung im elektrischen Feld.

Punkt B zu verschieben (Bild 4-46), muß eine Verschiebungsarbeit verrichtet werden:

$$W_{AB} = - \int\limits_{A}^{B} F(s) \, ds \quad \text{mit} \quad F(s) = Q E .$$

Daraus ergibt sich

$$W_{AB} = - \int\limits_{A}^{B} Q E \, ds \quad \text{oder}$$

$$W_{AB} = - Q \int\limits_{A}^{B} E \, ds . \tag{4-92}$$

Wegen des Energieerhaltungssatzes muß diese Verschiebungsarbeit unabhängig vom Weg von A nach B (z. B. ① oder ② in Bild 4-46) sein, so daß gilt

$$\int\limits_{A}^{B} E \, ds + \int\limits_{B}^{A} E \, ds = \oint E \, ds = 0 ,$$

d. h., die Aufsummierung aller skalaren Produkte $E \, ds \, (= |E| \cdot |ds| \cdot \cos(E, ds))$ entlang eines geschlossenen Weges muß null sein.

Der Quotient aus negativer Verschiebungsarbeit W_{AB} und Ladung Q ist die elektrische Spannung U_{AB} zwischen den Punkten A und B.

$$U_{AB} = - \frac{W_{AB}}{Q} = \int\limits_{A}^{B} E \, ds . \tag{4-93}$$

Wird im Feld einer Punktladung Q_1 eine positive Probeladung Q vom Ort A (r_A) zum Ort B (r_B) verschoben, so ist mit Hilfe von

Gl. (4-90) die Spannung zwischen den Punkten A und B

$$U_{AB} = \frac{Q_1}{4 \pi \varepsilon_0} \left(\frac{1}{r_A} - \frac{1}{r_B} \right) . \tag{4-94}$$

Wird die Probeladung Q vom Unendlichen ($r_A = \infty$) zum Punkt B geführt, dann ist die Spannung zwischen unendlich und Punkt B

$$U_{\infty B} = \int\limits_{\infty}^{B} E \, ds = - \frac{Q_1}{4 \pi \varepsilon_0 \, r_B} .$$

Sie hängt also nur von der Lage des Punktes B im elektrischen Feld ab. Als elektrisches Potential φ_B des Punktes B wird bezeichnet:

$$\varphi_B = - \int\limits_{\infty}^{B} E \, ds = \frac{W_{\infty B}}{Q} . \tag{4-95}$$

Die elektrische Spannung U_{AB} zwischen zwei Punkten A und B eines elektrischen Feldes läßt sich durch Kombination von Gl. (4-93) und (4-94) als Differenz der elektrischen Potentiale φ_B und φ_A darstellen, wie Bild 4-47 zeigt:

$$- U_{AB} = \varphi_B - \varphi_A = \Delta \varphi . \tag{4-96}$$

Somit schreibt man für den Zusammenhang zwischen Ladungsverschiebearbeit W_{AB}, Spannung U_{AB}, Potentialdifferenz $\Delta \varphi$ und elektrischer Feldstärke E

$$- \frac{W_{AB}}{Q} = U_{AB} = - \Delta \varphi = \int\limits_{A}^{B} E \, ds . \tag{4-97}$$

Für sehr kleine Verschiebungen ist

$$d\varphi = - E \, ds = - |E| \cdot |ds| \cos(E, ds) .$$

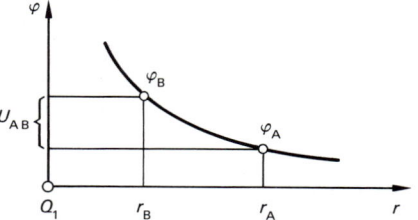

Bild 4-47.   Elektrostatisches Potential und Spannung zwischen zwei Punkten.

Findet diese sehr geringe Verschiebung in Feldrichtung statt $(\cos(E, ds) = 1)$, so gilt

$$|E| = -\frac{d\varphi}{ds} \qquad (4\text{-}98)$$

oder für die räumlichen Komponenten des Feldes

$$E(x, y, z) = -\left(\underbrace{\frac{\partial \varphi}{\partial x}i}_{E_x} + \underbrace{\frac{\partial \varphi}{\partial y}j}_{E_y} + \underbrace{\frac{\partial \varphi}{\partial z}k}_{E_z}\right) \quad (4\text{-}99)$$

Gl. (4-99) kann auch mit dem *Vektoroperator Gradient*

$$\mathbf{grad} = \frac{\partial}{\partial x}i + \frac{\partial}{\partial y}j + \frac{\partial}{\partial z}k$$

formuliert werden:

$$E = -\,\mathbf{grad}\,\varphi\,. \qquad (4\text{-}100)$$

Folglich kann man die Komponenten des elektrischen Feldes durch die Potentialänderung in den entsprechenden Richtungen bestimmen. Das Minuszeichen besagt, daß der Vektor E in Richtung abnehmenden Potentials zeigt (entsprechend der Feldrichtung von $+$ nach $-$). Der Vektor E zeigt dabei in Richtung der maximalen Änderung des Potentials φ. Ein Vergleich von Gl. (4-97) und (4-100) zeigt:

- Wird dem Punkt ∞ das Potential 0 zugeordnet, dann erhält man das Potential des Aufpunktes P durch Integration der elektrischen Feldstärke auf dem Weg von P nach ∞. Das Ergebnis ist unabhängig vom genauen Verlauf des Weges.
- Aus dem elektrostatischen Potential φ läßt sich durch Anwendung des Vektoroperators Gradient die elektrische Feldstärke E (bzw. deren Komponenten E_x, E_y und E_z) errechnen (Gl. (4-99) bzw. (4-100)).
- Beide Beschreibungsweisen des elektrischen Feldes, also durch die elektrische Feldstärke E und andererseits durch das elektrostatische Potential φ, sind gleichberechtigt.

Äquipotentialflächen

Auf Äquipotentialflächen herrscht immer gleiches Potential (φ = konstant), d. h. der Potentialunterschied ist null ($\Delta\varphi = 0$). Dann folgt nach Gl. (4-98)

$$0 = E\,ds = |E|\,|ds|\,\cos(E, ds)\,. \quad (4\text{-}101)$$

Das Skalarprodukt $E\,ds$ wird null, wenn die beiden Vektoren senkrecht aufeinander stehen, wie es Bild 4-48 zeigt (dann ist $\cos(E\,ds) = 0$), so daß gilt $E \perp ds$.
In der Zeichenebene entsprechen den Äquipotentialflächen die Äquipotentiallinien.

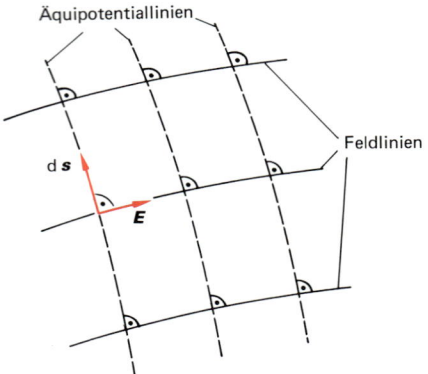

Bild 4-48. Äquipotentiallinien und elektrische Feldlinien.

Diese Aussage bedeutet:

- Wird die Ladung auf den Äquipotentiallinien verschoben, so ist aufgrund Gl. (4-97) die Verschiebungsarbeit $W_{AB} = 0$.
- *Die elektrischen Feldlinien stehen immer senkrecht auf den Äquipotentiallinien.* Da die elektrischen Feldlinien ihrerseits immer senkrecht auf den metallischen Oberflächen stehen, sind die Oberflächen von metallischen Leitern immer Äquipotentialflächen.

Die Bewegung geladener Teilchen im elektrischen Feld läßt sich gut mit der reibungsfreien Bewegung von Wasserteilchen in einer bergigen Landschaft vergleichen. Dies rührt u.a. von der Ähnlichkeit der Gravitationskraft mit der elektrostatischen Coulomb-Kraft her. Wie Bild 4-49 zeigt, ist der Verlauf des elektrostatischen Potentials einem Gebirge vergleichbar, in dem die Äquipotentiallinien den Höhenlinien (Linien gleicher potentieller Energie) entsprechen. Wie die Wasserteilchen senkrecht zu den Höhenlinien in Richtung des Gefälles reibungsfrei nach

	Gravitationsfeld	elektrisches Feld
Kraft	Massenanziehungskraft (Gravitationskraft) $$\boldsymbol{F}_{Gr} = \gamma \frac{m_1 m_2}{r^2}\, \boldsymbol{r}_0$$ $$\boldsymbol{F}_{Gr} = m\boldsymbol{g}\,;\ \ \boldsymbol{g} = \frac{\boldsymbol{F}}{m}$$	Ladungsanziehungskraft (Coulombkraft) $$\boldsymbol{F}_{el} = \frac{1}{4\pi\varepsilon_0} \frac{Q_1 Q_2}{r^2}\, \boldsymbol{r}_0$$ $$\boldsymbol{F}_{el} = Q\boldsymbol{E}\,;\ \ \boldsymbol{E} = \frac{\boldsymbol{F}_{el}}{Q}$$
Energie	$W_{Gr} = m\varphi_{Gr}$	$W_{el} = Q\varphi_{el}$
Potential-änderung	$\mathrm{d}\varphi_{Gr} = -\,\boldsymbol{g}\,\mathrm{d}\boldsymbol{y}$	$\mathrm{d}\varphi_{el} = -\,\boldsymbol{E}\,\mathrm{d}\boldsymbol{y}$
Potential-linien	Linien gleicher potentieller Energie (Höhenlinien) $$\boldsymbol{g} = -\,\boldsymbol{grad}\,\varphi_{Gr}$$	Linien gleichen elektrischen Potentials (Äquipotentiallinien) $$\boldsymbol{E} = -\,\boldsymbol{grad}\,\varphi_{el}$$
Teilchen-beschleunigung	senkrecht zu den Höhenlinien in Richtung des steilsten Abfalls	senkrecht zu den Äquipotentiallinien in Richtung der größten Potentialänderung
Veranschaulichung	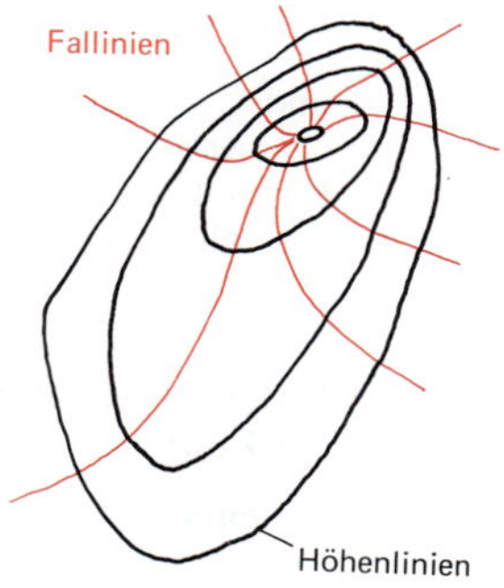  Fallinien Höhenlinien	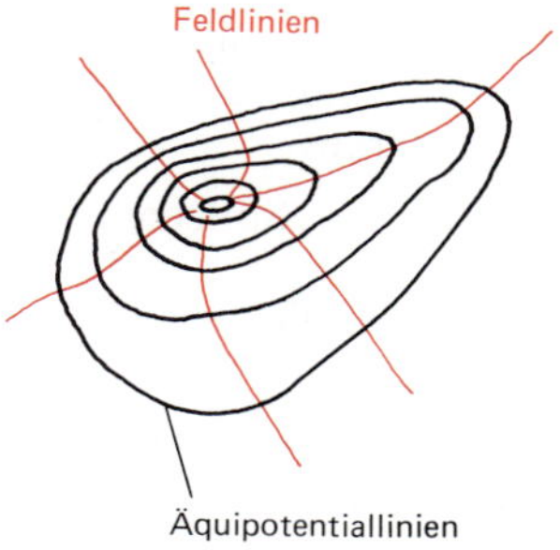 Feldlinien Äquipotentiallinien

Bild 4-49.
Vergleich Gravitationsfeld – elektrisches Feld.

unten laufen, so werden die Ladungen senkrecht zu den Äquipotentiallinien beschleunigt. In Richtung des steilsten Abfalls sind die Höhenlinien wie die Äquipotentiallinien dicht gedrängt, und dies ist die bevorzugte Bewegungsrichtung.

Wegen dieser Eigenschaft, daß die elektrischen Feldlinien immer senkrecht zu den Linien gleichen Potentials stehen, ist es häufig weniger aufwendig, aus den Linien gleichen Potentials – die leicht zu messen sind – die elektrischen Feldlinien (die schwieriger zu messen wären) zu ermitteln. In der Praxis setzt man dazu Äquipotentiallinienschreiber ein; hierbei zeichnet man die Leitergeometrien mit Leitsilber auf Widerstandspapier und ermittelt bei angelegter Spannung zwischen den Leitsilberlinien die Linien gleicher Spannung mit einem Voltmeter. Bild 4-50 zeigt einen automatisch arbeitenden Äquipo-

Bild 4-50. Automatischer Äquipotentiallinienschreiber.

tentiallinienschreiber, der mikroprozessorgesteuert die Linien gleicher Spannung selbsttätig abfährt und programmgesteuert die Äquipotentiallinien ermittelt, sie sofort mit Schreiber aufzeichnet und über ein Compu-

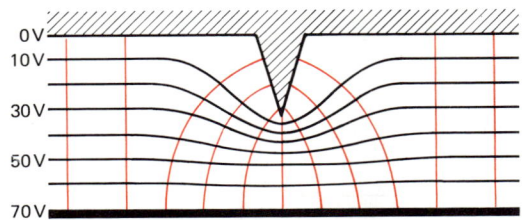

Bild 4-51. *Äquipotentiallinien und elektrische Feldlinien an einer metallischen Spitze.*

terprogramm gleichzeitig die elektrischen Feldlinien registrieren kann.

Bild 4-51 stellt die Äquipotentiallinien bzw. die elektrischen Feldlinien zwischen einer ebenen Platte und einer metallischen Spitze dar. Es wird deutlich, wie dicht die Äquipotentiallinien oder wie stark das elektrische Feld oder die elektrischen Kräfte in unmittelbarer Umgebung der Spitze sind. Es kann gezeigt werden, daß die Feldstärke

– umso größer ist, je kleiner der Spitzenradius ist, und
– kaum von der Geometrie der Gegenelektrode beeinflußt wird.

Die hohe elektrische Feldstärke und damit die großen elektrischen Kräfte um metallische Spitzen nutzt man in der Technik

– beim Blitzableiter,
– im Geigerschen Spitzenzähler zum Nachweis ionisierender Strahlung (Abschn. 8.8.1.4) und
– Im Feldelektronenmikroskop zwecks Untersuchung atomarer Strukturen (Abschn. 4.2.2.1).

Beispiel

4.3-2: Eine Ladung Q wird mit konstanter Geschwindigkeit vom Punkt A zum Punkt C über die Strecke ABC bewegt (Bild 4-52). Berechnet werden soll die Potentialdifferenz zwischen den Punkten C und A (U_{AC}).

Lösung:

Nach Gl. (4-97) gilt $U_{AB} = -\int\limits_{A}^{B} E \, \mathrm{d}l$. Somit ergibt sich

$$U_{AB} = -\int\limits_{A}^{B} E \cos \alpha \, \mathrm{d}l = \frac{E}{\sqrt{2}} \int\limits_{A}^{B} \mathrm{d}l =$$

$$= \frac{E}{\sqrt{2}} \, l = \frac{E}{\sqrt{2}} \sqrt{2} \, d = E \, d \, .$$

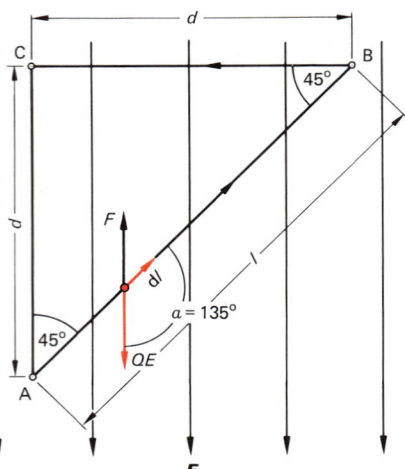

Bild 4-52. *Zu Beispiel 4.3-2. Eine äußere Kraft F bewegt eine Ladung Q auf dem Weg ABC.*

Die Punkte B und C haben gleiches Potential, da die Feldstärke E senkrecht zum Wegelement $\mathrm{d}l$ steht, so daß $E \, \mathrm{d}l = 0$ wird. Es handelt sich also um die Äquipotentiallinie (BC), so daß gilt $U_{AC} = U_{AB} = E \, d$.

4.3.5. Bewegung geladener Teilchen im elektrischen Feld

4.3.5.1. Grundlegende Betrachtungen

Ein elektrisch geladenes Teilchen (z.B. ein Elektron oder ein Proton) wird im elektrischen Feld der Feldstärke E wegen der elektrischen Kraft $F_{el} = Q E$ in Feldrichtung beschleunigt, so daß das Teilchen mit der Masse m nach dem Newtonschen Grundgesetz der Dynamik eine Beschleunigung erfährt:

$$F_{el} = m \, a \, ,$$

$$Q E = m \, a \, .$$

Daraus ergibt sich die Beschleunigung

$$a = \frac{Q}{m} E \, . \qquad (4\text{-}102)$$

Ist das elektrische Feld *homogen*, so durchläuft ein geladenes Teilchen eine Bewegung mit *konstanter* Beschleunigung. Deshalb nimmt die kinetische Energie E_{kin} ständig zu, und zwar auf Kosten der potentiellen Energie, d.h. des Potentialunterschieds entlang des Beschleunigungswegs. Nach dem Energieerhaltungssatz gilt

$$\Delta E_{\text{kin}} = - \Delta E_{\text{pot}},$$

$$\tfrac{1}{2} m (v^2 - v_0^2) = - Q (\varphi_1 - \varphi_2) = Q U,$$

$$\tfrac{1}{2} m (v^2 - v_0^2) = Q U. \tag{4-103}$$

Man erkennt, daß die kinetische Energie proportional zur durchlaufenden Beschleunigungsspannung U zunimmt. Falls die Anfangsgeschwindigkeit $v_0 = 0$ ist, setzt man an

$$E_{\text{kin}} = \tfrac{1}{2} m v^2 = Q U. \tag{4-104}$$

In der Atom- und Kernphysik (Abschn. 8) werden die Energien von Elementarteilchen üblicherweise in Elektronenvolt (eV) gemessen:

Ein Elementarteilchen mit der Elementarladung $e = 1{,}60219 \cdot 10^{-19}$ As erhält beim Durchlaufen einer Potentialdifferenz von 1 V eine Energiezunahme von

$$1 \text{ Elektronenvolt (eV)} = 1{,}60219 \cdot 10^{-19} \text{ J}. \tag{4-105}$$

Außer der Einheit eV werden auch andere größere Einheiten verwendet:

$$1 \text{ MeV} = 10^6 \text{ eV} = 1{,}60219 \cdot 10^{-13} \text{ J},$$
$$1 \text{ GeV} = 10^9 \text{ eV} = 1{,}60219 \cdot 10^{-10} \text{ J}. \tag{4-106}$$

Aus Gl. (4-104) läßt sich die Endgeschwindigkeit geladener Teilchen berechnen:

$$v = \sqrt{\frac{2 Q U}{m}}. \tag{4-107}$$

Gl. (4-103) bis (4-107) sind nur für kleine Geschwindigkeiten gültig. Für sehr schnelle fliegende Teilchen (ab etwa 10% der Vakuumlichtgeschwindigkeit c; bei Elektronen schon bei der relativ kleinen Spannung von 2500 V) ist der relativistische Massenzuwachs spürbar (Abschn. 10.4):

$$m = \frac{m_0}{\sqrt{1 - \left(\dfrac{v}{c}\right)^2}}.$$

Hierin ist m_0 die Ruhmasse des Teilchens und c die Vakuumlichtgeschwindigkeit. Es gilt nach Gl. (10-16) für die kinetische Energie $E_{\text{kin}} = m c^2 - m_0 c^2$. Eingesetzt in Gl. (4-104) resultiert

$$Q U = (m - m_0) c^2$$
$$= m_0 c^2 \left(\frac{1}{\sqrt{1 - \left(\dfrac{v}{c}\right)^2}} - 1 \right), \tag{4-108}$$

und für v errechnet sich nach Gl. (4-108)

$$v = c \sqrt{1 - \frac{1}{\left(\dfrac{Q U}{m_0 c^2} + 1\right)^2}}. \tag{4-109}$$

Beispiel

4.3-3: Für ein Elektron (Ruhemasse $m_0 = 9{,}11 \cdot 10^{-31}$ kg) sollen anhand eines Programms für einen Taschenrechner für die durchlaufenen Spannungen von 1 V bis 10^{10} V (in 10 V-Schritten) die Elektronengeschwindigkeit v, die Elektronenmasse m sowie die relative Massenzunahme m/m_0 errechnet werden. Bei wieviel eV ist die Elektronenmasse im Vergleich zur Ruhemasse um 5%, 10%, ..., 100% größer? Zeichnen Sie v in Abhängigkeit von U im klassischen und im relativistischen Fall auf.

Lösung:

a) Es sind folgende Beziehungen zu verwenden:

$$m_0 = 9{,}11 \cdot 10^{-31} \text{ kg}; \quad e = 1{,}602 \cdot 10^{-19} \text{ C};$$
$$c = 2{,}998 \cdot 10^8 \text{ m/s}.$$

Für ein Elektron gilt weiterhin die Elektronengeschwindigkeit (klassisch)

$$v_e^k = 5{,}93 \cdot 10^5 \sqrt{U/\text{V}} \text{ m/s}, \tag{4-110}$$

relativistisch

$$v_e^r = 2{,}998 \cdot 10^8 \sqrt{1 - \frac{1}{(1{,}957 \cdot 10^{-6} U/\text{V} + 1)^2}} \text{ m/s},$$

$$m = \frac{9{,}11 \cdot 10^{-31} \text{ kg}}{\sqrt{1 - \left(\dfrac{v_e^r}{2{,}998 \cdot 10^8 \text{ m/s}}\right)^2}}, \tag{4-111}, (4-112)$$

$$\frac{m}{m_0} = \frac{1}{\sqrt{1 - \left(\dfrac{v_e^r}{2{,}998 \cdot 10^8 \text{ m/s}}\right)^2}}. \tag{4-113}$$

b) Bild 4-53 zeigt die Abhängigkeit der Elektronengeschwindigkeit von der Spannung im klassischen bzw. im relativistischen Fall: Die Geschwindigkeit nach der klassischen Formel würde ab 10^5 V sehr schnell ins Unendliche anwachsen, während sie im relativistischen Fall in die Gerade $v_{el} = c$ einmündet.

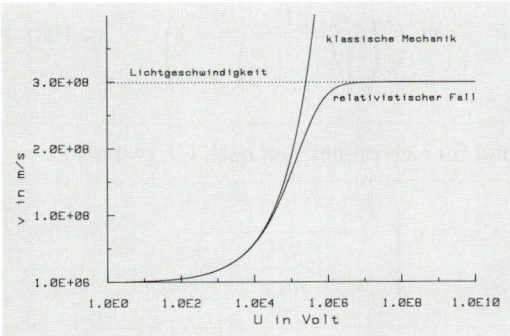

Bild 4-53. *Abhängigkeit der Elektronengeschwindigkeit von der Spannung im klassischen und relativistischen Fall (Rechnerausdruck).*

4.3.5.2. Bewegung eines geladenen Teilchens quer zum elektrischen Feld

Es sei angenommen, daß Elektronen mit einer Geschwindigkeit von

$$v_{ox} = \sqrt{\frac{2e}{m_e} U_a} \qquad (4\text{-}107)$$

in ein homogenes Querfeld E einströmen. Dieses Feld kann durch einen Plattenkondensator der Plattenlänge l und dem Plattenabstand d erzeugt werden. Dies geschieht u.a. beim Elektronenstrahl-Oszilloskop (Abschn. 4.3.5.4) und ist schematisch in Bild 4-54 dargestellt. Die Bahnkurve des Elektrons entspricht der eines waagrechten Wurfes (Abschn. 2.2.1.3), da

– in *x-Richtung* eine Bewegung mit *konstanter Geschwindigkeit* v_{ox} und
– in *y-Richtung* eine Bewegung mit *konstanter Beschleunigung* $a_y = e\,E/m_e$ (Gl. (4-102)) erfolgt.

(Die Gravitationskraft kann im Vergleich zur Feldkraft vernachlässigt werden.) Daraus errechnet sich eine Geschwindigkeit in y-Richtung von $v_y = a_y\,t$.

Analog zum waagrechten Wurf erhält man für die Bewegung in x-Richtung $x = v_{ox}\,t$ und in y-Richtung $y = \dfrac{1}{2}\,a_y\,t^2 = \dfrac{e\,E}{2\,m_e}\,t^2$.

Durch Eliminieren von t ergibt sich die Bahngleichung (s. waagrechter Wurf, Gl. (2-17) in Abschn. 2.2.2.3):

$$y = \frac{a}{2\,v_{ox}^2}\,x^2 \quad \text{oder}$$

$$y = \frac{e\,E}{2\,m_e\,v_{ox}^2}\,x^2. \qquad (4\text{-}114)$$

Da für die elektrische Feldstärke im Kondensator $E = U_{\text{Kond}}/d$ gesetzt werden kann und $v_{ox}^2 = 2\,e\,U_a/m_e$ ist, erhält man

$$y = \frac{U_{\text{Kond}}}{4\,d\,U_a}\,x^2. \qquad (4\text{-}115)$$

Für den Ablenkwinkel φ gilt

$$\tan\varphi = \frac{v_y}{v_{0x}} = \frac{e\,E}{m_e\,v_{0x}}\,t. \qquad (4\text{-}116)$$

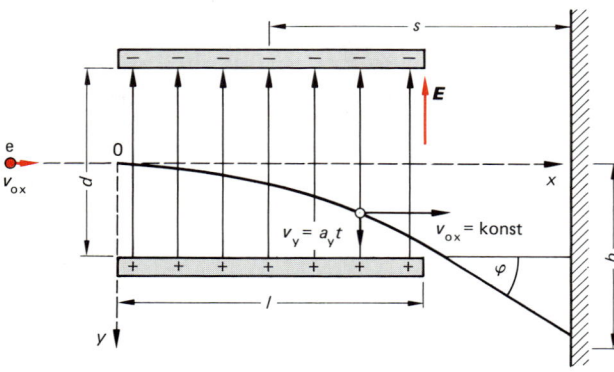

Bild 4-54. *Flugbahn eines Elektrons im homogenen elektrischen Querfeld.*

Wegen $t = l/v_{ox}$ gilt nach Verlassen des Feldes

$$\tan \varphi = \frac{e\,E\,l}{m_e\,v_{ox}^2}. \qquad (4\text{-}117)$$

Mit der Gl. (4-91) für E und Gl. (4-107) für v_{ox}^2 erhält man

$$\tan \varphi = \frac{l\,U_{Kond}}{2\,d\,U_a}. \qquad (4\text{-}118)$$

Für die Ablenkung aus der Flugrichtung nach Verlassen des Feldes bedeutet dies:

– Je größer l (oder die Flugdauer t), desto größer die Ablenkung;
– je größer die Kondensatorspannung U_{Kond} oder die Feldstärke $E = U_{Kond}/d$, desto größer die Ablenkung und
– je größer die Anodenspannung U_a (oder die Geschwindigkeit v), desto kleiner die Ablenkung.

Wenn sich im Abstand s von der Kondensatormitte ein Auffangschirm befindet, dann kann die Ablenkung b (Bild 4-54) berechnet werden gemäß

$$b = y_A + (s - \tfrac{l}{2})\tan \varphi.$$

Mit den Beziehungen für y_A (Gl. (4-114)) und $\tan \varphi$ (Gl. (4-117)) ergibt sich

$$b = \frac{e\,E}{2\,m_e\,v_{ox}^2}\,l^2 + (s - \tfrac{l}{2})\,\frac{e\,E\,l}{m_e\,v_{ox}^2} =$$
$$= \frac{e\,E\,l}{m_e\,v_{ox}^2}\,(\tfrac{l}{2} + s - \tfrac{l}{2}),$$

$$b = \frac{e\,E\,l\,s}{m_e\,v_{ox}^2} = \frac{e\,U_{Kond}\,l\,s}{m_e\,d\,v_{ox}^2} = \frac{l\,s}{2\,d}\,\frac{U_{Kond}}{U_a}. \qquad (4\text{-}119)$$

4.3.5.3. Bewegung eines geladenen Teilchens parallel zum elektrischen Feld

Als Beispiel sei ein positiv geladenes Teilchen gewählt, ein Proton mit der Masse m_P und der Ladung $+e$. Wie Bild 4-55 zeigt, entspricht die elektrische Kraft $F_{el} = e\,E$ der Gravitationskraft $F_{Gr} = m\,g$ (s. dazu auch Bild

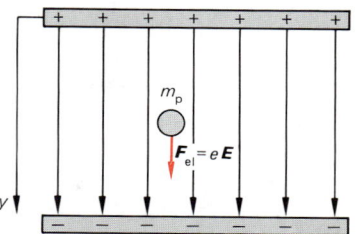

Bild 4-55. *Bewegung eines geladenen Teilchens parallel zum elektrischen Feld.*

4-49). Die konstante Beschleunigung des Protons errechnet sich nach Gl. (4-102) zu

$$a = \frac{e\,E}{m_P}.$$

Es ergeben sich die bekannten Beziehungen der Mechanik für den freien Fall, wenn anstelle von g der obige Ausdruck für a gesetzt wird: $v = a\,t$,

$$v = \frac{e\,E}{m_P}\,t. \qquad (4\text{-}120)$$

Für den Weg gilt $y = \tfrac{1}{2}\,a\,t^2$,

$$y = \frac{1}{2}\,\frac{e\,E}{m_P}\,t^2, \qquad (4\text{-}121)$$

für den Zusammenhang zwischen Geschwindigkeit, Beschleunigung und Weg $v = \sqrt{2\,a\,y}$,

$$v = \sqrt{\frac{2\,e\,E}{m_P}\,y}. \qquad (4\text{-}122)$$

4.3.5.4. Elektronenstrahl-Oszilloskop

In der sogenannten *Braunschen Röhre* des *Elektronenstrahl-Oszilloskops* (F. BRAUN, 1850 bis 1918) fließen die aus der Heizkathode austretenden und durch die Anodenspannung beschleunigten Elektronen nicht über die Anode zurück, sondern treten aufgrund ihrer Trägheit durch das Anodenblech hindurch und treffen am anderen Ende der Röhre auf eine lumineszierende Substanz (z. B. Zinksulfid) auf, die durch die Energieabsorption der auftreffenden Elektronen zum Aussenden von sichtbarem Licht angeregt wird. Zur Horizontal- und Vertikalablenkung des Elektro-

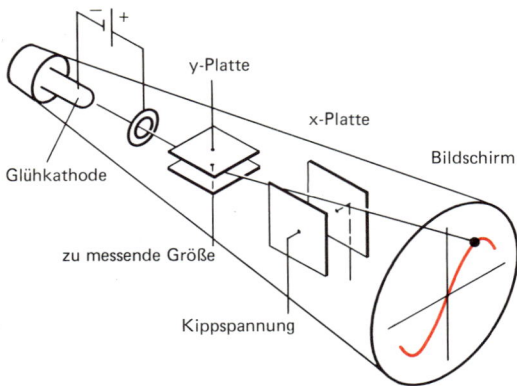

Bild 4-56.   Braunsche Röhre, schematisch.

nenstrahls dienen um 90° versetzt angeordnete Ablenkkondensatoren. Bild 4-56 läßt das Prinzip des Aufbaus erkennen.

In Bild 4-57 wird als Beispiel die Schaltung zur Messung der Strom-Spannungs-Kennlinie eines spannungsabhängigen Widerstandes (VDR) gezeigt. Die horizontale Ablenkung (x) wird von der am VDR-Widerstand abfallenden Spannung bestimmt, während die vertikale Ablenkung (y) einer Spannung entspricht, die dem Stromfluß durch den VDR-Widerstand proportional ist.

Bei der Messung eines Spannungssignals wird die zu messende Spannung an die Vertikalplatte angelegt; an der Horizontalplatte befindet sich in diesem Fall eine zeitlich einstellbare, interne Sägezahnspannung (*Kippspannung*). Wird die zeitliche Ablenkung (von links nach rechts) synchron zur Ablenkung der zu untersuchenden Meßgröße geschaltet (*getriggert*), dann entsteht auf dem Schirm ein stehendes Bild.

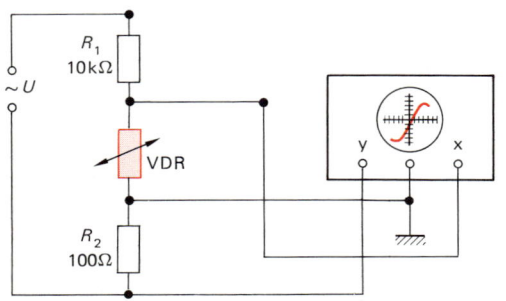

Bild 4-57.   Meßanordnung zur Bestimmung des Verlaufs der Strom-Spannungskennlinie eines spannungsabhängigen Widerstandes (VDR).

4.3.5.5. Bewegung elektrisch geladener Körper in einer Flüssigkeit und im elektrischen Feld

Es sei angenommen, daß sich in einem senkrechten elektrischen Feld ein geladener Körper in einer Flüssigkeit befindet. Es wirken auf ihn drei Kräfte, wie Bild 4-58a zeigt: die des elekrischen Feldes F_{el}, die Auftriebskraft $F_{Auftrieb}$ und die Gewichtskraft F_G. Wird das elektrische Feld so eingestellt, daß der geladene Körper schwebt, dann muß die Summe aller äußeren Kräfte gleich null sein ($\sum F_{außen} = 0$):

$$F_{el} + F_{Auftrieb} + F_G = 0 . \qquad (4\text{-}123)$$

a)

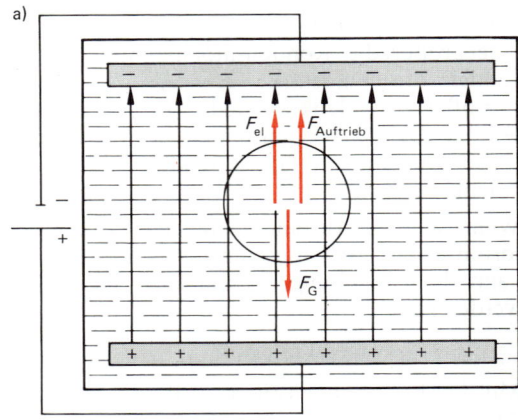

b)

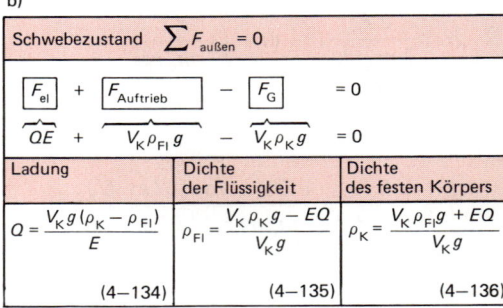

Bild 4-58.   a) Kräfte auf einen geladenen Körper in einer Flüssigkeit, b) Kräftegleichgewicht beim Schweben eines Körpers in einer Flüssigkeit unter der Wirkung eines elektrischen Feldes.

In Bild 4-58b ist zusammengestellt, wie mit dieser Anordnung die Bestimmung

− der Ladung Q der Kugel,
− der Dichte ϱ_{Fl} der Flüssigkeit und
− der Dichte ϱ_K des festen Körpers

erfolgen kann. Dabei ist V_K das Volumen der Kugel, Q die Ladungsmenge des Körpers, E die elektrische Feldstärke und g die Erdbeschleunigung.

Mit einer ähnlichen Meßanordnung (mit Luftfüllung) gelang es im Jahr 1910 R. A. Millikan (1868 bis 1953), die *Elementarladung* zu bestimmen und ihre *Quantisierung* nachzuweisen. Für diesen Schwebezustand gilt dann (ohne die Auftriebskraft der Flüssigkeit)

$$F_{el} \quad F_G = 0,$$

$$Q \frac{U}{d} = m\,g,$$

$$Q = \frac{m\,g\,d}{U}. \qquad (4\text{-}127)$$

Die Teilchenmasse kann durch die Sinkgeschwindigkeit im Gravitationsfeld unter Berücksichtigung der *Stokesschen Reibungskraft* (Abschn. 2.11.3.3, Gl. (2-237)) bestimmt werden; hierbei wird der Radius des Masseteilchens mikroskopisch ermittelt.

4.3.6. Leiter im elektrischen Feld

Befindet sich Materie in einem elektrischen Feld, so wirkt auf alle Ladungen in dieser Materie eine elektrische Kraft. Wegen der unterschiedlichen Beweglichkeit der Ladungsträger im Leiter (frei beweglich) und im Nichtleiter (gering beweglich) lassen sich die in Bild 4-59 zusammengestellten Effekte beobachten:

– Im Leiter werden die beweglichen Elektronen relativ zu den Atomrümpfen verschoben und dadurch positive und negative Ladungsträger getrennt (*Influenz*).

– Im Nichtleiter werden die Ladungsträger nur geringfügig verschoben (*Polarisation*).

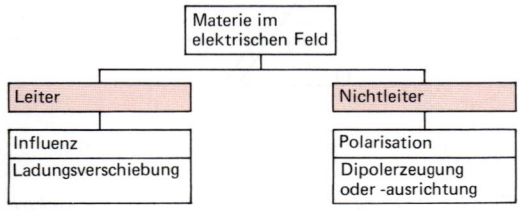

Bild 4-59. Materie im elektrischen Feld.

Nachfolgend sind die Erscheinungen in Leitern, in Abschn. 4.3.7 die in Nichtleitern beschrieben.

4.3.6.1. Elektrische Influenz, elektrische Verschiebungsdichte und elektrische Feldstärke

In einem Leiter sind die Ladungsträger (im allgemeinen Elektronen) frei beweglich. Das Leiterinnere ist deshalb immer feldfrei; zusätzlich aufgebrachte Ladungsträger sitzen nur an der Oberfläche. Sie haben alle das gleiche Potential.

Die Flächenladungsdichte σ ist ein Maß dafür, wieviel Teilladung ΔQ sich in einer Teilfläche ΔA befindet:

$$\sigma = \frac{\Delta Q}{\Delta A}. \qquad (4\text{-}128)$$

Die Maßeinheit ist $1\,C/m^2 = 1\,As/m^2$.

Anhand der Messung der influenzierten Ladung ist eine Beschreibung und Berechnung des elektrischen Feldes möglich. Bringt man beispielsweise gemäß Bild 4-60 ein metallisches Doppelplättchen in ein homogenes elektrisches Feld, so können die Ladungen auf diesem metallischen Doppelplättchen durch Influenz getrennt werden (Bild 4-60b). Werden anschließend die Plättchen innerhalb des Feldes getrennt (Bild 4-60c), so können die influenzierten Ladungen außerhalb des elektrischen Feldes gemessen werden (Bild 4-60d). Diese influenzierte Ladungsdichte wird nach Gl. (4-128) bestimmt und ist gleich der elektrischen Verschiebungsdichte $D = \varepsilon \cdot E$. Bei schräg gestellter Influenzplatte verringert sich die influenzierte Ladung mit dem cos des Winkels zwischen dA und E. Es gilt deshalb

$$D = \frac{dQ}{dA_\perp} \quad \text{und} \quad dQ = D\,dA. \qquad (4\text{-}129)$$

Hierbei ist d$A_\perp$ der Anteil des Flächenelements dA, der senkrecht zu den Feldlinien steht, wie Bild 4-61 zeigt. Die Verschiebungsdichte D muß von der Orientierung der Flächennormalen dA relativ zur elektrischen Feldstärke E abhängig sein, weil entsprechend viele oder wenige elektrische Feldlinien am Flächenelement enden. Die Verschiebungs-

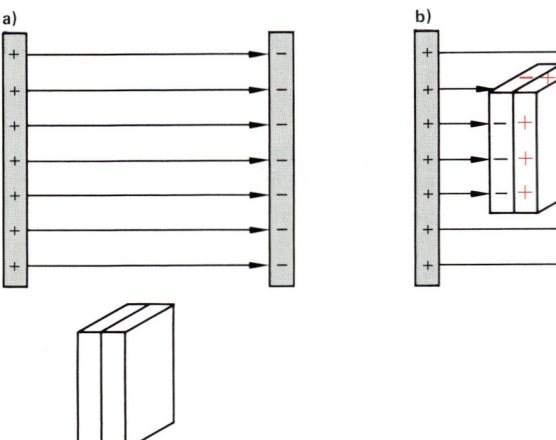

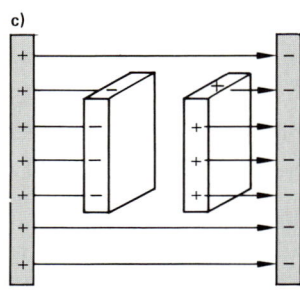

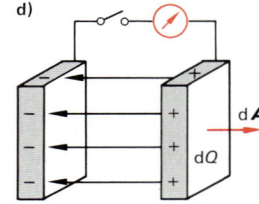

Bild 4-60.   Zur Herleitung der elektrischen Verschie-
bungsdichte.

dichte D ist maximal für dA parallel zu E
(Bild 4-61 a) und null, wenn dA senkrecht auf
E steht (Bild 4-61 b). Für die von elektrischen
Feldlinien senkrecht durchsetzte Fläche d$A_\perp$
gilt

$$\mathrm{d}A_\perp = \mathrm{d}A \cos \varphi. \qquad (4\text{-}130)$$

Bei einem homogenen Feld ist die Verschiebungsdichte

$$D = \frac{Q}{A_\perp}. \qquad (4\text{-}131)$$

Der Betrag des Vektors der Verschiebungs-
dichte $|D|$ ist gleich der Flächenladungsdichte
(Vergleich Gl. (4-129) mit (4-128)):

$$\sigma = |D|. \qquad (4\text{-}132)$$

Elektrische Feldlinien, die ein Flächenelement dA senkrecht durchdringen, bilden einen

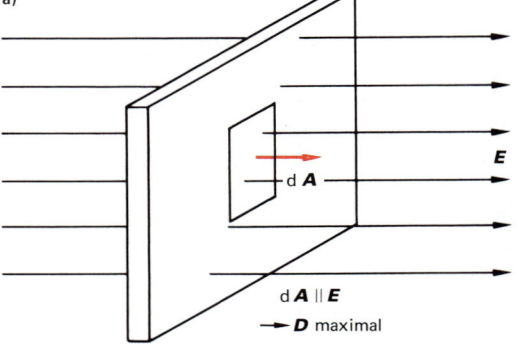

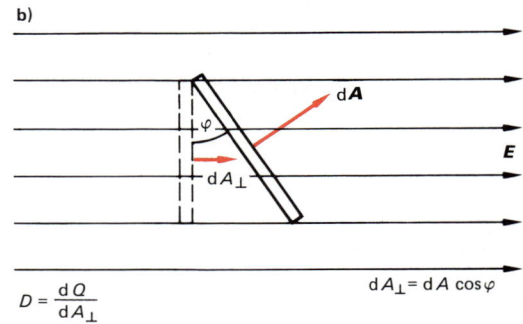

$$D = \frac{\mathrm{d}Q}{\mathrm{d}A_\perp}$$

Bild 4-61.   Lage der Flächennormalen im elektri-
schen Feld.

elektrischen Fluß ψ (analog zur Strömungsme-chanik, Abschn. 2.11.3). Damit ergibt sich eine weitere Definition für die Verschiebungs-dichte $\boldsymbol{D}$:

$$D = \frac{\mathrm{d}\psi}{\mathrm{d}A_\perp} \quad \text{und} \quad \mathrm{d}\psi = \boldsymbol{D}\,\mathrm{d}A. \quad (4\text{-}133)$$

Die elektrische Verschiebungsdichte ist gleich dem elektrischen Fluß je Flächen-einheit.

Aus Gl. (4-129) und (4-133) folgt für eine ge-schlossene Oberfläche der *Gaußsche Satz* (C. F. GAUSS, 1777 bis 1855)

$$\psi = \oint \boldsymbol{D}\,\mathrm{d}A = \sum_{i=1}^{n} Q_i. \quad (4\text{-}134)$$

Der durch eine geschlossene, beliebig ge-formte Oberfläche *A* gehende elektrische Fluß *ψ* ist gleich der Summe der von die-ser Fläche eingeschlossenen Ladungen.

Es gilt folgende Vorzeichenregel: Treten die Feldlinien aus der Oberfläche, ist der elektri-sche Fluß positiv, dringen sie in die Oberflä-che ein, ist er negativ.

Bild 4-62 zeigt die Oberfläche eines Raum-volumens, in dem sich keine Ladungen befin-den. Deshalb muß nach Gl. (4-134) gelten

$$\psi = \oint \boldsymbol{D}\,\mathrm{d}A = 0.$$

Da sich der Gesamtfluß aus folgenden Teil-flüssen ergibt, kann man schreiben

$$\psi_\text{Ges} = \psi_\text{ab} + \psi_\text{bc} + \psi_\text{cd} + \psi_\text{de} + \psi_\text{ea} = 0,$$
$$\psi_\text{Ges} = 1\,Q + 3\,Q + 2\,Q - 3\,Q - 3\,Q = 0.$$

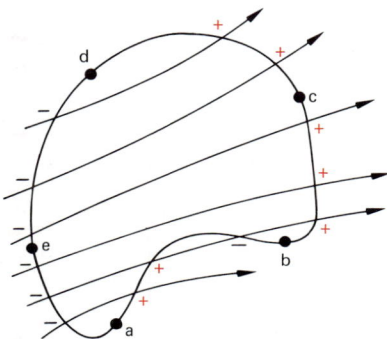

Bild 4-62. Elektrische Feldlinien durch die Oberflä-che eines Raumvolumens.

Da um so mehr Ladungen verschoben werden können, je mehr Feldlinien auf der Leiter-oberfläche enden, d. h. je größer die elektri-sche Feldstärke *E* ist, muß die Verschiebungs-dichte *D* von der Feldstärke *E* abhängen. Im materiefreien Raum gilt

$$\boldsymbol{D} = \varepsilon_0\,\boldsymbol{E}. \quad (4\text{-}135)$$

Der Proportionalitätsfaktor ε_0 als Maßstabs-konstante beträgt

$$\varepsilon_0 = \frac{|\boldsymbol{D}|}{|\boldsymbol{E}|} = 8{,}854 \cdot 10^{-12}\,\frac{\text{As}}{\text{Vm}}. \quad (4\text{-}136)$$

Die elektrische Feldkonstante ε_0 gibt an, welche Ladungsdichte σ (in As/m^2) von der Feldstärke $E = 1\ \text{V/m}$ gebunden wird.

Beide Vektoren *E* und *D* sind ineinander um-rechenbar; die *elektrische Feldstärke* ist die *Ursache* für die *Ladungsverschiebung* und die-se selbst die *Wirkung*. Damit ergibt sich ge-mäß Gl. (4-134)

$$\oint \boldsymbol{E}\,\mathrm{d}A = \frac{1}{\varepsilon_0}\sum_{i=1}^{n} Q_i. \quad (4\text{-}137)$$

Die Integration bezieht sich nur auf die Ober-fläche desjenigen Volumens, in dem sich die Ladungen Q_i befinden.

Diese Formulierung ermöglicht die Berech-nung elektrischer Felder aufgrund gegebener Ladungsverteilungen. Gl. (4-137) ist eine der vier grundlegenden *Maxwellschen Gleichungen* (Abschn. 4.5.5.2, Bild 4-144), die die gesamten elektromagnetischen Erscheinungen mathe-matisch einheitlich beschreiben.

In Beispiel 4.3-4 wird das Coulombsche Ge-setz anhand des Gaußschen Satzes hergeleitet.

Beispiel

4.3-4: Bestimmen Sie die elektrische Feldstärke *E* an der Oberfläche einer Kugel mit dem Radius *r* – in Bild 4-63 schematisch dargestellt –, wenn im Innern der Kugel die Ladung *Q* sitzt.

Lösung:

Nach Gl. (4-137) gilt $\oint \boldsymbol{E}\,\mathrm{d}A = \frac{1}{\varepsilon_0}Q$. Das Integral über alle Teilflächen ist die Oberfläche der Kugel $A_\text{Kug} = 4\,\pi\,r^2$. Damit ist

$$E\,4\,\pi\,r^2 = \frac{1}{\varepsilon_0}Q \quad \text{oder} \quad E = \frac{Q}{4\,\pi\,\varepsilon_0\,r^2}.$$

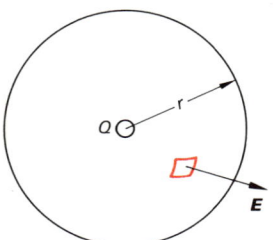

Bild 4-63. Elektrische Feldstärke an der Oberfläche einer Kugel mit der Ladung Q im Zentrum.

Dieser Ausdruck entspricht der Feldstärke einer Punktladung nach dem Coulombschen Gesetz (Gl. (4-90)):

$$E = \frac{F}{Q} = \frac{1}{4\,\pi\,\varepsilon_0}\frac{Q}{r^2}\,.$$

Dies bedeutet aber auch, daß die elektrische Feldstärke E einer Ladung Q im Abstand r gemäß Bild 4-64a gleich groß ist wie die elektrische Feldstärke auf der Oberfläche einer Kugel mit dem Radius r (Bild 4-64b).

Eine elektrisch geladene Kugeloberfläche erzeugt im Raum hinter der Blende dasselbe elektrische Feld, als wenn seine gesamte Ladung im Kugelmittelpunkt vereinigt wäre. Wegen des völlig identischen elektrischen Feldes in diesem Bereich besteht deshalb keine Möglichkeit, eindeutige Rückschlüsse auf die Ladungen vor der Blende zu ziehen. An diesem Beispiel wird der große Vorteil des Feldbegriffs sichtbar, der u.a. darin besteht, daß er von den Einzelheiten der Quellen völlig unabhängig ist.

In Bild 4-65 ist die elektrische Feldstärke E von einigen geladenen Körpern unterschiedlicher Geometrie zusammengestellt.

4.3.6.2. Kondensator und Kapazität

Kondensatoren sind zwei gegeneinander isolierte, entgegengesetzt geladene Leiteroberflächen beliebiger Geometrie, zwischen denen eine Potentialdifferenz $\Delta\varphi$ oder eine Spannung U herrscht, wie Bild 4-66 zeigt. Ein Kondensator ist ein wichtiges elektrisches Bauelement und dient u.a. zur Speicherung elektrischer Ladung und elektrischer Energie.

Die Geometrie und der Abstand der Leiteroberflächen bestimmen die Ladungstrennungsarbeit und damit die Spannung, die je getrennte Ladungsmenge Q entsteht. Das Maß dafür ist die Kapazität C des Kondensators, d.h. die Ladungsmenge Q, die bei einer Spannung U auf den Kondensatoroberflächen gespeichert wird. Es gilt

$$C = \frac{Q}{U}\,,$$

$$Q = C\,U\,. \qquad\qquad (4\text{-}147)$$

Allgemein schreibt man

$$C = \frac{\int \boldsymbol{D}\,\mathrm{d}\boldsymbol{A}}{\int \boldsymbol{E}\,\mathrm{d}\boldsymbol{s}}\,. \qquad\qquad (4\text{-}148)$$

Die Kapazität C gibt an, wieviel Ladung Q je Spannungseinheit 1 V gespeichert werden kann.

a)

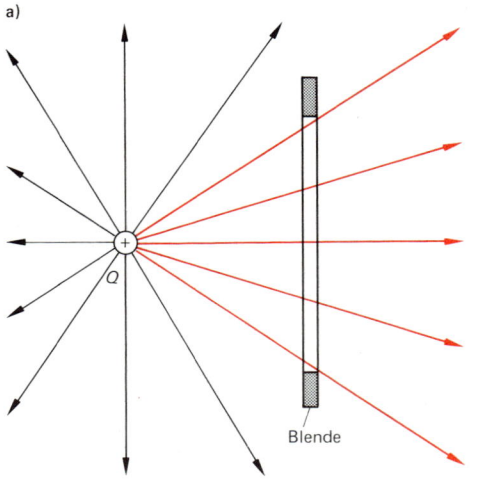

b)

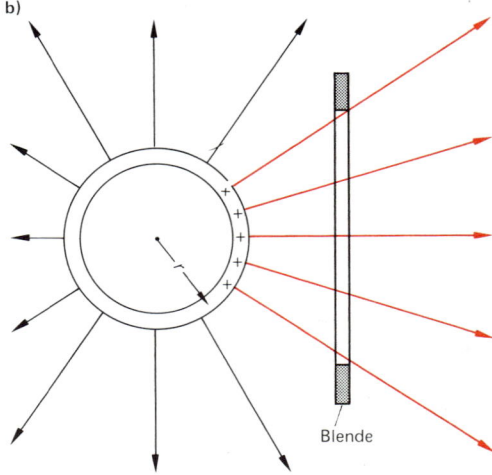

Bild 4-64. Elektrisches Feld einer Punktladung und einer Kugel.

Körper	Geometrie	Ort	elektrische Feldstärke
homo-gene Kugel-ladung	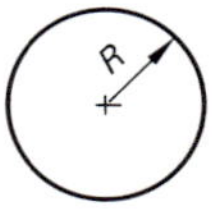	innen	$E = \dfrac{1}{4\pi\epsilon_0}\,\dfrac{Q}{R^3}\,r$ (4–138)
		außen	$E = \dfrac{1}{4\pi\epsilon_0}\,\dfrac{Q}{r^2}$ (4–139)
homo-gen belegte Kugel-schicht		innen	$E = 0$
		außen	$E = \dfrac{1}{4\pi\epsilon_0}\,\dfrac{Q}{r^2}$ (4–140)
Stab	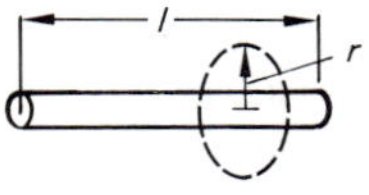 λ: Ladung je Länge	außen	$E = \dfrac{1}{2\pi\epsilon_0}\,\dfrac{\lambda}{r}$ (4–141)
Zylinder	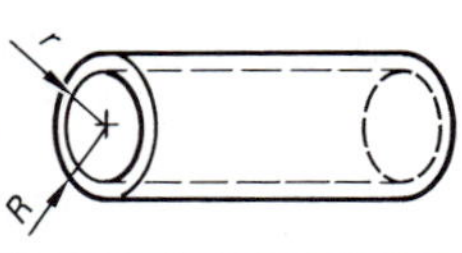	innen	$E = \dfrac{1}{2\pi\epsilon_0}\,\dfrac{\lambda}{R^2}\,r$ (4–142)
dünne Platte	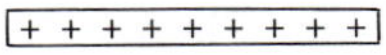 σ: Flächenladungs-dichte	beide Seiten	$E = \dfrac{1}{2\epsilon_0}\,\sigma$ (4–143)
zwei dünne Platten	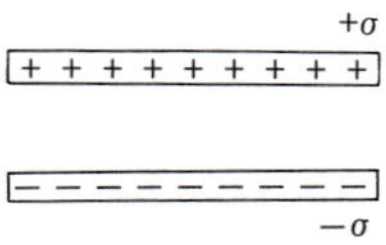	zwischen	$E = \dfrac{1}{\epsilon_0}\,\sigma$ (4–144)
dicke Platte	ρ: Raum-ladungs-dichte 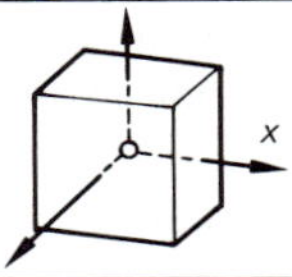	Abstand x von der Mittel-linie	$E = \dfrac{1}{\epsilon_0}\,\rho x$ (4–145)
Leiter	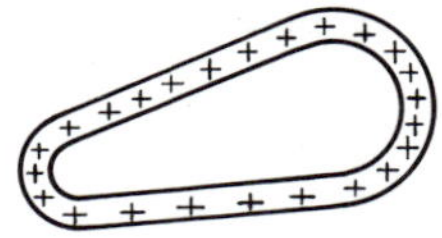	Oberfläche	$E = \dfrac{1}{\epsilon_0}\,\sigma$ (4–146)

Bild 4-65. *Elektrische Feldstärke von geladenen Körpern verschiedener Geometrien.*

Die Einheit der Kapazität ist das Farad F: 1 F = 1 As/V.

Ein Farad ist eine sehr große Einheit; in der Praxis sind kleinere Einheiten üblich, z.B. µF = 10^{-6} F, nF = 10^{-9} F, pF = 10^{-12} F.

Bild 4-67 zeigt das Schaltungssymbol eines Kondensators mit den Meßvorschriften für Ladung und Spannung.

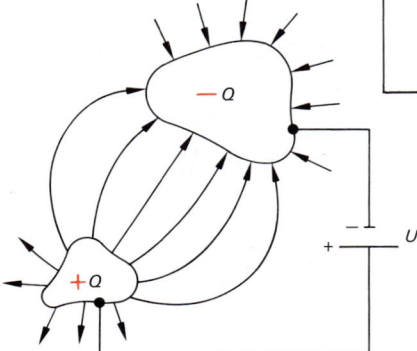

Bild 4-66. Kapazität beliebiger Körper.

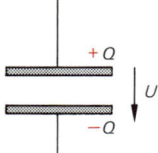

Bild 4-67.   *Symbol für die Kapazität.*

Kapazität eines Plattenkondensators

Ein Plattenkondensator besteht aus zwei parallelen Platten im Abstand d. Liegt zwischen ihnen eine Spannung U, dann herrscht zwischen den Platten an jeder Stelle dasselbe elektrische Feld (homogene Feldstärke E). Für den Zusammenhang zwischen elektrischer Feldstärke E und der Verschiebungsdichte D gilt nach Gl. (4-135) $D = \varepsilon_0\, E$.

Im homogenen Feld ist $D = Q/A$ (Gl. (4-131)) und $E = U/d$ (Gl. (4-91)), so daß man schreiben kann

$$\frac{Q}{A} = \varepsilon_0\, \frac{U}{d}\,.$$

Hieraus folgt für die Kapazität des Plattenkondensators C_{Pl}

$$\frac{Q}{U} = C_{\mathrm{Pl}} = \varepsilon_0\, \frac{A}{d}\,. \qquad (4\text{-}149)$$

Diese Beziehung ist nur gültig, wenn zwischen den Platten Vakuum (oder näherungsweise Luft) ist. In anderen Fällen ist ε_0 durch die Permittivität ε ($\varepsilon = \varepsilon_0\, \varepsilon_{\mathrm{r}}$) zu ersetzen (Abschn. 4.3.7).

Wie man aus Gl. (4-149) folgern kann, ist die Kapazität eines Plattenkondensators C_{Pl} nur abhängig von der Plattenfläche A und dem

Plattenabstand d. Sie ist um so größer, je größer die Plattenfläche A und je kleiner der Plattenabstand d ist. In der Technik vergrößert man die Fläche durch Aufwickeln von Metallfolie (oder Aufrauhen der Oberfläche durch Ätzen bei Elektrolytkondensatoren) und verkleinert die Abstände, indem man dünne Kunststofffolien (oder Oxidschichten) als Zwischenlagen verwendet. Für einen Kondensator mit n Platten gilt

$$C = \varepsilon_0\, \frac{(n-1)\,A}{d}\,. \qquad (4\text{-}150)$$

Kapazität eines Kugelkondensators

Ein Kugelkondensator besteht aus zwei konzentrisch angeordneten Hohlkugeln mit den Radien r_1 und r_2 gemäß Bild 4-69. Ist der Abstand der beiden Hohlkugeln Δr sehr klein, dann kann näherungsweise die Bestimmung der Kapazität nach Gl. (4-149) für den Plattenkondensator erfolgen; hierbei ist die Fläche $A = 4\,\pi\, r^2$ und $d = \Delta r$, so daß sich

$$C_{\mathrm{Kug}} = 4\,\pi\, \varepsilon_0\, \frac{r^2}{\Delta r} \qquad (4\text{-}151)$$

ergibt. Für größere Abstände der beiden Hohlkugeln gilt

$$C_{\mathrm{Kug}} = 4\,\pi\, \varepsilon_0\, \frac{r_1\, r_2}{(r_2 - r_1)}\,. \qquad (4\text{-}152)$$

Die Kapazität einer einzigen Kugel mit dem Radius r ist

$$C_{\mathrm{Kug}} = 4\,\pi\, \varepsilon_0\, r\,. \qquad (4\text{-}153)$$

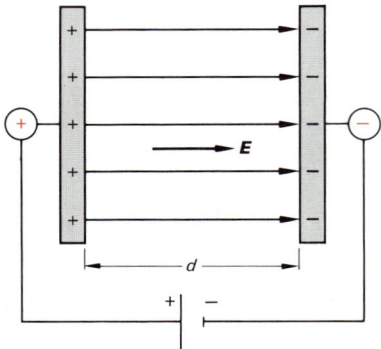

Bild 4-68.   *Plattenkondensator.*

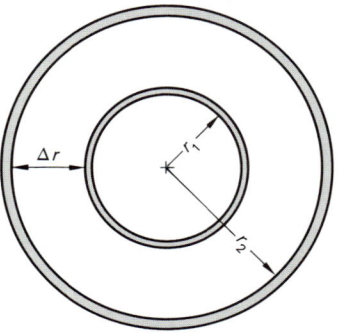

Bild 4-69.   *Kugelkondensator.*

Körper	Geometrie	Kapazität
zwei gleiche Kugeln	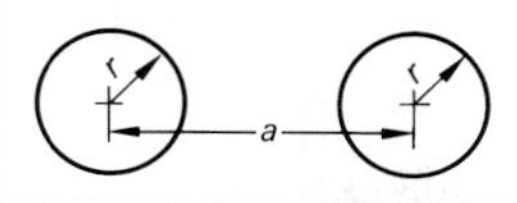	$C = 2\pi\varepsilon_0 r \left[1 + \dfrac{r(a^2 - r^2)}{a(a^2 - ar - r^2)} \right]$ (4—154)
Zylinder	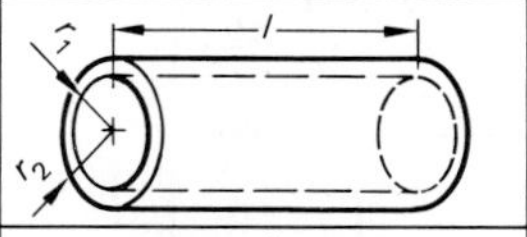	$C = \dfrac{2\pi\varepsilon_0 l}{\ln\left(\dfrac{r_2}{r_1}\right)}$ (4—155)
Doppel-leitung	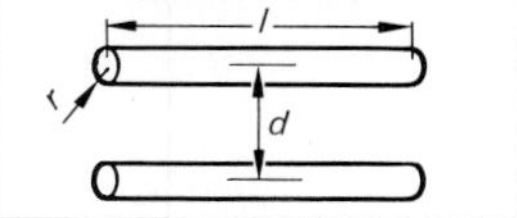	$C = \dfrac{\pi\varepsilon_0 l}{\ln\left(\dfrac{d}{r}\right)}$ (4—156)

Bild 4-70.   Kapazitäten von Körpern verschiedener Geometrien.

Bild 4-70 gibt die Gleichungen für die Kapazitäten anderer Geometrien wieder.

Beispiel

4.3-5: Die Gleichung für die Kapazität eines Zylinders (Gl. (4-155)) soll hergeleitet werden.

Lösung:

Nach Gl. (4-137) gilt $\oint E\, \mathrm{d}A = \dfrac{1}{\varepsilon_0}\, Q$.

Für eine geschlossene Fläche im Abstand r und unter Berücksichtigung der Länge l des Zylinders entsprechend Bild 4-71 gilt

$\oint E\, \mathrm{d}A = E(2\pi r)\, l$,

$E = \dfrac{Q}{\varepsilon_0\, 2\pi r\, l}$.

Die Potentialdifferenz zwischen den Platten beträgt nach Gl. (4-97)

$$U = \int_{r_1}^{r_2} E\, \mathrm{d}r = \int_{r_1}^{r_2} \frac{Q}{2\pi\varepsilon_0\, r\, l}\, \mathrm{d}r =$$

$$= \frac{Q}{2\pi\varepsilon_0\, l} \int_{r_1}^{r_2} \frac{\mathrm{d}r}{r} = \frac{Q}{2\pi\varepsilon_0\, l} \ln\left(\frac{r_2}{r_1}\right) .$$

Für die Kapazität gilt

$$C = \frac{Q}{U} = \frac{Q\, 2\pi\varepsilon_0\, l}{Q \ln\left(\dfrac{r_2}{r_1}\right)} = \frac{2\pi\varepsilon_0\, l}{\ln\left(\dfrac{r_2}{r_1}\right)} .$$

Beispiel

4.3-6: Die Erdkugel ist stets negativ geladen mit der Ladung $Q \approx -900\,000$ C. Die positive Gegenladung sitzt in den höheren Schichten der Atmosphäre ($h = 100$ km). Wie groß ist die Kapazität dieses riesigen Kugelkondensators?

Lösung:

Nach Gl. (4-152) gilt

$$C_{\text{Kug}} = 4\pi\varepsilon_0\, \frac{r_1\, r_2}{(r_2 - r_1)} = 45{,}85\ \text{mF} .$$

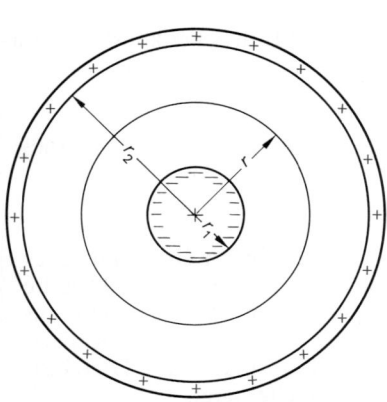

Bild 4-71.   Querschnitt eines Zylinderkondensators.

Schaltung von Kapazitäten

Bei der Parallelschaltung addieren sich die speichernden Flächen für die Speicherung der negativen bzw. positiven Ladungen (Gl. (4-149)), und deshalb ist die Gesamtkapazität gleich der Summe der parallelen Einzelkapazitäten. Bei der Reihenschaltung addieren

Schaltungsart	Parallelschaltung	Reihenschaltung
konstante Größe	Spannung U = konstant	Ladung Q = konstant
Anordnung	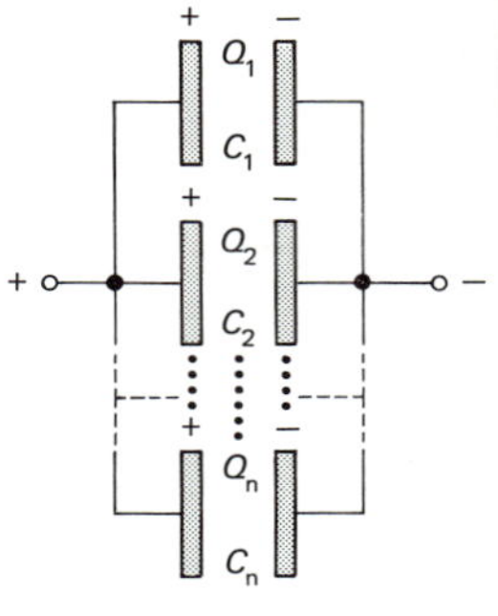	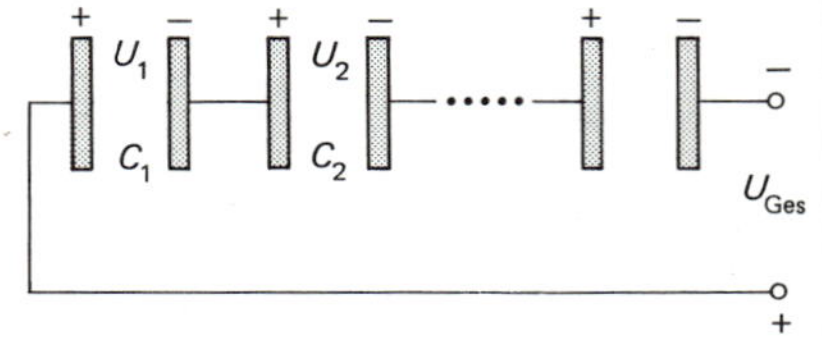
Addition	Gesamtladung $Q_{Ges} = Q_1 + Q_2 + ... + Q_n$	Gesamtspannung $U_{Ges} = U_1 + U_2 + ... + U_n$
Ersatz-kapazität	$C_{Ges} U = C_1 U + C_2 U + ... C_n U$ $C_{Ges} = C_1 + C_2 + ... + C_n$ $C_{Ges} = \sum_{i=1}^{n} C_i$ **(4—157)**	$\dfrac{Q}{C_{Ges}} = \dfrac{Q}{C_1} + \dfrac{Q}{C_2} + ... + \dfrac{Q}{C_n}$ $\dfrac{1}{C_{Ges}} = \dfrac{1}{C_1} + \dfrac{1}{C_2} + ... + \dfrac{1}{C_n}$ $C_{Ges} = \left(\sum_{i=1}^{n} \dfrac{1}{C_i} \right)^{-1}$ **(4—158)**

Bild 4-72. Ersatzkapazität bei Reihen- und Parallelschaltung von Kondensatoren.

sich jedoch die Einzelspannungen und somit die Kehrwerte der Kapazitäten (Gl. (4-149)). In Bild 4-72 sind die Gleichungen für die Ersatzkapazitäten bei der Parallel- und Reihenschaltung zusammengestellt.

4.3.7. Nichtleiter im elektrischen Feld, elektrische Polarisation und Permittivitätszahl

In Nichtleitern (Isolatoren) sind die Ladungsträger nicht frei beweglich. Deshalb ist auch das Innere eines Nichtleiters im elektrischen Feld nicht feldfrei. Das Feld greift gleichsam durch den Isolator hindurch. Solche Stoffe werden deshalb auch *Dielektrika* genannt (nach dem griechischen Wort „dia" für „durch").

Bild 4-73 zeigt die Vorgänge in einem Plattenkondensator. Vor Einbringen des Dielektrikums herrsche die elektrische Feldstärke $E_0 = U_0/d$ (Bild 4-73 a). Wird ein Dielektrikum zwischen die Platten gebracht, so verschieben sich die Ladungen auf dem Isolator, so daß ein geringeres Feld E_m im Dielektrikum zwischen den Platten herrscht (Bild 4-73 b). Es ist $E_m < E_0$ und deshalb $U_m < U_0$; es gilt

$$\frac{E_0}{E_m} = \frac{U_0}{U_m} = \varepsilon_r . \qquad (4\text{-}159)$$

Wegen $C = Q/U$ führt dies bei konstanter Ladung zu

$$\frac{C_m}{C_0} = \varepsilon_r , \quad C_m = \varepsilon_r C_0 . \qquad (4\text{-}160)$$

Wird ein Dielektrikum in ein elektrisches Feld gebracht, so nimmt die elektrische Feldstärke gegenüber der des Vakuums um das ε_r-fache ab, während die Kapazität durch das Einbringen des Dielektrikums auf das ε_r-fache steigt.

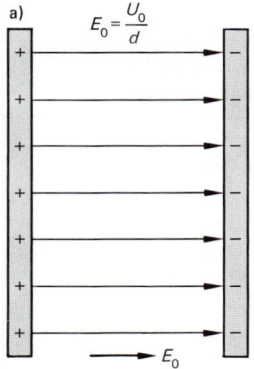

a) $E_0 = \dfrac{U_0}{d}$

E_0

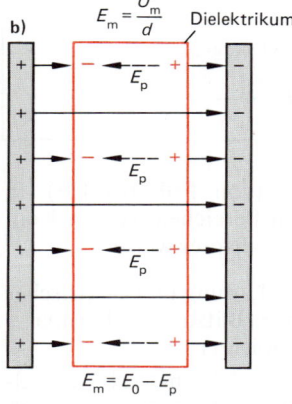

b) $E_m = \dfrac{U_m}{d}$ Dielektrikum

E_p

E_p

E_p

$E_m = E_0 - E_p$

Bild 4-73. Feldverlauf zwischen den Platten eines Kondensators mit und ohne Dielektrikum.

Die Größe ε_r wird *Permittivitätszahl* oder *relative Dielektrizitätszahl* genannt und ist dimensionslos. Ihr Wert ist stets ≥ 1. Wie Bild 4-73b zeigt, wird die ursprüngliche Feldstärke E_0 um das Gegenfeld E_P, d. h. um das elektrische Feld der Polarisationsladungen im Dielektrikum geschwächt:

$$E_m = \frac{E_0}{\varepsilon_r} = E_0 - E_P. \qquad (4\text{-}161)$$

Wird der Kondensator an die Spannungsquelle angeschlossen, so können so viele Ladungen auf die Plattenoberfläche des Kondensators nachfließen, daß das Polarisationsfeld E_P (*Elektrisierung*) kompensiert wird und wieder das ursprüngliche Feld herrscht. Dann nimmt aber die Verschiebungsdichte D_m auf das ε_r-fache zu oder wird um die *elektrische Polarisation P*, d. h. um die Dichte der Polari-

sationsladungen auf der Dielektrikumsoberfläche erhöht:

$$D_m = \varepsilon_r\, D_0 = D_0 + P. \qquad (4\text{-}162)$$

Da die Verschiebungsdichte $D_0 = \varepsilon_0\, E_0$ ist (Gl. (4-144)), ergibt sich

$$D_m = \varepsilon_0\, \varepsilon_r\, E = \varepsilon\, E = \varepsilon_0\, E + P. \qquad (4\text{-}163)$$

Ferner gilt

$$\varepsilon = \varepsilon_0\, \varepsilon_r. \qquad (4\text{-}164)$$

Für das elektrische Feld in einem Dielektrikum steht bei allen physikalischen Gleichungen statt ε_0 das Produkt $\varepsilon = \varepsilon_0\, \varepsilon_r$ (*Permittivität*).

Tabelle 4-7 zeigt die Permittivitätszahl einiger wichtiger Dielektrika. Aus Gl. (4-163) folgt für die elektrische Polarisation

$$P = D_m - \varepsilon_0\, E = \varepsilon_0\, \varepsilon_r\, E - \varepsilon_0\, E$$

oder

$$P = \varepsilon_0\, E\, (\varepsilon_r - 1). \qquad (4\text{-}165)$$

Der Faktor $(\varepsilon_r - 1)$ ist die *elektrische Suszeptibilität* χ_e. Somit gilt

$$P = \chi_e\, \varepsilon_0\, E. \qquad (4\text{-}166)$$

Tabelle 4-7. Permittivitätszahl einiger Werkstoffe.

Werkstoffe	Permittivitätszahl ε_r
Paraffin	2,2
Polypropylen	2,2
Polystyrol	2,5
Polycarbonat	2,8
Polyester	3,3
Kondensatorpapier	4 bis 6
Zellulose	4,5
Al_2O_3	12
Ta_2O_5	27
Wasser	81
Keramik (NDK)	10 bis 200
Keramik (HDK)	10^3 bis 10^4

Tabelle 4-8. Kondensator und Dielektrikum.

	Kondensator bleibt mit der Spannungsquelle verbunden	Kondensator wird von der Spannungsquelle getrennt
konstante Größen	elektrische Spannung U, elektrische Feldstärke $$E = \frac{U}{d}$$	Ladung Q, Verschiebungsdichte $$D = \frac{Q}{A}$$
sich ändernde Größen	Ladung Q bzw. Verschiebungsdichte D, $$Q = DA \sim \varepsilon_r,$$ Kapazität $$C = \frac{Q}{U} \sim \varepsilon_r,$$ elektrische Energie $$W = \tfrac{1}{2} C U^2 \sim \varepsilon_r$$	Spannung U bzw. Feldstärke E, $$U = E\,d \sim \frac{1}{\varepsilon_r},$$ Kapazität $$C = \frac{Q}{U} \sim \varepsilon_r,$$ elektrische Energie $$W = \tfrac{1}{2} C U^2 \sim \frac{1}{\varepsilon_r}$$

Für das zur Polarisation $\boldsymbol{P}$ gehörende elektrische Gegenfeld $\boldsymbol{E}_P$ folgt aus Gl. (4-161) unter Berücksichtigung von Gl. (4-165)

$$E_P = E_m - E_0 = \left(\frac{\varepsilon_r - 1}{\varepsilon_r}\right) E_0 = \chi_e\, E_m . \tag{4-167}$$

Für Dielektrika ist $\varepsilon_r > 1$ und deshalb $\chi_e > 0$. Für Vakuum gilt $\varepsilon_r = 1$ bzw. $\chi_e = 0$.

Bei einer Verbindung einer Spannungsquelle mit einem Kondensator ist die Spannung U und damit E konstant, während bei Trennung des Kondensators von der Spannungsquelle die Ladung Q und damit die Verschiebungsdichte D gleichbleibt. In beiden Fällen steigt die Kapazität auf das ε_r-fache an, wenn ein Dielektrikum in den Kondensator eingebracht wird. Bleibt der Kondensator mit der Spannungsquelle verbunden, dann erhöht sich die elektrische Energie W_{el} auf das ε_r-fache, während sie sich im anderen Fall auf das ε_r-ten Teil verringert.

Tabelle 4-8 zeigt in den Spalten die beiden Fälle (Kondensator mit der Spannungsquelle verbunden oder getrennt) und in den Zeilen, welche der elektrischen Größen konstant bleiben bzw. sich ändern.

Kondensatoren als Bauelemente in der Elektrotechnik

Kondensatoren gehören zu den wichtigsten Bauelementen in der Elektrotechnik. Die Werte für die Kapazitäten erstrecken sich über zwölf Dekaden (von 1 pF bis 1 F). In sehr unterschiedlichen Bereichen werden Kondensatoren eingesetzt, beispielsweise

- beim Speichern von Ladung und elektrischer Energie (Elektronen-Blitzgerät, Plasmaerzeugung, Laser, Kopierer);
- bei der Trennung von Gleich- und Wechselstrom bzw. von Wechselströmen unterschiedlicher Frequenzen (Lautsprecherankopplung, Verstärker, Störschutz) sowie zur Siebung und Glättung von pulsierenden Gleichspannungen (Brumm-Siebung bei netzbetriebenen Elektrogeräten);
- in Schwingkreisen, beispielsweise zur Senderabstimmung bei Rundfunk- und Fernsehempfängern;
- in Zeitkreisen (RC-Glieder, Blinkschaltungen, Anzugs- und Abfallsverzögerungen für Relais);
- als Phasenschieber
  • zur Blindstromkompensation (Leuchtstofflampen mit Spule oder Leistungskondensatoren nach VDE 0560-4);
  • zur Drehfelderzeugung (Hilfsphase für Motoranlauf oder Motorbetrieb an ein Ein-Phasen-Netz, Motorbetriebs-Kondensatoren nach VDE 0560-8);
- in der Leistungselektronik (Bedämpfen von Spannungsspitzen, Kommutierung, Filtern von Oberwellen).

Bild 4-74 zeigt eine Einteilung von Fest-Kondensatoren nach ihren Technologien sowie die einstellbaren Kondensatoren. Diese Übersicht enthält die einzelnen Kondensatortypen, ferner die zugehörigen Nennspannungs- und Kapazitätsbereiche, die Verlustfaktoren, wichtige Normen und typische Anwendungsfelder. Schnittbilder, Prinzipskizzen und Bilder veranschaulichen die Funktionsweise bzw. die Bauformen von Kondensatoren. Das Diagramm rechts zeigt, für welche Spannungs-Kapazitäts-Bereiche die entsprechenden Kondensatorentypen Verwendung finden.

Bei den Folien-Kondensatoren bestehen die Kondensatorplatten aus Metallfolien (meist Aluminium) und die Dielektrika aus Papier- oder aus Kunststoffolien. Metallfolien und Dielektrika werden aufgewickelt. Kunststoffolien haben wegen ihres niedrigeren Verlustfaktors, ihrer großen Homogenität und ihrer kleineren Dicken (bis zu 1,5 µm) Papier als Dielektrikum z.T. verdrängt. Papier ist pflanzlicher Herkunft, das oft die geforderten engen Toleranzen elektrischer Werte nicht einhalten kann. Bild 4-75 zeigt eine elektronenmikroskopische Aufnahme von Kondensatorpapier (32 000fach vergrößert). Hierbei wird die zerklüftete Oberflächenstruktur deutlich.

Von den Kunststoffen sind als Dielektrikum vor allem Polycarbonat (C), Polypropylen (P), Polystyrol (S) und Polyester (Polyethylenterephthalat (T)) im Einsatz. Die in Klammern gesetzten Abkürzungen werden zur Kennzeichnung des Kunststoffes verwendet. Der wichtigste Kunststoff ist Polypropylen (P). Besondere Bedeutung hat auch Polystyrol (S) im „Styroflex"-Kondensator, da dieser Kunststoff einen negativen Temperaturkoeffizienten aufweist und damit gut zur Temperaturkompensation verwendet werden kann. Ein spezielles Anwendungsgebiet für Kunststoff-Folien-Kondensatoren ist in der *Leistungselektronik* der Bereich hoher Spannungen (500 V bis 10 000 V) und hoher Kapazitäten (1 mF bis 0,1 F). Diese Kondensatoren werden als Leistungs-Kondensatoren (Lei-Ko) bezeichnet.

Bei Kondensatoren mit metallisierten Elektroden werden die Dielektrika mit Metall (meist Aluminium oder Zink) bedampft. Metallisierte Papierfolien werden häufig mit MP, metallisierte Kunststoffolien mit MK abgekürzt. Bei den Kunststoffen dient ein weiterer Buchstabe zur Kennzeichnung der Kunststoffart (z.B. MKP: metallisierte Kunststoffolie aus Polypropylen).

Die Kunststoffolien werden in Dicken bis unter 2 µm verwendet. Eine wichtige Eigenschaft der MK-Kondensatoren ist die Fähigkeit zur Ausheilung nach erfolgten Durchschlägen.

Die Elektrolytkondensatoren überdecken den größten Bereich an Spannung und Kapazität und zählen zu den zuverlässigsten Bauelementen. Außer dem verhältnismäßig preisgünstigen Aluminium-Elektrolyt-Kondensator (Alu-Elko) ist der Tantal-Elko (Ta-Elko) vor allem wegen seiner hohen Ladungsdichte begehrt. Bei einem Elko besteht die Anode aus Metall (Al oder Ta). In Al-Elkos werden Aluminiumfolien (100 µm dick) verwendet, deren Oberfläche durch Ätzen etwa um das 20- bis 100fache vergrößert ist. Bei Tantal wird die große Oberfläche durch Sintern von Tantal-Pulver erzeugt (1 cm^3 gesintertes Ta-Pulver hat eine Oberfläche bis zu etwa 10 000 cm^2, d.h. 1 m^2).

Bild 4-76 zeigt eine Aufnahme mit dem Rasterelektronenmikroskop (3000fache Vergrößerung) von der Oberfläche einer geätzten Aluminium-Folie. Die größere Oberfläche und die doppelt so große Permittivität von Tantaloxid ($\varepsilon_r = 27$) im Vergleich zu Aluminiumoxid ($\varepsilon_r = 12$) erlauben für Tantal-Elkos kleinere Bauformen bei gleichen Kapazitätswerten. Das Dielektrikum eines Elkos besteht aus einer atomaren Oxidschicht (Al_2O_3 bzw. Ta_2O_5). Durch einen flüssigen Elektrolyten wird die Leitung zur negativen Kathodenfolie aus hochreinem Metall sichergestellt. Die Elkos müssen polungsrichtig eingebaut werden. Häufig kennzeichnet der längere Anschlußdraht den positiven Pol. Den Aufbau für Al- bzw. Ta-Elkos zeigt eine Skizze in Bild 4-74.

Außer den gesinterten Ta-Elkos werden auch Keramik-Kondensatoren in Sintertechnik hergestellt. Man unterscheidet drei Typen:

− Typ-I-Kondensatoren
  Das Dielektrikum besteht aus einer Keramikschicht mit niedriger Dielektrizitätszahl

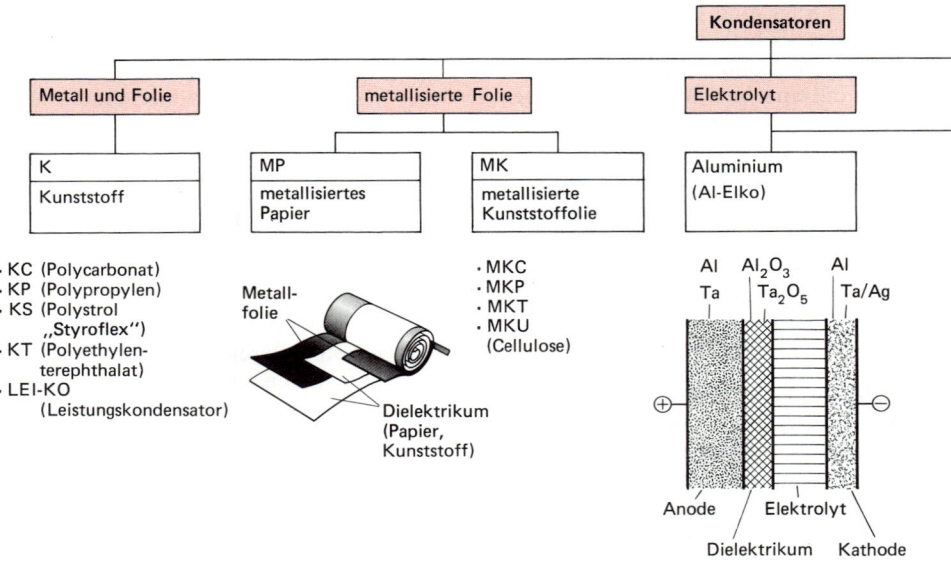

Kondensatoren			
Metall und Folie	**metallisierte Folie**		**Elektrolyt**
K Kunststoff	MP metallisiertes Papier	MK metallisierte Kunststoffolie	Aluminium (Al-Elko)

· KC (Polycarbonat)
· KP (Polypropylen)
· KS (Polystrol
  „Styroflex")
· KT (Polyethylen-
  terephthalat)
· LEI-KO
  (Leistungskondensator)
		· MKC
		· MKP
		· MKT
		· MKU
		  (Cellulose)	

Nenn-spannung	25 V bis 630 V (LEI-KO: 67 V bis 10^4 V)	80 bis 500 V	80 V bis 500 V	6 V bis 600 V
Kapazitäts-bereich	2 pF bis 500 nF (1 μF bis 10 μF)	100 pF bis 100 μF	100 pF bis 10 μF	10 μF bis 1 F
Verlustfaktor tan $\varphi \cdot 10^3$	1 MHz: 0,4 bis 1 (1 kHz: 12)	1 kHz: 0,25 bis 15	1 kHz: 0,25 bis 15	50 Hz: 80 000
Normen	CECC 30100 CECC 30900 DIN 45910 (DIN 45920)		CECC 30400 CECC 30500 CECC 31200 DIN 45910	CEC 30300 DIN 45910
Anwendungs-bereiche	Schwingkreise, Koppel-Stütz- Kondensator, Temperaturkompen- sation (Styroflex), Leistungs- kondensator	Motorkondensator, Phasenschieber, Kummutierungs- und Beschaltungskondensator, Nachrichtentechnik		Energiespeicher, Sieben bei niedrigen und hohen Frequenzen

Bild 4-74.   Einteilung der Kondensatoren.

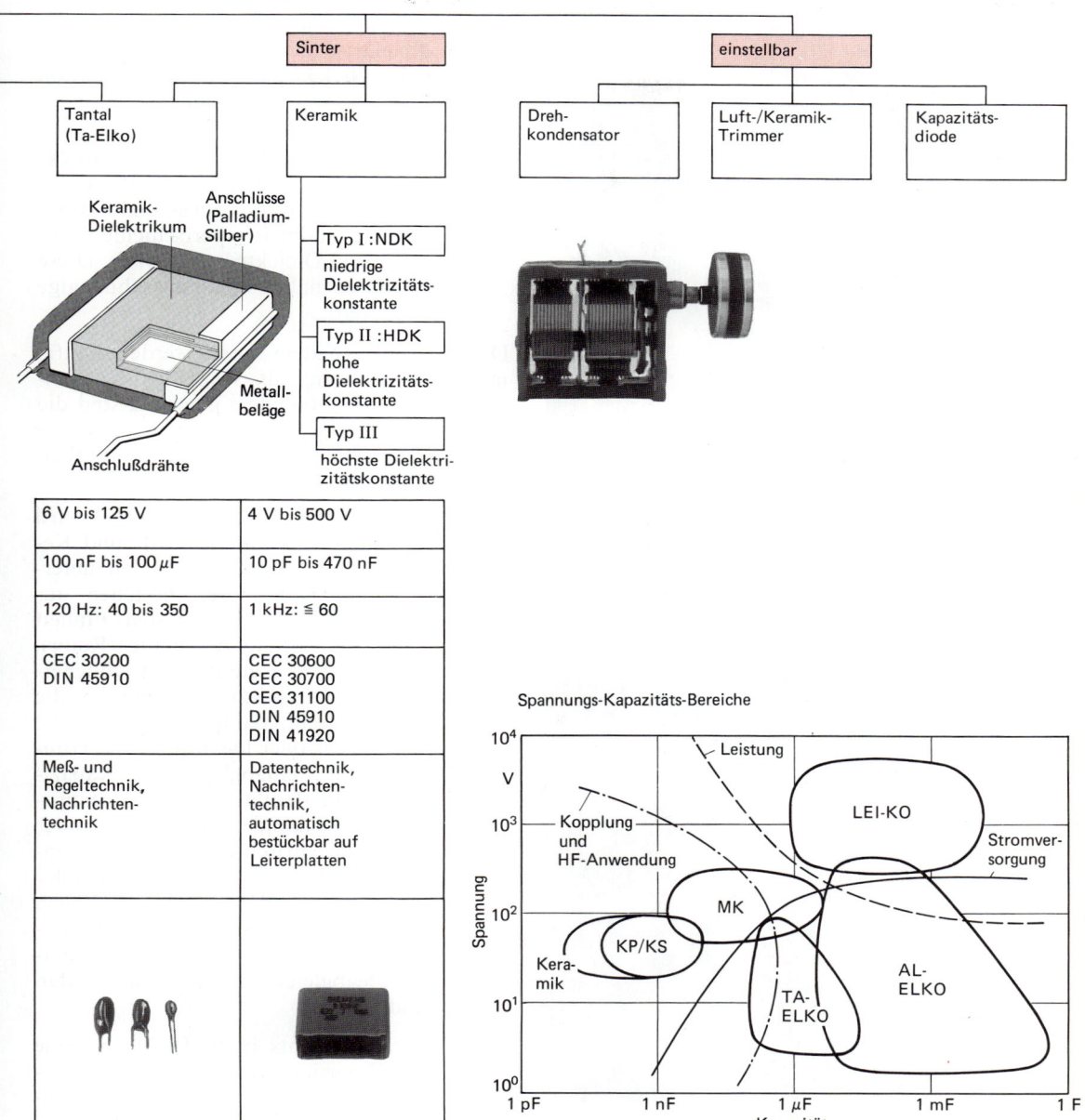

| | Sinter | | einstellbar | | |
| Tantal (Ta-Elko) | Keramik | Dreh-kondensator | Luft-/Keramik-Trimmer | Kapazitäts-diode |

Keramik-Dielektrikum

Anschlüsse (Palladium-Silber)

Metall-beläge

Anschlußdrähte

Typ I :NDK
niedrige Dielektrizitäts-konstante

Typ II :HDK
hohe Dielektrizitäts-konstante

Typ III
höchste Dielektri-zitätskonstante

6 V bis 125 V	4 V bis 500 V
100 nF bis 100 μF	10 pF bis 470 nF
120 Hz: 40 bis 350	1 kHz: $\leqq$ 60
CEC 30200 DIN 45910	CEC 30600 CEC 30700 CEC 31100 DIN 45910 DIN 41920
Meß- und Regeltechnik, Nachrichten-technik	Datentechnik, Nachrichten-technik, automatisch bestückbar auf Leiterplatten

Spannungs-Kapazitäts-Bereiche

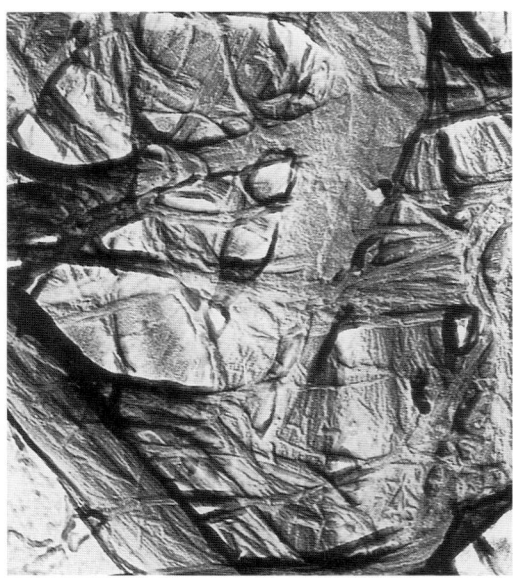

Bild 4-75.   Elektronenmikroskopische Aufnahme eines Kondensatorpapiers (32 000fache Vergrößerung).

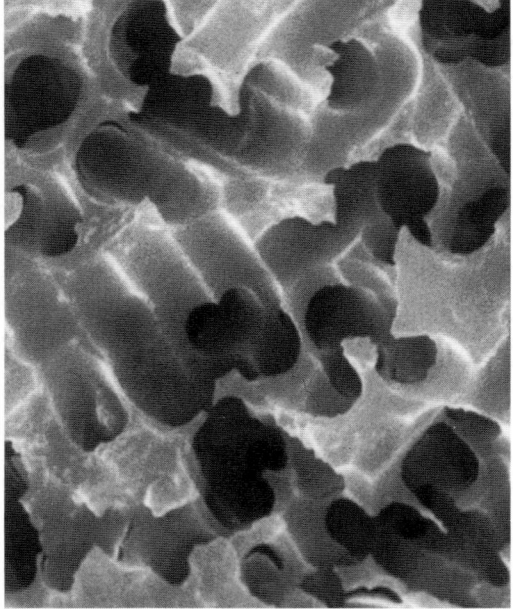

Bild 4-76.   Rasterelektronenmikroskopische Aufnahme einer geätzten Aluminiumfolie (3000fache Vergrößerung).

(ND; ε_r von 10 bis 200), z. B. Titandioxid und Magnesiumtitanat;

– Typ-II-Kondensatoren
Die dielektrische Keramikschicht besitzt eine hohe Dielektrizitätszahl (HD; ε_r von 700 bis 10^4), z. B. Bariumtitanat;

– Typ-III-Kondensatoren
Als Ausgangsmaterial wird eine ferroelektrische Scheibe verwendet (z. B. Bariumtitanat), die durch Reduktions- und Oxidationsprozesse Halbleitersperrschichten bildet, die wie ein Dielektrikum wirken. Diese Kondensatoren haben spannungsabhängige Kapazitätswerte.

Die Keramik-Kondensatoren werden häufig in Chip-Ausführung als Vielschicht-Kondensator hergestellt. Besonders geschätzt sind die erzielbaren kleinen Abmessungen, die hohe Volumenkapazität sowie die gute Lötbarkeit auf Leiterplatten.

Bei den einstellbaren Kondensatoren wird zwischen Drehkondensatoren, Luft- und Keramiktrimmern und Kapazitätsdioden unterschieden. Drehkondensatoren bestehen aus Plattenpaketen mit je einer festen Einheit (Stator) und einer drehbaren Platte (Rotor). Bis zu vier Plattenpakete werden üblicherweise hintereinandergeschaltet. Werden die Rotorplatten gedreht, dann ändern sich die Kapazitäten (linear oder logarithmisch). Trimmer dienen zum Feinabgleich von Kapazitätswerten. Die Plattenflächen werden entweder wie beim Drehkondensator gedreht oder bestehen aus konzentrisch angeordneten zylindrischen Elektroden (aus Aluminium oder verzinktem Messing). Die Kapazitätsdioden sind die modernsten Bauelemente für einstellbare Kapazitäten, wie sie u. a. beim automatischen Sendeabgleich in Rundfunkgeräten Einsatz finden.

Das Diagramm rechts in Bild 4-74 zeigt die Spannungs-Kapazitäts-Bereiche der verschiedenen Kondensatortypen. Leistungskondensatoren (Lei-Ko) werden u. a. in der Leistungselektronik eingesetzt, z. B. zur Unterdrückung von Spannungsspitzen an Leistungshalbleitern (Trägerstaueffekt). Für den Bereich der Stromversorgung werden überwiegend Elektrolytkondensatoren verwendet. Bei der Kopplung und HF-Anwendung spielen die Keramikkondensatoren, die metallisierten Folien-

Kondensatoren sowie die Metall- und Kunst-stoffolien-Kondensatoren eine bedeutende Rolle.

Atomistische Deutung der elektrischen Polarisation

Fallen die Schwerpunkte der positiven La-dung $+Q$ und der negativen Ladung $-Q$ nicht in einem Punkt zusammen, so entsteht ein elektrischer Dipol. Dieser wird durch das elektrische Dipolmoment $\boldsymbol{p}$ beschrieben:

$$\boldsymbol{p} = Q\,\boldsymbol{d}. \qquad (4\text{-}168)$$

$\boldsymbol{d}$ ist der Abstand der beiden Ladungen. Der Vektor $\boldsymbol{p}$ zeigt von der negativen zur positiven Ladung.

Wird nichtleitende Materie in ein elektrisches Feld gebracht, so verschieben sich die Ladungs-schwerpunkte der Moleküle, sie werden elek-trisch *polarisiert*. Grundsätzlich sind zwei Arten von Polarisation möglich, wie Bild 4-77 ver-deutlicht:

– *Verschiebungspolarisation* (*dielektrische* Po-larisation)
– *Orientierungspolarisation* (*paraelektrische* Po-larisation).

Bei der Verschiebungspolarisation werden die ursprünglich zusammenfallenden positiven und negativen Ladungen verschoben, sobald diese Moleküle ins elektrische Feld geraten. (Die leichter beweglichen Elektronenhüllen werden auf die positive Seite gezogen.) Das so in-duzierte Dipolmoment ist in bestimmten Grenzen von der Feldstärke abhängig und im elektrischen Feld immer wirksam, vorausge-setzt, es liegt kein permanenter Dipol vor. Beim Abschalten des Feldes verschwindet der Dipol, und die Ladungsschwerpunkte fallen wieder in einem Punkt zusammen.

Die paraelektrische Polarisation (in Analogie zum Paramagnetismus, Abschn. 4.4.4.2) oder Orientierungspolarisation tritt nur bei Mo-lekülen mit einem Dipolmoment auf (z.B. Wasser). Im elektrischen Feld erfolgt eine Orientierung der Dipole. Da die Wärmebewe-gung die Orientierung behindert, ist die para-elektrische Polarisation stark temperaturab-hängig.

Ist die Verschiebungspolarisation oder die paraelektrische Polarisation in allen drei Raumrichtungen gleich groß, so liegt ein *iso-tropes Verhalten* vor. Die drei Vektoren elek-trische Feldstärke $\boldsymbol{E}$, Verschiebungsdichte $\boldsymbol{D}$ und Polarisation $\boldsymbol{P}$ stehen parallel zueinander und können anhand von Gl. (4-163) und (4-166) umgerechnet werden. Für den Fall einer *richtungsabhängigen*, d.h. *anisotropen Polarisation* wird ε_r ein symmetrischer Tensor zweiter Stufe. So gilt für die Umrechnung des Vektors der elektrischen Feldstärke $\boldsymbol{E}(x, y, z)$ in den Vektor der elektrischen Ver-schiebungsdichte $\boldsymbol{D}(x, y, z)$ (Gl. (4-163))

$$\boldsymbol{D}_{x,y,z} = \varepsilon_0\ \varepsilon_\mathrm{r}\ \boldsymbol{E}_{x,y,z}$$
$$\varepsilon_\mathrm{r} = \begin{pmatrix} \varepsilon_{xx} & \varepsilon_{xy} & \varepsilon_{xz} \\ \varepsilon_{yx} & \varepsilon_{yy} & \varepsilon_{yz} \\ \varepsilon_{zx} & \varepsilon_{zy} & \varepsilon_{zz} \end{pmatrix} \qquad (4\text{-}169)$$

Dabei stellt z.B. das Element ε_{xz} den ε_r-Wert dar, der von der x-Komponente der elektri-

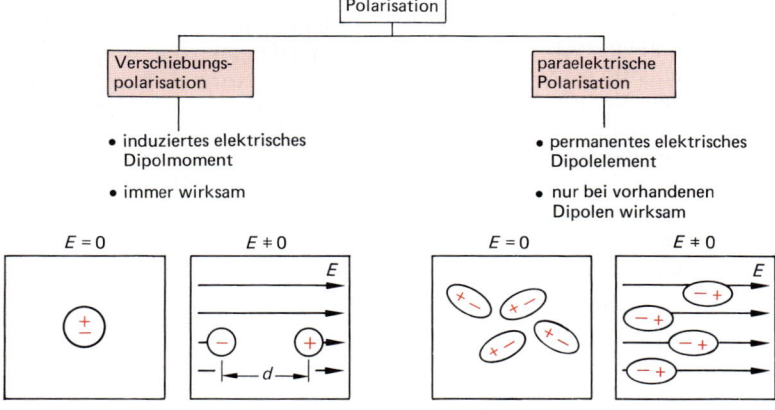

Bild 4-77. Arten der elektrischen Polarisation.

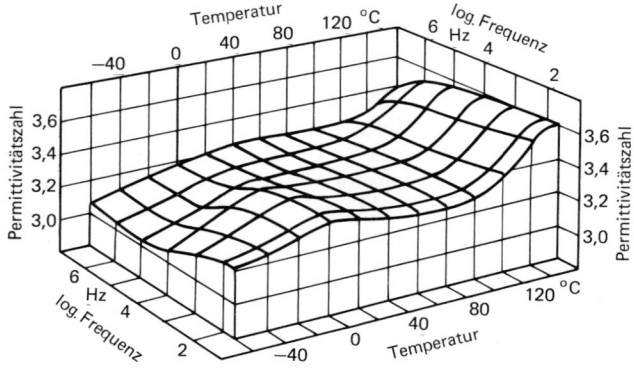

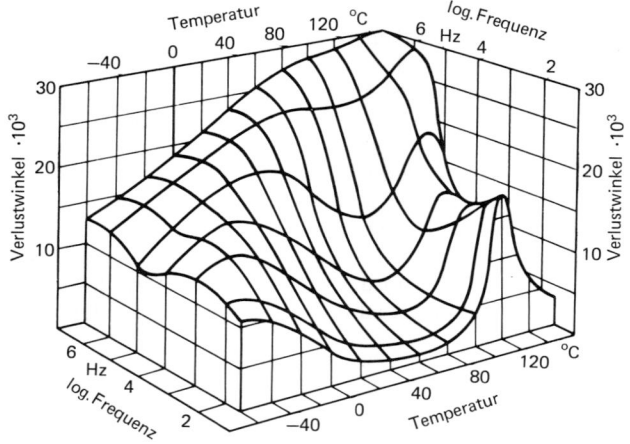

Bild 4-78.   Temperatur- und Frequenz-
abhängigkeit der Permittivitätszahl
und des Verlustwinkels von Polyester.

schen Feldstärke E herrührt und einen Beitrag zur z-Komponente der elektrischen Verschiebungsdichte D liefert. Die Zeilen des Tensors ε_r geben deshalb die Aufteilung der Raumkomponenten von E und die Spalten die Herkunft der Raumkomponenten von D wieder.

Die Permittivitätszahl ε_r ist häufig auch noch temperatur- und frequenzabhängig. Bild 4-78 zeigt die Permittivitätszahl und den Verlustwinkel (Abschn. 4.5.2.3) von Polyester in Abhängigkeit von der Temperatur und der Frequenz.

Elektrische Feldstärke und elektrische Verschiebungsdichte an Grenzflächen

Bild 4-79 zeigt, daß sich bei senkrechtem Verlauf der elektrischen Feldlinien zur Grenzfläche die elektrische Feldstärke E an der Grenzfläche zwischen Vakuum und Dielektri-

kum sprungartig ändert, während die Verschiebungsdichte D stetig die Grenzfläche durchdringt. Dieser Sachverhalt gilt auch für die Grenzfläche von Stoffen unterschiedlicher Permittivität ε_r.

Verlaufen die elektrischen Feldlinien schräg zur Grenzfläche der Dielektrika, so gelten gemäß Bild 4-79 für die Normal- bzw. Tangentialkomponenten des E- bzw. D-Vektors folgende Gesetzmäßigkeiten:

$$\tan \varphi_1 = \frac{D_1^{\,t}}{D_1^{\,n}}, \quad \tan \varphi_2 = \frac{D_2^{\,t}}{D_2^{\,n}};$$

daraus folgt

$$\frac{\tan \varphi_1}{\tan \varphi_2} = \frac{D_1^{\,t}}{D_2^{\,t}}$$

und mit Gl. (4-170)

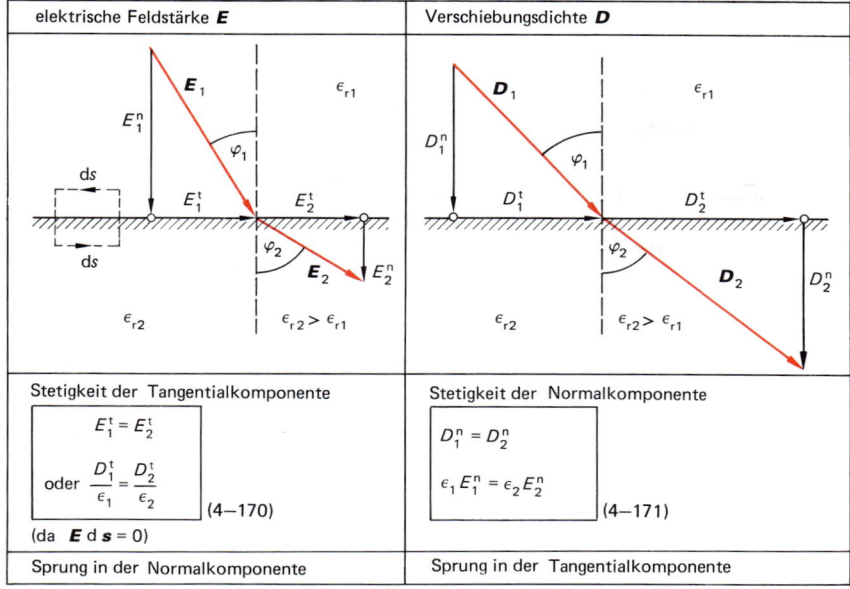

Bild 4-79. *Elektrische Feldstärke und Verschiebungsdichte an der Grenzfläche zweier unterschiedlicher Dielektrika.*

$$\frac{\tan \varphi_1}{\tan \varphi_2} = \frac{\varepsilon_{r1}}{\varepsilon_{r2}} . \qquad (4\text{-}172)$$

Die elektrischen Feldlinien an der Grenzfläche zweier unterschiedlicher Dielektrika gehorchen einem Brechungsgesetz (analog zur Optik).

Das Brechungsgesetz sagt aus, daß beim Eintritt in ein Dielektrikum mit größerem ε_r (kleinerem ε_r) die Feldlinien (für E und D) vom Lot weg (zum Lot hin) gebrochen werden.

4.3.8. Energieinhalt des elektrischen Feldes

Für die elektrische Energie gilt gemäß Gl. (4-76)

$$W_{el} = \int_{0}^{Q_{max}} U(Q)\, dQ , \qquad (4\text{-}173)$$

und wegen $U(Q) = \dfrac{Q}{C}$ lauten die Umformungen mungen

$$W_{el} = \frac{1}{2}\frac{Q^2}{C} = \frac{1}{2} Q U = \frac{1}{2} C U^2 .$$

$$(4\text{-}174)$$

W_{el} gibt die elektrische Arbeit an, die benötigt wird, um einen Kondensator mit der Kapazität C auf eine Spannung U aufzuladen. Für den speziellen Fall des Plattenkondensators ist $U = E d$ und $C = \varepsilon_0 \varepsilon_r A/d$. Deshalb gilt für die in einem Kondensator gespeicherte elektrische Energie

$$W_{el} = \frac{1}{2}\left(\varepsilon_0 \varepsilon_r \frac{A}{d}\right)(E d)^2 ,$$

$$W_{el} = \frac{1}{2}\varepsilon_0 \varepsilon_r (A d) E^2 . \qquad (4\text{-}175)$$

Da $A d$ das Volumen zwischen den Kondensatorplatten ist, schreibt man für die elektrische Energiedichte

$$w_{el} = \frac{W_{el}}{V} = \frac{1}{2}\varepsilon_0 \varepsilon_r \boldsymbol{E}^2 \qquad (4\text{-}176)$$

oder wegen $\varepsilon_0\,\varepsilon_r\,\boldsymbol{E} = \boldsymbol{D}$

$$w_{el} = \frac{W_{el}}{V} = \frac{1}{2}\,\boldsymbol{D}\boldsymbol{E}. \qquad (4\text{-}177)$$

Gl. (4-177) ist nicht nur für den Plattenkondensator, sondern allgemein gültig.

Kraft zwischen zwei Kondensatorplatten

Aus dem Zusammenhang zwischen Arbeit und Kraft $\mathrm{d}W = \boldsymbol{F}\,\mathrm{d}\boldsymbol{s}$ errechnet sich die Anziehungskraft zu

$$F = \frac{\mathrm{d}W}{\mathrm{d}s}\,.$$

Da $\mathrm{d}W = \frac{1}{2}\,Q\,\mathrm{d}U$ ist, gilt

$$F = \frac{Q\,\mathrm{d}U}{2\,\mathrm{d}s} \quad \text{und wegen} \quad \frac{\mathrm{d}U}{\mathrm{d}s} = E$$

$$F = \frac{QE}{2}\,. \qquad (4\text{-}178)$$

Wird für $Q = CU$ und für $E = \dfrac{U}{d}$ gesetzt, dann ist

$$F = \frac{CU^2}{2\,d} \qquad (4\text{-}179)$$

und wegen $C = \varepsilon_0\,\varepsilon_r\,\dfrac{A}{d}$

$$F = \frac{\varepsilon_0\,\varepsilon_r\,A\,U^2}{2\,d^2}\,. \qquad (4\text{-}180)$$

Zur Übung

Ü 4.3-1: Zwei Platten mit einem Radius $r = 8$ cm befinden sich im Abstand $d = 4$ mm voneinander. Welche Kapazität hat der Kondensator? Wie groß ist die elektrische Feldstärke zwischen den Platten, und wie groß ist die Ladung und die Verschiebungsdichte auf jeder der beiden Platten bei $U = 10$ V?

Ü 4.3-2: Ein Wattebausch mit der Masse $m = 3\cdot10^{-2}$ g ist mit einer Ladung $Q = 4\cdot10^{-8}$ C geladen. Wie groß muß die Spannung zwischen den Platten eines waagrecht liegenden Kondensators (Plattenabstand $d = 5$ cm) sein, damit der Wattebausch schwebt?

Ü 4.3-3: Berechnet werden soll die Gesamtkapazität der Kondensator-Anordnung nach Bild 4-80.

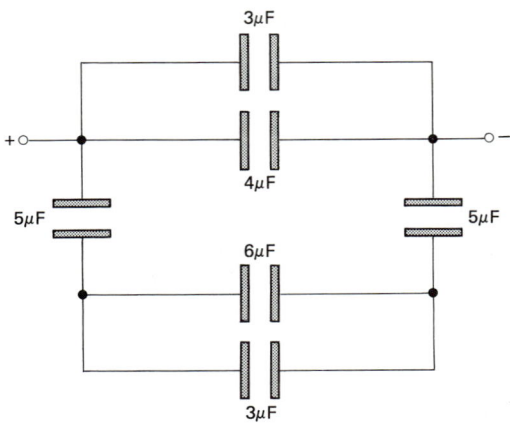

Bild 4-80.   Schaltung von Kapazitäten gemäß Ü 4.3-3.

a)

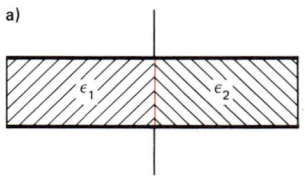

b)

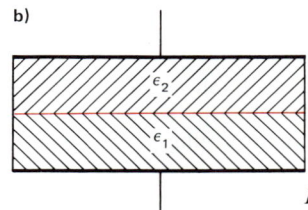

Bild 4-81.   Zu Ü 4.3-4.

Ü 4.3-4: Ein Plattenkondensator ist mit zwei unterschiedlichen Dielektrika (ε_{r1} und ε_{r2}) nach Bild 4-81 a und 4-81 b gefüllt. Ermittelt werden soll jeweils die Gleichung für die Gesamtkapazität.

4.4. Magnetisches Feld

4.4.1. Beschreibung des magnetischen Feldes

Stromdurchflossene Leiter und Werkstoffe, deren atomare Elektronenströme speziell ausgerichtet sind, die *Magnete*, üben aufeinander Kräfte aus, die sich von der Coulomb-Kraft und der Gravitationskraft bezüglich Stärke und Richtung grundlegend unterscheiden. Die magnetischen Kräfte wirken jedoch genau wie diese im gesamten Raum. Die Stärke und die Richtung der magnetischen Kraft an einem Ort lassen sich durch die Kraftwirkung auf einen kleinen Probemagneten (Magnetnadel) oder einen kleinen stromdurchflossenen Leiter bestimmen und werden durch ein Vektorfeld, das *magnetische Feld*, beschrieben:

> Das magnetische Feld rührt von elektrischen Strömen her. Von seiner Richtung hängt die Richtung der magnetischen Kräfte ab, stimmt aber nicht mit ihr überein und beschreibt die Wirkungslinien der magnetischen Kräfte in Betrag und Richtung.

Entsprechend Bild 4-82 sind folgende Bezeichnungen und Richtungen charakteristisch für magnetische Kräfte: Ein Magnet besitzt einen Nord- und einen Südpol. Außerhalb des Magneten laufen die Feldlinien vom Nord- zum Südpol (positive Feldrichtung). Gleichnamige Pole stoßen sich ab, und ungleichnamige ziehen sich an.

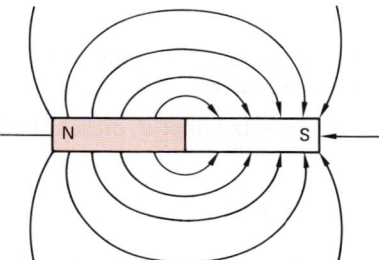

Bild 4-82. Stabmagnet und magnetische Feldlinien.

Die magnetischen Feldlinien weisen analog zu den elektrischen Feldlinien bestimmte Eigenschaften auf:

• die Tangente an die Feldlinien gibt die Kraftrichtung an;
• die Kraftwirkung ist eindeutig, d. h., die Feldlinien schneiden sich nicht;
• die Dichte der gezeichneten Feldlinien ist ein Maß für die Stärke der Kraftwirkungen.

Im Gegensatz zum elektrischen Feld zeigt das magnetische Feld Besonderheiten:

• es gibt keine magnetischen Monopole,
• die magnetischen Feldlinien sind in sich geschlossen, sie haben keinen Anfang und kein Ende.

Das Magnetfeld der Erde

Die Erde ist von einem Magnetfeld umgeben. Der magnetische Südpol liegt in der Nähe des geographischen Nordpols (74° nördlicher Breite und 100° westlicher Länge auf der Halbinsel Boothia im Norden Kanadas). Der magnetische Nordpol befindet sich in der Nähe des geographischen Südpols (72° südlicher Breite und 155° östlicher Länge in der Antarktis). Die Abweichung des Erdmagnetfeldes von der geographischen Nord-Süd-Richtung wird *Deklination* genannt und beträgt für Deutschland etwa $\varphi = 2°$ westlich. Die magnetischen Feldlinien verlaufen am Äquator parallel zur Erdoberfläche. An den anderen Orten sind sie gemäß Bild 4-83 zur Horizontalen geneigt *(Inklination)*, und zwar um so stärker, je näher die Pole sind. Das Magnetfeld der Erde ist nicht ortsfest, sondern wandert geringfügig.

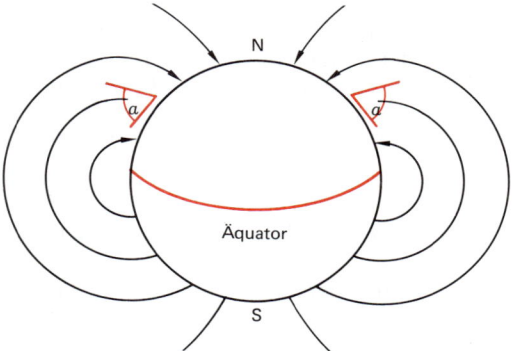

Bild 4-83. Erdmagnetfeld.

4.4.2. Magnetische Feldstärke und Durchflutungsgesetz

Experimentell kann festgestellt werden, daß ein stromdurchflossener gerader Leiter ein Magnetfeld aufweist, dessen Feldlinien konzentrische Kreise in der Ebene senkrecht zum stromdurchflossenen Leiter sind, wie es Bild 4-84 zeigt. Dieser fundamentale Zusammenhang wurde 1820 von H. C. OERSTED (1777 bis 1851) entdeckt. Die Stromstärke I und das zugehörige Magnetfeld bilden vektoriell ein Rechtssystem, d. h., bei positivem Stromfluß (von unten nach oben) ist die Feldlinienrichtung mathematisch positiv (entgegen dem Uhrzeigersinn).

Dies läßt sich gut merken: Zeigt der Daumen der *rechten Hand* in die Stromrichtung, dann

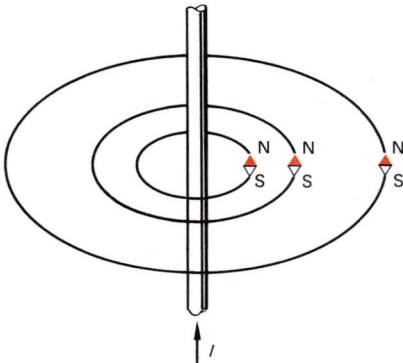

Bild 4-84. Magnetfeld eines geraden, stromdurchflossenen Leiters.

weisen die gekrümmten Finger in Feldrichtung.

Wird die Stärke des magnetischen Feldes entlang der magnetischen Feldlinien mit **H** bezeichnet, so beschreibt das *Durchflutungsgesetz* den Zusammenhang zwischen Stromdichte $j = I/A$ und magnetischer Feldstärke (magnetischer Erregung) **H**:

$$\Theta = \oint \boldsymbol{H}\,\mathrm{d}\boldsymbol{s} = \int_A \boldsymbol{j}\,\mathrm{d}A = \sum_{i=1}^{n} I_i. \qquad (4\text{-}181)$$

Das Integral der magnetischen Feldstärke **H** längs einer geschlossenen Umlauflinie ist gleich dem gesamten durch diese Fläche hindurchfließenden Strom I.

Die magnetische Feldstärke **H** hat die Maßeinheit 1 A/m.

Analog zur elektrischen Spannung $U = \int \boldsymbol{E}\,\mathrm{d}\boldsymbol{s}$ wird $\int \boldsymbol{H}\,\mathrm{d}\boldsymbol{s}$ als magnetische Spannung bezeichnet. Der Wert der magnetischen Spannung auf einer geschlossenen magnetischen Feldlinie $\oint \boldsymbol{H}\,\mathrm{d}\boldsymbol{s}$ ist die magnetische Randspannung Θ. Das Integral der Stromdichte **j** über die Fläche innerhalb der geschlossenen magnetischen Feldlinie, bei einzelnen Stromfäden wie in Bild 4-85 also die Summe der Ströme $I_1 + I_2 + \ldots$, ist die elektrische Durchflutung Θ der magnetischen Feldlinie: $\Theta = \int_A \boldsymbol{j}\,\mathrm{d}A$. Bei mehreren Strömen innerhalb eines Integrationsweges überlagern sich also deren Magnetfelder, und es gilt beispielsweise für den Fall in Bild 4-85 nach dem Durchflutungsgesetz

$$\oint \boldsymbol{H}\,\mathrm{d}\boldsymbol{s} = -I_1 + I_2 + I_3 - I_4 - I_5 + I_6.$$

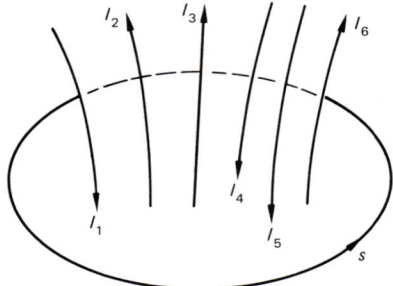

Bild 4-85.   Zum Begriff Durchflutung.

Umschließt der in sich geschlossene Integrationsweg keine Ströme, dann gilt, da $j = 0$,

$$\oint \boldsymbol{H}\,\mathrm{d}\boldsymbol{s} = 0. \qquad (4\text{-}182)$$

Das Durchflutungsgesetz ist allgemein gültig. Mit ihm kann die magnetische Feldstärke **H** beliebig verlaufender stromführender Leiter berechnet werden.

Magnetische Feldstärke eines geradlinigen, stromdurchflossenen Leiters

Das Durchflutungsgesetz lautet in diesem Fall nach Gl. (4-181)

$$\oint \boldsymbol{H}\,\mathrm{d}\boldsymbol{s} = \sum_{i=1}^{n} I_i = I.$$

Experimentell zeigt sich, daß die magnetische Feldstärke **H** auf konzentrischen Kreisen um den stromdurchflossenen Leiter konstant ist. Der Weg auf der geschlossenen Feldlinie in Bild 4-86 mit dem Radius r beträgt $s = 2\pi r$, so daß gilt

$$H \cdot 2\pi r = I,$$

$$H = \frac{I}{2\pi r}. \qquad (4\text{-}183)$$

Die magnetische Feldstärke **H** nimmt also mit zunehmender Entfernung proportional zu $1/r$ ab.

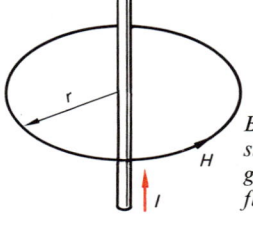

Bild 4-86.   Magnetische Feldstärke H um einen einzelnen geradlinigen stromdurchflossenen Leiter.

Magnetische Feldstärke einer Zylinderspule

Die magnetische Feldstärke H_i in einer im Vergleich zum Durchmesser langen, stromdurchflossenen Zylinderspule *(Solenoid)* gemäß Bild 4-87 ist parallel zur Spulenachse und über die gesamte Querschnittsfläche hinweg konstant; die Feldliniendichte ist groß (Bild 4-87b). Außerhalb der Spule ist das Magnetfeld sehr schwach, die Feldliniendichte ist gering ($H_a \approx 0$).

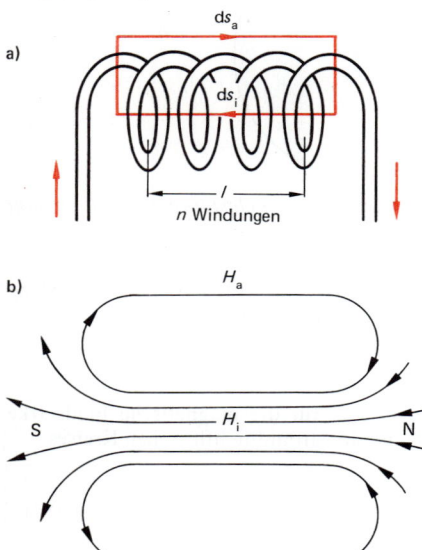

a)

b)

Bild 4-87. *Magnetische Feldlinien in einer Zylinderspule (Solenoid).*

Da eine geschlossene magnetische Feldlinie N Windungen mit jeweils der Stromstärke I umschließt (Bild 4-87a), gilt nach dem Durchflutungsgesetz (Gl. (4-181))

$$\oint H \, \mathrm{d}s = \int H_i(s) \, \mathrm{d}s_i + \int H_a(s) \, \mathrm{d}s_a = NI \,.$$

Im Innern der Spule ist $H_i(s)$ konstant: $H_i = H$, das Wegintegral ergibt die Spulenlänge l: $H_i \int \mathrm{d}s = H\,l$. Der Integralanteil außerhalb der Spule ist wegen $H_a \ll H_i$ vernachlässigbar klein. Für das Magnetfeld im Innern einer langen Zylinderspule gilt deshalb

$$H = \frac{NI}{l} \,. \tag{4-184}$$

Die magnetische Polung einer Zylinderspule läßt sich folgendermaßen merken: Zeigen die Finger der rechten Hand in Stromrichtung, dann weist der Daumen zum Nordpol der Spule.

Magnetische Feldstärke einer Ringspule

Das magnetische Feld im Innern einer dicht gewickelten ringförmigen Spule gemäß Bild 4-88 ist kreisförmig innerhalb der Grenzen

$$R - \frac{d}{2} \leqq r \leqq R + \frac{d}{2} \,.$$

a)

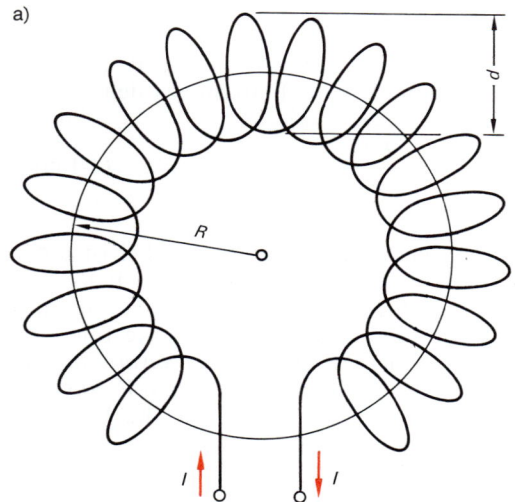

b)

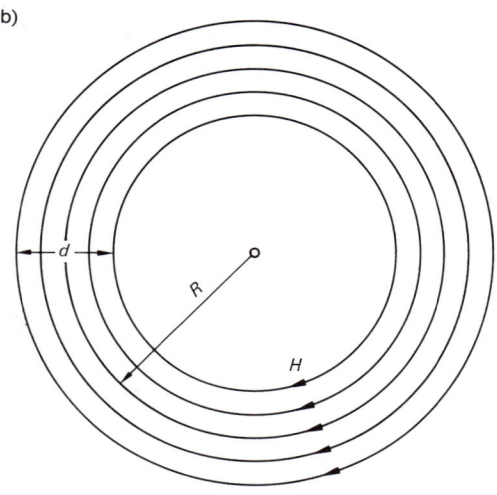

Bild 4-88. *Magnetische Feldlinien in einer Ringspule (Toroid).*

Nach dem Durchflutungsgesetz gilt

$$H \, 2 \, \pi \, r = N I \, .$$

Ist der Radius der Spule $R \gg d/2$, dann herrscht in der Spule ein annähernd homogenes kreisförmiges Feld (Bild 4-88 b) mit der magnetischen Feldstärke

$$H = \frac{NI}{2 \, \pi \, R} \, . \qquad (4\text{-}185)$$

Magnetische Feldstärke stromdurchflossener Leiter beliebiger Geometrie

Ein kleines Leiterstück der Länge ds liefert in einem Punkt P in der Entfernung r den Beitrag

$$\mathrm{d}H = \frac{I \, \mathrm{d}s}{4 \, \pi \, r^2} \sin \varphi \qquad (4\text{-}186)$$

zur magnetischen Feldstärke. Dabei ist φ der Winkel zwischen dem Abstand des Punktes P vom Linienelement ds (Radius r) und der Tangente des Linienelementes, wie Bild 4-89 zeigt. Gl. (4-186) ist das *Biot-Savartsche Gesetz* (J. B. Biot, 1774 bis 1862, und F. Savart, 1791 bis 1841). Dieses ist, wie die Beispiele *4.4-1* und *4.4-2* zeigen, die differentielle Form des Durchflutungsgesetzes (Gl. (4-181)) und diesem völlig äquivalent. Mit seiner Hilfe werden im folgenden die magnetische Feldstärke im Mittelpunkt eines Kreisstroms und die magnetische Feldstärke in einer kurzen Zylinderspule berechnet.

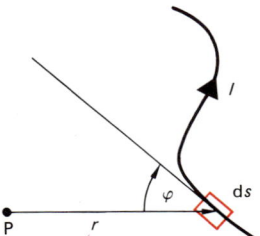

Bild 4-89.   Zum Biot-Savartschen Gesetz.

Beispiele

4.4-1: Die magnetische Feldstärke H im Mittelpunkt eines kreisförmigen fließenden Stromes ($I = 10$ A, $r = 10$ cm) ist zu berechnen.

Lösung:

Da der Radius r gemäß Bild 4-90 senkrecht zum Linienelement ds steht, ist $\sin \varphi = 1$. Somit lautet das Biot-Savartsche Gesetz (Gl. (4-186))

$$\mathrm{d}H = \frac{I}{4 \, \pi \, r^2} \, \mathrm{d}s \quad \text{oder} \quad H = \frac{I}{4 \, \pi \, r^2} \oint \mathrm{d}s \, .$$

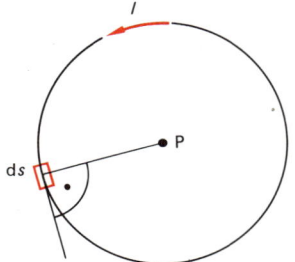

Bild 4-90.   Magnetische Feldstärke im Mittelpunkt eines Kreisstroms.

Das geschlossene Wegintegral $\oint \mathrm{d}s$ ist der Umfang des Kreises $2 \, \pi \, r$. Man schreibt also

$$H = \frac{I}{4 \, \pi \, r^2} \, 2 \, \pi \, r \, .$$

Daraus ergibt sich für die magnetische Feldstärke im Mittelpunkt des stromdurchflossenen Kreises

$$H = \frac{I}{2 \, r} \, . \qquad (4\text{-}187)$$

Es resultiert $H = \dfrac{10}{2 \cdot 0{,}1} \, \dfrac{\text{A}}{\text{m}} = 50 \, \dfrac{\text{A}}{\text{m}} \, .$

4.4-2: Zu berechnen ist die magnetische Feldstärke in der Mitte und am inneren Rand einer kurzen Zylinderspule mit zwei Windungen, der Länge $l = 1$ cm und dem Durchmesser d der Windungen von 0,8 cm. Durch diese Spule fließt ein Strom von $I = 8$ A. Wie groß ist der Fehler, wenn Gl. (4-184) für eine langgestreckte Zylinderspule verwendet wird?

Lösung:

In diesem Fall wendet man entsprechend Bild 4-91 das Biot-Savartsche Gesetz (Gl. (4-186)) an:

$$\mathrm{d}H = \frac{I}{4 \, \pi \, r^2} \sin \varphi \, \mathrm{d}s \, .$$

Es beschreibt den Anteil der magnetischen Feldstärke dH im Abstand r eines stromdurchflossenen Kreisleiters. Der Winkel zwischen dem Kreisradius R und dem Leiterelement ds ist $\varphi = 90°$, deshalb wird $\sin \varphi = 1$, so daß gilt

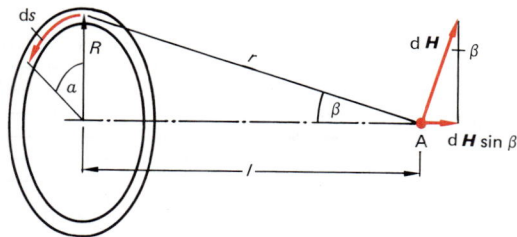

Bild 4-91.   *Biot-Savartsches Gesetz für die Feldstär-*
ke eines Kreisstroms in einem beliebigen Punkt.

$$dH = \frac{I}{4\pi r^2} ds. \qquad (4\text{-}188)$$

Der Feldstärkeanteil in Achsenrichtung ist $dH = dH \sin \beta$. Mit Gl. (4-188) ergibt dies

$$H = \int \sin\beta \, dH = \int \sin\beta \, \frac{I}{4\pi r^2} ds,$$

$$H = \frac{I \sin\beta}{4\pi} \int \frac{ds}{r^2}. \qquad (4\text{-}189)$$

Aus Bild 4-91 geht hervor $r = R/\sin\beta$ und $ds = R \, d\alpha$. Infolgedessen ändert sich Gl. (4-189) zu

$$H = \frac{I \sin\beta}{4\pi} \int \frac{R \, d\beta}{R^2/\sin^2\beta} = \frac{I \sin^3\beta}{4\pi R} \int_0^{2\pi} d\alpha.$$

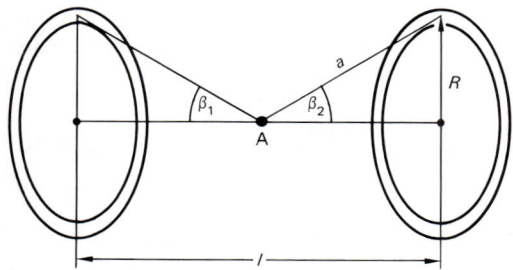

Bild 4-92.   *Magnetische Feldstärke in der Mitte einer*
kurzen Zylinderspule.

Integriert ergibt dies

$$H = \frac{I}{2R} \sin^3\beta. \qquad (4\text{-}190)$$

Im Mittelpunkt des Kreisleiters ist $\beta = 90°$, d.h. $\sin\beta = 1$. Daraus folgt dann für die magnetische Feldstärke im Mittelpunkt eines kreisförmigen Leiters (vgl. Gl. (4-187)) $H = I/(2R)$. Da man schreiben kann $\sin\beta = \dfrac{R}{r}$ und $r = \sqrt{R^2 + l^2}$, gilt

$$H = \frac{IR^2}{2(\sqrt{R^2 + l^2})^3}. \qquad (4\text{-}191)$$

Aus Gl. (4-191) läßt sich eine Vereinfachung herleiten: In großer Entfernung vom Kreisleiter ($l \gg R$) ist

$$H = \frac{IR^2}{2l^3}. \qquad (4\text{-}192)$$

Aus Gl. (4-190) läßt sich die Feldstärke in der Mitte einer stromdurchflossenen Spule nach Bild 4-92 ermitteln:

Für einen Teil der Spulenlänge dl beträgt bei N Windungen auf der Spulenlänge l der Anteil der magnetischen Feldstärke gemäß Gl. (4-190)

$$dH = \frac{N}{l} dl \frac{I}{2R} \sin^3\beta. \qquad (4\text{-}193)$$

Aus $l = R \cot\beta$ folgt $dl = \dfrac{-R}{\sin^2\beta} d\beta$. Somit verändert sich Gl. (4-193) zu

$$dH = \frac{N}{l} \frac{-R}{\sin^2\beta} d\beta \frac{I}{2R} \sin^3\beta, \quad H = -\frac{IN}{2l} \int_{\beta_1}^{\beta_2} \sin\beta \, d\beta,$$

$$H = \frac{IN}{2l} (\cos\beta_2 - \cos\beta_1). \qquad (4\text{-}194)$$

Ferner gilt $\cos\beta_1 = l/2a$ und $\cos\beta_2 = -l/2a$. Damit ist $\cos\beta_2 - \cos\beta_1 = l/a$, und mit $a = \sqrt{\frac{1}{4}l^2 + R^2}$ gilt

$$H = \frac{IN}{2l} \frac{l}{\sqrt{\frac{1}{4}l^2 + R^2}},$$

$$H_{\text{Mitte}} = \frac{NI}{\sqrt{l^2 + 4R^2}} = \frac{NI}{\sqrt{l^2 + d^2}}. \qquad (4\text{-}195)$$

Am Spulenrand ist nach einer ähnlichen Rechnung die magnetische Feldstärke nur halb so groß, so daß sich ergibt

$$H_{\text{Rand}} = \frac{NI}{2\sqrt{d^2 + l^2}}. \qquad (4\text{-}196)$$

Für eine langgestreckte Zylinderspule $l \gg d$ kann in Gl. (4-195) d^2 gegenüber l^2 vernachlässigt werden, so daß der Ausdruck für die magnetische Feldstärke einer langestreckten Spule entsteht:

$$H = \frac{IN}{l}. \qquad (4\text{-}184)$$

Gemäß Gl. (4-195) ergibt sich mit den Werten von Beispiel *4.4-2*

$$H_{\text{Mitte}} = \frac{2 \cdot 8}{\sqrt{(0,8 \cdot 10^{-2})^2 + 10^{-4}}} \frac{A}{m} = 1,25 \cdot 10^3 \frac{A}{m}.$$

Aus der Gleichung für eine langgestreckte Zylinderspule (Gl. (4-184)) errechnet sich

$$H = \frac{2 \cdot 8}{10^{-2}} \frac{A}{m} = 1,6 \cdot 10^3 \frac{A}{m}.$$

Daraus errechnet sich ein absoluter Fehler

$$H_{\text{Fehler}}^{\text{abs}} = (1,6 - 1,25) \cdot 10^3 \frac{A}{m} = 325 \frac{A}{m}$$

und ein prozentualer Fehler

$$H_{\text{Fehler}}^{\text{rel}} = \frac{(1,6 - 1,25)}{1,25} \cdot 100\% = 28\%.$$

4.4.3. Magnetische Flußdichte und Kraftwirkungen im Magnetfeld

4.4.3.1. Magnetischer Fluß, magnetische Flußdichte und magnetisches Moment

Aus dem vorhergehenden Abschnitt geht hervor, daß die Ursache für das Auftreten eines Magnetfeldes ein Fließen elektrischer Ladungen bzw. das Vorhandensein einer Stromstärke I ist. In diesem Magnetfeld kann man folgende Wirkungen beobachten: Wird eine im Magnetfeld befindliche Leiterschleife aus dem Magnetfeld gezogen, wie es Bild 4-93a zeigt, so wird ein *Spannungsstoß* $\int U \, \mathrm{d}t$ gemessen (Bild 4-93 b). Der Spannungs-Zeit-Verlauf ist bei einer schnellen Durchquerung des Magnetfeldes steiler und bei einer langsameren flacher. Die Flächen unter diesen Kurven sind jedoch immer gleich groß.

Der Spannungsstoß ist davon abhängig, wie viele magnetische Feldlinien beim Herausziehen durch die von der Leiterschleife aufgespannte Fläche gekreuzt werden und aus wie vielen Windungen N die Leiterschleife gewickelt ist. Dies bedeutet, daß der Spannungsstoß der Anzahl der parallel zur Flächennormalen $\mathrm{d}A_n$ befindlichen magnetischen Feldlinien entspricht (Bild 4-93a). Die Anzahl der magnetischen Feldlinien wird in Analogie zu Wasserflüssen der *magnetische Fluß Φ* genannt. Der Fluß durch die Leiterschleife ändert sich durch das Herausziehen der Leiterschleife von ursprünglich Φ auf null

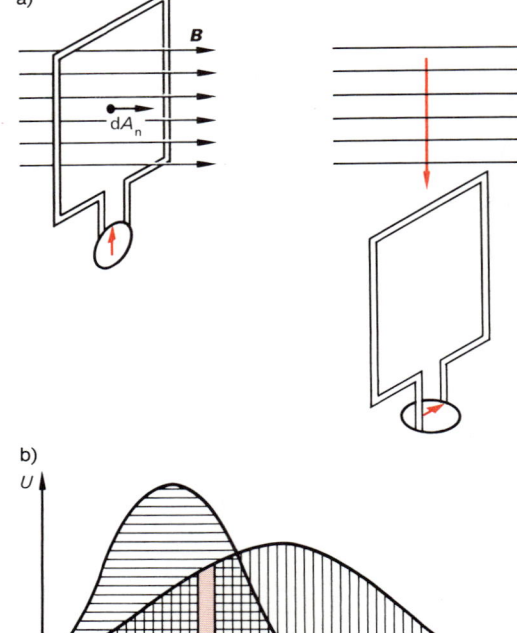

Bild 4-93.   *Spannungsstoß und magnetischer Fluß.*

um $\Delta\Phi = \Phi - 0 = \Phi$. Die Änderung des magnetischen Flusses wird direkt dem Spannungsstoß zugeordnet:

$$\Delta\Phi = \frac{\int U(t) \, \mathrm{d}t}{N}. \qquad (4\text{-}197)$$

Entsprechend gilt für den Spannungsstoß

$$\int U(t) \, \mathrm{d}t = N \, \Delta\Phi. \qquad (4\text{-}198)$$

Der Spannungsstoß $\int U \, \mathrm{d}t$ ist gleich der Änderung des magnetischen Flusses Φ, der die Fläche eines Leiters senkrecht durchsetzt.

Die Einheit des Flusses ist $1 \, \text{Vs} = 1 \, \text{Wb}$ (Weber).

Wegen der Abhängigkeit des Spannungsstoßes von der Größe und der Orientierung der Leiterschleifenfläche zur Richtung des magnetischen Flusses wird außer der magnetischen Feldstärke H eine weitere vektorielle magnetische Feldgröße, die magnetische Flußdichte oder die magnetische Induktion B definiert:

$$B = \frac{\Phi}{A} \quad \text{bzw.} \quad \frac{d\Phi}{dA} \, . \qquad (4\text{-}199)$$

Die magnetische Induktion oder Flußdichte B beschreibt den magnetischen Fluß Φ pro Flächeneinheit. Die Richtung von B ist die Richtung des magnetischen Flusses.

Die Einheit der magnetischen Induktion ist $1\,\text{Vs/m}^2 = 1\,\text{T}$ (Tesla).

Aus Gl. (4-199) läßt sich der magnetische Fluß Φ durch eine Fläche z. B. einer beliebig orientierten Leiterschleife berechnen:

$$\Phi = \int B \, dA = \int B \cos \varphi \, dA \, . \qquad (4\text{-}200)$$

Sind also die magnetischen Feldlinien unter einem Winkel φ zur Flächennormalen geneigt, so ist nur die Flußdichte senkrecht zur Fläche $B \cos \varphi$ maßgebend, wie Bild 4-94 zeigt.

Die magnetische Flußdichte B und die magnetische Feldstärke H dienen beide zur Beschreibung der Richtung und Stärke einer magnetischen Wirkung. Im Vakuum sind die

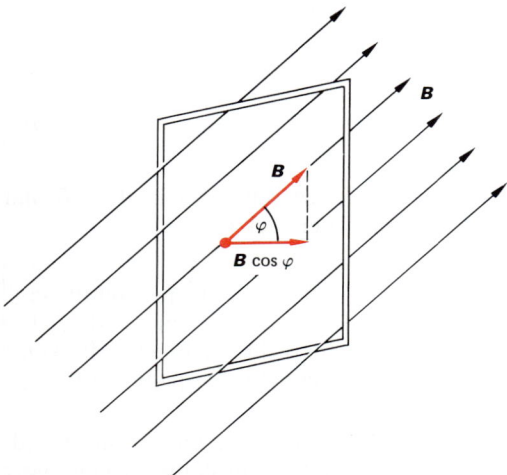

Bild 4-94. Beliebig orientierte Leiterschleife im Magnetfeld.

magnetische Feldstärke H, z. B. in einer langen Zylinderspule, und die magnetische Flußdichte B, z. B. bestimmt aus dem Spannungsstoß in einer nach Bild 4-94 im Winkel φ zur Zylinderspulenachse herausgezogenen Leiterschleife, stets gleichgerichtet und zueinander proportional. Es gilt die Beziehung

$$B = \mu_0 \, H \, . \qquad (4\text{-}201)$$

Die Proportionalitätskonstante ist die *magnetische Feldkonstante* μ_0. Ihr Zahlenwert ergibt sich aus den Kraftwirkungen elektrischer Ströme (s. Definition des Ampère in Abschn. 1.3.1 und 4.1.2).

Die magnetische Feldkonstante beträgt demnach

$$\mu_0 = 4\,\pi \cdot 10^{-7}\,\frac{\text{Vs}}{\text{Am}} \approx 1{,}257 \cdot 10^{-6}\,\frac{\text{Vs}}{\text{Am}} \, .$$
$$(4\text{-}202)$$

Gl. (4-201) gilt nur im *materiefreien* Raum.

4.4.3.2. Kraftwirkungen im Magnetfeld

Verschiedene Magnetfelder überlagern sich zu einem resultierenden Magnetfeld, z. B. das Magnetfeld eines Permanentmagneten und das eines stromdurchflossenen Leiters. Aus diesem resultierenden Feld lassen sich Kraftwirkungen ableiten.

Stromdurchflossener Leiter im Magnetfeld

Bild 4-95 a zeigt einen stromdurchflossenen Leiter im Feld eines Permanentmagneten. Die im mathematisch negativen Sinne umlaufenden magnetischen Feldlinien des stromdurchflossenen Leiters überlagern sich mit den vom Nord- zum Südpol laufenden Feldlinien des Permanentmagneten, wie Bild 4-95 b zeigt. Das resultierende Feld hat in diesem Fall eine Feldlinienverdichtung auf der linken und eine Feldlinienverdünnung auf der rechten Seite. Auf den Leiter wird eine Kraft in Richtung der Feldverdünnung (nach rechts) wirksam.

Experimentell gilt für den Kraftbeitrag dF eines stromdurchflossenen Leiterelementes der Länge dl

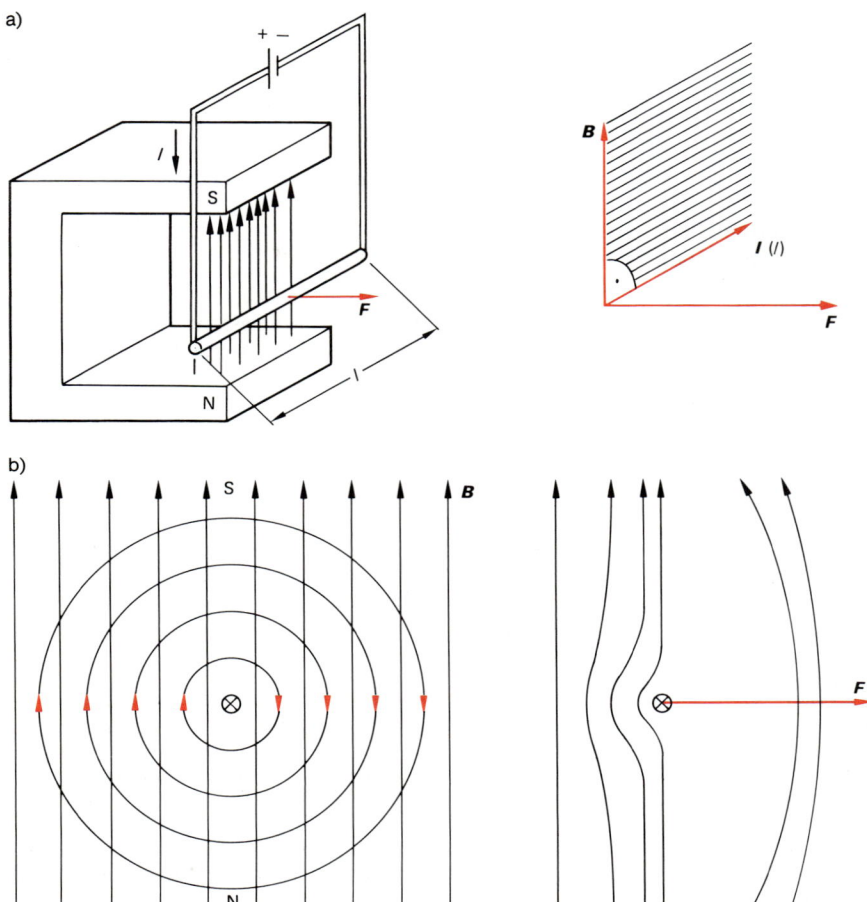

Bild 4-95. *Kraftwirkung auf einen stromdurchflossenen Leiter im Magnetfeld.*

$$\mathrm{d}\boldsymbol{F} = I\,(\mathrm{d}\boldsymbol{l} \times \boldsymbol{B})\,. \qquad (4\text{-}203)$$

Verläuft der stromführende Leiterabschnitt mit der Länge l senkrecht zum Magnetfeld, so gilt

$$\boldsymbol{F} = I \int_0^l (\mathrm{d}\boldsymbol{l} \times \boldsymbol{B}) = -I \int_0^l \boldsymbol{B} \times \mathrm{d}\boldsymbol{l} = -I\boldsymbol{B} \times \int_0^l \mathrm{d}\boldsymbol{l}\,,$$

$$\boldsymbol{F} = -I\boldsymbol{B} \times \boldsymbol{l} \quad \text{oder}$$

$$\boldsymbol{F} = I\,(\boldsymbol{l} \times \boldsymbol{B})\,. \qquad (4\text{-}204)$$

Die Kraft auf einen stromdurchflossenen Leiter hat den Betrag

$$F = I\,l\,B \sin \varphi\,. \qquad (4\text{-}205)$$

φ ist der Winkel zwischen Magnetfeld $\boldsymbol{B}$ und dem geraden Leiterstück $\boldsymbol{l}$.

Die Kraft $\boldsymbol{F}$ auf einen stromdurchflossenen Leiter der Länge $\boldsymbol{l}$ in einem Magnetfeld $\boldsymbol{B}$ wirkt senkrecht zur Fläche, die von den Vektoren $\boldsymbol{l}$ und $\boldsymbol{B}$ aufgespannt wird.

(Veranschaulichung durch die Rechte-Hand-Regel: Daumen in Stromrichtung, Zeigefinger in magnetischer Feldrichtung: dann zeigt der Mittelfinger in Kraftrichtung.)

Befindet sich der stromdurchflossene Leiter senkrecht zum Magnetfeld, dann gilt (da $\sin \varphi = 1$):

$$F = I\,l\,B. \qquad (4\text{-}206)$$

Gemäß Gl. (4-206) läßt sich die magnetische Induktion B über die Kraftwirkung im Magnetfeld erklären:

$$B = \frac{F}{I\,l}. \qquad (4\text{-}207)$$

Die magnetische Flußdichte B gibt an, wie groß die Kraft ist, die je Stromstärke- und je Längeneinheit auf einen stromdurchflossenen Leiter wirkt.

Die Einheit von B ist damit auch 1 N/Am.

Beispiel

4.4-3: Zwischen den kreisförmigen Polen eines Permanentmagneten befindet sich ein Weicheisenkern, der 100 Wicklungen einer quadratischen Leiterschleife mit der Kantenlänge $l = 3$ cm trägt (Prinzip des Drehspulinstrumentes gemäß Bild 4-96). Die Induktion beträgt $B = 2{,}5$ T, und die Wicklungen werden von einer Stromstärke $I = 4{,}8$ A durchflossen.

a) Welches Drehmoment erfährt ein Zeiger, und wie groß ist der Winkelausschlag bei einer Winkelrichtgröße von $c^* = 3 \cdot 10^{-2}\,\text{Nm}/°$?

b) Wie groß ist die Stromstärke bei einem Zeigerausschlag von $40°$?

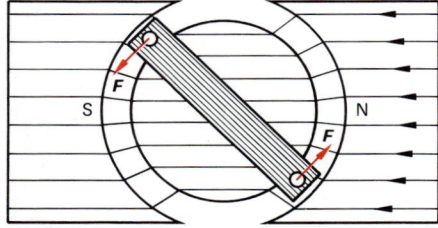

Bild 4-96. Prinzip des Drehspulinstrumentes.

Lösung:

Für die magnetische Kraft F_{magn} gilt nach Gl. (4-206) $F_{\text{magn}} = NI\,l\,B$.

a) Es ergibt sich ein Drehmoment von

$M = F_{\text{magn}}\,l = NIBl^2 = 1{,}08$ Nm.

Ferner gilt

$$M = c^* \varphi \quad \text{oder} \quad \varphi = \frac{M}{c^*} = 36°.$$

b) Es gilt für das Drehmoment $M = c^* \varphi = NIBl^2$.

Daraus folgt für die Stromstärke

$$I = \frac{c^* \varphi}{NBl^2} = 5{,}33 \text{ A}.$$

Magnetisches Moment

Eine weitere wichtige magnetische Kenngröße ist das magnetische Moment m. Es wird analog zum elektrischen Dipolmoment (Gl. (4-168)) definiert:

$$m = \Phi\,l. \qquad (4\text{-}208)$$

l ist der fiktive Abstand zwischen Nord- und Südpol.

Dabei steht anstelle der Ladung Q die magnetische Polstärke Φ. Sie errechnet sich aus der Kraft je magnetischer Feldstärke $\Phi = F/H$ (analog zur elektrischen Ladung Q als Quotient aus Kraft und elektrischer Feldstärke $Q = F/E$).

Das magnetische Moment m wird durch die Messung eines Drehmomentes M in einem äußeren Magnetfeld bestimmt. Je nachdem, ob das äußere Magnetfeld durch die magnetische Flußdichte B bzw. durch die magnetische Feldstärke H beschrieben wird, ergibt sich das Ampèresche magnetische Moment m_A, das vor allem in der Atomphysik verwendet wird, bzw. das Coulombsche magnetische Moment m_C:

$$m_A = \frac{\Phi \cdot l}{\mu_0}$$
$$|m_A| = \frac{|M|}{|B|}, \quad M = m_A \times B \qquad (4\text{-}210)$$

$$m_C = \Phi\,l$$
$$|m_C| = \frac{|M|}{|H|}, \quad M = m_C \times H \qquad (4\text{-}211)$$

Das magnetische Moment m ist der Quotient aus dem Drehmoment der magnetischen Kraft und dem magnetischen Feld (B oder H). Der Vektor des magnetischen Momentes zeigt vom Süd- zum Nordpol.

Bild 4-97 verdeutlicht den Zusammenhang.

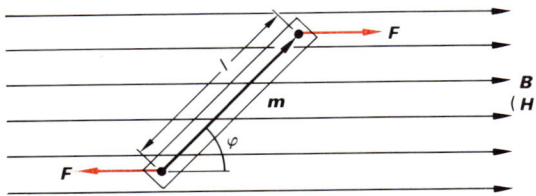

Bild 4-97.   Magnetisches Moment.

Eine vom Strom I durchflossene Schleife der Fläche A erfährt in einem äußeren Magnetfeld mit der Induktion B ein Drehmoment M, das versucht, die Schleifenfläche senkrecht zu den Feldlinien zu stellen. Es gilt $M = m_A \times B$ mit

$$m_A = A\,I . \qquad (4\text{-}211)$$

Der Vektor des magnetischen Moments m_A steht senkrecht auf der Schleifenfläche.

Beispiel

4.4-4: Das magnetische Moment m_A eines Elektrons, das mit der Winkelgeschwindigkeit ω im Abstand r um den Atomkern kreist, ist zu berechnen.

Lösung:

Es gilt nach Gl. (4-211) $m_A = A\,I$.

Es ist $I = \dfrac{e}{T_0} = \dfrac{e\,\omega}{2\,\pi}$, so daß man schreiben kann

$$m_A = \pi\,r^2\,\frac{e\,\omega}{2\,\pi} = \frac{e\,\omega\,r^2}{2} .$$

Für ein Elektron mit Drehimpuls $\hbar$ wird das magnetische Moment

$$m_A = \frac{e\,\hbar}{2\,m_e} = 9{,}27 \cdot 10^{-24}\ \text{Am}^2 .$$

Dieser Wert wird als *Bohrsches Magneton* μ_B bezeichnet (Abschn. 8.3).

Kraft zwischen zwei parallelen stromdurchflossenen Leitern

Befinden sich zwei stromdurchflossene Leiter im Abstand d voneinander, so spürt der Leiter 1 das Magnetfeld des Leiters 2. Dessen magnetische Feldstärke ist gemäß Gl. (4-183)

$$H_2 = \frac{I_2}{2\,\pi\,d} .$$

Für die Kraft zwischen zwei Leitern gilt entsprechend Gl. (4.206)

$$F_{12} = I_1\,l\,\mu_0\,H_2$$

und unter Berücksichtigung von H_2

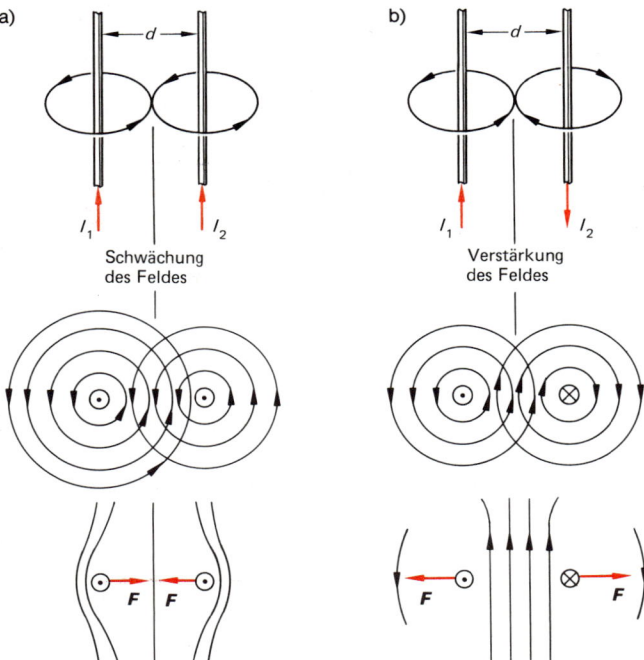

Bild 4-98.   Kraft zwischen zwei parallelen stromdurchflossenen Leitern.

$$F_{12} = \frac{\mu_0 \, I_1 \, I_2 \, l}{2 \, \pi \, d} \, . \qquad (4\text{-}212)$$

Bild 4-98 zeigt die Überlagerung der magnetischen Feldlinien für zwei parallele stromdurchflossene Leiter. Bei zwei gleichgerichteten Strömen wirkt zwischen den Leitern eine Anziehungskraft (Bild 4-98 a), während bei entgegengesetzt fließenden Strömen zwischen den Leitern eine Abstoßungskraft wirkt (Bild 4-98 b).

Kraft auf bewegte Ladungsträger im Magnetfeld

Bewegte Ladungsträger erfahren im Magnetfeld eine Kraft. Gl. (4-203)

$$\mathrm{d}\boldsymbol{F} = I \, (\mathrm{d}\boldsymbol{l} \times \boldsymbol{B})$$

läßt sich für diesen Fall umformen: Für die Geschwindigkeit der Ladungsträger gilt $\boldsymbol{v} = \mathrm{d}\boldsymbol{l}/\mathrm{d}t$, hieraus folgt $\mathrm{d}\boldsymbol{l} = \boldsymbol{v} \, \mathrm{d}t$. Eingesetzt ergibt dies

$$\mathrm{d}\boldsymbol{F} = I \, \mathrm{d}t \, (\boldsymbol{v} \times \boldsymbol{B}) \, .$$

Mit $I \, \mathrm{d}t = \mathrm{d}Q$ erhält man $\mathrm{d}\boldsymbol{F} = \mathrm{d}Q \, (\boldsymbol{v} \times \boldsymbol{B})$ oder

$$\boldsymbol{F}_{\mathrm{L}} = Q \, (\boldsymbol{v} \times \boldsymbol{B}) \, . \qquad (4\text{-}213)$$

Bewegt sich eine Ladung Q mit der Geschwindigkeit $\boldsymbol{v}$ durch ein Magnetfeld der magnetischen Induktion $\boldsymbol{B}$, so spürt die Ladung eine Kraft. Diese wirkt senkrecht zu $\boldsymbol{v}$ und senkrecht zu $\boldsymbol{B}$.

Bild 4-99 verdeutlicht den Zusammenhang. Die Kraft wird nach ihrem Entdecker *Lorentz-Kraft* genannt (H. A. LORENTZ, 1853 bis 1928). Der Betrag der Lorentz-Kraft ist

$$|\boldsymbol{F}_{\mathrm{L}}| = Q \, v \, B \sin (\boldsymbol{v}, \boldsymbol{B}) \, . \qquad (4\text{-}214)$$

Die Lorentz-Kraft ist demnach maximal, wenn $\boldsymbol{v}$ und $\boldsymbol{B}$ senkrecht zueinander stehen und null, wenn sich die Ladungsträger in Richtung des magnetischen Feldes bewegen.

Sind die fließenden Ladungen in einem Leiter Elektronen, so erfahren die mit einer Geschwindigkeit v_{el} in x-Richtung fließenden Elektronen in einem Querfeld B_y in y-Richtung eine Lorentz-Kraft in z-Richtung. Sie beträgt je Elektron

$$F_{\mathrm{L}z} = - \, e \, (v_x \cdot B_y) \, . \qquad (4\text{-}215)$$

Sie wirkt wegen der negativen Ladung der Elektronen in die negative z-Richtung.

Hall-Effekt

Durch ein leitendes Plättchen mit der Breite b und der Dicke d fließe in x-Richtung ein Strom I_x. Senkrecht hierzu herrsche ein Magnetfeld B_z. Dann wirkt auf jedes Elektron die Lorentz-Kraft

$$F_{\mathrm{L}y} = - \, e \, v_x \, B_z \, .$$

Durch diese Lorentz-Kraft werden die Elektronen in y-Richtung verschoben, so daß an der linken Stirnseite ein Elektronenüberschuß und an der rechten Stirnseite ein Elektronenmangel herrscht, wie Bild 4-100 zeigt. Dies hat zur Folge, daß in y-Richtung ein elektrisches Gegenfeld aufgebaut wird und eine elektrische Gegenkraft $F_{\mathrm{el}} = - \, e \, E_y$ auftritt. Die Verschiebung der Elektronen aufgrund der Lorentz-Kraft kommt dann zum Stillstand, wenn sich ein Gleichgewicht der Kräfte einstellt:

$$F_{\mathrm{el}} = F_{\mathrm{L}y} \quad \text{oder} \quad - \, e \, E_y = - \, e \, v_x \, B_z \, .$$

Es ist $E_y = U_y/b$, so daß für die zwischen den Stirnseiten in y-Richtung meßbare Spannung U_y folgt

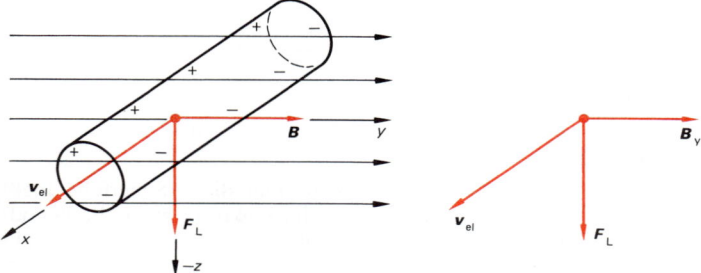

Bild 4-99. Kraft auf bewegte (negative) Ladungsträger im Magnetfeld.

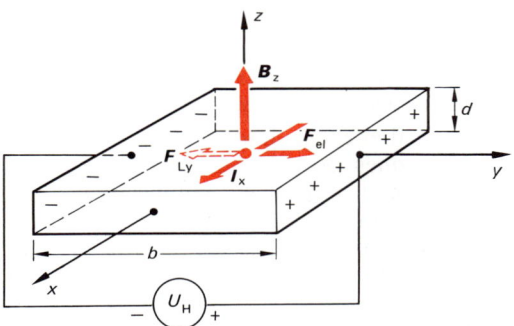

Bild 4-100.   Hall-Effekt (negative Ladungsträger).

$$U_y = B_z v_x b = U_H. \qquad (4\text{-}216)$$

Die Spannung U_H wird *Hall-Spannung* genannt (E. H. HALL, 1855 bis 1938).
Die Stromdichte j_x der Elektronen in x-Richtung ist

$$j_x = n e v_x = \varkappa E_x. \qquad (4\text{-}217)$$

Dabei ist n die Anzahl der Elektronen je Volumen und e die Elementarladung. Eingesetzt in die Gleichung für die Hall-Spannung ergibt sich

$$U_H = \frac{1}{n e} j_x B_z b. \qquad (4\text{-}218)$$

Der Faktor $\dfrac{1}{n e}$ wird Hall-Koeffizient R_H genannt:

$$R_H = \frac{1}{n e}. \qquad (4\text{-}219)$$

Somit kann Gl. (4-218) geschrieben werden

$$U_H = R_H j_x B_z b. \qquad (4\text{-}220)$$

Wegen $j_x = I_x/(b\,d)$ gilt

$$U_H = R_H \frac{I_x B_z}{d}. \qquad (4\text{-}221)$$

Da die Hall-Spannung proportional zur magnetischen Induktion B ist, werden *Hall-Son-*

den zur Messung von Magnetfeldern verwendet. In *Hall-Generatoren* geschieht die Multiplikation zweier elektrischer Größen $(I_x B_z)$ durch Messung der Hallspannung U_H.

Der von K. V. KLITZING entdeckte *Quanten-Hall-Effekt* hat eine große Bedeutung als Widerstandsnormal (Abschn. 4.1.4 und 8.2.5).

Mit Hilfe des Hall-Koeffizienten R_H können folgende physikalische Größen ermittelt werden:

- die Ladungsträgerkonzentration n (wichtig u. a. bei Halbleitern, s. Abschn. 9.2.3),
- das Vorzeichen der Ladungsträger (Löcherleitung plus und Elektronenleitung minus),
- die Ladungsträgerbeweglichkeit $\mu = \varkappa R_H$.

Tabelle 4-9 zeigt die Werte des Hall-Koeffizienten R_H für einige ausgewählte Werkstoffe.

Tabelle 4-9. Hall-Koeffizienten einiger Werkstoffe.

Werkstoff		R_H in $10^{-11} \dfrac{m^3}{C}$
Elektronenleitung		
Kupfer	Cu	$-5{,}5$
Gold	Au	$-7{,}5$
Natrium	Na	-25
Caesium	Cs	-28
Löcherleitung		
Cadmium	Cd	$+6$
Zinn	Sn	$+14$
Beryllium	Be	$+24{,}4$
Halbleiter		
Wismut	Bi	$-5 \cdot 10^4$
Indium-Arsenid	InAs	-10^7

Beispiel

4.4-5: Durch eine 0,1 mm dicke Silberfolie fließt ein Strom von 4 A. Im senkrecht zur Folie befindlichen Magnetfeld ($B = 6{,}2$ Vs/m^2) wird eine Hall-Spannung $U_H = -22\ \mu$V gemessen. Bestimmt werden sollen die Hall-Konstante R_H von Silber, die Ladungsträgerkonzentration n und die Elektronenbeweglichkeit μ.

Lösung:

Nach Gl. (4-221) gilt für den Hall-Koeffizienten

$$R_H = \frac{U_H d}{I B} = -8{,}87 \cdot 10^{-11} \frac{m^3}{C} .$$

Aus Gl. (4-219) ergibt sich $n = \dfrac{1}{R_H e} = 7 \cdot 10^{28} \dfrac{1}{m^3}$.

Aus $R_H = \dfrac{\mu}{\varkappa}$ resultiert

$$\mu = R_H \varkappa \left(\varkappa_{Silber} = 6{,}25 \cdot 10^7 \frac{1}{\Omega m} \right) = 5{,}54 \cdot 10^{-3} \frac{m^2}{Vs} .$$

Kraftwirkungen auf frei bewegliche Ladungsträger

Bewegen sich freie Ladungsträger (z. B. Elektronen in einem Oszilloskop oder Protonen in einem Beschleuniger) mit einer konstanten Geschwindigkeit v in einem magnetischen Querfeld, so wirkt auf sie die Lorentz-Kraft $F_L = Q(v \times B)$. Sie steht – analog zur Zentripetalkraft einer Kreisbewegung in der Mechanik – senkrecht zur Geschwindigkeit v und ändert lediglich die Richtung, nicht aber den Betrag der Teilchengeschwindigkeit, wie Bild 4-101 a zeigt. Deshalb führen die geladenen Teilchen im Magnetfeld eine Kreisbewegung aus, wenn sie mit konstanter Geschwindigkeit v in ein homogenes magnetisches Querfeld gelangen (Bild 4-101 b). Durchlaufen geladene Teilchen einen Kreis mit dem Radius r, so ist die Zentrifugalkraft gleich der Lorentz-Kraft:

$$\frac{m v^2}{r} = Q v B \quad \text{oder}$$

$$r = \frac{m v}{Q B} . \tag{4-222}$$

Diese Beziehung zeigt, daß bei konstantem magnetischen Querfeld der Bahnradius um so kleiner wird, je größer das Magnetfeld ist. Mit zunehmender Geschwindigkeit der geladenen Teilchen wird der Radius größer. Dies wird bei den Teilchenbeschleunigern ausgenutzt. In Bild 4-102 erkennt man das Prinzip. Bei einem *Zyklotron* herrscht ein konstantes Magnetfeld, und die Teilchen werden durch ein elektrisches Wechselfeld zwischen den Bereichen I und II auf höhere Geschwindigkeiten gebracht (Bild 4-102 a). Dadurch entsteht eine spiralförmige Bahn, die aus aneinandergrenzenden Halbkreisen besteht. (Bei hohen Teilchengeschwindigkeiten ist der relativistische Massenzuwachs zu berücksichtigen, s. Abschn. 10.4.)

In einem *Synchrotron* (Bild 4-102 b) bleibt der Radius der beschleunigten Teilchen gleich, weil entsprechend der zunehmenden Geschwindigkeit v das Magnetfeld B ebenfalls erhöht wird.

Aus Gl. (4-222) ist auch die *spezifische Ladung* eines Elementarteilchens bestimmbar:

$$\frac{Q}{m} = \frac{v}{r B} . \tag{4-223}$$

Für ein Elektron gilt dann

$$\frac{Q}{m} = \frac{-e}{m_{el}} = -1{,}76 \cdot 10^{11} \frac{C}{kg} . \tag{4-224}$$

a)

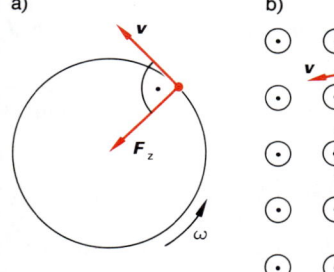

b)

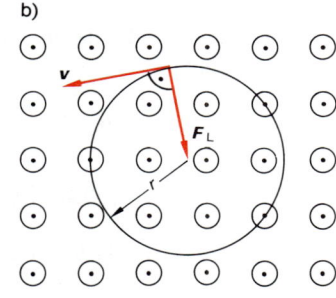

Bild 4-101.   Kreisbewegung freier Elektronen im Magnetfeld.

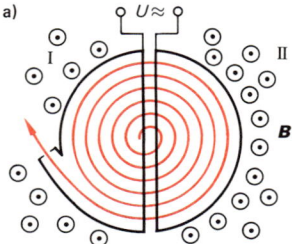

Bild 4-102. a) Zyklotron, schematisch und b) Synchrotron.

Entsprechend der spezifischen Ladung von Teilchen entstehen unterschiedliche Auftreff-punkte. Mit einem geeignet konstruierten *Massenspektrograph* nach F. W. ASTON (1877 bis 1945) können diese sichtbar gemacht und somit die relativen Atommassen ermittelt werden.

Beispiel

4.4-6: In einem Zyklotron werden Protonen in einem Magnetfeld von $B = 2\,\text{T}$ beschleunigt. Zeigen Sie, daß die Anzahl der Umläufe je Sekunde von der Teilchengeschwindigkeit und vom Radius unabhängig ist. Berechnen Sie diese im vorliegenden Fall.

Lösung:

Nach Gl. (4-223) gilt $v = \dfrac{Q}{m}\, r\, B$. Für die Frequenz gilt $f = \dfrac{\omega}{2\,\pi}$ mit $\omega = \dfrac{v}{r}$.

Wird v in die Gleichung für die Frequenz eingesetzt, so ergibt sich

$$f = \frac{v}{2\,\pi\,r} = \frac{Q\,B}{2\,\pi\,m}\,. \qquad (4\text{-}225)$$

Im vorliegenden Fall ermittelt man mit $Q_\text{P} = 1{,}602 \cdot 10^{-19}\,\text{C}$ und $m_\text{P} = 1{,}672 \cdot 10^{-27}\,\text{kg}$ $f = 30{,}49\,\text{MHz}$.

Kraftwirkung im elektrischen und magnetischen Feld

Bewegen sich geladene Teilchen sowohl in einem elektrischen als auch in einem magnetischen Feld, dann wirkt die resultierende Kraft

$$F = Q\,E + Q\,(v \times B)\,. \qquad (4\text{-}226)$$

Sind beide Felder − d. h. das elektrische und das magnetische Feld − parallel, so bewegen sich geladene Teilchen auf einer *Schraubenbahn*, da das Magnetfeld eine Kreisbahn um die Magnetfeldachse erzwingt und das elektrische Feld eine Kraft in Längsrichtung bewirkt.

4.4.4. Materie im Magnetfeld

4.4.4.1. Grundbegriffe

Wird Materie in ein magnetisches Feld gebracht, so ändert sich − analog zur Materie im elektrischen Feld (Abschn. 4.3.7) − die magnetische Flußdichte B. Es ist

$$\mu_\text{r} = \frac{|B_\text{m}|}{|B_0|}\,. \qquad (4\text{-}227)$$

Die Permeabilitätszahl μ_r ist eine dimensionslose Verhältniszahl, sie gibt an, um das Wievielfache sich die magnetische Flußdichte mit Materie (B_m) im Verhältnis zur magnetischen Flußdichte ohne Materie (B_0) verändert.

Aus Gl. (4-227) folgt

$$B_\text{m} = \mu_\text{r}\,B_0 = \mu_0\,\mu_\text{r}\,H_0\,. \qquad (4\text{-}228)$$

Analog zum elektrischen Feld wird die durch die Materie zusätzlich hervorgerufene magnetische Flußdichte *magnetische Polarisation J* genannt:

$$J = B_\text{m} - B_0\,. \qquad (4\text{-}229)$$

Mit $B_\text{m} = \mu_\text{r}\,B_0$ ergibt sich aus Gl. (4-229)

$$J = (\mu_\text{r} - 1)\,B_0 = (\mu_\text{r} - 1)\,\mu_0\,H_0\,. \qquad (4\text{-}230)$$

Der Faktor $(\mu_r - 1)$ heißt analog zur elektrischen Suszeptibilität Gl. (4-166) *magnetische Suszeptibilität* χ_m. Somit formt sich Gl. (4-230) um zu

$$\boldsymbol{J} = \chi_m \, \boldsymbol{B}_0 = \chi_m \, \mu_0 \, \boldsymbol{H}, \qquad (4\text{-}231)$$

$$\chi_m = \frac{|\boldsymbol{J}|}{|\boldsymbol{B}_0|} = \frac{|\boldsymbol{J}|}{\mu_0 \, |\boldsymbol{H}|} . \qquad (4\text{-}232)$$

Die magnetische Suszeptibilität χ_m beschreibt das Verhältnis von Polarisation $\boldsymbol{J}$, hervorgerufen durch Materie im Magnetfeld, und der magnetischen Flußdichte $\boldsymbol{B}_0$ (ohne Materie).

Wird am System außer dem Einbringen von Materie nichts geändert, dann bleibt der eingeprägte Strom in der Spule konstant und damit auch die Feldstärke; $\boldsymbol{H}$ ist also im Vakuum und in Materie gleich ($\boldsymbol{H}$ invariant). Für die Magnetisierung $\boldsymbol{M}$ gilt:

$$\boldsymbol{M} = \frac{\boldsymbol{J}}{\mu_0} . \qquad (4\text{-}233)$$

Nach weiteren Umformungen ergeben sich folgende Formulierungen:

$$\boldsymbol{M} = (\mu_r - 1) \, \boldsymbol{H} = \chi_m \, \boldsymbol{H}. \qquad (4\text{-}234)$$

Für die magnetische Induktion $\boldsymbol{B}$ ergibt sich dann

$$\boldsymbol{B} = \mu_0 \, \boldsymbol{H} + \boldsymbol{J} = \mu_0 \, (\boldsymbol{H} + \boldsymbol{J}/\mu_0)$$
$$= \mu_0 \, (\boldsymbol{H} + \boldsymbol{M}) \qquad (4\text{-}235)$$

Die Magnetisierung ist bei vielen Stoffen proportional zur magnetischen Feldstärke $\boldsymbol{H}$. Ausgenommen hiervon sind die *nichtlinearen magnetischen Werkstoffe* (z. B. die Ferroma-

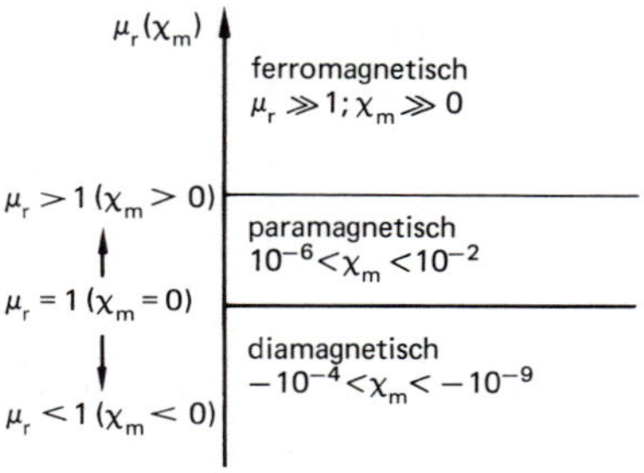

Bild 4-103. Einteilung magnetischer Werkstoffe nach den Zahlenwerten von μ_r bzw. χ_m.

gnetika). Werkstoffe können nach ihrem Verhalten im Magnetfeld ($\mu_r = \boldsymbol{B}/\boldsymbol{B}_0$) gemäß Bild 4-103 eingeteilt werden in

- *diamagnetische Stoffe*
  μ_r wenig kleiner als 1 bzw. χ_m geringfügig negativ, Beispiele: Cu, Bi, Pb;
- *paramagnetische Stoffe*
  μ_r wenig größer als 1 bzw. χ_m geringfügig positiv, Beispiele: Al, Pt, Ta;
- *ferromagnetische Stoffe*
  μ_r wesentlich größer als 1 bzw. χ_m deutlich positiv, Beispiele: Co, Fe, Ni.

Tabelle 4-10 vermittelt eine Übersicht über die magnetische Suszeptibilität einiger dia-, para- und ferromagnetischer Werkstoffe bei Raumtemperatur.

Tabelle 4-10. Magnetische Suszeptibilität magnetischer Werkstoffe.

Werkstoff	magnetische Suszeptibilität
Ferromagnetika	
Mu-Metall (75 Ni-Fe)	bis $9 \cdot 10^4$
Fe (rein)	10^4
Fe-Si	$6 \cdot 10^3$
Ferrite (weich)	$1 \cdot 10^3$
AlNiCo	3
Ferrite (hart)	0,3
Paramagnetika	
O_2 (flüssig)	$3,6 \cdot 10^{-3}$
Pt	$2,5 \cdot 10^{-4}$
Al	$2,4 \cdot 10^{-5}$
O_2 (gasförmig)	$1,5 \cdot 10^{-6}$
Diamagnetika	
N_2 (gasförmig)	$-6,75 \cdot 10^{-9}$
Bi	$-1,5 \cdot 10^{-4}$
Au	$-2,9 \cdot 10^{-5}$
Cu	$-1 \cdot 10^{-5}$
H_2O	$-7 \cdot 10^{-6}$

4.4.4.2. Stoffmagnetismus

Das unterschiedliche magnetische Verhalten von Materie ist auf deren Elektronenstruktur zurückzuführen. Die Elektronen erzeugen als sich bewegende elektrische Ladungen magnetische Momente, und zwar durch

Stoffmagnetismus	Diamagnetismus	Paramagnetismus	Ferromagnetismus	Antiferromagnetismus	Ferrimagnetismus
Ursachen	abgeschlossene Elektronenschalen	unaufgefüllte Elektronenschalen	unaufgefüllte innere Elektronenschalen	unaufgefüllte innere Elektronenschalen; sehr kleine Atomabstände; NaCl–Struktur	unaufgefüllte innere Elektronenschalen; Spinellstruktur ($MgO \cdot Al_2O_3$)
Wirkungen (magnetische Momente)	jeder Stoff; Kompensation der Spinmomente; nur bei äußerem Feld vorhanden	regellose Verteilung 	parallele Spinausrichtung in Weiß'schen Bezirken 	zwei ferromagnetische Untergitter gleicher Spinmomente 	zwei ferromagnetische Untergitter mit ungleichen Spinmomenten 
Temperatur-abhängigkeit des Kehrwerts der magnetischen Suszeptibilität	keine	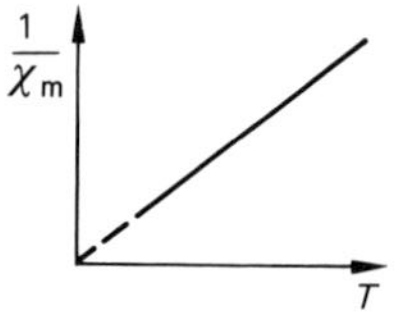 Curiesches Gesetz: $\chi_m = \dfrac{C}{T}$	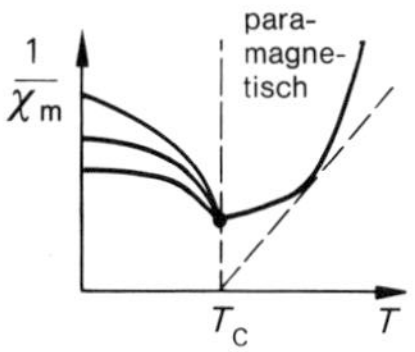 Curie-Weißsches Gesetz: $\chi_m = \dfrac{C}{T - T_C}$	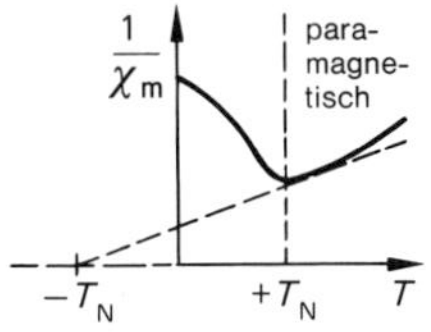 $\chi_m = \dfrac{C}{T + T_N}$ (richtungsabhängig)	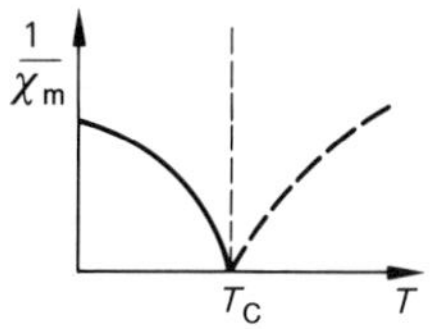 $\chi_m = \dfrac{C}{T - T_C}$ (im allgemeinen komplizierter Verlauf)
magnetische Suszeptibilität	$-1 < \chi_m < 0$	$10^{-6} < \chi_m < 10^{-3}$	$10^2 < \chi_m < 10^5$	—	—
Werkstoffe	Ag, Au, Bi, Cu, H_2, N_2	Sn, Pt, W, Al, O_2	Co, Fe, Gd, Ni	FeO, NiO, CoO CrF_3, FeF_3, CoF_3	$MeO \cdot Fe_2O_3$ (Me: Fe, Ni, Co) Ferrite

Bild 4-104. Arten des Stoff-Magnetismus.

- die Bahnbewegung ein *magnetisches Bahnmoment* m_{Bahn} senkrecht zur Ùmlauffläche und durch
- die Eigenrotation *(Elektronen-Spin)* ein *magnetisches Spinmoment* m_{Spin}.

Das von der Kernbewegung herrührende Kernspinmoment kann wegen der geringen Magnetwirkung vernachlässigt werden. Bild 4-104 zeigt die Arten des Stoffmagnetismus, die jeweiligen Ursachen und Wirkungen, die Temperaturabhängigkeit des Kehrwertes der Suszeptibilität sowie typische magnetische Werkstoffe. Der Ferromagnetismus ist wegen seiner großen technischen Bedeutung ausführlich beschrieben.

Diamagnetismus

Der Diamagnetismus ist eine Eigenschaft aller Körper; er kann aber durch andere magnetische Erscheinungen überdeckt werden. In reiner Form tritt er auf, wenn sich die magnetischen Spinmomente aller Atomelektronen aufheben. Dies ist bei Elementen mit abgeschlossenen Elektronenschalen der Fall (Pauli-Prinzip, Abschn. 8.4). Wird ein diamagnetischer Stoff in ein äußeres Magnetfeld gebracht, erzeugt die Wechselwirkung des magnetischen Elektronen-Bahnmomentes m_{Bahn} mit diesem äußeren Magnetfeld eine Präzession der Elektronenbahn. Durch diese Kopplung der Elektronenbewegung entstehen inneratomare Ringströme, deren Magnetfeld dem äußeren Magnetfeld entgegengesetzt gerichtet ist (*Lenzsche Regel*, Abschn. 4.5). Das gesamte Magnetfeld wird dadurch schwächer. Aus diesem Grund ist die Permeabilitätszahl $\mu_r < 1$ bzw. die magnetische Suszeptibilität $\chi_m < 0$. Der Diamagnetismus verschwindet wieder, wenn das äußere Feld abgeschaltet wird. Eine Temperaturabhängigkeit der Suszeptibilität ist nicht festzustellen. Typische Stoffe mit diamagnetischem Verhalten sind Ag, Au, Cu, Bi oder H_2.

Paramagnetismus

Unaufgefüllte Elektronenschalen (bzw. eine ungerade Anzahl von Elektronen) führen zu nicht vollständig kompensierten magnetischen Spinmomenten. Diese magnetischen Spinmomente sind regellos verteilt. Das äußere Magnetfeld richtet die Elementarmagnete durch

seine Wechselwirkung mit dem magnetischen Spinmoment aus; dieser vollständigen Ausrichtung steht jedoch die Wärmebewegung der Atome entgegen. Die thermische Bewegung der Atome nimmt mit steigender Temperatur zu, dementsprechend der Grad der Ausrichtung der magnetischen Spinmomente und damit die magnetische Suszeptibilität ab. Es gilt hierbei das *Curiesche Gesetz* (P. CURIE, 1859 bis 1906):

$$\chi_m = \frac{C}{T}. \tag{4-236}$$

Der Faktor C ist eine stoffabhängige Größe.

Ferromagnetismus

Unaufgefüllte *innere* Elektronenschalen, wie sie vor allem bei den Übergangsmetallen (Fe, Ni, Co, Gd, Er) vorkommen, führen zu gleichgerichteten Spinmomenten. Es existieren ganze Kristallbereiche gleicher Magnetisierung in der Größe von etwa $10\,\mu m$ bis $1\,mm$. Sie werden *Weißsche Bezirke* genannt (P. E. WEISS, 1865 bis 1940). Sie sind im unmagnetisierten Zustand regellos verteilt, so daß der Werkstoff nach außen unmagnetisch ist. Durch Anlegen eines äußeren Feldes werden die Weißschen Bezirke zunehmend in Feldrichtung ausgerichtet. Die parallele Ausrichtung der magnetischen Spinmomente wird mit zunehmender Temperatur zerstört, bis sie oberhalb der *ferromagnetischen Curie-Temperatur* T_C völlig aufgehoben ist und die ferromagnetischen Stoffe nur noch ein paramagnetisches Verhalten aufweisen.

Für Temperaturen oberhalb T_C gilt das *Curie-Weißsche Gesetz*:

$$\chi_m = \frac{C}{T - T_C}. \tag{4-237}$$

Die Curie-Temperaturen einiger ferromagnetischer Werkstoffe sind in Tabelle 4-11 zusammengestellt.

Ferromagnetika weisen ein nichtlineares Verhalten der magnetischen Induktion B in Abhängigkeit von der magnetischen Feldstärke H auf, d.h., die Permeabilitätszahl μ_r bzw.

Tabelle 4-11. Ferromagnetische Curie-Temperatur einiger Werkstoffe.

Werkstoff	ferromagnetische Curie-Temperatur T_C in K
Dy	87
Gd	289
Cu_2MnAl	603
Ni	631
Fe	1042
Co	1400

die magnetische Suszeptibilität χ_m ist nicht konstant, sondern eine komplizierte Funktion von H. Einen typischen Verlauf der Permeabilitätszahl bei zunehmender magnetischer Feldstärke H zeigt schematisch Bild 4-105. Der spezielle Verlauf von μ_r in Abhängigkeit von der magnetischen Feldstärke H ist vom Werkstoff und von der Vorbehandlung des Werkstoffs abhängig.

In Bild 4-106 ist die Abhängigkeit der magnetischen Flußdichte B von der magnetischen Feldstärke H (Hysteresekurve) dargestellt. Bei

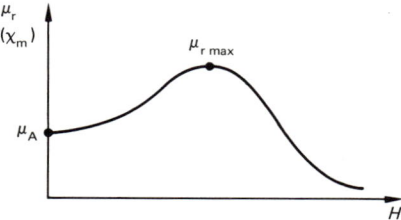

Bild 4-105. *Verlauf der Permeabilitätszahl μ_r in Abhängigkeit von der Feldstärke H für einen Ferromagneten.*

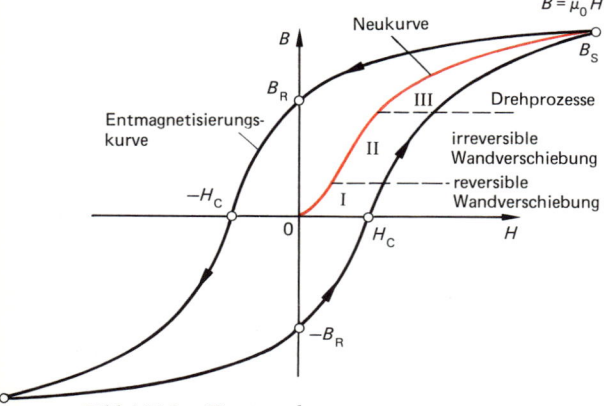

Bild 4-106. *Hysteresekurve.*

völlig unmagnetisiertem Material (Punkt 0) wird als erstes die Neukurve bis zur Sättigungsinduktion B_S durchlaufen. Bild 4-107 zeigt die Weißschen Bezirke eines Nickel-Einkristalls im unmagnetischen Zustand (Bild 4-107a, entspricht dem Punkt 0 der Neukurve), bei teilweiser Magnetisierung (Bild 4-107b, entspricht dem Gebiet II der Neukurve) und bei vollständiger Magnetisierung (Bild 4-107c, entspricht der Sättigungsinduktion B_S). Besonders gut sichtbar ist die einheitliche Magnetisierung der Weißschen Bezirke, die durch die *Bloch-Wände* (F. BLOCH, *1905) voneinander getrennt sind. Diese Bloch-Wände sind die Übergangszonen, in denen sich die Magnetisierung von einem Weißschen Bezirk zum andern ändert.

In der Neukurve laufen drei Elementarprozesse ab: Bei der Erhöhung der äußeren magnetischen Feldstärke H nimmt die magnetische Induktion B aufgrund von *Bloch-Wand-Verschiebungen* schnell zu. Zunächst finden die leichter verschiebbaren reversiblen Wandverschiebungen (Bereich I) und später die schwerer verschiebbaren irreversiblen Wandverschiebungen statt (Bereich II). Die Bezirke, die annähernd in Feldrichtung ausgerichtet sind, vergrößern sich in diesen beiden Phasen auf Kosten der anderen. Das Material ist teilweise magnetisiert (Bild 4-107b). Bei weiter zunehmendem Magnetfeld H nimmt die magnetische Induktion B nur noch geringfügig zu. In diesem Bereich finden *Drehprozesse* statt (Bereich III), bei denen sich die magnetischen Momente vollends in die vorgegebene Feldrichtung drehen. Das Material ist dann bis zur Sättigungsinduktion B_S magnetisiert (Bild 4-107c). Von diesem Punkt an nimmt B nur noch proportional zu H zu.

Wird das magnetische Feld ausgeschaltet ($H = 0$), dann bleibt eine Restinduktion übrig, die man *Remanenzflußdichte (Remanenz)* B_R nennt. Um wieder einen unmagnetischen Materialzustand zu erreichen ($B = 0$), muß eine Gegenfeldstärke eingestellt werden. Sie wird *Koerzitivfeldstärke* H_C genannt. Bei weiter zunehmendem Gegenfeld wird das Material bis zur Sättigung in Gegenrichtung ($-B_S$) aufmagnetisiert. Beim Ausschalten des Magnetfeldes ($H = 0$) fällt die magnetische Induktion wieder bis zur Remanenzflußdichte ($-B_R$), und erst ein positives Magnetfeld (H_C) erzeugt

a)

b)

c)

Bild 4-107. Veränderung der Weißschen Bezirke eines Nickel-Einkristalls bei Zunahme des Magnetfeldes.

wieder ein unmagnetisches Material. Bei erneuter Erhöhung des magnetischen Feldes wird wieder die Sättigungsinduktion B_S erreicht. Die durchlaufene Kurve nennt man *Hysteresekurve.*

Antiferromagnetismus und Ferrimagnetismus

Unaufgefüllte innere Elektronenschalen führen zu parallelen magnetischen Spinmomenten. Bei *Antiferromagnetika* liegen *zwei gleich*

große *ferromagnetische Untergitter* vor, die sich *antiparallel* einstellen. Deshalb ist die Suszeptibilität auch nur schwach positiv. Die Suszeptibilität entspricht oberhalb der *Néel-Temperatur* T_N (A. NÉEL, *1904) dem abgewandelten Curie-Gesetz:

$$\chi_m = \frac{C}{T + T_N}. \qquad (4\text{-}238)$$

Unterhalb dieser Temperatur verläuft die Temperaturabhängigkeit der magnetischen Suszeptibilität χ_m meist sehr unterschiedlich. Sie ist zudem stark von der Kristallrichtung abhängig. Typische antiferromagnetische Substanzen sind MnO, NiO, CoO, CrF_3, FeF_3, CoF_3 (Bild 4-104).

Sind die magnetischen Momente der antiparallel eingestellten Untergitter *nicht* gleich groß, dann ist ein resultierendes magnetisches Moment vorhanden. Dies wird *Ferrimagnetismus* genannt. Er hat teils antiferromagnetische und teils ferromagnetische Eigenschaften (z. B. Hysterese). Die Werkstoffe heißen *Ferrite.* Typische Kristallstrukturen sind Spinelle der Form $MeOFe_2O_3$ − für Me kann z. B. Fe, Ni, Co stehen − aber auch hexagonale Ferrite der Form $MeO \cdot 6\,Fe_2O_3$ (Me: Ba, Sr, Pb) oder Granate der Form $3\,Me_2O_3 \cdot 5\,Fe_2O_3$ (Me: dreiwertiges Selten-Erdmetall, z. B. Ce^{3+}, Sm^{3+}).

Die Ferrite haben große technische Bedeutung sowohl als weichmagnetische als auch als dauermagnetische Werkstoffe. Sie sind keine Metalle, sondern Ionenkristalle. Deshalb weisen sie einen hohen spezifischen Widerstand auf ($1 < \varrho < 10^3\,\Omega m$) im Vergleich zu den Metallen ($\varrho \approx 10^{-7}\,\Omega m$). Aus diesem Grund treten kaum meßbare Wirbelströme (Abschn. 4.5.1.2) auf, so daß Ferrite vor allem für magnetische Anwendungen bei hohen Frequenzen (z. B. Spulenkerne bei Frequenzen bis 5 MHz) eingesetzt werden.

Der Temperaturverlauf der Suszeptibilität ist im allgemeinen sehr kompliziert, oberhalb der ferrimagnetischen Curie-Temperatur T_C zeigt sie einen paramagnetischen Verlauf.

Magnetostriktion

Durch Blochwandverschiebungen aufgrund eines äußeren Magnetfeldes kann eine Längenänderung eintreten. Diese elastische Form-

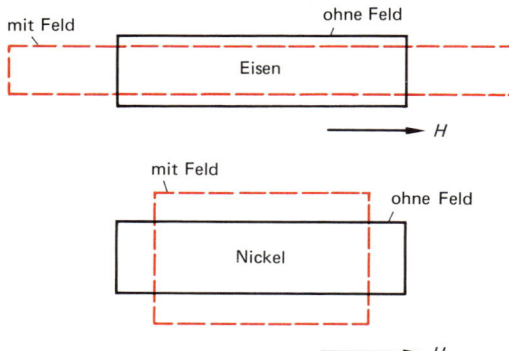

Bild 4-108.   Magnetostriktion bei Eisen und Nickel.

änderung bei Anwesenheit eines magnetischen Feldes heißt *Magnetostriktion.* Bild 4-108 zeigt schematisch die positive Magnetostriktion (gestrichelt) bei Eisen (Längenvergrößerung bei kleinerer Breite) und die negative Magnetostriktion bei Nickel (Längenverkürzung bei zunehmender Breite). Die Längenänderungen $\Delta l / l$ liegen im allgemeinen zwischen $-3 \cdot 10^{-5}$ und $+5 \cdot 10^{-5}$. Magnetostriktive Materialien dienen der Erzeugung von Ultraschall mit einer Frequenz bis 60 kHz und einer Schallintensität bis 10^5 W/m².

4.4.4.3. Magnetische Werkstoffe

Bild 4-109 zeigt eine Einteilung der magnetischen Werkstoffe nach IEC 404-1. Je nach Koerzitivfeldstärke H_{CJ} können sie in drei Hauptgruppen eingeteilt werden, nämlich in

– *weichmagnetische Werkstoffe* entsprechend $0,1 < H_{CJ} < 10^3$ A/m,
– *magnetisch halbharte Werkstoffe* entsprechend $10^3 < H_{CJ} < 4,5 \cdot 10^4$ A/m und in
– *magnetisch harte Werkstoffe* entsprechend $H_{CJ} > 4.5 \cdot 10^4$ A/m.

Die niedrigsten Koerzitivfeldstärken ($H_{CJ} \approx$ 1 A/m) weisen hochnickelhaltige Legierungen (75% NiFe, Permalloy und amorphe Werkstoffe auf Co-Basis) auf, gefolgt von Legierungen mit mittlerem Nickelgehalt (50% NiFe; $H_{CJ} \approx 10$ A/m) und amorphen Werkstoffen auf Fe-Basis, Eisen (Silicium) ($H_{CJ} \approx 100$ A/m) und Kobalt-Eisen ($H_{CJ} \approx 300$ A/m). Magnetwerkstoffe mit Koerzitivfeldstärken größer als $4,5 \cdot 10^4$ A/m sind die hartmagnetischen Werkstoffe. Hierzu zählen die Legierungen aus AlNiCo, FeTi, PtCo, FeCoV und CuNiFe sowie die Selten-Erd-Kobaltverbindungen (SECo, z. B. SmCo₅) und die NdFeB-Magnete. Im weichmagnetischen wie im hartmagnetischen Bereich werden auch Ferrite eingesetzt (s. Ferrimagnetismus).

Die Fläche der Hysteresekurve ist ein Maß für die Energie, die zur Ummagnetisierung notwendig ist. Für weichmagnetische Materialien muß sie möglichst gering gehalten werden. Die Verluste liegen für Bleche mit

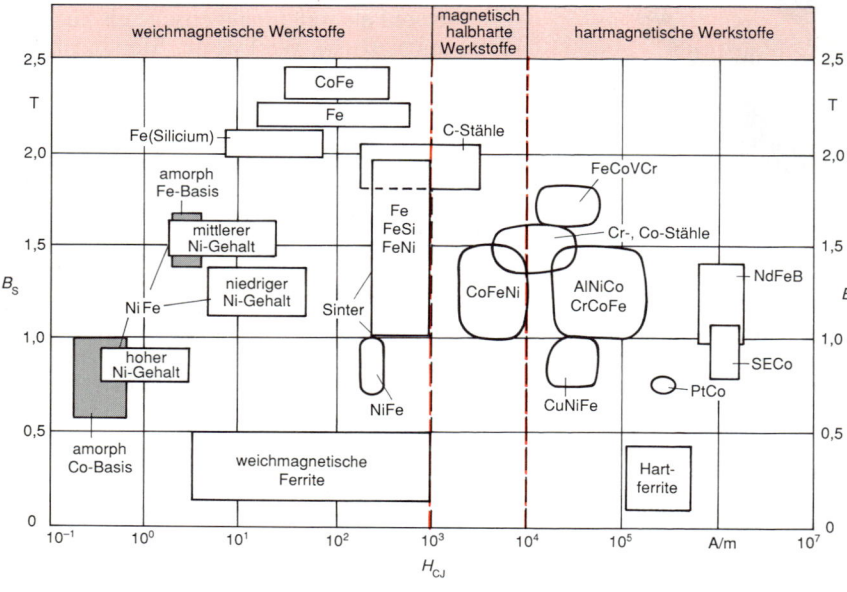

Bild 4-109.
Übersicht über die magnetischen Werkstoffe.

Tabelle 4-12. Dauermagnetwerkstoffe.

	ab-schreckungs-gehärteter Stahl	aus-scheidungs-gehärtete Legierungen	kalt-bearbeitete Legierungen	Pulver-magnete	Legierungen mit Ordnungs-struktur	Seltene Erden (SE)
Werkstoffe	36% Co 64% Fe	AlNiCo (9 Al 15 Ni 23 Co 4 Cu) CuNiCo (35 Cu 24 Ni 41 Co) CoFe (52 Co 38 Fe 10 V) FeMo (68 Fe 20 Mo 12 Co)	CuNiFe (60 Cu 20 Ni 20 Fe) Co V (53 Co 14 V 33 Fe)	Ba-Ferrit Sr-Ferrit	CoPt FePt	SE Co_5 (SE: Sm, Ce); NdFeB
B_R in T	0,9	1,3	1	0,38	0,6	0,9; 1,2
$-H_{CJ}$ in $\dfrac{kA}{m}$	20	56	42	132	360	700; 800
$(BH)_{max}$ in $10^6\,\dfrac{kJ}{m^3}$	8	56	28	25	64	160; 280
Bemerkungen	gute Form-barkeit; teuer; kleines $(BH)_{max}$	gute magnetische Stabilität	Anwendung: Drähte zur Tonauf-zeichnung	beliebig formbar; sehr hart	teuer; Spezial-magnete	teuer; Spezial-magnete

der Dicke 0,2 mm bis 0,5 mm bei $B = 1$ T und $f = 50$ Hz zwischen 0,06 W/kg (65% NiFe) und 10 W/kg (Eisen).

Amorphe Weichmagnete bilden die neueste weichmagnetische Werkstoffgruppe. Sie zeichnen sich durch besonders hohe Permeabilitätswerte (μ_r bis zu 200 000) bei kleinen Koerzitivfeldstärken (H_{CJ} von 0,3 A/m bis 2 A/m) aus.

In Tabelle 4-12 sind die wichtigsten dauermagnetischen Werkstoffgruppen, ihre Zusammensetzung, die Kennzahlen Remanenzinduktion B_R, Koerzitivfeldstärke $-H_{CJ}$ und das maximale Energieprodukt $(BH)_{max}$ (Abschn. 4.5.1.4, Gl. (4-273)) sowie typische Eigenschaften aufgeführt. Zu den ältesten und bewährtesten Dauermagnetwerkstoffen gehören die AlNiCo-Legierungen. Sie haben zwar eine hohe Remanenzinduktion, jedoch eine

sehr kleine Koerzitivfeldstärke. Die Strontium- bzw. Bariumhexaferrite ($SrO(Fe_2O_3)_6$) sind Sinterkörper, die in beliebige Formen gepreßt und in jede gewünschte Magnetisierungsrichtung gebracht werden können. Sie haben keine so große Remanenzinduktion, aber eine lineare Entmagnetisierungskurve. Höhere Koerzitivfeldstärken ($H_{CJ} \approx -360$ kA/m) weisen PtCo-Dauermagnete auf. Die höchste magnetische Energiedichte ($(BH)_{max} \approx 160 \cdot 10^6$ kJ/m³) haben die Selten-Erd-Kobalt-Magneten (z. B. $SmCo_5$) und Magnete aus NdFeB.

Zu den großtechnisch im Versuch befindlichen magnetischen Fördersystemen gehört die magnetische Schwebebahn *Transrapid*. Bild 4-110 zeigt die Schnellbahn und Bild 4-11 schematisch die Funktionsweise. Die Magnetbahn wird die Zukunft des Bahnverkehrs bestimmen.

Bild 4-110. *Magnetschwebebahn Transrapid auf der Versuchsstrecke.*
Photo: Thyssen Henschel

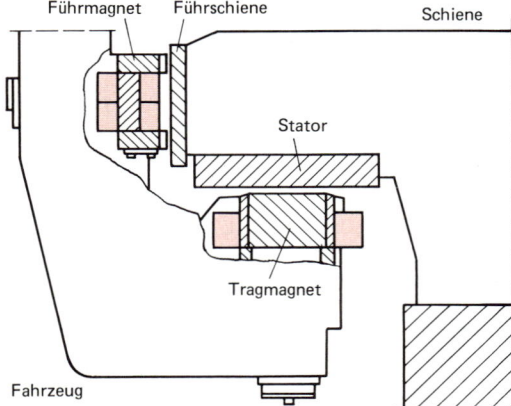

Bild 4-111. *Funktionsweise der Magnetschwebebahn.*

Berechnung von Dauermagnetsystemen

Ein Dauermagnetsystem, etwa gemäß Bild 4-112, besteht aus einem Dauermagneten und zwei weichmagnetischen Polschuhen, die den magnetischen Fluß verlustarm zum Luftspalt leiten, in dem die magnetische Energie genutzt wird. Grundlage zur Berechnung der Scherungsgeraden des Entmagnetisierungsfaktors N und der maximalen Energie je Volumen $(BH)_{max}$-Wert sind

– das Durchflutungsgesetz für $\Theta = 0$

$$\oint H \, ds = 0 \quad (4\text{-}182) \text{ und}$$

– das Gesetz der Erhaltung des magnetischen Flusses (Flußgleichung)

$$\oint B \, dA = \text{konstant} \quad (4\text{-}200).$$

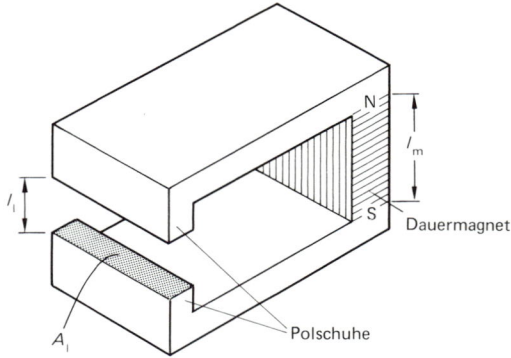

Bild 4-112. *Dauermagnetsystem.*

Für ein Magnetsystem gilt das Durchflutungsgesetz

$$H_m \, l_m = -\gamma H_1 \, l_1 \quad (4\text{-}239)$$

mit H_m bzw. H_1 als der magnetischen Feldstärke im Magneten bzw. im Luftspalt und l_m bzw. l_1 als der Länge des Magneten bzw. des Luftspaltes.

Der *Spannungsfaktor* γ ($\gamma > 1$) berücksichtigt die zusätzlich zum Luftspalt vorhandenen unmagnetischen Bereiche im Verlauf der magnetischen Spannung, z.B. die Weicheisenanteile und die unmagnetischen Zwischenräume von Klebeschichten. In der Praxis weist er Werte zwischen 1 und 1,3 auf. Aus dem Durchflutungsgesetz für den Dauermagnetkreis (Gl. (4-239)) ist ersichtlich, daß Dauermagnete mit einer hohen Koerzitivfeldstärke eine geringe Länge aufweisen können und umgekehrt.

Das Gesetz zur Erhaltung des magnetischen Flusses in einem magnetischen Kreis lautet

$$B_m \, A_m = \sigma B_1 \, A_1 \quad (4\text{-}240)$$

mit B_m bzw. B_1 als der magnetischen Flußdichte im Magneten bzw. im Luftspalt und A_m bzw. A_1 als Querschnittsfläche des Magneten bzw. des Luftspaltes.

Der *Streufaktor* σ ($\sigma > 1$) berücksichtigt die Streuung, d.h. die magnetischen Feldlinien, die nicht den Luftspalt durchsetzen. Er variiert in der Praxis zwischen 1 und 10. (Für $\sigma = 10$ bedeutet dies, daß lediglich 10% des Dauermagnetflusses als Nutzfluß im Arbeitsluftspalt genutzt werden können.)

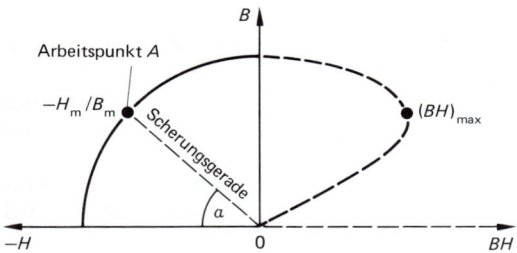

Bild 4-113. Scherungsgerade und Arbeitspunkt eines Dauermagnetsystems.

Bild 4-113 zeigt den Verlauf der Entmagnetisierungskurve. Aufgrund der Geometrie wird ein *Arbeitspunkt A* eingestellt, der die Koordinaten $(-H_m/B_m)$ hat. Die Gleichung der Geraden durch den Arbeitspunkt A und den Nullpunkt 0 wird *Scherungsgerade* genannt. Es gilt

$$\tan \alpha = \frac{-B_m}{H_m}.$$

Die Steigung $\tan \alpha$ ergibt sich durch Division der Gleichung der Flußerhaltung (4-240) und des Durchflutungsgesetzes (4-239):

$$\frac{-B_m}{H_m} = \mu_0 \frac{\sigma}{\gamma} \frac{A_1 \, l_m}{A_m \, l_1}.$$

Daraus folgt für die Gleichung der Scherungsgeraden

$$B_m = - \mu_0 \frac{\sigma}{\gamma} \frac{A_1 \, l_m}{A_m \, l_1} H_m. \qquad (4\text{-}241)$$

Hieraus ist ersichtlich, daß die Scherungsgerade vom Werkstoff unabhängig ist und nur von der Geometrie des Magneten abhängt.

Ist kein geschlossenes, sondern ein offenes Magnetsystem vorhanden, dann läßt sich die Scherungsgerade durch die Angabe eines Entmagnetisierungsfaktors N bestimmen. Es gilt für das entmagnetisierende magnetische Feld

$$H_{ent} = - N \frac{J}{\mu_0}.$$

Mit $B = \mu_0 H + J$ und $H_{ent} = H_m$ ist die Scherungsgerade

$$B_m = - \mu_0 \left(\frac{1}{N} - 1 \right) H_m. \qquad (4\text{-}242)$$

Tabelle 4-13. Entmagnetisierungsfaktor für ausgewählte Geometrien.

Geometrie	Magnetisierung	Entmagnetisierungs-faktor N
dünne Platte	in Plattenebene	0
	senkrecht zur Plattenebene	1
sehr langer Stab	in Längsrichtung	0
	in Querrichtung	1
Kugel		1/3

In Tabelle 4-13 sind die wichtigsten Entmagnetisierungsfaktoren für eine dünne Platte, einen sehr langen Stab und eine Kugel zusammengestellt.

Da das Produkt BH die magnetische Energie je Volumen darstellt, ergibt sich die im Luftspalt gespeicherte magnetische Energie durch Multiplikation der Flußgleichung (4-240) mit dem Durchflutungsgesetz (4-239):

$$(B_m H_m) V_m = B_1 H_1 V_1 \gamma \sigma = \mu_0 \gamma \sigma H_1^2 V_1. \qquad (4\text{-}243)$$

Löst man nach B_1 auf, so ergibt sich als nutzbare magnetische Flußdichte im Luftspalt

$$B_1 = \sqrt{\frac{\mu_0 \, V_m}{\gamma \, \sigma \, V_1} (BH)_m}. \qquad (4\text{-}244)$$

Die im Luftspalt zur Verfügung stehende magnetische Flußdichte B_1 ist proportional zum Magnetvolumen und zum $(BH)_m$-Wert. Dies bedeutet, daß bei hohem $(BH)_m$-Wert das Magnetvolumen klein gewählt werden kann. Der optimale Arbeitspunkt wird dort liegen, wo BH maximal ist, d. h. wo sich der $(BH)_{max}$-Wert und die Scherungsgerade schneiden. Dann kann die höchste Luftspaltinduktion bei kleinstem Magnetvolumen erreicht werden.

Beispiel

4.4-7: Ein Magnetsystem soll aus einem AlNiCo-Werkstoff entworfen werden. Der Arbeitspunkt liegt bei $H_A = -40$ kA/m und $B_A = 800$ mT ($\sigma = 3$,

$\gamma = 1$). Aus konstruktiven Gründen muß ein Luftspalt des Querschnitts $A_1 = 2,4 \text{ cm}^2$ und der Länge $l_1 = 3,6 \text{ cm}$ sowie eine Länge des dauermagnetischen Werkstoffs von $l_m = 6,4 \text{ cm}$ vorgesehen werden.

a) Wie groß muß die magnetische Fläche A_m bzw. das Magnetvolumen V_m gewählt werden, um diese Anforderungen zu erfüllen?

b) Wie groß ist die im Luftspalt nutzbare magnetische Flußdichte?

c) Der $(BH)_{max}$-Wert der AlNiCo-Legierung liegt bei 42 kJ/m³. Wie lautet der optimale Arbeitspunkt $A(-H_A/B_A)$?

d) Um wieviel Prozent kann das Magnetvolumen verringert werden, wenn der Dauermagnetwerkstoff SmCo₅ mit $(BH)_{max} = 144 \text{ kJ/m}^3$ eingesetzt wird?

Lösung:

a) Die Gleichung der Scherungsgeraden (4-241) wird nach A_m aufgelöst:

$$A_m = \frac{\mu_0 \,\sigma \,A_1 \,l_m}{\gamma \,l_1 \,B_m} \,H_m = 0,805 \text{ cm}^2 \,.$$

Das Magnetvolumen ist $V_m = A_m \,l_m = 5,15 \text{ cm}^3$.

b) Die im Luftspalt nutzbare magnetische Flußdichte ist gemäß Gl. (4-244)

$$B_1 = \sqrt{\frac{\mu_0 \,V_m}{\gamma \,\sigma \,V_1}} \,(BH)_m = 0,28 \text{ T} \,.$$

c) Es gelten folgende Gleichungen:

$$(B_A \,H_A) = 42 \cdot 10^3 \text{ J/m}^3 \,,$$

$$B_A = \mu_0 \,\frac{\sigma}{\gamma} \,\frac{A_1 \,l_m}{A_m \,l_1} \,H_A = 2 \cdot 10^{-5} \,H_A \,.$$

Daraus errechnet sich $H_A = -45,8 \text{ kA/m}$ und $B_A = 917 \text{ mT}$.

d) Es gilt Gl. (4-244) für die magnetische Induktion im Luftspalt

$$B_1 = \sqrt{\frac{\mu_0}{\gamma \,\sigma \,V_1} \,V_m (BH)_m} \,.$$

Da $V_m (BH)_m$ konstant bleiben muß und $(BH)_{max}$ von SmCo₅ im Verhältnis zu AlNiCo $144/42 = 3,43$fach so hoch ist, kann das Volumen um den Faktor 3,43 abnehmen. Dies bedeutet, daß lediglich 29% des ursprünglichen Magnetvolumens erforderlich wären, um dieselbe Luftspaltinduktion zu erzeugen.

Analogie elektrischer Stromkreis und magnetischer Kreis

Der magnetische Kreis kann analog zum elektrischen Stromkreis angesehen werden. Wie es im elektrischen Stromkreis die Spannung U, die Stromstärke I und den elektrischen Wi-

derstand R gibt, so ist im magnetischen Kreis die magnetische Spannung $\oint H \,ds$ (Durchflutung), der magnetische Fluß Φ und der magnetische Widerstand R_m vorhanden. Bild 4-114 zeigt diese Analogie. Ausgangspunkt für den magnetischen Kreis ist die elektrische Durchflutung Θ, die durch das Durchflutungsgesetz (Gl. (4-181)) beschrieben wird und als magnetische Spannung wirkt:

$$\Theta = \oint H \,ds = NI \,. \tag{4-181}$$

Im vorliegenden Beispiel (s. Skizze in Bild 4-114) gilt

$$\Theta = H_1 \,l_1 + H_2 \,l_2 = NI$$

mit l_1 bzw. l_2 als Weglänge im Magneten bzw. im Luftspalt. Die magnetische Feldstärke kann durch den Ausdruck

$$H = \frac{B}{\mu_0 \,\mu_r} = \frac{\Phi}{\mu_0 \,\mu_r \,A}$$

ersetzt werden. Da der magnetische Fluß Φ (wie auch die elektrische Stromstärke I) konstant bleibt, gilt

$$\Theta = \frac{\Phi}{\mu_0 \,\mu_{r_1} \,A_1} \,l_1 + \frac{\Phi}{\mu_0 \,\mu_{r_2} \,A_2} \,l_2 = NI \,.$$

Aufgelöst nach Φ ergibt sich

$$\Phi = \frac{NI}{\dfrac{l_1}{\mu_0 \,\mu_{r_1} \,A_1} + \dfrac{l_2}{\mu_0 \,\mu_{r_2} \,A_2}} \,. \tag{4-245}$$

In Analogie zum Ohmschen Gesetz $I = U/(R_1 + R_2)$ kann der magnetische Widerstand definiert werden:

$$R_m = \frac{l}{\mu_0 \,\mu_r \,A} \,. \tag{4-248}$$

Im Vergleich zum elektrischen Widerstand $R = (1/\varkappa)\,(l/A)$ kann $\mu_0 \,\mu_r$ als *magnetische Leitfähigkeit* gedeutet werden. Tatsächlich ist die relative Permeabilität μ_r ein Maß für die Fähigkeit, magnetische Feldlinien zu leiten. Es muß an dieser Stelle betont werden, daß diese Analogie keinen tieferen physikalischen Hintergrund aufweist, sondern lediglich den Umgang mit magnetischen Größen erleich-

	elektrischer Stromkreis	magnetischer Stromkreis
Skizze	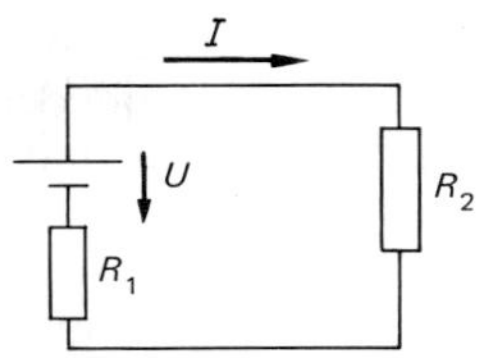 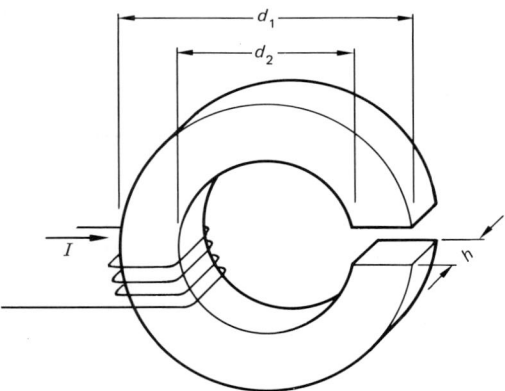	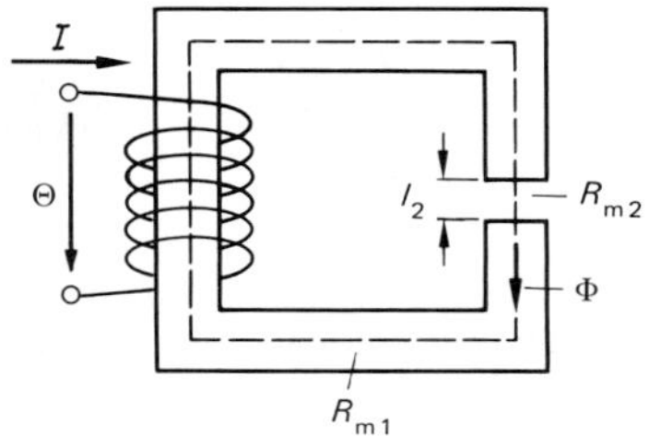
Ursache	elektrische Spannung U in V	magnetische Spannung $\Theta = \oint H ds = NI$ in A
Wirkung	elektrische Stromstärke I in A $$I = \frac{U}{R_1 + R_2} = \frac{U}{R_{ges}}$$	magnetischer Fluß $\varnothing$ in Wb $$\varnothing = \frac{NI}{R_{m1} + R_{m2}} = \frac{\Theta}{R_{mges}}$$ (4-261)
Ohmsches Gesetz	$$R = \frac{U}{I}$$	$$R_m = \frac{\Theta}{\varnothing}$$ (4-262)
Widerstand	$$R = \frac{l}{\varkappa A} \text{ in } \Omega$$	$$R_m = \frac{l}{\mu_0 \mu_r A} \text{ in } \frac{A}{Wb}$$ (4-263)
Leitfähigkeit	$\varkappa$ in $\frac{A}{Vm}$	$\mu_0 \mu_r$ in $\frac{Wb}{Am}$

Bild 4-114. Analogie zwischen elektrischem und magnetischem Kreis.

tert, weil letztere analog zum elektrischen Stromkreis verwendet werden können.

Beispiel

4.4-8: Ein Ringkern entsprechend Bild 4-115 mit $\mu_r = 2000$ hat die Abmessungen $d_1 = 16$ mm, $d_2 = 12,5$ mm und $h = 6$ mm. Der Luftspalt beträgt 1 mm. Wie groß ist der magnetische Widerstand a) im Ringkern und b) im Luftspalt? c) Welche Stromstärke muß durch die Spule ($N = 1200$) fließen, wenn eine Luftspaltinduktion von $B_L = 1,8$ T gefordert wird?

Lösung:

a) Der magnetische Widerstand im Ringkern beträgt gemäß Gl. (4-248)

$$R_{m1} = \frac{1}{\mu_0 \mu_{r_1}} \frac{l_1}{A} \quad \text{mit} \quad A = (d_1 - d_2) \, h/2 = 10,5 \cdot 10^{-6} \text{ m}^2;$$

$R_{m1} = 1,66 \cdot 10^6$ A/Wb.

Bild 4-115. Zu Beispiel 4.4-8.

b) Der magnetische Widerstand im Luftspalt beträgt bei gleicher Berechnungsweise wie unter a) $R_{m2} = 7,58 \cdot 10^7$ A/Wb. Somit ist der gesamte magnetische Widerstand des Kreises

$R_{mges} = R_{m1} + R_{m2} = 7,74 \cdot 10^7$ A/Wb.

c) Nach dem Ohmschen Gesetz gilt (Gl. (4-248))

$$R_{m\,ges} = \frac{\Theta}{\Phi} = \frac{NI}{B_L\,A}.$$

Daraus folgt $I = \dfrac{R_{m\,ges}\,B_L\,A}{N} = 1{,}22$ A.

Zur Übung

Ü 4.4-1: In einem waagrechten homogenen Magnetfeld mit der magnetischen Flußdichte $B = 2{,}5$ T bewegt sich senkrecht ein Proton mit der Energie $E_p = 3$ MeV. Wie groß ist die Kraft, die auf das Proton wirkt?

Ü 4.4-2: Nachzuweisen ist, daß das Verhältnis der Hall-Feldstärke E_H zur elektrischen Feldstärke E der Beziehung $E_H/E = B/(n\,e\,\varrho)$ entspricht. ϱ ist die Resistivität des Werkstoffs.

Ü 4.4-3: Ein Holzzylinder mit der Masse $m = 100$ g, dem Radius r und der Länge $l = 20$ cm hat $N = 20$ Drahtwicklungen. Wie groß ist die Stromstärke I durch die Wicklungen, die den Zylinder am Abrollen auf der schiefen Ebene mit dem Winkel α hindert? Bild 4-116 verdeutlicht die Anordnung. Die magnetische Flußdichte beträgt $B = 0{,}85$ T.

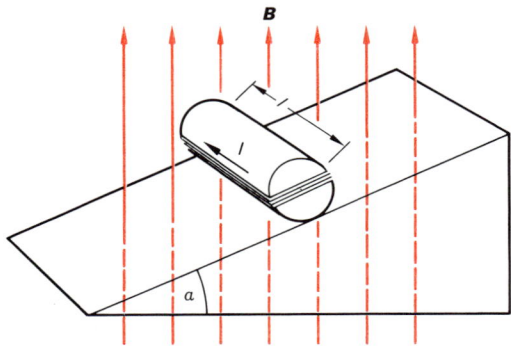

Bild 4-116.   Zu Ü 4.4-3.

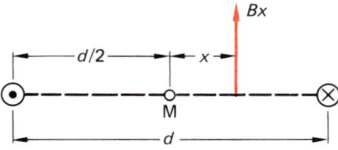

Bild 4-117.   Zu Ü 4.4-4.

Ü 4.4-4: Zwei parallele Leiter sind gemäß Bild 4-117 im Abstand d voneinander entfernt und werden vom gleichen Strom I in unterschiedlichen Richtungen durchflossen. Wie groß ist die magnetische Flußdichte B im Abstand x vom Mittelpunkt?

4.5. Instationäre Felder

In diesem Abschnitt sind die Eigenschaften zeitlich sich ändernder elektrischer und magnetischer Größen beschrieben. Zur Unterscheidung von den zeitlich konstant bleibenden Größen sind sie mit kleinen Buchstaben bezeichnet.

4.5.1. Elektromagnetische Induktion

4.5.1.1. Induktionsgesetz

Aus Abschn. 4.4.3.1 geht hervor, daß der Spannungsstoß $\int U\,dt$ gleich der Änderung des magnetischen Flusses $\Delta\Phi$ ist, der die Fläche eines Leiters senkrecht durchdringt (Gl. (4-198) und Bild 4-93). M. FARADAY (1791 bis 1867) erkannte 1831:

> Jede zeitliche Änderung des magnetischen Flusses Φ induziert eine elektrische Spannung u_{ind}:
>
> $$u_{ind} = - N\,\frac{d\Phi}{dt}. \qquad (4\text{-}249)$$

Die induzierte Spannung ist proportional zur Windungszahl N und zur zeitlichen Änderung des magnetischen Flusses $d\Phi/dt$. In einem geschlossenen Stromkreis fließt dann ein Induktionsstrom. Er ist nach H. F. E. LENZ (1804 bis 1865) der Ursache der Induktion entgegengesetzt gerichtet (bewegungshemmende Wirkung). Dies wird durch das Minuszeichen zum Ausdruck gebracht. Es ist demnach unmöglich, ein perpetuum mobile so zu entwerfen, daß durch die induzierte Spannung ein Strom fließt, der das Magnetfeld verstärken könnte, um wieder weitere Spannung zu induzieren.

Der magnetische Fluß ist definiert als $\Phi = \int_A B\,dA$ oder $\Phi = BA\cos\varphi = BA_n$. Hierbei ist φ der Winkel zwischen der Flächennormalen von A, durch die der magnetische Fluß tritt, und der Richtung der magnetischen Induktion B (Abschn. 4.4.3.1, Bild 4-94). A_n ist der Flächenanteil senkrecht zu den Feldlinien. Wird der Term für den magnetischen Fluß in Gl. (4-249) eingesetzt, so ergibt sich

$$u_{ind} = - N\left(\frac{dB}{dt}A_n + \frac{dA_n}{dt}B\right). \qquad (4\text{-}250)$$

Aus dieser Gleichung geht hervor, daß es gleichgültig ist, ob sich

- das Magnetfeld (dB/dt) bei gleichbleibender Fläche A_n (*Transformatorprinzip*) oder
- die senkrecht zum Magnetfeld stehende Fläche (dA_n/dt) bei gleichbleibender Induktion B (*Generatorprinzip*) ändert.

Das Induktionsgesetz zeigt den Zusammenhang zwischen elektrischem und magnetischem Feld (zweite Maxwellsche Gleichung, Abschn. 4.5.5) und hat eine überragende Bedeutung in den elektrotechnischen Anwendungen.

4.5.1.2. Induktionsvorgänge

Die verschiedenen Möglichkeiten, Spannungen zu induzieren, sind in Bild 4-118 zusammengestellt. Zunächst ist zu unterscheiden, ob die Änderung des magnetischen Flusses durch die Änderung des Magnetfeldes oder durch die Flächenänderung geschieht. Diese unterschiedlichen Fälle sind in einer Skizze veranschaulicht, die sich ändernde Größe ist beschrieben und das Induktionsgesetz formuliert. Zum Schluß ist auf mögliche Anwendungen hingewiesen.

Zur Erklärung von Induktionsvorgängen bei Spulen ist es wichtig, Feldspule und Induktionsspule zu unterscheiden. Die Feldspule erzeugt wegen des Stromflusses durch einen wendelförmig gewickelten Draht ein magnetisches Feld (Abschn. 4.4.2, Bild 4-87). In der Induktionsspule wird aufgrund der Änderung des magnetischen Flusses eine Spannung induziert.

Relativbewegung eines Magneten und einer Induktionsspule (Fall a)

In diesem Fall ist es gleichgültig, ob

- das Magnetfeld von einem Dauermagneten oder einem Elektromagneten herrührt und
- der Magnet sich gegen eine Spule oder die Spule sich gegen einen Magneten bewegt.

Beispiel

4.5-1: Ein ballistisches Galvanometer kann zur Messung der magnetischen Flußdichte B benutzt werden. Dazu zeigt die Skala die Ladungsmenge an. Die Galvanometerspule hat 50 Windungen und einen Windungsquerschnitt von 4 cm². (Der Vektor der magnetischen Flußdichte B ist parallel zur Flä-

chennormalen A_n.) Wie groß ist die magnetische Flußdichte B, wenn beim schnellen Entfernen der Spule aus dem Magnetfeld die Skala eine Ladungsmenge von $8,3 \cdot 10^{-6}$ C anzeigt (innerer Widerstand des Galvanometers $R_i = 40 \, \Omega$, Meßspulenwiderstand $R_S = 18 \, \Omega$)?

Lösung:

Nach dem Induktionsgesetz (Gl. (249)) folgt $u_{ind} = -N \, d\Phi/dt$. Daraus wird $u_{ind} \, dt = N \, d\Phi$ und $\int u_{ind} \, dt = N \Phi = NBA$.
Nach dem Ohmschen Gesetz ist $U = I(R_i + R_S)$. Dann ist

$$(R_i + R_S) \int i \, dt = NBA,$$

und da $\int i \, dt = Q$ ist, gilt

$$(R_i + R_S) Q = NBA.$$

Daraus folgt

$$B = \frac{(R_i + R_S) Q}{NA} = 2,4 \cdot 10^{-2} \text{ T}.$$

Änderung des Erregerstromes in einer Feldspule (Fall b)

Das Magnetfeld wird in diesem Fall durch Änderung des Erregerstroms dI_{err}/dt geändert (Gl. (4-253)). Beim Induktionsgesetz muß beachtet werden, welches die Windungszahl der Feldspule n_{Feld} und welches die Windungszahl der Induktionsspule N_{ind} ist (Gl. (4-254)).

Bewegter Leiter im Magnetfeld (Fall c)

Wird ein Leiter der Länge l senkrecht zur magnetischen Induktion mit einer Geschwindigkeit $v = ds/dt$ bewegt, so ändert sich die Fläche um $dA/dt = l\,v$ (Gl. (4-255)). Somit wird die Spannung $u_{ind} = -NBl\,v$ (Gl. (4-256)) induziert. Das Auftreten der Induktionsspannung u_{ind} im bewegten Leiter läßt sich auch mit der Wirkung der *Lorentz-Kraft* auf bewegte Ladungsträger erklären (Abschn. 4.4.3.2). Die Lorentz-Kraft $F_L = -e(v \times B)$ (Gl. (4-213)) greift an jedem Elektron an und führt zur Ladungstrennung. Dadurch tritt ein Gegenfeld E_{ind} auf, in dem die Gegenkraft $F_{ind} = -e E_{ind}$ wirksam ist. Bild 4-119 verdeutlicht den Zusammenhang. Die Ladungen können so lange verschoben werden, bis ein Gleichgewicht zwischen der Lorentz-Kraft F_L und der Feldkraft F_{ind} existiert.

Induktionsgesetz

$$U_{ind} = -N\left(\frac{dB}{dt}A_n + \frac{dA_n}{dt}B\right)$$

Magnetfeldänderung $\frac{dB}{dt}$ — Flächenänderung $\frac{dA}{dt}$

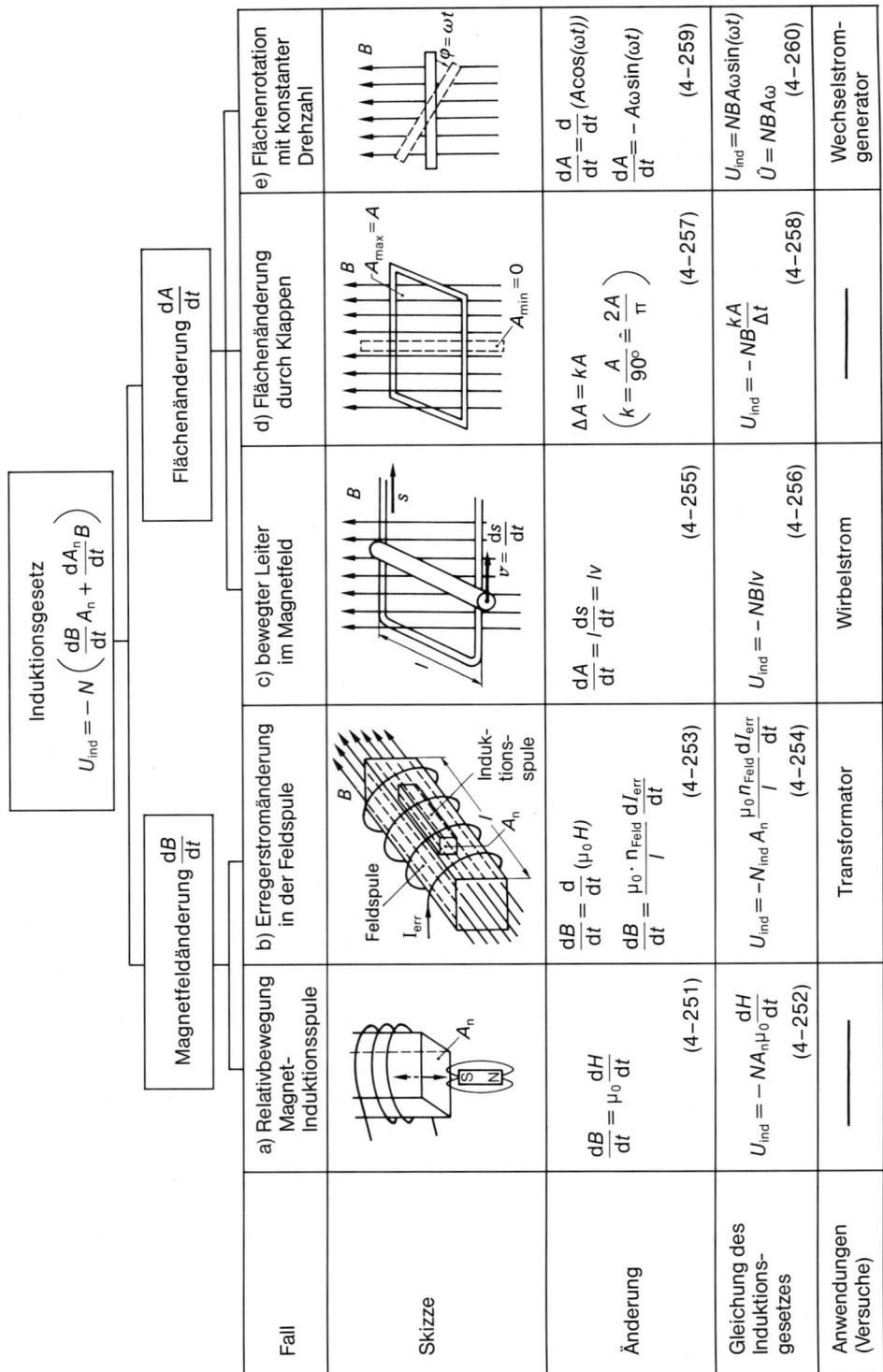

Fall	a) Relativbewegung Magnet-Induktionsspule	b) Erregerstromänderung in der Feldspule	c) bewegter Leiter im Magnetfeld	d) Flächenänderung durch Klappen	e) Flächenrotation mit konstanter Drehzahl
Skizze					
Änderung	$\frac{dB}{dt} = \mu_0 \frac{dH}{dt}$ (4–251)	$\frac{dB}{dt} = \frac{d}{dt}(\mu_0 H)$ $\frac{dB}{dt} = \frac{\mu_0 \cdot n_{Feld}}{l}\frac{dI_{err}}{dt}$ (4–253)	$\frac{dA}{dt} = l\frac{ds}{dt} = lv$ (4–255)	$\Delta A = kA$ $\left(k = \frac{A}{90°} \triangleq \frac{2A}{\pi}\right)$ (4–257)	$\frac{dA}{dt} = \frac{d}{dt}(A\cos(\omega t))$ $\frac{dA}{dt} = -A\omega\sin(\omega t)$ (4–259)
Gleichung des Induktionsgesetzes	$U_{ind} = -NA_n\mu_0\frac{dH}{dt}$ (4–252)	$U_{ind} = -N_{ind}A_n\frac{\mu_0 n_{Feld}}{l}\frac{dI_{err}}{dt}$ (4–254)	$U_{ind} = -NBlv$ (4–256)	$U_{ind} = -NB\frac{kA}{\Delta t}$ (4–258)	$U_{ind} = NBA\omega\sin(\omega t)$ $\hat{U} = NBA\omega$ (4–260)
Anwendungen (Versuche)	——	Transformator	Wirbelstrom		Wechselstromgenerator

Bild 4-118. Induktionsvorgänge.

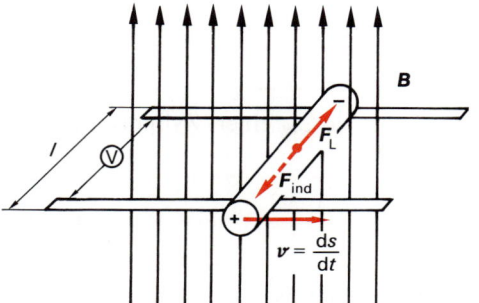

Bild 4-119. Induktionsgesetz für einen bewegten Leiter im Magnetfeld.

Für die Beträge gilt:

$$|F_\mathrm{L}| = |F_\mathrm{ind}|,$$
$$e\,v\,B = e\,E_\mathrm{ind},$$
$$v\,B = E_\mathrm{ind}.$$

Wegen $E_\mathrm{ind} = u_\mathrm{ind}/l$ gilt für die Windung

$$u_\mathrm{ind} = B\,l\,v. \qquad (4\text{-}256)$$

Wirbelströme

Werden ausgedehnte leitende Körper in einem Magnetfeld bewegt oder sind sie ruhend wechselnden Magnetfeldern ausgesetzt, so werden in dem Leiter durch die induzierte Spannung Ströme induziert. Man nennt diese Wirbelströme, weil die Induktionsstromlinien wie Wirbel in sich geschlossen sind. Die Wirbelströme hemmen nach der Lenzschen Regel durch ihr magnetisches Gegenfeld die Bewegung und wirken wegen der Proportionalität zu v (Gl. (4-256)) wie die Reibung fester Körper in Flüssigkeiten (Abschn. 2.3.4, Newtonsches Reibungsgesetz).

Technische Anwendungen sind *Wirbelstrom-Drehzahlmesser* zur Direktanzeige unmittelbar an der Meßstelle, ferner *Elektro-Leistungsmesser* (von 0,03 kW bis 2250 kW) z.B. für Kraftmaschinenprüfstände oder *Wirbelstromdämpfungen* in Meßgeräten. Die Wirbelströme zwischen Aluminiumscheibe und den Polen eines Dauermagneten sorgen bei einem Wechselstromzähler für eine gleichförmige Rotation der *Zählscheibe*. Sind dagegen Wirbelströme unerwünscht (z.B. bei Transformatorenblechen), dann muß der spezifische Widerstand des Leiters entsprechend vergrößert werden, um den Stromfluß zu unterbinden.

Dies wird z.B. bei Transformatorenblechen dadurch erreicht, daß die Blechpakete aus vielen dünnen, gegeneinander isolierten Blechen bestehen, die zusätzlich noch lamelliert sind. Die *Wirbelstromverluste* in weichmagnetischen Werkstoffen sind eine wichtige elektrische Kennziffer (Abschn. 4.4.4.2).

Auch in einem von Wechselstrom durchflossenen geraden Leiter treten Wirbelströme in der Weise auf, daß diese im Innern entgegen dem Wechselstrom und an der Oberfläche mit dem Wechselstrom fließen. Der Effekt wird mit zunehmender Wechselstromfrequenz größer, so daß bei hohen Frequenzen ($f > 10^7$ Hz) nur noch die Außenhaut des Leiters Strom führt (*Skin-* oder *Hauteffekt*). In der Hochfrequenztechnik werden deshalb entweder Kabel aus vielen dünnen Einzeldrähten zu einer Litze verdrillt, damit die Stromführung abwechselnd innen und außen verläuft, oder es werden Hohlleiter verwendet.

Mit dem *Wirbelstrom-Meßverfahren* können zerstörungsfrei Werkstoffe auf Fehler untersucht werden. Dazu wird im Prüfling ein elektrischer Wechselstrom geeigneter Amplitude, Frequenz und Richtung erzeugt. Die auftretenden Unregelmäßigkeiten dieses Stroms werden elektronisch ausgewertet. Diese Prüfmethode ist besonders schnell und findet u.a. Einsatz bei der zerstörungsfreien Werkstoffprüfung im Triebwerksbau.

Flächenänderung durch Klappen (Fall d)

Die Fläche kann auch durch Klappen geändert werden. Dann wechselt je 90° (oder $\pi/2$) jeweils einmal der Flächeninhalt. Für die Anzahl der Flächenänderungen k gilt dann

$$k = \frac{A}{90°} = \frac{2A}{\pi}. \qquad (4\text{-}257)$$

Flächenrotation mit konstanter Drehzahl (Fall e)

Wird in einem Magnetfeld eine Fläche mit einer konstanten Drehzahl n (oder Winkelgeschwindigkeit ω) gedreht, so ist die induzierte Spannung abhängig von der das Feld senkrecht durchsetzenden Fläche $A_\mathrm{n} = A\cos(\omega\,t)$. Daraus errechnet sich eine Flächenänderung von $dA_\mathrm{n}/dt = -A\,\omega\sin(\omega\,t)$. Eingesetzt in das Induktionsgesetz ergibt sich ein sinusförmiger Verlauf einer Wechselspannung:

$$u_{ind} = NBA\,\omega \sin(\omega t)\,. \qquad (4\text{-}260)$$

Die Amplitude beträgt $\hat{u} = NBA\,\omega$.

Ein Wechselstrom kann dann fließen, wenn die Enden der rotierenden Flächen über einen äußeren Widerstand zu einem Stromkreis geschlossen werden. Die wichtigste Anwendung ist der *Wechselstromgenerator*, der zur Erzeugung von Wechselspannungen bzw. -strömen dient. Er besteht aus einem ruhenden Teil (*Stator*), der z. B. das Magnetfeld erzeugt, und einem rotierenden Teil (*Rotor* oder *Läufer*), der z. B. von einer Spule gebildet wird. An Schleifringen wird in diesem Fall die erzeugte Spannung abgenommen (Abschn. 4.5.2.8).

4.5.1.3. Selbstinduktion

Fließt ein Wechselstrom durch einen Leiter, dann ändert sich das Magnetfeld entsprechend periodisch. Diese ständige Änderung des magnetischen Flusses wiederum induziert nicht nur in einer räumlich getrennten Spule eine Wechselspannung, sondern auch im Leiter selbst. Diese Erscheinung wird *Selbstinduktion* genannt. Sie führt aufgrund des entgegengesetzten Vorzeichens (Lenzsche Regel) beispielsweise beim Einschalten von Spulen zu Stromverzögerungen und sorgt beim Ausschalten des Stroms für ein Weiterfließen des Stroms (Abschn. 4.5.3). Nach dem Induktionsgesetz gilt

$$u_{ind} = -N\frac{d\Phi}{dt} = -NA_n\frac{dB}{dt}\,,$$

$$u_{ind} = -NA_n\mu_0\mu_r\frac{dH}{dt}\,. \qquad (4\text{-}252)$$

Für eine langgestreckte Zylinderspule ist nach Gl. (4-184) $H = IN/l$ und damit wird aus Gl. (4-252)

$$u_L = -\mu_0\mu_r A_n\frac{N^2}{l}\frac{dI}{dt}\,. \qquad (4\text{-}261)$$

Der Faktor vor der Stromänderung (dI/dt) wird Induktivität L einer Spule genannt, so daß gilt

$$u_L = -L\frac{dI}{dt}\,. \qquad (4\text{-}262)$$

Die Induktivität L einer Zylinderspule beträgt allgemein

$$L = f\frac{\mu_0\mu_r A_n N^2}{l}\,. \qquad (4\text{-}263)$$

Die Induktivität L ist wie die Kapazität C einer Leiteranordnung ein reiner Geometriefaktor.

Der Spulenformfaktor f beschreibt die geometrischen Streufeldverluste kurzer Spulen ($0 < f < 1$). Für eine Ringspule und eine langgestreckte Zylinderspule (Spulenlänge $\gg$ Spulendurchmesser) ist $f = 1$. Die Einheit der Induktivität oder Selbstinduktivität L ist 1 Vs/A $= 1\,\Omega s = 1$ Henry (H), benannt nach dem amerikanischen Physiker J. Henry (1797 bis 1878):

Die Induktivität beträgt 1 Henry, wenn bei der Änderung der Stromstärke um 1 A innerhalb von 1 s eine Spannung von 1 V induziert wird.

Diese Definition ist allgemein gültig. Sie kann aus dem Induktionsgesetz abgeleitet werden:

$$u_{ind} = -\frac{N\,\Delta\Phi}{\Delta t}\frac{\Delta I}{\Delta I} = -\frac{N\,\Delta\Phi}{\Delta I}\frac{\Delta I}{\Delta t}\,;$$

hierbei ist $\Delta\Phi/\Delta I = \Phi/I$. Somit gilt

$$u_{ind} = -\frac{N\Phi}{I}\frac{dI}{dt}\,. \qquad (4\text{-}264)$$

Daraus folgt für die Selbstinduktivität

$$L = \frac{N\Phi}{I}\,. \qquad (4\text{-}265)$$

Die Selbstinduktivität spielt in Wechselstromkreisen eine große Rolle (Abschn. 4.5.2). Sie ist für beliebige Leiteranordnungen und -geometrien schwierig zu berechnen, läßt sich im Wechselstromkreis aber gut durch Messen bestimmen. Die Selbstinduktivität L einer geraden Einfach- oder Doppelleitung gemäß Bild 4-120 beträgt

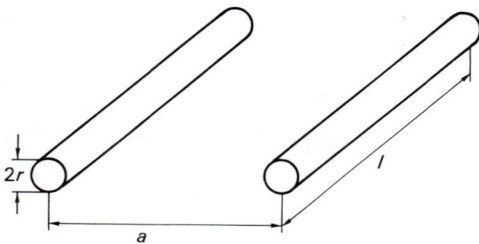

Bild 4-120. Selbstinduktivität einer Doppelleitung.

Einfachleitung

$$L = \frac{\mu_0 \mu_r l}{2\pi}\left(\ln\left(\frac{2l}{r}\right) - \frac{3}{4}\right), \qquad (4\text{-}266)$$

Doppelleitung

$$L = \frac{\mu_0 \mu_r l}{\pi}\left(\ln\left(\frac{a}{r}\right) + \frac{1}{4}\right). \qquad (4\text{-}267)$$

Soll eine mit Draht gewickelte Spule eine nur vernachlässigbar kleine Induktivität haben, beispielsweise für Meßwiderstände, dann wird diese aus entgegengesetzt gleichen (bifilaren) Wicklungen hergestellt. Dann heben sich die Magnetfelder annähernd auf, so daß keine Selbstinduktion stattfinden kann. – Die Selbstinduktivitäten verhalten sich bei einer Schaltung wie Ohmsche Widerstände, so daß gilt:

Bei der Reihenschaltung ist die gesamte Selbstinduktivität L_{ges} gleich der Summe der einzelnen Selbstinduktivitäten.

$$L_{R,ges} = L_1 + L_2 + L_3 + \ldots + L_n = \sum_{i=1}^{n} L_i. \qquad (4\text{-}268)$$

Bei der Parallelschaltung ist der Kehrwert der gesamten Selbstinduktivität $1/L_{ges}$ gleich der Summe der Kehrwerte der einzelnen Selbstinduktivitäten.

$$\frac{1}{L_{P,ges}} = \frac{1}{L_1} + \frac{1}{L_2} + \frac{1}{L_3} + \ldots + \frac{1}{L_n}$$

$$= \sum_{i=1}^{n} \frac{1}{L_i} \quad \text{oder} \qquad (4\text{-}269)$$

$$L_{P,ges} = \left(\sum_{i=1}^{n} \frac{1}{L_i}\right)^{-1}. \qquad (4\text{-}270)$$

Wie bei den Ohmschen Widerständen ist bei einer Parallelschaltung die gesamte Selbstinduktivität $L_{P,ges}$ kleiner als die kleinste einzelne Selbstinduktivität.

Beispiel

4.5-2: Der Radius eines Leiters beträgt $r = 0,25$ mm und der Abstand der beiden Leiter einer Doppelleitung $a = 10$ cm. Wie groß muß die Länge l der Leiter sein, wenn das Verhältnis der Selbstinduktivitäten von Einfachleitung und Doppelleitung $L_1/L_2 = 0,5$ beträgt?

Lösung:

Für L_1 gilt Gl. (4-266) und für L_2 Gl. (4-267), so daß man schreiben kann

$$\frac{L_1}{L_2} = \frac{\dfrac{\mu_0 \mu_r l}{2\pi}\left(\ln\left(\dfrac{2l}{r} - \dfrac{3}{4}\right)\right)}{\dfrac{\mu_0 \mu_r l}{\pi}\left(\ln\left(\dfrac{a}{r} + \dfrac{1}{4}\right)\right)} = 0,5,$$

Aus dieser Gleichung folgt für die Länge $l = 0,136$ m.

4.5.1.4. Energie des magnetischen Feldes

Die Energie des magnetischen Feldes kann aus der elektrischen Energie des induzierten Feldes hergeleitet werden:

$$W = \int_0^t u_{ind} \, i \, dt \quad \text{mit} \quad u_{ind} = L\frac{di}{dt},$$

$$W = \int_0^t L\frac{di}{dt} \, i \, dt, \qquad W = \int_0^I L \, i \, di,$$

$$W_{magn} = \tfrac{1}{2} L I^2. \qquad (4\text{-}271)$$

Diese Formel ist allgemein für jedes magnetische Feld gültig. Für die magnetische Energie in einer langen Zylinderspule ergibt sich mit $L = \mu_0 \mu_r A N^2/l$ und $H = IN/l$ oder $I = Hl/N$

$$W_{magn} = \tfrac{1}{2} \mu_0 \mu_r H^2 A l \qquad (4\text{-}272)$$

und mit $\mu_0 \mu_r H = B$ sowie $A l = V$

$$W_{magn} = \tfrac{1}{2} B H V. \qquad (4\text{-}273)$$

Für die Energiedichte in einem homogenen Feld gilt

$$w_\mathrm{magn} = \frac{W_\mathrm{magn}}{V} = \tfrac{1}{2}\,\boldsymbol{BH}\,. \qquad (4\text{-}274)$$

Diese Formel zeigt Ähnlichkeit mit der Energiedichte im elektrischen Feld $w_\mathrm{el} = \tfrac{1}{2}\,\boldsymbol{DE}$ (Gl. 4-177). Sie ist allgemein gültig, da sich die Magnetfelder aus kleinen homogenen Bereichen aufbauen lassen. Für die magnetische Energie eines inhomogenen Magnetfeldes gilt deshalb

$$W_\mathrm{magn} = \tfrac{1}{2} \int\limits_V \boldsymbol{BH}\,\mathrm{d}V\,. \qquad (4\text{-}275)$$

Daraus ergibt sich, daß der Flächeninhalt der Hysteresekurve ein Maß für die Energiedichte darstellt (Abschn. 4.4.4.2). Eine andere Möglichkeit, die magnetische Feldenergie zu bestimmen, besteht über den magnetischen Fluß Φ (oder die Magnetisierungskurve). Für die elektrische Arbeit gilt allgemein $\mathrm{d}W = U I\,\mathrm{d}t$. Mit dem Induktionsgesetz $u_\mathrm{ind} = N\,\mathrm{d}\Phi/\mathrm{d}t$ wird $\mathrm{d}W = I N\,\mathrm{d}\Phi$ oder

$$W_\mathrm{magn} = \int\limits_0^\Phi I N\,\mathrm{d}\Phi\,. \qquad (4\text{-}276)$$

Bild 4-121 zeigt die Magnetisierungskurve (Abschn. 4.4.4.2) für $\mu_\mathrm{r} = $ konstant (Fall a) und für ein ferromagnetisches, nichtlineares μ_r. Die hervorgehobene Fläche stellt die magnetische Energie dar. Für den Fall eines linearen Magnetisierungsverlaufes ist der Flächeninhalt

$$W_\mathrm{magn} = \tfrac{1}{2} I N\,\Phi\,. \qquad (4\text{-}277)$$

Wegen $N\Phi = LI$ folgt wieder Gl. (4-271).

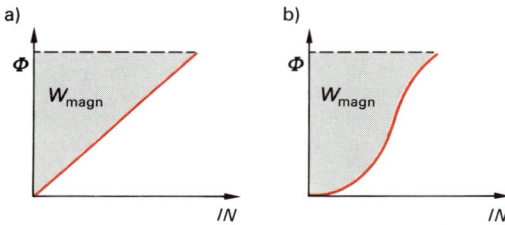

Bild 4-121.   Magnetische Energie.

Im allgemeinen Fall muß die Fläche berechnet oder numerisch ermittelt werden.

Aus der Energie des Magnetfeldes läßt sich die Tragkraft eines Magneten berechnen. Die mechanische Arbeit $W_\mathrm{mech} = F\,l$ wird dabei mit der magnetischen Arbeit W_magn gleichgesetzt. Es ergibt sich

$$F\,l = \frac{\mu_0\,\mu_\mathrm{r}\,H^2}{2}\,A\,l\,.$$

Es kürzt sich der Weg l heraus, so daß übrigbleibt

$$F = \tfrac{1}{2}\mu_0\,\mu_\mathrm{r}\,H^2 A \quad \text{oder} \qquad (4\text{-}278)$$

$$F = \frac{BHA}{2} = \frac{B^2 A}{2\,\mu_0\,\mu_\mathrm{r}}\,. \qquad (4\text{-}279)$$

Beispiel

4.5-3: Bei der Abschaltung von Spulen können Funken entstehen. Sie werden vermieden, wenn ein Löschkondensator parallel geschaltet wird. Die Induktivität einer Schaltspule beträgt $L = 4\,\mathrm{H}$, der Spulenstrom $I = 5\,\mathrm{A}$, und der Löschkondensator wurde bei einer Prüfspannung von $10\,\mathrm{kV}$ getestet. Wie groß ist die Kapazität C des Löschkondensators?

Lösung:

Die Energie des elektrischen Feldes eines Kondensators E_el muß gleich der Energie des magnetischen Feldes einer Spule E_magn sein. Es gilt $E_\mathrm{el} = E_\mathrm{magn}$. Aus Gl. (4-174) für E_el und Gl. (4-271) für E_magn gilt

$$\tfrac{1}{2}\,C U^2 = \tfrac{1}{2}\,L I^2\,.$$

Daraus errechnet sich die Kapazität zu

$$C = \frac{L I^2}{U^2} = \frac{4\,\dfrac{\mathrm{Vs}}{\mathrm{A}} \cdot 25\,\mathrm{A}^2}{10^8\,\mathrm{V}^2} = 1\,\mu\mathrm{F}\,.$$

4.5.2. Periodische Felder (Wechselstromkreis)

Dieser Abschnitt beschreibt elektrische Wechselfelder, die durch harmonische Funktionen (z. B. sin oder cos) beschrieben werden können. Zur ausführlichen Erläuterung der Definitionen und Begriffe aus der Schwingungslehre wird auf Abschn. 5.1 verwiesen.

4.5.2.1. Grundlagen des Wechselstromkreises

Im vorhergehenden Abschnitt wurde anhand des Induktionsgesetzes gezeigt, daß beim Drehen einer Leiterschleife mit konstanter Drehzahl n (bzw. konstanter Winkelgeschwindigkeit ω) in einem homogenen Magnetfeld eine periodische Spannung induziert wird (Bild 4-118, Fall e). Diese periodische Spannung kann entsprechend Bild 4-122 beschrieben werden als

$$u(t) = \hat{u} \cos(\omega t + \varphi_u). \qquad (4\text{-}280)$$

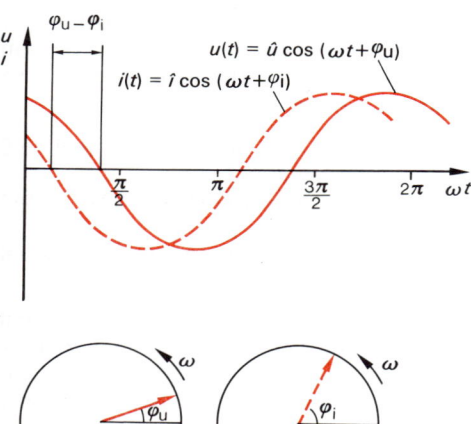

Bild 4-122.   Wechselstrom und Wechselspannung.

Dabei ist $\hat{u}$ die maximale Spannung oder die *Amplitude der Spannung*, ω die *Winkelgeschwindigkeit* ($\omega = 2 \pi n$ mit n als der Drehzahl in s^{-1}) und φ_u der *Nullphasenwinkel* der Wechselspannung.

Die Frequenz der technischen Wechselspannung bzw. des -stroms ist $f = 50$ Hz, was einer Winkelgeschwindigkeit von $\omega = 100 \pi \ \mathrm{s}^{-1}$ entspricht. In einem geschlossenen Wechselstromkreis fließt durch die Bauelemente ein Wechselstrom derselben Frequenz. Er lautet allgemein (Bild 4-122)

$$i(t) = \hat{\imath} \cos(\omega t + \varphi_i). \qquad (4\text{-}281)$$

Hierbei ist $\hat{\imath}$ die Amplitude und φ_i der Nullphasenwinkel des Wechselstroms.

In einem Wechselstromkreis sind φ_u und φ_i oft nicht gleich, so daß gilt

$$\varphi = \varphi_u - \varphi_i. \qquad (4\text{-}282)$$

Die Phasenverschiebung φ zwischen Spannung und Strom hängt im Wechselstromkreis von der Selbstinduktivität L und der Kapazität C ab (Abschn. 4.5.2.2). Ist $\varphi > 0$, so eilt die Spannung dem Strom voraus, ist $\varphi < 0$, so eilt die Spannung dem Strom nach, wie Bild 4-122 zeigt.

Zur Messung von Wechselstromgrößen werden häufig Gleichstrominstrumente verwendet. Sie zeigen den sogenannten *Effektivwert* an. Er ist ein *zeitlicher quadratischer Mittelwert* der entsprechenden elektrischen Größe. (Zwei Gründe sind für die Bestimmung des Quadrates ausschlaggebend: Zum einen werden Abweichungen positiver und negativer Art durch Quadrieren immer positiv, und zum anderen würde ein über die Zeitdauer T integrierter arithmetischer Mittelwert genau null ergeben, da sich im Integrationsintervall gleich viele positive wie negative Flächenanteile befinden.) Der Effektivwert des Wechselstroms i_{eff} errechnet sich dann zu

$$i_{\mathrm{eff}} = I = \sqrt{\frac{1}{T} \int_0^T i^2 \, \mathrm{d}t}, \qquad (4\text{-}283)$$

$$i_{\mathrm{eff}} = \hat{\imath} \sqrt{\frac{1}{T} \int_0^T \cos^2(\omega t) \, \mathrm{d}t} = \hat{\imath} \sqrt{\frac{T}{2T}},$$

$$i_{\mathrm{eff}} = I = \frac{\hat{\imath}}{\sqrt{2}} \approx 0{,}707 \, \hat{\imath}. \qquad (4\text{-}284)$$

Entsprechend gilt für den Effektivwert der Spannung

$$u_{\mathrm{eff}} = U = \frac{\hat{u}}{\sqrt{2}} \approx 0{,}707 \, \hat{u}. \qquad (4\text{-}285)$$

In der Wechselstromtechnik werden bei eindeutiger Zuordnung die Effektivwerte durch $U = u_{\mathrm{eff}}$ und $I = i_{\mathrm{eff}}$ bezeichnet.

Zur Darstellung, zur Berechnung und zum besseren Verständnis des Wechselstromkreises werden Wechselspannung, Wechselstrom und Widerstand als komplexe Größen in Form von *Zeigern* in der *Gaußschen Zahlenebene* dargestellt. Dies ist deshalb vorteilhaft, weil sich nach der *Eulerschen Formel* der komplexe Exponent einer Exponentialfunktion durch die harmonischen trigonometrischen Funktionen ausdrücken läßt als

$$Z \, e^{j\varphi} = Z \, \underbrace{(\cos \varphi}_{\substack{\text{Real-}\\\text{teil}}} + \underbrace{j \sin \varphi)}_{\substack{\text{Imaginär-}\\\text{teil}}} \, . \qquad (4\text{-}286)$$

Dies bedeutet, daß die komplexe Zahl Z = Realteil + j · Imaginärteil ($j = \sqrt{-1}$) in der Gaußschen Zahlenebene liegt und einen Realteil von $Z \cos \varphi$ und einen Imaginärteil von $Z \sin \varphi$ hat (Bild 4-123). Der Betrag $|Z|$ und der Winkel φ zwischen reeller und imaginärer Achse errechnet sich nach

$$|Z| = \sqrt{(\text{Realteil})^2 + (\text{Imaginärteil})^2} \, , \qquad (4\text{-}287)$$

$$\tan \varphi = \frac{\text{Imaginärteil}}{\text{Realteil}} \, . \qquad (4\text{-}288)$$

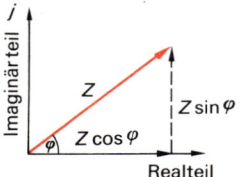

Bild 4-123. Darstellung komplexer Größen im Zeigerdiagramm.

Da nur der Realteil eines Zeigers physikalische Wirkungen zeigt, werden die elektrischen Wechselstromgrößen (Spannung, Strom, Widerstand und Leistung) auch gemäß Bild 4-124 bezeichnet: Der *Realteil* ist der *Wirkanteil*, der *Imaginärteil* der *Blindanteil* einer Wechselstromgröße; beide zusammen ergeben als *komplexen Zeiger* die *Scheingröße*.

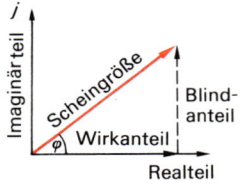

Bild 4-124. Bezeichnung elektrischer Wechselstromgrößen im Zeigerdiagramm.

4.5.2.2. Bauelemente im Wechselstromkreis

Bild 4-125 zeigt das Verhalten der drei Bauelemente Widerstand (R), Spule (L) und Kapazität (C) im Wechselstromkreis. Die erste Zeile dieser Übersicht bezeichnet das graphische Symbol und zeigt, daß jedes Bauelement von dem gleichen Wechselstrom $i(t) = \hat{\imath} \cos(\omega t)$ durchflossen wird und in ihm ein Spannungsabfall $u(t)$ stattfindet. Den Zusammenhang zwischen Stromstärke i und Spannung u liefert ein für jedes Bauelement spezifisches Gesetz (Zeile 2), z. B. das Ohmsche Gesetz für den Widerstand, das Induktionsgesetz für die Spule und den Zusammenhang zwischen Ladung und Spannung für die Kapazität. Die nächste Zeile zeigt den zeitlichen Verlauf von Strom und Spannung (Momentanwerte). So ist daraus ersichtlich, daß

— beim Widerstand Strom und Spannung nicht phasenverschoben sind,
— bei der Spule die Spannung dem Strom um $\pi/2$ vorauseilt und
— bei der Kapazität die Spannung dem Strom um $\pi/2$ nacheilt.

Diese Ergebnisse lassen sich auch in einem Zeigerdiagramm (Zeile 4) anschaulich darstellen. In ihm rotieren die eventuell phasenverschobenen Strom- und Spannungszeiger mit der Winkelgeschwindigkeit ω und erzeugen so die Momentanwerte. Die Widerstände sind entweder reell (beim ohmschen Widerstand R) oder imaginär (bei der Spule $X_L = j \omega L$ und bei der Kapazität $X_C = -j(\omega C)^{-1}$). Die reellen Widerstände (Wirkwiderstände) werden prinzipiell mit dem Buchstaben R und die imaginären Widerstände (Blindwiderstände) mit X bezeichnet. Die Formeln für die Widerstände der Bauelemente besagen etwas über die Frequenzabhängigkeit der Widerstände:

— der ohmsche Widerstand ist frequenzunabhängig,
— der induktive Widerstand X_L nimmt mit steigender Frequenz zu, und
— der kapazitive Widerstand X_C nimmt mit steigender Frequenz ab.

4.5.2.3. Reihenschaltung von Bauelementen im Wechselstromkreis

Bild 4-126 zeigt die Verhältnisse bei der Reihenschaltung von Widerstand R und Spule L

	Ohmscher Widerstand (Wirkwiderstand)	Spule (induktiver Blindwiderstand)	Kapazität (kapazitiver Blindwiderstand)
Symbol	$i = \hat{\imath}\cos(\omega t)$ $u_R = R\hat{\imath}\cos(\omega t)$	$i = \hat{\imath}\cos(\omega t)$ $u = L\omega\hat{\imath}\sin(\omega t)$	$i = \hat{\imath}\cos(\omega t)$ $u = \dfrac{1}{\omega C}\hat{\imath}\sin(\omega t)$
Gesetz	Ohmsches Gesetz: $u(t) = Ri(t)$ $u(t) = R\hat{\imath}\cos(\omega t)$ (4-289)	Induktionsgesetz: $u(t) = L\dfrac{di}{dt}$ $i(t) = \hat{\imath}\cos(\omega t)$ $\dfrac{di}{dt} = -\omega\hat{\imath}\sin(\omega t)$ $u(t) = -L\omega\hat{\imath}\sin(\omega t)$ (4-290)	$Q = Cu$ $\int i\,dt = Cu$ $u(t) = \dfrac{1}{C}\int i\,dt$ $\int i\,dt = \int \hat{\imath}\cos(\omega t)\,dt = \dfrac{1}{\omega}\hat{\imath}\sin(\omega t)$ $u(t) = \dfrac{1}{\omega C}\hat{\imath}\sin(\omega t)$ (4-291)
Momentanwerte	$u = R\hat{\imath}\cos(\omega t)$ $i = \hat{\imath}\cos(\omega t)$ 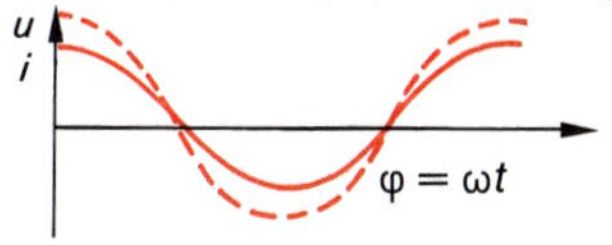 $\varphi = \omega t$ nicht phasenverschoben: $\varphi(i, u) = 0$	$u = -L\omega\hat{\imath}\sin(\omega t)$ $i = \hat{\imath}\cos(\omega t)$ 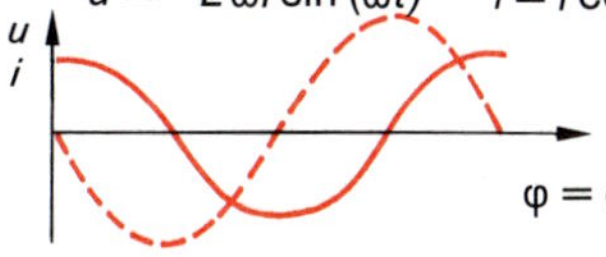 $\varphi = \omega t$ phasenverschoben um $\varphi(u, i) = \pi/2\,i$; u eilt i um $\pi/2$ voraus	$u = \dfrac{1}{\omega C}\hat{\imath}\sin(\omega t)$ $i = \hat{\imath}\cos(\omega t)$ 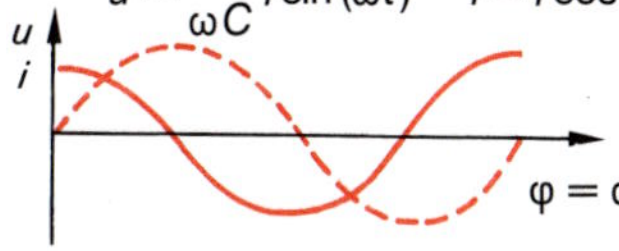 $\varphi = \omega t$ phasenverschoben um $\varphi(u, i) = -\pi/2\,i$; u eilt i um $\pi/2$ nach
Zeigerdiagramm	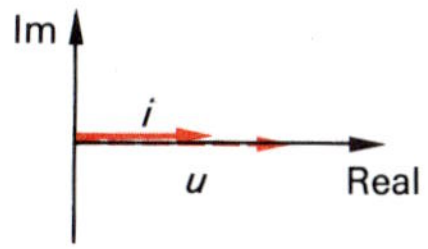	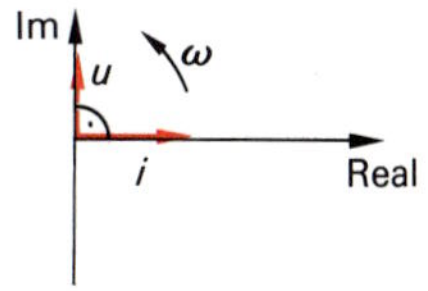	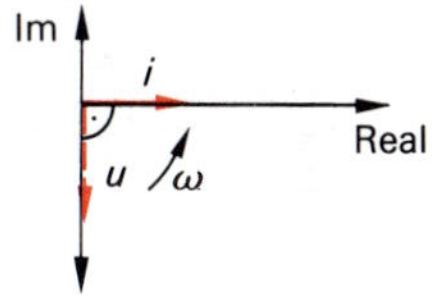
Widerstand	$\dfrac{\hat{U}}{\hat{\imath}} = R$ 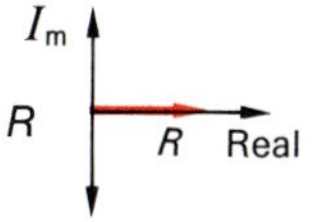	$\dfrac{\hat{U}}{\hat{\imath}} = \omega L$ $\underline{X}_L = j\omega L$ 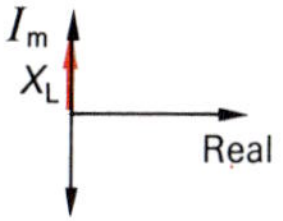 (4-293)	$\dfrac{\hat{U}}{\hat{\imath}} = \dfrac{1}{\omega C}$ $\underline{X}_C = -j\dfrac{1}{\omega C}$ 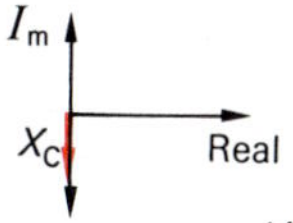 (4-294)
Frequenz-abhängigkeit	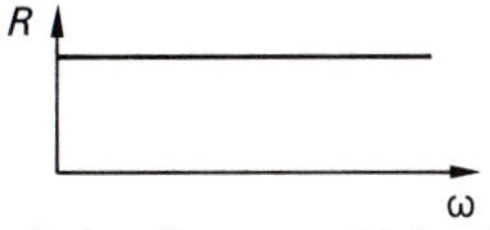 keine Frequenzabhängigkeit	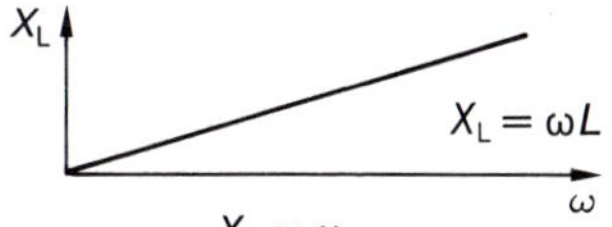 $X_L = \omega L$ $X_L \sim \omega$	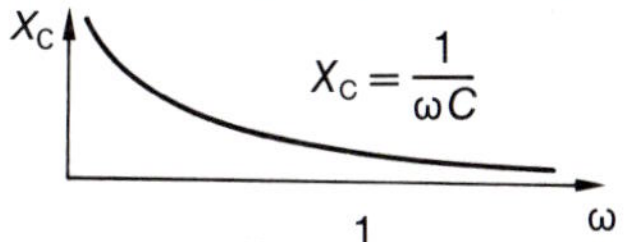 $X_C = \dfrac{1}{\omega C}$ $X_C \sim \dfrac{1}{\omega}$

Bild 4-125. *Bauelemente im Wechselstromkreis.*

Schaltung	(R, L)	(R, C)	(R, L, C)
Schaltung	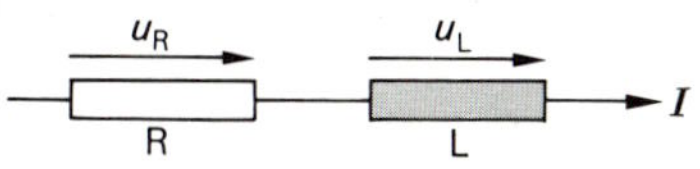	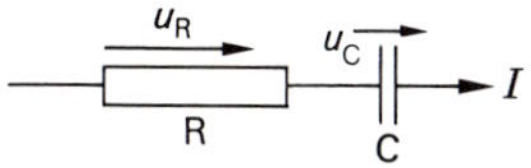	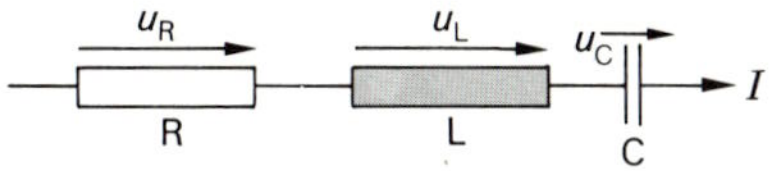
Zeiger-diagramm	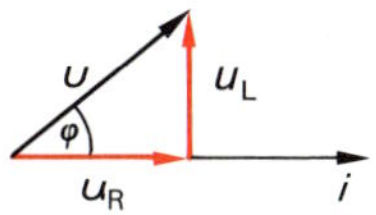 $u_R = Ri$ $u_L = j\omega Li$	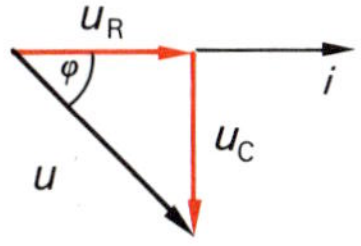 $u_R = Ri$ $u_C = \dfrac{-j}{\omega C}i$	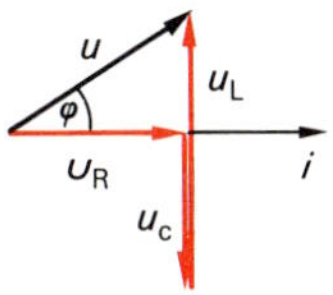 $u_R = Ri$ $u_L = j\omega Li$ $u_C = \dfrac{-j}{\omega C}i$
Spannung	$u = \sqrt{u_R^2 + u_L^2}$ $u = i\sqrt{R^2 + (\omega L)^2}$ $u = iZ$ (4–296)	$u = \sqrt{u_R^2 + (-u_C)^2}$ $u = i\sqrt{R^2 + \left(\dfrac{1}{\omega C}\right)^2}$ $u = iZ$ (4–297)	$u = \sqrt{u_R^2 + (u_L - u_C)^2}$ $u = i\sqrt{R^2 + \left(\omega L - \dfrac{1}{\omega C}\right)^2}$ $u = iZ$ (4–298)
komplexer Widerstand	$Z = \sqrt{R^2 + (\omega L)^2}$ (4–299)	$Z = \sqrt{R^2 + \left(\dfrac{1}{\omega C}\right)^2}$ (4–300)	$Z = \sqrt{R^2 + \left(\omega L - \dfrac{1}{\omega C}\right)^2}$ (4–301)
Verlustwinkel	$\tan\varphi = \dfrac{\omega L}{R}$	$\tan\varphi = -\dfrac{1}{R\omega C}$	$\tan\varphi = \dfrac{\omega L - \dfrac{1}{\omega C}}{R}$
Resonanz	—	—	Reihenresonanz: maximale Stromstärke $u_L = u_C$ $\omega = \sqrt{\dfrac{1}{LC}}$ (4–302)

Bild 4-126. Reihenschaltung der Bauelemente im Wechselstromkreis.

(RL-Glied), Widerstand R und Kapazität C (RC-Glied) sowie von Widerstand R, Spule L und Kapazität C (RLC-Glied). Da bei einer Reihenschaltung die Ströme konstant bleiben, addieren sich die jeweiligen Spannungszeiger der Bauelemente (Zeigerdiagramm in Zeile 1 und Spannung in Zeile 2). Nach dem Ohmschen Gesetz für den Wechselstromkreis gilt für die Effektivwerte U und I

$$U = I\,Z. \qquad (4\text{-}295)$$

Daraus ergeben sich die schaltungstypischen komplexen Wechselstromwiderstände Z sowie die Verlustwinkel $\tan\varphi$.

Bei der Reihenschaltung aller drei Bauelemente R, L und C besteht die Möglichkeit, die Phasenverschiebung zwischen Strom und Spannung aufzuheben. Dies ist der Fall, wenn $u_L = u_C$ ist. Dann gilt die *Thomson-Gleichung* (W. Thomson, 1824 bis 1907, später *Lord Kelvin*) für Reihenresonanz:

$$\omega = \sqrt{\frac{1}{LC}} \qquad (4\text{-}302)$$

(s. Differentialgleichung eines elektrischen Schwingkreises in Abschn. 5.1). Bei der Reihenresonanz bleibt die Spannung mit der Resonanzfrequenz bevorzugt erhalten, alle Spannungen mit anderen Frequenzen werden unterdrückt (z. B. Reihenschaltung eines speziellen RLC-Gliedes als Siebelement). Gleichzeitig fließt bei der Resonanzfrequenz wegen der fehlenden induktiven und kapazitiven Widerstandsanteile eine maximale Stromstärke. Zu beachten ist aber, daß sich die Blindspannungen an Spule und Kondensator zwar aufheben, beim einzelnen Bauelement aber beträchtlich hoch sein können und in der Lage sind, die Bauelemente zu zerstören.

4.5.2.4. Parallelschaltung von Bauelementen im Wechselstromkreis

Bild 4-127 zeigt die Verhältnisse bei der Parallelschaltung der Bauelemente Widerstand (R), Spule (L) und Kondensator (C). Wie im Fall der Reihenschaltung (Abschn. 4.5.2.3) werden die Fälle RL-, RC- und RLC-Glied betrachtet. Bei der Parallelschaltung bleibt die ange-

legte Spannung konstant. Deshalb addieren sich in diesem Fall die Teilströme vektoriell zum Gesamtstrom (Zeigerdiagramm in Bild 4-127). Das Ohmsche Gesetz für den Strom im Wechselstromkreis lautet dann

$$I = \frac{U}{Z} = U\,G. \qquad (4\text{-}303)$$

Daraus ergeben sich für die jeweilige Schaltung spezifische komplexe Leitwerte $G = 1/Z$ sowie Verlustwinkel. − Bei der Parallelschaltung aller drei Bauelemente R, L und C tritt eine *Stromresonanz* des *Parallelkreises* auf. Die Thomson-Gleichung für die Resonanzfrequenz ist für die Reihenschaltung und für die Parallelschaltung gleich. Die RLC-Resonanzschaltungen eignen sich zum Bau von Siebelementen oder Sperrkreisen, zum Unterdrücken von Störfrequenzen und als Filter zur Frequenzwahl.

4.5.2.5. Leistung im Wechselstromkreis

Der zeitliche Verlauf von Strom $i(t)$ und Spannung $u(t)$ eines Wechselstromkreises ist in Bild 4-128 dargestellt. Die Momentanleistung errechnet sich nach

$$p(t) = u(t)\,i(t) \qquad (4\text{-}310)$$

und zeigt je nach Richtung und Größe der Wechselspannung bzw. des Wechselstromes positive oder negative Energieflüsse. Die *mittlere Leistung* oder *Wirkleistung* ergibt sich aus der Differenz der positiven und negativen Flächen der $u\,i$-Kurve und der Zeitachse in Bild 4-129 und errechnet sich zu

$$P = \frac{1}{T}\int_0^T u(t)\,i(t)\,\mathrm{d}t. \qquad (4\text{-}311)$$

Bei harmonischem Spannungs- und Stromverlauf ist die Wirkleistung

$$P = \tfrac{1}{2}\,\hat{u}\,\hat{\imath}\cos\varphi = U\,I\cos\varphi. \qquad (4\text{-}312)$$

Hierbei ist der Winkel φ die Phasenverschiebung zwischen Wechselspannung und Wechselstrom (Gl. (4-282)).

	Schaltung 1 (R ∥ L)	Schaltung 2 (R ∥ C)	Schaltung 3 (R ∥ L ∥ C)
Schaltung	R und L parallel, u, i_R, i_L	R und C parallel, u, i_R, i_C	R, L, C parallel, u, i_R, i_L, i_C
	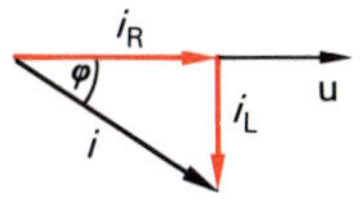 $i_R = \dfrac{u}{R}$ $\quad$ $i_L = \dfrac{u}{j\omega L} = -j\dfrac{u}{\omega L}$	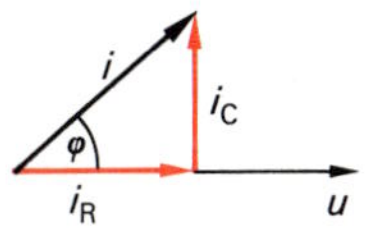 $i_R = \dfrac{u}{R}$ $\quad$ $i_C = uj\omega C$	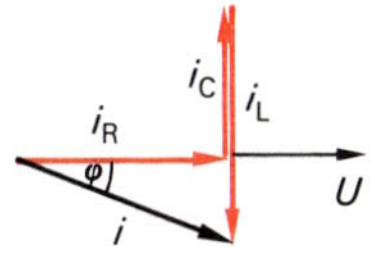 $i_R = \dfrac{u}{R}$ $\quad$ $i_L = -j\dfrac{u}{\omega L}$ $\quad$ $i_C = uj\omega C$
Zeiger-diagramm	i_R, i_L, u, i, φ	i_C, i, φ, i_R, u	i_C i_L, u, i_R, φ, i
Stromstärke	$i = \sqrt{i_R^2 + (-i_L)^2}$ $i = u\sqrt{\left(\dfrac{1}{R}\right)^2 + \left(-\dfrac{1}{\omega L}\right)^2}$ $i = u/Z = uG$	$i = \sqrt{i_R^2 + i_C^2}$ $i = u\sqrt{\left(\dfrac{1}{R}\right)^2 + (\omega C)^2}$ $i = u/Z = uG$	$i = \sqrt{i_R^2 + (i_C - i_L)^2}$ $i = u\sqrt{\left(\dfrac{1}{R}\right)^2 + \left(\omega C - \dfrac{1}{\omega L}\right)^2}$ $i = u/Z = uG$
komplexer Leitwert G (Widerstand)	$G = \dfrac{1}{Z} = \sqrt{\left(\dfrac{1}{R}\right)^2 + \left(\dfrac{1}{\omega L}\right)^2}$ (4–304)	$G = \dfrac{1}{Z} = \sqrt{\left(\dfrac{1}{R}\right)^2 + (\omega C)^2}$ (4–305)	$G = \dfrac{1}{Z} = \sqrt{\left(\dfrac{1}{R}\right)^2 + \left(\omega C - \dfrac{1}{\omega L}\right)^2}$ (4–306)
Verlustwinkel	$\tan\varphi = \dfrac{-i_L}{i_R} = -\dfrac{R}{\omega L}$ (4–307)	$\tan\varphi = \dfrac{i_C}{i_R} = R\omega C$ (4–308)	$\tan\varphi = \dfrac{i_C - i_L}{i_R} = R\left(\omega C - \dfrac{1}{\omega L}\right)$ (4–309)
Resonanz	—	—	Parallelresonanz: maximale Spannung $i_C = i_L$ $\omega = \sqrt{\dfrac{1}{LC}}$ (4–302)

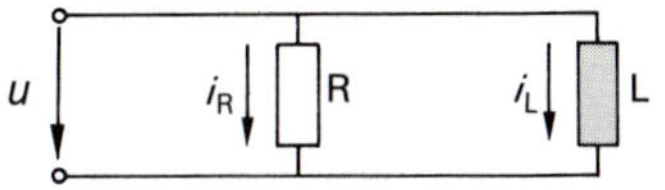

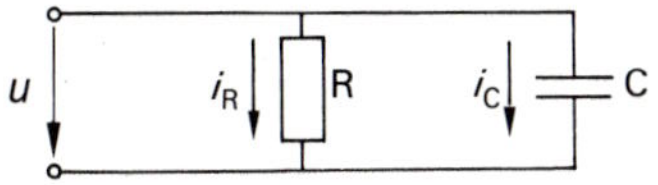

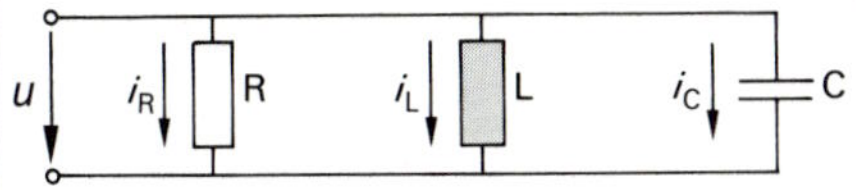

Bild 4-127. Parallelschaltung von Bauelementen im Wechselstromkreis.

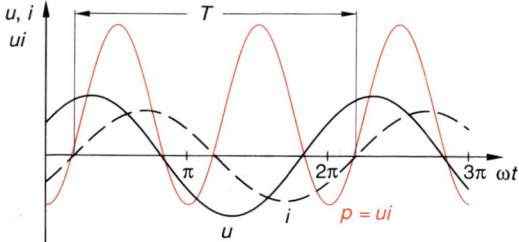

Bild 4-128.   Zeitlicher Verlauf von Strom, Spannung und Leistung im Wechselstromkreis.

Für einen harmonischen Spannungs- und Stromverlauf gilt nach Gl. (4-280), (4-281) und (4-282)

$$u(t) = \hat{u} \cos(\omega t + \varphi_u)$$
$$= U \sqrt{2} \cos(\omega t + \varphi_u), \qquad (4\text{-}313)$$
$$i(t) = \hat{\imath} \cos(\omega t + \varphi_i)$$
$$= I \sqrt{2} \cos(\omega t + \varphi_i). \qquad (4\text{-}314)$$

Daraus errechnet sich der zeitliche Verlauf der Leistung:

$$p(t) = u(t) \, i(t)$$
$$= 2 U I \cos(\omega t + \varphi_u) \cos(\omega t + \varphi_i).$$

a)

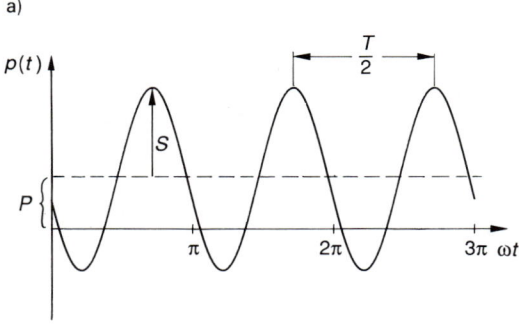

b)

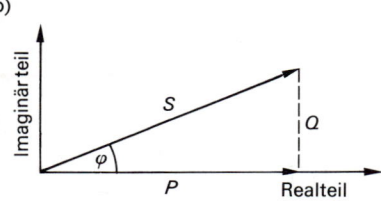

Bild 4-129.   Momentan-, Schein-, Wirk- und Blindleistung im Wechselstromkreis.

Durch Anwendung des Additionstheorems $2 \cos^2 \omega t = \cos(2 \omega t) + 1$ ergibt sich

$$p(t) = U I \cos \varphi +$$
$$+ U I \cos(2 \omega t + \varphi_u + \varphi_i) \qquad (4\text{-}315)$$

Wie Bild 4-129a zeigt, schwingt die Momentanleistung mit der doppelten Frequenz der Wechselspannung um den Durchschnittswert, der nach Gl. (4-312) der *Wirkleistung P* entspricht. Bild 4-129b zeigt, wie die *Scheinleistung S* aus Anteilen der Wirkleistung *P* und der *Blindleistung Q* besteht. Es gilt

$$S = U I, \qquad (4\text{-}316)$$
$$S = \sqrt{P^2 + Q^2} \qquad (4\text{-}317)$$

und für den *Verlustfaktor*

$$\tan \varphi = \frac{Q}{P}. \qquad (4\text{-}318)$$

Ferner ist

$$P = U I \cos \varphi = S \cos \varphi \qquad (4\text{-}319)$$

und der *Leistungsfaktor*

$$\cos \varphi = \frac{P}{S}. \qquad (4\text{-}320)$$

Er gibt an, wieviel der gesamten Leistung *S* als Wirkleistung zur Verfügung steht. Er sollte möglichst nahe bei 1 liegen. Die *Blindleistung Q* beträgt

$$Q = U I \sin \varphi = S \sin \varphi. \qquad (4\text{-}321)$$

Der *Blindfaktor* $\sin \varphi$ errechnet sich dann als

$$\sin \varphi = \frac{Q}{S}. \qquad (4\text{-}322)$$

Die durch elektrische Zuleitungen und durch elektrische Geräte fließende Stromstärke kann tatsächlich größer sein als der Wirkstrom I_{Wirk}, der wirklich nutzbar ist. Es ist deshalb wichtig, den Verlustwinkel $\tan \varphi$ möglichst klein oder den Leistungsfaktor $\cos \varphi$ nahe bei 1 zu halten. Zur Kompensation des Blindstromanteils können Phasenschieberkondensatoren (Abschn. 4.3.7, Bild 4-74) verwendet werden, deren kapazitiver Blindwiderstand so groß wie der induktive Blindwiderstand ist. Für die Blindleistung Q gilt

$$Q = U \, I_{\text{Blind}}$$

mit

$$I_{\text{Blind}} = \frac{U}{X_C} = U \, \omega \, C .$$

Damit ergibt sich $Q = U^2 \, \omega \, C$. Die zur Blindstromkompensation notwendige Kapazität errechnet sich daraus zu

$$C = \frac{Q}{U^2 \, \omega} . \qquad (4\text{-}323)$$

Tabelle 4-14 zeigt die Formelzeichen sowie die Bezeichnungen nach DIN 40 110 für die Wirk-, Blind- und Scheinanteile von Widerstand und Leitwert.

Tabelle 4-14. Gleichungen für Wechselstromwiderstände und -leitwerte.

	Widerstand	Leitwert
Wirkanteil	$R = \dfrac{P}{I^2}$ (4-324) Resistanz	$G = \dfrac{P}{U^2}$ (4-325) Konduktanz
Blindanteil	$X = \dfrac{Q}{I^2}$ (4-326) Reaktanz	$B = \dfrac{Q}{U^2}$ (4-327) Suszeptanz
Scheingröße	$Z = \dfrac{U}{I}$ (4-328) Impedanz	$Y = \dfrac{I}{U}$ (4-329) Admittanz

Beispiel

4.5-4: Ein Elektromotor hat die Leistung $P = 45$ kW und wird mit einer Klemmenspannung von $U = 380$ V betrieben. Der Leistungsfaktor ist $\cos \varphi = 0,85$. Wie groß ist die Schein- und Blind-leistung, wie groß ist die Stromstärke I sowie der Wirk- und Blindstrom?

Lösung:

Aus Gl. (4-320) ergibt sich für die Scheinleistung

$$S = \frac{P}{\cos \varphi} = \frac{45 \text{ kW}}{0,85} = 52,94 \text{ kW} .$$

Die Blindleistung beträgt nach Gl. (4-321)

$$Q = S \sin \varphi = 52,94 \text{ kW} \cdot 0,5267 = 27,88 \text{ kW} .$$

Für die Stromstärke I ergibt sich nach Gl. (4-316)

$$I = \frac{S}{U} = \frac{52,94 \cdot 10^3 \text{ VA}}{380 \text{ V}} = 139,3 \text{ A} .$$

Für den Wirkstrom gilt $I_{\text{Wirk}} = I \cos \varphi = 118,4$ A und für den Blindstrom $I_{\text{Blind}} = I \sin \varphi = 73,38$ A.

4.5.2.6. Drehstrom

Im öffentlichen Stromnetz fließt ein sogenannter *Dreiphasenstrom* oder *Drehstrom*. Ursache sind drei Wechselspannungen u_1, u_2 und u_3, die um jeweils 120 ° ($2\pi/3$) phasenverschoben sind, wie Bild 4-130 zeigt. Die drei Wechselspannungen werden durch drei voneinander unabhängige Spulenwicklungen im Generator erzeugt (Abschn. 4.5.2.8). Dann ergeben sich sechs Spulenendpunkte. Durch eine geeignete

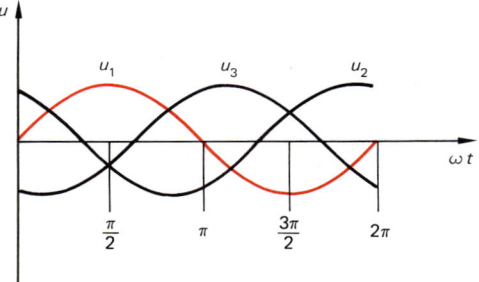

$$u_1 = u \sin (\omega \, t)$$

$$u_2 = u \sin \left(\omega \, t + \frac{2\pi}{3} \right)$$

$$u_3 = u \sin \left(\omega \, t + \frac{4\pi}{3} \right)$$

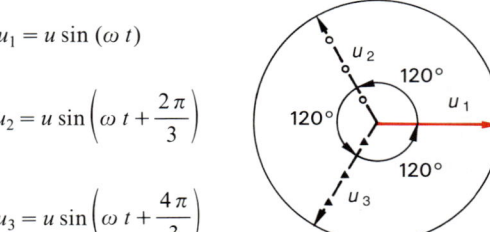

Bild 4-130. Verlauf der drei Wechselspannungen beim Drehstromnetz.

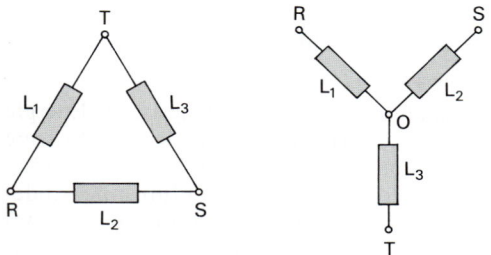

Bild 4-131.   Dreieck-Stern-Schaltung.

Schaltung als *Dreiecksschaltung* bzw. als *Sternschaltung* gemäß Bild 4-131 können die notwendigen Anschlußstellen auf drei (R, S, T) bzw. vier (R. S. T, 0) verringert werden.

In Tabelle 4-15 sind die Zusammenhänge zwischen dem Leiterstrom und der Leiterspannung für die Dreieck- bzw. Sternschaltung zusammengestellt. Durch die Spule fließende Ströme bzw. an den Spulen abfallende Spannungen werden als *Strangströme* bzw. *Strangspannungen* bezeichnet, zu den Punkten fließende Ströme bzw. zwischen den Punkten auftretende Spannungsabfälle als *Leiterströme* bzw. *Leiterspannungen*.

Tabelle 4-15. Leiterstrom und Leiterspannung in der Dreieck-Stern-Schaltung.

	Leiterstrom	Leiterspannung
Dreieck-Schaltung	$I_R = I_S = I_T =$ $\sqrt{3} \cdot$ Strangstrom (4-330)	$U_{RS} = U_{RT} = U_{ST}$ = Strangspannung (4-331)
Stern-Schaltung	$I_R = I_S = I_T$ = Strangstrom (4-332) (Mittelpunkt-strom = null)	$U_{RS} = U_{RT} = U_{ST}$ = $\sqrt{3} \cdot$ Strang-spannung (4-333) Strangspannung $U_{RO} = U_{SO} = U_{TO}$

Im öffentlichen Stromnetz ist die Sternschaltung anzutreffen. Die Strangspannung ($U_{R0} = U_{S0} = U_{T0}$) beträgt 220 V, weshalb die Leiterspannung nach Gl. (4-333) $U_{RS} = U_{RT} = U_{ST}$ = $\sqrt{3} \cdot$ 220 V = 380 V beträgt. Gl. (4-332) gilt nur, wenn alle drei Stränge gleichmäßig belastet sind.

4.5.2.7. Transformation von Wechselströmen

Werden um einen gemeinsamen Eisenkern an zwei gegenüberliegenden Seiten (Primär- bzw. Sekundärseite) Spulenwicklungen angebracht, dann entstehen zwei *induktiv gekoppelte Spulen*. Da mit solchen Bauelementen *Spannungen transformiert* werden können, werden sie *Transformatoren* genannt. Bild 4-132 zeigt das Schema eines Transformators (a) und das Symbol (b). Liegt an der Primärseite eine Wechselspannung u_1, so wird nach dem Induktionsgesetz ein magnetischer Fluß verändert:

$$u_1 = - N_1 \frac{d\Phi_1}{dt}.$$

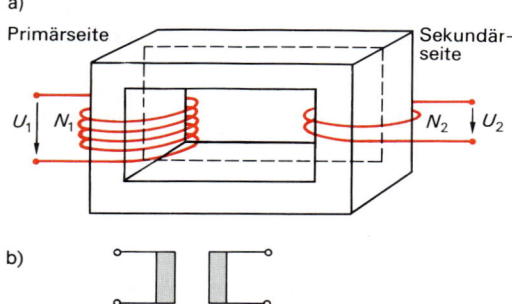

Bild 4-132.   Schema des Transformators.

Wegen der induktiven Kopplung wird die magnetische Flußänderung an die Sekundärseite weitertransportiert, so daß dort die Spannung

$$u_2 = - N_2 \frac{d\Phi_2}{dt}$$

induziert wird. Werden beide Gleichungen durcheinander dividiert, so gilt für den idealen, verlustlosen Transformator ($\Phi_1 = \Phi_2$)

$$\frac{u_1}{u_2} = \frac{N_1}{N_2} = \ddot{u} \, . \qquad (4\text{-}334)$$

Dies bedeutet, daß eine Spannungstransformation im Verhältnis der Windungszahlen (*Übersetzungsverhältnis* $\ddot{u}$) stattfindet. – Diese Gleichung gilt nur für den unbelasteten Fall. Meist können die Leistungsverluste beim Transport des magnetischen Flusses Φ von der Primär- und Sekundärseite vernachlässigt werden. Dann gilt $P_1 = P_2$, und mit $P = U \, I \cos \varphi$ ergibt sich $U_1 \, I_1 = U_2 \, I_2$ oder

$$\frac{U_1}{U_2} = \frac{I_2}{I_1} = \frac{N_1}{N_2} = \ddot{u} . \qquad (4\text{-}335)$$

Gl. (4-335) zeigt, daß sich die Stromstärken umgekehrt zu den Windungszahlen bzw. Spannungen verhalten.

Transformatoren spielen bei der Stromversorgung eine wichtige Rolle, da durch die Hochspannungstransformation die Stromstärken für den Transport verringert werden können und somit nach $P = I^2 R$ geringere Verlustleistungen auftreten. Zu diesem Zweck werden die von Generatoren erzeugten Spannungen von 10 kV bis 20 kV auf 110 kV bis 380 kV herauftransformiert und für den Verbraucher auf 220 V bzw. 380 V herabgesetzt. Hohe Spannungs- bzw. Stromwerte können über Meßwandler gemessen werden, wenn das Übersetzungsverhältnis genau bekannt ist und die Leistungen nicht hoch sind.

Eine weitere Anwendung ist die Widerstandstransformation über einen Transformator, z. B. zur Spannungsversorgung eines niederohmigen Lautsprechers. Bild 4-133 zeigt das Prinzip. Kann der induktive Widerstand der Transformatorspule vernachlässigt werden, dann gilt, wenn die Leistung an der Primär- und Sekundärseite gleich ist,

$$P_1 = \frac{U_1^2}{R_a'} = P_2 = \frac{U_2^2}{R_a}; \quad \frac{U_1^2}{R_a'} = \frac{U_2^2}{R_a},$$

$$R_a' = R_a \left(\frac{U_1}{U_2}\right)^2 = R_a \, \ddot{u}^2 . \qquad (4\text{-}336)$$

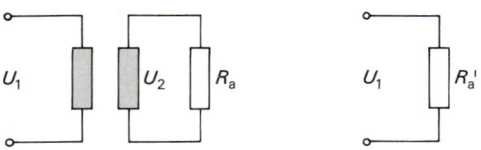

Bild 4-133.   Widerstandstransformation.

4.5.2.8. Elektrische Maschinen

In den meisten elektrischen Maschinen findet eine Umwandlung von mechanischer und elektrischer Energie statt. Dabei wird zur Erzeugung eines Drehmomentes die Kraftwirkung zwischen einem stromdurchflossenen Leiter und einem Magnetfeld (Gl. (4-204)) ausgenutzt. Je nach Umwandlungsrichtung gibt es zwei Arten von elektrischen Maschinen:

– *Generatoren* (Dynamomaschine)

Mechanische Energie (kinetische Energie der Rotation) wird in elektrische Energie umgewandelt, indem durch eine Drehbewegung der magnetische Fluß eine Änderung erfährt. Dadurch tritt nach dem Induktionsgesetz (Gl. (4-249)) eine elektrische Spannung auf.

– *Elektromotoren*

Elektrische Antriebsenergie wird in mechanische Energie (kinetische Energie der Rotation) umgewandelt. Anliegende elektrische Spannungen verursachen Ströme, deren Magnetfelder auf das vorhandene Magnetsystem Kräfte bzw. Drehmomente ausüben, die die mechanische Rotation der Antriebsachse verursachen (Ausnahme: Drehstrom-Asynchronmotor, da kein Magnetsystem vorhanden).

Da die elektrischen Maschinen eine große Typenvielfalt aufweisen, können nur wenige wichtige beschrieben werden. Sie sind in Bild 4-134 zusammengestellt. Generatoren und Elektromotoren sind prinzipiell gleich aufgebaut. Sie bestehen aus einem *Magnet*- und einem *Spulensystem* mit (in einigen Fällen) zwei *Schleifkontakten*. Das Magnetsystem besteht entweder aus Elektro- oder aus Dauermagneten. Das Spulensystem, in dem die Spannung induziert wird, wird *Anker* genannt. Ein Teil des Magnet- bzw. Spulensystems ist feststehend (*Stator*), der andere Teil rotierend (*Rotor* oder *Läufer*). Befindet sich das Ma-

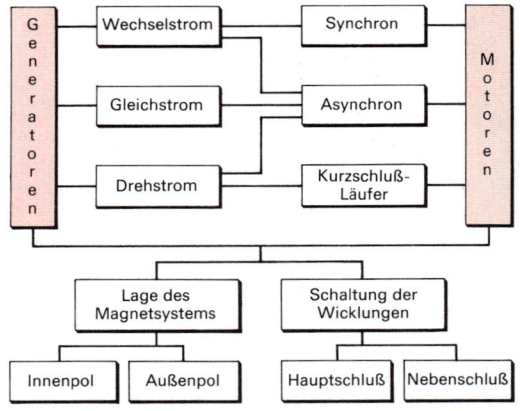

Bild 4-134.   Elektrische Maschinen.

a)

b)

Bild 4-135. Stator und Rotor einer Innenpolmaschine.
Werkphotos: Emod

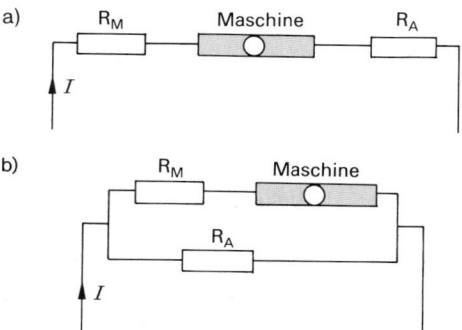

Bild 4-136.   Haupt- und Nebenschlußmaschine.

gnetsystem als Stator außen, so liegt eine *Außenpolmaschine* vor; bewegt es sich dagegen als Rotor im Innern, so handelt es sich um eine Innenpolmaschine. Bild 4-135 zeigt den Stator (a) und den Rotor (b) einer Innenpolmaschine. Diese Bauart wird häufig bei Generatoren hoher Drehzahl vorgefunden, weil die Schleifringe entfallen. Bei den meisten elektrischen Maschinen dient die im Spulensystem induzierte Spannung zur Erregung des magnetischen Feldes (*Siemenssches Dynamoprinzip*).

Bei den elektrischen Maschinen unterscheidet man zwischen einer Haupt- und einer Nebenschlußmaschine, wie Bild 4-136 zeigt. Bei einer Hauptschlußmaschine fließt der gesamte Strom durch den Elektromagneten (Widerstände des Magnetfeldes M und Ankerwicklung A sind in Reihe geschaltet, Bild 4-136a),

während bei einer Nebenschlußmaschine nur ein Teil des Stroms durch den Magneten fließt (Widerstände des Magnetfelds und der Ankerwicklung sind parallel geschaltet, Bild 4-136b). In diesem Fall wirkt in der Anlaufphase nur der remanente Magnetismus.

Generatoren

Wie Bild 4-134 zeigt, gibt es Generatoren zur Erzeugung von Gleich-, Wechsel- und Drehstrom. Der einfachste Wechselstromgenerator besteht aus einer drehbaren Spule im Magnetfeld (Bild 4-118, Fall e). Wird die Anordnung umgekehrt, so daß die Magnetpole innen liegen und die Induktionsspule außen ist, so liegt ein Innenpolgenerator vor. Bei diesem kann der erzeugte Wechselstrom ohne Schleifringe direkt von den Spulenwicklungen abgegriffen werden. Dies ist bei hoher Drehzahl besonders günstig. Beim Drehstromgenerator als Innenpolmaschine besitzt der Anker drei voneinander unabhängige, um 120° verschobene Spulensysteme, die als Dreieck oder als Stern geschaltet werden können und Drehstrom erzeugen. Außenpolgeneratoren werden wegen der zusätzlich benötigten Schleifringe heute praktisch kaum noch gebaut.

Gleichstrom wird dadurch erzeugt, daß die untere Halbwelle des Wechselstroms durch einen *Polwender* oder *Kommutator* nach oben geklappt wird. Diese pulsierende Gleichspannung kann geglättet werden, wenn viele Spulen und entsprechend viele Polwender eingebaut werden. Dieses Polwendersystem wird dann Kollektor genannt, weil es alle Spannungen zur Gleichspannung aufsammelt.

Elektromotoren

Entsprechend Bild 4-134 ist die Umkehrung eines (Einphasen-)Wechselstromgenerators (der praktisch ohne Bedeutung ist), ein (Einphasen-) Wechselstrommotor; die Umkehrung eines Gleichstromgenerators ist der Gleichstrommotor; die Umkehrung des Drehstromgenerators ist der Drehstrommotor.

Ein Wechselstrommotor kann sowohl als Synchronmotor als auch als Asynchronmotor Anwendung finden. Als Synchronmotor ist er deshalb die Umkehrung des Wechselstromgenerators, weil die Frequenz der Wechselspannung proportional zur Drehzahl des Läufers ist (Bild 4-118, Fall e). Die *Synchronmaschine* läuft gleichsam synchron mit dem durch die Wechselspannung erzeugten Magnetfeld. Allerdings müssen diese Motoren durch einen Gleichstrom in eine Anfangsdrehung kommen, ehe sie durch entsprechende An- und Abstoßung der Magnetfelder in Drehung versetzt werden können. Die Synchronmotoren finden vor allem Anwendung bei gleichbleibenden Drehzahlen. Die Leistungen ausgeführter Maschinen reichen in den Megawattbereich.

Der *Asynchronmotor* wird mit Wechselstrom betrieben. Deshalb muß die Stromänderung im Drehfeld und im Anker gleichzeitig erfolgen. Dann ist die Drehzahl auch frequenzunabhängig, und der Motor läuft asynchron zur Frequenz der Wechselspannung. Der Asynchronmotor ist der am häufigsten eingesetzte Elektromotor. Er findet vielseitige Anwendung in der Technik, so. z. B.

- für Rührgeräte und Pumpen in der chemischen Industrie,
- für Datendrucker und Antriebe für Diskettenlaufwerke.,
- in Bohr-, Schleif- und Kunststoffspritzmaschinen,
- in Inkubatoren oder Pumpen von EKG-Apparaten in der Medizin,
- als Spiegelantriebe für elektrooptische Geräte und
- in Musikautomaten, Plattenspielern und Tonband- sowie Kassettengeräten.

Drehstrommotoren sind meist so aufgebaut wie ein Drehstromgenerator als Innenpolmaschine. Durch die zeitlich gegeneinander verschobenen Spannungen des Drehstromnetzes

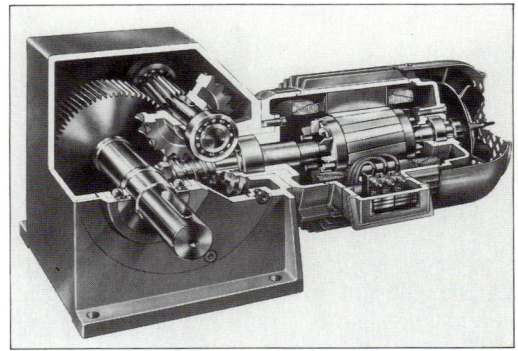

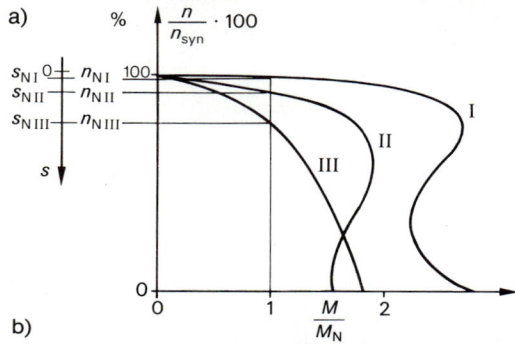

Bild 4-137. Schneckengetriebemotor mit Drehzahl-Momenten-Kennlinien.
Werkphoto: Bauer

entsteht ein Drehfeld. Der Läufer benötigt keine Wicklung. Er ist ein *Kurzschlußläufer*, der als *Käfiganker* gebaut wird. Bild 4-137 zeigt einen universell einsetzbaren *Schneckengetriebe-Motor* (a) und dessen Drehzahl-Momenten-Kennlinie (b) für einen Käfigläufer-Motor der Nennleistung 75 kW (Linie I), für einen Käfigläufer-Motor der Nennleistung 0,37 kW (II) sowie für einen Schlupfläufer-Motor (III). Das Diagramm zeigt, daß die Drehzahl eines Asynchronmotors mit zunehmender Belastung abnimmt. Die Drehzahl des Läufers n_L ist stets kleiner als die Drehzahl des Feldes n_F. Dieser *Schlupf s* wird definiert als

$$s = \frac{n_F - n_L}{n_L} \cdot 100\%. \qquad (4\text{-}337)$$

Der Schlupf von Drehstromasynchronmotoren beträgt für kleine Motoren (ca. 0,11 kW) etwa 12% und für große Motoren (ca. 75 kW) etwa 2%. Alle Gleichstrommotoren können – wie die

Generatoren – als Haupt- oder Nebenschluß-maschinen betrieben werden. Für Gleichstrom-motoren als Hauptschlußmotor liegen Feld-magnet und Anker in Reihe (Bild 4-136). Dies bedeutet, daß bei starkem Stromfluß das Ma-gnetfeld groß ist, so daß ein starkes Anzugsmo-ment spürbar wird. Die Drehzahl dieses Mo-tors ist belastungsabhängig und findet wegen seines starken Anzugsmomentes vor allem Ein-satz bei elektrischen Antrieben (z. B. Fahrzeug-antriebe). Beim Nebenschlußmotor dagegen liegen Feldmagnet und Anker parallel. Die Drehzahl dieses Motors ist nahezu belastungs-unabhängig. Ein solcher Antrieb ist beispiels-weise für Werkzeugmaschinen erforderlich. Weil die gesamte Spannung am Anker liegt, muß der Motor mit einem Anlasser gestartet werden.

4.5.3. Ein- und Ausschaltvorgänge in Stromkreisen

Dieser Abschnitt beschreibt den Strom- bzw. Spannungsverlauf beim Ein- und Ausschalten von Stromkreisen, in denen sich ein Konden-sator oder eine Spule befindet.

4.5.3.1. Ein- und Ausschalten mit einem Kondensator

In Bild 4-138 sind die Schaltung, die entspre-chende Differentialgleichung mit ihren Lö-sungen für den zeitlichen Verlauf der Ladung Q, der Spannung U und der Stromstärke I sowie die Graphik des zeitlichen Verlaufes von Spannung und Strom dargestellt.

Beim Schließen des Stromkreises gilt nach der *Maschenregel* (Abschn. 4.1.6, Gl. (4-25)), daß die Summe aller Spannungen null ist:

$$U - RI - \frac{Q}{C} = 0 \,. \qquad (4\text{-}338)$$

Mit $I = \mathrm{d}Q/\mathrm{d}t$ gilt

$$U - R\frac{\mathrm{d}Q}{\mathrm{d}t} - \frac{Q}{C} = 0 \,.$$

Nach Division durch R und einer Umstellung erhält man die Differentialgleichung

$$\frac{\mathrm{d}Q}{\mathrm{d}t} + \frac{1}{RC}Q - \frac{U}{R} = 0 \,. \qquad (4\text{-}339)$$

Die zugehörige Lösung lautet

$$Q_C = CU\left(1 - \mathrm{e}^{-\frac{1}{RC}t}\right). \qquad (4\text{-}340)$$

Wegen $U = Q/C$ wird der zeitliche Verlauf der Spannung am Kondensator beschrieben gemäß

$$U_C = U\left(1 - \mathrm{e}^{-\frac{1}{RC}t}\right). \qquad (4\text{-}341)$$

Da $\mathrm{d}Q/\mathrm{d}t = I$ ist, folgt aus Gl. (4-340) nach Differentiation nach der Zeit

$$I = \frac{U}{R}\,\mathrm{e}^{-\frac{1}{RC}t}\,. \qquad (4\text{-}342)$$

Der Faktor RC hat die Dimension Zeit: $\Omega\,\mathrm{As/V} = \mathrm{V\,As/(A\,V)} = \mathrm{s}$. Er wird *kapazitive Zeitkonstante* τ genannt, weil er angibt, wie schnell sich die Spannung U_C dem Endwert U nähert. Bei Stromkreisen mit hoher Kapazität ist die Zeitkonstante groß, da es lange dauert, bis der Kondensator aufgeladen ist.

Beim Ausschalten der Spannungsquelle U entlädt sich der Kondensator über den Wider-stand R. Es wird in der Differentialgleichung (4-339) $U = 0$. Damit gilt

$$\frac{\mathrm{d}Q}{\mathrm{d}t} + \frac{1}{RC}Q = 0 \,. \qquad (4\text{-}343)$$

Diese Form der Differentialgleichung läßt sich durch Trennung der Variablen direkt integrieren:

$$Q_C = Q_0\,\mathrm{e}^{-\frac{1}{RC}t}\,. \qquad (4\text{-}344)$$

Nach entsprechender Umformung ergibt sich

$$U_C = U\,\mathrm{e}^{-\frac{1}{RC}t} \qquad (4\text{-}345)$$

und wegen $I = \mathrm{d}Q/\mathrm{d}t$

$$I = -\frac{U}{R}\,\mathrm{e}^{-\frac{1}{RC}t}\,. \qquad (4\text{-}346)$$

	Einschaltvorgang	Ausschaltvorgang
Schaltung	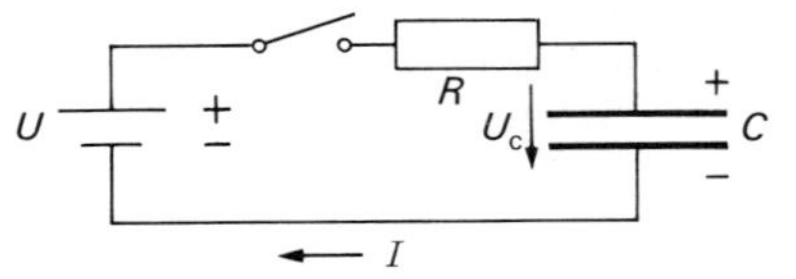	
Differential-gleichung	$$\dfrac{dQ}{dt} + \dfrac{1}{RC}Q - \dfrac{U}{R} = 0$$ $(4-338)$	$$\dfrac{dQ}{dt} + \dfrac{1}{RC}Q = 0$$ $(4-342)$
Lösungen	$$Q_C = CU\left(1 - e^{-\frac{1}{RC}t}\right)$$ $(4-389)$ $$U_C = U\left(1 - e^{-\frac{1}{RC}t}\right)$$ $(4-340)$ $$I = \dfrac{U}{R}e^{-\frac{1}{RC}t}$$ $(4-341)$	$$Q_C = Q_0\,e^{-\frac{1}{RC}t}$$ $(4-343)$ $$U_C = U\,e^{-\frac{1}{RC}t}$$ $(4-344)$ $$I = -\dfrac{U}{R}e^{-\frac{1}{RC}t}$$ $(4-345)$
Verlauf der Spannung	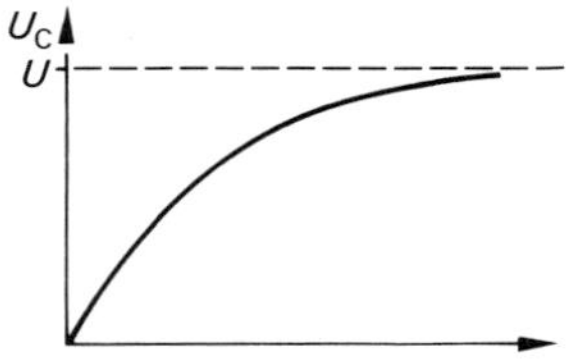	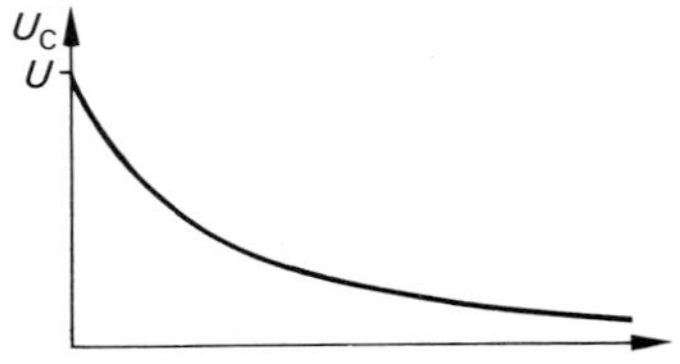
Verlauf der Stromstärke	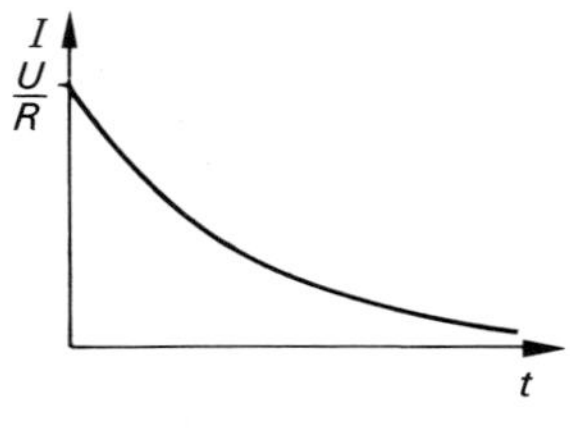	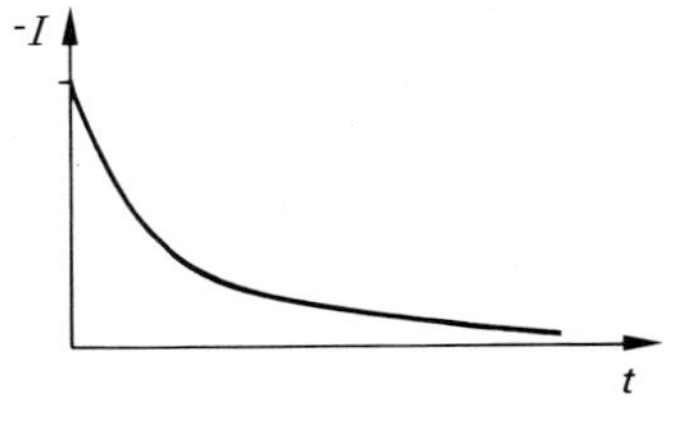

Bild 4-138.   Ein- und Ausschaltvorgänge im Stromkreis mit einem Kondensator.

4.5.3.2. Ein- und Ausschalten mit einer Induktivität

Wird in einem Stromkreis mit einem Widerstand R und einer Spule der Induktivität L eine Spannung U ein- bzw. ausgeschaltet, so ergeben sich verzögerte Anpassungen der Stromstärke an diese Situationen. Bild 4-139 zeigt die zugehörige Schaltung, die entsprechende Differentialgleichung mit ihrer Lösung sowie die Strom-Zeit-Diagramme. Die Differentialgleichungen sind analog zum Stromkreis mit einer Kapazität. Während in

	Einschaltvorgang	Ausschaltvorgang
Schaltung	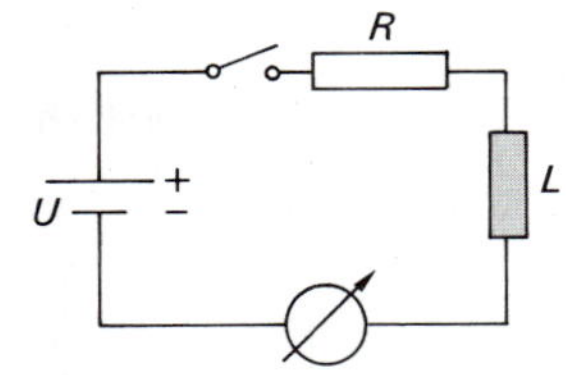	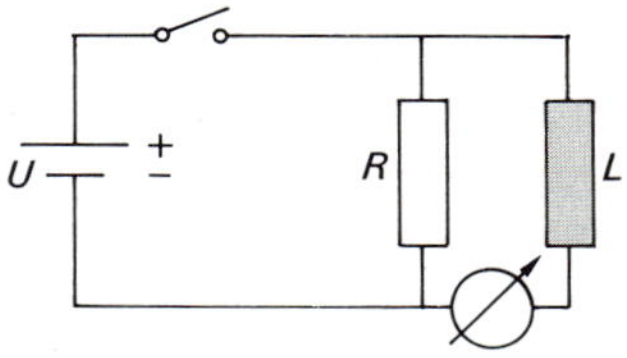
Differential-gleichung	$$\frac{dI}{dt} + \frac{R}{L}I - \frac{U}{L} = 0$$ (4–348)	$$\frac{dI}{dt} + \frac{R}{L}I = 0$$ (4–351)
Lösung	$$I = \frac{U}{R}\left(1 - e^{-\frac{R}{L}t}\right)$$ (4–349)	$$I = I_0 e^{-\frac{R}{L}t}$$ (4–352)
Verlauf der Stromstärke	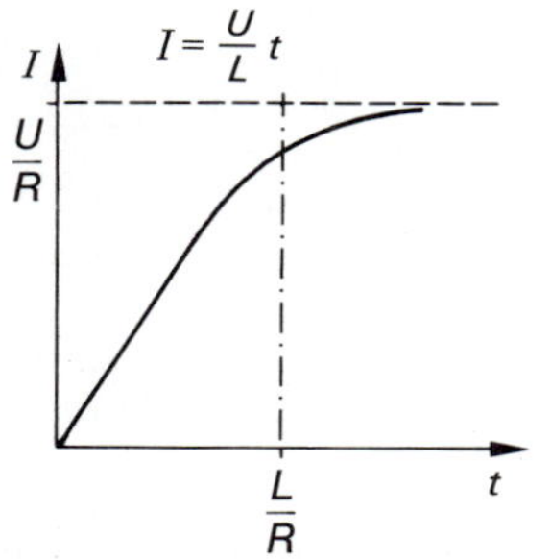	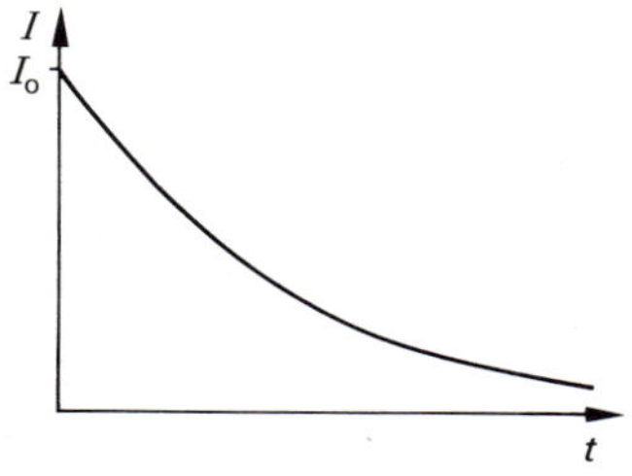

Bild 4-139.   Ein- und Ausschaltvorgänge im Stromkreis mit einer Induktivität.

einem RC-Kreis die Differentialgleichungen für die Ladungen gelten, sind sie in diesem Fall für die Ströme gültig. Wird der RL-Stromkreis geschlossen, so gilt nach der Maschenregel (Abschn. 4.1.6, Gl. (4-25)), daß die Summe aller Spannungen null sein muß:

$$U - RI - L\frac{dI}{dt} = 0. \qquad (4\text{-}347)$$

Die Spannung U fällt an zwei Bauteilen ab:

- erstens am Widerstand R; dies entspricht einer konstanten Stromstärke $I = U/R$ (gestrichelte Linie in Bild 4-139);
- zweitens wird in der Spule ein Magnetfeld aufgebaut, das zur stetigen Zunahme des Stromes entsprechend $I = (U/L)\,t$ führt (punktierte Linie).

Das Zusammenwirken dieser beiden Teile erzeugt zunächst eine linear zunehmende Stromstärke, die in den konstanten Endwert $I = U/R$ einbiegt. Dieser Kurvenverlauf läßt sich analytisch aus der Lösung der Differentialgleichung (4-347) herleiten. Nach Division durch L ergibt sich die Differentialgleichung für die Stromstärke:

$$\frac{dI}{dt} + \frac{R}{L}I - \frac{U}{L} = 0. \qquad (4\text{-}348)$$

Die zugehörige Lösung lautet

$$I = \frac{U}{R}\left(1 - e^{-\frac{R}{L}t}\right). \qquad (4\text{-}349)$$

Der Faktor L/R hat die Dimension Zeit: $H/\Omega = V\,s\,A/(AV) = s$. Er wird *induktive Zeitkonstante* τ genannt, weil er angibt, wie schnell sich die Stromstärke I dem Endwert $I_0 = U/R$ nähert. Bei Stromkreisen mit hoher Induktivität ist die Zeitkonstante groß, so daß der Endwert sehr spät erreicht wird. Die Zeitkonstante τ kann graphisch ermittelt werden als Schnittpunkt der beiden Kurven $I = U/L\,t$ (punktierte Linie in Bild 4-139) und $I = U/R$ (gestrichelte Linie). Dann gilt

$$\frac{U}{L}\,\tau = \frac{U}{R} \quad \text{oder}$$

$$\tau = \frac{L}{R}\,. \tag{4-350}$$

Beim Ausschalten wird die Spannung $U = 0$, so daß sich die Differentialgleichung vereinfacht:

$$\frac{dI}{dt} + \frac{R}{L}\,I = 0\,. \tag{4-351}$$

Diese Gleichung läßt sich analog zur Differentialgleichung (4-343) durch Trennung der Variablen direkt lösen. Es gilt

$$I = I_0\,e^{-\frac{R}{L}t}\,. \tag{4-352}$$

Beim Ausschalten ist eine Parallelschaltung von Widerstand und Spule empfehlenswerter als die Reihenschaltung (Bild 4-139), weil dann sofort ein Teil des Stromes über den Widerstand abfließen kann. Für den Fall einer Reihenschaltung würde besonders für hohe Induktivitäten die gesamte Induktionsspannung $-L\,(dI/dt)$ lange Zeit zwischen den Schaltkontakten liegen. Dadurch könnten die Schaltkontakte oder die Bauelemente zerstört werden.

Bild 4-140a zeigt das Ein- und Ausschaltverhalten (Spannungs-Zeit-Verlauf nach Gl. (4-341)) für eine Batteriespannung von $U = 24$ V und Kapazitäten von $C = 50$ nF, 100 nF und 150 nF. Mit größeren Werten der Kapazität C vergrößern sich also die Ein- und Ausschaltzeiten. (Die Zeitwerte für $U = 13$ V sind an der gestrichelten horizontalen Linie abzule-

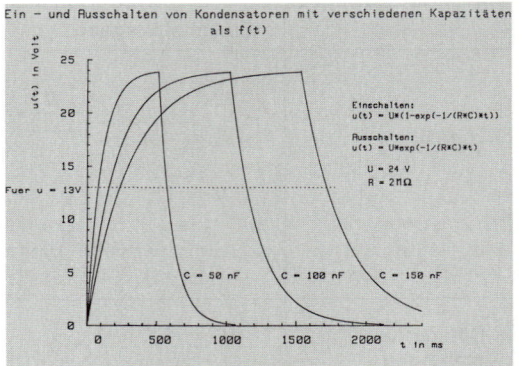

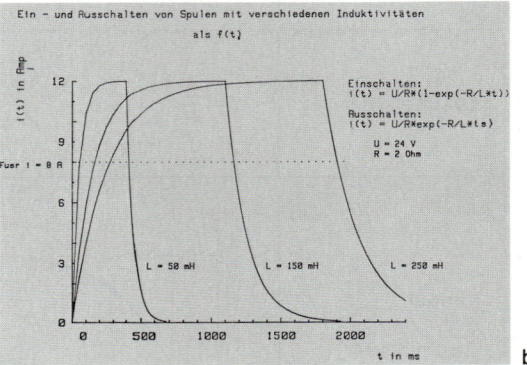

Bild 4-140. Ein- und Ausschaltverhalten von a) Kapazitäten; b) Induktivitäten (Rechnerausdruck).

sen.) Bild 4-140b zeigt das Ein- und Ausschaltverhalten nach Gl. (4-349) für eine Batteriespannung von $U = 24$ V, einem Widerstand von $R = 2\,\Omega$ und Induktivitäten von $L = 50$ mH, 150 mH und 250 mH. Auch hier erkennt man, daß sich die Ein- und Ausschaltzeiten für höhere Werte für L vergrößern (vgl. die gestrichelte Linie für $I = 8$ A).

4.5.4. Meßgeräte

Elektrische Meßgeräte dominieren in der physikalischen Meßtechnik; für die meisten physikalischen Größen, wie z.B. Temperatur oder Kraft, gibt es elektrische Meßwertaufnehmer, so daß die Meßwerte als elektrische Signale zur Verfügung stehen. Diese elektrischen Signale können als Daten sofort weiterverarbeitet oder als Steuer- bzw. Regelgrößen verwendet werden. Üblicherweise unterscheidet man zwischen analogen und digitalen Meßgeräten, ferner zwischen solchen, die nur

Meßgerät	Symbol	Anwendungsfelder
Drehspulmeßwerk		Gleichstrom, -spannung, Wechselstromfrequenz, -leistung, cos φ, Temperaturmessung, Vielfachinstrument
Drehspulmeßwerk mit eingebautem Gleichrichter	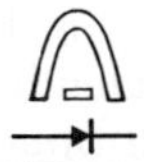	Wechselstrom, -spannung, Effektivwerte bei sinusf. Wechselstrom, Zeigerfrequenzmesser (1,1 kHz; 15 kHz)
Drehspulmeßwerk mit eingebautem Thermoumformer		Wechselstrom, -spannung (unabhängig von der Kurvenform)
Drehspulquotienten- meßwerk		Widerstandsmessung, Temperaturmessung
Drehmagnetmeßwerk		Gleichstrom (leicht und erschütterungsfest)
Dreheisenmeßwerk		Effektivwert unabhängig von der Kurvenform (robuste Geräte, keine hohen Frequenzen, hoher Leistungsbedarf)
elektrodynamisches Meßwerk, eisenlos		Leistungsmesser bis zu hohen Frequenzen (kHz-Bereich; fremdfeldempfindlich)
elektrodynamisches Meßwerk, eisengeschlossen		Leistungsmesser, niedriger Frequenzbereich (50 Hz; nicht fremdfeldempfindlich)
elektrodynamisches Quotienten- meßwerk, eisenlos		Leistungsfaktor cos φ
elektrodynamisches Quotienten- meßwerk, eisengeschlossen		Leistungsfaktor cos φ
Hitzdrahtmeßwerk		Widerstand, Temperatur bei höchsten Frequenzen, Effektivwerte von Strom und Spannung
Bimetallmeßwerk		Höchstwertmesser für Wechselstrom, Überwachung der thermischen Belastung von Kabeln und Transformatoren
elektrostatisches Meßwerk	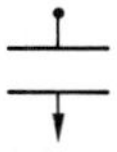	Gleich- und Wechselspannungen, HF-Spannungen (Effektivwerte), elektrische Felder
Induktionsmeßwerk		Energiemesser (kWh-Zähler)
Vibrationsmeßwerk	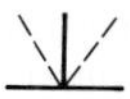	Frequenzmessung (ca. 50 Hz), Zungenfrequenzmesser
digitales Meßgerät		Momentan- und Effektivwerte aller Gleich- und Wechselströme (leistungsschwach)
Elektronenstrahl-Oszilloskop		zeitlicher Verlauf von elektrischen Größen

Bild 4-141. Einteilung der Meßgeräte.

gemittelte Werte (z. B. Effektivwerte) messen und solchen, die es gestatten, den zeitlichen Verlauf der Meßgrößen darzustellen.

In Bild 4-141 sind die Meßgeräte, ihre Symbole nach VDE 0410 sowie ihre Hauptanwendungsgebiete beschrieben.

Drehspulmeßwerk

Ein Drehspulmeßwerk besteht aus einem drehbaren zylindrischen Spulenkörper, der sich in einem ringförmigen Spalt eines Dauermagneten bewegen kann. Auf der Achse der Drehspule befinden sich zwei Spiralfedern, die als Stromzuführungen für die Spule dienen, sowie ein Zeiger. Im Luftspalt zwischen dem Dauermagneten und dem Spulenkörper herrscht ein radiales Magnetfeld. Wenn durch den Spulenkörper ein Gleichstrom fließt, dann tritt ein Drehmoment auf, das proportional der Stromstärke ist und von dem Gegendrehmoment der Spiralfeder im Gleichgewicht gehalten wird. Der Ausschlagwinkel des Zeigers ist demnach proportional zur Stromstärke ($\varphi \sim I$).

Kleinere Bauformen werden dadurch erreicht, daß sich der Dauermagnet als feststehender Zylinder im Zentrum des Meßwerkes befindet. Die Spule ist drehend um ihn gelagert, und der Luftspalt wird durch einen Hohlzylinder aus Weicheisen abgeschlossen (*Drehspul-Kernmagnet-Meßwerk*). Drehspulmeßwerke werden zur Messung von Gleichströmen und Gleichspannungen verwendet. Sie gehören zu den empfindlichsten elektrischen Meßwerken (minimale Stromstärke 10^{-9} A). Wird ein Gleichrichter vorgeschaltet, so können auch Effektivwerte von Wechselströmen- und -spannungen bei sinusförmigem Kurvenverlauf gemessen werden. Ebenso kann man sie als Widerstandsmesser einsetzen, wenn sie als Brücke in Zusammenhang mit einer konstanten Spannungsquelle geschaltet werden (Wheatstonesche Brücke, Abschn. 4.1.9). Durch Vorschalten eines *Thermoumformers*, bei dem mit Hilfe eines Thermoelements die Temperaturerhöhung an einem kleinen Lastwiderstand gemessen und über einen Kalibrierfaktor auf den anliegenden Wechselstrom zurückgeschlossen wird, lassen sich die Effektivwerte von Wechselströmen und -spannungen beliebiger Welligkeit messen. Die vielfältigen Einsatzmöglichkeiten von Drehspulmeßgeräten

sind der Grund für die kompakte Bauform von *Vielfachmeßinstrumenten*.

Ein wichtiger Spezialfall ist das *Drehspulquotientenmeßwerk* (oder *Kreuzspulinstrument*). Hierbei bewegen sich zwei um 30° versetzte Spulen im Dauermagnetfeld. Werden die beiden Spulen von unterschiedlichen Stromstärken i_1 und i_2 durchflossen, ist der Zeigerausschlag φ proportional zum Quotienten der beiden Stromstärken i_1/i_2. Eine Spule kann man als Amperemeter und die andere als Voltmeter schalten. Dann mißt der Quotient direkt den Widerstand (unabhängig von einer Batteriespannung). Eine Hauptanwendung dieses Meßwerkes ist die Temperaturmessung mit Hilfe von Widerstandsthermometern.

Dreheisenmeßwerk

Das Dreheisenmeßwerk besteht aus einer Spule, die vom Meßstrom durchflossen wird. Im Zentrum dieser Spule befinden sich zwei Weicheisenplättchen, von denen eines an der Spule und das andere an der Zeigerachse befestigt ist. Beim Stromfluß durch die Spule werden beide Plättchen gleichnamig magnetisiert. Dadurch stoßen sie sich ab. Der Zeigerausschlag ist proportional zum Effektivwert der Meßgröße, und zwar unabhängig von der Kurvenform. Dreheiseninstrumente sind sehr robuste Geräte, haben allerdings einen hohen Leistungsverbrauch und sind wegen der Wirbelstromverluste nicht bei Frequenzen über 1 kHz einsetzbar.

Elektrodynamisches Meßwerk

Beim elektrodynamischen Meßwerk wird der Permanentmagnet des Drehspulmeßwerks durch einen Elektromagneten ersetzt. Wird der Strom durch beide Spulen geleitet, so ist der Ausschlag proportional zum Quadrat der Stromstärke. Aus diesem Grund können sowohl Gleich- als auch Wechselgrößen gemessen werden. Sehr wichtig ist auch die Möglichkeit, das Produkt UI, d. h. die elektrische Leistung zu messen. Dazu dient eine Spule als Strompfad, die andere mit einem Vorschaltwiderstand als Spannungspfad. Die Phasenverschiebung $\cos \varphi$ ist annähernd null, wenn der Widerstand im Spannungsfeld sehr hoch ist. Die Blindleistung läßt sich dadurch messen, daß eine Spule (Phasenverschiebung um 90°) den Widerstand ersetzt.

Ein *eisenloses Meßwerk* ist sehr empfindlich für fremde Magnetfelder. Häufig wird deshalb ein *eisengeschlossenes Meßwerk* gebaut. Dies hat aber den Nachteil, daß man nur bei geringen Frequenzen (um 50 Hz) richtig messen kann. Mit einem *elektrodynamischen Quotientenmeßwerk* kann der Leistungsfaktor cos φ ermittelt werden.

Hitzdrahtmeßwerk

Das klassische Hitzdrahtinstrument, bei dem die Ausdehnung eines Drahtes durch die beim Stromfluß entstehende Wärme zu Meßzwecken ausgenutzt wird, ist heute kaum noch im Einsatz. Statt dessen werden wärmeempfindliche Bauelemente (z. B. PTC-Widerstände, Abschn. 4.1.4 und Bild 4-6) oder Thermoelemente (Abschn. 9.3.2.2) eingebaut. Auf diese Weise ist es möglich, Effektivwerte von Strömen und Spannungen bei höchsten Frequenzen zu messen.

Bimetallmeßwerk

Werden Bimetallspiralen von Strom durchflossen, so biegen sie sich aufgrund der Erwärmung auf. Das hierbei auf die Zeigerachse übertragene Moment ist so groß, daß auch ein Schleppzeiger mitgeführt werden kann. Auf diese Weise können Maximalwerte angezeigt werden. Bimetallmeßwerke finden vorzugsweise Anwendung bei der Überwachung thermischer Belastungen von Kabeln und Transformatoren.

Elektrostatisches Meßwerk

Im elektrostatischen Meßwerk dient die Coulombsche Kraft (Abschn. 4.3.8, Gl. (4-179)) zwischen zwei Platten als Meßgröße. Um Durchschläge zu verhindern, wird bei Gleichstrom ein sehr hochohmiger Widerstand ($R > 10^{14}\,\Omega$) und bei Wechselstrom ein Kondensator vorgeschaltet. Wegen der geringen elektrostatischen Kraft können zwei Platten erst ab Spannungen größer als 1 kV zu Meßzwecken eingesetzt werden. Ordnet man eine Vielzahl von Metallplatten vertikal stapelartig übereinander, so liegt ein Multizellular-Meßwerk vor. Leichte Metallnadeln, die an der vertikal aufgehängten Achse befestigt sind, können sich nach Art des Drehkondensators zwischen den Platten drehen. Durch die Viel-

fachanordnung erhöht sich die Einstellkraft des Meßwerkes, so daß bereits Spannungen ab 100 V gemessen werden können.

Der Einsatz elektrostatischer Meßwerke ist auf Spezialanwendungen beschränkt (z. B. Messung von sehr großen Widerständen $R > 10^9\,\Omega$ oder als Röntgendosimeter).

Induktionsmeßwerk

In einem Induktionsmeßwerk bewegt sich eine nicht ferromagnetische Scheibe (meist aus Aluminium) zwischen zwei um 90° versetzten Elektromagneten. Der Elektromagnet zwischen der drehbaren Scheibe erzeugt beim Stromfluß ein Magnetfeld, das Wirbelströme in der Scheibe induziert. Der in der Ebene der Scheibe befindliche zweite Elektromagnet erzeugt ein Magnetfeld, das auf die Wirbelströme einwirkt und die Scheibe in Drehung versetzt. Wenn in dem zwischen der Scheibe befindlichen Magneten eine Spannung geschaltet wird (Spannungsjoch) und im senkrecht dazu stehenden Magneten ein Strom fließt, dann ist die Drehfrequenz proportional zur Wirkleistung $UI \cos \varphi$. Wird die Anzahl der Umdrehungen gezählt, handelt es sich um einen Energiezähler (kWh-Zähler). Die Scheibe wird durch einen Permanentmagneten gebremst. Das so beschriebene Induktionsmeßwerk ist als elektrische Maschine ein gebremster Asynchronmotor (Abschn. 4.5.2.8).

Vibrationsmeßwerk

Ein Vibrationsmeßwerk besteht aus einem auf die Schwingungsfrequenz abgestimmten Satz federnder Zungen (13 bis 21 Stück), die bei Resonanz ihre Amplitude vergrößern. Vibrationsmeßwerke dienen zur Bestimmung der Wechselstromfrequenz und werden als *Zungenfrequenzmesser* zur Frequenzüberwachung von 50 Hz bzw. 60 Hz eingesetzt.

Digitales elektronisches Meßwerk

Durch Analog-Digitalwandler, teilweise mikroprozessorgesteuert, können die meisten analogen Meßwerke zu digitalen Meßgeräten ausgebaut werden.

Bild 4-142 gibt einen schematischen Einblick in den Aufbau digitaler Meßwerke. Die digitalen Vielfachinstrumente ersetzen in zunehmendem Maß die analogen Multimeter. Digi-

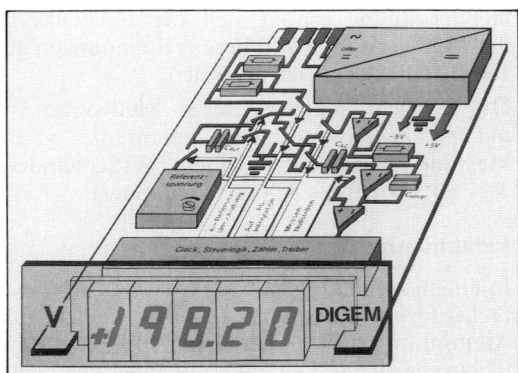

Bild 4-142.   Digitales Meßwerk, schematisch.
Werkphoto: Gossen

tale Multimeter messen nicht nur die gewünschten elektrischen Grundgrößen (Spannung, Stromstärke und Widerstand für Gleich-
und Wechselstrom), sondern nehmen auch
nach eigenen Programmen Meßauswertungen
vor.

Elektronenstrahl-Oszilloskop

Um den zeitlichen Verlauf von Meßgrößen
verfolgen zu können, benutzt man Elektronen-

strahl-Oszilloskope. Das Meßprinzip basiert
auf der Ablenkung von Elektronen im elektrischen und magnetischen Feld in einer Braunschen Röhre (Abschn. 4.3.5.5).

Die Verwendungsart der beschriebenen Meßgeräte sowie die Geräteeigenschaften müssen
nach VDE 0410 auf den Geräten angegeben
werden. Bild 4-143 zeigt eine Zusammenstellung dieser Symbole. So bedeutet z. B.

$$\varnothing \, \square - 1 \sim 1{,}5 \, \Omega^{1{,}5} \, \sqsubset \, \stackrel{\star}{\star}$$

Drehspulmeßgerät für Gleichstrom (Güteklasse 1), für Wechselstrom (Güteklasse 1,5)
und Widerstandsmessung (Güteklasse 1,5), in
der Gebrauchslage waagrecht mit der Prüfspannung 3 kV.

4.5.5. Zusammenhang elektrischer und magnetischer Größen

4.5.5.1. Vergleich elektrischer und magnetischer Größen

In Tabelle 4-16 sind die magnetischen Größen
den entsprechenden elektrischen gegenübergestellt. Während die Ursache eines elektri-

Symbol	Verwendungszweck	Symbol	Verwendungszweck
——	Gleichstrom	⌒	Zeigernullstellung
∼	Wechselstrom	☆	Prüfspannungszeichen (500 V)
≂	Gleich- und Wechselstrom	☆₃	Prüfspannungszeichen höher als 500 V (z. B. 3 kV)
≋	Drehstromgerät mit einem Meßwerk	⚡	Instrument entspricht bei der Prüfspannung nicht den Regeln.
≋≋	Drehstromgerät mit zwei Meßwerken	◯	magnetische Schirmung
≋	Drehstromgerät mit drei Meßwerken	(◌)	elektrische Schirmung
⊓	waagrechte Gebrauchslage	a st	astatisches Meßwerk
∕30°	schräge Gebrauchslage (z. B. 30°)	⚠	Achtung! Gebrauchsanweisung beachten!
⊥	senkrechte Gebrauchslage		

Bild 4-143.   Geräteeigenschaften nach VDE 0410.

Tabelle 4-16. Vergleich elektrischer und magnetischer Größen.

elektrisches Feld	Einheit	magnetisches Feld	Einheit
elektrische Urspannung U_0	V	magnetische Urspannung (Durchflutung) $\Theta = N I$	A
elektrische Feldstärke $E = -\dfrac{dU}{ds}$	$\dfrac{V}{m}$	magnetische Feldstärke $H = \dfrac{dI}{dl} N$	$\dfrac{A}{m}$
elektrische Spannung $U = -\int E(s)\, ds$	V	magnetische Spannung $\Theta = \int H(l)\, dl$	A
elektrische Stromstärke $I = \dfrac{dQ}{dt}$	A	induzierte Spannung $U = -N\dfrac{d\Phi}{dt}$	V
elektrische Ladung (Verschiebungsfluß) $Q = \int I(t)\, dt$	A s	magnetischer Fluß $\Phi = B A$	V s
Verschiebungsdichte $D = \varepsilon E$	$\dfrac{A\,s}{m^2}$	magnetische Flußdichte (Induktion) $B = \mu \cdot H$	$\dfrac{V\,s}{m^2}$
elektrische Feldkonstante $\varepsilon_0 = \dfrac{1}{\mu_0 c^2}$	$\dfrac{A\,s}{V\,m}$	magnetische Feldkonstante $\mu_0 = \dfrac{1}{\varepsilon_0 c^2}$	$\dfrac{V\,s}{A\,m}$
Dielektrizitätszahl ε_r Permittivität (Dielektrizitätskonstante) $\varepsilon = \varepsilon_0 \varepsilon_r$	$\dfrac{A\,s}{V\,m}$	Permeabilitätszahl μ_r Permeabilität $\mu = \mu_0 \mu_r$	$\dfrac{V\,s}{A\,m}$
elektrischer Widerstand eines homogenen Drahtes $R_{el} = \dfrac{1}{\varkappa}\dfrac{l}{A}$	Ω	magnetischer Widerstand eines homogenen Magnetkerns $R_m = \dfrac{1}{\mu}\dfrac{l}{A}$	$\dfrac{A}{Wb}$
elektrische Stromstärke $I = \dfrac{U_0}{R_{el}}$	A	magnetischer Fluß $\Phi = \dfrac{\Theta}{R_m}$	V s
elektrischer Spannungsabfall $U = R I$	V	magnetischer Spannungsabfall $\Theta = \Phi R_m = H l$	A
Kapazität $C = \dfrac{Q}{U}$	F	Induktivität $L = -\dfrac{U}{dI/dt}$	H
Kapazität eines Plattenkondensators $C = \varepsilon\dfrac{A}{d}$	F	Induktivität einer Ringspule $L = \mu\dfrac{A N^2}{l}$	H
elektrische Kraft $F_{el} = E Q$	N	magnetische Kraft $F_m = Q\, v \times B$	N

Tabelle 4-16. (Fortsetzung)

elektrisches Feld	Einheit	magnetisches Feld	Einheit
elektrisches Dipolmoment $$p = \dfrac{M}{E} = Q\,l$$	A s m	magnetisches Dipolmoment $$m = \dfrac{M}{H} = \Phi\,l$$	V s m
elektrische Energie des Kondensators $$W_C = \tfrac{1}{2}\,C\,U^2$$	Ws = J	magnetische Energie einer Spule $$W_L = \tfrac{1}{2}\,L\,I^2$$	Ws = J
elektrische Energiedichte $$w_{el} = \tfrac{1}{2}\,\varepsilon\,E^2 = \tfrac{1}{2}\,D\,E$$	$\dfrac{Ws}{m^3} = \dfrac{J}{m^3}$	magnetische Energiedichte $$w_m = \tfrac{1}{2}\,\mu\,H^2 = \tfrac{1}{2}\,B\,H$$	$\dfrac{Ws}{m^3} = \dfrac{J}{m^3}$

schen Ladungsflusses (Stromstärke I) eine elektrische Spannung U ist, ist die Ursache für das Zustandekommen eines Magnetflusses wiederum ein Ladungsfluß (Stromstärke I). Daraus lassen sich zwei wichtige Tatsachen ableiten:

– In vielen Fällen ergibt sich aus der elektrischen Größe die magnetische, indem statt der Spannung U in V die Stromstärke I in A gesetzt wird. Beispielsweise mißt man die elektrische Feldkonstante ε_0 in As/(Vm); im Vergleich dazu die magnetische Feldkonstanten μ_0 in Vs/(Am).
– Beide Felder, das elektrische und das magnetische, sind stark miteinander verknüpft, da sie einander bedingen (Abschn. 4.5.5.2).

4.5.5.2. Maxwellsche Gleichungen

Die Maxwellschen Gleichungen wurden von J. C. MAXWELL (1831 bis 1879) formuliert. Sie beschreiben die analytische Verknüpfung von elektrischem und magnetischem Feld und umgekehrt. In Bild 4-144 findet sich eine vergleichende Gegenüberstellung.

Die erste Maxwellsche Gleichung ist die allgemeine Formulierung des Durchflutungsgesetzes (Abschn. 4.4.2, Gl. (4-181)). Sie besagt, daß zur Erzeugung eines Magnetfeldes kein Stromfluß (d.h. Ladungstransport) notwendig ist, sondern sich *lediglich die elektrische Verschiebung D ändern muß*. Die zugehörige Interpretation lautet:

Jedes zeitlich sich ändernde elektrische Feld erzeugt ein magnetisches Wirbelfeld.

Die Zuordnung erfolgt in einem Rechtssystem, wie aus Bild 4-144 hervorgeht.

Die zweite Maxwellsche Gleichung ist eine Verallgemeinerung des Induktionsgesetzes $u_{ind} = -\,d\Phi/dt$. Durch Umschreiben der Spannung in ein Linienintegral der Feldstärke ($u_{ind} = \oint E\,ds$) und des magnetischen Flusses in $\Phi = BA$ ergibt sich

$$\oint E\,ds = -\frac{d}{dt}\int B\,dA \quad \text{oder}$$

$$\oint E\,ds = -\int \frac{dB}{dt}\,dA . \qquad (4\text{-}249)$$

Jedes zeitlich sich ändernde magnetische Feld erzeugt ein elektrisches Wirbelfeld.

Dies ist unabhängig davon, ob ein Leiter vorhanden ist oder nicht. Die Zuordnung erfolgt wegen des negativen Vorzeichens in einem Linkssystem.

Die beiden Maxwellschen Gleichungen zeigen, wie sich elektrische und magnetische Felder gegenseitig erzeugen können. Es ist noch darauf hinzuweisen, daß nur bei *gleichmäßiger Änderung* des Magnetfeldes ein konstantes elektrisches Feld induziert wird. Ist die Magnetfeldänderung dB/dt nicht konstant, so wird ein sich änderndes elektrisches Feld er-

	elektrisches Feld magnetisches Feld	magnetisches Feld elektrisches Feld
Maxwellsche Gleichungen	1. Maxwell-Gleichung (Durchflutungsgesetz) $$\oint H\,\mathrm{d}s = \int\left(j + \frac{\mathrm{d}D}{\mathrm{d}t}\right)\mathrm{d}A$$ (4–181) Im Vakuum ist $j = 0$ $$\oint H\,\mathrm{d}s = \int \frac{\mathrm{d}D}{\mathrm{d}t}\,\mathrm{d}A$$ (4–181) 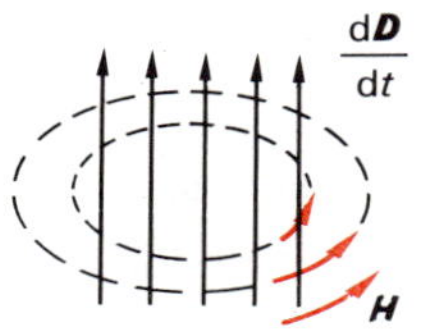 Jedes zeitlich sich ändernde elektrische Feld erzeugt ein magnetisches Wirbelfeld.	2. Maxwell-Gleichung (Induktionsgesetz) $$\oint E\,\mathrm{d}s = -\frac{\mathrm{d}}{\mathrm{d}t}\int B\,\mathrm{d}A$$ (4–249) 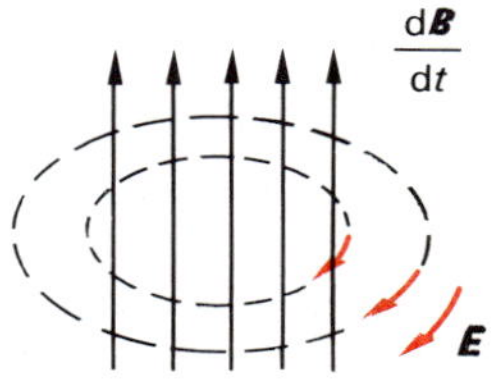 Jedes zeitlich sich ändernde magnetische Feld erzeugt ein elektrisches Wirbelfeld.
Quellen	$\oint D\,\mathrm{d}A = Q$ (4–134)	$\oint B\,\mathrm{d}A = 0$ (4–200)
Einflüsse des Materials	$D = \varepsilon_0 E + P$ (4–163)	$B = \mu_0 H + J$ (4–230)
Material-gleichungen	$j = \varkappa E$ (4–217) $P = \varepsilon_0 \varkappa_e E$ (4–166)	$J = \mu_0\,\varkappa_m H$ (4–231)
Kräfte	$F = Q(E + v \times B)$ (4–226)	

Bild 4-144. Maxwellsche Gleichungen für das elektrische und magnetische Feld.

zeugt, das wiederum ein sekundäres Magnetfeld induziert, wie Bild 4-145 zeigt.

Trotz der Ähnlichkeit der beiden Maxwellschen Gleichungen besteht zwischen beiden Feldern der wichtige Unterschied, daß die elektrischen Feldlinien an *Quellen*, d.h. an Einzelladungen enden ($\oint D\,\mathrm{d}A = Q$), während die magnetischen Feldlinien aufgrund des Fehlens magnetischer Einzelpole in sich geschlossen sind, d.h. *keine Quellen* aufweisen ($\oint B\,\mathrm{d}A = 0$).

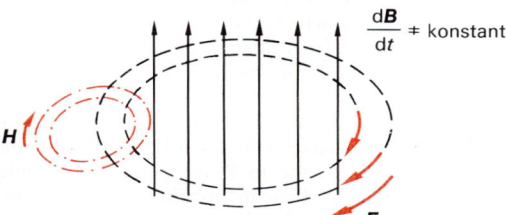

Bild 4-145. Wechselseitig induziertes elektrisches und magnetisches Feld.

In Bild 4-144 sind außerdem die Einflüsse des Materials auf die elektrischen bzw. magnetischen Felder und die zugehörigen *einfachen* Materialgleichungen vergleichend gegenübergestellt. Die in den Stoffen stattfindenden Bewegungen haben ihre Ursachen in den wirkenden elektromagnetischen Kräften.

Mit den Maxwellschen Gleichungen ist eine vollständige Beschreibung elektromagnetischer Vorgänge möglich. Tabelle 4-17 zeigt die vier denkbaren Spezialfälle:

1.) Elektrostatik und Magnetostatik

Fließt weder ein Strom ($j = 0$) noch ändert sich das magnetische Feld ($\mathrm{d}B/\mathrm{d}t = 0$) sowie die elektrische Verschiebungsdichte ($\mathrm{d}D/\mathrm{d}t = 0$), dann existieren elektrostatische und magnetostatische Felder vollkommen unabhängig voneinander.

2.) Elektrodynamik stationärer Ströme

Fließt lediglich ein Strom ($j \neq 0$), ist jedoch keine Änderung des magnetischen Feldes ($\mathrm{d}B/\mathrm{d}t = 0$) und der elektrischen Verschiebungsdichte ($\mathrm{d}D/\mathrm{d}t = 0$) vorhanden, so ist wegen des Durchflutungsgesetzes (Bild 4-85, Gl. (4-181)) bereits eine magnetische Wirkung spürbar. Ferner gilt das Ohmsche Gesetz in der Formulierung $j = \varkappa E$ (Gl. (4-217)).

3.) Elektrodynamik quasistationärer Ströme

Fließt ein Strom ($j \neq 0$) und ändert sich das Magnetfeld ($\mathrm{d}B/\mathrm{d}t \neq 0$), wobei der Verschiebungsstrom gegenüber dem Leitungsstrom vernachlässigt werden kann (nahezu stationär: $\mathrm{d}D/\mathrm{d}t \approx 0$), dann gelten das Durchflutungsgesetz und das Induktionsgesetz (die erste und die zweite Maxwellsche Gleichung). Sie sind die Grundlagen der in Abschn. 4.5 beschriebenen Phänomene zeitlich sich ändernder elektrischer und magnetischer Felder.

Tabelle 4-17. Gebiete der Elektrizitätslehre und des Magnetismus.

	$j = 0$	$j \neq 0$
$\dfrac{\mathrm{d}B}{\mathrm{d}t} = 0$ $\dfrac{\mathrm{d}D}{\mathrm{d}t} = 0$	Elektrostatik und Magnetostatik	Elektrodynamik stationärer Ströme
$\dfrac{\mathrm{d}B}{\mathrm{d}t} \neq 0$ $\dfrac{\mathrm{d}D}{\mathrm{d}t} \neq 0$	elektromagnetische Wellen	Elektrodynamik quasistationärer Ströme $\left(\text{für } \dfrac{\mathrm{d}D}{\mathrm{d}t} \approx 0\right)$

4.) Elektromagnetische Wellen

Die geniale Voraussage von Maxwell bestand darin, daß er seine Gleichungen als *Formulierungen für elektromagnetische Wellen* interpretieren konnte für den Fall, daß kein Stromfluß vorhanden war ($j = 0$), aber sich sowohl das magnetische Feld ($\mathrm{d}B/\mathrm{d}t \neq 0$) als auch die elektrische Verschiebungsdichte ($\mathrm{d}D/\mathrm{d}t \neq 0$) veränderte. Diese elektromagnetischen Wellen wurden später von H. HERTZ (1857 bis 1894) experimentell nachgewiesen (Abschn. 5.2.2). Da das Licht als elektromagnetische Welle verstanden werden kann, ist außerdem eine enge Beziehung zwischen Elektrodynamik und Wellenoptik vorhanden (Abschn. 6.1).

Zur Übung

Ü 4.5-1: Eine eisenlose Flachspule hat 200 Windungen und umschließt eine Fläche von 150 cm². Sie rotiert mit einer Drehzahl von 800 min⁻¹ in einem homogenen Magnetfeld. (Die Feldlinien stehen senkrecht zur Drehachse.) Bei welcher magnetischen Induktion B wird die Scheitelspannung von $\hat{u} = 48$ V induziert?

Ü 4.5-2: Für die Schaltung in Bild 4-146 sollen die Stromstärke, der Verlustwinkel φ und die Wirkleistung im Wechselstromnetz ($U = 220$ V, $f = 50$ Hz) berechnet werden.

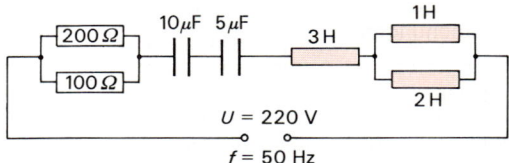

Bild 4-146.   Zu Ü 4.5-2.

Ü 4.5-3: Bei einem Magnetsystem beträgt die Länge des Eisenkerns 75 cm und die Breite des Luftspaltes 1 mm. Die Permeabilitätszahl des Eisens ist $\mu_r = 750$. Um den wievielten Teil nimmt die magnetische Feldstärke im Luftspalt ab, wenn die Breite des Luftspaltes verdoppelt wird?

Ü 4.5-4: Eine Leuchtstoffröhre benötigt $U = 50$ V und eine Stromstärke von $I = 0{,}12$ A. Welche Induktivität L muß eine in Reihe geschaltete Spule haben, damit die Leuchtstoffröhre an die Netzspannung (220 V, 50 Hz) angeschlossen werden kann? (Der ohmsche Anteil der Spule sei vernachlässigbar klein.)

5. Schwingungen und Wellen

Bei Schwingungen und Wellen finden periodische Zustandsänderungen statt, die mechanische Systeme (im festen, flüssigen und gasförmigen Zustand) und elektromagnetische Systeme erfassen können. Im allgemeinen Fall wird Energie zwischen Energiereservoirs periodisch hin- und herbewegt. Systeme, die zu einem solchen periodischen Energieaustausch fähig sind, werden *Oszillatoren* genannt. Bei mechanischen Schwingungen eines *Feder-Masse-Systems (Federpendel* oder *mechanischer Oszillator)* betrifft dies die potentielle Energie der Feder und die kinetische Energie der Masse und beim *elektromagnetischen Schwingkreis* die elektrische Energie des Kondensators und die magnetische Energie der Spule. Die Periodizität des Energieaustausches wird beschrieben durch die Schwingungsdauer T für einen Energieaustauschzyklus bzw. durch die Frequenz f, d. h. die Anzahl der Zyklen je Zeiteinheit. Es gilt der Zusammenhang

$$f = \frac{1}{T} . \qquad (5\text{-}1)$$

Aus Bild 5-1 geht der Unterschied zwischen Schwingungen und Wellen hervor. Erfassen die periodischen Energieschwankungen nur einzelne schwingungsfähige Elemente, dann sind dies *Schwingungen;* werden dagegen von den Energieschwankungen eine Vielzahl elastisch oder quasielastisch aneinander gekoppelter Elemente erfaßt, so treten *Wellen* auf, bei denen sich die Energiezustände periodisch im Raum fortpflanzen.

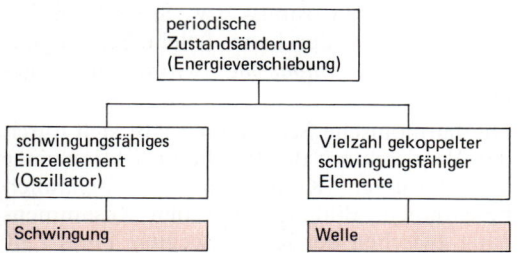

Bild 5-1.   Zusammenhang zwischen Schwingung und Welle.

5.1. Schwingungen

In vielen Bereichen des täglichen Lebens, der Physik und der Biologie spielen periodische Vorgänge eine bedeutende Rolle. Erwähnt seien als Beispiele für den Bereich des täglichen Lebens Ebbe und Flut, Tag und Nacht, für die Physik das Uhrenpendel, der Schwingquarz, der elektromagnetische Schwingkreis, die Atom- und Gitterschwingungen und für die Medizin der Pulsschlag.

5.1.1. Physikalische Grundlagen schwingungsfähiger Systeme

Schwingungen werden in *freie* und *erzwungene* sowie in *ungedämpfte* und *gedämpfte* Schwingungen eingeteilt. Bild 5-2 zeigt die Zusammenhänge am Beispiel eines Körpers, der mit einer Feder verbunden ist und in horizontaler Richtung schwingen kann.

Bei der *freien Schwingung* wird dem Oszillator *einmalig* zu einem bestimmten Zeitpunkt Energie durch Stoß oder durch die Auslenkung des Oszillators zugeführt. Anschließend wird das System sich selbst überlassen, der Oszillator schwingt dann mit einer *systemtypischen konstanten Eigenfrequenz* f_0. Wird dem Schwingungssystem im weiteren zeitlichen Verlauf keine Energie zugeführt oder entzogen, so schwankt die Auslenkung des Oszillators periodisch mit der Eigenfrequenz f_0 zwischen zwei konstanten Maximalwerten *(Scheitelwert* oder *Amplitude* $\hat{y}$). Der Scheitelwert der Schwingung, die als *ungedämpfte freie Schwingung* bezeichnet wird, ist konstant und abhängig vom Energiebetrag, mit dem die freie Schwingung erregt wurde. Wirken dagegen äußere Kräfte, z. B. die Reibung oder Energieverluste des Oszillators, so nimmt der Scheitelwert der freien Schwingung im zeitlichen Verlauf ab. Dies kennzeichnet die *gedämpfte freie Schwingung.* Ferner ist die Frequenz f_d der gedämpften freien Schwingung wegen des stattfindenden Energieverlustes kleiner als die Eigenfrequenz f_0 der ungedämpften freien Schwingung.

Ein *Resonator* ist ein Oszillator, dem von außen eine periodische Erregung mit der Erregerfrequenz f_E aufgezwungen werden kann. Unter dem Einfluß des *Erregers* führt der Resonator *erzwungene Schwingungen* mit der Erregerfrequenz f_E aus. Wenn die Erreger-

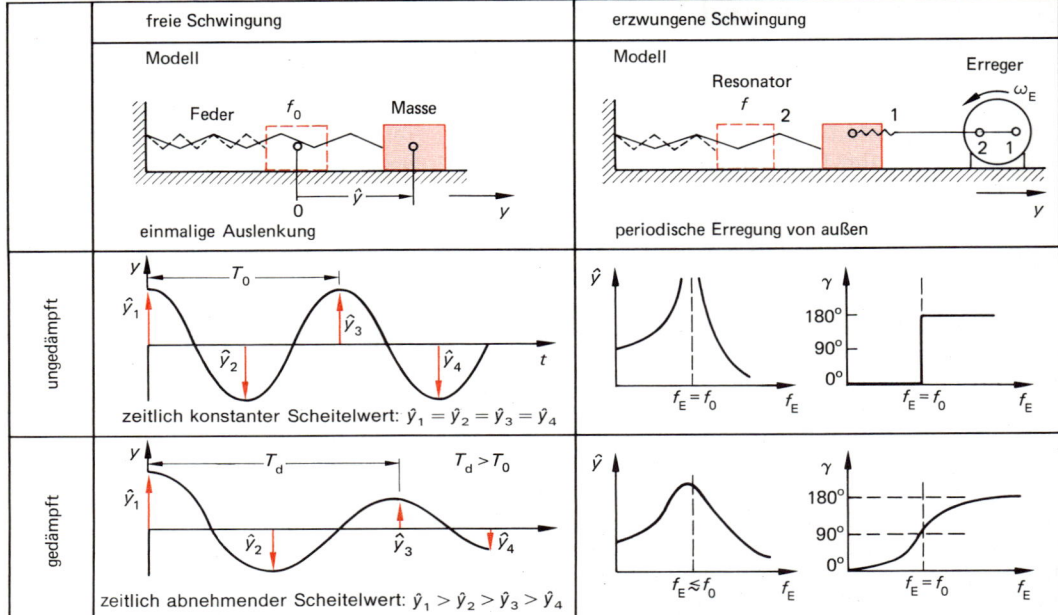

Bild 5-2. Harmonische Schwingungen.

frequenz f_E gleich oder annähernd gleich der Resonanzfrequenz f_R ist, tritt *Resonanz* ein. Bei Resonanz wächst im ungedämpften Fall (ohne Energieverluste) die Amplitude unendlich an *(Resonanzkatastrophe)*, im gedämpften Fall steigt dagegen die Amplitude bei Resonanz lediglich bis auf einen endlichen Maximalwert der Auslenkung an, bei dem der Energieverlust je Schwingungsperiode gerade gleich der zugeführten Erregerenergie ist. Ist die Erregerfrequenz f_E niedriger als die Resonanzfrequenz f_R, so schwingen Erreger und Resonator gleichphasig, die Phasenverschiebung γ zwischen den beiden Schwingungen ist null. Ist $f_E \gg f_R$, dann schwingen Erreger und Resonator gegenphasig, die Phasenverschiebung beträgt in diesem Fall $\gamma = 180°$. Ohne Dämpfung kommt es bei Resonanz zu einem Phasensprung von $\Delta\gamma = 180°$. Mit Dämpfung verläuft die Phasenverschiebung mit zunehmender Erregerfrequenz stetig.

Die wichtigste Eigenschaft aller schwingungsfähigen Systeme ist die *Periodizität*.

> Bei der Periodizität werden bestimmte Muster in konstanten Zeitintervallen (Periode T) wiederholt.

Wird das periodisch wiederkehrende Muster als Auslenkung y aufgefaßt, so kann der periodische Vorgang mathematisch formuliert werden:

$$y(t) = y(t + T) . \qquad (5\text{-}2)$$

Die Auslenkung y zu einer Zeit t ist gleich groß wie die Auslenkung y zur Zeit $t + T$; hierbei ist T die *Schwingungsdauer* (Periode) des Systems. Im allgemeinen ist die mathematische Beschreibung periodischer Auslenkungen, wie z.B. regelmäßig wiederkehrender Spitzen, sehr schwierig (s. Abschn. 5.1.4.3, *Fourieranalyse*). In der Praxis gibt es jedoch viele Schwingungen, deren Auslenkungs-Zeit-Gesetz durch eine mathematische Cosinus- bzw. Sinus-Funktion beschrieben werden kann. Solche Schwingungen werden *harmonische Schwingungen* genannt.

Die harmonische Schwingung läßt sich durch den Vergleich mit der Parallelprojektion einer gleichförmigen Kreisbewegung anschaulich beschreiben. Bild 5-3 zeigt den Zusammenhang zwischen der Kreisbewegung eines Zeigers mit konstanter Umlaufdauer T_0 bzw. Winkelgeschwindigkeit $\omega_0 = 2\pi f_0 = 2\pi/T_0$ (Gl.

(5-1)) und der Auslenkung $y(t)$. (Der Index null bedeutet, daß es sich um Größen der ungedämpften Schwingung handelt.)

Startet der Zeiger seine Bewegung im Nullpunkt und wird die Auslenkung $y(t)$ als *Projektion des Zeigers auf die Waagrechte* verstanden (Bild 5-3 a), so ergibt sich eine *Cosinusfunktion:*

$$y(t) = \hat{y} \cos(\omega_0 t). \qquad (5\text{-}3)$$

Wird dagegen die Auslenkung als *Projektion des Zeigers auf die Senkrechte* verstanden (Bild 5-3 b), so ergibt sich eine *Sinusfunktion:*

$$y(t) = \hat{y} \sin(\omega_0 t). \qquad (5\text{-}4)$$

Ist der Zeiger um einen Winkel φ_0 vom Nullpunkt verschoben *(Nullphasenwinkel)* und wird er auf die *Waagrechte projiziert*, dann ergibt sich eine *phasenverschobene Cosinusfunktion:*

$$y(t) = \hat{y} \cos(\omega_0 t + \varphi_0) \qquad (5\text{-}5)$$

Gl. (5-3) bis (5-5) beschreiben das Weg-Zeit-Gesetz der harmonischen Schwingung. Sie zeigen, daß harmonische Schwingungen beschrieben werden durch

– eine für das schwingungsfähige System typische Kreisfrequenz $\omega_0 = 2\pi f_0 = 2\pi/T_0$ und durch
– die zwei Konstanten $\hat{y}$ und φ_0, die von den Anfangsbedingungen abhängen.

Bild 5-3 d zeigt die Analogie zwischen einer Kreisbewegung von Zeigern und der Darstellung komplexer Zahlen nach der *Eulerschen Formel*. Werden in der waagrechten Achse (x-Achse) die Realteile und in der senkrechten Achse (y-Achse) die Imaginärteile (j) aufgezeichnet, dann kann ein komplexer Zeiger $r\,e^{j(\omega t + \varphi_0)}$ in seinen Realteil $r\cos(\omega t + \varphi_0)$ und

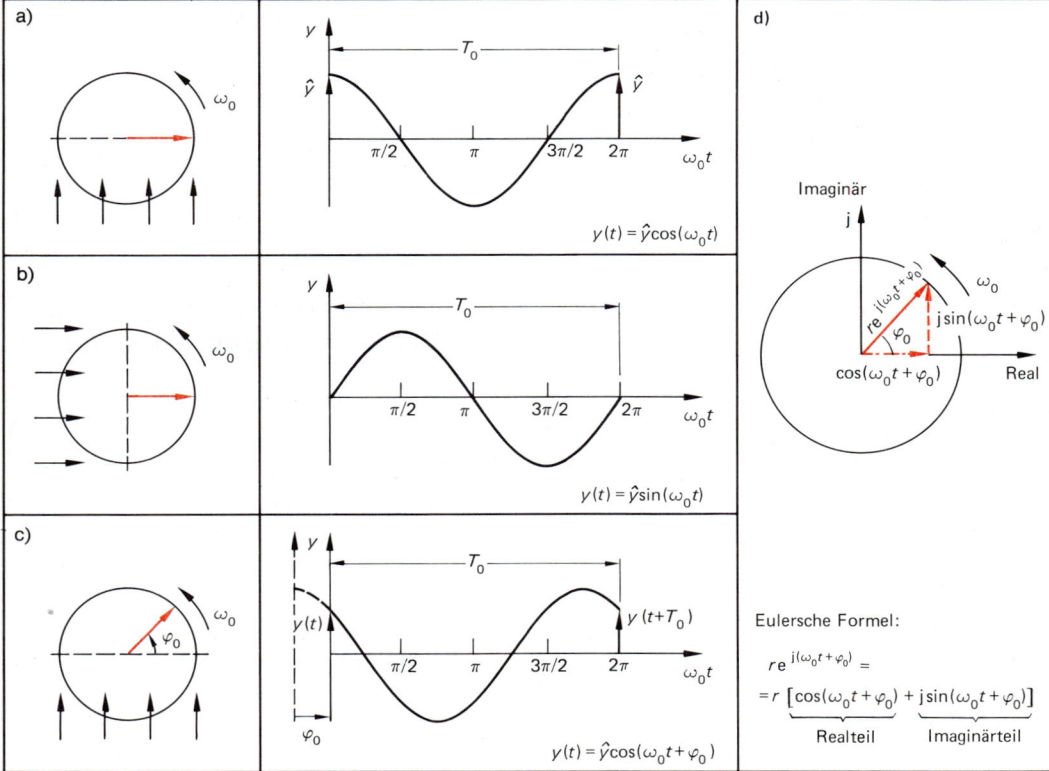

Bild 5-3.   *Zusammenhang zwischen der Kreisbewegung und den harmonischen Schwingungen (a) bis c)) sowie rotierende Zeiger in der komplexen Ebene (d)).*

seinen Imaginärteil $r \sin(\omega t + \varphi_0)$ zerlegt werden. Wegen dieses Zusammenhangs zwischen den trigonometrischen Funktionen im Bereich der komplexen Zahlen mit der Exponentialfunktion wird das Verhalten von Schwingungen häufig mit komplexen Zahlen in der komplexen Ebene beschrieben.

Die wichtigsten Kenngrößen harmonischer Schwingungen sind in Tabelle 5-1 zusammengestellt und in Bild 5-4 veranschaulicht. Die genormten Definitionen sind in DIN 1311 zu finden.

Beispiel

5.1-1: Eine harmonische Schwingung hat die Frequenz $f_0 = 0{,}2$ Hz, die Amplitude $\hat{y} = 2$ cm und die Anfangsauslenkung $y(0) = 1$ cm. Das Maximum der Schwingung kommt später. Es sind T_0, ω_0, φ_0 und $y(t)$ zur Zeit $t = 11$ s zu berechnen.

Lösung:

$T_0 = 1/f_0 = 5$ s; $\omega_0 = 2\pi f_0 = 0{,}4\pi$ s^{-1}.

Für den Nullphasenwinkel φ_0 gilt nach Gl. (5-6) in Tabelle 5-1 $\arccos(\varphi_0) = y(0)/\hat{y}$; $\varphi_0 = -60°$ (da Maximum später); $\varphi_0 = -1{,}05$.

$y(t) = 2$ cm $\cos(0{,}4\pi\, t/\text{s} - 1{,}05)$,

$y(11\text{ s}) = 2$ cm $\cos(0{,}4\pi \cdot 11 - 1{,}05) = 1{,}96$ cm.

Tabelle 5-1. Charakteristische Größen ungedämpfter harmonischer Schwingungen.

Kenngröße	Bedeutung
Periodizität	
Schwingungsdauer T (Periode)	kleinste Zeitspanne zwischen zwei aufeinanderfolgenden, gleichen Schwingungszuständen (z. B. zeitlicher Abstand zwischen zwei Maxima oder Minima)
Frequenz f	Anzahl der Schwingungen je Zeit $$f = \frac{1}{T} = N/t_N \qquad 1\,\text{Hz} = 1\,\text{s}^{-1} = [f] \qquad (N\text{: Anzahl der Schwingungen; } t_N\text{: Zeit für } N \text{ Schwingungen})$$
Kreisfrequenz ω	$$\omega = 2\pi f = \frac{2\pi}{T} \qquad 1\,\text{s}^{-1} = [\omega]$$
Auslenkungen bzw. Momentanwerte	
Momentanwert $y(t)$	momentane Auslenkung zur Zeit t (errechenbar aus Gl. (5-3) bis (5-5))
Scheitelwert $\hat{y}$ (Amplitude)	maximaler Wert der Auslenkung (für $\sin(\omega t + \varphi_0)$ oder $\cos(\omega t + \varphi_0) = 1$)
Phasenwinkel	
Nullphasenwinkel φ_0 (Anfangsphase)	Anfangslage des schwingenden Systems zur Zeit $t = 0$. Es folgt aus Gl. (5-5) $$\varphi_0 = \arccos\frac{y(0)}{\hat{y}} \qquad (5\text{-}6)$$ $\varphi_0 > 0$: voreilend $\varphi_0 < 0$: nacheilend
allgemeiner Phasenwinkel (Momentanphase) φ	$\varphi = \omega t + \varphi_0$ Summe der Phasenlage eines Punktes zur Zeit t (ωt) und des Nullphasenwinkels φ_0
Phase	
Phase	augenblicklicher Zustand einer Schwingung (bestimmt durch zwei Schwingungsgrößen, z. B. Weg und Zeit)

a)

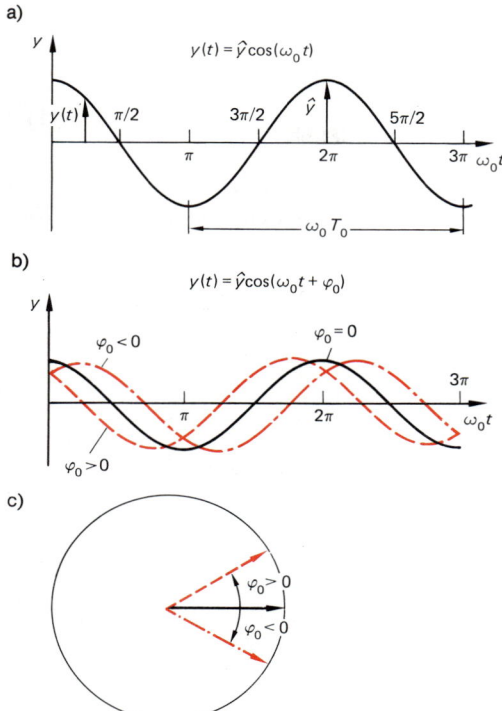

b)

$y(t) = \hat{y}\cos(\omega_0 t + \varphi_0)$

c)

Bild 5-4. *Charakteristische Kenngrößen harmonischer Schwingungen.*

5.1.2. Freie Schwingung

5.1.2.1. Differentialgleichung des ungedämpften Feder-Masse-Systems

Für das eindimensionale Feder-Masse-System in Bild 5-5 gilt die *Newtonsche Bewegungsgleichung*

$$F_a = m\,a$$

mit der von außen wirksamen Kraft F_a gleich der Federkraft F_c, die nach dem *Hookeschen*

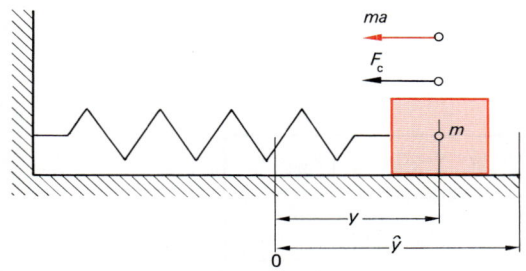

Bild 5-5. *Eindimensionales Feder-Masse-System.*

Gesetz (Abschn. 2.3.4) als rücktreibende Kraft proportional und entgegengesetzt zur Auslenkung y ist ($F_c \sim -y$). Es gilt

$$F_a = F_c = -c\,y. \qquad (5\text{-}7)$$

Die Proportionalitätskonstante c wird Federkonstante genannt. Damit ist aus dem Newtonschen Gesetz abzuleiten

$$-c\,y = m\,a.$$

Für die Beschleunigung in Auslenkungsrichtung y gilt $a = \mathrm{d}^2 y / \mathrm{d}t^2$, somit ist

$$-c\,y = m\,\frac{\mathrm{d}^2 y}{\mathrm{d}t^2} \quad \text{oder}$$

$$m\,\frac{\mathrm{d}^2 y}{\mathrm{d}t^2} + c\,y = 0 \quad \text{oder}$$

$$\frac{\mathrm{d}^2 y}{\mathrm{d}t^2} + \frac{c}{m}\,y = 0. \qquad (5\text{-}8)$$

Diese Gleichung ist die *Differentialgleichung* (DGL) des *linearen Feder-Masse-Systems* mit folgenden Eigenschaften: Sie ist

- *linear*, d.h., die Variable oder ihre Ableitungen treten nicht als Produkte oder Potenzen auf;
- *eine Gleichung zweiter Ordnung*, d.h., die höchste Ableitung ist die zweite Ableitung;
- *homogen*, d.h., die Differentialgleichung wird null, wenn die Werte der Variablen und deren Ableitungen null werden, und sie hat
- *konstante Koeffizienten*, d.h., die Faktoren vor den Variablen und deren Ableitungen sind konstant.

Die Lösung der Differentialgleichung (5-8) entsprechend Gl. (5-5) wird durch folgenden Ansatz erreicht:

$$y(t) = \hat{y}\cos(\omega_0 t + \varphi_0), \qquad (5\text{-}5)$$

Weg-Zeit-Gleichung

$$\frac{\mathrm{d}y}{\mathrm{d}t} = v(t) = -\hat{y}\,\omega_0 \sin(\omega_0 t + \varphi_0), \qquad (5\text{-}9)$$

Geschwindigkeit-Zeit-Gleichung

$$\frac{\mathrm{d}^2 y}{\mathrm{d}t^2} = a(t) = -\hat{y}\,\omega_0^2 \cos(\omega_0 t + \varphi_0). \qquad (5\text{-}10)$$

Beschleunigung-Zeit-Gleichung

Werden die Weg-Zeit-Gleichung (5-5) und die Beschleunigung-Zeit-Gleichung (5-10) in die Differentialgleichung (5-8) eingesetzt, so ergibt sich

$$-\hat{y}\,\omega_0^2 \cos(\omega_0 t + \varphi_0) + \frac{c}{m}\,\hat{y}\cos(\omega_0 t + \varphi_0) = 0.$$

Der Term $\hat{y}\cos(\omega_0 t + \varphi_0)$ kürzt sich heraus, so daß gilt

$$-\omega_0^2 + \frac{c}{m} = 0,$$

$$\omega_0^2 = \frac{c}{m}. \qquad (5\text{-}11)$$

Das Quadrat der Kreisfrequenz ω_0 hängt somit nur ab von den charakteristischen Kon-

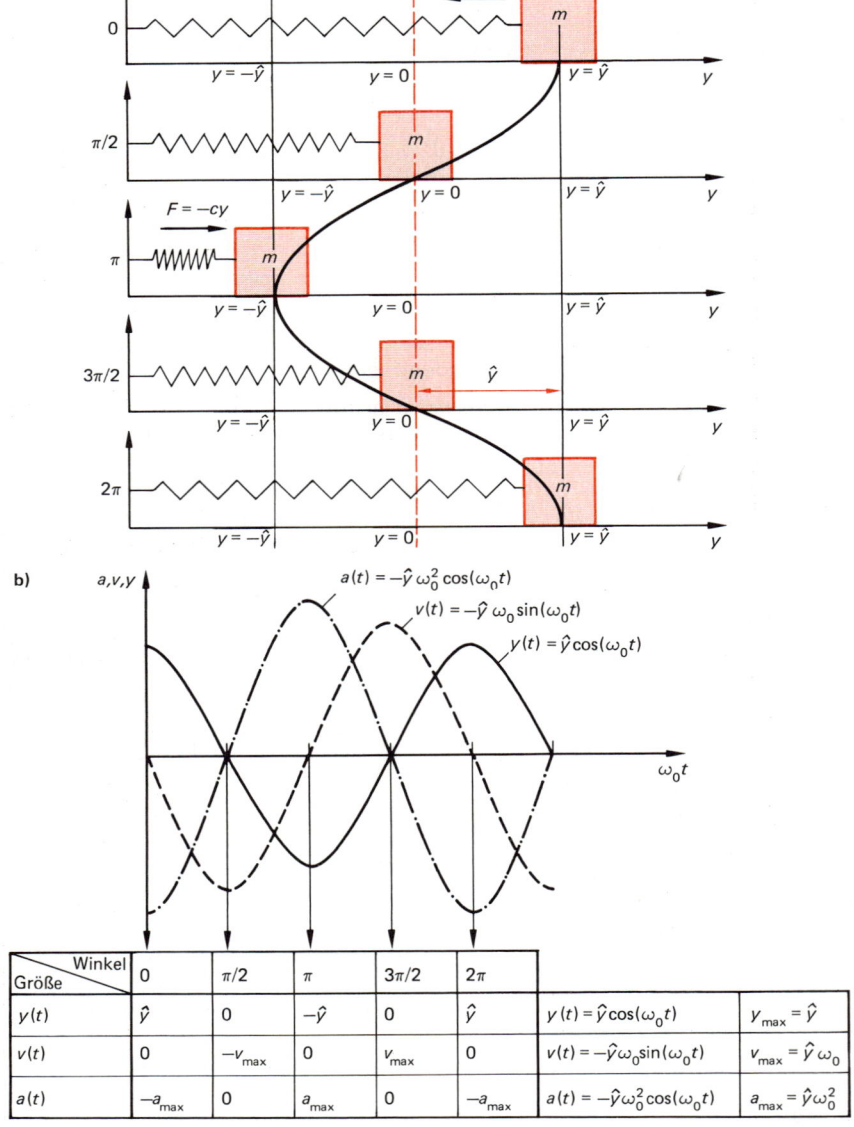

Bild 5-6.   Bewegungsverhalten des Feder-Masse-Systems.

Winkel / Größe	0	$\pi/2$	π	$3\pi/2$	2π		
$y(t)$	$\hat{y}$	0	$-\hat{y}$	0	$\hat{y}$	$y(t) = \hat{y}\cos(\omega_0 t)$	$y_{max} = \hat{y}$
$v(t)$	0	$-v_{max}$	0	v_{max}	0	$v(t) = -\hat{y}\omega_0\sin(\omega_0 t)$	$v_{max} = \hat{y}\omega_0$
$a(t)$	$-a_{max}$	0	a_{max}	0	$-a_{max}$	$a(t) = -\hat{y}\omega_0^2\cos(\omega_0 t)$	$a_{max} = \hat{y}\omega_0^2$

stanten Masse und Federkonstante (Richt-größe) des Feder-Masse-Systems. Aus (5-11) errechnet sich

$$\omega_0 = \sqrt{\frac{c}{m}} \quad \text{und} \quad f_0 = \frac{\omega_0}{2\,\pi}, \qquad (5\text{-}12)$$

$$T_0 = \frac{2\,\pi}{\omega_0} = 2\,\pi \sqrt{\frac{m}{c}}\ . \qquad (5\text{-}13)$$

Bild 5-6a zeigt den Weg-Zeit-Verlauf des Feder-Masse-Systems. Bei der Momentanphase $\varphi = 0$ ist der Körper bis zur Amplitude $\hat{y}$ ausgelenkt. Er läuft bei $\varphi = \pi/2$ durch den Nullpunkt, drückt bei $\varphi = \pi$ die Feder um die negative Amplitude zusammen, schwingt bei $\varphi = 3\,\pi/2$ wieder durch den Nullpunkt und ist bei $\varphi = 2\,\pi$ wieder maximal ausgelenkt. In Bild 5-6b sind die periodischen Abläufe der drei Bewegungsgleichungen dargestellt:

- das Weg-Zeit-Gesetz $y(t)$ (Gl. (5-5)) mit durchgezogener Linie,
- das Geschwindigkeit-Zeit-Gesetz $v(t)$ (Gl. (5-9)), gestrichelt, und
- das Beschleunigung-Zeit-Gesetz $a(t)$ (Gl. (5-10)), strichpunktiert.

Für die Maximalwerte von Weg y, Geschwindigkeit v und Beschleunigung a gilt

$$y_{\text{max}} = \hat{y}, \qquad (5\text{-}14)$$

$$v_{\text{max}} = \hat{y}\,\omega_0, \qquad (5\text{-}15)$$

$$a_{\text{max}} = \hat{y}\,\omega_0^2. \qquad (5\text{-}16)$$

Die Bewegungsabläufe zeigen, daß in der Ausgangslage $\varphi = 0$ die Auslenkung maximal, die Geschwindigkeit des Körpers gleich null und die Beschleunigung in negativer Richtung maximal ist. Dies bedeutet, die gesamte Energie des Systems ist in der potentiellen Energie der Feder gespeichert. Beim Winkel $\varphi = \pi/2$ schwingt der Körper durch den Nullpunkt. In diesem Fall ist die Auslenkung gleich null (und damit die Beschleunigung) und die Geschwindigkeit des Körpers maximal. Es ist die gesamte potentielle Energie der Feder in kinetische Energie des Körpers verwandelt worden, die sich nach $\varphi = \pi$ wieder in potentielle Energie der Feder, nach $\varphi = 3\,\pi/2$ wieder beim Nulldurchgang in kinetische

Energie des Körpers und nach $\varphi = 2\,\pi$ wieder in potentielle Energie der Feder verwandelt. Am Beispiel des Feder-Masse-Systems wird deutlich, daß bei Schwingungen Energie zwischen Energiezuständen periodisch hin- und hergeschoben wird.

5.1.2.2. Allgemeine Differentialgleichung der freien, ungedämpften harmonischen Schwingung

Die Differentialgleichung des Feder-Masse-Systems (Gl. (5-8)) kann so verallgemeinert werden, daß sie für alle freien, ungedämpften harmonischen Schwingungen gültig ist. In dieser allgemeinen Form lautet sie

$$\frac{\mathrm{d}^2}{\mathrm{d}t^2} \cdot (\text{Variable}) + \text{Konstante} \cdot (\text{Variable}) = 0. \qquad (5\text{-}17)$$

Sie hat die Lösung

$$\text{Variable} = \text{Variable}_{\text{max}} \cdot \cos(\omega_0\,t + \varphi_0)$$
$$\text{mit}\ \ \omega_0^2 = \text{Konstante}. \qquad (5\text{-}18),\ (5\text{-}19)$$

Daraus errechnet sich

$$\omega_0 = \sqrt{\text{Konstante}}, \qquad (5\text{-}20)$$

$$T_0 = \frac{2\,\pi}{\omega_0} = 2\,\pi \sqrt{\frac{1}{\text{Konstante}}}\ . \qquad (5\text{-}21)$$

Bild 5-7 zeigt, wie die allgemeine Struktur der Differentialgleichung nach Gl. (5-17) hergeleitet werden kann. Um die hier auftretenden Drehwinkel vom Phasenwinkel φ unterscheiden zu können, sind sie mit β bezeichnet.

Als Voraussetzung zur Gültigkeit der Differentialgleichung muß sichergestellt sein, daß die Bewegungsursache proportional und entgegengesetzt zur Variablen ist. Da die Bewegungsursache für die Translation Kräfte und für die Rotation Drehmomente sind, müssen Kräfte und Drehmoment diesen Forderungen genügen. Als allgemeine Proportionalitätskonstanten werden für die Translation konst_{T} und für die Rotation konst_{R} gesetzt. Aus dem Newtonschen Gesetz für die Bewegung $F = m\,a$ bzw. $M = J\,\alpha$ ergibt sich durch Umstellen und Ordnen der Glieder nach fallenden Ableitun-

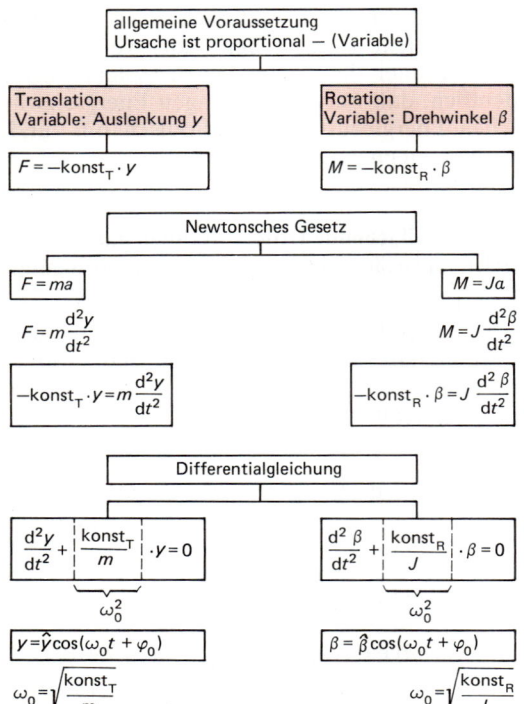

Bild 5-7. *Struktur der Differentialgleichung einer freien, ungedämpften harmonischen Schwingung.*

gen die entsprechende Differentialgleichung für die Translation bzw. für die Rotation mit ihren Lösungen für y bzw. β und ω_0.

Die Differentialgleichung (5-17) kann auch aus dem Energieerhaltungssatz hergeleitet werden. (Ein Punkt bzw. zwei Punkte über y bedeuten die erste bzw. zweite Ableitung nach der Zeit.) Es gilt

$$E_{ges} = E_{kin}(\dot{y}) + E_{pot}(y) = \text{konstant}$$

oder

$$\frac{dE_{ges}}{dt} = \frac{dE_{kin}}{d\dot{y}}\ddot{y} + \frac{dE_{pot}}{dy}\dot{y} = 0 \qquad (5\text{-}22)$$

(s. a. Herleitung der Differentialgleichung eines mathematischen Pendels).

5.1.2.3. Differentialgleichungen und Lösungen spezieller mechanischer Schwingungssysteme

Zur Aufstellung der Differentialgleichung des Feder-Masse-Systems und ihrer Lösung sei auf Abschn. 5.1.2.1 verwiesen. Im folgenden

werden die sonstigen mechanischen Pendel beschrieben.

Mathematisches Pendel

Das mathematische Pendel (Bild 5-8) besteht aus einer punktförmigen Masse, die an einem unelastischen Faden mit der Länge l aufgehängt ist. (Die Masse des Fadens ist gegenüber der punktförmigen Masse vernachlässigbar klein.) Wird das mathematische Pendel um den Drehwinkel β bis zum Punkt B ausgelenkt, so gilt nach dem Energieerhaltungssatz

$$E_{kin}^{A}(\beta) = E_{pot}^{B}(\beta)\,.$$

Die kinetische Energie im Punkt A beträgt

$$E_{kin}^{A}(\beta) = \tfrac{1}{2}m\,(l\,\dot{\beta})^2$$

und die potentielle Energie am Punkt B

$$E_{pot}^{B}(\beta) = m\,g\,l\,(1 - \cos\beta)\,.$$

Da nach Gl. (5-22) die Energieänderung gleich null sein muß, gilt

$$\frac{dE_{ges}}{dt} = m\,l^2\,\dot{\beta}\,\ddot{\beta} + m\,g\,l\,\sin\beta\,\dot{\beta} = 0$$

Daraus ergibt sich die Differentialgleichung

$$\ddot{\beta} + \frac{g}{l}\sin\beta = 0\,. \qquad (5\text{-}23)$$

Diese beschreibt keine harmonische Schwingung. Die nach Gl. (5-17) geforderte Differentialgleichung entsteht dadurch, daß $\sin\beta \approx \beta$ gesetzt wird (Abbruch der Reihenentwicklung $\sin\beta = \beta - \frac{\beta^3}{3!} + \frac{\beta^5}{5!} - \frac{\beta^7}{7!} + - \ldots$ nach dem ersten Glied). Damit ergibt sich

$$\ddot{\beta} + \frac{g}{l}\beta = 0\,. \qquad (5\text{-}24)$$

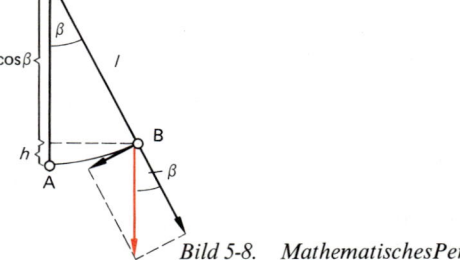

Bild 5-8.   *Mathematisches Pendel.*

Die Lösung lautet

$$\beta(t) = \hat{\beta} \cos(\omega_0 t + \varphi_0) \qquad (5\text{-}25)$$

$$\text{mit} \quad \omega_0 = \sqrt{\frac{g}{l}} \qquad (5\text{-}26)$$

$$\text{und} \quad T_0 = 2\pi \sqrt{\frac{l}{g}}. \qquad (5\text{-}27)$$

Die exakte Lösung der Schwingungsdauer T_0 nach der Differentialgleichung (5-23) läßt sich als Reihenentwicklung darstellen:

$$T_0 = 2\pi \sqrt{\frac{l}{g}} \left(1 + \left(\frac{1}{2}\right)^2 a^2 + \left(\frac{1\cdot3}{2\cdot4}\right)^2 a^4 + \right.$$

$$\left. + \left(\frac{1\cdot3\cdot5}{2\cdot4\cdot6}\right)^2 a^6 + \ldots \right) \qquad (5\text{-}28)$$

mit $a = \sin(\hat{\beta}/2)$ im großen Klammer-Ausdruck, der als Korrekturfaktor anzusehen ist.
Tabelle 5-2 enthält Korrekturfaktoren für zunehmende Winkelausschläge β. So beträgt die Abweichung für $\hat{\beta} = 10°$ beispielsweise 1,9‰. Dies bedeutet, daß für kleine Ausschläge $\hat{\beta}$ die Schwingungsdauer recht genau mit Gl. (5-27) berechnet werden kann.

Tabelle 5-2. Korrekturfaktor für größere Auslenkungswinkel.

Winkel	Korrekturfaktor
1°	1,00002
5°	1,00048
10°	1,00191
30°	1,01741
45°	1,03997

Wie Gl. (5-27) zeigt, hängt die Schwingungsdauer T_0 nicht von der Masse des angehängten Körpers ab. Mit diesem Pendel gelang es L. FOUCAULT (1819 bis 1868), die Erdbeschleunigung experimentell sehr genau zu bestimmen.

Torsionsschwinger

Wird ein Körper an einem Torsionsfaden gemäß Bild 5-9 aufgehängt und vollführt er

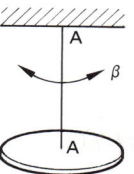

Bild 5-9.   Torsionsschwinger.

um die Aufhängungsachse AA Drehschwingungen, so handelt es sich um ein Torsionsschwinger. Es gilt dabei das Newtonsche Gesetz der Rotation: $M_a = J\alpha$.
Das äußere Moment M_a ist ein Rückstellmoment, das proportional und entgegengesetzt zum Drehwinkel β wirkt: $M_a = -c^* \beta$.
Die Proportionalitätskonstante c^* wird als *Winkelrichtgröße* bezeichnet. Das Massenträgheitsmoment J ist längs der Achse AA wirksam (J_A). Mit $\alpha = \mathrm{d}^2\beta/\mathrm{d}t^2 = \ddot{\beta}$ ergibt sich

$$-c^* \beta = J_A \ddot{\beta}.$$

Umgeformt ergibt sich die Differentialgleichung

$$\ddot{\beta} + \frac{c^*}{J_A} \beta = 0 \qquad (5\text{-}29)$$

mit der Lösung

$$\beta(t) = \hat{\beta} \cos(\omega_0 t + \varphi_0), \qquad (5\text{-}30)$$

$$\omega_0 = \sqrt{\frac{c^*}{J_A}}, \qquad (5\text{-}31)$$

$$T_0 = \frac{2\pi}{\omega_0} = 2\pi \sqrt{\frac{J_A}{c^*}}. \qquad (5\text{-}32)$$

Der Torsionsschwinger erlaubt, Massenträgheitsmomente aus der Messung der Schwingungsdauer experimentell zu ermitteln. Es gilt

$$J_A = \frac{T_0^2}{4\pi^2} c^*. \qquad (5\text{-}33)$$

Falls die Aufhängeachse nicht durch den Schwerpunkt geht, muß der Steinersche Satz (Abschn. 2.9.5) berücksichtigt werden, wie in Bild 5-10 verdeutlicht.

Beispiel

5.1-2: Zur Bestimmung des Massenträgheitsmomentes werden geometrisch unregelmäßig geformte

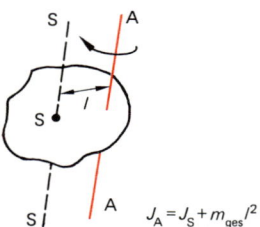

$J_\mathrm{A} = J_\mathrm{S} + m_\mathrm{ges} \, l^2$

Bild 5-10. Steinerscher Satz zur Berechnung von Trägheitsmomenten.

Körper als Torsionsschwinger aufgehängt. Die Eichung der Aufhängung geschieht mit einem Körper, dessen Trägheitsmoment bekannt ist. Es ist ein Stahlzylinder mit dem Durchmesser $d = 80$ mm und der Länge $l = 150$ mm, der für 10 Schwingungen eine Zeit von 67,8 s braucht. Der zu messende Körper benötigt für 10 Schwingungen 107,5 s. Wie groß ist das Massenträgheitsmoment dieses Körpers? (Aufhängung immer in der Schwereachse.)

Lösung:

Für den Eichkörper gilt nach Gl. (5-32)

$$T_0 = 2\pi \sqrt{\frac{J_0}{c^*}} \, , \quad c^* = \frac{4\pi^2 J_0}{T_0^2} \, ;$$

für den Meßkörper gilt analog

$$c^* = \frac{4\pi^2 J'}{T_0'^2} \, .$$

Durch Gleichsetzen ergibt sich für das Massenträgheitsmoment des Meßkörpers

$$J' = \frac{T_0'^2}{T_0^2} J_0 . \tag{5-34}$$

Das Massenträgheitsmoment des Eichkörpers ist

$$J_0 = \frac{m}{2} r^2 = 4,7 \cdot 10^{-3} \, \mathrm{kg\,m^2} .$$

Damit ergibt sich gemäß Gl. (5-34) mit den gemessenen Schwingungsdauern $T_0 = 6,78$ s und $T_0' = 10,75$ s

$$J' = 11,83 \cdot 10^{-3} \, \mathrm{kg\,m^2} .$$

Physisches Pendel

Ein physisches Pendel ist ein starrer Körper, der entsprechend Bild 5-11 um den Aufhängepunkt A schwingen kann. Es gilt das Newtonsche Bewegungsgesetz für die Rotation: $M_\mathrm{a} = J_\mathrm{A} \, \alpha = J_\mathrm{A} \, \ddot{\beta}$; hierbei ist das äußere Drehmoment M_a das rücktreibende Moment aufgrund der Gewichtskraft F_G. Somit gilt

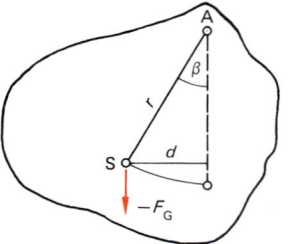

Bild 5-11.
Physikalisches Pendel.

$M_\mathrm{a} = -F_\mathrm{G} \, d$, und da der Hebelarm $d = r \sin \beta$ ist, läßt sich schreiben

$$-F_\mathrm{G} \, r \sin \beta = J_\mathrm{A} \, \ddot{\beta} .$$

Um zur allgemeinen Struktur der Differentialgleichung (5-17) zu gelangen, muß $\sin \beta$ durch den Winkel β ersetzt werden (siehe Näherungsformel für mathematisches Pendel). Dann gilt

$$-F_\mathrm{G} \, r \, \beta = J_\mathrm{A} \, \ddot{\beta} \quad \text{oder}$$

$$\ddot{\beta} + \frac{m \, g \, r}{J_\mathrm{A}} \beta = 0 . \tag{5-35}$$

Die Lösung lautet

$$\beta(t) = \hat{\beta} \cos(\omega_0 \, t + \varphi_0) , \tag{5-36}$$

$$\omega_0 = \sqrt{\frac{m \, g \, r}{J_\mathrm{A}}} \, , \tag{5-37}$$

$$T_0 = \frac{2\pi}{\omega_0} = 2\pi \sqrt{\frac{J_\mathrm{A}}{m \, g \, r}} \, . \tag{5-38}$$

Mit Hilfe eines physischen Pendels können — wie mit einem Torsionspendel — Massenträgheitsmomente gemessen werden. Auch hierbei muß zur Berechnung von J_s der Steinersche Satz (Bild 5-10) berücksichtigt werden. Es gilt nach Gl. (5-38)

$$J_\mathrm{A} = \frac{T_0^2}{4\pi^2} m \, g \, r . \tag{5-39}$$

Häufig wird in der Technik die Schwingungsdauer eines physischen Pendels auf die entsprechende Länge eines mathematischen Pendels gleicher Schwingungsdauer zurückgeführt. Diese Pendellänge wird *reduzierte Pendellänge* l_red genannt und ist für spezielle Körper in Handbüchern der Technik tabelliert.

Da die Schwingungsdauer beider Pendel gleich groß sein soll, gilt

$$T_0^{\text{phys}} = T_0^{\text{math}},$$

$$2\pi\sqrt{\frac{J_A}{m\,g\,r}} = 2\pi\sqrt{\frac{l_{\text{red}}}{g}}.$$

Daraus ergibt sich

$$l_{\text{red}} = \frac{J_A}{m\,r}. \qquad (5\text{-}40)$$

Beispiel

5.1-3: Ein Rad gemäß Bild 5-12 mit der Masse $m = 1$ kg und den Abmessungen $d_i = 96$ mm und $d_a = 125$ mm pendelt an einer Schneide A. Die Periodendauer beträgt $T_0 = 0,65$ s. Ermittelt werden sollen das Massenträgheitsmoment um den Schwerpunkt und die reduzierte Pendellänge.

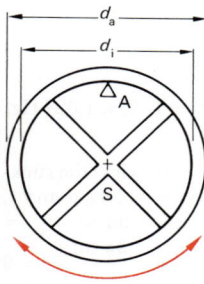

Bild 5-12.   Zu Beispiel 5.1-3.

Lösung:

Nach dem Steinerschen Satz ist $J_S = J_A - m\,r_i^2$; hierbei errechnet sich J_A aus Gl. (5-39) mit $r = r_i$. Somit ist

$$J_S = m\,r_i\left(\frac{T_0^2}{4\pi^2}g - r_i\right) = 2,74\cdot 10^{-3}\ \text{kg m}^2.$$

Für die reduzierte Pendellänge gilt nach Gl. (5-40) und Gl. (5-39)

$$l_{\text{red}} = \frac{T_0^2}{4\pi^2}g = 0,105\ \text{m}.$$

Flüssigkeitspendel im U-Rohr

Wird in ein U-Rohr mit konstantem Querschnitt A eine Flüssigkeit der Dichte ϱ eingefüllt, so stellt sich im Gleichgewicht eine U-förmige Flüssigkeitssäule der Länge l ein. Wird der Gleichgewichtshorizont – die gestrichelte Linie in Bild 5-13 – um y verschoben, dann ist eine Differenz der Flüssigkeits-

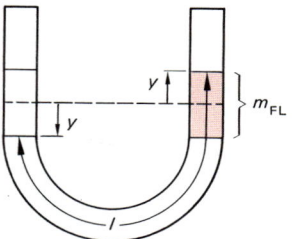

Bild 5-13.   Flüssigkeitspendel im U-Rohr.

niveaus von $2\,y$ vorhanden. Das Gewicht der überstehenden Flüssigkeitsmasse m_{Fl} (gekennzeichneter Bereich) bewirkt eine rücktreibende Kraft. Nach dem Newtonschen Gesetz gilt

$$F_a = m\,a,$$

$$-m_{\text{Fl}}\,g = m_{\text{ges}}\,\ddot{y}.$$

Die Masse der überstehenden Flüssigkeitsmenge kann errechnet werden aus

$$m_{\text{Fl}} = V_{\text{Fl}}\,\varrho_{\text{Fl}} = A\,2\,y\,\varrho.$$

Daraus ergibt sich

$$-2\,A\,\varrho\,g\,y = m_{\text{ges}}\,\ddot{y}$$

Die Differentialgleichung des Flüssigkeitspendels lautet dann

$$\ddot{y} + \frac{2\,A\,\varrho\,g}{m_{\text{ges}}}\,y = 0. \qquad (5\text{-}41)$$

Allgemein gilt

$$y(t) = \hat{y}\cos(\omega_0\,t + \varphi_0), \qquad (5\text{-}42)$$

$$\omega_0 = \sqrt{\frac{2\,A\,\varrho\,g}{m_{\text{ges}}}}, \qquad (5\text{-}43)$$

$$T_0 = \frac{2\pi}{\omega_0} = 2\pi\sqrt{\frac{m_{\text{ges}}}{2\,A\,\varrho\,g}}. \qquad (5\text{-}44)$$

Für die gesamte Masse gilt $m_{\text{ges}} = A\,l\,\varrho$, so daß sich die Differentialgleichung (5-41) zu

$$\ddot{y} + \frac{2\,g}{l}\,y = 0 \qquad (5\text{-}45)$$

vereinfacht. Die Lösung ist

$$y(t) = \hat{y}\cos(\omega_0 t + \varphi_0)\,, \qquad (5\text{-}42)$$

$$\omega_0 = \sqrt{\frac{2g}{l}}\,, \qquad (5\text{-}46)$$

$$T_0 = \frac{2\pi}{\omega_0} = 2\pi\sqrt{\frac{l}{2g}}\,. \qquad (5\text{-}47)$$

Aus Gl. (5-47) geht hervor, daß die Schwingungsdauer des Flüssigkeitspendels nicht von der Dichte ϱ der Flüssigkeit oder dem Querschnitt des U-Rohres abhängt. Ferner entspricht die Schwingungsdauer des Flüssigkeitspendels der des mathematischen Pendels mit der halben Länge der Flüssigkeitssäule.

Schwingungssystem	Kraftansatz Differential-gleichung	ω_0
Feder-Masse-System 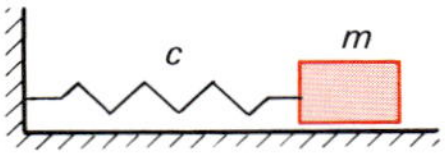	$F = ma$ $-cy = m\ddot{y}$ $\ddot{y} + \dfrac{c}{m}y = 0$	$\sqrt{\dfrac{c}{m}}$
mathematisches Pendel 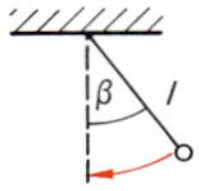	$F = ma$ $-mg\beta = ml\ddot{\beta}$ $\ddot{\beta} + \dfrac{g}{l}\beta = 0$	$\sqrt{\dfrac{g}{l}}$
Torsionsschwinger 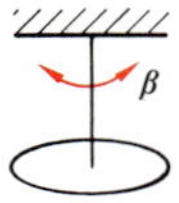	$M = J_A a$ $-c^*\beta = J_A \ddot{\beta}$ $\ddot{\beta} + \dfrac{c^*}{J_A}\beta = 0$	$\sqrt{\dfrac{c^*}{J_A}}$
physikalisches Pendel 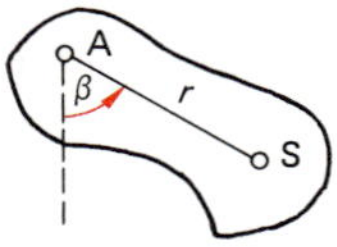	$M = J_A a$ $-mgr\beta = J_A\ddot{\beta}$ $\ddot{\beta} + \dfrac{mgr}{J_A}\beta = 0$	$\sqrt{\dfrac{mgr}{J_A}}$
Flüssigkeitspendel 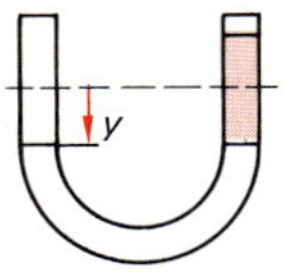	$F = ma$ $-2Agy = m_{ges}\ddot{y}$ $\ddot{y} + \dfrac{2A\varrho g}{m_{ges}}y = 0$ $\ddot{y} + \dfrac{2g}{l}y = 0$	$\sqrt{\dfrac{2A\varrho g}{m_{ges}}}$ $\sqrt{\dfrac{2g}{l}}$

Bild 5-14. Mechanische Schwingungssysteme mit ihren Differentialgleichungen und Eigenkreisfrequenzen ω_0.

In Bild 5-14 sind die Differentialgleichungen und deren Lösungen für die hier beschriebenen mechanischen Pendel zusammengestellt.

Beispiel

5.1-4: In einem U-Rohr mit einem lichten Durchmesser von $d_i = 1$ cm schwingt eine Quecksilbersäule nach einer einmaligen Auslenkung um 3 cm. Die Masse des Quecksilbers beträgt 0,5 kg. Berechnet werden sollen T_0, ω_0 und f_0. Wie ändern sich diese Größen, wenn das U-Rohr, wie in Bild 5-15 dargestellt, um 50° zur Waagrechten geneigt ist?

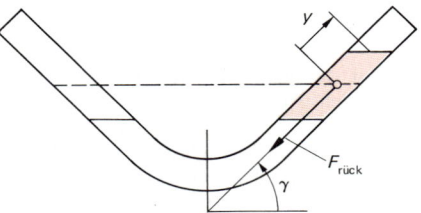

Bild 5-15.   Zu Beispiel 5.1-4.

Lösung:

Nach Gl. (5-44) ist $T_0 = 0,974$ s, $f_0 = 1/T_0 = 1,027$ Hz, $\omega_0 = 2\pi f_0 = 6,45\,\mathrm{s}^{-1}$.

Bei einer Schenkelneigung von $\gamma = 50°$ wirkt die rücktreibende Kraft $F_{rück} = -m_{Fl}\,g\sin\gamma = -2A\varrho g\sin\gamma\,y$. Diese Kraft beschleunigt die Gesamtmasse $m_{ges} = A\varrho g l$. Die Differentialgleichung $\ddot{y} + \dfrac{2g\sin\gamma}{l}y = 0$ führt zu $\omega_0 = \sqrt{\dfrac{2g\sin\gamma}{l}} = 5,65\,\mathrm{s}^{-1}$, $f_0 = 0,90$ Hz, $T_0 = 1,11$ s.

5.1.2.4. Gesamtenergie der freien, ungedämpften Schwingung

Für das Feder-Masse-System soll die Gesamtenergie berechnet werden. Es gilt

$$E_{ges}(t) = E_{pot}(t) + E_{kin}(t)\,. \qquad (5\text{-}48)$$

Die potentielle Energie errechnet sich gemäß

$$E_{pot}(t) = \tfrac{1}{2}\,c\,y(t)^2$$

mit

$$y(t) = \hat{y}\cos(\omega_0 t)\,,$$

dann ist

$$E_{pot}(t) = \tfrac{1}{2}\,c\,\hat{y}^2\cos^2(\omega_0 t + \varphi_0)\,. \qquad (5\text{-}49)$$

Für die kinetische Energie gilt

$$E_{kin}(t) = \tfrac{1}{2} m \, v(t)^2$$

mit

$$v(t) = -\hat{y} \, \omega_0 \sin(\omega_0 t),$$

dann ist

$$E_{kin}(t) = \tfrac{1}{2} m \hat{y}^2 \, \omega_0^2 \sin^2(\omega_0 t + \varphi_0). \quad (5\text{-}50)$$

Nach Gl. (5-11) ist $m \, \omega_0^2 = c$, so daß für die kinetische Energie auch geschrieben werden kann

$$E_{kin}(t) = \tfrac{1}{2} c \, \hat{y}^2 \sin^2(\omega_0 t + \varphi_0). \quad (5\text{-}51)$$

Werden Gl. (5-47) und (5-45) in die Gleichung für den Energieerhaltungssatz (5-44) eingesetzt, dann ergibt sich

$$\begin{aligned} E_{ges}(t) = \tfrac{1}{2} c \, \hat{y}^2 \,(&\cos^2(\omega_0 t + \varphi_0) \\ &+ \sin^2(\omega_0 t + \varphi_0)). \end{aligned} \quad (5\text{-}52)$$

Mit $\cos^2(\omega_0 t) + \sin^2(\omega_0 t) = 1$, $\hat{v} = \omega_0 \hat{y}$ und $c = m \, \omega_0^2$ gelten die Beziehungen

$$\begin{aligned} E_{ges}(t) &= \tfrac{1}{2} c \, \hat{y}^2 = \tfrac{1}{2} m \, \omega_0^2 \hat{y}^2 \\ &= \tfrac{1}{2} m \, \hat{v}^2 = \text{konstant}. \end{aligned} \quad (5\text{-}53)$$

Somit ist bestätigt, daß die gesamte Schwingungsenergie der freien, ungedämpften Schwingung zu jeder Zeit konstant ist. Die Gesamtenergie ist proportional zum Quadrat der Schwingungsamplitude $\hat{y}^2$ bzw. der Maximalgeschwindigkeit $\hat{v}^2$.

In Bild 5-16 ist der zeitliche Verlauf der potentiellen Energie $E_{pot}(t)$, der kinetischen Energie $E_{kin}(t)$ und der Gesamtenergie $E_{ges}(t)$ eingezeichnet. Es wird deutlich, daß die Summe von potentieller und kinetischer Energie

zu jedem Zeitpunkt t gleich dem Wert der gesamten Energie $E_{ges}(t)$ ist. Außerdem erkennt man, daß sich die potentielle und kinetische Energie mit der doppelten Systemfrequenz periodisch hin- und herbewegen. Dieser periodische Energieaustausch ist – wie bereits in der Einführung zu diesem Hauptabschnitt erwähnt – die Grundeigenschaft von Schwingungen.

5.1.2.5. Elektromagnetische Schwingung

Ein elektromagnetischer Schwingkreis besteht aus einem Kondensator der Kapazität C und einer Spule der Induktivität L gemäß Bild 5-17 (s. a. Abschn. 4.5.2.2). Für den Stromkreis gilt, daß die Summe aller Spannungen gleich null ist:

$$u_L + u_C = 0. \quad (5\text{-}54)$$

Bild 5-18 zeigt die Differentialgleichungen und deren Lösungen für die Schwingung der Ladung q, der Stromstärke i und der Spannung am Kondensator u_C. Alle Schwingungen haben dieselbe Kreisfrequenz ω_0 bzw. Periodendauer T_0:

$$\omega_0 = \frac{1}{\sqrt{LC}}, \quad (5\text{-}61)$$

$$T_0 = 2 \pi \sqrt{LC}. \quad (5\text{-}62)$$

(s. Thomson-Gl. (4-302)).

Beispiel

5.1-5: Die Kapazität des Schwingkreises (Bild 5-17) wird in Schalterstellung 0-2 durch eine angelegte Gleichspannung U_0 aufgeladen, und durch Umschalten auf Stellung 1-2 wird die Schwingung er-

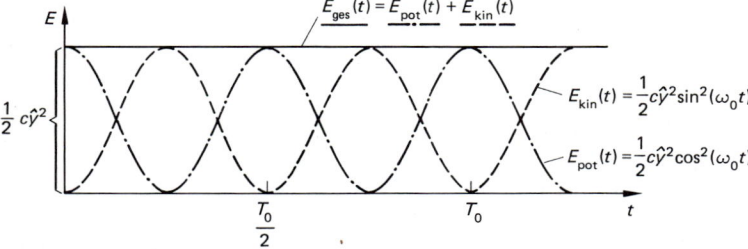

Bild 5-16.   Energieerhaltung bei Schwingungsvorgängen.

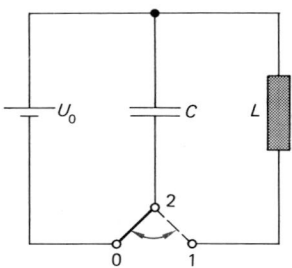

Bild 5-17. Ungedämpfter elektromagnetischer Schwingkreis.

regt. Es ist $U_0 = 2$ V, $L = 10$ mH und $C = 1$ µF. Zu berechnen sind

a) Amplitude $\hat{q}$ und Nullphasenwinkel φ_{0q} der Ladung,
b) Amplitude $\hat{\imath}$ und Nullphasenwinkel φ_{0i} der Stromstärke sowie
c) die Eigenfrequenz f_0.

Lösung:

a) Es gilt $\hat{q} = C\,\hat{u}_C$ mit $\hat{u}_C = U_0$. Also ist $\hat{q} = 2 \cdot 10^{-6}$ C; für den Nullphasenwinkel gilt $\varphi_{0q} = \varphi_{0u} = 0$.
b) Es ist

$$i = \frac{\mathrm{d}q}{\mathrm{d}t} = -\hat{q}\,\omega_0 \sin(\omega_0\,t) = \hat{q}\,\omega_0 \cos\left(\omega_0\,t - \frac{\pi}{2}\right);$$

die Amplitude beträgt

$$\hat{\imath} = \hat{q}\,\omega_0 = \hat{q}\,\frac{1}{\sqrt{LC}} = 20 \text{ mA};$$

der Phasenwinkel ist $\varphi_{0i} = -\frac{\pi}{2}$.

c) Für die Frequenz gilt

$$f_0 = \frac{\omega_0}{2\pi} = \frac{1}{2\pi\sqrt{LC}} = 1{,}59 \cdot 10^3\,\mathrm{s}^{-1}.$$

Bild 5-19 zeigt die Analogie mechanischer (am Beispiel des Feder-Masse-Systems) und elektromagnetischer Schwingungen (am Beispiel des Schwingkreises Kondensator–Spule). Während beim mechanischen System die Auslenkung periodisch schwingt und ein periodischer Austausch zwischen potentieller und kinetischer Energie stattfindet, schwingt im elektromagnetischen System die Ladung zwischen Kapazität und Spule hin und her, und es findet ein periodischer Austausch zwischen elektrischer und magnetischer Energie statt. Der Masse im mechanischen System entspricht die Spule im elektromagnetischen Schwingkreis, die sich als träges Element der Stromänderung widersetzt. Die rücktreibende Kraft ist im mechanischen System proportional zur Federkonstanten c und im elektromagnetischen Schwingkreis um so größer, je kleiner die Kapazität ist.

Im Ausgangszustand (Bild 5-19, $\varphi = 0$) ist im mechanischen System die Auslenkung maximal und deshalb die potentielle Energie maximal und die kinetische Energie null. Im elektromagnetischen Schwingkreis ist die Kondensatorspannung und somit die elektrische Energie maximal; dagegen fließt kein Strom durch die Spule, so daß die magnetische Energie null ist. Nach einem Winkel von $\pi/2$ durchläuft die Masse mit maximaler Geschwindigkeit die Nullage. Die potentielle Energie ist null und die kinetische Energie maximal. Entsprechend ist im elektromagnetischen Schwingkreis die Spannung am Kondensator und damit die elektrische Energie gleich null, während der Spulenstrom und die

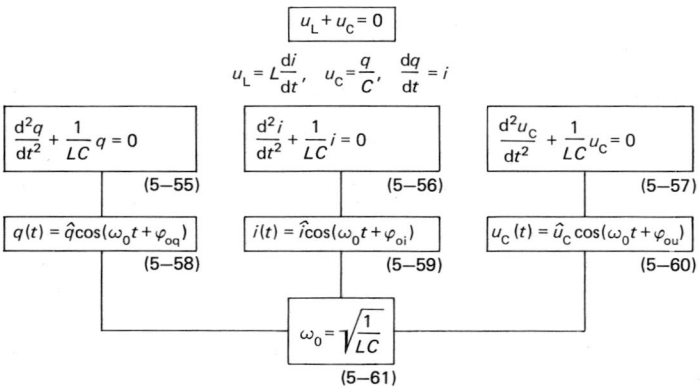

Bild 5-18. Differentialgleichungen und ihre Lösungen im ungedämpften elektromagnetischen Schwingkreis.

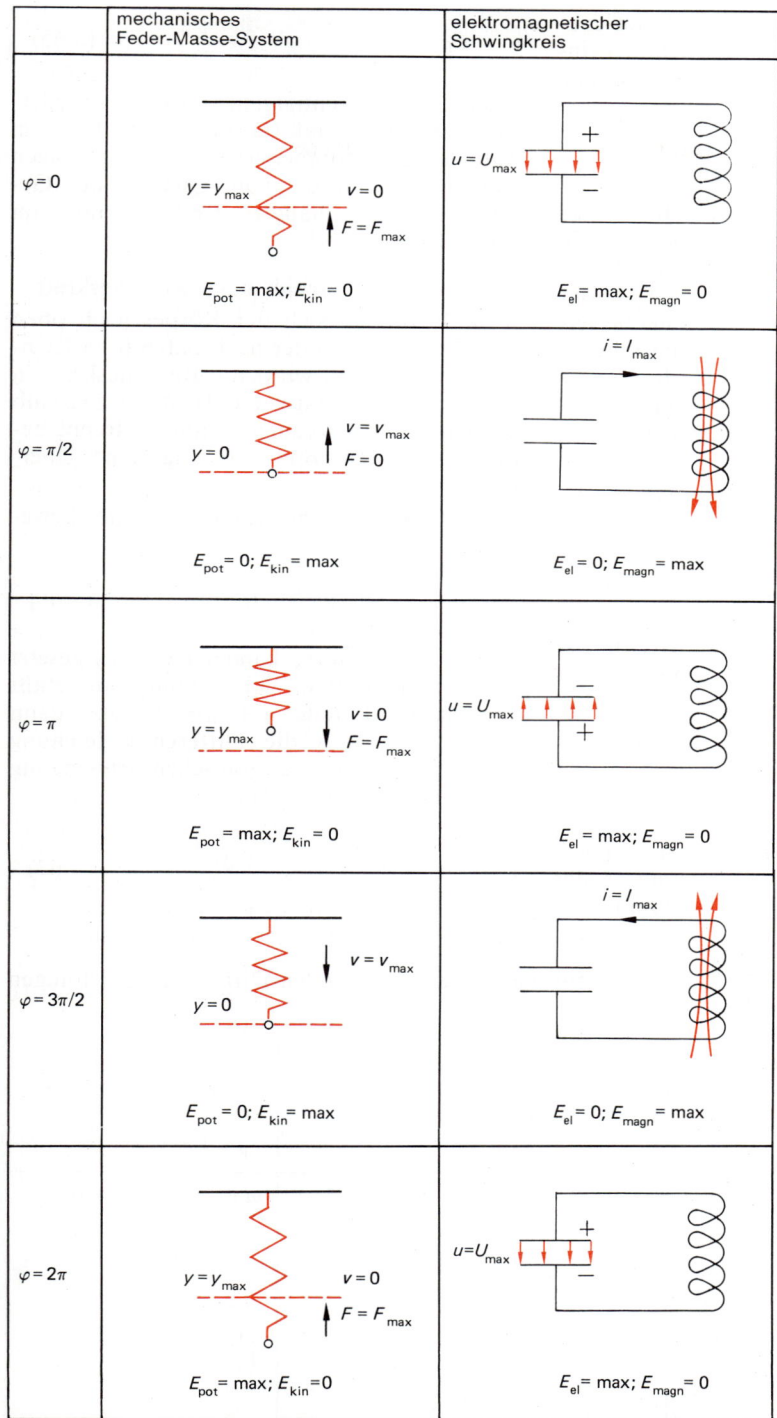

	mechanisches Feder-Masse-System	elektromagnetischer Schwingkreis
$\varphi = 0$	$y = y_{max}$ $v = 0$ $F = F_{max}$ $E_{pot} = \text{max}; E_{kin} = 0$	$u = U_{max}$ $+$ $-$ $E_{el} = \text{max}; E_{magn} = 0$
$\varphi = \pi/2$	$y = 0$ $v = v_{max}$ $F = 0$ $E_{pot} = 0; E_{kin} = \text{max}$	$i = I_{max}$ $E_{el} = 0; E_{magn} = \text{max}$
$\varphi = \pi$	$y = y_{max}$ $v = 0$ $F = F_{max}$ $E_{pot} = \text{max}; E_{kin} = 0$	$u = U_{max}$ $-$ $+$ $E_{el} = \text{max}; E_{magn} = 0$
$\varphi = 3\pi/2$	$y = 0$ $v = v_{max}$ $E_{pot} = 0; E_{kin} = \text{max}$	$i = I_{max}$ $E_{el} = 0; E_{magn} = \text{max}$
$\varphi = 2\pi$	$y = y_{max}$ $v = 0$ $F = F_{max}$ $E_{pot} = \text{max}; E_{kin} = 0$	$u = U_{max}$ $+$ $-$ $E_{el} = \text{max}; E_{magn} = 0$

Bild 5-19.   Analogie mechanischer und elektromagnetischer Schwingungen.

magnetische Energie maximal sind. Im mechanischen bzw. elektromagnetischen Schwingungssystem wiederholen sich diese Zustände periodisch.

5.1.2.6. Freie gedämpfte Schwingung

Wird eine freie Schwingung durch Wirken von Reibungskräften gedämpft, so kommt die Schwingung im Laufe der Zeit zur Ruhe. Energetisch betrachtet wird ein Teil der Schwingungsenergie in thermische Energie verwandelt, und zwar so lange, bis keine Schwingungsenergie mehr vorhanden ist. Tabelle 5-3 zeigt übersichtlich drei unterschiedliche Reibungskräfte bei freien, gedämpften Schwingungen:

– die geschwindigkeitsunabhängige Gleit- oder Rollreibungskraft

$$F_R = \mu \, F_N \,, \qquad (5\text{-}63)$$

– die geschwindigkeitsabhängige Reibungskraft, die proportional zur Geschwindigkeit ist (Newtonsches Reibungsgesetz der viskosen Reibung),

$$F_R = b \, v \,, \qquad (5\text{-}64)$$

– die geschwindigkeitsabhängige Reibungskraft, die proportional zum Quadrat der Geschwindigkeit ist (z. B. Luftreibung),

$$F_R = k \, v^2 \,. \qquad (5\text{-}65)$$

Auch die Differentialgleichungen des Feder-Masse-Systems sind für diese drei Fälle in Tabelle 5-3 zusammengestellt. Die Lösungen werden (bis auf die vom Quadrat der Geschwindigkeit abhängige Reibungskraft) im folgenden näher erläutert.

Geschwindigkeitsunabhängige Reibungskraft

Je nachdem, ob sich der Körper nach oben (v in Richtung y) oder nach unten (v in Richtung $-y$) bewegt, wirkt die Reibungskraft in positiver oder negativer y-Richtung. Deshalb müssen diese Bewegungsabläufe getrennt betrachtet werden. Bild 5-20 zeigt eine Übersicht.

Für die Aufwärtsbewegung gilt die Bewegungsgleichung

$$m \, \ddot{y} + \mu \, F_N + c \, y = 0 \,. \qquad (5\text{-}66)$$

Die Konstante $\mu \, F_N$ kann gleich $c \, y_0$ gesetzt und als konstante Vorspannung aufgefaßt werden. Wird weiter $y + y_0 = s$ gesetzt, dann ergibt sich für s die Differentialgleichung der ungedämpften harmonischen Schwingung (Abschn. 5.1.2.2, Gl. (5-17))

$$\ddot{s} + \frac{c}{m} \, s = 0 \qquad (5\text{-}67)$$

Tabelle 5-3. Unterschiedliche Reibungskräfte und die entsprechenden Differentialgleichungen bei gedämpften Schwingungen.

Reibungskraft	geschwindigkeitsunabhängige Reibungskraft $F_R = \mu \, F_N$	geschwindigkeitsabhängige viskose Reibungskraft $F_R = b \, v$	geschwindigkeitsabhängige Luftreibungskraft $F_R = k \, v^2$
Differentialgleichung des Feder-Masse-Systems	$m \, \ddot{y} \pm \mu \, F_N + c \, y = 0$ Substitution: $y_0 = \dfrac{\mu \, F_N}{c}$ $s \;= y \pm y_0$ $\ddot{s} \;= \ddot{y}$ $\boxed{\ddot{s} + \dfrac{c}{m} \, s = 0}$	$m \, \ddot{y} + b \, \dot{y} + c \, y = 0$ $\boxed{\ddot{y} + \dfrac{b}{m} \, \dot{y} + \dfrac{c}{m} \, y = 0}$	$m \, \ddot{y} + k \, \dot{y}^2 + c \, y = 0$ $\boxed{\ddot{y} + \dfrac{k}{m} \, \dot{y}^2 + \dfrac{c}{m} \, y = 0}$

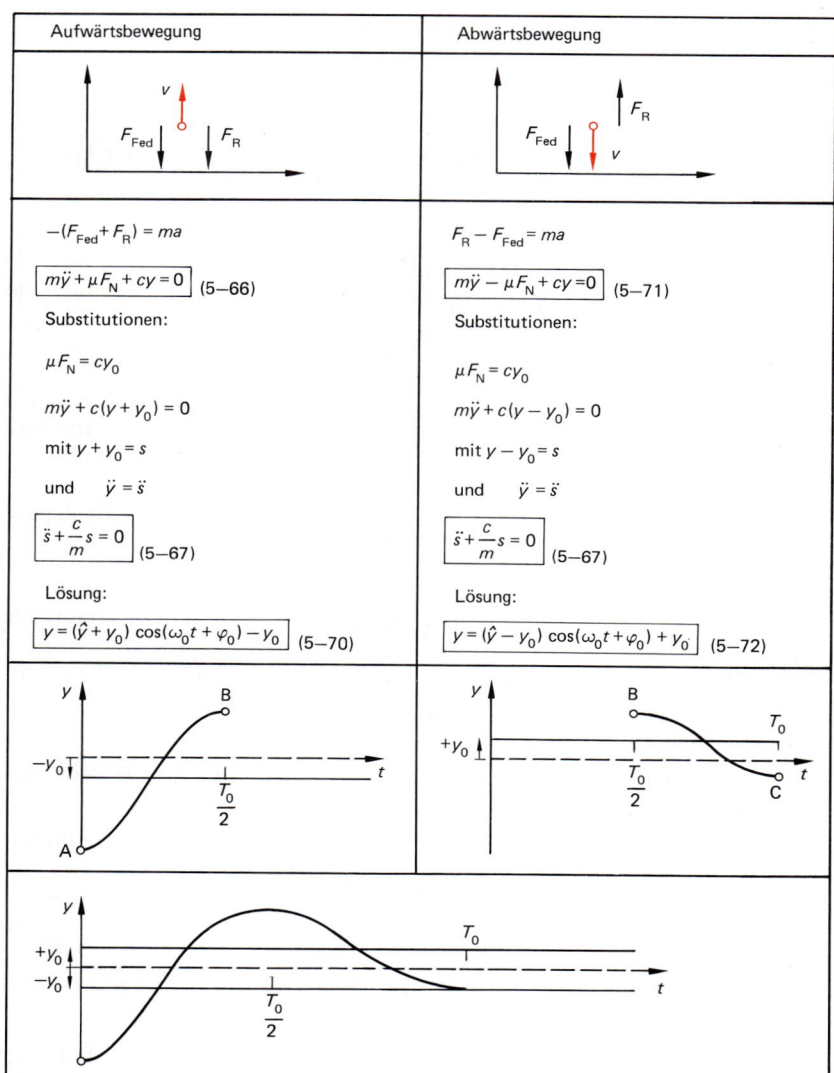

Bild 5-20.
Bewegungsabläufe
beim Wirken
einer geschwindigkeits-
unabhängigen
Reibungskraft.

mit der Lösung

$$s = \hat{s}_0 \cos(\omega_0 t + \varphi_0), \qquad (5\text{-}68)$$

$$\omega_0 = \sqrt{\frac{c}{m}}. \qquad (5\text{-}69)$$

Durch Ersetzen von s durch $y + y_0$ gilt für den zeitlichen Verlauf der Auslenkung y

$$y = (\hat{y} + y_0) \cos(\omega_0 t + \varphi_0) - y_0. \qquad (5\text{-}70)$$

Beginnt die Bewegung beim negativen Maximalwert A ($\varphi_0 = 0$ am Punkt A) nach oben, so findet eine *völlig ungedämpfte Cosinus-Schwingung* statt, allerdings um die um $-y_0$ verschobene t-Achse. Nach der halben Periodendauer $T_0/2$ ist die Schwingung am höchsten Punkt B angelangt. Dort beginnt die Abwärtsbewegung, bei der die Reibungskraft das Vorzeichen umkehrt (Bild 5-20), so daß eine *ungedämpfte Schwingung* um die um $+y_0$ verschobene t-Achse stattfindet. Da die Kurve stetig verlaufen muß (unteres Teilbild in Bild

5-20), ist nach jeder halben Periodendauer die Amplitude um $2\,y_0$ kleiner, d.h. nach einer ganzen Periodendauer T um $4\,y_0 = \dfrac{4\,\mu\,F_N}{c}$.

Die *Amplituden* werden aus diesem Grund immer um denselben Betrag kleiner, so daß ihre Zahlenwerte einer *arithmetischen Reihe* entsprechen. Dieser Reibungsvorgang hat zur Folge, daß das System nicht genau bei $y = 0$ zur Ruhe kommt, sondern außerhalb (in diesem Fall bei $-y_0$). Dies kann bei Meßsystemen zu Nullpunktsabweichungen führen, die bei der Auswertung von Meßdaten berücksichtigt werden müssen.

Geschwindigkeitsproportionale (viskose) Reibung

Die Reibungskraft ist in diesem Fall proportional zur Geschwindigkeit (Newtonsches Reibungsgesetz):

$$F_R = b\,v\,. \tag{5-64}$$

Die Proportionalitätskonstante b heißt Dämpfungskoeffizient. Die zugehörige Differentialgleichung (Tabelle 5-3) lautet

$$\ddot{y} + \frac{b}{m}\,\dot{y} + \frac{c}{m}\,y = 0\,. \tag{5-73}$$

Der Faktor $\sqrt{c/m}$ ist die Kreisfrequenz der ungedämpften Schwingung:

$$\omega_0 = \sqrt{\frac{c}{m}}\,. \tag{5-11}$$

Der Faktor $b/(2\,m)$ wird als Abklingkoeffizient δ (in s^{-1}) definiert:

$$\delta = \frac{b}{2\,m}\,. \tag{5-74}$$

Wie Gl. (5-79) verdeutlicht, beschreibt er die exponentielle Amplitudenabnahme der freien, gedämpften harmonischen Schwingung nach Gl. (5-73).

Das Verhältnis von Abklingkoeffizient δ und Kreisfrequenz ω_0 ergibt den dimensionslosen *Dämpfungsgrad D* der gedämpften Schwingung:

$$D = \frac{\delta}{\omega_0}\,. \tag{5-75}$$

Der doppelte Wert wird *Verlustfaktor d* genannt. Sein Kehrwert ist die *Güte Q*:

$$d = 2\,D = \frac{b}{m\,\omega_0} = \frac{b}{\sqrt{m\,c}}\,, \tag{5-76}$$

$$Q = \frac{1}{2\,D} = \frac{m\,\omega_0}{b} = \frac{\sqrt{m\,c}}{b}\,. \tag{5-77}$$

Mit dem charakteristischen Parameter D lautet die Differentialgleichung eines freien, gedämpften Systems

$$\ddot{y} + 2\,D\,\omega_0\,\dot{y} + \omega_0^2\,y = 0\,. \tag{5-78}$$

Bild 5-21 zeigt die drei möglichen Lösungsfälle dieser Differentialgleichung.

a) Schwingfall für $\omega_0 > \delta\,(D < 1)$

Die Lösung lautet

$$y(t) = \hat{y}_0\,\mathrm{e}^{-\delta t}\cos(\omega_d\,t + \varphi_0)\,. \tag{5-79}$$

Die Dämpfungsfrequenz ω_d beträgt

$$\omega_d = \sqrt{\frac{c}{m} - \frac{b^2}{4\,m^2}} = \sqrt{\omega_0^2 - \delta^2}$$
$$= \omega_0\sqrt{1 - D^2}\,. \tag{5-80 bis 5-82}$$

Dies bedeutet, daß die Kreisfrequenz des gedämpften Schwingers ω_d kleiner als die Kreisfrequenz des ungedämpften Schwingers ω_0 ist. (Entsprechend größer ist die Periodendauer der gedämpften Schwingung T_d im Vergleich zur ungedämpften Schwingung T_0.)

Wie aus Gl. (5-79) weiter hervorgeht, nehmen die Amplituden entsprechend der Exponentialfunktion $\mathrm{e}^{-\delta t}$ ab. Dies heißt, daß die Amplitudenverhältnisse konstant sind. Für den zeitlichen Verlauf der mittleren Schwingungsenergie E_{Sch} gilt deshalb

$$E_{Sch}(t) = E_{Sch}(0)\,\mathrm{e}^{-2\delta t}\,. \tag{5-83}$$

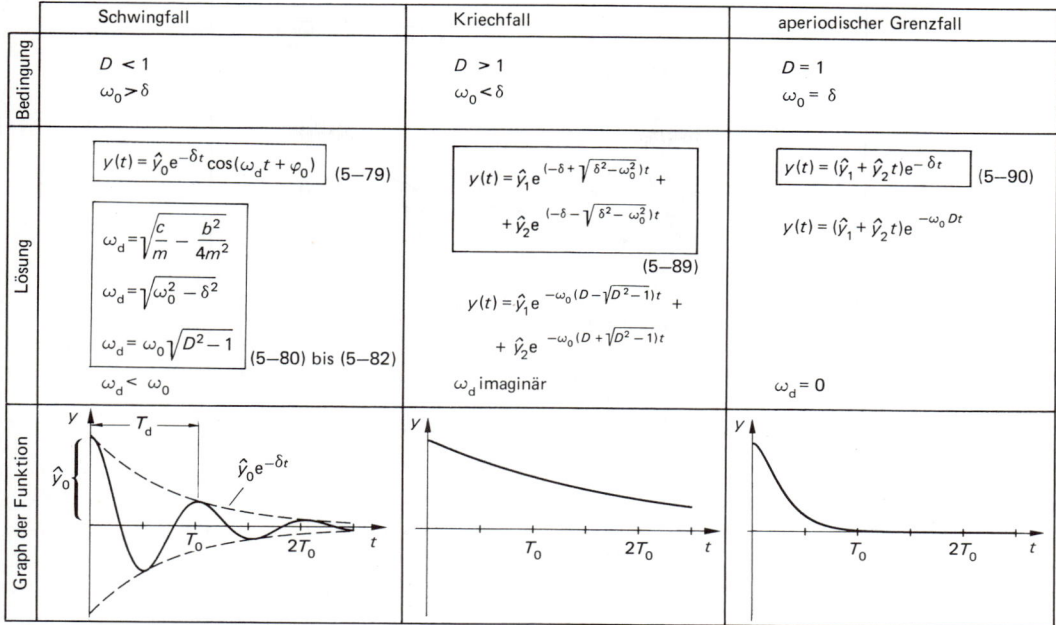

Bild 5-21.   Lösungen der drei Fälle bei gedämpften Systemen.

Der Abklingkoeffizient δ kann sowohl analytisch als auch graphisch ermittelt werden. Nach Gl. (5-79) gilt für die Amplituden zweier aufeinanderfolgender Schwingungen

$$\hat{y}_{i+1} = \hat{y}_i\, e^{-\delta T_d} \quad \text{oder}$$

$$\frac{\hat{y}_i}{\hat{y}_{i+1}} = e^{\delta T_d} = k\,, \qquad (5\text{-}84)$$

d.h., das Amplitudenverhältnis zweier aufeinanderfolgender Schwingungen ist konstant. Es wird Dämpfungsverhältnis k genannt. Für die n-te Amplitude gilt entsprechend

$$\frac{\hat{y}_i}{\hat{y}_{i+n}} = k^n\,. \qquad (5\text{-}85)$$

Zur Bestimmung des Abklingkoeffizienten δ wird Gl. (5-84) logarithmiert. Der Logarithmus zweier aufeinanderfolgenden Amplituden wird *logarithmisches Dekrement* Λ genannt:

$$\Lambda = \ln\!\left(\frac{\hat{y}_i}{\hat{y}_{i+1}}\right) = \ln(k) = \delta T_d\,. \qquad (5\text{-}86)$$

Daraus errechnet sich der Abklingkoeffizient

$$\delta = \frac{\ln\!\left(\dfrac{\hat{y}_i}{\hat{y}_{i+1}}\right)}{T_d} = \frac{\Lambda}{T_d}\,. \qquad (5\text{-}87)$$

Bei der graphischen Bestimmung von δ geht man ebenfalls von Gl. (5-79) aus:

$$\hat{y}(t) = \hat{y}_0\, e^{-\delta t}\,.$$

Diese Gleichung wird durch Logarithmieren auf eine Geradengleichung zurückgeführt:

$$\ln(\hat{y}(t)/\hat{y}_0) = -\delta t\,,$$
$$y = m\,x + b\,. \qquad (5\text{-}88)$$

Daraus ist ersichtlich, daß der Abklingkoeffizient δ der Steigung m der Geraden entspricht. In einer Graphik wird zweckmäßigerweise auf halblogarithmischem Papier der Logarithmus der Amplituden $\hat{y}_i$ aufeinanderfolgender Schwingungen als Funktion der Zeit aufgetragen und aus der Steigung der Abklingkoeffizient δ bestimmt.

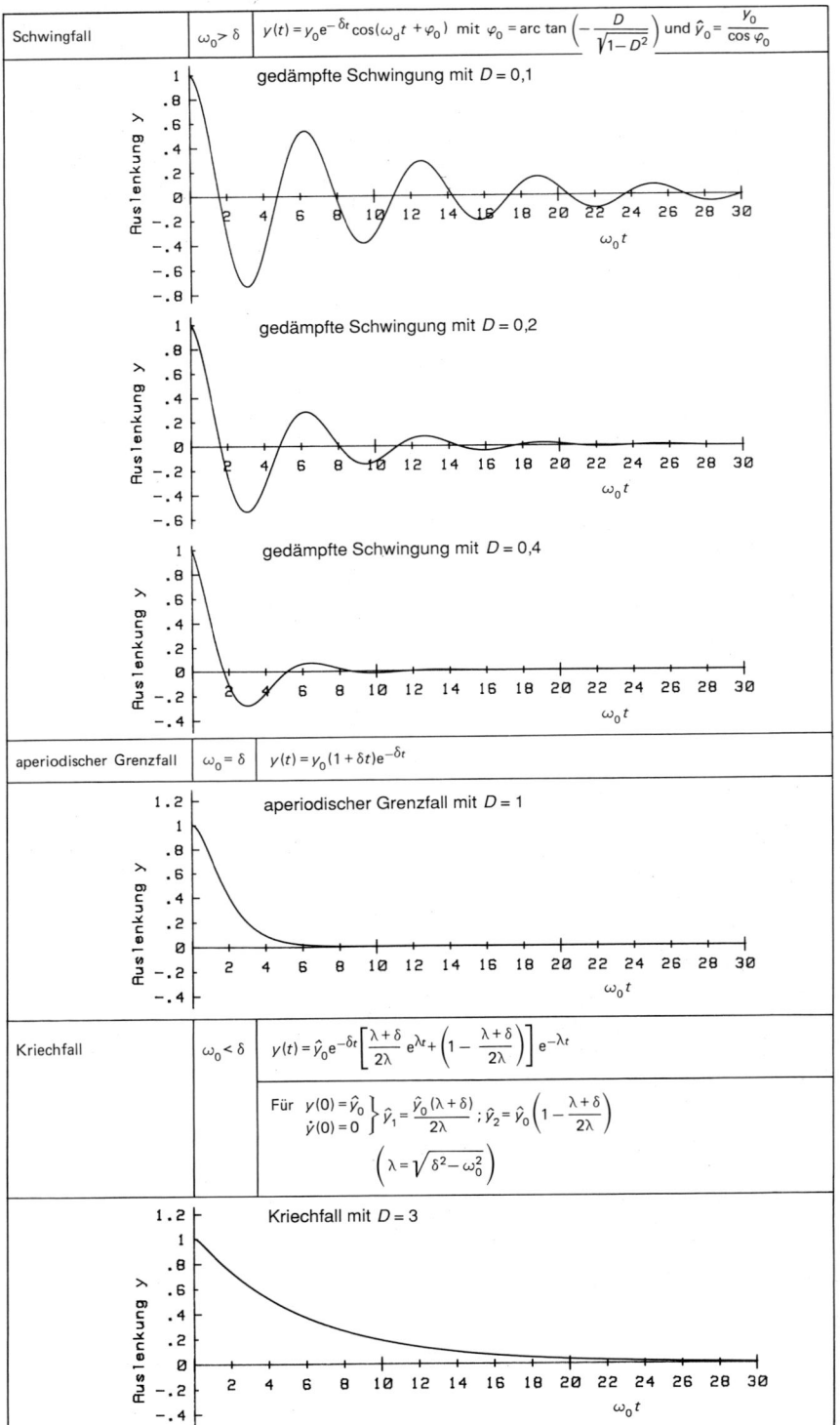

Bild 5-22.
Schwingfall,
aperiodischer
Grenzfall und
Kriechfall eines
gedämpften
Systems mit den
Anfangsbedin-
gungen
$y(0) = 1$
und $\dot{y}(0) = 0$.

Beispiel

5.1-6: Die Amplitude eines gedämpften Feder-Masse-Systems beträgt zu Beginn der Schwingung $\hat{y}_0 = 10$ cm. Sie ist nach 20 Schwingungen noch halb so groß. Wie groß ist bei einer Schwingungsdauer $T_d = 2$ s das Dämpfungsverhältnis k, das logarithmische Dekrement Λ, der Abklingkoeffizient δ und die Frequenz des ungedämpften Systems? Wie lautet die Bewegungsgleichung $y(t)$ des gedämpften Systems?

Lösung:

Nach Gl. (5-85) gilt $\frac{2}{1} = k^{20}$ oder $k = \sqrt[20]{2} = 1{,}0352$. Das heißt, jede nachfolgende Amplitude ist um 3,4% kleiner als die vorausgegangene. Für das logarithmische Dekrement gilt nach Gl. (5-86)

$\Lambda = \ln(k) = 0{,}03466$.

Nach Gl. (5-87) errechnet sich der Abklingkoeffizient δ zu

$$\delta = \frac{\Lambda}{T} = 1{,}733 \cdot 10^{-2}\,\text{s}^{-1}\,.$$

Nach Gl. (5-81) (Bild 5-21) errechnet sich ω_0 zu

$$\omega_0 = \sqrt{\omega_d^2 + \delta^2} = 3{,}14160\,\text{s}^{-1}\,.$$

Die Kreisfrequenz des ungedämpften Systems ω_0 ist im Vergleich zur Kreisfrequenz des gedämpften Systems ω_d nur geringfügig größer (1/10 Promille). Dies ist in der Praxis häufig der Fall.

Da $y(0) = \hat{y}_0$ ist, ist der Nullphasenwinkel $\varphi_0 \approx 0$.

Aus den zuvor errechneten Werten ergibt sich gemäß Gl. (5-79) folgende Bewegungsgleichung:

$$y(t) = 10\,\text{cm} \cdot e^{-1{,}73 \cdot 10^{-2}\,\text{s}^{-1}\,t} \cos(\pi\,\text{s}^{-1}\,t)\,.$$

b) Kriechfall für $\omega_0 < \delta\,(D > 1)$

Die Lösung ist in Bild 5-21 durch Gl. (5-89) angegeben. In diesem Fall tritt keine Schwingung mehr auf, die Amplitude nimmt ganz langsam ab. Durch die Angabe der Anfangsbedingungen $y(0)$ und $\dot{y}(0)$ werden die beiden Integrationskonstanten $\hat{y}_1$ und $\hat{y}_2$ bestimmt.

c) Aperiodischer Grenzfall für $\omega_0 = \delta\,(D = 1)$

Die Lösung lautet für diesen Fall

$$y(t) = (\hat{y}_1 + \hat{y}_2\,t)\,e^{-\delta t}\,. \tag{5-90}$$

Die beiden Integrationskonstanten $\hat{y}_1$ und $\hat{y}_2$ werden wieder durch die Anfangsbedingungen ermittelt. Beim aperiodischen Grenzfall

tritt gerade eben keine Schwingung mehr auf. Er spielt für viele Meßgeräte eine wichtige Rolle, wenn Schwingungen vermieden und trotzdem die Meßwerte möglichst schnell eingestellt werden müssen.

Bild 5-22 zeigt den Einfluß des Dämpfungsgrades D auf den Schwingungsverlauf.

5.1.2.7. Gedämpfte elektromagnetische Schwingung

Ein gedämpfter elektromagnetischer Schwingkreis besteht entsprechend Bild 5-23 aus einer Spule L, einem Kondensator C und einem ohmschen Widerstand R (s. auch Abschn. 4.5.2.2).

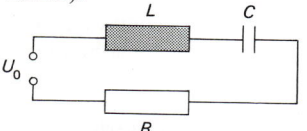

Bild 5-23. Gedämpfter elektromagnetischer Schwingkreis.

Aus der Forderung, daß die Summe aller Spannungen in einer Masche eines Stromkreises gleich null sein muß ($u_L + u_C + u_R = 0$), kann die Differentialgleichung für den gedämpften elektromagnetischen Schwingkreis hergeleitet werden. Im folgenden wird die Differentialgleichung aber über den Energiesatz aufgestellt.

Da bei einer freien, gedämpften harmonischen Schwingung die Energieverlustrate pro Zeiteinheit konstant ist, gilt

$$-\frac{dE_{ges}}{dt} = i^2\,R\,. \tag{5-91}$$

Die Verlustleistung $i^2 R$ kann auch noch Verluste, wie z.B. Wirbelstromverluste oder Ummagnetisierungsverluste, enthalten. Mit dem Energieinhalt für Spule und Kapazität entsteht aus Gl. (5-91)

$$-\frac{d}{dt}\left(\frac{1}{2}L\,i^2 + \frac{1}{2}\frac{q^2}{C}\right) = i^2\,R\,,$$

$$-L\,i\,\frac{di}{dt} - \frac{q}{C}\,i = i^2\,R \,\bigg|\, \frac{d}{dt} \quad \text{und} : i\,,$$

$$-L\,\frac{d^2 i}{dt^2} - \frac{i}{C} = \frac{di}{dt}\,R\,.$$

Daraus ergibt sich

$$\frac{d^2 i}{dt^2} + \frac{R}{L}\frac{di}{dt} + \frac{1}{LC}i = 0 . \qquad (5\text{-}92)$$

Diese Differentialgleichung hat dieselbe Struktur wie die eines freien, gedämpften mechanischen Systems (Gl. (5-73)). In Tabelle 5-4 sind die mechanischen und elektrischen Größen von gedämpften schwingungsfähigen Systemen sowie die Gleichungen für die Kreisfrequenz ω_0, den Abklingkoeffizienten δ, den Dämpfungsgrad D und die Güte Q gegenübergestellt.

Tabelle 5.4. Charakteristische Kenngrößen mechanischer und elektromagnetischer Schwingkreise mit Dämpfung.

mechanisch	elektromagnetisch
Masse m Dämpfungskonstante b Federkonstante c	Induktivität der Spule L Widerstand R Kehrwert der Kapazität $\frac{1}{C}$
Kreisfrequenz ω_0	
$\omega_0 = \sqrt{\dfrac{c}{m}}$	$\omega_0 = \sqrt{\dfrac{1}{LC}}$
Abklingkoeffizient δ	
$\delta = \dfrac{b}{2m}$	$\delta = \dfrac{R}{2L}$ (5-93)
Dämpfungsgrad D	
$D = \dfrac{\delta}{\omega_0} = \dfrac{b}{2}\sqrt{\dfrac{1}{mc}}$	$D = \dfrac{\delta}{\omega_0} = \dfrac{R}{2}\sqrt{\dfrac{C}{L}}$ (5-94)
Güte Q	
$Q = \dfrac{1}{2D} = \dfrac{\sqrt{mc}}{b}$	$Q = \dfrac{1}{2D} = \dfrac{1}{R}\sqrt{\dfrac{L}{C}}$ (5-95)

Zur Übung

Ü 5.1-1: Ein Körper führt eine ungedämpfte, harmonische Schwingung mit folgender Weg-Zeit-Gleichung aus: $y(t) = 0{,}25\ \text{m} \cdot \cos(4\,\pi\,\text{s}^{-1}\,t + \frac{\pi}{5})$.

Berechnet werden sollen

a) die Eigenkreisfrequenz ω_0, die Schwingungsdauer T_0, der Nullphasenwinkel φ_0 und die Amplitude $\hat{y}$,
b) die momentane Auslenkung $y(t)$, die momentane Geschwindigkeit $v(t)$ und die momentane Beschleunigung $a(t)$ für die Zeit $t = 1{,}2$ s,
c) die maximale Geschwindigkeit v_{max} und die maximale Beschleunigung a_{max} sowie
d) die potentielle und die kinetische Energie eines schwingenden Körpers der Masse $m = 0{,}1$ kg bei der Auslenkung $y(t) = 0{,}10$ m.

Ü 5.1-2: Ein Reagenzglas mit dem Durchmesser $d = 1{,}2$ cm, in dem sich Blei befindet, schwimmt aufrecht im Wasser. Die Gesamtmasse (Reagenzglas + Blei) beträgt $m = 30$ g. Wird das Glas kurzzeitig ins Wasser gedrückt, dann führt es Schwingungen aus.

a) Es soll nachgewiesen werden, daß bei Vernachlässigung der Flüssigkeitsreibung eine harmonische Schwingung in vertikaler Richtung vorliegt;

ferner sollen berechnet werden

b) die „Federkonstante" c, die Schwingungsdauer T_0 und die Eigenkreisfrequenz ω_0 des Systems,
c) die Abhängigkeit der Eigenkreisfrequenz ω_0 vom Durchmesser d des Reagenzglases sowie
d) die potentielle und kinetische Energie zur Zeit $t = 1{,}2$ s bei einer Amplitude von $\hat{y} = 1$ cm und Nullphasen-Winkel $\varphi_0 = 0$.

Ü 5.1-3: Ein Schwingkreis mit einer Spule ($L = 10$ mH) hat einen Drehkondensator mit veränderlicher Kapazität C. Bei einer Änderung des Drehwinkels um $\gamma = 180°$ wird ein Frequenzbereich von 1 kHz bis 3 kHz überstrichen. Berechnet werden soll die Abhängigkeit der Eigenkreisfrequenz ω_0 von dem Drehwinkel γ des Drehkondensators bei linearer Abhängigkeit der Kapazität C vom Drehwinkel γ.

Ü 5.1-4: Bei einer gedämpften Schwingung beträgt die Amplitude der ersten Schwingung 20 cm. Nach 15 Schwingungen nimmt sie um die Hälfte ab. Berechnet werden sollen

a) das Dämpfungsverhältnis k bzw. das logarithmische Dekrement Λ,
b) der Abklingkoeffizient δ bzw. die Kreisfrequenz der gedämpften Schwingung ω_d bei einer Schwingungsdauer von $T_d = 3{,}5$ s sowie
c) die Schwingungsgleichung $y(t)$ des gedämpften Systems (Nullphasenwinkel $\varphi_0 = 0$).

5.1.3. Erzwungene Schwingung

5.1.3.1. Differentialgleichung der erzwungenen Schwingung

Wird einem mechanischen (oder elektrischen) schwingungsfähigen System *(Resonator)* von einem äußeren *Erreger* eine periodische Kraft (oder Spannung) aufgezwungen, dann ergibt sich eine *erzwungene Schwingung*. Nach einer ausreichend langen Zeit (Einschwingdauer) wird das schwingungsfähige System mit der vom Erreger erzwungenen Kreisfrequenz ω_E schwingen.

Für die folgenden Überlegungen wird das in Bild 5-24 dargestellte mechanische System betrachtet. Hierbei gilt das Newtonsche Bewegungsgesetz:

$$F_{\text{Fed}} + F_{\text{Reib}} + F_E = m\,a\,. \qquad (5\text{-}96)$$

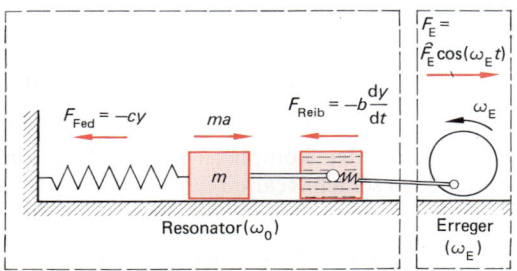

Bild 5-24.   Erzwungene Schwingung des Feder-Masse-Systems.

Für die periodisch erregende Kraft F_E gelte

$$F_E = \hat{F}_E \cos\left(\omega_E\,t\right)\,. \qquad (5\text{-}97)$$

Hierbei ist $\hat{F}_E$ der Maximalwert der erregenden Kraft. Mit $F_{\text{Fed}} = -\,c\,y$ und $F_{\text{Reib}} = -\,b\,\dfrac{\mathrm{d}y}{\mathrm{d}t}$ gilt

$$-\,c\,y - b\,\frac{\mathrm{d}y}{\mathrm{d}t} + \hat{F}_E \cos\left(\omega_E\,t\right) = m\,\frac{\mathrm{d}^2 y}{\mathrm{d}t^2}\,.$$

Durch geeignete Umstellung und unter Berücksichtigung des Dämpfungsgrades D ergibt sich die Differentialgleichung der erzwungenen Schwingung:

$$\frac{\mathrm{d}^2 y}{\mathrm{d}t^2} + 2\,D\,\omega_0\,\frac{\mathrm{d}y}{\mathrm{d}t} + \omega_0^2\,y = \frac{\hat{F}_E}{m}\cos\left(\omega_E\,t\right). \qquad (5\text{-}98)$$

5.1.3.2. Lösung der Differentialgleichung der erzwungenen gedämpften Schwingung

Die Differentialgleichung der erzwungenen Schwingung (5-98) ist im Gegensatz zu der Differentialgleichung für die freie Schwingung inhomogen. Die allgemeine Lösung einer linearen, inhomogenen Differentialgleichung ist

$$y_{\text{inh}} = y_{\text{hom}} + y_{\text{part}}\,, \qquad (5\text{-}99)$$

d. h. die Summe aus der allgemeinen Lösung der homogenen Differentialgleichung y_{hom} und irgendeiner, die inhomogene Differentialgleichung befriedigenden partikulären Lösung y_{part}, wie aus Bild 5-25 hervorgeht. Die Lösung der homogenen Differentialgleichung ist bereits bestimmt: Es ist die Bewegungsgleichung des Schwingfalles (Gl. (5-79)) der freien, gedämpften Schwingung (oberer Kurvenverlauf in Bild 5-25). Infolge der Dämpfung

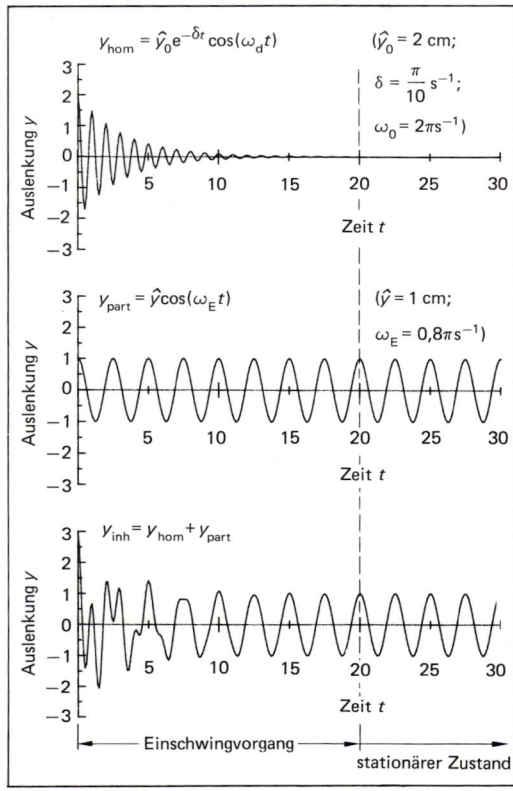

Bild 5-25.   Einschwingvorgang und stationärer Zustand bei einer erzwungenen Schwingung.

nimmt der Beitrag der homogenen Lösung mit der Zeit ab. Für Zeiten $t \gg 1/\delta$ bestimmt allein der Beitrag der partikulären Lösung (in diesem Fall die Schwingung mit der erregenden Kreisfrequenz ω_E) das Schwingungsverhalten. Da das System nach einer *Einschwingzeit* der Erregerschwingung (Gl. (5-97)) folgt, ist als Ansatz für die partikuläre Lösung

$$y_{\text{part}}(t) = \hat{y}\, e^{j(\omega_E t - \gamma)} \qquad (5\text{-}100)$$

zu wählen. Der Winkel γ beschreibt die Phasenverschiebung zwischen der Erreger- und der Resonatorschwingung. Bild 5-26 zeigt diesen Zusammenhang in der komplexen Ebene. Hierbei ist die erregende Kraft F_E ein komplexer Zeiger $\hat{F}_E\, e^{j\omega_E t}$, der mit der erregenden Kreisfrequenz ω_E rotiert. Die Auslenkung des Schwingers $\hat{y}\, e^{j(\omega_E t - \gamma)}$ rotiert als Zeiger mit derselben Frequenz, jedoch um die Phasenverschiebung γ verzögert. Wie groß diese Phasenverschiebung ist, hängt von der Erregerfrequenz ω_E, der Eigenfrequenz ω_0 und der Dämpfung ab.

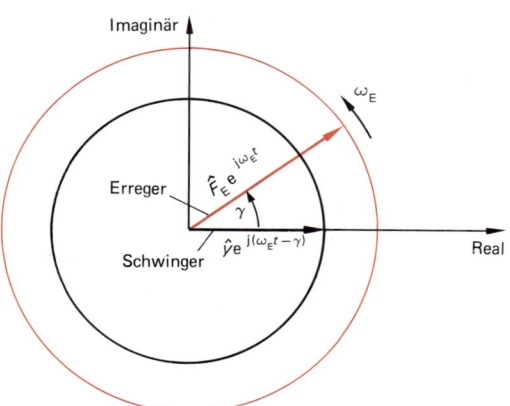

Bild 5-26. *Erreger- und Resonatorschwingung in der komplexen Ebene.*

Als Ableitungen von Gl. (5-100) errechnen sich

$$\frac{dy}{dt} = j\,\hat{y}\,\omega_E\, e^{j(\omega_E t - \gamma)}, \qquad (5\text{-}101)$$

$$\frac{d^2 y}{dt^2} = -\hat{y}\,\omega_E^2\, e^{j(\omega_E t - \gamma)}. \qquad (5\text{-}102)$$

Eingesetzt in die Differentialgleichung (5-98) ergibt mit $F_E = \hat{F}_E\, e^{j\omega_E t}$

$$-\hat{y}\,\omega_E^2\, e^{j(\omega_E t - \gamma)} + 2\,D\,\omega_0\, j\,\hat{y}\,\omega_E\, e^{j(\omega_E t - \gamma)}$$

$$+\,\omega_0^2\,\hat{y}\, e^{j(\omega_E t - \gamma)} = \frac{\hat{F}_E}{m}\, e^{j\omega_E t}.$$

Durch Division mit $e^{j(\omega_E t - \gamma)}$ resultiert

$$-\hat{y}\,\omega_E^2 + j\,2\,D\,\omega_0\,\hat{y}\,\omega_E + \omega_0^2\,\hat{y} = \frac{\hat{F}_E}{m}\, e^{j\gamma}.$$

Der komplexe Ausdruck auf der linken Gleichungsseite wird nach Real- und Imaginärteil getrennt:

$$\underbrace{\hat{y}(\omega_0^2 - \omega_E^2)}_{\text{Realteil}} + j\,\underbrace{2\,D\,\omega_0\,\omega_E\,\hat{y}}_{\text{Imaginärteil}} = \frac{\hat{F}_E}{m}\, e^{j\gamma}.$$
$$(5\text{-}103)$$

Nach der Eulerschen Formel für den rechten Teil der Gleichung gilt

$$\frac{\hat{F}_E}{m}\, e^{j\gamma} = \frac{\hat{F}_E}{m}\,(\cos\gamma + j\sin\gamma). \qquad (5\text{-}104)$$

Somit kann der komplexe Zeiger $\hat{F}_E/m$ in Bild 5-27 in seinen Realteil

$$\frac{\hat{F}_E}{m}\,(\text{Real}) = \hat{y}(\omega_0^2 - \omega_E^2) \qquad (5\text{-}105)$$

und in seinen Imaginärteil

$$\frac{\hat{F}_E}{m}\,(\text{Imaginär}) = 2\,D\,\omega_0\,\omega_E\,\hat{y} \qquad (5\text{-}106)$$

zerlegt werden. Der Winkel zwischen dem komplexen Zeiger $\hat{F}_E/m$ und der Realteilachse ist die Phasenverschiebung γ.

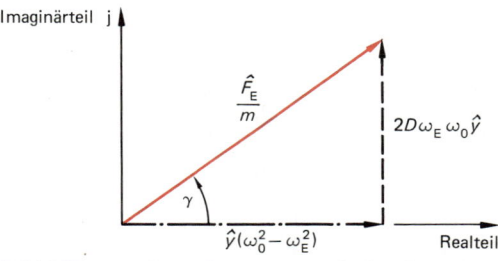

Bild 5-27. *Real- und Imaginärteil des komplexen Zeigers einer erzwungenen Schwingung.*

Aus der Lage des komplexen Zeigers läßt sich der Amplitudenverlauf in Abhängigkeit von der Erregerfrequenz ω_E *(Amplitudenresonanzfunktion)* und der Verlauf der Phasenverschiebung γ zwischen Resonator und Erreger ebenfalls als Funktion der Erregerfrequenz *(Phasenresonanzfunktion)* bestimmen.

Die Amplituden- und die Phasenresonanzfunktion sind in Abhängigkeit des Kreisfrequenzverhältnisses $\eta = \omega_E/\omega_0$ in Bild 5-28 bzw. 5-30 dargestellt. Es sind drei wichtige Fälle in den Frequenzverhältnissen zu unterscheiden:

- die quasistatische Anregung $\eta \ll 1$,
- die Resonanz $\eta \approx 1$ und
- die hochfrequente Anregung $\eta \gg 1$.

Für jeden dieser Fälle kann es je nach Dämpfungsgrad D (keine Dämpfung, geringe oder überkritische Dämpfung) Unterschiede im Amplituden- und Phasenverhalten geben. Sie werden im folgenden ausführlicher erläutert. Die Ergebnisse sind in Tabelle 5-5 zusammengefaßt.

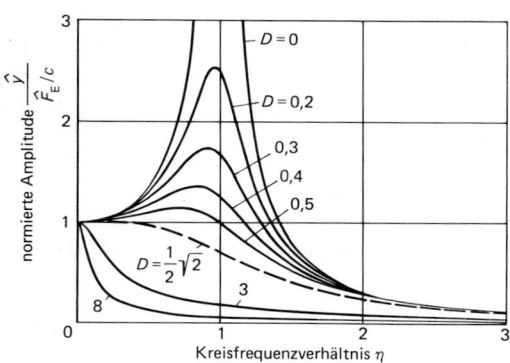

Bild 5-28.   *Amplitudenresonanzfunktion.*

5.1.3.3. Amplitudenresonanzfunktion

Für den Betrag des Zeigers in Bild 5-27 gilt nach *Pythagoras*

$$\left(\frac{\hat{F}_E}{m}\right)^2 = \hat{y}^2 (\omega_0^2 - \omega_E^2)^2 + (2 D \, \omega_0 \, \omega_E \, \hat{y})^2 .$$

Daraus ergibt sich für den Amplitudenverlauf

Tabelle 5-5. Amplituden- und Phasenverlauf einer erzwungenen Schwingung für verschiedene Dämpfungsgrade und unterschiedliche Kreisfrequenzverhältnisse.

Dämpfung D \ Kreisfrequenz-verhältnis η	ohne Dämpfung $D = 0$	geringe Dämpfung $D \leq 0,1$	überkritische Dämpfung $D \geq \frac{1}{2}\sqrt{2}$
quasistatische Anregung $\eta \ll 1$ ($\omega_E \ll \omega_0$)	Amplitude $\hat{y} = \dfrac{\hat{F}_E}{c}$		
	bis $\eta \approx 1$ zunehmend		mit $\eta > 0$ abnehmend
	Phasenverschiebung $\gamma = 0$		
Resonanz $\eta \approx 1$ ($\omega_E \approx \omega_0$)	Amplitude $\hat{y} \to \infty$	Amplitude $\hat{y} \to$ Maximum	Amplitude $\hat{y} < \dfrac{\hat{F}_E}{c}$
	Phasenverschiebung $\gamma = \frac{\pi}{2}$		
hochfrequente Anregung $\eta \gg 1$ ($\omega_E \gg \omega_0$)	Amplitude $\hat{y} \to 0$		
	Phasenverschiebung $\gamma = \pi$	Phasenverschiebung $\gamma \to \pi$ (abhängig von D)	

$$\hat{y} = \frac{\hat{F}_E}{m \sqrt{(\omega_0^2 - \omega_E^2)^2 + (2\, D\, \omega_0\, \omega_E)^2}} .$$
$$(5\text{-}107)$$

Zweckmäßigerweise wird das Verhältnis der Kreisfrequenz der erzwungenen Schwingung ω_E und der ungedämpften freien Schwingung ω_0 eingeführt:

$$\eta = \frac{\omega_E}{\omega_0} .$$
$$(5\text{-}108)$$

Ohne Dämpfung gilt: Wenn $\omega_E = \omega_0$ ist, wird $\eta = 1$, und es tritt der für die erzwungene Schwingung charakteristische *Resonanzfall* ein. Für $\eta < 1$ ist der Resonanzfall noch nicht erreicht ($\omega_E < \omega_0$), und für $\eta > 1$ ist der Resonanzfall bereits überschritten ($\omega_E > \omega_0$).

Unter Berücksichtigung des Parameters η und $m = c/\omega_0^2$ gilt für die Amplitudenresonanzfunktion allgemein

$$\hat{y} = \frac{\hat{F}_E}{c \sqrt{(1 - \eta^2)^2 + (2\, D\, \eta)^2}}$$
$$(5\text{-}109)$$

Bild 5-28 zeigt den Verlauf der Amplitudenresonanzfunktion in Abhängigkeit von η für einige Dämpfungsgrade D. In der Amplitudenresonanzfunktion treten folgende Spezialfälle auf (Tabelle 5-5).

1.) Sehr langsame, quasistatische Auslenkung ($\eta \ll 1$)

Es wird

$$\hat{y} = \frac{\hat{F}_E}{c} = y \,(\text{stat}).$$

Dies ist die statische Auslenkung aufgrund der Federkraft.

2.) Resonanzfall ($\eta = 1$) ohne Dämpfung ($D = 0$)

In diesem Fall wird der Nenner null, d.h. die *Amplitude wird unendlich groß* (Bild 5-28): $\hat{y}\,(\text{Res}) \to \infty$. Der Erreger pumpt bei jeder Schwingung phasengerecht Energie in den Resonator, so daß dessen Amplitude ständig zunimmt. Es kommt zur Resonanzkatastrophe. Sie kann durch bestimmte Maßnahmen verhindert werden:

– Vermeidung periodischer Kraftwirkungen,
– Einbau von Dämpfungsgliedern oder
– große Differenzen zwischen der Eigenkreisfrequenz ω_0 und der erregenden Kreisfrequenz ω_E ($\eta \gg 1$).

3.) Resonanzfall ($\eta \approx 1$) mit Dämpfung D

Ist eine Dämpfung vorhanden, so wird der Nenner in der Formel für die Amplitudenresonanzfunktion (Gl. (5-109)) nicht mehr null. Es kann das Kreisfrequenzverhältnis η_{Res} bzw. die Resonanzfrequenz ω_{Res} ermittelt werden, für die die Amplitude maximal wird. Dies ist der Fall, wenn der Radikand R der Wurzel im Nenner von Gl. (5-109) ein Minimum wird:

$$R = (1 - \eta^2)^2 + (2\, D\, \eta)^2 \to \text{Minimum}.$$

Wird die erste Ableitung nach η gleich null gesetzt, so ergibt sich

$$\eta_{Res} = \sqrt{1 - 2\, D^2}$$
$$(5\text{-}110)$$

oder die Resonanzkreisfrequenz

$$\omega_{Res} = \omega_0 \sqrt{1 - 2\, D^2} .$$
$$(5\text{-}111)$$

Dies bedeutet, daß bei einer Dämpfung das Maximum der Amplitudenresonanzfunktion bei einer Resonanzfrequenz liegt, die stets kleiner als die Eigenkreisfrequenz ω_0 (bzw. ω_d) ist.

Werden die Beziehungen für η_{Res} (Gl. (5-110)) bzw. ω_{Res} (Gl. (5-111)) in die Amplitudenresonanzfunktion (Gl. (5-109)) eingesetzt, so ergibt sich für die Größe der Amplitude im Resonanzfall

$$\hat{y}\,(\text{Res}) = \frac{\hat{F}_E}{c\, 2\, D \sqrt{1 - D^2}} .$$
$$(5\text{-}112)$$

Aus den Gleichungen für die Resonanzfrequenz (Gl. (5-110) bzw. (5-111)) und der Resonanzamplitude (Gl. (5-112)) geht hervor, daß mit steigendem Dämpfungsgrad D die Resonanzfrequenzen immer kleiner werden und die Amplituden ebenfalls abnehmen (Bild 5-28).

Die Amplitudenüberhöhung findet nur bis zu einer *Grenzdämpfung* D_{Gr} statt, für die die Wurzel in Gl. (5-110) noch reell ist. Diese Grenze liegt bei

$$D_{\mathrm{Gr}} = \frac{1}{\sqrt{2}} = \frac{1}{2}\sqrt{2}\,. \qquad (5\text{-}113)$$

Bei Überschreiten dieses Grenzdämpfungsgrades D_{Gr} fallen die Amplituden mit zunehmenden Kreisfrequenzverhältnissen η ständig ab *(überkritische Dämpfung)*.

Das Verhältnis von Resonanzamplitude $\hat{y}\,(\mathrm{Res})$ und der statischen Auslenkung $\hat{y}\,(\mathrm{stat})$ wird *Resonanzüberhöhung* genannt:

$$\frac{\hat{y}\,(\mathrm{Res})}{\hat{y}\,(\mathrm{stat})} = \frac{1}{2\,D\,\sqrt{1 - D^2}}\,. \qquad (5\text{-}114)$$

Für einen geringen Dämpfungsgrad D gilt $\dfrac{\hat{y}\,(\mathrm{Res})}{\hat{y}\,(\mathrm{stat})} \approx \dfrac{1}{2\,D}$. Dies beschreibt nach Gl. (5-77) die *Güte eines Schwingkreises*, so daß näherungsweise gilt

$$\frac{\hat{y}\,(\mathrm{Res})}{\hat{y}\,(\mathrm{stat})} \approx \frac{1}{2\,D} = Q\,. \qquad (5\text{-}115)$$

Die Güte eines Schwingkreises nimmt also mit steigender Resonanzüberhöhung zu.

Die *Halbwertsbreite* der Resonanzkurve bei schwacher Dämpfung ist die Breite $\Delta\eta$ an der Stelle $\dfrac{\hat{y}\,(\mathrm{Res})}{\sqrt{2}}$, verdeutlicht in Bild 5-29. Sie beträgt

$$\Delta\eta \approx \frac{1}{Q}\,. \qquad (5\text{-}116)$$

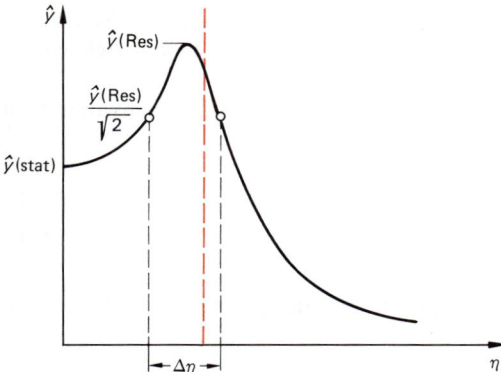

Bild 5-29. Resonanzüberhöhung und Güte eines Schwingkreises.

Wird Gl. (5-115) mit Gl. (5-116) multipliziert, so ist das Ergebnis 1. Dies bedeutet, daß für geringe Dämpfungsgrade ($D \leqq 0{,}1$) gilt

$$\text{Höhe} \times \text{Breite} = 1\,. \qquad (5\text{-}117)$$

Ein wichtiges Anwendungsgebiet sind die mechanischen Frequenzfilter in der Nachrichtentechnik. Hat ein solches Filter bei einer Resonanzfrequenz von $f_{\mathrm{Res}} = 50$ kHz eine Güte von $Q = 15\,000$, so beträgt die Bandbreite

$$\Delta f = \frac{f_{\mathrm{Res}}}{Q} = \frac{50\,000}{15\,000}\,\text{Hz} = 3\tfrac{1}{3}\,\text{Hz}\,.$$

4.) Hochfrequente Anregung ($\eta \gg 1$)

Für hohe Erregerfrequenzen geht unabhängig vom Dämpfungsgrad D die Amplitude der erzwungenen Schwingung gegen null. In der Praxis wird dieser Grenzfall verwendet, um die Übertragung von Eigenschwingungen zu vermeiden, so z. B. in der Akustik die Schalldämmung zu erhöhen; die Eigenkreisfrequenz ω_0 des erregten Bauteils muß durch eine entsprechende Wahl des Verhältnisses Federkonstante zu Masse weit unterhalb der Erregerkreisfrequenz ω_{E} liegen.

5.1.3.4. Phasenresonanzfunktion

Für den Winkel des Zeigers in Bild 5-27 gilt

$$\tan\gamma = \frac{2\,D\,\omega_{\mathrm{E}}\,\omega_0}{(\omega_0^2 - \omega_{\mathrm{E}}^2)} \qquad (5\text{-}118)$$

$$= \frac{2\,D\,\eta}{(1 - \eta^2)}\,. \qquad (5\text{-}119)$$

Bild 5-30 zeigt die Phasenresonanzfunktion als Funktion von η für einige Dämpfungsgrade D. Auch hierbei unterscheidet man Spezialfälle:

1.) Quasistatische Anregung ($\eta \ll 1$)

Die erregende Kraft ändert sich so langsam, daß der Schwinger folgen kann. Deshalb gibt es keine Phasenverschiebung zwischen Erreger und Resonator.

2.) Resonanzfall ($\eta = 1$) ohne Dämpfung ($D = 0$)

Für diesen Fall ergibt Gl. (5-119) einen unbestimmten Ausdruck. Wie Bild 5-30 zeigt, ist

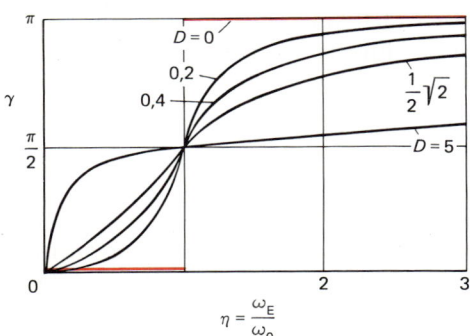

$$\eta = \frac{\omega_E}{\omega_0}$$

Bild 5-30.   Phasenresonanzfunktion.

im Resonanzfall ein Sprung im Phasenwinkel von 0 auf π vorhanden.

3.) Resonanzfall ($\eta \approx 1$) mit Dämpfung D

Es ist $\tan \gamma = \infty$, d.h. $\gamma = \frac{\pi}{2}$. Für jeden Dämpfungsgrad ist im Resonanzfall die Phasenverschiebung $\gamma = \frac{\pi}{2}$. Deshalb wird auch für $D = 0$ der Schwingung dieser Phasenwinkel zugeordnet.

4.) Hochfrequente Anregung ($\eta \gg 1$)

Der Erreger und der Resonator schwingen annähernd gegenphasig (für $\eta \to \infty$ ist $\gamma = \pi$), und zwar um so genauer, je geringer die Dämpfung D ist (Bild 5-30).

Zur Übung

Ü 5.1-5: Eine Maschine der Masse $m = 1{,}5$ t steht auf sechs gleichen Federn der Federkonstante $c = 3 \cdot 10^4$ N/m. Dämpfungselemente bewirken eine Dämpfung mit dem Dämpfungsgrad $D = 0{,}15$. Wenn die Maschine mit der Drehzahl $n_1 = 500$ min^{-1} läuft, treten infolge einer Unwucht Schwingungen mit der Amplitude $\hat{y}_1 = 1$ mm auf. Wie groß muß die Drehzahl n_2 gewählt werden, damit die Amplitude auf $\hat{y}_2 = 0{,}1$ mm abnimmt?

Ü 5.1-6: In einen elektrischen Schwingkreis mit der Induktivität $L = 20$ mH und der Kapazität $C = 2$ μF wird ein Widerstand R eingebaut. Berechnet werden sollen

a) die Eigenfrequenz f_0 bzw. die Eigenkreisfrequenz ω_0 des ungedämpften Systems,
b) der Wert des Widerstandes R, wenn sich die Eigenfrequenz um 3‰ ändern soll,
c) die Resonanzüberhöhung und die Breite der Resonanzkurve des Schwingkreises.

5.1.4. Überlagerung von Schwingungen

Solange die Auslenkungen den elastischen Bereich nicht übersteigen, können für die Überlagerung von Schwingungen die unterschiedlichen momentanen Auslenkungen der Einzelschwingungen zeitpunktgerecht zur momentanen Gesamtauslenkung addiert werden (Superpositionsprinzip). Hierbei gelten die Additionstheoreme der Trigonometrie.

Bei der Überlagerung von Schwingungen kommt es darauf an, ob die Schwingungsrichtungen parallel sind oder senkrecht aufeinanderstehen. Jede Schwingung kann sich von der zu überlagernden in ihrer Phase, Amplitude oder Frequenz unterscheiden. Tabelle 5-6 zeigt die wichtigsten Phänomene, die sich ergeben, wenn Bewegungsrichtungen und Frequenzen gleichbleiben oder sich ändern.

Tabelle 5-6.   Resultierende Schwingung bei Schwingungsüberlagerung.

Frequenz-art	Bewegungs-richtungen parallel	Bewegungs-richtungen senkrecht
gleiche Frequenzen	Schwingung gleicher Frequenz, verschiedener Amplitude und/oder Phase	verschiedene Ellipsen je nach Amplitude und Phasenlage
unterschiedliche Frequenzen	Schwebungen Fourier-Synthese	ganzzahlige Frequenzverhältnisse Lissajous-Figuren

5.1.4.1. Überlagerung harmonischer Schwingungen gleicher Raumrichtung und gleicher Frequenz

Folgende zwei harmonische Schwingungen sollen sich überlagern:

$$y_1(t) = \hat{y}_1 \cos(\omega t + \varphi_{01}), \qquad (5\text{-}120)$$
$$y_2(t) = \hat{y}_2 \cos(\omega t + \varphi_{02}). \qquad (5\text{-}121)$$

Sie ergeben die neue harmonische Schwingung

$$y_{\text{neu}}(t) = \hat{y}_{\text{neu}} \cos(\omega t + \varphi_{0\,\text{neu}}). \qquad (5\text{-}122)$$

Bild 5-31 zeigt die *Amplituden als Zeiger in der Gaußschen Zahlenebene*. Die Amplituden $\hat{y}_1$ bzw. $\hat{y}_2$ sind um die Nullphasenwinkel φ_{01} bzw. φ_{02} verschoben und rotieren mit der gleichbleibenden Kreisfrequenz ω. Die Phasenverschiebung zwischen den beiden Zeigern beträgt

$$\Delta\varphi = \varphi_{01} - \varphi_{02}. \qquad (5\text{-}123)$$

In einem solchen Zeigerdiagramm kann man die neue Schwingung y_{neu} durch Vektoraddition der Zeiger y_1 und y_2 graphisch ermitteln. Bei der Rechnung müssen Additionstheoreme berücksichtigt werden, die zu folgenden Ergebnissen für die neue Amplitude $\hat{y}_{\text{neu}}$ und den neuen Nullphasenwinkel $\varphi_{0\,\text{neu}}$ führen:

$$\hat{y}_{\text{neu}} = \sqrt{\hat{y}_1^2 + 2\,\hat{y}_1\,\hat{y}_2\,\cos(\varphi_{01} - \varphi_{02}) + \hat{y}_2^2},$$

$$\tan\varphi_{0\,\text{neu}} = \frac{\hat{y}_1\,\sin\varphi_{01} + \hat{y}_2\,\sin\varphi_{02}}{\hat{y}_1\,\cos\varphi_{01} + \hat{y}_2\,\cos\varphi_{02}}.$$

$$(5\text{-}124),\ (5\text{-}125)$$

Bild 5-32 zeigt Spezialfälle:

Maximale Verstärkung ($\Delta\varphi = 0$ bzw. $\Delta\varphi = n\,2\pi$; $n = 1, 2, 3, \ldots$)

Wenn keine Phasenverschiebung zwischen den sich überlagernden Schwingungen vorhanden ist, wird $\hat{y}_{\text{neu}}$ maximal (Bild 5-32 a):

$$\hat{y}_{\text{neu}} = \sqrt{\hat{y}_1^2 + 2\,\hat{y}_1\hat{y}_2 + \hat{y}_2^2} = \hat{y}_1 + \hat{y}_2. \quad (5\text{-}126)$$

Sind die beiden Amplituden gleich groß ($\hat{y}_1 = \hat{y}_2 = \hat{y}$), dann ist die resultierende Amplitude doppelt so groß:

$$\hat{y}_{\text{neu}} = 2\,\hat{y}. \qquad (5\text{-}127)$$

Auslöschung ($\hat{y}_1 = \hat{y}_2$; $\Delta\varphi = (2n-1)\,\pi$)

Sind beide Amplituden gleich groß und die Phasenverschiebung $\Delta\varphi = \pi$ oder ein ungeradzahliges Vielfaches davon, dann wird die Schwingung ausgelöscht (Bild 5-32 b):

$$\hat{y}_{\text{neu}} = 0. \qquad (5\text{-}128)$$

Haben die sich überlagernden Schwingungen beliebige Amplituden und Phasenverschie-

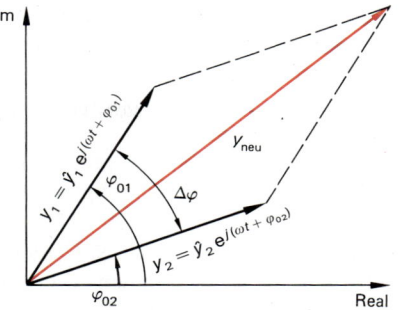

Bild 5-31. *Überlagerung gleichfrequenter Schwingungen gleicher Raumrichtung.*

bungen, dann ergibt sich eine neue harmonische Schwingung mit derselben Kreisfrequenz ω (bzw. Periodendauer T). Die neue Amplitude und die neue Phase müssen in diesem Fall nach Gl. (5-124) und (5.125) berechnet werden (Bild 5-32 c).

a) maximale Verstärkung

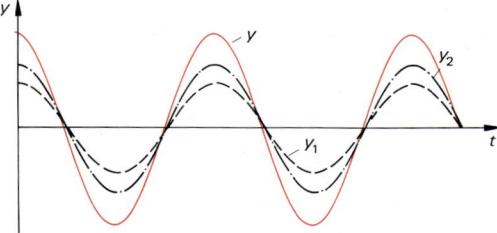

b) Auslöschung

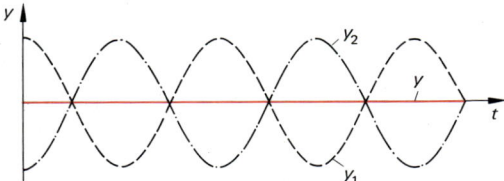

c) beliebige Überlagerung

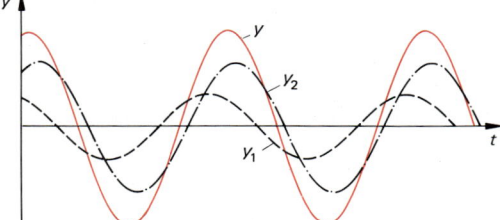

Bild 5-32. *Verstärkung und Auslöschung bei der Überlagerung gleichfrequenter Schwingungen gleicher Raumrichtung.*

5.1.4.2. Überlagerung harmonischer Schwingungen gleicher Raumrichtung mit geringen Frequenzunterschieden (Schwebung)

Unterscheiden sich die Frequenzen von zwei zu überlagernden Schwingungen nur geringfügig, dann treten Schwebungen auf: Die Amplituden der resultierenden Schwingung schwellen langsam an und wieder ab.

Als Voraussetzung für eine *reine Schwebung* müssen die beiden Schwingungen dieselbe Amplitude haben. Bei gleicher Phase $\varphi_{01} = \varphi_{02} = 0$ gilt

$$y_1(t) = \hat{y} \cos(\omega_1 t), \qquad (5\text{-}129)$$

$$y_2(t) = \hat{y} \cos(\omega_2 t). \qquad (5\text{-}130)$$

Unter Anwendung des Additionstheorems

$$\cos \alpha + \cos \beta = 2 \cos\left(\frac{\alpha + \beta}{2}\right) \cos\left(\frac{\alpha - \beta}{2}\right)$$

entsteht bei der Addition von Gl. (5-129) und (5-130)

$$y_{neu}(t) = y_1(t) + y_2(t)$$
$$= 2\,\hat{y} \cos\left(\frac{(\omega_1 - \omega_2)}{2} t\right) \cos\left(\frac{(\omega_1 + \omega_2)}{2} t\right). \qquad (5\text{-}131)$$

Bei geringen Frequenzunterschieden gilt näherungsweise $\omega_1 = \omega$ und $\omega_2 = \omega + \Delta\omega$; hierbei ist $\Delta\omega = \omega_2 - \omega_1 \ll \omega$. Man erhält

$$\frac{\omega_1 + \omega_2}{2} = \omega + \frac{\Delta\omega}{2} \approx \omega. \qquad (5\text{-}132)$$

Die resultierende Schwingung nach Gl. (5-131) ist harmonisch mit der neuen Kreisfrequenz ω_{neu} und einer sich ändernden Amplitude mit der Schwebungsfrequenz f_S. Es resultiert

$$y_{neu}(t) = 2\,\hat{y} \cos(2\pi f_S t) \sin(\omega_{neu} t). \qquad (5\text{-}133)$$

Es gilt für die Schwebungsfrequenz f_S

$$f_S = f_2 - f_1 \qquad (5\text{-}134)$$

und für die Periodendauer der Schwebung T_S

$$T_S = \frac{1}{f_S} = \frac{T_1 T_2}{T_1 - T_2}. \qquad (5\text{-}135)$$

Für die Frequenz der neuen Schwingung gilt nach Gl. (5-131) unter Berücksichtigung von Gl. (5-132)

$$f_{neu} = \frac{f_1 + f_2}{2}. \qquad (5\text{-}136)$$

Für die Schwingungsdauer errechnet sich

$$T_{neu} = \frac{2\,T_1 T_2}{T_1 + T_2}. \qquad (5\text{-}137)$$

Die Amplitude der neuen Schwingung ist doppelt so groß wie die der Ausgangsschwingungen:

$$\hat{y}_{neu} = 2\,\hat{y}. \qquad (5\text{-}138)$$

Sind die Amplituden der sich überlagernden Schwingungen nicht gleich groß, dann tritt eine *unreine Schwebung* auf. Hierbei wird die Amplitude nie null, sondern lediglich periodisch minimal.

Da Schwebungserscheinungen sehr genaue Frequenzvergleiche ermöglichen, dienen sie u.a. in der Akustik zum „sauberen" (nämlich schwebungsfreien) Abgleich von Tonfrequenzen. In der Musik wird dies zum Stimmen von Instrumenten verwendet.

Beispiel

5.1-7: Es soll ein Programm zur Überlagerung zweier Schwingungen unterschiedlicher Frequenzen entwickelt werden, das die Ausgangsschwingungen und die resultierende Schwingung zeichnet. Im ersten Fall sollen die Frequenzen nahe beieinander liegen (Schwebungsfall) und im zweiten Fall einen großen Unterschied aufweisen.

Lösung:

1. Fall: nahe beieinander liegende Frequenzen (Schwebungsfall)

Bild 5-33a zeigt die beiden Ausgangsschwingungen, Bild 5-33b die resultierende Schwebung. Die beiden Ausgangsamplituden betragen $\hat{y}_1 = \hat{y}_2 = 1{,}5$ cm,

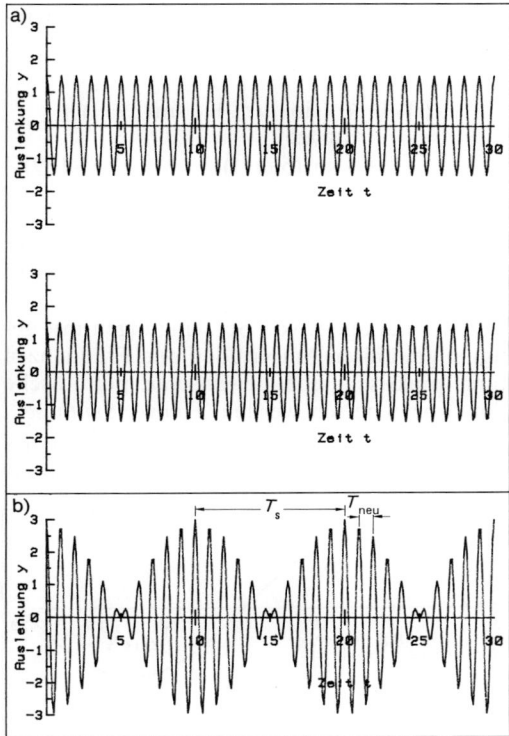

Bild 5-33.   Schwebungen.

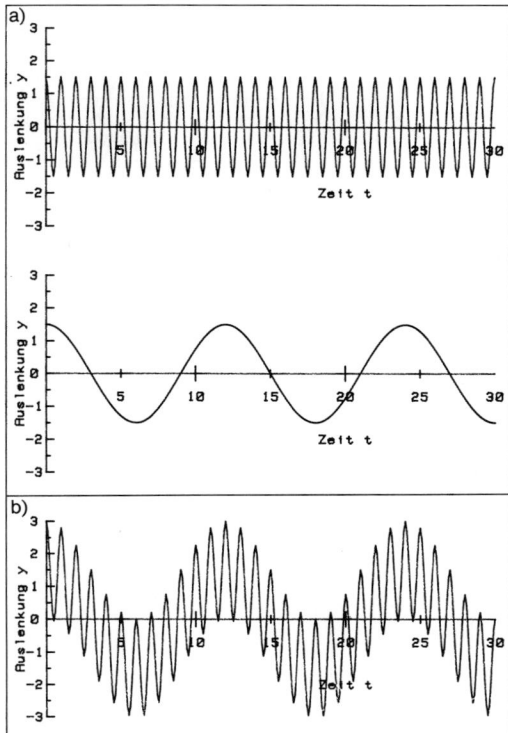

*Bild 5-34.   Schwingungsüberlagerung bei großen Fre-
quenzunterschieden.*

die Periodendauer der ersten Schwingung $T_1 = 1$ s
und die der zweiten Schwingung $T_2 = 0,90$ s. Die
zweite Periodendauer ist also um 10% kleiner als
die erste. Das Verhältnis der Periodendauer beträgt
$T_2/T_1 = 9/10$. Wie Bild 5-33b verdeutlicht, hat die
Amplitude der Schwebung den doppelten Wert der
Ausgangsschwingung ($2\hat{y} = 3$ cm), und die Schwe-
bungsdauer T_S (von Maximum zu Maximum)
beträgt 9 s (auch nach Gl. (5-135)). Die Schwingungsdauer der Schwebung T_{neu} ist nach Gl. (5-137)
$T_{neu} = 0,947$ s und wird in Bild 5-33b bestätigt.

2. Fall: große Unterschiede der Frequenzen

Die Ausgangsamplituden betragen wieder $\hat{y}_1 = \hat{y}_2$
$= 1,5$ cm. Die Periodendauer der ersten Schwingung
beträgt $T_1 = 1$ s und der zweiten $T_2 = 12$ s. Das
Verhältnis der Periodendauer beträgt $T_2/T_1 = 12/1$
oder das Frequenzverhältnis $f_1 : f_2 = 1 : 12$. Bild
5-34a zeigt die Ausgangsschwingungen und Bild
5-34b die resultierende Schwingung. Die neue Amplitude ist ebenfalls doppelt so groß wie die Aus-
gangsamplitude. Wie Bild 5-34b zeigt, tritt keine
Schwebung und keine harmonische Schwingung
mehr auf. Die schnellere Schwingung (kleinere
Periodendauer, d.h. größere Frequenz; hier die
erste Schwingung mit $T_1 = 1$ s) schwingt um die

periodische Achse, die durch die langsamere
Schwingung gegeben ist (größere Periodendauer,
d.h. kleinere Frequenz; hier die zweite Schwingung
mit $T_2 = 12$ s).

5.1.4.3. Überlagerung harmonischer Schwin-
gungen gleicher Raumrichtung mit ganzzahligen
Frequenzverhältnissen (Fourier-Analyse)

Besteht zwischen den sich überlagernden
Schwingungen ein großer Frequenzunterschied
und stehen die Schwingungsfrequenzen im
Verhältnis ganzer Zahlen, so entstehen wieder
periodisch schwingende Muster. Bild 5-35
zeigt die Überlagerung zweier Schwingungen
(Amplitude $\hat{y} = 1$ cm) mit einfacher und drei-
facher Frequenz. Die Periodendauer der ersten Schwingung beträgt

$$T_1 = 7,5 \text{ s } (f_1 = \tfrac{4}{30} \text{ Hz})$$

und die der zweiten Schwingung

$$T_2 = 2,5 \text{ s } (f_2 = 0,4 \text{ Hz})$$

gemäß Bild 5-35a. Bild 5-35b zeigt die resul-

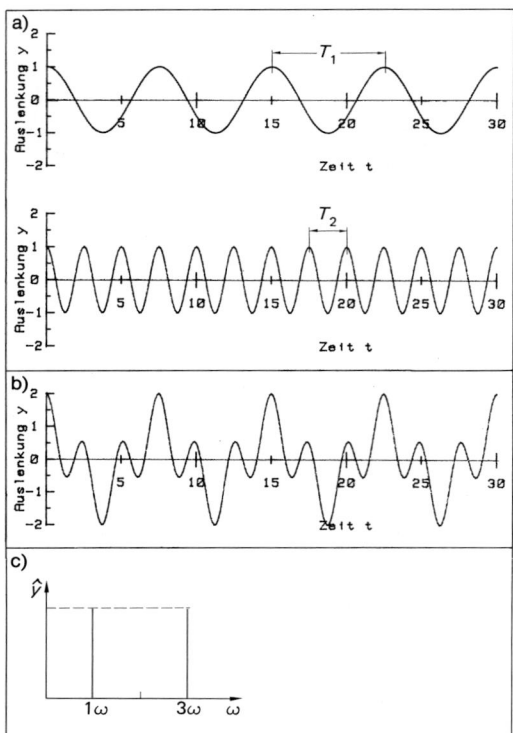

Bild 5-35. Überlagerung harmonischer Schwingungen mit ganzzahligen Frequenzverhältnissen und Amplitudenspektrum nach der Fourier-Analyse.

tierende Schwingungsdauer T_R (im vorliegenden Fall ist $T_R \approx T_1$) und die resultierende Amplitude $\hat{y}_R = \hat{y}_1 + \hat{y}_2 = 2$ cm.

Werden in einem Diagramm die Amplituden gegen die Kreisfrequenzen aufgetragen, so ergibt sich eine *spektrale Darstellung* der Amplituden *(Amplitudenspektrum)*. Dieses Spektrum zeigt, welche Frequenzen mit welchen Amplituden am Zustandekommen der resultierenden Schwingung beteiligt sind (Bild 5-35c), enthält aber keine Information über die Phasenlage der Ausgangsschwingungen.

Bild 5-36 zeigt die Überlagerung von drei Schwingungen ($\omega = \frac{\pi}{15}\,\text{s}^{-1}$; $\hat{y} = 2{,}2$ cm) der Form $y_i(t) = \hat{y}_i \sin(\omega_i t)$. Es ist für $\omega = 1\,\text{s}^{-1}$

$$y_1(t) = \frac{4\,\hat{y}}{\pi}\sin(\omega t)\,,$$

$$\hat{y}_2(t) = \frac{4\,\hat{y}}{3\,\pi}\sin(3\,\omega t)\,,$$

$$\hat{y}_3(t) = \frac{4\,\hat{y}}{5\,\pi}\sin(5\,\omega t)\quad\text{(Bild 5-36a)}\,.$$

Bild 5-36b zeigt die resultierende Schwingung $y_R(t)$:

$$y_R(t) = \frac{4\,y}{\pi}\left(\sin(\omega t) + \tfrac{1}{3}\sin(3\,\omega t) + \right.$$
$$\left. + \tfrac{1}{5}\sin(5\,\omega t)\right)\,. \qquad (5\text{-}139)$$

Sie zeigt in erster Näherung eine Rechteckschwingung. In Bild 5-36c ist das Amplitudenspektrum dargestellt.

Durch Überlagern von Schwingungen mit geeignet gewählten Amplituden und Frequenzen kann praktisch jede gewünschte periodische Funktion generiert werden *(Fourier-Synthese)*.

Der umgekehrte Vorgang, die Zerlegung eines periodischen Musters in seine Elementar-

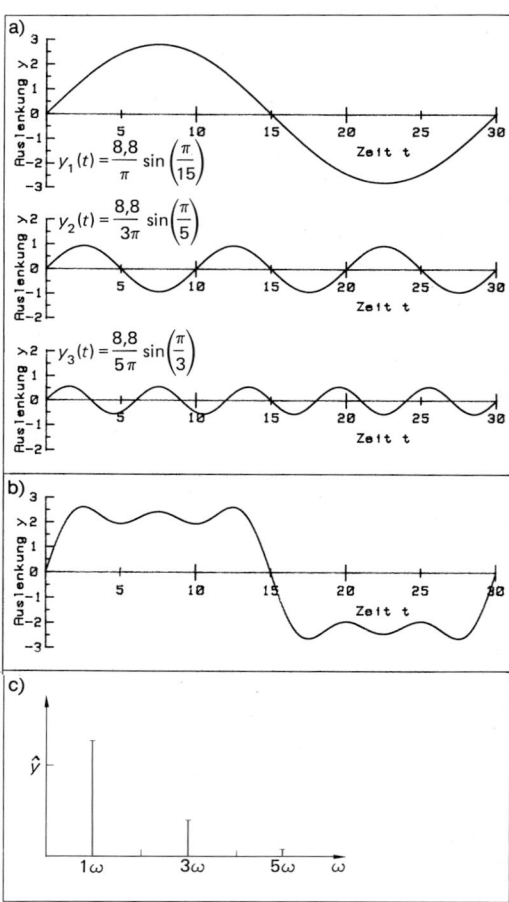

Bild 5-36. Überlagerung dreier Schwingungen und Amplitudenspektrum nach der Fourier-Analyse.

schwingungen, wird *Fourier-Analyse* (J. B. J. FOURIER, 1768 bis 1830) genannt. *FOURIER* zeigte, daß sich jedes periodische Muster eindeutig in eine Reihe von elementaren Cosinus- und Sinusschwingungen zerlegen läßt. Die auftretenden Kreisfrequenzen sind dabei ganzzahlige Vielfache der das periodische Muster beschreibenden Grundkreisfrequenz. Somit gilt nach *FOURIER*

$$y_R(t) = \frac{a_0}{2} + \sum_{k=1}^{\infty} (a_k \cos(k \omega t) +$$
$$+ b_k \sin(k \omega t)). \qquad (5\text{-}140)$$

k ist eine ganze Zahl, die folgende Bedeutung hat:

$k = 1$: Grundschwingung (erste Harmonische),
$k = 2$: erste Oberschwingung (zweite Harmonische),
$k = 3$: zweite Oberschwingung (dritte Harmonische),
$\vdots \quad \vdots$
$k = n$: $(n-1)$-te Oberschwingung (n-te Harmonische).

Die *Fourier-Koeffizienten* a_k und b_k geben an, wie stark die einzelnen Anteile vertreten sind. Sie berechnen sich aus

$$a_k = \frac{2}{T} \int_0^T y_R(t) \cos(k \omega t)\, dt \qquad (5\text{-}141)$$
$$(k = 0, 1, 2\dots)$$

und

$$b_k = \frac{2}{T} \int_0^T y_R(t) \sin(k \omega t)\, dt. \qquad (5\text{-}142)$$
$$(k = 1, 2, 3\dots)$$

Beispielsweise lautet die *Fourier-Reihe* einer Rechteckkurve gemäß Bild 5-37 mit der Periodendauer $T = 2\pi/\omega$

$$y_R(t) = \frac{4\hat{y}}{\pi} \left(\sin(\omega t) + \tfrac{1}{3}\sin(3\omega t) +\right.$$
$$\left. + \tfrac{1}{5}\sin(5\omega t) + \dots\right). \qquad (5\text{-}143)$$

Die Summe der ersten drei Glieder des Klammerausdrucks zeigt Bild 5-36 b (s. auch Gl. (5-139)).

Bild 5-38 zeigt ein Beispiel für eine Fourier-Analyse in der Elektrotechnik. In Bild 5-38 a ist das Oszillogramm der Spannung eines *Kommutierungskondensators* dargestellt. Diese Kondensatoren dienen zur Löschung des leitenden Zustandes eines Halbleiterbauelementes

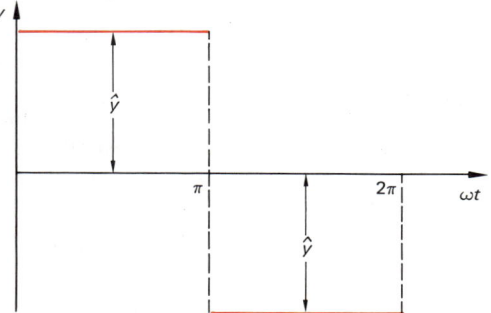

Bild 5-37.   *Rechteckfunktion.*

und werden dazu periodisch stoßartig umgeladen. (In diesem Fall beträgt die Umladezeit 300 µs und die Spannungsspitze 3200 V bei einer Grundfrequenz von 200 Hz.) Aus Bild 5-38 b und 5-38 c geht das Amplitudenspek-

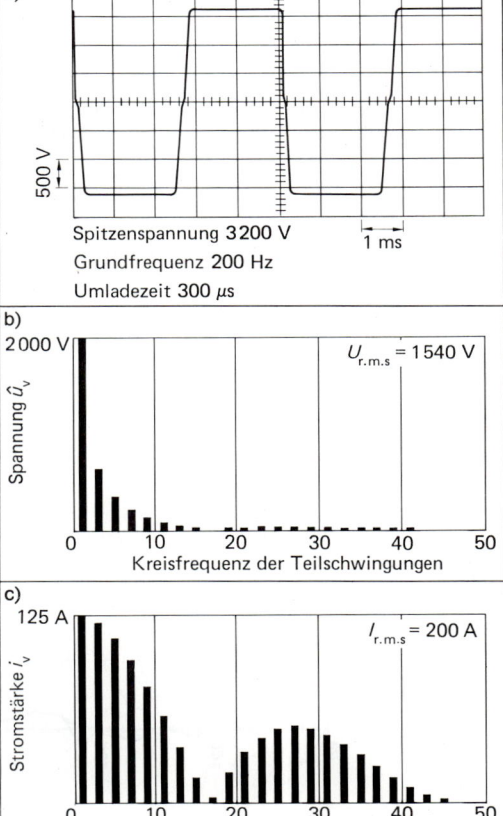

Bild 5-38.   *Fourier-Analyse des Spannungsverlaufs bei einem Kommutierungskondensator.*

trum der Spannung bzw. der Stromstärke hervor. Aufgrund der starken Abweichung des trapezförmigen Spannungsimpulses von der reinen Sinusform wirken auch noch höherfrequente Anteile von Spannungen und Stromstärken auf den Kondensator. Beispielsweise zeigt das Amplitudenspektrum der Stromstärke, daß trotz niedriger Grundfrequenz von 200 Hz (Stromamplitude $\hat{\imath} = 125$ A) auch noch die 15. Oberschwingung ($15 \cdot 200$ Hz $=$ 3000 Hz) mit einer Stromamplitude von $\hat{\imath}_{27} =$ 50 A auf den Kondensator einwirkt. Die Fourier-Analyse läßt erkennen, in welchen Frequenzen und bei welchen Strom- und Spannungsamplituden diese Kondensatoren einwandfrei arbeiten müssen.

FOURIER zeigte ferner, daß auch jede nichtperiodische Funktion (stückweise stetig) eindeutig als Integral über harmonische Anteile darstellbar ist (Fourier-Integral).

Beispiel

5.1-8: Der Verlauf der tangentialen Komponente der Pleuelkraft eines Kolbens wird über zwei Mo-

torumdrehungen aufgezeichnet (Kurbelwinkel KW von 720°).
Bild 5-39 zeigt den Verlauf der Tangentialkraft (dicke Linie) und eine Fourier-Analyse bis zu 15 Harmonischen sowie die Koeffizienten *a* und *b*. Es sind die ersten fünf harmonischen Schwingungen eingezeichnet (dünne Linien). Die Summenkurve über alle 15 Harmonischen liegt knapp unter dem ersten Maximum und schmiegt sich verhältnismäßig gut der Originalkurve an.

5.1.4.4. Überlagerung harmonischer Schwingungen mit ganzzahligem Frequenzverhältnis, die senkrecht zueinander schwingen (Lissajous-Figuren)

Bei der Überlagerung zweier senkrecht zueinander verlaufender Schwingungen mit ganzzahligen Frequenzverhältnissen ergeben sich *Lissajous-Figuren* (J. LISSAJOUS, 1822 bis 1880).

Zunächst werden zwei senkrecht verlaufende Schwingungen gleicher Kreisfrequenz (mit einer Phasenverschiebung) betrachtet. Es gilt

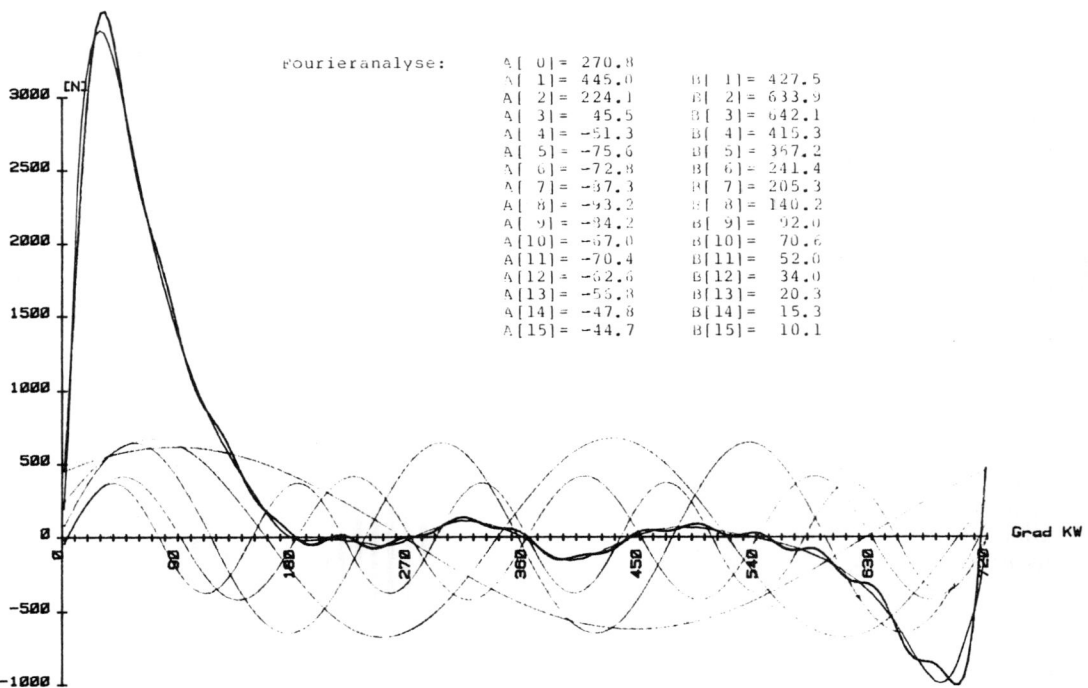

Bild 5-39.   *Fourier-Analyse der tangentialen Komponente der Pleuelkraft eines Kolbens nach Beispiel 5.1-8.*

$$x(t) = \hat{x} \sin(\omega t) \qquad (5\text{-}144)$$

und

$$y(t) = \hat{y} \sin(\omega t + \varphi). \qquad (5\text{-}145)$$

Nach dem Additionstheorem $\sin(\alpha + \beta) = \sin\alpha \cos\beta + \cos\alpha \sin\beta$ ergibt Gl. (5-145)

$$y(t) = \hat{y} \sin(\omega t) \cos\varphi + \hat{y} \cos(\omega t) \sin\varphi. \qquad (5\text{-}146)$$

Aus Gl. (5-144) folgt

$$\sin(\omega t) = \frac{x}{\hat{x}} \quad \text{und} \quad \cos(\omega t) = \sqrt{1 - \left(\frac{x}{\hat{x}}\right)^2}.$$

Damit wird aus Gl. (5-146)

$$y(t) = \hat{y} \frac{x}{\hat{x}} \cos\varphi + \hat{y} \sqrt{1 - \left(\frac{x}{\hat{x}}\right)^2} \sin\varphi$$

oder

$$\frac{y}{\hat{y}} - \frac{x}{\hat{x}} \cos\varphi = \sqrt{1 - \left(\frac{x}{\hat{x}}\right)^2} \sin\varphi.$$

Quadriert ergibt sich die allgemeine Gleichung der *Ellipse:*

$$\frac{y^2}{\hat{y}^2} + \frac{x^2}{\hat{x}^2} - \frac{2yx}{\hat{y}\hat{x}} \cos\varphi = \sin^2\varphi. \qquad (5\text{-}147)$$

Bei *gleichen Schwingungsfrequenzen* ergibt sich im allgemeinen eine Ellipse nach Bild 5-40 a, aus deren Achslage sich die Phasenverschiebung bestimmen läßt:

$$\sin\varphi = \frac{y(0)}{\hat{y}} = \frac{x(0)}{\hat{x}}. \qquad (5\text{-}148)$$

Dabei ist $y(0)$ die Auslenkung für $x = 0$ und $x(0)$ die Auslenkung für $y = 0$.
Für die Phasenverschiebungen $\varphi = 0$, $\varphi = \frac{\pi}{2}$ und $\varphi = \pi$ treten folgende Spezialfälle auf (Gl. (5-147), Bild 5-40 b bis 5-40 e):

− Gerade mit positiver Steigung ($\varphi = 0$)

Es wird

$$\frac{y^2}{\hat{y}^2} + \frac{x^2}{\hat{x}^2} - \frac{2yx}{\hat{y}\hat{x}} = 0$$

oder

$$\left(\frac{y}{\hat{y}} - \frac{x}{\hat{x}}\right)^2 = 0;$$

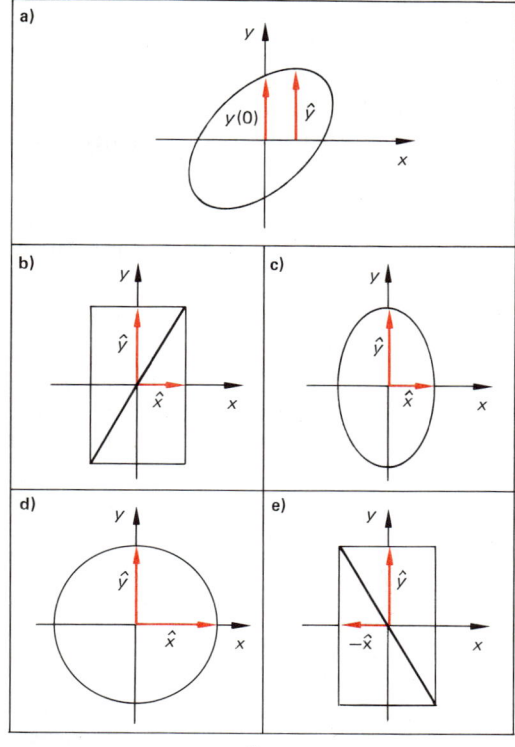

Bild 5-40. *Senkrechte Überlagerung gleichfrequenter Schwingungen (Lissajous-Figuren).*

daraus ergibt sich (Bild 5-45 b)

$$y = \frac{\hat{y}}{\hat{x}} x. \qquad (5\text{-}149)$$

− Ellipse mit der Hauptachse parallel zur y-Achse ($\varphi = \frac{\pi}{2}$; Bild 5-40 c):

$$\frac{y^2}{\hat{y}^2} + \frac{x^2}{\hat{x}^2} = 1. \qquad (5\text{-}150)$$

− Kreis mit Mittelpunkt im Koordinatenursprung ($\varphi = \frac{\pi}{2}$; $\hat{y} = \hat{x}$; Bild 5-40 d)

Bei gleichen Amplituden $\hat{y} = \hat{x}$ wird aus der Ellipse ein Kreis:

$$y^2 + x^2 = \hat{y}^2 = \text{konst}. \qquad (5\text{-}151)$$

− Gerade mit negativer Steigung ($\varphi = \pi$; Bild 5-40 e):

$$y = -\frac{\hat{y}}{\hat{x}} x . \tag{5-152}$$

Werden für den allgemeinen Fall ungleicher ganzzahliger Frequenzen die resultierenden Auslenkungen ermittelt, so entstehen komplizierte Bahnkurven. Aus der Anzahl der Maxima auf der waagrechten oder senkrechten Achse können die Frequenzverhältnisse abgelesen werden. Es gilt

$$\omega_x : \omega_y = f_x : f_y = k : l . \tag{5-153}$$

Hierbei sind ω_x und ω_y bzw. f_x und f_y die Frequenzen der x- und y-Schwingung, k die Anzahl der senkrechten und l die Anzahl der waagrechten Maxima.

Beispiel

5.1-9: Nach Eingabe der beiden Frequenzverhältnisse sollen mittels eines Rechner-Programms die Lissajous-Figuren für unterschiedliche Phasenlagen gezeichnet werden.

Lösung:

Bild 5-41 zeigt das Ergebnis jeweils für ein Frequenzverhältnis von 1:1, 1:2, 1:3 und 2:3. Der Phasenwinkel beträgt in allen Fällen $\varphi = 0°$ bis $\varphi = 360°$.

5.1.5. Schwingungen mit mehreren Freiheitsgraden (gekoppeltes Schwingungssystem)

Die hierfür wichtigen Begriffe sind in DIN 1311, Blatt 3, definiert. Unter *Freiheitsgrad* wird analog zur Mechanik (Abschn. 2.9.1) die *Mindestanzahl der Koordinaten* verstanden, die zur Beschreibung des Systems notwendig sind.

Zum besseren Verständnis gekoppelter Vorgänge seien zwei gleiche Feder-Masse-Pendel betrachtet, die durch eine Kopplungsfeder verbunden sind, wie es Bild 5-42 zeigt. Das gekoppelte Schwingungssystem hat zwei Freiheitsgrade der Auslenkung y_1 und y_2, zwei gleiche Massen m, gleiche Federkonstanten c sowie eine Kopplungsfeder mit der Federkonstanten c_{12}. Es besteht also aus zwei gleich großen Energiespeichern, zwischen denen durch die Kopplungsfeder ein periodischer Energieaustausch stattfinden kann. Wird z.B. der erste Körper in Bild 5-42a ausgelenkt, dann gibt das erste Pendel seine Energie allmählich an das zweite Pendel ab, bis dieses die gesamte Energie besitzt und der Vorgang wieder in die andere Richtung abläuft. Es gibt lediglich zwei Schwingungszustände, bei

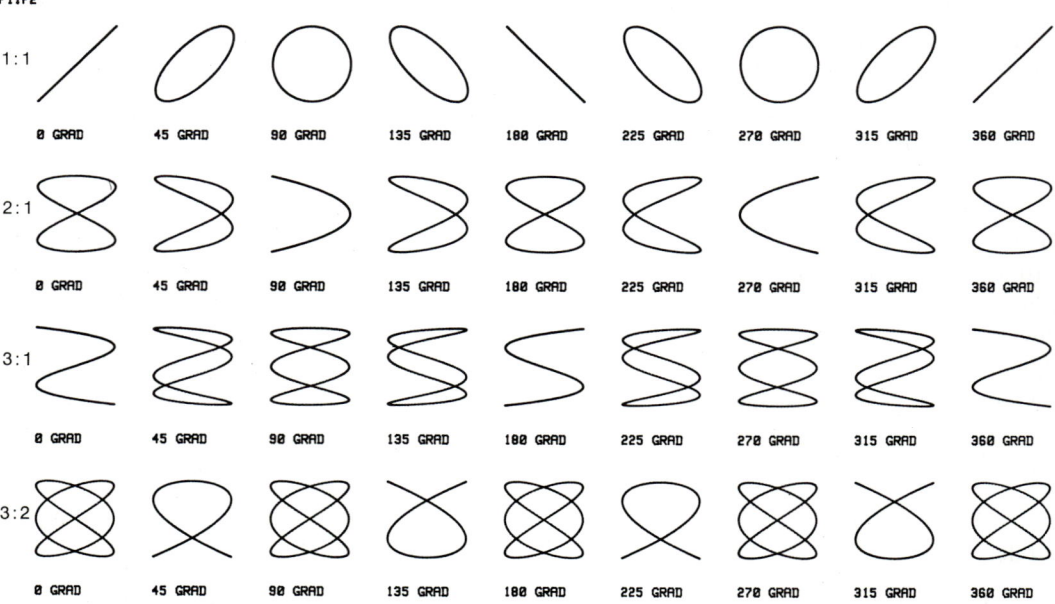

Bild 5-41. Lissajous-Figuren unterschiedlicher Phasenlage für die Frequenzverhältnisse 1:1, 2:1, 3:1 und 3:2.

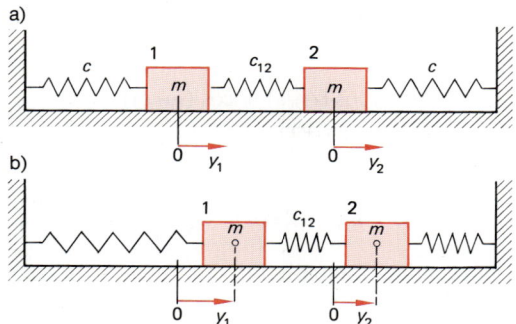

Bild 5-42. Elastisch gekoppelte Feder-Masse-Schwinger.

denen keine Energieübertragung stattfindet. Sie werden *Fundamentalschwingungen* genannt.

— Gleichphasige Schwingung

Das Kopplungsglied ist in diesem Fall nicht wirksam, weil die Kopplungsfeder immer entspannt bleibt. Deshalb schwingen die Massen mit der Frequenz der ungedämpften harmonischen Schwingung:

$$f_1 = f_0 = \frac{1}{2\pi} \sqrt{\frac{c}{m}} . \qquad (5\text{-}11)$$

— Gegenphasige Schwingung

In diesem Fall bleibt aus Symmetriegründen die Mitte der Kopplungsfeder in Ruhe. Jedem Körper (System) kann somit die Federkonstante der eigenen Feder c und die Federkonstante der halben Kopplungsfeder $2 c_{12}$ zugerechnet werden. Daraus ergibt sich die Frequenz der zweiten Fundamentalschwingung:

$$f_2 = \frac{1}{2\pi} \sqrt{\frac{c + 2 c_{12}}{m}} . \qquad (5\text{-}154)$$

In allen anderen Fällen findet eine Überlagerung der Fundamentalschwingungen so statt, daß eine Schwebung entsteht mit der Schwebungsfrequenz

$$f_S = f_2 - f_1 \qquad (5\text{-}155)$$

(s. Abschn. 5.1.4.2). Um die Vorgänge genauer zu analysieren, werden im folgenden die Differentialgleichungen für die beiden

Schwinger aufgestellt (Bild 5-42 b). Beim ersten Schwinger ist die Kopplungsfeder um $y_1 - y_2$ zusammengedrückt, so daß das Newtonsche Gesetz der Bewegung lautet

$$- c\, y_1 - c_{12} (y_1 - y_2) = m\, a_1 .$$

Daraus ergibt sich die Differentialgleichung für den ersten Schwinger:

$$\frac{d^2 y_1}{dt^2} + \frac{c}{m} y_1 + \frac{c_{12}}{m} (y_1 - y_2) = 0 . \quad (5\text{-}156)$$

Beim zweiten Schwinger ist die Kopplungsfeder um $y_2 - y_1$ zusammengedrückt, so daß das Newtonsche Gesetz heißt

$$- c\, y_2 - c_{12} (y_2 - y_1) = m\, a_2 .$$

Daraus bildet man die Differentialgleichung für den zweiten Schwinger:

$$\frac{d^2 y_2}{dt^2} + \frac{c}{m} y_2 + \frac{c_{12}}{m} (y_2 - y_1) = 0 . \qquad (5\text{-}157)$$

Werden beide Differentialgleichungen addiert, so ergibt sich folgende gekoppelte Differentialgleichung für $y_1 + y_2$:

$$\frac{d^2}{dt^2} (y_1 + y_2) + \frac{c}{m} (y_1 + y_2) = 0 . \qquad (5\text{-}158)$$

Werden beide Differentialgleichungen subtrahiert, dann entsteht eine andere Differentialgleichung für $y_1 - y_2$:

$$\frac{d^2}{dt^2} (y_1 - y_2) + \frac{c + 2 c_{12}}{m} (y_1 - y_2) = 0 . \qquad (5\text{-}159)$$

Gl. (5-158) und (5-159) beschreiben ungedämpfte harmonische Schwingungen. Die Lösungen sind die Frequenzen bzw. die Schwingungsdauern der bereits oben genannten Fundamentalschwingungen. Aus Gl. (5-158) folgt

$$\omega_1 = \omega_0 = \sqrt{\frac{c}{m}} \,, \qquad (5\text{-}11)$$

$$f_1 = f_0 = \frac{1}{2\pi} \sqrt{\frac{c}{m}} \,, \qquad (5\text{-}12)$$

$$T_1 = T_0 = 2\pi \sqrt{\frac{m}{c}} \,. \qquad (5\text{-}13)$$

Aus Gl. (5-159) folgt

$$\omega_2 = \sqrt{\frac{c + 2\,c_{12}}{m}} \,, \qquad (5\text{-}160)$$

$$f_2 = \frac{1}{2\pi} \sqrt{\frac{c + 2\,c_{12}}{m}} \,, \qquad (5\text{-}154)$$

$$T_2 = 2\pi \sqrt{\frac{m}{c + 2\,c_{12}}} \,. \qquad (5\text{-}161)$$

Für eine gleichphasige Schwingung ($y_1 = y_2$) verschwindet die Differentialgleichung (5-159), und es bleibt für Gl. (5-158) stehen

$$\frac{\mathrm{d}^2 y_1}{\mathrm{d}t^2} + \frac{c}{m} y_1 = 0 \,. \qquad (5\text{-}162)$$

Es findet eine Schwingung mit der ersten Fundamentalfrequenz $f_1 = f_0$ (Gl. (5-11)) statt. Bei einer gegenphasigen Schwingung ($y_1 = -y_2$) verschwindet die Differentialgleichung (5-158), und es bleibt für Gl. (5-159) stehen

$$\frac{\mathrm{d}^2 y_1}{\mathrm{d}t^2} + \frac{c + 2\,c_{12}}{m} y_1 = 0 \,. \qquad (5\text{-}163)$$

Diese Schwingung hat die zweite Fundamentalfrequenz f_2 (Gl. (5-154)).
Für den allgemeinen Fall wird folgende Anfangsbedingung erfüllt: Bei Beginn der Schwingung ($t = 0$) ist der erste Schwinger maximal ausgelenkt ($y_1(0) = \hat{y}$) und der zweite Schwinger in Ruhe ($y_2(0) = 0$). Damit wird $y_1 + y_2 = \hat{y}$.
Die beiden Fundamentalschwingungen gehorchen folgenden Ansätzen:

$$y_1 + y_2 = \hat{y} \cos(\omega_1 t) \,, \qquad (5\text{-}164)$$

$$y_1 - y_2 = \hat{y} \cos(\omega_2 t) \,. \qquad (5\text{-}165)$$

Durch Addition von Gl. (5-164) und Gl. (5-165) ergibt sich

$$y_1 = \frac{\hat{y}}{2} \left(\cos(\omega_1 t) + \cos(\omega_2 t) \right).$$

Wird das Additionstheorem

$$\cos\alpha + \cos\beta = 2 \cos\left(\frac{\alpha + \beta}{2}\right) \cos\left(\frac{\alpha - \beta}{2}\right)$$

angewendet, dann gilt

$$y_1 = \hat{y} \cos\left(\frac{\omega_1 + \omega_2}{2} t\right) \cos\left(\frac{\omega_1 - \omega_2}{2} t\right). \qquad (5\text{-}166)$$

Wird Gl. (5-165) von Gl. (5-164) subtrahiert, dann ergibt sich

$$y_2 = \frac{\hat{y}}{2} \left(\cos(\omega_1 t) - \cos(\omega_2 t) \right).$$

Wird das Additionstheorem

$$\cos\alpha - \cos\beta = 2 \sin\left(\frac{\alpha + \beta}{2}\right) \sin\left(\frac{\alpha - \beta}{2}\right)$$

angewendet, dann gilt

$$y_2 = \hat{y} \sin\left(\frac{\omega_1 + \omega_2}{2} t\right) \sin\left(\frac{\omega_1 - \omega_2}{2} t\right). \qquad (5\text{-}167)$$

Gl. (5-166) und Gl. (5-167) beschreiben nach Abschn. 5.1.4.2 Schwebungen. Dies bedeutet, daß der erste und der zweite Schwinger Schwebungen ausführen, die gemäß Bild 5-43 um $\frac{\pi}{2}$ verschoben sind.
Als *Kopplungsgrad* k der beiden Schwinger gilt für gleiche Massen und gleiche Amplituden

$$k = \frac{c_{12}}{c + c_{12}} \qquad \text{oder} \qquad (5\text{-}168)$$

$$k = \frac{T_1^2 - T_2^2}{T_1^2 + T_2^2} = \frac{f_2^2 - f_1^2}{f_2^2 + f_1^2} \,. \qquad (5\text{-}169)$$

mit $0 < k < 1$. Bei *loser Kopplung* ist $k \ll 1$. Dann ist auch $f_2 \approx f_1$. Bei *fester Kopplung* ist $k \approx 1$, so daß die beiden Fundamentalfrequenzen deutlich verschieden sind ($f_2 \neq f_1$).

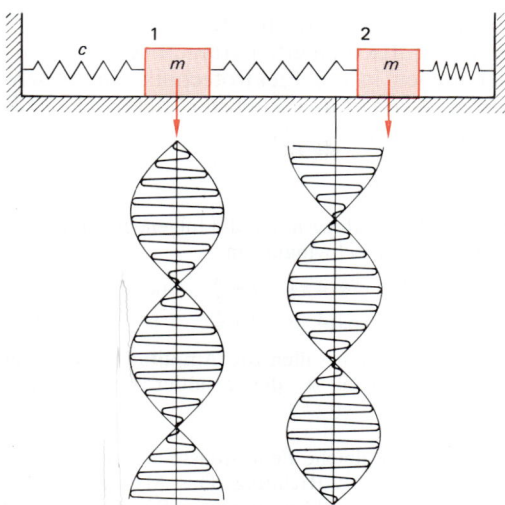

Bild 5-43. Schwebungen zweier gekoppelter Feder-Masse-Schwinger.

Im allgemeinen Fall sind *n* Schwinger miteinander gekoppelt. Dieses System besitzt dann *n* Fundamentalschwingungen (Eigenschwingungen). Solche Systeme sind in der Molekül- und Festkörperphysik von Bedeutung (Abschn. 8.6, 9.2.1).

Bild 5-44 zeigt die *induktive Kopplung elektromagnetischer Schwingkreise*. Das Schema des Meßaufbaus verdeutlicht Bild 5-44 a, und

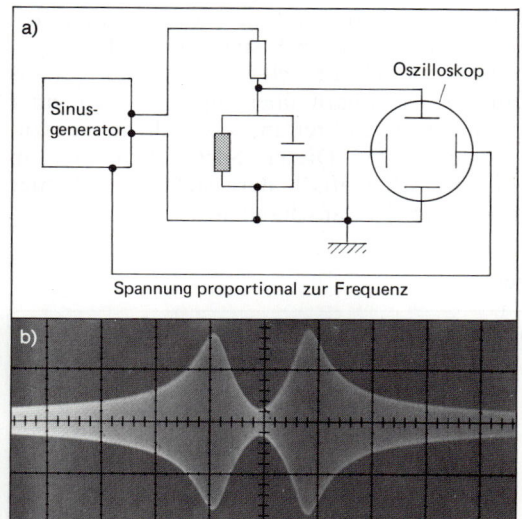

Bild 5-44. Induktive Kopplung elektromagnetischer Schwingkreise: a) Meßanordnung, b) Resonanzkurve zweier Schwingkreise.

Bild 5-44 b zeigt die prinzipielle Resonanzkurve (Spannung in Abhängigkeit von der Frequenz).

5.1.6. Nichtlineare Schwinger

In den vorhergehenden Abschnitten sind harmonische Schwingungen beschrieben, denen ein lineares Kraftgesetz (z.B. das Hookesche Gesetz für die Federkraft) zugrunde lag (Abschn. 5.1.2.2, Bild 5-7). Bereits beim mathematischen und physischen Pendel (Abschn. 5.1.2.3) war eine Näherung für kleine Winkel notwendig, um diese Linearität zu erhalten. Die Kräfte im elektrischen und magnetischen Feld (Abschn. 4.1.1 und 4.4.3.2) sind beispielsweise nicht linear, sondern proportional zu $1/r^2$ (*Coulombsches Gesetz*, Gl. (4-2)). Dies hat zur Folge, daß der Schwingungszustand durch eine *nichtlineare Differentialgleichung* beschrieben werden muß, deren Lösungen keine harmonischen Funktionen (Sinus- bzw. Cosinusfunktion) mehr sind. Diese Schwingungssysteme werden daher als *nichtlinear* bezeichnet. Ebenfalls nichtlineare Differentialgleichungen treten auf, wenn die Koeffizienten vor den Variablen oder deren Ableitungen nicht konstant sind, sondern von den Variablen selbst bzw. deren Ableitungen abhängig sind.

Aus diesen Gründen ist eine Vielzahl nichtlinearer Schwinger denkbar, deren zeitliche Zustandsänderungen komplizierte Verläufe zeigen. Auf eine ausführliche Darstellung kann aus gutem Grund deshalb verzichtet werden, weil nach FOURIER jede beliebige Schwingungsform in harmonische Anteile zerlegt werden kann (Abschn. 5.1.4.3).

Besondere Bedeutung haben die *Kippschwingungen*. Bei ihnen wird einer der Energiespeicher des Schwingungssystems kontinuierlich gefüllt. Dieser entleert sich schlagartig nach bestimmten Zeiten, wenn ein charakteristischer Schwellenwert überschritten wird.

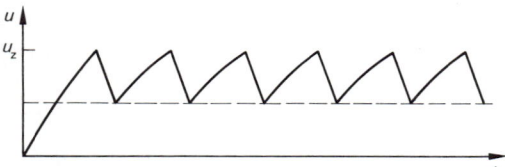

Bild 5-45. Sägezahnspannung.

Auf diese Weise entsteht eine *Sägezahnspannung*, etwa entsprechend Bild 5-45. Elektrische Kippschwingungen werden beispielsweise in Fernsehbildröhren eingesetzt, um den Elektronenstrahl über die Zeile zu leiten und am Zeilenende schlagartig zurückzusetzen. Meist werden hierzu Kondensatoren aufgeladen, die nach Erreichen der Zündspannung u_Z über eine Glimmlampe entladen werden.

5.1.7. Parametrisch erregte Schwingungen

Im Gegensatz zu den nichtlinearen Schwingungen, bei denen die Schwingungsparameter von der momentanen Auslenkung abhängig sind, hängen bei den *parametrischen Schwingungen* die Systemparameter von der Zeit ab (z. B. eine periodische Längenänderung des Fadens beim mathematischen Pendel oder eine periodische Kapazitätsänderung beim elektrischen Schwingkreis). Um die Unterscheidung zwischen nichtlinearen oder parametrischen Schwingern besser trefen zu können, wird nach DIN 1311, Blatt 2, vorgeschlagen, die *parametrischen Schwingungen* durch die Vorsilbe *rheo* zu kennzeichnen. Tabelle 5-7 zeigt die Bezeichnungen der orts- und zeitabhängigen Schwingungen.

Mit Hilfe parametrisch angeregter Schwingungen kann dem Schwingungssystem zusätzlich Energie zugeführt werden. Dazu muß das Schwingungssystem bereits schwingen und die parametrische Erregung (Pumpfrequenz) die doppelte Eigenfrequenz haben.

In der Mechanik sind parametrische Schwingungen bei Pendel mit periodisch bewegten Aufhängepunkten oder Pendellängen zu beobachten (z. B. periodische Änderung der Pendellänge durch die Kniebewegungen in einer Schiffschaukel). Parametrische Verstärker dienen in der Elektrotechnik zur rauscharmen Verstärkung kleinster elektrischer Signale (z. B. aus dem Weltraum).

Zur Übung

Ü 5.1-7: Es überlagern sich die folgenden parallelen, ungedämpften Schwingungen:

$y_1(t) = 0{,}05 \text{ m} \cos(4\pi \text{ s}^{-1} t + \frac{\pi}{3})$ und

$y_2(t) = 0{,}08 \text{ m} \cos(4\pi \text{ s}^{-1} t + \frac{\pi}{5})$.

Bestimmt werden sollen die Amplitude $\hat{y}$ und der Nullphasenwinkel φ_0 der resultierenden Schwingung $y(t) = \hat{y} \cos(\omega t + \varphi_0)$.

Ü 5.1-8: Zwei gleiche Feder-Masse-Systeme schwingen in x- bzw. y-Richtung. Das Maximum in x-Richtung und das Minimum in y-Richtung werden gleichzeitig erreicht. Die Amplitude der x-Schwingung ist dreimal so groß im Vergleich zur y-Schwingung. Wie groß ist der Phasenunterschied φ der beiden Schwingungen?

5.2. Wellen

5.2.1. Physikalische Grundlagen der Wellenausbreitung

Eine Wellenausbreitung wird beobachtet, wenn schwingungsfähige Systeme räumlich miteinander gekoppelt sind. Durch die Kopplung kann sich die Schwingung eines Systems auf die Nachbarn übertragen, was zu einer räumlichen Ausbreitung des Schwingungszustandes führt. Dieser Sachverhalt, der in Bild 5-1 schematisch dargestellt ist, soll hier noch einmal veranschaulicht werden.

Tabelle 5-7. Orts- und zeitabhängige Schwingungen.

orts- abhängig \ zeit- abhängig	sklero- (nicht parametrisch)	rheo- (parametrisch)
linear	$\dfrac{d^2y}{dt^2} + \omega_0^2 y = 0$	$\dfrac{d^2y}{dt^2} + \omega_0^2(t)\, y = 0$
nichtlinear	$\dfrac{d^2y}{dt^2} + \omega_0^2(y)\, y = 0$	$\dfrac{d^2y}{dt^2} + \omega_0^2(y, t)\, y = 0$

Bild 5-46 a zeigt eine Reihe von Fadenpendeln, die über Schraubenfedern miteinander verbunden sind. Regt man das erste Pendel zu harmonischen Schwingungen in y-Richtung an, so wird die erste Feder periodisch gedehnt und gestaucht, so daß sie das zweite Pendel ebenfalls zu Schwingungen in y-Richtung anregt. Das zweite Pendel regt nun seinerseits das dritte zu Schwingungen an, dann wird das vierte erregt und so fort, bis die ganze Reihe schwingt. In der zeitlichen Abfolge entsteht jeweils zwischen zwei Pendeln eine Verzögerung im Schwingungszustand, da die Wechselwirkungskraft erst wirksam wird, wenn die Kopplungsfeder gespannt wird. Der Schwingungszustand breitet sich also nicht sofort über die ganze Reihe aus, vielmehr wird die Schwingung mit einer charakteristischen Fortpflanzungsgeschwindigkeit längs der x-Achse weitergetragen.

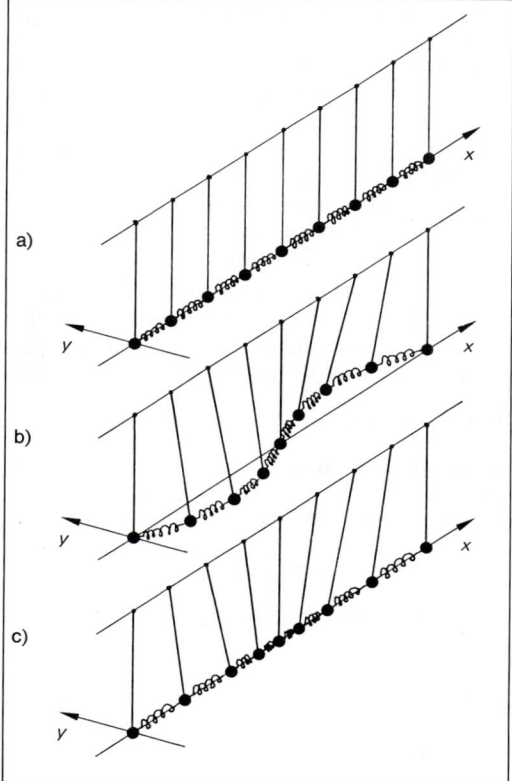

Bild 5-46. *Fortschreitende Welle zwischen gekoppelten Pendeln: a) Pendel mit Kopplungsfedern, b) Zustand einer Transversalwelle, c) Zustand einer Longitudinalwelle.*

Die Ausbreitungsgeschwindigkeit des Schwingzustandes und die Entstehung einer Welle überhaupt hängen als ganz wesentlich von der Kopplung der einzelnen Oszillatoren ab. Bild 5-46 b zeigt in einer Momentaufnahme den „eingefrorenen" Schwingungszustand der ganzen Pendelreihe.

Schwingen die Pendel gemäß Bild 5-46 b senkrecht zur Ausbreitungsrichtung, spricht man von einer *Transversal-* oder *Querwelle*. Wenn die einzelnen Schwinger ihre Schwingungsrichtung (hier die y-Richtung) während der Ausbreitung beibehalten, nennt man die Welle *linear polarisiert*. Da die *Polarisation* von Wellen besonders in der Optik eine Rolle spielt, wird in Abschn. 6.4 näher darauf eingegangen.

Eine *Longitudinal-* oder *Längswelle* entsteht, wenn das erste Pendel, wie in Bild 5-46 c angedeutet, in x-Richtung bewegt wird. Auch dieser Schwingungszustand breitet sich mit einer typischen Verzögerung von Pendel zu Pendel aus, so daß man eine laufende Welle erhält, bei der Ausbreitungs- und Schwingungsrichtung parallel sind. Die Longitudinalwelle ist eine Folge von Verdichtungen und Verdünnungen, die sich mit einer bestimmten Geschwindigkeit ausbreiten.

Betrachtet man eine laufende Welle, etwa eine Welle auf einer Wasseroberfläche, so erscheint es, als würde Wasser in Laufrichtung der Welle transportiert. Tatsächlich wird aber lediglich ein Schwingungszustand übertragen, wie man deutlich bei der Betrachtung der schwingenden Pendelreihe erkennt. Die einzelnen Pendel schwingen ortsfest mit einer bestimmten Amplitude und Frequenz, lediglich die Information des Schwingens wird übertragen.

> Bei einer Wellenbewegung wird keine Materie transportiert, dafür aber Energie.

Diese Energieübertragung ist notwendig, um die einzelnen Oszillatoren zu Schwingungen anzuregen.

Die Auslenkungen der einzelnen Oszillatoren hängen sowohl vom Ort als auch von der Zeit ab. Eine Möglichkeit der graphischen Darstellung dieses Zusammenhangs ist in Bild 5-47 gezeigt. Jedes Teilbild stellt eine Momentaufnahme einer Welle dar; hierbei schreitet die Zeit von oben nach unten in gleichmäßi-

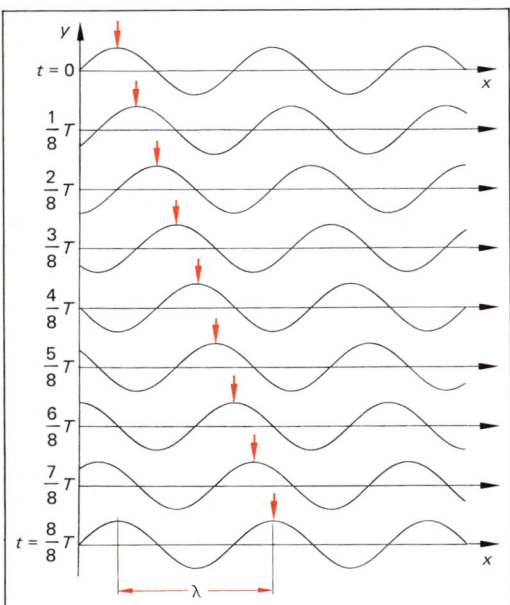

Bild 5-47. Zustände einer laufenden Transversalwelle.

innerhalb der Periodendauer T gerade den Weg λ zurückgelegt hat, ergibt sich eine einfache Beziehung für die Fortpflanzungsgeschwindigkeit c der Welle:

$$c = \frac{\lambda}{T}. \tag{5-170}$$

Mit der Frequenz $f = 1/T$ der Oszillatoren erhält man

$$c = \lambda f. \tag{5-171}$$

Die Ausbreitungsgeschwindigkeit c einer Welle ist das Produkt aus Wellenlänge λ und Frequenz f.

In Bild 5-48 ist eine Serie von Momentaufnahmen einer laufenden Longitudinalwelle dargestellt. Die Wellenlänge λ gibt wieder an, um welchen Weg ein bestimmter Zustand, in diesem Fall z. B. die durch den Pfeil gekennzeichnete Verdünnung, innerhalb der Periodendauer T fortschreitet. Das Zeichnen einer Longitudinalwelle ist sehr umständlich, weshalb in der Praxis meist auch die Longitudinalwelle wie eine Transversalwelle gezeichnet wird. Die tatsächliche Auslenkung der Teilchen wird dabei um 90° gedreht aufgezeichnet, wie Bild 5-49 zeigt.

Bisher sind Wellen nur in diskret angeordneten Oszillatoren betrachtet worden. Wellen sind aber auch in den Kontinua ausbreitungsfähig. (Im Grunde hat man es immer noch

gen Intervallen fort. Die gesamte Zeitspanne zwischen der ersten und der letzten Darstellung ist identisch mit der *Schwingungsdauer T* der beteiligten Oszillatoren. Nach Ablauf der Zeit T hat sich das Wellenbild reproduziert, allerdings ist eine bestimmte Stelle, z. B. der durch einen Pfeil markierte Wellenberg, um die Strecke λ vorgerückt. Dieser Abstand zweier gleichartiger Zustände im Wellenbild wird *Wellenlänge λ* genannt. Da die Welle

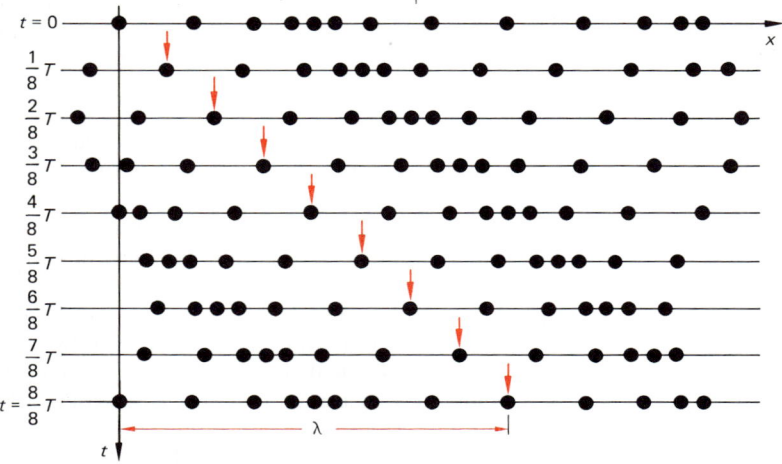

Bild 5-48.   Zustände einer Longitudinalwelle. Der Pfeil markiert jeweils den Ort größter Verdünnung.

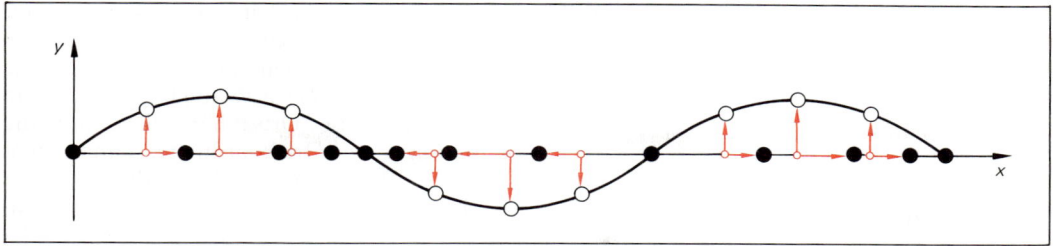

Bild 5-49. Longitudinalwelle, dargestellt als Transversalwelle.

mit einzelnen Oszillatoren zu tun, deren Grö-ße aber auf die Maße von Atomen verringert ist.) In Gasen und Flüssigkeiten ohne innere Reibung sind lediglich Longitudinalwellen ausbreitungsfähig. Andere Wellentypen existieren nicht, weil benachbarte Volumelemente einer seitlichen Verschiebung keinen Widerstand entgegensetzen. (Die Medien haben keinen Schubmodul.)

An der Grenzfläche von Flüssigkeiten und Gasen kann es jedoch zu transversalen Oberflächenwellen kommen, wie etwa bei den Wasserwellen. In Festkörpern sind alle Wellentypen ausbreitungsfähig: Außer den Longitudinalwellen gibt es verschiedene Transversalwellen: *Biegewellen* und *Scherungswellen.* Die wichtigste Transversalwelle in Stäben ist die *Torsionswelle.* Es findet auch *Wellenumformung* von einem Typ in einen anderen statt. So löst z. B. eine Longitudinalwelle bei einem Stab mit einem exzentrisch aufgesetzten Körper eine sekundäre Biegewelle aus.

Eine besondere Form der Transversalwellen sind die elektromagnetischen Wellen. Bei ihnen schwingt entsprechend Bild 5-50 ein elektrischer und ein magnetischer Feldstärkevektor senkrecht zur Ausbreitungsrichtung. Die elektromagnetischen Wellen benötigen im Gegensatz zu den oben behandelten elastischen Wellen kein Übertragungsmedium. Sie können sich sowohl im Vakuum als auch (in bestimmten Grenzen) in Materie ausbreiten.

Verbindet man benachbarte Punkte mit gleichartigem Schwingungszustand (z. B. Wellenberge) einer Welle miteinander, so erhält man eine geometrische Fläche, die *Wellenfläche* oder *Wellenfront.* Die Form der Wellenfläche hängt vom erregenden Zentrum sowie von den Eigenschaften des Übertragungsmediums ab. Von besonderer Bedeutung sind die in Bild 5-51 dargestellten *Kugelwellen* und *ebenen Wellen.* Kugelwellen entstehen, wenn ein punktförmiger Erreger Wellen aussendet. Beispielsweise breitet sich nach der Zündung eines kleinen Knallkörpers eine kugelförmige Verdichtungswelle in der Luft aus. Ebene Wellen entstehen, wenn ein ausgedehnter ebener Strahler Wellen aussendet. Ein Lautsprecher mit einer großen Membran gibt näherungsweise ebene Wellen ab. Ein Ausschnitt einer Kugelwelle kann in großem Ab-

a)

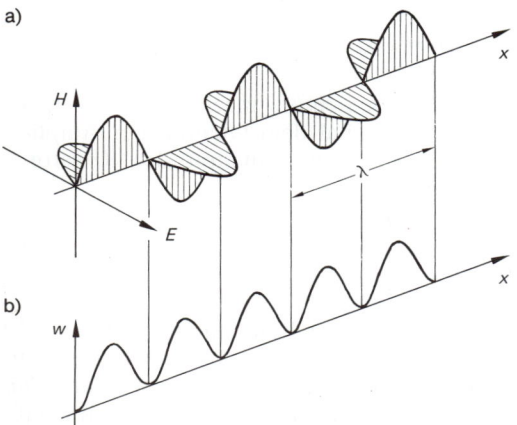

b)

Bild 5-50. Momentaufnahme einer elektromagnetischen Welle: a) Feldverteilung, b) Energiedichte.

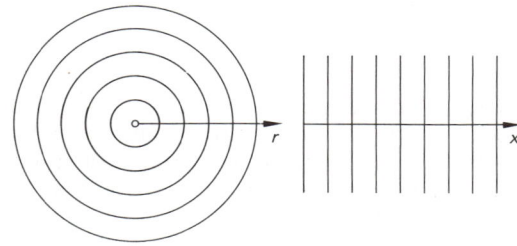

Bild 5-51. Wellenflächen einer Kugelwelle und einer ebenen Welle.

stand vom Erregerzentrum als ebene Welle angesehen werden.

Die Begriffsbestimmungen zur Beschreibung schwingender Kontinua und Wellen sind in DIN 1311, Blatt 4, definiert.

5.2.2. Harmonische Wellen

5.2.2.1. Mathematische Beschreibung harmonischer Wellen

Der mathematische Zusammenhang zwischen Auslenkung y, Ort x und Zeit t bei einer Welle hängt von der Art der Anregung ab. Von besonderer Bedeutung ist die harmonische Anregung. Wird z.B. in Bild 5-46 das erste Pendel bei $x = 0$ harmonisch, d.h. gemäß $y = \hat{y} \cos(\omega\,t + \varphi_0)$ angeregt, so bildet sich eine harmonische Welle oder Sinuswelle aus. Ein Oszillator an einem beliebigen Ort x wird ebenfalls harmonisch schwingen, allerdings zeitlich verspätet gegenüber dem ersten.

Die zeitliche Verschiebung beträgt $\Delta t = x/c$. Damit ist die Auslenkung des Oszillators am Ort x gegeben durch

$$y = \hat{y} \cos\left[\omega\,(t - \Delta t) + \varphi_0\right]$$

$$= \hat{y} \cos\left(\omega\,t - \frac{\omega}{c}\,x + \varphi_0\right).$$

Unter Berücksichtigung von Gl. (5-170) und (5-171) ergibt sich

$$y = \hat{y} \cos\left[2\,\pi\left(\frac{t}{T} - \frac{x}{\lambda}\right)\right]$$

oder

$$y(x, t) = \hat{y} \cos(\omega\,t - k\,x + \varphi_0). \qquad (5\text{-}172)$$

Die Konstante k wird *Wellenzahl* genannt und ist definiert als

$$k = \frac{2\,\pi}{\lambda}. \qquad (5\text{-}173)$$

Gl. (5-172) beschreibt eine Welle, die nach rechts läuft, d.h. in Richtung zunehmender x-Werte. Entgegengesetzte Laufrichtung erhält man durch Vertauschen eines Vorzeichens in der Klammer:

$$y(x, t) = \hat{y} \cos(\omega\,t + k\,x + \varphi_0). \qquad (5\text{-}174)$$

Durch die Gl. (5.172) und (5-174) wird auch mathematisch noch einmal zum Ausdruck gebracht, daß die Auslenkungen bei einer Welle vom *Ort und von der Zeit* abhängen. Ist wie in diesem Fall die Ortsabhängigkeit nur die Funktion *einer* Ortskoordinate, dann nennt man die Welle *einfach*. Im Rahmen dieses Buches werden nur einfache Wellen betrachtet.

Hält man die Raumkoordinate x fest, so wird aus Gl. (5-172) $y(t) = \hat{y} \cos(\omega\,t - \varphi_1)$, also eine harmonische Schwingung. Dieser Fall tritt beispielsweise auf, wenn eine Schallwelle an das Ohr gelangt und dort am festen Ort x das Trommelfell zu erzwungenen Schwingungen mit der Frequenz f erregt. Zu einer bestimmten Zeit t wird aus Gl. (5-172) $y(x) = \hat{y} \cos(k\,x + \varphi_2)$, also das Momentbild einer harmonischen Welle, wie es z.B. in Bild 5-47 gezeigt ist.

5.2.2.2. Energietransport

In Abschn. 5.2.1 ist bereits darauf hingewiesen worden, daß eine laufende Welle Energie von einem Ort zum andern transportiert. Solange die Wellenbewegung anhält, enthält jedes Volumenelement des Übertragungsmediums einen bestimmten Energiebetrag. Die Energie je Volumeinheit nennt man *Energiedichte*.

Bei mechanischen Wellen hat ein Volumenelement dV mit der Masse $dm = \varrho\,dV$ nach Gl. (5-53) die Schwingungsenergie (kinetische plus potentielle Energie)

$$dE = \tfrac{1}{2}\varrho\,dV\,\hat{v}^2 = \tfrac{1}{2}\varrho\,dV\,\hat{y}^2\,\omega^2.$$

Die Energiedichte w mechanischer Wellen ist proportional dem Quadrat der Amplitude $\hat{y}$ und dem Quadrat der Kreisfrequenz ω:

$$w = \frac{dE}{dV} = \tfrac{1}{2}\varrho\,\hat{y}^2\,\omega^2. \qquad (5\text{-}175)$$

Die Energie, die je Zeiteinheit eine Fläche dA senkrecht durchsetzt, also der Quotient aus Leistung und Fläche, nennt man *Intensität* oder *Energiestromdichte*. Die Intensität S läßt sich wie jede Stromdichte als Produkt von Dichte (hier: Energiedichte) und Strömungsgeschwindigkeit (hier: Ausbreitungsgeschwindigkeit) schreiben:

$$S = w\,c\,. \tag{5-176}$$

Mit der Energiedichte nach Gl. (5-175) ergibt sich für die Intensität mechanischer Wellen

$$S = \tfrac{1}{2}\,c\,\varrho\,\hat{y}^2\,\omega^2\,. \tag{5-177}$$

Die Energiedichte elektromagnetischer Wellen setzt sich aus elektrischer und magnetischer Energiedichte (Abschn. 4.5.5) zusammen:

$$w = \frac{\mathrm{d}E}{\mathrm{d}V} = \frac{1}{2}\,(\boldsymbol{E}\boldsymbol{D} + \boldsymbol{H}\boldsymbol{B})$$

$$= \frac{1}{2}\,(\varepsilon_\mathrm{r}\,\varepsilon_0\,\boldsymbol{E}^2 + \mu_\mathrm{r}\,\mu_0\,\boldsymbol{H}^2)\,.$$

Die elektrische und magnetische Energiedichte sind gleich, so daß auch gilt

$$w = \varepsilon_\mathrm{r}\,\varepsilon_0\,\boldsymbol{E}^2 = \mu_\mathrm{r}\,\mu_0\,\boldsymbol{H}^2\,. \tag{5-178}$$

Die Energiedichte elektromagnetischer Wellen ist proportional zum Quadrat des elektrischen bzw. magnetischen Feldstärkevektors.

Die Energiedichte variiert längs der Ausbreitungsrichtung, wie es in Bild 5-50 dargestellt ist. Die einzelnen Maxima verschieben sich mit Lichtgeschwindigkeit auf der x-Achse. Am festen Ort x schwankt die Energiedichte gemäß

$$w = \varepsilon_\mathrm{r}\,\varepsilon_0\,\hat{\boldsymbol{E}}^2\cos^2(\omega\,t + \varphi_0)\,.$$

Die Intensität S einer elektromagnetischen Welle ist nach Gl. (5-176)

$$S = \varepsilon_\mathrm{r}\,\varepsilon_0\,\boldsymbol{E}^2\,c = \mu_\mathrm{r}\,\mu_0\,\boldsymbol{H}^2\,c\,. \tag{5-179}$$

Sie schwankt wie die Energiedichte räumlich und zeitlich. Der Mittelwert der Intensität ist gegeben durch

$$\bar{S} = \tfrac{1}{2}\,\varepsilon_\mathrm{r}\,\varepsilon_0\,\hat{\boldsymbol{E}}^2\,c = \tfrac{1}{2}\,\mu_\mathrm{r}\,\mu_0\,\hat{\boldsymbol{H}}^2\,c$$

oder, mit $c = \dfrac{1}{\sqrt{\varepsilon_\mathrm{r}\,\varepsilon_0\,\mu_\mathrm{r}\,\mu_0}}$ (Abschn. 5.2.2.3)

$$\bar{S} = \frac{1}{2}\,\sqrt{\frac{\varepsilon_\mathrm{r}\,\varepsilon_0}{\mu_\mathrm{r}\,\mu_0}}\,\hat{\boldsymbol{E}}^2 = \frac{1}{2}\,\sqrt{\frac{\mu_\mathrm{r}\,\mu_0}{\varepsilon_\mathrm{r}\,\varepsilon_0}}\,\hat{\boldsymbol{H}}^2\,. \tag{5-180}$$

Ein Detektor, der z. B. die Intensität von Licht mißt, wird infolge der hohen Frequenz des Lichtes immer nur den Mittelwert $\bar{S}$ anzeigen.

Die Intensität läßt sich auch sehr einfach als Vektorprodukt der elektrischen und magnetischen Feldstärke darstellen:

$$\boldsymbol{S} = \boldsymbol{E} \times \boldsymbol{H}\,. \tag{5-181}$$

Der Vektor $\boldsymbol{S}$ weist in Ausbreitungsrichtung der Welle und wird *Poyntingscher Vektor* (J. H. POYNTING, 1852 bis 1914) der Energiestromdichte genannt.

Bei den ebenen Wellen ist die Energiedichte und somit auch die Amplitude längs der Ausbreitungsrichtung konstant, da sich die Wellenflächen, durch die die Energie hindurchtritt, nicht ändern (Bild 5-51 rechts). Dies bedeutet, daß Gl. (5-172) und (5-174) für ebene Wellen gelten. Bei Kugelwellen hingegen muß mit zunehmendem Abstand von der Quelle der Energieinhalt auf immer größer werdende Flächen verteilt werden. Weil die Kugelflächen mit dem Radius r quadratisch zunehmen, muß die Energiedichte mit $1/r^2$ abnehmen. Die Gleichung für eine Kugelwelle (Bild 5-51 links) lautet also für $r > 0$:

$$y(r,t) = \frac{A}{r}\cos(\omega\,t - k\,r + \varphi_0)\,. \tag{5-182}$$

5.2.2.3. Phasengeschwindigkeit

Die Geschwindigkeit einer Welle in einem bestimmten Medium wird bestimmt mit Hilfe der *Wellengleichung*, die zuerst von *Euler* (L. EULER, 1707 bis 1783) angegeben wurde. Das Aufstellen und die Lösung dieser Differentialgleichung seien am Beispiel der Wellenausbreitung auf einer gespannten Saite demonstriert.

Bild 5-52 zeigt einen Ausschnitt aus einer gespannten Saite, die mit der Kraft F gespannt ist. (Die Einspannstellen liegen außerhalb des

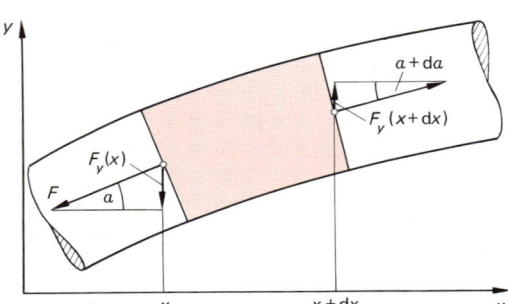

Bild 5-52.   Teilstück einer gespannten Saite.

Diagramms.) Die Kraft F, die beidseitig des gekennzeichneten Volumelements angreift, wird in ihre x- und y-Komponente zerlegt. Die rücktreibende Kraft, die das Volumelement in die Ruhelage $y = 0$ zurücktreibt, ist

$$F_{\text{rück}} = -(F_y(x) - F_y(x + \mathrm{d}x))$$
$$= F \sin(\alpha + \mathrm{d}\alpha) - F \sin \alpha .$$

Für kleine Auslenkungen gilt

$$\sin \alpha \approx \alpha \approx \tan \alpha = \frac{\partial y}{\partial x} \,^{1})$$

und

$$\mathrm{d}\alpha = \frac{\partial \alpha}{\partial x} \mathrm{d}x = \frac{\partial^2 y}{\partial x^2} \mathrm{d}x .$$

Damit beträgt die Rückstellkraft

$$F_{\text{rück}} = F\left(\frac{\partial y}{\partial x} + \frac{\partial^2 y}{\partial x^2} \mathrm{d}x\right) - F \frac{\partial y}{\partial x}$$
$$= F \frac{\partial^2 y}{\partial x^2} \mathrm{d}x .$$

Die Rückstellkraft beschleunigt das Massenelement der Masse $\mathrm{d}m$ nach dem Newtonschen Grundgesetz:

$$F_{\text{rück}} = \mathrm{d}m \, a = \mathrm{d}m \frac{\partial^2 y}{\partial t^2}$$

oder

$$F \frac{\partial^2 y}{\partial x^2} \mathrm{d}x = \mathrm{d}m \frac{\partial^2 y}{\partial t^2} .$$

Mit der Querschnittsfläche A der Saite gilt für die Masse $\mathrm{d}m = \varrho \, A \, \mathrm{d}x$. Damit erhält man die Differentialgleichung

---

$^{1})$ Bei der partiellen Differentiation $\partial y / \partial x$ wird $y(x, t)$ nur nach x differenziert, die Variable t wird konstant gehalten. Der Differentialquotient $\partial y / \partial t$ wird durch Differenzieren nach t gebildet; hierbei bleibt x konstant.

$$F \frac{\partial^2 y}{\partial x^2} \mathrm{d}x = \varrho \, A \, \mathrm{d}x \frac{\partial^2 y}{\partial t^2}$$

oder

$$\frac{\partial^2 y}{\partial t^2} = \frac{F}{A \varrho} \frac{\partial^2 y}{\partial x^2} . \qquad (5\text{-}183)$$

Die allgemeine Lösung dieser *Wellengleichung* ist nach *d'Alembert* eine Funktion vom Typ $y(x, t) = f(x \pm c\,t)$. Insbesondere ist die harmonische Welle nach Gl. (5-172) und (5-174) eine Lösung.

Zur Kontrolle bildet man die zweiten Ableitungen der Funktion $y(x, t) = \hat{y} \cos(\omega t - k x + \varphi)$:

$$\frac{\partial^2 y}{\partial t^2} = -\hat{y}\,\omega^2 \cos(\omega t - k x + \varphi) ,$$

$$\frac{\partial^2 y}{\partial x^2} = -\hat{y}\,k^2 \cos(\omega t - k x + \varphi)$$

und setzt sie in die Wellengleichung (5-183) ein:

$$-\hat{y}\,\omega^2 \cos(\omega t - k x + \varphi)$$
$$= -\frac{F}{A \varrho} \hat{y}\,k^2 \cos(\omega t - k x + \varphi) .$$

Daraus ergibt sich

$$\frac{\omega^2}{k^2} = \frac{(2 \pi f)^2}{(2 \pi / \lambda)^2} = c^2 = \frac{F}{A \varrho} .$$

Die Fortpflanzungsgeschwindigkeit einer Welle auf einer Saite beträgt demnach

$$c = \sqrt{\frac{F}{A \varrho}} . \qquad (5\text{-}184)$$

Beim Vergleich mit der Wellengleichung (5-138) stellt man fest, daß der erste Faktor auf der rechten Seite von Gl. (5-183) mit dem Quadrat der Wellengeschwindigkeit identisch ist. Die Wellengleichung lautet deshalb allgemein

$$\frac{\partial^2 y}{\partial t^2} = c^2 \frac{\partial^2 y}{\partial x^2} . \qquad (5\text{-}185)$$

Die Wellengleichung heißt *gewöhnliche Wellengleichung*, wenn sie — wie in diesem Fall — hinsichtlich des Ortes nur die zweite Ableitung enthält.

Nach dieser Methode kann man in allen Systemen, in denen eine Wellenausbreitung möglich ist, die Wellengleichung aufstellen und somit einen Ausdruck für die Ausbreitungsgeschwindigkeit einer Welle erhalten. Ohne Herleitung sind in Tabelle 5-8 Gleichungen zur Bestimmung der Wellengeschwindigkeit in verschiedenen Systemen angegeben.

Die Ausbreitungsgeschwindigkeit einer Welle wird im engeren Sinne als *Phasengeschwindigkeit c* bezeichnet, die streng zu unterscheiden ist von der später noch zu definierenden *Gruppengeschwindigkeit* c_{gr} (Abschn. 5.2.4.4):

Die Phasengeschwindigkeit gibt an, wie schnell sich ein Schwingungszustand konstanter Phase (z. B. Wellenberg, Wellental, Nulldurchgang), also eine Wellenfläche, fortbewegt.

Tabelle 5-8. Ausbreitungsgeschwindigkeit verschiedener Wellentypen in verschiedenen Medien.

Wellentyp	Ausbreitungsgeschwindigkeit	
Longitudinalwellen in Gasen	$c = \sqrt{\dfrac{\varkappa p}{\varrho}}$	(5-186)
Longitudinalwellen in Flüssigkeiten	$c = \sqrt{\dfrac{K}{\varrho}}$	(5-187)
Longitudinalwellen in Stäben	$c = \sqrt{\dfrac{E}{\varrho}}$	(5-188)
Torsionswellen in Rundstäben	$c = \sqrt{\dfrac{G}{\varrho}}$	(5-189)
Elektromagnetische Wellen im Vakuum	$c = \dfrac{1}{\sqrt{\varepsilon_0 \mu_0}}$	(5-190)
Elektromagnetische Wellen in Materie	$c = \dfrac{1}{\sqrt{\varepsilon_r \varepsilon_0 \mu_r \mu_0}}$	(5-191)

$\varkappa$ Isentropenexponent
ϱ Dichte
p Druck
K Kompressionsmodul
E Elastizitätsmodul
G Schubmodul
ε_0 elektrische Feldkonstante
μ_0 magnetische Feldkonstante
ε_r relative Dielektrizitätszahl
μ_r relative Permeabilität.

In der Gleichung einer ebenen Welle $y = \hat{y} \cos(\omega t - k x + \varphi_0)$ wird ein Zustand konstanter Phase festgelegt durch $\omega t - k x + \varphi_0 = $ konst. Orte konstanter Phase sind $x = \dfrac{\omega t + \varphi_0 - \text{konst}}{k}$. Die Phasengeschwindigkeit, definiert als $c = dx/dt$, beträgt dann

$$c = \frac{\omega}{k}. \qquad (5\text{-}192)$$

Dieser Ausdruck ist identisch mit der in Gl. (5-171) definierten Fortpflanzungsgeschwindigkeit $c = \lambda f$.

Zur Übung

Ü 5.2-1: Schallwellen, die vom menschlichen Ohr wahrgenommen werden, haben Frequenzen im Bereich $16\ \text{Hz} \leq f \leq 20\ \text{kHz}$. Welche Wellenlängen haben diese Schallwellen, wenn die Schallgeschwindigkeit in Luft $c = 340$ m/s beträgt?

Ü 5.2-2: Eine ebene Schallwelle wird durch die Gleichung $y = 5 \cdot 10^{-4}\ \text{m} \cdot \sin(1980\ \text{s}^{-1} \cdot t - 6\ \text{m}^{-1} \cdot x)$ beschrieben.
Berechnen Sie a) die Frequenz f, b) die Wellenlänge λ, c) die Phasengeschwindigkeit c und d) die Geschwindigkeitsamplitude $\hat{v}$ eines Teilchens.

Ü 5.2-3: Auf einem langen Seil wird eine Transversalwelle erzeugt, indem ein Seilende sinusförmig mit der Frequenz $f = 5$ Hz und der Amplitude $\hat{y} = 20$ cm hin- und herbewegt wird. Die Spannkraft des Seils beträgt $F = 100$ N, der Seildurchmesser ist $d = 10$ mm, die Dichte beträgt $\varrho = 1,5$ kg/dm^3.
a) Wie groß ist die Phasengeschwindigkeit c der Welle?
b) Welche Wellenlänge λ tritt auf?
c) Wie lautet die Gleichung der Welle, wenn zur Zeit $t = 0$ am Ort $x = 0$ die Auslenkung $y = 0$ und die Geschwindigkeit $v < 0$ ist?

Ü 5.2-4: Das menschliche Ohr kann Schallintensitäten ab etwa $S = 10^{-12}$ W/m^2 wahrnehmen. Berechnen Sie für die Frequenz $f = 1000$ Hz und die Schallgeschwindigkeit $c = 340$ m/s die Schwingungsamplitude $\hat{y}$ der schwingenden Partikeln. Vergleichen Sie das Ergebnis mit der Molekülgröße der Partikeln.

Ü 5.2-5: Berechnen Sie die Amplitude der elektrischen und magnetischen Feldstärke der Lichtwelle eines Lasers, der im Pulsbetrieb die Leistung $P = 1$ GW an die Fläche $A = 0,01$ mm^2 abgibt.

Ü 5.2-6: Ein Radiosender mit der Leistung $P = 100\,\text{kW}$ strahle Kugelwellen in den isotropen Raum. Welche Intensität hat die elektromagnetische Welle im Abstand 100 km vom Sender? (Verluste seien vernachlässigt.)

5.2.3. Doppler-Effekt

Bewegen sich eine Quelle, die eine Welle aussendet, und ein Beobachter relativ zueinander, so registriert der Beobachter die Frequenz f_B, die verschieden ist von der Frequenz f_Q, mit der die Quelle schwingt. Diese Frequenzverschiebung kann häufig im Straßenverkehr beobachtet werden: Bei einem hupenden Auto, das am Beobachter vorüberfährt, erniedrigt sich während des Vorbeifahrens die Tonhöhe (Frequenz) des Signaltons. Bei Schallwellen wurde dieser Effekt erstmals von CHRISTIAN DOPPLER (1803 bis 1853) im Jahr 1842 beschrieben.

Für die Berechnung der Frequenzverschiebung sind folgende Fälle zu unterscheiden: Bewegung des Beobachters, Bewegung der Quelle und beiderseitige Bewegung. „Bewegung" bedeutet in diesem Fall, daß sich die Quelle bzw. der Beobachter relativ zum Übertragungsmedium (Luft), in dem sich die Welle ausbreitet, bewegt.

a) Beobachter bewegt sich, Quelle ruht

Die Schwingungen einer Schallquelle breiten sich in Form von Kugelwellen in der Luft aus, wie Bild 5-53a zeigt. Bewegt sich ein Beobachter mit der Geschwindigkeit v_B auf die Quelle zu, so kommen die Verdichtungen und Verdünnungen der Luft in rascherer Folge an sein Ohr als beim Stillstand. Der zeitliche

Abstand, in dem zwei aufeinanderfolgende Verdichtungen beim Beobachter ankommen, beträgt $T_B = \dfrac{\lambda}{c + v_B}$. Damit ist die Frequenz, die der Beobachter wahrnimmt, $f_B = \dfrac{c + v_B}{\lambda}$.

Mit der Beziehung $c = \lambda f_Q$ ergibt sich

$$f_B = f_Q \left(1 + \frac{v_B}{c} \right). \qquad (5\text{-}193)$$

Entfernt sich der Beobachter von der Quelle, so gilt

$$f_B = f_Q \left(1 - \frac{v_B}{c} \right). \qquad (5\text{-}194)$$

Die beiden Endformeln gelten nur für den Fall, daß sich der Beobachter radial auf die Quelle zu bzw. von ihr weg bewegt. Erfolgt die Bewegung auf einem um die Quelle konzentrischen Kreis, so beobachtet man keine Doppler-Verschiebung. Für beliebige Bewegungen muß man in Gl. (5-193) und (5-194) die Radialkomponente der Beobachtergeschwindigkeit einsetzen, um die richtige Frequenz zu erhalten.

b) Beobachter ruht, Quelle bewegt sich

Bild 5-53b zeigt das Wellenfeld einer nach rechts laufenden Schallquelle. Da die Quelle ihren eigenen Wellenzügen nacheilt, ist der Abstand zwischen den Wellenflächen auf der Vorderseite gestaucht, auf der Rückseite gedehnt. Für einen Beobachter, auf den die Welle zuläuft, ist die wirksame Wellenlänge

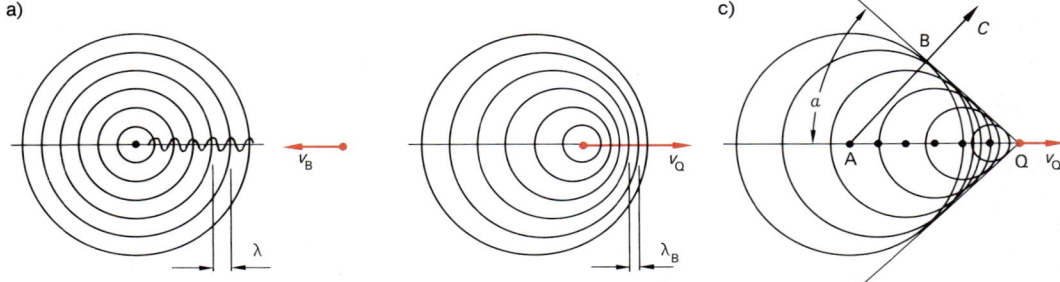

Bild 5-53. *Wellenfelder zum Doppler-Effekt: a) ruhende Quelle, bewegter Beobachter, b) bewegte Quelle, ruhender Beobachter und c) Machscher Kegel beim Überschallflug.*

$\lambda_B = \lambda - v_Q T_Q$ verkürzt und die Frequenz $f_B = \dfrac{c}{\lambda_B}$ erhöht. Mit $c = \lambda f_Q = \dfrac{\lambda}{T_Q}$ ergibt sich

$$f_B = \frac{f_Q}{1 - v_O/c}. \qquad (5\text{-}195)$$

Entfernt sich die Quelle vom Beobachter, so gilt

$$f_B = \frac{f_Q}{1 + v_Q/c}. \qquad (5\text{-}196)$$

Gl. (5.195) und (5-196) unterscheiden sich von Gl. (5-193) und (5-194). Bei kleinen Geschwindigkeiten gehen die entsprechenden Ausdrücke ineinander über. Bei großen Geschwindigkeiten, besonders nahe der Schallgeschwindigkeit c, ergeben sich erhebliche Abweichungen.

c) Beobachter und Quelle bewegen sich

Falls sich sowohl der Beobachter als auch die Quelle relativ zur Luft bewegen, gibt es je nach Bewegungsrichtung mehrere Möglichkeiten der Frequenzverschiebung. In Tabelle 5-9 sind alle Fälle schematisch dargestellt.

Beispiel

5.2-1: Zwei Züge fahren auf parallelen Gleisen mit der gleichen Geschwindigkeit v einander entgegen. Ein Zug gibt ein Pfeifsignal ab, das ein Reisender im anderen Zug hört. Der Reisende ist musikalisch und behauptet, beim Vorbeifahren eine Tonhöhenänderung von einer Quinte (Frequenzverhältnis 3:2) gehört zu haben. Wie schnell fahren die Züge? Die Schallgeschwindigkeit beträgt $c = 340$ m/s.

Lösung:

Nach Gl. (5-197) in Tabelle 5-8 ist die Frequenz, die der Beobachter bei Annäherung hört,

$f_{B1} = f_Q \dfrac{c+v}{c-v}$,   bei Entfernung $f_{B2} = f_Q \dfrac{c-v}{c+v}$.

Das Frequenzverhältnis beträgt

$$\frac{f_{B1}}{f_{B2}} = \frac{3}{2} = \left(\frac{c+v}{c-v}\right)^2.$$

Tabelle 5-9. Doppler-Effekt: Die verschiedenen Bewegungsmöglichkeiten von Quelle und Beobachter sind durch Pfeile angedeutet. Die Geschwindigkeiten v_B, v_Q und c sind betragsmäßig in die Gleichungen einzusetzen.

Quelle	Beobachter	beobachtete Frequenz	
$\bullet$	$\leftarrow\bullet$	$f_B = f_Q\left(1 + \dfrac{v_B}{c}\right)$	Gl. (5-193)
$\bullet$	$\bullet\rightarrow$	$f_B = f_Q\left(1 - \dfrac{v_B}{c}\right)$	Gl. (5-194)
$\bullet\rightarrow$	$\bullet$	$f_B = \dfrac{f_Q}{1 - \dfrac{v_Q}{c}}$	Gl. (5-195)
$\leftarrow\bullet$	$\bullet$	$f_B = \dfrac{f_Q}{1 + \dfrac{v_Q}{c}}$	Gl. (5-196)
$\bullet\rightarrow$	$\leftarrow\bullet$	$f_B = f_Q\dfrac{c + v_B}{c - v_Q}$	Gl. (5-197)
$\leftarrow\bullet$	$\bullet\rightarrow$	$f_B = f_Q\dfrac{c - v_B}{c + v_Q}$	Gl. (5-198)
$\leftarrow\bullet$	$\leftarrow\bullet$	$f_B = f_Q\dfrac{c + v_B}{c + v_Q}$	Gl. (5-199)
$\bullet\rightarrow$	$\bullet\rightarrow$	$f_B = f_Q\dfrac{c - v_B}{c - v_Q}$	Gl. (5-200)

Daraus folgt

$$v = c\,\frac{\sqrt{\frac{3}{2}} - 1}{\sqrt{\frac{3}{2}} + 1} = 34{,}35 \text{ m/s} = 123{,}6 \text{ km/h}.$$

Die bisher angegebenen Formeln sind nicht anwendbar beim Doppler-Effekt des Lichts. Wie *Michelson* und *Morley* 1887 zeigten, bedarf es keines Übertragungsmediums (Äther) für die Ausbreitung elektromagnetischer Wellen. Für die Doppler-Verschiebung ist nicht die Geschwindigkeit relativ zu einem ruhenden Koordinatensystem, sondern nur die Relativgeschwindigkeit v von Quelle und Beobachter zueinander maßgebend. Es ergibt sich bei Annäherung (Abschn. 10.5.2)

$$f_B = f_Q \sqrt{\frac{c+v}{c-v}}. \qquad (5\text{-}201)$$

Entfernen sich Quelle und Beobachter voneinander, werden bei dem Bruch in Gl. (5-201) Zähler und Nenner vertauscht.

d) Quelle bewegt sich mit Überschallgeschwindigkeit

Bild 5-53 b zeigt das Wellenfeld, das um eine bewegte Quelle entsteht. Mit zunehmender Geschwindigkeit der Quelle nähern sich die Wellenflächen auf der Vorderseite immer mehr, bis sie schließlich für $v_Q = c$ alle durch einen Punkt gehen und die Einhüllende wie eine ebene Wand aussieht. Durchstößt die Quelle diese „Schallmauer" und fliegt mit Überschallgeschwindigkeit, dann stellt sich ein Wellenfeld gemäß Bild 5-53 c ein. An der Spitze des Kegels befindet sich das auslösende Objekt. Dieses muß von sich aus gar keine Schallwellen aussenden. Bei seiner Bewegung drängt es die Luftmoleküle zur Seite, erzeugt also vor sich eine Druckerhöhung, hinter sich eine Druckerniedrigung. Die Druckwellen breiten sich vom jeweiligen Entstehungspunkt kugelförmig im Raum aus. Im stationären Zustand ergibt die Überlagerung aller Kugelwellen als Einhüllende einen Kegel, den *Machschen Kegel* (ERNST MACH, 1838 bis 1916). Die kegelförmige Wellenfront nennt man eine *Kopfwelle*. Weil sich auf dem Kegelmantel die Druckerhöhungen addieren, hört ein Beobachter, über den diese Stoßfront hinwegrast, einen explosionsartigen Knall.

Der Überschallknall tritt auf bei schnellen Geschossen und Überschallflugzeugen.

Der halbe Öffnungswinkel α des Machschen Kegels ergibt sich nach Bild 5-53 c aus folgender Überlegung: Eine zur Zeit $t = 0$ am Punkt A erzeugte Druckwelle ist in der Zeit t mit der Schallgeschwindigkeit c von A nach B gelaufen, hat also den Weg AB, d.h. $c\,t$ zurückgelegt. In der gleichen Zeit flog die Quelle von A nach Q, legte also den Weg AQ, d.h. $v_Q\,t$ zurück. Der Sinus des *Machschen Winkels* α ist damit

$$\sin \alpha = \frac{c}{v_Q} = \frac{1}{\text{Ma}}. \qquad (5\text{-}202)$$

Ma nennt man die *Machsche Zahl* (s.a. Gl. (2-271)).

Zur Übung

Ü 5.2-7: Eine Blaskapelle macht Musik im Freien. Wie schnell muß ein Autofahrer auf die Musiker zufahren, damit er das Musikstück einen Halbton (Frequenzverhältnis $\sqrt[12]{2:1}$) höher hört?

Ü 5.2-8: Ein Lokführer, der mit der Geschwindigkeit $v = 90$ km/h auf einen Tunnel zufährt, läßt ein Pfeifsignal der Frequenz $f = 500$ Hz ertönen.
a) Welche Frequenz f_B hört ein ruhender Beobachter, an dem der Zug bereits vorbeigefahren ist?
b) Am Tunneleingang wird das Signal reflektiert. Welche Frequenz f_T hört der Beobachter?
c) Wie groß ist die Frequenz f_L des reflektierten Signals für den Lokführer?

Ü 5.2-9: Beim Verkehrsradar wird ein Radarstrahl an der Rückseite eines Kraftfahrzeugs reflektiert. Ein Detektor, der neben dem Sender steht, mißt die Frequenzverschiebung des reflektierten Strahls gegenüber der Sendefrequenz.
a) Zeigen Sie, daß die relative Frequenzänderung in guter Näherung $\Delta f/f = 2\,v/c$ beträgt. v ist die Geschwindigkeit des Autos, c die Lichtgeschwindigkeit.
b) Wie groß ist die Frequenzänderung, wenn $v = 60$ km/h und $f = 9$ GHz ist?
c) Mit welcher Genauigkeit muß Δf gemessen werden, wenn die Geschwindigkeit $v = 60$ km/h auf 10% genau sein soll?

Ü 5.2-10: Ein Flugzeug fliegt mit der Machzahl Ma = 1,5.
a) Wie groß ist der halbe Öffungswinkel des Machschen Kegels?
b) Das Flugzeug befinde sich zur Zeit $t = 0$ genau senkrecht über einem Beobachter in einer Höhe von $h = 5000$ m. Nach welcher Zeit hört der Beobachter den Überschallknall?

5.2.4. Interferenz

5.2.4.1. Überlagerung von Wellen gleicher Frequenz

Laufen mehrere Wellen durch ein gemeinsames Übertragungsmedium, so kann es an bestimmten Stellen des Raumes zu Überlagerungen der einzelnen Wellen kommen. Es zeigt sich, daß im allgemeinen das Prinzip der ungestörten Superposition anwendbar ist. Dabei geht man davon aus, daß sich jede Welle so ausbreitet, als ob die anderen Wellen nicht da wären; man überlagert sie dann additiv. Erscheinungen, die an einer bestimmten Stelle des Raumes durch Überlagerung von Wellen hervorgerufen werden, nennt man *Interferenz*.

Zunächst soll untersucht werden, wie sich zwei in der selben Richtung laufende ebene

Wellen gleicher Amplitude überlagern. Die erste Welle sei gegeben durch

$$y_1 = \hat{y} \cos(\omega t - k x).$$

Die zweite Welle weise gegenüber der ersten die Phasenverschiebung φ bzw. den *Gangunterschied* $\Delta = \dfrac{\varphi}{2\pi} \lambda$ auf:

$$y_2 = \hat{y} \cos(\omega t - k x + \varphi)$$

$$= \hat{y} \cos\left(\omega t - k x + 2\pi \frac{\Delta}{\lambda}\right).$$

Die resultierende Welle, die durch Addition der beiden Teilwellen entsteht, ist wieder eine ebene Welle mit der gleichen Frequenz und Wellenlänge, aber anderer Amplitude und Phasenlage:

$$y = 2\hat{y} \cos \frac{\varphi}{2} \cos\left(\omega t - k x + \frac{\varphi}{2}\right)$$

oder

$$y = 2\hat{y} \cos\left(\pi \frac{\Delta}{\lambda}\right) \cos\left(\omega t - k x + \pi \frac{\Delta}{\lambda}\right).$$

$$(5\text{-}203)$$

In Bild 5-54 sind einige Sonderfälle dargestellt:

a) Gangunterschied $\Delta = 0$; Phasenverschiebung $\varphi = 0$. Die Amplitude der resultierenden Welle ist doppelt so groß wie die der Ausgangswellen. Die Nulldurchgänge liegen am selben Ort wie bei den Ausgangswellen.

b) Gangunterschied $\Delta = \lambda/2$; Phasenverschiebung $\varphi = \pi$. Die beiden Ausgangswellen schwingen an jedem Ort gegenphasig und löschen sich überall aus.

c) Gangunterschied $\Delta = \lambda/4$; Phasenverschiebung $\varphi = \pi/2$. Die Amplitude der resultierenden Welle ist $\sqrt{2}$-mal größer als die der Ausgangswellen. Die Nulldurchgänge liegen zwischen denen der Wellen y_1 und y_2.

Die Ergebnisse sind in Tabelle 5-10 wiedergegeben. *Konstruktive Interferenz*, d.h. Verstärkung der beiden Wellen, ergibt sich, wenn der Gangunterschied ein ganzzahliges Vielfaches der Wellenlänge ist. *Destruktive Interferenz* – also Auslöschung – tritt ein, wenn der Gangunterschied der beiden Teilwellen ein ungeradzahliges Vielfaches der halben Wellenlänge beträgt.

Tabelle 5-10. Konstruktive und destruktive Interferenz mit den Interferenzbedingungen $m = 0, 1, 2, 3, \ldots$.

Bedingung für	konstruktive Interferenz	destruktive Interferenz
Gangunterschied	$\Delta = m \lambda$	$\Delta = (2m + 1)\dfrac{\lambda}{2}$
Phasenverschiebung	$\varphi = m\, 2\pi$	$\varphi = (2m + 1)\pi$

Beispiel

5.2-2: Zwei Lautsprecherboxen B_1 und B_2 sind im Abstand $d = 4$ m aufgestellt. Ein Hörer sitzt so, daß er von der Box B_1 die Entfernung $s_1 = 4,2$ m, von B_2

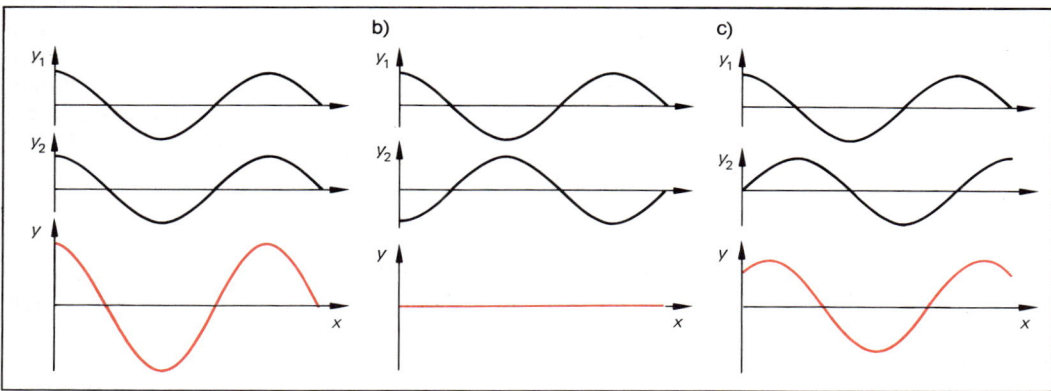

Bild 5-54.   Überlagerung ebener Wellen mit Zuständen für $t = 0$.

den Abstand $s_2 = 3{,}2$ m hat. Für welche Frequenzen können sich die Schallwellen am Ort des Hörers auslöschen? (Reflexionen, z. B. an den Wänden, seien vernachlässigt.)

Lösung:

Bedingung für Auslöschung ist nach Tabelle 5-10 der Gangunterschied $\Delta = s_2 - s_1 = (2\,m + 1)\,\dfrac{\lambda}{2}$. Daraus folgt $\lambda_m = \dfrac{2\,(s_2 - s_1)}{2\,m + 1}$. Mit $f_m = \dfrac{c}{\lambda_m}$ erhält man für die sich weginterferierenden Frequenzen

$$f_m = c\,\frac{2\,m + 1}{2\,(s_2 - s_1)}\,.$$

Mit der Schallgeschwindigkeit $c = 340$ m/s folgt

$$f_m = 170\ \text{Hz} \cdot (2\,m + 1)\,.$$

Man erhält die Zahlenwerte $f_0 = 170$ Hz, $f_1 = 510$ Hz, $f_2 = 850$ Hz, $f_3 = 1190$ Hz und so fort.

Im *Interferometer* nach *Michelson* kann die Überlagerung von zwei ebenen Wellen mit beliebigem Gangunterschied beobachtet werden. Das Prinzip geht aus Bild 5-55 hervor. Eine ebene Welle (Lichtwelle, elektromagnetische Mikrowelle, Ultraschallwelle), die der Sender S ausstrahlt, wird von der halbdurchlässigen Platte P in zwei Teilwellen zerlegt, die nach der Reflexion an den Spiegeln S_1 und S_2 im unteren Arm des Spektrometers

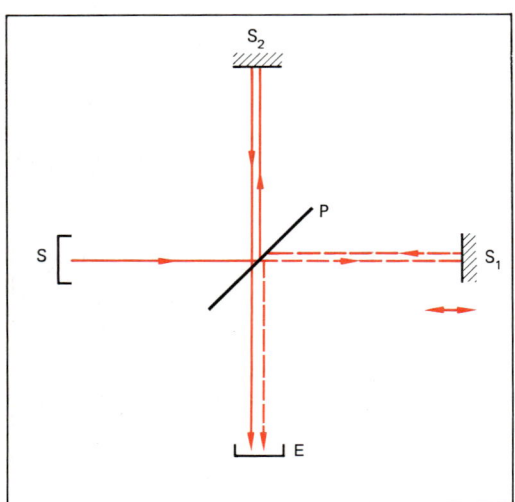

Bild 5-55. *Michelson-Interferometer, schematisch.*
S *Sender,*
P *halbdurchlässige Platte,*
S_1 *und* S_2 *Spiegel,*
E *Empfänger.*

überlagert werden. Je nach Weglänge zwischen P und S_1 bzw. S_2 kommt es zur Interferenz mit verschiedenen Gangunterschieden. Sind die Spiegel so justiert, daß der Empfänger E ein maximales Signal registriert, so liegt konstruktive Interferenz vor, d. h., der Gangunterschied der beiden Teilwellen beträgt $\Delta = m\,\lambda$. Verschiebt man jetzt z. B. den Spiegel S_1 um $\lambda/4$, so verändert sich der Weg im betreffenden Arm des Spektrometers um $\lambda/2$; dies führt zur Auslöschung der interferierenden Wellen.

Bei kontinuierlicher Verschiebung eines Spiegels variiert daher das Empfängersignal periodisch. Ist x die Verschiebung eines Spiegels zwischen zwei Empfängermaxima, so beträgt die Wellenlänge der ebenen Welle $\lambda = 2\,x$. Auf diese Weise läßt sich beispielsweise die Wellenlänge der untersuchten Welle bestimmen. Nimmt man als Welle eine Lichtwelle, so kann man wegen der kleinen Wellenlänge von nur einigen hundert Nanometern ungewöhnlich präzise Längenmessungen vornehmen (Abschn. 6.4). Bereits 1889 haben *Michelson* und *Morley* darauf hingewiesen, daß die Längeneinheit „Meter" als Vielfaches einer bestimmten Lichtwellenlänge definiert werden könnte. Diese Definition wurde auch realisiert und war bis 1983 gültig.

Bei Lichtwellen gelingen Interferenzexperimente nur dann, wenn die beiden interferierenden Wellen *kohärent* sind. Einzelheiten hierüber findet man in Abschn. 6.4.

5.2.4.2. Stehende Wellen

Bringt man zwei ebene Wellen gleicher Amplitude und Frequenz, aber entgegengesetzter Laufrichtung zur Interferenz, so entsteht eine *stehende Welle*. Praktisch geschieht dies z. B. bei der Reflexion einer Welle an einer Wand. Mathematisch werden die beiden entgegengesetzt laufenden Wellen beschrieben durch

$$y_1 = \hat{y}\cos(\omega\,t - k\,x)$$

und

$$y_2 = \hat{y}\cos(\omega\,t + k\,x)\,.$$

Die resultierende Welle ergibt sich durch Addition der beiden Teilwellen:

$$y(x,\,t) = 2\,\hat{y}\cos(\omega\,t)\cos(k\,x)\,. \quad \text{(5-204)}$$

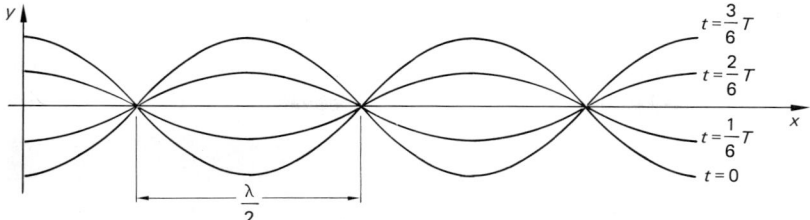

$t = \frac{3}{6}T$

$t = \frac{2}{6}T$

$t = \frac{1}{6}T$

$t = 0$

Bild 5-56.   Zustände einer stehenden Welle.

In Bild 5-56 sind verschiedene Zustände der durch Gl. (5-204) beschriebenen stehenden Welle dargestellt. In regelmäßigen Abständen $\lambda/2$ entstehen *Schwingungsknoten* bzw. *Schwingungsbäuche.* Es ist zu beachten, daß diese Knoten und Bäuche ortsfest sind und sich nicht wie bei der laufenden Welle längs der x-Achse weiterbewegen.

Bei jeder Reflexion einer Welle tritt ein stehendes Wellenfeld auf. Ob sich an der Reflexionsstelle ein Schwingungsknoten oder ein Schwingungsbauch ausbildet, hängt davon ab, ob die Reflexion an einem dichten oder dünnen Medium erfolgt. Hängt man einen mit Sand gefüllten flexiblen Schlauch an der Decke auf und versetzt ihm einen Schlag, so läuft die Ausbuchtung nach oben und nach der Reflexion am fest eingespannten Ende auf der anderen Seite wieder herunter, wie Bild 5-57a zeigt. Die Welle erfährt also einen *Phasensprung* um π. Ist hingegen das obere Ende des Schlauches an einem dünnen Bindfaden gemäß Bild 5-57b befestigt, so er-

folgt bei der Reflexion am losen Ende kein Phasensprung, d.h., die Auslenkung kommt auf derselben Seite zurück, auf der sie begann. Regt man nun den Schlauch mit geeigneter Frequenz zu Schwingungen an, so bildet sich eine stehende Welle aus, die bei fester Einspannung einen Knoten, bei loser Halterung einen Bauch am Schlauchende hat.

Stehende Wellen treten in vielen Gebieten der Physik auf. Im folgenden werden einige Beispiele beschrieben.

Transversalwellen auf Saiten

Spannt man eine Saite an beiden Enden ein, so bildet sich bei geeigneter Anregung eine stehende Welle aus. (In Bild 5-58 wird eine Einspannstelle zu transversalen Schwingungen mit kleiner Amplitude angeregt.) Je nach Erregerfrequenz bilden sich verschiedene stehende Wellen mit verschiedenen Knoten aus. Da an den Einspannstellen stets ein Knoten sein muß, hat die *Grundschwingung* einen

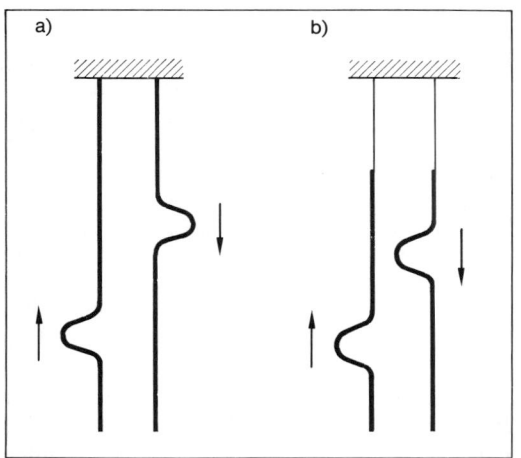

Bild 5-57.   Reflexion einer Transversalwelle am festen (a) und losen Ende (b).

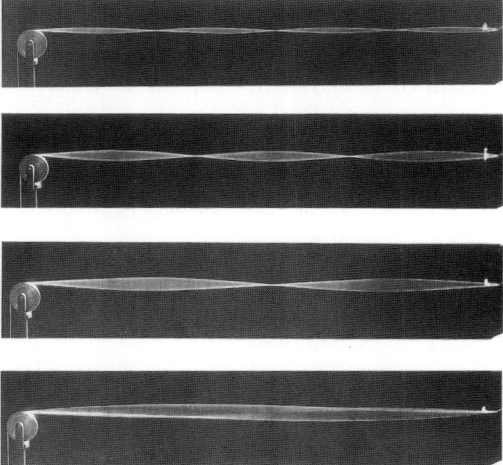

Bild 5-58.   Stehende Wellen auf einer Saite.

Bauch in der Saitenmitte. Die Länge l der Saite muß demnach mit der halben Wellenlänge übereinstimmen: $l = \lambda/2$. Mit $c = \lambda f$ ergibt sich für die Frequenz des Grundtons

$$f_0 = \frac{c}{2l}. \qquad (5\text{-}205)$$

Die Phasengeschwindigkeit der Welle beträgt dabei

$$c = \sqrt{\frac{F}{A\varrho}}. \qquad (5\text{-}184)$$

Die erste *Oberschwingung* hat in der Saitenmitte einen Knoten, die zweite Oberschwingung hat zwei Knoten und so fort. Die n-te Oberschwingung hat n Knoten und die Frequenz

$$f_n = (n+1)f_0. \qquad (5\text{-}206)$$

Beispiel

5.2-3: Bild 5-58 zeigt Photographien stehender Wellen auf einer Gummischnur. Die Anregung geschieht mit einem Klingeltrafo variabler Frequenz. Die Dichte der Saite beträgt $\varrho = 0{,}95$ kg/dm³, die Spannkraft $F = 1$ N, die Saitenlänge $l = 2$ m, der Durchmesser der Saite $d = 1$ mm.

a) Mit welcher Frequenz f_0 muß die Saite angeregt werden, damit sich die Grundschwingung einstellt?
b) Wieviel Knoten lassen sich beobachten, wenn die maximal einstellbare Frequenz $f_{max} = 50$ Hz beträgt?

Lösung:

a) Nach Gl. (5-205) ist die Frequenz des Grundtons
$f_0 = \dfrac{c}{2l}$. Mit

$$c = \sqrt{\frac{F}{A\varrho}} = \sqrt{\frac{1\,\text{N}}{7{,}85 \cdot 10^{-7}\,\text{m}^2 \cdot 950\,(\text{kg}/\text{m}^3)}}$$
$$= 36{,}6\ \text{m/s}$$

ist die Grundfrequenz $f_0 = 9{,}15$ Hz.
b) Eine Schwingung mit n Knoten hat die Frequenz $f_n = (n+1)f_0$. Mit der Bedingung $f_n \leqq f_{max}$ folgt $n = 4$.

Longitudinalwellen in Gasen

Longitudinale stehende Wellen in einer Luftsäule können im *Kundtschen Rohr* sichtbar gemacht werden, wie es Bild 5-59 zeigt. Die

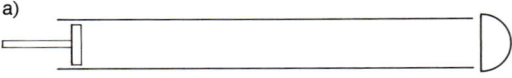

Bild 5-59. Stehende Schallwellen im Kundtschen Rohr: a) Prinzip der Anregung und b) Knoten und Bäuche (Photographie).

Luftsäule im Innern eines Glasrohrs wird z.B. mit Hilfe eines Lautsprechers in Längsschwingungen versetzt. Die Länge der schwingenden Luftsäule läßt sich mit dem verschiebbaren Stempel am linken Ende verändern. Bei passender Länge bildet sich ein stehendes Wellenfeld mit großen Schwingungsamplituden aus. Im Rohrinnern befindet sich Korkmehl, das an den Schwingungsbäuchen aufgewirbelt wird und an den Knoten liegen bleibt. Der Abstand zweier benachbarter Knoten beträgt auch in diesem Fall $\lambda/2$.

Stehende Longitudinalwellen spielen auch eine große Rolle bei den Blasinstrumenten. Als Beispiel seien die Eigenschwingungen der Orgelpfeifen näher untersucht. Bei Orgelpfeifen wird die Luft am vorderen Ende über eine Schneide eingeblasen und durch die entstehenden Wirbel die Luftsäule zu Schwingungen angeregt. Bei offenen Pfeifen ist das hintere Ende der Pfeife offen. Dort wird die Schallwelle reflektiert und läuft zurück. Es bildet sich eine stehende Welle aus, die an den Enden des Rohres einen Schwingungsbauch (Druckknoten) aufweist (Reflexion am losen Ende). Bild 5-60 zeigt einige Schwingungsformen einer offenen Pfeife. Die Longitudinalwellen werden als Transversalwellen dargestellt. Die Grundschwingung hat in der Mitte einen Knoten. Die Länge l der Pfeife entspricht also einer halben Wellenlänge der Schallwelle. Mit der Schallgeschwindigkeit c ergibt sich die Frequenz des Grundtons wie bei den Saitenschwingungen zu $f_0 = c/(2l)$ (Gl. (5-205)). Die n-te Oberschwingung hat $n+1$ Knoten und die Frequenz $f_n = (n+1)f_0$ (Gl. (5-206)).

Bei „gedackten" Pfeifen ist ein Ende der Pfeife verschlossen. Am geschlossenen Ende entsteht ein Schwingungknoten, am offenen ein Schwingungsbauch. Die verschiedenen Eigenschwingungsformen sind in Bild 5-61 ge-

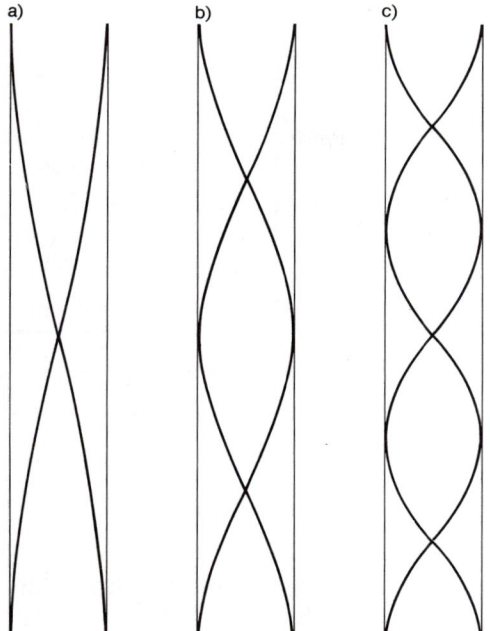

Bild 5-60. *Eigenschwingungen offener Orgelpfeifen (Verlauf der Auslenkung bzw. Geschwindigkeit): a) Grundschwingung, b) erste Oberschwingung und c) zweite Oberschwingung.*

zeigt. Bei der Grundschwingung ist die Länge *l* der Pfeife mit $\lambda/4$ identisch. Die Frequenz des Grundtones ist deshalb

$$f_0 = \frac{c}{4\,l}. \tag{5-207}$$

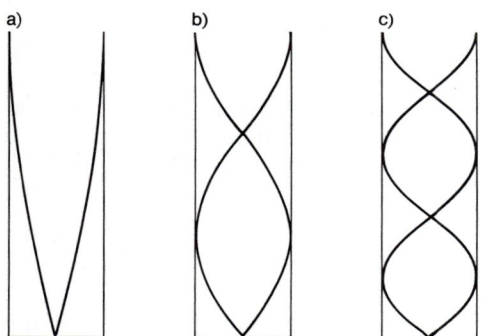

Bild 5-61. *Eigenschwingungen gedackter Orgelpfeifen (Verlauf der Auslenkung bzw. Geschwindigkeit): a) Grundschwingung, b) erste Oberschwingung und c) zweite Oberschwingung.*

Eine gedackte Pfeife klingt also bei gleicher Länge um eine Oktave tiefer als eine offene Pfeife. Die Frequenz der *n*-ten Oberschwingung beträgt

$$f_n = (2\,n + 1)\,f_0. \tag{5-208}$$

Bei der gedackten Pfeife kommen im Obertonspektrum nur ungeradzahlige Vielfache der Grundfrequenz vor.

Bei den Musikinstrumenten schwingen außer der Grundschwingung immer mehrere Oberschwingungen mit. Der typische individuelle Klang eines Instrumentes wird durch sein Obertonspektrum bestimmt (Abschn. 7.2.2, Bild 7-17).

5.2.4.3. Beugung

Eine Welle, die auf ein Hindernis trifft, wird an dessen Rändern *gebeugt*. Sie erfährt eine Richtungsänderung und pflanzt sich auch in Richtungen fort, die innerhalb der geometrischen Schattengrenzen liegen. Die Richtungsänderung und die Ausbildung der neuen Wellenfront hinter dem Hindernis können nach dem *Prinzip von Huygens* (C. HUYGENS, 1629 bis 1695) ermittelt werden: Alle Punkte einer Wellenfläche schwingen mit gleicher Phase. Sie haben dieselbe Frequenz wie der Wellenerreger und unterscheiden sich demnach nicht grundsätzlich von diesem. Nach Huygens kann nun jeder Punkt einer Wellenfläche als Ausgangspunkt einer sog. *Elementarwelle* (Kugelwelle) gedacht werden. Werden zu einem bestimmten Zeitpunkt von allen Punkten einer Wellenfläche Elementarwellen ausgesandt, so ergibt sich die Wellenfläche zu einem späte-

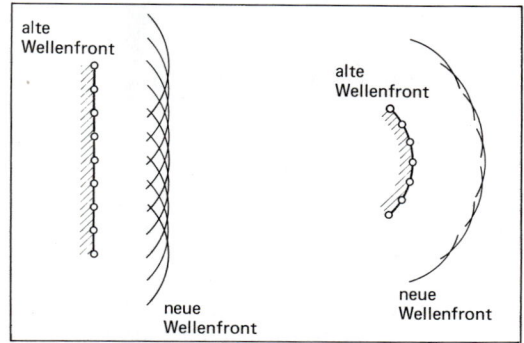

Bild 5-62. *Beispiele zum Huygensschen Prinzip.*

ren Zeitpunkt als Einhüllende aller Elementarwellen. Bild 5-62 zeigt Beispiele für die Anwendung des Huygensschen Prinzips.

Das Huygenssche Prinzip der Elementarwellen wurde von A. J. FRESNEL (1788 bis 1827) erweitert. Er zeigte, daß die Schwingung eines beliebigen Punktes im Wellenfeld dadurch zustande kommt, daß sämtliche Elementarwellen, die von einer Wellenfläche ausgehen, in dem betreffenden Punkt überlagert werden. Das *Huygens-Fresnelsche Prinzip* erwies sich als außerordentlich fruchtbar, denn man ist in der Lage, hiermit alle Beugungserscheinungen zu erklären.

Die Existenz der Elementarwellen kann man durch folgenden Versuch sichtbar machen: Läßt man – wie in Bild 5-63 gezeigt – ebene Wasserwellen auf eine Wand mit einer kleinen Öffnung zulaufen, so bildet sich hinter der Öffung eine kreisförmige Elementarwelle aus. Hat die Wand zwei oder mehr Öffnungen, so ergibt sich das Wellenfeld hinter den Hindernissen durch Interferenz der Elementarwellen.

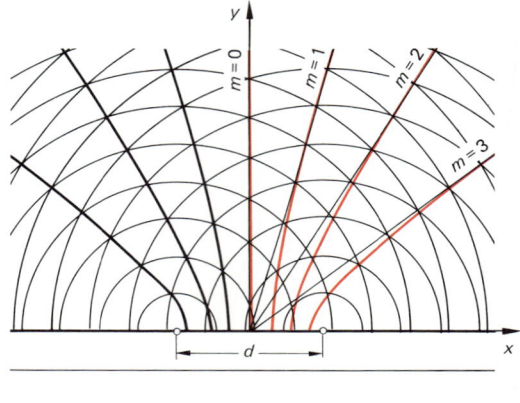

Bild 5-64.   Beugung am Doppelspalt.

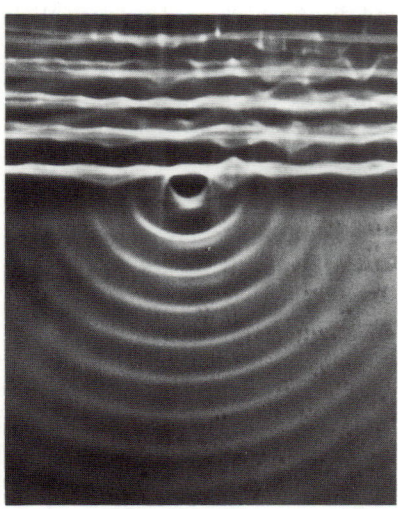

Bild 5-63.   Elementarwelle hinter einer spaltförmigen Öffnung.

Die Beugung an einem Doppelspalt soll mit Hilfe von Bild 5-64 genauer untersucht werden. Von unten her bewege sich eine ebene Welle auf ein Hindernis zu, das im Abstand d zwei spaltförmige Öffnungen hat. Von diesen Öffnungen aus werden Elementarwellen in den Raum hinter dem Hindernis abgestrahlt.

Symbolisieren die konzentrischen Kreise die Wellenberge der Elementarwellen, so erhält man Verstärkung immer am Schnittpunkt zweier Kreise, weil dort der Gangunterschied ein ganzzahliges Vielfaches der Wellenlänge ist. Die Verbindungslinien aller dieser Orte mit konstruktiver Interferenz ergeben als Interferenzmuster eine Schar konfokaler Hyperbeln, die der Hyperbelgleichung $(x^2/a^2) - (y^2/b^2) = 1$ genügen, mit $a = m\,(\lambda/2)$ und $b^2 = (d/2)^2 - a^2$.

Die Ordnungszahl m gibt den Gangunterschied der interferierenden Kugelwellen in Vielfachen der Wellenlänge λ an. Die Intensitätsmaxima nullter Ordnung ($m = 0$) liegen auf der y-Achse. Aus geometrischen Gründen ist die Ordnungszahl beschränkt auf Werte $m \leqq d/\lambda$ (in Bild 5-64 auf $m = 0$ bis $m = 3$). Rechts sind die Asymptoten eingezeichnet, an die sich die Hyperbeln in großem Abstand von den Spalten (Fernfeld) anschmiegen. Die Winkel der Asymptoten zur y-Achse betragen

$$\sin \alpha_m = m\,\frac{\lambda}{d}. \qquad (5\text{-}209)$$

Bei den bisherigen Betrachtungen war die Spaltöffnung sehr viel kleiner als die Wellenlänge. Der Fall, daß die Wellenlänge kleiner ist als die Öffnung, ist vor allem in der Optik häufig anzutreffen (Abschn. 6.4).

5.2.4.4. Überlagerung von Wellen unterschiedlicher Frequenz

Die ebene Welle $y = \hat{y} \cos(\omega t - k x)$ ist sowohl räumlich als auch zeitlich unendlich ausgedehnt, d. h., sie hat weder Anfang noch Ende. Reale physikalische Wellen sind begrenzt. Beispielsweise laufen bei der digitalen Nachrichtentechnik Wellenzüge endlicher Länge auf elektrischen Leitungen. Ein solches *Wellenpaket* ist schematisch in Bild 5-65 wiedergegeben. Ein Wellenpaket kann mathematisch nicht durch die genannte Gleichung beschrieben, sondern es muß nach dem Satz von FOURIER als Summe bzw. Integral über unendlich viele k-Werte (Wellenzahlen) dargestellt werden. Die wesentlichen Eigenschaften eines Wellenpakets können am Beispiel der *Schwebungsgruppe* diskutiert werden, die entsteht, wenn zwei ebene Wellen mit leicht unterschiedlicher Frequenz und Wellenlänge überlagert werden:

$$y_1 = \hat{y} \cos(\omega_1 t - k_1 x),$$
$$y_2 = \hat{y} \cos(\omega_2 t - k_2 x).$$

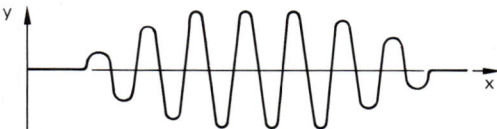

Bild 5-65.   *Wellenpaket endlicher Länge.*

Die Addition der beiden Teilwellen ergibt

$$y = 2\,\hat{y} \cos(\omega t - k x)\cos(\Delta\omega t - \Delta k x) \tag{5-210}$$

mit

$\omega \;\; = \dfrac{\omega_1 + \omega_2}{2}$ als der mittleren Kreisfrequenz,

$k \;\;\; = \dfrac{k_1 + k_2}{2}$ als der mittleren Wellenzahl,

$\Delta\omega = \dfrac{\omega_1 - \omega_2}{2}$ sowie

$\Delta k = \dfrac{k_1 - k_2}{2}$.

Der erste Faktor in Gl. (5-210) stellt eine laufende Welle dar, deren Frequenz und Wellenzahl praktisch mit den Werten der Ausgangs-

wellen identisch sind. Die Phasengeschwindigkeit dieser Welle beträgt

$$c = \frac{\omega}{k} = \frac{\omega_1 + \omega_2}{k_1 + k_2}\,.$$

Der zweite Faktor ist verantwortlich für eine langwellige Modulation der Amplitude mit der Ausbildung von *Wellengruppen*. Bild 5-66 zeigt zwei Momentbilder der Funktion von Gl. (5-210) mit von oben nach unten fortschreitender Zeit. Das Maximum der Wellengruppe, durch einen Pfeil gekennzeichnet, bewegt sich mit der *Gruppengeschwindigkeit* c_{gr}, die man auf folgende Weise berechnen kann:

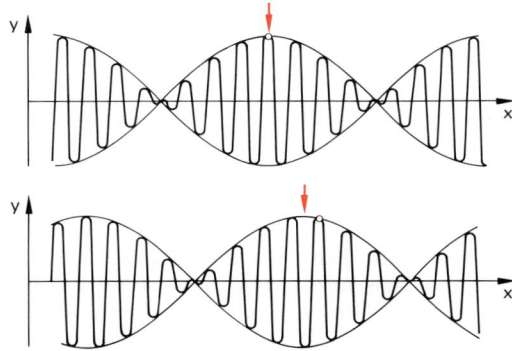

Bild 5-66.   *Zustände einer Wellengruppe. Der Pfeil kennzeichnet das Maximum der Gruppe, der kleine Kreis einen Zustand konstanter Phase.*

Die Einhüllende der Gruppe entspricht dem langwelligen Anteil von Gl. (5-210):

$$y = 2\,\hat{y} \cos(\Delta\omega t - \Delta k x).$$

Ein Zustand konstanter Phase dieser Funktion wird beschrieben durch $\Delta\omega t - \Delta k x = \text{konst.}$ Orte konstanter Phase sind

$$x = \frac{\Delta\omega t - \text{konst.}}{\Delta k}\,.$$

Damit ergibt sich die Geschwindigkeit der Gruppe:

$$c_{gr} = \frac{\mathrm{d}x}{\mathrm{d}t} = \frac{\Delta\omega}{\Delta k} = \frac{\omega_1 - \omega_2}{k_1 - k_2}\,.$$

Für beliebige Wellenpakete, die durch *Fourier-Synthese* erzeugt werden, ist die Gruppengeschwindigkeit

$$c_{gr} = \frac{d\omega}{dk} \, . \qquad (5\text{-}211)$$

Die Gruppengeschwindigkeit ist die Geschwindigkeit, mit der sich die Hüllkurve einer Wellengruppe weiterbewegt und somit auch die Geschwindigkeit, mit der die Energie transportiert wird.

Die Gruppengeschwindigkeit ist von großer praktischer Bedeutung. Wie man leicht zeigen kann, hängt die Gruppengeschwindigkeit c_{gr} mit der Phasengeschwindigkeit c über die Beziehung

$$c_{gr} = c - \lambda \frac{dc}{d\lambda} \qquad (5\text{-}212)$$

zusammen. Aus dieser Gleichung erkennt man, daß Gruppen- und Phasengeschwindigkeit nur dann gleich sind, wenn die Phasengeschwindigkeit c nicht von der Wellenlänge λ abhängt, d. h. wenn $dc/d\lambda = 0$ ist. Bei sehr vielen praktischen Anwendungen hängt jedoch die Phasengeschwindigkeit von der Wellenlänge ab. Dies nennt man *Dispersion*. Sie bewirkt, daß ein Wellenpaket im Laufe der Zeit seine Form verändert − es zerläuft.

Man unterscheidet hierbei drei Fälle:

$\dfrac{dc}{d\lambda} > 0$, $c_{gr} < c$, normale Dispersion;

$\dfrac{dc}{d\lambda} < 0$, $c_{gr} > c$, anomale Dispersion;

$\dfrac{dc}{d\lambda} = 0$, $c_{gr} = c$, keine Dispersion.

Die in Bild 5-66 dargestellte Welle zeigt normale Dispersion: Ein Zustand konstanter Phase, durch einen kleinen Kreis gekennzeichnet, bewegt sich rascher als das Maximum der Wellengruppe.

Der Unterschied zwischen Gruppen- und Phasengeschwindigkeit sei noch anhand eines Beispiels verdeutlicht.

Beispiel

5.2-4: In der Nachrichtentechnik werden elektromagnetische Wellen häufig auf Hohlleitern übertragen. Schwingt nach Bild 5-67 der elektrische Feldvektor **E** in z-Richtung und läuft die Welle in

y-Richtung, dann gilt für die Phasengeschwindigkeit

$$c = \frac{c_0}{\sqrt{1 - \left(\dfrac{\lambda}{2\,a}\right)^2}} \, . \qquad (5\text{-}213)$$

Hierbei ist c_0 die Lichtgeschwindigkeit im Vakuum, a die Kantenlänge des Hohlleiters.

Für Wellen dieser Art ist die Phasen- und Gruppengeschwindigkeit aufzuzeichnen.

Lösung:

Bild 5-67 zeigt das Ergebnis. Offensichtlich hängt die Phasengeschwindigkeit von der Wellenlänge ab (normale Dispersion), darüber hinaus ist sie stets größer als die Lichtgeschwindigkeit c_0. Dies ist kein Widerspruch zur Relativitätstheorie, die davon ausgeht, daß es keine Geschwindigkeit gibt, die größer ist als die Vakuumlichtgeschwindigkeit. Tatsächlich werden nämlich Signale (Energie) auf dem Hohlleiter mit der Gruppengeschwindigkeit übertragen, die stets kleiner ist als die Lichtgeschwindigkeit, wie man sich leicht mit Hilfe von Gl. (5-212) klar machen kann.

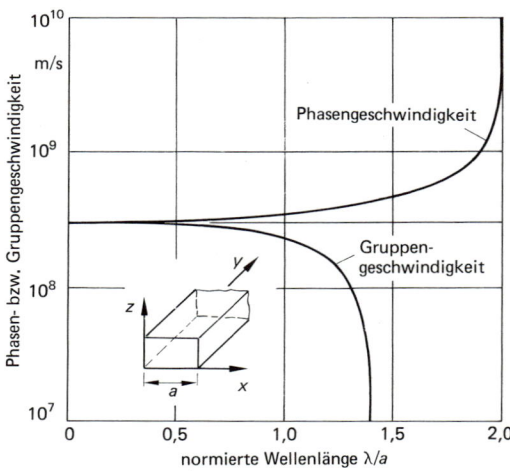

Bild 5-67. Phasen- und Gruppengeschwindigkeit einer elektromagnetischen Welle in einem Hohlleiter.

Zur Übung

Ü 5.2-11: Zwei Wellen gleicher Frequenz, Schwingungsrichtung und Laufrichtung überlagern sich. Sie werden beschrieben durch

$$y_1 = 3 \cdot 10^{-4}\,\text{m} \cdot \cos\left(\omega\,t - k\,x + \frac{\pi}{6}\right) \text{ und}$$

$$y_2 = 2 \cdot 10^{-4}\,\text{m} \cdot \cos\left(\omega\,t - k\,x + \frac{2\,\pi}{3}\right).$$

Ermitteln Sie zeichnerisch und rechnerisch a) die resultierende Amplitude $\hat{y}$, b) die Phasenverschiebung der resultierenden Welle gegenüber y_1.

Ü 5.2-12: Ein Stahlstab mit der Dichte $\varrho = 7{,}83$ kg/dm^3 und der Länge $l = 1$ m ist in der Mitte fest eingespannt. Durch Reiben erzeugt man eine Longitudinalschwingung mit der Grundfrequenz $f_0 = 2527$ Hz.

a) Wie groß ist die Schallgeschwindigkeit im Stab?
b) Bestimmen Sie den Elastizitätsmodul des Stahls.
c) Welche Frequenzen haben die möglichen Obertöne?

Ü 5.2-13: Zwei ebene ungedämpfte Wellen laufen in gleicher Richtung und überlagern sich. Die Frequenzen sind $f_1 = 30$ Hz und $f_2 = 33$ Hz. Die Ausbreitungsgeschwindigkeit ist für beide $c_1 = c_2 = 330$ m/s.

a) Welchen räumlichen Abstand haben zwei aufeinanderfolgende Wellengruppen?
b) Wie groß ist die Schwebungsfrequenz am festen Ort eines Detektors?
c) Wie groß ist die Gruppengeschwindigkeit einer Schwebungsgruppe?

Ü 5.2-14: Der Brechungsindex von Quarzglas zeigt normale Dispersion. Es werden folgende Werte gemessen:

bei $\lambda_1 = 800$ nm: $n_1 = 1{,}4534$,
bei $\lambda_2 = 900$ nm: $n_2 = 1{,}4518$.

Bestimmen Sie näherungsweise, mit welcher Geschwindigkeit (Gruppengeschwindigkeit) sich der Schwerpunkt eines kurzen Lichtpulses auf einer Glasfaser ausbreitet. Der Lichtblitz stammt von einem GaAlAs-Laser, der bei der Wellenlänge $\lambda = 850$ nm emittiert.

6. Optik

6.1. Einführung

Die Optik ist die Lehre vom Licht und befaßt sich mit den Erscheinungen, die durch unser Sinnesorgan Auge wahrgenommen werden. Die Gliederung der Optik in ihre historisch gewachsenen Teilgebiete ist in Bild 6-1 schematisch dargestellt.

Die Auffassung über das Wesen des Lichtes änderte sich mehrmals im Lauf der Zeit. Von *Newton* wurde 1672 eine *Korpuskulartheorie* entwickelt. Ihr zufolge sendet eine Lichtquelle kleine Korpuskeln aus, die sich mit großer Geschwindigkeit geradlinig fortbewegen, bis sie entweder direkt oder nach der Reflexion an Gegenständen ins Auge gelangen und dort Sinnesreize auslösen. Mit seiner Korpuskulartheorie war *Newton* in der Lage, die Reflexion und Brechung von Licht zu erklären.

Die Phänomene der *Beugung* und *Interferenz* des Lichtes konnten nur mit der zuerst von *Huygens* (1678) entwickelten *Wellentheorie* des Lichtes erklärt werden, die später durch die Arbeiten von *Young* (1802) erhärtet wurde. War man zunächst noch der Meinung, daß es sich um elastische Longitudinalwellen in einem das Weltall erfüllenden „Äther" handelte, so wurde nach der Entdeckung der Polarisation des Lichtes durch *Malus* (1808) von *Fresnel* (1815) der Schluß gezogen, daß das Licht eine transversale Welle darstellt.

Die Natur der Lichtwellen als elektromagnetische Transversalwellen wurde schließlich von *Maxwell* (1865) erkannt. Die *Maxwellschen Gleichungen* haben elektromagnetische Wellen als Lösung, die sich mit Lichtgeschwindigkeit im Vakuum ausbreiten. Es gelang, alle Gesetze der Optik aus den Grundgleichungen der Elektrodynamik herzuleiten, so daß die Optik zu einem Teilgebiet der Elektrodynamik wurde.

Bild 6-2 zeigt die Einordnung des sichtbaren Lichtes in das Gesamtspektrum der elektromagnetischen Wellen. Das sichtbare Spektrum liegt im Wellenlängenbereich $\lambda = 380$ nm bis $\lambda = 780$ nm. Die Wellenlänge λ ist mit der Frequenz f und der Lichtgeschwindigkeit c durch $c = \lambda f$ verknüpft (Abschn. 5.2.1). Mit der Vakuumlichtgeschwindigkeit $c_0 = 299\,792{,}458$ km/s ergeben sich Frequenzen des sichtbaren Lichts im Bereich $f = 3{,}84 \cdot 10^{14}$ Hz bis $7{,}89 \cdot 10^{14}$ Hz. Unser Auge ist demnach in einem Frequenzintervall von einer Oktave empfindlich.

Nachdem Ende des 19. Jahrhunderts die Wellentheorie des Lichtes etabliert war, wurden um die Jahrhundertwende Experimente bekannt, die mit der Wellentheorie nicht interpretierbar waren. Diese Schwierigkeiten treten immer dann auf, wenn Licht und Materie in Wechselwirkung treten, z.B. bei der Absorption und Emission von Licht. Einen Ausweg fand *Einstein* (1905) mit der Einführung seiner *Lichtquantenhypothese*. Danach soll Licht aus einzelnen Lichtquanten bestehen,

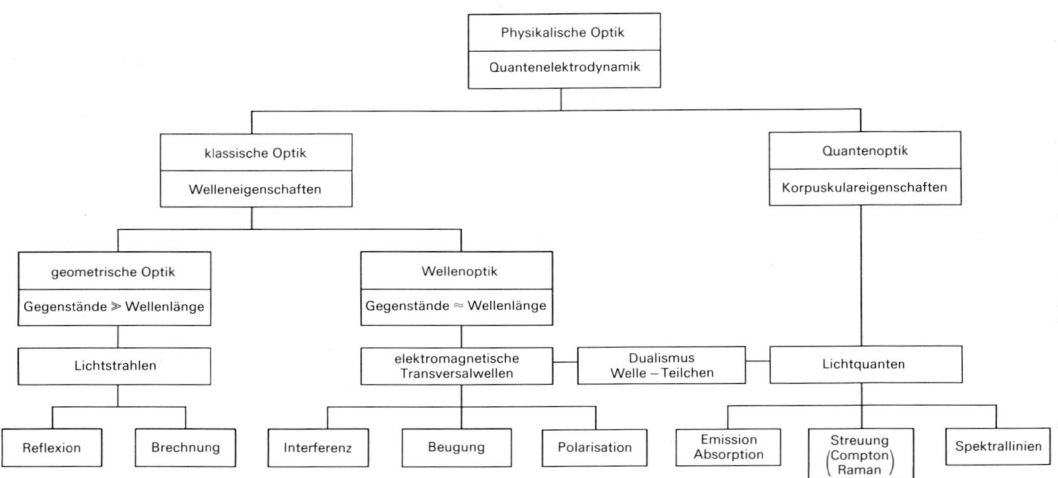

Bild 6-1.   Strukturbild physikalische Optik.

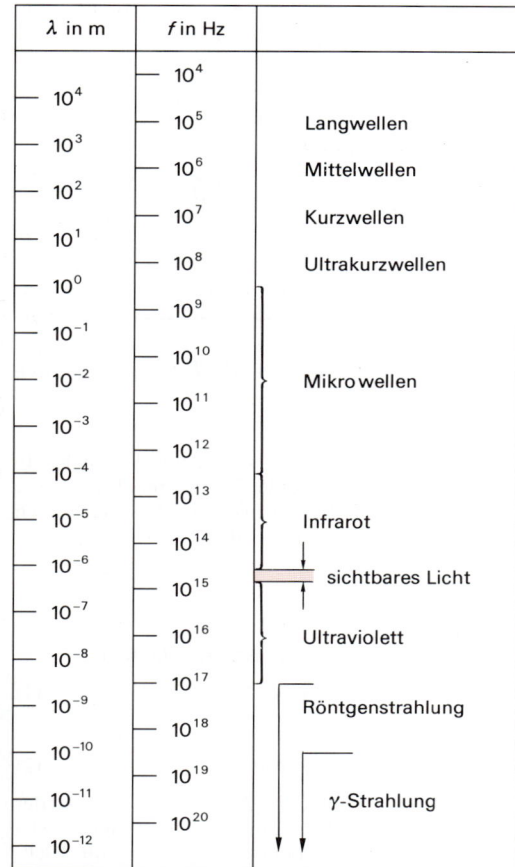

λ in m	f in Hz	
— 10^4	— 10^4	
	— 10^5	Langwellen
— 10^3	— 10^6	Mittelwellen
— 10^2	— 10^7	Kurzwellen
— 10^1	— 10^8	Ultrakurzwellen
— 10^0	— 10^9	
— 10^{-1}	— 10^{10}	
— 10^{-2}	— 10^{11}	Mikrowellen
— 10^{-3}	— 10^{12}	
— 10^{-4}	— 10^{13}	
— 10^{-5}	— 10^{14}	Infrarot
— 10^{-6}	— 10^{15}	sichtbares Licht
— 10^{-7}	— 10^{16}	Ultraviolett
— 10^{-8}	— 10^{17}	
— 10^{-9}	— 10^{18}	Röntgenstrahlung
— 10^{-10}	— 10^{19}	
— 10^{-11}	— 10^{20}	γ-Strahlung
— 10^{-12}		

Bild 6-2.   Wellenlängen λ und Frequenzen f im Spektrum der elektromagnetischen Wellen.

die Energie in ganzen Paketen, d. h. quantenhaft, mit Materie austauschen. Je nach Experiment wurde deshalb Licht entweder als Teilchenstrom oder als elektromagnetische Welle interpretiert. Diese Zweigleisigkeit der Beschreibung wurde mit dem Begriff *Welle-Teilchen-Dualismus* belegt. Erst in der *Quantenoptik* bzw. *Quantenelektrodynamik* wurde eine theoretische Beschreibung gefunden, die beide Aspekte vereinigt.

6.2. Geometrische Optik

6.2.1. Lichtstrahlen

Die *geometrische* Optik oder *Strahlenoptik* fußt auf der Prämisse: Lichtstrahlen breiten sich im homogenen Medium geradlinig aus. Der Begriff der Strahlen stammt aus der Korpuskulartheorie, wo der Weg einer Korpuskel durch einen geraden Strahl beschrieben wird. Auch in der Wellentheorie hat der Lichtstrahl eine sinnvolle Bedeutung; er entspricht der Normalen auf einer Wellenfläche.

Bild 6-3a zeigt eine punktförmige Lichtquelle mit konzentrischen kugelförmigen Wellenflächen. Die eingezeichneten Strahlen, die von der Lichtquelle ausgehen, stehen senkrecht auf den Wellenflächen. Die Gesamtheit aller Strahlen, die von der Blende begrenzt werden, nennt man ein *Strahlenbündel*. Wenn die Strahlen – wie in diesem Fall – von einem Punkt ausgehen bzw. sich in einem Punkt schneiden, ist das Bündel *homozentrisch*.

Bei ebenen Wellen, die z. B. von Lasern ausgesandt werden oder in großer Entfernung von Lichtquellen vorliegen, sind die Strahlen parallel (Bild 6-3 b). Der Pfeilrichtung an den Strahlen kommt keine besondere Bedeutung zu, denn der Lichtweg ist grundsätzlich umkehrbar. Lichtstrahlen, die sich durchkreuzen, beeinflussen sich gegenseitig nicht. Ein Strahl verläuft also immer so, als ob keine anderen Strahlen vorhanden wären.

Die geometrische Optik ist brauchbar, solange die Dimension der Gegenstände, Lin-

a)

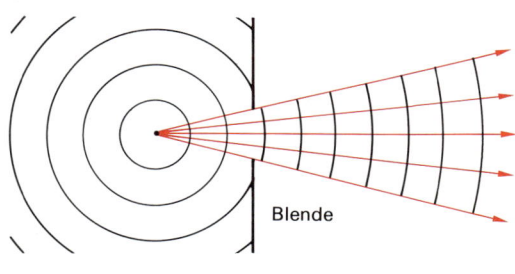

Blende

b)

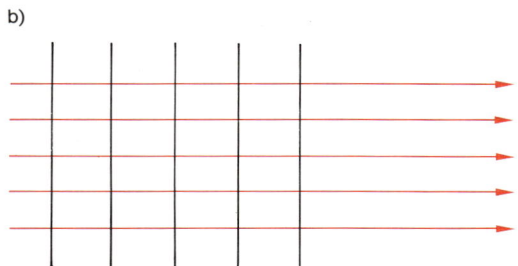

Bild 6-3.   Strahlen- und Wellenflächen: a) Homozentrisches Strahlenbündel und Kugelwellen, b) paralleles Strahlenbündel und ebene Wellen.

sen, Spiegel, Blenden usw. groß sind gegenüber der Wellenlänge des Lichtes. Sind dagegen die Abmessungen in der Größenordnung
der Wellenlänge, dann werden Beugungseffekte wirksam, die mit der Wellenoptik erklärt werden müssen (Bild 6-1).

6.2.2. Reflexion des Lichtes

6.2.2.1. Reflexion an ebenen Flächen

Fällt ein Lichtstrahl nach Bild 6-4 auf eine
spiegelnde Fläche, so wird der Strahl reflektiert. Die Normale zur Fläche durch den Auftreffpunkt wird als *Einfallslot* bezeichnet. Es
gilt das *Reflexionsgesetz:*

> Einfallender Strahl, reflektierter Strahl und
> Einfallslot liegen in einer Ebene; der Ein-
> fallswinkel ε und der Reflexionswinkel ε_r
> sind gleich.

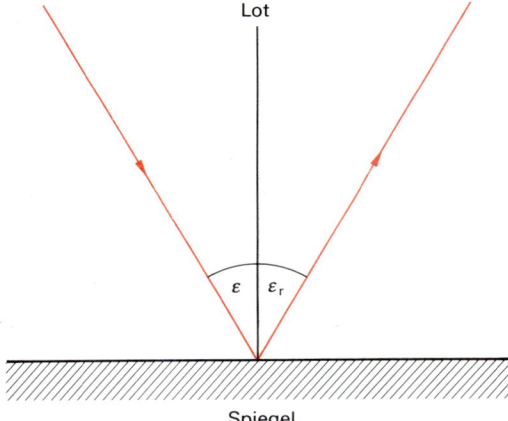

Bild 6-4. *Reflexionsgesetz: Der Einfallswinkel ε ist
gleich dem Reflexionswinkel ε_r.*

Das Reflexionsgesetz, das von *Euklid* 300
v. Chr. gefunden wurde, ist theoretisch leicht
erklärbar. In Newtons Korpuskulartheorie
folgt diese Gesetzmäßigkeit aus dem elastischen Stoß eines leichten Teilchens an einer
schweren Wand. Im Wellenbild ergibt sich
das Reflexionsgesetz zwanglos aus der Konstruktion Huygensscher Elementarwellen an
der Auftreffstelle (Abschn. 5.2.4.3).

Beispiel

6.2-1: Zwei ebene Spiegel bilden nach Bild 6-5
einen *Winkelspiegel* mit dem Öffnungswinkel γ. Ein

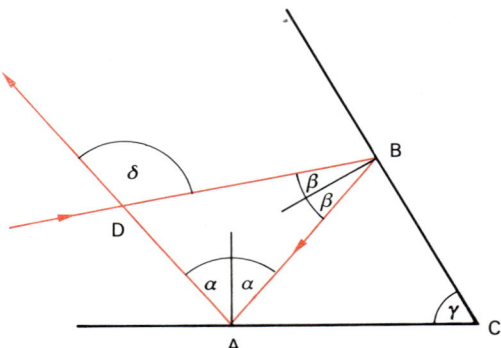

Bild 6-5. *Strahlengang im Winkelspiegel (zu Beispiel 6.2-1).*

Lichtstrahl, der senkrecht zur gemeinsamen Kante
verläuft, wird durch beide Spiegel reflektiert. Wie
groß ist der Ablenkungswinkel δ? Was ergibt sich
speziell für $\gamma = 45°$ und $\gamma = 90°$?

Lösung:

Die Winkelsumme im Dreieck ABC beträgt

$$(90° - \alpha) + (90° - \beta) + \gamma = 180°. \qquad (1)$$

Im Dreieck ABD gilt

$$2\,\alpha + 2\,\beta + (180° - \delta) = 180°. \qquad (2)$$

Aus (1) und (2) folgt $\delta = 2\,\gamma$. Für $\gamma = 45°$ ist der
Ablenkwinkel $\delta = 90°$. Ein solcher Winkelspiegel
wird in der Geodäsie benutzt, um senkrechte Richtungen zu bestimmen. Für $\gamma = 90°$ wird der Ablenkungswinkel $\delta = 180°$, d.h., der einfallende und der
reflektierte Strahl sind parallel.

Aus einem $90°$-Winkelspiegel wird ein *Tripelspiegel*, wenn man noch eine dritte spiegelnde
Fläche senkrecht zu den beiden vorhandenen
aufbringt. (Die Flächen stoßen aneinander
wie bei einer Würfelecke.) Ein Lichtstrahl,
der in einen Tripelspiegel fällt, wird stets so
reflektiert, daß der reflektierte Strahl parallel
zum einfallenden verläuft. Außer als Rück-
strahler an Fahrzeugen wird der Tripelspiegel
bei der optischen Entfernungsmessung eingesetzt. Dabei wird ein Lichtpuls von einem
Sender ausgestrahlt, an einem Tripelspiegel
reflektiert und mit einem Detektor, der unmittelbar beim Sender steht, nachgewiesen.
Die Entfernung zwischen Sender und Tripelspiegel ergibt sich aus der Laufzeit des Lichtpulses und der Lichtgeschwindigkeit.

Bildentstehung beim Spiegel

Befindet sich ein Gegenstand vor einem Spiegel, so kann ein Beobachter, der in den Spiegel blickt, ein Bild des Gegenstandes sehen. In Bild 6-6 fällt das Licht einer punktförmigen Lichtquelle L auf einen ebenen Spiegel. Jeder Lichtstrahl wird nach dem Reflexionsgesetz reflektiert. Die gestrichelten Verlängerungen der Strahlen treffen sich hinter dem Spiegel im Punkt L′. Für einen Beobachter scheinen alle Strahlen vom Punkt L′ herzukommen. L′ ist daher das Bild der Lichtquelle L.

> Gegenstandspunkt L und Bildpunkt L′ liegen auf einer Normalen zur Spiegelfläche und haben den gleichen Abstand vom Spiegel.

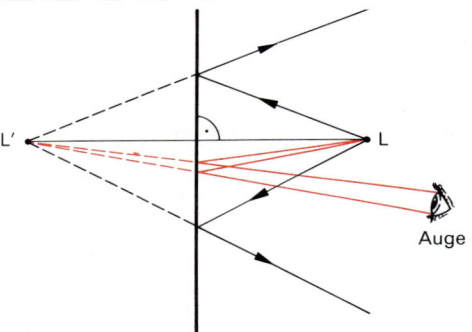

Bild 6-6.   Spiegelbild einer punktförmigen Lichtquelle L in einem Spiegel.

Es handelt sich in diesem Fall um ein *virtuelles* oder *scheinbares* Bild, weil sich nicht die Strahlen selbst, sondern nur ihre Verlängerungen schneiden. Ein virtuelles Bild kann im Gegensatz zu einem *reellen* Bild, bei dem sich die Strahlen wirklich schneiden, nicht auf einem Schirm sichtbar gemacht werden.

Zur Übung

Ü 6.2-1: Leiten Sie das Reflexionsgesetz her mit Hilfe der Huygensschen Elementarwellen (Abschn. 5.2.4.3). Hinweis: Wenn eine ebene Welle auf einen Spiegel fällt, werden an den Schnittpunkten der Wellenflächen mit der Spiegelebene Kugelwellen ausgesandt, deren Einhüllende die neue Wellenfront bildet.

Ü 6.2-2: Ein Winkelspiegel hat den Öffnungswinkel $\gamma = 72°$. Konstruieren Sie sämtliche Bilder einer punktförmigen Lichtquelle, die innerhalb des Spiegels steht. Wie viele Bilder ergeben sich?

6.2.2.2. Reflexion an gekrümmten Flächen

Wenn ein Lichtstrahl auf eine gekrümmte spiegelnde Fläche fällt, so ist nach dem Reflexionsgesetz der Einfallswinkel gleich dem Ausfallswinkel. Die gekrümmte Fläche wird im Auftreffpunkt des Lichtstrahls durch ihre Tangentialebene ersetzt, das Einfallslot ist die Normale durch den Berührpunkt.

Fällt Licht gemäß Bild 6-7 parallel zur *optischen Achse* (Rotationssymmetrieachse) auf einen *Parabolspiegel*, so schneiden sich alle Strahlen in einem Punkt, dem *Brennpunkt* F. Sitzt dagegen im Brennpunkt eine punktförmige Lichtquelle, so verlassen wegen der Umkehrbarkeit des Strahlengangs alle Strahlen als paralleles Lichtbündel den Parabolspiegel. Parabolspiegel werden bei Scheinwerfern benutzt, um eine möglichst gute Bündelung des Lichtes zu erhalten. Selbst bei geometrisch idealer Paraboloidform sind bei einem Scheinwerfer nicht alle Strahlen parallel, weil die Lichtquelle (Lampenwendel) nicht punktförmig ist, sondern eine endliche Ausdehnung hat.

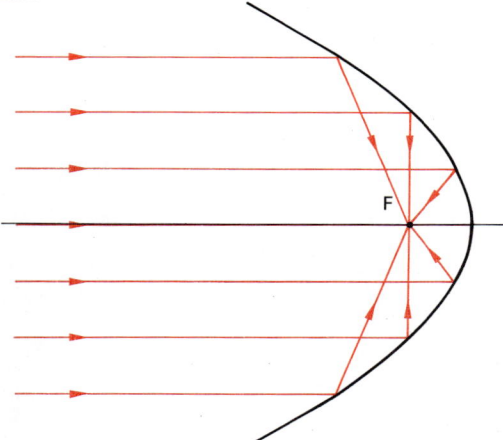

Bild 6-7.   Strahlengang bei einem Parabolspiegel mit Brennpunkt F.

Für die Praxis sind *sphärische Hohl-* oder *Konkavspiegel* von größerer Bedeutung als die Parabolspiegel. Ein sphärischer Hohlspiegel ist eine innen verspiegelte Kugelkalotte. Fällt entsprechend Bild 6-8a ein Lichtbündel parallel zu optischen Achse CS auf den Hohlspiegel, so können sich infolge der anderen Krümmungsverhältnisse nicht alle Strahlen in einem Punkt treffen wie beim Parabolspiegel.

Die Reflexion eines achsenparallel einfallenden Strahls erkennt man in der oberen Hälfte
von Bild 6-8a. Das Einfallslot ist die Verbindung zwischen Auftreffpunkt A und Kreismittelpunkt C. In der unteren Hälfte von Bild
6-8a fällt ein achsenparalleles Lichtbündel
auf den Spiegel. Die Einhüllende aller reflektierten Strahlen ist eine geschlossene Kurve,
die *Katakaustik*. In Bild 6-8b ist das Photo
einer Katakaustik wiedergegeben. Hierbei
wurde ein innen verspiegelter Ring mit parallelem Licht beleuchtet.

a)

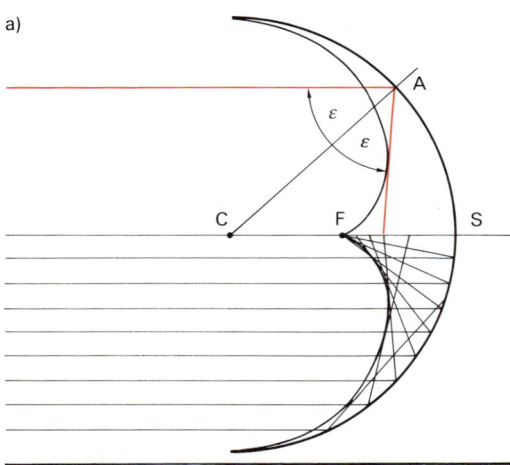

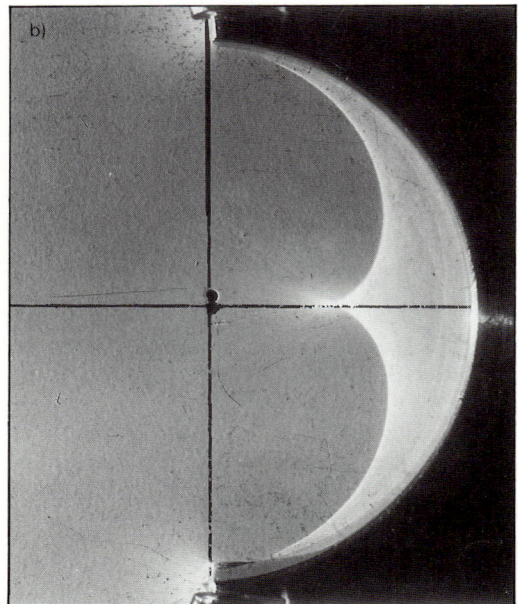

*Bild 6-8. Katakaustik beim Hohlspiegel: a) Entste-
hung, b) Photographie.*

Bei der Betrachtung von Bild 6-8a fällt auf,
daß diejenigen Strahlen, die nahe der optischen Achse verlaufen, in einem Punkt F gesammelt werden. Diese achsennahen Strahlen
werden als *Paraxialstrahlen* bezeichnet. Die
Reflexion eines Strahls, der parallel zur optischen Achse CS auf einen Hohlspiegel mit
dem Krümmungsradius r fällt, ist noch einmal in Bild 6-9 ausführlich dargestellt.

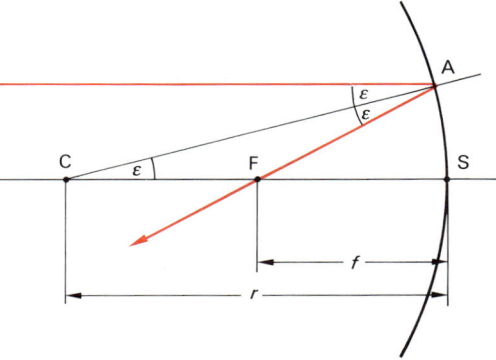

*Bild 6-9. Reflexion eines paraxialen Strahls parallel
zur optischen Achse CS am Hohlspiegel.*

Der Abstand f des Brennpunktes F vom Scheitel S
beträgt $f = r - CF$. Die Strecke CF im gleichschenkligen Dreieck CFA ist $CF = r/2 \cos \varepsilon$. Damit ergibt sich für die *Brennweite* f des Hohlspiegels
$f = r(1 - 1/2 \cos \varepsilon)$.
Bei paraxialen Strahlen ist der Winkel ε sehr klein
und $\cos \varepsilon \approx 1$. Im Rahmen dieser Vereinfachung
gilt — unabhängig vom Abstand, den der Strahl von
der optischen Achse hat —

$$f = \frac{r}{2}. \qquad (6\text{-}1)$$

Bildentstehung beim Hohlspiegel

In Bild 6-10 befindet sich ein Objekt O auf
der optischen Achse CS. Der Lichtpunkt sendet in alle Raumrichtungen Lichtstrahlen aus.
Diejenigen Strahlen, die auf den Hohlspiegel
treffen, werden dort reflektiert und vereinigen
sich alle wieder im Punkt O'. Diesen Punkt O'
bezeichnet man als Bild des Gegenstandes O.

Um die Lage des Bildpunktes zu finden, genügt es,
zwei ausgewählte Strahlen, die von O ausgehen, zu
verfolgen. Der Schnittpunkt dieser beiden Strahlen
ist der Bildpunkt. Ein solcher Strahl verläuft in
Bild 6-10 auf der optischen Achse. Er wird am
Scheitel S reflektiert und läuft auf der optischen

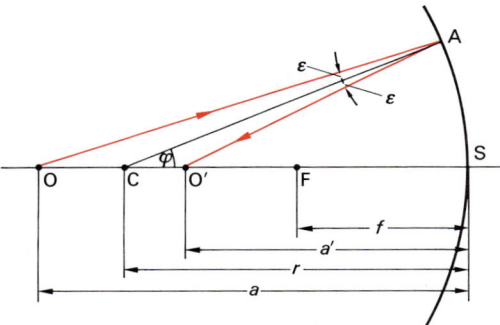

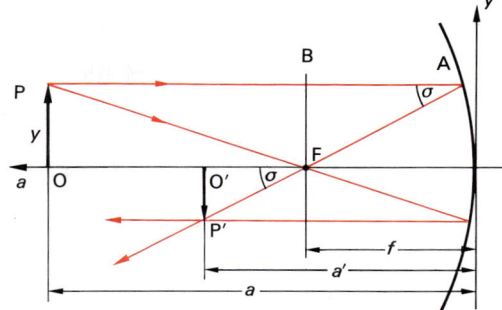

Bild 6-10. Abbildung eines Punktes O auf der optischen Achse CS eines Hohlspiegels.

Bild 6-11. Abbildung eines ausgedehnten Gegenstandes durch einen Hohlspiegel mit Paraxialstrahlen.

Achse wieder zurück. Der zweite Strahl wird am Punkt A reflektiert und schneidet die optische Achse in O′. Der Zusammenhang zwischen der *Gegenstandsweite a* und der *Bildweite a′* ergibt sich aus einer kleinen Rechnung:

Für die beiden Dreiecke OCA und CO′A gilt nach dem Sinussatz

$$\frac{\sin \varepsilon}{\sin (180° - \varphi)} = \frac{\sin \varepsilon}{\sin \varphi} = \frac{OC}{OA} = \frac{CO′}{O′A}.$$

Dabei kann geschrieben werden

$OC = a - r = a - 2f$ und

$CO′ = r - a′ = 2f - a′.$

Für paraxiale Strahlen gilt näherungsweise $OA \approx a$ und $O′A \approx a′$. Damit ergibt sich

$$\frac{a - 2f}{a} = \frac{2f - a′}{a′}.$$

Nach kurzer Umformung erhält man die Abbildungsgleichung des Hohlspiegels:

$$\frac{1}{a} + \frac{1}{a′} = \frac{1}{f}. \qquad (6\text{-}2)$$

Liegt ein Gegenstandspunkt *P* nicht auf der optischen Achse, so liegt auch sein Bildpunkt *P′* außerhalb. Allerdings gilt für den Zusammenhang von Gegenstandsweite *a* und Bildweite *a′* auch in diesem Fall die Abbildungsgleichung (6-2), falls nur paraxiale Strahlen an der Abbildung beteiligt sind. Die Lage des Bildpunktes läßt sich nach Bild 6-11 sehr einfach zeichnerisch konstruieren. Ein von P ausgehender Strahl, der parallel zur optischen Achse verläuft, geht nach der Reflexion durch den Brennpunkt F. Ein zweiter Strahl, der von P aus durch F geht, wird nach der Reflexion

achsenparallel. Am Schnittpunkt der beiden reflektierten Strahlen liegt der Bildpunkt P′.

Der Zusammenhang zwischen *Gegenstandsgröße y* und *Bildgröße y′* ist anhand von Bild 6-11 zu erkennen. Im *a*, *y*-Koordinatensystem erhalten alle Größen ein Vorzeichen. Die positive *y*-Richtung weist nach oben, die positive *a*-Richtung nach links. (Zur Vereinfachung wird hierbei noch nicht die in der technischen Optik übliche Vorzeichenkonvention angewandt; s. Abschn. 6.2.3.3.) In den Dreiecken ABF und FO′P′ gilt näherungsweise für paraxiale Strahlen

$$\tan \sigma = \frac{-y′}{a′ - f} = \frac{y}{f}.$$

Mit Hilfe der Abbildungsgleichung (6-2) folgt unmittelbar für den *Abbildungsmaßstab* oder die *Lateralvergrößerung*

$$\beta′ = \frac{y′}{y} = -\frac{a′}{a}. \qquad (6\text{-}3)$$

Durch Umformung von Gl. (6-2) ergibt sich die Beziehung

$$a′ = \frac{af}{a - f}. \qquad (6\text{-}4)$$

Setzt man Gl. (6-4) in (6-3) ein, so folgt für den Abbildungsmaßstab

$$\beta′ = \frac{f}{f - a}. \qquad (6\text{-}5)$$

Es ergeben sich für $a > f$ reelle, umgekehrte Bilder. Für $a < f$ gilt $a′ < 0$; dies bedeutet, daß das Bild rechts hinter dem Spiegel liegt. Das Bild ist virtuell, aufrecht und stets größer als der Gegenstand.

Beispiel

6.2-2: Vor einem Hohlspiegel mit $f = 5$ cm steht im Abstand $a = 2,5$ cm ein $y = 1$ cm großer Gegenstand. Wo liegt das Bild, und wie groß ist es?

Lösung:

Nach Gl. (6-4) ist die Bildweite

$$a' = \frac{a f}{a - f} = \frac{2,5 \cdot 5}{2,5 - 5} \text{ cm} = -5 \text{ cm} .$$

Der Abbildungsmaßstab ist

$$\beta' = \frac{y'}{y} = -\frac{a'}{a} = \frac{5 \text{ cm}}{2,5 \text{ cm}} = 2 .$$

Also ist die Bildgröße $y' = 2$ cm; das Bild steht aufrecht hinter dem Spiegel, es ist virtuell. – Eine zeichnerische Lösung ist in Bild 6-12 wiedergegeben. Bei genauem Abmessen stellt man fest, daß das zeichnerische Ergebnis vom rechnerischen etwas abweicht. Dies liegt an den rechnerischen Vereinfachungen für paraxiale Strahlen. Die Abbildungsgleichung gilt um so besser, je kleiner die Gegenstandsgröße y im Vergleich zur Brennweite f ist.

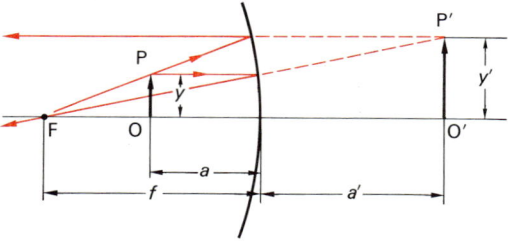

Bild 6-12. *Abbildung eines Gegenstandes innerhalb der Brennweite beim Hohlspiegel (zu Beispiel 6.2-2).*

Beim sphärischen *Wölb-* oder *Konvexspiegel* ist die Außenseite einer Kugelkalotte verspiegelt. Die für den Hohlspiegel abgeleiteten Gleichungen (6-2) bis (6-5) gelten unverändert auch für den Wölbspiegel, lediglich die Brennweite ist negativ gemäß

$$f = -\frac{r}{2} . \tag{6-6}$$

Dies bedeutet, daß der Brennpunkt auf der dem Gegenstand abgewandten Seite des Spiegels liegt. Das Bild ist beim Wölbspiegel immer virtuell, aufrecht und verkleinert. Der Wölbspiegel wird gern als Rückspiegel bei

Kraftfahrzeugen benutzt. Er gibt zwar ein verkleinertes Bild der Umwelt wieder, erzeugt aber ein großes Gesichtsfeld.

Beispiel

6.2-3: Vor einem Konvexspiegel mit der Brennweite $f = -5$ cm steht im Abstand $a = 10$ cm ein $y = 2$ cm großer Gegenstand. Wo liegt das Bild und wie groß ist es?

Lösung:

Nach Gl. (6-4) ist die Bildweite

$$a' = \frac{a f}{a - f} = -\frac{10 \cdot 5}{15} \text{ cm} = -3,33 \text{ cm} .$$

Der Abbildungsmaßstab beträgt

$$\beta' = \frac{y'}{y} = -\frac{a'}{a} = \frac{3,33}{10} = 0,333 .$$

Also ist die Bildgröße $y' = 0,666$ cm. Eine zeichnerische Lösung zeigt Bild 6-13.

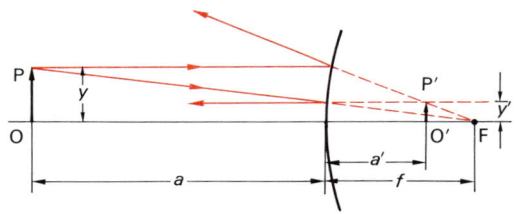

Bild 6-13. *Bildkonstruktion beim Wölbspiegel (zu Beispiel 6.2-3).*

Zur Übung

Ü 6.2-3: Auf einen Hohl- bzw. Wölbspiegel gegebener Brennweite fällt schief zur optischen Achse ein paraxialer Strahl. Konstruieren Sie seinen Weg nach der Reflexion.

Ü 6.2-4: Konstruieren Sie den Bildpunkt eines parallelen Lichtbündels, das schief zur optischen Achse auf einen Hohl- bzw. Wölbspiegel gegebener Brennweite fällt.

Ü 6.2-5: Auf der optischen Achse eines Hohlspiegels befindet sich im Abstand $a = 5 f (\frac{1}{5} f)$ vom Scheitel eine punktförmige Lichtquelle. Welchen Abstand s hat das Bild von der Lichtquelle?

Ü 6.2-6: Der Mond erscheint von der Erde aus unter einem Winkel von 31'. Wie groß ist der Durchmesser seines Bildes, das vom 200-Zoll-Spiegel der Mt.-Palomar-Sternwarte (Kalifornien) entworfen wird? Wo entsteht das Bild? Die Brennweite des Spiegels beträgt $f = 16,8$ m.

Ü 6.2-7: Bezeichnet man beim Hohlspiegel den Abstand des Gegenstandes vom Brennpunkt mit z und den des Bildes mit z', so gilt stets $z\,z' = f^2$. Beweisen Sie diese *Abbildungsgleichung nach Newton.*

6.2.3. Brechung des Lichtes

6.2.3.1. Brechung an ebenen Grenzflächen

Fällt ein Lichtstrahl schräg auf eine Grenzfläche zwischen zwei verschiedenen Werkstoffen, so wird die Richtung des Strahls an der Grenzfläche geändert, der Strahl wird gebrochen. Bild 6-14 zeigt eine Prinzipskizze dieses Vorgangs sowie ein Photo der Lichtbrechung eines Laserstrahls an der Grenzfläche Luft – Plexiglas. Zunächst gibt es an jeder Grenzfläche auch einen mehr oder weniger intensiven reflektierten Strahl, wobei nach dem Reflexionsgesetz Einfallswinkel ε und Refle-

xionswinkel ε_r gleich sind. Der gebrochene Strahl liegt in einer Ebene mit den beiden anderen Strahlen und dem Lot auf der Grenzfläche. Der *Brechungswinkel* ε' ist kleiner als der Einfallswinkel ε, wenn die Brechung vom *optisch dünneren* ins *optisch dichtere* Medium erfolgt. Nach dem Satz von der Umkehrbarkeit des Lichtwegs erfolgt die Brechung beim Übergang vom optisch dichteren ins optisch dünnere Medium so, daß der Strahl vom Lot weg gebrochen wird. Der Zusammenhang zwischen Einfallswinkel ε und Brechungswinkel ε' wurde von dem holländischen Mathematiker *Snellius* (W. SNELL VON RAYEN, 1591 bis 1626) im Jahr 1620 gefunden. Nach *Snellius* ist das Verhältnis zwischen dem Sinus des Einfallswinkels ε und dem Sinus des Brechungswinkels ε' eine Konstante, die von der Natur der beiden Stoffe abhängt:

a)
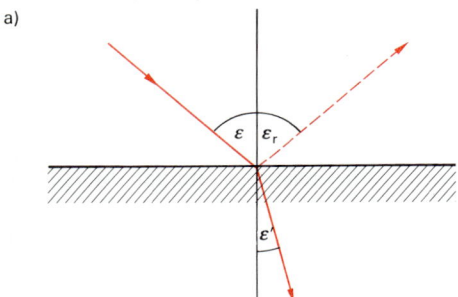

$$\frac{\sin \varepsilon}{\sin \varepsilon'} = \text{konstant}. \qquad (6\text{-}7)$$

Eine Erklärung des Brechungsgesetzes mit Hilfe von Newtons Korpuskulartheorie verlangt, daß die Korpuskeln, wenn sie z. B. von Luft in Glas eindringen, eine Geschwindigkeitssteigerung erfahren, da nur dann die Brechung zum Lot hin erfolgt. Die Korpuskulartheorie kam spätestens dann zu Fall, als man gelernt hatte, Lichtgeschwindigkeiten zu messen. Es ergab sich dabei, daß die Lichtgeschwindigkeit in Materie stets kleiner ist als die Lichtgeschwindigkeit $c_0 = 299\,729{,}458$ km/s im Vakuum; sie ist in Glas kleiner als in Luft.

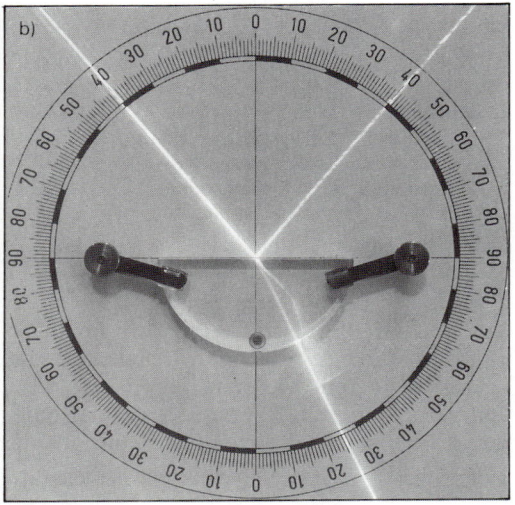

Die Brechung des Lichtes an Grenzflächen ist zwanglos erklärbar mit der Wellentheorie von *Huygens.* Bild 6-15 zeigt eine ebene Welle, die auf eine Grenzfläche zuläuft. Die Phasengeschwindigkeit im oberen Medium beträgt c, im unteren c' mit $c' < c$. Die Schnittpunkte der ebenen Wellenflächen mit der Grenzfläche sind Zentren Huygensscher Elementarwellen, deren Einhüllende die neue Wellenfront und damit die neue Laufrichtung ergibt. Rechts sind die wesentlichen Punkte und Strecken ohne die Wellenflächen noch einmal gezeichnet. Trifft eine Wellenfront im Punkt C auf die Grenzfläche, so vergeht noch die Zeit $t = \text{AB}/c$, bis auch das rechte Ende der Wellenfront am Punkt B die Grenzfläche trifft. Inzwischen hat die Kugelwelle, die von

Bild 6-14.   Brechung eines Lichtstrahls an einer ebenen Grenzfläche. a) Prinzipskizze, b) Brechung an der Grenzfläche Luft – Plexiglas.

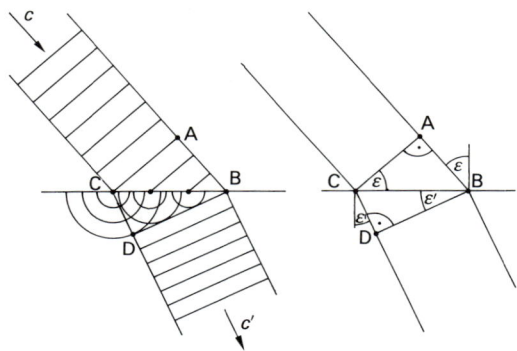

Bild 6-15. *Brechung einer ebenen Welle an einer Grenzfläche.*

C ausging, den Weg $CD = c' t$ zurückgelegt. Für die Dreiecke ABC und BCD gilt

$$\sin \varepsilon = \frac{AB}{CB} = \frac{t \, c}{CB} \quad \text{und}$$

$$\sin \varepsilon' = \frac{CD}{CB} = \frac{c' t}{CB}.$$

Damit ergibt sich

$$\frac{\sin \varepsilon}{\sin \varepsilon'} = \frac{c}{c'}. \qquad (6\text{-}8)$$

Das Verhältnis der Sinus-Werte von Einfalls- und Brechungswinkel ist gleich dem Verhältnis der Lichtgeschwindigkeiten in den benachbarten Gebieten.

Der Quotient zwischen der Lichtgeschwindigkeit c_0 im Vakuum und der Lichtgeschwindigkeit c in Materie wird üblicherweise als *Brechzahl* oder *Brechungsindex* n des betreffenden Materials bezeichnet:

$$n = \frac{c_0}{c}. \qquad (6\text{-}9)$$

Mit Hilfe des Brechungsindex nimmt Gl. (6-8) die Form des *Snelliusschen Brechungsgesetzes* an:

$$\frac{\sin \varepsilon}{\sin \varepsilon'} = \frac{n'}{n} = \text{konstant}. \qquad (6\text{-}10)$$

Das Brechungsgesetz kann auch umgeformt werden zu

$$n \sin \varepsilon = n' \sin \varepsilon' = \text{konstant}. \qquad (6\text{-}11)$$

Das Produkt aus Brechungsindex und Sinus des Winkels zwischen Lichtstrahl und Lot bleibt bei einer Brechung konstant.

Diese Invariante der Brechung heißt nach E. ABBE (1840 bis 1905) die *numerische Apertur*. Sie lautet

$$A_N = n \sin \varepsilon. \qquad (6\text{-}12)$$

Das Brechungsgesetz kann also auch so formuliert werden:

Bei der Brechung eines Lichtstrahls bleibt seine numerische Apertur konstant.

In Tabelle 6-1 sind die Brechzahlen einiger Stoffe zusammengestellt.

Tabelle 6-1. Brechzahl n einiger Stoffe für gelbes Na-Licht (Wellenlänge $\lambda = 589$ nm) bei der Temperatur $\vartheta = 20\,°C$ und dem Druck $p = 1013$ mbar.

Festkörper	n	Flüssigkeiten und Gase	n
Eis	1,310	Luft	1,0003
Flußspat	1,434	Kohlendioxid	1,0045
Quarzglas	1,459	Wasser	1,333
Borkron BK 1	1,510	Ethylalkohol	1,362
Flintglas F 3	1,613	Benzol	1,501
Caesiumiodid	1,790	Schwefel-	
Bariumoxid	1,980	kohlenstoff	1,628
Diamant	2,417	Methyleniodid	1,742

Besonders häufig ist der Fall, daß ein Lichtstrahl an der Grenzfläche zwischen Luft und einem dichteren Medium gebrochen wird. Mit guter Näherung kann der Brechungsindex von Luft $n = 1$ gesetzt werden. Dann gilt das vereinfachte Brechungsgesetz

$$\frac{\sin \varepsilon}{\sin \varepsilon'} = n'. \qquad (6\text{-}13)$$

Beispiel

6.2-4: Das Photo Bild 6-14 b zeigt die Brechung eines roten Laserstrahls der Wellenlänge $\lambda = 633$ nm an der Grenzfläche Luft − Plexiglas. Wie groß ist der Brechungsindex von Plexiglas?

Lösung:

$$n' = \frac{\sin \varepsilon}{\sin \varepsilon'} = \frac{\sin 40°}{\sin 25{,}5°} = 1{,}49.$$

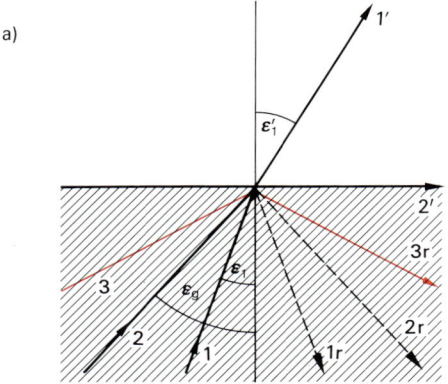

Der Brechungsindex ist keine Konstante, sondern hängt von der Wellenlänge (Farbe) des Lichts ab. Im Fall *normaler Dispersion* (Abschn. 5.2.4.4) nimmt mit steigender Wellenlänge der Brechungsindex ab.

Bisher wurde vorausgesetzt, daß ein Lichtstrahl vom optisch dünneren ins optisch dichtere Medium eindringt. Bei umgekehrtem Strahlengang, wie er in Bild 6-16 gezeigt ist, gehört zum Strahl 1 mit dem Einfallswinkel ε_1 der reflektierte Strahl 1r und der gebrochene 1′ mit dem Brechungswinkel ε_1', wobei $\varepsilon_1' > \varepsilon_1$ ist. Mit zunehmendem Winkel ε steigt ε' verstärkt an, bis für den Strahl 2 beim Einfallswinkel ε_g der Brechungswinkel $\varepsilon_2' = 90°$ wird. Man nennt ε_g den *Grenzwinkel der Totalreflexion.* Für $\varepsilon > \varepsilon_g$ (Strahl 3) gibt es keinen gebrochenen Strahl mehr, sondern nur noch den reflektierten Strahl 3r. Die ganze Strahlungsleistung des einfallenden Strahls ist im reflektierten Strahl vorhanden; das Licht wird total reflektiert. Bild 6-16 b zeigt einen gebrochenen, Bild 6-16 c einen total reflektierten Laserstrahl an der Grenzfläche Plexiglas−Luft.

Für den Grenzwinkel der Totalreflexion gilt $n' \sin 90° = n \sin \varepsilon_g$ oder

$$\sin \varepsilon_g = \frac{n'}{n}. \qquad (6\text{-}14)$$

Hierbei ist n der Brechungsindex des optisch dichteren, n' der des dünneren Mediums. Ist das dünnere Medium Luft (mit $n' \approx 1$), so gilt

$$\sin \varepsilon_g = \frac{1}{n}. \qquad (6\text{-}15)$$

Beispiel

6.2-5: Im Halbleiter GaP (Ausgangsmaterial für Leuchtdioden) ist der Brechungsindex $n = 3{,}3$. Wie groß ist der Grenzwinkel der Totalreflexion?

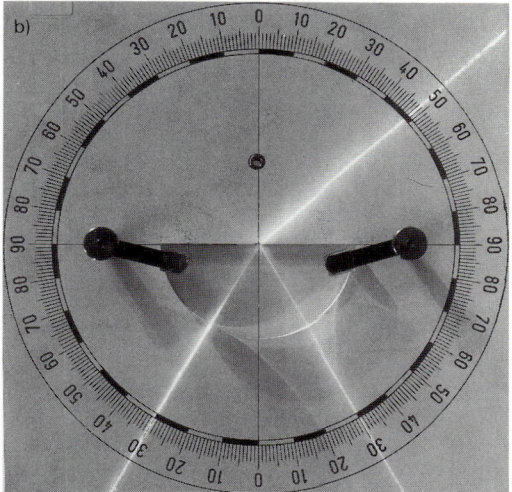

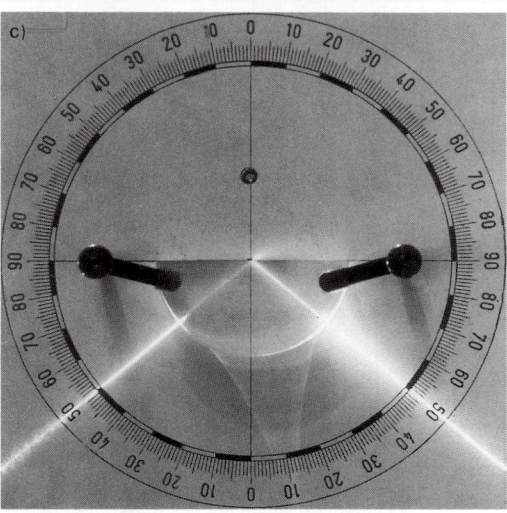

Bild 6-16.   Totalreflexion. a) Prinzip, b) gebrochener ($\varepsilon < \varepsilon_g$) und c) total reflektierter Laserstrahl ($\varepsilon > \varepsilon_g$).

Lösung:

$\sin \varepsilon_g = 1/n = 1/3,3 = 0,3$ liefert $\varepsilon_g = 17,6°$. Von den Lichtstrahlen, die im Innern des Kristalls erzeugt werden, können also nur diejenigen den Kristall verlassen, die innerhalb eines schlanken Kegels von $\varepsilon_g = 17,6°$ Öffnungswinkel auf die Kristalloberfläche auftreffen. Alle anderen werden total reflektiert.

Ein Beispiel für die technische Ausnutzung der Totalreflexion in der heutigen Zeit ist die Übertragung von Daten auf *Lichtwellenleitern* (*optische Nachrichtentechnik*). Bild 6-17 zeigt das Prinzip einer *Stufenindexfaser*. Der Brechungsindex nimmt von n_1 im Kern stufenförmig ab auf n_2 im Mantel und $n = 1$ in der umgebenden Luft. Typische Abmessungen einer solchen Glasfaser sind: 50 µm Kerndurchmesser, 125 µm Manteldurchmesser. Ein Licht-

strahl, der unter dem Winkel ϑ_0 auf die Stirnfläche der Faser fällt, wird zum Lot hin gebrochen und trifft schließlich unter dem Winkel $\varepsilon = 90° - \vartheta_1$ auf die Grenzfläche zwischen Kern und Mantel. Er kann dort nur total reflektiert werden, wenn $\varepsilon > \varepsilon_g$ ist mit $\sin \varepsilon_g = n_2/n_1$. Der Eintrittswinkel ϑ_0 des Lichtstrahls kann also nicht beliebig groß werden, sonst ist im Innern die Totalreflexion nicht mehr gegeben (gestrichelt gezeichneter Strahl in Bild 6-17). Der maximale Aufnahmewinkel $\vartheta_{0,\text{max}}$, unter dem Licht in die Faser eingekoppelt werden kann, bestimmt sich aus der Beziehung

$$\sin \vartheta_{0,\text{max}} = \sqrt{n_1^2 - n_2^2} = A_N;$$

Die Größe A_N ist die numerische Apertur der Faser (Gl. (6-12)).

Für eine typische Nachrichtenfaser aus Quarzglas, bei der der Kern mit 13,5% GeO_2 dotiert ist, gelten bei $\lambda = 850$ nm die Werte $n_1 = 1,474$ und $n_2 = 1,453$. Mit diesen ergeben sich die numerische Apertur $A_N = 0,248$ und der maximale Einkoppelwinkel $\vartheta_{0,\text{max}} = 14,4°$. Eine solche Glasfaser kann also nur Strahlen weiterleiten, die unter diesem verhältnismäßig „schlanken" Winkel auf die Stirnfläche fallen.

Ändert sich der Brechungsindex nicht sprunghaft, sondern kontinuierlich, so ergeben sich gekrümmte Lichtstrahlen. Bild 6-18 zeigt als Beispiel hierfür einen Laserstrahl in einer Küvette mit Salzwasser. Die Salzkonzentration und damit auch der Brechungsindex nehmen kontinuierlich von unten nach oben ab. Gekrümmte Lichtstrahlen treten auch auf, wenn infolge von Temperatur- und Dichtegradienten in der Luft der Brechungsindex

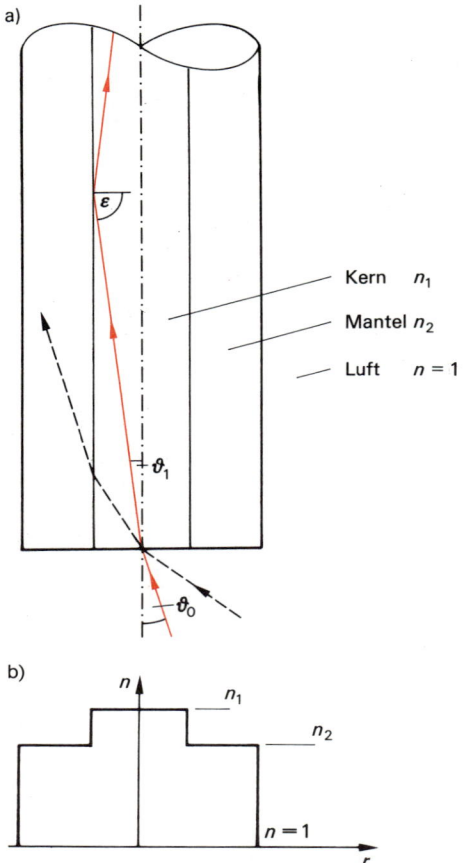

Bild 6-17. Prinzip eines Lichtwellenleiters (Stufenindexfaser). a) Aufbau, b) Verlauf der Brechzahl n über dem Radius r.

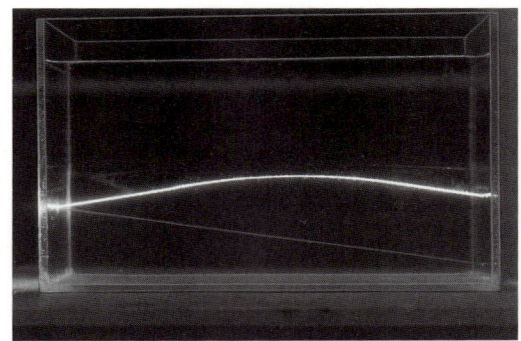

Bild 6-18. Gekrümmter Lichtstrahl bei kontinuierlich variierendem Brechungsindex.

sich stetig ändert (Luftspiegelung, Fata Morgana).

Ein spezieller Lichtwellenleiter ist die *Gradientenfaser*, die schematisch in Bild 6-19 dargestellt ist. Bei ihr ändert sich der Brechungsindex kontinuierlich von n_1 in der Mitte auf n_2 im Mantel. Die Gradientenfaser hat gegenüber der Stufenindexfaser den Vorteil, daß Lichtpulse, die unter verschiedenen Winkeln ϑ_0 in die Faser eingekoppelt werden, nahezu dieselbe Laufzeit haben, bis sie am anderen Ende der Faser ankommen. So hat beispielsweise der in Bild 6-19 gezeichnete Strahl einen größeren Weg zurückzulegen als ein Strahl, der exakt auf der Symmetrieachse läuft. Er befindet sich aber häufig in Gebieten mit kleinerem Brechungsindex, läuft dort also

schneller und kompensiert so seinen Umweg. Da Laufzeitdifferenzen verschiedener *Moden* die Übertragungskapazität beschränken, kann auf der Gradientenfaser eine höhere Datenrate übertragen werden als auf der Stufenindexfaser.

Zur Übung

Ü 6.2-8: Ein Lichtstrahl fällt auf einen Glaswürfel mit dem Brechungsindex $n = 1,5$. Der Strahl trifft genau die Mitte einer Würfelfläche unter dem Einfallswinkel 60°. Die Einfallsebene ist parallel zu einer Würfelfläche. Berechnen und zeichnen Sie den weiteren Weg des Lichtstrahls.

Ü 6.2-9: Durchquert ein Lichtstrahl eine planparallele Platte, so ist der durchgehende Strahl parallel zum einfallenden, jedoch seitlich versetzt. Wie groß ist der Strahlversatz x in Abhängigkeit von der Plattendicke d, dem Brechungsindex n' und dem Einfallswinkel ε?

Ü 6.2-10: Wie groß ist der Grenzwinkel der Totalreflexion für Plexiglas an Luft? Der Brechungsindex kann aus Bild 6-16 b entnommen werden.

6.2.3.2. Brechung an einem Prisma

In der Optik versteht man unter einem Prisma meist einen dreikantigen Glaskörper gemäß Bild 6-20. Zwei ebene polierte Flächen sind um den *brechenden Winkel* α gegeneinander geneigt, sie schneiden sich in der *brechenden Kante* K. Im folgenden wird stets vorausgesetzt, daß Lichtstrahlen im *Hauptschnitt* verlaufen, d.h. in einer Ebene, die senkrecht zur brechenden Kante steht. Das Prisma mit dem Brechungsindex n sei umgeben von einem Medium mit dem Brechungsindex n'. In Bild 6-20 fällt ein Strahl unter dem Ein-

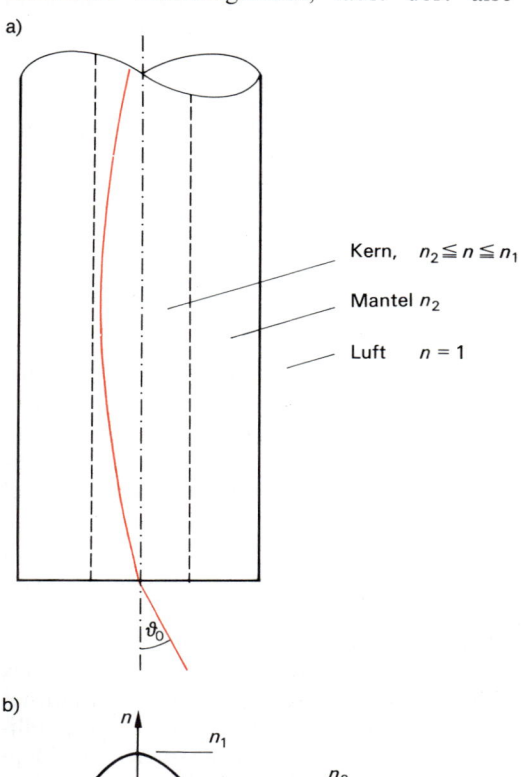

a)

b)

Bild 6-19. *Lichtwellenleiter mit kontinuierlich veränderlichem Brechungsindex n (Gradientenfaser). a) Aufbau, b) Verlauf der Brechzahl n über dem Radius r.*

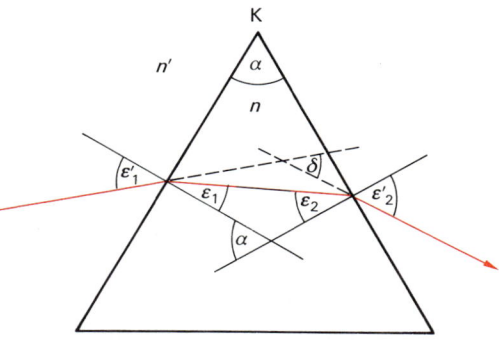

Bild 6-20. *Strahlenverlauf in einem Prisma.*

fallswinkel ε_1' auf die linke Prismenfläche und verläßt nach zweimaliger Brechung die rechte Prismenfläche unter dem Ausfallswinkel ε_2'. Der Ablenkungswinkel δ läßt sich aus elementaren geometrischen Sätzen bestimmen: $\delta = \varepsilon_1' + \varepsilon_2' - \alpha$. Mit Hilfe des Brechungsgesetzes $n' \sin \varepsilon_1' = n \sin \varepsilon_1$ und $n' \sin \varepsilon_2' = n \sin \varepsilon_2$ sowie der Beziehung $\varepsilon_1 + \varepsilon_2 = \alpha$ läßt sich der Ablenkungswinkel δ für beliebige Einfallswinkel ε_1' berechnen:

$$\delta = \varepsilon_1' - \alpha +$$
$$+ \arcsin \left[\sin \alpha \sqrt{\left(\frac{n}{n'}\right)^2 - \sin^2 \varepsilon_1'} - \right.$$
$$\left. - \cos \alpha \sin \varepsilon_1' \right]. \qquad (6\text{-}16)$$

Beispiel

6.2-6: Für ein Prisma mit dem Brechungsindex $n = 1{,}5$ und dem brechenden Winkel $\alpha = 60°$ sollen der Austrittswinkel ε_2' und der Ablenkungswinkel δ als Funktion des Einfallswinkels ε_1' dargestellt werden. Die Umgebung sei Luft mit $n' = 1$.

Lösung:

Gl. (6-16) sollte am besten mit einem programmierbaren Rechner ausgewertet werden. Bild 6-21 zeigt das Ergebnis. Der Ablenkwinkel δ zeigt ein Minimum beim Einfallswinkel $\varepsilon_{1,\text{min}}' = 48{,}6°$. Der zugehörige Ausfallswinkel beträgt ebenfalls $\varepsilon_{2,\text{min}}' = 48{,}6°$. Der Strahl durchläuft das Prisma also symmetrisch. Dieses Ergebnis kann allgemein mit Hilfe der Differentialrechnung bewiesen werden:

> Bei einem Prisma ist die Strahlablenkung minimal, wenn Eintritts- und Austrittswinkel gleich sind.

Für symmetrischen Durchgang gelten $\varepsilon_1' = \varepsilon_2' = \frac{1}{2}(\delta + \alpha)$ und $\varepsilon_1 = \varepsilon_2 = \frac{1}{2}\alpha$. Mit Hilfe des Brechungsgesetzes ergibt sich sofort der *minimale Ablenkwinkel*

$$\delta_{\text{min}} = 2 \arcsin\left(\frac{n}{n'}\sin\frac{\alpha}{2}\right) - \alpha. \qquad (6\text{-}17)$$

Für Beispiel *6.2-6* erhält man $\delta_{\text{min}} = 37{,}2°$.

Aus Bild 6-21 folgt ferner, daß für Eintrittswinkel $\varepsilon_1' < 27{,}9°$ kein austretender Strahl

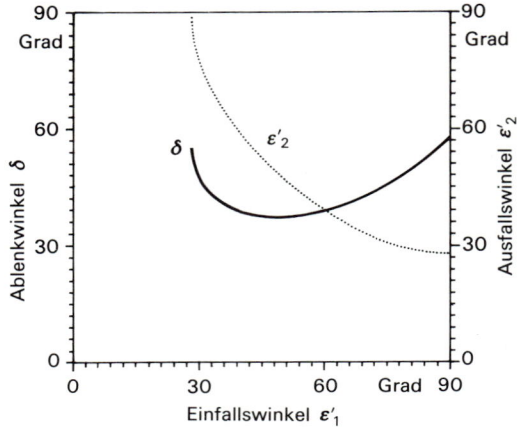

Bild 6-21. Ablenkwinkel δ und Austrittwinkel ε_2' in Abhängigkeit vom Einfallswinkel ε_1' bei der Brechung eines Lichtstrahls an einem Prisma; Brechungsindex $n = 1{,}5$, Prismenwinkel $\alpha = 60°$.

beobachtet wird, weil an der zweiten brechenden Fläche Totalreflexion auftritt. Aus der Bedingung $\sin \varepsilon_{2,\text{g}} = n'/n$ folgt für den Grenzwinkel an der Eintrittsfläche

$$\varepsilon_{1,\text{g}}' = \arcsin\left[\frac{n}{n'}\sin\left(\alpha - \arcsin\frac{n'}{n}\right)\right]. \qquad (6\text{-}18)$$

Für Beispiel *6.2-6* ergibt sich in Übereinstimmung mit Bild 6-21 $\varepsilon_{1,\text{g}}' = 27{,}9°$.

Bei einem Prisma mit kleinem brechendem Winkel α und symmetrischem Strahlendurchgang gilt für den minimalen Ablenkwinkel näherungsweise

$$\delta_{\text{min}} \approx \alpha\left(\frac{n}{n'} - 1\right). \qquad (6\text{-}19)$$

Da der Ablenkwinkel δ vom Brechungsindex abhängt, wird kurzwelliges Licht bei normaler Dispersion stärker gebrochen als langwelliges Licht. Ein Prisma bietet daher die Möglichkeit, Lichtstrahlen verschiedener Wellenlänge räumlich zu trennen, also spektral zu zerlegen. Diese Eigenschaft wird ausgenutzt beim *Prismenspektrometer* (Abschn. 6.4.1.7).

Prismen haben in der Optik vielfältige Anwendungen. Meist werden sie anstelle von Spiegeln benutzt, um Lichtstrahlen umzulenken, wobei die Totalreflexion an einer Pris-

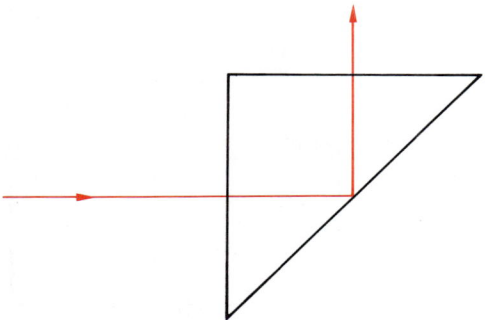

Bild 6-22.   Rechtwinkliges Umlenkprisma.

menfläche oder an mehreren ausgenutzt wird. Bild 6-22 zeigt ein gleichschenklig-rechtwinkliges Prisma als *Umlenkprisma.* Der einfallende Lichtstrahl wird an der Hypothenusenfläche total reflektiert. (Der Grenzwinkel der Totalreflexion beträgt $\varepsilon_g = 41,5°$ bei Borkron-Glas mit $n = 1,51$.)

Fällt nach Bild 6-23 Licht senkrecht auf die Hypothenusenfläche eines Prismas, so wird es, nach zweimaliger Reflexion an den Katheten um 180° umgelenkt, das Prisma parallel verlassen. Zugleich wird das Bild eines Gegenstandes (Pfeil) um 180° gedreht, also z.B. oben mit unten vertauscht. Schickt man den austretenden Strahl noch durch ein zweites

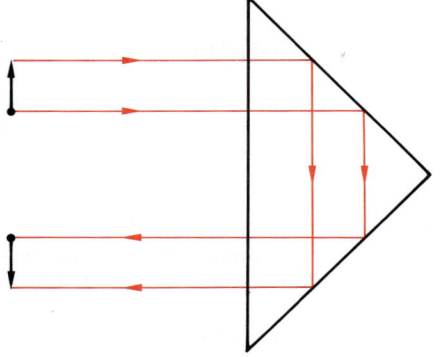

Bild 6-23.   Rechtwinkliges Umkehrprisma.

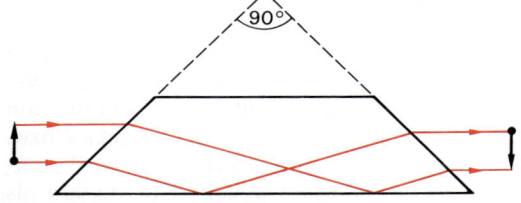

Bild 6-24.   Geradsichtiges Wendeprisma.

Prisma, das gegenüber dem ersten um 90° gedreht ist, so wird auch noch links und rechts vertauscht; man erhält also eine vollkommene Bildumkehr. Ein solches *Umkehrprisma* nach *Porro* (1848) findet im Prismenfeldstecher Verwendung. Das *Umkehr-* oder *Wendeprisma* nach G. B. AMICI (1786 bis 1863) entsprechend Bild 6-24 vertauscht ebenfalls oben und unten, hat aber einen geradsichtigen Stahlengang. Eine vollständige Bildumkehr erhält man, wenn zwei dieser Prismen um 90° verdreht hintereinander gestellt werden.

Bild 6-25 zeigt das *Pentagonalprisma* nach *Goullier* (1865). Nach zweimaliger Reflexion des einfallenden Lichtstrahls ist der Ablenkwinkel $\delta = 2\,\alpha$, er ist unabhängig vom Einfallswinkel. Das Pentagonalprisma ist im Prinzip ein mit Glas gefüllter Winkelspiegel (Bild 6-5). Auch in diesem Fall müssen die Seitenflächen verspiegelt sein, weil die Lichtstrahlen so steil auf die Grenzfläche fallen, daß eine Totalreflexion nicht mehr möglich ist.

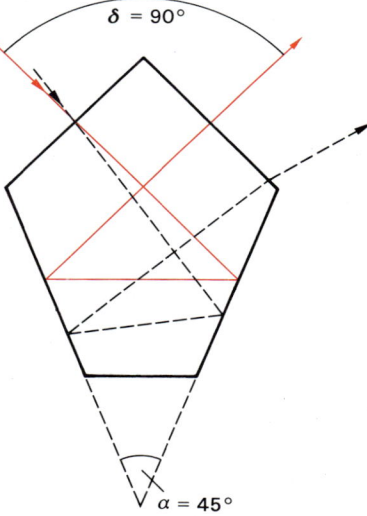

Bild 6-25.   Pentagonalprisma für konstante Ablenkung $\delta = 90°$.

Zur Übung

Ü 6.2-11: Ein Prisma mit brechendem Winkel $\alpha = 45°$ und der Brechzahl $n = 1,51$ wird nach Bild 6-20 durchstrahlt. Zeichnen Sie ein Diagramm analog Bild 6-21. Wie groß ist der minimale Ablenkwinkel δ_{min} und der zugehörige Eintritts- und Austrittswinkel $\varepsilon_{1,min}$ und $\varepsilon_{2,min}$? Bei welchem Grenzwinkel $\varepsilon'_{1,g}$ tritt an der rechten Fläche Totalreflexion auf?

Ü 6.2-12: Für ein Prisma mit brechendem Winkel $\alpha = 60°$ wird experimentell der minimale Ablenkwinkel $\delta_{min} = 47{,}2°$ ermittelt. Wie groß ist der Brechungsindex n des Glases?

6.2.3.3. Brechung an Kugelflächen

Vorzeichenkonvention

Zwei Medien mit den Brechzahlen n und n' seien nach Bild 6-26 durch eine Kugelfläche voneinander getrennt. Im folgenden werden für alle Strecken und Winkel Vorzeichen verwendet, wie sie in der technischen Optik gebräuchlich und durch DIN 1335 festgelegt sind.

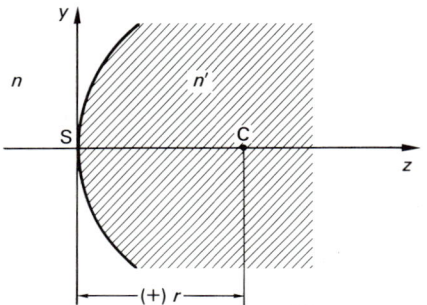

Bild 6-26.   Vorzeichenkonvention an Kugelflächen.

Die Achse durch den Kugelmittelpunkt C ist die optische Achse, zugleich z-Achse des Koordinatensystems. Die positive z-Richtung wird durch die Laufrichtung des Lichts bestimmt und geht im allgemeinen von links nach rechts. Die y-Achse steht senkrecht auf der z-Achse und weist von unten nach oben. Der Durchstoßpunkt der optischen Achse durch die Kugelfläche ist der Scheitel S. Der Radius der Kugel ist positiv, wenn der Mittelpunkt C rechts vom Scheitel S liegt und negativ, falls C links von S liegt. Sämtliche Strecken, die vom Bezugspunkt S aus nach links gemessen werden, also entgegen der z-Richtung, erhalten ein negatives Vorzeichen. Strecken, die nach rechts gemessen werden, sind positiv.

Die Vorzeichen der Winkel sind gemäß Bild 6-27 definiert: Der Zentriwinkel φ ist positiv, wenn das Lot durch eine Drehung im Gegenuhrzeigersinn (mathematisch positiv) mit der optischen Achse zur Deckung gebracht werden kann. In analoger Weise ist das Vorzeichen der Winkel σ und σ' festgelegt. Das

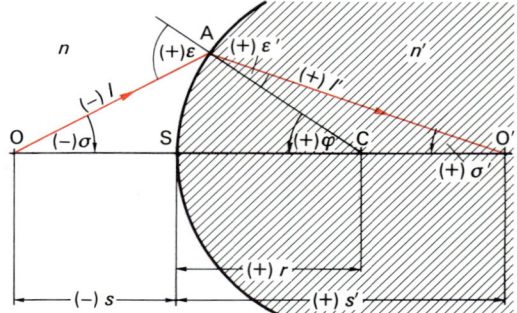

Bild 6-27.   Brechung eines Strahls an einer konvexen Kugelfläche.

Vorzeichen des Einfallswinkels ε und des Brechungswinkels ε' ergibt sich aus der Beziehung $\varphi = \sigma + \varepsilon = \sigma' + \varepsilon'$.

Abbildung eines Punktes

In Bild 6-27 geht von einem punktförmigen Objekt O auf der optischen Achse ein Lichtstrahl aus, der die Kugelfläche in A trifft. Für $n' > n$ wird der Strahl zum Einfallslot hin gebrochen und schneidet die optische Achse in O'; O' ist das Bild des Gegenstandes O. Mittels trigonometrischer Formeln läßt sich eine Beziehung aufstellen zwischen den *Schnittweiten* s und s'.

Der Sinus-Satz liefert für das Dreieck OCA

$$\frac{OC}{OA} = \frac{\sin(180° - \varepsilon)}{\sin\varphi} \quad \text{oder} \quad \frac{-s+r}{-l} = \frac{\sin\varepsilon}{\sin\varphi};$$

ebenso gilt für das Dreieck CO'A

$$\frac{CO'}{AO'} = \frac{\sin\varepsilon'}{\sin(180° - \varphi)} \quad \text{oder} \quad \frac{s'-r}{l'} = \frac{\sin\varepsilon'}{\sin\varphi}.$$

Einfallswinkel ε und Brechungswinkel ε' sind verknüpft durch das Brechungsgesetz $n \sin\varepsilon = n' \sin\varepsilon'$.

Aus diesen Beziehungen folgt

$$n\,\frac{s-r}{l} = n'\,\frac{s'-r}{l'}. \qquad (6\text{-}20)$$

Wird diese Gleichung nach s' aufgelöst, so erhält man den Ort des Bildpunktes O'. Wie man leicht erkennt, hängt dieser nicht nur von s und r, sondern auch von der Strecke l bzw. dem Winkel σ ab. Ein Objektpunkt wird demnach nicht als Punkt abgebildet, sondern als Bildlinie auf der optischen Achse. Beschränkt man sich jedoch auf paraxiale Strahlen, dann gelten die Näherungen $l \approx s$ und $l' \approx s'$. Aus Gl. (6-20) wird dann

$$n\left(\frac{1}{r} - \frac{1}{s}\right) = n'\left(\frac{1}{r} - \frac{1}{s'}\right). \qquad (6\text{-}21)$$

Diese Beziehung ist eine Invariante der Brechung; sie wird auch als *Abbesche Invariante* bezeichnet. – Die Beschränkung auf achsennahe Strahlen ist Merkmal der Gaußschen Optik, benannt nach C. F. GAUSS (1777 bis 1855), der 1840 die entsprechenden mathematischen Grundlagen schuf.

Beispiel

6.2-7: Bild 6-28 zeigt die Abbildung eines punktförmigen Objekts O durch eine Kugelfläche. Es sei $n = 1$ und $n' = 1,5$.

a) Für $r = + 80$ mm und $s = - 500$ mm ist s' zu berechnen.

Lösung:

Nach Gl. (6-21) gilt

$$s' = \frac{n' r}{n' - \dfrac{s - r}{s}} = \frac{1,5 \cdot 80}{1,5 - \dfrac{-500 - 80}{-500}} \text{ mm} = 353 \text{ mm}.$$

a)

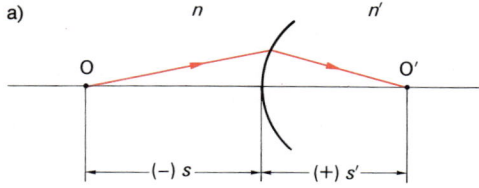

b)

c)

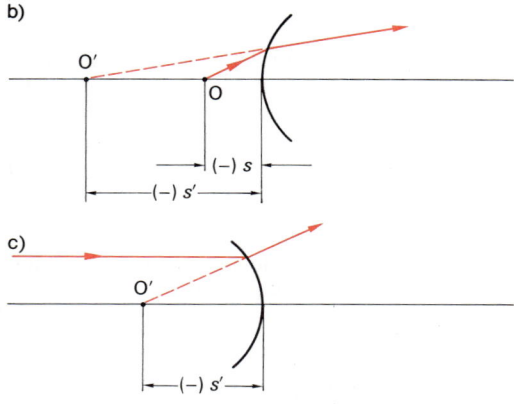

Bild 6-28. Strahlengang durch eine Kugelfläche (zu Beispiel 6.2-7).

s' ist positiv, das Bild liegt hinter der brechenden Fläche und ist reell.

b) Wie groß ist s' für $s = - 100$ mm und $r = + 80$ mm?

Lösung:

$s' = - 400$ mm.

Das negative Vorzeichen des Wertes bedeutet, daß der Bildort links vom Scheitel liegt, das Bild ist virtuell.

c) Der Objektort liege im Unendlichen, d.h. $s = - \infty$. Wo liegt der Bildpunkt bei einer konkav gekrümmten Kugelfläche mit $r = - 80$ mm?

Lösung:

Aus Gl. (6-21) folgt für $s = - \infty$

$$s' = \frac{n' r}{n' - n} = \frac{-1,5 \cdot 80}{0,5} = - 240 \text{ mm}.$$

Das Bild liegt vor der Kugelfläche, es ist virtuell.

Abbildung eines ausgedehnten Gegenstandes

Bild 6-29 zeigt die Abbildung eines Punktes O auf der optischen Achse mittels paraxialer Strahlen in den Bildpunkt O'. Ein Punkt P, der gemeinsam mit O auf einem Kreis um C liegt, wird in P' abgebildet. Gegenstandsweite und Bildweite sind für P und P' identisch mit den Werten für O und O'. Liegen verschiedene Objektpunkte auf einer Kugelschale um C, so entstehen ihre Bildpunkte auch auf einer Kugelschale um C. Gegenstand und Bild sind einander ähnlich. Beschränkt man sich auf paraxiale Strahlen, d.h. auf Gegenstände und Bilder kleiner Ausdehnung, dann kann man die Kugelflächen in den Punkten O und O' durch die Tangentialebenen T und T' annähern:

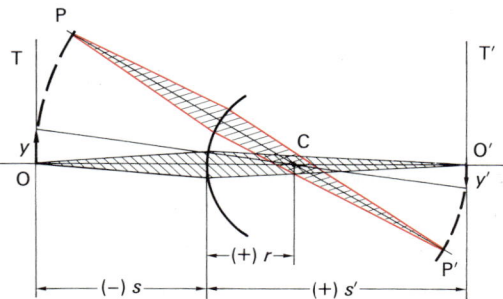

Bild 6-29. Abbildung eines ausgedehnten Objekts durch eine brechende Kugelfläche.

Ein kleiner, achsennaher und senkrecht zur optischen Achse stehender Gegenstand wird mit Hilfe von Paraxialstrahlen ähnlich abgebildet.

Der Abbildungsmaßstab ist nach Bild 6-29

$$\beta' = \frac{y'}{y} = -\frac{s'-r}{r-s} = \frac{s'-r}{s-r}.$$

Unter Berücksichtigung von Gl. (6-21) ergibt sich für den Abbildungsmaßstab

$$\beta' = \frac{y'}{y} = \frac{n}{n'}\frac{s'}{s}. \tag{6-22}$$

Von J. DE LAGRANGE (1736 bis 1813) wurde 1803 eine wichtige Beziehung zwischen den Neigungswinkeln der Strahlen zur optischen Achse und der Gegenstands- bzw. Bildgröße gefunden. In Bild 6-27 verlaufen zwei Strahlen unter den beiden spitzen Winkeln σ und σ' zu optischen Achse. Für das Winkelverhältnis γ' gilt bei kleinen Winkeln (tan $\sigma \approx \sin \sigma \approx \sigma$) $\gamma' = \sigma'/\sigma = s/s'$. Mit Hilfe von Gl. (6-22) folgt daraus

$$n\,y\,\sigma = n'\,y'\,\sigma'. \tag{6-23}$$

Das Produkt aus Brechungsindex, Gegenstandsgröße und Strahlneigung ist eine optische Invariante.

Da die Gültigkeit von Gl. (6-23) von H. von HELMHOLTZ (1821 bis 1894) auch für ein System von mehreren brechenden Flächen bewiesen wurde, nennt man sie *Helmholtz-Lagrangesche Gleichung*.

Zur Übung

Ü 6.2-13: Wie tief erscheint ein 1,5 m tiefes Wasserbecken einem Betrachter, der von oben ins Wasser schaut?

6.2.4. Abbildung durch Linsen

6.2.4.1. Dünne Linsen

Die Linse grenzt an verschiedene Medien

In den meisten optischen Systemen tritt Lichtbrechung an Gläsern auf, die von zwei kugelförmigen Flächen begrenzt werden. Bild 6-30

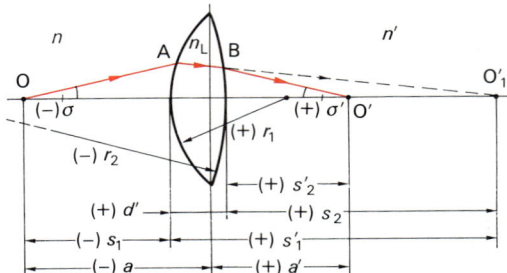

Bild 6-30. Abbildung eines Punktes auf der optischen Achse durch eine Sammellinse.

zeigt eine solche Linse und die Abbildung eines Lichtpunktes O auf der optischen Achse. Der Brechungsindex der Linse sei n_L, der der angrenzenden Gebiete n bzw. n'. Die Krümmungsradien der Kugelflächen sind r_1 und r_2.

Ein Lichtstrahl, der von O ausgehend die Linse in A trifft, würde nach O_1' gebrochen, falls nur die linke Kugelfläche allein vorhanden wäre. Das Bild O_1' befände sich dann im Medium mit dem Brechungsindex n_L im Abstand s_1' von der linken Fläche. Die Schnittweiten s_1 und s_1' sind durch die *Abbesche Invariante* (Gl. (6-21)) verknüpft:

$$n\left(\frac{1}{r_1} - \frac{1}{s_1}\right) = n_L\left(\frac{1}{r_1} - \frac{1}{s_1'}\right). \tag{1}$$

Tatsächlich wird der Strahl im Punkt B an der rechten Grenzfläche noch einmal gebrochen, so daß das Bild im Punkt O' entsteht. Gl. (6-21) ergibt, auf die rechte Kugelfläche angewandt (O_1' spielt die Rolle eines virtuellen Gegenstandes),

$$n_L\left(\frac{1}{r_2} - \frac{1}{s_2}\right) = n'\left(\frac{1}{r_2} - \frac{1}{s_2'}\right).$$

Die Strecke s_2 hängt mit der Linsendicke d' und s_1' zusammen über die Beziehung $s_2 = s_1' - d'$. Setzt man diese in die obige Gleichung ein, so ergibt sich

$$n_L\left(\frac{1}{r_2} - \frac{1}{s_1'-d'}\right) = n'\left(\frac{1}{r_2} - \frac{1}{s_2'}\right). \tag{2}$$

Aus den Gleichungen (1) und (2) läßt sich s_1' eliminieren und eine Beziehung zwischen den Schnittweiten s_1 und s_2' herstellen:

$$\frac{n_L\,r_1\,s_1}{n\,r_1 + (n_L - n)\,s_1} = \frac{n_L\,r_2\,s_2'}{n'\,r_2 + (n_L - n')\,s_2'} + d'. \tag{6-24}$$

Die *Schnittweitengleichung* (6-24) verknüpft die Schnittweiten s_1 und s_2' für ein beliebiges Flächenpaar im Abstand d'.

Eine wesentliche Vereinfachung der etwas unhandlichen Gleichung ist möglich, wenn die Linsendicke d' vernachlässigbar ist. Für die *unendlich dünne Linse* ($d' = 0$) geht die objektseitige Schnittweite s_1 in die Objektweite a und die bildseitige Schnittweite s_2' in die Bildweite a' über (Bild 6-30). Aus Gl. (6-24) wird dann

$$\frac{n'}{a'} - \frac{n}{a} = \frac{n_L - n}{r_1} - \frac{n_L - n'}{r_2}. \qquad (6\text{-}25)$$

Bei bekannten Linsendaten läßt sich aus Gl. (6-25) zu jedem Gegenstandsort der zugehörige Bildort berechnen.

Der Abbildungsmaßstab kann aus der Helmholtz-Lagrangeschen Gleichung (6-23) berechnet werden:

$$\beta' = \frac{y'}{y} = \frac{n\,\sigma}{n'\,\sigma'}.$$

Für das Verhältnis der beiden Winkel gilt bei paraxialen Strahlen nach Bild 6-30 $\sigma/\sigma' = a'/a$. Somit erhält man für den Abbildungsmaßstab

$$\beta' = \frac{n\,a'}{n'\,a}. \qquad (6\text{-}26)$$

Die Linse ist beiderseits von Luft umgeben

Eine weitere wesentliche Vereinfachung ergibt sich für den Fall, daß die dünne Linse beidseitig von Luft mit $n = n' = 1$ umgeben ist. Aus Gl. (6-25) folgt dann

$$\frac{1}{a'} - \frac{1}{a} = (n_L - 1)\left(\frac{1}{r_1} - \frac{1}{r_2}\right). \qquad (6\text{-}27)$$

Der Abbildungsmaßstab ist in diesem Fall

$$\beta' = \frac{a'}{a}. \qquad (6\text{-}28)$$

Bild 6-31 zeigt, daß sich alle Strahlen eines Lichtbündels, das parallel zur optischen Achse auf eine bikonvexe Linse fällt, in einem Punkt

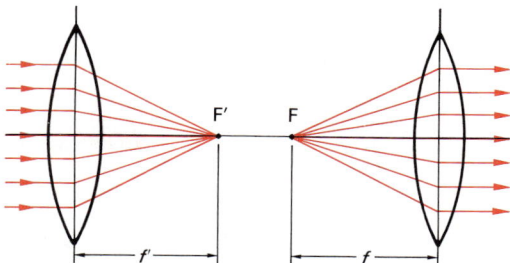

Bild 6-31.   *Strahlenbündel durch die Brennpunkte einer Sammellinse.*

schneiden. Dieser Punkt ist der *bildseitige Brennpunkt* F' dieser *Sammellinse*. Die *bildseitige Brennweite* f' läßt sich einfach aus Gl. (6-27) berechnen. Wenn die Gegenstandsweite $a = -\infty$ gesetzt wird, folgt für die Bildweite, d. h. für die bildseitige Brennweite

$$\frac{1}{f'} = D' = (n_L - 1)\left(\frac{1}{r_1} - \frac{1}{r_2}\right). \qquad (6\text{-}29)$$

Die Größe $D' = 1/f'$ nennt man die *Brechkraft* einer Linse. Die Maßeinheit für die Brechkraft ist die *Dioptrie:* 1 dpt = 1 m^{-1}.

Wie Bild 6-31 ebenfalls zeigt, verlaufen alle Strahlen, die durch den *gegenstandseitigen Brennpunkt* F gehen, hinter der Linse achsenparallel, d. h., der Bildort ist $a' = \infty$. Nach Gl. (6-27) sind die *gegenstandseitige Brennweite* f und die bildseitige Brennweite f' betragsmäßig gleich, es gilt

$$f = -f'. \qquad (6\text{-}30)$$

Die Abbildungsgleichung (6-27) erhält eine besonders einfache Gestalt, wenn die durch Gl. (6-29) definierte Brennweite eingeführt wird:

$$\frac{1}{a'} - \frac{1}{a} = \frac{1}{f'}. \qquad (6\text{-}31)$$

Beispiel

6.2-8: Im Abstand $a = -50$ cm von einer Sammellinse mit der Brennweite $f' = 20$ cm steht ein Gegenstand. Wie groß ist die Bildweite a' und der Abbildungsmaßstab β'?

Lösung:

Die Abbildungsgleichung (6-31) liefert für den Bildort

$$a' = \frac{a f'}{a + f'} \qquad (6\text{-}32)$$

und für den Abbildungsmaßstab

$$\beta' = \frac{f'}{a + f'} . \qquad (6\text{-}33)$$

Für dieses Beispiel ergibt sich also

$$a' = \frac{-50\ \mathrm{cm} \cdot 20\ \mathrm{cm}}{-50\ \mathrm{cm} + 20\ \mathrm{cm}} = 33,3\ \mathrm{cm} \quad \text{und}$$

$$\beta' = \frac{20\ \mathrm{cm}}{-50\ \mathrm{cm} + 20\ \mathrm{cm}} = -0,667 .$$

Die Eigenschaften der Brennpunktsstrahlen machen auch eine sehr einfache zeichnerische Konstruktion der Abbildung möglich, die anhand von Bild 6-32 erläutert werden soll. Die vom Punkt P ausgesandten Strahlen 1, 2 und 3 treffen sich wieder im Punkt P'; also ist P' das Bild des Gegenstandes P. Strahl 1 verläuft parallel zur optischen Achse bis zur Mitte der im Idealfall unendlich dünnen Linse; von dort wird er zum bildseitigen Brennpunkt F' gebrochen. Strahl 3 geht durch den objektseitigen Brennpunkt F und läuft hinter der Linse parallel zur optischen Achse. Strahl 2 geht durch den Mittelpunkt der Linse und erfährt keine Ablenkung (planparallele Platte der Dicke $d' \approx 0$).

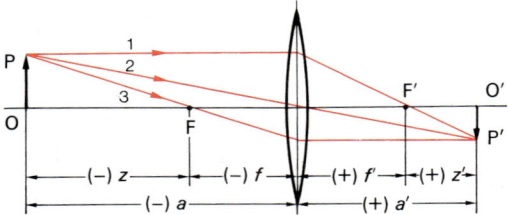

Bild 6-32. *Abbildung eines Gegenstandes mit Hilfe von Brennpunktsstrahlen und Mittelpunktsstrahl.*

Die Diskussion der Abbildungsgleichung (6-31) sowie der daraus resultierenden Beziehungen (6-32) und (6-33) zeigt, daß reelle Bilder nur entstehen für $|a| > |f|$. Für $a = f$ liegt das Bild im Unendlichen, für $|a| < |f|$ ist $a' < 0$; d. h. das Bild liegt im Gegenstandsraum und

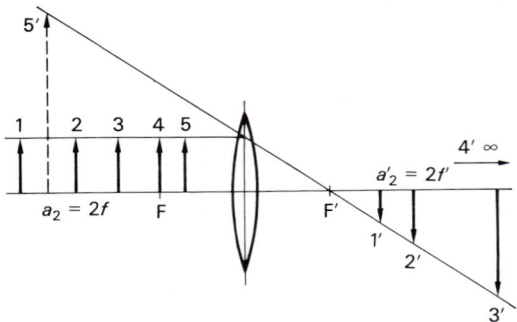

Bild 6-33. *Zuordnung von Gegenstand und Bild bei einer Sammellinse.*

ist virtuell. Bild 6-33 zeigt die Verknüpfung von Gegenstand und Bild für verschiedene Gegenstandsweiten a.

Für manche Zwecke ist es sinnvoll, die Objekt- bzw. Bildweite von den jeweiligen Brennpunkten aus zu messen. Bezeichnet man nach Bild 6-32 den Abstand vom objektseitigen Brennpunkt F zum Objekt O mit z und die entsprechende Länge im Bildraum mit z', so gilt

$$z\,z' = -f'^2 . \qquad (6\text{-}34)$$

Diese besonders einfache Beziehung zwischen Objekt- und Bildort wird *Newtonsche Abbildungsgleichung* genannt.

Linsentypen

Die bisher behandelte Sammellinse hat ihren Namen von der Fähigkeit, parallel einfallende Strahlen in der Brennebene zu sammeln. Die Brennweite f' hängt nach Gl. (6-29) von den Radien der beiden Kugelflächen ab. Wird die Brennweite f' negativ, dann liegt der bildseitige Brennpunkt F' im Gegenstandsraum, der objektseitige im Bildraum. Mit einer solchen *Zerstreuungslinse* können Lichtstrahlen nicht gebündelt werden, es sind lediglich virtuelle Bilder erzeugbar. Bild 6-34 zeigt eine Übersicht gebräuchlicher Linsenformen.

Die Bedeutung der Brennpunkte bei einer Zerstreuungslinse wird in Bild 6-35 erläutert. Fallen Strahlen parallel zur optischen Achse auf die Linse, so scheinen sie nach der Brechung aus F' zu kommen. Diese Eigenschaft der Brennpunktsstrahlen gestattet wieder eine einfache zeichnerische Konstruktion der Abbildung.

Linsenform	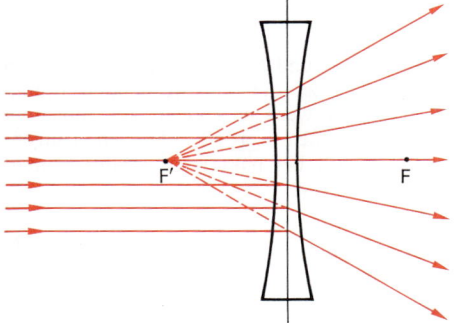 bi-konvex	plan-konvex	konkav-konvex	bi-konkav	plan-konkav	konvex-konkav
Bezeichnung	bi-konvex	plan-konvex	konkav-konvex	bi-konkav	plan-konkav	konvex-konkav
Radien	$r_1 > 0$ $r_2 < 0$	$r_1 = \infty$ $r_2 < 0$	$r_1 < r_2 < 0$	$r_1 < 0$ $r_2 > 0$	$r_1 = \infty$ $r_2 > 0$	$r_2 < r_1 < 0$
Brennweite im optisch dünneren Medium	$f' > 0$	$f' > 0$	$f' > 0$	$f' < 0$	$f' < 0$	$f' < 0$

Bild 6-34.   Linsenformen und deren Eigenschaften.

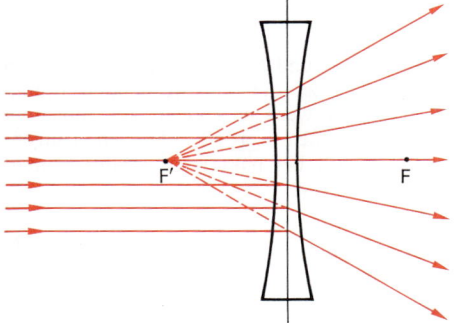

Bild 6-35.   Verlauf von achsenparallelen Strahlen bei einer Zerstreuungslinse mit den Brennpunkten F und F'.

Beispiel

6.2-9: Vor einer Zerstreuungslinse mit der Brennweite $f' = -30$ cm steht im Abstand $a = -60$ cm ein Gegenstand. Wo entsteht das Bild, und wie groß ist der Abbildungsmaßstab β'?

Lösung:

Bild 6-36 zeigt die zeichnerische Konstruktion mit Hilfe der Brennpunktsstrahlen 1 und 2 sowie des

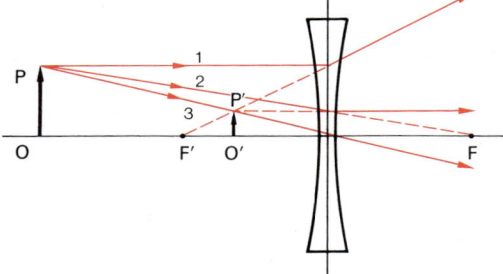

Bild 6-36.   Abbildung eines Gegenstandes mit einer Zerstreuungslinse (zu Beispiel 6.2-9).

nicht abgelenkten Mittelpunktsstrahls 3. Das Bild ist aufrecht, verkleinert und virtuell. Ein virtuelles Bild kann nicht auf einer Mattscheibe sichtbar gemacht werden; trotzdem kann es ein Beobachter wahrnehmen. Die von P' ausgehenden Strahlen können von der Augenlinse wieder auf die Netzhaut fokussiert werden. Die Rechnung ergibt mit Gl. (6-32) und (6-33) für die Bildweite $a' = -20$ cm und für den Abbildungsmaßstab $\beta' = 1/3$.

Zur Übung

Ü 6.2-14: Konstruieren Sie den weiteren Weg eines Lichtstrahls, der unter einem beliebigen Winkel schief auf eine Sammellinse (Zerstreuungslinse) fällt.

Ü 6.2-15: Eine plankonvexe Linse mit dem Brechungsindex $n_L = 1,51$ hat an Luft die Brennweite $f' = 10$ cm. Sie berührt mit der ebenen Fläche die Glaswand eines Aquariums, das mit Wasser gefüllt ist. a) Sonnenlicht fällt parallel zur optischen Achse auf die Linse. Wo liegt der Fokus F' im Wasser? b) In welcher Entfernung von der Linse entsteht das Bild eines Fisches, der 20 cm von der Linse entfernt im Wasser schwimmt? Wie groß ist der Abbildungsmaßstab? Lösen Sie die Aufgabe zeichnerisch und rechnerisch.

Ü 6.2-16: Von F. W. BESSEL (1784 bis 1846) stammt folgende Methode zur experimentellen Bestimmung der Brennweite einer Sammellinse: Ein leuchtender Gegenstand und eine Mattscheibe werden in festem Abstand l ($l > 4f'$) aufgestellt. Bildet man den Gegenstand mit einer Linse auf die Mattscheibe ab, so gibt es zwei Linsenstellungen, bei denen eine Abbildung möglich ist. Berechnen Sie aus dem Abstand t der beiden Linsenorte die Brennweite der Linse.

Ü 6.2-17: Eine plankonvexe Linse mit dem Krümmungsradius $r_1 = 20$ cm bildet einen Gegenstand mit der Gegenstandsweite $a = -70$ cm im Abstand $a' = 93,5$ cm ab. Wie groß ist die Brechkraft D' und der Brechungsindex n_L der Linse?

6.2.4.2. Dicke Linsen

Ist die Linsendicke d' nicht mehr vernachlässigbar klein, so müssen die vorgenannten Abbildungsgleichungen etwas modifiziert werden. Fällt ein Lichtstrahl entsprechend Bild 6-37 parallel zur optischen Achse auf eine dicke Sammellinse, so wird er nach zweimaliger Brechung an den beiden Kugelflächen im bildseitigen Brennpunkt F' die optische Achse schneiden. Der Strahlenverlauf im Innern der Linse ist für die optische Abbildung völlig unwichtig. Der Strahlenverlauf im bildseitigen Außenraum sieht jedenfalls so aus, als ob der Strahl vom Punkt Q' herkäme. Dieser Schnittpunkt der gestrichelten Strahlverlängerung definiert die Lage der *bildseitigen Hauptebene* H'. Wie später noch gezeigt wird, kann die Lage der Hauptebenen berechnet werden. Dadurch ist eine sehr einfache Konstruktion der Strahlen im Außenraum der Linse möglich. Beispielsweise wird ein Strahl, der durch den gegenstandseitigen Brennpunkt F geht, ungeachtet seines tatsächlichen Verlaufs bis zur *gegenstandsseitigen Hauptebene* H verlängert und verläuft von dort parallel zur optischen Achse.

Der Abstand des bildseitigen Brennpunktes F' vom Linsenscheitel S', d.h. die Strecke $s'_{F'}$, ergibt sich unmittelbar aus der Schnittweitengleichung (6-24) für einen unendlich weit entfernten Gegenstand, also für $s_1 = -\infty$. Ebenso ist der Ort des objektseitigen Brennpunktes, d.h. die Strecke s_F, aus Gl. (6-24) zu ermitteln, indem die Bildweite $s'_2 = \infty$ gesetzt wird. Im folgenden werden nur Gleichungen angegeben für den Fall, daß die Linse beidseitig von Luft umgeben ist. Für diesen Spezialfall liefert die Schnittweitengleichung (6-24)

$$s'_{F'} = r_2 \frac{n_L r_1 - (n_L - 1)\, d'}{(n_L - 1)\,[n_L\,(r_2 - r_1) + (n_L - 1)\, d']} \; ;$$

$$s_F = -\, r_1 \frac{n_L r_2 + (n_L - 1)\, d'}{(n_L - 1)\,[n_L\,(r_2 - r_1) + (n_L - 1)\, d']} \; .$$

$$(6\text{-}35)$$

Die Brennweiten f' und f, die gemäß Bild 6-37 von den Hauptebenen zu den entsprechenden Brennpunkten gerechnet werden, können aus folgender Überlegung gewonnen werden: Für den Tangens des Winkels σ'_2 gilt bei paraxialen Strahlen $\tan \sigma'_2 = h'/s'_F = h/f'$; also ist

$$f' = \frac{h}{h'}\, s'_{F'}.$$ (1)

Ebenso gilt

$$\tan \sigma'_1 = \frac{h'}{s'_1 - d'} = \frac{h}{s'_1} \quad \text{oder} \quad \frac{h}{h'} = \frac{s'_1}{s'_1 - d'}.$$ (2)

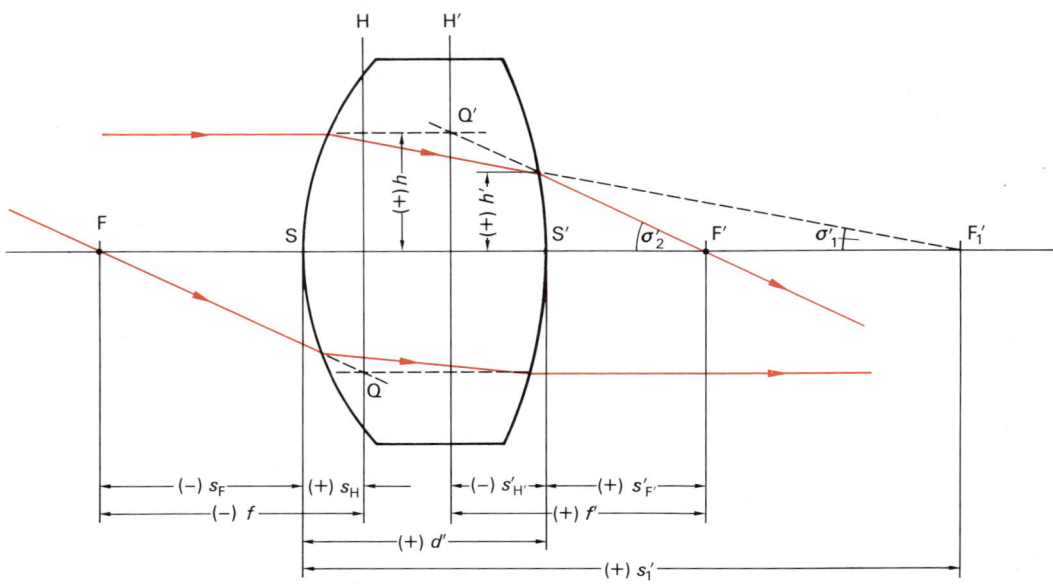

Bild 6-37. Lage der Hauptebenen bei einer dicken Sammellinse.

Wird (2) in (1) eingesetzt, so gilt für die Brennweite

$$f' = \frac{s'_1}{s'_1 - d'}\, s'_{F'}.$$

Der Abstand s'_1 folgt unmittelbar aus der Abbeschen Invarianten (6-21) zu

$$s'_1 = \frac{n_L}{n_L - 1}\, r_1.$$

Damit erhält man folgenden Ausdruck für die Brennweite:

$$\frac{1}{f'} = D' = (n_L - 1)\left(\frac{1}{r_1} - \frac{1}{r_2}\right) +$$
$$+ \frac{(n_L - 1)^2}{n_L}\, \frac{d'}{r_1 r_2}. \qquad (6\text{-}36)$$

Hierin ist das erste Glied die Brennweite der dünnen Linse, wie sie bereits in Gl. (6-29) angegeben wurde. Das zweite Glied wirkt gleichsam als Korrekturglied und erfaßt den Einfluß der Linsendicke d'. Es ist immer dann vernachlässigbar, wenn die Linsendicke klein ist gegenüber der Differenz der Radien, d. h. wenn gilt $d' \ll |r_2 - r_1|$.

Gl. (6-36) läßt sich auch direkt nach der Brennweite auflösen:

$$f' = \frac{n_L}{n_L - 1}\, \frac{r_1 r_2}{n_L(r_2 - r_1) + (n_L - 1)\, d'}. \qquad (6\text{-}37)$$

Die gegenstandseitige Brennweite f wird analog zur eben gezeigten Methode berechnet. Wie schon bei der dünnen Linse sind auch bei der dicken Linse die Beträge der Brennweiten gleich. Es gilt nach Gl. (6-30) $f = -f'$.

Falls die Brennweite einer Linse bekannt ist, läßt sich das Gleichungspaar (6-35) für die Abstände der Brennpunkte von den Scheiteln sehr viel einfacher ausdrücken. Aus dem Vergleich von Gl. (6-35) und (6-37) folgt

$$s'_{F'} = f'\left(1 - \frac{n_L - 1}{n_L}\, \frac{d'}{r_1}\right);$$
$$s_F = -f'\left(1 + \frac{n_L - 1}{n_L}\, \frac{d'}{r_2}\right). \qquad (6\text{-}38)$$

Den Abstand der Hauptebenen von den Scheiteln erhält man nach Bild 6-37 durch einfache Differenzbildung zweier Strecken, nämlich $s'_{H'} = s'_{F'} - f'$ und $s_H = s_F - f$. Dabei ergibt sich

$$s'_{H'} = -f'\, \frac{n_L - 1}{n_L}\, \frac{d'}{r_1};$$
$$s_H = -f'\, \frac{n_L - 1}{n_L}\, \frac{d'}{r_2}. \qquad (6\text{-}39)$$

Wird nach Bild 6-38 die Gegenstandsweite a als Entfernung des Gegenstandes von der Hauptebene H definiert und entsprechend die Bildweite a' als Abstand zwischen Hauptebene H' und Bild, so gilt auch bei dicken Linsen die von den dünnen Linsen her bereits bekannte Abbildungsgleichung (6-31): $1/a' - 1/a = 1/f'$. Ebenso wird der Abbildungsmaßstab nach der bereits bekannten Gleichung (6-28) berechnet: $\beta' = a'/a$.

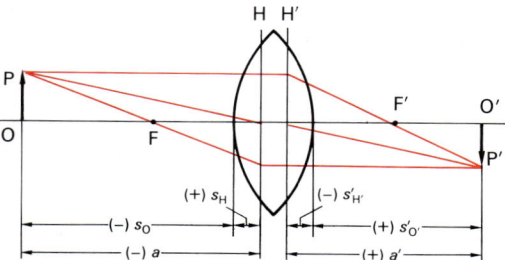

Bild 6-38.   Abbildung eines Gegenstandes durch eine dicke Sammellinse (zu Beispiel 6.2-10).

Beispiel

6.2-10: Gegeben sei eine Linse mit $r_1 = 5$ cm, $r_2 = -5$ cm, $d' = 3$ cm, $n_L = 1,7$. Ein Gegenstand ist $s_O = -8$ cm vom linken Scheitel entfernt (Bild 6-38). In welchem Abstand $s_{O'}$ vom rechten Scheitel entsteht das Bild? Wie groß ist β'?

Lösung:

Die Brechkraft der Linse beträgt nach Gl. (6-36)

$$D' = 0,7 \cdot \left(\tfrac{1}{5} + \tfrac{1}{5}\right)\,\text{cm}^{-1} - \frac{0,7^2}{1,7} \cdot \frac{3}{25}\,\text{cm}^{-1}$$
$$= 0,245\,\text{cm}^{-1} = 24,5\,\text{dpt}.$$

Die Brennweite ist $f' = 4,07$ cm. Für die Abstände der Hauptebenen von den Scheiteln gilt nach Gl. (6-39)

$$-s'_{H'} = s_H = 4,07\,\text{cm} \cdot \frac{0,7}{1,7} \cdot \frac{3}{5} = 1,01\,\text{cm}.$$

Bild 6-38 zeigt die Lage der beiden Hauptebenen. Für die weitere Rechnung benötigt man zunächst die Gegenstandsweite

$$a = s_O - s_H = -8 \text{ cm} - 1,01 \text{ cm} = -9,01 \text{ cm} .$$

Die Bildweite a' folgt aus der Abbildungsgleichung (6-32):

$$a' = \frac{a f'}{a + f'} = \frac{-9,01 \cdot 4,07}{-9,01 + 4,07} \text{ cm} = 7,42 \text{ cm} .$$

Der Abstand von der rechten Linsenfläche ist

$$s'_{O'} = a' + s'_{H'} = 7,42 \text{ cm} - 1,01 \text{ cm} = 6,41 \text{ cm} .$$

Der Abbildungsmaßstab wird nach Gl. (6-28) berechnet:

$$\beta' = \frac{a'}{a} = -\frac{7,42 \text{ cm}}{9,01 \text{ cm}} = -0,82 .$$

Die graphische Lösung ist in Bild 6-38 wiedergegeben. Das Bild ist reell, kopfstehend und verkleinert.

Zur Übung

Ü 6.2-18: Gegeben sei eine plankonvexe Linse mit den Daten $r_1 = \infty$, $r_2 = -4$ cm, $d' = 2$ cm und $n_L = 1,7$. a) Wie groß ist die Brennweite f' der Linse? b) Wo befinden sich die Hauptebenen H und H' relativ zu den Linsenscheiteln S und S'? c) Im Abstand $s_O = -12$ cm von der ebenen Fläche befindet sich ein Objekt. In welcher Entfernung $s'_{O'}$ von der Kugelfläche entsteht das Bild? d) Wie groß ist der Abbildungsmaßstab β'?

Ü 6.2-19: Eine Glaskugel mit dem Radius r und der Brechzahl n_L wird als Linse verwendet. Wie groß ist die Brennweite f', und wo befinden sich die Hauptebenen?

Ü 6.2-20: Wie hängt bei einer Plankonvex-(Plankonkav-)Linse die Brennweite f' von der Linsendicke ab?

Ü 6.2-21: Wie groß ist die Brennweite f' einer Meniskuslinse mit $r_1 = r_2 = r$ und der Dicke d'? Wo liegen die Hauptebenen? Zeichnen Sie maßstäblich die Brechung eines von links kommenden achsenparallelen Strahls für $r = 5$ cm, $d' = 3$ cm und $n_L = 1,7$.

6.2.4.3. Linsensysteme

Viele optische Systeme bestehen aus mehreren Linsen mit gemeinsamer optischer Achse. Der für eine optische Abbildung relevante Strahlenverlauf kann konstruiert werden, wenn die *Gesamtbrennweite* sowie die Lage der zwei *Hauptebenen des Systems* bekannt sind. Man

führt also letztlich das System ersatzweise auf eine dicke Linse zurück.

Beispiel

6.2-11: Zwei dünne Sammellinsen L_1 und L_2 gemäß Bild 6-39 sind im Abstand $e' = 25$ cm angebracht. Die Brennweiten betragen $f'_1 = 60$ cm und $f'_2 = 50$ cm. Wie groß ist die Gesamtbrennweite f', und wo liegen die Hauptebenen des Systems?

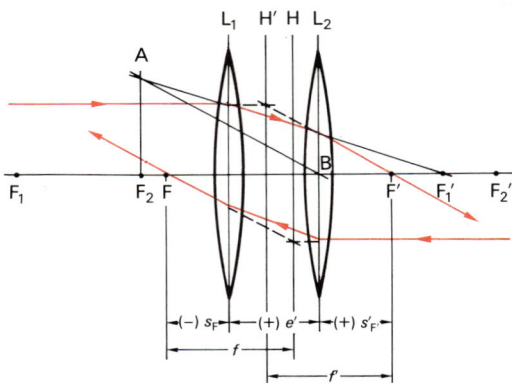

Bild 6-39. *Lage der Hauptebenen bei einem System aus zwei Sammellinsen (zu Beispiel 6.2-11).*

Lösung:

Sehr einfach läßt sich das Problem zeichnerisch lösen. In Bild 6-39 fällt von links her ein achsenparalleler Strahl auf die Linse L_1 und wird auf F'_1 zu gebrochen. Hinter der Linse L_2 verläuft der Strahl parallel zur Geraden AB (s. *Ü 6.2-14*), so daß er schließlich die optische Achse im Brennpunkt F' schneidet. Der Schnittpunkt der Strahlverlängerung definiert die Lage der bildseitigen Hauptebene H'. Nach obigem Muster wird der Weg eines von rechts parallel zur optischen Achse einfallenden Strahls konstruiert. Brennpunkt F und Hauptebene H sind somit bestimmt.

Durch Anwendung der Abbildungsgleichung (6-31) erhält man für die Abstände der Brennpunkte von den Linsen

$$\frac{1}{s'_{F'}} = \frac{1}{f'_2} + \frac{1}{f'_1 - e'} \quad \text{und}$$

$$\frac{1}{s_F} = -\frac{1}{f'_1} - \frac{1}{f'_2 - e'} . \qquad (6\text{-}40)$$

Für Beispiel *6.2-11* ergibt sich $s'_{F'} = 20,6$ cm und $s_F = -17,6$ cm.

Die Brennweite des Systems, als Abstand zwischen Brennpunkt und zugeordneter Hauptebene definiert, läßt sich durch elementare geometrische Überlegungen, auf deren Wiedergabe hier verzichtet wird, berechnen. Das Ergebnis ist

$$f' = -f = \frac{f'_1 f'_2}{f'_1 + f'_2 - e'}. \qquad (6\text{-}41)$$

Für Beispiel *6.2-11* ergibt sich $f' = 35.3$ cm.

Die Brechkraft des Systems ist

$$D' = \frac{1}{f'} = \frac{1}{f'_1} + \frac{1}{f'_2} - \frac{e'}{f'_1 f'_2} \quad \text{oder}$$

$$D' = D'_1 + D'_2 - e'\, D'_1 D'_2. \qquad (6\text{-}42)$$

Besonders einfache Verhältnisse liegen vor, wenn der Abstand e' der Linsen gegenüber den Brennweiten vernachlässigbar ist. Dies ist praktisch der Fall, wenn sich zwei Linsen berühren. Aus Gl. (6-42) resultiert dann

$$D' = D'_1 + D'_2. \qquad (6\text{-}43)$$

Bei eng zusammenstehenden Linsen ist die Brechkraft des Systems gleich der Summe der Brechkräfte der einzelnen Linsen.

Um die Brennweite einer Zerstreuungslinse zu messen, kombiniert man diese mit einer Sammellinse größerer Brechkraft, so daß das System insgesamt sammelnd wirkt. Für dieses System bestimmt man dann durch Ausmessen einer reellen Abbildung die Gesamtbrennweite (*Ü 6.2-16*). Die Brennweite der Zerstreuungslinse läßt sich dann aus Gl. (6-43) berechnen.

Zur Übung

Ü 6.2-22: Eine dünne plankonvexe Linse hat den Krümmungsradius $r_1 = 20$ cm und den Brechungsindex $n_{L1} = 1{,}75$. Eine plankonkave Linse mit dem Brechungsindex $n_{L2} = 1{,}52$ wird so neben die erste Linse gestellt, daß sich die beiden ebenen Flächen berühren. Das System hat dann die Gesamtbrennweite $f' = 60$ cm. a) Wie groß ist der Krümmungsradius r_2 der Zerstreuungslinse? b) Welchen Abstand e' müssen die beiden Linsen haben, damit die Gesamtbrennweite auf $f' = 30$ cm abnimmt? c) Bestimmen sie zeichnerisch und rechnerisch die Lage

der Hauptebenen von b). d) In welchem Abstand $s'_{O'}$ von der Zerstreuungslinse wird ein Objekt abgebildet, das $s_O = -65$ cm vor der Sammellinse steht? Wie groß ist der Abbildungsmaßstab β'?

Ü 6.2-23: Ein Laserstrahl soll von 2 mm Durchmesser auf 10 mm aufgeweitet werden. Zur Verfügung steht eine Zerstreuungslinse mit $f'_1 = -10$ cm. Welche Brennweite f'_2 braucht die noch erforderliche Sammellinse? Wie groß ist der Abstand e' der zwei Linsen?

6.2.5. Blenden im Strahlengang

In jedem optischen System sind *Blenden* vorhanden, die den Querschnitt der zur Abbildung verwendeten Lichtstrahlen begrenzen. Bild 6-40 zeigt die Abbildung des Gegenstandes $P_1 P_2$ durch eine Sammellinse ins reelle Bild $P'_1 P'_2$. Innerhalb des schraffierten Kegels laufen alle Strahlen, die vom Punkt P_2 ausgehen und in P'_2 gesammelt werden. Das Strahlenbündel ist begrenzt durch eine materielle Blende oder *Pupille*. Die Linse entwirft von der Blende ein reelles Bild, die *Austrittspupille* AP, durch die wieder alle Strahlen gehen müssen. Vom Gegenstandspunkt O, der auf der optischen Achse liegt, gelangen alle Strahlen, die innerhalb des strichpunktierten Kegels liegen, zur Abbildung. Der Öffnungswinkel σ wird *objektseitiger Aperturwinkel* genannt, der konjugierte Winkel σ' ist der *bildseitige Aperturwinkel*. Allgemein wird σ durch die *Eintrittspupille* EP begrenzt, σ' durch die Austrittspupille AP. In Bild 6-40 spielt also die reale Blende zugleich die Rolle der Eintrittspupille. Läßt man den Durchmesser der Eintrittspupille gegen null gehen, so werden die zur Abbildung gelangenden Lichtkegel immer schlanker, bis schließlich nur noch die rot gestrichelten *Hauptstrahlen* übrig bleiben.

Es ist offensichtlich, daß die Lichtmenge, die vom Gegenstand zum Bild gelangt, von der

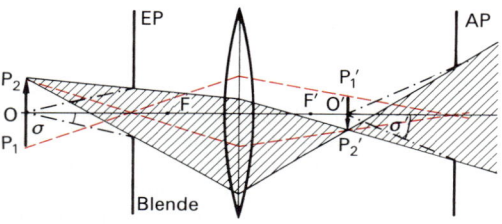

Bild 6-40. Strahlbegrenzung durch eine Blende.

Größe der Eintrittspupille abhängt. Die Blende steuert damit die Helligkeit des Bildes.

Eine weitere Funktion einer Blende ist die Begrenzung des *Gesichtsfelds*. Diese Blendenwirkung ist in Bild 6-41 verdeutlicht, wo der Gegenstandsraum von Bild 6-40 noch einmal dargestellt ist. Für diejenigen Gegenstandspunkte, die sich innerhalb der Grenzen P_1 und P_2 befinden, gelangen alle Strahlen, die die Eintrittspupille passiert haben, auch auf das Bild. Für Gegenstandspunkte zwischen P_1 und P_3 bzw. P_2 und P_4 wirkt die Linsenfassung als Blende, so daß nur ein Teil der Strahlen auf das Bild gelangt. Gegenstandspunkte schließlich, die außerhalb von P_3 und P_4 sitzen, werden durch die vorliegende Anordnung überhaupt nicht mehr abgebildet. Das Gesichtsfeld ist hier nicht scharf begrenzt, sondern es wird nach außen hin allmählich dunkler. Diesen Effekt bezeichnet man als *Vignettierung* oder *Abschattung*. Soll das Gesichtsfeld scharf begrenzt sein, so muß in der Bildebene eine *Gesichtsfeldblende* angebracht werden. Anstelle einer körperlichen Blende kann auch das Bild einer Blende, eine *Luke*, das Gesichtsfeld begrenzen.

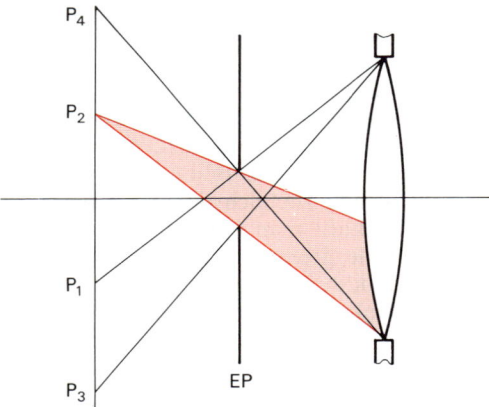

Bild 6-41. *Begrenzung des Gesichtsfelds bei einem ausgedehnten Gegenstand.*

Zur Übung

Ü 6.2-24: In 30 cm Abstand vor einer Sammellinse steht eine Blende mit 12 mm Durchmesser. Ihr Bild (AP) entsteht 60 cm hinter der Linse. a) Welchen Durchmesser hat die Austrittspupille? b) Konstruieren Sie mit Hilfe der Pupillenstellungen die Abbildung eines Gegenstandes mit $a = -50$ cm Gegenstandsweite und $y = 1$ cm Größe. c) Wie groß muß der Linsendurchmesser mindestens sein, damit auch die Randpartien ohne Abschattung abgebildet werden?

6.2.6. Abbildungsfehler

Bei der bisherigen Beschreibung optischer Abbildungen ist idealisierend vorausgesetzt, daß nur achsennahe Strahlen an der Abbildung beteiligt sind. Sobald Strahlen in großem Abstand von der optischen Achse bzw. unter großen Winkeln gegen diese verlaufen, ist die Abbildung mit Fehlern behaftet. Tabelle 6-2 zeigt eine knappe Zusammenstellung der wichtigsten Abbildungsfehler.

Zur Behebung der Abbildungsfehler sind immer mehr oder weniger komplizierte Linsensysteme erforderlich. Dabei wird ausgenutzt, daß bestimmte Fehler in verschiedenen Linsentypen gegenläufig sind, so daß sie sich bei der Kombination ganz oder teilweise aufheben. Eine vollkommene Korrektur aller Abbildungsfehler ist nicht möglich.

6.2.7. Optische Instrumente

6.2.7.1. Das menschliche Auge

In Bild 6-42 sind die wichtigsten Teile des menschlichen Auges dargestellt. Das Auge wird eingehüllt von der stabilen *Lederhaut* Le. Darunter liegt die für den Stoffwechsel wichtige *Aderhaut* A, die mit der lichtempfindlichen *Netzhaut* N ausgekleidet ist. Die lichtdurchlässigen Teile des Auges sind die *Hornhaut* H, die mit *Kammerwasser* gefüllte *vordere Augenkammer* K, die *Linse* Li sowie der gallertartige *Glaskörper* G.

Das normalsichtige Auge ist im Ruhezustand so eingestellt, daß paralleles Licht unendlich ferner Gegenstände auf die Netzhaut fokussiert wird, wie es Bild 6-43 zeigt. Dabei regelt die *Iris* I (*Regenbogenhaut*) als Eintrittspupille die Lichtmenge, die ins Auge fällt. Die Brechung des Lichts findet vorwiegend an der gekrümmten Hornhaut statt. Die Linse sorgt lediglich dafür, daß Gegenstände in verschiedenen Entfernungen scharf gesehen werden. Zu diesem Zweck wird die Krümmung der Augenlinse mit Hilfe des *Ziliarmuskels* Z verändert (*Akkommodation*). Der nächstgele-

Tabelle 6-2. Abbildungsfehler.

Bezeichnung	Ursache und Auswirkung	Beseitigung
sphärische Aberration (Öffnungsfehler)	Ein Objektpunkt auf der optischen Achse wird, falls nur achsennahe Strahlen an der Abbildung beteiligt sind, weiter von einer Sammellinse entfernt abgebildet, als bei der ausschließlichen Verwendung achsenferner Strahlen. Daher wird ein Punkt durch weit geöffnete Strahlenbündel nicht als Punkt, sondern als Zerstreuungsscheibchen abgebildet.	Kombination mehrerer Linsen verschiedener Brennweite (z. B. Sammellinse und Zerstreuungslinse); Variation der Linsenform. Ein korrigiertes System wird als Aplanat bezeichnet.
Astigmatismus und Bildfeldwölbung	Ausgedehnte ebene Objekte werden nicht in einer Ebene, sondern auf zwei gekrümmten Bildschalen, die sich auf der optischen Achse berühren, abgebildet. Deshalb entsteht bei der Abbildung eines Punktes, der außerhalb der optischen Achse liegt, auch bei der Verwendung schlanker Strahlenbündel kein Bildpunkt, sondern zwei zueinander senkrecht verlaufende Bildstriche auf den beiden Bildschalen in verschiedenen Abständen von der Linse.	Kombination mehrerer Linsen aus geeigneten Gläsern; Veränderung der Blendenlage. Ein korrigiertes System ist ein Anastigmat.
Koma	Strahlenbündel großer Öffnung bilden einen Punkt, der außerhalb der optischen Achse liegt, nicht als Punkt, sondern als ovale Figur mit kometenhaftem Schweif ab.	Abblenden; Fehler ist stark abhängig von der Blendenlage.
Verzeichnung	Bei falscher Blendenlage sind Bild und Objekt nicht geometrisch ähnlich. Liegt die Blende zu weit im Gegenstandsraum, wird ein Quadrat tonnenförmig verzeichnet, liegt sie zu weit im Bildraum, resultiert eine kissenförmige Verzeichnung.	Blende bzw. Pupille sollte in der Linsenebene liegen. Verwirklicht im orthoskopischen Objektiv.
chromatische Aberration	Farbfehler, der aufgrund der Dispersion des Linsenmaterials entsteht, wenn zur Abbildung kein monochromatisches Licht verwendet wird. Das Bild wird unscharf und erhält farbige Ränder.	Kombination von Sammellinse aus Kronglas und Zerstreuungslinse aus Flintglas; korrigiertes Objektiv ist ein Achromat.

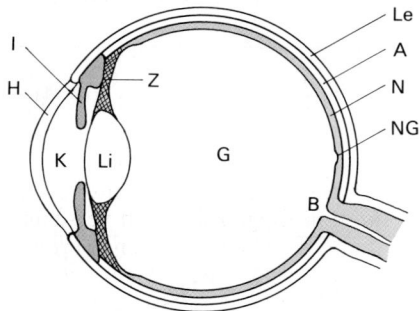

Bild 6-42.   Querschnitt durch das menschliche Auge.

gene Punkt, den man eben noch scharf sehen kann, wird *Nahpunkt* genannt. Er liegt bei Jugendlichen bei etwa 10 cm und nimmt mit zunehmendem Alter zu. Als *Bezugssehweite* oder *deutliche Sehweite* wurde der Abstand $a_B = -25$ cm festgelegt, in dem der normalsichtige Mensch ohne Anstrengung Gegenstände betrachten kann. Der *Fernpunkt* liegt beim normalsichtigen Auge im Unendlichen.

Beim *kurzsichtigen* Auge ist die Brechkraft des Systems so groß, daß parallel einfallende Strahlen schon vor der Netzhaut vereinigt

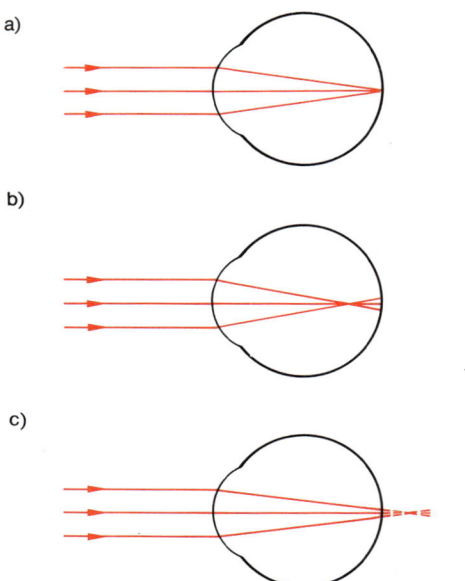

a)

b)

c)

Bild 6-43. Menschliches Auge: a) normalsichtig,
b) kurzsichtig, c) übersichtig (weitsichtig).

werden (Bild 6-43 b). Der Kurzsichtige kann
unendlich entfernte Gegenstände nicht scharf
sehen, sein Fernpunkt liegt im Endlichen. Zur
Korrektur wird eine Brille mit Zerstreuungs-
linsen verwandt.

Beim *übersichtigen* (*weitsichtigen*) Auge ist die
Brechkraft so gering, daß der Brennpunkt
hinter der Netzhaut liegt (Bild 6-43 c). Der
Übersichtige kann durch Akkommodation
diesen Fehler zum Teil ausgleichen. Die ständige Anspannung des Augenmuskels wirkt
aber ermüdend. Zur Korrektur trägt der
Übersichtige eine Sammellinse.

Hat das Auge in zwei zueinander senkrechten
Richtungen verschiedene Brennweiten, so liegt
Augenastigmatismus vor. Zur Korrektur muß
das Brillenglas in verschiedenen Richtungen
unterschiedlich gekrümmt sein.

Die eigentlich lichtempfindlichen Sinneszel-
len des Auges sind die in der Netzhaut ein-
gebetteten *Stäbchen* und *Zapfen*. Die Zapfen
können verschiedene Farben (rot, grün, blau)
unterscheiden, während die wesentlich emp-
findlicheren Stäbchen farbuntüchtig sind. Die
Lichtempfindung wird über Nervenfasern
dem Sehzentrum des Gehirns zugeleitet. An
der Stelle, wo die Sehnerven das Auge verlassen, ist die Netzhaut unempfindlich (*blinder*

Fleck B in Bild 6-42). Die größte Dichte der
Zapfen besteht in der *Netzhautgruppe* NG;
nach außen hin nimmt die Anzahl der Zapfen
ab, gleichzeitig nimmt die Anzahl der Stäbchen zu.

Das Auflösungsvermögen des Auges ist eng
mit der Struktur der Netzhaut verknüpft. So
können zwei Punkte nicht mehr getrennt
wahrgenommen werden, wenn ihre Bildpunkte so aneinander liegen, daß nur ein einziger
Zapfen angeregt wird. Der *physiologische
Grenzwinkel*, unter dem Gegenstände noch
getrennt wahrgenommen werden können, beträgt etwa eine Winkelminute für Bilder in
der Netzhautgrube NG (Bild 6-42). In der
Bezugssehweite 25 cm müssen demnach zwei
Punkte 0,07 mm weit auseinander sein, damit
man sie noch als getrennt wahrnimmt.

Funktion der optischen Instrumente

Nach Bild 6-44 entwerfen die brechenden
Teile des Auges auf der Netzhaut ein umge-
kehrtes reelles Bild eines Gegenstandes. Die
Größe des Netzhautbildes ist direkt proportional zum Sehwinkel σ, unter dem das Objekt erscheint. Will man von einem Gegenstand mehr Details erkennen, muß er näher
ans Auge gebracht werden. Dadurch nimmt
der Sehwinkel bzw. die scheinbare Größe des
Gegenstandes zu. Bei Unterschreiten des Nah-
punktes wird das Netzhautbild wegen man-
gelnder Akkommodationsfähigkeit unscharf.
Eine weitere Vergrößerung ist nur möglich,
wenn optische Instrumente (Lupe, Mikroskop,
Fernrohr) zu Hilfe genommen werden. Die
Aufgabe der optischen Instrumente besteht
darin, den Sehwinkel zu vergrößern. Da das
Netzhautbild dem Tangens des Sehwinkels
proportional ist, definiert man sinnvollerweise als *Vergrößerung* (*Angularvergrößerung*)
eines Instruments

$$\Gamma' = \frac{\tan \sigma'}{\tan \sigma} \approx \frac{\sigma'}{\sigma}. \qquad (6\text{-}44)$$

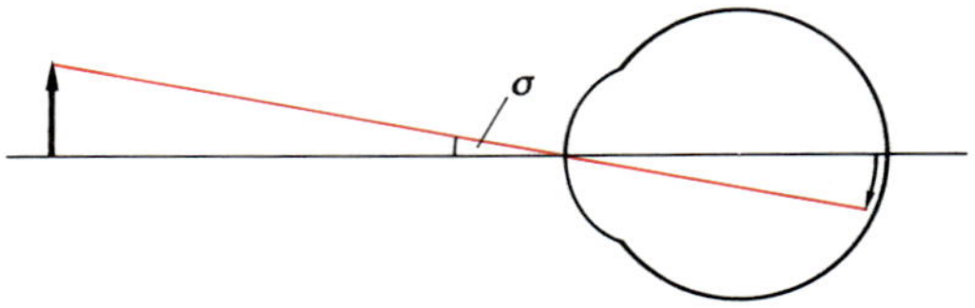

Bild 6-44.   Definition des Sehwinkels σ.

Dabei ist σ' der Sehwinkel mit, σ derjenige ohne Instrument. Meist kann man den Tangens durch den Winkel selbst ersetzen.

Zur Übung

Ü 6.2-25: Der Nahpunkt eines übersichtigen Auges sei $a_N = -50$ cm. Welche Brechkraft muß eine Brille haben, damit der Nahpunkt des Auges in die Bezugssehweite $a_B = -25$ cm rückt? (Der Abstand e' zwischen Brillenglas und Augenlinse sei vernachlässigbar.)

Ü 6.2-26: Bei einem kurzsichtigen Menschen liegt der Fernpunkt $a_F = -50$ cm vor dem Auge. Welche Brechkraft braucht seine Brille, damit er wieder bis unendlich sehen kann?

6.2.7.2. Lupe

Die Lupe ist eine Sammellinse kurzer Brennweite. Ihre Vergrößerung ist um so höher, je stärker die Brechkraft der Linse ist. Nach DIN 58 383 versteht man unter Lupen im engeren Sinne solche, die eine mindestens dreifache Vergrößerung haben. Bei geringeren Vergrößerungen spricht man von *Lesegläsern*. Die Vergrößerung hängt nicht nur von der Lupe selbst ab, sondern auch ganz wesentlich vom Abstand zwischen Gegenstand und Lupe bzw. Auge. Da es praktisch unmöglich ist, für alle vorkommenden Abstände mit einfachen Formeln eine Vergrößerung zu berechnen, gibt man in der Regel die *Normalvergrößerung* der Lupe an. Dazu wird festgelegt, daß der Gegenstand in der Brennebene der Linse steht und das Auge auf Unendlich akkommodiert ist.

Bild 6-45 zeigt den Strahlengang für diesen Fall. Es ist im Prinzip gleichgültig für die Vergrößerung, wo das Auge steht; denn alle Strahlen, die von einem Punkt des Gegenstan-

des ausgehen, verlaufen hinter der Linse unter demselben Winkel σ' zur optischen Achse. Allerdings ist das Gesichtsfeld am größten, wenn sich das Auge möglichst nahe an der Linse befindet. Welches Strahlenbündel zur Abbildung herangezogen wird, legt die Augenpupille fest. Die Augenlinse vereinigt die Parallelstrahlen zu einem Punkt auf der Netzhaut.

Nach Bild 6-45 gilt für den Winkel σ' die Beziehung $\tan \sigma' = y/|f| = y/f'$. Zur Bestimmung der Vergrößerung vergleicht man diesen Winkel mit jenem, unter dem das Objekt für das unbewaffnete Auge erscheint, wenn es im Abstand $a_B = -25$ cm (Bezugssehweite) angeordnet ist: $\tan \sigma = y/|a_B| = -y/a_B$. Somit gilt für die *Normalvergrößerung der Lupe*

$$\Gamma'_L = -\frac{a_B}{f'}. \tag{6-45}$$

Die Vergrößerung ist positiv, weil a_B ein negatives Vorzeichen hat. Eine Lupe bewirkt also gegenüber der Betrachtung mit unbewaffnetem Auge keine Bildumkehr.

Soll die Vergrößerung gesteigert werden, so wird der Abstand zwischen Lupe und Objekt vermindert. Dadurch entsteht ein virtuelles vergrößertes Bild in endlichem Abstand vom Auge. Bringt man die Linse nach Bild 6-46 in eine solche Position, daß das virtuelle Bild im Abstand der Bezugssehweite a_B von der Linse entsteht, dann gilt für den Winkel σ', unter dem der Hauptstrahl die Linse durchsetzt,

$$\tan \sigma' = \frac{y}{|a|} = \frac{y'}{|a_B|}.$$

Unter der Voraussetzung, daß sich das Auge dicht an der Lupe befindet, durchsetzt der

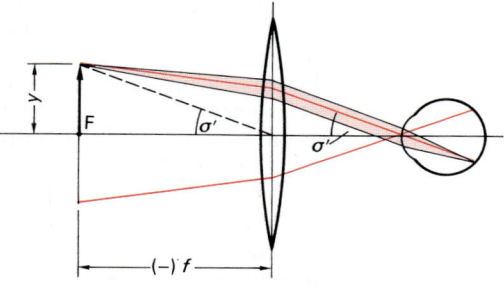

Bild 6-45.   Strahlengang bei der Lupe.

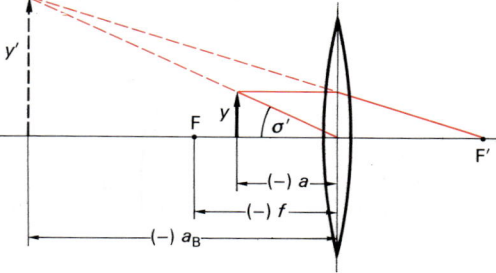

Bild 6-46.   Gegenstand innerhalb der Brennweite einer Lupe.

Hauptstrahl die Augenlinse unter demselben Winkel. Das Verhältnis der Sehwinkel mit und ohne Instrument ist dann

$$\frac{\tan \sigma'}{\tan \sigma} = \frac{y'}{y} = \beta' \,.$$

In diesem Fall ist also die Angularvergrößerung identisch mit der Lateralvergrößerung (Abbildungsmaßstab). Mit $a' = a_B$ ergibt sich aus der Abbildungsgleichung (6-31) sofort die Lupenvergrößerung bei Akkommodation:

$$\Gamma'_{L,A} = 1 - \frac{a_B}{f'} \,. \qquad (6\text{-}46)$$

6.2.7.3. Mikroskop

Für sehr starke Vergrößerungen wäre nach Gl. (6-45) eine Lupe mit extrem kleiner Brennweite erforderlich, was technisch schwer zu realisieren ist. Eine kleine Brennweite läßt sich aber auch erzielen, wenn man anstatt einer Linse ein Linsensystem mit zwei Linsen nimmt. Obwohl die beiden Linsen selbst verhältnismäßig große Brennweiten haben können, ist nach Gl. (6-41) bei geeignetem Abstand die Gesamtbrennweite des Systems klein.

Der Strahlengang im Mikroskop ist in Bild 6-47 dargestellt. Das *Objektiv* Ob entwirft von dem Gegenstand G ein vergrößertes reelles *Zwischenbild* ZB. Dieses Zwischenbild wird mit Hilfe des *Okulars* Ok betrachtet. Das Okular hat die Funktion einer Lupe und dient der weiteren Vergrößerung des Zwischenbildes. Die parallelen Strahlen, die in Bild 6-47 das Okular verlassen, werden durch die Augenlinse auf die Netzhaut des Betrachters fokussiert.

Die Abbildung geschieht im Mikroskop in zwei Stufen. Dementsprechend läßt sich die Mikroskopvergrößerung Γ'_M aus dem Abbildungsmaßstab β'_{Ob} des Objektives und der Lupenvergrößerung Γ'_{Ok} des Okulars berechnen:

$$\Gamma'_M = \beta'_{Ob} \, \Gamma'_{Ok} \,. \qquad (6\text{-}47)$$

Der Abbildungsmaßstab β'_{Ob} wird mit Hilfe der elementaren Gleichungen (6-28) und (6-31) berechnet. Er ist besonders einfach darstellbar mit Hilfe der *optischen Tubuslänge* t des Mikroskops: $\beta'_{Ob} = -\, t/f'_{Ob}$. Somit ist die Gesamtvergrößerung des Mikroskops

$$\Gamma'_M = \frac{t}{f'_{Ob}} \, \frac{a_B}{f'_{Ok}} \,. \qquad (6\text{-}48)$$

In der Praxis kann man die Gesamtvergrößerung eines Mikroskops sofort aus den Zahlen bestimmen, die auf Objektiv und Okular eingraviert sind. Steht beispielsweise auf einem Objektiv 40/0,65, so beträgt der Abbildungsmaßstab $|\beta'| = 40$, und die numerische Apertur ist $A_N = 0,65$. Ist z. B. auf dem Okular 10× eingraviert, dann ergibt sich die Mikroskopvergrößerung $|\Gamma'_M| = 400$. Die *mechanische Tubuslänge* moderner Mikroskope ist in der Regel $t = 160$ mm. Normwerte für Objektiv- und Okularvergrößerungen sind in DIN 58 886 festgelegt.

Die Öffnung der abbildenden Strahlenbündel wird in Bild 6-47 durch den Durchmesser des Objektivs begrenzt. Das Objektiv ist demnach die Eintrittspupille EP des Systems. Die Austrittspupille AP ist das vom Okular entworfene Bild der Eintrittspupille. An der Stelle der Austrittspupille sollte sich die Pupille des beobachtenden Auges befinden.

Sowohl das Objektiv als auch das Okular eines Mikroskops besteht zur Korrektur der Abbildungsfehler immer aus mehreren Linsen. Bild 6-48a zeigt Ansicht und Schnitt eines modernen Planapochromaten (100/1,30 Oil), der besonders gegen sphärische und chromatische Aberration sowie Bildfeldwölbung korrigiert ist. In Bild 6-48b sind Aufbau und Strahlengang eines Durchlichtmikroskops wiedergegeben. Bestimmte Mikroskope erlauben die Photographie des Bildes mittels einer eingebauten Kamera. Mit Hilfe einer aufgesetzten Fernsehkamera kann das Bild

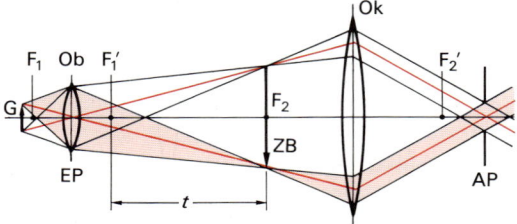

Bild 6-47. Strahlengang beim Mikroskop.

a)

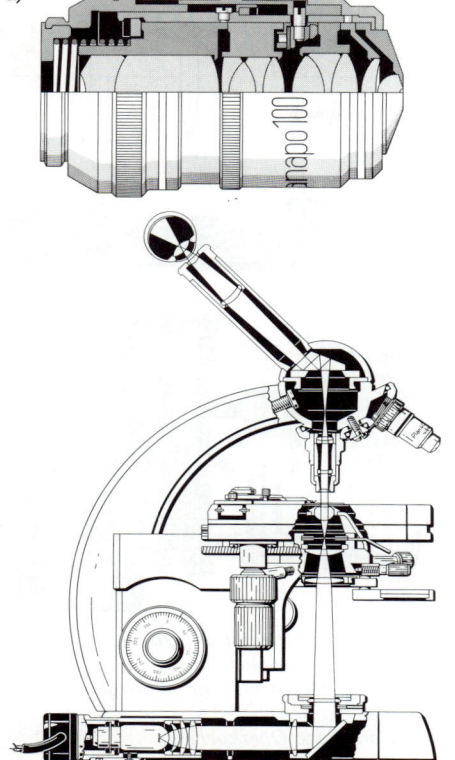

Bild 6-48. Technische Ausführung eines Mikroskops: a) Objektiv, Planapochromat (100/1,30 Oil), b) Durchlichtmikroskop mit Fünffach-Objektivrevolver.
Werkbilder: Carl Zeiss, Oberkochen

auch auf einen Fernsehbildschirm übertragen werden. – Das Auflösungsvermögen des Mikroskops ist in Abschn. 6.4.1.5 beschrieben.

Zur Übung

Ü 6.2-27: Bei einem Mikroskop ist die Objektivbrennweite $f'_{Ob} = 4$ mm, die Okularbrennweite $f'_{Ok} = 25$ mm und die Tubuslänge $t = 160$ mm. a) Wie groß ist die Mikroskopvergrößerung Γ'_M? b) In welchem Abstand z_{Ob} vom vorderen Objektivbrennpunkt muß sich das Objekt befinden, wenn es von einem auf unendlich eingestellten Auge scharf gesehen werden soll? c) Das Okular wird um Δz_{Ok} nach hinten verschoben und entwirft dadurch ein reelles Bild. In welchem Abstand a'_{Ok} vom Okular muß man einen Schirm aufstellen, um das Bild aufzufangen, und wie groß ist der gesamte Abbildungsmaßstab β'? Zeichnen Sie ein Diagramm für 1 mm $\leq \Delta z \leq 25$ mm. Was ergibt sich speziell für $\Delta z = 1$ mm?

Ü 6.2-28: Ein Mikroskop kann ersatzweise wie eine Lupe mit extrem kleiner Brennweite behandelt werden. Berechnen Sie für das Mikroskop von *Ü 6.2-27* die Gesamtbrennweite f' und die Lupenvergrößerung Γ'_L. Wieso ist die Gesamtbrennweite negativ?

6.2.7.4. Fernrohr

Das Fernrohr hat die Aufgabe, den Sehwinkel, unter dem weit entfernte Gegenstände erscheinen, zu vergrößern. Das Bild soll mit entspanntem Auge betrachtet werden. Dies bedeutet, daß ein ins Fernrohr eintretendes paralleles Strahlenbündel auch wieder als paralleles Bündel austreten muß. Diese Bedingung wird von einem *afokalen* System mit zwei Linsen erfüllt. Dabei fällt der bildseitige Brennpunkt der ersten Linse mit dem gegenstandseitigen der zweiten zusammen.

Bild 6-49 zeigt die beiden Grundtypen des Fernrohrs. Das *Keplersche* (1611) oder *astronomische* Fernrohr hat zwei Sammellinsen, das *Galileische* (1609) oder *holländische* Fernrohr eine Sammel- und eine Zerstreuungslinse. Beim Keplerschen Fernrohr entwirft das Objektiv in seiner bildseitigen Brennebene ein reelles Zwischenbild ZB eines unendlich entfernten Gegenstandes, das dann mit dem als Lupe wirkenden Okular betrachtet wird. Be-

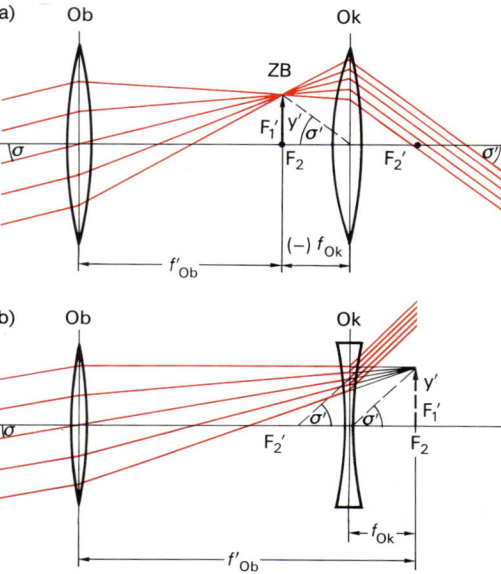

Bild 6-49. Grundtypen des Fernrohrs: a) Keplersches Fernrohr, b) Galileisches Fernrohr.

findet sich das Objekt in endlicher Entfernung, so entsteht das Zwischenbild hinter der bildseitigen Brennebene. Eine Scharfeinstellung geschieht am einfachsten dadurch, daß der Abstand zwischen Objektiv und Okular verlängert wird. Beim Galileischen Fernrohr kommt es nicht zur Ausbildung eines reellen Zwischenbildes, denn die konvergierenden Strahlen treffen auf die Zerstreuungslinse, bevor sie sich in einem Punkt vereinigen können.

Die Vergrößerung des Fernrohrs läßt sich anhand von Bild 6-49 folgendermaßen bestimmen: Der Winkel σ, unter dem ein Strahlenbündel von einem weit entfernten Gegenstand ins Objektiv fällt, ist derselbe Winkel, unter dem man den Gegenstand mit unbewaffnetem Auge sehen würde. Der Sehwinkel σ', unter dem die Strahlen ins Auge gelangen, ist offensichtlich größer als σ. Nach Bild 6-49 gilt für die Winkelfunktionen (Vorzeichen der Winkel s. Abschn. 6.2.3.3 und DIN 1335) $\tan\sigma' = y'/f'_{Ok}$ und $\tan\sigma = -y'/f'_{Ob}$. Damit ergibt sich für die Vergrößerung des Fernrohrs

$$\Gamma'_F = -\frac{f'_{Ob}}{f'_{Ok}}. \qquad (6\text{-}49)$$

Setzt man die Brennweiten vorzeichenrichtig in Gl. (6-49) ein, wird die Vergrößerung des Keplerschen Fernrohrs negativ, die des Galileischen Fernrohrs positiv. Dieser Sachverhalt läßt sich auch leicht anhand von Bild 6-49 erkennen: Die prinzipielle Richtung eines Lichtbündels beim Galileischen Fernrohr wird beibehalten, während sie sich beim Keplerschen umkehrt. Das kopfstehende Bild stört in der Astronomie nicht, für irdische Beobachtungen jedoch muß das Bild aufgerichtet werden.

Im *terrestrischen Fernrohr* wird nach Bild 6-50 a mit der *Umkehrlinse* U das reelle Zwischenbild kopfstehend abgebildet und dann durch das Okular betrachtet. Wie Bild 6-50 b am Beispiel eines Zielfernrohrs zeigt, sind solche Fernrohre sehr lang. Die Bildumkehr ist auch mit Hilfe von Umkehrprismen möglich. Bild 6-50 c zeigt einen Prismenfeldstecher, bei dem mit einem *Poroschen Prismensatz* (Abschn. 6.2.3.2) das Bild aufgerichtet wird. Die-

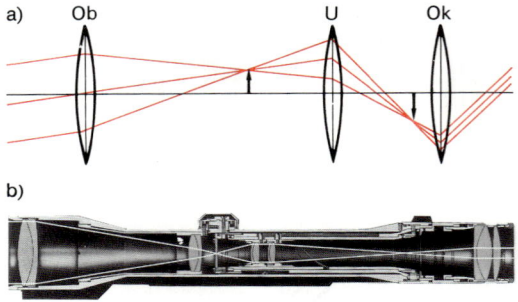

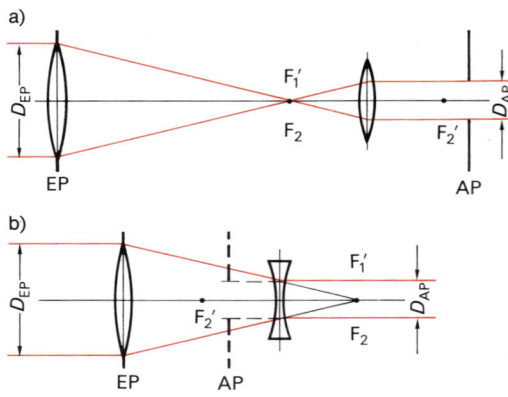

Bild 6-50. Bildumkehr beim terrestrischen Fernrohr. a) Prinzip, b) technische Ausführung in einem Zielfernrohr, c) Prismenfeldstecher mit Poroschem Umkehrprismensatz. Werkbilder: Carl Zeiss, Oberkochen

ses Fernrohr ist sehr kurz. Zusätzlich wird durch die Strahlumlenkung an den Prismen der gegenseitige Abstand der beiden Objektive wesentlich größer als der Augenabstand. Dieser Effekt unterstützt das stereoskopische Sehen.

Bild 6-51. Pupillenlage beim Fernrohr; Abbildung eines achsenparallelen Lichtbündels beim a) Keplerschen und b) Galileischen Fernrohr.

Bild 6-51 zeigt die Abbildung eines Lichtbündels, das parallel zur optischen Achse ins Objektiv fällt. Die Objektivöffnung definiert die Eintrittspupille EP des Systems. Ihr Bild, die Austrittspupille AP, erscheint in der Gegend des Brennpunktes F_2' des Okulars. Beim Keplerschen Fernrohr erscheint die Austrittspupille als reelles Bild der Eintrittspupille. An der Stelle der Austrittspupille sollte sich das Auge des Beobachters befinden. Hält man z. B. einen Feldstecher gegen den Himmel und blickt von weitem auf das Okular, so sieht man deutlich die Austrittspupille als hellen Fleck von einigen mm Durchmesser.

Beim *Galileischen Fernrohr* erscheint die Austrittspupille als virtuelles Bild zwischen den beiden Linsen. Da man das Auge nicht unmittelbar an die Stelle der Austrittspupille bringen kann, erscheint das Gesichtsfeld nicht scharf begrenzt. Es ist außerdem verhältnismäßig klein, vergleichbar mit einem Blick durch ein Schlüsselloch. Der Vorteil des Galileischen Fernrohrs ist seine kurze Baulänge. In Bild 6-51 sind zwei Fernrohre gleicher Vergrößerung gezeichnet, dabei ist das Galileische etwa halb so lang wie das Keplersche Fernrohr. Das Galileische Fernrohr wird am meisten als Opernglas verwendet.

Wie man Bild 6-51 entnimmt, verhalten sich die Strahldurchmesser von Ein- und Austrittspupille wie die Brennweiten von Objektiv und Okular. Es gilt also

$$|\Gamma_F'| = \frac{D_{EP}}{D_{AP}} . \qquad (6\text{-}50)$$

Nach DIN 58 386 wird mit Hilfe von Gl. (6-50) die Vergrößerung eines Fernrohrs gemessen.

Das Gesichtsfeld des *Keplerschen Fernrohrs* kann wesentlich erweitert werden, wenn man an der Stelle des reellen Zwischenbildes eine *Feldlinse* FL oder *Kollektivlinse* gemäß Bild 6-52 anbringt. Diese Feldlinse ändert zwar nicht die Vergrößerung, bricht die Strahlen aber so, daß sie die Okularlinse verhältnismäßig zentral durchsetzen. Dadurch können die Strahlen unter einem größeren Winkel ins Objektiv einfallen und treffen trotzdem noch auf die Okularlinse. Die Austrittspupille rückt durch diese Maßnahmen näher ans Okular.

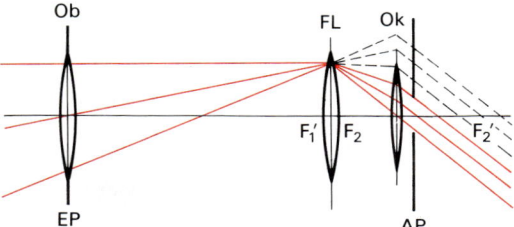

Bild 6-52. *Wirkung einer Feldlinse beim Keplerschen Fernrohr.*

Bei Fernrohren werden in der Regel als wichtigste Kenngrößen die Vergrößerung und der Durchmesser der Eintrittspupille angegeben. Steht beispielsweise auf einem Feldstecher 8×30, so sind $\Gamma_F' = 8$ und $D_{EP} = 30$ mm. Als Maß für die Leistungsfähigkeit bei Dämmerung kann nach DIN 58 386 vom Hersteller die *Dämmerungszahl* Z angegeben werden:

$$Z = \sqrt{|\Gamma_F'| \, D_{EP}} . \qquad (6\text{-}51)$$

D_{EP} ist der Durchmesser der Eintrittspupille in mm. Mit $D_{EP} = |\Gamma_F'| \, D_{AP}$ gilt auch $Z = |\Gamma_F'| \sqrt{D_{AP}}$.

Für den Feldstecher 8×30 ergibt sich $Z = \sqrt{240} = 15{,}5$. Ist bei einem Fernrohr die Austrittspupille größer als 8 mm, dann ist $D_{AP} = 8$ mm zu setzen. Dieser Grenzwert ist der maximale Durchmesser der menschlichen Augenpupille.

Schließlich sei noch die Frage untersucht, ob die *Helligkeit* eines betrachteten Gegenstandes gesteigert wird, wenn man ihn mit einem Fernrohr betrachtet. Die Helligkeit − das ist der Lichtstrom, der auf ein Zäpfchen des Auges fällt − sei bei freier Beobachtung H_0. Benutzt man ein Fernrohr, so wird wegen der großen Objektivöffnung zwar mehr Licht eingefangen als vom unbewaffneten Auge; dieser große Lichtstrom wird aber auf ein größeres Netzhautbild verteilt, so daß im Endeffekt die Helligkeit H mit Instrument gleich der Helligkeit H_0 ohne Instrument ist. (Tatsächlich erscheint das Bild mit Instrument sogar dunkler wegen der unvermeidlichen Absorptions- und Reflexionsverluste an den Linsen.) Andere Verhältnisse ergeben sich bei der Betrachtung punktförmiger Objekte. In diesen Fällen ist das Bild wieder nur ein Punkt, und zwar sowohl bei Betrachtung mit unbewaffnetem Auge als auch bei der Betrachtung durch ein Fernrohr. Dies bedeutet, daß der eingefangene Lichtstrom vollständig, z. B. auf ein Zäpfchen der Netzhaut gelenkt wird. Der Lichtstrom wird durch das Instrument im Verhältnis der Flächen von Eintrittspupille und Augenpupille gesteigert. Ist die Augenpupille so groß wie die Austrittspupille des Instruments, nimmt die Helligkeit mit dem Quadrat der Fernrohrvergrößerung zu:

$$H = \Gamma_F'^2 H_0. \qquad (6\text{-}52)$$

Bei der Betrachtung von Fixsternen werden selbst mit den größten astronomischen Fernrohren die Sterne nur punktförmig wiedergegeben. Der Sinn der Fernrohre in der Astronomie besteht deshalb nicht in einer Vergrößerung der Objekte, sondern in einer Steigerung der Helligkeit. So kann man mit dem Fernrohr Sterne sehen, die mit dem bloßen Auge nicht wahrnehmbar sind. − Das Auflösungsvermögen des Fernrohrs ist in Abschn. 6.4.1.5 beschrieben.

Zur Übung

Ü 6.2-29: Bei einem Feldstecher 8 × 30 beträgt der Abstand zwischen Objektiv und Okular $l = 200$ mm bei Einstellung auf Unendlich. a) Wie groß ist die Brennweite von Objektiv und Okular? b) Zur Einstellung auf nahe Objekte läßt sich das Okular um $\Delta l = 5$ mm herausdrehen. Welches ist der kürzeste Abstand vom Objektiv, in dem Gegenstände noch scharf gesehen werden, wenn das Auge auf unendlich akkommodiert ist?

Ü 6.2-30: Zeigen Sie, daß der Einbau einer Feldlinse gemäß Bild 6-52 die Vergrößerung eines Fernrohrs nicht beeinflußt. (Hinweis: Berechnen Sie die Brennweite des Systems Feldlinse–Okular.)

Ü 6.2-31: Ein Fixstern wird mit einem astronomischen Fernrohr betrachtet. Die Objektivbrennweite ist $f'_{Ob} = 2,4$ m, die Okularbrennweite $f'_{Ok} = 4$ cm, der Objektivdurchmesser $D_{EP} = 32$ cm. a) Wie groß ist die Fernrohrvergrößerung? b) Welchen Durchmesser hat die Austrittspupille? c) Berechnen Sie die Dämmerungszahl Z. d) Wie groß ist die Helligkeitssteigerung gegenüber der Beobachtung mit bloßem Auge, falls Augenpupille und Austrittspupille gleich groß sind? e) Wie groß ist die Helligkeitssteigerung, wenn sich die Augenpupille auf 8 mm vergrößert hat?

6.2.7.5. Photoapparat

Der Photoapparat ist das optische Instrument, das dem menschlichen Auge am meisten ähnelt. Anstelle der Augenlinse steht ein Objektiv, das zur Korrektur von Abbildungsfehlern immer aus mehreren Einzellinsen zusammengesetzt ist. Das Objektiv entwirft das Bild eines Gegenstandes nach Bild 6-53 in der Filmebene FE. Dort befindet sich statt der Netzhaut ein lichtempfindlicher Film. Das Objektiv kann nicht wie das Auge auf unterschiedliche Objektabstände akkommodieren. Deshalb muß für verschiedene Entfernungen der Abstand zwischen Objektiv und Film gemäß der Abbildungsgleichung variiert werden.

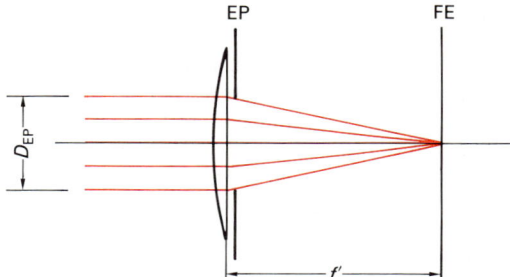

Bild 6-53. „Unendliche" Einstellung beim Photoapparat.

Wie beim Auge kann der Lichtstrom, der auf den Film fällt, mit Hilfe einer Irisblende geregelt werden. Ein Maß für die einfallende Lichtmenge ist nach DIN 4521 die *relative Öffnung* D_{EP}/f'. Diese wichtige Kenngröße ist meist auf dem Kameraobjektiv angegeben. Steht beispielsweise auf einer Kamera 1:2,8; $f = 45$ mm, dann beträgt die maximale relative Öffnung 1/2,8 und die Brennweite $f' = 45$ mm. Der Objektivdurchmesser ist bei dieser Kamera $D_{EP} = 16$ mm.

Von größerer praktischer Bedeutung ist der Kehrwert der relativen Öffnung, die *Blendenzahl k*. Es gilt

$$k = \frac{f'}{D_{EP}}. \qquad (6\text{-}53)$$

Die Blendenzahl kann an der Kamera eingestellt werden. Die Werte sind so abgestuft, daß sich die Fläche und damit der Lichtstrom von einem Wert auf den andern um den

Faktor 2 ändern. Dies bedeutet, daß sich aufeinanderfolgende Blendenzahlen um $\sqrt{2}$ ändern müssen. Die in DIN 4522 genormte Hauptreihe der Blendenzahlen lautet ausschnittsweise

1; 1,4; 2; 2,8; 4; 5,6; 8; 11; 16; 22.

Eine absolut scharfe Abbildung auf einem ebenen Film ist theoretisch nur möglich, wenn das Objekt auch eben ist; hierbei steht die Objektebene OE in Bild 6-54 senkrecht zur optischen Achse. Objektpunkte, die vor oder hinter der idealen Objektebene OE liegen, werden in der Filmebene FE als kleine *Unschärfekreise* abgebildet. Da sowohl das Auge als auch das Filmmaterial infolge seiner Körnung ein begrenztes Auflösungsvermögen haben, kann man stets eine bestimmte Unschärfe auf dem Film tolerieren. Gibt man einen akzeptablen Durchmesser u' des Unschärfekreises an, so liegt der Objektbereich, der „scharf" abgebildet wird, zwischen den Grenzen a_v und a_h. Dabei liegt a_v vor, a_h hinter der theoretischen Objektebene OE. Durch elementare Rechnung erhält man für die Grenzwerte

$$a_v = \frac{a f'^2}{f'^2 - u' k (a + f')} \quad \text{und}$$

$$a_h = \frac{a f'^2}{f'^2 + u' k (a + f')} . \tag{6-54}$$

Die *Schärfentiefe* beträgt dann

$$\Delta a = a_v - a_h . \tag{6-55}$$

Die Schärfentiefe wird mit zunehmender Blendenzahl k immer größer. Die Größe des zulässigen Unschärfekreises hängt von dem

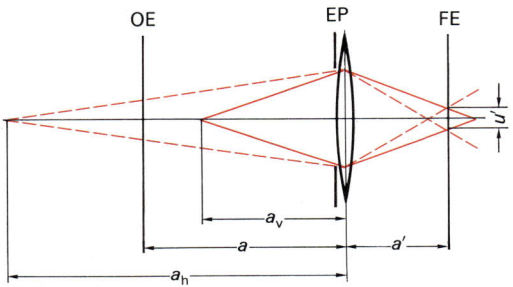

Bild 6-54. Schärfentiefe beim Photoapparat.

verwendeten Filmformat ab. Als Faustformel kann verwendet werden

$$u' = \frac{\text{Formatdiagonale}}{1000} . \tag{6-56}$$

Beispiel

6.2-12: Mit einer Kleinbildkamera (Format 24 mm × 36 mm) mit $f' = 45$ mm Brennweite soll bei Blende 8 ein Objekt photographiert werden, das sich in $a = -3$ m Entfernung befindet. Innerhalb welcher Gegenstandsweiten a_v und a_h wird die Abbildung scharf? Wie groß ist die Schärfentiefe?

Lösung:

Zulässiger Unschärfekreis nach Gl. (6-56):

$$u' = \frac{\text{Formatdiagonale}}{1000} = \frac{43,3 \text{ mm}}{1000} = 0,0433 \text{ mm};$$

nach Gl. (6-54) ist $a_v = -1,99$ m, $a_h = -6,07$ m und die Schärfentiefe $\Delta a = a_v - a_h = 4,08$ m.

Zur Übung

Ü 6.2-32: Berechnen Sie die Schärfentiefe für die in Beispiel *6.2-12* angegebenen Zahlenwerte, jedoch mit Blende 2,8.

Ü 6.2-33: Mit einer Kleinbildkamera soll mit Blende 8 photographiert werden. Welche Entfernung a muß eingestellt werden, wenn die hintere Grenzentfernung $a_h = -\infty$ sein soll? Wie groß ist dann die vordere Grenzentfernung a_v?

6.3. Photometrie

6.3.1. Einführung

In der geometrischen Optik des letzten Abschnitts werden oft Begriffe, wie z.B. Lichtintensität und Helligkeit, verwendet, ohne daß diese im einzelnen definiert sind. Die *Photometrie* oder *Lichtmessung* beschäftigt sich mit der Messung dieser Größen. Hierbei interessiert z.B. die Messung der *Strahlungsleistung* sowie deren räumliche und spektrale Verteilung.

Bei der *objektiven Photometrie* wird die Strahlungsleistung mit einem „unbestechlichen" Meßinstrument gemessen. Je nach Empfängertyp ist der Wellenbereich nicht auf das sichtbare Spektrum beschränkt. Zur Kennzeichnung solcher *strahlungsphysikalischer Grö-*

ßen werden die Formelzeichen mit dem *Index*
„e" (für *energetisch*) versehen. Wird die Strahlung mit dem Auge bewertet, spricht man von
subjektiver Photometrie. Die so erhaltenen
lichttechnischen Größen werden durch den
Index „v" (für *visuell*) bei den physikalischen
Größen gekennzeichnet. Es versteht sich von
selbst, daß lichttechnische Größen nur für
den sichtbaren Spektralbereich definiert sind.
Ebenso versteht man unter „Licht" im engeren Sinn elektromagnetische Strahlung im
Wellenlängenbereich $\lambda = 380$ nm bis $\lambda = 780$
nm. – Die in der Photometrie verwendeten
Begriffe, Formelzeichen und Maßeinheiten
sind in DIN 5031 festgelegt.

6.3.2. Strahlungsphysikalische Größen

Fällt elektromagnetische Strahlung auf einen
geeigneten Empfänger, so kann man die in
einer bestimmten Zeit zugeführte *Strahlungsenergie* messen. Zur Messung bieten sich verschiedene physikalische Effekte an. Beispielsweise wird beim *Bolometer* die Erwärmung
eines geschwärzten Platinbleches über die Änderung des elektrischen Widerstands gemessen. Beim *Thermoelement* fließt ein Thermo-
strom, wenn es bei Bestrahlung erwärmt wird.
Bestimmte *Halbleiter* ändern bei Bestrahlung
ihren elektrischen Widerstand (innerer Photoeffekt). Bei *Photodioden* fließt während der
Bestrahlung ein Photostrom.

Die *Strahlungsleistung* Φ_e (auch *Strahlungsfluß*), die auf einen Detektor trifft, hängt mit
der Strahlungsenergie Q_e folgendermaßen zusammen:

$$\Phi_e = \frac{dQ_e}{dt}. \qquad (6\text{-}57)$$

Die Strahlungsleistung wird im SI-Maßsystem in Watt, die Strahlungsenergie in Joule
gemessen: 1 W = 1 J/s.

Die Strahlungsleistung, die auf einen Empfänger fällt, hängt außer von seiner Fläche
auch von seinem Abstand zum Sender ab.
Bild 6-55 zeigt drei verschiedene Empfänger
in den Entfernungen r_1, r_2 und r_3 von einem
Sender. Die Abmessungen sind so gewählt,
daß alle Empfänger auf einem gemeinsamen
Kegel liegen. Es ist einleuchtend, daß jeder

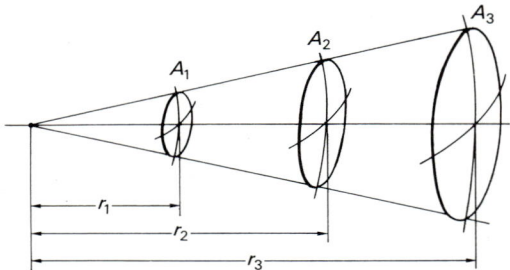

Bild 6-55. Zur Definition des Raumwinkels.

dieser Empfänger die gleiche Strahlungsleistung nachweisen würde. Was allen drei Emp-
fängern gemeinsam ist, ist der *Raumwinkel Ω*,
unter dem sie vom Sender aus gesehen werden.

Zur Definition des Raumwinkels: Um einen
leuchtenden Punkt wird eine Kugel mit Radius r beschrieben. Beleuchtet die Strahlung
eine Figur der Fläche A auf der Kugel, dann
sagt man, daß die Strahlung im Raumwinkel
$\Omega = A/r^2$ auftritt. Die SI-Maßeinheit des
Raumwinkels ist der *Steradiant:* 1 sr = 1 m²/m².
Der Übersichtlichkeit wegen schreibt man
gern

$$\Omega = \frac{A}{r^2}\,\Omega_0 \qquad (6\text{-}58)$$

mit $\Omega_0 = 1$ sr. Der größte Raumwinkel beträgt
4π sr, wenn die Strahlung den ganzen Raum
erfüllt. Strahlt ein Strahler nur in den Halbraum, beträgt der Raumwinkel 2π sr. Falls
die bestrahlte Fläche nicht zu groß ist, macht
man keinen nennenswerten Fehler, wenn die
Empfängerfläche eben anstatt kugelförmig ist.
Diese Näherung ist gut erfüllt, wenn der
Abstand zwischen Sender und Empfänger
größer ist als die in DIN 5032 definierte *photometrische Grenzentfernung.* Diese soll mindestens das Zehnfache der größten Querdi-
mension von Empfänger bzw. Sender betragen.

Im folgenden wird vereinfacht nur ein Fall
betrachtet: Der Abstand zwischen Sender und
Empfänger ist größer als die photometrische
Grenzentfernung. Es handelt sich also um
kleine Sender und Empfänger, die räumlich
weit auseinander liegen.

Bild 6-56 zeigt einen Sender mit der Fläche
A_1, der Licht aussendet, das vom Empfänger

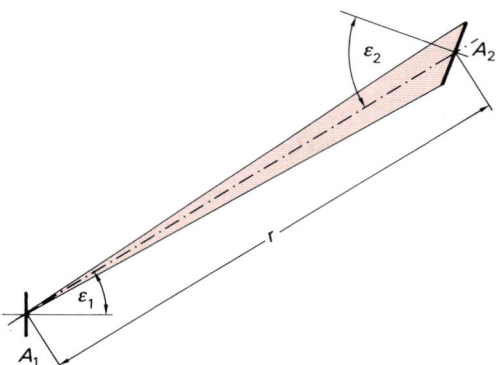

Bild 6-56. Strahlenkegel, der vom Sender auf den Empfänger fällt.

.mit der Fläche A_2 nachgewiesen wird. Der wirksame Raumwinkel beträgt

$$\Omega = \frac{A_2 \cos \varepsilon_2}{r^2} \, \Omega_0 . \qquad (6\text{-}59)$$

Er enthält die Projektion der Fläche A_2 auf die Verbindungsgerade von Sender und Empfänger. Die Strahlungsleistung, die auf den Empfänger fällt, ist proportional zum Raumwinkel. Es gilt

$$\Phi_e = I_e \, \Omega \qquad (6\text{-}60)$$

mit der *Strahlstärke* I_e als Proportionalitätskonstanten. Die Maßeinheit der Strahlstärke ist 1 W/sr.

Die Strahlstärke I_e und damit der Strahlungsfluß Φ_e, der in einen bestimmten Raumwinkel Ω ausgesandt wird, ist proportional zur Senderfläche A_1. Beobachtet man die Senderfläche unter dem Winkel ε_1 (Bild 6-56) von der Seite, dann wird von der Senderfläche nur die Projektion $A_1 \cos \varepsilon_1$ wirksam. Die Strahlstärke kann demnach geschrieben werden als

$$I_e(\varepsilon_1) = L_e A_1 \cos \varepsilon_1 . \qquad (6\text{-}61)$$

Die Größe L_e nennt man die *Strahldichte*. Ihre Maßeinheit ist 1 W/(m² sr). Die Strahldichte ist abhängig von den Sendereigenschaften, beispielsweise von dem Werkstoff, der Oberflächenbeschaffenheit oder der Temperatur.

Die Strahlstärke I_e als Funktion des Abstrahlungswinkels ε_1 (Bild 6-56) kann experimentell bestimmt werden und wird häufig in den Datenblättern von Emittern angegeben. Bild 6-57 zeigt das Abstrahlverhalten von zwei verschiedenen Strahlungsquellen. Das Diagramm Bild 6-57a zeigt die Abstrahlcharakteristik eines *Lambert-Strahlers* (J. W. LAMBERT, 1728 bis 1777). Bei ihm ist die Strahldichte L_e konstant, die Strahlstärke I_e befolgt das *Lambertsche Cosinusgesetz*

$$I_e(\varepsilon_1) = I_e(0) \cos \varepsilon_1 . \qquad (6\text{-}62)$$

Alle Körper mit rauhen, diffus reflektierenden Flächen, wie z. B. Gipswände, Pappe und Papier, verhalten sich in guter Näherung wie *Lambertsche Strahler*. Sie erscheinen aus allen Richtungen gleich hell. Betrachtet man sie von der Seite, dann nimmt zwar die Strahlstärke mit dem Cosinus des Winkels ab, im gleichen Verhältnis erscheint aber auch die Senderfläche vermindert. Die Fläche erscheint deshalb dem Auge gleich hell. Aus der Tatsache, daß Sonne und Mond über die ganze Oberfläche gleichmäßig hell leuchten, folgt, daß auch diese Körper *Lambertsche Strahler* sind.

Bild 6-57b zeigt das Abstrahlungsdiagramm einer Leuchtdiode (LED). Bei ihr ist die Strahldichte L_e nicht konstant, sondern hängt vom Winkel ε_1 ab. Die gezeigte LED hat eine schlanke Strahlungskeule in Vorwärtsrichtung, wie sie vorzugsweise bei Lichtschranken eingesetzt wird.

Mit den bisher definierten Begriffen gilt für die Strahlungsleistung Φ_e, die auf einen Empfänger trifft (Bild 6-56),

$$\Phi_e = L_e A_1 \cos \varepsilon_1 \, \Omega .$$

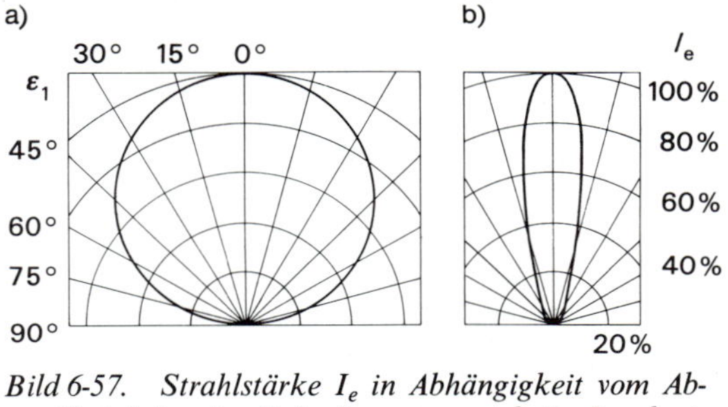

a)

30° 15° 0°
ε_1
45°
60°
75°
90°

b)

I_e
100%
80%
60%
40%
20%

Bild 6-57. Strahlstärke I_e in Abhängigkeit vom Abstrahlwinkel ε_1 im Polardiagramm a) beim Lambertschen Strahler, b) bei der Leuchtdiode.

Mit dem Raumwinkel

$$\Omega = \frac{A_2 \cos \varepsilon_2}{r^2} \Omega_0$$

ergibt sich eine Beziehung, die völlig symmetrisch Sender- und Empfängergrößen enthält, nämlich das *photometrische Grundgesetz:*

$$\Phi_e = L_e \frac{A_1 \cos \varepsilon_1 \, A_2 \cos \varepsilon_2}{r^2} \Omega_0. \qquad (6\text{-}63)$$

Eine weitere Größe, die den Sender charakterisiert, ist die *spezifische Ausstrahlung* M_e. Darunter versteht man das Verhältnis von insgesamt abgegebener Strahlungsleistung Φ_e zur Senderfläche A_1:

$$M_e = \frac{\Phi_e}{A_1} = L_e \cos \varepsilon_1 \, \Omega. \qquad (6\text{-}64)$$

Die spezifische Ausstrahlung wird in W/m² gemessen.

Für einen Lambert-Strahler sei ein Zusammenhang zwischen der spezifischen Ausstrahlung und der Strahldichte hergeleitet. Der Sender schickt die Strahlung in einen Kegel mit dem halben Öffnungswinkel φ_1, wie es Bild 6-58 zeigt. In den roten Raumbereich, der von den Kegeln mit den Öffnungswinkeln ε_1 und $\varepsilon_1 + d\varepsilon_1$ begrenzt wird, fließt der Strahlungsfluß $d\Phi_e = I_e(\varepsilon_1) \, d\Omega$. Dabei ist der Raumwinkel

$$d\Omega = \frac{dA}{r^2} \Omega_0 = 2\pi \sin \varepsilon_1 \, d\varepsilon_1 \, \Omega_0.$$

Mit $I_e(\varepsilon_1) = L_e A_1 \cos \varepsilon_1$ beträgt der Strahlungsfluß

$$d\Phi_e = L_e A_1 \cos \varepsilon_1 \sin \varepsilon_1 \, 2\pi \, d\varepsilon_1 \, \Omega_0.$$

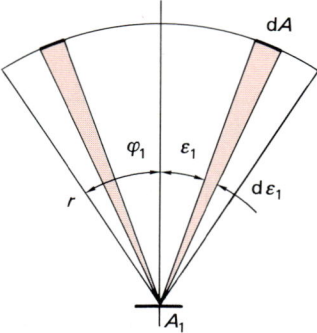

Bild 6-58. *Zur Berechnung der spezifischen Ausstrahlung.*

Den gesamten Strahlungsfluß erhält man durch Integration vom Winkel $\varepsilon_1 = 0$ bis $\varepsilon_1 = \varphi_1$ zu

$$\Phi_e = L_e A_1 \, 2\pi \, \Omega_0 \int_0^{\varphi_1} \cos \varepsilon_1 \sin \varepsilon_1 \, d\varepsilon_1$$
$$= L_e A_1 \, \pi \sin^2 \varphi_1 \, \Omega_0.$$

Für die spezifische Ausstrahlung folgt unmittelbar

$$M_e = L_e \, \pi \sin^2 \varphi_1 \, \Omega_0. \qquad (6\text{-}65)$$

Von besonderem Interesse ist es, wenn der Strahler in den kompletten Halbraum emittiert. Der Öffnungswinkel des Kegels beträgt dann $\varphi_1 = \pi/2$, und aus Gl. (6-65) folgt für die spezifische Ausstrahlung des Lambertschen Strahlers

$$M_e = L_e \, \pi \, \Omega_0. \qquad (6\text{-}66)$$

Auf der Empfängerseite interessiert außer dem auftreffenden Strahlungsfluß Φ_e auch die *Bestrahlungsstärke* E_e, d. h. der auf die Empfängerfläche bezogene Strahlungsfluß

$$E_e = \frac{\Phi_e}{A_2}. \qquad (6\text{-}67)$$

Die Maßeinheit der Bestrahlungsstärke ist 1 W/m². Für die Bestrahlungsstärke folgt mit (6-59) und (6-60) das *photometrische Entfernungsgesetz*

$$E_e = \frac{I_e(\varepsilon_1)}{r^2} \cos \varepsilon_2 \, \Omega_0. \qquad (6\text{-}68)$$

Wird ein Empfänger eine bestimmte Zeitspanne Δt bestrahlt, dann ergibt das Produkt aus Bestrahlungsstärke und Zeit die *Bestrahlung* H_e, nämlich die auftreffende Energie je Flächeneinheit: $H_e = E_e \Delta t$, gemessen in Ws/m² = J/m². Allgemein gilt

$$H_e = \int E_e(t) \, dt. \qquad (6\text{-}69)$$

Beispiel

6.3-1: Ein Flächenelement der Erde, das senkrecht zur Sonne ausgerichtet ist, empfängt die Bestrahlungsstärke $E_e = 1,35$ kW/m² (außerhalb der Atmosphäre). Diese Größe heißt *Solarkonstante*. Die

Sonne erscheint unter dem halben Öffnungswinkel $\varphi_2 = 16'$. Wie groß ist die spezifische Ausstrahlung M_e der Sonne?

Lösung:

Bild 6-59 zeigt schematisch die kugelförmige Sonne mit Radius r sowie einen Empfänger auf der Erde im Abstand R ($R \gg r$). Die Kugelschicht auf der Sonne, begrenzt durch die Winkel ε_1 und $\varepsilon_1 + d\varepsilon_1$, hat die Fläche $dA_1 = 2\pi r^2 \sin \varepsilon_1 d\varepsilon_1$. Von ihr fällt der Strahlungsfluß

$$dΦ_e = L_e \frac{dA_1 \cos(\varepsilon_1 + \varepsilon_2) A_2 \cos \varepsilon_2}{R^2} Ω_0$$

auf den Empfänger. Infolge des großen Abstands von Erde und Sonne gilt in guter Näherung $\cos(\varepsilon_1 + \varepsilon_2) = \cos \varepsilon_1$ und $\cos \varepsilon_2 = 1$. Damit sind

$$dΦ_e = \frac{L_e}{R^2} A_2 \cos \varepsilon_1 dA_1 Ω_0$$

und

$$dE_e = \frac{dΦ_e}{A_2} = \frac{L_e}{R^2} \cos \varepsilon_1 dA_1 Ω_0.$$

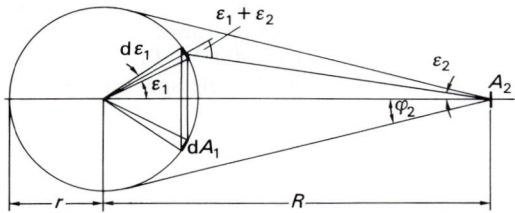

Bild 6-59. Zur Ableitung der spezifischen Ausstrahlung der Sonne (zu Beispiel 6.3-1).

Die gesamte Bestrahlungsstärke erhält man durch Integration über alle Winkel ε_1 von 0 bis $\pi/2$:

$$E_e = L_e \pi \left(\frac{r}{R}\right)^2 Ω_0.$$

Für das Verhältnis der Längen gilt $r/R \approx \varphi_2$. Nach Gl. (6-66) ist $M_e = L_e \pi Ω_0$; damit folgt $E_e = M_e \varphi_2^2$. Die spezifische Ausstrahlung der Sonne ist somit

$$M_e = \frac{E_e}{\varphi_2^2} = \frac{1{,}35 \cdot 10^3 \text{ W/m}^2}{(4{,}65 \cdot 10^{-3})^2} = 62{,}4 \text{ MW/m}^2.$$

Jeder Quadratmeter der Sonnenoberfläche strahlt also 62,4 MW aus.

Optische Abbildung

Es soll untersucht werden, wie sich die photometrischen Größen bei einer optischen Abbildung verhalten.

Bild 6-60 zeigt eine einfache Abbildung eines Gegenstands mit der Fläche A_1 durch eine Sammel-

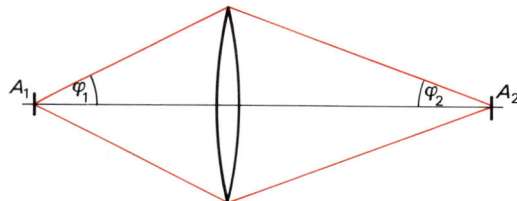

Bild 6-60. Strahlungsverhältnisse bei der optischen Abbildung.

linse. Das Bild hat die Fläche A_2. Der Strahlungsfluß, der von der Linse aufgenommen wird, ist nach Gl. (6-65)

$$Φ_e = A_1 L_{e,1} \pi \sin^2 \varphi_1 Ω_0. \qquad (1)$$

$L_{e,1}$ ist die Strahldichte des Gegenstands. Werden Verluste an der Linse vernachlässigt, so gelangt der gesamte Strahlungsfluß ins Bild, und wegen der Symmetrie gilt eine analoge Beziehung:

$$Φ_e = A_2 L_{e,2} \pi \sin^2 \varphi_2 Ω_0. \qquad (2)$$

Für schlanke Strahlenbüschel gilt $\sin \varphi \approx \varphi$, so daß aus Gl. (1) und (2) folgt

$$L_{e,1} A_1 \varphi_1^2 = L_{e,2} A_2 \varphi_2^2.$$

Nun ist aber nach der *Helmholtz-Lagrangeschen Gleichung* (6-23) $y_1 \varphi_1 = y_2 \varphi_2$ oder $A_1 \varphi_1^2 = A_2 \varphi_2^2$.

Daraus ergibt sich, daß die Strahldichte für Gegenstand und Bild gleich groß ist, d. h. $L_{e,1} = L_{e,2}$. Selbstverständlich kann sich die Bestrahlungsstärke E_e ändern. Falls der Strahlungsfluß vom Objekt verlustlos zum Bild gelangt, hängt die Bestrahlungsstärke des Bildes vom Abbildungsmaßstab β' ab. Ist etwa $\beta' = 2$, dann ist die Bildfläche viermal so groß wie die Objektfläche, und die Bestrahlungsstärke wurde auf ein Viertel vermindert.

> Bei der optischen Abbildung bleibt die Strahldichte L_e überall konstant; die Bestrahlungsstärke E_e kann sich ändern.

Dieser Satz gilt auch für weit geöffnete Strahlenbüschel, wenn die Abbildung aberrationsfrei ist.

Spektrale Größen

Wenn die Strahlung über einen größeren Wellenlängenbereich verteilt ist, werden zur Charakterisierung der Wellenlängenabhängigkeit *spektrale strahlungsphysikalische Größen* erforderlich. Zu jeder Größe X_e wird die spektrale Größe $X_{e,\lambda}$ definiert als

$$X_{e,\lambda} = \frac{dX_e}{d\lambda} \, . \tag{6-70}$$

So ist z. B. die spektrale Strahldichte $L_{e,\lambda}$ $= dL_e/d\lambda$, gemessen in $W/(m^2 \, sr \, nm)$.

Die spektralen strahlungsphysikalischen Größen $X_{e,\lambda}$ werden mit einem Spektrometer experimentell bestimmt. Die jeweilige Größe X_e erhält man bei bekanntem $X_{e,\lambda}$ durch Integration:

$$X_e = \int_{\lambda_1}^{\lambda_2} X_{e,\lambda}(\lambda) \, d\lambda \, . \tag{6-71}$$

Der spektrale Strahlungsfluß einer roten LED ist in Bild 6-61 wiedergegeben. Die Breite solcher LED-Spektren ist typischerweise $\Delta\lambda \approx 40$ nm.

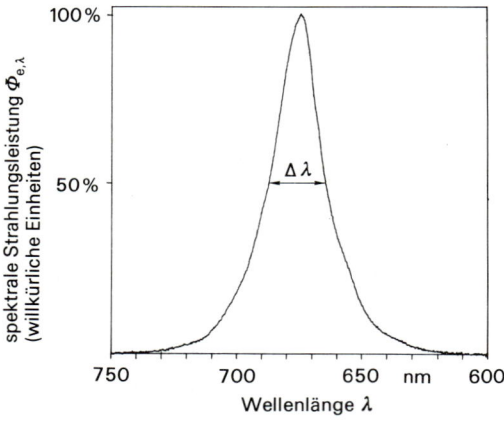

Bild 6-61.   *Spektrale Strahlungsleistung einer roten Leuchtdiode.*

Von großer praktischer Bedeutung ist das Spektrum der *Temperaturstrahler*. Jeder Körper sendet in Abhängigkeit von seiner Temperatur elektromagnetische Strahlung aus. Diese Strahlung wird sichtbar, wenn die Temperatur etwa 600 °C erreicht (Rotglut). Mit steigender Temperatur verschiebt sich die Glühfarbe über hellrot (850 °C), gelb (1000 °C) nach weiß (1300 °C). Der spektrale Verlauf der ausgesandten Strahlung ist für einen *schwarzen Körper* theoretisch berechenbar. Ein schwarzer Körper zeichnet sich dadurch aus, daß er alle auftreffende Strahlung absorbiert; sein Reflexionsvermögen ist null. Ein schwarz gestrichener oder berußter Körper

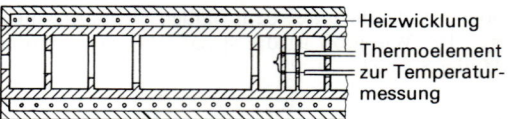

Bild 6-62.   *Hohlraumstrahler.*

erfüllt diese Bedingung nur unvollkommen, sehr gut dagegen ein kleines Loch in der Wand eines Hohlraums. Bild 6-62 zeigt die technische Ausführung eines solchen *Hohlraumstrahlers*. Lichtstrahlen, die durch das Loch ins Innere gelangen, werden vielfach reflektiert und gestreut, bis sie schließlich absorbiert werden. Es besteht nur eine geringe Wahrscheinlichkeit dafür, daß ein Strahl wieder durch das Loch nach außen gelangt. Dieses erscheint daher absolut schwarz. Heizt man die Wände des Hohlraums, tritt aus der Öffnung Strahlung, die bei höherer Temperatur sichtbar wird. (Das Loch ist dann selbstverständlich nicht mehr schwarz.)

Eine gültige theoretische Beschreibung des Spektrums der Wärmestrahlung (s. auch Abschn. 6.5.3) gelang 1900 M. PLANCK (1858 bis 1947). Danach gilt für die spektrale Strahldichte

$$L_{e,\lambda}(\lambda, T) = \frac{c_1}{\lambda^5} \frac{1}{e^{c_2/\lambda T} - 1} \frac{1}{\Omega_0} \, . \tag{6-72}$$

Die Konstanten c_1 und c_2 in der *Planckschen Strahlungsgleichung* sind

$$c_1 = 2 \, h \, c^2 = 1{,}191 \cdot 10^{-16} \, W \, m^2 \quad \text{und}$$

$$c_2 = h \, c/k = 1{,}439 \cdot 10^{-2} \, m \, K \, .$$

Dabei ist c die Lichtgeschwindigkeit im Vakuum und k die Boltzmann-Konstante. Die Konstante h nennt man das *Plancksche Wirkungsquantum;* sie hat den Wert

$$h = 6{,}626 \cdot 10^{-34} \, J \, s \, .$$

Der Verlauf der spektralen Strahldichte $L_{e,\lambda}$ über der Wellenlänge λ ist in Bild 6-63 dargestellt. Hat der Strahler eine Temperatur nahe der Raumtemperatur, liegt die maximale Emission bei $\lambda \approx 10$ μm. Mit zunehmender Temperatur verschiebt sich das Maximum ins sichtbare Gebiet. Bei $T = 6000$ K, etwa der Temperatur an der Sonnenoberfläche entsprechend, liegt das Maximum mitten im sichtbaren Spektralbereich 0,38 μm $< \lambda$ $< 0{,}78$ μm.

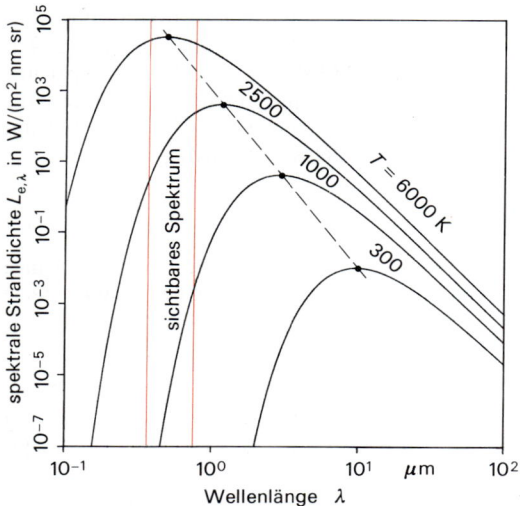

spektrale Strahldichte $L_{e,\lambda}$ in W/(m² nm sr)

Wellenlänge λ

Bild 6-63. Spektrale Strahldichte eines schwarzen Strahlers.

Die gestrichelte Hyperbel (in der doppeltlogarithmischen Darstellung eine Gerade) in Bild 6-63 verbindet die Maxima der Strahlungsisothermen. Die Verschiebung des Maximums mit der Temperatur wird durch das *Wiensche Verschiebungsgesetz* beschrieben (W. WIEN, 1864 bis 1928):

$$\lambda_{max}\, T = \text{konstant} = 2898\ \mu\text{m K}. \qquad (6\text{-}73)$$

Die gesamte Strahldichte L_e eines schwarzen Körpers erhält man nach Gl. (6-71) durch Integration aus der spektralen Strahldichte $L_{e,\lambda}$ gemäß $L_e = \int L_{e,\lambda}\, d\lambda$.

Mit Hilfe von thermodynamischen Überlegungen fanden 1879 bzw. 1884 J. STEFAN (1835 bis 1893) bzw. L. BOLTZMANN (1844 bis 1906), daß die abgestrahlte Leistung proportional zur vierten Potenz der Temperatur ist: $L_e \sim T^4$. Dieses *Stefan-Boltzmannsche Gesetz* wird üblicherweise für die spezifische Ausstrahlung M_e geschrieben:

$$M_e(T) = \sigma\, T^4 \qquad (6\text{-}74)$$

mit der Konstanten

$$\sigma = \frac{2\,\pi^5\, k^4}{15\, h^3\, c^2} = 5{,}670 \cdot 10^{-8}\ \text{W/(m}^2\ \text{K}^4).$$

Zur Übung

Ü 6.3-1: Um die Strahlungseigenschaften einer Leuchtdiode zu messen, wird gemäß Bild 6-56 ein

Detektor im Abstand $r = 0,5$ m um die LED geführt. Als Funktion des Winkels ε_1 registriert man folgende Strahlungsleistungen ($\varepsilon_2 = 0$):

ε_1 in °	0	30	45	60	80	90
Φ_e in nW	62,0	53,3	43,8	31,7	10,8	0 .

Sender- und Empfängerfläche sind $A_1 = A_2 = 1\ \text{mm}^2$. a) Berechnen Sie die Strahlstärke I_e für die angegebenen Winkel. b) Prüfen Sie nach, ob sich die LED wie ein Lambert-Strahler verhält, und zeichnen Sie ein Strahlungsdiagramm analog Bild 6-57. c) Wie groß ist die Strahldichte L_e? d) Welche spezifische Ausstrahlung hat die LED? e) Wie groß ist die maximale Bestrahlungsstärke E_e des Empfängers?

Ü 6.3-2: Ein Hohlraumstrahler wird bei der Temperatur $T = 1800$ K betrieben. Die Strahlung wird durch einen Monochromator geschickt, der lediglich im Wellenlängenbereich $640\ \text{nm} \leqq \lambda \leqq 680\ \text{nm}$ durchlässig ist. a) Wie groß ist die Strahldichte L_e der durchgelassenen Strahlung unter der Annahme, daß der Monochromator verlustlos arbeitet? (Um die numerische Integration $L_e = \int L_{e,\lambda}\, d\lambda$ zu umgehen, kann näherungsweise gesetzt werden $L_e \approx L_{e,\lambda}(660\ \text{nm}) \cdot 40\ \text{nm}$.) b) Berechnen Sie zum Vergleich die Strahldichte L_e einer roten LED, die bei $\lambda = 660$ nm mit einer Halbwertsbreite von $\Delta\lambda = 40$ nm strahlt. Die Strahlstärke beträgt $I_e = 5 \cdot 10^{-4}$ W/sr, die Fläche $A = 0,5\ \text{mm}^2$.

Ü 6.3-3: Mit einer Sammellinse (Brennglas) der Brennweite $f' = 100$ mm und dem Durchmesser $d_1 = 40$ mm wird die Sonne auf ein Papier abgebildet. Der Sonnendurchmesser erscheint von der Erde aus unter dem Winkel 32'. a) Welchen Durchmesser d_2 hat das Sonnenbild? b) Wie groß ist die Bestrahlungsstärke $E_{e,2}$ auf dem Papier, wenn die Bestrahlungsstärke am Ort der Linse $E_{e,1} = 750$ W/m² beträgt?

6.3.3. Lichttechnische Größen

Die in Abschn. 6.3.2 definierten strahlungsphysikalischen Größen lassen sich mit einem geeichten Empfänger objektiv messen. Dient als Empfänger das Auge, so bewertet dieses die auftreffende Strahlung nach einer bestimmten Charakteristik. Betrachtet man beispielsweise eine rote ($\lambda = 660$ nm) und eine grüne Leuchtdiode ($\lambda = 560$ nm), die beide dieselbe Strahlungsleistung abgeben, dann erscheint im Vergleich die grüne LED etwa 16mal heller als die rote. Die Augenempfindlichkeit hängt also offensichtlich stark von der Wellenlänge des Lichtes ab. Da die Helligkeitsempfindung von einem zum anderen Beobachter schwankt, wurden mit einer großen Anzahl von Testpersonen Vergleiche durchgeführt. So entstand der *Hellempfindlichkeitsgrad* des *Standard-Beobachters*, der von der *Comission International d'Eclairage* (CIE) festgelegt wurde.

Bild 6-64 zeigt den spektralen Verlauf des Hellempfindlichkeitsgrads. Bei Tageslicht (Zapfensehen, *photopische* Anpassung) ist der Hellempfindlichkeitsgrad $V(\lambda)$. Bei Nacht (Stäbchensehen, *skotopische* Anpassung) wird der Hellempfindlichkeitsgrad durch die Kurve $V'(\lambda)$ beschrieben. Beide Kurven sind auf 1 normiert. Offensichtlich spricht das Auge bei Nacht auf Blautöne stärker an als am Tage (*Purkinje-Effekt*). Die Zahlenwerte für $V(\lambda)$ und $V'(\lambda)$ sind in DIN 5031 tabelliert.

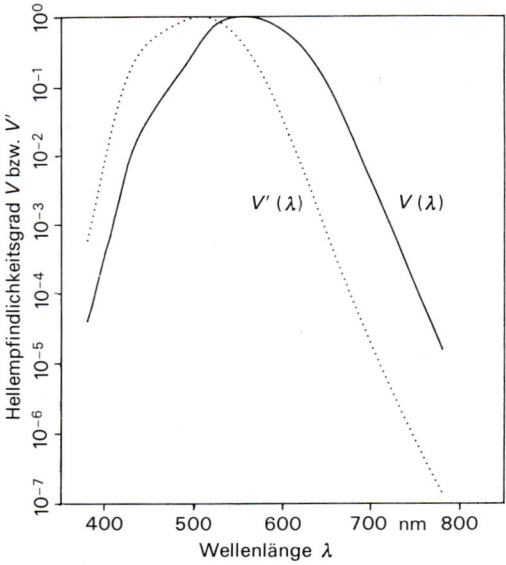

Bild 6-64. *Hellempfindlichkeitsgrad des Standard-Beobachters.*
$V(\lambda)$: Tagessehen, photopische Anpassung
$V'(\lambda)$: Nachtsehen, skotopische Anpassung

Die Helligkeitsempfindung des Auges hängt also ab von der Strahlungsleistung Φ_e, die ins Auge gelangt, und vom Hellempfindlichkeitsgrad $V(\lambda)$. Der *Lichtstrom* Φ_v (Index v für visuell) ist ein Maß für den Helligkeitseindruck. Für monochromatische Lichtquellen gilt bei *photopischer Anpassung*

$$\Phi_v = K_m \, \Phi_e \, V(\lambda). \tag{6-75}$$

Die Konstante K_m wird als Maximalwert des *photometrischen Strahlungsäquivalents* bei Tagessehen bezeichnet. Sie ist eng verknüpft mit der weiter unten eingeführten Maßeinheit für die *Lichtstärke*, der *Candela*, und beträgt $K_m = 683 \, \text{lm/W}$ (Lumen/Watt).

Beispiel

6.3-2: Eine rote LED emittiert Licht der Wellenlänge $\lambda = 660 \, \text{nm}$. Die Strahlungsleistung beträgt $\Phi_e = 46 \, \mu\text{W}$. Wie groß ist der Lichtstrom Φ_v?

Lösung:

Bei $\lambda = 660 \, \text{nm}$ ist der Hellempfindlichkeitsgrad $V(\lambda) = 6{,}1 \cdot 10^{-2}$. Damit errechnet sich der Lichtstrom zu

$$\Phi_v = 683 \, \text{lm/W} \cdot 46 \cdot 10^{-6} \, \text{W} \cdot 6{,}1 \cdot 10^{-2}$$
$$= 1{,}9 \cdot 10^{-3} \, \text{lm}.$$

Bei *skotopischer Anpassung* gilt für die Berechnung des Lichtstroms die Beziehung

$$\Phi_v' = K_m' \, \Phi_e \, V'(\lambda). \tag{6-76}$$

Der Maximalwert des photometrischen Strahlungsäquivalents bei Nachtsehen beträgt $K_m' = 1699 \, \text{lm/W}$. Im folgenden sind nur noch die Gleichungen für das Tagessehen angegeben. Die Beziehungen für das Nachtsehen entsprechen den vorgenannten Darlegungen.

Ist die Strahlung nicht monochromatisch sondern spektral breitbandig, dann muß für die Berechnung des Lichtstroms über das sichtbare Spektrum integriert werden:

$$\Phi_v = K_m \int_{380\,\text{nm}}^{780\,\text{nm}} \Phi_{e,\lambda}(\lambda) \, V(\lambda) \, d\lambda. \tag{6-77}$$

So wie die Strahlungsleistung nach der Bewertung durch das Auge in den Lichtstrom umgewandelt wird, kann für jede andere strahlungsphysikalische Größe X_e eine entsprechende lichttechnische Größe X_v angegeben werden. Die Berechnung erfolgt nach

$$X_v = K_m \int_{380\,\text{nm}}^{780\,\text{nm}} X_{e,\lambda}(\lambda) \, V(\lambda) \, d\lambda. \tag{6-78}$$

Tabelle 6-3. Photometrische Größen.

Strahlungsphysikalische Größen			lichttechnische Größen		
Benennung	Zeichen	Maßeinheit	Benennung	Zeichen	Maßeinheit
Strahlungsenergie	Q_e	Ws	Lichtmenge	Q_v	lm s
Strahlungsleistung	Φ_e	W	Lichtstrom	Φ_v	lm
spezifische Ausstrahlung	M_e	W/m²	spezifische Lichtausstrahlung	M_v	lm/m²
Strahlstärke	I_e	W/sr	Lichtstärke	I_v	cd = lm/sr
Strahldichte	L_e	W/(m² sr)	Leuchtdichte	L_v	cd/m²
Bestrahlungsstärke	E_e	W/m²	Beleuchtungsstärke	E_v	lx = lm/m²
Bestrahlung	H_e	Ws/m²	Belichtung	H_v	lx s

Die Bezeichnungen dieser neuen lichttechnischen Größen sind zusammen mit ihren Maßeinheiten in Tabelle 6-3 den entsprechenden strahlungsphysikalischen Größen gegenübergestellt.

Die lichttechnischen Größen haben Maßeinheiten, die mit der SI-Basiseinheit für die Lichtstärke 1 cd (Candela) verknüpft sind. Die Candela ist die Lichtstärke einer Strahlungsquelle, die monochromatische Strahlung der Frequenz $540 \cdot 10^{12}$ Hz in eine bestimmte Richtung aussendet, und deren Strahlstärke in dieser Richtung $I_e = 1/683$ W/sr beträgt (Abschn. 1.3).
Licht mit der Frequenz $f = 540$ THz hat die Wellenlänge $\lambda = 555$ nm. Der Hellempfindlichkeitsgrad ist in diesem Fall $V(555\text{ nm}) = 1$. Somit gilt für die Lichtstärke 1 Candela

$$I_v = 1\text{ cd} = K_m I_e = K_m \frac{1}{683}\frac{\text{W}}{\text{sr}}.$$

Hieraus folgt sofort für den Umrechnungsfaktor K_m der bereits genannte Wert $K_m = 683$ (cd sr)/W = 683 lm/W. Als abgeleitete Einheiten sind für den Lichtstrom das Lumen (1 lm = 1 cd sr) und für die Beleuchtungsstärke das Lux (1 lx = 1 lm/m²) eingeführt.

Tabelle 6-4. Lichtstrom einiger Lichtquellen.

Lichtquelle	Lichtstrom
Leuchtdiode	10^{-2} lm
Glühlampe 220 V, 60 W	730 lm
Glühlampe 220 V, 100 W	1 380 lm
Leuchtstoffröhre 220 V, 40 W	2 300 lm
Quecksilberdampflampe 220 V, 125 W	5 400 lm
Quecksilberdampflampe 220 V, 2000 W	125 000 lm

In Tabelle 6-4 sind einige in der Praxis vorkommende Werte für den Lichtstrom zusammengestellt. Daten zur Beleuchtungsstärke zeigt Tabelle 6-5. Die Anforderungen an die Beleuchtungsstärke in Innenräumen sind in DIN 5035 niedergelegt. Beleuchtungsstärken für Straßenbeleuchtung findet man in DIN 5044. Die lichttechnischen Anwendungen sind in Abschn. 4.2.2.2, Bild 4-41 und 4-42 dargestellt.

Tabelle 6-5. Daten zur Beleuchtungsstärke.

Beleuchtung	Beleuchtungsstärke
Sonne, Sommer	70 000 lx
Sonne, Winter	5 500 lx
Tageslicht, bedeckter Himmel	1 000 bis 2 000 lx
Vollmond	0,25 lx
Sterne ohne Mond, klare Nacht	10^{-3} lx
Grenze der Farbwahrnehmung	3 lx
Arbeitsplatzbeleuchtung, hohe Ansprüche	1 000 lx
Wohnzimmerbeleuchtung	120 lx
Straßenbeleuchung	1 lx bis 16 lx

Zur Übung

Ü 6.3-4: Welche Lichtstärke I_v muß eine Lichtquelle haben, damit an einem $r = 1,5$ m entfernten Arbeitsplatz bei senkrechter Beleuchtung die Beleuchtungsstärke $E_v = 500$ lx beträgt?

Ü 6.3-5: Eine rote LED emittiert Licht bei $\lambda = 680$ nm. Die Emissionsfläche beträgt $A_1 = 0,5$ mm². Die Abstrahlungscharakteristik gehorcht dem Lambertschen Cosinus-Gesetz. Im Abstand $r = 1$ m unter dem Winkel $\varepsilon_1 = 30°$ zur Sendernormalen (Bild

6-56) befindet sich ein Empfänger ($\varepsilon_2 = 0$) mit der Fläche $A_2 = 20\ \mathrm{mm}^2$. Die auf den Empfänger fallende Strahlungsleistung beträgt $\Phi_e = 8{,}7 \cdot 10^{-10}\ \mathrm{W}$. a) Wie groß ist der Lichtstrom Φ_v, der auf den Detektor trifft? (Die Augenempfindlichkeit ist $V(680\ \mathrm{nm}) = 1{,}7 \cdot 10^{-2}$.) b) Berechnen Sie die Beleuchtungsstärke am Ort des Empfängers. c) Unter welchem Raumwinkel Ω erscheint der Detektor vom Sender aus? d) Wie groß ist die Lichtstärke $I_v(0)$ der LED senkrecht zur strahlenden Fläche? e) Wie groß ist die Leuchtdichte L_v der LED? (Die LED kann als monochromatische Lichtquelle angesehen werden.)

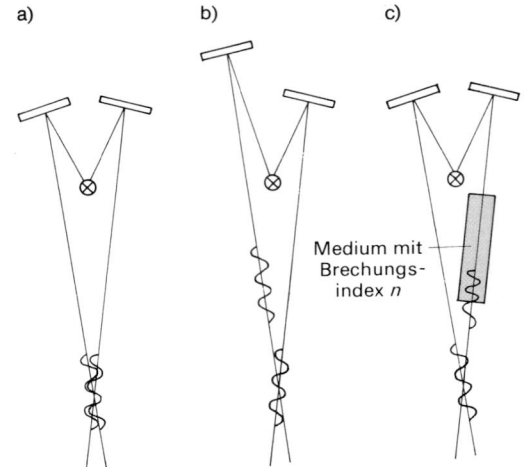

6.4. Wellenoptik

6.4.1. Interferenz und Beugung

6.4.1.1. Kohärenz

Die grundlegenden Gesetzmäßigkeiten der Wellenausbreitung gehen aus Abschn. 5.2 hervor. Der vorliegende Abschnitt soll spezielle Eigenschaften der Lichtwellen vertiefen.

In Abschn. 5.2.4 ist gezeigt, daß sich zwei Wellen derselben Frequenz auslöschen, wenn der Gangunterschied Δ der beiden Wellen ein ungeradzahliges Vielfaches der halben Wellenlänge beträgt:

$$\Delta = (2m+1)\,\frac{\lambda}{2}; \quad m = 0, 1, 2, \dots.$$

Umgekehrt verstärken sich die Wellen beim Gangunterschied $\Delta = m\,\lambda$ (Tabelle 5-10). Daß solche Interferenzeffekte auch bei Licht beobachtet werden können, wurde erstmals von T. YOUNG 1801 gezeigt. Der *Youngsche Interferenzversuch am Doppelspalt* (Abschn. 6.4.1.6) beweist eindeutig die Wellennatur des Lichtes.

Im Gegensatz zur Interferenz mechanischer Wellen ist die Interferenz von Licht nicht ganz einfach zu beobachten. Eine wesentliche Bedingung für die Beobachtung stationärer Interferenzmuster ist die *Kohärenz* der wechselwirkenden Wellen. Zwei Wellen werden *kohärent* genannt, wenn die gegenseitige Phasendifferenz während der Beobachtungszeit konstant bleibt. Gibt es zwischen zwei Wellen keine feste Phasenbeziehung, spricht man von *inkohärenten* Wellen. Das spontan emittierte Licht eines heißen Körpers stammt von einzelnen voneinander unabhängigen Atomen. Aus diesem Grund können Wellen, die von

Bild 6-65. Erzeugung kohärenter Wellenzüge durch Reflexion: a) konstruktive Interferenz, b) keine Interferenz, zu große geometrische Wegdifferenz, c) keine Interferenz, zu große optische Wegdifferenz.

zwei verschiedenen Lichtquellen ausgesandt werden, nicht miteinander interferieren. Es ist praktisch ausgeschlossen, daß zwischen den unabhängig ausgestrahlten Wellenzügen eine feste Phasenbeziehung besteht. Zur Interferenz des Lichtes müssen deshalb die interferierenden Lichtwellen von demselben Punkt einer Lichtquelle stammen. Experimentell ist dies möglich durch Aufspalten eines Lichtstrahls mit Hilfe von z. B. teildurchlässigen Platten und Spiegeln. Bild 6-65 zeigt die Überlagerung von zwei Wellenzügen, die jeweils aus derselben Lichtquelle stammen.

Die elektromagnetischen Wellen, die von Temperaturstrahlern ausgesandt werden, sind nicht beliebig lang, sondern sie sind Wellenzüge endlicher Länge (Bild 5-65). Die Bedeutung dieser Tatsache für die Interferenz geht aus Bild 6-65 klar hervor. Während in Bild 6-65a die beiden Wellenzüge miteinander interferieren, kommt es in Bild 6-65b und c nicht zur Interferenz. Der Grund ist offensichtlich: In Bild 6-65b ist die Wegdifferenz s zwischen den beiden Teilwellen größer als die Länge der beiden Wellenzüge. Sie treffen deshalb nacheinander am Interferenzort ein und können nicht miteinander interferieren. In Bild 6-65c sind zwar die geometrischen Wege gleich, das rechte Wellenpaket läuft aber eine bestimmte Strecke durch ein Medium (Brechungsindex n) und kommt infolge der verminderten Ausbreitungsgeschwindigkeit verspätet am Interferenzort an. Entscheidend für die Beobachtung der Interferenz ist daher, daß die *optische Wegdifferenz n s* nicht größer wird als die mittlere Länge der Wellenzüge.

Verschiebt man, ausgehend von Bild 6-65 a, den linken Spiegel nach oben, bis schließlich die Stellung von Bild 6-65 b erreicht ist, so wird das ursprünglich stark ausgeprägte Interferenzbild immer kontrastärmer, bis es schließlich ganz verschwindet. Der größte Gangunterschied der beiden Wellen, bei dem gerade noch Interferenz beobachtet werden kann, ist die *Kohärenzlänge l.* Diese entspricht der mittleren Länge der interferierenden Wellenzüge und ist verknüpft mit der mittleren Zeitdauer τ des Emissionsaktes nach der Beziehung

$$l = c\,\tau \qquad (6\text{-}79)$$

mit c als der Lichtgeschwindigkeit. Die Zeit τ, während der ein Wellenzug ausgesandt wird, beträgt bei isolierten Atomen typischerweise $\tau \approx 10^{-8}$ s. Dies ergibt Wellenzüge mit der Länge $l \approx 3$ m. Bei hoher Temperatur und großer Atomdichte wird die Kohärenzlänge erheblich vermindert, wie aus Tabelle 6-6 hervorgeht.

Ein Wellenzug der Länge l wird nach *Fourier* beschrieben als Integral über Sinuswellen verschiedener Frequenzen und Wellenlängen.

Tabelle 6-6. Kohärenzeigenschaften verschiedener Lichtquellen.

Lichtquelle	Frequenz-bandbreite Δf	Kohärenz-länge l
weißes Licht	≈ 200 THz	$\approx 1{,}5\ \mu$m
Spektrallampe, Raumtemperatur	1,5 GHz	20 cm
Kr-Spektrallampe, auf $T = 77$ K gekühlt	375 MHz	80 cm
Halbleiterlaser GaAlAs	2 MHz	150 m
HeNe-Laser, frequenzstabilisiert	150 kHz	2 km

Dabei müssen Frequenzen innerhalb der Bandbreite

$$\Delta f \approx \frac{1}{\tau} \qquad (6\text{-}80)$$

überlagert werden. Auch auf der Wellenlängenskala ist ein Wellenzug endlicher Länge nicht beliebig scharf, sondern er hat eine Linienbreite

$$|\Delta\lambda| = \lambda\,\frac{|\Delta f|}{f}. \qquad (6\text{-}81)$$

Bei einer Spektrallampe ist der Frequenzbereich Δf im allgemeinen nicht durch Gl. (6-80) bestimmt. In Wirklichkeit sind die Spektrallinien durch den *Doppler-Effekt* und Stöße verbreitert. Ein typischer Wert für die Breite des Frequenzbandes einer Cd-Spektrallampe ist $\Delta f = 1500$ MHz. Dies entspricht bei $\lambda = 509$ nm einer Linienbreite von $\Delta\lambda = 1{,}3 \cdot 10^{-12}$ m und einer Kohärenzlänge von $l = 20$ cm.

Selbst bei genügend großer Kohärenzlänge kann ein Interferenzversuch mit Licht mißlingen, wenn die strahlende Fläche oder die Öffnung der Lichtbündel zu groß ist. Hat die Lichtquelle die Größe b und ist der halbe Öffnungswinkel σ, dann wird Interferenz nur beobachtet, wenn die *Kohärenzbedingung*

$$2\,b\,\sin\sigma \ll \lambda \qquad (6\text{-}82)$$

erfüllt ist.

Die kurze Kohärenzlänge von Licht normaler Lampen rührt daher, daß die Emissionsakte der einzelnen Atome nicht miteinander korreliert sind. Der *Laser* (Abschn. 6.5.4) ist eine Lichtquelle, bei der die einzelnen Atome bei der Lichtaussendung miteinander kooperieren und ihr Licht jeweils phasengerecht aussenden. Dadurch entsteht ein fast monochromatischer Wellenzug mit mehreren Kilometern Kohärenzlänge. In der Praxis vorkommende Kohärenzlängen sind in Tabelle 6-6 zusammengestellt.

Die Interferenz von Licht aus zwei kohärenten Lichtquellen wurde 1821 von A. J. FRESNEL (1788 bis 1827) demonstriert. Im klassischen *Fresnelschen Spiegelversuch* wird nach Bild

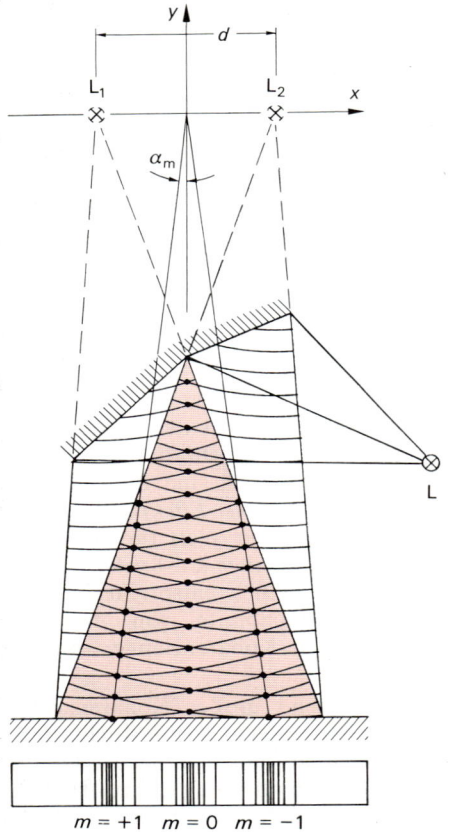

Bild 6-66. Fresnelscher Spiegelversuch.

6-66 das Licht einer Lichtquelle L mit Hilfe eines Winkelspiegels so reflektiert, daß die Wellen aus den virtuellen Bildern L_1 und L_2 herzukommen scheinen. Die beiden virtuellen Lichtquellen L_1 und L_2 senden kohärente Wellen aus, die im Überlappungsgebiet zur Interferenz gebracht werden. Die konzentrischen Kreise in Bild 6-66 sollen Wellenberge darstellen. Dann ist an jedem Schnittpunkt der Kreise die Bedingung für konstruktive Interferenz erfüllt. Längs der eingezeichneten Punkte verstärken sich also die Wellen, dazwischen löschen sie sich aus. Auf einer Wand, die von den Lichtbündeln getroffen wird, entsteht das untenstehende stationäre Interferenzbild. Die Ordnungszahl m gibt den Gangunterschied der interferierenden Wellen in Vielfachen der Wellenlänge an: $\Delta = m\,\lambda$. Wie bereits in Abschn. 5.2.4.3 erwähnt, liegen die Punkte konstruktiver Interferenz auf konfokalen Hyperbeln mit den Brennpunkten L_1

und L_2. Die Hyperbeln entsprechen der Gleichung

$$\frac{x^2}{a^2} - \frac{y^2}{b^2} = 1 \qquad (6\text{-}83)$$

mit $a = m\,(\lambda/2)$ und $b^2 = (d/2)^2 - a^2$; d ist der Abstand der beiden virtuellen Lichtquellen. In großem Abstand von den Lichtquellen schmiegen sich die Hyperbeln an ihre Asymptoten an. Dies sind Geraden, die aus dem Koordinatenursprung kommen und mit der y-Achse die Winkel α_m einschließen. Für die Asymptotenwinkel gilt

$$\sin \alpha_m = m\,\frac{\lambda}{d}. \qquad (6\text{-}84)$$

Der Abstand zwischen zwei Interferenzstreifen an der Wand ist proportional zur verwendeten Wellenlänge. Nimmt man Weißlicht anstelle von monochromatischem Licht, ist die konstruktive Interferenzbedingung nur für die Interferenzlinie nullter Ordnung ($m = 0$) zu erfüllen. Es erscheint ein weißer Interferenzstreifen nullter Ordnung, der von schwarzen Streifen begrenzt ist. Die Interferenzstreifen höherer Ordnung bekommen farbige Ränder.

Zur Übung

Ü 6.4-1: Die theoretische Grenze der Frequenzbandbreite eines Lasers ist $\Delta f \approx 1$ Hz. Berechnen Sie die theoretische Linienbreite für $\lambda = 600$ nm und die Kohärenzlänge l.

Ü 6.4-2: Bei einem Experiment mit dem Fresnelschen Winkelspiegel beträgt der Abstand der beiden virtuellen Lichtquellen (Bild 6-66) $d = 0{,}6$ mm. Im Abstand $D = 2$ m von den Lichtquellen befindet sich eine Wand, auf der die Interferenzstreifen beobachtet werden. Wie groß ist der Abstand Δx zwischen zwei Interferenzstreifen in der Nähe der Symmetrieachse, wenn als Lichtquelle eine Natriumdampflampe mit $\lambda = 589$ nm verwendet wird?

6.4.1.2. Interferenzen an dünnen Schichten

Interferenzen gleicher Neigung

Interferenzen zwischen kohärenten Lichtwellen entstehen durch Reflexion von Lichtwellen an planparallelen Schichten. In Bild 6-67 fällt ein Lichtstrahl von der Lichtquelle L auf

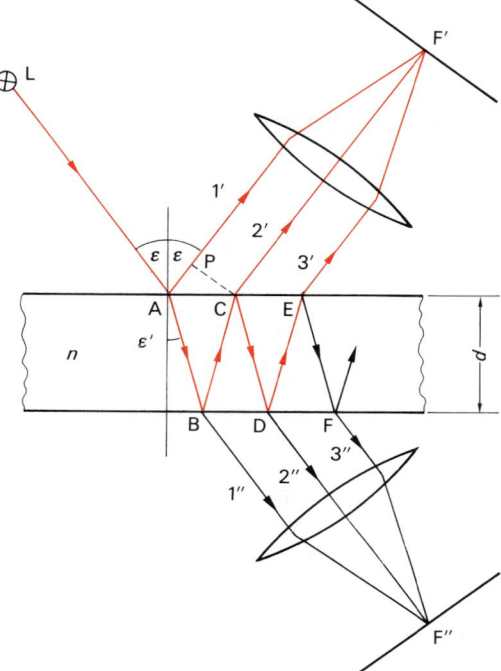

Bild 6-67.   Interferenzen an planparalleler Platte.

Dies ist noch nicht der vollständige Gangunterschied. Wie bereits in Abschn. 5.2.4.2 erläutert, erfährt der am dichteren Medium reflektierte Strahl 1′ einen Phasensprung um π, was einem zusätzlichen Gangunterschied von λ/2 entspricht. Der Strahl 2′ erleidet bei der Reflexion in B keinen Phasensprung.

Somit beträgt der Gangunterschied der beiden Strahlen 1′ und 2′

$$\Delta = 2\,d\,\sqrt{n^2 - \sin^2 \varepsilon} - \frac{\lambda}{2}\,. \qquad (6\text{-}85)$$

Die Wellen verstärken sich bei $\Delta = m\,\lambda$, sie löschen sich aus für $\Delta = (2\,m + 1)\,(\lambda/2)$.

Die Bedingung für *Helligkeit* lautet somit

$$2\,d\,\sqrt{n^2 - \sin^2 \varepsilon} = (m + \tfrac{1}{2})\,\lambda \qquad (6\text{-}86)$$

mit $m = 0, 1, 2, \ldots$. *Dunkelheit* herrscht bei

$$2\,d\,\sqrt{n^2 - \sin^2 \varepsilon} = (m + 1)\,\lambda\,. \qquad (6\text{-}87)$$

Die Bedingungen (6-86) und (6-87) sind bei vorgegebener Plattendicke d und Wellenlänge λ nur für ganz bestimmte Winkel ε einzuhalten. Alle Strahlen, die mit dem gleichen Winkel ε auf die Platte treffen, erzeugen in der Brennebene der Linse (oder auf der Netzhaut des Auges) eine Interferenzlinie. Verschiedene Winkel ε, die Gl. (6-86) und (6-87) befriedigen, erzeugen *Interferenzlinien gleicher Neigung*, die wegen der Symmetrie kreisförmig sind und als *Haidingersche Ringe* bezeichnet werden.

eine durchlässige Platte mit dem Brechungsindex n. Im Auftreffpunkt A wird der Strahl teilweise reflektiert und gebrochen. Der gebrochene Strahl wird in B wieder teilweise reflektiert und gebrochen, ebenfalls in C, D und so fort. Zunächst sei die Überlagerung der beiden Strahlen 1′ und 2′ betrachtet (die weiteren Strahlen 3′, 4′ und so fort haben vernachlässigbare Intensitäten). Die beiden Parallelstrahlen werden im Brennpunkt F′ einer Linse vereinigt. (Bei Betrachtung mit dem Auge ist dies die Augenlinse.) Ob am Punkt F′ Helligkeit oder Dunkelheit herrscht, hängt vom Gangunterschied der beiden interferierenden Lichtwellen 1′ und 2′ ab.

Die geometrische Wegdifferenz der Strahlen 1′ und 2′ ist nach Bild 6-67 AB + BC − AP. Die optische Wegdifferenz beträgt $n\,(\mathrm{AB} + \mathrm{BC}) - \mathrm{AP}$. Für die Wegdifferenzen gilt

$$\mathrm{AB} + \mathrm{BC} = 2\,\frac{d}{\cos \varepsilon'}\,; \quad \mathrm{AP} = 2\,d \tan \varepsilon' \sin \varepsilon\,.$$

Mit Hilfe des Brechungsgesetzes $\sin \varepsilon / \sin \varepsilon' = n$ ergibt sich daraus die Gangdifferenz

$$s = 2\,d\,\sqrt{n^2 - \sin^2 \varepsilon}\,.$$

Die durchgelassenen Strahlen 1″ und 2″ in Bild 6-67 werden im Brennpunkt F″ überlagert. Für sie beträgt der Gangunterschied $\Delta = 2\,d\,\sqrt{n^2 - \sin^2 \varepsilon}$. Der in Gl. (6-85) zusätzlich eingebrachte Gangunterschied von λ/2 für die Reflexion am dichteren Medium taucht hier nicht auf. Daraus folgt, daß sich die Interferenzen in F″ komplementär zu jenen in F′ verhalten, d. h., die Bedingungen für Helligkeit und Dunkelheit sind genau vertauscht. Die Interferenzen des durchgelassenen Lichtes sind nicht so gut sichtbar wie die des reflektierten Lichtes, weil die Intensitäten der Strahlen 1″ und 2″ sehr unterschiedlich sind (z. B. 10:1), während 1′ und 2′ nahezu dieselbe Intensität haben.

Farben dünner Blättchen

Dünne Schichten, wie z. B. Seifenlamellen, Ölfilme auf Wasser, Aufdampfschichten und Oxidschichten, zeigen bei Beleuchtung mit weißem Licht oft herrliche *Interferenzfarben*. Diese entstehen, wenn nach Gl. (6-86) und (6-87) je nach Dicke, Brechungsindex und Einfallswinkel aus dem angebotenen weißen Spektrum eine Farbe oder mehrere Farben reflektiert, andere dagegen ausgelöscht werden. Aus der Farbe kann man bei einiger Übung die Schichtdicke recht genau bestimmen.

Beispiel

6.4-1: Eine Seifenlamelle mit der Dicke $d = 350$ nm wird mit weißem Licht senkrecht beleuchtet. Welche Farbe hat das von der Seifenhaut reflektierte Licht, wenn der Brechungsindex $n = 1,33$ beträgt?

Lösung:

Nach Gl. (6-86) wird Licht der Wellenlänge reflektiert, die der Bedingung

$$\lambda_m = \frac{2\,d\,n}{m + \frac{1}{2}} = \frac{931\ \text{nm}}{m + \frac{1}{2}}$$

genügt. Folgende Wellenlängen erfüllen diese Voraussetzung:

$m = 0$: $\lambda_0 = 1862$ nm,
$m = 1$: $\lambda_1 = \ \ 621$ nm,
$m = 2$: $\lambda_2 = \ \ 372$ nm,
$m = 3$: $\lambda_3 = \ \ 266$ nm   usw.

Da nur die Wellenlänge $\lambda_1 = 621$ nm im sichtbaren Spektralbereich liegt, erscheint die Seifenblase rot.

Reflexvermindernde Schichten

Interferenzen an dünnen Schichten werden benutzt, um Reflexe an Glasoberflächen zu beseitigen. In der Regel werden Linsen für optische Geräte vergütet, d.h. mit einer reflexmindernden Schicht überzogen.

Die Wirkungsweise einer Vergütungsschicht geht aus Bild 6-68 hervor. Auf ein Glas mit dem Brechungsindex n_3 sei eine dünne Schicht (Dicke d) mit dem Brechungsindex n_2 aufgebracht. Darüber sei Luft mit dem Brechungsindex $n_1 = 1$. Der einfallende Strahl e wird an zwei Grenzflächen reflektiert und liefert die Strahlen r_1 und r_2. Schichtdicke d und Brechungsindex n_2 sind nun so zu wählen, daß sich die beiden reflektierten Strahlen auslö-

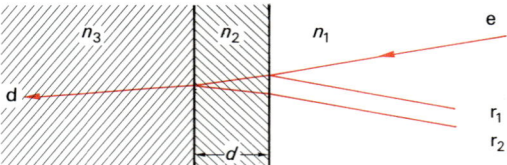

Bild 6-68.   Reflexvermindernde Schicht.

schen. Nach dem Energieerhaltungssatz hat dann der durchgehende Strahl d die ganze Strahlungsleistung des einfallenden Strahls.

Ist $n_3 > n_2 > n_1$, dann entsteht sowohl r_1 als auch r_2 durch Reflexion am optisch dichteren Medium. Beide Strahlen erfahren also den Phasensprung π. Bei senkrechtem Einfall ist deshalb die Gangdifferenz der beiden Strahlen $\Delta = 2\,n_2\,d$.

Die Bedingung für Auslöschung ist $\Delta = (2\,m + 1)(\lambda/2)$ oder $(2\,m + 1)(\lambda/2) = 2\,n_2\,d$. Für $m = 0$ erhält man die kleinste Schichtdicke. Sie beträgt ein Viertel der Lichtwellenlänge in der Schicht:

$$d = \frac{\lambda}{4\,n_2}. \qquad (6\text{-}88)$$

Eine vollständige Auslöschung der reflektierten Wellen erreicht man nur, wenn deren Amplituden gleich sind. Dies ist dann der Fall, wenn der Brechungsindex n_2 des Vergütungsmaterials der Bedingung $n_2 = \sqrt{n_1\,n_3}$ genügt. Als Beschichtungssubstanzen haben sich z. B. *Kryolith* (Na_3AlF_6) mit $n = 1,33$ und *Magnesiumfluorid* (MgF_2) mit $n = 1,38$ bewährt.

Beispiel

6.4-2: Wie dick muß eine Entspiegelungsschicht aus MgF_2 sein, um die Reflexe für sichtbares Licht ($\lambda = 550$ nm) zu verringern?

Lösung:

Nach Gl. (6-88) ist die erforderliche Mindestdicke

$$d = \frac{550\ \text{nm}}{4 \cdot 1,38} = 100\ \text{nm}.$$

Grundsätzlich gelingt die Beseitigung der Reflexe nur für eine diskrete Wellenlänge, z.B. für die Mitte des sichtbaren Spektrums mit $\lambda = 550$ nm. Der Effekt ist aber nicht sehr selektiv, so daß man für das ganze sichtbare

Spektrum eine merkliche Entspiegelung erhält. Das rötliche oder violette Aussehen vergüteter Linsen kommt daher, daß bevorzugt die Wellenlängen von den Enden des sichtbaren Spektrums reflektiert werden.

Interferenzen gleicher Dicke

Fallen nach Bild 6-69 zwei kohärente Strahlen auf einen Keil, so daß sie sich im Punkt P wieder vereinigen, dann herrscht in P Helligkeit oder Dunkelheit je nach Gangunterschied der beiden Strahlen. Die beiden Strahlen 1' und 2' können entweder mit einer Linse auf einem Schirm oder mit der Augenlinse auf der Netzhaut vereinigt werden. Der Gangunterschied der beiden Teilwellen bestimmt sich bei kleinem Keilwinkel α nach Gl. (6-85) zu

$$\Delta = 2\,d\,\sqrt{n^2 - \sin^2 \varepsilon} - \frac{\lambda}{2}\,.$$

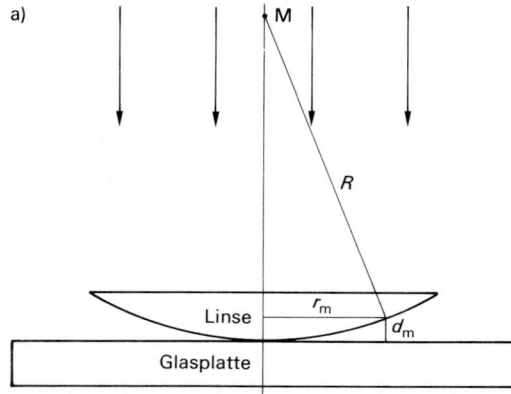

Bild 6-69.   Interferenzen an einem Keil.

Da mit größer werdendem Abstand von der Keilkante die Dicke d zunimmt, erhält man in regelmäßigen Abständen helle und dunkle Interferenzstreifen, sogenannte *Fizeau-Streifen* (H. FIZEAU, 1819 bis 1896). Diese *Interferenzstreifen gleicher Dicke* verlaufen parallel zur Keilkante. An der Keilkante selbst ist $d = 0$ und somit der Gangunterschied infolge des Phasensprungs von Strahl 1 eine halbe Wellenlänge. Die Strahlen löschen sich also an der Keilkante aus, so daß man dort immer einen dunklen Streifen sieht. Wie schon bei den Interferenzen gleicher Neigung beschrieben, treten auch beim durchgehenden Licht Interferenzstreifen auf, die sich komplementär zu jenen des reflektierten Lichts verhalten.

Streifen gleicher Dicke sind auch die als *Newtonsche Ringe* bekannten Interferenzkur-

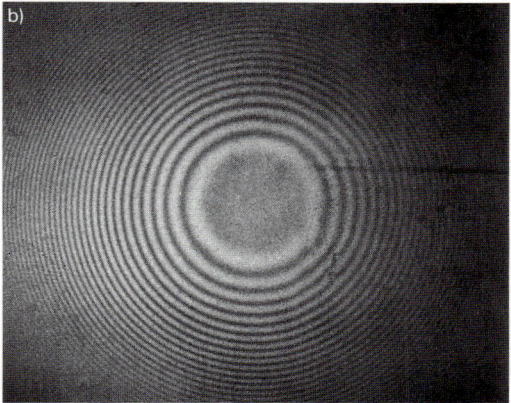

Bild 6-70.   Newtonsche Ringe: a) Versuchsaufbau nach Hooke, b) Ringsystem bei Beleuchtung mit monochromatischem Licht.

ven, die an flachen Luftkeilen entstehen. Sie treten z. B. auf, wenn ein hinter Glas gerahmtes Diapositiv ungleichmäßig am Glas anliegt. Die Newtonschen Ringe lassen sich sehr schön beobachten mit einer Anordnung, die 1665 zuerst von *Hooke* und 1676 von *Newton* benutzt wurde. Nach Bild 6-70 wird auf eine ebene Glasplatte eine plankonvexe Linse mit großem Krümmungsradius aufgesetzt. Wird die Anordnung von oben mit parallelem Licht beleuchtet, dann entstehen Interferenzstreifen gleicher Dicke am Luftkeil, die in diesem Fall wegen der Symmetrie Kreise um den Berührpunkt sind. Da der Keilwinkel bei diesem Luftkeil nicht konstant ist, nimmt der Abstand der Ringe nach außen ab.

Bei der Berechnung des Gangunterschieds von zwei interferierenden Wellen muß wieder beachtet werden, daß zusätzlich zur geometrischen Wegdifferenz $2\,d$ eine halbe Wellenlänge addiert oder subtrahiert werden muß, weil ein Strahl am optisch dichteren Medium (Planplatte) reflektiert wird. An einer Stelle mit der Keildicke d beträgt demnach der Gangunterschied $\Delta = 2\,d - \lambda/2$.

Die Radien der hellen Interferenzringe können leicht anhand von Bild 6-70 berechnet werden. Helligkeit tritt auf, wenn der Gangunterschied der interferierenden Wellen ein ganzzahliges Vielfaches der Wellenlänge beträgt. Dies ist der Fall für die Dicken d_m des Luftkeils

$$d_m = \frac{\lambda}{2}\left(m + \tfrac{1}{2}\right) \quad \text{mit} \quad m = 0, 1, 2, \ldots . \qquad (1)$$

Die Dicke d_m ist mit dem Radius r_m und dem Krümmungsradius R der Linse verknüpft durch $d_m = R - \sqrt{R^2 - r_m^2}$. Für $r_m \ll R$ gilt näherungsweise

$$d_m \approx \frac{1}{2}\frac{r_m^2}{R}. \qquad (2)$$

Durch Kombination von (1) und (2) folgt für die Radien der hellen Kreise

$$r_m = \sqrt{\left(m + \tfrac{1}{2}\right)\lambda R} \qquad (6\text{-}89)$$

mit $m = 0, 1, 2, \ldots$. Dunkle Ringe haben die Radien

$$r_m = \sqrt{m\,\lambda\,R}. \qquad (6\text{-}90)$$

An der Berührungsstelle der beiden Gläser ist immer ein dunkler Fleck. Bei bekannter Lichtwellenlänge kann z.B. durch Ausmessen der Interferenzringe der Krümmungsradius R des gekrümmten Glases berechnet werden.

Oberflächenprüfung

Beobachtet man Unregelmäßigkeiten im System der Newtonschen Kreisringe, so weist dies darauf hin, daß bei der gekrümmten Fläche Abweichungen von der idealen Kugelform vorliegen. (Die Ebenheit der Planplatte ist selbstverständlich Voraussetzung.) Allgemein kann man aus Unregelmäßigkeiten im System der Fizeau-Streifen an Luftkeilen auf Oberflächenfehler der Platten schließen. Da der Abstand zwischen zwei benachbarten Interferenzstreifen gleicher Dicke immer einer Dickenänderung des Keils von einer halben Wellenlänge entspricht, können aus Verschiebungen der Interferenzstreifen Oberflächenfehler (z.B. Rauhigkeiten) im Bereich von

Bruchteilen der Lichtwellenlänge vermessen werden. Verschiedene Interferenzmuster, die bei der Oberflächenprüfung von Optikteilen entstehen, sind in DIN 3140, Teil 5, zusammengestellt. Mit Hilfe der Fizeau-Streifen werden *Paßfehler* von Optikbauteilen klassifiziert.

Zur Übung

Ü 6.4-3: Zur Bestimmung der Wellenlänge von monochromatischem Licht werden Newtonsche Ringe nach Bild 6-70 ausgemessen. Die Plankonvexlinse hat die Brennweite $f' = 5$ m und den Brechungsindex $n = 1{,}5$. Der zehnte dunkle Ring hat den Radius $r_{10} = 4$ mm. Wie groß ist die Wellenlänge des Lichtes?

Ü 6.4-4: Eine dicke Glasplatte mit Brechungsindex $n_G = 1{,}5$ ist mit einem dünnen Film mit $n_F = 1{,}3$ überzogen. Eine monochromatische ebene Welle variabler Wellenlänge fällt senkrecht auf die Platte. Licht der Wellenlänge $\lambda = 693{,}3$ nm wird stark, Licht der Wellenlänge $\lambda = 594{,}3$ nm wird nicht reflektiert. Wie dick ist der Film?

Ü 6.4-5: Eine Glasplatte ($n_G = 1{,}5$) ist mit MgF$_2$ ($n = 1{,}33$) überzogen. a) Wie dick muß die Antireflexschicht sein, damit Licht mit der Wellenlänge $\lambda = 633$ nm bei senkrechtem Einfall nicht reflektiert wird? b) Für welche Wellenlänge wird die Reflexion minimal, wenn Licht unter $\varepsilon = 45°$ zur Oberfläche einfällt?

6.4.1.3. Interferometer

Interferometer sind optische Geräte, bei denen mit Hilfe von Lichtinterferenzen physikalische Größen, wie z.B. Länge, Brechzahl, Winkel und Wellenlänge, gemessen werden. Der wichtigste Interferometer-Grundtyp ist das *Michelson-Interferometer* (A. A. MICHELSON, 1852 bis 1931).

Aufbau und Arbeitsweise des Michelson-Interferometers sind schematisch in Bild 6-71 dargestellt. Von der Lichtquelle L fällt Licht unter 45° auf den teilverspiegelten Strahlteiler T. Dabei entstehen zwei unter 90° verlaufende Teilstrahlen 1 und 2, die nach der Reflexion an den Spiegeln S$_1$ und S$_2$ in sich selbst zurückgeworfen werden. Die reflektierten Strahlen werden erneut durch den Strahlteiler geteilt, so daß schließlich die Überlagerung der Strahlen 1' und 2' mit Hilfe der Fernrohrs F betrachtet werden kann. Die auftretenden Interferenzerscheinungen können

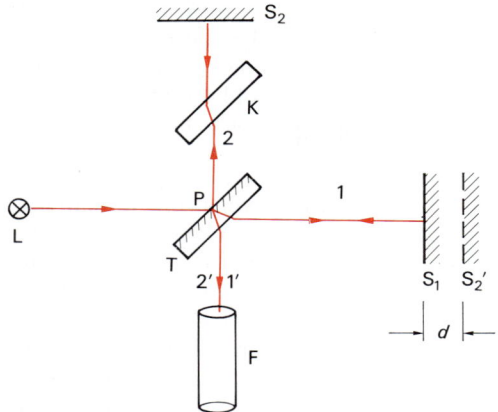

Bild 6-71. *Wirkungsweise des Michelson-Interferometers.*

auch mit dem bloßen Auge betrachtet bzw. mittels einer Linse auf einen Schirm projiziert werden. Die Kompensationsplatte K sorgt für gleiche Glaswege der interferierenden Teilstrahlen.

Wenn die beiden Spiegel S_1 und S_2 gleich weit vom Punkt P entfernt sind, treffen die Strahlen 1' und 2' ohne Gangunterschied beim Fernrohr ein und verstärken sich. Verstärkung tritt ebenfalls ein, wenn einer der beiden Spiegel um ein Vielfaches der halben Wellenlänge verschoben wird. Verschiebt man dagegen um ein ungeradzahliges Vielfaches einer Viertelwellenlänge, dann löschen sich die Strahlen 1' und 2' aus. Völlige Dunkelheit oder Helligkeit wird nur beobachtet, wenn ebene Wellen, z.B. von einem Laser, interferieren.

Eine Lichtquelle, die Kugelwellen aussendet, erzeugt als Interferenzmuster Haidingersche Ringe, die so zustande kommen: In Bild 6-71 ist mit S_2' das virtuelle Bild des Spiegels S_2 eingezeichnet. Die Interferenzlinien, die beobachtet werden, sind die Interferenzen gleicher Neigung an einer planparallelen Platte der Dicke d. Kippt man einen der beiden Spiegel ganz leicht, dann beobachtet man die Fizeau-Streifen am Luftkeil. Bei Verwendung von weißem Licht und gleichen Abständen der Spiegel vom Punkt P ist der Streifen nullter Ordnung leicht zu identifizieren als einziger achromatischer Streifen.

Bei der Verschiebung eines Spiegels verschiebt sich das System der Interferenzstreifen, so daß man durch Auszählen der durchlaufenden Streifen die Verschiebung eines Spiegels in Vielfachen von $\lambda/2$ messen kann. Auf diese Art wurde von *Michelson* u.a. die *Länge des Meter-Prototyps* in Vielfachen der Lichtwellenlänge einer bestimmten Spektrallampe ausgemessen und so eine neue Meterdefinition eingeführt, die bis 1983 Gültigkeit hatte (Abschn. 1.3). In der optischen Meßtechnik mißt man die Länge von Endmaßen und Präzisionsmaßstäben mit Hilfe des Michelson-Interferometers.

Bei der Oberflächenprüfung mit Hilfe des *Interferenzmikroskops* nach Bild 6-72a wird das vergrößerte Bild eines Prüflings P mit Interferenzstreifen überlagert. Zwei identische Mikroskopobjektive Ob1 und Ob2 bilden sowohl den Prüfling als auch eine Vergleichsplatte V hoher optischer Güte mit Hilfe des Okulars Ok ab. Alle Unebenheiten auf der Oberfläche des Prüflings spiegeln sich im System der Fizeau-Streifen wider. Bild 6-72b zeigt das entstehende Interferenzmuster, wenn die Oberfläche des Prüflings eine Stufe aufweist. Der Abstand zweier Streifen entspricht einer halben Wellenlänge. Unter der Annahme, daß eine Versetzung von 1/10 der Streifenbreite noch meßbar ist, kann man mit dem Interferenzmikroskop Höhenunterschiede auf der Objektoberfläche vom Betrag $s = \lambda/20$ bestimmen. Bei Verwendung von grünem Licht mit $\lambda = 540$ nm beträgt die meßbare Höhenauflösung also $s = 27$ nm.

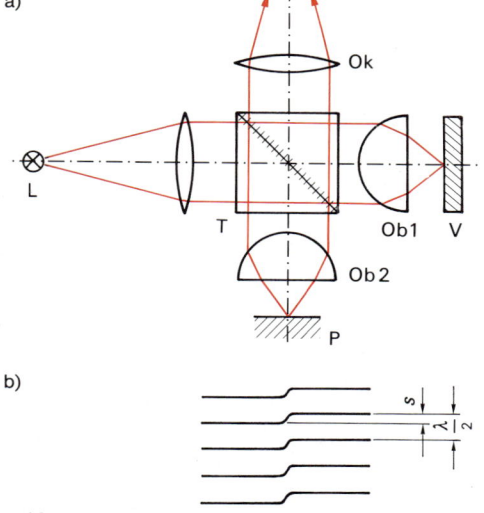

Bild 6-72. *Interferenzmikroskop: a) Aufbau, b) Interferenzstreifen an einer Stufe der Höhe s.*

6.4.1.4. Beugung am Spalt

Eine fundamentale Prämisse der geometrischen Optik ist die geradlinige Ausbreitung des Lichtes. Tatsächlich wird dies auch beobachtet, wenn sich Lichtstrahlen ungestört im homogenen Raum ausbreiten. Sobald aber Hindernisse die freie Ausbreitung stören, stellt man fest, daß Lichtstrahlen ihre Richtung ändern. Sie werden an den Rändern der Hindernisse *gebeugt*. Wie im folgenden verdeutlicht, ist die Abweichung von der geradlinigen Ausbreitung des Lichtes um so stärker, je kleiner die Dimensionen der Öffnungen und Hindernisse sind, an denen das Licht gebeugt wird.

Bei der Untersuchung der Beugungserscheinungen unterscheidet man zwei Fälle der experimentellen Ausführung, die in Bild 6-73 dargestellt sind. Bild 6-73a zeigt die *Beugung nach Fresnel*. Lichtquelle L und Beobach-

tungspunkt P auf dem Schirm liegen in endlichem Abstand von der Öffnung. Bei der *Fraunhoferschen Beugung* (J. FRAUNHOFER, 1787 bis 1826) liegt sowohl die Lichtquelle als auch der Beobachtungsschirm im Unendlichen (Bild 6-73b). Praktisch kann dies nach Bild 6-73c realisiert werden, indem Lichtquelle und Schirm jeweils im Brennpunkt einer Linse stehen. Alle folgenden Ableitungen beziehen sich auf die Fraunhofersche Betrachtungsweise; die Beugung nach *Fresnel* ist in Abschn. 6.4.1.9 beschrieben.

Bei der Fraunhoferschen Beugung am Spalt entsteht auf einem Schirm die in Bild 6-74 gezeigte Helligkeitsverteilung. Ein zentraler heller Streifen ist symmetrisch von dunklen und hellen Streifen umgeben. Der Abstand der Beugungsstreifen vergrößert sich mit abnehmender Spaltbreite und zunehmender Wellenlänge.

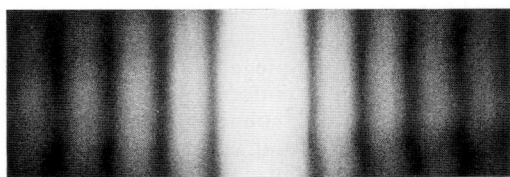

Bild 6-74. Beugungsbild eines Spaltes.

Zur Ableitung der Beugungsverhältnisse am Spalt sei nach Bild 6-75 ein Spalt mit der Breite *b*, der senkrecht zur Zeichenebene nicht begrenzt sein soll, von links mit parallelem Licht beleuchtet. Es treffen also ebene Wellen auf den Spalt. Die Lichtintensität in einem beliebigen Punkt hinter dem Spalt kann mit Hilfe des *Prinzips von Huygens und Fresnel* (Abschn. 5.2.4.3) bestimmt werden. Danach sendet jeder Punkt auf einer Wellenfläche Kugelwellen aus, die im betrachteten Aufpunkt überlagert werden. In Bild 6-75 sind innerhalb des Spalts acht diskrete Sender solcher Elementarwellen im Abstand *s* angeordnet. Allgemein seien es *p* Sender mit $p \to \infty$. Die Intensität, die in großer Entfernung vom Spalt in Richtung des Winkels α zur Spaltnormalen auftritt, ergibt sich aus den nachfolgenden Überlegungen.

Alle acht (*p*) elektromagnetischen Wellen haben in großem Abstand dieselbe Amplitude $\hat{E}$ der elektrischen Feldstärke. Lediglich die Phasenlagen der ankommenden Wellen sind verschieden, denn zwi-

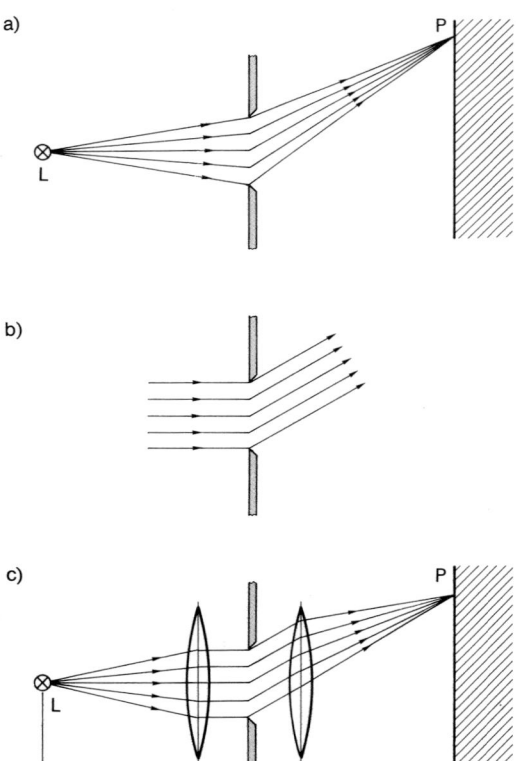

Bild 6-73. Beugung an einer Öffnung: a) Fresnelsche Betrachtung, b) und c) Fraunhofersche Betrachtung.

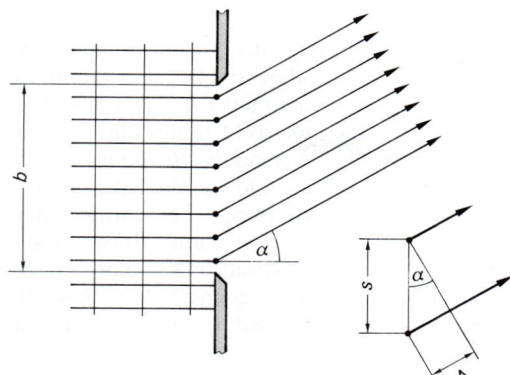

Bild 6-75. Beugung am Spalt; Überlagerung von Elementarwellen.

schen jeweils zwei benachbarten Wellen besteht nach Bild 6-75 der Gangunterschied $\Delta = s \sin \alpha = b \sin \alpha / p$. Die Phasendifferenz zwischen zwei benachbarten Kugelwellen ist am Aufpunkt

$$\varphi = 2\pi \frac{\Delta}{\lambda} = 2\pi \frac{b \sin \alpha}{p\,\lambda}.$$

Die resultierende Feldstärke ist demnach

$$E_\alpha = \hat{E} \cos(\omega t) + \hat{E} \cos(\omega t + \varphi) +$$
$$+ \hat{E} \cos(\omega t + 2\varphi) + \ldots + \hat{E} \cos[\omega t + (p-1)\,\varphi].$$

Diese Summe kann sehr einfach bestimmt werden, wenn die Wellen komplex geschrieben und in der komplexen Ebene addiert werden:

$$E_\alpha = \hat{E}\,e^{j\omega t}(e^0 + e^{j\varphi} + e^{j2\varphi} + \ldots + e^{j(p-1)\varphi})$$
$$= E(e^0 + e^{j\varphi} + e^{j2\varphi} + \ldots + e^{j(p-1)\varphi}).$$

Bild 6-76 zeigt die Addition der acht Zeiger, die jeweils um den Phasenwinkel φ gegeneinander verdreht sind. Für den resultierenden Zeiger liest man ab

$$E_\alpha = 2\,r \sin(\Phi/2) \quad \text{mit} \quad \Phi = p\,\varphi.$$

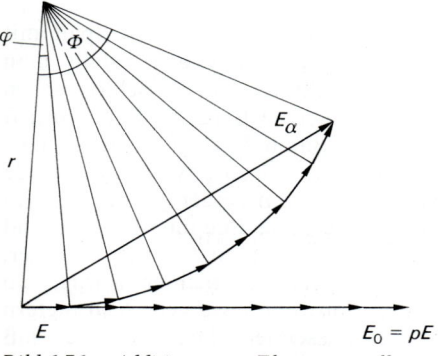

Bild 6-76. Addition von p Elementarwellen.

Mit $\varphi \approx E/r$ ergibt sich

$$E_\alpha = 2\,\frac{E}{\varphi} \sin \frac{p\,\varphi}{2}.$$

Setzt man für den Phasenwinkel

$$\varphi = 2\pi \frac{b \sin \alpha}{p}$$

ein, dann ist

$$E_\alpha = E_0 \frac{\sin\left(\dfrac{\pi\,b}{\lambda} \sin \alpha\right)}{\dfrac{\pi\,b}{\lambda} \sin \alpha}.$$

Der Vorfaktor $E_0 = p\,E$ ist die Feldstärke, die aus der Überlagerung von p Wellen ohne Phasenverschiebung resultiert, also die Feldstärke, die in Geradeausrichtung ($\alpha = 0$) beobachtet wird.

Beachtet man, daß die Intensität proportional zum Quadrat der Feldstärke ist (Abschn. 5.2.2.2), dann ergibt sich für die Intensität I_α der in Richtung α abgebeugten Strahlung

$$I_\alpha = I_0 \frac{\sin^2\left(\dfrac{\pi\,b}{\lambda} \sin \alpha\right)}{\left(\dfrac{\pi b}{\lambda} \sin \alpha\right)^2}. \tag{6-91}$$

Bild 6-77 zeigt die Intensitätsverhältnisse bei der Beugung am Spalt. Aufgetragen ist die

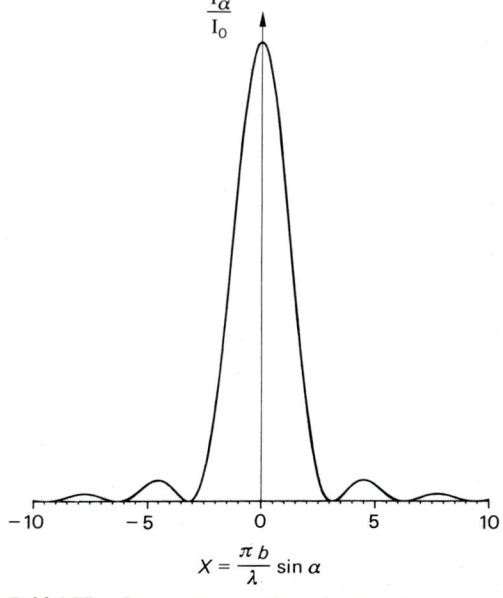

Bild 6-77. Intensitätsverteilung bei der Beugung am Spalt.

mathematische Funktion $I_\alpha/I_0 = \sin^2 x / x^2$ mit $x = (\pi b/\lambda)\sin\alpha$. Die Funktion hat Nullstellen (physikalisch: Dunkelheit) für $x = \pm\pi$, $\pm 2\pi$, $\pm 3\pi$ und so fort. Daraus folgt, daß sich die Teilwellen völlig auslöschen in den Richtungen mit den Winkeln α_m, die gegeben sind durch die Beziehung

$$\sin\alpha_m = \pm m\frac{\lambda}{b} \qquad (6\text{-}92)$$

mit der Ordnungszahl $m = 1, 2, 3, \dots$. Es ist bemerkenswert, daß immer dann Dunkelheit herrscht, wenn die Wellen, die von den Rändern des Spalts ausgehen, einen Gangunterschied von einem Vielfachen der Wellenlänge aufweisen.

Außer dem zentralen Hauptmaximum nullter Ordnung gibt es Nebenmaxima höherer Ordnung, die näherungsweise in der Mitte zwischen den Nullstellen liegen. Für die Lage der Nebenmaxima gilt

$$\sin\alpha_m \approx \pm\left(m + \tfrac{1}{2}\right)\frac{\lambda}{b} \qquad (6\text{-}93)$$

mit $m = 1, 2, 3, \dots$.

Beispiel

6.4-3: Ein Spalt wird mit monochromatischem Licht eines HeNe-Lasers ($\lambda = 633$ nm) beleuchtet. Man betrachtet das Beugungsbild auf einer $l = 8$ m entfernten Wand. Der Abstand zwischen den beiden Minima erster Ordnung beträgt $s = 30$ cm. Wie groß ist die Spaltbreite b?

Lösung:

Nach Gl. (6-92) gilt für die Winkel des ersten Minimums $\sin\alpha_1 = \pm\lambda/b$. Der Abstand der beiden Minima ist deshalb

$$s = 2\,l\tan\alpha_1 \approx 2\,l\sin\alpha_1 = 2\,l\,(\lambda/b).$$

Die Spaltbreite beträgt

$$b = \frac{2\,l\,\lambda}{s} = \frac{2\cdot 8\text{ m}\cdot 633\text{ nm}}{0{,}3\text{ m}} = 33{,}8\ \mu\text{m}.$$

Bei der bisherigen Betrachtung war der Spalt in einer Richtung unendlich ausgedehnt. Begrenzt man den Spalt auch in der Höhe, so findet auch in dieser Richtung Beugung statt; hier sind die Winkel, unter denen dunkle Streifen auftreten, wieder durch Gl. (6-92) gegeben.

Ein praktisch wichtiger Fall ist die Beugung an einer *Lochblende* mit dem Durchmesser d. Aus Symmetriegründen ist klar, daß das Beugungsbild rotationssymmetrisch sein muß. Bild 6-78 zeigt ein Beugungsbild hinter einer Lochblende. Das zentrale *Airysche Beugungsscheibchen* ist von dunklen und hellen Ringen umgeben. Die mathematische Berechnung der Intensitätsverteilung führt auf *Bessel-Funktionen* und wurde erstmals 1835 von G. B. AIRY (1801 bis 1892) gelöst. Der Winkel, unter dem der erste dunkle Ring auftritt, ist gegeben durch

$$\sin\alpha_1 = 1{,}22\,\frac{\lambda}{d}. \qquad (6\text{-}94)$$

Weitere Minima treten auf für $\sin\alpha_2 = 2{,}232\,(\lambda/d)$, $\sin\alpha_3 = 3{,}238\,(\lambda/d)$ und so fort.

Bild 6-78.   Beugungsbild hinter einer Lochblende.

Vertauscht man in Bild 6-73c den Spalt mit einem Draht gleicher Dicke, so stellt man fest, daß außerhalb der geometrisch optischen Abbildung die gleiche Beugungsfigur auftritt wie beim Spalt. Bild 6-79 zeigt das Beugungsbild eines Drahtes. (Für die Aufnahme wurde das Zentralbild wegen seiner großen Helligkeit ausgeblendet; die Beugungsfiguren sind in der Senkrechten begrenzt, weil der Laser, mit dem der Draht beleuchtet wurde, ein Lichtbündel von nur wenigen Millimetern Durchmesser aussendet.) Die Tatsache, daß komplementäre Hindernisse (z. B. Spalt und

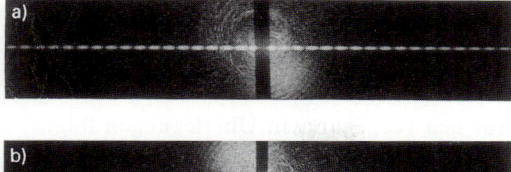

Bild 6-79. Beugungsbild eines Drahtes: a) Durchmesser 0,2 mm, b) Durchmesser 0,05 mm.

Draht) dieselbe Beugungsfigur liefern, wurde von J. BABINET (1794 bis 1872) entdeckt und wird als *Babinetsches Theorem* bezeichnet.

Zur Übung

Ü 6.4-6: Die in Bild 6-78 gezeigte Beugungsfigur entstand durch Beleuchtung einer Lochblende mit einem HeNe-Laser mit $\lambda = 633$ nm. Der Schirm, auf dem das Bild entstand, war $s = 1,45$ m von der Lochblende entfernt, der Durchmesser des dritten schwarzen Rings war $d_3 = 30$ mm. Welchen Durchmesser d hat die Lochblende?

Ü 6.4-7: Wie groß ist das Intensitätsverhältnis der Nebenmaxima zum Hauptmaximum bei der Beugung am Spalt? Bestimmen Sie mit Hilfe eines Rechners die Zahlenwerte für die ersten drei Minima.

Ü 6.4-8: Stellen Sie ein Programm auf zur Berechnung der Halbwertsbreite der Beugungsfigur von Bild 6-77. Wie groß ist der Winkel $\alpha_{1/2}$, für den die Intensität auf $I_0/2$ zurückgeht?

6.4.1.5. Auflösungsvermögen optischer Instrumente

Alle optischen Instrumente, wie z.B. Fernrohr, Mikroskop und auch das menschliche Auge, haben ein begrenztes Auflösungsvermögen. Dies bedeutet, daß sehr eng benachbarte Punkte eines Objektes nicht mehr getrennt abgebildet werden. Ursache für das endliche Auflösungsvermögen ist die Beugung des Lichts beispielsweise an Blenden oder Linsenfassungen. Betrachtet man etwa mit einem Fernrohr einen Fixstern, dann wird nach den Gesetzen der geometrischen Optik als Bild ein Lichtpunkt erwartet. Tatsächlich erhält man aber infolge der Beugung an der Objektivöffnung ein *Airysches Beugungsscheibchen* mit endlichem Durchmesser, umgeben von schwächeren Ringen (Bild 6-78). Wenn

man zwei benachbarte Fixsterne betrachtet, erhält man zwei Beugungsscheibchen, die selbstverständlich nur dann getrennt wahrgenommen werden, wenn sie einen bestimmten Mindestabstand voneinander haben. Ist der Abstand der beiden Beugungsscheibchen zu klein, dann verschwimmen beide zu einem hellen Fleck, und dies bedeutet, daß die beiden Sterne dem Beobachter wie ein Stern erscheinen.

Die Frage, welchen Abstand die Beugungsscheibchen für eine sichere Auflösung haben müssen, ist nicht eindeutig zu beantworten. Häufig wird das *Rayleighsche Kriterium* zugrunde gelegt. Nach LORD RAYLEIGH (1842 bis 1919) sind zwei Objekte dann sicher zu trennen, wenn das Maximum nullter Ordnung der Beugungsfigur des ersten Objekts und das erste Minimum des zweiten Objekts aufeinander fallen. Dieser Zustand ist in Bild 6-80 dargestellt. Die ausgezogene Gesamtintensität als Summe der beiden gestrichelten Beugungsfiguren zeigt eine deutliche Einsattelung. Mit Hilfe von Gl. (6-94) folgt, daß zwei Objektpunkte, die unter dem Winkel δ erscheinen, dann aufgelöst werden, wenn die Beziehung

$$\delta \geq 1,22 \frac{\lambda}{d} \qquad (6\text{-}95)$$

erfüllt ist. Hier ist d der Objektiv- bzw. Blendendurchmesser. Da es sich stets um kleine Winkel handelt, ist der Sinus durch den Winkel selbst im Bogenmaß ersetzt. Aus Gl. (6-95) folgt:

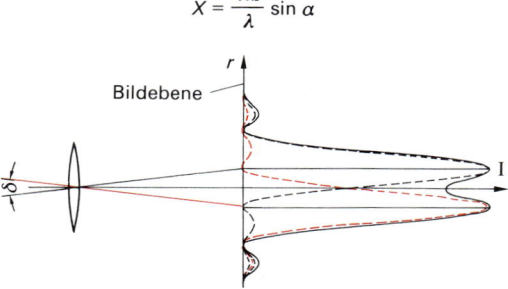

Bild 6-80. Intensitätsverteilung der Beugungsbilder zweier punktförmiger Objekte in der Bildebene einer Linse.

Das Auflösungsvermögen eines optischen Instruments ist um so besser, je größer der Objektivdurchmesser und je kleiner die Wellenlänge des Lichtes ist.

Das Auflösungsvermögen großer astronomischer Spiegelteleskope ist nicht beugungsbegrenzt, sondern durch atmosphärische Störungen eingeschränkt. Diese werden vermieden bei Teleskopen, die im Weltraum stationiert sind.

Beispiel

6.4-4: Welche Auflösung hat das seit 1990 im Weltraum stationierte *Hubble-Teleskop* mit einem Spiegeldurchmesser von $d = 2,4$ m?

Lösung:

Für die Wellenlänge $\lambda = 550$ nm folgt aus Gl. (6-95) für den Grenzwinkel

$\delta = 2,8 \cdot 10^{-7}$ rad $= 0,058''$.

(Wegen eines technischen Fehlers nicht erreicht).

Gl. (6-95) gibt auch das Auflösungsvermögen des Auges an. Der Grenzwinkel des Auflösungsvermögens infolge der Beugung an der Pupille stimmt etwa überein mit dem *physiologischen Grenzwinkel* von einer Winkelminute (Abschn. 6.2.7.1).

Beim Mikroskop gelten dieselben vorgenannten Überlegungen. Der Grenzwinkel nach Gl. (6-95) läßt sich umrechnen in einen Mindestabstand y, den zwei Objektpunkte haben müssen, damit sie getrennt werden:

$$y \geqq 0,61 \, \frac{\lambda}{A_N}. \qquad (6\text{-}96)$$

Hierbei ist $A_N = n \sin \sigma$ die numerische Apertur des Objektivs; σ ist der halbe Öffnungswinkel, unter dem das Objektiv vom Objekt aus erscheint, n ist der Brechungsindex des Mediums, das sich zwischen Objekt und Objektiv befindet. Gl. (6-96) setzt voraus, daß man selbstleuchtende Objekte betrachtet. Ein Objekt das von einer Lampe beleuchtet wird und das Licht diffus ins Objektiv streut, kann wie ein Selbstleuchter angesehen werden. Beleuchtet man ein Objekt mit kohärentem Licht, dann können an feinen Strukturen der Objektoberfläche Beugungserscheinungen auftreten, die das Auflösungsvermögen bestimmen. *Abbe* zeigte, daß in

diesem Fall das Auflösungsvermögen gemäß $y = \lambda/A_N$ berechnet wird. Dieser Ausdruck stimmt bis auf den Faktor 0,61 mit Gl. (6-97) überein (s. auch Abschn. 6.4.1.6).

Aus den vorgenannten Überlegungen folgt:

Mit einem Mikroskop sind Objektstrukturen in der Größenordnung der Lichtwellenlänge auflösbar.

Beispiel

6.4-5: Welchen kleinsten Abstand zweier Objektpunkte kann man mit einem Lichtmikroskop noch auflösen?

Lösung:

Mikroskope mit Ölimmersion haben eine maximale numerische Apertur von etwa $A_N = 1,35$. Nach Gl. (6-96) gilt dann $y \geqq 0,45 \, \lambda$. Dies bedeutet also praktisch, daß zwei Teilchen dann getrennt werden, wenn ihr Abstand eine halbe Wellenlänge beträgt. Beleuchtet man das Objekt mit blauem Licht der Wellenlänge $\lambda = 450$ nm, dann ist $y \geqq 200$ nm.

Zur Übung

Ü 6.4-9: Welchen Grenzwinkel können zwei Objektpunkte haben, damit sie mit dem Auge aufgelöst werden? Der Pupillendurchmesser sei $d = 2$ mm. Der Glaskörper des Auges hat den Brechungsindex $n = 1,34$. Die Berechnung soll für grünes Licht der Wellenlänge $\lambda = 550$ nm durchgeführt werden. Vergleichen Sie das Ergebnis mit dem physiologischen Grenzwinkel.

Ü 6.4-10: Ab welcher Größe kann man Objekte auf dem Monde mit dem bloßen Auge unterscheiden, wenn die Augenpupille $d = 4$ mm Durchmesser hat?

Ü 6.4-11: Ein Wanderer betrachtet eine $s = 15$ km weit entfernte Burg. An einer Burgwand befindet sich eine Fensterfront mit Fenstern im Abstand $y = 1$ m. a) Kann er mit Hilfe eines Fernrohres 8 × 30 die Fensterreihe auflösen? b) Welches Auflösungsvermögen hat sein Auge bei einer Pupillengröße von $d = 1,5$ mm?

6.4.1.6. Beugung am Gitter

Mehrere Spalte, die nach dem Muster gemäß Bild 6-81 in regelmäßigen Abständen angeordnet sind, bezeichnet man als Beugungsgitter. Ein solches Gitter kann z.B. so hergestellt werden, daß in eine durchsichtige Glasplatte

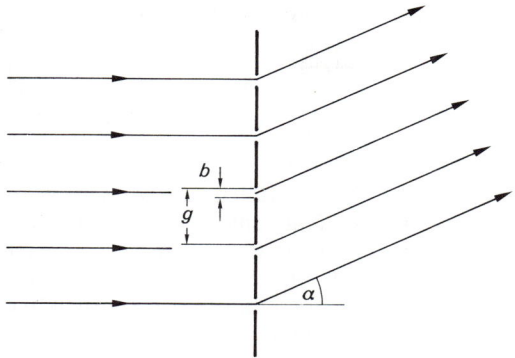

Bild 6-81. Beugung am Gitter.

Striche eingeritzt werden, die lichtundurchlässig sind. Die Breite eines Spaltes sei b, der Abstand zweier Spalte ist die *Gitterkonstante* g. Senkrecht zur Zeichenebene seien die Spalte unbegrenzt. Bei Fraunhoferscher Beobachtung fällt von links her ein paralleles Lichtbündel (ebene Wellen) auf das Gitter. Beobachtet wird die in Richtung des Winkels α abgebeugte Intensität I_α in unendlich großer Entfernung (Bild 6-73 b).

Zur Berechnung der abgebeugten Intensität I_α bei insgesamt p Spalten werden entsprechend Bild 6-75 die Feldstärken von p interferierenden Wellen addiert.

Zwei benachbarte Wellen haben den Gangunterschied $\Delta = g \sin \alpha$; die Phasenwinkel unterscheiden sich um $\varphi = (2 \pi / \lambda) \, g \sin \alpha$.

Die Addition der p Wellen ergibt eine resultierende Feldstärke

$$E_\alpha = E \frac{\sin \dfrac{p\,\varphi}{2}}{\sin \dfrac{\varphi}{2}} = E \frac{\sin \left(p \dfrac{\pi g}{\lambda} \sin \alpha \right)}{\sin \left(\dfrac{\pi g}{\lambda} \sin \alpha \right)} \, .$$

Für die Intensität erhält man

$$I_\alpha = I \frac{\sin^2 \left(p \dfrac{\pi g}{\lambda} \sin \alpha \right)}{\sin^2 \left(\dfrac{\pi g}{\lambda} \sin \alpha \right)} \, .$$

I ist die Lichtintensität, die infolge von Beugung jeder Einzelspalt in die Richtung α abstrahlt. Sie wird beschrieben durch Gl. (6-91).

Die gesamte Gitterbeugungsfunktion lautet

$$\frac{I_\alpha}{I_0} = \frac{\sin^2 \left(\dfrac{\pi b}{\lambda} \sin \alpha \right)}{\left(\dfrac{\pi b}{\lambda} \sin \alpha \right)^2} \cdot$$

$$\cdot \frac{\sin^2 \left(p \dfrac{\pi g}{\lambda} \sin \alpha \right)}{\sin^2 \left(\dfrac{\pi g}{\lambda} \sin \alpha \right)} \, . \qquad (6\text{-}97)$$

Die Gitterbeugungsfunktion ist ein Produkt aus zwei Faktoren; hierbei beschreibt der erste Faktor I_1 die Beugungsfunktion des Einzelspaltes, der zweite Faktor I_2 die *Interferenzfunktion* des Gitters.

Zunächst sei der historisch bedeutsame Fall des *Doppelspalts* ($p = 2$) angeführt. Mit Hilfe eines Doppelspalts wurde 1802 von *Young* erstmals ein Interferenzversuch mit Licht erfolg-

a)

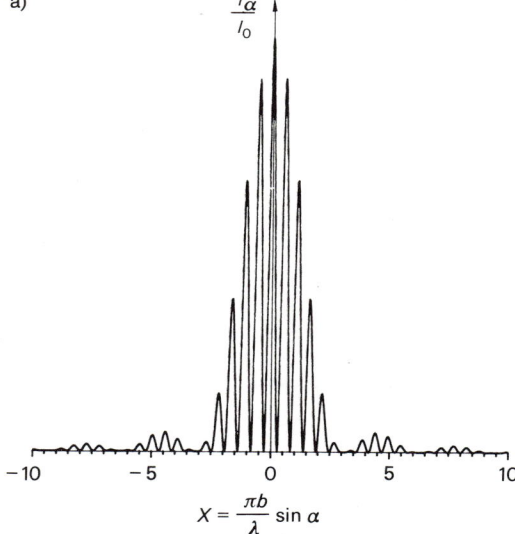

$$X = \frac{\pi b}{\lambda} \sin \alpha$$

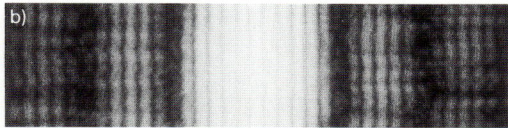

Bild 6-82. Beugung am Doppelspalt; Spaltbreite $b = 106 \, \mu m$, Spaltabstand $g = 609 \, \mu m$ a) theoretische Intensitätsverteilung, b) Photographie des Beugungsbildes.

reich durchgeführt und die Wellennatur des Lichtes bewiesen. Young bestimmte damit als erster die Wellenlänge des Lichtes. Bild 6-82 zeigt die Intensitätsverteilung bei der Beugung am Doppelspalt. Man sieht deutlich die langsam variierende Einhüllende der Spaltfunktion, die die rasch variierende Interferenzfunktion moduliert.

Für die allgemeine Untersuchung des Auftretens von Maxima und Minima sei zunächst die Interferenzfunktion

$$I_2 = \frac{\sin^2(p\,z)}{\sin^2(z)} \quad \text{mit} \quad z = \frac{\pi\,g}{\lambda}\sin\alpha$$

betrachtet. Wie Bild 6-83 zeigt, hat diese Funktion Hauptmaxima bei den Stellen $z = 0$, $\pm\,\pi$, $\pm\,2\,\pi$ .... Hauptmaxima treten also

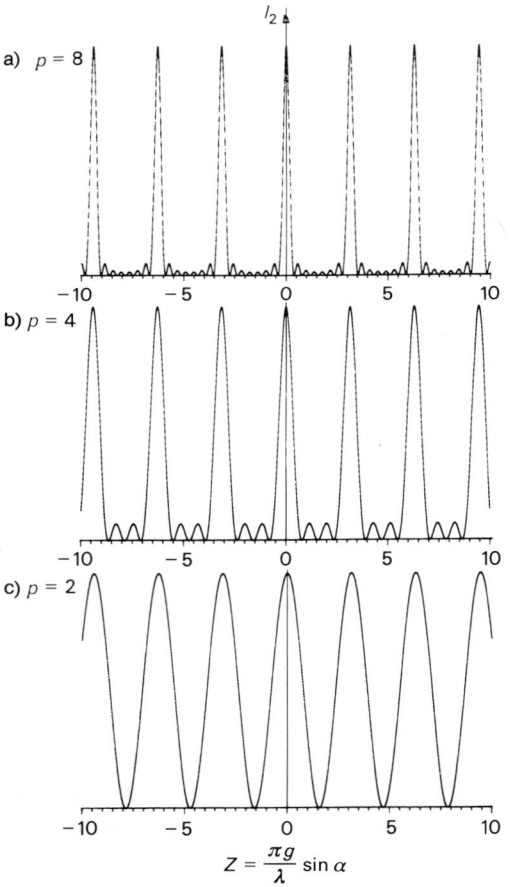

Bild 6-83. *Interferenzfunktion bei p = 2, 4 und 8 Spalten.*

auf unter den Winkeln α_m, die die Gleichung

$$\sin\alpha_m = \pm\,m\,\frac{\lambda}{g} \qquad (6\text{-}98)$$

mit $m = 0, 1, 2, \ldots$ erfüllen. Bei diesen Winkeln beträgt der Gangunterschied benachbarter Wellen ein ganzzahliges Vielfaches der Wellenlänge. Das Ergebnis stimmt mit Gl. (5-209) und (6-84) überein, die die konstruktive Interferenz beim Doppelspalt beschreiben.

Zwischen den Hauptmaxima liegen $p - 2$ Nebenmaxima, deren Höhen im Vergleich zu den Hauptmaxima mit steigender Strichzahl p immer schwächer werden. Bei den üblicherweise verwendeten großen Linienzahlen der optischen Gitter ist die Intensität der Nebenmaxima praktisch vernachlässigbar. Die Hauptmaxima werden mit steigender Strichanzahl p immer schärfer und höher. In Bild 6-83 wurden alle Kurven auf gleiche Höhe normiert. Tatsächlich aber haben die Maxima der Funktion den Wert p^2. Sie verhalten sich also wie $4 : 16 : 64$. Die zunehmende Schärfe der Linien mit steigender Strichanzahl ist typisch für die *Vielstrahlinterferenz*. Je mehr Teilwellen an der Interferenz beteiligt sind, um so schärfer werden die Bedingungen für konstruktive Interferenz.

Die gesamte theoretische Beugungsfunktion (6-97) ist in Bild 6-84 für den Fall $p = 40$ und $g = 10\,b$ dargestellt. Die Winkel der Hauptmaxima entsprechen Gl. (6-98). Ihre Intensität nimmt nach außen geringfügig ab. Alle Linien befinden sich noch im Hauptmaximum der Spaltfunktion. Bild 6-85 zeigt Photos der Beugungsbilder, die in großem Abstand hinter zwei verschiedenen Gittern entstanden. In Bild 6-85b erkennt man besonders deutlich die abnehmende Intensität mit zunehmender Ordnungszahl der Beugungsmaxima.

Der Abstand der Maxima vergrößert sich, wenn das Gitter gedreht wird. Das einfallende Licht trifft dann nicht mehr senkrecht auf das Gitter, sondern nach Bild 6-86 unter dem Einfallswinkel β. Wie man sich leicht klarmacht, beträgt der Gangunterschied zwischen zwei interferierenden Wellen $\Delta = g\,(\sin\alpha - \sin\beta)$. Beugungsmaxima treten auf unter den Winkeln α_m, die der Beziehung

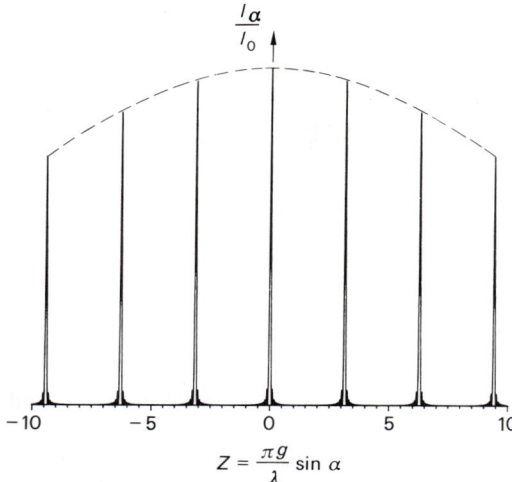

$$Z = \frac{\pi g}{\lambda} \sin \alpha$$

Bild 6-84.   Beugungsfunktion eines Gitters mit p = 40 Spalten

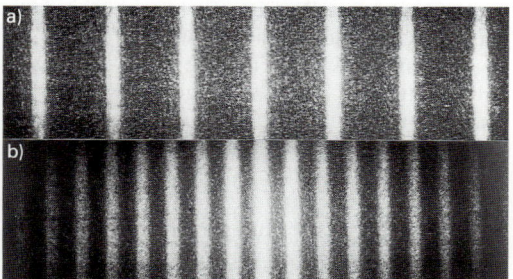

Bild 6-85.   Beugungsbild eines Strichgitters mit dem Spaltabstand g = 0,04 mm (a) und g = 0,1 mm (b).

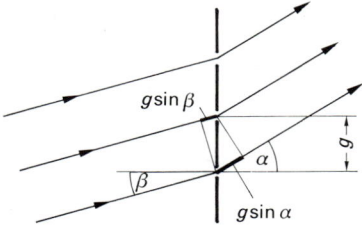

Bild 6-86.   Beugungsgitter bei schiefer Durchstrahlung.

$$g (\sin \alpha_m - \sin \beta) = \pm\, m\, \lambda \qquad (6\text{-}99)$$

mit $m = 0, 1, 2, \ldots$ genügen.

Die vorstehenden Betrachtungen zur Beugung am Gitter zeigen, daß die Richtungen, unter denen Beugungsmaxima auftreten, von der Wellenlänge des Lichtes abhängen. Man kann

daher mit Hilfe von Gittern sehr präzise Wellenlängenmessungen vornehmen. Dieser Aspekt ist in Abschn. 6.4.1.7 ausführlich erläutert.

Wird ein Objekt unter dem Mikroskop beleuchtet, dann können an feinen Strukturen Beugungserscheinungen ähnlich jenen beim Gitter auftreten. *Abbe* konnte zeigen, daß ein Bild der betrachteten Struktur nur dann beobachtet werden kann, wenn außer dem Strahl nullter Ordnung mindestens auch die Beugungsmaxima erster Ordnung ins Objektiv eintreten können. Die Details werden um so deutlicher, je mehr Beugungsmaxima vom Objektiv aufgenommen werden. Aufgrund dieser Tatsache gelangte *Abbe* zu einer Beziehung für das *Auflösungsvermögen eines Mikroskops*, die nahezu identisch ist mit Gl. (6-96) des vorstehenden Abschnitts. Nach *Abbe* sind zwei Objektpunkte dann auflösbar, wenn ihr Abstand y die Beziehung

$$y \geqq \frac{\lambda}{A_N} \qquad (6\text{-}100)$$

erfüllt; A_N ist die numerische Apertur des Objektivs.

Zur Übung

Ü 6.4-12: Bei einem Gitter ist die Gitterkonstante doppelt so groß wie die Spaltbreite: $g = 2\,b$. Welche Beugungsordnungen m werden im Beugungsbild beobachtet?

Ü 6.4-13: Welche Beugungsordnungen treten auf, wenn ein Gitter mit 1200 Strichen/mm mit grünem Licht der Wellenlänge $\lambda = 550$ nm durchstrahlt wird?

Ü 6.4-14: Ein Strichgitter mit 1000 Strichen/mm wird mit gelbem Natriumlicht der Wellenlänge $\lambda = 589$ nm durchstrahlt. a) Unter welchem Winkel α_1 zur Gitternormalen liegen die Beugungsmaxima erster Ordnung? b) Das Gitter wird um $\beta = 10°$ gedreht. Welche Winkel α_1 ergeben sich jetzt für die erste Ordnung?

6.4.1.7. Spektralapparate

Zur Messung von Lichtwellenlängen wurden verschiedene Spektralapparate entwickelt, die je nach Verwendungszweck etwas anders gebaut sind. In Tabelle 6-7 sind einige Geräte angeführt. Das Herz aller Spektralapparate ist entweder ein Prisma oder ein Gitter, mit deren Hilfe das Spektrum der verschiedenen

Tabelle 6-7. Spektralapparate.

Spektroskop	Beobachtung eines Spektrums mit dem Auge. Häufig als Tascheninstrument in der analytischen Chemie eingesetzt.
Spektrograph	Komplettes Spektrum wird auf Photoplatte registriert. Vergleich mit Eichspektrum bekannter Spektrallinien liefert die Wellenlänge. Schwärzung ist Maß für die Lichtintensität.
Spektrometer	Wellenlängenbestimmung einzelner Spektrallinien anhand einer geeichten Wellenlängenskala über Winkelmessung.
Monochromator	Ausblenden eines schmalbandigen Wellenlängenbereichs aus einem angebotenen Spektrum.
Spektral-photometer	Kombination von Monochromator und photoelektrischem Empfänger (*Photomultiplier*) zur Bestimmung spektraler Stoffdaten, wie z.B. Absorptionsgrad und Transmissionsgrad.

Lichtwellenlängen räumlich auseinandergezogen wird.

Bild 6-87 zeigt den schematischen Aufbau eines Spektrometers bzw. Monochromators nach *Czerny-Turner*. Das durch den Eintrittsspalt E eintretende Licht wird mit Hilfe des Hohlspiegels S_1 als paralleles Lichtbündel auf

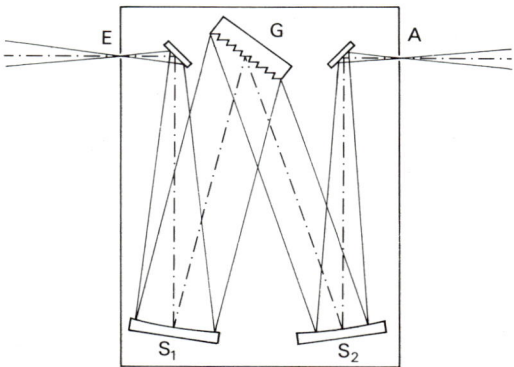

Bild 6-87. *Gittermonochromator, schematisch.*

das Reflexionsgitter G geworfen. Das abgebeugte Lichtbündel wird durch den Hohlspiegel S_2 auf den Austrittsspalt A fokussiert. Welche Wellenlänge durchgelassen wird, hängt von der Winkelstellung des Gitters ab. Das Gitter wird mit einem geeigneten Getriebe langsam gedreht, so daß die durchgelassene Wellenlänge proportional zur Zeit t anwächst. Stellt man hinter den Austrittsspalt eine Photodiode mit nachgeschaltetem Verstärker, dann kann auf einem x, t-Schreiber ein Spektrum aufgezeichnet werden. Auf diese Weise entstand z.B. das Spektrum der LED von Bild 6-61.

Reflexionsgitter moderner Spektrometer sind fast immer als *Echelette-Gitter* (frz. *echelette: kleiner Maßstab*) ausgeführt. In eine Glasoberfläche wird mit einem Diamanten ein sägezahnähnliches Profil eingeritzt, wie es in Bild 6-88 gezeigt ist. (Bei den *holographischen Gittern* wird das Profil auf photochemischem Weg geätzt.) Beim Einfallswinkel β ist der Beugungswinkel α_m für die m-te Ordnung wieder durch Gl. (6-99) gegeben. Will man nun in eine bestimmte Ordnung m besonders viel Licht bekommen, dann muß der *Blaze-Winkel* δ (engl. *to blaze: flammen*) so gewählt werden, daß die Beugungsrichtung der natürlichen Reflexionsrichtung entspricht. Dies ist der Fall für den Blaze-Winkel

$$\delta = \tfrac{1}{2}(\beta - \alpha). \qquad (6\text{-}101)$$

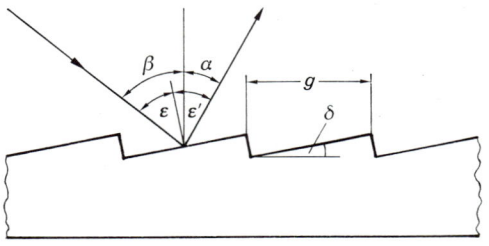

Bild 6-88. *Echelette-Gitter.*

Während bei einem normalen Transmissionsgitter das gebeugte Licht in viele Ordnungen mehr oder weniger gleichmäßig verteilt wird (Bild 6-85), kann bei einem Echelette-Gitter praktisch das gesamte gebeugte Licht in eine bestimmte Beugungsordnung gelenkt werden.

Das spektrale Auflösungsvermögen eines Spektralapparats hängt von seinem Gitter, der

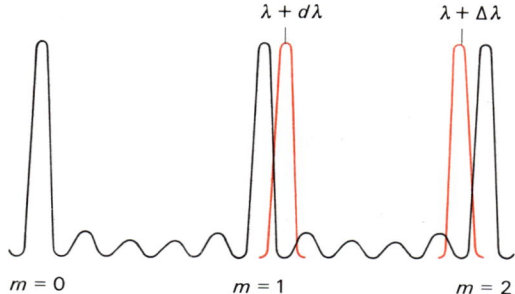

$\lambda + d\lambda$ $\lambda + \Delta\lambda$

$m = 0$ $m = 1$ $m = 2$

Bild 6-89. Zum Auflösungsvermögen eines Gitters. Die Beugungsfunktion für die Wellenlänge λ ist schwarz.

verwendeten Beugungsordnung und der Spaltbreite ab. Bei unendlich schmalen Spalten ist das Auflösungsvermögen beschränkt durch die Eigenschaften des Gitters. Bild 6-89 zeigt eine vereinfachte Darstellung der Beugungsfunktion, wie sie z. B. an der rechten Wand des Monochromators von Bild 6-87 entsteht. Die Hauptmaxima von zwei dicht benachbarten Wellenlängen λ und $\lambda + \mathrm{d}\lambda$ werden in der m-ten Ordnung dann getrennt, wenn das Intensitätsmaximum von $\lambda + \mathrm{d}\lambda$ auf das erste Minimum von λ fällt (Rayleighsches Kriterium). Da der Raum zwischen zwei Hauptmaxima von $p - 1$ Minima durchsetzt ist, muß gelten

$$m\,(\lambda + \mathrm{d}\lambda) - m\,\lambda = \frac{(m+1)\,\lambda - m\,\lambda}{p}\,.$$

Hieraus folgt sofort für das Auflösungsvermögen eines Gitters

$$\frac{\lambda}{\mathrm{d}\lambda} = m\,p\,. \qquad (6\text{-}102)$$

Das Auflösungsvermögen ist also um so größer, je mehr Striche das Gitter hat und je höher die Beugungsordnung ist, mit der man arbeitet.

Wie Bild 6-89 zeigt, ist der nutzbare Wellenlängenbereich $\Delta\lambda$ beschränkt. Wird $\Delta\lambda$ zu groß, dann verschmilzt z. B. die Linie $\lambda + \Delta\lambda$ erster Ordnung mit der Linie λ zweiter Ordnung. Auf dieselbe Weise wie oben macht man sich klar, daß der nutzbare Wellenlängenbereich − das ist der Bereich, in dem das Gitterspektrometer eine eindeutige Wellenlängenmessung erlaubt − beschränkt ist auf

$$\Delta\lambda = \frac{\lambda}{m}\,. \qquad (6\text{-}103)$$

Beispiel

6.4-6: Mit einem Gitter mit der Strichanzahl $p = 120\,000$ bei 1200 Strichen/mm sollen die beiden Natrium-D-Linien getrennt werden. Ist dies möglich? Wie groß ist der nutzbare Wellenlängenbereich $\Delta\lambda$? Die Wellenlängen betragen $\lambda_1 = 589{,}5930$ nm und $\lambda_2 = 588{,}9963$ nm.

Lösung:

Mit dem genannten Gitter kann nur in der ersten Ordnung gemessen werden, da für $m > 1$ nach Gl. (6-98) der Sinus des Beugungswinkels größer als 1 wäre. Das Auflösungsvermögen beträgt somit $\lambda/\mathrm{d}\lambda = 1{,}2 \cdot 10^5$. Erforderlich ist zur Trennung der D-Linien

$$\frac{\lambda}{\mathrm{d}\lambda} = \frac{589\ \text{nm}}{0{,}5967\ \text{nm}} = 987\,.$$

Das genannte Gitter kann also mehr als hundertmal feinere Wellenlängendifferenzen auflösen. Der nutzbare Wellenlängenbereich ist $\Delta\lambda = \lambda = 589$ nm.

Ist ein Spektrum mit einem großen Wellenlängenbereich zu untersuchen, muß eine Vorzerlegung des Spektrum beispielsweise mit Hilfe eines *Prismenmonochromators* durchgeführt werden, der in Bild 6-90 schematisch dargestellt ist. Die Trennung benachbarter Wellenlängen (ausgezogene und gestrichelte Strahlen) hängt ab von der Basislänge B des Prismas sowie von der Dispersion $\mathrm{d}n/\mathrm{d}\lambda$ des Glases. Das Auflösungsvermögen eines Prismas beträgt (ohne Beweisführung an dieser Stelle)

$$\frac{\lambda}{\mathrm{d}\lambda} = B\,\frac{\mathrm{d}n}{\mathrm{d}\lambda}\,. \qquad (6\text{-}104)$$

Im allgemeinen haben Gitterspektrometer ein höheres Auflösungsvermögen als Prismenspek-

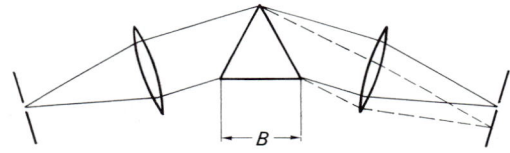

B

Bild 6-90. Schema eines Prismenmonochromators.

trometer. Letztere haben aber keine Begrenzung im nutzbaren Wellenlängenbereich.

Zur Übung

Ü 6.4-15: Auf ein Echelette-Gitter mit 450 Strichen/mm fällt das Licht eines HeNe-Lasers mit $\lambda = 633$ nm unter dem Einfallswinkel $\beta = 50°$. a) Wie groß ist der Beugungswinkel α_1 für die erste Ordnung? b) Wie groß muß der Blaze-Winkel δ sein, damit maximale Intensität in der ersten Ordnung auftritt?

Ü 6.4-16: Die beiden Natrium-D-Linien mit $\lambda_1 = 589,5930$ nm und $\lambda_2 = 588,9963$ nm sollen mit einem Gitter getrennt werden, das 50 Striche/mm hat. a) Wie breit muß das Gitter mindestens sein, wenn in der ersten Ordnung gemessen werden soll? b) Welches Auflösungsvermögen hat dieses Gitter, wenn es in der dritten Ordnung benutzt wird?

Ü 6.4-17: Welche Basisbreite muß ein Prisma mindestens haben, damit man mit ihm die beiden Na-D-Linien auflösen kann? Das Prisma aus Flintglas F 3 hat bei $\lambda = 589$ nm die Dispersion $\mathrm{d}n/\mathrm{d}\lambda = 8,5 \cdot 10^4\,\mathrm{m}^{-1}$.

6.4.1.8. Röntgenbeugung an Kristallgittern

Die Röntgenbeugung an Raumgittern ist von besonderer Wichtigkeit bei der Untersuchung der Kristallstruktur fester Körper. Zur Herleitung der wesentlichen Beziehungen sei als erstes die Beugung einer Lichtwelle an einer linearen Punktreihe nach Bild 6-91 a betrachtet. Parallele Strahlen sollen unter dem *Glanzwinkel* α_0 gegen die x-Achse auf die Punktreihe fallen. Die an den einzelnen Punkten gestreuten Lichtwellen interferieren konstruktiv miteinander, wenn der Gangunterschied zwischen zwei benachbarten Strahlen ein ganzes Vielfaches der Wellenlänge beträgt. Aus Bild 6-91 a folgt sofort, daß Interferenzmaxima auftreten für die Winkel α gegen die x-Achse, für die gilt

$$a(\cos \alpha - \cos \alpha_0) = h\,\lambda \qquad (6\text{-}105)$$

mit der Ordnungszahl $h = 0, 1, 2, \ldots$. Diese Gleichung ist physikalisch gleichwertig mit Gl. (6-99). Wegen der Symmetrie liegen die Intensitätsmaxima der verschiedenen Ordnungen h auf Kegeln um die x-Achse mit halbem Öffnungswinkel α (Bild 6-91 b). Bei Fraunhoferscher Betrachtung wird das gebeugte Licht auf einem Bildschirm in großer Entfer-

a)

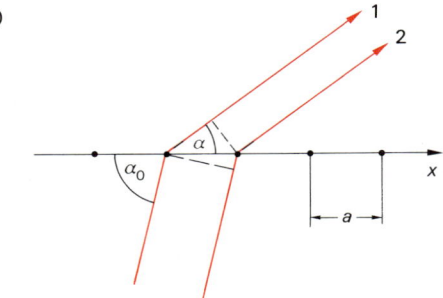

b)

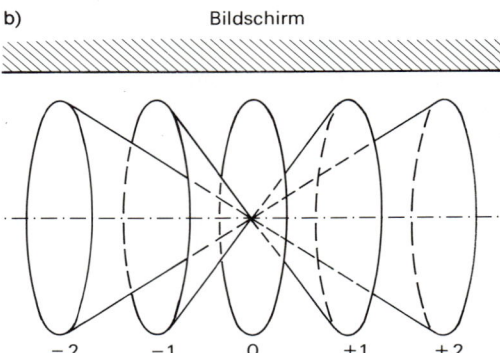

Bild 6-91. Beugung an einer Punktreihe. a) Zur Ableitung der Bedingung für konstruktive Interferenz, b) Beugungskegel.

nung aufgefangen. Als Schnittkurven der Kegel mit dem Schirm ergibt sich eine Hyperbelschar. Bei kleiner Ordnungszahl h gehen die Interferenzlinien in eine Schar nahezu paralleler Geraden über, so daß man das vom ebenen Gitter her bekannte Interferenzbild erhält (Bild 6-85).

Die lineare Punktreihe wird nun nach Bild 6-92 a zu einem ebenen Punktgitter erweitert. Lichtstrahlen, die unter den Winkeln α_0 und β_0 relativ zur x- bzw. y-Achse auftreffen, interferieren konstruktiv, wenn die unter den Winkeln α und β gestreuten Strahlen außer Gl. (6-105) noch dem Ausdruck

$$b(\cos \beta - \cos \beta_0) = k\,\lambda$$

mit der Ordnungszahl $k = 0, 1, 2, \ldots$ entsprechen. Das Interferenzmuster, das jetzt auf einem Schirm entsteht, ist ein System von Punkten, die an den Schnittpunkten von zwei gekreuzten Hyperbelscharen liegen. Bei kleinen Ordnungszahlen h und k entsteht ein rechteckiges Punktmuster gemäß dem Photo

a)

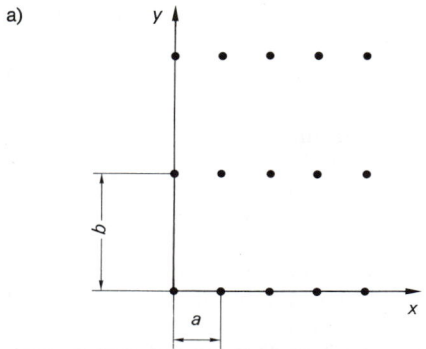

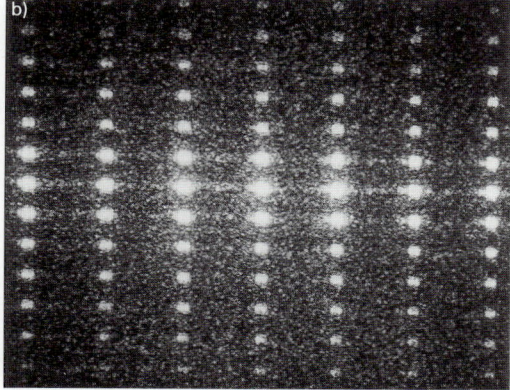

Bild 6-92. Beugung am Flächengitter: a) Punktgitter, b) Beugungsbild hinter einem Kreuzgitter mit a = 0,04 mm, b = 0,1 mm.

Bild 6-92 b. Tatsächlich ist dies das Beugungsbild eines Kreuzgitters (zwei gekreuzte Strichgitter). Nach dem *Theorem von Babinet* ergibt sich dabei aber dasselbe Interferenzmuster (Abschn. 6.4.1.4).

Aus dem Flächengitter nach Bild 6-92 a wird ein Raumgitter, wenn gleichartige Flächengitter in der dritten Dimension übereinander gestapelt werden. Der Abstand gleichartiger *Netzebenen* in der z-Richtung sei c. Lichtstrahlen sollen unter den Winkeln α_0, β_0 und γ_0 gegen die x-, y- bzw. z-Achse auftreffen. Interferenzmaxima werden beobachtet unter den Winkeln α, β und γ gegen die Achsen, die dem Gleichungssystem

$$a (\cos \alpha - \cos \alpha_0) = h \lambda ,$$
$$b (\cos \beta - \cos \beta_0) = k \lambda ,$$
$$c (\cos \gamma - \cos \gamma_0) = l \lambda \qquad (6\text{-}106)$$

mit ganzzahligen Ordnungszahlen h, k, l entsprechen. Für eine beliebige, aber feste Wellenlänge sind diese *Laue-Gleichungen* im allgemeinen nicht zu erfüllen. Bestrahlt man das Raumgitter aber mit weißem Licht, dann können mit verschiedenen Wellenlängen die Laue-Gleichungen für einige Winkel α, β und γ erfüllt werden.

Ideale dreidimensionale Gitter sind die *Kristallgitter* der Festkörper. Nach einem Vorschlag von M. V. LAUE (1879 bis 1960) zeigten *Friedrich* und *Knipping* 1912, daß Beugung von Röntgenstrahlung an Kristallgittern möglich ist. (Sichtbares Licht wird an Kristallen nicht gebeugt, weil die Wellenlänge viel zu groß ist im Vergleich zur Gitterkonstanten.) Zur Herstellung einer Laue-Aufnahme wird auf einen Kristall „weiße" Röntgenstrahlung gerichtet. Eine Photoplatte, die hinter dem Kristall angebracht ist, wird an den Stellen geschwärzt, an denen Beugungsmaxima auftreffen. Bild 6-93 zeigt ein solches *Laue-Diagramm*. Das Punktmuster spiegelt die Symmetrie des Kristallgitters in bezug auf die Durchstrahlungsrichtung wider. Mit Hilfe von Laue-Aufnahmen werden Kristalle orientiert, wenn sie z. B. in bestimmten Richtungen geschnitten werden sollen.

Historisch ist die Laue-Beugung deshalb so bedeutend, weil damit zugleich die Wellennatur der Röntgenstrahlen sowie die Raum-

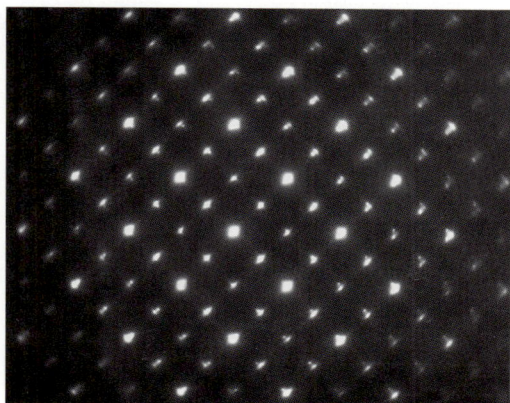

Bild 6-93. Laue-Aufnahme eines Kupfer-Einkristalls in (100)-Orientierung. Die vierzählige Symmetrie des kubisches Kristalls spiegelt sich im Beugungsbild wider.
Photo: Max-Planck-Institut für Metallforschung, Stuttgart

gitterstruktur der Kristalle bewiesen werden konnten.

Eine einfachere Erklärung der Beugung von Röntgenstrahlen an Kristallgittern stammt von W. H. BRAGG (1862 bis 1942) und Sohn W. L. BRAGG. Danach kann die Röntgenbeugung an Kristallen auf die Reflexion von Röntgenstrahlen an den verschiedenen Netzebenen eines Kristalls zurückgeführt werden. Jeder Kristall ist von einer großen Anzahl von Netzebenen durchzogen, auf denen die einzelnen Atome angeordnet sind, wie Bild 6-94 zeigt. Der Abstand benachbarter Netzebenen ist für verschiedene Netzebenenscharen unterschiedlich. Fällt nach Bild 6-95 ein paralleles Strahlenbündel auf einen Kristall, dann werden die einzelnen Röntgenstrahlen an verschiedenen Netzebenen reflektiert. Konstruktive Interferenz liegt vor, wenn der Gangunterschied benachbarter reflektierter Strahlen ein ganzes Vielfaches der Wellenlänge beträgt, d. h. wenn die *Braggsche Bedingung*

$$2\,d\sin\Theta = m\,\lambda \qquad (6\text{-}107)$$

mit der Ordnungszahl $m = 0, 1, 2, \dots$ erfüllt ist; d ist der Abstand benachbarter Netzebenen, Θ der Glanzwinkel. Die Braggsche Bedingung ist den Laueschen Gleichungen

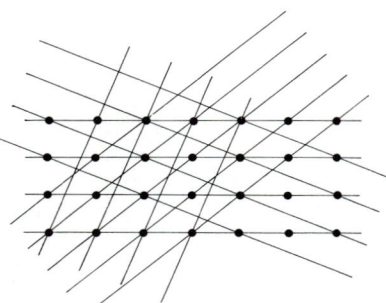

Bild 6-94.   *Netzebenen eines Kristalls.*

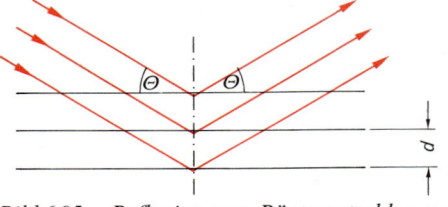

Bild 6-95.   *Reflexion von Röntgenstrahlen an einer Netzebenenschar.*

(6-106) äquivalent. Nur wenn weißes Licht auf einen Kristall fällt, können die Reflexe an den verschiedenen Netzebenenscharen zugleich beobachtet werden.

Trifft monochromatische Röntgenstrahlung auf einen Kristall, dann werden nach der Braggschen Bedingung Reflexe nur beobachtet, wenn der Glanzwinkel Θ ganz bestimmte Werte annimmt. Beim *Drehkristall-Spektrometer* nach *Bragg* entsprechend Bild 6-96 fällt Röntgenstrahlung durch einen Spalt S auf einen Einkristall K, der langsam gedreht wird. Ein Röntgendetektor D dreht sich mit doppelter Winkelgeschwindigkeit mit. Registriert der Detektor beim Winkel Θ einen Röntgenreflex, dann kann bei bekanntem Netzebenenabstand d die Wellenlänge der Röntgenstrahlung bestimmt werden.

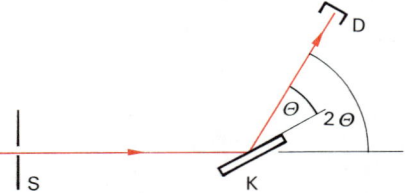

Bild 6-96.   *Schema eines Drehkristall-Spektrometers.*

Beispiel

6.4-7: Die Strahlung einer Röntgenröhre mit Molybdänanode fällt auf einen LiF-Kristall mit $2\,d = 4{,}027 \cdot 10^{-10}$ m. Wie groß ist die Wellenlänge der Röntgenstrahlung, wenn der Reflex erster Ordnung unter dem Glanzwinkel $\Theta = 10{,}15°$ auftritt?

Lösung:

Nach Gl. (6-108) gilt

$$\lambda = 2\,d\sin\Theta = 4{,}027 \cdot 10^{-10}\,\text{m} \cdot \sin 10{,}15°$$
$$= 7{,}1 \cdot 10^{-11}\,\text{m}.$$

Eine für die Praxis sehr wichtige Methode zur Bestimmung von Netzebenenabständen und damit zur Strukturanalyse ist das *Pulververfahren* nach *Debye-Scherrer.* Hierbei werden keine großen Einkristalle benötigt, sondern viele kleine Kristallite. Dazu wird das Material meist pulverisiert und zu einem kleinen Stäbchen gepreßt. Fällt ein monochromatischer Röntgenstrahl R nach Bild 6-97a auf das Stäbchen P, wird die Röntgenstrahlung an den willkürlich orientierten Netzebenen der regellos verteilten Kriställchen gebeugt. Ge-

Bild 6-97. Pulvermethode nach Debye-Scherrer: a) Debye-Scherrer-Kamera (schematisch), b) Debye-Scherrer-Aufnahme einer Palladium-Silicium-Legierung (photographisches Positiv).
Photo: Max-Planck-Institut für Metallforschung, Stuttgart

a)

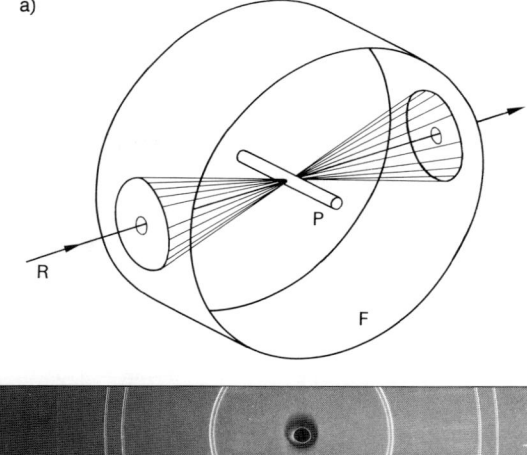

b)

nügend viele Netzebenen schließen mit dem Primärstrahl einen Winkel Θ ein, der die Braggsche Bedingung (Gl. (6-107)) befriedigt. Die abgebeugten Röntgenstrahlen liegen auf Kegelmänteln um den Primärstrahl und schwärzen einen Film F, der konzentrisch um das Stäbchen gelegt ist. Aus der Lage der Linien auf dem Film (Bild 6-97 b) lassen sich die Netzebenenabstände und damit die Kristallstruktur bestimmen.

Zur Übung

Ü 6.4-18: Ein kubischer Kristall mit $a = b = c = 0{,}3$ nm wird in z-Richtung mit Röntgenstrahlen bestrahlt. a) Welche Wellenlänge muß die Strahlung haben, damit ein $(1, 1, 1)$-Reflex, d. h. $h = k = l = 1$, auftritt? b) In welchen Richtungen sind Beugungsmaxima beobachtbar?

Ü 6.4-19: Der Abstand benachbarter (100)-Netzebenen in NaCl beträgt $d = 0{,}28$ nm. Unter welchen Glanzwinkeln treten die ersten drei Beugungsordnungen auf, wenn Röntgenstrahlung der Wellenlänge $\lambda = 7{,}1 \cdot 10^{-11}$ m auf einen Einkristall fällt?

Ü 6.4-20: Der Abstand zwischen (100)-Ebenen des Eisens beträgt $d = 2{,}8 \cdot 10^{-10}$ m. Eisenpulver wird in einer Debye-Scherrer-Kammer mit Röntgenstrahlung der Wellenlänge $\lambda = 1{,}54 \cdot 10^{-10}$ m bestrahlt. a) Wie groß sind die Winkel zwischen dem Primärstrahl und den gestreuten Strahlen der ersten zwei Beugungsordnungen? b) Welches ist die größte beobachtbare Beugungsordnung?

6.4.1.9. Holographie

Die Holographie ist eine Methode, mit der man räumliche Bilder von Gegenständen erzeugen kann. Der Raumeindruck ist so echt wie bei der Betrachtung des Gegenstands selbst. Steht z. B. im Vordergrund des Bildes ein Hindernis, so kann man durch Bewegen des Kopfes um das Hindernis herum schauen wie beim realen Objekt. Die Holographie wurde von D. GABOR 1948 entwickelt, ist aber praktisch erst nutzbar, seit mit dem Laser eine intensive kohärente Lichtquelle zur Verfügung steht.

Wird ein Gegenstand mit einer kohärenten Lichtquelle beleuchtet, dann sendet jeder bestrahlte Punkt des Objekts Huygenssche Elementarwellen aus, deren Gesamtheit die vom Objekt abgestrahlte Welle ergibt. Die Wellenfront dieser Welle enthält alle Informationen über das Objekt, so daß es nach Gabor möglich sein sollte, rückwärts aus der Form der Wellenfront die Form des Objekts zu rekonstruieren. Zum besseren Verständnis diene folgendes Gedankenexperiment: Wirft man eine Handvoll Steine ins Wasser, so hängt die sich ausbreitende Wellenfront von den Amplituden (Größe der Steine) und Phasenlagen (Zeitpunkt des Eintauchens) aller Elementarwellen ab. Ändert sich Amplitude oder Phase auch nur einer Elementarwelle, dann ändert sich auch die Form der resultierenden Wellenfront.

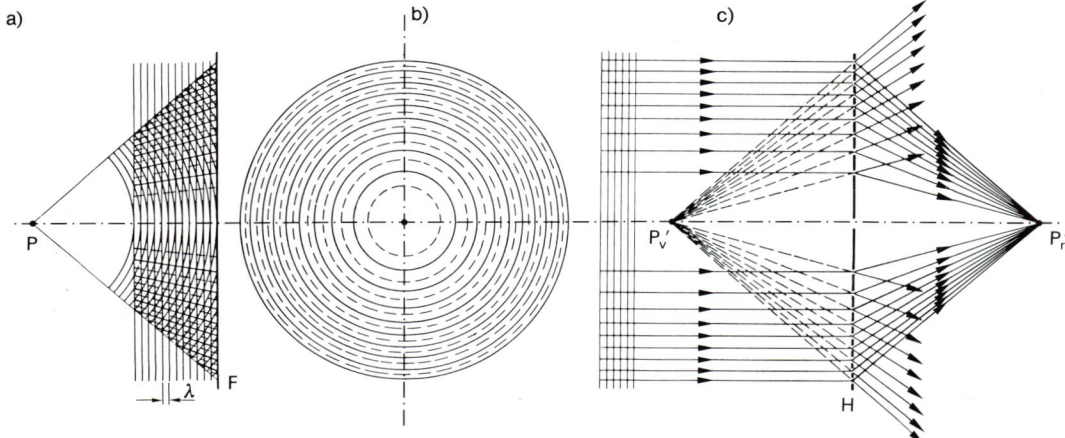

Bild 6-98.   Prinzip der Holographie. a) Überlagerung einer Kugelwelle des Punktes P mit einer ebenen Referenzwelle, b) Hologramm (Fresnelsches Zonensystem), c) Wiedergabe des Bildes.

Bei der gewöhnlichen Photographie geht der räumliche Eindruck verloren, weil die Schwärzung des Film nur von der Intensität (Amplitudenquadrat) der Lichtwelle abhängt, nicht aber von ihrer Phase. Die Information, die in der Phasenlage steckt, geht verloren. Bei der Holographie wird diese Information dadurch konserviert, daß die Welle, die vom Objekt ausgeht, mit einer sog. *Referenzwelle* zur Interferenz gebracht wird. Das auf einer Photoplatte registrierte Interferenzmuster enthält dann Informationen über Amplitude und Phase der Wellen.

Das Prinzip sei zunächst anhand von Bild 6-98 demonstriert. In Bild 6-98a ist eine kugelförmige Objektwelle, die von einem Objektpunkt P ausgeht, mit einer ebenen Referenzwelle gleicher Wellenlänge zur Interferenz gebracht. Orte gleicher Phase (Verstärkung) der Wellen sind als ausgezogene Linien gezeichnet, Orte mit entgegengesetzter Phase (Auslöschung) sind gestrichelt dargestellt. Ein Film F wird an den Stellen maximaler Amplitude geschwärzt; es entsteht das *Fresnelsche Zonensystem* gemäß Bild 6-98b als Interferenzmuster. Zur Wiedergabe des Bildes wird nach Bild 6-98c das entwickelte *Hologramm* H nur noch mit der Referenzwelle beleuchtet. Das Hologramm wirkt wie ein Strichgitter, an dem die Referenzwelle gebeugt wird. (Die abrupten Übergänge zwischen undurchsichtigen und transparenten Stellen sind in Wirklichkeit stetig.) Ein Teil der gebeugten Strah-

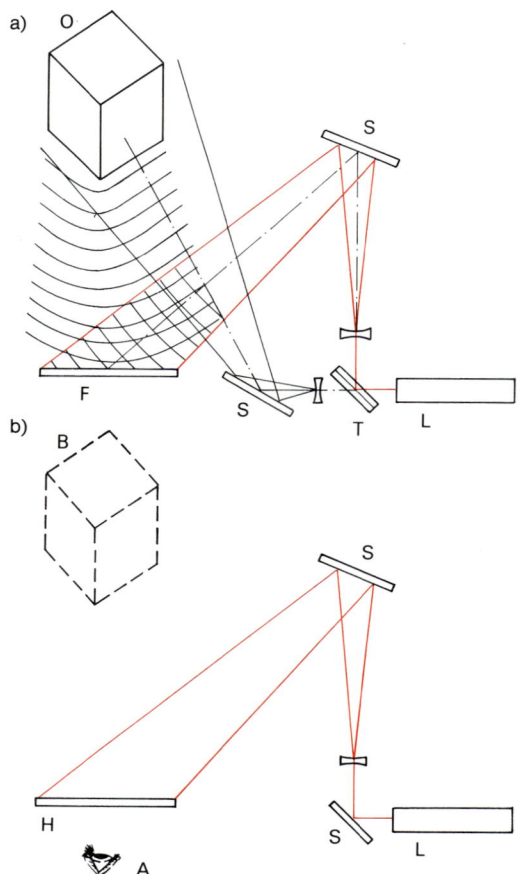

Bild 6-99.   Holographie-Apparatur, schematisch: a) Aufnahme, b) Wiedergabe.

len trifft sich im reellen Bildpunkt P'_r, der andere Teil divergiert und scheint aus dem virtuellen Bildpunkt P'_v zu kommen. Damit wurde ein Bild des Gegenstands entworfen. Erwähnenswert ist, daß eine *Zonenplatte* parallele Lichtstrahlen bündelt wie eine Sammellinse; man nennt sie deshalb auch *Zonenlinse*.

Bei der Aufnahme eines Hologramms von einem ausgedehnten Objekt O wird nach Bild 6-99a ein Laserstrahl L in zwei Teilstrahlen zerlegt, von denen einer das Objekt beleuchtet, der andere (rot) als Referenzstrahl verwendet wird. Die einzelnen Objektpunkte senden Kugelwellen aus, so daß auf der Photoplatte F ein kompliziertes Interferenzmuster entsteht. Nach der Entwicklung hat das Hologramm etwa das Aussehen eines Gewirrs von Fingerabdrücken. Von der Form des Objekts ist nichts zu erkennen. Zur Bildwiedergabe stellt man das Hologramm H nach Bild 6-99b an seine alte Stelle und beleuchtet es mit der Referenzwelle. Für das Auge A entsteht dann ein dreidimensionales Bild B an der Stelle, wo vorher das Objekt stand.

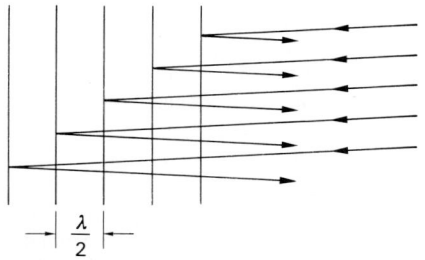

Bild 6-100. *Reflexion von weißem Licht an den Schwärzungsebenen eines Weißlichthologramms.*

Für die Wiedergabe des Bildes ist in der Regel derselbe Laser wie bei der Aufnahme erforderlich. Ein *Weißlichthologramm* kann dagegen auch mit weißem Licht betrachtet werden. Bei der Aufnahme eines Weißlichthologramms fällt die Gegenstandswelle z. B. von vorn, die Referenzwelle von hinten auf die Photoplatte. Dadurch bilden sich stehende Wellen aus, die gemäß Bild 6-100 im Abstand $\lambda/2$ die Photoplatte schwärzen. Bei dicker Emulsion erhält man damit mehrere praktisch parallel übereinanderliegende Hologramme. Die Betrachtung des Hologramms erfolgt in Reflexion. Weißes Licht fällt auf die verschiedenen einzelnen Hologramme und wird an ihnen reflektiert wie an den Netzebenen eines Kristalls. Nach der Braggschen Gleichung (6-107) wird nur einfarbiges Licht reflektiert. Je nach Blickrichtung erscheint das Bild in einer anderen Farbe. Verwendet man bei der Aufnahme drei Laser mit den Farben rot, grün und blau, so werden in verschiedenen Tiefen der Emulsion Hologramme für rotes, grünes bzw. blaues Licht erzeugt. Bei Betrachtung dieses *Farbhologramms* mit weißem Licht entsteht durch additive Farbmischung ein farbiges Bild des Gegenstands.

Anwendungen

Einen Überblick über die wichtigsten technischen Anwendungen der Holographie zeigt Tabelle 6-8.

Für die *Speicherung von Informationen* sind Hologramme besonders gut geeignet, weil in jedem Punkt des Hologramms die Information vom gan-

Tabelle 6-8. Technische Anwendungen der Holographie.

Speicherung von Informationen	holographische Korrelation	Interferenzholographie	Herstellung optischer Bauteile
Archivierung von – dreidimensionalen Bildern, z. B. Werkstücke, Modelle, Kunstwerke, – zweidimensionalen Bildern, wie Ätzmasken für Halbleiterfertigung, digitale optische Datenspeicher.	Vergleich eines Werkstückes mit einem holographisch fixierten Muster, automatische Formerkennung, Erkennung von Formfehlern an Werkstücken und Werkzeugen.	Zerstörungsfreie Werkstoffprüfung, Vermessen von Bewegungen und Verformungen aufgrund mechanischer oder thermischer Belastung, Schwingungsanalyse	Ersatz von lichtbrechenden optischen Bauteilen wie Linsen, Spiegel, Prismen, Strahlteiler durch Hologramme. Holographische Herstellung von Beugungsgittern.

zen Objekt steckt. Dies bedeutet praktisch, daß selbst ein Teilstück eines zerbrochenen Hologramms bei der Rekonstruktion wieder das gesamte dreidimensionale Bild liefert (allerdings kontrastärmer als das Bild eines vollständigen Hologramms). Ein Hologramm ist daher ein gegen Informationsverlust geschützter Speicher. Hat man *digitale Daten* in Form von ebenen Punktmustern vorliegen, dann kann man auf einem Hologramm mehrere hundert Vorlagen abspeichern. Dazu wird nach jeder Aufnahme das Hologramm um einen definierten Winkel gedreht (Winkelkodierung). Bei der Wiedergabe kann je nach Winkel zwischen Hologramm und Referenzwelle ein bestimmtes Teilbild ausgelesen werden. Man rechnet mit einer Speicherkapazität von 10^{11} bis 10^{12} bit auf einem Hologramm.

Bei der *holographischen Korrelation* wird zunächst von einem Muster ein Hologramm aufgenommen. Bei der Wiedergabe sitzt ein Bauteil, das mit dem Muster verglichen werden soll, an der Stelle des Objekts. Beleuchtet man das Hologramm nur noch mit der Objektwelle (Referenzwelle ausgeschaltet), dann wird durch Beugung der Objektwelle am Hologramm die Referenzwelle rekonstruiert, die auf einen Photodetektor fokussiert werden kann. Dies gelingt ideal, wenn die beiden zu vergleichenden Bauteile formgleich sind. Weicht die Form des Prüflings vom Muster ab, so wird ein abweichender Photostrom registriert, dessen Abweichung vom Sollwert ein Maß für den Formfehler des Objektes ist. Dieses Prüfverfahren ist kaum zeitaufwendig und kann automatisiert werden.

Die *Interferenzholographie* ist eine wichtige Methode in der zerstörungsfreien Werkstoffprüfung, der Verformungs- und Schwingungsanalyse von Bauteilen. Bewegungen oder Verformungen aufgrund mechanischer oder thermischer Belastungen werden durch Interferenzstreifen sichtbar. Es sind mehrere Methoden in der Praxis gebräuchlich. Beim *Doppelbelichtungsverfahren* werden hintereinander zwei Hologramme des Objekts auf einer Photoplatte aufgenommen. Hat sich der Gegenstand zwischen den beiden Aufnahmen verformt, dann ist sein Bild mit Interferenzlinien überzogen, aus denen der Grad der Verformung abgelesen werden kann. Beim *Echtzeitverfahren* wird nur ein Hologramm eines Objektes aufgenommen. Bei der Betrachtung wird das Objekt selbst nicht entfernt. Dadurch kommt es zur Interferenz zwischen dem Bild des Hologramms und dem Objekt selbst. Man kann nun das Objekt z.B. durch mechanische Belastung deformieren und die Formänderung in Echtzeit beobachten. Die *Zeitmittelholographie* ist eine Methode zur Schwingungsanalyse. Hierbei wählt man zur Belichtung des Hologramms eine Zeit, die groß ist gegen die Schwingungsdauer. Dadurch entstehen helle Knotenlinien und dunkle Schwingungsbäuche. Bild 6-101 zeigt eine Doppelbelich-

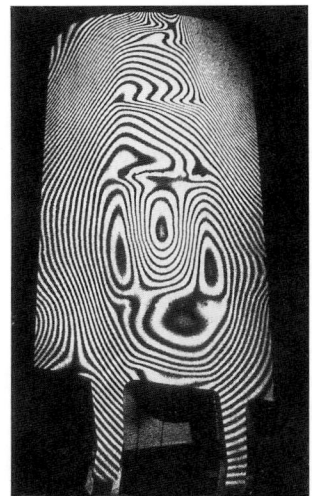

Bild 6-101.   Interferenzholographische Aufnahme der Bremsklappe eines Flugzeugs. Die Interferenzlinien zeigen die Verformung des aus CFK bestehenden Bauteils bei Erwärmung.
Werkphoto: Dornier GmbH, Friedrichshafen

tungsaufnahme eines Bauteils, das sich infolge Erwärmung verformt hat.

Mit Hilfe von Hologrammen können optische Bauteile ersetzt werden, die zum Teil sehr arbeitsintensiv aus Glas gefertigt werden. Ein Beispiel ist die fokussierende Wirkung der Zonenplatte in Bild 6-98c.

Zur Übung

Ü 6.4-21: Welche Radien haben die Kreisringe maximaler Schwärzung der Fresnelschen Zonenplatte nach Bild 6-98b, wenn die Entfernung des Punktes P vom Film $s = 50$ cm und die Wellenlänge des Lasers $\lambda = 633$ nm beträgt?

Ü 6.4-22: Die Zonenplatte von *Ü 6.4-21* wird mit einem Kr-Laser der Wellenlänge $\lambda' = 647{,}1$ nm beleuchtet. In welchem Abstand von der Zonenplatte entsteht das Bild?

6.4.2. Polarisation des Lichtes

6.4.2.1. Einführung

Durch die Experimente der Beugung und Interferenz wird die Wellennatur des Lichtes bewiesen. Die Väter der Wellenlehre, die Forscher *Huygens, Fresnel* und *Young*, dachten dabei an eine longitudinale Welle, bei der sich ein bestimmter Zustand in einem „Äther" ausbreitet, analog zu den Schallwellen in Gasen. Durch einen Zufall fand E. L. MALUS (1775 bis 1812) im Jahr 1808, daß Licht eine „Seitlichkeit" aufweist. Er blickte durch ein Kalkspatprisma auf ein Fenster, in dem sich das Sonnenlicht spiegelte. Durch Drehen des Prismas veränderte sich die Helligkeit; unter einem bestimmten Blickwinkel wurde gar kein Licht vom Prisma durchgelassen. Malus zog daraus den Schluß, daß das Licht bei der Reflexion am Fensterglas seinen natürlichen Charakter verlor, es wurde *polarisiert*.

Seit *Maxwell* weiß man, daß Licht eine transversale elektromagnetische Welle ist, bei der sich ein elektrisches und magnetisches Feld, charakterisiert durch die elektrische und magnetische Feldstärke *E* und *H*, mit Lichtgeschwindigkeit ausbreitet. Bild 5-50 zeigt ein Momentbild einer ebenen elektromagnetischen Welle. Die Feldvektoren *E* und *H* stehen senkrecht aufeinander und schwingen gleichphasig. Natürliches Licht besteht aus kurzen Wellenzügen, die völlig regellos mit willkürlichen Schwingungsrichtungen ausgestrahlt werden (Abschn. 6.4.1.1). Da im zeitlichen Mittel jede Schwingungsrichtung vorkommt, ist senkrecht zur Ausbreitungsrichtung keine Richtung ausgezeichnet.

Natürliches Licht kann mit Hilfe eines *Polarisators* (Abschn. 6.4.2.2) polarisiert werden. Bild 6-102 zeigt eine solche *linear* polarisierte Welle. Der *E*-Vektor des Lichts schwingt in der *Schwingungsebene*, die durch den Polarisator P vorgegeben wird. Senkrecht zu dieser Ebene schwingt der *H*-Vektor (nicht gezeich-

net) in der *Polarisationsebene*. Um nachzuweisen, daß das natürliche Licht durch den Polarisator linear polarisiert wurde, schickt man das Licht durch einen *Analysator* A, der wie der Polarisator aufgebaut ist. Ist die Analysatorrichtung um den Winkel φ gegenüber der Schwingungsrichtung verdreht, dann wird vom elektrischen Feldvektor *E* nur die Projektion $E \cos \varphi$ vom Analysator durchgelassen. (Hinter dem Analysator schwingt das Licht in Richtung der Analysatorachse). Das *Gesetz von Malus* beschreibt den Zusammenhang zwischen den Intensitäten I_0 und I vor und hinter dem Analysator sowie dem Winkel φ:

$$I = I_0 \cos^2 \varphi. \tag{6-108}$$

Stehen Polarisator und Analysator gekreuzt ($\varphi = 90°$), dann läßt der Analysator kein Licht durch.

Bild 6-103 zeigt zwei Lichtwellen, bei denen die elektrischen Feldvektoren *E* in zwei zueinander senkrechten Ebenen schwingen. Sind die Amplituden *E* gleich groß und beträgt der Gangunterschied der Wellen $\lambda/4$ (Phasendifferenz $\pi/2$), dann läuft der resultierende Feldvektor auf einer Schraubenlinie um die *z*-Achse. Licht dieser Art nennt man *zirkular* polarisiert. In Bild 6-103 handelt es sich um eine rechts zirkulare Polarisation; hierbei läuft der *E*-Vektor auf einer Rechtsschraube. Trifft diese rechts zirkular polarisierte Welle auf einen Analysator A, dann läuft der *E*-Vektor, wenn man der Welle entgegenblickt, im Uhrzeigersinn auf einem Kreis. Dies bedeu-

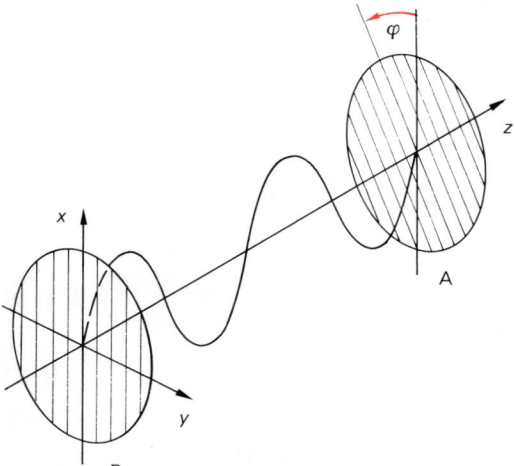

Bild 6-102.   Linear polarisiertes Licht.

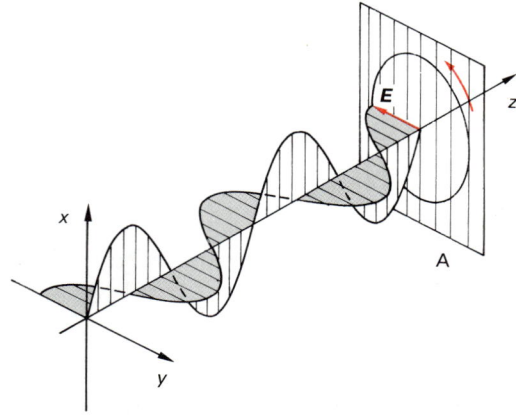

Bild 6-103.   Zirkular polarisiertes Licht.

tet, daß im zeitlichen Mittel zirkular polarisiertes Licht durch einen einfachen Analysator nicht ausgelöscht werden kann. Dazu muß erst mit Hilfe eines $\lambda/4$-*Plättchens* der Gangunterschied zwischen den beiden Teilwellen rückgängig gemacht werden, so daß man wieder linear polarisiertes Licht erhält, das durch einen querstehenden Analysator ausgelöscht werden kann.

Sind bei der Überlagerung von zwei senkrecht zueinander schwingenden Teilwellen entweder die Amplituden nicht gleich oder ist der Gangunterschied von $\lambda/4$ verschieden, dann läuft der resultierende Feldvektor auf einer elliptischen Schraube; das Licht ist *elliptisch* polarisiert.

Durch Interferenzversuche stellt man fest, daß senkrecht zueinander polarisierte Wellen nicht miteinander interferieren; die Intensitäten addieren sich einfach.

6.4.2.2. Erzeugung von polarisiertem Licht

Reflexion und Brechung

Natürliches Licht, das auf eine Glasoberfläche fällt, ist nach der Reflexion teilweise polarisiert, und zwar so, daß E-Vektoren, die senkrecht zur Einfallsebene schwingen, dominieren. Das reflektierte Licht ist vollständig polarisiert, wenn der Einfallswinkel so gewählt wird, daß der reflektierte und der gebrochene Strahl aufeinander senkrecht stehen. Die Schwingungsrichtung ist dabei senkrecht zur Einfallsebene. Nach Bild 6-104 ist der erforderliche Einfallswinkel ε_p, der als *Polarisationswinkel* oder *Brewsterscher Winkel* bezeichnet wird, aus dem Brechungsgesetz ableitbar:

$$\sin \varepsilon_p = n \sin(90° - \varepsilon_p) = n \cos \varepsilon_p \quad \text{oder}$$

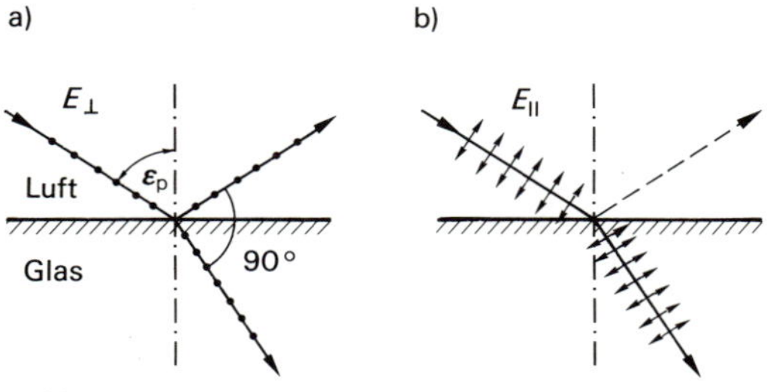

$$\tan \varepsilon_p = n \qquad (6\text{-}109)$$

mit n als dem Brechungsindex. Dieses *Brewstersche Gesetz* (D. BREWSTER, 1781 bis 1868) liefert für Kronglas mit der Brechzahl $n = 1,51$ den Polarisationswinkel $\varepsilon_p = 56,5°$.

Zur Erklärung des Brewsterschen Gesetzes wird in Bild 6-104 ein beliebiger E-Vektor des einfallenden natürlichen Lichtes in zwei Komponenten zerlegt, wobei $E_\perp$ senkrecht zur Einfallsebene, $E_\parallel$ parallel zur Einfallsebene schwingt. Die ins Glas eindringende elektromagnetische Welle regt die Elektronen des Glases zu erzwungenen Schwingungen an, die dann ihrerseits nach den Maxwellschen Gleichungen elektromagnetische Wellen abstrahlen. Die Abstrahlcharakteristik ist wie bei einer linearen Antenne so geartet, daß in der Schwingungsrichtung nichts abgestrahlt wird (Bild 6-104 b), während senkrecht zur Schwingungsrichtung die Abstrahlung maximal ist (Bild 6-104 a).

Der gebrochene Strahl enthält vorwiegend Feldvektoren, die in der Einfallsebene schwingen. Läßt man einen Lichtstrahl unter dem Brewsterschen Winkel auf einen Stapel von Glasplatten fallen, dann ist das durchgehende Licht praktisch vollständig parallel zur Einfallsebene polarisiert.

Doppelbrechung

Blickt man durch einen isländischen Kalkspat ($CaCO_3$) auf ein beschriebenes Papier, dann erscheint die Schrift doppelt, wie Bild 6-105 zeigt. Dieser Effekt der Doppelbrechung ist auf die *anisotropen* optischen Eigenschaften

a)   b)

Bild 6-104. Zum Brewsterschen Gesetz: a) Schwingungsrichtung senkrecht zur Einfallsebene, b) Schwingungsrichtung in der Einfallsebene.

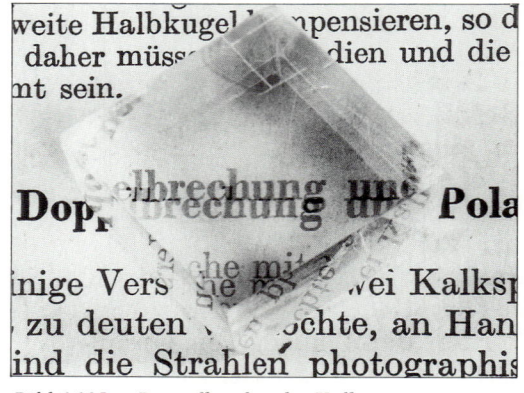

Bild 6-105.   Doppelbrechender Kalkspat.

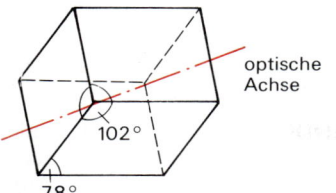

Bild 6-106.
Optische Achse
eines Kalkspats.

des Kristalls zurückzuführen. (Anisotropie bedeutet, daß physikalische Eigenschaften von Stoffen, besonders von Kristallen, richtungsabhängig sind.) Der Kalkspat läßt sich leicht spalten; hierbei nehmen seine Spaltflächen die Form eines Rhomboeders an. Das in Bild 6-106 gezeichnete regelmäßige Rhomboeder hat als Spaltflächen sechs Rhomben (Rauten), bei denen jeweils zwei gegenüberliegende Winkel 102° bzw. 78° betragen. Die strichpunktierte Achse geht durch zwei gegenüberliegende Ecken, an denen drei 102°-Winkel zusammenstoßen. Sie wird *kristallographische Hauptachse* oder *optische Achse* genannt. Sie ist eine dreizählige Symmetrieachse des Kristalls.

In Bild 6-107 fällt ein Strahl senkrecht auf eine Spaltfläche eines Kalkspats. Die gezeichnete Ebene, die sowohl den Lichtstrahl als auch die optische Achse enthält, wird *Hauptschnitt* genannt. Es zeigt sich, daß der Lichtstrahl in zwei Teilstrahlen aufspaltet. Der *ordentliche Strahl* o geht ungebrochen durch die Grenzfläche, wie man es von den Gläsern gewohnt ist. Der *außerordentliche Strahl* e (extraordinär) wird seitlich abgelenkt. Eine Untersuchung mit Hilfe eines Analysators zeigt, daß die beiden Strahlen senkrecht zueinander polarisiert sind. Beim ordentlichen Strahl liegt die Schwingungsrichtung senkrecht zum Hauptschnitt, beim außerordentlichen liegt sie im Hauptschnitt.

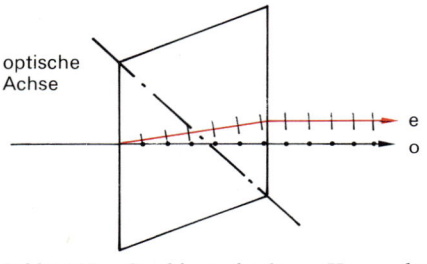

Bild 6-107. Strahlenverlauf im Hauptschnitt eines Kalkspats.

Die Geschwindigkeit, mit der sich ordentliche Strahlen ausbreiten, ist in jeder Raumrichtung gleich. Wellenflächen von Elementarwellen sind daher Kugeln. Bei außerordentlichen Strahlen ist die Lichtgeschwindigkeit richtungsabhängig. Wellenflächen sind in diesem Fall Rotationsellipsoide, wie sie in Bild 6-108 dargestellt sind. In Richtung der optischen Achse ist die Ausbreitungsgeschwindigkeit für beide Polarisationsrichtungen gleich. Senkrecht dazu ergeben sich die größten Abweichungen. In *negativen* Kristallen ist die Lichtgeschwindigkeit des außerordentlichen Strahls größer, in *positiven* kleiner als die des ordentlichen Strahls. Quantitativ wird dies beschrieben durch zwei verschiedene Brechungsindizes; Tabelle 6-9 enthält einige Zahlenwerte.

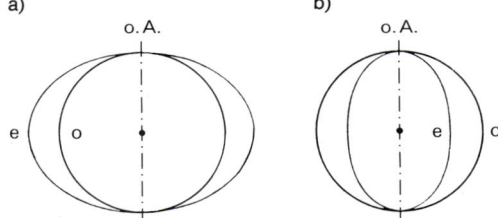

Bild 6-108. Wellenflächen in einachsigen Kristallen. a) negativer Kristall (z. B. Kalkspat), b) positiver Kristall (z. B. Quarz).

Tabelle 6-9. Brechzahlen einachsiger Kristalle für gelbes Natrium-Licht (Wellenlänge $\lambda = 589$ nm).

Substanz	n_o	n_e	$n_e - n_o$	Bezeichnung
Kalkspat	1,6584	1,4864	− 0,1720	negativ
Turmalin	1,6425	1,6220	− 0,0205	
Quarz	1,5442	1,5533	+ 0,0091	positiv
Rutil	2,6158	2,9029	+ 0,2871	

Bild 6-109 zeigt das Zustandekommen der verschiedenen Laufrichtungen im Kristall. An den Auftreffstellen der einfallenden Strahlen werden Huygenssche Elementarwellen ausgesandt (Abschn. 5.2.4.3). Als Einhüllende der Kugeln bzw. Ellipsoide ergeben sich zwei verschiedene Wellenfronten und damit ein Auseinanderlaufen der ordentlichen und außerordentlichen Strahlen.

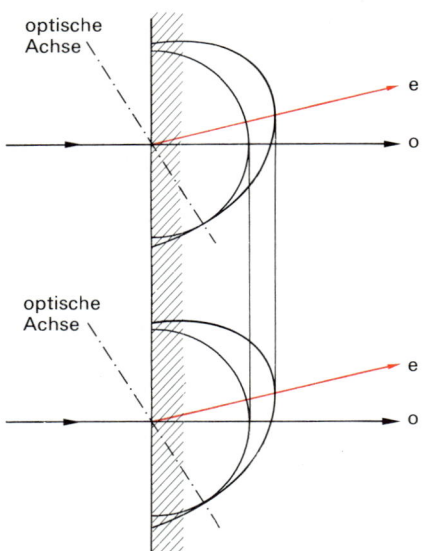

Bild 6-109.   Aufspaltung von Strahlen, die schräg zur optischen Achse auf einen Kalkspat fallen.

Die Tatsache, daß natürliches Licht in einem doppelbrechenden Kristall in zwei zueinander senkrecht polarisierte Teilstrahlen zerlegt wird, kann man nutzen, um Polarisatoren herzustellen. Durch eine geeignete Anordnung ist dafür zu sorgen, daß ordentlicher und außerordentlicher Strahl voneinander getrennt werden. Es wurden verschiedene *Polarisationsprismen* konstruiert, die diese Aufgabe erfüllen. W. NICOL (1768 bis 1851) entwickelte 1828 das erste brauchbare Prisma. Am häufigsten wird heute das in Bild 6-110 gezeigte Prisma von P. GLAN (1877) und S. P. THOMPSON (1883) benutzt. Bei diesem Kalkspatprisma steht die optische Achse senkrecht zur Zeichenebene. Das Prisma wird diagonal durchgeschnitten und anschließend wieder z. B. mit Kanadabalsam verkittet. Treffen die einfallenden Strahlen an die verkittete Grenzfläche, dann wird der ordentliche Strahl total reflektiert, denn der Brechungsindex $n = 1,542$ von Kanadabalsam ist kleiner als der Brechungsindex von Kalkspat für den ordentli-

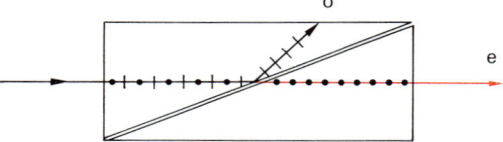

Bild 6-110.   Glan-Thompson-Prisma.

chen Strahl. An der geschwärzten Seitenwand des Prismas wird der ordentliche Strahl absorbiert, während der außerordentliche das Prisma verläßt.

Bei einem Kalkspat, in den das Licht senkrecht zur optischen Achse eintritt (wie beim Glan-Thompson-Prisma), findet keine Aufspaltung der beiden Teilstrahlen statt, wie man sich leicht anhand von Bild 6-111 überzeugt. Da aber die außerordentliche Wellenfront e schneller fortschreitet als die ordentliche o, besteht nach Verlassen des Kristalls zwischen den beiden senkrecht zueinander polarisierten Teilwellen ein Gangunterschied $\Delta = d(n_o - n_e)$. Dieser Effekt wird ausgenutzt zur Herstellung von elliptisch oder zirkular polarisiertem Licht. Dazu läßt man linear polarisiertes Licht, dessen Schwingungsrichtung unter $45°$ zur optischen Achse geneigt ist, auf den Kristall fallen. Der *E*-Vektor wird dann im Kristall in zwei gleich große, aufeinander senkrecht stehende Anteile zerlegt. Die Zusammensetzung der Teilwellen hinter dem Kristall ergibt zirkular polarisiertes Licht, falls der Gangunterschied ein ungeradzahliges Vielfaches von $\lambda/4$ beträgt, d. h. wenn die Beziehung

$$d(n_o - n_e) = (2k + 1)\frac{\lambda}{4} \qquad (6\text{-}110)$$

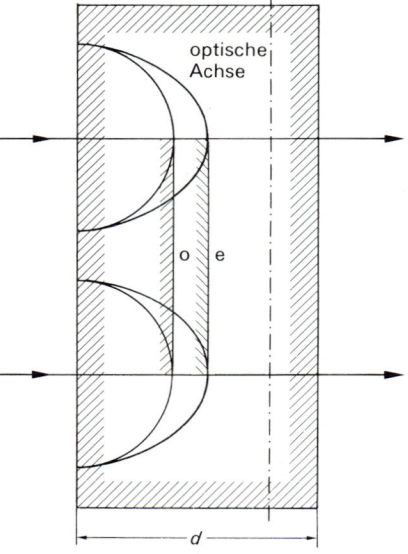

Bild 6-111.   Senkrechter Lichteinfall auf einen Kalkspat, der parallel zur optischen Achse geschnitten ist.

mit $k = 0, 1, 2, \ldots$ erfüllt ist. Beträgt der Gangunterschied $\varDelta = \lambda/2$, dann ergibt sich wieder linear polarisiertes Licht, allerdings hat sich die Schwingungsebene um 90° gedreht.

In der Praxis benutzt man gern Gips- oder Glimmerplättchen, die sich dünn spalten lassen. Obwohl bei diesen zweiachsigen Kristallen die Verhältnisse etwas komplizierter sind, gilt das oben Gesagte sinngemäß.

Dichroismus

Einige doppelbrechende Kristalle absorbieren sichtbares Licht (sie sind farbig) in der Weise, daß das Absorptionsmaximum für den ordentlichen Strahl bei einer anderen Wellenlänge liegt als jenes für den außerordentlichen. Beleuchtet man sie mit linear polarisiertem Licht, so erscheinen sie je nach Schwingungsrichtung in *verschiedenen Farben (Dichroismus).* Ein klassischer Vertreter dieser Gruppe ist der grüne Turmalin. Bestrahlt man eine etwa 1 mm dicke Turmalinplatte mit natürlichem Licht, dann wird der ordentliche Strahl praktisch vollständig absorbiert, und nur der außerordentliche verläßt (geschwächt) den Kristall.

Moderne *Polarisationsfolien* bestehen aus Kunststoffen, die mit dichroitischen Farbstoffen eingefärbt sind. Eine einheitliche Ausrichtung der Farbstoffmoleküle wird erreicht durch mechanische Reckung der Kunststoffe oder durch Ausrichtung in elektrischen oder magnetischen Feldern. Solche *Polaroid-Filter* sind sehr großflächig herstellbar. Bild 6-112 zeigt die Wirkungsweise von zwei Polarisationsfolien. Der erreichbare Polarisationsgrad liegt meist unter 99%. Für exakte Messungen verwendet man deshalb auch heute noch Polarisationsprismen.

6.4.2.3. Technische Anwendungen der Doppelbrechung

Substanzen, die von Natur aus nicht doppelbrechend sind, können unter der Wirkung äußerer Felder (mechanische Spannungen, elektrische und magnetische Felder) *akzidentelle* Doppelbrechung zeigen.

Spannungsdoppelbrechung

Gläser und Kunststoffe werden infolge mechanischer Spannungen doppelbrechend. So vergrößert sich z. B. in einem auf Zug beanspruchten Glasstab der Abstand der Atome in Längsrichtung, wodurch sich der Brechungsindex vermindert. Quer zur Zugrichtung wird infolge der Querkontraktion der Atomabstand reduziert und dementsprechend der Brechungsindex vergrößert. Der Stab wird also doppelbrechend wie ein positiv einachsiger Kristall mit der optischen Achse in der Beanspruchungsrichtung.

Zur experimentellen Untersuchung des ebenen Spannungszustands in mechanisch belasteten Bauteilen stellt man ein Modell des Bauteils aus Kunststoff her. Bringt man dieses Modell zwischen gekreuzte Polarisationsfolien, dann wird das an sich schwarze Gesichtsfeld infolge der Spannungsdoppelbrechung aufgehellt. (Das Licht wird elliptisch polarisiert.) Dabei schwingen ordentlicher und außerordentlicher Strahl in den Hauptspannungsrichtungen. Nach Durchlaufen des Modells besteht ein Gangunterschied zwischen den Teilstrahlen, der proportional ist zur Dif-

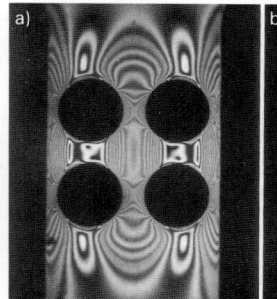

*Bild 6-113. Isochromaten an einem Modell eines glasfaserverstärkten Kunststoffs, das senkrecht zu den Faserachsen auf Zug beansprucht wird. a) Bohrungen ohne Einlagerungen, b) Einlagerungen mit guter Haftung zur Matrix.
Photos: S. Roth, G. Grüninger, DFVLR Stuttgart*

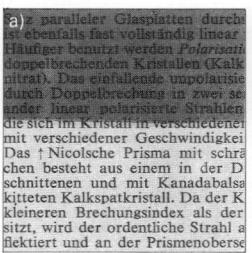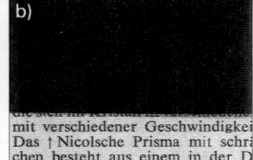

Bild 6-112. Betrachtung einer Buchseite durch zwei Polarisationsfolien. a) Polarisationsrichtungen parallel, b) Polarisationsrichtungen gekreuzt.

ferenz der Hauptspannungen: $\Delta \sim \sigma_1 - \sigma_2$. Alle Orte, bei denen die Hauptspannungsrichtungen mit den Schwingungsrichtungen von Polarisator und Analysator übereinstimmen, erscheinen schwarz, da hier kein elliptisches Licht entsteht. Auf diese Weise entstehen im Bild dunkle Linien, die *Isoklinen*, die Punkte gleicher Hauptspannungsrichtung verbinden. Bei Verwendung von weißem Licht entstehen als *Isochromaten* bezeichnete farbige Linien. Sie kennzeichnen Orte mit gleicher Hauptspannungsdifferenz $\sigma_1 - \sigma_2$ oder Hauptschubspannung τ_{max}. Bild 6-113 zeigt Isochromaten, die an einem Modell aus einem Verbundwerkstoff (GFK, glasfaserverstärkter Kunststoff) aufgenommen wurden.

Rasch abgekühlte Gläser stehen unter permanenten inneren Spannungen, die man spannungsoptisch sichtbar machen kann. Linsen und Prismen müssen absolut spannungsfrei sein. (Der Brechungsindex darf nicht von der Richtung abhängen.) Sie dürfen daher zwischen gekreuzten Polarisatoren keine Aufhellung bewirken.

Elektromagnetische Lichtschalter

Elektrische und magnetische Felder können in isotropen Substanzen Doppelbrechung hervorrufen. Tabelle 6-10 zeigt eine Zusammenstellung der wichtigsten Effekte. Lichtmodulatoren oder Lichtschalter, die einen dieser Effekte ausnutzen, haben im Prinzip den Aufbau, der in Bild 6-114 für eine *Pockels-Zelle* (W. POCKELS, 1865 bis 1913) dargestellt ist. Zwischen gekreuzten Polarisatoren P und A

Tabelle 6-10. Elektrooptische und magnetooptische Effekte.

	Kerr-Effekt (J. KERR, 1875)	Pockels-Effekt (F. C. POCKELS, 1893)	Cotton-Mouton-Effekt (A. COTTON, H. MOUTON, 1907)
Erklärung	Optisch isotropes Material wird im transversalen elektrischen Feld doppelbrechend.	Piezoelektrische Kristalle ohne Symmetriezentrum werden im elektrischen Feld doppelbrechend.	Flüssigkeiten mit anisotropen Molekülen werden im transversalen Magnetfeld doppelbrechend.
Feldabhängigkeit	$\|n_o - n_e\| \sim E^2$	$\|n_o - n_e\| \sim E$	$\|n_o - n_e\| \sim H^2$
Gangunterschied nach Durchlaufen der Länge l	$\Delta = \lambda\, l\, K E^2$; K Kerr-Konstante z. B. $K = 2,48 \cdot 10^{-12}$ mV^{-2} für Nitrobenzol bei $\lambda = 589$ nm	$\Delta = l\, n_o^3\, r_{63}\, E$ für longitudinale Zelle; r_{63} elektrooptische Konstante, z. B. $r_{63} = 24 \cdot 10^{-12}$ mV^{-1}, $n_o = 1,5$ für KD*P	$\Delta = \lambda\, l\, C H^2$; C Cotton-Moutonsche Konstante, z. B. $C = 3,81 \cdot 10^{-14}$ mA^{-2} für Nitrobenzol bei $\lambda = 589$ nm
Geometrie	Elektrisches Feld senkrecht zur Ausbreitungsrichtung des Lichtes	Feld meist in longitudinaler Richtung, auch transversal möglich	Magnetfeld senkrecht zur Ausbreitungsrichtung des Lichtes
Materialien	Nitrobenzol, Nitrotoluol, Schwefelkohlenstoff, Benzol; in Festkörpern um eine Zehnerpotenz, in Gasen um drei Zehnerpotenzen kleinerer Effekt	ADP (Ammoniumdihydrogenphosphat), KDP (Kaliumdihydrogenphosphat) KD*P (deuteriertes KDP), Lithiumniobat	Benzol, Toluol, Nitrobenzol
typische Feldstärke für Gangunterschied $\Delta = \lambda/2$	$E \approx 10^6$ V/m	Halbwellenspannung bei longitudinaler Zelle mit KD*P, $U \approx 4$ kV	$H \approx 10^7$ A/m
Modulationsfrequenz	modulierbar bis etwa 200 MHz	modulierbar über 1 GHz	langsam

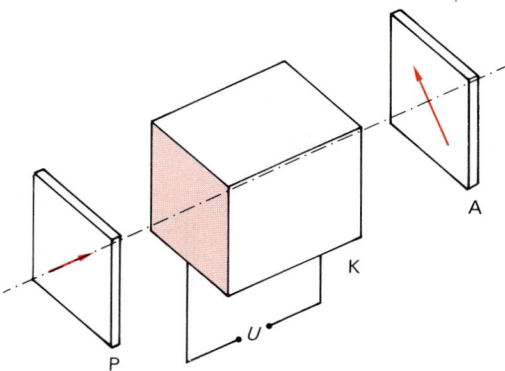

Bild 6-114. Lichtmodulation mit einer Pockels-Zelle.

ist ein Kristall K angebracht, bei dem z.B. die Stirnseiten mit einem transparenten Metallfilm überzogen sind. Legt man eine Spannung U und damit ein elektrisches Feld in longitudinaler Richtung an, dann wird der Kristall doppelbrechend. Die ordentliche und außerordentliche Welle, deren Schwingungsrichtung senkrecht aufeinander stehen, laufen mit verschiedenen Geschwindigkeiten durch den Kristall, so daß an dessen Ende zwei Wellen mit einem Gangunterschied Δ ankommen. Die Überlagerung ergibt elliptisch polarisiertes Licht, das vom Analysator nicht zurückgehalten werden kann. Besteht zwischen der ordentlichen und der außerordentlichen Welle ein Gangunterschied von einer halben Wellenlänge, dann ergibt die Überlagerung wieder linear polarisiertes Licht, das aber gegenüber der Polarisationsrichtung um 90° gedreht ist und somit durch den Analysator nicht geschwächt wird.

Mit elektrooptischen Zellen läßt sich Licht praktisch trägheitslos schalten. Sie finden Verwendung bei der Hochgeschwindigkeitsphotographie, Lichtmodulation beim Tonfilm und Bildfunk, zur Lichtgeschwindigkeitsmessung und als Güteschalter (Q-switch) in Riesenimpulslasern. Die magnetooptische Doppelbrechung ist von geringem praktischen Interesse, da der Effekt verhältnismäßig schwach ausgeprägt ist.

6.4.2.4. Optische Aktivität

Schneidet man eine Quarzplatte senkrecht zur optischen Achse und strahlt linear polarisier-

tes Licht parallel zur optischen Achse ein, so entsteht keine Doppelbrechung (ordentlicher und außerordentlicher Strahl sind gleich schnell), jedoch dreht sich die Schwingungsrichtung des polarisierten Lichtes um einen bestimmten Winkel. Substanzen, die in der Lage sind, die Schwingungsebene von polarisiertem Licht zu drehen, nennt man *optisch aktiv.* Außer Quarz zeigen noch andere Kristalle, wie z.B. Zinnober, Natriumchlorat und Kaliumbromat, eine optische Aktivität. Der Effekt hängt mit der Kristallstruktur zusammen, denn beim Schmelzen verschwindet er. Tatsächlich sind die Siliciumatome des Quarzes schraubenförmig angeordnet. Hierbei gibt es rechts- und linksgängige Schrauben, die eine Links- bzw. Rechtsdrehung bewirken. (Beim Rechtsquarz wird die Schwingungsebene im Uhrzeigersinn gedreht, wenn der Beobachter dem Lichtstrahl entgegenblickt.) Der Drehwinkel α ist proportional zur Kristalldicke d:

$$\alpha = [\alpha]\, d\, ; \qquad\qquad (6\text{-}111)$$

$[\alpha]$ ist das längenbezogene Drehvermögen. Es hängt stark von der Wellenlänge ab (Rotationsdispersion) und beträgt für Quarz bei $\lambda = 589{,}3$ nm und $\vartheta = 20\,°\mathrm{C}$ $[\alpha] = 21{,}724\,°/\mathrm{mm}$.

Die Schwingungsebene von linear polarisiertem Licht wird auch in verschiedenen Flüssigkeiten gedreht, wie z.B. in wäßrigen Lösungen von Rohrzucker, Traubenzucker, Weinsäure und Buttersäure. Auch hier beobachtet man sowohl Rechts- als auch Linksdrehung. Die Drehung wird verursacht durch asymmetrisch aufgebaute Moleküle. Am häufigsten tritt die optische Aktivität auf bei organischen Verbindungen mit asymmetrischen Kohlenstoffatomen. Dies sind Kohlenstoffatome, deren vier Valenzen durch vier verschiedene Atome oder Atomgruppen abgesättigt sind. Bei Lösungen optisch aktiver Substanzen in inaktiven Lösungsmitteln (z.B. Wasser) ist der Drehwinkel proportional zur *Konzentration* der Lösung. Über den gemessenen Drehwinkel kann man demnach die Konzentration einer Lösung bestimmen. So wird mit einem *Saccharimeter* beispielsweise die Zuckerkonzentration im Harn bestimmt. Auch der Zuckergehalt des Traubenmostes (Öchslegrade) wird über die Drehung der Polarisationsebene gemessen.

Flüssigkristallanzeigen (Liquid Crystal Displays, LCD) beruhen auf dem Prinzip der Drehung der Schwingungsebene von polarisiertem Licht. Flüssigkristalle sind organische Substanzen, die keine Eigengestalt haben, sondern sich wie Flüssigkeiten einer vorgegebenen Gefäßform anpassen. Sie bestehen aus langen, stäbchenförmigen Molekülen mit starker Nahordnung. So richten sich z. B. in *nematischen* Flüssigkristallen die zigarrenähnlichen Moleküle im Mittel parallel aus (Abschn. 9.1.6, Bild 9-28).

Bei einer Flüssigkristall-Drehzelle nach *Schadt-Helfrich* befindet sich in einem 5 μm bis 15 μm breiten Raum zwischen zwei Glasplatten ein nematischer Flüssigkristall. Die Glasplatten sind mit einer transparenten Elektrodenschicht überzogen, die durch eine besondere Behandlung (Schrägbedampfen, Reiben) so präpariert ist, daß sich die Moleküle in einer Vorzugsrichtung anlagern. Sind die Vorzugsrichtungen der beiden Platten um 90° gegeneinander verdreht, dann ordnen sich die Moleküle schraubenförmig an, wie Bild 6-115a zeigt. Strahlt man linear polarisiertes Licht, dessen Schwingungsrichtung parallel zu einer Vorzugsrichtung liegt, auf eine solche *verdrillte nematische Phase*, dann dreht sich die Schwingungsrichtung entsprechend der Verdrillung der Moleküle, so daß nach Verlassen der Zelle die Polarisationsrichtung um 90° verdreht ist. Die Schwingungsebene wird nicht gedreht, wenn zwischen den Elektroden ein elektrisches Feld liegt (Spannung $U = 1,5\,$V bis 5 V). Dann richten sich nämlich die Moleküle im Innern der Zelle parallel zum elektrischen Feld aus; lediglich unmittelbar an den Elektroden bleibt die Vorzugsrichtung erhalten (Bild 6-115 b).

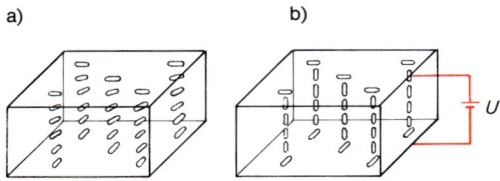

Bild 6-115. Prinzip einer Flüssigkristall-Drehzelle, a) spannungslos, b) mit angelegter Spannung U.

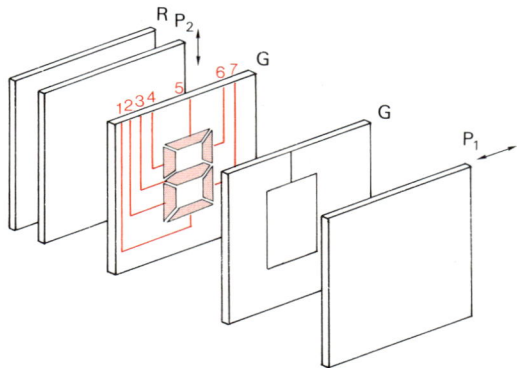

Bild 6-116.   Aufbau einer Reflexions-Drehzelle.

Bild 6-116 zeigt den Aufbau einer Reflexionsanzeige. Umgebungslicht fällt von vorn rechts auf die Zelle und erhält durch den Polarisator P_1 eine waagrechte Schwingungsrichtung. Die beiden Glasplatten G sind mit transparenten Elektroden versehen, wobei die Elektroden der hinteren Zelle aus sieben einzeln ansteuerbaren Elementen bestehen. Zwischen den beiden Glasplatten befindet sich die verdrillte nematische Phase, in der die Schwingungsrichtung des Lichts um 90° gedreht wird. Das Licht durchsetzt den Polarisator P_2, dessen Durchlaßrichtung gegenüber P_1 um 90° verdreht ist. Nach der Reflexion am Reflektor R dreht sich der Lichtweg um, und das reflektierte Licht tritt wieder vorn rechts aus der Zelle aus. Aktiviert man jetzt beispielsweise die Elektroden 1, 3, 5, 6 und 7, so erscheint die dunkle Ziffer 3 auf hellgrauem Hintergrund. Nach ähnlichem Prinzip lassen sich auch Transmissionsanzeigen konstruieren. Der besondere Vorteil der LCD-Anzeigen ist der geringe Leistungsbedarf von nur etwa 5 μW/cm².

Bringt man durchsichtige isotrope Körper in ein Magnetfeld und durchstrahlt sie in Richtung der Feldlinien, dann wird auch in diesem Fall die Schwingungsebene von linear polarisiertem Licht gedreht. Diese *Magnetorotation* ist als *Faraday-Effekt* bekannt und wurde 1846 von M. FARADAY (1791 bis 1867) entdeckt. Der Drehwinkel α hängt außer von der Dicke d der Substanz auch von der Magnetfeldstärke H und einer Materialkonstanten V ab:

$$\alpha = V\,d\,H\,. \tag{6-112}$$

V nennt man die *Verdetsche Konstante*. Auch mit Hilfe des Faraday-Effekts läßt sich Licht schnell modulieren. Es gibt Modulatoren für Frequenzen von mehr als 200 MHz. Als aktive Materialien verwendet man ferromagnetische Granate seltener Erden, beispielsweise Ga-dotiertes Yttrium-Eisen-Granat (YIG). Der Drehwinkel hängt nicht linear vom Magnetfeld ab, sondern zeigt wie die Magnetisierung selbst eine starke Feldabhängigkeit mit Sättigungsverhalten. Im Bereich der Sättigung ist der Drehwinkel typisch 100°/cm bis 200°/cm; er zeigt starke Dispersion. YIG ist im sichtbaren Spektralbereich undurchsichtig, jedoch zwischen $\lambda = 1,2$ μm und $\lambda = 5$ μm völlig transparent.

Zur Übung

Ü 6.4-23: Natürliches Licht fällt mit der Intensität I_0 auf einen Polarisator. Wie groß ist die Intensität I des linear polarisierten Lichtes hinter dem Polarisator, wenn Absorptionsverluste vernachlässigt werden?

Ü 6.4-24: Natürliches Licht fällt mit der Intensität I_0 auf drei hintereinander stehende Polarisatoren, die jeweils um 30° gegeneinander verdreht sind. Wie groß ist das Verhältnis $I_3:I_0$, wenn I_3 die Intensität hinter dem dritten Polarisator ist?

Ü 6.4-25: Welche elektrische Feldstärke ist erforderlich, damit in einer mit Nitrobenzol gefüllten $l = 4$ cm langen Kerr-Zelle die zwei Teilstrahlen einen Gangunterschied von $\Delta = \lambda/2$ erhalten?

Ü 6.4-26: Zeigen Sie, daß bei einer longitudinalen Pockels-Zelle die Halbwellenspannung unabhängig ist von der Länge der Zelle. Wie groß ist sie für $\lambda = 589,3$ nm, wenn KD*P verwendet wird?

Ü 6.4-27: Das längenbezogene Drehvermögen $[\alpha]$ von Quarz hängt von der Wellenlänge ab. Folgende Meßwerte liegen vor:

$\lambda = 656,3$ nm: $[\alpha] = 17,314$°/mm,

$\lambda = 486,1$ nm: $[\alpha] = 32,766$°/mm.

Nach *Biot* läßt sich die Rotationsdispersion durch die Gleichung $[\alpha] = A/\lambda^2 + B/\lambda^4$ beschreiben. Bestimmen Sie die Konstanten A und B. Wie groß ist das Drehvermögen für $\lambda = 589,3$ nm?

6.5. Quantenoptik

6.5.1. Lichtquanten

6.5.1.1. Lichtelektrischer Effekt

Beleuchtet man eine negativ geladene Metallplatte mit kurzwelligem Licht, so entlädt sie sich. Dieser *lichtelektrische Effekt* oder äußere *Photoeffekt* wurde 1887 erstmals von W. HALLWACHS (1859 bis 1922) studiert. Genauere Untersuchungen von P. LENARD (1862 bis 1947) zeigten, daß infolge der Bestrahlung *Elektronen* aus dem Metall herausgeschlagen werden.

Die kinetische Energie der wegfliegenden Elektronen kann mit einer Vorrichtung gemäß Bild 6-117a gemessen werden. In einer Vakuumphotozelle befindet sich eine Photokathode K gegenüber einer Anode A. Die vom Licht ausgelösten Photoelektronen werden von der Anode abgesaugt, wenn diese auf positivem Potential gegenüber der Kathode liegt. Der Photostrom kann am Amperemeter abgelesen werden. Er verringert sich, wenn die Spannung umgepolt wird, d. h., wenn eine Bremsspannung zwischen Anode und Kathode anliegt. Bild 6-117b und c zeigen den Zusammenhang zwischen Photostrom und Bremsspannung. Der Photostrom verschwindet, wenn die Bremsspannung den Grenzwert U_{gr} erreicht hat, der mit der kinetischen Energie der Elektronen gemäß

$$E_{kin} = \tfrac{1}{2} m v^2 = e U_{gr}$$

zusammenhängt. Hierbei ist *m* die Masse und *v* die Geschwindigkeit der Elektronen sowie *e* die Elementarladung. Die kinetische Energie der emittierten Photoelektronen ist also proportional zur Grenzspannung U_{gr}.

Bild 6-117b bis d sagen aus:

– Die kinetische Energie der Photoelektronen hängt nicht von der Intensität, sondern nur von der Frequenz des eingestrahlten Lichtes ab (Bild 6-117d). Die Photoemission kommt zum Erliegen, wenn die Frequenz einen unteren Grenzwert f_{gr} erreicht.

– Erhöht man die Intensität des Lichtes, dann nimmt auch der Strom der emittierten Photoelektronen zu, nicht aber deren kinetische Energie.

Diese Ergebnisse stehen im Widerspruch zu den Erwartungen, die man aufgrund der Wellentheorie des Lichtes an ein solches Expe-

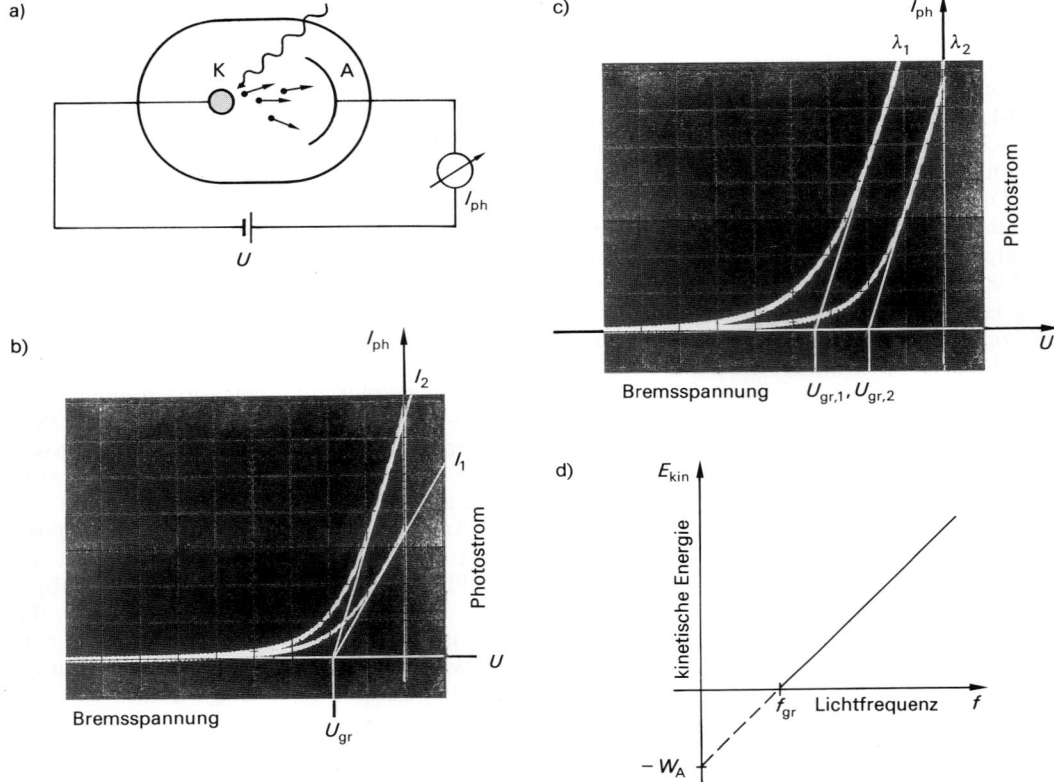

Bild 6-117.   Lichtelektrischer Effekt. a) Vakuumphotozelle, b) Photostrom in Abhängigkeit von der Bremsspannung für monochromatisches Licht verschiedener Intensität ($I_2 > I_1$), c) Photostrom in Abhängigkeit von der Bremsspannung für verschiedene Wellenlängen ($\lambda_2 > \lambda_1$) und d) kinetische Energie E_{kin} der Photoelektronen in Abhängigkeit von der Lichtfrequenz f.

riment stellt. In Anwesenheit eines oszillierenden elektrischen Feldes der Form $E = \hat{E} \cos \omega t$ erwartet man, daß die Elektronen des Metalls zu erzwungenen Schwingungen angeregt werden, und zwar mit der Amplitude

$$\hat{y} = \frac{e \hat{E}}{m(\omega_0^2 - \omega^2)} .$$

Elektronen, die an der Metalloberfläche sitzen, sollten daher das Metall verlassen, wenn ihre Amplitude $\hat{y}$ einen bestimmten kritischen Wert überschreitet. Daraus folgt:

– Die kinetische Energie der Elektronen sollte mit steigender Lichtintensität ($\sim \hat{E}^2$) anwachsen.
– Die Photoemission sollte bei jeder Frequenz stattfinden, vorausgesetzt, die Lichtintensität ist ausreichend.

Die Schwierigkeiten bei der Interpretation des lichtelektrischen Effekts wurden durch A. EINSTEIN (1879 bis 1955) überwunden, der 1905 seine revolutionäre *Lichtquantenhypothese* formulierte. Nach *Einstein* wird die Energie einer Lichtquelle in einzelnen Paketen (*Lichtquanten* oder *Photonen*) transportiert. Jedes emittierte Elektron wird durch ein Photon ausgelöst, das seine Energie dabei an das Elektron abgibt. Die Energie eines Lichtquants kann aus Bild 6-117 d abgelesen werden. Die Abhängigkeit der kinetischen Energie der Photoelektronen von der Lichtfrequenz hat die mathematische Form einer Geradengleichung:

$$E_{kin} = h f - W_A ;$$

h ist die Geradensteigung, $-W_A$ die Nullpunktverschiebung. Physikalisch können die

Glieder auf der rechten Seite mit Hilfe des Energiesatzes interpretiert werden: Die Energie des Photons beträgt

$$E_{ph} = h f. \tag{6-113}$$

Um ein Elektron vom Metall abzulösen, ist eine *Austrittsarbeit* W_A aufzubringen, so daß für das Elektron als kinetische Energie die Differenz von Photonenenergie und Austrittsarbeit zur Verfügung steht:

$$E_{kin} = E_{ph} - W_A.$$

Damit ist auch die Existenz einer Grenzfrequenz f_{gr} verständlich. Der Auslöseprozeß kann überhaupt nur ablaufen, wenn die Photonenenergie größer ist als die erforderliche Austrittsarbeit. Im Grenzfall gilt $h f_{gr} = W_A$.

Die Konstante h ist das bereits von *Planck* im Jahr 1900 eingeführte und nach ihm benannte *Plancksche Wirkungsquantum. Planck* nahm bei der Ableitung des Strahlungsgesetzes der Wärmestrahler (Gl. (6-72)) an, daß die Strahlung von einzelnen Oszillatoren ausgeht, deren Energie gemäß $E_n = n h f$ von der Frequenz abhängt. Die Plancksche Konstante beträgt

$$h = 6{,}626 \cdot 10^{-34}\,\text{Js} = 4{,}136 \cdot 10^{-15}\,\text{eV s}.$$

Sie kann als Geradensteigung aus Bild 6-117d experimentell bestimmt werden. (Dies gelang *Millikan* im Jahr 1916.)

Da die Photonenenergie E_{ph} der Frequenz f des Lichtes proportional ist, muß sie der Wellenlänge λ umgekehrt proportional sein:

$$E_{ph} = \frac{h c}{\lambda}. \tag{6-114}$$

Für den praktischen Gebrauch kann man die beiden Naturkonstanten h und c sofort in diese Gleichung einsetzen und erhält damit

$$E_{ph} = \frac{h'}{\lambda} \tag{6-115}$$

mit $h' = h c = 1{,}24\,\text{eV}\,\mu\text{m}$.

Beispiel

6.5-1: Bei der Untersuchung des lichtelektrischen Effekts an Natrium stellt man fest, daß für Wellen-

längen $\lambda > \lambda_{gr} = 451$ nm keine Photoelektronen ausgelöst werden. Wie groß ist die Austrittsarbeit von Natrium?

Lösung:

Photoelektronen werden emittiert, wenn die Photonenenergie größer ist als die Austrittsarbeit. Im Grenzfall gilt $W_A = E_{ph,gr}$. Mit Gl. (6-115) ergibt sich

$$W_A = \frac{1{,}24\,\mu\text{m eV}}{\lambda_{gr}} = \frac{1{,}24\,\mu\text{m eV}}{0{,}451\,\mu\text{m}} = 2{,}75\,\text{eV}.$$

Die Werte für die Austrittsarbeit der Elektronen in Metallen betragen einige Elektronenvolt. Besonders niedrige Werte haben die Alkalimetalle, bei denen das Valenzelektron offenbar verhältnismäßig schwach gebunden ist.

6.5.1.2. Compton-Effekt

Eine besondere Unterstützung der *Einsteinschen Lichtquantenhypothese* wurde von A. H. COMPTON (1892 bis 1962) geliefert, der 1923 die Streuung von Röntgenstrahlen an freien und schwach gebundenen Elektronen untersuchte. *Compton* ließ nach Bild 6-118a einen Röntgenstrahl der Wellenlänge λ auf einen Graphitblock S fallen. Mit Hilfe eines Röntgendetektors D maß er die Intensität und Wellenlänge λ' der gestreuten Röntgenstrahlung in Abhängigkeit vom Streuwinkel ϑ. Die Ergebnisse sind in Bild 6-118b qualitativ dargestellt. *Compton* beobachtete, daß die gestreute Röntgenstrahlung zusätzlich zur primären Wellenlänge λ eine spektral verschobene Komponente enthält, deren Wellenlänge λ' vom Winkel ϑ abhängt.

Im Rahmen der Wellenlehre ist *Comptons* Ergebnis nicht interpretierbar, denn man erwartet, daß die Elektronen des Streukörpers von der elektromagnetischen Welle zu erzwungenen Schwingungen angeregt werden. Die schwingenden Elektronen können dann ihrerseits elektromagnetische Wellen aussenden, die aber dieselbe Frequenz haben wie die einfallende Welle. Eine Frequenz- bzw. Wellenlängenverschiebung ist nicht möglich.

Compton und unabhängig von ihm *Debye* erklärten den Streuvorgang als elastischen Stoß eines Photons mit einem ruhenden Elektron entsprechend Bild 6-119.

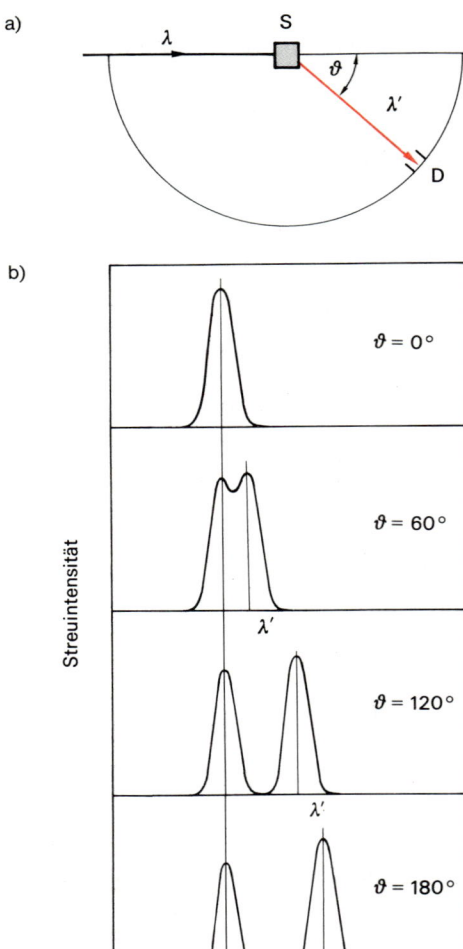

Bild 6-118. *Compton-Streuung: a) Meßanordnung, b) Intensität der gestreuten Röntgenstrahlung in Abhängigkeit von der Wellenlänge für verschiedene Streuwinkel ϑ.*

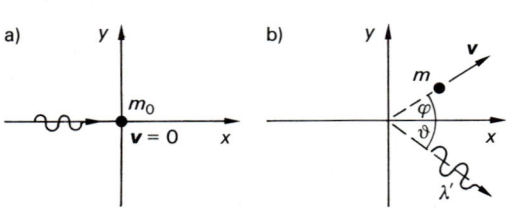

Bild 6-119. *Compton-Streuung eines Photons an einem Elektron a) vor und b) nach dem Stoß.*

Der Energieerhaltungssatz lautet für diesen Vorgang

$$h f + m_0 c^2 = h f' + m c^2. \tag{1}$$

f ist die Lichtfrequenz vor, f' die nach dem Stoß; $m_0 c^2$ ist die Ruheenergie des Elektrons (Abschn. 10), und $m c^2$ ist die Energie des bewegten Elektrons. Es gilt hierbei

$$m = \frac{m_0}{\sqrt{1 - v^2/c^2}}.$$

Der Impuls eines Photons ist das Produkt aus seiner Masse und seiner Geschwindigkeit. Die Geschwindigkeit des Photons ist die Lichtgeschwindigkeit c. Ein Photon hat keine Ruhemasse (es gibt kein ruhendes Photon), man kann ihm aber nach Einsteins Äquivalenzprinzip von Masse und Energie ($E = m c^2$) eine Masse zuordnen, nämlich

$$m_{\mathrm{ph}} = \frac{E}{c^2} = \frac{h f}{c^2}.$$

Damit ist der Impuls eines Photons $p = m_{\mathrm{ph}} c$ oder

$$p = \frac{h f}{c} = \frac{h}{\lambda}. \tag{6-116}$$

Der Gesamtimpuls muß beim Stoß erhalten bleiben. Es gelten in x-Richtung

$$\frac{h f}{c} = \frac{h f'}{c} \cos \vartheta + m v \cos \varphi \tag{2}$$

und in y-Richtung

$$0 = \frac{h f'}{c} \sin \vartheta - m v \sin \varphi. \tag{3}$$

Aus den Gleichungen (1), (2) und (3) folgt für die Verschiebung der Wellenlänge

$$\Delta \lambda = \lambda' - \lambda = \frac{h}{m_0 c} (1 - \cos \vartheta). \tag{6-117}$$

$\lambda_{\mathrm{c}} = h/(m_0 c)$ nennt man die *Compton-Wellenlänge;* sie beträgt $\lambda_{\mathrm{c}} = 2{,}426 \cdot 10^{-12}$ m. In bester Übereinstimmung mit dem Experiment hängt die Wellenlängenverschiebung $\Delta \lambda$ nicht vom Streumaterial und der Primärwellenlänge λ ab.

6.5.2. Dualismus Teilchen−Welle

Die in Abschn. 6.4 beschriebenen Interferenz- und Beugungsexperimente zeigen, daß Licht *Welleneigenschaften* hat. Den lichtelektrischen Effekt und den Compton-Effekt kann man dagegen nur verstehen, wenn man annimmt, daß Licht mit Materie seine Energie in ganzen Quanten des Betrags $E_{ph} = h f$ austauscht und daß diese *Lichtquanten* den Impuls $p = h/\lambda$ haben. Licht hat demnach sowohl Teilchen- als auch Welleneigenschaften. Je nach Experiment kommt der Wellen- oder Teilchencharakter zum Vorschein (Bild 6-1). Eine Theorie, die beide Aspekte vereinigt, ist die *Quantenelektrodynamik*, die in diesem Buch nicht beschrieben werden soll.

Zur Klärung des Zusammenhangs zwischen Wellen- und Teilchenbild sei das in Bild 6-120 skizzierte Experiment betrachtet: Paralleles Licht fällt von unten auf einen Doppelspalt. Ist jeweils entweder nur der rechte oder der linke Spalt geöffnet, so ergeben sich die nicht unterbrochenen schwarzen Intensitätsverteilungen (Bild 6-120 a). Sind beide Spalte geöffnet, dann erwartet man − falls sich die Photonen wie klassische Teilchen (z.B. Schrot aus einer Schrotflinte) verhalten − als resultierende Beugungsfigur die rote Kurve. Dabei wird argumentiert, daß ein Teilchen entweder durch den einen oder durch den anderen Spalt fliegt. Die gesamte Verteilungsfunktion muß daher die Summe der Einzelverteilungen sein. Tatsächlich beobachtet man aber bei Licht die in Bild 6-120 b gezeigte Lichtintensität. Daraus folgt, daß die Photonen nicht wie makroskopische Teilchen anzusehen sind.

Eine Untersuchung bei schwachen Lichtströmen zeigt, daß eine hinter dem Doppelspalt angebrachte Photoplatte (Bild 6-120 c) an einzelnen lokalisierbaren Stellen von den auftreffenden Photonen geschwärzt wird. Es wurden solche Versuche auch mit Photomultipliern gemacht, die in der Lage sind, einzelne Photonen nachzuweisen. Dabei hat sich gezeigt, daß jedes hinter dem Doppelspalt registrierte Photon als Ganzes ankommt, also die Energie $E_{ph} = h f$ hat.

Das Experiment verläuft mithin nicht so, daß sich ein Photon vor den Spalten teilt und mit sich selbst interferiert (*Prinzip der Unteilbarkeit*).

Die zunächst widersprüchlichen Aussagen von Wellen- und Teilchenbild lassen sich durch eine *statistische* Betrachtungsweise vereinen: Bei Experimenten, wie z.B. bei der Beugung am Doppelspalt, werden nach Bild 6-120 c die Photonen an diskreten Stellen des Raumes nachgewiesen. Der Ort, an dem ein bestimmtes Photon ankommt, kann nicht vorhergesagt werden. Es läßt sich lediglich eine Auftreffwahrscheinlichkeit angeben. Hierbei ist die *Wahrscheinlichkeitsfunktion* identisch mit dem Quadrat der Wellenamplitude, die der wellentheoretischen Betrachtung entspricht, also der klassisch berechneten Beugungsfunktion. Hat man es mit großen Photonenströmen zu tun, so beschreibt die wellentheoretische Beugungsfunktion praktisch exakt die tatsächlich vorliegende Photonendichte.

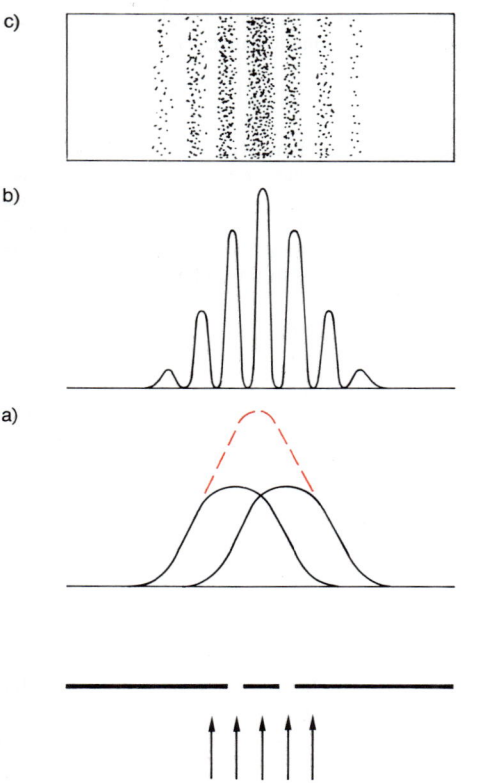

c)

b)

a)

Lichteinfall

Bild 6-120. Beugung am Doppelspalt: a) Beugungsfiguren der Einzelspalte, b) Beugungsfigur des Doppelspalts, c) Photonendichte auf einer Photoplatte.

6.5.3. Wärmestrahlung

Die Berechnung der spektralen Strahlungsdichte eines schwarzen Strahlers nach Gl.
(6-72) gelang *Planck* im Jahr 1900 mit Hilfe
der klassischen Elektrodynamik unter der ein-
schränkenden Voraussetzung, daß schwingende Oszillatoren nur Energien vom Betrag
$E_n = n h f$ annehmen können. *Einstein* leitete
1917 die Plancksche Strahlungsgleichung aus
der Lichtquantenhypothese ab.

Wie in Abschn. 8.1 beschrieben, nehmen Elektronen in Atomen diskrete Energiestufen ein.
Bild 6-121 zeigt einen Ausschnitt aus einer
solchen Energieleiter mit nur zwei möglichen
Energiezuständen E_1 und E_2. Nach Einstein
existieren drei mögliche Wechselwirkungsme-
chanismen zwischen dem Atom und der elektromagnetischen Strahlung:

- *Absorption:* Ein Photon wird absorbiert (es
  verschwindet aus dem Strahlungsfeld) und
  hebt ein Elektron vom Energiezustand E_1
  auf E_2, wenn seine Energie der Bedingung
  $E_{ph} = h f = E_2 - E_1$ genügt.
- *Spontane Emission:* Nach einer mittleren
  Lebensdauer τ im oberen Energieniveau E_2
  geht ein Elektron in das untere Energieniveau E_1 über; hierbei wird ein Photon
  der Energie $E_{ph} = h f = E_2 - E_1$ ausgesandt.
- *Induzierte Emission:* Ein Photon der Energie
  $E_{ph} = h f = E_2 - E_1$ stimuliert ein Elektron
  zu einem Übergang von E_2 nach E_1. Das
  dabei emittierte Photon verstärkt das primäre.

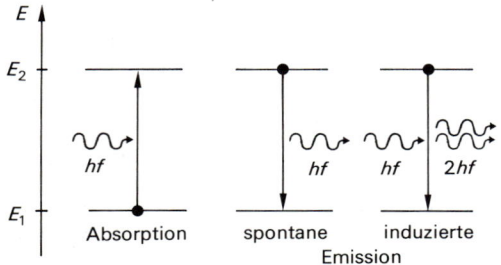

Bild 6-121. *Wechselwirkungen zwischen Photonen
und Elektronen in einem Atom.*

Bei einem System von N Atomen befinden sich
nach Bild 6-122 N_1 Atome im unteren, N_2 im
oberen Energiezustand. Die Besetzungszahlen ändern sich bei Wechselwirkung mit Photonen
und durch die spontane Emission. Die Absorptionsrate, d.h. die Anzahl der Übergänge je Zeiteinheit von
E_1 nach E_2 ist proportional zur Anzahl N_1 der

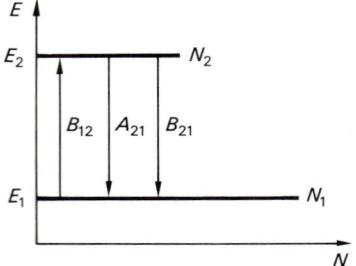

Bild 6-122. *Besetzungszahlen von zwei Energieniveaus.*

Atome im tiefen Energiezustand und zur Energiedichte $u_f(f)$ (Energie je Volumeneinheit und Frequenzintervall) des Strahlungsfeldes:

$$\left(\frac{dN}{dt}\right)_{\text{Abs.}} = B_{12}\, u_f(f)\, N_1 \,.$$

Die Proportionalitätskonstante B_{12} heißt *Einstein-
Koeffizient* und ist ein Maß für die Wahrscheinlichkeit eines Absorptionsaktes. Die Rate der spontanen
Emission ist proportional zur Anzahl N_2 der Atome
im angeregten Energieniveau E_2:

$$\left(\frac{dN}{dt}\right)_{\text{sp. Em}} = A_{21}\, N_2 \,.$$

Der Einstein-Koeffizient A_{21} ist ein Maß für die
Wahrscheinlichkeit eines spontanen Übergangs eines
Elektrons vom Energieniveau E_2 zum Energieniveau
E_1. Die induzierte Emission hängt sowohl von der
Besetzungszahl N_2 als auch von der spektralen Ener-
giedichte $u_f(f)$ des Strahlungsfeldes ab:

$$\left(\frac{dN}{dt}\right)_{\text{ind. Em.}} = B_{21}\, u_f(f)\, N_2 \,.$$

Der Einstein-Koeffizient B_{21} ist analog zu B_{12} definiert. Im thermodynamischen Gleichgewicht müssen
die Übergangsraten in beiden Richtungen gleich sein:

$$\left(\frac{dN}{dt}\right)_{\text{Abs.}} = \left(\frac{dN}{dt}\right)_{\text{sp. Em}} + \left(\frac{dN}{dt}\right)_{\text{ind. Em.}}$$

Diese Bedingung liefert für die Besetzungszahlen

$$\frac{N_2}{N_1} = \frac{B_{12}\, u_f(f)}{A_{21} + B_{21}\, u_f(f)} \,.$$

Im thermodynamischen Gleichgewicht kann das
Verhältnis der Besetzungszahlen aber auch aus der
Boltzmann-Verteilung berechnet werden (Gl. (3-31)
in Abschn. 3.2.3):

$$\frac{N_2}{N_1} = e^{-\frac{E_2 - E_1}{k T}} \,. \tag{6-118}$$

$k = 1{,}38 \cdot 10^{-23}\,\text{J/K}$ ist die Boltzmann-Konstante.

Ein Vergleich liefert mit $hf = E_2 - E_1$

$$u_f(f) = \frac{A_{12}}{B_{12}\, e^{\frac{hf}{kT}} - B_{21}}.$$

Die Einstein-Koeffizienten können durch folgende Betrachtung bestimmt werden: Im Grenzfall $T \to \infty$ muß die spektrale Energiedichte $u_f(f)$ ebenfalls gegen unendlich gehen. Diese Bedingung wird nur erfüllt, wenn $B_{12} = B_{21}$ ist. Somit beträgt die spektrale Energiedichte des Strahlungsfelds

$$u_f(f) = \frac{A_{12}}{B_{12}\left(e^{\frac{hf}{kT}} - 1\right)}.$$

Für den Grenzfall kleiner Frequenzen $hf \ll kT$ gilt das experimentell gut gesicherte Gesetz von *Rayleigh-Jeans*:

$$u_f(f) = \frac{8\pi f^2}{c^3} kT. \qquad (6\text{-}119)$$

Mit der Reihenentwicklung $e^{hf/kT} = 1 + hf/kT + \dots$ gilt nach *Einstein* für $hf \ll kT$

$$u_f(f) = \frac{A_{12}\, kT}{B_{12}\, hf}.$$

Ein Vergleich mit Gl. (6-119) führt zu

$$\frac{A_{12}}{B_{12}} = \frac{8\pi h f^3}{c^3}. \qquad (6\text{-}120)$$

Demnach beträgt die spektrale Energiedichte des Strahlungsfelds

$$u_f(f, T) = \frac{8\pi h f^3}{c^3} \cdot \frac{1}{e^{\frac{hf}{kT}} - 1}. \qquad (6\text{-}121)$$

Aus der spektralen Energiedichte $u_f(f, T)$ läßt sich die spektrale Strahldichte $L_{e,f}(f, T)$ eines Hohlraumstrahlers berechnen:

$$L_{e,f} = \frac{c}{4\pi} u_f \frac{1}{\Omega_0}.$$

Damit ergibt sich die Plancksche Strahlungsgleichung

$$L_{e,f}(f, T)\, df = \frac{2 h f^3}{c^2 \Omega_0} \cdot \frac{1}{e^{\frac{hf}{kT}} - 1}\, df \qquad (6\text{-}122)$$

oder, wenn man die Frequenz f durch die Wellenlänge λ ersetzt, die bereits aus Abschn. 6.3.1 bekannte Form

$$L_{e,\lambda}(\lambda, T)\, d\lambda = \frac{2 h c^2}{\lambda^5 \Omega_0} \cdot \frac{1}{e^{\frac{hc}{\lambda kT}} - 1}\, d\lambda. \qquad (6\text{-}123)$$

Bild 6-123 zeigt *Strahlungsisothermen* der *Planckschen Strahlungsformel* (s. dazu auch Bild 6-63). Die gestrichelte Kurve gibt das *Wiensche Verschiebungsgesetz* (Gl. (6-73)) wieder.

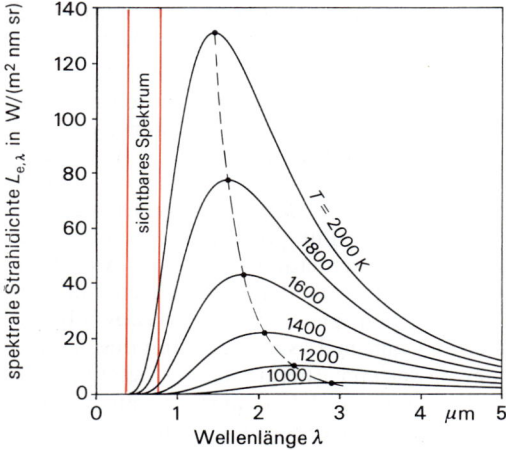

Bild 6-123. Spektrale Strahldichte $L_{e,\lambda}$ eines schwarzen Strahlers für verschiedene Temperaturen T.

6.5.4. Laser

Der Laser ist eine neuzeitliche Lichtquelle mit faszinierenden Eigenschaften. Das Wort LASER ist eine Abkürzung für **L**ight **A**mplification by **S**timulated **E**mission of **R**adiation und bedeutet etwa: Lichtverstärkung durch stimulierte Emission von Strahlung. Bei dieser Lichtart spielt die von *Einstein* 1917 postulierte *induzierte* oder *stimulierte* Emission von Licht eine wesentliche Rolle. Wie Bild 6-121 zeigt, kann ein Lichtquant der Energie $E_{ph} = E_2 - E_1$ ein Elektron zu einem Übergang von einem hohen Energieniveau E_2 auf ein tieferes Energieniveau E_1 stimulieren. Die Übergangsrate ist nach den Erläuterungen im vorhergehenden Abschnitt durch

$$\left(\frac{dN}{dt}\right)_{\text{ind. Em.}} = B_{21}\, u_f(f)\, N_2$$

gegeben. Ein Photon der betreffenden Energie kann aber auch absorbiert werden und damit ein Elektron vom tieferen Energiezustand E_1 auf den höheren E_2 heben (Bild 6-121). Diese Übergangsrate ist

$$\left(\frac{dN}{dt}\right)_{Abs.} = B_{12} u_f(f) N_1 = B_{21} u_f(f) N_1 .$$

Da im thermodynamischen Gleichgewicht nach Gl. (6-118) stets $N_1 > N_2$ ist, überwiegt die Absorptionsrate stets die stimulierte Emissionsrate. Um eine kräftige stimulierte Emission zu erhalten, muß eine *Besetzungsinversion*, d.h. $N_2 > N_1$ vorliegen. Ein solcher Zustand ist in der Natur nirgends verwirklicht, sondern muß künstlich herbeigeführt werden. Bei den *Festkörperlasern* (Rubin, Nd-YAG) wird die Besetzungsinversion durch *optisches Pumpen*, d.h. mit Hilfe einer starken Lampe erzwungen. (Der Rubin-Laser war übrigens der erste funktionierende Laser; er wurde 1960 von *T. H. Maiman* gebaut.) Bei *Gaslasern* läuft der Pumpmechanismus über *Stöße* in einer Gasentladungsröhre. Obwohl der eigentliche Prozeß der stimulierten Emission nur zwischen zwei Energieniveaus abläuft, sind am ganzen Laserprozeß mindestens drei oder besser vier Energieniveaus beteiligt. Bild 6-124 zeigt die Übergänge in einem Drei- bzw. Vier-Niveau-System. Damit sich eine Besetzungsinversion aufbauen kann, müssen die Lebensdauern τ der Elektronen in den einzelnen Niveaus die angegebenen Ungleichungen erfüllen. Die gestrichelten Bereiche bezeichnen Übergänge, die meist strahlungslos sind.

Die Funktion des Lasers beruht auf folgendem Prinzip: Hat man beispielsweise durch einen Lichtblitz im aktiven Material eine Besetzungsinversion erreicht, dann werden zunächst durch spontane Emission Photonen der Energie $hf = E_2 - E_1$ erzeugt. Durch Wechselwirkung eines Photons mit einem angeregten Atom kann dessen Elektron zu einem Übergang stimuliert werden. Das dabei ausgesandte Photon verstärkt dabei die primäre Welle phasengerecht. Die verstärkte Welle stimuliert weitere Elektronen zu Übergängen, so daß sich eine Photonenlawine ausbildet. Diese Lawine kommt zum Erliegen, wenn die Besetzungsinversion abgebaut ist. Wird durch den Pumpvorgang ständig Energie nachgeliefert, kann sich ein stationärer Zustand einstellen. Im Gegensatz zum Glühlicht, bei dem die Photonen bzw. die einzelnen Wellenzüge völlig unkorreliert ausgestrahlt werden, hat man es beim Laser mit einem kollektiven Phänomen zu tun: Alle Photonen koppeln phasengerecht an die vorhandene Welle an, so daß eine Lichtwelle mit sehr großer Kohärenzlänge entsteht (Abschn. 6.4.1.1 und Tabelle 6-6).

Nach Bild 6-125 wird das aktive Material in einen Resonator, bestehend aus den Spiegeln S_1 und S_2, eingesetzt. Zwischen den Spiegeln baut sich eine stehende Welle auf. In der Teilchenvorstellung: Photonen, die sich in longitudinaler Richtung bewegen, durchqueren immer wieder das aktive Material und werden verstärkt, während solche, die den Weg schräg zur Längsachse nehmen, sehr schnell das aktive Material verlassen und nicht weiter verstärkt werden. Der Spiegel S_1 hat eine Reflexion von 100%, während der Auskoppelspiegel S_2 eine geringe Transmission aufweist. Dadurch wird ständig ein Bruchteil der nach rechts laufenden Photonen ausgekoppelt.

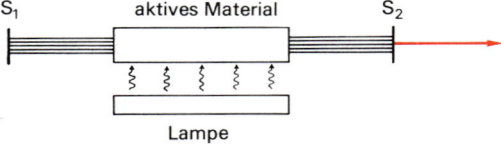

Bild 6-125.   *Aufbau eines optisch gepumpten Lasers.*

Es gibt Laser, z.B. Rubin, die praktisch nur im Pulsbetrieb arbeiten, um die große Wärmeleistung abführen zu können. Viele Laser lassen sich auch fortdauernd betreiben. Für viele praktische Anwendungen muß das La-

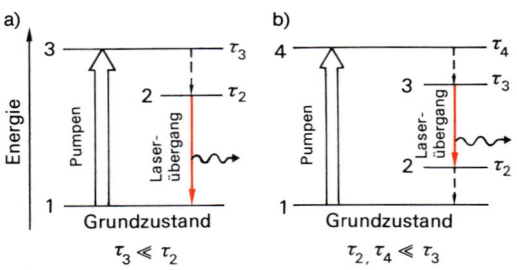

Bild 6-124. *Beteiligung verschiedener Energieniveaus am Laserprozeß. a) Drei-Niveau-System (z.B. Rubin-Laser), b) Vier-Niveau-System (z.B. Nd-YAG-Laser, Gaslaser).*

serlicht gepulst werden. Dies wird durch das Q-switching bewirkt, erläutert in Bild 6-126: Während des Pumpvorgangs wird die Resonatorgüte Q künstlich niedrig gehalten, so daß der Laser nicht anschwingt und eine hohe Besetzungsinversion aufgebaut wird. Erhöht man nun zu einem bestimmten Zeitpunkt die Güte, so entlädt sich die ganze im Resonator gespeicherte Energie in einem kurzen, leistungsstarken Lichtpuls. Mit *Güteschaltern* lassen sich Pulsdauern von etwa 1 ns und Leistungen von 10^{10} W erzielen. Als Q-switch können beispielsweise die in Abschn. 6.4.2.3 und 6.4.3.4 beschriebenen elektro- und magnetooptischen Zellen in den Resonator eingebaut werden.

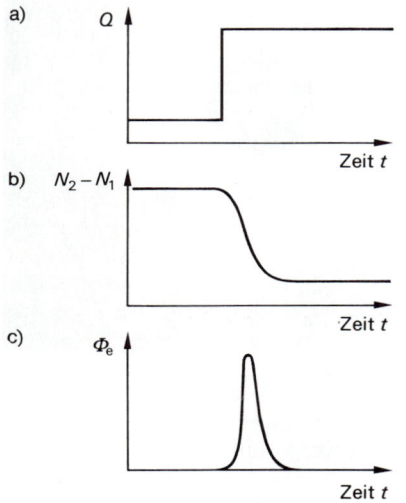

Bild 6-126.   Wirkungsweise des Güteschalters: a) Güte, b) Besetzungsinversion, c) Ausgangsleistung.

Tabelle 6-11. Anwendungen des Lasers.

Die hervorstechendsten Eigenschaften des Laserlichts sind die *hohe Monochromasie* und die damit zusammenhängende *räumliche und zeitliche Kohärenz*. Von der Vielzahl der Anwendungen des Lasers zeigt Tabelle 6-11 eine Auswahl.

Ein nahezu paralleler Laserstrahl läßt sich mit einer Sammellinse ideal fokussieren und kann so der Materialbearbeitung dienen. Aufgrund der Beugung an der Linse erzeugt man allerdings keinen punktförmigen Fokus, sondern der Strahl mit dem Durchmesser D schnürt sich zu einem minimalen Durchmesser d ein und wird dann wieder breiter. Für einen Strahl mit gaußförmiger Intensitätsverteilung gilt für den Taillendurchmesser in guter Näherung

$$d = \frac{4\,\lambda\,f'}{\pi\,D}. \qquad (6\text{-}124)$$

Bei guter Fokussierung und großer Strahlungsleistung wird die Bestrahlungsstärke so groß, daß alle absorbierenden Materialien verdampfen und auf diese Weise abgetragen werden.

Beispiel

6.5-2: Wie groß ist die Bestrahlungsstärke in der Taille eines CO_2-Lasers mit einem Strahldurchmesser von $D = 5$ mm, der mit einer Linse der Brennweite $f' = 5$ mm fokussiert wird? Der Laser emittiert die Strahlungsleistung $\Phi_e = 1$ kW bei der Wellenlänge $\lambda = 10{,}59\ \mu$m.

Lösung:

Der Taillendurchmesser ist nach Gl. (6-124)

$$d = \frac{4 \cdot 10{,}59 \cdot 10^{-6}\,\text{m}\ 5 \cdot 10^{-3}\,\text{m}}{\pi \cdot 5 \cdot 10^{-3}\,\text{m}} = 1{,}35 \cdot 10^{-5}\,\text{m}.$$

Damit ist die Fläche der Taille $A = 1{,}43 \cdot 10^{-10}\ \text{m}^2$ und die Bestrahlungsstärke

Optische Meßtechnik	Materialbearbeitung	Nachrichtentechnik	Medizin und Biologie
Interferometrie, Holographie, Spektroskopie, Entfernungsmessung über Laufzeit von Laserpulsen, Laser-Radar, Leitstrahl beim Tunnel-, Straßen- und Brückenbau.	Bohren, Schweißen, Schneiden, Aufdampfen; Auswuchten und Abgleichen von rotierenden und schwingenden Teilen; Trimmen von Widerständen.	optische Nachrichtenübertragung durch modulierte Lichtpulse. Signale von Halbleiterlasern werden in Glasfasern geführt. − Optische Datenspeicherung und -wiedergabe, Beispiel: Tonwiedergabe von digitaler Schallplatte, Compact-Disc.	Anheften der Netzhaut bei Ablösung; Durchbohren verschlossener Blutgefäße; Zerstörung von Krebszellen; Schneiden von Gewebe; Zahnbehandlung.

$$E_e = \frac{\Phi_e}{A} = 7 \cdot 10^{12} \frac{W}{m^2} = 7 \cdot 10^8 \frac{W}{cm^2} \,.$$

Bestrahlungsstärken dieser Intensität sind weit größer, als man sie mit konventionellen Lichtquellen erzeugen kann (Ü 6.3-3). Bei *Riesenimpulslasern* (Festkörperlaser oder CO_2-Laser mit Q-switch) lassen sich im Puls Leistungen von 100 MW und Bestrahlungsstärken von 10^{13} W/cm² erzielen. Bei kontinuierlich arbeitenden CO_2-Lasern erreicht man Leistungen von über 10 kW und Bestrahlungsstärken von mehr als 5 GW/cm².

Von großer Bedeutung für die optische Nachrichtentechnik sind die kleinen und rasch modulierbaren *Halbleiterlaser* (Abschn. 9.4).

6.5.5. Materiewellen

6.5.5.1. De-Broglie-Beziehung

Stimuliert durch die Erfolge der Einsteinschen Lichtquantenhypothese, in der den klassischen elektromagnetischen Wellen Teilcheneigenschaften zugeschrieben wurde, postulierte 1924 der französische Physiker L. DE BROGLIE (1892 bis 1987), daß die bisher als Teilchen interpretierten Elektronen auch Welleneigenschaften aufweisen sollten. Die Wellenlänge λ dieser *Materiewellen* sollte nach *de Broglie* mit dem Impuls p der Teilchen nach Gl. (6-116) zusammenhängen:

$$\lambda = \frac{h}{p} \,. \qquad (6\text{-}125)$$

Schnelle Elektronen mit großem Impuls haben demnach eine kleine Wellenlänge. Beschleunigt man ein Elektron in einem elektrischen Feld mit der Beschleunigungsspannung U, dann läßt sich seine Endgeschwindigkeit aus der Zunahme der kinetischen Energie berechnen:

$$\tfrac{1}{2} m v^2 = e U, \quad v = \sqrt{\frac{2 e U}{m}} \,.$$

Der Impuls des Elektrons beträgt $p = m v = \sqrt{2 e U m}$. Somit ist die Materiewellenlänge

$$\lambda = \frac{h}{\sqrt{2 e U m}} \,. \qquad (6\text{-}126)$$

Diese „klassische" Rechnung muß bei großen Beschleunigungsspannungen durch eine „relativistische" ersetzt werden, die dem Massenzuwachs bei großen Geschwindigkeiten Rechnung trägt (Abschn. 4.3.5.1, Bild 4-53, und Abschn. 10). Beschleunigungsspannungen um 1 kV rufen Wellenlängen hervor, die in der Größenordnung von Röntgenwellenlängen liegen. Falls die Elektronen wirklich Welleneigenschaften haben, sollte daher ein Elektronenstrahl, der auf ein Kristallgitter gerich-

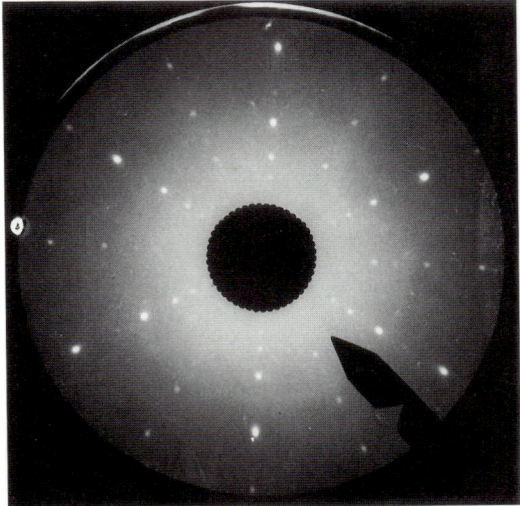

a)

b)

Bild 6-127. *Elektronenbeugung. a) Feinbereichsbeugung an einkristallinem Zirkonoxid ZrO_2 (Photo: Max-Planck-Institut für Metallforschung, Stuttgart) b) Beugung an einer polykristallinen Zn-Cd-Schicht.*

tet ist, dieselben Beugungserscheinungen zeigen wie ein Röntgenstrahl.

Der erste Nachweis der *Elektronenbeugung* gelang 1927 C. DAVISSON und L. GERMER an Nickel-Einkristallen. Mittlerweile wurden sämtliche mit Licht bzw. Röntgenstrahlung möglichen Beugungsexperimene (z. B. Beugung am Doppelspalt, an einer Kante und am Fresnelschen Biprisma) auch mit Elektronenstrahlen nachvollzogen. Bild 6-127 zeigt Beugungserscheinungen, die mit Elektronenstrahlen aufgenommen wurden.

Nicht nur mit Elektronen, sondern auch mit Protonen und Neutronen, sogar mit ganzen Atomen können Beugungsexperimente durchgeführt werden. Daraus folgt:

> Alle Mikroteilchen tragen sowohl Teilchen- als auch Wellencharakter in sich.

Die Interpretation des Wellencharakters schließt sich eng an die Erläuterungen in Abschn. 6.5.2 über Photonen an. Bei der Beugung am Doppelspalt nach Bild 6-120 werden die einzelnen Teilchen als Ganzes an diskreten Orten nachgewiesen. Die klassisch berechnete Intensitätsverteilung gibt lediglich die Wahrscheinlichkeit an, ein Teilchen an einem bestimmten Ort anzutreffen.

Die Materiewellen werden durch eine Wellenfunktion $\Psi(x, y, z, t)$ mit einer Wellenlänge λ beschrieben, die durch die De-Broglie-Beziehung (Gl. (6-125)) gegeben ist. Nach M. BORN (1882 bis 1970) ist die Wahrscheinlichkeit, ein Teilchen am Ort (x, y, z) anzutreffen, gegeben durch $|\Psi(x, y, z)|^2$.

Die Wellennatur der Elektronen wird besonders eindrucksvoll beim *Elektronenmikroskop* demonstriert. Nach Gl. (6-100) in Abschn. 6.4.1.6 ist das Auflösungsvermögen eines Mikroskops eng mit der Lichtwellenlänge verknüpft. In der Praxis bedeutet dies, daß Strukturen von der Größenordnung der Lichtwellenlänge gerade noch aufgelöst werden. Das Auflösungsvermögen kann also gesteigert werden, wenn man mit kürzeren Wellenlängen arbeitet. Ein Mikroskop mit Röntgenstrahlen hätte zwar theoretisch ein hervorragendes Auflösungsvermögen, es läßt sich aber in der Praxis nicht realisieren, da es keine brechenden Linsen für Röntgenstrahlen gibt.

Beim Elektronenmikroskop werden zur Abbildung schnelle Elektronen benutzt, die mit magnetischen Linsen gebündelt werden. Im *Transmissionselektronenmikroskop* wird ein Präparat mit Elektronen durchstrahlt, die dann auf einem Leuchtschirm ein stark vergrößertes Bild des Objekts erzeugen. Mit einem solchen Gerät lassen sich Strukturen in der Größenordnung von Atomen sichtbar machen, wie Bild 6-128 zeigt.

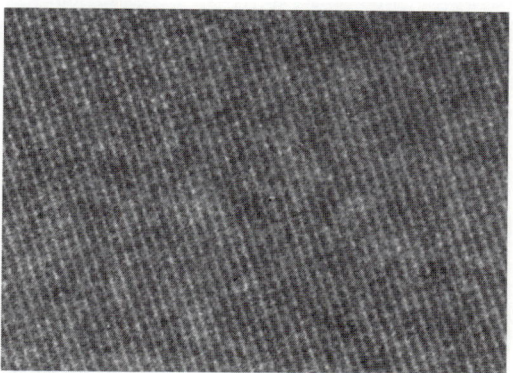

Bild 6-128. *Kristallgitter von Gold im Transmissionselektronenmikroskop. Die vierzählige Symmetrie des kubischen Kristallgitters in (100)-Orientierung ist deutlich sichtbar. Die Gitterkonstante beträgt* $4{,}07 \cdot 10^{-10}$ m.
Photo: *Max-Planck-Institut für Metallforschung, Stuttgart*

Beim *Rasterelektronenmikroskop* − Bild 6-129 zeigt die Anlage und eine REM-Aufnahme − wird eine Oberfläche mit einem scharf fokussierten Elektronenstrahl zeilenförmig abgerastert. Bei diesem Vorgang werden aus dem Objekt Elektronen ausgelöst, die man mit einem Auffänger sammelt. Der Elektronenstrom dieser Sekundärelektronen steuert die Intensität des Elektronenstrahls eines Fernsehmonitors, so daß auf dem Monitor ein vergrößertes Abbild der Oberfläche entsteht.

REM-Bilder zeichnen sich durch besondere Tiefenschärfe und Plastizität aus. Der Elektronenstrahl des Gerätes löst aus der Oberfläche nicht nur Elektronen, sondern auch Röntgenstrahlung aus. Mit Hilfe der *Röntgenfluoreszenzanalyse* kann man eine Materialbestimmung des untersuchten Objekts durchführen.

Bild 6-129.   Rasterelektronenmikroskopie. a) REM-Anlage der Fachhochschule für Technik Esslingen, b) Aragonit- und Calcit-Kristalle (Modifikationen von CaCO₃), Punktabstand 3 μm.
Photos: H. Brennenstuhl, FHT Esslingen

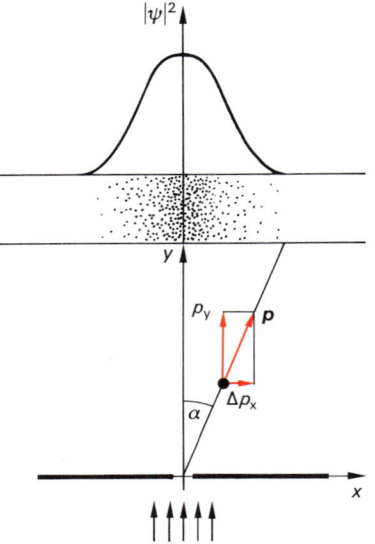

Bild 6-130.   Zur Ableitung der Heisenbergschen Unschärferelation: Beugung von Elektronen an einem Spalt.

6.5.5.2. Heisenbergsche Unschärferelation

Bei der in Abschn. 6.4.1.4 beschriebenen Beugung des Lichtes am Spalt wurde gezeigt, daß die Beugungsfigur eines Spaltes um so breiter wird, je enger der Spalt ist. Dieser gegenläufige Effekt ist von grundlegender Bedeutung für die Quantenmechanik; er sei anhand der in Bild 6-130 skizzierten Beugung eines Elektronenstrahls an einem Spalt erläutert.

Schickt man einen parallelen Elektronenstrahl durch einen Spalt, so entsteht auf einem Schirm eine Verteilung der gebeugten Elektronen, die durch das Punktmuster angedeutet ist. Die Auftreffwahrscheinlichkeit $|\Psi|^2$ der Elektronen entspricht der klassischen Beugungsfunktion Gl. (6-91). Ein Teilchen, das unter dem Winkel α zur primären Strahlrichtung austritt, muß zusätzlich zu seinem Impuls in Strahlrichtung auch eine Impulskomponente Δp_x senkrecht dazu haben. Diese seitliche Impulskomponente muß das Teilchen beim Beugungsvorgang am Spalt erhalten haben. Da bei enger werdendem Spalt immer größere Winkel α auftreten, sind damit auch immer größere Impulse Δp_x in x-Richtung verknüpft. Alle Elektronen, die am Beugungsvorgang beteiligt sind müssen durch den Spalt hindurchgetreten sein. Die Spaltbreite Δx gibt also die Genauigkeit an, mit der der Ort der Elektronen in der Spaltebene angegeben werden kann.

Beschränkt man sich auf die erste Beugungsordnung, dann ist der maximal mögliche Winkel α, unter dem die Elektronen auftreten, nach Gl. (6-92) $\sin \alpha = \lambda/\Delta x$. Andererseits ist nach Bild 6-130 $\sin \alpha = \Delta p_x/p$ und damit $\Delta p_x/p = \lambda/\Delta x$.

Die Elektronen haben eine Materiewellenlänge λ, die nach der De-Broglie-Beziehung Gl. (6-125) mit dem Impuls p verknüpft ist: $\lambda = h/p$. Setzt man dies in die obige Gleichung ein, so ergibt sich

$$\frac{\Delta p_x}{p} = \frac{h}{p\,\Delta x} \quad \text{oder} \quad \Delta x\,\Delta p_x = h.$$

Da für die höheren Beugungsordnungen noch größere Winkel α und damit größere Impulskomponenten Δp_x auftreten, gilt allgemein

$$\Delta x\,\Delta p_x \geqq h. \tag{6-127}$$

Dies ist die *Heisenbergsche Unschärferelation*, die von W. HEISENBERG 1927 gefunden wurde. Sie verknüpft die Meßfehler von Orts- und

Impulsbestimmung miteinander (Abschn. 8.2.3):

> Je genauer der Ort eines Teilchens festgelegt wird, um so ungenauer läßt sich sein Impuls bestimmen und umgekehrt.

In der makroskopischen Physik tritt die Unschärferelation nicht in Erscheinung, weil der Zahlenwert der Planckschen Konstanten h sehr klein ist.

Zur Übung

Ü 6.5-1: UV-Licht einer Quecksilberdampf-Lampe mit der Wellenlänge $\lambda = 253,7$ nm fällt auf eine Cäsium-Oberfläche ($W_A = 2,14$ eV). a) Welche kinetische Energie haben die emittierten Photoelektronen? b) Wie groß ist ihre Geschwindigkeit?

Ü 6.5-2: Ein Laserstrahl mit der Wellenlänge $\lambda = 647$ nm hat die Strahlungsleistung $\Phi_e = 100$ mW. Wieviel Photonen $\dot{N}$ je Sekunde werden transportiert?

Ü 6.5-3: Röntgenstrahlen mit der Wellenlänge $\lambda = 70,94 \cdot 10^{-12}$ m werden an Elektronen gestreut. Wie groß ist der maximale Energieverlust der Röntgenquanten?

Ü 6.5-4: Sichtbares Licht hat die Wellenlängen 380 nm $\leq \lambda \leq$ 780 nm. In welchem Bereich liegen die Energien der sichtbaren Photonen?

Ü 6.5-5: Die Nachweisgrenze des menschlichen Auges liegt für gelbes Licht mit der Wellenlänge $\lambda = 590$ nm bei der Strahlungsleistung $\Phi_e = 1,7 \cdot 10^{-18}$ W. Wie viele Lichtquanten $\dot{N}$ müssen demnach je Sekunde auf die Netzhaut fallen, damit ein Nervenreiz ausgelöst wird?

Ü 6.5-6: Ein He-Ne-Laser mit der Wellenlänge $\lambda = 633$ nm und dem Strahldurchmesser $D = 2$ mm wird mit einer Linse mit der Brennweite $f' = 150$ mm fokussiert. Berechnen Sie die Bestrahlungsstärke E_e in der Taille, wenn die Laserleistung $\Phi_e = 0,6$ mW ist.

Ü 6.5-7: Ein Geschoß mit der Masse $m = 40$ g fliegt mit der Geschwindigkeit $v = 1000$ m/s. Wie groß ist die zugehörige Materiewellenlänge? Wieso beobachtet man keine Beugungseffekte?

Ü 6.5-8: Thermische Neutronen haben die Energie $E = 25$ meV. Wie groß ist die De-Broglie-Wellenlänge? Die Neutronenmasse ist $m_n = 1,675 \cdot 10^{-27}$ kg. Vergleichen Sie das Ergebnis mit typischen Gitterkonstanten von Kristallen.

7. Akustik

7.1. Einführung

Die Akustik beschäftigt sich mit der Ausbreitung von *Longitudinalwellen* in Gasen, Flüssigkeiten und Festkörpern. Bild 7-1 zeigt eine Übersicht über das Fachgebiet Akustik. Von besonderer Bedeutung sind die Ausbreitung von Schall in Luft und die beim Menschen ausgelöste Schallempfindung. Je nach Frequenzverlauf und Amplitude wird Schall in *Ton* (eine Schallfrequenz, sinusförmiger Amplitudenverlauf), *Geräusch* (breitbandiges Frequenzspektrum, stark schwankender Amplitudenverlauf) oder *Knall* (sehr breitbandiges Frequenzspektrum mit nahezu konstantem Amplitudenverlauf) eingeteilt.

Bei der *Schallausbreitung* unterscheidet man die *geometrische Akustik* mit geradlinigen Schallwegen im Raum und den Schallreflexionen an den raumumschließenden Flächen, die *Schallabsorption*, die die Raumakustik und den empfangenen Schallpegel bestimmt, sowie die *Schalldämmung* als Schallschutz zwischen benachbarten Räumen.

Die Schallwechseldrücke erstrecken sich über mehr als sechs, die Schallfrequenzen über mehr als zehn Zehnerpotenzen. Je nach Schall-

druckbelastung, Schallfrequenzbereich und Wirkungsgrad werden *elektroakustische Wandler* nach dem elektrostatischen, elektrodynamischen, elektromagnetischen, piezoelektrischen oder piezoresistiven Prinzip verwendet. Von besonderer Bedeutung ist als *biologischer akustischer Wandler* das *menschliche Gehör* sowie dessen Lautstärke- und Schallfrequenzempfindung.

7.2. Schallwellen

7.2.1. Schallausbreitung

Schall ist die Ausbreitung lokaler Druckschwankungen in Medien. Der Zusammenhang zwischen den räumlichen und zeitlichen Druckzuständen bei der Schallausbreitung wird im folgenden für den mathematisch einfacheren Fall der Ausbreitung einer eindimensionalen ebenen Kompressionsstörung wiedergegeben. In dem in Bild 7-2 dargestellten säulenförmigen Volumenelement ΔV mit der Querschnittsfläche A ändert sich räumlich der Druck in Ausbreitungsrichtung x längs der Säulenachse. Das Zusammenschieben der Moleküle mit der Auslenkungsgeschwindigkeit v, der *Schnelle*, bewirkt eine *rücktreibende Kraft* $F_{rück}$, die vom Druckunterschied an den Be-

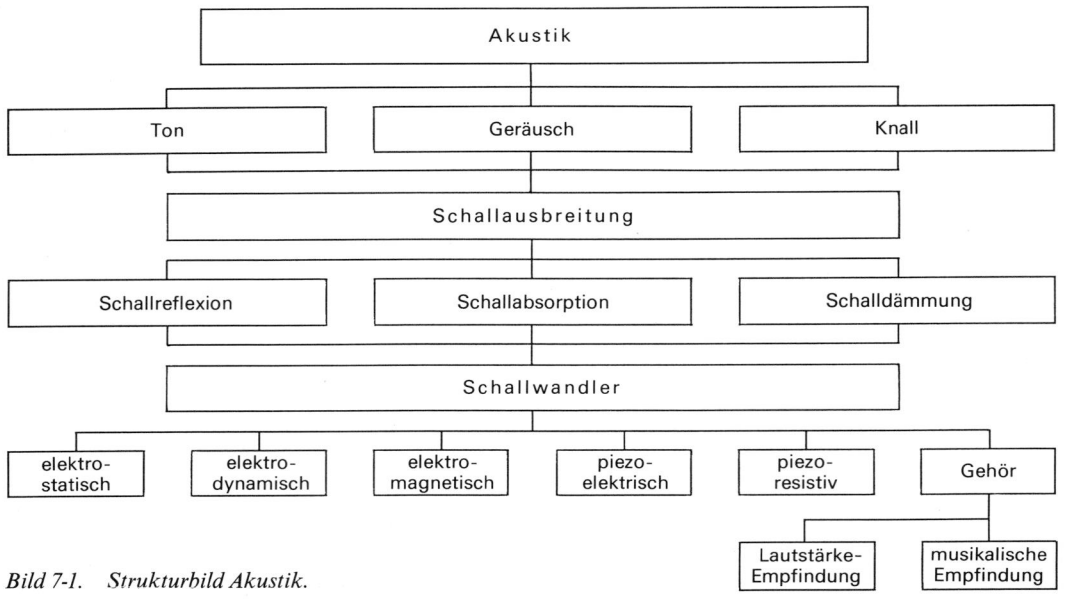

Bild 7-1.   Strukturbild Akustik.

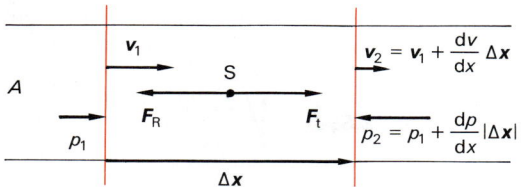

Bild 7-2.   Ausbreitung einer ebenen Schallwelle.

grenzungsflächen des Volumenelements her-rührt:

$$F_{rück} = -(p_2 - p_1)\, A\, \frac{\Delta x}{|\Delta x|} = -A\, \frac{\mathrm{d}p}{\mathrm{d}x}\, \Delta x.$$
$$(7\text{-}1)$$

Wegen der Beschleunigung a infolge der Druckstörung erfährt bei einer Dichte ϱ im Volumen V die Masse $m = \varrho\, V$ die *Trägheitskraft*

$$F_t = -m\, a = -\varrho\, V \frac{\mathrm{d}v}{\mathrm{d}t}.$$
$$(7\text{-}2)$$

Aus dem dynamischen Kräftegleichgewicht $F_t + F_{rück} = 0$ folgt der Zusammenhang zwischen der Beschleunigung $a = \mathrm{d}v/\mathrm{d}t$ eines Volumens $V = A\,\Delta x$ und dem Druckgradienten $\mathrm{d}p/\mathrm{d}x$ einer räumlichen Druckstörung, das *hydrodynamische Grundgesetz*:

$$-A\, \frac{\mathrm{d}p}{\mathrm{d}x}\, \Delta x - \varrho\, V \frac{\mathrm{d}v}{\mathrm{d}t} = 0 \quad \text{oder}$$

$$\frac{\mathrm{d}v}{\mathrm{d}t} = -\frac{1}{\varrho}\, \frac{\mathrm{d}p}{\mathrm{d}x}.$$
$$(7\text{-}3)$$

Gl. (7-3) geht aus den zeitabhängigen Navier-Stokesschen Gleichungen der Hydromechanik (Gl. 3-165) hervor, wenn man in diesen Differentialgleichungen die nichtlinearen Glieder vernachlässigt. Bei der Schallausbreitung sind die Geschwindigkeiten und Dichteänderungen so klein, daß diese Näherung zulässig ist.

Die Druckstörung verursacht im Volumen $V = A\,\Delta x$ einen räumlichen Geschwindigkeitsgradienten $\mathrm{d}v/\mathrm{d}x$ und damit verbunden eine zeitliche Volumenänderung $\mathrm{d}V/\mathrm{d}t$. Mit der Kontinuitätsbedingung folgt aus Bild 7-2

$$\frac{\mathrm{d}V}{\mathrm{d}t} = \frac{V[t_1 + \mathrm{d}t] - V[t_1]}{\mathrm{d}t}$$

$$= \frac{A\,[\Delta x + (v_2 - v_1)\,\mathrm{d}t] - A\,\Delta x}{\mathrm{d}t}$$

$$= \frac{A\,\Delta x + A\left(v_1 + \dfrac{\mathrm{d}v}{\mathrm{d}x}\,\Delta x - v_1\right)\mathrm{d}t - A\,\Delta x}{\mathrm{d}t}$$

und somit

$$\frac{\mathrm{d}V}{\mathrm{d}t} = V \frac{\mathrm{d}v}{\mathrm{d}x}.$$
$$(7\text{-}4)$$

Die Volumenänderung eines komprimierbaren Mediums ist über den Kompressionsmodul K mit der Druckänderung im Medium verknüpft; nach Abschn. 2.11.2.2 gilt für ein Volumen V

$$\frac{\mathrm{d}V}{\mathrm{d}p} = -\frac{V}{K} \quad \text{oder}$$

$$\frac{\mathrm{d}V}{\mathrm{d}t} = -\frac{V}{K} \frac{\mathrm{d}p}{\mathrm{d}t}.$$
$$(7\text{-}5)$$

Durch Gleichsetzung von Gl. (7-4) und Gl. (7-5) erhält man für den Zusammenhang zwischen einem räumlichen Geschwindigkeitsgefälle und der dadurch hervorgerufenen zeitlichen Druckänderung

$$\frac{\mathrm{d}v}{\mathrm{d}x} = -\frac{1}{K} \frac{\mathrm{d}p}{\mathrm{d}t}.$$
$$(7\text{-}6)$$

Durch Differentiation von Gl. (7-3) nach x und Gl. (7-6) nach t lassen sich die beiden Beziehungen verknüpfen:

$$-\frac{1}{\varrho} \frac{\partial^2 p}{\partial x^2} = \frac{\partial^2 v}{\partial t\, \partial x} = -\frac{1}{K} \frac{\partial^2 p}{\partial t^2} \quad \text{bzw.}$$

$$\frac{\partial^2 p}{\partial t^2} = \frac{K}{\varrho} \frac{\partial^2 p}{\partial x^2}.$$
$$(7\text{-}7)$$

Gl. (7-7) hat die Form der *d'Alembertschen Wellengleichung* (5-185) (Abschn. 5.2.2.3). Wie dort gezeigt, erfüllen alle Druckfunktionen der Form $p\,(x, t) = p\,(x \pm c\, t)$ diese partielle Differentialgleichung zweiter Ordnung. c ist dabei die konstante Phasengeschwindigkeit, mit der sich die Störung im kompressiblen

Medium ausbreitet. Im Fall der Ausbreitung von Druckstörungen wird die Phasengeschwindigkeit c als *Schallgeschwindigkeit* bezeichnet. Der Vergleich von Gl. (7-7) mit Gl. (5-185) ergibt, daß die Schallgeschwindigkeit c durch die Dichte ϱ und den Kompressionsmodul K bestimmt ist:

$$c = \sqrt{\frac{K}{\varrho}} \, . \qquad (7\text{-}8)$$

Werden − wie bei Stoßwellenexperimenten − sehr große Dichtegradienten und Geschwindigkeitsänderungen erzeugt, sind die Näherungen des hydrodynamischen Grundgesetzes nicht mehr erfüllt. Die Druckausbreitung wird dann nicht durch die Differentialgleichung (7-7) beschrieben; insbesondere ist die Schallgeschwindigkeit nicht mehr konstant.

In Festkörpern tritt an die Stelle des Kompressionsmoduls K der Elastizitätsmodul E. Die *Schallgeschwindigkeit in dünnen Stäben* beträgt

$$c_{\text{Festkörper}} = \sqrt{\frac{E}{\varrho}} \, . \qquad (7\text{-}9)$$

Die Druckänderung bei der Schallausbreitung in Gasen erfolgt im Vergleich zur Wärmeleitung so schnell, daß die Zustandsänderung isentrop ohne Wärmeübertragung verläuft. Durch Differentiation folgt aus Gl. (3-66) $p\,V^{\varkappa} =$ konstant für isentrope Zustandsänderungen

$$\frac{\mathrm{d}V}{\mathrm{d}p} = -\frac{V}{\varkappa\,p}$$

und durch Vergleich mit Gl. (7-5) für den isentropen Kompressionsmodul K idealer Gase

$$K = \varkappa\,p = \frac{c_{\mathrm{p}}\,p}{c_{\mathrm{V}}} \, . \qquad (7\text{-}10)$$

$\varkappa$ ist der Isentropenexponent nach Gl. (3-60) (Abschn. 3.3.3), der vom Verhältnis der spezifischen Wärmekapazitäten der Gase abhängt. Wird Gl. (7-10) mit Hilfe der Zustandsgleichung idealer Gase $p = \varrho\,R_{\mathrm{i}}\,T$ umgeformt

und in Gl. (7-8) eingesetzt, so ergibt sich die *Schallgeschwindigkeit in Gasen* zu

$$c_{\text{Gas}} = \sqrt{\varkappa\,R_{\mathrm{i}}\,T} = \sqrt{\frac{c_{\mathrm{p}}\,R_{\mathrm{i}}}{c_{\mathrm{V}}}\,T} \, . \qquad (7\text{-}11)$$

Hierin sind c_{p} und c_{V} die spezifischen Wärmekapazitäten bei konstantem Druck bzw. konstantem Volumen und R_{i} die spezifische (massebezogene) Gaskonstante.

Beispiel

7.2-1: Es soll eine Näherungsgleichung für die Temperaturabhängigkeit der Schallgeschwindigkeit c_{L} in Luft abgeleitet werden.

Lösung:

Werden die Werte $c_{\mathrm{p}} = 1{,}005$ J/(g K), $c_{\mathrm{V}} = 0{,}717$ J/(g K) und $R_{\mathrm{i}} = 287$ J/(kg K) von Luft in Gl. (7-11) eingesetzt, so ergibt sich

$$c_{\mathrm{L}} = 331{,}5\,\frac{\mathrm{m}}{\mathrm{s}}\sqrt{1 + \frac{\vartheta}{273{,}15\,°\mathrm{C}}} \, .$$

Im metereologischen Temperaturbereich von etwa $-20\,°\mathrm{C} < \vartheta < +40\,°\mathrm{C}$ ist $\vartheta/273{,}15\,°\mathrm{C} \ll 1$, so daß die Wurzel durch eine Reihenentwicklung genähert werden kann:

$$c_{\mathrm{L}} \approx 331{,}5\,\frac{\mathrm{m}}{\mathrm{s}}\left(1 + \frac{1}{2}\,\frac{\vartheta}{273{,}15\,°\mathrm{C}}\right)$$

$$= \left(331{,}5 + 0{,}6\,\frac{\vartheta}{°\mathrm{C}}\right)\frac{\mathrm{m}}{\mathrm{s}} \, .$$

Die Abweichungen der Werte der Näherungsgleichung sind im obigen Temperaturbereich kleiner als 0,2%.

Die Schallgeschwindigkeit einiger Festkörper, Flüssigkeiten und Gase enthält Tabelle 7-1.

Die Lösungsfunktion der Wellengleichung (7-7) hängt entscheidend von den Rand- und Anfangsbedingungen ab. Im einfachsten Fall der sinusförmigen Erregung durch einen eindimensionalen harmonischen Schallgeber mit der Erregerfrequenz f lautet die Lösung der Wellengleichung

$$p(x,\,t) = p_0 + \hat{p}\cos\left\{2\,\pi\,f\left(t - \frac{x}{c}\right)\right\} \, . \qquad (7\text{-}12)$$

Tabelle 7-1. Dichte, Schallgeschwindigkeit und Schallkennimpedanz einiger Stoffe beim Normdruck $p_n = 1013$ hPa.

	Dichte ϱ in $\dfrac{\text{kg}}{\text{m}^3}$	Schallgeschwindigkeit c in $\dfrac{\text{m}}{\text{s}}$	Schallkennimpedanz Z_0 in $\dfrac{\text{kg}}{\text{m}^2\,\text{s}}$
Luft $-20\,^\circ$C trocken	1,396	319	445
Luft $0\,^\circ$C trocken	1,293	331	427
Luft $20\,^\circ$C trocken	1,21	344	416
Luft $100\,^\circ$C trocken	0,947	387	366
Wasserstoff $0\,^\circ$C	0,090	1260	113
Wasserdampf $130\,^\circ$C	0,54	450	243
Wasser $0\,^\circ$C	1000	1400	$1,40 \cdot 10^6$
$\quad\quad 20\,^\circ$C	998	1480	$1,48 \cdot 10^6$
Glyzerin	1260	1950	$2,46 \cdot 10^6$
Eis	920	3200	$2,94 \cdot 10^6$
Holz	600	4500	$2,70 \cdot 10^6$
Glas	2500	5300	$13,0 \;\cdot 10^6$
Beton	2100	4000	$8,4 \;\cdot 10^6$
Stahl	7700	5050	$39 \quad\cdot 10^6$

Hierin ist p_0 der statische Gasdruck und $\hat{p}$ die Amplitude des Schallwechseldrucks p_w. Die Schnelleverteilung der Schallausbreitung ergibt sich aus der Differentiation von Gl. (7-12) nach x und Integration von Gl. (7-3) nach t zu

$$v(x, t) = \frac{1}{\varrho c} \hat{p} \cos\left\{2\pi f\left(t - \frac{x}{c}\right)\right\}. \tag{7-13}$$

Die *Schnelleamplitude* $\hat{v}$ beträgt also

$$\hat{v} = \frac{1}{\varrho c} \hat{p}. \tag{7-14}$$

Die Schallschnelle $v(x, t)$ ist über den *Wellenwiderstand* oder die *Schallkennimpedanz*

$$Z = \varrho c \tag{7-15}$$

eindeutig mit dem Schallwechseldruck $p_w(x, t)$ verknüpft. Z ist über die Dichte und die Schallgeschwindigkeit von dem statischen Druck p_0 und der Temperatur T des Gases abhängig. Anhand einer Schnellemessung kann also der Schallwechseldruckverlauf analysiert werden. Werte für die Schallkennimpedanz einiger Stoffe sind in Tabelle 7-1 aufgeführt. Durch Integration oder Differentiation von Gl. (7-13) ergeben sich die *Elongation y* und

die *Beschleunigung a* der von der Schallwelle verursachten *longitudinalen Molekülschwingung*:

$$y(x, t) = \frac{1}{2\pi f}\frac{1}{\varrho c}\hat{p}\sin\left\{2\pi f\left(t - \frac{x}{c}\right)\right\} \tag{7-16}$$

und

$$a(x, t) = -2\pi f \cdot \tag{7-17}$$

$$\cdot \frac{1}{\varrho c}\hat{p}\sin\left\{2\pi f\left(t - \frac{x}{c}\right)\right\}.$$

Schallaufnehmer zeigen den über die Integrationszeit τ gebildeten Effektivwert p_{eff} des Schallwechseldrucks an:

$$p_{\text{eff}} = \sqrt{\frac{1}{\tau}\int_0^\tau p^2(x, t)\,\mathrm{d}t}. \tag{7-18}$$

Für sinusförmige Schallwellen gilt analog den Effektivwerten elektrischer Wechselströme

$$p_{\text{eff}} = \frac{\hat{p}}{\sqrt{2}}. \tag{7-19}$$

Solange die Schallwechselamplituden im Vergleich zum statischen Gasdruck klein sind

(Schalldruckpegel $L < 130$ dB, Abschn. 7.2.2), überlagern sich an einem Ort des Schallfeldes die Schalldrücke additiv (Superpositionsprinzip):

$$p(x_0, t) = p_1(x_0, t) + p_2(x_0, t) + \dots$$

Der am Ort x_0 gemessene resultierende Effektivwert ist dann

$$p_{eff} = \sqrt{\frac{1}{\tau} \int_0^\tau (p_1 + p_2)^2 \, dt}$$

$$= \sqrt{\frac{1}{\tau} \int_0^\tau p_1^2 \, dt + \frac{1}{\tau} \int_0^\tau p_2^2 \, dt + \frac{2}{\tau} \int_0^\tau p_1 p_2 \, dt}.$$

Für *nichtkohärente Schallwellen* verschwindet im zeitlichen Mittel das Produkt der Schallwechselamplituden, und in diesem häufigen Fall gilt

$$p_{eff} = \sqrt{p_{1,eff}^2 + p_{2,eff}^2 + \dots}. \qquad (7\text{-}20)$$

Mit den Beziehungen (7-14) und (7-16) ist die *Energiedichte* $w = dE/dV$ einer Schallwelle

$$w = \frac{1}{2} \varrho \, (2\pi f)^2 \, \hat{y}^2 = \frac{1}{2} \varrho \, \hat{v}^2 = \frac{1}{2} \frac{\hat{p}^2}{\varrho \, c^2}. \qquad (7\text{-}21)$$

Nach Gl. (5-176) ist die *Schallintensität*

$$I = \frac{1}{A} \frac{dE}{dt} = w \, c = \frac{1}{2} \varrho \, c \, \hat{v}^2 \quad \text{oder}$$

$$I = \frac{1}{2} \hat{v} \, \hat{p} = v_{eff} \, p_{eff} = \frac{p_{eff}^2}{Z}. \qquad (7\text{-}22)$$

Die *Schalleistung P* einer Schallquelle ergibt sich, wenn die Schallintensität auf einer Oberfläche um die Schallquelle, z. B. einer Kugeloberfläche, aufsummiert wird, aus

$$P = \int_A I \, dA. \qquad (7\text{-}23)$$

Die geometrische Form einer Schallquelle bestimmt die Lösung der Wellengleichung (7-7), die räumliche Ausbreitung des Schallwechseldrucks und damit die Schallintensität an jedem Ort im Schallfeld der Schallquelle. Eindimensionale Schallfelder, wie sie Gl. (7-12) beschreibt, und die nach Gl. (7-22)

eine konstante Schallintensität haben, gibt es näherungsweise nur im Nahfeld ausgedehnter ebener Schallquellen oder in vergleichsweise kleinen Schallfeldbereichen weit entfernt von lokalisierten Schallquellen. Bei punkt- oder kugelförmigen Schallquellen ist die Schallintensität räumlich nicht konstant; bei Verdopplung des Abstands zum Kugelmittelpunkt sinkt die Schallintensität auf ein Viertel.

In Bild 7-3 sind die Beziehungen für die drei Grundgeometrien der ebenen, linien- und punktförmigen Schallquellen zusammengestellt.

Erfolgt die Schallwellenausbreitung über größere Entfernungen, beispielsweise in Luft über mehr als 100 m, dann machen sich Schallenergieverluste durch *Schallabsorption* bemerkbar. Die Schallenergie wird dabei zum einen durch innere Reibung und durch nicht vollständige isentrope Kompression direkt in Wärme umgewandelt (*Dissipation*); zum anderen regt die Schallwelle translatorische, rotatorische und andere Freiheitsgrade der Moleküle des Schallübertragungsmediums an (*Relaxation*), so daß die der Schallwelle entzogenen Anregungsenergie nach einer charakteristischen Zeitkonstante (*Relaxationszeit*) ebenfalls der inneren Energie des Mediums zugeführt wird. Diese *Schallausbreitungsdämpfung* führt zu einer exponentiellen Abnahme der Schallintensität. Zusätzlich zu einer eventuell durch die Schallquellengeometrie verursachten Intensitätsabnahme bewirkt diese *Absorptionsdämpfung* einen Schallintensitätsabfall an einem Ort r, bezogen auf die Intensität an einem Ort r_0, von

$$I(r) = I(r_0) \, e^{-\alpha(r - r_0)}. \qquad (7\text{-}28)$$

Der *Dämpfungskoeffizient* α (Maßeinheit m^{-1}) ist abhängig von der Schallfrequenz und von den Schallabsorptionseigenschaften des Mediums. Der *Luftdämpfungskoeffizient* hängt beispielsweise von der Luftfeuchtigkeit ab; bei normalen klimatischen Verhältnissen ist die Luftabsorption bei tiefen Schallfrequenzen gering, erst oberhalb $f = 1000$ Hz beträgt der Luftdämpfungskoeffizient $\alpha_L > 10^{-3} \, m^{-1}$ entsprechend einer Intensitätsabnahme von etwa 4 dB/km.

Einen besonders hohen Dämpfungskoeffizienten weisen Schallabsorbermaterialien auf. Die

	ebene Schallquelle	linienförmige Schallquelle	punktförmige, kugelförmige Schallquelle
Geometrie	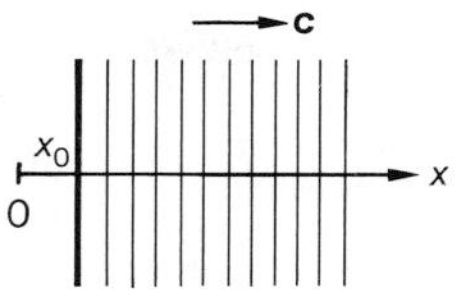	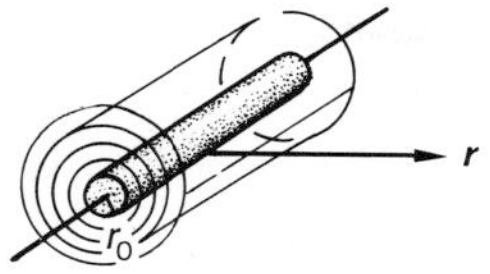	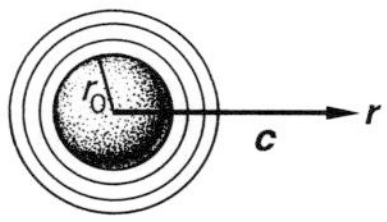
Schallwechseldruck-amplitude	$\hat{p} = \hat{p}_0$	$\hat{p} = \hat{p}(r_0)\sqrt{\dfrac{r_0}{r}}$	$\hat{p} = \hat{p}(r_0) \cdot \dfrac{r_0}{r}$
spezifische Schalleistung	P_A in $\dfrac{W}{m^2}$	P_l in $\dfrac{W}{m}$	P in W
Schallintensität	$I = P_A$	$I = \dfrac{P_l}{2\pi r}$ (7-24)	$I = \dfrac{P}{4\pi r^2}$ (7-25)
Schallpegeldifferenz	$L_1 - L_2 = 0$	$L_1 - L_2 = 10\,\lg\dfrac{r_2}{r_1}$ (7-26)	$L_1 - L_2 = 20\,\lg\dfrac{r_2}{r_1}$ (7-27)
Schallpegeldifferenz für $r_2 = 2r_1$	$\Delta L = 0$	$\Delta L = 3\ dB$	$\Delta L = 6\ dB$

Bild 7-3. Schallquellengeometrien.

große innere Reibungsfläche der faserartigen oder porösen Stoffe, wie z. B. Mineralfasern, Steinwolle und Filze, erhöht die Dissipation.

7.2.2. Schallwandler

Die Wechseldrücke von Schallwellen überspannen in der Technik einen Wertebereich von mehr als sechs Zehnerpotenzen. *Schallwandler* müssen also in diesem großen Bereich den Schallwechseldruck oder die nach Gl. (7-3) damit verknüpfte Schallschnelle über ein mechanisches Schwingungssystem (*Membran*) in eine elektrische Spannung umwandeln können. Schallempfänger oder *Mikrophone* wandeln den Schalldruck in elektrische Spannung, Schallgeber oder *Lautsprecher* elektrische Leistung in Schalleistung.

Die verschiedenen *elektroakustischen Wandler* unterscheiden sich im Absolutwert und in der Frequenzabhängigkeit des Wandlerwirkungsgrades, aber auch in ihrer mechanischen Empfindlichkeit und ihrer Schalldruckbelastbarkeit.

In Bild 7-4 sind die gebräuchlichen elektroakustischen Wandlerprinzipien einander gegenübergestellt:

– Beim *elektrostatischen Wandler* bildet die Schallwandlermembran zusammen mit einer Gegenelektrode einen Kondensator, dessen Kapazität und damit elektrische Spannung sich mit der Membranauslenkung ändert.

– Beim *elektrodynamischen Wandler* bewegt die Membran eine Spule in einem Topfmagneten, so daß zur Schallschnelle proportionale elektrische Spannungen in der Schwingspule induziert werden.

– Beim *elektromagnetischen Wandler* verändert die Bewegung der magnetischen Membran den Luftspalt eines Magneten; hierdurch wird der magnetische Fluß im Magnetjoch moduliert und in einer Wicklung eine elektrische Spannung induziert.

– Beim *piezoelektrischen Wandler* bewirkt die Deformation des Kristalls durch den Schalldruck eine Verschiebung der Ladungsstruktur und piezoelektrisch erzeugte Oberflächenladungen, deren elektrische Spannung zum Schalldruck proportional ist.

– Beim *piezoresistiven Wandler* werden durch den Schalldruck die Körner von Kohlegrieß unter-

Elektroakustische Wandler	technische Ausführungen	Anwendungsbereich
elektrostatisch 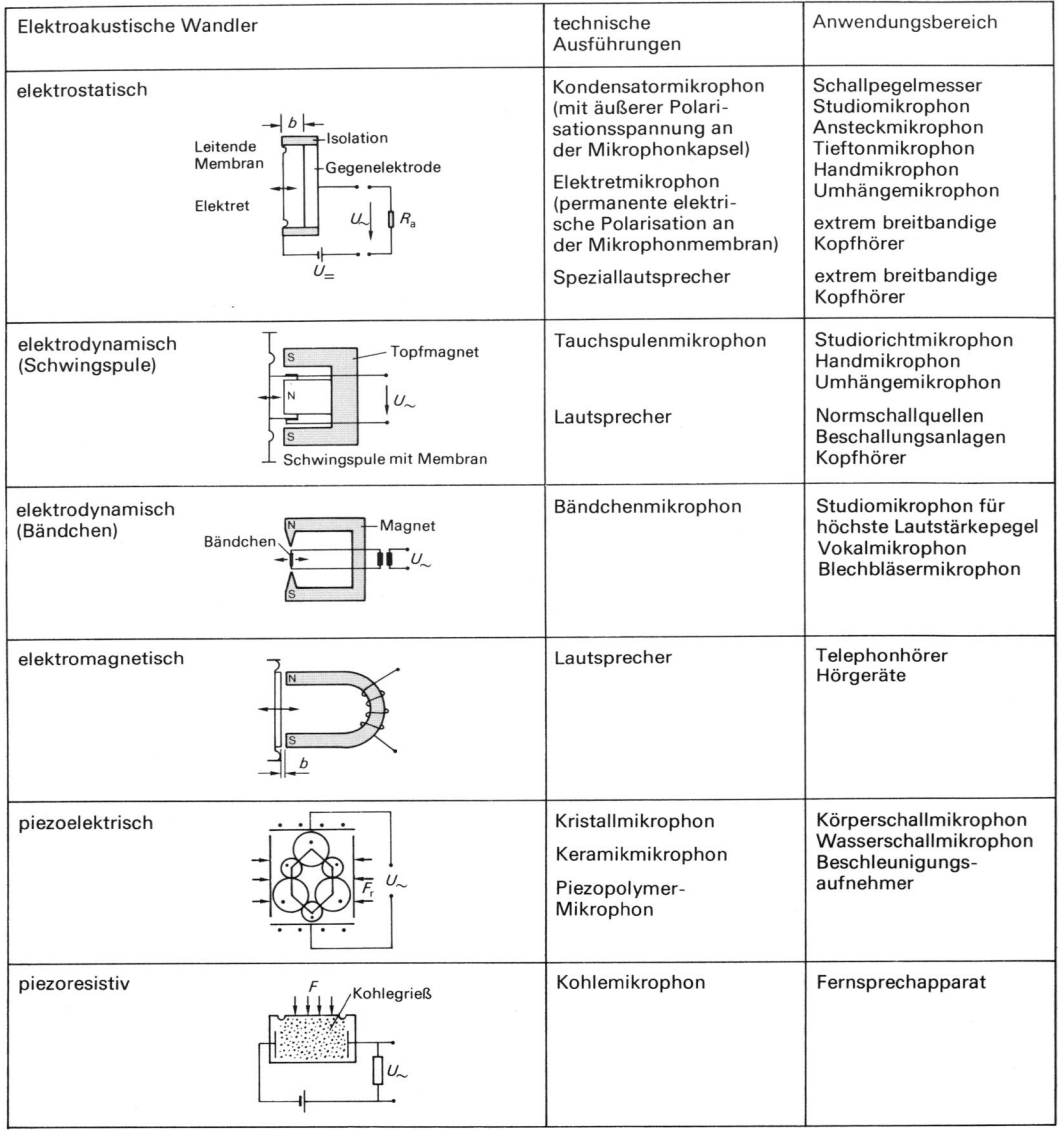	Kondensatormikrophon (mit äußerer Polarisationsspannung an der Mikrophonkapsel) Elektretmikrophon (permanente elektrische Polarisation an der Mikrophonmembran) Speziallautsprecher	Schallpegelmesser Studiomikrophon Ansteckmikrophon Tieftonmikrophon Handmikrophon Umhängemikrophon extrem breitbandige Kopfhörer extrem breitbandige Kopfhörer
elektrodynamisch (Schwingspule)	Tauchspulenmikrophon Lautsprecher	Studiorichtmikrophon Handmikrophon Umhängemikrophon Normschallquellen Beschallungsanlagen Kopfhörer
elektrodynamisch (Bändchen)	Bändchenmikrophon	Studiomikrophon für höchste Lautstärkepegel Vokalmikrophon Blechbläsermikrophon
elektromagnetisch	Lautsprecher	Telephonhörer Hörgeräte
piezoelektrisch	Kristallmikrophon Keramikmikrophon Piezopolymer-Mikrophon	Körperschallmikrophon Wasserschallmikrophon Beschleunigungsaufnehmer
piezoresistiv	Kohlemikrophon	Fernsprechapparat

Bild 7-4.   Elektroakustische Wandler.

schiedlich gepreßt, so daß sich der elektrische Widerstand des Kohlegrießes ändert und der dadurch modulierte elektrische Strom an einem Lastwiderstand eine in erster Näherung zum Schalldruck proportionale Spannung erzeugt.

Schalldruckmeßgeräte bilden über Gleichrichter die Effektivwerte der Ausgangsspannungen elektroakustischer Wandler und korri-

gieren durch spezielle Verstärkerkennlinien den Frequenzgang des Übertragungsmaßes. Die Meßanzeige muß mit *Eichschallquellen* kalibriert werden.

Handliche Zahlenwerte für die Schallwechseldruck-Effektivwerte ergeben sich, wenn diese in einem relativen logarithmischen Maßstab, dem *Schalldruckpegel* L_p, angegeben werden:

Tabelle 7-2. Schallpegel.

Schallpegel	Definition	Bezugsgröße	Beziehungen
Schalldruckpegel	$L_p = 20 \lg \dfrac{p_{\text{eff}}}{p_{\text{eff},0}}$ dB	$p_{\text{eff},0} = 2 \cdot 10^{-5}$ Pa	$p_{\text{eff}} = Z\, v_{\text{eff}}$
Schallschnellepegel	$L_v = 20 \lg \dfrac{v_{\text{eff}}}{v_{\text{eff},0}}$ dB	$v_{\text{eff},0} = 5 \cdot 10^{-8}\ \dfrac{\text{m}}{\text{s}}$	$I = \dfrac{p_{\text{eff}}^2}{Z}$
Schallintensitätspegel	$L_I = 10 \lg \dfrac{I}{I_0}$ dB	$I_0 = 10^{-12}\ \dfrac{\text{W}}{\text{m}^2}$	$P = A\, \dfrac{p_{\text{eff}}^2}{Z}$
Schalleistungspegel	$L_p = 10 \lg \dfrac{P}{P_0}$ dB	$P_0 = 10^{-12}$ W	

$$L_p = 10 \lg \left(\frac{p_{\text{eff}}^2}{p_{\text{eff},0}^2} \right) \text{dB} = 20 \lg \left(\frac{p_{\text{eff}}}{p_{\text{eff},0}} \right) \text{dB} .$$

(7-29)

Der *Bezugsschalldruck* $p_{\text{eff},0}$ liegt an der unteren Hörgrenze und ist nach DIN 45 630 auf $p_{\text{eff},0} = 2 \cdot 10^{-5}$ Pa festgelegt. Wie in der Elektrotechnik wird das Zehnfache des logarithmischen Relativmaßes des Schallpegels mit der Einheit Dezibel gekennzeichnet.

Außer dem Schalldruckpegel gibt es weitere Schallpegel; sie sind in Tabelle 7-2 zusammengestellt. Nur bei einer Schallkennimpedanz $Z = 400\ \text{kg}/(\text{m}^2\,\text{s})$ des Ausbreitungsmediums, wie sie etwa Luft bei $\vartheta = 20\,°\text{C}$ aufweist, und bei gleichen Bezugsflächen $A = A_0$ für den Schalleistungspegel ergeben sich gleiche Pegelwerte. Die Addition von Schallpegeln ist nicht algebraisch; so ist beispielsweise $0\ \text{dB} + 0\ \text{dB} = 3\ \text{dB}$. Addiert werden können nur die Schallintensitäten oder entsprechend Gl. (7-22) die Quadrate der Schalldruckeffektivwerte. Die Summe relativer Schallintensitäten

$$\frac{I}{I_0} = \frac{I_1}{I_0} + \frac{I_2}{I_0} + \ldots = 10^{0,1\,L_1} + 10^{0,1\,L_2} + \ldots$$
$$= \sum_{i=1}^{n} 10^{0,1\,L_i}$$

ergibt den *Gesamtschallpegel*

$$L_{\text{ges}} = 10 \lg \frac{I}{I_0}\, \text{dB} = 10 \lg \left(\sum_{i=1}^{n} 10^{0,1\,L_i} \right) \text{dB} .$$

(7-30)

In der Praxis führt man die Pegeladdition sukzessive für jeweils zwei Pegel aus, indem man die Schallpegel-Additionstabelle 7-3 benutzt. Zum größeren Pegel L_1 addiert man einen *Pegelzuschlag* L_z, der entsprechend der *Pegeldifferenz* $\Delta L = L_1 - L_2$ Tabelle 7-3 entnommen wird.

Tabelle 7-3. Schallpegel-Additionstabelle (ΔL Pegeldifferenz, L_z Pegelzuschlag).

$\dfrac{\Delta L}{\text{dB}}$	$\dfrac{L_z}{\text{dB}}$	$\dfrac{\Delta L}{\text{dB}}$	$\dfrac{L_z}{\text{dB}}$	$\dfrac{\Delta L}{\text{dB}}$	$\dfrac{L_z}{\text{dB}}$
0,0	3,0	4,0	1,5	8,0	0,6
0,5	2,8	4,5	1,3	9,0	0,5
1,0	2,5	5,0	1,2	10,0	0,4
1,5	2,3	5,5	1,1	12,0	0,3
2,0	2,1	6,0	1,0	14,0	0,2
2,5	1,9	6,5	0,9	16,0	0,1
3,0	1,8	7,0	0,8	$\geqq 20$	0,0
3,5	1,6	7,5	0,7		

Beispiel

7.2-2: Wie groß ist der Gesamtschallpegel von drei Schallquellen mit den Schallpegeln $L_1 = 70$ dB, $L_2 = 73$ dB, $L_3 = 74$ dB?

Lösung:

Nach Gl. (7-30) ermittelt man

$$L_{\text{ges}} = 10 \lg (10^{0,1 \cdot 70} + 10^{0,1 \cdot 73} + 10^{0,1 \cdot 74})\ \text{dB}$$
$$= 10 \lg (5,507 \cdot 10^7)\ \text{dB} = 77,4\ \text{dB} .$$

Dieser Wert ergibt sich auch anhand von Tabelle 7-3:

$\Delta L_{32} = L_3 - L_2 = 1\ \text{dB}, \quad L_{z,32} = 2,5\ \text{dB};$

$L_4 = L_3 + L_{z,32} = 76,5\ \text{dB};$

$\Delta L_{41} = L_4 - L_1 = 6,5\ \text{dB}, \quad L_{z,41} = 0,9\ \text{dB};$

$L_{\text{ges}} = L_4 + L_{z,41} = 77,4\ \text{dB}.$

Zur Charakterisierung von Schallgebern, zur Analyse von Schallquellen und zur Messung des Koinzidenzeffekts bei Trennwänden (Abschn. 7.4.3) ist die Bestimmung der Frequenzabhängigkeit des Schallpegels erforderlich, das *Schallfrequenzspektrum*. Dazu wird das Spannungssignal des elektroakustischen Schallwandlers durch Bandfilter, im einfachsten Fall durch elektrische Resonanzkreise entsprechend Abschn. 4.5.2.4 mit variabler Resonanzfrequenz, nur in einem Frequenzintervall verstärkt und damit der Schallpegel in Abhängigkeit von der Resonanzfrequenz des Bandfilters gemessen. Akustische Bandfilter werden durch das Verhältnis f_o/f_u der oberen zur unteren Grenzfrequenz sowie die Bandmittenfrequenz $f_m = \sqrt{f_o f_u}$ charakterisiert. Je schmaler das Frequenzintervall $f_o - f_u$ ist, desto höher ist die Auflösung des Schallfrequenzspektrums. Für Schall- und Lärmschutzanalysen ist das Grenzfrequenzverhältnis $f_o/f_u = \sqrt[3]{2}$ des *Terzfilters* ausreichend; es entspricht etwa der Auflösung des menschlichen Ohres.

Tabelle 7-4. Terz und Oktavfilter (f_u, f_o untere bzw. obere Frequenzgrenze, Δ_A^* Schallpegelabschwächung bei A-Bewertung).

Oktave				Terz			
f_u Hz	f_o Hz	f_m Hz	Δ_A^* dB	f_u Hz	f_o Hz	f_m Hz	Δ_A^* dB
11	22	16	+ 56,7	14,1	17,8	16	+ 56,7
				17,8	22,4	20	+ 50,5
				22,4	28,2	25	+ 447
22	44	31,5	+ 39,4	28,2	35,5	31,5	+ 39,4
				35,5	44,7	40	+ 34,6
				44,7	56,2	50	+ 30,2
44	88	63	+ 26,2	56,2	70,7	63	+ 26,2
				70,7	89,1	80	+ 22,5
				89,1	112	100	+ 19,1
88	177	125	+ 16,1	112	141	125	+ 16,1
				141	178	160	+ 13,4
				178	224	200	+ 10,9
177	355	250	+ 8,6	224	282	250	+ 8,6
				282	355	315	+ 6,6
				355	447	400	+ 4,8
355	710	500	+ 3,2	447	562	500	+ 3,2
				562	708	630	+ 1,9
				708	891	800	+ 0,8
710	1 420	1 000	0	891	1 122	1 000	0
				1 122	1 413	1 250	− 0,6
				1 413	1 778	1 600	− 1,0
1 420	2 840	2 000	− 1,2	1 778	2 239	2 000	− 1,2
				239	2 818	2 500	− 1,3
				2 818	3 548	3 150	− 1,2
2 840	5 680	4 000	− 1,0	3 548	4 467	4 000	− 1,0
				4 467	5 623	5 000	− 0,5
				5 623	7 079	6 300	+ 0,1
5 680	11 360	8 000	+ 1,1	7 079	8 913	8 000	+ 1,1
				8 913	11 220	10 000	+ 2,5
				11 220	14 130	12 500	+ 4,3
11 360	22 720	16 000	+ 6,6	14 130	17 780	16 000	+ 6,6
				17 780	22 390	20 000	+ 9,3

Für Grobanalysen werden Oktavfilter mit dem Grenzfrequenzverhältnis $f_o/f_u = 2$ eingesetzt.

In Tabelle 7-4 sind die Bandmittenfrequenzen und Grenzfrequenzen der Terz- und Oktavfilter zusammengestellt.

Beispiel

7.2-3: Wie groß ist der Oktavpegel, wenn bei den Mittenfrequenzen f_m folgende Terzpegel L_T gemessen werden:

f_m	L_T
400 Hz	55 dB
500 Hz	59 dB
630 Hz	58 dB.

Lösung:

Nach Gl. (7-30) ist

$$L_{\text{Oktav}} = 10 \lg (10^{0,1\, L_{400}} + 10^{0,1\, L_{500}} + 10^{0,1\, L_{630}}) \text{ dB}$$
$$= 62,4 \text{ dB}.$$

7.2.3. Schallwellen an Grenzflächen

An der Grenzfläche zweier Medien mit unterschiedlicher Schallkennimpedanz $Z = \varrho\, c$ wird die Schallwelle teilweise reflektiert, wie Bild 7-5 zeigt. Nach dem Energieerhaltungssatz ist die Summe der reflektierten Schallintensität I_r und der transmittierten Schallintensität I_t gleich der einfallenden Schallintensität I_e. Damit gilt für den Zusammenhang zwischen dem *Schall-Reflexionsgrad* $\varrho_S = I_r/I_e$ und dem *Schall-Transmissionsgrad* $\tau_S = I_t/I_e$ einer Grenzfläche

$$\varrho_S + \tau_S = 1. \qquad (7\text{-}31)$$

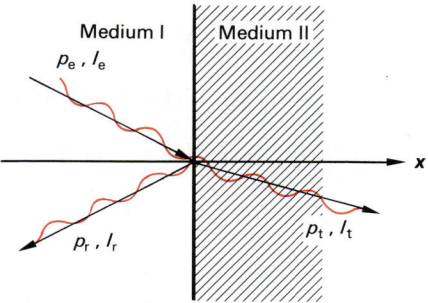

Bild 7.5. Schall an einer Grenzfläche.

Wird im Medium II die transmittierte Schallenergie absorbiert und in Wärme umgewandelt (Dissipation), dann ist der *Schallabsorptionsgrad* $\alpha_S = I_a/I_e$ des absorbierenden Mediums nach Gl. (7-31)

$$\alpha_S = 1 - \varrho_S. \qquad (7\text{-}32)$$

An der Grenzfläche $x = 0$ in Bild 7-5 gilt für die dortigen Moleküle der Impulserhaltungssatz und damit für die Schallschnellen

$$v_e(0) - v_r(0) = v_t(0) \qquad (7\text{-}33)$$

und – als Folge des Kräftegleichgewichts – für die Schallwechseldrücke

$$p_e(0) + p_r(0) = p_t(0). \qquad (7\text{-}34)$$

Mit den Schallkennimpedanzen $Z_1 = \varrho_1\, c_1$ und $Z_2 = \varrho_2\, c_2$ und Gl. (7-14) läßt sich bei senkrechtem Schalleinfall Gl. (7-33) umformen in

$$\frac{1}{Z_1}(\hat{p}_e(0) - \hat{p}_r(0)) = \frac{1}{Z_2}\hat{p}_t(0). \qquad (7\text{-}35)$$

Es ergibt sich, wenn $\hat{p}_t(0)$ mit Hilfe von Gl. (7-34) eliminiert wird, der *Reflexionsfaktor* r einer Grenzfläche:

$$r = \frac{p_{\text{eff},r}(0)}{p_{\text{eff},e}(0)} = \frac{\hat{p}_r(0)}{\hat{p}_e(0)} = \frac{Z_2 - Z_1}{Z_2 + Z_1}. \qquad (7\text{-}36)$$

Mit Gl. (7-22) für den Zusammenhang zwischen dem effektiven Schallwechseldruck p_{eff} und der Intensität I folgt

$$r^2 = \frac{p_{\text{eff},r}^2(0)}{p_{\text{eff},e}^2(0)} = \frac{I_r(0)}{I_e(0)} = \varrho_S$$

und damit für den Schallabsorptionsgrad

$$\alpha_S = 1 - r^2 = 1 - \left(\frac{Z_2 - Z_1}{Z_2 + Z_1}\right)^2. \qquad (7\text{-}37)$$

An *schallharten Grenzflächen* $Z_2 \gg Z_1$, beispielsweise beim Übergang von Luft in Wasser oder Beton, wird die Schallwelle nahezu total reflektiert. Eine ebenfalls sehr große Schallreflexion tritt bei *schallweichen Grenzflächen* $Z_2 \ll Z_1$ auf. In beiden Fällen kommt es durch die Überlagerung von einfallender und reflektierter Schallwelle zu *Schallinterferenzen* (Abschn. 5.2.4) und zu stehenden Schallwellen mit *Intensitätsknoten und -bäuchen* gemäß Bild 7-6. Im *Kundtschen Rohr* (Bild 5-59) wird übr stehende Wellen die Schallwellenlänge λ bestimmt. – In realen Schallfeldern ist die räumliche Verteilung der Schallinterferenzen kompliziert. Im Nahfeld vor Wänden erhöht sich beispielsweise der Schallpegel durch die Reflexion um $\Delta L = 3$ dB, in Ecken durch dreidimensionale Reflexionen sogar um $\Delta L = 6$ dB.

Schallreflexionen an Grenzflächen von Medien mit unterschiedlicher Schallkennimpedanz werden in der *Ultraschalldiagnostik* (Abschn. 7.4.5) zur Lokalisierung von Materialfehlern benutzt sowie bei der *Körperschallisolierung* (Abschn. 7.4.3) zur Verhinderung der Schalleinleitung angewandt.

Schallabsorber erreichen nur dann einen hohen Schallabsorptionsgrad α_S, wenn die Schallkennimpedanz des Absorbermaterials in etwa derjenigen von Luft entspricht und somit die Schallwelle eindringen kann. Wird die Schallenergie nur in einem schmalen Schallfrequenzbereich absorbiert, so handelt es sich um Resonanzabsorber nach dem Prinzip der erzwungenen Schwingung eines Feder-Masse-Systems (Abschn. 5.1.3). Im Bereich der Resonanzfrequenz f_o nehmen diese Systeme große Schallenergien auf und wandeln diese als Strömungs- und Reibungsverlust in Wärme um.

Poröse Schallabsorber wirken schallabsorbierend, wenn die Schallwellenlänge $\lambda_S = c/f$ kürzer als die vierfache Absorberdicke ist. Werden poröse Absor-

ber vor schallharten Grenzflächen befestigt, so ist der Schallabsorptionsgrad α_S maximal, wenn der Abstand einem Viertel der Wellenlänge der stehenden Schallwelle entspricht, die nach Bild 7-6 durch die Interferenz zwischen der einlaufenden und reflektierten Schallwelle zustande kommt. Einen Überblick über Aufbau und Eigenschaften technischer Schallabsorber gibt Bild 7-7.

Die Schalltransmission durch Trennwände läßt sich berechnen, wenn folgende Näherungen gemacht werden:

– Die *Grenzfläche* ist *biegeweich*, die Schallschnelle v_2 und der Schallwechseldruck p_2 der auf der Wandrückseite abgestrahlten Schallwelle sind so groß wie die Schallschnelle v_t und der Schalldruck p_t der durch die vordere Grenzfläche durchgehenden Schallwelle.

– Die *Schallenergieverluste* in der Trennwand durch Dissipation sind *vernachlässigbar*, es gilt also $\tau_S = 1 - \varrho_S$.

– Nur die *Massenträgheit* der *Trennwand* bestimmt das Resonanzverhalten; der Einfluß der Elastizität und anderer nichtlinearer oder frequenzabhängiger Effekte wird nicht berücksichtigt.

Bei sehr biegeweichen Stoffen, wie z. B. bei Gummi- oder Bleimatten, sind diese Näherungen erfüllt, bei Wänden und Decken dagegen nur bei sehr tiefen Anregungsfrequenzen (Abschn. 7.4.2).

Trifft, wie in Bild 7-8 skizziert, auf die Grenzfläche unter dem Einfallswinkel δ eine einfallende Schallwelle mit dem Schallwechseldruck p_e und der Schallschnelle v_e auf, dann gilt für den Druck p_1 auf der Einfallsebene x_1 mit Gl. (7-34) für $Z_1 = Z_2$

$$p_1(x_1) = p_e(x_1) + p_r(x_1)$$
$$= 2\,p_e(x_1) - p_t(x_1) \qquad (7\text{-}41)$$

und für die Schallwechseldruckdifferenz über dem Wandquerschnitt, vernachlässigbare Schallabsorption in der Wand und damit $p_t(x_2) = p_t(x_1)$ vorausgesetzt,

$$p_1(x_1) - p_2(x_2) =$$
$$(2\,p_e(x_1) - p_t(x_1)) - p_t(x_2)$$
$$= 2\,(p_e(x_1) - p_t(x_1)). \qquad (7\text{-}42)$$

Phasensprung: 0

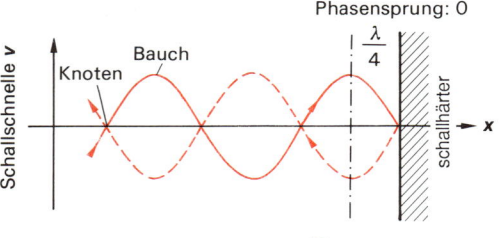

Phasensprung: π

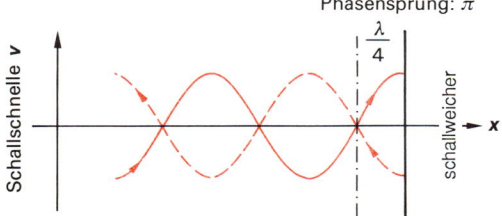

Bild 7-6.   Schallreflexion.

	Plattenschwinger	Helmholtz-Resonator	poröser Schallabsorber
Prinzip des Masse-Feder-Systems 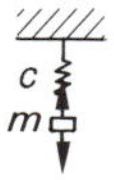	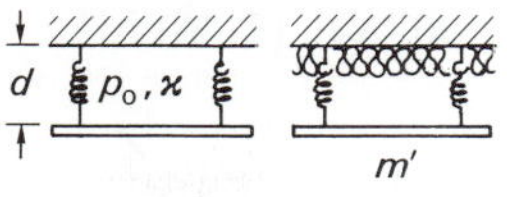 c m ohne mit Zusatzdämpfung	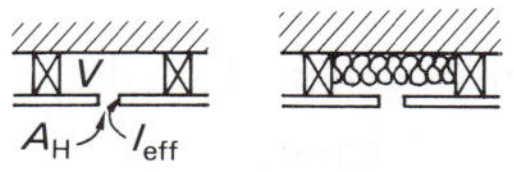 A_H l_{eff} V ohne mit Zusatzdämpfung	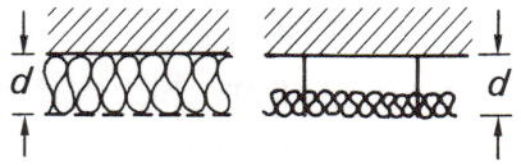 selbsttragendes abgehängtes Dämpfungsmaterial
Richtgröße der „Feder"	Befestigung + Luftschicht d	Hohlraumvolumen V	Luftschicht d + Abhängung
schwingende „Masse"	Flächenmasse m'	Halsvolumen $A_H l_{eff} \varrho_L$	Abdeckung (vernachlässigbar)
Dissipation der Schallenergie	innere Reibung in Platte und Luftschicht, äußere Reibung an Befestigung, viskose Strömungsverluste in Zusatzdämpfungsmaterial	nicht adiabatische Kompression des Hohlraumvolumens, Reibungsverluste im Resonatorhals, viskose Strömungsverluste in Zusatzdämpfungsmaterial	viskose Strömungsverluste durch äußere Reibung an Dämpfungsmaterial, Energieverlust durch innere Reibung bei Faserdeformation
Resonatorcharakteristik	schmalbandiger Resonanzabsorber 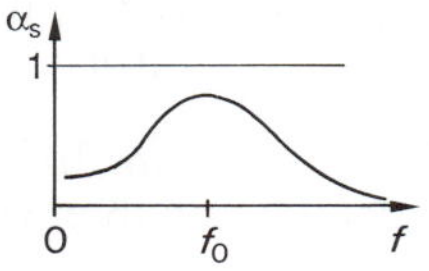	besonders schmalbandiger Resonanzabsorber 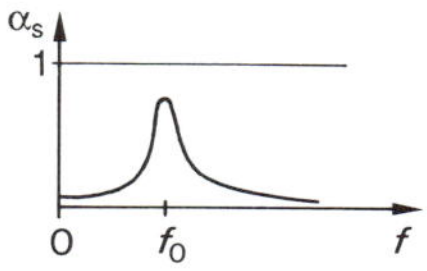	breitbandiger Absorber 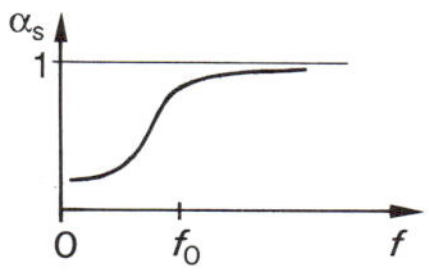
charakteristische Absorberfrequenz	$f_0 = \dfrac{1}{2\pi} \sqrt{\dfrac{\kappa p_0}{d\, m'}}$ (7-38)	$f_0 = \dfrac{c}{2\pi} \sqrt{\dfrac{A_H}{V\, l_{eff}}}$ (7-39)	$f_0 \approx \dfrac{c}{4\, d}$ (7-40)
Einsatzbereiche	Tiefenschlucker in Raumakustik, Luftschalldämmung (leichte Vorsatzschale)	selektive Schallabsorption (Maschinenlärm, Raumakustik), Schalldämmung von Fugen (Tür, Fenster)	Schallpegelminderung, Änderung der Nachhallzeit

Bild 7-7. Schallabsorber.

Diese Druckdifferenz $p_1 - p_2$ bewirkt nach der hydrodynamischen Grundgleichung (7-3)

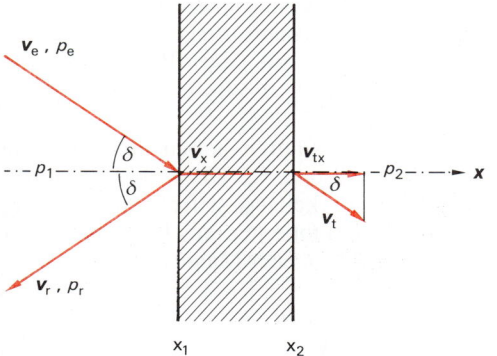

Bild 7-8. Schalldurchgang durch eine dünne Wand.

eine Beschleunigung der Trennwand in x-Richtung:

$$\varrho \frac{dv_x}{dt} = -\frac{p_1(x_1) - p_2(x_2)}{x_1 - x_2}$$

oder mit der Wanddicke $s = x_2 - x_1$ und der flächenbezogenen Masse $m' = \varrho s$

$$m' \frac{dv_x}{dt} = p_1 - p_2. \qquad (7\text{-}43)$$

Die Beschleunigung wird durch die zeitliche Änderung der Schnelle v_t der transmittierten Welle bewirkt. Deren x-Komponente ist bei einem Ausfallwinkel δ

$$v_x(x_1) = v_{tx}(x_1) = v_t(x_1) \cos \delta. \qquad (7\text{-}44)$$

In komplexer Schreibweise gelten für die Schallwellen an der Grenzfläche $x = x_1$ mit der Kreisfrequenz $\omega = 2 \pi f$

$$p_e(x_1) = \hat{p}_e \, e^{j\omega t} \quad \text{und} \quad v_1(x_1) = \hat{v}_1 \, e^{j\omega t}$$

sowie

$$p_t(x_1) = \hat{p}_t \, e^{j\omega t} \quad \text{und} \quad v_t(x_1) = \hat{v}_t \, e^{j\omega t}.$$

Damit ergibt sich aus Gl. (7-43), wenn Gl. (7-44) und Gl. (7-42) eingesetzt werden,

$$m' \cos \delta \frac{dv_t}{dt} = m' \cos \delta (j\omega) \, \hat{v}_t \, e^{j\omega t}$$

$$= 2 (\hat{p}_e - \hat{p}_t) \, e^{j\omega t}.$$

Wird die Schnelle $\hat{v}_t$ nach Gl. (7-14) mit Hilfe der Schallkennimpedanz $Z = \varrho \, c$ in den Wechseldruck $\hat{p}_t$ umgewandelt, ergibt sich

$$j \, \omega \, m' \cos \delta \frac{\hat{p}_t}{Z} \, e^{j\omega t} = 2 (\hat{p}_e - \hat{p}_t) \, e^{j\omega t}$$

oder

$$\frac{p_t(x_1)}{p_e(x_1)} = \frac{1}{1 + j \dfrac{m' \, \omega \cos \delta}{2 \, Z}}. \qquad (7\text{-}45)$$

Der Transmissionsgrad $\tau_S(\delta)$ hat dann die Winkelabhängigkeit

$$\tau_S(\delta) = \frac{I_t}{I_e} = \left| \frac{p_t(x_1)}{p_e(x_1)} \right|^2$$

$$= \frac{1}{1 + \left(\dfrac{m' \, \pi \, f \cos \delta}{Z} \right)^2}. \qquad (7\text{-}46)$$

Für *senkrechten Schalleinfall* $\delta = 0$ ergibt sich

$$\tau_S(0°) = \frac{1}{1 + \left(\dfrac{\pi \, m' \, f}{Z} \right)^2}. \qquad (7\text{-}47)$$

In diesem Fall ist also der Transmissionsgrad einer Trennwand um so größer, je kleiner die flächenbezogene Masse und je niedriger die Schallfrequenz ist. Für Schallschutztrennwände gilt meistens $\pi \, m' f / Z \gg 1$, so daß für $\delta < 90°$ Gl. (7-46) in

$$\tau_S(\delta) \approx \left(\frac{Z}{\pi \, m' f \cos \delta} \right)^2 \qquad (7\text{-}48)$$

übergeht. Vielfachreflexionen bewirken in Räumen, daß die Schalleinstrahlung gleichmäßig über alle Einfallswinkel δ, d. h. *diffus* verteilt ist. Wegen $\overline{\cos^2 \delta} = 0,5$ ist daher der Transmissionsgrad $\overline{\tau_S(\delta)}$ einer Trennwand im *diffusen Schallfeld*

$$\overline{\tau_S(\delta)} = \left(\frac{\sqrt{2} \, Z}{\pi \, m' f} \right)^2 = 2 \, \tau_S(0°). \qquad (7\text{-}49)$$

Als *Schalldämmaß R* der Trennwand wird

$$R = 10 \lg \frac{1}{\overline{\tau_S(\delta)}} \, \text{dB} \qquad (7\text{-}50)$$

definiert. Für ein diffuses Schallfeld ist also das Schalldämmaß einer biegeweichen Trennwand

$$R = 20 \lg \frac{\pi \, f \, m'}{Z} \, \text{dB} - 3 \, \text{dB}. \qquad (7\text{-}51)$$

Dies ist das *Massengesetz* für das theoretische Schalldämmaß einer Wand. − In der Praxis findet man bei Platten und Wänden mehr oder weniger große Abweichungen der gemessenen Schalldämmaße gegenüber Gl. (7-51), wie Bild 7-9 zeigt. Bei schrägem Schalleinfall gemäß Bild 7-10 kommt es wegen der bei der Herleitung von Gl. (7-51) vernachlässigten Biegesteifigkeit des Wandmaterials zu transversalen *Biegewellen*, die die Platte passieren, auf der Plattenrückseite Schall abstrahlen und somit die Schalldämmung vermindern.

Biegewellen auf Platten haben eine *anomale Dispersion* (Abschn. 5.2.4.4). Die Ausbreitungsgeschwindigkeit c_B ist frequenzabhängig und wird vom Quotienten aus Biegesteifigkeit B und flächenbezogener Masse m' bestimmt:

$$c_B = \sqrt{2 \pi f} \sqrt[4]{\frac{B}{m'}}. \qquad (7\text{-}52)$$

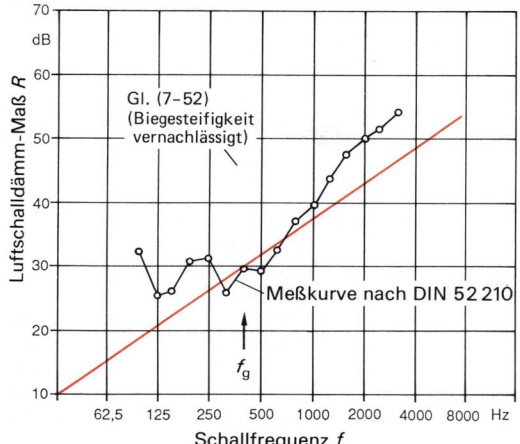

Bild 7-9. Luftschalldämm-Maß R einer 70 mm dik-ken Gipsplattenwand, beidseitig verspachtelt (m' = 80 kg/m², E = 6 · 10⁹ N/m², f_g = Grenzfrequenz der Spuranpassung nach Gl. (7-57)).

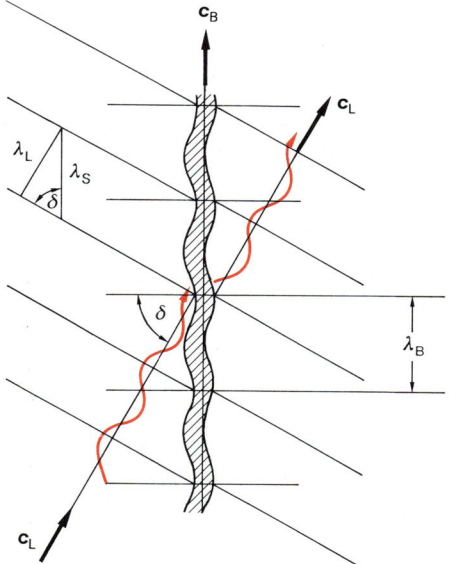

Bild 7-10. Biegewellen durch Spuranpassung.

Die Biegewellen werden von einer auftreffenden Schallwelle der Wellenlänge λ_L resonant erregt, wenn die Wellenlängenkomponente der Schallwelle parallel zur Plattenebene, also deren *Spurwellenlänge* $\lambda_S = \lambda_L/\sin \delta$ mit der Wellenlänge $\lambda_B = c_B/f$ der Biegewelle übereinstimmt (*Koinzidenzeffekt* oder *Spuranpassung*):

$$\lambda_S = \lambda_B = \sqrt{\frac{2\pi}{f}} \sqrt[4]{\frac{B}{m'}} . \qquad (7\text{-}53)$$

Bei einem Einfallswinkel δ tritt also Spuranpassung bei folgender Schallfrequenz $f = c_L/\lambda_L$ ein:

$$f = \frac{c_L}{\lambda_S \sin \delta} = \frac{c_L^2}{2\pi \sin^2 \delta} \sqrt{\frac{m'}{B}} . \qquad (7\text{-}54)$$

Nach Gl. (7-54) ergibt sich die tiefste Schallfrequenz, bei der noch eine Biegewelle erregt wird, bei streifendem Schalleinfall $\delta = 90°$. Die *untere Grenzfrequenz* f_g *der Spuranpassung* beträgt also

$$f_g = \frac{c_L^2}{2\pi} \sqrt{\frac{m'}{B}} . \qquad (7\text{-}55)$$

Im diffusen Schallfeld $0° \leqq \delta \leqq 90°$ setzt bei Schallfrequenzen $f > f_g$ die erhöhte, durch den Koinzidenzeffekt verursachte Schalltransmission ein, und das Schalldämmaß weicht vom theoretischen Massengesetz nach Gl. (7-51) ab (Bild 7-9).

Homogene Platten mit der Dichte ϱ und der Dicke s sowie dem Elastizitätsmodul E und der Querkontraktions- oder Poissonzahl μ haben die Biegesteifigkeit $B = E s^3/[12(1-\mu^2)]$. Die *Grenzfrequenz* $f_{g,\text{hom}}$ *homogener Platten* ist demnach

$$f_{g,\text{hom}} = \frac{c_L^2}{2\pi} \sqrt{\frac{12(1-\mu^2)\varrho}{E}} \frac{1}{s} . \qquad (7\text{-}56)$$

Wird der Einfluß von μ ($0 \leqq \mu \leqq 0,5$) vernachlässigt, so beträgt bei Luftschall ($c_L = 340$ m/s) die Luftschall-Grenzfrequenz f_{gL} homogener Platten

$$f_{gL,\text{hom}} = 6,4 \cdot 10^4 \left(\frac{\text{m}}{\text{s}}\right)^2 \frac{1}{s} \sqrt{\frac{\varrho}{E}} . \qquad (7\text{-}57)$$

Trennwände wirken schalldämmend, wenn ihre flächenbezogene Masse m' groß ist und ihre Grenzfrequenz f_g oberhalb des Frequenzbereiches liegt, in dem die Trennwand als Schallschutz wirken soll. Bei üblichen homogenen Trennwandmaterialien sind flächenbezogene Masse und Biegesteifigkeit bzw. Dicke, Dichte und Elastizitätsmodul so verknüpft, daß man eine materialunabhängige Kurve für den Zusammenhang zwischen Schalldämmaß R und flächenbezogener Masse m' angeben kann (Abschn. 7.4.2).

7.3. Schallempfindung

7.3.1. Physiologische Akustik

Das *menschliche Ohr* ist nach statistischen Reihenuntersuchungen erst dann in der Lage, Schallwellen zu registrieren und eine Schallempfindung im Bewußtsein auszulösen, wenn die Schallfrequenz im Bereich $f = 16$ Hz bis 20 kHz und der Effektivwert des Schallwechseldrucks über ca. $p_{\text{eff}} = 2 \cdot 10^{-5}$ Pa liegt. Die obere Frequenzgrenze des Hörbereichs verringert sich mit zunehmendem Alter erheblich. Bei Schalldrücken oberhalb $p = 20$ Pa oder Schallpegeln höher als $L = 120$ dB registriert der Mensch nahezu keine Frequenz- und Amplitudenabhängigkeit des Schalls mehr, sondern er empfindet nur noch Schmerz (*akustische Schmerzgrenze*). Einen Überblick über die Abgrenzung des Hörbereichs von den übrigen Schallfrequenzbereichen gibt Tabelle 7-5.

Das menschliche Gehörorgan besteht, wie Bild 7-11 schematisch wiedergibt, aus drei Bereichen, dem *äußeren Ohr*, dem *Mittelohr* und dem *Innenohr*. Der äußere Gehörgang wirkt als offene Pfeife (Abschn. 5.2.4.2), die Eigenfrequenz der Luftsäule bewirkt im Bereich 2 kHz $< f <$ 4 kHz eine Resonanzverstärkung der Schallamplituden. *Hammer, Amboß* und *Steigbügel* wirken als mechanische Übersetzung; sie übertragen und verstärken die Auslenkungen des *Trommelfells* auf das *ovale Fenster*.

Das Innenohr ist sehr kompliziert aufgebaut. Grob vereinfachend besteht es aus zwei miteinander verbundenen Räumen (*Skale vestibuli* und *tympani*) und ist mit einer natriumionenreichen Flüssigkeit (*Perilymphe*) gefüllt. Beim ovalen und runden Fenster ist das Flüssigkeitsvolumen jeweils durch be-

Tabelle 7-5. Schallbereiche.

Schallbereich	Infraschall	Hörbereich	Ultraschall	Hyperschall
Frequenzbereich	0 Hz bis 15 Hz	16 Hz bis 20 kHz	20 kHz bis 10 GHz	10 GHz bis 10 THz
Schallgeber	mechanische Rüttler (Shaker)	mechanisch: Pfeifen, Sirenen, Musikinstrumente; elektroakustisch: elektrodynamische und elektromagnetische Lautsprecher	mechanisch: Pfeifen, Sirenen, Pneumatik; elektroakustisch: elektrostriktive, piezoelektrische, elektrostatische Lautsprecher	Josephson-Kontakte, piezoelektrisch gekoppelte Mikrowellen-Resonatoren
Schallaufnehmer	piezoelektrische Aufnehmer, Dehnungsmeßstreifen	Kondensatormikrophon, elektrodynamische, piezoelektrische, piezoresistive Mikrophone	Kondensatormikrophon, piezoelektrische Mikrophone	Josephson-Kontakte, piezoelektrisch gekoppelte Mikrowellen-Resonatoren
Anwendungspraxis	Lagerschwingungen, Körperschall, Bauwerksschwingungsanalyse, Erdbebenwellen	Phonotechnik, Schall- und Lärmschutz, Raumakustik, Schwingungsisolierung	Reinigung, Entgasen, Dispergieren, Emulgieren, Polymerisationssteuerung, Ultraschallbearbeitung (Bohren, Schneiden), Werkstoffprüfung, Ultraschalldiagnostik, Modellakustik	Grundlagenphysik, Phononenspektroskopie, Molekularkinetik

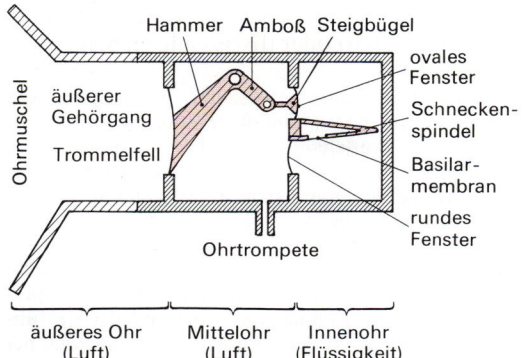

Hammer Amboß Steigbügel

Ohrmuschel

äußerer
Gehörgang

Trommelfell

ovales
Fenster

Schnecken-
spindel

Basilar-
membran

rundes
Fenster

Ohrtrompete

| äußeres Ohr | Mittelohr | Innenohr |
| (Luft) | (Luft) | (Flüssigkeit) |

Bild 7-11. Menschliches Gehörorgan, schematisch.

wegliche Membranen abgeschlossen, so daß die vom Schall verursachte Steigbügelfußbewegung in eine Schwingung der inkompressiblen Perilymphflüssigkeit umgewandelt wird. Diese Flüssigkeitsschwingung erzeugt mechanische Deformationen der *Basilarmembran* der *Schneckenspindel*, die die beiden Perilymphteilräume trennt. Die Schneckenspindel ist mit kaliumionenreicher Flüssigkeit (*Endolymphe*) gefüllt, zwischen Endo- und Perilymphe besteht also ein elektrisches Gleichspannungspotential. Die *Haarzellen* des *Cortischen Organs* auf der Basilarmembran erleiden durch die Basilarmembranbewegung elektrische Potentialänderungen, und die dadurch im *Hörnerv* erzeugten *Reizströme* lösen im *Gehirn* die *Schallempfindung* aus.

Gleiche Schallpegel unterschiedlicher Frequenz führen zu einer unterschiedlichen Schallempfindung. In Bild 7-12 ist als untere

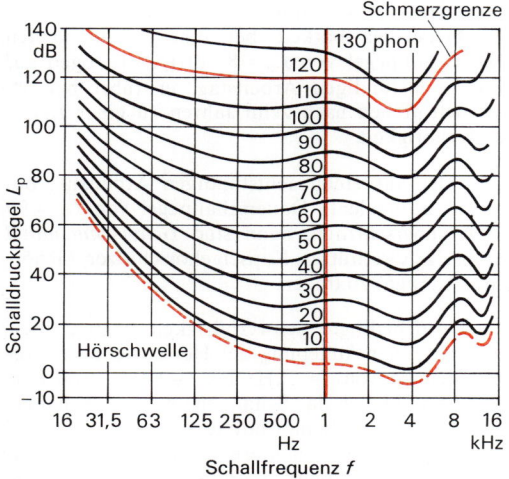

Bild 7-12. Kurven gleicher Lautstärke L_S.

Grenzkurve in Abhängigkeit von der Schallfrequenz der Schalldruckpegel L_P eingezeichnet, der eben noch einen Höreindruck hervorruft, die *Hörschwelle*. Der Maßstab für das Lautheitsempfinden des Gehörorgans ist die *Lautstärke* L_S. Er ist so gewählt, daß bei einer Schallfrequenz $f = 1000$ Hz der Wert der Lautstärke gleich dem Schalldruckpegel ist:

$$L_S (1000 \text{ Hz}) = L = 20 \lg \frac{p_{\text{eff}}}{p_{\text{eff},0}} \text{ phon}. \tag{7-58}$$

Die Lautstärke wird in der Maßeinheit *phon* gemessen. Der Verlauf der Lautstärkepegel in Bild 7-12 gibt an, welcher Schalldruckpegel $L_p(f)$ einer Schallwelle die gleiche Schallempfindung auslöst wie der Schalldruckpegel L_p (1000 Hz) einer 1 kHz-Schallwelle. Anhand von Bild 7-12 kann für Schall mit einem schmalbandigen Frequenzspektrum von maximal Terzbreite durch eine Schallpegel- und Mittenfrequenzmessung die Lautstärke bestimmt werden. Das menschliche Gehör nimmt Lautstärkeunterschiede von $\Delta L_S = 1$ phon gerade noch wahr. Bei $L_S = 120$ phon liegt die Schmerzgrenze des Gehörs.

Die Hörschwelle entspricht nicht dem Lautstärkepegel von $L_S = 0$ phon, sondern dem von $L_S = 4$ phon. Der Grund dafür ist, daß international als Bezugsschalldruck der runde Wert $p_{\text{eff},0} = 2 \cdot 10^{-5}$ Pa vereinbart ist, die tatsächliche Hörschwelle aber bei einem etwas höherem Schalldruck liegt.

Bei der Angabe als Lautstärke L_S entspricht eine Verdopplung der Schallempfindung einer Zunahme der Lautstärke um 10 phon. Ein proportional zur Schallempfindung steigendes Maß ist die *Lautheit*

$$S = 2^{0,1\,(L_S - 40)} \text{ sone}. \tag{7-59}$$

Die Zahlenwerte der Lautheit S werden durch den Zusatz *sone* gekennzeichnet. Nach Gl. (7-59) entspricht die Lautstärke $L_S = 40$ phon der Lautheit $S = 1$ sone.

Außer den wegen der Resonanzeigenschaften des Gehörorgans komplizierten Lautstärkekurven in Bild 7-12 weist die Schallempfindung einen *Verdeckungseffekt* auf. Treffen gleichzeitig zwei frequenzbenachbarte Schallspektren auf das Gehör, so wird durch das Übersprechen benachbarter Sensoren im Cortischen Organ das Schallspektrum mit dem niedrigeren Schallpegel verdeckt, und im wesentlichen ruft nur der höhere Schallpegel eine Schallempfindung hervor. In der Schallmeßpraxis wird dieser komplexe Zusammenhang zwischen der Schallempfindung und dem meßbaren Schallpegelspektrum durch *Bewertungskurven* berücksichtigt, die sich in den Schallpegelmessern durch eine elektronisch einfache frequenzabhängige Verstärkung verwirklichen lassen. Von den in der *IEC-Norm 123* festgelegten oder vorgeschlagenen *Bewertungskurven A, B, C* wird in der Meßpraxis die A-Bewertung am weitaus häufigsten benutzt; sie nähert den Verlauf der Schallempfindung für Lautstärken unter L_S = 90 phon. Die Schallpegel von gehörschädigendem Lärm über L_S = 100 phon wird mit der C-Kurve bewertet. Die zwischen der A- und C-Kurve liegende B-Bewertung benutzt man nicht mehr in der Praxis.

Die bewerteten Schallpegel werden berechnet, indem zu den terz- oder oktavweise gemessenen Schallpegeln L_i ein *frequenzabhängiger Bewertungsfaktor* Δ_i^* addiert wird. So ist der *A-bewertete Schallpegel* L_A eines Schallspektrums

$$L_A = 10 \lg \left\{ \sum_{i=1}^{n} 10^{0,1\,(L_i + \Delta_i^*)} \right\} \text{ dB(A)}. \quad (7\text{-}60)$$

Die Bewertungsfaktoren kann man Bild 7-13 entnehmen; die Zahlenwerte der A-Bewertungsfaktoren Δ_A^* sind in der Tabelle 7-4 auf-

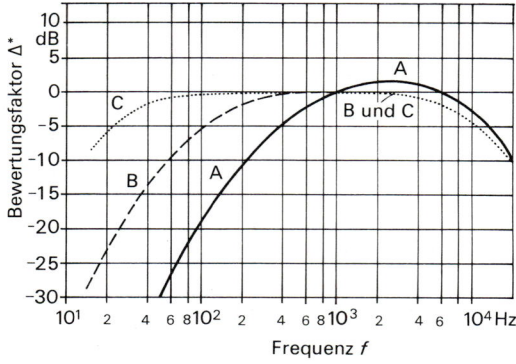

Bild 7-13. *Bewertungskurven A, B, C nach DIN 45 633.*

geführt. Die bewerteten Schallpegel werden in dB(A), dB(B) oder dB(C) angegeben.

Mit zunehmendem Lebensalter wird durch die Schallbelastung und Gefäßveränderung im Innenohr der Stoffwechsel der Hörzellen vermindert. Die Frequenzabhängigkeit und der Absolutwert der Hörschwelle verändern sich; es stellt sich die *Altersschwerhörigkeit* ein.

Hohe Schalldruckamplituden führen nur in Extremfällen, beispielsweise bei Stoßwellen von Explosionen, zur Schädigung des Trommelfells; sie führen in der Regel zu einer sofortigen *Vertäubung*, bei der durch Stoffwechselstörungen die Haarzellenempfindlichkeit vermindert wird. Diese Anhebung der Hörschwelle bildet sich wieder vollkommen zurück, wenn die hohe Schallexposition durch Erholungspausen unterbrochen wird und nur kurzfristig ist. Jahrelange Schallbelastung verursacht eine beschleunigte Degeneration der Haarzellen und einen irreversiblen Hörverlust, die *Lärmschwerhörigkeit*.

Der *äquivalente Dauerschallpegel* (*Mittelungspegel*) ist ein Maß für die Schallbelastung des Gehörs. Er wird durch Aufsummieren der A-bewerteten Schallpegel $L_{A,i}$ in den n Zeitintervallen t_i des Bezugszeitraums t_B, beispielsweise t_B = 8 h, gebildet:

$$L_m = 10 \lg \left\{ \frac{1}{t_B} \sum_{i=1}^{n} (t_i\, 10^{0,1\,L_{A,i}}) \right\} \text{ dB(A)}. \quad (7\text{-}61)$$

Nach der VDI-Richtlinie 2058 liegt der Grenzwert der Gehörbelastbarkeit bei einem äquivalenten Dauerschallpegel von L_m = 85 dB(A), bezogen auf einen achtstündigen Arbeitstag; er führt bei 5% der Betroffenen nach zehn Jahren zu einer Lärmschwerhörigkeit.

Wird der auf einen achtstündigen Arbeitstag bezogene, äquivalente Dauerschallpegel von L_m = 90 dB(A) überschritten, dann sind *Gehörschutzmittel* (Stöpselgehörschützer, Kapselgehörschützer, Gehörschutzkappen) zu tragen.

Die berufsbedingte Schwerhörigkeit beginnt meistens mit einer Anhebung der Hörschwelle im Frequenzbereich von f = 2 kHz bis f = 6 kHz, weil dort viele Lärmquellen das Schallpegelmaximum haben. Die über die Schallempfindung vegetativ gesteuerte Innenohr-Stoffwechseländerung kann auch auf andere Körperfunktionen übergreifen und zu Kreislauf-, Herz- und Gleichgewichtsstörungen führen.

7.3.2. Musikalische Akustik

Die *Schallempfindung* des Menschen unterscheidet den hörbaren Schall nicht nur nach dessen Lautheit, sondern auch nach dem *Höreindruck* des Schallereignisses. Die Unterscheidung des Höreindrucks in *Ton*, *Klang*, *Geräusch* und *Knall* wird durch den Verlauf des Intensitätsspektrums des Schalls bestimmt.

Die Schallwelle eines Tons ist rein sinusförmig und monofrequent. Klänge sind eine Überlagerung mehrerer Schallwellen unterschiedlicher Amplitude und Frequenz, wobei die Frequenzen in ganzzahligen Verhältnissen zueinander stehen. Läßt sich das Frequenzverhältnis durch ganze Zahlen nicht größer als acht ausdrücken, so ist die abendländische Schallempfindung ein Wohlklang (*Konsonanz*), im anderen Fall ein Mißklang (*Dissonanz*). Das Intensitätsspektrum eines Geräusches ist nicht mehr linienförmig, sondern breitbandig und hat einen stark schwankenden Amplitudenverlauf. Bei einem Knall schließlich ist der Intensitätsverlauf über einen großen Frequenzbereich nahezu konstant.

In Bild 7-14 sind die charakteristischen Schallspektren der verschiedenen Höreindrücke und

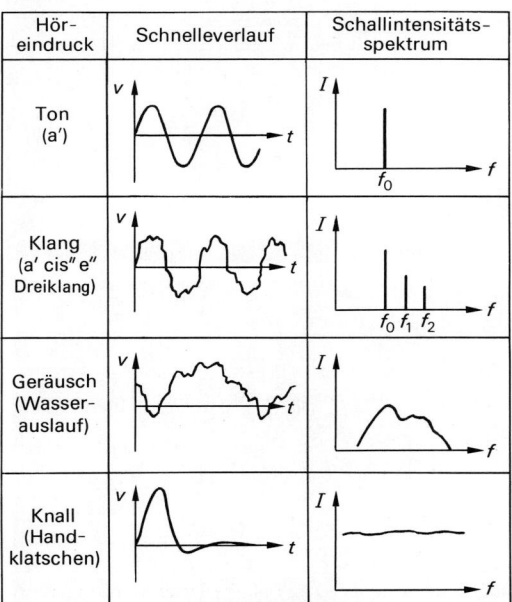

Bild 7-14. *Höreindruck, charakteristische Spektren und Schallschnelleverlauf (v Schallschnelle, t Zeit, I Intensität, f Frequenz).*

der jeweilige zeitliche Verlauf der Schnelle, den die zu diesen Höreindrücken führenden Schallwellen an Mikrofonmembranen oder dem Trommelfell des Gehörorgans hervorrufen, einander gegenübergestellt. Bild 7-15 gibt diese Schallspektren als graphische Aufzeichnungen am Bildschirm wieder.

Der Schnelleverlauf einer Schallwelle ist mit deren Intensitätsspektrum eindeutig verknüpft. Durch eine Fouriertransformation (Abschn. 5.1.4.3) ergibt sich aus dem Intensitätsspektrum der Zeitverlauf der Schnelle und umgekehrt. *Fast-Fourier-Transform-Analysatoren* errechnen aus der zeitlichen Änderung der elektrischen Spannung der elektroakustischen Wandler das Frequenzspektrum; *Echtzeitanalysatoren* geben das Spannungssignal gleichzeitig auf eine Reihe schmalbandiger Filter und messen parallel die Spannungsamplituden der einzelnen Bandfilter. Die niedrigste Frequenz im Schallspektrum bestimmt die *Tonhöhe des Grundtons*.

Klangerzeugende Instrumente unterscheiden sich durch das Verhältnis der Amplituden der höherfrequenten Schwingungen, der *Obertöne*, zur Grundschwingung, dem Grundton. Für einige Musikinstrumente unterschiedlicher Klangfarbe sind in Bild 7-16 die gemessenen Frequenzspektren dargestellt.

Die Einstufung der Tonhöhen durch das Gehör ist weitgehend proportional zur Schallfrequenz. Nur für Töne mit Schallpegeln über $L = 60$ dB treten im Gehörorgan nichtlineare Übertragungseffekte auf; Töne unter $f = 500$ Hz werden höher und Töne über $f = 4$ kHz tiefer empfunden. Die Wahrnehmbarkeitsschwelle von relativen Tonhöhenschwankungen ist frequenz- und intensitätsabhängig; sie beträgt bei mittleren Schallpegeln etwa 0,3% der Tonfrequenz.

Zur Skalierung der Tonhöhenempfindung wird der Frequenzbereich der Schallempfindung logarithmisch in *Oktaven* unterteilt; die Verdopplung der Tonfrequenz ergibt einen Oktavschritt. Bild 7-17 gibt die Einteilung in Oktaven wieder. Zur Orientierung sind der Tonumfang einiger Musikinstrumente und die Gesangs-Stimmlagen aufgeführt.

Die Oktave wird in zwölf Tonintervalle mit ganzzahligen Frequenzverhältnissen unterteilt; der Tonhöhenunterschied benachbarter Ton-

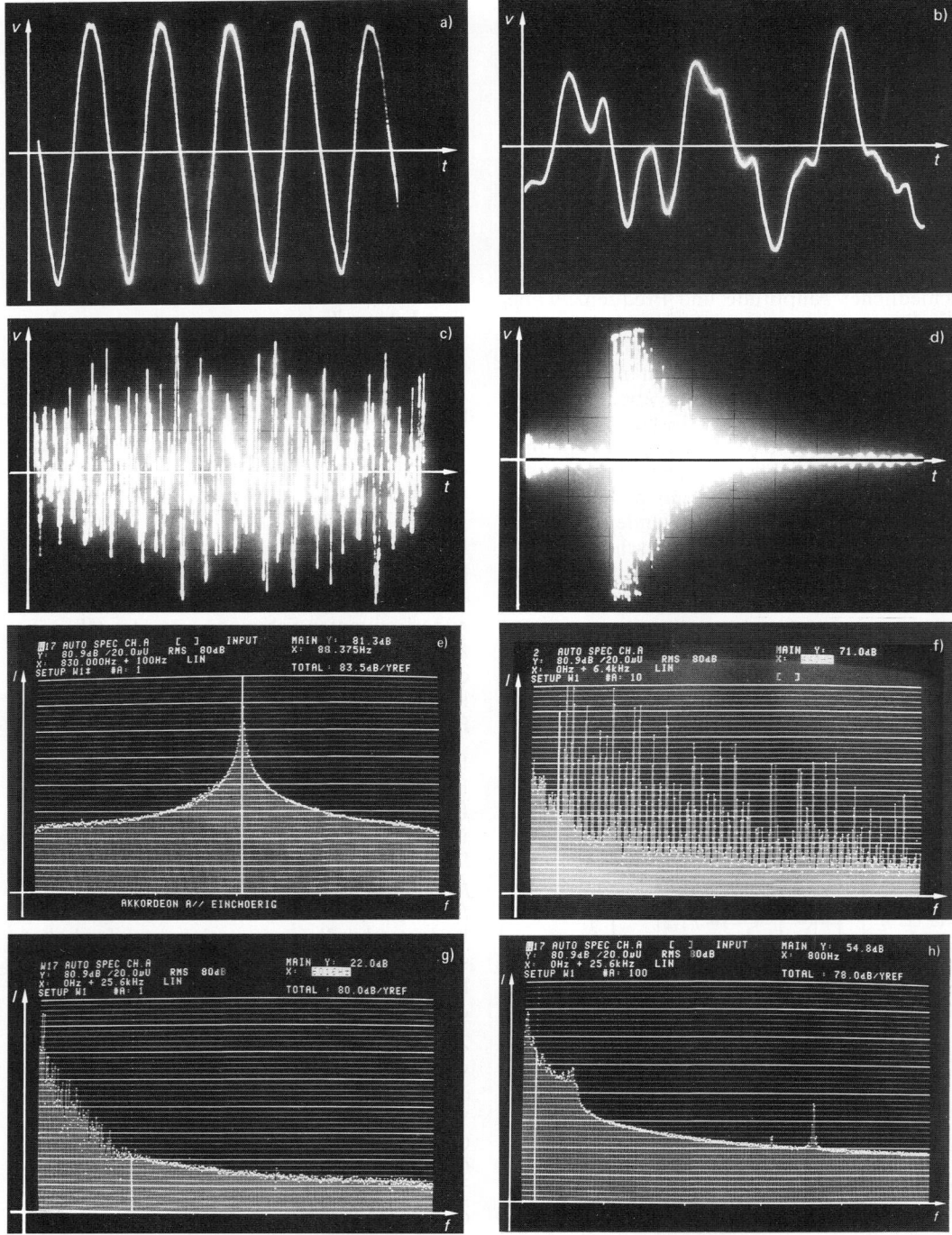

Bild 7-15.   Charakteristische Schallspektren: Schnelleverlauf (Abszisse: t, Ordinate: v):
a) Ton a', b) Klang a'-cis''-e'', c) Geräusch (Wasserauslauf), d) Knall (Handklatschen).
Frequenzspektrum (Abszisse: f, Ordinate: I):
e) Ton a'', f) Dreiklang a'-cis''-e'', g) Geräusch (Wassereinlauf in Becken), h) Knall (Handklatschen).

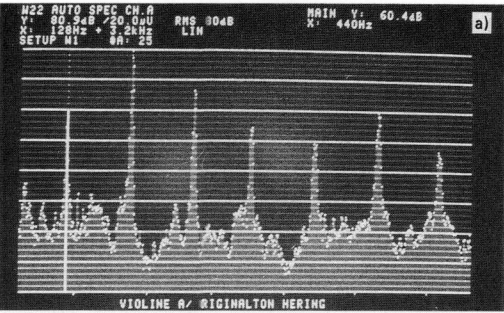

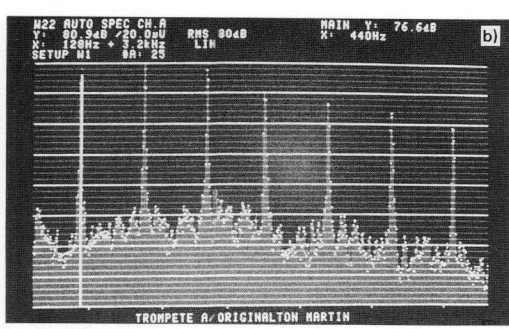

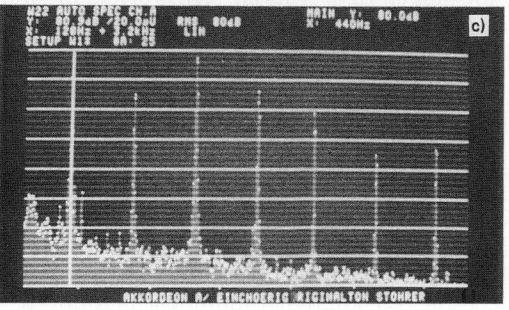

Bild 7-16. *Lautstärkespektren von Musikinstrumenten im Vergleich, Kammerton a' = 440 Hz (Aufnahme mit Fast-Fourier-Transform-Analysator): a) Violine (Originalton Hering), b) Trompete (Originalton Martin), c) Akkordeon (Originalton Stohrer).*

intervalle beträgt einen *Halbtonschritt*. Die Tonintervalle sind in Tabelle 7-6 zusammengestellt und durch ihre Klangempfindung charakterisiert.

Die stufenweise Anordnung der Töne innerhalb der Oktave ergibt die *Tonleiter*. Basis der abendländischen Musik ist die *diatonische C-Dur Tonleiter* mit der Grundtonbezeich-

Tabelle 7-6. Tonintervalle.

Intervall	Frequenz-Verhältnis	Halb-tonumfang	Klang-empfin-dung
Prime	1:1	0	Konsonanz
kleine Sekunde	16:15	1	Dissonanz
große Sekunde	9:8; 10:9	2	Dissonanz
kleine Terz	6:5	3	Konsonanz
große Terz	5:4	4	Konsonanz
Quarte	4:3	5	Konsonanz
Quinte	3:2	7	Konsonanz
kleine Sexte	8:5	8	Konsonanz
große Sexte	5:3	9	Konsonanz
kleine Septime	9:5, 16:9	10	Dissonanz
große Septime	15:8	11	Dissonanz
Oktave	2:1	12	Konsonanz

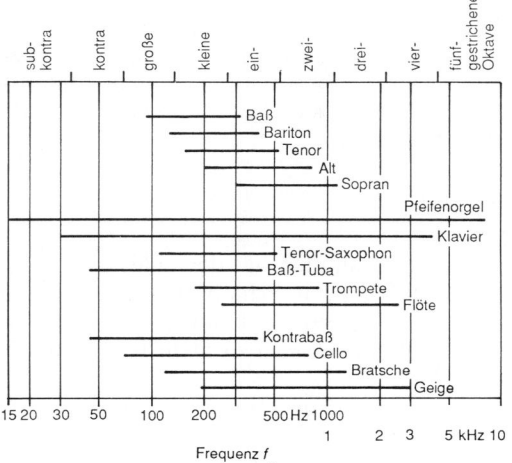

Bild 7-17. *Frequenzbereiche der Oktaven, der Stimmlagen und der Grundtöne einiger Musikinstrumente.*

nung c. Die Frequenzverhältnisse $f : f_{c'}$ der sieben Töne zum Grundton sind in Tabelle 7-7 aufgeführt; für die internationale Stimmung des *Normstimmtons* a' (*Kammerton*) auf $f_{a'} = $ 440 Hz sind die Frequenzen der Töne der eingestrichenen Oktave angegeben.

Die diatonische Tonleiter, die mit ganzzahligen Frequenzverhältnissen gebildet wird, ist in sich nicht widerspruchsfrei, wie folgendes Beispiel zeigt:

Tabelle 7-7. Tonleitern.

diatonisch rein			chromatisch wohltemperiert		
Ton	$f:f_{c'}$	f in Hz	Ton	$f:f_{c'}$	f in Hz
c′	1	264	c′	$2^{0/12}$	261,6
			cis′ = des′	$2^{1/12}$	277,2
d′	9/8	297	d′	$2^{2/12}$	293,7
			dis′ = es′	$2^{3/12}$	311,1
e′	5/4	330	e′	$2^{4/12}$	329,6
f′	4/3	352	f′	$2^{5/12}$	349,2
			fis′ = ges′	$2^{6/12}$	370,0
g′	3/2	396	g′	$2^{7/12}$	392,0
			gis′ = as′	$2^{8/12}$	415,3
a′	5/3	440	a′	$2^{9/12}$	440,0
			ais′ = b′	$2^{10/12}$	466,2
h′	15/8	495	h′	$2^{11/12}$	493,9
c″	2	528	c″	$2^{12/12}$	523,3

Ausgehend von der Frequenz $f_{c'}$ des Tons c′ kommt man durch einen großen Sext- und einen Quartschritt auf den Ton d″ mit der Frequenz $f_{d''} = f_{c'} \frac{5}{3} \frac{4}{3} = f_{c'} \frac{20}{9}$. Geht man von d″ wieder zwei Quinten zurück, so sollte wieder der Ton c′ entstehen. Tatsächlich aber weicht die sich dann ergebende Frequenz $f = f_{c'} \frac{20}{9} \frac{2}{3} \frac{2}{3} = f_{c'} \frac{80}{81}$ von der Tonfrequenz $f_{c'}$ um den Faktor 80/81 ab. Beim Spielen einer Melodie mit den reinen Intervallsprüngen gemäß Tabelle 7-6 bewegt man sich zwangsläufig immer weiter von einer festen Tonleiter weg. Diese diatonischen Unstimmigkeiten wirken sich besonders beim Übergang auf die anderen Tonleitern der Dur- und Moll-Tonarten aus, wenn durch chromatische Erhöhung oder Erniedrigung die benötigten Halbtonintervalle festgelegt werden.

Zur Zeit J. S. Bachs wurde die *chromatisch wohltemperierte Stimmung* eingeführt, bei der die Oktave in zwölf gleiche Halbtonschritte unterteilt ist (Tabelle 7-7). Das Frequenzverhältnis zweier aufeinander folgender Halbtöne beträgt dabei $\sqrt[12]{2}$. Mit dieser chromatischen Tonleiter wurden die diatonischen Probleme gelöst, nach ihr sind die Instrumente mit fester Stimmung (z. B. Klavier) gestimmt.

7.4. Technische Akustik

7.4.1. Raumakustik

Bei der Schallausbreitung in Räumen, beispielsweise in Wohnräumen, Büros, Veranstaltungssälen und Hallen wird die Schallempfindung und die Hörsamkeit im Raum

von den Intensitäts- und Laufzeitverhältnissen zwischen dem gradlinig einfallenden Schall, dem *Direktschall*, und dem über Reflexionen an den Wänden und Flächen im Raum an den Empfangsort gestreuten Schall, *dem indirekten Schall*, bestimmt. Ist die Laufzeitdifferenz zwischen dem direkten und dem indirekten Schall, besonders dem Anteil mit nur einem einzigen Rückwurf, kleiner als die absolute Wahrnehmbarkeitsschwelle von etwa 0,05 s, dann sind die Reflexionen unschädlich für die Hörsamkeit und wirken vorteilhaft auf die Verständlichkeit und die Klangfärbung, besonders bei Musik, aus.

Die nützlichen Rückwürfe kompensieren die geometrisch bedingte Schallpegelabnahme des Direktschalls bei wachsendem Abstand zwischen Schallgeber- und -empfänger. Größere Laufzeitunterschiede sind schädlich, besonders wenn periodische Rückwurffolgen, sogenannte *Flatterechos*, auftreten. Diese entstehen durch Schallrückwürfe zwischen parallelen, gut reflektierten Raumumschließungsflächen. Sie lassen sich durch konstruktive Maßnahmen wie schiefwinklige Flächenanordnungen, im Extremfall in einer Fünfeckgeometrie, oder durch schallabsorbierende Wand- und Deckenverkleidungen unterdrücken.

Häufige Reflexionen bewirken, daß der indirekte Schall am Empfangsort gleichmäßig aus allen Ausbreitungsrichtungen einfällt und die Schallenergiedichte w überall im Raum gleich groß ist. Ein solches Schallfeld wird als *diffuses Schallfeld* bezeichnet.

Eine Wandfläche A_i mit dem Schallabsorptionsgrad α_i — schematisch in Bild 7-18 wiedergegeben — absorbiert unter dem Einfallswinkel δ aus einem Raumwinkelbereich $d\Omega$ die Schalleistung

$$dP_\delta = \alpha_i I_\delta (A_i \cos \delta)\, d\Omega . \qquad (7\text{-}62)$$

I_δ ist die Schallintensität der unter dem Winkel δ einfallenden Schallwelle. Im diffusen Schallfeld ist diese unabhängig vom Einfallswinkel und $I_\delta = I_{\text{diffus}}$. Mit dem Raumwinkelbereich

$$d\Omega = \frac{(2\pi r \sin\delta)(r\, d\delta)}{4\pi r^2} = \frac{1}{2}\sin\delta\, d\delta$$

ergibt sich die gesamte von der Fläche A_i absorbierte Schalleistung

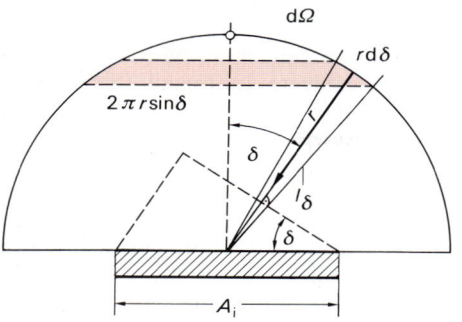

Bild 7-18. Schalleinfall auf eine Schallabsorptionsfläche.

$$P_i = \frac{1}{2} I_{\text{diffus}} A_i \int_0^{\pi/2} \alpha_i \cos\delta \sin\delta \, d\delta. \quad (7\text{-}63)$$

Im allgemeinen hängt der Schallabsorptionsgrad α_i einer schallabsorbierenden Fläche vom Schalleinfallswinkel δ ab; deshalb definiert man einen *mittleren Absorptionsgrad*

$$\bar\alpha_i = \frac{\displaystyle\int_0^{\pi/2} \alpha_i \cos\delta \sin\delta \, d\delta}{\displaystyle\int_0^{\pi/2} \cos\delta \sin\delta \, d\delta}$$

$$= 2 \int_0^{\pi/2} \alpha_i \cos\delta \sin\delta \, d\delta. \quad (7\text{-}64)$$

Durch Summation der von allen Raumflächen A_i absorbierten Schalleistung P_i ergibt sich die gesamte Schallabsorptionsleistung

$$P_{\text{ges}} = \sum_i P_i = \frac{1}{4} I_{\text{diffus}} \sum_i A_i \, \bar\alpha_i$$

$$= \frac{1}{4} I_{\text{diffus}} A_{\text{äq}}. \quad (7\text{-}65)$$

Für die Absorptionseigenschaften eines Raumes charakteristisch ist die *äquivalente Absorptionsfläche*

$$A_{\text{äq}} = \sum_i A_i \, \bar\alpha_i. \quad (7\text{-}66)$$

Wird Gl. (7-65) durch den Schalleistungsgrenzwert $P_0 = I_0 A_0$ der Hörschwelle dividiert, so ergibt sich mit den Gleichungen in Tabelle 7-2 der *Schalleistungspegel des diffusen Schallfelds:*

$$L_{\text{diffus}} = L_w - 10 \lg \frac{A_{\text{äq}}}{4 A_0} \, \text{dB}. \quad (7\text{-}67)$$

L_w ist der Schalleistungspegel der Schallquelle, $A_0 = 1 \text{ m}^2$ die Bezugsfläche. Die äquivalente Absorptionsfläche $A_{\text{äq}}$ eines Raumes bestimmt also den Schallpegel des diffusen Schallfeldes und darüber hinaus den akustischen Raumeindruck. Ist $A_{\text{äq}}$ groß, hat der Raum eine geringe Halligkeit, seine Akustik wird als trockene Akustik gekennzeichnet. Sehr hallige Räume dagegen haben eine geringe äquivalente Absorptionsfläche.

Diese für den raumakustischen Eindruck charakteristische Größe $A_{\text{äq}}$ kann meßtechnisch einfach durch eine *Nachhallmessung* bestimmt werden. Dazu wird entsprechend Bild 7-19 der zeitliche Abfall des Schallpegels L_{diffus} im diffusen Schallfeld untersucht, wenn die Schallquelle abgeschaltet wird. Die im Zeitintervall dt dem Raumvolumen V durch Absorption verlorengehende Schallenergie $-dE/dt$ ist gleich der absorbierten Schalleistung P_{ges} nach Gl. (7-65). Die Schallintensität des diffusen Schallfeldes ist $I_{\text{diffus}} = w c$ und hängt damit von der Schallenergiedichte $w = E/V$ ab; es gilt die Bestimmungsgleichung

$$-\frac{dE}{dt} = P_{\text{ges}} = \frac{1}{4} E \frac{c A_{\text{äq}}}{V}. \quad (7\text{-}68)$$

Die Integration von Gl. (7-68) ergibt, daß die Schallenergie in einem Raum exponentiell abnimmt, wenn die Schallquelle ausgeschaltet wird:

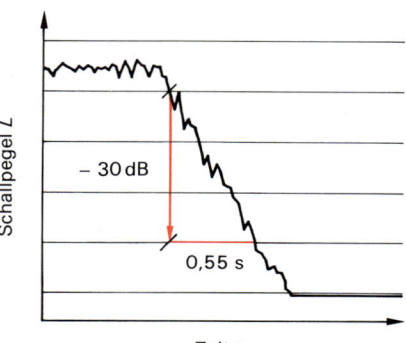

Bild 7-19. Bestimmung der Nachhallzeit aus dem Schallpegelabfall eines diffusen Schallfeldes. Nachhallzeit $T^*/2 = 0{,}55$ s oder $T^* = 1{,}1$ s.

$$E(t) = E(0) \, e^{-\frac{c \, A_{\text{äq}}}{4 \, V} t}. \qquad (7\text{-}69)$$

Als charakteristische Zeitkonstante für den Abfall der Schallenergie ist die *Nachhallzeit* T^* festgelegt. Es ist die Zeitspanne, in der die Schallenergie auf $E(T^*) = 10^{-6} E(0)$ oder der Schallpegel L_{diffus} des diffusen Schallfelds um $\Delta L = 60$ dB abgenommen hat. Aus Gl. (7-69) ergibt sich

$$T^* = \frac{24 \ln 10}{c} \frac{V}{A_{\text{äq}}}. \qquad (7\text{-}70)$$

Für Luftschall mit einer mittleren Schallgeschwindigkeit von $c_{\text{L}} = 340$ m/s geht Gl. (7-70) über in die *Sabinesche Formel:*

$$T^* = \frac{0{,}163}{\text{m/s}} \frac{V}{A_{\text{äq}}}. \qquad (7\text{-}71)$$

Die Nachhallzeit T^* hängt vom Raumvolumen und − über den Zusammenhang mit der äquivalenten Absorptionsfläche $A_{\text{äq}}$ − wie der Schallabsorptionsgrad α_{s} (Bild 7-7) von der Schallfrequenz ab. Um eine optimale Hörsamkeit in Vortragsräumen, einen vollen Klangeindruck in Musiksälen oder eine ausreichende Schallpegelreduktion in Sporthallen zu erreichen, sind frequenz- und raumvolumenabhängige Anforderungen an die Nachhallzeit festgelegt. So sollen nach DIN 18 032 in Sporthallen die Nachhallzeiten möglichst kurz oder oberhalb $f = 500$ Hz im unbesetzten Zustand nicht größer als $T^* = 1{,}8$ s sein. Eine optimale Sprachverständlichkeit wird nach DIN 1804 erreicht, wenn im Frequenzbereich 500 Hz $< f <$ 1000 Hz die Nachhallzeit $T^* = 1{,}0$ s bis $T^* = 1{,}2$ s beträgt.

Eine raumakustische Optimierung erstreckt sich nicht nur auf die Anpassung der äquivalenten Absorptionsfläche an die zur Nutzung erforderlichen Nachhallzeiten. Ein weiterer wesentlicher Planungsteil befaßt sich mit der geometrischen Ausbreitung des Direktschalls und der nützlichen ersten Schallrückwürfe. Mit Reflektoren, speziellen Deckenformen, ausgeklügelten Schallabsorberanordnungen sowie akustisch wirksamen Verkleidungen von Wänden und Decke wird im konkreten Fall der Raum nach den akustischen Erfordernissen optimiert.

7.4.2. Luftschalldämmung

Trifft der durch Sprechen, Musik oder Arbeitstätigkeit erzeugte Luftschall (Schallpegel L_1) auf die Wände und Decken eines Raumes, so werden diese zu *erzwungenen Biegeschwingungen* angeregt. Die periodisch auftretenden Über- und Unterdrücke der Schallwellen an der Trennwand oder Trenndecke lenken die Bauteile senkrecht zur Wandfläche aus, wie in Bild 7-20 dargestellt. Diese Biegeschwingungen erregen die Luftteilchen im Nachbarraum, die sich vor der Trennwand A_{T} befinden, zu Schwingungen und erzeugen dadurch im Nachbarraum Schallwellen (Schallpegel L_2). Bei erzwungenen Schwingungen (Abschn. 5.1.3) ist die Schwingungsamplitude − und damit die in den Nachbarraum abgestrahlte Schalleistung − abhängig von der Lage der Anregungsfrequenzen bezüglich der Eigenfrequenzen der Biegeschwingungen der Trennwand und von deren Dämpfung. Wegen der Einspannbedingungen ist die Luftschalltransmission kompliziert und muß meßtechnisch erfaßt werden.

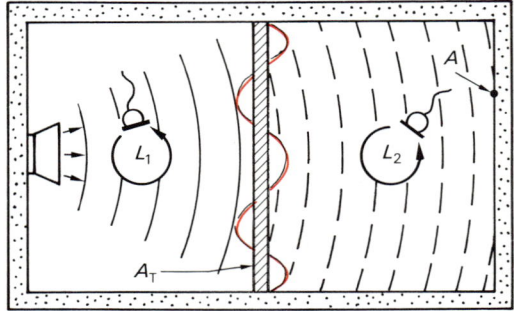

Bild 7-20. Luftschallanregung und -abstrahlung einer Trennwand (A schallabstrahlende Oberfläche im Empfangsraum mit der äquivalenten Schallabsorptionsfläche $A_{\text{äq}}$).

Die Luftschalldämmung wird durch ein logarithmisches Maß für den Luftschalltransmissionsgrad τ_{S}, das *Schalldämmaß R*, gekennzeichnet (Gl. (7-50)):

$$R = 10 \lg \frac{1}{\tau_{\text{S}}(\delta)} \, \text{dB} = 10 \lg \frac{P_1}{P_2} \, \text{dB}. \qquad (7\text{-}72)$$

Die Größe P_1 ist die auf die Trennwand auftreffende, P_2 die auf die Rückseite in den

Empfangsraum abgestrahlte Schalleistung. Die gesamte, auf die Trennwandfläche A_T auftreffende Schalleistung ist nach Gl. (7-63) für $\alpha_i = 1$

$$P_1 = \frac{I_{\text{diffus},1}\, A_T}{4}. \qquad (7\text{-}73)$$

Die transmittierte Schalleistung $P_2 = \tau_s\, P_1$ wird im Empfangsraum von der äquivalenten Absorptionsfläche $A_{\text{äq},2}$ absorbiert und führt zu einem diffusen Schallfeld im Empfangsraum, dessen Schallintensität nach Gl. (7-65)

$$I_{\text{diffus},2} = \frac{4\, P_2}{A_{\text{äq},2}} = \frac{I_{\text{diffus},1}\, A_T}{A_{\text{äq},2}}\, \tau_S \qquad (7\text{-}74)$$

ist. Werden die Schalleistungen der diffusen Schallfelder im Sende- und Empfangsraum auf die *Bezugsintensität* $I_0 = 10^{-12}\,\text{W/m}^2$ bezogen und wird Gl. (7-74) logarithmiert, so ergibt sich für die Schallpegeldifferenz zwischen Sende- und Empfangsraum

$$L_1 - L_2 = R - 10\,\lg\frac{A_T}{A_{\text{äq},2}}\,\text{dB}. \qquad (7\text{-}75)$$

Außer vom Schalldämmaß R hängt also die von den Bewohnern empfundene Schalldämmung $L_1 - L_2$ vom Verhältnis der Trennwandfläche A_T zur äquivalenten Absorptionsfläche $A_{\text{äq},2}$ des Empfangsraums ab.

Gl. (7-75) wird in der Praxis dazu verwendet, das Schalldämmaß einer Konstruktion zu bestimmen:

$$R = L_1 - L_2 + 10\,\lg\frac{A_T}{A_{\text{äq}}}\,\text{dB}. \qquad (7\text{-}76)$$

Zu diesem Zweck werden der diffuse Schallpegel L_1 der Lautsprecher im Senderaum, der diffuse Schallpegel L_2 im Empfangsraum und die Trennwandfläche A_T gemessen sowie nach Gl. (7-71) über eine Nachhallzeitanalyse im Empfangsraum die äquivalente Absorptionsfläche $A_{\text{äq}}$ ermittelt.

R ist von der Schallfrequenz abhängig und muß nach DIN 52210 terzweise im Bereich $100\,\text{Hz} < f < 3200\,\text{Hz}$ bestimmt werden.

Der Schallschutz hängt nicht nur von der Schalldämmung der Trennfläche A_T zwischen den Räumen ab, sondern in hohem Maß auch von der *Schallängsleitung* entlang der flankierenden Bauteile. Die Luftschalldämmung der Trennwand oder Trenndecke wird durch diese Schallängsleitung begrenzt.

7.4.3. Körperschalldämmung

Körperschall ist die Ausbreitung von Schall in einem festen Medium oder an der Oberfläche eines Festkörpers mit Schallfrequenzen im Hörbereich oberhalb $f = 15\,\text{Hz}$. Schallwellen mit kleineren Frequenzen werden als *Schwingungen* oder *Erschütterungen* bezeichnet. Die Erregung von Körperschall in festen Bauteilen durch direkt einwirkende mechanische Kräfte ist viel wirksamer als die Luftschallanregung. Besonders wirksam sind stoßartige Körperschallerregungen. Das Frequenzspektrum dieser *Schlaggeräusche* ist so breit, daß eine Vielzahl der möglichen Körperschallwellenformen, wie beispielsweise *Longitudinal-*, *Transversal-* oder *Rayleigh-Oberflächenwellen*, angeregt werden.

Ziel der Körperschalldämmung ist es, die Einleitung von Körperschall in ein Bauteil sowie die Ausbreitung und die Abstrahlung als Luftschall möglichst niedrig zu halten. Die Möglichkeiten hierzu sind

– die Körperschalldämmung durch *Reflexion des Körperschalls* an Grenzflächen mit hohen Schallkennimpedanzunterschieden (Luftzwischenschichten in zweischaligen Trennwänden, Sperrmassen) oder abgestimmter elastischer Zwischenschichten (Federelemente, Gummiplatten);
– die *geometrische Körperschalldämmung* durch Verminderung der Körperschalldichte, indem die Entfernung von der Quelle vergrößert wird und die abstrahlenden Flächen verkleinert werden;
– die Körperschalldämmung durch *Dissipation der Körperschallenergie* in zwischengeschalteten Materialien mit hoher innerer Reibung (Hochpolymere, Sand, Entdröhnmaterialien) und über Reibungsverluste an Kontaktflächen (Nagelverbindungen, Stoßstellen-Dämmung an Bauteilübergängen);

– die *Verminderung des Abstrahlgrads* der körperschallabstrahlenden Fläche, indem durch konstruktive Maßnahmen (kleinflächige Unterteilung, Aussteifungen, Lochungen) die Abstrahlfläche möglichst klein gemacht (charakteristische Durchmesser kleiner als die Luftschallwellenlänge) und in nebeneinanderliegende Gebiete mit entgegengesetzter Phasenlage (Schallinterferenz-Auslöschung) zerlegt wird.

In der Praxis werden die verschiedenen Möglichkeiten miteinander kombiniert. Eine besonders wirkungsvolle Körperschallisolation ist die *elastische Lagerung* des Schallgebers, wie in Bild 7-21 dargestellt. Hierbei steht der Erreger mit seiner Fundamentplatte auf einer federnden Zwischenschicht gemäß Bild 7-22 (z.B. Metall- oder Gummifederkörper, weiche Gummi-, Kork- oder Schaumstoffplatten, Fasermatten) und bildet so ein schwingungsfähiges Masse-Feder-System.

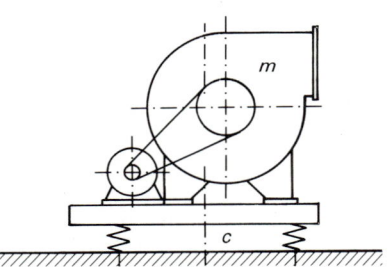

Bild 7-21. Körperschalldämmende elastische Maschinenlagerung.

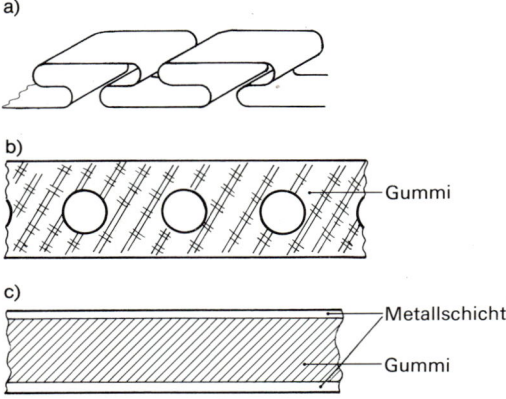

Bild 7-22. Elastische Lagerungen: a) Stahlfederband, b) gelochte Gummiplatte, c) Gummimetallelement.

Liegt die erregende Körperschallfrequenz f weit oberhalb der *Resonanz- oder Abstimmfrequenz* des Masse-Feder-Systems

$$f_0 = \frac{1}{2\pi} \sqrt{\frac{c}{m}} \qquad (7\text{-}77)$$

mit m als der schwingenden Masse und c als der Federkonstante der Federschicht, dann ist nach der Theorie der erzwungenen Schwingungen (Abschn. 5.1.3) die Schwingungsamplitude des Bauteils, in das der Körperschall eingeleitet wird, kleiner als die Erregeramplitude. Die Einleitung des Körperschalls, beispielsweise eines Ventilators, in die Rohdecke, wird dadurch vermindert. Auch die Körperschallisolierung hochempfindlicher Empfangsräume, beispielsweise von Aufnahmestudios, kann man über die elastische Lagerung des Raumes auf Federisolatoren erreichen.

Die Verminderung der Krafteinleitung und damit der Körperschallanregung wird durch den *Isolierwirkungsgrad η* beschrieben:

$$\eta = 1 - \frac{\hat{F}_L}{\hat{F}_E} . \qquad (7\text{-}78)$$

Die Größe $\hat{F}_L$ ist die Amplitude der eingeleiteten, $\hat{F}_E$ der erregenden Kraft. – Häufig dominiert die Kraftkomponente der Erregung senkrecht zum Fundament; diese eindimensionale Schwingung kann mit Hilfe der Lösungen für die gedämpfte erzwungene Schwingung in Abschn. 5.1.3 beschrieben werden.

Die eingeleitete Kraft in Bild 7-23, die *Lagerkraft* F_L, ist $F_L = cx + b\dot{x}$. Ihre Amplitude $\hat{F}_L$ ist

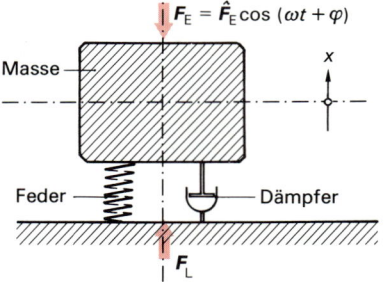

Bild 7-23. Visko-elastisches Einmassensystem.

$$\hat{F}_L = \frac{\hat{F}_E \sqrt{1 + 4 D^2 \left(\frac{\omega}{\omega_0}\right)^2}}{\sqrt{\left[1 - \left(\frac{\omega}{\omega_0}\right)^2\right]^2 + 4 D^2 \left(\frac{\omega}{\omega_0}\right)^2}} \ .$$

$$(7\text{-}79)$$

$\omega = 2 \pi f$ ist die Erreger-Kreisfrequenz, $\omega_0 = 2 \pi f_0$ die Eigenfrequenz des Schwingungssystems mit der Masse m und der Richtgröße c und D der Dämpfungsgrad. Im Fall eines Einmassensystems ist der Isolierwirkungsgrad η der elastischen Lagerung demnach

$$\eta = 1 - \frac{\sqrt{1 + 4 D^2 \left(\frac{\omega}{\omega_0}\right)^2}}{\sqrt{\left[1 - \left(\frac{\omega}{\omega_0}\right)^2\right]^2 + 4 D^2 \left(\frac{\omega}{\omega_0}\right)^2}} \ .$$

$$(7\text{-}80)$$

Ist die Dämpfung vernachlässigbar, also $D \approx 0$, dann folgt aus Gl. (7-80)

$$\eta = \frac{\left(\frac{\omega}{\omega_0}\right)^2 - 2}{\left(\frac{\omega}{\omega_0}\right)^2 - 1} \ .$$

$$(7\text{-}81)$$

In Bild 7-24 ist der Verlauf des Verhältnisses aus übertragener zu erregender Kraft in Abhängigkeit vom Verhältnis zwischen Erreger- und Eigenfrequenz für verschiedene Dämpfungskonstanten aufgetragen und der sich nach Gl. (7-80) ergebende Isolierungswirkungsgrad η eingezeichnet. Bei ungedämpften Sy-

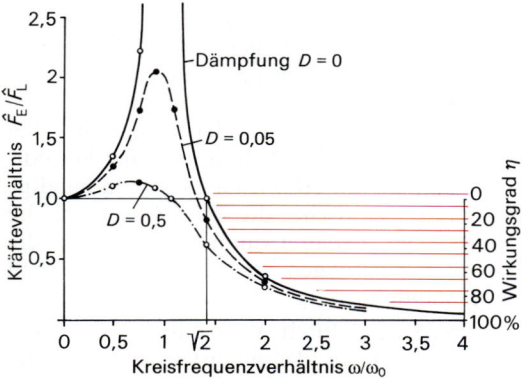

Bild 7-24. Resonanzkurve eines Einmassensystems mit Verlauf des Isolierwirkungsgrads η (für $D = 0$).

stemen wird eine schalldämmende Wirkung erst erreicht, wenn die Erregerfrequenzu oberhalb des $\sqrt{2}$-fachen der Eigenfrequenz liegt. Isolierwirkungsgrade von $\eta > 93\%$ werden nur erreicht, wenn das Erreger- zu Eigenfrequenzverhältnis den Wert $\omega/\omega_0 = 4$ übersteigt.

Beim Einmassensystem fällt die Amplitude der eingeleiteten Kraft F_L nach Gl. (7-79) für $\omega \gg \omega_0$ proportional zu $1/\omega^2$. Einen steileren Abfall ($\sim 1/\omega^4$) und damit einen höheren Isolierwirkungsgrad erreicht eine elastische Lagerung nach dem Prinzip eines *schwingungsgekoppelten Zweimassensystems*, verdeutlicht in Bild 7-25. Durch eine *doppeltelastische Maschinenaufstellung* kann man mit verhältnismäßig einfachen Mitteln bereits einen Isolierwirkungsgrad erreichen, der in der Praxis durch ein Einmassensystem nicht realisierbar ist.

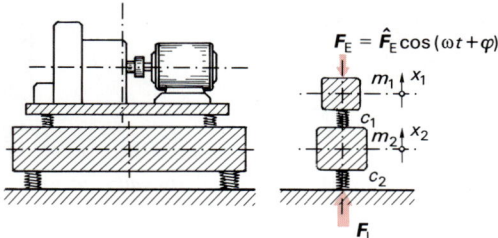

Bild 7-25. Doppeltelastische Maschinenaufstellung (F_E, F_L Erreger- bzw. Lagerkraft, m Masse, c Federkonstante).

Der *Trittschall* ist ein bauphysikalischer Sonderfall der Körperschallanregung. Er wird durch das Begehen und das um etwa $\Delta L = 20$ dB(A) stärkere Geräusch der Hüpfens und des Stühleverrückens auf harten Gehbelägen verursacht und über die Decke direkt in den darunterliegenden Raum übertragen. Über Stoßstellen der Decke an flankierende Bauteile breitet sich das Trittschallgeräusch in umliegende Räume aus. Die Trittschallübertragung wird nach DIN 52210 gemessen, indem nach Bild 7-26 ein *Norm-Hammerwerk* mit einer Schlagfrequenz von 10 Schlägen je Sekunde auf die Decke aufgestellt und im Empfangsraum der Trittschallpegel L_{gem} terzweise aufgenommen wird.

Der Einfluß der Schallabsorption des Empfangsraumes auf den gemessenen diffusen Schallpegel wird durch ein Korrekturglied berücksichtigt, das vom logarithmischen Ver-

a)

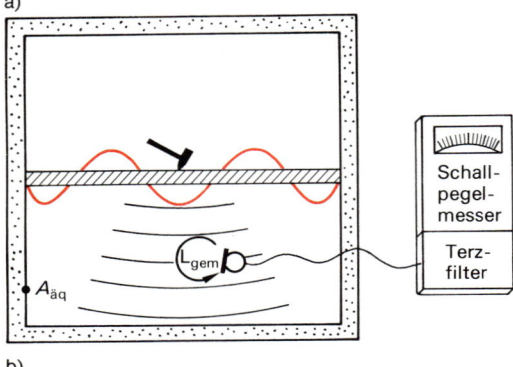

b)

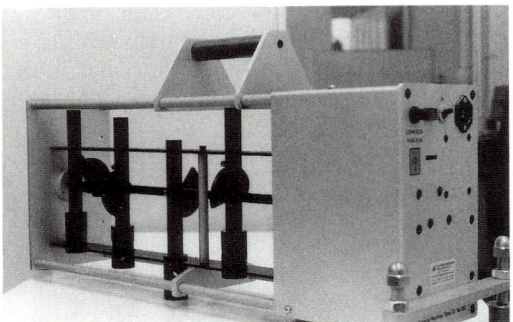

Bild 7-26.   Norm-Messung des Trittschallschutzes von Decken: a) Meßanordnung, schematisch, b) Norm-Hammerwerk.

hältnis der äquivalenten Schallabsorptionsfläche $A_{äq,E}$ des Empfangsraumes zu einer Normabsorptionsfläche $A_0 = 10\ m^2$ abhängt. Der *Norm-Trittschallpegel* L_n *der Deckenkonstruktion* ist also

$$L_n = L_{gem} + 10\ \lg \frac{A_{äq,E}}{A_0}\ dB. \qquad (7\text{-}82)$$

$A_{äq,E}$ wird durch eine Nachhallzeitmessung nach Gl. (7-71) bestimmt.

Bei massiven, einschaligen Rohdecken bestimmt die flächenbezogene Masse $m' = m/A$ der Decke, wie niedrig der Norm-Trittschallpegel ist. Jedoch lassen sich selbst mit sehr schweren Decken von $m' \approx 600$ kg/m² keine solch niedrigen Trittschallpegel erreichen, daß der Mindest-Trittschallschutz nach DIN 4109 Schallschutz im Hochbau erfüllt ist. Der Trittschallschutz wird verbessert, wenn durch weichfedernde Gehbeläge die Körperschalleinleitung vermindert oder der Fußboden durch eine weichfedernde Dämmschicht von der Rohdecke abgekoppelt wird. Dieser als schwimmender Estrich be-

zeichnete Bodenaufbau besteht aus einer lastverteilenden Platte aus Zementmörtel (Zementestrich), Asphalt (Gußasphaltestrich) oder Spanplatten (Trockenestrich) auf einer weichen, 6 mm bis 30 mm dicken Trennschicht. Bild 7-27 zeigt einen solchen Aufbau. Eine gute Trittschalldämmung läßt sich allerdings nur erreichen, wenn die Estrichplatte keine Schallbrücken aufweist, also keine Mörtelbrücken oder feste Verbindungen über ungenügend abgedeckte Versorgungsleitungen zur Rohdecke oder zur Wand hat.

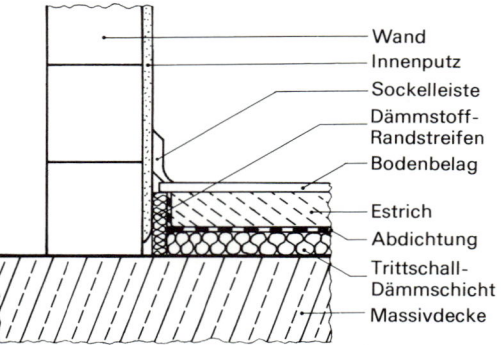

Bild 7-27.   Schwimmender Estrich.

7.4.4. Strömungsgeräusche

Strömungsgeräusche entstehen, wenn in Maschinen und Geräten Strömungsenergie in Schallenergie im Hörfrequenzbereich umgewandelt wird. Zu zeitlichen Schwankungen der Gas- oder Flüssigkeitsströmung kommt es vor allem beim Umströmen von Hindernissen sowie an Strömungskrümmungen und Ausströmöffnungen. Beispielsweise werden beim Umströmen eines Zylinders mit abströmseitiger Wirbelbildung gemäß Bild 7-28 Kraft- und Druckschwankungen erzeugt, die ein breitbandiges Strömungsrauschen verursachen. Ist die Wirbelablösung an den umströmten Körpern asymmetrisch, oder wird − wie bei Propellern − der Wirbelbildung eine Periodizität aufgeprägt, so entstehen schmalbandige Strömungsgeräusche, die *Hiebtöne*. Über die Rohr- oder Behälterwandungen werden die Druckschwankungen des Fluids in Luftschall umgewandelt.

Wechselkräfte durch Wirbelablösung entstehen auch durch Reibungsvorgänge in der Mischzone zwischen dem hochbeschleunigten Freistrahl von Düsenöffnungen und dem ru-

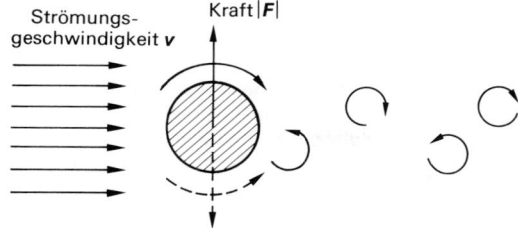

Bild 7-28. Erzeugung einer Wechselkraft durch wechselseitige Wirbelablösung an einem angeströmten Zylinder.

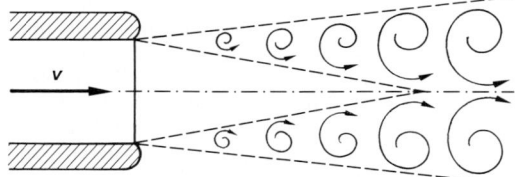

Bild 7-29. Wechseldruckerzeugende Wirbel um turbulenten Freistrahl einer Düse.

henden Gas, in das der Freistrahl einströmt, wie Bild 7-29 zeigt. Das *Freistrahlgeräusch* hat eine ausgeprägte *Richtcharakteristik in Ausströmrichtung*, sein Schallfrequenzspektrum ist sehr breitbandig.

Wenn an Regelventildurchlässen die Schallgeschwindigkeit des gasförmigen Strömungsmediums überschritten wird und sich dadurch *Stoßwellen* ausbilden, kommt es ebenfalls zu hörbaren Strömungsgeräuschen. Aber auch *Resonanzschwingungen* von Ventilkegel und Ventilspindel können zu Armaturengeräuschen führen.

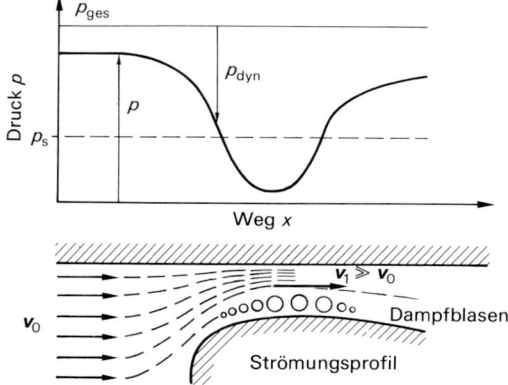

Bild 7-30. Entstehung und Implosion von Kavitationsblasen (v Strömungsgeschwindigkeit).

Tritt in strömenden Flüssigkeiten *Kavitation* auf, dann entsteht noch ein weiteres Strömungsgeräusch. Die Kavitation wird dadurch verursacht, daß die Strömungsgeschwindigkeit v an umströmten Profilen oder Strömungskanten sehr hoch wird. Nach der Bernoulli-Gleichung (Abschn. 2.11.3.2) vermindert sich der statische Druck $p = p_{ges} - \varrho/2\,v^2$; er kann niedriger als der Sättigungsdampfdruck p_S der Flüssigkeit sein. An kleinen Luftbläschen als Keimen entstehen dann dampfgefüllte Hohlräume, wie in Bild 7-30 skizziert. Diese Dampfblasen kondensieren schlagartig mit Schallgeschwindigkeit, wenn der statische Druck wieder über den Sättigungsdampfdruck ansteigt. Bei dieser Implosion entstehen sehr hohe Druckspitzen bis zu $p = 10^5$ bar, die zu Materialschäden (*Kavitationskorrosion*, Abschn. 2.11.3.4) führen und ein prasselndes, breitbandiges Geräusch (*Kavitationsgeräusch*) verursachen.

Kavitation und Wirbelablösung in Armaturen mit großen Querschnittsverengungen bewirken die Geräusche bei der Wasserentnahme und beim Abwasserabfluß. Über die Rohrleitungen und die Wassersäule werden diese Druckschwankungen weitergeleitet und als Luftschall abgestrahlt.

Durch *Wasserschalldämpfer* (Querschnittserweiterungen mit Gummikörper) in den Leitungen, eine *Ummantelung* der Steigrohre mit losem Sand oder eine *Unterbrechung der Leitung* durch zwischengeschaltete, körperschalldämmende Gummielemente kann man die Weiterleitung von Installationsgeräuschen unterdrücken. Besonders wirkungsvoll wird das Armaturengeräusch vermindert, wenn die Strömungsgeschwindigkeit durch zwei hintereinandergeschaltete Lochbleche am Ausfluß (*Luftsprudler*) vermindert und die Wirbelablösung durch weite, kantenfreie Ventilsitze verhindert wird. Mit diesen Maßnahmen erreicht man einen Armaturengeräuschpegel $L_{AG} \leqq 20$ dB(A).

7.4.5. Ultraschall

Schall mit Frequenzen oberhalb des Hörbereichs von etwa $f = 20$ kHz bis 10 GHz bezeichnet man als *Ultraschall*. Mechanische Ultraschallgeber, wie z.B. Pfeifen (*Galton*-Pfeife) und Sirenen, erzeugen Ultraschallfrequenzen bis etwa $f = 200$ kHz. Höhere Schallfrequenzen und größere Ultraschalleistungen erreichen elektroakustische Schallgeber. Im mittleren Ultraschall-Frequenzbereich wird die Magnetostriktion, also die Längenänderung eines ferromagnetischen Stabes aus Nickel oder Weicheisen im Magnetfeld einer Hochfrequenzspule, zur Ultraschallerzeugung verwendet (Abschn. 4.4.4.2). Höhere Frequenzbereiche und besonders hohe Ultraschallintensitäten von über $I = 100$ W/cm^2 lassen sich durch die Elektrostriktion, also den umgekehrten piezoelektrischen Effekt, von Quarz- oder Bariumtitanatplatten erreichen (Abschn. 9.3.3).

Die Wellenlänge des Ultraschalls ist kurz; in Luft ist sie kleiner als etwa $\lambda = 1,5$ cm. Beugungen sind deshalb bei üblichen Dimensionen vernachlässigbar, so daß die Ultraschallausbreitung mit den Gesetzen der geometrischen Optik beschrieben werden kann. Ultraschall kann zu Ultraschall-Richtstrahlen gebündelt werden, deren Reflexion man z. B. zur Ortung von Unstetigkeiten verwendet.

Reflexionen treten an Grenzschichten mit sprunghafter Änderung der Schallkennimpedanz auf, beispielsweise beim Schall-Übergang von Festkörpern auf Luftschichten in Rissen von Schmiedeteilen, Lunkern von Gußeisen oder an Aufdopplungen von Blechen. Aus dem Zeitunterschied zwischen dem Aussenden und dem Empfang des reflektierten Ultraschalls, dem *Ultraschallecho,* läßt sich bei bekannter Schallgeschwindigkeit der Abstand der Reflexionsstelle berechnen (*Echolotverfahren*). Diskontinuitäten kann man bei der *Ultraschall-Werkstoffprüfung* zerstörungsfrei bis auf 0,1 mm genau lokalisieren.

Zu den ältesten Anwendungen des Ultraschalls gehören die Verfahren zur Ortung von Unterseebooten nach dem Sonar-Prinzip (sound navigation and ranging), zur Tiefenbestimmung mit dem Echolot und zur Kommunikation unter Wasser.

Eine weitere Anwendung des Ultraschalls ist die bildgebende Ultraschalldiagnostik in der Medizin. An der Trennfläche von Muskelgewebe und Gewebeflüssigkeit wird etwa 0,1% der Ultraschallenergie reflektiert. Um einerseits eine hohe räumliche Auflösung durch kurze Wellenlängen zu erlangen, andererseits aber trotz der Ultraschalldämpfung ausreichend tief ins Körperinnere eindringen zu können, verwendet man Ultraschallfrequenzen im Bereich von 3 MHz bis 15 MHz. Mittels Ultraschalldiagnostik kann der Mediziner ohne Strahlenbelastung Organveränderungen analysieren und Schwangerschaftsentwicklungen verfolgen.

Bei Ultraschallfrequenzen von etwa $f = 20$ kHz bis $f = 40$ kHz lassen sich so hohe Schallintensitäten und Schallschnellen erreichen, daß an festen Grenzflächen Kavitation auftritt. Durch die Implosion der Kavitationsblasen können z. B. Emulsionsvorgänge eingeleitet, Metallschmelzen und Flüssigkeiten entgast sowie Schmutzteilchen von Oberflächen losgerissen werden (*Ultraschall-Reinigung*).

Die große Ultraschallenergie wird auch zum Ultraschallbohren eingesetzt. In harten und spröden Materialien, wie z. B. Glas und Quarz, lassen sich bei geeigneter Schleifmittelzugabe durch resonantes mechanisches Absprengen feinste Profilformen herstellen.

8. Atom- und Kernphysik

Aus der Übersicht Bild 8-1 geht hervor, daß die *Quantentheorie* die Grundlage der quantitativen Beschreibung der Eigenschaften der Materie vom Festkörper bis zum Quark ist. Bis zum atomaren Bereich ist die *Schrödinger-Gleichung* (Abschn. 8.2.2), für den subatomaren Bereich die *Dirac-Gleichung* (Abschn. 8.9) gültig. Wie Bild 8-1 außerdem zeigt, sind Informationen über den Aufbau von Molekülen,

Atomen und subatomaren Bausteinen nur über die Wechselwirkungsprozesse zwischen Teilchen (bzw. Wellen) und dem zu untersuchenden Objekt zu erhalten.

Solche Wechselwirkungen sind die *Absorption* oder *Emission* von *elektromagnetischer Strahlung* oder die *Streuung von Teilchen* (z. B. von Elektronen am Atomkern zur Ermittlung der Ladungsverteilung). Um die Strukturen des Meßobjekts zu erkennen, muß die Wellenlänge der Strahlung kleiner als die aufzulösende Struktur sein. Bild 8-1 zeigt die Größenbereiche von Festkörper, Molekül, Atom, Kern und Elementarteilchen mit den für sie typischen Energiediagrammen. Durch die genannten Wechselwirkungsprozesse finden Übergänge zwischen den einzelnen Energieniveaus (Energiezuständen) statt, deren Energiedifferenzen in Wellenlängen umgerechnet ($E = h\,(c/\lambda)$) in der Größenordnung des untersuchten Objekts liegen. Dies hat zur Folge, daß mit kleiner werdenden Strukturen immer höhere Energien erforderlich sind. Wie aus Bild 8-1 hervorgeht, reicht bei Molekülen für Übergänge zwischen Schwingungszuständen Infrarotstrahlung aus, während für Kernübergänge γ-Strahlung benötigt wird.

Das Wort *Atom* kommt aus dem Griechischen und bedeutet das *Unzerschneidbare*. Es wurde im fünften und vierten Jahrhundert v. Chr. von den Naturphilosophen DEMOKRIT (460 bis 370), PLATON (429 bis 348) und ARISTOTELES (384 bis 322) zur Erklärung von Stoffeigenschaften eingeführt. Der moderne Atombegriff bezeichnet den kleinsten Bestandteil eines chemischen Elements, der noch die Eigenschaften des Elements hat. Eine Zerlegung des Atoms in seine Bestandteile Pro-

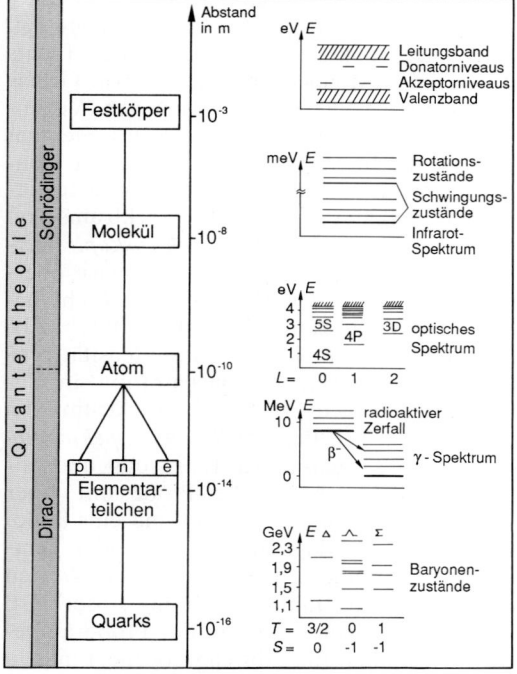

Bild 8-1. Atombau und Spektren.

Atomistik der Materie		Atomistik der Elektrizität	Atomistik der Energie
Prout, Dalton (1801, 1807)	Gay - Lussac (1808)	Faraday (1833)	Planck (1900)
2·14g Stickstoff + 16g Sauerstoff → 44g N_2O 14g Stickstoff + 16g Sauerstoff → 30g NO 14g Stickstoff + 2·16g Sauerstoff → 46g NO_2 Atommassen N : O = 14 : 16	2 Vol. N_2 + 1 Vol. O_2 → 2 Vol. N_2O 1 Vol. N_2 + 1 Vol. O_2 → 2 Vol. NO 1 Vol. N_2 + 2 Vol. O_2 → 2 Vol. NO_2	1 F scheidet 107,9 g Ag ab 2 F scheiden 2·107,9 g Ag ab 1 F scheidet 31,75 g Cu ab 1 F = 96487,0 C/mol	E $\Delta E = h f$
Gesetz der konstanten und multiplen Proportionen	Avogadro (1811): Gleiche Volumina verschiedener Gase enthalten gleich viele Atome bzw. Moleküle (p, T konstant).	Die elektrolytisch abgeschiedene Substanzmenge ist der Ladungsmenge proportional.	Strahlungsgesetz für die Hohlraumstrahlung, Austausch der Energie in Portionen (Quanten)

Bild 8-2. Atomistik.

tonen, Neutronen und Elektronen hat den Verlust der Elementeigenschaften (z. B. Spektrum) zur Folge. Der atomare Aufbau der Materie (Bild 8-2) zeigt sich u. a. darin, daß es bestimmte ganzzahlige Massenverhältnisse gibt, in denen die Elemente chemische Reaktionen eingehen (*Daltonsches Gesetz*). Für Gase stellte *Gay-Lussac* fest, daß sie nur in bestimmten ganzzahligen Volumenverhältnissen miteinander reagieren. *Avogadro* zog daraus den Schluß, daß gleiche Volumina gleich viele Teilchen enthalten (Avogadro-Konstante $N_A = 6{,}022 \cdot 10^{23}$ mol^{-1}, Abschn. 3.1.5). Die Atomistik der Elektrizität zeigen die *Faradayschen Gesetze* (Abschn. 4.2.1.2), da die abgeschiedene Stoffmenge proportional zur Ladungsmenge ist. Das Auftreten von Energie in unteilbaren Portionen (*Quanten*) wurde von *Planck* zur Erklärung des Energieaustausches zwischen Materie und Strahlung (*Plancksches Strahlungsgesetz*, Abschn. 6.5.3) eingeführt. Dies ist der Ausgangspunkt der Quantentheorie, ohne die eine quantitative Beschreibung molekularer, atomarer und subatomarer Vorgänge nicht möglich wäre.

8.1. Bohrsches Atommodell

J. J. THOMSON (1856 bis 1940) entwickelte 1904 folgende Atomvorstellung: Die Elektronen befinden sich in einer homogen positiv geladenen Kugel mit einem Durchmesser der Größenordnung von 10^{-10} m. Führen die Elektronen in der homogenen positiven Ladungsverteilung Schwingungen aus, so findet eine Emission von elektromagnetischer Strahlung statt (*Hertzscher Dipol*). Die nach diesem Modell errechneten Schwingungsfrequenzen konnten experimentell nicht bestätigt werden. Streuexperimente von E. RUTHERFORD (1871 bis 1937) mit α-Teilchen an Atomen führten zu folgendem Atommodell: Die positive Ladung und fast die gesamte Masse des Atoms ist in einem *Atomkern* (Durchmesser etwa 10^{-14} m) konzentriert, der von einer *Elektronenhülle* umgeben ist (Durchmesser etwa 10^{-10} m). Auch mit diesem Atommodell konnten die diskreten Frequenzen der emittierten elektromagnetischen Strahlung nicht berechnet werden.

8.1.1. Optisches Spektrum des Wasserstoffatoms

Unter einem *Spektrum* versteht man in der Optik die Abhängigkeit der Strahlungsintensität von der Frequenz bzw. der Wellenlänge der Strahlung. Die Auswertung und die Interpretation von Spektren geschieht in der *Spektroskopie*. Zur Messung von Spektren, beispielsweise von Festkörpern, Molekülen und Atomen, werden die in Bild 8-3 zusammengestellten Spektroskopie-Verfahren eingesetzt.

Bei der *Emissionsspektroskopie* wird die Probe beispielsweise durch Hochfrequenzfelder ionisiert und zur Lichtemission angeregt. Nach der spektralen Zerlegung des Lichts durch einen Monochromator (Prisma, Gitter, s. Abschn. 6.4.1.7) kann man aus den Wellenlängen der Emissionslinien auf das Element und aus der Intensität der Linien auf die Konzentration des Elements in der Probe schließen (Bild 8-3, Ausschnitt des Spektrums von Eisen). Bei der *Absorptionsspektroskopie* werden beispielsweise die in die Gasphase überführten Atome oder Moleküle mit Licht bestimmter Wellenlänge bestrahlt. Durch Absorption wird die eingestrahlte Intensität proportional der Teilchenkonzentration in der Probe geschwächt (Bild 8-3, Spektrum von Schwefeldioxid). Bei der *Resonanzspektroskopie* wird im Gegensatz zur Emissions- und Absorptionsspektroskopie die Probe mit einer konstanten Frequenz bestrahlt und eine äußere Größe (z. B. Magnetfeld, Druck oder Temperatur) verändert. Bei bestimmten Werten wird die eingestrahlte Strahlung absorbiert. Zur Messung kann die von der Probe aufgenommene Intensität (durchgezogene Linie in Bild 8-3) oder die abgestrahlte Intensität (gestrichelte Linie) gemessen werden (Protonenresonanzspektrum von Dichlorbenzol in Bild 8-3).

Die Spektroskopie ist ein unentbehrliches Hilfsmittel in der analytischen Chemie, beispielsweise zur Bestimmung der Elemente (z. B. Cadmium, Blei, Quecksilber, Selen) in einer Probe (z. B. des Bodens, der Luft, des Wassers oder eines Nahrungsmittels). Mit Spektroskopieverfahren ist es heute möglich, Elementmengen in der Größenordnung von 10^{-12} g (1 pg) zu bestimmen. Solche Meßmethoden dienen der Kontrolle der Umwelt bezüglich Kontamination durch Schwermetalle.

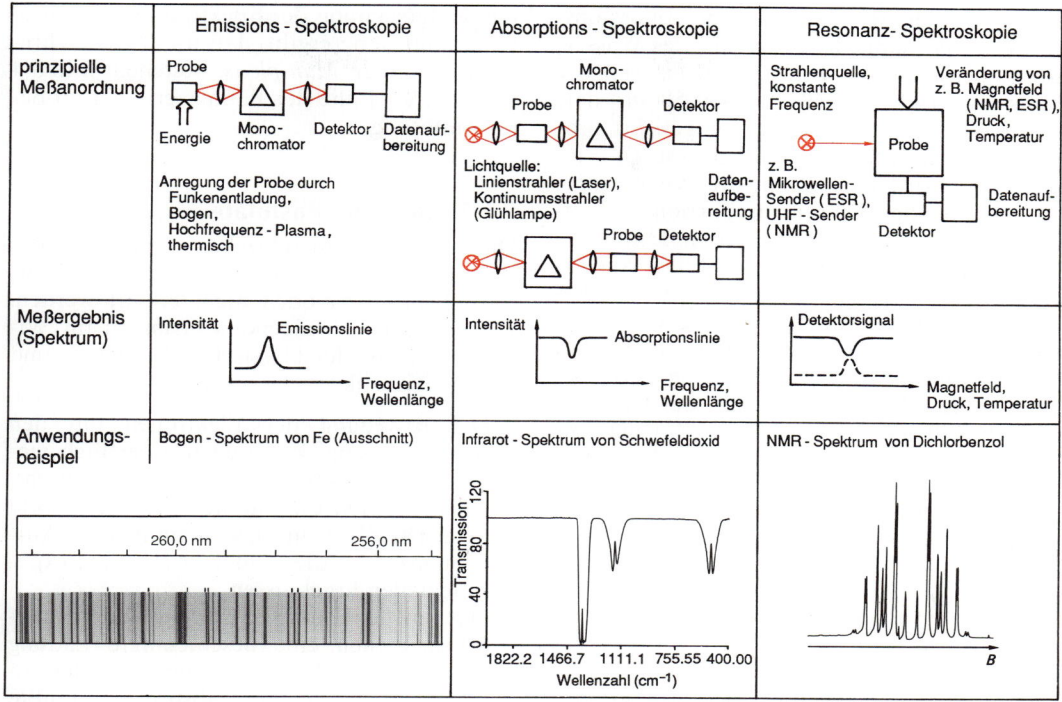

	Emissions - Spektroskopie	Absorptions - Spektroskopie	Resonanz- Spektroskopie
prinzipielle Meßanordnung	Probe — Energie / Mono-chromator / Detektor / Datenaufbereitung. Anregung der Probe durch Funkenentladung, Bogen, Hochfrequenz - Plasma, thermisch	Mono-chromator, Probe, Detektor. Lichtquelle: Linienstrahler (Laser), Kontinuumsstrahler (Glühlampe), Probe, Detektor, Datenaufbereitung	Strahlenquelle, konstante Frequenz / Probe / Detektor / Datenaufbereitung. Veränderung von z. B. Magnetfeld (NMR, ESR), Druck, Temperatur. z. B. Mikrowellen-Sender (ESR), UHF - Sender (NMR)
Meßergebnis (Spektrum)	Intensität — Emissionslinie → Frequenz, Wellenlänge	Intensität — Absorptionslinie → Frequenz, Wellenlänge	Detektorsignal → Magnetfeld, Druck, Temperatur
Anwendungsbeispiel	Bogen - Spektrum von Fe (Ausschnitt): 260,0 nm 256,0 nm	Infrarot - Spektrum von Schwefeldioxid: 1822.2 1466.7 1111.1 755.55 400.00 Wellenzahl (cm^{-1})	NMR - Spektrum von Dichlorbenzol

Bild 8-3.   Spektroskopie-Verfahren.

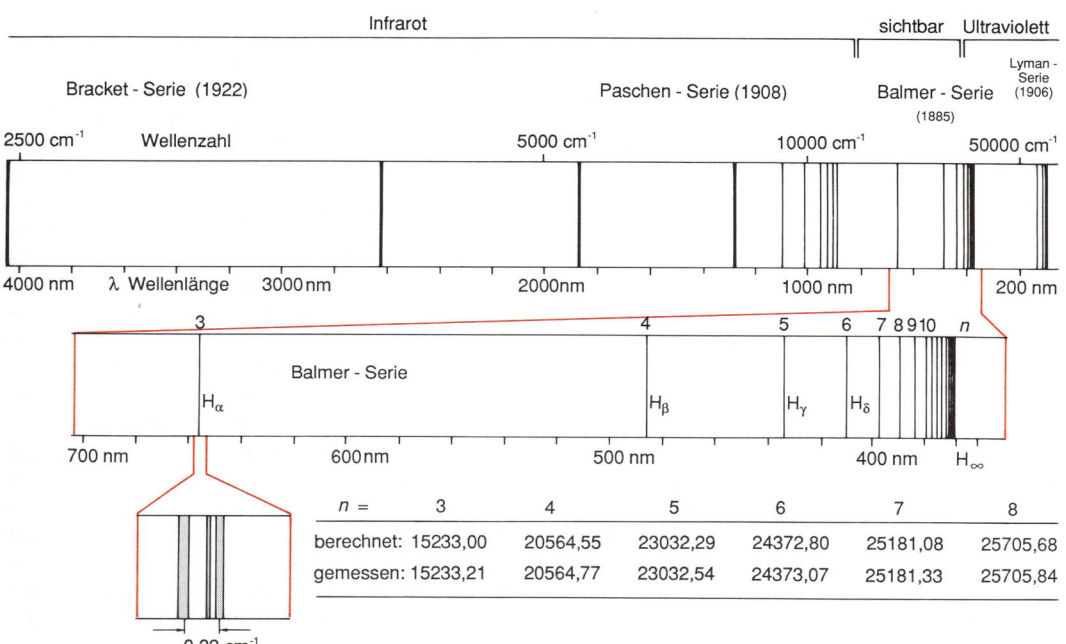

Bild 8-4.   Spektrum des Wasserstoffatoms.

$n =$	3	4	5	6	7	8
berechnet:	15233,00	20564,55	23032,29	24372,80	25181,08	25705,68
gemessen:	15233,21	20564,77	23032,54	24373,07	25181,33	25705,84

Im folgenden sei das optische Emissionsspektrum des einfachsten Atoms, des Wasserstoffs, betrachtet. In Bild 8-4 ist ein Teil des Emissionsspektrums (4050 nm bis 50 nm) dargestellt. Da die Wellenlänge umgekehrt proportional zur Strahlungsenergie ist ($E = h f = h (c/\lambda)$), wird meist nicht die Wellenlänge, sondern die der Energie proportionale Wellenzahl $\tilde{v} = 1/\lambda = E/(h c)$ angegeben. Das Spektrum setzt sich aus mehreren Serien von Linien zusammen, deren Abstand bis zur Seriengrenze immer kleiner wird. Die *Balmerserie* (J. J. BALMER, 1825 bis 1898) ist in Bild 8-4 vergrößert wiedergegeben. Die Serie beginnt im sichtbaren Bereich mit der H_α-Linie ($\lambda = 656{,}460$ nm, $\tilde{v} = 15\ 233{,}21$ cm^{-1}) und endet mit der Seriengrenze H_∞ ($\lambda = 364{,}71$ nm, $\tilde{v} = 27419{,}4$ cm^{-1}). *Balmer* stellte eine empirische Beziehung zur Berechnung der gemessenen Wellenlängen auf:

$$\lambda = \frac{n^2}{n^2 - 4}\, G \qquad (8\text{-}1)$$

Hierin ist G eine Proportionalitätskonstante und n eine ganze Zahl ($n = 3, 4, \ldots$). Diese Beziehung kann auch ausgedrückt werden als

$$\tilde{v} = \frac{1}{\lambda} = R_H \left(\frac{1}{n'^2} - \frac{1}{n^2} \right), \quad n' < n$$

$$f = \frac{c}{\lambda} = c\, R_H \left(\frac{1}{n'^2} - \frac{1}{n^2} \right). \qquad (8\text{-}2)$$

Es bedeuten:

$n' = 2$,
$\tilde{v}$ Wellenzahl der Spektrallinie,
f Frequenz der Spektrallinie,
R_H Rydberg-Konstante
  ($R_H = 4/G = 109\ 677{,}5810$ cm^{-1},
  $c\, R_H = 3{,}28805166 \cdot 10^{15}$ s^{-1}).

Die nach dieser Gleichung berechneten Wellenlängen sind in Bild 8-4 den gemessenen Werten gegenübergestellt und ergeben eine ausgezeichnete Übereinstimmung. Die weiteren Serien des Emissionsspektrums des Wasserstoffatoms können ebenfalls durch Gl. (8-2) beschrieben werden: $n' = 1$ (*Lyman*), $n' = 2$ (*Balmer*), $n' = 3$ (*Paschen*), $n' = 4$ (*Bracket*), $n' = 5$ (*Pfund*).

Die Untersuchung der Spektrallinien bei größerer Auflösung ergibt, daß diese aus mehreren Linien, den *Multipletts*, bestehen. Bild 8-4 zeigt die H_α-Linie der Balmerserie bei größerer Auflösung.

8.1.2. Bohrsche Postulate

Das vorstehend beschriebene Spektrum des Wasserstoffatoms konnte mit dem Rutherfordschen Atommodell nicht erklärt werden. Dieses steht aus folgenden Gründen im Widerspruch mit der klassischen Mechanik und Elektrodynamik:

- Die Bewegung der Elektronen um den Atomkern kann klassisch in unendlich vielen Bahnen ablaufen (Kreise, Ellipsen). Dann müßten die Atome einer Atomsorte unterschiedlich in ihrer räumlichen Ausdehnung sein; dies widerspricht allen experimentellen Ergebnissen.
- Die um den Atomkern umlaufenden Elektronen stellen eine beschleunigte Ladung dar, die nach der Elektrodynamik elektromagnetische Energie abstrahlen müßte (Hertzscher Dipol). Durch diesen ständigen Energieverlust würde sich das Elektron spiralförmig dem Kern nähern, bis es in den Kern stürzen würde. Nach der klassischen Theorie wären Atome deshalb instabil.

Zur Aufhebung dieser Widersprüche stellte 1913 N. BOHR (1885 bis 1962) drei *Postulate* auf. Bild 8-5 zeigt die Bohrschen Postulate, ihre mathematische Formulierung und die sich daraus ergebenden Konsequenzen. Demnach sind von der Vielzahl der klassisch möglichen Bahnen nur solche Bahnen erlaubt, für die der *Bahndrehimpuls* ein *ganzzahliges Vielfaches einer kleinsten Wirkungsgröße* ist ($\hbar = h/2\pi$; h: *Plancksches Wirkungsquantum*). Die Quantisierungsvorschrift des Drehimpulses nach Bohr ist in seinen Konsequenzen vergleichbar mit der Quantisierung der Energie nach *Planck*. Die Bohrschen Postulate führen ebenfalls zu *diskreten Zuständen* (Bahnen) mit der Energie E_n. Der Energieabstand zwischen den Zuständen wird bis zur *Ionisationsgrenze des Atoms* immer geringer (Bild 8-5). Nach Gl. (8-3) in Bild 8-5 ergibt sich für das Wasserstoffatom ($Z = 1$) die Energie $E_1 = -13{,}59$ eV (entspricht der Ionisierungsenergie) und

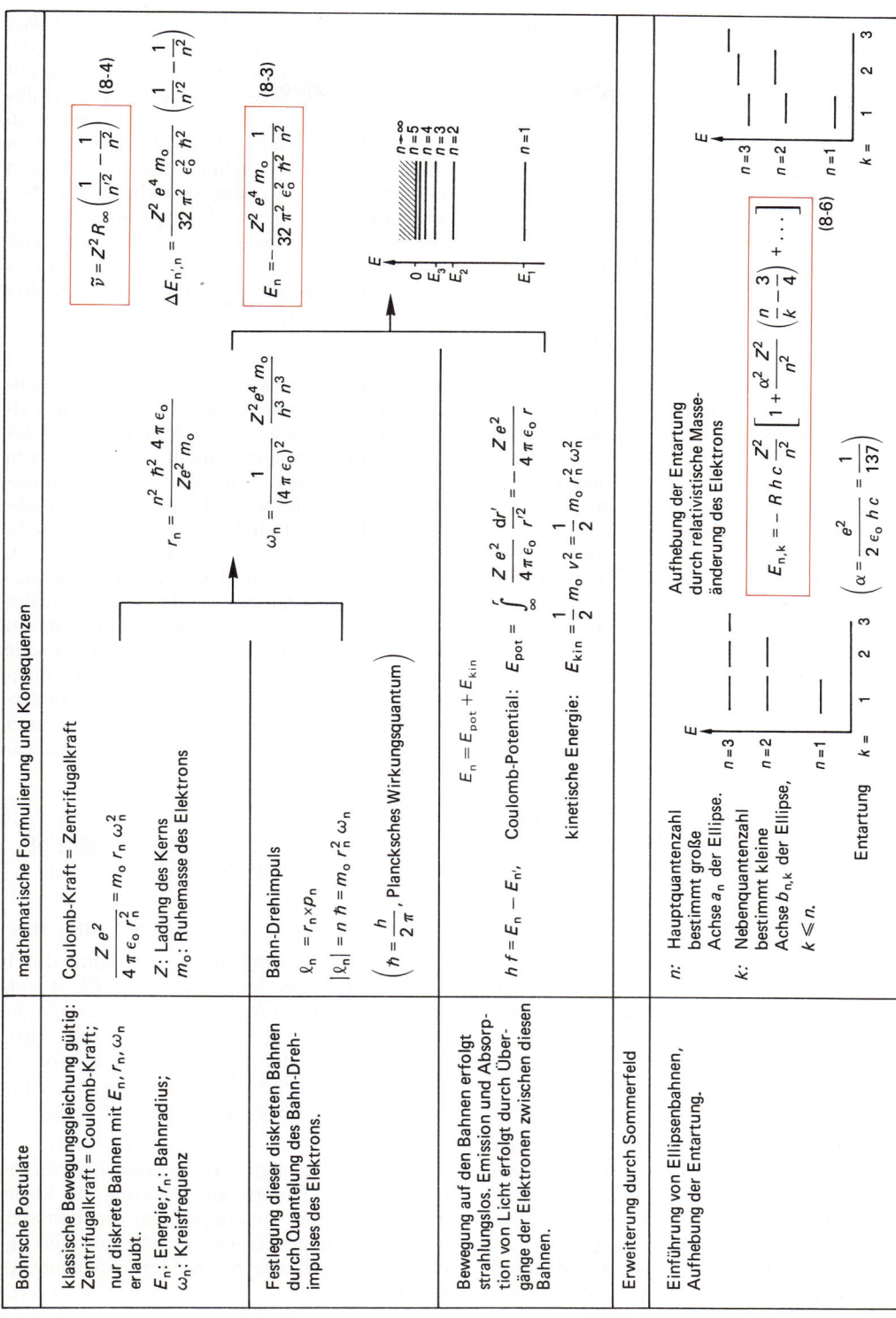

Bohrsche Postulate	mathematische Formulierung und Konsequenzen
klassische Bewegungsgleichung gültig: Zentrifugalkraft = Coulomb-Kraft; nur diskrete Bahnen mit E_n, r_n, ω_n erlaubt. E_n: Energie; r_n: Bahnradius; ω_n: Kreisfrequenz	Coulomb-Kraft = Zentrifugalkraft $$\frac{Z e^2}{4\pi\epsilon_0 r_n^2} = m_0 r_n \omega_n^2$$ Z: Ladung des Kerns m_0: Ruhemasse des Elektrons
Festlegung dieser diskreten Bahnen durch Quantelung des Bahn-Drehimpulses des Elektrons.	Bahn-Drehimpuls $$\ell_n = r_n \times p_n$$ $$|\ell_n| = n\,\hbar = m_0 r_n^2 \omega_n$$ $$\left(\hbar = \frac{h}{2\pi}, \text{Plancksches Wirkungsquantum}\right)$$
Bewegung auf den Bahnen erfolgt strahlungslos. Emission und Absorption von Licht erfolgt durch Übergänge der Elektronen zwischen diesen Bahnen.	$$E_n = E_{pot} + E_{kin}$$ $$hf = E_n - E_{n'}, \quad \text{Coulomb-Potential:} \quad E_{pot} = \int_\infty^r \frac{Z e^2}{4\pi\epsilon_0} \frac{dr'}{r'^2} = -\frac{Z e^2}{4\pi\epsilon_0 r}$$ kinetische Energie: $$E_{kin} = \frac{1}{2} m_0 v_n^2 = \frac{1}{2} m_0 r_n^2 \omega_n^2$$

Zwischenergebnisse:

$$r_n = \frac{n^2 \hbar^2}{Z e^2 m_0}\, 4\pi\epsilon_0$$

$$\omega_n = \frac{1}{(4\pi\epsilon_0)^2}\,\frac{Z^2 e^4 m_0}{h^3 n^3}$$

$$\tilde{\nu} = Z^2 R_\infty \left(\frac{1}{n'^2} - \frac{1}{n^2}\right) \qquad (8\text{-}4)$$

$$\Delta E_{n',n} = \frac{Z^2 e^4 m_0}{32\pi^2 \epsilon_0^2 \hbar^2}\left(\frac{1}{n'^2} - \frac{1}{n^2}\right)$$

$$E_n = -\frac{Z^2 e^4 m_0}{32\pi^2 \epsilon_0^2 \hbar^2}\,\frac{1}{n^2} \qquad (8\text{-}3)$$

Erweiterung durch Sommerfeld	
Einführung von Ellipsenbahnen, Aufhebung der Entartung.	n: Hauptquantenzahl bestimmt große Achse a_n der Ellipse. k: Nebenquantenzahl bestimmt kleine Achse $b_{n,k}$ der Ellipse, $k \leq n$.

Aufhebung der Entartung durch relativistische Masseänderung des Elektrons

$$E_{n,k} = -R\,h\,c\,\frac{Z^2}{n^2}\left[1 + \frac{\alpha^2 Z^2}{n^2}\left(\frac{n}{k} - \frac{3}{4}\right) + \cdots\right] \qquad (8\text{-}6)$$

$$\left(\alpha = \frac{e^2}{2\epsilon_0 h c} = \frac{1}{137}\right)$$

Bild 8-5.   Bohrsche Postulate und Erweiterung durch Sommerfeld.

der Radius $r_1 = 52,9$ pm (Bohrscher Radius a_0). Für $n = 100$ ergibt sich der Radius des Wasserstoffatoms zu $r_{100} = 5 \cdot 10^{-7}$ m; dies entspricht der Größe eines Virus. Derartige Riesenatome werden als *Rydberg-Atome* bezeichnet und haben eine Lebensdauer in der Größenordnung von Millisekunden.

Die *Absorption* von Licht erfolgt durch den Übergang des Elektrons von einem Zustand niedriger Energie in einen Zustand höherer Energie (z. B. $n = 1$ nach $n' = 2$). Die Energie $E = hf$ der absorbierten Strahlung muß der Energiedifferenz der Zustände entsprechen. Bei der *Emission* findet der umgekehrte Vorgang statt. Die Wellenzahl der dabei emittierten Strahlung berechnet sich nach Gl. (8-4) in Bild 8-5. Sie ist identisch mit der Balmer-Formel (Gl. 8-2). Die Rydberg-Konstante ist damit auf die elementaren Größen Elektronenladung e, Ruhemasse des Elektrons m_0 und das Plancksche Wirkungsquantum h zurückgeführt. Der Vergleich von R_∞ aus Gl. (8-4) mit R_H aus Gl. (8-2) ergibt einen Unterschied von etwa 60 cm^{-1}. Dieser Unterschied ist auf die Mitbewegung des Kerns zurückzuführen, dessen Masse bisher unendlich groß angenommen wurde.

Die Bohrschen Postulate gestatten die Berechnung des Wasserstoffspektrums und der wasserstoffähnlichen Spektren (Systeme mit einem Z-fach geladenen Kern und einem einzigen Hüllenelektron, z. B. He$^+$, Li^{2+}). Mit höher auflösenden Spektralapparaten wird eine Aufspaltung der Spektrallinien beobachtet. So erscheint beispielsweise die H$_\alpha$-Linie als Dublett (Aufspaltung in zwei Linien) mit einem Wellenzahlabstand von 0,33 cm^{-1}. Da diese Aufspaltung durch die Bohrschen Postulate nicht erklärbar ist, mußten sie korrigiert werden. Dies gelang A. SOMMERFELD (1868 bis 1951).

8.1.3. Quantenbedingungen nach Bohr/Sommerfeld

Bild 8-5 zeigt die Erweiterung durch Sommerfeld. In Analogie zu den Planetenbahnen (Abschn. 2.10) sind außer den Bohrschen Kreisbahnen auch *Ellipsenbahnen mit gleicher Energie* möglich. Die *große Halbachse* der Ellipse a_n bestimmt die Energie und wird durch die *Hauptquantenzahl* n beschrieben. Zur

Charakterisierung der *kleinen Halbachse* $b_{n,k}$ wird analog zu n eine neue Quantenzahl, die *Nebenquantenzahl* k, eingeführt. Für sie gilt $1 \leq k \leq n$. Das Verhältnis der beiden Halbachsen wird durch $b_{n,k}/a_n = k/n$ bestimmt. Dies bedeutet, daß zu einer Energie E_n n Energiezustände gleicher Energie gehören (*n-fache Entartung*), die sich durch die Nebenquantenzahl ($k = 1$ bis n) unterscheiden (Bild 8-5). So ist beispielsweise der Energiezustand für $n = 3$ dreifach entartet, d. h., es handelt sich um drei Energiezustände gleicher Energie mit $k = 1, 2, 3$.

Bei einer klassischen Betrachtungsweise der Bewegung des Elektrons auf einer Ellipsenbahn muß sich infolge des Drehimpulserhaltungssatzes (Flächensatz, Abschn. 2.10) das Elektron in Kernnähe schneller bewegen als in großer Entfernung. Nach der *Relativitätstheorie* nimmt die Masse des Elektrons mit zunehmender Geschwindigkeit zu (Abschn. 10.2), so daß das Elektron in Kernnähe schwerer ist. Wegen $E_n \sim m_0$ kommt es zu einer Energieabsenkung des Zustandes, die um so größer ist, je kleiner die Halbachse $b_{n,k}$ und damit die Nebenquantenzahl k ist. Das rechnerische Ergebnis von Sommerfeld ist in Bild 8-5 angegeben (Gl. (8-6)). Die relativistische Energieänderung ist abhängig von dem Quadrat einer Konstanten α, die *Sommerfeldsche Feinstrukturkonstante* genannt wird:

$$\alpha = \frac{\text{Geschwindigkeit des Elektrons auf der 1. Bohr-Bahn}}{\text{Lichtgeschwindigkeit}}$$

und beträgt $\alpha = 1/137,036 = 7,2973506 \cdot 10^{-3}$. Eine genaue Bestimmung von α kann durch den von K. VON KLITZING (geb. 1943) entdeckten *Quanten-Hall-Effekt* vorgenommen werden (Abschn. 8.2.5). Infolge der relativistischen Massenänderung des Elektrons wird die Entartung aufgehoben und führt zu einer Aufspaltung der Spektrallinien (Bild 8-5).

Trotz dieser großen Erfolge der Bohr-Sommerfeldschen Theorie zur Deutung der Spektren von Einelektronensystemen ergaben sich unüberwindliche Schwierigkeiten bei der Berechnung der Spektren von Mehrelektronensystemen.

8.2. Quantentheorie

Die klassische Physik umfaßt die Mechanik (Newton) und die Elektrodynamik (Maxwell). Eine Konsequenz der Maxwellgleichungen ist das Auftreten elektromagnetischer Wellen. Das klassische Weltbild umfaßt somit

- *Materie:* punktförmige Teilchen mit der Masse m und der Ladung Q,
- *Strahlung:* elektromagnetische Wellen,
- *Kräfte:* Gravitationskraft und Lorentz-Kraft.

(Die Lorentz-Kraft ist das Kopplungsglied zwischen Mechanik und Elektrodynamik.)

Mit der klassischen Physik konnten aber nicht alle experimentellen Befunde erklärt und berechnet werden. In Bild 8-6 sind einige grundlegende Experimente zusammengestellt, deren Ergebnisse einen Widerspruch zur klassischen Physik darstellen.

Plancks Einführung der Quantenhypothese zur Beschreibung der *schwarzen Strahlung* (*Hohlraumstrahlung*, Abschn. 6.5.3) führte zu einer völligen Revision des physikalischen Weltbildes. Hierbei geht es um die Beschreibung des Energieaustausches zwischen Materie und Strahlung, die nach der klassischen Theorie kontinuierlich erfolgt, so daß die Energie im Lauf der Zeit vollständig aus der Materie in die Strahlung übergeht. Dies ist dann nicht mehr möglich, wenn die Energie in bestimmten Portionen (Quanten) beieinander bleibt. Die Strahlung ist somit ein Teilchenstrom aus Energie-Quanten (*Photonen*) mit der Energie $E = hf = \hbar\omega$ (Plancksches Wirkungsquantum h, $\omega = 2\pi f$) und dem Impuls $p = h/\lambda = \hbar k$ (Wellenzahl $k = 2\pi/\lambda$). Dieser Teilchencharakter der Strahlung zeigt sich deutlich bei der Beschreibung des *lichtelektrischen Effekts* und der *Compton-Streuung* (Bild 8-6, s. Abschn. 6.5.1.1 und Abschn. 6.5.1.2).

De Broglie stellte 1925 die Hypothese auf, daß jedem freien Teilchen eine Welle zugeordnet werden kann, dessen Wellenlänge durch

$$\lambda = h/p ;$$
$$p = m\,v \text{ (Impuls des Teilchens)} \tag{8-7}$$

gegeben ist (Abschn. 6.5.5). Diese Umkehrung der Planckschen Vorstellung, daß die Teilchen ebenso Wellencharakter haben, wurde 1927 eindrucksvoll durch die Experimente von C. J. DAVISSON (1881 bis 1958) und L. H. GERMER (1896 bis 1971) bestätigt. Die aus dem Interferenzmuster der Beugung von Elektronen an einer Kristalloberfläche ermittelte Wellenlänge der Elektronen entspricht der De-Broglie-Wellenlänge (Gl. 8-7).

Anhand der in Bild 8-6 zusammengestellten Experimente wird deutlich, daß Materie und Strahlung eine Doppelnatur aufweisen, in dem sie sich je nach Experiment einmal als Welle, ein anderesmal als Teilchen verhalten (*Dualismus Welle–Teilchen*). Es ist offensichtlich, daß Materie nicht gleichzeitig aus Wellen und Partikeln bestehen kann. Dieser Dualismus ist somit nichts anderes als der Ausdruck unserer Unzulänglichkeit, das Verhalten der uns umgebenden Objekte widerspruchsfrei zu beschreiben. Die Beschreibung von Vorgängen und die Begriffsbildung stammen aus unserer Erfahrung des täglichen Lebens. Begriffe wie Ort, Impuls oder Energie verbinden wir mit Körpern, die sich für uns sichtbar bewegen; die Begriffe Wellenlänge und Frequenz bringen wir in Zusammenhang mit Wasserwellen oder der Farbe des Lichts. Objekte unserer Anschauung bestehen aus vielen Teilchen (Moleküle, Atome). Betrachten wir dagegen einzelne Atome oder atomare Prozesse, so sind diese unserer Anschauung nicht direkt zugänglich, so daß eine Beschreibung mit makroskopisch gewonnenen Begriffen widersprüchlich sein muß. Durch die mathematische Beschreibung in der Quantentheorie wird der Widerspruch beseitigt, und der Dualismus tritt nicht auf, da man sich von der Anschauung löst. Die Grenze der Anwendbarkeit des Partikel- oder Wellenbildes ergibt sich aus der Unschärferelation und damit durch die Größe des Planckschen Wirkungsquantums (vgl. Bild 1-2 in Abschn. 1.2).

8.2.1. Hamilton-Operator

Extremalprinzipien (d.h., bestimmte physikalische Größen werden zu Extremwerten) spielen in der Physik eine bedeutende Rolle zur Erklärung von Zustandsänderungen bzw. Bewegungsabläufen. In der Thermodynamik laufen beispielsweise Prozesse so ab, daß die Gesamtentropie ein Maximum annimmt. In der Optik muß nach dem *Fermatschen Prinzip* (Abschn. 6.1) der optische Weg (Produkt aus

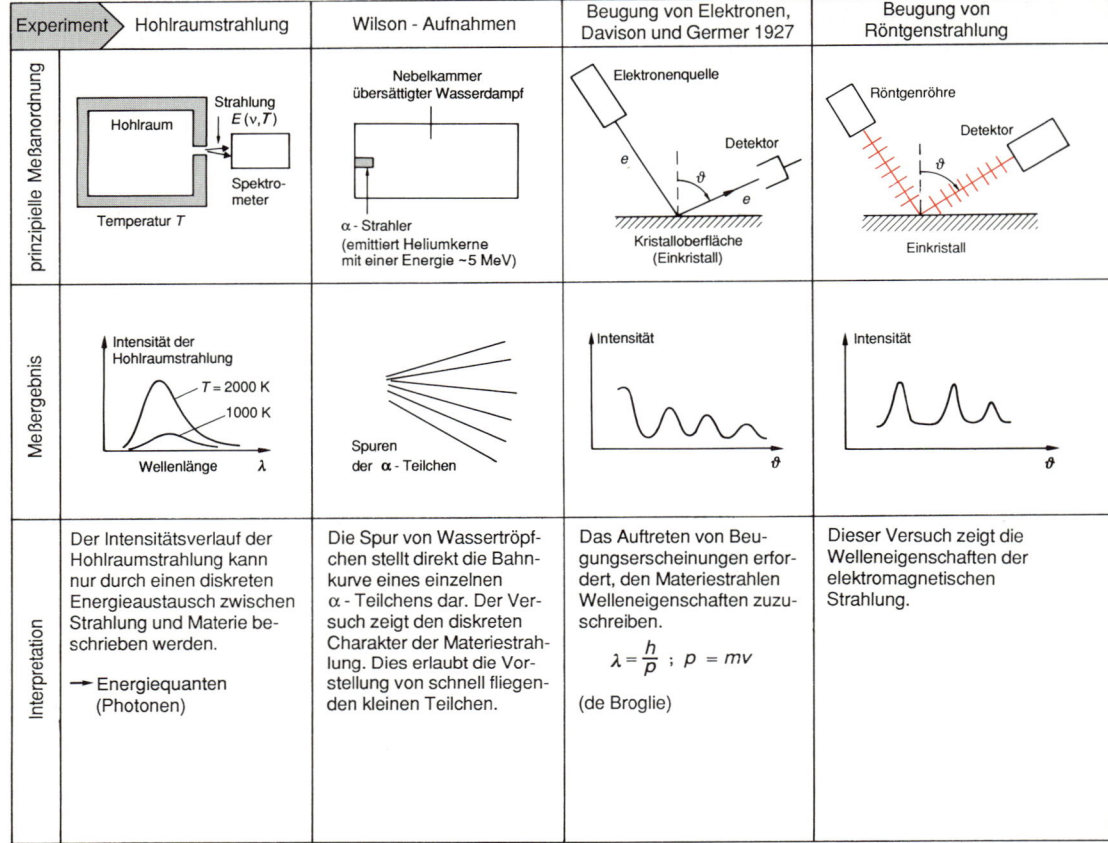

Experiment	Hohlraumstrahlung	Wilson - Aufnahmen	Beugung von Elektronen, Davison und Germer 1927	Beugung von Röntgenstrahlung

Bild 8-6.   *Grundlegende Experimente zur Quantentheorie.*

Brechungsindex und geometrischem Weg) einen Extremwert annehmen (i. a. ein Minimum). Für Bewegungen der Mechanik existiert ebenfalls ein Extremalprinzip, das *Hamiltonsche Prinzip* (W. R. HAMILTON, 1805 bis 1865), nach dem die *Wirkung* (Energie mal Zeit) *extremal* wird.

Ein mechanisches System wird durch den zeitlichen Verlauf der Ortskoordinaten der Systembestandteile (Bewegungsgleichung) beschrieben. Für die Bewegung eines Teilchens kann dies beispielsweise durch die Bewegungsgleichungen $x(t)$, $y(t)$ und $z(t)$ erfolgen. In vielen Fällen sind die Bewegungsmöglichkeiten der Systembestandteile durch Zwangsbedingungen oder Bindungen eingeschränkt. Wenn beispielsweise die Bewegung eines Teilchens nur in einer Ebene stattfindet, ist z konstant, so daß $z(t)$ entfällt. Durch derartige Bindungen wird die Anzahl der *Freiheitsgrade*

des Systems verringert. Für ein System aus n Teilchen ergibt sich die Anzahl der Freiheitsgrade zu $f = 3n - r$ mit r als der Anzahl der Bindungen.

Für jedes dieser n Teilchen gilt die Newtonsche Bewegungsgleichung, beispielsweise für das i-te Teilchen in x-Richtung $F_{xi} = m_i \ddot{x}_i$. Die r Bindungen verknüpfen die Koordinaten der n Teilchen untereinander. Deshalb sind die Newtonschen Bewegungsgleichungen der einzelnen Teilchen voneinander abhängig (gekoppelt). Die Lösungen solcher gekoppelter Bewegungsgleichungen sind, wenn überhaupt, nur mit sehr großem mathematischem Aufwand zu finden. Um dieses Problem generell und einfacher zu lösen, werden für ein System mit f Freiheitsgraden f voneinander unabhängige (generalisierte) Koordinaten $q_k = q_k(t)$ $(k = 1, 2, \ldots f)$ gesucht. Solche generalisierte Koordinaten müssen nicht nur Raumkoordi-

lichtelektrischer Effekt	Compton - Streuung	Franck - Hertz - Versuch
Klassisch muß die Energie der Photoelektronen proportional der Intensität der Welle sein, unabhängig von der Frequenz. Teilcheninterpretation durch Einstein (1904); Photonen der Energie hf übertragen ihre Energie an das Elektron. $$hf - W_A = \frac{1}{2} mv^2$$ W_A: Austrittsarbeit Aus der Geradensteigung kann h bestimmt werden.	Klassisch werden die Elektronen durch die einfallende Strahlung zu erzwungenen Schwingungen angeregt $\Rightarrow f_0 = f'$. Teilcheninterpretation des Lichts bedingt den Stoß zwischen einem Photon und dem Elektron unter Anwendung der mechanischen Stoßgesetze für Massepunkte: $$E = hf; \quad p = h/\lambda.$$ → korpuskulare Natur der elektromagnetischen Strahlung	Die aus dem Heizdraht emittierten Elektronen werden beschleunigt und laufen nach dem Gitter gegen eine Bremsspannung U_B an. Bei geringer Beschleunigungsspannung U_G finden nur elastische Stöße mit den Gasatomen (z.B. Hg) statt. Ab einer Beschleunigungsspannung U_0 können auch inelastische Stöße stattfinden, wodurch die Elektronen Energie verlieren und U_B nicht überwinden können. → Das Atom kann Energie nur in Portionen aufnehmen; diskrete Energiezustände.

naten, sondern können auch zusammengesetzte Größen sein.

Zur Beschreibung des Zustands eines Teilchensystems genügt nicht allein die Kenntnis der Lagen x_i der Teilchen, sondern es müssen auch deren Geschwindigkeiten $\dot{x}_i$ bekannt sein. Dies ergibt sich aus der Newtonschen Formulierung der Mechanik ($F = m\,\ddot{x}$). Ist die Kraft F als Funktion der Zeit bekannt, so kann die Zukunft des Systems (Entwicklung) nur berechnet werden, wenn die zur Lösung der Differentialgleichung zweiter Ordnung notwendigen zwei Integrationskonstanten ($\dot{x}_i$, x_i) zu einem bestimmten Zeitpunkt t bekannt sind. Für eine Beschreibung des Systems durch *generalisierte Koordinaten* muß entsprechend q_k und $\dot{q}_k = dq_k/dt$ ($k = 1, 2, \ldots f$) zu einem bestimmten Zeitpunkt bekannt sein. Für ein System mit einem Freiheitsgrad ($f = 1$) kann der Zustand eines Systems zu

einem bestimmten Zeitpunkt t als Punkt in einem Koordinatensystem mit den Koordinaten q und $\dot{q}$ dargestellt werden (*Phasenraum*). In Bild 8-7 sind die Zustände des Systems zum Zeitpunkt $t_1 (q_1, \dot{q}_1)$ und $t_2 (q_2, \dot{q}_2)$ dargestellt. Die zeitliche Entwicklung des Systems von t_1 nach t_2 kann auf verschiedenen Wegen erfolgen. Aus der Vielzahl möglicher Wege bestimmt das Hamiltonsche Prinzip den Weg, für den gilt:

> Die Wirkung W (gleich Energie mal Zeit) entlang des Wegs im Phasenraum muß einen Extremwert annehmen.
> $$W = \int_{t_1}^{t_2} L(q_1, \ldots, q_f, \dot{q}_1, \ldots, \dot{q}_f, t)\, dt$$
> $$\rightarrow \text{Extremwert}. \quad (8\text{-}8)$$

Die Funktion L wird *Lagrange-Funktion* bezeichnet. Sie ist eine Energie, für die gilt

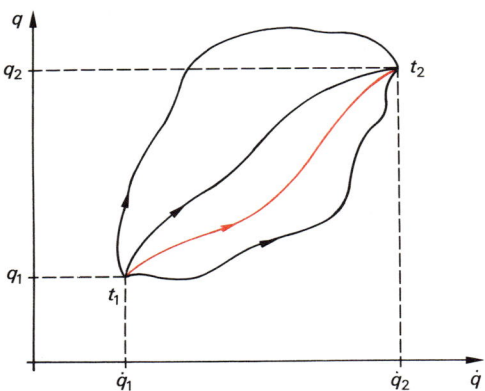

Bild 8-7.   Phasenraum.

$L = E_{kin} - V$. (V ist die potentielle Energie.) Eine andere Formulierung von Gl. (8-8) mit Hilfe der Variationsrechnung ergibt

$$\frac{d}{dt}\frac{\partial L}{\partial \dot{q}_k} - \frac{\partial L}{\partial q_k} = 0; \quad k = 1, 2, \ldots, f. \quad (8\text{-}9)$$

Durch Einführung des *generalisierten Impulses*

$$p_k = \frac{\partial L(q_1, \ldots, q_f, \dot{q}_1, \ldots, \dot{q}_f, t)}{\partial \dot{q}_k};$$
$$k = 1, 2, \ldots, f \quad (8\text{-}10)$$

ergibt sich aus der Lagrange-Funktion (Gl. 8-8) eine neue Funktion, die *Hamilton-Funktion* $H(p_k, q_k, t)$. Sie stellt i.a. die Gesamtenergie des Systems dar:

$$H = E_{kin} + V. \quad (8\text{-}11)$$

Für ein Teilchen in einem Potential $V(x)$ ergibt sich die Hamilton-Funktion für den eindimensionalen Fall zu

$$H = \frac{p_x^2}{2\,m} + V(x) = E_{gesamt}. \quad (8\text{-}12)$$

Durch Ableitung der Hamilton-Funktion nach den generalisierten Impulsen p_k und den generalisierten Koordinaten q_k ergeben sich die Bewegungsgleichungen

$$\frac{\partial H}{\partial p_k} = \dot{q}_k; \quad \frac{\partial H}{\partial q_k} = -\dot{p}_k; \quad k = 1, 2, \ldots, f. \quad (8\text{-}13)$$

Beispiel

8.2-1: Man bestimme die Bewegungsgleichung eines mathematischen Pendels (Abschn. 5.1.2.3, Bild 5-7) mit Hilfe des Hamiltonschen Prinzips.

Lösung:

Die Anzahl der Freiheitsgrade einer Masse m ist 3. Bindungen: Bewegung nur in der Ebene ($z = 0$), Abstand der Masse m zum Aufhängepunkt ist konstant:

$$f = 3 - r = 3 - 2 = 1.$$

Das System hat einen Freiheitsgrad und kann durch eine generalisierte Koordinate $q = \beta(t)$ beschrieben werden. Für die Lagrange-Funktion ergibt sich

$$L = E_{kin} - V = \tfrac{1}{2}\,m\,(\dot{x}^2 + \dot{y}^2 + \dot{z}^2) - m\,g\,y.$$

Mit den Bindungen $z = 0$, $x = l\sin\beta$, $y = l(1 - \cos\beta)$ lautet die Lagrange-Funktion

$$L = \tfrac{1}{2}\,m\,l^2\,\dot{\beta}^2 - m\,g\,l\,(1 - \cos\beta).$$

Nach Gl. (8-10) berechnet sich der zu β gehörige Impuls p_β zu $p_\beta = \partial L / \partial \dot{\beta} = m\,l^2\,\dot{\beta}$. Damit ergibt sich die Hamilton-Funktion zu

$$H(q_k, p_k) = E_{kin} + V = \sum_k p_k\,\dot{q}_k - L = H(\beta, p_\beta);$$

$$H = \frac{1}{2}\,\frac{p_\beta^2}{m\,l^2} + m\,g\,l\,(1 - \cos\beta).$$

Für die Bewegungsgleichung ergibt sich nach Gl. (8-13)

$$\frac{\partial H}{\partial p_\beta} = \dot{\beta} = \frac{p_\beta}{m\,l^2}; \quad \frac{\partial H}{\partial \beta} = -\dot{p}_\beta = m\,g\,l\sin\beta.$$

Daraus ergibt sich

$$\ddot{\beta} + \frac{g}{l}\sin\beta = 0.$$

8.2.2. Schrödinger-Gleichung

Nach *de Broglie* kann dem Teilchen eine Welle Ψ mit dem Wellenvektor $\boldsymbol{k} = \boldsymbol{p}/\hbar$ und der Kreisfrequenz ω zugeordnet werden:

$$\Psi(x, t) = a\,e^{(ik_x x - i\omega t)} = a\,e^{\frac{i}{\hbar}(p_x x - E t)}$$
$$(E = \hbar\,\omega; \; p_x = \hbar\,k_x; \; i = \sqrt{-1}). \quad (8\text{-}14)$$

Die Bestrahlung eines Spalts beispielsweise mit Elektronen führt zu einem Beugungsbild, das zum einen im Wellenbild und zum andern im Teilchenbild erklärt werden kann, wie Bild 8-8 verdeutlicht. Im Wellenbild ergibt sich

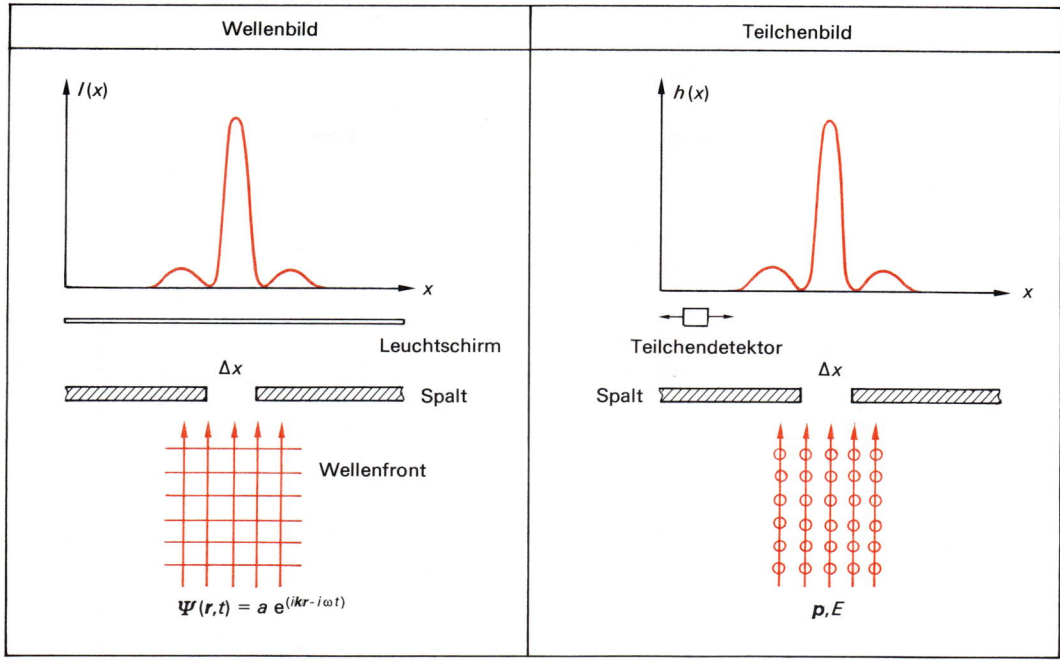

Wellenbild	Teilchenbild

$\Psi(\mathbf{r}, t) = a\, e^{(i\mathbf{kr} - i\omega t)}$ $\mathbf{p}, E$

Bild 8-8.   Beugung am Spalt.

für die *Intensitätsverteilung* $I(x) = |\Psi(x, t)|^2$ (Abschn. 6.4.1.4). Im Teilchenbild ist die Intensitätsverteilung durch die Häufigkeitsverteilung $h(x)$ (Anzahl der Elektronen je Wegelement) gegeben. Da beide Bilder ein und dasselbe Experiment beschreiben, muß gelten

$$I(x) \underset{\text{Wellenbild}}{\sim} |\Psi(x, t)|^2 \underset{\text{Teilchenbild}}{\sim} h(x). \qquad (8\text{-}15)$$

Die Häufigkeit $h(x)$ dividiert durch die Gesamtanzahl der gemessenen Teilchen (z. B. Anzahl der Elektronen) ergibt die Wahrscheinlichkeit, ein Elektron am Ort x anzutreffen. Wie aus Gl. (8-15) hervorgeht, kann $|\Psi(x, t)|^2$ somit als *Wahrscheinlichkeit* (genauer als *Wahrscheinlichkeitsdichte*) interpretiert werden. Für die Aufenthaltswahrscheinlichkeit w eines Elektrons in einem Volumenelement $dV = dx\, dy\, dz$ gilt

$$w = |\Psi(x, y, z, t)|^2\, dV. \qquad (8\text{-}16)$$

Damit ist ein wichtiger Unterschied zur klassischen Physik aufgezeigt. In der klassischen Physik wird das Teilchen durch seine Bahn-

kurve $\mathbf{r}(t)$ beschrieben, in der Quantentheorie dagegen nur durch seine Aufenthaltswahrscheinlichkeit $|\Psi|^2\, dV$.

Die Fundamentalgleichung der Quantentheorie, die die Bestimmung von Ψ ermöglicht, ist die *Schrödinger-Gleichung* (E. SCHRÖDINGER, 1887 bis 1961). Sie ist vergleichbar mit der Newtonschen Bewegungsgleichung, aus der die Bahnkurve $\mathbf{r}(t)$ bestimmt wird. Die zeitabhängige Schrödingergleichung lautet

$$\left(-\frac{\hbar^2}{2m}\,\Delta + V(\mathbf{r})\right)\Psi(\mathbf{r}, t) = i\,\hbar\,\frac{\partial}{\partial t}\,\Psi(\mathbf{r}, t) \qquad (8\text{-}17)$$

mit den Größen

m Masse des Teilchens,
$V(\mathbf{r})$ Potentielle Energie; $\mathbf{r} = (x, y, z)$,
Δ Laplace-Operator:

$$\Delta = \frac{\partial^2}{\partial x^2} + \frac{\partial^2}{\partial y^2} + \frac{\partial^2}{\partial z^2} = \left(\frac{\partial}{\partial x}, \frac{\partial}{\partial y}, \frac{\partial}{\partial z}\right)^2 = \nabla^2.$$

Die Wellenfunktion $\Psi(\mathbf{r}, t)$ kann in einen orts- und zeitabhängigen Anteil getrennt werden:

$\Psi(r, t) = e^{-iEt/\hbar}\,\psi(r)$. Durch Einsetzen in die zeitabhängige Schrödinger-Gleichung (Gl. (8-17)) ergibt sich die *zeitunabhängige Schrödinger-Gleichung*:

$$\left(-\frac{\hbar^2}{2m}\,\Delta + V(r)\right)\psi(r) = E\,\psi(r). \quad (8\text{-}18)$$

Wird in die zeitabhängige Schrödinger-Gleichung die ebene Welle $\Psi(r, t) = a\,e^{\frac{i}{\hbar}(pr - Et)}$ für ein freies Teilchen ($V(r) = 0$) eingesetzt, so erhält man (unter Berücksichtigung von $p\,r = p_x\,x + p_y\,y + p_z\,z$) als Lösung

$$-\frac{\hbar^2}{2m}\,\Delta\left(a\,e^{\frac{i}{\hbar}(pr - Et)}\right) = i\,\hbar\,\frac{\partial}{\partial t}\left(a\,e^{\frac{i}{\hbar}(pr - Et)}\right),$$

$$\frac{p^2}{2m} = E. \quad (8\text{-}19)$$

Dies ist die kinetische Energie eines freien Teilchens in der klassischen Physik.

Wird die Operation $-\hbar^2\Delta = -\hbar^2\nabla^2$ auf die Wellenfunktion eines freien Teilchens angewandt, so erhält man mit $2mE$ (s. Gl. (8-19)) das Quadrat des Teilchenimpulses. Zieht man die Quadratwurzel aus der Operation $-\hbar^2\nabla^2$, so ergibt sich $\frac{\hbar}{i}\nabla = \frac{\hbar}{i}\left(\frac{\partial}{\partial x}, \frac{\partial}{\partial y}, \frac{\partial}{\partial z}\right)$. Die Anwendung dieser Operation auf die Wellenfunktion $\psi(r)$ liefert den Impuls p des Teilchens:

$$\frac{\hbar}{i}\nabla\left(e^{\frac{i}{\hbar}pr}\right) = p\,e^{\frac{i}{\hbar}pr}. \quad (8\text{-}20)$$

Aus Gl. (8-19) und (8-20) ergibt sich, daß der klassische Impuls p in der Quantentheorie durch den *Impulsoperator* $\hat{p} = (\hbar/i)\,\nabla$ ersetzt wird. Tabelle 8-1 zeigt eine Gegenüberstellung der klassischen und quantenmechanischen Beschreibung von Systemen. Daraus ist ersichtlich, daß die mathematische Abbildung des Systems im *klassischen Fall* durch *Skalare* und *Vektoren* geschieht, die in der *Quantenmechanik* durch *Operatoren* ersetzt werden. Operatoren sind Rechenvorschriften (z. B. Differentiation, Multiplikation), die auf eine Wellenfunktion ψ anzuwenden sind. Zur

Tabelle 8-1. Klassisches und quantenmechanisches System.

Meßgröße (Observable)	klassische Beschreibung	quantenmechanische Beschreibung
	Vektoren und Skalare	Operatoren
Ortsvektor:	r $\quad x, y, z$	Ortsoperator: $\hat{r}$ $\quad \hat{x} = x;\ \hat{y} = y;\ \hat{z} = z$
Impulsvektor:	p $\quad p_x, p_y, p_z$	Impulsoperator: $\hat{p} = \frac{\hbar}{i}\nabla\left(\frac{\partial}{\partial x}, \frac{\partial}{\partial y}, \frac{\partial}{\partial z}\right)$ $\quad p_x = \frac{\hbar}{i}\frac{\partial}{\partial x};\ p_y = \frac{\hbar}{i}\frac{\partial}{\partial y};\ p_z = \frac{\hbar}{i}\frac{\partial}{\partial z}$
Energie:	$E = E_{kin} + V(r)$	Energie: $V(\hat{r});\ E_{kin} = \frac{\hat{p}^2}{2m};\ \hat{E} = i\hbar\frac{\partial}{\partial t}$
Drehimpulsvektor:	$l = r \times p$	Drehimpulsoperator: $\hat{l} = \frac{\hbar}{i}(\hat{r}\times\nabla)$ $\quad l_x = \frac{\hbar}{i}\left(y\frac{\partial}{\partial z} - z\frac{\partial}{\partial y}\right)$ $\quad l^2 = l_x^2 + l_y^2 + l_z^2$

	Vektorrechnung – Vektoranalysis	Operatorenalgebra
mathematische Abbildung des physikalischen Systems		
Gesamtenergie des Systems (Hamilton-Funktion)	$H(\boldsymbol{r}(t), \boldsymbol{p}(t)) = E_{\mathrm{kin}}(\boldsymbol{r}(t), \boldsymbol{p}(t)) + V(\boldsymbol{r}(t))$	$\hat{H}(\hat{x}, \hat{y}, \hat{z}, \hat{p}_x, \hat{p}_y, \hat{p}_z) = E_{\mathrm{kin}}(\hat{x}, \hat{y}, \hat{z}, \hat{p}_x, \hat{p}_y, \hat{p}_z) + V(\hat{x}, \hat{y}, \hat{z})$
Beschreibung der zeitlichen und räumlichen Entwicklung des Systems	$$\frac{\partial H}{\partial x} = -\dot{p}_x; \quad \frac{\partial H}{\partial y} = -\dot{p}_y; \quad \frac{\partial H}{\partial z} = -\dot{p}_z$$ $$\frac{\partial H}{\partial p_x} = \dot{x}; \quad \frac{\partial H}{\partial p_y} = \dot{y}; \quad \frac{\partial H}{\partial p_z} = \dot{z}$$ Lösung dieser Gleichungen liefert die Bahnkurve des Teilchens (Bewegungsgleichung): $$\Rightarrow \boldsymbol{r}(t)$$	$$\hat{H}\Psi(\boldsymbol{r}, t) = i\hbar \frac{\partial}{\partial t}\Psi(\boldsymbol{r}, t)$$ zeitabhängige Schrödinger-Gleichung Lösung der Schrödinger-Gleichung liefert die Wellenfunktion $\Rightarrow \Psi(\boldsymbol{r}, t)$ Skalar (reell, komplex) Es gibt keine Bahnkurve eines Teilchens, sondern nur seine Wahrscheinlichkeit $\Psi(\boldsymbol{r}, t)\,\Psi^*(\boldsymbol{r}, t)\,\mathrm{d}V$, es in dem Volumen $\mathrm{d}V$ anzutreffen: $$\underbrace{\Psi(\boldsymbol{r}, t)\,\Psi^*(\boldsymbol{r}, t)}_{\substack{\text{Wahrscheinlich-}\\\text{keitsdichte}}} = |\Psi(\boldsymbol{r}, t)|^2 \geqq 0 \ (*\text{ konjugiert komplex})$$ $$\int_{-\infty}^{+\infty}\Psi\Psi^*\,\mathrm{d}V = 1$$ Ψ enthält alle verfügbaren Informationen über das System.
Meßprozeß	Die Observablen können zu jedem Zeitpunkt unabhängig voneinander genau gemessen werden, beispielsweise Ort und Impuls. – Das System wird durch den Meßvorgang nicht verändert.	Der Meßprozeß verändert das System, so daß beispielsweise Ort und Impuls nicht gleichzeitig scharf meßbar sind. Unschärferelation $\Delta x\,\Delta p_x \geqq \dfrac{\hbar}{2}$
Korrespondenzprinzip	Die Definitionsgleichungen der klassischen Mechanik, die keine Ableitungen enthalten, gelten auch für die entsprechenden Operatoren der Quantenmechanik. – Wenn das quantenmechanische System „genügend groß" wird, muß die Quantenmechanik in die klassische Mechanik übergehen.	

Unterscheidung zwischen klassischer Größe und Operator versieht man die physikalische Größe mit dem Zeichen ^. Aus dem Quadrat des Impulses $p^2 = p_x^2 + p_y^2 + p_z^2$ ergibt sich für den entsprechenden Operator

$$\hat{p}^2 = -\hbar^2 \left(\frac{\partial^2}{\partial x^2} + \frac{\partial^2}{\partial y^2} + \frac{\partial^2}{\partial z^2} \right) = -\hbar^2 \Delta . \tag{8-21}$$

Wird dieser Ausdruck in die Schrödinger-Gleichung (8-18) eingesetzt, so ergibt sich

$$\underbrace{\left(\frac{\hat{p}^2}{2m} + V(\hat{x}, \hat{y}, \hat{z}) \right)}_{\hat{H}} \psi(x, y, z) = E \psi(x, y, z) . \tag{8-22}$$

Der Operator $\hat{H}$ ist die quantenmechanische Übersetzung der Hamilton-Funktion $H = p^2/(2m) + V(x, y, z) = E_{gesamt}$, in der die klassischen Größen durch die Operatoren ersetzt worden sind (*Korrespondenz-Prinzip*).

In Tabelle 8-1 ist die räumliche und zeitliche Entwicklung des Systems im klassischen und quantenmechanischen Fall beschrieben. Die Beschreibung eines quantenmechanischen Systems erfolgt durch eine Wellenfunktion, die alle verfügbaren Informationen über das System enthält. Die Meßgrößen werden dabei durch Operatoren dargestellt. Die möglichen Meßwerte des Operators $\hat{A}$ sind die Eigenwerte a des Operators. Man erhält diese durch Anwendung des Operators auf die zu diesem Eigenwert gehörige Wellenfunktion, die *Eigenfunktion* genannt wird. Es ergibt sich die *Eigenwertgleichung*

Operator · Eigenfunktion	Eigenwert · Eigenfunktion
$\hat{A} \quad \cdot \quad \psi_n(\boldsymbol{r})$	$= \quad a \quad \cdot \quad \psi_n(\boldsymbol{r})$.

$$\tag{8-23}$$

Diese reellen Eigenwerte a können diskret (a_n, $n = 1, 2, 3, \ldots, k$) oder kontinuierlich sein. Befindet sich das quantenmechanische System nicht in einem Eigenzustand ψ_n sondern in einem allgemeinen Zustand, so ergibt sich für den Operator $\hat{A}$ ein schwankender Meßwert mit Mittelwert $\bar{a}$ (*Erwartungswert*):

$$\bar{a} = \int_{-\infty}^{+\infty} \psi^*(\boldsymbol{r}) \, \hat{A} \, \psi(\boldsymbol{r}) \, dV . \tag{8-24}$$

ψ^* ist die konjugiert komplexe Funktion zu $\psi(\boldsymbol{r})$. Ein solcher allgemeiner Zustand $\psi(\boldsymbol{r})$ ergibt sich durch lineare Überlagerung (*Superposition*) der Eigenzustände $\psi_n(\boldsymbol{r})$ entsprechend

$$\psi(\boldsymbol{r}) = \sum_n c_n \psi_n(\boldsymbol{r}) \tag{8-25}$$

mit c_n als Faktor, der auch komplex sein kann. Voraussetzung ist stets, daß die Wellenfunktion normiert ist, so daß gilt

$$\int_{-\infty}^{+\infty} \psi^*(\boldsymbol{r}) \, \psi(\boldsymbol{r}) \, dV = 1 . \tag{8-26}$$

Dies bedeutet, daß die Wahrscheinlichkeit eins ist, das Teilchen irgendwo im Raum anzutreffen. Deshalb muß die Wellenfunktion für $r \rightarrow \pm \infty$ schnell gegen null gehen oder periodisch sein.

Im folgenden soll die Lösung der Schrödinger-Gleichung für einige konkrete Probleme, den *Potentialtopf*, den *harmonischen Oszillator* und die *Potentialschwelle* genauer betrachtet werden. In Bild 8-9 ist die Schrödinger-Gleichung für diese Potentiale mit den Randbedingungen und den Lösungen angegeben. Aus diesen Beispielen ist ersichtlich, daß zur Lösung der Differentialgleichung bei den vorgegebenen Randbedingungen ein erheblicher mathematischer Aufwand erforderlich ist.

Betrachtet man das quantenmechanische Ergebnis des *Rechteckpotentials* und des harmonischen Oszillators, so zeigt sich als fundamentaler Unterschied zum klassischen Ergebnis, daß nur diskrete Energiezustände E_n erlaubt sind. Die Aufeinanderfolge der Energieniveaus wird durch eine ganze Zahl n bestimmt, die als Quantenzahl bezeichnet wird. Beim Rechteckpotential ($E_n \sim n^2$) nimmt der Abstand ΔE zwischen benachbarten Energieniveaus mit der Quantenzahl n zu ($\Delta E \sim n$). Beim harmonischen Oszillator ist $E_n \sim n$, d. h., der Abstand zwischen benachbarten Energieniveaus ist konstant. Ein weiterer Unterschied zum klassischen Ergebnis besteht darin, daß der quantenmechanisch niedrigste Energiezustand von null verschieden ist, so daß dem Teilchen auch am absoluten Nullpunkt eine Energie (*Nullpunktsenergie*) zukommt. Weil das Plancksche Wirkungsquantum h sehr klein ist ($h = 6,6261 \cdot 10^{-34}$ Js), wird die Energiequantelung erst bei atomaren Dimensionen und Teilchen geringer Masse (z. B. Elektronen) erkennbar. Für makroskopische Systeme liegt die Energiequantelung weit unterhalb jeder Meßgenauigkeit.

Für einen *Potentialtopf* mit der Länge $l = 1$ cm und ein Teilchen mit der Masse $m = 1$ g ergibt sich für die Energieniveaus

$$E_n = \frac{\hbar^2 \pi^2}{2\,m\,l^2}\,n^2 = 3,4 \cdot 10^{-44}\,n^2\,\text{eV}.$$

Für den harmonischen Oszillator mit der Energie E (klassisch z. B. eine an einer Feder schwingende Masse m) bewegt sich klassisch das Teilchen zwischen den Umkehrpunkten x_0, wie Bild 8-9 zeigt. Das quantenmechanische Ergebnis zeigt, daß sich $\psi_n(x)$ über diese Umkehrpunkte hinaus erstreckt. Da $|\psi_n(x)|^2\,\mathrm{d}V$ die Aufenthaltswahrscheinlichkeit angibt, bedeutet dies, daß sich das Teilchen auch *außerhalb der klassischen Umkehrpunkte* aufhalten kann.

Der Widerspruch zum klassischen Verhalten eines Teilchens wird noch deutlicher beim Anlaufen eines Teilchens gegen eine Potentialschwelle. Bei einer Energie E des Teilchens kleiner als die Potentialschwelle kann das Teilchen klassisch die Schwelle nicht überwinden, so daß es vollständig reflektiert wird (Bild 8-9). In der Quantenmechanik besteht dagegen eine Wahrscheinlichkeit, das Teilchen hinter der Potentialschwelle anzutreffen. Diese Wahrscheinlichkeit wird durch den *Transmissionskoeffizienten T* ausgedrückt. Je dünner die Potentialschwelle ist, um so größer wird T. Dieses Durchdringen einer Potentialschwelle, obwohl es klassisch nicht möglich wäre, wird *Tunneleffekt* genannt und spielt beispielsweise beim α-*Zerfall* (Abschn. 8.8.1.2) und dem *Tunnelmikroskop* (Abschn. 8.2.6) eine entscheidende Rolle.

8.2.3. Unschärferelation

Wie in Abschn. 8.2.2 ausgeführt, ist es ein Grundpostulat der Quantentheorie, daß die Eigenwerte der Meßgröße (dargestellt durch ihren Operator) identisch mit den Meßwerten sind. Wendet man dieses Postulat auf ein freies Teilchen an, das durch eine ebene Welle beschrieben wird, so ergibt sich

$$\hat{p}_x\,\mathrm{e}^{ik_x x} = p_x\,\mathrm{e}^{ik_x x},$$

$$\frac{\hbar}{i}\,\frac{\partial}{\partial x}\,\mathrm{e}^{ik_x x} = \hbar\,k_x\,\mathrm{e}^{ik_x x}; \quad \hbar\,k_x = p_x. \tag{8-27}$$

Der Ausdruck $\mathrm{e}^{ik_x x}$ ist die Eigenfunktion zum Impulsoperator $\hat{p}_x$ (analog y und z). Als Meßwert erhält man den Eigenwert $p_n = \hbar\,k_n$. Ein entsprechendes Experiment würde als Resultat einer Impulsmessung p_n ergeben. Befindet sich das Teilchen in einem allgemeinen Zustand, so kann dieser durch die Superposition von ebenen Wellen (Gl. (8-28)) innerhalb eines Bereichs Δk *umd* k_0 (*Wellenpaket*) dargestellt werden (Bild 8-10):

$$\psi(x) = \int_{k_0 - \Delta k}^{k_0 + \Delta k} c(k)\,\mathrm{e}^{ikx}\,\mathrm{d}x. \tag{8-28}$$

Führt man eine Impulsmessung an einem Teilchen, dargestellt durch ein Wellenpaket, durch, so erhält man einen beliebigen Meßwert $p_n/\hbar$ im Bereich $k_0 - \Delta k < p_n/\hbar < k_0 + \Delta k$. Die Wiederholung der Impulsmessung in einem neu präparierten Wellenpaket $\psi(x)$ liefert einen anderen Meßwert für p_n. Eine mehrmalige Wiederholung der Messung an jeweils neu präparierten Wellenpaketen ergibt eine Verteilung der Meßwerte mit dem Erwartungswert $\bar{p}$ als Mittelwert (Gl. (8-24)). Der erhaltene Meßwert p_n ist der *Eigenwert* der *Eigenfunktion* $\mathrm{e}^{ik_n x}$, $k_n = p_n/\hbar$; hierdurch befindet sich das Teilchen nach der Messung im Eigenzustand zum entsprechenden Meßwert. Die Messung verändert damit den Zustand ψ des Systems:

$$\psi(x) \xrightarrow[\text{Anwendung von } \hat{A}]{\text{Meßprozeß}} \tilde{\psi}(x) = \psi_n(x) \Rightarrow a_n$$

allgemeiner Zustand des Systems — Eigenfunktion — Meßwert Eigenwert

$$\tag{8-29}$$

Befindet sich das System in einem Eigenzustand zum Operator $\hat{A}$, so bleibt dieser Eigenzustand nach einer Messung erhalten:

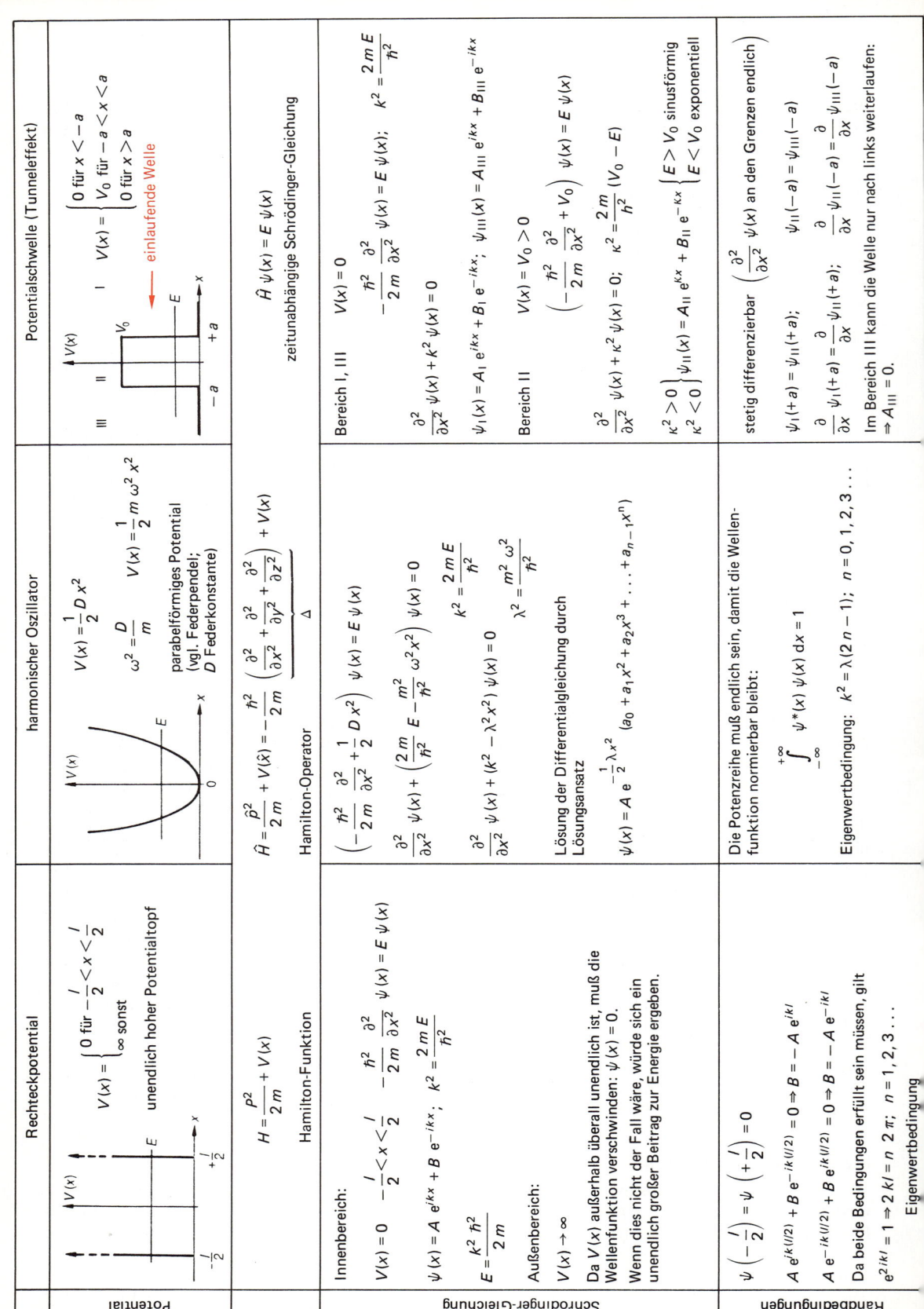

	Rechteckpotential	harmonischer Oszillator	Potentialschwelle (Tunneleffekt)
Potential	$$V(x) = \begin{cases} 0 \text{ für } -\frac{l}{2} < x < \frac{l}{2} \\ \infty \text{ sonst} \end{cases}$$ unendlich hoher Potentialtopf	$$V(x) = \frac{1}{2}D x^2$$ $$\omega^2 = \frac{D}{m} \qquad V(x) = \frac{1}{2}m\,\omega^2 x^2$$ parabelförmiges Potential (vgl. Federpendel; D Federkonstante)	einlaufende Welle $$V(x) = \begin{cases} 0 \text{ für } x < -a \\ V_0 \text{ für } -a < x < a \\ 0 \text{ für } x > a \end{cases}$$
Schrödinger-Gleichung	$$H = \frac{p^2}{2m} + V(x)$$ Hamilton-Funktion Innenbereich: $$V(x) = 0 \qquad -\frac{l}{2} < x < \frac{l}{2} \qquad -\frac{\hbar^2}{2m}\frac{\partial^2}{\partial x^2}\psi(x) = E\,\psi(x)$$ $$\psi(x) = A\,e^{ikx} + B\,e^{-ikx}; \quad k^2 = \frac{2mE}{\hbar^2}$$ $$E = \frac{k^2 \hbar^2}{2m}$$ Außenbereich: $$V(x) \to \infty$$ Da $V(x)$ außerhalb überall unendlich ist, muß die Wellenfunktion verschwinden: $\psi(x) = 0$. Wenn dies nicht der Fall wäre, würde sich ein unendlich großer Beitrag zur Energie ergeben.	$$\hat{H} = \frac{\hat{p}^2}{2m} + V(\hat{x}) = -\frac{\hbar^2}{2m}\underbrace{\left(\frac{\partial^2}{\partial x^2} + \frac{\partial^2}{\partial y^2} + \frac{\partial^2}{\partial z^2}\right)}_{\Delta} + V(x)$$ Hamilton-Operator $$\left(-\frac{\hbar^2}{2m}\frac{\partial^2}{\partial x^2} + \frac{1}{2}D x^2\right)\psi(x) = E\,\psi(x)$$ $$\frac{\partial^2}{\partial x^2}\psi(x) + \left(\frac{2m}{\hbar^2}E - \frac{m^2}{\hbar^2}\omega^2 x^2\right)\psi(x) = 0$$ $$k^2 = \frac{2mE}{\hbar^2} \qquad \lambda^2 = \frac{m^2\omega^2}{\hbar^2}$$ $$\frac{\partial^2}{\partial x^2}\psi(x) + (k^2 - \lambda^2 x^2)\psi(x) = 0$$ Lösung der Differentialgleichung durch Lösungsansatz $$\psi(x) = A\,e^{-\frac{1}{2}\lambda x^2}(a_0 + a_1 x^2 + a_2 x^3 + \ldots + a_{n-1}x^n)$$	$$\hat{H}\,\psi(x) = E\,\psi(x)$$ zeitunabhängige Schrödinger-Gleichung Bereich I, III $\qquad V(x) = 0$ $$-\frac{\hbar^2}{2m}\frac{\partial^2}{\partial x^2}\psi(x) = E\,\psi(x); \qquad k^2 = \frac{2mE}{\hbar^2}$$ $$\frac{\partial^2}{\partial x^2}\psi(x) + k^2\psi(x) = 0$$ $$\psi_I(x) = A_I\,e^{ikx} + B_I\,e^{-ikx}; \quad \psi_{III}(x) = A_{III}\,e^{ikx} + B_{III}\,e^{-ikx}$$ Bereich II $\qquad V(x) = V_0 > 0$ $$\left(-\frac{\hbar^2}{2m}\frac{\partial^2}{\partial x^2} + V_0\right)\psi(x) = E\,\psi(x); \quad \kappa^2 = \frac{2m}{\hbar^2}(V_0 - E)$$ $$\frac{\partial^2}{\partial x^2}\psi(x) + \kappa^2\psi(x) = 0;$$ $$\left.\begin{array}{l}\kappa^2 > 0 \\ \kappa^2 < 0\end{array}\right\}\psi_{II}(x) = A_{II}\,e^{\kappa x} + B_{II}\,e^{-\kappa x}\begin{cases}E > V_0 \text{ sinusförmig} \\ E < V_0 \text{ exponentiell}\end{cases}$$
Randbedingungen	$$\psi\left(-\frac{l}{2}\right) = \psi\left(+\frac{l}{2}\right) = 0$$ $$A\,e^{ik(l/2)} + B\,e^{-ik(l/2)} = 0 \Rightarrow B = -A\,e^{ikl}$$ $$A\,e^{-ik(l/2)} + B\,e^{ik(l/2)} = 0 \Rightarrow B = -A\,e^{-ikl}$$ Da beide Bedingungen erfüllt sein müssen, gilt $$e^{2ikl} = 1 \Rightarrow 2kl = n\,2\pi; \quad n = 1, 2, 3 \ldots$$ Eigenwertbedingung	Die Potenzreihe muß endlich sein, damit die Wellenfunktion normierbar bleibt: $$\int_{-\infty}^{+\infty}\psi^*(x)\,\psi(x)\,dx = 1$$ Eigenwertbedingung: $k^2 = \lambda(2n-1); \quad n = 0, 1, 2, 3 \ldots$	stetig differenzierbar $\left(\dfrac{\partial^2}{\partial x^2}\,\psi(x)\right)$ an den Grenzen endlich $$\psi_I(+a) = \psi_{II}(+a); \qquad \psi_{II}(-a) = \psi_{III}(-a)$$ $$\frac{\partial}{\partial x}\psi_I(+a) = \frac{\partial}{\partial x}\psi_{II}(+a); \qquad \frac{\partial}{\partial x}\psi_{II}(-a) = \frac{\partial}{\partial x}\psi_{III}(-a)$$ Im Bereich III kann die Welle nur nach links weiterlaufen: $\Rightarrow A_{III} = 0.$

Lösung, Eigenwerte, Eigenfunktionen

Aus der Eigenwertbedingung ergibt sich

$k_n = \pi/l\, n$ $\qquad n = 1, 2, 3 \ldots$

$$E_n = \frac{\hbar^2 k_n^2}{2m} = \frac{\hbar^2}{2m}\left(\frac{\pi}{l}\right)^2 n^2$$

$$E_1 = \frac{\hbar^2 \pi^2}{2ml^2}$$

$\psi_n(x) = 2A\cos k_n x$ $\qquad n = 1, 3, 5 \ldots$

$\psi_n(x) = 2iA\sin k_n x$ $\qquad n = 2, 4, 6 \ldots$

A wird durch Normierung festgelegt.

$\psi_4(x)$, $\psi_3(x)$, $\psi_2(x)$, $\psi_1(x)$

$E_4 = 16E_1$, $E_3 = 9E_1$, $E_2 = 4E_1$, E_1

Aus der Eigenwertbedingung ergibt sich

$$E_n = \frac{\hbar^2 k_n^2}{2m} = \hbar\omega\left(n + \frac{1}{2}\right)$$

$$\psi_0(x) = \left(\frac{\lambda}{\pi}\right)^{1/4} e^{-\frac{1}{2}\lambda x^2}$$

$$\psi_1(x) = \left(\frac{4\lambda^3}{\pi}\right)^{1/4} e^{-\frac{1}{2}\lambda x^2} \cdot x$$

$$\psi_2(x) = \left(\frac{\alpha}{4\pi}\right)^{1/4} e^{-\frac{1}{2}\lambda x^2} (1 - 2\lambda x^2)$$

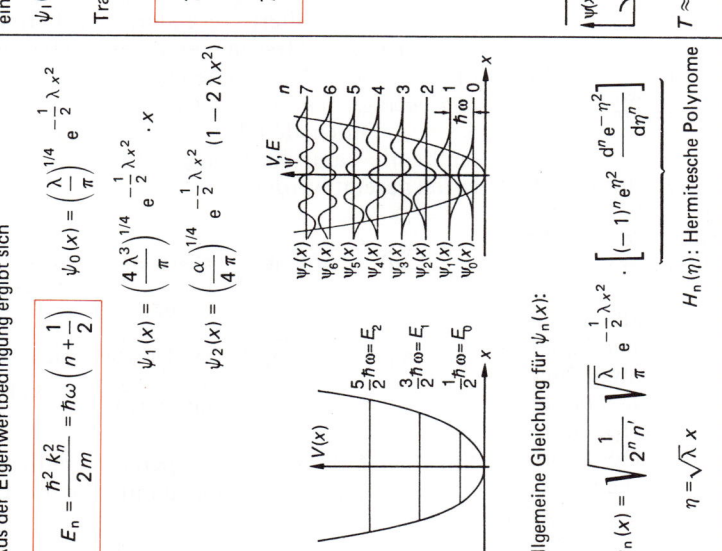

$\frac{5}{2}\hbar\omega = E_2$, $\frac{3}{2}\hbar\omega = E_1$, $\frac{1}{2}\hbar\omega = E_0$

allgemeine Gleichung für $\psi_n(x)$:

$$\psi_n(x) = \sqrt{\frac{1}{2^n n'}} \sqrt{\sqrt{\frac{\lambda}{\pi}}}\; e^{-\frac{1}{2}\lambda x^2} \cdot \underbrace{\left[(-1)^n e^{\eta^2} \frac{d^n e^{-\eta^2}}{d\eta^n}\right]}_{H_n(\eta):\ \text{Hermitesche Polynome}}$$

$\eta = \sqrt{\lambda}\, x$

einlaufende Welle

$\psi_I(x) = B_I\, e^{-ikx}$

auslaufende Welle

$\psi_{III}(x) = B_{III}\, e^{-ikx}$

Transmissionskoeffizient $T = \dfrac{|B_{III}|^2}{|B_I|^2}$

$$T = \left[1 + \frac{V_0^2}{V_0^2 - (2E - V_0)^2}\sinh^2 \kappa\, 2a\right]^{-1} \qquad E < V_0$$

$$T = \left[1 + \frac{V_0^2}{V_0^2 - (2E - V_0)^2}\sin^2 k\, 2a\right]^{-1} \qquad E > V_0$$

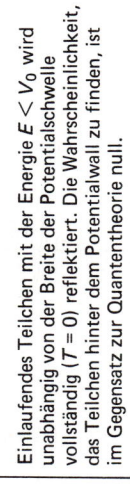

$\psi(x)$, $V(x)$, $2a$, $E < V_0$

$$T \approx \exp\left[-(2/\hbar)\sqrt{2m(V_0 - E)} \cdot 2a\right] \qquad \kappa\, 2a \gg 1$$

klassisches Ergebnis

Das Teilchen mit der Masse m kann in dem Potentialtopf jede Energie, auch die Energie null, einnehmen.

Potentialbreite bei der Energie E

$V(x)$, E, $-x_0$, $+x_0$

Klassisch bewegt sich das Teilchen nur innerhalb der Umkehrpunkte x_0.

Jede Energie kann das Teilchen mit der Masse m einnehmen.

V_0, $T = 0$, $E < V_0$

Einlaufendes Teilchen mit der Energie $E < V_0$ wird unabhängig von der Breite der Potentialschwelle vollständig ($T = 0$) reflektiert. Die Wahrscheinlichkeit, das Teilchen hinter dem Potentialwall zu finden, ist im Gegensatz zur Quantentheorie null.

Bild 8-9. Lösung der Schrödinger-Gleichung für einige Potentiale.

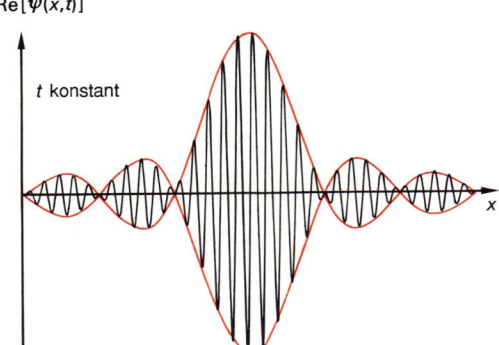

Re[$\psi(x,t)$]

t konstant

x

Bild 8-10.   Wellenpaket.

$$\underset{\text{Eigenzustand}}{\psi_n(x)} \xrightarrow[\underset{\text{von } \hat{A}}{\text{Anwendung}}]{\text{Meßprozeß}} \underset{\text{Eigenfunktion}}{\psi_n(x)} \Rightarrow \underset{\substack{\text{Meßwert} \\ \text{Eigenwert}}}{a_n} \qquad (8\text{-}30)$$

Wird nach einer Messung (z. B. Impulsmessung) eine weitere Messung (z. B. Ortsmessung) durchgeführt, so bedeutet dies die Anwendung des entsprechenden Operators auf den Zustand des Systems ψ_n nach der ersten Messung. Dies hat zur Folge, daß für die Messung zweier Meßgrößen an einem quantenmechanischen System das jeweilige Meßergebnis von der *Reihenfolge der Messung* abhängen kann. Betrachtet seien die Operatoren $\hat{A}$ und $\hat{B}$ sowie die zu beiden Operatoren gehörige Eigenfunktion ψ. Wird zuerst die Messung von $\hat{A}$ vorgenommen, so ergibt sich $\hat{A}\,\psi = a\,\psi$ (a ist Eigenwert zu $\hat{A}$). Eine anschließende Messung von $\hat{B}$ liefert $\hat{B}(\hat{A}\,\psi) = b\,a\,\psi$ (b ist Eigenwert zu $\hat{B}$). Werden beide Messungen umgekehrt durchgeführt, so folgt $\hat{A}(\hat{B}\,\psi) = a\,b\,\psi$. Die Differenz der beiden Gleichungen liefert $(\hat{A}\hat{B} - \hat{B}\hat{A})\,\psi = (ab - ba)\,\psi$. Wenn man fordert, daß die Meßergebnisse von der Reihenfolge unabhängig sind, so muß $(ab - ba)\,\psi = 0$ sein. Dies muß für jede gemeinsame Eigenfunktion von $\hat{A}$ und $\hat{B}$ gelten:

$$(\hat{A}\hat{B} - \hat{B}\hat{A})\,\psi = 0, \quad \text{kurz}$$
$$(\hat{A}\hat{B} - \hat{B}\hat{A}) = [\hat{A}, \hat{B}] = 0. \qquad (8\text{-}31)$$

Wenn eine solche Operatorengleichung auftritt, muß man sich stets hinter dem Operator eine Wellenfunktion vorstellen. Der Ausdruck in Gl. (8-32) wird als *Vertauschungsrelation* oder *Kommutator* bezeichnet:

$$[\hat{A}, \hat{B}] = i\,\hat{C} \begin{cases} = 0 & \text{Meßergebnis unabhängig von der Reihenfolge der Messung} \\[2mm] \neq 0 & \text{Meßergebnis von der Reihenfolge abhängig} \end{cases}$$
$$\qquad (8\text{-}32)$$

Wenn die Messung zweier Meßgrößen (Observablen) von der Reihenfolge der Messung abhängig ist, können beide Meßgrößen gleichzeitig nicht beliebig genau gemessen werden, da die erste Messung den Zustand des Systems unkontrolliert verändert (es befindet sich nach der Messung in einem beliebigen Eigenzustand). Dies ist genau die Aussage der *Heisenbergschen Unschärferelation* (Abschn. 6.5.5.2). Durch den Formalismus der Quantentheorie kann die Gültigkeit folgender Relation gezeigt werden:

$$\overline{(\Delta a)^2} \cdot \overline{(\Delta b)^2} \geqq \frac{c^2}{4} \quad \begin{array}{l}\text{allgemeine Heisen-}\\ \text{bergsche Unschärfe-}\\ \text{relation}\end{array}$$

$$\overline{(\Delta a)^2} = \overline{(a - \bar{a})^2} \quad \begin{array}{l}\text{mittleres Schwan-}\\ \text{kungsquadrat}\\ \text{(analog } b\text{)} \quad (8\text{-}33)\end{array}$$

Mit dem Ort und Impulsoperator ergibt sich für den Kommutator und damit für die Unschärferelation

$$[\hat{p}_x, \hat{x}] = -\,i\,\hbar;\ \ [\hat{p}_x, \hat{y}] = 0;$$
$$\overline{(\Delta p_x)^2} \cdot \overline{(\Delta x)^2} \geqq \frac{\hbar^2}{4};\ \ \text{analog } y, z \quad (8\text{-}34)$$

oder weniger exakt

$$\Delta p_x\,\Delta x \geqq \frac{\hbar}{2}, \quad \text{analog } y, z. \qquad (8\text{-}35)$$

Für den Drehimpulsoperator (Tabelle 8-1) ergeben sich folgende Kommutatoren: $[\hat{l}^2, \hat{l}_z] = 0$, $[\hat{l}_z, \hat{l}_x] = i\,\hbar\,\hat{l}_y$ (x, y, z zyklisch vertauschbar). Es sind somit nur $\hat{l}^2$ und l_z gleichzeitig genau meßbar.

Die Unschärferelationen beziehen sich auf den Genauigkeitsgrad der gegenwärtigen (gleichzeitigen) Kenntnis der verschiedenen

Größen. Diese Relationen beschränken nicht die Genauigkeit beispielsweise einer Ortsmessung allein oder einer Geschwindigkeitsmessung allein, sondern lediglich die Kenntnis beispielsweise der Geschwindigkeit bei einer Ortsmessung.

8.2.4. Quantenmechanik des Wasserstoffatoms

Mit den quantentheoretischen Grundlagen von Abschn. 8.2.1 bis 8.2.3 kann das Wasserstoffatom quantenmechanisch berechnet werden. Weil der mathematische Aufwand erheblich ist, sei darauf verzichtet. Der grundlegende Weg und die Ergebnisse sind in Bild 8-11 dargestellt. Es ist zweckmäßig, das kugelsymmetrische Problem in Kugelkoordinaten zu rechnen.

Aufgrund der in Abschn. 8.2.3 durchgeführten Überlegungen gilt für den Drehimpulsoperator $\hat{l}$, daß seine Komponenten $\hat{l}_x, \hat{l}_y, \hat{l}_z$ nicht gleichzeitig scharf meßbar sind, dagegen $\hat{l}_z$ und $\hat{l}^2$. Ferner gilt die gleichzeitige Meßbarkeit auch für den Hamilton-Operator $\hat{H}$ und $\hat{l}_z$ bzw. $\hat{l}^2$. Dies ermöglicht eine Trennung der Schrödinger-Gleichung in einen *Radialanteil* $R(r)$, der nur von r abhängig ist, und einen *Drehimpulsanteil* $F(\vartheta, \varphi)$, der nur von den Winkeln ϑ und φ abhängt (Bild 8-11).

Die Lösung der Drehimpulseigengleichungen sind die Kugelflächenfunktionen $F_{l,m}(\vartheta, \varphi)$. Die Eigenwerte zu $\hat{l}^2$ und $\hat{l}_z$ sind diskret (gequantelt). Durch Einsetzen des Eigenwerts $\hbar^2 l(l+1)$ von $\hat{l}^2$ in den Radialanteil der Wellenfunktion ergibt sich für die *effektive potentielle Energie* V_{eff} der Ausdruck

$$V_{\text{eff}} = -\frac{1}{4\pi\varepsilon_0}\frac{Z e^2}{r} + \frac{\hbar^2 l(l+1)}{2 m_{\text{red}} r^2}. \quad (8\text{-}36)$$

$$\underbrace{\phantom{-\frac{1}{4\pi\varepsilon_0}\frac{Z e^2}{r}}}_{\text{Coulomb-Energie}} \quad \underbrace{\phantom{\frac{\hbar^2 l(l+1)}{2 m_{\text{red}} r^2}}}_{\text{Rotationsenergie}}$$

Der zweite Term der Gl. (8-36) beschreibt die *Rotationsenergie* eines kreisförmig rotierenden Teilchens mit der reduzierten Masse m_{red}:

$$E_{\text{rot}} = \tfrac{1}{2} J \omega^2 = \frac{(J\omega)^2}{2J}$$

$$= \frac{(l)^2}{2J} = \frac{l^2}{2 m_{\text{red}} r^2} \quad (8\text{-}37)$$

mit $J = m_{\text{red}} r^2$ als dem Massenträgheitsmoment und $l = J\omega$ als dem *Bahndrehimpuls*. Durch Vergleich der Gl. (8-36) mit (8-37) ergibt sich für den Bahndrehimpuls

$$l^2 = \hbar^2 l(l+1); \quad |l| = \hbar\sqrt{l(l+1)} \quad (8\text{-}38)$$

mit der Bahndrehimpulsquantenzahl $l = 0, 1, 2, \ldots$. Für die z-Komponente des Bahndrehimpulses ergeben sich aus der Eigenwertgleichung diskrete Werte $l_z = \hbar m$ (mit der magnetischen Quantenzahl $m = 0, 1, 2, \ldots, l$) (Bild 8-11). Die Projektion des Bahndrehimpulsvektors l auf die z-Richtung (l_z) kann damit nur ein ganzzahliges Vielfaches von $\hbar$ sein. Dies wird durch das *Vektordiagramm* in Bild 8-12 veranschaulicht. Zu jedem l-Wert gibt es $2l+1$ verschiedene m-Werte, d.h., die dem Bahndrehimpulsvektor l entsprechende Energie ist $(2l+1)$-fach entartet. Aus dem Vektordiagramm (Bild 8-12a) wird deutlich, daß sich der Bahndrehimpuls l quantenmechanisch nie parallel zur z-Richtung einstellen kann. Dies hat folgende Konsequenzen:

- Der Bahndrehimpuls l hat stets eine Komponente in x- und y-Richtung.
- Die Berechnung der Erwartungswerte $\bar{l}_x$ und $\bar{l}_y$ der Operatoren $\hat{l}_x$ und $\hat{l}_y$ ergeben null. Im Mittel verschwinden für einen Eigenzustand $F_{l,m}(\vartheta, \varphi)$ die Drehimpulskomponenten in x- und y-Richtung.

Um diese beiden Aussagen zu erfüllen, muß angenommen werden, daß der Bahndrehimpulsvektor l um die z-Achse präzediert. Dies ist in Bild 8-12b veranschaulicht.

Der Bahndrehimpulsvektor l verändert zeitlich seine Richtung, obwohl kein äußeres Drehmoment vorhanden ist. Die Präzession ist letzten Endes eine alleinige Folge der Unschärferelation (nicht gleichzeitige Meßbarkeit von l_x, l_y, l_z).

Als Lösung des Radialanteils der Wellenfunktion (Bild 8-11) ergibt sich $R_{n,l}(r)$, der

Hamilton-Operator	Schrödinger-Gleichung	Separation	

Hamilton-Operator

kartesische Koordinaten

$$\hat{H} = -\frac{\hbar^2}{2m_{red}}\,\Delta + V(r)$$

$$V(r) = -\frac{1}{4\pi\epsilon_0}\frac{Ze^2}{r}$$

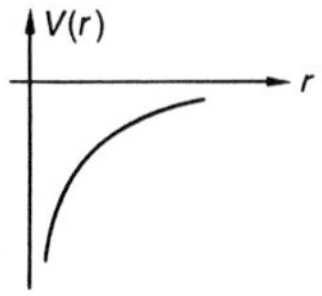

$$m_{red} = \frac{m_{Elektron}\cdot m_{Kern}}{m_{Elektron}+m_{Kern}}$$

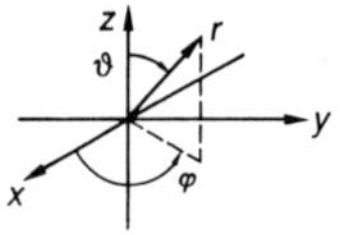

Auf das Elektron wirkt nur das Coulomb-Potential.

Kugelkoordinaten

$$\hat{H} = -\frac{\hbar^2}{2m_{red}}\frac{1}{r^2}\frac{\partial}{\partial r}\left(r^2\frac{\partial}{\partial r}\right) + \frac{1}{2m_{red}r^2}\,l^2 + V(r)$$

$$l^2 = -\hbar^2\left[\frac{1}{\sin\vartheta}\frac{\partial}{\partial\vartheta}\left(\sin\vartheta\frac{\partial}{\partial\vartheta}\right) + \frac{1}{\sin\vartheta}\right]$$

Schrödinger-Gleichung

$$\hat{H}\,\psi(r) = E\,\psi(r) \qquad \psi(r,\vartheta,\varphi) = R(r)\,F(\vartheta,\varphi)$$

$$F(\vartheta,\varphi)\left[-\frac{\hbar^2}{2m_{red}}\frac{1}{r^2}\frac{\partial}{\partial r}r^2\frac{\partial}{\partial r}+V(r)\right]R(r) + \frac{R(r)}{2m_{red}r^2}\,l^2 F(\vartheta,\varphi) = E\,R(r)\,F(\vartheta,\varphi)$$

Separation

$$[l^2, l_z]=0 \qquad [l^2,\hat{H}]=0 \qquad [l_z,\hat{H}]=0$$

⇒ gleiche Eigenfunktionen, da gleichzeitig meßbar.

$$l^2 F(\vartheta,\varphi) = \hbar^2\gamma\,F(\vartheta,\varphi)$$

$$l_z F(\vartheta,\varphi) = \hbar m\,F(\vartheta,\varphi)$$

$$\left[-\frac{\hbar^2}{2m_{red}}\frac{1}{r^2}\frac{\partial}{\partial r}\left(r^2\frac{\partial}{\partial r}\right)+V(r)+\frac{\hbar^2\gamma^2}{2m_{red}r^2}\right]R(r)=E\,R(r)$$

Radialanteil der Wellenfunktion

$$\left[-\frac{\hbar^2}{2m_{red}}\frac{1}{r^2}\frac{\partial}{\partial r}\left(r^2\frac{\partial}{\partial r}\right)+V(r)+\frac{\hbar^2\,l(l+1)}{2m_{red}r^2}\right]R(r)=E\,R(r)$$

Drehimpuls-Eigenfunktionen

$$F_{l,m}(\vartheta,\varphi) \qquad \text{(Kugelflächenfunktionen)}$$

$$l^2 F_{l,m}(\vartheta,\varphi)=\hbar^2\,l(l+1)\,F_{l,m}(\vartheta,\varphi)$$

Eigenwert des Drehimpulsquadrats

l: Bahndrehimpulsquantenzahl, l = 0, 1, 2 . . .

Lösung der separierten Gleichungen

$$l_z F_{l,m}(\vartheta,\varphi) = \hbar m F_{l,m}(\vartheta,\varphi)$$

m: magnetische Quantenzahl, $-l \leqslant m \leqslant l$

$$m = 0, \pm 1, \pm 2 \ldots, \pm l$$

l	m	$F_{l,m}(\vartheta,\varphi)$	
0	0	$F_{0,0} = \left(\dfrac{1}{4\pi}\right)^{1/2}$	s-Funktion
1	0	$F_{1,0} = \left(\dfrac{3}{4\pi}\right)^{1/2}\cos\vartheta$	p-Funktionen
1	± 1	$F_{1,\pm 1} = \left(\dfrac{3}{8\pi}\right)^{1/2}\sin\vartheta\, e^{\pm i\varphi}$	
2	0	$F_{2,0} = \left(\dfrac{5}{4\pi}\right)^{1/2}\left(\dfrac{3}{2}\cos^2\vartheta - \dfrac{1}{2}\right)$	d-Funktionen
2	± 1	$F_{2,\pm 1} = \left(\dfrac{15}{8\pi}\right)^{1/2}\sin\vartheta\cos\vartheta\, e^{\pm i\varphi}$	
2	± 2	$F_{2,\pm 2} = \left(\dfrac{15}{32\pi}\right)^{1/2}\sin^2\vartheta\, e^{\pm 2i\varphi}$	

$n = 1, 2, 3 \ldots$

$l = 0, 1, 2 \ldots, n-1$

$m = 0, \pm 1, \pm 2 \ldots, \pm l$

Gesamtlösung

$$\psi_{n,l,m}(r,\vartheta,\varphi) = N\, R_{n,l}(r)\, F_{l,m}(\vartheta,\varphi) \qquad N: \text{Normierungsfaktor}$$

E_n

$l = 0\ \ 1\ \ 2$
$\quad\ \ s\ \ \ p\ \ \ d$

Lösung der Gleichung: $R_{n,l}(\rho)$

n: Hauptquantenzahl $l \leqslant n-1$

$$l = 0, 1, 2 \ldots, n-1$$

$$\rho = \frac{r}{a_0} \qquad a_0 = \frac{\hbar^2\, 4\pi\,\epsilon_0}{e^2\, m_{\text{Elektron}}}, \ \text{Bohrscher Radius}$$

n	l	$R_{n,l}$	
1	0	$R_{1,0} = 2\, a_0^{-3/2}\, e^{-\rho}$	1 s
2	0	$R_{2,0} = (2a_0)^{-3/2}(2-\rho)\, e^{-\frac{1}{2}\rho}$	2 s
2	1	$R_{2,1} = 3^{-1/2}(2a_0)^{-3/2}\rho\, e^{-\frac{1}{2}\rho}$	2 p
3	0	$R_{3,0} = 3^{-4}\cdot 3^{-1/2}\, a_0^{-5/2}(54 - 36\rho - 4\rho^2)\, e^{-\frac{1}{3}\rho}$	3 s
3	1	$R_{3,1} = 3^{-4}\cdot 6^{-1/2}\cdot a_0^{-5/2}\, 4\rho(6-\rho)\, e^{-\frac{1}{3}\rho}$	3 p
3	2	$R_{3,2} = 3^{-4}\cdot 30^{-1/2}\, a_0^{-5/2}\, 4\rho^2\, e^{-\frac{1}{3}\rho}$	3 d

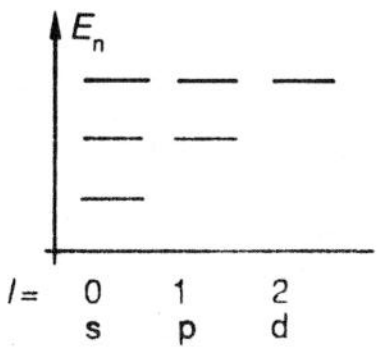

$$E_n = \frac{Z^2 e^4\, m_{\text{Elektron}}}{(4\pi\,\epsilon_0)^2 \cdot 2\hbar^2}\,\frac{1}{n^2}$$

$n = 3$
$l = 2$

$m = \quad -2 \quad -1 \quad 0 \quad +1 \quad +2$

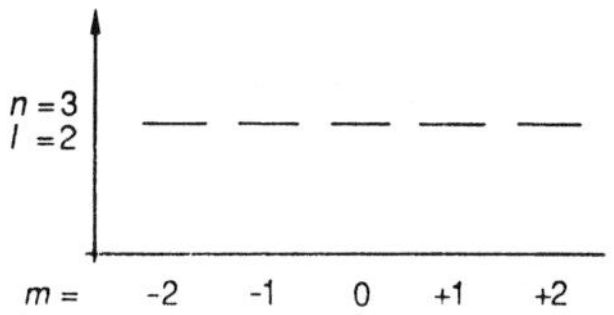

Bild 8-11.   Lösung des Wasserstoffproblems.

a)

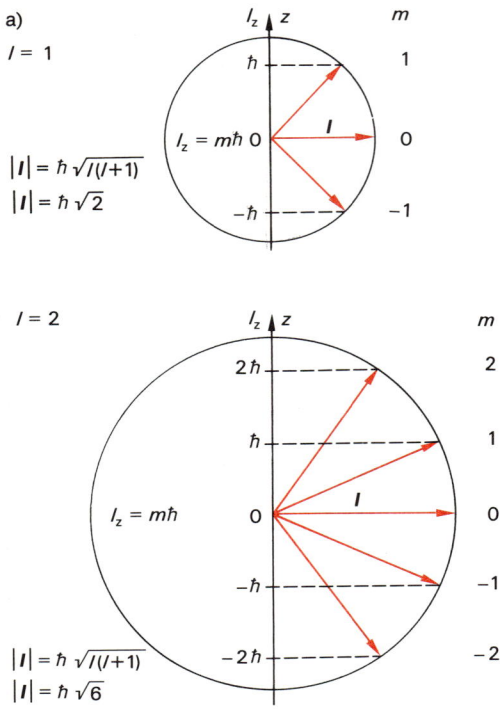

b)

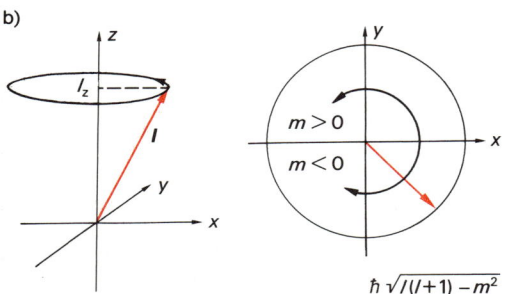

Bild 8-12.   Vektordiagramm des Bahndrehimpulses.

nur von den beiden Quantenzahlen n (Hauptquantenzahl) und l (Bahndrehimpulsquantenzahl, Nebenquantenzahl) abhängig ist. Die gesamten Lösungen der Schrödinger-Gleichung des Wasserstoffproblems werden als *Atomorbitale* bezeichnet. In Bild 8-13 ist lediglich der Drehimpulsanteil dargestellt.

Für das Wasserstoffatom sind die Energieeigenwerte E_n nur von der Hauptquantenzahl n abhängig (Bild 8-11). Zu jedem Energiezustand E_n gibt es n^2 Zustände gleicher Energie

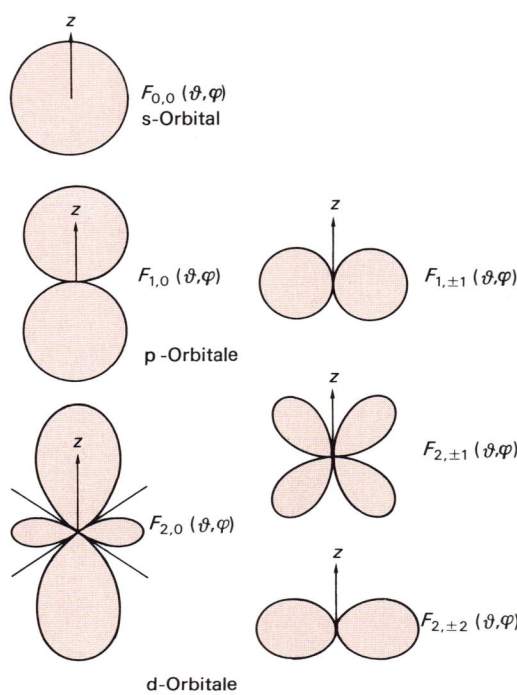

Bild 8-13.   Drehimpulsanteil der Wellenfunktionen des Wasserstoffatoms.

$(l = 0, 1, 2, \ldots, n-1;\ -l < m < l$, zu jedem l gehören $2\,l+1$ Zustände). Die Energie E_n ist somit n^2-fach entartet.

– Die Entartung bezüglich der Nebenquantenzahl l wird aufgehoben (die Energie der Zustände für unterschiedliche l-Werte bei gleichem n-Wert wird verschieden), wenn das Potential kugelsymmetrisch ist, aber nicht mehr proportional zu $1/r$ ist. Dies ist bei allen Mehrelektronensystemen der Fall. Die Entartung bezüglich der Nebenquantenzahl l wird auch bei relativistischer Rechnung aufgehoben (Bohr-Sommerfeldsche Quantenzahl $k = l + 1$).

– Die Entartung bezüglich m wird aufgehoben, wenn dem Coulomb-Potential eine nicht kugelsymmetrische Störung (z. B. elektrisches oder magnetisches Feld) überlagert wird (Abschn. 8.3).

Zur Ermittlung des Absorptionsspektrums eines Atoms wird dieses mit Licht unterschiedlicher Frequenz bestrahlt. Stimmt die Photonenenergie $h\,\omega$ mit einer Energiedifferenz von Zuständen $(E_{n,l,m} - E_{n',l',m'})$ überein, so wird dieses Photon absorbiert, und ein Elektron geht vom Zustand *n, l, m* in den Zustand *n', l', m'* über. Ein derartiger Übergang kann nicht zwischen beliebigen Zuständen erfolgen. Es gibt bestimmte *Auswahlregeln*, nach denen eine Zustandsänderung von *n, l, m* nach *n', l', m'* möglich ist. Diese Auswahlregeln ergeben sich durch die Symmetrie der Wellenfunktionen der Zustände, zwischen denen der Elektronenübergang stattfinden soll, und der Wechselwirkung mit der Lichtwelle.

Eine wichtige Auswahlregel für optische Übergänge ist $\Delta l = \pm 1$.

8.2.5. Quanten-Hall-Effekt (Von-Klitzing-Effekt)

8.2.5.1. Freies Elektron im Magnetfeld (quantenmechanisch)

Im folgenden sei der Einfluß eines Magnetfeldes auf ein freies Elektron quantenmechanisch beschrieben. Zur Vereinfachung des

	klassische Beschreibung	quantenmechanische Beschreibung
Vektorpotential Hamilton-Funktion	$\boldsymbol{A} = (0, B_Z x, 0)$ $\quad \boldsymbol{B} = \mathrm{rot}\,\boldsymbol{A} = (0, 0, B_Z)$	$H = \dfrac{1}{2m}(p + eA)^2$
	$H = \dfrac{1}{2m}(p_x^2 + (p_y + m\omega_c x)^2); \quad \omega_c = \dfrac{eB_Z}{m}$	
Lösung	$\dfrac{\partial H}{\partial p_x} = \dot{x} = \dfrac{p_x}{m}$ $\dfrac{\partial H}{\partial p_y} = \dot{y} = \dfrac{1}{m}(p_y + m\omega_c x)$ $-\dfrac{\partial H}{\partial x} = \dot{p}_x = -(p_y + m\omega_c x)\omega_c$ $-\dfrac{\partial H}{\partial y} = \dot{p}_y = 0; \quad p_y = \text{konst.} = \hbar k_y$ Bewegungsgleichungen: $m\ddot{x} = -m\omega_c^2\left(x + \dfrac{\hbar}{m\omega_c}k_y\right)$ $m\ddot{y} = m\omega_c \dot{x}$ $x = -\dfrac{\hbar}{m\omega_c}k_y + a\cos\omega_c t$ $y = y_0 + a\sin\omega_c t; \quad a:\text{Kreisradius}$	Substitution: $q = (x - x_0) = x + \dfrac{\hbar}{m\omega_c}k_y$ $H = \dfrac{1}{2m}(p_x^2 + m^2\omega_c^2 q^2)$ Hamilton-Operator: $\hat{H} = -\dfrac{\hbar^2}{2m}\dfrac{\partial^2}{\partial x^2} + \dfrac{1}{2}m\omega_c^2 q^2$ Schrödinger-Gleichung: $\left(-\dfrac{\hbar^2}{2m}\dfrac{\partial^2}{\partial x^2} + \dfrac{1}{2}m\omega_c^2 q^2\right)\psi(x,y) = E\psi(x,y)$ $\psi(x,y) = e^{ik_y \cdot y}\cdot\varphi(x - x_0)$ ebene Welle in y-Richtung / Lösung des harmonischen Oszillators
Energie	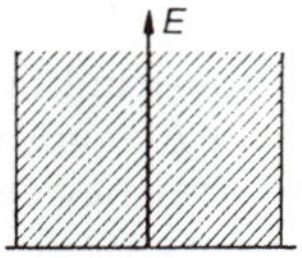 $H = \dfrac{1}{2}ma^2\omega_c^2 = \dfrac{1}{2}mv^2 = E_{\mathrm{kin}}$	$E_\nu = \left(\nu + \dfrac{1}{2}\right)\hbar\omega_c$ $\dfrac{7}{2}\hbar\omega_c, \; \dfrac{5}{2}\hbar\omega_c, \; \dfrac{3}{2}\hbar\omega_c, \; \dfrac{1}{2}\hbar\omega_c$ 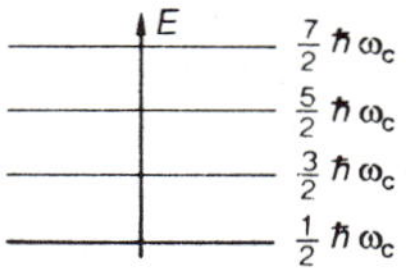

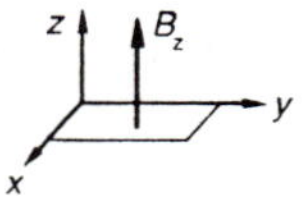

Bild 8-14.   Klassische und quantenmechanische Beschreibung des freien Elektrons in einem Magnetfeld.

Problems soll sich das Elektron nur in der x, y-Ebene senkrecht zum magnetischen Feldvektor **B** bewegen können. Bild 8-14 vermittelt eine Übersicht.

Die elektrische Feldstärke **E** ergibt sich durch Ableitung des elektrischen Potentials $\varphi(x, y, z)$ nach den Ortskoordinaten x, y und z:

$$\boldsymbol{E} = -\operatorname{grad}\varphi = -\left(\frac{\partial}{\partial x}\varphi, \frac{\partial}{\partial y}\varphi, \frac{\partial}{\partial z}\varphi\right)$$
$$= -\nabla\varphi.$$

Analog kann die magnetische Induktion **B** aus dem Vektorpotential **A** durch Rotationsbildung erhalten werden:

$$\boldsymbol{B} = \operatorname{rot}\boldsymbol{A} = \left(\frac{\partial}{\partial y}A_z - \frac{\partial}{\partial z}A_y, \frac{\partial}{\partial z}A_x\right.$$
$$\left. -\frac{\partial}{\partial x}A_z, \frac{\partial}{\partial x}A_y - \frac{\partial}{\partial y}A_x\right).$$

Damit lautet die *Hamilton-Funktion H* eines Elektrons mit der Ladung $-e$

$$H = \frac{1}{2m}(\boldsymbol{p} - (-e)\boldsymbol{A})^2 + (-e)\varphi. \quad (8\text{-}39)$$

Die Bewegungsgleichung des Elektrons ergibt sich mit den Hamiltonschen Gleichungen $\dot{x} = \partial H/\partial p_x$ und $p_x = -\partial H/\partial x$ (analog y; Abschn. 8.2.1) zu

$$m\,\ddot{\boldsymbol{r}} = \underset{\substack{\text{elektrische}\\\text{Kraft}}}{(-e)\boldsymbol{E}} + \underset{\text{Lorentz-Kraft}}{(-e)(\boldsymbol{v}\times\boldsymbol{B})}. \quad (8\text{-}40)$$

Zur Aufstellung der Hamilton-Funktion muß das entsprechende Vektorpotential eingesetzt werden. Für das hier zu lösende Problem soll die magnetische Induktion **B** nur eine z-Komponente B_z aufweisen. Ein Vektorpotential **A**, das ein Magnetfeld $\boldsymbol{B} = \operatorname{rot}\boldsymbol{A} = (0, 0, B_z)$ erzeugt, ist gegeben durch $\boldsymbol{A} = (0, B_z x, 0)$. Mit diesem Vektorpotential ergibt sich die in Bild 8-14 angegebene Hamilton-Funktion H für die Elektronenbewegung in der x, y-Ebene senkrecht zur Magnetfeldrichtung B_z.

In Bild 8-14 ist dieses Problem klassisch und quantenmechanisch gelöst. Klassisch ergibt sich als Bahnkurve des Elektrons eine Kreisbahn um den Mittelpunkt ($x_0 = -1/(m\,\omega_c)$

$\cdot \hbar k_y, y_0$). Der Impuls des Elektrons in y-Richtung $p_y = \hbar k_y$ ist eine Konstante der Bewegung ($\dot{p}_y = 0$). Die Gesamtenergie H des Systems wird durch das Magnetfeld nicht verändert, da die Lorentz-Kraft stets senkrecht zur Bewegungsrichtung des Elektrons wirkt. Die quantenmechanische Lösung liefert die Energiewerte des harmonischen Oszillators $E_v = (v + 1/2)\hbar\,\omega_c$ mit dem konstanten Energieabstand $\hbar\,\omega_c$. (ω_c ist die Zyklotronfrequenz.) Die Energiewerte E_v sind unabhängig von der Wellenzahl k_y (Elektronenspin nicht berücksichtigt). Die Wellenfunktion $\psi(x, y)$ des Elektrons setzt sich aus einer ebenen Welle in y-Richtung und den Wellenfunktionen des harmonischen Oszillators (Bild 8-9) um die Ruhelage

$$x_0 = -\frac{\hbar}{m\,\omega_c}k_y = \frac{\hbar}{e\,B_z}k_y$$

zusammen. Im Gegensatz zur klassischen Lösung sind nur diskrete Kreisbahnen erlaubt.

Wird senkrecht zu **B** zusätzlich ein elektrisches Feld **E** angelegt, so lautet die klassische Bewegungsgleichung (Gl. (8-40)) mit $\boldsymbol{E} = (E_x, 0, 0)$, $\boldsymbol{B} = (0, 0, B_z)$ und $\boldsymbol{r} = (x, y, z)$

$$m\,\ddot{x} = (-e)E_x + (-e)B_z\dot{y},$$
$$m\,\ddot{y} = -(-e)B_z\dot{x}.$$

Eine Lösung dieser gekoppelten Differentialgleichungen ist

$$x = x_0 + a\cos\omega_c t,$$
$$y = y_0 + a\sin\omega_c t - \frac{E_x}{B_z}t; \quad \omega_c = \frac{eB}{m}. \quad (8\text{-}41)$$

Sie drückt eine Kreisbewegung aus mit dem Radius a. Ihr Mittelpunkt bewegt sich senkrecht zu **E** und **B** mit der konstanten Geschwindigkeit $\dot{y} = v_y = -(E_x/B_z)$ in y-Richtung.

Bei der quantenmechanischen Lösung muß zur Hamilton-Funktion H noch die potentielle Energie eEx addiert werden. Infolge der schnellen Kreisbewegung der Elektronen im Magnetfeld (großes B) addiert sich zu E_v lediglich die potentielle Energie des Kreismittelpunktes x_0 mit

$$e\,E\,x = e\,E_x\,x_0 = -\,e\,E_x\,\frac{\hbar}{m\,\omega_c}\,k_y$$

$$= -\,\frac{E_x}{B_z}\,\hbar\,k_y\,.$$

Damit ergibt sich für die Energie in einem zusätzlichen elektrischen Feld

$$E_v = (v + \tfrac{1}{2})\,\hbar\,\omega_c + \left(-\frac{E_x}{B_z}\right)\hbar\,k_y\,. \quad (8\text{-}42)$$

Die Geschwindigkeit $v_y = \partial E_v/\partial p_y = \partial E_v/\partial \hbar\,k_y$ errechnet sich somit zu

$$v_y = -\,(E_x/B_z)\,. \qquad\qquad (8\text{-}43)$$

Dies ist identisch mit dem klassischen Ergebnis.

8.2.5.2. Quanten-Hall-Effekt

KLAUS VON KLITZING (geb. 1943) entdeckte im Februar 1980 am Hochfeld-Magnetlaboratorium des Max-Planck-Instituts für Festkörperforschung in Grenoble den *Quanten-Hall-Effekt* und wurde dafür 1985 mit dem Nobelpreis für Physik ausgezeichnet. Der klassische Hall-Effekt ist in Abschn. 4.4.3.2 beschrieben. Durch Anlegen einer Spannung U an den Leiter (dreidimensionales Elektronengas) fließt

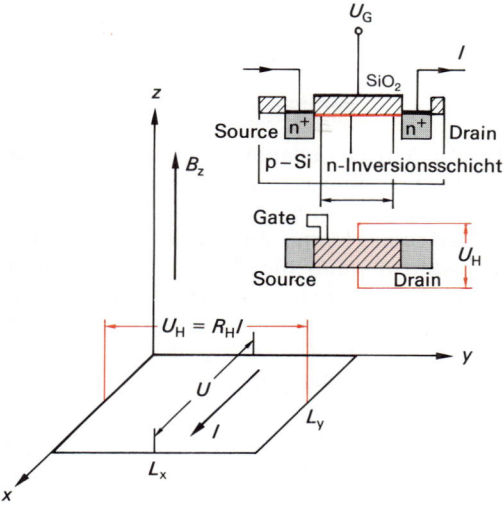

Bild 8-15. Zweidimensionales Elektronengas in einem MOS-FET.

ein Strom I in x-Richtung, wie Bild 8-15 zeigt. Durch das Magnetfeld in z-Richtung entsteht senkrecht zu B und I eine Spannung $U_H = R_H\,I$ (Hall-Spannung). R_H wird (analog zum Ohmschen Gesetz $U = R\,I$) als Hall-Widerstand bezeichnet, für den sich klassisch $R_H = B_z/(n\,e)$ ergibt (Abschn. 4.4.3.2).

Von Klitzing verwendete zur Untersuchung des Hall-Effekts nicht ein dreidimensionales sondern ein *zweidimensionales Elektronengas* (Bewegung der Elektronen im Leitungsband nur in x- und y-Richtung möglich). Ein zweidimensionales Elektronengas (2DEG) kann in einem *MOS-FET* (Silicium-Metalloxid-Oberflächen-Feldeffekttransistor, Abschn. 9.2.3.4) realisiert werden (Bild 8-15). An der Oberfläche des p-Si-Materials unterhalb der SiO_2-Isolatorschicht bildet sich beim Anlegen einer positiven Spannung U_G (Gate-Spannung) eine 5 nm bis 10 nm dicke n-Inversionsschicht. Diese kann in sehr guter Näherung als 2DEG betrachtet werden. Die Ladungsträgerkonzentration n_s kann durch die Gate-Spannung U_G über mehrere Größenordnungen variiert werden:

$$n_s = \frac{C_0}{e}\,(U_G - U_E)\,. \qquad (8\text{-}44)$$

Die Größe C_0 ist die flächenbezogene Kapazität der SiO_2-Schicht, und U_E ist die Einsatzspannung zur Ausbildung des 2DEG. Durch Anlegen einer Spannung U zwischen *Quelle* (*Source*) und *Senke* (*Drain*) fließt ein Strom I in der n-Inversionsschicht. Es gilt das Ohmsche Gesetz $U = R\,I$, solange I einen kritischen Wert nicht überschreitet. Für ein 2DEG ist $R = \varrho(L_x/L_y)$. (ϱ ist der spezifische Widerstand.) In einem Magnetfeld B senkrecht zur Inversionsschicht entsteht die Hall-Spannung $U_H = R_H\,I = \varrho_H\,I$. Der spezifische Hall-Widerstand ϱ_H ist im 2DEG unabhängig von den Abmessungen L_x und L_y. Die spezifischen Widerstände ϱ und ϱ_H sind mit den Leitfähigkeiten σ und σ_H durch die Beziehungen $\sigma = \varrho/\varrho_H^2$ und $\sigma_H = 1/\varrho_H$ verknüpft (Voraussetzung $\varrho \ll \varrho_H$, d.h. Korrekturen der Ordnung $(\varrho/\varrho_H)^2$ sind vernachlässigbar).

Die Abhängigkeit der Hall-Spannung U_H und der Spannung U von der Ladungsträgerkonzentration n_s ist für eine Temperatur $T = 1{,}5$ K, einer Magnetfeldstärke $B = 18$ T und einen

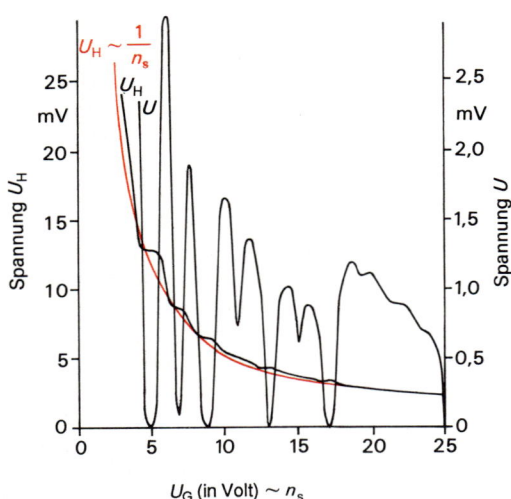

$U_H \sim \dfrac{1}{n_s}$

Bild 8-16. *Abhängigkeit der Hall-Spannung U_H und der Spannung U von der Gatespannung U_G ($B = 1\ T$, $I = 1\ \mu A$, $T = 1,5\ K$).*

Strom $I = 1\ \mu A$ in Bild 8-16 verdeutlicht. Bild 8-17 zeigt ϱ_H und ϱ in Abhängigkeit von der Magnetfeldstärke B. Im Verlauf der Hall-Spannung U_H treten im Gegensatz zum klassischen Verlauf ($U_H \sim 1/n_s$) Plateaus auf, an denen die Spannung U extrem gering wird

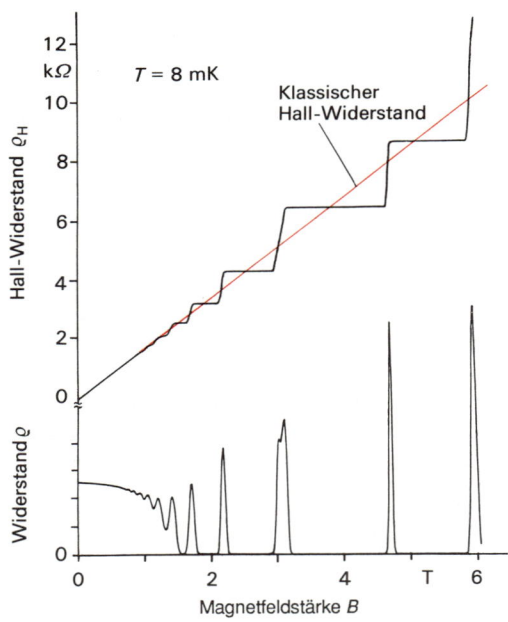

Bild 8-17. *Abhängigkeit der Widerstände ϱ_H und ϱ von der Magnetfeldstärke.*

(praktisch null). Der spezifische Hall-Widerstand ϱ_H in den Plateaus nimmt einen ganzzahligen Bruchteil von h/e^2 an:

$$R_H = \varrho_H = \frac{h}{e^2\, i} \approx \frac{25\,813}{i}\ \Omega \quad (i = 1, 2, \ldots). \tag{8-45}$$

Dieses quantenartige Verhalten des Hall-Widerstands wird als *Quanten-Hall-Effekt* (*Von-Klitzing-Effekt*) bezeichnet.

Für ein 2DEG ohne Magnetfeld ergibt sich aus der Lösung der Schrödinger-Gleichung für ein freies Teilchen

$$-\frac{\hbar^2}{2\,m}\left(\frac{\partial^2}{\partial x^2} + \frac{\partial^2}{\partial y^2}\right)\psi(x, y) = E\,\psi(x, y),$$

$$E(k) = \frac{\hbar^2\, k_x^2}{2\,m} + \frac{\hbar^2\, k_y^2}{2\,m} \quad \left(k = \frac{2\,\pi}{\lambda}\right).$$

Die Zustandsdichte $D(E)$ (Anzahl der Energiezustände je Energie- und Flächenintervall) lautet (vgl. Abschn. 9.2.2)

$$D(E) = 2\,\pi\,\frac{m}{h^2} \quad (\text{ohne Spin}). \tag{8-46}$$

Befindet sich das 2DEG in einem Magnetfeld **B** senkrecht zur x, y-Ebene, so sind nach den Ausführungen in Abschn. 8.2.5.1 nur noch diskrete, von k_y unabhängige Energiezustände

$$E_{\nu, x_0} = \left(\nu + \tfrac{1}{2}\right)\hbar\,\omega_c, \quad \nu = 0, 1, 2, \ldots \tag{8-47}$$

(*Landau-Niveaus*) erlaubt (L. D. LANDAU, 1908 bis 1968). In Bild 8-18 ist die Veränderung in der $E(k)$-Beziehung durch das Magnetfeld eingezeichnet. Damit diese *Landau-Quantisierung* auftritt, muß die Zeit τ zwischen zwei Stößen (Wechselwirkung der Elektronen untereinander oder mit dem Gitter) größer als die Umlaufzeit $T = 2\pi/\omega_c$ der Kreisbewegung des Elektrons sein:

$$\tau \gg T = \frac{2\,\pi}{\omega_c}; \quad \omega_c \gg \frac{1}{\tau}. \tag{8-48}$$

(Diese Bedingung ist äquivalent $\varrho \ll \varrho_H$.) Diese Forderung ist bei tiefen Temperaturen und

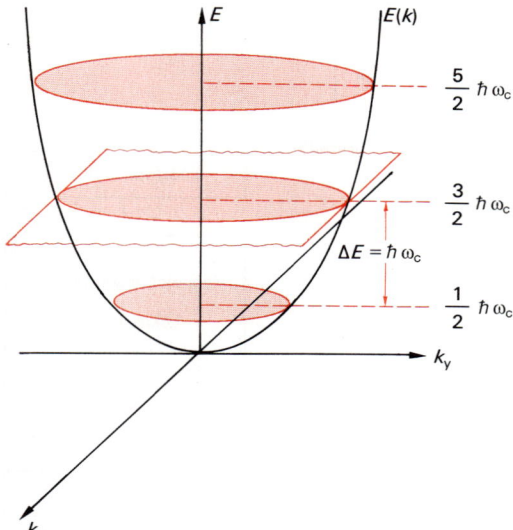

Bild 8-18. Veränderungen von E (k) durch ein angelegtes Magnetfeld.

$$D_{\mathrm{L}} = D\,(E)\,\hbar\,\omega_{\mathrm{c}} = \frac{2\,\pi\,m}{h^2}\,\frac{h\,e\,B_{\mathrm{z}}}{2\,\pi\,m} = \frac{e\,B_{\mathrm{z}}}{h}\,.$$

$$(8\text{-}49)$$

Die Anzahl der Zustände hängt von der Magnetfeldstärke ab. — Aufgrund dieser Zusammenhänge bewegen sich die Kreismittelpunkte der Elektronenbahnen senkrecht zu E_{x} und B_{z} in y-Richtung. Es baut sich bei endlichem L_{y} das Hall-Feld E_{y} auf. In einem idealen 2DEG (keine Wechselwirkungen untereinander und mit dem Gitter) führen E_{y} und B_{z} zu einer Bewegung der Kreismittelpunkte der Elektronenbahnen mit konstanter Geschwindigkeit in x-Richtung (Gl. 8-41). Im idealen 2DEG tritt kein Widerstand auf, so daß auch in x-Richtung kein Spannungsabfall U existiert. Im Gegensatz dazu finden im realen 2DEG Stoßprozesse statt, die zu einem Widerstand R und damit zu einem Spannungsabfall U in x-Richtung führen. Derartige Stoßprozesse haben eine Energie- und Impulsänderung des Elektrons zur Folge. In nicht voll besetzten Landau-Niveaus ändert sich dabei nur die Quantenzahl x_0, da durch Stoßprozesse die Energielücke $\Delta E = \hbar\,\omega_{\mathrm{c}}$ zwischen zwei Landau-Niveaus (Bild 8-19) nicht überwunden werden kann (großes Magnetfeld). Durch Änderung von n_{s} (Variation der Gate-Spannung) kann erreicht werden, daß die Landau-Niveaus vollständig besetzt sind ($n_{\mathrm{s}} = i\,D_{\mathrm{L}}$). Dann können keine Streuprozesse mehr auftreten, und es gilt $\varrho = 0$. Aus der klassischen Beziehung für $R_{\mathrm{H}} = \varrho_{\mathrm{H}}$ ergibt sich

großen Magnetfeldern erfüllt. Die Quantenzahlen k_{x} und k_{y} (ohne Magnetfeld) werden durch die Quantenzahlen v und x_0 (mit Magnetfeld) ersetzt.

Die Anzahl der Elektronen D_{L} (ohne Betrachtung des Spins), die je Flächeneinheit in einem Landau-Niveau untergebracht werden können (Entartungsgrad), berechnet sich aus der Erhaltung der Gesamtanzahl der Zustände. Bild 8-19 zeigt die Zustandsdichte $D\,(E)$ ohne Magnetfeld und die Energiewerte der Landau-Niveaus. Für die Anzahl der Zustände D_{L} je Fläche in dem Landau-Niveau ergibt sich

$$\varrho_{\mathrm{H}} = \frac{B_{\mathrm{z}}}{n_{\mathrm{s}}\,e} = \frac{B_{\mathrm{z}}}{i\,D_{\mathrm{L}}\,e} = \frac{h}{i\,e^2}\,,$$

$$\frac{B_{\mathrm{z}}}{n_{\mathrm{s}}} = \frac{h}{i\,e}\,.$$

$$(8\text{-}50)$$

Der Hall-Widerstand ist dann nur von den Fundamentalkonstanten h und e abhängig:

$$\varrho_{\mathrm{H}} = \frac{h}{i\,e^2}\,.$$

$$(8\text{-}51)$$

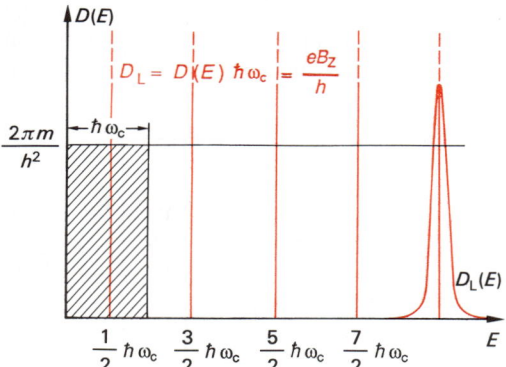

Bild 8-19. Veränderungen der Zustandsdichte $D\,(E)$ durch ein angelegtes Magnetfeld.

Gl. (8-50) zeigt, daß dieser Zustand (vollbesetzte Landau-Niveaus) durch Veränderung von n_{s} bzw. B_{z} erreicht werden kann (Bild 8-16 bzw. 8-17).

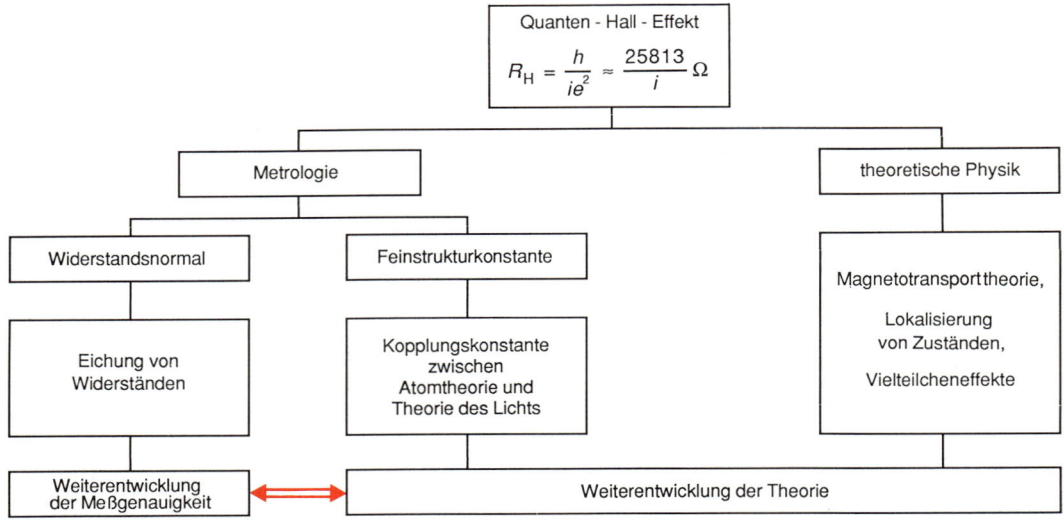

Bild 8-20. *Bedeutung des Quanten-Hall-Effekts.*

Die Bedeutung des Quanten-Hall-Effekts ist in Bild 8-20 verdeutlicht. Die Entdeckung dieses Effekts führte nicht nur zu einer Weiterentwicklung der theoretischen Physik, beispielsweise der Berechnung der Leitfähigkeit in starken Magnetfeldern, sondern hat auch direkte praktische Auswirkungen auf das Einheitenwesen (*Metrologie*). Weil der Hall-Widerstand R_H zum einen sehr genau meßbar ist (Genauigkeit 10^{-8}) und zum andern unabhängig vom Material und dessen Reinheit in gleicher Weise reproduzierbar gemessen werden kann, eignet er sich hervorragend als Widerstandsnormal.

Zusätzlich ist der Hall-Widerstand R_H über die Lichtgeschwindigkeit c mit der Feinstrukturkonstanten α ($R_{H(i=1)} = (\mu_0 c/(2\,\alpha))$) verknüpft. ($\alpha$ ist die Kopplungskonstante zwischen Atomtheorie und Theorie des Lichts.) Die hohe Meßgenauigkeit von R_H gestattet die präzise Überprüfung theoretischer Vorhersagen durch das Experiment. – Weiterentwicklungen in der Theorie des Quanten-Hall-Effekts können zu einer Verbesserung der Genauigkeit des Hall-Widerstandes führen. Umgekehrt können Verbesserungen der Meßgenauigkeit zu einer Weiterentwicklung der Theorie führen.

8.2.6. Tunnelmikroskop

In Abschn. 8.2.2 ist gezeigt, daß Elektronen eine Potentialschwelle V (Bild 8-9) „überwin-

den" können, obwohl klassisch ihre Energie (E_{Elektron}) dafür nicht ausreicht ($E_{\text{Elektron}} < V_0$; *Tunneleffekt*). Der Tunneleffekt ermöglicht, Oberflächen in ihrer atomaren Struktur sichtbar zu machen.

Werden zwei unterschiedliche Metalle nahe genug zusammengebracht (keine Berührung), so ergibt sich das in Bild 8-21 dargestellte Energiediagramm. Durch den Tunneleffekt können Elektronen vom Metall 1 in das Metall 2 durch die Potentialbarriere durchtunneln. Voraussetzung ist, daß die den Potentialwall durchdringenden Elektronen ein freies (unbesetztes) Energieniveau im Metall 2 antreffen. Deshalb können nur Elektronen aus dem Bereich $E_{F(1)}$ bis $E_{F(1)} - U$ in den Bereich $E_{F(2)}$ bis $E_{F(2)} + U$ durchtunneln. Ohne äußere Beeinflussung würden sich die beiden Fermi-Energieniveaus ausgleichen, so daß kein

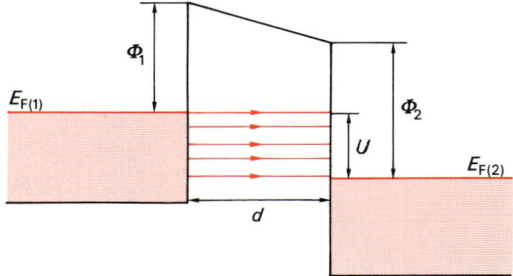

Bild 8-21. *Energiediagramm zweier Metalle mit sehr geringem Abstand d.*

Elektronenfluß durch die Potentialschwelle stattfindet (Gleichgewichtszustand). Durch Anlegen einer Spannung zwischen den Metallen wird die Differenz der Fermi-Energieniveaus aufrechterhalten. Der durch die Potentialschwelle fließende Elektronenstrom (*Tunnelstrom*) kann nach Gl. (8-52) berechnet werden:

$$I_{Tunnel} = \left(\frac{e^2}{\hbar}\right) \frac{\varkappa_0}{\pi^2 d} U \, e^{-2\varkappa_0 d} \quad (U \ll \Phi)$$
$$2\varkappa_0 = 1{,}025 \sqrt{\Phi(eV)} \; nm^{-1}. \qquad (8\text{-}52)$$

Hierin ist d die Dicke der Potentialschwelle in nm, U die angelegte Spannung in V und Φ die Austrittsarbeit in eV. Es gilt

$$\Phi = (\Phi_1 + \Phi_2)/2 \, .$$

Zur Abbildung einer Oberfläche bringt man eine Metallspitze in die Nähe der zu untersuchenden Oberfläche. Die Metallspitze wird durch ein aufgedampftes Atom gebildet. Sie befindet sich auf einem Positioniersystem, bestehend aus drei Piezokristallen (x, y, z), die es erlauben, durch Anlegen einer Spannung die Spitze über die Oberfläche zu bewegen, wie Bild 8-22a zeigt. Es müssen Anstrengungen unternommen werden, um das System erschütterungsfrei zu lagern, da der Abstand Spitze–Probenoberfläche im Bereich von nm liegt (Bild 8-22b).

Zwischen der Metallspitze und der Probe fließt ein Tunnelstrom I_{Tunnel} in der Größenordnung von nA. Beim Bewegen der Spitze über die Oberfläche hält man diesen Strom konstant. Dies geschieht durch die Steuerung des Abstandes der Spitze von der Oberfläche über den z-Piezokristall. Die Spannung U_z zur Steuerung dieses Abstandes gibt somit eine Abbildung der Topographie der Probenoberfläche entlang der Bewegungsrichtung wieder.

Bild 8-23 zeigt die (100)-Oberfläche eines Goldkristalls, aufgenommen bei einem konstanten Tunnelstrom von 1 nA. Die Achsenteilstriche entsprechen 0,5 nm. Man erkennt die terrassenförmigen atomaren Monolagen. Der wellenartige Verlauf der einzelnen Spuren entspricht einzelnen Atomreihen. – Für die Entwicklung des Tunnelmikroskops wur-

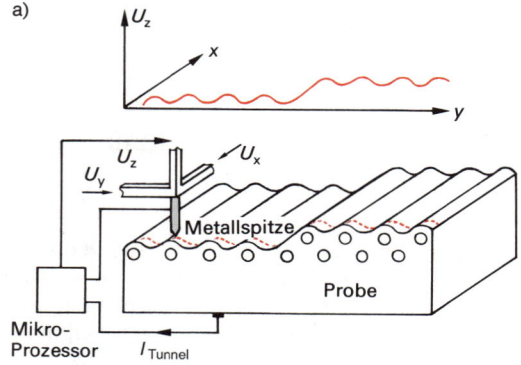

a)

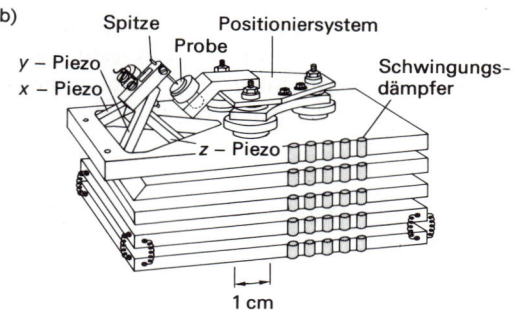

b)

Bild 8-22. Tunnelmikroskop: a) Meßprinzip, b) Aufbau.
Werkbilder: IBM, Zürich

den H. ROHRER (geb. 1933) und G. BINNIG (geb. 1947) im Jahr 1986 mit dem Nobelpreis ausgezeichnet.

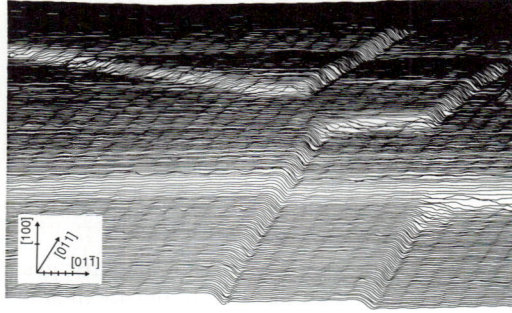

Bild 8-23. Gold-(100)-Oberfläche, aufgenommen mit dem Tunnelmikroskop. Der Abstand der Achsenmarkierungen entspricht 0,5 nm.
Werkphoto: IBM, Zürich

8.3. Bahn- und Spinmagnetismus

Ein elektrischer Kreisstrom I erzeugt ein *magnetisches Dipolfeld* (Abschn. 4.4.2). Für das *magnetische Dipolmoment* $\boldsymbol{\mu}$ gilt

$$\boldsymbol{\mu} = I\boldsymbol{A} \qquad (8\text{-}53)$$

mit $\boldsymbol{A}$ als dem Vektor senkrecht auf der vom Kreisstrom aufgespannten Fläche ($A = |\boldsymbol{A}|$). In einem homogenen Magnetfeld mit der magnetischen Induktion $\boldsymbol{B}$ erfährt der magnetische Dipol ein Drehmoment $\boldsymbol{M} = \boldsymbol{\mu} \times \boldsymbol{B}$, vergleichbar mit einem elektrischen Dipol $\boldsymbol{p} = q\,\boldsymbol{r}$ in einem elektrischen Feld. Das Drehmoment ist null, wenn $\boldsymbol{\mu}$ parallel zu $\boldsymbol{B}$ ausgerichtet ist, d.h., wenn der Kreisstrom senkrecht zu $\boldsymbol{B}$ fließt. Eine Verdrehung des Dipolmoments um den Winkel α gegen $\boldsymbol{B}$ erfordert den Energieaufwand

$$E_{\text{mag}} = \int_{\pi/2}^{\alpha} M\,\mathrm{d}\alpha = -\mu B \cos \alpha = -\boldsymbol{\mu}\,\boldsymbol{B}. \qquad (8\text{-}54)$$

Bild 8-24 zeigt die Analogie zwischen *Bahn-*, *Spin-* und *Kernmagnetismus*. Das um den Kern mit der Geschwindigkeit v und dem Radius r kreisende Elektron kann als kreisförmiger elektrischer Strom I betrachtet werden. Die Stromstärke I ergibt sich als Quotient aus der Ladung des Elektrons und der Zeit für einen Umlauf T:

$$I = \frac{e}{T} = -\frac{e}{2\pi}\,\omega. \qquad (8\text{-}55)$$

Für das magnetische Dipolmoment ergibt sich daraus

$$\mu = IA = -\frac{e}{2\pi}\,\omega\,\pi r^2 = -\frac{e}{2}\,\omega\,r^2. \qquad (8\text{-}56)$$

Das Minuszeichen gilt für das negativ geladene Elektron, e ist der Betrag der Elementarladung. – Durch Einsetzen des Betrages des Bahndrehimpulses $|\boldsymbol{l}| = |\boldsymbol{r} \times \boldsymbol{p}| = mvr = m\omega r^2$ ergibt sich für das magnetische Dipolmoment μ_l Gl. (8-57) in Bild 8-24. Aufgrund spektroskopischer Daten und der Ergebnisse der Quantentheorie muß dem Elektron unabhängig von seiner Bahnbewegung ein magnetisches Dipolmoment zugeschrieben werden. Analog zum magnetischen Dipolmoment der Bahnbewegung μ_l, das proportional dem Bahndrehimpuls $\boldsymbol{l}$ ist, kann dieses magnetische Dipolmoment des Elektrons μ_s proportional zum Eigendrehimpuls (Spin) $\boldsymbol{s}$ angenommen werden (Gl. (8-58) in Bild 8-24). Der Spin des Elektrons ergibt sich aus der Lösung der *relativistischen Schrödinger-Gleichung* (*Dirac-Gleichung*).

Die Quantenmechanik des Bahndrehimpulses ist in Abschn. 8.2.4 (Wasserstoffproblem) beschrieben. Der Bahndrehimpuls $\boldsymbol{l}$ kann nur diskrete Werte annehmen (Bild 8-11). Für den Spin (Eigendrehimpuls) des Elektrons gelten analoge Beziehungen wie für den Bahndrehimpuls. Im Gegensatz zur *Bahndrehimpulsquantenzahl l*, die nur ganzzahlig auftritt, kann die *Spinquantenzahl s* des Elektrons nur den Wert 1/2 annehmen. Deshalb sind nur zwei Spineinstellungen bezüglich der z-Richtung möglich (Bild 8-24).

Aus Gl. (8-58) ergibt sich für die erste Bohrsche Bahn ($|\boldsymbol{l}| = \hbar$) ein magnetisches Moment μ_B (*Bohrsches Magneton*):

$$\mu_B = \frac{e}{2m_e}\,\hbar = 9{,}2740 \cdot 10^{-24}\,\mathrm{A\,m^2}. \qquad (8\text{-}59)$$

Es ist zweckmäßig, das magnetische Dipolmoment von Elektronen als Vielfaches (Einheiten) von μ_B anzugeben. – In Abschn. 8.2.4 ist gezeigt, daß der Bahndrehimpuls um die z-Achse *präzediert*. Dies gilt auch für den Spin des Elektrons. Da mit dem Drehimpuls ein magnetisches Dipolmoment $\boldsymbol{\mu}_l$ bzw. $\boldsymbol{\mu}_s$ verbunden ist, präzediert auch dieses um die z-Achse und ist wie $\boldsymbol{l}$ bzw. $\boldsymbol{s}$ gequantelt. Experimentell kann somit nur die Komponente von $\boldsymbol{\mu}$ in z-Richtung gemessen werden.

Befindet sich das magnetische Dipolmoment in einem Magnetfeld mit der magnetischen Induktion B_z, so ist damit eine Vorzugsrichtung festgelegt. Das magnetische Dipolmoment kann sich zu B_z nur in bestimmten Werten einstellen, die durch $\mu_{l,z}$ bzw. $\mu_{s,z}$ (Gl. (8-60) und (8-61) in Bild 8-24) gegeben sind. Mit Gl. (8-54) ergibt sich damit für die Ener gie des magnetischen Dipolmoments in einem Magnetfeld der magnetischen Induktion B_z

$$E_{mag} = -\mu_z B_z = \begin{cases} m_l\,\mu_B\,B_z \\ 2{,}0023\,m_s\,\mu_B\,B_z \end{cases}.$$

$$(8\text{-}62)$$

Es sind somit nur *diskrete Energiezustände* möglich. Das Verhältnis von magnetischem Dipolmoment μ und dem entsprechenden Drehimpuls l bzw. s wird als *gyromagnetisches Verhältnis* γ bezeichnet und kann makroskopisch gemessen werden. Zwischen magnetischem Dipolmoment μ_l bzw. μ_s und dem Drehimpuls l bzw. s tritt ein Proportionalitätsfaktor (*g-Faktor*) auf. Dieser g-Faktor ist mit dem gyromagnetischen Verhältnis verknüpft (Bild 8-24). Er beträgt für den Bahnmagnetismus $g_1 = 1$ und für den Spinmagnetismus $g_s = 2{,}0023$ (Ermittlung durch quantenmechanische Berechnung).

8.3.1. Zeeman- und Stark-Effekt

Aus Bild 8-24 geht hervor, daß sich in einem äußeren Magnetfeld B_0 in z-Richtung das magnetische Dipolmoment des Spins μ_s bzw. das magnetische Dipolmoment der Bahn μ_l nur diskret einstellen kann: $\mu_{s,z} = -g_s m_s \mu_B$ bzw. $\mu_{l,z} = -g_1 m_l \mu_B$. ($m$ ist die magnetische Quantenzahl.) Für ein Mehrelektronensystem addieren sich die Drehimpulse l und s zu einem Gesamtdrehimpuls J. Da die magnetischen Dipolmomente mit den entsprechenden Drehimpulsen gekoppelt sind, addieren sich die magnetischen Dipolmomente zu einem Gesamtdipolmoment μ_J. Die Komponente von μ_J in z-Richtung ($\mu_{J,z}$) kann die Werte $m_J \hbar$ ($m_J = J, J-1, \ldots, -J$) annehmen. Die Energie des magnetischen Dipols in einem Magnetfeld B_0 in z-Richtung ergibt sich nach Gl. (8-54) zu $E_{mag} = -\mu_{J,z} B_0$. Für den Energieunterschied ΔE zweier Zustände ($\Delta m_J = 1$) gilt

$$\Delta E_{m_J, m_{J-1}} = g_J \mu_B B_0. \qquad (8\text{-}63)$$

Die Aufspaltung von Energiezuständen im Magnetfeld wird *Zeeman-Effekt* bezeichnet (P. ZEEMAN, 1865 bis 1943). Die Auswahlregel für optische Übergänge lautet $\Delta m_J = 0, \pm 1$.

Übergänge mit $\Delta m_J = 0$ heißen π-*Übergänge*, die mit $\Delta m_J = \pm 1$ heißen σ-*Übergänge*. Die σ und π-Strahlung ist unterschiedlich polarisiert. Wird das Atom in ein elektrisches Feld E gebracht, so wird ein elektrisches Dipolmoment p induziert, das proportional zu E ist ($p = \alpha E$) (Abschn. 4.3.7). α wird *Polarisierbarkeit* bezeichnet. Die Energie E_{el} eines elektrischen Dipols p im elektrischen Feld E beträgt $E_{el} = \frac{1}{2} p E = \frac{1}{2} \alpha E^2$. Die Größe des induzierten elektrischen Dipolmoments hängt von der Elektronenverteilung (gegeben durch n, l, m) ab. Dadurch erfahren die Atomorbitale im elektrischen Feld unterschiedliche Energieänderungen, die zu einer Aufspaltung der Spektrallinien führen. (*Stark-Effekt*; J. STARK, 1874 bis 1957).

8.3.2. Elektronen- und Kernspinresonanz

In Bild 8-24 ist dem Bahn- und Spinmagnetismus der Kernmagnetismus gegenübergestellt. Der Atomkern hat einen Eigendrehimpuls I, der gequantelt ist und deshalb nur diskrete Werte annehmen kann. Die Kernspinquantenzahl I hat je nach Atomkern Werte zwischen 0 und 15/2. Das magnetische Moment des Kerns μ_I ist über den g_I-Faktor mit dem Drehimpuls I verknüpft. Analog dem Bohrschen Magneton (μ_B) der Elektronenhülle führt man das *Kernmagneton* $\mu_K = \mu_B/1836 = e\hbar/(2m_p)$ ein. Je nach Kern ist der g_I-Faktor größer oder kleiner als null und somit das magnetische Moment μ_I parallel oder antiparallel dem Eigendrehimpuls I. Bild 8-25 zeigt die Niveauaufspaltung für ein Elektron und ein Proton in einem äußeren Magnetfeld B_0. Wird senkrecht zum B_0-Feld ein Wechselfeld $B_\perp$ mit der Resonanzfrequenz $f = g_s \mu_B B_0/h$ bzw. $f = g_I \mu_K B_0/h$ eingestrahlt, so wird ein Übergang zwischen den Niveaus erfolgen (*Umklappen* des magnetischen Moments). Je nach Feldstärke B_0 sind hierfür bei der Elektronenspinresonanz Mikrowellen (GHz), bei der Protonenkernspinresonanz Radiowellen (60 MHz bis 300 MHz) erforderlich.

Bild 8-26 zeigt den prinzipiellen Aufbau einer *Spinresonanzanordnung*. Zwischen den Polschuhen des Magneten (B_0 muß homogen und sehr konstant sein) befindet sich die Probe (fest oder flüssig). Der Frequenzgenerator er-

	Bahnmagnetismus
Modellvorstellung	Elektron bewegt sich auf einer Kreisbahn 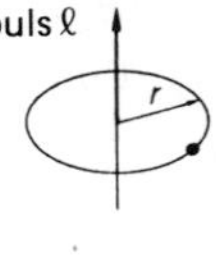 Bahndrehimpuls ℓ r Bahnradius Elektron mit der Ladung e
Quantenmechanik des Drehimpulses	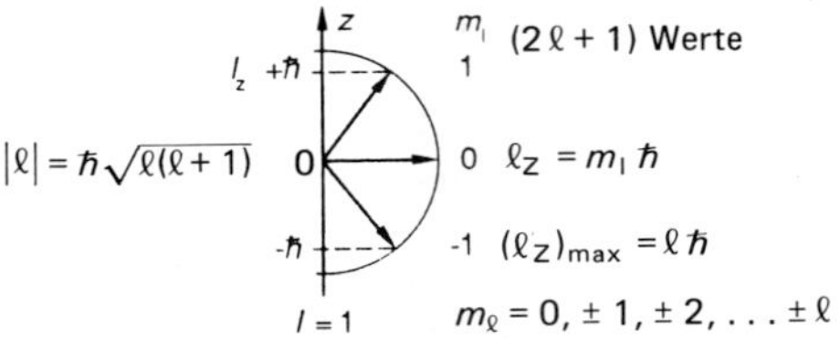 $\|\ell\| = \hbar \sqrt{\ell(\ell+1)}$ m_l (2ℓ+1) Werte l_z +$\hbar$ 1 0 0 $\ell_z = m_l\,\hbar$ -$\hbar$ -1 $(\ell_z)_{max} = \ell\,\hbar$ $l = 1$ $m_\ell = 0, \pm 1, \pm 2, \ldots \pm \ell$ ℓ Bahndrehimpuls-quantenzahl m_ℓ magnetische Quantenzahl (des Bahndrehimpulses) Nur solche Einstellungen von ℓ sind erlaubt, für die die Projektion in z-Richtung ein ganzzahliges Vielfaches von $\hbar$ beträgt.
magnetisches Moment μ $\mu_B = \dfrac{e\,\hbar}{2\,m_{oe}}$ Bohrsches Magneton m_{oe} Ruhemasse des Elektrons	$\boldsymbol{\mu}_\ell = -g_\ell \dfrac{e}{2\,m_{oe}}\,\boldsymbol{\ell};\quad g_\ell = 1$ ℓ Bahndrehimpuls g_ℓ g-Faktor $\mu_\ell = -g_\ell \dfrac{e}{2\,m_{oe}}\,\hbar\sqrt{\ell(\ell+1)};$ $\boxed{\mu_\ell = -g_\ell\,\mu_B\,\sqrt{\ell(\ell+1)}}$ (8-57)
magnetisches Moment im Magnetfeld B_Z	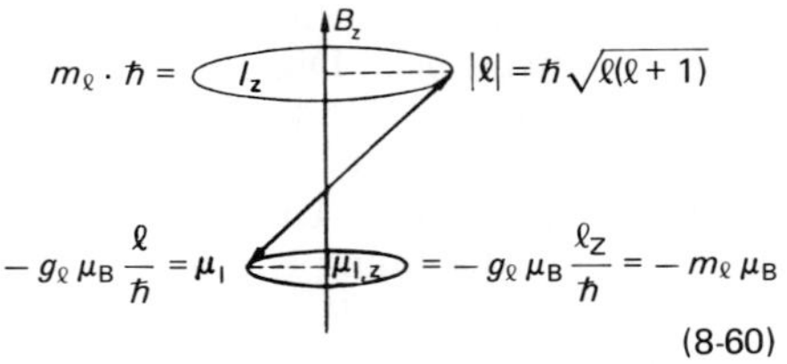 $m_\ell \cdot \hbar = l_z$ B_z $\|\ell\| = \hbar\sqrt{\ell(\ell+1)}$ $-g_\ell\,\mu_B \dfrac{\ell}{\hbar} = \mu_l$ $\mu_{l,z}$ $= -g_\ell\,\mu_B \dfrac{\ell_z}{\hbar} = -m_\ell\,\mu_B$ (8-60)
gyromagnetisches Verhältnis γ	$\gamma = \dfrac{\|\boldsymbol{\mu}\|}{\|\boldsymbol{\ell}\|},$ $\gamma_\ell = \dfrac{1}{2}\dfrac{e}{m_{oe}} = g_\ell \dfrac{\mu_B}{\hbar} = \dfrac{\mu_B}{\hbar}$

Bild 8-24.   Bahn-, Spin- und Kernmagnetismus.

Spinmagnetismus	Kernmagnetismus
Elektron dreht sich um seine eigene Achse	Atomkern dreht sich um seine eigene Achse

Spinmagnetismus

Eigendrehimpuls
Spindrehimpuls
(kurz Spin)

Elektron

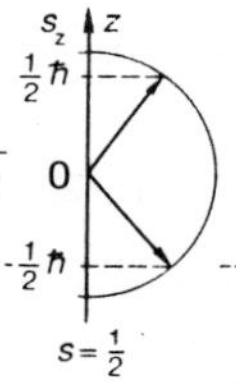

$|s| = \hbar\sqrt{s(s+1)}$

$|s| = \hbar\sqrt{\dfrac{3}{4}}$

m_s (2 s + 1) Werte

$s_z = m_s\,\hbar$

$(s_z)_{max} = s\,\hbar$

$s = \dfrac{1}{2}$

$m_s = +\dfrac{1}{2},\ -\dfrac{1}{2}$

m_s magnetische Quantenzahl (des Spins)

s Spinquantenzahl
s kann sich nicht parallel zur z-Richtung einstellen und präzediert wie ℓ um die z-Achse.

$\mu_s = -g_s\,\dfrac{e}{2\,m_{oe}}\,s;\quad g_s = 2,0023$

s Eigendrehimpuls,
g_s g-Faktor

$\mu_s = -g_s\,\dfrac{e}{2\,m_{oe}}\,\hbar\sqrt{s(s+1)};$

$\boxed{\mu_s = -g_s\,\mu_B\,\sqrt{s(s+1)}}$ (8-58)

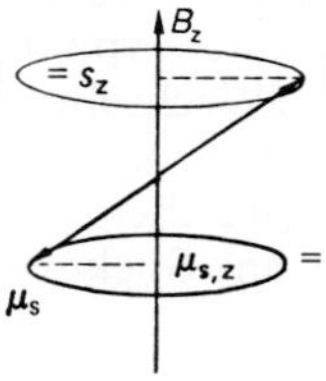

$m_s\cdot\hbar\ (=s_z)\qquad |s|=\hbar\sqrt{\dfrac{3}{4}}$

$-g_s\,\mu_B\,\dfrac{s}{\hbar}=\mu_s\qquad(\mu_{s,z})=-g_s\cdot\mu_B\cdot\dfrac{s_z}{\hbar}=-g_s\,m_s\,\mu_B$

$\mu_{s,z}=\pm\dfrac{1}{2}g_s\,\mu_B$ (8-61)

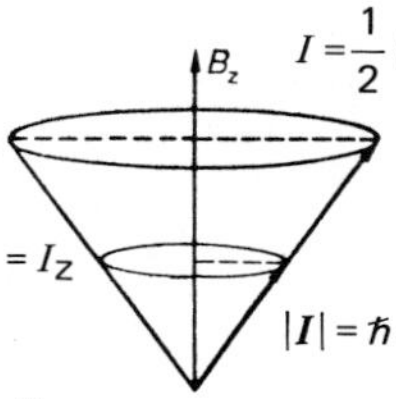

$\gamma=\dfrac{|\mu|}{|s|},$

$\gamma_s = 1,00116\,\dfrac{e}{m_{oe}}=g_s\,\dfrac{\mu_B}{\hbar}=2,0023\,\dfrac{\mu_B}{\hbar}$

Kernmagnetismus

Eigendrehimpuls
Spindrehimpuls
(kurz Kernspin)

Atomkern

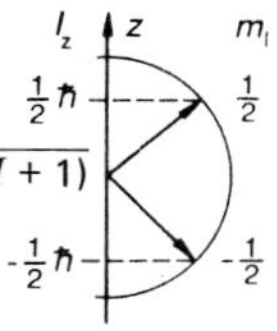

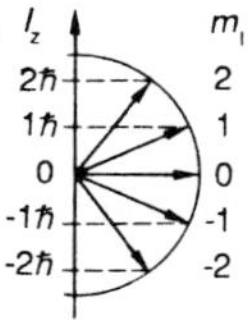

$|I|=\hbar\sqrt{I(I+1)}$

m_I (2 I + 1) Werte

$I_z = m_I\,\hbar$

$I_{z\,max}=I\,\hbar$

$I=\dfrac{1}{2}\quad m_I = -I, -I+1, \ldots +I\quad I=2$

I Kernspinquantenzahl
I kann Werte zwischen 0 und 15/2 ganz- und halbzahlig annehmen.

m_I magnetische Quantenzahl des Kernspins

$\mu_I = g_I\,\dfrac{e}{2\,m_{op}}\,I$

I Eigendrehimpuls $g_I(^1H)=+5,58$
g_I g-Faktor $g_I(^{40}K)=-0,32$

$\mu_I = g_I\,\dfrac{e}{2\,m_{op}}\,\hbar\sqrt{I(I+1)};$

$\mu_I = g_I\,\mu_K\,\sqrt{I(I+1)}\qquad \mu_K=\dfrac{\mu_B}{1836}$

(Kernmagneton)

m_{op} Ruhemasse des Protons

$I=\dfrac{1}{2}\ (^1H)$

$g_I\,\mu_K\,\dfrac{I_z}{\hbar}=\mu_{I,Z}\qquad \mu_I=g_I\,\mu_K\,\dfrac{I}{\hbar}$

$m_I\cdot\hbar=I_Z$

$|I|=\hbar\sqrt{I(I+1)}$

$\mu_{I,Z}=g_I\,m_I\,\mu_K$

$\gamma=\dfrac{|\mu|}{|I|},$

$\gamma_I = g_I\,\dfrac{\mu_K}{\hbar}=g_I\,\dfrac{e}{m_{op}}$

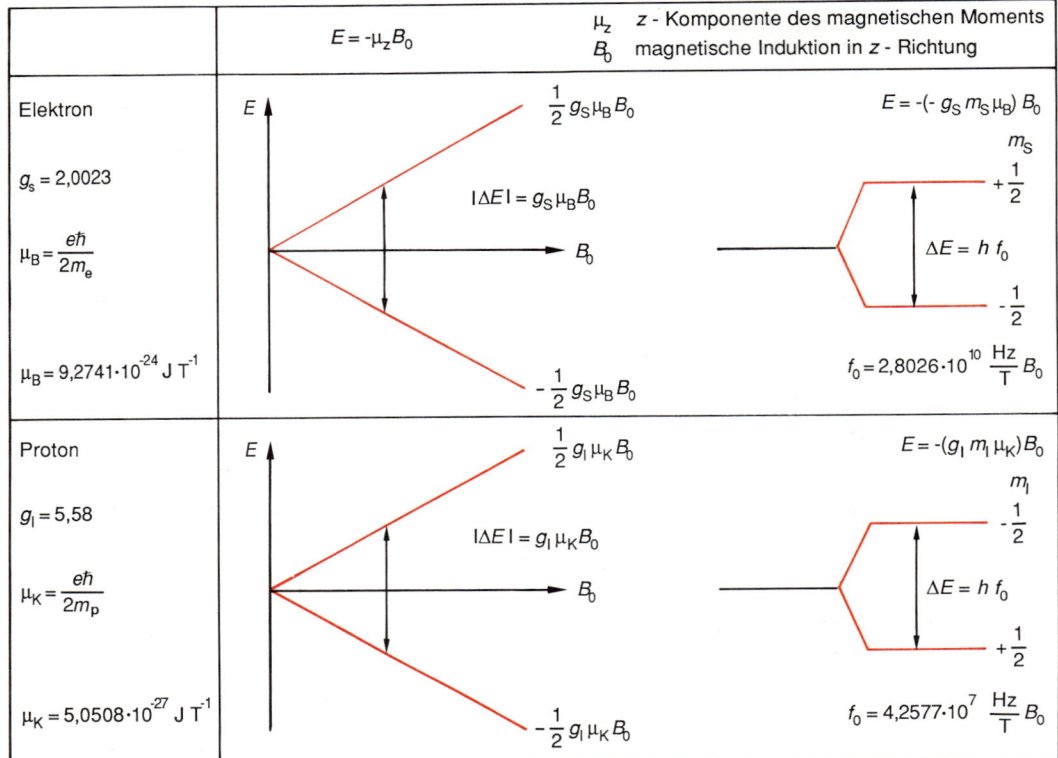

	$E = -\mu_z B_0$	μ_z z - Komponente des magnetischen Moments B_0 magnetische Induktion in z - Richtung
Elektron $g_s = 2{,}0023$ $\mu_B = \dfrac{e\hbar}{2m_e}$ $\mu_B = 9{,}2741 \cdot 10^{-24}\ \mathrm{J\,T^{-1}}$	$\frac{1}{2}\,g_S\,\mu_B\,B_0$ $\lvert\Delta E\rvert = g_S\,\mu_B\,B_0$ $-\frac{1}{2}\,g_S\,\mu_B\,B_0$	$E = -(-\,g_S\,m_S\,\mu_B)\,B_0$ m_S $+\frac{1}{2}$ $\Delta E = h\,f_0$ $-\frac{1}{2}$ $f_0 = 2{,}8026 \cdot 10^{10}\ \dfrac{\mathrm{Hz}}{\mathrm{T}}\,B_0$
Proton $g_I = 5{,}58$ $\mu_K = \dfrac{e\hbar}{2m_p}$ $\mu_K = 5{,}0508 \cdot 10^{-27}\ \mathrm{J\,T^{-1}}$	$\frac{1}{2}\,g_I\,\mu_K\,B_0$ $\lvert\Delta E\rvert = g_I\,\mu_K\,B_0$ $-\frac{1}{2}\,g_I\,\mu_K\,B_0$	$E = -(g_I\,m_I\,\mu_K)\,B_0$ m_I $-\frac{1}{2}$ $\Delta E = h\,f_0$ $+\frac{1}{2}$ $f_0 = 4{,}2577 \cdot 10^{7}\ \dfrac{\mathrm{Hz}}{\mathrm{T}}\,B_0$

Bild 8-25. *Energieaufspaltung von Elektronen und Protonen im Magnetfeld.*

zeugt die erforderliche Resonanzfrequenz. Zur Aufnahme eines Resonanzspektrums wird entweder die Frequenz oder das Magnetfeld variiert. Bild 8-27 zeigt das Protonenresonanzspektrum einer Probe mit Ethanol CH$_3$−CH$_2$−OH, Methylenchlorid CH$_2$Cl$_2$ und Chloroform CHCl$_3$. Es ist zu erkennen, daß die Lage der Resonanzsignale von der chemischen Umgebung des Protons abhängig ist (Abschirmungseffekte u. a.). Ferner können benachbarte Protonen miteinander wechselwirken, so daß es zu einer typischen Signalaufspaltung kommt (Wechselwirkung von CH$_3$-Protonen und CH$_2$-Protonen). Für die Strukturaufklärung organischer Verbindungen ist die Kernspinresonanz-Spektroskopie ein wichtiges Hilfsmittel.

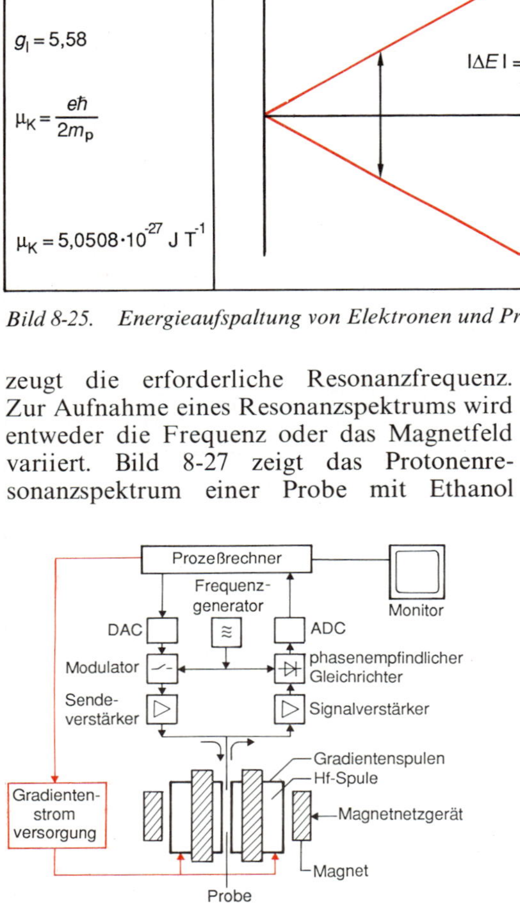

Die Protonenresonanz wird in abgewandelter Form in der Medizin eingesetzt (*Kernspintomographie*). Dabei befindet sich der Patient in einem homogenen Magnetfeld, das durch ein Gradientenfeld überlagert wird (Bild 8-26, rote Linien). Dieser Feldgradient ermöglicht eine Zuordnung des Resonanzsignals zum Entstehungsort. Bild 8-28 zeigt das Schnittbild eines Kopfes, aufgenommen mit einem Kernspintomographen.

Bild 8-26. *Aufbau eines Resonanzspektrometers (schematisch).*
Werkbild: Siemens

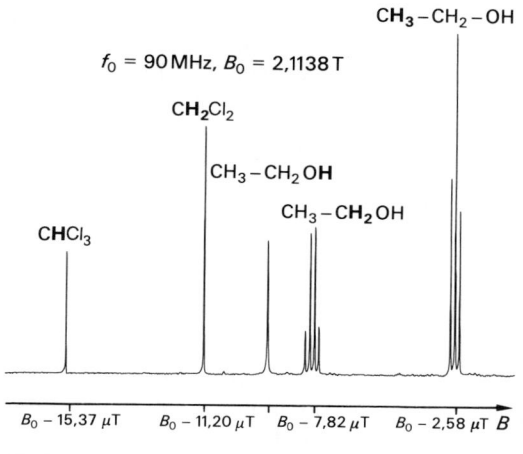

$f_0 = 90\,\text{MHz}, B_0 = 2{,}1138\,\text{T}$

CH$_3$ – CH$_2$ – OH

CH$_2$Cl$_2$

CH$_3$ – CH$_2$ OH

CH$_3$ – CH$_2$ OH

CHCl$_3$

| $B_0 - 15{,}37\,\mu\text{T}$ | $B_0 - 11{,}20\,\mu\text{T}$ | $B_0 - 7{,}82\,\mu\text{T}$ | $B_0 - 2{,}58\,\mu\text{T}$ B |

f $f_0 + 654\,\text{Hz}$ $f_0 + 477\,\text{Hz}$ $f_0 + 333\,\text{Hz}$ $f_0 + 110\,\text{Hz}$

Bild 8-27. Protonenresonanzspektrum von Chloroform (CHCl₃), Methylenchlorid (CH₂Cl₂) und Ethanol (CH₃CH₂OH).

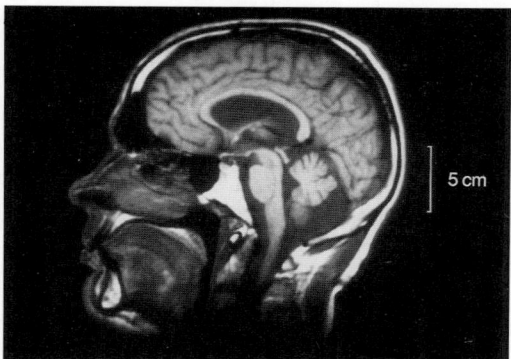

Bild 8-28. Kernspintomogramm eines menschlichen Schädels.
Werkphoto: Siemens

8.4. Systematik des Atombaus

8.4.1. Periodensystem der Elemente

Das *Periodensystem der Elemente* wurde gleichzeitig von J. L. MEYER (1830 bis 1895) und D. MENDELEJEW (1834 bis 1907) aufgestellt. Sie ordneten die Elemente nach den Atommassen und Elemente gleicher chemischer Eigenschaften untereinander an. Die Anordnung der Elemente erfolgt im Periodensystem in 7 waagrechten *Perioden* und 18 senkrechten *Gruppen*. Die erste Periode enthält nur zwei Elemente (Wasserstoff und Helium). Die zweite und dritte Periode enthalten jeweils

acht Elemente, die vierte und fünfte 18 Elemente. Zur Aufrechterhaltung der chemischen Verwandtschaft der Elemente innerhalb einer Gruppe müssen den Perioden sechs und sieben nach Lanthan und Actinium jeweils 14 weitere Elemente eingeordnet werden (Lanthanoiden, Actinoiden).

Die chemische Verwandschaft innerhalb einer Gruppe und das periodische Auftreten bestimmter chemischer Eigenschaften zeigt sich beispielsweise durch das Säure-Base-Verhalten. In dem diesem Buch beigefügten Periodensystem (Faltblatt im Anhang) ist basisches Verhalten mit blauer und saures Verhalten mit roter Farbe gekennzeichnet. Innerhalb einer Periode wechselt die Farbe von dunkelblau über hellblau, hellrot nach dunkelrot, während innerhalb einer Gruppe nur graduelle Unterschiede auftreten. Das periodische Verhalten zeigt sich besonders in der ersten Ionisierungsenergie. Dies ist die zur Loslösung des äußersten Elektrons (Valenzelektrons) vom Atom erforderliche Energie. Für die Elemente der ersten Gruppe (Alkalimetalle Lithium, Natrium, Kalium, Rubidium, Cäsium) ist diese Energie gering, verglichen mit der 18. Gruppe der Edelgase (Helium, Neon, Argon, Krypton, Xenon, Radon). In dem vorliegenden Periodensystem sind zu jedem Element noch weitere physikalische und chemische Daten angegeben.

Die Position des Elements im Periodensystem wird durch die *Ordnungszahl Z* beschrieben. Sie entspricht der Anzahl der Elektronen in der Elektronenhülle bzw. der Kernladungszahl (Anzahl der positiven Ladungen im Atomkern). Da die chemischen und physikalischen Eigenschaften der Elemente durch die Elektronen bestimmt werden (z. B. Ionisierungspotential, Wertigkeit), muß sich die Periodizität in der Elektronenanordnung der Elektronenhülle widerspiegeln.

8.4.2. Aufbau der Elektronenhülle

In Abschn. 8.2.4 ist die quantenmechanische Lösung für das Wasserstoffatom beschrieben. Für Mehrelektronensysteme kann die Lösung der Schrödinger-Gleichung nur noch näherungsweise erfolgen. Die Lösung für das Wasserstoffproblem ergibt für das Elektron drei Quantenzahlen:

- *Hauptquantenzahl n,*
- *Bahndrehimpulsquantenzahl*
  l = 0, 1, 2, ..., n − 1,
- *magnetische Quantenzahl $m_l = 0, 1, 2, ..., l$.*

Zu diesen Quantenzahlen muß die *magnetische Quantenzahl des Elektronenspins* hinzugefügt werden: $m_s = \pm 1/2$.

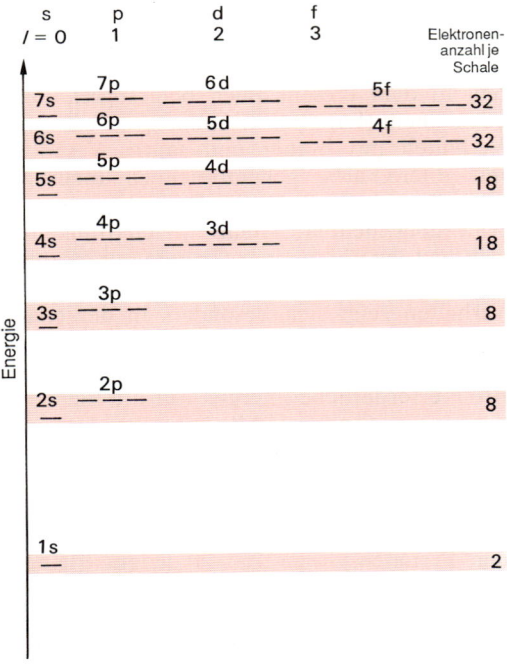

Bild 8-29. Energiediagramm der besetzten Atomorbitale.

Beim Mehrelektronensystem wird durch die zusätzliche elektrostatische Wechselwirkung zwischen den Elektronen die Entartung der Energiezustände (Abschn. 8.2.4) bezüglich des Bahndrehimpulses *l* aufgehoben. Es ergibt sich das in Bild 8-29 dargestellte Energiediagramm. Dieses gilt nur, wenn die Zustände mit Elektronen besetzt sind. Die Auffüllung der Energiezustände mit Elektronen erfolgt nach dem *Pauli-Prinzip*, das besagt, daß in einem Atom keine Elektronen in allen vier Quantenzahlen (n, l, m_l, m_s) übereinstimmen dürfen.

Aus dem Energiediagramm Bild 8-29 folgt, daß sich nach Abschluß von Zuständen mit gleichem *n, l* (Teilschalen) besonders stabile Elektronenanordnungen ergeben. Für abgeschlossene Teilschalen addieren sich die Bahndrehimpulse l_i zu $L = \sum_i l_i = 0$ bzw. die Spins s_i zu $S = \sum_i s_i = 0$ und haben damit auch kein magnetisches Dipolmoment.

Die Elektronenanordnung (Elektronenkonfiguration) im Atom wird durch die Symbolik

(Hauptquantenzahl) (Bahndrehimpuls)$^{(Anzahl\ der\ Elektronen)}$

vorgenommen. In Tabelle 8-2 ist die maximale Anzahl der Elektronen zur Hauptquantenzahl *n* mit der Kurzschreibweise zusammengestellt. Da die Entartung im Wasserstoffatom n^2 ist, können $2\,n^2$ Elektronen mit der Hauptquantenzahl *n* im Atom auftreten.

Tabelle 8-2. Elektronenkonfiguration.

n	l	m_l	m_s	Bezeichnung	Anzahl Elektronen	
1	0	0	$\pm 1/2$	$1\,s^2$	2	**2**
2	0	0	$\pm 1/2$	$2\,s^2$	2	**8**
	1	1, 0, −1	$\pm 1/2$	$2\,p^6$	6	
3	0	0	$\pm 1/2$	$3\,s^2$	2	
	1	1, 0, −1	$\pm 1/2$	$3\,p^6$	6	**18**
	2	2, 1, 0, −1, −2	$\pm 1/2$	$3\,d^{10}$	10	
4	0	0	$\pm 1/2$	$4\,s^2$	2	
	1	1, 0, −1	$\pm 1/2$	$4\,p^6$	6	**32**
	2	2, 1, 0, −1, −2	$\pm 1/2$	$4\,d^{10}$	10	
	3	3, 2, 1, 0, −1, −2, −3	$\pm 1/2$	$4\,f^{14}$	14	

Zur Vereinfachung kürzt man die Elektronenkonfiguration des jeweils letzten Edelgases ab (beispielsweise [Ar]) und gibt nur die äußersten Elektronen an.

8.5. Röntgenstrahlung

In Abschn. 8.3 sind die Energiezustände der äußeren Elektronen (*Valenzelektronen*) und deren Aufspaltung beschrieben. Der folgende Abschnitt hat die Energiezustände der inneren Elektronen zum Inhalt.

8.5.1. Bremsstrahlung und charakteristische Strahlung

Die *Röntgenstrahlung* (Strahlungsenergie im Bereich keV) wird in vielen technischen und medizinischen Bereichen eingesetzt, z. B. im *Röntgentomograph* und bei Materialuntersuchungen. Bild 8-30 zeigt den schematischen Aufbau einer Röntgenröhre. Elektronen werden aus einer beheizten Kathode emittiert und durch Anlegen einer Spannung U_0 von etwa 20 kV bis 250 kV auf die Anode (*Antikathode*) beschleunigt. Die in das Material eindringenden Elektronen werden durch das elektrische Feld der positiv geladenen Atomkerne abgelenkt und abgebremst. Dieser Vorgang ist in Bild 8-31 veranschaulicht. Die Abbremsung des Elektrons ist eine negative Beschleunigung der Ladung, die nach der Elektrodynamik zur Aussendung elektromagnetischer Strahlung führt. Die so erzeugte Strahlung bezeichnet man als *Röntgenbremsstrahlung*. Das Spektrum der Bremsstrahlung ist ein kontinuierliches Spektrum, da es sich

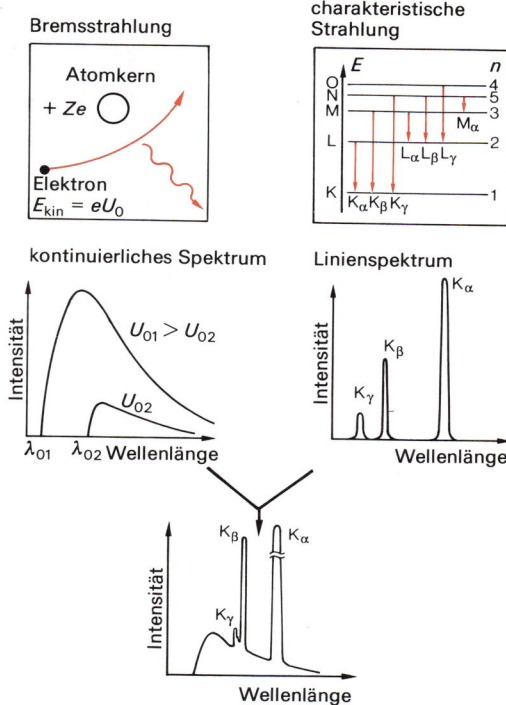

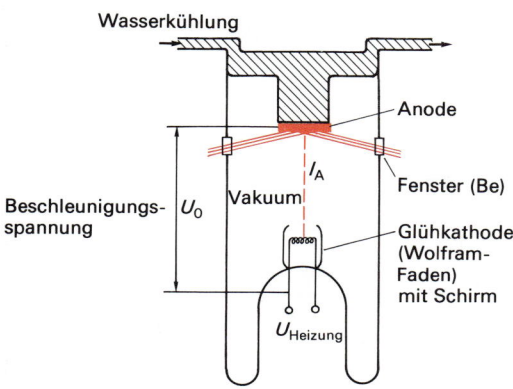

Bild 8-31. Entstehung des Röntgenspektrums einer Röntgenröhre.

um freie Elektronen handelt, deren Energie nicht gequantelt ist (Abschn. 8.2.2). Die kurzwellige Grenze des *Bremsstrahlspektrums* ergibt sich aus der vollständigen Abbremsung des Elektrons mit der Energie $e\,U_0$ in einem Vorgang ($\lambda_0 = h\,c/(e\,U_0)$).

Die auf das Antikathodenmaterial auftreffenden Elektronen können Elektronen aus den inneren Schalen entfernen (*Photoeffekt*, Abschn. 8.10), so daß eine Ionisation des Atoms stattfindet. In Tabelle 8-3 sind die *Ionisierungsenergien* für das Elektron der K- und L-Schale E_K und E_L für einige Elemente angegeben.

Elektronenübergänge aus den höheren Schalen füllen die entstandene Elektronenlücke unter Aussendung *charakteristischer Röntgenstrahlung* (Linienspektrum, Bild 8-31) auf. Die Bezeichnung der Strahlung erfolgt durch zwei Größen. Die erste gibt die *Schalenbezeichnung* des Endzustands des Elektrons an (K, L, M, ...), die zweite als Index (α, β, γ, ...) die *Schalenherkunft* des Elektrons. Das Auftreten des charakteristischen Röntgenspektrums ist abhängig von der Beschleunigungsspan-

Bild 8-30. Aufbau einer Röntgenröhre (schematisch).

Tabelle 8-3. Ionisierungsenergien innerer Elektronen.

Element	Ordnungszahl	E_K in keV	E_{L_I} in keV
Aluminium	13	1,559	0,087
Kupfer	29	8,980	1,100
Silber	47	25,517	3,810
Wolfram	74	69,508	12,090
Gold	79	80,713	14,353

nung U_0 der Elektronen und dem Antikathodenmaterial. Bei geringen Elektronenenergien $e U_0$ reicht die Energie nur zur Ionisation beispielsweise der L-Schale aus. Es können somit nur die *L-Linien* (L-Serie) entstehen. Bei größerer Elektronenenergie ist eine Ionisation der K-Schale möglich. Es entstehen die *K-Linien* (K-Serie). − Das kontinuierliche Bremsstrahlspektrum wird vom diskreten Linienspektrum des Antikathodenmaterials überlagert.

8.5.2. Absorption von Röntgenstrahlung, Computertomographie

Die Schwächung von Röntgenstrahlung beim Durchgang durch Materie der Dicke x erfolgt durch Ionisation (*Photoeffekt*) und *Streuprozesse* (Abschn. 8.10) und wird mathematisch beschrieben durch

$$I = I_0 \, e^{-\mu x}. \tag{8-64}$$

Hierin ist I die Strahlungsintensität nach dem Materiedurchgang, I_0 diejenige vor dem Ma-

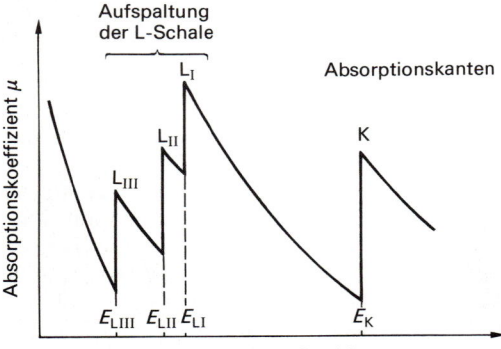

Bild 8-32.   Absorption in Abhängigkeit von der Energie der Röntgenstrahlung.

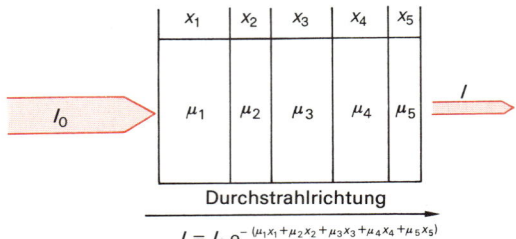

$$I = I_0 \, e^{-(\mu_1 x_1 + \mu_2 x_2 + \mu_3 x_3 + \mu_4 x_4 + \mu_5 x_5)}$$

Bild 8-33.   Schwächung der Röntgenstrahlung beim Durchgang durch Materie unterschiedlicher Zusammensetzung.

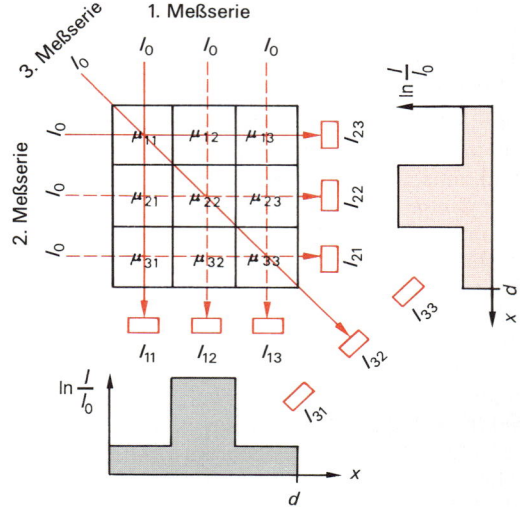

$$-\frac{1}{d} \ln \frac{I_{11}}{I_0} = \mu_{11} + \mu_{21} + \mu_{31}$$

$$-\frac{1}{d} \ln \frac{I_{12}}{I_0} = \mu_{12} + \mu_{22} + \mu_{32}$$

$$-\frac{1}{d} \ln \frac{I_{13}}{I_0} = \mu_{13} + \mu_{23} + \mu_{33}$$

μ_{11} bis μ_{33} mit den entsprechenden Gleichungen für die weiteren Meßserien

Bild 8-34.   Prinzip der Computertomographie.

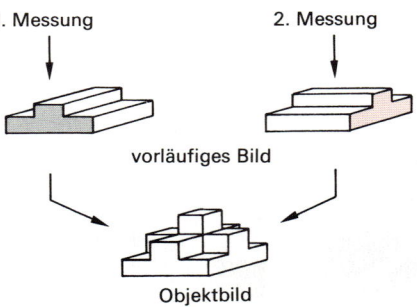

Bild 8-35.   Kombination der vorläufigen Bilder zum Objektbild.

teriedurchgang und μ der *Schwächungskoeffizient*. Dieser setzt sich aus dem *Streuanteil* μ_{streu} und *Absorptionsanteil* μ_{abs} zusammen. Für μ_{abs} gilt

$$\mu_{abs} \sim \frac{Z^k}{E^3}\,; \quad 3 < k < 4\,. \qquad (8\text{-}65)$$

Der Absorptionskoeffizient nimmt mit zunehmender Energie E der Strahlung ab. Bei bestimmten Energien treten große Sprünge im Absorptionskoeffizienten auf, wie Bild 8-32 zeigt. Die Energie dieser *Absorptionskanten* entspricht der Ionisationsenergie des zugehörigen Elektrons.

Eine wichtige Anwendung der Absorption von Röntgenstrahlung ist die *Röntgendiagnostik* in der Medizin. Der Körper wird mit Röntgenstrahlung bestrahlt und der nicht absorbierte Strahlungsanteil ermittelt (Röntgenfilm). Bereiche großer Schwärzung stellen Körperteile mit geringem Absorptionskoeffizienten (z.B. Gewebe), Bereiche geringer

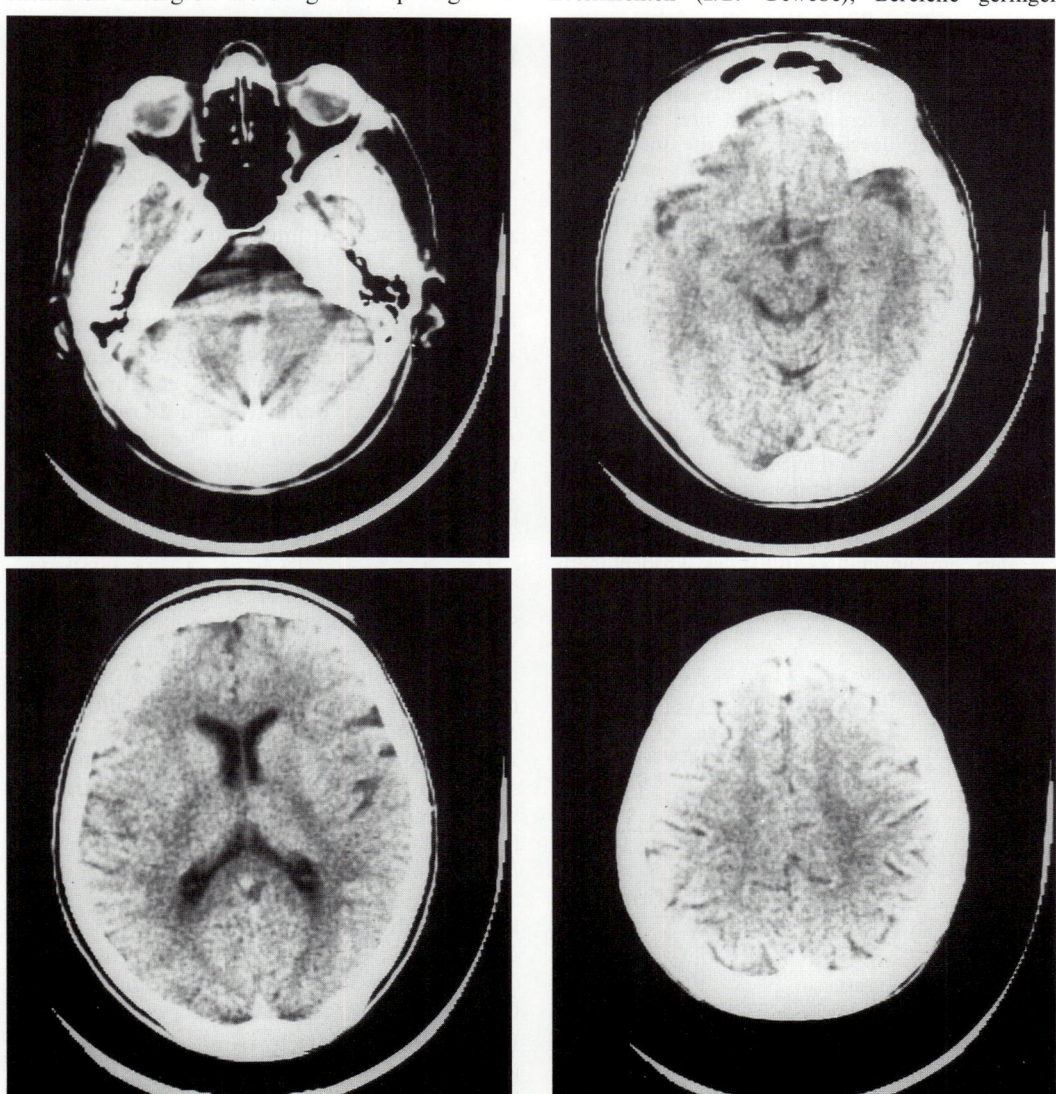

Bild 8-36. *Schnittbilder eines Kopfes, aufgenommen mit einem Röntgencomputertomographen. (Krankenhaus Aalen)*

Schwärzung Körperteile mit großem Absorptionskoeffizienten (z. B. Knochen) dar. Da die verschiedenen Absorptionskoeffizienten der entsprechenden Bereiche gemäß Bild 8-33 entlang der Durchstrahlrichtung aufsummiert werden, handelt es sich um ein *integrales Abbildungsverfahren*.

Eine entscheidende Verbesserung der Abbildung gelingt durch die *Röntgencomputertomographie*. Hiermit ist es möglich, entlang der Durchstrahlrichtung Strukturen (Bereiche unterschiedlicher Absorptionskoeffizienten) aufzulösen. Man erhält somit *Schnittbilder* des Körpers. Das Prinzip der Computertomographie zeigt Bild 8-34 am Beispiel einer aus neun gleich großen Bereichen bestehenden Probe. Das mittlere Feld soll sich durch einen verhältnismäßig großen Absorptionskoeffizienten (μ_{22}) von der Umgebung unterscheiden. In drei Meßserien wird die Probe durchstrahlt und die Intensität I ermittelt. Aus den so erhaltenen neun Gleichungen können μ_{11} bis μ_{33} berechnet werden. Wird dem Absorptionskoeffizienten ein Grauwert oder eine Farbe zugeordnet, so entsteht eine Abbildung des inneren Aufbaus der Probe, also z. B. eines Körperteils. Will man Einzelheiten in der Größenordnung Millimeter auflösen, so muß das 3×3-Raster auf 200×200 erweitert werden. Dies erfordert die Lösung eines Gleichungssystems mit $200 \times 200 = 40\,000$ Unbekannten. Hierfür ist eine sehr lange Rechenzeit erforderlich. Um aus den Meßergebnissen trotzdem ein Bild des Körperinneren zu gewinnen, wird entlang der Durchstrahlrichtung ein konstanter mittlerer integraler Absorptionskoeffizient angenommen. Dies führt zu den in Bild 8-35 dargestellten vorläufigen Bildern, deren Überlagerung (Aufsummierung) ein ungefähres Bild des Probeninnern ergibt. Bei dieser Bildrekonstruktion findet eine Verschmierung des mittleren Teils statt. Dies kann

durch eine Kontrastverstärkung (hervorgerufen durch die mathematische Operation der *Faltung* an der Meßkurve) verbessert werden. In Bild 8-36 sind Aufnahmen eines Kopfes bei unterschiedlichen Schnittstellen dargestellt. Bild 8-37 zeigt schematisch den Aufbau eines Computertomographen. Hierbei wird lediglich die Röntgenröhre bewegt, während die Detektoren in einem Kreis fest angeordnet sind. Die Bestrahlungszeit beträgt nur einige Sekunden.

8.6. Molekülspektren

Atome kommen in den seltensten Fällen isoliert vor. Sie gehen chemische Bindungen ein. Außer der *ionischen* und *metallischen* Bindung, die die Wechselwirkung vieler Atome beinhaltet, gibt es noch die *kovalente Bindung* zwischen zwei Atomen zu einem Molekül, z. B. N_2, HCl, CO (Abschn. 9.1).

8.6.1. Potentialkurve

Wird der Abstand r zwischen zwei Atomen A und B (z. B. Wasserstoff und Chlor) immer mehr verringert, dann tritt eine Kraftwirkung $F_{AB}(r)$ zwischen ihnen auf. Diese kann abstoßend oder anziehend wirken und somit zu einer Energieerhöhung bzw. Energieabsenkung von AB führen. (Das Potential $V(r)$ $= \int\limits_{\infty}^{r} F_{AB}\, dr$ nimmt mit r zu oder ab.) Die Ursache der Potentialänderung besteht in der Wechselwirkung der nicht vollständig besetzten Atomorbitale von A und B miteinander (*Coulomb-Wechselwirkung*). Dabei bilden sich *Molekülorbitale* aus. Sie entsprechen analog zu den Atomorbitalen den Aufenthaltswahrscheinlichkeiten von Elektronen. Erstrecken sie sich über beide Atomkerne A und B, so führt dies zu einer Anziehung (*bindendes Molekülorbital*). Ist das Molekülorbital lediglich auf ein Atom A bzw. B beschränkt, so findet keine Bindung statt (*nichtbindendes Molekülorbital*). Für das einfachste Molekül H_2^+ ist dies in Bild 8-38 mit den entsprechenden Potentialkurven veranschaulicht.

Findet eine chemische Bindung zwischen A und B statt, so zeigt die Potentialkurve beim Gleichgewichtsabstand r_e ein Minimum. Eine weitere Annäherung der Atomkerne führt zu einer schnell anwachsenden abstoßenden Cou-

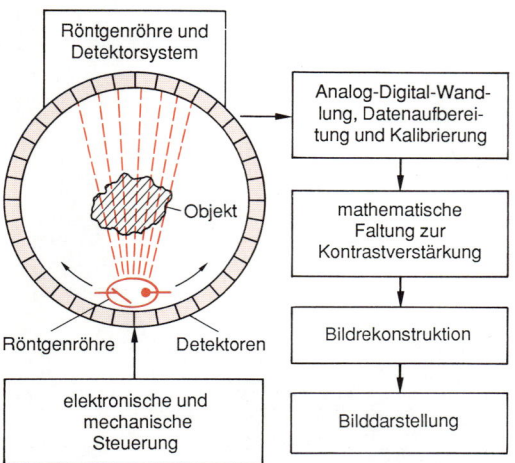

Bild 8-37. Aufbau eines Computertomographen (schematisch).

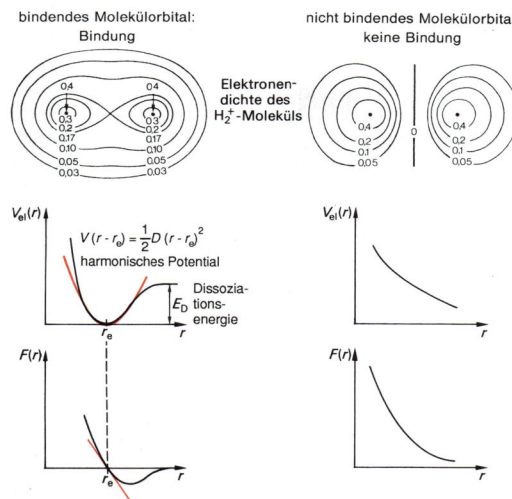

bindendes Molekülorbital: Bindung — nicht bindendes Molekülorbital: keine Bindung

Elektronendichte des H_2^+-Moleküls

$V_{\mathrm{el}}(r)$

$V(r - r_{\mathrm{e}}) = \frac{1}{2}D\,(r - r_{\mathrm{e}})^2$
harmonisches Potential

Dissoziations-
E_{D} energie

r_{e}

$F(r)$

r_{e}

$V_{\mathrm{el}}(r)$

$F(r)$

Bild 8-38.   Potentialkurve eines bindenden und nichtbindenden Molekülorbitals.

lomb-Kraft. In Bild 8-38 ist rot das harmonische Potential $(V(r) \sim (r - r_{\mathrm{e}})^2)$ und die dazu gehörige, von r linear abhängige Kraft eingezeichnet. Das harmonische Potential ist für die Umgebung des Gleichgewichtsabstandes r_{e} eine gute Näherung.

Das klassische Modell eines zweiatomigen Moleküls kann durch zwei Massen m_{A} und m_{B} beschrieben werden, die im Abstand r_{e} durch eine Feder verbunden sind. Eine Auslenkung aus der Gleichgewichtslage r_{e} führt zu einer rücktreibenden Kraft, so daß die beiden Kerne gegeneinander schwingen können. Die zur Auslenkung erforderliche Energie wirkt als Potential $V(r)$ für die Schwingung des Moleküls um die Gleichgewichtslage r_{e}. Ein n-atomiges Molekül hat folgende voneinander unabhängige Bewegungsmöglichkeiten (f: Anzahl der *Freiheitsgrade*):

– *Schwingung der Kerne gegeneinander*
(Schwerpunkt des Moleküls bewegt sich nicht)

$$f_{\mathrm{Schw}} = \begin{cases} 3\,n - 5 & \text{lineares Molekül} \\ 3\,n - 6 & \text{nichtlineares Molekül} \end{cases}$$

– *Rotation um den Schwerpunkt*

$$f_{\mathrm{rot}} = \begin{cases} 2 & \text{lineares Molekül} \\ 3 & \text{nichtlineares Molekül} \end{cases}$$

– *Translation des Schwerpunktes*

$$f_{\mathrm{trans}} = 3\,.$$

Bild 8-39 zeigt die Schwingungsmöglichkeiten eines dreiatomigen Moleküls. – In einem Molekül können wie beim Atom Elektronen in ein energetisch höheres Orbital angeregt werden. Dies führt zu einer Erhöhung der Potentialkurve um die Anregungsenergie E_{Anreg}. Infolge der veränderten Elektronenverteilung und der damit verbundenen Änderung der Coulomb-Wechselwirkungsenergie kann eine elektronische Anregung des Moleküls zu einer Verschiebung des Gleichgewichtsabstands r_{e} im angeregten Zustand führen, wie Bild 8-40 verdeutlicht. Eine Anregung in einen nichtbindenden Zustand führt zur Dissoziation des Moleküls.

lineares Molekül	nichtlineares Molekül
CO_2 (Kohlendioxid)	H_2O (Wasser)
$f_{\mathrm{schw}} = 3 \cdot 3 - 5 = 4$	$f_{\mathrm{schw}} = 3 \cdot 3 - 6 = 3$

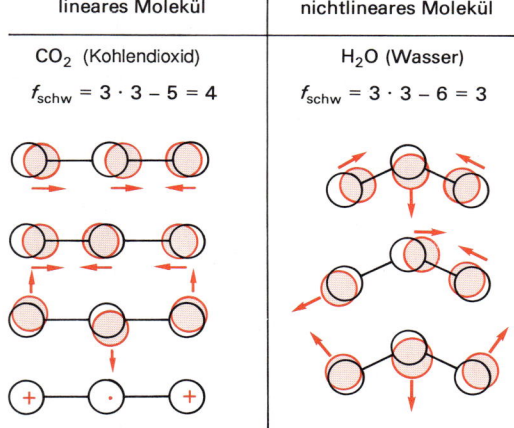

Bild 8-39.   Schwingungen eines dreiatomigen Moleküls.

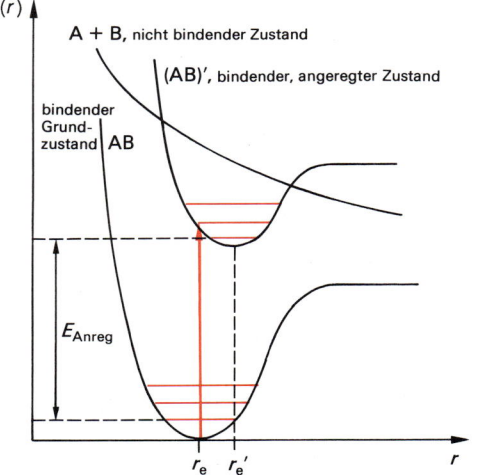

$V_{\mathrm{el}}(r)$

A + B, nicht bindender Zustand

(AB)', bindender, angeregter Zustand

bindender Grundzustand AB

E_{Anreg}

r_{e} r_{e}' r

Bild 8-40.   Verschiebung der Potentialkurve bei Molekülanregung.

8.6.2. Rotations-Schwingungs-Spektrum

Die Schwingungs- und Rotationszustände sind gequantelt, d. h. das Molekül kann nicht mit jeder Frequenz schwingen bzw. jeder Kreisfrequenz rotieren.

Zur Berechnung der Energiewerte E_Schw (Eigenwerte) und der zugehörigen Wellenfunktionen der Schwingungszustände $\psi_\text{Schw}(r - r_e)$ muß die Schrödinger-Gleichung gelöst werden:

$$\left(\frac{\hat{p}^2}{2m} + V_\text{el}(r - r_e)\right)\psi_\text{Schw}(r - r_e)$$

$$= E_\text{Schw}\,\psi_\text{Schw}(r - r_e)\,. \qquad (8\text{-}66)$$

Als Potentialverlauf $V_\text{el}(r)$ muß die in Bild 8-38 für den bindenden Zustand angegebene Funktion eingesetzt werden. Für nicht zu große Auslenkungen aus der Ruhelage kann dieses Potential durch das harmonische Potential $V(r - r_e) = \frac{1}{2}D(r - r_e)^2$ ersetzt werden. Die Lösung der Schrödinger-Gleichung für dieses Potential ist in Bild 8-9 angegeben (Abschn. 8.2.2).
In Bild 8-41 sind die Energieniveaus $E_\text{Schw} = \hbar\omega(\frac{1}{2} + v)$ mit den Energien und den Aufenthalts-

wahrscheinlichkeiten $|\psi_\text{Schw}(r - r_e)|^2$ eingezeichnet. (v ist die Schwingungsquantenzahl.) Die Aufenthaltswahrscheinlichkeit, die Atomkerne in einem Abstand $(r - r_e)$ und $(r - r_e + dr)$ anzutreffen $(|\psi_\text{Schw}(r - r_e)|^2 dr)$, ist für die angeregten Zustände am Parabelrand am größten. Lediglich im Grundzustand $(v = 0)$ mit der Nullpunktsenergie $\frac{1}{2}(\hbar\omega)$ liegt das Maximum der Aufenthaltswahrscheinlichkeit in der Mitte der Parabel. Durch Absorption oder Emission eines Photons der Energie $\hbar\omega$ findet ein Übergang zwischen benachbarten Energiezuständen statt (*Grundschwingung*). Ändert sich die Schwingungsquantenzahl v um $\pm 2, \pm 3, \ldots$, so treten im Spektrum *Oberschwingungen* bei $2\hbar\omega$, $3\hbar\omega, \ldots$ auf.

Für große Schwingungsamplituden gilt die Näherung durch das harmonische Potential nicht mehr. Die Energiezustände rücken bis zur Dissoziation des Moleküls immer dichter zusammen (Bild 8-41). Gleichzeitig verschiebt sich der Gleichgewichtsabstand r_e zu größeren Werten (*Unsymmetrie des Potentials*).

Zur Berechnung der Energiewerte E_rot (Eigenwerte) und der zugehörigen Wellenfunktionen der Rotationszustände $\psi_\text{rot}(\vartheta, \varphi)$ benötigt man die Schrödinger-Gleichung

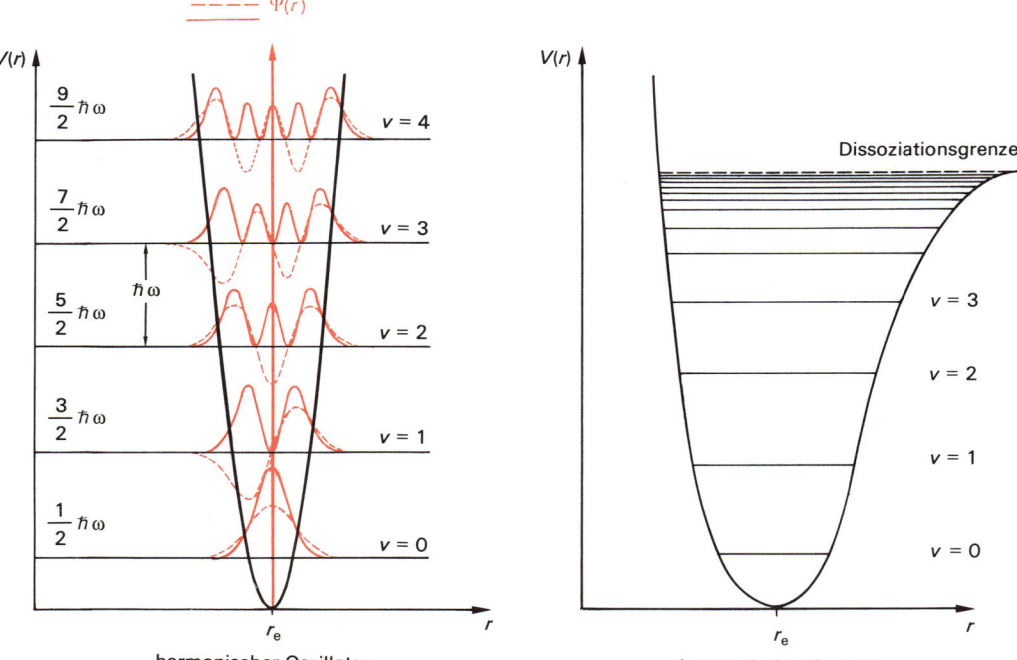

Bild 8-41. Harmonischer Oszillator mit den Wellenfunktionen $\psi(r)$ und den Aufenthaltswahrscheinlichkeiten $|\psi(r)|^2$ im Vergleich zum anharmonischen Oszillator.

$$\frac{\hat{l}^2}{2\,J}\,\psi_{\text{rot}}(\vartheta,\varphi)=E_{\text{rot}}\,\psi_{\text{rot}}(\vartheta,\varphi)\,. \qquad (8\text{-}67)$$

Dabei ist der Abstand r_e zwischen den Atomen A und B konstant ($V(r)=\text{konst}=0$, starrer Rotator). Die Rotationsenergie ist durch $E_{\text{rot}}=\frac{1}{2}\,J\,\omega^2=l^2/(2\,J)$ gegeben ($J=m_{\text{red}}\,r_e^2$, reduzierte Masse m_{red}, Drehimpuls $l=J\,\omega$). Die Lösung dieser Schrödinger-Gleichung ist in Bild 8-11 angegeben. Sie besteht aus den *Drehimpuls-Eigenfunktionen* $\psi_{\text{rot}}=F_{l,m}(\vartheta,\varphi)$ mit den Eigenwerten des Drehimpulsquadrats. Für die Eigenwerte des starren Rotators ergibt sich damit

$$E_{\text{rot}}=\frac{\hbar^2}{2\,J}\,(l+1)\,l \qquad (8\text{-}68)$$

mit l als Rotationsquantenzahl.
Der Abstand zwischen zwei benachbarten Energieniveaus beträgt

$$E_{\text{rot}}(l+1)-E_{\text{rot}}(l)=\frac{\hbar^2}{J}\,(l+1)\,l \qquad (8\text{-}69)$$

und nimmt mit l stark zu. – Das Quadrat der Eigenfunktionen des Drehimpulses einer rotierenden Hantel $|F_{l,m}(\vartheta,\varphi)|^2$ ist in Bild 8-42 als Polardiagramm für einige Quantenzahlen l dargestellt (Abschn. 8.2.4). Der Radiusvektor r in ϑ-Richtung gibt die Wahrscheinlichkeit an, daß die Molekülachse in dieser Richtung liegt.

Mit zunehmender Rotationsenergie werden die Fliehkräfte größer und führen zu einer Vergrößerung des Abstands und damit des Trägheitsmoments J (unstarrer Rotator). Dies führt zu einer Absenkung der Rotationsenergie (Gl. (8-68)).

Wird ein Molekül, beispielsweise HCl, mit Infrarotstrahlung bestrahlt, so finden Schwingungs- und Rotationsübergänge gleichzeitig statt (*Rotationsschwingungsspektrum*). Bild 8-43 zeigt die beiden Schwingungsniveaus $v=0$ und $v'=1$ mit den zu jedem Schwingungszustand gehörenden Rotationszuständen l bzw. l'. Mit den Auswahlregeln $\Delta v=0,\pm1,\pm2,\dots$ und $\Delta l=\pm1$ ergeben sich zwei Zweige im Absorptionsspektrum, ein *R-Zweig* mit $\Delta l=+1$ und ein *P-Zweig* mit $\Delta l=-1$. Der Übergang mit $\Delta l=0$ ist in einem zweiatomigen Molekül nicht erlaubt und erscheint als Lücke im Spektrum. Bei mehratomigen Molekülen gelten die Auswahlregeln nicht in voller Strenge, und der Übergang mit $\Delta l=0$ tritt auf.

Die Stärke der Absorption hängt von der Anzahl der Moleküle ab, die sich im Energiezustand (v,l) befinden. Ist dieser Energiezustand von vielen Molekülen besetzt, so kann mehr Strahlung absorbiert werden, als wenn sich nur wenige Moleküle in

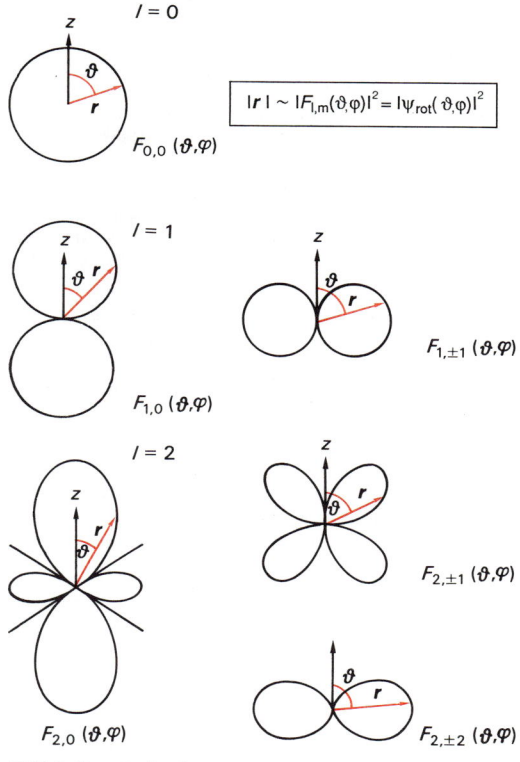

Bild 8-42. *Polardiagramm zur Verdeutlichung der Lage der Molekülachse bei der Rotation.*

diesem Zustand befinden. Die Besetzung der Zustände wird durch die Temperatur T bestimmt und durch die Boltzmann-Verteilung beschrieben (Abschn. 3.2.3).

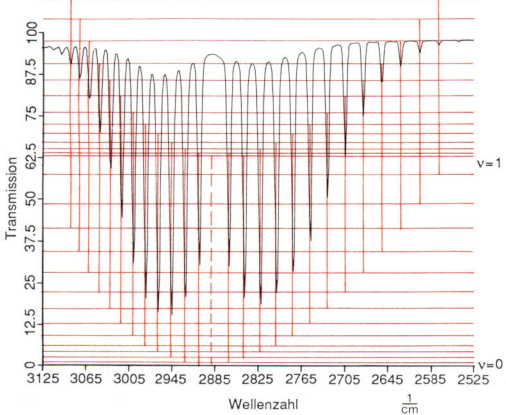

Bild 8-43. *Infrarot-Gasspektrum von Chlorwasserstoff (HCl) mit den entsprechenden Übergängen im Energieniveauschema (Nicolet 5DX FT-IR-Spektrometer).*

Die Rotationsstruktur im Absorptionsspektrum tritt nur bei Gasen unter geringem Druck auf. Bei Druckerhöhung finden zunehmend mehr Stöße zwischen den Molekülen statt, die eine Linienverbreiterung zur Folge haben (*Druckverbreiterung*). Bei Flüssigkeiten ist die Rotation sehr stark behindert. Infolgedessen beobachtet man keine einzelnen Rotationslinien mehr, sondern eine verhältnismäßig breite unstrukturierte Absorptionsbande. Im festen Zustand ist die Rotationsbewegung nahezu völlig unterdrückt, so daß die Absorptionsbanden schmaler werden.

Bild 8-44 zeigt das *Infrarot-Absorptionsspektrum* einer Kunststoffolie aus Polystyrol. Ein solches Infrarotspektrum zeigt deutliche Absorptionen bei bestimmten Wellenzahlen (Energien), denen bestimmte Schwingungen im Molekül zugeordnet werden können. So weisen beispielsweise die Absorptionslinien zwischen 3000 und 3100 cm^{-1} auf einen Aromaten (Benzolring) hin. Anhand eines solchen Spektrums können Kunststoffe identifiziert oder Motorenöle auf Verunreinigungen untersucht werden.

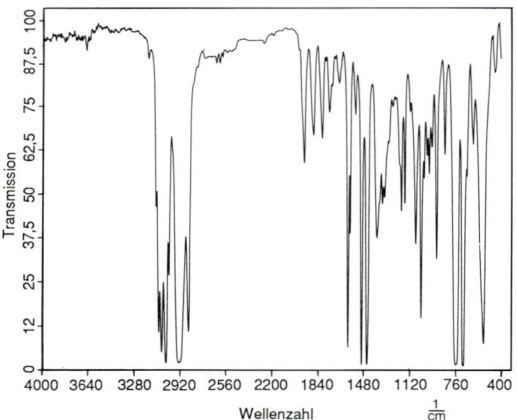

Bild 8-44. Infrarotspektrum einer Polystyrolfolie (Nicolet 5DX FT-IR-Spektrometer).

8.6.3. Raman-Effekt

In einem Molekül können nur solche Schwingungen elektromagnetische Strahlung absorbieren, bei denen sich während der Schwingung das Dipolmoment ändert. In einem *unpolaren Molekül*, beispielsweise im N_2- oder O_2-Molekül, ändert sich bei der Schwingung der Atome kein Dipolmoment, und es findet somit auch keine Strahlungsabsorption statt (*IR-inaktiv*). Die in Abschn. 8.6.2 genannten Auswahlregeln ($\Delta v = 0, \pm 1, \ldots, \Delta l = \pm 1$) gelten nur für Dipolstrahlung.

Durch Messung des gestreuten Lichts (Raman-Effekt; C. V. RAMAN, 1888 bis 1970) können auch die nicht IR-aktiven Schwingungen bestimmt werden. Die feste oder flüssige Probe wird mit intensivem monochromatischen Licht (z. B. He-Ne-Laser, Kr-Laser) bestrahlt. Die eingestrahlte Energie $\hbar \omega_L$ (ω_L ist die Laserkreisfrequenz) darf von der Substanz nicht absorbiert werden. Man mißt die von der Probe gestreute Strahlung. Infolge der intensiven Bestrahlung wird ein Elektron auf ein *virtuelles Niveau* (kein Eigenzustand des Moleküls) angeregt und geht sofort wieder in einen Energiezustand des Moleküls über. Dabei sind die in Bild 8-45 dargestellten Fälle möglich:

– *Rayleigh-Streuung:* Das Molekül geht in seinen Ausgangszustand zurück ($\omega = \omega_L$);

– *Raman-Streuung:* Das Molekül geht in einen angeregten Zustand über ($\omega < \omega_L$, *Stokes-Übergang*); das Molekül geht in einen abgeregten Zustand über ($\omega > \omega_L$ *Antistokes-Übergang*).

Damit ist der Streustrahlung mit der Grundfrequenz ω_L das Schwingungs- und Rotationsspektrum überlagert. Durch die Anregung über den virtuellen Zustand gelten nicht die Auswahlregeln für Dipolstrahlung.

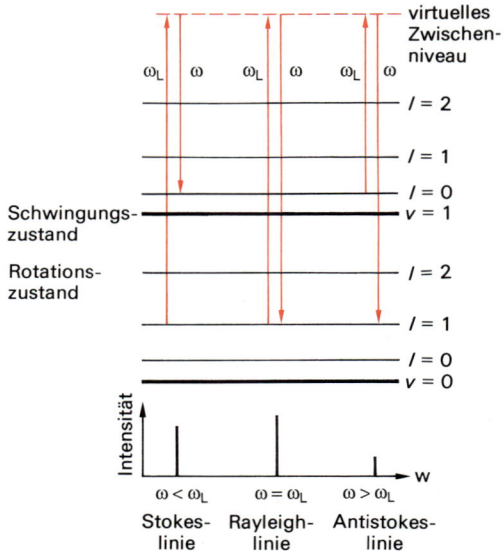

Bild 8-45. Quantenmechanische Darstellung des Raman-Effekts.

8.7. Aufbau der Atomkerne

8.7.1. Größe und Ladungsverteilung

Die ersten Erkenntnisse über einen Atomkern ergaben Untersuchungen über die Streuung von α-Teilchen (Heliumkerne) an dünnen Metallfolien durch E. RUTHERFORD (1871 bis 1937) im Jahr 1911. In Bild 8-46 ist die Rutherford-Streuung anderen elastischen Streuprozessen gegenübergestellt. Die quantitative Beschreibung von Streuprozessen erfolgt durch den *differentiellen Wirkungsquerschnitt* $d\sigma/d\Omega$. Dieser gibt an, mit welcher Wahrscheinlichkeit ein auf das Streuobjekt auftreffendes Teilchen (Quant) unter dem Winkel Θ in den Raumwinkel $\Delta\Omega$ gestreut wird. Die theoretische Beschreibung der Ergebnisse der Rutherford-Streuung an unterschiedlichen Streumaterialien kann mit folgenden Voraussetzungen durchgeführt werden:

— Das Atom besteht aus einem Kern, der fast die gesamte Masse des Atoms vereinigt. Die Wechselwirkung der α-Teilchen mit den Elektronen führt zu keiner merklichen Winkelablenkung.
— Der Kern hat eine positive Ladung der Größe $Z\,e$. (Z ist die Ordnungszahl.)
— Der positiv geladene Atomkern erzeugt ein elektrisches Feld (Coulombfeld einer Punktladung mit der Feldstärke $\boldsymbol{E} = (1/4\pi\,\varepsilon_0)\,(Z\,e/r^3)\,\boldsymbol{r}$).
— In der Streufolie soll keine Mehrfachstreuung der α-Teilchen auftreten.

Der Abstand b *(Stoßparameter)*, mit dem das α-Teilchen am punktförmigen Streuzentrum (Kern) vorbeifliegt, ist durch

$$b = \frac{Z Z' e^2}{2 E} \cot\left(\tfrac{1}{2}\Theta\right) \qquad (8\text{-}70)$$

gegeben mit E als der Energie und Z' als der Ladung des Teilchens.
Bei einem konstanten Streuwinkel Θ muß ein α-Teilchen mit höherer Energie näher am Streuzentrum vorbeifliegen als ein α-Teilchen mit geringerer Energie. Das Auftreten von Abweichungen (*anomale Rutherford-Streuung*), beispielsweise bei Aluminium unterhalb $b \approx 6 \cdot 10^{-15}$ m (6 fm), weist auf eine kurzreichweitige anziehende Kraft hin (*Kernkraft*). So-

mit hat ein positiv geladenes Teilchen den in Bild 8-47 dargestellten Potentialverlauf, bestehend aus dem Coulomb-Potential und dem Kernpotential. Als *Kernradius R* kann man den Abstand definieren, bei dem sich beide Kräfte etwa das Gleichgewicht halten. Als Ergebnis einer Großzahl von Messungen ergibt sich für den so definierten Kernradius

$$R = R_0\, A^{1/3}.$$
$$(R_0 = 1{,}2 \cdot 10^{-15}\ \text{m}) \qquad (8\text{-}71)$$

mit der Massenzahl $A = N + Z$. Für die Dichte der Kernmaterie gilt (Kern als Kugel angenommen)

$$\varrho_{\text{Kern}} = \frac{A\, m_\text{u}}{\dfrac{4\pi}{3}\,(R_0\, A^{1/3})^3}$$
$$\approx 2 \cdot 10^{14}\ \frac{\text{g}}{\text{cm}^3} = \text{konstant.} \qquad (8\text{-}72)$$

Mit Teilchenstrahlen, deren Wellenlänge größer als das zu untersuchende Objekt ist, können keine Informationen über die innere Struktur des Kerns, beispielsweise über die Ladungsverteilung, erhalten werden. Hierfür müssen Teilchen- oder Quantenstrahlen mit einer Wellenlänge, die kleiner als der Atomkernradius ist, verwendet werden.

Zur Untersuchung der Ladungsverteilung im Kern werden hochenergetische Elektronen ($E \approx 300$ MeV) auf die Streufolie (*Target*) geschossen, und wie bei der Rutherford-Streuung (Bild 8-46) wird der Anteil elastisch gestreuter Elektronen in Abhängigkeit vom Winkel vermessen. Der experimentelle Aufwand ist um ein Vielfaches größer als bei der Rutherford-Streuung. Ein Spektrometer ist erforderlich, um elastisch gestreute Elektronen von inelastisch gestreuten zu trennen. Berechnet man den differentiellen Wirkungsquerschnitt für die Coulomb-Streuung von hochenergetischen und damit hochrelativistischen Elektronen ($E \gg m_\text{oe}\, c^2$) an einer punktförmigen Ladung $Z\,e$, so unterscheidet sich der Wert von der Rutherford-Streuung durch den Faktor $4\cos^2(\Theta/2)$. Dieser Faktor rührt vom *inneren Drehimpuls* (Eigendrehimpuls, Spin) des Elektrons her, der mit einem magnetischen Moment verbunden ist (Abschn.

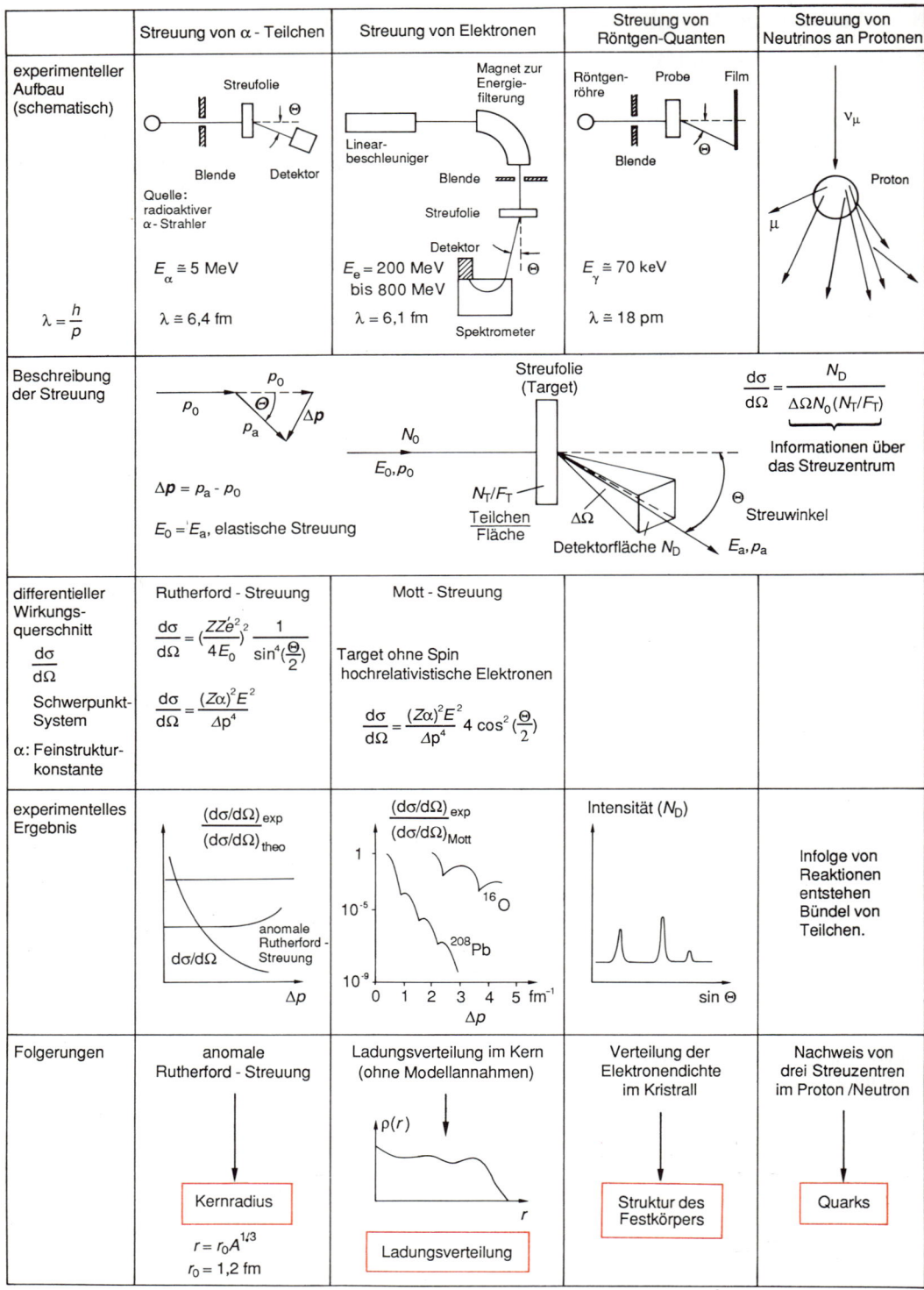

	Streuung von α - Teilchen	Streuung von Elektronen	Streuung von Röntgen-Quanten	Streuung von Neutrinos an Protonen
experimenteller Aufbau (schematisch) $\lambda = \dfrac{h}{p}$	Streufolie Blende Detektor Quelle: radioaktiver α-Strahler $E_\alpha \cong 5\ \text{MeV}$ $\lambda \cong 6{,}4\ \text{fm}$	Magnet zur Energie-filterung Linear-beschleuniger Blende Streufolie Detektor $E_e = 200\ \text{MeV}$ bis 800 MeV $\lambda = 6{,}1\ \text{fm}$ Spektrometer	Röntgen-röhre Probe Film Blende $E_\gamma \cong 70\ \text{keV}$ $\lambda \cong 18\ \text{pm}$	ν_μ Proton μ
Beschreibung der Streuung	p_0 p_a $\Delta\mathbf{p}$ $\Delta\mathbf{p} = p_a - p_0$ $E_0 = E_a$, elastische Streuung	N_0 E_0, p_0 $\dfrac{N_T/F_T}{\text{Teilchen}}$ Fläche	Streufolie (Target) N_0 $\Delta\Omega$ Detektorfläche N_D E_a, p_a Θ Streuwinkel	$\dfrac{d\sigma}{d\Omega} = \dfrac{N_D}{\Delta\Omega N_0\,(N_T/F_T)}$ Informationen über das Streuzentrum
differentieller Wirkungs-querschnitt $\dfrac{d\sigma}{d\Omega}$ Schwerpunkt-System α: Feinstruktur-konstante	Rutherford - Streuung $\dfrac{d\sigma}{d\Omega} = \left(\dfrac{zZe^2}{4E_0}\right)^2 \dfrac{1}{\sin^4(\tfrac{\Theta}{2})}$ $\dfrac{d\sigma}{d\Omega} = \dfrac{(Z\alpha)^2 E^2}{\Delta p^4}$	Mott - Streuung Target ohne Spin hochrelativistische Elektronen $\dfrac{d\sigma}{d\Omega} = \dfrac{(Z\alpha)^2 E^2}{\Delta p^4}\,4\cos^2\!\left(\dfrac{\Theta}{2}\right)$		
experimentelles Ergebnis	$\dfrac{(d\sigma/d\Omega)_{\text{exp}}}{(d\sigma/d\Omega)_{\text{theo}}}$ anomale Rutherford - Streuung $d\sigma/d\Omega$ Δp	$\dfrac{(d\sigma/d\Omega)_{\text{exp}}}{(d\sigma/d\Omega)_{\text{Mott}}}$ 1 10^{-5} ^{16}O ^{208}Pb 10^{-9} 0 1 2 3 4 5 fm^{-1} Δp	Intensität (N_D) sin Θ	Infolge von Reaktionen entstehen Bündel von Teilchen.
Folgerungen	anomale Rutherford - Streuung Kernradius $r = r_0 A^{1/3}$ $r_0 = 1{,}2\ \text{fm}$	Ladungsverteilung im Kern (ohne Modellannahmen) $\rho(r)$ r Ladungsverteilung	Verteilung der Elektronendichte im Kristrall Struktur des Festkörpers	Nachweis von drei Streuzentren im Proton /Neutron Quarks

Bild 8-46.   Streuung von α-Teilchen, Elektronen, Röntgen-Quanten und Neutrinos.

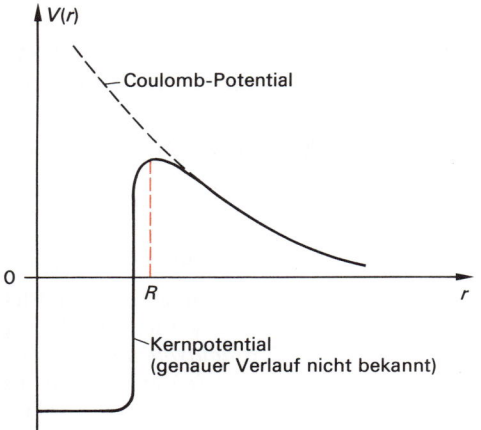

Bild 8-47.   Potentialverlauf.

8.3). Aus der Sicht des Elektrons bedeutet das vorbeifliegende geladene Streuzentrum einen Strom mit einem Magnetfeld, mit dem das magnetische Moment des Elektrons in Wechselwirkung tritt.

Das experimentelle Ergebnis (Bild 8-46) zeigt eine Art *Interferenzstruktur.* Es ist prinzipiell vergleichbar mit der elastischen Streuung von

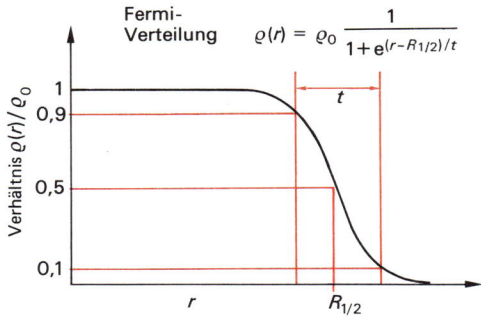

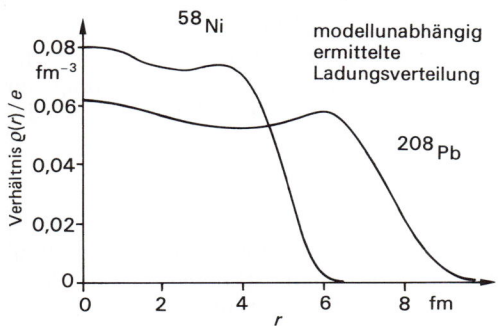

Bild 8-48.   Ladungsverteilung im Atomkern.

Röntgen-Quanten an einem Kristall, bei der ebenfalls Interferenzen auftreten. Sie sind bedingt durch die Struktur der Elektronenverteilung im Festkörper. Das Streuzentrum ist für die hochenergetischen Elektronen nicht mehr punktförmig, sondern stellt eine Ladungsverteilung $\varrho(r)$ dar, wobei an unterschiedlichen Stellen der Ladungsverteilung gestreute Wellen interferieren.

In erster Näherung kann die Ladungsverteilung durch eine Fermi-Verteilung gemäß Bild 8-48 beschrieben werden. Die modellunabhängig ermittelten Ladungsverteilungen zeigen keine Gesetzmäßigkeiten mit der Massenzahl. Die auftretenden Oszillationen in der Ladungsverteilung sind darauf zurückzuführen, daß der Kern aus einzelnen Teilchen aufgebaut ist und das streuende Elektron den Impulsunterschied $\Delta p = p_a - p_o$ nur an ein Proton überträgt, von dem es auf den gesamten Kern übertragen wird. Eine geringe Erhöhung der Ladungsverteilung vor dem Abfall der Ladungsdichte wird durch die Coulomb-Abstoßung der Protonen verursacht, die dadurch stärker an den Rand des Kerns gedrückt werden.

8.7.2. Kernmodelle

Nach der Entdeckung des Neutrons 1932 durch J. CHADWICK (1891 bis 1974) ergab sich folgendes Kernmodell: Der Atomkern, der den Hauptanteil der Masse vereinigt, besteht aus Protonen und Neutronen (*Nukleonen*), die durch die kurzreichweitigen Kernkräfte zusammengehalten werden.

Mit Hilfe eines *Massenspektrometers* kann die Masse eines Atoms sehr genau bestimmt werden. Bild 8-49 a zeigt den Aufbau und die Arbeitsweise eines modernen Massenspektrometers. In der Ionenquelle wird die Probe ionisiert, dann werden die entstandenen Ionen beschleunigt und in einem elektrischen und magnetischen Feld getrennt. Das Auflösungsvermögen eines solchen Massenspektrometers verdeutlicht Bild 8-49 b.

Als Einheit verwendet man die *atomare Masseneinheit* u (Atommassenkonstante). Diese ist definiert als ein Zwölftel der Masse des Kohlenstoffisotops ^{12}C:

a)

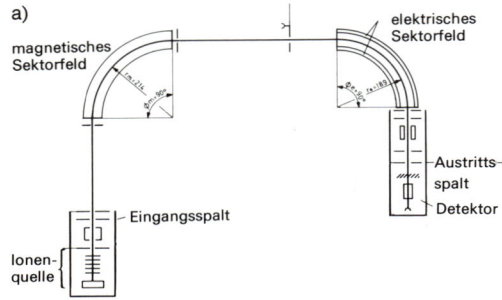

b)

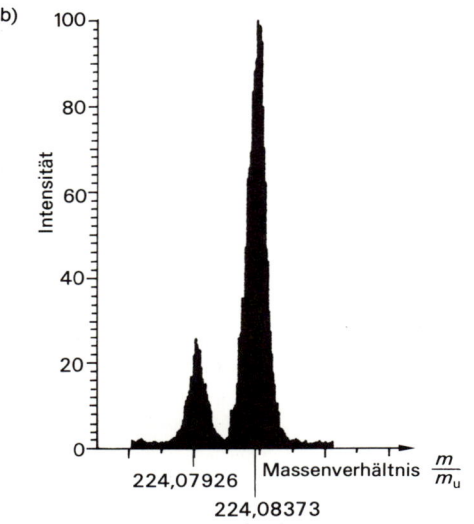

Bild 8-49. Massenspektrometer: a) Aufbau, schematisch, b) Ausschnitt aus einem Massenspektrum. Werkbild: Finnigan Mat, Bremen.

$$m_u = 1\ u = \frac{1}{12}\ m_a(^{12}C)$$

$$= \frac{1}{12}\ \frac{12 \cdot 10^{-3}\ \text{kg/mol}}{N_A}$$

$$= 1{,}66056 \cdot 10^{-27}\ \text{kg} \qquad (8\text{-}73)$$

$N_A = 6{,}02204 \cdot 10^{23}\ \text{mol}^{-1}$ ist die Avogadro-Konstante, d.h. die Anzahl der Teilchen je mol.

Die relative Atommasse A_r (Molekülmasse M_r) ist durch

$$A_r = \frac{m_a}{m_u}\ ;\ \left(M_r = \frac{m_m}{m_u}\right) \qquad (8\text{-}74)$$

gegeben. Hierin ist

$m_a, m_a(^{A}X)$ Atommasse (des Nuklids ^{A}X),
$m_m, m_m(A_x B_y)$ Molekülmasse (des Moleküls $A_x B_y$).

Die Masse von 1 mol eines Atoms oder Moleküls ergibt die Molmasse M:

$$M = \begin{cases} A_r N_A m_u = A_r \cdot 1\ \text{g/mol}, \\ M_r N_A m_u = M_r \cdot 1\ \text{g/mol}. \end{cases}$$

In der Kernphysik und besonders in der Elementarteilchenphysik ist es üblich, die Masse eines Teilchens in der *äquivalenten Energie* über die Beziehung $m = E/c^2$ anzugeben. Es ergibt sich $m_u = 1\ u = 931{,}5016\ \text{MeV}/c^2$. (Häufig entfällt c^2.) In Tabelle 8-4 sind für einige Teilchen und Atomkerne die Massen zusammengestellt.

Tabelle 8-4. Teilchen- und Nuklidmassen.

Teilchen bzw. Nuklid	Masse in u
Elektron	$5{,}48580 \cdot 10^{-4}$
Proton	$1{,}00727647$
Neutron	$1{,}008664967$
^{1}H	$1{,}007825037$
^{2}H	$2{,}014101787$
^{4}He	$4{,}00260325$
^{9}Be	$9{,}0121825$
^{12}C	$12{,}00000000$
^{14}N	$14{,}003074008$
^{17}O	$16{,}9991306$
^{27}Al	$26{,}9815413$
^{30}Si	$29{,}9737717$
^{30}P	$29{,}9783098$
^{164}Dy	$163{,}929183$
^{165}Dy	$164{,}931712$

Die genauen Atommassen von instabilen Kernen oder Teilchen kann man aus Kernreaktionen oder Zerfallsprozessen (α-, β-Zerfall) durch *Messung der Zerfallsenergien* ermitteln. Ein Beispiel hierfür ist die Bestimmung der Masse des Neutrons aus der Reaktion der Spaltung des Deuteriums durch γ-Quanten:

$$^{2}_{1}H + \gamma \to ^{1}_{0}n + ^{1}_{1}H + \Delta E\,.$$

Der Betrag $\Delta E = -2{,}226\ \text{MeV}$ ergibt sich aus der Energie der γ-Quanten, die zur Spaltung von $^{2}_{1}H$ erforderlich ist (*endoergische Reaktion*). Aufgrund der Energieerhaltung gilt

$$m_a(^{2}H)\,c^2 = m_a(n)\,c^2 + m_a(^{1}H)\,c^2 + \Delta E\,.$$

Mit den Tabellenwerten für $m_a(^2\text{H})$ und $m_a(^1\text{H})$ ergibt sich für $m_a(\text{n}) = 939{,}573\,\text{MeV}/c^2$. In analoger Weise kann anhand der genau bestimmten Atommassen der ΔE-Wert der allgemeinen Reaktion

$$N\,{}^1_0\text{n} + Z\,{}^1_1\text{H} \rightarrow {}^{N+Z}_{Z}\text{K} + \Delta E$$

berechnet werden. Der ΔE-Wert dieser Reaktion ergibt die *Bindungsenergie* E_B des Kerns:

$$E_B = (N\,m_a(\text{n}) + Z\,m_a(^1\text{H}) - m_a(^{N+Z}\text{K}))\,c^2. \tag{8-75}$$

Hierin ist $m_a(\text{n})$ die Masse des Neutrons, $m_a(^1\text{H})$ die des neutralen Wasserstoffatoms und $m_a(^{N+Z}\text{K})$ die des Kerns. Die Größe $E_B/c^2 = \Delta m$ wird auch als *Massendefekt* bezeichnet. Die Berücksichtigung der Bindungsenergie der Elektronen E_e kann durch die Näherung

$$E_e = 15{,}73\,Z^{7/3}\,\text{eV} \tag{8-76}$$

in eV erfolgen. In Bild 8-50 ist der Verlauf der Bindungsenergie je Nukleon E_B/A in Abhängigkeit von der Massenzahl für die stabilen Kerne dargestellt. Die Bindungsenergie je Nukleon ist negativ abgetragen. Das Minimum der Kurve befindet sich im Bereich der Massenzahl $A = 60$.

Es sind grundsätzlich zwei Kernprozesse denkbar, durch die Energie erzeugt werden kann:

– *Kernspaltung*
  Durch Spaltung eines Kerns mit der Massenzahl 235 ($^{235}_{92}\text{U}$, $E_B/A = 7{,}6\,\text{MeV}$) in zwei gleichgroße Bruchstücke ($E_B/A = 8{,}5\,\text{MeV}$) wird eine Energie von etwa 200 MeV frei.

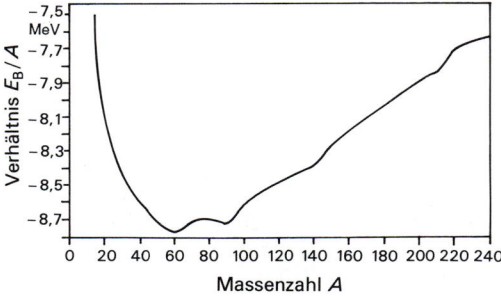

Bild 8-50. Bindungsenergie je Nukleon in Abhängigkeit von der Massenzahl.

– *Kernfusion*
  Die Verschmelzung leichter Kerne, beispielsweise Wasserstoff zu Helium, führt zu einem Energiegewinn von etwa 24 MeV.

Näherungsweise ist die Bindungsenergie je Nukleon (7,5 MeV bis 8,8 MeV) konstant. Dies hat zur Folge, daß ein Nukleon nicht mit jedem anderen Nukleon eine Wechselwirkung durch Kernkräfte eingeht. In einem solchen Fall müßten $A(A-1)/2$ „Bindungen" gebildet werden, so daß E_B/A proportional A wäre. Die Kernkräfte haben somit „Sättigungscharakter" wie die kovalente Bindung zwischen zwei Wasserstoffatomen.

8.7.2.1. Tröpfchenmodell

Bei diesem Kernmodell betrachtet man die Nukleonen als Moleküle eines *inkompressiblen geladenen Flüssigkeitströpfchens*. Zwischen den Flüssigkeitsmolekülen im Tröpfchen wirkt eine anziehende Kraft kurzer Reichweite. Die Bindungsenergie des Tröpfchens ist dann derjenige Energiebetrag, der bei der Kondensation freier Moleküle zu einem Tröpfchen frei wird. Diese Energie hängt von der Anzahl der kondensierten Moleküle, der Oberfläche des Tröpfchens, der Coulomb-Energie und von der Form des Tröpfchens ab (*Weizsäcker-Formel* Gl. (8-77)). Die Abhängigkeit der einzelnen Terme von der Massenzahl A ist in Tabelle 8-5 zusammengestellt. Zur Veranschaulichung der Beziehung zwischen der Bindungsenergie je Nukleon, der Massenzahl $A = N + Z$ und der Ordnungszahl Z bzw. der Neutronenzahl N sind in Bild 8-51 Linien konstanter Werte E_B/A in Abhängigkeit von N und Z dargestellt. Man erhält ein *Tal*, das bei kleinen N, Z-Werten sehr stark abfällt und eng ist, sich aber zu größeren N, Z-Werten öffnet. In dieses Diagramm sind die stabilen Atomkerne (*Nuklide*) mit eingezeichnet. Rechts unten ist die Schnittkurve entlang einer Geraden mit $A = \text{konstant}$ (*Isobaren*) dargestellt. Hierbei handelt es sich um eine Parabel. Wird der Paarungsterm mit berücksichtigt, so ergibt sich für gerade A-Werte eine Doppelparabel. Der stabile Kern befindet sich in der Nähe des Parabelminimums. Die im linken Parabelast liegenden Nuklide wandeln sich durch β^--Zerfall ($\text{n} \rightarrow \text{p} + \text{e}$), die rechts liegenden durch β^+-

Tabelle 8-5. Tröpfchenmodell des Atomkerns.

Name	Abhängigkeit von der Massenzahl	Konstante in MeV	Bemerkungen
Kondensationsenergie Volumenenergie	$E_V = -a_V A$	$a_V = 15{,}85$	Volumenenergie, da A dem Kernvolumen proportional; entspricht der Konstanz der Bindungsenergie je Nukleon.
Oberflächenenergie	$E_O = +a_O A^{2/3}$	$a_O = 18{,}34$	Die Nukleonen an der Oberfläche haben weniger Bindungspartner, so daß die Bindungsenergie proportional zu $r^2 = A^{2/3}$ verringert wird.
Coulomb-Energie	$E_C = +a_C Z^2 A^{-1/3}$	$a_C = 0{,}71$	gegenseitige Abstoßung der Protonen; Energie einer homogen geladenen Kugel mit der Ladung $Z\,e$.
Asymmetrie-Energie Symmetrie-Energie	$E_A = +a_A \dfrac{\left(Z - \dfrac{A}{2}\right)^2}{A}$ $E_S = +a_S \dfrac{(A-2Z)^2}{A}$	$a_A = 92{,}86$ $a_S = 23{,}22$ $a_S = \dfrac{a_A}{4}$	Berücksichtigt den Neutronenüberschuß, der zu einer Verminderung von E_B führt gegenüber einem symmetrischen Kern; Symmetrie der Kernkräfte zwischen Neutron und Proton.
Paarungsenergie	$E_\delta = \begin{cases} -\delta(A,Z) & (g,g) \\ 0 & (g,u)\,(u,g)\ \text{Kerne} \\ +\delta(A,Z) & (u,u) \end{cases}$ $\delta = \dfrac{33}{A}$		Durch das Tröpfchenmodell nicht erklärbar.

$$E_B = -a_V A + a_O A^{2/3} + a_C Z^2 A^{-1/3} + a_A \frac{\left(Z - \dfrac{A}{2}\right)^2}{A} + E_\delta$$

$$\frac{E_B}{A} = -a_V + a_O A^{-1/3} + a_C Z^2 A^{-4/3} + a_A \frac{\left(Z - \dfrac{A}{2}\right)^2}{A^2} + \frac{E_\delta}{A}$$

Weizsäcker-Formel   (8-77)

Zerfall $(p \rightarrow n + e^+)$ in Richtung auf das stabile Nuklid um. Deshalb wird das Tal auch Tal der *β-Stabilität* bezeichnet. Es gilt für dieses Tal

$$\left(\frac{\partial (E_B/A)}{\partial Z}\right)_{A=\text{konst.}} = 0\,.$$

Dies liefert (ohne Paarungsterm) die Linie der *β*-Stabilität

$$Z = \frac{A}{1{,}98 + 0{,}015\,A^{2/3}}\,.$$

Mit Hilfe der Bindungsenergieformel (Gl. 8-77) kann auch die Stabilität der Kerne ge-

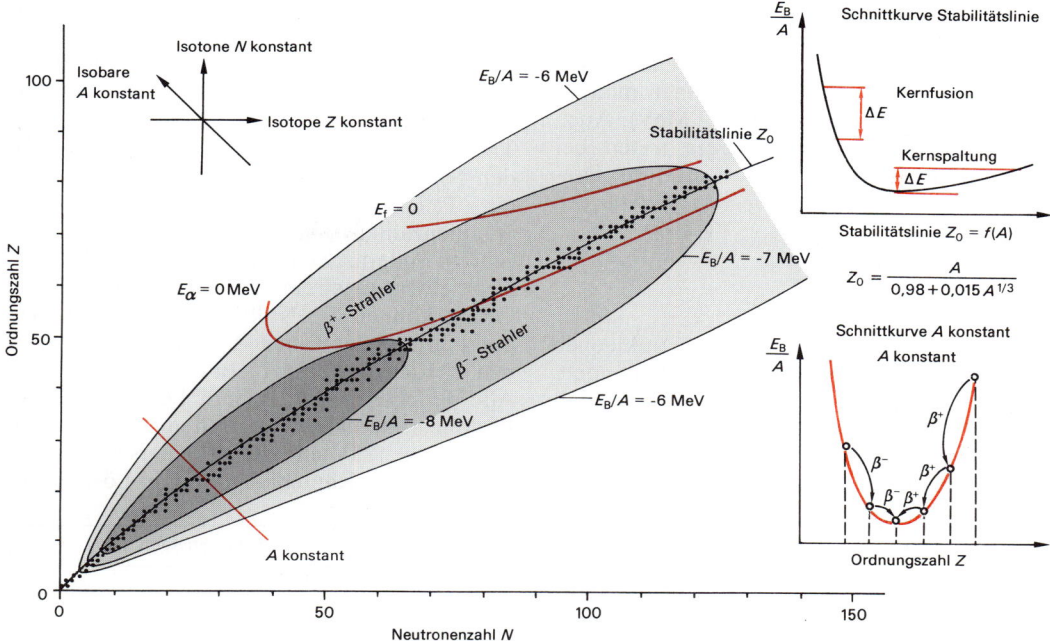

Bild 8-51. Linien konstanter Bindungsenergie je Nukleon nach der Weizsäcker-Formel ohne Paarungsterm (stabile Nuklide eingezeichnet).

genüber α-Zerfall und *Spontanspaltung* (f: fission) angegeben werden. Eine solche Zerfallsreaktion kann dann ablaufen, wenn diese mit einem Energiegewinn verbunden ist:

$$E_\alpha = [m_a(^{N+Z}_{Z}\mathrm{K}) - m_a(^{N+Z-4}_{Z-2}\mathrm{K}) - m_a(\alpha)]c^2$$
$$\geqq 0,$$
$$E_f = [m_a(^{N+Z}_{Z}\mathrm{K}) - 2\,m_a(^{N/2+Z/2}\mathrm{K})]\,c^2 \geqq 0.$$

In Bild 8-51 sind Linien für $E_\alpha = 0$ und $E_f = 0$ eingezeichnet. Rechts von diesen Linien ist der α-Zerfall oder die Kernspaltung mit einem Energiegewinn verbunden. Man erkennt daraus, daß α-Strahler nur bei Ordnungszahlen größer als 60 zu erwarten sind.

Alle Nuklide mit $Z > 84$ sind instabil. Sie haben zum Teil große Halbwertszeiten ($^{232}_{90}\mathrm{Th}$: $1,4 \cdot 10^{10}$ a) und kommen deshalb noch natürlich auf unserer Erde vor. Durch Kernreaktionen sind Elemente bis $Z = 109$ hergestellt worden.

Betrachtet man die stabilen Nuklide im Z-N-Diagramm genauer, so stellt man fest, daß bei den Neutronen- bzw. Protonenzahlen 2, 8, 20, 50, 82, 126 (*magische Zahlen*) besonders viele stabile Isotope (Nuklide mit gleicher Proto-

nenzahl) bzw Isotone (Nuklide mit gleicher Neutronenzahl) auftreten. Von den 267 bekannten stabilen Nukliden sind

158 g, g-Kerne P gerade N gerade,
53 g, u-Kerne P gerade N ungerade,
50 u, g-Kerne P ungerade N gerade,
6 u, u-Kerne P ungerade N ungerade.

Die Betrachtung der Separationsenergie für Neutronen E_n bzw. Protonen E_p liefert

$$E_n(Z, N) = [m_a(^A_Z\mathrm{K}) - m_a(^{A-1}_Z\mathrm{K}) - m_a(\mathrm{n})]c^2,$$
$$E_p(Z, N) = [m_a(^A_Z\mathrm{K}) - m_a(^{A-1}_{Z-1}\mathrm{K}) - m_a(\mathrm{p})]c^2.$$

Dies führt zu einem ähnlichen Verlauf wie das Ionisierungspotential der Elektronenhülle. Bei bestimmten Werten von N oder Z (den magischen Zahlen) treten Extremwerte von E_n und E_p auf (Abschn. 8.7.2, Bild 8-53).

Die Differenz der Separationsenergien E_n E_p von benachbarten Isotopen bzw. Isotonen

$$\delta_n = E_n(Z, N) - E_n(Z, N-1),$$
$$\delta_p = E_p(Z, N) - E_p(Z-1, N)$$

weist darauf hin, daß bei geraden N- bzw.

Z-Werten stets eine größere *Separationsenergie* erforderlich ist. Zwei Nukleonen (Protonen oder Neutronen) bilden ein energetisch günstiges Paar. Deshalb bezeichnet man δ_n bzw. δ_p als *Paarungsenergie* (~ 2 MeV). Auch im Verlauf der Paarungsenergie treten bei den magischen Zahlen Extremwerte auf. Diese Effekte weisen auf eine *Schalenstruktur* des Kerns hin.

8.7.2.2. Schalenmodell

Im *Tröpfchenmodell* werden die Nukleonen wie die Moleküle eines Tropfens behandelt. Beim *Schalenmodell* geht man davon aus, daß ein Nukleon in einem mittleren Kernpotential, hervorgerufen durch die andern Nukleonen, einen bestimmten Eigenzustand einnimmt,

der durch die Eigenwerte Energie und Bahndrehimpuls charakterisiert ist. Im Grundzustand des Kerns werden die Zustände nacheinander nach dem Pauli-Prinzip mit der entsprechenden Anzahl Nukleonen besetzt.

Trotz der starken Wechselwirkung zwischen den Nukleonen gibt es keine Möglichkeit für ein Teilchen, seinen Zustand, d.h. seine Quantenzahlen ohne eine äußere Energiezufuhr zu ändern. Sie verhalten sich deshalb wie wechselwirkungsfreie Teilchen. Aus diesem Grund können die Nukleonen des Kerns wie die Leitungselektronen des Metalls beschrieben werden. Dies ist in Bild 8-52 dargestellt. Alle Teilchen mit dem Spin 1/2 (Elektronen, Protonen, Neutronen) befinden sich in einem rechteckigen Potentialtopf unterschiedlicher Höhe mit der Kantenlänge *a*. Die Lösung der

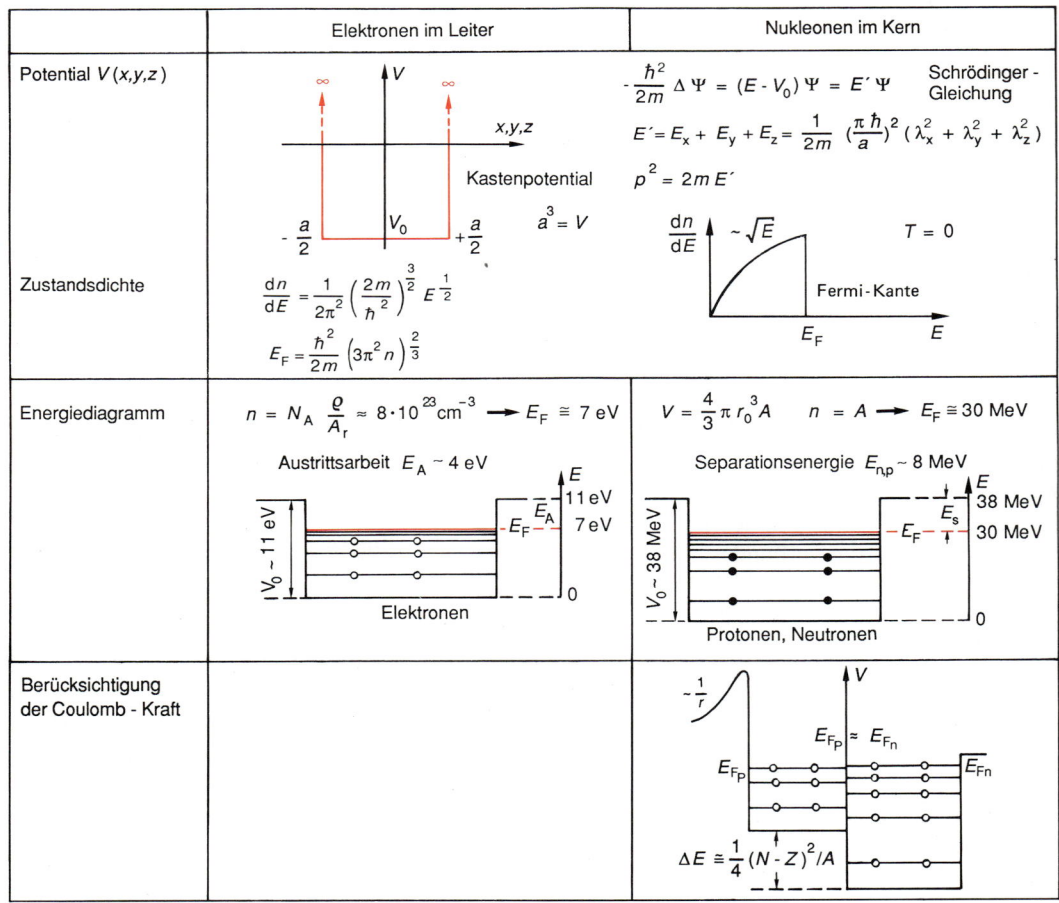

Bild 8-52. Elektronen in einem Metall im Vergleich zu Nukleonen im Kern.

Schrödinger-Gleichung, die für jede Koordinate getrennt durchgeführt werden kann, ergibt die Energieniveaus mit den Quantenzahlen λ_i. In einem Koordinatensystem mit den Achsen λ_x, λ_y, λ_z stellen die Gitterpunkte die erlaubten Zustände dar. In 1/8 der Kugelschale mit dem Radius $\varrho = \sqrt{\lambda_x^2 + \lambda_y^2 + \lambda_z^2}$ befinden sich dann $dN = \frac{1}{2}\pi\varrho^2\,d\varrho$ Zustände. Mit $\varrho = a\,p/(\pi\hbar)$ und $p^2\,dp = \sqrt{2\,m^3\,E}\,dE$ ergibt sich die angegebene Zustandsdichte als Funktion der Energie. Da in diesem Potentialtopf N Teilchen untergebracht werden sollen, und nach dem Pauli-Prinzip bei Spin 1/2 Teilchen 2 Teilchen je Zustand Platz haben, muß der Topf bis zu einer bestimmten Energie E_F (Fermi-Energie) lückenlos aufgefüllt werden. Der Kern oder das Elektronensystem befindet sich dann im Grundzustand (*thermodynamisch*

$T = 0$). Anhand der bekannten Teilchenanzahldichte $n = N/V$ kann mit der Beziehung

$$n = \int_0^{E_F} 2\,\frac{dn}{dE}\,dE$$

die Fermi-Energie berechnet werden.

Bei der bisherigen Betrachtung des Kerns nach dem *Fermi-Gas-Modell* wurde die Ladung der Protonen und damit die Coulomb-Abstoßung nicht berücksichtigt, so daß sich für Protonen und Neutronen der gleiche Potentialtopf mit den gleichen Eigenzuständen ergibt. Durch die Berücksichtigung der Coulomb-Abstoßung verschiebt sich der Potentialtopf der Protonen zu geringeren Bindungsenergien. Die Folge ist, daß die Fermi-Energien E_{Fp} des Protonentopfes höher liegt als

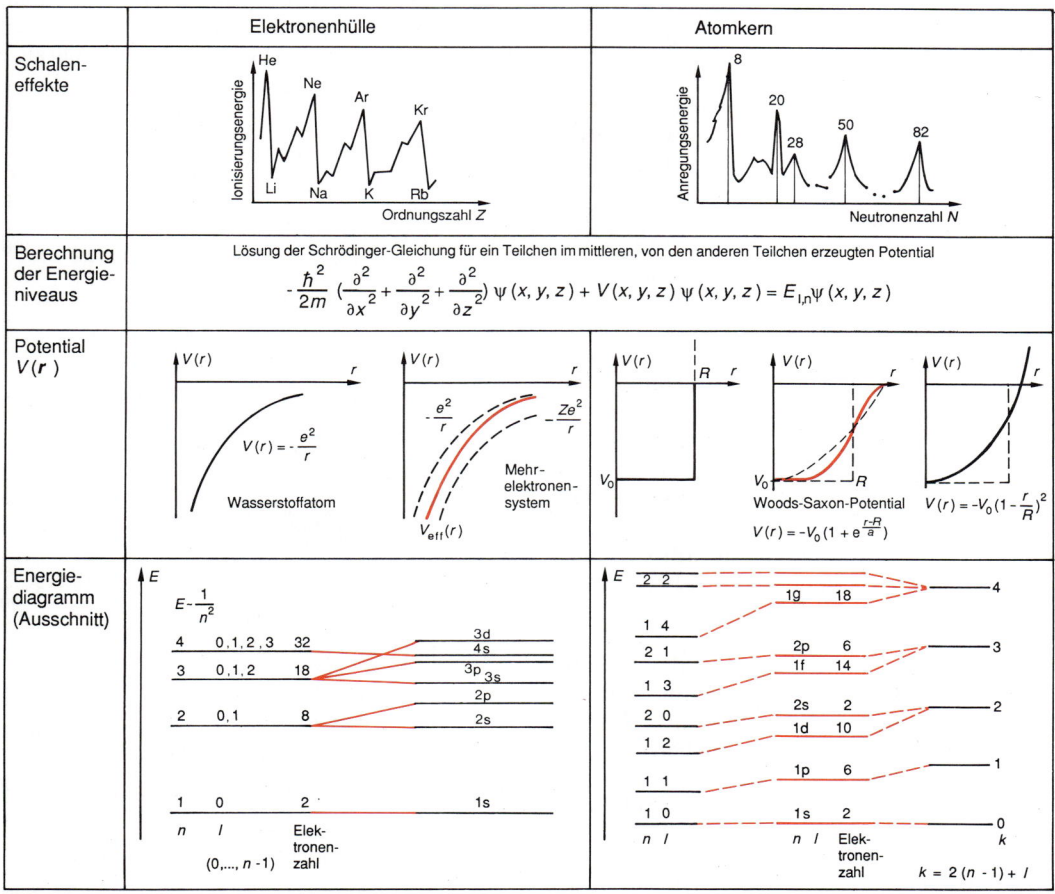

Bild 8-53.   Elektronenhülle und Atomkern.

die des Neutronentopfes E_{Fn}. Dies ist vergleichbar mit dem Kontakt zweier Metalle mit unterschiedlicher Fermi-Energie, bei denen es im Gleichgewicht durch Elektronenfluß zum Ausgich der beiden Fermi-Energien kommt. Es entsteht ein *Kontaktpotential* (s. auch Bild 9-68 in Abschn. 9.3.2.2). Der gleiche Vorgang erfolgt auch im Kern. Es wandeln sich Protonen in Neutronen um, so daß $E_{Fp} = E_{Fn}$ ist. Die Energieverschiebung ΔE des Protonentopfes gegenüber dem Neutronentopf läßt sich aus der Differenz der Gesamtenergie

$$E_G = \int_0^{E_F} E \frac{dn}{dE}\, dE = C_0\, E_F^{5/2} = \frac{3}{5} N\, E_F$$

für eine gleichmäßige Verteilung ($N = Z$) und eine Verteilung Z, N abschätzen. Dieser Energieunterschied $\Delta E \sim (1/4)\,(N - Z)^2/A$ ist proportional dem Neutronenüberschuß und entspricht dem Asymmetrie- bzw. Symmetrieterm der *Weizsäcker-Gleichung.*

Mit Hilfe des Fermi-Gas-Modells hat man ungefähre Daten über die Tiefe des Potentials und die Begründung des Neutronenüberschusses, nicht aber über den Verlauf der *Separationsenergien.* Aus der Physik der Elektronenhülle ist bekannt, daß Extremwerte, beispielsweise des Ionisierungspotentials, durch Schalenabschluß zustande kommen. Im Kern liegen die Schalenabschlüsse bei den *magischen Zahlen.* Bild 8-53 zeigt den Vergleich der Schalenstruktur von Elektronenhülle und Kern. Es gilt, die Eigenzustände in einem mittleren Kernpotential durch Lösung der Schrödinger-Gleichung zu ermitteln. Für das Elektron im Wasserstoffatom ist dieses Potential das Coulomb-Potential (Bild 8-11).

Der Verlauf des Kernpotentials läßt sich nicht auf ein einfaches Potential zurückführen, sondern kann nur empirisch ermittelt werden. Aufgrund der kurzen Reichweite der Kernkräfte muß man annehmen, daß das Kernpotential sehr schnell abfällt und im Kernmittelpunkt konstant ist, da dort das Nukleon allseitig von Nukleonen umgeben ist und keine resultierende Kraft erfährt. Ein Potential, das den Anforderungen genügt, ist das *Woods-Saxon-Potential* (Bild 8-53). Die Lösung der Schrödinger-Gleichung mit diesem Potential ist nur numerisch möglich. Dieses Potential kann näherungsweise aus einem

kugelsymmetrischen Rechteckpotential und dem Potential des harmonischen Oszillators zusammengesetzt werden (Bild 8-53). Für diese Potentiale läßt sich die Schrödinger-Gleichung explizit lösen, wenn der Potentialverlauf nicht bei $r = R$ abgeschnitten wird. Auf die Lage der tieferliegenden Energieniveaus hat dies keinen merklichen Einfluß. Die Lösungen für das so angenäherte Woods-Saxon-Potential ergeben sich durch Interpolation beider oben genannter Potentialverläufe.

Die Bezeichnung der Energiezustände erfolgt in gleicher Weise wie bei der Elektronenhülle. In Bild 8-53 sind die Energiezustände mit den maximal besetzbaren Teilchenzahlen angegeben. Man erkennt, daß dieses Modell die Schalenabschlüsse bei 2 und 8 erklärt, nicht aber die höheren. Der Grund liegt in der Wechselwirkung des Spinmoments mit dem Bahnmoment (*Spin-Bahn-Kopplung*); hierbei kommt es zu einer Aufspaltung der Energie-

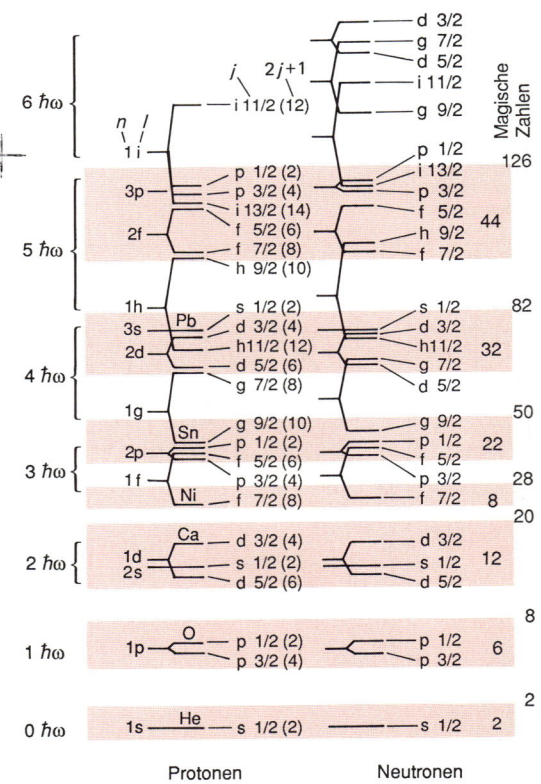

Bild 8-54. Energiediagramm der Protonen und Neutronen im Kern mit Spin-Bahn-Kopplung.

niveaus, wie Bild 8-54 zeigt. Man erkennt deutlich die Schalenabschlüsse bei den magischen Zahlen sowohl für die Neutronen als auch für die Protonen.

8.8. Kernumwandlung

Es gibt grundsätzlich zwei Typen von Kernumwandlungen, den radioaktiven Zerfall und die Kernreaktionen. Während beim radioaktiven Zerfall die Prozesse ohne äußere Beeinflussung ablaufen, müssen sie bei Kernreaktionen von außen in Gang gesetzt werden (z. B. durch Beschuß des Atomkerns mit Teilchen).

8.8.1. Radioaktiver Zerfall

Der französische Physiker H. A. BECQUEREL (1852 bis 1908) entdeckte 1896, daß von Uransalzen eine Strahlung ausgeht, die eine lichtdicht verpackte Photoplatte schwärzt. Das Ehepaar M. und P. CURIE (1867 bis 1934 bzw. 1859 bis 1906) isolierten 1898 aus dem Uranmineral Pechblende (U_3O_8) die Elemente Polonium und Radium, die wesentlich stärker als Uran strahlen.

8.8.1.1. Strahlenarten

Die von den natürlich vorkommenden Substanzen emittierte Strahlung (*natürliche Radioaktivität*) läßt sich in einem Magnetfeld in drei Komponenten zerlegen.

α-Strahlung

α-Strahlen werden nur wenig abgelenkt und sind aufgrund der Ablenkungsrichtung positiv geladen. Es handelt sich hierbei um *Heliumkerne* (bestehend aus 2 Protonen und 2 Neutronen).

β⁻-Strahlung

β⁻-Teilchen werden im Magnetfeld stärker als α-Teilchen abgelenkt und haben eine negative Ladung. Es handelt sich hierbei um *Elektronen* mit sehr hoher Geschwindigkeit (etwa 99% der Lichtgeschwindigkeit c).

γ-Strahlung

Diese Strahlung wird durch ein Magnetfeld nicht abgelenkt. Es handelt sich um eine *elektromagnetische Strahlung* vergleichbar der Röntgenstrahlung, jedoch mit größerer Energie (> 100 keV). Da die γ-Strahlung in vielen Wechselwirkungsprozessen Teilchencharakter hat, spricht man auch von *γ-Quanten*.

β⁺-Strahlung

Hierbei handelt es sich um *positiv geladene Elektronen (Positronen)*. Bei Kernreaktionen entstehen instabile Kerne (*radioaktive Nuklide*), die Positronen aussenden (*künstliche Radioaktivität*).

8.8.1.2. Zerfallsreaktionen

Die bei der Kernumwandlung ablaufende Kernreaktion kann für den radioaktiven Zerfall allgemein geschrieben werden

$$\begin{smallmatrix}A\\Z\end{smallmatrix}K \rightarrow \begin{smallmatrix}A'\\Z'\end{smallmatrix}K' + \begin{smallmatrix}A-A'\\Z-Z'\end{smallmatrix}x + \Delta E.$$

Bei dem von selbst ablaufendem radioaktiven Zerfall ist ΔE stets positiv (exoergische Reaktion) und berechnet sich aus den Massendifferenzen (Abschn. 8.7.2):

$$\Delta E = [m_N(K) - m_N(K') - m_N(x)]\, c^2.$$

Hierbei ist m_N die Masse des Atomkerns. Mit der Atommasse $m_a(\begin{smallmatrix}A\\Z\end{smallmatrix}K) = m_N(\begin{smallmatrix}A\\Z\end{smallmatrix}K) + Z\, m_e$ ergibt sich

$$\Delta E = [m_a(K) - m_a(K') - m_a(x)]\, c^2.$$

Die Energie ΔE verteilt sich auf das emittierte Teilchen x, auf den Kern K' als Rückstoßenergie (Impulserhaltung) und auf möglicherweise freiwerdende γ-Quanten. – Nach dem

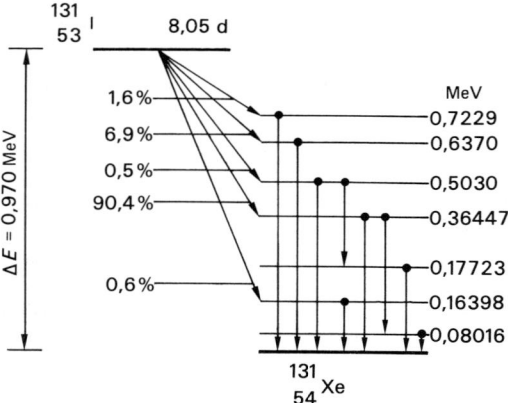

Bild 8-55. Energiediagramm des radioaktiven Zerfalls von ^{131}I.

Zerfalls-art	Zerfallsgleichung	ΔE-Wert Zerfallsschema	Energieverteilung	Bemerkungen
α-Zerfall (α)	$^A_Z K \rightarrow\ ^4_2\alpha + ^{A-4}_{Z-2}K'$ $^{210}_{84}Po \rightarrow\ ^4_2\alpha + ^{206}_{82}Pb$	$\frac{\Delta E}{c^2} = m_a(K) - m_a(\alpha) - m_a(K')$ 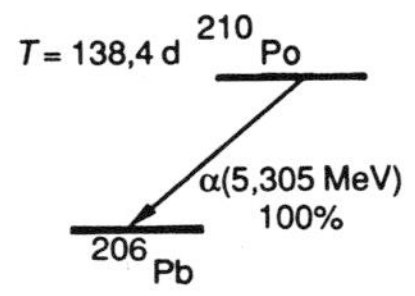 $T = 138{,}4\ d$ ^{210}Po $\alpha(5{,}305\ \text{MeV})$ 100% ^{206}Pb	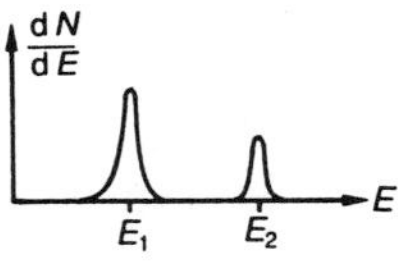 diskontinuierlich $\frac{dN}{dE}$ E_1 E_2	Dieser Zerfall tritt nur bei Ordnungszahlen größer als 80 auf.
β⁻(e⁻) Elektronen	$^A_Z K \rightarrow\ ^0_{-1}\beta^- + ^A_{Z+1}K' + \bar\nu_e$ $^1_0 n \rightarrow\ ^0_{-1}\beta^- + ^1_1 p + \bar\nu_e$ $^{90}_{38}Sr \rightarrow\ ^0_{-1}\beta^- + ^{90}_{39}Y + \bar\nu_e$	$\frac{\Delta E}{c^2} = m_a(K) - m_a(K')$ 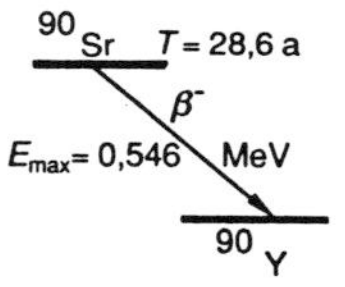 ^{90}Sr $T = 28{,}6\ a$ β^- $E_{max}= 0{,}546$ MeV ^{90}Y	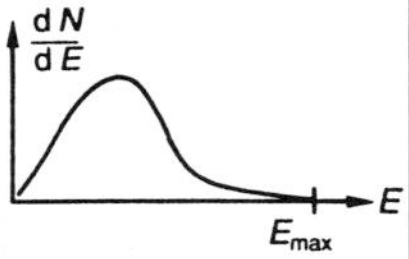 kontinuierlich $\frac{dN}{dE}$ E_{max}	Nuklide mit relativem Neutronenüberschuß (unterhalb der Linie der β-Stabilität).
β⁺(e⁺) Positronen (β-Zerfall)	$^A_Z K \rightarrow\ ^0_1\beta^+ + ^A_{Z-1}K' + \nu_e$ $^1_1 P \rightarrow\ ^0_1\beta^+ + ^1_0 n + \nu_e$ $^{14}_8 O \rightarrow\ ^0_1\beta^+ + ^{14}_7 N + \nu_e$	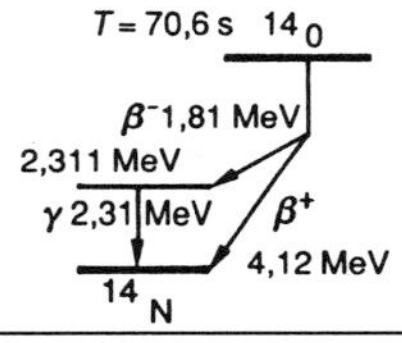 $\frac{\Delta E}{c^2} = m_a(K) - m_a(K') - 2m_e$ $T = 70{,}6\ s$ ^{14}O $\beta^-1{,}81$ MeV $2{,}311$ MeV $\gamma\ 2{,}31$ MeV β^+ $4{,}12$ MeV ^{14}N	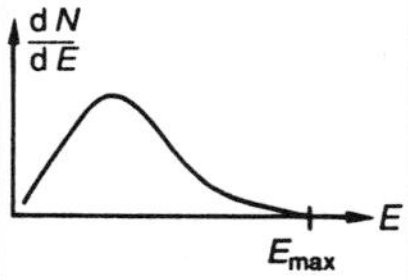 kontinuierlich $\frac{dN}{dE}$ E_{max}	Dieser Prozeß kommt natürlich aufgrund der kurzen Halbwertszeit nicht vor (oberhalb der Linie der β-Stabilität).
Elektroneneinfang (EC)	$^A_Z K \rightarrow\ ^A_{Z-1}K'$ $^1_1 P_{(Kern)} + ^0_{-1}e^- \rightarrow\ ^1_0 n + \nu_e$ Hülle K-Schale $^{40}_{19}K \rightarrow\ ^{40}_{18}Ar + \nu_e$	$\frac{\Delta E}{c^2} = m_a(K) - m_a(K')$ 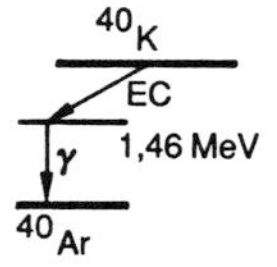 ^{40}K EC γ $1{,}46$ MeV ^{40}Ar	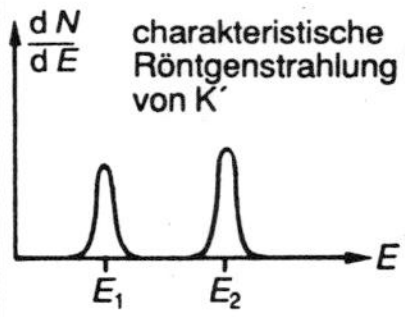 $\frac{dN}{dE}$ charakteristische Röntgenstrahlung von K′ E_1 E_2	Der Zerfall tritt immer auf bei $m_a(K) > m_a(K')$.
γ-Zerfall	$^A_Z K^* \rightarrow\ ^A_Z K + \gamma$ $^{137}_{55}Cs \rightarrow\ ^0_{-1}\beta + ^{137}_{56}Ba + \gamma$	$\frac{\Delta E}{c^2} = m_a(K^*) - m_a(K)$ 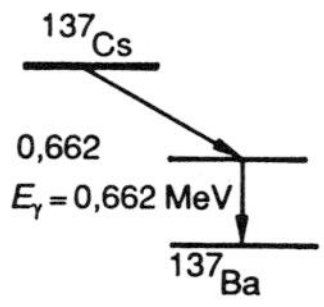 ^{137}Cs $0{,}662$ $E_\gamma = 0{,}662$ MeV ^{137}Ba	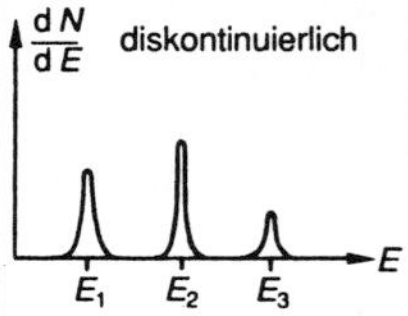 $\frac{dN}{dE}$ diskontinuierlich E_1 E_2 E_3	Begleiterscheinung der anderen Zerfallsarten.
Isomere Umwandlung (I.U.)	$^{Am}_Z K^* \rightarrow\ ^A_Z K$	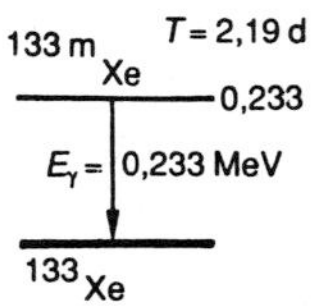 $^{133\,m}Xe$ $T = 2{,}19\ d$ $0{,}233$ $E_\gamma = 0{,}233$ MeV ^{133}Xe	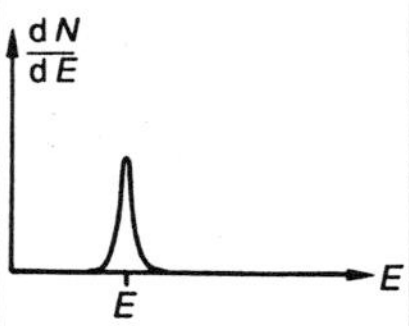 $\frac{dN}{dE}$ E	verzögerte Abgabe von γ-Quanten.

Bild 8-56.   Radioaktive Zerfallsreaktionen.

Kernumwandlungsprozeß befinden sich die Nukleonen (Protonen, Neutronen) nicht immer im Grundzustand, sondern in einem angeregten Zustand. Beim Übergang von diesem in den Grundzustand (oder einen anderen angeregten Zustand) werden γ-Quanten emittiert. Analog zu den angeregten Zuständen der Elektronenhülle (Abschn. 8.2.4) kann man die Anregungszustände des Kerns in einem *Energiediagramm* darstellen. Bild 8-55 zeigt das Energiediagramm von Iod (^{131}I). Die einzelnen Energiezustände werden durch die *Kernspinquantenzahl I* (analog J der Elektronenhülle) und die *Parität* (Abschn. 8.9.2) charakterisiert.

In Bild 8-56 sind die Zerfallsmöglichkeiten von instabilen Kernen mit der allgemeinen Zerfallsgleichung, dem ΔE-Wert, dem Energiediagramm und der Energieverteilung (Spektrum) der emittierten Strahlung zusammengestellt.

α-Zerfall

Die von den Radionukliden emittierten α-Teilchen haben eine Energie zwischen $E_\alpha =$ 4 MeV und 9 MeV. Der Potentialverlauf für die Wechselwirkung eines α-Teilchens mit dem Kern ist vereinfacht in Bild 8-57 gezeigt. Damit ein α-Teilchen in das anziehende Kernpotential gelangt, muß es die Coulomb-Abstoßung überwinden (z. B. > 9 MeV für $^{238}_{92}$U).

Ein vom Kern emittiertes α-Teilchen müßte klassisch eine kinetische Energie besitzen, die

größer als die Potentialschwelle ist. Die α-Teilchen, die beispielsweise den Uran-238-Kern verlassen, haben jedoch lediglich eine Energie von 4,20 MeV. Sie müssen somit die Potentialschwelle durchtunneln. In Abschn. 8.2.2 ist für ein Rechteckpotential gezeigt, daß quantenmechanisch ein solcher Vorgang möglich ist.

β-Zerfall

Im Gegensatz zum α-Spektrum weist das β-Spektrum eine *kontinuierliche Energieverteilung* auf. Die Ursache für diese Energieverteilung liegt in der Emission zweier Teilchen, dem Elektron β^- und dem Antineutrino $\bar{v}_e$ bzw. dem Positron β^+ und dem Neutrino v_e. Die Maximalenergie der β-Teilchen verteilt sich dabei statistisch auf diese beiden Teilchen: $E_\beta + E_v = E_{max}$. Das Neutrino ist ein Teilchen ohne Ladung und mit der Ruhemasse $m_v = 0$. Es wird nicht von einem elektromagnetischen Feld umgeben (im Gegensatz zum Lichtquant) und hat den Spin 1/2. Aufgrund dieser Eigenschaften ist der Nachweis des Neutrinos sehr schwierig. Er gelang 1956 durch die Reaktion

$$ ^0_0\bar{v}_e + ^1_1p \rightarrow ^1_0n + ^0_1e . $$

In einem Experiment wurden Protonen (Wasser) mit Antineutrinos aus einem Kernreaktor bestrahlt. Der Nachweis der Positronen erfolgte über ihre *Vernichtungsstrahlung* ($^0_1e + ^{\ 0}_{-1}e \rightarrow 2\,\gamma$) und der Nachweis des Neutrons über die bei einer (n, γ)-Reaktion mit Cadmium (Abschn. 8.8.2) auftretende γ-Strahlung. Der Wirkungsquerschnitt dieser Antineutrinoreaktion ist sehr gering und beträgt 10^{-43} cm^2.

Der β^--Zerfall führt zu einem Abbau eines Neutronenüberschusses im Kern; hierbei wird ein Elektron aus dem Kern emittiert. Es entsteht ein Nuklid mit gleicher Massenzahl, aber mit einer um eins größeren Ordnungszahl. β^--Strahler liegen deshalb *unterhalb* der Linie der β-Stabilität (Bild 8-51).

Der β^+-Zerfall führt zu einem Abbau eines Protonenüberschusses im Kern. Es entsteht ein Nuklid mit gleicher Massenzahl, aber mit einer um eins geringeren Ordnungszahl (deshalb Zerfallsrichtung im Energiediagramm nach links). β^+-Strahler liegen *oberhalb* der Linie der β-Stabilität (Bild 8-51).

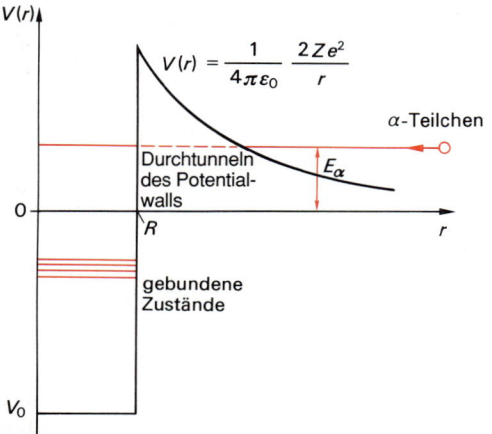

Bild 8-57. Energieverhältnisse beim Beschuß eines Kerns mit α-Teilchen.

Elektroneneinfang

Beim Elektroneneinfang wird vom Kern ein Hüllenelektron (meist K-Elektron) eingefangen. Betrachtet man die Aufenthaltswahrscheinlichkeit des K-Elektrons, so besteht eine Wahrscheinlichkeit, dieses Elektron auch im Kern anzutreffen.

Beim β^+-Zerfall treten im Gegensatz zum β^--Zerfall im ΔE-Wert zwei Elektronenmassen auf. Dies bedeutet, daß die Atommasse von K um mindestens zwei Elektronenmassen größer sein muß als die Atommasse von K′. Der Elektroneneinfang kann dagegen immer stattfinden, wenn m_a (K) $> m_a$ (K′) ist; er tritt somit bevorzugt bei geringen ΔE-Werten auf. Bei höheren ΔE-Werten tritt dagegen der β^+-Zerfall in den Vordergrund. Es gibt viele Nuklide, die sowohl β^+-Zerfall als auch den Elektroneneinfang ausführen. Durch Auffüllung der Elektronenlücke in der K-Schale wird charakteristische Röntgenstrahlung frei.

γ-Emission

Nach einer Kernumwandlung (α-, β^--, β^+-Zerfall) befindet sich der Kern K′ häufig in einem angeregten Zustand (Lebensdauer 10^{-16} s bis 10^{-13} s). Beim Übergang zwischen Energieniveaus des Kerns wird γ-Strahlung frei. Das diskontinuierliche γ-Spektrum ist für jedes Radionuklid charakteristisch. Für die Übergänge zwischen den Niveaus gelten die Auswahlregeln analog zur Elektronenhülle. Das emittierte γ-Quant nimmt einen Drehimpuls $L \hbar$ mit ($I_a + I_e \geqq L \geqq |I_a - I_e|$; I_a ist die Kernspinquantenzahl des Ausgangszustandes, I_e die des Endzustandes). 2^L bezeichnet die *Ordnung der Strahlung* ($2^1 = 2$: Dipolstrahlung; $2^2 = 4$: Quadrupolstrahlung; $2^3 = 8$: Oktupolstrahlung). Je höher die Ordnung der Strahlung, desto geringer ist die Übergangswahrscheinlichkeit zwischen den entsprechenden Kernniveaus. Außer der Drehimpulserhaltung muß noch die *Erhaltung der Parität* (Abschn. 8.9) berücksichtigt werden.

Ist der Unterschied im Kernspin zwischen Ausgangszustand I_a und Endzustand I_e (Grundzustand) besonders groß, so ist die Übergangswahrscheinlichkeit sehr gering (Lebensdauer besonders groß). In diesem Fall spricht man von einem *mesomeren Zustand*, der mit dem Zusatz m bezeichnet wird (z. B. ^{137m}Ba).

Das γ-Quant (Photon) hat einen Eigendrehimpuls mit der Spinquantenzahl $s = 1$. Übergänge zwischen $I_a = 0$ und $I_e = 0$ können deshalb nicht unter Aussendung eines γ-Quants erfolgen. Wenn sich bei einem solchen Übergang die Parität nicht ändert, so kann ein *Konversionselektron* ausgesandt werden oder bei genügend hoher Zerfallsenergie ($E > 1,02$ MeV) ein *Elektron-Positron-Paar*.

Bei der *inneren Konversion* gibt der Kern seine Anregungsenergie nicht in Form von γ-Quanten, sondern durch direkte Wechselwirkung mit der Elektronenhülle (meist 1 s-Elektron) an das Hüllenelektron ab. Dabei entstehen monoenergetische Elektronen. Die Elektronenlücke wird unter Aussendung charakteristischer Röntgenstrahlung aufgefüllt.

p-Emission, n-Emission

Befindet sich nach einem Kernzerfall der Folgekern in einem hoch angeregten Zustand, so ist ein Zerfall unter Aussendung eines Protons oder Neutrons möglich (*verzögerte Protonen, verzögerte Neutronen*). Die Emission verzögerter Neutronen spielt bei der Regelung eines Kernreaktors eine entscheidende Rolle.

Spontanspaltung

Im Jahre 1940 entdeckte man die Spontanspaltung (ohne äußere Beeinflussung) von Uran-238-Kernen. Die zugehörige Halbwertszeit (Abschn. 8.8.1.3) beträgt $9 \cdot 10^{15}$ a (Halbwertszeit für α-Zerfall $4,47 \cdot 10^9$ a). Die Spontanspaltung überwiegt bei schweren, neutronenreichen Kernen. Cf-254 spaltet sich mit einer Halbwertszeit von 60 d unter Aussendung von durchschnittlich 3,88 Neutronen und eignet sich deshalb gut als Laborneutronenquelle.

8.8.1.3. Radioaktives Zerfallsgesetz

Zu welchem Zeitpunkt ein bestimmter instabiler Kern zerfällt, läßt sich nicht vorhersagen. Es sind nur Aussagen über die Wahrscheinlichkeit des Zerfalls möglich. Diese *Zerfallswahrscheinlichkeit* λ ergibt sich aus dem Verhältnis von im Moment zerfallenden Kernen ($- dN/dt$) zur Gesamtanzahl vorhandener instabiler Kerne N:

$$\lambda = \frac{-\,dN/dt}{N}\,. \qquad (8\text{-}78)$$

Die Zerfallswahrscheinlichkeit λ ist für jeden radioaktiven Zerfall eine charakteristische Größe und wird *Zerfallskonstante* genannt. Die Dimension von λ ist eine reziproke Zeit (1/s). Die Anzahl der Zerfälle je Zeiteinheit $(-\,dN/dt)$ wird als *Aktivität A* bezeichnet.

$$A = -\frac{dN}{dt} = \lambda\,N\,. \qquad (8\text{-}79)$$

Die Einheit der Aktivität ist das Becquerel (Bq). 1 Bq entspricht einem Zerfall je Sekunde. Aus Gl. (8-78) ergibt sich durch Integration das *Zerfallsgesetz:*

$$N = N_0\,e^{-\lambda t}\,. \qquad (8\text{-}80)$$

Die Größe N ist die Anzahl der noch vorhandenen und N_0 die zum Zeitpunkt $t = 0$ vorhandene Anzahl zerfallsfähiger Kerne. In der Praxis wird die weniger anschauliche Größe λ durch die *Halbwertszeit T* ersetzt. Sie gibt an, in welcher Zeit eine ursprünglich vorhandene Anzahl Kerne N_0 durch Zerfall auf die Hälfte $N_0/2$ abgenommen hat. Aus Gl. (8-80) ergibt sich damit für die Halbwertszeit

$$T = \frac{\ln 2}{\lambda} = \frac{0{,}69315}{\lambda}\,. \qquad (8\text{-}81)$$

Ist die Zerfallswahrscheinlichkeit λ groß, so werden in kürzerer Zeit T die Hälfte der Kerne zerfallen als bei kleiner Zerfallswahrscheinlichkeit. Mit Gl. (8-81) kann das Zerfallsgesetz für die Kernanzahl N bzw. Aktivität A geschrieben werden als

$$N = N_0\,e^{-\lambda t} = N_0\,e^{-\frac{\ln 2}{T}t} = N_0 \cdot 2^{-\frac{t}{T}}\,,$$
$$A = A_0\,e^{-\lambda t} = A_0\,e^{-\frac{\ln 2}{T}t} = A_0 \cdot 2^{-\frac{t}{T}}\,. \qquad (8\text{-}82)$$

Hierbei ist A die Aktivität zum Zeitpunkt t und A_0 die zum Zeitpunkt $t = 0$. Bild 8-58 zeigt den zeitlichen Verlauf der Aktivität.

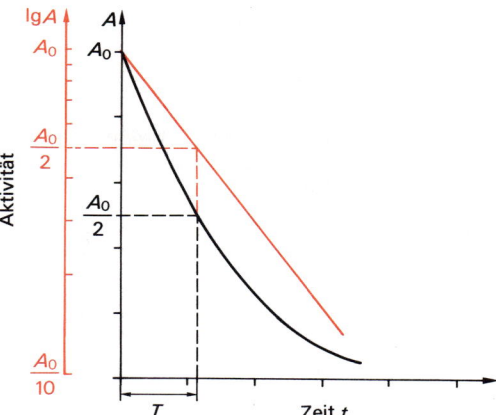

Bild 8-58.   *Zeitlicher Verlauf der Aktivität.*

Wird der Logarithmus der Aktivität aufgetragen, so entsteht ein Gerade. In Tabelle 8-6 sind Angaben über die natürliche Radioaktivität von Wasser und einigen Nahrungsmitteln zusammengestellt.

Tabelle 8-6.   Natürliche Radioaktivität.

Gegenstand	Radionuklid	Konzentration in mBq/l
Grundwasser	^{3}H	40 bis 400
	^{40}K	4 bis 400
	^{238}U	1 bis 200
Oberflächen-gewässer	^{3}H	20 bis 100
	^{40}K	40 bis 2000
	^{238}U	bis zu 40
Trinkwasser	^{3}H	20 bis 70
	^{40}K	200
	^{238}U	0,4
Milch Rindfleisch Hering	^{40}K	46 Bq/kg 116 Bq/kg 136 Bq/kg

Die Beziehung zwischen Aktivität A und Teilchenzahl N $(A = \lambda N)$ ist die Grundlage vieler Anwendungen radioaktiver Stoffe in der Chemie und Technik (z.B. klinische Chemie, Korrosionsuntersuchungen). Wird N durch die Masse der Substanz ersetzt, so gilt

$$A = \lambda N = \lambda\,\frac{m\,N_A}{M} \qquad (8\text{-}83)$$

mit m als der Masse des Radionuklids oder dessen Verbindung, M als Molmasse des Radionuklids oder dessen Verbindung und der Avogadro-Konstante $N_A = 6,022 \cdot 10^{23}$ mol^{-1}.

Die Aktivität ist direkt proportional der Masse des entsprechenden Radionuklids. Somit kann aus der Aktivitätsmessung die Menge der Substanz ermittelt werden, z. B.

1 g ^{238}U ($T = 4,51 \cdot 10^9$ a): $A = 1,23 \cdot 10^4$ Bq

(Gl. (8-83) und (8-81),

37 Bq ^{131}I ($T = 8,05$ d): $m = 8,1 \cdot 10^{-15}$ g

(Gl. (8-83) und (8-81)).

In Tabelle 8-7 sind für einige Radionuklide die Massen angegeben, die einer Aktivität von 37 Bq (meßtechnisch gut zu ermitteln) entsprechen. − Liegen mehrere unterschiedliche Radionuklide vor, so muß man zwischen abhängigem (*genetisch verknüpftem*) und unabhängigem (*nicht genetisch verknüpftem*) Zerfall unterscheiden. In Bild 8-59 sind diese beiden Fälle gegenübergestellt. Bei Radionukliden, die nicht genetisch verknüpft sind, zerfällt jedes unabhängig vom anderen in ein stabiles Nuklid. Die Gesamtaktivität ergibt sich aus der Summe der Einzelaktivitäten (Gl. (8-84)). Bei genetisch verknüpften Radionukliden ist der Folgekern ebenfalls instabil. Die in der Natur vorkommenden Zerfallsreihen, ausgehend von ^{238}U, ^{235}U und ^{232}Th entsprechend Bild 8-60, sind Beispiele von genetisch verknüpften Radionukliden. Diese natürlichen Zerfallsreihen enden bei unterschiedlichen Bleiisotopen.

Tabelle 8-7. Masse von jeweils 37 Bq entsprechendem reinem Radionuklid.

Nuklid	Halbwertszeit T	Masse in g
^{14}C	$5,8 \cdot 10^3$ a	$0,22 \cdot 10^{-9}$
^{85}Kr	10,6 a	$2,5 \cdot 10^{-12}$
^{122}Sb	2,74 d	$2,5 \cdot 10^{-15}$
^{18}F	110 min	$1,0 \cdot 10^{-17}$

Für zwei miteinander genetisch verknüpfte Radionuklide (Mutter-Tochter-System) ergibt sich die Aktivität der Tochter A_b aus ihrem Zerfall ($- \lambda_b N_b$) und aus ihrer Bildung durch Zerfall der Mutter ($+ \lambda_a N_a$) (Gl. (8-85)). Die Lösung dieser Differentialgleichung führt zur

Gl. (8-86) (zu Beginn keine Tochter vorhanden).

Ist die Halbwertszeit T_b größer als T_a, so ist die Zerfallsgeschwindigkeit von a größer als von b. Es findet somit eine Anhäufung von b statt. Wenn a zerfallen ist, wird die Aktivität nur von b bestimmt, die dann mit der Halbwertszeit von b abnimmt (Bild 8-59). Wenn $T_a > T_b$ ist, so läßt sich aus Gl. (8-86) ersehen, daß nach einer bestimmten Zeit der Faktor $e^{-\lambda_b t}$ gegenüber $e^{-\lambda_a t}$ vernachlässigt werden kann. Dies führt zu Gl. (8-87). Das Verhältnis der Aktivitäten von a und b ist nach einer bestimmten Zeit konstant. Es stellt sich ein Gleichgewichtszustand ein (*radioaktives Gleichgewicht*). Die Größe des Aktivitätsverhältnisses wird durch die Halbwertszeiten bestimmt.

Für den häufigen Fall, daß die Halbwertszeit von a wesentlich größer als die von b ist, sind die beiden Aktivitäten im Gleichgewicht gleich ($A_a = A_b$). Wird aus einem radioaktiven Geichgewicht b entfernt, so bildet sich durch Zerfall von a wieder nach (Bild 8-59). Nach zehn Halbwertszeiten von b (Gl. (8-88)) hat sich b bis auf 0,1% nachgebildet. Für Uran-238, das von seinen Folgeprodukten abgetrennt wurde, sind nach zehn Halbwertszeiten von Thorium-234 folgende Radionuklide im Gleichgewicht: ^{238}U, ^{234}Th, ^{234m}Pa; $A_{U-238} = A_{Th-234} = A_{Pa-234m}$. Aufgrund des radioaktiven Gleichgewichts kommen kurzlebige Radionuklide noch natürlich vor.

8.8.1.4. Messung ionisierender Strahlung

Ionisierende Strahlung (α-, β-, γ-Strahlung) kann nur über ihre Wechselwirkungsprozesse mit Materie nachgewiesen werden (Abschn. 8.10, Bild 8-88). Zur Messung der Aktivität oder Energie der Strahlung eines radioaktiven Präparats wird hauptsächlich die Ionisation und die Anregung von Materie ausgenutzt. Die entsprechenden Strahlungsdetektoren werden als *Ionisationsdetektoren* bzw. *Anregungsdetektoren* bezeichnet. Sie sind in Bild 8-61 mit ihrem Aufbau und ihren Eigenschaften zusammengestellt.

Bei den Ionisationsdetektoren wird die durch die Strahlung im Zählgas oder Halbleiterkristall erzeugte Ladung (*Primärionisation*) gemessen. Die im

	Zerfallsschema	Aktivitätsgleichung	Zerfallskurven
unabhängiger Zerfall, genetisch nicht verknüpft	$a^* \to c$ $b^* \to d$ (c, d stabile Kerne)	$A_a = \lambda_a N_a$ $A_b = \lambda_b N_b$ Gesamtaktivität $\boxed{A_G = A_a + A_b}$ (8-84) allgemein $A_G = \sum_i^n A_i$	 a: Zerfallskurve von a^* b: Zerfallskurve von b^* c: Gesamtaktivität 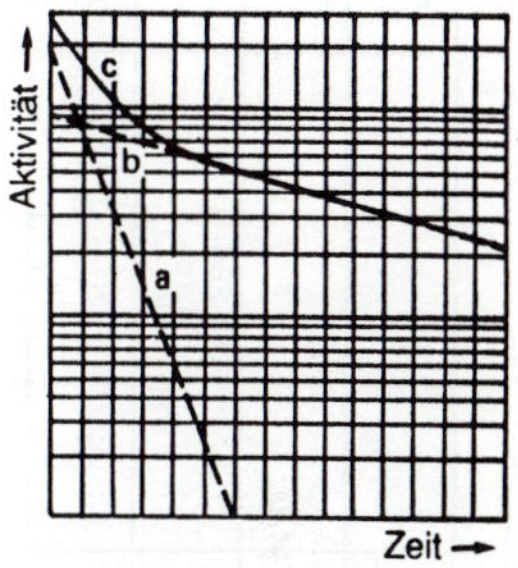
abhängiger Zerfall, genetisch verknüpft	$a^* \to b^* \to c$ c stabiler Kern Mutter-Tochter-System allgemein $a^* \to b^* \to c^*$ $\to \ldots, z$	$A_b = \dfrac{dN_b}{dt} = \underbrace{-\lambda_b N_b}_{\text{Zerfall von b}} + \underbrace{\lambda_a N_a}_{\substack{\text{Nachbildung}\\ \text{von b aus a}}}$ (8-85) $N_a = N_{a,o}\, e^{-\lambda_a \cdot t}$ $\boxed{A_b = \dfrac{\lambda_b}{\lambda_b - \lambda_a}\, A_{a,o}\,(e^{-\lambda_a t} - e^{-\lambda_b t})}$ $\boxed{A_b = \dfrac{T_a A_{a,o}}{T_a - T_b}\left(e^{-\ln 2\frac{t}{T_a}} - e^{-\ln 2\frac{t}{T_b}}\right)}$ (8-86) Gleichgewichtseinstellung $A_b = \dfrac{T_a}{T_a - T_b}\, A_a \underbrace{\left(1 - e^{-\ln 2\left(\frac{1}{T_b} - \frac{1}{T_a}\right)t}\right)}_{\substack{\text{(kann nach einer gewissen Zeit}\\ \text{vernachlässigt werden)}}}$ (8-87) $\boxed{\dfrac{A_a}{A_b} = 1 - \dfrac{T_b}{T_a}}$ im Gleichgewicht	 $T_a < T_b$ a: Zerfallskurve von a^* b: Zerfallskurve von b^* c: Gesamtaktivität d: A_b Aktivität von b^*, wenn anfänglich nur a*-Aktivität vorliegt 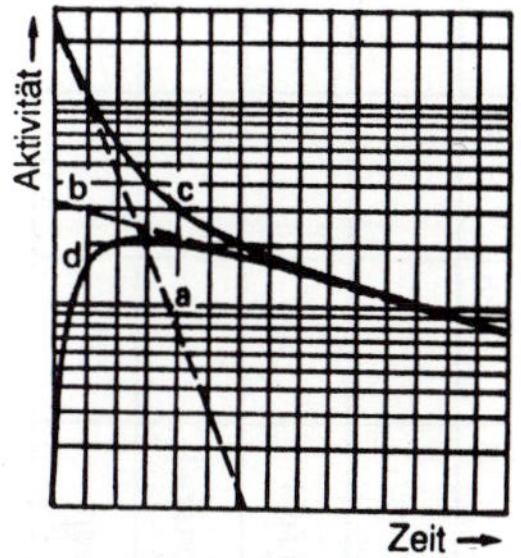 $T_a \gg T_b$ a: Zerfallskurve von a^* b: Zerfallskurve von b^* c: Gesamtaktivität d: A_b Aktivität von b^*, wenn anfänglich nur a*-Aktivität vorliegt $A_a = A_b$ 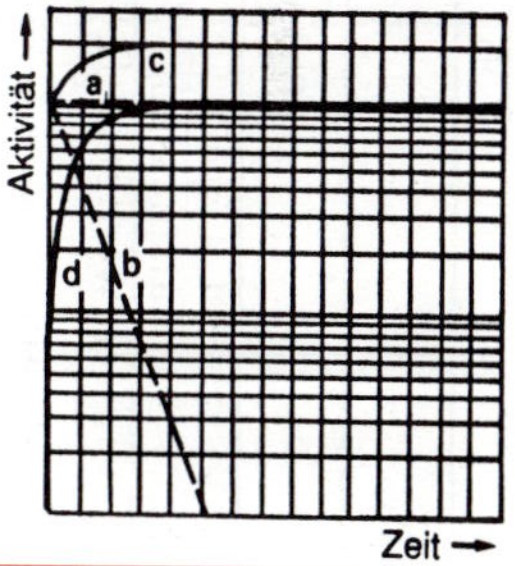 Nachbildungsgleichung von b $\boxed{A_b = A_a \left(1 - e^{-\ln 2\frac{t}{T_b}}\right)}$ (8-88)

Bild 8-59. Radioaktives Gleichgewicht.

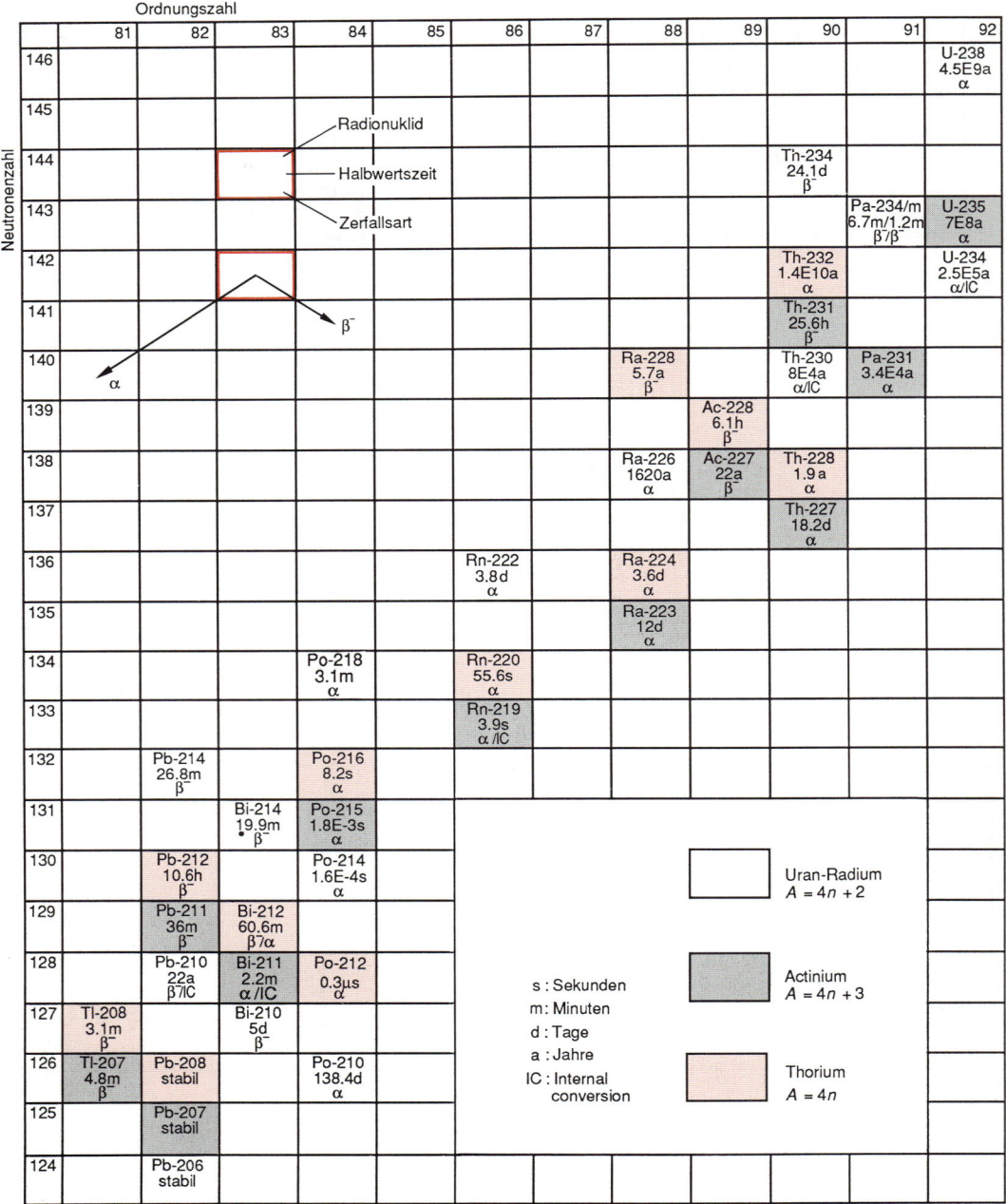

Bild 8-60.   Natürliche Zerfallsreihen.

Gasraum durch Primärionisation des Zählgases (Edelgase He, Ne, Ar) erzeugten Elektronen und Ionen wandern infolge des angelegten elektrischen Feldes zu den Elektroden. Dies ist der Ionisationskammerbereich. Die Anzahl der gebildeten Ionen hängt von der Strahlungsart und -energie ab. α-Teilchen erzeugen längs ihres Wegs mehr Ionen als β-Teilchen (Abschn. 8.10). Deshalb liegt die Kurve für α-Teilchen in Bild 8-61 höher als die für β-Teilchen. Durch Erhöhung der angelegten Spannung werden die primär erzeugten Elektronen zwischen zwei Stößen mit Gasatomen so stark beschleunigt, daß sie ihrerseits ionisieren können (*Sekundärionisation*). Die sekundär erzeugten Elektronen können wieder Gasatome oder Gasmoleküle ionisieren. Dieser Prozeß wird noch durch das zur Anode zunehmende elektrische Feld (Zylinderkondensator) begünstigt. Es entstehen örtlich begrenzte *Elektronenlawinen* (Bereich 1 mm). Aus einem primär erzeugten Elektron entstehen somit A_g-Elektronen (Gasverstärkungsfaktor A_g). Die von angeregten Atomen oder Molekülen (durch Stoßprozesse) ausgesandten Photonen können aus dem Wandmaterial und Füllgas zusätzliche Elektronen erzeugen (*Photoeffekt*). Im Proportionalbereich (Bild 8-61) liegt die Gasverstärkung A_g zwischen 10^2 und 10^5. Der Stromimpuls, den ein geladenes Teilchen im *Proportionalzählrohr* auslöst, ist proportional der primär erzeugten Elektronenanzahl. Deshalb ist eine Teilchenunterscheidung bzw. Energiemessung möglich.

Bei weiterer Erhöhung der Spannung vergößert sich die Gasverstärkung A_g auf 10^6 bis 10^8. Die einzelnen Elektronenlawinen überlagern sich, und die Anzahl der durch Photoeffekt erzeugten Elektronen erhöht sich. Da die Elektronen wesentlich beweglicher sind als die Ionen (geringere Masse), wandern sie schneller zur Anode als die Ionen zur Kathode. Dadurch bildet sich eine positive Raumladung aus, die die Feldstärke so weit herabsetzt, daß das Entstehen einer neuen Elektronenlawine nicht mehr möglich ist. Das Zählrohr kann eine bestimmte Zeit (*Totzeit*) keine Strahlung registrieren. Nach 10^{-4} s wandern die positiven Ionen zur Kathode und erzeugen bei ihrer Neutralisation aus der Kathode oder durch Photoeffekt weitere Elektronen, die eine erneute Lawine auslösen. Der Vorgang muß deshalb durch Zusatz eines *Löschgases* (Methan, Ethanol, Brom, Chlor) gelöscht werden. Das Löschgas mindert zum einen das Entstehen von Photoelektronen (durch Absorption der Photonen), zum andern übergeben die Ionen durch Stoß ihre Ladung an das Löschgas. Beim Entladen der Löschgasmoleküle an der Kathode dissoziieren diese ohne Aussendung von Sekundärelektronen. Da die Erzeugung eines Ionenpaars zur Auslösung einer Elektronenlawine und damit eines Impulses ausreicht, bezeichnet man diese Zählrohre als *Auslösezählrohre* (*Geiger-Müller-Zählrohr*).

Bei den Halbleiterdetektoren wird das empfindliche Volumen durch die *Raumladungszone* eines pn-Übergangs gebildet (Bild 8-61). An ihr fällt fast die gesamte, von außen angelegte Spannung U ab. Erzeugt ein geladenes Teilchen oder ein γ-Quant entlang des Weges durch Ionisation Elektron-Loch-Paare, so führt dies zu einem Spannungsimpuls am Widerstand R. Außer den in unterschiedlichen Bauformen eingesetzten Oberflächensperrschichtdetektoren werden zur Energiemessung von γ-Quanten Ge(Li)-Detektoren wegen ihrer großen Energieauflösung eingesetzt (Si(Li) für Röntgenstrahlung). Zur Vergrößerung der Raumladungszone wird Li bei 400 °C in einen p-leitenden Si- oder Ge-Einkristall eindiffundiert. Da die auf Zwischengitterplätzen abgelagerten Li-Atome als Donatoren wirken (bei Raumtemperatur bereits ionisiert), bildet sich ein pn-Übergang aus. Unter dem Einfluß einer in Sperrichtung angelegten Spannung läßt man bei 100 °C die Li-Ionen von der n-Seite in das p-Gebiet driften. Auf diese Weise entsteht zwischen dem n- und dem p-Gebiet eine hochohmige, eigenleitende Zone (*i-Schicht*, Abschn. 9.2.3). Diese i-Zone stellt das empfindliche Detektorvolumen dar. Um das Herausdiffundieren der Li-Atome zu verhindern, muß der Ge- oder Si-Kristall mit flüssigem Stickstoff (77 K) gekühlt werden.

Durch Herstellung von extrem reinen Germanium-Einkristallen ist die Dotierung mit Li-Atomen nicht mehr erforderlich. Derartige Detektoren werden als *Reinstgermaniumdetektoren* bezeichnet.

Bei den Anregungsdetektoren führt die Strahlung zu einer *Lichtemission* in einem *Szintillator*. Der Aufbau eines Szintillationsdetektors ist in Bild 8-61 dargestellt. Der Lichtblitz wird mit einem Photosekundärelektronenvervielfacher (*PSEV*) in ein elektrisches Signal umgewandelt und verstärkt (Abschn. 4.2.2.1). Als Szintillatoren werden anorganische oder organische Kristalle sowie Flüssigkeiten bzw. feste Lösungen (Plastszintillatoren) eingesetzt. Anorganische Stoffe lumineszieren im Gegensatz zu organischen Stoffen nur im kristallinen Zustand. Die meisten Kristalle müssen durch Einbau von Fremdatomen (*Aktivatoren*) lumineszenzfähig gemacht werden. Organische Verbindungen können sowohl in Lösung als auch im kristallinen Zustand eingesetzt werden.

8.8.1.5. Anwendung radioaktiver Stoffe

Beim Einsatz radioaktiver Stoffe unterscheidet man gemäß Tabelle 8-8 zwischen *offenen* und *umschlossenen radioaktiven Strahlenquellen*. In umschlossenen radioaktiven Strahlenquellen sind die radioaktiven Stoffe in einer allseitig dichten, festen, inaktiven Hülle oder in einem festen, inaktiven Stoff eingebettet.

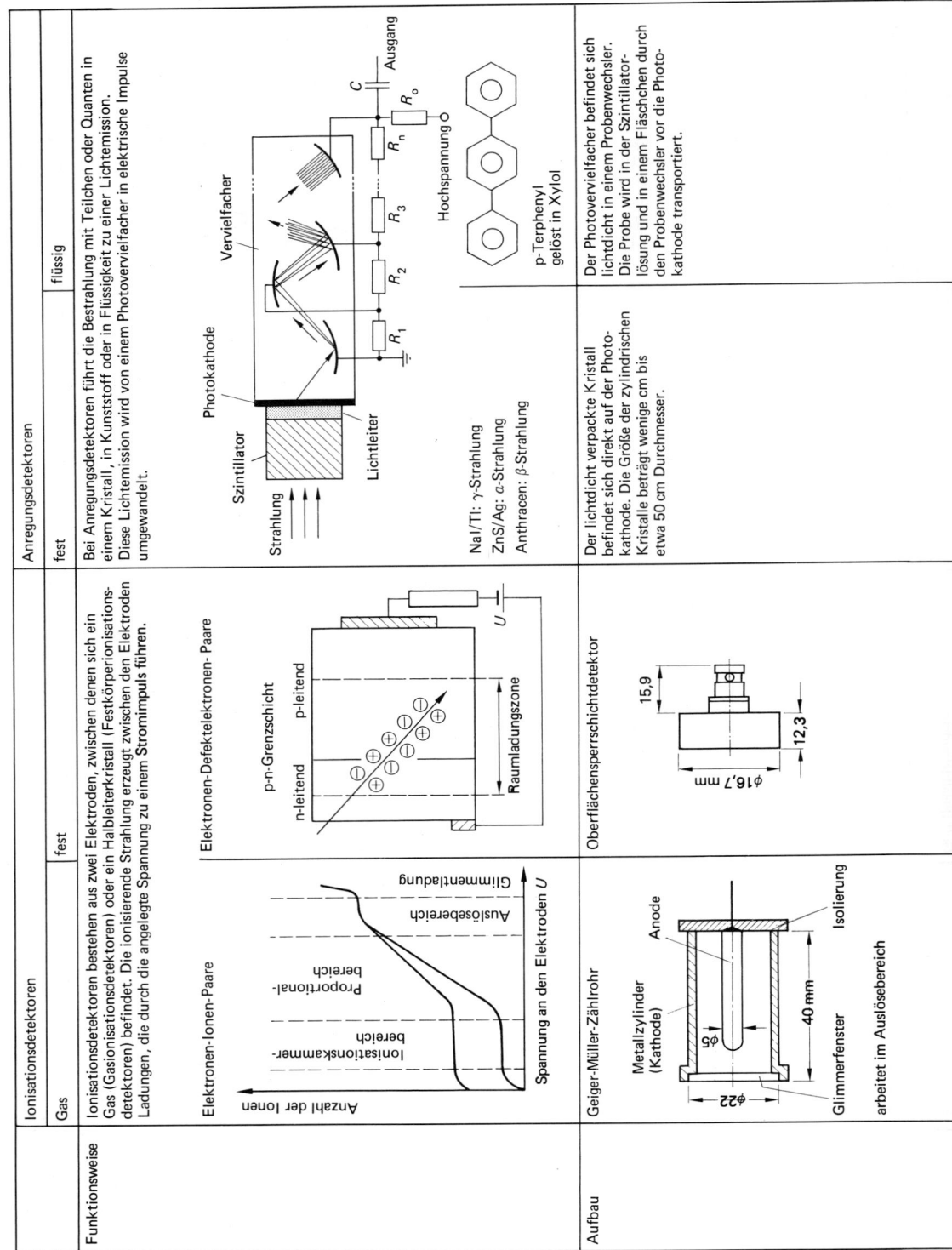

	Ionisationsdetektoren		Anregungsdetektoren	
	Gas	fest	fest	flüssig
Funktionsweise	Ionisationsdetektoren bestehen aus zwei Elektroden, zwischen denen sich ein Gas (Gasionisationsdetektoren) oder ein Halbleiterkristall (Festkörperionisationsdetektoren) befindet. Die ionisierende Strahlung erzeugt zwischen den Elektroden Ladungen, die durch die angelegte Spannung zu einem Stromimpuls führen.		Bei Anregungsdetektoren führt die Bestrahlung mit Teilchen oder Quanten in einem Kristall, in Kunststoff oder in Flüssigkeit zu einer Lichtemission. Diese Lichtemission wird von einem Photovervielfacher in elektrische Impulse umgewandelt.	
	Elektronen-Ionen-Paare — Anzahl der Ionen / Spannung an den Elektroden U — Ionisationskammerbereich, Proportionalbereich, Auslösebereich, Glimmentladung	**Elektronen-Defektelektronen-Paare** — p-n-Grenzschicht, p-leitend, n-leitend, Raumladungszone, U	Strahlung, Szintillator, Lichtleiter, Photokathode, Vervielfacher, R_1, R_2, R_3, R_n, R_o, C, Ausgang, Hochspannung — Na/Tl: γ-Strahlung; ZnS/Ag: α-Strahlung; Anthracen: β-Strahlung	p-Terphenyl gelöst in Xylol
Aufbau	**Geiger-Müller-Zählrohr** — Metallzylinder (Kathode), Anode, Glimmerfenster, Isolierung; 5ϕ, 22ϕ, 40 mm; arbeitet im Auslösebereich	**Oberflächensperrschichtdetektor** — 15,9; 12,3; ϕ16,7 mm	Der lichtdicht verpackte Kristall befindet sich direkt auf der Photokathode. Die Größe der zylindrischen Kristalle beträgt wenige cm bis etwa 50 cm Durchmesser.	Der Photovervielfacher befindet sich lichtdicht in einem Probenwechsler. Die Probe wird in der Szintillatorlösung und in einem Fläschchen durch den Probenwechsler vor die Photokathode transportiert.

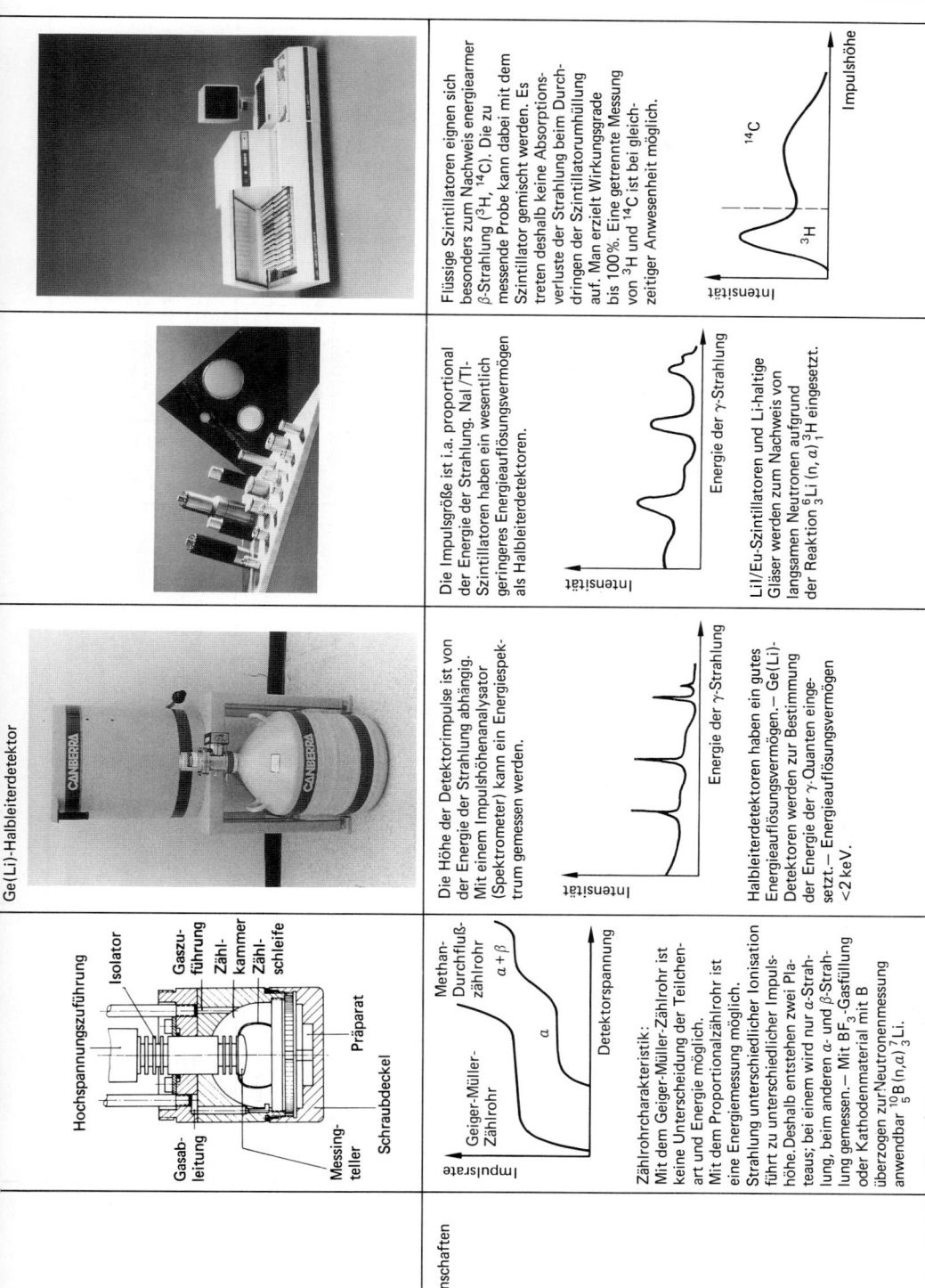

Ge(Li)-Halbleiterdetektor

Hochspannungszuführung · Isolator · Gaszuführung · Zählkammer · Zählschleife · Präparat · Schraubdeckel · Messingteller · Gasableitung

Geiger-Müller-Zählrohr — Methan-Durchflußzählrohr — $\alpha + \beta$ — α — Detektorspannung — Impulsrate

Eigenschaften

Zählrohrcharakteristik:
Mit dem Geiger-Müller-Zählrohr ist keine Unterscheidung der Teilchenart und Energie möglich.
Mit dem Proportionalzählrohr ist eine Energiemessung möglich.
Strahlung unterschiedlicher Ionisation führt zu unterschiedlicher Impulshöhe. Deshalb entstehen zwei Plateaus; bei einem wird nur α-Strahlung, beim anderen α- und β-Strahlung gemessen.— Mit BF_3-Gasfüllung oder Kathodenmaterial mit B überzogen zur Neutronenmessung anwendbar $^{10}_{5}B(n,\alpha)^{7}_{3}Li$.

Die Höhe der Detektorimpulse ist von der Energie der Strahlung abhängig. Mit einem Impulshöhenanalysator (Spektrometer) kann ein Energiespektrum gemessen werden.

Intensität — Energie der γ-Strahlung

Halbleiterdetektoren haben ein gutes Energieauflösungsvermögen.— Ge(Li)-Detektoren werden zur Bestimmung der Energie der γ-Quanten eingesetzt.— Energieauflösungsvermögen <2 keV.

Die Impulsgröße ist i.a. proportional der Energie der Strahlung. NaI/Tl-Szintillatoren haben ein wesentlich geringeres Energieauflösungsvermögen als Halbleiterdetektoren.

Intensität — Energie der γ-Strahlung

LiI/Eu-Szintillatoren und Li-haltige Gläser werden zum Nachweis von langsamen Neutronen aufgrund der Reaktion $^{6}_{3}Li(n,\alpha)^{3}_{1}H$ eingesetzt.

Flüssige Szintillatoren eignen sich besonders zum Nachweis energiearmer β-Strahlung (^{3}H, ^{14}C). Die zu messende Probe kann dabei mit dem Szintillator gemischt werden. Es treten deshalb keine Absorptionsverluste der Strahlung beim Durchdringen der Szintillatorumhüllung auf. Man erzielt Wirkungsgrade bis 100%. Eine getrennte Messung von ^{3}H und ^{14}C ist bei gleichzeitiger Anwesenheit möglich.

Intensität — Impulshöhe — ^{14}C — ^{3}H

Bild 8-61. Eigenschaften und Anwendung von Strahlungsdetektoren.
Werkphotos: Zinser und Canberra

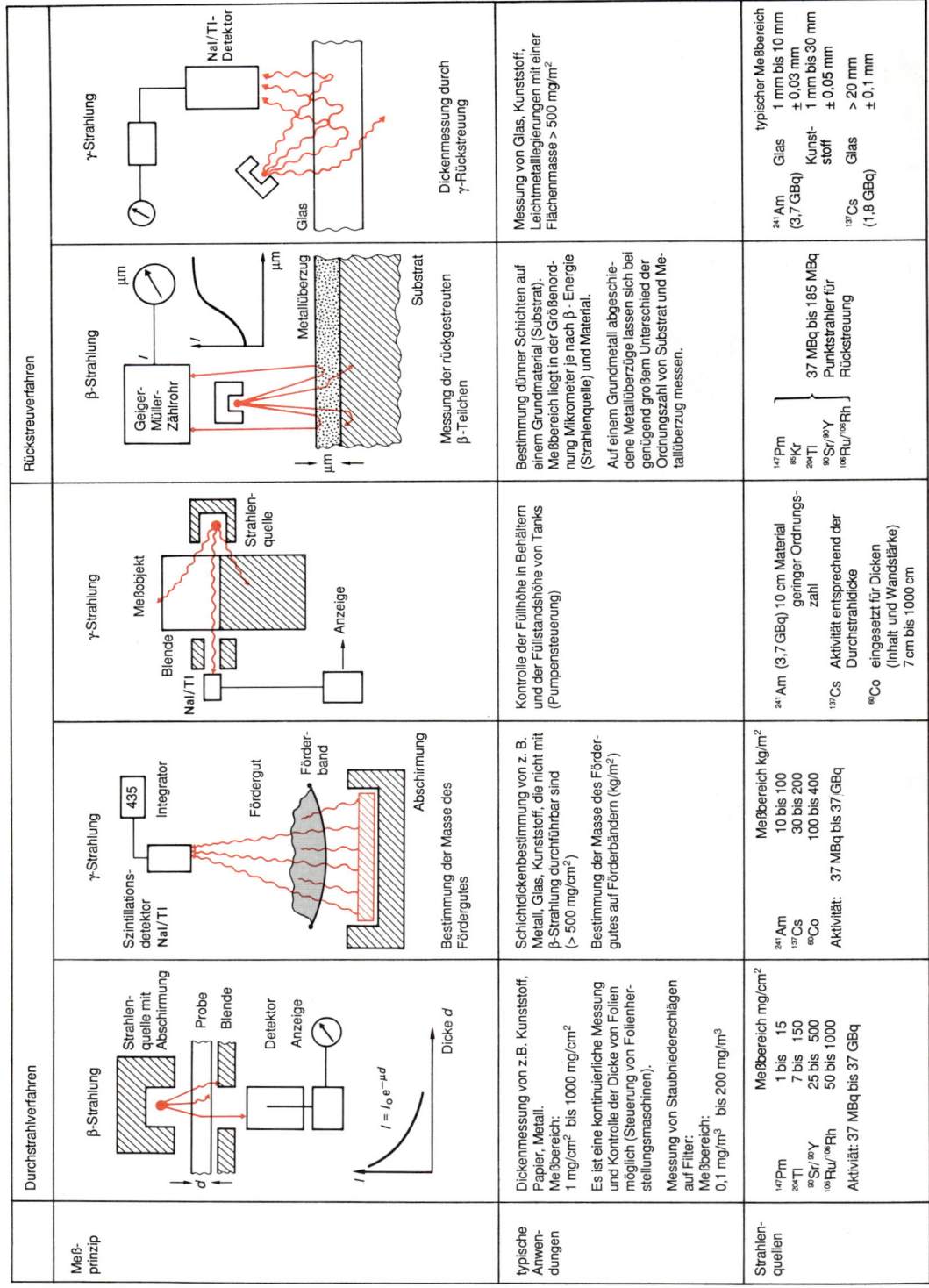

	Durchstrahlverfahren		**Rückstreuverfahren**	
	β-Strahlung	γ-Strahlung	γ-Strahlung	β-Strahlung	γ-Strahlung

Meßprinzip

β-Strahlung: Strahlenquelle mit Abschirmung, Probe, Blende, Detektor, Anzeige; $I = I_0 e^{-\mu d}$, Dicke d

γ-Strahlung: Szintillationsdetektor NaI/Tl, Integrator 435, Fördergut, Förderband, Abschirmung — Bestimmung der Masse des Fördergutes

γ-Strahlung: NaI/Tl, Blende, Meßobjekt, Strahlenquelle, Anzeige — Kontrolle der Füllhöhe in Behältern und der Füllstandshöhe von Tanks (Pumpensteuerung)

β-Strahlung: Geiger-Müller-Zählrohr, μm, Metallüberzug, Substrat — Messung der rückgestreuten β-Teilchen

γ-Strahlung: NaI/Tl-Detektor, Glas — Dickenmessung durch γ-Rückstreuung

typische Anwendungen

β-Strahlung (Durchstrahl)	γ-Strahlung (Durchstrahl)	γ-Strahlung (Füllhöhe)	β-Strahlung (Rückstreu)	γ-Strahlung (Rückstreu)
Dickenmessung von z. B. Kunststoff, Papier, Metall. Meßbereich: 1 mg/cm² bis 1000 mg/cm². Es ist eine kontinuierliche Messung und Kontrolle der Dicke von Folien möglich (Steuerung von Folienherstellungsmaschinen). Messung von Staubniederschlägen auf Filter: Meßbereich: 0,1 mg/m³ bis 200 mg/m³	Schichtdickenbestimmung von z. B. Metall, Glas, Kunststoff, die nicht mit β-Strahlung durchführbar sind (> 500 mg/cm²). Bestimmung der Masse des Fördergutes auf Förderbändern (kg/m²)	Kontrolle der Füllhöhe in Behältern und der Füllstandshöhe von Tanks (Pumpensteuerung)	Bestimmung dünner Schichten auf einem Grundmaterial (Substrat). Meßbereich liegt in der Größenordnung Mikrometer je nach β · Energie (Strahlenquelle) und Material. Auf einem Grundmetall abgeschiedene Metallüberzüge lassen sich bei genügend großem Unterschied der Ordnungszahl von Substrat und Metallüberzug messen.	Messung von Glas, Kunststoff, Leichtmetallegierungen mit einer Flächenmasse > 500 mg/m²

Strahlenquellen

β-Strahlung (Durchstrahl):

	Meßbereich mg/cm²
^{147}Pm	1 bis 15
^{204}Tl	7 bis 150
^{90}Sr/^{90}Y	25 bis 500
^{106}Ru/^{106}Rh	50 bis 1000

Aktivität: 37 MBq bis 37 GBq

γ-Strahlung (Durchstrahl):

	Meßbereich kg/m²
^{241}Am	10 bis 100
^{137}Cs	30 bis 200
^{60}Co	100 bis 400

Aktivität: 37 MBq bis 37 GBq

γ-Strahlung (Füllhöhe):

^{241}Am (3,7 GBq) 10 cm Material geringer Ordnungszahl

^{137}Cs Aktivität entsprechend der Durchstrahldicke

^{60}Co eingesetzt für Dicken (Inhalt und Wandstärke) 7 cm bis 1000 cm

β-Strahlung (Rückstreu):

^{147}Pm, ^{85}Kr, ^{204}Tl, ^{90}Sr/^{90}Y, ^{106}Ru/^{106}Rh — 37 MBq bis 185 MBq Punktstrahler für Rückstreuung

γ-Strahlung (Rückstreu):

		typischer Meßbereich	
^{241}Am (3,7 GBq)	Glas	1 mm bis 10 mm	± 0,03 mm
	Kunststoff	1 mm bis 30 mm	± 0,05 mm
^{137}Cs (1,8 GBq)	Glas	> 20 mm	± 0,1 mm

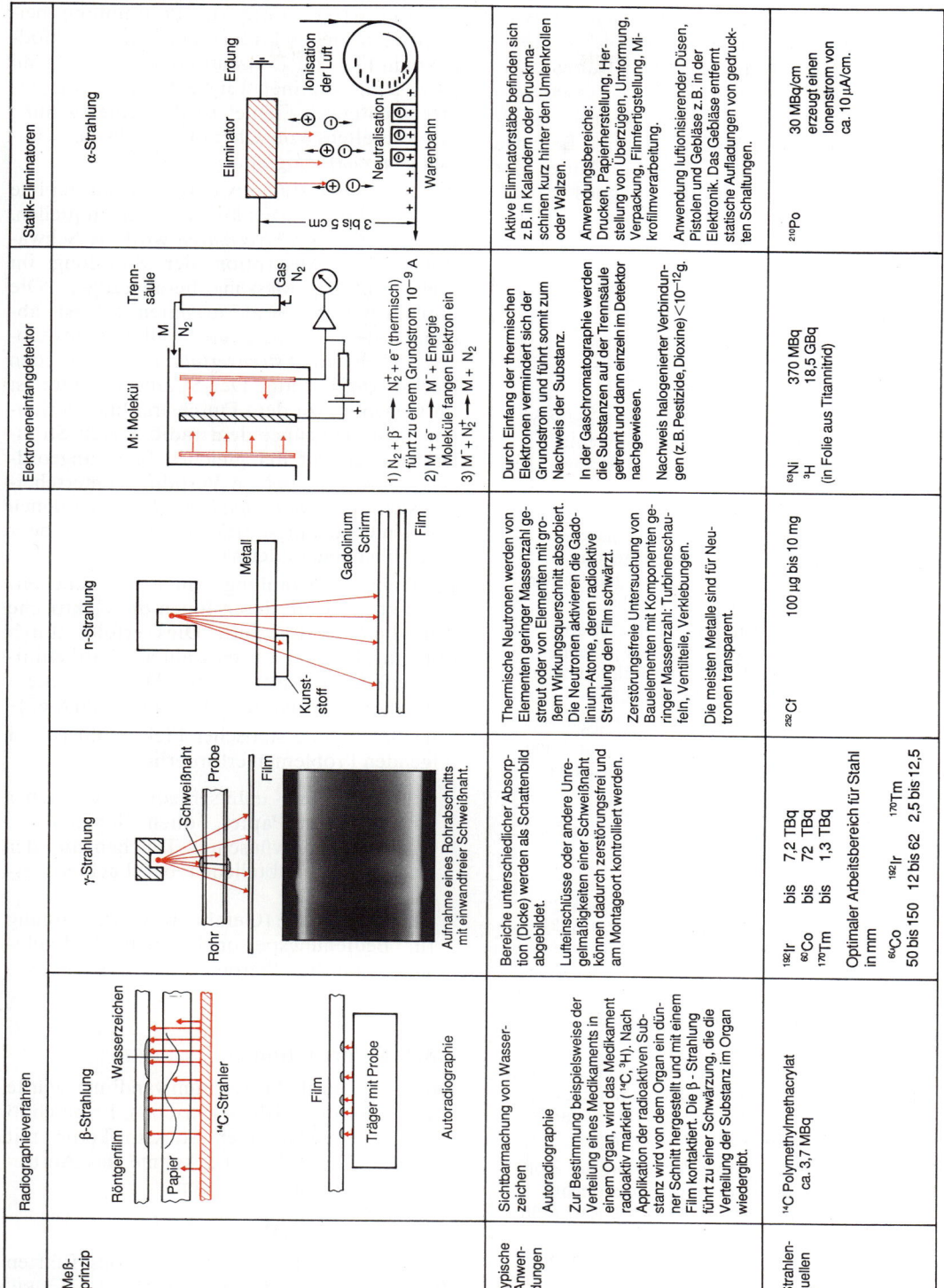

	Radiographieverfahren			Elektroneneinfangdetektor	Statik-Eliminatoren
Meß-prinzip	β-Strahlung	γ-Strahlung	n-Strahlung		α-Strahlung
				1) $N_2 + β^- \rightarrow N_2^+ + e^-$ (thermisch) führt zu einem Grundstrom 10^{-9} A 2) $M + e^- \rightarrow M^- +$ Energie Moleküle fangen Elektron ein 3) $M^- + N_2^+ \rightarrow M + N_2$	
typische Anwendungen	Sichtbarmachung von Wasserzeichen Autoradiographie Zur Bestimmung beispielsweise der Verteilung eines Medikaments in einem Organ, wird das Medikament radioaktiv markiert (^{14}C, ^3H). Nach Applikation der radioaktiven Substanz wird von dem Organ ein dünner Schnitt hergestellt und mit einem Film kontaktiert. Die β-Strahlung führt zu einer Schwärzung, die die Verteilung der Substanz im Organ wiedergibt.	Bereiche unterschiedlicher Absorption (Dicke) werden als Schattenbild abgebildet. Lufteinschlüsse oder andere Unregelmäßigkeiten einer Schweißnaht können dadurch zerstörungsfrei und am Montageort kontrolliert werden.	Thermische Neutronen werden von Elementen geringer Massenzahl gestreut oder von Elementen mit großem Wirkungsquerschnitt absorbiert. Die Neutronen aktivieren die Gadolinium-Atome, deren radioaktive Strahlung den Film schwärzt. Zerstörungsfreie Untersuchung von Bauelementen mit Komponenten geringer Massenzahl: Turbinenschaufeln, Ventilteile, Verklebungen. Die meisten Metalle sind für Neutronen transparent.	Durch Einfang der thermischen Elektronen vermindert sich der Grundstrom und führt somit zum Nachweis der Substanz. In der Gaschromatographie werden die Substanzen auf der Trennsäule getrennt und dann einzeln im Detektor nachgewiesen. Nachweis halogenierter Verbindungen (z.B. Pestizide, Dioxine) $<10^{-12}$ g.	Aktive Eliminatorstäbe befinden sich z.B. in Kalandern oder Druckmaschinen kurz hinter den Umlenkrollen oder Walzen. Anwendungsbereiche: Drucken, Papierherstellung, Herstellung von Überzügen, Umformung, Verpackung, Filmfertigstellung, Mikrofilmverarbeitung. Anwendung luftionisierender Düsen, Pistolen und Gebläse z.B. in der Elektronik. Das Gebläse entfernt statische Aufladungen von gedruckten Schaltungen.
Strahlenquellen	^{14}C Polymethylmethacrylat ca. 3,7 MBq	^{192}Ir bis 7,2 TBq ^{60}Co bis 72 TBq ^{170}Tm bis 1,3 TBq Optimaler Arbeitsbereich für Stahl in mm ^{192}Ir ^{60}Co ^{170}Tm 50 bis 150 12 bis 62 2,5 bis 12,5	^{252}Cf 100 µg bis 10 mg	^{63}Ni 370 MBq ^3H 18,5 GBq (in Folie aus Titannitrid)	^{210}Po 30 MBq/cm erzeugt einen Ionenstrom von ca. 10 µA/cm.

Bild 8-62. Einsatzbereiche offener und umschlossener radioaktiver Strahlenquellen.

Unter betriebsmäßiger Beanspruchung wird ein Austritt radioaktiver Stoffe mit Sicherheit verhindert. Offene radioaktive Strahlenquellen sind beispielsweise *radioaktive Lösungen.*

Tabelle 8-8 gibt einen Überblick der Einsatzgebiete radioaktiver Stoffe. Wichtige Bereiche sind die Medizin und Chemie. Außer der Funktions- und Lokalisationsdiagnostik wer-

Tabelle 8-8. Anwendung radioaktiver Nuklide.

Bereiche	Anwendungsfelder
umschlossene Strahlungsquellen	
Medizin	Strahlentherapie
Strahlen-chemie	Sterilisierung medizinischer Produkte (z. B. Einwegspritzen); Konservierung von Nahrungsmitteln; Abwasserbehandlung
chemische Analytik	Röntgenfluoreszenz-Analyse; Elektroneneinfangdetektor zum Spurennachweis halogenierter Kohlenwasserstoffe
Meßtechnik	Durchstrahl- und Rückstrahl-Verfahren mit β- und γ-Quellen (z. B. Messung der Füllhöhe, der Dichte und der Dicke)
Energie-umwandlung	Umwandlung der Zerfallsenergie in Wärme; weitere Umwandlung der Wärme (Seebeck-Effekt) in elektrische Energie; Radionuklid-Batterien
offene Strahlungsquellen	
Medizin	Organ-Funktionsdiagnostik (Leber- und Nierendiagnostik); Lokalisationsdiagnostik (Anreicherung im Gewebe); Szintigraphen
chemische Analytik	Bestimmung des Schilddrüsenhormons
Öko-toxikologie	Bestimmung der Anreicherung von Umweltchemikalien in Organen und Geweben von Tieren durch radioaktive Markierung
Prozeß-analyse	quantitative Verfolgung des Stoff-Transports in verfahrenstechnischen Anlagen durch Zusatz radioaktiver Indikatoren
Verschleiß-messungen	Abriebmessung bis 10^{-3} μm bis 10^{-4} μm

den radioktive Stoffe zur Bestimmung beispielsweise des Schilddrüsenhormons Triiodthyronin (T3) im Konzentrationsbereich ng/ml (10^{-9} g/ml) routinemäßig eingesetzt. Ein immer wichtigeres Gebiet ist die Untersuchung des Verhaltens von Chemikalien in der Umwelt (*Ökotoxikologie*).

Bild 8-62 zeigt einige wichtige Einsatzgebiete umschlossener radioaktiver Strahlenquellen. Bei den *Durchstrahlverfahren* wird die Schwächung bzw. Absorption der Strahlung im Meßobjekt zur Messung herangezogen. Die durchdringende Strahlungsintensität ist abhängig von der Dicke oder Füllhöhe des Objekts. Die *Rückstreuverfahren* nützen den Rückstreueffekt aus. Der Strahlendetektor ist im Gegensatz zu dem Durchstrahlmeßverfahren nicht gegenüber dem radioaktiven Strahler, sondern auf der gleichen Seite angeordnet. Von diesen beiden Verfahren unterscheiden sich die *Radiographieverfahren*, bei denen das Untersuchungsobjekt durch β-, γ- oder n-Strahlen abgebildet wird.

Radioaktive Strahlung (meist α-Teilchen) ionisiert die Luft, deren Ionen die elektrische Aufladung neutralisiert. Dies erfolgt durch fest eingebaute Flächenstrahler (Statikeliminatoren) oder durch Luftgebläse mit einem radioaktiven Präparat in der Düse (Bild 8-62). Eine Beseitigung statischer Elektrizität ist bei folgenden Problemen erforderlich:

– Klebeverhalten unterschiedlich geladener Warenbahnen (Papier, Folien aller Art),
– Anziehen unerwünschter Teilchen aus der Luft (z. B. Staubteilchen bei Lackierungsarbeiten),
– Funkenbildung (Gefahr bzw. Belästigung für Bedienungspersonal, eventuell Explosions- und Brandherde).

8.8.2. Kernreaktionen

Die erste künstliche Kernumwandlung wurde von Rutherford 1919 beschrieben. Er beschoß in einer Nebelkammer Stickstoffkerne mit α-Teilchen des ^{214}Po und konnte das Auftreten von Protonen nachweisen:

$$^{14}_{7}\text{N} + ^{4}_{2}\alpha \rightarrow ^{17}_{8}\text{O} + ^{1}_{1}\text{p} + \Delta E\,.$$

Nach der Entdeckung des Neutrons führten 1934 F. JOLIOT (1900 bis 1958) und I. CURIE

(1887 bis 1956) die erste Kernreaktion durch, bei der ein künstliches radioaktives Nuklid entstand:

$$^{27}_{13}\text{Al} + ^{4}_{2}\alpha \rightarrow ^{30}_{15}\text{P} + ^{1}_{0}\text{n} + \Delta E,$$

$$^{30}_{15}\text{P} \rightarrow ^{30}_{14}\text{Si} + ^{0}_{1}\text{e} + \Delta E.$$

Zur Vereinfachung der Reaktionsgleichung wird folgende Kurzschreibweise eingeführt:

$$^{9}_{4}\text{Be} + ^{4}_{2}\alpha \rightarrow ^{12}_{6}\text{C} + ^{1}_{0}\text{n} + \Delta E$$

$$^{9}_{4}\text{Be}\,(\alpha, \text{n})\,^{12}_{6}\text{C}.$$

Diese (α, n)-Reaktion dient zur Herstellung von Neutronen im Labor.

8.8.2.1. Energetik

Die Kernreaktion kann allgemein geschrieben werden als

A + a = B + b + ΔE
Target Projektil Produktkern Produktteilchen

A (a, b) B.

Die bei der Kernreaktion freiwerdende oder benötigte Energie ΔE (*exoergische* bzw. *endoergische Reaktion*) berechnet sich aus der Massendifferenz des Ausgangszustands (A + a) und des Endzustandes (B + b):

$$\Delta E = [(m_\text{a}(\text{A}) + m_\text{a}(\text{a})) - (m_\text{a}(\text{B}) + m_\text{a}(\text{b}))]\, c^2.$$

In Tabelle 8-9 sind einige stabile und instabile Nuklide jeweils mit der Nuklidmasse, Halbwertszeit, Häufigkeit und dem Wirkungsquerschnitt zusammengestellt. Anhand dieser Werte errechnet sich der ΔE-Wert für die Reaktion $^{9}_{4}\text{Be}\,(\alpha, \text{n})\,^{12}_{6}\text{C}$ zu 5,7 MeV. Diese Reaktion ist exoergisch, und das α-Teilchen muß lediglich die elektrische Abstoßung durch die positive

Kernladung überwinden. Für die (n, γ)-Reaktion $^{164}_{66}\text{Dy}\,(\text{n}, \gamma)\,^{165}_{66}\text{Dy}$ ergibt sich ein ΔE-Wert von 5,63 MeV. Die bei der exoergischen Reaktion freiwerdende Energie verteilt sich auf den Produktkern B und das Produktteilchen b unter Berücksichtigung des Impulserhaltungssatzes. Für die (n, γ)-Reaktion ergibt sich, daß nahezu der gesamte Energiebetrag ΔE als γ-Quant(en) ausgesendet wird.

Eine endoergische Reaktion ($\Delta E < 0$) kann nur ablaufen, wenn das Projektil a eine minimale Energie E_S mitbringt. Diese *Schwellenenergie* ist infolge der Impulserhaltung größer als ΔE:

$$E_\text{S} = -\Delta E\left(1 + \frac{m_\text{a}(\text{a})}{m_\text{a}(\text{A})}\right). \qquad (8\text{-}89)$$

Für die Reaktion $^{27}_{13}\text{Al}\,(\alpha, \text{n})\,^{30}_{15}\text{P}$ mit $\Delta E = -2,65$ MeV ergibt sich E_S zu 3,04 MeV.

Beim Ablauf der Kernreaktion mit geladenen Teilchen muß die Abstoßungsenergie zwischen gleichnamig geladenen Teilchen berücksichtigt werden (*Coulomb-Wall* V_C). Es gilt

$$V_\text{C} = 1,44\,\frac{Z_\text{a}\,Z_\text{A}}{R}. \qquad (8\text{-}90)$$

Hierin ist V_C die Höhe des Coulomb-Walls in MeV, Z_a die Ladung des Projektils und Z_A die Ladung des Targetkerns jeweils in Vielfachen der Elementarladung sowie R die Summe der Radien von A und a in fm ($R = R_0\,(\text{A}_\text{a}^{1/3} + \text{A}_\text{A}^{1/3})$, $R_0 = 1,2$ fm).

Tabelle 8-9. Daten einiger Nuklide.

Nuklid	Häufigkeit in %	Nuklidmasse in u	Halbwertszeit T	Wirkungsquerschnitt für thermische Neutronen
^{4}He	100	4,00260325	–	
^{9}Be	100	9,0121825	–	0,0092 barn
^{10}B	20	10,0129380	–	0,5 barn
^{11}B	80	11,0093053	–	0,005 barn
^{12}C	98,89	12,00000000	–	0,0034 barn
^{17}N		17,008449	4,61 s	
^{21}Mg		21,011715	122,5 ms	
^{113}Cd	12,26	112,9044013		20 000 barn
^{115}Cd		114,905429	53,45 h	

Für die Reaktion $^{9}_{4}Be$ (α, n) $^{12}_{6}C$ ergibt sich ein Coulomb-Wall von $V_C = 3,16$ MeV. Aufgrund dieses Ergebnisses dürfte die Kernreaktion klassisch nur mit α-Teilchen mit einer Energie $> 3,16$ MeV ablaufen. Durch den *Tunneleffekt* (Abschn. 8.2.2) ist die (α, n)-Reaktion auch mit α-Teilchen geringerer Energie möglich.

Wie beim radioaktiven Zerfall können auch die Kernreaktionen in einem Energiediagramm dargestellt werden. Bild 8-63 zeigt ein allgemeines Energiediagramm. Aus dem Target und dem Projektil (A + a) bildet sich ein Zwischenkern (*Compoundkern C*) mit einer Lebensdauer $< 10^{-16}$ s. Der Grundzustand des Zwischenkerns liegt im allgemeinen tiefer als der Ausgangszustand (A + a) aufgrund der Bindungsenergie $E_{B,a}$ des Projektils im Compoundkern. Für Protonen und Neutronen beträgt diese Energie im Mittel 8 MeV. Je nach Energie des Projektils E_a wird ein angeregter Zustand des Compoundkerns erreicht, von dem aus verschiedene Zerfallsreaktionen ablaufen können. Bei (n, γ)-Reaktionen (1) geht der angeregte Compoundkern unter Aussendung von γ-Quanten in den Grundzustand über. Viele der so entstandenen Reaktionsprodukte sind infolge des Neutronenüberschusses β^--Strahler. Der Compoundkern kann auch über den Weg 2 oder 3 in B + b bzw. B' + b' zerfallen. In Tabelle 8-10 sind einige Kernreaktionen zusammengestellt. Welche der möglichen Kernreaktionen ablaufen, wird durch die Energie und Art des Projektils bestimmt.

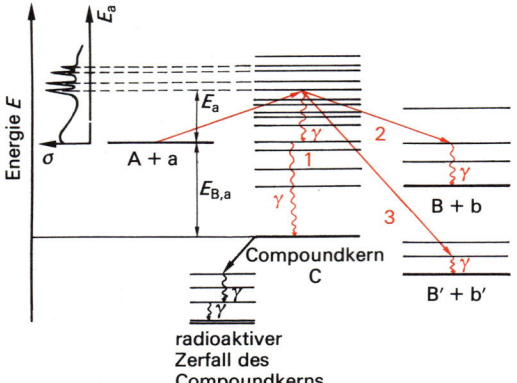

Bild 8-63. *Darstellung der Kernreaktion über einen Compoundkern im Energiediagramm.*

Tabelle 8-10. Kernreaktionen.

Bezeichnung	Beschreibung
Austausch-reaktion	Ein Teilchen gelangt in den Kern, ein anderes wird dafür emittiert. (p, n); (d, p); (α, p)
Einfang-reaktion	Das einfallende Teilchen verbleibt im Kern. Die Anregungsenergie wird durch Emission von γ-Quanten frei. (n, γ).
elastische Streuung	Das einfallende Teilchen wird, ohne den Kern anzuregen, wieder emittiert. (n, n)
inelastische Streuung	Das Teilchen gibt einen Teil seiner Energie als Anregungsenergie an den Kern. (n, n')
inelastische Stöße	Teilchen werden aus dem Kern durch energiereiche Teilchen herausgeschlagen. (n, 2 n); (d, 2 n)
Kernspaltung	Der Kern zerfällt beim Beschuß in zwei oder mehrere Bruchstücke. (n, f); (γ, f)

8.8.2.2. Wirkungsquerschnitt

Der *Wirkungsquerschnitt* σ gibt die Wahrscheinlichkeit an, mit der eine Kernreaktion stattfindet. Stellt man sich die Atomkerne als kleine Zielscheiben bestimmter Fläche vor, die mit Projektilen a beschossen werden, so wird immer dann eine Kernreaktion (a, b) ablaufen, wenn ein Projektil die Zielscheibe trifft, wie in Bild 8-64 verdeutlicht. Damit ergibt sich die Trefferanzahl je Fläche und Zeit zu

$$\frac{\text{Trefferzahl}}{\text{Zeit}} = \frac{\text{Projektilteilchen a}}{\text{Fläche} \cdot \text{Zeit}} \cdot \begin{array}{c}\text{Wahrscheinlichkeit}\\\text{des Treffers}\end{array}$$

$$dN/dt = \Phi \cdot N_A \sigma.$$

Φ ist die Projektilflußdichte in $m^{-2} s^{-1}$, N_A die Anzahl der Kerne A im Target und σ der Wirkungsquerschnitt (Fläche der Zielscheibe je Atom in m^2).

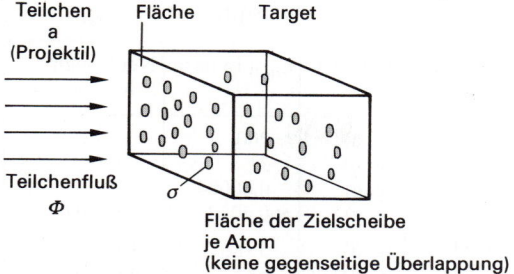

Bild 8-64. *Zum Begriff Wirkungsquerschnitt.*

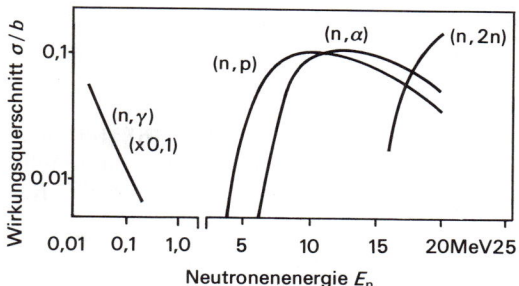

Bild 8-65. Wirkungsquerschnitt von ^{27}Al für verschiedene Kernreaktionen in Abhängigkeit von der Neutronenenergie.

Die Einheit des Wirkungsquerschnitts ist das *barn* ($1\,\text{b} = 10^{-28}\,\text{m}^2$) und entspricht etwa der Kernquerschnittsfläche. Der Wirkungsquerschnitt ist abhängig von dem Reaktionstyp, der Energie des Projektils und dem Zielkern (Target). Er kann ein Vielfaches der Kernquerschnittsfläche betragen. Dies ist nur quantenmechanisch durch die Welleneigenschaften zu erklären. Jedem Reaktionstyp eines bestimmten Kerns A mit dem Projektil, beispielsweise Neutronen n, muß ein Wirkungsquerschnitt zugeordnet werden (z.B. $\sigma_{(n,n)}^{A}$, $\sigma_{(n,\gamma)}^{A}$, $\sigma_{(n,p)}^{A}$, ...; partielle Wirkungsquerschnitte). Der totale Querschnitt oder *Gesamtwirkungsquerschnitt* σ_{t}^{A} ergibt sich durch Addition der *partiellen Wirkungsquerschnitte:*

$$\sigma_{t}^{A} = \sigma_{(n,n)}^{A} + \sigma_{(n,\gamma)}^{A} + \dots \qquad (8\text{-}91)$$

Durch Bestrahlung von $^{27}_{13}\text{Al}$ mit Neutronen können folgende Kernreaktionen ablaufen:

$$^{27}_{13}\text{Al} + ^{1}_{0}\text{n} \rightarrow (^{28}_{13}\text{Al})_{\text{Compound-kern}}$$

$$\xrightarrow{\sigma(n,\gamma)} {}^{28}_{13}\text{Al} + \gamma$$

$$\xrightarrow{\sigma(n,p)} {}^{27}_{12}\text{Mg} + {}^{1}_{1}\text{p}$$

$$\xrightarrow{\sigma(n,\alpha)} {}^{24}_{11}\text{Na} + {}^{4}_{2}\alpha$$

$$\xrightarrow{\sigma(n,2n)} {}^{26}_{13}\text{Al} + 2\,{}^{1}_{0}\text{n}.$$

Die Abhängigkeit des Wirkungsquerschnitts von der Projektilenergie wird als *Anregungsfunktion* bezeichnet. Bild 8-65 zeigt die Anregungsfunktionen des $^{27}_{13}\text{Al}$ für die unterschiedlichen Reaktionen. Der Wirkungsquerschnitt kann sich dabei um Größenordnungen ändern und weist u. U. bei bestimmten Energien ein Maximum auf. Dies wird besonders beim

Verlauf des totalen Wirkungsquerschnitts für Neutronen mit Cd in Bild 8-66 deutlich. Bei bestimmten Neutronenenergien treten Maxima des Wirkungsquerschnitts (*Resonanzen*) auf, wenn die Energie des Teilchens einem Wert entspricht, der genau zu einem Energieniveau des Zwischenkerns führt (Bild 8-63). Analoge Resonanzen treten in der Elektronenhülle auf, wenn die Strahlungsenergie einer Energiedifferenz der Elektronenniveaus entspricht.

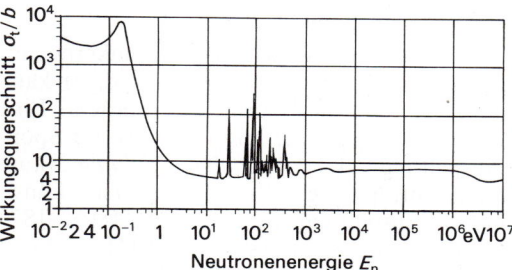

Bild 8-66. Wirkungsquerschnitt von Cadmium in Abhängigkeit von der Neutronenenergie.

In den meisten Fällen ist der durch die Kernreaktion X (x, y) Y gebildete Kern Y radioaktiv und zerfällt mit der Zerfallskonstanten λ_{Y} ($\lambda_{Y} = \ln 2/T_{y}$). Für die Änderungsrate $\mathrm{d}N/\mathrm{d}t$ der Kerne Y gilt

$$
\left.
\begin{aligned}
\text{Bildung } \frac{\mathrm{d}N_{Y}}{\mathrm{d}t} &= \Phi\, N_{x}\, \sigma \\[4pt]
\text{Zerfall } \frac{\mathrm{d}N_{Y}}{\mathrm{d}t} &= -\lambda_{Y} N_{Y}
\end{aligned}
\right\}
\frac{\mathrm{d}N_{Y}}{\mathrm{d}t} = N_{x}\Phi\,\sigma - \lambda_{Y} N_{Y}
\qquad (8\text{-}92)
$$

Die Lösung dieser Differentialgleichung ergibt für N_{Y} in Abhängigkeit von der Zeit

$$N_Y = \frac{\sigma \, \Phi \, N_X}{\lambda_Y}(1 - e^{-\lambda_Y t_B}) . \qquad (8\text{-}93)$$

Diese Gleichung ist in Bild 8-67 für zwei unterschiedliche Halbwertszeiten dargestellt. Nach der Bestrahlungszeit t_B zerfällt das Radionuklid mit der Halbwertszeit T_Y.

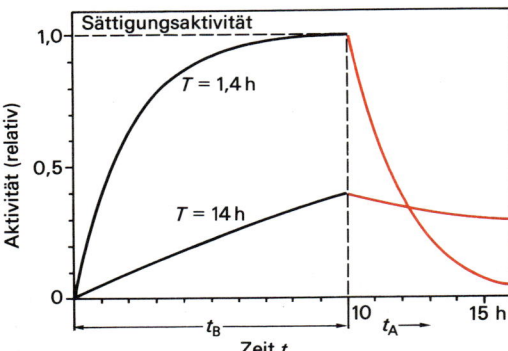

Bild 8-67. Darstellung der Aktivierungsgleichung.

8.8.3. Kernspaltung und Kernreaktoren

8.8.3.1. Kernspaltung

Durch Bestrahlung schwerer Atomkerne mit geeigneten Teilchen a (z. B. n, p, d, α) kann eine Kernspaltung ausgelöst werden. Eine solche Spaltung wird im Gegensatz zur Spontanspaltung als *künstliche Spaltung* (kurz Kernspaltung) bezeichnet. Die erste künstliche Kernspaltung wurde von O. HAHN (1879 bis 1968) und F. STRASSMANN (1902 bis 1980) 1938 bei dem Versuch der Herstellung von Transuranelementen entdeckt.

Die wichtigste Spaltreaktion ist die (n, f)-Reaktion. Die Spaltung wird dabei durch thermische Neutronen ($E \sim 10^{-2}$ eV) ausgelöst:

$$\underset{\text{Compoundkern}}{A + n \; \rightarrow \; (C)} \; \rightarrow \; B + D + \nu n + \Delta E .$$

Aus dem schweren Kern A bildet sich durch Neutroneneinfang der Compoundkern C. Dieser zerfällt in zwei mittelschwere Kerne B und D unter Aussendung mehrerer Neutronen. In Tabelle 8-11 sind für einige Kerne die Wirkungsquerschnitte $\sigma_{(n,f)}$ und die Neutronenzahl ν für die Kernspaltung mit thermischen Neutronen zusammengestellt. Für (g, u)-Kerne (z. B. ^{233}U, ^{235}U, ^{239}Pu und ^{241}Pu) ist der

Tabelle 8-11. Wirkungsquerschnitt $\sigma_{(n,f)}$.

Nuklid	Kerntyp	$\sigma_{(n,f)}$ in barn	Neutronenzahl ν
^{227}Th	(g, u)	≈ 200	
^{229}Th	(g, u)	31	
^{232}Th	(g, g)	0,00004	
^{230}Th	(g, g)	≦ 0,0012	2,08 ± 0,02
^{233}U	(g, u)	531	3,13 ± 0,06
^{235}U	(g, u)	582	2,43 ± 0,07
^{238}U	(g, g)	< 0,0005	
^{239}U	(g, u)	≈ 14	
^{239}Np	(u, u)	2500	
^{237}Np	(u, g)	0,019	
^{238}Np	(u, u)	2070	
^{239}Pu	(g, u)	743	2,874 ± 0,138
^{240}Pu	(g, g)	≈ 0,03	2,884 ± 0,007
^{241}Pu	(g, u)	1009	2,969 ± 0,023

Wirkungsquerschnitt besonders groß, verglichen mit (g, g)-Kernen (z. B. ^{238}U, ^{240}Pu und ^{232}Th). Dies ist darauf zurückzuführen, daß die Bindungsenergie eines zusätzlichen Neutrons für (g, u)-Kerne besonders groß ist, so daß die Energieschwelle für die Kernspaltung leichter überschritten werden kann. Dies führt zu einem großen Wirkungsquerschnitt $\sigma_{(n,f)}$. Bild 8-68 zeigt die Energieabhängigkeit des Spaltungsquerschnitts $\sigma_{(n,f)}$ für ^{238}U, ^{235}U und ^{239}Pu. Das Resonanzgebiet zwischen 1 eV und 1 keV ist nur angedeutet.

Der Ablauf der Kernspaltung durch thermische Neutronen ist für den wichtigen Spaltstoff ^{235}U in Bild 8-69 gezeigt. Durch *Neutroneneinfang* bildet sich aus ^{235}U der Com-

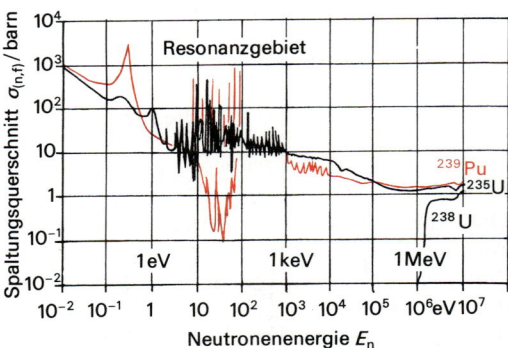

Bild 8-68. *Abhängigkeit des Spaltungsquerschnitts von der Neutronenenergie. (Das Resonanzgebiet ist nur angedeutet.)*

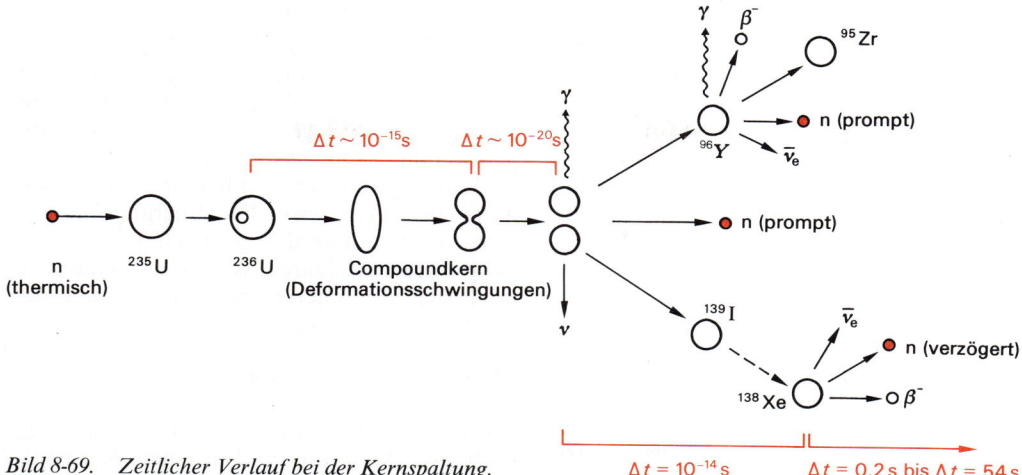

Bild 8-69.   *Zeitlicher Verlauf bei der Kernspaltung.*

poundkern ^{236}U. Dabei wird die Bindungsenergie des Neutrons in Höhe von etwa 6 MeV frei. Der angeregte Kern führt Deformationsschwingungen aus (vergleichbar mit einem schwingenden Wassertropfen). Bei großen Deformationen des Kerns ist die langreichweitige Coulomb-Abstoßung der Protonen größer als die kurzreichweitige Kernkraft, so daß der Kern instabil wird und in zwei

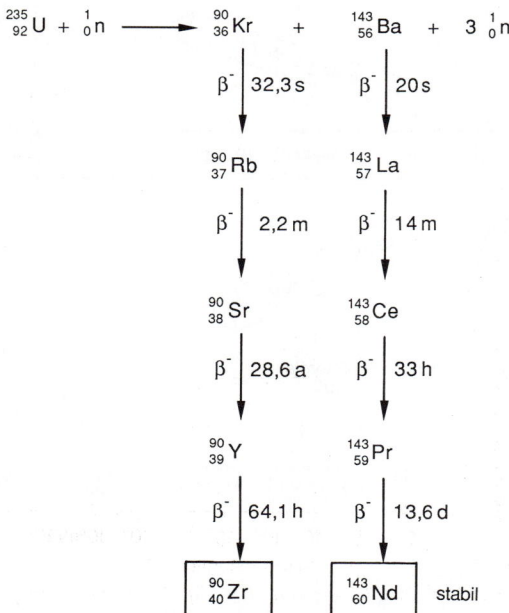

Bild 8-70.   *Spaltkette von ^{235}U.*

Bruchstücke zerfällt. Von der Neutronenabsorption bis zur kritischen Deformation dauert es etwa 10^{-15} s. Die entstandenen Spaltprodukte liegen in hochangeregten Zuständen vor und zerfallen innerhalb von 10^{-14} s unter Aussendung von γ-Strahlung und Abdampfen von Neutronen (*prompte Neutronen*) in den Grundzustand. Diese sogenannten primären Spaltprodukte zerfallen durch β^--Zerfall und Aussenden von γ-Quanten über mehrere Nuklide (*sekundäre Spaltprodukte*) in stabile Kerne.

Zwei dieser Spaltketten sind in Bild 8-70 gezeigt. In einer Zeit von 0,2 s bis 54 s nach der Spaltung treten durch Neutronenzerfall von Spaltprodukten sogenannte *verzögerte Neutronen* auf. Der Bruchteil dieser verzögerten Neutronen beträgt bei der Spaltung des ^{233}U 0,0026, bei ^{235}U 0,0065 und bei ^{239}Pu 0,0021.

Die Häufigkeit der Spaltprodukte von ^{235}U bei der Spaltung durch thermische Neutronen ist in Bild 8-71 in Abhängigkeit von der Massenzahl gezeigt. Es tritt bevorzugt eine *asymmetrische Spaltung* auf. Die Maxima der Kurve liegen im Bereich der Massenzahlen 90 bis 100 und 133 bis 143 mit einer Spaltausbeute von etwa 6%. Für die *symmetrische Spaltung* ($A = 236/2$) beträgt die Spaltausbeute lediglich 10^{-2}%. Die Häufigkeitsverteilung der Spaltprodukte sieht für ^{233}U und ^{239}Pu ähnlich aus.

Der bei der Spaltung freiwerdende Energiebetrag ΔE kann aus der *Bindungsenergiekurve*

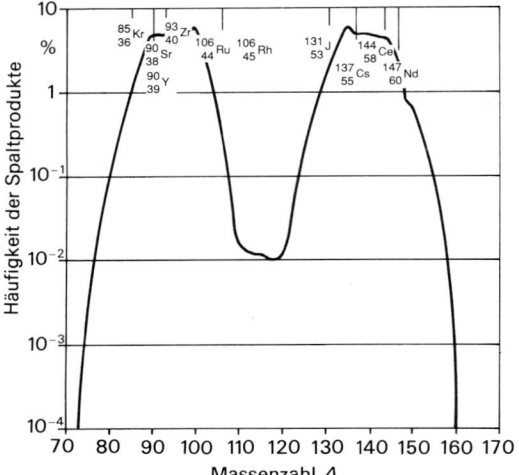

Bild 8-71.   Massenverteilungskurve bei der Spaltung von ^{235}U mit thermischen Neutronen.

(Bild 8-50) abgeschätzt werden. Für ^{235}U ergibt sich ein Energiegewinn von 0,86 MeV je Nukleon oder 200 MeV je Spaltung. Diese Energie verteilt sich zu 85% auf die Spaltprodukte als kinetische Energie. Bild 8-72 zeigt die Energieverteilung auf die Reaktionsprodukte. Durch Umwandlung dieser Spaltenergie in Wärme kann mittels einer Dampfturbine elektrische Energie erzeugt werden (*Kernreaktoren*).

8.8.3.2. Kernreaktoren

Die kinetische Energie der Spaltprodukte und die Energie des β-Zerfalls werden in unmittelbarer Nähe des Zerfallsorts in Wärme umgewandelt. Die Energie der *Neutronen* und der γ-Strahlung steht nur dann als Wärme zur Verfügung, wenn diese im betreffenden Medium absorbiert wird. Die Energie der *Neutrinos* geht infolge der geringen Wechselwirkung verloren. Durch *Neutroneneinfang* erhöht sich die Energie je Spaltung um den Wert der Bindungsenergie der Neutronen. Im Mittel wird je Kernspaltung des ^{235}U eine nutzbare Energie von 200 MeV frei.

Für die Berechnung der Energie, die aus 1 kg spaltbaren Materials ^{235}U in einem Kernreaktor gewonnen werden kann, muß berücksichtigt werden, daß ein Teil des spaltbaren Materials durch (n, γ)-Reaktion in weniger leicht spaltbares Material umgewandelt wird. Dieser Anteil ergibt sich aus dem Verhältnis der Wirkungsquerschnitte für Spaltung und Absorption ($\sigma_{(n,f)}/\sigma_{(n,\gamma)} = 0,839$):

$$E = 200 \cdot 10^6 \, \text{eV} \cdot 0,839 \cdot \frac{1000 \, \text{g}}{235 \, \text{g/mol}} \cdot 6,022 \cdot 10^{23} \frac{1}{\text{mol}},$$

$$E = 6,89 \cdot 10^{13} \, \text{Ws} = 6,89 \cdot 10^{10} \, \text{kJ} = 797 \, \text{MWd}.$$

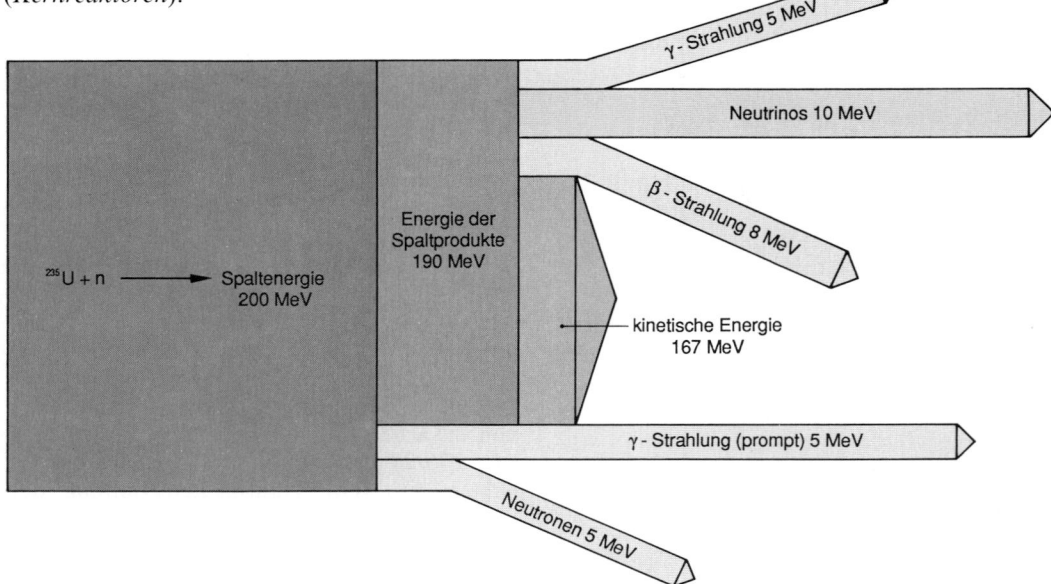

Bild 8-72.   Verteilung der Spaltenergie auf die Spaltprodukte.

Zum Vergleich: Bei der Verbrennung von 1 kg Kohlenstoff wird eine Energie von $34 \cdot 10^3$ kJ frei ($5 \cdot 10^7$ mal weniger als für 1 kg ^{235}U).

Voraussetzung für die Energiegewinnung durch Kernspaltung ist das Freiwerden von 2 bis 3 Neutronen je Spaltung, um eine Kettenreaktion zu ermöglichen. Die Spaltung eines ^{235}U-Kerns führt zu 2 Neutronen, die ihrerseits eine Spaltung induzieren und somit $2 \cdot 2$ Neutronen freisetzen. Diese 4 Neutronen erzeugen durch Kernspaltung $2 \cdot 4$ Neutronen und so fort. Für diese Kettenreaktion ist der Multiplikationsfaktor $k = 2$, da je Neutron 2 Neutronen erzeugt werden. Um eine kontrollierte Kettenreaktion zur Energiegewinnung aufrecht zu erhalten, muß $k = 1$ sein.

In Bild 8-73 ist die Neutronenbilanz für einen idealisierten (unendlich ausgedehnten) Reaktor dargestellt. Ein Neutron erzeugt durch die Kernspaltung v *schnelle Neutronen* ($v = 2{,}43$ für ^{235}U). Infolge der Spaltung von ^{238}U mit schnellen Neutronen werden $\varepsilon - 1$ zusätzliche schnelle Neutronen erzeugt. Damit diese

schnellen Neutronen (Energie einige MeV) weitere ^{235}U-Kerne spalten können, müssen sie durch Streuprozesse auf thermische Energie abgebremst werden. Dies erfolgt in einem *Moderator*, der aus leichten Atomen mit geringen Einfangsquerschnitten, beispielsweise Wasser oder Graphit, besteht. Zur *Thermalisierung* von Spaltneutronen sind im Mittel 18 Stöße mit Wassermolekülen, dagegen 2170 mit Uranatomen notwendig (Ausgangsenergie $E_n = 1{,}75$ MeV; Endenergie $E_n = 0{,}025$ eV). Bei der Thermalisierung der Neutronen entstehen Verluste durch Neutroneneinfang des ^{238}U im Resonanzgebiet (p). Damit eine Spaltung auftritt, muß das thermische Neutron vom Spaltstoff absorbiert werden (f). Diese Absorption führt mit der Wahrscheinlichkeit p^* zu einer Spaltung. Diese *Spaltwahrscheinlichkeit p^** ergibt sich aus dem Verhältnis des Spaltquerschnitts zum Gesamtabsorptionsquerschnitt. Der Multiplikationsfaktor k_∞ für einen idealen Reaktor ist

$$k_\infty = v\,\varepsilon\,p\,f\,p^* = \eta\,\varepsilon\,p\,f. \qquad (8\text{-}94)$$

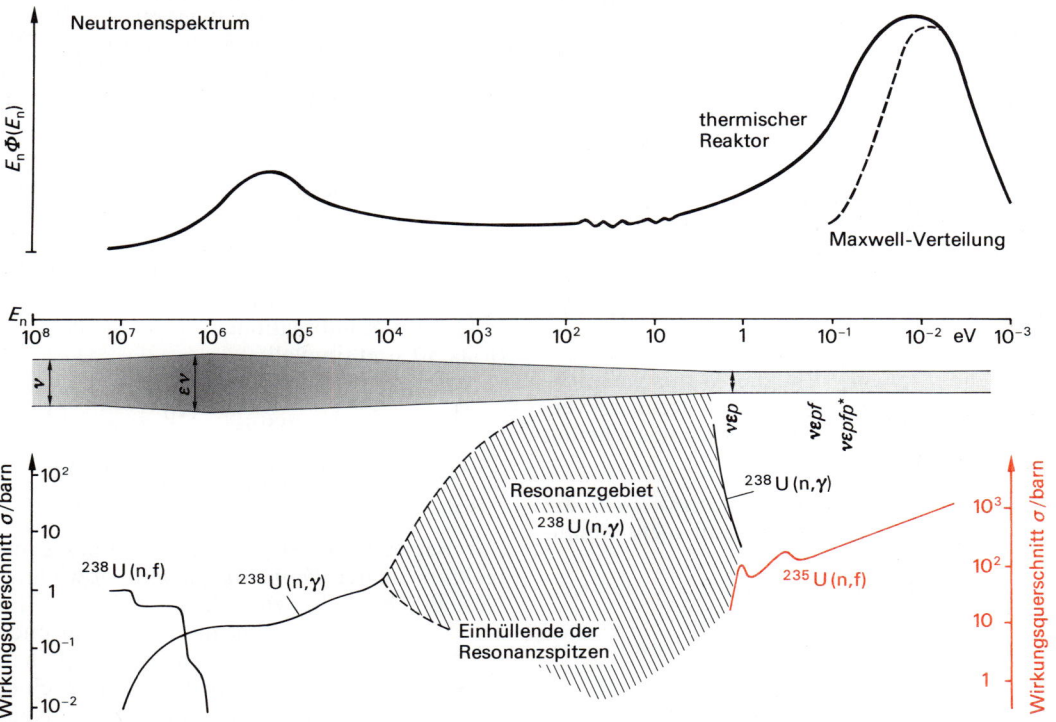

Bild 8-73.   Neutronenbilanz bei der Thermalisierung schneller Spaltneutronen.

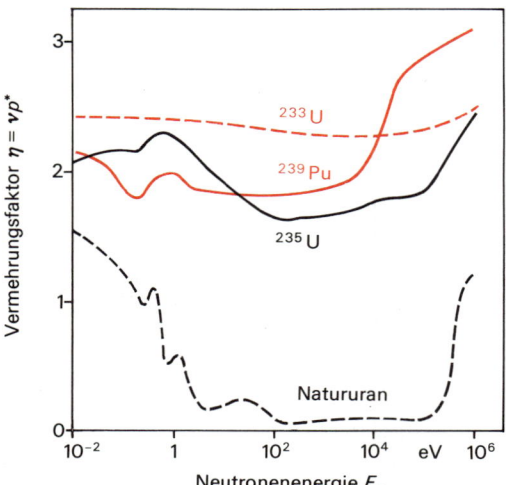

Bild 8-74. *Vermehrungsfaktor in Abhängigkeit von der Neutronenenergie für verschiedene Spaltstoffe.*

Der *Vermehrungsfaktor* $\eta = v \, p^*$ gibt die Anzahl der schnellen Neutronen an, die für jedes im Spaltstoff absorbierte Neutron emittiert werden. Bild 8-74 zeigt η für verschiedene Spaltstoffe in Abhängigkeit von der Neutronenenergie. Für ^{235}U ergibt sich für thermische Neutronen ($E_n \approx 10^{-2}$ eV) mit $v = 2{,}43$ der Wert $\eta = 2{,}07$. Es sind also nur 2,07 Neutronen weiterhin nutzbar, der Rest geht durch die (n, γ)-Reaktion mit ^{238}U verloren.

Beim realen Reaktor muß der Neutronenverlust durch die endliche Ausdehnung des Reaktorkerns berücksichtigt werden. Der *effektive Multiplikationsfaktor* ist

$$k_{eff} = k_\infty \, L \, . \qquad (8\text{-}95)$$

L ist die *Leckage*, d. h. die Wahrscheinlichkeit, daß ein Spaltneutron im Reaktor verbleibt. Je nach Größe von k_{eff} unterscheidet man drei Fälle:

- $k_{eff} < 1$: Das System ist *unterkritisch*, die Kettenreaktion kann nicht ablaufen.
- $k_{eff} = 1$: Das System ist *kritisch*, die Kettenreaktion ist möglich.
- $k_{eff} > 1$: Das System ist *überkritisch*.

Durch den Verbrauch an Kernbrennstoff und das Entstehen neutronenabsorbierender Spaltprodukte ist eine bestimmte *Überschußreakti-*

vität $\delta = k_{eff} - 1$ erforderlich. Diese wird durch Kontrollstäbe aus stark neutronenabsorbierendem Material (z. B. Cadmium, Bor) gesteuert. Das Auftreten verzögerter Neutronen spielt bei der Regelung des Reaktors eine wichtige Rolle, da durch sie eine Verlängerung der Regelzeit hervorgerufen wird.

8.8.3.3. Reaktortypen

Die Einteilung der Reaktoren kann nach verschiedenen Gesichtspunkten erfolgen, beispielsweise nach dem

- *Brennstoff* (z. B. Uranoxid, Uran-Plutonium-oxid (MOX)),
- *Moderator* (z. B. leichtes Wasser, schweres Wasser (D$_2$O), Graphit),
- *Kühlmittel* (z. B. gasgekühlte, wassergekühlte, natriumgekühlte Reaktoren).

In Bild 8-75 bis 8-77 sind einige Reaktortypen mit ihren charakteristischen Daten beschrieben.

Für den Betrieb eines *Druckwasserreaktors* (Bild 8-75) mit ^{235}U als Spaltstoff muß dieser etwa auf 5% angereichert werden (natürlicher ^{235}U-Gehalt 0,72%). Die abgebrannten Brennstoffelemente enthalten noch etwa 0,8% ^{235}U. Die gewonnene Energie stammt dabei zur Hälfte aus der Spaltung von ^{239}Pu, das durch Neutroneneinfang aus ^{238}U gebildet wird.

Das Verhältnis neu gebildeter spaltbarer Atome zur Anzahl der gespaltenen Atome wird als *Konversionsfaktor* bzw. *Brutrate* bezeichnet. Ist die Brutrate größer als 1, so erzeugt der Reaktor mehr spaltbares Material als er verbraucht (Brutreaktor s. Bild 8-77). Folgende Kombinationen von Spalt- und Brutstoff sind sinnvoll:

$$\boxed{^{238}\text{U}} \xrightarrow{(n,\,\gamma)} {}^{239}\text{U} \xrightarrow[23,5\,\text{min}]{\beta^-} {}^{239}\text{Np} \xrightarrow[2,36\,\text{d}]{\beta^-} \boxed{^{239}\text{Pu}}$$

$$\boxed{^{232}\text{Th}} \xrightarrow{(n,\,\gamma)} {}^{233}\text{Th} \xrightarrow[22,3\,\text{min}]{\beta^-} {}^{233}\text{Pa} \xrightarrow[27,0\,\text{d}]{\beta^-} \boxed{^{233}\text{U}}$$

Brutstoff   Spaltstoff

Zur Beurteilung der Möglichkeit eines Brutreaktors ist der *Vermehrungsfaktor* η wichtig. Aus Bild 8-74 ist zu erkennen, daß ^{239}Pu als Spaltstoff mit thermischen Neutronen ($E_n \approx 10^{-2}$ eV) lediglich den Wert 2,1 hat. Dieser Wert ist zur Aufrechterhaltung einer Kettenreaktion zu gering. Für schnelle Neutronen ($E_n \sim$ MeV) steigt der η-Wert auf 2,93

a)

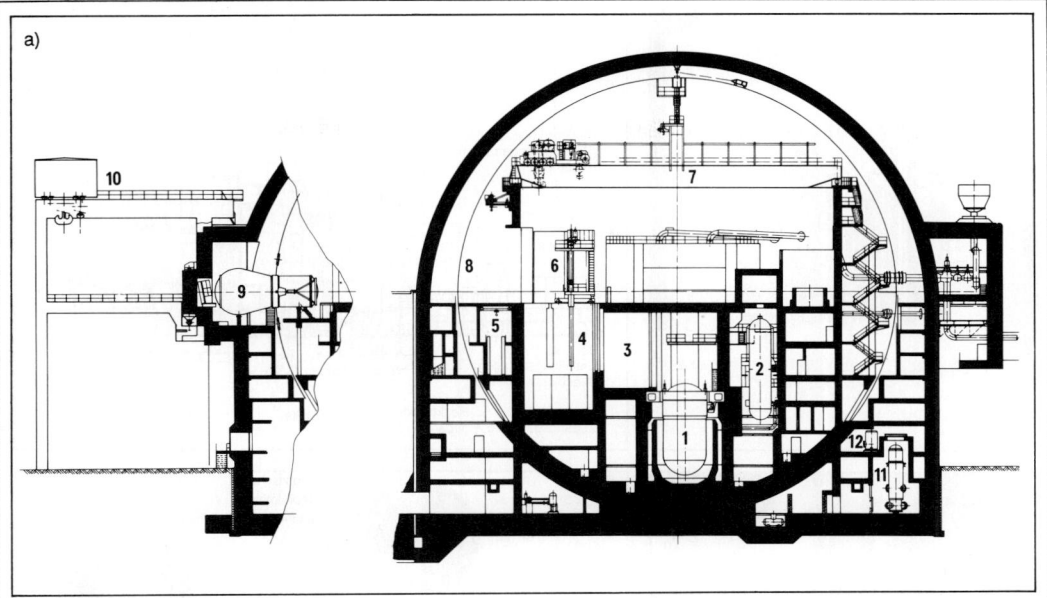

1 Reaktordruckbehälter
2 Dampferzeuger
3 Absetzbehälter für
   Druckbehältereinbauten

4 Brennelementlagerbecken
5 Lagerraum
6 Brennelement-Wechselmaschine
7 Kran
8 Sicherheitsbehälter

9 Materialschleuse
10 Krangerüst
11 Notkühlaggregat
12 Borwasserkühlbehälter

b)

Höhe	12.00 m
Durchmesser	5.75 m
Gewicht	876 t (einschl. Einbauten und Brennelemente)

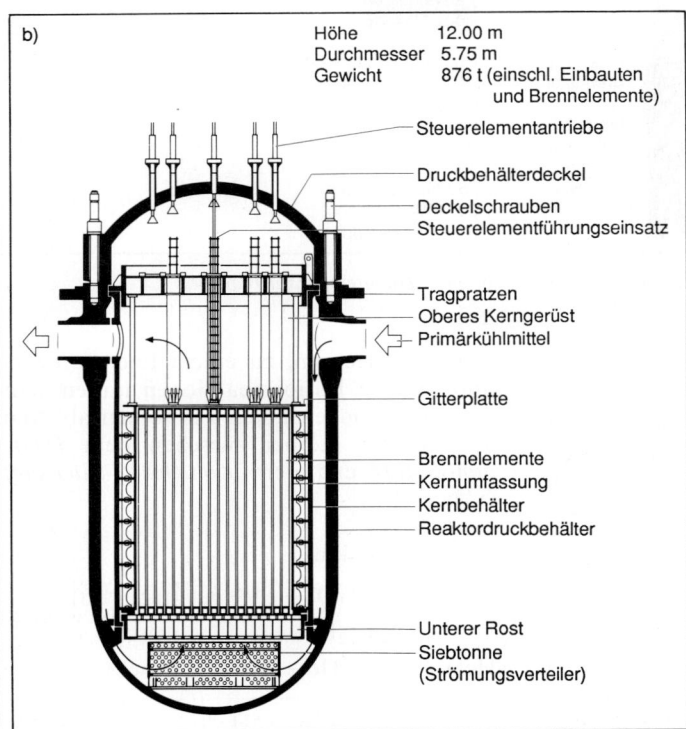

Steuerelementantriebe
Druckbehälterdeckel
Deckelschrauben
Steuerelementführungseinsatz

Tragpratzen
Oberes Kerngerüst
Primärkühlmittel

Gitterplatte

Brennelemente
Kernumfassung
Kernbehälter
Reaktordruckbehälter

Unterer Rost
Siebtonne
(Strömungsverteiler)

c)

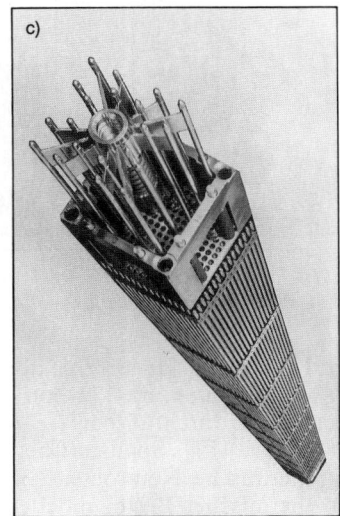

Reaktortyp:	Druckwasserreaktor
Brennstoff:	UO$_2$ (angereichert auf 2,3% bis 3,2%)
Moderator:	H$_2$O
Kühlmittel:	H$_2$O (317°C)
Betriebsdruck:	158 bar
Leistung:	3588 MW thermisch, 1300 MW elektrisch (Biblis B)

Bild 8-75.   a) Reaktorgebäude, b) Reaktordruckbehälter und c) Brennstoffelement eines Druckwasserreaktors. Werkbilder: Kraftwerk-Union

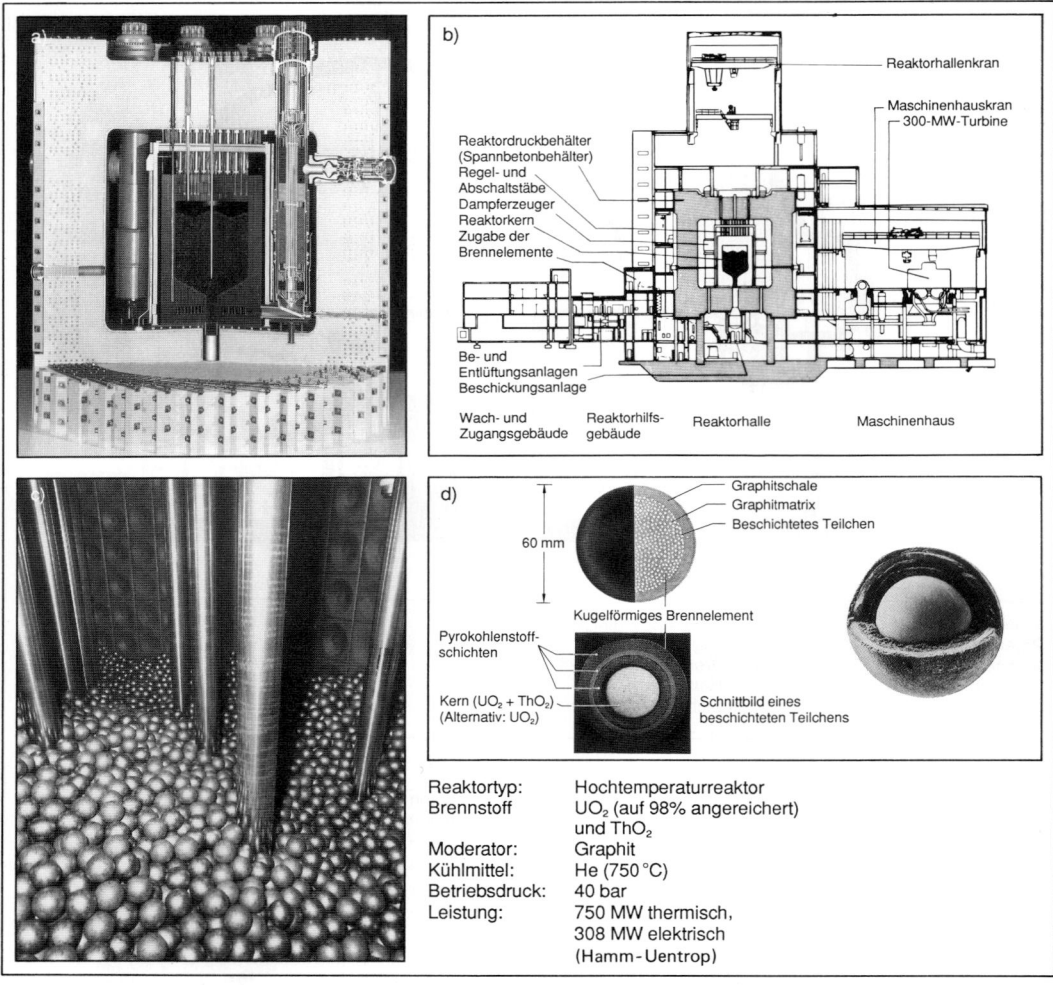

Bild 8-76. *Reaktorgebäude, Reaktorkern und Brennelement eines Hochtemperaturreaktors.*
Werkphoto: Hochtemperatur-Reaktorbau GmbH

an. Deshalb ist ein Brutreaktor auf der Basis Uran-238/Plutonium-239 nur mit schnellen Neutronen durchführbar (*schneller Brutreaktor*). Für ^{233}U als Spaltstoff beträgt der η-Wert für thermische Neutronen 2,3, und damit ist ein thermischer Brüter möglich. Im *Thorium-Hochtemperaturreaktor* (Bild 8-76) wird ein Konversionsfaktor nahe bei 1 erreicht.

8.8.4. Kernfusion

8.8.4.1. Fusionsreaktion

Aus Bild 8-50 ist ersichtlich, daß eine *Verschmelzung (Fusion)* leichter Kerne, z.B. Was-

serstoff zu Helium, zu einem Energiegewinn führt. Solche Fusionsreaktionen laufen ständig in der Sonne und in Fixsternen ab. Man unterscheidet hierbei zwischen dem *Deuterium-Zyklus* und dem *Kohlenstoff-Stickstoff-Zyklus.*

Deuterium-Zyklus

$$^1_1p + {}^1_1p \rightarrow {}^2_1D + e^+ + \nu_e \quad \text{(langsam)}$$
$$^2_1D + {}^1_1p \rightarrow {}^3_2He + \gamma \quad \text{(rasch)}$$
$$^3_2He + {}^3_2He \rightarrow {}^4_2He + 2\,{}^1_1p \quad \text{(rasch)}$$

Bruttoreaktion $4\,{}^1_1p \rightarrow {}^4_2He + 2\,e^+ + 2\,\nu_e + \Delta E$

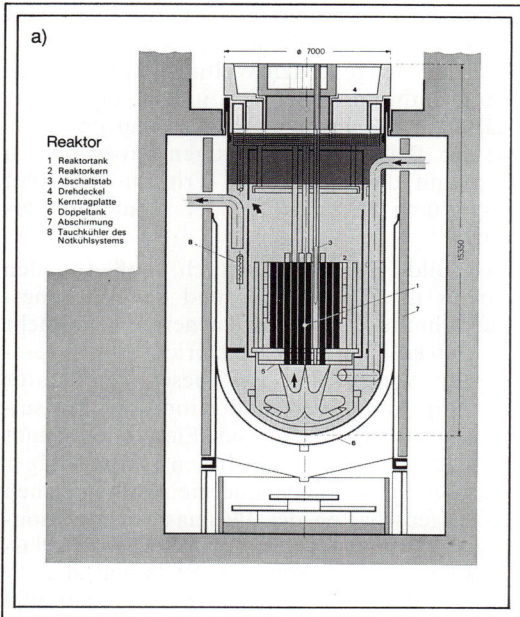
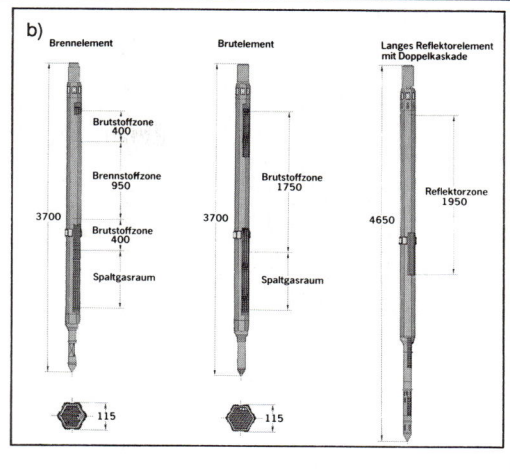

Reaktortyp:	schneller Brutreaktor
Brennstoff:	UO$_2$ und PuO$_2$
Moderator:	–
Kühlmittel:	Na (560° C)
Betriebsdruck:	1 bar

Bild 8-77.   Reaktortank und Brennelemente eines schnellen Brutreaktors.
Werkphoto: Schnell-Brüter-Kernkraftwerksgesellschaft

Kohlenstoff-Zyklus

$$^{12}_{6}C + ^{1}_{1}p \rightarrow ^{13}_{7}N \rightarrow ^{13}_{6}C + e^+ + \nu_e$$

$$^{13}_{6}C + ^{1}_{1}p \rightarrow ^{14}_{7}N + \gamma$$

$$^{14}_{7}N + ^{1}_{1}p \rightarrow ^{15}_{8}O \rightarrow ^{15}_{7}N + e^+ + \nu_e$$

$$^{15}_{7}N + ^{1}_{1}p \rightarrow ^{12}_{6}C + ^{4}_{2}He$$

Bruttoreaktion $4\,^{1}_{1}p \rightarrow ^{4}_{2}He + 2\,e^+ + 2\,\nu_e + \Delta E$

Die Bruttoreaktion ist für beide Zyklen gleich. Aus der Massendifferenz errechnet sich $\Delta E = (4\,m_a(H) - m_a(^4He) - 4\,m_e)\,c^2$ zu 24,69 MeV. Zur Überwindung der Coulomb-Absto-ßung zwischen den gleichnamig geladenen Kernen müssen die Kerne eine ausreichende kinetische Energie E_{kin} haben. Aus der kineti-schen Gastheorie ergibt sich für die wahr-scheinlichste kinetische Energie (Maximum der Maxwellschen Geschwindigkeitsverteilung $v_w^2 = 2/3\,(\overline{v^2})$, Abschn. 3.2.3)

$$E_{kin} = \frac{m}{2}\,v_w^2 = kT. \tag{8-96}$$

k ist die Boltzmann-Konstante. Zur Überwin-dung der Proton-Proton-Abstoßung ist eine

Energie von etwa 0,5 MeV nötig. Dies ent-spricht nach Gl. (8-96) einer Temperatur von $T = 5,8 \cdot 10^9$ K. Die Temperatur im Son-neninnern beträgt etwa $1,5 \cdot 10^7$ K. Da für den Kohlenstoff-Stickstoff-Zyklus eine etwa vier-mal höhere Temperatur erforderlich ist als für den Deuterium-Zyklus, läuft dieser bevor-zugt auf Sternen ab, deren Innentemperatur größer ist als die der Sonne.

Bei der Explosion einer Wasserstoffbombe fin-det eine Kernfusion statt. Die für die Fusion benötigten hohen Temperaturen werden hier-bei durch eine Kernspaltung erzeugt.

Für die Durchführung der Kernfusion zur Energiegewinnung kann man folgende *Fu-sionsreaktionen* in Betracht ziehen:

$$^{2}_{1}D + ^{3}_{1}T \rightarrow ^{4}_{2}He + ^{1}_{0}n + 17,61 \text{ MeV}$$

$$^{2}_{1}D + ^{2}_{1}D \rightarrow ^{3}_{2}He + ^{1}_{0}n + 3,27 \text{ MeV}$$

$$^{2}_{1}D + ^{2}_{1}D \rightarrow ^{3}_{1}T + ^{1}_{1}p + 4,03 \text{ MeV}$$

$$^{2}_{1}D + ^{3}_{2}He \rightarrow ^{4}_{2}He + ^{1}_{1}p + 18,35 \text{ MeV}$$

$$^{1}_{1}p + ^{11}_{5}B \rightarrow 3\,^{4}_{2}He + 8,7 \text{ MeV}.$$

Aus diesen Reaktionsgleichungen ist ersicht-lich, daß die Bildung des stabilen $^{4}_{2}He$ große

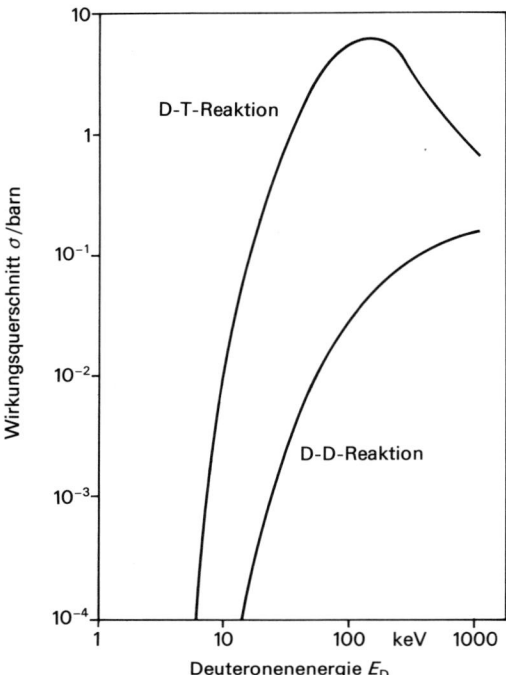

Bild 8-78. Abhängigkeit des Wirkungsquerschnitts von der Deuteronenenergie für die Kernfusion.

Energiebeträge freisetzt. Bild 8-78 zeigt den Wirkungsquerschnitt σ der Fusionsreaktion D-T und D-D in Abhängigkeit von der Deuteronenenergie. Die *Deuterium-Tritium-Reaktion* hat den *größten* Wirkungsquerschnitt und erfordert gleichzeitig die geringsten Ausgangsenergien der Stoßpartner. Dies führt bei der Anwendung in einem Fusionsreaktor zur größtmöglichen Leistungsdichte und geringsten Brenntemperatur. Die freigesetzte Energie verteilt sich mit 14 MeV auf das Neutron und mit 3,5 MeV auf den Heliumkern. Während der Heliumkern im Reaktorraum bleibt und zur Aufrechterhaltung der Brenntemperatur beiträgt, verläßt das Neutron den Reaktorraum und erzeugt (*erbrütet*) den Brennstoff Tritium. Tritium ist im Gegensatz zu Deuterium instabil (β-Zerfall, $T = 12,3$ a) und kommt deshalb in der Natur praktisch nicht vor. In einer den Reaktorraum umschließenden Lithiumwand, dem „*Blanket*", wird das Tritium durch folgende Reaktionen gebildet:

$$^{7}_{3}\text{Li} + ^{1}_{0}\text{n} \rightarrow ^{4}_{2}\text{He} + ^{3}_{1}\text{T} + ^{1}_{0}\text{n} - 2,47 \text{MeV}$$

$$^{6}_{3}\text{Li} + ^{1}_{0}\text{n} \rightarrow ^{4}_{2}\text{He} + ^{3}_{1}\text{T} + 4,78 \text{ MeV}$$

(Natürliches Lithium enthält 92,6% ^{7}Li und 7,4% ^{6}Li.) Deuterium steht praktisch in unbegrenzter Menge in den Weltmeeren zur Verfügung, Lithium findet sich in Lithium-Lagerstätten, mineralhaltigen Quellen und im Meerwasser. Bei den gegenwärtigen Experimenten wird auf das radioaktive Tritium verzichtet und durch Wasserstoff oder Deuterium ersetzt.

Aus Bild 8-78 ist ersichtlich, daß für den Ablauf der Fusion aufgrund des Wirkungsquerschnitts eine Teilchenenergie von mehr als 100 keV nötig ist (entspricht einer Temperatur von 10^{8} K). Bei dieser Temperatur sind die Atome vollständig ionisiert. Ein solches Gas aus Ionen und Elektronen nennt man *Plasma*. Wegen der freien Ladungsträger und des meist hohen Energieinhalts weichen die Eigenschaften des Plasmas von den sonstigen Zustandsformen der Materie ab. Plasmen weisen ein besonderes Verhalten in elektrischen und magnetischen Feldern auf und zeigen charakteristische Transporteigenschaften (Wärmeleitung, Viskosität, Diffusion und elektrische Leitfähigkeit). Sie können Strahlung vom Hochfrequenz- bis zum Röntgenbereich emittieren.

Zur Zündung des Plasmas muß dieses zuerst durch äußere Energiezufuhr auf eine Temperatur aufgeheizt werden, bei der genügend Fusionsreaktionen ablaufen, so daß die freiwerdende Fusionsenergie die Temperatur ohne äußere Heizung aufrechterhält. Dies bedeutet ein Gleichgewicht zwischen der Heizung durch die Fusions-Heliumkerne (Deuterium-Tritium-Plasma) und den Energieverlusten durch Abstrahlung und Wärmeleitung. Die das Plasma verlassenden Neutronen werden im Blanket abgebremst, ihre Energie wird als thermische Energie frei und kann in einem Fusionsreaktor über Dampferzeuger, Turbine und Generator in elektrische Energie umgewandelt werden.

Außer der Temperatur ist für die Zündung eines Plasmas die Teilchendichte n (Teilchen/cm^{3}) und die Energieeinschlußzeit τ wichtig. Je besser die Wärmeisolierung des Plasmas ist — je geringer also die Energieverluste sind —, desto größer ist die Energieeinschlußzeit. Bereits 1957 wurden von J. D. LAWSON Minimalwerte für die Temperatur T und den Einschlußparameter

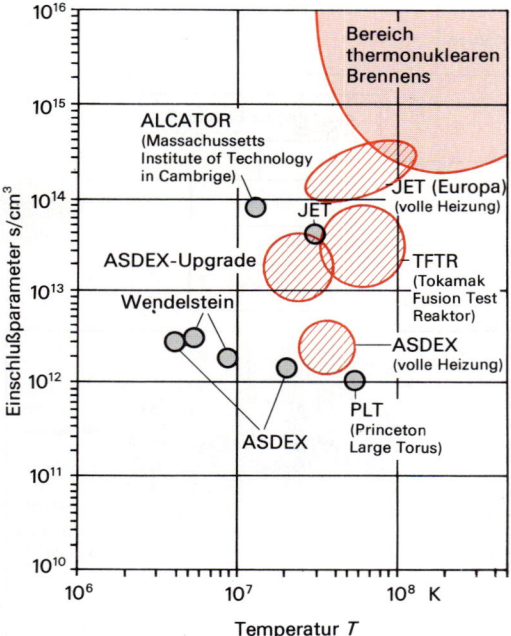

Bereich thermonuklearen Brennens

ALCATOR
(Massachussetts Institute of Technology in Cambrige)

JET (Europa)
(volle Heizung)

JET

ASDEX-Upgrade

Wendelstein

TFTR
(Tokamak Fusion Test Reaktor)

ASDEX
(volle Heizung)

PLT
(Princeton Large Torus)

ASDEX

Einschlußparameter s/cm³

Temperatur T

Bild 8-79. Lawson-Diagramm.

(Produkt aus Teilchendichte n und Energieeinschlußzeit τ) aufgestellt (*Lawson-Kriterium*), ab der ein Fusionsreaktor mit positiver Energiebilanz möglich ist. Für die Deuterium-Tritium-Reaktion ergibt sich eine Temperatur von 10^8 K und ein Einschlußparameter von etwa 10^{14} s/cm³. Bild 8-79 zeigt den genauen Verlauf des Einschlußparameters mit der Temperatur für die Deuterium-Tritium-Reaktion (*Lawson-Diagramm*). In dieses Diagramm sind die bisher in Fusionsexperimenten erreichten Einschlußparameter als graue Punkte eingezeichnet. Die rot schraffierten Gebiete geben den erwarteten Bereich der laufenden Experimente an.

8.8.4.2. Experimente zur kontrollierten Kernfusion

Zur Erfüllung des Lawson-Kriteriums muß das Plasma bei geeigneter Zündtemperatur (10^8 K) hinreichend lange ohne Wandkontakt zusammengehalten werden. Die dafür notwendige Einschlußzeit τ ist umso kleiner, je größer die Plasmadichte n ist.

Im Prinzip gibt es zwei voneinander unabhängige Wege, diese Bedingungen zu erfüllen: den *Träg-*

heitseinschluß und die *Anwendung von Magnetfeldern*, wie Bild 8-80 zeigt. Beim *Trägheitseinschluß* werden kleine Mengen aus festem Deuterium und Tritium (*Pellets*) durch Hochleistungslaser (oder auch mit Elektronen- oder Ionenstrahlen) aufgeheizt. Das entstehende Plasma wird infolge seiner eigenen Massenträgheit (ohne Magnetfelder) für eine bestimmte Zeit zusammenbleiben, die ausreichen sollte, um durch Fusionsreaktionen einen Energieüberschuß zu erreichen.

Durch Anlegen von Magnetfeldern werden beim *magnetischen Einschluß* die geladenen Teilchen auf Spiralbahnen um die Magnetfeldlinien gezwungen. Dadurch kann der gaskinetische Druck des Plasmas durch ein äußeres Magnetfeld aufgefangen werden. Der Druck des Magnetfelds ist durch das Quadrat der Feldstärke bestimmt, der Druck des Plasmas durch die Dichte und Temperatur. Bei den Zündbedingungen herrscht ein Plasmadruck von etwa 1 bar, der Magnetfelder in der Größenordnung 5 T bis 10 T erfordert. Bei einer linearen Anordnung treten Teilchenverluste an den Enden auf, da das Plasma längs der Feldlinien ungehindert ausströmen kann. Diese Verluste können durch „*magnetische Spiegel*" mit stark erhöhter Magnetfeldstärke an den Enden vermindert werden.

Das Ausströmen des Plasmas wird durch Ausbildung von *toroidalen Anordnungen* verhindert. Hierbei sind die Magnetfeldlinien zu Ringen geschlossen und bilden einen magnetischen Torus. Die Magnetfeldstärke nimmt mit kleiner werdendem Radius zu, so daß der magnetische Druck auf der Innenseite des Torus größer ist als auf der Außenseite. Dadurch würde das Plasma innerhalb kurzer Zeit gegen die Außenwand gedrückt. Durch geeignete Zusatzfelder muß dies verhindert werden. Das resultierende Feld muß so beschaffen sein, daß die Feldlinien schraubenförmig um die Torusachse verlaufen und geschlossene magnetische Flußflächen aufspannen.

In Bild 8-80 sind zwei Anordnungen zum Erreichen dieser Verdrillung gezeigt. Beim *Tokamak* bildet das Plasma die Sekundärwicklung eines Transformators. Es entsteht ein Plasmastrom, der ein ringförmiges Magnetfeld erzeugt (*poloidales Feld*). Die Überlagerung von *poloidalem* und *toroidalem* Feld führt zu der notwendigen Verdrillung der Feldlinien. Mit dem *Tokamak ASDEX* (Axial Symmetrisches Divertor Experiment) will das Max-Planck-Institut für Plasmaphysik unter reaktorähnlichen Bedingungen vor allem die Plasmareinhaltung mit einem *magnetischen Divertor* studieren. *Divertoren* sind Nebenkammern, die durch besondere Führung des Magnetfeldes ober- und unterhalb des Plasmaschlauches entstehen.

Das Transformatorprinzip funktioniert nur während der Einschaltphase der zentralen Transformatorspule (zentrale OH-Spule in Bild 8-80). Nur dann

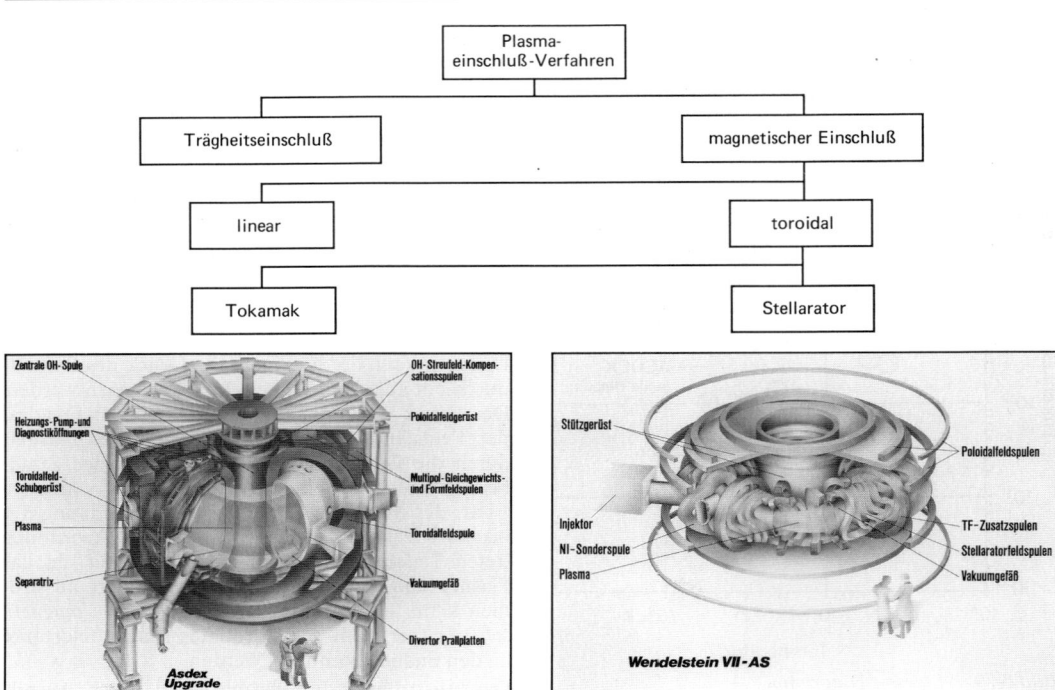

Bild 8-80.   Plasmaeinschluß-Verfahren zur Kernfusion.
Photos: Max-Planck-Institut für Plasmaphysik, Garching

wird ein Plasmastrom induziert, der das poloidale Feld zur Plasmastabilisierung erzeugt. Im *Tokamak* ist daher nur Pulsbetrieb möglich.

Im Gegensatz zu den Tokamaks arbeiten die *Stellaratoren* nur mit externen Magnetfeldern und können daher kontinuierlich betrieben werden. Zur Erzeugung der schraubenförmigen Feldlinien sollen beim Stellarator-Experiment *Wendelstein VII-AS* am Max-Planck-Institut für Plasmaphysik 45 unterschiedlich geformte Einzelspulen eingesetzt werden. Folgende Problemkreise sind besonders kritisch:

Plasmaverunreinigungen

Im Plasma findet eine Vielzahl von Stößen der Teilchen untereinander statt, durch die die Teilchen aus dem Plasmainnern an den Plasmarand und von dort an die Wand des Plasmagefäßes gestreut werden können. Beim Auftreffen der Elektronen, Ionen, Neutralteilchen und Neutronen auf die Gefäßwand oder durch Strahleneinwirkung können Atome von der Wand gelöst werden und das Plasma verunreinigen. Besonders problematisch sind Schwermetalle, da sie bei den Fusionstemperaturen erst teilweise ionisiert sind und deshalb intensive Linien- und Rekombinationsstrahlung aussenden, die zu einem Energieverlust des Plasmas führt. Ein Wolf-

ramatom unter 10 000 Plasmateilchen würde die thermonukleare Zündung verhindern.

Der aus dem Plasma an der Gefäßwand angelagerte Wasserstoff wird durch die Bestrahlung freigesetzt und wieder zurückgeführt. Der Rückfluß von kälteren, vorwiegend neutralen Wasserstoffatomen von der Gefäßwand in das Plasma spielt bei der Teilchen- und Energiebilanz des Plasmas eine wichtige Rolle.

Plasmainstabilitäten

Eine stromdurchflossene Plasmasäule ist von einem zylindrischen Magnetfeld umgeben. Schnürt sich der Plasmaschlauch zufällig an einer Stelle leicht ein, so vergrößert sich das Magnetfeld und damit der Druck des Magnetfeldes auf das Plasma. Dieser Druck verstärkt die Einschnürung der Plasmasäule, bis es u. U. zur Stromunterbrechung kommt. Ein zufälliger Knick in der Plasmasäule führt auf der Seite mit dem kleineren Radius zu einer Magnetfeldvergrößerung und damit zu einer Druckerhöhung in Knickrichtung. Die Instabilität nimmt von selbst zu.

Plasmaheizung

Damit die Kernfusion mit Energiegewinn abläuft, muß das Plasma auf 10^8 K aufgeheizt werden. Die

Heizung des Plasmas kann durch ohmsche Heizung, Neutralteilcheninjektionsheizung oder Hochfrequenzheizung erfolgen. – Die ohmsche Heizung geschieht durch einen Plasmastrom (vgl. Tokamak). Durch den Plasmawiderstand wird dem Plasma Energie (Wärme) zugeführt. Da der Widerstand des Plasmas mit zunehmender Temperatur abnimmt, ist diese Methode nur zur Anfangsheizung geeignet. – Bei der Neutralteilcheninjektionsheizung werden geladene Teilchen beschleunigt und vor Einschuß in das Plasma neutralisiert. (Geladene Teilchen können das Magnetfeld nicht durchdringen.) Die kinetische Energie der eingeschossenen Neutralteilchen liegt weit über der der Plasmaionen und wird durch Stöße an sie übertragen.

Die Ionen und Elektronen eines Plasmas führen verschiedenartige Eigenschwingungen aus, die durch Einstrahlung einer elektromagnetischen Welle zur Resonanz angeregt werden können. Die spiralförmige Bewegung der geladenen Teilchen um die Magnetfeldlinien erfolgt mit einer bestimmten Kreisfrequenz (*Zyklotronfrequenz*). Diese liegt bei Ionen und den üblichen Magnetfeldstärken zwischen 10 MHz und 100 MHz, für Elektronen zwischen 60 GHz und 150 GHz. Durch Einstrahlung mit der entsprechenden Frequenz nehmen die Teilchen aus dem elektromagnetichen Feld Energie auf und geben sie durch Stöße an das Plasma ab.

Kernspaltung und Kernfusion unterscheiden sich in folgenden wichtigen Punkten: Die Energiegewinnung aus 1 kg Deuterium durch Fusion entspricht der Verbrennung von $8 \cdot 10^6$ kg Kohle, die aus 1 kg Uran-235 durch Kernspaltung der von $2 \cdot 10^6$ kg Kohle. Die Kernspaltung kann leicht mit thermischen Neutronen in Gang gesetzt werden. Für die Kernfusion müssen erst ungewöhnlich hohe Temperaturen (10^8 K) erzeugt werden. Bei der Kernspaltung entstehen große Mengen an hochradioaktivem Abfall, im Gegensatz zur Fusionsreaktion, bei dem das radioaktive Tritium im Kreislauf geführt wird; lediglich durch Neutronenaktivierung der Materialien entstehen radioaktive Stoffe.

8.9. Elementarteilchen

Das Ziel der Elementarteilchenphysik ist die Aufdeckung und Beschreibung der fundamentalen Gesetze der *Wechselwirkung* von Materie. Unter Wechselwirkung wird dabei ganz allgemein jede Kraft oder jeder Einfluß auf Materie verstanden, der zu einer Zustandsänderung führt.

Die Frage nach den *Elementarteilchen* ist grundlegend mit der Frage nach dem Zusammenhalt der Atomkerne (Kernkraft) verbunden. Um eine Auflösung Δx zu erreichen, ist nach der *Unschärferelation* $\Delta p \, \Delta x \gtrsim \hbar/2$ ein

Tabelle 8-12. Bauelemente moderner Beschleunigeranlagen.

Bauteil	Funktion
Ionenquelle	Sie liefert die erforderlichen Teilchen (z. B. Elektronen, Protonen).
Beschleunigungsstrecken	Resonatoren (Resonatorfrequenz 30 MHz bis 1000 MHz), in denen die Teilchenpakete je Resonatorlänge Spannungsstöße bis 10^6 V/m erhalten. Durch Hintereinanderschalten vieler Resonatoren können Teilchen zu sehr hoher Energie beschleunigt werden.
Hochfrequenzsender	Die Resonatoren werden von Hochfrequenzsenderöhren (Klystron) gespeist mit einer Dauerleistung von mehr als 1 MW.
Vakuumsystem	Die zu beschleunigenden Teilchen müssen in einer Röhre mit Ultrahochvakuum (10^{-8} mbar) zur Vermeidung von Stößen geführt werden. Dabei müssen, um die Abgabe von Gasen zu vermeiden, Schweißstellen, Flansche und die Oberfläche des Materials besonders behandelt werden.

Strahlführungssysteme
  Quadrupolmagnete
  Sextupolmagnete
  Ablenkmagnete
	
	Sie dienen zur Bündelung des Teilchenstrahls.
	Stabilisierung des Teilchenstrahls.
	Sie sind bei Ringen erforderlich, um die Teilchen auf die Kreisbahn zu zwingen (Energieverlust durch Synchrotronstrahlung); bei Linearbeschleunigern nicht erforderlich.

Zusatzeinrichtungen	Vorbeschleuniger, Einschußsystem, Korrekturelemente, Strahlmeß- und Kontrolleinrichtungen.

1 Eisenjoch
2 Driftkammer
3 Flugzeitzähler
4 Spule
5 Flüss. Argon-Zähler
6 Vorwärts-Detektor
7 Mini-Beta-Quacrupole
8 Vakuum Pumpe
9 Proportionalkammer
10 Myon-Kammer
11 Ring Quadrupole
12 Strahlrohr

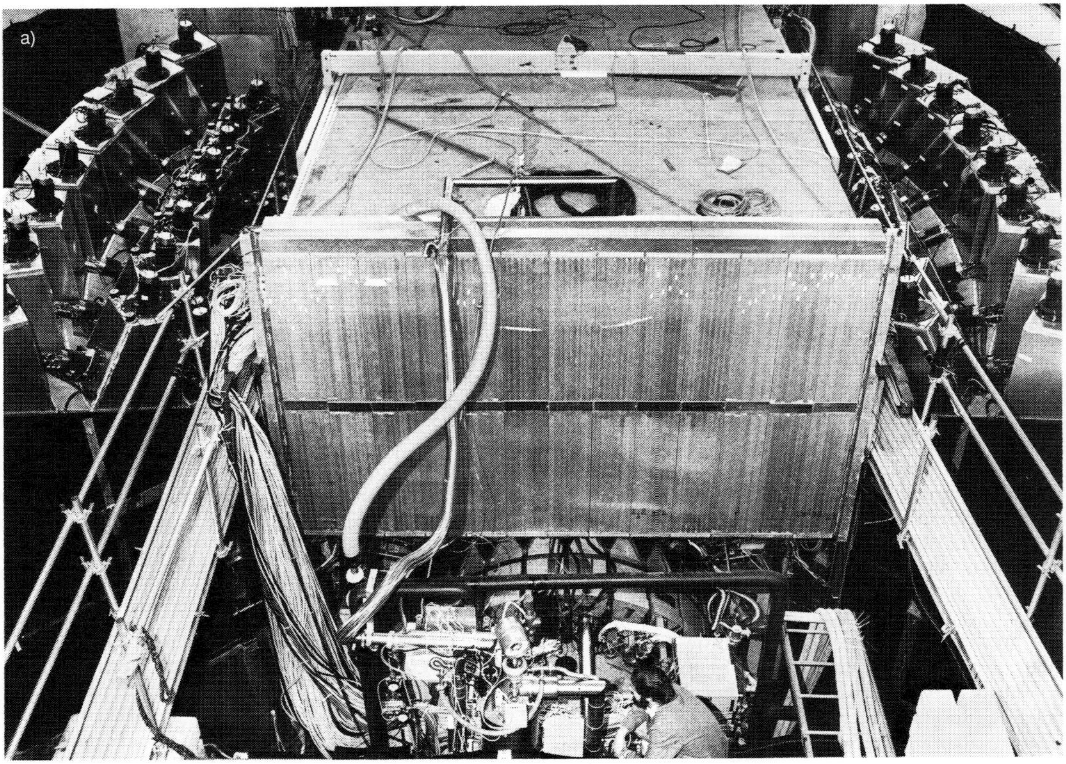

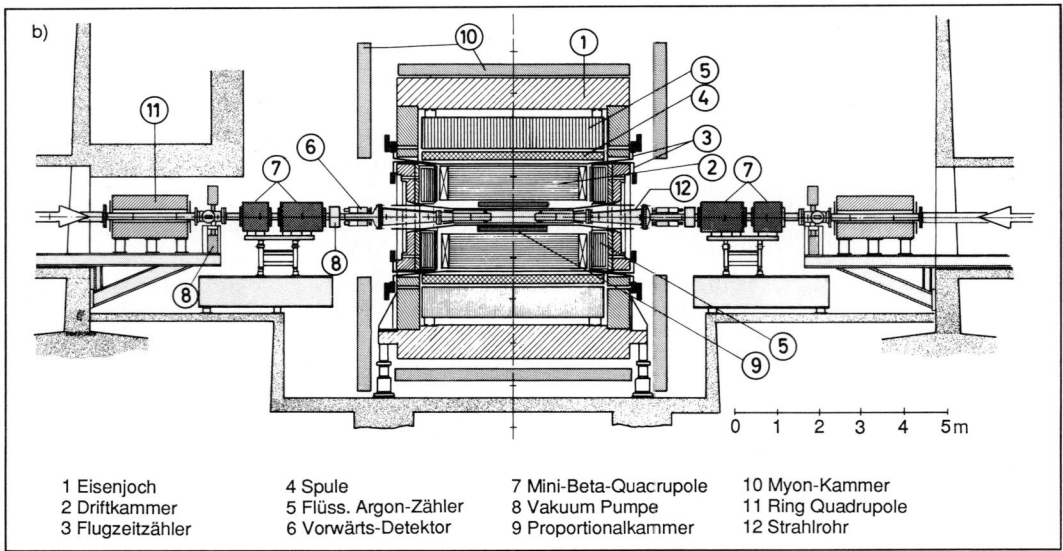

Bild 8-81. a) Detektor TASSO am DESY, b) Querschnitt des Detektors TASSO.
Photo: Deutsches Elektronen-Synchrotron, Hamburg

Impuls $p \gtrsim \hbar/(2\,\Delta x)$ erforderlich. Nach der *Relativitätstheorie* kann gemäß $E^2 = p^2\,c^2 + m_0^2\,c^4$ (Gl. $(10-19)$) die entsprechende Energie berechnet werden. Zur Ermittlung der inneren Struktur des Protons ($\Delta x \approx 10^{-16}$ m) sind Energien in der Größenordnung GeV erforderlich. Experimente in der Elementarteilchenphysik sind deshalb nur mit äußerst leistungsstarken Beschleunigeranlagen möglich.

Tabelle 8-12 zeigt die Bauelemente von modernen Beschleunigeranlagen. Seit den siebziger Jahren sind *Kollisionsexperimente* (Speicherringexperimente) üblich, bei denen die zusammenstoßenden Teilchen (z. B. e$^-$, e$^+$, p, p$^-$) einen entgegengesetzten Impuls haben. Deshalb bleibt der Schwerpunkt des gesamten Systems in Ruhe, so daß die doppelte Teilchenenergie (z. B. für Protonen $2\,E_p = 2 \cdot 270$ GeV $= 540$ GeV) zur Erzeugung neuer Teilchen zur Verfügung steht. Um den gleichen Energiebetrag (540 GeV) beim Beschuß eines ruhenden Protons zur Verfügung zu haben, muß das bewegte Proton eine Energie von 155 TeV (10^{12} eV) haben.

Zum Nachweis der Reaktionsprodukte sind aufwendige *Detektoren* erforderlich, die nicht nur Art und Energie der Teilchen, sondern auch ihre Richtung genau bestimmen. Bild 8-81 a zeigt den Detektor TASSO (Two Arm Spektrometer Solenoid) und Bild 8-81 b den

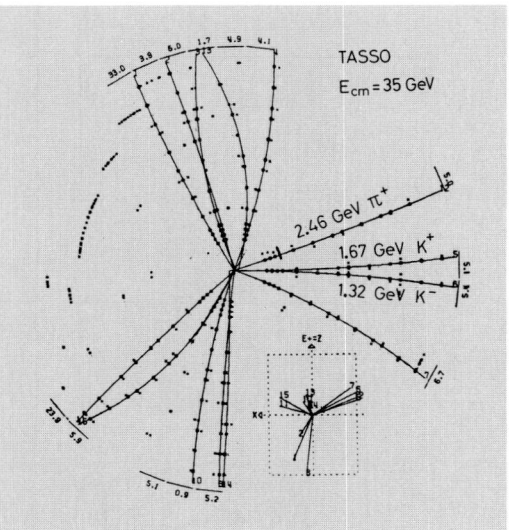

Bild 8-82.   Vom Computer rekonstruierte Teilchenbahnen aufgrund der Daten von TASSO.

Querschnitt schematisch. Die vom Computer rekonstruierten Teilchenbahnen (z. B. π^+, K$^+$, K$^-$) für eine Energie von 35 GeV (e$^-$, e$^+$) sind in Bild 8-82 dargestellt.

8.9.1. Einteilung

Die ersten Elementarteilchen, die Pionen π^+, π°, π^-, Myonen μ, Kaonen und Positronen, wurden in der Höhenstrahlung durch Bestrahlung photographischer Emulsionen oder durch Nebelkammeraufnahmen nachgewiesen.

In Bild 8-83 oben sind einige Teilchen mit ihren charakteristischen Größen (Quantenzahlen) aufgeführt. Die Masse der Teilchen ist durch die Beziehung $m = E/c^2$ in der Einheit MeV/c^2 angegeben. Zu jedem Teilchen existiert ein *Antiteilchen* mit entgegengesetzter Ladung und entgegengesetzten Werten aller ladungsartigen Quantenzahlen (z. B. B, S, C, I_3). Alle anderen Eigenschaften, beispielsweise Masse und Lebensdauer, stimmen bei Teilchen und Antiteilchen überein. In Bild 8-83 sind nur für die *Leptonen* und *Quarks* die Antiteilchen mit angegeben (rot). Die grau unterlegten Teilchen sind aus heutiger Sicht stabil. Dies gilt auch für die entsprechenden Antiteilchen (sofern sie nicht mit anderen Teilchen zusammenkommen). Das Neutron ist nur im gebundenen Zustand (z. B. im Atomkern) stabil.

Man unterscheidet zwischen Teilchen mit *leichter* (*Leptonen*) und Teilchen mit *starker Wechselwirkung*, den *Hadronen*. Die Hadronen bestehen aus den *Baryonen* (Spin J halbzahlig) und den *Mesonen* (Spin J ganzzahlig). Baryonen zerfallen stets direkt oder über einen Umweg in *Nukleonen* (Protonen oder Neutronen):

$$
\begin{aligned}
\text{n} &\rightarrow \text{p} + \text{e}^- + \bar{\nu}_e & (T = 918 \text{ s})\\
\Sigma^+ &\rightarrow \text{p} + \pi^\circ & (T = 0{,}8 \cdot 10^{-10}\text{ s})\\
&\rightarrow \text{n} + \pi^+ &
\end{aligned}
$$

$$
\begin{aligned}
\Xi^\circ &\rightarrow \Lambda^\circ + \pi^\circ & (T = 3 \cdot 10^{-10}\text{ s})\\
\Lambda^\circ &\rightarrow \text{p} + \pi^- &
\end{aligned}
$$

$$
\Delta^+ (1232) \rightarrow \text{n} + \pi^+ \qquad (T = 6 \cdot 10^{-24}\text{ s}).
$$

Baryonen können im Gegensatz zu Mesonen weder einzeln erzeugt werden, noch durch Zerfall verschwinden. Die Mesonen zerfallen in Photonen, Elektronen und Neutrinos:

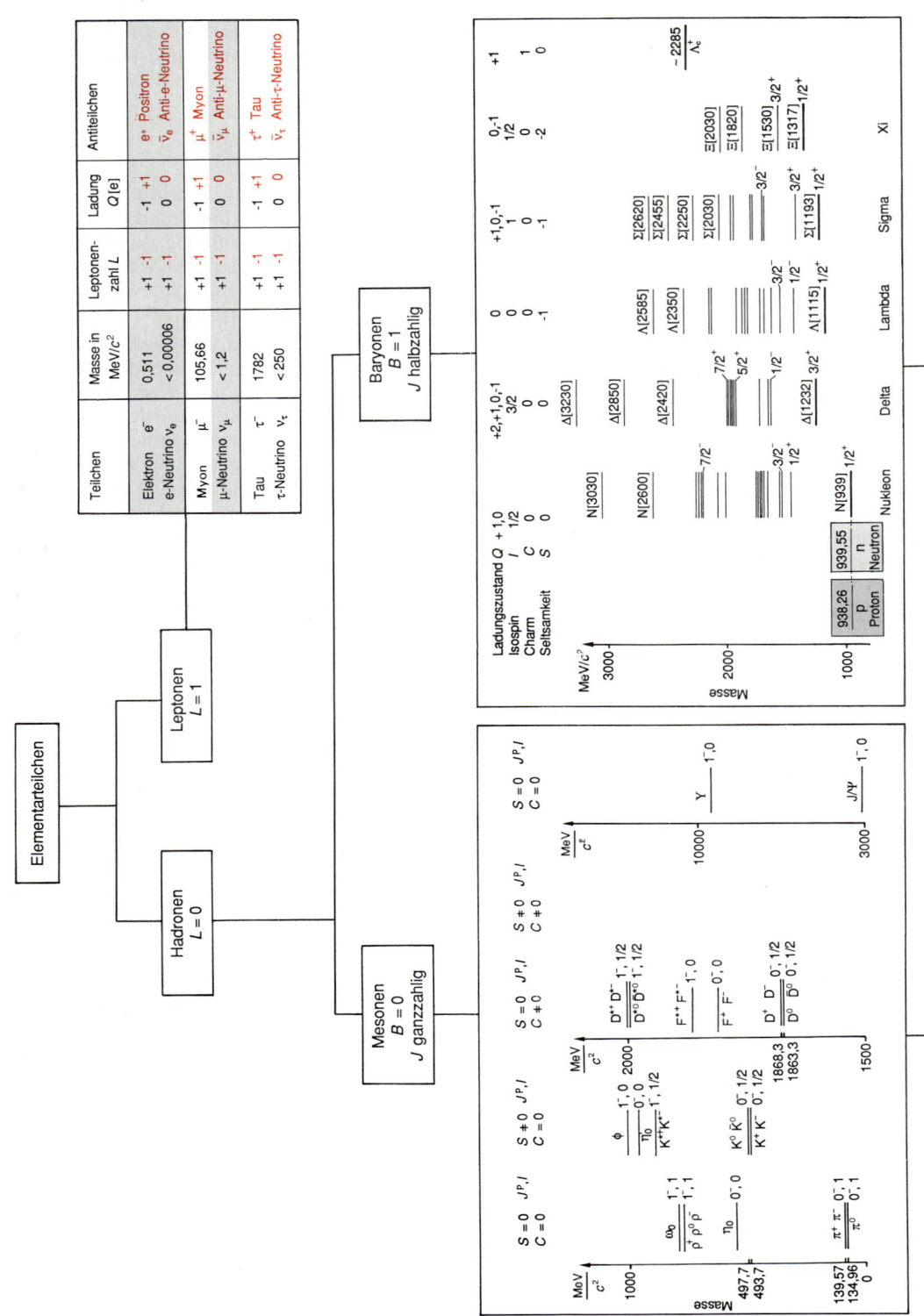

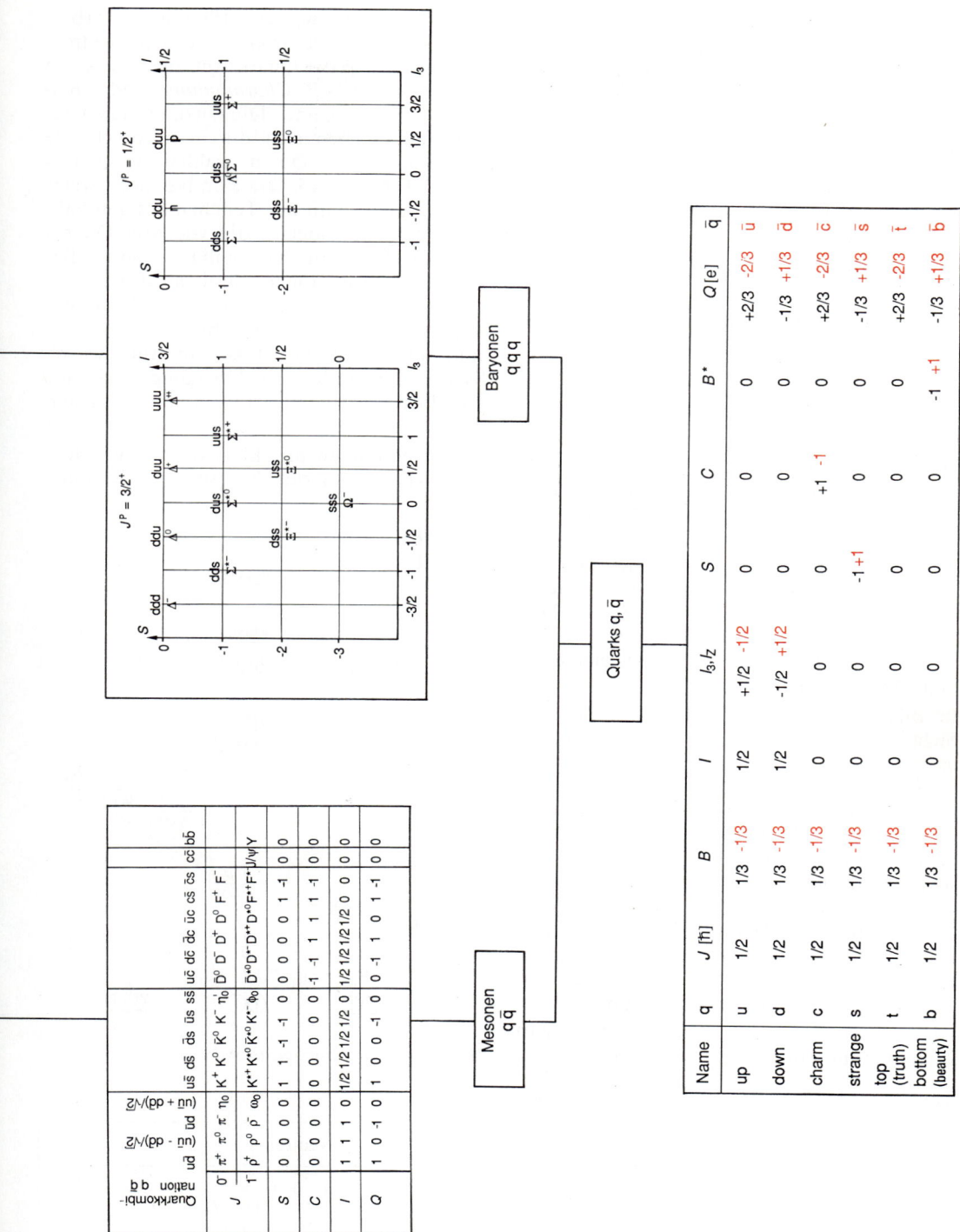

Bild 8-83. Elementarteilchen.

$$\pi^+ \rightarrow \mu^+ + \nu_\mu \qquad (T = 2{,}6 \cdot 10^{-8}\,\mathrm{s})$$

$$\pi^- \rightarrow \mu^- + \bar{\nu}_\mu \qquad (T = 2{,}6 \cdot 10^{-8}\,\mathrm{s})$$

$$\pi^\circ \rightarrow \gamma + \gamma \qquad (T = 0{,}83 \cdot 10^{-16}\,\mathrm{s})$$

$$\qquad \hookrightarrow \gamma + e^+ + e^-$$

$$\omega \rightarrow \pi^+ + \pi^- + \pi^\circ \qquad (T = 10^{-23}\,\mathrm{s})$$

$$\qquad \hookrightarrow \pi^\circ + \gamma$$

$$K^+ \rightarrow \mu^+ + \nu_\mu \qquad (T = 1{,}24 \cdot 10^{-8}\,\mathrm{s})$$

$$\quad \rightarrow \pi^+ + \pi^\circ$$

$$D^+ \rightarrow \bar{K}^\circ + \pi^+ \qquad (T = 7 \cdot 10^{-13}\,\mathrm{s}).$$

Die gebildeten Myonen (Leptonen) zerfallen nach folgendem Schema:

$$\mu^+ \rightarrow \bar{\nu}_\mu + e^+ + \nu_e$$

$$\mu^- \rightarrow \nu_\mu + e^- + \bar{\nu}_e.$$

Viele der neu entdeckten *Hadronen* konnten als angeregte Zustände anderer Teilchen interpretiert werden. Diese angeregten Zustände sind in der Atomphysik mit dem angeregten Wasserstoffatom vergleichbar. Während dieses beim Übergang in den Grundzustand ein oder mehrere Photonen emittiert, emittieren die angeregten Hadronenteilchen *Pionen*. Dies weist auf eine *innere Struktur* der Teilchen hin; diese können deshalb nicht als elementar betrachtet werden.

In Bild 8-83 unten sind die nach heutiger Sicht elementaren Bausteine (*Quarks* und *Antiquarks*) mit ihren Quantenzahlen zusammengestellt. Die *Mesonen* lassen sich durch ein *Quark-Antiquarkpaar* und die *Baryonen* durch eine *Dreier-Quarkkombination* aufbauen. Nach dem Pauli-Prinzip müssen sich in einem System die Teilchen mit Spin $s = 1/2$ (*Fermionen*) in einer Quantenzahl unterscheiden. Dies erfordert die Einführung einer zusätzlichen *Quantenzahl der Farbladung* (rot, grün, blau), die weder mit einer Farbe noch mit einer elektrischen Ladung vergleichbar ist. Die Quark-Antiquark-Systeme (Mesonen) kann man mit einem *Positronium* vergleichen.

Dieses ist eine wasserstoffähnliche Verbindung aus einem Positron und einem Elektron. Analog werden die Quark-Antiquark-Systeme als *Quarkonia* (z.B. *Charmonium cc̄* oder *Bottonium bb̄*) bezeichnet. Die Quantenzahlen der Teilchen ergeben sich durch entsprechende Addition aus den Quantenzahlen der Quarks gemäß Tabelle 8-13. Die Kombination zweier Quarks kann somit nur Teilchen mit ganzzahligem Spin (Mesonen), die von drei Quarks nur Teilchen mit halbzahligem Spin (Baryonen) liefern. Höhere Spins als $J = 1$ ergeben sich durch einen zusätzlichen Bahndrehimpuls der Quarks, vergleichbar dem Wasserstoffatom. In Bild 8-84 ist dies für das $c\bar{c}$-System dargestellt. Die Übergänge zwischen einzelnen Zuständen erfolgen unter Aussendung von γ-Quanten.

Streuexperimente mit Elektronen bzw. Neutrinos (Bild 8-46) zur Untersuchung der inne-

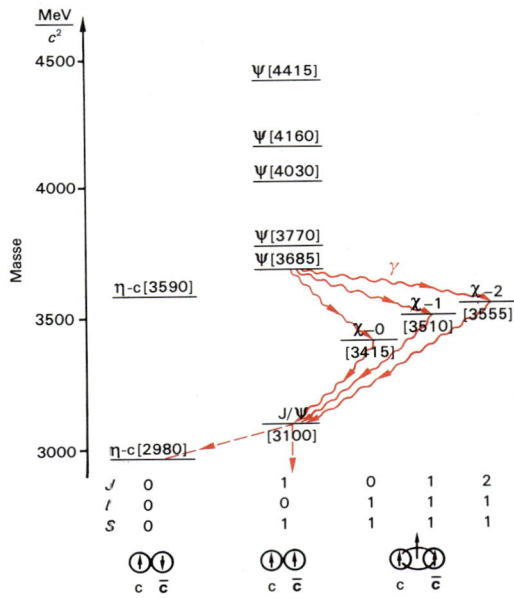

Bild 8-84.   *Quarkoniumzustände.*

Tabelle 8-13. Quantenzahlen von Proton und Neutron.

	Proton p	Neutron n
Quarkkombination	u + u + d	u + d + d
Ladung Q	$2/3 + 2/3 - 1/3 = +1$	$2/3 - 1/3 - 1/3 = 0$
Baryonenzahl B	$1/3 + 1/3 + 1/3 = +1$	$1/3 + 1/3 + 1/3 = 1$
Isospin I_3	$1/2 + 1/2 - 1/2 = 1/2$	$1/2 - 1/2 - 1/2 = -1/2$

ren Struktur des Protons ergaben die Existenz von drei Streuzentren (Quarks) in den Nukleonen. Zwischen Neutrino und Quark treten schwache Wechselwirkungskräfte auf, die nur eine Reichweite von etwa einem tausendstel Protonendurchmesser haben (10^{-17} m). Der Zwischenraum zwischen den Quarks muß ein elektrisch neutrales Füllmaterial enthalten, mit dem das Neutrino kaum wechselwirkt. Dieses Füllmaterial wird im wesentlichen mit Trägern der *Quarkkräfte* (*Gluonen*) identifiziert.

8.9.2. Erhaltungssätze

Elektrische Ladung Q

Die elektrische Ladung eines abgeschlossenen Systems bleibt erhalten:

$$\pi^- \rightarrow \mu^- + \bar{v}_\mu$$
$$Q: -1 = -1 + 0$$

Das *Pion* und das *Muon* müssen deshalb exakt dieselbe Ladung haben. Neutrinos sind elektrisch neutral und können deshalb große Materiemengen ohne Energieverlust durch Ionisationsprozesse durchdringen. Entsprechend der Erhaltung elektrischer Ladung ergibt sich für das leichteste geladene Teilchen, das Elektron, daß dieses stabil sein muß.

Leptonenzahl L

Es gibt sechs Leptonen mit ihren Antiteilchen (Bild 8-83). Sie haben den Spin 1/2 und nur elektromagnetische schwache Wechselwirkung. Den Leptonen wird die Leptonenzahl $L = 1$ (Antiteilchen $L = -1$) zugeordnet. Diese bleibt bei einer Reaktion erhalten:

$$\mu^+ \rightarrow e^+ + \bar{v}_\mu + v_e$$
$$L: -1 = (-1) + (-1) + (+1)$$

Baryonenzahl B

Baryonen (Spin 1/2) zerfallen direkt oder indirekt stets in ein Proton (Neutron zerfällt in ein Proton). Baryonen können sich nur ineinander verwandeln aber sie können nicht verschwinden. Demzufolge bleibt die Baryonenzahl B erhalten (Baryonen $B = 1$; Antibaryonen $B = -1$; alle anderen Teilchen $B = 0$, auch die Photonen):

$$e^+ + e^- \rightarrow p + \bar{p}$$
$$B: 0 + 0 = 1 + (-1)$$

Die Erhaltung der Baryonenzahl führt zur Stabilität des leichtesten Baryons, dem Proton (analog dem Elektron bei Ladungserhaltung), und gilt für alle Wechselwirkungen.

Seltsamkeit S

Diese Quantenzahl leitet sich von den „*seltsamen Teilchen*", z.B. Λ und K°, ab. Solche Teilchen sollten theoretisch eine Lebensdauer von 10^{-23} s haben. Seltsamerweise ist ihre tatsächliche Lebensdauer aber 10^{13} mal länger. Diese Seltsamkeit bleibt bei Reaktionen mit starker und elektromagnetischer Wechselwirkung erhalten, nicht aber bei der schwachen Wechselwirkung.

Charme C, Bottom B*

Außer der Seltsamkeit S können noch weitere Quantenzahlen, wie z.B. Charme C und Bottom B^*, eingeführt werden, die bei elektromagnetischer und starker Wechselwirkung erhalten bleiben. Diese Quantenzahlen sind mit den c- bzw. b-Quarks verknüpft.

Isospin I

Das Proton und das Neutron (Bild 8-83) können als zwei verschiedene Zustände ein und desselben Teilchens aufgefaßt werden. Der jeweilige Zustand des Teilchens wird durch den Isospin I mit der Multiplizität $(2I + 1)$ gekennzeichnet. Der Isospin ist ein Vektor mit drei Komponenten im abstrakten Isospinraum. Die dritte Komponente des Isospins I_3 (I_z) liefert eine Aussage über die Ladung. Für ein Proton ist $I_3 = +1/2$, für ein Neutron $I_3 = -1/2$. Bei der starken Wechselwirkung bleibt der Isospin erhalten ($\Delta I = 0$), während bei der elektromagnetischen Wechselwirkung nur die dritte Komponente erhalten bleibt ($\Delta I = 0,1; \Delta I_3 = 0$).

Spin J, Parität P

Der Spin eines Teilchens ergibt sich durch Kombination des Quarkspins und des Bahndrehimpulses. Die Teilchen lassen sich durch das Produkt aus einer Wellenfunktion $\psi(x, y, z)$ und einer Spinfunktion $\varphi(s)$ beschreiben. Die Wahrscheinlichkeit, das Teilchen an einem bestimmten Ort mit einem bestimmten Spin anzutreffen, ist durch das Quadrat der Wellenfunktion $|\psi(x, y, z)|^2$ gegeben. Dieses Betragsquadrat ist prinzipiell unabhängig von einer Spiegelung der Koordinaten an einer Ebene (Übergang eines rechtsdrehenden in ein linksdrehendes Koordinatensystem). Diese Spiegelung an einer Ebene ist identisch mit einer *Inversion* (Spiegelung am Koordinatenursprung $x, y, z, s \rightarrow -x, -y, -z, s$), verbunden mit einer Drehung. Die *Invarianz der Wellenfunktion gegenüber der Drehung* ist durch die Drehimpulserhaltung gegeben. Bei der Inversion darf die Wellenfunktion somit nur ihr Vorzeichen ändern:

$$\psi(-x, -y, -z) = \psi(x, y, z)$$
$$P = 1 \text{ (gerade Parität)},$$
$$\psi(-x, -y, -z) = -\psi(x, y, z)$$
$$P = -1 \text{ (ungerade Parität)}.$$

Die Parität kann sich bei der schwachen Wechselwirkung ändern. Anschaulich bedeutet dies, daß eine Reaktion in ihrer räumlich gespiegelten Form nicht genau in derselben Weise (mit derselben Häufigkeit) abläuft. Es tritt bei der schwachen Wechselwirkung eine grundlegende Rechts-links-Unsymmetrie auf.

8.9.3. Fundamentale Wechselwirkungen

Man unterscheidet vier *fundamentale Wechselwirkungen*, die Gravitation, die elektromagnetische, die starke und die schwache Wechselwirkung. Aufgrund neuer Erkenntnisse können die elektromagnetische und die schwache Wechselwirkung zur *elektroschwachen Wechselwirkung* zusammengefaßt werden. In Bild 8-85 sind die Wechselwirkungen mit ihren wichtigen Merkmalen zusammengestellt.

Die elektromagnetische Wechselwirkung wirkt zwischen geladenen Teilchen und wird in der nichtrelativistischen Quantenmechanik durch die Schrödinger-Gleichung mit dem elektrischen Potential φ und dem Vektorpotential A beschrieben. Durch Einführung des Spins und des magnetichen Moments ist damit eine Beschreibung aller *elektromagnetischen Niederenergie-Phänomene*, wie z.B. Atombau, Spektren, molekulare Bindung, Makromoleküle und Festkörper, möglich.

Gravitation, Kern- und Elementarteilchenphysik können damit nicht beschrieben werden. Die relativistische Beschreibung von Teilchen erfolgt durch die *Wellengleichung von* P. A. M. DIRAC (1902). Diese stellt die Verknüpfung von Relativitätstheorie und und Quantenmechanik dar (Bild 1-3). Die

	Gravitation	elektromagnetische Wechselwirkung	starke Wechselwirkung	schwache Wechselwirkung
Reichweite	∞	∞	10^{-15} m bis 10^{-16} m	$\ll 10^{-16}$ m
Beispiel	Kräfte zwischen Himmelskörpern	Kräfte zwischen Ladungen, z.B. Atom	Zusammenhalt der Atomkerne	Betazerfall der Atomkerne
Stärke (relative)	10^{-41}	10^{-2}	1	10^{14}
betroffene Teilchen	alle	geladene Teilchen	Hadronen	Hadronen und Leptonen
Feynman-Diagramm 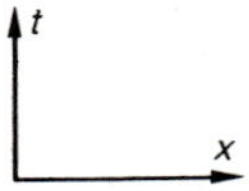	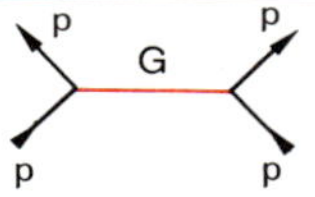	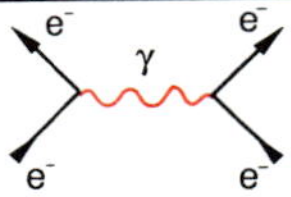	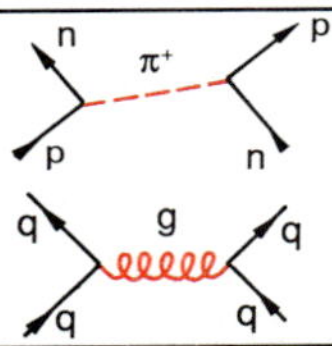	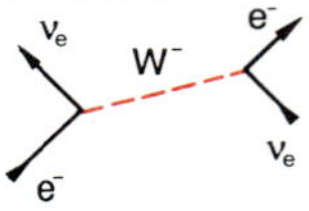
Austauschteilchen	Graviton	Photon	Hadronen Gluon	intermediäre Vektorbosonen
Masse	0	0	$0,14 \dfrac{\text{GeV}}{c^2}$ π^+, π^-, π^0	$m_W = 82\ \text{GeV}/c^2$ $m_Z = 93\ \text{GeV}/c^2$ W^+, W^-, Z^0
Erhaltung				
Ladung Q	+	+	+	+
Baryonenzahl B	+	+	+	+
Leptonenzahl L	+	+	+	+
Spin J	+	+	+	+
Seltsamkeit S	-	+	+	-
Isospin I	-	-	+	-
I_3	-	+	+	-

Bild 8-85. Fundamentale Wechselwirkungen.

Tabelle 8-14. Gegenüberstellung der nicht relativistischen und der relativistischen Wellengleichung.

	Schrödinger-Gleichung	Klein-Gordon-Gleichung
Energie-Impuls-Gleichung	$E = \dfrac{\boldsymbol{p}^2}{2\,m}$ (nichtrelativistisch)	$E^2 = \boldsymbol{p}^2\, c_0^2 + m_0^2\, c^4$ (relativistisch)
Operatoren	$\hat{\boldsymbol{p}} = \dfrac{\hbar}{i}\,\nabla = \dfrac{\hbar}{i}\left(\dfrac{\partial}{\partial x},\ \dfrac{\partial}{\partial y},\ \dfrac{\partial}{\partial z}\right);\quad \hat{E} = i\,\hbar\,\dfrac{\partial}{\partial t}$	
Wellengleichung des freien Teilchens	$i\,\hbar\,\dfrac{\partial \Psi}{\partial t} + \dfrac{\hbar^2}{2\,m}\left(\dfrac{\partial^2}{\partial x^2} + \dfrac{\partial^2}{\partial y^2} + \dfrac{\partial^2}{\partial z^2}\right)\Psi = 0$	$\dfrac{\partial^2 \Psi}{\partial t^2} - c_0^2\left(\dfrac{\partial^2}{\partial x^2} + \dfrac{\partial^2}{\partial y^2} + \dfrac{\partial^2}{\partial z^2}\right)\Psi + \dfrac{m_0^2\, c_0^4}{\hbar^2}\,\Psi = 0$
Lösung (stationär)	$\psi = \psi_0\, e^{-i\frac{\boldsymbol{p}}{\hbar}\boldsymbol{r}}$	$\psi = \psi_0\,\dfrac{1}{r}\, e^{-k r} \qquad k = \dfrac{m\,c}{\hbar}$ $r_0 \approx \dfrac{1}{k} = \dfrac{\hbar}{m\,c}$ Reichweite der Wellenfunktion mit $r_0 \approx 10^{-15}$ m $\Rightarrow m \approx 200\,\dfrac{\text{MeV}}{c^2}$

Lösung dieser Gleichung enthält den Eigendrehimpuls und das magnetische Moment der Teilchen, weshalb diese Größen nicht extra eingeführt werden müssen. Außerdem enthält die *Dirac-Gleichung* als Lösung die Antiteilchen.

Die starke Wechselwirkung beschreibt den Zusammenhalt der Atomkerne durch die kurzreichweitige Kernkraft (Reichweite etwa 10^{-15} m). Mit Hilfe der relativistischen Energiebeziehung ergibt sich analog zur Schrödinger-Gleichung die *Klein-Gordon-Gleichung*, wiedergegeben in Tabelle 8-14. Aus der Reichweite $r_0 = 1/k$ der Wellenfunktion ψ errechnet sich die Masse m zu etwa einem fünftel der Protonenmasse. Diese Lösung kann als Teilchen interpretiert werden (*Austauschteilchen*), das ständig zwischen den Nukleonen ausgetauscht wird und so die Kernkraft verursacht. Dieses Austauschteilchen ist das *Pion* (π^+, π^-, π°):

$$p \rightarrow n + \pi^+$$
$$n \rightarrow p + \pi^-$$
$$n \rightarrow n + \pi^\circ$$
$$p + \pi^\circ \rightarrow p$$
$$p + \pi^- \rightarrow n$$
$$n + \pi^+ \rightarrow p.$$

Dementsprechend kann die elektromagnetische Wechselwirkung ebenfalls durch den Austausch von Teilchen (Photonen) verstanden werden. Da die Reichweite der elektromagnetischen Wechselwirkung unendlich ist, muß das Photon die Masse null haben. – Die anschauliche Beschreibung der Umwandlungsprozesse von Teilchen erfolgt in einem *Zeit-Ort-Koordinatensystem* (*Feynman-Diagramm*, R. P. FEYNMAN, 1918). Bild 8-86 zeigt den Neutronenzerfall in einem Feynman-Diagramm. In Bild 8-85 sind die Feynman-Diagramme für die fundamentalen Wechselwirkungen eingezeichnet.

Leptonen zeigen keine starke Wechselwirkung. Dies wird deutlich bei der Elektron-Elektron-Streuung, bei der Abstände von ungefähr 10^{-15} m auftreten, und bei den 1-s-Elektronen in schweren Atomen, deren Wellenfunktion zum erheblichen Anteil im Kerninnern liegen. Beim β-Zerfall werden Elektronen aus einem Kern emittiert:

$$n \rightarrow p + e^- + \bar{\nu}_e.$$

Dies ist eine Wechselwirkung zwischen vier Teilchen mit dem Spin 1/2, die als schwache

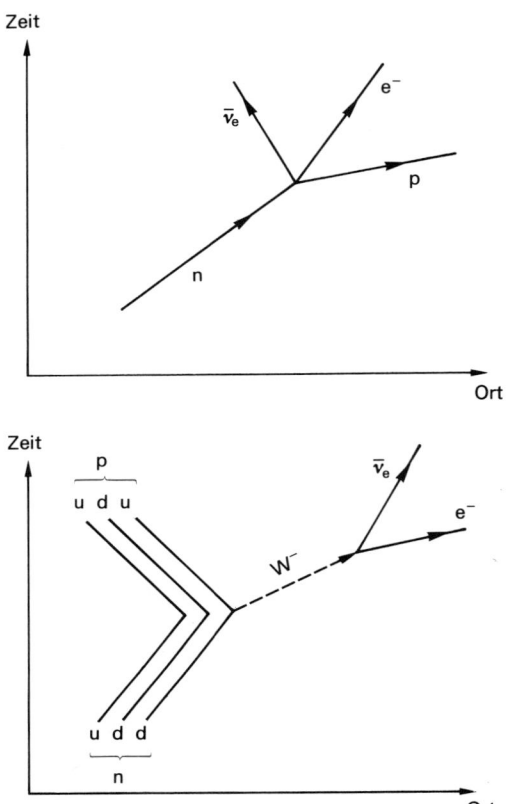

Bild 8-86.   *Neutronenzerfall im Feynman-Diagramm.*

Wechselwirkung bezeichnet wird. Die Austauschteilchen der schwachen Wechselwirkung sind die *Weakonen* W^+, W^- und Z° (Bild 8-86).

8.10. Strahlenschutz

In vielen wissenschaftlichen und technischen Bereichen (z. B. Röntgendiagnostik, Strahlentherapie, Kerntechnik. Wiederaufarbeitung von Brennelementen aus Kernreaktoren, Teilchenbeschleuniger, Radiochemie, Plasmaforschung) wird mit Substanzen oder Apparaturen gearbeitet, die direkt oder indirekt ionisierende Strahlung emittieren. Die Grundlage des Strahlenschutzes − Bild 8-87 zeigt die Zusammenhänge − ist die Wechselwirkung der verschiedenen Strahlenarten (z. B. α, p, d, n, γ, β) unterschiedlichster Energie und Fluß-

dichte mit der Materie. Durch diese Wechselwirkungsprozesse sind die Meßgrößen und Meßprinzipien vorgegeben. Die Wechselwirkungsprozesse der Strahlung mit dem lebenden Organismus und der daraus resultierenden biologischen Wirkung ermöglicht die Beurteilung bezüglich der Qualität der Strahlung. Ferner führt die Wechselwirkung der Strahlung mit der Materie über die Sekundärstrahlung zur Beeinflussung des primären Strahlungsfeldes und somit der Strahlenbelastung (Bild 8-87).

Die − in der Regel schädliche − biologische Wirkung der Strahlung erfordert Strahlenschutzmaßnahmen zur Minderung der Strahlenbelastung auf ein nach dem jeweiligen Stand der Wissenschaften für vertretbar angesehenes Maß. Die gesetzlichen Regelungen enthält die Strahlenschutzverordnung. In dieser ist in § 28 die Aufgabe des Strahlenschutzes formuliert:

1. jede unnötige Strahlenexposition oder Kontamination von Personen, Sachgütern oder der Umwelt ist zu vermeiden.
2. Jede Strahlenexposition oder Kontamination von Personen, Sachgütern oder der Umwelt ist unter Beachtung des Standes von Wissenschaft und Technik und unter Berücksichtigung aller Umstände des Einzelfalles auch unterhalb der festgesetzten Grenzwerte so gering wie möglich zu halten.

Unter *Kontamination* versteht man eine unerwünschte Verunreinigung durch radioaktive Stoffe, beispielsweise von Arbeitsflächen, Geräten, Räumen, Wasser, Luft. Es muß nicht nur die *äußere* Strahlenbelastung des Menschen begrenzt werden, sondern auch die *innere Strahlenbelastung*, die durch Aufnahme radioaktiver Substanzen über Kontamination der Umwelt (Luft, Wasser) direkt oder indirekt (über die Nahrungskette) in den Körper gelangen (*Inkorporation*).

8.10.1. Wechselwirkung der Strahlung mit Materie

Die wichtigsten Wechselwirkungsprozesse der verschiedenen Strahlenarten mit der Materie sind in Bild 8-88 zusammengestellt. Durch die Wechselwirkungsprozesse mit dem Absorbermaterial wird die Flußdichte der Strahlung

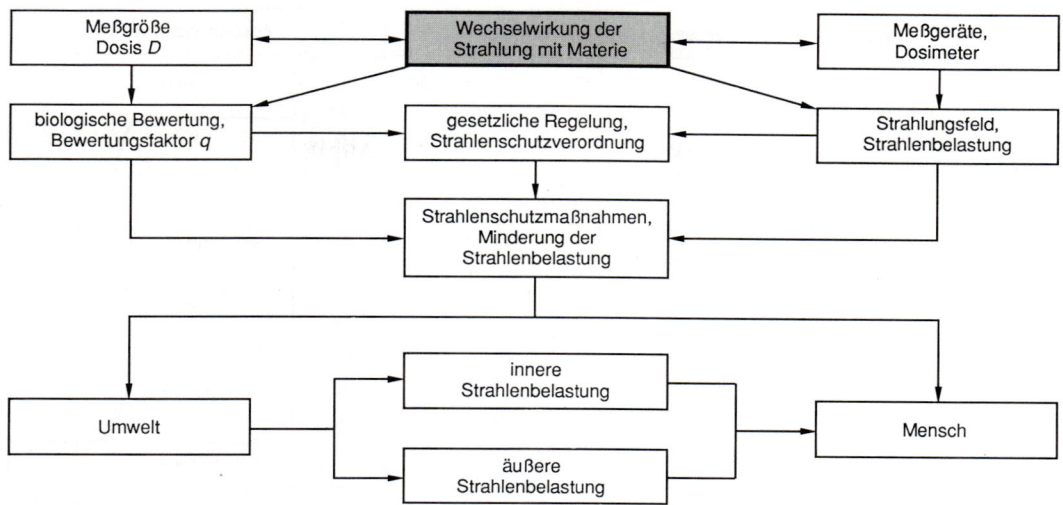

Bild 8-87.   Strahlenschutz.

und deren Energie durch Energieabgabe an das Absorbermaterial oder durch Streuprozesse gemindert. Die Abhängigkeit der Flußdichte von der Schichtdicke oder Flächenmasse des Absorbermaterials wird *Absorptionskurve* genannt. Diese ist in Bild 8-88 mit eingezeichnet und wird durch die Wahrscheinlichkeit (*Wirkungsquerschnitt*) der einzelnen Wechselwirkungsprozesse bestimmt. In vielen Fällen ist es zweckmäßig, den verwendeten Absorber nicht durch seine Schichtdicke x, sondern durch das Produkt aus Schichtdicke und Dichte des Absorbermaterials, d. h. durch die *Flächendichte d*, zu charakterisieren.

Direktionisierende Strahlen
Zu dieser Gruppe gehören alle geladenen Teilchen, beispielsweise α-Teilchen, Elektronen bzw. Positronen aus radioaktiven Zerfällen (β^-, β^+), Elektronen aus Beschleunigern (e), Protonen (p) oder Deuteronen (d). Der Hauptabsorptionsprozeß ist die Anregung und Ionisation der Absorberatome bzw. Moleküle. Dabei tritt das geladene Teilchen über sein elektromagnetisches Feld mit den Elektronen der Hülle in Wechselwirkung; hierbei bestimmen Energie, Ladung und Masse des Teilchens den *differentiellen Energieverlust* $- \mathrm{d}E/\mathrm{d}x = S$ (*Bremsvermögen*) und das *differentielle Ionisationsvermögen* (Ionenpaare je Flugstrecke $\mathrm{d}N/\mathrm{d}x$, auch *spezifische Ionisation* genannt) in einem Absorbermaterial.

Vergleicht man Protonen und Elektronen gleicher Energie, so ist die Geschwindigkeit des Protons infolge seiner 1836mal größeren Masse etwa 43mal geringer als die des Elektrons. Dies führt zu einer größeren Wechselwirkungszeit des Protons mit dem Absorberatom und daher zu einem größeren differentiellen Ionisationsvermögen (Bild 8-88).

Der differentielle Energieverlust kann für schwere geladene Teilchen (z. B. α, p, d) mit einer Energie $E \ll m_0 c^2$ (nichtrelativistische Teilchen) näherungsweise durch die *Bethe-Bloch-Gleichung* (H. A. BETHE, 1906 und F. BLOCH, 1905 bis 1983) beschrieben werden:

$$
\begin{aligned}
S = -\frac{\mathrm{d}E}{\mathrm{d}x} &= \frac{Z\,z^2\,\mathrm{e}^4\,n}{4\,\pi\,\varepsilon_0^2\,m_{\mathrm{oe}}\,v_{\mathrm{i}}^2}\ln\!\left(\frac{2\,m_{\mathrm{oe}}\,v_{\mathrm{i}}^2}{\bar{I}}\right) \\[2mm]
&= \frac{Z\,z^2\,\mathrm{e}^4\,N_{\mathrm{A}}\,m_{\mathrm{i}}}{8\,\pi\,\varepsilon_0^2\,m_{\mathrm{oe}}\,E_{\mathrm{kin}}\,M_{\mathrm{A}}}\ln\!\left(\frac{4\,m_{\mathrm{oe}}\,E_{\mathrm{kin}}}{\bar{I}\,m_{\mathrm{i}}}\right)
\end{aligned}
$$

$$(8\text{-}97)$$

S Bremsvermögen in MeV/cm,
Z Ordnungszahl des Absorbermaterials,
z Ladung des Teilchens i,
m_{i} Masse des Teilchens i,
v_{i} Geschwindigkeit des Teilchens i,
E_{kin} kinetische Energie des Teilchens i,
n Teilchendichte des Absorbermaterials in cm^{-3},

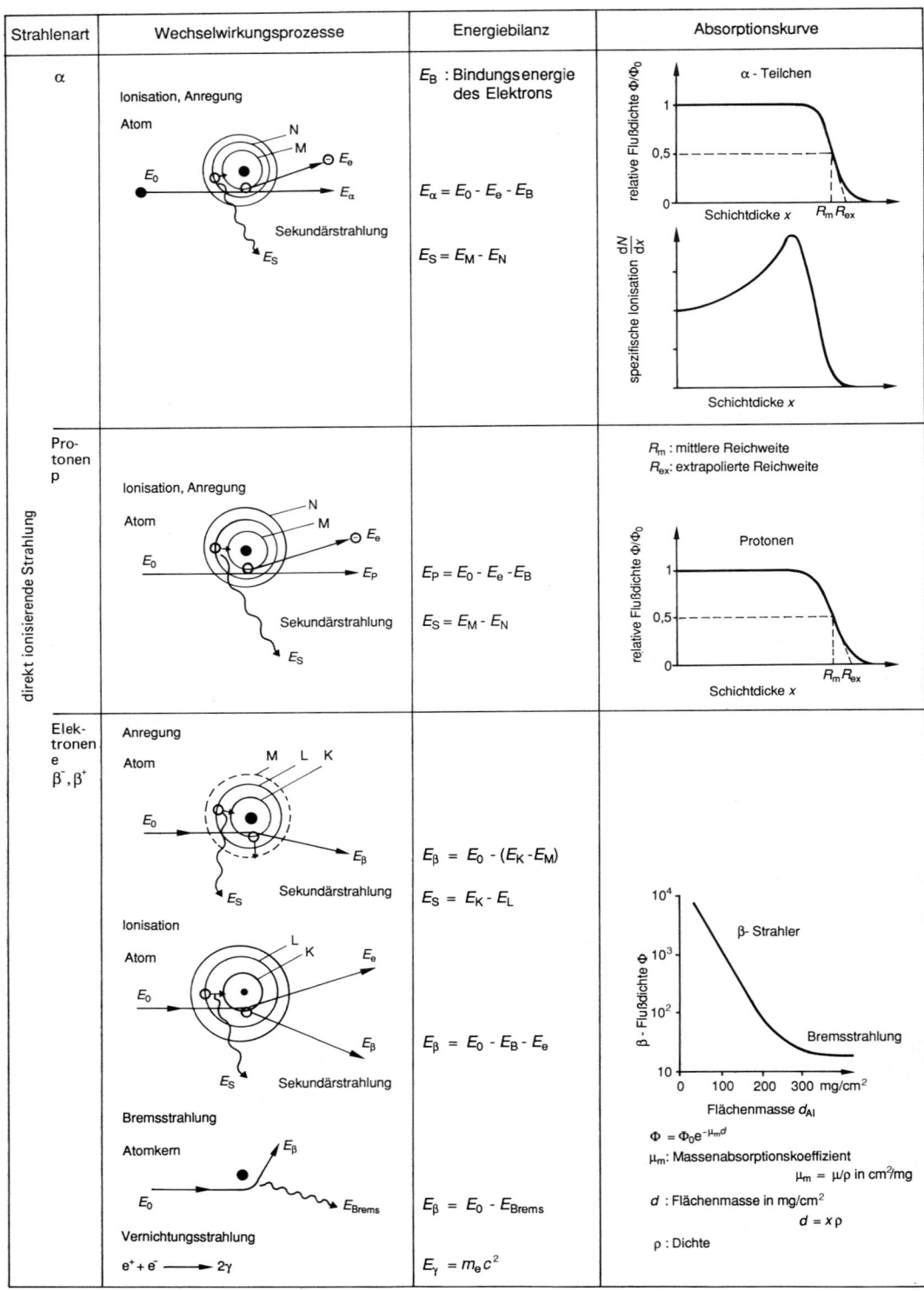

Bild 8-88.   Wechselwirkungsprozesse von Strahlung mit Materie.

Strahlenart	Wechselwirkungsprozesse	Energiebilanz	Absorptionskurve
γ	**Photoeffekt** Atom Sekundärstrahlung	$E_e = E_\gamma - E_B$ $E_S = E_K - E_L$	
	Comptoneffekt **Paarbildungseffekt** **Rayleigh-Streuung** 	$E_e = E_\gamma - E'_\gamma$ $E'_\gamma = \dfrac{E_\gamma}{1 + E_\gamma\, q}$ $q = \dfrac{1 - \cos \varphi}{m_e\, c^2}$ $E_e = E_\gamma - 2 m_e c^2$ $E_{Röntgen}$	 $\Phi = \Phi_0 e^{-\mu x}$ $\mu = \mu_{Photo} + \mu_C + \mu_{Paar}$
Neutronen n	**elastische Streuung (n, n)** Potentialstreuung **inelastische Streuung (n, n′)** **Absorption (n,γ)** **weitere Reaktionen** (n,p); (n,α) (n, 2n); (n, np)	$E_n = E_0 - E_R$ $E_R = E_n \cos^2\varphi$ für Protonen	

indirekt ionisierende Strahlung

Strahlenart	Energie- und Materialabhängigkeit der Wechselwirkungsprozesse

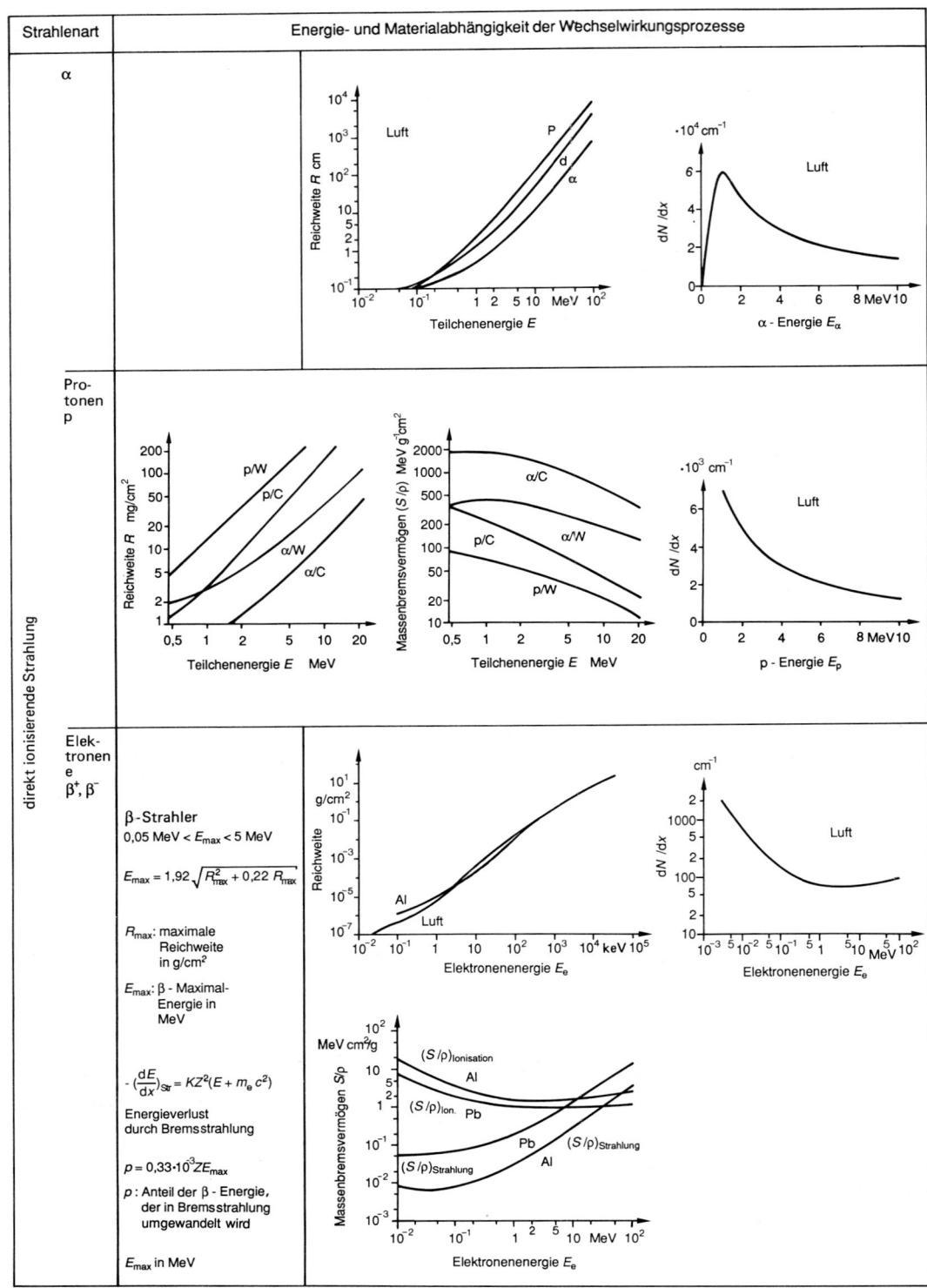

Strahlenart	Energie- und Materialabhängigkeit der Wechselwirkungsprozesse	

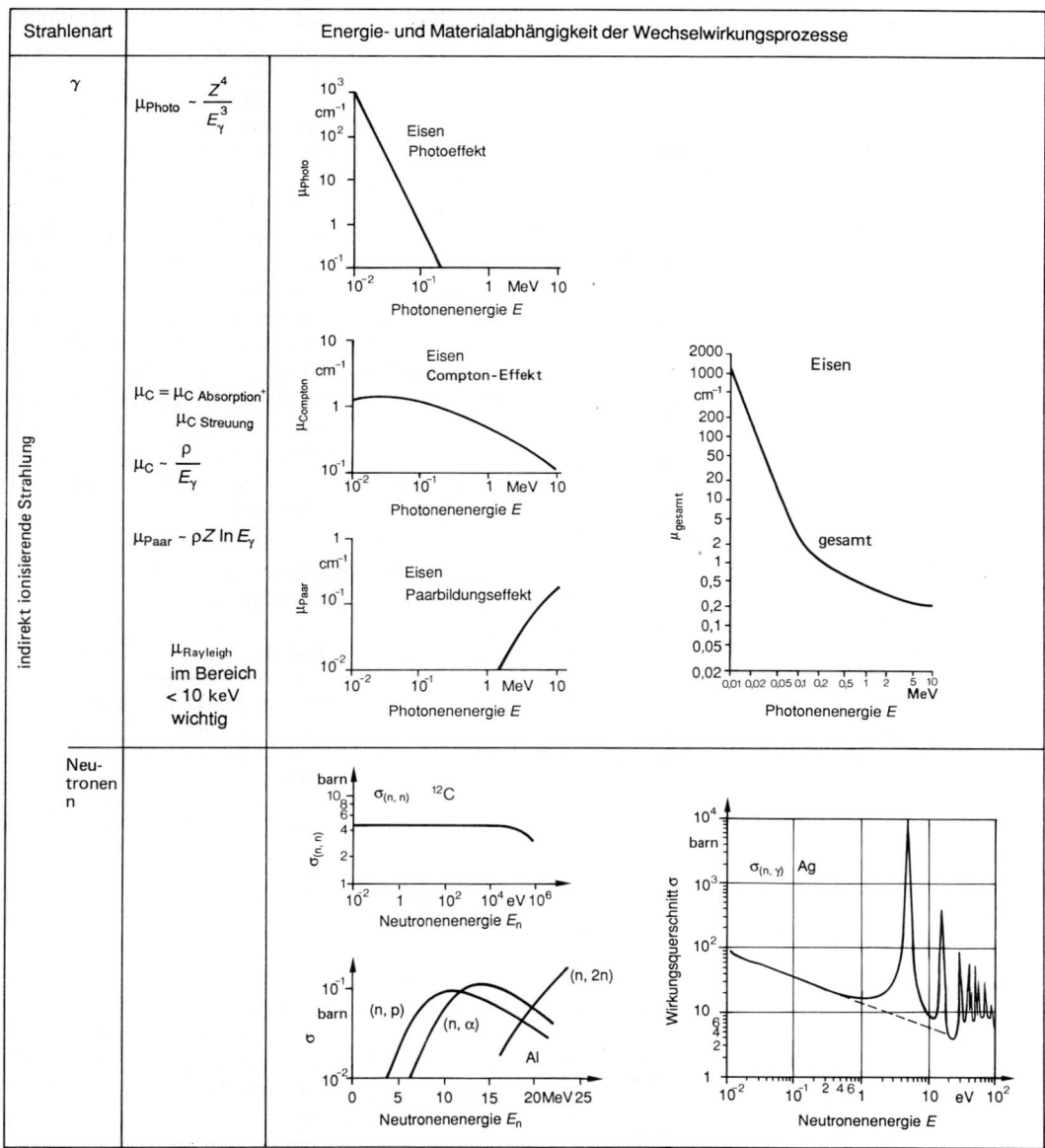

indirekt ionisierende Strahlung

γ

$\mu_{Photo} \sim \dfrac{Z^4}{E_\gamma^3}$

$\mu_C = \mu_{C\ Absorption} + \mu_{C\ Streuung}$

$\mu_C \sim \dfrac{\rho}{E_\gamma}$

$\mu_{Paar} \sim \rho Z \ln E_\gamma$

$\mu_{Rayleigh}$ im Bereich < 10 keV wichtig

Neutronen n

Bild 8-88. (Fortsetzung)

N_A Avogadro-Konstante in mol^{-1},
M_A Molmasse des Absorbers in $g \cdot mol^{-1}$,
$\bar{I}$ mittlere Ionisierungsenergie.

Die *mittlere Ionisierungsenergie* ist in Tabelle 8-15 für einige Elemente zusammengestellt.

Dividiert man das Bremsvermögen S durch die Dichte ϱ des Absorbermaterials, so erhält man das *Massenbremsvermögen*. Mit Hilfe die-

ser Größe kann durch Gewichtung mit dem Masseanteil der entsprechenden Komponente das Massenbremsvermögen von Mischungen und Verbindungen ermittelt werden. Aus Gl. (8-97) wird ersichtlich, daß mit zunehmender Energie des Teilchens das Bremsvermögen abnimmt (Bild 8-88) und bei gleicher Ladung und Energie des Teilchens (z. B. p und d) das schwerere Teilchen stärker im Material ge-

Tabelle 8-15. Mittlere Ionisierungsenergie.

Ordnungs-zahl Z	Element bzw. Stoff	mittlere Ionisierungs-energie $\bar{I}$ in eV
1	Wasserstoff	18,7
6	Graphit	78
13	Aluminium	163
79	Gold	797
82	Blei	826
	Luft	86,8
	Wasser	65,1

bremst wird. Die Reichweite (Eindringtiefe) von α-Teilchen mit einer Energie von 10 MeV in Kohlenstoff beträgt nur 0,07 mm. Bei Teilchenenergien im Bereich der Ruheenergie — dies entspricht bei Protonen ungefähr 10^3 MeV — zeigt das Bremsvermögen infolge relativistischer Effekte ein Minimum. Die Reichweite $R(E_0)$ der Teilchen mit der Anfangsenergie E_0 gibt die notwendige Schichtdicke oder Flächenmasse an, die das Teilchen bei senkrechtem Auftreffen nicht mehr zu durchdringen vermag.

Bei schweren geladenen Teilchen findet kaum Streuung statt, so daß die Bahnkurve nahezu eine Gerade ist. Die Reichweite ergibt sich aus dem Bremsvermögen zu

$$R(E_0) = - \int_{E_0}^{0} \frac{1}{\mathrm{d}E/\mathrm{d}x} \, \mathrm{d}E$$
$$= \int_{0}^{E_0} \frac{1}{\mathrm{d}E/\mathrm{d}x} \, \mathrm{d}E. \qquad (8\text{-}98)$$

Für Elektronen, die sehr stark gestreut werden, liefert diese Beziehung die *Bahnlänge*, d.h. den Weg unter Berücksichtigung der Umwege infolge Streuung im Absorber, die größer als die Reichweite ist. Die Reichweite, die sich aus der Absorptionskurve ergibt, Bild 8-88, schwankt statistisch für die einzelnen Teilchen infolge der diskontinuierlichen Energieabgabe an das Absorbermaterial. Man gibt deshalb in der Praxis die *mittlere Reichweite* (gegeben durch die Schichtdicke, die zu einer Flußdichte-Halbierung führt) oder die *extrapolierte Reichweite* (Schnittpunkt der Wendetangente mit der Schichtdickenachse) an.

Betrachtet man das *differentielle Ionisationsvermögen* $\mathrm{d}N/\mathrm{d}x$, so ist dies für Protonen, verglichen mit α-Teilchen, um den Faktor 10 geringer (Bild 8-88). α-Teilchen zeigen im differentiellen Ionisationsvermögen in Luft ein Maximum bei ungefähr 1 MeV, das zu einem Maximum der Ionendichte am Ende der Teilchenbahn führt. Der Energieverbrauch zur Erzeugung eines Ionenpaars ist für α- und β-Teilchen in Tabelle 8-16 mit der Ionisierungsenerge zusammengestellt. Die für α-Teilchen angegebenen Daten gelten auch in guter Näherung für Protonen und Deuteronen, da der Energieverlust unabhängig von der Teilchenart ist. Aus diesen Daten ist ersichtlich, daß der Energieverbrauch etwa doppelt so groß ist wie die Ionisierungsenergie. Die Hälfte der Energie wird somit zur Anregung von Atomen oder Molekülen verbraucht.

Tabelle 8-16. Mittlerer Energieverbrauch $\bar{E}$ zur Bildung eines Ionenpaars.

Gas	$\bar{E}$ in eV		E_I in eV
	Elektronen, β-Teilchen	α-Teilchen	Ionisierungs-energie
Helium	41,4	44,4	24,6
Argon	26,1	26,4	15,8
Wasserstoff	36,3	36,7	15,4
Stickstoff	34,7	36,5	15,6
Luft	34,0	35,1	—

Für Elektronen muß das Bremsvermögen relativistisch berechnet werden, da die Ruheenergie des Elektrons $E = m_{oe} c^2 = 0,511$ MeV beträgt. Das *Bremsvermögen* für Elektronen ergibt sich damit zu

$$S = - \frac{\mathrm{d}E}{\mathrm{d}x} = \frac{Z e^4 n}{8 \pi \varepsilon_0^2 m_{oe} v^2} \cdot$$
$$\cdot \ln\left(\frac{m_{oe} v^2 E_{\mathrm{kin}}}{2 \bar{I}^2 (1 - \beta^2)} \right) + f(\beta). \qquad (8\text{-}99)$$

mit $f(\beta)$ als Funktion, die $\beta = v/c$ enthält. Das Bremsvermögen für Luft in Abhängigkeit von der Elektronenenergie (Bild 8-88) zeigt den Anstieg von S über 1 MeV, der durch den logarithmischen Term in Gl. (8-99) verursacht wird. Das differentielle Ionisationsvermögen von Elektronen ist um den Faktor 1000 kleiner als bei α-Teilchen. Gl. (8-99) berücksichtigt lediglich den Energieverlust durch Ionisation und Anregung, nicht dagegen den Energieverlust durch Bremsstrahlung. Der Energieverlust durch Bremsstrahlung wird erst oberhalb der Ruheenergie des Teilchens merklich, z. B. für Protonen oberhalb einer Ruheenergie von etwa 10^3 MeV; hierbei laufen dann zum großen Teil Kernreaktionen ab. Bei Elektronen steigt das Massenbremsvermögen infolge der Bremsstrahlung $(S/\varrho)_{\text{Strahlung}}$ oberhalb 1 MeV stark an (Bild 8-88). Die Elektronenbahn im Absorbermaterial ist im Gegensatz zu den schweren geladenen Teilchen nicht geradlinig, weil infolge der wesentlich geringeren Masse des Elektrons Streuungen auftreten. Die Integration über das reziproke Bremsvermögen $(\mathrm{d}E/\mathrm{d}x)^{-1}$ (Summe der Energieverluste durch Ionisation und Bremsstrahlung) analog den schweren geladenen Teilchen ergibt die *mittlere Bahnlänge*. Infolge der Vielfachstreuung haben die Elektronen keine einheitliche Reichweite nach Gl. (8-98), sondern nur eine *maximale Reichweite*. Hierunter versteht man die zur vollständigen Absorption der Elektronenstrahlung erforderliche Absorberdicke oder Flächenmasse.

Das exponentielle Absorptionsverhalten von β-Teilchen für radioaktive Strahlung (Bild 8-88) ist rein zufällig und durch die Meßgeometrie (Anordnung von Strahlenquelle-Absorber-Detektor) beeinflußbar. Da bei der Absorption — besonders bei hohen Elektronenenergien und großer Ordnungszahl des Absorbermaterials — Bremsstrahlung auftritt, führt dies in der Absorptionskurve zu einer Konstanten, von der Flächenmasse unabhängigen Flußdichte (*Bremsstrahluntergrund*). Aus der maximalen Reichweite kann auf die Energie bzw. die Maximalenergie der β-Teilchen geschlossen werden.

Das Auftreten von Vielfachstreuung im Absorber wird besonders durch die *Rückstreuung* deutlich. Bei der Rückstreuung verlassen die Elektronen entgegen der Auftreffrichtung den Absorber. β^+-Teilchen verhalten sich analog β^--Teilchen. Nachdem das β^+-Teilchen durch Wechselwirkungsprozesse seine kinetische Energie an das Absorbermaterial abgegeben

hat, zerstrahlt (*annihiliert*) es mit einem Elektron zu zwei γ-Quanten der Energie 0,511 MeV $= m_{\text{oe}}\,c^2$.

Indirekt ionisierende Strahlen

Die Schwächung von Röntgen- und γ-Strahlung (Bild 8-88) kann beschrieben werden durch

$$\Phi(x) = \Phi_0\,\mathrm{e}^{-\mu x} = \Phi_0\,\mathrm{e}^{-(\mu/\varrho)\,d}. \qquad (8\text{-}100)$$

$\Phi(x)$ Photonenflußdichte nach dem Absorber,
Φ_0 Photonenflußdichte vor dem Absorber,
x Schichtdicke des Absorber,
μ linearer Schwächungskoeffizient,
d Flächenmasse $d = x\,\varrho$,
μ/ϱ Massenschwächungskoeffizient.

Der lineare Schwächungskoeffizient bzw. *Massenschwächungskoeffizient* ist eine Funktion der Photonenenergie und der Ordnungszahl des Absorbers. Der Unterschied zu den direkt ionisierenden Teilchen besteht darin, daß das Röntgen- bzw. γ-Quant lange Wege zwischen zwei Wechselwirkungsprozessen zurücklegt und die das Absorbermaterial durchdringenden Quanten die Ausgangsenergie haben (abgesehen von inelastisch gestreuten Quanten). Eine vollständige Absorption der Strahlung ist im Gegensatz zu den geladenen Teilchen nicht möglich. Der Massenschwächungskoeffizient für Gemische oder Verbindungen kann aus den Massenanteilen p der Komponenten ermittelt werden:

$$(\mu/\varrho)_{\text{Mischung}} = \sum_i p_i\,(\mu/\varrho)_i;\ \sum_i p_i = 1. \qquad (8\text{-}101)$$

Die Wechselwirkungsprozesse der γ-Strahlung mit Materie sind der *Photoeffekt, Compton-Effekt* und *Paarbildungseffekt*. Während beim Photoeffekt Elektronen aus inneren Schalen entfernt werden und den Großteil der γ-Energie als kinetische Energie erhalten, tritt beim Compton-Effekt die Wechselwirkung mit äußeren Elektronen (geringe Bindungsenergie, quasi-freie Elektronen) ein (Abschn. 6.5.1.2). Beim Paarbildungseffekt muß aus Energie- und Impulserhaltungsgründen ein Teilchen (z. B. Atomkern) zur Erzeugung eines Positron-Elektron-Paars vorhanden sein.

Der Gesamtschwächungs- bzw. Gesamtmassenschwächungskoeffizient setzt sich aus den Koeffizienten der einzelnen Wechselwirkungsprozesse zusammen. Die Schwächungskoeffizienten können als Wahrscheinlichkeiten interpretiert werden, mit der der Wechselwirkungsprozeß stattfindet. Somit ist der lineare Schwächungskoeffizient μ_i proportional einem Wirkungsquerschnitt σ_i für den Prozeß i. Vom *Gesamtschwächungskoeffizienten* ist der stets kleinere *Energieabsorptionskoeffizient μ_e* zu unterscheiden. Der Energieabsorptionskoeffizient μ_e ist stets kleiner als der Gesamtschwächungskoeffizient, da der Streuanteil des Compton-Effektes ($\mu_{c,\text{Streu}}$) unberücksichtigt bleibt:

$$\mu = \mu_{\text{Photo}} + \mu_{c,\text{Abs}} + \mu_{c,\text{Streu}} + \mu_{\text{Paar}},$$
$$\mu_e = \mu_{\text{Photo}} + \mu_{c,\text{Abs}} + \mu_{\text{Paar}}. \qquad (8\text{-}102)$$

Aus Bild 8-88 ist zu erkennen, daß im niederenergetischen Bereich der Photoeffekt, im hochenergetischen Bereich der Paarbildungseffekt und im Zwischenbereich der Compton-Effekt überwiegt.

Wie bei den Wechselwirkungsprozessen geladener Teilchen werden durch die γ-Quanten Elektronen aus inneren Schalen der Absorberatome entfernt. Beim Auffüllen der Elektronenlücke durch Elektronen aus höheren Schalen entsteht *Sekundärstrahlung* (*Röntgen-Fluoreszenzstrahlung*) geringen Durchdringungsvermögens.

Im Gegensatz zu den γ-Quanten können Neutronen nur mit dem Atomkern wechselwirken. Die Wahrscheinlichkeit für das Eintreten einer bestimmten Reaktion wird durch den Wirkungsquerschnitt $\sigma_{(n,x)}$ beschrieben, der eine große Abhängigkeit von der Neutronenenergie und dem Absorbermaterial aufweist. Die wichtigsten Wechselwirkungsprozesse sind in Bild 8-88 zusammengestellt.

Schnelle Neutronen verlieren durch inelastische (n, n′) und elastische Streuprozesse (n, n) ihre Energie; hierbei ist der Energieverlust durch inelastische Streuung infolge Kernanregung größer und allgemein bei leichten Kernen am größten. Deshalb werden zum Abbremsen von Neutronen leichte Stoffe, wie z. B. Wasser bzw. schweres Wasser (D_2O), Paraffin oder Graphit eingesetzt. Bereits während des Bremsvorgangs können die Neutronen von Kernen eingefangen werden ((n, γ)-Reaktion). Mit kleiner werdender Neutronenenergie nimmt die Wahrscheinlichkeit $\sigma_{(n,\gamma)}$ des Neutroneneinfangs zu. Beim Neutroneneinfang werden ein oder mehrere γ-Quanten frei, deren Gesamtenergie der Bindungsenergie des Neutrons (etwa 8 MeV) entspricht. Beim Strahlenschutz ist zu beachten, daß die durch Neutroneneinfang oder andere Kernreaktionen entstandenen Nuklide häufig radioaktiv sind.

8.10.2. Dosisgrößen

Bild 8-89 zeigt die Dosisgrößen, deren Einteilung und Zusammenhänge. Die fundamentale physikalische Dosisgröße ist die *Energiedosis D*, während die *Ionendosis J* aus meßtechnischem Grund und die *Äquivalentdosis H* wegen des Strahlenschutzes eingeführt wurde. Die Energiedosis *D* gibt die in einem Masseelement $dm = \varrho \, dV$ absorbierte Energie dE an. Diese Größe ist unabhängig von der Art der Wechselwirkung der Strahlung und dem Absorbermaterial. Zur Kennzeichnung eines Strahlenfeldes oder einer Strahlenwirkung durch die Energiedosis ist die Angabe des bestrahlten Materials notwendig, da die Wahrscheinlichkeit der Wechselwirkungsprozesse vom Material abhängig sind.

Eine für den Menschen bereits tödliche Energiedosis von 10 Gy = 10 J/kg (1000 rd) führt in Wasser lediglich zu einer Temperaturerhöhung von $2 \cdot 10^{-3}$ K. Aus diesem Grund ist die direkte Messung der Energiedosis mit einem Kalorimeter nur bei verhältnismäßig hohen Dosen möglich und sehr aufwendig. Meßtechnisch lassen sich verhältnismäßig einfach und genau Ladungen erfassen. Deshalb betrachtet man nicht die Summe aller Wechselwirkungsprozesse, die zu einer Energieabgabe an das Masseelement dm führen, sondern nur die Ionisation und definiert die Ionendosis *J* als erzeugte Ladung eines Vorzeichens dQ je dm. Bei gleichem Strahlungsfeld ergeben sich für unterschiedliche Gase unterschiedliche Ionendosen, da die zur Erzeugung eines Ionenpaares erforderliche Energie vom Material abhängig ist. Außer der SI-Einheit C/kg findet man noch die ältere Einheit *Röntgen* (R). 1 R ist diejenige Ionendosis einer ionisierenden Strahlung, bei der in 0,001293 g Luft

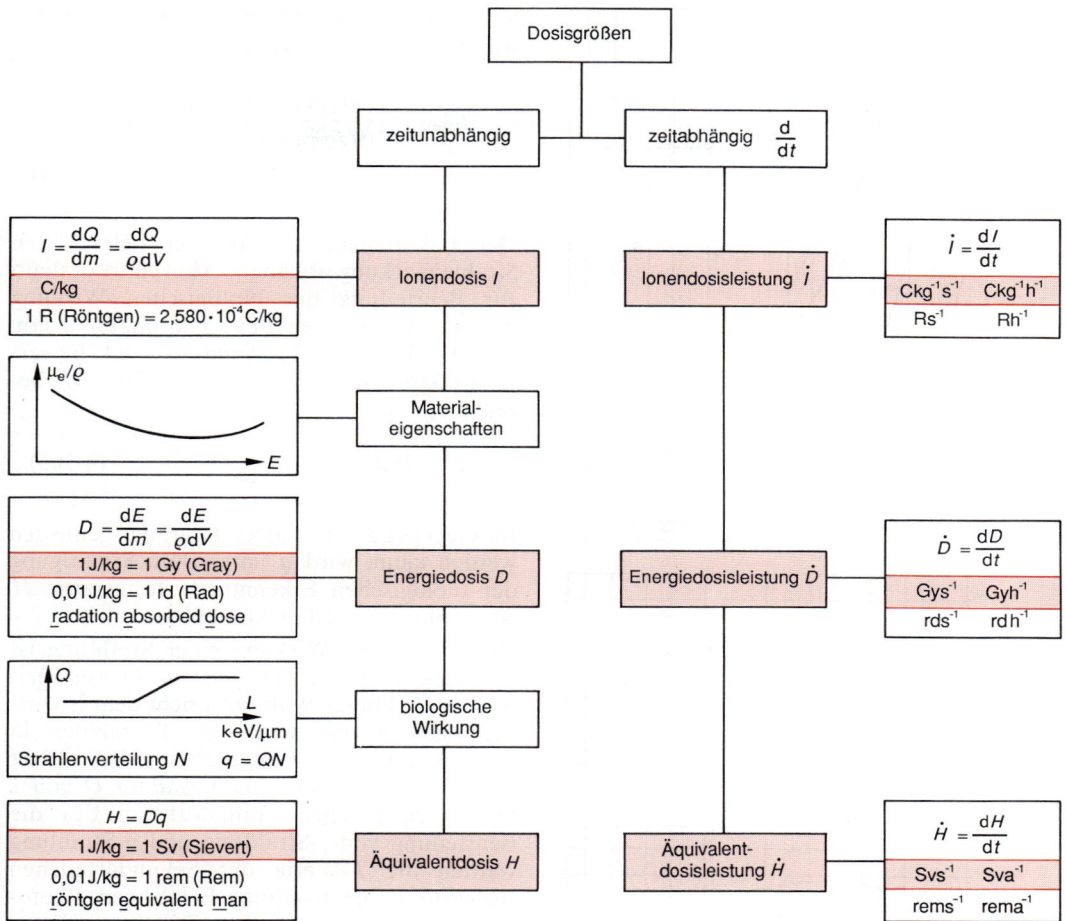

Bild 8-89.   Verwendete Dosisgrößen.

(1 cm³ Luft unter Normalbedingungen) bei Elektronengleichgewicht mit der Umgebung eine Ionisation von einer elektrostatischen Ladungseinheit $(3{,}33 \cdot 10^{-10}$ C) jedes Vorzeichens erzeugt wird. Für Luft benötigt man zur Erzeugung eines Ionenpaars 34 eV. Somit entspricht 1 R einer Energiedosis von $0{,}877 \cdot 10^{-2}$ J/kg (in Luft).

Die Ionendosis und Ionendosisleistung sind für alle ionisierenden Strahlen mit Ausnahme der Neutronen gültig. Für die Umrechnung der Ionendosis in Luft in die Energiedosis eines Materials gilt für Röntgen- und γ-Strahlung

$$D = f \frac{(\mu_e/\varrho)_{\text{Material}}}{(\mu_e/\varrho)_{\text{Luft}}} \, I. \qquad (8\text{-}103)$$

Bei Verwendung der Einheiten R und rd für die Ionendosis I (in Luft) bzw. Energiedosis D ist der Faktor $f = 0{,}877$ rd/R, bei den SI-Einheiten C/kg bzw. J/kg gilt $f = 34{,}0$ J/C.

In Bild 8-90 ist die Energieabhängigkeit von μ_e/ϱ für verschiedene Materialien dargestellt. Für Weichteilgewebe (entspricht etwa Wasser) ergibt sich mit $(\mu_e/\varrho)_{\text{Gewebe}}/(\mu_e/\varrho)_{\text{Luft}} = 1{,}1)$,

$$\begin{aligned} 1 \text{ R (in Luft)} &= 0{,}877 \cdot 10^{-2} \text{ J/kg} \quad \text{(in Luft)} \\ &\cong 0{,}877 \cdot 1{,}1 \text{ J/kg} \quad \text{(in Gewebe)} \\ &= 0{,}97 \text{ Gy} \quad \text{(in Gewebe)}. \end{aligned}$$

In der Strahlenschutzpraxis gilt

1 C/kg (in Luft) $\cong$ 37,6 Gy (in Weichteilgewebe),
(1 R (in Luft) $\cong$ 1 rd (in Weichteilgewebe)).

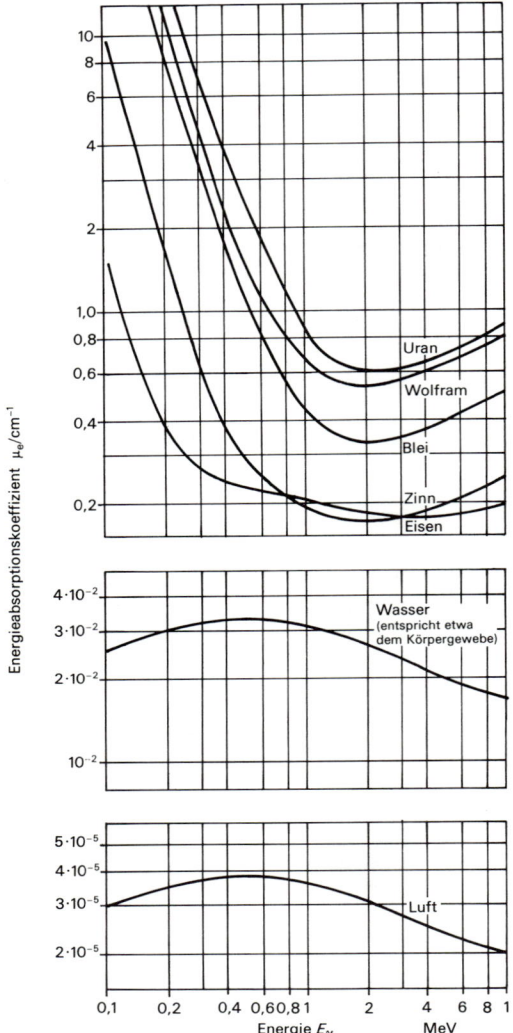

Bild 8-90. *Energieabsorptionskoeffizient in Abhängigkeit von der Photonenenergie für verschiedene Stoffe.*

Zur Beurteilung der biologischen Wirkung der Strahlung ist die Energiedosis ungeeignet, da gleiche Dosen verschiedener Strahlungsarten unterschiedliche Schädigungen in Art und Stärke zeigen. In der Strahlenbiologie wurde deshalb der *Faktor der relativen biologischen Wirksamkeit* f_{RBW} eingeführt. Dieser ergibt sich durch den Vergleich der für eine bestimmte biologische Wirkung erforderlichen Energiedosis D_i der zu beurteilenden Strahlung mit der Energiedosis D_o einer Vergleichsstrahlung, z.B. 250 kV Röntgenstrah-

lung oder ^{60}Co γ-Strahlung. Für eine bestimmte biologische Wirkung gilt

$$f_{RBW} = \frac{D_o\ (\text{Vergleichsstrahlung})}{D_i\ (\text{zu bewertende Strahlung})}.$$
$$(8\text{-}104)$$

Der Faktor f_{RBW} ist von der betrachteten Strahlenwirkung abhängig. Man führt deshalb zur Beurteilung der biologischen Wirkung den dimensionslosen *Bewertungsfaktor q* ein. Das Produkt aus Energiedosis und Bewertungsfaktor wird als *Äquivalentdosis H* bezeichnet:

$$H = D\,q. \qquad\qquad (8\text{-}105)$$

Im Gegensatz zum Faktor f_{RBW}, der gemessen werden kann, wird q unter Berücksichtigung der biologischen Erkenntnisse festgesetzt. H ist somit prinzipiell nicht meßbar.

Die biologische Wirkung einer Strahlung ist eng verknüpft mit der *linearen Energieübertragung L*. Dieser Wert entspricht dem Bremsvermögen S und wird im allgemeinen in keV/μm für Wasser angegeben. Man ordnet den L-Werten einen *Qualitätsfaktor Q* von 1 bis 20 entsprechend Bild 8-91 zu. Für die Beurteilung von γ-Strahlung und n-Strahlung werden die L-Werte der Sekundärteilchen (Rückstoßkerne, Compton-Elektronen, Photoelektronen) zugrunde gelegt. Die lineare Energieübertragung L ist abhängig von der Energie der Strahlung und nimmt für geladene Teilchen normalerweise mit zunehmender Energie ab. Dies führt am Ende der Teilchenbahn zu einem größeren Energieverlust je Wegstrecke als zu Beginn der Teilchenbahn. Damit gelten entlang der Teilchenbahn unterschiedliche Q-Werte. Für eine bestimmte Anfangsenergie kann ein durchschnittlicher L-Wert und damit ein *effektiver Qualitätsfaktor* $\bar{Q}$ angegeben werden.

Die biologische Wirkung ist nicht nur von der linearen Energieübertragung, sondern auch von der räumlichen und zeitlichen Verteilung der Strahlung abhängig. Dies wird durch den *Faktor N* berücksichtigt:

$$q = QN \quad \text{bzw.} \quad q = \bar{Q}N. \qquad (8\text{-}106)$$

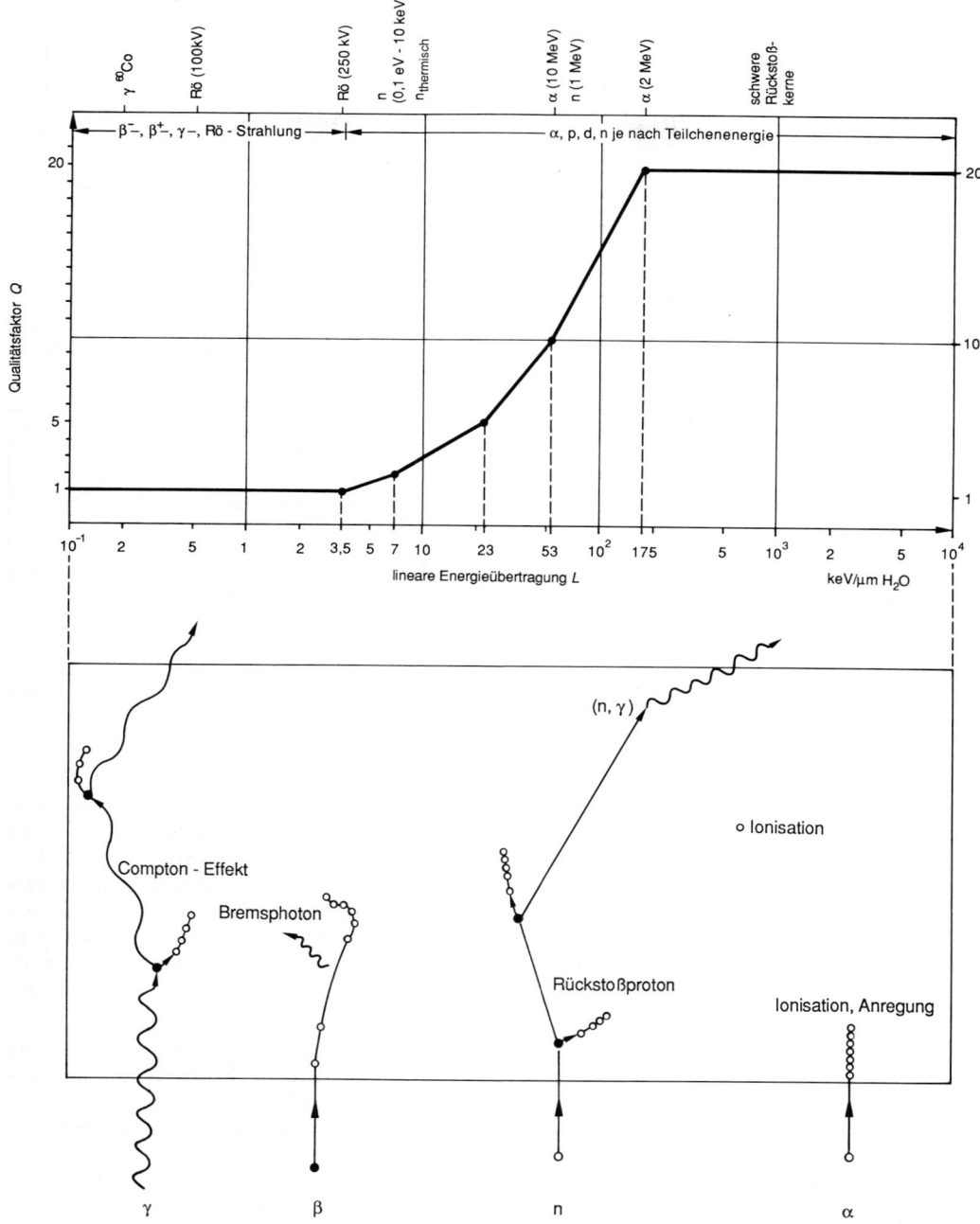

Bild 8-91. Abhängigkeit des Qualitätsfaktors von der linearen Energieübertragung.

Bei äußerer Strahlenexposition wird $N = 1$ gesetzt. Bei innerer Strahlenexposition beispielsweise durch in den Körper eingebrachte radioaktive Stoffe (Inkorporation) ist $N \neq 1$, da je nach Art des inkorporierten Radionuklids dieses in bestimmten Organen angereichert wird (z.B. Iod in der Schilddrüse). Durch Bewertung der Energiedosis mit q sind Strahlenbelastungen unterschiedlicher Art und Energie bezüglich ihrer biologischen Wirkung miteinander vergleichbar und damit addierbar. Die Gesamtstrahlenbelastung eines Menschen wird deshalb als Äquivalentdosis angegeben.

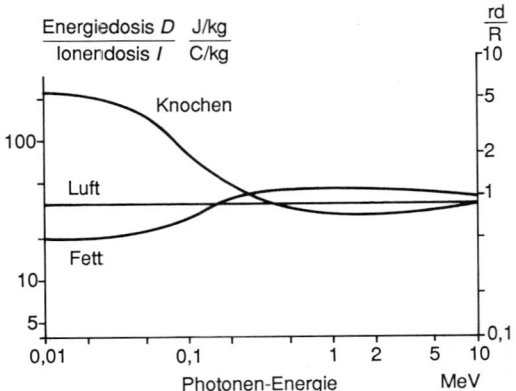

8.10.3. Biologische Wirkung der Strahlung

In Bild 8-91 sind die Wechselwirkungen der unterschiedlichen Strahlen in Materie (z.B. Gewebe) mit dem Verlauf des Qualitätsfaktors zusammengestellt. Röntgenstrahlen, γ-Quanten und β-Teilchen haben eine geringe lineare Energieübertragung und damit $Q = 1$. Mit zunehmender Energie der Quanten oder Elektronen verschiebt sich die maximale relative Tiefendosis in das Gewebeinnere, wie Bild 8-92 zeigt. Für β-Teilchen aus einem radioaktiven Zerfall nimmt die Tiefendosis rasch mit der Gewebetiefe ab. Die mittleren Qualitätsfaktoren $\bar{Q}$ für Neutronen sind stark von der Neutronenenergie abhängig. Thermische Neutronen ($E_n = 2{,}5 \cdot 10^{-8}$ MeV) haben ein $\bar{Q} = 2{,}3$, Neutronen mit einer Energie zwischen 10^{-7} und 10^{-2} MeV haben $\bar{Q} = 2$; bis zu einer Energie von 0,5 MeV steigt $\bar{Q}$ auf 11 an und nimmt bis zu einer Energie von $3 \cdot 10^3$ MeV auf $\bar{Q} = 2{,}5$ ab. Neutronen haben wie γ-Quanten ein großes Durchdringungsvermögen. α-Teilchen dagegen dringen kaum in das Gewebe ein, haben einen großen L-Wert und damit einen großen Qualitätsfaktor (bis 20). Inkorporierte α-Strahler, die sich in bestimmten Organen anreichern (z.B. in Knochenmark), haben deshalb eine besonders große schädigende Wirkung.

Durch Ionisation und Anregung können sich chemisch sehr reaktive Molekülbruchstücke, sogenannte *Radikale* (Moleküle oder Molekülbruchstücke mit ungepaartem Elektron), bilden, die die komplizierten chemischen Reaktionen in der Zelle beeinflussen. Besonders schwerwiegend wirken sich Veränderungen

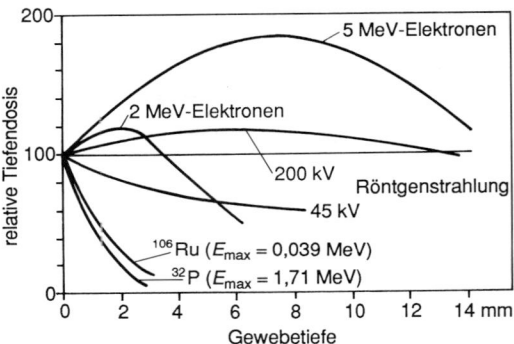

Bild 8-92.   Relative Tiefendosis und Dosisverhältnis.

der Erbanlagen der Zellen aus, insbesondere bei Keimzellen oder während des frühen Wachstums eines Organismus. Die Zellen sind in der Phase der Zellteilung besonders strahlenempfindlich. Deshalb erweisen sich Gewebe mit hohen Zellteilungsraten, wie z.B. Knochenmark und Haut, stärker gefährdet als Zellen, die sich weniger häufig teilen (Nerven, Bindegewebe, Muskel).

Man unterscheidet hinsichtlich der Wirkung zwischen Schäden in Körperzellen (*somatische Strahlenschäden*), die am bestrahlten Organismus in Erscheinung treten, und Schäden in Keimzellen (*genetische Schäden*), die sich nur in der Nachkommenschaft auswirken. Für genetische und somatische Spätschäden (Krebs) durch Strahleneinwirkung gibt es keine untere Dosisgrenze, unterhalb derer eine schädigende Wirkung mit Sicherheit nicht auftritt. Eine Dauerbelastung mit geringer Dosis über viele Jahre bewirkt infolge der natürlichen Regenerationsfähigkeit eine wesent-

Tabelle 8-17. Somatische Strahlenwirkungen bei kurzzeitiger Ganzkörperbestrahlung mit γ-Strahlung.

Dosis	1. Woche	2. Woche	3. Woche	4. Woche
Schwellendosis 0,25 Sv (25 rem)	keine subjektiven Symptome, Absinken der Anzahl von Lymphozyten im Verlauf von zwei Tagen	Blutbild wird rasch wieder normal.		
subletale Dosis 1 Sv (100 rem)	Blutbild wird rasch wieder normal.	keine deutlichen subjektiven Symptome.	Unwohlsein, Mattigkeit, Appetitmangel; Haarausfall, wunder Rachen.	Spermienproduktion läßt vorübergehend nach. Kräfteverfall, Erholung wahrscheinlich.
mittlere letale Dosis 4 Sv (400 rem)	am ersten Tag Erbrechen und Übelkeit, Absinken der Anzahl der Lymphozyten auf 1000/mm³ innerhalb von zwei Tagen	keine deutlichen Symptome	Unwohlsein, Mattigkeit, Appetitlosigkeit; Haarausfall, Entzündungen im Rachenraum und Dünndarm	längere bis lebenslange Sterilität bei Männern; Kräfteverfall, 50% Todesfälle
letale Dosis 7 Sv (700 rem)	nach 1 bis 2 h Erbrechen und Übelkeit. Nach zwei Tagen keine Lymphozyten mehr.	Mattigkeit, Appetitlosigkeit, Entzündungen im Mund- und Rachenraum, innere Blutungen, hohes Fieber.		

lich geringere Schädigung als die gleiche Dosis in kurzer Zeit. in Tabelle 8-17 sind somatische Strahlenwirkungen für unterschiedliche Äquivalentdosen bei kurzzeitiger Ganzkörperbestrahlung zusammengestellt.

Durch die natürliche Radioaktivität und die Höhenstrahlung ist der Mensch ständig einer Strahlenbelastung ausgesetzt. Hinzu kommt die Strahlenbelastung in der Medizin (Röntgendiagnostik) und bei technischen Anwendungen (Kerntechnik). In Bild 8-93 ist die mittlere genetisch signifikante Strahlenbelastung der Bevölkerung der Bundesrepublik Deutschland zusammengestellt.

Die individuelle Strahlenbelastung kann deutlich von der mittleren Strahlenbelastung abweichen. Ein dauernder Aufenthalt in 1000 m Höhe über dem Meeresspiegel erhöht die Strahlenbelastung durch kosmische Strahlung bereits um 0,15 mSv/a.

Bild 8-94 zeigt die Häufigkeitsverteilung der terrestrischen Komponente der natürlichen Strahlenbelastung für die Bevölkerung der Bundesrepublik Deutschland. Ein Langstreckenflugzeug in einer Höhe von 10 km bis 20 km kann für den Flugreisenden eine Erhöhung der Strahlenbelastung durch die kosmische Strahlung bis 0,005 mSv je Flugstunde bedeuten.

Auch Kohlekraftwerke emittieren natürliche radioaktive Stoffe, die in der Kohle enthalten sind, beispielsweise ^{238}U, ^{234}U, ^{232}Th, ^{226}Ra und ^{210}Po. Ein 320-MW-Kohlekraftwerk emittiert jährlich etwa $4 \cdot 10^9$ Bq. Die Gesamtjahresabgaben radioaktiver Stoffe in der Abluft und im Abwasser aus kerntechnischen Anlagen der Bundesrepublik Deutschland liegen in der Größenordnung von $5 \cdot 10^{14}$ Bq von Edelgasen und $3 \cdot 10^9$ Bq von ^{131}I. Anhand der Emissionswerte berechnet sich die Strahlen-

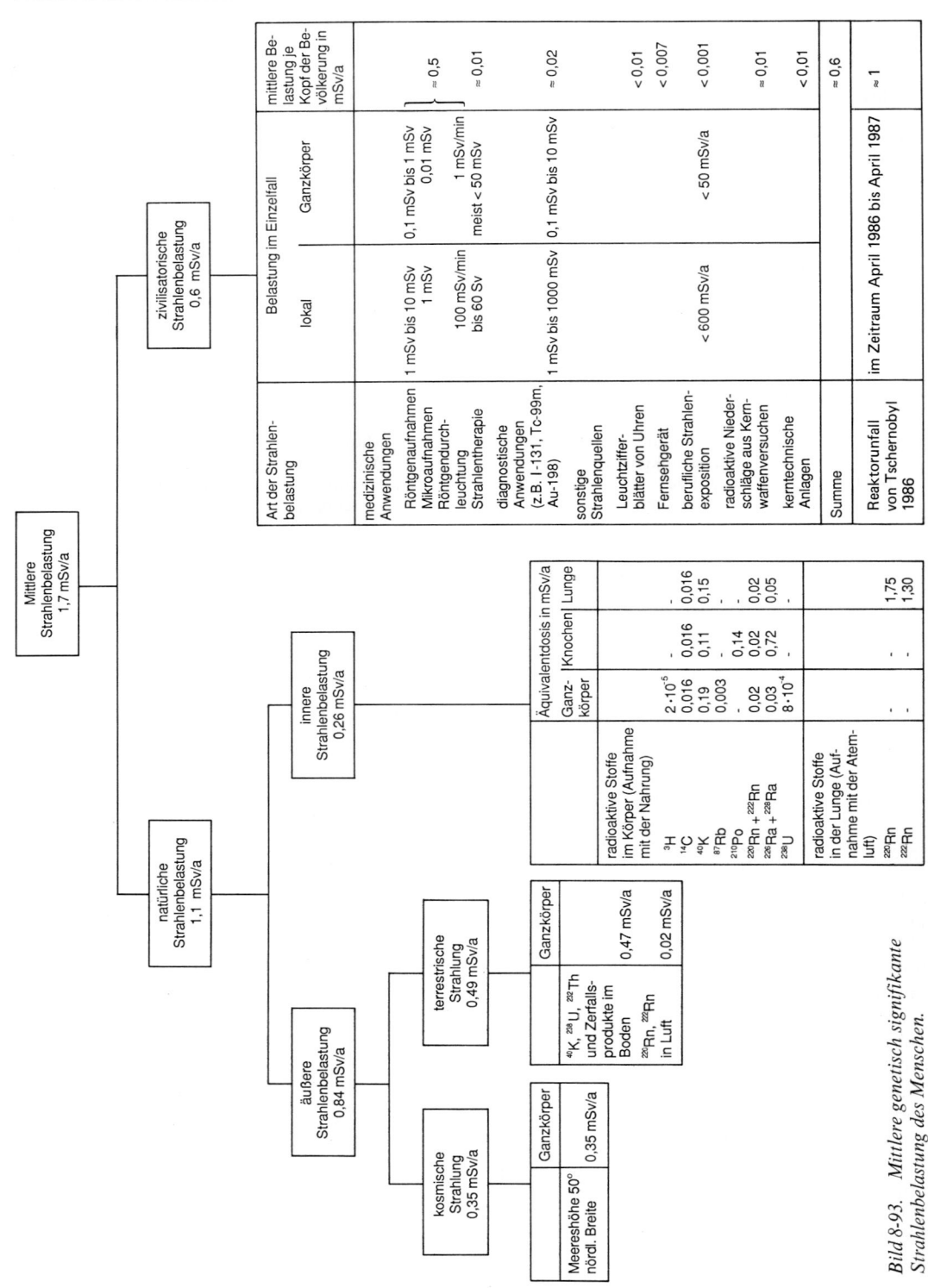

Bild 8-93. Mittlere genetisch signifikante Strahlenbelastung des Menschen.

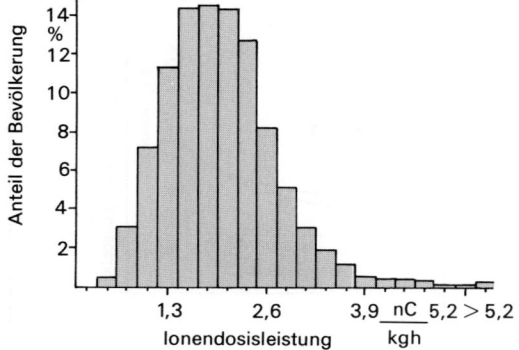

Bild 8-94.   Terrestrische Strahleneinwirkung.

exposition in der Umgebung von Kernkraftwerken zu den in Tabelle 8-18 angegebenen
Werten. Diese liegen deutlich unterhalb des
in der Strahlenschutzverordnung angegebenen
Grenzwertes von 300 µSv/a.

8.10.4. Dosismessung

Zur Dosismessung muß ein durch die Strahlung in Materie verursachter, dosispropor-
tionaler meßbarer Effekt ausgenutzt werden,
wie z. B. *Ionisation, Lichterzeugung* in einem
Szintillator, *Veränderungen in Festkörpern,*

chemische Reaktionen oder *Wärmeerzeugung.*
In Bild 8-95 sind einige Meßverfahren mit der
Energieabhängigkeit der Anzeige und dem
Meßbereich zusammengestellt.

Bei der in der Praxis wichtigen Messung der
Ionendosis unterscheidet man je nach Meßbe-
dingungen zwischen der *Standard-Gleichgewichts-Ionendosis* und der *Hohlraum-Ionendosis.* Die Standard-Gleichgewichts-Ionendosis
ist die Ionendosis, die von einer Photonenstrahlung an einem Punkt bei Sekundärelek-
tronengleichgewicht frei in Luft erzeugt wird.
Man wählt ein entsprechend großes Luftvolu-
men und mißt die in einem allseitig von Luft
umgebenen Teilvolumen erzeugte Ladung.
Dadurch wird erreicht, daß die Summe der
Elektronenenergien, die in das Meßvolumen
gelangen, gleich der Energie der austretenden
Elektronen ist (Sekundärelektronengleichge-
wicht). Dies kann nur bis zu einer Energie
von 500 keV verwirklicht werden. Wird das
Meßvolumen mit einer Wand umgeben, für
die gilt

$$(\mu_e/S)_{\text{Kammerwand}} = (\mu_e/S)_{\text{Luft}} \qquad (8\text{-}107)$$

mit S als dem Bremsvermögen der Sekundärelektronen, so spricht man von *luftäquivalen-*

Tabelle 8-18.   Strahlenexposition in der Umgebung von Kernkraftwerken.

Kernkraftwerk	oberer Wert der Strahlenexposition in µSv/a (m rem/a)		Mittelwert der Strahlenexposition in µSv/a (m rem/a) des Ganz-körpers Erwachsener für die Bevöl-kerung im Umkreis von	
	des Ganzkörpers Erwachsener über sämtliche entschei-dende Expositions-pfade	der Schilddrüse eines Kleinkindes aus gesamter Inha-lation und Ingestion	0 bis 3 km	0 bis 20 km
Kahl	1 (0,1)	0,7 (0,07)	0,03 (0,003)	< 0,01 (0,001)
Gundremmingen	< 0,1 (0,01)	< 0,1 (0,01)	< 0,01 (0,001)	< 0,01 (0,001)
Lingen	< 0,1 (0,01)	0,1 (0,01)	< 0,01 (0,001)	< 0,01 (0,001)
Obrigheim	2 (0,2)	2 (0,2)	0,1 (0,01)	0,01 (0,001)
Stade	0,1 (0,01)	0,2 (0,02)	0,02 (0,002)	< 0,01 (0,001)
Würgassen	2 (0,2)	50 (5)	0,2 (0,02)	0,02 (0,002)
Biblis A und B	0,3 (0,03)	1 (0,1)	0,06 (0,006)	< 0,01 (0,001)
Neckarwestheim	0,1 (0,01)	1 (0,1)	0,02 (0,002)	< 0,01 (0,001)
Brunsbüttel	0,4 (0,04)	6 (0,6)	0,02 (0,002)	< 0,01 (0,001)
Isar	0,1 (0,01)	0,1 (0,01)	0,01 (0,001)	< 0,01 (0,001)
Unterweser	0,1 (0,01)	0,1 (0,01)	< 0,01 (0,001)	< 0,01 (0,001)
Philippsburg	0,3 (0,03)	0,5 (0,05)	0,02 (0,002)	< 0,01 (0,001)
Grafenrheinfeld	< 0,1 (0,01)	< 0,1 (0,01)	< 0,01 (0,001)	< 0,01 (0,001)

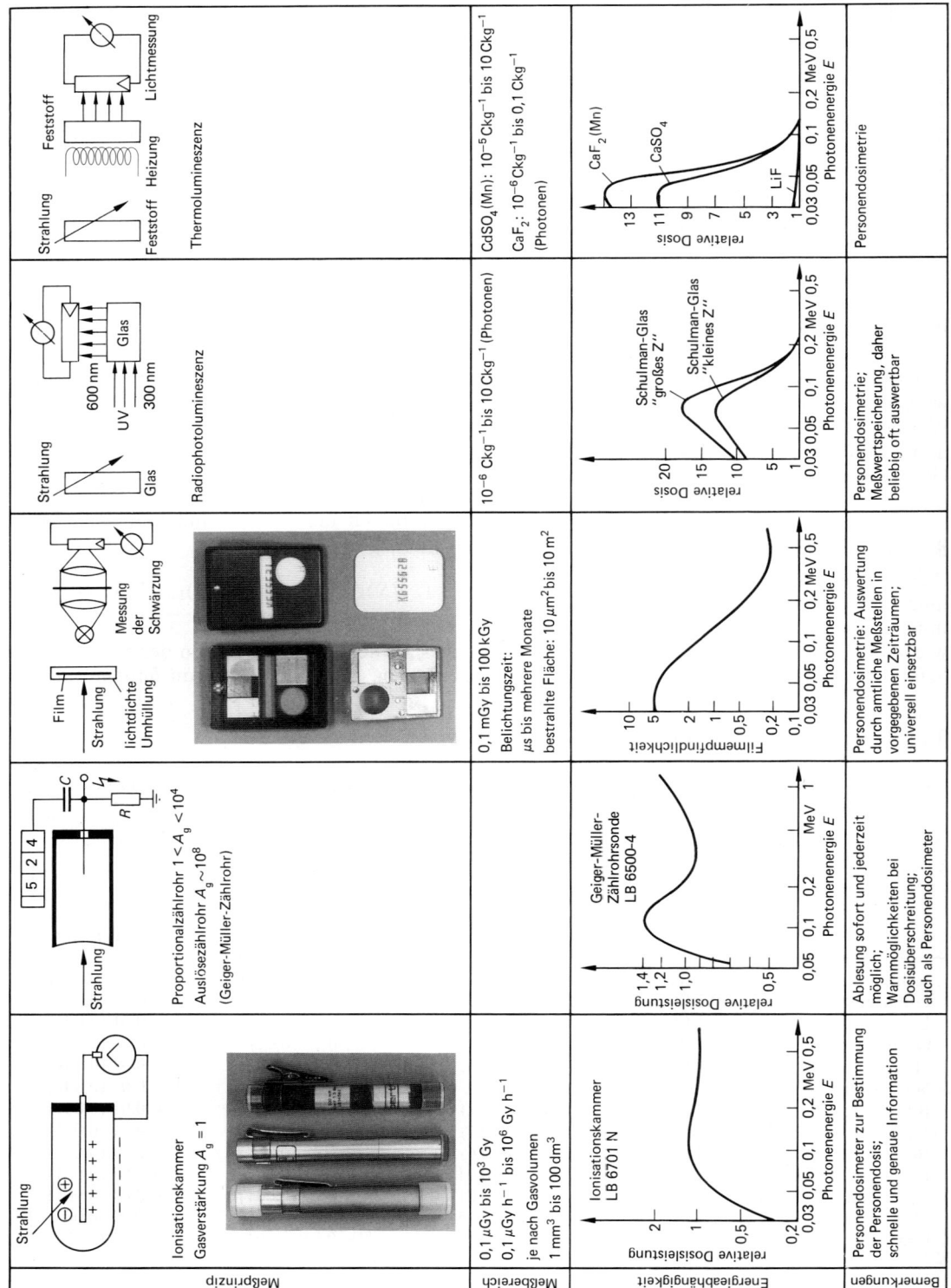

Meßprinzip	Meßbereich	Energieabhängigkeit	Bemerkungen
Strahlung — Ionisationskammer Gasverstärkung $A_g = 1$	$0,1\ \mu Gy$ bis $10^3\ Gy$ — $0,1\ \mu Gy\ h^{-1}$ bis $10^6\ Gy\ h^{-1}$ je nach Gasvolumen $1\ mm^3$ bis $100\ dm^3$	Ionisationskammer LB 6701 N — relative Dosisleistung — Photonenenergie E — $0,03\ 0,05\ 0,1\quad 0,2\ MeV\ 0,5$	Personendosimeter zur Bestimmung der Personendosis; schnelle und genaue Information
Strahlung — Proportionalzählrohr $1 < A_g < 10^8$ Auslösezählrohr $A_g \sim 10^8$ (Geiger-Müller-Zählrohr)		Geiger-Müller-Zählrohrsonde LB 6500-4 — relative Dosisleistung — Photonenenergie E — $0,05\ 0,1\ 0,2\quad MeV\ 1$	Ablesung sofort und jederzeit möglich; Warnmöglichkeiten bei Dosisüberschreitung; auch als Personendosimeter
Film — **Strahlung** — lichtdichte Umhüllung — Messung der Schwärzung	$0,1\ mGy$ bis $100\ kGy$ Belichtungszeit: μs bis mehrere Monate bestrahlte Fläche: $10\ \mu m^2$ bis $10\ m^2$	Filmempfindlichkeit — Photonenenergie E — $0,03\ 0,05\ 0,1\quad 0,2\ MeV\ 0,5$	Personendosimetrie: Auswertung durch amtliche Meßstellen in vorgegebenen Zeiträumen; universell einsetzbar
Strahlung — Glas — 600 nm — UV — 300 nm — Radiophotolumineszenz	$10^{-6}\ Ckg^{-1}$ bis $10\ Ckg^{-1}$ (Photonen)	relative Dosis — Schulman-Glas „großes Z" — Schulman-Glas „kleines Z" — Photonenenergie E — $0,03\ 0,05\ 0,1\quad 0,2\ MeV\ 0,5$	Personendosimetrie; Meßwertspeicherung, daher beliebig oft auswertbar
Strahlung — Festfstoff — Festfstoff Heizung — Lichtmessung — Thermolumineszenz	$CdSO_4\ (Mn)$: $10^{-5}\ Ckg^{-1}$ bis $10\ Ckg^{-1}$ CaF_2: $10^{-6}\ Ckg^{-1}$ bis $0,1\ Ckg^{-1}$ (Photonen)	relative Dosis — $CaF_2\ (Mn)$ — $CaSO_4$ — LiF — Photonenenergie E — $0,03\ 0,05\ 0,1\quad 0,2\ MeV\ 0,5$	Personendosimetrie

Bild 8-95.   Dosismeßverfahren.

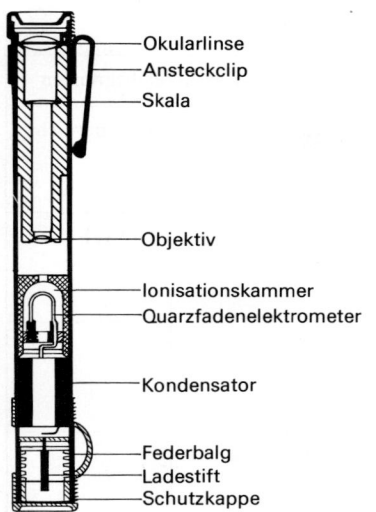

Okularlinse
Ansteckclip
Skala

Objektiv

Ionisationskammer
Quarzfadenelektrometer

Kondensator

Federbalg
Ladestift
Schutzkappe

Bild 8-96. Aufbau eines Füllhalterdosimeters.

tem Wandmaterial. Solche Dosimeter sind bis
3 MeV einsetzbar. In Bild 8-96 ist ein *Stabdosimeter* schematisch dargestellt. Die in die
Ionisationskammer eindringende Strahlung erzeugt durch primäre Ionisationsprozesse Ladungen, die zu einer Entladung des Kondensators führen. Die Ladung des Kondensators wird durch das Quarzfadenelektrometer angezeigt und kann durch das Mikroskop (Okularlinse − Objektiv) abgelesen werden. Die Aufladung des Kondensators erfolgt mit einem Ladegerät über den Ladestift. Diese Stabdosimeter sind vorzugsweise
zur Ermittlung der Personendosis bestimmt
und werden hierzu am Körper getragen.
Außerdem können sie auch als Ortsdosi-
meter verwendet werden. Bei höheren Energien und anderen Strahlenarten wird die
Ionendosis in einem kleinen gasgefüllten
Hohlraum mit „gewebeäquivalenten" Wänden gemessen (*Hohlraum-Ionendosis*).

Die Messung der Neutronen-Ortsdosisleistung
ist infolge der unterschiedlichen Neutronenenergien (0,025 eV bis MeV) problematisch.
Dies zeigen die Absorptionskurven für schnelle
Neutronen (Bild 8-88), jeweils gemessen mit
einem Detektor, der nur schnelle Neutronen
bzw. thermische Neutronen nachweist. Die
Zunahme des Flusses thermischer Neutronen
erfolgt durch die Abbremsung der schnellen
Neutronen im Absorbermaterial. Zur Messung der Neutronen-Ortsdosisleistung dient

ein LiI-Szintillationsdetektor, dessen Kristall
(10 mm $\varnothing \times 2$ mm) auf einem Plexiglaslicht-
leiter montiert ist und sich im Mittelpunkt
eines kugelförmigen Polyethylenmoderators
befindet. Durch den kombinierten Effekt von
Moderierung, Streuung und Absorption in der
Kugel wird erreicht, daß der im Mittelpunkt
herrschende Fluß thermischer Neutronen weitgehend der Äquivalentdosisleistung an der
Oberfläche der Kugel, unabhängig vom Neu-
tronenspektrum, entspricht.

8.10.5. Strahlenschutzmaßnahmen

Im Strahlenschutz unterscheidet man zwischen *beruflich strahlenexponierten* und *nicht
beruflich strahlenexponierten* Personen. Jede
Person, die beruflich mit Röntenstrahlung,
radioaktiver Strahlung oder anderen ionisierenden Strahlen zu tun hat, wird als beruflich
strahlenexponierte Person bezeichnet und unterliegt gesetzlichen Regelungen, die in der
Strahlenschutzverordnung festgelegt sind. Die
Strahlenschutzverordnung gilt für den Umgang mit radioaktiven Stoffen, ihre Beförde-
rung, Einfuhr und Ausfuhr sowie die Aufsu-
chung, Gewinnung und Aufbereitung von radioaktiven Mineralien, den Umgang mit Kern-
brennstoffen und die Errichtung und den Betrieb von Anlagen zur Erzeugung ionisierender Strahlen mit einer Energie oberhalb von
5 keV (§ 1 der Strahlenschutzverordnung). In
der Strahlenschutzverordnung sind unter Berücksichtigung genetischer Schäden Dosis-
grenzwerte gemäß Tabelle 8-19 festgelegt, die
kontrolliert und eingehalten werden müssen.

Außer den in Bild 8-89 dargestellten Dosisgrößen sind im Strahlenschutz noch weitere
Dosisbegriffe, wie z.B. *Personendosis, Körperdosis* und *Ortsdosis*, wichtig. Unter Personendosis versteht man die Dosis, die von einem
Dosimeter an einer für die Strahlenexposition
repräsentativen Stelle der Körperoberfläche
(Brust → Ganzkörper, Finger → Hände) angezeigt wird, angegeben als Äquivalentdosis
H (Weichteilgewebe). Die Körperdosis ist
der Mittelwert von *H* über bestimmte Körperteile unter Berücksichtigung der Bestrah-
lungsbedingungen. Die Ganzkörperdosis umfaßt Kopf, Rumpf, Oberarme und Ober-
schenkel bei gleichmäßiger Bestrahlung des
ganzen Körpers. Die Teilkörperdosis ist der

Tabelle 8-19. Strahlendosisgrenzwerte.

Körperbereich	allgemeines Staatsgebiet, natürliche Strahlenbelastung	Strahlenschutzbereiche, Dosisgrenzwerte an den Bereichsgrenzen			
		außerbetrieblicher Überwachungsbereich	betrieblicher Überwachungsbereich	Kontrollbereich (Aufenthalt 40 h/Woche)	Sperrbereich
Ganzkörper, Knochenmark, Gonaden, Uterus	2,2 mSv/a	0,3 mSv/a	5 mSv/a	15 mSv/a	3 mSv/h
Hände, Unterarme, Füße, Knöchel		3,6 mSv/a	60 mSv/a	180 mSv/a	
Haut, Knochen, Schilddrüse		1,8 mSv/a	30 mSv/a	90 mSv/a	
andere Organe		0,9 mSv/a	15 mSv/a	45 mSv/a	
Überwachungsmaßnahmen gemäß Strahlenschutzverordnung					
Messung der Ortsdosis und Ortsdosisleistung		●	●	●	●
Kontaminationsüberwachung			●	●	●
ärztliche Überwachung				●	●
Messung der Körperdosis bzw. Personendosis				●	●

Grenzwerte der Körperdosen für beruflich strahlenexponierte Personen		
Körperbereich	beruflich strahlenexponierte Personen der Kategorie A mSv/a	beruflich strahlenexponierte Personen der Kategorie B mSv/a
Ganzkörper, Knochenmark, Gonaden, Uterus	50	15
Hände, Unterarme, Füße, Unterschenkel, Knöchel	600	200
Knochen, Schilddrüse	300	100
andere Organe	150	50

Mittelwert von H über bestimmte Körperabschnitte oder Organe.

Die Ortsdosis (Ortsdosisleistung) gibt die Äquivalentdosis für Weichteilgewebe an einem bestimmen Ort des Strahlungsfeldes in einem bestimmten Zeitintervall an. Durch die unterschiedliche Ortsdosisleistung werden verschiedene Bereiche des Strahlungsfeldes abgetrennt. Wie aus Tabelle 8-19 hervorgeht, unterscheidet man zwischen Sperrbereich, Kontrollbereich, betrieblicher und außerbetrieblicher Überwachungsbereich. In diesen Bereichen sind unterschiedliche Überwachungsmaßnahmen vorgeschrieben. Der Zugang zum Sperrbereich ist nur in Ausnahmefällen beruflich strahlenexponierten Personen der Kategorie A und B gestattet. Im Kontrollbereich dürfen nur Personen der Kategorie A und B tätig sein. In Ausnahmefällen ist auch für nicht beruflich strahlenexponierte Personen, beispielsweise für Ausbildungszwecke, der Zugang zum Kontrollbereich gestattet.

Man unterscheidet zwischen *äußerer* (Strahlenquellen außerhalb des Körpers) und *innerer* (Strahlenquellen innerhalb des Körpers) Strahlenbelastung. Die Gefahr einer inneren Strahlenbelastung ist bei Arbeiten mit offenen radioaktiven Stoffen durch Inkorporation besonders groß.

Schutz vor äußerer Strahlenbelastung

Mit folgenden Maßnahmen schützt man sich vor äußerer Strahlenbelastung:

- Strahlenquellen mit möglichst kleiner Quellstärke verwenden, soweit dies technisch einzurichten ist,
- Minimierung der Aufenthaltsdauer im Strahlungsfeld. Dies ist eine einfache, aber wirkungsvolle Maßnahme, da sich die Dosis proportional zur Zeit verhält:

$$H = \dot{H}\, t \;(H \text{ konstant});$$
$$H = \int_0^t \dot{H}(t)\, \mathrm{d}t\,. \qquad (8\text{-}108)$$

- Einhaltung möglichst großer Abstände von der Strahlenquelle, sowie
- Verwendung von Abschirmungen.

Eine punktförmige Strahlenquelle (Dimensionen der Quelle klein im Verhältnis zur betrachteten Umgebung), die in alle Richtungen gleichmäßig abstrahlt (isotrop), erzeugt an einem Punkt im Abstand r von der Quelle eine Flußdichte, die proportional der Quellstärke (Anzahl der Teilchen oder Quanten je Zeiteinheit) und umgekehrt proportional dem Quadrat des Abstandes ist. Dies ist dadurch bedingt, daß die Oberfläche einer Kugel um die Strahlenquelle mit r^2 zunimmt. Je größer die Flußdichte, desto größer ist bei konstantem Energieabsorptionskoeffizienten μ_e die je Zeiteinheit absorbierte Energie im Material. Somit ist die Flußdichte proportional zur Dosisleistung. Für Photonenstrahlung gilt

$$\frac{\mathrm{d}}{\mathrm{d}t} H = \dot{H} = \Gamma_H \frac{A}{r^2}\,. \qquad (8\text{-}109)$$

Hierin ist $\dot{H}$ die Äquivalentdosisleistung in Sv/h, A die Aktivität der Quelle in Bq, r der Abstand von der Quelle und Γ_H die Äquivalent-Dosisleistungskonstante in $\mathrm{Sv\ h^{-1}\ m^2\ Bq^{-1}}$.

Die *Äquivalent-Dosisleistungskonstante* Γ_H ist abhängig vom Energiespektrum der Quelle und dem *Energieabsorptionskoeffizienten* μ_e für Weichteilgewebe ($q = 1$ für Röntgen- und γ-Strahlung). In Tabelle 8-20 sind für einige Radionuklide die Konstanten angegeben. Für β-Strahlung kann im Prinzip eine ähnliche Beziehung aufgestellt werden; hierbei wird allerdings die Äquivalent-Dosisleistungskonstante *Dosisleistungs-Funktion*, da die β-Teilchen entlang ihres Weges Energie verlieren. Außerdem werden die β-Teilchen bereits im radioaktiven Präparat absorbiert (*Selbstabsorption*), so daß die Berechnung der Äquivalentdosis von β-Strahlung sehr schwierig ist.

Aus Gl. (8-109) entnimmt man, daß sich die Dosisleistung mit dem Quadrat des Abstandes vermindert. Deshalb sollten auch schwach

Tabelle 8-20. Gammastrahlendosiskonstante Γ_H einiger Radionuklide.

Radionuklid	Dosiskonstante Γ_H in $\mathrm{Sv\ m^2\ h^{-1}\ Bq^{-1}}$
^{24}Na	$4{,}72 \cdot 10^{-13}$
^{60}Co	$3{,}36 \cdot 10^{-13}$
^{131}J	$5{,}45 \cdot 10^{-14}$
^{137}Cs	$7{,}70 \cdot 10^{-14}$
^{226}Ra	$2{,}14 \cdot 10^{-13}$

Tabelle 8-21. Zahlenbeispiel zur Strahlenbelastung.

Radioaktives Präparat: ^{137}Cs Dosiskonstante: 0,077 μSv h^{-1} m^2 MBq^{-1} Aktivität: 10 MBq	Abstand r in m	Äquivalentdosisleistung H in μSv h^{-1}
direktes Greifen des radioaktiven Präparats, Armlänge 0,5 m	0,01 0,5	$7,7 \cdot 10^3$ Finger 3,1 Körper
Verwendung einer Zange zum Greifen (0,25 m)	0,25 0,75	12,3 Finger 1,4 Körper
	1,00	0,77
Abschirmung 5 cm Blei	1,00	0,004 $\mu = 1,2$ cm^{-1}; $B = 2$

radioaktive Präparate niemals mit den Händen angefaßt werden, wie das Rechenbeispiel Tabelle 8-21 belegt. Man erkennt, welchen Einfluß auf die Dosis der Abstand des Objekts zu einem Strahler hat.

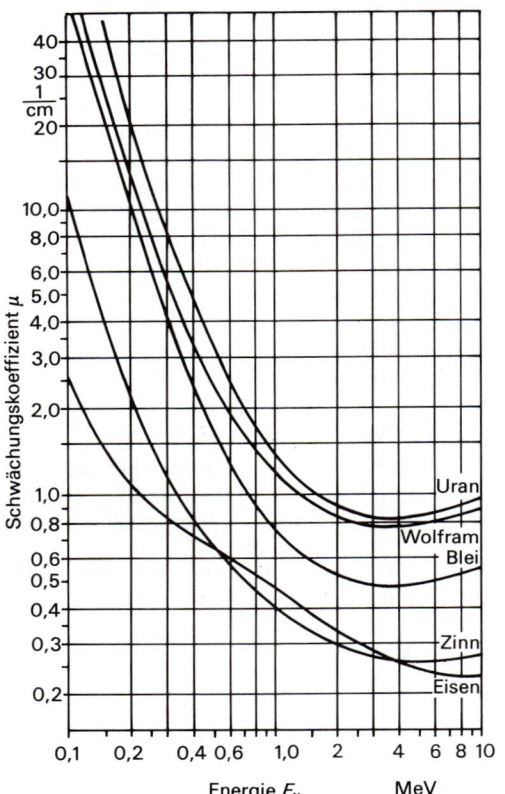

Bild 8-97. *Energieabhängigkeit des linearen Schwächungskoeffizienten einiger Metalle.*

Eine weitere Möglichkeit, die Dosisleistung zu senken, ist die Verwendung von Abschirmungen. α-Teilchen lassen sich bereits durch ein Stück Papier vollständig absorbieren. Mit millimeterdickem Aluminium erreicht man eine vollständige Absorption von β-Teilchen. Hierbei ist allerdings das Auftreten von Sekundärstrahlung größerer Reichweite (Bremsstrahlung, Röntgenstrahlung) zu berücksichtigen. Im Gegensatz zur α- und β-Strahlung kann die γ-Strahlung nicht vollständig absorbiert, sondern nur geschwächt werden. Es gilt das *exponentielle Absorptionsgesetz* (Bild 8-88) mit dem linearen Schwächungskoeffizienten μ. In Bild 8-97 ist diese Größe für einige Materialien in Abhängigkeit von der Energie dargestellt. Da infolge des *Comptoneffekts* im Absorbermaterial auch Streuung von γ-Strahlung auftritt, kann dies zu einer Erhöhung der Dosisleistung führen. Dies wird durch den *Dosisaufbaufaktor B*, der eine Funktion der Energie, Absorberdicke und des Absorbermaterials ist, berücksichtigt. In Bild 8-98 sind die B-Werte für Blei und Eisen in Abhängigkeit von μx dargestellt. Damit ergibt sich für die Äquivalentdosisleistung hinter einer Abschirmung

$$\dot{H} = \underbrace{\Gamma_\text{H} \frac{A}{r^2}}_{\substack{\text{Dosis}\\ \text{ohne}\\ \text{Abschir-}\\ \text{mung}}} \underbrace{\text{e}^{-\mu x}}_{\substack{\text{Schwä-}\\ \text{chungs-}\\ \text{faktor}}} \underbrace{B(x, E)}_{\substack{\text{Aufbau-}\\ \text{faktor}}} . \qquad (8\text{-}110)$$

Zur Berechnung der Dosisleistung hinter einer Abschirmung entnimmt man aus Bild 8-97

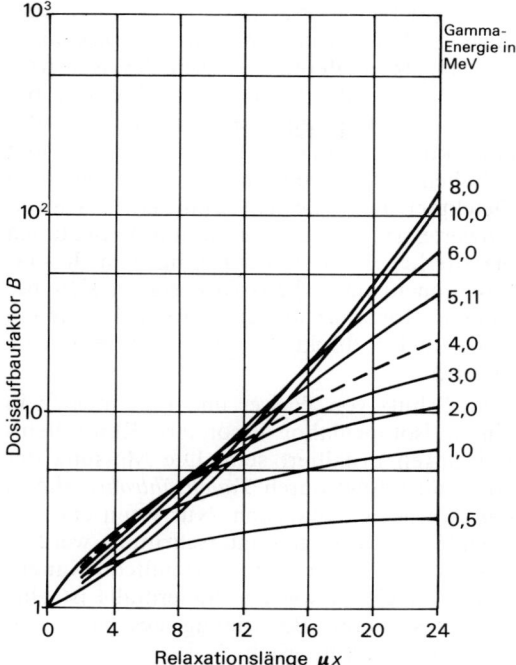

Bild 8-98. *Energieabhängigkeit des Dosisaufbaufaktors.*

und 8-98 die Werte für μ und B. Für ^{137}Cs ($E_\gamma = 0,662$ MeV) entnimmt man die in Tabelle 8-21 angegebenen Werte und kann damit die Dosisleistung hinter einer 5 cm dicken Bleiwand ermitteln.

Schutz vor innerer Strahlenbelastung

Man unterscheidet zwischen *offenen* und *umschlossenen* radioaktiven Stoffen. Umschlossene radioaktive Stoffe sind ständig von einer allseitig dichten, festen, inaktiven Hülle umschlossen oder in festen inaktiven Stoffen ständig so eingebettet, daß bei üblicher betriebsmäßiger Beanspruchung ein Austritt radioaktiver Stoffe mit Sicherheit verhindert wird.

Beim Arbeiten mit *offenen radioaktiven Stoffen* (z. B. Lösungen, Feststoffe, Gase) besteht die Gefahr einer Aufnahme in den Körper (Inkorporation). Dies muß durch entsprechende Laboreinrichtungen und umsichtiges Arbeiten verhindert werden, denn eine innere Strahlenbelastung ist bedeutend gefährlicher als eine äußere Strahleneinwirkung. Die inkorporierten Radionuklide können sich im Körper in bestimmten Organen anreichern und diese bis zu ihrem vollständigen Zerfall direkt schädigen.

Zur Beurteilung der *Radiotoxizität* ist deshalb außer der *physikalischen* die *biologische Halbwertszeit* wichtig. Diese gibt die Zeit an, in der eine im Körper vorhandene Aktivität durch Ausscheidung auf die Hälfte vermindert wurde. Aufgrund dieser Erkenntnisse hat man eine Einteilung in *Radiotoxizitätsklassen* von 1 bis 4 gemäß Tabelle 8-22 vorgenom-

Tabelle 8-22. Toxizität von Radionukliden.

Radiotoxizitätsklasse	Nuklid	Halbwertszeit T_{phys}	Halbwertszeit T_{biol}	kritisches Organ
1 Freigrenze 3,7 kBq	^{90}Sr ^{210}Pb ^{210}Po ^{233}U	28,1 a 22 a 138 d $1,63 \cdot 10^5$ a	11 a 730 d 40 d 300 d	Knochen Knochen Milz Knochen
2 Freigrenze 37 kBq	^{22}Na ^{137}Cs ^{144}Ce ^{131}I	2,58 a 26,6 a 285 d 8,0 d	19 d 100 d 330 d 180 d	gesamter Körper Muskel Knochen Schilddrüse
3 Freigrenze 370 kBq	^{14}C ^{24}Na ^{105}Rh ^{109}Cd	5570 a 15 h 1,54 d 1,3 a	35 a 19 d 28 d 100 d	Fett gesamter Körper Nieren Leber
4 Freigrenze 3,7 MBq	^{3}H ^{85m}Sr ^{238}U	12,6 a 70 m $4,5 \cdot 10^9$ a	19 d 11 a 300 d	gesamter Körper Nieren

men. Nach der Gefahrenklasse werden die *Freigrenze* und die *Grenzwerte* für Luft, Wasser und Nahrungsmittel festgelegt. Unter *Freigrenze* versteht man die Aktivität, mit der man ohne Genehmigung oder Anzeige umgehen kann. Der Umgang mit Aktivitäten oberhalb der Freigrenze erfordert eine Umgangsgenehmigung (des Gewerbeaufsichtsamts), die bestimmte Laboreinrichtungen und die Fachkenntnis des Personals voraussetzt. Als *kritisches Organ* wird das Organ bezeichnet, das nach einer Inkorporation die empfindlichsten Reaktionen des Körpers erwarten läßt.

In einem Labor, in dem mit offenen radioaktiven Stoffen oberhalb der Freigrenze gearbeitet wird (Isotopenlabor), müssen Überwachungseinrichtungen auf Kontamination vorhanden sein, um ein ungewolltes Verschleppen der radioaktiven Stoffe in die angrenzenden Räume zu vermeiden. Hierfür werden häufig *Xenon-Großflächen-Zählrohre* eingesetzt. Es handelt sich um *Proportionalzählrohre* mit einer effektiven Fensterfläche bis $900\,\text{cm}^2$ und Zählwirkungsgrade je nach Radionuklid bis zu 35%. Diese Detektoren sind auch in den *Personen-Kontaminationsmonitoren* eingebaut. Beim Verlassen des Isotopenlabors muß jede Person diesen Monitor betreten. Es erfolgt eine Messung der Oberflächenaktivität (Bq cm^{-2}) von Händen und Schuhen bzw. Kleidung (mit beweglichem Detektor). Bei Überschreitung eines Schwellenwertes sind Dekontaminationsmaßnahmen erforderlich. Zur Überprüfung von Kontaminationen am Arbeitsplatz eignen sich besonders Kontaminationsmonitore, die für ein Radionuklid direkt die Aktivität je Fläche angeben.

Zum Schutz von Wasser und Luft müssen in einem Isotopenlabor besondere Kontrolleinrichtungen installiert sein. Die Messung der Aktivität erfolgt durch *Tauchzählrohre*, die in das Abwasser eintauchen. Nur wenn entsprechende Grenzwerte unterschritten werden, darf das Abwasser in die öffentliche Kanalisation abgeleitet werden, andernfalls ist eine ordnungsgemäße Beseitigung des radioaktiven Wassers erforderlich.

9. Festkörperphysik

Die Festkörperphysik hat sich in den letzten zehn Jahren von der reinen Grundlagenforschung zu dem wichtigsten anwendungsorientierten Gebiet entwickelt. Bild 9-1 zeigt, daß die Festkörperphysik ohne die Atom- und Quantenphysik nicht verstanden werden kann, so daß des öfteren auf die entsprechenden Abschnitte verwiesen werden muß.

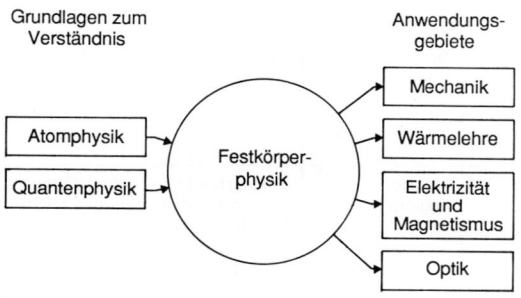

Bild 9-1. Strukturbild Festkörperphysik.

Wie Bild 9-1 weiterhin zeigt, spielt die Festkörperphysik praktisch in jedem Bereich eine Rolle, da sie die mechanischen, thermischen, elektrischen, magnetischen und optischen Eigenschaften fester Körper beschreibt. So betrachtet haben alle Abschnitte dieses Buches zu ihr einen Bezug. Um die große Bedeutung der Festkörperphysik zu zeigen, sei beispielsweise auf die Anwendungen in der Mikroelektronik (vom Computerchip bis zur Flüssigkristallanzeige), in der Werkstofftechnik (z. B. metallische, magnetische, amorphe und keramische Werkstoffe) und in der Halbleitertechnik verwiesen.

9.1. Struktur fester Körper

9.1.1. Kristallbindungsarten

Zwischen den Atomen bzw. Molekülen fester Körper wirken ausschließlich elektrostatische Kräfte der Anziehung oder Abstoßung. Magnetische Kraftwirkungen können demgegenüber völlig vernachlässigt werden. Je nach Wirkungsweise der Kräfte unterscheidet man vier Bindungstypen:

– van-der-Waalssche Bindung,
– kovalente (homöopolare) Bindung,
– Ionenbindung (heteropolare Bindung) und
– metallische Bindung.

Bild 9-2 zeigt für die jeweilige Bindungsart die Kraftwirkungen, die Bindungsenergie, Beispiele und die typischen Werkstoffeigenschaften.

9.1.1.1. Van-der-Waalssche Bindung

Auch Atome und Moleküle, die keine Elektronen austauschen können, weil ihre Elektronenschalen abgeschlossen sind, üben aufeinander schwache elektrische Bindungskräfte aus und kristallisieren; so befinden sich auch Edelgase bei entsprechend tiefen Temperaturen im festen Aggregatzustand, bis auf ^{3}He, das bei diesen Temperaturen superfluid wird. Fällt aufgrund der Molekülstruktur oder der Beweglichkeit der Atomelektronen der Schwerpunkt der positiven Ladung nicht mit dem der negativen zusammen, so entsteht ein permanentes bzw. induziertes elektrisches Dipolmoment (Abschn. 4.3.7). Dieses influenziert im Nachbaratom oder benachbarten Molekül ein entgegengesetztes Dipolmoment, so daß eine schwach wirkende Anziehungskraft auftritt. Sie wird nach ihrem Entdecker *Van-der-Waals-Kraft* genannt (J. D. VAN DER WAALS, 1837 bis 1923).

Je mehr benachbarte Atome vorhanden sind und je dichter diese beieinander liegen, um so fester ist die Bindung. Deshalb kristallisieren die Edelgase in der *kubisch-dichtesten Kugelpackung*. Die Bindungsenergie der *Van-der-Waals-Bindung* ist

$$E_B = \frac{\text{Konstante}}{r^6}. \qquad (9\text{-}1)$$

Die Konstante liegt in der Größenordnung von 10^{-77} J m^6. Wie Gl. (9-1) zeigt, nimmt die Bindungsenergie E_B sehr schnell mit zunehmendem Abstand ab (Nahwirkung) und ist zudem ziemlich schwach (etwa 0,02 bis 0,1 eV/Atom). Van-der-Waals-Kräfte treten bei jeder Bindung auf, doch sind sie im Vergleich zu den bei anderen Bindungsarten wirkenden Bindungskräften so klein, daß sie vernachlässigt werden können.

Bindungsart	Kraftwirkungen	Bindungsenergie eV/Atom	Beispiele	Eigenschaften
van der Waals	Zwischen zwei isolierten Atomen mit permanentem oder induziertem Dipolmoment	$E_B \sim \dfrac{1}{r^6}$ 10^{-2} bis 10^{-1}	Edelgaskristalle, H_2, O_2, Molekülkristalle, Polymere	Isolator, leicht komprimierbar, niedriger Schmelzpunkt, durchlässig für Licht im fernen UV
kovalent (homöopolar)	Elektronenpaarbindung	1 bis 7	viele organische Stoffe, Elemente der Vierergruppe, C, Si, InSb	Isolator oder Halbleiter, sehr schwer verformbar, hoher Schmelzpunkt
Ionen (heteropolar)	zwischen zwei verschieden geladenen Ionen Cl^- Na^+	$E_B \sim \dfrac{1}{r}$ 6 bis 20	Salze (NaCl, KCl) BaF_2	Isolator bei niedrigen Temperaturen, Ionenleitung bei hohen Temperaturen, plastisch verformbar
metallisch	zwischen festen Atomrümpfen und frei beweglichen Elektronen	1 bis 5	Metalle, Legierungen	elektrischer Leiter, guter Wärmeleiter, plastisch verformbar, reflektiert im IR, reflektiert Licht (durchlässig im UV)

Bild 9-2.   Bindungsarten.

9.1.1.2. Kovalente (homöopolare) Bindung

Für die homöopolare oder kovalente Bindung sind die Elektronenstrukturen der Elemente der dritten bis fünften Hauptgruppe des Periodensystems (Abschn. 8.5.1) besonders geeignet. Beispielsweise haben alle Elemente der vierten Gruppe vier Valenzelektronen in der äußersten Elektronenschale. Mit Hilfe je eines Elektrons von vier nächsten Nachbarn kann sich jedes Atom eine edelgasähnliche Elektronenkonfiguration schaffen, die energetisch sehr günstig ist. Jeweils zwei benachbarte Atome teilen sich ein Elektronenpaar, wobei der Elektronenaustausch dann zu einer anziehenden Kraft führt, wenn die beteiligten

Elektronen entgegengesetzte Spinrichtungen haben. Die Orbitale der Elektronen (Abschn. 8.2.4) gehen eine Hybridisierung ein, und dies bewirkt eine stark gerichtete Bindung. So schließen beispielsweise die sp³-Hybridorbitale des Kohlenstoffs einen Winkel von 109,5° ein, so daß sich die in Bild 9-3 skizzierte tetraedrische Struktur des Diamantgitters ergibt.

Die kovalente Bindung herrscht in Stoffen, die Isolatoren oder Halbleiter sind. Sie sind außerordentlich hart und schwer verformbar und weisen einen hohen Schmelzpunkt auf.

9.1.1.3. Ionenbindung

Diese Bindung beruht auf der *Coulomb-Kraft* (Gl. (4-2)) zweier Ionen, d.h. unterschiedlich geladener Atome oder Moleküle. Das *Anion* ist negativ, das *Kation* positiv geladen. Die Bindungsenergie zweier Ionen beträgt

$$E_B = \frac{Q^2}{4\pi\varepsilon_0}\frac{1}{r}.$$

Im Gegensatz zur *van-der-Waalsschen Bindungsenergie*, die proportional zu $1/r^6$ abnimmt, verringert sich die Bindungsenergie

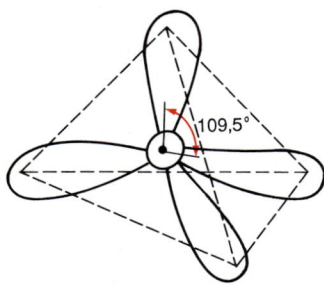

Bild 9-3.   Tetraederstruktur des Diamantgitters.

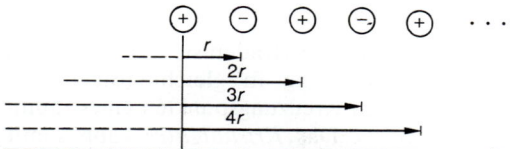

Bild 9-4. Einfluß der Nachbarionen auf die Bindungsenergie bei einer Ionenbindung.

der Ionenbindung nur mit $1/r$. Die Ionenbindung hat daher eine große Reichweite und macht die Einbeziehung auch der weiter entfernten Nachbarn erforderlich. Bild 9-4 zeigt am Beispiel einer linearen Kette, wie dies bei der Errechnung der Bindungsenergie berücksichtigt wird. Für die Bindungsenergie gilt

$$E_B = \frac{Q^2}{4\pi\varepsilon_0} \frac{\alpha}{r} \qquad (9\text{-}2)$$

mit

$$\frac{\alpha}{r} = 2\left(\frac{1}{r} - \frac{1}{2r} + \frac{1}{3r} - \frac{1}{4r} + \dots\right)$$

$$= \frac{2}{r}\left(1 - \frac{1}{2} + \frac{1}{3} - \dots\right).$$

Der Faktor 2 vor der Klammer berücksichtigt, daß die Ionenkette nach beiden Seiten verläuft; r ist der Abstand benachbarter Ionen im Kristall. Daraus ergibt sich

$$\frac{\alpha}{r} = \frac{2 \cdot \ln 2}{r} = \frac{1,386}{r}. \qquad (9\text{-}3)$$

Im dreidimensionalen Fall ist die Berechnung komplizierter. Der konstante Faktor α wird als *Madelung-Konstante* bezeichnet (E. MADELUNG) und beträgt für das dreidimensionale Kochsalzgitter (NaCl) $\alpha = 1,75$.

Die Ionenbindung ist typisch für Salze. Diese Substanzen sind bei niedrigen Temperaturen Isolatoren, weisen aber bei höheren Temperaturen aufgrund der *Dissoziation* der Ionen eine elektrolytische Ionenleitung auf. Diese Werkstoffe sind in der Regel hart und nur plastisch verformbar.

Beispiel

9.1-1: Für NaCl soll die Bindungsenergie E_B für einen Atomabstand von $2,8 \cdot 10^{-10}$ m berechnet werden.

Lösung:

Nach Gl. (9-2) ergibt sich $E_B = (\alpha e^2)/(4\pi\varepsilon_0 r)$ $= 1,44 \cdot 10^{-18}$ J/Ion oder 8,99 eV/Ion: Experimentell wird ein Wert von 7,99 eV/Ion gefunden. Dies bedeutet, daß eine abstoßende Energie von etwa 10% der Bindungsenergie berücksichtigt werden muß.

9.1.1.4. Metallische Bindung

Bei der metallischen Bindung kommt die bindende Wirkung dadurch zustande, daß die von den Atomen abgegebenen äußeren Valenzelektronen energetisch mit allen positiven Atomrümpfen des Kristalls wechselwirken und dadurch eine *metallische Bindungskraft* hervorrufen. Diese Bindung kettet die Bindungspartner nicht starr aneinander, die Bindungselektronen sind nicht lokalisiert und haben eine große Beweglichkeit (*Elektronengas*). Deshalb haben Kristalle mit metallischen Bindungen eine gute elektrische Leitfähigkeit und Wärmeleitung. Die Bindungskräfte sind nicht so stark wie bei der *Ionenbindung*, sondern eher mit der *kovalenten Bindung* vergleichbar. Da die Bindungskräfte gleichmäßig im Raum wirken, werden *dichteste Kugelpackungen* bevorzugt. Atome mit zur metallischen Bindung geeigneter Elektronenstruktur, d.h. *Metalle*, kommen im wesentlichen in der ersten, zweiten und dritten Hauptgruppe sowie in den Nebengruppen des periodischen Systems vor.

Weil bei der metallischen Bindung die positiven Atomrümpfe nicht stark aneinander gebunden sind, ist es auch leicht möglich, andere Atome einzuschmelzen und *Legierungen* herzustellen. Die Deformationsenergie des Kristallgitters darf jedoch nicht größer als die Bindungsenergie der metallischen Bindung sein, weil sich sonst die Legierungspartner entmischen. Besonders legierungsgeeignete Atome sind aus diesem Grund Atome aus den benachbarten Gruppen. Im allgemeinen brauchen Legierungen jedoch kein festes stöchiometrisches Atomverhältnis aufzuweisen, um stabil zu sein.

Wegen der räumlichen *Isotropie* der metallischen Bindung ist eine leichte Verschiebbarkeit der Atomrümpfe innerhalb der Kristallstruktur vorhanden. Metalle und Legierungen sind deshalb in der Regel leicht verformbar.

9.1.2. Kristalline Strukturen

Viele Festkörper haben eine in *drei Raumrichtungen regelmäßige* (periodische) *Atomstruktur*, die *kristalline Struktur* genannt wird. Manche Kristalle lassen diese Symmetrien mit bloßem Auge erkennen. Festkörper *ohne regelmäßige Atomanordnung* werden *amorph* genannt. Zu dieser Stoffgruppe gehören beispielsweise die Gläser, die keramischen Werkstoffe und viele organische Materialien (Kunststoffe). Bei kristallinen Strukturen sind die physikalischen Größen (z. B. Resistivität oder Zugfestigkeit) von der Kristallrichtung abhängig (*anisotropes Verhalten*), während sie bei homogenen amorphen Strukturen in allen Richtungen gleich groß sind (*isotropes Verhalten*).

Die meisten Festkörper kristallisieren aus ihren Schmelzen *polykristallin*, die kristallinen Strukturen erstrecken sich nur über eine Größe von einigen Mikrometern. Die makroskopischen Eigenschaften dieser Festkörper sind *isotrop*. Durch Kristallziehverfahren gelingt es heute, meterlange *Einkristalle* mit einheitlicher Gitterstruktur herzustellen, wie Bild 9-5 zeigt. Sie werden bevorzugt in der Halbleiterfertigung benötigt.

Bild 9-5. Einkristalline Reinst-Silicium-Stäbe mit einem Durchmesser von 150 mm.
Werkphoto: Wacker-Chemitronic.

9.1.2.1. Kristallsysteme

Bei einem Kristall befinden sich die Atome in jeder Raumrichtung in gleichmäßigen Abständen an den Kreuzungspunkten eines räumlichen Gitters. Das *Kristallgitter* kann somit durch ein räumliches Koordinatensystem beschrieben werden, dessen kleinstes Element die *Elementarzelle* ist.

Wie Bild 9-6 verdeutlicht, wird die Elementarzelle beschrieben durch

− die Atomabstände entlang der Koordinatenachsen (z. B. *Gitterkonstante* a in *x*-Richtung, b in *y*-Richtung und c in *z*-Richtung) sowie
− die Winkel α, β und γ zwischen den Kristallachsen.

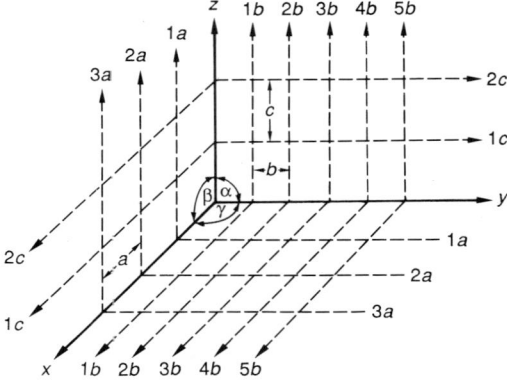

Bild 9-6. Beschreibung einer Elementarzelle durch Gitterkonstanten in den drei Raumrichtungen.

Man unterscheidet *sieben Kristallsysteme* nach folgenden Kriterien:

− die Gitterkonstanten sind gleich oder ungleich, und
− die Winkel zwischen den Achsen sind 90° oder haben einen anderen Betrag.

Innerhalb dieser Kristallsysteme sind je nach Belegung mit Atomen noch vier Varianten unterscheidbar:

− *primitive Gitter*
  Es sind nur die Eckpunkte der Elementarzelle mit Atomen belegt;
− *flächenzentrierte Gitter*
  Zusätzlich sind die Gitterflächen mit Atomen belegt;
− *basiszentrierte Gitter*
  Zusätzlich sind zwei gegenüberliegende Flächen mit Atomen belegt;

— *raumzentrierte Gitter*
Zusätzlich befindet sich noch ein Atom im Innern der Zelle.

Die sieben Kristallsysteme mit ihren Varianten ergeben die 14 *Bravais-Gitter* (A. BRAVAIS, 1811 bis 1863). Sie sind in Bild 9-7 nach zunehmender Teilchendichte geordnet zusammengestellt.

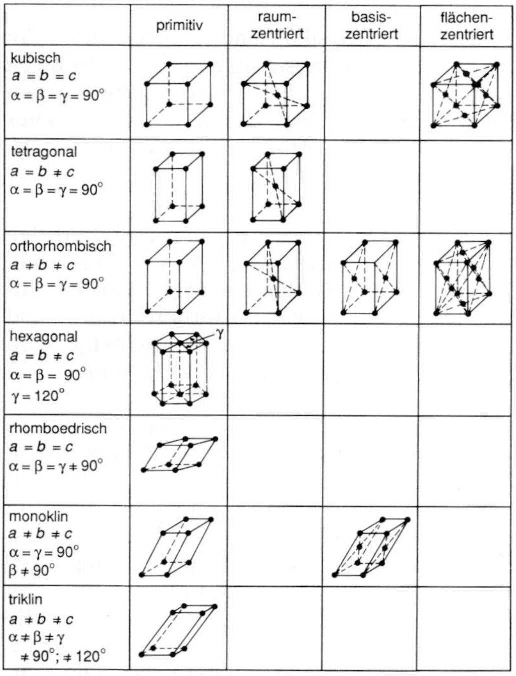

Bild 9-7.   Bravais-Gitter.

Die Kristallstrukturen ergeben sich durch die Verschiebung (Translation) der Elementarzellen um die Gitterkonstanten in allen drei Achsenrichtungen. Diese Gitter nennt man deshalb auch *Translationsgitter*. Die Kristallstrukturen können durch Röntgen-, Elektronen- und Neutronenbeugung genau bestimmt werden (Röntgenanalyse s. Abschn. 6.4.1.8).

Bei den Metallen spielen wegen der isotropen Bindungswirkung (Abschn. 9.1.1.4) nur drei Gittertypen eine wesentliche Rolle:

— die *kubisch-flächenzentrierte* Struktur (Kfz- oder A1-Struktur),
— die *kubisch-raumzentrierte* Struktur (Krz- oder A2-Struktur) und
— die *hexagonal dichteste Kugelpackung* (HdP- oder A3-Struktur).

In Tabelle 9-1 sind für einige Metalle mit kubisch-flächenzentrierter oder kubisch-raumzentrierter Kristallstruktur die Dichte, die Gitterkonstante und der Abstand zweier nächster Nachbarn angegeben.

9.1.2.2. Dichteste Kugelpackungen

Die Atome, idealisiert dargestellt als Kugeln, liegen besonders dicht beieinander, wenn aufeinanderfolgende Kugelebenen die Lücken der Ausgangsebene besetzen. Es gibt zwei Möglichkeiten, diese *dichteste Kugelpackung* zu verwirklichen:

— *Folge ABAB ...*
über den Kugellücken der Ausgangslage A liegt die Kugelebene B, und die nächste

Tabelle 9-1. Atomare Konstanten einiger Metalle mit kubisch-flächenzentrierter und kubisch-raumzentrierter Struktur.

Kubisch-flächen-zentriert	Dichte ϱ in g/cm^3	Gitter-konstante a in 10^{-10} m	Abstand zweier nächster Nachbarn in 10^{-10} m	Kubisch-raum-zentriert	Dichte ϱ in g/cm^3	Gitter-konstante a in 10^{-10} m	Abstand zweier nächster Nachbarn in 10^{-10} m
Ce	6,9	5,16	3,64	Cs	1,9	6,08	5,24
Pb	11,34	4,94	3,49	K	0,86	5,33	4,62
Ag	10,49	4,08	2,88	Ba	3,5	5,01	4,34
Au	19,32	4,07	2,88	Na	0,97	4,28	3,71
Al	2,7	4,04	2,86	Zr	6,5	3,61	3,16
Pt	21,45	3,92	2,77	Li	0,53	3,50	3,03
Cu	8,96	3,61	2,55	W	19,3	3,16	2,73
Ni	8,90	3,52	2,49	Fe	7,87	2,86	2,48

Kugelebene liegt wieder über der Ausgangslage A. Dies ist typisch für die hexagonal dichteste Kugelpackung (HdP-, A 3-Struktur);

– *Folge ABCABC …*
über den Kugellücken der Ausgangslage A liegt die Kugelebene B, darauf folgt über den entstandenen Kugellücken die Kugelebene C, bis sich die Kugelschichtung wiederholt. Dies ist typisch für die kubisch-flächenzentrierte Struktur (Kfz-, A 1-Struktur).

In beiden Fällen beträgt das Kugelvolumen 74% des Volumens der Elementarzelle. Für das kubisch-raumzentrierte Gitter (Krz, A 2) ergibt sich noch eine *Packungsdichte* von 68%. In Bild 9-8 sind die Eigenschaften der drei Gittertypen dichtester Kugelpackungen gegenübergestellt.

	Gittertypen		
Eigenschaften	kubisch-flächenzentriert	hexagonal dichteste Kugelpackung	kubisch-raumzentriert
Elementarzelle	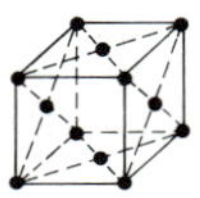	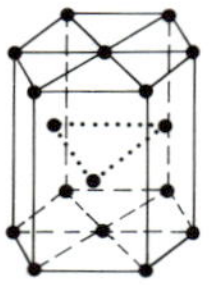	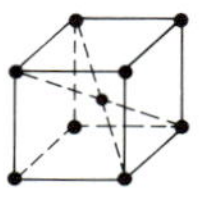
Kugelmodell	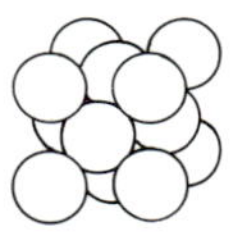		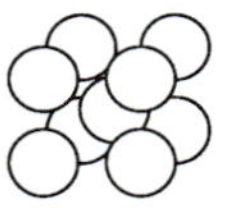
Packungsdichte	74%	74%	68%
Atomanzahl je Zelle	4	2	2
Koordinationszahl	12	12	8
dichtest gepackte Richtung	Flächendiagonale	Sechseckseite	Raumdiagonale

Bild 9-8. Gittertypen dichtester Kugelpackung.

Um die Atomanzahl je Elementarzelle feststellen zu können, muß bedacht werden, daß bei einer kubischen Elementarzelle die Eckatome zu 8 Zellen, die flächenzentrierten Atome zu 2 Zellen und die raumzentrierten Atome zu 1 Zelle gehören. Es befinden sich also in der kubisch-flächenzentrierten Elementarzelle $8 \cdot 1/8 + 6 \cdot 1/2 = 4$ Atome. Ent

sprechende Berechnungen ergeben für die HdP- bzw. Krz-Struktur 2 Atome je Elementarzelle.

Die *Koordinationszahl* gibt die Anzahl der nächsten Nachbarn an. Sie beträgt bei der Kfz- und der HdP-Struktur 12 und bei der Krz-Struktur 8.

9.1.2.3. Richtungen und Ebenen im Kristallgitter

Weil viele physikalische Eigenschaften in Kristallen richtungsabhängig sind, müssen Kristallrichtungen und atombesetzte Ebenen (*Netzebenen*) gekennzeichnet werden. Dies geschieht durch *Millersche Indizes* (W. H. MILLER, 1801 bis 1880).

Für die Indizierung wird ein Koordinatensystem gewählt, dessen Achsen parallel zu den Kanten der Elementarzelle des Gitters sind. Die Koordinatensysteme sind deshalb für kubische, tetragonale, orthorhombische und hexagonale Kristallsysteme rechtwinklig. Weil die *Kristallebenen die Kristallachsen immer im Verhältnis ganzer Zahlen* (bezogen auf die Gitterkonstanten) schneiden, kann eine Ebene in einem dreiachsigen Koordinatensystem durch ein *Zahlentripel h, k und l* indiziert werden. Die Ebenenkennzeichnung wird in runde Klammern gesetzt (*h, k, l*). Als Bezugsgrößen dienen also die Gitterkonstanten in x-, y- und z-Richtung (a, b und c). Bild 9-9 zeigt die Vorgehensweise. Die Ebene durch die Punkte A, B und C hat folgende Achsenabschnitte: $x = a/2$, $y = b$ und $z = c/3$. Die reziproken Werte sind $h = 2$, $k = 1$ und $l = 3$. Dies

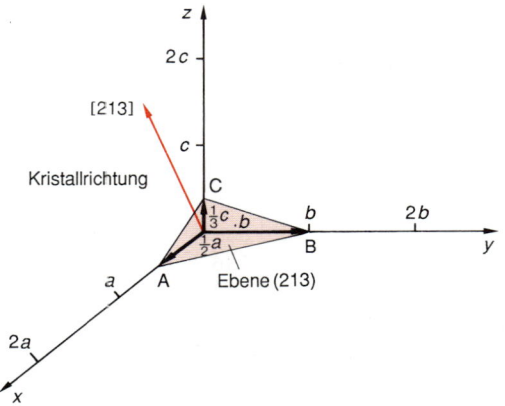

Bild 9-9. Indizierung von Kristallrichtungen und Kristallebenen.

sind die Millerschen Indizes der Ebene (213). Alle dazu parallelen Ebenen sind kristallographisch gleichwertig, z. B. (213) und (426).

Die *Kristallrichtung* steht immer *senkrecht* zur Kristallebene. Die Indizierung der Richtung setzt man in eckige Klammern, also [213]. Das Wertetripel ist die Gruppe kleinster ganzer Zahlen, die sich untereinander verhalten wie die Komponenten des Richtungsvektors (Bild 9-9). Bild 9-10 zeigt die Indizierung der wichtigsten Ebenen und Richtungen in kubischen Kristallen.

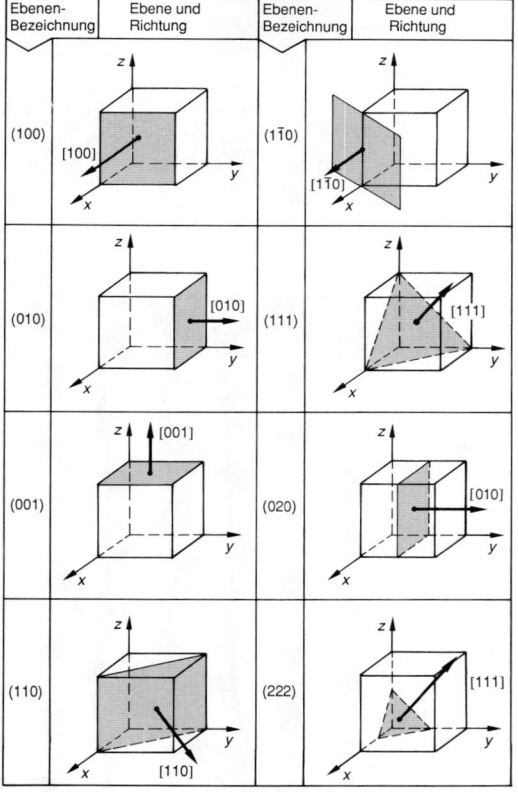

Ebenen-Bezeichnung	Ebene und Richtung	Ebenen-Bezeichnung	Ebene und Richtung
(100)	[100]	(1$\bar{1}$0)	[1$\bar{1}$0]
(010)	[010]	(111)	[111]
(001)	[001]	(020)	[010]
(110)	[110]	(222)	[111]

Bild 9-10.   Millersche Indizes für Ebenen und Richtungen in kubischen Kristallen.

9.1.3. Gitterfehler

Der periodisch regelmäßige Kristallaufbau kann Fehler aufweisen (*Gitterfehler*), die zu veränderten Materialeigenschaften führen können. Durch den Einbau von Gitterfehlern können deshalb gezielt Werkstoffeigenschaften eingestellt werden, z. B. eine hohe Zug-

festigkeit oder ein bestimmter Verformungsgrad oder elektrische Eigenschaften (Halbleiter). Bild 9-11 zeigt die Einteilung der Gitterfehler. Die Modellvorstellungen von Kristallgitterfehlern werden durch elektronenmikroskopische Beobachtungen analoger Fehler bei Flußliniengittern in Supraleitern bestätigt (Abschn. 9.2.4). Die Photos stammen von einer Pb/6,3%In-Folie der Dicke 1 μm bei $T = 2,1$ K und $B_a = 7 \cdot 10^{-3}$ T. Außerdem zeigt eine elektronenmikroskopische Aufnahme Versetzungslinien in Kupfer-Einkristallen.

9.1.3.1. Punktfehler

Man unterscheidet folgende Punktfehler:

- *Leerstellen*
  Es fehlen Atome auf den Gitterplätzen (*Schottky-Fehlordnung*);

- *Zwischengitteratome*
  Es befinden sich zusätzliche Atome im Gitter zwischen den Atomen (*Anti-Schottky-Fehlordnung*);

- *Frenkel-Paare*
  Es fehlen Atome auf den Gitterplätzen (Leerstellen), und es befinden sich zusätzliche Atome auf Zwischengitterplätzen;

- *Fremdstörstellen*
  Fremde Atome befinden sich im Atomgitter entweder an einem regulären Atomplatz (*Substitutionsatome*) oder zwischen den Gitterplätzen (*Einlagerungsatome* oder *interstitielle Atome*).

Punktfehler wirken sich auf die spezifische Wärmekapazität und die elektrischen Eigenschaften aus. Von besonderer Bedeutung sind bei Halbleitern die Fremdstörstellen der Dotierung.

9.1.3.2. Linienfehler

Die Linienfehler werden *Versetzungen* genannt. Bei *Stufenversetzungen* enden Gitterebenen wie Keile im Kristall. Die Gleitrichtung ist *senkrecht* zur Versetzungslinie (Symbol ⊥). Bei *Schraubenversetzungen* ist das Kristallgitter *parallel* zur Versetzungslinie um eine Netzebene (Abstand des *Burgers-Vektor* **b**) versetzt. Schraubenversetzungen lassen sich modellhaft so vorstellen, daß das Kristallgitter zur Hälfte aufgeschnitten wird und die Schnittkanten z. B. um eine Gitterkonstante

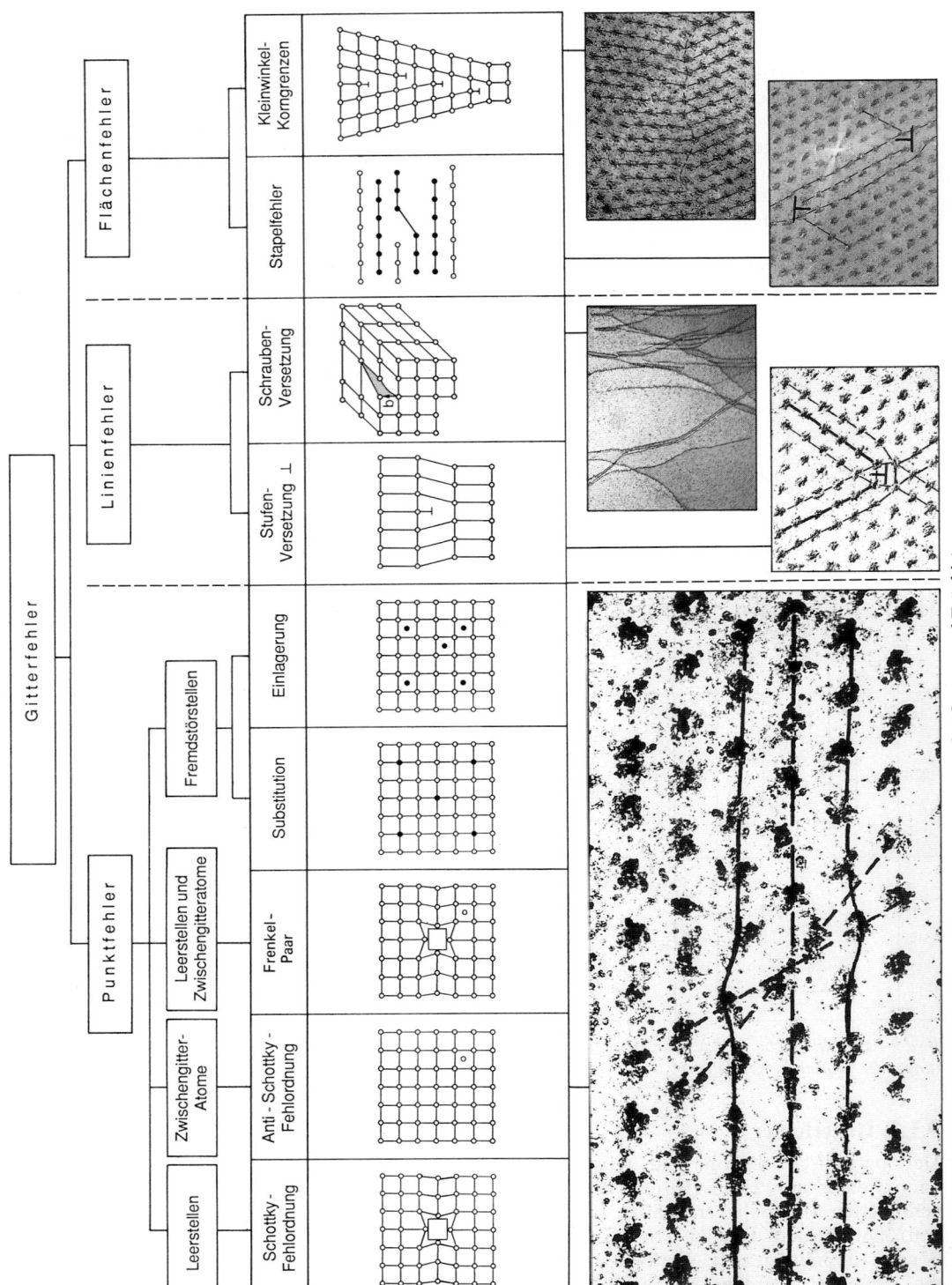

Bild 9-11. Gitterfehler (Photos: Flußliniengitter in Supraleitern nach Eßmann und Träuble).

verschoben werden. Im realen Kristall liegen die Versetzungen sowohl als Stufen- als auch als Schraubenversetzungen vor (*gemischte Versetzungen*). Die *Versetzungsdichte* wird in Länge je Volumen (cm/cm^3) angegeben. Sie liegt für weichgeglühte Metalle beispielsweise zwischen 10^6 cm^{-2} und 10^8 cm^{-2} und kann durch Schmieden auf 10^{11} cm^{-2} bis 10^{12} cm^{-2} gesteigert werden.

Durch Versetzungen können Kristallebenen leichter gegeneinander verschoben werden. Dies wird deutlich, wenn eine Stufenversetzung mit einer Falte im Teppich verglichen wird. Durch die Wanderung der Teppichfalte (der Stufenversetzung) wird der Teppich verschoben (der Kristall verformt). Diese Verschiebung des Teppichs (plastische Verformung des Kristalls) durch Wanderung der Falte (der Versetzung) ist mit viel geringerem Kraftaufwand möglich als die Verschiebung des ganzen Teppichs (der ganzen Netzebene). Die äußere Spannung, die zur Verschiebung einer Versetzung notwendig ist, liegt zwischen 0,1 N/m^2 und 1 N/m^2.

9.1.3.3. Flächenfehler

Hierbei handelt es sich um Fehler in den Grenzflächen der Kristallbereiche. *Stapelfehler* treten bei den dichtesten Kugelpackungen (Abschn. 9.1.2.2) auf, wenn entweder zusätzliche Stapelebenen eingefügt oder entfernt werden. *Korngrenzen* sind die Grenzflächen zwischen *Kristalliten*, d. h. verschieden orientierten Kristallbereichen. Sie sind etwa 10 μm bis 100 μm groß und vor allem bei *Vielkristallen* (Polykristallen) gut zu erkennen.

9.1.4. Amorphe Werkstoffe

Im Gegensatz zu kristallinen Festkörpern sind in amorphen Festkörpern die einzelnen Atome weitgehend unregelmäßig angeordnet. Daraus ergeben sich eine Vielzahl spezieller Werkstoffeigenschaften. Im folgenden ist die technisch bedeutsame Werkstoffgruppe der amorphen Legierungen beschrieben.

Kühlt man eine Legierung mit einer Abkühlgeschwindigkeit von mehr als 10^6 K/s ab, friert die weitgehend ungeordnete amorphe Struktur der flüssigen Phase ein, und die Kristallisation unterbleibt. Dies wird durch das Schmelzspinnverfahren erreicht, bei dem die

flüssige Schmelze auf eine schnell rotierende (Umfangsgeschwindigkeit 10 m/s bis 50 m/s), sehr gut wärmeleitende Trommel gespritzt wird und dort zu einem dünnen Band erstarrt. Dieses Verfahren erlaubt die kontinuierliche Herstellung von Bändern mit einer Dicke von 20 μm bis 50 μm und Bandbreiten von 1 mm bis 50 mm.

Die amorphen Legierungen werden auch *metallische Gläser* genannt. Sie haben nämlich einerseits die Eigenschaften von Metallen (z. B. elastisch bei hoher mechanischer Spannung, magnetisch weich, gut wärme- und stromleitend) und andererseits die Eigenschaften von Gläsern (z. B. mechanisch hart und sehr korrosionsbeständig). Während Metalle eine kubische oder hexagonale Elementarzelle aufweisen, ist bei Gläsern das in der Zellmitte befindliche Atomvolumen etwas kleiner als bei der hexagonalen Anordnung, so daß eine fünfzählige Symmetrie entsteht, die auch bei metallischen Gläsern beobachtet wird. Dadurch ist die für Metalle typische dichteste Raumausfüllung nicht möglich. In Tabelle 9-2 sind einige amorphe Legierungen und ihre Eigenschaften wiedergegeben.

Tabelle 9-2. Amorphe Werkstoffe und ihre Eigenschaften.

Zusammensetzung (Atomprozent)	Eigenschaften
Eisen-Legierungen Fe(80) mit C, Si, B(20) z. B. $Fe_{82}B_{18}$	hohe Permeabilitätszahl $\mu_r > 5 \cdot 10^5$
Eisen-Nickel-Legierungen Fe(40) und Ni(40) mit Si oder B(20) z. B. $Fe_{40}Ni_{40}B_{20}$	kleine Koerzitivfeldstärke $H_c \leq 1$ A/m
Kobalt-Nickel-Eisen-Legierungen Co, Ni, Fe(75) mit Si oder B(25) z. B. $Co_{50}Ni_{20}Fe_6Si_{12}B_{12}$	
$Fe_{32}Ni_{36}Cr_{14}P_{12}B_6$	sehr hart und korrosionsbeständig
$Ti_{50}Be_{40}Zr_{10}$	hohe Festigkeit bei geringer Dichte (4,13 g/cm^3)

Amorphe Legierungen zeigen eine einzigartige Kombination von Festigkeit und Verformbarkeit. Es gibt metallische Gläser, deren Bruchgrenze dreimal größer ist als diejenige von rostfreiem Stahl; hierbei ist die Ermüdungsfestigkeit vergleichbar mit hochwertigen Stählen. Wegen der amorphen Struktur ist eine Verformbarkeit des Materials durch Wanderung von Versetzungen nicht möglich. Bei Zugbeanspruchung bricht die Probe so, daß die Bruchfläche unter 45° zur Zugrichtung verläuft. In der Bruchebene sind Risse erkennbar, die, wie Bild 9-12 zeigt, unter dem Elektronenmikroskop erhaben wie Blutgefäße aussehen und dem Bruchverhalten von Fetten ähnlich sind.

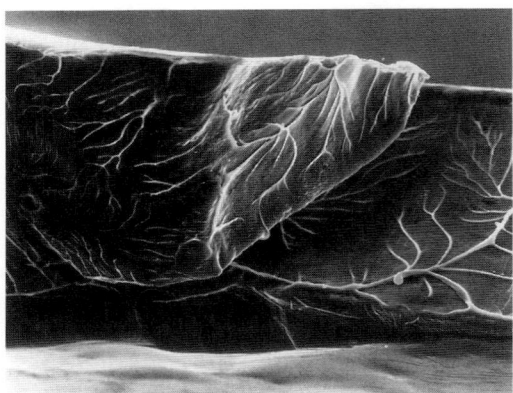

Bild 9-12. Bruchflächen von amorphem Band (Vergrößerung 1800:1). Werkphoto: VAC.

Die amorphen Legierungen sind wie die Gläser extrem korrosionsbeständig. Dennoch ist eine Behandlung der Oberfläche durch galvanische Überzüge oder durch Elektropolieren wie bei Metallen möglich.

Die elektrischen und magnetischen Eigenschaften sind ebenfalls bemerkenswert. Die Resistivität metallischer Gläser auf Fe-Ni oder Co-Ni-Fe-Basis liegt zwischen 1,2 $(\Omega \, mm^2)/m$ und 1,5 $(\Omega \, mm^2)/m$ und ist vergleichbar mit Edelstahl (1,12 $(\Omega \, mm^2)/m$). In der Regel ist die Resistivität zwei- bis dreimal größer als bei vergleichbaren kristallinen Metallen. Der Temperaturkoeffizient der Resistivität ist sehr klein und liegt im Bereich von $-100 \cdot 10^{-6} \, K^{-1}$ bis $500 \cdot 10^{-6} \, K^{-1}$. Es sind amorphe Legierungen mit einem Temperaturkoeffizienten von ungefähr null herstellbar.

Ausgangsmetalle für magnetische Anwendungen sind die klassischen magnetischen Metalle Fe, Co und Ni. Durch kristallisationshemmende Zusätze von Al, B,

C, P und Si in der Größenordnung von 15 bis 25 Atomprozent wird der amorphe Zustand erreicht (Tabelle 9-2). Die amorphen Legierungen zeigen eine extrem hohe Permeabilitätszahl ($\mu_r \geq 500\,000$), eine kleine Koerzitivfeldstärke ($H_c \leq 1 \, A/m$) und sehr geringe Ummagnetisierungsverluste (z.B. 10 W/kg bei 0,2 T und 20 kHz). Somit gehören sie zu den besten weichmagnetischen Materialien (Bild 4-104) und werden verwendet als

– Transformatorenbleche,
– magnetische Abschirmungen,
– hartes Tonkopfmaterial, das zugleich schnell ummagnetisierbar ist,
– magnetische Speicher aufgrund der schnellen und verlustfreien Ummagnetisierung und als
– Federn und Spannbänder zwecks Verstärkung von Kunststoff und Gummi (z.B. Autoreifen).

9.1.5. Makromolekulare Festkörper

Aus sehr langen Molekülen aufgebaute Festkörper sind *makromolekulare Festkörper*. Die einzelnen Bausteine werden durch die kovalente oder homöopolare *Elektronenpaarbindung* zusammengehalten (Abschn. 9.1.1.2). Wie Bild 9-13 zeigt, sind makromolekulare Festkörper Riesenmoleküle aus vielen Einzelatomen (z.B. Diamant) oder sie sind aus vielen einzelnen Molekülen (*Monomeren*) zusammengesetzt. Der makromolekulare Festkörper kann amorph, teilkristallin oder kristallin sein. Es treten Faden-, Schicht- und Raumnetzstrukturen auf. Kristalline Fadenstrukturen sind bei den Elementen Schwefel (S), Selen (Se) und Tellur (Te) zu finden. Kristalline Schichtstrukturen sind typisch für die Ele-

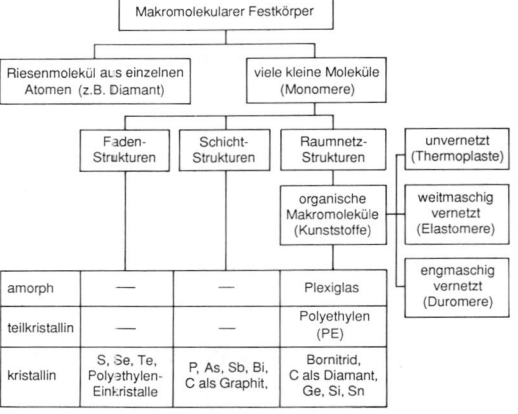

Bild 9-13. Makromolekulare Festkörper.

mente der Fünfergruppe des periodischen Systems, wie z. B. Phosphor (P), Arsen (As), Antimon (Sb) und Wismut (Bi) sowie Kohlenstoff (C) in der Graphitstruktur. Die wichtigste Werkstoffgruppe sind die hochpolymeren organischen Werkstoffe, die als *Polymerwerkstoffe* oder *Kunststoffe* bekannt sind.

9.1.5.1. Struktur und Eigenschaften der Polymerwerkstoffe

Die Polymerwerkstoffe entstehen durch chemische Reaktion (*Polymerisieren*) der *Monomeren* zu *Makromolekülen.* Bild 9-14 zeigt dies am Beispiel von *Polyethylen* (PE). Durch Öffnen der Kohlenstoff-Doppelbindungen des Monomers C_2H_4 kommt es zur Polymerisation: Es entsteht das Makromolekül $(CH_2)_n$. Solche Makromoleküle können linear oder kettenförmig, verzweigt oder vernetzt sein (weitmaschig oder engmaschig); ihre Ordnung kann statistisch (*Knäuelstruktur*) oder *parakristallin* gerichtet sein.

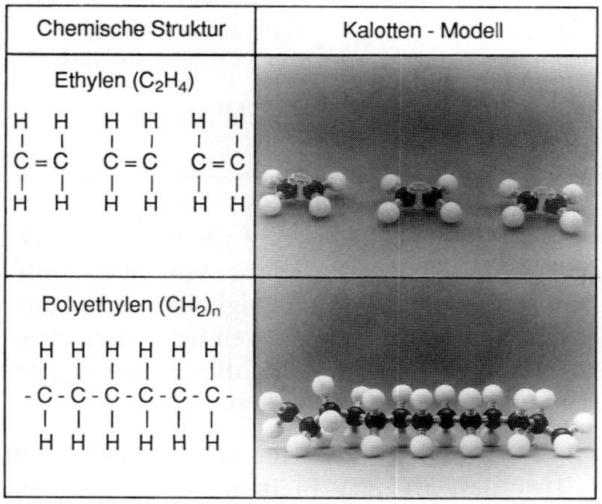

Bild 9-14.   Polymerisation von Polyethylen.

Die Länge der Makromoleküle liegt zwischen 10^{-6} mm und 10^{-3} mm, und die Kettendicke beträgt etwa $2 \cdot 10^{-7}$ mm bis $3 \cdot 10^{-7}$ mm. Da die Länge eines Makromoleküls nicht direkt zugänglich ist, wird als Ersatzgröße die *mittlere relative Molekülmasse* ($M_r = m_M/u$) verwendet. Sie beträgt bei den Polymerwerkstoffen einige Tausend bis zu 7 Millionen. Die mittlere Molekülmasse ist ein Maß für die *Viskosität* des Werkstoffs. Eine große Molekülmasse bedingt eine große Viskosität und umgekehrt.

Für das Werkstoffverhalten ist auch die Streubreite der Molekülmasse (*Molekülmassenverteilung*) maßgebend. Besteht beispielsweise ein Polymerwerkstoff nur aus Makromolekülen gleicher Länge, so zeigt er bei einer bestimmten Temperatur ein plötzliches Aufschmelzverhalten; besteht er dagegen aus unterschiedlich langen Makromolekülen, dann zeigt er einen weiten Erweichungsbereich.

Tabelle 9-3 zeigt die Einteilung der Polymerwerkstoffe in *Thermoplaste, Elastomere* und *Duromere (Duroplaste)* sowie die wichtigsten Eigenschaften. Thermoplaste sind schmelzbar, quellbar, löslich, schon mit geringem Energieeinsatz (ab 200 °C) wiederverwendbar und deshalb umweltfreundlich. Thermoplaste sind die gebräuchlichsten Polymerwerkstoffe. Unter den vielen Sorten bestreiten drei Werkstoffe zwei Drittel der Produktion aller Polymerwerkstoffe: die *Massenkunststoffe Polyethylen* (PE), *Polyvinylchlorid* (PVC) und *Polystyrol* (PS). Unter den Thermoplasten befinden sich auch *Kunststoff-Fasern*, die z. B. unter den Markennamen *Nylon, Trevira* und *Dralon* bekannt sind.

Zu den Elastomeren werden nicht schmelzbare, nicht lösliche, aber quellbare Polymerwerkstoffe gerechnet. Sie sind weitmaschig vernetzt und zeigen *elastisches Verhalten.* Die Vernetzung wird „*Vulkanisieren*" genannt. Sie geschieht nach oder während der Formgebung. Zu den Elastomeren zählen die künstlichen Gummiwerkstoffe (Kunstkautschuk, z. B. *Buna, Neopren*) und *Polyurethan* (z. B. *Bayflex, Elastolan*).

Die Duromere sind im Gegensatz zu den Elastomeren hart, nicht schmelzbar, nicht quellbar, unlöslich und wie die Elastomere nicht umweltfreundlich, da sie nicht wiederverwendbar sind. Man kann sie jedoch über die Verschwelung (*Pyrolyse*) zur Energieerzeugung heranziehen.

Zu ihnen zählen beispielsweise die *Bakelite, Formaldehydharze* und *Epoxidharze* (EP). Epoxidharze werden auch faserverstärkt als spezielle Hochleistungswerkstoffe, z. B. zur Herstellung der Rotorblätter für Hubschrauber und von ähnlich hochbeanspruchten Teilen, eingesetzt.

Tabelle 9-3. Kunststoffe (Polymerwerkstoffe).

Polymerwerkstoff / Charakteristik	Thermoplaste	Elastomere	Duromere
Schmelzverhalten	schmelzbar	nicht schmelzbar	nicht schmelzbar
Quellverhalten	quellbar	quellbar	nicht quellbar
Löslichkeit	löslich	nicht löslich	nicht löslich
Struktur	Molekülknäuel, unvernetzt, amorph, teilkristallin	weitmaschig vernetzt, amorph, teilkristallin	engmaschig vernetzt
Umweltfreundlichkeit	wiederverwendbar (200 °C)	nicht wiederverwendbar (pyrolisierbar)	
Verarbeitung	alle Verfahren	alle Verfahren, Formgebung vor oder während der Vernetzung („Vulkanisieren")	Pressen, Spritzgießen, Formgebung während der Vernetzung („Härtung")
Beispiele	Polyethylen (PE), Polyvinylchlorid (PVC), Polystyrol (PS), Polyamid (Nylon, Perlon), Polyester (Trevira), Polyacrylnitril (Dralon), Polycarbonat (Macrolon)	Buna, Kautschuk, Silicon Rubber (SIR), Polychloropren (CR), Neopren	Phenolformaldehyd, Melaminformaldehyd, Harnstoffformaldehyd, (ungesättigter Polyester) (UP), Epoxidharz (EP)

9.1.5.2. Spezielle Eigenschaften der Polymerwerkstoffe

Die Eigenschaften der Polymerwerkstoffe sind sehr stark abhängig von der Temperatur, der Zeit, der Höhe und der Art der Beanspruchung. Zudem werden diese Werkstoffe von der Umgebung, z.B. von Lösungsmitteln und der UV-Strahlung, beeinflußt.

Aus der Vielzahl der Eigenschaften sei im folgenden das mechanische Verformungsverhalten ausgewählt. Bild 9-15a zeigt Spannungs-Dehnungs-Kurven von Polystyrol in Abhängigkeit von der Beanspruchungsgeschwindigkeit und Bild 9-15b in Abhängigkeit von der Temperatur. Bei hoher Belastungsgeschwindigkeit (500 mm/s) und tiefer Temperatur (− 40 °C) zeigt Polystyrol ein relativ *sprödes Verhalten*, weil die Umlagerung der Makromoleküle verhindert wird. Bei geringer Belastungsgeschwindigkeit (0,1 mm/s) und hoher Temperatur (80 °C) sind Umlagerungen möglich, so daß *zähes Verhalten* auftritt. Bild

9-15 soll verdeutlichen, daß für Polymerwerkstoffe die alleinige Angabe von Werkstoffkennwerten (z.B. Zugfestigkeit) nicht ausreicht. Es ist vielmehr notwendig, die entsprechende Temperatur und die Belastungsgeschwindigkeit mit anzugeben.

Die Werkstoffkennwerte von Kunststoffen (z.B. Zugfestigkeit) bleiben nicht konstant, sondern ändern sich mit der Belastungsdauer (*Kriechverhalten*). Deshalb ist die Kenntnis des *Zeitstandsverhaltens* von Polymerwerkstoffen wichtig. Bild 9-16 zeigt für einige Polymerwerkstoffe die Zugfestigkeit in Abhängigkeit von der Temperatur: Die Zugfestigkeit nimmt mit steigender Temperatur beträchtlich ab.

Eine weitere Besonderheit von Polymerwerkstoffen ist der Abbau der Zugfestigkeit bei UV-Einstrahlung. Nur *Polytetrafluorethylen* (PTFE) weist keine UV-Abhängigkeit der Zugfestigkeit auf. Alle anderen Kunststoffe

a)

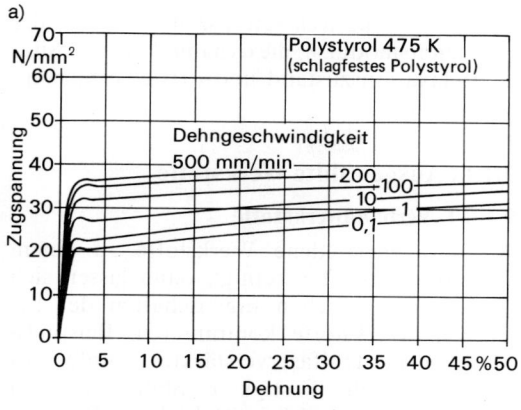

b)

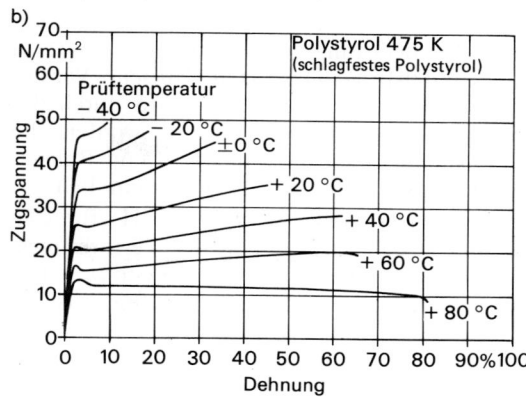

Bild 9-15. Spannungs-Dehnungs-Diagramme von Polystyrol: a) bei verschiedenen Dehngeschwindigkeiten und b) bei verschiedenen Prüftemperaturen.

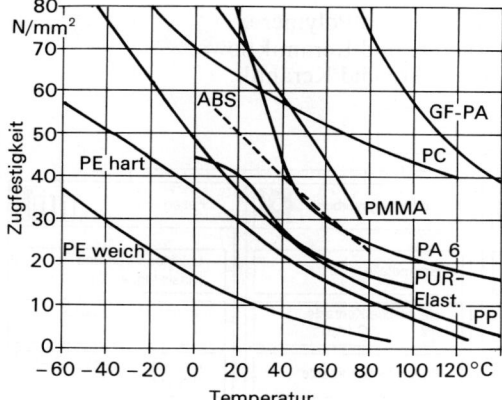

ABS	Acrylnitril — Butadien—Styrol—Polymerisat
GF-PA	Polyamid, glasfaserverstärkt
PC	Polycarbonat
PE	Polyethylen
PMMA	Polyacrylat
PP	Polypropylen
PUR	Polyurethan

Bild 9-16. Einfluß der Temperatur auf die Zugfestigkeit einiger Kunststoffe.

können durch Zusatz von Stabilisatoren weitgehend UV-beständig gemacht werden.

Das Verformungsverhalten kann durch eine Kombination des *elastischen* Verhaltens (Feder nach *Hooke*) mit einem *viskosen* Verhalten (Dämpfungsglied nach *Newton*) modellhaft erklärt werden (*Rheologie*). Bild 9-17 zeigt die unterschiedlichen Modelle und das zugehörige Dehnungsverhalten. Das *Maxwell-Modell* beschreibt das *elastisch-viskose* Verhalten:

$$\dot{\varepsilon} = \frac{\dot{\sigma}}{E_0} + \frac{\sigma}{\eta_0}. \qquad (9\text{-}4)$$

Hierin ist ε_{el} der elastische Dehnungsanteil, E_0 der Elastizitätsmodul für den elastischen Bereich und η_0 die statische Viskosität. Dem-

Modell	Verhalten
$E_0 \longrightarrow \varepsilon_{el}$	Feder: Elastisches Verhalten (Hooke) $\sigma = \varepsilon_{el} E_0$
$\eta_0 \longrightarrow \varepsilon_v$	Dämpfungsglied: Viskoses oder plastisches Verhalten (Newton) $\sigma = \dfrac{d\varepsilon}{dt}\,\eta_0$
$E_0 \longrightarrow \varepsilon_{el}$ $\eta_0 \longrightarrow \varepsilon_v$	Maxwell-Modell: Elastisch-viskoses (plastisches) Verhalten $\varepsilon = \varepsilon_{el} + \varepsilon_v$ $\dot{\sigma} + \dfrac{\sigma}{\tau} = E \cdot \dot{\varepsilon}$
E_r $\eta_r \longrightarrow \varepsilon_r$	Voigt-Kelvin-Modell: Viskoelastisches Verhalten (relaxierendes Verhalten) $\sigma = \sigma_1 + \sigma_2$ $\varepsilon_r = \dfrac{1}{E_r}(1 - e^{-\frac{t}{\tau}})\,\sigma_0\,u\,(t)$
$E_0 \longrightarrow \varepsilon_{el}$ E_r $\eta_r \longrightarrow \varepsilon_r$ $\eta_0 \longrightarrow \varepsilon_v$	Burger-Modell: $\varepsilon = \varepsilon_0 + \varepsilon_r$ $\varepsilon = (\dfrac{1}{E_0} + \dfrac{t}{\eta_0} + \dfrac{1}{E_r}(1 - e^{-\frac{t}{\tau}}))\,\sigma_0 u(t)$

Bild 9-17. Verformungsverhalten von Kunststoffen.

nach steigt die Zugspannung σ_{ges} mit zunehmender Belastungsgeschwindigkeit $v = d\varepsilon/dt$ an (Bild 9-15 a). Das *visko-elastische* Verhalten (*relaxierendes* Verhalten) wird durch das *Voigt-Kelvin-Modell* erklärt. So werden die *Gummielastizität* von Kautschuk und Relaxationsvorgänge (z. B. *Kriechen*) verständlich.

Das *Vier-Parameter-Modell* von H. Burger gestattet die Beschreibung des Verformungsverhaltens eines Polymerwerkstoffs. Die Gesamtdehnung ε_{ges} ist die Summe aus der elastischen Dehnung ε_{el}, der Relaxationsdehnung ε_r und der viskosen Dehnung ε_v. Mit den entsprechenden Ausdrücken ergibt sich die zeitabhängige Dehnung:

$$\varepsilon_{ges}(t) = \left[\frac{1}{E_0} + \frac{t}{\eta_0} + \frac{1}{E_r}\left(1 - e^{-\frac{t}{\tau}} \right) \right] \sigma_0\, u(t).$$

$$(9\text{-}5)$$

$\tau = \eta_r/E_r$ ist die Relaxationszeit, wobei E_r der Elastizitätsmodul, η_r die dynamische Viskosität im Relaxationszustand und $u(t)$ eine Sprungfunktion ist.

9.1.6. Ausgewählte Werkstoffe

9.1.6.1. Verbundwerkstoffe

Werden verschiedene Werkstoffe zu einem Verbundwerkstoff vereinigt, dann lassen sich die unterschiedlichen Eigenschaften der beteiligten Werkstoffe kombinieren. Beispielsweise zeigt stahlfaserverstärktes Kupfer sowohl eine hohe Festigkeit (Stahl) als auch eine gute elektrische Leitfähigkeit (Kupfer). Häufig werden folgende Werkstoffgruppen zu Verbundwerkstoffen kombiniert:

– Metalle und Polymere,
– Metalle und Keramik sowie
– Polymere und Keramik.

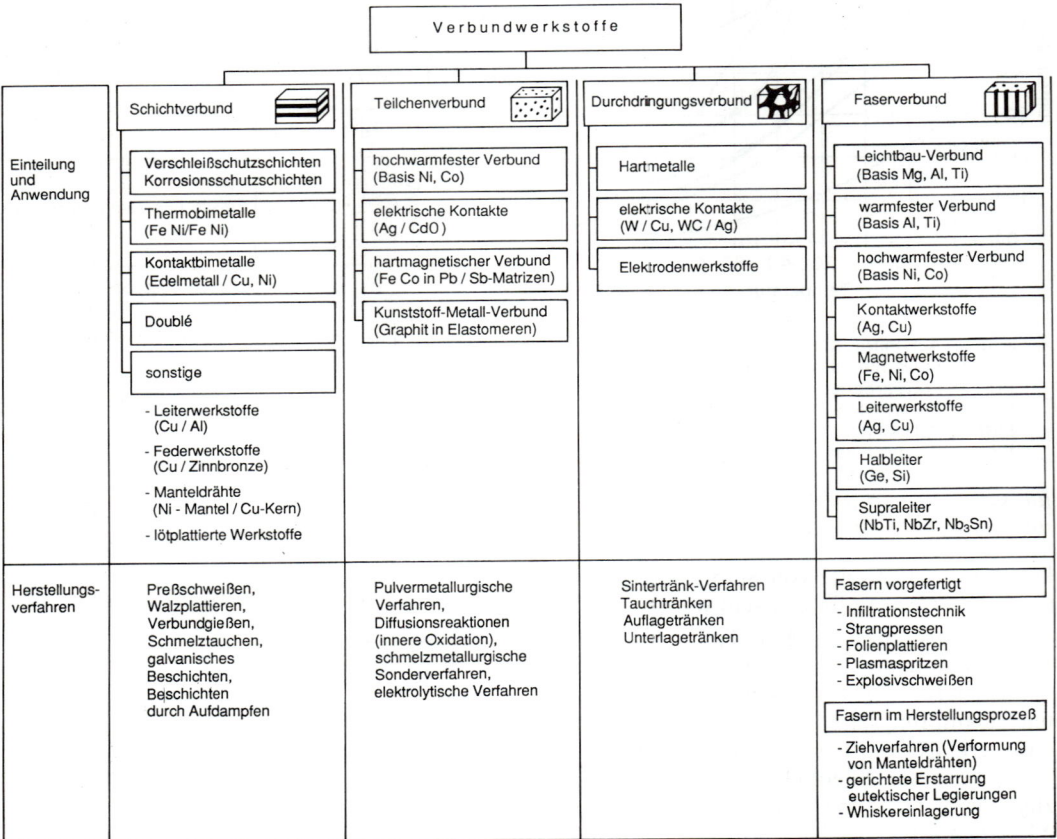

Bild 9-18. Einteilung der Verbundwerkstoffe.

Kombinationen aus gleichartigen Werkstoffgruppen bezeichnet man als *Stoffverbunde* (z.B. kohlenstofffaserverstärkter Kohlenstoff, SiC-Faser in SiC). Bild 9-18 vermittelt einen Überblick über die Verbundwerkstoffe, ihre Einteilung und Anwendungsbereiche sowie ihre Herstellungsverfahren. Nach der räumlichen Anordnung der Komponenten lassen sich die Verbundwerkstoffe in vier Gruppen einteilen:

— *Schichtverbundwerkstoffe*
(schichtförmiger Aufbau der Komponenten),

— *Teilchenverbundwerkstoffe*
(in einer Matrix eingebettete kleine Teilchen),

— *Durchdringungsverbundwerkstoffe*
(zusammenhängende Gerüste der beteiligten Komponenten, z.B. Tränklegierungen),

— *Faserverbundwerkstoffe*
(in einer homogenen Grundmasse eingebettete Fasern).

Schichtverbundwerkstoffe

Aus der Vielzahl der Schichtverbundwerkstoffe seien nur einige wichtige Anwendungsfälle genannt. Für Schichtverbundwerkstoffe in der Elektro- bzw. Wärmetechnik ist die *elektrische Leitfähigkeit* bzw. die *Wärmeleitfähigkeit* von Bedeutung. Die elektrische Leitfähigkeit ist stark richtungsabhängig. Senkrecht zu den Schichten sind die Widerstände der Einzelschichten in Reihe und parallel zu den Schichten parallel geschaltet. Analoges gilt für die Wärmeleitfähigkeit.

Kontaktbimetalle bestehen aus einem Kontaktträger aus einem Unedelmetall (z.B. Cu) und einem an geeigneter Stelle aufgebrachten Kontaktwerkstoff aus Edelmetall (z.B. Ag, Au). Der *Kontaktträgerwerkstoff* soll eine gute elektrische und thermische Leitfähigkeit, gute Festigkeits- und Federeigenschaften, hohe Erweichungs- und Dauerverwendungstemperaturen sowie gute Verarbeitungseigenschaften aufweisen. Die wichtigsten Trägerwerkstoffe sind Kupferlegierungen (z.B. Messing und Zinnbronze). Der Kontaktwerkstoff soll einen niedrigen, vor allem aber konstanten Übergangswiderstand aufweisen. Diese Forderung wird nur von Werkstoffen auf Edelmetallbasis

erfüllt. Vielfach sind die Kontaktwerkstoffe selbst wiederum Verbundwerkstoffe (Teilchen-, Durchdringungs- oder Faserverbundwerkstoffe), so z.B. Ag/CdO. Bild 9-19 zeigt das Gefüge des dreifachen Kontaktverbundwerkstoffes Silber/Cadmiumoxid (AgCd10) in der Folge AgCd10/AgCd/Cu.

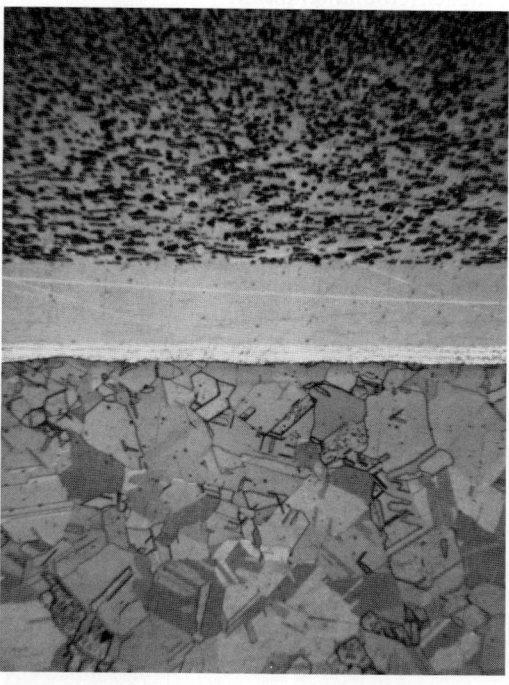

Bild 9-19. Kontaktverbundwerkstoff AgCdO10/AgCd/ Cu (Vergrößerung 126:1). Werkphoto: RAU.

Thermobimetalle bestehen aus zwei Werkstoffen unterschiedlicher Wärmeausdehnung. Die Komponente mit der kleineren Wärmeausdehnung ($\alpha \leq 5 \cdot 10^{-6}\,K^{-1}$) wird *passive* Komponente, die mit der größeren Wärmeausdehnung ($\alpha \geq 15 \cdot 10^{-6}\,K^{-1}$) *aktive* Komponente genannt. Thermobimetalle finden in folgenden Gebieten Anwendung:

— *Meßtechnik*
(z.B. als Thermometer oder Temperaturschreiber),

— *Elektrotechnik*
(z.B. als Schutzschalter oder als Regler im Bügeleisen),

– *Energietechnik*
(z. B. als Temperaturregler im Warmwassermischer),

– *Automobilbau*
(z. B. als Kühlwasser- oder Lichtmaschinenregler).

Teilchenverbundwerkstoffe

Bei den Teilchenverbundwerkstoffen werden unlösliche metallische oder nichtmetallische Teilchen in eine metallische oder nichtmetallische Matrix eingebettet. Sind es harte Teilchen (z. B. Carbide, Oxide oder Silicide) in einer weichen Matrix, so tritt wegen der Behinderung von Versetzungswanderungen eine Festigkeitszunahme ein (*Dispersionshärtung*). Für elektrische Kontakte benutzt man einen Silber-Cadmium-Verbundwerkstoff. Bild 9-20 zeigt das Schliffbild des Teilchenverbundwerkstoffs AgCdO10, hergestellt durch *innere Oxidation*.

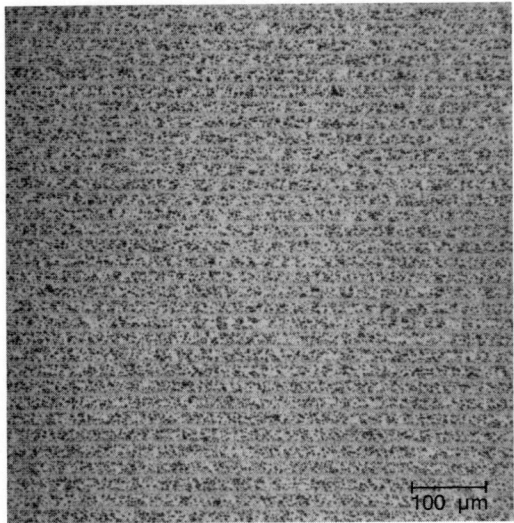

Bild 9-20. Inneroxidierter Mehrschichtverbundwerkstoff AgCdO10 (Vergrößerung 120:1). Werkphoto: RAU.

Wegen der guten Hochtemperatureigenschaften finden disperionsgehärtete Legierungen Anwendung beim Herstellen von Turbinenschaufeln oder bei Geräten in der Glasherstellung. Mit Kunststoff-Metall-Verbundwerkstoffen können *leitende* Elastomere hergestellt werden: Man bettet metallisch leitende Koh-

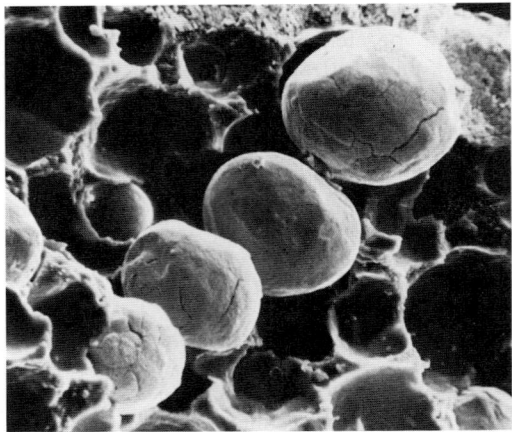

Bild 9-21. Metallische Kugeln in einer Kunststoffmatrix (Kugeldurchmesser etwa 50 μm). Werkphoto: RAU.

lenstoff- oder Silberkugeln (etwa 50 μm Durchmesser) in Silikonkautschuk, Polyurethan oder Neopren. Bild 9-21 zeigt einen vergrößerten Ausschnitt. Sehr wichtige Anwendungen sind *Druckfühler* und Bauelemente mit *lokaler* Leitfähigkeit gemäß Bild 9-22 a, z. B. für *Folientastaturen*. Wird der Druck auf einen solchen Verbundwerkstoff größer, dann vergrößern sich auch die metallischen Berührungsflächen. Bild 9-23 zeigt die Druckabhängigkeit des elektrischen Widerstands. Bei der lokalisierten Leitfähigkeit (Bild 9-22b) erzeugt man nur an der Stelle des Drucks eine Leitfähigkeit des Materials. Zur Zeit ist es möglich, auf einer Fläche von 1 cm^2 etwa 50 unabhängige Schalter unterzubringen.

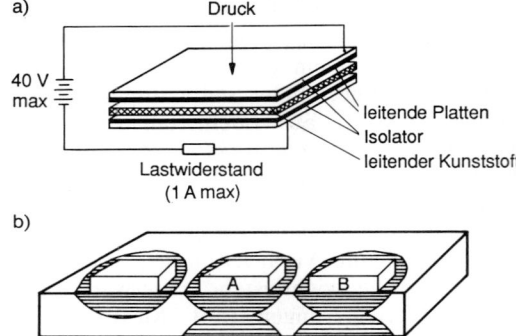

Bild 9-22. a) Druckfühler mit leitfähigem Kunststoff, schematisch, und b) lokalisierte Leitfähigkeit in leitfähigem Kunststoff (nach RAU).

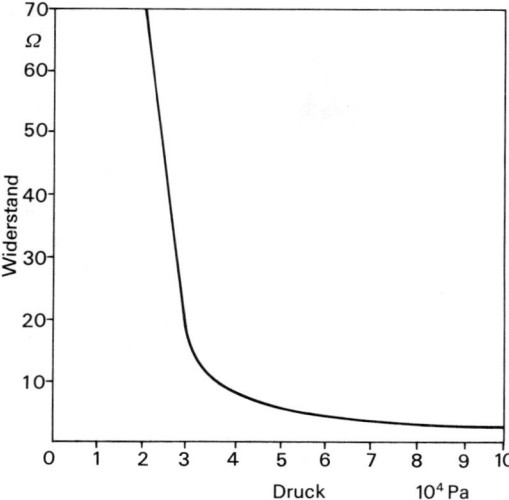

Bild 9-23. Druckabhängigkeit des elektrischen Widerstandes eines leitfähigen Kunststoffes.

Durchdringungsverbundwerkstoffe

Diese Werkstoffgruppe wird bei Hochleistungskontakten eingesetzt. Die hochschmelzende Komponente ist beispielsweise ein Wolframgerüst, das mit Kupfer oder Silber getränkt ist. Die Verdampfung des niedrig schmelzenden Kupfers kühlt das höher schmelzende Wolframgerüst, so daß dieser Durchdringungsverbundwerkstoff sogar abbrandfester ist als reines Wolfram. Als Schweißelektrode findet Wolfram getränkt mit Thoriumoxid oder anderen Oxiden Einsatz. Für wartungsfreie Gleitlager verwendet man poröse Sinterwerkstoffe (z. B. PbSn10), die mit Öl oder einem anderen Gleitmittel getränkt sind. Sind die Geschwindigkeiten nicht allzu groß, so reicht das in den Poren befindliche Gleitmittel zur Schmierung aus.

Faserverbundwerkstoffe

Dies sind Werkstoffe, bei denen kontinuierliche (Endlosfasern) oder diskontinuierliche (Kurzfasern) metallische oder nichtmetallische Fasern in eine metallische oder nichtmetallische Matrix eingebettet sind. Die faserverstärkten Polymerwerkstoffe sind in Abschn. 9.1.5 und die Filament-Supraleiter in Abschn. 9.2.4 beschrieben. Die Fasern können vorgefertigt sein oder während der Herstellung des Verbundwerkstoffs entstehen (z. B. thermisch durch gerichtete eutektische Erstarrung oder

mechanisch durch Strecken von Teilchen beim Strangpressen).

Die festigkeitssteigernde Wirkung der Faserverbundwerkstoffe beruht nur bedingt auf der Behinderung von Versetzungsbewegungen. In größerem Maß wird die Fähigkeit der hochfesten Fasern, einen Teil der Kräfte bzw. Spannungen zu übernehmen, ausgenutzt. Bei paralleler Einlagerung der Fasern und ausreichender Bindung zwischen Faser und Matrix gilt, daß die Dehnung der Faser und der Matrix gleich ist. Dann ist die Gesamtspannung des Verbundwerkstoffes gleich der Summe aus den Spannungen der Matrix und der Faser:

$$\sigma_{ges} = \sigma_m V_m + \sigma_f V_f.$$

Die Größe σ_m bzw. σ_f ist die Spannung der Matrix bzw. der Faser und V_m bzw. V_f der Volumenanteil der Matrix bzw. der Faser. Auf diese Weise ist es möglich, die Spannungs-Dehnungs-Kurve des Faserverbundwerkstoffes aus den entsprechenden Kurven

Bild 9-24.   Saphir (Al$_2$O$_3$)-Whiskers. Werkphoto: RAU.

des Faser- bzw. des Matrixmaterials zusammenzusetzen. Analog gilt für den Elastizitätsmodul

$$E_{ges} = E_m V_m + E_f V_f.$$

Die höchsten Zugfestigkeitswerte (etwa 30 000 N/mm^2) werden von einkristallinen Fasern (Whiskers) erreicht. Bild 9-24 zeigt Saphir-Whiskers vergrößert. Ein wichtiges Einsatzfeld von Faserverbundwerkstoffen ist der Leichtbau in Fahr- und Flugzeugen, wo eine große Festigkeit und Steifigkeit bei geringem Gewicht gefordert werden. Zur Anwendung

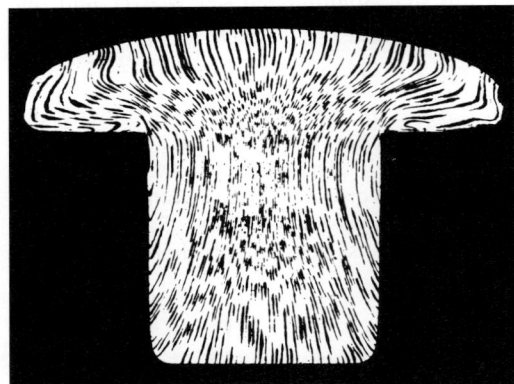

Bild 9-25.   Kontaktniet aus Faserverbundwerkstoff Ag-Ni20.
Werkphoto: RAU.

kommen z.B. Aluminiumlegierungen mit Bor-, SiC- oder C-Fasern.

Ein kostengünstiger Faserverbundwerkstoff für elektrische Kontakte ist der Silber-Nickel- bzw. der Silber-Kohlenstoff-Faserverbundwerkstoff, dargestellt in Bild 9-25. Dieser Werkstoff wird durch Bündeln von Manteldrähten hergestellt. Durch die Anzahl der Manteldrähte und die Bündelungsvorgänge können die erforderlichen Faserdurchmesser eingestellt werden (zwischen $5 \cdot 10^{-8}$ m und 10^{-4} m). Aus solchen Verbundwerkstoffen stellt man Kontaktteile nach konventionellen Herstellungsverfahren, z.B. durch Pressen, Walzen und Löten, her.

9.1.6.2. Formgedächtnis-Legierungen

Formgedächtnis-Legierungen (*Memory-Legierungen*) zeigen eine temperaturabhängige Formänderung. Dieser Formgedächtnis-Effekt beruht auf einer *martensitischen Phasenumwandlung* zwischen den geordneten Gitterstrukturen der Hochtemperaturphase (*Austenit*) und der Niedertemperaturphase (*Martensit*). Wegen der geringen inneren Spannungen ist diese Phasenumwandlung nahezu vollständig reversibel. Memory-Legierungen zeigen außer dem Formgedächtnis-Effekt noch weitere Sondereigenschaften, wie z.B. hohes Dämpfungsvermögen und superelastisches Verhalten. In

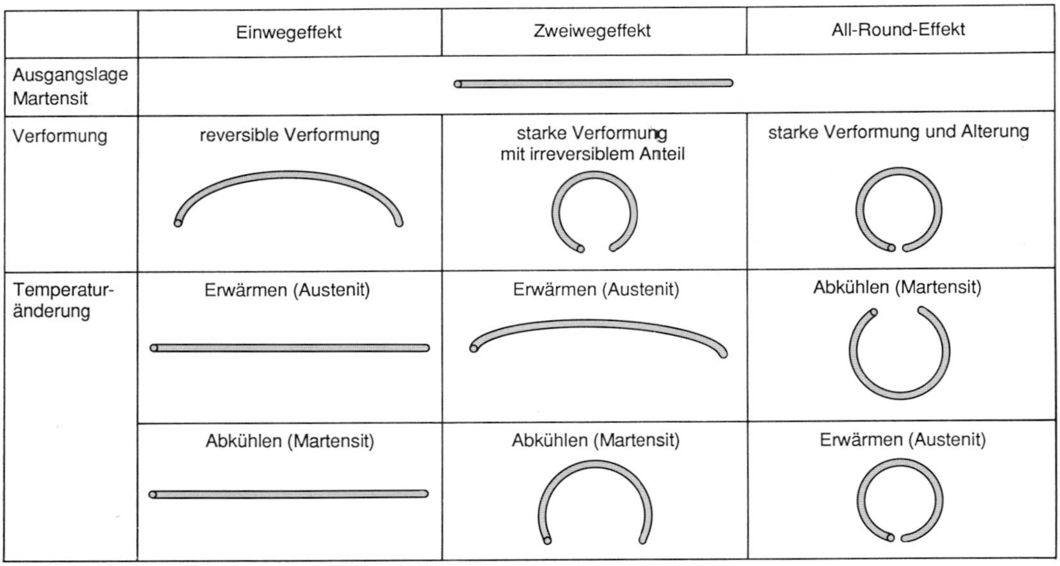

	Einwegeffekt	Zweiwegeffekt	All-Round-Effekt
Ausgangslage Martensit			
Verformung	reversible Verformung	starke Verformung mit irreversiblem Anteil	starke Verformung und Alterung
Temperatur-änderung	Erwärmen (Austenit)	Erwärmen (Austenit)	Abkühlen (Martensit)
	Abkühlen (Martensit)	Abkühlen (Martensit)	Erwärmen (Austenit)

Bild 9-26.   Formgedächtnis-Legierungen.

Bild 9-26 sind die drei möglichen Arten des Formgedächtnis-Effektes zusammengestellt:

– *Einwegeffekt*
Martensitisches Ausgangsmaterial wird reversibel verformt, z. B. durch Verschieben von *Zwillingsgrenzen*. Nach der Erwärmung über die austenitische Umwandlungstemperatur stellt sich die unverformte Ausgangslage wieder ein. Eine weitere Formänderung nach der Abkühlung ist nicht möglich.

– *Zweiwegeffekt*
Martensitisches Ausgangsmaterial wird über den reversiblen Anteil hinaus zusätzlich durch *Versetzungsbewegung*, d. h. *irreversibel*, verformt. Bei Erwärmung über die austenitische Umwandlungstemperatur hinaus entsteht eine bestimmte Hochtemperaturform und bei Abkühlung eine entsprechende Niedertemperaturform. Diese Umwandlung kann nahezu beliebig oft wiederholt werden.

– *All-Round-Effekt*
Diese Erscheinung tritt nur bei speziellen NiTi-Legierungen auf. Martensitisches Ausgangsmaterial wird verformt und bei 400 °C bis 500 °C getempert. Die Abkühlung und die anschließende Erwärmung haben eine völlige Formumkehr zur Folge. Diese Umwandlung kann nahezu beliebig oft wiederholt werden.

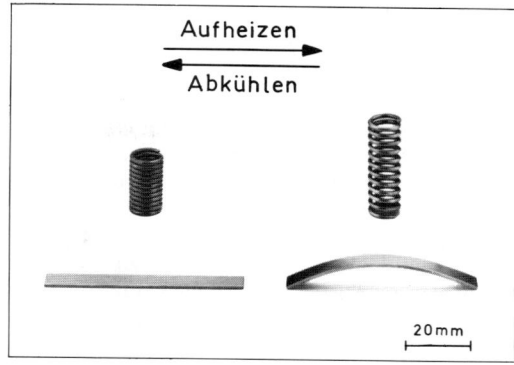

Bild 9-27.   Druckfeder und Biegestreifen mit Zweiwegeffekt aus einer Cu-Zn-Al-Legierung. Werkphoto: RAU.

Bild 9-27 zeigt eine Druckfeder und einen Biegestreifen mit Zweiwegeffekt aus einer Cu-Zn-Al-Legierung. In Tabelle 9-4 sind die Werkstoffeigenschaften der drei heute technisch anwendbaren Memory-Legierungen NiTi, Cu-Zn-Al und Cu-Al-Ni zusammengestellt. Sie weisen folgende Besonderheiten auf:

– großes Arbeitsvermögen je Volumeneinheit;
– vollständige Formänderung innerhalb eines kleinen Temperaturbereichs;
– unterschiedliche Bewegungsarten möglich, z. B. Drücken, Ziehen, Biegen, Drehen;
– Formänderung kann auf bestimmte Bereiche des Bauelements beschränkt werden.

Tabelle 9-4. Eigenschaften von Memory-Legierungen.

Eigenschaft Legierung	NiTi	Cu-Zn-Al	Cu-Al-Ni
Dichte in g/cm^3	6,4 bis 6,5	7,8 bis 8,0	7,1 bis 7,2
elektrische Leitfähigkeit in 10^6 S/m	1 bis 1,5	8 bis 13	7 bis 9
maximale A_s-Temperatur in °C	120	120	170
maximaler Einwegeffekt in %	8	4	5
maximaler Zweiwegeffekt in %	5	1	1,2
Überhitzbarkeit in °C	bis 400	bis 160	bis 300
Zugfestigkeit in N/mm^2	800 bis 1000	400 bis 700	700 bis 800
Bruchdehnung in %	40 bis 50	10 bis 15	5 bis 6

Einsatzmöglichkeiten gibt es in der Elektrotechnik zum Anzeigen, Messen und Regeln, in der Wärme- und Installationstechnik sowie im Apparate-, Maschinen- und Automobilbau. Eine bemerkenswerte Anwendung ist eine Wärmekraftmaschine, bei der die Formänderung der Memory-Legierungen über eine Kurbelwelle in eine Drehbewegung umgesetzt wird. Auch in der Medizintechnik sind Einsatzmöglichkeiten gegeben, z. B. Zusammenfügen von gebrochenen Knochen durch spreizbare Nägel oder Heilung von Rückgratverkrümmungen durch einen Stab aus einer Memory-Legierung, der sich bei einer Abkühlungsbehandlung streckt.

9.1.7. Flüssigkristalle

9.1.7.1. Aufbau und Struktur

Flüssigkristalle werden von langgestreckten Molekülen meist aromatischer Verbindungen gebildet. Sie befinden sich in einem *Zwischenzustand* (*Mesophase*) zwischen dem festen, kristallinen, anisotropen Zustand eines Festkörperkristalls und dem beweglichen, flüssigen, isotropen Zustand einer Flüssigkeit. In Flüssigkristallen sind zwei unterschiedliche Ordnungsstrukturen möglich: einerseits die

von Festkörpern her übliche regelmäßige Anordnung der Massenmittelpunkte (in diesem Fall Molekülschwerpunkte) und andererseits die Ordnungsmöglichkeiten in bezug auf die Achse der Moleküle. Je nach Ordnungsstruktur unterscheidet man *nematische* (*fadenförmige*), *cholesterinische* (von Cholesterin abstammend) und *smektische* (*seifenartige*) Flüssigkristalle. Bild 9-28 zeigt die Ordnungsstruktur, die chemische Zusammensetzung und die Anwendungsbereiche ausgewählter Flüssigkristalle.

Bei den nematischen Flüssigkristallen sind die Molekülschwerpunkte keiner Ordnung unterworfen, nur die langgestreckten Achsen der organischen Moleküle sind parallel ausgerichtet. Die cholesterinischen Flüssigkristalle weisen *verdrillte* nematische Strukturen auf, d. h., die Vorzugsrichtung der langgestreckten Molekülachsen ändert sich von Ebene zu Ebene schraubenförmig. Es entsteht eine *Helix* mit konstanter Ganghöhe (teilweise in der Größenordnung der Wellenlänge des sichtbaren Lichts). Smektische Flüssigkristalle zeigen noch einen Teil der Ordnung der Molekülschwerpunkte. Diese sind in bestimmten Ebenen angeordnet; die Molekülachsen sind in der Regel parallel.

Bezeichnung	nematische Flüssigkristalle (fadenförmig)	cholesterische Flüssigkristalle (von Cholesterin)	smektische Flüssigkristalle (seifenartig)
Ordnung	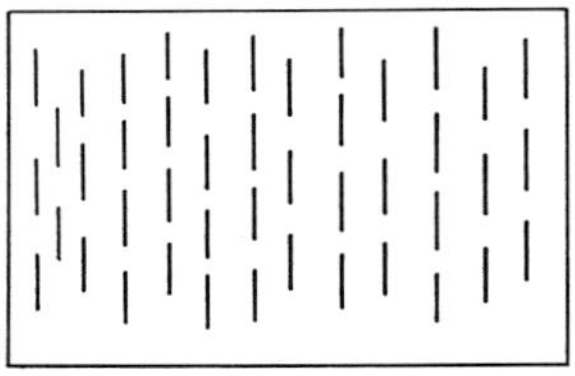 Längsachsen parallel	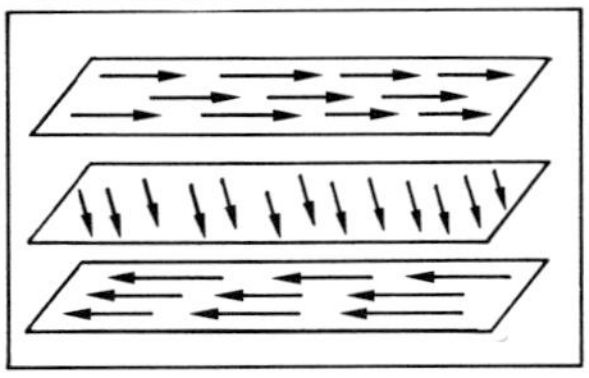 Helix konstanter Ganghöhe	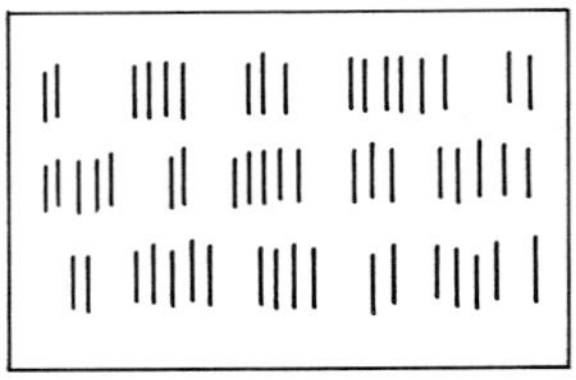 Molekülschichten (Längsachsen parallel)
Substanzen	CH_3O-◯-$CH = N$-◯-C_4H_9 (4 - Methoxybenzyliden - 4´- butylanilin; MBBA) C_2H_5O-◯-$CH = N$-◯-$C \equiv N$ (p - Ethoxybenzyliden - 4´- aminobenzonitril ; PEAB) (p-Azoxyanisol; PAA)	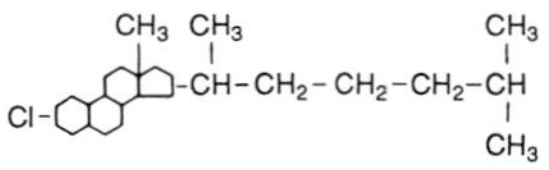 (Cholesterylchlorid; CC)	C_2H_5- OOC -◯- $N = N$ -◯- $COOC_2H_5$ (4,4´- Dicarbethoxyazobenzol)
Anwendungen	Molekülspektroskopie, Anzeigetechnik	Temperaturanzeige, Thermotopographie, Farbanzeige	——

Bild 9-28.   Flüssigkristalle.

9.1.7.2. Eigenschaften

Die Flüssigkristalle weisen ein besonderes Verhalten in ihren mechanischen, optischen und insbesondere elektrooptischen Eigenschaften auf.

Mechanische Eigenschaften

Flüssigkristalle haben eine von der Substanz und der Temperatur abhängige *Viskosität*, die wegen der Orientierung der Molekülachsen stark anisotrop ist; bei Strömung in Orientierungsrichtung ist sie gering und senkrecht dazu sehr groß. Eine weitere Besonderheit ist die *Orientierungselastizität*. Durch eine äußere Störung (z.B. durch ein elektrisches Feld) können die Molekülachsen verschoben werden; nach dem Aufheben dieser Störung stellt sich der frühere Zustand wieder ein.

Optische Eigenschaften

Besonders cholesterinische Flüssigkristalle zeigen eine *Doppelbrechung*, die bis 100mal größer ist als die von Quarz. Eine weitere Eigenschaft ist die Möglichkeit der *selektiven Totalreflexion*, wenn die Ganghöhe der Helix in der Größenordnung der Wellenlänge von Licht liegt. Für die reflektierte Wellenlänge gilt $\lambda_r = p\,\bar{n}$ mit p als Ganghöhe der Helix und $\bar{n}$ als mittlerer Brechungsindex des Flüssigkristalls. Die Ganghöhe ist abhängig von Druck- und Temperaturänderungen sowie beeinflußbar durch elektrische und magnetische Felder. Somit ist eine *elektrisch gesteuerte Farbumschaltung* möglich.

Elektrooptische Eigenschaften

Besonders wichtige elektrooptische Effekte sind außer den erwähnten Farbeffekten die *Streu-* und *Orientierungseffekte*. Ohne elektrisches Feld sind die Flüssigkristalle nicht streuend und transparent; beim Anlegen eines elektrischen Feldes tritt Streuung auf und der Flüssigkristall wird milchig trüb. Die Orientierungseffekte beschreiben die Vorgänge bei der Umorientierung homogener Schichten. Eine Werkstoffkenngröße ist hierbei die *Permittivitätszahl*. Ist diese in Molekülachsenrichtungen größer als in senkrechter Richtung, dann liegt eine *positive Anisotropie* vor, im umgekehrten Fall eine *negative*. Im ersten Fall richten sich die Molekülachsen parallel zum elektrischen Feld aus, im zweiten Fall senkrecht zum elektrischen Feld. Durch Ein- und Ausschalten eines elektrischen (bzw. magnetischen) Feldes können die Moleküle um 90° gedreht werden, so daß sich ihre optischen Eigenschaften ändern (*Schadt-Helfrich-Drehzelle*, Bild 6-115).

9.1.7.3. Anwendungsbereiche

Wie Bild 9-28 zeigt, finden vor allem nematische und cholesterinische Flüssigkristalle Anwendung. Aus der Vielzahl der Anwendungsbereiche seien die *Thermotopographie*, die *Molekülspektroskopie* und das große Gebiet der *Anzeigetechnik* angeführt.

Thermotopographie

Wenn die Ganghöhe der Helix eines cholesterinischen Flüssigkristalls temperaturabhängig ist, wechselt der Flüssigkristall in bestimmten Temperaturbereichen die Farbe. Dadurch wird eine Temperaturmessung auf Oberflächen möglich. Es kommen Flüssigkristallschichten zum Einsatz, die 20 μm dick sind. Zur Ausschaltung der Reflexion an der Oberfläche sind sie mit einem schwarzen Lack (oder einer schwarzen Folie) überzogen. Auf diese Weise können Temperaturunterschiede von bis zu 0,007 K (meist bis 0,1 K) gemessen werden, und die Ansprechzeiten 1/30 s gestatten eine dynamische Beobachtung.

Solche Wärmebilder finden Einsatz in der *zerstörungsfreien Werkstoffprüfung*. Beispielsweise können dadurch Materialeinschlüsse, Klebe- und Schweißfehler sowie Werkstoffermüdungen festgestellt und der Temperaturverlauf in elektronischen Bauelementen verfolgt werden. In der *Medizin* erlaubt die Thermotopographie Rückschlüsse auf Durchblutungsverläufe sowie die Diagnose von Tumoren. In der *Optik* können die Schwingungsanteile von Infrarotlasern sichtbar gemacht werden.

Molekülspektroskopie

Da die Flüssigkristalle ihre eigene Orientierungsrichtung anderen Molekülen aufzwingen, kann in der Molekülspektroskopie eine hohe Auflösung erzielt werden. Die Moleküle werden ausgerichtet, die statistische, räumlich isotrope Bewegung unterdrückt und damit die Linienbreiten der Molekülspektren vermindert. Flüssigkristalle werden deshalb in fast allen spektroskopischen Untersuchungsverfahren eingesetzt, z.B. in der Fluoreszenz (UV)-, Infrarot (IR)-, Kernresonanz (NMR)-, Elektronenspinresonanz (ESR)- und Mößbauer-Spektroskopie sowie bei der Gaschromatographie.

Anzeigetechnik

Dieser Bereich ist das zur Zeit bedeutendste technische Anwendungsfeld für Flüssigkristalle (prinzipieller Aufbau, s. Abschn. 6.4.2.4, Bild 6-115 und Bild 6-116). Die *Flüssigkristallanzeige* (LCD, Liquid Crystal Display) hat folgende Vorzüge:

– geringer Stromleistungsbedarf (2 µW/cm² bis 100 µW/cm², Batteriebetrieb möglich);
– kleine Betriebsspannungen (3 V bis 100 V; kombinierbar mit integrierten Schaltungen);
– sehr kleine Stromdichte (10^{-8} A/mm² je Bildpunkt; großflächige Anzeigen möglich);
– mehrfarbige Anzeigen;
– Speicherung von Informationen durch Mischung geeigneter Flüssigkristalle sowie
– großer Helligkeitsbereich und großer Kontrast, da kein Eigenlicht abgestrahlt wird.

Nachteilig ist, daß die Anzeige als nicht selbstleuchtende Anzeige im Dunkeln mit Fremdlicht betrieben werden muß.

9.2. Elektronen in Festkörpern

Der spezifische Widerstand oder Resistivität ϱ von Festkörpern variiert von $10^{-8}\ \Omega$ m bis $10^{17}\ \Omega$ m um 25 Zehnerpotenzen und ist daher die physikalische Größe mit dem größten Wertebereich. Anhand der Resistivität erfolgt

üblicherweise eine Einteilung der Stoffe nach Bild 9-29 in

– *Leiter* mit $\varrho < 10^{-5}\ \Omega$ m,
– *Halbleiter* mit $10^{-5}\ \Omega$ m $< \varrho < 10^{7}\ \Omega$ m und
– *Isolatoren* mit $\varrho > 10^{7}\ \Omega$ m.

Der spezifische Widerstand einzelner Werkstoffe zeigt eine ausgeprägte Abhängigkeit von der Temperatur (Bild 4-7), dem Druck und anderen Parametern. Beispielsweise wird die Resistivität von reinem Germanium von 45 Ω cm auf etwa $10^{-2}\ \Omega$ cm vermindert, wenn nur ein Fremdatom einer Million Germaniumatome zugefügt wird. Die Deutung dieser Eigenschaften erfordert eine genauere Kenntnis der elektronischen Struktur der Festkörper.

9.2.1. Energiebänder-Modell

Modell gebundener Elektronen

In Abschn. 8.1.2 ist dargelegt, daß sich Elektronen, die an isolierte Atome gebunden sind, nur auf diskreten Energieniveaus aufhalten können. Bild 9-30 zeigt ein sehr vereinfachtes Schema der *Energiezustände*. Die Aufenthaltswahrscheinlichkeit der Elektronen um die Kerne wird durch das *Quadrat der Wellen-*

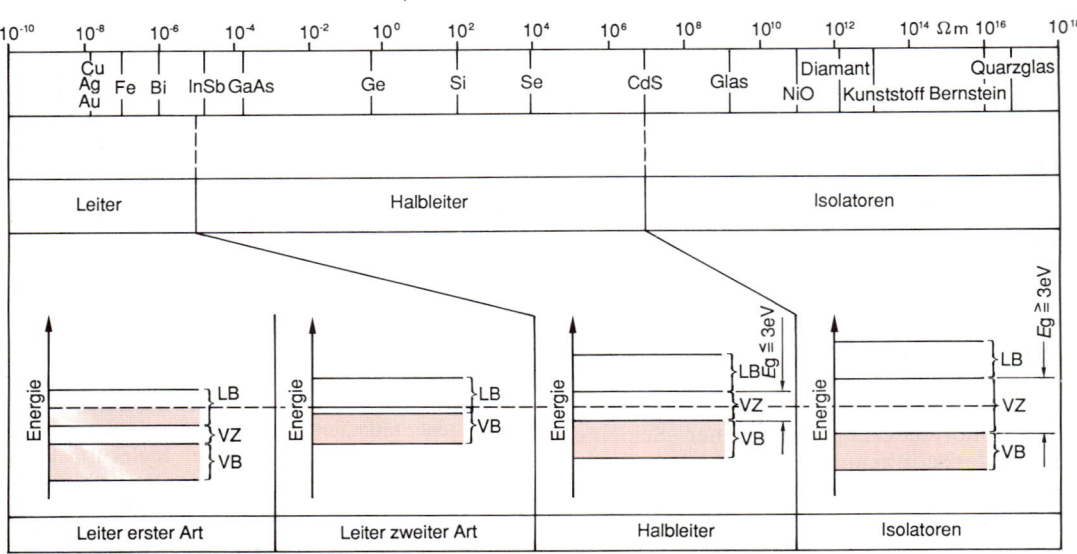

Bild 9-29. Spezifischer elektrischer Widerstand und Bandstrukturen der Festkörper. Die mit Elektronen besetzten Energiezustände sind rot gekennzeichnet.

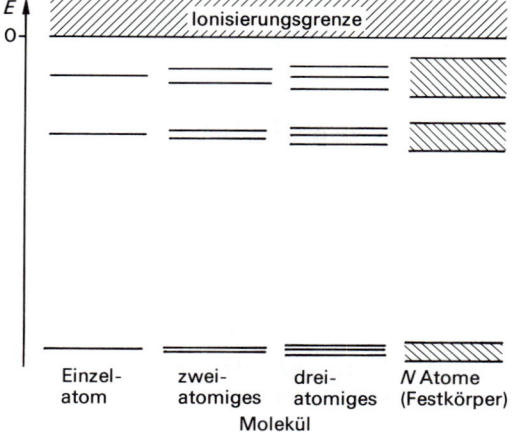

Bild 9-30. *Erlaubte Energiezustände der Elektronen im Atom, Molekül und Festkörper.*

funktion $|\Psi|^2$ beschrieben. Die Lösung der *Schrödinger-Gleichung* liefert für Ψ räumliche stehende Wellen. Bilden zwei Atome ein Molekül, dann überlappen sich die Wellenfunktionen der beiden Atome. Die Wechselwirkung der beteiligten Elektronen führt dazu, daß ursprünglich gleichartige Energieniveaus der Einzelatome in jeweils zwei eng benachbarte Energieniveaus aufspalten. Dieser Vorgang ist analog zur Entstehung der zwei Eigenfrequenzen bei der Kopplung von zwei gleichartigen schwingenden Systemen.

Bild 9-30 verdeutlicht die Aufspaltung der Energieniveaus in zwei, drei (bei drei wechselwirkenden Systemen) und N (bei N Atomen im Festkörper) eng benachbarte Energieniveaus. Im Festkörper liegen die N Energiezustände so eng beieinander, daß sie nicht getrennt werden können, sondern zu einem breiten *Energieband* verschmelzen. Diese erlaubten Energiebänder sind in Bild 9-30 schraffiert gezeichnet.

Elektronen halten sich in Festkörpern innerhalb erlaubter Energiebänder auf, die durch verbotene Zonen voneinander getrennt sind.

Elektronen hoch liegender Energieniveaus haben einen großen mittleren Abstand vom Kern. Infolge der intensiven Wechselwirkung mit den Nachbarelektronen spalten die oberen Energieniveaus stärker auf als die unteren. Dadurch werden die hoch liegenden Energie-

bänder breiter als die tief liegenden. Diese Verbreiterung der Energiebänder kann so weit führen, daß sie sich überlappen (Leiter zweiter Art, Bild 9-29).

Die Frage, ob ein Festkörper ein Leiter oder Nichtleiter ist, hängt von der Besetzung der Bänder mit Elektronen ab. Ist beispielsweise ein Band vollständig gefüllt, können die Elektronen dieses Bandes nicht am Stromtransport teilnehmen. Ein fließender Strom bedeutet nämlich, daß die Elektronen bei der Bewegung durch den Festkörper kinetische Energie aufnehmen, also energetisch auf eine höhere Stufe gehoben werden. In einem vollbesetzten Band, in dem keine höheren Energieniveaus frei sind, ist dies aber nicht möglich. Daraus folgt:

Elektrische Leiter sind solche Festkörper, bei denen ein Energieband nur teilweise besetzt ist.

Das oberste vollständig gefüllte Band heißt *Valenzband*. Das darüber liegende entweder teilweise gefüllte oder auch leere Band wird als *Leitungsband* bezeichnet. Bei den klassischen *Leitern erster Art* (Elemente der Gruppe 1 (I A) und 11 (I B) des Periodensystems) ist nach Bild 9-29 das Leitungsband halb gefüllt. Dies ist verständlich bei Betrachtung der Elektronenkonfiguration im Einzelatom.

Bild 9-31 zeigt die Anordnung bei einem Kupferatom, bei dem das oberste 4 s-Energieniveau, das nach dem *Pauli-Prinzip* zwei Elek-

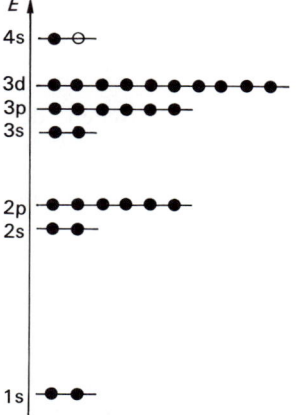

Bild 9-31. *Anordnung der Elektronen im Kupferatom.*

tronen mit entgegengesetzter Spinrichtung aufnehmen könnte, von nur einem Elektron besetzt ist. Bei der Vereinigung der Kupferatome zum Festkörper bleibt das zugehörige 4 s-Band halb besetzt. Andere Metalle (z. B. die Erdalkalimetalle) haben zwar ein voll besetztes oberstes Energieband, durch Überlappung mit einem darüberliegenden leeren Leitungsband entsteht aber letztlich wieder ein breites teilweise gefülltes Band (Leiter zweiter Art, Bild 9-29).

Bei den *Halbleitern* und *Isolatoren* ist das leere Leitungsband vom gefüllten Valenzband durch eine mehr oder weniger breite *verbotene Zone (VZ)* getrennt. Die Breite E_g dieses *Energiegaps* ist maßgebend für die elektrische Leitfähigkeit. Substanzen mit $E_g \lesssim 3$ eV werden nach Bild 9-29 zu den Halbleitern, solche mit $E_g \gtrsim 3$ eV zu den Isolatoren gerechnet.

Modell freier Elektronen

Die Entstehung der Bandstruktur kann man auch verstehen, wenn die Elektronen näherungsweise als frei bewegliche Teilchen betrachtet werden. Nach der Quantentheorie wird die Aufenthaltswahrscheinlichkeit der Elektronen im Kristall durch das Quadrat der Wellenfunktion $|\Psi|^2$ beschrieben. Hierbei hängt die Wellenlänge λ dieser *Materiewelle* durch die *De-Broglie-Beziehung* nach Gl. (6-125) mit dem Impuls p der Elektronen zusammen: $\lambda = h/p$. h ist die Plancksche Konstante. Mit der Wellenzahl $k = 2\pi/\lambda$ und $\hbar = h/(2\pi)$ ergibt sich

$$p = \frac{h}{\lambda} = \hbar k. \qquad (9\text{-}6)$$

Diese Gleichung vermittelt zwischen der Größe p des Teilchenbildes und λ bzw. k des Wellenbildes. Die kinetische Energie der Elektronen hängt mit dem Impuls p bzw. der Wellenzahl k zusammen:

$$E = \frac{p^2}{2m} = \frac{\hbar^2 k^2}{2m}. \qquad (9\text{-}7)$$

Die Größe E über k aufgetragen ergibt also eine Parabel, wie sie in Bild 9-32a dargestellt ist. Während ein wirklich freies Elektron praktisch jeden beliebigen Zustand (gekenn-

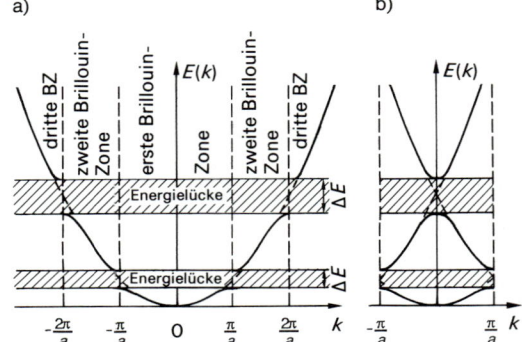

Bild 9-32. Energiebandstruktur a) im erweiterten und b) reduzierten Zonenschema.

zeichnet durch ein Wertepaar E und k) auf der Parabel einnehmen kann, ergeben sich für Elektronen in Kristallen bestimmte Energiebereiche auf der Parabel, die *verboten* sind. Breitet sich eine Elektronenwelle längs einer Atomkette mit der Gitterkonstanten a aus, dann wird die Welle an den Atomen reflektiert, sobald die Wellenlänge λ der Materiewelle die *Braggsche Reflexionsbedingung* (Gl. 6-107)) erfüllt:

$$\lambda_n = \frac{2a}{n}, \quad \text{mit } n = 1, 2, 3, \dots .$$

Diesen Wellenlängen entsprechen die Wellenzahlen

$$k_n = \frac{2\pi}{\lambda_n} = \frac{\pi}{a} n. \qquad (9\text{-}8)$$

Durch Überlagerung der laufenden mit den reflektierten Wellen entstehen stehende Elektronenwellen mit ortsfesten Knoten und Bäuchen. Bild 9-33 zeigt die Aufenthaltswahrscheinlichkeit $|\Psi|^2$ für zwei Elektronenwellen mit jeweils derselben Wellenlänge $\lambda_1 = 2a$:

$$\Psi_1 \sim \cos k_1 x = \cos \frac{\pi}{a} x,$$

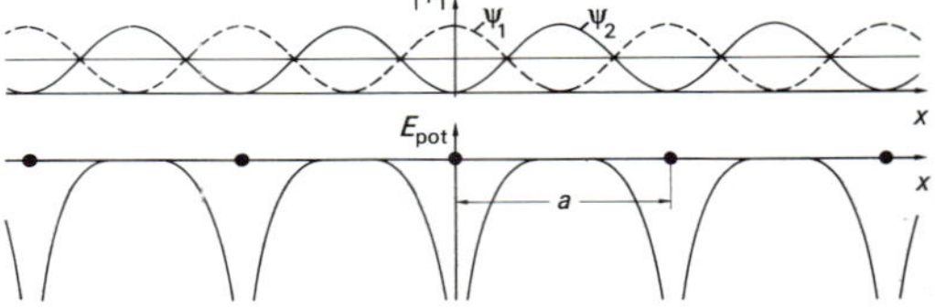

Bild 9-33. Aufenthaltswahrscheinlichkeit $|\Psi|^2$ stehender Elektronenwellen mit $\lambda = 2a$ und potentielle Energie E_{pot} der Elektronen im Feld der Atomrümpfe.

$$\Psi_2 \sim \sin k_1 x = \sin \frac{\pi}{a} x .$$

Bei der Welle Ψ_1 besteht eine große Wahrscheinlichkeit dafür, daß die Elektronen nahe den Atomrümpfen sind und durch die niedrige potentielle Energie eine Absenkung der Gesamtenergie im Vergleich zu freien Elektronen erfahren. Die Elektronen, die durch die Welle Ψ_2 beschrieben werden, halten sich vorwiegend zwischen den Atomrümpfen auf und haben daher eine höhere Energie. Daraus folgt: Elektronen mit der Wellenzahl $k_1 = \pm\, \pi/a$ haben nicht die Energie $E_1 = \hbar^2 k_1^2/(2\,m)$ der freien Elektronen, sondern je nach Art der Wellenfunktion eine größere oder kleinere Energie. Die $E(k)$-Parabel in Bild 9-32 a bekommt daher an der Stelle $k_1 = \pm\, \pi/a$ eine Unstetigkeitsstelle, an der für einen k-Wert zwei Energiewerte existieren, die durch eine verbotene Zone oder Energielücke voneinander getrennt sind. Weitere Energielücken ergeben sich für die stehenden Wellen der höheren Wellenzahlen nach Gl. (9-8): $k_n = \pm\,(\pi/a)\,n$.

Das $E(k)$-Diagramm wird gemäß Bild 9-32 a in *Brillouin-Zonen* (L. BRILLOUIN, 1889 bis 1969) eingeteilt. Wegen der Periodizität im k-Raum können die Brillouin-Zonen höherer Ordnung des *erweiterten Zonenschemas* nach dem Muster von Bild 9-32 b in die erste Zone geklappt werden. Bei diesem *reduzierten Zonenschema* liegen alle $E(k)$-Kurven in der ersten Brillouin-Zone.

9.2.2. Metalle

Die meisten Eigenschaften der Metalle lassen sich anhand des *Modells des freien Elektronengases* verstehen. Dieses wurde von A. SOMMERFELD (1868 bis 1951) vorgeschlagen und von E. FERMI (1901 bis 1954) erweitert. Es beschreibt die Leitungselektronen der Metalle sowie die frei beweglichen Moleküle eines Gases, vernachlässigt also die Wechselwirkung der Elektronen mit den ortsfesten Atomkernen und damit auch das Auftreten von Energielücken.

Befinden sich die Elektronen in einem Würfel der Kantenlänge L, dann ist ihre Aufenthaltswahrscheinlichkeit durch das Quadrat der Wellenfunktion Ψ gegeben, die als Lösung aus der *Schrödinger-Gleichung* (Gl. (8-18)) folgt. Für freie Elektronen lautet die zeitunabhängige Schrödinger-Gleichung

$$-\frac{\hbar^2}{2\,m}\left(\frac{\partial^2\Psi_k}{\partial x^2}+\frac{\partial^2\Psi_k}{\partial y^2}+\frac{\partial^2\Psi_k}{\partial z^2}\right)=E_k\,\Psi_k .$$

Lösungen dieser Differentialgleichung sind ebene Wellen der Form

$$\Psi_k \sim e^{i\,k\,r} .$$

Hierbei gibt die Richtung des *Wellenzahlenvektors* k die Laufrichtung der Welle an. Zweckmäßigerweise wird verlangt, daß die Wellenfunktionen in x-, y- und z-Richtung periodische Randbedingungen erfüllen, d.h., es soll gelten $\Psi(x+L,y,z)=\Psi(x,y,z)$ und entsprechendes für die y- und z-Richtung. Diese Randbedingungen werden erfüllt, wenn die Komponenten des k-Vektors den Bedingungen

$$k_x = 0, \quad \pm\frac{2\,\pi}{L}, \quad \pm\frac{4\,\pi}{L}\cdots$$

genügen. Entsprechendes gilt für k_y und k_z. Der Impuls des Elektrons hängt nach Gl. (9-6) mit dem Wellenzahlenvektor gemäß $p=\hbar\,k$ zusammen. Die Energie der Teilchen ist nach Gl. (9-7)

$$E_k = \frac{\hbar^2}{2\,m}\,k^2 = \frac{\hbar^2}{2\,m}\,(k_x^2 + k_y^2 + k_z^2) .$$

Die Energie ist gequantelt, da die Komponenten des Wellenzahlvektors diskrete Werte annehmen. Im k-Raum, der nach Bild 9-34 von den Komponenten k_x, k_y und k_z aufgespannt wird, ist eine Fläche konstanter Energie eine Kugel.

Da die Komponenten des Wellenzahlvektors in ganzzahligen Vielfachen von $2\,\pi/L$ gequan-

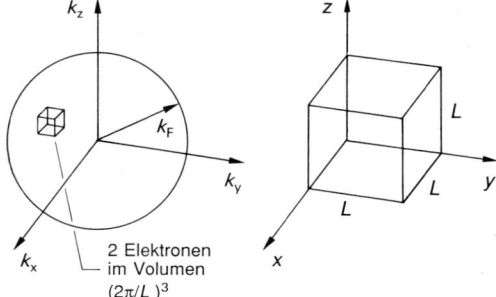

Bild 9-34. Fermi-Kugel im k-Raum; Kristall im Ortsraum.

telt sind, ist in jedem Volumenelement des k-Raums von der Größe $(2\pi/L)^3$ Platz für jeweils zwei Elektronenzustände. Die Zahl Zwei rührt vom Pauli-Prinzip, das zuläßt, daß ein Zustand, der in allen Quantenzahlen k_x, k_y und k_z übereinstimmt, von zwei Elektronen mit entgegengesetzten Spinrichtungen besetzt werden kann. Befinden sich N Elektronen im Kristall mit dem Volumen $V = L^3$, dann werden alle möglichen Energiezustände von unten herauf besetzt, bis alle N Teilchen untergebracht sind. Das höchste besetzte Energieniveau wird *Fermi-Niveau* genannt. Die zugehörige Energiefläche der *Fermi-Energie* E_F im k-Raum von Bild 9-34 ist eine Kugel mit dem Radius k_F. Wenn das Elementarvolumen $(2\pi)^3/V$ im k-Raum für zwei Teilchen Platz bietet, dann gilt für das Volumen $4/3\,(\pi k_F^3)$ der Fermi-Kugel von N Teilchen

$$\frac{4}{3}\,\pi\,k_F^3 = \frac{N}{2}\,\frac{(2\pi)^3}{V}.$$

Daraus folgt für die Wellenzahl an der Oberfläche der Fermi-Kugel

$$k_F = \left(3\,\pi^2\,\frac{N}{V}\right)^{1/3}. \qquad (9\text{-}9)$$

Die Fermi-Energie ist nach Gl. (9-7)

$$E_F = \frac{\hbar^2}{2m}\left(3\,\pi^2\,\frac{N}{V}\right)^{2/3}. \qquad (9\text{-}10)$$

Diejenigen Elektronen, deren Zustände an der Oberfläche der Fermi-Kugel liegen, haben die maximale Geschwindigkeit v_F. Mit $p_F = m\,v_F = \hbar\,k_F$ ergibt sich

$$v_F = \frac{\hbar}{m}\left(3\,\pi^2\,\frac{N}{V}\right)^{1/3}. \qquad (9\text{-}11)$$

Alle Parameter des Fermi-Niveaus hängen von der Konzentration $n = N/V$ der freien Elektronen ab. Tabelle 9-5 zeigt die nach Gl. (9-9) bis (9-11) berechneten Werte für einige Metalle. Die Elektronenzahldichten werden experimentell mit Hilfe des *Hall-Effekts* bestimmt (Abschn. 4.4.3.2).

Für bestimmte Fragestellungen ist die Kenntnis der Anzahl dN von Zuständen im Ener-

Tabelle 9-5. Parameter des Fermi-Niveaus verschiedener Metalle.

Element	Elektronenkonzentration n in 10^{22} cm^{-3}	Wellenzahl k_F in 10^8 cm^{-1}	Fermi-Energie E_F in eV	Fermi-Geschwindigkeit v_F in 10^8 cm/s
Li	4,6	1,1	4,7	1,3
Na	2,5	0,90	3,1	1,1
K	1,34	0,73	2,1	0,85
Cu	8,50	1,35	7,0	1,56
Ag	5,76	1,19	5,5	1,38
Au	5,90	1,20	5,5	1,39

gieintervall zwischen E und $E + \mathrm{d}E$ wichtig. Im k-Raum liegen diese Zustände innerhalb einer Kugelschale mit dem Radius k und der Dicke dk. Die Anzahl der möglichen Zustände ist

$$\mathrm{d}N = 2\,\frac{4\,\pi\,k^2\,\mathrm{d}k}{(2\pi)^3/V}.$$

Mit $k = \sqrt{2\,m\,E}/\hbar$ und

$$\mathrm{d}k = \frac{1}{\hbar}\sqrt{\frac{m}{2\,E}}\;\mathrm{d}E$$

resultiert

$$\mathrm{d}N = \frac{V}{2\,\pi^2}\left(\frac{2\,m}{\hbar^2}\right)^{3/2} E^{1/2}\,\mathrm{d}E.$$

Die *Zustandsdichte* $D(E)$, d.h. die Anzahl der Zustände je Volumeneinheit und Energieintervall, ist $D(E) = (\mathrm{d}N/\mathrm{d}E)\,(1/V)$ oder

$$D(E) = \frac{1}{2\,\pi^2}\left(\frac{2\,m}{\hbar^2}\right)^{3/2} E^{1/2}. \qquad (9\text{-}12)$$

Die bisherigen Erläuterungen gelten streng genommen nur für $T = 0$. Nur am absoluten Nullpunkt besetzen die Elektronen alle Energieniveaus von null bis E_F. Bei endlicher Temperatur nimmt die kinetische Energie des Elektronengases zu, so daß einige Energieniveaus oberhalb der Fermi-Kante besetzt werden und eine gleiche Anzahl unterhalb leer bleibt. Die Wahrscheinlichkeit, mit der ein bestimmter Energiezustand E mit Elektronen besetzt ist, wird beschrieben durch die *Fermi-Dirac-Verteilungsfunktion*

$$f(E) = \frac{1}{e^{(E-E_F)/(kT)} + 1} \ . \qquad (9\text{-}13)$$

Die Fermi-Dirac-Statistik ist anwendbar auf Teilchen mit halbzahligem Spin, zu denen die Elektronen gehören. Bild 9-35 zeigt die Wahrscheinlichkeitsfunktion für zwei verschiedene Temperaturen. Bei $T = 0$ sind alle Zustände unterhalb der Fermi-Energie E_F besetzt, oberhalb E_F leer: $f(E) = 1$ für $0 \leqq E < E_F$, $f(E) = 0$ für $E > E_F$. Bei endlicher Temperatur sind entsprechend den schraffierten Flächen Zustände unterhalb der Fermi-Energie leer und oberhalb besetzt. Die Besetzungswahrscheinlichkeit nimmt von 90% auf 10% ab innerhalb eines Energiebereiches von

$$\Delta E \approx 4,4 \, kT \ . \qquad (9\text{-}14)$$

Die bei tiefen Temperaturen scharfe Fermi-Kante weicht also mit zunehmender Temperatur immer mehr auf.

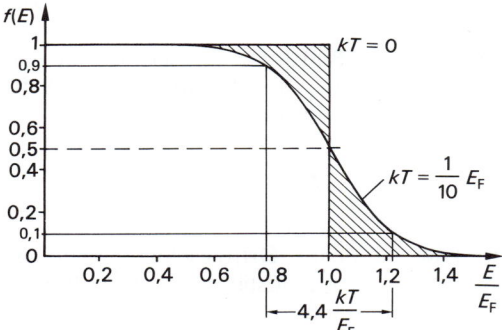

Bild 9-35. Fermi-Dirac-Verteilungsfunktion (k: Boltzmann-Konstante).

Beispiel

9.2-1: Wie breit ist der Energiebereich, in dem die Fermi-Dirac-Verteilung von Natrium bei Raumtemperatur (300 K) von 90% auf 10% abnimmt?

Lösung:

Nach Tabelle 9-5 ist $E_F = 3,1$ eV. Mit $k = 8,62 \cdot 10^{-5}$ eV/K ist $kT = 0,0259$ eV und nach Gl. (9-14) $\Delta E \approx 4,4 \, kT = 0,114$ eV. Bezogen auf E_F ist die relative Breite der Übergangszone $\Delta E/E_F = 3,7\%$.

Der Übergang ist also auch bei Raumtemperatur noch verhältnismäßig abrupt.

Die Dichte der besetzten Energiezustände ist das Produkt aus Zustandsdichte und Vertei-

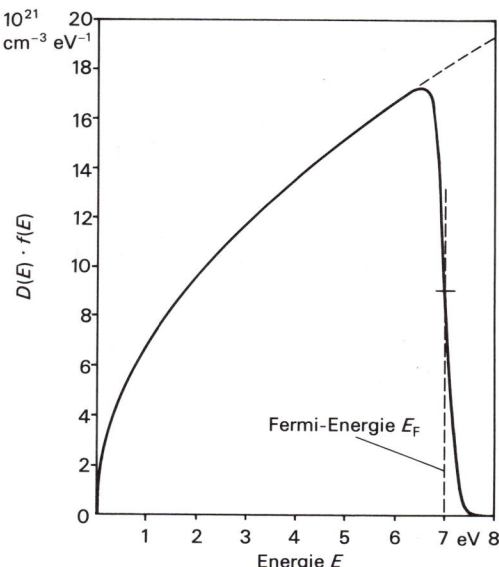

Bild 9-36. Dichte der besetzten Energiezustände in Kupfer bei $T = 1200$ K.

lungsfunktion $D(E) \cdot f(E)$. Bild 9-36 zeigt den Verlauf in Abhängigkeit von der Energie für Kupfer bei der verhältnismäßig hohen Temperatur $T = 1200$ K ($kT/E_F \approx 1/70$).

Molare Wärmekapazität des Elektronengases

Nach dem Gleichverteilungssatz der Thermodynamik (Abschn. 3.2.2) sollten die freien Elektronen einen merklichen Beitrag zur spezifischen Wärmekapazität der Metalle liefern. Jedes frei bewegliche Elektron hat drei Freiheitsgrade und somit die mittlere thermische Energie $\bar{E}_{kin} = 3/2 \, (kT)$. Da jedes Atom praktisch ein freies Elektron mitbringt, sollte nach den Erläuterungen in Abschn. 3.3.3 der Beitrag des Elektronengases zur molaren Wärmekapazität $C_{m,el} = 3/2 \, (R_m)$ betragen. Tatsächlich ist aber der Beitrag der Elektronen bei Zimmertemperatur lediglich ungefähr 1/100 des erwarteten Wertes.

Die Erklärung dieser Beobachtung ist mit Hilfe der Fermi-Dirac-Statistik möglich. Wird das Elektronengas von $T = 0$ aus erwärmt, dann nehmen nach Bild 9-35 und 9-36 nicht alle Elektronen thermische Energie auf, wie dies klassisch erwartet wird, sondern nur die Elektronen, die innerhalb des schmalen Streifens von einigen kT Breite bei $E = E_F$ angesiedelt sind. Von der Gesamtzahl N der Elektronen kann also nur ein Bruchteil der Größenordnung $\Delta N/N \approx kT/E_F = T/T_F$ zur Wärmekapazität beitragen.

$$T_F = \frac{E_F}{k} \qquad (9\text{-}15)$$

ist die *Fermi-Temperatur*.

Die innere Energie dieser ΔN Elektronen ist mithin näherungsweise

$$U_{el} = \Delta N \cdot \frac{3}{2} \, kT \approx \frac{3}{2} \, N \frac{T}{T_F} \, kT \, .$$

Der Beitrag zur molaren Wärmekapazität ist nach Gl. (3-55) $C_{m,el} \approx 3\,R_m\,(T/T_F)$. Eine exakte Analyse liefert den Ausdruck

$$C_{m,el} = \frac{1}{2} \, \pi^2 \, R_m \frac{T}{T_F} \, . \qquad (9\text{-}16)$$

Der Beitrag der Elektronen zur molaren Wärmekapazität der Metalle hängt linear von der Temperatur ab.

Diese Aussage stimmt mit den experimentellen Befunden überein. Da bei tiefen Temperaturen der Beitrag der Gitterschwingungen zur Wärmekapazität nach dem *Debyeschen Gesetz* $C_{m,Gitter} = AT^3$ (Abschn. 9.3.1.2) abfällt, überwiegt bei genügend tiefen Temperaturen der Beitrag der Elektronen zur spezifischen bzw. molaren Wärmekapazität.

Elektrische Leitung

Die Elektronen eines Metalls bewegen sich infolge der Wärmebewegung statistisch verteilt in alle Raumrichtungen, so daß ihr mittlerer Geschwindigkeitsvektor null ist:

$$v_m = \frac{1}{N} \sum_{i=1}^{N} v_i = \frac{1}{N} \frac{\hbar}{m} \sum_{i=1}^{N} k_i = 0 \, .$$

In einem elektrischen Feld der Feldstärke E wirkt auf jedes Elektron die Kraft $-e\,E$, so daß alle Elektronen beschleunigt werden. Der regellosen Bewegung wird jetzt eine gemeinsame Driftbewegung mit der (mittleren) Driftgeschwindigkeit v_d überlagert.

Ohne Reibungseffekte würden die Elektronen immer schneller werden. Tatsächlich finden aber im Kristall Stoßprozesse statt, die dafür sorgen, daß sich nach einer bestimmten Zeit eine konstante Driftgeschwindigkeit einstellt

(bei konstanter Feldstärke). Die Elektronen werden vorwiegend durch Gitterschwingungen (Phononen, Abschn. 9.3.1) und an Störungen des Gitters (z.B. Gitterbaufehler, Verunreinigungen, Korngrenzen) gestreut. Die mittlere Beschleunigung beträgt

$$\frac{dv_d}{dt} = -\frac{e\,E}{m} - \frac{v_d}{\tau} \, . \qquad (9\text{-}17)$$

Das Glied $-e\,E/m$ beschreibt die Geschwindigkeitszunahme durch das angelegte elektrische Feld; das Glied $-v_d/\tau$ berücksichtigt die Reibungsvorgänge im Gitter. Dabei geht man wie bei der inneren Reibung laminar strömender Flüssigkeiten davon aus, daß die Reibungskraft proportional zur Strömungsgeschwindigkeit ist. Die Zeitkonstante τ heißt *Relaxationszeit*.

Im zeitlich konstanten Feld (Gleichstromverhalten) $E = E_0$ ergibt die Integration von Gl. (9-17)

$$v_d = v_{d,0}(1 - e^{-t/\tau}) \, , \qquad (9\text{-}18)$$

dargestellt in Bild 9-37. Im stationären Zustand ($t \to \infty$, $dv_d/dt = 0$) nimmt die Driftgeschwindigkeit den konstanten Wert

$$v_{d,0} = -\frac{e}{m} \, \tau \, E_0 = -\mu \, E_0 \qquad (9\text{-}19)$$

an. Die stationäre Driftgeschwindigkeit ist proportional zur Feldstärke E_0. Die Proportionalitätskonstante

$$\mu = \frac{e}{m} \, \tau \qquad (9\text{-}20)$$

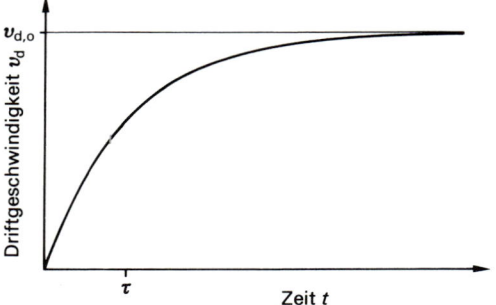

Bild 9-37. Abhängigkeit der Driftgeschwindigkeit von der Zeit im Fall des Gleichstroms.

ist die *Beweglichkeit*. Die Driftgeschwindigkeit $v_{d,0}$ hängt mit der elektrischen Stromdichte j zusammen gemäß

$$j = - e\, n\, v_{d,0} \qquad (9\text{-}21)$$

mit $n = N/V$ als der Konzentration der freien Elektronen. Mit Gl. (9-19) resultiert hieraus

$$j = \frac{e^2}{m}\, n\, \tau\, E_0 = \varkappa\, E_0 . \qquad (9\text{-}22)$$

Dies ist das *Ohmsche Gesetz* (Abschn. 4.1.5), das besagt, daß die Stromdichte proportional zur elektrischen Feldstärke ist; die Proportionalitätskonstante $\varkappa$ ist die *elektrische Leitfähigkeit*. Für einen Leiter mit konstantem Querschnitt ergibt sich hieraus die bekannte Form $I = U/R$.

Aus Gl. (9-20) und (9-22) folgt die für die Praxis wichtige Verknüpfung zwischen elektrischer Leitfähigkeit $\varkappa$ und Beweglichkeit μ:

$$\varkappa = e\, n\, \mu . \qquad (9\text{-}23)$$

Beispiel

9.2-2: Wie groß ist die Beweglichkeit μ von Kupfer bei Raumtemperatur?

Lösung:

Die elektrische Leitfähigkeit von reinem Kupfer ist $\varkappa = 5{,}9 \cdot 10^5\ \Omega^{-1}\,\mathrm{cm}^{-1}$. Die Konzentration der freien Elektronen ist nach Tabelle 9-5 $n \approx 8{,}5 \cdot 10^{22}\ \mathrm{cm}^{-3}$. Somit ist nach Gl. (9-23) die Beweglichkeit

$$\mu = \frac{\varkappa}{e\, n} \approx 43\ \frac{\mathrm{cm}^2}{\mathrm{V\,s}} .$$

Die Relaxationszeit τ kann aus Gl. (9-22) bestimmt werden:

$$\tau = \frac{\varkappa\, m}{e^2\, n} . \qquad (9\text{-}24)$$

Da an den Streuprozessen nur die Elektronen teilnehmen, die an der Oberfläche der Fermi-Kugel sitzen, ist deren Geschwindigkeit etwa die Fermi-Geschwindigkeit v_F (Gl. (9-11)). Innerhalb der Relaxationszeit τ legen die Elektronen die *mittlere freie Weglänge l* zurück:

$$l = v_F\, \tau . \qquad (9\text{-}25)$$

Beispiel

9.2-3: Wie groß ist die mittlere freie Weglänge der Elektronen in Kupfer bei Raumtemperatur?

Lösung:

Mit $\varkappa = 5{,}9 \cdot 10^5\ \Omega^{-1}\,\mathrm{cm}^{-1}$ und $n \approx 8{,}5 \cdot 10^{22}\ \mathrm{cm}^{-3}$ ist die Relaxationszeit nach Gl. (9-24) $\tau = 2{,}5 \cdot 10^{-14}\ \mathrm{s}$. Die Fermi-Geschwindigkeit ist nach Gl. (9-11) bzw. Tabelle 9-5 $v_F = 1{,}56 \cdot 10^6\ \mathrm{m/s}$. Demnach beträgt die mittlere freie Weglänge $l = v_F\, \tau = 3{,}9 \cdot 10^{-8}\ \mathrm{m}$.

Im Vergleich hierzu ist der Abstand zwischen nächsten Nachbarn im Kupfergitter nach Tabelle 9-1 $2{,}55 \cdot 10^{-10}\ \mathrm{m}$.

Das Beispiel zeigt, daß die Elektronen in Metallen zwischen zwei Zusammenstößen im Mittel einen Weg von etwa hundert Atomabständen zurücklegen.

Mit abnehmender Temperatur steigt i. a. die Leitfähigkeit von Metallen, weil die Streuung der Elektronen am schwingenden Gitter zurückgeht. Bei sehr tiefen Temperaturen dominiert die temperaturunabhängige Streuung an Gitterfehlern (Verunreinigungen). Für den spezifischen Widerstand gilt die *Matthiessensche Regel* (F. MATTHIESSEN, 1830 bis 1906):

$$\varrho(T) = \varrho_R + \varrho_G(T) . \qquad (9\text{-}26)$$

Hierbei ist ϱ_R der temperaturunabhängige *Restwiderstand*, der sich für $T \to 0$ einstellt, und $\varrho_G(T)$ der temperaturabhängige Anteil der Gitterschwingungen. Bild 9-38 zeigt den typischen Verlauf des spezifischen Widerstandes in Abhängigkeit von der Temperatur. Ein Maß für die Reinheit einer Substanz ist das *Widerstandsverhältnis*

$$r = \frac{\varrho(4{,}2\ \mathrm{K})}{\varrho(293\ \mathrm{K})} ,$$

das typischerweise in der Größenordnung von 10^{-3} bis 10^{-6} liegt. Es kann durch Legieren sowie mechanische Verformung stark beeinflußt und bis in die Größenordnung von eins gebracht werden. Der ohmsche Widerstand solcher Werkstoffe hängt kaum von der Temperatur ab. Sie sind deshalb zur Herstellung von *Normalwiderständen* geeignet.

Wie eingangs erwähnt, wird beim Modell des freien Elektronengases das Auftreten von Energiebändern mit verbotenen Zonen nicht berücksichtigt. Die Kontur der *Fermi-Fläche*

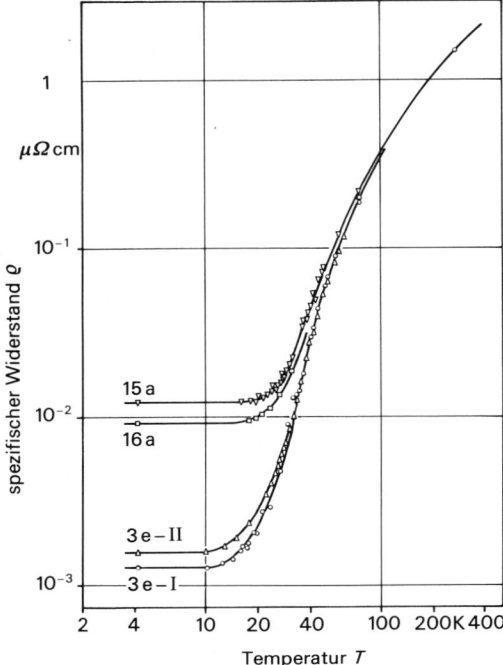

Bild 9-38. *Temperaturabhängigkeit des spezifischen Widerstands von Kupfer-Einkristallen unterschiedlicher Reinheit (nach Saeger).*

realer Metalle weicht mehr oder weniger von der in Bild 9-34 dargestellten idealen Kugelgestalt ab. Bei Na und K sind die Abweichungen kleiner als 0,15%, bei anderen Metallen dagegen zum Teil erheblich größer. Bild 9-39 zeigt als Beispiel die experimentell bestimmte Fermi-Fläche von Zinn. Ihre Form bestimmt die elektronischen Eigenschaften der Festkörper, da nur diejenigen Elektronen durch äußere Felder beeinflußt werden können, die sich nahe der Fermi-Fläche bewegen.

9.2.3. Halbleiter

Halbleiter haben einen spezifischen elektrischen Widerstand im Bereich $10^{-3}\,\Omega$ cm bis $10^9\,\Omega$ cm. Die Werte liegen also zwischen denjenigen der Metalle und der Isolatoren (Bild 9-29). Der spezifische elektrische Widerstand von Halbleitern ist im Unterschied zu Leitern und Isolatoren stark von der Dotierung mit Fremdatomen, der Temperatur sowie dem Lichteinfall abhängig.

Die Elementhalbleiter aus der IV. Gruppe des Periodensystems kristallisieren in der *Diamantstruktur*, bei der jedes Atom vier nächste Nachbarn hat, die an den Ecken eines regelmäßigen Tetraders angeordnet sind. Weitere Halbleiter mit tetraedrischem Gitter ergeben sich nach dem Schema in Tabelle 9-6, indem Verbindungen zwischen Elementen aus verschiedenen Gruppen des Periodensystems hergestellt werden, so daß die mittlere Anzahl der Valenzelektronen (vier) erhalten bleibt. Von besonderer Bedeutung für die Optoelektronik sind *Mischkristalle* auf der Basis der III-V-Halbleiter, bei denen die Breite der verbotenen Zone in bestimmten Grenzen beliebig einstellbar ist. Beispiele hierfür sind

− ternäre Mischkristalle $Ga_xAl_{1-x}As$ und
− quaternäre Mischkristalle $In_xGa_{1-x}As_yP_{1-y}$.

Tabelle 9-6. Halbleitende Verbindungen.

Gruppen des Periodensystems zur Kombination der Elemente	Beispiele
IV	Si, Ge, Sn (grau)
IV − IV	SiC
III − V	GaAs, InSb
II − VI	ZnTe, CdSe, HgS

a)

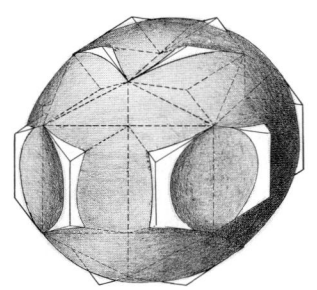

b)

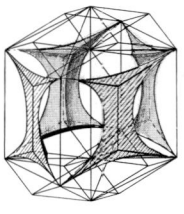

Bild 9-39. *Fermi-Fläche von Zinn (nach Hering und Lück): a) Fläche in der dritten Brillouin-Zone des erweiterten Zonenschemas, b) reduziertes Zonenschema.*

9.2.3.1. Eigenleitung

Die *Elementhalbleiter* der IV. Gruppe haben jeweils vier Valenzelektronen, die mit Elektronen der Nachbaratome Elektronenpaarbindungen eingehen. Am absoluten Nullpunkt ist keine elektrische Leitung möglich, da keine freien Ladungsträger zur Verfügung stehen. Im Bänderschema von Bild 9-29 ist das oberste Valenzband vollständig besetzt, das darüberliegende Leitungsband ist leer.

Durch Energiezufuhr, z.B. durch Temperaturerhöhung oder Lichteinfall, können einzelne Bindungen gelöst werden. Dies hat zur Folge, daß freie Elektronen im Kristall zur Verfügung stehen. Im Bändermodell von Bild 9-40 entspricht diesem Vorgang das Anheben von Elektronen aus dem Valenzband (VB) ins Leitungsband (LB). Die fehlenden Elektronen im Valenzband werden *Defektelektronen* oder *Löcher* genannt. Sie verhalten sich im See der negativen Elektronen wie *positive Teilchen*. Da freie Elektronen und Löcher immer nur paarweise erzeugt werden können, gilt für die Dichten der Elektronen n und der Löcher p

$$n = p \, . \tag{9-27}$$

Wird an den Kristall eine Spannung angelegt, dann fließen die freien Elektronen zur Anode. Gebundene Elektronen in der Nachbarschaft von Löchern können durch Platzwechsel in ein Loch springen (*hopping-conductivity*); hierbei wandert das Loch in Richtung Kathode. Der Gesamtstrom in einem Halbleiter läßt sich daher als Summe aus einem Elektronenstrom und einem Löcherstrom bilden. Für die elektrische Leitfähigkeit eines Halbleiters gilt in Erweiterung von Gl. (9-23)

$$\varkappa = e \, (n \, \mu_n + p \, \mu_p) \, . \tag{9-28}$$

Die Beweglichkeiten von Elektronen μ_n und Löchern μ_p technisch wichtiger Halbleiter sind in Tabelle 9-7 angegeben. Sie zeigen bei reinen Halbleitern eine geringe Temperaturabhängigkeit:

$$\mu(T) = \mu_0 \, (T/T_0)^{-3/2} \tag{9-29}$$

Die Berechnung der Ladungsträgerdichten n und p geschieht mit Hilfe der Fermi-Dirac-Statistik (Abschn. 9.2.2).

Bild 9-41 zeigt die Zustandsdichte im Leitungs- und Valenzband, die Fermi-Dirac-Verteilungsfunktion

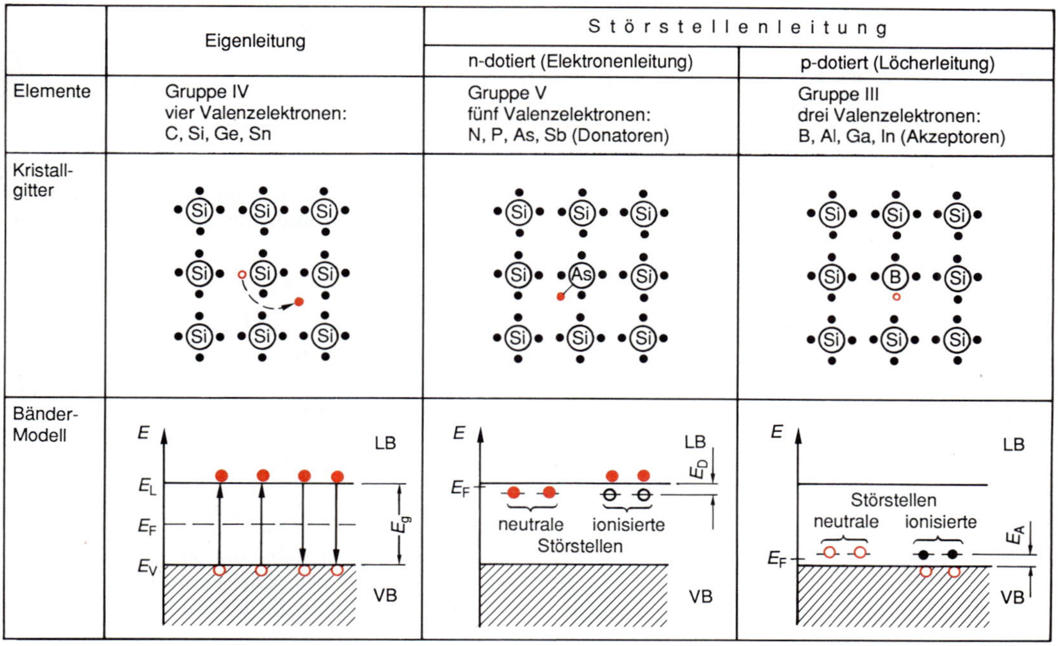

	Eigenleitung	Störstellenleitung	
		n-dotiert (Elektronenleitung)	p-dotiert (Löcherleitung)
Elemente	Gruppe IV vier Valenzelektronen: C, Si, Ge, Sn	Gruppe V fünf Valenzelektronen: N, P, As, Sb (Donatoren)	Gruppe III drei Valenzelektronen: B, Al, Ga, In (Akzeptoren)
Kristall-gitter			
Bänder-Modell			

Bild 9-40. Leitungsmechanismen in Halbleitern.

Tabelle 9-7. Eigenschaften der Halbleiter Ge, Si und GaAs. (Die Zahlenwerte gelten für $T = 300$ K.)

	Ge	Si	GaAs
Kristallstruktur	Diamant	Diamant	Zinkblende
Gitterkonstante a in 10^{-10} m	5,64613	5,43095	5,6533
linearer Ausdehnungskoeffizient α in $10^{-6}\,K^{-1}$	5,8	2,6	6,9
spezifische Wärmekapazität c in kJ/(kg K)	0,31	0,70	0,35
Wärmeleitfähigkeit λ in W/(m K)	64	145	46
Schmelzpunkt ϑ_s in °C	937	1415	1238
Atomdichte N/V in 10^{22} cm^{-3}	4,42	5,0	4,42
Dichte ϱ in kg/m³	5326,7	2328	5320
Molmasse M in g/mol	72,60	28,09	144,63
Bandgap E_g in eV	0,660	1,11	1,43
intrinsische Trägerdichte n_i in cm^{-3}	$2,24 \cdot 10^{13}$	$1,14 \cdot 10^{10}$	$2,0 \cdot 10^{6}$
Effektive Zustandsdichte im Leitungsband N_L in cm^{-3} im Valenzband N_V in cm^{-3}	$1,04 \cdot 10^{19}$ $6,03 \cdot 10^{18}$	$3,22 \cdot 10^{19}$ $1,83 \cdot 10^{19}$	$4,55 \cdot 10^{17}$ $8,86 \cdot 10^{18}$
relative Dielektrizitätszahl	16	11,8	12,9
Beweglichkeit μ_n in cm²/(V s) μ_p in cm²/(V s)	3900 1900	1350 480	8500 435

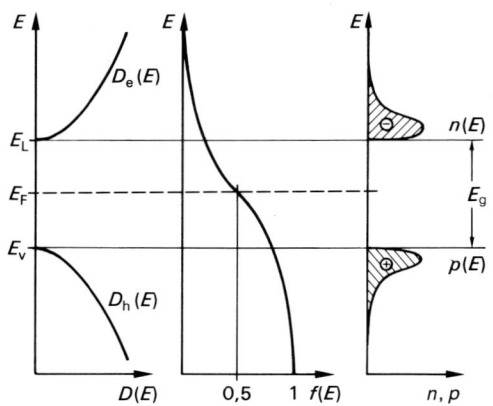

Bild 9-41. *Zustandsdichte $D(E)$, Besetzungswahrscheinlichkeit $f(E)$ und Trägerdichte $n(E)$ sowie $p(E)$ eines reinen Halbleiters.*

und die Dichte der Ladungsträger, die sich als Produkt aus Zustandsdichte und Besetzungswahrscheinlichkeit ergibt:

$$n(E) = D_e(E) f(E),$$
$$p(E) = D_h(E) (1 - f(E)).$$

Das Fermi-Niveau liegt bei tiefen Temperaturen etwa in der Mitte der verbotenen Zone. Für die Dichte der Elektronen im Leitungsband gilt

$$n = \int_{E_L}^{\infty} D_e(E) f(E)\, dE .$$

Die Zustandsdichte $D_e(E)$ wird nach Gl. (9-12) berechnet; hierbei muß aber anstatt der Masse des freien Elektrons eine *effektive Zustandsdichtemasse* m_d eingesetzt werden. Die Fermi-Dirac-Funktion nach Gl. (9-13) beträgt für $E - E_F \gg kT$

$$f(E) = e^{-\frac{E - E_F}{kT}} .$$

Damit läßt sich obiges Integral geschlossen lösen:

$$n(T) = N_L \, e^{-\frac{E_L - F_F}{kT}}.$$

Die Größe

$$N_L = 2 \left(\frac{2\pi \, m_d \, kT}{h^2} \right)^{3/2}$$

ist die *effektive Zustandsdichte* im Leitungsband. Sie ist in Tabelle 9-7 angegeben. Die gleiche Rechnung ergibt für die Löcherdichte im Valenzband

$$p(T) = N_V \, e^{-\frac{E_F - E_V}{kT}}$$

mit N_V als der effektiven Zustandsdichte des Valenzbandes.

Die Dichte der freien Elektronen und Löcher in reinen Halbleitern wird auch als *intrinsische Trägerdichte* n_i bezeichnet. Es gilt $n_i = n = p$ und mit obigen Beziehungen

$$n_i(T) = \sqrt{N_L N_V} \, e^{-\frac{E_g}{2kT}} = n_{i0} \, T^{3/2} \, e^{-\frac{E_g}{2kT}}. \tag{9.30}$$

Die mit Hilfe der Gl. (9-30) bestimmten Trägerdichten sind für die Halbleiter Ge, Si und GaAs in Tabelle 9-7 zusammengestellt. Aus diesen Daten folgt für den temperaturunabhängigen Faktor n_{i0} in Gl. (9-30) für

– Germanium $n_{i0} = 1{,}51 \cdot 10^{15} \, \text{cm}^{-3} \, \text{K}^{-3/2}$,
– Silicium $n_{i0} = 4{,}62 \cdot 10^{15} \, \text{cm}^{-3} \, \text{K}^{-3/2}$,
– Galliumarsenid $n_{i0} = 3{,}95 \cdot 10^{15} \, \text{cm}^{-3} \, \text{K}^{-3/2}$.

Das Produkt von freier Elektronen- und Löcherdichte ist bei gegebener Temperatur eine Konstante, unabhängig von der Dotierung. Es gilt

$$n \, p = n_i^2(T) = n_{i0}^2 \, T^3 \, e^{-\frac{E_g}{kT}}. \tag{9-31}$$

Beispiel

9.2-4: Wie groß ist der spezifische Widerstand von reinem Germanium bei $T_1 = 300$ K und $T_2 = 200$ K?

Lösung:

Nach Gl. (9-28) gilt

$$\varrho = \frac{1}{e \, n_i \, (\mu_n + \mu_p)}.$$

Bei $T_1 = 300$ K ist nach Tabelle 9-7 $n_i = 2{,}24 \cdot 10^{13}$ cm^{-3} und $\mu_n + \mu_p = 5800$ cm^2/V s. Damit ergibt sich $\varrho \, (300 \, \text{K}) = 48 \, \Omega$ cm.

Bei $T_2 = 200$ K ist die Trägerdichte

$$n_i(T_2) = n_{i0} \, T_2^{3/2} \, e^{-\frac{E_g}{2kT_2}} = 2{,}06 \cdot 10^{10} \, \text{cm}^{-3}$$

und die Beweglichkeit nach Gl. (9-29)

$$\mu(T_2) = \mu(T_1) \left(\frac{T_2}{T_1} \right)^{-3/2} = 10\,650 \, \text{cm}^2/\text{V s}.$$

Somit beträgt der spezifische Widerstand $\varrho \, (200 \, \text{K})$ $= 2{,}84 \cdot 10^4 \, \Omega$ cm.

Bei dieser Rechnung wurde vereinfachend vorausgesetzt, daß die Breite der verbotenen Zone konstant ist. Tatsächlich hängt E_g von der Temperatur ab.

Die große Temperaturabhängigkeit des elektrischen Widerstandes von Halbleitern liegt in der exponentiellen Abhängigkeit der Trägerdichte von der Temperatur begründet. Mit Hilfe von Gl. (9-28) bis (9-30) folgt

$$R(T) \approx R_0 \, e^{\frac{E_g}{2kT}}. \tag{9-32}$$

Der Widerstand steigt bei tiefen Temperaturen extrem an. Aus diesem Grund sind Halbleiterwiderstände besonders gut geeignet als *Temperatursensoren* zur Messung tiefer Temperaturen (NTC-Widerstand, Bild 4-6).

9.2.3.2. Störstellenleitung

Der spezifische Widerstand von Halbleitern kann erheblich verändert werden durch den Einbau von *Fremdatomen*. Wird beispielsweise Silicium mit Atomen aus der V. Gruppe des Periodensystems *dotiert*, dann bringt nach Bild 9-40 jedes Störatom ein Elektron mit, das keine Bindung mit nächsten Nachbarn eingeht und durch geringe Energiezufuhr von seinem Atom abgetrennt werden kann. Im Bänderschema sind diese Elektronen energetisch dicht unter der Leitungsbandkante angesiedelt. Die Ionisierungsenergien E_D einiger *Donatoren* (*Elektronenspender*) sind in Tabelle 9-8 für die Halbleiter Silicium und Germanium zusammengestellt. Aus den Zahlenwerten ist ersichtlich, daß bereits bei Raumtemperatur praktisch alle Störstellen ionisiert sind. In diesem Fall beruht die elektrische Leitung vorwiegend auf dem Transport der negativen Elektronen (*Majoritätsträger*). Der Halbleiter wird deshalb als *n-leitend* oder als *n-Typ* bezeichnet.

Tabelle 9-8. Ionisationsenergie E_D von Donatoren und E_A von Akzeptoren in Silicium und Germanium.

Störstelle	Ionisierungsenergie E_D bzw. E_A in meV	
	Silicium	Germanium
Donatoren		
P	44	12,76
As	49	14,04
Sb	39	10,19
Akzeptoren		
B	45	10,4
Al	57	10,2
Ga	65	10,8
In	160	11

Dotiert man mit Elementen aus der III. Gruppe, so fehlt an jedem Störatom ein Elektron zur Bindung. Bereits durch geringe Energiezufuhr kann dieses lokalisierte Loch von einem Elektron eines Nachbaratoms ausgefüllt werden. Dadurch wandert das Loch ins Valenzband und kann als freies Loch am Ladungstransport teilnehmen. Die elektrische Leitung beruht also vorwiegend auf der Wanderung der positiven Löcher, man spricht deshalb von *p*-Leitung und von *p-Typ*-Halbleitern. Da die Störstellen aus der III. Gruppe Elektronen aus dem Valenzband aufnehmen, werden sie als *Akzeptoren* bezeichnet. Die Ionisationsenergie E_A der wichtigsten Akzeptoren sind in Tabelle 9-8 zusammengestellt.

Am absoluten Nullpunkt sind alle Störstellen neutral. Der spezifische Widerstand des Halbleiters ist wie bei der Eigenleitung unendlich

groß. Mit steigender Temperatur werden die Störstellen ionisiert, und die Dichte der freien Ladungsträger nimmt rasch zu. Solange erst ein Teil der Störstellen ionisiert ist, spricht man von *Störstellenreserve*. Die Trägerdichte wird wie bei der Eigenleitung mit Hilfe der Fermi-Dirac-Statistik berechnet. Bild 9-42 zeigt die Verteilungsfunktion der Elektronen bei tiefen Temperaturen. Die Fermi-Energie E_F liegt dabei in der Mitte zwischen den Störstellenniveaus und den benachbarten Bandkanten.

Ist bei n-Dotierung die Konzentration der Donatoratome n_D, dann ergibt sich für die Konzentration der freien Elektronen

$$n(T) = \sqrt{\frac{n_D N_L}{2}} \; e^{-\frac{E_D}{2kT}} . \qquad (9\text{-}33)$$

Der Ausdruck ist analog zu Gl. (9-30) für die Eigenleitung. E_D spielt in diesem Fall die Rolle der Bandlücke (Bandgap). Bei p-Typ-Halbleitern gilt entsprechend mit der Akzeptoren-Konzentration n_A

$$p(T) = \sqrt{\frac{n_A N_V}{2}} \; e^{-\frac{E_A}{2kT}} . \qquad (9\text{-}34)$$

Bild 9-43 zeigt den Verlauf der Trägerdichte bei n-Typ-Silicium in Abhängigkeit von der Temperatur. Mit steigender Temperatur nimmt die Dichte der freien Ladungsträger rasch zu und geht schließlich in ein waagrechtes Plateau über, wenn im Zustand der *Störstellenerschöpfung* alle Störstellen ionisiert sind. Ein weiterer Temperaturanstieg verursacht eine erneute Zunahme der Trägerdichte, wenn die Eigenleitungsdichte $n_i(T)$ größer wird als die Störstellenkonzentration. Im Bereich der Störstellenerschöpfung gilt bei n-Dotierung

$$n = \frac{n_D}{2} + \sqrt{\left(\frac{n_D}{2}\right)^2 + n_i^2}$$

und bei p-Dotierung

$$p = \frac{n_A}{2} + \sqrt{\left(\frac{n_A}{2}\right)^2 + n_i^2} .$$

Bereits bei mäßiger Dotierung gilt i. a. $n_D \gg n_i$ und $n_A \gg n_i$. Demnach ist die *Majoritätsträgerdichte n* bzw. *p* gleich der *Dotierungs-Kon-*

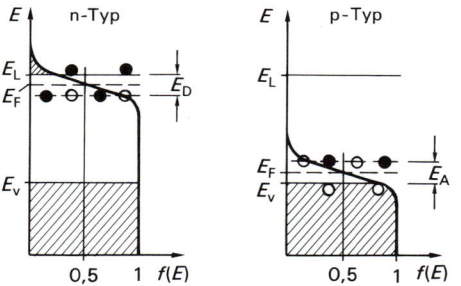

Bild 9-42. *Fermi-Dirac-Verteilung in n- und p-Halbleitern bei tiefen Temperaturen. Die schraffierten Gebiete entsprechen den besetzten Elektronenzuständen.*

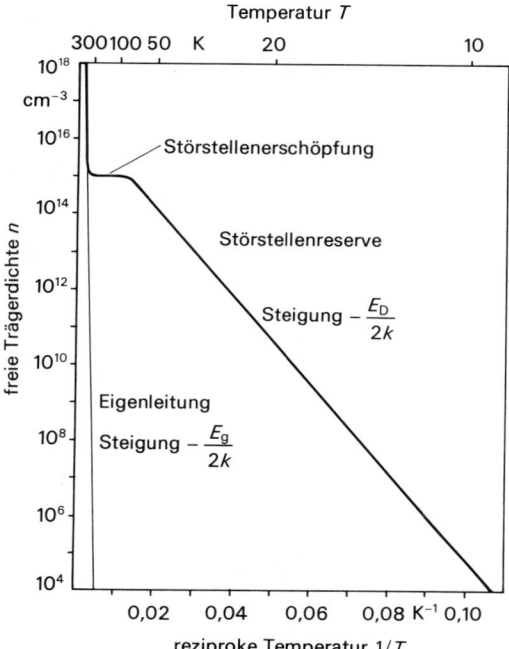

Bild 9-43. *Ladungsträgerdichte in n-Typ-Silicium in Abhängigkeit von der Temperatur. Dotierung: Phosphor, $n_D = 10^{15}$ cm⁻³.*

Tabelle 9-9. Halbleitereigenschaften im Zustand der Störstellenerschöpfung (bei Raumtemperatur; $n_D \gg n_i$ bzw. $n_A \gg n_i$).

	n-Typ	p-Typ
Majoritätsträgerdichte	$n = n_D$	$p = n_A$
Minoritätsträgerdichte	$p = n_i^2/n_D$	$n = n_i^2/n_A$
elektrische Leitfähigkeit	$\varkappa = e\,\mu_n\,n_D$	$\varkappa = e\,\mu_p\,n_A$

zentration. Die Minoritätsträgerdichte folgt unmittelbar aus Gl. (9-31). Tabelle 9-9 gibt die Beziehungen für *n*, *p* und $\varkappa$ wieder. Die Beweglichkeit nimmt mit steigender Dotierung etwas ab und wird temperaturunabhängig.

9.2.3.3. pn-Übergang

Das Grundelement der meisten Halbleiterbauelemente ist der *pn-Übergang*, in dem nach Bild 9-44a p- und n-leitendes Material

aneinanderstoßen. Bild 44b zeigt den Dotierungsverlauf eines *unsymmetrischen abrupten* pn-Übergangs in Silicium mit der Akzeptor-

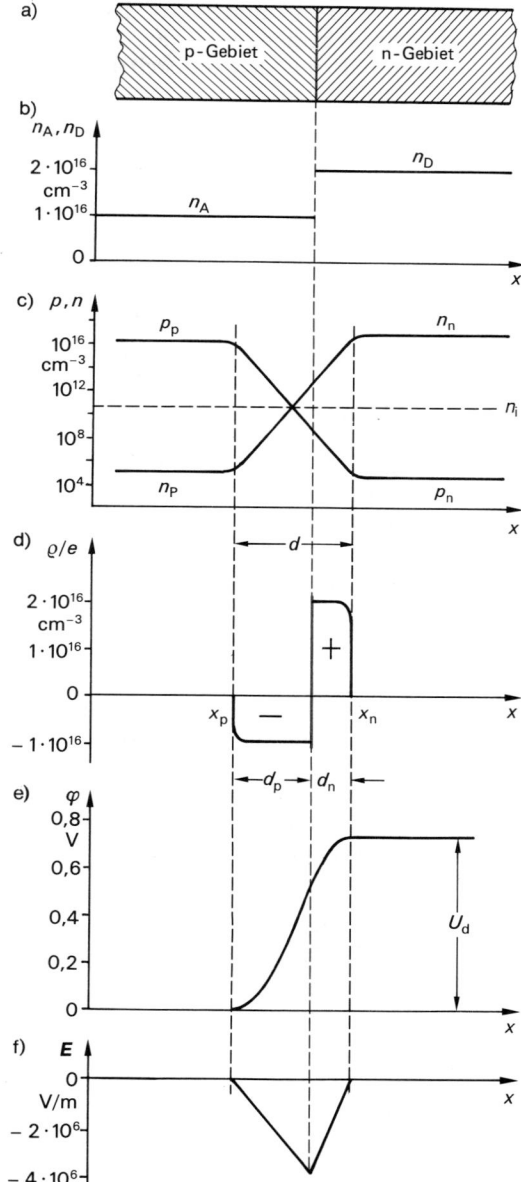

Bild 9-44. *pn-Übergang:*
a) *p- und n-leitendes Silicium in Kontakt,*
b) *Störstellenkonzentration,*
c) *Dichteverlauf der beweglichen Ladungsträger,*
d) *Raumladungsgebiete,*
e) *Potentialverlauf (U_d Diffusionsspannung),*
f) *elektrische Feldstärke.*

konzentration $n_A = 1 \cdot 10^{16}$ cm^{-3} im p-Gebiet und der Donatorkonzentration $n_D = 2 \cdot 10^{16}$ cm^{-3} im n-Gebiet. Die Ladungsträgerkonzentrationen sind in Bild 9-44c dargestellt. Weit weg vom Übergang sind die Majoritätsdichten identisch mit den Störstellenkonzentrationen. Die Minoritätsdichten sind nach Gl. (9-31) berechnet. Infolge des großen Konzentrationsunterschieds *diffundieren* Elektronen aus dem n- ins p-Gebiet und Löcher vom p- ins n-Gebiet. Die Übergangzone verarmt an beweglichen Ladungsträgern. Die minimale Ladungsträgerkonzentration in Silicium ist $(n + p)_{min} = 2 n_i = 2{,}28 \cdot 10^{10}$ cm^{-3}.

Durch den Abzug der Löcher aus dem p-Gebiet entsteht an dessen Rand durch die *ionisierten Akzeptoren*, die nicht mehr durch die entsprechende Anzahl von Löchern kompensiert werden, eine *negative Raumladungszone*. Ebenso entsteht im n-Gebiet durch die *positiven Donatorrümpfe* eine *positive Raumladungszone*. Bild 9-44d zeigt den Verlauf der Raumladungsdichte ϱ. Aufgrund der Ladungsneutralität gilt für die Breiten d_n und d_p

$$d_n\, n_D = d_p\, n_A . \qquad (9\text{-}35)$$

Wegen der positiven und negativen Raumladungszone entstehen ähnlich wie beim Plattenkondensator ein Potentialgefälle und ein elektrisches Feld zwischen dem n- und p-Gebiet. Bild 9-44e zeigt den Potentialverlauf, der mit Hilfe der *Poisson-Gleichung* berechnet werden kann und parabolisch vom Ort abhängt. Die Potentialdifferenz U_d zwischen n- und p-Gebiet wird *Diffusionsspannung* genannt, weil sie infolge der Diffusion der beweglichen Ladungsträger entsteht. Bild 9-44f zeigt den Verlauf der elektrischen Feldstärke, die dem Gradienten des Potentials φ entspricht (Abschn. 4.3.4: $\boldsymbol{E} = -\,\mathrm{grad}\,\varphi$).

Der Betrag der Diffusionsspannung kann aus thermodynamischen Überlegungen berechnet werden. Nach Abschn. 3.2.3 ist das Verhältnis der Elektronendichte im p-Gebiet zu der im n-Gebiet gegeben durch den *Boltzmann-Faktor* (Boltzmann-Näherung der Fermi-Dirac-Verteilung)

$$\frac{n_p}{n_n} = \frac{n_i^2}{n_A\, n_D} = \mathrm{e}^{-\frac{e\, U_d}{k\, T}} .$$

Daraus folgt für die Diffusionsspannung

$$U_d = \frac{k\,T}{e} \ln \frac{n_A\, n_D}{n_i^2} . \qquad (9\text{-}36)$$

Die Größe $k\,T/e = U_T$ wird oft als *Temperaturspannung* bezeichnet. Bei Raumtemperatur (300 K) beträgt sie $U_T = 25{,}9$ mV. Eine genaue Analyse des Potentialverlaufs ergibt für die Breite der Raumladungszone

$$d = d_n + d_p = \sqrt{\frac{2\,\varepsilon_r\,\varepsilon_0\, U_d}{e} \cdot \frac{n_A + n_D}{n_A\, n_D}} . \qquad (9\text{-}37)$$

Beispiel

9.2-5: Für einen pn-Übergang in Silicium mit $n_D = 2 \cdot 10^{16}$ cm^{-3} und $n_A = 1 \cdot 10^{16}$ cm^{-3} sollen die Diffusionsspannung U_d und die Breite der Raumladungszone berechnet werden.

Lösung:

Nach Gl. (9-36) ist

$$U_d = 25{,}9 \text{ mV} \cdot \ln \frac{2 \cdot 10^{32} \text{ cm}^{-6}}{1{,}3 \cdot 10^{20} \text{ cm}^{-6}} = 0{,}73 \text{ V}.$$

Die Breite der Raumladungszone ist nach Gl. (9-37) mit $\varepsilon_r = 11{,}8$ $d = 0{,}38$ µm. Auf die beiden Teilgebiete entfallen nach Gl. (9-35) $d_p = 0{,}25$ µm und $d_n = 0{,}13$ µm.

Bild 9-45a zeigt links anschaulich die Verteilung der Ladungsträger in einem pn-Übergang. Die Kreise stellen die ortsfesten ionisierten Akzeptoren und Donatoren dar. Der graue Bereich symbolisiert das Gebiet der beweglichen Elektronen, der rote das der Löcher. Die Bänderdarstellung rechts zeichnet sich dadurch aus, daß im thermodynamischen Gleichgewicht ohne äußere Spannung das *Fermi-Niveau* in allen Bereichen auf gleicher Höhe liegt. Die Bandkanten verschieben sich zwischen dem n- und p-Gebiet um den Energiebetrag $e\,U_d$.

Legt man nach Bild 9-45b eine *Sperrspannung* an ($U < 0$), dann werden die beweglichen Elektronen zum Pluspol und die Löcher zum Minuspol gezogen. Dadurch verbreitert sich die Raumladungszone (in Gl. (9-37) wird U_d ersetzt durch $U_d + |U|$). Es fließt nur noch ein geringer *Sperrstrom*, der darauf beruht, daß

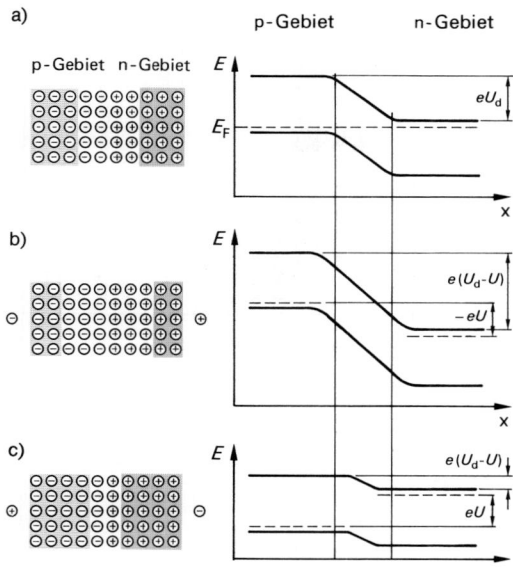

a)

p-Gebiet   n-Gebiet

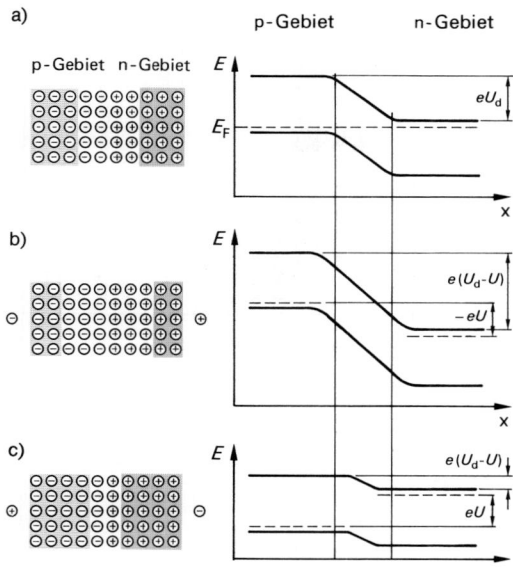

Bild 9-45. *Verteilung der Ladungsträger und Bändermodell beim pn-Übergang a) ohne äußere Spannung, b) Spannung in Sperrichtung (U < 0) und c) Spannung in Flußrichtung (U > 0).*

Minoritäten an den Übergang diffundieren und dort von dem starken elektrischen Feld auf die andere Seite befördert werden. Bei großen Sperrspannungen sättigt der Strom und geht in den *Sperrsättigungsstrom* I_S über.

Bild 45c zeigt die Verhältnisse im pn-Übergang unter der Wirkung einer Spannung in *Flußrichtung* $(U > 0)$. Die angelegte Spannung baut die Diffusionsspannung ab, so daß die Bandverbiegung kleiner wird. Die Breite der Raumladungszone wird verringert (in Gl. (9-37) wird U_d ersetzt durch $U_d - U$); die

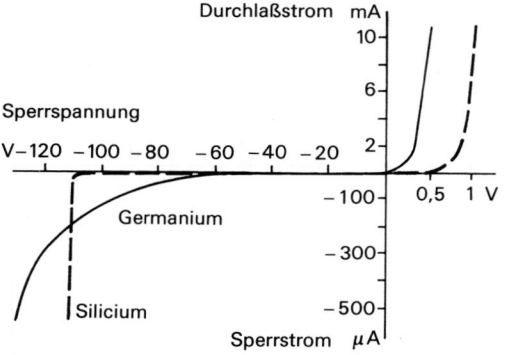

Bild 9-46. *Diodenkennlinien von Silicium und Germanium.*

bewegliche Ladungsträger reichern sich in der Verarmungszone an und dringen ins benachbarte Gebiet ein, wo sie mit den dortigen Majoritäten rekombinieren. Der fließende Strom nimmt mit wachsender Spannung stark zu. Nach W. SHOCKLEY (1910 bis 1989) gilt für die Abhängigkeit des Stroms von der Spannung

$$I = I_S \left(e^{\frac{eU}{kT}} - 1 \right). \qquad (9\text{-}38)$$

Bild 9-46 zeigt typische Kennlinien für Ge- und Si-Dioden. Der Sperrsättigungsstrom I_S ist bei Raumtemperatur in der Größenordnung von 1 nA für Si und 1 µA für Ge. Er ist sehr stark temperaturabhängig gemäß

$$I_S \sim e^{-\frac{E_g}{kT}}.$$

In Sperrichtung kann es zu einem *Durchbruch* kommen. Dies beruht zum einen auf dem *Zener-Effekt* (C. M. ZENER, geb. 1905). Hierbei werden nach Bild 9-47a infolge der großen Feldstärke im Innern des Übergangs Elektronen aus dem Valenzband des p-Materials waagrecht über die verbotene Zone ins Leitungsband des n-Materials gezogen (*tunneln*). Der Zener-Effekt tritt bevor-

a)

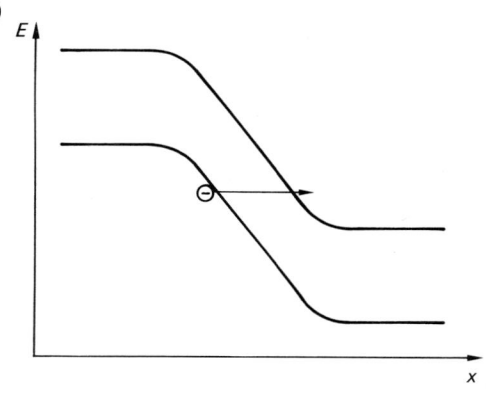

b)

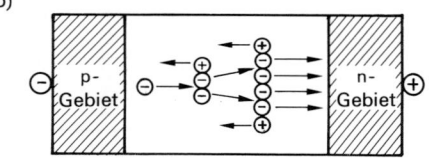

Bild 9-47. *Durchbruch des pn-Übergangs: a) Zener-Effekt, b) Lawinenmultiplikation.*

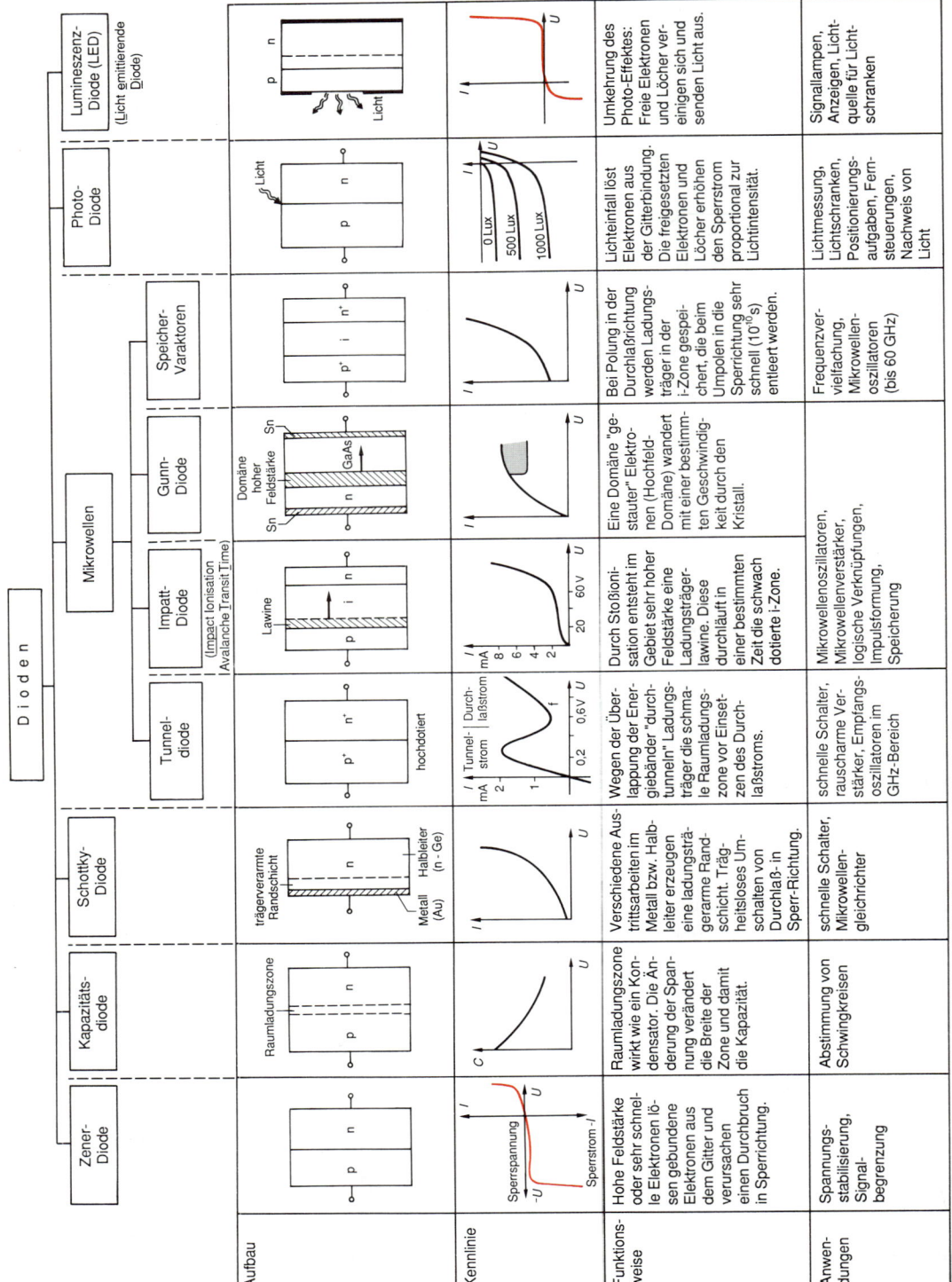

Dioden

	Zener-Diode	Kapazitäts-diode	Schottky-Diode	Mikrowellen – Tunneldiode	Mikrowellen – Impatt-Diode (Impact Ionisation Avalanche Transit Time)	Mikrowellen – Gunn-Diode	Mikrowellen – Speicher-Varaktoren	Photo-Diode	Lumineszenz-Diode (LED) (Licht emittierende Diode)
Aufbau									
Kennlinie									
Funktionsweise	Hohe Feldstärke oder sehr schnelle Elektronen lösen gebundene Elektronen aus dem Gitter und verursachen einen Durchbruch in Sperrichtung.	Raumladungszone wirkt wie ein Kondensator. Die Änderung der Spannung verändert die Breite der Zone und damit die Kapazität.	Verschiedene Austrittsarbeiten im Metall bzw. Halbleiter erzeugen eine ladungsträgerarme Randschicht. Trägheitsloses Umschalten von Durchlaß- in Sperr-Richtung.	Wegen der Überlappung der Energiebänder "durchtunneln" Ladungsträger die schmale Raumladungszone vor Einsetzen des Durchlaßstroms.	Durch Stoßionisation entsteht im Gebiet sehr hoher Feldstärke eine Ladungsträgerlawine. Diese durchläuft in einer bestimmten Zeit die schwach dotierte i-Zone.	Eine Domäne "gestauter" Elektronen (Hochfeld-Domäne) wandert mit einer bestimmten Geschwindigkeit durch den Kristall.	Bei Polung in der Durchlaßrichtung werden Ladungsträger in der i-Zone gespeichert, die beim Umpolen in die Sperrichtung sehr schnell (10^{-10} s) entleert werden.	Lichteinfall löst Elektronen aus der Gitterbindung. Die freigesetzten Elektronen und Löcher erhöhen den Sperrstrom proportional zur Lichtintensität.	Umkehrung des Photo-Effektes: Freie Elektronen und Löcher vereinigen sich und senden Licht aus.
Anwendungen	Spannungsstabilisierung, Signalbegrenzung.	Abstimmung von Schwingkreisen.	schnelle Schalter, Mikrowellengleichrichter.	schnelle Schalter, rauscharme Verstärker, Empfangsoszillatoren im GHz-Bereich.	Mikrowellenoszillatoren, Mikrowellenverstärker, logische Verknüpfungen, Impulsformung, Speicherung.	Mikrowellenoszillatoren (bis 60 GHz)	Frequenzvervielfachung, Mikrowellenoszillatoren (bis 60 GHz)	Lichtmessung, Lichtschranken, Positionierungsaufgaben, Fernsteuerungen, Nachweis von Licht	Signallampen, Anzeigen, Lichtquelle für Lichtschranken

Bild 9.48. Eigenschaften der wichtigsten Dioden.

zugt bei stark dotierten Dioden auf und kann dort schon bei wenigen Volt Sperrspannung einsetzen. Der zweite Mechanismus, der zum Durchbruch führt, ist in Bild 9-47 b angedeutet. Ein Elektron bewegt sich bei großer elektrischer Feldstärke so schnell, daß es bei einem Zusammenstoß mit dem Gitter einen Teil seiner Energie abgeben und ein neues freies Elektron-Loch-Paar erzeugen kann. Diese Ladungsträger werden in gleicher Weise beschleunigt und können ihrerseits neue freie Paare schaffen, so daß der Strom *lawinenartig* anwächst.

Beide Effekte weisen eine gegenläufige Temperaturabhängigkeit der Durchbruchspannung U_Z (Z-Spannung) auf. Bei Si-Dioden mit $U_Z = 5,6$ V läßt sich die beste Temperaturkonstanz der Durchbruchspannung erzielen. In Bild 9-48 sind die in der Technik wichtigsten Diodentypen (Aufbau, Kennlinien, Funktionsweise und Anwendungen) zusammengestellt.

9.2.3.4. Transistor

Transistoren gehören zu den wichtigsten elektronischen Bauelementen. Sie werden zum Verstärken und Schalten elektrischer Signale verwendet. Man unterscheidet *bipolare* und *unipolare* Transistoren. Letztere werden auch *Feldeffekttransistoren* genannt, die wiederum in *Sperrschicht-* bzw. *MOS-Feldeffekttransistoren* unterteilt werden. Eine Übersicht über den Aufbau, die Kennlinien und die Anwendungsbereiche vermittelt Bild 9-49.

Der bipolare Transistor arbeitet im Unterschied zum Feldeffekttransistor mit Ladungsträgern beider Polaritäten (Elektronen und Löcher). Er besteht aus zwei hintereinander geschalteten pn-Übergängen. Je nach Dotierung werden npn- und pnp-Transistoren unterschieden. Bild 9-50 a zeigt die *Schaltzeichen* der Transistoren, Bild 9-50 b die drei Zonen unterschiedlicher Dotierung, Bild 9-50 c die Wirkungsweise eines npn-Transistors und Bild 9-50 d die *Basis-Schaltung* eines npn-Transistors. Die Beschaltung des pnp-Transistors ist im Prinzip gleich, lediglich die Polaritäten sind vertauscht. Für den bipolaren Transistor sind je nach Zuordnung von *Basis, Emitter* und *Kollektor* zum Eingang oder zum Ausgang drei Schaltungsarten möglich. Der Schaltungstyp trägt den Namen des Transistorteils, der sowohl am Eingang als auch

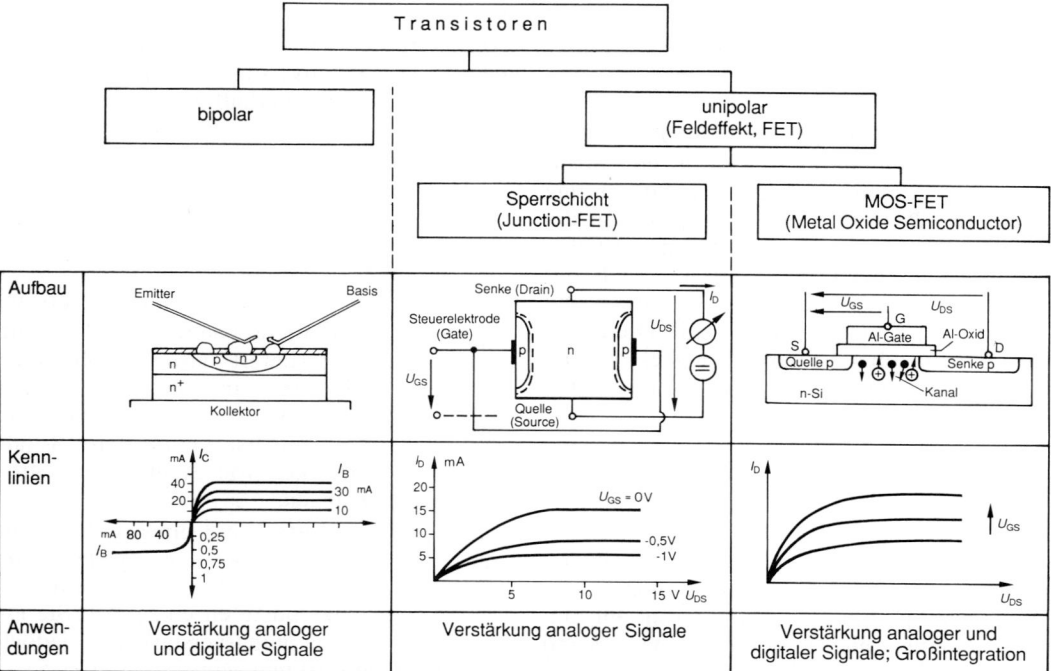

Bild 9-49. Aufbau und Eigenschaften von Transistoren.

a)

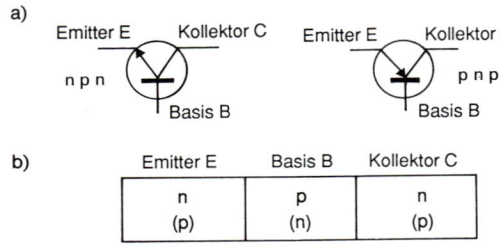

b)

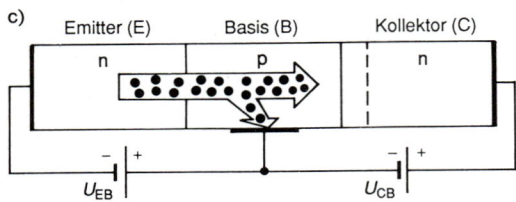

c)

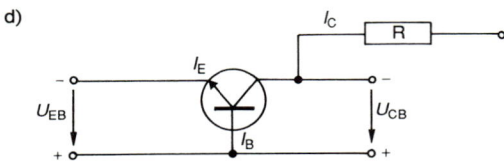

d)

Bild 9-50.   Wirkungsweise des Transistors.

am Ausgang liegt. Aus diesem Grund unterscheidet man zwischen *Basis-*, *Emitter-* und *Kollektorschaltung.*

Bei der Basisschaltung (Bild 9-50 c und d) wird an den *Emitter-Basis-Übergang* eine Spannung U_{EB} (kleiner 1 V) in Durchlaßrichtung gelegt, am *Basis-Kollektor-Übergang* liegt die Sperrspannung U_{CB}. Die Elektronen fließen vom Emitter zur Basis. Dort teilt sich der Strom in einen geringen *Basisstrom* I_B und einen hohen *Kollektorstrom* I_C auf. Die Basiszone ist sehr dünn, so daß der Kollektorstrom beinahe so groß ist wie der Emitterstrom. Der *Stromverstärkungsfaktor*

$$A = \left| \frac{I_C}{I_E} \right| . \qquad (9\text{-}39)$$

der Basisschaltung ist annähernd eins, genauer 0,95 bis 0,995. Der Verstärkungseffekt beruht darauf, daß praktisch derselbe Strom am Eingang bei einem niedrigen Eingangswiderstand (Durchlaßrichtung) eine kleine Spannung U_{EB}, am Ausgang wegen des hohen Ausgangs-

widerstands (Sperrichtung) eine große Spannung U_{CB} hervorruft. Der Transistor dient in diesem Fall zur *Spannungsverstärkung* (100 bis 1000 fach) und zur *Leistungsverstärkung* (20 dB bis 30 dB). Die *Transistorkennlinien* in Bild 9-51 zeigen für die Basisschaltung die Kollektorstromstärke I_C in Abhängigkeit von der Kollektor-Basis-Spannung U_{CB} für unterschiedliche Emitterströme I_E. Der Verstärkungseffekt wird daraus ersichtlich.

Bild 9-51 zeigt auch die Kennlinien, gleichungsmäßigen Zusammenhänge und Anwendungsgebiete der anderen Transistorschaltungen. Die Kennlinien beschreiben die Abhängigkeiten der wichtigsten Kenngrößen eines Transistors. Sie werden meist in vier Quadranten dargestellt. Der erste Quadrant beschreibt die Ausgangskennlinie ($- U_{CB}$ für die Basis-, $- U_{CE}$ für die Emitter- und $- U_{EC}$ für die Kollektorschaltung). Der zweite Quadrant zeigt den Verlauf der Stromverstärkungskennlinie und der dritte Quadrant die Eingangskennlinien. Im vierten Quadranten kann der Verlauf der Spannungs-Rückwirkungskennlinien dargestellt werden. Da diese jedoch aus den Kurven der übrigen Kennlinien ermittelt werden können, werden sie meist nicht gesondert aufgeführt.

Am häufigsten wird die *Emitterschaltung* eingesetzt. Die Stromverstärkung in der Emitterschaltung ist das Verhältnis von Kollektorstrom zu Basisstrom: $B = |I_C/I_B|$. Mit $I_B = I_E - I_C$ und Gl. (9-42) folgt

$$B = \frac{A}{1 - A} . \qquad (9\text{-}40)$$

Für die genannten A-Werte von 0,95 bis 0,995 ergeben sich B-Werte von 20 bis 200. Die Emitterschaltung liefert also sowohl eine Spannungs- als auch eine Stromverstärkung und damit auch eine Leistungsverstärkung. Sie ist also eine universell einsetzbare Schaltung zum Verstärken von Spannungen, Strömen und Leistungen.

Die *Kollektorschaltung* hat einen hohen Ein- und einen niedrigen Ausgangswiderstand. Sie wird vor allem als Impedanzwandlerstufe sowie in Gegentaktendstufen eingesetzt. Sie erzeugt keine Spannungsverstärkung, jedoch eine Stromverstärkung wie die Emitterschaltung.

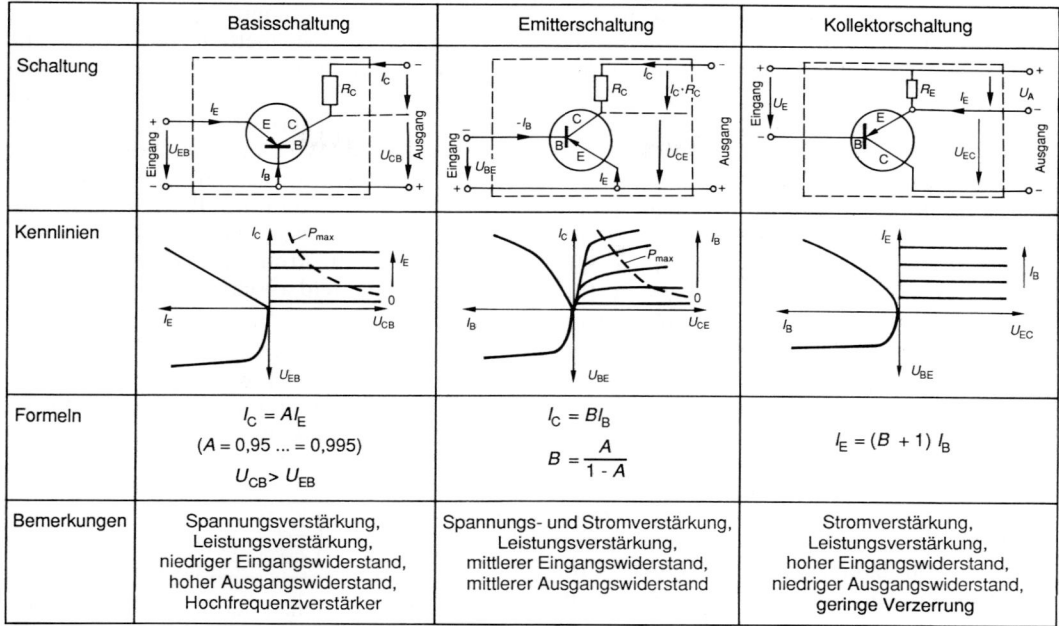

	Basisschaltung	Emitterschaltung	Kollektorschaltung
Schaltung			
Kennlinien			
Formeln	$I_C = AI_E$ $(A = 0,95 \dots = 0,995)$ $U_{CB} > U_{EB}$	$I_C = BI_B$ $B = \dfrac{A}{1-A}$	$I_E = (B + 1)\, I_B$
Bemerkungen	Spannungsverstärkung, Leistungsverstärkung, niedriger Eingangswiderstand, hoher Ausgangswiderstand, Hochfrequenzverstärker	Spannungs- und Stromverstärkung, Leistungsverstärkung, mittlerer Eingangswiderstand, mittlerer Ausgangswiderstand	Stromverstärkung, Leistungsverstärkung, hoher Eingangswiderstand, niedriger Ausgangswiderstand, geringe Verzerrung

Bild 9-51. Grundschaltungen und Kennlinien von Transistoren.

Im Unterschied zum bipolaren Transistor sind beim Feldeffekt-Transistor (FET) nur Ladungsträger einer Sorte, also Elektronen oder Löcher, beteiligt. Beim *Sperrschicht-FET* (Bild 9-49) liegt an einem n-leitenden Bereich eine Gleichspannung, so daß die Elektronen von der *Quelle* (*source*) zur *Senke* (*drain*) fließen. Die Breite des Kanals wird von zwei seitlichen p-Zonen und der anliegenden sperrenden *Steuerspannung* (*Gate-Spannung*) gesteuert. Wird die Steuerspannung erhöht, dann werden die Raumladungszonen, gekennzeichnet durch gestrichelte Linien in Bild 9-49, breiter und verengen die Strombahn. Dies bedeutet, daß die Spannung am Gate durch die Änderung des elektrischen Feldes im pn-Übergang die Stromstärke zwischen Source und Drain steuert.

Ein besonders wichtiger Transistor ist der *MOS-FET* (metal oxide semiconductor-FET). Die Steuerspannung beeinflußt die Leitfähigkeit einer dünnen Oberflächenschicht im Halbleiterkristall (Bild 9-49). Beim Anreicherungstyp fließt ohne Steuerspannung kein Strom zwischen Quelle und Senke. Eine negative Steuerspannung verdrängt die Elektronen in das Kristallinnere, so daß eine oberflächen-

Ausgangsmaterial:
n⁻ -Si-Einkristall-Scheibe, hochdotiert, ⌀ 50 bis 75 mm, Dicke 0,3 mm.

Epitaxie:
Aufwachsen einer n-dotierten Si-Schicht von etwa 10 µm Dicke (Kollektor-Schicht).

1. Oxidation:
Erzeugung einer SiO_2-Schicht von etwa 2 µm Dicke.

Ätzvorgang:
Ätzen von Fenstern in die Oxidschicht mit Hilfe von Masken (Photolithographie).

Basis-Diffusion:
Boratome diffundieren durch die Oxidfenster in den Kristall und erzeugen die p-leitende Basis-Zone.

2. Oxidation/Ätzvorgang:
Oberflächen wieder zuoxidieren und Fenster für die Emitter-Diffusion ätzen.

Emitter-Diffusion:
Phosphoratome diffundieren durch die Oxidlöcher und erzeugen die n-leitende Emitter-Zone.

3. Oxidation/Ätzung/Metallbelegung:
Oberfläche wieder zuoxidieren und Löcher für die Metallkontakte ätzen. Ganzflächige Bedampfung mit Metall (z.B. Aluminium).

Leitbahnätzung/Rückseitenschliff:
Entfernen des Metallbelags bis auf die Emitter (E)- und Basis (B)-Anschlüsse. Abschleifen der Rückseite bis auf 0,1 mm Kristalldicke.

Trennung der Systeme:
Ritzen der Kristallscheibe und Brechen in die einzelnen Transistorsysteme. Kontaktieren und Einbau ins Gehäuse.

Bild 9-52. Herstellungsgang für zwei nebeneinanderliegende Planar-Transistor-Systeme.

nahe schmale p-leitende Schicht entsteht. Je nach Anwendungsfall gibt es *p-MOS* oder *n-MOS*-Feldeffekttransistoren mit einem Aluminium- bzw. Silicium-Gate. In der *C MOS*-Technik (komplementäre MOS-Technik) wirken sowohl p-MOS- als auch n-MOS-Transistoren zusammen.

Eine Vielzahl von Transistoren oder andere Bauelemente können in einem einzigen Fertigungsprozeß auf einem einkristallinen Siliciumplättchen (*Chip*) hergestellt werden. Bild 9-52 zeigt die einzelnen Fertigungsschritte dieser *Planartechnik* zur Herstellung zweier Transistoren. In *integrierten Schaltkreisen* (IC, Integrated Circuit) sind eine große Anzahl von Halbleiterbauelementen gleichzeitig herstellbar. Bild 9-53 zeigt eine integrierte Schaltung mit einem Kondensator, einem Transistor und einem Widerstand. Durch *Großintegration* (LSI, Large Scale Integration) kann man bis zu 15 000 Bauelemente auf einem Chip unterbringen. Auf diese Weise lassen sich die Herstellungskosten je Element beträchtlich senken und eine hohe Zuverlässigkeit bei gleichzeitig geringem Leistungsverbrauch garantieren.

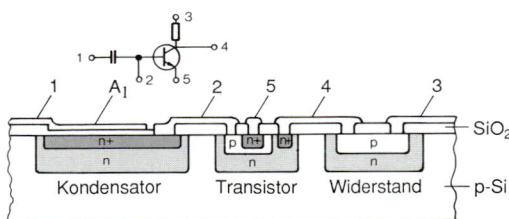

Bild 9-53. Integrierte Schaltung von Transistor, Kondensator und Widerstand.

9.2.4. Supraleitung

Als 1908 dem holländischen Physiker H. KAMERLINGH-ONNES (1853 bis 1926) die Verflüssigung des Heliums bei 4,2 K gelang, machte er die überraschende Entdeckung, daß der Widerstand von Quecksilber bei dieser Temperatur unmeßbar klein wird. Er nannte diese Erscheinung *Supraleitfähigkeit.* Seitdem stellte man bei sehr vielen Metallen und Legierungen sowie Halbleitern unterhalb einer jeweils charakteristischen *Sprungtemperatur* T_c Supraleitung fest. Ein Supraleiter hat außer der Erscheinung des verschwindend geringen Widerstandes ($R = 0$) eine zweite wichtige Eigen-

schaft: Aus dem Innern eines Supraleiters wird immer ein Magnetfeld verdrängt, d.h., ein Supraleiter ist auch ein *idealer Diamagnet* ($B_i = 0$, $\chi_m = -1$). Dieser zweite Effekt wird nach ihren Entdeckern *Meißner-Ochsenfeld-Effekt* genannt (F. W. MEISSNER, 1882 bis 1974, R. OCHSENFELD). Modellhaft wird angenommen, daß in einer dünnen Oberflächenschicht des Supraleiters sehr große Oberflächenströme, sogenannte Supraströme zirkulieren, die ein äußeres Magnetfeld abschirmen.

Der supraleitende Zustand wird oberhalb einer *kritischen magnetischen Flußdichte* B_c zerstört. Diese hängt mit der Sprungtemperatur T_c zusammen und zeigt einen parabolischen Verlauf. In guter Näherung kann der Zusammenhang durch

$$B_c = B_0 \left(1 - \left(\frac{T}{T_c}\right)^2\right) \qquad (9\text{-}41)$$

beschrieben werden. Hierin ist T_c die materialspezifische Sprungtemperatur und B_0 die kritische Flußdichte für $T = 0$. Bild 9-54 zeigt die Abhängigkeit der kritischen Flußdichte von der Temperatur für einige Metalle. Bei den *Supraleitern erster Art* tritt der Wechsel

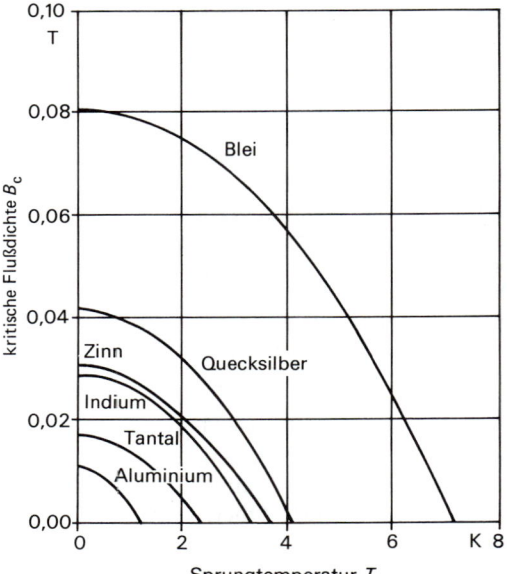

Bild 9-54. Abhängigkeit der kritischen Flußdichte von der Sprungtemperatur für einige supraleitende Metalle.

a) Supraleiter erster Art

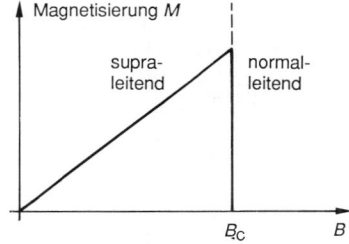

b) Supraleiter zweiter bzw. dritter Art

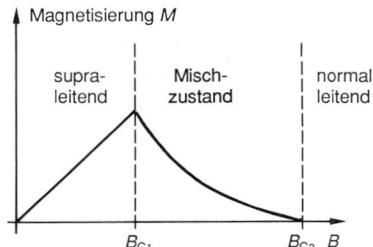

Bild 9-55.   Magnetisierungsverlauf in Supraleitern.

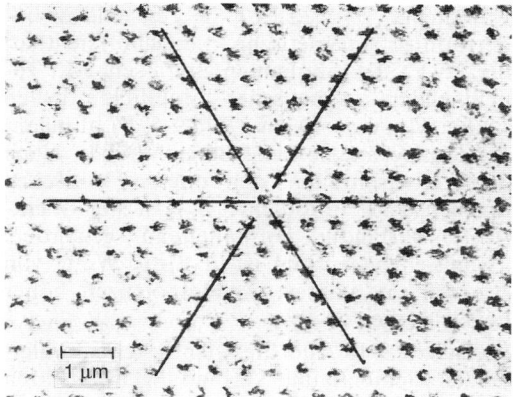

Bild 9-56.   Flußliniengitter einer Folie aus Pb3,6%In bei T = 1,2 K und B = 0,007 T (nach Eßmann und Träuble).

von der supraleitenden in die normalleitende Phase sprunghaft ein, wie Bild 9-55a erkennen läßt, während bei den *Supraleitern zweiter und dritter Art* ein kontinuierlicher Übergang vom supraleitenden in den normalleitenden Zustand stattfindet, verdeutlicht in Bild 9-55b. Oberhalb einer kritischen magnetischen Flußdichte B_{c1} beginnt ein Eindringen des magnetischen Flusses, jedoch bei nach wie vor unmeßbar kleinem Widerstand. Dies geschieht quantisiert in Form von normalleitenden magnetischen Flußschläuchen, die eine regelmäßige Struktur bilden. Der Wert eines solchen magnetischen *Flußquants* beträgt

$$\Phi_0 = \frac{h}{2\,e} = 2 \cdot 10^{-15}\ \text{V s}. \qquad (9\text{-}42)$$

Die Größe h ist das Plancksche Wirkungsquantum und e die Elementarladung. Die normalleitenden Flußschläuche bilden auf der Oberfläche des Supraleiters regelmäßige Gittermuster, die 1966 erstmals durch H. TRÄUBLE (1932 bis 1976) und U. ESSMANN (geb. 1937) sichtbar gemacht wurden. Bild 9-56 zeigt eine solche Struktur. Die Anordnungs- und Gitterfehler dieser Flußschläuche entsprechen den

Versetzungen von Metallgittern (Abschn. 9.1.3, Bild 9-11).

Bild 9-57 zeigt den allmählichen Übergang vom supraleitenden in den normalleitenden Zustand bei einer 0,1 mm dicken Bleifolie. In Bild 9-57a beträgt die äußere magnetische

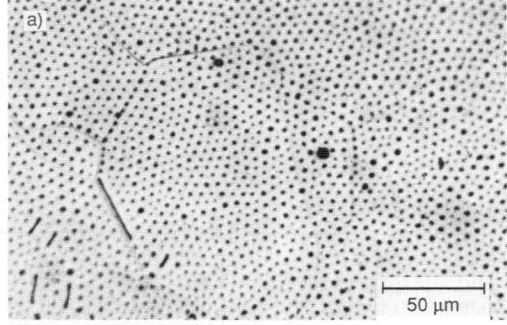

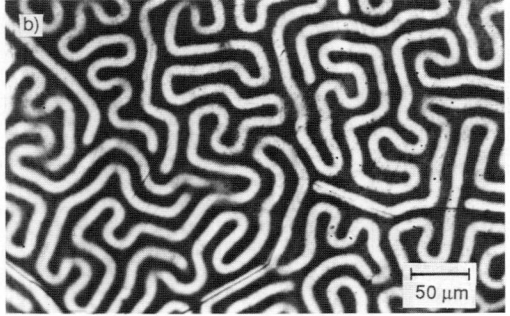

Bild 9-57.   Übergang vom supraleitenden in den normalleitenden Zustand bei Blei (weiß: supraleitend, schwarz: normalleitend) bei a) $2,5 \cdot 10^{-2}$ T und b) $7,5 \cdot 10^{-2}$ T (nach Eßmann und Träuble).

Flußdichte $B_a = 2,5 \cdot 10^{-2}$ T, es sind zylinderförmige magnetische Bereiche sichtbar, die etwa 50 Flußquanten umfassen. Mit zunehmender magnetischer Flußdichte gehen sie bei $B_a = 7,5 \cdot 10^{-2}$ T (Bild 9-57b) in mäanderförmige magnetische Bereiche über. Nach dem Überschreiten der oberen kritischen magnetischen Flußdichte B_{c2} ist der Werkstoff vollständig normalleitend geworden. Technisch bedeutsam ist, daß die Werte von B_{c2} oft um mehrere Zehnerpotenzen höher liegen als die von B_{c1}.

In Tabelle 9-10 sind die wichtigsten supraleitenden Elemente und Verbindungen mit ihren Sprungtemperaturen T_c und ihren kritischen magnetischen Flußdichten B_c bzw. B_{c2} aufgeführt. Es wurde empirisch ermittelt, daß nur Metalle mit einer Valenzelektronenanzahl zwischen 2 und 8 supraleitend werden; hierbei weisen die Elemente mit 3, 5 und 7 Valenzelektronen die höchsten Sprungtemperaturen auf. In Tabelle 9-10 hat die Verbindung Nb_3Ge die höchste kritische Temperatur von $T_c = 23$ K und die Verbindung $PbMo_6S_8$ die höchste kritische magnetische Flußdichte $B_{c2} = 55$ T.

Die angegebenen Grenzwerte werden weit übertroffen durch keramische Werkstoffe, die erstmals 1986 von J. G. BEDNORZ und K. A. MÜLLER beschrieben wurden. Es handelt sich hierbei um Keramiken mit Perowskit-Struktur auf der Basis von Kupferoxid in Verbindung mit Erdalkalimetallen und Seltenen Erden wie beispielsweise La-Ba-Cu-O, La-Sr-Cu-O und Y-Ba-Cu-O. Es wurden Sprungtemperaturen T_c von weit über 100 K gemessen und kritische Flußdichten (bei $T = 4,2$ K) von $B_c > 350$ T. Diese *Hochtemperatur-Supraleiter* benötigen zur Herbeiführung des supraleitenden Zustands nicht mehr das teuere flüssige Helium, sondern sie werden bereits bei der Siedetemperatur des flüssigen Stickstoffs ($T = 77$ K) supraleitend. Somit versprechen diese neuen Werkstoffe sensationelle technische Anwendungen.

Die physikalische Deutung der Supraleitung gelang J. BARDEEN (geb. 1908), L. N. COOPER (geb. 1930) und J. R. SHRIEFFER (geb. 1931) erstmals im Jahr 1957. Die nach ihnen benannte *BCS-Theorie* geht davon aus, daß jeweils zwei Elektronen mit entgegengesetztem Eigendrehimpuls (Spin) und Impuls ein soge-

Tabelle 9-10. Kritische Temperatur T_c und kritische Flußdichte B_c supraleitender Elemente und Verbindungen.

Element	T_c in K	B_c (4,2 K) in T	Verbindung	T_c in K	B_{c2} (4,2 K) in T
Supraleiter erster Art			Supraleiter dritter Art		
Al	1,19	0,0091	MoRe	12,6	
Hg	4,15	0,0412	Nb_3Al	18	
In	3,4	0,0293	Nb_3Ge	23	
Pb	7,2	0,0803	Nb_3Sn	18	25
Sn	3,72	0,0309	NbTi	9,5	14
Th	1,37	0,0162	NbZr	10,8	
Tl	2,39	0,0171	$PbMo_6S_8$	15	
			V_3Ga	14,5	
Supraleiter zweiter Art			V_3Si	17	
Nb	9,2	$B_{c2} = 0,2$ T	Hochtemperatur-Supraleiter		
Ta	4,39	$B_{c2} = 0,18$ T			
V	5,3	$B_{c2} = 0,34$ T	$YBa_2Cu_3O_7$	93	30 bis 60
Zn	0,9	$B_{c2} = 0,0053$ T	$Bi_2Sr_2CaCu_2O_8$	85	30 bis 60
			$Bi_2Sr_2Ca_2Cu_3O_{10}$	110	100 bis 200
Bi_3Ba	5,69	0,074	$Te_2Ca_2Ba_2Cu_3O_x$	135	100 bis 200
Bi_3Sr	5,62	0,053			
Mo_3Re	9,8	0,053			
Nb_3Au	11	–			
$NbSn_2$	2,6	0,062			

nanntes *Cooper-Paar* bilden. Die Kopplung der beiden, das *Cooper-Paar* bildenden Leitungselektronen erfolgt über die Deformation des Atomgitters. Durch die elektrische Wechselwirkung verzerrt ein Elektron das lokale Atomgitter. Ist diese Deformationsenergie größer als die thermischen oder magnetischen Einflüsse auf das Gitter, so wirkt sich diese Deformation bindend auf ein zweites Elektron aus, das damit an das erste Elektron gekoppelt ist und einen gemeinsamen Energiezustand einnimmt. Bei Cooper-Paaren ist der Gesamtspin bzw. -impuls null. Aus diesem Grund sind sie nicht dem Pauli-Prinzip unterworfen, so daß alle Cooper-Paare den tiefstmöglichen quantenmechanischen Energiezustand einnehmen können. Die Cooper-Paare unterliegen nicht mehr der Fermi-Dirac Statistik (Abschn. 9.2.1), sondern der *Bose-Einstein-Statistik* wechselwirkungsfreier Teilchen. Die Cooper-Paare treten nicht mehr mit dem Atomgitter in störende Wechselwirkung, weshalb sie sich auch widerstandslos durch den Supraleiter bewegen können. Die Existenz von Cooper-Paaren konnte bei der Bestimmung des Wertes eines Flußquantes bestätigt werden. Nach Gl. (9-42) wird das Flußquant durch Teilchen mit doppelter Elementarladung gebildet.

Eine wichtige technische Bedeutung haben die Supraleiter zweiter und dritter Art (Hochfeldsupraleiter) sowie künftig die keramischen Supraleiter mit den kritischen Größen
– kritische Temperatur T_c,
– kritische magnetische Flußdichte B_{c2} und
– kritische Stromdichte j_c.

Diese Größen sind voneinander abhängig und beschreiben in Bild 9-58 einen Bereich, innerhalb dessen Supraleitung möglich ist.

Fließt durch einen Supraleiter zweiter Art ein Transportstrom I_T, dann übt dieser auf die Flußschläuche eine *Lorentz-Kraft* $I_T B$ aus, die zu einer Wanderung der Schläuche und damit verbunden zu einer Wärmeentwicklung führt, so daß die Supraleitfähigkeit verloren geht. Durch *Anheften* (*Pinnen*) dieser Flußschläuche in ihrer gegenwärtigen Lage können supraleitende Materialien verhältnismäßig hohe Stromdichten tragen (für NbTi zwischen $2 \cdot 10^5$ A/cm^2 und $6 \cdot 10^5$ A/cm^2). Die absichtliche Dotierung der Supraleiter zweiter Art mit *Pinning-Zentren*, z.B. Versetzun-

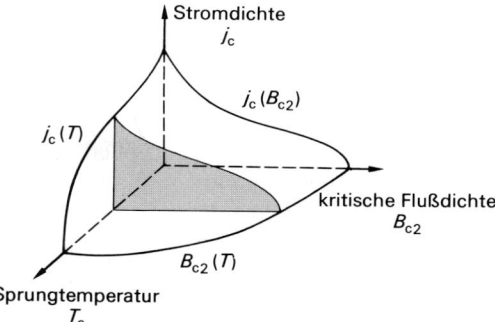

Bild 9-58. *Verlauf der kritischen Größen Sprungtemperatur, kritische Flußdichte und Stromdichte (schematisch).*

gen, Ausscheidungen oder Korngrenzen, führt zu den *Supraleitern dritter Art*, die auch *harte Supraleiter* oder *Hochfeldsupraleiter* genannt werden. Für keramische Hochtemperatur-Supraleiter wurden bei $T = 77$ K ebenfalls kritische Stromdichten von über 10^5 A/cm^2 gemessen.

Die Supraleitung kann in unterschiedlicher Weise technisch genutzt werden. Widerstandslose supraleitende Kabel dienen zur verlustfreien Stromleitung hoher Leistung ($P > 2$ GW). Das bedeutendste technische Einsatzfeld liegt heute im Bau *supraleitender Magnete* hoher magnetischer Flußdichten ($B > 10$ T). Sie werden in der Festkörper-, Hochenergie- und Plasmaphysik eingesetzt. Ferner dienen sie zum Trennen und Abscheiden magnetischer Substanzen. Die Verdrängung des magnetischen Feldes in einem Supraleiter wird bei *elektrodynamischen Schwebeverfahren* ausgenutzt. Diese Schwebetechnik ermöglicht die Entwicklung von reibungsfreien magnetischen Lagern (z.B. für Kompasse oder Zentrifugen). Der Bau von *Synchrongeneratoren* mit einer supraleitenden Erregerwicklung ist bereits verwirklicht worden. In jüngster Zeit werden supraleitende Magnete in der *Medizintechnik* bei der Kernspin-Tomographie verwendet.

Als supraleitende Werkstoffe werden vor allem NbTi und Nb$_3$Sn eingesetzt. NbTi hat eine Sprungtemperatur von 9 K und ist (bei 4,2 K) bis $B_{c2} = 11,5$ T supraleitend. Durch wiederholtes Kaltverformen und anschließende Wärmebehandlung werden als Pinning-Zentren Ausscheidungen mit einem Durchmesser in der Größe der Flußschläuche (etwa 10^{-8} m) erzeugt, und zwar in einer Dichte von etwa $10^{15}\,\mathrm{cm}^{-1}$. Wird der Strom oder das Magnetfeld im Supraleiter geändert, dann kann es zur Wanderung der Flußschläuche kommen, so daß die supraleitenden Drähte teilweise normalleitend werden. Die auftretende Wärme muß schnell abgegeben werden können, um zu verhindern, daß die Drähte vollständig normalleitend werden. Aus diesem Grund werden dünne Filamente mit einem Durchmesser von 5 µm bis 50 µm in eine Kupfermatrix eingebettet. Bild 9-59 zeigt den Querschliff eines *NbTi-Filament-Verbundleiters* mit etwa 10 000 Filamenten. Die maximale Stromstärke dieses Verbundleiters beträgt bei 4,2 K 1400 A bei 9 T bzw. 5200 A bei 5 T.

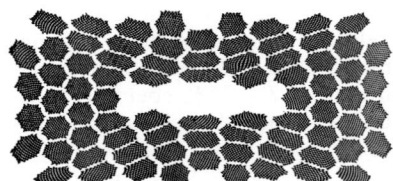

Bild 9-59. Schliffbild eines NbTi-Multifilamentleiters mit etwa 10 000 Filamenten zu je 25 µm Durchmesser und Cu/CuNi-Mischmatrix (1400 A bei 9 T). Werkphoto: VAC.

Zur Übung

Ü 9.2-1: Die Dichte von Eisen beträgt 7850 kg/m^3. Wie groß ist die Fermi-Energie E_F unter der Voraussetzung, daß jedes Eisenatom ein freies Elektron im Kristall zur Verfügung stellt?

Ü 9.2-2: Die Fermi-Energie von Na ist nach Tabelle 9-5 $E_F = 3{,}1$ eV. Wie groß sind die Wahrscheinlichkeiten, daß die Energieniveaus $E_1 = 3{,}05$ eV und $E_2 = 3{,}15$ eV besetzt sind bei den Temperaturen $T_1 = 300$ K und $T_2 = 600$ K?

Ü 9.2-3: Wie groß ist der Beitrag der Elektronen $C_{m,el}$ zur molaren Wärmekapazität $C_m = 28$ J/(mol K) von Natrium bei 20 °C?

Ü 9.2-4: Wie groß ist die mittlere freie Weglänge der Elektronen in Eisen bei Raumtemperatur, wenn der spezifische Widerstand $\varrho = 10^{-5}\,\Omega$ cm beträgt? (weitere Daten s. *Ü 9.2-1*).

Ü 9.2-5: Wie groß ist die Wahrscheinlichkeit, an der Leitungsbandkante des Halbleiters Silicium bei Raumtemperatur (300 K) Elektronen zu finden? Folgende Fälle sollen untersucht werden: a) Das Fermi-Niveau befinde sich in der Mitte der verbo-

tenen Zone (Eigenleitung). b) Das Fermi-Niveau befinde sich $\Delta E = 20$ meV unterhalb der Leitungsbandkante (n-Halbleiter). c) Wie groß ist die Wahrscheinlichkeit beim Halbleiter nach b), an der Valenzbandkante Löcher zu finden?

Ü 9.2-6: Wie groß ist der spezifische Widerstand von eigenleitendem Germanium bei $T = 600$ K?

Ü 9.2-7: An einer Si-Probe der Länge $l = 2$ cm und des Querschnitts $A = 1$ cm^2 mit der Dotierungskonzentration $n_D = 10^{15}$ cm^{-3} (Sb) wird der Widerstand $R = 10\,\Omega$ gemessen. Wie groß ist die Beweglichkeit der Majoritätsträger?

Ü 9.2-8: Ein mit P dotierter Si-Kristall soll als Temperaturfühler eingesetzt werden. Bei $T_1 = 77$ K beträgt der elektrische Widerstand des Bauelements $R_1 = 1$ kΩ. a) Wie groß ist der Widerstand R_2 bei der Temperatur $T_2 = 50$ K, wenn die Beweglichkeit als konstant angesehen werden kann? b) Wie groß ist der Temperaturkoeffizient dR/dT des ohmschen Widerstands bei $T_1 = 77$ K?

Ü 9.2-9: Zur Herstellung einer Ge-Diode wird eine schwach p-dotierte Scheibe mit dem spezifischen Widerstand $\varrho = 5\,\Omega$ cm als Ausgangsmaterial benutzt. In diesem Kristall wird durch Eindiffusion von Phosphor eine n-Zone erzeugt. a) Wie groß muß die Donatorenkonzentration n_D sein, damit die Diffusionsspannung $U_d = 0{,}3$ V ist? b) Wieviel g Phosphor sind in 1 cm^3 der n-Schicht verteilt?

Ü 9.2-10: Wie breit ist die Raumladungszone eines pn-Übergangs in Silicium mit $n_D = 10^{17}$ cm^{-3} und $n_A = 10^{15}$ cm^{-3} a) in spannungslosem Zustand, b) mit einer Sperrspannung $U_R = -10$ V, c) mit einer Flußspannung von $U_F = 0{,}5$ V?

9.3. Thermodynamik fester Körper

9.3.1. Gitterschwingungen

9.3.1.1. Schwingende Gitterbausteine und Phononen

Im Kristallgitter eines Festkörpers befinden sich regelmäßig angeordnete Gitterbausteine, die elastisch miteinander gekoppelt sind. Diese führen thermische Schwingungen um ihre Ruhelagen aus. Wird ein Gitterbaustein von außen angeregt, beispielsweise durch Stoß eines Gasmoleküls, Wechselwirkung mit elektromagnetischer Strahlung (Photonenstoß) oder Neutronenbestrahlung, dann wird sich die damit verknüpfte Auslenkung über die

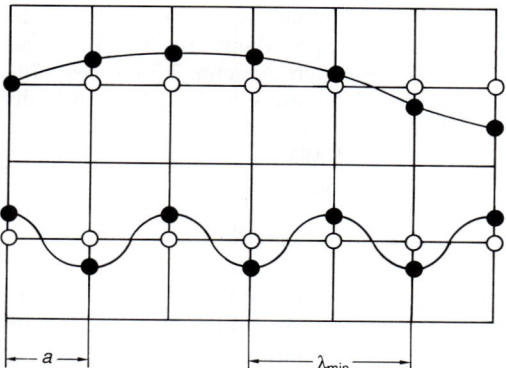

Bild 9-60.   Transversale Gitterwellen.

elastische Kopplung auf die Nachbarn übertragen und als Welle durch das Kristallgitter laufen. Bild 9-60 zeigt die Auslenkung der Teilchen bei einer transversalen Gitterwelle.

Durch viele Experimente, z.B. durch Röntgen- und Neutronenstreuung an Kristallen, wurde festgestellt, daß die Energie in einer Gitterschwingung *gequantelt* ist. Analog zum *Photon*, dem Energiequant der elektromagnetischen Wellen, werden die Quanten der Gitterwellen als *Phononen* bezeichnet. Die Energie eines Phonons ist nach Gl. (6-114)

$$E_{\text{Phonon}} = h\,f = \hbar\,\omega \qquad (9\text{-}43)$$

mit f und ω als Frequenz bzw. Kreisfrequenz der Schwingung, h als der Planckschen Konstanten und $\hbar = h/(2\,\pi)$. Die Phononen haben wie die Photonen einen Impuls, der nach der De-Broglie-Beziehung (Abschn. 6.5.5) mit der Wellenlänge λ bzw. der Wellenzahl k zusammenhängt. Es gilt

$$p_{\text{Phonon}} = \frac{h}{\lambda} = \hbar\,k \;. \qquad (9\text{-}44)$$

Gitterschwingungen können also als Teilchen aufgefaßt werden, die sich mit der Schallgeschwindigkeit c_{s} durch den Kristall bewegen, dabei untereinander sowie mit anderen Teilchen (z.B. Elektronen, Neutronen, Photonen) zusammenstoßen und Energie und Impuls austauschen.

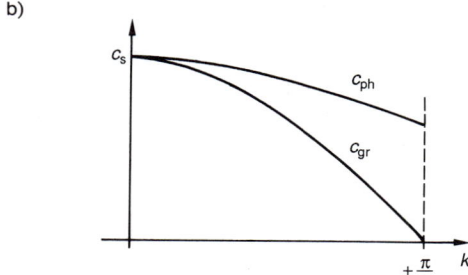

Bild 9-61.   Lineare Atomkette.

Als einfaches Beispiel sei nach Bild 9-61 eine *lineare Kette* aus gleichartigen Atomen der Masse m betrachtet, in der eine Longitudinalwelle läuft. Der äquidistante Abstand (Gitterkonstante) zwischen den Atomen sei a, die Federkonstante, die das lineare Kraftgesetz der Wechselwirkungskraft nächster Nachbarn beschreibt, c. Dieses gekoppelte Schwingungssystem (Abschn. 5.1.5) zeigt folgende Abhängigkeit der Kreisfrequenz von den obigen Parametern:

$$\omega = \sqrt{\frac{2\,c}{m}\,(1 - \cos k\,a)} \;. \qquad (9\text{-}45)$$

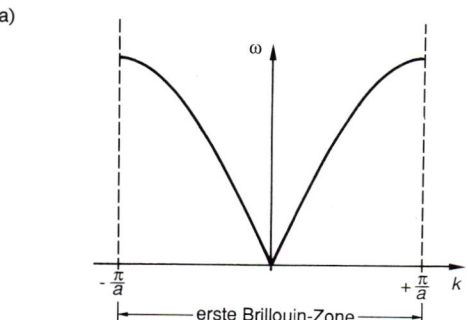

Bild 9-62.   Gitterwellen einer linearen Atomkette: a) Dispersionsrelation der Phononen, b) Schallgeschwindigkeit.

Es ergibt sich kein bestimmter Wert für die Frequenz sondern ein *Phononspektrum*, in dem die Frequenz von der Wellenlänge λ bzw. der Wellenzahl k abhängt. Der Zusammenhang zwischen ω und k wird als *Dispersionsrelation* bezeichnet und ist in Bild 9-62 a dargestellt. Alle praktisch vorkommenden Wellenzahlen liegen innerhalb der *ersten Brillouin-Zone* (Abschn. 9.2.1):

$$-\frac{\pi}{a} \le k \le +\frac{\pi}{a} \;.$$

Die Vorzeichen der k-Vektoren geben die Laufrichtung der Welle an. Die maximale Wellenzahl

$$k_{max} = \frac{\pi}{a} \qquad (9\text{-}46)$$

entspricht der minimalen Wellenlänge

$$\lambda_{min} = 2\,a, \qquad (9\text{-}47)$$

die sich nach Bild 9-60 dadurch auszeichnet, daß benachbarte Atome gegenphasig schwingen. – Die Geschwindigkeit der Phononen entspricht der *Gruppengeschwindigkeit* der Gitterwelle. Nach Gl. (5-211) ist diese $c_{gr} = \mathrm{d}\omega/(\mathrm{d}k)$. Mit $\omega(k)$ aus Gl. (9-45) folgt

$$c_{gr} = a \sqrt{\frac{c}{2\,m}} \, \frac{\sin k\,a}{\sqrt{1 - \cos k\,a}}. \qquad (9\text{-}48)$$

Die *Phasengeschwindigkeit* der Welle beträgt nach Gl. (5-171) $c_{ph} = \lambda f = \omega/k$ und mit Gl. (9-45)

$$c_{ph} = \sqrt{\frac{2\,c}{m}} \, \frac{\sqrt{1 - \cos k\,a}}{k}. \qquad (9\text{-}49)$$

Die Funktionen (9-48) und (9-49) sind in Bild 9-62 b dargestellt. Bei $k = 0$ ist die Phasengeschwindigkeit gleich der Gruppengeschwindigkeit

$$c_{ph}(k=0) = c_{gr}(k=0) = a \sqrt{\frac{c}{m}}. \qquad (9\text{-}50)$$

Für sehr lange Wellen ($\lambda \gg a$) gibt es also keine Dispersion. Am Rand der Brillouin-Zone ist

$$c_{ph}\left(k = \frac{\pi}{a}\right) = \frac{2\,a}{\pi} \sqrt{\frac{c}{m}},$$

$$c_{gr}\left(k = \frac{\pi}{a}\right) = 0. \qquad (9\text{-}51)$$

Die verschwindende Gruppengeschwindigkeit ist ein Ausdruck dafür, daß die Wellen mit $k = \pm\,\pi/a$ *stehende Wellen* sind (Abschn. 9.2.1).

Ist Δa die Auslenkung eines Teilchens aus der Gleichgewichtslage, dann ist $\varepsilon = \Delta a/a$ die Dehnung, die nach Abschn. 2.3.1.1 bei Gültigkeit des Hookeschen Gesetzes mit der Spannung σ und dem Elastizitätsmodul E verknüpft ist: $\sigma = E\,\varepsilon$.

Für die Spannung gilt

$$\sigma = \frac{F}{A} = \frac{F}{a^2} = E \frac{\Delta a}{a}.$$

Die Kraft F, die auf ein Teilchen wirkt, ist nach Hooke der Verschiebung Δa proportional: $F = c\,\Delta a$. Daraus folgt eine Beziehung zwischen Federkonstante c und E-Modul E:

$$c = a\,E. \qquad (9\text{-}52)$$

Wird Gl. (9-52) in (9-50) eingesetzt, dann ergibt sich für den Grenzfall langer Wellen (tiefe Frequenzen) die maximale Schallgeschwindigkeit $c_{s,\,max}$ der Longitudinalwellen

$$c_{s,\,max} = \sqrt{\frac{a^3 E}{m}} = \sqrt{\frac{E}{\varrho}}. \qquad (9\text{-}53)$$

Diese Gleichung ist identisch mit Gl. (5-188) aus der Kontinuumstheorie.

Die größte Eigenfrequenz ist nach Gl. (9-45) für $k = \pi/a$

$$\omega_{max} = 2 \sqrt{\frac{c}{m}}.$$

Mit Gl. (9-52) resultiert

$$f_{max} = \frac{1}{\pi} \sqrt{\frac{a\,E}{m}}. \qquad (9\text{-}54)$$

Beispiel

9.3-1: Wie groß ist die maximale Schallgeschwindigkeit und die maximale Eigenfrequenz von Eisenatomen in einem Eisenstab, der zu Longitudinalschwingungen angeregt wird? (Elastizitätsmodul $E = 2 \cdot 10^{11}$ N/m^2, Gitterkonstante $a = 2{,}9 \cdot 10^{-10}$ m, Molmasse $M = 55{,}85$ kg/kmol, Dichte $\varrho = 7850$ kg/m^3).

Lösung:

Nach Gl. (9-53) ist die maximale Schallgeschwindigkeit $c_{s,\,max} = \sqrt{E/\varrho} = 5048$ m/s. Die maximale Eigenfrequenz ist nach Gl. (9-54)

$$f_{\text{max}} = \frac{1}{\pi} \sqrt{\frac{a\,E}{m}}\ .$$

Mit $m = M/N_A = 9{,}27 \cdot 10^{-26}$ kg ergibt sich $f_{\text{max}} = 7{,}96$ GHz.

Befinden sich zwei oder mehr Atome in der Elementarzelle, dann ergeben sich je nach Schwingungstyp verschiedene Dispersionsrelationen, wie sie in Bild 9-63a für Germanium dargestellt sind. Man unterscheidet *akustische* und *optische* Phononen, die jeweils noch in *longitudinale* und *transversale* unterteilt sind. Folgende Abkürzungen sind üblich:

- TA: transversal akustisch,
- LA: longitudinal akustisch,
- LO: longitudinal optisch,
- TO: transversal optisch.

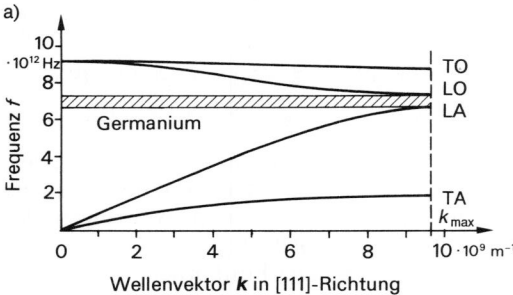

a)

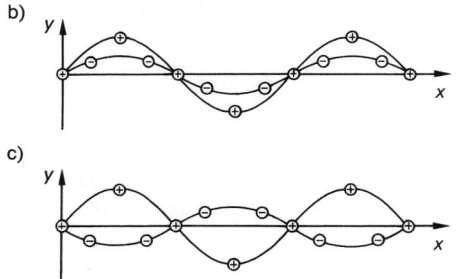

b)

c)

Bild 9-63. Phononen in Kristallen mit zwei Atomen in der Elementarzelle: a) Dispersionsrelation von Germanium, b) akustische und c) optische Phononen.

Bei den akustischen Phononen schwingen nach Bild 9-63b die beiden verschiedenen Teilchensorten *gleichphasig*, bei den optischen Phononen nach Bild 9-63c *gegenphasig*. Falls die beiden Atome unterschiedliche Ladung tragen (z. B. NaCl), erfährt der Kristall durch die optischen Phononen eine starke *Polarisation*. Dieser Schwingungstyp kann daher sehr

effektiv durch elektromagnetische Wellen (Licht) angeregt werden.

Bild 9-63a verdeutlicht, daß zwischen den akustischen und optischen Phononenästen eine *Frequenzlücke* (schraffiert) existiert. Der Kristall hat in diesem Frequenzintervall keine Eigenschwingungen. Wellen mit solchen Frequenzen (für Ge 6,65 bis $7{,}33 \cdot 10^{12}$ Hz) werden stark gedämpft. Während bei Germanium in anderen Raumrichtungen, wie z. B. [100]), die Frequenzlücke nicht auftritt, ist sie bei Kristallen, die zwei Atome unterschiedlicher Masse in der Elementarzelle haben, immer vorhanden.

Beispiel

9.3-2: Die Gitterschwingungen mit $\mathbf{k} = \dfrac{\pi}{a}\begin{pmatrix} 1 \\ 1 \\ 1 \end{pmatrix}$ haben in Germanium die Frequenzen $f_{\text{TA}} = 1{,}90$ THz, $f_{\text{LA}} = 6{,}65$ THz, $f_{\text{LO}} = 7{,}33$ THz, $f_{\text{TO}} = 8{,}68$ THz. a) Wie groß sind die zugehörigen Phononenenergien? b) Wie groß sind die Impulse der Phononen, wenn die Gitterkonstante in Ge $a = 5{,}65 \cdot 10^{-10}$ m beträgt? c) Welchen Impuls hat ein Photon mit der gleichen Energie wie das LA-Phonon?

Lösung:

a) Für die Phononenenergien gilt nach Gl. (9-43) $E_{\text{Phonon}} = h\,f$. Man errechnet $E_{\text{TA}} = 7{,}85$ meV, $E_{\text{LA}} = 27{,}5$ meV, $E_{\text{LO}} = 30{,}3$ meV und $E_{\text{TO}} = 35{,}9$ meV.

b) Der Impuls ist nach Gl. (9-44) $p_{\text{Phonon}} = \hbar\,k$. Mit $|\mathbf{k}| = (\pi/a)\sqrt{3}$ erhält man $p_{\text{LA}} = 1{,}02 \cdot 10^{-24}$ Ns.

c) Der Impuls eines Photons ist nach Gl. (6-117) $p_{\text{Photon}} = (h\,f)/c$. Mit $h\,f = E_{\text{LA}} = 27{,}5$ meV ergibt sich $p_{\text{Photon}} = 1{,}47 \cdot 10^{-29}$ Ns $\ll p_{\text{Phonon}}$.

Praktisch kann der Photonenimpuls im Vergleich zum Phononenimpuls immer vernachlässigt werden.

9.3.1.2. Molare und spezifische Wärmekapazität

Jeder schwingungsfähige Gitterbaustein eines Festkörpers hat drei Freiheitsgrade. Da sich die Schwingungsenergie gleichmäßig auf die kinetische und potentielle Energie verteilt, hat jedes Atom im Festkörper die mittlere Energie $\bar{E} = 2\,(3/2)\,k\,T = 3\,k\,T$. Die innere Energie eines Systems aus N Teilchen ist also $U = 3\,N\,k\,T$ und die molare Wärmekapazität nach der *Dulong-Petitschen Regel* (Abschn. 3.3.3)

$$C_m = \frac{1}{n}\frac{dU}{dT} = 3\,R_m\,.$$

Die tatsächlich gemessene molare Wärmekapazität weicht indessen von diesem Wert stark ab und zwar um so mehr, je fester die Gitterbindung, je leichter die Gitterbausteine und je tiefer die Temperatur ist. *Einstein* schlug deshalb 1907 vor, daß die Schwingungsenergie der Gitterbausteine in ganzzahligen Vielfachen von hf gequantelt sein muß. Unter der Annahme, daß N-Oszillatoren mit drei Freiheitsgraden unabhängig voneinander mit derselben Frequenz schwingen, ergibt sich für die Gesamtenergie unter Berücksichtigung der *Boltzmannschen Verteilungsfunktion* (Abschn. 3.2.3)

$$U = 3\,\frac{N\,h\,f}{e^{\frac{hf}{kT}} - 1}\,. \tag{9-55}$$

Für hohe Temperaturen $(kT \gg hf)$ beträgt die innere Energie

$$U \approx 3\,N\,k\,T = 3\,n\,R_m\,T\,. \tag{9-56}$$

Die molare Wärmekapazität befolgt damit die Dulong-Petitsche Regel. Für niedrige Temperaturen $(kT \ll hf)$ wird die Energie im wesentlichen von der Exponentialfunktion bestimmt und ist viel kleiner, als nach der Dulong-Petitschen Regel zu erwarten ist. Insbesondere für $T = 0$ K resultiert $C_m = 0$. Es gilt

$$U = 3\,N\,h\,f\,e^{-\frac{hf}{kT}} \tag{9-57}$$

und für die molare Wärmekapazität

$$C_m = 3\,R_m\left(\frac{hf}{kT}\right)^2 e^{-\frac{hf}{kT}}\,. \tag{9-58}$$

Die Grenze für den Übergang von Gl. (9-56) in (9-57) liegt bei der *Einstein-Temperatur*

$$T_E = \frac{hf}{k}\,. \tag{9-59}$$

Genaue Messungen des Temperaturverlaufs der spezifischen Wärmekapazität in Festkör-

pern haben ergeben, daß die Einsteinsche Formel zu geringe Wärmekapazitäten voraussagt, weil sie auf der Annahme beruht, daß es nur eine einzige Frequenz der Gitterschwingungen (die eines Gitterbausteins) gibt. Ein Gitter hat aber genau so viele Schwingungszustände wie Gitterbausteine (Abschn. 5.1.5).

Nach P. Debye (1884 bis 1966) ist der Energiegehalt eines Festkörpers in den stehenden Wellen der N Gitterschwingungen gespeichert. Er berechnete die Gesamtenergie bei drei Freiheitsgraden zu

$$U = 9\,N\,k\,T\,\frac{T^3}{T_D^3}\int_0^{z_D}\frac{z^3\,dz}{e^z - 1} \tag{9-60}$$

mit $z = (hf)/(kT)$ und $z_D = T_D/T$. T_D ist die *Debye-Temperatur*:

$$T_D = \frac{hf_{gr}}{k}\,. \tag{9-61}$$

Die Größe f_{gr} ist die *Debyesche Grenzfrequenz*, die in der Nähe der Maximalfrequenz (Gl. 9-54) der elastischen Schwingungen des Kristalls liegt. Tabelle 9-11 zeigt die Debye-Temperaturen einiger Festkörper.

Tabelle 9-11. Debye-Temperatur T_D einiger Stoffe.

Stoff	T_D in K	Stoff	T_D in K
Pb	88	Mg	405
Na	172	Al	428
Ag	226	LiF	740
NaCl	281	Diamant	1860
Cu	345		

Für den Fall $T \gg T_D$ ergibt Gl. (9-60) wieder $U \approx 3\,N\,k\,T$ und für die molare Wärmekapazität $C_m = 3\,R_m$ (Dulong-Petit). Bei $T \ll T_D$ resultiert

$$U = \frac{3}{5}\,\pi^4\,N\,k\,T\,\frac{T^3}{T_D^3}\quad\text{und} \tag{9-62}$$

$$C_m = \frac{12}{5}\,\pi^4\,R_m\,\frac{T^3}{T_D^3}\,. \tag{9-63}$$

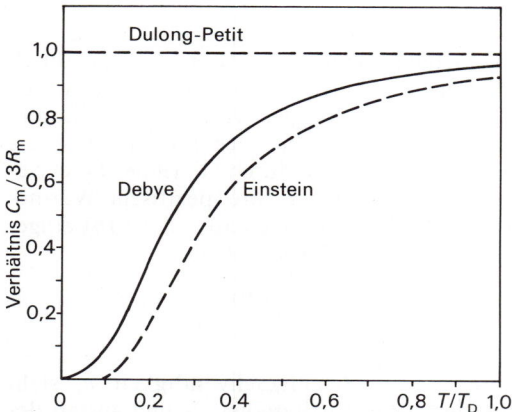

Bild 9-64. *Molare Wärmekapazität der Festkörper nach den Theorien von Einstein, Debye und Dulong-Petit.*

Für $T \to 0$ geht die molare bzw. spezifische Wärmekapazität mit T^3 gegen null. Die Debyesche Beschreibung ist wesentlich genauer als die Einsteinsche. Noch vorhandene Unterschiede zum Experiment rühren von der bei *Debye* nicht berücksichtigten Dispersion der Gitterwellen her. Bild 9-64 zeigt die molare Wärmekapazität in Abhängigkeit von der Temperatur nach dem Einsteinschen bzw. dem Debyeschen Ansatz.

9.3.1.3. Wärmeleitfähigkeit

Isolatoren

Zwar breiten sich die Phononen im Festkörper mit Schallgeschwindigkeit aus, jedoch ist der durch sie bewirkte Wärmetransport deutlich langsamer. Dies rührt daher, daß die Phono-

nen untereinander und mit Verunreinigungen zusammenstoßen und ihre Richtungen dauernd ändern. Ihnen wird, ähnlich wie den Gasmolekülen und Elektronen, eine *mittlere freie Phononenweglänge* l_{ph} zugeordnet. Bild 9-65 zeigt schematisch den Querschnitt eines Festkörpers, an dem eine konstante Temperaturdifferenz $\Delta T = T_1 - T_2$ anliegt. Die je Flächen- und Zeiteinheit transportierte Wärme, die *Wärmestromdichte* j_q beträgt

$$j_q = \lambda \frac{\Delta T}{\Delta x}. \tag{9-64}$$

Hierbei ist λ die Wärmeleitfähigkeit in W/(m K).

Der Zusammenhang zwischen der Wärmeleitfähigkeit und der Phononenbewegung läßt sich berechnen. Wenn in der Mitte des Festkörpers die Temperatur T herrscht, dann liegt links und rechts im Abstand $\pm l_{ph}$ ein Bereich, in dem kein Phononenzusammenstoß stattfindet. Die von links kommenden Phononen haben die Energie

$$E_{T1} = \frac{3}{2} k \left(T + l_{ph} \frac{\Delta T}{\Delta x} \right)$$

und die von rechts kommenden

$$E_{T2} = \frac{3}{2} k \left(T - l_{ph} \frac{\Delta T}{\Delta x} \right).$$

Ist die Dichte der Phononen $n_{ph} = N_{ph}/V$ und ihre Geschwindigkeit c_s, dann ist die mittlere Phononenstromdichte in positiver bzw. negativer x-Richtung $1/6 \, (n_{ph} \, c_s)$. Für die Energiestromdichte im Mittelpunkt gilt bei der Temperatur T:

Energiestromdichte von links:

$$\frac{1}{6} n_{ph} c_s \frac{3}{2} k \left(T + l_{ph} \frac{\Delta T}{\Delta x} \right)$$

Energiestromdichte von rechts:

$$\frac{1}{6} n_{ph} c_s \frac{3}{2} k \left(T - l_{ph} \frac{\Delta T}{\Delta x} \right).$$

Die Differenz der Energiestromdichten ist gleich der Wärmestromdichte

$$j_q = \frac{1}{2} n_{ph} k c_s l_{ph} \frac{\Delta T}{\Delta x}. \tag{9-65}$$

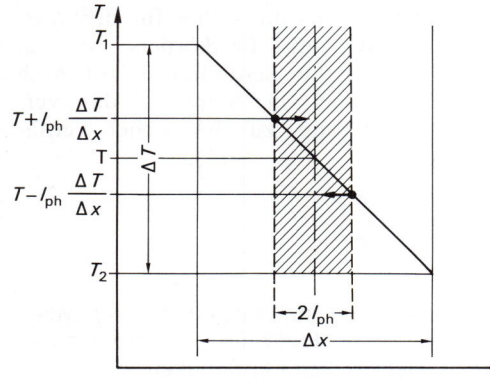

Bild 9-65. *Temperaturverteilung in einem Festkörper.*

Durch Vergleich mit Gl. (9-64) folgt für die Wärmeleitfähigkeit

$$\lambda = \tfrac{1}{2}\, n_{ph}\, k\, c_s\, l_{ph}\,. \qquad (9\text{-}66)$$

Da bei drei Freiheitsgraden die innere Energie $U = 3\,kT\,n_{ph}\,V$ beträgt, folgt für die spezifische Wärmekapazität (Abschn. 3.3.3)

$$c = \frac{1}{m}\frac{dU}{dT} = 3\,\frac{n_{ph}\,k}{\varrho}$$

mit der Dichte $\varrho = m/V$ oder

$$n_{ph} = \frac{1}{3}\,\frac{c\varrho}{k}\,. \qquad (9\text{-}67)$$

Hieraus ergibt sich die Wärmeleitfähigkeit

$$\lambda = \tfrac{1}{3}\,\varrho\, c\, c_s\, l_{ph}\,. \qquad (9\text{-}68)$$

Mit dieser Gleichung ist es möglich, durch Messen von λ die mittlere freie Weglänge l_{ph} zu berechnen. — Bei tiefen Temperaturen $(T \ll T_D)$ ist die mittlere freie Weglänge der Phononen l_{ph} so groß, daß sie in der Größenordnung der Kristalldimensionen liegt und demnach konstant ist. Da entsprechend den vorgenannten Ausführungen in diesem Bereich die spezifische Wärmekapazität c proportional zu T^3 ist, gilt auch für die Wärmeleitfähigkeit $\lambda \sim T^3$. Bei hohen Temperaturen $(T \gg T_D)$ ist die spezifische Wärmekapazität c konstant. Die Wärmeleitfähigkeit fällt mit steigender Temperatur wegen der zunehmenden Phononen-Stoßwahrscheinlichkeit gemäß $\lambda \sim 1/T$.

Beispiel

9.3-3: Wie groß ist die mittlere freie Weglänge l_{ph} der Phononen in Porzellan bei Raumtemperatur? Folgende Daten sind bekannt: Dichte $\varrho = 2{,}4 \cdot 10^3$ kg/m³, spezifische Wärmekapazität $c = 840\,\text{J/(kg\,K)}$, Schallgeschwindigkeit $c_s = 4880$ m/s, Wärmeleitfähigkeit $\lambda = 1$ W/(m K).

Lösung:

Nach Gl. (9-68) gilt für die mittlere freie Weglänge $l_{ph} = 3\,\lambda/(\varrho\, c\, c_s)$. Mit obigen Werten ergibt sich $l_{ph} = 3{,}05 \cdot 10^{-10}$ m. Diese Strecke entspricht etwa dem Wert einer Gitterkonstanten.

Metalle

In Metallen kann Wärme nicht nur durch Phononen, sondern auch durch die freien Elektronen übertragen werden. Die Wärmeleitfähigkeit aufgrund des Energietransports der Elektronen wird durch Gl. (9-68) beschrieben; hierbei wird für c die spezifische Wärmekapazität der Elektronen aus Gl. (9-16) eingesetzt. Mit der Molmasse M gilt

$$c_{el} = \frac{C_{m,el}}{M} = \frac{1}{2}\,\pi^2\,\frac{R_m}{M}\,\frac{T}{T_F}\,.$$

Anstelle der Schallgeschwindigkeit c_s steht die Fermi-Geschwindigkeit v_F und anstatt der mittleren freien Weglänge der Phononen die entsprechende Größe $l = v_F\,\tau$ nach Gl. (9-25) für die Elektronen. Folglich resultiert für die Wärmeleitfähigkeit der Elektronen

$$\lambda_{el} = \frac{1}{6}\,\pi^2\, v_F^2\,\frac{T}{T_F}\,\tau\,\frac{R_m\varrho}{M}\,.$$

Mit $E_F = \tfrac{1}{2}\,m\,v_F^2 = k\,T_F$ und

$$\frac{R_m\varrho}{M} = \frac{N}{V}\,k = n\,k$$

ergibt sich

$$\lambda_{el} = \frac{1}{3}\,\pi^2\,\frac{n}{m}\,k^2\,\tau\,T\,. \qquad (9\text{-}69)$$

Die Größe $n = N/V$ ist die Elektronenzahldichte. — In reinen Metallen ist die Wärmeleitfähigkeit durch die Elektronen stets ein bis zwei Größenordnungen größer als durch Gitterschwingungen. Es gilt daher für die Wärmeleitfähigkeit des Festkörpers $\lambda \approx \lambda_{el}$. Für die elektrische Leitfähigkeit gilt nach Gl. (9-24) $\varkappa = n\,e^2\,\tau/m$. Somit ist das Verhältnis von Wärme- zu elektrischer Leitfähigkeit

$$\frac{\lambda}{\varkappa} = \frac{\pi^2}{3}\left(\frac{k}{e}\right)^2 T\,.$$

Bei konstanter Temperatur ist für alle Metalle die Wärmeleitfähigkeit λ proportional zur elektrischen Leitfähigkeit $\varkappa$:

$$\lambda = L\,T\,\varkappa\,. \qquad (9\text{-}70)$$

Dies ist das *Wiedemann-Franzsche Gesetz* (G. H. WIEDEMANN, 1826 bis 1899; R. FRANZ, 1827 bis 1902). Die Konstante

$$L = \frac{\pi^2}{3}\left(\frac{k}{e}\right)^2 \qquad (9\text{-}71)$$

wird *Lorenzsche Zahl* (L. LORENZ, 1829 bis 1891) genannt und beträgt $L = 2{,}45 \cdot 10^{-8}$ V^2/K^2. Aus der Proportionalität von λ und $\varkappa$ folgt, daß gute elektrische Leiter auch gute Wärmeleiter und umgekehrt schlechte elektrische Leiter auch schlechte Wärmeleiter sind.

Beispiel

9.3-4: Die spezifische elektrische Leitfähigkeit von Kupfer ist bei Raumtemperatur $\varkappa = 5{,}9 \cdot 10^7 \Omega^{-1} \text{m}^{-1}$, die Wärmeleitfähigkeit $\lambda = 384$ W/(m K). a) Wie groß ist die Lorenz-Zahl L in Kupfer? b) Wie groß ist die mittlere freie Weglänge l der Elektronen?

Lösung:

a) Nach Gl. (9-70) ist die Lorenz-Zahl $L = \lambda/(T\,\varkappa)$ $= 2{,}22 \cdot 10^{-8}$ V^2/K^2 in guter Übereinstimmung mit dem theoretischen Wert von Gl. (9-71).
b) Nach Gl. (9-69) ist die Relaxationszeit

$$\tau = \frac{3\,\lambda\,m}{\pi^2\,n\,k^2\,T}.$$

Mit $n \approx 8{,}5 \cdot 10^{28}$ m^{-3} ergibt sich $\tau = 2{,}2 \cdot 10^{-14}$ s. Die mittlere freie Weglänge ist nach Gl. (9-25) $l = v_{\text{F}}\,\tau = 3{,}4 \cdot 10^{-8}$ m. Dieses Ergebnis stimmt sehr gut mit dem Resultat von Beispiel *9.2-3* überein.

9.3.2. Effekte im Zusammenhang mit Wärmefluß und elektrischem Strom

Im Zusammenhang mit einem Wärmestrom Φ, einem elektrischen Strom I und einem Magnetfeld H können drei unterschiedliche Effekte auftreten. Bei den *thermoelektrischen Effekten* bedingt ein Wärmestrom Φ eine Potentialdifferenz $\Delta\varphi$ oder umgekehrt eine Potentialdifferenz $\Delta\varphi$ einen Wärmestrom Φ. Bei den *thermomagnetischen Erscheinungen* erzeugen ein Wärmefluß und ein Magnetfeld H entweder eine Potential- oder eine Temperaturdifferenz, und bei den *galvanomagnetischen Effekten* erzeugen ein elektrischer Strom und ein Magnetfeld eine Potential- oder eine Temperaturdifferenz.

9.3.2.1. Galvanomagnetische und thermomagnetische Effekte

In Bild 9-66 sind die galvano- und thermomagnetischen Effekte zusammengestellt. Galvanomagnetische Effekte sind alle Erscheinungen, die bei einem stromdurchflossenen Leiter auftreten können, der sich in einem Magnetfeld befindet. In der vorliegenden Betrachtung stehen Strom I und Magnetfeld H senkrecht aufeinander. Das Auftreten einer Potentialdifferenz $\Delta\varphi$ senkrecht zur Strom- und Magnetfeldrichtung wird als *Hall-Effekt* bezeichnet (Abschn. 4.4.3.2). Zusätzlich zur Hall-Spannung liegt eine transversale Temperaturdifferenz ΔT vor; dies ist der *Ettingshausen-Effekt* (A. v. ETTINGSHAUSEN, 1850 bis 1932). Diese Erscheinung kann wie auch der Hall-Effekt durch die Wirkung der *Lorentz-Kraft* (Abschn. 4.4.3.2) erklärt werden. Aus diesem Grund ist die Temperaturdifferenz ΔT proportional zur Stromstärke I und zum Magnetfeld H. Das Auftreten einer longitudinalen Temperaturdifferenz ΔT wird als *Nernst-Effekt* bezeichnet (W. H. NERNST, 1864 bis 1941). Infolge der Ablenkung der Strombahnen im Magnetfeld beobachtet man eine Widerstandszunahme und damit eine Potentialdifferenz in longitudinaler Richtung. Dies ist der *Thomson-Effekt* (W. THOMSON, 1892 bis 1967).

Bei den thermomagnetischen Effekten fließt ein Wärmestrom Φ, und es wirkt ein homogenes Magnetfeld (im Bild transversal). Unter diesen Bedingungen kann entweder eine Potentialdifferenz $\Delta\varphi$ oder eine Temperaturdifferenz ΔT gemessen werden. Der *Ettingshausen-Nernst-Effekt* ist die Umkehrung des Ettingshausen-Effekts. Fließt ein Wärmestrom Φ senkrecht zum Magnetfeld H, dann wird eine transversale Potentialdifferenz $\Delta\varphi$ gemessen. Diese Erscheinung ist das thermische Analogon zum Hall-Effekt. Wird eine longitudinale Potentialdifferenz entlang des Wärmestromes gemessen (*Thermokraft*), so ist dies der *zweite Ettingshausen-Nernst-Effekt*. Bei einem Wärmefluß Φ und einem transversalen homogenen Magnetfeld H tritt eine senkrecht zu beiden Größen stehende Temperaturdifferenz auf; dabei handelt es sich um den *Righi-Leduc-Effekt* (A. RIGHI, 1850 bis 1920; S. A. LEDUC, 1856 bis 1937). Liegt die beobachtete Differenz in Richtung des Wärmestroms, so wird diese Erscheinung *zweiter Righi-Leduc-* oder *Maggi-Righi-Effekt* genannt.

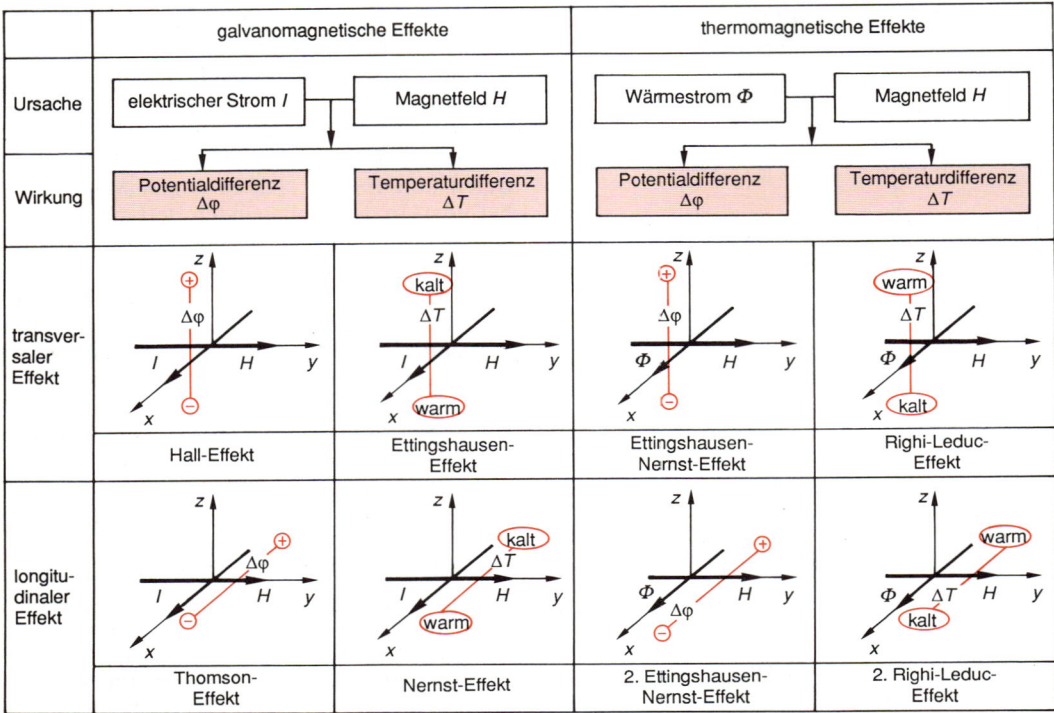

Bild 9-66.   Galvanomagnetische und thermomagnetische Effekte.

9.3.2.2. Thermoelektrische Effekte

Fließt durch einen Festkörper ein Wärmestrom Φ, so kann eine Potentialdifferenz in Stromrichtung auftreten. Diese Erscheinung nennt man *Seebeck-Effekt* (T. J. SEEBECK, 1770 bis 1831). Den umgekehrten Effekt, bei dem durch Anlegen einer Potentialdifferenz

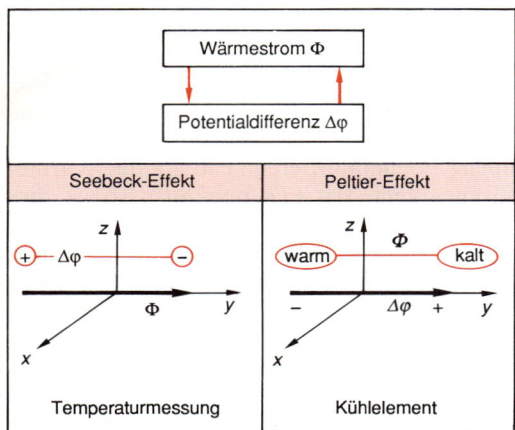

Bild 9-67.   Thermoelektrische Effekte.

$\Delta\varphi$ ein Temperaturunterschied ΔT gemessen wird, nennt man *Peltier-Effekt* (J. C. A. PELTIER, 1785 bis 1845). Bild 9-67 verdeutlicht die Vorgänge.

Wenn sich zwei Metalle mit *unterschiedlichen Fermi-Grenzen* gemäß Bild 9-68 a berühren, erfolgt durch einen Diffusionsstrom ein Ausgleich dieser Niveaus. Das eine Metall (z. B. Zn) mit dem höheren Fermi-Niveau E_{F2} (geringere Austrittsarbeit W_{A2}) gibt Elektronen an das andere Metall (z. B. Cu) mit niedrigerem Fermi-Niveau E_{F1} ab (höhere Austrittsarbeit W_{A1}). Der dabei fließende *Diffusionsstrom* baut eine entgegengesetzt wirkende *Kontaktspannung* U_K auf, so daß der Diffusionsstrom aussetzt, wenn die Fermi-Niveaus in beiden Bereichen auf gleicher Höhe liegen (Bild 9-68 b).

Werden verschiedene Metalle an beiden Enden fest verbunden, z. B. durch Löten oder Schweißen, und diese Enden unterschiedlichen Temperaturen $T_1 < T_2$ ausgesetzt, dann wird eine *Thermospannung* U_{th} meßbar, die proportional zum Temperaturunterschied ΔT

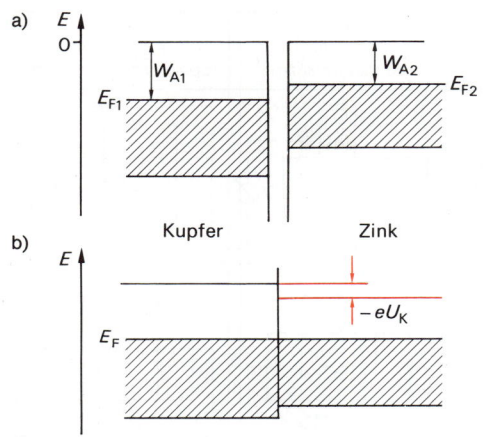

Bild 9-68.   *Entstehung eines Kontaktpotentials.*

ist. Die Ursache ist, daß mit einer Temperaturänderung stets eine Umverteilung der Elektronen auf die verschiedenen Energieniveaus erfolgt (Abschn. 9.2.2), so daß die Fermi-Energie verschoben wird. Meßglieder, die diesen Effekt ausnutzen, werden *Thermoelemente* genannt. Sie sind zur Temperaturmessung besonders gut geeignet, weil sie eine geringe Wärmekapazität bei einer hohen Empfindlichkeit haben und die Temperaturwerte in Form von elektrischen Signalen direkt zu Steuer- und Regelzwecken weiterverarbeitet werden können. Die Änderung der Thermospannung mit der Temperatur wird *Thermokraft* genannt; diese liegt im Bereich 10^{-5} V/K. Tabelle 9-12 zeigt die *thermoelektrische Spannungsreihe*. Das links stehende Metall ist an der kälteren Lötstelle gegenüber

Tabelle 9-12. Werkstoffe für Thermopaare und ihre Eigenschaften nach DIN IEC 584/1.

Thermopaar \ Eigenschaften	NiCr−Ni	Eisen−Konstantan (100Fe−45Ni55Cu)	Kupfer−Konstantan (100Cu−45Ni55Cu)	Platin/Rhodium−Platin (90Pt10Rh−100Pt)
spezifischer Widerstand ϱ bei 20 °C in Ω mm²/m	0,72 bis 0,27	0,49 bis 0,11	0,49 bis 0,017	0,062 bis 0,034
Temperatur in °C	Thermospannungen in mV			
− 200	− 5,89	− 8,15	− 5,70	
− 100	− 3,55	− 4,75	− 3,40	
0	0	0	0	0
100	4,10	5,37	4,25	0,645
200	8,14	10,95	9,20	1,44
300	12,21	16,56	14,90	2,32
400	16,40	22,16	21,00	3,26
500	20,64	27,85	27,41	4,23
600	24,90	33,67	34,31	5,24
700	29,13	39,72		6,27
800	33,28	46,22		7,35
900	37,33	53,14		8,45
1000	41,27			9,59
1100	45,11			10,75
1200	48,83			11,95
1300	52,40			13,16
1400				14,37
1500				15,58
1600				16,77
1700				17,94

einem rechts stehenden thermoelektrisch positiv.

In der Technik werden vor allem die *Thermopaare* NiCr-Ni (bis 1000 °C), Eisen-Konstantan (bis 700 °C), Kupfer-Konstantan (bis 400 °C) und Platin/Rhodium-Platin (bis 1300 °C) verwendet. Die Thermospannungen und die Toleranzen sind für diese Thermopaare nach DIN 43 710 genormt (Tabelle 9-12). Für Temperaturen bis 2000 °C werden Thermopaare aus Iridium/Rhenium-Iridium eingesetzt. Auch Halbleiterwerkstoffe (z.B. Zinkantimonid-Bleitellurid) finden wegen ihrer großen Thermokräfte ($\approx$ 200 µV/K) Verwendung (bis 600 °C).

Die Umkehrung des Seebeck-Effektes ist der Peltier-Effekt (Bild 9-67). Wird ein Strom durch die Thermopaare geschickt, kühlt sich eine Lötstelle ab und die andere erwärmt sich. *Peltier-Elemente* (z.B. Wismuttellurid) werden in der Technik in Kühlschränken oder Wärmepumpen eingesetzt oder dienen zur Kühlung von integrierten Schaltkreisen. Das derzeit kleinste Peltier-Element (0,6 mm × 0,6 mm) verwendet man als Kühlelement auf elektronischen Schaltkarten. Peltier-Kaskaden finden in Kühlsystemen mit Wärmeübertragern Anwendung.

9.3.3. Piezoelektrizität

Bestimmte Materialien erzeugen bei einer äußeren Krafteinwirkung eine elektrische Spannung. Dieser Effekt wird *piezoelektrischer Effekt* (*Piezoeffekt*) genannt (gr. piezo: ich drücke). Er wurde 1880 von den Brüdern *Curie* bei einigen Kristallen entdeckt. Die Eigenschaft wird z.B. an Seignettesalz, Quarz, Weinsäure, Turmalin und Zinkblende festgestellt. Auch der *inverse piezoelektrische Effekt*, d.h. die Geometrieänderung eines Kristalls bei Anlegen einer äußeren Spannung, ist bekannt. Bild 9-69 zeigt für den direkten und den inversen piezoelektrischen Effekt die drei technisch nutzbaren Vorgänge.

– *Längs-Effekt:*

Die Krafteinwirkung *F* erzeugt eine Polarisation *P* und damit eine Spannung *U* in gleicher Richtung.

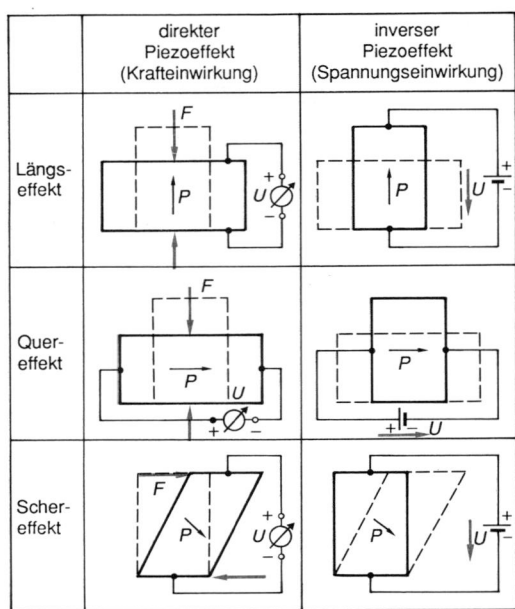

Bild 9-69.   Piezoelektrizität.

– *Quer-Effekt:*

Die Krafteinwirkung *F* erzeugt eine transversale Polarisation *P* und damit eine Querspannung *U*.

– *Scher-Effekt:*

Die Krafteinwirkung *F* erzeugt eine diagonal wirkende Polarisation *P* und damit eine Querspannung *U*.

Der piezoelektrische Effekt tritt in Werkstoffen auf, die eine *Perowskit-Struktur* gemäß Bild 9-70 aufweisen. Die chemische Zusammensetzung ist ein zweiwertiges Element A^{2+} (z.B. Barium oder Blei), ein vierwertiges Element B^{4+} (z.B. Titan, Zirkon oder Zinn) und Sauerstoff O_3^{2-}. Diese Verbindungen sind oberhalb der *ferroelektrischen Curie-Tempera-*

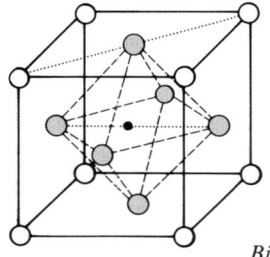

$\bigcirc A^{2+}$ $\bullet B^{4+}$ $\bigcirc O_3^{2-}$

Bild 9-70.   Perowskit-Struktur piezoelektrischer Verbindungen.

tur (Abschn. 4.4.4.2) kubisch. Unterhalb dieser Temperatur verzerrt sich die Elementarzelle zu einer tetragonalen Struktur. Hierbei verschieben sich auch die Abstände zwischen den positiven und den negativen Ladungen, so daß ein *elektrisches Dipolmoment* entsteht. Die benachbarten Elementarzellen ordnen sich entsprechend um, es tritt eine *spontane Polarisation* **P** auf.

Die gebräuchlichsten Materialien sind Bariumtitanat und Bleizirkontitanat, die als Sinterkörper hergestellt werden. Die vermischten und vermahlenen Rohstoffe werden einem Kalzinierungsbrand unterzogen, das Granulat preßt man zu Rohkörpern und sintert bei 1200 °C. Anschließend werden die Oberflächen sehr genau geschliffen, die Metallelektroden aufgebracht und eine remanente Polarisation in der gewünschten Vorzugsrichtung erzeugt. *Piezo-Sinterkörper* haben folgende Vorteile:

- Beliebige Formgebung durch die Sintertechnologie,
- beliebige Wahl der Polarisationsrichtung,
- große Permittivitätszahl ($\varepsilon_r \approx 1000$),
- großer Energiewandlungsfaktor (25% bis 50%) sowie
- gute Korrosionsbeständigkeit.

Bei Bariumtitanat-Sinterkörpern liegt die Curie-Temperatur und damit die Grenze für den piezoelektrischen Einsatz bereits bei $T_C = 120 °C$. Für höhere Temperaturen ist Bleizirkonattitanat, ein Zweistoffsystem mit der Zusammensetzung $Pb[Ti_{1-x}Zr_x]O_3$ ($x \approx 0,5$)

geeignet. Durch Wahl des Mischungsverhältnisses Titan zu Zirkon lassen sich die physikalischen Eigenschaften variieren.

Piezokeramische Bauteile werden in vielen Bereichen eingesetzt. Eine Übersicht vermittelt Bild 9-71.

Zur Übung

Ü 9.3-1: Die Ausbreitungsgeschwindigkeit von langwelligen Longitudinalwellen in einem Eisenstab ist $c_s = 5048$ m/s. a) Wie groß ist der Elastizitätsmodul von Eisen, wenn die Dichte $\varrho = 7850$ kg/m³ beträgt? b) Wie groß ist die Federkonstante c im Eisengitter?

Ü 9.3-2: In Silizium haben Phononen mit dem Wellenvektor $\boldsymbol{k} = 1,64 \dfrac{\pi}{a} \begin{pmatrix} 1 \\ 0 \\ 0 \end{pmatrix}$ die Energien $E_{TO} = 58,2$ meV und $E_{TA} = 18,2$ meV. Wie groß sind a) die Frequenzen der Gitterschwingungen, b) die Phononenimpulse?

Ü 9.3-3: Wie groß ist die spezifische Wärmekapazität von Diamant bei 20 °C nach der Debyeschen Theorie? Wie groß ist die relative Abweichung zum gemessenen Wert $c = 0,502$ kJ/(kg K)?

Ü 9.3-4: Wie groß ist die mittlere freie Weglänge von Phononen in Quarzglas? ($\varrho = 2,2$ kg/dm³, Wärmeleitfähigkeit $\lambda = 1,36$ W/(K m), Schallgeschwindigkeit $c_s = 5400$ m/s, spezifische Wärmekapazität $c = 170$ J/(kg K).)

Ü 9.3-5: Der spezifische elektrische Widerstand von Silber bei 20 °C ist $\varrho = 1,6 \cdot 10^{-8}$ Ω m. Wie groß ist näherungsweise die Wärmeleitfähigkeit λ?

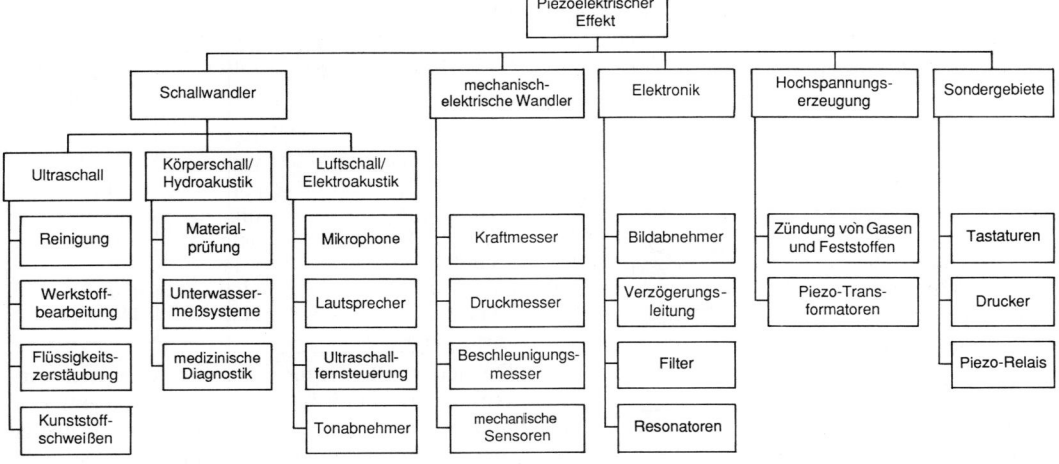

Bild 9-71.   Anwendungen des piezoelektrischen Effektes.

9.4. Optoelektronische Halbleiter-Bauelemente

Die *Optoelektronik* ist ein Teilgebiet der Elektronik, das sich mit Erscheinungen befaßt, die bei der Umwandlung von elektrischer Energie in optische und umgekehrt auftreten. Das wichtigste Bauelement ist der Halbleiter-pn-Übergang, der als Lichtsender und auch als -empfänger eingesetzt werden kann. Optoelektronische Bauteile werden u. a. in der Anzeigetechnik, Meßtechnik, Elektronik, Datenverarbeitung sowie Energietechnik eingesetzt.

9.4.1. Strahlungsquellen

9.4.1.1. Lumineszenzdioden

Alle *Lumineszenz-* oder *Leuchtdioden* (Light Emitting Diode, LED) bestehen aus einem pn-Übergang (Abschn. 9.2.3.3). Bild 9-72 zeigt die Bandstruktur eines pn-Übergangs, der in Flußrichtung betrieben wird. Bei der Flußspannung U_F wird die Diffusionsspannung so weit abgebaut, daß die Elektronen des n-Gebietes über die kleine Barriere leicht ins p-Gebiet diffundieren können; umgekehrt fließen Löcher aus dem p- ins n-Gebiet. In der Nähe des Übergangs *rekombinieren* die Elektronen mit den Löchern und geben dabei Energie von der Größenordnung E_g ab. Bei der *strahlenden Rekombination* wird diese Energie in Form von Photonen der Energie $hf \approx E_g$ ausgesandt. Dies bedeutet, daß eine LED näherungsweise monochromatisches Licht aussendet, dessen Wellenlänge λ_g nach Gl. (6-115) und (6-116) von der Breite der verbotenen Zone E_g abhängt:

$$\lambda_g = \frac{h\,c}{E_g} = \frac{1,24\ \mu\text{m eV}}{E_g}. \qquad (9\text{-}72)$$

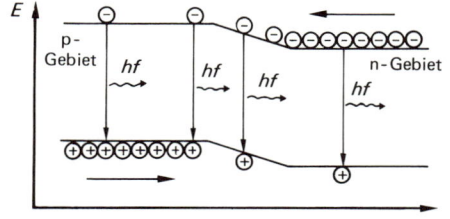

Bild 9-72. Leuchtdiode, in Flußrichtung betrieben (schematisch).

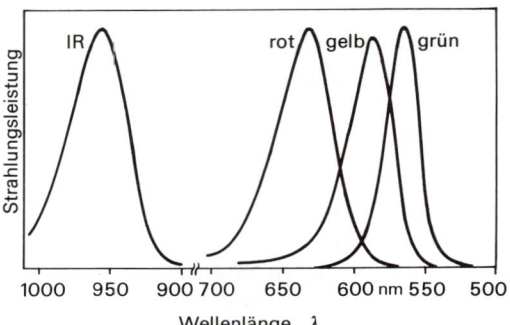

Bild 9-73. Spektren verschiedener Lumineszenzdioden.

Bild 9-73 zeigt Spektren verschieden farbiger Leuchtdioden. Die Linienbreite liegt in der Größenordnung von $\Delta\lambda \approx 40$ nm. Sie hängt im wesentlichen von der Temperatur ab und nimmt mit steigender thermischer Energie der Ladungsträger zu.

Die Farbe der LED ist nach Gl. (9-72) direkt von der Breite der verbotenen Zone E_g abhängig. Sie kann also durch die Wahl des Halbleiters bestimmt werden. Besonders zu erwähnen sind *Mischkristalle* auf der Basis von GaAs und GaP in der Zusammensetzung $GaAs_xP_{1-x}$. Je nach Mischungsverhältnis kann das Bandgap zwischen 2,24 eV ($x = 0$) und 1,43 eV ($x = 1$) und damit die Farbe zwischen grün und IR eingestellt werden. Tabelle 9-13 zeigt eine Zusammenstellung der Daten gebräuchlicher Leuchtdioden.

Tabelle 9-13. Materialien für Lumineszenzdioden.

Material : Dotierstoff	Farbe	Wellenlänge λ in nm
$GaAs:Si$	IR	930
$GaP:Zn,O$	rot	690
$GaAs_{0,6}P_{0,4}$	rot	650
$GaAs_{0,35}P_{0,65}:N$	orange	630
$GaAs_{0,15}P_{0,85}:N$	gelb	590
$GaP:N$	grün	570
$SiC:Al,N$	blau	470
$GaN:Zn$	blau	440

Da jedes Elektron, das vom externen Anschluß ins n-Gebiet strömt, irgendwann einmal mit einem Loch rekombinieren muß, ist die Anzahl der generierten Photonen so groß wie die Anzahl der injizierten Elektronen

(falls keine strahlungslosen Übergänge stattfinden). Daraus folgt, daß die abgegebene
Strahlungsleistung im Idealfall proportional
zum Flußstrom sein muß.

Der Aufbau einer GaAsP-LED ist schematisch in Bild 9-74 gezeigt. Auf einem einkristallinen *Substrat* wird der Mischkristall durch
Flüssig- oder *Gasphasenepitaxie* abgeschieden. Nach rückwärts ausgesandte Photonen
werden nur im GaAs-Substrat absorbiert, da
nur dort die Energie der Lichtquanten ausreicht, um ein Elektron vom Valenz- ins Leitungsband zu heben (Abschn. 9.4.2). Je nach
Anwendungszweck setzt man die Chips in
verschiedene Gehäuseformen; Bild 9-75 zeigt
einige Beispiele.

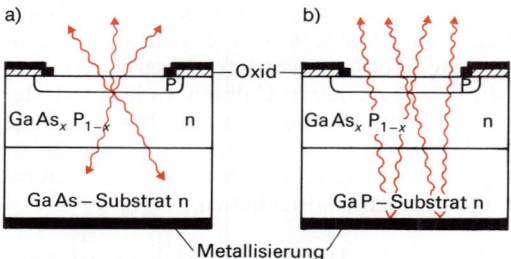

*Bild 9-74. Aufbau einer GaAsP-LED auf a) absor-
bierendem GaAs-Substrat, b) transparentem GaP-
Substrat.*

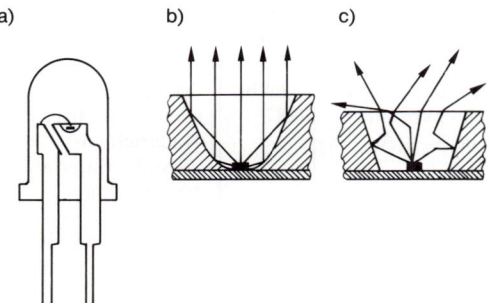

*Bild 9-75. Bauformen von Lumineszenzdioden: a)
Chip in Kunststoffgehäuse vergossen, b) Reflektorwanne mit transparentem Kunststoff, (Diode erhält
starke Richtcharakteristik), c) Reflektorwanne mit
diffus streuendem Kunststoff (Diode strahlt breit ab;
für Displays geeignet).*

Lumineszenzdioden sind sehr zuverlässig. Im
normalen Betrieb sind *Lebensdauern* von etwa
10^6 h zu erwarten. Die Lebensdauer ist dabei
so definiert, daß bis zum Ende die Strahlungsleistung der LED auf die Hälfte des
Neuwerts abgenommen hat.

9.4.1.2. Halbleiterlaser

Die *Laserdiode* ist ein pn-Übergang mit sehr
großer Dotierungskonzentration, d. h. n_D bzw.
n_A beträgt etwa 10^{19} cm^{-3}. Derart hoch do-
tierte Halbleiter nennt man *entartet*. Das Bänderschema von Bild 9-76 zeigt, daß die Elektronen im n-Material das Leitungsband, die
Löcher im p-Material das Valenzband auffüllen. Wird die Diode in Flußrichtung betrieben, so stellt sich bei einer bestimmten Flußspannung das Bänderschema so ein, wie es in
Bild 9-76 gezeigt ist. Im Übergangsbereich
zwischen p- und n-Halbleiter, der *aktiven
Zone*, sind energetisch hoch liegende Zustände
im Leitungsband mit Elektronen besetzt, tief
liegende im Valenzband sind leer. Es liegt also
eine *Besetzungsinversion* vor, die nach den
Ausführungen in Abschn. 6.5.4 die Grundvor-
aussetzung für die *stimulierte Emission* des Lasers ist.

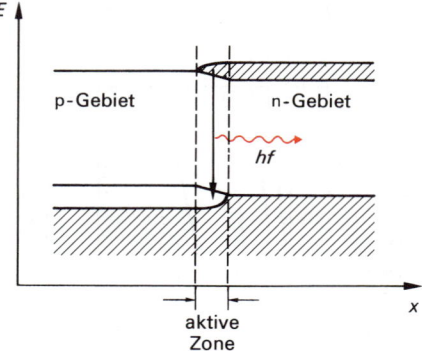

*Bild 9-76. Bänderschema einer Laserdiode bei Be-
trieb in Flußrichtung. Die schraffierten Gebiete sind
mit Elektronen besetzt.*

Die zweite Laserbedingung, die *Rückkopp-
lung* der Lichtwellen an Resonatorspiegeln,
wird bei den Laserdioden folgendermaßen
erfüllt: Nach Bild 9-77 bildet man den Laser-

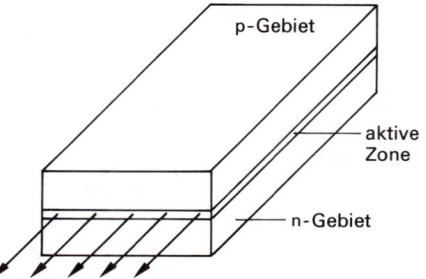

Bild 9-77. Aufbau einer Laserdiode.

kristall als Quader aus (Länge etwa 200 µm bis 500 µm, Breite etwa 100 µm bis 250 µm). Die spiegelnden Endflächen sind *Spaltflächen* des Kristalls, die völlig eben und planparallel sind. Infolge der großen Brechungszahl von Halbleitern ist die Reflexion so stark, daß keine externen Spiegel erforderlich sind.

Mit zunehmendem Strom steigt nach Bild 9-78 die Ausgangsleistung wie bei einer LED an. In diesem Bereich der *spontanen Emission* ist die Strahlungsleistung verhältnismäßig

a)

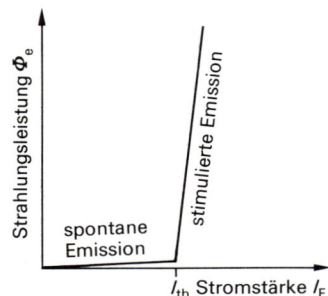

b)

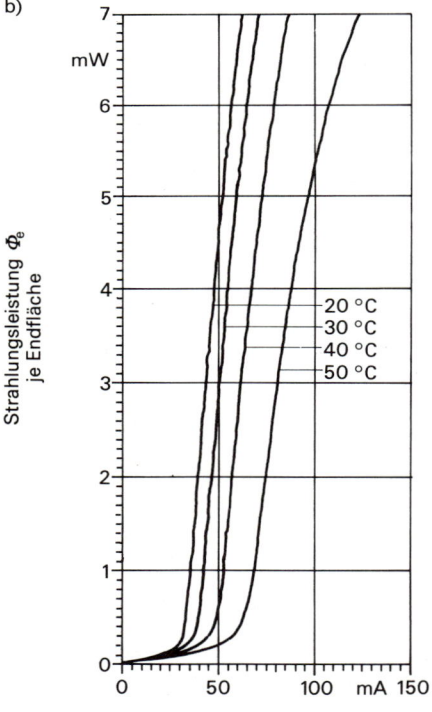

Bild 9-78. Kennlinie eines Halbleiterlasers: a) Prinzip, b) Meßkurven für einen InGaAsP-Laser mit λ = 1,3 µm.

niedrig. Wenn der optische Gewinn (gain) die Verluste übertrifft, setzt bei einem bestimmten *Schwellstrom* I_{th} (threshold) der Laserbetrieb ein. Im Bereich der *stimulierten Emission* nimmt die Strahlungsleistung extrem zu.

Der Schwellstrom ist temperaturabhängig; er nimmt mit steigender Temperatur zu gemäß

$$I_{th} = I_0\, e^{T/T_0}. \qquad (9\text{-}73)$$

Für die *charakteristische Temperatur* T_0 hat man empirisch folgende Werte gefunden:

– GaAlAs-Laser: 120 K bis 230 K,
– InGaAsP-Laser: 60 K bis 80 K.

Die Wellenlänge der Laserstrahlung hängt wie bei der LED vom Bandgap E_g des Halbleiters ab. Tabelle 9-14 zeigt eine Zusammenstellung häufig verwendeter Lasermaterialien. Mit den quaternären Halbleitern läßt sich der für die optische Nachrichtentechnik wichtige Spektralbereich von 1,3 µm bis 1,6 µm erfassen, in dem die Glasfasern die besten Übertragungseigenschaften haben.

Tabelle 9-14. Materialien für Halbleiter-Laser.

Material	Wellen-längen-bereich in µm	Anwendungen
ternäre Mischkristalle $Ga_xAl_{1-x}As$	0,69 bis 0,87	optische Datenspeicher, optische Nachrichtentechnik, Materialbearbeitung
quaternäre Mischkristalle $In_xGa_{1-x}As_yP_{1-y}$	0,92 bis 1,65	optische Nachrichtentechnik
Bleisalze, z.B. $Pb_xSn_{1-x}Se$	4 bis 40	Umweltmeßtechnik, Absorptionsmessungen im mittleren IR

Bild 9-79 zeigt das Emissionsspektrum eines InGaAsP-Lasers bei λ = 1,3 µm. Die Breite der gestrichelten Einhüllenden ist typischerweise Δλ ≈ 4 nm, also etwa zehnmal schmaler als typische LED-Linienbreiten. Das Spektrum besteht aus mehreren sehr scharfen Linien, den *longitudinalen Schwingungsmoden* des La-

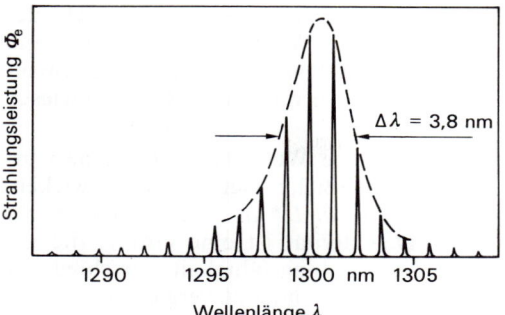

Bild 9-79. Emissionsspektrum eines InGaAsP-Lasers.

sers. Im Laser können sich nur solche stehenden Wellen aufbauen, bei denen die Länge L des Lasers ein ganzzahliges Vielfaches der halben Wellenlänge ist (Abschn. 5.2.4.2):

$$\bar{n}\, L = m\, \frac{\lambda}{2}, \quad m = 1, 2, 3, \ldots . \qquad (9\text{-}74)$$

$\bar{n}$ ist der Brechungsindex des Kristalls. Durch geeignete Dimensionierung des Lasers kann erreicht werden, daß nur eine Longitudinalmode schwingt. Ein solcher *Monomode-Laser* ist extrem schmalbandig (Tabelle 6-6).

Aus Bild 9-80 geht der Aufbau eines *Lasermoduls* mit einem InGaAsP-Laser für die optische Nachrichtentechnik hervor. Der Laser sitzt auf einem *Peltier-Kühler*. Die Strahlung wird in eine *Glasfaser* eingekoppelt, die direkt vor einer Spiegelfläche montiert ist. Die Strahlung, die die hintere Spiegelfläche verläßt, fällt auf eine *Monitor-Photodiode*, über die der Flußstrom des Lasers so geregelt

Bild 9-80. Laser-Modul für die optische Nachrichtenübertragung.
Werkphoto: SEL.

werden kann, daß eine konstante Ausgangsleistung zur Verfügung steht.

Ausgereifte Laserstrukturen lassen Lebensdauern von 10^5 h bis 10^6 h erwarten und kommen damit annähernd an die Lebensdauern von LED heran.

9.4.2. Empfänger

9.4.2.1. Absorption elektromagnetischer Strahlung

Aus der Vielzahl von Detektoren für elektromagnetische Strahlung zeigt Tabelle 9-15 eine Zusammenstellung der Detektoren, die auf dem *Photoeffekt* beruhen. Beim *äußeren* Photoeffekt wird ein Elektron durch ein auftreffendes Photon vollständig aus dem Festkörper entfernt. Das Photon muß als Mindestenergie die Austrittsarbeit des betreffenden Materials haben (Abschn. 6.5.1.1). Im folgenden sind ausschließlich Detektoren beschrieben, die auf dem *inneren* Photoeffekt von Halbleitern beruhen. Hierbei wird durch ein auftreffendes Photon ein Elektron aus seiner Bindung gerissen und im Kristall beweglich, den es aber nicht verläßt. Im Bänderschema wird bei der Absorption eines Photons ein Elektron vom Valenz- ins Leitungsband gehoben, also ein freies Elektron-Loch-Paar erzeugt. Damit dieser Vorgang ablaufen kann, muß die Photonenenergie $E_{\mathrm{ph}} = h\,f$ mindestens so groß sein wie die Breite der verbotenen Zone:

$$E_{\mathrm{ph}} \geqq E_{\mathrm{g}}. \qquad (9\text{-}75)$$

Tabelle 9-15. Detektoren auf der Grundlage des Photoeffekts.

Äußerer Photoeffekt	innerer Photoeffekt
nicht verstärkend	
Photokatode (Vakuum-Photozelle)	Photowiderstand, Photodiode, Photoelement
verstärkend	
Photomultiplier (PM), (Sekundärelektronen-vervielfacher, SEV), Bildverstärkerröhre (Bildwandler)	Photolawinendiode, (Avalanche-Photo-Diode, APD), Phototransistor, Photothyristor

Für die Wellenlänge gilt mit Gl. (9-72)

$$\lambda \leqq \frac{h\,c}{E_g} = \frac{1{,}24\ \mu\text{m eV}}{E_g}\,. \qquad (9\text{-}76)$$

Diese Schwellenbedingung zeigt sich im Verlauf des *Absorptionskoeffizienten* α, der für einige Halbleiter in Bild 9-81 dargestellt ist. Der Absorptionskoeffizient (Absorptionskonstante) α ist folgendermaßen definiert: Fällt auf einen Kristall der Dicke d Strahlung der Leistung Φ_0, dann ist die durchgelassene Strahlungsleistung Φ gegeben durch

$$\Phi = \Phi_0\,e^{-\alpha\,d}\,. \qquad (9\text{-}77)$$

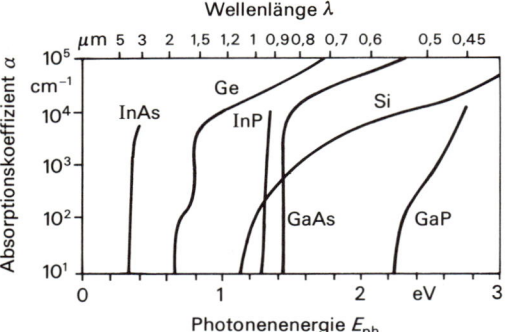

Bild 9-81. *Absorptionskoeffizienten verschiedener Halbleiter.*

Beispiel

9.4-1: Wie dick muß ein Siliciumkristall mindestens sein, damit er Licht der Wellenlänge $\lambda = 700$ nm so absorbiert, daß nur noch 1/1000 der auffallenden Strahlungsleistung durchgelassen wird?

Lösung:

Nach Bild 9-81 ist der Absorptionskoeffizient $\alpha = 2{,}5 \cdot 10^3\ \text{cm}^{-1}$. Die erforderliche Schichtdicke ist nach Gl. (9-77) $d = 1/\alpha \ln \Phi_0/\Phi = 27{,}6\ \mu\text{m}$.

9.4.2.2. Photowiderstand

Beim Photowiderstand oder *Photoleiter* wird die Tatsache genutzt, daß der ohmsche Widerstand des Bauteils von der Bestrahlung abhängt. Nach Gl. (9-28) gilt für die elektrische Leitfähigkeit $\varkappa = e\,(n\,\mu_n + p\,\mu_p)$. Werden zusätzlich zu den bereits im Material vorhandenen Ladungsträgern durch absorbierte Photonen weitere geschaffen, dann nimmt die

Leitfähigkeit zu bzw. vermindert sich der Widerstand. Die Widerstandsänderung kann in einer elektrischen Schaltung in eine Spannungsänderung verwandelt und nachgewiesen werden.

Für verschiedene Wellenlängenbereiche wurden unterschiedliche Detektoren entwickelt, deren *Detektivität* D^* in Bild 9-82 dargestellt ist. Die Detektivität ist eine Größe, die gestattet, die Leistungsfähigkeit verschiedener Detektoren miteinander zu vergleichen:

$$D^* = \frac{U_S/U_N}{\Phi_e}\sqrt{A\,\Delta f}\,. \qquad (9\text{-}78)$$

In dieser Definitionsgleichung ist U_S/U_N das Verhältnis von Signal- zu Rauschspannung (Signal/Noise), Φ_e die eingestrahlte Leistung, A die Detektoroberfläche und Δf die Bandbreite der Nachweiselektronik. Im sichtbaren Bereich ist CdS das wichtigste Material, im nahen IR die Halbleiter PbS, InAs und InSb. Der wichtigste *Störstellenphotoleiter* ist Germanium mit verschiedenen Dotierstoffen. Beispielsweise ist Ge:Zn bis etwa 40 µm Wellenlänge verwendbar. Aufgrund ihres einfachen Aufbaus und der einfachen Nachweiselektronik werden Photoleiter häufig eingesetzt. Sie sind meist nicht sehr schnell. So hat beispielsweise PbS, das für die Wellenlängen der optischen Nachrichtentechnik 1,3 µm bis 1,6 µm bestens geeignet wäre, eine Zeitkonstante von etwa 500 µs und ist daher viel zu langsam, um schnell modulierte Signale nachweisen zu können.

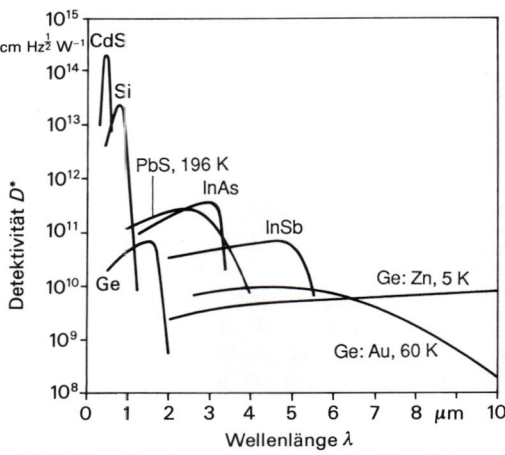

Bild 9-82. *Detektivität verschiedener Photoleiter.*

9.4.2.3. Photodioden

Wird ein pn-Übergang (Abschn. 9.2.3.3) dem Licht ausgesetzt, dann werden die in der Raumladungszone erzeugten freien Elektron-Loch-Paare nach Bild 9-83 sofort getrennt durch das eingebaute elektrische Feld (Diffusionsspannung U_d). Die Elektronen bewegen sich zur n-, die Löcher zur p-Seite des Übergangs. Diese *Ladungstrennung* geht vonstatten ohne äußere Spannung, sie kann aber durch Anlegen einer Spannung beeinflußt werden.

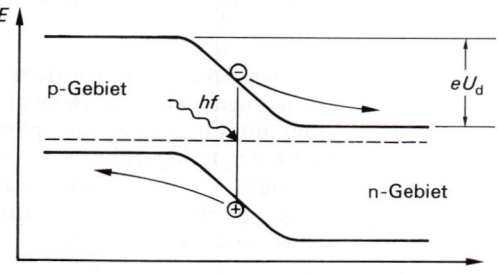

Bild 9-83. Bänderschema einer Photodiode ohne äußere Spannung.

Wird die Diode mit offenen Enden betrieben bzw. mit einem sehr hochohmigen Lastwiderstand, dann lädt sich die p-Seite positiv, die n-Seite negativ auf. Die Diffusionsspannung wird abgebaut, und an den Enden ist die *Leerlaufphotospannung* U_L abgreifbar. Die maximale Leerlaufspannung ist zwangsläufig immer kleiner als die Diffusionsspannung, so daß gilt $U_L < U_d$ bzw. $U_L < E_g/e$. Dioden mit großem Bandabstand E_g liefern eine große Leerlaufspannung U_L.

Werden die Enden der Diode kurzgeschlossen, dann fließt im äußeren Stromkreis der *Photostrom* (Kurzschlußstrom) I_{ph}, der die Richtung eines *Sperrstroms* hat. Zum Photostrom tragen nicht nur die Ladungsträger bei, die innerhalb der Raumladungszone erzeugt werden. Auch Ladungsträger, die als Minoritäten außerhalb entstehen und im Lauf ihrer Lebensdauer an den Übergang *diffundieren*, werden durch das elektrische Feld auf die andere Seite gezogen und tragen zum Photostrom bei. Der Photostrom hängt *linear* von der absorbierten Strahlungsleistung Φ_e ab. Falls jedes absorbierte Photon ein Elektron-Loch-Paar erzeugt, das zum Photostrom beiträgt, ist die *Quantenausbeute* $\eta = 1$, und der Photostrom beträgt $I_{ph} = (\Phi_e\,e)/(h\,f)$.

In der Praxis gelangen nicht alle erzeugten Ladungsträger an den Übergang. Somit tragen nicht alle zum Photostrom bei; die wellenlängenabhängige Quantenausbeute ist kleiner als eins: $\eta(\lambda) < 1$. Der Photostrom ist daher

$$I_{ph} = \frac{\Phi_e\,e}{h\,f}\,\eta(\lambda). \qquad (9\text{-}79)$$

Bild 9-84 zeigt den linearen Zusammenhang zwischen Photostrom (Kurzschlußstrom) und Beleuchtungsstärke einer Silicium-Photodiode.

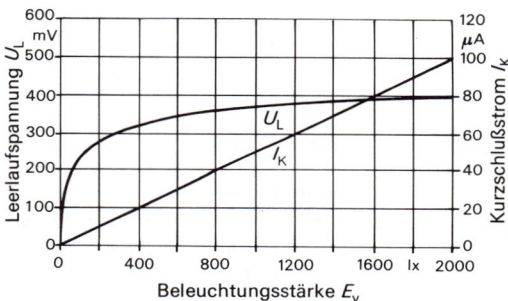

Bild 9-84. Leerlaufspannung und Kurzschlußstrom einer Silicium-Photodiode (Photoelement).

Die *Empfindlichkeit S* (Sensitivity) einer Photodiode ist definiert als Verhältnis von Photostrom I_{ph} zu absorbierter Strahlungsleistung Φ_e: $S = I_{ph}/\Phi_e$. Mit Gl. (9-79) beträgt die Empfindlichkeit

$$S(\lambda) = \frac{e}{h\,f}\,\eta(\lambda)$$

oder mit Gl. (6-115) und (6-116)

$$S(\lambda) = \frac{e}{h\,c}\,\lambda\,\eta(\lambda) = \frac{\lambda}{1{,}24\,\mu m}\,\frac{A}{W}\,\eta(\lambda). \qquad (9\text{-}80)$$

Bild 9-85 zeigt die Empfindlichkeit einer Si-Photodiode in Abhängigkeit von der Wellenlänge. Gestrichelt eingezeichnet ist der Verlauf der Empfindlichkeit einer idealen Diode mit der Quantenausbeute $\eta = 100\%$. Die gemessene Kurve liegt generell tiefer, verläuft aber bei kurzen Wellenlängen etwa parallel zur theoretischen Kurve. Der steile Abfall auf der langwelligen Seite kommt daher, daß die

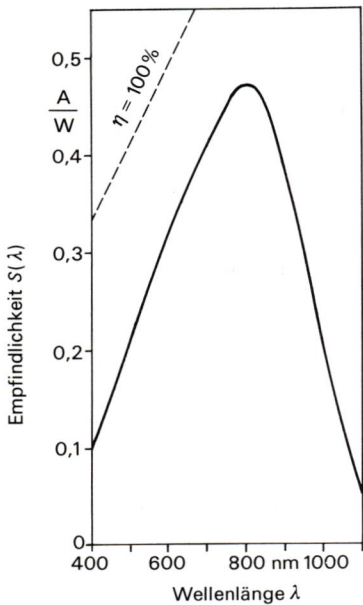

Bild 9-85. *Spektrale Empfindlichkeit einer Si-Photodiode (gestrichelt die theoretische Empfindlichkeit bei $\eta = 100\%$ Quantenausbeute).*

Photonen nicht mehr genügend Energie haben, um Elektronen über die verbotene Zone zu heben. Die Forderung der grundlegenden Gl. (9-76) kann somit nicht mehr erfüllt werden.

Beispiel

9.4-2: Wie groß ist die Quantenausbeute η der Photodiode von Bild 9-85 bei der Wellenlänge $\lambda = 800\ nm$?

Lösung:

Nach Gl. (9-80) ist die Quantenausbeute

$$\eta(\lambda) = \frac{S(\lambda)\,1{,}24\,\mu m}{\lambda}\,\frac{W}{A}.$$

Aus Bild 9-85 ermittelt man $S(800\ nm) = 0{,}47\ A/W$. Demnach beträgt die Quantenausbeute $\eta(800\ nm) = 73\%$. Von jeweils 100 absorbierten Photonen tragen also 73 Elektron-Loch-Paare zum Photostrom bei.

Die Kennlinie einer Photodiode geht aus der bekannten Diodenkennlinie nach Gl. (9-38) hervor, indem man vom Gesamtstrom den lichtinduzierten Photostrom abzieht:

$$I = I_S \left(e^{\frac{e\,U}{k\,T}} - 1 \right) - I_{ph}. \qquad (9\text{-}81)$$

Bild 9-86 zeigt eine Kennlinienschar mit der Bestrahlungsstärke als Parameter. Im Leerlauf ($I = 0$) ist an den Enden die *Leerlaufspannung* U_L abgreifbar, für die aus Gl. (9-81) folgt

$$U_L = \frac{k\,T}{e}\ln\left(\frac{I_{ph}}{I_S} + 1\right). \qquad (9\text{-}82)$$

I_S ist der *Sperrsättigungsstrom* (Dunkelstrom). Da der Photostrom linear von der Beleuchtungsstärke abhängt, nimmt die Leerlaufspannung, wie Bild 9-84 zeigt, logarithmisch zu. Im Kurzschlußbetrieb ($U = 0$) fließt der *Kurzschlußstrom* I_K, der nach Gl. (9-81) mit dem Photostrom identisch ist: $I_K = -I_{ph}$.

Je nach äußerer Schaltung unterscheidet man die Betriebszustände *Elementbetrieb* und *Diodenbetrieb*. Im Elementbetrieb wird die Diode ohne äußere Spannungsquelle direkt an einen Lastwiderstand R_L (Verbraucher) angeschlossen. Die Diode arbeitet als *Stromgenerator* im vierten Quadranten der Kennlinie von Bild 9-86 und wird als *Photoelement* bzw. *Solarzelle* bezeichnet. Beide sind im Prinzip gleich; die Solarzelle ist aber für große Leistungen ausgelegt und speziell für das Sonnenspektrum optimiert. Der Arbeitspunkt A in Bild 9-86 ist der Schnittpunkt der Widerstandsgeraden $I = -U/R_L$ und der Diodenkennlinie. Die Leistung, die der Zelle entnom-

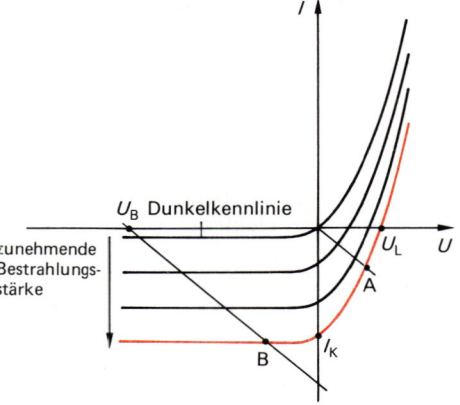

Bild 9-86.   *Kennlinien einer Photodiode.*

men werden kann, ist $P(A) = U(A) |I(A)|$ und hängt von der Lage des Arbeitspunktes A ab. Durch Variation von R_L kann die abgegebene Leistung optimiert werden. Silicium-Solarzellen wandeln die auftreffende Strahlungsleistung mit einem Wirkungsgrad von etwa 10% in elektrische Leistung um.

Beim Diodenbetrieb wird die Diode (Photodiode im engeren Sinn) mit einem Lastwiderstand R_L in Reihe an eine Batterie angeschlossen, wobei die Batteriespannung U_B in Sperrichtung anliegt. Der Arbeitspunkt B in Bild 9-86 ist der Schnittpunkt der Widerstandsgeraden $I = (U_B - U)/R_L$ mit der Kennlinie. Bei Änderung der Beleuchtungsstärke ändert sich nach Gl. (9-79) und (9-81) der Strom (Bild 9-83), so daß am Lastwiderstand eine Spannung IR_L abgreifbar ist, die der Beleuchtungsstärke proportional ist.

Infolge der linearen Abhängigkeit der Ausgangsspannung von der Strahlungsleistung ist die Photodiode ein hervorragendes Instrument zur Messung von Strahlungsleistungen. Photodioden reagieren schneller als Photoleiter und sind deshalb geeignet, schnell modulierte Signale, wie sie etwa in der optischen Nachrichtentechnik vorkommen, zu detektieren. Die *Grenzfrequenz* hängt im wesentlichen davon ab, wie schnell Ladungsträger, die außerhalb der Raumladungszone erzeugt werden, an dieselbe herandiffundieren. Die Schaltzeiten handelsüblicher Silicium-Photodioden betragen einige Mikrosekunden.

Für Photodioden im sichtbaren Spektralbereich und für das nahe IR verwendet man Silicium. Die Empfindlichkeitskurve von Bild 9-85 zeigt, daß die Si-Photodiode sehr gut geeignet ist, die Strahlung von GaAs-Emittern nachzuweisen. Für die Wellenlängen 1,3 µm bis 1,6 µm (optische Nachrichtentechnik) sind Ge-Photodioden geeignet. Vorteilhafter sind Dioden aus ternären Halbleitern, wie beispielsweise InGaAs. Für das fernere IR werden InAs, InSb und dotiertes Germanium verwendet (Bild 9-82).

Pin-Photodiode

Pin-Dioden haben zwischen p- und n-Zone eine verhältnismäßig dicke (im Bereich von etwa 1 µm bis etwa 300 µm) eigenleitende (*intrinsic*) Schicht, die sehr hochohmig ist. Die angelegte Sperrspannung fällt praktisch über der i-Zone ab, so daß in der i-Zone eine große Feldstärke vorliegt. Die Photonen werden vorwiegend in der dicken i-Schicht absorbiert, erzeugen also dort Elektron-Loch-Paare, die sofort durch das elektrische Feld getrennt werden. Dadurch fallen die langsamen Diffusionsprozesse der einfachen pn-Dioden weg. Pin-Dioden reagieren schnell und können bis in den GHz-Bereich eingesetzt werden. Durch das große Sammelvolumen wird ihre Empfindlichkeit gegenüber normalen pn-Übergängen weiter ins IR ausgedehnt.

Bild 9-87 zeigt einen Baustein mit einem Pin-FET-Empfänger für die optische Nachrichtenübertragung. Das optische Signal fällt von der Glasfaser auf eine pin-Diode und wird im nachgeschalteten Verstärker mit einem FET am Eingang verstärkt.

Sehr großflächige Pin-Dioden mit i-Zonen von einigen Millimetern Dicke werden als Detektoren für *Röntgenstrahlung* (Si) und *Gammastrahlung* (Ge) verwendet.

Bild 9-87. *Pin-FET-Modul für die optische Nachrichtentechnik.*
Werkphoto: SEL.

Lawinen-Photodiode

Lawinen-Photodioden (Avalanche Photo Diode, APD) werden mit einer Sperrspannung knapp unterhalb der Durchbruchspannung betrieben. Infolge der großen Feldstärke werden freie Ladungsträger so schnell, daß sie durch *Stoßionisation* weitere Elektron-Loch-Paare erzeugen können und ein lawinenartiger Anstieg der Anzahl der Ladungsträger eintritt (Bild 9-47b). Die *innere Verstärkung* wird durch einen *Multiplikationsfaktor M* beschrieben. Typische Werte sind für

– Si-APD: $M = 100$ bis maximal 10^4,
– Ge-APD: $M = 40$ bis maximal 200.

Ein großer Verstärkungsfaktor bedeutet, daß durch ein Photon eine große Ladungsträgerlawine ausgelöst wird. Je größer die Lawine ist, um so länger dauer es aber, bis alle Ladungsträger den Übergang überquert haben. Große Verstärkung und hohe Grenzfrequenz lassen sich daher nicht gleichzeitig realisieren. In der Praxis wird ein Verstärkungs-Bandbreite-Produkt angegeben, das typischerweise folgende Werte aufweist:

– Si-APD: $M \Delta f \approx 200$ GHz,
– Ge-APD: $M \Delta f \approx 20$ GHz.

Hat beispielsweise eine APD ein Verstärkungs-Bandbreite-Produkt von 160 GHz, dann ist bei einer Bandbreite von $\Delta f = 2$ GHz der Multiplikationsfaktor $M = 80$. Bei hohen Frequenzen wird die APD der Pin-Diode häufig vorgezogen wegen der internen Verstärkung.

9.4.2.4. Phototransistor

Der Phototransistor ist wie die APD ein Detektor mit innerer Verstärkung. Bild 9-88 a zeigt den Aufbau eines Bipolartransistors. Der Basis-Kollektor-Übergang ist großflächig ausgeführt und in Sperrichtung gepolt. Durch Photonenabsorption erzeugte Elektron-Loch-Paare werden getrennt. Die Löcher fließen durch die Basis zum Emitter, die Elektronen zum Kollektor. Die Spannung am flußgepolten Emitter-Basis-Übergang nimmt leicht zu und somit der Emitter- bzw. Kollektorstrom. Der Kollektorstrom beträgt näherungsweise

$$I_C = (1 + B)\, I_{ph}, \qquad (9\text{-}83)$$

ist also um den Stromverstärkungsfaktor B in Emitterschaltung größer als der Photostrom I_{ph}. Typische Werte für die Stromverstärkung liegen bei $B = 100$ bis $B = 1000$.

Das Ausgangskennlinienfeld von Bild 9-88 b unterscheidet sich nicht grundlegend von dem eines normalen Transistors. Lediglich ist anstelle des Basisstroms als Parameter die Beleuchtungsstärke E_v aufgetragen. Am Basisanschluß kann die Verstärkung eingestellt werden. Meist ist er aber gar nicht herausgeführt.

Phototransistoren reagieren erheblich langsamer als Photodioden und werden deshalb nur bis zu Frequenzen von etwa 100 kHz verwendet. Phototransistoren verwendet man in Lichtschranken, Lochkartenlesern, Optokopplern und Photometern. Außer den bipolaren Transistoren gibt es auch Photo-Feldeffekttransistoren.

a)

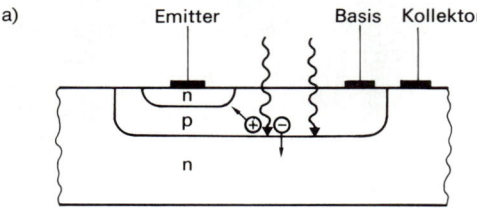

b)

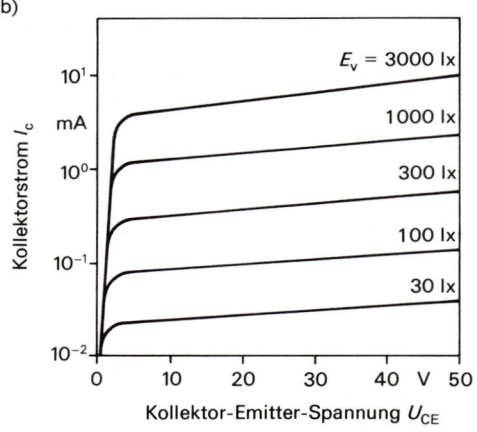

Bild 9-88. Bipolarer Phototransistor: a) Aufbau, b) Kennlinien.

Zur Übung

Ü 9.4-1: Bei einem GaAlAs-Laser ist der Schwellstrom bei $0\,°C$ $I_{th,0} = 38{,}6$ mA und bei $70\,°C$ $I_{th,70} = 60{,}8$ mA. a) Wie groß ist die charakteristische Temperatur T_0? b) Wie groß ist der Schwellstrom $I_{th,20}$ bei $20\,°C$?

Ü 9.4-2: Wie groß ist der Modenabstand longitudinaler Moden bei einem InGaAsP-Laser der Wellenlänge $\lambda = 1{,}3$ µm, wenn der Laserresonator $L = 500$ µm lang ist? Der Brechungsindex ist $\bar{n} = 3{,}31$; die Dispersion sei vernachlässigt.

Ü 9.4-3: Ab welcher Wellenlänge λ_g wird InSb (Bandgap $E_g = 0{,}18$ eV) transparent?

Ü 9.4-4: Eine InGaAs-Photodiode hat bei $\lambda = 1{,}3$ µm die Empfindlichkeit $S = 0{,}6$ A/W. a) Wie groß ist ihre Quantenausbeute η? b) Von einem 1,3 µm-Laser trifft die Strahlungsleistung $\Phi_e = 0{,}5$ mW auf die Diode. Wie groß ist der Kurzschlußstrom I_K?

Ü 9.4-5: Eine Si-Photodiode hat den Sperrsättigungsstrom $I_S = 10$ pA. Ihre Empfindlichkeit $S(\lambda)$ wird durch Bild 9-85 beschrieben. Wie groß ist die Leerlaufspannung, wenn die Strahlungsleistung $\Phi_e = 5$ µW eines HeNe-Lasers ($\lambda = 633$ nm) auf die Diode fällt?

10. Spezielle Relativitätstheorie

Die Relativitätstheorie, von A. EINSTEIN (1879 bis 1955) entwickelt, besteht aus der *Speziellen Relativitätstheorie* (1905 veröffentlicht) und der *Allgemeinen Relativitätstheorie* (1916 veröffentlicht). Die Spezielle Relativitätstheorie befaßt sich mit Fragen der Definition von Raum und Zeit in Systemen, die sich gegeneinander mit konstanter Geschwindigkeit bewegen. In der Allgemeinen Relativitätstheorie werden relativ zueinander beschleunigte Systeme sowie der Einfluß von Gravitationsfeldern auf Maßstäbe und Uhren untersucht. So betrachtet ist die Spezielle Relativitätstheorie ein Spezialfall der Allgemeinen Relativitätstheorie.

Weil die Spezielle Relativitätstheorie mathematisch einfacher und ihre Ergebnisse für die ingenieurmäßigen Anwendungen wichtiger sind, wird auf eine ausführliche Erörterung der Allgemeinen Relativitätstheorie verzichtet. *Relativistische Effekte* treten nur bei Geschwindigkeiten nahe der Lichtgeschwindigkeit auf. Da man es im täglichen Umgang mit physikalischen Systemen nicht mit solchen sehr schnell ablaufenden Vorgängen zu tun hat, sind die relativistischen Korrekturen an der klassischen Physik kaum wahrnehmbar. Dies hat auch zur Folge, daß die relativistischen Effekte den alltäglichen Erfahrungen zu widersprechen scheinen. In der *Elementarteilchenphysik* (Abschn. 8.10 und 8.11) aber kann wegen der sehr schnellen Abläufe nur *relativistische Mechanik* und *relativistische Elektrodynamik* betrieben werden. Dies hat beispielsweise auch für den Ingenieur beim Bau von Beschleunigern Konsequenzen. Wichtig ist festzustellen, daß die Relativitätstheorie in allen Bereichen der Physik gültig ist, so daß relativistische Effekte von den Elementarteilchen bis zum Universum nachweisbar sind.

10.1. Relativität des Bezugssystems

In Abschn. 2.4.1 sind die als *Galilei-Transformation* bezeichneten Gleichungen (Bild 2-21) für *Inertialsysteme* beschrieben. (Inertialsysteme sind Bezugssysteme, in denen das Trägheitsgesetz gilt, nach dem sich Körper ohne Krafteinwirkung entweder in Ruhe befinden oder geradlinig gleichförmig bewegen.) Die Galilei-Transformation erlaubt die Umrechnung der Bewegungsgleichungen von einem Inertialsystem S in ein anderes Inertialsystem S', das sich relativ zu S mit einer konstanten Geschwindigkeit v bewegt. Daraus resultiert das *Relativitätsprinzip* der klassischen Mechanik:

> Die Gesetze der klassischen Mechanik gelten unverändert in Inertialsystemen, die sich relativ zueinander mit konstanter Geschwindigkeit bewegen. Es gibt kein bevorzugtes Bezugssystem und keine Möglichkeit, eine Geschwindigkeit absolut zu messen.

Die Galilei-Transformation fordert bei einer Geschwindigkeitsüberlagerung die Addition bzw. Subtraktion von Relativgeschwindigkeiten. Dies sei anhand von Bild 10-1 erläutert. In Bild 10-1a befindet sich ein Geschütz auf einem Wagen. Bewegt sich der Wagen mit einer Geschwindigkeit $v = 50$ km/h relativ zur ruhenden Wand und wird auf die Wand ein Geschoß mit der Geschwindigkeit $u = 100$ km/h abgefeuert, so beträgt die Geschoßgeschwindigkeit relativ zur Wand $v_{rel} = u + v = 150$ km/h. Bewegt sich der Wagen mit einer Relativgeschwindigkeit $v = -50$ km/h von der Wand weg, dann trifft das Geschoß an der Wand mit der Relativgeschwindigkeit $v_{rel} = u - v = 50$ km/h auf.

Die Addition bzw. Subtraktion der Geschwindigkeiten nach der Galilei-Transformation gelten für Bewegungen mit Geschwindigkeiten nahe der Lichtgeschwindigkeit c nicht mehr. Sendet ein Stern 1 Licht aus gemäß

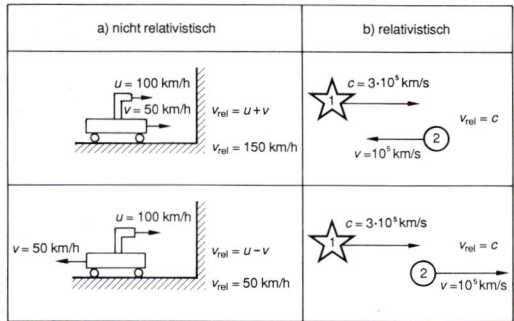

Bild 10-1. Geschwindigkeitsüberlagerung.

Bild 10-1 b und bewegt sich ein Gestirn 2 mit $v = 100\,000$ km/s auf diesen Stern 1 zu oder mit derselben Geschwindigkeit vom Stern 1 weg, dann beträgt in beiden Fällen die Geschwindigkeit des Lichts relativ zum zweiten Stern $v_{rel} = c$. Dieser experimentelle Befund ist ein Grundprinzip der Relativitätstheorie:

> Licht breitet sich unabhängig von der Relativbewegung zwischen Lichtquelle und Beobachter in allen Systemen mit der konstanten Vakuumlichtgeschwindigkeit $c = 2,99792458 \cdot 10^8$ m/s aus.

Dieses Postulat der *Speziellen Relativitätstheorie* beruht auf 1887 durchgeführten Messungen von A. A. MICHELSON (1852 bis 1931) und E. W. MORLEY (1838 bis 1923), die mit Hilfe des Michelson-Interferometers (Abschn. 6.4.1.3, Bild 6-71) experimentell nachwiesen,

daß die Lichtgeschwindigkeit unabhängig von der Relativbewegung ist.

Wie in Bild 10-2 dargestellt, führt die Konstanz der Lichtgeschwindigkeit zu einem Widerspruch zur Galilei-Transformation. Um ihn aufzulösen, müssen die Raum-Zeit-Maßstäbe neu berechnet werden. Dies besorgt die *Lorentz-Transformation*. Die entsprechenden Gleichungen wurden bereits 1899 von H. A. LORENTZ (1853 bis 1928) aufgestellt, allerdings lediglich bezogen auf die *Maxwellschen Gleichungen* in elektromagnetischen Feldern (Abschn. 4.5.5) und fälschlicherweise unter der Annahme abgeleitet, daß sie aus der Wechselwirkung eines im Raum absolut ruhenden *Äthers* mit elektrischen und magnetischen Feldern herrührt. *Einstein* zog aus der Konstanz der Lichtgeschwindigkeit den Schluß, daß der Äther als Übertragungsmedium für elektromagnetische Wellen nicht existiert.

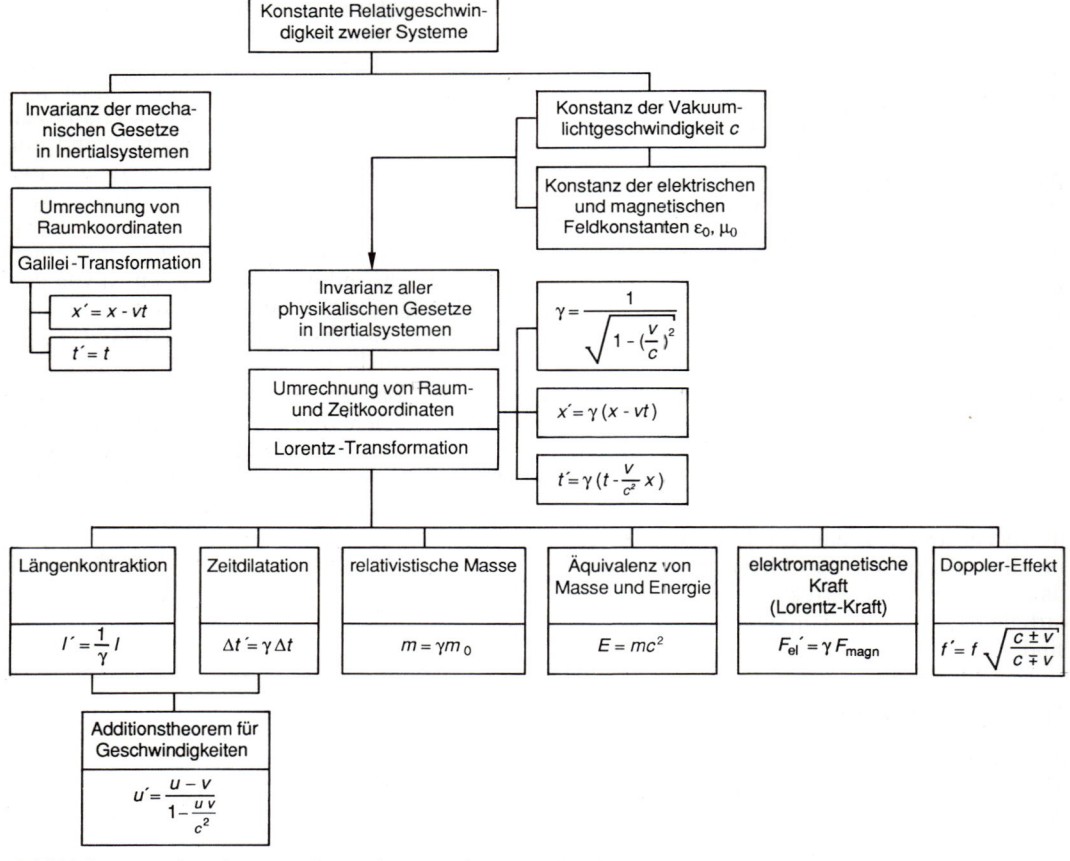

Bild 10-2. Postulate der speziellen Relativitätstheorie und Folgerungen.

Dies bedeutet, daß alle Bewegungen relativ zu irgendeinem System stattfinden (daher der Name *Relativitätstheorie*). Die Lorentz-Transformation sollte nicht nur elektrodynamische Vorgänge betreffen, sondern alle materiebehafteten Systeme. Folgende Folgerungen lassen sich der Lorentz-Transformation entnehmen (Bild 10-2):

− *Längenkontraktion*

Ein relativ zu einem Beobachter sich bewegender Körper erscheint verkürzt.

− *Zeitdilatation*

Die Zeit verläuft in einem System, das relativ zu einem Beobachter bewegt wird, langsamer.

− *Additionstheorem der Geschwindigkeiten*

Hiermit wird sichergestellt, daß bei Geschwindigkeitsüberlagerungen die Relativgeschwindigkeit die Lichtgeschwindigkeit nicht übersteigt.

− *Massenzunahme*

Die Masse eines Körpers nimmt mit seiner Geschwindigkeit zu.

− *Äquivalenz von Masse und Energie*

Mit dieser Äquivalenzbeziehung werden die Erhaltungssätze für die Materie einerseits und für die Energie andererseits zu einem einzigen Erhaltungsprinzip zusammengeführt. Zu den bekannten Energieformen kommt die zusätzliche Energie der Ruhemasse.

− *Elektromagnetische Kraft*

Durch die Relativbewegung von Ladungen entsteht eine mit der elektrostatischen Kraft verbundene magnetische Kraft (*Lorentz-Kraft*).

− *Doppler-Effekt*

Die Relativbewegung von Quelle und Beobachter führt zu einem relativistischen Doppler-Effekt.

10.2. Lorentz-Transformation

Bewegt sich ein System S′ (x', y', z', t') mit der konstanten Geschwindigkeit v in x-Richtung relativ zum System S (x, y, z, t), dann lautet die *Lorentz-Transformation*, die die Koordinaten der Systeme S und S′ ineinander umrechnet (unter Berücksichtigung der Konstanz der Lichtgeschwindigkeit c),

$$x = \gamma (x' + v\,t') \quad \text{bzw.} \quad x' = \gamma (x - v\,t)$$
$$\tag{10-1}$$

$$y = y' \quad \text{bzw.} \quad y' = y \quad \text{(10-2)}$$

$$z = z' \quad \text{bzw.} \quad z' = z \quad \text{(10-3)}$$

$$t = \gamma \left(t' + \frac{v}{c^2}\,x' \right) \quad \text{bzw.} \quad t' = \gamma \left(t - \frac{v}{c^2}\,x \right).$$
$$\tag{10-4}$$

Hierbei ist γ der *relativistische Faktor:*

$$\gamma = \frac{1}{\sqrt{1 - \left(\dfrac{v}{c}\right)^2}} \tag{10-5}$$

Beim Vergleich mit der Galilei-Transformation (Bild 2-21) kann man feststellen, daß die Ortskoordinaten x, y, z bzw. x', y', z' durch den relativistischen Faktor γ korrigiert werden. Für den Fall $c \to \infty$ wird $\gamma = 1$, und die Lorentz-Transformation geht in die Galilei-Transformation über. Relativistische Effekte treten deshalb auf, weil die Lichtgeschwindigkeit endlich ist, so daß sich Signale nicht unendlich rasch ausbreiten können. Der relativistische Faktor γ stellt sicher, daß die Lichtgeschwindigkeit die höchste Teilchengeschwindigkeit darstellt, da für $v > c$ der relativistische Faktor γ imaginär wird. Wie aus Gl. (10-4) ersichtlich, ist die Zeit für jeden Beobachter verschieden. Die Zeit t' des Beobachters in S′ hängt von der Zeit t des Beobachters in S, von dessen Koordinate x und der Relativgeschwindigkeit der Systeme ab.

Die Lorentz-Transformation kann man durch *Minkowski-Diagramme* (H. MINKOWSKI, 1864 bis 1909) graphisch veranschaulichen. Dabei beschränkt man sich auf eindimensionale Bewegungen (z. B. in x-Richtung), so daß sich ein Intertialsystem S durch ein zweidimensionales Koordinatensystem darstellen läßt. Die Zeit t wird als Ordinate und die x-Koordinate als Abszisse gezeichnet, wie es Bild 10-3 zeigt. Üblicherweise wird die x-Achse in der Einheit *Lichtsekunde* (Ls) unterteilt, d.h. in Strecken, die vom Licht in einer Sekunde durchlaufen werden (1 Lichtsekun-

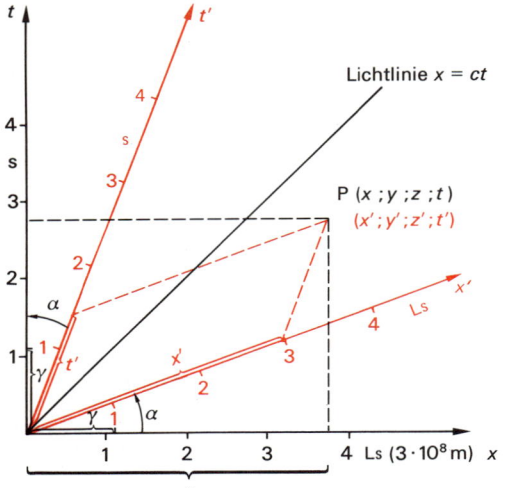

Bild 10-3. Graphische Darstellung der Lorentz-Transformation im Minkowski-Diagramm.

de = $3 \cdot 10^8$ m). Die Bahnkurve eines Licht-strahls (*Lichtlinie*) ist in diesem Diagramm die Winkelhalbierende $x = c\,t$. Ein Punkt P mit den Koordinaten x und t ($y = $ konst., $z = $ konst.) wird *Weltpunkt des Ereignisses* oder *Ereignis* genannt. Die Bewegungen von Teilchen sind als Linien darstellbar, die man als *Weltlinien* des bewegten Teilchens bezeichnet.

Für ein zweites Inertialsystem S′, das sich mit der Geschwindigkeit v ($v < c$) entlang der x-Achse bewegt und denselben Ursprung hat, kann die $t′$-Achse ($x′ = 0$) folgendermaßen berechnet werden: Aus der Lorentz-Transformation (Gl. (10-1)) resultiert für $x′ = 0$ der Ausdruck $x = v\,t$. Die Gleichung für die $x′$-Achse lautet ($t′ = 0$ für Gl. (10-4)) $x = (c^2/v)\,t$. In Bild 10-3 ist das Koordinatensystem für $x′$ und $t′$ eingezeichnet. Der Maßstabsfaktor für die $x′$-Achse ist wegen $x = \gamma\,x′$ der relativistische Faktor γ und für die $t′$-Achse wegen $t = \gamma\,t′$ ebenfalls. Die Winkel zwischen x- und $x′$-Achse sowie zwischen $t′$- und t-Achse sind ebenfalls gleich (α).

Beispiel

10-1: Zwei Inertialsysteme S und S′ bewegen sich mit der Geschwindigkeit $v = 0{,}75\,c$ relativ zueinander. Bestimmt werden sollen a) die Gleichung für die $x′$- und $t′$-Achse und ihre Darstellung im Min-

kowski-Diagramm, b) die Maßstäbe für die $x′$- und $t′$-Achse, c) die Lorentz-Transformation. d) Gegeben sind folgende Ereignisse:

in S′: P′ (2; 0; 0; 0) und Q′ (2; 0; 0; 1) am gleichen Ort,

in S: R (− 1; 0; 0; 2) und T (1; 0; 0; 2) zur selben Zeit.

Die Ereignisse in den jeweils anderen Bezugssystemen sollen errechnet und in das Minkowski-Diagramm eingezeichnet werden.

Lösung:

a) Für die $t′$-Achse gilt $x = v\,t = 0{,}75\,c\,t$ und für die $x′$-Achse $x = (c^2/v)\,t = 4/3\,(c\,t)$. Da im Minkowski-Diagramm $c = 1$ gesetzt wird, gilt für die $t′$-Achse $x = 0{,}75\,t$ und für die $x′$-Achse $x = 4/3\,(t)$ gemäß Bild 10-4.

b) Der Maßstabsfaktor für die $x′$- und die $t′$-Achse ist der relativistische Faktor γ. Er errechnet sich nach Gl. (10-5) zu

$$\gamma = \frac{1}{\sqrt{1 - \left(\dfrac{v}{c}\right)^2}} = \frac{1}{\sqrt{1 - (0{,}75)^2}} = 1{,}51 \ .$$

Dies bedeutet, daß die Koordinate $x′ = 1$ bei $x = \gamma$ liegt und entsprechend $t′ = 1$ bei $t = \gamma$. Demnach sind die Einheiten auf der $x′$- und $t′$-Achse um das 1,51-fache größer als auf der x- und t-Achse.

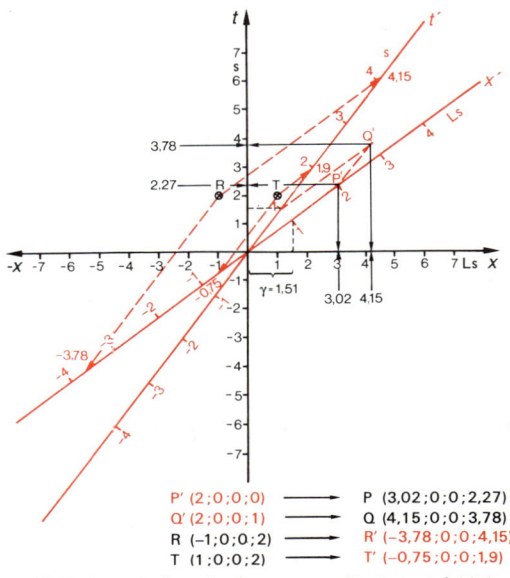

P′ (2;0;0;0)	⟶	P (3,02;0;0;2,27)
Q′ (2;0;0;1)	⟶	Q (4,15;0;0;3,78)
R (−1;0;0;2)	⟶	R′ (−3,78;0;0;4,15)
T (1;0;0;2)	⟶	T′ (−0,75;0;0;1,9)

Bild 10-4. Minkowski-Diagramm für Beispiel 10-1.

c) Die Lorentz-Transformation lautet nach Gl. (10-1) bis (10-4)

$x = 1,51\,(x' + 0,75\,c\,t')$ bzw. $x' = 1,51\,(x - 0,75\,c\,t)$,

$y = y'$ bzw. $y' = y$,

$z = z'$ bzw. $z' = z$,

$t = 1,51\,(t' + 0,75\,x'/c)$ bzw. $t' = 1,51\,(t - 0,75\,x/c)$.

d) Nach der Lorentz-Transformation werden die Ereignisse umgerechnet:

P'(2; 0; 0; 0): Nach Gl. (10-1) resultiert $x = 1,51\,x' = 1,51 \cdot 2$ Ls = 3,02 Ls. Nach Gl. (10-4) ergibt sich $t = \gamma\,0,75\,x'/c = 1,51 \cdot 0,75 \cdot 2$ s = 2,27 s. Das Ergebnis ist also P (3,02; 0; 0; 2,27).

Für Q'(2; 0; 0; 1) ermittelt man

$x = 1,51\,(x' + 0,75\,c\,t')$
$\quad = 1,51\,(2 + 0,75 \cdot 1)$ Ls = 4,15 Ls;

$t = 1,51\,(1 + 0,75 \cdot 2)$ s = 3,78 s. Das Ergebnis lautet demnach Q (4,15; 0; 0; 3,78). Die beiden Ereignisse P' und Q', die in S' am gleichen Ort eintreten, finden in S an verschiedenen Orten statt.

Für R (− 1; 0; 0; 2) gilt

$x' = 1,51\,(-1 - 0,75 \cdot 2)$ Ls = − 3,775 Ls;

$t' = 1,51\,(2 - 0,75 \cdot (-1))$ s = 4,15 s.

Damit ist R'(− 3,78; 0; 0; 4,15).

Für T (1; 0; 0; 2) wird

$x' = 1,51\,(1 - 0,75 \cdot 2)$ Ls = − 0,755 Ls;

$t' = 1,51\,(2 - 0,75 \cdot 1)$ s = 1,89 s.

Damit ist T'(− 0,755; 0; 0; 1,89). Die beiden Ereignisse R und T, die in S gleichzeitig stattfinden, treten in S' zu verschiedenen Zeiten auf. Bild 10-4 zeigt das Minkowski-Diagramm für dieses Beispiel.

10.3. Relativistische Effekte

10.3.1. Längenkontraktion

Im System S ist der Abstand zweier Punkte, die auf einer zur x-Achse parallelen Strecke liegen, $l = x_2 - x_1$. Im System S', das sich längs der x-Achse mit der Geschwindigkeit v bewegt, wird der Abstand $l' = x_2' - x_1'$ gemessen. Die Abstände transformieren sich nach der Lorentz-Transformation (Gl. (10-1)) gemäß

$l = x_2 - x_1 = \gamma\,(x_2' + v\,t') - \gamma\,(x_1' + v\,t')$,
$l = \gamma\,x_2' + \gamma\,v\,t' - \gamma\,x_1' - \gamma\,v\,t'$,
$l = \gamma\,(x_2' - x_1') = \gamma\,l'$ oder

$$l' = \frac{1}{\gamma}\,l = \sqrt{1 - \left(\frac{v}{c}\right)^2}\,l. \qquad (10\text{-}6)$$

Für alle Körper, die sich mit einer konstanten Geschwindigkeit v relativ zueinander bewegen, verkürzen sich die Längen des anderen Körpers in dieser Richtung um den Faktor $\sqrt{1 - \left(\frac{v}{c}\right)^2}$. Senkrecht zur Bewegungsrichtung liegende Strecken erscheinen nicht verkürzt. Dieser Effekt heißt Längenkontraktion.

Die Längenkontraktion ist unabhängig von der Zeit t'. Sie ist auch aus dem *Minkowski-Diagramm* Bild 10-5 ersichtlich. Für die Zahlenwerte von Beispiel *10-1* erscheint eine Strecke, die im System S die Länge $x = 3$ Ls $= 3 \cdot 3 \cdot 10^8$ m hat, im System S' auf ungefähr $x' = 2$ Ls $= 2 \cdot 3 \cdot 10^8$ m verkürzt. Umgekehrt wird auch die Strecke $x' = 3$ Ls in S' auf $x = 2$ Ls in S verkürzt.

10.3.2. Zeitdilatation

Nach der Lorentz-Transformation gilt für die Zeitdifferenz in relativ zueinander bewegten Systemen nach Gl. (10-4)

$\Delta t' = t_2' - t_1'$

$\quad = \gamma\left(t_2 - \frac{v\,x_2}{c^2}\right) - \gamma\left(t_1 - \frac{v\,x_1}{c^2}\right).$

Daraus folgt

$$\Delta t' = \gamma\left(\Delta t - \frac{v}{c^2}\,(x_2 - x_1)\right). \qquad (10\text{-}7)$$

Wenn für einen ruhenden Beobachter in S die Ereignisse gleichzeitig stattfinden, so ist $\Delta t = 0$. Nach Gl. (10-7) sind für den bewegten Beobachter in S' die Ereignisse *nicht gleichzeitig*. Welches der beiden Ereignisse der Beobachter früher oder später sieht, hängt vom Wert der Koordinaten x_2 und x_1 ab, da die Differenz $x_2 - x_1$ das Vorzeichen bestimmt. Finden zwei Ereignisse am gleichen Ort statt ($x_2 = x_1$, d. h. $x_2 - x_1 = 0$), dann gilt für Gl. (10-7)

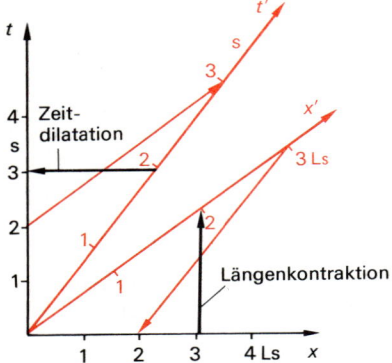

Bild 10-5. *Längenkontraktion und Zeitdilatation im Minkowski-Diagramm.*

$$\Delta t' = \gamma\, \Delta t = \frac{\Delta t}{\sqrt{1 - \left(\dfrac{v}{c}\right)^2}}. \qquad (10\text{-}8)$$

Bewegen sich zwei Beobachter mit einer konstanten Geschwindigkeit v relativ zueinander, dann erscheint das Zeitintervall $\Delta t'$ des Systems S' vom System S aus betrachtet größer zu sein und umgekehrt. Dieser Effekt wird Zeitdilatation genannt.

Die Zeitdilatation ist ebenfalls im Minkowski-Diagramm (Bild 10-5) zu erkennen. Liegt beispielsweise im System S' zwischen zwei Ereignissen die Zeitspanne $\Delta t' = 2$ s, so erscheint diese einem Beobachter in S als $\Delta t = 3$ s und umgekehrt.

Die Zeitdilatation hat zur Folge, daß für zwei gegeneinander bewegte Beobachter jeder feststellt, daß die Uhr des anderen nachgeht (*Uhrenparadoxon*). Dies wurde beim deutschen Spacelab-Flug D-1 im Experiment *Navex* bestätigt. Es stellte sich heraus, daß die Borduhr im Raumschiff, das sich mit etwa 28 000 km/h um die Erde bewegte, je Tag um etwa 25,5 µs langsamer lief als die Vergleichsuhr der Bodenstation. Wenn nach der Zeitdilatation die Uhren im System S' langsamer als im System S laufen, ist es denkbar, daß bei Zwillingen, von denen einer sich bei einem Raumflug sehr schnell relativ zur Erde bewegt, er seinen Bruder bei der Rückkehr um Jahre gealtert vorfindet (*Zwillingsparadoxon*).

Die Längenkontraktion und die Zeitdilatation wurden durch Experimente mit Elementarteil-

chen bestätigt. In etwa 30 km Höhe entstehen μ-Mesonen, die eine Zerfallsdauer von etwa $t_Z = 2 \cdot 10^{-6}$ s aufweisen. Sie haben eine Geschwindigkeit in der Größenordnung der Lichtgeschwindigkeit ($v \approx c$). Ohne relativistische Effekte können die μ-Mesonen nur den Weg $c\, t_Z = 3 \cdot 10^8 \cdot 2 \cdot 10^{-6}$ m $= 600$ m zurücklegen. Dennoch werden die μ-Mesonen auf der Erdoberfläche nachgewiesen (30 km entfernt). Dies kann sowohl durch die Längenkontraktion, als auch durch die Zeitdilatation erklärt werden. Wegen der Mesonengeschwindigkeit von $v = 0,9998\, c_0$ beträgt der relativistische Faktor $\gamma = 50$. Aufgrund der Längenkontraktion erscheint dem bewegten μ-Meson der Weg von 30 km tatsächlich auf $l' = 30 \cdot 10^3 \cdot 0,02$ m $= 600$ m verkürzt. Verwendet man Gl. (10-8) für die Zeitdilatation, so erscheint die Zerfallszeit von der Erde aus auf $\Delta t = 2 \cdot 10^{-6}/0,02$ s $= 10^{-4}$ s gedehnt, so daß die μ-Mesonen im Koordinatensystem der Erde den Weg $c\, \Delta t = 3 \cdot 10^8 \cdot 10^{-4}$ km $= 30$ km zurücklegen können.

Beispiel

10-2: Ein Raumfahrer besteigt im Alter von dreißig Jahren ein sehr schnelles Raumschiff. Während er nach seiner Zeitmessung fünf Jahre später wieder heimkehrt, ist sein Zwillingsbruder bereits sechzig Jahre alt. Wie schnell muß der Raumfahrer fliegen, um diesen Zeitunterschied zu erzeugen? Wie groß ist die Zeitdilatation bei der Geschwindigkeit $v = 3000$ m/s?

Lösung:

Für die Zeitdilatation gilt nach Gl. (10-8) $\Delta t' = \gamma\, \Delta t$. Für $\Delta t' = 30$ Jahre und $\Delta t = 5$ Jahre gilt: 30 a $= \gamma \cdot 5$ a oder $\gamma = 30/5 = 6$. Daraus folgt

$$\frac{1}{\sqrt{1 - \left(\dfrac{v}{c}\right)^2}} = 6$$

und somit $v/c = \sqrt{25/36} \approx 0,986$ oder $v \approx 0,986\, c$. Für $v = 3000$ m/s ist

$$\gamma = \frac{1}{\sqrt{1 - \left(\dfrac{3 \cdot 10^3}{3 \cdot 10^8}\right)^2}} \approx 1,$$

so daß dieser Effekt nicht beobachtet wird.

Das Zwillingsparadoxon ist nicht umkehrbar. Es könnte argumentiert werden, daß aus Symmetriegründen vom Standpunkt des fahrenden Astronauten aus der zurückbleibende Bruder jünger sein sollte. Dieser Schluß ist nicht zulässig, weil das

Problem an sich nicht symmetrisch ist. Während der Zwilling auf der Erde in einem Inertialsystem bleibt, steigt der Astronaut von einem System, das sich von der Erde wegbewegt auf ein System um, das sich auf die Erde zubewegt. Mit Hilfe der Allgemeinen Relativitätstheorie läßt sich zeigen, daß in der Tat der Zwilling auf der Erde rascher altert als der Raumfahrer.

10.3.3. Relativistische Addition der Geschwindigkeiten

In einem System S', das sich mit der Geschwindigkeit v in x-Richtung relativ zum System S bewegt, laufe ein Punkt mit der Geschwindigkeit

$$\boldsymbol{u}' = \begin{pmatrix} u'_x \\ u'_y \\ u'_z \end{pmatrix}.$$

Seine Geschwindigkeit $\boldsymbol{u}$ im System S ergibt sich aus der Lorentz-Transformation (Gl. (10-1) bis (10-4)). Demnach ist

$$\mathrm{d}x = \gamma\,\mathrm{d}x' + \gamma v\,\mathrm{d}t',$$
$$\mathrm{d}y = \mathrm{d}y',$$
$$\mathrm{d}z = \mathrm{d}z',$$
$$\mathrm{d}t = \gamma\,\mathrm{d}t' + \gamma\frac{v}{c^2}\,\mathrm{d}x'.$$

Für die Geschwindigkeitskomponente u_x gilt

$$u_x = \frac{\mathrm{d}x}{\mathrm{d}t} = \frac{\gamma\,\mathrm{d}x' + \gamma v\,\mathrm{d}t'}{\gamma\,\mathrm{d}t' + \gamma\dfrac{v}{c^2}\,\mathrm{d}x'}$$

$$= \frac{\mathrm{d}x' + v\,\mathrm{d}t'}{\mathrm{d}t' + \dfrac{v}{c^2}\,\mathrm{d}x'} = \frac{\dfrac{\mathrm{d}x'}{\mathrm{d}t'} + v}{1 + \dfrac{v}{c^2}\dfrac{\mathrm{d}x'}{\mathrm{d}t'}}.$$

Mit $u'_x = \mathrm{d}x'/\mathrm{d}t'$ ergibt sich

$$u_x = \frac{u'_x + v}{1 + \dfrac{v}{c^2}u'_x}.$$

Auf dieselbe Weise ergibt sich für die y-Komponente

$$u_y = \frac{\mathrm{d}y}{\mathrm{d}t} = \frac{u'_y}{\gamma\left(1 + \dfrac{v}{c^2}u'_x\right)}$$

und Entsprechendes für die z-Komponente der Geschwindigkeit $\boldsymbol{u}$. Der komplette Satz der Transformationsformeln lautet

$$u_x = \frac{u'_x + v}{1 + \dfrac{v}{c^2}u'_x} \qquad u'_x = \frac{u_x - v}{1 - \dfrac{v}{c^2}u_x},$$

$$u_y = \frac{u'_y}{\gamma\left(1 + \dfrac{v}{c^2}u'_x\right)} \qquad u'_y = \frac{u_y}{\gamma\left(1 - \dfrac{v}{c^2}u_x\right)},$$

$$u_z = \frac{u'_z}{\gamma\left(1 + \dfrac{v}{c^2}u'_x\right)} \qquad u'_z = \frac{u_z}{\gamma\left(1 - \dfrac{v}{c^2}u_x\right)}.$$

$$(10\text{-}9)$$

Für kleine Systemgeschwindigkeiten ($v \ll c$) gehen Gl. (10-9) in die klassische Form der Galilei-Transformation von Bild 2-21 in Abschn. 2.4.1 über.

Beispiel

10-3: Im System S bewegen sich zwei Teilchen längs der x-Achse mit den Geschwindigkeiten $u_{1x} = 0{,}9\,c$ und $u_{2x} = -0{,}9\,c$ aufeinander zu. Wie groß ist die Geschwindigkeit des Teilchens 1 relativ zum Teilchen 2?

Lösung:

Das Teilchen 2 ruhe im System $S'(u'_{2x} = 0)$, das sich seinerseits mit $v = -0{,}9\,c$ längs der x-Achse des Systems S bewegt. Die Geschwindigkeit u'_{1x} des Teilchens 1 im System S' und damit relativ zu Teilchen 2 ist nach Gl. (10-9)

$$u'_{1x} = \frac{u_{1x} - v}{1 - \dfrac{v}{c^2}u_{1x}} = \frac{0{,}9\,c + 0{,}9\,c}{1 + \dfrac{0{,}9\,c}{c^2}\cdot 0{,}9\,c}$$

$$= \frac{1{,}80}{1{,}81}c = 0{,}9945\,c.$$

Nach der klassischen Galilei-Transformation wäre die Relativgeschwindigkeit die 1,8-fache Lichtgeschwindigkeit. Tatsächlich ist nach Gl. (10-9) durch Geschwindigkeitsaddition keine Geschwindigkeit größer als die Lichtgeschwindigkeit erhältlich, solange $u \leq c$ und $v \leq c$ ist.

10.4. Relativistische Dynamik

Der Stoß zweier Körper in einem abgeschlossenen System verläuft unter *Erhaltung des Gesamtimpulses*. Da in diesem Fall nur wechselseitige Einflüsse und keine Einwirkung von dritten Körpern oder Koordinatensystemen auftreten, gilt der Impulserhaltungssatz auch in relativistischen Systemen. Wie sich sofort zeigt, ist dies allerdings nur möglich, wenn die Masse eines Körpers nicht konstant ist, sondern von seiner Geschwindigkeit abhängt.

Im folgenden sei zur Berechnung der relativistischen Masse ein unelastischer Stoß zweier Körper mit Kopplung betrachtet (Abschn. 2.7.3). Die Massen m der Körper seien gleich groß, ein Körper ruhe vor dem Stoß. Es wird zwischen der Masse des ruhenden Körpers $m(0)$ und der des bewegten Körpers $m(v)$ unterschieden. Zunächst wird der Stoß im Koordinatensystem S beschrieben, in dem der Körper 1 die Geschwindigkeit $u_1 = v$ (in x-Richtung) hat, der Körper 2 ist in Ruhe ($u_2 = 0$). Dann lautet der Impulserhaltungssatz

$$m(v)\, v = [m(v) + m(0)]\, u\,. \qquad (1)$$

u ist die gemeinsame Endgeschwindigkeit der Körper. Der gleiche Vorgang kann auch im System S′ beschrieben werden, das sich relativ zu S mit der Geschwindigkeit v längs der x-Achse bewegt. In diesem System sind die Geschwindigkeiten $u'_1 = 0$ und $u'_2 = -v$. Der Stoß läuft völlig gleichartig wie im System S

ab. Die gemeinsame Endgeschwindigkeit ist in diesem Fall $-u$. Die beiden Endgeschwindigkeiten sind durch Gl. (10-9) miteinander verknüpft. Mit $u_x = u$ und $u'_x = -u$ resultiert aus Gl. (10-9)

$$u = \frac{-u + v}{1 - \dfrac{u\,v}{c^2}}\,. \qquad (2)$$

Gl. (2) liefert für den klassischen Grenzfall $v \ll c$ das Ergebnis $u = v/2$. Aus Gl. (1) und (2) folgt

$$m(v) = \frac{m(0)}{\sqrt{1 - \dfrac{v^2}{c^2}}}\,.$$

Die Masse $m(0) = m_0$ wird als *Ruhemasse* des Körpers bezeichnet. Damit gilt für die Masse eines Körpers mit der Geschwindigkeit v

$$m(v) = \frac{m_0}{\sqrt{1 - \left(\dfrac{v}{c}\right)^2}} = \gamma\, m_0\,. \qquad (10\text{-}10)$$

Ein Körper mit der Ruhemasse m_0, der sich mit der Geschwindigkeit v relativ zu einem Inertialsystem bewegt, erfährt einen relativistischen Massenzuwachs.

Bild 10-6 zeigt den Massenzuwachs und die Längenkontraktion in Abhängigkeit von v/c. Es ist ersichtlich, daß ein Körper mit der Masse m_0 niemals Lichtgeschwindigkeit erreichen kann, weil er damit eine unendlich große Masse bekäme und zu seiner Beschleunigung eine unendlich große Beschleunigungsarbeit erforderlich wäre.

Nach Gl. (10-10) gilt für den *relativistischen Impuls*

$$\boldsymbol{p} = m(v)\, \boldsymbol{v} = \frac{m_0}{\sqrt{1 - \left(\dfrac{v}{c}\right)^2}}\, \boldsymbol{v} = \gamma\, m_0\, \boldsymbol{v} \qquad (10\text{-}11)$$

Für die *relativistische Kraft* $\boldsymbol{F}$ ergibt sich wegen $\boldsymbol{F} = \mathrm{d}\boldsymbol{p}/\mathrm{d}t$ (Gl. (2-24) in Abschn. 2.3.2)

$$\boldsymbol{F} = \frac{d}{\mathrm{d}t}\left(\frac{m_0\, \boldsymbol{v}}{\sqrt{1 - \left(\dfrac{v}{c}\right)^2}}\right)\,. \qquad (10\text{-}12)$$

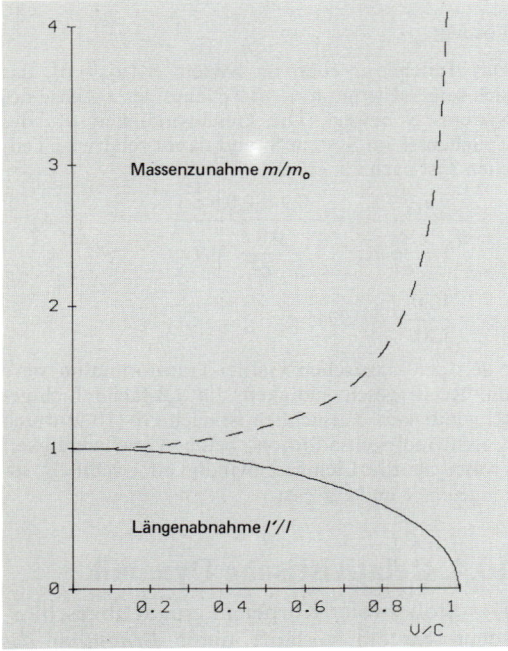

Bild 10-6. Längenabnahme und Massenzunahme nach der Lorentz-Transformation in Abhängigkeit des Geschwindigkeitsverhältnisses v/c (Rechnerausdruck).

Findet eine Relativbewegung mit der konstanten Geschwindigkeit v in x-Richtung statt, dann ergibt sich aus Gl. (10-12) für die Kraftkomponente in x-Richtung

$$F_x = \frac{m_0\, a_x}{\left[1 - \left(\dfrac{v}{c}\right)^2\right]^{3/2}} = m_0\, \gamma^3\, a_x. \qquad (10\text{-}13)$$

Die Größe a_x ist die Beschleunigungskomponente in x-Richtung. Für die Kraftkomponenten in y- und z-Richtung bleibt der Faktor $\sqrt{1 - (v/c)^2}$ in Gl. (10-12) konstant, so daß gilt

$$F_y = \frac{m_0\, a_y}{\sqrt{1 - \left(\dfrac{v}{c}\right)^2}} = m_0\, \gamma\, a_y, \qquad (10\text{-}14)$$

$$F_z = \frac{m_0\, a_z}{\sqrt{1 - \left(\dfrac{v}{c}\right)^2}} = m_0\, \gamma\, a_z. \qquad (10\text{-}15)$$

Aus Gl. (10-13) bis (10-15) folgt, daß die Beschleunigung, die eine bestimmte Kraft hervorruft, davon abhängt, ob sie parallel oder senkrecht zur momentanen Geschwindigkeit wirkt. Insbesondere ist i.a. die Beschleunigung nicht parallel zur Kraft.

Beispiel

10-4: Ein Elektron der Ruhemasse $m_0 = 9{,}109 \cdot 10^{-31}$ kg wird durch ein elektrisches Feld

$$\boldsymbol{E} = E_0 \begin{pmatrix} -1 \\ -1 \\ 0 \end{pmatrix}$$

mit $E_0 = 10^5$ V/m beschleunigt. Wie lautet der Vektor $\boldsymbol{a}$ der Beschleunigung, wenn das Teilchen im betrachteten Zeitpunkt a) ruht und b) die Geschwindigkeit

$$v = \frac{c}{2} \begin{pmatrix} 1 \\ 0 \\ 0 \end{pmatrix} \text{ hat?}$$

Lösung:

Die Kraft beträgt immer

$$\boldsymbol{F} = -\boldsymbol{E}\, e = 1{,}602 \cdot 10^{-14}\, \text{N} \begin{pmatrix} 1 \\ 1 \\ 0 \end{pmatrix}.$$

a) Der relativistische Faktor ist $\gamma = 1$ für $v = 0$. Damit ist nach Gl. (10-13) bis (10-15) $a_x = F_x/m_0 = 1{,}759 \cdot 10^{16}$ m/s^2 und $a_y = 1{,}759 \cdot 10^{16}$ m/s^2. Der Beschleunigungsvektor lautet

$$\boldsymbol{a} = a_0 \begin{pmatrix} 1 \\ 1 \\ 0 \end{pmatrix}$$

mit $a_0 = 1{,}759 \cdot 10^{16}$ m/s^2, er ist parallel zum Kraftvektor.

b) Der relativistische Faktor ist

$$\gamma = \frac{1}{\sqrt{1 - \dfrac{1}{4}}} = 1{,}155.$$

Die Beschleunigungskomponenten sind daher $a_x = F_x/(m_0\, \gamma^3) = a_0/\gamma^3 = a_0/1{,}54$; $a_y = F_y/(m_0\, \gamma) = a_0/1{,}155$. Damit beträgt der Beschleunigungsvektor

$$\boldsymbol{a} = a_0 \begin{pmatrix} 0{,}650 \\ 0{,}866 \\ 0 \end{pmatrix},$$

er ist also nicht parallel zum Kraftvektor.

Wird ein Körper im System S in x-Richtung beschleunigt, dann muß folgende *Beschleunigungsarbeit* geleistet werden: Für die Verschiebung längs des Weges dx ist die Arbeit $dW = F_x\, dx$ erforderlich. Mit Gl. (10-13) ergibt sich

$$dW = m_0\, \gamma^3\, a_x\, dx = m_0\, \gamma^3\, \frac{dv_x}{dt}\, v_x\, dt$$
$$= m_0\, \gamma^3\, v_x\, dv_x.$$

Der Index „x" wird im folgenden weggelassen, da ohnehin nur x-Komponenten betrachtet werden. Die Gesamtarbeit bei der Beschleunigung von der Geschwindigkeit $v = 0$ auf v beträgt

$$W = \int_0^v \frac{m_0\, v}{\left[1 - \left(\dfrac{v}{c}\right)^2\right]^{3/2}}\, dv.$$

Nach Ausführung der Integration ergibt sich

$$W = \frac{m_0}{\sqrt{1 - \left(\dfrac{v}{c}\right)^2}}\, c^2 - m_0\, c^2.$$

Dieser Ausdruck wird wie in der klassischen Mechanik als *kinetische Energie* des Körpers interpretiert:

$$E_{\text{kin}} = m\, c^2 - m_0\, c^2. \qquad (10\text{-}16)$$

Für kleine Geschwindigkeiten $v \ll c$ geht Gl. (10-16) in den klassischen Ausdruck für die kinetische Energie über:

$$E_{kin} = \left(\frac{1}{\sqrt{1 - \left(\frac{v}{c}\right)^2}} - 1 \right) m_0 c^2$$

$$\approx \left(1 + \frac{1}{2} \frac{v^2}{c^2} - 1 \right) m_0 c^2 = \tfrac{1}{2} m_0 v^2.$$

Gl. (10-16) zeigt, daß die von einer äußeren Kraft an einem Massenpunkt geleistete Arbeit zu einer Massenänderung führt. Allgemein läßt sich zeigen, daß für alle Energieformen gilt:

> Jede Energiezufuhr ist mit einem Massenanstieg verknüpft.

Die einzelnen Glieder in Gl. (10-16) können folgendermaßen definiert werden:

$$E = m c^2 \qquad (10\text{-}17)$$

ist die *Gesamtenergie* des Körpers,

$$E_0 = m_0 c^2 \qquad (10\text{-}18)$$

ist die *Ruheenergie*.

Die kinetische Energie ist die Differenz aus Gesamtenergie E und Ruheenergie E_0: $E_{kin} = E - E_0$. Diese Ergebnisse wurden von *Einstein* zum Prinzip der *Äquivalenz von Masse und Energie* verallgemeinert:

> Jeder Körper mit der Masse m hat die Energie $E = m c^2$.

Demzufolge stellt Materie eine Energieform dar; Energie ist in Materie und Materie ist in Energie umwandelbar. Diese Prozesse werden beispielsweise durch die *Paarerzeugung* (Elektron und Positron) und die *Annihilation* (Zerstrahlung von Materie und Antimaterie) eindrucksvoll bestätigt. Die Elementarteilchenphysik zeigt die völlige Symmetrie zwischen *Materie* und *Antimaterie* (Abschn. 8.9). In Abschn. 4.3.5.1 ist beschrieben, wie sich die Geschwindigkeit v geladener Teilchen beim Durchlaufen einer Potentialdifferenz bei Anwendung der relativistischen Beziehungen ändert.

Zwischen Energie und Impuls eines Teilchens folgt durch Kombination von Gl. (10-11) und (10-17)

$$p^2 = \frac{E^2}{c^2} - m_0^2 c^2. \qquad (10\text{-}19)$$

Für das Photon mit der Ruhemasse $m_0 = 0$ ergibt sich hieraus $p = E/c$, oder, mit $E = h f$ nach Gl. (6-114), $p = h f/c$.

Beispiel

10-5: Bei der Annihilation eines Elektrons ($-$ e) und eines Positrons ($+$ e) verschwinden die beiden Teilchen, und es entsteht γ-Strahlung. Aufgrund des Impulserhaltungssatzes entstehen zwei Photonen, die in entgegengesetzter Richtung ausgesandt werden. Zu berechnen sind die Energie und die Wellenlänge eines Photons.

Lösung:

Der Impulserhaltungssatz lautet: $p_1 = p_2$ oder $h f_1/c = h f_2/c$ und schließlich $f_1 = f_2 = f$. Der Energieerhaltungssatz lautet $2 m_0 c^2 = 2 h f$. Dies bedeutet, daß jedes Photon die Ruheenergie $m_0 c^2$ des Elektrons bzw. Positrons hat, also $h f = 0{,}51$ MeV.

Die Wellenlänge beträgt $\lambda = h/(m_0 c) = 2{,}4 \cdot 10^{-12}$ m. Falls das Elektron-Positron-Paar bereits kinetische Energie hat, ist die Photonenenergie größer als 0,51 MeV und die Wellenlänge kleiner als 2,4 fm.

10.5. Spezielle Relativitätstheorie in der Elektrodynamik

10.5.1. Elektrodynamische Kraft

Die elektrostatische Kraft zwischen ruhenden Ladungen und die magnetische Kraft zwischen bewegten Ladungen erhalten eine Verknüpfung durch die Relativitätstheorie. Es läßt sich zeigen, daß ein rein elektrisches Feld in einem System S von einem Beobachter in S′, das sich relativ zu S bewegt, als elektrisches und magnetisches Feld gesehen wird. Ebenso erhält ein rein magnetisches Feld durch Wechsel in ein bewegtes Koordinatensystem zusätzlich ein elektrisches Feld. Elektrische und magnetische Kräfte sind damit nur verschiedene Spielformen desselben physikalischen Phänomens, der *elektromagnetischen Wechselwirkung*. Je nach Wahl des Koordinatensystems ist die Wechselwirkung rein elektrisch, rein magnetisch oder gemischt.

	System S (Laborsystem)	System S′
Geometrie	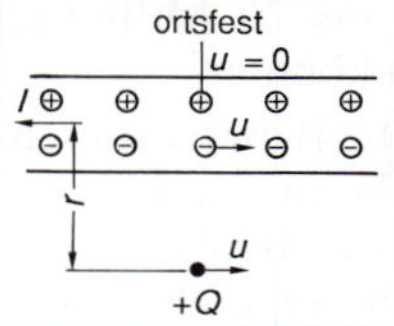 ortsfest	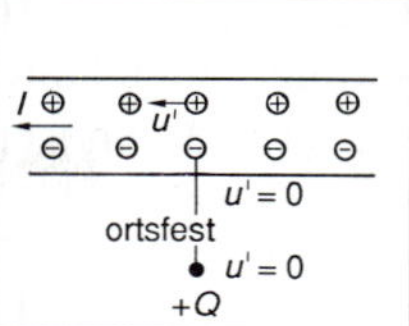

Ladungs-dichte im Leiter	$\rho_+ = -\rho_-$	$\rho'_+ = \rho_+\,\gamma > \rho_+$, $\rho'_- = \dfrac{\rho_-}{\gamma} < \rho_-$
	$\rho = \rho_+ + \rho_- = 0$	$\rho' = \rho'_+ + \rho'_- = \rho_+\,\gamma\,\dfrac{u^2}{c^2}$
	elektrisch neutral	positiv geladen
Feld und Kraft auf Ladung Q	$\odot\; \boldsymbol{B}$, $B = \dfrac{\mu_0\,I}{2\pi\,r}$	$\odot\; \boldsymbol{B}'$
		$\boldsymbol{E}'$ $\;\;E' = \dfrac{\rho'\,A}{2\pi\,\varepsilon_0\,r}$
	$\boldsymbol{F}$, $\boldsymbol{F} = Q\,\boldsymbol{u}\times\boldsymbol{B}$	$\boldsymbol{F}' = Q\,\boldsymbol{E}'$
	Lorentz-Kraft	elektrostatische Kraft
	$F = Q\,u\,\dfrac{\mu_0\,I}{2\pi\,r}$	$F' = \dfrac{u^2\,\rho_+\,A\,Q\,\gamma}{c^2\,2\pi\,\varepsilon_0\,r}$

Bild 10-7. Elektromagnetische Kraft.

Zur Illustration soll nach Bild 10-7 die Kraft zwischen der Ladung Q und einem Leiter berechnet werden. Im System S ruht der Draht, die Elektronen fließen mit der Geschwindigkeit u nach rechts, die konventionelle Stromrichtung geht nach links. Die Ladung Q bewege sich mit der Geschwindigkeit u ebenfalls nach rechts. Der Draht ist insgesamt elektrisch neutral. Aufgrund der Lorentz-Kraft wird die Ladung Q durch das Magnetfeld des Stroms vom Draht abgestoßen.

Das System S′ soll sich mit der Geschwindigkeit $v = u$ längs des Leiters nach rechts bewegen. In S′ ruhen die Ladung Q und die Elektronen des Leiters. Die positiven Ionen laufen dafür nach links mit der Geschwindigkeit $u' = -u$. Im Gegensatz zum System S ist in S′ der Draht aber elektrisch nicht neutral. Infolge der Längenkontraktion ist nämlich der Abstand zwischen den positiven Ionen kleiner, der Abstand zwischen den negativen Elektronen größer als im System S. Dadurch wird die Ladungsdichte $\varrho'_+ > \varrho'_-$, der Draht ist positiv geladen. Zusätzlich zum Magnetfeld entsteht ein radial nach außen gerichtetes elektrisches Feld, das die ruhende Ladung Q abstößt.

Vom Standpunkt der Relativitätstheorie ist klar, daß zumindest bei kleinen Geschwindig-

keiten $(v \ll c,\ \gamma \approx 1)$ die Wechselwirkungskraft unabhängig von der Wahl des Koordinatensystems sein muß. Die beiden Ausdrücke für die Kraft, die in Bild 10-7 angegeben sind, können also gleichgesetzt werden:

$$Q\,u\,\frac{\mu_0\,I}{2\pi\,r} = \frac{u^2\,\varrho_+\,A\,Q}{c^2\,2\pi\,\varepsilon_0\,r}\,.$$

Mit $I = \varrho_+\,u\,A$ ergibt sich ein Zusammenhang zwischen den elektrischen und magnetischen Feldkonstanten und der Lichtgeschwindigkeit:

$$c^2 = \frac{1}{\varepsilon_0\,\mu_0}\,. \tag{10-21}$$

Die rein magnetische Kraft (Lorentz-Kraft) F_{magn} im System S ist mit der rein elektrischen Kraft F'_{el} im System S′ verknüpft durch

$$F'_{\text{el}} = \gamma\,F_{\text{magn}}\,. \tag{10-22}$$

10.5.2. Doppler-Effekt des Lichtes

Beim Doppler-Effekt des Schalls (Abschn. 5.2.3) müssen mehrere Fälle unterschieden werden: Die Frequenzverschiebung ist jeweils anders für den Fall, daß der Beobachter im Übertragungsmedium Luft ruht und die Quelle bewegt wird, oder daß die Quelle ruht und sich der Beobachter bewegt. *Einstein* folgerte aus dem Experiment von *Michelson* und *Morley*, daß für Licht kein Übertragungsmedium (Äther) existiert. Dies bedeutet, daß man beim Doppler-Effekt des Lichts nicht die oben erwähnten Fälle unterscheiden muß. Die Frequenzänderung hängt lediglich von der Relativgeschwindigkeit zwischen Quelle und Beobachter ab.

Eine einfache Ableitung der Doppler-Formel ist möglich mit der Lichtquantenvorstellung. Im System S werden Photonen der Energie $E = h\,f$ emittiert. Im System S′, das sich mit der Geschwindigkeit v vom System S entfernt, sitzt ein Beobachter, der die Energie $E' = h\,f'$ der Photonen registriert. Werden die Photonen zunächst als materielle Teilchen angesehen, dann ist ihre Energie bzw. ihr Impuls

in S: $E = m(u)\,c^2$, $\quad p = m(u)\,u$,
in S′: $E' = m(u')\,c^2$, $\quad p' = m(u')\,u'$.

Die Geschwindigkeiten transformieren sich nach Gl. (10-9):

$$u = \frac{u' + v}{1 + \dfrac{u'\,v}{c^2}}.$$

Aus diesen Gleichungen folgt nach einigen Umformungen $E = (E' + v\,p')\,\gamma$. Wird jetzt speziell für Photonen $E = h\,f$, $E' = h\,f'$ und $p' = E'/c$ eingesetzt, dann ergibt sich $h\,f = h\,f'\,(1 + v/c)\,\gamma$, oder für die Frequenz im System S'

$$f' = f\,\sqrt{\frac{c - v}{c + v}}\,. \qquad (10\text{-}23)$$

Wenn sich der Beobachter der Quelle nähert, gilt

$$f' = f\,\sqrt{\frac{c + v}{c - v}}\,. \qquad (10\text{-}24)$$

Beispiel

10-6: Ein Flugzeug fliegt mit der Geschwindigkeit $v = 300$ m/s auf einen Radarsender der Frequenz $f = 9$ GHz zu. Wie groß ist die Frequenzänderung, die im Flugzeug gemessen wird?

Lösung:

Da $v \ll c$ ist, kann Gl. (10-24) entwickelt werden: $f' \approx f\,(1 + v/c) = f\,(1 + 1 \cdot 10^{-6})$. Die relative Frequenzänderung beträgt $\Delta f/f = (f' - f)/f = f'/f - 1 = 10^{-6}$. Die absolute Frequenzänderung ist $\Delta f = 1$ kHz.

Die Lichtspektren, die wir von Fixsternen empfangen, sind gegenüber den Spektren gleichartiger irdischer Lichtquellen zu längeren Wellenlängen verschoben (*Rotverschiebung*). Daraus folgt, daß sich die Fixsterne von uns entfernen: Das Universum expandiert. Aus der Rotverschiebung der Spektrallinien kann die Fluchtgeschwindigkeit von Fixsternen errechnet werden. Nach E. HUBBLE (1889 bis 1953) ist die Frequenzverschiebung um so größer, je weiter die Galaxie von der Erde entfernt ist. Die Fluchtgeschwindigkeit nimmt um etwa 55 km/s je Million Lichtjahre zu. Ist eine Galaxis 2 Millionen Lichtjahre von der Erde entfernt, dann flieht sie mit der Geschwindigkeit 110 km/s. Aus derzeitigen Galaxie-Abständen im Kosmos läßt sich schließen, daß eine plötzliche Explosion (Urknall) vor etwa 10 bis 20 Milliarden Jahren stattgefunden haben könnte.

Gl. (10-23) und (10-24) beschreiben die Frequenzverschiebung beim *longitudinalen Doppler-Effekt*, bei dem der Beobachter sich längs der Lichtstrahlen bewegt. Bewegt sich der Beobachter mit der Geschwindigkeit v senkrecht zu einem Lichtstrahl, dann wird der *transversale Doppler-Effekt* beobachtet. In diesem Fall beträgt die beobachtete Frequenz

$$f' = f\,\sqrt{1 - \left(\frac{v}{c}\right)^2}\,. \qquad (10\text{-}25)$$

Dieser Ausdruck entspricht der Zeitdilatation von Gl. (10-8), nach der bewegte Uhren langsamer laufen. In der klassischen Wellenlehre gibt es keinen transversalen Doppler-Effekt.

Zur Übung

Ü 10-1: Eine Ingenieurstudentin hat diesen Abschnitt des Buches studiert und findet die Lorentz-Kontraktion für eine Schlankheitskur geeignet. Wie groß müßte ihre Geschwindigkeit sein, damit sie ruhenden Betrachtern nur noch drei Viertel so dick erscheinen? Kann sie sich, was den Massenzuwachs betrifft, darüber freuen?

Ü 10-2: Ein Proton der Ruhemasse m_{po} und der Geschwindigkeit $v = 0{,}75\,c$ stößt mit einem ruhenden Proton zusammen. Nach einem vollkommen unelastischen Stoß entsteht ein neues Teilchen der Ruhemasse m_0. Wie groß ist m_0, und welche Geschwindigkeit u hat das neue Teilchen (keine Energieabgabe nach außen)?

Ü 10-3: Ein *Einstein-Zug* der Länge $l' = 2 \cdot 10^6$ km und der Geschwindigkeit $v = 240\,000$ km/s hat Türen im ersten und letzten Wagen, die sich bei Lichteinfall automatisch öffnen. In der Mitte des Zuges befindet sich ein Fahrgast A. Sobald die Zugmitte den am Bahnsteig stehenden Beobachter B passiert, wird im Zuginnern von A ein Lichtsignal ausgesandt. In welchen zeitlichen Abständen öffnen sich für A und B die Zugtüren? Wie weit von A entfernt müßte eine weitere lichtgesteuerte Zugtür angebracht werden, damit der Beobachter B am Bahnsteig ein gleichzeitiges Öffnen beider Türen feststellt?

Ü 10-4: Einige Spektrallinien des Lichts von anderen Galaxien erscheinen um durchschnittlich

0,167% nach Rot verschoben. Wie groß ist die Geschwindigkeit dieser Galaxien? Bewegen sie sich von der Erde fort oder auf die Erde zu?

Ü 10-5: Um wieviel verringert sich die Masse eines Kernreaktors in einem Jahr, wenn ohne Unterbre-

chung die konstante Leistung $P = 500$ MW abgegeben wird?

Ü 10-6: Wie groß ist die Masse eines Elektrons, das auf die kinetische Energie $E_{kin} = 30$ GeV beschleunigt wird, und wie groß ist seine Geschwindigkeit?

11. Anhang

11.1. Lösungen der Übungsaufgaben

1. Einführung

Ü 1.3-1: a) $\bar{T} = 1,2116$ s; b) $s_T = 0,0172$ s; c) $T = 0,0034$ s; d) $u_{Z,\,95\%} = 0,0072$ s mit $t_{95\%}\,(24) = 2,084$.
Ergebnis: $T = (1,2116 \pm 0,007)$ s.
(Die Gaußsche Verteilungskurve nach Gl. (1-3), die sich mit den genannten Schätzwerten als Erwartungswert und Varianz ergibt, ist in Bild 1-5 wiedergegeben.)

Ü 1.3-2: a) $\bar{\lambda} = 0,575$ W/(m K); b) $s_\lambda = 0,0122$ W/(m K); c) $\Delta\lambda/\lambda = 0,0445$.

Ü 1.3-3: $a_1 = (3,919 \pm 0.0017) \cdot 10^{-2}$ mV/°C; $a_2 = (3,338 \pm 0,018) \cdot 10^{-5}$ mV/°C^2. Graphische Lösung: $a_1 = (3,93 \pm 0,01) \cdot 10^{-2}$ mV/°C; $a_2 = (3,36 \pm 0,26) \cdot 10^{-5}$ mV/°C^2.

Ü 1.3-4:

	$P = P\,(\vartheta_{\text{Außenluft}})$	$P = P\,(\vartheta_{\text{äq}})$
a)	$\bar{a} = 84,07$ kW $\bar{m} = -3,20$ kW/°C	$\bar{a} = 82,68$ kW $\bar{m} = -5,79$ kW/°C
b)	$r = -0,45$ (kein Zusammenhang zwischen Heizleistung und Außenlufttemperatur)	$r = -0,93$ (enger Zusammenhang zwischen Heizleistung und äquivalenter Außentemperatur)
c)	$s_a = 5,52$ kW $s_m = 1,63$ kW/°C	$s_a = 1,48$ kW $s_m = 0,61$ kW/°C
d)	$u_{za} = 1,39$ kW $u_{zm} = 0,41$ kW/°C	$u_{za} = 0,37$ kW $u_{zm} = 0,15$ kW/°C

2. Mechanik

Ü 2.2-1: b) $v_{max} = 2$ m/s; c) $v\,(5\text{ s}) = 0$; $s\,(5\text{ s}) = 7$ m.
Ü 2.2-2: b) $a\,(t_1) = 2,1$ m/s^2; c) $s\,(t_2) = 8,2$ m.
Ü 2.2-3: $v_0 = 1,02$ m/s.
Ü 2.2-4: a) $\alpha = -34,2$ rad/s^2; b) $t_f = 4,29$ s.
Ü 2.2-5: a) $\Delta t = 66,46$ s; b) $a_{tan} = 0,293$ m/s^2; c) $\alpha = 1,46 \cdot 10^{-4}$ rad/s^2; d) $a_{zp,1} = 0,0347$ m/s^2, $a_{zp,2} = 0,386$ m/s^2.
Ü 2.2-6: a) $\omega_E = 7,292 \cdot 10^{-5}$ rad/s; b) parallel zur Erdachse von Süden nach Norden; c) $v = 307$ m/s, d) $a_{zp} = 0,0339$ m/s^2 bzw. 0,0224 m/s^2.

Ü 2.3-1: a) $a = g\,(m_2 - m_1)/(m_1 + m_2)$; b) $F_S = 2\,m_1\,m_2\,g/(m_1 + m_2)$.
Ü 2.3-2: b) Haftreibungskraft; c) $n_1 \geqq 95$ min^{-1}; d) $0 \leqq r_2 \leqq 9,1$ cm.
Ü 2.3-3: a) $F_{m1} = 120$ N; b) $F_{m2} = 120$ N; c) $F_m = 132$ N.
Ü 2.3-4: $\boldsymbol{F}_3 = \begin{pmatrix} -2 \text{ N} \\ -5 \text{ N} \end{pmatrix}$, $F_3 = 5,39$ N, $\alpha = 248°$.
Ü 2.3-5: a) $a = 0,723$ m/s^2; b) $F_G = 682$ N; c) $F_m = m_M\,(g + a\,h/s) = 4800$ N.
Ü 2.3-6: $a_{max} = 2,45$ m/s^2.

Ü 2.4-1: $F_{zf} = m\,R_E\cos\varepsilon\,\omega_E^2 = 0,218$ N; $F_C = 2\,v'\,\omega_E\sin 140°\,m = 0,0937$ N in Richtung Osten.
Ü 2.4-2: Längs Meridian: $a_C = 2\,v'\,\omega_E\sin 50°$; längs Breitenkreis: $a_C = 2\,v'\,\omega_E$.

Ü 2.4-3: a) Lot zeigt in Richtung $\boldsymbol{g}_{\text{eff}}$, die Abweichung von der Richtung der Gravitationskraft ist $0,0975°$; b) Fallzeit $t \approx 3,19$ s, Ablenkung $x \approx g\,\omega_E\cos\varepsilon\,t^3/3 = 5$ mm nach Osten.
Ü 2.4-4: $F = F_{zf}\,R = 287$ N.

Ü 2.5-1: a) $v = 0,25$ m/s, $\boldsymbol{p} = 0,5$ Ns; b) $a = 50$ m/s^2.
Ü 2.5-2: $\Delta\boldsymbol{p} = \boldsymbol{p}_2 - \boldsymbol{p}_1$; $\Delta p = \sqrt{3}\,m\,v = 24 \cdot 10^3$ Ns, $150°$ gegen die ursprüngliche Fahrtrichtung.
Ü 2.5-3: $R_S = R_{EM}/(1 + m_E/m_M) = 4617$ km $= 0,725\,R_E$.
Ü 2.5-4: $v_{Th} = -(m_\alpha/m_{Th})\,v_\alpha$, $v_{Th} = 2,4 \cdot 10^5$ m/s.
Ü 2.5-5: $m_T = m_{\text{leer}}\,(e^{(v + g\,t_B)/v_{\text{rel}}} - 1)$; Start im Weltraum: $g = 0$, $m_T = 12,9$ t, Start an Erdoberfläche: $m_T = 19,6$ t.

Ü 2.6-1: a) $v_0 = \sqrt{2\,g\,h}$; b) $v_1 = \sqrt{0,9}\,v_0$; c) $\Delta p = -1,95\,m\,v_0$, d) $f = 10\%$.
Ü 2.6-2: $h = 2,87$ m.
Ü 2.6-3: a) $c = \Delta F_2/\Delta l = 400$ N/m, $W = (F_1 + F_2/2)\,\Delta l = 18$ J; b) $E_{\text{elast}} = 21,13$ J.
Ü 2.6-4: $E_{\text{kin}} = (c/2)\,x^2 + (k/4)\,x^4$, $x = 1,6$ cm.

Ü 2.7-1: $E_{\text{kin}} = m\,v^2/2$.
Ü 2.7-2: a) $v' = 2,45$ m/s, $\Delta E_{\text{kin}} = -7,85$ kJ; b) $v_1' = 1,91$ m/s, $v_2' = 3,11$ m/s; c) $v' = 0,82$ m/s, $\Delta E_{\text{kin}} = -125,7$ kJ, $v_1' = -1,36$ m/s, $v_2' = 3,44$ m/s.
Ü 2.7-3: a) $v_1' = v_1 - (m/m_1)\,v_p = 100$ m/s; b) nein, $\Delta E = -298$ J.

$\ddot{U}\,2.7\text{-}4$: a) $v_2' = 3{,}58$ m/s, $\beta = 36{,}4\,°$; b) $\Delta E_{kin} = -\,0{,}961$ J.

$\ddot{U}\,2.8\text{-}1$: a) $\boldsymbol{M} = \boldsymbol{r} \times \boldsymbol{F} = (\boldsymbol{r} \times \boldsymbol{g})\,m$; b) $\boldsymbol{L} = \boldsymbol{r} \times \boldsymbol{p} = (\boldsymbol{r} \times \boldsymbol{g})\,m\,t$; c) $\mathrm{d}\boldsymbol{L}/\mathrm{d}t = (\boldsymbol{r} \times \boldsymbol{g})\,m = \boldsymbol{M}$.
$\ddot{U}\,2.8\text{-}2$: a) $J_A = 2\,m\,b^2$; b) $J_B = 4\,m\,b^2$; c) $J_C = m\,b^2$; d) $J_D = 2\,m\,b^2$.

$\ddot{U}\,2.9\text{-}1$: $F_A = 388{,}4$ N, $F_C = 192{,}8$ N.
$\ddot{U}\,2.9\text{-}2$: a) $J = 1$ kg m^2; b) $J = 1{,}042$ kg m^2.
$\ddot{U}\,2.9\text{-}3$: a) $a = 0{,}5$ m/s^2; b) $F_1 = 10{,}31$ N, $F_2 = 13{,}97$ N; c) $J = 0{,}659$ kg m^2.
$\ddot{U}\,2.9\text{-}4$: $M = 2\,m\,r^2\,\omega^2 \sin\vartheta \cos\vartheta$, Maximum bei $\vartheta = 45\,°$.
$\ddot{U}\,2.9\text{-}5$: $E_{kin}^{trans} = E_{kin}^{rot}$.
$\ddot{U}\,2.9\text{-}6$: a) $\alpha = (3/2)/(g/l) = 8{,}18$ rad/s^2, $a_S = (3/4)\,g = 7{,}36$ m/s^2; b) $F = (1/4)\,m\,g = 3{,}43$ N, c) $\omega = \sqrt{3\,g/l} = 4{,}04$ rad/s.
$\ddot{U}\,2.9\text{-}7$: a) $m\,g\,r \sin\beta = J_P\,(a/r)$, $J_S = J_P - m\,r^2 = 0{,}601$ kg m^2; b) $\mu_H \geq J_S/(r^2\,m\,g\,\cos\beta) = 0{,}115$.
$\ddot{U}\,2.9\text{-}8$: a) $v_f = 2\,\pi\,r\,n_0/(1 + m\,r^2/J_S) = 17{,}6$ m/s; b) $t = v_f/(g\,\mu) = 8{,}97$ s.
$\ddot{U}\,2.9\text{-}9$: Das Drehmoment $M = m\,g\,l \sin\vartheta$ (l ist der Abstand zwischen Aufhängepunkt und Schwerpunkt) wirkt auf die Horizontalkomponente des Drehimpulses $L \sin\vartheta$. $\omega_p = M/L \sin\vartheta = m\,g\,l/L$.
$\ddot{U}\,2.9\text{-}10$: $\beta = 1{,}37\,°$ nach Westen.

$U\,2.10\text{-}1$: $H = 2{,}56 \cdot 10^6$ m.
$\ddot{U}\,2.10\text{-}2$: $r_0 = 54\,R_E$.
$\ddot{U}\,2.10\text{-}3$: a) $v = 7{,}34$ km/s; b) $T = 6{,}33 \cdot 10^3$ s; c) $w = (1/2)\,v^2 + \gamma_G\,m_E\,(1/R_E - 1/(R_E + h)) = 3{,}53 \cdot 10^7$ J/kg, d) $f = 76\%$.
$\ddot{U}\,2.10\text{-}4$: a) $v\,(R_{SE}) = 42{,}2$ km/s; b) $v\,(0{,}5\,R_{SE}) = 59{,}6$ km/s; c) $v\,(R_S) = 619$ km/s.
$\ddot{U}\,2.10\text{-}5$: $m_J = 1{,}88 \cdot 10^{27}$ kg.

$\ddot{U}\,2.11\text{-}1$: $n = 2156$ min^{-1}.
$\ddot{U}\,2.11\text{-}2$: $\Delta r/r = -3 \cdot 10^{-3}$, $\sigma_i = -\,800$ N/mm^2, $\sigma_a = 18{,}8$ N/mm^2.
$\ddot{U}\,2.11\text{-}3$: $\varrho = 0{,}8$ kg/dm^3.
$\ddot{U}\,2.11\text{-}4$: Der Wasserspiegel sinkt in beiden Fällen.
$\ddot{U}\,2.11\text{-}5$: $F_1 = 11{,}32$ kN, $F_2 = 4{,}85$ kN.
$\ddot{U}\,2.11\text{-}6$: Die Oberflächenenergie erhöht sich um das 10^8fache.
$\ddot{U}\,2.11\text{-}7$: $\Delta p = 70$ Pa.
$\ddot{U}\,2.11\text{-}8$: $p_2 = 2{,}63$ bar.
$\ddot{U}\,2.11\text{-}9$: a) $\dot{V} = 10$ m^3/h; b) $\dot{V} = 8$ m^3/h; c) $\dot{V} = 25$ m^3/h.
$\ddot{U}\,2.11\text{-}10$: a) $v = 8{,}8$ m/s; b) $v = 32{,}5$ m/s; c) $p = 6{,}4$ bar.
$\ddot{U}\,2.11\text{-}11$: $v = 190$ km/h.
$\ddot{U}\,2.11\text{-}12$: $p_p = 6{,}0$ bar.
$\ddot{U}\,2.11\text{-}13$: $\eta_{Öl} = 0{,}31$ N s/m^2.
$\ddot{U}\,2.11\text{-}14$: $F_A = 2$ kN, $F_W = 281$ N, $c_W = 0{,}09$, $c_A = 0{,}64$.
$\ddot{U}\,2.11\text{-}15$: $v = 1{,}93$ m/s, $h_V = 0{,}187$ m, $h_{ges} = 2{,}336$ m

3. Thermodynamik

$\ddot{U}\,3.1\text{-}1$: $l_{100,\,Glas}/l_{100,\,Ms} = 0{,}9987$, Ablesung: $l_2 = 998{,}7$ mm.
$\ddot{U}\,3.1\text{-}2$: $\Delta A \approx A\,2\,\alpha\,\Delta T = 1900$ mm^2.
$\ddot{U}\,3.1\text{-}3$: $\varepsilon = \Delta l/l = 4{,}44 \cdot 10^{-4}$, $\sigma = E\,\varepsilon = 88{,}8$ N/mm^2.
$\ddot{U}\,3.1\text{-}4$: $\vartheta_2 = 28{,}7\,°C$.
$\ddot{U}\,3.1\text{-}5$: $R_i = p\,v/T = 457$ J/(kg K).
$\ddot{U}\,3.1\text{-}6$: $m = p\,V/(R_i\,T) = 2{,}4$ kg.
$\ddot{U}\,3.1\text{-}7$: $n = p\,V/(R_m\,T) = 120$ mol.

$\ddot{U}\,3.2\text{-}1$: a) $v_m = 1305$ m/s; b) $E_{kin,\,ges} = 152$ J.
$\ddot{U}\,3.2\text{-}2$: $f_2/f_1 = c_2/c_1 = \sqrt{T_2/T_1} = 0{,}974$, $f_2 = 428{,}6$ Hz.
$\ddot{U}\,3.2\text{-}3$: $\int_{1000\,\mathrm{m/s}}^{1100\,\mathrm{m/s}} f(v)\,\mathrm{d}v = 7{,}03 \cdot 10^{-3}$; Näherungslösung: $f(\bar{v})\,\Delta v = f(1050$ m/s$) \cdot 100$ m/s $= 6{,}79 \cdot 10^{-3}$. Zahl der Moleküle: $N = 2{,}45 \cdot 10^{22}$; davon befinden sich $1{,}72 \cdot 10^{20}$ im gegebenen Geschwindigkeitsintervall.
$\ddot{U}\,3.2\text{-}4$: $x\,(300) = 3{,}98 \cdot 10^{-75}$, $x\,(1500) = 5{,}11 \cdot 10^{-15}$.

$\ddot{U}\,3.3\text{-}1$: $C_K = 177$ J/K.

$\ddot{U}\,3.3\text{-}2$: $c = 2{,}48$ kJ/(kg K).
$\ddot{U}\,3.3\text{-}3$: $c_p = 0{,}998$ kJ/(kg K), $C_{m,\,p} = 29{,}9$ J/(mol K).
$\ddot{U}\,3.3\text{-}4$: $$Q_{21} = m \int_{T_2}^{T_1} c\,(T)\,\mathrm{d}T = \frac{m\,a}{4}\,(T_1^4 - T_2^4) = -26{,}9\ \mathrm{J}.$$
$\ddot{U}\,3.3\text{-}5$: a) $\vartheta_2 = 721\,°C$; b) $p_2 = 63$ bar; c) $W_{12} = 330$ J.
$\ddot{U}\,3.3\text{-}6$: a) $n = 358$ mol, $m = 716$ g; $V_2 = 26{,}1$ m^3; c) $T_2 = 175$ K; d) $T_3 = 336$ K; e) $Q_{23} = 1{,}66$ MJ.
$\ddot{U}\,3.3\text{-}7$: a) $p_2 = 4$ bar; b) $\vartheta_2 = 317\,°C$; c) $W_{12} = 100$ J; d) $Q_{12} = 150$ J.
$\ddot{U}\,3.3\text{-}8$: a) $n = 0{,}0821$ mol; b) $\vartheta_2 = 606\,°C$; c) $W_{12} = -150$ J; d) $\Delta U = 1000$ J; e) $Q_{12} = 1150$ J.
$\ddot{U}\,3.3\text{-}9$: a) $T_1 = 301$ K, $T_2 = 401$ K, $T_3 = 601$ K; b) $W = -125$ J; c) $Q_{zu} = 2370$ J; d) $\eta_{th} = 5{,}27\%$; e) $\eta_{th,\,C} = 50\%$.
$\ddot{U}\,3.3\text{-}10$: a) $P = 5$ kW, b) $P_C = 2{,}36$ kW.
$\ddot{U}\,3.3\text{-}11$: a) $\varepsilon_K = 0{,}345$; b) $\dot{Q}_{zu} = 4{,}08$ kW; c) $P = 11{,}8$ kW; d) $|\dot{Q}_{ab}| = 15{,}9$ kW.
$\ddot{U}\,3.3\text{-}12$: $\Delta Q = 5{,}8 \cdot 10^{24}$ J; $\Delta t \approx 14000$ a.
$\ddot{U}\,3.3\text{-}13$: a) $\Delta S = 0{,}785$ J/K; b) $\Delta S = 0{,}561$ J/K.

Ü 3.3-14: $T = \text{konst} \cdot e^{S/(n\,C_{\mathrm{m}\,v})}$ (Exponentialfunktion).

Ü 3.3-15: a) $\Delta S = m\,c\,(\ln(T_{\mathrm{m}}/T_1) + \ln(T_{\mathrm{m}}/T_2)) = 0{,}448$ J/K;   b) $W_1/W_2 = e^{-\Delta S/k} = e^{-3{,}25 \cdot 10^{22}} = 10^{-1{,}4 \cdot 10^{22}}$.

Ü 3.5-1: $\dot{Q}_{\mathrm{K}} = 125$ W.

Ü 3.5-2: $\dot{Q}_{\mathrm{L}} = 22$ W, $\dot{Q}_{\mathrm{K}} = 34$ W, $\dot{Q}_{\mathrm{S,\,normal}} = 38$ W ($\dot{Q}_{\mathrm{ges,\,normal}} - \dot{Q}_{\mathrm{ges,\,bedampft}})/\dot{Q}_{\mathrm{ges,\,normal}} = 37\%$.

Ü 3.5-3: $k = 0{,}57$ W/m^2 K; $\Delta T = 9{,}5$ K.

Ü 3.5-4: $\vartheta_{0\,\mathrm{K1}} = 22{,}8\,°\mathrm{C}$; $j_{\mathrm{q}} = 51$ W/m^2.

4. Elektrizität und Magnetismus

Ü 4.1-1: $R_{\mathrm{ges}} = 5{,}084\,\Omega$, $I_{1\mathrm{M}} = 1{,}286$ A, $I_{2\mathrm{M}} = -0{,}058$ A, $I_{3\mathrm{M}} = -1{,}228$ A, $P_{\mathrm{ges}} = 19{,}67$ W.

Ü 4.1-2: $\varrho = 0{,}259\ \Omega\,\mathrm{mm}^2/\mathrm{m}$.

Ü 4.1-3: $Q = 1{,}52 \cdot 10^{-7}$ C.

Ü 4.2-1: $R_{\mathrm{L}} = 2{,}8$ mΩ, $P_{\mathrm{Gen}} = 7{,}33$ MW.

Ü 4.2-2: $\Delta t = \varrho\,d/(\ddot{A}\,j) = 15{,}9$ h.

Ü 4.3-1: $C = 44{,}5$ pF; $E = 2500$ V/m; $Q = 4{,}45 \cdot 10^{-10}$ C; $D = 2{,}2 \cdot 10^{-8}$ As/m^2.

Ü 4.3-2: $U = 368$ V.

Ü 4.3-3: $C_{\mathrm{ges}} = 8{,}96\ \mu$F.

Ü 4.3-4: $C_{\mathrm{ges}}(\mathrm{a}) = (\varepsilon_{\mathrm{r}1} + \varepsilon_{\mathrm{r}2})\ \varepsilon_0\,A/2\,d$; $C_{\mathrm{ges}}(\mathrm{b}) = \varepsilon_{\mathrm{r}1}\,\varepsilon_{\mathrm{r}2}/(\varepsilon_{\mathrm{r}1} + \varepsilon_{\mathrm{r}2}) \cdot \varepsilon_0\,A/d$.

Ü 4.4-1: $v = 2{,}4 \cdot 10^7$ m/s, $F_{\mathrm{L}} = 9{,}6 \cdot 10^{-12}$ N.

Ü 4.4-2: $E_{\mathrm{H}} = U_{\mathrm{H}}/b = j_x\,B_z/(n\,e)$; $j_x = \varkappa\,E_x = E_x/\varrho$; $E_{\mathrm{H}}/E_x = B_z/(n\,e\,\varrho)$.

Ü 4.4-3: $m\,g\,r\sin\alpha = B\,I\,N\,l\,2\,r\sin\alpha$; $I = 0{,}144$ A.

Ü 4.4-4: $H = I/(2\,\pi\,r)$, $B_x = \mu_0\,I/\pi \cdot 2\,d/(d^2 - 4\,x^2)$.

Ü 4.5-1: $B = 0{,}19$ T.

Ü 4.5-2: $I = U/Z = 1{,}06$ A; $\varphi = -71{,}30°$; $p = 74{,}62$ W.

Ü 4.5-3: $H_{\mathrm{a}} = N\,I/(b + l/\mu)$, $(H_{\mathrm{a}}(\mathrm{b}) - H_{\mathrm{a}}(2\,\mathrm{b}))/H_{\mathrm{a}}(\mathrm{b}) = 2/3$.

Ü 4.5-4: $R_{\mathrm{L}} = 1{,}42$ kΩ, $L = 4{,}51$ H.

5. Schwingungen und Wellen

Ü 5.1-1: a) $\omega_0 = 4\pi$ s^{-1}, $T_0 = 0{,}5$ s, $\varphi_0 = \pi/5$ rad, $\hat{y} = 0{,}25$ m;   b) $y(t) = -0{,}25$ m, $v(t) = 0$, $a(t) = 39{,}5$ m/s^2;   c) $v_{\max} = 3{,}14$ m/s, $a_{\max} = 39{,}5$ m/s^2;   d) $E_{\mathrm{pot}} = 0{,}0790$ J, $E_{\mathrm{kin}} = 0{,}414$ J.

Ü 5.1-2: a) $F_{\mathrm{rück}} = -A\,\varrho\,g\,y$, lineares Kraftgesetz; b) $c = 1{,}109$ N/m, $\omega_0 = 6{,}08$ s^{-1}, $T_0 = 1{,}03$ s; c) ω_0

$$= \sqrt{\frac{\pi\,\varrho\,g}{4\,m}} \cdot d;$$ d) $E_{\mathrm{pot}}(t) = 1{,}555 \cdot 10^{-5}$ J, $E_{\mathrm{kin}}(t) = 3{,}990 \cdot 10^{-5}$ J.

Ü 5.1-3: $\gamma_1 = 0°$, $f_1 = 1$ kHz liefert $C_1 = 2{,}533\ \mu$F; $\gamma_2 = 180°$, $f_2 = 3$ kHz liefert $C_2 = 281{,}4$ nF; $\omega_0 =$

$$1 \Big/ \sqrt{L\left(C_2 + \frac{C_1 - C_2}{180°}\,\gamma\right)}.$$

Ü 5.1-4: a) $k = (2)^{1/15} = 1{,}047$, $\Lambda = 0{,}04621$; b) $\delta = 0{,}0132$ s^{-1}, $\omega_{\mathrm{d}} = 1{,}795$ s^{-1};   c) $y(t) = 20$ cm $\cdot\ e^{-0{,}0132\ \mathrm{s}^{-1} \cdot t} \cdot \cos(1{,}795\ \mathrm{s}^{-1} \cdot t)$.

Ü 5.1-5: $\omega_0 = 10{,}95$ s^{-1}, $\eta_1 = 4{,}78$, $\eta_2 = 14{,}8$, $n_2 = 1550$ min^{-1}.

Ü 5.1-6: a) $\omega_0 = 5000$ s^{-1}, $f_0 = 795{,}8$ Hz; b) $D = 0{,}0774$, $R = 15{,}48\ \Omega$; c) $\hat{y}(\mathrm{Res})/\hat{y}(\mathrm{stat}) = 6{,}46$, $\Delta\eta = 0{,}155$, $\Delta f = 123$ Hz.

Ü 5.1-7: $\hat{y}_{\mathrm{neu}} = 0{,}127$ m; $\varphi_{0,\,\mathrm{neu}} = 0{,}789$ rad $= 45{,}2°$.

Ü 5.1-8: $\varphi = \pi$.

Ü 5.2-1: 17 mm $\leqq \lambda \leqq$ 21 m.

Ü 5.2-2: a) $f = 315$ Hz; b) $\lambda = 1{,}05$ m; c) $c = 330$ m/s; d) $\hat{v} = 0{,}99$ m/s.

Ü 5.2-3: a) $c = 29{,}1$ m/s; b) $\lambda = 5{,}83$ m; c) $y(x,t) = -20$ cm $\cdot \sin(31{,}4$ s$^{-1} \cdot t - 1{,}08$ m$^{-1} \cdot x)$.

Ü 5.2-4: $\hat{y} = 1{,}07 \cdot 10^{-11}$ m.

Ü 5.2-5: $\bar{S} = 10^{17}$ W/m^2, $|\hat{E}| = 8{,}68 \cdot 10^9$ V/m, $|\hat{H}| = 2{,}3 \cdot 10^7$ A/m.

Ü 5.2-6: $S = P/(4\,\pi\,r^2) = 7{,}97 \cdot 10^{-7}$ W/m^2.

Ü 5.2-7: $v_{\mathrm{B}} = \left(\sqrt[12]{2} - 1\right) c = 72{,}8$ km/h.

Ü 5.2-8: a) $f_{\mathrm{B}} = 465{,}7$ Hz; b) $f_{\mathrm{T}} = 539{,}7$ Hz; c) $f_{\mathrm{L}} = 579{,}4$ Hz.

Ü 5.2-9: a) $f_{\mathrm{E}} = f_{\mathrm{S}}\sqrt{\dfrac{c-v}{c+v}}\,\sqrt{\dfrac{c-v}{c+v}} = f_{\mathrm{S}}\dfrac{c-v}{c+v}$,

$\dfrac{\Delta f}{f} \approx 2\dfrac{v}{c}$; b) $\Delta f = 1$ kHz, $\Delta f/f = 1{,}11 \cdot 10^{-7}$; c) Δf auf 100 Hz genau, $\Delta f/f$ auf $1{,}11 \cdot 10^{-8}$ genau.

Ü 5.2-10: a) $\alpha = 41{,}8°$; b) $t = h/(\tan\alpha\,\mathrm{Ma}\,c) = 11$ s.

Ü 5.2-11: a) $\hat{y} = \sqrt{\hat{y}_1^2 + \hat{y}_2^2} = 3{,}61 \cdot 10^{-4}$ m; b) $\varphi = 0{,}588$.

Ü 5.2-12: a) $c = 5054$ m/s; b) $E = 2 \cdot 10^{11}$ N/m^2; c) $f_n = f_0\,(2\,n + 1)$.

Ü 5.2-13: a) $s = 110$ m; b) $f_{\mathrm{s}} = 3$ Hz; c) $c_{\mathrm{gr}} = c = 330$ m/s.

Ü 5.2-14: $c_{\mathrm{gr}} = c_0\,\dfrac{n_2\,\lambda_2 - n_1\,\lambda_1}{n_1\,n_2\,(\lambda_2 - \lambda_1)} = 0{,}682\,c_0 = 2{,}0445 \cdot 10^8$ m/s.

6. Optik

$Ü$ 6.2-1: Siehe Hinweis.

$Ü$ 6.2-2: Fünf Bilder.

$Ü$ 6.2-3: Man zeichnet einen Parallelstrahl durch F; der reflektierte Strahl $r S$ ist parallel zur optischen Achse. Dann bestimmt man den Schnittpunkt S zwischen Brennebene und $r S$. Der gesuchte Strahl geht nach Reflexion am Spiegel durch S

$Ü$ 6.2-4: Siehe $Ü$ 6.2-3.

$Ü$ 6.2-5: $s = (15/4) f$ bzw. $(21/4) f$.

$Ü$ 6.2-6: $d = 15{,}15$ cm; das Bild entsteht in der Brennebene.

$Ü$ 6.2-7: $1/a + 1/a' = 1/f$; $a = z + f$, $a' = z' + f$.

$Ü$ 6.2-8: Der Strahl verläßt die gegenüberliegende Grenzfläche unter $60°$; der Ablenkungswinkel beträgt $120°$.

$Ü$ 6.2-9:

$$x = \frac{d}{\sqrt{1 - \frac{1}{n'^2}\sin^2 \varepsilon}} \sin\left[\varepsilon - \arcsin\left(\frac{1}{n'}\sin \varepsilon\right)\right].$$

$Ü$ 6.2-10: $n = \sin 48{,}5°/\sin 30° = 1{,}5$; $\varepsilon_g = 41{,}9°$.

$Ü$ 6.2-11: $\delta_{min} = 25{,}6°$, $\varepsilon'_{1,min} = \varepsilon'_{2,min} = 35{,}3°$, $\varepsilon'_{1,g} = 5{,}33°$.

$Ü$ 6.2-12: $n = 1{,}61$.

$Ü$ 6.2-13: $s' = s/n = -1{,}13$ m.

$Ü$ 6.2-14: Man bestimmt den Schnittpunkt S zwischen Strahl und gegenstandseitiger Brennebene und zeichnet die Gerade SM vom Schnittpunkt S zum Linsenmittelpunkt M. Der gesuchte Strahl verläßt die Linse parallel zu SM.

$Ü$ 6.2-15: a) $f' = r_1 (n_{Wasser}/n_L) = 13{,}3$ cm; b) $a' = 29{,}9$ cm, $\beta' = -1{,}99$.

$Ü$ 6.2-16: $f' = (l^2 - t^2)/4\, l$.

$Ü$ 6.2-17: $D' = 2{,}5$ dpt, $n_L = 1{,}50$.

$Ü$ 6.2-18: a) $f' = 5{,}71$ cm; b) $s'_{H'} = 0$, $s_H = 1{,}18$ cm; c) $s'_{O'} = 10{,}1$ cm; d) $\beta' = -0{,}77$.

$Ü$ 6.2-19: $f' = n_L/(n_L - 1) \cdot (r/2)$; die Hauptebenen liegen in der Linsenmitte.

$Ü$ 6.2-20: f' ist unabhängig von der Linsendicke.

$Ü$ 6.2-21: $f' = 28{,}9$ cm; $s_H = s'_{H'} = -7{,}14$ cm.

$Ü$ 6.2-22: a) $r_2 = 25$ cm; b) $e' = 21{,}3$ cm; c) $s_H = -13{,}4$ cm, $s'_{H'} = -23{,}95$ cm; d) $s'_{O'} = 47{,}7$ cm, $\beta' = -1{,}39$.

$Ü$ 6.2-23: $f'_2 = 50$ cm, $e' = 40$ cm.

$Ü$ 6.2-24: a) $D_{AP} = 24$ mm; b) $a' = 33{,}3$ cm; c) $d_{min} = 45$ mm.

$Ü$ 6.2-25: $1/f'_B = 1/a_N - 1/a_B = 2$ dpt.

$Ü$ 6.2-26: $D'_B = -2$ dpt.

$Ü$ 6.2-27: a) $\Gamma'_M = -400$; b) $z_{Ob} = -0{,}1$ mm; c) $a'_{Ok} = 650$ mm, $\beta'_M = 1000$.

$Ü$ 6.2-28: $f' = -0{,}625$ mm, $\Gamma'_L = -400$.

$Ü$ 6.2-29: a) $f'_{Ob} = 177{,}8$ mm, $f'_{Ok} = 22{,}22$ mm; b) $a = -6{,}5$ m.

$Ü$ 6.2-30: $f' = f'_F\, f'_{Ok}/(f'_F + f'_{Ok} - f'_{Ok}) = f'_{Ok}$.

$Ü$ 6.2-31: a) $\Gamma'_F = -60$; b) $D_{AP} = 5{,}33$ mm; c) $Z = 139$; d) $H = 3600\, H_0$; e) $H = 1598\, H_0$.

$Ü$ 6.2-32: $a_v = -2{,}55$ m, $a_h = -3{,}64$ m, $\Delta a = 1{,}09$ m.

$Ü$ 6.2-33: $a = -f'^2/(u'\, k) - f' = -5{,}89$ m, $a_v = a/2 = -2{,}95$ m.

$Ü$ 6.3-1: a) $I_e = \Phi_e/\Omega$ mit $\Omega = 4 \cdot 10^{-6}$ sr; b) die LED hat die Lambertsche Charakteristik; c) $L_e = 15{,}5$ kW/(m^2 sr); d) $M_e = 48{,}7$ kW/m^2; e) $E_{e,max} = 62$ mW/m^2.

$Ü$ 6.3-2: a) $L_e = 209$ W/(m^2 sr); b) $L_e = 1$ kW/(m^2 sr).

$Ü$ 6.3-3: a) $d_2 = 0{,}931$ mm; b) $E_{e,2} = E_{e,1} (d_1/d_2)^2 = 92{,}3$ kW/m^2.

$Ü$ 6.3-4: $I_v = E_v\, r^2/\Omega_0 = 1125$ cd.

$Ü$ 6.3-5: a) $\Phi_v = 1{.}01 \cdot 10^{-8}$ lm; b) $E_v = 5{,}05 \cdot 10^{-4}$ lx; c) $\Omega = 20 \cdot 10^{-6}$ sr; d) $I_v (0) = 0{,}583$ mcd; e) $L_v = 1{,}17 \cdot 10^3$ cd/m^2.

$Ü$ 6.4-1: $\Delta\lambda = 1{,}2 \cdot 10^{-21}$ m, $l = 3 \cdot 10^8$ m.

$Ü$ 6.4-2: $\Delta x = D (\lambda/d) = 1{,}96$ mm.

$Ü$ 6.4-3: $\lambda = 640$ nm.

$Ü$ 6.4-4: $d = 800$ nm.

$Ü$ 6.4-5: a) $d = (\lambda/4\, n) (2\, m + 1)$, z.B. $d = 119$ nm; b) $\lambda = 4\, d/(2\, m + 1) \cdot \sqrt{n^2 - \sin^2 \varepsilon}$, für $m = 0$ gilt $\lambda_0 = 536$ nm.

$Ü$ 6.4-6: $d = 198$ µm.

$Ü$ 6.4-7: $I_1/I_0 = 0{,}0472$, $I_2/I_0 = 0{,}0165$, $I_3/I_0 = 0{,}00834$.

$Ü$ 6.4-8: $y = \sin^2 x/x^2 = 0{,}5$ hat die Lösung $x = \pm 1{,}3915$. Hieraus folgt $\sin \alpha = \pm (x/\pi) (\lambda/b) = \pm 0{,}4429 (\lambda/b)$.

$Ü$ 6.4-9: $\delta = 1{,}22 \lambda/(n\, d) = 0{,}86'$.

$Ü$ 6.4-10: $y = 48$ km.

$Ü$ 6.4-11: a) $y = 0{,}34$ m, die Fenster werden aufgelöst; b) $y = 5$ m, die Fenster werden nicht aufgelöst.

$Ü$ 6.4-12: $m = 0$, 1, 3, 5, ..., also ungeradzahlige Ordnungen.

$Ü$ 6.4-13: $m = 0, \pm 1$.

$Ü$ 6.4-14: a) $\alpha_1 = \pm 36{,}1°$; b) $\alpha_1 = 49{,}7°$, $\alpha_{-1} = -24{,}5°$.

$Ü$ 6.4-15: a) $\alpha_1 = 28{,}8°$; b) $\delta = 10{,}6°$.

$Ü$ 6.4-16: a) Die erforderliche Strichzahl beträgt $p = 987$ und die Gitterbreite 20 mm; b) $\lambda/d\lambda = 3 \cdot 987 \approx 3000$.

$Ü$ 6.4-17: $B = 11{,}6$ mm.

$Ü$ 6.4-18: a) Aus $a \cos \alpha = \lambda$, $a \cos \beta = \lambda$, $a (\cos \gamma - 1) = \lambda$ und $\cos^2 \alpha + \cos^2 \beta + \cos^2 \gamma = 1$ folgt $\lambda = (2/3)\, a = 0{,}2$ nm; b) $\alpha = 48{,}2°$, $-131{,}8°$, β entspricht α, $\gamma = 70{,}5°$.

$Ü$ 6.4-19: a) $\Theta_1 = 7{,}28°$, $\Theta_2 = 14{,}69°$, $\Theta_3 = 22{,}36°$.

$Ü$ 6.4-20: a) $2\, \Theta_1 = 31{,}92°$, $2\, \Theta_2 = 66{,}73°$; b) $m = 3$ mit $\Theta_3 = 55{,}59°$.

$Ü$ 6.4-21: $r_k \approx \sqrt{2\, s\, \lambda\, k} = 0{,}796$ mm $\cdot \sqrt{k} = 0$ mm, 0,8 mm; 1,13 mm; 1,38 mm; 1,59 mm und so fort.

$Ü$ 6.4-22: $f' \approx r_k^2/(2\, k\, \lambda') = 49$ cm.

$Ü$ 6.4-23: $I = I_0/2$.

$Ü$ 6.4-24: $I_3/I_0 = 9/32 = 0{,}281$.

Ü 6.4-25: $E = 2{,}25 \cdot 10^{16}$ V/m.

Ü 6.4-26: $U = \lambda/(2\, n_0^3\, r_{63}) = 3{,}64$ kV.

Ü 6.4-27: $A = 7{,}112 \cdot 10^6 \dfrac{\overset{\circ}{}}{\text{mm}}\,(\text{nm})^2$, $B = 1{,}49 \dfrac{\overset{\circ}{}}{\text{mm}}$

$(\text{nm})^4$; $[\alpha]\,(589{,}3\ \text{nm}) = 21{,}715 \dfrac{\overset{\circ}{}}{\text{mm}}$.

Ü 6.5-1: a) $E_{\text{kin}} = 2{,}75$ eV; b) $v = 9{,}83 \cdot 10^5$ m/s.

Ü 6.5-2: $\dot N = 3{,}26 \cdot 10^{17}$ s^{-1}.

Ü 6.5-3: $\Delta E = 1119$ eV, $\Delta E/E = 6{,}4\%$.

Ü 6.5-4: $1{,}59$ eV $\leqq E_{\text{ph}} \leqq 3{,}26$ eV.

Ü 6.5-5: $\dot N = 5$ s^{-1}.

Ü 6.5-6: $d = 6{,}04 \cdot 10^{-3}$ cm, $E_{\text{e}} = \Phi_{\text{e}}/A = 20{,}9$ W/cm^2.

Ü 6.5-7: $\lambda = h/p = 1{,}66 \cdot 10^{-35}$ m.

Ü 6.5-8: $\lambda = 1{,}81 \cdot 10^{-10}$ m.

9. Festkörperphysik

Ü 9.2-1: $n = 8{,}46 \cdot 10^{28}$ m^{-3}, $E_{\text{F}} = 7{,}02$ eV.

Ü 9.2-2: $T_1 = 300$ K: $f(E_1) = 0{,}874$, $f(E_2) = 0{,}126$; $T_2 = 600$ K: $f(E_1) = 0{,}724$, $f(E_2) = 0{,}276$.

Ü 9.2-3: $C_{\text{m, el}} = 0{,}334$ J/(mol K), $C_{\text{m, el}}/C_{\text{m}} \approx 1{,}2\%$.

Ü 9.2-4: $v_{\text{F}} = 1{,}57 \cdot 10^6$ m/s, $\tau = 4{,}19 \cdot 10^{-15}$ s, $l = 6{,}6 \cdot 10^{-9}$ m.

Ü 9.2-5: a) $f(E_{\text{L}}) = 3{,}75 \cdot 10^{-10}$; b) $f(E_{\text{L}}) = 0{,}316$; c) $f_{\text{h}}(E_{\text{V}}) = 1 - f(E_{\text{V}}) = 4{,}88 \cdot 10^{-19}$.

Ü 9.2-6: $n_{\text{i}} = 3{,}75 \cdot 10^{16}$ cm^{-3}, $\mu = 2050$ cm^2/(Vs), $\varrho = 8{,}11 \cdot 10^{-2}\ \Omega$ cm.

Ü 9.2-7: $\mu_{\text{n}} = 1248$ cm^2/(Vs).

Ü 9.2-8: a) $R_2 = 5{,}99$ kΩ; b) $\mathrm{d}R/\mathrm{d}T = -R\,E_{\text{D}}/(2\,k\,T^2) = -43\ \Omega/$K.

Ü 9.2-9: a) $n_{\text{A}} = 6{,}57 \cdot 10^{14}$ cm^{-3}, $n_{\text{D}} = 8{,}37 \cdot 10^{16}$ cm^{-3}; b) $m/V = M\,n_{\text{D}}/N_{\text{A}} = 4{,}31 \cdot 10^{-6}$ g/cm^3.

Ü 9.2-10: $U_{\text{d}} = 0{,}695$ V, $d = 1{,}148\ \mu\text{m} \cdot \sqrt{\dfrac{U_{\text{d}} \pm U}{V}}$; a) $d = 0{,}96\ \mu$m; b) $d = 3{,}75\ \mu$m; c) $d = 0{,}51\ \mu$m.

Ü 9.3-1: a) $E = \varrho\, c_{\text{s}}^2 = 2 \cdot 10^{11}$ N/m^2; b) $c = a\,E = 58$ N/m.

Ü 9.3-2: a) $f_{\text{TO}} = 14{,}1$ THz, $f_{\text{TA}} = 4{,}4$ THz; b) $p = 1 \cdot 10^{-24}$ Ns.

Ü 9.3-3: Mit $T_{\text{D}} = 1860$ K: $C_{\text{m}} = 7{,}6$ J/(mol K), $c = 0{,}633$ kJ/(kg K); relative Abweichung 26%.

Ü 9.3-4: $l_{\text{ph}} = 3\,\lambda/(\varrho\, c\, c_{\text{s}}) = 2 \cdot 10^{-9}$ m.

Ü 9.3-5: $\lambda = L\,T\,\varkappa = 449$ W/(m K).

Ü 9.4-1: a) $T_0 = 154$ K; b) $I_{\text{th, 20}} = 44$ mA.

Ü 9.4-2: $\delta\,\lambda = 0{,}51$ nm.

Ü 9.4-3: $\lambda_{\text{g}} = 6{,}89\ \mu$m.

Ü 9.4-4: a) $\eta = 57\%$; b) $I_{\text{K}} = 3 \cdot 10^{-4}$ A.

Ü 9.4-5: $I_{\text{ph}} = 1{,}72 \cdot 10^{-6}$ A, $U_{\text{L}} = 0{,}312$ V.

10. Spezielle Relativitätstheorie

Ü 10-1: $v = 0{,}661\, c = 1{,}98 \cdot 10^8$ m/s; $m = \gamma\, m_0 = (4/3)\, m_0$.

Ü 10-2: $m_0 = 2{,}24$ m$_{\text{po}}$; $u = 0{,}451\, c$.

Ü 10-3: Für A öffnen sich die Türen gleichzeitig, d. h. $\Delta t' = 0$. Für B öffnet sich die hintere Tür nach 1,11 s, die vordere Tür nach 10 s: Zeitdifferenz $\Delta t = 8{,}89$ s. Allgemein gilt $\Delta t = \gamma\, l'\, v/c^2$. Die dritte Tür müßte $0{,}37$ Ls $= 1{,}11 \cdot 10^8$ m von A entfernt in Richtung Zuganfang angebracht sein.

Ü 10-4: Die Galaxie entfernt sich mit $v = 1{,}67 \cdot 10^{-3}\, c = 5{,}01 \cdot 10^5$ m/s von der Erde.

Ü 10-5: $\Delta m = 0{,}175$ kg.

Ü 10-6: $m = E/c^2 \approx E_{\text{kin}}/c^2 = 58\,700\, m_0$; $v = (1 - 1{,}45 \cdot 10^{-10})\, c \approx c$.

11.2. Nobelpreisträger der Physik

Jahr	Land	Name des Preisträgers	Grund der Auszeichnung
1901	D	*Röntgen, Wilhelm Conrad* (1845 bis 1923)	Entdeckung der Röntgenstrahlen
1902	NL	*Lorentz, Hendrik Anton* (1853 bis 1928)	Beschreibung des Übergangs vom ruhenden zum gleichförmig bewegten System (Lorentz-Transformation in der speziellen Relativitätstheorie); Erklärung der Aufspaltung der Spektrallinien im Magnetfeld (Zeeman-Effekt)
	NL	*Zeeman, Pieter* (1865 bis 1943)	
1903	F	*Becquerel, Henri Antoine* (1832 bis 1908)	Entdeckung der spontanen radioaktiven Strahlung von Uran; Erforschung der Radioaktivität und Entdeckung der radioaktiven Elemente Polonium und Radium
	F	*Curie, Pierre* (1859 bis 1906) *Curie, Marie* (1867 bis 1934)	
1904	GB	*Rayleigh, Lord* (*Strutt, John William*) (1842 bis 1919)	Erforschung der Dichte von Gasen und Entdeckung des Edelgases Argon
1905	D	*Lenard, Philipp* (1862 bis 1947)	Durchgang von Kathodenstrahlen durch Materie und Elektronentheorie
1906	GB	*Thomson, Joseph John* (1856 bis 1940)	Elektrische Leitung in Gasen
1907	USA	*Michelson, Albert Abraham* (1852 bis 1931)	Spektroskopische Präzisionsmessungen (Interferometer), mit denen die Unabhängigkeit der Lichtgeschwindigkeit von der Erdbewegung nachgewiesen wurde
1908	F	*Lippmann, Gabriel* (1845 bis 1921)	Interferenzfarben-Photographie
1909	I	*Marconi, Guglielmo* (1874 bis 1937)	Drahtlose Telegraphie
	D	*Braun, Ferdinand* (1850 bis 1918)	
1910	NL	*van der Waals, Johannes Diderick* (1837 bis 1923)	Zustandsgleichung der realen Gase
1911	D	*Wien, Wilhelm* (1864 bis 1928)	Gesetze der Wärmestrahlung
1912	S	*Dalén, Gustaf* (1869 bis 1937)	Acetylenakkumulator zur Beleuchtung von Leuchttürmen und Bojen (Sonnenscheinventile)
1913	NL	*Kamerlingh-Onnes, Heike* (1853 bis 1926)	Verflüssigung von Wasserstoff und Helium, Entdeckung der Supraleitung
1914	D	*von Laue, Max* (1879 bis 1960)	Röntgenstrahlinterferenzen in Kristallen
1915	GB	*Bragg, William Henry* (1862 bis 1942) *Bragg, William Lawrence* (1890 bis 1971)	Erforschung von Kristallstrukturen durch Röntgenstrahlen
1917	GB	*Barkla, Charles Glover* (1877 bis 1944)	Entdeckung der charakteristischen Röntgenstrahlen der Elemente
1918	D	*Planck, Max* (1858 bis 1947)	Entdeckung der Energiequanten und des Wirkungsquantums

Jahr	Land	Name des Preisträgers	Grund der Auszeichnung
1919	D	*Stark, Johannes* (1874 bis 1957)	Entdeckung des Doppler-Effektes an Kanalstrahlen und der Aufspaltung der Spektrallinien im elektrischen Feld
1920	F	*Guillaume, Charles Edouard* (1861 bis 1938)	Entdeckung der Anomalien der Nickel-Stahl-Legierungen (Invar-Effekt: geringe Wärmeausdehnung)
1921	D	*Einstein, Albert* (1879 bis 1955)	Deutung des photoelektrischen Effektes
1922	DK	*Bohr, Niels* (1885 bis 1962)	Quantenphysikalisches Atommodell
1923	USA	*Millikan, Robert Andrews* (1868 bis 1953)	Messung der elektrischen Elementarladung und des Planckschen Wirkungsquantums
1924	S	*Siegbahn, Karl Manne Georg* (1886 bis 1978)	Röntgenspektroskopie
1925	D	*Franck, James* (1882 bis 1964) *Hertz, Gustav* (1887 bis 1975)	Quantensprünge durch Elektronenstöße
1926	F	*Perrin, Jean* (1870 bis 1942)	Diskontinuierliche Struktur der Materie; Entdeckung des Sedimentationsgleichgewichtes von Kolloiden
1927	USA	*Compton, Arthur Holly* (1892 bis 1962)	Stoß zwischen Röntgenquant und Elektron;
	GB	*Wilson, Charles Thomson* (1869 bis 1959)	Sichtbarmachung atomarer Teilchen in der Nebelkammer
1928	USA	*Richardson, Owen Williams* (1879 bis 1959)	Elektronenaustritt aus glühenden Körpern
1929	F	*de Broglie, Louis Victor* (1892 bis 1987)	Wellentheorie der Materie
1930	IND	*Raman, Chandrasekhara Venkata* (1888 bis 1970)	Streuung des Lichts an Molekülen (Molekülspektroskopie)
1932	D	*Heisenberg, Werner* (1901 bis 1976)	Begründung der Quantenphysik
1933	A	*Schrödinger, Erwin* (1887 bis 1961)	Wellenmechanik und Anwendung auf das Elektron
	GB	*Dirac, Paul Adrien Maurice* (1902 bis 1984)	
1935	GB	*Chadwick, James* (1891 bis 1974)	Entdeckung des Neutrons
1936	A	*Hess, Viktor Franz* (1883 bis 1964)	Entdeckung der Kosmischen Strahlung;
	USA	*Anderson, Carl David* (*1905)	Entdeckung des Positrons
1937	USA	*Davisson, Clinton Joseph* (1881 bis 1958)	Experimenteller Nachweis der Elektronenwellen (Beugung von Elektronen in Kristallen)
	GB	*Thomson, George Paget* (1892 bis 1975)	
1938	I	*Fermi, Enrico* (1901 bis 1954)	Atomreaktionen mit Neutronen
1939	USA	*Lawrence, Ernest Orlando* (1901 bis 1958)	Erfindung und Entwicklung des Zyklotrons zur Erzeugung künstlicher radioaktiver Elemente

Jahr	Land	Name des Preisträgers	Grund der Auszeichnung
1943	D	*Stern, Otto* (1888 bis 1969)	Richtungsquantelung des Elektronenspins, Entdeckung des magnetischen Moments des Protons
1944	USA	*Rabi, Isidor Isaak* (1898 bis 1988)	Bestimmung des magnetischen Moments von Atomkernen
1945	A	*Pauli, Wolfgang* (1900 bis 1958)	Entdeckung des Ausschlußprinzips
1946	USA	*Bridgman, Percy Williams* (1882 bis 1961)	Erfindung eines Apparates zur Erzeugung von höchsten Drücken
1947	GB	*Appleton, Edward Victor* (1892 bis 1965)	Ionosphärenforschung
1948	GB	*Blackett, Patrick Maynard Stuart* (1897 bis 1974)	Weiterentwicklung der Wilsonschen Nebelkammer und die damit verbundenen Entdeckungen auf den Gebieten der Kernphysik und der kosmischen Strahlung
1949	J	*Yukawa, Hideki* (1907 bis 1981)	Vorhersage der Existenz eines Mesons
1950	GB	*Powell, Cecil Frank* (1903 bis 1969)	Entdeckung des Mesons
1951	GB IRL	*Cockcroft, John Douglas* (1897 bis 1967) *Walton, Ernst Thomas Sinton* (*1903)	Atomkernumwandlung durch künstlich beschleunigte Protonen
1952	USA	*Bloch, Felix* (1905 bis 1983) *Purcell, Edward Mills* (*1912)	Präzisionsmessung magnetischer Atomkernmomente
1953	NL	*Zernicke, Frederik* (1888 bis 1966)	Entwicklung des Phasenkontrastmikroskops
1954	D	*Born, Max* (1882 bis 1970) *Bothe, Walter* (1891 bis 1957)	Statistische Deutung der Quantenmechanik Zählung atomarer Teilchen durch die Geigerzähler-Koinzidenzmethode
1955	USA	*Lamb, Edward William* (*1913); *Kusch, Polykarp* (*1911)	Entdeckung der Feinstruktur des Wasserstoffspektrums; Präzisionsbestimmung des magnetischen Moments des Elektrons
1956	USA	*Bardeen, John* (1908–1991) *Brattain, Walter Houser* (1902–1987) *Shockley, William Bradford* (1910–1989)	Entwicklung des Transistors
1957	USA	*Lee, Tsung Dao* (*1926) *Yang, Chen Ning* (*1922)	Untersuchung der Paritätsgesetze und die dadurch bedingten neuen Entdeckungen des Verhaltens von Elementarteilchen

Jahr	Land	Name des Preisträgers	Grund der Auszeichnung
1958	SU	*Tscherenkow, Pawel* (*1904) *Frank, Ilja* (*1908) *Tamm, Igor* (1895 bis 1971)	Erforschung und Deutung von Lichtstrahlung beim Durchdringen eines energiereichen Elektrons durch Materie (Tscherenkow-Effekt)
1959	USA	*Chamberlain, Owen* (*1920) *Segré, Emilio* (1905–1989)	Nachweis des Antiprotons
1960	USA	*Glaser, Donald* (*1926)	Erfindung der Blasenkammer zur Beobachtung von Elementarteilchen
1961	USA	*Hofstadter, Robert* (1915–1990)	Elektronenstreuung an Atomkernen
	D	*Mössbauer, Rudolf* (*1929)	Resonanzabsorption vom Gammastrahlen
1962	SU	*Landau, Lew Davidowitsch* (1908 bis 1968)	Erforschung des superfluiden Heliumzustandes bei Tiefsttemperaturen
1963	USA	*Goeppert-Mayer, Maria* (1906 bis 1972)	Schalenmodell des Atomkerns; gruppentheoretische Quantenphysik
	D	*Jensen, Hans Daniel* (1907 bis 1973)	
	USA	*Wigner, Eugene* (*1902)	Entdeckung und Anwendung fundamentaler Symmetrieprinzipien bei Atomkern und Elementarteilchen
1964	SU	*Basow, Nikolai* (*1922) *Prochorow, Alexander* (*1916)	Entdeckung des Maser- und Laser-Prinzips
	USA	*Townes, Charles* (*1915)	
1965	USA	*Feynman, Richard* (1918 bis 1988) *Schwinger, Julian* (*1918)	Entwicklung der Quanten-Elektrodynamik
	J	*Tomonaga, Sin-Itiro* (1906 bis 1979)	
1966	F	*Kastler, Alfred* (1902 bis 1984)	Untersuchungen über das „optische Pumpen" zur Klärung des energetischen Aufbaus der Atome
1967	USA	*Bethe, Hans* (*1906)	Aufklärung der Energieproduktion der Sonne durch Atomkernverschmelzung
1968	USA	*Alvarez, Louis* (1911–1988)	Entdeckung von Elementarteilchen-Resonanzzuständen mit der Blasenkammer-Technik
1969	USA	*Gell-Mann, Murray* (*1929)	Grundlegende Theorie der Elementarteilchen (Quarks)
1970	S	*Alfvén, Hannes* (*1908)	Beiträge zur Plasmaphysik, insbesondere der Magnetohydrodynamik
	F	*Néel, Louis* (*1904)	Entdeckungen im Antiferromagnetismus und Ferrimagnetismus für Festkörperphysik-Anwendungen

Jahr	Land	Name des Preisträgers	Grund der Auszeichnung
1971	H	*Gabor, Dennis* (1900 bis 1979)	Erfindung der Holographie
1972	USA	*Bardeen, John* (1908–1991) *Cooper, Leon* (*1930) *Schrieffer, John* (*1931)	Quantenmechanische Theorie der Supraleitung (BCS-Theorie)
1973	N	*Giaever, Ivar* (*1929)	Erforschung des Tunneleffektes bei der Supraleitung (Josephson-Effekt)
	J	*Esaki, Leo* (*1925)	
	GB	*Josephson, Brian* (*1940)	
1974	GB	*Ryle, Martin* (*1918–1984)	Verbesserung der Radioteleskope (Apertursynthese)
		Hewish, Antony (*1924)	Entdeckung der Pulsare
1975	USA	*Bohr, Aage* (*1922) *Mattelson, Benjamin* (*1926) *Rainwater, James* (1917–1986)	Berechnung der Energiezustände von Atomkernen
1976	USA	*Richter, Burton* (*1931) *Ting, Samuel* (*1936)	Entdeckung neuer Elementarteilchen (Psi-Teilchen) mit der neuen Qualität „Charm"
1977	USA	*Anderson, Philip* (*1923) *Mott, Nevill* (*1905) *van Vleck, John* (1899–1980)	Theorie der elektronischen Struktur magnetischer und ungeordneter Systeme
1978	SU	*Kapitza, Peter* (1894–1984)	Grundlegende Erfindungen und Entdeckungen auf dem Gebiet der Tieftemperaturphysik;
	USA	*Penzias, Arno* (*1933) *Wilson, Robert* (*1936)	Entdeckung einer isotropen Strahlung (Mikrowellen) im Weltall (Urknall-Hypothese)
1979	USA	*Glashow, Sheldon* (*1932) *Weinberg, Steven* (*1933)	Theorie der vereinheitlichten schwachen und elektromagnetischen Wechselwirkung zwischen Elementarteilchen; Vorhersage des schwachen neutralen Stroms
	GB	*Salam, Abdus* (*1926)	
1980	USA	*Cronin, James* (*1931) *Fitch, Val* (*1923)	Entdeckung der Verletzung grundlegender Symmetrieprinzipien beim Zerfall neutraler K-Mesonen

Jahr	Land	Name des Preisträgers	Grund der Auszeichnung
1981	USA	*Bloembergen, Nicolaas* (*1920) *Schawlow, Arthur* (*1921)	Entwicklung hochpräziser Meßmethoden durch Laserspektroskopie
	S	*Siegbahn, Kai* (*1918)	Entwicklung der hochauflösenden Elektronen-Spektroskopie
1982	USA	*Wilson, Kenneth* (*1936)	Beiträge zur Theorie der Phasenübergänge und kritischen Phänomene
1983	USA	*Chandrasekhar, Subrahmanyan* (*1910); *Fowler, William* (*1911)	Theoretische Studien der physikalischen Prozesse, die für die Struktur und Entwicklung von Sternen von Bedeutung sind; Kettenreaktionen, die für die Bildung chemischer Elemente im Weltall von Bedeutung sind
1984	I	*Rubbia, Carlo* (*1934)	Entdeckung der Feldpartikel W und Z (Vermittler der schwachen Wechselwirkung)
	NL	*van der Meer, Simon* (*1925)	Stochastische Kühlung
1985	D	*von Klitzing, Klaus* (*1943)	Quanten-Hall-Effekt
1986	D	*Ruska, Ernst* (1906–1988)	Entwicklung des Elektronenmikroskops
	D	*Binnig, Gerd* (*1947)	Konstruktion des Rastertunnelmikroskops
	CH	*Rohrer, Heinrich* (*1933)	
1987	D	*Bednorz, Georg* (*1950)	Supraleitung in keramischen Materialien
	CH	*Müller, Karl Alexander* (*1927)	
1988	USA	*Lederman, Leon M.* (*1922) *Schwartz, Melvin* (*1932) *Steinberger, Jack* (*1921)	Entdeckung der Verschiedenheit von Elektron-Neutrino und Myon-Neutrino und Begründung der Paarstruktur der Leptonen (e ν_e, $\mu\,\nu_\mu$, $\tau\,\nu_\tau$); erstmalige künstliche Erzeugung eines Neutrinostrahls in einem Teilchenbeschleuniger (Neutrino-Kanone)
1989	USA	*Ramsey, Norman* (*1915)	Resonanzmethode voneinander getrennt oszillierender Felder (Cäsium-Atomuhr als Normalzeit-Standard), Wasserstoff-Maser
	D	*Paul, Wolfgang* (*1913) *Dehmelt, Hans* (*1922)	Entwicklung der Ionenkäfig-Technik zum langzeitigen Studium einzelner Elektronen und Ionen
1990	USA	*Friedman, Jerome* (*1930) *Kendall, Henry* (*1926)	Experimentelle Bestätigung des Quarkmodells der Hadronen durch tief inelastische Elektron-Nukleon-Streuung
	CN	*Taylor, Richard* (*1929)	
1991	F	*de Gennes, Pierre-Gilles* (*1932)	Methode zur Beschreibung der Ordnung komplizierter Formen der Materie, insbesondere von Flüssigkristallen und Polymeren (Skalengesetze)

12. Sachwortverzeichnis